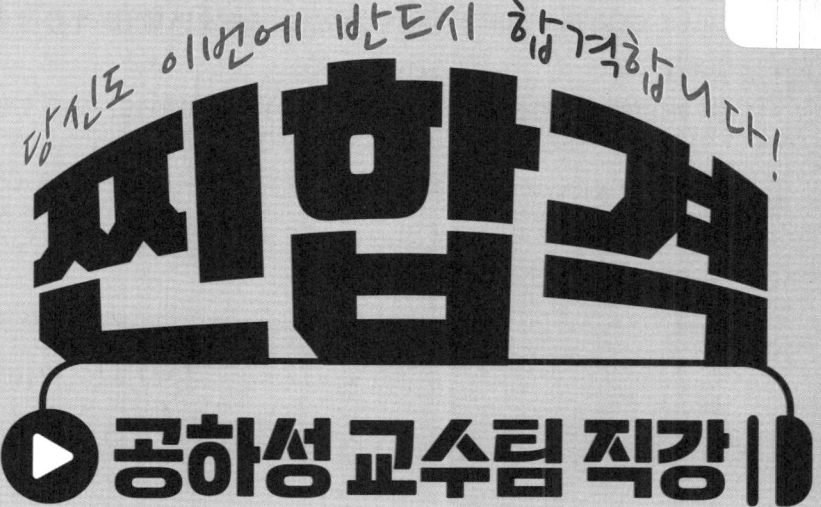

당신도 이번에 반드시 합격합니다!
찐합격
▶ 공하성 교수님 직강

소방설비산업기사 필기
기계 ❸

본문 및 10개년 과년도

소방공학박사
우석대학교 소방방재학과 교수 **공하성** 지음

BM (주)도서출판 **성안당**

BM 성안당 깜짝 알림

원퀵으로 기출문제를 보내고 원퀵으로 소방책을 받자!!

2026 소방설비산업기사, 소방설비기사 시험을 보신 후 기출문제를 재구성하여 성안당 출판사에 15문제 이상 보내주신 분에게 공하성 교수님의 소방시리즈 책 중 한 권을 무료로 보내드립니다.

독자 여러분들이 보내주신 재구성한 기출문제는 보다 더 나은 책을 만드는 데 큰 도움이 됩니다.

✉ 이메일 coh@cyber.co.kr(최옥현) | ※메일을 보내실 때 성함, 연락처, 주소를 꼭 기재해 주시기 바랍니다.

- 무료로 제공되는 책은 독자분께서 보내주신 기출문제를 공하성 교수님이 검토 후 보내드립니다.
- 책 무료 증정은 조기에 마감될 수 있습니다.

■ **도서 A/S 안내**

성안당에서 발행하는 모든 도서는 저자와 출판사, 그리고 독자가 함께 만들어 나갑니다.

좋은 책을 펴내기 위해 많은 노력을 기울이고 있습니다. 혹시라도 내용상의 오류나 오탈자 등이 발견되면 **"좋은 책은 나라의 보배"**로서 우리 모두가 함께 만들어 간다는 마음으로 연락주시기 바랍니다. 수정 보완하여 더 나은 책이 되도록 최선을 다하겠습니다.

성안당은 늘 독자 여러분들의 소중한 의견을 기다리고 있습니다. 좋은 의견을 보내주시는 분께는 성안당 쇼핑몰의 포인트(3,000포인트)를 적립해 드립니다.

잘못 만들어진 책이나 부록 등이 파손된 경우에는 교환해 드립니다.

저자 문의 : Ch http://pf.kakao.com/_TZKbxj
　　　　　　Daum cafe.daum.net/firepass
　　　　　　NAVER cafe.naver.com/fireleader

본서 기획자 e-mail : coh@cyber.co.kr(최옥현)

홈페이지 : http://www.cyber.co.kr　　전화 : 031) 950-6300

머리말

God loves you, and has a wonderful plan for you.

안녕하십니까?

우석대학교 소방방재학과 교수 공하성입니다.

지난 31년간 보내주신 독자 여러분의 아낌없는 찬사에 진심으로 감사드립니다.

앞으로도 변함없는 성원을 부탁드리며, 여러분들의 성원에 힘입어 항상 더 좋은 책으로 거듭나겠습니다.

본 책의 특징은 학원 강의를 듣듯 정말 자세하게 설명해 놓았다는 것입니다.

시험의 기출문제를 분석해 보면 문제은행식으로 과년도 문제가 매년 거듭 출제되고 있음을 알 수 있습니다. 그러므로 과년도 문제만 충실히 풀어보아도 쉽게 합격할 수 있을 것입니다.

그런데, 2004년 5월 29일부터 소방관련 법령이 전면 개정됨으로써 "소방관계법규"는 2005년부터 신법에 맞게 새로운 문제들이 출제되고 있습니다.

본 서는 여기에 중점을 두어 국내 최다의 과년도 문제와 신법에 맞는 출제 가능한 문제들을 최대한 많이 수록하였습니다.

또한, 각 문제마다 아래와 같이 중요도를 표시하였습니다.

별표없는것	출제빈도 10%	★	출제빈도 30%
★★	출제빈도 70%	★★★	출제빈도 90%

그리고 해답의 근거를 다음과 같이 약자로 표기하여 신뢰성을 높였습니다.

- 기본법 : 소방기본법
- 기본령 : 소방기본법 시행령
- 기본규칙 : 소방기본법 시행규칙
- 소방시설법 : 소방시설 설치 및 관리에 관한 법률
- 소방시설법 시행령 : 소방시설 설치 및 관리에 관한 법률 시행령
- 소방시설법 시행규칙 : 소방시설 설치 및 관리에 관한 법률 시행규칙
- 화재예방법 : 화재의 예방 및 안전관리에 관한 법률
- 화재예방법 시행령 : 화재의 예방 및 안전관리에 관한 법률 시행령
- 화재예방법 시행규칙 : 화재의 예방 및 안전관리에 관한 법률 시행규칙
- 공사업법 : 소방시설공사업법
- 공사업령 : 소방시설공사업법 시행령
- 공사업규칙 : 소방시설공사업법 시행규칙
- 위험물법 : 위험물안전관리법
- 위험물령 : 위험물안전관리법 시행령
- 위험물규칙 : 위험물안전관리법 시행규칙
- 건축령 : 건축법 시행령
- 위험물기준 : 위험물안전관리에 관한 세부기준
- 피난·방화구조 : 건축물의 피난·방화구조 등의 기준에 관한 규칙

본 책에는 잘못된 부분이 있을 수 있으며, 잘못된 부분에 대해서는 발견 즉시 성안당(www.cyber.co.kr) 또는 예스미디어(www.ymg.kr)에 올리도록 하고, 새로운 책이 나올 때마다 늘 수정·보완하도록 하겠습니다.

이 책의 집필에 도움을 준 이종화·안재천 교수님, 임수란님에게 고마움을 표합니다.

끝으로 이 책에 대한 모든 영광을 그 분께 돌려 드립니다.

공하성 올림

출제경향분석

소방설비산업기사 필기(기계분야) 출제경향분석

제1과목 소방원론

1. 화재의 성격과 원인 및 피해 — 9.1% (2문제)
2. 연소의 이론 — 16.8% (4문제)
3. 건축물의 화재성상 — 10.8% (2문제)
4. 불 및 연기의 이동과 특성 — 8.4% (1문제)
5. 물질의 화재위험 — 12.8% (3문제)
6. 건축물의 내화성상 — 11.4% (2문제)
7. 건축물의 방화 및 안전계획 — 5.1% (1문제)
8. 방화안전관리 — 6.4% (1문제)
9. 소화이론 — 6.4% (1문제)
10. 소화약제 — 12.8% (3문제)

제2과목 소방유체역학

1. 유체의 일반적 성질 — 26.2% (5문제)
2. 유체의 운동과 법칙 — 17.3% (4문제)
3. 유체의 유동과 계측 — 20.1% (4문제)
4. 유체정역학 및 열역학 — 20.1% (4문제)
5. 유체의 마찰 및 펌프의 현상 — 16.3% (3문제)

제3과목 소방관계법규

1. 소방기본법령 — 20% (4문제)
2. 소방시설 설치 및 관리에 관한 법령 — 14% (3문제)
3. 화재의 예방 및 안전관리에 관한 법령 — 21% (4문제)
4. 소방시설공사업법령 — 30% (6문제)
5. 위험물안전관리법령 — 15% (3문제)

제4과목 소방기계시설의 구조 및 원리

1. 소화기구 — 2.2% (1문제)
2. 옥내소화전설비 — 11.0% (2문제)
3. 옥외소화전설비 — 6.3% (1문제)
4. 스프링클러설비 — 15.9% (3문제)
5. 물분무소화설비 — 5.6% (1문제)
6. 포소화설비 — 9.7% (2문제)
7. 이산화탄소 소화설비 — 5.3% (1문제)
8. 할론·할로겐화합물 및 불활성기체 소화설비 — 5.9% (1문제)
9. 분말소화설비 — 7.8% (2문제)
10. 피난구조설비 — 8.4% (2문제)
11. 제연설비 — 7.2% (1문제)
12. 연결살수설비 — 5.3% (1문제)
13. 연결송수관설비 — 6.6% (1문제)
14. 소화용수설비 — 2.8% (1문제)

차 례

초스피드 기억법

제1편 소방원론 ··· 3
   제1장 화재론 ·· 3
   제2장 방화론 ·· 12

제2편 소방관계법규 ··· 17

제3편 소방유체역학 ··· 40
   제1장 유체의 일반적 성질 ······························· 40
   제2장 유체의 운동과 법칙 ······························· 43
   제3장 유체의 유동과 계측 ······························· 44
   제4장 유체정역학 및 열역학 ··························· 47
   제5장 유체의 마찰 및 펌프의 현상 ·················· 48

제4편 소방기계시설의 구조 및 원리 ···················· 51
   제1장 소화설비 ·· 51
   제2장 피난구조설비 ··· 63
   제3장 소화활동설비 및 소화용수설비 ············· 64

1 소방원론

제1장 화재론 ·· 1-3
   1. 화재의 성격과 원인 및 피해 ························ 1-3
   2. 연소의 이론 ·· 1-9
   3. 건축물의 화재성상 ···································· 1-24
   4. 불 및 연기의 이동과 특성 ························ 1-28
   5. 물질의 화재위험 ······································· 1-32

제2장 방화론 ·· 1-41
   1. 건축물의 내화성상 ···································· 1-41
   2. 건축물의 방화 및 안전계획 ······················ 1-48
   3. 방화안전관리 ·· 1-54
   4. 소화이론 ·· 1-57
   5. 소화약제 ·· 1-63

CONTENTS

2 소방관계법규

제1장 소방기본법령 ········· 2-3
1. 소방기본법 ········· 2-3
2. 소방기본법 시행령 ········· 2-5
3. 소방기본법 시행규칙 ········· 2-6

제2장 소방시설 설치 및 관리에 관한 법령 ········· 2-9
1. 소방시설 설치 및 관리에 관한 법률 ········· 2-9
2. 소방시설 설치 및 관리에 관한 법률 시행령 ········· 2-11
3. 소방시설 설치 및 관리에 관한 법률 시행규칙 ········· 2-16

제3장 화재의 예방 및 안전관리에 관한 법령 ········· 2-19
1. 화재의 예방 및 안전관리에 관한 법률 ········· 2-19
2. 화재의 예방 및 안전관리에 관한 법률 시행령 ········· 2-23
3. 화재의 예방 및 안전관리에 관한 법률 시행규칙 ········· 2-26

제4장 소방시설공사업법령 ········· 2-31
1. 소방시설공사업법 ········· 2-31
2. 소방시설공사업법 시행령 ········· 2-34
3. 소방시설공사업법 시행규칙 ········· 2-36

제5장 위험물안전관리법령 ········· 2-39
1. 위험물안전관리법 ········· 2-39
2. 위험물안전관리법 시행령 ········· 2-41
3. 위험물안전관리법 시행규칙 ········· 2-43

3 소방유체역학

제1장 유체의 일반적 성질 ········· 3-3
1. 유체의 정의 ········· 3-3
2. 유체의 단위와 차원 ········· 3-3
3. 체적탄성계수 ········· 3-9
4. 힘의 작용 ········· 3-9
5. 뉴턴의 법칙 ········· 3-10
6. 열역학의 법칙 ········· 3-12

제2장 유체의 운동과 법칙 ········ 3-14
1. 흐름의 상태 ········ 3-14
2. 연속방정식(continuity equation) ········ 3-15
3. 오일러의 운동방정식과 베르누이 방정식 ········ 3-17
4. 운동량 방정식 ········ 3-18
5. 토리첼리의 식과 파스칼의 원리 ········ 3-20
6. 표면장력과 모세관 현상 ········ 3-21
7. 이상기체의 성질 ········ 3-22

제3장 유체의 유동과 계측 ········ 3-25
1. 점성유동 ········ 3-25
2. 차원해석 ········ 3-31
3. 유체계측 ········ 3-31

제4장 유체정역학 및 열역학 ········ 3-37
1. 평면에 작용하는 힘 ········ 3-37
2. 운동량의 법칙 ········ 3-39
3. 열역학 ········ 3-41

제5장 유체의 마찰 및 펌프의 현상 ········ 3-53
1. 유체의 마찰 ········ 3-53
2. 펌프의 양정 ········ 3-54
3. 펌프의 동력 ········ 3-56
4. 펌프의 종류 ········ 3-58
5. 펌프설치시의 고려사항 ········ 3-60
6. 관내에서 발생하는 현상 ········ 3-60

4 소방기계시설의 구조 및 원리

제1장 소화설비 ········ 4-3
1. 소화 기구 ········ 4-3
2. 옥내소화전설비 ········ 4-10
3. 옥외소화전설비 ········ 4-23
4. 스프링클러설비 ········ 4-27
5. 물분무 소화설비 ········ 4-60
6. 포소화설비 ········ 4-64
7. 이산화탄소 소화설비 ········ 4-73

8. 할론소화설비 ·· 4-79
9. 할로겐화합물 및 불활성기체 소화설비 ··· 4-82
10. 분말소화설비 ·· 4-87

제2장 피난구조설비 ·· 4-93
1. 피난기구의 종류 ··· 4-93
2. 피난기구의 설치기준 ·· 4-103
3. 피난기구의 설치대상 ·· 4-104
4. 인명구조기구의 설치기준 ·· 4-104

제3장 소화활동설비 및 소화용수설비 ·· 4-107
1. 제연설비 ··· 4-107
2. 특별피난계단의 계단실 및 부속실 제연설비 ································ 4-110
3. 연소방지설비 ··· 4-115
4. 연결살수설비 ··· 4-117
5. 연결송수관설비 ·· 4-121
6. 소화용수설비 ··· 4-125

5 과년도 기출문제(CBT 기출복원문제 포함)

- 소방설비산업기사(2025. 2. 7 시행) ··· 25- 2
- 소방설비산업기사(2025. 5. 21 시행) ·· 25-33
- 소방설비산업기사(2025. 9. 1 시행) ··· 25-63

- 소방설비산업기사(2024. 3. 1 시행) ··· 24- 2
- 소방설비산업기사(2024. 5. 9 시행) ··· 24-28
- 소방설비산업기사(2024. 7. 5 시행) ··· 24-52

- 소방설비산업기사(2023. 3. 1 시행) ··· 23- 2
- 소방설비산업기사(2023. 5. 13 시행) ·· 23-29
- 소방설비산업기사(2023. 9. 2 시행) ··· 23-53

- 소방설비산업기사(2022. 3. 2 시행) ··· 22- 2
- 소방설비산업기사(2022. 4. 17 시행) ·· 22-27
- 소방설비산업기사(2022. 9. 27 시행) ·· 22-51

- 소방설비산업기사(2021. 3. 2 시행) ··· 21- 2
- 소방설비산업기사(2021. 5. 9 시행) ··· 21-26
- 소방설비산업기사(2021. 9. 5 시행) ··· 21-51

차 례

- 소방설비산업기사(2020. 6. 13 시행) ········· 20- 2
- 소방설비산업기사(2020. 8. 23 시행) ········· 20-28

- 소방설비산업기사(2019. 3. 3 시행) ········· 19- 2
- 소방설비산업기사(2019. 4. 27 시행) ········· 19-28
- 소방설비산업기사(2019. 9. 21 시행) ········· 19-52

- 소방설비산업기사(2018. 3. 4 시행) ········· 18- 2
- 소방설비산업기사(2018. 4. 28 시행) ········· 18-26
- 소방설비산업기사(2018. 9. 15 시행) ········· 18-51

- 소방설비산업기사(2017. 3. 5 시행) ········· 17- 2
- 소방설비산업기사(2017. 5. 7 시행) ········· 17-27
- 소방설비산업기사(2017. 9. 23 시행) ········· 17-52

- 소방설비산업기사(2016. 3. 6 시행) ········· 16- 2
- 소방설비산업기사(2016. 5. 8 시행) ········· 16-24
- 소방설비산업기사(2016. 10. 1 시행) ········· 16-45

찾아보기 ········· 1

책선정시 유의사항

첫째 저자의 지명도를 보고 선택할 것
(저자가 책의 모든 내용을 집필하기 때문)

둘째 문제에 대한 100% 상세한 해설이 있는지 확인할 것
(해설이 없을 경우 문제 이해에 어려움이 있음)

셋째 과년도문제가 많이 수록되어 있는 것을 선택할 것
(국가기술자격시험은 대부분 과년도문제에서 출제되기 때문)

넷째 핵심내용을 정리한 요점 노트가 있는지 확인할 것
(요점 노트가 있으면 중요사항을 쉽게 구분할 수 있기 때문)

이 책의 특징

1. 요점

요점 8 폭발의 종류
① 분해폭발 : 과산화물, 아세틸렌, 다이나마이트
② 분진폭발 : 밀가루, 담뱃가루, 석탄가루, 먼지, 전분, 금속
③ 중합폭발 : 염화비닐, 시안화수소

핵심내용을 별책 부록화하여 어디서든 휴대하기 간편한 요점 노트를 수록하였음.
(으흠 이런 깊은 뜻이!)

2. 문제

각 문제마다 중요도를 표시하여 ★이 많은 것은 특별히 주의깊게 볼 수 있도록 하였음!

★★★
08 자기연소를 일으키는 가연물질로만 짝지어진 것은?
① 나이트로셀룰로오스, 황, 등유
② 질산에스터, 셀룰로이드, 나이트로화합물
③ 셀룰로이드, 발연황산, 목탄
④ 질산에스터, 황린, 염소산칼륨

해설 위험물 **제4류 제2석유류**(등유, 경유)의 특성
(1) 성질은 **인화성 액체**이다.
(2) 상온에서 안정하고, 약간의 자극으로는 쉽게 폭발하지 않는다.
(3) 용해하지 않고, **물보다 가볍다**.
(4) 소화방법은 **포말소화**가 좋다.   **답** ①

각 문제마다 100% 상세한 해설을 하고 꼭 알아야 될 사항은 고딕체로 구분하여 표시하였음.

용어에 대한 설명을 첨부하여 문제를 쉽게 이해하여 답안작성이 용이하도록 하였음.

소방력 : 소방기관이 소방업무를 수행하는 데 필요한 인력과 장비

3. 초스피드 기억법

 표시방식
(1) 차량용 운반용기 : **흑색** 바탕에 **황색** 반사도료
(2) 옥외탱크저장소 : **백색** 바탕에 **흑색** 문자
(3) 주유취급소 : **황색** 바탕에 **흑색** 문자
(4) 물기엄금 : **청색** 바탕에 **백색** 문자
(5) 화기엄금·화기주의 : **적색** 바탕에 **백색** 문자

특히, 중요한 내용은 별도로 정리하여 쉽게 암기할 수 있도록 하였음.

9 점화원이 될 수 없는 것
① **흡**착열
② **기**화열
③ **융**해열

● 초스피드 기억법
흡기 융점없(호**흡기**의 **융점**은 **없**다.)

시험에 자주 출제되는 내용들은 초스피드 기억법을 적용하여 한번에 기억할 수 있도록 하였음.

이 책의 공부방법

소방설비산업기사 필기(기계분야)의 가장 효율적인 공부방법을 소개합니다. 이 책으로 이대로만 공부하면 반드시 한 번에 합격할 수 있습니다.

첫째, 요점 노트를 읽고 숙지한다.
  (요점 노트에서 평균 60% 이상이 출제되기 때문에 항상 휴대하고 다니며 틈날 때마다 눈에 익힌다.)

둘째, 초스피드 기억법을 읽고 숙지한다.
  (특히 혼동되면서 중요한 내용들은 기억법을 적용하여 쉽게 암기할 수 있도록 하였으므로 꼭 기억한다.)

셋째, 본 책의 출제문제 수를 파악하고, 시험 때까지 3번 정도 반복하여 공부할 수 있도록 1일 공부 분량을 정한다.
  (이때 너무 무리하지 않도록 1주일에 하루 정도는 쉬는 것으로 하여 계획을 짜는 것이 좋겠다.)

넷째, 본문은 Key Point란에 특히 관심을 가지며 부담없이 한 번 정도 읽은 후, 처음부터 차근차근 문제를 풀어 나간다.
  (해설을 보며 암기할 사항이 요점 노트에 있으면 그것을 다시 한번 보고 혹시 요점 노트에 없으면 요점 노트의 여백에 기록한다.)

다섯째, 시험 전날에는 책 전체를 한 번 쭉 훑어보며 문제와 답만 체크(check)하며 보도록 한다.
  (가능한 한 시험 전날에는 책 전체 내용을 밤을 세우더라도 꼭 점검하기 바란다. 시험 전날 본 문제가 의외로 많이 출제된다.)

여섯째, 시험장에 갈 때에도 책과 요점 노트는 반드시 지참한다.
  (가능한 한 대중교통을 이용하여 시험장으로 향하는 동안에도 요점 노트를 계속 본다.)

일곱째, 시험장에 도착해서는 책을 다시 한번 훑어본다.
  (마지막 5분까지 최선을 다하면 반드시 한 번에 합격할 수 있습니다.)

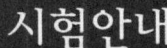

시험안내

소방설비산업기사(기계분야) 시험내용

1. 필기시험

구 분	내 용
시험 과목	1. 소방원론 2. 소방유체역학 3. 소방관계법규 4. 소방기계시설의 구조 및 원리
출제 문제	과목당 20문제(전체 80문제)
합격 기준	과목당 40점 이상 평균 60점 이상
시험 시간	2시간
문제 유형	객관식(4지선택형)

2. 실기시험

구 분	내 용
시험 과목	소방기계시설 설계 및 시공실무
출제 문제	9~18 문제
합격 기준	60점 이상
시험 시간	2시간 30분
문제 유형	필답형

단위환산표

단위환산표(기계분야)

명 칭	기 호	크 기	명 칭	기 호	크 기
테라(tera)	T	10^{12}	피코(pico)	p	10^{-12}
기가(giga)	G	10^{9}	나노(nano)	n	10^{-9}
메가(mega)	M	10^{6}	마이크로(micro)	μ	10^{-6}
킬로(kilo)	k	10^{3}	밀리(milli)	m	10^{-3}
헥토(hecto)	h	10^{2}	센티(centi)	c	10^{-2}
데카(deka)	D	10^{1}	데시(deci)	d	10^{-1}

〈보기〉
- $1km=10^{3}m$
- $1mm=10^{-3}m$
- $1pF=10^{-12}F$
- $1\mu m=10^{-6}m$

단위읽기표

단위읽기표(기계분야)

여러분들이 고민하는 것 중 하나가 단위를 어떻게 읽느냐 하는 것일 듯 합니다. 그 방법을 속시원하게 공개해 드립니다.

(알파벳 순)

단 위	단위 읽는 법	단위의 의미(물리량)
Aq	아쿠아(Aqua)	물의 높이
atm	에이 티 엠(atm osphere)	기압, 압력
bar	바(bar)	압력
barrel	배럴(barrel)	부피
BTU	비티유(British Thermal Unit)	열량
cal	칼로리(calorie)	열량
cal/g	칼로리 퍼 그램(calorie per gram)	융해열, 기화열
cal/g·℃	칼로리 퍼 그램 도 씨(calorie per gram degree Celsius)	비열
dyn, dyne	다인(dyne)	힘
g/cm^3	그램 퍼 세제곱 센티미터(gram per centimeter cubic)	비중량
gal, gallon	갤론(gallon)	부피
H_2O	에이치 투 오(water)	물의 높이
Hg	에이치 지(mercury)	수은주의 높이
HP	마력(Horse Power)	일률
J/s, J/sec	줄 퍼 세컨드(Joule per second)	일률
K	케이(Kelvin temperature)	켈빈온도
kg/m^2	킬로그램 퍼 제곱 미터(kilogram per meter square)	화재하중
kg_f	킬로그램 포스(kilogram force)	중량
kg_f/cm^2	킬로그램 포스 퍼 제곱 센티미터 (kilogram force per centimeter square)	압력
L	리터(leter)	부피
lb	파운드(pound)	중량
lb_f/in^2	파운드 포스 퍼 제곱 인치 (pound force per inch square)	압력

단위읽기표

단 위	단위 읽는 법	단위의 의미(물리량)
m/min	미터 퍼 미니트(meter per minute)	속도
m/sec²	미터 퍼 제곱 세컨드(meter per second square)	가속도
m³	세제곱 미터(meter cubic)	부피
m³/min	세제곱 미터 퍼 미니트(meter cubic per minute)	유량
m³/sec	세제곱 미터 퍼 세컨드(meter cubic per second)	유량
mol, mole	몰(mole)	물질의 양
m⁻¹	매미터(per meter)	감광계수
N	뉴턴(Newton)	힘
N/m²	뉴턴 퍼 제곱 미터(Newton per meter square)	압력
P	푸아즈(Poise)	점도
Pa	파스칼(Pascal)	압력
PS	미터 마력(PferdeStärke)	일률
PSI	피 에스 아이(Pound per Square Inch)	압력
s, sec	세컨드(second)	시간
stokes	스토크스(stokes)	점도
vol%	볼륨 퍼센트(volume percent)	농도
W	와트(Watt)	동력
W/m²	와트 퍼 제곱 미터(Watt per meter square)	대류열
W/m²·K³	와트 퍼 제곱 미터 케이 세제곱 (Watt per meter square Kelvin cubic)	스테판-볼츠만 상수
W/m²·℃	와트 퍼 제곱 미터 도 씨 (Watt per meter square degree Celsius)	열전달률
W/m·K	와트 퍼 미터 케이(Watt per meter Kelvin)	열전도율
W/sec	와트 퍼 세컨드(Watt per second)	전도열
℃	도 씨(degree Celsius)	섭씨온도
℉	도 에프(degree Fahrenheit)	화씨온도
°R	도 알(Rankine temperature)	랭킨온도

단위변환표

중력단위(공학단위)와 SI단위 - 아주 중요

중력단위	SI단위	비고
1kg_f	$9.8\text{N} = 9.8\text{kg} \cdot \text{m/s}^2$	힘
$1\text{kg}_f/\text{m}^2$	$9.8\text{kg/m} \cdot \text{s}^2$	압력
—	$1\text{kPa} = 1\text{kN/m}^2 = 1\text{kJ/m}^3$	
—	$1\text{kg/m} \cdot \text{s} = 1\text{N} \cdot \text{s/m}^2$	점성계수
—	$1\text{m}^3/\text{kg} = 1\text{m}^4/\text{N} \cdot \text{s}^2$	비체적
—	$1000\text{kg/m}^3 = 1000\text{N} \cdot \text{s}^2/\text{m}^4$ (물의 밀도)	밀도
$1000\text{kg}_f/\text{m}^3$ (물의 비중량)	9800N/m^3 (물의 비중량)	비중량
$PV = mRT$ 여기서, P : 압력$[\text{kg}_f/\text{m}^2]$ V : 부피$[\text{m}^3]$ m : 질량$[\text{kg}]$ $R : \dfrac{848}{M}[\text{kg}_f \cdot \text{m/kg} \cdot \text{K}]$ T : 절대온도$(273+℃)[\text{K}]$	$PV = mRT$ 여기서, P : 압력$[\text{N/m}^2]$ V : 부피$[\text{m}^3]$, m : 질량$[\text{kg}]$ $R : \dfrac{8314}{M}[\text{N} \cdot \text{m/kg} \cdot \text{K}]$ T : 절대온도$(273+℃)[\text{K}]$ 또는 $PV = nRT$ 여기서, P : 압력$[\text{atm}]$ V : 부피$[\text{m}^3]$ n : 몰수$\left(n = \dfrac{m(질량[\text{kg}])}{M(분자량)}\right)$ R : 기체상수$(0.082\text{atm} \cdot \text{m}^3/\text{kmol} \cdot \text{K})$ T : 절대온도$(273+℃)[\text{K}]$	이상기체 상태방정식
$P = \dfrac{\gamma QH}{102\eta}K$ 여기서, P : 전동력$[\text{kW}]$ γ : 비중량(물의 비중량 $1000\text{kg}_f/\text{m}^3$) Q : 유량$[\text{m}^3/\text{s}]$, H : 전양정$[\text{m}]$ K : 전달계수, η : 효율	$P = \dfrac{\gamma QH}{1000\eta}K$ 여기서, P : 전동력$[\text{kW}]$ γ : 비중량(물의 비중량 9800N/m^3) Q : 유량$[\text{m}^3/\text{s}]$, H : 전양정$[\text{m}]$ K : 전달계수, η : 효율	전동력
$P = \dfrac{\gamma QH}{102\eta}$ 여기서, P : 축동력$[\text{kW}]$ γ : 비중량(물의 비중량 $1000\text{kg}_f/\text{m}^3$) Q : 유량$[\text{m}^3/\text{s}]$ H : 전양정$[\text{m}]$ η : 효율	$P = \dfrac{\gamma QH}{1000\eta}$ 여기서, P : 전동력$[\text{kW}]$ γ : 비중량(물의 비중량 9800N/m^3) Q : 유량$[\text{m}^3/\text{s}]$ H : 전양정$[\text{m}]$ η : 효율	축동력
$P = \dfrac{\gamma QH}{102}$ 여기서, P : 수동력$[\text{kW}]$ γ : 비중량(물의 비중량 $1000\text{kg}_f/\text{m}^3$) Q : 유량$[\text{m}^3/\text{s}]$ H : 전양정$[\text{m}]$	$P = \dfrac{\gamma QH}{1000}$ 여기서, P : 수동력$[\text{kW}]$ γ : 비중량(물의 비중량 9800N/m^3) Q : 유량$[\text{m}^3/\text{s}]$ H : 전양정$[\text{m}]$	수동력

시험안내 연락처

기관명	주소	전화번호
서울지역본부	02512 서울 동대문구 장안벚꽃로 279(휘경동 49-35)	02-2137-0590
서울서부지사	03302 서울 은평구 진관3로 36(진관동 산100-23)	02-2024-1700
서울남부지사	07225 서울시 영등포구 버드나루로 110(당산동)	02-876-8322
서울강남지사	06193 서울시 강남구 테헤란로 412 알레르망타워 15층(대치동)	02-2161-9100
인천지사	21634 인천시 남동구 남동서로 209(고잔동)	032-820-8600
경인지역본부	16626 경기도 수원시 권선구 호매실로 46-68(탑동)	031-249-1201
경기동부지사	13313 경기 성남시 수정구 성남대로 1214(수진동)	031-750-6200
경기서부지사	14488 경기도 부천시 길주로 463번길 69(춘의동)	032-719-0800
경기남부지사	17561 경기 안성시 공도읍 공도로 51-23	031-615-9000
경기북부지사	11801 경기도 의정부시 바대논길 21 해인프라자 3~5층(고산동)	031-850-9100
강원지사	24408 강원특별자치도 춘천시 동내면 원창 고개길 135(학곡리)	033-248-8500
강원동부지사	25440 강원특별자치도 강릉시 사천면 방동길 60(방동리)	033-650-5700
부산지역본부	46519 부산시 북구 금곡대로 441번길 26(금곡동)	051-330-1910
부산남부지사	48518 부산시 남구 신선로 454-18(용당동)	051-620-1910
경남지사	51519 경남 창원시 성산구 두대로 239(중앙동)	055-212-7200
경남서부지사	52733 경남 진주시 남강로 1689(초전동 260)	055-791-0700
울산지사	44538 울산광역시 중구 종가로 347(교동)	052-220-3277
대구지역본부	42704 대구시 달서구 성서공단로 213(갈산동)	053-580-2300
경북지사	36616 경북 안동시 서후면 학가산 온천길 42(명리)	054-840-3000
경북동부지사	37580 경북 포항시 북구 법원로 140번길 9(장성동)	054-230-3200
경북서부지사	39371 경상북도 구미시 산호대로 253(구미첨단의료 기술타워 2층)	054-713-3000
광주지역본부	61008 광주광역시 북구 첨단벤처로 82(대촌동)	062-970-1700
전북지사	54852 전북 전주시 덕진구 유상로 69(팔복동)	063-210-9200
전북서부지사	54098 전북 군산시 공단대로 197번지 풍산빌딩 2층(수송동)	063-731-5500
전남지사	57948 전남 순천시 순광로 35-2(조례동)	061-720-8500
전남서부지사	58604 전남 목포시 영산로 820(대양동)	061-288-3300
대전지역본부	35000 대전광역시 중구 서문로 25번길 1(문화동)	042-580-9100
충북지사	28456 충북 청주시 흥덕구 1순환로 394번길 81(신봉동)	043-279-9000
충북북부지사	27480 충북 충주시 호암수청2로 14 충주농협 호암행복지점 3~4층(호암동)	043-722-4300
충남지사	31081 충남 천안시 서북구 상고1길 27(신당동)	041-620-7600
세종지사	30128 세종특별자치시 한누리대로 296(나성동)	044-410-8000
제주지사	63220 제주 제주시 복지로 19(도남동)	064-729-0701

※ 청사이전 및 조직변동 시 주소와 전화번호가 변경, 추가될 수 있음

응시자격

📖 기사 : 다음 각 호의 어느 하나에 해당하는 사람

1. **산업기사** 등급 이상의 자격을 취득한 후 응시하려는 종목이 속하는 동일 및 유사 직무분야에서 **1년 이상** 실무에 종사한 사람
2. **기능사** 자격을 취득한 후 응시하려는 종목이 속하는 동일 및 유사 직무분야에서 **3년 이상** 실무에 종사한 사람
3. 응시하려는 종목이 속하는 동일 및 유사 직무분야의 다른 종목의 기사 등급 이상의 자격을 취득한 사람
4. 관련학과의 대학졸업자 등 또는 그 졸업예정자
5. **3년제 전문대학** 관련학과 졸업자 등으로서 졸업 후 응시하려는 종목이 속하는 동일 및 유사 직무분야에서 **1년 이상** 실무에 종사한 사람
6. **2년제 전문대학** 관련학과 졸업자 등으로서 졸업 후 응시하려는 종목이 속하는 동일 및 유사 직무분야에서 **2년 이상** 실무에 종사한 사람
7. 동일 및 유사 직무분야의 **기사** 수준 기술훈련과정 이수자 또는 그 이수예정자
8. 동일 및 유사 직무분야의 **산업기사** 수준 기술훈련과정 이수자로서 이수 후 응시하려는 종목이 속하는 동일 및 유사 직무분야에서 **2년 이상** 실무에 종사한 사람
9. 응시하려는 종목이 속하는 동일 및 유사 직무분야에서 **4년 이상** 실무에 종사한 사람
10. 외국에서 동일한 종목에 해당하는 자격을 취득한 사람

📖 산업기사 : 다음 각 호의 어느 하나에 해당하는 사람

1. **기능사** 등급 이상의 자격을 취득한 후 응시하려는 종목이 속하는 동일 및 유사 직무분야에 **1년 이상** 실무에 종사한 사람
2. 응시하려는 종목이 속하는 동일 및 유사 직무분야의 다른 종목의 산업기사 등급 이상의 자격을 취득한 사람
3. 관련학과의 **2년제** 또는 **3년제 전문대학**졸업자 등 또는 그 졸업예정자
4. 관련학과의 대학졸업자 등 또는 그 졸업예정자
5. 동일 및 유사 직무분야의 산업기사 수준 기술훈련과정 이수자 또는 그 이수예정자
6. 응시하려는 종목이 속하는 동일 및 유사 직무분야에서 **2년 이상** 실무에 종사한 사람
7. 고용노동부령으로 정하는 기능경기대회 입상자
8. 외국에서 동일한 종목에 해당하는 자격을 취득한 사람

※ 세부사항은 한국산업인력공단 **1644-8000**으로 문의바람

초스피드 기억법

제 **1** 편   소방원론

제 **2** 편   소방관계법규

제 **3** 편   소방유체역학

제 **4** 편   소방기계시설의 구조 및 원리

상대성 원리

아인슈타인이 '상대성 원리'를 발견하고 강연회를 다니기 시작했다. 많은 단체 또는 사람들이 그를 불렀다.

30번 이상의 강연을 한 어느날이었다. 전속 운전기사가 아인슈타인에게 장난스럽게 이런말을 했다.

"박사님! 전 상대성 원리에 대한 강연을 30번이나 들었기 때문에 이제 모두 암송할 수 있게 되었습니다. 박사님은 연일 강연하시느라 피곤하실텐데 다음번에는 제가 한번 강연하면 어떨까요?"

그 말을 들은 아인슈타인은 아주 재미있어 하면서 순순히 그 말에 응하였다.

그래서 다음 대학을 향해 가면서 아인슈타인과 운전기사는 옷을 바꿔입었다.

운전기사는 아인슈타인과 나이도 비슷했고 외모도 많이 닮았다.

이때부터 아인슈타인은 운전을 했고 뒷자석에는 운전기사가 앉아 있게 되었다.

학교에 도착하여 강연이 시작되었다.

가짜 아인슈타인 박사의 강의는 정말 훌륭했다. 말 한마디, 얼굴표정, 몸의 움직임까지도 진짜 박사와 흡사했다.

성공적으로 강연을 마친 가짜 박사는 많은 박수를 받으며 강단에서 내려오려고 했다. 그 때 문제가 발생했다. 그 대학의 교수가 질문을 한 것이다.

가슴이 '쿵'하고 내려앉은 것은 가짜박사보다 진짜 박사쪽이었다.

운전기사 복장을 하고 있으니 나서서 질문에 답할 수도 없는 상황이었다.

그런데 단상에 있던 가짜 박사는 조금도 당황하지 않고 오히려 빙그레 웃으며 이렇게 말했다.

"아주 간단한 질문이오. 그 정도는 제 운전기사도 답할 수 있습니다."

그러더니 진짜 아인슈타인 박사를 향해 소리쳤다.

"여보게나? 이 분의 질문에 대해 어서 설명해 드리게나!"

그말에 진짜 박사는 안도의 숨을 내쉬며 그 질문에 대해 차근차근 설명해 나갔다.

인생을 살면서 아무리 어려운 일이 닥치더라도 결코 당황하지 말고 침착하고 지혜롭게 대처하는 여러분들이 되시길 바랍니다.

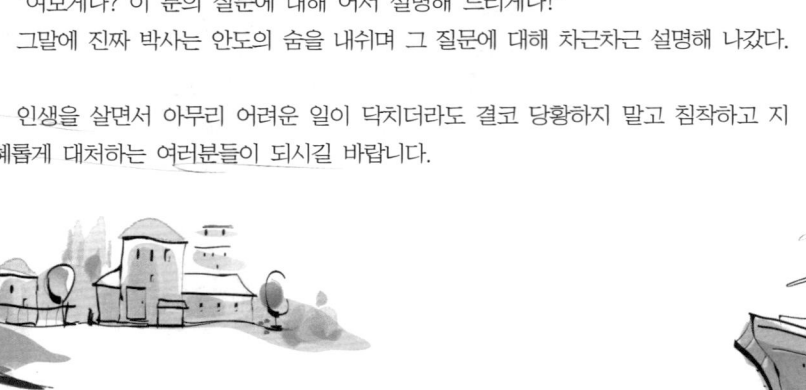

제1편 소방원론

제1장 화재론

1 화재의 발생현황 (눈을 크게 뜨고 보라!)

① 발화요인별 : 부주의＞전기적 요인＞기계적 요인＞화학적 요인＞교통사고＞방화의심＞방화＞자연적 요인＞가스누출
② 장소별 : 근린생활시설＞공동주택＞공장 및 창고＞복합건축물＞업무시설＞숙박시설＞교육연구시설
③ 계절별 : 겨울＞봄＞가을＞여름

2 화재의 종류

구분\\등급	A급	B급	C급	D급	K급
화재종류	일반화재	유류화재	전기화재	금속화재	주방화재
표시색	**백**색	**황**색	**청**색	**무**색	–

● 초스피드 기억법

백황청무(**백**색 **황**새가 **청**나라 **무**서워한다.)

※ 요즘은 표시색의 의무규정은 없음

3 연소의 색과 온도

색	온도(℃)
암적색(**진**홍색)	**7**00~750
적색	**8**50
휘적색(**주**황색)	**9**25~950
황적색	1100
백적색(백색)	1200~1300
휘백색	1500

● 초스피드 기억법

진7 (**진**출), 적8 (**저**팔개), 주9 (**주먹구구**)

4 전기화재의 발생원인

① 단락(합선)에 의한 발화
② 과부하(과전류)에 의한 발화
③ 절연저항 감소(누전)로 인한 발화

Key Point

✱ **화재**
자연 또는 인위적인 원인에 의하여 불이 물체를 연소시키고, 인명과 재산의 손해를 주는 현상

✱ **일반화재**
연소 후 재를 남기는 가연물

✱ **유류화재**
연소 후 재를 남기지 않는 가연물

✱ **전기화재가 아닌 것**
① 승압
② 고압전류

④ 전열기기 과열에 의한 발화
⑤ 전기불꽃에 의한 발화
⑥ 용접불꽃에 의한 발화
⑦ 낙뢰에 의한 발화

※ 단락
두 전선의 피복이 녹아서 전선과 전선이 서로 접촉되는 것

※ 누전
전류가 전선 이외의 다른 곳으로 흐르는 것

※ 폭발한계와 같은 의미
① 폭발범위
② 연소한계
③ 가연한계
④ 가연범위

5 공기중의 폭발한계 (외사천리로 나와야 한다.)

가 스	하한계(vol%)	상한계(vol%)
아세틸렌(C_2H_2)	2.5	81
<u>수</u>소(H_2)	<u>4</u>	<u>75</u>
일산화탄소(CO)	12	75
암모니아(NH_3)	15	25
메탄(CH_4)	5	15
에탄(C_2H_6)	3	12.4
프로판(C_3H_8)	2.1	9.5
<u>부</u>탄(C_4H_{10})	1.<u>8</u>	<u>8</u>.4

● 초스피드 기억법

수475 (**수**사후 **치료**하세요.)
부18 (**부**자의 **일**반적인 **팔**자)

6 폭발의 종류 (물 흐르듯 나와야 한다.)

① **분**해폭발 : **아**세틸렌, **과**산화물, **다**이너마이트
② 분진폭발 : 밀가루, 담뱃가루, 석탄가루, 먼지, 전분, 금속분
③ 중합폭발 : 염화비닐, 시안화수소
④ 분해·중합폭발 : 산화에틸렌
⑤ 산화폭발 : 압축가스, 액화가스

※ 분진폭발을 일으키지 않는 물질
① 시멘트
② 석회석
③ 탄산칼슘($CaCO_3$)
④ 생석회(CaO)

● 초스피드 기억법

아과다해(**아**세틸렌이 **과다해**)

7 폭굉의 연소속도

1000~3500m/s

※ 폭굉
화염의 전파속도가 음속보다 빠르다.

8 가연물이 될 수 없는 물질

구 분	설 명
주기율표의 0족 원소	헬륨(He), 네온(Ne), 아르곤(Ar), 크립톤(Kr), 크세논(Xe), 라돈(Rn)
산소와 더이상 반응하지 않는 물질	물(H_2O), 이산화탄소(CO_2), 산화알루미늄(Al_2O_3), 오산화인(P_2O_5)
흡열반응 물질	질소(N_2)

※ 질소
복사열을 흡수하지 않는다.

 초스피드 기억법

질흡(**진흙**탕)

9 점화원이 될 수 없는 것

① **흡**착열
② **기**화열
③ **융**해열

※ 점화원과 같은 의미
① 발화원
② 착화원

 초스피드 기억법

흡기 융점없(호**흡기**의 **융점**은 **없**다.)

10 연소의 형태 (다 외웠는가? 훌륭하다!)

연소 형태	종 류
표면연소	숯, 코크스, 목탄, 금속분
분해연소	**아**스팔트, **플**라스틱, **중**유, **고**무, **종**이, **목**재, **석**탄
증발연소	황, 왁스, 파라핀, 나프탈렌, 가솔린, 등유, 경유, 알코올, 아세톤
자기연소	나이트로글리세린, 나이트로셀룰로오스(질화면), **T**NT, **피**크린산
액적연소	벙커C유
확산연소	메탄(CH_4), 암모니아(NH_3), 아세틸렌(C_2H_2), 일산화탄소(CO), 수소(H_2)

 초스피드 기억법

아플 중고종목 분석(**아플**땐 **중고종목**을 **분석**해)
자T피(**자**니윤이 **티피**코시를 입었다.)

11 연소와 관계되는 용어

연소 용어	설 명
발화점	가연성 물질에 불꽃을 접하지 아니하였을 때 연소가 가능한 **최저온도**
인화점	휘발성 물질에 불꽃을 접하여 연소가 가능한 **최저온도**
연소점	어떤 인화성 액체가 공기중에서 열을 받아 점화원의 존재하에 **지속**적인 연소를 일으킬 수 있는 온도

※ 물질의 발화점
① 황린 : 30~50℃
② 황화인·이황화탄소 : 100℃
③ 나이트로셀룰로오스 : 180℃

● 초스피드 기억법

연지(**연지** 곤지)

12 물의 잠열

구 분	열 량
융해잠열	**8**0cal/g
기화(증발)잠열	**5**39cal/g
0℃의 **물** 1g이 100℃의 수증기로 되는 데 필요한 열량	639cal
0℃의 **얼음** 1g이 100℃의 수증기로 되는 데 필요한 열량	719cal

● 초스피드 기억법

융8(**왕파**리), 5기(**오기**가 생겨서)

13 증기비중

$$증기비중 = \frac{분자량}{29}$$

여기서, 29 : 공기의 평균 분자량

14 증기 - 공기밀도

$$증기 - 공기밀도 = \frac{P_2 d}{P_1} + \frac{P_1 - P_2}{P_1}$$

여기서, P_1 : 대기압
P_2 : 주변온도에서의 증기압
d : 증기밀도

15 일산화탄소의 영향

농 도	영 향
0.2%	1시간 호흡시 생명에 위험을 준다.
0.4%	1시간 내에 사망한다.
1%	2~3분 내에 실신한다.

16 스테판-볼츠만의 법칙

$$Q = a A F (T_1^4 - T_2^4)$$

여기서, Q : 복사열[W]
a : 스테판-볼츠만 상수[W/m² · K⁴]

Key Point

✱ 융해잠열
고체에서 액체로 변할 때의 잠열

✱ 기화잠열
액체에서 기체로 변할 때의 잠열

✱ 증기밀도
$$증기밀도 = \frac{분자량}{22.4}$$
여기서,
22.4 : 기체 1몰의 부피[l]

✱ 일산화탄소
화재시 인명피해를 주는 유독성 가스

F : 기하학적 factor
A : 단면적[m²]
T_1 : 고온[K]
T_2 : 저온[K]

스테판-볼츠만의 법칙 : 복사체에서 발산되는 복사열은 복사체의 절대온도의 **4제곱**에 비례한다.

● 초스피드 기억법

스4(**수사**하라.)

17 보일 오버(boil over)

 중질유의 탱크에서 장시간 조용히 연소하다 탱크 내의 잔존기름이 갑자기 분출하는 현상
② 유류탱크에서 탱크바닥에 물과 기름의 **에멀전**이 섞여 있을 때 이로 인하여 화재가 발생하는 현상
③ 연소유면으로부터 100℃ 이상의 열파가 탱크 저부에 고여 있는 물을 비등하게 하면서 연소유를 탱크 밖으로 비산시키며 연소하는 현상

18 열전달의 종류

① 전도
② 복사 : 전자파의 형태로 열이 옮겨지며, 가장 크게 작용한다.
③ 대류

● 초스피드 기억법

전복열대(**전복**은 **열대**어다.)

19 열에너지원의 종류 (이 내용은 자다가도 말할 수 있어야 한다.)

(1) 전기열

① 유도열 : 도체주위의 자장에 의해 발생
② 유전열 : **누설전류**(절연감소)에 의해 발생
③ 저항열 : 백열전구의 발열
④ 아크열
⑤ 정전기열
 낙뢰에 의한 열

(2) 화학열

① **연**소열 : 물질이 완전히 산화되는 과정에서 발생

※ **에멀전**
물의 미립자가 기름과 섞여서 기름의 증발능력을 떨어뜨려 연소를 억제하는 것

※ **자연발화의 형태**
(1) 분해열
  ① 셀룰로이드
  ② 나이트로셀룰로오스
(2) 산화열
  ① 건성유(정어리유, 아마인유, 해바라기유)
  ② 석탄
  ③ 원면
  ④ 고무분말
(3) 발효열
  ① **먼**지
  ② **곡**물
  ③ **퇴**비
(4) 흡착열
  ① 목탄
  ② 활성탄

기억법
자먼곡발퇴(자네 먼 곳에서 오느라 발이 불어텄나)

② **분**해열
③ **용**해열 : 농황산
④ **자**연발열(자연발화) : 어떤 물질이 외부로부터 열의 공급을 받지 아니하고 온도가 상승하는 현상
⑤ **생**성열

● 초스피드 기억법

연분용 자생화(연분홍 자생화)

20 자연발화의 방지법

① 습도가 높은 곳을 피할 것(건조하게 유지할 것)
② 저장실의 **온도**를 **낮출** 것
③ 통풍이 잘 되게 할 것
④ 퇴적 및 수납시 열이 쌓이지 않게 할 것

21 보일-샤를의 법칙

※ **샤를의 법칙**
압력이 일정할 때 기체의 부피는 절대온도에 비례한다.

기체가 차지하는 부피는 **압력**에 **반비례**하며, **절대온도**에 **비례**한다.

$$\frac{P_1 V_1}{T_1} = \frac{P_2 V_2}{T_2}$$

여기서, P_1, P_2 : 기압[atm]
 V_1, V_2 : 부피[m³]
 T_1, T_2 : 절대온도[K]

22 목재 건축물의 화재진행과정

※ **무염착화**
가연물이 재로 덮힌 숯불 모양으로 불꽃 없이 착화하는 현상

※ **발염착화**
가연물이 불꽃이 발생되면서 착화하는 현상

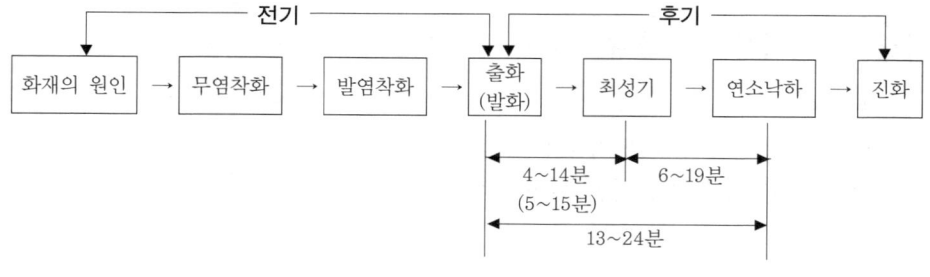

23 건축물의 화재성상 (다 중요! 참 중요!)

(1) 목재 건축물

① 화재성상 : 고온 단기형
② 최고온도 : 1300℃

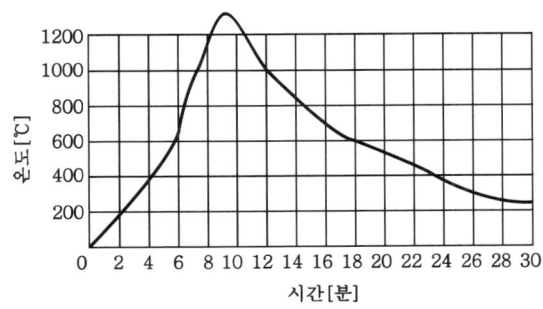

 초스피드 기억법

고단목(고단할 땐 목캔디가 최고야!)

(2) 내화 건축물

① 화재성상 : 저온 장기형
② 최고온도 : 900~1000℃

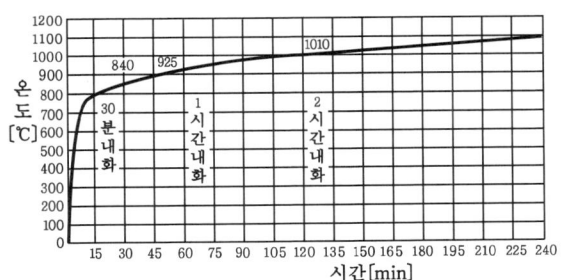

※ 내화건축물의
　표준 온도
① 30분 후 : 840℃
② 1시간 후 :
　925~950℃
③ 2시간 후 : 1010℃

24 플래시 오버(flash over)

(1) 정의

① 폭발적인 착화현상
② 순발적인 연소확대현상
③ 화재로 인하여 실내의 온도가 급격히 상승하여 화재가 순간적으로 실내전체에 확산되어 연소되는 현상

(2) 발생시점

성장기~최성기(성장기에서 최성기로 넘어가는 분기점)

(3) 실내온도 : 약 8̲0̲0̲~9̲0̲0̲℃

● 초스피드 기억법

내플89 (내풀팔고 네플쓰자)

25 플래시 오버에 영향을 미치는 것

① 내̲장재료(내장재료의 제성상, 실내의 내장재료)
② 화̲원의 크기
③ 개̲구율

※ 플래시 오버와 같은 의미
① 순발연소
② 순간연소

● 초스피드 기억법

내화플개 (내화구조를 풀게나)

26 연기의 이동속도

구 분	이동속도
수평̲방향	0.5~1m/s
수직̲방향	2̲~3̲m/s
계단실 내의 수직 이동속도	3~5m/s

※ 연기의 형태
(1) 고체 미립자계 : 일반적인 연기
(2) 액체 미립자계
① 담배연기
② 훈소연기

● 초스피드 기억법

연직23 (연구직은 이상해)

27 연기의 농도와 가시거리 (아주 중요! 정말 중요!)

감광계수[m⁻¹]	가시거리[m]	상 황
0.1̲	2̲0̲~3̲0̲	연̲기감지기가 작동할 때의 농도
0.3	5	건물내부에 익숙한 사람이 피난에 지장을 느낄 정도의 농도
0.5	3	어두운 것을 느낄 정도의 농도
1	1~2	거의 앞이 보이지 않을 정도의 농도
10	0.2~0.5	화재 최성기 때의 농도
30	-	출화실에서 연기가 분출할 때의 농도

● 초스피드 기억법

연1 2030 (연일 20~30℃까지 올라간다.)

28 위험물의 일반 사항(술술 나오도록 외우자!)

위험물	성 질	소화방법
제1류	강산화성 물질(산화성 고체)	물에 의한 **냉각소화** (단, **무기과산화물**은 **마른모래** 등에 의한 질식소화)
제2류	환원성 물질(가연성 고체)	물에 의한 **냉각소화** (단, **금속분**은 **마른모래** 등에 의한 **질식소화**)
제3류	금수성 물질 및 자연발화성 물질	마른모래 등에 의한 질식소화 (단, **칼륨·나트륨**은 연소확대 방지)
제4류	인화성 물질(인화성 액체)	포·분말·CO_2·할론소화약제에 의한 **질식소화**
제5류	폭발성 물질(**자**기 반응성 물질)	화재 초기에만 대량의 물에 의한 **냉각소화**(단, 화재가 진행되면 자연진화 되도록 기다릴 것)
제6류	산화성 물질(산화성 액체)	마른모래 등에 의한 **질식소화** (단, **과산화수소**는 다량의 **물**로 **희석소화**)

※ **금수성 물질**
① 생석회
② 금속칼슘
③ 탄화칼슘

※ **마른모래**
예전에는 '건조사'라고 불리어졌다.

● 초스피드 기억법

1강산(**일**류, **강산**)
4인(**싸인**해)
5폭자(**오폭**으로 **자**멸하다.)

29 물질에 따른 저장장소

물 질	저장장소
황린, **이**황화탄소(CS_2)	**물**속
나이트로셀룰로오스	알코올 속
칼륨(K), 나트륨(Na), 리튬(Li)	석유류(등유) 속
아세틸렌(C_2H_2)	디메틸포름아미드(DMF), 아세톤에 용해

● 초스피드 기억법

황물이(**황**토색 **물**이 나온다.)

30 주수소화시 위험한 물질

구 분	주수소화시 현상
무기 과산화물	**산**소발생
금속분·마그네슘·알루미늄·칼륨·나트륨	수소발생
가연성 액체의 유류화재	연소면(화재면) 확대

※ **주수소화**
물을 뿌려 소화하는 것

● 초스피드 기억법

무산(**무산** 됐다.)

※ 최소 정전기 점화
　에너지
국부적으로 온도를 높이는 전기불꽃과 같은 점화원에 의해 점화될 때의 에너지 최소값

31 최소 정전기 점화에너지

① <u>수</u>소(H_2) : <u>0.02</u>mJ
② 메탄(CH_4) ⎤
③ 에탄(C_2H_6) ⎥
④ 프로판(C_3H_8) ⎬ 0.3mJ
⑤ 부탄(C_4H_{10}) ⎦

● 초스피드 기억법

002점수(국제전화 002의 점수)

제2장　방화론

32 공간적 대응

① <u>도</u>피성
② <u>대</u>항성 : 내화성능·방연성능·초기소화 대응 등의 화재사상의 저항능력
③ <u>회</u>피성

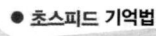

도대회공(도에서 대회를 개최하는 것은 공무수행이다.)

※ 회피성
불연화·난연화·내장제한·구획의 세분화·방화훈련(소방훈련)·불조심 등 출화유발·확대 등을 저감시키는 예방조치 강구사항을 말한다.

33 연소확대방지를 위한 방화계획

① <u>수</u>평구획(면적단위)
② <u>수</u>직구획(층단위)
③ <u>용</u>도구획(용도단위)

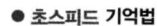

연수용(연수용 건물)

초스피드 기억법

34 내화구조·불연재료 (진짜 중요!)

내화구조	불연재료
① **철**근 콘크리트조 ② **석**조 ③ **연**와조	① 콘크리트·석재 ② 벽돌·기와 ③ 석면판·철강 ④ 알루미늄·유리 ⑤ 모르타르·회

● 초스피드 기억법

철석연내(**철석** 소리가 나더니 **연내** 무너졌다.)

✱ **내화구조**
공동주택의 각 세대간의 경계벽의 구조

35 내화구조의 기준

내화구분	기 준
벽·**바**닥	철골·철근 콘크리트조로서 두께가 <u>10cm</u> 이상인 것
기둥	철골을 두께 <u>5cm</u> 이상의 콘크리트로 덮은 것
보	두께 <u>5cm</u> 이상의 콘크리트로 덮은 것

● 초스피드 기억법

벽바내1(**벽**을 **바**라보면 **내일**이 보인다.)

36 방화구조의 기준

구조내용	기 준
• **철망모르타르** 바르기	두께 2cm 이상
• 석고판 위에 시멘트모르타르를 바른 것 • 석고판 위에 회반죽을 바른 것 • 시멘트모르타르 위에 타일을 붙인 것	두께 2.5cm 이상
• 심벽에 흙으로 맞벽치기 한 것	모두 해당

✱ **방화구조**
화재시 건축물의 인접부분에로의 연소를 차단할 수 있는 구조

37 방화문의 구분

60분+방화문	60분 방화문	30분 방화문
연기 및 불꽃을 차단할 수 있는 시간이 60분 이상이고, 열을 차단할 수 있는 시간이 30분 이상인 방화문	연기 및 불꽃을 차단할 수 있는 시간이 60분 이상인 방화문	연기 및 불꽃을 차단할 수 있는 시간이 30분 이상 60분 미만인 방화문

✱ **방화문**
① 직접 손으로 열 수 있을 것
② 자동으로 닫히는 구조(자동폐쇄 장치)일 것

※ 주요 구조부
건물의 주요 골격을 이루는 부분

38 주요 구조부 (정말 중요!)

① **주**계단(옥외계단 제외)
② **기**둥(사잇기둥 제외)
③ **바**닥(최하층 바닥 제외)
④ **지**붕틀(차양 제외)
⑤ **벽**(내력벽)
⑥ **보**(작은보 제외)

● 초스피드 기억법

주기바지벽보(**주기**적으로 **바지**가 그려져 있는 **벽보**를 보라.)

39 피난행동의 성격

① **계단** 보행속도
② **군**집 **보**행속도 ─── 자유보행 : 0.5~2m/s
　　　　　　　　　　└── 군집보행 : 1m/s
③ 군집 **유**동계수

 ● 초스피드 기억법

계단 군보유(그 **계단**은 **군**이 **보유**하고 있다.)

※ 피난동선
'피난경로'라고도 부른다.

40 피난동선의 특성

① 가급적 **단순형태**가 좋다.
② **수평동선**과 **수직동선**으로 구분한다.
③ 가급적 상호 반대방향으로 다수의 출구와 연결되는 것이 좋다.
④ 어느 곳에서도 2개 이상의 방향으로 피난할 수 있으며, 그 말단은 화재로부터 안전한 장소이어야 한다.

※ 제연방법
① 희석
② 배기
③ 차단

41 제연방식

① 자연 제연방식 : **개구부** 이용
② 스모크타워 제연방식 : **루프 모니터** 이용
③ 기계 제연방식 ─┬─ 제1종 기계 제연방식 : **송풍기 + 배연기**
　　　　　　　　├─ 제**2**종 기계 제연방식 : **송풍기**
　　　　　　　　└─ 제**3**종 기계 제연방식 : **배연기**

※ 모니터
창살이나 넓은 유리창이 달린 지붕 위의 구조물

송2(**송이** 버섯), 배3(**배삼룡**)

42 제연구획 (NFPC 501 4·7조, NFTC 501 2.1.2.2, 2.4.2)

구 분	설 명
제연경계의 폭	0.6m 이상
제연경계의 수직거리	2m 이내
예상제연구역~배출구의 수평거리	10m 이내

43 건축물의 안전계획

(1) 피난시설의 안전구획

안전구획	설 명
1차 안전구획	복도
2차 안전구획	부실(계단전실)
3차 안전구획	계단

복부계(**복부**인 **계**하나 더세요.)

(2) 패닉(Panic)현상을 일으키는 피난형태

❶ H형
❷ CO형

※ 패닉현상
인간이 극도로 긴장되어 돌출행동을 하는 것

패H(**피해**), Panic C(Pani**c C**)

44 적응 화재

화재의 종류	적응 소화기구
A급	• 물 • 산알칼리
AB급	• 포
BC급	• 이산화탄소 • 할론 • 1, 2, 4종 분말
ABC급	• 3종 분말 • 강화액

45 주된 소화작용 (참 중요!)

소화제	주된 소화작용
• **물**	• **냉**각효과
• 포 • 분말 • 이산화탄소	• 질식효과
• **할**론	• **부**촉매효과(연쇄반응**억**제)

● 초스피드 기억법

물냉(**물냉**면)
할부억(**할**아**버**지 **억**지부리지 마세요.)

※ **질식효과**
공기중의 산소농도를 16%(10~15%) 이하로 희박하게 하는 방법

※ **할론 1301**
① 할론 약제 중 소화효과가 가장 좋다.
② 할론 약제 중 독성이 가장 약하다.
③ 할론 약제 중 오존파괴지수가 가장 높다.

46 분말 소화약제

종별	소화약제	약제의 착색	적응 화재	비고
제**1**종	중탄산나트륨 ($NaHCO_3$)	백색	BC급	**식**용유 및 지방질유의 화재에 적합
제**2**종	중탄산칼륨 ($KHCO_3$)	담자색 (담회색)	BC급	-
제**3**종	제1인산암모늄 ($NH_4H_2PO_4$)	담홍색	ABC급	**차**고 · **주**차장에 적합
제4종	중탄산칼륨+요소 ($KHCO_3 + (NH_2)_2CO$)	회(백)색	BC급	-

※ **중탄산나트륨**
"탄산수소나트륨"이라고도 부른다.

※ **중탄산칼륨**
"탄산수소칼륨"이라고도 부른다.

● 초스피드 기억법

1식분(**일식 분식**)
3분 차주(**삼보** 컴퓨터 **차주**)

제2편 소방관계법규

1 기 간 (30분만 눈에 불을 켜고 보라!)

(1) 1일
제조소 등의 변경신고(위험물법 6조)

(2) 2일
① 소방시설공사 착공·변경신고처리(공사업규칙 12조)
② 소방공사감리자 지정·변경신고처리(공사업규칙 15조)

(3) 3일
① **하**자보수기간(공사업법 15조)
② 소방시설업 등록증 **분**실 등의 **재**발급(공사업규칙 4조)
③ 소방시설 등의 자체점검 면제 또는 연기신청(소방시설법 시행규칙 22조)
④ 소방안전관리자 선임연기신청서 관계인 통보(화재예방법 시행규칙 14조)

 초스피드 기억법

3하분재(상하이에서 분재를 가져왔다.)

(4) 4일
건축허가 등의 **동**의 요구서류 보완(소방시설법 시행규칙 3조)

(5) 5일
① 일반적인 **건축허가** 등의 **동의여부** 회신(소방시설법 시행규칙 3조)
② 소방시설업 등록증 **변**경신고 등의 **재**발급(공사업규칙 6조)

 초스피드 기억법

5변재(오이로 변제해)

(6) 7일
① 옮긴 물건 등의 **보관**기간(화재예방법 시행령 17조)
② 건축허가 등의 취소통보(소방시설법 시행규칙 3조)
③ 소방공사 감리원의 배치통보일(공사업규칙 17조)
④ 소방공사 감리결과 통보·보고일(공사업규칙 19조)

(7) 10일
① 화재예방강화지구 안의 소방훈련·교육 통보일(화재예방법 시행령 20조)

※ 제조소
위험물을 제조할 목적으로 지정수량 이상의 위험물을 취급하기 위하여 허가를 받은 장소

※ 소방시설업
① 소방시설설계업
② 소방시설공사업
③ 소방공사감리업
④ 방염처리업

※ 건축허가 등의 동의 요구
① 소방본부장
② 소방서장

※ 화재예방강화지구
화재발생 우려가 크거나 화재가 발생할 경우 피해가 클 것으로 예상되는 지역에 대하여 화재의 예방 및 안전관리를 강화하기 위해 지정·관리하는 지역

❷ **50층** 이상(지하층 제외) 또는 **200m** 이상인 아파트의 건축허가 등의 동의 여부 회신(소방시설법 시행규칙 3조)

❸ **30층** 이상(지하층 포함) 또는 **120m** 이상의 건축허가 등의 동의 여부 회신(소방시설법 시행규칙 3조)

❹ 연면적 **10만m²** 이상의 건축허가 등의 동의 여부 회신(소방시설법 시행규칙 3조)

❺ 소방안전교육 통보일(화재예방법 시행규칙 40조)

❻ 소방기술자의 **실무교육** 통지일(공사업규칙 26조)

❼ **실무교육** 교육계획의 변경보고일(공사업규칙 35조)

❽ 소방기술자 **실무교육기관** 지정사항 변경보고일(공사업규칙 33조)

❾ 소방시설업의 등록신청서류 보완일(공사업규칙 2조 2)

❿ 제조소 등의 재발급 완공검사합격확인증 제출일(위험물령 10조)

(8) **14일**

❶ 옮긴 물건 등을 보관하는 경우 공고기간(화재예방법 시행령 17조)

❷ 소방기술자 실무교육기관 휴폐업신고일(공사업규칙 34조)

❸ **제**조소 등의 용도**폐**지 신고일(위험물법 11조)

❹ 위험물안전관리자의 **선**임신고일(위험물법 15조)

❺ 소방안전관리자의 **선**임신고일(화재예방법 26조)

> ● 초스피드 기억법
>
> 14제폐선(**일사**천리로 **제패**하여 **성**공하라.)

※ 위험물안전관리자 와 소방안전관리자
① 위험물안전관리자 제조소 등에서 위험물의 안전관리에 관한 직무를 수행하는 자
② 소방안전관리자 특정소방대상물에서 화재가 발생하지 않도록 관리하는 사람

(9) **15일**

❶ 소방기술자 **실무교육기관** 신청서류 **보완**일(공사업규칙 31조)

❷ 소방시설업 등록증 발급(공사업규칙 3조)

> ● 초스피드 기억법
>
> 실 15보(**실**제 **일**과는 **오**전에 **보**라!)

(10) **20일**

소방안전관리자의 **강**습실시공고일(화재예방법 시행규칙 25조)

> ● 초스피드 기억법
>
> 강2(**강의**)

(11) **30일**

❶ 소방시설업 등록사항 변경신고(공사업규칙 6조)

❷ 위험물안전관리자의 **재선임**(위험물법 15조)

❸ 소방안전관리자의 **재선임**(화재예방법 시행규칙 14조)

❹ 소방안전관리자의 **실무교육** 통보일(화재예방법 시행규칙 29조)

초스피드 기억법

⑤ **도급계약** 해지(공사업법 23조)
⑥ 소방시설공사 중요사항 변경시의 신고일(공사업규칙 12조)
⑦ 소방기술자 실무교육기관 지정서 발급(공사업규칙 32조)
⑧ 소방공사감리자 변경서류제출(공사업규칙 15조)
⑨ **승계**(위험물법 10조)
⑩ 위험물안전관리자의 직무대행(위험물법 15조)
⑪ 탱크시험자의 변경신고일(위험물법 16조)

(12) 90일

① 소방시설업 **등**록신청 자산평가액·기업진단보고서 **유효**기간(공사업규칙 2조)
② 위험물 임시저장기간(위험물법 5조)
③ 소방시설관리사 시험공고일(소방시설법 시행령 42조)

● 초스피드 기억법

등유9(**등유 구**해와.)

2 횟수

(1) 월 1회 이상 : 소방용수시설 및 **지**리조사(기본규칙 7조)

● 초스피드 기억법

월1지(**월**요**일**이 **지**났다.)

* **소방용수시설**
① 소화전
② 급수탑
③ 저수조

(2) 연 1회 이상

① 화재예방강화지구 안의 화재안전조사·훈련·교육(화재예방법 시행령 20조)
② 특정소방대상물의 소방훈련·교육(화재예방법 시행규칙 36조)
③ 제조소 등의 **정**기점검(위험물규칙 64조)
④ **종**합점검(특급 소방안전관리대상물은 반기별 1회 이상)(소방시설법 시행규칙〔별표 3〕)
⑤ 작동점검(소방시설법 시행규칙〔별표 3〕)

● 초스피드 기억법

연1정종(**연**일 **정종**술을 마셨다.)

* **종합점검자의 자격**
① 소방안전관리자(소방시설관리사·소방기술사)
② 소방시설관리업자(소방시설관리사)

(3) 2년마다 1회 이상

① 소방대원의 소방교육·훈련(기본규칙 9조)
② **실**무교육(화재예방법 시행규칙 29조)

● 초스피드 기억법

실2(**실리**)

소방관계법규

3 담당자(모두 시험에 썩! 잘 나온다.)

(1) 소방대장

소방활동구역의 설정(기본법 23조)

● 초스피드 기억법

대구활(대구의 활동)

(2) 소방본부장 · 소방서장

① 소방용수시설 및 지리조사(기본규칙 7조)
② 건축허가 등의 동의(소방시설법 6조)
③ 소방안전관리자 · 소방안전관리보조자의 선임신고(화재예방법 26조)
④ 소방훈련의 지도 · 감독(화재예방법 37조)
⑤ 소방시설 등의 자체점검 결과 보고(소방시설법 23조)
⑥ 소방계획의 작성 · 실시에 관한 지도 · 감독(화재예방법 시행령 27조)
⑦ 소방안전교육 실시(화재예방법 시행규칙 40조)
⑧ 소방시설공사의 착공신고 · 완공검사(공사업법 13 · 14조)
⑨ 소방공사 감리결과 보고서 제출(공사업법 20조)
⑩ 소방공사 감리원의 배치통보(공사업규칙 17조)

(3) 소방본부장 · 소방서장 · 소방대장

① 소방활동 종사명령(기본법 24조)
② 강제처분(기본법 25조)
③ 피난명령(기본법 26조)

● 초스피드 기억법

소대종강피(소방대의 종강파티)

(4) 시 · 도지사

① 제조소 등의 설치허가(위험물법 6조)
② 소방업무의 지휘 · 감독(기본법 3조)
③ 소방체험관의 설립 · 운영(기본법 5조)
④ 소방업무에 관한 세부적인 종합계획수립 및 소방업무 수행(기본법 6조)
⑤ 소방시설업자의 지위승계(공사업법 7조)
⑥ 제조소 등의 승계(위험물법 10조)
⑦ 소방력의 기준에 따른 계획 수립(기본법 8조)
⑧ 화재예방강화지구의 지정(화재예방법 18조)

※ 소방활동구역
화재, 재난 · 재해 그 밖의 위급한 상황이 발생한 현장에 정하는 구역

※ 소방본부장과 소방대장
① 소방본부장
  시 · 도에서 화재의 예방 · 경계 · 진압 · 조사 · 구조 · 구급 등의 업무를 담당하는 부서의 장
② 소방대장
  소방본부장 또는 소방서장 등 화재, 재난 · 재해 그 밖의 위급한 상황이 발생한 현장에서 소방대를 지휘하는 자

※ 소방체험관
화재현장에서의 피난 등을 체험할 수 있는 체험관

※ 소방력 기준
행정안전부령

⑨ 소방시설관리업의 **등록**(소방시설법 29조)
⑩ 탱크시험자의 **등록**(위험물법 16조)
⑪ 소방시설관리업의 과징금 부과(소방시설법 36조)
⑫ 탱크안전성능검사(위험물법 8조)
⑬ 제조소 등의 **완공검사**(위험물법 9조)
⑭ 제조소 등의 용도 폐지(위험물법 11조)
⑮ **예**방규정의 제출(위험물법 17조)

● 초스피드 기억법

허시승화예(농구선수 **허**재가 차 **시승**장에서 나와 **화해**했다.)

(5) 시 · 도지사 · 소방본부장 · 소방서장
① 소방**시**설업의 **감**독(공사업법 31조)
② 탱크시험자에 대한 명령(위험물법 23조)
③ **무**허가장소의 위험물 조치명령(위험물법 24조)
④ 소방기본법령상 **과**태료부과(기본법 56조)
⑤ 제조소 등의 수리 · 개조 · 이전명령(위험물법 14조)

● 초스피드 기억법

감무시소과(**감**나무 아래에 있는 **시소**에서 **과**일 먹기)

(6) 소방청장
① 소방업무에 관한 종합계획의 수립 · 시행(기본법 6조)
② **방**염성능 **검**사(소방시설법 21조)
③ 소방박물관의 설립 · 운영(기본법 5조)
④ 한국소방안전원의 정관 변경(기본법 43조)
⑤ 한국소방안전원의 **감**독(기본법 48조)
⑥ 소방대원의 소방교육 · 훈련 정하는 것(기본규칙 9조)
⑦ 소방박물관의 설립 · 운영(기본규칙 4조)
⑧ 소방용품의 형식승인(소방시설법 37조)
⑨ 우수품질제품 인증(소방시설법 43조)
⑩ 시공능력평가의 공시(공사업법 26조)
⑪ 실무교육기관의 지정(공사업법 29조)
⑫ 소방기술자의 실무교육 필요사항 제정(공사업규칙 26조)

● 초스피드 기억법

검방청(**검**사는 **방청**객)

※ 시 · 도지사
제조소 등의 완공검사

※ 소방본부장 · 소방서장
소방시설공사의 착공 신고 · 완공검사

※ 한국소방안전원
소방기술과 안전관리 기술의 향상 및 홍보 그 밖의 교육훈련 등 행정기관이 위탁하는 업무를 수행하는 기관

※ 우수품질인증
소방용품 가운데 품질이 우수하다고 인정되는 제품에 대하여 품질인증 마크를 붙여주는 것

소방관계법규

✽ 119 종합상황실
화재·재난·재해·구조·구급 등이 필요한 때에 신속한 소방활동을 위한 정보를 수집·분석과 판단·전파, 상황관리, 현장지휘 및 조정·통제 등의 업무수행

(7) 소방청장·소방본부장·소방서장(소방관서장)
① 119 **종**합상황실의 설치·운영(기본법 4조)
② 소방활동(기본법 16조)
③ 소방대원의 소방교육·훈련 실시(기본법 17조)
④ 특정소방대상물의 화재안전조사(화재예방법 7조)
⑤ 화재안전조사 결과에 따른 조치명령(화재예방법 14조)
⑥ 화재의 예방조치(화재예방법 17조)
⑦ 옮긴 물건 등을 보관하는 경우 공고기간(화재예방법 시행령 17조)
⑧ 화재위험경보발령(화재예방법 20조)
⑨ 화재예방강화지구의 화재안전조사·소방훈련 및 교육(화재예방법 시행령 20조)

● 초스피드 기억법

종청소(**종**로구 **청소**)

(8) 소방청장(위탁 : 한국소방안전원장)
① 소방안전관리자의 **실**무교육(화재예방법 48조)
② 소방안전관리자의 **강**습(화재예방법 48조)

● 초스피드 기억법

실강원(**실강**이 벌이지 말고 **원**망해라.)

(9) 소방청장·시·도지사·소방본부장·소방서장
① 소방시설 설치 및 관리에 관한 법령상 과태료 부과권자(소방시설법 61조)
② 화재의 예방 및 안전관리에 관한 법령상 과태료 부과권자(화재예방법 52조)
③ 제조소 등의 출입·검사권자(위험물법 22조)

4 관련법령

✽ 특수가연물
화재가 발생하면 불길이 빠르게 번지는 물품

✽ 방염성능
화재의 발생 초기단계에서 화재 확대의 매개체를 단절시키는 성질

✽ 위험물
인화성 또는 발화성 등의 성질을 가지는 것으로서 대통령령으로 정하는 물질

(1) 대통령령
① 소방**장**비 등에 대한 **국**고보조 기준(기본법 9조)
② 불을 사용하는 설비의 관리사항 정하는 기준(화재예방법 17조)
③ **특**수가연물 저장·취급(화재예방법 17조)
④ **방**염성능 기준(소방시설법 20조)
⑤ 건축허가 등의 동의대상물의 범위(소방시설법 6조)
⑥ 소방시설관리업의 등록기준(소방시설법 29조)
⑦ 화재의 예방조치(화재예방법 17조)
⑧ 소방시설업의 업종별 영업범위(공사업법 4조)
⑨ 소방공사감리의 종류 및 대상에 따른 감리원 배치, 감리의 방법(공사업법 16조)
⑩ 위험물의 정의(위험물법 2조)

⑪ 탱크안전성능검사의 내용(위험물법 8조)
⑫ 제조소 등의 안전관리자의 자격(위험물법 15조)

● 초스피드 기억법

대국장 특방(**대구** 시장에서 **특**수 **방**한복 지급)

(2) 행정안전부령

① 119 종합상황실의 설치ㆍ운영에 관하여 필요한 사항(기본법 4조)
② 소방**박**물관(기본법 5조)
③ 소방**력** 기준(기본법 8조)
④ 소방**용**수시설의 기준(기본법 10조)
⑤ 소방대원의 소방교육ㆍ훈련 실시규정(기본법 17조)
⑥ 소방신호의 종류와 방법(기본법 18조)
⑦ 소방활동장비 및 설비의 종류와 규격(기본령 2조)
⑧ 소방용품의 형식승인의 방법(소방시설법 36조)
⑨ 우수품질제품 인증에 관한 사항(소방시설법 43조)
⑩ 소방공사감리원의 세부적인 배치기준(공사업법 18조)
⑪ 시공능력평가 및 공시방법(공사업법 26조)
⑫ 실무교육기관 지정방법ㆍ절차ㆍ기준(공사업법 29조)
⑬ 탱크안전성능검사의 실시 등에 관한 사항(위험물법 8조)

※ 소방신호의 목적
① 화재예방
② 소방활동
③ 소방훈련

※ 시공능력의 평가 기준
① 소방시설공사 실적
② 자본금

● 초스피드 기억법

용력행박(**용**역할 사람이 **행**실이 반듯한 **박**씨)

(3) 시ㆍ도의 조례

① 소방**체**험관(기본법 5조)
② 지정수량 **미**만의 위험물 취급(위험물법 4조)

● 초스피드 기억법

시체미(**시체미** 육체미)

※ 조례
지방자치단체가 고유 사무와 위임사무 등을 지방의회의 결정에 의하여 제정하는 것

※ 지정수량
제조소 등의 설치허가 등에 있어서 최저의 기준이 되는 수량

5 인가ㆍ승인 등 (꼭! 외워야 할지니라.)

(1) 인가

한국소방안전원의 **정**관변경(기본법 43조)

● 초스피드 기억법

인정(**인정**사정)

(2) 승인

한국소방안전원의 **사**업계획 및 예산(기본령 10조)

소방관계법규

● 초스피드 기억법

승사(성사)

(3) 등록
　① 소방시설관리업(소방시설법 29조)
　② 소방시설업(공사업법 4조)
　③ 탱크안전성능시험자(위험물법 16조)

(4) 신고
　① 위험물안전관리자의 **선**임(위험물법 15조)
　② 소방안전관리자 · 소방안전관리보조자의 **선**임(화재예방법 28조)
　③ 제조소 등의 **승**계(위험물법 10조)
　④ 제조소 등의 용도폐지(위험물법 11조)

* **승계**
직계가족으로부터 물려받음

● 초스피드 기억법

신선승(**신선**이 **승**천했다.)

(5) 허가
　제조소 등의 설치(위험물법 6조)

● 초스피드 기억법

허제(농구선수 **허재**)

6 용어의 뜻

(1) **소방대상물** : 건축물 · 차량 · 선박(매어둔 것) · 선박건조구조물 · 산림 · 인공구조물 · 물건(기본법 2조)

> **비교**
> 위험물의 저장 · 운반 · 취급에 대한 적용 제외(위험물법 3조)
> ① 항공기　② 선박　③ 철도　④ 궤도

* **인공구조물**
전기설비, 기계설비 등의 각종 설비를 말한다.

* **소화설비**
물, 그 밖의 소화약제를 사용하여 소화하는 기계 · 기구 또는 설비

* **소화용수설비**
화재를 진압하는 데 필요한 물을 공급하거나 저장하는 설비

* **소화활동설비**
화재를 진압하거나 인명구조활동을 위하여 사용하는 설비

(2) **소방시설**(소방시설법 2조)
　① **소**화설비
　② **경**보설비
　③ **소**화용수설비
　④ **소**화활동설비
　⑤ **피**난구조설비

● 초스피드 기억법

소경소피(**소경**이 **소피**본다.)

(3) 소방용품(소방시설법 2조)

소방시설 등을 구성하거나 소방용으로 사용되는 제품 또는 기기로서 **대통령령**으로 정하는 것

(4) 관계지역(기본법 2조)

소방대상물이 있는 **장소** 및 그 **이웃지역**으로서 화재의 예방·경계·진압, 구조·구급 등의 활동에 필요한 지역

(5) 무창층(소방시설법 시행령 2조)

지상층 중 개구부의 면적의 합계가 해당 층의 바닥 면적의 $\frac{1}{30}$ 이하가 되는 층

(6) 개구부(소방시설법 시행령 2조)

① 개구부의 크기가 지름 **50cm** 이상의 원이 통과할 수 있을 것
② 해당 층의 바닥면으로부터 개구부 밑부분까지의 높이가 **1.2m** 이내일 것
③ 개구부는 **도로** 또는 **차량**이 진입할 수 있는 **빈터**를 향할 것
④ 화재시 건축물로부터 쉽게 피난할 수 있도록 개구부에 창살, 그 밖의 장애물이 설치되지 않을 것
⑤ 내부 또는 외부에서 **쉽게 부수**거나 **열** 수 있을 것

※ **개구부**
화재시 쉽게 피난할 수 있는 출입문, 창문 등을 말한다.

(7) 피난층(소방시설법 시행령 2조)

곧바로 지상으로 갈 수 있는 출입구가 있는 층

7 특정소방대상물의 소방훈련의 종류(화재예방법 37조)

① 소화훈련   ② 피난훈련   ③ 통보훈련

● 초스피드 기억법

소피통훈(소의 피는 통 훈기가 없다.)

8 특정소방대상물의 관계인과 소방안전관리대상물의 소방안전관리자의 업무(화재예방법 24조)

특정소방대상물(관계인)	소방안전관리대상물(소방안전관리자)
① 피난시설·방화구획 및 방화시설의 관리 ② 소방시설, 그 밖의 소방관련시설의 관리 ③ **화기취급**의 감독 ④ 소방안전관리에 필요한 업무 ⑤ 화재발생시 초기대응	① 피난시설·방화구획 및 방화시설의 관리 ② 소방시설, 그 밖의 소방관련시설의 관리 ③ **화기취급**의 감독 ④ 소방안전관리에 필요한 업무 ⑤ **소방계획서**의 작성 및 시행(대통령령으로 정하는 사항 포함) ⑥ **자위소방대** 및 **초기대응체계**의 구성·운영·교육 ⑦ 소방훈련 및 교육 ⑧ 소방안전관리에 관한 업무수행에 관한 기록·유지 ⑨ 화재발생시 초기대응

※ **자위소방대 vs 자체소방대**
① 자위소방대
빌딩·공장 등에 설치한 사설소방대
② 자체소방대
다량의 위험물을 저장·취급하는 제조소에 설치하는 소방대

9 제조소 등의 설치허가 제외장소 (위험물법 6조)

① 주택의 난방시설(공동주택의 **중앙난방시설**은 제외)을 위한 **저장소** 또는 **취급소**
② 지정수량 **20**배 이하의 **농**예용·**축**산용·**수**산용 난방시설 또는 건조시설의 **저장소**

● 초스피드 기억법

농축수2

10 제조소 등 설치허가의 취소와 사용정지 (위험물법 12조)

① 변경허가를 받지 아니하고 제조소 등의 위치·구조 또는 설비를 변경한 경우
② 완공검사를 받지 아니하고 제조소 등을 사용한 경우
③ 안전조치 이행명령을 따르지 아니할 때
④ 수리·개조 또는 이전의 명령에 위반한 경우
⑤ 위험물안전관리자를 선임하지 아니한 경우
⑥ 안전관리자의 직무를 대행하는 대리자를 지정하지 아니한 경우
⑦ 정기점검을 하지 아니한 경우
⑧ 정기검사를 받지 아니한 경우
⑨ 저장·취급기준 준수명령에 위반한 경우

11 소방시설업의 등록기준 (공사업법 4조)

① **기**술인력
② **자**본금

● 초스피드 기억법

기자등(**기자**가 **등**장했다.)

※ 소방시설업의 종류
① 소방시설설계업
   소방시설공사에 기본이 되는 공사계획·설계도면·설계설명서·기술계산서 등을 작성하는 영업
② 소방시설공사업
   설계도서에 따라 소방시설을 신설·증설·개설·이전·정비하는 영업
③ 소방공사감리업
   소방시설공사가 설계도서 및 관계법령에 따라 적법하게 시공되는지 여부의 확인과 기술지도를 수행하는 영업
④ 방염처리업
   방염대상물품에 대하여 방염처리하는 영업

12 소방시설업의 등록취소 (공사업법 9조)

① 거짓, 그 밖의 **부정한 방법**으로 등록을 한 경우
② 등록결격사유에 해당된 경우
③ 영업정지 기간 중에 소방시설공사 등을 한 경우

13 하도급범위 (공사업법 22조)

(1) 도급받은 소방시설공사의 일부를 다른 공사업자에게 하도급할 수 있다. 하도급인은 제3자에게 다시 하도급 불가

(2) 소방시설공사의 시공을 하도급할 수 있는 경우(공사업령 12조 ①항)
  ① 주택건설사업
  ② 건설업
  ③ 전기공사업
  ④ 정보통신공사업

14 소방기술자의 의무(공사업법 27조)
  2 이상의 업체에 취업금지(1개 업체에 취업)

15 소방대(기본법 2조)
  ① 소방공무원
  ② 의무소방원
  ③ 의용소방대원

16 의용소방대의 설치(기본법 37조, 의용소방대법 2조)
  ① 특별시
  ② 광역시, 특별자치시, 특별자치도, 도
  ③ 시
  ④ 읍
  ⑤ 면

17 무기 또는 5년 이상의 징역(위험물법 33조)
  제조소 등 또는 허가를 받지 않고 지정수량 이상의 위험물을 저장 또는 취급하는 장소에서 위험물을 유출·방출 또는 확산시켜 사람을 **사망**에 이르게 한 자

18 무기 또는 3년 이상의 징역(위험물법 33조)
  제조소 등 또는 허가를 받지 않고 지정수량 이상의 위험물을 저장 또는 취급하는 장소에서 위험물을 유출·방출 또는 확산시켜 사람을 **상해**에 이르게 한 자

19 1년 이상 10년 이하의 징역(위험물법 33조)
  제조소 등 또는 허가를 받지 않고 지정수량 이상의 위험물을 저장 또는 취급하는 장소에서 위험물을 유출·방출 또는 확산시켜 사람의 생명·신체 또는 재산에 대하여 **위험**을 발생시킨 자

20 5년 이하의 징역 또는 1억원 이하의 벌금(위험물법 34조 2)
  제조소 등의 설치허가를 받지 아니하고 제조소 등을 설치한 자

21 5년 이하의 징역 또는 5000만원 이하의 벌금
  ① 소방시설에 폐쇄·차단 등의 행위를 한 자(소방시설법 56조)
  ② 소방자동차의 출동 방해(기본법 50조)
  ③ 사람구출 방해(기본법 50조)
  ④ 소방용수시설 또는 비상소화장치의 효용 방해(기본법 50조)

Key Point

* **소방기술자**
① 소방시설관리사
② 소방기술사
③ 소방설비기사
④ 소방설비산업기사
⑤ 위험물기능장
⑥ 위험물산업기사
⑦ 위험물기능사

* **의용소방대의 설치권자**
① 시·도지사
② 소방서장

* **벌금**
범죄의 대가로서 부과하는 돈

* **소방용수시설**
화재진압에 사용하기 위한 물을 공급하는 시설

22 벌칙(소방시설법 56조)

5년 이하의 징역 또는 5천만원 이하의 벌금	7년 이하의 징역 또는 7천만원 이하의 벌금	10년 이하의 징역 또는 1억원 이하의 벌금
소방시설 폐쇄·차단 등의 행위를 한 자	소방시설 폐쇄·차단 등의 행위를 하여 사람을 **상해**에 이르게 한 자	소방시설 폐쇄·차단 등의 행위를 하여 사람을 **사망**에 이르게 한 자

23 3년 이하의 징역 또는 3000만원 이하의 벌금

① 화재안전조사 결과에 따른 조치명령(화재예방법 50조)
② **소방시설관리업** 무등록자(소방시설법 57조)
③ **형식승인**을 받지 않은 소방용품 제조·수입자(소방시설법 57조)
④ **제품검사**를 받지 않은 사람(소방시설법 57조)
⑤ 거짓이나 그 밖의 **부정한 방법**으로 제품검사 전문기관의 지정을 받은 사람(소방시설법 57조)
⑥ 소방용품을 판매·진열하거나 소방시설공사에 사용한 자(소방시설법 57조)
⑦ 구매자에게 명령을 받은 사실을 알리지 아니하거나 필요한 조치를 하지 아니한 자(소방시설법 57조)
⑧ 소방활동에 필요한 소방대상물 및 토지의 강제처분을 방해한 자(기본법 51조)
⑨ 소방시설업 무등록자(공사업법 35조)
⑩ 부정한 청탁을 받고 재물 또는 재산상의 이익을 취득하거나 부정한 청탁을 하면서 재물 또는 재산상의 이익을 제공한 자(공사업법 35조)
⑪ 제조소 등이 아닌 장소에서 위험물을 저장·취급한 자(위험물법 34조 3)

● 초스피드 기억법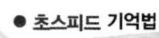

33관(**삼삼**하게 **관**리하기!)

24 1년 이하의 징역 또는 1000만원 이하의 벌금

① 소방시설의 **자체점검** 미실시자(소방시설법 58조)
② **소방시설관리사증** 대여(소방시설법 58조)
③ **소방시설관리업**의 등록증 또는 등록수첩 대여(소방시설법 58조)
④ 화재안전조사시 관계인의 정당업무방해 또는 **비밀누설**(화재예방법 50조)
⑤ 제품검사 합격표시 위조(소방시설법 58조)
⑥ 성능인증 합격표시 위조(소방시설법 58조)
⑦ 우수품질 인증표시 위조(소방시설법 58조)
⑧ 제조소 등의 정기점검 기록 허위 작성(위험물법 35조)
⑨ **자체소방대**를 두지 않고 제조소 등의 허가를 받은 자(위험물법 35조)
⑩ 위험물 운반용기의 검사를 받지 않고 유통시킨 자(위험물법 35조)
⑪ 제조소 등의 긴급 사용정지 위반자(위험물법 35조)
⑫ 영업정지처분 위반자(공사업법 36조)
⑬ 거짓 감리자(공사업법 36조)

✱ **소방시설관리업**
소방안전관리업무의 대행 또는 소방시설 등의 점검 및 유지·관리업

✱ **우수품질인증**
소방용품 가운데 품질이 우수하다고 인정되는 제품에 대하여 품질인증마크를 붙여주는 것

✱ **감리**
소방시설공사가 설계도서 및 관계법령에 적법하게 시공되는지 여부의 확인과 품질·시공관리에 대한 기술지도를 수행하는 것

⑭ 공사감리자 미지정자(공사업법 36조)
⑮ 소방시설 설계·시공·감리 하도급자(공사업법 36조)
⑯ 소방시설공사 재하도급자(공사업법 36조)
⑰ 소방시설업자가 아닌 자에게 **소방시설공사** 등을 도급한 관계인(공사업법 36조)
⑱ 공사업법의 명령에 따르지 않은 소방기술자(공사업법 36조)

25 1500만원 이하의 벌금(위험물법 36조)

① **위험물의 저장·취급**에 관한 중요기준 위반
② 제조소 등의 무단 변경
③ **제조소** 등의 **사용정지** 명령 위반
④ **안전관리자를 미선임**한 관계인
⑤ 대리자를 미지정한 관계인
⑥ 탱크시험자의 업무정지 명령 위반
⑦ 무허가장소의 위험물 조치 명령 위반

26 1000만원 이하의 벌금(위험물법 37조)

① **위험물 취급**에 관한 안전관리와 감독하지 않은 자
② **위험물 운반**에 관한 중요기준 위반
③ 위험물운반자 요건을 갖추지 아니한 위험물운반자
④ 위험물안전관리자 또는 그 대리자가 참여하지 아니한 상태에서 위험물을 취급한 자
⑤ 변경한 예방규정을 제출하지 아니한 관계인으로서 제조소 등의 설치허가를 받은 자
⑥ 위험물 저장·취급장소의 출입·검사시 관계인의 정당업무 방해 또는 **비밀누설**
⑦ 위험물 운송규정을 위반한 위험물 운송자

27 300만원 이하의 벌금

① 관계인의 **화재안전조사**를 정당한 사유없이 거부·방해·기피(화재예방법 50조)
② 방염성능검사 합격표시 위조 및 거짓시료제출(소방시설법 59조)
③ 소방안전관리자, 총괄소방안전관리자 또는 소방안전관리보조자 미선임(화재예방법 50조)
④ 위탁받은 업무종사자의 **비밀누설**(화재예방법 50조, 소방시설법 59조)
⑤ 다른 자에게 자기의 성명이나 상호를 사용하여 소방시설공사 등을 수급 또는 시공하게 하거나 소방시설업의 등록증·등록수첩을 빌려준 자(공사업법 37조)
⑥ 감리원 미배치자(공사업법 37조)
⑦ 소방기술인정 자격수첩을 빌려준 자(공사업법 37조)
⑧ **2** 이상의 업체에 취업한 자(공사업법 37조)
⑨ 소방시설업자나 관계인 감독시 관계인의 업무를 방해하거나 **비밀누설**(공사업법 37조)
⑩ 화재의 예방조치명령 위반(화재예방법 50조)

＊ 관계인
① 소유자
② 관리자
③ 점유자

28 100만원 이하의 벌금

① **피난 명령** 위반(기본법 54조)
② 위험시설 등에 대한 긴급조치 방해(기본법 54조)
③ 소방활동을 하지 않은 **관계인**(기본법 54조)
④ 정당한 사유없이 물의 **사용**이나 **수도**의 **개폐장치**의 사용 또는 조작을 하지 못하게 하거나 **방해한** 자(기본법 54조)
⑤ 거짓 보고 또는 자료 미제출자(공사업법 38조)
⑥ 관계공무원의 출입 또는 검사·조사를 거부·방해 또는 기피한 자(공사업법 38조)
⑦ 소방대의 생활안전활동을 방해한 자(기본법 54조)

● 초스피드 기억법

피1(차일**피일**)

 비교

비밀누설

1년 이하의 징역 또는 1000만원 이하의 벌금	1000만원 이하의 벌금	300만원 이하의 벌금
• 화재안전조사시 관계인의 정당업무방해 또는 **비밀누설**	• 위험물 저장·취급장소의 출입·검사시 관계인의 정당업무방해 또는 **비밀누설**	① 위탁받은 업무종사자의 **비밀누설** ② 소방시설업자나 관계인 감독시 관계인의 업무를 방해하거나 **비밀누설**

29 500만원 이하의 과태료

① **화재** 또는 **구조·구급**이 필요한 상황을 **거짓**으로 알린 사람(기본법 56조)
② 정당한 사유없이 화재, 재난·재해, 그 밖의 위급한 상황을 소방본부, 소방서 또는 관계행정기관에 알리지 아니한 관계인(기본법 56조)
③ 위험물의 임시저장 미승인(위험물법 39조)
④ 위험물의 운반에 관한 세부기준 위반(위험물법 39조)
⑤ 제조소 등의 지위 승계 거짓신고(위험물법 39조)
⑥ 예방규정을 준수하지 아니한 자(위험물법 39조)
⑦ 제조소 등의 **점검결과**를 기록·보존하지 아니한 자(위험물법 39조)
⑧ 위험물의 **운송기준** 미준수자(위험물법 39조)
⑨ 제조소 등의 폐지 허위신고(위험물법 39조)

30 300만원 이하의 과태료

① 소방시설을 화재안전기준에 따라 설치·관리하지 아니한 자(소방시설법 61조)
② **피난시설·방화구획** 또는 **방화시설**의 **폐쇄·훼손·변경** 등의 행위를 한 자(소방시설법 61조)
③ 임시소방시설을 설치·관리하지 아니한 자(소방시설법 61조)

---

* 시·도지사
화재예방강화지구의 지정

* 소방대장
소방활동구역의 설정

* 피난시설
인명을 화재발생장소에서 안전한 장소로 신속하게 대피할 수 있도록 하기 위한 시설

* 방화시설
① 방화문
② 비상구

④ 관계인의 소방안전관리 업무 미수행(화재예방법 52조)
⑤ **소방훈련** 및 **교육** 미실시자(화재예방법 52조)
⑥ 관계인의 거짓 자료제출(소방시설법 61조)
⑦ 소방시설의 점검결과 미보고(소방시설법 61조)
⑧ 공무원의 출입 또는 검사를 거부·방해 또는 기피한 자(소방시설법 61조)

31 200만원 이하의 과태료

① 소방용수시설·소화기구 및 설비 등의 설치명령 위반(화재예방법 52조)
② 특수가연물의 저장·취급 기준 위반(화재예방법 52조)
③ 한국119청소년단 또는 이와 유사한 명칭을 사용한 자(기본법 56조)
④ 소방활동구역 출입(기본법 56조)
⑤ 소방자동차의 출동에 지장을 준 자(기본법 56조)
⑥ 한국소방안전원 또는 이와 유사한 명칭을 사용한 자(기본법 56조)
⑦ 관계서류 미보관자(공사업법 40조)
⑧ 소방기술자 미배치자(공사업법 40조)
⑨ 하도급 미통지자(공사업법 40조)
⑩ 완공검사를 받지 아니한 자(공사업법 40조)
⑪ 방염성능기준 미만으로 방염한 자(공사업법 40조)
⑫ 관계인에게 지위승계·행정처분·휴업·폐업 사실을 거짓으로 알린 자(공사업법 40조)

32 100만원 이하의 과태료

전용구역에 차를 주차하거나 전용구역의 진입을 가로막는 등의 방해행위를 한 자(기본법 56조)

33 20만원 이하의 과태료

화재로 오인할 만한 불을 피우거나 연막 소독을 하려는 자가 신고를 하지 아니하여 소방자동차를 출동하게 한 자(기본법 57조)

34 건축허가 등의 동의대상물(소방시설법 시행령 7조)

① 연면적 400m² (학교시설 : 100m², 수련시설·노유자시설 : 200m², 정신의료기관·장애인의료재활시설 : 300m²) 이상
② **6층** 이상인 건축물
③ 차고·주차장으로서 바닥면적 200m² 이상(자동차 20대 이상)
④ **항공기격납고, 관망탑, 항공관제탑, 방송용 송수신탑**
⑤ 지하층 또는 무창층의 바닥면적 150m² (공연장은 100m²) 이상
⑥ **위험물저장 및 처리시설**
⑦ **결핵환자**나 **한센인**이 24시간 생활하는 **노유자시설**
⑧ **지하구**
⑨ 전기저장시설, 풍력발전소

＊**항공기격납고**
항공기를 안전하게 보관하는 장소

⑩ 공동주택·숙박시설
⑪ 조산원, 산후조리원, 의원(입원실 또는 인공신장실이 있는 것)
⑫ 요양병원(의료재활시설 제외)
⑬ 노인주거복지시설·노인의료복지시설 및 재가노인복지시설, 학대피해노인 전용쉼터, 아동복지시설, 장애인거주시설
⑭ 정신질환자 관련시설(공동생활가정을 제외한 재활훈련시설과 종합시설 중 24시간 주거를 제공하지 않는 시설 제외)
⑮ 노숙인자활시설, 노숙인재활시설 및 노숙인요양시설
⑯ 공장 또는 창고시설로서 지정하는 수량의 **750배** 이상의 특수가연물을 저장·취급하는 것
⑰ 가스시설로서 지상에 노출된 탱크의 저장용량의 합계가 **100t** 이상인 것

35 관리의 권원이 분리된 특정소방대상물의 소방안전관리 (화재예방법 35조, 화재예방법 시행령 35조)

① 복합건축물(지하층을 제외한 11층 이상 또는 연면적 3만m² 이상 건축물)
② 지하가
③ 도매시장, 소매시장, 전통시장

36 소방안전관리자의 선임 (화재예방법 시행령 [별표 4])

(1) 특급 소방안전관리대상물의 소방안전관리자 선임조건

자 격	경 력	비 고
• 소방기술사 • 소방시설관리사	경력 필요 없음	특급 소방안전관리자 자격증을 받은 사람
• 1급 소방안전관리자(소방설비기사)	5년	
• 1급 소방안전관리자(소방설비산업기사)	7년	
• 소방공무원	20년	
• 소방청장이 실시하는 특급 소방안전관리대상물의 소방안전관리에 관한 시험에 합격한 사람	경력 필요 없음	

(2) 1급 소방안전관리대상물의 소방안전관리자 선임조건

자 격	경 력	비 고
• 소방설비기사·소방설비산업기사	경력 필요 없음	1급 소방안전관리자 자격증을 받은 사람
• 소방공무원	7년	
• 소방청장이 실시하는 1급 소방안전관리대상물의 소방안전관리에 관한 시험에 합격한 사람 • 특급 소방안전관리대상물의 소방안전관리자 자격이 인정되는 사람	경력 필요 없음	

※ 복합건축물
하나의 건축물 안에 둘 이상의 특정소방대상물로서 용도가 복합되어 있는 것

※ 특급소방안전관리대상물(동식물원, 불연성 물품 저장·취급 창고, 지하구, 위험물제조소 등 제외)
① 50층 이상(지하층 제외) 또는 지상 200m 이상 아파트
② 30층 이상(지하층 포함) 또는 지상 120m 이상(아파트 제외)
③ 연면적 10만m² 이상(아파트 제외)

초스피드 기억법

(3) 2급 소방안전관리대상물의 소방안전관리자 선임조건

자격	경력	비고
• 위험물기능장·위험물산업기사·위험물기능사	경력 필요 없음	
• 소방공무원	3년	
• 소방청장이 실시하는 2급 소방안전관리대상물의 소방안전관리에 관한 시험에 합격한 사람		2급 소방안전관리자 자격증을 받은 사람
• 「기업활동 규제완화에 관한 특별조치법」에 따라 소방안전관리자로 선임된 사람(소방안전관리자로 선임된 기간으로 한정)	경력 필요 없음	
• **특급** 또는 **1급** 소방안전관리대상물의 소방안전관리자 자격이 인정되는 사람		

(4) 3급 소방안전관리대상물의 소방안전관리자 선임조건

자격	경력	비고
• 소방공무원	1년	
• 소방청장이 실시하는 3급 소방안전관리대상물의 소방안전관리에 관한 시험에 합격한 사람		
• 「기업활동 규제완화에 관한 특별조치법」에 따라 소방안전관리자로 선임된 사람(소방안전관리자로 선임된 기간으로 한정)	경력 필요 없음	3급 소방안전관리자 자격증을 받은 사람
• **특급** 소방안전관리대상물, **1급** 소방안전관리대상물 또는 **2급** 소방안전관리대상물의 소방안전관리자 자격이 인정되는 사람		

✽ 2급 소방안전관리대상물
① 지하구
② 가스제조설비를 갖추고 도시가스사업 허가를 받아야 하는 시설 또는 가연성 가스를 100~1000t 미만 저장·취급하는 시설
③ 스프링클러설비 또는 물분무등소화설비 설치대상물(호스릴 제외)
④ 옥내소화전설비 설치대상물
⑤ 공동주택(옥내소화전설비 또는 스프링클러설비가 설치된 공동주택 한정)
⑥ 목조건축물(국보·보물)

37 특정소방대상물의 방염

(1) 방염성능기준 이상 적용 특정소방대상물(소방시설법 시행령 30조)

① 체력단련장, 공연장 및 종교집회장
② 문화 및 집회시설
③ 종교시설
④ 운동시설(수영장 제외)
⑤ 의료시설(종합병원, 정신의료기관)
⑥ 의원, 치과의원, 한의원, 조산원, 산후조리원
⑦ 교육연구시설 중 합숙소
⑧ 노유자시설
⑨ 숙박이 가능한 수련시설
⑩ 숙박시설
⑪ 방송국 및 촬영소
⑫ 다중이용업소(단란주점영업, 유흥주점영업, 노래연습장의 영업장 등)
⑬ 층수가 11층 이상인 것(아파트 제외 : 2026. 12. 1. 삭제)

✽ 방염
연소하기 쉬운 건축물의 실내장식물 등 또는 그 재료에 어떤 방법을 가하여 연소하기 어렵게 만든 것

(2) 방염대상물품(소방시설법 시행령 31조)

제조 또는 가공 공정에서 방염처리를 한 물품	건축물 내부의 천장이나 벽에 부착하거나 설치하는 것
① 창문에 설치하는 **커튼류**(블라인드 포함) ② 카펫 ③ **벽지류**(두께 2mm 미만인 **종이벽지** 제외) ④ 전시용 합판·목재 또는 섬유판 ⑤ 무대용 합판·목재 또는 섬유판 ⑥ 암막·무대막(영화상영관·가상체험 체육시설업의 **스크린** 포함) ⑦ 섬유류 또는 합성수지류 등을 원료로 하여 제작된 소파·의자(단란주점영업, 유흥주점영업 및 노래연습장업의 영업장에 설치하는 것만 해당)	① 종이류(두께 2mm 이상), **합성수지류** 또는 **섬유류**를 주원료로 한 물품 ② **합판**이나 **목재** ③ 공간을 구획하기 위하여 설치하는 **간이칸막이** ④ **흡음재**(흡음용 커튼 포함) 또는 **방음재**(방음용 커튼 포함) 가구류(옷장, 찬장, 식탁, 식탁용 의자, 사무용 책상, 사무용 의자, 계산대)와 너비 **10cm** 이하인 반자돌림대, 내부 마감재료 제외

(3) 방염성능기준(소방시설법 시행령 31조)

❶ 버너의 불꽃을 **올**리며 연소하는 상태가 그칠 때까지의 시간 **20초** 이내
❷ 버너의 불꽃을 올리지 않고 연소하는 상태가 그칠 때까지의 시간 **30초** 이내
❸ 탄화한 면적 **50cm²** 이내(길이 **20cm** 이내)
❹ 불꽃의 접촉횟수는 **3회** 이상
❺ 최대 연기밀도 **400** 이하

 초스피드 기억법

올2(올리다.)

38 자체소방대의 설치제외 대상인 일반취급소(위험물규칙 73조)

❶ 보일러·버너로 위험물을 소비하는 일반취급소
❷ 이동저장탱크에 위험물을 주입하는 일반취급소
❸ 용기에 위험물을 옮겨 담는 일반취급소
❹ 유압장치·윤활유순환장치로 위험물을 취급하는 일반취급소
❺ 광산안전법의 적용을 받는 일반취급소

39 소화활동설비(소방시설법 시행령 〔별표 1〕)

❶ **연**결송수관설비
❷ **연**결살수설비
❸ **연**소방지설비
❹ **무**선통신보조설비

※ **잔염시간**
버너의 불꽃을 제거한 때부터 불꽃을 올리며 연소하는 상태가 그칠 때까지의 시간

※ **잔진시간(잔신시간)**
버너의 불꽃을 제거한 때부터 불꽃을 올리지 않고 연소하는 상태가 그칠 때까지의 시간

※ **광산안전법**
광산의 안전을 유지하기 위해 제정해 놓은 법

※ **연소방지설비**
지하구에 헤드를 설치하여 지하구의 화재시 소방차에 의해 물을 공급받아 헤드를 통해 방사하는 설비

⑤ **제**연설비
⑥ **비**상콘센트설비

● 초스피드 기억법

3연 무제비(3년에 한 번은 **제비**가 오지 않는다.)

* 제연설비
화재시 발생하는 연기를 감지하여 화재의 확대 및 연기의 확산을 막기 위한 설비

40 소화설비(소방시설법 시행령 〔별표 4〕)

(1) 소화설비의 설치대상

종 류	설치대상
소화기구	① 연면적 33m² 이상 ② 국가유산 ③ 가스시설, 전기저장시설 ④ 터널 ⑤ 지하구
주거용 주방**자**동소화장치	① **아**파트 등(모든 층) ② 오피스텔(모든 층)

● 초스피드 기억법

아자(아자!)

* 주거용 주방자동 소화장치
가스레인지 후드에 고정 설치하여 화재시 100℃의 열에 의해 자동으로 소화약제를 방출하며 가스자동차단, 화재경보 및 가스누출 경보 기능을 함

(2) 옥내소화전설비의 설치대상

설치대상	조 건
① 차고 · 주차장	● 200m² 이상
② 근린생활시설 ③ 업무시설(금융업소 · 사무소)	● 연면적 1500m² 이상
④ 문화 및 집회시설, 운동시설 ⑤ 종교시설	● 연면적 3000m² 이상
⑥ 특수가연물 저장 · 취급	● 지정수량 750배 이상
⑦ 터널길이	● 1000m 이상

* 근린생활시설
사람이 생활을 하는 데 필요한 여러 가지 시설

(3) 옥**외**소화전설비의 설치대상

설치대상	조 건
① 목조건축물	● 국보 · 보물
② **지**상 1 · 2층	● 바닥면적 합계 **9**000m² 이상
③ 특수가연물 저장 · 취급	● 지정수량 750배 이상

● 초스피드 기억법

지9외(지구의)

(4) 스프링클러설비의 설치대상

설치대상	조 건
① 문화 및 집회시설, 운동시설 ② 종교시설	• 수용인원 - 100명 이상 • 영화상영관 - 지하층·무창층 500m² (기타 1000m²) 이상 • 무대부 　① 지하층·무창층·4층 이상 300m² 이상 　② 1~3층 500m² 이상
③ 판매시설 ④ 운수시설 ⑤ 물류터미널	• 수용인원 - 500명 이상 • 바닥면적 합계 5000m² 이상
⑥ 노유자시설 ⑦ 정신의료기관 ⑧ 수련시설(숙박 가능한 것) ⑨ 종합병원, 병원, 치과병원, 한방병원 및 요양병원(정신병원 제외) ⑩ 숙박시설	• 바닥면적 합계 600m² 이상
⑪ 지하층·무창층·4층 이상	• 바닥면적 1000m² 이상
⑫ 창고시설(물류터미널 제외)	• 바닥면적 합계 5000m² 이상 - 전층
⑬ 지하상가	• 연면적 1000m² 이상
⑭ 10m 넘는 랙식 창고	• 연면적 1500m² 이상
⑮ 복합건축물 ⑯ 기숙사	• 연면적 5000m² 이상 - 전층
⑰ 6층 이상	• 전층
⑱ 보일러실·연결통로	• 전부
⑲ 특수가연물 저장·취급	• 지정수량 1000배 이상
⑳ 발전시설 중 전기저장시설	• 전부

(5) 물분무등소화설비의 설치대상

설치대상	조 건
① 차고·주차장	• 바닥면적 합계 200m² 이상
② 전기실·발전실·변전실 ③ 축전지실·통신기기실·전산실	• 바닥면적 300m² 이상
④ 주차용 건축물	• 연면적 800m² 이상
⑤ 기계식 주차장치	• 20대 이상
⑥ 항공기격납고	• 전부(규모에 관계없이 설치)

41 비상경보설비의 설치대상 (소방시설법 시행령 [별표 4])

설치대상	조 건
① 지하층·무창층	• 바닥면적 150m²(공연장 100m²) 이상
② 전부	• 연면적 400m² 이상
③ 터널	• 길이 500m 이상
④ 옥내작업장	• 50인 이상 작업

✱ **노유자시설**
① 아동관련시설
② 노인관련시설
③ 장애인관련시설

✱ **랙식 창고**
① 물품보관용 랙을 설치하는 창고시설
② 선반 또는 이와 비슷한 것을 설치하고 승강기에 의하여 수납을 운반하는 장치를 갖춘 것

✱ **물분무등소화설비**
① 물분무소화설비
② 미분무소화설비
③ 포소화설비
④ 이산화탄소 소화설비
⑤ 할론소화설비
⑥ 분말소화설비
⑦ 할로겐화합물 및 불활성기체 소화설비
⑧ 강화액 소화설비

42 인명구조기구의 설치장소 (소방시설법 시행령 [별표 4])

① 지하층을 포함한 **7층** 이상의 **관광호텔**[방열복, 방화복(안전모, 보호장갑, 안전화 포함), 인공소생기, 공기호흡기]
② 지하층을 포함한 **5층** 이상의 **병원**[방열복, 방화복(안전모, 보호장갑, 안전화 포함), 공기호흡기]

● 초스피드 기억법

5병(**오병**이어의 기적)

43 제연설비의 설치대상 (소방시설법 시행령 [별표 4])

설치대상	조 건
① 문화 및 집회시설, 운동시설 ② 종교시설	• 바닥면적 200m² 이상
③ 기타	• 1000m² 이상
④ 영화상영관	• 수용인원 100인 이상
⑤ 터널	• 예상교통량, 경사도 등 터널의 특성을 고려하여 **행정안전부령**으로 정하는 터널
⑥ 특별피난계단 ⑦ 비상용 승강기의 승강장 ⑧ 피난용 승강기의 승강장	• 전부

44 소방용품 제외 대상 (소방시설법 시행령 6조)

① 주거용 주방자동소화장치용 소화약제
② 가스자동소화장치용 소화약제
③ 분말자동소화장치용 소화약제
④ 고체에어로졸자동소화장치용 소화약제
⑤ 소화약제 외의 것을 이용한 간이소화용구
⑥ 휴대용 비상조명등
⑦ 유도표지
⑧ 벨용 푸시버튼스위치
⑨ 피난밧줄
⑩ 옥내소화전함
⑪ 방수구
⑫ 안전매트
⑬ 방수복

45 화재예방강화지구의 지정지역 (화재예방법 18조)

① 시장지역
② 공장·창고 등이 밀집한 지역

Key Point

❋ **인명구조기구와 피난기구**
(1) **인**명구조기구
① **방**열복
② 방화복(안전모, 보호장갑, 안전화 포함)
③ **공**기호흡기
④ **인**공소생기

기억법
방공인(**방공인**)

(2) 피난기구
① 피난사다리
② 구조대
③ 완강기
④ 소방청장이 정하여 고시하는 화재안전성능기준으로 정하는 것(미끄럼대, 피난교, 공기안전매트, 피난용트랩, 다수인 피난장비, 승강식 피난기, 간이완강기, 하향식 피난구용 내림식 사다리)

❋ **제연설비**
화재시 발생하는 연기를 감지하여 방연 및 제연함은 물론 화재의 확대, 연기의 확산을 막아 연기로 인한 탈출로 차단 및 질식으로 인한 인명피해를 줄이는 등 피난 및 소화활동상 필요한 안전설비

❋ **화재예방강화지구**
화재발생 우려가 크거나 화재가 발생할 경우 피해가 클 것으로 예상되는 지역에 대하여 화재의 예방 및 안전관리를 강화하기 위해 지정·관리하는 지역

③ 목조건물이 밀집한 지역
④ 노후·불량건축물이 밀집한 지역
⑤ 위험물의 저장 및 처리시설이 밀집한 지역
⑥ 석유화학제품을 생산하는 공장이 있는 지역
⑦ 소방시설·소방용수시설 또는 소방출동로가 없는 지역
⑧ 「산업입지 및 개발에 관한 법률」에 따른 산업단지
⑨ 「물류시설의 개발 및 운영에 관한 법률」에 따른 물류단지
⑩ 소방청장, 소방본부장 또는 소방서장이 화재예방강화지구로 지정할 필요가 있다고 인정하는 지역

46 근린생활시설(소방시설법 시행령 〔별표 2〕)

※ 의원과 병원
① 의원: 근린생활시설
② 병원: 의료시설

※ 결핵 및 한센병 요양시설과 요양병원
① 결핵 및 한센병 요양시설: 노유자시설
② 요양병원: 의료시설

※ 공동주택
① 아파트 등: 5층 이상인 주택
② 기숙사

면 적	적용장소
150m² 미만	• 단란주점
300m² 미만	• 종교시설 • 공연장 • 비디오물 감상실업 • 비디오물 소극장업
500m² 미만	• 탁구장 • 서점 • 테니스장 • 볼링장 • 체육도장 • 금융업소 • 사무소 • 부동산 중개사무소 • 학원 • 골프연습장 • 당구장
1000m² 미만	• 자동차영업소 • 슈퍼마켓 • 일용품 • 의료기기 판매소 • 의약품 판매소
전부	• 기원 • 이용원·미용원·목욕장 및 세탁소 • 휴게음식점·일반음식점, 제과점 • 독서실 • 안마원(안마시술소 포함) • 조산원(산후조리원 포함) • 의원, 치과의원, 한의원, 침술원, 접골원

● 초스피드 기억법

종3(중세시대)

※ 업무시설
오피스텔

47 업무시설(소방시설법 시행령 〔별표 2〕)

면적	적용장소
전부	• 주민자치센터(동사무소) • 경찰서 • 소방서 • 우체국 • 보건소 • 공공도서관 • 국민건강보험공단 • 금융업소·**오피스텔**·신문사

48 위험물(위험물령 〔별표 1〕)

① 과산화수소: 농도 **36wt%** 이상
② 황: 순도 **60wt%** 이상
③ 질산: 비중 **1.49** 이상

● 초스피드 기억법

3과(**삼가** 인사올립니다.)
질49(제일 **싸구**려)

49 소방시설공사업(공사업령〔별표 1〕)

종 류	자본금	영업범위
전문	• 법인 : 1억원 이상 • 개인 : 1억원 이상	• 특정소방대상물
일반	• 법인 : 1억원 이상 • 개인 : 1억원 이상	• 연면적 10000m^2 미만 • 위험물제조소 등

✱ **소방시설공사업의 보조기술인력**
① 전문공사업 : 2명 이상
② 일반공사업 : 1명 이상

50 소방용수시설의 설치기준(기본규칙〔별표 3〕)

거리기준	지 역
100m 이하	• **주**거지역 • **공**업지역 • **상**업지역
140m 이하	• 기타지역

✱ **소방용수시설**
화재진압에 사용하기 위한 물을 공급하는 시설

● 초스피드 기억법

주공 100상(**주공**아파트에 **백상**어가 그려져 있다.)

51 소방용수시설의 저수조의 설치기준(기본규칙〔별표 3〕)

① 낙차 : 4.5m 이하
② 수심 : 0.5m 이상
③ 투입구의 길이 또는 지름 : 60cm 이상
④ 소방 펌프 자동차가 **쉽게 접근**할 수 있도록 할 것
⑤ 흡수에 지장이 없도록 **토사** 및 **쓰레기** 등을 제거할 수 있는 설비를 갖출 것
⑥ 저수조에 물을 공급하는 방법은 **상수도**에 연결하여 **자동**으로 **급수**되는 구조일 것

52 소방신호표(기본규칙〔별표 4〕)

종 별	신호방법 타종신호	사이렌신호
경계신호	1타와 연 2타를 반복	5초 간격을 두고 30초씩 3회
발화신호	난타	5초 간격을 두고 5초씩 3회
해제신호	상당한 간격을 두고 1타씩 반복	1분간 1회
훈련신호	연 3타 반복	10초 간격을 두고 1분씩 3회

✱ **경계신호**
화재예방상 필요하다고 인정되거나 화재위험경보시 발령

✱ **발화신호**
화재가 발생한 때 발령

✱ **해제신호**
소화활동이 필요 없다고 인정되는 때 발령

✱ **훈련신호**
훈련상 필요하다고 인정되는 때 발령

제3편 소방유체역학

제1장 유체의 일반적 성질

1 유체의 종류

종 류	설 명
실제 유체	**점**성이 **있**으며, **압**축성인 유체
이상 유체	점성이 없으며, **비압축성**인 유체
압축성 유체	**기체**와 같이 체적이 변화하는 유체
비압축성 유체	**액체**와 같이 체적이 변화하지 않는 유체

* **유체**
외부 또는 내부로부터 어떤 힘이 작용하면 움직이려는 성질을 가진 액체와 기체상태의 물질

● 초스피드 기억법

실점있압(**실점**이 **있**는 사람만 **압**박해!)
기압(**기압**)

2 열량

$$Q = rm + mC\Delta T$$

여기서, Q : 열량[cal]
r : 융해열 또는 기화열[cal/g]
m : 질량[g]
C : 비열[cal/g · ℃]
ΔT : 온도차[℃]

* **비열**
1g의 물체를 1℃만큼 온도 상승시키는 데 필요한 열량(cal)

3 유체의 단위 (다 시험에 잘 나온다.)

① $1N = 10^5 \text{dyne}$
② $1N = 1\text{kg} \cdot \text{m/s}^2$
③ $1\text{dyne} = 1\text{g} \cdot \text{cm/s}^2$
④ $1\text{Joule} = 1N \cdot m$
⑤ $1\text{kg}_f = 9.8N = 9.8\text{kg} \cdot \text{m/s}^2$
⑥ $1P(\text{poise}) = 1\text{g/cm} \cdot s = 1\text{dyne} \cdot s/\text{cm}^2$
⑦ $1\text{cP}(\text{centipoise}) = 0.01\text{g/cm} \cdot s$
⑧ $1\text{stokes}(St) = 1\text{cm}^2/s$
⑨ $1\text{atm} = 760\text{mmHg} = 1.0332\text{kg}_f/\text{cm}^2$
$= 10.332\text{mH}_2\text{O}(\text{mAq}) = 10.332\text{m}$
$= 14.7\text{PSI}(\text{lb}_f/\text{in}^2)$

초스피드 기억법

$$=101.325 \text{kPa}(\text{kN/m}^2)$$
$$=1013 \text{mbar}$$

4 체적탄성계수

$$K=-\frac{\Delta P}{\Delta V/V}$$

여기서, K : 체적탄성계수[kPa]
ΔP : 가해진 압력[kPa]
$\Delta V/V$: 체적의 감소율

 압축률

$$\beta=\frac{1}{K}$$

여기서, β : 압축률
K : 체적탄성계수[kPa]

5 절대압 (꼭! 알아야 한다.)

① 절대압＝대기압＋게이지압(계기압)
② 절대압＝대기압－진공압

● 초스피드 기억법

절대게 (절대로 개입하지 마라.)
절대－진 (절대로 마이너지진이 남지 않는다.)

6 동점성 계수 (동점도)

$$V=\frac{\mu}{\rho}$$

여기서, V : 동점도[cm²/s]
μ : 일반점도[g/cm·s]
ρ : 밀도[g/cm³]

7 비중량

$$\gamma=\rho g$$

여기서, γ : 비중량[N/m³]
ρ : 밀도[kg/m³]
g : 중력가속도(9.8m/s²)

※ 체적탄성계수
① 등온압축
$$K=P$$
② 단열압축
$$K=kP$$
여기서,
K : 체적탄성계수[kPa]
P : 절대압력[kPa]
k : 비열비

※ 절대압
완전**진**공을 기준으로 한 압력

기억법
절진(절전)

※ 게이지압(계기압)
국소대기압을 기준으로 한 압력

※ 동점도
유체의 저항을 측정하기 위한 절대점도의 값

※ 비중량
단위체적당 중량

※ 비체적
단위질량당 체적

제3편 소방유체역학 · 41

※ 몰수

$$n = \frac{m}{M}$$

여기서, n : 몰수
M : 분자량
m : 질량[kg]

① 물의 비중량
$1g_f/cm^3 = 1000kg_f/m^3 = 9800N/m^3$

② 물의 밀도
$\rho = 1g/cm^3 = 1000kg/m^3 = 1000N \cdot s^2/m^4$

8 이상기체 상태방정식

$$PV = nRT = \frac{m}{M}RT, \ \rho = \frac{PM}{RT}$$

여기서, P : 압력[atm]
V : 부피[m³]
n : 몰수$\left(\dfrac{m}{M}\right)$
R : 0.082(atm·m³/kmol·K)
T : 절대온도(273+℃)[K]
m : 질량[kg]
M : 분자량[kg/kmol]
ρ : 밀도[kg/m³]

9 물체의 무게

$$W = \gamma V$$

여기서, W : 물체의 **무**게[N]
γ : **비**중량[N/m³]
V : 물체가 잠긴 **체**적[m³]

● 초스피드 기억법

무비체 (**무비** 카메라 가진 자를 **체**포하라!)

10 열역학의 법칙 (이 내용들이 확하면 그대는 「역역학」 박사!)

(1) 열역학 제0법칙(열평형의 법칙)

① 온도가 높은 물체와 낮은 물체를 접촉시키면 온도가 높은 물체에서 낮은 물체로 열이 이동하여 두 물체의 **온도**는 **평형**을 이루게 된다.
② 어떤 두 물체 A와 B가 제3의 물체 C와 각각 열평형상태에 있을 때, 두 물체 A와 B도 서로 열평형상태이다.

(2) 열역학 제1법칙(에너지 보존의 법칙)

기체의 공급 에너지는 **내부 에너지**와 외부에서 한 일의 합과 같다.

● 초스피드 기억법

열1내 (**열**받으면 **일**낸다.)

초스피드 기억법

(3) 열역학 제2법칙

① 자발적인 변화는 **비**가역적이다.
② 열은 스스로 **저온**에서 **고온**으로 절대로 흐르지 않는다.
③ 열을 완전히 일로 바꿀 수 있는 **열기관**을 만들 수 **없다**.

● 초스피드 기억법

열비 저고 2 (**열**이나 **비**에 강한 **저고리**)

(4) 열역학 제3법칙

순수한 물질이 1atm하에서 결정상태이면 엔트로피는 0K에서 0이다.

11 엔트로피(ΔS)

① **가**역 단열과정 : $\Delta S = \underline{0}$
② 비가역 단열과정 : $\Delta S > 0$

등엔트로피 과정 = 가역 단열과정

● 초스피드 기억법

가 0 (**가**영이)

제2장 유체의 운동과 법칙

12 유량

$$Q = AV$$

여기서, Q : 유량[m³/s]
A : 단면적[m²]
V : 유속[m/s]

13 베르누이 방정식(Bernoulli's equation)

$$\underbrace{\frac{V^2}{2g}}_{(\text{속도수두})} + \underbrace{\frac{p}{\gamma}}_{(\text{압력수두})} + \underbrace{Z}_{(\text{위치수두})} = \text{일정}$$

여기서, V : 유속[m/s]
p : 압력[N/m²]

Key Point

※ 비가역적
어떤 물질에 열을 가한 후 식히면 다시 원래의 상태로 되돌아 오지 않는 것

※ 엔트로피
어떤 물질의 정렬상태를 나타내는 수치

※ 유량
관내를 흘러가는 유체의 양

※ 베르누이 방정식의 적용 조건
① **정**상 흐름
② **비**압축성 흐름
③ **비**점성 흐름
④ **이**상유체

기억법
베정비이
(배를 정비해서 이곳을 떠나라!)

Z : 높이[m]
g : 중력가속도(9.8m/s²)
γ : 비중량[N/m³]

※ 베르누이 방정식에 의해 2개의 공 사이에 기류를 불어 넣으면(**속도가 증가하여**) **압력이** 감소하므로 2개의 공은 **달라붙는다**.

14 토리첼리의 식(Torricelli's theorem)

$$V = \sqrt{2gH}$$

여기서, V : 유속[m/s]
g : 중력가속도(9.8m/s²)
H : 높이[m]

15 파스칼의 원리(Principle of Pascal)

* **수압기**
파스칼의 원리를 이용한 대표적 기계

기억법
파수(파수꾼)

$$\frac{F_1}{A_1} = \frac{F_2}{A_2}$$

여기서, F_1, F_2 : 가해진 힘[kg$_f$]
A_1, A_2 : 단면적[m²]

제3장 유체의 유동과 계측

16 레이놀즈수(Reynolds number) (잊지 말라!)

* **레이놀즈수**
층류와 난류를 구분하기 위한 계수

① 층류 : $Re < 2,100$
② 천이영역(임계영역) : $2,100 < Re < 4,000$
③ 난류 : $Re > 4,000$

$$Re = \frac{DV\rho}{\mu} = \frac{DV}{\nu}$$

여기서, Re : 레이놀즈수
D : 내경[m]
V : 유속[m/s]
ρ : 밀도[kg/m³]
μ : 점도[g/cm·s]
ν : 동점성계수$\left(\dfrac{\mu}{\rho}\right)$[cm²/s]

17 관마찰계수

$$f = \frac{64}{Re}$$

여기서, f : 관마찰계수
Re : 레이놀드수

① 층류 : **레이놀드수**에만 관계되는 계수
② 천이영역(임계영역) : **레이놀드수**와 관의 **상대조도**에 관계되는 계수
③ 난류 : 관의 **상대조도**에 **무관**한 계수

※ 마찰계수(f)는 파이프의 **조도**와 **레이놀드**에 관계가 있다.

※ 레이놀드수
① 층류
② 천이영역
③ 난류

18 다르시-바이스바하 공식 (Darcy-Weisbach's formula)

$$H = \frac{\Delta P}{\gamma} = \frac{fl\,V^2}{2gD}$$

여기서, H : 마찰손실수두[m]
ΔP : 압력차[MPa] 또는 [kN/m²]
γ : 비중량(물의 비중량 9800N/m³)
f : 관마찰계수
l : 길이[m]
V : 유속[m/s]
g : 중력가속도(9.8m/s²)
D : 내경[m]

※ 다르시-바이스바하 공식
곧고 긴 관에서의 손실수두 계산

19 수력반경 (hydraulic radius)

$$R_h = \frac{A}{l} = \frac{1}{4}(D-d)$$

여기서, R_h : 수력반경[m]
A : 단면적[m²]
l : 접수길이[m]
D : 관의 외경[m]
d : 관의 내경[m]

※ 수력반경
면적을 접수길이(둘레길이)로 나눈 것

20 무차원의 물리적 의미 (따르고 닳도록 보라!)

명 칭	물리적 의미
레이놀드(Reynolds)수	관성력/점성력
프루드(Froude)수	관성력/중력
마하(Mach)수	관성력/압축력

※ 무차원
단위가 없는 것

웨버(Weber)수	관성력/표면장력
오일러(Euler)수	압축력/관성력

● 초스피드 기억법

웨관표(왜관행 표)

* 위어의 종류
① V-notch 위어
② 4각 위어
③ 예봉 위어
④ 광봉 위어

21 유체 계측기기

정압 측정	동압(유속) 측정	유량 측정
① 피에**조**미터 ② **정**압관 **기억법** 조정(조정)	① 피**토**관 ② 피**토**-정압관 ③ **시**차액주계 ④ **열**선 속도계 **기억법** 속토시 열(속이 따뜻한 토시는 열이 난다.)	① **벤**투리미터 ② **위**어 ③ **로**터미터 ④ **오**리피스 **기억법** 벤위로 오량(벤치 위로 오양이 보인다.)

* 시차액주계
유속 및 두 지점의 압력을 측정하는 장치

22 시차액주계

$$p_A + \gamma_1 h_1 - \gamma_2 h_2 - \gamma_3 h_3 = p_B$$

여기서, p_A : 점 A의 압력[kg_f/m²]
p_B : 점 B의 압력[kg_f/m²]
$\gamma_1, \gamma_2, \gamma_3$: 비중량[kg_f/m³]
h_1, h_2, h_3 : 높이[m]

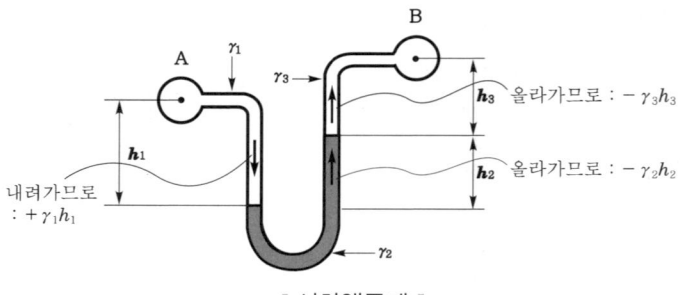

∥시차액주계∥

※ **시차액주계의 압력계산 방법** : 점 A를 기준으로 내려가면 더하고, 올라가면 뺀다.

제4장 유체정역학 및 열역학

23 경사면에 작용하는 힘

$$F = \gamma y \sin\theta A = \gamma h A$$

여기서, F : 전압력[N]
  γ : 비중량(물의 비중량 9800N/m³)
  y : 표면에서 수문 중심까지의 경사거리[m]
  h : 표면에서 수문 중심까지의 수직거리[m]
  A : 단면적[m²]

중요

작용점 깊이

명 칭	구형(rectangle)
형 태	(그림: b, h, I_c, y_c)
A(면적)	$A = bh$
y_c(중심위치)	$y_c = y$
I_c(관성능률)	$I_c = \dfrac{bh^3}{12}$

$$y_p = y_c + \dfrac{I_c}{A y_c}$$

여기서, y_p : 작용점 깊이(작용위치)[m]
  y_c : 중심위치[m]
  I_c : 관성능률 $\left(I_c = \dfrac{bh^3}{12}\right)$
  A : 단면적[m²] ($A = bh$)

24 기체상수

$$R = C_P - C_V = \dfrac{\overline{R}}{M}$$

여기서, R : 기체상수[kJ/kg · K]
  C_P : 정압비열[kJ/kg · K]
  C_V : 정적비열[kJ/kg · K]
  $\overline{R}$: 일반기체상수[kJ/kmol · K]
  M : 분자량[kg/kmol]

※ **정압비열**

$$C_P = \dfrac{KR}{K-1}$$

여기서,
C_P : 정압비열[kJ/kg]
R : 기체상수
  [kJ/kg · K]
K : 비열비

※ **정적비열**

$$C_V = \dfrac{R}{K-1}$$

여기서,
C_V : 정적비열[kJ/kg · K]
R : 기체상수
  [kJ/kg · K]
K : 비열비

25 절대일(압축일)

정압과정	단열변화
$_1W_2 = P(V_2 - V_1) = mR(T_2 - T_1)$	$_1W_2 = \dfrac{mR}{K-1}(T_1 - T_2)$

여기서, $_1W_2$: 절대일[kJ]
  P : 압력[kJ/m³]
  $V_1 \cdot V_2$: 변화전후의 체적[m³]
  m : 질량[kg]
  R : 기체상수[kJ/kg·K]
  $T_1 \cdot T_2$: 변화전후의 온도
  $(273+℃)$[K]

여기서, $_1W_2$: 절대일[kJ]
  m : 질량[kg]
  R : 기체상수[kJ/kg·K]
  K : 비열비
  $T_1 \cdot T_2$: 변화전후의 온도
  $(273+℃)$[K]

※ 정압과정
압력이 일정할 때의 과정

※ 단열변화
손실이 없을 때의 과정

26 폴리트로픽 변화

$PV^n =$ 정수 $(n=0)$	등압변화(정압변화)
$PV^n =$ 정수 $(n=1)$	등온변화
$PV^n =$ 정수 $(n=K)$	단열변화
$PV^n =$ 정수 $(n=\infty)$	정적변화

여기서, P : 압력[kJ/m³]
  V : 체적[m³]
  n : 폴리트로픽 지수
  K : 비열비

제5장 유체의 마찰 및 펌프의 현상

27 펌프의 동력

(1) 전동력

$$P = \dfrac{0.163QH}{\eta}K$$

여기서, P : 전동력[kW]
  Q : 유량[m³/min]
  H : 전양정[m]
  K : 전달계수
  η : 효율

(2) 축동력

$$P = \dfrac{0.163QH}{\eta}$$

여기서, P : 축동력[kW]
  Q : 유량[m³/min]
  H : 전양정[m]
  η : 효율

※ 단위
① 1HP=0.746kW
② 1PS=0.735kW

※ 펌프의 동력
① 전동력
  전달계수와 효율을 모두 고려한 동력
② **축**동력
  전달계수를 고려하지 않은 동력

[기억법]
축전(축전)

③ **수**동력
  전달계수와 **효**율을 고려하지 않은 동력

[기억법]
효전수(효를 전수해 주세요.)

(3) 수동력

$$P = 0.163\,QH$$

여기서, P : 수동력[kW]
Q : 유량[m³/min]
H : 전양정[m]

28 원심 펌프

(1) **벌류트 펌프** : 안내깃이 없고, **저**양정에 적합한 펌프

● 초스피드 기억법

저벌(**저벌**관)

(2) **터빈 펌프** : 안내깃이 있고, **고**양정에 적합한 펌프

※ 안내깃 = 안내날개 = 가이드 베인

29 펌프의 운전

(1) **직렬운전**

① 토출량 : Q
② 양**정** : **2**H(토출량 : $2P$)

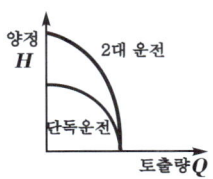

∥ 직렬운전 ∥

● 초스피드 기억법

정2직(**정**이 든 **직**장)

(2) **병렬운전**

① 토출량 : $2Q$
② 양정 : H(토출량 : P)

30 공동현상 (정말 잊지 말라.)

(1) **공동현상의 발생현상**

① 펌프의 **성**능저하
② **관** 부식
③ **임**펠러의 손상(수차의 날개 손상)
④ **소**음과 진동발생

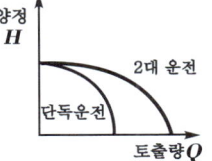

∥ 병렬운전 ∥

Key Point

＊**원심펌프**
소화용수펌프

기억법
소원(소원)

＊**안내날개**
임펠러의 바깥쪽에 설치되어 있으며, 임펠러에서 얻은 물의 속도에너지를 압력에너지로 변환시키는 역할을 한다.

＊**펌프**
전동기로부터 에너지를 받아 액체 또는 기체를 수송하는 장치

＊**공동현상**
① 소화펌프의 흡입고가 클 때 발생
② 펌프의 흡입측 배관 내의 물의 정압이 기존의 증기압보다 낮아져서 물이 흡입되지 않는 현상

 소방유체역학

● 초스피드 기억법

공성부임소(공하성이 부임한다는 소리를 들었다.)

(2) 공동현상의 방지대책

① 펌프의 흡입수두를 작게 한다.
② 펌프의 마찰손실을 작게 한다.
③ 펌프의 임펠러속도(회전수)를 작게 한다.
④ 펌프의 설치위치를 수원보다 낮게 한다.
⑤ 양흡입 펌프를 사용한다(펌프의 흡입측을 가압한다).
⑥ 관내의 물의 정압을 그 때의 증기압보다 높게 한다.
⑦ 흡입관의 구경을 크게 한다.
⑧ 펌프를 2대 이상 설치한다.

※ 수격작용
흐르는 물을 갑자기 정지시킬 때 수압이 급상승하는 현상

31 수격작용의 방지대책

① 관로의 관경을 크게 한다.
② 관로 내의 유속을 낮게 한다(관로에서 일부 고압수를 방출한다).
③ 조압수조(surge tank)를 설치하여 적정압력을 유지한다.
④ 플라이휠(flywheel)을 설치한다.
⑤ 펌프 송출구 가까이에 밸브를 설치한다.
⑥ 펌프 송출구에 수격을 방지하는 체크밸브를 달아 역류를 막는다.
⑦ 에어 챔버(air chamber)를 설치한다.
⑧ 회전체의 관성 모멘트를 크게 한다.

● 초스피드 기억법

수방관크 유낮(소방관은 크고, 유부남은 작다.)

제4편 소방기계시설의 구조 및 원리

제1장 소화설비

1 소화기의 사용온도 (소화기 형식 36조)

종 류	사용온도
• 강화액 • 분말	−20~40℃ 이하
• 그 밖의 소화기	0~40℃ 이하

● 초스피드 기억법

강분24온(강변에서 이사온 나)

※ 소화기 설치거리
① 소형소화기: 20m 이내
② 대형소화기: 30m 이내

2 각 설비의 주요사항 (잊사천러로 나와야 한다.)

구 분	드렌처설비	스프링클러 설비	소화용수 설비	옥내소화전 설비	옥외소화전 설비	포소화설비, 물분무소화설비, 연결송수관설비
방수압	0.1 MPa 이상	0.1~1.2 MPa 이하	0.15 MPa 이상	0.17~0.7 MPa 이하	0.25~0.7 MPa 이하	0.35 MPa 이상
방수량	80 l /min 이상	80 l /min 이상	800 l /min 이상 (가압송수 장치 설치)	130 l /min 이상 (30층 미만: **최대 2개**, 30층 이상: **최대 5개**)	350 l /min 이상 (**최대 2개**)	75 l /min 이상 (포워터 스프링클러 헤드)
방수 구경	−	−	−	40 mm	65 mm	−
노즐 구경	−	−	−	13 mm	19 mm	−

※ 이산화탄소 소화기
고압·액상의 상태로 저장한다.

3 수원의 저수량 (참 중요!)

(1) 드렌처설비

$$Q = 1.6N$$

여기서, Q : 수원의 저수량 [m³]
N : 헤드의 설치개수

※ 드렌처설비
건물의 창, 처마 등 외부화재에 의해 연소·파손하기 쉬운 부분에 설치하여 외부 화재의 영향을 막기 위한 설비

(2) 스프링클러설비(폐쇄형)

기타시설(폐쇄형)	창고시설(라지드롭형 폐쇄형)
$Q = 1.6N$(30층 미만) $Q = 3.2N$(30~49층 이하) $Q = 4.8N$(50층 이상)	$Q = 3.2N$(일반 창고) $Q = 9.6N$(랙식 창고)
여기서, Q : 수원의 저수량[m³] 　　　　N : 폐쇄형 헤드의 기준개수(설치개수가 기준개수보다 적으면 그 설치개수)	여기서, Q : 수원의 저수량[m³] 　　　　N : 가장 많은 방호구역의 설치개수 (최대 30개)

※ 폐쇄형 헤드
정상상태에서 방수구를 막고 있는 감열체가 일정 온도에서 자동적으로 파괴·용해 또는 이탈됨으로써 분사구가 열려지는 헤드

중요 폐쇄형 헤드의 기준개수(NFPC 103 4조, NFTC 103 2.1.1.1 / NFPC 609 7조, NFTC 609 2.3.2.1 / NFPC 608 7조, NFTC 608 2.3.1.1)

특정소방대상물		폐쇄형 헤드의 기준개수
지하가 · 지하역사		30
11층 이상		
10층 이하	공장(특수가연물), 창고시설	
	판매시설(슈퍼마켓, 백화점 등), 복합건축물(판매시설이 설치된 것)	
	근린생활시설, 운수시설	20
	8m 이상	
	8m 미만	10
공동주택(아파트 등)		10(각 동이 주차장으로 연결된 주차장 : 30)

(3) 옥내소화전설비

$$Q = 2.6N(30층 미만, N : 최대 2개)$$
$$Q = 5.2N(30~49층 이하, N : 최대 5개)$$
$$Q = 7.8N(50층 이상, N : 최대 5개)$$

여기서, Q : 수원의 저수량[m³]
　　　　N : 가장 많은 층의 소화전 개수

※ 수원
물을 공급하는 곳

(4) 옥외소화전설비

$$Q \geq 7N$$

여기서, Q : 수원의 저수량[m³]
　　　　N : 옥외소화전 설치개수(최대 **2개**)

4 가압송수장치(펌프 방식) (합격이 눈앞에 있소이다.)

(1) 스프링클러설비

$$H = h_1 + h_2 + \underline{10}$$

여기서, H : 전양정[m]
　　　　h_1 : 배관 및 관부속품의 마찰손실수두[m]
　　　　h_2 : 실양정(흡입양정+토출양정)[m]

※ 스프링클러설비
스프링클러헤드를 이용하여 건물 내의 화재를 자동적으로 진화하기 위한 소화설비

● 초스피드 기억법

스10(서열)

(2) 물분무소화설비

$$H = h_1 + h_2 + h_3$$

여기서, H : 필요한 낙차[m]
h_1 : 물분무 헤드의 설계압력 환산수두[m]
h_2 : 배관 및 관부속품의 마찰손실수두[m]
h_3 : 실양정(흡입양정+토출양정)[m]

※ 물분무소화설비
물을 안개모양(분무) 상태로 살수하여 소화하는 설비

(3) 옥내소화전설비

$$H = h_1 + h_2 + h_3 + 17$$

여기서, H : 전양정[m]
h_1 : 소방 호스의 마찰손실수두[m]
h_2 : 배관 및 관부속품의 마찰손실수두[m]
h_3 : 실양정(흡입양정+토출양정)[m]

※ 소방호스의 종류
① 소방용 고무내장호스
② 소방용 릴호스

● 초스피드 기억법

내17(내일 칠해)

(4) 옥외소화전설비

$$H = h_1 + h_2 + h_3 + 25$$

여기서, H : 전양정[m]
h_1 : 소방 호스의 마찰손실수두[m]
h_2 : 배관 및 관부속품의 마찰손실수두[m]
h_3 : 실양정(흡입양정+토출양정)[m]

● 초스피드 기억법

외25(왜이래요?)

(5) 포소화설비

$$H = h_1 + h_2 + h_3 + h_4$$

여기서, H : 펌프의 양정[m]
h_1 : 방출구의 설계압력 환산수두 또는 노즐선단의 방사압력 환산수두[m]
h_2 : 배관의 마찰손실수두[m]
h_3 : 소방 호스의 마찰손실수두[m]
h_4 : 낙차[m]

※ 포소화설비
차고, 주차장, 비행기 격납고 등 물로 소화가 불가능한 장소에 설치하는 소화설비로서 물과 포원액을 일정비율로 혼합하여 이것을 발포기를 통해 거품을 형성하게 하여 화재 부위에 도포하는 방식

5 옥내소화전설비의 배관구경 (NFPC 102 6조, NFTC 102 2.3.5~2.3.6)

구 분	가지배관	주배관 중 수직배관
호스릴	25mm 이상	32mm 이상
일반	40mm 이상	50mm 이상
연결송수관 겸용	65mm 이상	100mm 이상

※ 순환배관 : 체절운전시 수온의 상승 방지

* 가지배관
헤드에 직접 물을 공급하는 배관

● 초스피드 기억법

가4(가사 일)
주5(주5일 근무)

6 헤드수 및 유수량 (다 외웠으면 신통하다.)

(1) 옥내소화전설비

배관구경(mm)	40	50	65	80	100
유수량(l/min)	130	260	390	520	650
옥내소화전수	1개	2개	3개	4개	5개

(2) 연결살수설비 (NFPC 503 5조, NFTC 503 2.2.3.1)

배관구경(mm)	32	40	50	65	80
살수헤드수	1개	2개	3개	4~5개	6~10개

* 연결살수설비
실내에 개방형 헤드를 설치하고 화재시 현장에 출동한 소방차에서 실외에 설치되어 있는 송수구에 물을 공급하여 개방형 헤드를 통해 방사하여 화재를 진압하는 설비

(3) 스프링클러설비 (NFTC 103 2.5.3.3)

급수관구경(mm)	25	32	40	50	65	80	90	100	125	150
폐쇄형 헤드수	2개	3개	5개	10개	30개	60개	80개	100개	160개	161개 이상

7 유속 (NFTC 102 2.3.5, NFTC 103 2.5.3.3)

설 비		유 속
옥내소화전설비		4m/s 이하
스프링클러설비	가지배관	6m/s 이하
	기타의 배관	10m/s 이하

* 유속
유체(물)의 속도

● 초스피드 기억법

6가스유(육교에 갔어유)

8 펌프의 성능 (NFPC 102 5조, NFTC 102 2.2.1.7)

① 체절운전시 정격토출 압력의 **140%**를 초과하지 아니할 것
② 정격토출량의 **150%**로 운전시 정격토출압력의 **65%** 이상이 되어야 한다.

9 옥내소화전함 (NFPC 102 7조, NFTC 102 2.4.1.1)

① 현무암 무기질 복합소재 : **1.5mm** 이상
② **합**성수지제 두께 : **4mm** 이상
③ 문짝의 면적 : **0.5m² 이상**

● 초스피드 기억법

내합4(내가 **합**한 **사과**)

10 옥외소화전함의 설치거리 (NFPC 109 7조, NFTC 109 2.4.1)

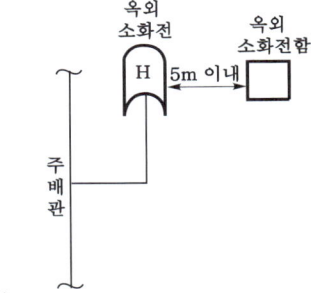

‖ 옥외소화전~옥외소화전함의 설치거리 ‖

11 스프링클러헤드의 배치기준 (다 외웠으면 장하다.) (NFTC 103 2.7.6)

설치장소의 최고 주위온도	표시온도
39℃ 미만	79℃ 미만
39~64℃ 미만	79~121℃ 미만
64~106℃ 미만	121~162℃ 미만
106℃ 이상	162℃ 이상

12 헤드의 배치형태

(1) **정방형**(정사각형)

$$S = 2R\cos 45°, \quad L = S$$

여기서, S : 수평헤드간격
 R : 수평거리
 L : 배관간격

Key Point

✱ 체절운전
펌프의 성능시험을 목적으로 펌프 토출측의 개폐 밸브를 닫은 상태에서 펌프를 운전하는 것

✱ 옥외소화전함 설치기구

옥외소화전 개수	소화전함 개수
10개 이하	5m 이내 마다 1개 이상
11~30개 이하	11개 이상 소화전함 분산설치
31개 이상	소화전 3개마다 1개 이상

✱ 스프링클러헤드
화재시 가압된 물이 내뿜어져 분산됨으로써 소화기능을 하는 헤드이다. 감열부의 유무에 따라 폐쇄형과 개방형으로 나눈다.

(2) 장방형(직사각형)

$$S = \sqrt{4R^2 - L^2}, \quad S = 2R$$

여기서, S : 수평헤드간격
R : 수평거리
L : 배관간격
S : 대각선헤드간격

수평거리(R) (NFPC 103 10조, NFTC 103 2.7.3, NFPC 608 7조, NFTC 608 2.3.1.4)

설치장소	설치기준
무대부 · **특**수가연물(창고 포함)	수평거리 **1.7**m 이하
기타구조(창고 포함)	수평거리 **2.1**m 이하
내화구조(창고 포함)	수평거리 **2.3**m 이하
공동주택(**아**파트) 세대 내	수평거리 **2.6**m 이하

● 초스피드 기억법

무특 7
기   1
내   3
아   6

13 스프링클러헤드 설치장소

① **위**험물 취급장소
② **복**도
③ **슈**퍼마켓
④ **소**매시장
⑤ **특**수가연물 취급장소
⑥ **보**일러실

● 초스피드 기억법

위스복슈소 특보(위스키는 복잡한 수소로 만들었다는 특보가 있다.)

14 압력챔버 · 리타딩챔버

압력챔버	리타딩챔버
모터펌프를 가동시키기 위하여 설치	① 오작동(오보)방지 ② 안전밸브의 역할 ③ 배관 및 압력스위치의 손상보호

※ **무대부**
노래, 춤, 연극 등의 연기를 하기 위해 만들어 놓은 부분

※ **랙식 창고**
물품보관용 랙을 설치하는 창고시설

※ **압력챔버**
펌프의 게이트밸브(gate valve) 2차측에 연결되어 배관 내의 압력이 감소하면 압력스위치가 작동되어 충압펌프(jockey pump) 또는 주펌프를 작동시킨다. '기동용 수압개폐장치' 또는 '압력탱크'라고도 부른다.

※ **리타딩챔버**
화재가 아닌 배관 내의 압력불균형 때문에 일시적으로 흘러들어온 압력수에 의해 압력스위치가 작동되는 것을 방지하는 부품

초스피드 기억법

15 스프링클러설비의 비교 (잘 구분이 되는가?)

방식 구분	습식	건식	준비작동식	부압식	일제살수식
1차측	가압수	가압수	가압수	가압식	가압수
2차측	가압수	압축공기	대기압	부압 (진공)	대기압
밸브종류	습식 밸브 (자동경보밸브, 알람체크밸브)	건식 밸브	준비작동밸브	준비작동밸브	일제개방밸브 (델류즈밸브)
헤드종류	폐쇄형 헤드	폐쇄형 헤드	폐쇄형 헤드	폐쇄형 헤드	개방형 헤드

16 고가수조 · 압력수조 (NFTC 103 2.2.2.2, 2.2.3.2)

고가수조에 필요한 설비	압력수조에 필요한 설비
① 수위계 ② 배수관 ③ 급수관 ④ 맨홀 ⑤ **오**버플로관 **기억법** **고오**(Go!)	① 수위계 ② 배수관 ③ 급수관 ④ 맨홀 ⑤ **급**기관 ⑥ **압**력계 ⑦ **안**전장치 ⑧ **자**동식 공기압축기 **기억법** 기압안자(기아자동차)

※ **오버플로관**
필요이상의 물이 공급될 경우 이 물을 외부로 배출시키는 관

17 배관의 구경 (NFPC 103 8조, NFTC 103 2.5.10, 2.5.14)

① **교**차배관 ┐
② **청**소구(청소용) ┴ **4**0mm 이상
③ **수**직배수배관 : **5**0mm 이상

● 초스피드 기억법

교4청 (교사는 청소 안하냐?)
5수(호수)

※ **교차배관**
수평주행배관에서 가지배관에 이르는 배관

18 행거의 설치 (NFPC 103 8조, NFTC 103 2.5.13)

① 가지배관 : 3.5m 이내마다 설치
② **교**차배관 ┐
③ **수**평주행배관 ┴ **4**.5m 이내마다 설치
④ 헤드와 **행**거 사이의 간격 : **8**cm 이상

※ **시험배관** : 유수검지장치(유수경보장치)의 기능점검

※ **행거**
천장 등에 물건을 달아매는 데 사용하는 철재

소방기계시설의 구조 및 원리

● 초스피드 기억법

교4(교사), 행8(해파리)

19 기울기 (진짜로 중요하데이~)

① $\frac{1}{100}$ 이상 : 연결살수설비의 수평주행배관

② $\frac{2}{100}$ 이상 : 물분무소화설비의 배수설비

③ $\frac{1}{250}$ 이상 : 습식·부압식 설비 외 설비의 가지배관

④ $\frac{1}{500}$ 이상 : 습식·부압식 설비 외 설비의 수평주행배관

* **습식설비**
습식밸브의 1차측 및 2차측 배관 내에 항상 가압수가 충수되어 있다가 화재발생시 열에 의해 헤드가 개방되어 소화하는 방식

* **부압식 스프링클러설비**
가압송수장치에서 준비작동식 유수검지장치의 1차측까지는 항상 정압의 물이 가압되고, 2차측 폐쇄형 스프링클러헤드까지는 소화수가 부압으로 되어 있다가 화재시 감지기의 작동에 의해 정압으로 변하여 유수가 발생하면 작동하는 스프링클러설비

20 설치높이

0.5~1m 이하	0.8~1.5m 이하	1.5m 이하
① **연**결송수관설비의 송수구 ② **연**결살수설비의 송수구 ③ **소**화용수설비의 채수구 **기억법** 연소용 51(**연소용 오일**은 잘 탄다.)	① **제**어밸브(수동식 개방밸브) ② **유**수검지장치 ③ **일**제개방밸브 **기억법** 제유일85(**제**가 **유일**하게 **팔**았**어요**.)	① **옥내**소화전설비의 방수구 ② **호**스릴함 ③ **소**화기 **기억법** 옥내호소 5(**옥내**에서 **호소**하시**오**.)

21 물분무소화설비의 수원 (NFPC 104 4조, NFTC 104 2.1.1)

특정소방대상물	토출량	최소기준	비 고
컨베이어벨트	10L/min·m²	—	벨트부분의 바닥면적
절연유 봉입변압기	10L/min·m²	—	표면적을 합한 면적(바닥면적 제외)
특수가연물	10L/min·m²	최소 50m²	최대방수구역의 바닥면적 기준
케이블트레이·덕트	12L/min·m²	—	투영된 바닥면적
차고·주차장	20L/min·m²	최소 50m²	최대방수구역의 바닥면적 기준
위험물 저장탱크	37L/min·m		위험물탱크 둘레길이(원주길이) : 위험물규칙〔별표 6〕Ⅱ

※ 모두 **20분**간 방수할 수 있는 양 이상으로 하여야 한다.

* **케이블트레이**
케이블을 수용하기 위한 관로로 사용되며 윗부분이 개방되어 있다.

● 초스피드 기억법

컨절특케차
1 1 2

22 포소화설비의 적용대상 (NFPC 105 4조, NFTC 105 2.1.1)

특정소방대상물	설비 종류
• 차고 · 주차장 • 항공기격납고 • 공장 · 창고(특수가연물 저장 · 취급)	• 포워터 스프링클러설비 • 포헤드 설비 • 고정포 방출설비 • 압축공기포 소화설비
• 완전개방된 옥상주차장(주된 벽이 없고 기둥뿐이거나 주위가 위해방지용 철주 등으로 둘러싸인 부분) • **지상 1층**으로서 지붕이 없는 차고 · 주차장 • 고가 밑의 주차장(주된 벽이 없고 기둥뿐이거나 주위가 위해방지용 철주 등으로 둘러싸인 부분)	• 호스릴포 소화설비 • 포소화전 설비
• 발전기실 • 엔진펌프실 • 변압기 • 전기케이블실 • 유압설비	• 고정식 압축공기포 소화설비(바닥면적 합계 300m² 미만)

Key Point

* **포워터 스프링클러헤드**
 포디플렉터가 있다.

* **포헤드**
 포디플렉터가 없다.

* **고정포 방출구**
 포를 주입시키도록 설계된 탱크 등에 반영구적으로 부착된 포소화설비의 포방출장치

* **Ⅰ형 방출구**
 고정지붕구조의 탱크에 상부포주입법을 이용하는 것으로서 방출된 포가 액면 아래로 몰입되거나 액면을 뒤섞지 않고 액면상을 덮을 수 있는 통계단 또는 미끄럼판 등의 설비 및 탱크내의 위험물증기가 외부로 역류되는 것을 저지할 수 있는 구조 · 기구를 갖는 포방출구

23 고정포 방출구 방식 (NFTC 105 2.5.2.1.1)

$$Q = A \times Q_1 \times T \times S$$

여기서, Q : 포소화약제의 양[l]
 A : 탱크의 액표면적[m²]
 Q_1 : 단위포 소화수용액의 양[l/m² · 분]
 T : 방출시간[분]
 S : 포소화약제의 사용농도

24 고정포 방출구 (위험물안전관리에 관한 세부기준 133조)

탱크의 종류	포 방출구
고정지붕구조	• Ⅰ형 방출구 • Ⅱ형 방출구 • Ⅲ형 방출구 • Ⅳ형 방출구
부상덮개부착 고정지붕구조	• Ⅱ형 방출구
부상지붕구조	• **특**형 방출구

* **Ⅱ형 방출구**
 고정지붕구조 또는 부상덮개부착고정지붕구조의 탱크에 상부포주입법을 이용하는 것으로서 방출된 포가 탱크 옆판의 내면을 따라 흘러내려 가면서 액면 아래로 몰입되거나 액면을 뒤섞지 않고 액면상을 덮을 수 있는 반사판 및 탱크내의 위험물증기가 외부로 역류되는 것을 저지할 수 있는 구조 · 기구를 갖는 포방출구

● 초스피드 기억법

부특 (보트)

소방기계시설의 구조 및 원리

* 특형 방출구
부상지붕구조의 탱크에 상부포주입법을 이용하는 것으로서 부상지붕의 부상부분상에 높이 0.9m 이상의 금속제의 칸막이를 탱크 옆판의 내측로부터 1.2m 이상 이격하여 설치하고 탱크 옆판과 칸막이에 의하여 형성된 환상부분에 포를 주입하는 것이 가능한 구조의 반사판을 갖는 포방출구

25 CO_2 설비의 특징

① 화재진화 후 깨끗하다.
② **심부화재**에 적합하다.
③ 증거보존이 양호하여 화재원인 조사가 쉽다.
④ 방사시 소음이 크다.

26 CO_2 설비의 가스압력식 기동장치 (NFTC 106 2.3.2.3)

구 분	기 준
비활성 기체 충전압력	6MPa 이상(21℃ 기준)
기동용 가스용기의 체적	5l 이상
기동용 가스용기 안전장치의 압력	내압시험압력의 0.8~내압시험압력 이하
기동용 가스용기 및 해당 용기에 사용하는 밸브의 견디는 압력	25MPa 이하

27 약제량 및 개구부 가산량 (꿈에나도 안 잊을 생각은 마라!)

저장량[kg] =
약제량[kg/m³]×**방**호구역체적[m³]+**개**구부면적[m²]×개구부가**산**량[kg/m²]

 ● 초스피드 기억법

저약방개산(**저약방**에서 **계산해**)

* 심부화재
가연물의 내부 깊숙한 곳에서 연소하는 화재

(1) CO_2 소화설비(심부화재) (NFPC 106 5조, NFTC 106 2.2.1.2)

방호대상물	약제량	개구부 가산량 (자동폐쇄장치 미설치시)
전기설비(55m³ 이상), 케이블실	1.3kg/m³	10kg/m²
전기설비(55m³ 미만)	1.6kg/m³	
서고, **박**물관, **목**재가공품창고, **전**자제품창고	2.0kg/m³	
석탄창고, **면**화류창고, **고**무류, **모**피창고, **집**진설비	2.7kg/m³	

● 초스피드 기억법

서박목전(**선박**이 **목전**에 보인다.)
석면고모집(**석면**은 **고모집**에 있다.)

(2) 할론 1301(NFPC 107 5조, NFTC 107 2.2.1.1)

방호대상물	약제량	개구부 가산량 (자동폐쇄장치 미설치시)
차고 · 주차장 · 전기실 · 전산실 · 통신기기실	0.32kg/m³	2.4kg/m²
고무류 · 면화류	0.52kg/m³	3.9kg/m²

(3) 분말소화설비(전역방출방식)(NFPC 108 6조, NFTC 108 2.3.2.1)

종별	약제량	개구부 가산량(자동폐쇄장치 미설치시)
제1종	0.6kg/m³	4.5kg/m²
제2 · 3종	0.36kg/m³	2.7kg/m²
제4종	0.24kg/m³	1.8kg/m²

28 호스릴방식

(1) CO_2 소화설비(NFPC 106 5 · 10조, NFTC 106 2.2.1.4, 2.7.4.2)

약제 종별	약제 저장량	약제 방사량
CO_2	90kg	60kg/min

(2) 할론소화설비(NFPC 107 5조, NFTC 107 2.2.1.3, 2.7.4.4)

약제 종별	약제량	약제 방사량
할론 1301	45kg	35kg/min
할론 1211	50kg	40kg/min
할론 2402	50kg	45kg/min

(3) 분말소화설비(NFPC 108 6 · 11조, NFTC 108 2.3.2.3, 2.8.4.4)

약제 종별	약제 저장량	약제 방사량
제1종 분말	50kg	45kg/min
제2 · 3종 분말	30kg	27kg/min
제4종 분말	20kg	18kg/min

29 할론소화설비의 저장용기('안 외워도 되겠지'하는 용감한 사람이 있다.)(NFPC 107 10조, NFTC 107 2.1.2.1, 2.1.2.2, 2.7.1.3)

구 분		할론 1211	할론 1301
저장압력		1.1MPa 또는 2.5MPa	2.5MPa 또는 4.2MPa
방출압력		0.2MPa	0.9MPa
충전비	가압식	0.7~1.4 이하	0.9~1.6 이하
	축압식		

※ 전역방출방식
소화약제 공급장치에 배관 및 분사헤드 등을 설치하여 밀폐 방호구역 전체에 소화약제를 방출하는 방식

※ 호스릴방식(호스릴 방출방식)
소화수 또는 소화약제 저장용기 등에 연결된 호스릴을 이용하여 사람이 직접 화점에 소화수 또는 소화약제를 방출하는 방식

※ 할론설비의 약제량 측정법
① 중량측정법
② 액위측정법
③ 비파괴검사법

소방기계시설의 구조 및 원리

※ 여과망
이물질을 걸러내는 망

30 할론 1301(CF₃Br)의 특징
① 여과망을 설치하지 않아도 된다.
② 제3류 위험물에는 사용할 수 없다.

※ 호스릴방식
분사 헤드가 배관에 고정되어 있지 않고 소화약제 저장용기에 호스를 연결하여 사람이 직접 화점에 소화약제를 방출하는 이동식 소화설비

31 호스릴방식 (NFPC 102 7조, NFTC 102 2.4.2.1, NFPC 105 12조, NFTC 105 2.9.3.5, NFPC 106 10조, NFTC 106 2.7.4.1, NFPC 107 10조, NFTC 107 2.7.4.1, NFPC 108 11조, NFTC 108 2.8.4.1)

설 비	수평거리
분말·포·CO₂ 소화설비	수평거리 **15m** 이하
할론소화설비	수평거리 **20m** 이하
옥내소화전설비	수평거리 **25m** 이하

● 초스피드 기억법

호할20 (호텔의 할부이자가 영아니네.)
호옥25(홍옥이오!)

32 분말소화설비의 배관 (NFPC 108 9조, NFTC 108 2.6)
① 전용
② 강관 : 아연도금에 의한 배관용 탄소강관
③ 동관 : 고정압력 또는 최고 사용압력의 **1.5배** 이상의 압력에 견딜 것
④ 밸브류 : **개폐위치** 또는 **개폐방향**을 표시한 것
⑤ 배관의 관부속 및 밸브류 : 배관과 동등 이상의 강도 및 내식성이 있는 것
⑥ 주밸브 헤드까지의 배관의 분기 : **토너먼트방식**
⑦ 저장용기 등 배관의 굴절부까지의 거리 : 배관 **내경**의 **20배** 이상

※ 토너먼트방식
가스계 소화설비에 적용하는 방식으로 용기로부터 노즐까지의 마찰손실을 일정하게 유지하기 위한 방식

33 압력조정장치(압력조정기)의 압력 (NFPC 108 5조, NFTC 108 2.2.3, NFPC 107 4조, NFTC 107 2.1.5)

※ 토너먼트방식 적용 설비
① 분말소화설비
② 할론소화설비
③ 이산화탄소 소화설비
④ 할로겐화합물 및 불활성기체 소화설비

할론소화설비	분말 소화설비
2MPa 이하	**2.5**MPa 이하

※ 정압작동장치의 목적 : 약제를 적절히 보내기 위해

● 초스피드 기억법

분압25(분압이오.)

※ 가압식
소화약제의 방출원이 되는 압축가스를 압력 봄베 등의 별도의 용기에 저장했다가 가스의 압력에 의해 방출시키는 방식

34 분말소화설비 가압식과 축압식의 설치기준 (NFPC 108 5조, NFTC 108 2.2.4)

구 분 사용가스	가압식	축압식
질소(N₂)	40*l*/kg 이상	10*l*/kg 이상
이산화탄소(CO₂)	20g/kg+배관청소 필요량 이상	20g/kg+배관청소 필요량 이상

35 약제 방사시간 (NFPC 106 8조, NFTC 106 2.5.2, NFPC 107 10조, NFTC 107 2.7, NFPC 108 11조, NFTC 108 2.8, 위험물안전관리에 관한 세부기준 134~136조)

소화설비		전역방출방식		국소방출방식	
		일반건축물	위험물제조소	일반건축물	위험물 제조소
할론소화설비		10초 이내	30초 이내	10초 이내	30초 이내
분말소화설비		30초 이내			
CO_2 소화설비	표면화재	1분 이내	60초 이내	30초 이내	
	심부화재	7분 이내 (단, 설계농도가 2분 이내에 30% 도달)			

제2장 피난구조설비

36 피난사다리의 분류

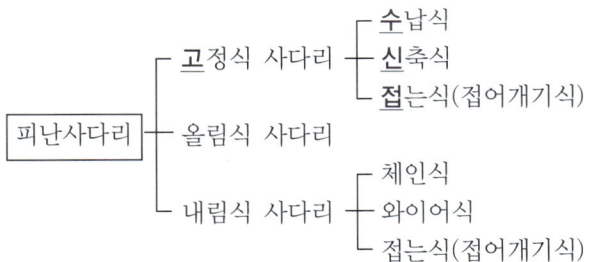

고수접신(고수의 접시)

※ 올림식 사다리
① 사다리 상부지점에 안전장치 설치
② 사다리 하부지점에 미끄럼방지장치 설치

37 피난기구의 적응성 (NFTC 301 2.1.1)

구 분	층 별	3층
의료시설		• 피난교 • 구조대 • 미끄럼대 • 피난용트랩 • 다수인 피난장비 • 승강식 피난기
노유자시설		• 피난교 • 구조대 • 미끄럼대 • 다수인 피난장비 • 승강식 피난기

※ 피난기구의 종류
① 피난사다리
② 구조대
③ 완강기
④ 소방청장이 정하여 고시하는 화재안전기준으로 정하는 것 (미끄럼대, 피난교, 공기안전매트, 피난용 트랩, 다수인 피난장비, 승강식 피난기, 간이완강기, 하향식 피난구용 내림식 사다리)

제3장 소화활동설비 및 소화용수설비

38 제연구역의 구획 (NFPC 501 4조, NFTC 501 2.1.1)

① 1제연구역의 면적은 **1,000m²** 이내로 할 것
② 거실과 통로는 **각각 제연구획**할 것
③ 통로상의 제연구역은 보행중심선의 길이가 **60m**를 초과하지 않을 것
④ 1제연구역은 직경 **60m** 원내에 들어갈 것
⑤ 1제연구역은 **2개** 이상의 층에 미치지 않을 것

※ 제연구획에서 제연경계의 폭은 **0.6m** 이상, 수직거리는 **2m** 이내이어야 한다.

✱ 연소방지설비
지하구의 화재시 지하구의 진입이 곤란하므로 지상에 설치된 송수구를 통하여 소방펌프차로 가압수를 공급하여 설치된 지하구 내의 살수헤드에서 방수가 이루어져 화재를 소화하기 위한 연결살수설비의 일종이다.

✱ 지하구
지하의 케이블 통로

39 풍 속 (잊지 말라!) (NFPC 501 9·10조, NFTC 501 2.6.2.2, 2.7.1)

① 배출기의 흡입측 풍속 : **15m/s** 이하
② 배출기 배출측 풍속 ┐
③ 유입 풍도안의 풍속 ┘ **20m/s** 이하

※ 연소방지설비 : **지하구**에 설치한다.

 ● 초스피드 기억법

5입(옷 **입**어.)

40 헤드의 수평거리 (NFPC 503 6조, NFTC 503 2.3.2.2)

스프링클러헤드	살수헤드
2.3m 이하	**3.7m** 이하

※ 연결살수설비에서 하나의 송수구역에 설치하는 개방형 헤드수는 **10개** 이하로 하여야 한다.

 ● 초스피드 기억법

살37(**살상**은 **칠**거지악 중의 하나다.)

✱ 연결송수관설비
건물 외부에 설치된 송수구를 통하여 소화용수를 공급하고, 이를 건물 내에 설치된 방수구를 통하여 화재 발생장소에 공급하여 소방관이 소화할 수 있도록 만든 설비

41 연결송수관설비의 설치순서 (NFTC 502 2.1.1.8.1~2.1.1.8.2)

습 식	건 식
송수구→**자**동배수밸브→**체**크밸브	송수구→자동배수밸브→체크밸브→자동배수밸브

 ● 초스피드 기억법

송자체습(**송자**는 **채식**주의자)

42 연결송수관설비의 방수구(NFPC 502 6조, NFTC 502 2.3.1)

① 층마다 설치(**아파트**인 경우 3층부터 설치)
② 11층 이상에는 **쌍구형**으로 설치(**아파트**인 경우 **단구형** 설치 가능)
③ 방수구는 **개폐기능**을 가진 것일 것
④ 방수구는 구경 **65mm**로 한다.
⑤ 방수구는 바닥에서 **0.5~1m** 이하에 설치한다.

❋ **방수구의 설치장소**
비교적 연소의 우려가 적고 접근이 용이한 계단실과 같은 곳

43 수평거리 및 보행거리(다 외웠으면 용타!)

① 수평거리

구 분	수평거리
예상제연구역(NFPC 501 7조, NFTC 501 2.4.2)	10m 이하
분말**호**스릴(NFPC 108 11조, NFTC 108 2.8.4.1)	15m 이하
포**호**스릴(NFPC 105 12조, NFTC 105 2.9.3.5)	
CO_2 **호**스릴(NFPC 106 10조, NFTC 106 2.7.4.1)	
할론 호스릴(NFPC 107 10조, NFTC 107 2.7.4.1)	20m 이하
옥내소화전 방수구	25m 이하
옥내소화전 **호**스릴	
포소화전 방수구	
연결송수관 방수구(지하가)	
연결송수관 방수구(지하층 바닥면적 3,000m² 이상)	
옥외소화전 방수구	40m 이하
연결송수관 방수구(사무실)	50m 이하

❋ **수평거리**
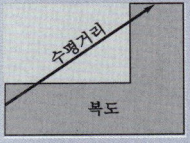

❋ **보행거리**
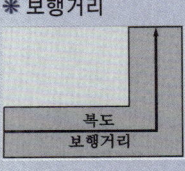

② 보행거리(NFPC 101 4조, NFTC 101 2.1.1.4.2)

구 분	보행거리
소형소화기	20m 이하
대형소화기	30m 이하

비교

수평거리와 보행거리

수평거리	보행거리
직선거리로서 반경을 의미하기도 한다.	걸어선 간 거리

● 초스피드 기억법

호15(호일 오려)
옥호25

바르게 앉는 자세

1. 엉덩이를 등받이까지 바짝 붙이고 상체를 편다.
2. 몸통과 허벅지, 허벅지와 종아리, 종아리와 발이 옆에서 볼 때 직각이 되어야 한다.
3. 등이 등받이에서 떨어지지 않는다(바닥과 90도 각도인 등받이가 좋다).
4. 발바닥이 편하게 바닥에 닿는다.
5. 되도록 책상 가까이 앉는다.
6. 시선은 정면을 유지해 고개나 가슴이 앞으로 수그러지지 않게 한다.

Part 1 소방원론

소방설비산업기사 필기
(기계분야)

Chapter 1 화재론

Chapter 2 방화론

출제경향분석

CHAPTER 01 화재론

- ② 연소의 이론 16.8% (4문제)
- ③ 건축물의 화재성상 10.8% (2문제)
- ④ 불 및 연기의 이동과 특성 8.4% (1문제)
- ⑤ 물질의 화재위험 12.8% (3문제)
- ① 화재의 성격과 원인 및 피해 9.1% (2문제)

12문제

CHAPTER 01 화재론

1 화재의 성격과 원인 및 피해

1 화재의 성격과 원인

(1) 화재의 정의
  ① 자연 또는 인위적인 원인에 의하여 불이 물체를 연소시키고, 인명과 재산의 손해를 주는 현상
  ② 불이 그 사용목적을 넘어 다른 곳으로 연소하여 사람들에게 예기치 않은 경제상의 손해를 발생시키는 현상
  ③ 사람의 의도에 반(反)하여 출화 또는 방화에 의하여 불이 발생하고 확대되는 현상
  ④ 불을 사용하는 사람의 부주의와 불안정한 상태에서 발생되는 것
  ⑤ 실화, 방화로 발생하는 연소현상을 말하며 사람에게 유익하지 못한 해로운 불
  ⑥ 사람의 의사에 반한, 즉 대부분의 사람이 원치 않는 상태의 불
  ⑦ 소화의 필요성이 있는 불
  ⑧ 소화에 효과가 있는 어떤 물건(소화시설)을 사용할 필요가 있다고 판단되는 불

> **문제** 화재의 정의로서 옳지 않은 것은?
>   ① 사람의 의사에 반한, 즉 대부분의 사람이 원치 않는 상태의 불
>   ② 소화의 필요성이 있는 불
>   ③ 소화의 경제적 필요성이 있는 불
>   '이로운 불'로서 화재가 아니다.
>   ④ 소화에 효과가 있는 어떤 물건을 사용할 필요가 있다고 판단되는 불
>
> 답 ③

(2) 화재의 발생현황
  ① **발화요인별** : 부주의>전기적 요인>기계적 요인>화학적 요인>교통사고>방화의심>방화>자연적 요인>가스누출
  ② **장소별** : 근린생활시설>공동주택>공장 및 창고>복합건축물>업무시설>숙박시설>교육연구시설
  ③ **계절별** : 겨울>봄>가을>여름

  ※ **화재의 특성** : 우발성, 확대성, 불안정성

Key Point

※ **화재**
자연 또는 인위적인 원인에 의하여 불이 물체를 연소시키고, 인간의 신체·재산·생명에 손해를 주는 현상

※ **일반화재**
연소 후 재를 남기는 가연물

※ **유류화재**
연소 후 재를 남기지 않는 가연물

※ **화재발생요인**
① 취급에 관한 지식 결여
② 기기나 기구 등의 정격미달
③ 사전교육 및 관리 부족

※ **경제발전과 화재 피해의 관계**
경제발전속도<화재 피해속도

※ **화재피해의 감소 대책**
① 예방
② 경계(발견)
③ 진압

※ **화재의 특성**
① 우발성 : 화재가 돌발적으로 발생
② 확대성
③ 불안정성

2 화재의 종류

화재의 구분

화재종류	표시색	적응물질
일반화재(A급)	백색	• 일반가연물(목재)
유류화재(B급)	황색	• 가연성 액체(유류) • 가연성 가스(가스)
전기화재(C급)	청색	• 전기설비(전기)
금속화재(D급)	무색	• 가연성 금속
주방화재(K급)	–	• 식용유화재

※ **A급 화재** : 합성수지류, 섬유류에 의한 화재
  요즘은 표시색의 의무규정은 없음

(1) 일반화재
목재 · 종이 · 섬유류 · 합성수지 등의 일반가연물에 의한 화재

(2) 유류화재
제4류 위험물(특수인화물, 석유류, 알코올류, 동식물유류)에 의한 화재
① **특수인화물** : **다이에틸에터 · 이황화탄소** 등으로서 인화점이 −20℃ 이하인 것
② **제1석유류** : **아세톤 · 휘발유 · 콜로디온** 등으로서 인화점이 21℃ 미만인 것
③ **제2석유류** : **등유 · 경유** 등으로서 인화점이 21~70℃ 미만인 것
④ **제3석유류** : **중유 · 크레오소트유** 등으로서 인화점이 70~200℃ 미만인 것
⑤ **제4석유류** : **기어유 · 실린더유** 등으로서 인화점이 200~250℃ 미만인 것
⑥ **알코올류** : 포화 1가 알코올(변성알코올 포함)

(3) 가스화재
① **가연성 가스** : 폭발 하한계가 **10%** 이하 또는 폭발 상한계와 하한계의 차이가 **20%** 이상인 것
② **압축가스** : 산소(O_2), 수소(H_2)
③ **용해가스** : **아세틸렌**(C_2H_2)
④ **액화가스** : 액화석유가스(LPG), 액화천연가스(LNG)

(4) 전기화재
전기화재의 발생원인은 다음과 같다.
① 단락(합선)에 의한 발화
② 과부하(과전류)에 의한 발화
③ 절연저항 감소(누전)에 의한 발화
④ 전열기기 과열에 의한 발화
⑤ 전기불꽃에 의한 발화
⑥ 용접불꽃에 의한 발화

❋ LPG
액화석유가스로서 주성분은 프로판(C_3H_8)과 부탄(C_4H_{10})이다.

❋ LNG
액화천연가스로서 주성분은 메탄(CH_4)이다.

❋ 프로판의 액화압력
7기압

❋ 누전
전기가 도선 이외에 다른 곳으로 유출되는 것

⑦ 낙뢰에 의한 발화

※ **승압·고압전류** : 전기화재의 주요원인이라 볼 수 없다.

> **문제** 전기화재의 발생가능성이 가장 낮은 부분은?
> ① 코드 접촉부 ② 전기장판
> ③ 전열기 ④ 배선차단기
> 전기화재의 발생가능성이 가장 낮으며 '저압 배선용 과부하차단기', 'MCCB'라고 부른다.
> 답 ④

(5) 금속화재
① 금속화재를 일으킬 수 있는 위험물
- (가) 제1류 위험물 : 무기과산화물
- (나) 제2류 위험물 : 금속분(알루미늄(Al), 마그네슘(Mg))
- (다) 제3류 위험물 : 황린(P_4), 칼슘(Ca), 칼륨(K), 나트륨(Na)

② 금속화재의 특성 및 적응소화제
- (가) 물과 반응하면 주로 **수소**(H_2), **아세틸렌**(C_2H_2) 등 가연성 가스를 발생하는 **금수성 물질**이다.
- (나) 금속화재를 일으키는 분진의 양은 30~80mg/l이다.
- (다) **알킬알루미늄**에 적당한 소화제는 **팽창질석, 팽창진주암**이다.

(6) 산불화재
산불화재의 형태는 다음과 같다.
① 수간화 형태 : 나무기둥 부분부터 연소하는 것
② 수관화 형태 : 나뭇가지 부분부터 연소하는 것
③ 지중화 형태 : 썩은 나무의 유기물이 연소하는 것
④ 지표화 형태 : 지면의 낙엽 등이 연소하는 것

3 가연성 가스의 폭발한계

(1) 폭발한계
① 정의 : 가연성 물질이 기체상태에서 공기와 혼합하여 일정농도 범위 내에서 연소가 일어나는 범위를 말하며, **하한계**와 **상한계**로 표시한다.
② 공기 중의 폭발한계(상온, 1atm)

가 스	하한계[vol%]	상한계[vol%]
아세틸렌(C_2H_2)	2.5	81
수소(H_2)	4	75
일산화탄소(CO)	12	75

Key Point

※ **역률·배선용 차단기**
화재의 전기적 발화요인과 무관 또는 관계 적음

※ **풍상(風上)**
① 화재진행에 직접적인 영향
② 비화연소현상의 발전

※ **폭발한계와 같은 의미**
① 폭발범위
② 연소한계
③ 연소범위
④ 가연한계
⑤ 가연범위

* **vol%**
어떤 공간에 차지하는 부피를 백분율로 나타낸 것

* **연소가스**
열분해 또는 연소할 때 발생

가 스	하한계(vol%)	상한계(vol%)
에터($C_2H_5OC_2H_5$)	1.7	48
이황화탄소(CS_2)	1	50
에틸렌(C_2H_4)	2.7	36
암모니아(NH_3)	15	25
메탄(CH_4)	5	15
에탄(C_2H_6)	3	12.4
프로판(C_3H_8)	2.1	9.5
부탄(C_4H_{10})	1.8	8.4
휘발유($C_5H_{12}\sim C_9H_{20}$)	1.2	7.6

문제 다음 물질의 증기가 공기와 혼합기체를 형성하였을 때 폭발한계 중 폭발상한계가 가장 높은 혼합비를 형성하는 물질은?
① 수소(H_2) → 75vol%   ② 이황화탄소(CS_2) → 50vol%
③ 아세틸렌(C_2H_2) → 81vol%   ④ 에터(($C_2H_5)_2O$) → 48vol%

답 ③

휘발유=가솔린

③ **폭발한계와 위험성**
  (가) 하한계가 낮을수록 위험하다.
  (나) 상한계가 높을수록 위험하다.
  (다) 연소범위가 넓을수록 위험하다.
  (라) 연소범위의 하한계는 그 물질의 인화점에 해당된다.
  (마) 연소범위는 주위온도와 관계가 깊다.
  (바) 압력상승시 하한계는 불변, 상한계만 상승한다.

연소범위
① 공기와 혼합된 가연성 기체의 체적농도로 표시된다.
② 가연성 기체의 종류에 따라 다른 값을 갖는다.
③ 온도가 낮아지면 좁아진다.
④ 압력이 상승하면 넓어진다.
⑤ 불활성 기체를 첨가하면 좁아진다.
⑥ **일산화탄소**(CO), **수소**(H_2)는 압력이 상승하면 좁아진다.
⑦ 가연성 기체라도 점화원이 존재하에 그 농도 범위 내에 있을 때 발화한다.

* **폭발의 종류**
(1) 화학적 폭발
  ① 가스폭발
  ② 유증기폭발
  ③ 분진폭발
  ④ 화약류의 폭발
  ⑤ 산화폭발
  ⑥ 분해폭발
  ⑦ 중합폭발
(2) 물리적 폭발
  ① 증기폭발(=수증기폭발)
  ② 전선폭발
  ③ 상전이폭발
  ④ 압력방출에 의한 폭발

④ 위험도(Degree of hazards)

$$H = \frac{U - L}{L}$$

여기서, H : 위험도
U : 폭발상한계
L : 폭발하한계

⑤ 혼합가스의 폭발하한계 : 가연성 가스가 혼합되었을 때 폭발하한계는 르 샤틀리에 법칙에 의하여 다음과 같이 계산된다.

$$\frac{100}{L} = \frac{V_1}{L_1} + \frac{V_2}{L_2} + \frac{V_3}{L_3} + \cdots + \frac{V_n}{L_n}$$

여기서, L : 혼합가스의 폭발하한계[vol%]
L_1, L_2, L_3, L_n : 가연성 가스의 폭발하한계[vol%]
V_1, V_2, V_3, V_n : 가연성 가스의 용량[vol%]

4 폭발(Explosion)

(1) 폭 연(Deflagration)
① 정의
  ㈎ 급격한 압력의 증가로 인해 격렬한 음향을 발하며 팽창하는 현상
  ㈏ 발열반응으로 연소의 전파속도가 음속보다 느린현상

  화염전파속도 < 음속

(2) 폭 굉(Detonation)
① 정의 : 폭발 중에서도 격렬한 폭발로서 **화염의 전파속도가 음속보다 빠른 경우**로 파면선단에 충격파(압력파)가 진행되는 현상

  화염전파속도 > 음속

② 연소속도 : 1000~3500m/s

(3) 폭발의 종류

폭발종류	물 질
분해폭발	● 과산화물 · 아세틸렌 ● 다이너마이트

Key Point

※ 물과 반응하여 가연성 기체를 발생하지 않는 것
① 시멘트
② 석회석
③ 탄산칼슘($CaCO_3$)

※ 분진폭발을 일으키지 않는 물질
① 시멘트
② 석회석
③ 탄산칼슘($CaCO_3$)
④ 생석회(CaO) = 산화칼슘

※ 음속
소리의 속도로서 약 340m/s이다.

※ 폭굉의 연소속도
1000~3500m/s

분진폭발	• 밀가루 · 담뱃가루 • 석탄가루 · 먼지 • 전분 · 금속분
중합폭발	• 염화비닐 • 시안화수소
분해 · 중합폭발	• 산화에틸렌
산화폭발	• 압축가스, 액화가스

중요 **폭발발생 원인**

물리적 · 기계적 원인	화학적 원인
압력방출에 의한 폭발	① 증기운(vapor cloud) 폭발 ② 분해폭발 ③ 석탄분진의 폭발

※ 화상
불에 의해 피부에 상처를 입게 되는 것

※ 2도 화상
화상의 부위가 분홍색으로 되고, 분비액이 많이 분비되는 화상의 정도

※ 탄화
불에 의해 피부가 검게 된 후 부스러지는 것

5 열과 화상

사람의 피부는 열로 인하여 화상을 입는 수가 있는데 화상은 다음의 4가지로 분류한다.

화상분류	설 명
1도 화상	화상의 부위가 분홍색으로 되고, **가벼운 부음**과 통증을 수반하는 화상
2도 화상	화상의 부위가 분홍색으로 되고, **분비액**이 많이 분비되는 화상
3도 화상	화상의 부위가 벗겨지고, 검게 되는 화상
4도 화상	전기화재에서 입은 화상으로서 피부가 탄화되고, 뼈까지 도달되는 화상

2 연소의 이론

1 연 소

(1) 연소의 정의

가연물이 공기 중에 있는 산소와 반응하여 **열**과 **빛**을 동반하며 급격히 산화반응하는 현상

(2) 연소의 색과 온도

연소의 색과 온도

색	온도[℃]
암적색 (진홍색)	700~750
적색	850
휘적색 (주황색)	925~950
황적색	1100
백적색 (백색)	1200~1300
휘백색	1500

문제 보통 화재에서 주황색의 불꽃온도는 섭씨 몇 도 정도인가?
① 525도
② 750도
③ 925도 → 주황색 : 925~950℃
④ 1075도

답 ③

(3) 연소물질의 온도

연소물질의 온도

상 태	온도[℃]
목재화재	1200~1300
연강 용해, 촛불	1400
전기용접 불꽃	3000~4000
아세틸렌 불꽃	3300

(4) 연소의 3요소

가연물, 산소공급원, 점화원을 연소의 3요소라 한다.

① 가연물
  ㈎ 가연물의 구비 조건
    ㉮ **열전도율**이 작을 것
    ㉯ 발열량이 클 것
    ㉰ **산화반응**이면서 **발열반응**할 것
    ㉱ **활성화 에너지**가 작을 것

Key Point

* 연소
응고상태 또는 기체상태의 연료가 관계된 자발적인 발열반응 과정

* 연소속도
산화속도

* 산화반응
물질이 산소와 화합하여 반응하는 것

* 산화속도
연소속도와 직접 관계된다.

* 가연물
가연물질

※ 활성화 에너지
가연물이 처음 연소하는 데 필요한 열

※ 프레온
불연성 가스

※ 질소
복사열을 흡수하지 않는다.

※ 공기의 구성 성분
① 산소 : 21%
② 질소 : 78%
③ 아르곤 : 1%

※ 점화원이 될 수 없는 것
① 기화열
② 융해열
③ 흡착열

※ 나화
불꽃이 있는 연소 상태

㈐ 산소와 화학적으로 친화력이 클 것
㈑ 표면적이 넓을 것
㈒ 연쇄반응을 일으킬 수 있을 것

㈏ 가연물이 될 수 없는 물질(불연성 물질)

특 징	불연성 물질
주기율표의 0족 원소	• 헬륨(He) • 네온(Ne) • 아르곤(Ar) • 크립톤(Kr) • 크세논(Xe) • 라돈(Rn)
산소와 더 이상 반응하지 않는 물질	• 물(H_2O) • 이산화탄소(CO_2) • 산화알루미늄(Al_2O_3) • 오산화인(P_2O_5)
흡열반응 물질	• 질소(N_2)

② 산소공급원 : 공기 중의 산소 외에 다음의 위험물이 포함된다.
㈎ 제1류 위험물
㈏ 제5류 위험물
㈐ 제6류 위험물

> ※ **산소공급원** : 산소, 공기, 바람, 산화제

③ 점화원
㈎ 자연발화
㈏ 단열압축
㈐ 나화 및 고온표면
㈑ 충격마찰
㈒ 전기불꽃
㈓ 정전기불꽃

(5) 연소의 4요소(4면체적 요소)
① 가연물(연료)
② 산소공급원(산소, 산화제, 공기, 바람)
③ 점화원(온도)
④ 순조로운 연쇄반응 : **불꽃연소**와 관계

> ※ **불꽃연소**
> ① 증발연소 ② 분해연소 ③ 확산연소 ④ 예혼합기연소(예혼합연소)

> **중요** **불꽃연소의 특징**
> ① 가연성 성분의 기체상태 연소
> ② **연쇄반응**이 일어난다.
> ③ 연소시 **발열량**이 매우 **크다**.

(6) 정전기
　① 정전기의 방지대책
　　㈎ **접지**를 한다.
　　㈏ 공기의 상대습도를 **70%** 이상으로 한다.
　　㈐ 공기를 **이온화**한다.
　　㈑ **도체물질**을 사용한다.
　② 정전기의 발화과정

| 전하의 **발**생 | → | 전하의 **축**적 | → | **방**전 | → | 발화 |

　　※ **정전기** : 가연성 물질을 발화시킬 수가 있다.

　[기억법] 발축방

2 연소의 형태

(1) 고체의 연소
　① 표면연소 : **숯, 코크스, 목탄, 금속분** 등이 열분해에 의하여 가연성 가스를 발생하지 않고 그 물질 자체가 연소하는 현상

　　　　표면연소 = 응축연소 = 작열연소 = 직접연소

> **중요** **작열연소**
> ① 연쇄반응이 존재하지 않음
> ② 순수한 **숯**이 타는 것
> ③ 불꽃연소에 비하여 발열량이 크지 않다.

　② 분해연소 : **석탄, 종이, 플라스틱, 목재, 고무** 등의 연소시 열분해에 의하여 발생된 가스와 산소가 혼합하여 연소하는 현상
　③ 증발연소 : **황, 왁스, 파라핀, 나프탈렌** 등을 가열하면 고체에서 액체로, 액체에서 기체로 상태가 변하여 그 기체가 연소하는 현상
　④ 자기연소 : 제5류 위험물인 **나이트로글리세린, 나이트로셀룰로오스**(질화면), **TNT, 나이트로화합물**(피크린산)**, 질산에스터류**(셀룰로이드) 등이 열분해에 의해 산소를 발생하면서 연소하는 현상

Key Point

※ **불꽃연소**
솜뭉치가 서서히 타는 것

※ **PVC film 제조**
정전기 발생에 의한 화재위험이 크다.

※ **목재의 연소형태**
증발연소
↓
분해연소
↓
표면연소

※ **불꽃연소**
① 증발연소
② 분해연소
③ 확산연소
④ 예혼합기 연소

※ **작열연소**
표면연소

※ **질화도**
① 정의 : 나이트로셀룰로오스의 질소의 함유율
② 질화도가 높을수록 위험하다.

> **문제** 자기연소를 일으키는 가연물질로만 짝지어진 것은? ★★★
> ① 나이트로셀룰로오스, 황, 등유
> ② 질산에스터류, 셀룰로이드, 나이트로화합물
> ③ 셀룰로이드, 발연황산, 목탄
> ④ 질산에스터류, 황린, 염소산칼륨
>
> **해설** ② 자기연소 : 질산에스터류(셀룰로이드), 나이트로화합물
>
> 답 ②

자기연소 = 내부연소

(2) 액체의 연소
① 분해연소 : **중유, 아스팔트**와 같이 점도가 높고 비휘발성인 액체가 고온에서 열분해에 의해 가스로 분해되어 연소하는 현상
② 액적연소 : **벙커C유**와 같이 가열하고 점도를 낮추어 버너 등을 사용하여 액체의 입자를 안개형태로 분출하여 연소하는 현상
③ 증발연소 : **가솔린, 등유, 경유, 알코올, 아세톤** 등과 같이 액체가 열에 의해 증기가 되어 그 증기가 연소하는 현상
④ 분무연소 : 물질의 입자를 분산시켜 공기의 접촉면적을 넓게 하여 연소하는 현상

(4) 기체의 연소
① 확산연소 : **메탄**(CH_4), **암모니아**(NH_3), **아세틸렌**(C_2H_2), **일산화탄소**(CO), **수소**(H_2) 등과 같이 기체연료가 공기 중의 산소와 혼합되면서 연소하는 현상
② 예혼합기 연소 : 기체연료에 공기 중의 산소를 미리 혼합한 상태에서 연소하는 현상

용어

임계온도와 임계압력

임계온도	임계압력
아무리 큰 압력을 가해도 액화하지 않는 최저온도	임계온도에서 액화하는 데 필요한 압력

3 연소와 관계되는 용어

(1) 발화점(Ignition point)
가연성 물질에 불꽃을 접하지 아니하였을 때 연소가 가능한 최저온도

※ 탄화수소계의 분자량이 클수록 발화온도는 일반적으로 낮다.

(2) 인화점(Flash point)
① 휘발성 물질에 **불꽃**을 접하여 연소가 가능한 **최저온도**
② 가연성 증기 발생시 연소범위의 **하한계**에 이르는 **최저온도**

---

* **확산연소**
화염의 안정범위가 넓고 조작이 용이하며 역화의 위험이 없는 연소

* **예혼합기연소**
'예혼합연소'라고도 한다.

* **임계온도**
압력조건에 관계없이 그 값이 일정하다.

* **발화점과 같은 의미**
착화점

* **인견**
고체물질 중 발화온도가 높다.

③ 가연성 증기를 발생하는 액체가 공기와 혼합하여 기상부에 다른 불꽃이 닿았을 때 연소가 일어나는 **최저온도**
④ **위험성 기준**의 척도

인화점
① 가연성 액체의 발화와 깊은 관계가 있다.
② 연료의 조성, 점도, 비중에 따라 달라진다.

Key Point

※ 발화점이 낮아지는 경우
① 열전도율이 낮을 때
② 분자구조가 복잡할 때
③ 습도가 낮을 때

※ 물질의 발화점
① 황린 : 30~50℃
② 황화인·이황화탄소 : 100℃
③ 나이트로셀룰로오스 : 180℃

(3) 연소점(Fire point)
① 인화점보다 10℃ 높으며 연소를 **5초** 이상 지속할 수 있는 온도
② 어떤 인화성 액체가 공기 중에서 열을 받아 점화원의 존재하에 **지속적**인 연소를 일으킬 수 있는 온도
③ 가연성 액체에 점화원을 가져가서 인화된 후에 점화원을 제거하여도 가연물이 **계속** 연소되는 **최저온도**

문제 어떤 물질이 공기 중에서 열을 받아 지속적인 연소를 일으킬 수 있는 온도를 무엇이라 하는가?
① 발화점　　　　② 발열점
③ 연소점　　　　④ 가연점

해설 ③ 연소점 : 지속적인 연소를 일으킬 수 있는 온도

답 ③

(4) 비중(Specific gravity)
물 4℃를 기준으로 했을 때의 물체의 무게

(5) 비점(Boiling point)
액체가 끓으면서 증발이 일어날 때의 온도

(6) 비열(Specific heat)

단위	정의
1cal	1g의 물체를 1℃만큼 온도 상승시키는 데 필요한 열량
1BTU	1lb의 물체를 1°F만큼 온도 상승시키는 데 필요한 열량
1chu	1lb의 물체를 1℃만큼 온도 상승시키는 데 필요한 열량

(7) 융점(Melting point)
대기압하에서 고체가 용융하여 액체가 되는 온도

(8) 잠열(Latent heat)
어떤 물질이 고체, 액체, 기체로 상태를 변화하기 위해 필요로 하는 열

※ 1BTU
252cal

※ lb
파운드

※ 열량

$Q = rm + mC\Delta T$

여기서,
Q : 열량[cal]
r : 융해열 또는 기화열[cal/g]
m : 질량[g]
C : 비열[cal/g · ℃]
ΔT : 온도차[℃]

※ 열용량
비점이 낮은 액체일수록 증기압이 높다.

물의 잠열

잠열 및 열량	설 명
80cal/g	융해잠열
539cal/g	기화(증발)잠열
639cal	0℃의 물 1g이 100℃의 수증기로 되는 데 필요한 열량
719cal	0℃의 얼음 1g이 100℃의 수증기로 되는 데 필요한 열량

(9) 점도(Viscosity)

액체의 점착과 응집력의 효과로 인한 흐름에 대한 저항을 측정하는 기준

(10) 온도

온도단위	설 명
섭씨[℃]	1기압에서 물의 빙점을 0℃, 비점을 100℃로 한 것
화씨[℉]	대기압에서 물의 빙점을 32℉, 비점을 212℉로 한 것
캘빈온도[K]	1기압에서 물의 빙점을 273.18K, 비점을 373.18K로 한 것
랭킨온도[°R]	온도차를 말할 때는 화씨와 같으나 0℉가 459.71°R로 한 것

※ 증기비중과 같은 의미
가스비중

(11) 증기비중(Vapor Specific Gravity)

$$증기비중 = \frac{분자량}{29}$$

여기서, 29 : 공기의 평균분자량

문제 CO_2의 증기비중은? (단, 분자량 CO_2 : 44, N_2 : 28, O_2 : 32)
① 0.8 ② 1.5
③ 1.8 ④ 2.0

해설 ② 증기비중 = $\frac{분자량}{29} = \frac{44}{29} ≒ 1.5$

답 ②

※ 증기밀도

$증기밀도 = \dfrac{분자량}{22.4}$

여기서,
22.4 : 기체 1몰의 부피[l]

※ 증기압
비점이 낮은 액체일수록 증기압이 높다.

(12) 증기-공기밀도(Vapor-Air Density)

어떤 온도에서 액체와 평형상태에 있는 증기와 공기의 혼합물의 증기밀도

$$증기-공기밀도 = \frac{P_2 d}{P_1} + \frac{P_1 - P_2}{P_1}$$

여기서, P_1 : 대기압
P_2 : 주변온도에서의 증기압
d : 증기밀도

※ 비중이 무거운 순서
① Halon 2402
② Halon 1211
③ Halon 1301
④ CO_2

4 위험물질의 위험성

① 비등점(비점)이 낮아질수록 위험하다.
② 융점이 낮아질수록 위험하다.
③ 점성이 낮아질수록 위험하다.
④ 비중이 낮아질수록 위험하다.

용어

용 어	설 명
비등점	액체가 끓어오르는 온도, '**비점**'이라고도 한다.
융점	녹는 온도. '**융해점**'이라고도 한다.
점성	끈끈한 성질
비중	어떤 물질과 표준물질과의 질량비

5 연소의 온도 및 문제점

(1) 연소온도에 영향을 미치는 요인
① 공기비
② 산소농도
③ 연소상태
④ 연소의 발열량
⑤ 연소 및 공기의 현열
⑥ 화염전파의 열손실

(2) 연소속도에 영향을 미치는 요인
① 압력
② 촉매
③ 산소의 농도
④ 가연물의 온도
⑤ 가연물의 입자

(3) 연소상의 문제점
① 백-파이어(Back-fire) ; 역화
가스가 노즐에서 나가는 속도가 연소속도보다 느리게 되어 버너 내부에서 연소하게 되는 현상

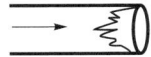

| 백-파이어 |

※ **공기비**
① 고체 : 1.4~2.0
② 액체 : 1.2~1.4
③ 기체 : 1.1~1.3

※ **연소**
빛과 열을 수반하는 산화반응

※ **촉매**
반응을 촉진시키는 것

※ 리프트
버너 내압이 높아져서 분출속도가 빨라지는 현상

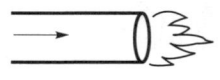
혼합가스의 유출속도 < 연소속도

② 리프트(Lift)
　가스가 노즐에서 나가는 속도가 연소속도보다 빠르게 되어 불꽃이 버너의 노즐에서 떨어져서 연소하게 되는 현상

| 리프트 |

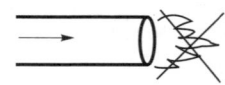
혼합가스의 유출속도 > 연소속도

③ 블로-오프(Blow-off)
　리프트 상태에서 불이 꺼지는 현상

| 블로-오프 |

6 연소생성물의 종류 및 특성

※ 연소생성물
① 열
② 연기
③ 불꽃
④ 가연성 가스

(1) 일산화탄소(CO)

① 화재시 흡입된 일산화탄소(CO)의 화학적 작용에 의해 **헤모글로빈**(Hb)이 혈액의 산소운반작용을 저해하여 사람을 질식·사망하게 한다.
② 산소와의 결합력이 극히 강하여 질식작용에 의한 독성을 나타냄

※ 일산화탄소
① 화재시 인명피해를 주는 유독성 가스
② 인체의 폐에 큰 자극을 줌
③ 연기로 인한 의식불명 또는 질식을 가져오는 유해성분

| 일산화탄소의 영향 |

농 도	영 향
0.2%	1시간 호흡시 **생명**에 위험을 준다.
0.4%	1시간 내에 **사망**한다.
1%	2~3분 내에 **실신**한다.

문제 일산화탄소(CO)를 <u>1시간</u> 정도 마셨을 때 생명에 위험을 주는 위험<u>농도</u>는?
① 0.1%　　　　　　　　　② 0.2%
③ 0.3%　　　　　　　　　④ 0.4%

 ② 0.2% : 1시간 정도 마셨을 때 생명에 위험을 줌

답 ②

 고체가연물 연소시 생성물질
① CO　　　　② CO_2　　　　③ SO_2
④ NH_3　　　⑤ HCN　　　　⑥ HCl

Chapter_ 01

(2) 이산화탄소(CO_2)

연소가스 중 **가장 많은 양**을 차지하고 있으며 가스 그 자체의 독성은 거의 없으나 다량이 존재할 경우, 사람의 호흡속도를 증가시키고, 이로 인하여 화재가스에 혼합된 유해가스의 혼입을 증가시켜 위험을 가중시키는 가스

문제 연소가스 중 가장 많은 양을 차지하고 있으며 가스 그 자체의 독성은 거의 없으나 다량이 존재할 경우, 사람의 호흡속도를 증가시키고, 이로 인하여 화재가스에 혼합된 유해가스의 흡입을 증가시켜 위험을 가중시키는 가스는?
① CO
② CO_2
③ SO_2
④ NH_3

해설 ② CO_2 : 화재가스에 혼합된 유해가스의 흡입을 증가시켜 위험을 가중시키는 가스

답 ②

※ **임계점**
액화 CO_2를 가열하여 액체와 기체의 밀도가 서로 같아질 때의 온도

| 이산화탄소의 영향 |

농 도	영 향
1%	공중위생상의 상한선이다.
2%	수 시간의 흡입으로는 증상이 없다.
3%	호흡수가 증가되기 시작한다.
4%	두부에 압박감이 느껴진다.
6%	호흡수가 현저하게 증가한다.
8%	호흡이 곤란해진다.
10%	2~3분 동안에 의식을 상실한다.
20%	사망한다.

※ **두부**
"머리"를 말한다.

※ 이산화탄소는 온도가 낮을수록, 압력이 높을수록 용해도는 증가한다.

※ **용해도**
포화용액 가운데 들어 있는 용질의 농도

 PVC 연소시 생성가스
① HCl(염화수소) : 부식성 가스
② CO_2(이산화탄소)
③ CO(일산화탄소)

※ **농황산**
용해열

(3) 포스겐($COCl_2$)

매우 독성이 강한 가스로서 소화제인 **사염화탄소**(CCl_4)를 화재시에 사용할 때도 발생한다.

※ **연소시 SO_2 발생 물질**
S성분이 있는 물질

(4) 황화수소(H_2S)

① **달걀 썩는 냄새**가 나는 특성이 있다.
② **황분**이 포함되어 있는 물질의 불완전 연소에 의하여 발생하는 가스
③ **자극성**이 있다.

※ **연소시 HCl 발생 물질**
Cl성분이 있는 물질

2. 연소의 이론 • **1-17**

※ 질소함유 플라스틱
연소시 발생가스
N성분이 있는 물질

※ 연소시 HCN 발생
물질
① 요소
② 멜라민
③ 아닐린
④ poly urethane
(폴리우레탄)

※ 아황산가스
$S + O_2 \rightarrow SO_2$

 중요 가연성가스 + 독성가스
① 황화수소(H_2S)
② 암모니아(NH_3)

(5) 아크롤레인($CH_2=CHCHO$)
독성이 매우 높은 가스로서 **석유제품, 유지** 등이 연소할 때 생성되는 가스

(6) 암모니아(NH_3)
① 나무, 페놀수지, 멜라민수지 등의 **질소함유물**이 연소할 때 발생하며, 냉동시설의 **냉매**로 쓰인다.
② 눈·코·폐 등에 매우 자극성이 큰 가연성 가스

 중요 인체에 영향을 미치는 연소생성물
① 일산화탄소(CO)·이산화탄소(CO_2)·황화수소(H_2S)
② 아황산가스(SO_2)·암모니아(NH_3)·시안화수소(HCN)
③ 염화수소(HCl)·이산화질소(NO_2)·포스겐($COCl_2$)

7 유류탱크, 가스탱크에서 발생하는 현상

(1) 블래비(BLEVE : Boiling Liquid Expanding Vapour Explosion)
과열상태의 탱크에서 내부의 액화가스가 분출하여 기화되어 폭발하는 현상

| 블래비(BLEVE) |

※ 유류탱크에서 발생
하는 현상
① 보일 오버
② 오일 오버
③ 프로스 오버
④ 슬롭 오버

(2) 보일 오버(Boil over)
① 중질유의 탱크에서 장시간 조용히 연소하다 탱크 내의 잔존기름이 갑자기 분출하는 현상
② 유류탱크에서 탱크 바닥에 물과 기름의 **에멀전**(emulsion)이 섞여 있을 때 이로 인하여 화재가 발생하는 현상
③ 연소 유면으로부터 100℃ 이상의 열파가 탱크 저부에 고여 있는 물을 비등하게 하면서 연소유를 탱크 밖으로 비산시키며 연소하는 현상
④ 유류탱크의 화재시 탱크 저부의 물이 뜨거운 열류층에 의하여 수증기로 변하면서 급작스런 부피팽창을 일으켜 유류가 탱크 외부로 분출하는 현상

※ 보일 오버의 발생
조건
① 화염이 된 탱크의 기름이 열파를 형성하는 기름일 것
② 탱크 일부분에 물이 있을 것
③ 탱크 밑부분의 물이 증발에 의하여 거품을 생성하는 고점도를 가질 것

⑤ 탱크저부의 물이 급격히 증발하여 탱크 밖으로 화재를 동반하며 방출하는 현상

> **문제** 중질유의 탱크에서 장시간 조용히 연소하다 탱크 내의 잔존기름이 갑자기 분출하는 현상을 무엇이라고 하는가?
> ① 보일 오버(Boil over)
> ② 플래시 오버(Flash over)
> ③ 슬롭 오버(Slop over)
> ④ 프로스 오버(Froth over)
>
> **해설** ① 보일 오버 : 탱크 내의 잔존기름이 갑자기 분출하는 현상
>
> 답 ①

(3) 오일 오버(Oil over)
저장탱크 내에 저장된 유류저장량이 내용적의 **50%** 이하로 충전되어 있을 때 화재로 인하여 탱크가 폭발하는 현상

(4) 프로스 오버(Froth over)
물이 점성의 뜨거운 기름 표면 아래에서 끓을 때 화재를 수반하지 않고 용기가 넘치는 현상

(5) 슬롭 오버(Slop over)
① 물이 연소유의 뜨거운 표면에 들어갈 때 기름표면에서 화재가 발생하는 현상
② 유화제로 소화하기 위한 물이 수분의 급격한 증발에 의하여 액면이 거품을 일으키면서 열유층 밑의 냉유가 급히 열팽창하여 기름의 일부가 불이 붙은 채 탱크벽을 넘어서 일출하는 현상

8 열전달의 종류

(1) 전도(Conduction)
① 정의 : 하나의 물체가 다른 물체와 **직접 접촉**하여 열이 이동하는 현상
② 전도의 예 : 티스푼을 통해 커피의 열이 손에 전달되는 것

$$\mathring{Q} = \frac{kA(T_2 - T_1)}{l}$$

여기서, $\mathring{Q}$: 전도열[W]
k : 열전도율[W/m·K]
A : 단면적[m²]
$(T_2 - T_1)$: 온도차[K]
l : 벽체 두께[m]

(2) 대류(Convection)
① 정의 : 유체의 흐름에 의하여 열이 이동하는 현상
② 대류의 예 : 난로에 의해 방안의 공기가 데워지는 것

$$\mathring{Q} = Ah(T_2 - T_1)$$

Key Point

※ **에멀전**
물의 미립자가 기름과 섞여서 기름의 증발능력을 떨어뜨려 연소를 억제하는 것

※ **열파**
열의 파장

※ **슬롭 오버**
① 연소유면의 온도가 100℃ 이상일 때 발생
② 연소유면의 폭발적 연소로 탱크 외부까지 화재가 확산
③ 소화시 외부에서 뿌려지는 물에 의하여 발생

※ **유화제**
물을 기름화재에 사용할 수 있도록 거품을 일으키는 물질을 섞은 것

※ **열의 전도와 관계 있는 것**
① 온도차
② 자유전자
③ 분자의 병진운동

※ **열의 전달**
전도, 대류, 복사가 모두 관여된다.

※ **유체**
액체 또는 기체

여기서, A : 대류면적(표면적)[m^2]
$\overset{\circ}{Q}$: 대류열[W]
h : 열전달률[$W/m^2 \cdot ℃$]
$(T_2 - T_1)$: 온도차[℃]

(3) 복사(Radiation)

① 정의 : 전자파의 형태로 열이 옮겨지는 현상으로서, 높은 온도에서 낮은 온도로 열이 이동한다.

② 복사의 예 : 태양의 열이 지구에 전달되어 따뜻함을 느끼는 것

$$\overset{\circ}{Q} = aAF(T_1^4 - T_2^4)$$

여기서, $\overset{\circ}{Q}$: 복사열[W]
a : 스테판-볼츠만 상수[$W/m^2 \cdot K^4$]
A : 단면적[m^2]
T_1 : 고온[K]
T_2 : 저온[K]
F : 기하학적 Factor

중요 스테판-볼츠만의 법칙
복사체에서 발산되는 복사열은 복사체의 절대온도의 **4제곱**에 비례한다.

문제 ★★★ 스테판-볼츠만의 법칙으로 온도차이가 있는 두 물체(흑체)에서 저온(T_2)의 물체가 고온(T_1)의 물체로부터 흡수하는 복사열 Q 에 대한 식으로 옳은 것은?
(a : 스테판-볼츠만 상수, A : 단면적, F : 기하학적 Factor, T_1, T_2 : 물체의 절대온도)

① $Q = aAF(T_1^4 - T_2^4)$ ② $Q = aAF(T_2^4 - T_1^4)$
③ $Q = aA/F(T_1^4 - T_2^4)$ ④ $Q = aA/F(T_2^4 - T_1^4)$

해설 ① $Q = aAF(T_1^4 - T_2^4)$

답 ①

9 열에너지원(Heat Energy Sources)의 종류

(1) 기계열

① 압축열 : 기체를 급히 압축할 때 발생되는 열
② 마찰열 : 두 고체를 마찰시킬 때 발생되는 열
③ 마찰스파크 : 고체와 금속을 마찰시킬 때 불꽃이 일어나는 것

※ 복사
화재시 열의 이동에 가장 크게 작용하는 방식

※ 열전달의 종류
① 전도
② 대류
③ 복사

※ 열전도와 관계있는 것
① 열전도율
② 밀도
③ 비열
④ 온도

※ 기계적 착화원
① 단열압축
② 충격
③ 마찰

Chapter_ 01

(2) 전기열
① 유도열 : 도체 주위에 변화하는 **자장**이 존재하거나 도체가 자장 사이를 통과하여 전위차가 발생하고 이 전위차에서 전류의 흐름이 일어나 도체의 저항에 의하여 열이 발생하는 것
② 유전열 : **누설전류**에 의해 절연능력이 감소하여 발생되는 열
③ 저항열 : 도체에 전류가 흐르면 도체물질의 원자구조 특성에 따르는 **전기저항** 때문에 전기에너지의 일부가 열로 변하는 발열
④ 아크열 : 스위치의 ON/OFF에 의해 발생하는 것
⑤ 정전기열 : 정전기가 방전할 때 발생되는 열
⑥ 낙뢰에 의한 열 : 번개에 의해 발생되는 열

(3) 화학열
① 연소열 : 어떤 물질이 완전히 **산화**되는 과정에서 발생하는 열
② 용해열 : 어떤 물질이 액체에 **용해**될 때 발생하는 열(**농황산, 묽은 황산**)
③ 분해열 : 화합물이 **분해**할 때 발생하는 열
④ 생성열 : 발열반응에 의한 화합물이 **생성**할 때의 열
⑤ 자연발열(자연발화) : 어떤 물질이 외부로부터 열의 공급을 받지 아니하고 온도가 상승하는 현상

자연발화의 방지법
① **습도가 높은 곳**을 피할 것(건조하게 유지할 것)
② 저장실의 온도를 낮출 것(주위온도를 낮게 유지)
③ 통풍이 잘 되게 할 것
④ 퇴적 및 수납시 열이 쌓이지 않게 할 것(열의 축적 방지)
⑤ 발열반응에 정촉매 작용을 하는 물질을 피할 것

자연발화 조건
(1) **열전도율이 작을 것**
(2) 발열량이 클 것
(3) 주위의 온도가 높을 것
(4) 표면적이 넓을 것

Key Point

* **저항열**
백열전구의 발열

* **화약류**
① 무연화약
② 도화선
③ 초안폭약

* **자연발화의 형태**
(1) 분해열
 ① 셀룰로이드
 ② 나이트로셀룰로오스
(2) 산화열
 ① 건성유(정어리유, 아마인유, 해바라기유)
 ② 석탄
 ③ 원면
 ④ 고무분말
(3) 발효열
 ① 퇴비
 ② 먼지
 ③ 곡물
(4) 흡착열
 ① 목탄
 ② 활성탄

* **자연발화**
어떤 물질이 외부로부터 열의 공급을 받지 아니하고 온도가 상승하는 현상

* **건성유**
① 동유
② 아마인유
③ 들기름
※ 건성유 : 자연발화가 일어나기 쉽다.

* **물질의 발화점**

물질의 종류	발화점
• 황린	30~50℃
• 황화인 • 이황화탄소	100℃
• 나이트로셀룰로오스	180℃

2. 연소의 이론 • **1-21**

10 기체의 부피에 관한 법칙

(1) 보일의 법칙(Boyle's law)
온도가 일정할 때 기체의 부피는 절대압력에 반비례한다.

$$P_1 V_1 = P_2 V_2$$

여기서, P_1, P_2 : 기압[atm], V_1, V_2 : 부피[m³]

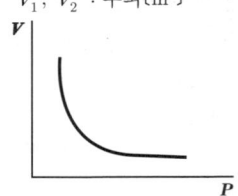

∥ 보일의 법칙 ∥

(2) 샤를의 법칙(Charl's law)
압력이 일정할 때 기체의 부피는 절대온도에 비례한다.

$$\frac{V_1}{T_1} = \frac{V_2}{T_2}$$

여기서, V_1, V_2 : 부피[m³], T_1, T_2 : 절대온도[K]

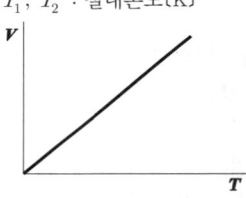

∥ 샤를의 법칙 ∥

(3) 보일-샤를의 법칙(Boyle-Charl's law)
기체가 차지하는 부피는 압력에 반비례하며, 절대온도에 비례한다.

$$\frac{P_1 V_1}{T_1} = \frac{P_2 V_2}{T_2}$$

여기서, P_1, P_2 : 기압[atm]
V_1, V_2 : 부피[m³]
T_1, T_2 : 절대온도[K]

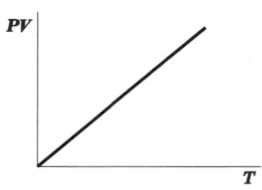

∥ 보일-샤를의 법칙 ∥

※ 기압
기체의 압력

※ 절대온도
① 켈빈온도
  K=273+℃
② 랭킨온도
  °R=460+°F

※ 보일-샤를의 법칙
★ 꼭 기억하세요 ★

문제 "기체가 차지하는 부피는 <u>압력</u>에 <u>반비례</u>하며 <u>절대온도</u>에 <u>비례</u>한다."와 가장 관련이 있는 <u>법칙</u>은?

① 보일의 법칙 ② 샤를의 법칙
③ 보일-샤를의 법칙 ④ 줄의 법칙

 ③ 보일-샤를의 법칙 : 기체가 차지하는 부피는 **압력**에 **반비례**하여 **절대온도**에 **비례**한다.

답 ③

(4) 이상기체 상태방정식

$$PV = nRT$$

여기서, P : 기압[atm]
V : 부피[m³]
n : 몰수 $\left(n = \dfrac{m\,(\text{질량[kg]})}{M(\text{분자량[kg/kmol]})}\right)$
R : 기체상수(0.082atm · m³/kmol · K)
T : 절대온도[K]

※ 이상기체 상태방정식
★ 꼭 기억하세요 ★

※ 몰수
아보가드로수에 해당하는 물질의 입자수 또는 원자수

3 건축물의 화재성상

1 목재 건축물

※ 석면, 암면
열전도율이 가장 적다.

(1) 열전도율

목재의 열전도율은 콘크리트보다 적다.

※ 철근콘크리트에서 철근의 허용응력을 위태롭게 하는 최저온도는 600℃이다.

※ 철근콘크리트
① 철근의 허용응력
  : 600℃
② 콘크리트의 탄성
  : 500℃

(2) 열팽창률

목재의 열팽창률은 벽돌·철재·콘크리트보다 적으며, 벽돌·철재·콘크리트 등은 열팽창률이 비슷하다.

(3) 수분함유량

목재의 수분함유량이 15% 이상이면 고온에 장시간 접촉해도 착화하기 어렵다.

 문제 목재가 고온에 장시간 접촉해도 착화하기 어려운 수분함유량은 최소 몇 % 이상인가?
① 10 ② 15
③ 20 ④ 25

해설 ② 목재의 수분함유량이 15% 이상이면 고온에 장시간 접촉해도 착화하기 어렵다.

답 ②

※ 목재 건축물
① 화재성상
  : 고온 단기형
② 최고온도
  : 1300℃

목재건축물=목조건축물

(4) 목재의 연소에 영향을 주는 인자
① 비중   ② 비열   ③ 열전도율
④ 수분함량 ⑤ 온도   ⑥ 공급상태
⑦ 목재의 비표면적

※ 내화 건축물
① 화재성상
  : 저온 장기형
② 최고온도
  : 900~1000℃

(5) 목재의 상태와 연소속도

목재의 상태 \ 연소속도	빠르다	느리다
형 상	사각형	둥근 것
표 면	거친 것	매끈한 것
두 께	얇은 것	두꺼운 것
굵 기	가는 것	굵은 것
색	흑 색	백 색
내화성	없는 것	있는 것
건조상태	수분이 적은 것	수분이 많은 것

※ 작고 엷은 가연물은 입자표면에서 전도율의 방출이 적기 때문에 잘 탄다.

(6) 목재의 연소과정

| 목재의 가열→
100℃
갈색 | 수분의 증발→
160℃
흑갈색 | 목재의 분해→
220~260℃
분해가 급격히
일어난다. | 탄화 종료→
300~350℃ | 발화→
420~470℃ |

(7) 목재 건축물의 화재 진행과정

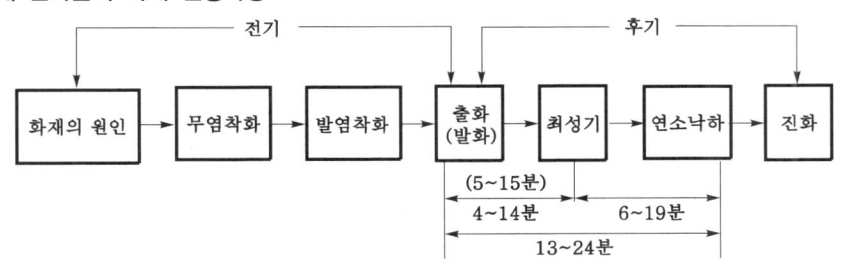

최성기 = 성기 = 맹화

❋ 무염착화
가연물이 재로 덮힌 숯불 모양으로 불꽃없이 착화하는 현상

(8) 출화의 구분

옥내출화	옥외출화
① **천장 속ㆍ벽 속** 등에서 **발염착화**한 때 ② 가옥 구조시에는 천장판에 **발염착화**한 때 ③ 불연 벽체나 칸막이의 불연천장인 경우 실내에서는 그 뒤판에 **발염착화**한 때	① **창ㆍ출입구** 등에 **발염착화**한 때 ② 목재사용 가옥에서는 **벽ㆍ추녀밑**의 판자나 목재에 **발염착화**한 때

용어

도괴방향법	탄화심도 비교법
출화가옥의 기둥 등은 발화부를 향하여 파괴하는 경향이 있으므로 이곳을 출화부로 추정하는 원칙	탄소화합물이 분해되어 탄소가 되는 깊이, 즉 나무를 예로 들면 나무가 불에 탄 깊이를 측정하여 출화부를 추정하는 원칙

❋ 발염착화
가연물이 불꽃이 발생되면서 착화하는 현상

❋ 건축물의 화재성상
① 실(室)의 규모
② 내장재료
③ 공기유입부분의 형태

❋ 일반가연물의 연소생성물
① 수증기
② 이산화탄소(CO_2)
③ 일산화탄소(CO)

(9) 목재 건축물의 표준온도곡선

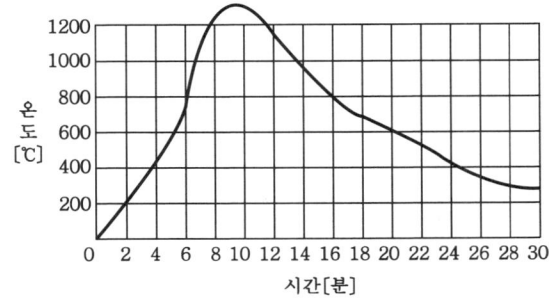

❋ 출화
"화재"를 의미한다.

❋ 탄화심도
발화부에 가까울수록 깊어지는 경향이 있다.

❋ 목조건축물
처음에는 백색연기 발생

최성기의 상태
① 온도는 국부적으로 1200~1300℃ 정도가 된다.
② 상층으로 완전히 연소되고 농연은 건물 전체에 충만된다.
③ 유리가 타서 녹아 떨어지는 상태가 목격된다.

문제 목조 건물 화재의 일반현상이 아닌 것은?
① 처음에는 흑색 연기가 창·환기구 등으로 분출된다.
② 차차 연기량이 많아지고 지붕, 처마 등에서 연기가 새어 나온다.
③ 옥내에서 탈 때, 타는 소리가 요란하다.
④ 결국은 화염이 외부에 나타난다.

해설 ① 처음에는 **백색 연기**가 발생하며 차차 **흑색 연기**가 창·환기구 등으로 분출된다.

답 ①

(10) 목재 건축물의 화재원인

구 분	설 명
접염	건축물과 건축물이 연결되어 불이 옮겨 붙는 것
비화	불씨가 날아가서 다른 건축물에 옮겨 붙는 것
복사열	복사파에 의해 열이 높은 온도에서 낮은 온도로 이동하는 것

목재 건축물 = 목조 건축물

* 접염
농촌의 목재 건축물에서 주로 발생한다.

* 복사열
열이 높은 온도에서 낮은 온도로 이동하는 것

(11) 훈 소

구 분	설 명
훈소	불꽃없이 연기만 내면서 타다가 어느 정도 시간이 경과 후 발열될 때의 연소상태
훈소흔	목재에 남겨진 흔적

2 내화 건축물

(1) 내화 건축물의 내화 진행과정

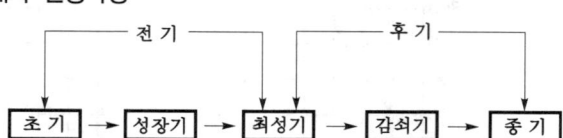

Chapter_ 01

(2) 내화 건축물의 표준온도곡선

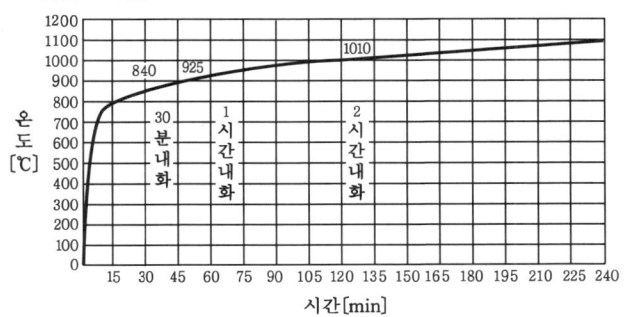

※ 내화 건축물의 화재시 1시간 경과된 후의 화재온도는 약 925~950℃이다.

Key Point

✽ **성장기**
공기의 유통구가 생기면 연소속도는 급격히 진행되어 실내는 순간적으로 화염이 가득하게 되는 시기

✽ **건축물의 화재성상**
① 내화 건축물
  : 저온 장기형
② 목재 건축물
  : 고온 단기형

✽ **내화건축물의 표준온도**
① 30분 후 : 840℃
② 1시간 후
  : 925~950℃
③ 2시간 후 : 1010℃

4 불 및 연기의 이동과 특성

1 불의 성상

(1) 플래시오버(Flash over)

① 정의 : 화재로 인하여 실내의 온도가 급격히 상승하여 화재가 순간적으로 실내 전체에 확산되어 연소되는 현상으로 일반적으로 **순발연소**라고도 한다.
② 발생시간 : 화재 발생후 **5~6분** 경
③ 발생시점 : **성장기~최성기**(성장기에서 최성기로 넘어가는 분기점)
④ 실내온도 : 약 800~900℃

※ 플래시오버 포인트(Flash Over Point) : 내화건축물에서 최성기로 보는 시점

※ 플래시오버
① 폭발적인 착화현상
② 순발적인 연소확대 현상
③ 옥내화재가 서서히 진행하여 열이 축적되었다가 일시에 화염이 크게 발생하는 상태
④ 가연성 가스가 동시에 연소되면서 급격한 온도상승 유발
⑤ 가연성가스가 일시에 인화하여 화염이 충만하는 단계

문제 플래시오버(flash-over)를 **설명**한 것은 어느 것인가?
① 도시가스의 폭발적 연소를 말한다.
② 휘발유 등 가연성 액체가 넓게 흘러서 발화한 상태를 말한다.
③ 옥내화재가 서서히 진행하여 열이 축적되었다가 일시에 화염이 크게 발생하는 상태를 말한다.
④ 화재층의 불이 상부층으로 옮아 붙는 현상을 말한다.

해설 ③ 플래시오버 : 일시에 화염이 크게 발생하는 상태

답 ③

(2) 플래시오버에 영향을 미치는 것
① 개구율
② 내장재료(내장재료의 제성상, 실내의 내장재료)
③ 화원의 크기
④ 실의 내표면적(실의 넓이·모양)

(3) 플래시오버의 발생시간과 내장재의 관계
① 벽보다 천장재가 크게 영향을 받는다.
② 가연재료가 난연재료보다 빨리 발생한다.
③ 열전도율이 적은 내장재가 빨리 발생한다.
④ 내장재의 두께가 얇은 쪽이 빨리 발생한다.

※ 가연재료
불에 잘 타는 성능을 가진 건축재료

※ 난연재료
불에 잘 타지 아니하는 성능을 가진 건축재료

(4) 플래시오버 시간(FOT)
① 열의 **발생속도**가 빠르면 FOT는 짧아진다.
② 개구율이 크면 FOT는 짧아진다.
③ 개구율이 너무 크게 되면 FOT는 길어진다.
④ 실내부의 FOT가 짧은 순서는 **천장, 벽, 바닥**의 순이다.
⑤ 열전도율이 작은 내장재가 발생시각을 빠르게 한다.

> **중요** 플래시오버(flash over)현상과 관계 있는 것
> ① 복사열
> ② 분해연소
> ③ 화재성장기

(5) 화재의 성장 - 온도곡선

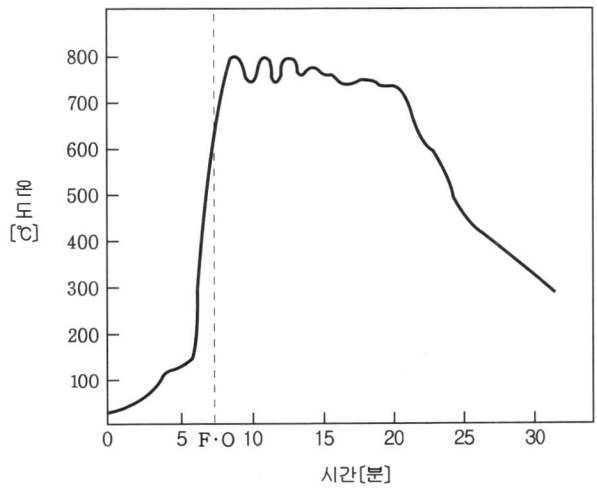

‖ 화재의 성장과 실내온도 변화 ‖

* F · O
'플래시오버(Flash Over)'를 말한다.

2 연기의 성상

(1) 연기
① 정의 : 가연물 중 완전 연소되지 않은 고체 또는 액체의 미립자가 떠돌아 다니는 상태
② 입자크기 : 0.01~99μm

> [μm] = 미크론 = 마이크로 미터

* 연기
탄소 및 타르입자에 의해 연소가스가 눈에 보이는 것

* 연기의 형태
(1) 고체 미립자계
   : 일반적인 연기
(2) 액체 미립자계
  ① 담배연기
  ② 훈소연기

(2) 연기의 이동속도

구 분	이동속도
수평방향	0.5~1m/s
수직방향	2~3m/s
계단실 내의 수직 이동속도	3~5m/s

> ※ 화재초기의 연소속도는 평균 0.75~1m/min씩 원형의 모양을 그리면서 확대해 나간다.

* 피난한계거리
연기로부터 2~3m 거리 유지

> **문제** ★★★
> 연기가 자기 자신의 열에너지에 의해서 유동할 때 <u>수직방향</u>에서의 유동속도는 몇 m/s 정도 되는가?
> ① 2~3
> ② 5~6
> ③ 8~9
> ④ 11~12
>
> **해설** ① 연기의 **수직방향** 유동속도 : 2~3m/s
>
> 답 ①

(3) 연기의 전달현상
① 연기의 유동확산은 **벽** 및 **천장**을 따라서 진행한다.
② 연기의 농도는 상층으로부터 점차적으로 하층으로 미친다.
③ 연기의 유동은 건물 내외의 **온도차**에 영향을 받는다.
④ 연기는 공기보다 고온이므로 **천장**의 **하면**을 따라 이동한다.
⑤ 수직공간에서 확산속도가 빠르고 그 흐름에 따라 화재 **최상층**부터 차례로 충만해 간다.

※ 화재초기의 연기량은 화재성숙기의 발연량보다 많다.

* **일산화탄소의 증가와 산소의 감소**
연기가 인체에 영향을 미치는 요인 중 가장 중요한 요인

* **연기의 발생속도**
연소속도×발연계수

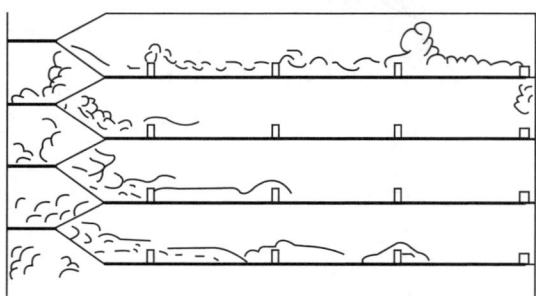

┃ 연기의 전달현상 ┃

(4) 연기의 농도와 가시거리

감광계수[m⁻¹]	가시거리[m]	상 황
0.1	20~30	연기감지기가 작동할 때의 농도
0.3	5	건물 내부에 익숙한 사람이 피난에 지장을 느낄 정도의 농도
0.5	3	어두운 것을 느낄 정도의 농도
1	1~2	거의 앞이 보이지 않을 정도의 농도
10	0.2~0.5	화재 최성기 때의 농도
30	-	출화실에서 연기가 분출할 때의 농도

* **감광계수**
연기의 농도에 의해 빛이 감해지는 계수

* **가시거리**
방해를 받지 않고 눈으로 어떤 물체를 볼 수 있는 거리

* **출화실**
화재가 발생한 집 또는 방

(5) 연기로 인한 사람의 투시거리에 영향을 주는 요인
① 연기농도(주된 요인)
② 연기의 흐름속도
③ 보는 표시의 휘도, 형상, 색

Chapter_ 01

 연기(smoke)
① 연소생성물이 눈에 보이는 것을 **연기**라고 한다.
② 수직으로 연기가 이동하는 속도는 수평으로 이동하는 속도보다 빠르다.
③ 연기 중 **액체미립자계**만 유독성이다.
④ 연기는 **대류**에 의하여 전파된다.

(6) 연기를 이동시키는 요인
① **연돌**(굴뚝) **효과**
② 외부에서의 **풍력**의 영향
③ 온도상승에 의한 증기 **팽창**(온도상승에 따른 기체의 팽창)
④ 건물 내에서의 강제적인 공기 이동(공조설비)
⑤ 건물 내외의 **온도차**(기후조건)
⑥ 비중차
⑦ 부력

※ **굴뚝효과와 관계 있는 것**
① 화재실의 온도
② 건물의 높이
③ 건물 내외의 온도차

문제 화재시 연기를 이동시키는 추진력으로 옳지 않은 것은?
① 굴뚝효과   ② 팽창
③ 중력   ④ 부력
  연기의 이동과 관계없음
답 ③

 용어

연돌(굴뚝) **효과**(stack effect)
(1) 건물 내의 연기가 압력차에 의하여 순식간에 이동하여 상층부로 상승하거나 외부로 배출되는 현상
(2) 실내·외 공기사이의 **온도**와 **밀도**의 **차이**에 의해 공기가 건물의 수직방향으로 이동하는 현상

※ **중성대** : 건물 내의 기류는 중성대의 **하부**에서 **상부** 또는 **상부**에서 **하부**로 이동한다.

※ **드래프트 효과**
화재시 열에 의해 공기가 상승하며 연소가스가 건물 외부로 빠져나가고 신선한 공기가 흡입되어 순환하는 것

(7) 연기를 이동시키지 않는 방호조치
① 계단에는 반드시 **전실**을 만든다.
② 고층부의 **드래프트 효과**(draft effect)를 감소시킨다.
③ 전용실 내에 **에스컬레이터**를 설치한다.
④ 가능한 한 각층의 엘리베이터 홀은 구획한다.

※ **연기의 이동과 관계 있는 것**
① 굴뚝효과
② 비중차
③ 공조설비

(8) 연기가 인체에 미치는 영향
① 질식사   ② 시력장애   ③ 인지능력감소

※ **공기**의 **양**이 **부족**할 경우 짙은 연기가 생성된다.

※ **연기**
① 고체미립자계 : 무독성
② 액체미립자계 : 유독성

※ **검은 연기생성**
탄소를 많이 함유한 경우

4. 불 및 연기의 이동과 특성 • 1-31

소방원론

5 물질의 화재위험

출제확률 12.8% (3문제)

1 화재의 발생체계

(1) 화재위험
　① 발화위험
　② 확대위험
　③ 피해의 증가

(2) 화재를 발생시키는 열원

물리적인 열원	화학적인 열원
마찰, 충격, 단열, 압축, 전기, 정전기	화합, 분해, 혼합, 부가

2 위험물의 일반사항

※ 위험물
인화성 또는 발화성 물품

(1) 제1류 위험물

구 분	내 용
성질	**강산화성 물질**(산화성 고체)
종류	① 염소산 염류 · 아염소산 염류 · 과염소산 염류 ② 브로민산 염류 · 아이오딘산 염류 · 과망가니즈산 염류 ③ 질산 염류 · 다이크로뮴산 염류 · 삼산화크로뮴
특성	① 상온에서 **고체상태**이다. ② 반응속도가 대단히 빠르다. ③ 가열 · 충격 및 다른 화학제품과 접촉시 쉽게 분해하여 산소를 방출한다. ④ **조연성 · 조해성** 물질이다.
저장 및 취급방법	① 산화되기 쉬운 물질과 화재 위험이 있는 것으로부터 멀리 할 것 ② 환기가 잘되는 곳에 저장할 것 ③ 가연물 및 분해성 물질과의 접촉을 피할 것 ④ **습기**에 **주의**하며 **밀폐용기**에 **저장**할 것
소화방법	물에 의한 **냉각소화** (단, **무기과산화물**은 **마른모래** 등에 의한 질식소화)

※ 조연성
연소를 돕는 성질

※ 조해성
녹는 성질(질산염류)

※ 무기과산화물
물과 반응시 산소 발생

※ 자체화재시에는 주위의 가연물에 대량의 물을 뿌려 연소확대를 방지한다.

※ 질산염류
흡습성이 있으므로 습기에 주의할 것

(2) 제2류 위험물

구 분	내 용
성질	**환원성 물질**(가연성 고체)
종류	① 황화인 · 적린 · 황 ② 철분 · 마그네슘 · 금속분 ③ 인화성 고체

※ 황화인
온도 및 습도가 높은 장소에서 자연발화의 위험이 크다.

1-32 · 제1장 화재론

Chapter_ 01

특성	① 상온에서 **고체상태**이다. ② 연소속도가 대단히 빠르다. ③ 산화제와 접촉하면 폭발할 수 있다. ④ **금속분**은 물과 접촉시 발열한다. ⑤ 화재시 유독가스를 많이 발생한다. ⑥ 비교적 낮은 온도에서 착화하기 쉬운 가연물이다.
저장 및 취급방법	① 용기가 파손되지 않도록 할 것 ② 점화원의 접촉을 피할 것 ③ 산화제의 접촉을 피할 것 ④ 금속분은 물과의 접촉을 피할 것
소화방법	물에 의한 **냉각소화** (단, **황화인·철분·마그네슘·금속분**은 **마른모래** 등에 의한 질식소화)

Key Point

* **저장물질**
① 황린, 이황화탄소(CS_2)
  : 물속
② 나이트로셀룰로오스
  : 알코올 속
③ 칼륨(K), 나트륨(Na),
  리튬(Li) : 석유류
  (등유) 속
④ 아세틸렌(C_2H_2)
  : 디메틸포름아미
  드(DMF), 아세톤

용어

질식소화
공기 중의 산소농도를 **16% 이하**로 희박하게 하여 소화하는 방법

(3) 제3류 위험물

구 분	내 용
성질	**금수성 물질** 및 **자연발화성 물질**
종류	① 황린·칼륨·나트륨·생석회 ② 알킬리튬·알킬알루미늄·알칼리 금속류·금속칼슘·탄화칼슘 ③ 금속인화물·금속수소화합물·유기금속화합물
특성	① 상온에서 **고체상태**이다. ② 대부분 불연성 물질이다. 　(단, 금속칼륨, 금속나트륨은 가연성 물질이다) ③ 물과 접촉시 발열 및 가연성 가스를 발생하며, 급격히 발화한다.
저장 및 취급방법	① 용기가 부식·파손되지 않도록 할 것 ② 보호액 속에 보관하는 경우 위험물이 보호액 표면에 노출되지 않도록 할 것 ③ 화재시 소화가 용이하게 하기 위해 나누어서 보관할 것
소화방법	**마른모래** 등에 의한 질식소화 (단, **칼륨·나트륨**은 주변 인화물질을 제거하여 연소확대를 막는다.)

* **저장제외 물질**
산화프로필렌, 아세트
알데하이드, 아세틸렌
(C_2H_2) : 구리(Cu), 마그
네슘(Mg), 은(Ag), 수은
(Hg)용기에 사용금지

※ 제3류 위험물은 **금수성 물질**이므로 절대로 물로 소화하면 안 된다.

* **금수성 물질**
① 생석회
② 금속칼슘
③ 탄화칼슘

문제 제3류 위험물은 가연성 및 **불연성** 물질을 포함하고 있다. 이 위험물이 지니는 특수성은 어느 것인가?
① 금수성　　　　　　② 자기연소성
③ 강산성　　　　　　④ 산화성

해설　① 제3류 위험물　② 제5류 위험물　③ 제1류 위험물　④ 제6류 위험물

답 ①

물과 반응하여 발화하는 물질

위험물	종류
제2류 위험물	• 금속분(수소화 마그네슘)
제3류 위험물	• 칼륨 • 나트륨 • 알킬알루미늄

(4) 제4류 위험물

구 분	내 용
성질	**인화성 물질**(인화성 액체)
종류	① 제1~4석유류 ② 특수인화물 · 알코올류 · 동식물유류
특성	① 상온에서 **액체상태**이다(**가연성 액체**). ② 상온에서 **안정**하다. ③ **인화성 증기**를 발생시킨다. ④ 연소범위의 폭발 하한계가 낮다. ⑤ 물보다 가벼우며 물에 잘 녹지 않는다. ⑥ 약간의 자극으로는 쉽게 폭발하지 않는다.
저장 및 취급방법	① 용기가 파손되지 않도록 할 것 ② 불티, 불꽃, 화기 기타 열원의 접촉을 피할 것 ③ 온도를 인화점 이하로 유지할 것 ④ 운반용기에 "**화기엄금**" 등의 표시를 할 것
소화방법	포 · 분말 · CO_2 · 할론소화약제에 의한 질식소화

※ **알코올류**는 알코올포 소화약제를 사용하여 소화하여야 한다.

(5) 제5류 위험물

구 분	내 용
성질	**폭발성 물질**(자기 반응성 물질)
종류	① 유기과산화물 · 나이트로화합물 · 나이트로소화합물 ② 질산에스터류(셀룰로이드, 나이트로셀룰로오스) · 하이드라진유도체 ③ 아조화합물 · 다이아조화합물
특성	① 상온에서 **고체** 또는 **액체상태**이다. ② 연소속도가 대단히 빠르다. ③ 불안정하고 분해되기 쉬우므로 폭발성이 강하다. ④ **자기연소** 또는 **내부연소**를 일으키기 쉽다. ⑤ 산화반응에 의한 자연발화를 일으킨다. ⑥ 한번 불이 붙으면 소화가 곤란하다.
저장 및 취급방법	① 용기가 파손되지 않도록 할 것 ② 화재시 소화가 용이하게 하기 위해 나누어서 보관할 것 ③ 점화원 및 분해 촉진 물질과의 접촉을 피할 것 ④ 운반용기에 "**화기엄금**" 등의 표시를 할 것

✽ **가연성 액체**
유류화재

✽ **실리콘유**
난연성물질

✽ **제5류 위험물**
자체에서 산소를 함유하고 있어 공기 중의 산소를 필요로 하지 않고 자기 연소하는 물질

✽ **나이트로셀룰로오스**
질화도가 클수록 위험성이 크다.

✽ **TNT폭발시 발생 기체**
① CO_2
② 질소
③ 수증기

| 소화방법 | 화재 초기에만 대량의 물에 의한 **냉각소화**(단, 화재가 진행되면 자연진화 되도록 기다릴 것) |

자기 반응성 물질 = 자체 반응성 물질 = 자기 연소성 물질

문제 나이트로셀룰로오스에 대하여 잘못된 설명은?
① 질화도가 <u>낮을수록</u> 위험성이 크다.
　　　　　　클수록
② 알코올, 물 등으로 적신 상태로 보관한다.
③ 화약의 원료로 쓰인다.
④ 충분히 정제되지 않고 산 성분이 남아 있는 것이 더 위험하다.

해설 • **질화도** : 나이트로셀룰로오스의 질소 함유율

답 ①

(6) 제6류 위험물

구 분	내 용
성질	**산화성 물질**(산화성 액체)
종류	① 질산 ② 과염소산 · 과산화수소
특성	① 상온에서 **액체상태**이다. ② 불연성 물질이지만 강산화제이다. ③ 물과 접촉시 발열한다. ④ 유기물과 혼합하면 산화시킨다. ⑤ 부식성이 있다.
저장 및 취급방법	① 용기가 파손되지 않도록 할 것 ② 물과의 접촉을 피할 것 ③ 가연물 및 분해성 물질과의 접촉을 피할 것
소화방법	마른모래 등에 의한 **질식소화** (단, **과산화수소**는 다량의 **물**로 희석소화)

중요

(1) 무기과산화물
　① $2K_2O_2 + 2H_2O \rightarrow 4KOH + O_2 \uparrow$
　② $2Na_2O_2 + 2H_2O \rightarrow 4NaOH + O_2 \uparrow$
(2) 금속분
　$Al + 2H_2O \rightarrow Al(OH)_2 + H_2 \uparrow$
(3) 기타물질
　① $2K + 2H_2O \rightarrow 2KOH + H_2 \uparrow$
　② $2Na + 2H_2O \rightarrow 2NaOH + H_2 \uparrow$
　③ $2Li + 2H_2O \rightarrow 2LiOH + H_2 \uparrow$
　④ $Mg + 2H_2O \rightarrow Mg(OH)_2 + H_2 \uparrow$

Key Point

✽ **산소공급원**
① 제1류 위험물
② 제5류 위험물
③ 제6류 위험물

✽ **유기물**
탄소를 주성분으로 한 물질

✽ **과산화물질**
용기옮길 때 밀폐용기 사용

✽ **주수소화시 위험한 물질**
① 무기과산화물
　: 산소 발생
② 금속분 · 마그네슘
　: 수소 발생
③ 가연성 액체의 유류화재 : 연소면(화재면) 확대

※ 동소체 : 연소생성물을 보면 알 수 있다.

③ 특수가연물(화재예방법 시행령 [별표 2])

품 명		수 량
면화류		200kg 이상
나무껍질 및 대팻밥		400kg 이상
넝마 및 종이부스러기		1000kg 이상
사류(絲類)		
볏짚류		
가연성 고체류		3000kg 이상
석탄·목탄류		10000kg 이상
가연성 액체류		2m³ 이상
목재가공품 및 나무부스러기		10m³ 이상
고무류·플라스틱류	발포시킨 것	20m³ 이상
	그 밖의 것	3000kg 이상

(비고)
1. "**면화류**"란 불연성 또는 난연성이 아닌 **면상** 또는 **팽이모양**의 섬유와 마사(麻絲) 원료를 말한다.
2. 넝마 및 종이부스러기는 불연성 또는 난연성이 아닌 것(동식물유류가 깊이 스며들어 있는 옷감·종이 및 이들의 제품 포함)에 한한다.
3. "**사류**"란 불연성 또는 난연성이 아닌 **실**(실부스러기와 솜털 포함)과 **누에고치**를 말한다.
4. "**볏짚류**"란 마른 볏짚·마른 북더기와 이들의 제품 및 건초를 말한다.

④ 위험물질의 화재성상

(1) 합성섬유의 화재성상

종 류	화 재 성 상
모	① 연소시키기가 어렵다. ② 연소속도가 느리지만 면에 비해 소화하기 어렵다.
나일론	① 지속적인 연소가 어렵다. ② 용융하여 망울이 되며 용융점은 160~260℃이다. ③ 착화점은 425℃이다.
폴리에스테르	① 쉽게 연소된다. ② 256~292℃에서 연화하여 망울이 된다. ③ 착화점은 450~485℃이다.
아세테이트	① 불꽃을 일으키기 전에 연소하여 용융한다. ② 착화점은 475℃이다.

※ **동물성 섬유** : 섬유 중 화재위험성이 가장 낮다.

(2) 합성수지의 화재성상

① 열가소성 수지 : 열에 의하여 변형되는 수지로서 **PVC 수지**, 폴리에틸렌수지, 폴리스틸렌수지 등이 있다.

② 열경화성 수지 : 열에 의하여 변형되지 않는 수지로서 **페놀수지, 요소수지, 멜라민 수지** 등이 있다.

(3) 고분자재료의 난연화방법
① 재료의 표면에 열전달을 제어하는 방법
② 재료의 열분해 속도를 제어하는 방법
③ 재료의 열분해 생성물을 제어하는 방법
④ 재료의 기상반응을 제어하는 방법

(4) 방염섬유의 화재성상
방염섬유는 L.O.I(Limited Oxygen Index)에 의해 결정된다.

> **용어**
>
> **방염성능**
> 화재의 발생초기단계에서 화재확대의 매개체를 **단절시키는** 성질

① L.O.I(산소지수) : 가연물을 수직으로 하여 가장 윗부분에 착화하여 연소를 계속 유지시킬 수 있는 최소산소농도

※ L.O.I가 높을수록 연소의 우려가 적다.

② 고분자 물질의 L.O.I

고분자 물질	산소지수
폴리에틸렌	17.4%
폴리스틸렌	18.1%
폴리프로필렌	19%
폴리염화비닐	45%

> **중요** 잔진시간과 잔염시간
>
> | 잔진시간(잔신시간) | 잔염시간 |
> |---|---|
> | 버너의 불꽃을 제거한 때부터 **불꽃**을 **올리지 않고** 연소하는 상태가 그칠 때까지의 경과시간 | 버너의 불꽃을 제거한 때부터 **불꽃**을 **올리며** 연소하는 상태가 그칠 때까지의 경과시간 |

(5) 액화석유가스(LPG)의 화재성상
① 주성분은 **프로판**(C_3H_8)과 **부탄**(C_4H_{10})이다.
② 무색, 무취하다.
③ 독성이 없는 가스이다.
④ 액화하면 물보다 가볍고, 기화하면 **공기보다 무겁다**.
⑤ 휘발유 등 **유기용매**에 잘 녹는다.
⑥ 천연고무를 잘 녹인다.

※ **방염**
연소하기 쉬운 건축물의 실내장식물 등 또는 그 재료에 어떤 방법을 가하여 연소하기 어렵게 만든 것

※ **방염제**
세탁하여도 쉽게 씻겨지지 않을 것

※ **방염성능 측정기준**
① 잔진시간(잔신시간)
② 잔염시간
③ 탄화면적
④ 탄화길이
⑤ 불꽃접촉 횟수
⑥ 최대연기밀도

※ **도시가스의 주성분**
메탄(CH_4)

※ **도시가스**
공기보다 가볍다.

※ BTX
① 벤젠
② 톨루엔
③ 키시렌

⑦ 공기 중에서 쉽게 연소, 폭발한다.

※ LPG, CO₂, 할론 저장용기는 **40℃** 이하로 유지하여야 한다.

(6) 액화천연가스(LNG)의 화재성상
① 주성분은 **메탄**(CH_4)이다.
② 무색, 무취하다.
③ 액화하면 물보다 가볍고, 기화하면 **공기보다 가볍다**.

 가스의 주성분

가 스	주성분	증기비중
도시가스 액화천연가스(LNG)	• **메탄**(CH_4)	0.55
액화석유가스(LPG)	• **프로판**(C_3H_8) • **부탄**(C_4H_{10})	1.51 2

증기비중이 1보다 작으면 공기보다 가볍다.

기억법 도메

※ 최소발화에너지와 같은 의미
① 최소 착화 에너지
② 최소 정전기 점화 에너지

(7) 최소발화에너지(MIE ; Minimum Ignition Energy)

가연성 가스	최소발화에너지	소염거리
2유화염소	1.5×10^{-5} J (0.015mJ)	0.0078cm
수소	2.0×10^{-5} J (0.02mJ)	0.0098cm
아세틸렌	3×10^{-5} J (0.03mJ)	0.011cm
에틸렌	9.6×10^{-5} J (0.096mJ)	0.019cm
메탄올	21×10^{-5} J (0.21mJ)	0.028cm
프로판	30×10^{-5} J (0.3mJ)	0.031cm
메탄	33×10^{-5} J (0.33mJ)	0.039cm
에탄	42×10^{-5} J (0.42mJ)	0.035cm
벤젠	76×10^{-5} J (0.76mJ)	0.043cm
헥산	95×10^{-5} J (0.95mJ)	0.055cm

용어

용 어	설 명
최소발화에너지 (Minimum Ignition Energy)	① 가연성가스 및 공기와의 혼합가스에 착화원으로 점화시에 발화하기 위하여 필요한 착화원이 갖는 최소에너지 ② 국부적으로 온도를 높이는 전기불꽃과 같은 점화원에 의해 점화될 때의 에너지 최소값
소염거리 (Quenching Distance)	인화가 되지 않는 최대거리

당신의 활동지수는?

요령: 번호별 점수를 합산해 맨 아래쪽 판정표로 확인

1. 얼마나 걷나(하루 기준)
   - 빠른걸음(시속 6km)으로 걷는 시간은?
     10분 : 50점
     20분 : 100점
     30분 : 150점
     10분 추가 때마다 50점씩 추가
   - 느린걸음(시속 3km)으로 걷는 시간은?
     10분 : 30점
     20분 : 60점
     10분 추가 때마다 30점씩 추가

2. 집에서 뭘 하나
   - 집안청소·요리·못질 등
     10분 : 30점
     20분 : 60점
     10분 추가 때마다 30점 추가
   - 정원 가꾸기
     10분 : 50점
     20분 : 100점
     10분 추가 때마다 50점 추가
   - 힘이 많이 드는 집안일(장작패기·삽질·곡괭이질 등)
     10분 : 60점
     20분 : 120점
     10분 추가 때마다 60점 추가

3. 어떻게 움직이나
   - 조깅
     10분 : 100점
     20분 : 200점
     10분 추가 때마다 100점 추가
   - 자전거 타기
     10분 : 50점
     20분 : 100점
     10분 추가 때마다 50점 추가
   - 운전
     10분 : 15점
     20분 : 30점
     10분 추가 때마다 15점 추가

4. 2층 이상 올라가야 할 경우
   - 승강기를 탄다 : -100점
   - 승강기냐 계단이냐 고민한다 : -50점
   - 계단을 이용한다 : +50점

5. 운동유형별
   - 골프(캐디 없이)·수영 : 30분당 150점
   - 테니스·댄스·농구·롤러 스케이트 : 30분당 180점
   - 축구·복싱·격투기 : 30분당 250점

6. 직장 또는 학교에서 돌아와 컴퓨터나 TV 앞에 앉아 있는 시간은?
   - 1시간 이하 : 0점
   - 1~3시간 이하 : -50점
   - 3시간 이상 : -250점

7. 여가시간은
   - 쇼핑한다
     10분 : 25점
     20분 : 50점
     10분 추가 때마다 25점씩 추가
   - 사랑을 한다.
     10분 : 45점
     20분 : 90점
     10분 추가 때마다 45점씩 추가

판정표
- 150점 이하 : 정말 움직이지 않는 사람. 건강에 참으로 문제가 많을 것이다.
- 150~1000점 : 그럭저럭 활동적인 사람. 그럭저럭 건강할 것이다.
- 1000점 이상 : 매우 활동적인 사람. 건강이 매우 좋을 것이다.

※ 1점은 소비열량 기준 1cal에 해당
자료=리베라시옹

출제경향분석

CHAPTER 02 방화론

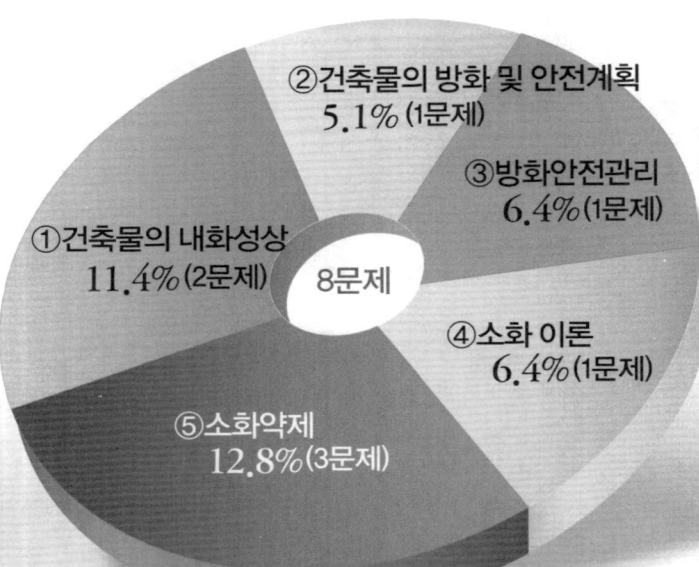

① 건축물의 내화성상 11.4% (2문제)
② 건축물의 방화 및 안전계획 5.1% (1문제)
③ 방화안전관리 6.4% (1문제)
④ 소화 이론 6.4% (1문제)
⑤ 소화약제 12.8% (3문제)

8문제

CHAPTER 02 방화론

1 건축물의 내화성상

출제확률 11.4% (2문제)

1 건축방재의 기본적인 사항

(1) 공간적 대응

공간적 대응	설 명
대항성	• 내화성능·방연성능·초기 소화대응 등의 화재사상의 저항능력
회피성	• 불연화·난연화·내장제한·구획의 세분화·방화훈련(소방훈련)·불조심 등 출화유발·확대 등을 저감시키는 예방조치 강구
도피성	• 화재가 발생한 경우 안전하게 피난할 수 있는 시스템

문제 건축방재의 계획에 있어서 건축의 설비적 대응과 공간적 대응이 있다. 공간적 대응 중 대항성에 대한 설명으로 맞는 것은 어느 것인가?
① 불연화, 난연화, 내장제한, 구획의 세분화로 예방조치강구 → 회피성
② 방화훈련(소방훈련), 불조심 등 출화유발, 대응을 저감시키는 조치 → 회피성
③ 화재가 발생한 경우보다 안전하게 계단으로부터 피난할 수 있는 공간적 시스템 → 도피성
④ 내화성능, 방연성능, 초기 소화대응 등의 화재사상의 저항능력

답 ④

(2) 설비적 대응
제연설비·방화문·방화셔터·자동화재탐지설비·스프링클러설비 등에 의한 대응

2 건축물의 방재기능

(1) 부지선정, 배치계획
소화활동에 지장이 없도록 적합한 건물 배치를 하는 것

(2) 평면계획
방연구획과 제연구획을 설정하여 화재예방·소화·피난 등을 유효하게 하기 위한 계획

(3) 단면계획
불이나 연기가 다른 층으로 이동하지 않도록 구획하는 계획

Key Point

* 공간적 대응
① 대항성
② 회피성
③ 도피성

* 건축물의 방재기능설정요소
① 부지선정, 배치계획
② 평면계획
③ 단면계획
④ 입면계획
⑤ 재료계획

* 연소확대방지를 위한 방화계획
① 수평구획(면적단위)
② 수직구획(층단위)
③ 용도구획(용도단위)

(4) 입면계획

불이나 연기가 다른 건물로 이동하지 않도록 구획하는 계획으로 입면계획의 가장 큰 요소는 **벽**과 **개구부**이다.

(5) 재료계획

불연성능·내화성능을 가진 재료를 사용하여 화재를 예방하기 위한 계획

3 건축물의 내화구조와 방화구조

(1) 내화구조의 기준(피난·방화구조 3조)

내화구분		기 준
벽	모든 벽	① 철골·철근콘크리트조로서 두께가 10cm 이상인 것 ② 골구를 철골조로 하고 그 양면을 두께 4cm 이상의 철망 모르타르로 덮은 것 ③ 두께 5cm 이상의 콘크리트 블록·벽돌 또는 석재로 덮은 것 ④ 석조로서 철재에 덮은 콘크리트 블록의 두께가 5cm 이상인 것 ⑤ 벽돌조로서 두께가 19cm 이상인 것
	외벽 중 비내력벽	① 철골·철근콘크리트조로서 두께가 7cm 이상인 것 ② 골구를 철골조로 하고 그 양면을 두께 3cm 이상의 철망 모르타르로 덮은 것 ③ 두께 4cm 이상의 콘크리트 블록·벽돌 또는 석재로 덮은 것 ④ 석조로서 두께가 7cm 이상인 것
기둥(작은 지름이 25cm 이상인 것)		① 철골을 두께 6cm 이상의 철망 모르타르로 덮은 것 ② 두께 7cm 이상의 콘크리트 블록·벽돌 또는 석재로 덮은 것 ③ 철골을 두께 5cm 이상의 콘크리트로 덮은 것
바닥		① 철골·철근콘크리트조로서 두께가 10cm 이상인 것 ② 석조로서 철재에 덮은 콘크리트 블록 등의 두께가 5cm 이상인 것 ③ 철재의 양면을 두께 5cm 이상의 철망 모르타르로 덮은 것
보		① 철골을 두께 6cm 이상의 철망 모르타르로 덮은 것 ② 두께 5cm 이상의 콘크리트로 덮은 것

※ 공동주택의 각 세대간의 경계벽의 구조는 **내화구조**이다.

문제 다음에 열거한 건축재료 중 화재에 대한 <u>내화성능</u>이 가장 <u>우수한</u> 것은 어떤 재료로 시공한 건축물인가?

① 내화재료　　　　　② 불연재료
③ 난연재료　　　　　④ 준불연재료

해설 내화성능이 우수한 순서
내화재료 > 불연재료 > 준불연재료 > 난연재료

답 ①

※ 내화구조
(1) 정의
　① 수리하여 재사용할 수 있는 구조
　② 화재시 쉽게 연소되지 않는 구조
　③ 화재에 대하여 상당한 시간동안 구조상 내력이 감소되지 않는 구조
(2) 종류
　① 철근콘크리트조
　② 연와조
　③ 석조

※ 방화구조
(1) 정의
　화재시 건축물의 인접부분으로의 연소를 차단할 수 있는 구조
(2) 구조
　① 철망 모르타르 바르기
　② 회반죽 바르기

※ 내화성능이 우수한 순서
① 내화재료
② 불연재료
③ 준불연재료
④ 난연재료

(2) 방화구조의 기준(피난·방화구조 4조)

구조내용	기 준
• 철망 모르타르 바르기	바름 두께가 2cm 이상인 것
• 석고판 위에 시멘트 모르타르 또는 회반죽을 바른 것 • 시멘트 모르타르 위에 타일을 붙인 것	두께의 합계가 2.5cm 이상인 것
• 심벽에 흙으로 맞벽치기 한 것	모두 해당

 직통계단의 설치거리(건축령 34조)

구 분	보행거리
일반건축물	30m 이하
16층 이상인 공동주택	40m 이하
내화구조 또는 불연재료로 된 건축물	50m 이하

※ **모르타르**
시멘트와 모래를 섞어서 물에 갠 것

※ **석조**
돌로 만든 것

4 건축물의 방화문과 방화벽

(1) 방화문의 구분(건축령 64조)

60분+방화문	60분 방화문	30분 방화문
연기 및 불꽃을 차단할 수 있는 시간이 60분 이상이고, 열을 차단할 수 있는 시간이 30분 이상인 방화문	연기 및 불꽃을 차단할 수 있는 시간이 60분 이상인 방화문	연기 및 불꽃을 차단할 수 있는 시간이 30분 이상 60분 미만인 방화문

※ **방화문**
① 직접 손으로 열 수 있을 것
② 자동으로 닫히는 구조(자동폐쇄장치)일 것

 용어

방화문
화재시 상당한 시간 동안 연소를 차단할 수 있도록 하기 위하여 방화구획선상 또는 방화벽에 개구부 부분에 설치하는 것

(2) 방화벽의 구조(건축령 57조)

대상 건축물	구획단지	방화벽의 구조
주요 구조부가 내화구조 또는 불연재료가 아닌 연면적 1000m² 이상인 건축물	연면적 1000m² 미만마다 구획	• **내화구조**로서 홀로 설 수 있는 구조일 것 • 방화벽의 양쪽끝과 위쪽끝을 건축물의 외벽면 및 지붕면으로부터 **0.5m** 이상 튀어나오게 할 것 • 방화벽에 설치하는 출입문의 너비 및 높이는 각각 **2.5m** 이하로 하고 해당 출입문에는 60분+방화문 또는 60분 방화문을 설치할 것

※ **주요구조부**
① 내력벽
② 보(작은 보 제외)
③ 지붕틀(차양 제외)
④ 바닥(최하층 바닥 제외)
⑤ 주계단(옥외계단 제외)
⑥ 기둥(사잇기둥 제외)

소방원론

※ 불연재료
① 콘크리트
② 석재
③ 벽돌
④ 기와
⑤ 석면판
⑥ 철강
⑦ 알루미늄
⑧ 유리
⑨ 모르타르
⑩ 회

중요 불연·준불연재료·난연재료 (건축령 2조, 피난·방화구조 5~7조)

구 분	불연재료	준불연재료	난연재료
정의	불에 타지 않는 재료	불연재료에 준하는 방화 성능을 가진 재료	불에 잘 타지 아니하는 성능을 가진 재료
종류	① 콘크리트 ② 석재 ③ 벽돌 ④ 기와 ⑤ 유리(그라스울) ⑥ 철강 ⑦ 알루미늄 ⑧ 모르타르 ⑨ 회	① 석고보드 ② 목모시멘트판	① 난연 합판 ② 난연 플라스틱판

문제 불연재료가 아닌 것은?
① 기와
② 연와조 *내화구조*
③ 벽돌
④ 콘크리트

답 ②

간벽
외부에 접하지 아니하는 건물 내부공간을 분할하기 위하여 설치하는 벽

5 건축물의 방화구획

(1) 방화구획의 기준 (건축령 46조, 피난·방화구조 14조)

대상건축물	대상규모	층 및 구획방법		구획부분의 구조
주요 구조부가 내화구조 또는 불연재료로 된 건축물	연면적 1000m² 넘는 것	10층 이하	바닥면적 **1000m²** 이내마다	• 내화구조로 된 바닥·벽 • 60분+방화문, 60분 방화문 • 자동방화셔터
		매 층마다	지하 1층에서 지상으로 직접 연결하는 경사로 부위는 제외	
		11층 이상	바닥면적 **200m²** 이내마다(실내마감을 불연재료로 한 경우 **500m²** 이내마다)	

● **스프링클러**, 기타 이와 유사한 **자동식 소화설비**를 설치한 경우 바닥면적은 위의 **3배** 면적으로 산정한다.
● **필로티**나 그 밖의 비슷한 구조의 부분을 주차장으로 사용하는 경우 그 부분은 건축물의 다른 부분과 구획할 것

대규모 건축물의 방화벽 등(건축령 57조 3)
연면적이 **1000m²** 이상인 목조의 건축물은 국토교통부령이 정하는 바에 따라 그 구조를 **방화구조**로 하거나 **불연재료**로 하여야 한다.

(2) 연소확대방지를 위한 방화구획
① 층 또는 면적별 구획
② 승강기의 승강로 구획
③ 위험 용도별 구획
④ 방화 댐퍼 설치

(3) 방화구획용 방화 댐퍼의 기준(피난·방화구조 14조)
화재로 인한 연기 또는 불꽃을 감지하여 자동적으로 닫히는 구조로 할 것(단, 주방 등 연기가 항상 발생하는 부분에는 온도를 감지하여 자동적으로 닫히는 구조로 할 수 있다.)

(4) 개구부에 설치하는 방화설비(피난·방화구조 23조)
① 60분+ 방화문 또는 60분 방화문
② 창문 등에 설치하는 **드렌처**(drencher)
③ 환기구멍에 설치하는 불연재료로 된 방화커버 또는 그물눈 **2mm** 이하인 금속망
④ 해당 창문 등과 연소할 우려가 있는 다른 건축물의 부분을 차단하는 내화구조나 불연재료로 된 벽·담장, 기타 이와 유사한 방화설비

(5) 건축물의 방화계획시 피난계획
① 공조설비
② 건물의 층고
③ 옥내소화전의 위치
④ 화재탐지와 통보

(6) 건축물의 방화계획과 직접적인 관계가 있는 것
① 건축물의 층고
② 건물과 소방대와의 거리
③ 계단의 폭

* **승강기**
"엘리베이터"를 말한다.

* **방화구획의 종류**
① 층단위
② 용도단위
③ 면적단위

* **드렌처**
화재발생시 열에 의해 창문의 유리가 깨지지 않도록 창문에 물을 방사하는 장치

* **공조설비**
"공기조화설비"를 말한다.

6 피난계단의 설치기준 (건축령 35조)

층 및 용도		계단의 종류	비 고
• 5~10층 이하 • 지하 2층 이하	판매시설	피난계단 또는 특별피난계단 중 1개소 이상은 특별피난계단	–
• 11층 이상 • 지하 3층 이하		특별피난계단	• 공동주택은 **16층** 이상 • **지하 3층** 이하의 바닥면적이 **400m²** 미만인 층은 제외

※ 피난계획
2방향의 통로확보

※ 특별피난계단의 구조
화재발생시 인명피해 방지를 위한 건축물

중요 │ 피난계단과 특별피난계단

피난계단	특별피난계단
계단의 출입구에 방화문이 설치되어 있는 계단이다.	건물 각 층으로 통하는 문은 방화문이 달리고 내화구조의 벽체나 연소우려가 없는 창문으로 구획된 피난용 계단으로 반드시 부속실을 거쳐서 계단실과 연결된다.

7 건축물의 화재하중

(1) 화재하중

① 가연물 등의 연소시 건축물의 붕괴 등을 고려하여 설계하는 하중
② 화재실 또는 화재구획의 단위면적당 가연물의 양
③ 일반건축물에서 가연성의 건축구조재와 가연성 수용물의 양으로서 건물화재시 **발열량** 및 **화재위험성**을 나타내는 용어
④ 건물화재에서 가열온도의 정도를 의미한다.
⑤ 건물의 내화설계시 고려되어야 할 사항이다.
⑥ 단위면적당 건물의 가연성구조를 포함한 양으로 정한다.

※ 화재하중

$$q = \frac{\Sigma G_t H_t}{HA} = \frac{\Sigma Q}{4500 A}$$

여기서,
q : 화재하중 [kg/m²]
G_t : 가연물의 양 [kg]
H_t : 가연물의 단위중량당 발열량 [kcal/kg]
H : 목재의 단위중량당 발열량 [kcal/kg]
A : 바닥면적 [m²]
ΣQ : 가연물의 전체 발열량 [kcal]

(2) 건축물의 화재하중

건축물의 용도	화재하중 [kg/m²]
호텔	5~15
병원	10~15
사무실	10~20
주택·아파트	30~60
점포(백화점)	100~200
도서관	250
창고	200~1000

Chapter_ 02

> **문제** 화재하중(fire load)을 나타내는 단위는?
> ① kcal/kg ② ℃/m²
> ③ kg/m² ④ kg/kcal
>
> **해설** ③ 화재하중 단위 : **kg/m²** 또는 N/m²
>
> 답 ③

※ 화재하중의 감소방법 : 내장재의 불연화

(3) 화재강도(Fire intensity)에 영향을 미치는 인자
① 가연물의 비표면적
② 화재실의 구조
③ 가연물의 배열상태

8 개구부와 내화율

개구부의 종류	설치 장소	내화율
A급	건물과 건물 사이	3시간 이상
B급	계단·엘리베이터	1시간 30분 이상
C급	복도·거실	45분 이상
D급	건물의 외부와 접하는 곳	1시간 30분 이상

✱ **화재강도**
열의 집중 및 방출량을 상대적으로 나타낸 것 즉, 화재의 온도가 높으면 화재강도는 커진다.

✱ **개구부**
화재발생시 쉽게 피난할 수 있는 출입문 또는 창문 등을 말한다.

2 건축물의 방화 및 안전계획

1 피난행동의 특성

(1) 재해 발생시의 피난행동
   ① 비교적 평상상태에서의 행동
   ② 긴장상태에서의 행동
   ③ 패닉(Panic) 상태에서의 행동

> **중요** 패닉(Panic)의 발생원인
> ① 연기에 의한 시계제한
> ② 유독가스에 의한 호흡장애
> ③ 외부와 단절되어 고립

※ 패닉상태
인간이 극도로 긴장되어 돌출행동을 할 수 있는 상태

※ 피난행동의 성격
① 계단 보행속도
② 군집 보행속도
③ 군집 유동계수

(2) 피난행동의 성격
   ① 계단 보행속도
   ② 군집 보행속도
      ㈎ 자유보행 : 아무런 제약을 받지 않고 걷는 속도로서 보통 0.5~2m/s이다.
      ㈏ 군집보행 : 후속 보행자의 제약을 받아 후속 보행속도에 동조하여 걷는 속도로서 보통 1m/s이다.
   ③ 군집 유동계수 : 협소한 출구에서의 출구를 통과하는 일정한 인원을 단위폭, 단위시간으로 나타낸 것으로 평균적으로 1.33인/m·s이다.

※ 군집보행속도
① 자유보행 : 0.5~2m/s
② 군집보행 : 1.0m/s

2 건축물의 방화대책

(1) 피난대책의 일반적인 원칙
   ① 피난경로는 **간단 명료**하게 한다.
   ② 피난구조설비는 **고정식 설비**를 위주로 설치한다.
   ③ 피난수단은 **원시적 방법**에 의한 것을 원칙으로 한다.
   ④ **2방향**의 피난통로를 확보한다.
   ⑤ 피난통로를 **완전불연화**한다.
   ⑥ **화재층의 피난**을 **최우선**으로 고려한다.
   ⑦ 피난시설 중 피난로는 **복도 및 거실**을 가리킨다.
   ⑧ 인간의 **본능적 행동**을 무시하지 않도록 고려한다.
   ⑨ 계단은 **직통계단**으로 할 것

문제	피난대책으로 <u>부적합한</u> 것은?
	① 화재층의 피난을 최우선으로 고려한다.
	② 피난동선은 2방향 피난을 가장 중시한다.
	③ 피난시설 중 피난로는 출입구 및 계단을 가리킨다. (복도 및 거실)
	④ 인간의 본능적 행동을 무시하지 않도록 고려한다.
	답 ③

(2) 피난동선의 특성
① 가급적 **단순형태**가 좋다.
② **수평동선**과 **수직동선**으로 구분한다.
③ 가급적 상호 반대방향으로 다수의 출구와 연결되는 것이 좋다.
④ 어느 곳에서도 2개 이상의 방향으로 피난할 수 있으며 그 말단은 화재로부터 안전한 장소이어야 한다.

※ **피난동선**
복도·통로·계단과 같은 피난전용의 통행 구조로서 '피난경로'라고도 부른다.

(3) 화재발생시 인간의 피난특성

피난특성	설 명
귀소본능	① 피난시 **평소**에 사용하는 문, 길, **통로**를 사용하거나 자신이 왔었던 길로 **되돌아가려는** 본능 ② **친숙한 피난경로**를 선택하려는 행동 ③ 무의식 중에 평상시 사용하는 **출입구**나 **통로**를 사용하려는 행동 ④ 화재시 본능적으로 원래 왔던 길 또는 늘 사용하는 경로로 탈출하려고 하는 것
지광본능	① 화재시 연기 및 정전 등으로 시야가 흐려질 때 어두운 곳에서 개구부, 조명부 등의 **밝은 빛**을 따르려는 본능 ② **밝은 쪽**을 지향하는 행동 ③ 화재의 공포감으로 인하여 **빛**을 따라 외부로 달아나려고 하는 행동
퇴피본능	① 반사적으로 **위험**으로부터 **멀리**하려는 본능 ② 화염, 연기에 대한 공포감으로 **발화의 반대방향**으로 이동하려는 행동 ③ 화재가 발생하면 확인하려 하고, 그것이 비상사태로 확인되면 **화재로부터 멀어지려고** 하는 본능 ④ 연기, 불의 **차폐물**이 있는 곳으로 도망가거나 숨는다. ⑤ **발화점**으로부터 조금이라도 **먼 곳**으로 피난한다.
추종본능	① 많은 사람이 달아나는 방향으로 쫓아가려는 행동 ② 화재시 **최초로 행동을 개시**한 사람을 따라 전체가 움직이려는 행동
좌회본능	**좌측통행**을 하고 **시계반대방향**으로 회전하려는 행동
폐쇄공간 지향본능	가능한 **넓은 공간**을 찾아 **이동**하다가 위험성이 높아지면 의외의 좁은 공간을 찾는 본능
초능력본능	비상시 **상상도 못할 힘**을 내는 본능
공격본능	**이상심리현상**으로서 구조용 헬리콥터를 부수려고 한다든지 무차별적으로 주변 사람과 구조인력 등에게 공격을 가하는 본능
패닉(Panic) 현상	인간의 비이성적인 또는 부적합한 **공포반응행동**으로서 무모하게 높은 곳에서 뛰어내리는 행위라든지, 몸이 굳어서 움직이지 못하는 행동

※ **피난로온도의 기준** : 사람의 어깨높이

(4) 방화진단의 중요성
① 화재발생 위험의 배제
② 화재확대 위험의 배제
③ 피난통로의 확보

(5) 제연방식
① **자연제연방식** : 개구부(건물에 설치된 창)를 통하여 연기를 자연적으로 배출하는 방식

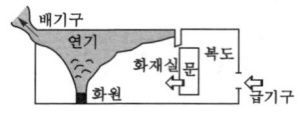
| 자연 제연방식 |

제연방식에는 자연제연과 기계제연 2종류가 있다. 다음 중 자연제연과 관계가 깊은 것은?
① 스모크타워   ② 건물에 설치된 창
③ 배연기, 송풍기 설치   ④ 배연기 설치

 ② **자연제연방식** : 건물에 **설치**된 **창**을 통한 연기의 자연배출방식

답 ②

② **스모크타워 제연방식** : 루프 모니터를 설치하여 제연하는 방식

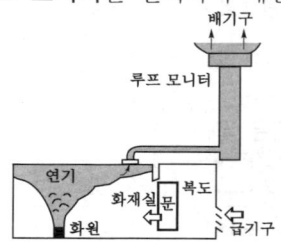
| 스모크타워 제연방식 |

③ **기계제연방식(강제제연방식)**

㈎ 제1종 기계제연방식 : **송풍기**와 **배연기**(배풍기)를 설치하여 급기와 배기를 하는 방식으로 **장치**가 **복잡**하다.

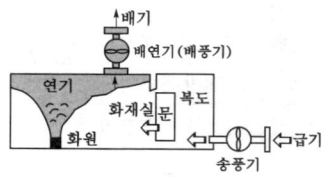
| 제1종 기계제연방식 |

㈏ 제2종 기계제연방식 : **송풍기**만 설치하여 급기와 배기를 하는 방식으로 **역류**의 **우려**가 있다.

| 제2종 기계제연방식 |

(다) **제3종 기계제연방식** : **배연기**(배풍기)만 설치하여 급기와 배기를 하는 방식으로 가장 많이 사용한다.

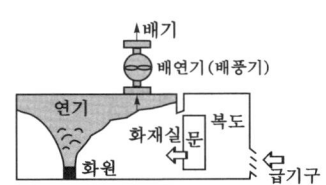

∥ 제3종 기계제연방식 ∥

(6) 제연방법

제연방법	설 명
희석(Dilution)	외부로부터 신선한 공기를 대량 불어 넣어 연기의 양을 일정농도 이하로 낮추는 것
배기(Exhaust)	건물 내의 압력차에 의하여 연기를 외부로 배출시키는 것
차단(Confinement)	연기가 일정한 장소 내로 들어오지 못하도록 하는 것

※ 건축물의 제연방법
① 연기의 희석
② 연기의 배기
③ 연기의 차단

※ 희석
가장 많이 사용된다.

문제 건축물의 제연방법과 가장 관계가 먼 것은?
① 연기의 희석
② 연기의 배기
③ 연기의 차단
④ 연기의 가압
   건축물의 제연방법과 관계가 없다.

답 ④

(7) 제연구획

① 제연경계의 폭 : 0.6m 이상
② 제연경계의 수직거리 : 2m 이내
③ 예상제연구역~배출구의 수평거리 : 10m 이내

※ 수평거리와 같은 의미
① 유효반경
② 직선거리

※ 제연계획
제연을 위해 승강기용 승강로 이용금지

3 건축물의 안전계획

(1) 피난시설의 안전구획

① 1차 안전구획 : 복도
② 2차 안전구획 : 부실(계단전실)
③ 3차 안전구획 : 계단

※ 부실(계단부속실)
계단으로 들어가는 입구의 부분

(2) 피난형태

형 태	피난 방향	상 황
X형	↔↕	
Y형	↙↓↘	확실한 피난통로가 보장되어 신속한 피난이 가능하다.

※ 패닉현상
① CO형
② H형

CO형		피난자들의 집중으로 **패닉**(Panic) **현상**이 일어날 수가 있다.
H형		

(3) 피뢰설비
피뢰설비는 **돌출부**, **피뢰도선**, **접지전극**으로 구성되어 있다.

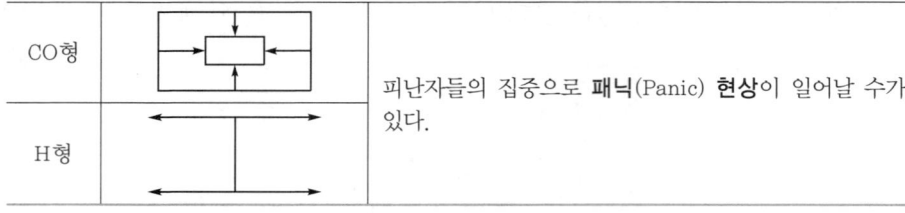

∥ 피뢰설비 ∥

(4) 방폭구조의 종류

① 내압(耐壓) 방폭구조 : d
폭발성 가스가 용기 내부에서 폭발하였을 때 용기가 그 압력에 견디거나 또는 외부의 폭발성 가스에 인화될 우려가 없도록 한 구조

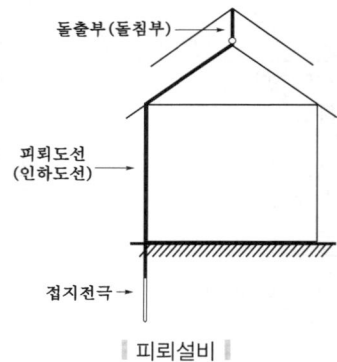

∥ 내압(耐壓) 방폭구조 ∥

② 내압(內壓) 방폭구조 : p
용기 내부에 질소 등의 보호용 가스를 충전하여 외부에서 폭발성 가스가 침입하지 못하도록 한 구조

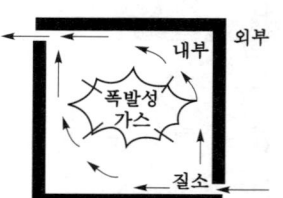

∥ 내압(內壓) 방폭구조 ∥

※ 방폭구조
폭발성 가스가 있는 장소에서 사용하더라도 주위에 있는 폭발성 가스에 영향을 받지 않는 구조

※ 내압(耐壓) 방폭구조
가장 많이 사용된다.

※ 내압(內壓) 방폭구조
'내부입력 방폭구조'라고도 부른다.

③ 안전증 방폭구조 : e
   기기의 정상운전 중에 폭발성 가스에 의해 점화원이 될 수 있는 전기불꽃 또는 고온
   이 되어서는 안 될 부분에 기계적, 전기적으로 특히 안전도를 증가시킨 구조

∥ 안전증 방폭구조 ∥

* **안전증 방폭구조**
  "안전증가 방폭구조"
  라고도 부른다.

④ 유입 방폭구조 : o
   전기불꽃, 아크 또는 고온이 발생하는 부분을 기름 속에 넣어 폭발성 가스에 의해
   인화가 되지 않도록 한 구조

∥ 유입 방폭구조 ∥

* **유입 방폭구조**
  전기불꽃 발생부분을
  기름 속에 넣은 것

⑤ 본질안전 방폭구조 : i
   폭발성 가스가 단선, 단락, 지락 등에 의해 발생하는 전기불꽃, 아크 또는 고온에
   의하여 점화되지 않는 것이 확인된 구조

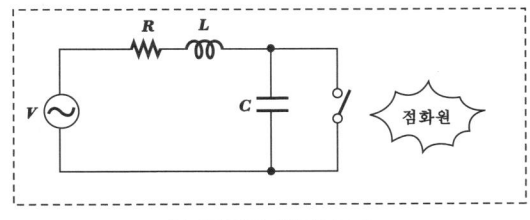

∥ 본질안전 방폭구조 ∥

* **본질안전 방폭구조**
  회로의 전압·전류를
  제한하여 폭발성 가스
  가 점화되지 않도록
  만든 구조

⑥ 특수 방폭구조 : s
   위에서 설명한 구조 이외의 방폭구조로서 폭발성 가스에 의해 점화되지 않는 것이
   시험 등에 의하여 확인된 구조

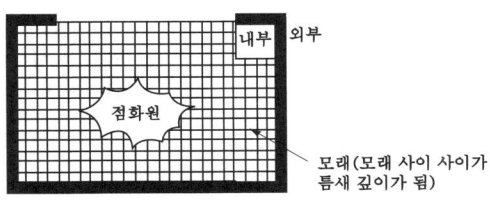

∥ 특수 방폭구조 ∥

* **특수 방폭구조**
  ① 사입 방폭구조
  ② 협극 방폭구조

2. 건축물의 방화 및 안전계획 • **1-53**

3 방화안전관리

1 화점의 관리
① 화기 사용장소의 한정
② 화기 사용책임자의 선정
③ 화기 사용시간의 제한
④ 가연물·위험물의 보관
⑤ 모닥불·흡연 등의 처리

2 연소방지(방배연) 설비
① 방화문, 방화셔터
② 방화댐퍼
③ 방연수직벽
④ 제연설비
⑤ 기타 급기구 등

3 초기소화설비와 본격소화설비

초기 소화설비	본격 소화설비
① 소화기류 ② 물분무소화설비 ③ 옥내소화전설비 ④ 스프링클러설비 ⑤ CO_2 소화설비 ⑥ 할론소화설비 ⑦ 분말소화설비 ⑧ 포소화설비	① 소화용수설비 ② 연결송수관설비 ③ 연결살수설비 ④ 비상용 엘리베이터 ⑤ 비상콘센트 설비 ⑥ 무선통신 보조설비

문제 초기 소화용으로 사용되는 소화설비가 아닌 것은?
① 옥내소화전설비
② 물분무설비
③ 분말소화설비
④ 연결송수관설비

해설 ④ 본격소화설비

답 ④

4 특정소방대상물의 관계인과 소방안전관리대상물의 소방안전관리자의 업무
(화재예방법 24조)

특정소방대상물(관계인)	소방안전관리대상물(소방안전관리자)
① 피난시설·방화구획 및 방화시설의 관리 ② 소방시설, 그 밖의 소방관련시설의 관리 ③ **화기취급**의 감독 ④ 소방안전관리에 필요한 업무 ⑤ 화재발생시 초기대응	① 피난시설·방화구획 및 방화시설의 관리 ② 소방시설, 그 밖의 소방관련시설의 관리 ③ **화기취급**의 감독 ④ 소방안전관리에 필요한 업무 ⑤ **소방계획서**의 작성 및 시행(대통령령으로 정하는 사항 포함) ⑥ **자위소방대** 및 **초기대응체계**의 구성·운영·교육 ⑦ 소방훈련 및 교육 ⑧ 소방안전관리에 관한 업무수행에 관한 기록·유지 ⑨ 화재발생시 초기대응

Key Point

* **가정불화**
방화의 동기유형으로 가장 큰 비중 차지

* **화점**
화재의 원인이 되는 불이 최초로 존재하고 발생한 곳

* **방화문, 방화셔터**
화재시 열, 연기를 차단하여 화재의 연소확대를 방지하기 위한 설비

* **방화댐퍼**
화재시 연소를 방지하기 위한 설비

* **방연수직벽**
화재시 연기의 유동을 방지하기 위한 설비

* **제연설비**
화재시 실내의 연기를 배출하고 신선한 공기를 불어 넣어 피난을 용이하게 하기 위한 설비

5 소방훈련

실시방법에 의한 분류	대상에 의한 분류
① 기초훈련 ② 부분훈련 ③ 종합훈련 ④ 도상훈련 : **화재진압작전도**에 의하여 실시하는 훈련	① 자체훈련 ② 지도훈련 ③ 합동훈련

6 인명구조 활동

인명구조 활동시 주의하여야 할 사항은 다음과 같다.
① 구조대상자 위치확인
② 필요한 장비장착
③ 세심한 주의로 명확한 판단
④ 용기와 정확한 판단

※ 고층건축물 : 11층 이상 또는 높이 31m 초과

7 방재센터

방재센터는 다음의 기능을 갖추고 있어야 한다.
① 방재센터는 피난인원의 유도를 위하여 **피난층**으로부터 가능한 한 **같은 위치**에 설치한다.
② 방재센터는 연소위험이 없도록 **충분한 면적**을 갖도록 한다.
③ 소화설비 등의 기동에 대하여 **감시제어기능**을 갖추어야 한다.

방재센터 내의 설비, 기기
① C.R.T 표시장치
② 소화펌프의 원격기동장치
③ 비상전원장치

8 안전관리

안전관리에 대한 내용은 다음과 같다.
① 무사고 상태를 유지하기 위한 활동
② 인명 및 재산을 보호하기 위한 활동
③ 손실의 최소화를 위한 활동

Key Point

✽ 3E
① 교육·홍보
② 법규의 시행
③ 기술

✽ 피난교의 폭
60cm 이상

✽ 거실
거주, 집무, 작업, 집회, 오락, 기타 이와 유사한 목적을 위하여 사용하는 것

✽ 피난을 위한 시설물
① 객석유도등
② 방연커텐
③ 특별피난계단 전실

✽ 소방의 주된 목적
재해방지

✽ 방재센터
화재를 사전에 예방하고 초기에 진압하기 위해 모든 소방시설을 제어하고 비상방송 등을 통해 인명을 대피시키는 총체적 지휘본부

✽ C.R.T 표시장치
화재의 발생을 감시하는 모니터

소방원론

※ 비상조명장치
조도 1lx 이상

※ 화재부위 온도측정
① 열전대
② 열반도체

중요 안전관리 관련색

표시색	안전관리 상황
녹색	• 안전·구급
백색	• 안내
황색	• 주의
적색	• 위험방화

9 피난기구

① 완강기
② 피난사다리
③ 구조대(경사강하식 구조대, 수직강하식 구조대)
④ 소방청장이 정하여 고시하는 화재안전기준으로 정하는 것(미끄럼대, 피난교, 공기안전매트, 피난용 트랩, 다수인 피난장비, 승강식 피난기, 간이완강기, 하향식 피난구용 내림식 사다리)

문제 화재발생시 피난기구로서 직접 활용할 수 없는 것은?
　① 완강기　　　　　　　　② 무선통신 보조장치
　③ 수직강하식 구조대　　　④ 구조대

해설　② 소화활동설비

답 ②

※ 가연성가스 누출시
배기팬 작동금지

10 소방용 배관

① 배관용 탄소강관
② 압력배관용 탄소강관
③ 이음매 없는 동 및 동합금관
④ 배관용 스테인리스강관 또는 일반배관용 스테인리스강관
⑤ 덕타일 주철관

4 소화이론

1 소화의 정의

물질이 연소할 때 연소의 3요소 중 일부 또는 전부를 제거하여 연소가 계속될 수 없도록 하는 것을 말한다.

2 소화의 원리

물리적 소화	화학적 소화
① 화재를 **냉각**시켜 소화하는 방법	① **분말소화약제**로 소화하는 방법
② 화재를 **강풍**으로 불어 소화하는 방법	② **할론소화약제**로 소화하는 방법
③ **혼합물성**의 **조성변화**를 시켜 소화하는 방법	③ 할로겐화합물 소화약제

※ 아르곤(Ar) : 불연성 가스이지만 소화효과는 기대할 수 없다.

3 소화의 형태

(1) 냉각소화
① **점화원**을 냉각시켜 소화하는 방법
② **증발잠열**을 이용하여 열을 빼앗아 가연물의 온도를 떨어뜨려 화재를 진압하는 소화
③ 다량의 물을 뿌려 소화하는 방법
④ 가연성물질을 발화점 이하로 냉각

※ 물의 소화효과를 크게 하기 위한 방법 : **무상주수**(분무상 방사)

(2) 질식소화
① 공기 중의 산소농도를 **16%**(10~15% 또는 12~15%) 이하로 희박하게 하여 소화하는 방법
② 산화제의 농도를 낮추어 연소가 지속될 수 없도록 함
③ **산소공급**을 **차단**하는 소화방법

Key Point

※ 연소의 3요소
① 가연물질(연료)
② 산소공급원(산소)
③ 점화원(온도)

※ 가연물이 완전연소시 발생물질
① 물(H_2O)
② 이산화탄소(CO_2)

※ 불연성 가스
① 수증기(H_2O)
② 질소(N_2)
③ 아르곤(Ar)
④ 이산화탄소(CO_2)

※ 공기 중의 산소농도
약 21%

※ 소화약제의 방출 수단
① 가스압력(CO_2, N_2 등)
② 동력(전동기 등)
③ 사람의 손

소방원론

| 중요 | 공기 중 산소농도 |

구 분	산소농도
체적비 (부피백분율)	약 21%
중량비 (중량백분율)	약 23%

✱ **질식소화**
공기 중의 산소농도 16%
(12~15%) 이하

문제 질식소화시 공기 중의 산소농도는 몇 % 이하 정도인가?
① 3~5   ② 5~8
③ 12~15 ④ 15~18

해설 ③ **질식소화** : 공기 중의 산소농도를 **16%**(10~15% 또는 12~15%) 이하로 희박하게 하여 소화하는 방법

답 ③

(3) 제거소화
가연물을 제거하여 소화하는 방법

| 중요 | 제거소화의 예 |
① 산불의 확산방지를 위하여 **산림**의 **일부**를 **벌채**한다.
② 화학반응기의 화재시 원료공급관의 **밸브**를 **잠근다**.
③ 유류탱크 화재시 **옥외소전**을 사용하여 **탱크외벽**에 **주수**(注水)한다.
④ 금속화재시 불활성물질로 가연물을 덮어 미연소부분과 분리한다.
⑤ 전기화재시 신속히 **전원**을 **차단**한다.
⑥ 목재를 **방염**처리하여 가연성기체의 생성을 억제·차단한다.

✱ **화학소화(억제소화)**
할론소화제의 주요 소화원리

(4) 화학소화(부촉매효과) = 억제소화
① 연쇄반응을 차단하여 소화하는 방법
② 화학적인 방법으로 화재 억제
③ 염(炎) 억제작용

※ **화학소화** : 할로젠화 탄화수소는 원자수의 비율이 클수록 소화효과가 좋다.

문제 할론소화제의 주요 소화원리는?
① 냉각소화   ② 질식소화
③ 염(炎) 억제작용 ④ 차단소화

해설 ③ **할론소화제**의 주요 소화원리는 **염**(炎) **억제작용**이다.

답 ③

(5) 희석소화

기체, 고체, 액체에서 나오는 분해가스나 증기의 농도를 낮춰 소화하는 방법

 희석소화의 예
① **아세톤**에 **물**을 다량으로 섞는다.
② 폭약 등의 **폭풍**을 이용한다.
③ **불연성 기체**를 화염 속에 투입하여 **산소**의 **농도**를 감소시킨다.

✽ 희석소화
아세톤, 알코올, 에테르, 에스터, 케톤류

(6) 유화소화

① 물을 무상으로 방사하거나 **포소화약제**를 방사하여 유류 표면에 **유화층**의 막을 형성시켜 공기의 접촉을 막아 소화하는 방법
② 물의 미립자가 기름과 섞여서 기름의 증발능력을 떨어뜨려 연소를 억제하는 것

✽ 유화소화
중유

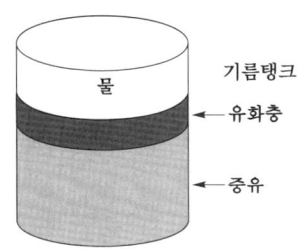

| 유화소화의 예 |

(7) 피복소화

비중이 공기의 **1.5배** 정도로 무거운 소화약제를 방사하여 가연물의 구석구석까지 침투·피복하여 소화하는 방법

✽ 피복소화
이산화탄소 소화약제

| 소화약제의 소화형태 |

소화약제의 종류		냉각 소화	질식 소화	화학 소화 (부촉매효과)	희석 소화	유화 소화	피복 소화
물	봉상	○	—	○	○	—	—
	무상	○	○	○	○	○	—
강화액	봉상	○	—	○	—	—	—
	무상	○	○	○	—	○	—
포	화학포	○	○	—	—	○	—
	기계포	○	○	—	—	○	—
분말		○	○	○	—	—	—
이산화탄소		○	○	—	—	—	○
산·알칼리		○	○	—	—	○	—
할론		○	○	○	—	—	—
간이소화약제	팽창질석·진주암	—	○	—	—	—	—
	마른 모래	—	○	—	—	—	—

4 물의 주수형태

구 분	봉상주수	무상주수
정의	대량의 물을 뿌려 소화하는 것	안개처럼 분무상으로 방사하여 소화하는 것
주된 효과	냉각소화	질식효과

※ **무상주수**: 물의 소화효과를 가장 크게 하기 위한 방법

물의 주수형태

구 분	봉상주수	적상주수	무상주수
방사형태	막대 모양의 굵은 물줄기	물방울 (직경 0.5~6mm)	물방울 (직경 0.1~1mm)
적응화재	• 일반화재	• 일반화재	• 일반화재 • 유류화재 • 전기화재

5 소화방법

(1) 적응화재

화재의 종류	적응 소화기구
A급	• 물 • 산알칼리
AB급	• 포
BC급	• 이산화탄소 • 할론 • 1, 2, 4종 분말
ABC급	• 3종 분말 • 강화액

(2) 소화기구

소화제	소화작용
• 포 • 산알칼리	• 냉각효과 • 질식효과 • 유화효과
• 이산화탄소	• 냉각효과 • 질식효과 • 피복효과

※ 포
　AB급

※ CO_2 · 할론
　BC급

※ 주된 소화효과
① 이산화탄소 : 질식효과
② 분말 : 질식효과
③ 물 : 냉각효과
④ 할론 : 부촉매효과

• 물	• 냉각효과 • 질식효과 • 희석효과 • 유화효과
• 할론	• 냉각효과 • 질식효과 • 부촉매효과(억제작용)
• 강화액	• 냉각효과 • 질식효과 • 부촉매효과(억제작용) • 유화효과
• 분말	• 냉각효과 • 질식효과 • 부촉매효과(억제작용) • 차단효과(분말운무) • 방진효과

① 산알칼리 소화기

$2NaHCO_3 + H_2SO_4 \rightarrow Na_2SO_4 + 2CO_2 + 2H_2O$

② 강화액 소화기

$K_2CO_3 + H_2SO_4 \rightarrow K_2SO_4 + H_2O + CO_2$

③ 포소화기

$\underset{(외통)}{6NaHCO_3} + \underset{(내통)}{AL_2(SO_4)_3} \cdot 18H_2O \rightarrow 3Na_2SO_4 + 2Al(OH)_3 + 6CO_2 + 18H_2O$

④ 할론소화기 : 연쇄반응억제, 질식효과

할론 1301 농도	증상
6%	• 현기증 • 맥박수 증가 • 가벼운 지각 이상 • 심전도는 변화 없음
9%	• 불쾌한 현기증 • 맥박수 증가 • 심전도는 변화 없음
10%	• 가벼운 현기증과 지각 이상 • 혈압이 내려간다. • 심전도 파고가 낮아진다.
12~15%	• 심한 현기증과 지각 이상 • 심전도 파고가 낮아진다.

※ 할론 1301 : 소화효과가 가장 좋고 독성이 가장 약하다.

※ 방진효과
가연물의 표면에 부착되어 차단효과를 나타내는 것

※ 포소화기
① 내통 : 황산알루미늄 $(Al_2(SO_4)_3)$
② 외통 : 중탄산소다 $(NaHCO_3)$

※ 할론소화약제
① 부촉매 효과 크기
I>Br>Cl>F
② 전기음성도(친화력) 크기
F>Cl>Br>I

※ 분말약제의 소화효과
① 냉각효과(흡열반응)
② 질식효과(CO_2, NH_3, H_2O)
③ 부촉매효과(NH_4^+)
④ 차단효과(분말운무)
⑤ 방진효과(HPO_3)

⑤ 분말 소화기 : 질식효과

종 별	소화약제	약제의 착색	화학반응식	적응화재
제1종	중탄산나트륨 ($NaHCO_3$)	백색	$2NaHCO_3 \rightarrow Na_2CO_3 + CO_2 + H_2O$	BC급
제2종	중탄산칼륨 ($KHCO_3$)	담자색 (담회색)	$2KHCO_3 \rightarrow K_2CO_3 + CO_2 + H_2O$	BC급
제3종	인산암모늄 ($NH_4H_2PO_4$)	담홍색	$NH_4H_2PO_4 \rightarrow HPO_3 + NH_3 + H_2O$	ABC급
제4종	중탄산칼륨+요소 ($KHCO_3 + (NH_2)_2CO$)	회(백)색	$2KHCO_3 + (NH_2)_2CO \rightarrow K_2CO_3 + 2NH_3 + 2CO_2$	BC급

제3종 분말약제의 열분해 반응식
① 190℃ : $NH_4H_2PO_4 \rightarrow H_3PO_4 + NH_3$
② 215℃ : $2H_3PO_4 \rightarrow H_4P_2O_7 + H_2O$
③ 300℃ : $H_4P_2O_7 \rightarrow 2HPO_3 + H_2O$
④ 250℃ : $2HPO_3 \rightarrow P_2O_5 + H_2O$

(3) 소화기의 설치장소

① 통행 또는 피난에 지장을 주지 않는 장소
② 사용시 방출이 용이한 장소
③ 사람들의 눈에 잘 띄는 장소
④ 바닥으로부터 **1.5m** 이하의 위치에 설치

※ 지하층 및 무창층에는 CO_2와 할론 1211의 사용을 제한하고 있다.

6 유기화합물의 성질

① **공유결합**으로 구성되어 있다.
② 연소되어 **물**과 **탄산가스**를 생성한다.
③ 물에 녹는 것보다 **유기용매**에 녹는 것이 많다.
④ 유기화합물 상호간의 반응속도는 비교적 느리다.

＊ 무창층
지상층 중 개구부의 면적의 합계가 해당 층의 바닥면적의 1/30 이하가 되는 층

＊ 공유결합
전자를 서로 한 개씩 갖는 것

5 소화약제

1 물소화약제

(1) 물이 소화작업에 사용되는 이유
  ① 가격이 싸다.
  ② 쉽게 구할 수 있다.
  ③ 열흡수가 매우 크다.
  ④ 사용방법이 비교적 간단하다.

  ※ 물은 **극성공유결합**을 하고 있으므로 다른 소화약제에 비해 비등점(비점)이 높다.

(2) 주수형태
  ① **봉상주수** : 물이 가늘고 긴 물줄기 모양을 형성하면서 방사되는 형태
  ② **적상주수** : 물이 물방울 모양을 형성하면서 방사되는 형태
  ③ **무상주수** : 물이 안개 또는 구름모양을 형성하면서 방사되는 형태

  ※ 물소화기는 **자동차**에 설치하기에는 **부적합**하다.

(3) 물소화약제의 성질
  ① 비열이 크다.
  ② 표면장력이 크다.
  ③ 열전도계수가 크다.
  ④ 점도가 낮다.

  ※ 물의 기화잠열(증발잠열) : 539cal/g

(4) 물의 동결방지제
  ① 에틸렌글리콜 : 가장 많이 사용한다.
  ② 프로필렌글리콜
  ③ 글리세린

  ※ 수용액의 소화약제 : 검정의 석출, 용액의 분리 등이 생기지 않을 것

문제 소화용수로 사용되는 물의 동결방지제로 사용하지 않는 것은?
  ① 에틸렌글리콜   ② 프로필렌글리콜
  ③ 질소   ④ 글리세린
     물의 동결방지제로 사용하지 않는다.

답 ③

Key Point

※ 물(H_2O)
① 기화잠열(증발잠열)
   : 539cal/g
② 융해열 : 80cal/g

※ 극성공유결합
전자가 이동하지 않고 공유하는 결합 중 이온결합형태를 나타내는 것

※ 주수형태
① 봉상주수
   옥내·외 소화전
② 적상주수
   스프링클러헤드
③ 무상주수
   물분무 헤드

※ 물분무설비의 부적합물질
① 마그네슘(Mg)
② 알루미늄(Al)
③ 아연(Zn)
④ 알칼리금속 과산화물

Key Point

※ 부촉매효과 소화약제
① 물
② 강화액
③ 분말
④ 할론

※ 포소화약제
가연성 기체에 화재적응성이 가장 낮다.
① 냉각작용
② 질식작용

※ 알코올포 사용온도
0~40℃(5~30℃) 이하

※ 파포성
포가 파괴되는 성질

(5) Wet Water

물의 침투성을 높여주기 위해 Wetting agent가 첨가된 물로서 이의 특징은 다음과 같다.
① 물의 표면장력을 저하하여 침투력을 좋게 한다.
② 연소열의 흡수를 향상시킨다.
③ 다공질 표면 또는 심부화재에 적합하다.
④ 재연소방지에도 적합하다.

※ **Wetting agent** : 주수소화시 물의 표면장력에 의해 연소물의 침투속도를 향상시키기 위해 첨가하는 침투제

2 포소화약제

(1) 포소화약제의 구비조건
❶ **유동성**이 있어야 한다.
❷ **안정성**을 가지고 내열성이 있을 것
❸ **독성**이 적어야 한다.
❹ 화재면에 부착하는 성질이 커야 한다.(응집성과 안정성이 있을 것)
❺ 바람에 견디는 힘이 커야 한다.

※ **유동점** : 포소화약제가 액체상태를 유지할 수 있는 최저의 온도

문제 ★★ 포소화약제가 갖추어야 할 <u>조건</u>이 <u>아닌</u> 것은?
① 부착성이 있을 것
② 유동성을 가지고 내열성이 있을 것
③ 응집성과 안정성이 있을 것
④ 파포성을 <u>가지고</u> 기화가 용이할 것
　　　　　　가지지 않고
　　　　　　　　　　　　　　　　　　　　　　답 ④

---

(2) 포소화약제의 유류화재 적응성
① 유류표면으로부터 **기포**의 **증발**을 **억제** 또는 **차단**한다.
② 포가 유류표면을 덮어 기름과 **공기**와의 **접촉**을 **차단**한다.
③ 수분의 **증발잠열**을 이용한다.

※ 포소화약제 저장조의 약제 충전시는 **밑부분**에서 서서히 주입시킨다.

(3) 화학포 소화약제
① **1약제 건식설비** : 내약제(B제)인 **황산 알루미늄**($Al_2(SO_4)_3$)과 외약제(A제)인 **탄산수소나트륨**($NaHCO_3$)을 **하나**의 **저장탱크**에 저장했다가 물과 혼합해서 방사하는 방식

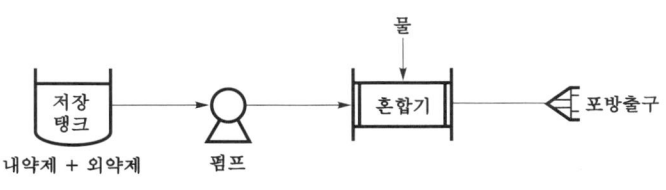

|1약제 건식설비|

② **2약제 건식설비** : 내약제인 **황산알루미늄**($Al_2(SO_4)_3$)과 외약제인 **탄산수소나트륨**($NaHCO_3$)을 각각 **다른 저장탱크**에 저장했다가 물과 혼합해서 방사하는 방식

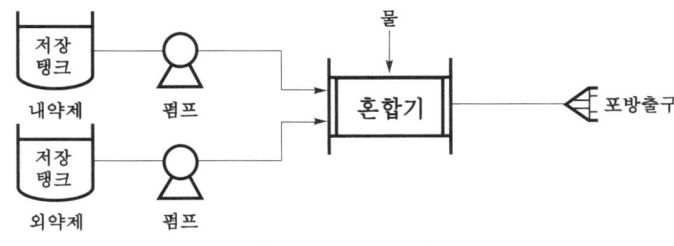

|2약제 건식설비|

※ **화학포** : 침투성이 좋지 않다.

❸ **2약제 습식설비** : 내약제 수용액과 외약제 수용액을 각각 **다른 저장탱크**에 저장했다가 혼합기로 혼합해서 방사하는 방식

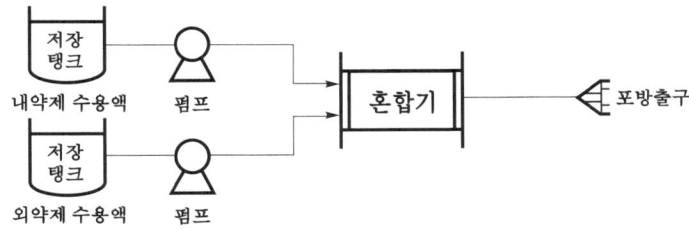

|2약제 습식설비|

※ **2약제 습식설비** : 화학포 소화설비에서 가장 많이 사용된다.

(4) 기계포(공기포) 소화약제
　① 특징
　　㈎ 유동성이 크다.
　　㈏ 고체표면에 접착성이 우수하다.
　　㈐ 넓은 면적의 **유류화재**에 적합하다.
　　㈑ 약제탱크의 용량이 작아질 수 있다.
　　㈒ **혼합기구**가 **복잡**하다.

Key Point

※ 화학포 소화약제의 저장방식
① 1약제 건식설비
② 2약제 건식설비
③ 2약제 습식설비

※ 황산알루미늄과 같은 의미
황산반토

※ 탄산수소나트륨과 같은 의미
① 중조
② 중탄산소다
③ 중탄산나트륨

※ 기포 안정제
① 가수분해단백질
② 사포닝
③ 젤라틴
④ 카세인
⑤ 소다회
⑥ 염화제1철

※ 2약제 습식의 혼합비
물 1l에 분말 120g

※ 포헤드
공기포를 형성하는 곳

※ 포약제의 pH
6~8

※ 규정농도
용액 1l 속에 포함되어 있는 용질의 g당량수

※ 몰농도
용액 1l 속에 포함되어 있는 용질의 g수

※ 비중
① 내알코올형포
　: 0.9~1.2 이하
② 합성계면활성제포
　: 0.9~1.2 이하
③ 수성막포
　: 1.0~1.15 이하
④ 단백포
　: 1.1~1.2 이하

Key Point

✹ **과포화용액**
용질이 용해도 이상으로 불안정한 상태

✹ **단백포**
옥외저장탱크의 측벽에 설치하는 고정포 방출구용

✹ **수성막포**
유류화재 진압용으로 가장 뛰어나며 일명 light water라고 부른다.

✹ **수성막포 적용대상**
① 항공기 격납고
② 유류저장탱크
③ 옥내 주차장의 폼 헤드용

※ **공기포**: 수용성의 인화성 액체 및 모든 가연성액체의 화재에 탁월한 효과가 있다.

공기포 소화약제의 특징

약제의 종류	특 징
단백포	① **흑갈색**이다. ② **냄새**가 **지독**하다. ③ 포안정제로서 **제 1철염**을 첨가한다. ④ 다른 포약제에 비해 **부식성**이 **크다**.
수성막포	① 안전성이 좋아 장기보관이 가능하다. ② 내약품성이 좋아 **타약제**와 **겸용**사용이 가능하다. ③ 석유류 표면에 신속히 피막을 형성하여 유류증발을 억제한다. ④ 일명 **AFFF**(Aqueous Film Forming Foam)라고 한다. ⑤ 점성 및 표면장력이 작기 때문에 가연성 기름의 표면에서 쉽게 피막을 형성한다.
내알코올형포	① 알코올류 위험물(**메탄올**)의 소화에 사용 ② 수용성 유류화재(**아세트알데히드, 에스테르류**)에 사용 ③ **가연성 액체**에 사용
불화단백포	① 소화성능이 가장 우수하다. ② 단백포와 수성막포의 결점인 열안정성을 보완시킴 ③ **표면하 주입방식**에도 적합
합성계면활성제포	① **저발포**와 **고발포**를 임의로 발포할 수 있다. ② **유동성**이 좋다. ③ 카바이트 저장소에는 부적합하다.

문제 유류화재 진압용으로 가장 뛰어난 소화력을 가진 포소화약제는?
① 단백포　　　　　　　② 수성막포
③ 고팽창포　　　　　　④ 웨트 워터(wet water)

　② 수성막포: 유류화재 진압용

답 ②

 (1) **단백포**의 장단점

장 점	단 점
① **내열성**이 우수하다. ② **유면봉쇄성**이 우수하다.	① 소화기간이 길다. ② 유동성이 좋지 않다. ③ 변질에 의한 저장성 불량 ④ 유류오염

(2) **수성막포**의 장단점

장 점	단 점
① 석유류표면에 신속히 **피막**을 **형성**하여 유류증발을 억제한다.	① 가격이 비싸다. ② 내열성이 좋지 않다.

✹ **수성막포의 특징**
① 점성이 작다.
② 표면장력이 작다.

② **안전성**이 좋아 장기보존이 가능하다.
③ **내약품성**이 좋아 타약제와 겸용 사용도 가능하다.
④ **내유염성**이 우수하다.
③ 부식방지용 저장설비가 요구된다.

(3) **합성계면활성제포**의 장단점

장 점	단 점
① **유동성**이 우수하다. ② **저장성**이 우수하다.	① 적열된 기름탱크 주위에는 효과가 적다. ② 가연물에 양이온이 있을 경우 발포성능이 저하된다. ③ 타약제와 겸용시 소화효과가 좋지 않을 수가 있다.

※ **표면하 주입방식**
① 불화단백포
② 수성막포

※ **내유염성**
포가 기름에 의해 오염되기 어려운 성질

※ **적열**
열에 의해 빨갛게 달구어진 상태

② **저발포용 소화약제**(3%, 6%형)
  (가) 단백포 소화약제
  (나) 수성막포 소화약제
  (다) 내알코올형포 소화약제
  (라) 불화단백포 소화약제
  (마) 합성계면활성제포 소화약제

③ **고발포용 소화약제**(1%, 1.5%, 2%형)
  합성계면활성제포 소화약제

※ **포헤드** : 기계포를 형성하는 곳

④ **팽창비**

저발포	고발포
• 20배 이하	• 제1종 기계포 : 80~250배 미만 • 제2종 기계포 : 250~500배 미만 • 제3종 기계포 : 500~1000배 미만

① 팽창비

$$팽창비 = \frac{방출된\ 포의\ 체적[l]}{방출전\ 포수용액의\ 체적[l]}$$

② 발포배율

$$발포배율 = \frac{내용적(용량,\ 부피)}{전체중량 - 빈\ 시료용기의\ 중량}$$

※ **포수용액**
포원액+물

(5) **포소화약제의 혼합장치**
 ① **펌프 프로포셔너 방식**(Pump Proportioner; 펌프 혼합 방식) : 펌프의 **토출관**과 **흡입관** 사이의 배관 도중에 설치한 흡입기에 펌프에서 토출된 물의 일부를 보내고 농

※ **포혼합장치 설치 목적**
일정한 혼합비를 유지하기 위해서

※ 비례혼합방식의 유량허용범위
50~200%

도조정밸브에서 조정된 포소화약제의 필요량을 포소화약제 탱크에서 펌프 흡입측으로 보내어 약제를 혼합하는 방식

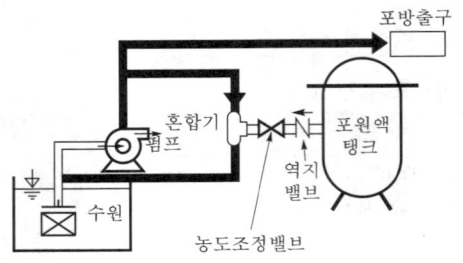

| 펌프 프로포셔너 방식 |

※ 프레져 프로포셔너 방식
① 가압송수관 도중에 공기포소화 원액혼합조(P.P.T)와 혼합기를 접속하여 사용하는 방법
② 격막방식휨탱크를 사용하는 에어휨 혼합방식

② **프레져 프로포셔너 방식(Pressure Proportioner; 차압 혼합 방식)** : 펌프와 발포기의 중간에 설치된 벤투리관의 **벤투리 작용**과 펌프 가압수의 **포소화약제 저장탱크**에 대한 압력에 의하여 포소화약제를 흡입·혼합하는 방식

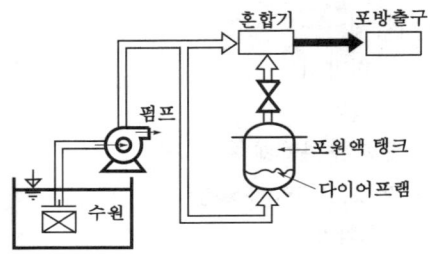

| 프레져 프로포셔너 방식 |

※ 라인 프로포셔너 방식
급수관의 배관 도중에 포소화약제 흡입기를 설치하여 그 흡입관에서 소화약제를 흡입하여 혼합하는 방식

③ **라인 프로포셔너 방식(Line Proportioner; 관로 혼합 방식)** : 펌프와 발포기의 중간에 설치된 벤투리관의 **벤투리 작용**에 의하여 포소화약제를 흡입·혼합하는 방식

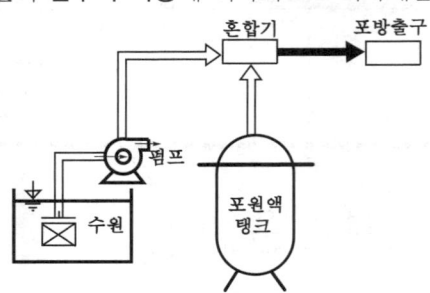

| 라인 프로포셔너 방식 |

※ 프레져 사이드 프로포셔너 방식
소화원액 가압펌프(압입용 펌프)를 별도로 사용하는 방식

④ **프레져 사이드 프로포셔너 방식(Pressure Side Proportioner; 압입 혼합 방식)** : 펌프 토출관에 압입기를 설치하여 포소화약제 압입용 펌프로 포소화약제를 압입시켜 혼합하는 방식

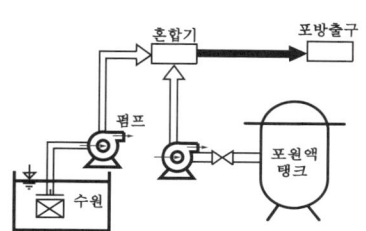

∥ 프레져 사이드 프로포셔너 방식 ∥

⑤ **압축공기포 믹싱챔버방식** : 포수용액에 **공기**를 **강제**로 **주입**시켜 **원거리 방수**가 가능하고 물 사용량을 줄여 **수손피해**를 **최소화**할 수 있는 방식

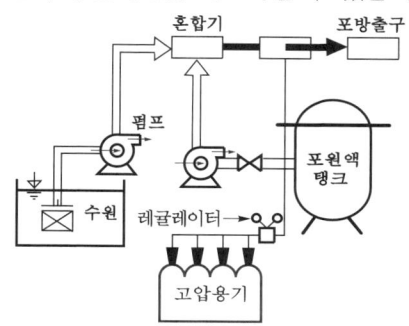

∥ 압축공기포 믹싱챔버방식 ∥

3 이산화탄소 소화약제

(1) 이산화탄소 소화약제의 성상
① 대기압, 상온에서 **무색**, **무취**의 기체이며 화학적으로 안정되어 있다.
② 기체상태의 가스비중은 **1.51**로 공기보다 무겁다.
③ 31℃에서 액체와 증기가 동일한 밀도를 갖는다.

※ CO_2 소화기는 밀폐된 공간에서 소화효과가 크다.

∥ 이산화탄소의 물성 ∥

구 분	물 성
임계압력	72.75atm
임계온도	31℃
3중점	−56.3℃
승화점(비점)	−78.5℃
허용농도	0.5%
수분	0.05% 이하(함량 99.5% 이상)

※ CO_2의 고체상태 : −80℃, 1기압

✱ CO_2 소화작용
산소와 더 이상 반응하지 않는다.
① 질식작용 : 주효과
② 냉각작용
③ 피복작용(비중이 크기 때문)

✱ 일산화탄소(CO)
소화약제가 아니다.

✱ 임계압력
임계온도에서 액화하는 데 필요한 압력

✱ 임계온도
아무리 큰 압력을 가해도 액화하지 않는 최저온도

✱ 3중점
고체, 액체, 기체가 공존하는 온도

✱ CO_2의 상태도

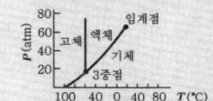

(2) 이산화탄소 소화약제의 충전비

| CO₂ 소화약제의 충전비 |

구 분	저장용기
저압식	1.1~1.4 이하
고압식	1.5~1.9 이하

문제 이산화탄소 소화약제의 저장용기 충전비로서 적합하게 짝지어져 있는 것은?
① 저압식은 1.1 이상, 고압식은 1.5 이상
② 저압식은 1.4 이상, 고압식은 2.0 이상
③ 저압식은 1.9 이상, 고압식은 2.5 이상
④ 저압식은 2.3 이상, 고압식은 3.0 이상

해설 ① CO₂ 저장용기충전비 : 저압식 1.1~1.4 이하, 고압식 1.5~1.9 이하

답 ①

※ 고압가스 용기 : 40℃ 이하의 온도변화가 작은 장소에 설치한다.

(3) 이산화탄소 소화약제의 저장과 방출
① 이산화탄소는 상온에서 용기에 **액체상태**로 저장한 후 방출시에는 기체화된다.
② 이산화탄소의 증기압으로 **완전방출**이 가능하다.
③ 20℃에서의 CO₂ 저장용기의 내압력은 충전비와 관계가 있다.
④ 이산화탄소의 방출시 용기 내의 온도는 급강하지만, 압력은 변하지 않는다.

4 할론소화약제

(1) 할론소화약제의 특성
① 전기의 불량도체이다(**전기절연성**이 크다).
② 금속에 대한 **부식성**이 적다.
③ 화학적 **부촉매** 효과에 의한 연소억제작용이 뛰어나 소화능력이 크다.
④ **가연성 액체화재**에 대하여 소화속도가 매우 크다.

(2) 할론소화약제의 구비조건
① 증발잔유물이 없어야 한다.
② 기화되기 쉬워야 한다.
③ **저비점** 물질이어야 한다.
④ **불연성**이어야 한다.

(3) 할론소화약제의 성상
① 할론인 F, Cl, Br, I 등은 화학적으로 안정되어 있으며, 소화성능이 우수하여 할론 소화약제로 사용된다.
② 소화약제는 할론 1011, 할론 104, 할론 1211, 할론 1301, 할론 2402 등이 있다.

※ 충전된 질소의 일부가 할론 1301에 용해되어도 액체 할론 1301의 용액은 증가하지 않는다.

※ 기체의 용해도
① 온도가 일정할 때 압력이 증가하면 용해도는 증가한다.
② 온도가 낮고 압력이 높을수록(저온·고압) 용해되기 쉽다.

※ 할론소화작용
① 부촉매(억제)효과 : 주효과
② 질식효과

※ 할론소화약제
난연성능 우수

※ 증발성액체 소화약제
인체에 대한 독성이 적은 것도 있고 심한 것도 있다.

※ 저비점 물질
끓는점이 낮은 물질

※ 할로젠 원소
① 불소 : F
② 염소 : Cl
③ 브로민(취소) : Br
④ 아이오딘(옥소) : I

종류 구분	할론 1301	할론 2402
임계압력	39.1atm(3.96MPa)	33.9atm(3.44MPa)
임계온도	67℃	214.5℃
임계밀도	750kg/m³	790kg/m³
증발잠열	119kJ/kg	105kJ/kg
분자량	148.95	259.9

| 할론소화약제의 물성 |

문제 할론소화약제 중 상온상압에서 액체상태인 것은 다음 중 어느 것인가?
① 할론 2402
② 할론 1301 기체상태
③ 할론 1211 기체상태
④ 할론 1400 이런 약제는 없다.

답 ①

(4) 할론소화약제의 명명법

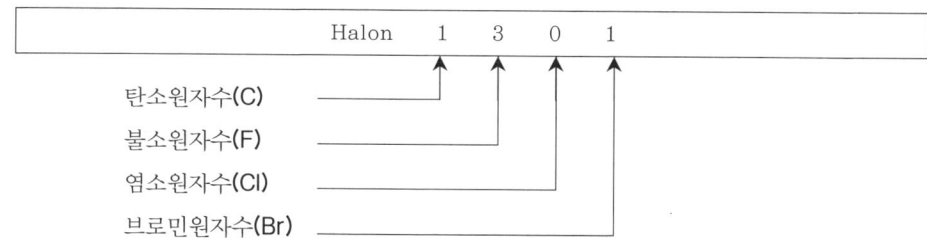

수소원자의 수 = (첫번째 숫자×2)+2−나머지 숫자의 합

| 할론소화약제 |

종 류	약 칭	분자식	충전비
Halon 1011	CB	CH₂ClBr	−
Halon 104	CTC	CCl₄	−
Halon 1211	BCF	CF₂ClBr	0.7~1.4 이하
Halon 1301	BTM	CF₃Br	0.9~1.6 이하
Halon 2402	FB	C₂F₄Br₂	0.51~0.67 미만(가압식) 0.67~2.75 이하(축압식)

 액체 할론 1211의 부식성이 큰 순서
알루미늄 > 청동 > 니켈 > 구리

Key Point

❋ 상온에서 기체상태
① 할론 1301
② 할론 1211
③ 탄산가스(CO₂)

❋ 상온에서 액체상태
① 할론 1011
② 할론 104
③ 할론 2402

❋ 할론소화약제
① 부촉매 효과 크기
 I > Br > Cl > F
② 전기음성도(친화력) 크기
 F > Cl > Br > I

❋ 휴대용 소화기
① Halon 1211
② Halon 2402

❋ Halon 1211
① 약간 달콤한 냄새가 있다.
② 전기전도성이 없다.
③ 공기보다 무겁다.
④ 알루미늄(Al)이 부식성이 크다.

❋ 할론 1011 · 104
독성이 강하여 소화약제로 사용하지 않는다.

(5) 할론소화약제의 저장용기 (NFPC 107 4조, NFTC 107 2.1.1)
① 방호구역 외의 장소에 설치할 것
② 온도가 **40℃** 이하이고, 온도변화가 작은 곳에 설치할 것
③ 직사광선 및 빗물이 침투할 우려가 없는 곳에 설치할 것
④ 방화문 구획된 실에 설치할 것
⑤ 용기의 설치장소에는 해당 용기가 표시된 곳임을 표시하는 표지를 설치할 것
⑥ 용기간의 간격은 점검에 지장이 없도록 **3cm** 이상의 간격을 유지할 것
⑦ 저장용기와 집합관을 연결하는 연결배관에는 **체크 밸브**를 설치할 것

※ 이산화탄소 소화약제 저장용기의 기준과 동일하다.

> **중요** 할론소화약제의 측정법
> ① 압력 측정법
> ② 비중 측정법
> ③ 액위 측정법
> ④ 중량 측정법
> ⑤ 비파괴 검사법

5 분말소화약제

(1) 분말소화약제의 종류
분말약제의 가압용 가스로는 **질소**(N_2)가 사용된다.

종별	분자식	착색	적응화재	충전비 [l/kg]	저장량	순도(함량)
제1종	중탄산나트륨 ($NaHCO_3$)	백색	BC급	0.8	50kg	90% 이상
제2종	중탄산칼륨 ($KHCO_3$)	담자색 (담회색)	BC급	1.0	30kg	92% 이상
제3종	제1인산암모늄 ($NH_4H_2PO_4$)	담홍색	ABC급	1.0	30kg	75% 이상
제4종	중탄산칼륨+요소 ($KHCO_3+(NH_2)_2CO$)	회(백)색	BC급	1.25	20kg	—

> **중요** 충전가스(압력원)
>
> | 구분 | 내용 |
> |---|---|
> | 질소(N_2) | • **분**말소화설비(축압식)
• **할**론소화설비 |
> | 이산화탄소(CO_2) | • 기타설비 |
>
> 기억법 질충분할(질소가 충분할 것)

✽ 할론 1301
① 소화성능이 가장 좋다.
② 독성이 가장 약하다.
③ 오존층 파괴지수가 가장 높다.
④ 비중은 약 5.1배이다.

✽ 증발잠열
① 할론1301 : 119kJ/kg
② 아르곤 : 156kJ/kg
③ 질소 : 199kJ/kg
④ 이산화탄소 : 574kJ/kg

✽ 제1종 분말
식용유 및 지방질유의 화재에 적합

✽ 제3종 분말
차고·주차장에 적합

✽ 제4종 분말
소화성능이 가장 우수

(2) 제2종 분말소화약제의 성상

구 분	설 명
비중	• 2.14
함유수분	• 0.2% 이하
소화효능	• 전기화재, 기름화재
조성	• $KHCO_3$ 97%, 방습가공제 3%

※ 충전비
0.8 이상

(3) 제3종 분말소화약제의 소화작용

① 열분해에 의한 **냉각작용**
② 발생한 불연성 가스에 의한 **질식작용**
③ 메타인산(HPO_3)에 의한 **방진작용**
④ 유리된 NH_4^+의 **부촉매작용**
⑤ 분말운무에 의한 **열방사**의 **차단효과**

※ 제3종 분말소화약제가 A급화재에도 적용되는 이유 : **인산분말 암모늄계**가 열에 의해 분해되면서 생성되는 불연성의 용융물질이 가연물의 표면에 부착되어 **차단효과**를 보여주기 때문이다.

※ 방진작용
가연물의 표면에 부착되어 차단효과를 나타내는 것

(4) 분말소화약제의 미세도

① 20~25㎛의 입자로 미세도의 분포가 골고루 되어 있어야 한다.
② 입도가 너무 미세하거나 너무 커도 소화성능이 저하된다.

※ ㎛ : 미크론 또는 마이크로미터라고 읽는다.

※ 미세도
입자크기를 의미하는 것으로서 '입도'라고도 부른다.

문제 분말소화약제 분말입도의 소화성능에 대하여 옳은 것은?
① 미세할수록 소화성능이 우수하다.
② 입도가 클수록 소화성능이 우수하다.
③ 입도와 소화성능과는 관련이 없다.
④ 입도가 너무 미세하거나 너무 커도 소화성능은 저하된다.

해설 ④ 분말소화약제의 분말입도가 너무 미세하거나 너무 커도 소화성능은 저하된다.

답 ④

(5) 수분함유율

$$M = \frac{W_1 - W_2}{W_1} \times 100\%$$

여기서, M : 수분함유율[%]
W_1 : 원시료의 중량[g]
W_2 : 24시간 건조후의 시료중량[g]

※ 원시료
원래상태의 시험재료

기억전략법

읽었을 때 **10%** 기억
들었을 때 **20%** 기억
보았을 때 **30%** 기억
보고 들었을 때 **50%** 기억
친구(동료)와 이야기를 통해 **70%** 기억
누군가를 가르쳤을 때 95% 기억

Part 2 소방관계법규

- Chapter 1 소방기본법령
- Chapter 2 소방시설 설치 및 관리에 관한 법령
- Chapter 3 화재의 예방 및 안전관리에 관한 법령
- Chapter 4 소방시설공사업법령
- Chapter 5 위험물안전관리법령

출제경향분석

CHAPTER 01 소방기본법령

✶ ✶ ✶ ✶ ✶ ✶ ✶ ✶ ✶ ✶

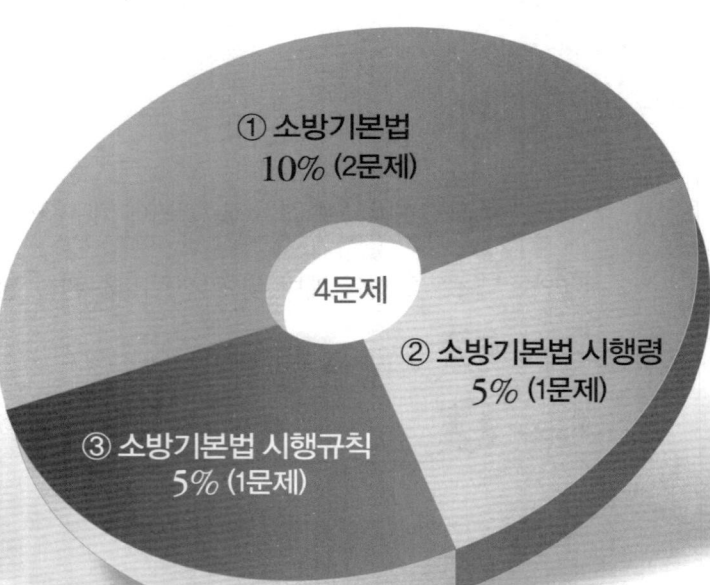

- ① 소방기본법 10% (2문제)
- ② 소방기본법 시행령 5% (1문제)
- ③ 소방기본법 시행규칙 5% (1문제)
- 4문제

CHAPTER 01 소방기본법령

1 소방기본법

출제확률 10% (2문제)

1 용어(기본법 2조)

소방대상물	소방대
① 건축물 ② 차량 ③ 선박(매어둔 것) ④ 선박건조구조물 ⑤ 인공구조물 ⑥ 물건 ⑦ 산림	① 소방공무원 ② 의무소방원 ③ 의용소방대원

※ 관계인
① 소유자
② 관리자
③ 점유자

2 소방용수시설(기본법 10조)

① 종류 : **소화전 · 급수탑 · 저수조**
② 기준 : **행정안전부령**
③ 설치 · 유지 · 관리 : **시 · 도**(단, 수도법에 의한 소화전은 일반수도사업자가 관할소방서장과 협의하여 설치)

3 소방활동구역의 설정(기본법 23조)

(1) 설정권자 : 소방대장
(2) 설정구역 ┬ 화재현장
           └ 재난 · 재해 등의 위급한 상황이 발생한 현장

※ 증표 제시
위급한 상황에서도 증표는 반드시 내보여야 한다.

4 의용소방대 및 한국소방안전원

(1) **의용소방대의 설치**(의용소방대법 2~14조)
① **설치권자** : 시 · 도지사, 소방서장
② **설치장소** : 특별시 · 광역시 · 특별자치시 · 도 · 특별자치도 · 시 · 읍 · 면
③ **의용소방대의 임명** : 그 지역의 주민 중 희망하는 사람
④ **의용소방대원의 직무** : 소방업무 보조
⑤ **의용소방대의 경비부담자** : 시 · 도지사

※ 의용소방대원
비상근

※ 비상근
평상시 근무하지 않고 필요에 따라 소집되어 근무하는 형태

(2) 한국소방안전원의 업무(기본법 41조)
① 소방기술과 안전관리에 관한 **교육** 및 **조사·연구**
② 소방기술과 안전관리에 관한 각종 **간행물**의 **발간**
③ 화재예방과 안전관리의식의 고취를 위한 **대국민 홍보**
④ 소방업무에 관하여 **행정기관**이 **위탁**하는 **사업**
⑤ 소방안전에 관한 **국제협력**
⑥ **회원**에 대한 **기술지원** 등 정관이 정하는 사항

5 벌칙

(1) 5년 이하의 징역 또는 5000만원 이하의 벌금(기본법 50조)
① 소방자동차의 출동 방해
② 사람구출 방해
③ 소방용수시설 또는 비상소화장치의 효용방해
④ **위력**을 사용하여 출동한 소방대의 화재진압·인명구조 또는 구급활동을 방해하는 행위를 한 사람
⑤ 소방대가 화재진압·인명구조 또는 구급활동을 위하여 현장에 출동하거나 현장에 출입하는 것을 고의로 **방해**하는 행위를 한 사람
⑥ 출동한 소방대원에게 **폭행** 또는 **협박**을 행사하여 화재진압·인명구조 또는 구급활동을 방해하는 행위를 한 사람
⑦ 출동한 소방대의 **소방장비**를 **파손**하거나 그 **효용**을 해하여 화재진압·인명구조 또는 구급활동을 방해하는 행위를 한 사람

(2) 3년 이하의 징역 또는 3000만원 이하의 벌금(기본법 51조)
소방활동에 필요한 소방대상물 및 토지의 강제처분을 방해한 자

(3) 200만원 이하의 과태료(기본법 56조)
① 한국119청소년단 또는 이와 유사한 명칭을 사용한 자
② 소방활동구역 출입
③ 소방자동차의 출동에 지장을 준 자
④ 한국소방안전원 또는 이와 유사한 명칭을 사용한 자

2 소방기본법 시행령

출제확률 5% (1문제)

1 국고보조의 대상 및 기준(기본령 2조)

(1) 국고보조의 대상
① 소방활동장비와 설비의 구입 및 설치
   (가) 소방자동차
   (나) 소방 헬리콥터 · 소방정
   (다) 소방전용통신설비 · 전산설비
   (라) 방화복
② 소방관서용 청사

(2) 소방활동장비 및 설비의 종류와 규격 : 행정안전부령

(3) 대상사업의 기준보조율 : 「보조금관리에 관한 법률 시행령」에 따름

2 소방활동구역 출입자(기본령 8조)

① 소유자 · 관리자 또는 점유자
② 전기 · 가스 · 수도 · 통신 · 교통의 업무에 종사하는 자로서 원활한 **소방활동**을 위하여 필요한 자
③ 의사 · 간호사 그 밖의 구조 · 구급업무에 종사하는 자
④ 취재인력 등 보도업무에 종사하는 자
⑤ 수사업무에 종사하는 자
⑥ **소방대장**이 소방활동을 위하여 **출입**을 **허가**한 **자**

※ 국고보조
국가가 소방장비의 구입 등 시 · 도의 소방업무에 필요한 경비의 일부를 보조

※ 소방활동구역
화재, 재난 · 재해 그 밖의 위급한 상황이 발생한 현장에 정하는 구역

3 소방기본법 시행규칙

1 종합상황실 실장의 보고 화재 (기본규칙 3조)

① 사망자 **5명** 이상 화재
② 사상자 **10명** 이상 화재
③ 이재민 **100명** 이상 화재
④ 재산피해액 **50억원** 이상 화재
⑤ 관광호텔, 층수가 **11층** 이상인 건축물, **지하상가, 시장, 백화점**
⑥ **5층** 이상 또는 객실 **30실** 이상인 **숙박시설**
⑦ **5층** 이상 또는 병상 **30개** 이상인 **종합병원·정신병원·한방병원·요양소**
⑧ **1000t** 이상인 선박(항구에 매어둔 것), **철도차량, 항공기, 발전소** 또는 **변전소**
⑨ 지정수량 **3000배** 이상의 위험물 제조소·저장소·취급소
⑩ 연면적 **15000m²** 이상인 **공장** 또는 **화재예방강화지구**에서 발생한 화재
⑪ **가스** 및 **화약류**의 폭발에 의한 화재
⑫ **관공서·학교·정부미 도정공장·문화재·지하철** 또는 **지하구**의 화재
⑬ 다중이용업소의 화재

※ **종합상황실**
화재·재난·재해·구조·구급 등이 필요한 때에 신속한 소방활동을 위한 정보를 수집·분석과 판단·전파, 상황관리, 현장지휘 및 조정·통제 등의 업무수행

2 소방용수시설

(1) 소방용수시설 및 지리조사 (기본규칙 7조)

① 조사자 : 소방본부장·소방서장
② 조사일시 : **월 1회** 이상
③ 조사내용
　㈎ 소방용수시설
　㈏ 도로의 **폭·교통상황**
　㈐ 도로주변의 **토지 고저**
　㈑ 건축물의 **개황**
④ 조사결과 : 2년간 보관

> **기억법** 월1지(월요일이 **지**났다)

※ **소방용수시설의 설치·유지·관리**
시·도지사

(2) 소방용수시설의 설치기준 (기본규칙 〔별표 3〕)

거리기준	지 역
100m 이하	• 공업지역 • 상업지역 • 주거지역
140m 이하	• 기타지역

(3) 소방용수시설의 저수조의 설치기준 (기본규칙 〔별표 3〕)

① 낙차 : **4.5m** 이하
② 수심 : **0.5m** 이상

③ 투입구의 길이 또는 지름 : **60cm** 이상
④ 소방 펌프 자동차가 **쉽게 접근**할 수 있도록 할 것
⑤ 흡수에 지장이 없도록 **토사** 및 **쓰레기** 등을 제거할 수 있는 설비를 갖출 것
⑥ 저수조에 물을 공급하는 방법은 **상수도**에 연결하여 **자동**으로 **급수**되는 구조일 것

> 기억법 수5(수호천사)

※ 토사
  흙과 모래

3 소방교육 훈련(기본규칙 9조)

실 시	2년마다 1회 이상 실시
기 간	2주 이상
정하는 자	소방청장
종 류	① 화재진압훈련　② 인명구조훈련 ③ 응급처치훈련　④ 인명대피훈련 ⑤ 현장지휘훈련

4 소방신호

(1) 소방신호의 종류(기본규칙 10조)

소방신호 종류	설 명
경계신호	화재예방상 필요하다고 인정되거나 화재위험경보시 발령
발화신호	화재가 발생한 경우 발령
해제신호	소화활동이 필요없다고 인정되는 경우 발령
훈련신호	훈련상 필요하다고 인정되는 경우 발령

※ 소방신호의 종류
 ① 경계신호
 ② 발화신호
 ③ 해제신호
 ④ 훈련신호

(2) 소방신호표(기본규칙 〔별표 4〕)

종 별 \ 신호방법	타종신호	사이렌 신호
경계신호	1타와 연 **2타**를 반복	**5초** 간격을 두고 **30초**씩 **3회**
발화신호	난타	**5초** 간격을 두고 **5초**씩 **3회**
해제신호	상당한 간격을 두고 **1타**씩 반복	**1분** 간 **1회**
훈련신호	**연 3타** 반복	**10초** 간격을 두고 **1분**씩 **3회**

출제경향분석

CHAPTER 02 소방시설 설치 및 관리에 관한 법령

****

① 소방시설 설치 및 관리에 관한 법률
5% (1문제)

② 소방시설 설치 및 관리에 관한 법률 시행령
7% (1문제)

③ 소방시설 설치 및 관리에 관한 법률 시행규칙
2% (1문제)

3문제

CHAPTER 02 소방시설 설치 및 관리에 관한 법령

1 소방시설 설치 및 관리에 관한 법률

출제확률 5% (1문제)

1 건축허가 등의 동의(소방시설법 6조)

① 건축허가 등의 동의권자 : **소방본부장·소방서장**
② 건축허가 등의 동의대상물의 범위 : **대통령령**

2 변경강화기준 적용 설비(소방시설법 13조)

① 소화기구
② 비상경보설비
③ 자동화재탐지설비
④ 자동화재속보설비
⑤ 피난구조설비
⑥ 소방시설(공동구 설치용, 전력 및 통신사업용 지하구)
⑦ **노유자시설, 의료시설**에 설치하여야 하는 소방시설(소방시설법 시행령 13조)

공동구, 전력 및 통신사업용 지하구	노유자시설에 설치하여야 하는 소방시설	의료시설에 설치하여야 하는 소방시설
① 소화기 ② 자동소화장치 ③ 자동화재탐지설비 ④ 통합감시시설 ⑤ 유도등 및 연소방지설비	① 간이스프링클러설비 ② 자동화재탐지설비 ③ 단독경보형 감지기	① 스프링클러설비 ② 간이스프링클러설비 ③ 자동화재탐지설비 ④ 자동화재속보설비

3 방염(소방시설법 20·21조)

① 방염성능기준 : **대통령령**
② 방염성능검사 : **소방청장**

4 벌칙

(1) 벌칙(소방시설법 56조)

5년 이하의 징역 또는 5천만원 이하의 벌금	7년 이하의 징역 또는 7천만원 이하의 벌금	10년 이하의 징역 또는 1억원 이하의 벌금
소방시설 **폐쇄·차단** 등의 행위를 한 자	소방시설 **폐쇄·차단** 등의 행위를 하여 사람을 **상해**에 이르게 한 자	소방시설 **폐쇄·차단** 등의 행위를 하여 사람을 **사망**에 이르게 한 자

Key Point

✽ 건축물의 동의 범위
대통령령

✽ 방염성능기준
대통령령

✽ 방염성능
화재의 발생 초기단계에서 화재 확대의 매개체를 **단절**시키는 성질

* 300만원 이하의
  벌금
  방염성능검사 합격표
  시 위조

(2) **3년 이하의 징역 또는 3000만원 이하의 벌금**(소방시설법 57조)
  ① **소방시설관리업** 무등록자
  ② **형식승인**을 받지 않은 소방용품 제조·수입자
  ③ **제품검사**를 받지 않은 자
  ④ 거짓이나 그 밖의 **부정한 방법**으로 제품검사 전문기관의 지정을 받은 자
  ⑤ 소방용품을 판매·진열하거나 소방시설공사에 사용한 자
  ⑥ 구매자에게 명령을 받은 사실을 알리지 아니하거나 필요한 조치를 하지 아니한 자

(3) **1년 이하의 징역 또는 1000만원 이하의 벌금**(소방시설법 58조)
  ① 소방시설의 **자체점검** 미실시자
  ② **소방시설관리사증** 대여
  ③ **소방시설관리업**의 등록증 대여

(4) **300만원 이하의 과태료**(소방시설법 61조)
  ① 소방시설을 화재안전기준에 따라 설치·관리하지 아니한 자
  ② **피난시설·방화구획** 또는 **방화시설**의 **폐쇄·훼손·변경** 등의 행위를 한 자
  ③ 임시소방시설을 설치·관리하지 아니한 자

2 소방시설 설치 및 관리에 관한 법률 시행령

출제확률 7% (1문제)

1 무창층 (소방시설법 시행령 2조)

(1) 무창층의 뜻

지상층 중 기준에 의한 개구부의 면적의 합계가 해당 층의 바닥면적의 $\frac{1}{30}$ 이하가 되는 층

(2) 무창층의 개구부의 기준
① 개구부의 크기가 지름 **50cm** 이상의 원이 통과할 수 있을 것
② 해당 층의 바닥면으로부터 개구부 밑부분까지의 높이가 **1.2m** 이내일 것
③ 개구부는 **도로** 또는 **차량**이 진입할 수 있는 **빈터**를 향할 것
④ 화재시 건축물로부터 **쉽게 피난**할 수 있도록 개구부에 창살 그 밖의 장애물이 설치되지 않을 것
⑤ 내부 또는 외부에서 **쉽게 부수**거나 **열** 수 있을 것

※ **피난층**
곧바로 지상으로 갈 수 있는 출입구가 있는 층

2 소방용품 제외 대상 (소방시설법 시행령 6조)

① 주거용 주방자동소화장치용 소화약제
② 가스자동소화장치용 소화약제
③ 분말자동소화장치용 소화약제
④ 고체에어로졸자동소화장치용 소화약제
⑤ 소화약제 외의 것을 이용한 간이소화용구
⑥ 휴대용 비상조명등
⑦ 유도표지
⑧ 벨용 푸시버튼스위치
⑨ 피난밧줄
⑩ 옥내소화전함
⑪ 방수구
⑫ 안전매트
⑬ 방수복

※ **소방용품**
① 소화기
② 소화약제
③ 방염도료

3 건축허가 등의 동의대상물 (소방시설법 시행령 7조)

① 연면적 400m² (학교시설 : 100m², 수련시설·노유자시설 : 200m², 정신의료기관·장애인의료재활시설 : 300m²) 이상
② 6층 이상인 건축물

※ **건축허가 등의 동의 대상물**
★꼭 기억하세요★

③ 차고·주차장으로서 바닥면적 200m² 이상(자동차 20대 이상)
④ 항공기격납고, 관망탑, 항공관제탑, 방송용 송수신탑
⑤ 지하층 또는 무창층의 바닥면적 150m²(공연장은 100m²) 이상
⑥ 위험물저장 및 처리시설
⑦ **결핵환자**나 **한센인**이 24시간 생활하는 **노유자시설**
⑧ 지하구
⑨ 전기저장시설, 풍력발전소
⑩ 공동주택·숙박시설
⑪ 조산원, 산후조리원, 의원(입원실 또는 인공신장실이 있는 것)
⑫ 요양병원(의료재활시설 제외)
⑬ 노인주거복지시설·노인의료복지시설 및 재가노인복지시설, 학대피해노인 전용쉼터, 아동복지시설, 장애인거주시설
⑭ 정신질환자 관련시설(공동생활가정을 제외한 재활훈련시설과 종합시설 중 24시간 주거를 제공하지 않는 시설 제외)
⑮ 노숙인자활시설, 노숙인재활시설 및 노숙인요양시설
⑯ 공장 또는 창고시설로서 지정하는 수량의 **750배** 이상의 특수가연물을 저장·취급하는 것
⑰ 가스시설로서 지상에 노출된 탱크의 저장용량의 합계가 **100t** 이상인 것

4 방염

(1) **방염성능기준 이상 적용 특정소방대상물**(소방시설법 시행령 30조)
① 체력단련장, 공연장 및 종교집회장
② 문화 및 집회시설
③ 종교시설
④ 운동시설(수영장 제외)
⑤ 의료시설(종합병원, 정신의료기관)
⑥ 의원, 치과의원, 한의원, 조산원, 산후조리원
⑦ 교육연구시설 중 합숙소
⑧ 노유자시설
⑨ 숙박이 가능한 수련시설
⑩ 숙박시설
⑪ 방송국 및 촬영소
⑫ 다중이용업소(단란주점영업, 유흥주점영업, 노래연습장의 영업장 등)
⑬ 층수가 11층 이상인 것(아파트 제외)

※ **11층 이상** : '고층건축물'에 해당된다.

※ 다중이용업
① 휴게음식점영업·일반음식점영업 100m²(지하층은 66m² 이상)
② 단란주점영업
③ 유흥주점영업
④ 비디오물감상실업
⑤ 비디오물소극장업 및 복합영상물제공업
⑥ 게임제공업
⑦ 노래연습장업
⑧ 복합유통게임 제공업
⑨ 영화상영관
⑩ 학원·목욕장업 수용인원 100명 이상

(2) 방염대상물품(소방시설법 시행령 31조)

제조 또는 가공 공정에서 방염처리를 한 물품	건축물 내부의 천장이나 벽에 부착하거나 설치하는 것
① 창문에 설치하는 **커튼류**(블라인드 포함) ② **카펫** ③ **벽지류**(두께 2mm 미만인 **종이벽지 제외**) ④ **전시용 합판·목재** 또는 **섬유판** ⑤ **무대용 합판·목재** 또는 **섬유판** ⑥ 암막·무대막(영화상영관·가상체험 체육시설업의 **스크린** 포함) ⑦ 섬유류 또는 합성수지류 등을 원료로 하여 제작된 소파·의자(단란주점영업, 유흥주점영업 및 노래연습장의 영업장에 설치하는 것만 해당)	① 종이류(두께 2mm 이상), **합성수지류** 또는 **섬유류**를 주원료로 한 물품 ② **합판**이나 **목재** ③ 공간을 구획하기 위하여 설치하는 **간이칸막이** ④ **흡음재**(흡음용 커튼 포함) 또는 **방음재**(방음용 커튼 포함) ※ 가구류(옷장, 찬장, 식탁, 식탁용 의자, 사무용 책상, 사무용 의자, 계산대)와 너비 10cm 이하인 반자돌림대, 내부 마감재료 제외

(3) 방염성능기준(소방시설법 시행령 31조)
① 잔염시간 : **20초** 이내
② 잔**진**시간(잔신시간) : **30초** 이내

> 기억법 3진(**삼진**아웃)

③ 탄화길이 : **20cm** 이내
④ 탄화면적 : **50cm²** 이내
⑤ 불꽃 접촉 횟수 : **3회** 이상
⑥ 최대 연기밀도 : **400** 이하

5 소화활동설비(소방시설법 시행령 〔별표 1〕)
① **연결송수관**설비
② **연결살수**설비
③ **연소방지**설비
④ **무선통신보조**설비
⑤ **제연**설비
⑥ **비상 콘센트** 설비

> 기억법 3연무제비콘

※ 잔염시간과 잔진시간
① 잔염시간
  버너의 불꽃을 제거한 때부터 불꽃을 올리며 연소하는 상태가 그칠 때까지의 시간
② 잔진시간(잔신시간)
  버너의 불꽃을 제거한 때부터 불꽃을 올리지 않고 연소하는 상태가 그칠 때까지의 시간

※ 소화활동설비
화재를 진압하거나 인명구조활동을 위하여 사용하는 설비

* **근린생활시설**
사람이 생활을 하는 데 필요한 여러 가지 시설

6 근린생활시설(소방시설법 시행령 〔별표 2〕)

면 적	적용장소
150m² 미만	• 단란주점
300m² 미만	• **종**교시설 • 공연장 • 비디오물 감상실업 • 비디오물 소극장업
500m² 미만	• 탁구장 • 서점 • 테니스장 • 볼링장 • 체육도장 • 금융업소 • 사무소 • 부동산 중개사무소 • 학원 • 골프연습장 • 당구장
1000m² 미만	• 자동차영업소 • 슈퍼마켓 • 일용품 • 의료기기 판매소 • 의약품 판매소
전부	• 기원 • 이용원·미용원·목욕장 및 세탁소 • 휴게음식점·일반음식점, 제과점 • 독서실 • 안마원(안마시술소 포함) • 조산원(산후조리원 포함) • 의원, 치과의원, 한의원, 침술원, 접골원

기억법 종3(중세시대)

7 스프링클러설비의 설치대상(소방시설법 시행령 〔별표 4〕)

설치대상	조 건

① 문화 및 집회시설, 운동시설
② 종교시설
	• 수용인원 - 100명 이상
	• 영화상영관 - 지하층·무창층 500m²(기타 1000m²) 이상
	• 무대부
	  ① 지하층·무창층·4층 이상 300m² 이상
	  ② 1~3층 500m² 이상

③ 판매시설 ④ 운수시설 ⑤ 물류터미널	• 수용인원 - 500명 이상 • 바닥면적 합계 5000m² 이상
⑥ 노유자시설 ⑦ 정신의료기관 ⑧ 수련시설(숙박 가능한 것) ⑨ 종합병원, 병원, 치과병원, 한방병원 및 요양병원(정신병원 제외) ⑩ 숙박시설	• 바닥면적 합계 600m² 이상

* **무대부**
노래·춤·연극 등의 연기를 하기 위해 만들어 놓은 부분

⑪ 지하층·무창층·4층 이상	• 바닥면적 1000m² 이상
⑫ 창고시설(물류터미널 제외)	• 바닥면적 합계 5000m² 이상 - 전층
⑬ 지하상가	• 연면적 1000m² 이상
⑭ 10m 넘는 랙식 창고	• 연면적 1500m² 이상
⑮ 복합건축물 ⑯ 기숙사	• 연면적 5000m² 이상 - 전층
⑰ **6층** 이상	• 전층
⑱ 보일러실·연결통로	• 전부
⑲ 특수가연물 저장·취급	• 지정수량 1000배 이상
⑳ 발전시설 중 전기저장시설	• 전부

8 인명구조기구의 설치장소(소방시설법 시행령 〔별표 4〕)

① 지하층을 포함한 **7층** 이상의 **관광호텔**[방열복, 방화복(안전모, 보호장갑, 안전화 포함), 인공소생기, 공기호흡기]
② 지하층을 포함한 **5층** 이상의 **병원**[방열복, 방화복(안전모, 보호장갑, 안전화 포함), 공기호흡기]

> 기억법 5병(**오병**이어의 기적)

※ **랙식 창고**
① 물품보관용 랙을 설치하는 창고시설
② 선반 또는 이와 비슷한 것을 설치하고 승강기에 의하여 수납을 운반하는 장치를 갖춘 것

※ **복합건축물**
하나의 건축물 안에 2 이상의 용도로 사용되는 것

소방관계법규

3 소방시설 설치 및 관리에 관한 법률 시행규칙

출제확률 (1문제)

※ 건축허가 등의 동의 요구
① 소방본부장
② 소방서장

1 건축허가 등의 동의(소방시설법 시행규칙 3조)

내 용	날 짜	
• 동의요구 서류보완	4일 이내	
• 건축허가 등의 취소통보	7일 이내	
• 동의여부 회신	5일 이내	기타
	10일 이내	① 50층 이상(지하층 제외) 또는 지상으로부터 높이 200m 이상인 아파트 ② 30층 이상(지하층 포함) 또는 높이 120m 이상 (아파트 제외) ③ 연면적 10만m² 이상(아파트 제외)

2 소방시설 등의 자체점검(소방시설법 시행규칙 23조, 〔별표 3〕)

(1) 소방시설 등의 자체점검결과

① 점검결과 자체 보관 : 2년
② 자체점검 실시결과 보고서 제출

구 분	제출기간	제출처
관리업자 또는 소방안전관리자로 선임된 소방시설관리사 · 소방기술사	10일 이내	관계인
관계인	15일 이내	소방본부장 · 소방서장

(2) 소방시설 등 자체점검의 점검대상, 점검자의 자격, 점검횟수 및 시기

점검 구분	정 의	점검대상	점검자의 자격 (주된 인력)	점검횟수 및 점검시기
작동 점검	소방시설 등을 인위적으로 조작하여 정상적으로 작동하는지를 점검하는 것	① 간이스프링클러설비 · 자동화재탐지설비	• 관계인 • 소방안전관리자로 선임된 소방시설관리사 또는 소방기술사 • 소방시설관리업에 등록된 기술인력 중 소방시설관리사 또는 「소방시설공사업법 시행규칙」에 따른 특급 점검자	• 작동점검은 연 1회 이상 실시하며, 종합점검대상은 종합점검(최초점검 제외)을 받은 달부터 6개월이 되는 달에 실시 • 종합점검대상 외의 특정소방대상물은 사용승인일이 속하는 달의 말일까지 실시
		② ①에 해당하지 아니하는 특정소방대상물	• 소방시설관리업에 등록된 기술인력 중 소방시설관리사 • 소방안전관리자로 선임된 소방시설관리사 또는 소방기술사	
		③ 작동점검 제외대상 • 특정소방대상물 중 소방안전관리자를 선임하지 않는 대상 • 위험물제조소 등 • 특급 소방안전관리대상물		

※ 작동점검
소방시설 등을 인위적으로 조작하여 정상작동 여부를 점검하는 것

2-16 · 제2장 소방시설 설치 및 관리에 관한 법령

| 종합점검 | 소방시설 등의 작동점검을 포함하여 소방시설 등의 설비별 주요 구성부품의 구조기준이 화재안전기준과 「건축법」 등 관련 법령에서 정하는 기준에 적합한지 여부를 점검하는 것
(1) 최초점검 : 특정소방대상물의 소방시설이 신설된 경우 건축물을 사용할 수 있게 된 날부터 60일 이내에 점검하는 것
(2) 그 밖의 종합점검 : 최초점검을 제외한 종합점검 | ④ 소방시설 등이 신설된 경우에 해당하는 특정소방대상물
⑤ **스프링클러설비**가 설치된 특정소방대상물
⑥ **물분무등소화설비**(호스릴 방식의 물분무등소화설비만을 설치한 경우는 제외)가 설치된 연면적 **5000m²** 이상인 특정소방대상물(위험물제조소 등 제외)
⑦ 다중이용업의 영업장이 설치된 특정소방대상물로서 연면적이 **2000m²** 이상인 것
⑧ **제연설비**가 설치된 터널
⑨ 공공기관 중 연면적(터널·지하구의 경우 그 길이와 평균폭을 곱하여 계산된 값)이 **1000m²** 이상인 것으로서 옥내소화전설비 또는 자동화재탐지설비가 설치된 것(단, 소방대가 근무하는 공공기관 제외)

🔥 **중요**
종합점검
① 공공기관 : 1000m²
② 다중이용업 : 2000m²
③ 물분무등(호스릴 ×) : 5000m² | • 소방시설관리업에 등록된 기술인력 중 **소방시설관리사**
• 소방안전관리자로 선임된 **소방시설관리사** 또는 **소방기술사** | 〈점검횟수〉
㉠ 연 1회 이상(특급 소방안전관리대상물은 반기에 1회 이상) 실시
㉡ ㉠에도 불구하고 소방본부장 또는 소방서장은 소방청장이 소방안전관리가 우수하다고 인정한 특정소방대상물에 대해서는 3년의 범위에서 소방청장이 고시하거나 정한 기간 동안 종합점검을 면제할 수 있다(단, 면제기간 중 화재가 발생한 경우는 제외).
〈점검시기〉
㉠ ④에 해당하는 특정소방대상물은 건축물을 사용할 수 있게 된 날부터 60일 이내 실시
㉡ ㉠을 제외한 특정소방대상물은 건축물의 사용승인일이 속하는 달에 실시(단, 학교의 경우 해당 건축물의 사용승인일이 1월에서 6월 사이에 있는 경우에는 6월 30일까지 실시할 수 있다)
㉢ 건축물 사용승인일 이후 ⑦에 따라 종합점검 대상에 해당하게 된 경우에는 그 다음 해부터 실시
㉣ 하나의 대지경계선 안에 2개 이상의 자체점검대상 건축물 등이 있는 경우 그 건축물 중 사용승인일이 가장 빠른 연도의 건축물의 사용승인일을 기준으로 점검할 수 있다. |

＊ **종합점검**
소방시설 등의 작동점검을 포함하여 설비별 주요구성부품의 구조기준이 화재안전기준에 적합한지 여부를 점검하는 것

출제경향분석

CHAPTER 03 화재의 예방 및 안전관리에 관한 법령

✶✶✶✶✶✶✶✶✶✶

① 화재의 예방 및 안전관리에 관한 법률
5% (1문제)

② 화재의 예방 및 안전관리에 관한 법률 시행령
13% (2문제)

③ 화재의 예방 및 안전관리에 관한 법률 시행규칙
3% (1문제)

4문제

CHAPTER 03 화재의 예방 및 안전관리에 관한 법령

1 화재의 예방 및 안전관리에 관한 법률

1 화재안전조사 및 조치명령 등

(1) **화재안전조사**(화재예방법 7조)
  ① 실시자 : **소방청장 · 소방본부장 · 소방서장**(소방관서장)
  ② 관계인의 승낙이 필요한 곳 : **주거**(주택)

(2) **화재안전조사 결과에 따른 조치명령**(화재예방법 14조)
  ① 명령권자 : **소방관서장**(소방청장, 소방본부장, 소방서장)
  ② 명령사항
    (가) 화재안전조사 조치명령
    (나) **개수**명령
    (다) **이전**명령
    (라) **제거**명령
    (마) **사용**의 **금지** 또는 제한명령, 사용폐쇄
    (바) **공사**의 **정지** 또는 중지명령

2 화재예방강화지구(화재예방법 18조)

(1) 지정권자 : **시 · 도지사**
(2) 지정지역
  ① **시장**지역
  ② **공장 · 창고** 등이 밀집한 지역
  ③ **목조건물**이 밀집한 지역
  ④ 노후 · 불량 건축물이 밀집한 지역
  ⑤ **위험물**의 **저장** 및 **처리시설**이 **밀집**한 지역
  ⑥ **석유화학제품**을 생산하는 공장이 있는 지역
  ⑦ 「산업입지 및 개발에 관한 법률」에 따른 **산업단지**
  ⑧ **소방시설 · 소방용수시설** 또는 **소방출동로**가 **없는** 지역
  ⑨ 「물류시설의 개발 및 운영에 관한 법률」에 따른 물류단지
  ⑩ **소방관서장**이 화재예방강화지구로 지정할 필요가 있다고 인정하는 지역
(3) 화재안전조사
  소방관서장

※ **화재안전조사**
소방대상물, 관계지역 또는 관계인에 대하여 소방시설 등이 소방관계법령에 적합하게 설치 · 관리되고 있는지, 소방대상물에 화재의 발생위험이 있는지 등을 확인하기 위하여 실시하는 현장조사 · 문서열람 · 보고요구 등을 하는 활동

※ **화재예방강화지구**
화재발생 우려가 크거나 화재가 발생할 경우 피해가 클 것으로 예상되는 지역에 대하여 화재의 예방 및 안전관리를 강화하기 위해 지정 · 관리하는 지역

※ **소방관서장**
소방청장, 소방본부장 또는 소방서장

3 특정소방대상물의 소방안전관리(화재예방법 24조)

(1) 소방안전관리업무 대행자
　　소방시설관리업을 등록한 자(소방시설관리업자)

* 소방안전관리자
특정소방대상물에서 화재가 발생하지 않도록 관리하는 사람

(2) 소방안전관리자의 선임
　① 선임신고 : **14일** 이내
　② 신고대상 : **소방본부장 · 소방서장**

(3) 특정소방대상물의 **관계인**과 소방안전관리대상물의 **소방안전관리자**의 **업무**(화재예방법 24조 ⑤항)

특정소방대상물(관계인)	소방안전관리대상물(소방안전관리자)
① 피난시설 · 방화구획 및 방화시설의 관리 ② 소방시설, 그 밖의 소방관련시설의 관리 ③ **화기취급**의 감독 ④ 소방안전관리에 필요한 업무 ⑤ 화재발생시 초기대응	① 피난시설 · 방화구획 및 방화시설의 관리 ② 소방시설, 그 밖의 소방관련시설의 관리 ③ **화기취급**의 감독 ④ 소방안전관리에 필요한 업무 ⑤ **소방계획서**의 작성 및 시행(대통령령으로 정하는 사항 포함) ⑥ **자위소방대** 및 **초기대응체계**의 구성 · 운영 · 교육 ⑦ 소방훈련 및 교육 ⑧ 소방안전관리에 관한 업무수행에 관한 기록 · 유지 ⑨ 화재발생시 초기대응

 관리의 권원이 분리된 특정소방대상물의 **소방안전관리**(화재예방법 35조)
　① 복합건축물(지하층을 제외한 11층 이상 또는 연면적 30000m² 이상)
　② 지하가
　③ **대통령령**이 정하는 특정소방대상물

* 특정소방대상물
건축물 등의 규모 · 용도 및 수용인원 등을 고려하여 소방시설을 설치하여야 하는 소방대상물로서 대통령령으로 정하는 것

4 특정소방대상물의 소방훈련(화재예방법 37조)

(1) 소방훈련의 종류
　① 소화훈련
　② 통보훈련
　③ 피난훈련

(2) 소방훈련의 지도 · 감독 : 소방본부장 · 소방서장

5 벌칙

(1) 3년 이하의 징역 또는 3000만원 이하의 벌금(화재예방법 50조)
① 화재안전조사 결과에 따른 조치명령을 정당한 사유 없이 위반한 자
② 소방안전관리자 선임명령 등을 정당한 사유 없이 위반한 자
③ 화재예방안전진단 결과에 따라 보수·보강 등의 조치명령을 정당한 사유 없이 위반한 자
④ 거짓이나 그 밖의 부정한 방법으로 진단기관으로 지정을 받은 자

(2) 1년 이하의 징역 또는 1000만원 이하의 벌금(화재예방법 50조)
① 관계인의 정당한 업무를 방해하거나, 조사업무를 수행하면서 취득한 자료나 알게 된 비밀을 다른 사람 또는 기관에게 제공 또는 누설하거나 목적 외의 용도로 사용한 자
② 소방안전관리자 자격증을 다른 사람에게 빌려 주거나 빌리거나 이를 알선한 자
③ 진단기관으로부터 화재예방안전진단을 받지 아니한 자

(3) 300만원 이하의 벌금(화재예방법 50조)
① 화재안전조사를 정당한 사유 없이 거부·방해 또는 기피한 자
② 화재발생 위험이 크거나 소화활동에 지장을 줄 수 있다고 인정되는 행위나 물건에 대한 금지 또는 제한 명령을 정당한 사유 없이 따르지 아니하거나 방해한 자
③ 소방안전관리자, 총괄소방안전관리자 또는 소방안전관리보조자를 선임하지 아니한 자
④ 소방시설·피난시설·방화시설 및 방화구획 등이 법령에 위반된 것을 발견하였음에도 필요한 조치를 할 것을 요구하지 아니한 소방안전관리자
⑤ 소방안전관리자에게 불이익한 처우를 한 관계인
⑥ 업무를 수행하면서 알게 된 비밀을 이 법에서 정한 목적 외의 용도로 사용하거나 다른 사람 또는 기관에 제공하거나 누설한 자

(4) 300만원 이하의 과태료(화재예방법 52조)
① 정당한 사유 없이 화재예방강화지구 및 이에 준하는 대통령령으로 정하는 장소에서의 금지 명령에 해당하는 행위를 한 자
② 다른 안전관리자가 소방안전관리자를 겸한 자
③ 소방안전관리업무를 하지 아니한 특정소방대상물의 관계인 또는 소방안전관리대상물의 소방안전관리자
④ 소방안전관리업무의 지도·감독을 하지 아니한 자
⑤ 건설현장 소방안전관리대상물의 소방안전관리자의 업무를 하지 아니한 소방안전관리자
⑥ 피난유도 안내정보를 제공하지 아니한 자
⑦ 소방훈련 및 교육을 하지 아니한 자
⑧ 화재예방안전진단 결과를 제출하지 아니한 자

※ **1년 이하의 징역 또는 1000만원 이하의 벌금**
비밀누설

※ **300만원 이하의 벌금**
화재안전조사 거부·기피

(5) **200만원 이하의 과태료**(화재예방법 52조)
① 불을 사용할 때 지켜야 하는 사항 및 특수가연물의 저장 및 취급 기준을 위반한 자
② 소방설비 등의 설치명령을 정당한 사유 없이 따르지 아니한 자
③ 기간 내에 **선임신고**를 하지 아니하거나 **소방안전관리자**의 **성명** 등을 게시하지 아니한 자
④ 기간 내에 선임신고를 하지 아니한 자
⑤ 기간 내에 소방훈련 및 교육 결과를 제출하지 아니한 자

✽ 100만원 이하의 과태료
실무교육을 미실시한 소방안전관리자

(6) **100만원 이하의 과태료**(화재예방법 52조)
실무교육을 받지 아니한 **소방안전관리자** 및 **소방안전관리보조자**

2 화재의 예방 및 안전관리에 관한 법률 시행령

1 화재예방강화지구 안의 화재안전조사·소방훈련 및 교육(화재예방법 시행령 20조)

① 실시자 : **소방청장·소방본부장·소방서장**(소방관서장)
② 횟수 : **연 1회 이상**
③ 훈련·교육 : **10일 전 통보**

2 관리의 권원이 분리된 특정소방대상물(화재예방법 35조, 화재예방법 시행령 35조)

① 복합건축물(지하층을 제외한 11층 이상 또는 연면적 3만m² 이상인 건축물)
② 지하가
③ 도매시장, 소매시장, 전통시장

3 벽·천장 사이의 거리(화재예방법 시행령 〔별표 1〕)

종류	벽·천장 사이의 거리
건조설비	0.5m 이상
보일러	0.6m 이상

4 특수가연물(화재예방법 시행령 〔별표 2〕)

① 면화류
② 나무껍질 및 대팻밥
③ 넝마 및 종이 부스러기
④ 사류
⑤ 볏짚류
⑥ 가연성 고체류
⑦ 석탄·목탄류
⑧ 가연성 액체류
⑨ 목재가공품 및 나무 부스러기
⑩ 고무류·플라스틱류

---

* **화재예방강화지구**
화재발생 우려가 크거나 화재가 발생할 경우 피해가 클 것으로 예상되는 지역에 대하여 화재의 예방 및 안전관리를 강화하기 위해 지정·관리하는 지역

* **지하가**
지하의 인공구조물 안에 설치된 상점 및 사무실, 그 밖에 이와 비슷한 시설이 연속하여 지하도에 접하여 설치된 것과 그 지하도를 합한 것

* **특수가연물**
화재가 발생하면 불길이 빠르게 번지는 물품

* **사류**
실과 누에고치

5 소방안전관리자

※ 특급 소방안전관리 대상물
① 50층 이상(지하층 제외) 또는 지상 200m 이상 아파트
② 30층 이상(지하층 포함) 또는 지상 120m 이상(아파트 제외)
③ 연면적 10만m² 이상(아파트 제외)

(1) 소방안전관리자 및 소방안전관리보조자를 선임하는 특정소방대상물(화재예방법 시행령 〔별표 4〕)

소방안전관리대상물	특정소방대상물
특급 소방안전관리대상물 (동식물원, 철강 등 불연성 물품 저장·취급창고, 지하구, 위험물 제조소 등 제외)	• 50층 이상(지하층 제외) 또는 지상 200m 이상 **아파트** • 30층 이상(지하층 포함) 또는 지상 120m 이상(아파트 제외) • 연면적 10만m² 이상(아파트 제외)
1급 소방안전관리대상물 (동식물원, 철강 등 불연성 물품 저장·취급창고, 지하구, 위험물 제조소 등 제외)	• 30층 이상(지하층 제외) 또는 지상 120m 이상 **아파트** • 연면적 15000m² 이상인 것(아파트 및 연립주택 제외) • 11층 이상(아파트 제외) • 가연성 가스를 1000t 이상 저장·취급하는 시설
2급 소방안전관리대상물	• 지하구 • 가스제조설비를 갖추고 도시가스사업 허가를 받아야 하는 시설 또는 가연성 가스를 100~1000t 미만 저장·취급하는 시설 • **옥내소화전설비·스프링클러설비** 설치대상물 • **물분무등소화설비** 설치대상물(호스릴방식의 물분무등소화설비만을 설치한 경우 제외) • 공동주택(옥내소화전설비 또는 스프링클러설비가 설치된 공동주택 한정) • 목조건축물(국보·보물)
3급 소방안전관리대상물	• **자동화재탐지설비** 설치대상물 • **간이스프링클러설비**(주택 전용 간이스프링클러설비 제외) 설치대상물

(2) **소방안전관리자**(화재예방법 시행령 〔별표 4〕)

① 특급 소방안전관리대상물의 소방안전관리자 선임조건

자 격	경 력	비 고
• 소방기술사 • 소방시설관리사	경력 필요 없음	특급 소방안전관리자 자격증을 받은 사람
• 1급 소방안전관리자(소방설비기사)	5년	
• 1급 소방안전관리자(소방설비산업기사)	7년	
• 소방공무원	20년	
• 소방청장이 실시하는 특급 소방안전관리대상물의 소방안전관리에 관한 시험에 합격한 사람	경력 필요 없음	

② 1급 소방안전관리대상물의 소방안전관리자 선임조건

자 격	경 력	비 고
• 소방설비기사·소방설비산업기사	경력 필요 없음	1급 소방안전관리자 자격증을 받은 사람
• 소방공무원	7년	
• 소방청장이 실시하는 1급 소방안전관리대상물의 소방안전관리에 관한 시험에 합격한 사람	경력 필요 없음	
• 특급 소방안전관리대상물의 소방안전관리자 자격이 인정되는 사람		

③ 2급 소방안전관리대상물의 소방안전관리자 선임조건

자 격	경 력	비 고
• 위험물기능장·위험물산업기사·위험물기능사	경력 필요 없음	2급 소방안전관리자 자격증을 받은 사람
• 소방공무원	3년	
• 소방청장이 실시하는 2급 소방안전관리대상물의 소방안전관리에 관한 시험에 합격한 사람	경력 필요 없음	
• 「기업활동 규제완화에 관한 특별조치법」에 따라 소방안전관리자로 선임된 사람(소방안전관리자로 선임된 기간으로 한정)		
• **특급** 또는 **1급** 소방안전관리대상물의 소방안전관리자 자격이 인정되는 사람		

④ 3급 소방안전관리대상물의 소방안전관리자 선임조건

자 격	경 력	비 고
• 소방공무원	1년	3급 소방안전관리자 자격증을 받은 사람
• 소방청장이 실시하는 3급 소방안전관리대상물의 소방안전관리에 관한 시험에 합격한 사람	경력 필요 없음	
• 「기업활동 규제완화에 관한 특별조치법」에 따라 소방안전관리자로 선임된 사람(소방안전관리자로 선임된 기간으로 한정)		
• **특급** 소방안전관리대상물, **1급** 소방안전관리대상물 또는 **2급** 소방안전관리대상물의 소방안전관리자 자격이 인정되는 사람		

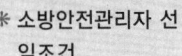

* 소방안전관리자 선임조건
① 특급 : 소방공무원 20년
② 1급 : 소방공무원 7년
③ 2급 : 소방공무원 3년
④ 3급 : 소방공무원 1년

3 화재의 예방 및 안전관리에 관한 법률 시행규칙

1 소방훈련·교육 및 강습·실무교육

(1) 근무자 및 거주자의 소방훈련·교육(화재예방법 시행규칙 36조)
① 실시횟수 : 연 1회 이상
② 실시결과 기록부 보관 : 2년

※ 소방안전관리자의 재선임 : 30일 이내

(2) 소방안전관리자의 강습(화재예방법 시행규칙 25조)
① 실시자 : **소방청장**(위탁 : 한국소방안전원장)
② 실시공고 : 20일 전

(3) 소방안전관리자의 실무교육(화재예방법 시행규칙 29조)
① 실시자 : **소방청장**(위탁 : 한국소방안전원장)
② 실시 : 2년마다 1회 이상
③ 교육통보 : 30일 전

(4) 소방안전관리업무의 강습교육과목 및 교육시간(화재예방법 시행규칙 [별표 5])
① 교육과정별 과목 및 시간

구 분	교육과목	교육시간
특급 소방안전 관리자	• 소방안전관리자 제도 • 화재통계 및 피해분석 • 직업윤리 및 리더십 • 소방관계법령 • 건축·전기·가스 관계법령 및 안전관리 • 위험물안전관계법령 및 안전관리 • 재난관리 일반 및 관련법령 • 초고층재난관리법령 • 소방기초이론 • 연소·방화·방폭공학 • 화재예방 사례 및 홍보 • 고층건축물 소방시설 적용기준 • 소방시설의 종류 및 기준 • 소방시설(소화설비, 경보설비, 피난구조설비, 소화용수설비, 소화활동설비)의 구조·점검·실습·평가 • 공사장 안전관리 계획 및 감독 • 화기취급감독 및 화재위험작업 허가·관리 • 종합방재실 운용 • 피난안전구역 운영 • 고층건축물 화재 등 재난사례 및 대응방법 • 화재원인 조사실무	160시간

※ 특정소방대상물의 소방훈련·교육 연 1회 이상

※ 소방안전관리자 특정소방대상물에서 화재가 발생하지 않도록 관리하는 사람

구분	교육내용	시간
특급 소방안전 관리자	• 위험성 평가기법 및 성능위주 설계 • 소방계획 수립 이론·실습·평가(피난약자의 피난계획 등 포함) • 자위소방대 및 초기대응체계 구성 등 이론·실습·평가 • 방재계획 수립 이론·실습·평가 • 재난예방 및 피해경감계획 수립 이론·실습·평가 • 자체점검 서식의 작성 실습·평가 • 통합안전점검 실시(가스, 전기, 승강기 등) • 피난시설, 방화구획 및 방화시설의 관리 • 구조 및 응급처치 이론·실습·평가 • 소방안전 교육 및 훈련 이론·실습·평가 • 화재시 초기대응 및 피난 실습·평가 • 업무수행기록의 작성·유지 실습·평가 • 화재피해 복구 • 초고층 건축물 안전관리 우수사례 토의 • 소방신기술 동향 • 시청각 교육	160시간
1급 소방안전 관리자	• 소방안전관리자 제도 • 소방관계법령 • 건축관계법령 • 소방학개론 • 화기취급감독 및 화재위험작업 허가·관리 • 공사장 안전관리 계획 및 감독 • 위험물·전기·가스 안전관리 • 종합방재실 운영 • 소방시설의 종류 및 기준 • 소방시설(소화설비, 경보설비, 피난구조설비, 소화용수설비, 소화활동설비)의 구조·점검·실습·평가 • 소방계획 수립 이론·실습·평가(피난약자의 피난계획 등 포함) • 자위소방대 및 초기대응체계 구성 등 이론·실습·평가 • 작동점검표 작성 실습·평가 • 피난시설, 방화구획 및 방화시설의 관리 • 구조 및 응급처치 이론·실습·평가 • 소방안전 교육 및 훈련 이론·실습·평가 • 화재시 초기대응 및 피난 실습·평가 • 업무수행기록의 작성·유지 실습·평가 • 형성평가(시험)	80시간
공공기관 소방안전 관리자	• 소방안전관리자 제도 • 직업윤리 및 리더십 • 소방관계법령 • 건축관계법령 • 공공기관 소방안전규정의 이해 • 소방학개론 • 소방시설의 종류 및 기준 • 소방시설(소화설비, 경보설비, 피난구조설비, 소화용수설비, 소화활동설비)의 구조·점검·실습·평가 • 소방안전관리 업무대행 감독 • 공사장 안전관리 계획 및 감독 • 화기취급감독 및 화재위험작업 허가·관리 • 위험물·전기·가스 안전관리	40시간

※ 소방안전관리자 교육시간
① 특급 : 160시간
② 1급 : 80시간
③ 공공기관 : 40시간
④ 2급 : 40시간
⑤ 3급 : 24시간
⑥ 건설현장 : 24시간
⑦ 업무대행감독자 : 16시간

공공기관 소방안전 관리자	• 소방계획 수립 이론·실습·평가(피난약자의 피난계획 등 포함) • 자위소방대 및 초기대응체계 구성 등 이론·실습·평가 • 작동점검표 및 외관점검표 작성 실습·평가 • 피난시설, 방화구획 및 방화시설의 관리 • 응급처치 이론·실습·평가 • 소방안전 교육 및 훈련 이론·실습·평가 • 화재시 초기대응 및 피난 실습·평가 • 업무수행기록의 작성·유지 실습·평가 • 공공기관 소방안전관리 우수사례 토의 • 형성평가(수료)	40시간
2급 소방안전 관리자	• 소방안전관리자 제도 • 소방관계법령(건축관계법령 포함) • 소방학개론 • 화기취급감독 및 화재위험작업 허가·관리 • 위험물·전기·가스 안전관리 • 소방시설의 종류 및 기준 • 소방시설(소화설비, 경보설비, 피난구조설비)의 구조·원리·점검·실습·평가 • 소방계획 수립 이론·실습·평가(피난약자의 피난계획 등 포함) • 자위소방대 및 초기대응체계 구성 등 이론·실습·평가 • 작동점검표 작성 실습·평가 • 피난시설, 방화구획 및 방화시설의 관리 • 응급처치 이론·실습·평가 • 소방안전 교육 및 훈련 이론·실습·평가 • 화재시 초기대응 및 피난 실습·평가 • 업무수행기록의 작성·유지 실습·평가 • 형성평가(시험)	40시간
3급 소방안전 관리자	• 소방관계법령 • 화재일반 • 화기취급감독 및 화재위험작업 허가·관리 • 위험물·전기·가스 안전관리 • 소방시설(소화기, 경보설비, 피난구조설비)의 구조·점검·실습·평가 • 소방계획 수립 이론·실습·평가(업무수행기록의 작성·유지 실습·평가 및 피난약자의 피난계획 등 포함) • 작동점검표 작성 실습·평가 • 응급처치 이론·실습·평가 • 소방안전 교육 및 훈련 이론·실습·평가 • 화재시 초기대응 및 피난 실습·평가 • 형성평가(시험)	24시간
업무대행 감독자	• 소방관계법령 • 소방안전관리 업무대행 감독 • 소방시설 유지·관리 • 화기취급감독 및 위험물·전기·가스 안전관리 • 소방계획 수립 이론·실습·평가(업무수행기록의 작성·유지 및 피난약자의 피난계획 등 포함) • 자위소방대 구성운영 등 이론·실습·평가 • 응급처치 이론·실습·평가 • 소방안전 교육 및 훈련 이론·실습·평가 • 화재시 초기대응 및 피난 실습·평가 • 형성평가(수료)	16시간

* 형성평가(시험)를
  보지 않는 것
  ① 공공기관 소방안전
     관리자
  ② 업무대행감독자
  ③ 건설현장 소방안전
     관리자

구분		24시간
건설현장 소방안전 관리자	• 소방관계법령 • 건설현장 관련 법령 • 건설현장 화재일반 • 건설현장 위험물 · 전기 · 가스 안전관리 • 임시소방시설의 구조 · 점검 · 실습 · 평가 • 화기취급감독 및 화재위험작업 허가 · 관리 • 건설현장 소방계획 이론 · 실습 · 평가 • 초기대응체계 구성 · 운영 이론 · 실습 · 평가 • 건설현장 피난계획 수립 • 건설현장 작업자 교육훈련 이론 · 실습 · 평가 • 응급처치 이론 · 실습 · 평가 • 형성평가(수료)	24시간

② 교육과정별 교육시간 운영 편성기준

구 분	시간 합계	이론(30%)	실무(70%)	
			일반(30%)	실습 및 평가(40%)
특급 소방안전관리자	160시간	48시간	48시간	64시간
1급 소방안전관리자	80시간	24시간	24시간	32시간
2급 및 공공기관 소방안전관리자	40시간	12시간	12시간	16시간
3급 소방안전관리자	24시간	7시간	7시간	10시간
업무대행감독자	16시간	5시간	5시간	6시간
건설현장 소방안전관리자	24시간	7시간	7시간	10시간

※ '수료'만 해도 되는 것
① 공공기관
② 업무대행 감독자
③ 건설현장

2 한국소방안전원의 시설기준(화재예방법 시행규칙 〔별표 10〕)

① 사무실 : 60m² 이상
② 강의실 : 100m² 이상
③ 실습 · 실험실 : 100m² 이상

출제경향분석

CHAPTER 04 소방시설공사업법령

① 소방시설공사업법
15% (3문제)

6문제

② 소방시설공사업법 시행령
5% (1문제)

③ 소방시설공사업법 시행규칙
10% (2문제)

CHAPTER 04 소방시설공사업법령

1 소방시설공사업법

출제확률 15% (3문제)

1 소방시설업의 종류 (공사업법 2조)

소방시설설계업	소방시설공사업	소방공사감리업	방염처리업
소방시설공사에 기본이 되는 공사계획·설계도면·설계설명서·기술계산서 등을 작성하는 영업	설계도서에 따라 소방시설을 신설·증설·개설·이전·정비하는 영업	소방시설공사가 설계도서 및 관계법령에 따라 적법하게 시공되는지 여부의 확인과 기술지도를 수행하는 영업	방염대상물품에 대하여 방염처리하는 영업

2 소방시설업 (공사업법 2·4·6·7조)

① 등록권자 ┐
② 등록사항변경 ├ 시·도지사
③ 지위승계 ┘
④ 등록기준 ┬ 자본금(개인은 자산평가액)
          └ 기술인력
⑤ 종류 ┬ 소방시설 설계업
       ├ 소방시설 공사업
       ├ 소방공사 감리업
       └ 방염처리업
⑥ 업종별 영업범위 : 대통령령

※ 소방시설업 등록기준
① 자본금
② 기술인력

※ 소방시설업의 영업범위
대통령령

3 등록 결격사유 및 등록취소

(1) 소방시설업의 등록결격사유 (공사업법 5조)

① 피성년후견인
② 금고 이상의 실형을 선고받고 그 집행이 끝나거나(집행이 끝난 것으로 보는 경우 포함) 면제된 날부터 **2년**이 지나지 아니한 사람
③ 금고 이상의 형의 집행유예를 선고받고 그 유예기간 중에 있는 사람
④ 시설업의 등록이 취소된 날부터 **2년**이 지나지 아니한 자
⑤ 법인의 **대표자**가 위 ①~④에 해당되는 경우
⑥ 법인의 임원이 위 ②~④에 해당되는 경우

(2) 소방시설업의 등록취소(공사업법 9조)
① 거짓 그 밖의 **부정한 방법**으로 등록을 한 경우
② **등록결격사유**에 해당된 경우
③ 영업정지 기간 중에 소방시설공사 등을 한 경우

 착공신고 · 완공검사 등(공사업법 13 · 14 · 15조)
① 소방시설공사의 착공신고 ┐
② 소방시설공사의 완공검사 ├ 소방본부장 · 소방서장
③ 하자보수 기간 : **3일 이내**

4 소방공사감리 및 하도급

(1) **소방공사감리**(공사업법 16 · 18 · 20조)
① 감리의 종류와 방법 : **대통령령**
② 감리원의 세부적인 배치기준 : **행정안전부령**
③ 공사감리결과
   (가) 서면통지 ┬ 관계인
                ├ 도급인
                └ 건축사
   (나) 결과보고서 제출 : **소방본부장 · 소방서장**

※ **도급인**
 공사를 발주하는 사람

(2) **하도급범위**(공사업법 21 · 22조)
① 도급받은 소방시설공사의 일부를 다른 공사업자에게 하도급할 수 있다. 하수급인은 제3자에게 다시 하도급 불가
② 소방시설공사의 시공을 하도급할 수 있는 경우(공사업령 12조 ①항)

※ **도급계약의 해지**
 30일 이상

   (가) 주택건설사업
   (나) 건설업
   (다) 전기공사업
   (라) 정보통신공사업

 소방기술자의 의무(공사업법 27조)
소방기술자는 동시에 **2 이상**의 업체에 **취업**하여서는 **아니 된다**(1개 업체에 취업).

5 권한의 위탁(공사업법 33조)

업 무	위 탁	권 한
• 실무교육	• 한국소방안전원 • 실무교육기관	• 소방청장
• 소방기술과 관련된 자격 · 학력 · 경력의 인정 • 소방기술자 양성 · 인정 교육훈련 업무	• 소방시설업자협회 • 소방기술과 관련된 법인 또는 단체	• 소방청장
• 시공능력평가	• 소방시설업자협회	• 소방청장 • 시 · 도지사

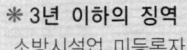

6 벌칙

(1) 3년 이하의 징역 또는 3000만원 이하의 벌금(공사업법 35조)
  ① 소방시설업 무등록자
  ② 부정한 청탁을 받고 재물 또는 재산상의 이익을 취득하거나 부정한 청탁을 하면서 재물 또는 재산상의 이익을 제공한 자

(2) 1년 이하의 징역 또는 1000만원 이하의 벌금(공사업법 36조)
  ① 영업정지처분 위반자
  ② 거짓 감리자
  ③ 공사감리자 미지정자
  ④ 소방시설 설계·시공·감리 하도급자
  ⑤ 소방시설공사 재하도급자
  ⑥ 소방시설업자가 아닌 자에게 소방시설공사 등을 도급한 관계인

(3) 100만원 이하의 벌금(공사업법 38조)
  ① 거짓보고 또는 자료 미제출자
  ② 관계공무원의 출입 또는 검사·조사를 거부·방해 또는 기피한 자

Key Point

* 3년 이하의 징역
  소방시설업 미등록자

* 300만원 이하의 벌금
  ① 등록증·등록수첩 빌려준 자
  ② 다른 자에게 자기의 성명이나 상호를 사용하여 소방시설공사 등을 수급 또는 시공하게 한 자
  ③ 감리원 미배치자
  ④ 소방기술인정 자격수첩 빌려준 자
  ⑤ 2 이상의 업체 취업한 자
  ⑥ 소방시설업자나 관계인 감독시 관계인의 업무를 방해하거나 비밀누설

2 소방시설공사업법 시행령

출제확률 (1문제)

1 소방시설공사의 하자보수보증기간 (공사업령 6조)

※ 하자보수 보증기간 (2년)
① 유도등
② 비상경보설비·비상조명등·비상방송설비
③ 피난기구
④ 무선통신 보조설비

보증기간	소방시설
2년	① 유도등·피난기구 ② 비상조명등·비상경보설비·비상방송설비 ③ 무선통신보조설비
3년	① 자동소화장치 ② 옥내·외소화전설비 ③ 스프링클러설비 ④ 물분무등소화설비·소화용수설비 ⑤ 자동화재탐지설비·소화활동설비(무선통신보조설비 제외) ⑥ 화재알림설비

2 소방시설업

(1) **소방시설설계업**(공사업령 〔별표 1〕)

※ 소방시설설계업의 보조기술인력

업종	보조기술인력
전문설계업	1명 이상
일반설계업	1명 이상

종류	기술인력	영업범위
전문	• 주된 기술인력 : 1명 이상 • 보조기술인력 : 1명 이상	• 모든 특정소방대상물
일반	• 주된 기술인력 : 1명 이상 • 보조기술인력 : 1명 이상	• 아파트(기계분야 제연설비 제외) • 연면적 30000m²(공장 10000m²) 미만(기계분야 제연설비 제외) • 위험물 제조소 등

(2) **소방시설공사업**(공사업령 〔별표 1〕)

※ 소방시설공사업의 보조기술인력

업종	보조기술인력
전문공사업	2명 이상
일반공사업	1명 이상

종류	기술인력	자본금	영업범위
전문	• 주된 기술인력 : 1명 이상 • 보조기술인력 : 2명 이상	• 법인 : 1억원 이상 • 개인 : 1억원 이상	• 특정소방대상물
일반	• 주된 기술인력 : 1명 이상 • 보조기술인력 : 1명 이상	• 법인 : 1억원 이상 • 개인 : 1억원 이상	• 연면적 10000m² 미만 • 위험물제조소 등

(3) **소방공사감리업**(공사업령 〔별표 1〕)

종류	기술인력	영업범위
전문	• 소방기술사 1명 이상 • **특급**감리원 1명 이상 • **고급**감리원 1명 이상 • **중급**감리원 1명 이상 • **초급**감리원 1명 이상	• 모든 특정소방대상물
일반	• **특급**감리원 1명 이상 • **고급** 또는 **중급**감리원 1명 이상 • **초급**감리원 1명 이상	• 아파트(기계분야 제연설비 제외) • 연면적 30000m²(공장 10000m²) 미만 (기계분야 제연설비 제외) • 위험물 제조소 등

(4) 방염처리업(공사업령 〔별표 1〕)

항 목 업종별	실험실	영업범위
섬유류 방염업	1개 이상 갖출 것	**커튼·카펫** 등 섬유류를 주된 원료로 하는 방염대상물품을 제조 또는 가공 공정에서 방염처리
합성수지류 방염업		**합성수지류**를 주된 원료로 하는 방염대상물품을 제조 또는 가공 공정에서 방염처리
합판·목재류 방염업		**합판** 또는 **목재류**를 제조·가공 공정 또는 설치 현장에서 방염처리

* **방염처리업 종류**
① 섬유류 방염업
② 합성수지류 방염업
③ 합판·목재류 방염업

3 소방시설공사업법 시행규칙

1 소방시설업 (공사업규칙 3·4·6·7조)

내 용		날 짜
• 등록증 재발급	지위승계·분실 등	3일 이내
	변경 신고 등	5일 이내
• 등록서류보완		10일 이내
• 등록증 발급		15일 이내
• 등록사항 변경신고 • 지위승계 신고시 서류제출		30일 이내

2 공사 및 공사감리자

(1) 소방시설공사 (공사업규칙 12조)

내 용	날 짜
• 착공·변경신고처리	2일 이내
• 중요사항 변경시의 신고	30일 이내

(2) 소방공사감리자 (공사업규칙 15조)

내 용	날 짜
• 지정·변경신고처리	2일 이내
• 변경서류 제출	30일 이내

3 공사감리원

(1) 소방공사감리원의 세부배치기준 (공사업규칙 16조)

감리대상	책임감리원
일반공사감리대상	• 주1회 이상 방문감리 • 담당감리현장 5개 이하로서 연면적 총합계 100000m² 이하

(2) 소방공사 감리원의 배치 통보 (공사업규칙 17조)

① 통보대상 : **소방본부장·소방서장**
② 통보일 : 배치일로부터 **7일 이내**

4 소방시설공사 시공능력 평가의 신청·평가 (공사업규칙 22·23조)

제출일	내 용
① 매년 2월 15일	• 공사실적증명서류 • 소방시설업 등록수첩 사본 • 소방기술자 보유현황 • 신인도 평가신고서

※ 소방시설업
① 소방시설설계업
② 소방시설공사업
③ 소방공사감리업
④ 방염처리업

소방시설업 등록신청 자산평가액·기업진단보고서 : 신청일 **90일** 이내에 작성한 것

※ 소방공사감리의 종류
① 상주공사감리 : 연면적 30000m² 이상
② 일반공사감리

※ 시공능력평가자
시공능력 평가 및 공사에 관한 업무를 위탁받은 법인으로서 소방청장의 허가를 받아 설립된 법인

② 매년 4월 15일(법인) ③ 매년 6월 10일(개인)	• 법인세법 · 소득세법 신고서 • 재무제표 • 회계서류 • 출자, 예치 · 담보 금액확인서
④ 매년 7월 31일	• 시공능력평가의 공시

실무교육기관

보고일	내용
매년 1월말	• 교육실적보고
다음연도 1월말	• 실무교육대상자 관리 및 교육실적보고
매년 11월 30일	• 다음 연도 교육계획 보고

5 실무교육

(1) **소방기술자의 실무교육**(공사업규칙 26조)
   ① 실무교육실시 : **2년마다 1회 이상**
   ② 실무교육 통지 : **10일 전**
   ③ 실무교육 필요사항 : **소방청장**

(2) **소방기술자 실무교육기관**(공사업규칙 31~35조)

내용	날짜
• 교육계획의 변경보고 • 지정사항 변경보고	10일 이내
• 휴 · 폐업 신고	14일 까지
• 신청서류 보완	15일 이내
• 지정서 발급	30일 이내

6 시공능력평가의 산정식(공사업규칙 [별표 4])

① **시공능력평가액**=실적평가액+자본금평가액+기술력평가액+경력평가액±신인도평가액
② **실적평가액**=연평균공사실적액
③ **자본금평가액**=(실질자본금×실질자본금의 평점+소방청장이 지정한 금융회사 또는 소방산업공제 조합에 출자·예치·담보한 금액)×$\frac{70}{100}$
④ **기술력평가액**=전년도 공사업계의 기술자 1인당 평균생산액×보유기술인력가중치합계 ×$\frac{30}{100}$+전년도 기술개발투자액
⑤ **경력평가액**=실적평가액×공사업경영기간 평점×$\frac{20}{100}$
⑥ **신인도평가액**=(실적평가액+자본금평가액+기술력평가액+경력평가액)×신인도 반영 비율 합계

※ **소방기술자의 실무교육**
① 실무교육실시 : 2년마다 1회 이상
② 실무교육 통지 : 10일 전

※ **시공능력 평가 및 공사방법**
행정안전부령

출제경향분석

CHAPTER 05 위험물안전관리법령

① 위험물안전관리법
6% (1문제)

② 위험물안전관리법 시행령
5% (1문제)

③ 위험물안전관리법 시행규칙
4% (1문제)

3문제

CHAPTER 05 위험물안전관리법령

1 위험물안전관리법

출제확률  7% (1문제)

1 위험물

(1) 위험물의 저장·운반·취급에 대한 적용 제외(위험물법 3조)
  ① 항공기
  ② 선박
  ③ 철도(기차)
  ④ 궤도

> **비교**
>
> 소방대상물
> (1) 건축물 (2) 차량 (3) 선박(매어둔 것) (4) 선박건조구조물
> (5) 인공구조물 (6) 물건 (7) 산림

(2) 위험물(위험물법 4·5조)
  ① 지정수량 미만인 위험물의 저장·취급 : **시·도의 조례**
  ② 위험물의 임시저장기간 : **90일 이내**

2 제조소

(1) 제조소 등의 설치허가(위험물법 6조)
  ① 설치허가자 : **시·도지사**
  ② 설치허가 제외장소
    (가) **주택**의 난방시설(공동주택의 중앙난방시설은 제외)을 위한 **저장소** 또는 **취급소**
    (나) 지정수량 **20배** 이하의 **농예용·축산용·수산용** 난방시설 또는 건조시설의 **저장소**
  ③ 제조소 등의 변경신고 : 변경하고자 하는 날의 **1일** 전까지

(2) 제조소 등의 시설기준(위험물법 6조)
  ① 제조소 등의 **위치**
  ② 제조소 등의 **구조**
  ③ 제조소 등의 **설비**

(3) 제조소 등의 승계 및 용도폐지(위험물법 10·11조)

제조소 등의 승계	제조소 등의 용도폐지
① 신고처 : **시·도지사**	① 신고처 : **시·도지사**
② 신고기간 : **30일** 이내	② 신고일 : **14일** 이내

Key Point

* 위험물 임시저장 기간
  90일 이내

* **완공검사**(위험물법 9)
  ① 제조소 등 : 시·도지사
  ② 소방시설공사 : 소방본부장·소방서장

* 제조소 등의 승계
  30일 이내에 시·도지사에게 신고

※ 과징금
위반행위에 대한 제재로서 부과하는 금액

3 과징금(소방시설법 36조 · 공사업법 10조 · 위험물법 13조)

3000만원 이하	2억원 이하
• 소방시설관리업 영업정지 처분 갈음	• 제조소 사용정지 처분 갈음 • 소방시설업(설계업 · 감리업 · 공사업 · 방염업) 영업정지 처분 갈음

4 위험물 안전관리자(위험물법 15조)

(1) 선임신고

① 소방안전관리자 ┐
② 위험물 안전관리자 ┘ 14일 이내에 **소방본부장 · 소방서장**에게 신고

(2) 제조소 등의 안전관리자의 자격 : 대통령령

날 짜	내 용
14일 이내	• 위험물 안전관리자의 선임신고
30일 이내	• 위험물 안전관리자의 재선임 • 위험물 안전관리자의 직무대행

예방규정(위험물법 17조)
예방규정의 제출자 : **시 · 도지사**

※ 예방규정
제조소 등의 화재예방과 화재 등 재해발생시의 비상조치를 위한 규정

5 벌칙

(1) **1년 이하의 징역 또는 1000만원 이하의 벌금**(위험물법 35조)
① 제조소 등의 정기점검기록 허위 작성
② **자체소방대**를 두지 않고 제조소 등의 허가를 받은 자
③ **위험물 운반용기**의 검사를 받지 않고 유통시킨 자
④ 제조소 등의 긴급 사용정지 위반자

(2) **500만원 이하의 과태료**(위험물법 39조)
① 위험물의 임시저장 미승인
② 위험물의 운반에 관한 세부기준 위반
③ 제조소 등의 지위 승계 허위신고 · 미신고
④ 예방규정을 준수하지 아니한 자
⑤ **제조소 등의 점검결과** 기록보존 아니한 자
⑥ **위험물의 운송기준** 미준수자
⑦ 제조소 등의 폐지 허위 신고

※ 1000만원 이하의 벌금
① 위험물 취급에 관한 안전관리와 감독하지 않은 자
② 위험물 운반에 관한 중요기준 위반
③ 위험물안전관리자 또는 그 대리자가 참여하지 아니한 상태에서 위험물을 취급한 자
④ 변경한 예방규정을 제출하지 아니한 관계인으로서 제조소 등의 설치 허가를 받은 자
⑤ 관계인의 정당업무 방해 또는 출입 · 검사 등의 비밀누설
⑥ 운송규정을 위반한 위험물운송자

2 위험물안전관리법 시행령

1 예방규정을 정하여야 할 제조소 등 (위험물령 15조)

① 10배 이상의 제조소 · 일반취급소
② 100배 이상의 옥외저장소
③ 150배 이상의 옥내저장소
④ 200배 이상의 옥외 탱크 저장소
⑤ 이송취급소
⑥ 암반탱크저장소

중요 제조소 등의 재발급 완공검사합격확인증 제출 (위험물령 10조)
① 제출일 : 10일 이내
② 제출대상 : 시 · 도지사

※ **예방규정**
제조소 등의 화재예방과 화재 등 재해발생 시의 비상조치를 위한 규정

2 위험물

(1) 운송책임자의 감독 · 지원을 받는 위험물 (위험물령 19조)
① 알킬알루미늄
② 알킬리튬
③ 알킬리튬 · 알킬알루미늄이 함유된 물질

(2) 위험물 (위험물령 [별표 1])

유 별	성 질	품 명	
제1류	산화성 고체	• 아염소산염류 • 과염소산염류 • 무기과산화물	• 염소산염류 • 질산염류
제2류	가연성 고체	• 황화인 • 황	• 적린 • 마그네슘
제3류	자연발화성 물질 및 금수성 물질	• 황린 • 나트륨	• 칼륨
제4류	인화성 액체	• 특수인화물 • 알코올류	• 석유류 • 동식물유류
제5류	자기반응성 물질	• 셀룰로이드 • 나이트로화합물 • 아조화합물	• 유기과산화물 • 나이트로소화합물
제6류	산화성 액체	• 과염소산 • 질산	• 과산화수소

※ **가연성 고체**
고체로서 화염에 의한 발화의 위험성 또는 인화의 위험성을 판단하기 위하여 고시로 정하는 시험에서 고시로 정하는 성질과 상태를 나타내는 것

※ **자연발화성**
어떤 물질이 외부로부터 열의 공급을 받지 아니하고 온도가 상승하는 성질

※ **금수성**
물의 접촉을 피하여야 하는 것

중요 제4류 위험물(위험물령〔별표 1〕)

성 질	품 명		지정수량	대표물질
인화성 액체	특수인화물		50*l*	• 다이에틸에터 • 이황화탄소
	제1석유류	비수용성	200*l*	• 휘발유 • 콜로디온
		수용성	400*l*	• 아세톤
	알코올류		400*l*	• 변성알코올
	제2석유류	비수용성	1000*l*	• 등유 • 경유
		수용성	2000*l*	• 아세트산
	제3석유류	비수용성	2000*l*	• 중유 • 크레오소트유
		수용성	4000*l*	• 글리세린
	제4석유류		6000*l*	• 기어유 • 실린더유
	동식물유류		10000*l*	• 아마인유

(3) 위험물(위험물령〔별표 1〕)

① 과산화수소 : 농도 **36wt%** 이상
② 황 : 순도 **60wt%** 이상
③ 질산 : 비중 **1.49** 이상

3 위험물 탱크 안전성능시험자의 기술능력·시설·장비(위험물령〔별표 7〕)

기술능력(필수인력)	시 설	장비(필수장비)
• 위험물기능장·산업기사·기능사 **1명** 이상 • 비파괴검사기술사 **1명** 이상·초음파비파괴검사·자기비파괴검사·침투비파괴검사별로 기사 또는 산업기사 각 **1명** 이상	전용 사무실	• 영상초음파시험기 ┐ • 방사선투과시험기 ├ 택 1 및 초음파시험기 ┘ • 자기탐상시험기 • 초음파두께측정기

※ **판매취급소**
점포에서 위험물을 용기에 담아 판매하기 위하여 지정수량의 **40배** 이하의 위험물을 취급하는 장소

Chapter_ 05

3 위험물안전관리법 시행규칙

1 자체소방대의 설치제외 대상인 일반 취급소(위험물 규칙 73조)

① 보일러·버너로 위험물을 소비하는 일반취급소
② 이동저장탱크에 위험물을 주입하는 일반취급소
③ 용기에 위험물을 옮겨담는 일반취급소
④ 유압장치·윤활유순환장치로 위험물을 취급하는 일반취급소
⑤ 광산안전법의 적용을 받는 일반취급소

※ 자체소방대의 설치
광산안전법의 적용을 받지 않는 일반취급소

2 위험물제조소의 안전거리(위험물 규칙 〔별표 4〕)

안전 거리	대 상
3m 이상	• 7~35kV 이하의 특고압가공전선
5m 이상	• 35kV를 초과하는 특고압가공전선
10m 이상	• **주거용**으로 사용되는 것
20m 이상	• 고압가스 **제조**시설(용기에 충전하는 것 포함) • 고압가스 **사용**시설(1일 30m³ 이상 용적 취급) • 고압가스 **저장**시설 • 액화산소 **소비**시설 • 액화석유가스 제조·저장시설 • 도시가스 공급시설
30m 이상	• 학교 • 병원급 의료기관 • 공연장 ┐ • 영화상영관 ┘ 300명 이상 수용시설 • 아동복지시설 • 노인복지시설 • 장애인복지시설 • 한부모가족복지시설 ┐ • 어린이집 │ 20명 이상 수용시설 • 성매매피해자 등을 위한 지원시설 • 정신건강증진시설 • 가정폭력 피해자 보호시설
50m 이상	• 지정문화유산 • 천연기념물 등

※ 안전거리
건축물의 외벽 또는 이에 상당하는 인공구조물의 외측으로부터 해당 제조소의 외벽 또는 이에 상당하는 인공구조물의 외측까지의 수평거리

3 위험물제조소의 표지 설치기준(위험물 규칙 〔별표 4〕)

① 한 변의 길이가 **0.3m** 이상, 다른 한 변의 길이가 **0.6m** 이상인 직사각형일 것
② 바탕은 **백색**으로, 문자는 **흑색**일 것

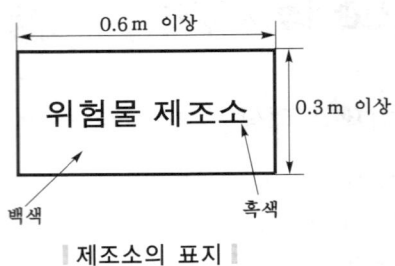

┃제조소의 표지┃

※ 게시판의 기재사항
① 위험물의 유별
② 위험물의 품명
③ 위험물의 저장최대 수량
④ 위험물의 취급최대 수량
⑤ 지정수량의 배수
⑥ 안전관리자의 성명 또는 직명

4 위험물제조소의 게시판 설치기준(위험물 규칙 〔별표 4〕)

위험물	주의 사항	비 고
• 제1류 위험물(알칼리금속의 과산화물) • 제3류 위험물(금수성 물질)	물기 엄금	**청색**바탕에 **백색**문자
• 제2류 위험물(인화성 고체 제외)	화기 주의	**적색**바탕에 **백색**문자
• 제2류 위험물(인화성 고체) • 제3류 위험물(자연발화성 물질) • 제4류 위험물 • 제5류 위험물	화기 엄금	
• 제6류 위험물	별도의 표시를 하지 않는다.	

비교

위험물 운반용기의 주의사항(위험물 규칙 〔별표 19〕)

※ 위험물 운반용기의 재질
① 강판
② 알루미늄판
③ 양철판
④ 유리
⑤ 금속판
⑥ 종이
⑦ 플라스틱
⑧ 섬유판
⑨ 고무류
⑩ 합성섬유
⑪ 삼
⑫ 짚
⑬ 나무

위험물		주의사항
제1류 위험물	알칼리금속의 과산화물	• 화기 · 충격 주의 • 물기 엄금 • 가연물 접촉 주의
	기타	• 화기 · 충격 주의 • 가연물 접촉 주의
제2류 위험물	철분 · 금속분 · 마그네슘	• 화기 주의 • 물기 엄금
	인화성 고체	• 화기 엄금
	기타	• 화기 주의
제3류 위험물	자연발화성 물질	• 화기 엄금 • 공기 접촉 엄금
	금수성 물질	• 물기 엄금
제4류 위험물		• 화기 엄금
제5류 위험물		• 화기 엄금 • 충격 주의
제6류 위험물		• 가연물 접촉 주의

5 주유취급소의 게시판(위험물 규칙 [별표 13])

주유 중 엔진 정지 : **황색** 바탕에 **흑색** 문자

 표시방식

구 분	표시방식
옥외탱크저장소 · 컨테이너식 이동탱크저장소	**백색** 바탕에 **흑색** 문자
주유취급소	**황색** 바탕에 **흑색** 문자
물기엄금	**청색** 바탕에 **백색** 문자
화기엄금 · 화기주의	**적색** 바탕에 **백색** 문자

6 위험물제조소 방유제의 용량(위험물 규칙 [별표 4])

1기의 탱크	방유제용량=탱크용량×0.5
2기 이상의 탱크	방유제용량=최대탱크용량×0.5+기타 탱크용량의 합×0.1

 비교

옥외탱크저장소의 방유제(위험물 규칙 [별표 6])

구 분	설 명
높이	0.5~3m 이하
탱크	**10기**(모든 탱크용량이 **20만** l 이하, 인화점이 70~200℃ 미만은 **20기**) 이하
면적	80000m² 이하
용량	• 1기 이상 : **탱크용량**×110% 이상 • 2기 이상 : **최대용량**×110% 이상

※ 지정수량의 **10배** 이상의 위험물을 취급하는 제조소(**제6류** 위험물을 취급하는 위험물제조소 제외)에는 **피뢰침**을 설치하여야 한다.

* **방유제**
기름탱크가 흘러넘쳐 화재가 확산되는 것을 방지하기 위해 탱크주위에 설치하는 벽

7 옥내저장소의 보유공지(위험물 규칙 [별표 5])

위험물의 최대수량	공지너비	
	내화구조	기타구조
지정수량의 5배 이하	–	0.5m 이상
지정수량의 5배 초과 10배 이하	1m 이상	1.5m 이상
지정수량의 10배 초과 20배 이하	2m 이상	3m 이상
지정수량의 20배 초과 50배 이하	3m 이상	5m 이상
지정수량의 50배 초과 200배 이하	5m 이상	10m 이상
지정수량의 200배 초과	10m 이상	15m 이상

* **보유공지**
위험물을 취급하는 건축물, 그 밖의 시설의 주위에 마련해 놓은 안전을 위한 빈터

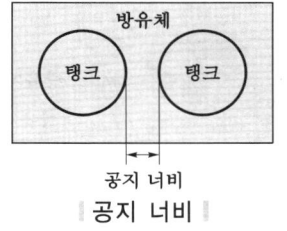

∥ 공지 너비 ∥

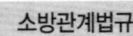

※ 보유공지 너비

위험물의 최대수량	공지 너비
지정수량 10배 이하	3m 이상
지정수량 10배 초과	5m 이상

① 옥외저장소의 보유공지(위험물 규칙 〔별표 11〕)

위험물의 최대수량	공지의 너비
지정수량의 10배 이하	3m 이상
지정수량의 11~20배 이하	5m 이상
지정수량의 21~50배 이하	9m 이상
지정수량의 51~200배 이하	12m 이상
지정수량의 200배 초과	15m 이상

② 옥외탱크저장소의 보유공지(위험물 규칙 〔별표 6〕)

위험물의 최대수량	공지의 너비
지정수량의 500배 이하	3m 이상
지정수량의 501~1000배 이하	5m 이상
지정수량의 1001~2000배 이하	9m 이상
지정수량의 2001~3000배 이하	12m 이상
지정수량의 3001~4000배 이하	15m 이상
지정수량의 4000배 초과	당해 탱크의 수평단면의 **최대지름**(가로형인 경우에는 긴 변)과 **높이** 중 **큰 것**과 같은 거리 이상(단, 30m 초과의 경우에는 **30m 이상**으로 할 수 있고, 15m 미만의 경우에는 **15m 이상**)

※ 토제
흙으로 만든 방죽

③ 지정과산화물의 옥내저장소의 보유공지(위험물 규칙 〔별표 5〕)

저장 또는 취급하는 위험물의 최대수량	공지의 너비	
	저장창고의 주위에 담 또는 토제를 설치하는 경우	기타의 경우
5배 이하	3.0m 이상	10m 이상
6~10배 이하	5.0m 이상	15m 이상
11~20배 이하	6.5m 이상	20m 이상
21~40배 이하	8.0m 이상	25m 이상
41~60배 이하	10.0m 이상	30m 이상
61~90배 이하	11.5m 이상	35m 이상
91~150배 이하	13.0m 이상	40m 이상
151~300배 이하	15.0m 이상	45m 이상
300배 초과	16.5m 이상	50m 이상

8 옥외 탱크 저장소의 방유제(위험물 규칙 〔별표 6〕)

구 분	설 명
높이	0.5~3m 이하
탱크	10기(모든 탱크용량이 20만*l* 이하, 인화점이 70~200℃ 미만은 20기) 이하
면적	80000m² 이하
용량	• 1기 이상 : **탱크용량**×110% 이상 • 2기 이상 : **최대용량**×110% 이상

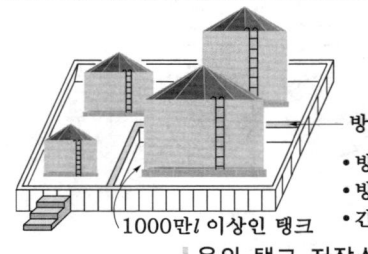

- 방유제 높이 : 0.5~3m
- 방유제 면적 : 80000m² 이하
- 간막이둑의 높이 : 0.3m 이상

| 옥외 탱크 저장소 |

Chapter_ 05

9 거리

거 리	설 명
0.15m(15cm) 이상	이동저장 탱크 배출밸브 수동폐쇄장치 **레버**의 길이(위험물 규칙 [별표 10]) 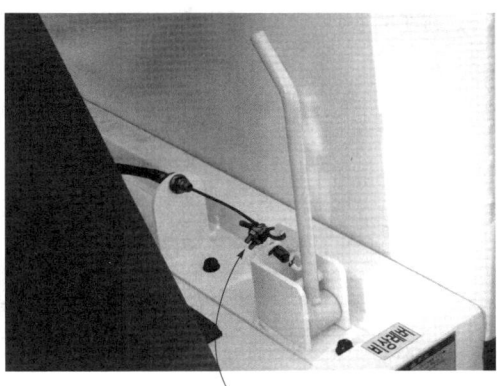 수동폐쇄장치(레버) : 길이 15cm 이상 ‖이동저장 탱크 배출밸브 수동폐쇄장치 레버‖
0.2m 이상	CS₂ 옥외 탱크 저장소의 두께(위험물 규칙 [별표 6])
0.3m 이상	지하 탱크 저장소의 철근 콘크리트조 **뚜껑** 두께(위험물 규칙 [별표 8])
0.5m 이상	① **옥내 탱크 저장소**의 탱크 등의 **간격**(위험물 규칙 [별표 7]) ② 지정수량 100배 이하의 지하 탱크 저장소의 상호간격(위험물 규칙 [별표 8])
0.6m 이상	지하 탱크 저장소의 철근 콘크리트 뚜껑 크기(위험물 규칙 [별표 8])
1m 이내	이동 탱크 저장소 측면틀 탱크 상부 **네 모퉁**이에서의 위치(위험물 규칙 [별표 10])
1.5m 이하	황 옥외저장소의 **경계표시** 높이(위험물 규칙 [별표 11])
2m 이상	주유취급소의 **담** 또는 **벽**의 높이(위험물 규칙 [별표 13])
4m 이상	주유취급소의 **고정주유설비**와 **고정급유설비** 사이의 **이격거리**(위험물 규칙 [별표 13])
5m 이내	주유취급소의 주유관의 길이(위험물 규칙 [별표 13])
6m 이하	옥외저장소의 **선반** 높이(위험물 규칙 [별표 11])
50m 이내	이동 탱크 저장소의 **주입설비**의 길이(위험물 규칙 [별표 10])

10 용량

용 량	설 명
100ℓ 이하	① 셀프용 고정주유설비 **휘발유 주유량**의 상한(위험물 규칙 [별표 13]) ② 셀프용 고정주유설비 **급유량**의 상한(위험물 규칙 [별표 13])
400ℓ 이상	이송취급소 **기자재창고 포소화약제** 저장량(위험물 규칙 [별표 15])
600ℓ 이하	① 간이 탱크 저장소의 탱크 용량(위험물 규칙 [별표 9]) ② 셀프용 고정주유설비 **경유** 주유량의 상한(위험물 규칙 [별표 13])
1900ℓ 미만	**알킬알루미늄** 등을 저장·취급하는 이동저장 탱크의 용량(위험물 규칙 [별표 10])
2000ℓ 미만	이동저장 탱크의 방파판 설치제외(위험물 규칙 [별표 10])

※ **방유제**
위험물의 유출을 방지하기 위하여 위험물 옥외탱크저장소의 주위에 철근콘크리트 또는 흙으로 둑을 만들어 놓은 것

※ **고정주유설비와 고정급유설비**
① 고정주유설비 펌프기기 및 호스기기로 되어 위험물을 자동차 등에 직접 주유하기 위한 설비로서 현수식 포함
② 고정급유설비 펌프기기 및 호스기기로 되어 위험물을 용기에 채우거나 이동저장탱크에 주입하기 위한 설비로서 현수식 포함

2000*l* 이하	주유취급소의 폐유 탱크 용량(위험물 규칙 〔별표 13〕)
4000*l* 이하	이동저장 탱크의 칸막이 설치(위험물 규칙 〔별표 10〕) 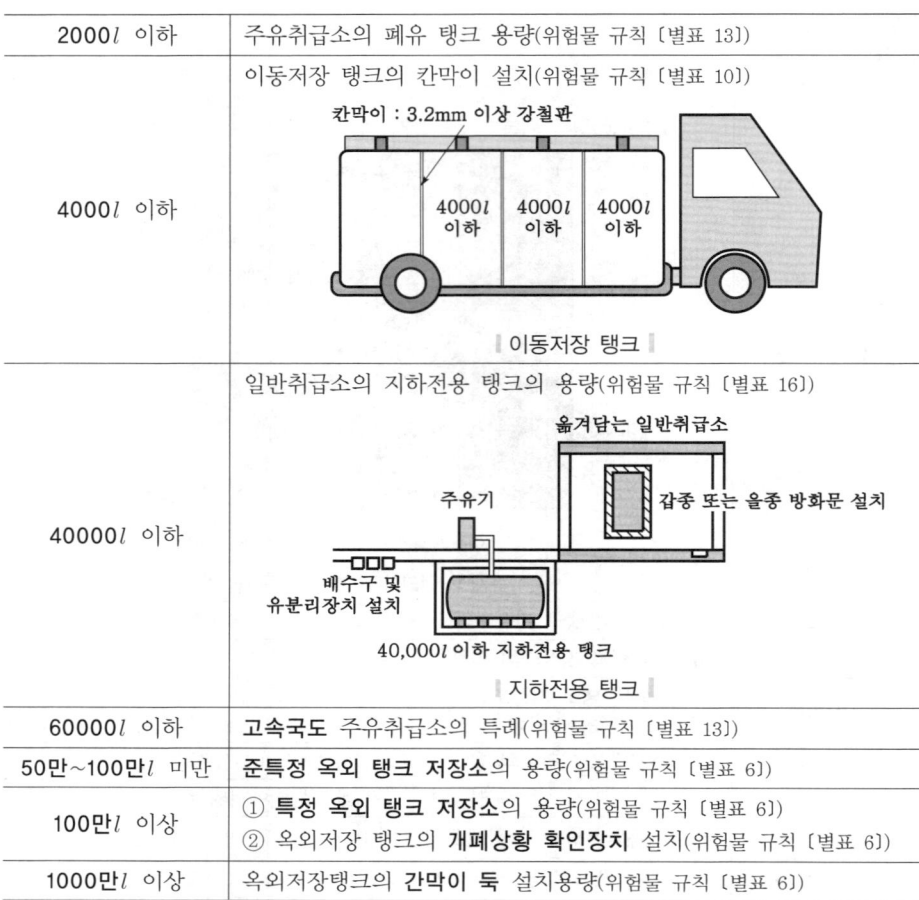
40000*l* 이하	일반취급소의 지하전용 탱크의 용량(위험물 규칙 〔별표 16〕)
60000*l* 이하	고속국도 주유취급소의 특례(위험물 규칙 〔별표 13〕)
50만~100만*l* 미만	준특정 옥외 탱크 저장소의 용량(위험물 규칙 〔별표 6〕)
100만*l* 이상	① 특정 옥외 탱크 저장소의 용량(위험물 규칙 〔별표 6〕) ② 옥외저장 탱크의 개폐상황 확인장치 설치(위험물 규칙 〔별표 6〕)
1000만*l* 이상	옥외저장탱크의 간막이 둑 설치용량(위험물 규칙 〔별표 6〕)

11 온도

✽ 온도

15℃ 이하	30℃ 이하
압력 탱크 외의 아세트알데하이드	압력 탱크 외의 다이에틸에터·산화프로필렌

온 도	설 명
15℃ 이하	압력 탱크 외의 아세트알데하이드의 온도(위험물 규칙 〔별표 18〕)
21℃ 미만	① 옥외저장 탱크의 주입구 게시판 설치(위험물 규칙 〔별표 6〕) ② 옥외저장 탱크의 펌프 설비 게시판 설치(위험물 규칙 〔별표 6〕)
30℃ 이하	압력 탱크 외의 다이에틸에터·산화프로필렌의 온도(위험물 규칙 〔별표 18〕)
38℃ 이상	보일러 등으로 위험물을 소비하는 일반취급소(위험물 규칙 〔별표 16〕)
40℃ 미만	이동 탱크저장소의 원동기 정지(위험물 규칙 〔별표 18〕)
40℃ 이하	① 압력 탱크의 다이에틸에터·아세트알데하이드의 온도(위험물 규칙 〔별표 18〕) ② 보냉장치가 없는 다이에틸에터·아세트알데하이드의 온도(위험물 규칙 〔별표 18〕)
40℃ 이상	① 지하 탱크 저장소의 배관 윗부분 설치 제외(위험물 규칙 〔별표 8〕) ② 세정작업의 일반취급소(위험물 규칙 〔별표 16〕) ③ 이동저장 탱크의 주입구 주입호스 결합 제외(위험물 규칙 〔별표 18〕)
55℃ 이하	옥내저장소의 용기수납 저장온도(위험물 규칙 〔별표 18〕)

70℃ 미만	옥내저장소 저장창고의 **배출설비** 구비(위험물 규칙〔별표 5〕) 인화점이 70℃ 미만의 위험물을 저장하는 곳에는 배출설비 설치 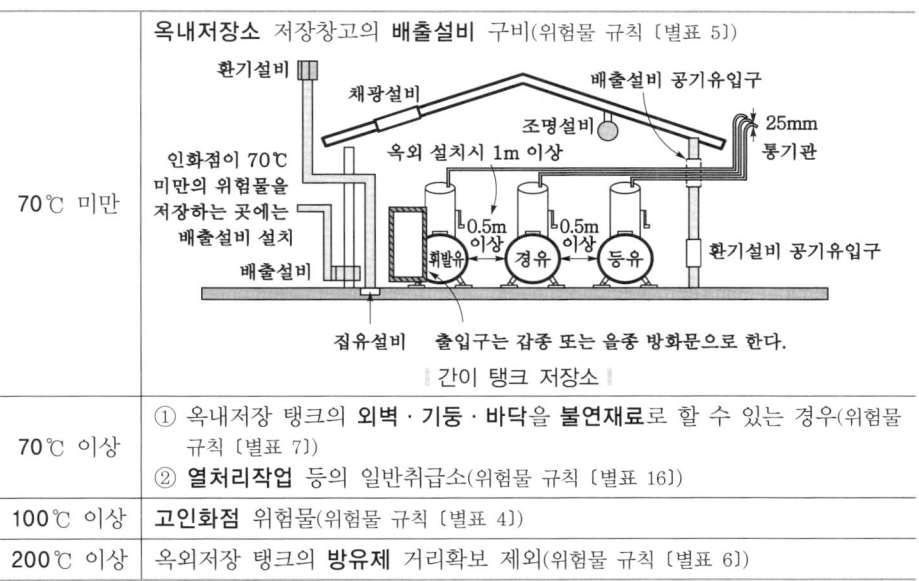
70℃ 이상	① 옥내저장 탱크의 **외벽·기둥·바닥**을 **불연재료**로 할 수 있는 경우(위험물 규칙〔별표 7〕) ② **열처리작업** 등의 일반취급소(위험물 규칙〔별표 16〕)
100℃ 이상	**고인화점** 위험물(위험물 규칙〔별표 4〕)
200℃ 이상	옥외저장 탱크의 **방유제** 거리확보 제외(위험물 규칙〔별표 6〕)

12 위험물의 혼재기준(위험물 규칙〔별표 19〕)

① 제1류 위험물＋제6류 위험물
② 제2류 위험물＋제4류 위험물
③ 제2류 위험물＋제5류 위험물
④ 제3류 위험물＋제4류 위험물
⑤ 제4류 위험물＋제5류 위험물

※ **제1류 위험물**
① 가연물과의 접촉·혼합·분해를 촉진하는 물품과의 접근 또는 과열·충격·마찰 등을 피할 것
② 알칼리금속의 과산화물 및 이를 함유한 것은 물과의 접촉을 피할 것

※ **제4류 위험물**
① 불티·불꽃·고온체와의 접근 또는 과열을 피할 것
② 함부로 증기를 발생시키지 아니할 것

※ **제5류 위험물**
불티·불꽃·고온체와의 접근이나 과열·충격·마찰을 피할 것

※ **제6류 위험물**
가연물과의 접촉·혼합이나 분해를 촉진하는 물품과 접근·과열을 피할 것

내가 못하면 아무도 못하는 그날까지...

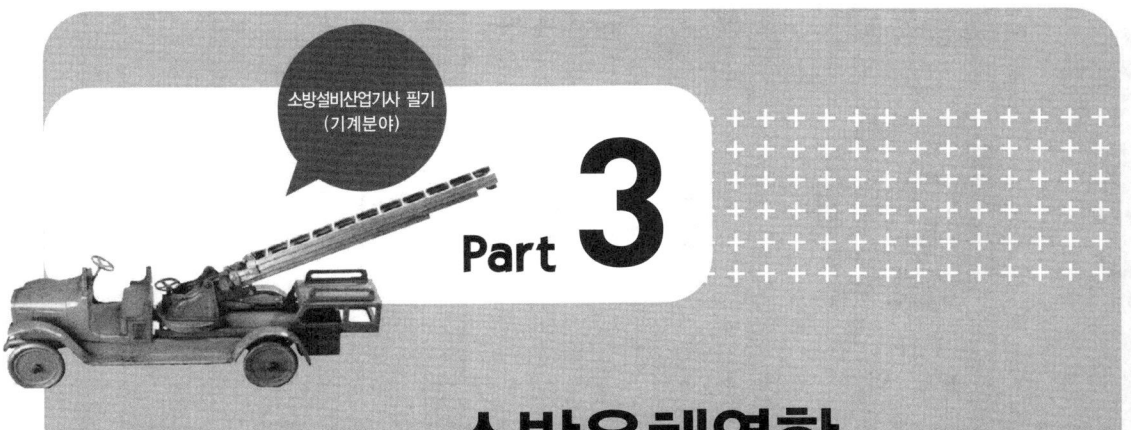

Part 3 소방유체역학

- Chapter 1 유체의 일반적 성질
- Chapter 2 유체의 운동과 법칙
- Chapter 3 유체의 유동과 계측
- Chapter 4 유체정역학 및 열역학
- Chapter 5 유체의 마찰 및 펌프의 현상

출제경향분석

CHAPTER 01~03 소방유체역학

- ① 유체의 일반적 성질 26.2% (5문제)
- ② 유체의 운동과 법칙 17.3% (4문제)
- ③ 유체의 유동과 계측 20.1% (4문제)

13문제

CHAPTER 01 유체의 일반적 성질

1 유체의 정의

1 유 체
외부 또는 내부로부터 어떤 힘이 작용하면 움직이려는 성질을 가진 액체와 기체상태의 물질

2 실제 유체
점성이 있으며, **압축성**인 유체

> **문제** 실제유체란 어느 것인가?
> ① 이상유체를 말한다.
> ② 유동시 마찰이 존재하는 유체
> ③ 마찰 전단응력이 존재하지 않는 유체
> ④ 비점성유체를 말한다.
>
> **해설** 실제유체
>   (1) 유동시 **마찰이 존재**하는 유체
>   (2) 점성이 있으며, **압축성**인 유체
>
> **답** ②

3 이상 유체
점성이 없으며, **비압축성**인 유체

Key Point

＊ **실제 유체**
유동시 마찰이 존재하는 유체

＊ **압축성 유체**
기체와 같이 체적이 변화하는 유체

＊ **비압축성 유체**
액체와 같이 체적이 변화하지 않는 유체

2 유체의 단위와 차원

차 원	중력단위[차원]	절대단위[차원]
길이	m[L]	m[L]
시간	s[T]	s[T]
운동량	N·s[FT]	kg·m/s[MLT^{-1}]
힘	N[F]	kg·m/s^2[MLT^{-2}]
속도	m/s[LT^{-1}]	m/s[LT^{-1}]

가속도	m/s²[LT⁻²]	m/s²[LT⁻²]
가속도	$m/s^2[LT^{-2}]$	$m/s^2[LT^{-2}]$
질량	$N \cdot s^2/m[FL^{-1}T^2]$	$kg[M]$
압력	$N/m^2[FL^{-2}]$	$kg/m \cdot s^2[ML^{-1}T^{-2}]$
밀도	$N \cdot s^2/m^4[FL^{-4}T^2]$	$kg/m^3[ML^{-3}]$
비중	무차원	무차원
비중량	$N/m^3[FL^{-3}]$	$kg/m^2 \cdot s^2[ML^{-2}T^{-2}]$
비체적	$m^4/N \cdot s^2[F^{-1}L^4T^{-2}]$	$m^3/kg[M^{-1}L^3]$

※ 무차원
단위가 없는 것

※ 절대온도
① 켈빈온도
  $K = 273 + ℃$
② 랭킨온도
  $°R = 460 + °F$

※ 일
$W = JQ$
여기서,
W : 일(J)
J : 열의 일당량(J/cal)
Q : 열량(cal)

1 온 도

$$℃ = \frac{5}{9}(°F - 32)$$

$$°F = \frac{9}{5}℃ + 32$$

2 힘

$1N = 10^5 dyne$, $1N = 1kg \cdot m/s^2$, $1dyne = 1g \cdot cm/s^2$
$1kg_f = 9.8N = 9.8kg \cdot m/s^2$

문제 다음 중 단위가 틀린 것은?
① $1N = 1kg \cdot m/s^2$
② $1Joule = 1N \cdot m$
③ $1Watt = 1Joule/s$
④ $1dyne = \dfrac{1kg \cdot m}{1g \cdot cm/s^2}$

답 ④

3 열 량

$1kcal = 3.968BTU = 2.205CHU$
$1BTU = 0.252kcal$, $1CHU = 0.4535kcal$

열 량

$$Q = mc\Delta T + rm$$

여기서, Q : 열량(kcal)
m : 질량(kg)
c : 비열(물의 비열 1kcal/kg · ℃)
ΔT : 온도차(℃)
r : 기화열(물의 기화열 539kcal/kg)

Chapter_ 01

문제 ★★★

20°C의 물 소화약제 0.4kg을 사용하여 거실의 화재를 소화하였다. 이 물 소화약제 0.4kg이 기화하는 데 흡수한 열량은 몇 kcal인가?

(ΔT)   (m)   (Q)

① 247.6
② 212.6
③ 251.6
④ 223.6

해설 (1) 기호
- ΔT : 20°C
- m : 0.4kg
- Q : ?

(2) 열량 Q 는
$Q = mc\Delta T + rm$
$= 0.4 \times 1 \times (100-20) + 539 \times 0.4 = 247.6 \text{kcal}$

답 ①

4 일

$W(일) = F(힘) \times S(거리)$, $1\text{Joule} = 1\text{N} \cdot \text{m} = 1\text{kg} \cdot \text{m}^2/\text{s}^2$
$9.8\text{N} \cdot \text{m} = 9.8\text{J} = 2.34\text{cal}$, $1\text{cal} = 4.184\text{J}$

5 일률

$1\text{kW} = 1000\text{N} \cdot \text{m/s}$
$1\text{PS} = 75\text{kg} \cdot \text{m/s} = 0.735\text{kW}$
$1\text{HP} = 76\text{kg}_f \cdot \text{m/s} = 0.746\text{kW}$
$1\text{W} = 1\text{J/s}$

6 압력

$$p = \gamma h, \quad p = \frac{F}{A}$$

여기서, p : 압력[kPa]
γ : 비중량[kN/m³]
h : 높이[m]
F : 힘[kN]
A : 단면적[m²]

중요 표준 대기압

$1\text{atm}(1기압) = 760\text{mmHg}(76\text{cmHg}) = 1.0332\text{kg}_f/\text{cm}^2(10332\text{kg}_f/\text{m}^2)$
$= 10.332\text{mH}_2\text{O}(\text{mAq})(10332\text{mmH}_2\text{O}) = 10.332\text{m}$
$= 14.7\text{PSI}(\text{lb}_f/\text{in}^2)$
$= 101.325\text{kPa}(\text{kN/m}^2)(101325\text{Pa})$
$= 1013\text{mbar}$

Key Point

* **대기**
지구를 둘러싸고 있는 공기

* **대기압**
대기에 의해 누르는 압력

* **표준대기압**
해수면에서의 대기압

* **국소대기압**
한정된 일정한 장소에서의 대기압으로, 지역의 고도와 날씨에 따라 변함

* **압력**
단위면적당 작용하는 힘

* **물속의 압력**

$$P = P_0 + \gamma h$$

여기서,
P : 물속의 압력[kPa]
P_0 : 대기압
　(101.325kPa)
γ : 물의 비중량
　(9800N/m³)
h : 물의 깊이[m]

Key Point

❋ 절대압
완전진공을 기준으로 한 압력
① 절대압=대기압+ 게이지압(계기압)
② 절대압
 =대기압-진공압

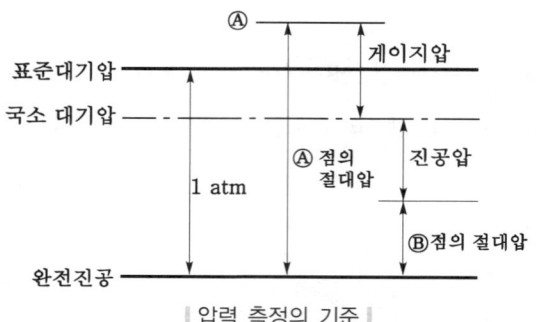

∥ 압력 측정의 기준 ∥

※ 물에 있어서 압력이 증가하면 **비등점**(비점)이 높아진다.

❋ 게이지압(계기압)
국소대기압을 기준으로 한 압력

문제 게이지압력이 1225.86kPa인 용기에서 대기의 압력이 105.9kPa였다면, 이 용기의 절대압력 kPa는?

① 1225.86 ② 1331.76
③ 1119.95 ④ 1442

해설 **절**대압=**대**기압+**게**이지압(계기압)
 = 105.9 + 1225.86 = 1331.76kPa

기억법 절대게

답 ②

7 부 피

1gal=3.785l, 1barrel=42gallon
1m^3=1000l

❋ 25℃의 물의 점도
1cp=0.01g/cm·s

8 점 도

1p=1g/cm·s=1dyne·s/cm^2
1cp=0.01g/cm·s
1stokes=1cm^2/s(동점도)

❋ 동점성 계수
유체의 저항을 측정하기 위한 절대점도의 값

중요 동점성 계수

$$\nu = \frac{\mu}{\rho}$$

여기서, ν : 동점성계수[cm^2/s]
 μ : 점성계수[g/cm·s]
 ρ : 밀도[g/cm^3]

9 비중

$$s = \frac{\rho}{\rho_w} = \frac{\gamma}{\gamma_w}$$

여기서, s : 비중
ρ : 표준 물질의 밀도[kg/m³]
ρ_w : 물의 밀도(1000kg/m³ 또는 1000N·s²/m⁴)
γ : 어떤 물질의 비중량[N/m³]
γ_w : 물의 비중량(9800N/m³)

※ 비중
물 4℃를 기준으로 했을 때의 물체의 무게

10 비중량

$$\gamma = \rho g = \frac{W}{V}$$

여기서, γ : 비중량[kN/m³]
ρ : 밀도[kg/m³]
g : 중력가속도(9.8m/s²)
W : 중량[kN]
V : 체적[m³]

※ 비중량
단위체적당 중량

※ 물의 비중량
9800N/m³

문제 유체의 비중량 γ, 밀도 ρ 및 중력가속도 g와의 관계는?
① $\gamma = \rho/g$ ② $\gamma = \rho g$
③ $\gamma = g/\rho$ ④ $\gamma = \rho/g^2$

해설 $\gamma = \rho g = \dfrac{W}{V}$

답 ②

11 비체적

$$V_s = \frac{1}{\rho}$$

여기서, V_s : 비체적[m³/kg]
ρ : 밀도[kg/m³]

※ 비체적
단위질량당 체적

12 밀 도

$$\rho = \frac{m}{V}$$

여기서, ρ : 밀도[kg/m³]
m : 질량[kg]
V : 부피[m³]

※ 물의 밀도
ρ = 1g/cm³
   = 1000kg/m³
   = 1000N·s²/m⁴

Key Point

이상기체 상태방정식 [중요]

$$PV = nRT = \frac{m}{M}RT, \quad \rho = \frac{PM}{RT}$$

여기서, P : 압력[atm], V : 부피[m³]
n : 몰수$\left(\frac{m}{M}\right)$, R : 0.082(atm·m³/kmol·K)
T : 절대온도(273+℃)[K], m : 질량[kg]
M : 분자량[kg/kmol], ρ : 밀도[kg/m³]

$$PV = mRT, \quad \rho = \frac{P}{RT}$$

여기서, P : 압력[N/m²], V : 부피[m³]
m : 질량[kg], R : $\frac{8314}{M}$ [N·m/kg·K]
T : 절대온도(273+℃)[K], ρ : 밀도[kg/m³]

$$PV = mRT$$

여기서, P : 압력[Pa], V : 부피[m³]
m : 질량[kg], $R(N_2)$: 296J/kg·K
T : 절대온도(273+℃)[K]

※ 몰수

$$n = \frac{m}{M}$$

여기서, n : 몰수
M : 분자량
m : 질량[kg]

※ 완전기체

$P = \rho RT$를 만족시키는 기체

※ 공기의 기체상수

R_{air} = 287J/kg·K
   = 287N·m/kg·K
   = 53.3lb_f·ft/lb·R

문제 ★★

압력 784.55kPa, 온도 20℃의 CO_2 기체 8kg을 수용한 용기의 체적은 얼마인가?
(단, CO_2의 기체상수 $R = 0.188kJ/kg·K$)

① 0.34m³   ② 0.56m³
③ 2.4m³   ④ 19.3m³

해설 (1) 기호
- P : 784.55kpa=784.55kJ/m³(1kpa=kJ/m³이므로)
- K : (273+20)K
- m : 8kg
- V : ?
- R : 0.188kJ/kg·K

(2) 절대온도 K 는
 K = 273+℃ = 273+20 = 293K

(3) $PV = mRT$에서
체적 V 는
$$V = \frac{mRT}{P}$$
$$= \frac{8kg \times 0.188kJ/kg·K \times 293K}{784.55kJ/m^3} \fallingdotseq 0.56m^3$$

답 ②

③ 체적탄성계수

유체에서 작용한 **압력**과 **길이**의 **변형률**간의 비례상수를 말하며, 체적탄성계수가 클수록 압축하기 힘들다.

$$K = -\frac{\Delta P}{\Delta V/V}$$

여기서, K : 체적탄성계수[kPa]
ΔP : 가해진 압력[kPa]
$\Delta V/V$: 체적의 감소율(ΔV : 체적의 변화(체적의 차)[m³], V : 처음 체적[m³])

 압축률

$$\beta = \frac{1}{K}$$

여기서, β : 압축률[1/kPa]
K : 체적탄성계수[kPa]

---

④ 힘의 작용

1 수평면에 작용하는 힘

$$F = \gamma h A$$

여기서, F : 수평면에 작용하는 힘[kN]
γ : 비중량[kN/m³]
h : 깊이[m]
A : 면적[m²]

2 부력

$$F_B = \gamma V$$

여기서, F_B : 부력[kN]
γ : 비중량[kN/m³]
V : 물체가 잠긴 체적[m³]

※ **부력**은 그 물체에 의해서 배제된 액체의 무게와 같다.

Key Point

※ 체적탄성계수
① 등온압축
$K = P$
② 단열압축
$K = kp$
여기서,
K : 체적탄성계수[kPa]
p : 절대압력[kPa]
k : 비열비

※ 압축률
① 체적탄성계수의 역수
② 단위압력변화에 대한 체적의 변형도
③ 압축률이 적은 것은 압축하기 어렵다.

※ 부력
정지된 유체에 잠겨있거나 떠있는 물체가 유체에 의해 수직상방으로 받는 힘

※ 비중량
단위체적당 중량

문제 유체 속에 잠겨진 물체에 작용되는 부력은?
① 물체의 중량보다 크다.
② 그 물체에 의하여 배제된 액체의 무게와 같다.
③ 물체의 중력과 같다.
④ 유체의 비중량과 관계가 있다.

해설 **부력**은 그 물체에 의하여 배제된 액체의 무게와 같다.

용어

부력(buoyant force)
정지된 유체에 잠겨있거나 떠 있는 물체가 유체에 의해 수직상방으로 받는 힘

답 ②

3 물체의 무게

$$W = \gamma V$$

여기서, W : 물체의 무게[kN]
γ : 비중량[kN/m³]
V : 물체가 잠긴 체적[m³]

※ 부력의 크기는 물체의 무게와 같지만 방향이 반대이다.

5 뉴턴의 법칙

1 뉴턴의 운동법칙

① **제1법칙(관성의 법칙)** : 물체가 외부에서 작용하는 힘이 없으면, 정지해 있는 물체는 계속 정지해 있고, 운동하고 있는 물체는 계속 운동상태를 유지하려는 성질이다.
② **제2법칙(가속도의 법칙)** : 물체에 힘을 가하면 힘의 방향으로 가속도가 생기고 물체에 가한 힘은 **질량**과 **가속도**에 **비례**한다.

$$F = ma$$

여기서, F : 힘[N]
m : 질량[kg]
a : 가속도[m/s²]

※ **관성**
물체가 현재의 운동상태를 계속 유지하려는 성질

※
$$F = \frac{Wg}{g_c}$$

여기서,
F : 힘[N]
W : 중량[N]
g : 지구에서의 중력가속도 (9.8m/s²)
g_c : 특정 장소에서의 중력 가속도[m/s²]

Chapter_ 01

> **문제** 200그램의 무게는 몇 뉴턴(newton)인가? (단, 중력가속도는 980cm/s^2이라고 한다.)
> (m)   (F)   (g)
> ① 1.96
> ② 193
> ③ 19600
> ④ 196000
>
> **해설** (1) 기호
> - m : 200g=0.2kg(1kg=1000g이므로)
> - F : ?
> - g : 980cm/s^2=9.8m/s^2(1m/s^2=100cm/s^2이므로)
>
> (2) $F = mg = 0.2\text{kg} \times 9.8\text{m/s}^2 = 1.96\text{kg}\cdot\text{m/s}^2 = 1.96\text{N}$
> - $1\text{N} = 1\text{kg}\cdot\text{m/s}^2$
>
> **답** ①

Key Point

$$F=mg$$

여기서,
F : 힘(N)
m : 질량(kg)
g : 중력가속도(9.8m/s²)

③ 제3법칙(작용·반작용의 법칙) : 물체에 힘을 가하면 다른 물체에는 반작용이 일어나고, 힘의 크기와 작용선은 서로 같으나 방향이 서로 반대이다.

2 뉴턴의 점성법칙

① **층류** : 전단응력은 원관내에 유체가 흐를 때 **중심선**에서 0이고, **선형분포**에 비례하여 변화한다.

$$\tau = \frac{p_A - p_B}{l} \cdot \frac{r}{2}$$

여기서, τ : 전단응력(N/m²)
$p_A - p_B$: 압력강하(N/m²)
l : 관의 길이(m)
r : 반경(m)

※ 전단응력은 흐름의 **중심**에서는 0이고, 벽면까지 직선적으로 상승하며 **반지름**에 비례하여 변한다.

② **난류** : 전단응력은 **점성계수**와 **속도구배**(속도변화율, 속도기울기)에 비례한다.

$$\tau = \mu \frac{du}{dy}$$

여기서, τ : 전단응력(N/m²)
μ : 점성계수(N·s/m²)
$\frac{du}{dy}$: 속도구배(속도기울기) $\left[\frac{1}{s}\right]$

※ 유체에 전단응력이 작용하지 않으면 유동이 빨라진다.

※ 점성
운동하고 있는 유체에 서로 인접하고 있는 층 사이에 미끄럼이 생겨 마찰이 발생하는 성질

※ 층류와 난류
① 층류
규칙적으로 운동하면서 흐르는 유체

② 난류
불규칙적으로 운동하면서 흐르는 유체

> **문제** 다음 중 Newton의 점성법칙과 관계없는 항은?
> ① 전단응력   ② 속도구배   ③ 점성계수   ④ 압력
>
> **해설** Newton의 점성법칙
> $$\tau = \mu \frac{du}{dy}$$
> 여기서, τ : 전단응력[N/m^2], μ : 점성계수[N·s/m^2]
> $\frac{du}{dy}$: 속도구배(속도기울기)
> **답** ④

③ 뉴턴 유체 : 점성계수가 속도구배와 관계없이 일정하다.
(속도구배와 전단응력의 변화가 **원점**을 통하는 **직선적**인 **관계**를 갖는다.)

※ 뉴턴유체와 비뉴턴유체
① 뉴턴유체
  뉴턴의 점성법칙을 만족하는 유체
② 비뉴턴유체
  뉴턴의 점성법칙을 만족하지 않는 유체

6 열역학의 법칙

1 열역학 제0법칙(열평형의 법칙)

① 온도가 높은 물체와 낮은 물체를 접촉시키면 온도가 높은 물체에서 낮은 물체로 열이 이동하여 두 물체의 온도는 평형을 이루게 된다.
② 어떤 두 물체 A와 B가 제3의 물체 C와 각각 열평형상태에 있을 때, 두 물체 A와 B도 서로 열평형상태이다.

※ 완전기체의 엔탈피
온도만의 함수이다.

2 열역학 제1법칙(에너지보존의 법칙)

기체의 공급에너지는 내부에너지와 외부에서 한 일의 합과 같다.

> **중요** Gibbs의 자유에너지
> $$G = H - TS$$
> 여기서, G : Gibbs의 자유에너지, H : 엔탈피, T : 온도, S : 엔트로피

※ 엔트로피(ΔS)
① 가역단열과정 : $\Delta S = 0$
② 비가역단열과정 : $\Delta S > 0$

※ 가역과정
등엔트로피과정
① 마찰이 없는 노즐에서의 팽창
② 마찰이 없는 관내의 흐름
③ Carnot(카르노)의 순환

※ 비가역과정
수직충격파는 비가역과정이다.

3 열역학 제2법칙

① 외부에서 열을 가하지 않는 한 열은 항상 **고온**에서 **저온**으로 **흐른다**(열은 스스로 저온에서 고온으로 절대로 흐르지 않는다).
② 자발적인 변화는 **비가역적**이다(자연계에서 일어나는 모든 변화는 비가역적이다).
③ 열을 완전히 일로 바꿀 수 있는 **열기관**은 만들 수 **없다**(흡수한 열전부를 일로 바꿀 수 없다).

4 열역학 제3법칙

1atm에서 결정상태이면 그 엔트로피는 0K에서 0이다(절대 영(0) 도에 있어서는 모든 순수한 고체 또는 액체의 엔트로피 등압비열의 증가량은 0이 된다).

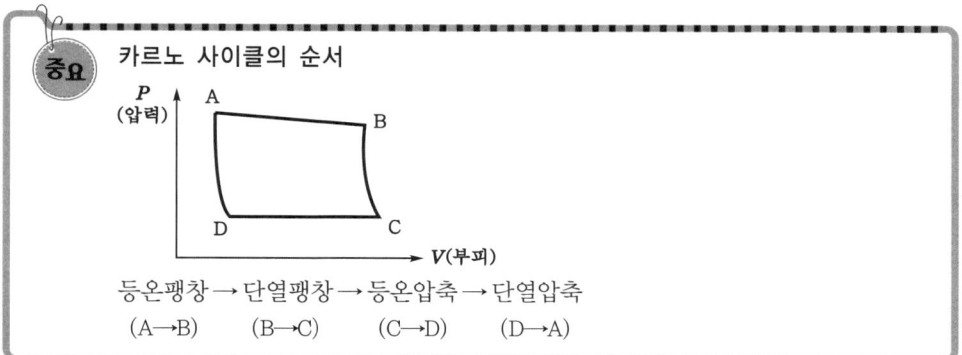

문제 다음에서 설명하고 있는 **열역학 법칙**은?

> 어떤 두 물체 A와 B가 제3의 물체 C와 각각 열평형상태에 있을 때, 두 물체 A와 B도 서로 열평형상태이다.

① 열역학 제0법칙　　　　　② 열역학 제1법칙
③ 열역학 제2법칙　　　　　④ 열역학 제3법칙

해설 **열역학 제0법칙**
어떤 두 물체 A와 B가 제3의 물체 C와 각각 열평형상태에 있을 때, 두 물체 A와 B도 서로 열평형상태이다. 보기 ①

답 ①

CHAPTER 02 유체의 운동과 법칙

1 흐름의 상태

출제확률 17.3% (4문제)

1 정상류와 비정상류

(1) **정상류**(steady flow) : 유체의 흐름의 특성이 **시간**에 따라 변하지 않는 흐름

$$\frac{\partial V}{\partial t}=0,\ \frac{\partial \rho}{\partial t}=0,\ \frac{\partial p}{\partial t}=0,\ \frac{\partial T}{\partial t}=0$$

여기서, V : 속도[m/s]
ρ : 밀도[kg/m³]
p : 압력[kPa]
T : 온도[℃]
t : 시간[s]

(2) **비정상류**(unsteady flow) : 유체의 흐름의 특성이 **시간**에 따라 변하는 흐름

$$\frac{\partial V}{\partial t}\neq 0,\ \frac{\partial \rho}{\partial t}\neq 0,\ \frac{\partial p}{\partial t}\neq 0,\ \frac{\partial T}{\partial t}\neq 0$$

여기서, V : 속도[m/s]
ρ : 밀도[kg/m³]
p : 압력[kPa]
T : 온도[℃]
t : 시간[s]

* **정상류**
① 직관로 속에 일정한 유속을 가진 물
② 시간에 따라 유체의 속도변화가 없는 것

* **압력**
단위면적당 작용하는 힘

★ **문제** 흐르는 유체에서 정상류란 어떤 것을 지칭하는가?
① 흐름의 임의의 점에서 흐름특성이 시간에 따라 일정하게 변하는 흐름
② 흐름의 임의의 점에서 흐름특성이 시간에 따라 변하지 않는 흐름
③ 임의의 시각에 유로내 모든 점의 속벡터가 일정한 흐름
④ 임의의 시각에 유로내 각점의 속도벡터가 다른 흐름

해설 정상류와 비정상류

정상류(steady flow)	비정상류(unsteady flow)
유체의 흐름의 특성이 **시간**에 따라 변하지 않는 흐름	유체의 흐름의 특성이 **시간**에 따라 변하는 흐름

답 ②

2 점성유체와 비점성유체

점성유체(viscous fluid)	비점성유체(inviscous fluid)
유체 유동시 **마찰저항**이 **존재**하는 유체이다.	유체 유동시 마찰저항이 존재(유발)하지 않는 유체를 말한다.

3 유선, 유적선, 유맥선

구 분	설 명
유선(stream line)	유동장의 한 선상의 모든 점에서 그은 접선이 그 점의 속도방향과 일치되는 선이다.
유적선(path line)	한 유체 입자가 일정한 기간내에 움직여 간 경로를 말한다.
유맥선(streak line)	모든 유체 입자의 **순간적인 부피를** 말하며, 연소하는 물질의 체적 등을 말한다.

※ 유동장
여러 개의 유선군으로 이루어져 있는 흐름영역

2 연속방정식(continuity equation)

유체의 흐름이 정상류일 때 임의의 한 점에서 속도, 온도, 압력, 밀도 등의 평균값이 시간에 따라 변하지 않으며 그림과 같이 임의의 점 1과 점 2에서의 단면적, 밀도, 속도를 곱한 값은 같다.

※ 연속방정식
질량보존(질량불변)의 법칙의 일종
① $d(\rho VA)=0$
② $\rho VA = C$
③ $\dfrac{dA}{A} = \dfrac{d\rho}{\rho}$
  $= \dfrac{dV}{V} = 0$

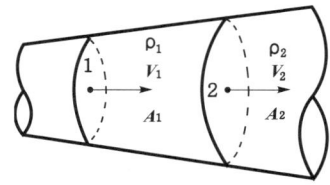

| 연속방정식 |

1 질량유량(mass flowrate)

$$\overline{m} = A_1 V_1 \rho_1 = A_2 V_2 \rho_2$$

여기서, $\overline{m}$: 질량유량[kg/s]
A_1, A_2 : 단면적[m²]
V_1, V_2 : 유속[m/s]
ρ_1, ρ_2 : 밀도[kg/m³]

※ 유속
유체의 속도

문제 질량유량 300kg/s의 물이 관로 내를 흐르고 있다. 내경이 350mm인 관에서 320mm의 관으로 물이 흐를 때 320mm인 관의 평균유속은 얼마인가?

① 3.120m/s   ② 37.32m/s   ③ 3.732m/s   ④ 31.20m/s

[해설] (1) 기호
- $\overline{m}$: 300kg/s
- D : 320mm = 0.32m (1m = 1000mm이므로)
- A : $\frac{\pi}{4}(0.32\text{m})^2$
- V : ?

(2) $\overline{m} = AV\rho$ 에서
평균유속 V 는
$$V = \frac{\overline{m}}{A\rho} = \frac{300\text{kg/s}}{\frac{\pi}{4}(0.32\text{m})^2 \times 1000\text{kg/m}^3} \fallingdotseq 3.732\text{m/s}$$

- 물의 밀도(ρ) = 1000kg/m³

답 ③

2 중량유량(weight flowrate)

$$G = A_1 V_1 \gamma_1 = A_2 V_2 \gamma_2$$

여기서, G : 중량유량 [N/s]
A_1, A_2 : 단면적 [m²]
V_1, V_2 : 유속 [m/s]
γ_1, γ_2 : 비중량 [N/m³]

3 유량(flowrate) = 체적유량

$$Q = A_1 V_1 = A_2 V_2$$

여기서, Q : 유량 [m³/s]
A_1, A_2 : 단면적 [m²]
V_1, V_2 : 유속 [m/s]

※ 공기가 관속으로 흐르고 있을 때는 **체적유량**으로 **표시하기 곤란하다**.

4 비압축성 유체

압력을 받아도 체적변화를 일으키지 아니하는 유체이다.

$$\frac{V_1}{V_2} = \frac{A_2}{A_1} = \left(\frac{D_2}{D_1}\right)^2$$

여기서, V_1, V_2 : 유속 [m/s]
A_1, A_2 : 단면적 [m²]
D_1, D_2 : 직경 [m]

* 유량
관내를 흘러가는 유체의 양

* 비압축성 유체
① 액체와 같이 체적이 변화하지 않는 유체
② 유체의 속도나 압력의 변화에 관계없이 밀도가 일정

Chapter_ 02

문제 안지름 25cm(D_1)의 관에 비중이 0.998의 물이 5m/s(V_1)의 유속으로 흐른다. 하류에서 파이프의 내경이 10cm(D_2)로 축소되었다면 이 부분에서의 유속(V_2)은 얼마인가?

① 25.0m/s
② 12.5m/s
③ 3.125m/s
④ 31.25m/s

해설 (1) 기호
- D_1 : 25cm
- V_1 : 5m/s
- D_2 : 10cm
- V_2 : ?

(2) $\dfrac{V_1}{V_2} = \dfrac{A_2}{A_1} = \left(\dfrac{D_2}{D_1}\right)^2$ 에서

$V_2 = \left(\dfrac{D_1}{D_2}\right)^2 \times V_1 = \left(\dfrac{25\text{cm}}{10\text{cm}}\right)^2 \times 5\text{m/s} = 31.25\text{m/s}$

답 ④

3 오일러의 운동방정식과 베르누이 방정식

1 오일러의 운동방정식(Euler equation of motion)

오일러의 운동방정식을 유도하는데 사용된 가정은 다음과 같다.
① **정상유동**(정상류)일 경우
② 유체의 **마찰**이 **없을 경우**(점성마찰이 없을 경우)
③ 입자가 **유선**을 따라 **운동**할 경우

2 베르누이 방정식(Bernoulli's equation)

그림과 같이 유체흐름이 관의 단면 1과 2를 통해 정상적으로 유동하는 이상유체라면 에너지 보존법칙에 의해 다음과 같은 식이 성립된다.

※ **베르누이 방정식** : 같은 유선상에 있는 임의의 두점사이에 일어나는 관계이다.

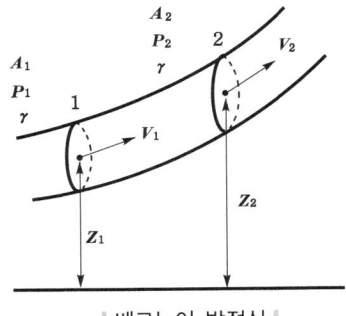

┃ 베르누이 방정식 ┃

Key Point

※ 베르누이 방정식
수두 각 항의 단위는 m이다.

속도수두	압력수두
동압으로 환산	정압으로 환산

※ 베르누이 방정식의 적용 조건
① 정상흐름
② 비압축성 흐름
③ 비점성 흐름
④ 이상유체

제3편 소방유체역학 • 3-17

(1) 이상유체

$$\frac{V_1^2}{2g} + \frac{p_1}{\gamma} + Z_1 = \frac{V_2^2}{2g} + \frac{p_2}{\gamma} + Z_2 = 일정(또는\ H)$$

(속도수두) (압력수두) (위치수두)

여기서, V_1, V_2 : 유속[m/s]
p_1, p_2 : 압력[kPa] 또는 [kN/m²]
Z_1, Z_2 : 높이[m]
g : 중력가속도(9.8m/s²)
γ : 비중량[kN/m³]
H : 전수두[m]

※ 전압
전압=동압+정압

※ 운동량
운동량=질량×속도
[kg·m/s] 또는 [N·s]

> **문제** 이상유체 흐름에서 베르누이 방정식의 전수두(Total head)를 구성하는 수두가 아닌 것은?
> ① 위치수두   ② 마찰손실수두
> ③ 압력수두   ④ 속도수두
>
> **해설** 베르누이 방정식
> $$H = \frac{V^2}{2g} + \frac{P}{\gamma} + Z$$
> (속도수두) (압력수두) (위치수두)
>
> **답** ②

(2) 비압축성 유체(수정 베르누이 방정식)

$$\frac{V_1^2}{2g} + \frac{p_1}{\gamma} + Z_1 = \frac{V_2^2}{2g} + \frac{p_2}{\gamma} + Z_2 + \Delta H$$

(속도수두) (압력수두) (위치수두)

여기서, V_1, V_2 : 유속[m/s]
p_1, p_2 : 압력[kPa] 또는 [kN/m²]
Z_1, Z_2 : 높이[m]
g : 중력가속도(9.8m/s²)
γ : 비중량[kN/m³]
ΔH : 손실수두[m]

※ 운동량 방정식의 가정
① 유동단면에서의 유속은 일정하다.
② 정상유동이다.

4 운동량 방정식

1 운동량 보정계수(수정계수)

$$\beta = \frac{1}{AV^2}\int_A v^2 dA$$

여기서, β : 운동량 보정계수
A : 단면적 [m²]
dA : 미소단면적 [m²]
V : 유속 [m/s]

2 운동에너지 보정계수(수정계수)

$$\alpha = \frac{1}{AV^3} \int_A v^3 dA$$

여기서, α : 운동에너지 보정계수
A : 단면적 [m²]
dA : 미소단면적 [m²]
V : 유속 [m/s]

보정계수
수정계수

> **문제** 단면 A를 통과하는 유체의 속도를 변수 V라 하고 미소단면적을 dA라 하면 운동에너지 수정계수(α)는 어떻게 표시할 수 있는가?
>
> ① $\alpha = \dfrac{1}{A^3V^3} \int_A v^3 dA$ ② $\alpha = \dfrac{1}{A^3V} \int_A v^3 dA$
>
> ③ $\alpha = \dfrac{1}{AV^3} \int_A v^3 dA$ ④ $\alpha = \dfrac{1}{AV^2} \int_A v^2 dA$
>
> **해설** 운동량 방정식
>
> | 운동량 수정계수 | 운동에너지 수정계수 |
> |---|---|
> | $\beta = \dfrac{1}{AV^2} \int_A v^2 dA$ | $\alpha = \dfrac{1}{AV^3} \int_A v^3 dA$ |
>
> **답** ③

3 운동에너지

$$E_k = \frac{1}{2} m V^2$$

여기서, E_k : 운동에너지 [kg · m²/s²]
m : 질량 [kg]
V : 유속 [m/s]

※ 이상기체의 내부에너지는 **온도**만의 함수이다.

에너지
일을 할 수 있는 능력

에너지선
수력구배선보다 속도 수두만큼 위에 있다.

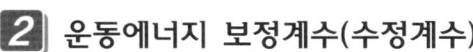

4 힘

$$F = \rho Q V$$

여기서, F : 힘 [N]
ρ : 밀도(물의 밀도 1000N · s²/m⁴)
Q : 유량 [m³/s]
V : 유속 [m/s]

Key Point

문제 물이 <u>10m/s</u>의 속도로 가로 <u>50cm×50cm</u>의 고정된 평판에 수직으로 작용하고
       　　　 V 　A
있다. 이때 평판에 작용하는 <u>힘</u>은?
　　　　　　　　　　　　　F

① 2450N　　　　　　　　② 2500N
③ 8500N　　　　　　　　④ 25000N

해설 (1) 기호
- V : 10m/s
- A : 50cm×50cm=$(0.5 \times 0.5)\text{m}^2$
- F : ?

(2) 유량 Q 는
$Q = AV = (0.5 \times 0.5)\text{m}^2 \times 10\text{m/sec} = 2.5\text{m}^3/\text{sec}$
힘 F 는
$F = \rho QV = 1000\text{N} \cdot \text{s}^2/\text{m}^4 \times 2.5\text{m}^3/\text{s} \times 10\text{m/s} ≒ 25000\text{N}$

- 물의 밀도(ρ) = $1000\text{N} \cdot \text{s}^2/\text{m}^4$

답 ④

5 토리첼리의 식과 파스칼의 원리

1 토리첼리의 식(Torricelli's theorem)

$$V = \sqrt{2gH}$$

여기서, V : 유속[m/s]
　　　　g : 중력가속도(9.8m/s²)
　　　　H : 높이[m]

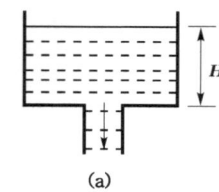　　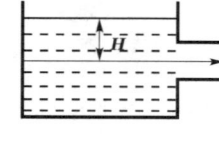
　　(a)　　　　　　　　　　(b)

‖유 속‖

2 파스칼의 원리(principle of pascal)

$$\frac{F_1}{A_1} = \frac{F_2}{A_2}, \quad p_1 = p_2$$

여기서, F_1, F_2 : 가해진 힘[kN]
　　　　A_1, A_2 : 단면적[m²]
　　　　p_1, p_2 : 압력[kPa] 또는 [kN/m²]

* **유속**
유체의 속도

* **파스칼의 원리**
밀폐용기에 들어있는 유체압력의 크기는 변하지 않으며 모든 방향으로 전달된다.

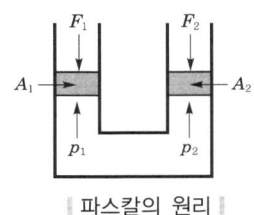

| 파스칼의 원리 |

※ **수압기** : 파스칼의 원리를 이용한 대표적 기계

 문제 수압기는 다음 어느 정리를 응용한 것인가?
① 토리첼리의 정리
② 베르누이의 정리
③ 아르키메데스의 정리
④ 파스칼의 정리

해설 **수압기** : **파스칼**의 **원리**를 이용한 대표적 기계

기억법 수파

- **파스칼의 원리** : 밀폐용기에 들어있는 유체압력의 크기는 변하지 않으며 모든 방향으로 전달된다.

답 ④

6 표면장력과 모세관 현상

1 표면장력(surface tension)

액체와 공기의 경계면에서 액체분자의 응집력이 액체분자와 공기분자 사이에 작용하는 부착력보다 크게 되어 액체표면적을 축소시키기 위해 발생하는 힘

$$\sigma = \frac{\Delta p D}{4}$$

여기서, σ : 표면장력〔N/m〕
Δp : 압력차〔Pa〕
D : 내경〔m〕

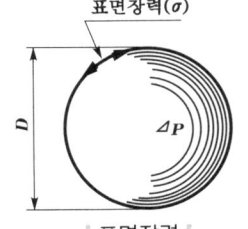

| 표면장력 |

※ **표면장력**
① 단위 : (dyne/cm, N/m)
② 차원 : $[FL^{-1}]$

※ **응집력과 부착력**
① 응집력 : 같은 종류의 분자끼리 끌어당기는 성질
② 부착력 : 다른 종류의 분자끼리 끌어당기는 성질

※ 모세관 현상
액체속에 가는 관을 넣으면 액체가 상승 또는 하강하는 현상

2 모세관 현상(capillarity in tube)

액체와 고체가 접촉하면 상호 **부착**하려는 **성질**을 갖는데 이 **부착력**과 액체의 **응집력**의 **상대적 크기**에 의해 일어나는 현상

$$h = \frac{4\sigma \cos \theta}{\gamma D}$$

여기서, h : 상승 높이[m]
σ : 표면장력[N/m]
θ : 각도(접촉각)
γ : 비중량(물의 비중량 9800N/m³)
D : 관의 내경[m]

※ 응집력<부착력
액면이 상승한다.

※ 응집력>부착력
액면이 하강한다.

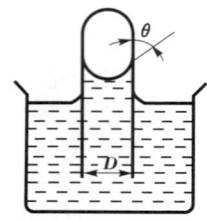 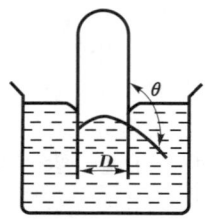

(a) 물(H_2O) 응집력<부착력 (b) 수은(Hg) 응집력>부착력

| 모세관 현상 |

문제 모세관현상으로 인해 물이 상승할 때, 그 상승높이에 관한 설명으로 옳지 <u>않은</u> 것은?
① 관의 직경에 비례한다.
   <u>반비례</u>
② 표면장력에 비례한다.
③ 물의 비중량에 반비례한다.
④ 수면과 관의 접촉각이 커질수록 감소한다.

답 ①

7 이상기체의 성질

1 보일의 법칙(Boyle's law)

온도가 일정할 때 기체의 부피는 절대압력에 반비례한다.

$$P_1 V_1 = P_2 V_2$$

여기서, P_1, P_2 : 기압[atm]
V_1, V_2 : 부피[m³]

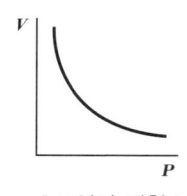

| 보일의 법칙 |

2. 샤를의 법칙(Charl's law)

압력이 일정할 때 기체의 부피는 절대온도에 비례한다.

$$\frac{V_1}{T_1} = \frac{V_2}{T_2}$$

여기서, V_1, V_2 : 부피[m³]
T_1, T_2 : 절대온도[K]

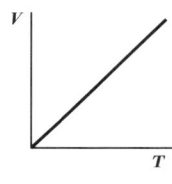

| 샤를의 법칙 |

※ 절대온도
① 켈빈온도
   K = 273 + ℃
② 랭킨온도
   °R = 460 + °F

문제 0℃의 기체가 몇 ℃가 되면 부피가 2배로 되는가? (단, 압력의 변화는 없을 경우임)
① 273
② -273
③ 546
④ 136.5

해설 절대온도 K 는
K = 273 + ℃ = 273 + 0 = 273K
샤를의 법칙
$\frac{V_1}{T_1} = \frac{V_2}{T_2}$
$T_2 = T_1 \times \frac{V_2}{V_1} = 273K \times \frac{2}{1} = 546K$
K = 273 + ℃
온도 ℃는
℃ = K - 273 = 546 - 273 = 273℃

답 ①

3. 보일-샤를의 법칙(Boyle-Charl's law)

기체가 차지하는 부피는 압력에 반비례하며, 절대온도에 비례한다.

$$\frac{P_1 V_1}{T_1} = \frac{P_2 V_2}{T_2}$$

❋ 기압
기체의 압력

❋ 보일-샤를의 법칙
☆ 꼭 기억하세요 ☆

여기서, P_1, P_2 : 기압[atm]
V_1, V_2 : 부피[m³]
T_1, T_2 : 절대온도[K]

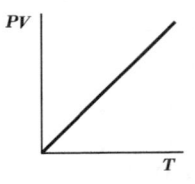

∥ 보일-샤를의 법칙 ∥

CHAPTER 03 유체의 유동과 계측

1 점성유동

1 층류와 난류

구 분	층 류		난 류
흐름	정상류		비정상류
레이놀즈수	2,100 이하		4,000 이상
손실수두	유체의 속도를 알 수 있는 경우 $H = \dfrac{flV^2}{2gD}$ [m] (다르시-바이스바하의 식)	유체의 속도를 알 수 없는 경우 $H = \dfrac{128\mu Ql}{\gamma \pi D^4}$ [m] (하젠-포아젤의 식)	$H = \dfrac{2flV^2}{gD}$ [m] (패닝의 법칙)
전단응력	$\tau = \dfrac{p_A - p_B}{l} \cdot \dfrac{r}{2}$ [N/m²]		$\tau = \mu \dfrac{du}{dy}$ [N/m²]
평균속도	$V = 0.5\, U_{\max}$		$V = 0.8\, U_{\max}$
전이길이	$L_t = 0.05\, Re\, D$ [m]		$L_t = 40 \sim 50\, D$ [m]
관마찰계수	$f = \dfrac{64}{Re}$		$f = 0.3164\, Re^{-0.25}$

(1) **층류**(laminar flow) : 규칙적으로 운동하면서 흐르는 유체

   ※ 층류일 때 생기는 저항은 난류일 때보다 작다.

(2) **난류**(turbulent flow) : 불규칙적으로 운동하면서 흐르는 유체

(3) **레이놀즈수**(Reynolds number) : 층류와 난류를 구분하기 위한 계수

$$Re = \dfrac{DV\rho}{\mu} = \dfrac{DV}{\nu}$$

여기서, Re : 레이놀즈수
 D : 내경[m]
 V : 유속[m/s]
 ρ : 밀도[kg/m³]
 μ : 점도[kg/m·s]
 ν : 동점성 계수$\left(\dfrac{\mu}{\rho}\right)$[m²/s]

Key Point

※ **달시-웨버의 식**

$$H = \dfrac{\Delta P}{\gamma} = \dfrac{flV^2}{2gD} \text{[m]}$$

여기서,
 H : 마찰손실(손실수두)[m]
 ΔP : 압력차[Pa] 또는 [N/m²]
 γ : 비중량(물의 비중량 9800N/m³)
 f : 관마찰계수
 l : 길이[m]
 V : 유속[m/s]
 g : 중력가속도(9.8m/s²)
 D : 내경[m]

※ **하젠-포아젤의 식**

$$H = \dfrac{\Delta P}{\gamma} = \dfrac{128\mu Ql}{\gamma \pi D^4} \text{[m]}$$

여기서,
 ΔP : 압력차(압력강하, 압력손실)[N/m²]
 γ : 비중량(물의 비중량 9800N/m³)
 μ : 점성계수[N·s/m²]
 Q : 유량[m³/s]
 l : 길이[m]
 D : 내경[m]

※ **전이길이**
유체의 흐름이 완전발달 된 흐름이 될 때의 길이

※ **전이길이와 같은 의미**
① 입구길이
② 조주거리

※ **레이놀즈수**
원관유동에서 중요한 무차원수
① 층류 : $Re < 2100$
② 천이영역(임계영역) : $2100 < Re < 4000$
③ 난류 : $Re > 4000$

※ **점도와 같은 의미**
점성계수

용어

임계 레이놀드수

상임계 레이놀드수	하임계 레이놀드수
층류에서 **난류**로 변할 때의 레이놀드수 (4000)	**난류**에서 **층류**로 변할 때의 레이놀드수 (2100)

(4) 관마찰계수

$$f = \frac{64}{Re}$$

여기서, f : 관마찰계수
Re : 레이놀드수

문제 관로에서 레이놀드수가 1850일 때 마찰계수 $\underset{Re}{f}$ 의 값은?

① 0.1851 ② 0.0346
③ 0.0214 ④ 0.0185

해설 (1) 기호
- Re : 1850
- f : ?

(2) **관마찰계수** f 는
$f = \frac{64}{Re} = \frac{64}{1850} ≒ 0.0346$

답 ②

* **레이놀드수**
층류와 난류를 구분하기 위한 계수

① 층류 : **레이놀드수**에만 관계되는 계수
② 천이영역(임계영역) : 레이놀드수와 관의 **상대조도**에 관계되는 계수
③ 난류 : 관의 **상대조도**에 **무관**한 계수

(5) 국부속도

$$V = U_{max}\left[1 - \left(\frac{r}{r_0}\right)^2\right]$$

여기서, V : 국부속도[cm/s]
U_{max} : 중심속도[cm/s]
r_0 : 반경[cm]
r : 중심에서의 거리[cm]

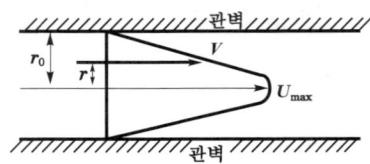

┃국부속도┃

※ 두 개의 평행한 고정평판 사이에 점성유체가 층류로 흐를 때 속도는 중심에서 **최대**가 된다.

(6) 마찰손실

① 다르시-바이스바하의 식(Darcy-Weisbach formula) : 층류

$$H = \frac{\Delta p}{\gamma} = \frac{flV^2}{2gD}$$

여기서, H : 마찰손실(수두)[m], Δp : 압력차[Pa] 또는 [N/m²]
γ : 비중량(물의 비중량 9800N/m³), f : 관마찰계수
l : 길이[m], V : 유속[m/s]
g : 중력가속도(9.8m/s²), D : 내경[m]

관의 상당관 길이

$$L_e = \frac{KD}{f}$$

여기서, L_e : 관의 상당관 길이[m]
K : 손실계수
D : 내경[m]
f : 마찰손실계수

 ★★
문제 관로문제의 해석에서 어떤 두 변수가 같아야 등가의 관이 되는가?
① 전수두와 유량　　② 길이와 유량
③ 길이와 지름　　　④ 관마찰계수와 지름

$$L_e = \frac{KD}{f}$$

• 관마찰계수와 지름이 같아야 등가의 관이 된다.

답 ④

② 패닝의 법칙(Fanning's law) : 난류

$$H = \frac{2flV^2}{gD}$$

여기서, H : 마찰손실[m]
f : 관마찰계수
l : 길이[m]
V : 유속[m/s]
g : 중력가속도(9.8m/s²)
D : 내경[m]

③ 하겐-포아젤의 법칙(Hargen-Poiselle's law) : 층류
수평원통관속의 층류의 흐름에서 **유량, 관경, 점성계수, 길이, 압력강하** 등의 관계식이다.

$$H = \frac{32\mu lV}{D^2\gamma}$$

Key Point

※ **배관의 마찰손실**
(1) 주손실
　관로에 의한 마찰손실
(2) 부차적 손실
　① 관의 급격한 확대 손실
　② 관의 급격한 축소 손실
　③ 관부속품에 의한 손실

※ **Darcy 방정식**
곧고 긴 관에서의 손실수두 계산

※ **상당관 길이**
관부속품과 같은 손실수두를 갖는 직관의 길이

※ **상당관 길이와 같은 의미**
① 상당 길이
② 등가 길이
③ 직관장 길이

※ **마찰손실과 같은 의미**
수두손실

※ **하겐-포아젤의 법칙**
일정한 유량의 물이 층류로 원관에 흐를 때의 손실수두계산

여기서, H : 마찰손실[m]
μ : 점성계수[N·s/m²] 또는 [kg/m·s]
l : 길이[m]
V : 유속[m/s]
D : 내경[m]
γ : 비중량(물의 비중량 9800N/m³)

$$\Delta p = \frac{128\mu Q l}{\pi D^4}$$

여기서, Δp : 압력차(압력강하)[kPa], μ : 점성계수[N·s/m²] 또는 [kg/m·s]
Q : 유량[m³/s], l : 길이[m]
D : 내경[m]

④ 하겐-윌리엄스의 식(Hargen-William's formula)

$$\Delta P_m = 6.053 \times 10^4 \times \frac{Q^{1.85}}{C^{1.85} \times D^{4.87}} \times L$$

여기서, ΔP_m : 압력손실[MPa]
C : 조도
D : 관의 내경[mm]
Q : 관의 유량[l/min]
L : 배관길이[m]

* 하겐-윌리엄스식의 적용
① 유체종류 : 물
② 비중량 : 9800N/m³
③ 온도 : 7.2~24℃
④ 유속 : 1.5~5.5m/s

* 조도
① 흑관(건식)·주철관 : 100
② 흑관(습식)·백관(아연도금강관) : 120
③ 동관 : 150

문제 물이 원형관 내에서 <u>층류</u> 상태로 흐르고 있다. 관지름이 3배로 커질 때 <u>수두손실</u>은 처음의 몇 배로 변화하는가? (단, 관지름 증가에 따른 유속변화 이외의 모든 물리량은 변하지 않는다.)

① $\frac{1}{81}$ ② $\frac{1}{9}$

③ 9   ④ 81

해설 손실수두 H는
$H = \frac{128\mu Q l}{\pi D^4} \propto \frac{1}{D^4} = \frac{1}{3^4} = \frac{1}{81}$

답 ①

(7) 돌연 축소·확대관에서의 손실
① 돌연 축소관에서의 손실

$$H = K\frac{V_2^2}{2g}$$

여기서, H : 손실수두[m]
K : 손실계수
V_2 : 축소관 유속[m/s]
g : 중력가속도(9.8m/s²)

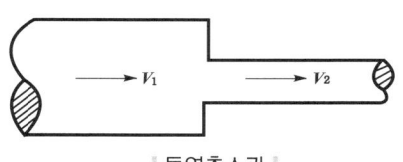

| 돌연축소관 |

문제 개방된 큰 탱크의 바닥에 있는 오리피스로부터 물이 $\underset{V}{8\text{m/s}}$의 속도로 흘러나올 때의 탱크 내 물의 $\underset{H}{높이}$는 약 몇 m인가? (단, 유체의 점성효과는 무시되며, 중력가속도는 $\underset{g}{9.8\text{m/s}^2}$이다.)

① 0.27 ② 1.27
③ 2.27 ④ 3.27

해설 (1) 기호
- V : 8m/s
- H : ?
- g : 9.8m/s²

(2) 물의 높이 H 는
$$H = K\frac{V^2}{2g} = \frac{(8\text{m/s})^2}{2 \times 9.8\text{m/s}^2} ≒ 3.27\text{m}$$
- K(손실계수) : 주어지지 않았으므로 무시

답 ④

② 돌연 확대관에서의 손실

$$H = K\frac{(V_1 - V_2)^2}{2g}$$

여기서, H : 손실수두[m], K : 손실계수
V_1 : 축소관 유속[m/s], V_2 : 확대관 유속[m/s]
g : 중력가속도(9.8m/s²)

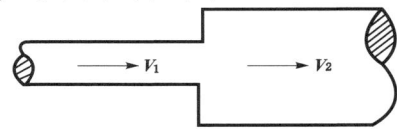

| 돌연확대관 |

2 항력과 양력

(1) **항력** : 유동속도와 **평행방향**으로 작용하는 성분의 힘

$$D = C\frac{AV^2\rho}{2}$$

여기서, D : 항력[kg·m/s²]
C : 항력계수(무차원수)
A : 면적[m²]
V : 유동속도[m/s]
ρ : 밀도[kg/m³]

※ 축소, 확대노즐

축소부분	확대부분
언제나 아음속이다.	초음속이 가능하다.

※ 항력
유속의 제곱에 비례한다.
① 마찰항력
② 압력항력

(2) **양력** : 유동속도와 **직각방향**으로 작용하는 성분의 힘

$$L = C\frac{AV^2\rho}{2}$$

여기서, L : 양력[kg·m/s²]
C : 양력계수(무차원수)
A : 면적[m²]
V : 유동속도[m/s]
ρ : 밀도[kg/m³]

3 수력반경과 수력도약

(1) 수력반경(hydraulic radius)

$$R_h = \frac{A}{l} = \frac{1}{4}(D-d)$$

여기서, R_h : 수력반경[m]
A : 단면적[m²]
l : 접수길이[m]
D : 관의 외경[m]
d : 관의 내경[m]

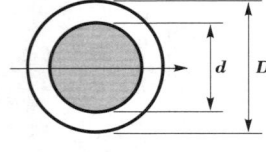

∥수력반경∥

수력반경 = 수력반지름 = 등가반경

※ 수력반경
면적을 접수길이(둘레길이)로 나눈 것

※ 상대조도
$$상대조도 = \frac{\varepsilon}{4R_h}$$

여기서,
ε : 조도계수
R_h : 수력반경[m]

※ 원관의 수력반경
$$R_h = \frac{d}{4}$$

여기서,
R_h : 수력반경[m]
d : 지름[m]

문제 다음 중 <u>수력반경</u>을 올바르게 나타낸 것은?
① 접수길이를 면적으로 나눈 것
② 면적을 접수길이의 제곱으로 나눈 것
③ 면적의 제곱근
④ 면적을 접수길이로 나눈 것

해설 **수력반경**(hydraulic radius)

$$R_h = \frac{A}{l} = \frac{1}{4}(D-d)$$

여기서, R_h : 수력반경[m], A : 단면적[m²], l : 접수길이[m]
D : 관의 외경[m], d : 관의 내경[m]

• **수력반경** : 면적을 접수길이(둘레길이)로 나눈 것

답 ④

(2) **수력도약**(hydraulic jump) : 개수로에 흐르는 액체의 **운동에너지**가 갑자기 **위치에너지**로 변할 때 일어난다.

2 차원해석

명 칭	물리적인 의미	유동의 중요성
레이놀드(Reynolds)수	관성력/점성력	모든 유체유동
프루드(Froude)수	관성력/중력	자유 표면 유동
마하(Mach)수	관성력/압축력 $\left(\dfrac{V}{C}\right)$	압축성 유동
코우시스(Cauchy)수	관성력/탄성력 $\left(\dfrac{\rho V^2}{k}\right)$	압축성 유동
웨버(Weber)수	관성력/표면장력	표면장력
오일러(Euler)수	압축력/관성력	압력차에 의한 유동

무차원수의 물리적 의미와 유동의 중요성

* **무차원수**
  단위가 없는 것

3 유체계측

1 정압측정

정압관(static tube)	피에조미터(piezometer)
측면에 작은 구멍이 뚫어져 있고, 원통 모양의 선단이 막혀 있다.	매끄러운 표면에 수직으로 작은 구멍이 뚫어져서 액주계와 연결되어 있다.

※ **마노미터**(mano meter) : 유체의 **압력차**를 측정하여 **유량**을 계산하는 계기

* **정압관·피에조미터**
  유동하고 있는 유체의 정압 측정

문제 정압관은 다음 어떤 것을 측정하기 위해 사용하는가?
① 유동하고 있는 유체의 속도
② 유동하고 있는 유체의 정압
③ 정지하고 있는 유체의 정압
④ 전압력

해설 유동하고 있는 유체의 정압측정

답 ②

2 동압(유속) 측정

Key Point

※ 부르동관
금속의 탄성변형을 기계적으로 확대시켜 유체의 압력을 측정하는 계기

※ 전압
전압=동압+정압

※ 비중량
① 물 : 9.8kN/m³
② 수은 : 133.28kN/m³

※ 동압(유속)측정
① 시차액주계
② 피토관
③ 피토-정압관
④ 열선속도계

※ 파이프속을 흐르는 수압측정
① 부르동 압력계
② 마노미터
③ 시차압력계

(1) **시차액주계**(differential manometer) : 유속 및 **두 지점의 압력**을 측정하는 장치

$$p_A + \gamma_1 h_1 - \gamma_2 h_2 - \gamma_3 h_3 = p_B$$

여기서, p_A : 점 A의 압력[kPa] 또는 [kN/m²]
p_B : 점 B의 압력[kPa] 또는 [kN/m²]
$\gamma_1, \gamma_2, \gamma_3$: 비중량[kN/m³]
h_1, h_2, h_3 : 높이[m]

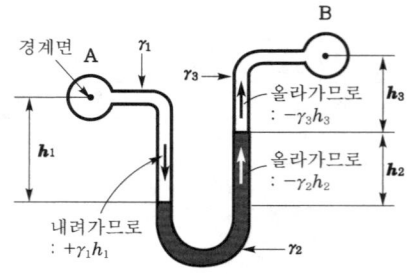

| 시차액주계 |

※ **시차액주계의 압력계산방법** : 경계면에서 내려가면 **더하고**, 올라가면 **뺀다**.

(2) **피토관**(pitot tube) : 유체의 **국부속도**를 측정하는 장치이다.

$$V = C\sqrt{2gH}$$

여기서, V : 유속[m/s], C : 측정계수
g : 중력가속도(9.8m/s²), H : 높이[m]

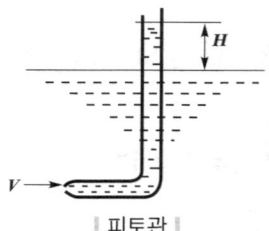

| 피토관 |

(3) **피토-정압관**(pitot-static tube) : 피토관과 정압관이 결합되어 **동압**(유속)**을 측정**한다.
(4) **열선속도계**(hot-wire anemometer) : **난류유동**과 같이 매우 빠른 유속 측정에 사용한다.

3 유량 측정

※ 유량 측정
① 벤투리미터
② 오리피스
③ 위어
④ 로터미터
⑤ 노즐
⑥ 마노미터

(1) **벤투리미터**(venturi meter) : **고가**이고 유량·유속의 손실이 적은 유체의 유량 측정 장치이다.

$$Q = C_v \frac{A_2}{\sqrt{1-m^2}} \sqrt{\frac{2g(\gamma_s - \gamma)}{\gamma}R} = CA_2 \sqrt{\frac{2g(\gamma_s - \gamma)}{\gamma}R}$$

여기서, Q : 유량[m³/s]
C_v : 속도계수
C : 유량계수 $\left(C = C_v \dfrac{1}{\sqrt{1-m^2}}\right)$
A_2 : 출구면적[m²]
g : 중력가속도(9.8m/s²)
γ_s : 비중량(수은의 비중량 133.28kN/m³)
γ : 비중량(물의 비중량 9.8kN/m³)
R : 마노미터 읽음[m]
m : 개구비 $\left(\dfrac{A_2}{A_1} = \left(\dfrac{D_2}{D_1}\right)^2\right)$
A_1 : 입구면적[m²], D_1 : 입구직경[m], D_2 : 출구직경[m]

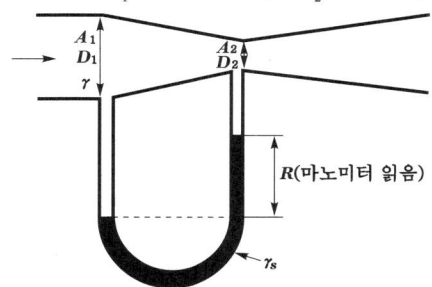

‖ 벤투리미터 ‖

(2) 오리피스(orifice) : 저가이나 압력손실이 크다.

$$\Delta p = p_1 - p_2 = R(\gamma_s - \gamma)$$

여기서, Δp : U자관 마노미터의 압력차[kPa] 또는 [kN/m²]
p_2 : 출구압력[kPa] 또는 [kN/m²]
p_1 : 입구압력[kPa] 또는 [kN/m²]
R : 마노미터 읽음[m]
γ_s : 비중량(수은의 비중량 133.28kN/m³)
γ : 비중량(물의 비중량 9.8kN/m³)

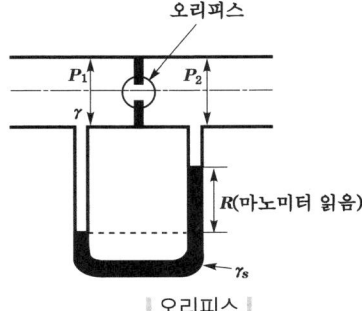

‖ 오리피스 ‖

Key Point

* **로켓**
외부유체의 유동에 의존하지 않고 추력이 만들어지는 유체기관

* **오리피스**
두 점간의 압력차를 측정하여 유속 및 유량을 측정하는 기구

* **오리피스의 조건**
① 유체의 흐름이 정상류일 것
② 유체에 대한 압축·전도 등의 영향이 적을 것
③ 기포가 없을 것
④ 배관이 수평상태일 것

* **V-notch 위어**
① $H^{\frac{5}{2}}$ 에 비례한다.
② 개수로의 소유량 측정에 적합

※ 위어의 종류
① V-notch 위어
② 4각 위어
③ 예봉 위어
④ 광봉 위어

(3) **위어**(weir) : **개수로**의 **유량측정**에 사용되는 장치이다.

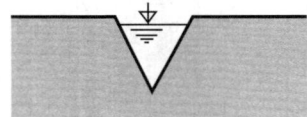
(a) 직각 3각 위어(V-notch 위어)

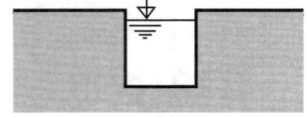
(b) 4각 위어

∥ 위어의 종류 ∥

※ 로터미터
측정범위가 넓다.

(4) **로터미터**(rotameter) : 유량을 **부자**(float)에 의해서 **직접 눈으로 읽을 수 있는 장치**이다.

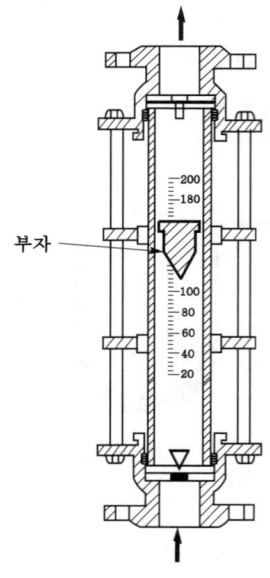
∥ 로터미터 ∥

문제 다음의 유량측정장치 중 유체의 유량을 직접 볼 수 있는 것은?
① 오리피스미터   ② 벤투리미터
③ 피토관   ④ 로터미터

해설 **로터미터**(rotameter) : 유량을 **부자**(float)에 의해서 직접 눈으로 읽을 수 있는 장치

답 ④

(5) **노즐**(nozzle) : 벤투리미터와 유사하다.

승리의 원리

서부 영화를 보면 대개 어떻습니까?

어느 술집에서, 카우보이 모자를 쓴 선한 총잡이가 담배를 물고 탁자에 앉아 조용히 술잔을 기울이고 있습니다.

곧이어 그 뒤에 등장하는 악한 총잡이가 양다리를 벌리고 섰습니다. 손은 벌써 허리춤에 찬 권총 가까이 대고 이렇게 소리를 지르죠.

"야, 이 비겁자야! 어서 총을 뽑아라. 내가 본때를 보여줄 테다."

여전히 침묵이 흐르고 주위 사람들은 숨을 죽이고 이들을 지켜봅니다.

그러다가 일순간 총성이 울려 퍼지고 한 총잡이가 쓰러집니다.

물론 각본에 따라 이루어지는 일이지만, 쓰러진 총잡이는 등을 보이고 앉아 있던 선한 총잡이가 아니라 금방이라도 총을 뽑을 것처럼 떠들어대던 악한 총잡이입니다.

승리는 침묵 속에서 준비한 자의 것입니다. 서두르는 사람이 먼저 쓰러지게 되어 있거든요.

무슨 일을 하든 조용히 준비하는 사람이 승리합니다.

•도서출판 규장의 「지하철 사랑의 편지」 중에서•

출제경향분석

CHAPTER 04~05 소방유체 관련 열역학

④ 유체정역학 및 열역학
20.1% (4문제)

7문제

⑤ 유체의 마찰 및 펌프의 현상
16.3% (3문제)

CHAPTER 04 유체정역학 및 열역학

1 평면에 작용하는 힘

1 수평면에 작용하는 힘

$$F = \gamma h A$$

여기서, F : 수평면에 작용하는 힘[N]
γ : 비중량(물의 비중량 9800N/m³)
h : 표면에서 수문중심까지의 수직거리[m]
A : 수문의 단면적[m²]

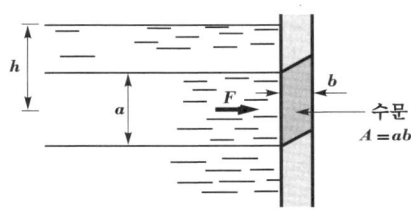

2 경사면에 작용하는 힘

$$F = \gamma y \sin\theta A$$

여기서, F : 경사면에 작용하는 힘(전압력)[N]
γ : 비중량(물의 비중량 9800N/m³)
y : 표면에서 수문 중심까지의 경사거리[m]
θ : 각도
A : 수문의 단면적[m²]

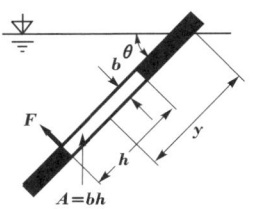

| 경사면에 작용하는 힘 |

Key Point

❋ **열역학**
에너지, 열(Heat), 일(work), 엔트로피와 과정의 자발성을 다루는 물리학

❋ **물의 비중량**
9800N/m³=9.8kN/m³

❋ **수문**
저수지 또는 수로에 설치하여 물의 양을 조절하는 문

소방유체역학

작용점 깊이

명 칭	구형(rectangle)
형태	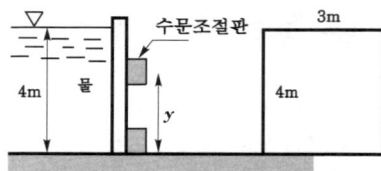
A(면적)	$A = bh$
y_c (중심위치)	$y_c = y$
I_c (관성능률)	$I_c = \dfrac{bh^3}{12}$

$$y_p = y_c + \dfrac{I_c}{A y_c}$$

여기서, y_p : 작용점 깊이(작용위치)[m]
 y_c : 중심위치[m]
 I_c : 관성능률 $\left(I_c = \dfrac{bh^3}{12}\right)$
 A : 단면적[m²] $(A = bh)$

※ 관성능률
① 어떤 물체를 회전시키려 할 때 잘 돌아가지 않으려는 성질
② 각 운동상태의 변화에 대하여 그 물체가 지니고 있는 저항적 성질

 문제 그림과 같이 수압을 받는 수문(3m×4m)이 수압에 의해 넘어지지 않게 하기 위한 **최소** y의 값은 얼마인가?

① 2.67m ② 2m
③ 1.84m ④ 1.34m

해설 (1) 기호
- bh : 3m×4m
- y : ?

(2) $y_P = y_C + \dfrac{I_C}{A y_C} = y + \dfrac{\frac{bh^3}{12}}{(bh)y} = 2 + \dfrac{\frac{3 \times 4^3}{12}}{3 \times 4 \times 2} ≒ 2.667\text{m}$

$y' = (4 - 2.667)\text{m} ≒ 1.34\text{m}$

답 ④

Chapter_ 04

2 운동량의 법칙

1 평판에 작용하는 힘

$$F = \rho A (V-u)^2$$

여기서, F : 평판에 작용하는 힘[N]
ρ : 밀도(물의 밀도 $1000 N \cdot s^2/m^4$)
V : 액체의 속도[m/s]
u : 평판의 이동속도[m/s]

※ 물의 밀도
① $1000 kg/m^3$
② $1000 N \cdot s^2/m^4$

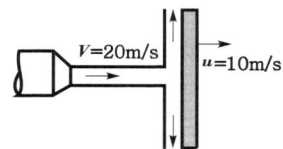

∥평판에 작용하는 힘∥

중요 경사 고정평판에 충돌하는 분류

$$Q_1 = \frac{Q}{2}(1+\cos\theta)$$

$$Q_2 = \frac{Q}{2}(1-\cos\theta)$$

여기서, $Q_1 \cdot Q_2$: 분류 유량[m³/s]
Q : 전체 유량[m³/s]
θ : 각도

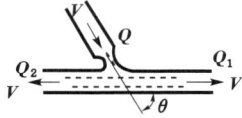

∥경사 고정평판∥

2 고정곡면판에 미치는 힘

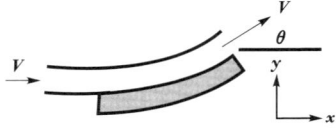

∥고정곡면판에 미치는 힘∥

(1) 곡면판이 받는 x 방향의 힘

$$F_x = \rho Q V(1-\cos\theta)$$

여기서, F_x : 곡면판이 받는 x 방향의 힘[N], ρ : 밀도[$N \cdot s^2/m^4$]
Q : 유량[m³/s], V : 속도[m/s], θ : 유출방향

※ 힘(기본식)
$$F = \rho Q V$$
여기서,
F : 힘[N]
ρ : 밀도(물의 밀도 $1000 N \cdot s^2/m^4$)
Q : 유량[m³/s]
V : 유속[m/s]

> **문제** 그림과 같은 고정곡면판이 있다. x 축 방향에 미치는 힘 F_x의 식은?
>
>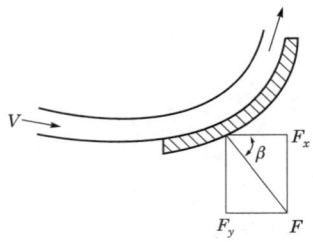
>
> ① $\rho QV(1-\cos\beta)$ ② $\rho QV(1-\sin\beta)$
> ③ $-\rho QV\cos\beta$ ④ $-\rho QV\sin\beta$
>
> 답 ①

(2) 곡면판이 받는 y 방향의 힘

$$F_y = \rho QV\sin\theta$$

여기서, F_y : 곡면판이 받는 y방향의 힘[N]
ρ : 밀도[N·s²/m⁴]
Q : 유량[m³/s]
V : 속도[m/s]
θ : 유출방향

3 탱크가 받는 추력

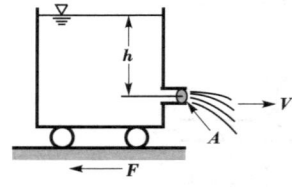

∥ 탱크가 받는 추력 ∥

(1) 기본식

$$F = \rho QV$$

여기서, F : 힘[N]
ρ : 밀도(물의 밀도 1000N·s²/m⁴)
Q : 유량[m³/s]
V : 유속[m/s]

※ 물의 밀도
1000N·s²/m⁴

※ 물의 비중량
9800N/m³

※ 추력
뉴턴의 제2운동법칙과 제3운동법칙을 설명하는 반작용의 힘

(2) 변형식

$$F = 2\gamma Ah$$

여기서, F : 힘[N]
γ : 비중량(물의 비중량 9800N/m³)
A : 단면적[m²]
h : 높이[m]

3 열역학

1 열역학의 기초

(1) 엔탈피

$$H = U + PV$$

여기서, H : 엔탈피[kJ/kg], U : 내부에너지[kJ/kg]
P : 압력[kPa], V : 비체적[m³/kg]

또는

$$H = (U_2 - U_1) + (P_2 V_2 - P_1 V_1)$$

여기서, H : 엔탈피[J], $U_2 \cdot U_1$: 내부 에너지[J]
$P_2 \cdot P_1$: 압력[Pa], $V_2 \cdot V_1$: 부피[m³]

※ 엔탈피
어떤 물질이 가지고 있는 총에너지

※ 비체적
밀도의 반대개념으로 단위 질량당 체적을 말한다.

문제 압력 0.1MPa, 온도 60°C 상태의 R-134a의 내부 에너지(kJ/kg)를 구하면?
         P U
(단, 이때 h=454.99kJ/kg, v=0.26791m³/kg이다.)
              H V

① 428.20kJ/kg   ② 454.27kJ/kg
③ 454.96kJ/kg   ④ 26336kJ/kg

해설 (1) 기호
- P : 0.1MPa
- U : ?
- H : 454.99kJ/kg
- V : 0.26791m³/kg

(2)
$$H = U + PV$$

여기서, H : 엔탈피[kJ/kg]
U : 내부에너지[kJ/kg]
P : 압력[kPa]
V : 비체적[m³/kg]

내부에너지 U는
$U = H - PV$
 $= 454.99 \text{kJ/kg} - 0.1 \times 10^3 \text{kPa} \times 0.26791 \text{m}^3/\text{kg} = 428.2 \text{kJ/kg}$

답 ①

(2) 열과 일

① 열

$$Q = (U_2 - U_1) + W$$

여기서, Q : 열[kJ], $U_2 - U_1$: 내부에너지 변화[kJ]
W : 일[kJ]

※ W(일)이 필요로 하면 '$-$' 값을 적용한다.
   Q(열)이 계 밖으로 손실되면 '$-$' 값을 적용한다.

Key Point

※ 비열비
$$K = \frac{C_P}{C_V}$$
여기서,
K : 비열비
C_P : 정압비열[kJ/K]
C_V : 정적비열[kJ/K]

※ 비열비
기체분자들의 정압비열과 정적비열의 비

※ 이상기체 상태방정식
$$PV = mRT$$
여기서,
P : 압력[kJ/m³]
V : 체적[m³]
m : 질량[kg]
R : 기체상수 [kJ/kg·K]
T : 절대온도 (273+℃)[K]

※ 공기의 기체상수
① 287J/kg·K
② 287N·m/kg·K

---

② 일

$$_1W_2 = \int_1^2 PdV = P(V_2 - V_1)$$

여기서, W : 상태가 1에서 2까지 변화할 때의 일[kJ]
P : 압력[kPa]
dV, $(V_2 - V_1)$: 체적변화[m³]

③ 정압비열과 정적비열

정압비열	정적비열
$C_P = \dfrac{KR}{K-1}$	$C_V = \dfrac{R}{K-1}$
여기서, C_P : 단위질량당 정압비열 [kJ/K] R : 기체상수[kJ/kg·K] K : 비열비	여기서, C_V : 단위질량당 정적비열 [kJ/K] R : 기체상수[kJ/kg·K] K : 비열비

비교

폴리트로픽 비열
$$C_n = C_V \frac{n-K}{n-1}$$

여기서, C_n : 폴리트로픽 비열[kJ/K]
C_V : 정적비열[kJ/K]
n : 폴리트로픽 지수
K : 비열비

2 이상기체

(1) 기본사항

① 이상기체 상태방정식

$$\rho = \frac{P}{RT}$$

여기서, ρ : 밀도[kg/m³]
P : 압력[Pa]
R : 기체상수(287J/kg·K)
T : 절대온도(273+℃)[K]

② 기체상수

$$R = C_P - C_V = \frac{\overline{R}}{M}$$

여기서, R : 기체상수[kJ/kg·K]
C_P : 정압비열[kJ/kg·K]
C_V : 정적비열[kJ/kg·K]
$\overline{R}$: 일반기체상수[kJ/kmol·K]
M : 분자량[kg/kmol]

Chapter_ 04

중요 기체상수

기체상수(가스상수)	일반기체상수
$R = \dfrac{8314}{M}\,\text{J/kg}\cdot\text{K}$	$\overline{R} = 8.314\,\text{kJ/kmol}\cdot\text{K}$
여기서, R : 기체상수(가스상수)[J/kg·K] M : 분자량[kg/kmol]	여기서, $\overline{R}$: 일반기체상수[J/kmol·K]

(2) 정압과정

구 분	공 식
① 비체적과 온도	$\dfrac{v_2}{v_1} = \dfrac{T_2}{T_1}$ 여기서, $v_1 \cdot v_2$: 변화전후의 비체적[m³/kg] $T_1 \cdot T_2$: 변화전후의 온도(273+℃)[K]
② 절대일 (압축일)	$_1W_2 = P(V_2 - V_1) = mR(T_2 - T_1)$ 여기서, $_1W_2$: 절대일[kJ] P : 압력[kJ/m³] $V_1 \cdot V_2$: 변화전후의 체적[m³] m : 질량[kg] R : 기체상수[kJ/kg·K] $T_1 \cdot T_2$: 변화전후의 온도(273+℃)[K]
③ 공업일	$_1W_{t2} = 0$ 여기서, $_1W_{t2}$: 공업일[kJ]
④ 내부에너지 변화	$U_2 - U_1 = C_V(T_2 - T_1) = \dfrac{R}{K-1}(T_2 - T_1) = \dfrac{P}{K-1}(V_2 - V_1)$ 여기서, $U_2 - U_1$: 내부에너지 변화[kJ] C_V : 정적비열[kJ/K] $T_1 \cdot T_2$: 변화전후의 온도(273+℃)[K] R : 기체상수[kJ/kg·K] K : 비열비 P : 압력[kJ/m³] $V_1 \cdot V_2$: 변화전후의 체적[m³]
⑤ 엔탈피	$h_2 - h_1 = C_P(T_2 - T_1) = m\dfrac{KR}{K-1}(T_2 - T_1) = K(U_2 - U_1)$ 여기서, $h_2 - h_1$: 엔탈피[kJ] C_P : 정압비열[kJ/K] $T_1 \cdot T_2$: 변화전후의 온도(273+℃)[K] m : 질량[kg] K : 비열비 R : 기체상수[kJ/kg·K] $U_2 - U_1$: 내부에너지 변화[kJ]
⑥ 열량	$_1q_2 = C_P(T_2 - T_1)$ 여기서, $_1q_2$: 열량[kJ] C_P : 정압비열[kJ/K] $T_1 \cdot T_2$: 변화전후의 온도(273+℃)[K]

Key Point

* 원자량

원 소	원자량
H	1
C	12
N	14
O	16
F	19
Cl	35.5
Br	80

* 정압과정
압력이 일정한 상태에서의 과정

$$\dfrac{v}{T} = 일정$$

여기서,
v : 비체적[m⁴/N·s²]
T : 절대온도[K]

(3) 정적과정

※ 정적과정
비체적이 일정한 상태에서의 과정

$$\frac{P}{T} = 일정$$

여기서,
P : 압력[N/m²]
T : 절대온도[K]

※ 정적과정
(엔트로피 변화)

$$\Delta S = C_v \ln \frac{T_2}{T_1}$$

여기서,
ΔS : 엔트로피의 변화 [J/kg·K]
C_v : 정적비열 [J/kg·K]
$T_1 \cdot T_2$: 온도변화 (273+℃)[K]

※ 엔탈피와 엔트로피
① 엔탈피
 어떤 물질이 가지고 있는 총에너지
② 엔트로피
 어떤 물질의 정렬상태를 나타낸다.

구 분	공 식
① 압력과 온도	$\dfrac{P_2}{P_1} = \dfrac{T_2}{T_1}$ 여기서, $P_1 \cdot P_2$: 변화전후의 압력[kJ/m³] $T_1 \cdot T_2$: 변화전후의 온도(273+℃)[K]
② 절대일 (압축일)	$_1W_2 = 0$ 여기서, $_1W_2$: 절대일[kJ]
③ 공업일	$_1W_{t2} = -V(P_2 - P_1) = V(P_1 - P_2) = mR(T_1 - T_2)$ 여기서, $_1W_{t2}$: 공업일[kJ] V : 체적[m³] $P_1 \cdot P_2$: 변화전후의 압력[kJ/m³] R : 기체상수[kJ/kg·K] m : 질량[kg] $T_1 \cdot T_2$: 변화전후의 온도(273+℃)[K]
④ 내부에너지 변화	$U_2 - U_1 = C_V(T_2 - T_1) = \dfrac{mR}{K-1}(T_2 - T_1) = \dfrac{V}{K-1}(P_2 - P_1)$ 여기서, $U_2 - U_1$: 내부에너지 변화[kJ] C_V : 정적비열[kJ/K] $T_1 \cdot T_2$: 변화전후의 온도(273+℃)[K] m : 질량[kg] R : 기체상수[kJ/kg·K] K : 비열비 V : 체적[m³] $P_1 \cdot P_2$: 변화전후의 압력[kJ/m³]
⑤ 엔탈피	$h_2 - h_1 = C_P(T_2 - T_1) = m\dfrac{KR}{K-1}(T_2 - T_1) = K(U_2 - U_1)$ 여기서, $h_2 - h_1$: 엔탈피[kJ] C_P : 정압비열[kJ/K] $T_1 \cdot T_2$: 변화전후의 온도(273+℃)[K] m : 질량[kg] K : 비열비 R : 기체상수[kJ/kg·K] $U_2 - U_1$: 내부에너지 변화[kJ]
⑥ 열량	$_1q_2 = U_2 - U_1$ 여기서, $_1q_2$: 열량[kJ] $U_2 - U_1$: 내부에너지 변화[kJ]

(4) 등온과정

구 분	공 식
① 압력과 비체적	$\dfrac{P_2}{P_1} = \dfrac{v_1}{v_2}$ 여기서, $P_1 \cdot P_2$: 변화전후의 압력[kJ/m³] $v_1 \cdot v_2$: 변화전후의 비체적[m³/kg]
② 절대일 (압축일)	$_1W_2 = P_1V_1 \ln\dfrac{V_2}{V_1}$ $= mRT \ln\dfrac{V_2}{V_1}$ $= mRT \ln\dfrac{P_1}{P_2}$ $= P_1V_1 \ln\dfrac{P_1}{P_2}$ 여기서, $_1W_2$: 절대일[kJ] $P_1 \cdot P_2$: 변화전후의 압력[kJ/m³] $V_1 \cdot V_2$: 변화전후의 체적[m³] m : 질량[kg] R : 기체상수[kJ/kg·K] T : 절대온도(273+℃)[K]
③ 공업일	$_1W_{t2} = {_1W_2}$ 여기서, $_1W_{t2}$: 공업일[kJ] $_1W_2$: 절대일[kJ]
④ 내부에너지 변화	$U_2 - U_1 = 0$ 여기서, $U_2 - U_1$: 내부에너지 변화[kJ]
⑤ 엔탈피	$h_2 - h_1 = 0$ 여기서, $h_2 - h_1$: 엔탈피[kJ]
⑥ 열량	$_1q_2 = {_1W_2}$ 여기서, $_1q_2$: 열량[kJ] $_1W_2$: 절대일[kJ]

등온과정 = 등온변화 = 등온팽창

Key Point

※ 등온과정
온도가 일정한 상태에서의 과정

$Pv = $ 일정

여기서,
P : 압력[N/m²]
v : 비체적[m⁴/N·s²]

※ 등온팽창(등온과정)
(1) 내부에너지 변화량

$\Delta U = U_2 - U_1 = 0$

(2) 엔탈피 변화량

$\Delta H = H_2 - H_1 = 0$

※ 등온과정
(엔트로피 변화)

$\Delta S = R \ln \dfrac{V_2}{V_1}$

여기서,
ΔS : 엔트로피 변화
[J/kg·K]
R : 공기의 가스 정수
(287J/kg·K)
$V_1 \cdot V_2$: 체적변화[m³]

(5) 단열변화

※ **단열변화**
손실이 없는 상태에서의 과정

$$PV^k = 일정$$

여기서,
P : 압력[N/m²]
V : 비체적[m⁴/N·s²]
k : 비열비

구 분	공 식
① 온도, 비체적 과 압력	$$\frac{T_2}{T_1} = \left(\frac{v_1}{v_2}\right)^{K-1} = \left(\frac{P_2}{P_1}\right)^{\frac{K-1}{K}}$$ $$\frac{P_2}{P_1} = \left(\frac{v_1}{v_2}\right)^K$$ 여기서, $T_1 \cdot T_2$: 변화전후의 온도(273+℃)[K] $v_1 \cdot v_2$: 변화전후의 비체적[m³/kg] $P_1 \cdot P_2$: 변화전후의 압력[kJ/m³] K : 비열비
② 절대일 (압축일)	$${}_1W_2 = \frac{1}{K-1}(P_1V_1 - P_2V_2) = \frac{mR}{K-1}(T_1 - T_2) = C_V(T_1 - T_2)$$ 여기서, ${}_1W_2$: 절대일[kJ] K : 비열비 $P_1 \cdot P_2$: 변화전후의 압력[kJ/m³] $V_1 \cdot V_2$: 변화전후의 체적[m³] m : 질량[kg] R : 기체상수[kJ/kg·K] $T_1 \cdot T_2$: 변화전후의 온도(273+℃)[K] C_V : 정적비열[kJ/K]
③ 공업일	$${}_1W_{t2} = -C_P(T_2 - T_1) = C_P(T_1 - T_2) = m\frac{KR}{K-1}(T_1 - T_2)$$ 여기서, ${}_1W_{t2}$: 공업일[kJ] C_P : 정압비열[kJ/K] $T_1 \cdot T_2$: 변화전후의 온도(273+℃)[K] m : 질량[kg] K : 비열비 R : 기체상수[kJ/kg·K]
④ 내부에너지 변화	$$U_2 - U_1 = C_V(T_2 - T_1) = \frac{mR}{K-1}(T_2 - T_1)$$ 여기서, $U_2 - U_1$: 내부에너지 변화[kJ] C_V : 정적비열[kJ/K] $T_1 \cdot T_2$: 변화전후의 온도(273+℃)[K] m : 질량[kg] R : 기체상수[kJ/kg·K] K : 비열비
⑤ 엔탈피	$$h_2 - h_1 = C_P(T_2 - T_1) = m\frac{KR}{K-1}(T_2 - T_1)$$ 여기서, $h_2 - h_1$: 엔탈피[kJ] C_P : 정압비열[kJ/K] $T_1 \cdot T_2$: 변화전후의 온도(273+℃)[K] m : 질량[kg] K : 비열비 R : 기체상수[kJ/kg·K]
⑥ 열량	$${}_1q_2 = 0$$ 여기서, ${}_1q_2$: 열량[kJ]

(6) 폴리트로픽 변화

구 분	공 식
① 온도, 비체적과 압력	$\dfrac{P_2}{P_1} = \left(\dfrac{v_1}{v_2}\right)^n$ $\dfrac{T_2}{T_1} = \left(\dfrac{v_1}{v_2}\right)^{n-1} = \left(\dfrac{P_2}{P_1}\right)^{\frac{n-1}{n}}$ 여기서, $P_1 \cdot P_2$: 변화전후의 압력[kJ/m³] $v_1 \cdot v_2$: 변화전후의 비체적[m³] $T_1 \cdot T_2$: 변화전후의 온도(273+℃)[K] n : 폴리트로픽 지수
② 절대일 (압축일)	$_1W_2 = \dfrac{1}{n-1}(P_1V_1 - P_2V_2) = \dfrac{mR}{n-1}(T_1 - T_2)$ $= \dfrac{mRT_1}{n-1}\left(1 - \dfrac{T_2}{T_1}\right) = \dfrac{mRT_1}{n-1}\left[1 - \left(\dfrac{P_2}{P_1}\right)^{\frac{n-1}{n}}\right]$ 여기서, $_1W_2$: 절대일[kJ] n : 폴리트로픽 지수 $P_1 \cdot P_2$: 변화전후의 압력[kJ/m³] $V_1 \cdot V_2$: 변화전후의 체적[m³] m : 질량[kg] $T_1 \cdot T_2$: 변화전후의 온도(273+℃)[K] R : 기체상수[kJ/kg·K]
③ 공업일	$_1W_{t2} = R(T_1 - T_2)\left(\dfrac{1}{n-1} + 1\right) = m\dfrac{nRT_1}{n-1}\left[1 - \left(\dfrac{P_2}{P_1}\right)^{\frac{n-1}{n}}\right]$ 여기서, $_1W_{t2}$: 공업일[kJ] R : 기체상수[kJ/kg·K] $T_1 \cdot T_2$: 변화전후의 온도(273+℃)[K] n : 폴리트로픽 지수 m : 질량[kg] $P_1 \cdot P_2$: 변화전후의 압력[kJ/m³]
④ 내부에너지 변화	$U_2 - U_1 = C_V(T_2 - T_1) = \dfrac{mR}{K-1}(T_2 - T_1)$ 여기서, $U_2 - U_1$: 내부에너지 변화[kJ] C_V : 정적비열[kJ/K] $T_1 \cdot T_2$: 변화전후의 온도(273+℃)[K] m : 질량[kg] R : 기체상수[kJ/kg·K] K : 비열비
⑤ 엔탈피	$h_2 - h_1 = C_P(T_2 - T_1) = m\dfrac{KR}{K-1}(T_2 - T_1) = K(U_2 - U_1)$ 여기서, $h_2 - h_1$: 엔탈피[kJ] C_P : 정압비열[kJ/K]

Key Point

※ 폴리트로픽 변화

$PV^n = $ 정수 $(n = 0)$	등압변화 (정압변화)
$PV^n = $ 정수 $(n = 1)$	등온변화
$PV^n = $ 정수 $(n = K)$	단열변화
$PV^n = $ 정수 $(n = \infty)$	정적변화

여기서,
P : 압력[kJ/m³]
V : 체적[m³]
n : 폴리트로픽 지수
K : 비열비

※ 폴리트로픽 과정 (일)

$$W = \dfrac{P_1 V_1}{n-1}\left(1 - \dfrac{T_2}{T_1}\right)$$

여기서,
W : 일[kJ]
P_1 : 압력[kPa]
V_1 : 체적[m³]
$T_2 \cdot T_1$: 절대온도[K]
n : 폴리트로픽 지수

※ 폴리트로픽 과정 (엔트로피 변화)

$$\Delta S = C_n \ln \dfrac{T_2}{T_1}$$

여기서,
ΔS : 엔트로피 변화 [kJ/K]
C_n : 폴리트로픽 비열 [kJ/K]

$T_1 \cdot T_2$: 변화전후의 온도(273+℃)[K]
K : 비열비
m : 질량[kg]
R : 기체상수[kJ/kg·K]
$U_2 - U_1$: 내부에너지 변화[kJ]

⑥ 열량

$$_1q_2 = m\frac{KR}{K-1}(T_2-T_1) - m\frac{nR}{n-1}(T_2-T_1)$$
$$= C_V\left(\frac{n-K}{n-1}\right)(T_2-T_1) = C_n(T_2-T_1)$$

여기서, $_1q_2$: 열량[kJ]
m : 질량[kg]
K : 비열비
R : 기체상수[kJ/kg·K]
$T_1 \cdot T_2$: 변화전후의 온도(273+℃)[K]
C_V : 정적비열[kJ/K]
n : 폴리트로픽 지수
C_n : 폴리트로픽 비열[kJ/K]

※ 카르노사이클
두 개의 가역단열과정과 두 개의 가역등온과정으로 이루어진 열기관의 가장 이상적인 사이클

3 카르노사이클

(1) 열효율

$$\eta = 1 - \frac{T_L}{T_H} = 1 - \frac{Q_L}{Q_H}$$

여기서, η : 카르노사이클의 열효율
T_L : 저온(273+℃)[K]
T_H : 고온(273+℃)[K]
Q_L : 저온열량[kJ]
Q_H : 고온열량[kJ]

문제 500℃와 20℃의 두 열원 사이에 설치되는 열기관이 가질 수 있는 최대의 이론
　　　　T_H　　　T_L
열효율은 약 몇 %인가?
　η

① 48　　　　　　　　② 58
③ 62　　　　　　　　④ 96

해설 (1) 기호
- T_H : 500℃
- T_L : 20℃
- η : ?

(2)
$$\eta = 1 - \frac{T_L}{T_H}$$

여기서, η : 열효율
T_H : 고온(273+℃)[K]
T_L : 저온(273+℃)[K]

열효율 η 는
$$\eta = 1 - \frac{T_L}{T_H} = 1 - \frac{(273+20)\text{K}}{(273+500)\text{K}} \fallingdotseq 0.62 = 62\%$$

답 ③

(2) 출력일

$$W = Q_H \left(1 - \frac{T_L}{T_H}\right)$$

여기서, W : 출력(일)[kJ]
Q_H : 고온열량[kJ]
T_L : 저온(273+℃)[K]
T_H : 고온(273+℃)[K]

(3) 성능계수(COP ; Coefficient of Performance)

냉동기의 성능계수	열펌프의 성능계수
$\beta = \dfrac{Q_L}{Q_H - Q_L} = \dfrac{T_L}{T_H - T_L}$	$\beta = \dfrac{Q_H}{Q_H - Q_L} = \dfrac{T_H}{T_H - T_L}$
여기서, β : 냉동기의 성능계수 Q_L : 저열[k] Q_H : 고열[kJ] T_L : 저온[k] T_H : 고온[k]	여기서, β : 열펌프의 성능계수 Q_L : 저열[kJ] Q_H : 고열[kJ] T_L : 저온[k] T_H : 고온[k]

※ 성능계수
냉동기 또는 난방기(열펌프)에서 성능을 표시하는 지수

※ 성능계수와 같은 의미
① 성적계수
② 동작계수

4 열전달

(1) 전도

① 열전달량

$$\overset{\circ}{q} = \frac{kA(T_2 - T_1)}{l}$$

여기서, $\overset{\circ}{q}$: 열전달량[W]
k : 열전도율[W/m·℃]
A : 단면적[m²]
$(T_2 - T_1)$: 온도차[℃]
l : 벽체두께[m]

열전달량 = 열전달률 = 열유동률 = 열흐름률

※ 전도
하나의 물체가 다른 물체와 직접 접촉하여 열이 이동하는 현상

※ 열전도율과 같은 의미
열전도도

※ 열전도율
어떤 물질이 열을 전달할 수 있는 능력의 정도

문제 면적이 12m²(A), 두께가 10mm(l)인 유리의 열전도율이 0.8W/m·℃(R)이다. 어느 추운 날 유리의 바깥쪽 표면온도는 -1℃(T_1)이며 안쪽 표면온도는 3℃(T_2)이다. 이 경우 유리를 통한 열전달량($\overset{\circ}{q}$)은 몇 W인가?

① 3780　　② 3800　　③ 3820　　④ 3840

해설 (1) 기호
- A : 12m²
- l : 10mm
- R : 0.8W/m·℃
- T_1 : -1℃
- T_2 : 3℃
- $\mathring{q}$: ?

(2) 열전달량

$$\mathring{q} = \frac{kA(T_2 - T_1)}{l}$$

여기서, $\mathring{q}$: 열전달량[W]
k : 열전도율[W/m·℃]
A : 단면적[m²]
$(T_2 - T_1)$: 온도차[℃]
l : 벽체두께[m]

열전달량 $\mathring{q}$는

$$\mathring{q} = \frac{kA(T_2 - T_1)}{l}$$

$$= \frac{0.8\text{W/m}\cdot\text{℃} \times 12\text{m}^2 \times (3-(-1))\text{℃}}{10\text{mm}}$$

$$= \frac{0.8\text{W/m}\cdot\text{℃} \times 12\text{m}^2 \times (3-(-1))\text{℃}}{0.01\text{m}} = 3840\text{W}$$

답 ④

※ **단위면적당 열전달량과 같은 의미**
① 단위면적당 열유동률
② 열유속
③ 순열류
④ 열류(Heat Flux)

② 단위면적당 열전달량

$$\mathring{q}'' = \frac{k(T_2 - T_1)}{l}$$

여기서, $\mathring{q}''$: 단위면적당 열전달량[W/m²]
k : 열전도율[W/m·K]
$(T_2 - T_1)$: 온도차[℃ 또는 K]
l : 두께[m]

(2) 대류

① 대류열류

$$\mathring{q} = Ah(T_2 - T_1)$$

여기서, $\mathring{q}$: 대류열류[W]
A : 대류면적[m²]
h : 대류전열계수[W/m²·℃]
$(T_2 - T_1)$: 온도차[℃]

※ **대류**
액체 또는 기체의 흐름에 의하여 열이 이동하는 현상

※ **대류전열계수**
'열손실계수' 또는 '열전달률'이라고도 부른다.

② 단위면적당 대류열류

$$\mathring{q}'' = h(T_2 - T_1)$$

여기서, $\mathring{q}''$: 대류열류[W/m²]
h : 대류전열계수[W/m²·C]
$(T_2 - T_1)$: 온도차[℃]

문제 화재실 내부에 발생한 난류화염에 벽체가 노출되었다. 화염으로부터 벽체에 전달되는 대류열유속($\mathring{q}''$)(W/m²)은 얼마인가? (단, 대류열전달계수는 h = 7W/m²·℃, 난류 화염의 온도는 T_2 = 900℃, 벽체의 온도는 T_1 = 30℃, 벽체면적은 A = 2m²이다.)

① 6090
② 6510
③ 12180
④ 13020

해설 (1) 기호

- $\mathring{q}''$: ?
- h : 7W/m²·℃
- $(T_2 - T_1)$: (900 − 30)℃
- A : 2m²

(2) 대류열류 $\mathring{q}''$ 는

$$\mathring{q}'' = h(T_2 - T_1)$$
$$= 7\text{W/m}^2 \cdot ℃ \times (900 - 30)℃$$
$$= 6090 \text{W/m}^2$$

- 대류열유속의 단위에 m²가 이미 있으므로 벽체면적(A)은 적용할 필요 없음

답 ①

(3) 복사

① 복사열

$$\mathring{q} = AF_{12}\varepsilon\sigma T^4$$

여기서, $\mathring{q}$: 복사열[W]
A : 단면적[m²]
F_{12} : 배치계수(형상계수)
ε : 복사능(방사율)[$1-e^{(-kl)}$]
k : 흡수계수(absorption coefficient)[m⁻¹]
l : 화염두께[m]
σ : 스테판-볼츠만 상수(5.667×10^{-8}W/m²·K⁴)
T : 온도[K]

② 단위면적당 복사열

$$\mathring{q}'' = F_{12}\varepsilon\sigma T^4$$

여기서, $\mathring{q}''$: 단위면적당 복사열[W/m²]
F_{12} : 배치계수(형상계수)
ε : 복사능(방사율)[$1-e^{(-kl)}$]
k : 흡수계수(absorption coefficient)[m⁻¹]
l : 화염두께[m]
σ : 스테판-볼츠만 상수(5.667×10^{-8}W/m²·K⁴)
T : 온도[K]

✱ 복사
전자파의 형태로 열이 옮겨지는 현상으로서, 높은 온도에서 낮은 온도로 열이 이동한다.

✱ 복사열과 같은 의미
복사에너지

✱ 복사능
동일한 온도에서 흑체에 의해 흡수되는 에너지와 물체의 표면에 의해 방출되는 복사에너지의 비로서 '방사율' 또는 '복사율'이라고도 부른다.

✱ 열복사 현상에 대한 이론적인 설명
① 키르히호프의 법칙 (Kirchhoff의 법칙)
② 스테판-볼츠만의 법칙 (Stefan-Boltzmann의 법칙)
③ 플랑크의 법칙 (Plank의 법칙)

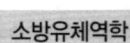 소방유체역학

완전흑체 $\varepsilon = 1$

흑체방사도

$$\varepsilon = \sigma T_0^4 t$$

여기서, ε : 흑체방사도
σ : Stefan-Baltzman 상수($5.667 \times 10^{-8} \text{W/m}^2 \cdot \text{K}^4$)
T_0 : 상수
t : 시간[s]

※ 흑체(Black Body)
① 모든 파장의 복사열을 완전히 흡수하는 물체
② 복사에너지를 투과나 반사없이 모두 흡수하는 것

CHAPTER 05 유체의 마찰 및 펌프의 현상

1 유체의 마찰

출제확률 16.3% (3문제)

1 배관(pipe)

배관의 두께는 스케줄 번호(Schedule No)로 표시한다.

$$\text{Schedule No} = \frac{\text{내부 작업압력}}{\text{재료의 허용응력}} \times 1000$$

> **문제** 스케줄 번호는 다음 중 배관의 무엇을 나타내는가?
> ① 배관의 길이 ② 배관의 구경
> ③ 배관의 두께 ④ 배관의 재질
> 답 ③

※ 스케줄 번호
① 저압배관 : 40 이상
② 고압배관 : 80 이상

2 관부속품(pipe fitting)

용도	관부속품
2개의 관 연결	플랜지(flange), 유니언(union), 커플링(coupling), 니플(nipple), 소켓(socket)
관의 방향변경	Y지관, 엘보(elbow), 티(Tee), 십자(cross)
관의 직경변경	리듀서(reducer), 부싱(bushing)
유로 차단	플러그(plug), 밸브(valve), 캡(cap)
지선 연결	Y지관, 티(Tee), 십자(cross)

※ 티
배관부속품 중 압력손실이 가장 크다.

3 배관부속류에 상당하는 직관길이

관 이음쇠 밸브	티(측류)	45°엘보	게이트 밸브	유니언
	상당 직관길이			
50mm	3m	1.2m	0.39m	극히 작다.

※ 직관길이가 길수록 압력손실이 크다.

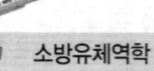

2 펌프의 양정

1 흡입양정

수원에서 펌프중심까지의 수직거리

※ NPSH(Net Positive Suction Head) : 흡입양정

※ 최대 NPSH
대기압수두 − 유효NPSH

(1) **흡입 NPSH**(수조가 펌프보다 낮을 때)

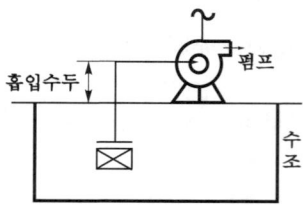

$$\text{NPSH} = H_a - H_v - H_s - H_L$$

여기서, NPSH : 유효흡입양정[m]
H_a : 대기압수두[m]
H_v : 수증기압수두[m]
H_s : 흡입수두[m]
H_L : 마찰손실수두[m]

(2) **압입 NPSH**(수조가 펌프보다 높을 때)

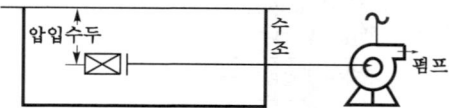

$$\text{NPSH} = H_a - H_v + H_s - H_L$$

여기서, NPSH : 유효흡입양정[m]
H_a : 대기압수두[m]
H_v : 수증기압수두[m]
H_s : 압입수두[m]
H_L : 마찰손실수두[m]

문제 설계기준온도는 25℃이고, 25℃에서의 수증기압은 0.015MPa, 펌프 흡입배관에서의 마찰손실수두는 2m일 때 펌프의 유효흡입양정(NPSH)은 몇 m인가?

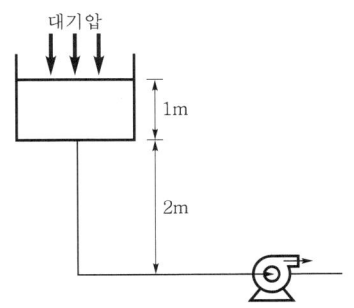

① 6.83m ② 7.83m
③ 8.83m ④ 9.83m

해설 표준대기압

$$1atm = 760mmHg = 1.0332 kg_f/cm^2$$
$$= 10.332 mH_2O(mAq)$$
$$= 14.7 PSI(lb_f/in^2)$$
$$= 101.325 kPa(kN/m^2)$$
$$= 1013 mbar$$

1MPa ≒ 100m 이므로

대기압수두(H_a) : 10.332m
(문제에 주어지지 않았을 때는 **표준대기압**을 적용한다)
수증기압수두(H_v) : 0.015MPa=1.5m
압입수두(H_s) : 1m+2m=3m
(펌프중심~수원까지의 수직거리)
마찰손실수두(H_L) : 2m
수조가 펌프보다 높으므로 **압입** NPSH는
NPSH = $H_a - H_v + H_s - H_L$
= 10.332m - 1.5m + 3m - 2m
= 9.832
≒ 9.83m

● **NPSH**(Net Positive Suction Head) : 유효흡입양정

답 ④

2 토출양정

펌프의 중심에서 송출 높이까지의 수직거리

3 실양정

수원에서 송출 높이까지의 수직거리로서 **흡입양정**과 **토출양정**을 합한 값

4 전양정

실양정에 직관의 마찰손실수두와 관부속품의 마찰손실수두를 합한 값

※ 실양정과 전양정
$$\frac{전양정(H)}{실양정(H_a)} = 1.2 \sim 1.5$$

3 펌프의 동력

1 전동력

일반적인 전동기의 동력(용량)을 말한다.

$$P = \frac{\gamma QH}{1000\eta} K$$

여기서, P : 전동력[kW]
γ : 비중량(물의 비중량 9800N/m³)
Q : 유량[m³/s]
H : 전양정[m]
K : 전달계수
η : 효율

또는

$$P = \frac{0.163\, QH}{\eta} K$$

여기서, P : 전동력[kW]
Q : 유량[m³/min]
H : 전양정[m]
K : 전달계수
η : 효율

※ 동력
단위시간에 한 일

※ 단위
① 1HP = 0.746kW
② 1PS = 0.735kW

※ 효율
전동기가 실제가 행한 유효한 일

※ 역률
전원에서 공급된 전력이 부하에서 유효하게 이용되는 비율

문제 ★★ 전양정 80m, 토출량 500*l*/min인 소화펌프가 있다. 펌프효율 65%, 전달계수 1.1인 경우 전동기 용량은 얼마가 적당한가?

① 10kW ② 11kW
③ 12kW ④ 13kW

해설 (1) 기호
- H : 80m
- Q : 0.5m³/min(500*l*/min = 0.5m³/min)
- η : 65%=0.65
- K : 1.1
- P : ?

(2) **전동기의 용량** P 는
$$P = \frac{0.163\, QH}{\eta} K = \frac{0.163 \times 0.5\text{m}^3/\text{min} \times 80\text{m}}{0.65} \times 1.1 \fallingdotseq 11\text{kW}$$

답 ②

※ 펌프의 동력
① 전동력
  전달계수와 효율을 모두 고려한 동력
② 축동력
  전달계수를 고려하지 않은 동력
③ 수동력
  전달계수와 효율을 고려하지 않은 동력

2 축동력

전달계수(K)를 고려하지 않은 동력이다.

$$P = \frac{\gamma QH}{1000\eta}$$

여기서, P : 축동력[kW]
γ : 비중량(물의 비중량 9800N/m³)
Q : 유량[m³/s]
H : 전양정[m]
η : 효율

또는

$$P = \frac{0.163\,QH}{\eta}$$

여기서, P : 축동력[kW], Q : 유량[m³/min]
H : 전양정[m], η : 효율

3 수동력

전달계수(K)와 효율(η)을 고려하지 않은 동력이다.

$$P = \frac{\gamma QH}{1000}$$

여기서, P : 수동력[kW], γ : 비중량(물의 비중량 9800N/m³)
Q : 유량[m³/s], H : 전양정[m]

※ 비중량
단위체적당 중량

또는

$$P = 0.163\,QH$$

여기서, P : 수동력[kW]
Q : 유량[m³/min]
H : 전양정[m]

4 압축비

$$K = \sqrt[\varepsilon]{\frac{p_2}{p_1}}$$

여기서, K : 압축비
ε : 단수
p_1 : 흡입측 압력[MPa]
p_2 : 토출측 압력[MPa]

※ 단수
'임펠러개수'를 말한다.

문제 스프링클러소화설비용 펌프의 흡입측 압력이 0.25MPa이었고, 토출측 압력이 0.96MPa
　　　　　　　　　　　　　　　　　　　　　　　　p_1　　　　　　　　　　　p_2
로 나타났다면 압축비를 1.4로 할 때 펌프의 단수는?
　　　　　　　　　　K　　　　　　　ε

① 4　　　　　　　　　　　　　② 3
③ 2　　　　　　　　　　　　　④ 1

해설 (1) 기호
- p_1 : 0.25MPa
- p_2 : 0.96MPa
- K : 1.4
- ε : ?

(2) 압축비

$$K = \sqrt[\varepsilon]{\dfrac{p_2}{p_1}}$$

$K = \sqrt[\varepsilon]{\dfrac{p_2}{p_1}}$

$1.4 = \sqrt[\varepsilon]{\dfrac{0.96\text{MPa}}{0.25\text{MPa}}}$

$\therefore \varepsilon = 4$

답 ①

4 펌프의 종류

1 원심 펌프(centrifugal pump)

※ 원심 펌프
소화용수펌프

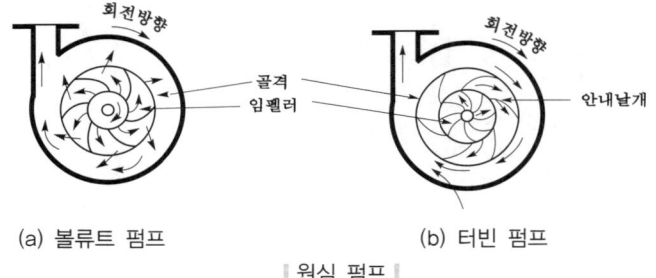

| 원심 펌프 |

(1) 종류

볼류트 펌프(volute pump)	터빈 펌프(turbine pump)
저양정과 많은 토출량에 적용, **안내 날개**가 없다.	**고양정**과 적은 토출량에 적용, **안내 날개**가 있다.

※ 볼류트 펌프
안내 날개(가이드 베인)가 없다.

※ 터빈 펌프
안내 날개(가이드 베인)가 있다.

(2) 특징
① 구조가 간단하고 송수하는 양이 크다.
② 토출양정이 작고, 배출이 연속적이다.

※ 펌프의 비속도값
축류 펌프>볼류트 펌프>터빈 펌프

문제 회전차의 외주에 접해서 안내깃이 없고 저양정에 적합한 펌프는?
① 디퓨저 펌프 ② 피스톤 펌프
③ 볼류트 펌프 ④ 기어 펌프

해설 원심 펌프

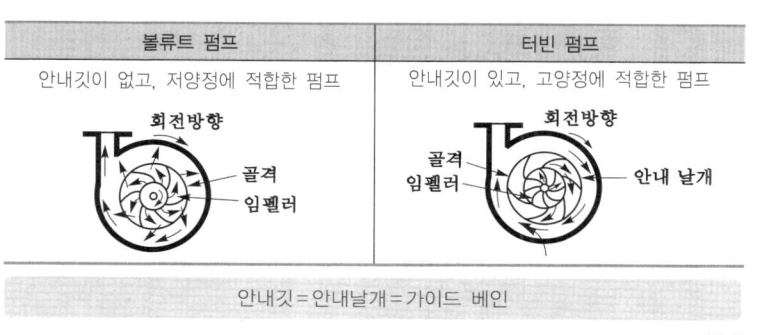

답 ③

2 왕복 펌프(reciprocating pump)

토출측의 밸브를 닫은 채(shut off) 운전해서는 안 된다.

(1) 종류
① 다이어프램 펌프(diaphragm pump)
② 피스톤 펌프(piston pump)
③ 플런저 펌프(plunger pump)

(2) 특징
① 구조가 복잡하고, 송수하는 양이 적다.
② 토출양정이 크고, 배출이 불연속적이다.

※ **Nash 펌프** : 유독성 가스를 수용하는 데 적합한 펌프

3 회전 펌프

펌프의 회전수를 일정하게 하였을 때 토출량이 증가함에 따라 양정이 감소하다가 어느 한도 이상에서는 급격히 감소하는 펌프이다.

(1) 종류
① 기어 펌프(gear pump)
② 베인 펌프(vane pump) : **회전속도**의 범위가 가장 넓고, **효율**이 가장 높다.

(2) 특징
① **소유량, 고압**의 **양정**을 요구하는 경우에 적합하다.
② **구조**가 **간단**하고 취급이 용이하다.
③ 송출량의 변동이 적다.
④ 비교적 점도가 높은 유체에도 성능이 좋다.

Key Point

※ 원심력과 양력
① 원심력 : 원심 펌프에서 양정을 만들어 내는 힘
② 양력 : 축류펌프에서 양정을 만들어 내는 힘

※ 펌프의 연결
(1) 직렬 연결
 ① 양수량 : Q
 ② 양정 : $2H$
  (토출압 : $2P$)
(2) 병렬 연결
 ① 양수량 : $2Q$
 ② 양정 : H
  (토출압 : P)

5 펌프설치시의 고려사항

① 실내의 펌프배열은 운전보수에 편리하게 한다.
② 펌프실은 될 수 있는 한 흡수원을 가깝게 두어야 한다.
③ 펌프의 기초중량은 보통 펌프중량의 **3~5배**로 한다.
④ 홍수시의 전동기를 위한 **배수설비**를 갖추어 안전을 고려한다.

6 관내에서 발생하는 현상

1 공동현상(cavitation)

펌프의 흡입측 배관내의 물의 정압이 기존의 증기압보다 낮아져서 기포가 발생되어 물이 흡입되지 않는 현상이다.

(1) 공동현상의 발생현상
① 소음과 진동발생
② 관부식
③ **임펠러의 손상**(수차의 날개를 해친다)
④ 펌프의 성능 저하

문제 공동현상이 발생하여 가장 크게 영향을 미치는 것은?
① 수차의 축을 해친다.　　② 수차의 흡축관을 해친다.
③ 수차의 날개를 해친다.　④ 수차의 배출관을 해친다.

해설 공동현상의 발생현상
(1) 소음과 진동발생
(2) 관 부식
(3) 임펠러의 손상(수차의 날개 손상)
(4) 펌프의 성능저하

답 ③

---

(2) 공동현상의 발생원인
① 펌프의 흡입수두(흡입양정)가 클 때(소화펌프의 흡입고가 클 때)
② 펌프의 마찰손실이 클 때
③ 펌프의 임펠러속도가 클 때
④ 펌프의 설치 위치가 수원보다 높을 때
⑤ 관내의 수온이 높을 때(물의 온도가 높을 때)
⑥ 관내의 물의 정압이 그때의 증기압보다 낮을 때
⑦ 흡입관의 구경이 작을 때
⑧ 흡입거리가 길 때
⑨ 유량이 증가하여 펌프물이 과속으로 흐를 때

※ 다익팬(시로코팬)
송풍기의 일종으로 풍압이 낮으나 비교적 큰 풍량을 얻을 수 있다.

※ 축류식 FAN
효율이 가장 높으며 큰 풍량에 적합하다.

※ 공동현상
소화 펌프의 흡입고가 클 때 발생

※ 임펠러
수차에서 물을 회전시키는 바퀴를 의미하는 것으로서, '수차날개'라고도 한다.

(3) 공동현상의 방지대책
① 펌프의 흡입수두를 작게 한다.
② 펌프의 마찰손실을 작게 한다.
③ 펌프의 **임펠러속도**(회전수)를 작게 한다.
④ 펌프의 설치 위치를 수원보다 낮게 한다.
⑤ 양흡입 펌프를 사용한다(펌프의 흡입측을 가압한다).
⑥ 관내의 물의 정압을 그때의 증기압보다 높게 한다.
⑦ 흡입관의 구경을 크게 한다.
⑧ 펌프를 2개 이상 설치한다.

> **문제** 펌프의 **공동현상**(Cavitation)의 **방지방법**이 아닌 것은?
> ① 수조의 밑부분에 **배수밸브** 및 **배수관**을 설치해 둔다. 해당없음
> ② 펌프의 설치위치를 수조의 수위보다 낮게 한다.
> ③ 흡입관로의 마찰손실을 줄인다.
> ④ 양흡입펌프를 선정한다.
>
> **해설** ① 맥동현상에 대한 방지대책의 내용이다. **답** ①

2 수격작용(water hammering)

배관속의 물흐름을 급히 차단하였을 때 동압이 정압으로 전환되면서 일어나는 쇼크(shock) 현상으로 다시 말하면, 배관 내를 흐르는 유체의 유속을 급격하게 변화시키므로 압력이 상승 또는 하강하여 **관로**의 **벽면**을 **치는 현상**이다.

(1) 수격작용의 발생원인
① 펌프가 갑자기 정지할 때
② 급히 밸브를 개폐할 때
③ 정상운전시 유체의 압력변동이 생길 때

(2) 수격작용의 방지대책
① 관의 관경(직경)을 크게 한다.
② 관내의 유속을 낮게 한다(관로에서 일부 고압수를 방출한다).
③ 조압수조(surge tank)를 관선에 설치한다.
④ **플라이 휠**(fly wheel)을 설치한다.
⑤ 펌프 송출구(토출측) 가까이에 밸브를 설치한다.
⑥ 펌프 송출구에 **수격**을 **방지**하는 **체크밸브**를 달아 역류를 막는다.
⑦ 에어챔버(Air chamber)를 설치한다.
⑧ 회전체의 **관성 모멘트**를 **크게** 한다.

✽ 수격작용
흐르는 물을 갑자기 정지시킬 때 수압이 급상승하는 현상

✽ 조압수조
배관내에 적정압력을 유지하기 위하여 설치하는 일종의 물탱크를 말한다.

✽ 플라이 휠
펌프의 회전속도를 일정하게 유지하기 위하여 펌프축에 설치하는 장치

✽ 에어챔버
공기가 들어있는 칸으로서 '공기실'이라고도 부른다.

※ 맥동현상이 발생하는 펌프

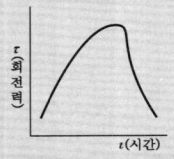

3 맥동현상(surging)

유량이 단속적으로 변하여 펌프 입출구에 설치된 진공계·압력계가 흔들리고 진동과 소음이 일어나며 펌프의 토출유량이 변하는 현상이다.

(1) 맥동현상의 발생원인
① 배관중에 **수조**가 있을 때
② 배관중에 **기체상태**의 부분이 있을 때
③ **유량조절밸브**가 배관중 수조의 위치 **후방**에 있을 때
④ 펌프의 특성곡선이 **산모양**이고 운전점이 그 **정상부**일 때

> 문제 ★★★ 관의 서징(surging) 발생조건으로 적당치 않은 것은?
> ① 유량조절밸브가 배관 중 수조의 위치 후방에 있을 때
> ② 배관 중에 수조가 있을 때
> ③ 배관 중에 기체상태의 부분이 있을 때
> ④ 펌프의 입상곡선이 우향 강하 구배일 때
>   특성곡선
>
> 해설 **서징의 발생조건**
> (1) 배관 중에 수조가 있을 때
> (2) 배관 중에 **기체상태**의 부분이 있을 때
> (3) 유량조절밸브가 배관 중 수조의 **위치 후방**에 있을 때
> (4) 펌프의 특성곡선이 **산 모양**이고 운전점이 그 **정상부**일 때
>
>   서징(surging) = 맥동현상
>
> 답 ④

(2) 맥동현상의 방지대책
① 배관중의 불필요한 수조를 없앤다.
② 배관내의 기체(공기)를 제거한다.
③ 유량조절밸브를 배관중 수조의 전방에 설치한다.
④ 운전점을 고려하여 적합한 펌프를 선정한다.
⑤ 풍량 또는 토출량을 줄인다.

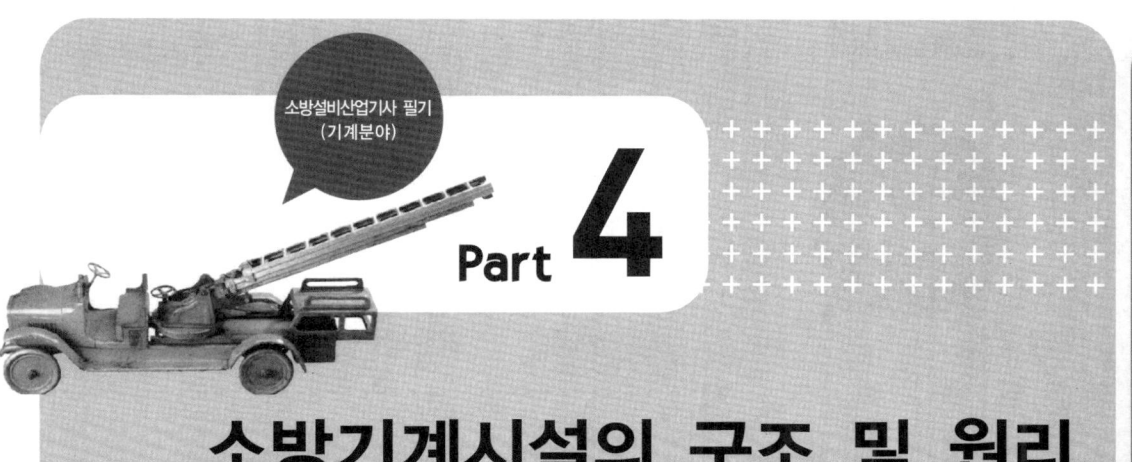

Part 4 소방기계시설의 구조 및 원리

Chapter 1 소화설비

Chapter 2 피난구조설비

Chapter 3 소화활동설비 및 소화용수설비

출제경향분석

소화설비

- ① 소화기구 2.2% (1문제)
- ② 옥내소화전설비 11.0% (2문제)
- ③ 옥외소화전설비 6.3% (1문제)
- ④ 스프링클러설비 15.9% (3문제)
- ⑤ 물분무 소화설비 5.6% (1문제)
- ⑥ 포소화설비 9.7% (2문제)
- ⑦ 이산화탄소 소화설비 5.3% (1문제)
- ⑧ 할로겐 화합물·⑨ 청정소화약제 소화설비 5.9% (1문제)
- ⑩ 분말소화설비 7.8% (2문제)

14문제

CHAPTER 01 소화설비

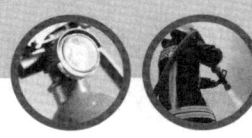

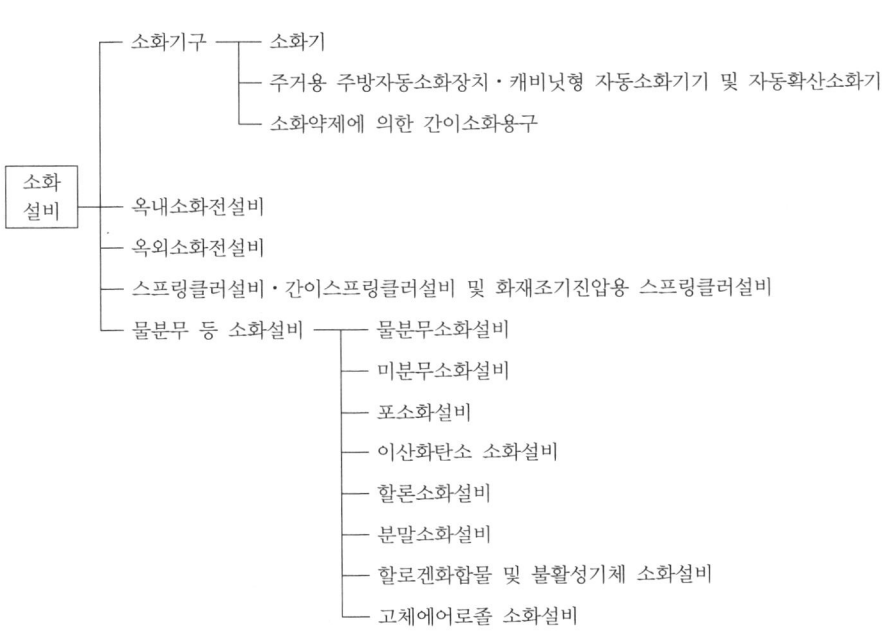

Key Point

* **질석**
  흑운모와 비슷한 광물로서 가열하면 팽창하여 용융됨

* **마른모래**
  예전에는 '건조사'라고 불렀다.

1 소화 기구

 (1문제)

1 소화기의 분류

(1) **소화능력단위에 의한 분류**(소화기 형식 4조)
  ① 소형소화기 : **1단위** 이상
  ② 대형소화기 ┬ A급 : **10단위** 이상
              └ B급 : **20단위** 이상

‖ 대형소화기의 소화약제 충전량(소화기 형식 10조) ‖

종 별	충전량
포	20l 이상
분말	20kg 이상
할로겐화합물	30kg 이상
이산화탄소	50kg 이상
강화액	60l 이상
물	80l 이상

* **소화능력단위**
  소방기구의 소화능력을 나타내는 수치

* **소화기 추가설치거리**
  ① 소형소화기 : 20m 이내
  ② 대형소화기 : 30m 이내

* **소화기 추가 설치 개수**
  ① 전기설비
     $\frac{\text{해당 바닥면적}}{50\text{m}^2}$
  ② 보일러·음식점·의료시설·업무시설 등
     $\frac{\text{해당 바닥면적}}{25\text{m}^2}$

소방기계시설의 구조 및 원리

문제 ★★★
대형 소화기를 설치할 때에 소방대상물의 각 부분으로부터 1개의 대형 소화기까지의 **보행거리**가 몇 m 이내가 되도록 배치하여야 하는가?
① 20　　　　　　② 25
③ 30　　　　　　④ 40

해설 보행거리

보행거리	적 용
20m 이내	• 소형 소화기
30m 이내	• 대형 소화기 보기 ③

기억법 보3대

답 ③

(2) 가압방식에 의한 분류

① 축압식 소화기 : 소화기의 용기 내부에 소화약제와 함께 압축공기 또는 불연성 가스(N_2, CO_2)를 축압시켜 그 압력에 의해 방출되는 방식이다.

② 가압식 소화기 : 소화약제의 방출원이 되는 압축 가스를 압력 봄베 등의 별도의 용기에 저장했다가 가스의 압력에 의해 방출시키는 방식으로 **수동 펌프식, 화학반응식, 가스 가압식**으로 분류된다.

소화약제별 가압방식		
소화기	방 식
분말	• 축압식 • 가스 가압식
강화액	• 축압식 • 가스 가압식 • 화학반응식
물	• 축압식 • 가스 가압식 • 수동 펌프식
할론	• 축압식 • 수동 펌프식 • 자기 증기압식
산·알칼리	• 파병식 • 전도식
포	• 보통전도식 • 내통밀폐식 • 내통밀봉식
이산화탄소	• 고압 가스 용기

※ 축압식 소화기
압력원이 봄베 내에 있음

※ 가압식 소화기
압력원이 외부의 별도 용기에 있음
① 가스 가압식
② 수동 펌프식
③ 화학 반응식

※ 봄베
고압의 기체를 저장하는데 사용하는 강철로 만든 원통용기

※ 압력원

소화기	압력원 (충전 가스)
① 강화액 ② 산·알칼리 ③ 화학포 ④ 분말(가스 가압식)	이산화 탄소
① 할론 ② 분말(축압식)	질소

※ 이산화탄소 소화기
고압·액상의 상태로 저장한다.

※ CO_2 소화기의 적응대상
① 가연성 액체류
② 가연성 고체
③ 합성수지류

2 소화기의 유지관리

(1) 소화기의 점검
① 외관점검
② 작동점검
③ 종합점검

(2) 소화기의 정밀검사
① 수압시험 ─ 분말소화기
　　　　　　─ 강화액소화기
　　　　　　─ 포소화기
　　　　　　─ 물소화기
　　　　　　─ 산·알칼리소화기

② 기밀시험 ─ 분말소화기
　　　　　　─ 강화액소화기
　　　　　　─ 할로겐화합물소화기

(3) 소화기의 유지관리
① 소화기는 바닥에서 **1.5m 이하**의 높이에 설치하여야 한다.
② 소화기는 소화제의 동결, 변질 또는 분출할 우려가 적은 곳에 설치하여야 한다.
③ 소화기는 통행 및 피난에 지장이 없고, 사용하기 쉬운 곳에 설치하여야 한다.
④ 설치한 곳에 「**소화기**」 표시를 잘 보이도록 하여야 한다.
⑤ 습기가 많지 않은 곳에 설치하여야 한다.
⑥ 사람의 눈에 잘 띄는 곳에 설치하여야 한다.

소화기의 사용온도(소화기 형식 36조)

소화기의 종류	사용온도
• 분말 • 강화액	−20~40℃ 이하
• 그밖의 소화기	0~40℃ 이하

문제 다음 중 강화액 소화기의 사용온도 범위로 가장 적합한 것은?
① 섭씨 영하 20도 이상 섭씨 40도 이하
② 섭씨 영하 30도 이상 섭씨 40도 이하
③ 섭씨 영하 10도 이상 섭씨 50도 이하
④ 섭씨 영하 0도 이상 섭씨 50도 이하

해설 ① 강화액 소화기의 사용온도 : **−20~40℃** 이하

답 ①

Key Point

※ **소화기의 정비공구**
① 계량기
② 압력계
③ 쇠톱

※ **작동점검**
소방시설 등을 인위적으로 조작하여 화재안전기준에서 정하는 성능이 있는지를 점검하는 것

※ **종합점검**
소방시설 등의 작동기능 점검을 포함하여 설비별 주요구성부품의 구조기준이 화재안전기준에 적합한지 여부를 점검하는 것

※ **강화액 소화약제**
응고점 : −20℃ 이하

※ **물의 동결방지제**
① 글리세린
② 에틸렌 글리콜
③ 프로필렌 글리콜

※ **물소화약제**
무상(안개 모양) 분무 시 가장 큰 효과

(4) 소화기의 사용 후 처리
① 강화액 소화기(황산반응식)의 내액을 완전히 배출시키고 용기는 물로 세척한다.
② 산·알칼리 소화기는 유리파편을 제거하고 용기를 물로 세척한다.
③ 분말소화기는 거꾸로 하여 잔압에 의해 호스를 세척한다.
④ 포말소화기는 용기 내외면 및 호스를 물로 세척한다.

※ 포소화기의 호스 노즐, 스트레이너 등은 소금물로 세척하면 안 된다.

3 소화기의 설치기준

(1) 소화기의 설치기준(NFPC 101 4조, NFTC 101 2.1.1.4~2.1.1.5)
① 특정소방대상물의 각 층마다 설치하되, 각 층이 2 이상의 거실로 구획된 경우에는 각 층마다 설치하는 것 외에 바닥면적이 33m² 이상으로 구획된 각 거실에도 배치
② 능력단위가 2단위 이상이 되도록 소화기를 설치하여야 할 소방대상물 또는 그 부분에 있어서는 간이소화용구의 능력단위수치의 합계수가 전체 능력단위 합계수의 $\frac{1}{2}$ 을 초과하지 아니하게 할 것

(2) 주거용 주방자동소화장치의 설치기준(NFPC 101 4조, NFTC 101 2.1.2)

사용 가스	탐지부 위치
LNG(공기보다 가벼운 가스)	**천장면**에서 30cm 이하
LPG(공기보다 무거운 가스)	**바닥면**에서 30cm 이하

① 소화약제 방출구는 환기구의 청소부분과 분리되어 있을 것
② 감지부는 형식 승인받은 **유효한** 높이 및 위치에 설치할 것
③ 차단장치(전기 또는 가스)는 상시 확인 및 점검이 가능하도록 설치할 것
④ 수신부는 주위의 열기류 또는 습기 등과 주위 온도에 영향을 받지 않고 사용자가 **상시 볼 수 있는 장소**에 설치할 것

4 소화기의 감소(NFPC 101 5조, NFTC 101 2.2)

(1) 소화기의 감소기준

감소대상	감소기준	적용설비
소형 소화기	$\frac{1}{2}$	• 대형 소화기
	$\frac{2}{3}$	• 옥내·외소화전설비 • 스프링클러 설비 • 물분무 등 소화설비

(2) 대형 소화기의 면제기준

면제대상	대체설비
대형 소화기	• 옥내·외소화전설비 • 스프링클러 설비 • 물분무 등 소화설비

Key Point

* 탐지부
  수신부와 분리하여 설치

* LNG
  액화천연가스

* LPG
  액화석유가스

* 주거용 주방자동소화장치
  아파트의 각 세대별 주방에 설치

* 환기구
  주방에서 발생하는 열기류 등을 밖으로 배출하는 장치

Chapter_ 01

5 소화기구의 소화약제별 적응성 (NFTC 101 2.1.1.1)

소화약제 구분 / 적응대상	가스			분말		액체				기타		
	이산화탄소소화약제	할론소화약제	할로겐화합물 및 불활성기체 소화약제	인산염류소화약제	중탄산염류소화약제	산알칼리소화약제	강화액소화약제	포소화약제	물·침윤소화약제	고체에어로졸화합물	마른모래	팽창질석·팽창진주암	그 밖의 것
일반화재 (A급 화재)	—	○	○	○	—	○	○	○	○	○	○	○	—
유류화재 (B급 화재)	○	○	○	○	○	○	○	○	○	○	○	○	—
전기화재 (C급 화재)	○	○	○	○	○	*	*	*	*	○	—	—	—
주방화재 (K급 화재)	—	—	—	—	*	—	*	*	*	—	—	—	*
금속화재 (D급 화재)	—	—	—	—	*	—	—	—	—	—	○	○	*

[비고] "*"의 소화약제별 적응성은 「소방시설 설치 및 관리에 관한 법률」 제37조에 의한 형식승인 및 제품검사의 기술기준에 따라 화재 종류별 적응성에 적합한 것으로 인정되는 경우에 한한다.

Key Point

* 액체계 소화기(액체 소화기)
  ① 산알칼리소화약제
  ② 강화액소화약제
  ③ 포소화약제
  ④ 물·침윤소화약제

문제 소화기구 및 자동소화장치의 화재안전성능기준(NFPC 101)에서 A급 화재에 적응성이 없는 소화약제는?

① 이산화탄소소화약제 ② 할론소화약제
   해당없음
③ 강화액소화약제 ④ 할로겐화합물 및 불활성기체 소화약제

해설

구분	소화약제
가스	• 할론소화약제 [보기 ②] • 할로겐화합물 및 불활성기체 소화약제 [보기 ④]
분말	• 인산염류소화약제
액체	• 산알칼리소화약제 • 강화액소화약제 [보기 ③] • 포소화약제 • 물·침윤소화약제
기타	• 고체에어로졸화합물 • 마른모래 • 팽창질석·팽창진주암

답 ①

Key Point

※ 간이소화용구
소화기 및 주거용 주방자동소화장치 이외의 것으로서 간이소화용으로 사용하는 것

※ 무기과산화물 적응 소화제
① 마른 모래
② 팽창질석
③ 팽창진주암

6 간이소화용구의 능력단위 (NFTC 101 1.7.1.6)

간이소화용구		능력단위
• 마른모래	삽을 상비한 50l 이상의 것 1포	0.5단위
• 팽창질석 또는 팽창진주암	삽을 상비한 80l 이상의 것 1포	0.5단위

7 특정소방대상물별 소화기구의 능력단위기준 (NFTC 101 2.1.1.2)

특정소방대상물	능력단위(바닥면적)	내화구조이고 불연재료·준불연재료·난연재료(바닥면적)
• 위락시설	30m² 마다 1단위 이상	60m² 마다 1단위 이상
• 공연장·집회장 • 관람장 및 문화재 • 의료시설	50m² 마다 1단위 이상	100m² 마다 1단위 이상
• 근린생활시설·판매시설·운수시설 • 숙박시설·노유자시설 • 전시장 • 공동주택·업무시설 • 방송통신시설·공장 • 창고·항공기 및 자동차 관련시설 • 관광휴게시설	100m² 마다 1단위 이상	200m² 마다 1단위 이상
• 그 밖의 것	200m² 마다 1단위 이상	400m² 마다 1단위 이상

8 소화기의 형식승인 및 제품검사기술기준

(1) A급 화재용 소화기의 소화능력시험 (4조)

① **목재**를 대상으로 실시한다.
② 소화는 최초의 모형에 불을 붙인 다음 **3분** 후에 시작하되, 불을 붙인 순으로 한다. 이 경우 그 모형에 잔염이 있다고 인정될 경우에는 다음 모형에 대한 소화를 계속할 수 없다.
③ 소화기를 조작하는 자는 적합한 작업복(**안전모, 내열성**의 **얼굴가리개, 장갑** 등)을 착용할 수 있다.
④ 소화는 **무풍상태**와 **사용상태**에서 실시한다.
⑤ 소화약제의 방사가 완료될 때 잔염이 없어야 하며, 방사완료 후 **2분** 이내에 다시 불타지 아니한 경우 그 모형은 완전히 소화된 것으로 본다.

(2) B급 화재용 소화기의 소화능력시험 (4조)

① **휘발유**를 대상으로 실시한다.
② 소화는 모형에 불을 붙인 다음 **1분** 후에 시작한다.
③ 소화기를 조작하는 자는 적합한 작업복(**안전모, 내열성**의 **얼굴가리개, 장갑** 등)을 착용할 수 있다.
④ 소화는 **무풍상태**와 **사용상태**에서 실시한다.
⑤ 소화약제의 방사 완료 후 **1분** 이내에 다시 불타지 아니한 경우 그 모형은 완전히 소화된 것으로 본다.

※ 소화능력시험 대상
① A급 : 목재
② B급 : 휘발유

※ 잔염
불꽃을 알아볼 수 있는 상태

※ 무풍상태
풍속 0.5m/s 이하의 상태

(3) 합성수지의 노화시험(5조)

노화시험	설 명
공기가열 노화시험	(100±5)℃에서 180일 동안 가열 노화시킨다. 다만, 100℃에서 견디지 못하는 재료는 (87±5)℃에서 430일 동안 시험한다.
소화약제 노출시험	소화약제와 접촉된 상태로 (87±5)℃에서 210일 동안 시험한다.
내후성 시험	카본아크원을 사용하여 자외선에 17분간을 노출하고 물에 3분간 노출(크세논아크원을 사용하는 경우 자외선에 102분간을 노출하고 물에 18분간 노출)하는 것을 1사이클로 하여 720시간 동안 시험한다.

※ 합성수지의 노화시험
① 공기가열 노화시험
② 소화약제 노출시험
③ 내후성 시험

(4) 자동차용 소화기(9조)
① 강화액 소화기(**안개모양**으로 방사되는 것)
② 할로겐화합물소화기
③ 이산화탄소 소화기
④ 포소화기
⑤ 분말소화기

※ 자동차용 소화기
★ 꼭 기억하세요 ★

(5) 호스의 부착이 제외되는 소화기(15조)
① 소화약제의 중량이 **4kg** 이하인 **할로겐화합물소화기**
② 소화약제의 중량이 **3kg** 이하인 **이산화탄소 소화기**
③ 소화약제의 용량이 **3L** 이하인 **액체계 소화기(액체소화기)**
④ 소화약제의 중량이 **2kg** 이하인 **분말소화기**

(6) 여과망 설치 소화기(17조)
① 물소화기(수동 펌프식)
② 산알칼리 소화기
③ 강화액 소화기
④ 포소화기

(7) 소화기의 방사성능(19조) : **8초** 이상

(8) 소화기의 표시사항(38조)
① 종별 및 형식
② 형식승인번호
③ 제조연월 및 제조번호, 내용연한(분말소화약제를 사용하는 소화기에 한함)
④ 제조업체명 또는 상호, 수입업체명
⑤ 사용온도범위
⑥ 소화능력단위
⑦ 충전된 소화약제의 주성분 및 중(용)량
⑧ 방사시간, 방사거리
⑨ 가압용 가스용기의 가스종류 및 가스량(가압식 소화기에 한함)
⑩ 총중량
⑪ 적응화재별 표시사항
⑫ 취급상의 주의사항
⑬ 사용방법
⑭ 품질보증에 관한 사항(보증기간, 보증내용, A/S방법, 자체검사필증 등)
⑮ 소화기의 원산지
⑯ 소화기에 충전한 소화약제의 물질안전자료(MSDS)에 언급된 동일한 소화약제명의 다음 정보
　(가) 1%를 초과하는 위험물질 목록
　(나) 5%를 초과하는 화학물질 목록
　(다) MSDS에 따른 위험한 약제에 관한 정보
⑰ 소화 가능한 가연성 금속재료의 종류 및 형태, 중량, 면적(D급 화재용 소화기에 한함)

※ 소화능력단위
소화에 대한 능력단위 수치

2 옥내소화전 설비

Key Point

* **옥내소화전의 설치 위치**
  ① 가압송수장치
  ② 압력수조
  ③ 지하수조(평수조)

* **옥내소화전의 규정방수량**
  $130l/min \times 20min = 2600l$
  $= 2.6m^3$

* **펌프와 체크밸브의 사이에 연결되는 것**
  ① 성능시험배관
  ② 물올림장치
  ③ 릴리프밸브 배관 (순환배관)
  ④ 압력계

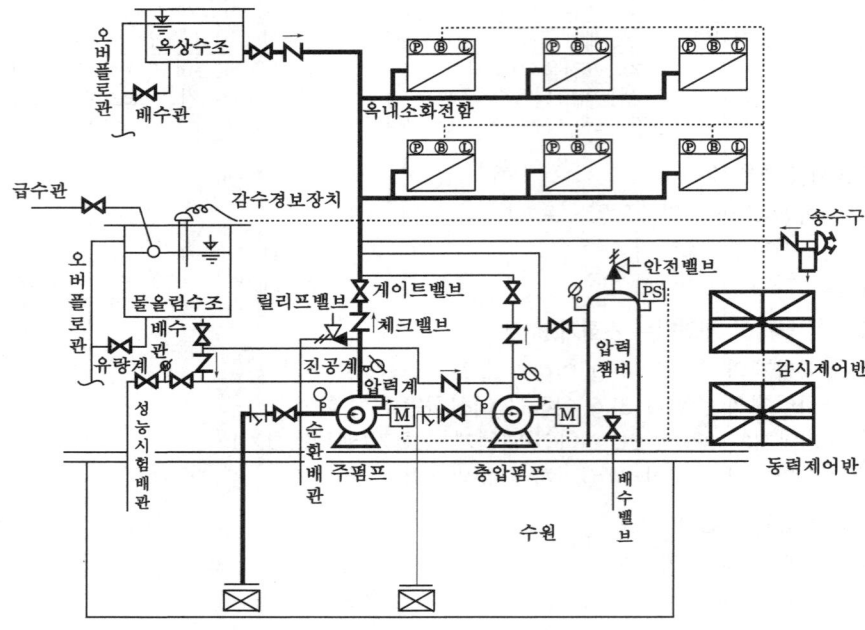

∥옥내소화전설비 계통도∥

1 주요구성

① 수원
② 가압송수장치
③ 배관(**성능시험배관** 포함)
④ 제어반
⑤ 비상전원
⑥ 동력장치
⑦ 옥내소화전함

* **가압송수장치**
  물에 압력을 가하여 보내기 위한 장치

2 수원(NFPC 102 4조, NFTC 102 2.1)

(1) 수원의 저수량

$Q \geq 2.6N$(1~29층 이하, N : 최대 2개)
$Q \geq 5.2N$(30~49층 이하, N : 최대 5개)
$Q \geq 7.8N$(50층 이상, N : 최대 5개)

여기서, Q : 수원의 저수량[m^3]
N : 가장 많은 층의 소화전 개수

* **토출량**
  $Q = N \times 130l/min$
  여기서,
  Q : 토출량[l/min]
  N : 가장 많은 층의 소화전 개수(최대 2개)

문제 옥내소화전이 3층에 4개, 4층에 4개, 5층에 2개가 설치되어 있을 때 <u>수원의 양은?</u>
① $2.6m^3$
② $5.2m^3$
③ $10.4m^3$
④ $14m^3$

해설 수원의 저수량 Q 는
$Q = 2.6N = 2.6 \times 2 = 5.2m^3$

• N 은 가장 많은 층의 소화전 개수(**최대 2개**)

답 ②

(2) 옥상수원의 저수량

$Q' \geq 2.6N \times \dfrac{1}{3}$ (30층 미만, N : 최대 2개)

$Q' \geq 5.2N \times \dfrac{1}{3}$ (30~49층 이하, N : 최대 5개)

$Q' \geq 7.8N \times \dfrac{1}{3}$ (50층 이상, N : 최대 5개)

여기서, Q' : 옥상수원의 저수량[m^3]
N : 가장 많은 층의 소화전 개수

3 옥내소화전설비의 가압송수장치 (NFPC 102 5조, NFTC 102 2.2)

(1) 고가수조방식

건물의 옥상이나 높은 지점에 물탱크를 설치하여 필요 부분의 방수구에서 규정 방수압력 및 규정 방수량을 얻는 방식이다.

$$H \geq h_1 + h_2 + 17$$

여기서, H : 필요한 낙차[m]
h_1 : 소방호스의 마찰손실수두[m]
h_2 : 배관 및 관부속품의 마찰손실수두[m]

※ **고가수조** : 수위계, 배수관, 급수관, <u>오</u>버플로관, 맨홀 설치

기억법 고오(GO!)

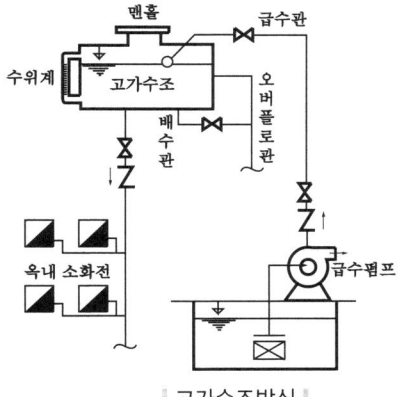

| 고가수조방식 |

※ 고가수조
구조물 또는 지형지물 등에 설치하여 자연낙차의 압력으로 급수하는 수조

※ 옥내소화전설비
① 규정 방수압력
 : 0.17MPa 이상
② 규정 방수량
 : 130 l/min 이상

※ 펌프의 연결
(1) 직렬연결
 ① 양수량 : Q
 ② 양정 : $2H$
(2) 병렬연결
 ① 양수량 : $2Q$
 ② 양정 : H

※ 펌프의 연결
(1) 직렬연결
 ① 양수량 : Q
 ② 양정 : $2H$

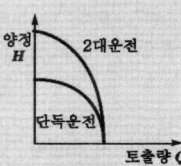

(2) 병렬연결
 ① 양수량 : $2Q$
 ② 양정 : H

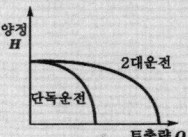

(2) 압력수조방식

압력탱크의 $\frac{1}{3}$은 자동식 공기압축기로 **압축공기**를 $\frac{2}{3}$는 급수 펌프로 **물**을 가압시켜 필요부분의 방수구에서 규정 방수압력 및 규정 방수량을 얻는 방식이다.

$$P \geqq P_1 + P_2 + P_3 + 0.17$$

여기서, P : 필요한 압력[MPa]
P_1 : 소방호스의 마찰손실수두압[MPa]
P_2 : 배관 및 관부속품의 마찰손실수두압[MPa]
P_3 : 낙차의 환산수두압[MPa]

※ **압력수조** : 수위계, 급수관, **급**기관, **압**력계, **안**전장치, **자**동식 공기압축기, 맨홀 설치

[기억법] 기압안자(기아자동차)

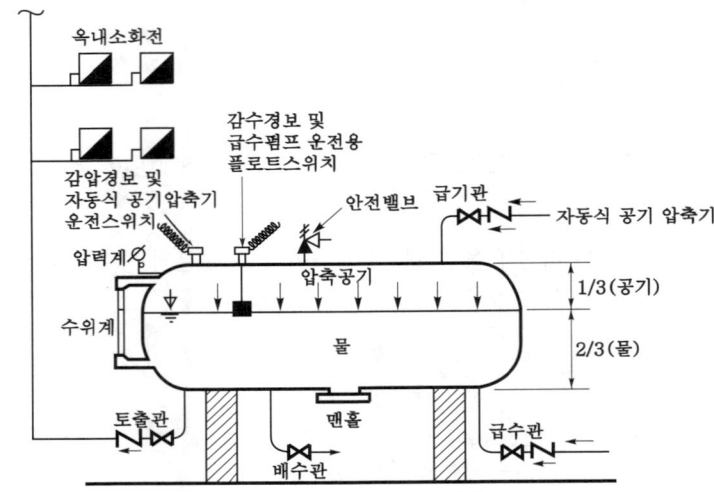

‖ 압력수조방식 ‖

(3) 펌프 방식(지하수조방식)

펌프의 가압에 의하여 필요부분의 방수구에서 규정 방수압력 및 규정 방수량을 얻는 방식이다.

$$H \geqq h_1 + h_2 + h_3 + 17$$

여기서, H : 전양정(펌프의 양정)[m]
h_1 : 소방 호스의 마찰손실수두[m]
h_2 : 배관 및 관부속품의 마찰손실수두[m]
h_3 : 실양정(흡입양정+토출양정)[m]

Key Point

✽ **소방호스의 종류**
① 소방용 고무내장호스
② 소방용 릴호스

✽ **스트레이너와 같은 의미**
여과장치

✽ **풋밸브**
수원이 펌프보다 아래에 있을 때 설치하는 밸브
① 여과기능(이물질 침투방지)
② 체크밸브기능(역류방지)

✽ **펌프**
전동기로부터 에너지를 받아 액체 또는 기체를 수송하는 장치

✽ **원심펌프(소방펌프)의 종류**
① 볼류트펌프
② 터빈펌프
③ 프로펠러 펌프

✽ **소화장치로 사용할 수 없는 펌프**
제트펌프

Chapter_ 01

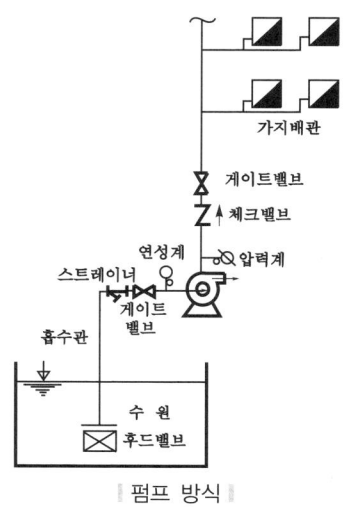

|펌프 방식|

> **문제** 옥내소화전설비에서 사용하고 있는 $H=h_1+h_2+h_3+\cdots+17$의 식은 무엇을 나타내는 식인가?
> ① 내연기관의 용량 ② 펌프의 양정
> ③ 모터의 용량 ④ 펌프의 용량
>
> 답 ②

4 옥내소화전설비의 설치기준

(1) 펌프에 의한 가압송수장치의 기준(NFPC 102 5조, NFTC 102 2.2)

① 쉽게 접근할 수 있고 점검하기에 충분한 공간이 있는 장소로서 화재 및 침수 등의 재해로 인한 피해를 받을 우려가 없는 곳에 설치할 것
② 동결방지조치를 하거나 동결의 우려가 없는 장소에 설치할 것
③ 펌프는 **전용**으로 할 것
④ 펌프의 **토출측**에는 **압력계**를 체크 밸브 이전에 펌프 토출측 플랜지에서 가까운 곳에 설치하고, **흡입측**에는 **연성계** 또는 **진공계**를 설치할 것(단, 수원의 수위가 펌프의 위치보다 높거나 **수직회전축 펌프**의 경우에는 연성계 또는 진공계를 설치하지 아니할 수 있다.)

> **중요** 압력계·진공계·연성계
> ① 압력계 ┬ 펌프의 **토출측**에 설치
>   ├ 정의 게이지압력 측정
>   └ 0.05~200MPa의 계기눈금
> ② 진공계 ┬ 펌프의 **흡입측**에 설치
>   ├ 부의 게이지압력 측정
>   └ 0~76cmHg의 계기눈금

※ **가압송수장치**
물에 압력을 가하여 보내기 위한 장치

※ **연성계·진공계의 설치 제외**
① 수원의 수위가 펌프의 위치보다 높은 경우
② 수직회전축 펌프의 경우

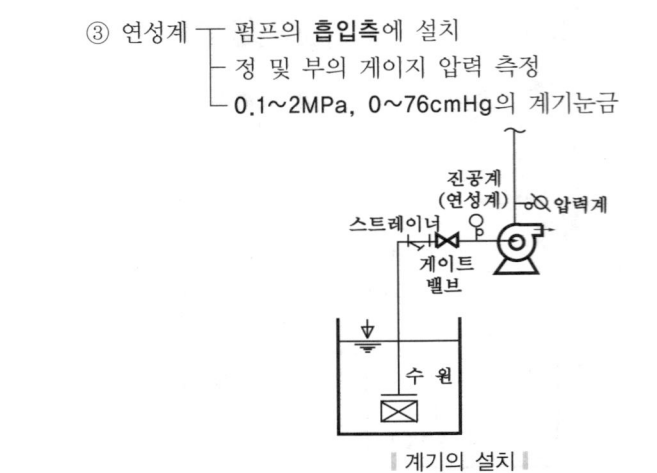

｜계기의 설치｜

⑤ 가압송수장치에는 정격부하운전시 **펌프**의 **성능**을 **시험**하기 위한 배관을 설치할 것
 (단, **충압 펌프**는 제외)

⑥ 가압송수장치에는 체절운전시 **수온**의 **상승**을 **방지**하기 위한 순환배관을 설치할 것
 (단, **충압 펌프**는 제외)

⑦ 기동장치로는 **기동용수압개폐장치** 또는 이와 동등 이상의 성능이 있는 것을 설치할 것

> 기동 스위치에·보호판을 부착하여 옥내소화전함 내에 설치할 수 있는 경우
> ① 학교
> ② 공장 ─ 동결의 우려가 있는 장소
> ③ 창고시설

⑧ 기동용수압개폐장치(압력 챔버)를 사용할 경우 그 용적은 **100**l 이상의 것으로 할 것

 문제 옥내소화전설비의 **기동용 수압개폐장치**를 사용할 경우 압력 챔버 용적의 **기준**이 되는 수치는?

① 50l　　　② 100l
③ 150l　　　④ 200l

해설 100l 이상
(1) **기동용 수압개폐장치**(압력 챔버)의 용적
(2) **물올림수조**의 용량

답 ②

※ 압력챔버 용량
100l 이상

※ 물올림수조 용량
100l 이상

※ 충압 펌프와 같은 의미
보조 펌프

※ RANGE
펌프의 작동정지점

※ DIFF
펌프의 작동정지점에서 기동점과의 압력 차이

※ 순환배관
체절운전시 수온의 상승 방지

Chapter_ 01

 기동용 수압개폐장치(압력 챔버)

① 압력 챔버의 기능은 펌프의 게이트 밸브(gate valve) 2차측에 연결되어 배관내의 압력이 감소하면 압력스위치가 작동되어 충압 펌프(jocky pump) 또는 주펌프를 작동시킨다.

※ 게이트 밸브(gate valve) = 메인 밸브(main valve) = 주밸브

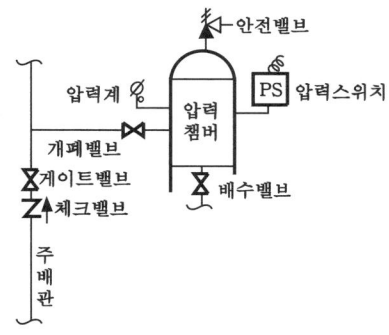

∥기동용 수압 개폐장치∥

② 압력스위치의 RANGE는 펌프의 **작동 정지점**이며, DIFF는 펌프의 작동정지점에서 기동점과의 **압력 차이**를 나타낸다.

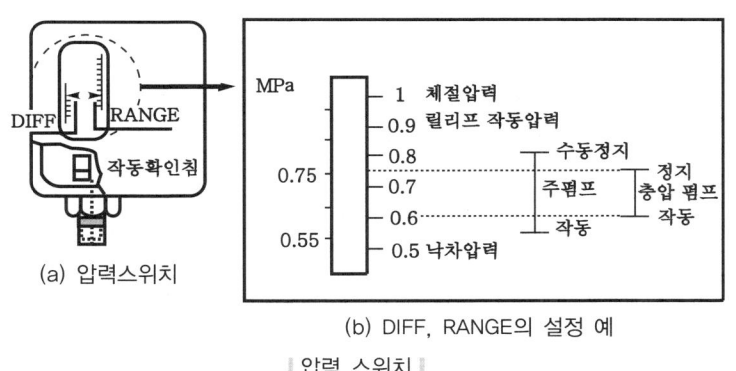

(a) 압력스위치   (b) DIFF, RANGE의 설정 예

∥압력 스위치∥

(2) 물올림장치의 설치기준(NFPC 102 5조, NFTC 102 2.2.1.12)

① **전용**의 수조를 설치할 것
② 수조의 유효수량은 **100ℓ** 이상으로 하되, 구경 **15mm** 이상의 급수배관에 따라 해당 수조에 물이 계속 보급되도록 할 것

※ 물올림수조=호수조=물마중장치=프라이밍 탱크(priming tank)

Key Point

❋ **순환배관의 토출량**
정격토출량의 2~3%

❋ **기동용 수압개폐장치**
소화설비의 배관내 압력변동을 검지하여 자동적으로 펌프를 기동 및 정지시키는 것으로서 "압력 챔버" 또는 "기동용 압력스위치"라고도 부른다.

❋ **물올림장치**
수원의 수위가 펌프보다 낮은 위치에 있을 때 설치하며 펌프와 후트 밸브 사이의 흡입관 내에 항상 물을 충만시켜 펌프가 물을 흡입할 수 있도록 하는 설비

* **수조가 펌프보다 높을 때 제외시킬 수 있는 것**
  ① 풋밸브
  ② 진공계(연성계)
  ③ 물올림장치

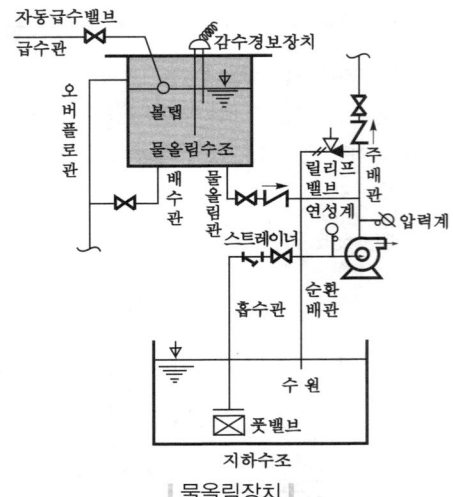

| 물올림장치 |

용량 및 구경
① 급수배관 구경 : 15mm 이상
② 순환배관 구경 : 20mm 이상(정격토출량의 2~3% 용량)
③ 물올림관 구경 : 25mm 이상(높이 1m 이상)
④ 물올림수조 용량 : 100l 이상
⑤ 오버플로관 구경 : 50mm 이상

* **물올림장치의 감수경보 원인**
  ① 급수 밸브의 차단 (급수차단)
  ② 자동급수장치의 고장
  ③ 물올림장치의 배수 밸브의 개방
  ④ 풋밸브의 고장

문제 옥내소화전용 물올림장치의 감수경보가 발보되었을 경우에 감수의 원인이라고 생각할 수 없는 것은?
① 급수차단   ② 자동급수장치의 고장
③ 펌프 토출측 체크 밸브의 누수   ④ 물올림장치의 배수 밸브의 개방
해당없음   답 ③

* **충압펌프**
  기동용 수압개폐장치를 기동장치로 사용할 경우에 설치

(3) 충압펌프의 설치기준(NFPC 102 5조, NFTC 102 2.2.1.13)

토출압력	정격토출량
설비의 최고위 호스접결구의 **자연압**보다 적어도 0.2MPa이 더 크도록 하거나 가압송수장치의 정격토출압력과 같게 할 것	정상적인 누설량보다 적어서는 아니 되며, 옥내소화전설비가 자동적으로 작동할 수 있도록 충분한 토출량을 유지할 것

(4) 배관의 종류(NFPC 102 6조, NFTC 102 2.3.1)

사용압력	배관 종류
1.2MPa 미만	① 배관용 탄소강관 ② 이음매 없는 구리 및 구리합금관(단, **습식** 배관에 한함) ③ 배관용 스테인리스강관 또는 일반배관용 스테인리스강관 ④ 덕타일 주철관
1.2MPa 이상	① 압력배관용 탄소강관 ② 배관용 아크용접 탄소강강관

중요 소방용 합성수지배관으로 설치할 수 있는 경우
① 배관을 **지하**에 **매설**하는 경우
② 다른 부분과 **내화구조**로 구획된 **덕트** 또는 **피트**(pit)의 내부에 설치하는 경우
③ 천장과 반자를 **불연재료** 또는 **준불연재료**로 설치하고 **소화배관 내부**에 항상 **소화수**가 **채워진 상태**로 설치하는 경우

※ 급수배관은 **전용**으로 할 것

(5) 펌프 흡입측 배관의 설치기준 (NFPC 102 6조, NFTC 102 2.3.4)
① 공기고임이 생기지 아니하는 구조로 하고 **여과장치**를 설치할 것
② 수조가 펌프보다 낮게 설치된 경우에는 각 펌프(**충압 펌프** 포함)마다 수조로부터 별도로 설치할 것

※ 옥내소화전설비 유속
4m/s 이하

비교

펌프 토출측 배관

구 분	가지배관	주배관 중 수직배관
호스릴	25mm 이상	32mm 이상
일반	40mm 이상	50mm 이상
연결송수관 겸용	65mm 이상	100mm 이상

※ 관경에 따른 방수량

방수량	관 경
130ℓ/min	40mm
260ℓ/min	50mm
390ℓ/min	65mm
520ℓ/min	80mm
650ℓ/min	100mm

(6) 펌프의 성능 (NFPC 102 5조, NFTC 102 2.2.1.7)
체절운전시 정격토출압력의 **140%**를 초과하지 않고, 정격토출량의 **150%**로 운전시 정격토출압력의 **65%** 이상이 될 것

문제 펌프의 체절운전(Shut off)시의 성능은 운전시 몇 퍼센트가 적당한가? (단, 토출량은 정격토출량의 150%임)
① 65   ② 75   ③ 100   ④ 120

해설 ① 펌프의 성능은 정격토출량의 **150%** 운전시 정격토출압력의 **65%** 이상이 되어야 한다.

답 ①

중요 ① 펌프의 성능곡선

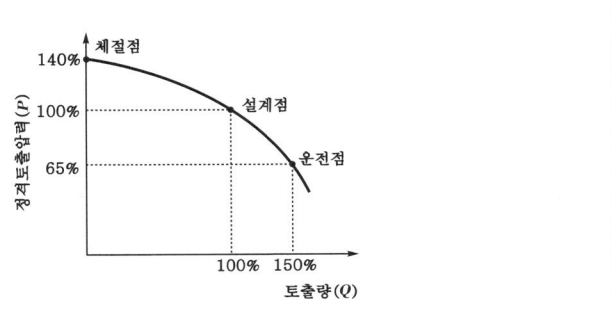

※ 펌프의 동력
$$P = \frac{0.163QH}{E}K$$
여기서,
P : 전동력(kW)
Q : 정격토출량(m³/분)
H : 전양정(m)
K : 동력전달계수
$E(\eta)$: 펌프의 효율

※ 단위
① 1PS=75kg$_f$·m/s
　　=0.735kW
② 1HP=76kg$_f$·m/s
　　=0.746kW

② 펌프의 동력

$$P = \frac{\gamma QH}{1000\eta}K$$

여기서, P : 전동력[kW]
γ : 비중량(물의 비중량 9800N/m³)
Q : 유량[m³/s], H : 전양정[m]
K : 전달계수, η : 효율

③ 배관의 압력손실(하겐-윌리엄스의 식)

$$\Delta P_m = 6.053 \times 10^4 \times \frac{Q^{1.85}}{C^{1.85} \times D^{4.87}} \times L$$

※ 조도(C)
'마찰계수'라고도 하며 배관의 재질, 상태에 따라 다르다.

여기서, ΔP_m : 압력손실[MPa]
C : 조도, D : 관의 내경[mm]
Q : 관의 유량[l/min]
L : 배관길이[m]

1MPa=100m

(7) 펌프 성능시험배관의 적합기준(NFPC 102 6조, NFTC 102 2.3.7)

※ 성능시험배관
펌프 토출측의 개폐 밸브와 펌프 사이에서 분기

성능시험배관	유량측정장치
펌프의 토출측에 설치된 **개폐 밸브 이전**에서 분기하여 설치하고, 유량측정장치를 기준으로 **전단 직관부**에 **개폐 밸브**를, **후단 직관부**에는 **유량조절 밸브**를 설치할 것	성능시험배관의 직관부에 설치하되, 펌프의 정격토출량의 175% 이상 측정할 수 있는 성능이 있을 것

※ 유량측정방법
① 압력계에 의한 방법
② 유량계에 의한 방법

중요 유량측정방법

① **압력계**에 의한 **방법** : 오리피스 전후에 설치한 압력계 P_1, P_2와 압력차를 이용한 유량 측정법

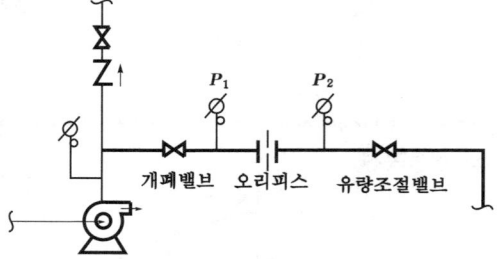

∥ 압력계에 의한 방법 ∥

② **유량계**에 의한 **방법** : 유량계의 **상류측**은 유량계 호칭 구경의 **8배** 이상 **하류측**은 유량계 호칭 구경의 **5배** 이상 되는 직관부를 설치하여야 하며 배관은 유량계의 호칭 구경과 동일한 구경의 배관을 사용한다.

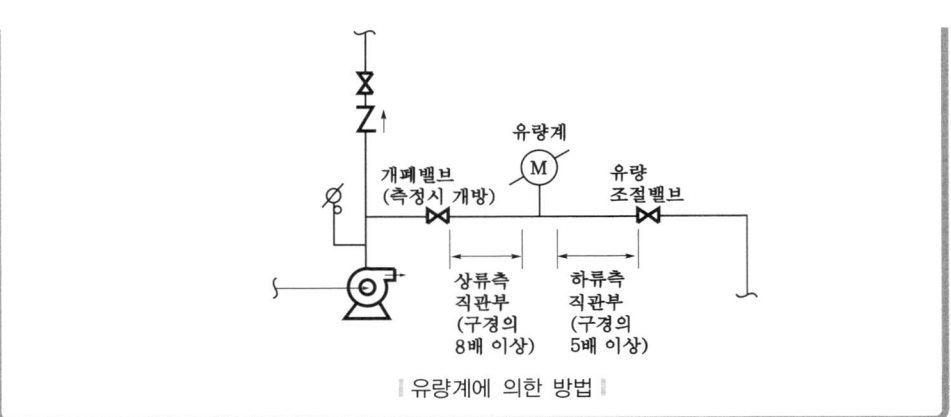

| 유량계에 의한 방법 |

(8) 순환배관(NFPC 102 6조, NFTC 102 2.2.1.8)

가압송수장치의 체절운전시 **수온**의 **상승**을 **방지**하기 위하여 체크밸브와 펌프 사이에서 분기한 구경 20mm 이상의 배관에 체절압력 미만에서 개방되는 **릴리프 밸브**를 설치할 것

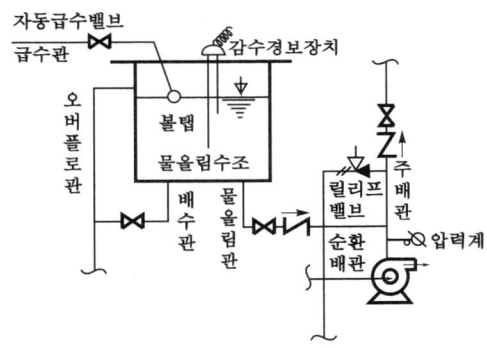

| 순환배관 |

※ 급수배관에 설치되어 급수를 차단할 수 있는 개폐밸브는 개폐표시형으로 하여야 한다. 이 경우 펌프의 흡입측 배관에는 **버터플라이 밸브** 외의 개폐표시형 밸브를 설치하여야 한다.

(9) 송수구의 설치기준(NFPC 102 6조, NFTC 102 2.3.12)
① 소방차가 쉽게 접근할 수 있고 노출된 장소에 설치할 것
② 송수구로부터 옥내소화전설비의 주배관에 이르는 연결배관에는 **개폐 밸브**를 설치하지 않을 것(단, **스프링클러 설비·물분무소화설비·포소화설비·연결송수관 설비**의 배관과 겸용하는 경우는 제외)
③ 지면으로부터 높이가 **0.5~1m** 이하의 위치에 설치할 것
④ 구경 **65mm**의 **쌍구형** 또는 **단구형**으로 할 것
⑤ 송수구의 가까운 부분에 **자동배수 밸브**(또는 직경 5mm의 배수공) 및 **체크 밸브**를 설치할 것

❋ 순환배관
체절운전시 수온의 상승방지

❋ 체절운전
펌프의 성능시험을 목적으로 펌프 토출측의 개폐밸브를 닫은 상태에서 펌프를 운전하는 것

❋ 체절압력
체절운전시 릴리프 밸브가 압력수를 방출할 때의 압력계상압력으로 정격 토출압력의 140% 이하

❋ 체절양정
펌프의 토출측 밸브가 모두 막힌 상태 즉, 유량이 0인 상태에서의 양정

❋ 펌프의 흡입측 배관
버터플라이 밸브를 설치할 수 없다.

❋ 개폐표시형 밸브의 같은 의미
OS & Y 밸브

❋ 송수구
가압수를 보내기 위한 구멍

5 옥내소화전설비의 함 등

(1) 옥내소화전함의 설치기준(NFPC 102 7조, NFTC 102 2.4.1)

① 함의 재질은 두께 **1.5mm** 이상의 **현무암 무기질 복합소재** 또는 두께 **4mm** 이상의 **합성수지재**로 한다.

② 함의 재질이 강판인 경우에는 변색 또는 부식되지 아니하여야 하고, 합성수지재인 경우에는 내열성 및 난연성의 것으로서 **80℃**의 온도에서 24시간 이내에 열로 인한 변형이 생기지 아니하여야 한다.

③ 문짝의 면적은 **0.5m²** 이상으로 하여 밸브의 조작, 호스의 수납 등에 충분한 여유를 가질 수 있도록 한다.

※ 옥내소화전함의 재질
① 현무암 무기질 복합소재 : 1.5mm 이상
② 합성수지재 : 4mm 이상

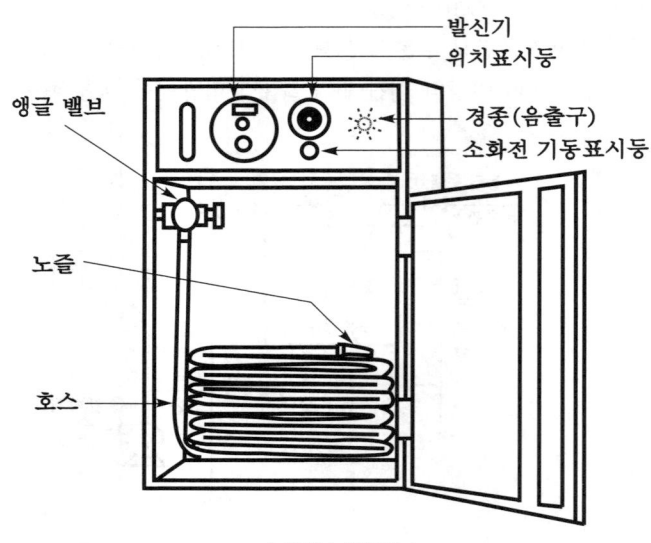

∥옥내소화전함∥

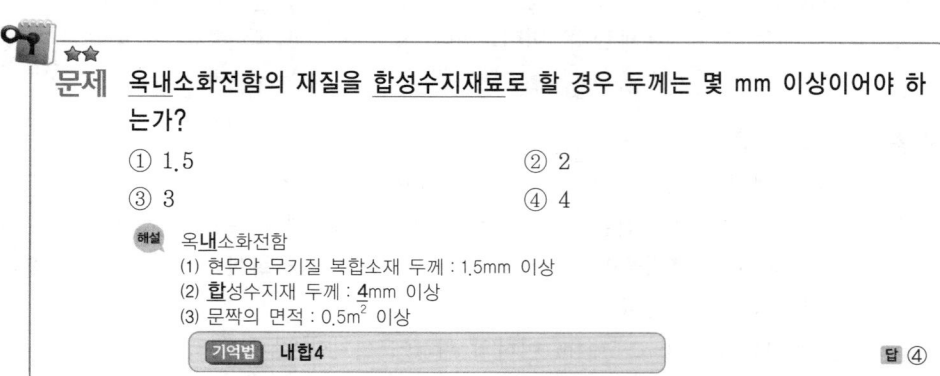

문제 옥내소화전함의 재질을 합성수지재료로 할 경우 두께는 몇 mm 이상이어야 하는가?
① 1.5
② 2
③ 3
④ 4

해설 옥내소화전함
(1) 현무암 무기질 복합소재 두께 : 1.5mm 이상
(2) **합**성수지재 두께 : **4**mm 이상
(3) 문짝의 면적 : 0.5m² 이상

기억법 내합4

답 ④

옥내소화전함과 옥외소화전함의 비교	
옥내소화전함	옥외소화전함
수평거리 25m 이하	수평거리 40m 이하
호스(40mm×15m×2개)	호스(65mm×20m×2개)
앵글 밸브(40mm×1개)	—
노즐(13mm×1개)	노즐(19mm×1개)

Key Point

❋ 호스의 종류
① 아마 호스
② 고무내장 호스
③ 젖는 호스

❋ 방수구
옥내소화전설비의 방수구는 일반적으로 '앵글 밸브'를 사용한다.

(2) 옥내소화전 방수구의 설치기준(NFPC 102 7조, NFTC 102 2.4.2)
① 특정소방대상물의 **층**마다 설치하되, 해당 특정소방대상물의 각 부분으로부터 하나의 옥내소화전 방수구까지의 **수평거리**가 **25m** 이하가 되도록 한다.

❋ 수평거리와 같은 의미
① 최단거리
② 반경

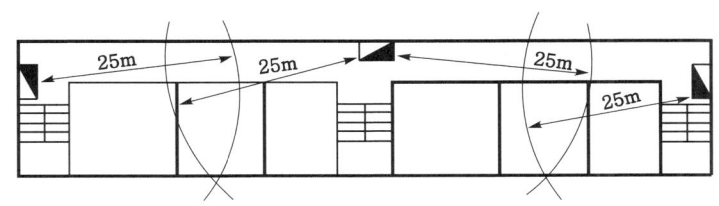

| 옥내소화전의 설치거리 |

② 바닥으로부터 높이가 **1.5m** 이하가 되도록 한다.
③ 호스는 구경 **40mm**(**호스릴**은 **25mm**) 이상의 것으로서 소방대상물의 각 부분에 물이 유효하게 뿌려질 수 있는 길이로 설치한다.

(3) 표시등의 설치기준(NFPC 102 7조, NFTC 102 2.4.3)
① 옥내소화전설비의 위치를 표시하는 표시등은 함의 상부에 설치하되 그 불빛은 부착면으로부터 **15°** 이상의 범위안에서 부착지점으로부터 **10m**의 어느 곳에서도 쉽게 식별할 수 있는 **적색등**으로 한다.

❋ 표시등
① 기동표시등 : 기동시 점등
② 위치표시등 : 평상시 점등

❋ 표시등의 식별범위
15° 이상의 각도에서 10m 떨어진 거리에서 식별이 가능할 것

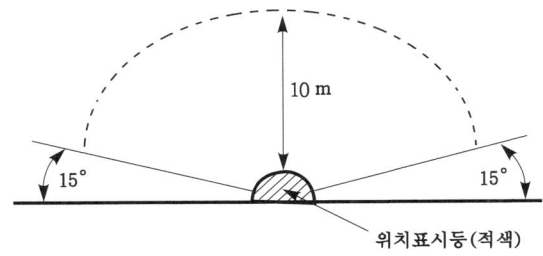

| 표시등의 식별 범위 |

② 적색등은 사용전압의 **130%**인 전압을 **24시간** 연속하여 가하는 경우에도 **단선, 현저한 광속변화, 전류변화** 등의 현상이 발생되지 아니하여야 한다.

❋ 비상전원(자가발전설비 또는 축전지설비)의 용량
20분 이상(30~49층 이하 : 40분 이상, 50층 이상 : 60분 이상)

③ 가압송수장치의 시동을 표시하는 표시등은 옥내소화전함의 상부 또는 그 직근에 설치하되 **적색등**으로 한다.

문제 옥내소화전함에 설치하는 표시등의 기준에 맞는 것은?

① 부착면과 10도 이상의 각도로 발산하여 전방 10m 거리에서 식별 가능하여야 한다.
② 부착면과 10도 이상의 각도로 발산하여 전방 15m 거리에서 식별 가능하여야 한다.
③ 부착면과 15도 이상의 각도로 발산하여 전방 10m 거리에서 식별 가능하여야 한다.
④ 부착면과 15도 이상의 각도로 발산하여 전방 15m 거리에서 식별 가능하여야 한다.

해설 ③ 발산각도 : **15도** 이상, 식별거리 : **10m**

답 ③

3 옥외소화전설비

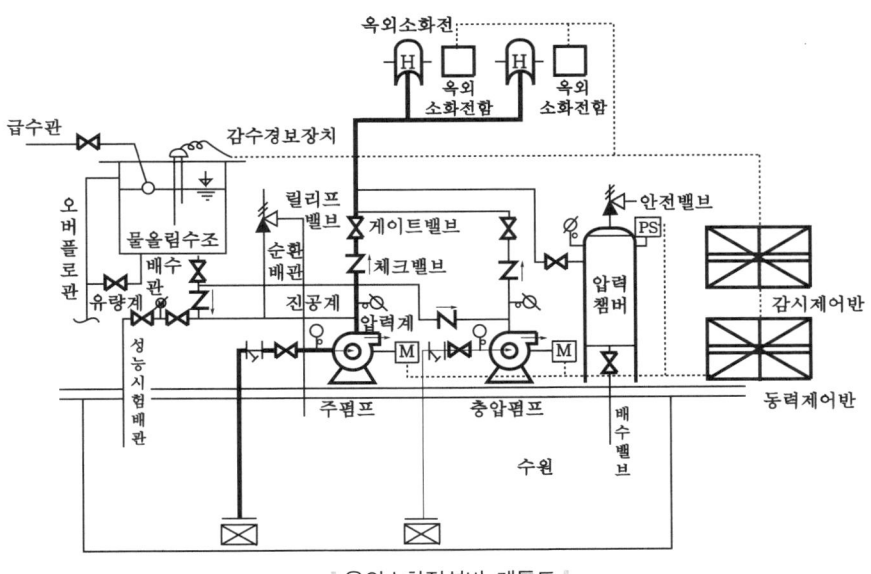

∥옥외소화전설비 계통도∥

1 주요구성

① 수원
② 가압송수장치
③ 배관
④ 제어반
⑤ 비상전원
⑥ 동력장치
⑦ 옥외소화전함

중요 옥외소화전함의 종류

설치 위치에 따라	방수구에 따라
지상식, 지하식	단구형, 쌍구형

2 수원(NFPC 109 4조, NFTC 109 2.1)

$$Q \geq 7N$$

여기서, Q : 수원의 저수량[m³]
N : 옥외소화전 설치개수(최대 **2개**)

* **오버플로관**
필요 이상의 물이 공급될 경우 이물을 외부로 배출시키는 관

* **수원**
물을 공급하는 곳

* **가압송수장치**
물에 압력을 가하여 보내기 위한 장치

* **비상전원**
상용전원 정전시에 사용하기 위한 전원

* **각 소화전의 규정 방수량**
350 l /min×20min
=7000 l =7m³

* **옥외소화전설비**
① 규정방수압력 :
0.25MPa 이상
② 규정 방수량 :
350 l /min 이상

문제 어느 대상물에 옥외소화전이 4개 설치 되어 있는 경우 옥외소화전의 수원의 수량 계산방법에 있어 다음 중 맞는 것은?

① $2 \times 7 \text{m}^3$ ② $3 \times 7 \text{m}^3$
③ $4 \times 7 \text{m}^3$ ④ $5 \times 7 \text{m}^3$

해설 옥외소화전 수원의 저수량 $Q \geqq 7N = 7 \times 2\text{m}^3$

답 ①

※ 펌프의 동력

$$P = \frac{\gamma QH}{1000\eta} K$$

여기서,
P : 전동력[kW]
γ : 비중량(물의 비중량 9800N/m³)
Q : 유량[m³/s]
H : 전양정[m]
K : 전달계수
$\eta(E)$: 효율

Q[m³/s]의 단위에 주의할 것

※ 단위
① 1HP = 0.746kW
② 1PS = 0.735kW

※ 방수량

$Q = 0.653 D^2 \sqrt{10P}$

여기서,
Q : 방수량[l/min]
D : 구경[mm]
P : 방수압력[MPa]

중요

펌프의 동력

$$P = \frac{0.163\, QH}{\eta} K$$

여기서, P : 전동력[kW], Q : 유량[m³/min]
H : 전양정[m], K : 전달계수
$\eta(E)$: 효율

3 옥외소화전설비의 가압송수장치 (NFPC 109 5조, NFTC 109 2.2)

(1) 고가수조방식

$$H \geqq h_1 + h_2 + 25$$

여기서, H : 필요한 낙차[m]
h_1 : 소방 호스의 마찰손실수두[m]
h_2 : 배관 및 관부속품의 마찰손실수두[m]

(2) 압력수조방식

$$P \geqq P_1 + P_2 + P_3 + 0.25$$

여기서, P : 필요한 압력[MPa]
P_1 : 소방 호스의 마찰손실수두압[MPa]
P_2 : 배관 및 관부속품의 마찰손실수두[MPa]
P_3 : 낙차의 환산수두압[MPa]

(3) 펌프방식(지하수조방식)

$$H \geqq h_1 + h_2 + h_3 + 25$$

여기서, H : 전양정[m]
h_1 : 소방 호스의 마찰손실수두[m]
h_2 : 배관 및 관부속품의 마찰손실수두[m]
h_3 : 실양정(흡입양정+토출양정)[m]

4 옥외소화전설비의 배관 등(NFPC 109 6조, NFTC 109 2.3)

① 호스 접결구는 소방대상물 각 부분으로부터 호스 접결구까지의 수평거리가 **40m** 이하가 되도록 설치한다.

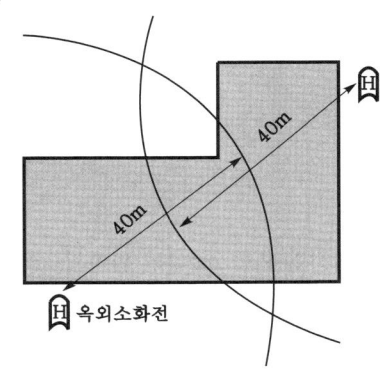

∥옥외소화전의 설치거리∥

② 호스는 구경 **65mm**의 것으로 한다.
③ 관창은 **방사형**으로 비치하여야 한다.
④ 관은 주로 **주철관**을 사용한다(**지하에 매설시 소방용 합성수지배관 설치가능**).

5 옥외소화전설비의 소화전함(NFPC 109 7조, NFTC 109 2.4)

(1) 설치거리
옥외소화전설비에는 옥외소화전으로부터 **5m** 이내에 소화전함을 설치하여야 한다.

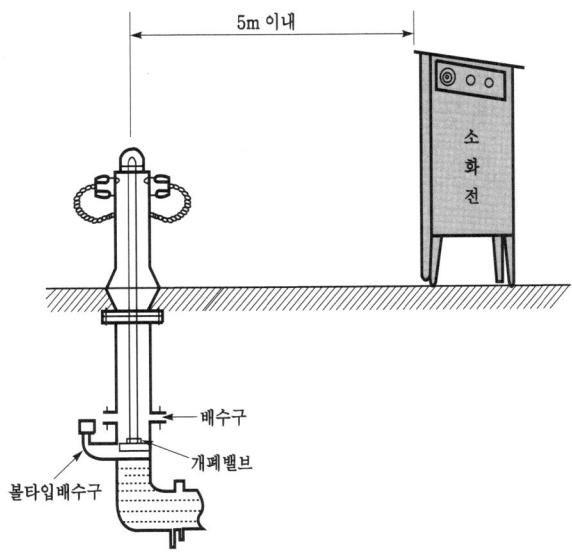

∥옥외소화전함의 설치거리(실체도)∥

Key Point

❋ 배관
수격작용을 고려하여 직선으로 설치

❋ 옥외소화전의 지하매설 배관
소방용 합성수지배관

❋ 호스결합금구

옥내 소화전 구경	옥외 소화전 구경
40mm	65mm

❋ 옥외소화전함 설치기구
① 호스(65mm×20m× 2개)
② 노즐(19mm×1개)

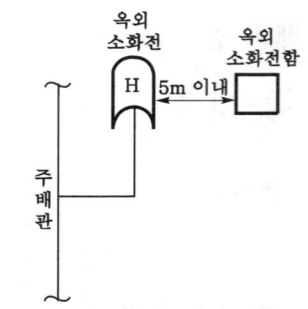

|옥외소화전~옥외소화전함의 설치거리|

> ★★
> **문제** 옥외소화전은 소화전의 <u>외함</u>으로부터 얼마의 <u>거리</u>에 설치하여야 하는가?
> ① 5m 이내 ② 6m 이내
> ③ 7m 이내 ④ 8m 이내
>
> **해설** ① 옥외소화전 외함의 거리 : 5m 이내
>
> 답 ①

※ 옥외소화전함 설치

구 분	설 명
10개 이하	5m 이내마다 1개 이상
11~30개 이하	11개 이상 소화전함 분산설치
31개 이상	소화전 3개마다 1개 이상

(2) 설치개수

① 옥외소화전이 **10개 이하** 설치된 때에는 옥외소화전마다 **5m** 이내의 장소에 **1개** 이상의 소화전함을 설치하여야 한다.

② 옥외소화전이 **11~30개 이하** 설치된 때에는 **11개** 이상의 소화전함을 각각 분산하여 설치하여야 한다.

③ 옥외소화전이 **31개** 이상 설치된 때에는 옥외소화전 **3개**마다 **1개** 이상의 소화전함을 설치하여야 한다.

6 옥외소화전설비 동력장치, 전원 등

옥내소화전설비와 동일하다.

Chapter_ 01

4 스프링클러설비

출제확률 15.9% (3문제)

1 스프링클러 헤드의 종류

(1) 감열부의 유무에 따른 분류

폐쇄형(closed type)	개방형(open type)
감열부가 있다. 퓨즈블링크형, 글라스 벌브형, 케미컬 솔더형, 메탈피스형 등으로 구분한다.	감열부가 없다.

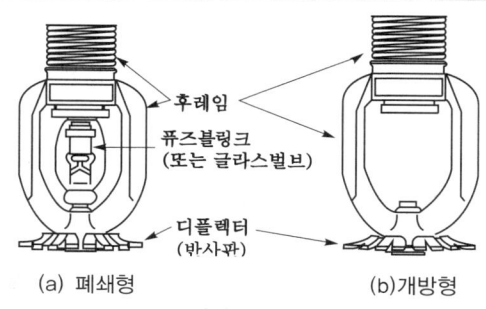

| 감열부에 의한 분류 |

문제 다음 폐쇄형 스프링클러헤드 중 압력을 받고 있지 <u>않는</u> 곳은?
① 후레임   ② 퓨즈블링크
③ 디플렉터   ④ 글라스벌브

해설
• 디플렉터에는 평상시 압력을 받지 않는다.

답 ③

(2) 설치형태에 따른 분류

① **상향형**(upright type) : **반자가 없는 곳**에 설치하며, 살수방향은 상향이다.
② **하향형**(pendent type) : **반자가 있는 곳**에 설치하며, 살수방향은 하향이다.
③ **측벽형**(sidewall type) : 실내의 **벽상부**에 설치하며, 폭이 **9m** 이하인 경우에 사용한다.

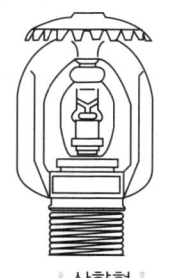 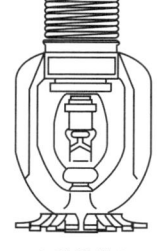 

| 상향형 | | 하향형 | | 측벽형 |

⑤ **반매입형**(flush type) : 헤드의 몸체 전부 또는 일부는 반자 내부에 설치되고 감열부만 반자 아래로 노출된 스프링클러 헤드이다.
⑥ **은폐형**(concealed type) : 덮개가 있는 **매입형 스프링클러 헤드**이다.

Key Point

※ 스프링클러설비의 특징
① 초기화재에 효과적이다.
② 소화제가 물이므로 값이 싸서 경제적이다.
③ 감지부의 구조가 기계적이므로 오동작 염려가 적다.
④ 시설의 수명이 반영구적이다.

※ 스프링클러 설비의 대체설비
물분무소화설비

※ 디플렉터(반사판)
① 헤드에서 유출되는 물을 세분시키는 작용을 하며, 수압이 걸려 있을 때 부하가 걸리지 않는다.
② 평상시 압력을 받지 않는다.

* 은폐형
덮개가 있는 매입형 스프링클러 헤드

| 반매입형 |

| 은폐형 |

(3) 설계 및 성능특성에 따른 분류

① 화재조기진압형 스프링클러 헤드(early suppression fast-response sprinkler) : 화재를 **초기**에 **진압**할 수 있도록 정해진 면적에 충분한 물을 방사할 수 있는 빠른 작동능력의 스프링클러 헤드이다.

② 라지 드롭 스프링클러 헤드(large drop sprinkler) : 동일 조건의 수(水)압력에서 표준형 헤드보다 큰 물방울을 방출하여 저장창고 등에서 발생하는 **대형화재**를 **진압**할 수 있는 헤드이다.

* 라지 드롭 스프링클러 헤드
큰 물방울을 방출하여 대형화재를 진압할 수 있는 헤드

③ 주거형 스프링클러 헤드(residential sprinkler) : 폐쇄형 헤드의 일종으로 **주거지역**의 화재에 적합한 감도·방수량 및 살수분포를 갖는 헤드로서 **간이형 스프링클러 헤드**를 포함한다.

| 화재조기진압형 |

| 라지 드롭 |

| 주거형 |

④ 랙형 스프링클러 헤드(rack sprinkler) : **랙식 창고**에 설치하는 헤드로서 상부에 설치된 헤드의 방출된 물에 의해 작동에 지장이 생기지 아니하도록 **보호판**이 **부착**된 헤드이다.

⑤ 플러쉬 스프링클러 헤드(flush sprinkler) : 부착나사를 포함한 몸체의 일부나 전부가 **천장면 위**에 설치되어 있는 스프링클러 헤드이다.

* 랙식 창고
① 물품보관용 랙을 설치하는 창고시설
② 선반 또는 이와 비슷한 것을 설치하고 승강기에 의하여 수납을 운반하는 장치를 갖춘 것

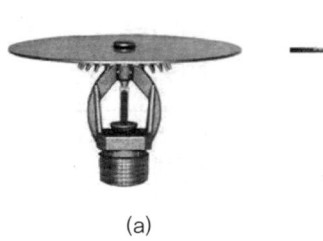

(a)

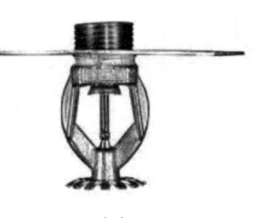

(b)

| 랙형 |

| 플러쉬(flush) |

⑥ 리세스드 스프링클러 헤드(recessed sprinkler) : 부착나사 이외의 몸체 일부나 전부가 **보호집안**에 설치되어 있는 스프링클러 헤드를 말한다.
⑦ 컨실드 스프링클러 헤드(concealed sprinkler) : 리세스드 스프링클러헤드에 **덮개**가 **부착**된 스프링클러 헤드이다.

| 리세스드(recessed) |

| 컨실드(concealed) |

⑧ 속동형 스프링클러 헤드(quick-response sprinkler) : 화재로 인한 **감응속도**가 일반 스프링클러 보다 **빠른** 스프링클러로서 **사람**이 **밀집**한 **지역**이나 인명피해가 우려되는 장소에 가장 빨리 작동되도록 설계된 스프링클러 헤드이다.
⑨ 드라이 펜던트 스프링클러 헤드(dry pendent sprinkler) : **동파방지**를 위하여 롱 니플 내에 **질소가스**가 충전되어 있는 헤드이다. 습식과 건식 시스템에 사용되며, 배관 내의 물이 스프링클러 몸체에 들어가지 않도록 설계되어 있다.

| 속동형 |

| 드라이펜던트(dry pendent) |

※ 속동형 스프링클러 헤드의 사용장소
① 인구밀집지역
② 인명피해가 우려되는 장소

(4) 감열부의 구조 및 재질에 의한 분류

퓨즈블링크형(fusible link type)	글라스 벌브형(glass bulb type)
화재감지속도가 빨라 신속히 작동하며, 파손시 **재생**이 **가능**하다.	유리관 내에 **액체**를 **밀봉**한 것으로 동작이 정확하며, 녹이 슬 염려가 없어 반영구적이다.

Key Point

* **퓨즈블링크**
 이융성금속으로 융착되거나 이융성물질에 의하여 조립된 것

* **글라스벌브**
 감열체 중 유리구 안에 액체 등을 넣어 봉입할 것

* **퓨즈블링크에 가하는 하중**
 설계하중의 13배

* **글라스 벌브형의 봉입물질**
 ① 알코올
 ② 에터

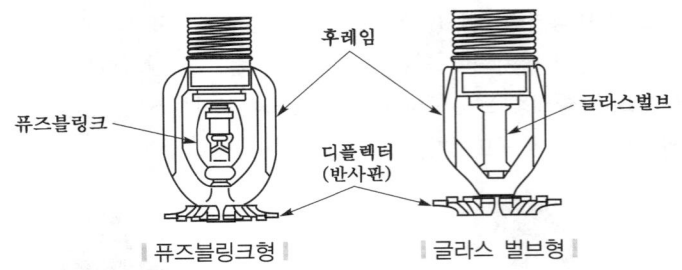

| 퓨즈블링크형 | 글라스 벌브형 |

 문제 스프링클러 헤드의 감열체 중 <u>이융성금속으로 융착</u>되거나 이융성 물질에 의하여 <u>조립</u>된 것은?

① 후레임　　　　　② 디플렉터
③ 유리 벌브　　　　④ 퓨즈블링크

해설
① **후레임** : 스프링클러 헤드의 나사부분과 디플렉터를 연결하는 이음쇠부분
② **디플렉터** : 스프링클러 헤드의 방수구에서 유출되는 물을 세분시키는 작용을 하는 것
③ **유리 벌브** : 감열체 중 유리구 안에 액체 등을 넣어 봉한 것
④ **퓨즈블링크** : 감열체 중 이융성금속으로 융착되거나 이융성물질에 의하여 조립된 것

답 ④

2 스프링클러 헤드의 선정

(1) 폐쇄형(NFPC 103 10조, NFTC 103 2.7.6)

설치장소의 최고 주위온도	표시온도
39℃ 미만	79℃ 미만
39~64℃ 미만	79~121℃ 미만
64~106℃ 미만	121~162℃ 미만
106℃ 이상	162℃ 이상

* **최고 주위온도**
 $T_A = 0.9 T_M - 27.3$
 여기서,
 　T_A : 최고주위온도
 　　　〔℃〕
 　T_M : 헤드의 표시온도〔℃〕

 문제 스프링클러 헤드 설치장소의 최고 <u>주위온도</u>가 <u>105℃</u>인 경우에 폐쇄형 스프링클러 헤드는 표시온도가 섭씨 몇 도인 것을 사용하여야 하는가?

① 79도 이상, 121도 미만
② 121도 이상, 162도 미만
③ 162도 이상, 200도 미만
④ 200도 이상

해설 ② 주위온도가 64~106℃ 미만일 때 표시온도는 121~162℃ 미만

답 ②

(2) 퓨즈블링크형·글라스 벌브형(스프링클러 헤드 형식 12조 6)

퓨즈블링크형		글라스 벌브형(유리 벌브형)	
표시온도(℃)	색	표시온도(℃)	색
77℃ 미만	표시없음	57℃	오렌지
78~120℃	흰색	68℃	빨강
121~162℃	파랑	79℃	노랑
163~203℃	빨강	93℃	초록
204~259℃	초록	141℃	파랑
260~319℃	오렌지	182℃	연한자주
320℃ 이상	검정	227℃ 이상	검정

* **헤드의 표시온도**
최고 온도보다 높은 것을 선택

3 스프링클러 헤드의 배치

(1) 헤드의 배치기준 (NFPC 103 10조, NFTC 103 2.7 / NFPC 608 7조, NFTC 608 2.3.1.4)

설치장소	설치기준
무대부·특수가연물(창고 포함)	수평거리 **1.7m** 이하
기타구조(창고 포함)	수평거리 **2.1m** 이하
내화구조(창고 포함)	수평거리 **2.3m** 이하
공동주택(아파트) 세대 내	수평거리 **2.6m** 이하

① 스프링클러 헤드는 소방대상물의 천장·반자·천장과 반자 사이, 덕트·선반 기타 이와 유사한 부분(폭 **1.2m** 초과)에 설치하여야 한다(단, 폭이 **9m** 이하인 실내에 있어서는 측벽에 설치할 수 있다.).

② 무대부 또는 연소할 우려가 있는 개구부에는 **개방형** 스프링클러 헤드를 설치하여야 한다.

* **랙식 창고 헤드 설치높이**
3m 이하

(2) 헤드의 배치형태
① 정방형(정사각형)

$$S = 2R\cos 45°$$
$$L = S$$

여기서, S : 수평 헤드 간격, R : 수평거리, L : 배관간격

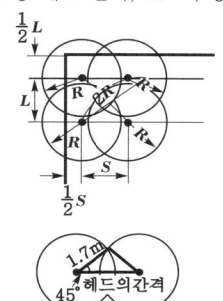
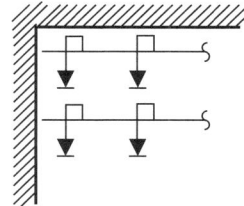

정방형

* **정방형**
★ 꼭 기억하세요 ★

* **수평거리와 같은 의미**
① 유효반경
② 직선거리

소방기계시설의 구조 및 원리

Key Point

❋ 정방형의 최대 방호면적

$$A = S^2$$

여기서,
A : 최대방호면적[m²]
S : 수평헤드 간격[m]

❋ 헤드
화재시 가압된 물이 내뿜어져 분산됨으로써 소화기능을 하는 것

❋ 수평헤드간격
① 정방형

$$S = 2R\cos 45°$$

② 장방형

$$S = \sqrt{4R^2 - L^2}$$

③ 지그재그형

$$S = 2R\cos 30°$$

여기서,
S : 수평 헤드 간격
R : 수평거리

❋ 폐쇄형 스프링클러 헤드

설치장소	설치기준
무대부·특수가연물 (창고 포함)	수평거리 1.7m 이하
기타구조 (창고 포함)	수평거리 2.1m 이하
내화구조 (창고 포함)	수평거리 2.3m 이하
공동주택 (아파트) 세대 내	수평거리 2.6m 이하

문제 ★★★ 스프링클러 헤드를 방호반지름 2.3m로 설치하였을 때, 한 개의 헤드가 담당하는 최대 유효방호면적은?

① 18.60m² ② 16.61m² ③ 10.58m² ④ 5.29m²

해설 (1) 기호
- R : 2.3m
- A : ?

(2) **정방형** 배열시 헤드간의 거리 S는
$S = 2R\cos 45° = 2 \times 2.3 \times \cos 45° ≒ 3.25m$
최대방호면적 A는
$A = S^2 = 3.25^2 ≒ 10.58m^2$

답 ③

② 장방형(직사각형)

$$S = \sqrt{4R^2 - L^2}, \quad S' = 2R$$

여기서, S : 수평 헤드 간격, R : 수평거리, L : 배관간격, S' : 대각선 헤드 간격

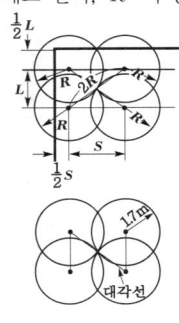

| 장방형 |

③ 지그재그형(나란히꼴형)

$$S = 2R\cos 30°, \quad b = 2S\cos 30°, \quad L = \frac{b}{2}$$

여기서, S : 수평 헤드 간격, R : 수평거리, b : 수직 헤드 간격, L : 배관 간격

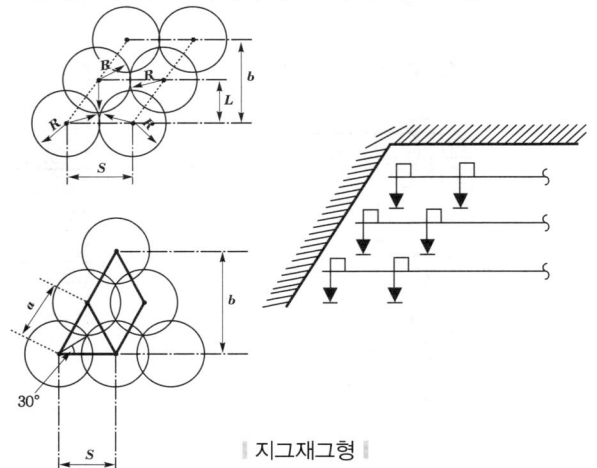

| 지그재그형 |

(3) 헤드의 설치기준(NFPC 103 10조, NFTC 103 2.7.7)

① 스프링클러 헤드와 그 부착면과의 거리는 **30cm** 이하로 할 것

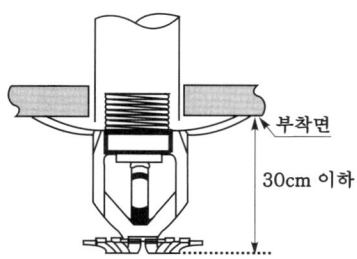

| 헤드와 부착면과의 이격거리 |

② 배관, 행거 및 조명기구 등 살수를 방해하는 것이 있는 경우에는 그로부터 아래에 설치하여 살수에 장애가 없도록 할 것(단, 스프링클러헤드와 장애물과의 이격거리를 장애물폭의 3배 이상 확보한 경우는 제외)

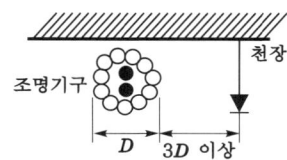

| 헤드와 조명기구등과의 이격거리 |

③ 살수가 방해되지 않도록 스프링클러 헤드로부터 반경 **60cm** 이상의 공간을 보유하여야 한다(단, 벽과 스프링클러 헤드간의 공간은 **10cm** 이상).

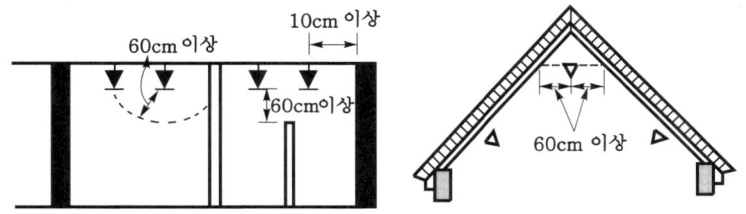

| 헤드반경 |

Key Point

❋ **스프링클러 헤드**
화재시 가압된 물이 내뿜어져 분산됨으로써 소화기능을 하는 헤드이다. 감열부의 유무에 따라 폐쇄형과 개방형으로 나눈다.

❋ **불연재료**
불에 타지 않는 재료

❋ **난연재료**
불에 잘 타지 않는 재료

문제 ★★ 스프링클러설비의 화재안전기준에서 스프링클러를 설치할 경우 살수에 방해가 되지 않도록 <u>스프링클러헤드로부터 반경 몇 cm 이상의 공간</u>을 확보하여야 하는가?

① 20 ② 40 ③ 60 ④ 90

해설

거 리	적 용
10cm 이상	벽과 스프링클러헤드간의 공간
30cm 이하	스프링클러헤드와 부착면과의 거리
60cm 이상	스프링클러헤드의 공간 반경 보기 ③

답 ③

④ 스프링클러 헤드의 반사판이 그 부착면과 **평행**되게 설치하여야 한다.
⑤ 연소할 우려가 있는 개구부에는 그 상하좌우 **2.5m** 간격으로(폭이 2.5m 이하인 경우에는 중앙) 스프링클러 헤드를 설치하되, 스프링클러 헤드와 개구부의 내측면으로부터의 직선거리는 **15cm** 이하가 되도록 할 것

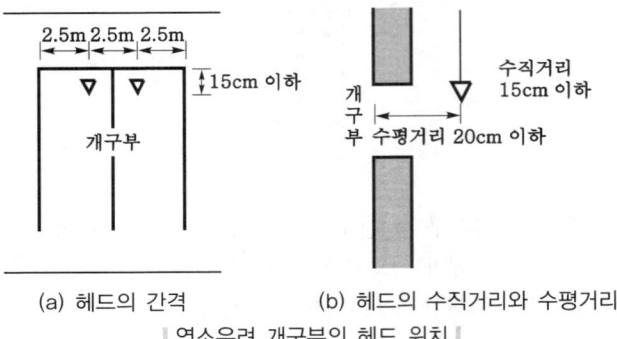

| 연소우려 개구부의 헤드 위치 |

⑥ 천장의 기울기가 $\frac{1}{10}$ 을 초과하는 경우에는 가지관을 천장의 마루와 평행되게 설치하고, 천장의 최상부에 스프링클러 헤드를 설치하는 경우에는 최상부에 설치하는 스프링클러 헤드의 반사판을 **수평**으로 설치하고, 천장의 최상부를 중심으로 가지관을 서로 마주보게 설치하는 경우에는 최상부의 가지관 상호간의 거리가 가지관상의 스프링클러 헤드 상호간의 거리의 $\frac{1}{2}$ 이하(최소 1m 이상) 가 되게 스프링클러 헤드를 설치하고, 가지관의 최상부에 설치하는 스프링클러 헤드는 천장의 최상부로부터의 수직거리가 **90cm** 이하가 되도록 할 것. 톱날지붕, 둥근지붕 기타 이와 유사한 지붕의 경우에도 이에 준한다.

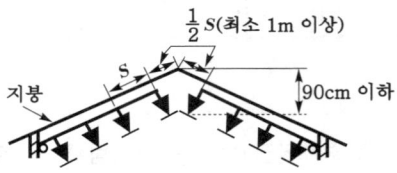

| 경사천장에 설치하는 경우 |

⑦ **습식 스프링클러설비** 또는 **부압식 스프링클러설비** 외의 설비에는 **상향식 스프링클러 헤드**를 설치할 것

> **중요** 상향식 스프링클러 헤드 설치 제외
> ① 드라이 펜던트 스프링클러 헤드를 사용하는 경우
> ② 스프링클러 헤드의 설치장소가 동파의 우려가 없는 곳인 경우
> ③ 개방형 스프링클러 헤드를 사용하는 경우

4 스프링클러 헤드 설치 제외 장소 (NFPC 103 15조, NFTC 103 2.12)

① 계단실·경사로·목욕실·수영장·파이프덕트 기타 이와 유사한 장소
② **통신기기실·전자기기실** 기타 이와 유사한 장소
③ **발전실·변전실·변압기** 기타 이와 유사한 전기설비가 설치되어 있는 장소
④ 병원의 **수술실·응급처치실** 기타 이와 유사한 장소
⑤ 천장 및 반자 양쪽이 **불연재료**로 되어 있고 그 사이의 거리 및 구조가 다음에 해당하는 부분
　㈎ 천장과 반자 사이의 거리가 **2m 미만**인 부분
　㈏ 천장과 반자 사이의 벽이 불연재료이고 천장과 반자 사이의 거리가 **2m 이상**으로서 그 사이에 가연물이 존재하지 아니하는 부분
⑥ 천장 및 반자가 **불연재료 외**의 것으로 되어 있고, 천장과 반자 사이의 거리가 **0.5m 미만**인 부분
⑦ 천장·반자 중 한쪽이 불연재료로 되어 있고, 천장과 반자 사이의 거리가 **1m 미만**인 부분
⑧ 현관·로비 등으로서 바닥에서 높이가 **20m 이상**인 장소

* 불연재료
불에 타지 않는 재료

* 반자
천장 밑 또는 지붕 밑에 설치되어 열차단, 소음방지 및 장식용으로 꾸민 부분

 스프링클러 헤드 설치장소
① 보일러실
② 복도
③ 슈퍼마켓
④ 소매시장
⑤ 위험물·특수가연물 취급장소

* 로비
대합실, 현관, 복도, 응급실 등을 겸한 넓은 방

 문제 다음 중 스프링클러를 설치해야 되는 곳은?
① 발전실　　　　　　② 병원의 수술실
③ 전자기기실　　　　④ 보일러실

해설 **스프링클러 헤드** 설치장소
(1) **보**일러실 보기 ④　　(2) **복**도
(3) **슈**퍼마켓　　　　　(4) **소**매시장
(5) **위**험물 취급장소
(6) **특**수가연물 취급장소

기억법 위스복슈소 특보(위스키는 복잡한 수소로 만들었다는 특보가 있다.)

답 ④

* 특수가연물
화재가 발생하면 그 확대가 빠른 물품

5 스프링클러 헤드의 형식승인 및 제품검사기술기준

(1) 폐쇄형 헤드의 충격시험 (2조)

헤드의 충격시험은 디플렉터(반사판)의 중심으로부터 1m 높이에서, 헤드 중량에 **0.15N(15g)**을 더한 중량의 원통형 추를 자유낙하시켜 1회의 충격을 가하여도 균열·파손

이 되지 않고 기능에 이상이 생기지 않아야 한다.

(2) 퓨즈블링크의 강도(6조)
폐쇄형 헤드의 퓨즈블링크는 20±1℃의 공기 중에서 그 설계하중의 **13배**인 하중을 **10일간** 가하여도 파손되지 않아야 한다.

(3) 분해 부분의 강도(8조)
폐쇄형 헤드의 분해 부분은 설계하중의 **2배**인 하중을 외부로부터 헤드의 중심축 방향으로 가하여도 파괴되지 않아야 한다.

(4) 진동시험(9조)
폐쇄형 헤드는 전진폭 5mm, 25Hz의 진동을 헤드의 축방향 및 수직방향으로 각각 3시간 가한 다음 정수압시험에 적합하여야 한다.

(5) 수격시험(10조)
폐쇄형 헤드는 매초 **0.35~3.5MPa**까지의 압력변동을 연속하여 4000회 가한 후 정수압시험에 적합하여야 한다.

6 스프링클러 설비의 종류

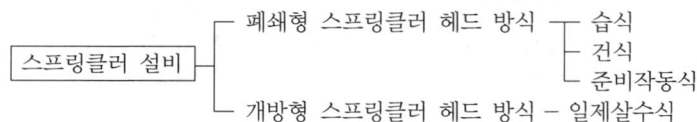

방식 구분	습 식	건 식	준비작동식	부압식	일제살수식
1차측	가압수	가압수	가압수	가압수	가압수
2차측	가압수	압축공기	대기압	부압 (진공)	대기압
밸브 종류	자동경보 밸브 (알람 체크 밸브)	건식 밸브	준비작동 밸브	준비작동 밸브	일제개방 밸브 (델류즈 밸브)
헤드 종류	폐쇄형 헤드	폐쇄형 헤드	폐쇄형 헤드	폐쇄형 헤드	개방형 헤드

1) 습식 스프링클러 설비
1차측 및 2차측 배관 내에 항상 가압수가 충수되어 있다가 화재발생시 열에 의해 헤드가 개방되어 소화한다.

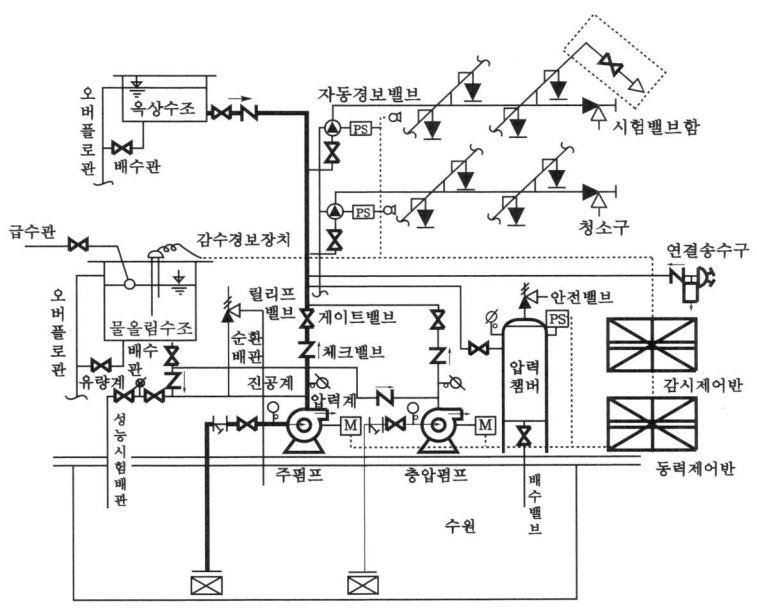

| 습식 스프링클러설비 계통도 |

(1) 유수검지장치

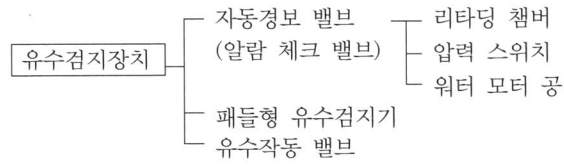

① 자동경보 밸브(alarm check valve)

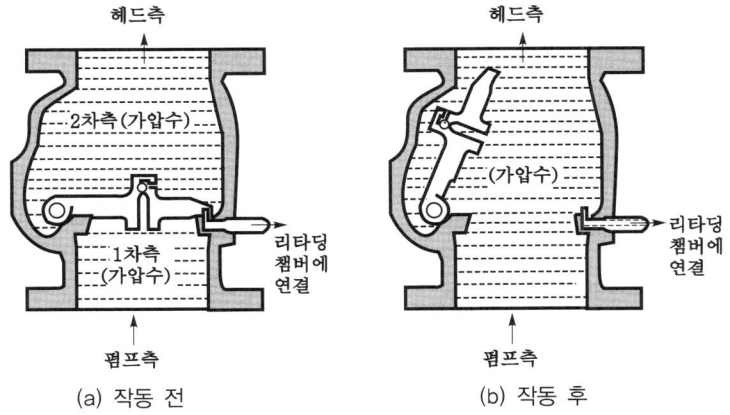

| 자동경보 밸브 |

(가) **리타딩 챔버**(retarding chamber) : 누수로 인한 유수검지장치의 **오동작을 방지**하기 위한 안전장치로서 안전 밸브의 역할, 배관 및 압력 스위치가 손상되는 것을 방지한다.

※ 가압송수장치의 작동
① 압력탱크(압력 스위치)
② 자동경보 밸브
③ 흡수작동 밸브

※ 습식설비의 유수검지장치
① 자동경보 밸브
② 패들형 유수검지기
③ 유수작동 밸브

※ 유수검지장치의 작동시험
말단시험 밸브 또는 유수검지장치의 배수 개방하여 유수검지장치에 부착되어 있는 압력 스위치의 작동여부를 확인한다.

※ 유수경보장치
알람 밸브 세트에는 반드시 시간지연장치가 설치되어 있어야 한다.

* **리타딩 챔버의 역할**
  ① 오동작(오보) 방지
  ② 안전 밸브의 역할
  ③ 배관 및 압력 스위치의 손상보호

리타딩 챔버의 용량은 7.5*l* 형이 주로 사용되며, 압력 스위치의 작동지연시간은 약 **20초** 정도이다.

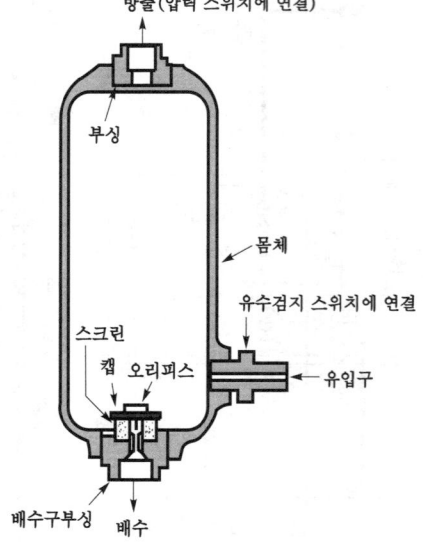

‖ 리타딩 챔버 ‖

문제 스프링클러 설비의 자동경보장치 중 <u>오보</u>를 <u>방지</u>하는 기능을 가진 것은?
① 배수 밸브   ② 자동경보 밸브
③ 작동시험 밸브 ④ 리타딩 챔버

해설 ④ 오보방지기능 : **리타딩 챔버**

답 ④

* **압력 스위치**
  ① 미코이트 스위치
  ② 서킷 스위치

(나) **압력 스위치**(pressure switch) : 경보 체크 밸브의 측로를 통하여 흐르는 물의 압력으로 압력스위치 내의 **벨로즈**(bellows)가 **가압**되면 작동되어 신호를 보낸다.

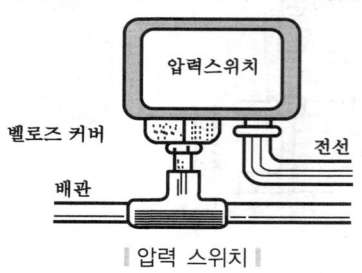

‖ 압력 스위치 ‖

* **트리밍 셀**
  리타딩 챔버의 압력을 워터 모터 공에 전달하는 역할

(다) **워터 모터 공**(water motor gong) : 리타딩 챔버를 통과한 압력수가 노즐을 통해서 방수되고 이 압력에 의하여 수차가 회전하게 되면 타종링이 함께 회전하면서 경보한다.

② **패들형 유수검지기** : 배관내에 패들(paddle)이라는 얇은 판을 설치하여 물의 흐름에 의해 패들이 들어 올려지면 접점이 붙어서 신호를 보낸다.

* 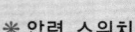 **패들형 유수검지기**
  경보지연장치가 없다.

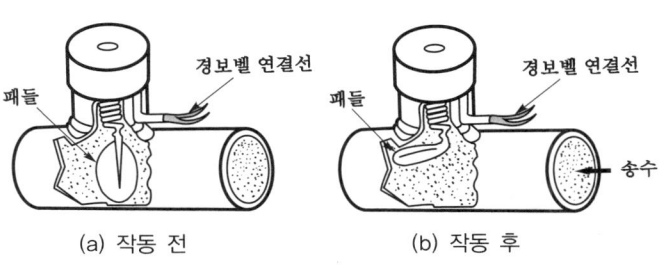

| 패들형 유수검지기 |

③ 유수작동 밸브 : 체크 밸브의 구조로서 물의 흐름에 의해 밸브에 부착되어 있는 마이크로 스위치가 작동되어 신호를 보낸다.

문제 체크 밸브형(alarm check valve) 유수검지장치와 패들형(paddle type) 유수검지장치의 상이점으로 적당한 것은?
① 체크 밸브형 유수검지장치만이 서키트 스위치를 가지고 있다.
② 패들형 유수검지장치는 경보지연장치가 없다.
③ 패들형 유수검지장치는 입상관에 장치하지 못한다.
④ 패들형 유수검지장치에는 마이크로 스위치가 없다.

해설
체크 밸브형 유수검지장치	패들형 유수검지장치
경보지연장치가 있다.	경보지연장치가 없다.

참고
압력 스위치와 같은 의미
① 미코이트 스위치
② 서킷 스위치

답 ②

※ 마이크로 스위치
물의 흐름 등에 작동되는 스위치로서 '리미트 스위치'의 축소형태라고 할 수 있다.

(2) 유수제어밸브의 형식승인 및 제품검사기술기준

① 워터 모터 공의 기능(12조)
  ㈎ 3시간 연속하여 울렸을 경우 기능에 지장이 생기지 아니하여야 한다.
  ㈏ 3m 떨어진 위치에서 90dB 이상의 음량이 있어야 한다.

② 유수검지장치의 표시사항(6조)
  ㈎ 종별 및 형식
  ㈏ 형식승인번호
  ㈐ 제조연월 및 제조번호
  ㈑ 제조업체명 또는 상호
  ㈒ 안지름, 사용압력범위
  ㈓ 유수방향의 화살 표시
  ㈔ 설치방향

※ 유수검지장치
스프링클러 헤드 개방 시 물흐름을 감지하여 경보를 발하는 장치

※ 수평 주행배관
각 층에서 교차배관까지 물을 공급하는 배관

※ 교차배관
수평주행배관에서 가지배관에 이르는 배관

※ 워터해머링
배관 내를 흐르는 유체의 유속을 급격하게 변화시키므로 압력이 상승 또는 하강하여 관로의 벽면을 치는 현상으로서, '수격작용'이라고도 부른다.

(3) 수격방지장치(surge absorber)

수직배관의 **최상부** 또는 **수평주행배관**과 **교차배관**이 **맞닿은 곳**에 설치하여 워터 해머링(water hammering)에 의한 충격을 흡수한다.

2) 건식 스프링클러 설비

1차측에는 가압수, 2차측에는 공기가 압축되어 있다가 화재발생시 열에 의해 헤드가 개방되어 소화한다.

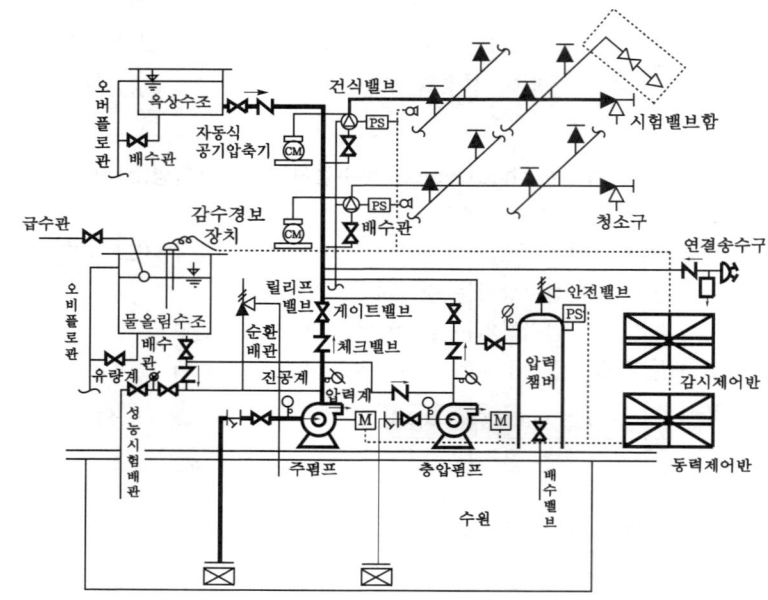

| 건식 스프링클러설비 계통도 |

(1) 건식 밸브(dry valve)

습식설비에서의 자동경보 밸브와 같은 역할을 한다.

※ 건식설비의 주요 구성요소
① 건식 밸브
② 액셀레이터
③ 익져스터
④ 자동식 에어 컴프레서
⑤ 에어 레귤레이터
⑥ 로알람 스위치

※ 건식 밸브의 기능
① 자동경보기능
② 체크 밸브기능

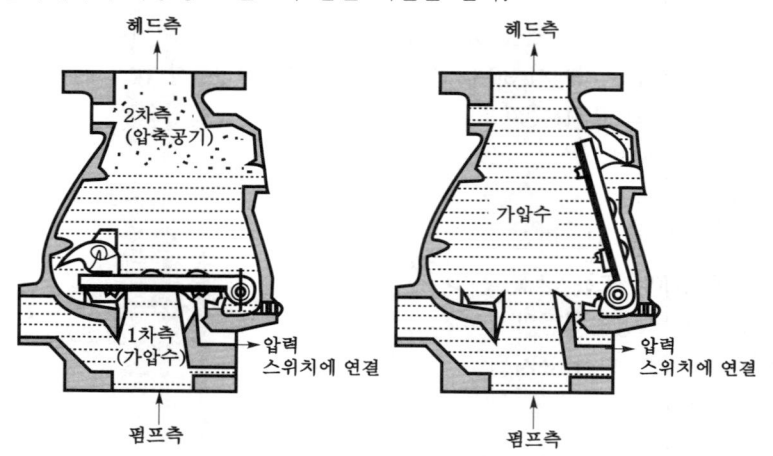

| 건식 밸브 |

(2) 액셀레이터(accelerater), 익져스터(exhauster)

건식 밸브 개방시 압축공기의 배출속도를 가속시켜 1차측 배관내의 가압수를 2차측 헤드까지 신속히 송수할 수 있도록 한다.

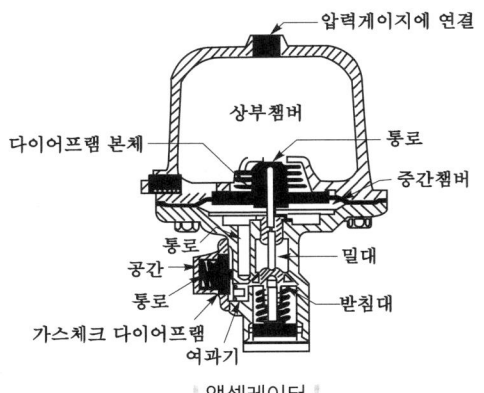

‖ 액셀레이터 ‖

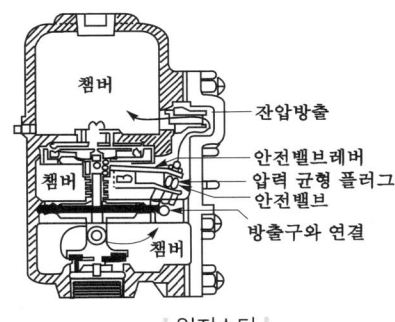

‖ 익져스터 ‖

문제 ★★ 건식 스프링클러설비의 공기를 빼내는 속도를 증가시키기 위하여 드라이밸브에 설치하는 것은?
① 트림잉 셀   ② 리타딩 챔버
③ 탬퍼 스위치   ④ 액셀레이터

해설 ④ 공기를 빼내는 속도를 증가시키는 것 : 액셀레이터

답 ④

---

(3) 자동식 공기압축기(auto type compressor)
건식 밸브의 2차측에 압축공기를 채우기 위해 설치한다.

(4) 에어 레귤레이터(air regulator)
건식설비에서 자동식 에어 컴프레서가 스프링클러설비 전용이 아닌 일반 컴프레서를 사용하는 경우 **건식 밸브**와 **주공기공급관** 사이에 설치한다.

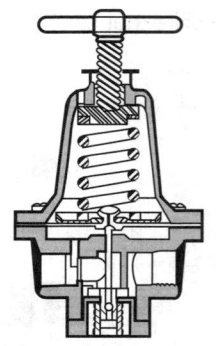

| 에어 레귤레이터 |

*** 로알람 스위치**
'저압경보 스위치'라고도 한다.

(5) **로알람 스위치**(low alarm switch)
   공기 누설 또는 헤드 개방시 경보하는 장치이다.

(6) **스프링클러 헤드**
   건식설비에는 **상향형 헤드**만 사용하여야 하는데 만약 하향형 헤드를 사용해야 하는 경우에는 **동파 방지**를 위하여 **드라이 펜던트형**(dry pendent type) 헤드를 사용하여야 한다.

*** 드라이 펜던트형 헤드**
동파방지

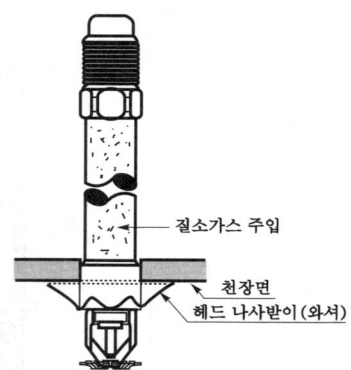

| 드라이 펜던트형 헤드 |

3) 준비작동식 스프링클러 설비

1차측에는 **가압수**, 2차측에는 **대기압**상태(또는 공기)로 있다가 화재발생시 감지기에 의하여 **준비작동 밸브**(pre-action valve)를 개방하여 헤드까지 가압수를 송수시켜 놓고 있다가 열에 의해 헤드가 개방되면 소화한다.

*** 준비작동식**
폐쇄형 헤드를 사용하고 경보 밸브의 1차측에만 물을 채우고 가압한 상태를 유지하며 2차측에는 대기압상태로 두게 되고, 화재의 발견은 자동화재탐지설비의 감지기의 작동에 의해 이루어지며 감지기의 작동에 따라 밸브를 미리 개방, 2차측의 배관 내에 송수시켜 두었다가 화재의 열에 의해 헤드가 개방되면 살수되게 하는 방식

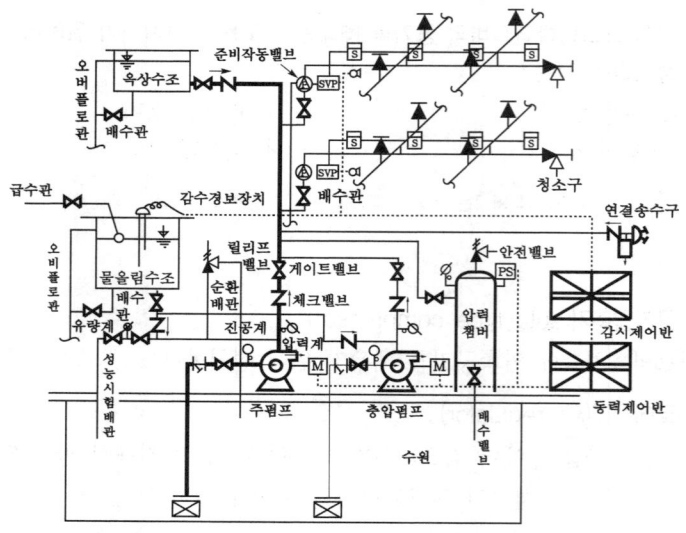

| 준비작동식 스프링클러설비 계통도 |

4-42 · 제1장 소화설비

Chapter_ 01

> **문제** 스프링클러설비 중 <u>준비작동식</u> 스프링클러설비의 <u>2차측</u> 배관 내 유체는?
> ① 물　　② 질소　　③ 공기　　④ 압축가스
>
> **해설** 스프링클러설비의 비교
>
> | 구분 방식 | 습식 | 건식 | 준비작동식 | 부압식 | 일제살수식 |
> |---|---|---|---|---|---|
> | 1차측 | 가압수 | 가압수 | 가압수 | 가압수 | 가압수 |
> | 2차측 | 가압수 | 압축공기 | 대기압(공기)
보기 ③ | 부압(진공) | 대기압(공기) |
> | 밸브종류 | 습식 밸브
(자동경보밸브,
알람체크밸브) | 건식밸브 | 준비작동밸브 | 준비작동밸브 | 일제개방밸브
(델류즈밸브) |
> | 헤드종류 | 폐쇄형헤드 | 폐쇄형헤드 | 폐쇄형헤드 | 폐쇄형헤드 | 개방형헤드 |
>
> 답 ③

(1) 준비작동 밸브(pre-action valve)

준비작동 밸브에는 전기식, 기계식, 뉴메틱식(공기관식)이 있으며 이 중 전기식이 가장 많이 사용된다.

※ 준비작동 밸브의 종류
① 전기식
② 기계식
③ 뉴메틱식(공기관식)

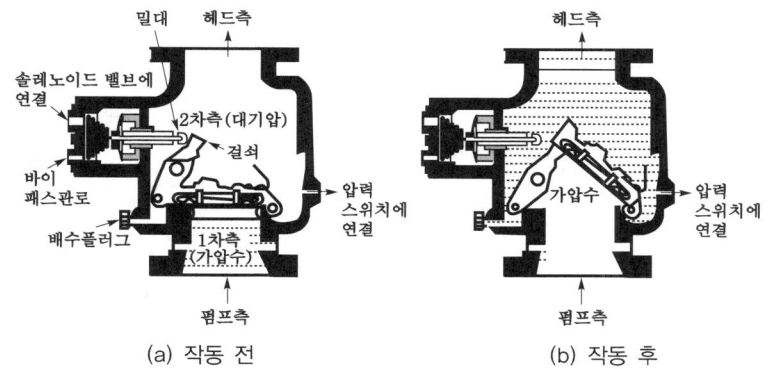

| 전기식 준비작동밸브 |

※ 전기식
준비작동 밸브의 1차측에는 가압수, 2차측에는 대기압상태로 있다가 감지기가 화재를 감지하면 감시제어반에 신호를 보내 솔레노이드 밸브를 작동시켜 준비작동 밸브를 개방하여 소화하는 방식

(2) 슈퍼바이저리 패널(supervisory panel)

슈퍼바이저리 패널은 준비작동 밸브의 조정장치로서 이것이 작동하지 않으면 준비작동 밸브는 작동되지 않는다. 여기에는 자체고장을 알리는 **경보장치**가 설치되어 있으며 화재감지기의 작동에 따라 **준비작동 밸브**를 **작동**시키는 기능 외에 **방화 댐퍼**의 **폐쇄** 등 관련 설비의 작동기능도 갖고 있다.

※ 슈퍼바이저리 패널
스프링클러 설비의 상태를 항상 감시하는 기능을 하는 장치

※ 방화 댐퍼
화재발생시 파이프 덕트 등의 중간을 차단시켜서 불 및 연기의 확산을 방지하는 안전장치

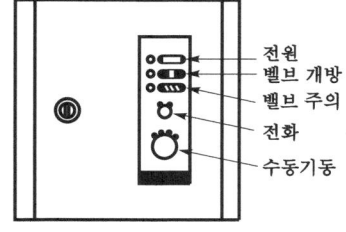

| 슈퍼바이저리 패널 |

슈퍼바이저리 패널 = 슈퍼비조리 판넬

(3) 감지기(detector)

준비작동식 설비의 감지기 회로는 **교차회로방식**을 사용하여 준비작동 밸브(pre-action)의 오동작을 방지한다.

∥교차회로∥

> ※ **교차회로방식** : 하나의 준비작동 밸브의 담당구역 내에 2 이상의 화재감지기 회로를 설치하고 인접한 2 이상의 화재감지기가 동시에 감지되는 때에 준비작동 밸브가 개방·작동되는 방식

4) 일제살수식 스프링클러 설비

1차측에는 **가압수**, 2차측에는 **대기압**상태로 있다가 화재발생시 감지기에 의하여 **일제개방 밸브**(deluge valve)가 개방되어 소화한다.

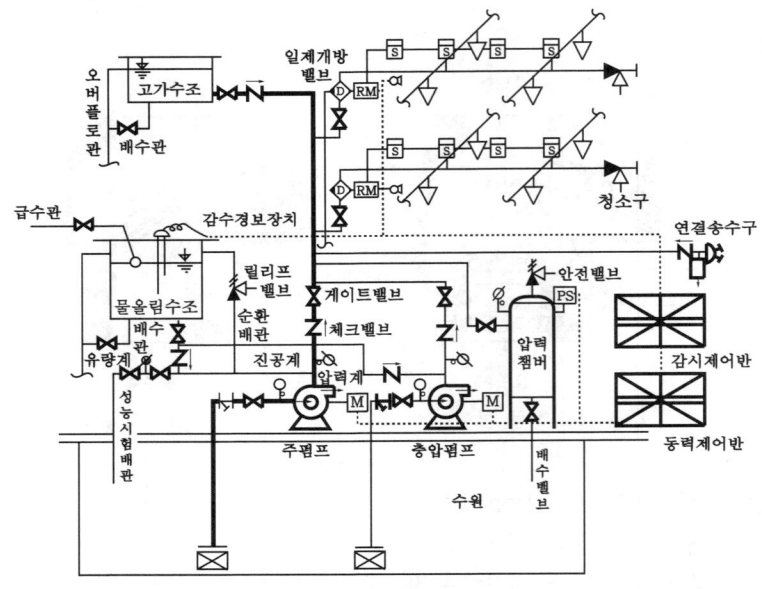

∥일제살수식 스프링클러설비 계통도∥

(1) 일제개방 밸브(deluge valve)

일제개방 밸브 ─ 가압개방식
           └ 감압개방식

① **가압개방식** : 화재감지기가 화재를 감지해서 **전자개방 밸브**(solenoid valve)를 개방시키거나, **수동개방 밸브**를 개방하면 가압수가 실린더 실을 **가압**하여 일제개방 밸브가 열리는 방식

Key Point

✳ **교차회로방식**
(1) 정의
  하나의 준비작동 밸브의 담당구역 내에 2 이상의 화재감지기 회로를 설치하고 인접한 2 이상의 화재감지기가 동시에 감지되는 때에 준비작동식 밸브가 개방·작동되는 방식
(2) 적용설비
  ① 분말소화설비
  ② 할론소화설비
  ③ 이산화탄소 소화설비
  ④ 준비작동식 스프링클러설비
  ⑤ 일제살수식 스프링클러 설비

✳ **토너먼트 방식**
(1) 정의
  가스계 소화설비에 적용하는 방식으로 용기로부터 노즐까지의 마찰손실을 일정하게 유지하기 위한 방식
(2) 적용설비
  ① 분말소화설비
  ② 이산화탄소 소화설비
  ③ 할론소화설비

✳ **일제개방 밸브**
  델류즈 밸브

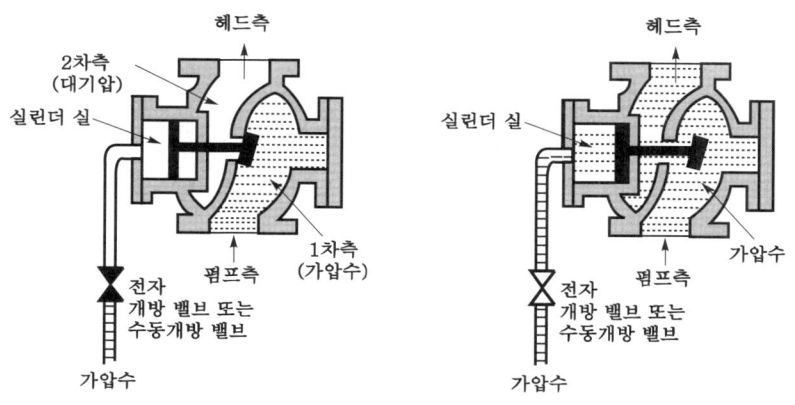

| 가압개방식 일제개방밸브 |

② **감압개방식** : 화재감지기가 화재를 감지해서 **전자개방 밸브**(solenoid valve)를 개방시키거나, **수동개방 밸브**를 개방하면 가압수가 실린더실을 **감압**하여 일제개방 밸브가 열리는 방식

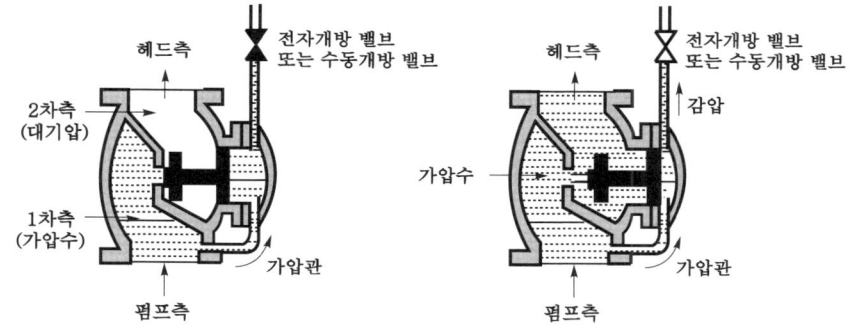

| 감압개방식 일제개방밸브 |

(2) 전자개방 밸브(solenoid valve)

화재에 의해 **감지기**가 작동되면 전자개방 밸브를 작동시켜서 가압수가 흐르게 된다.

| 전자개방밸브 |

7 스프링클러설비에 사용되는 공통부품

(1) 감시 스위치

① **탬퍼 스위치**(tamper switch) : 개폐표시형 밸브(OS & Y valve)에 부착하여 중앙감시반에서 밸브의 **개폐상태**를 **감시**하는 것으로서, 밸브가 정상상태로 개폐되지 않을 경우 중앙감시반에서 경보를 발한다.

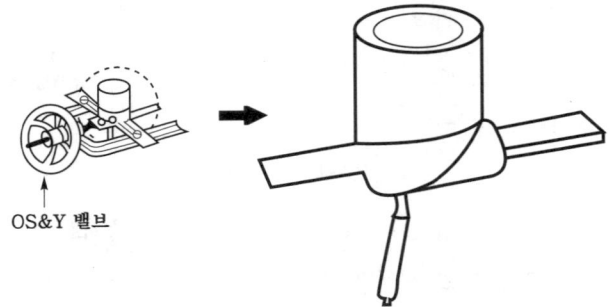

| 탬퍼 스위치 |

② 압력수조 수위감시 스위치 : 수조내의 수위의 변동에 따라 플로트가 움직여서 접촉스위치를 접촉시켜 **급수 펌프**를 **기동** 또는 **정지**시킨다.

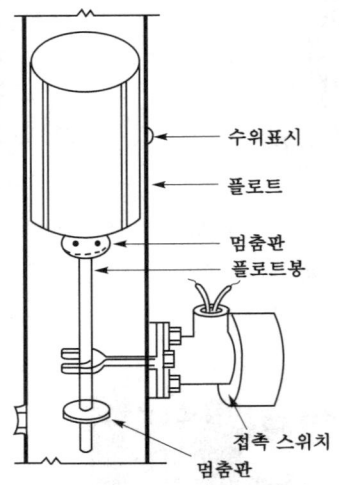

| 압력수조 수위감시스위치 |

(2) 밸브

① OS & Y 밸브(outside screw & yoke valve) : 대형 밸브로서 유체의 흐름방향을 180°로 변환시킨다.
② 글로브 밸브(glove valve) : **소형 밸브**로서 유체의 흐름방향을 180°로 변환시킨다.
③ 앵글 밸브(angle valve) : 유체의 흐름방향을 90°로 변환시킨다.
④ 콕 밸브(cock valve) : 소형 밸브로서 레버가 달려 있으며, 주로 **계기용**으로 사용된다.

Key Point

※ 템퍼 스위치와 같은 의미
① 주밸브 감시 스위치
② 밸브 모니터링 스위치

※ 개폐표시형 밸브
옥내소화전설비 또는 스프링클러 설비의 주밸브로 사용되는 밸브로서 육안으로 밸브의 개폐를 직접 확인할 수 있다.
'개폐지시형 밸브'라고도 부른다.

※ 수조
물 탱크

※ 스톱 밸브
물의 흐름을 차단시킬 수 있는 밸브
① 글로브 밸브
② 슬루스 밸브
③ 안전 밸브

⑤ 체크 밸브(check valve) : 배관에 설치하는 체크 밸브는 호칭구경, 사용압력, 유수의 방향 등을 표시하여야 한다.
 ㈎ **스모렌스키 체크 밸브** : **제조회사명**을 밸브의 명칭으로 나타낸 것으로 주배관용으로서 바이패스 밸브가 있다.
 ㈏ **웨이퍼 체크 밸브** : **주배관용**으로서 **바이패스 밸브**가 **없다**.
 ㈐ **스윙 체크 밸브** : 작은 배관용

>
> **문제** 다음의 밸브 중 스톱 밸브가 아닌 것은?
> ① 글로브 밸브(glove valve)　　② 슬루스 밸브(sluice valve)
> ③ 체크 밸브(check valve)　　④ 안전 밸브(safety valve)
> 해당없음
> **해설** 스톱 밸브
> (1) 글로브 밸브
> (2) 슬루스 밸브
> (3) 안전 밸브
> • **스톱밸브** : 물의 흐름을 차단시킬 수 있는 밸브
>   **답** ③

Key Point

❋ **OS & Y 밸브와 같은 의미**
① 게이트 밸브
② 메인 밸브
③ 슬루스 밸브

❋ **글로브 밸브**
유량조절을 목적으로 사용하는 밸브로서, 소화전 개폐에 사용할 수 없다.

❋ **체크 밸브**
역류방지를 목적으로 한다.
① 리프트형 : 수직설치용
② 스윙형 : 수평・수직설치용

(3) 배 관

① 배관용 탄소강관(SPP)의 특징
 ㈎ 사용압력이 **1.2MPa** 미만인 물과 공기의 배관에 많이 사용 된다.
 ㈏ **주철관**에 비해서 **내식성**이 **적다**.
 ㈐ 관 1개의 길이는 원칙적으로 **6m**로 한다.
 ㈑ 호칭지름 300A 이하의 관은 양 끝에 나사를 내거나 플레인 엔드로 한다.

> ※ **신축이음의 종류** : 슬리브형, 벨로즈형, 루프형

② 강관의 이음
 ㈎ 나사이음

명 칭	그림기호
부싱	─▷├─
캡	─┐
리듀서	─▷◁─
오리피스 플랜지	─┤├─

 ㈏ 용접이음 ┬ 전호용접
     ├ 맞대기용접
     └ 차입형용접
 ㈐ 플랜지 이음

❋ **배관의 지지간격 결정**
① 사용하는 관의 자중과 치수
② 배관속을 흐르는 유체의 중량
③ 접속하는 기기의 진동

❋ **브레이스**
열팽창 및 중력에 의한 힘이외의 외력에 의한 배관이동을 제한하기 위해 설치하는 것

❋ **파이프의 연결부속**
① 티
② 빅토리 조인트
③ 엘보

❋ **강관배관의 절단기**
① 쇠톱
② 톱반
③ 파이프 커터
④ 연삭기
⑤ 가스용접기

소방기계시설의 구조 및 원리

Key Point

* 강관의 나사내기 공구
① 오스터형 또는 리드형 절삭기
② 파이프 바이스
③ 파이프렌치

* 전기용접
① 용접속도가 빠르다.
② 용접변형이 비교적 적다.
③ 관의 두께가 얇은 것은 적합하지 않다.
④ 안전사고의 위험이 수반된다.

* 옥상수원
① 기타시설(폐쇄형)
$Q = 1.6N \times \frac{1}{3}$
(30층 미만)
$Q = 3.2N \times \frac{1}{3}$
(30~49층 이하)
$Q = 4.8N \times \frac{1}{3}$
(50층 이상)
여기서,
Q : 수원의 저수량 [m³]
N : 폐쇄형 헤드의 기준개수(설치개수가 기준개수보다 적으면 그 설치개수)

② 창고시설(라지드롭형 폐쇄형)
$Q = 3.2N \times \frac{1}{3}$
(일반 창고)
$Q = 9.6N \times \frac{1}{3}$
(랙식 창고)
여기서,
Q : 수원의 저수량 [m³]
N : 가장 많은 방호구역의 설치개수(최대 30개)

* 토출량
$Q = N \times 80l/min$
여기서,
Q : 토출량 [l /min]
N : 헤드의 기준개수

 용접이음의 특징
① 이음부의 강도가 강하다.
② 유체의 압력손실이 적다.
③ 배관 보온 작업이 용이하고 보온재가 절약된다.
④ 배관의 중량이 비교적 가볍다.

③ 관부속품(pipe fitting)

구 분	종 류
같은 지름의 관 직선 연결	플랜지(flange), 유니언(union), 커플링(coupling), 니플(nipple), 소켓(socket)
관의 방향 변경	Y지관, 엘보(elbow), 티(tee), 십자(cross)
관경이 다른 2개의 관 연결	리듀서(reducer), 부싱(bushing)
유로차단	플러그(plug), 밸브(valve), 캡(cap)
지선연결	Y지관, 티(tee), 십자(cross)

8 수원의 저수량 (NFPC 103 4조, NFTC 103 2.1.1 / NFPC 608 7조, NFTC 608 2.3.1.1 / NFPC 609 7조, NFTC 609 2.3.2.1)

(1) 폐쇄형

기타시설(폐쇄형)	창고시설(라지드롭형 폐쇄형)
$Q = 1.6N$ (30층 미만) $Q = 3.2N$ (30~49층 이하) $Q = 4.8N$ (50층 이상)	$Q = 3.2N$ (일반 창고) $Q = 9.6N$ (랙식 창고)
여기서, Q : 수원의 저수량 [m³] N : 폐쇄형 헤드의 기준개수(설치개수가 기준개수보다 적으면 그 설치개수)	여기서, Q : 수원의 저수량 [m³] N : 가장 많은 방호구역의 설치개수(최대 30개)

폐쇄형 헤드의 기준개수

특정소방대상물		폐쇄형 헤드의 기준개수
지하가 · 지하역사		30
11층 이상		
10층 이하	공장(특수가연물), 창고시설	
	판매시설(슈퍼마켓, 백화점 등), 복합건축물(판매시설이 설치된 것)	
	근린생활시설, 운수시설	20
	8m 이상	
	8m 미만	10
공동주택(아파트 등) 세대 내		10 (각 동이 주차장으로 연결된 주차장 : 30)

문제 소매시장에 폐쇄형 습식 스프링클러 설비를 설치했을 때 수원의 양은?
① 16m³ ② 32m³ ③ 48m³ ④ 80m³

해설 폐쇄형 헤드의 수원의 양 Q는
$Q = 1.6N = 1.6 \times 30 = 48\text{m}^3$

답 ③

(2) 개방형

① 30개 이하

$$Q = 1.6N$$

여기서, Q : 수원의 저수량[m³]
N : 개방형 헤드의 설치개수

② 30개 초과

$$Q = K\sqrt{10P} \times N$$

여기서, Q : 헤드의 방수량[l/min]
k : 유출계수(15A : 80, 20A : 114)
P : 방수압력[MPa]
N : 개방형 헤드의 설치개수

9 스프링클러 설비의 가압송수장치(NFPC 103 5조, NFTC 103 2.2)

(1) 고가수조방식

$$H \geq h_1 + 10$$

여기서, H : 필요한 낙차[m]
h_1 : 배관 및 관부속품의 마찰손실수두[m]

※ **고가수조** : 수위계, 배수관, 급수관, 오버플로관, 맨홀 설치

> **문제** 스프링클러 설비의 고가수조에 설치하지 않는 것은?
> ① 수위계 ② 배수관
> ③ 오버플로관 ④ 압력계
> 압력수조에 설치   답 ④

(2) 압력수조방식

$$P \geq P_1 + P_2 + 0.1$$

여기서, P : 필요한 압력[MPa]
P_1 : 배관 및 관부속품의 마찰손실수두압[MPa]
P_2 : 낙차의 환산수두압[MPa]

※ **압력수조** : 수위계, 급수관, 급기관, 압력계, 안전장치, 자동식 공기압축기, 맨홀 설치

(3) 펌프방식(지하수조방식)

$$H \geq h_1 + h_2 + 10$$

Key Point

※ **방수량**

$$Q = 0.653D^2\sqrt{10P}$$

여기서,
Q : 토출량[l/min]
D : 내경[mm]
P : 방수압력[MPa]

$$Q = K\sqrt{10P}$$

여기서,
Q : 토출량[l/min]
K : 유출계수[mm]
P : 방수압력(절대압)[MPa]

※ 위의 두 가지 식 중 어느 것을 적용해도 된다.

※ **스프링클러 설비**

방수량	방수압
80 l/min	0.1MPa

여기서, H : 전양정[m]
h_1 : 배관 및 관부속품의 마찰손실수두[m]
h_2 : 실양정(흡입양정+토출양정)[m]

10 가압송수장치의 설치기준(NFPC 103 5조, NFTC 103 2.2.1.10, 2.2.1.11)

① 가압송수장치의 정격토출압력은 하나의 헤드 선단에 **0.1~1.2MPa** 이하의 방수압력이 될 수 있게 하여야 한다.
② 가압송수장치의 송수량은 **0.1MPa**의 방수압력 기준으로 **80l/min** 이상의 방수성능을 가진 기준개수의 모든 헤드로부터의 방수량을 충족시킬 수 있는 양 이상의 것으로 하여야 한다.

11 기동용 수압개폐장치의 형식승인 및 제품검사기술기준

(1) 기동용 수압개폐장치(2조)
소화설비의 배관 내의 압력변동을 검지하여 자동적으로 **펌프**를 **기동** 또는 **정지**시키는 것으로서 압력챔버, 기동용 압력스위치 등을 말한다.

(2) 압력 챔버의 구조 및 모양(7조)
① 압력 챔버의 구조는 **몸체, 압력 스위치, 안전 밸브, 드레인 밸브, 유입구** 및 **압력계**로 이루어져야 한다.
② **몸체**의 **동체**의 모양은 원통형으로서 길이방향의 **이음매**가 **1개소** 이하이어야 한다.
③ **몸체의 경판의 모양은 접시형, 반타원형**, 또는 **온반구형**이어야 하며 **이음매**가 **없어야** 한다.
④ 몸체의 표면은 기능에 나쁜 영향을 미칠 수 있는 홈, 균열 및 주름 등의 결함이 없고 매끈하여야 한다.
⑤ 몸체의 외부 각 부분은 녹슬지 아니하도록 방청가공을 하여야 하며 내부는 부식되거나 녹슬지 아니하도록 내식가공 또는 방청가공을 하여야 한다(단, 내식성이 있는 재료를 사용하는 경우 제외).
⑥ 배관과의 접속부에는 쉽게 접속시킬 수 있는 **관용나사** 또는 **플랜지**를 사용하여야 한다.

(3) 기능시험(10조)
압력 챔버의 안전 밸브는 **최고사용압력**과 **최고사용압력**의 **1.3**배의 압력범위 내에서 작동되어야 한다.

(4) 기밀시험(12조)
압력 챔버의 용기는 **최고사용압력**의 **1.5**배에 해당하는 압력을 **공기압** 또는 **질소압**으로 **5분**간 가하는 경우에 누설되지 아니하여야 한다.

(5) 내압시험(4조)
최고사용압력의 **2배**에 해당하는 압력을 수압력으로 **5분**간 가하는 시험에서 물이 새거나 현저한 변형이 생기지 아니하여야 한다.

12 충압펌프의 설치기준 (NFPC 103 5조, NFTC 103 2.2.1.14)

① 펌프의 정격토출압력은 그 설비의 최고위 살수장치의 **자연압**보다 적어도 **0.2MPa** 더 크거나 가압송수장치의 정격토출압력과 같게 하여야 한다.
② 펌프의 정격토출량은 정상적인 누설량보다 적어서는 안 되며 스프링클러 설비가 자동적으로 작동할 수 있도록 충분한 토출량을 유지하여야 한다.

※ 충압 펌프의 정격 토출압력
자연압＋0.2MPa 이상

13 폐쇄형 설비의 방호구역 및 유수검지장치 (NFPC 103 6조, NFTC 103 2.3)

① 하나의 방호구역의 바닥면적은 **3000㎡**를 초과하지 않아야 한다.

※ 폐쇄형 밸브의 방호구역 면적
3000㎡

> **문제** 폐쇄형 스프링클러설비 하나의 방호구역은 어느 것인가?
> ① 바닥면적 4000㎡　　② 바닥면적 3000㎡
> ③ 바닥면적 2000㎡　　④ 바닥면적 1000㎡
>
> **해설** ② 폐쇄형 스프링클러설비 하나의 방호구역은 바닥면적 3000㎡ 이하로 하여야 한다.
>
> 답 ②

② 하나의 방호구역에는 1개 이상의 유수검지장치를 설치하여야 한다.
③ 하나의 방호구역은 **2개층**에 미치지 아니하도록 하되, 1개층에 설치되는 스프링클러헤드의 수가 **10개 이하**인 경우에는 **3개층** 이내로 할 수 있다.
④ 유수검지장치를 실내에 설치하거나 보호용 철망 등으로 구획하여 바닥으로부터 **0.8m 이상 1.5m 이하**의 위치에 설치하되, 그 실 등에는 개구부가 가로 **0.5m** 이상 세로 **1m** 이상의 출입문을 설치하고 그 출입문 상단에 "**유수검지장치실**"이라고 표시한 표지를 설치할 것(단, 유수검지장치를 기계실(공조용 기계실 포함) 안에 설치하는 경우에는 별도의 실 또는 보호용 철망을 설치하지 않고 기계실 출입문 상단에 "유수검지장치실"이라고 표시한 표지 설치가능)
⑤ 스프링클러 헤드에 공급되는 물은 **유수검지장치**를 지나도록 하여야 한다(단, 송수구를 통하여 공급되는 물은 제외한다.).
⑥ 자연낙차에 의한 압력수가 흐르는 배관상에 설치된 유수검지장치는 화재시 물의 흐름을 검지할 수 있는 최소한의 압력이 얻어질 수 있도록 수조의 하단으로부터 낙차를 두어 설치하여야 한다.

※ 유수검지장치
물이 방사되는 것을 감지하는 장치로서 압력스위치가 사용된다.

14 개방형 설비의 방수구역 (NFPC 103 7조, NFTC 103 2.4)

① 하나의 방수구역은 **2개층**에 미치지 아니하여야 한다.
② 방수구역마다 일제개방 밸브를 설치하여야 한다.
③ 하나의 방수구역을 담당하는 헤드의 개수는 **50개** 이하로 하여야 한다(단, 2개 이상의 방수구역으로 나눌 경우에는 **25개** 이상).
④ 표지는 "**일제개방밸브실**"이라고 표시한다.

※ 배관의 크기 결정 요소
① 물의 유속
② 물의 유량

15 스프링클러 배관

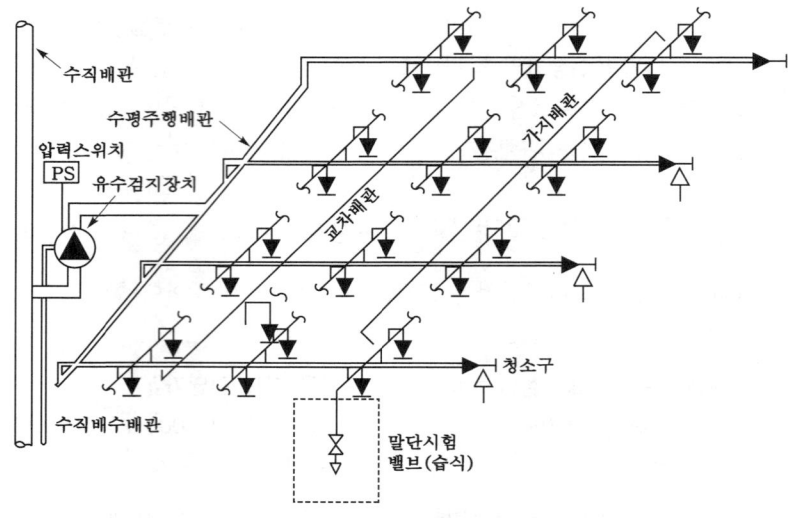

| 스프링클러배관 |

※ 급수관
수원 및 옥외송수구로부터 스프링클러 헤드에 급수하는 배관

(1) 급수관(NFTC 103 2.5.3.3)

급수관의 구경 구분	25mm	32mm	40mm	50mm	65mm	80mm	90mm	100mm	125mm	150mm
폐쇄형 헤드수	2개	3개	5개	10개	30개	60개	80개	100개	160개	161개 이상

★★★
문제 폐쇄형 스프링클러 헤드를 사용하는 스프링클러 설비의 급수 배관 중 <u>구경이 50mm</u>인 배관에는 스프링클러 <u>헤드</u>를 몇 개까지 설치할 수 있는가? (단, 헤드는 반자 아래에만 설치한다.)
① 3개　　　　　　　② 5개
③ 10개　　　　　　 ④ 12개

해설 ③ 구경 50mm이므로 헤드수는 10개이다.

답 ③

※ 수직배수배관
층마다 물을 배수하는 수직배관

(2) 수직배수배관(NFPC 103 8조, NFTC 103 2.5.14)

수직배수배관의 구경은 **50mm** 이상으로 해야 한다.

※ **수직배수배관** : 층마다 물을 배수하는 수직배관

(3) 수평주행배관(NFPC 103 8조, NFTC 103 2.5.13.3)

수평주행배관에는 **4.5m** 이내마다 1개 이상의 행거를 설치해야 한다.

※ **수평주행배관** : 각 층에서 교차배관까지 물을 공급하는 배관

(4) 교차배관 (NFPC 103 8조, NFTC 103 2.5.10)

① 교차배관은 가지배관과 **수평**으로 설치하거나 또는 **가지배관 밑**에 설치하고 구경은 **40mm** 이상이 되도록 한다.

> ★★★
> **문제** 스프링클러설비 배관에 대한 내용 중 잘못된 것은?
> ① 청소구는 교차배관 끝에 40mm 이상 크기의 개폐 밸브를 설치한다.
> ② 급수배관 중 가지배관의 배열은 토너먼트 방식이 아니어야 한다.
> ③ 수직배수배관의 구경은 100mm 이상으로 하여야 한다. (50mm)
> ④ 습식설비에서 하향식 헤드를 설치할 경우 상부 분기배관으로 하여야 한다.
>
> **해설** 배관의 구경
>
> | 교차배관 | 수직배수배관 |
> |---|---|
> | 40mm 이상 | 50mm 이상 보기 ③ |
>
> **기억법** 5수(호수)
>
> 답 ③

② 청소구는 교차배관 끝에 40mm 이상 크기의 개폐 밸브를 설치하고 호스 접결이 가능한 **나사식** 또는 **고정배수 배관식**으로 한다. 이 경우 나사식의 개폐밸브는 **옥내소화전 호스접결용**의 것으로 하고, 나사보호용의 캡으로 마감해야 한다.

③ **교차배관**에는 가지배관과 가지배관 사이마다 1개 이상의 행거를 설치하되 가지배관 사이의 거리가 4.5m를 초과하는 경우에는 **4.5m** 이내마다 1개 이상 설치해야 한다(NFPC 103 8조, NFTC 103 2.5.13.2).

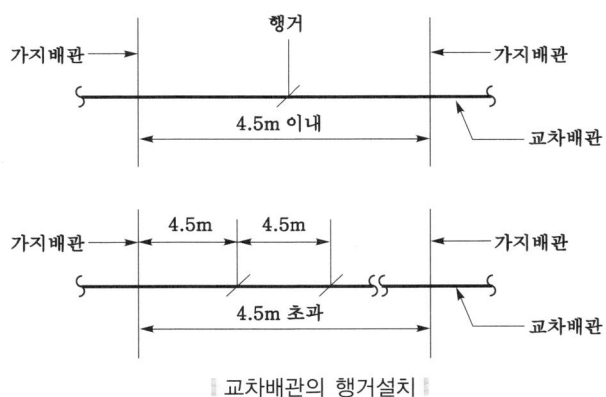

| 교차배관의 행거설치 |

④ 하향식 헤드를 설치하는 경우에 가지배관으로부터 헤드에 이르는 헤드 접속배관은 **가지관 상부**에서 분기해야 한다.

| 가지배관의 헤드 설치 |

Key Point

※ 시험배관 설치목적
유수검지장치(유수경보장치)의 기능점검

※ 청소구
교차배관의 말단에 설치하며, 일반적으로 '앵글 밸브'가 사용된다.

※ 행거
배관의 지지에 사용되는 기구

※ 상향식 헤드
반자가 없는 곳에 설치하며, 살수방향은 상향이다.

회향식 배관(상부분기방식)
이물질에 의해 헤드의 오리피스가 막히는 것을 방지하기 위해 사용

⑤ **가지배관**에는 헤드의 설치지점 사이마다 1개 이상의 행거를 설치하되, 상향식 헤드와 행거 사이에 **8cm** 이상의 간격을 두어야 한다. 다만, 헤드간의 거리가 **3.5m**를 초과하는 경우에는 3.5m 이내마다 1개 이상을 설치한다(NFPC 103 8조, NFTC 103 2.5.13.1).

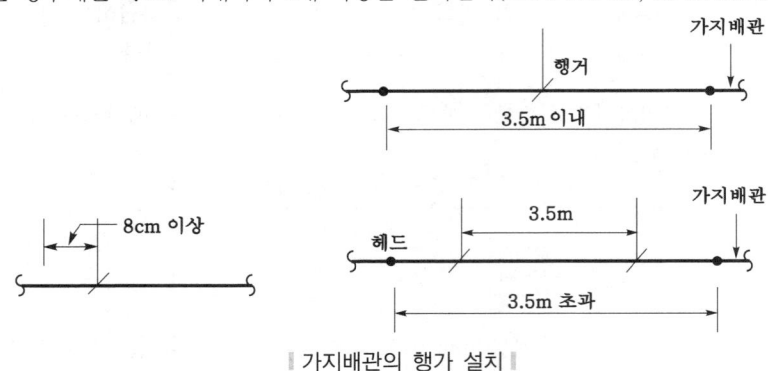

| 가지배관의 행가 설치 |

※ **교차배관** : 직접 또는 수직배관을 통하여 가지배관에 급수하는 배관

※ 가지배관
① 최고사용압력 : 1.4MPa 이상
② 헤드 개수 : 8개 이하

(5) **가지배관**(NFPC 103 8조, NFTC 103 2.5.9)
① 가지배관의 배열은 **토너먼트 방식**이 아니어야 한다.
② 교차배관에서 분기되는 지점을 기점으로 한쪽 가지배관에 설치되는 헤드의 개수는 **8개** 이하로 한다.
③ 가지배관과 헤드사이의 배관을 신축배관으로 하는 경우
　(개) 최고사용압력은 **1.4MPa** 이상이어야 한다.
　(내) 최고사용압력의 **1.5배** 수압을 5분간 가하는 시험에서 파손·누수되지 않아야 한다.
　(대) 진폭 **5mm**, 진동수를 **25회/s**로 하여 **6시간** 작동시킨 경우 또는 **0.35~3.5MPa/s**까지의 압력변동을 4000회 실시한 경우에도 변형·누수되지 아니하여야 한다.

※ 습식·부압식 설비 외의 설비
① 수평주행배관 : $\frac{1}{500}$ 이상
② 가지배관 : $\frac{1}{250}$ 이상

※ **가지배관** : 스프링클러 헤드가 설치되어 있는 배관

(6) **스프링클러설비 배관의 배수를 위한 기울기**(NFPC 103 8조, NFTC 103 2.5.17)
① **습식 스프링클러설비** 또는 **부압식 스프링클러설비**의 배관을 **수평**으로 할 것(단, 배관의 구조상 소화수가 남아있는 곳에는 배수밸브를 설치할 것)
② **습식 스프링클러설비** 또는 **부압식 스프링클러설비** 외의 설비에는 헤드를 향하여 상향으로 **수평주행배관**의 기울기를 $\frac{1}{500}$ 이상, **가지배관**의 기울기를 $\frac{1}{250}$ 이상으로 할 것(단, 배관의 구조상 기울기를 줄 수 없는 경우에는 배수를 원활하게 할 수 있도록 배수밸브를 설치할 것)

※ 물분무소화설비
배수설비: $\frac{2}{100}$ 이상

※ 연결살수설비
수평주행배관 : $\frac{1}{100}$ 이상

(7) 시험장치의 설치기준 (NFPC 103 8조, NFTC 103 2.5.12)

① 습식 스프링클러설비 및 부압식 스프링클러설비에 있어서는 유수검지장치 2차측 배관에 연결하여 설치하고 건식 스프링클러설비인 경우 유수검지장치에서 가장 먼 거리에 위치한 가지배관의 끝으로부터 연결하여 설치할 것. 유수검지장치 2차측 설비의 내용적이 2840L를 초과하는 건식 스프링클러설비의 경우 시험장치 개폐밸브를 완전개방 후 1분 이내에 물이 방사되어야 한다.

② 시험장치 배관의 구경은 25mm 이상으로 하고, 그 끝에 개폐밸브 및 개방형 헤드 또는 스프링클러헤드와 동등한 방수성능을 가진 오리피스를 설치할 것. 이 경우 개방형 헤드는 반사판 및 프레임을 제거한 오리피스만으로 설치할 수 있다.

③ 시험배관의 끝에는 **물받이통** 및 **배수관**을 설치하여 시험중 방사된 물이 바닥에 흘러내리지 않도록 하여야 한다(단, 목욕실·화장실 등으로서 배수처리가 쉬운 장소에 설치한 경우는 제외).

(8) 일제개방밸브(동 밸브 2차측 배관의 부대설비기준)

① **개폐표시형 밸브**를 설치한다.
② 개폐표시형 밸브와 일제개방 밸브 사이의 배관
　(개) 수직배수배관과 연결하고 동 연결배관상에는 **개폐 밸브**를 설치한다.
　(나) **자동배수장치** 및 **압력 스위치**를 설치한다.
　(다) 압력 스위치는 수신부에서 일제개방 밸브의 개방여부를 확인할 수 있게 설치한다.

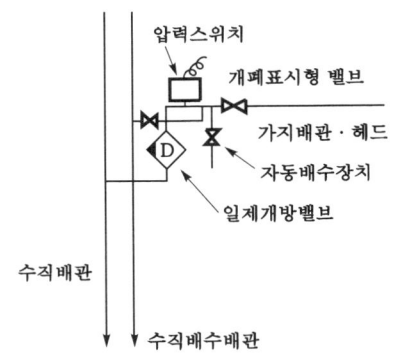

∥일제개방밸브 2차측배관∥

16 스프링클러 헤드와 보의 수평거리 (NFTC 103 2.7.8)

스프링클러 헤드의 반사판 중심과 보의 수평거리	스프링클러 헤드의 반사판 높이와 보의 하단높이의 수직거리
0.75m 미만	보의 하단보다 낮을 것
0.75~1m 미만	0.1m 미만일 것
1~1.5m 미만	0.15m 미만일 것
1.5m 이상	0.3m 미만일 것

Key Point

※ 반사판
스프링클러 헤드의 방수구에서 유출되는 물을 세분시키는 작용을 하는 것으로서 '디플렉터(deflector)'라고도 부른다.

※ 프레임
스프링클러 헤드의 나사부분과 디플렉터(반사판)를 연결하는 이음쇠 부분

※ 개폐표시형 밸브
일반적으로 OS & Y 밸브를 말한다.

※ 일제개방밸브
화재 발생시 자동 또는 수동식 기동장치에 따라 밸브가 열려지는 것

17 드렌처 설비 (NFPC 103 15조, NFTC 103 2.12.2)

① 드렌처 헤드는 개구부 위측에 **2.5m** 이내마다 1개를 설치한다.
② 제어 밸브는 바닥면으로부터 **0.8~1.5m** 이하의 위치에 설치한다.
③ 수원의 저수량은 가장 많이 설치된 제어 밸브의 드렌처 헤드 개수에 **1.6m³**를 곱한 수치 이상이어야 한다.
④ 헤드 선단에 방수압력이 **0.1MPa** 이상, 방수량이 **80***l***/min** 이상이어야 한다.
⑤ 수원에 연결하는 가압송수장치는 점검이 쉽고 화재 등의 재해로 인한 피해우려가 없는 장소에 설치할 것

※ 드렌처 설비
건물의 창, 처마 등 외부 화재에 의해 연소·파손되기 쉬운 부분에 설치하여 외부 화재의 영향을 막기 위한 설비

※ 드렌처 헤드의 수원의 양

$$Q = 1.6N$$

여기서,
Q : 수원의 양[m³]
N : 1개 회로의 헤드 개수

문제 드렌처 설비를 설치했을 경우 설치헤드가 <u>8개</u>일 때 필요 <u>수원량</u>은?
① 2.0m³ ② 1.6m³
③ 12.8m³ ④ 3.2m³

해설 드렌처설비의 수원량 Q 는
$Q = 1.6N = 1.6 \times 8 = 12.8\text{m}^3$

답 ③

18 스프링클러설비의 설치대상 (소방시설법 시행령 [별표 4])

설치대상	조 건
① 문화 및 집회시설, 운동시설 ② 종교시설	• 수용인원 – 100명 이상 • 영화상영관 – 지하층·무창층 500m²(기타 1000m²) 이상 • 무대부 　① 지하층·무창층·4층 이상 300m² 이상 　② 1~3층 500m² 이상
③ 판매시설 ④ 운수시설 ⑤ 물류터미널	• 수용인원 – 500명 이상 • 바닥면적 합계 5000m² 이상
⑥ 노유자시설 ⑦ 정신의료기관 ⑧ 수련시설(숙박가능한 것) ⑨ 종합병원, 병원, 치과병원, 한방병원 및 요양병원(정신병원 제외) ⑩ 숙박시설	• 바닥면적 합계 600m² 이상
⑪ 지하층·무창층·4층 이상	• 바닥면적 1000m² 이상
⑫ 창고시설(물류터미널 제외)	• 바닥면적 합계 5000m² 이상 – 전층
⑬ 지하상가	• 연면적 1000m² 이상
⑭ 10m 넘는 랙식 창고	• 연면적 1500m² 이상
⑮ 복합건축물 ⑯ 기숙사	• 연면적 5000m² 이상 – 전층
⑰ 6층 이상	• 전층

⑱ 보일러실·연결통로	• 전부
⑲ 특수가연물 저장·취급	• 지정수량 1000배 이상
⑳ 발전시설 중 전기저장시설	• 전부

19 간이스프링클러설비

(1) 수원(NFPC 103A 4조, NFTC 103A 2.1.1)
① 상수도 직결형의 경우에는 **수돗물**
② 수조를 사용하고자 하는 경우에는 적어도 1개 이상의 **자동급수장치**를 갖추어야 하며, **2개**의 **간이 헤드**에서 최소 **10분** 이상 방수할 수 있는 양 이상을 수조에 확보할 것

(2) 가압송수장치(NFPC 103A 5조, NFTC 103A 2.2)
방수압력(상수도 직결형의 상수도 압력)은 가장 먼 가지배관에서 2개의 간이헤드를 동시에 개방할 경우 각각의 간이헤드 선단 방수압력은 **0.1MPa** 이상, 방수량은 **50***l***/min** 이상이어야 한다.

(3) 배관 및 밸브(NFPC 103A 8조, NFTC 103A 2.5.16)
① 상수도 직결형의 설치기준
  수도용 계량기, 급수차단장치, 개폐표시형 밸브, 체크 밸브, 압력계, 유수검지장치 2개, 시험 밸브
② 펌프 등의 가압송수장치를 이용하여 배관 및 밸브 등을 설치하는 경우의 기준
  수원, 연성계 또는 진공계, 펌프 또는 압력수조, 압력계, 체크 밸브, 성능시험배관, 개폐표시형 밸브, 유수검지장치, 시험 밸브

(4) 간이헤드의 적합기준(NFPC 103A 9조, NFTC 103A 2.6)
① **폐쇄형 간이헤드**를 사용할 것
② 간이헤드의 작동온도는 실내의 최대 주위천장온도가 0~38℃ 이하인 경우 공칭작동온도가 57~77℃의 것을 사용하고, 39~66℃ 이하인 경우에는 공칭작동온도가 79~109℃의 것을 사용할 것
③ 간이헤드를 설치하는 천장·반자·천장과 반자 사이·덕트·선반 등의 각 부분으로부터의 간이헤드까지의 수평거리는 **2.3m 이하**일 것

문제 간이스프링클러 설비의 간이헤드에서 설치하는 천장·반자·천장과 반자 사이·덕트·선반 등의 각 부분으로부터의 간이헤드까지의 수평거리는 몇 m 이하가 되어야 하는가?
① 2.3m ② 2.4m
③ 2.5m ④ 2.6m

해설 간이헤드를 설치하는 천장·반자·천장과 반자 사이·덕트·선반 등의 각 부분으로부터의 간이헤드까지의 수평거리는 2.3m 이하일 것

답 ①

※ 체크 밸브
역류방지를 목적으로 한다.
① 리프트형
  수직설치용으로 주배관상에 많이 사용
② 스윙형
  수평·수직 설치용으로 작은 배관상에 많이 사용

※ 수원
물을 공급하는 곳

※ 개폐표시형 개폐 밸브
옥내소화전설비 및 스프링클러 설비의 주밸브로 사용되는 밸브로서, 육안으로 밸브의 개폐를 직접 확인할 수 있다. 일반적으로 'OS & Y 밸브'라고 부른다.

※ 유수검지장치
스프링클러 헤드 개방시 물흐름을 감지하여 경보를 발하는 장치

④ 상향식 간이헤드 또는 하향식 간이헤드의 경우에는 간이헤드의 디플렉터(반사판)에서 천장 또는 반자까지의 거리는 25~102mm 이내가 되도록 설치하여야 하며, 측벽형 간이 헤드의 경우에는 102~152mm 사이에 설치할 것
⑤ 간이헤드는 천장 또는 반자의 **경사·보·조명장치** 등에 따라 살수 장애의 영향을 받지 아니하도록 설치할 것

20 화재조기진압용 스프링클러 설비

(1) **설치장소의 구조**(NFPC 103B 4조, NFTC 103B 2.1)
   ① 해당 층의 높이가 **13.7m** 이하일 것(단, **2층** 이상일 경우에는 해당 층의 바닥을 **내화구조**로 하고 다른 부분과 방화구획할 것)
   ② 천장의 기울기가 $\frac{168}{1000}$을 초과하지 않아야 하고, 이를 초과하는 경우에는 반자를 지면과 **수평**으로 설치할 것
   ③ 천장은 평평하여야 하며 철재나 목재 트러스 구조인 경우, 철재나 목재의 돌출부분이 **102mm**를 초과하지 아니할 것
   ④ 보로 사용되는 목재·콘크리트 및 철재 사이의 간격이 **0.9~2.3m** 이하일 것(단, 보의 간격이 2.3m 이상인 경우에는 화재조기진압용 스프링클러 헤드의 동작을 원활히 하기 위하여 보로 구획된 부분의 천장 및 반자의 넓이가 **28m²**를 초과하지 아니할 것)
   ⑤ 창고 내의 선반의 형태는 하부로 물이 침투되는 구조로 할 것

(2) **수원**(NFPC 103B 5조, NFTC 103B 2.2)
   화재조기진압용 스프링클러 설비의 수원은 수리적으로 가장 먼 가지배관 3개에 각각 4개의 스프링클러 헤드가 동시에 개방되었을 때 헤드 선단의 압력이 별도로 정한 값 이상으로 **60분**간 방사할 수 있는 양으로 계산식은 다음과 같다.

$$Q = 12 \times 60 \times K\sqrt{10P}$$

여기서, Q : 방사량[l]
K : 상수[$l/\min/\mathrm{MPa}^{\frac{1}{2}}$]
P : 압력[MPa]

(3) **헤드**(NFPC 103B 10조, NFTC 103B 2.7)
   ① 헤드 하나의 방호면적은 **6.0~9.3m²** 이하로 할 것
   ② 가지배관의 헤드 사이의 거리는 천장의 높이가 **9.1m** 미만인 경우에는 **2.4~3.7m** 이하로, **9.1~13.7m** 이하인 경우에는 **3.1m** 이하로 할 것
   ③ 헤드의 반사판은 천장 또는 반자와 평행하게 설치하고 저장물의 최상부와 **914mm** 이상 확보되도록 할 것
   ④ 상향식 헤드의 감지부 중앙은 천장 또는 반자와 **101~152mm** 이하이어야 하며 반사판의 위치는 스프링클러 배관의 윗부분에서 최소 **178mm** 상부에 설치되도록 할 것

※ 측벽형
가압된 물이 분사될 때 축심을 중심으로 한 반원상에 균일하게 분산시키는 헤드

※ 반자
천장 밑 또는 지붕 밑에 설치되어 열차단, 소음방지 및 장식용으로 꾸민 부분

※ 수원
물을 공급하는 곳

※ 스프링클러 헤드
화재시 가압된 물이 내뿜어져 분산됨으로써 소화기능을 하는 헤드

※ 반사판
스프링클러 헤드의 방수구에서 유출되는 물을 세분시키는 작용을 하는 것으로, '디플렉터(deflector)'라고도 부른다.

⑤ 헤드와 벽과의 거리는 헤드 상호간 거리의 $\frac{1}{2}$을 초과하지 않아야 하며 최소 102mm 이상일 것
⑥ 헤드의 작동온도는 **74℃** 이하일 것

장애물의 하단과 헤드 반사판 사이의 수직거리	
장애물과 헤드 사이의 수평거리	장애물의 하단과 헤드의 반사판 사이의 수직거리
0.3m 미만	0mm
0.3~0.5m 미만	40mm
0.5~0.6m 미만	75mm
0.6~0.8m 미만	140mm
0.8~0.9m 미만	200mm
0.9~1.1m 미만	250mm
1.1~1.2m 미만	300mm
1.2~1.4m 미만	380mm
1.4~1.5m 미만	460mm
1.5~1.7m 미만	560mm
1.7~1.8m 미만	660mm
1.8m 이상	790mm

※ 헤드
화재시 가압된 물이 내뿜어져 분산됨으로써 소화기능을 하는 헤드

(4) 저장물품의 간격(NFPC 103B 11조, NFTC 103B 2.8.1)
저장물품 사이의 간격은 모든 방향에서 **152mm** 이상의 간격을 유지하여야 한다.

(5) 환기구(NFPC 103B 12조, NFTC 103B 2.9)
화재조기진압용 스프링클러 설비의 환기구는 다음에 적합하여야 한다.
① 공기의 유동으로 인하여 헤드의 작동온도에 영향을 주지 않는 구조일 것
② 화재감지기와 연동하여 동작하는 **자동식 환기장치**를 설치하지 아니할 것. 다만, 자동식 환기장치를 설치할 경우에는 최소작동온도가 **180℃** 이상일 것

※ 환기구와 같은 의미
① 통기구
② 배기구

(6) 설치제외(NFPC 103B 17조, NFTC 103B 2.14)
다음에 해당하는 물품의 경우에는 화재조기진압용 스프링클러를 설치하여서는 아니 된다(단, 물품에 대한 화재시험 등 공인기관의 시험을 받은 것은 제외).
① 제4류 위험물
② **타이어, 두루마리 종이 및 섬유류, 섬유제품** 등 연소시 화염의 속도가 빠르고, 방사된 물이 하부까지에 도달하지 못하는 것

※ 제4류 위험물
① 특수인화물
② 제1~4석유류
③ 알코올류
④ 동식물유류

※ 방호구역
화재로부터 보호하기 위한 구역

5 물분무 소화설비

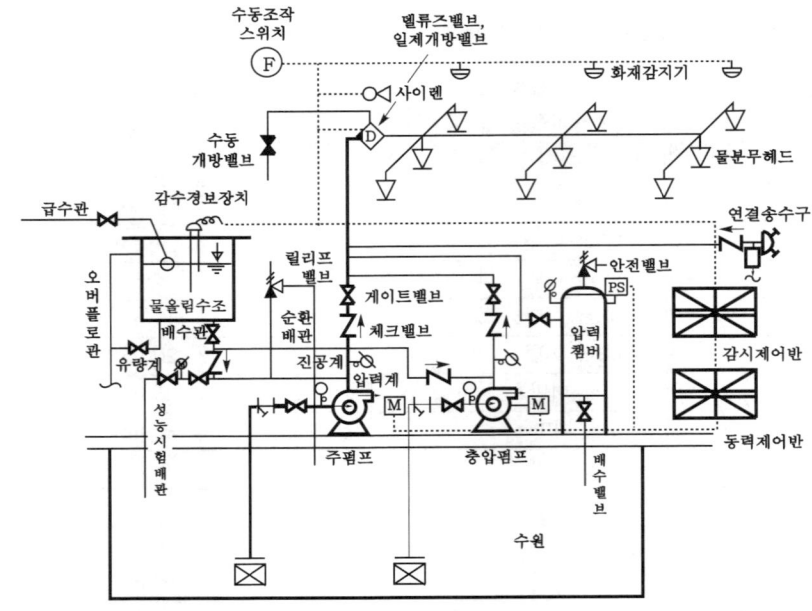

| 물분무 소화설비 계통도 |

1 주요구성

① 수원
③ 배관
⑤ 비상전원
⑦ 기동장치
⑨ 배수 밸브

② 가압송수장치
④ 제어반
⑥ 동력장치
⑧ 제어 밸브
⑩ 물분무 헤드

2 물분무 소화설비의 수원 (NFPC 104 4조, NFTC 104 2.1.1)

특정소방대상물	토출량	최소기준	비 고
컨베이어벨트	10L/min·m²	–	벨트부분의 바닥면적
절연유 봉입변압기	10L/min·m²	–	표면적을 합한 면적(바닥면적 제외)
특수가연물	10L/min·m²	최소 50m²	최대방수구역의 바닥면적 기준
케이블트레이·덕트	12L/min·m²	–	투영된 바닥면적
차고·주차장	20L/min·m²	최소 50m²	최대방수구역의 바닥면적 기준
위험물 저장탱크	37L/min·m	–	위험물탱크 둘레길이(원주길이): 위험물규칙〔별표 6〕Ⅱ

※ 모두 **20분**간 방수할 수 있는 양 이상으로 하여야 한다.

```
기억법   ┌─────────┐
        컨절특케차
         1  1 2
```

※ 진공계
대기압 이하의 압력을 측정하는 계측기

※ 압력계
대기압 이상의 압력을 측정하는 계측기

※ 연성계
대기압 이상의 압력과 대기압 이하의 압력을 측정할 수 있는 계측기

※ 물분무소화설비
① 질식효과
② 냉각효과
③ 유화효과
④ 희석효과

※ 물분무설비 부적합 위험물
제3류 위험물

※ 물분무가 전기설비에 적합한 이유
분무상태의 물은 비전도성을 나타내므로

※ 케이블 트레이
케이블을 수용하기 위한 관로로 사용되며 윗부분이 개방되어 있다.

※ 케이블 덕트
케이블을 수용하기 위한 관로로 사용되며 윗부분이 밀폐되어 있다.

> **문제** 물분무설비에서 차고 또는 주차장의 방수량은 바닥면적 1m²에 대하여 매 분당 얼마 이상으로 하여야 하는가?
> ① 10*l*/min   ② 20*l*/min
> ③ 30*l*/min   ④ 40*l*/min
>
> **해설** ② 차고·주차장 : $20l/\min \cdot m^2$
>
> 답 ②

3 가압송수장치 (NFPC 104 5조, NFTC 104 2.2)

(1) 고가수조방식

$$H \geq h_1 + h_2$$

여기서, H : 필요한 낙차[m]
 h_1 : 물분무 헤드의 설계압력 환산수두[m]
 h_2 : 배관 및 관부속품의 마찰손실수두[m]

※ **고가수조** : 수위계, 배수관, 급수관, 오버플로관, 맨홀 설치

(2) 압력수조방식

$$P \geq P_1 + P_2 + P_3$$

여기서, P : 필요한 압력[MPa]
 P_1 : 물분무 헤드의 설계압력[MPa]
 P_2 : 배관 및 관부속품의 마찰손실수두압[MPa]
 P_3 : 낙차의 환산수두압[MPa]

※ **압력수조** : 수위계, 급수관, 급기관, 압력계, 안전장치, 자동식 공기압축기, 맨홀 설치

(3) 펌프방식 (지하수조방식)

$$H \geq h_1 + h_2 + h_3$$

여기서, H : 필요한 낙차[m]
 h_1 : 물분무 헤드의 설계압력 환산수두[m]
 h_2 : 배관 및 관부속품의 마찰손실수두[m]
 h_3 : 실양정(흡입양정+토출양정)[m]

4 기동장치 (NFPC 104 8조, NFTC 104 2.5)

(1) 수동식 기동장치

① 직접조작 또는 원격조작에 의하여 각각의 가압송수장치 및 **수동식 개방 밸브** 또는 가압송수장치 및 **자동개방 밸브**를 개방할 수 있도록 설치하여야 한다.
② 기동장치의 가까운 곳의 보기 쉬운 곳에 "**기동장치**"라고 표시한 표지를 하여야 한다.

※ 고가수조에만 있는 것
오버플로관

※ 배관재료

1.2MPa 미만	1.2MPa 이상
• 배관용 탄소강관(백관) • 배관용 탄소강관(흑관)	• 압력배관용 탄소강관 • 이음매 없는 동 및 동합금의 배관용 동관

※ 수동식 개방 밸브
바닥에서 0.8~1.5m 이하

(2) 자동식 기동장치

자동식 기동장치는 **화재감지기**의 작동 또는 **폐쇄형 스프링클러헤드**의 개방과 연동하여 경보를 발하고, 가압송수장치 및 자동개방 밸브를 기동할 수 있는 것으로 하여야 한다(단, 자동화재탐지설비의 수신기가 설치되어 있는 장소에 상시 사람이 근무하고 있고 화재시 물분무소화설비를 즉시 작동시킬 수 있는 경우에는 제외).

※ **OS&Y 밸브**
밸브의 개폐상태 여부를 용이하게 육안 판별하기 위한 밸브

5 제어 밸브 (NFPC 104 9조, NFTC 104 2.6)

① 바닥으로부터 **0.8~1.5m** 이하의 위치에 설치한다.
② 가까운 곳의 보기쉬운 곳에 "**제어 밸브**"라고 표시한 표지를 한다.

6 배수 밸브 (NFPC 104 11조, NFTC 104 2.8)

① **차량**이 주차하는 장소의 적당한 곳에 높이 **10cm** 이상의 경계턱으로 배수구를 설치한다.
② 배수구에는 새어나온 기름을 모아 소화할 수 있도록 길이 **40m** 이하마다 집수관·소화핏트 등 **기름분리장치**를 설치한다.
③ 차량이 주차하는 바닥은 배수구를 향하여 $\dfrac{2}{100}$ 이상의 기울기를 유지한다.
④ 배수설비는 가압송수장치의 **최대송수능력**의 수량을 유효하게 배수할 수 있는 크기 및 기울기를 유지한다.

7 물분무 헤드 (NFPC 104 10조, NFTC 104 2.7)

※ **물분무 헤드**
(1) 직선류 또는 나선류의 물을 충돌·확산시켜 미립상태로 분무함으로써 소화기능을 하는 헤드
(2) 자동화재 감지장치가 있어야 한다.
① 충돌형
② 분사형
③ 선회류형
④ 슬리트형
⑤ 디플렉터형(반사판)

　(a)　　　　　　　(b)　　　　　　(c)

┃물분무 헤드┃

문제 분무상태를 만드는 방법에 따라 물분무 헤드를 분류할 때 <u>부적당</u>한 것은?
① 선회류형　　　　　② 슬리트형
③ 충돌형　　　　　　④ 측벽형
　　　　　　　　　　　해당없음

해설 **물분무헤드**
(1) 충돌형
(2) 분사형
(3) 선회류형

(4) 디플렉터형(반사판)
(5) 슬리트형

답 ④

│ 물분무 헤드의 이격거리 │

전 압	거 리
66kV 이하	70cm 이상
67~77kV 이하	80cm 이상
78~110kV 이하	110cm 이상
111~154kV 이하	150cm 이상
155~181kV 이하	180cm 이상
182~220kV 이하	210cm 이상
221~275kV 이하	260cm 이상

8 물분무소화설비의 설치 제외 장소(NFPC 104 15조, NFTC 104 2.12)

① **물과 심하게 반응하는 물질** 또는 물과 반응하여 위험한 물질을 생성하는 물질을 저장 또는 취급하는 장소
② **고온물질** 및 증류범위가 넓어 끓어넘치는 위험이 있는 물질을 저장 또는 취급하는 장소
③ 운전시에 표면의 온도가 260℃ 이상으로 되는 등 직접 분무를 하는 경우 그 부분에 손상을 입힐 우려가 있는 기계장치 등이 있는 장소

※ **물분무설비 설치제외장소**
① 물과 심하게 반응하는 물질 취급장소
② 고온물질 취급장소
③ 표면온도 260℃ 이상

9 물분무소화설비의 설치대상(소방시설법 시행령 〔별표 4〕)

설치대상	조 건
① 차고·주차장	• 바닥면적 합계 200m² 이상
② 전기실·발전실·변전실 ③ 축전지실·통신기기실·전산실	• 바닥면적 300m² 이상
④ 주차용 건축물	• 연면적 800m² 이상
⑤ 기계식 주차장치	• 20대 이상
⑥ 항공기격납고	• 전부

※ **항공기격납고**
항공기를 수납하여 두는 장소

소방기계시설의 구조 및 원리

6 포소화설비

※ 포소화설비의 특징
① 옥외소화에도 소화 효력을 충분히 발휘한다.
② 포화 내화성이 커 대규모 화재 소화에도 효과가 크다.
③ 재연소가 예상되는 화재에도 적응성이 있다.
④ 인접되는 방호대상물에 연소방지책으로 적합하다.
⑤ 소화제는 인체에 무해하다.

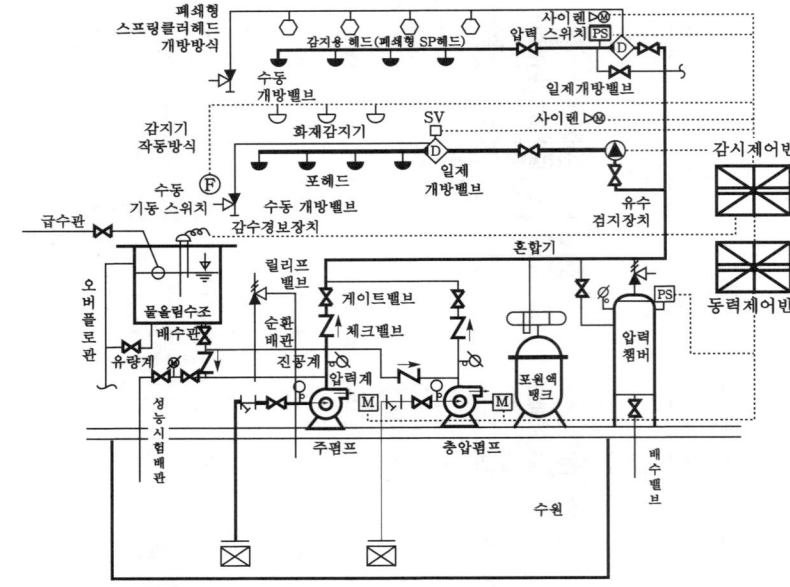

∥ 포소화설비의 계통도 ∥

1 주요구성

① 수원
② 가압송수장치
③ 배관
④ 제어반
⑤ 비상전원
⑥ 동력장치
⑦ 기동장치
⑧ 개방 밸브
⑨ 포소화약제의 저장탱크
⑩ 포소화약제의 혼합장치
⑪ 포 헤드
⑫ 고정포 방출구

※ 기계포소화약제
접착력이 우수하며 일반·유류화재에 적합하다.

2 포소화설비의 적용대상 (NFPC 105 4조, NFTC 105 2.1)

∥ 특정소방대상물에 따른 헤드의 종류 ∥

특정소방대상물	설비 종류
• 차고·주차장 • 항공기격납고 • 공장·창고(특수가연물 저장·취급)	• 포워터 스프링클러설비(포워터 스프링클러 헤드) • 포헤드 설비(포헤드) • 고정포 방출설비 • 압축공기포 소화설비

※ 특수가연물
화재가 발생하면 불길이 빠르게 번지는 물품

4-64 · 제1장 소화설비

Chapter_ 01

• 완전개방된 옥상주차장(주된 벽이 없고 기둥뿐이거나 주위가 위해방지용 철주 등으로 둘러싸인 부분) • **지상 1층**으로서 지붕이 없는 차고·주차장 • 고가 밑의 주차장(주된 벽이 없고 기둥뿐이거나 주위가 위해방지용 철주 등으로 둘러싸인 부분)	• 호스릴포 소화설비 • 포소화전 설비
• 발전기실 • 엔진펌프실 • 변압기 • 전기케이블실 • 유압설비	• 고정식 압축공기포 소화설비 (바닥면적 합계 300m² 미만)

Key Point

＊ **포워터스프링클러 헤드**
포디플렉터가 있다.

＊ **포헤드**
포디플렉터가 없다.

＊ **포소화전설비**
포소화전방수구·호스 및 이동식포노즐을 사용하는 설비

문제 항공기격납고에 설치하는 고정식 포소화설비로서 포헤드의 용도 중 가장 적당한 것은?
① 포워터스프링클러 헤드   ② 스프링클러 헤드
③ 포워터 스프레이 헤드   ④ 포소화전설비

해설 ① 항공기격납고 : 포워터스프링클러 헤드

답 ①

3 가압송수장치(NFPC 105 6조, NFTC 105 2.3)

(1) 고가수조방식

$$H \geqq h_1 + h_2 + h_3$$

여기서, H : 필요한 낙차[m]
 h_1 : 방출구의 설계압력 환산수두 또는 노즐선단의 방사압력 환산수두[m]
 h_2 : 배관의 마찰손실수두[m]
 h_3 : 소방호스의 마찰손실수두[m]

※ **고가수조** : 수위계, 배수관, 급수관, 오버플로관, 맨홀 설치

(2) 압력수조방식

$$P \geqq P_1 + P_2 + P_3 + P_4$$

여기서, P : 필요한 압력[MPa]
 P_1 : 방출구의 설계압력 또는 노즐 선단의 방사압력[MPa]
 P_2 : 배관의 마찰손실수두압[MPa]
 P_3 : 소방용 호스의 마찰손실수두압[MPa]
 P_4 : 낙차의 환산수두압[MPa]

＊ **소방호스**
① 소방용 고무내장 호스
② 소방용 릴호스

＊ **고가수조에만 있는 것**
오버플로관

＊ **압력수조에만 있는 것**
① 급기관
② 압력계
③ 안전장치
④ 자동식 공기압축기

※ **압력수조** : 수위계, 급수관, 급기관, 압력계, 안전장치, 자동식 공기압축기, 맨홀 설치

(3) 펌프방식(지하수조방식)

$$H \geqq h_1 + h_2 + h_3 + h_4$$

여기서, H : 펌프의 양정[m]
 h_1 : 방출구의 설계압력 환산수두 또는 노즐선단의 방사압력 환산수두[m]
 h_2 : 배관의 마찰손실수두[m]
 h_3 : 소방호스의 마찰손실수두[m]
 h_4 : 낙차[m]

(4) 감압장치(NFPC 105 6조, NFTC 105 2.3.4)

가압송수장치에는 포헤드·고정포방출구 또는 이동식 포노즐, 압축공기포헤드의 방사압력이 설계압력 또는 방사압력의 허용범위를 넘지 않도록 **감압장치**를 설치해야 한다.

(5) 표준방사량(NFPC 105 6조, NFTC 105 2.3.5)

구 분	표준방사량
• 포 워터 스프링클러 헤드	75 l/min 이상
• 포헤드 • 고정포 방출구 • 이동식 포노즐 • 압축공기포헤드	각 포헤드·고정포방출구 또는 이동식 포노즐의 설계압력에 의하여 방출되는 소화약제의 양

4 배관(NFPC 105 7조, NFTC 105 2.4.3, 2.4.4)

① 송액관은 포의 방출 종료 후 배관 안의 액을 방출하기 위하여 적당한 기울기를 유지하고 그 낮은 부분에 **배액 밸브**를 설치해야 한다.
② 포워터 스프링클러 설비 또는 포헤드설비의 가지배관의 배열은 **토너먼트 방식**이 아니어야 하며, 교차배관에서 분기하는 지점을 기준으로 한쪽 가지배관에 설치하는 헤드의 수는 **8개** 이하로 한다.

5 기동장치(NFPC 105 11조, NFTC 105 2.8)

(1) 수동식 기동장치

① 직접조작 또는 원격조작에 의하여 가압송수장치·수동식 개방 밸브 및 소화약제 혼합장치를 기동할 수 있는 것으로 한다.
② 2 이상의 방사구역을 가진 포소화설비에는 방사구역을 선택할 수 있는 구조로 한다.
③ 기동장치의 조작부는 화재시 쉽게 접근할 수 있는 곳에 설치하되, 바닥으로부터 0.8~1.5m 이하의 위치에 설치하고, 유효한 보호장치를 설치한다.
④ 기동장치의 조작부 및 호스접결구에는 가까운 곳의 보기 쉬운 곳에 각각 "**기동장치의 조작부**" 및 "**접결구**"라고 표시한 표지를 설치한다.
⑤ **차고** 또는 **주차장**에 설치하는 포소화설비의 수동식 기동장치는 방사구역마다 1개 이상 설치한다.

⑥ 항공기격납고에 설치하는 포소화설비의 수동식 기동장치는 각 방사구역마다 **2개** 이상을 설치하되, 그 중 1개는 각 방사구역으로부터 가장 가까운 곳 또는 조작에 편리한 장소에 설치하고, 1개는 화재감지수신기를 설치한 **감시실** 등에 설치한다.

(2) 자동식 기동장치

① 폐쇄형 스프링클러 헤드 개방방식

㈎ 표시온도가 **79℃** 미만인 것을 사용하고, 1개의 스프링클러 헤드의 경계면적은 **20m²** 이하로 한다.

㈏ 부착면의 높이는 바닥으로부터 **5m** 이하로 하고, 화재를 유효하게 감지할 수 있도록 한다.

㈐ 하나의 감지장치 경계구역은 하나의 **층**이 되도록 한다.

> **문제** 포소화설비의 **자동식 기동장치**에 사용되는 폐쇄형 스프링클러 헤드에 대한 내용 중 **잘못된** 것은?
> ① 하나의 감지장치 경계구역은 하나의 층이 되도록 할 것
> ② 표시온도가 79℃ 미만인 것을 사용할 것
> ③ 1개의 스프링클러 헤드의 경계면적은 20m² 이하로 할 것
> ④ 부착면의 높이는 바닥으로부터 <u>3m</u> 이하로 할 것
>   　　　　　　　　　　　　　　　　5m
> 답 ④

② 감지기 작동방식

㈎ 감지기는 자동화재탐지설비의 **감지기**에 관한 기준에 준하여 설치한다.

㈏ 자동화재탐지설비의 **발신기**에 관한 기준에 준하여 발신기를 설치한다.

※ 동결우려가 있는 장소의 포소화설비의 자동식 기동장치는 **자동화재탐지설비**와 연동으로 하여야 한다.

6 개방 밸브 (NFPC 105 10조, NFTC 105 2.7)

① 자동개방 밸브는 화재감지장치의 작동에 의하여 자동으로 개방되는 것으로 한다.
② 수동식 개방밸브는 화재시 쉽게 접근할 수 있는 곳에 설치한다.

7 포소화약제의 저장 탱크 (NFPC 105 8조, NFTC 105 2.5.1)

① 화재 등의 재해로 인한 피해를 받을 우려가 없는 장소에 설치한다.
② **기온**의 변동으로 포의 발생에 장애를 주지 않는 장소에 설치한다.
③ 포소화약제가 변질될 우려가 없고 **점검**에 편리한 장소에 설치한다.
④ 가압송수장치 또는 포소화약제 혼합장치의 기동에 의하여 압력이 가해지는 것 또는 상시 가압된 상태로 사용되는 것에 있어서는 **압력계**를 설치한다.
⑤ 포소화약제 저장량의 확인이 쉽도록 **액면계** 또는 **계량봉** 등을 설치한다.
⑥ 가압식이 아닌 저장 탱크는 **글라스 게이지**를 설치하여 액량을 측정할 수 있는 구조로 한다.

Key Point

※ 표시온도
스프링클러 헤드가 개방되는 온도로서 스프링클러 헤드에 표시되어 있다.

※ 포혼합장치 설치 목적
일정한 혼합비를 유지하기 위해서

※ 액면계
포소화약제 저장량의 높이를 외부에서 볼 수 있게 만든 장치

※ 계량봉
포소화약제 저장량을 확인하는 강선으로 된 막대

※ 글라스 게이지
포소화약제의 양을 측정하는 계기

8 포소화약제의 저장량 (NFPC 105 8조, NFTC 105 2.5.2)

(1) 고정포 방출구 방식

① 고정포 방출구

$$Q = A \times Q_1 \times T \times S$$

여기서, Q : 포소화약제의 양[l]
A : 탱크의 액표면적[m^2]
Q_1 : 단위포 소화수용액의 양[$l/m^2 \cdot$분]
T : 방출시간[분]
S : 포소화약제의 사용농도

※ $Q = A \times Q_1 \times T \times S$
★ 꼭 기억하세요 ★

문제 포소화약제의 저장량은 고정포 방출구에서 방출하기 위하여 필요량 이상으로 하여야 한다. 공식에 대한 설명이 틀린 것은?

$$Q = A \times Q_1 \times T \times S$$

① Q : 포소화약제의 양[l] ② T : 방출시간[분]
③ A : 탱크의 체적[m^3] ④ S : 전포화약제의 농도

해설 ③ A : 탱크의 액표면적[m^2]

답 ③

② 보조포소화전

$$Q = N \times S \times 8000$$

여기서, Q : 포소화약제의 양[l]
N : 호스 접결구 수(최대 3개)
S : 포소화약제의 사용농도

(2) 옥내포소화전방식 또는 호스릴 방식

$$Q = N \times S \times 6000 \text{(바닥면적 200m}^2 \text{ 미만은 75\%)}$$

여기서, Q : 포소화약제의 양[l]
N : 호스 접결구 수(최대 5개)
S : 포소화약제의 사용농도

※ 포헤드의 표준방사량 : 10분

※ 호스릴 포소화설비
호스릴 포 방수구·호스릴 및 이동식 포노즐을 사용하는 설비

※ 수용액이 거품으로 형성되는 장치
① 포챔버
② 포헤드
③ 포노즐

※ 포소화설비의 기기 장치
① 비례혼합기
② 소화약제 저장 탱크
③ 유수검지장치

※ 역지 밸브(체크 밸브)
펌프 프로포셔너의 흡입기의 하류측에 있는 밸브

9 포소화약제의 혼합장치 (NFPC 105 9조, NFTC 105 2.6)

(1) 펌프 프로포셔너 방식(펌프 혼합 방식)

펌프의 토출관과 흡입관 사이의 배관 도중에 설치한 흡입기에 펌프에서 토출된 물의 일부를 보내고 **농도조정밸브**에서 조정된 포소화약제의 필요량을 포소화약제 탱크에서 펌프 흡입측으로 보내어 이를 혼합하는 방식

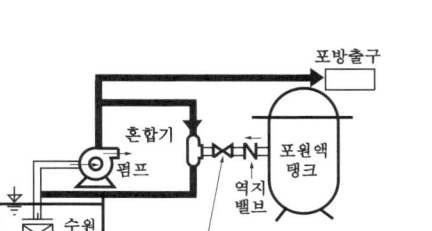

∥ 펌프 프로포셔너 방식 ∥

(2) 라인 프로포셔너 방식(관로 혼합 방식)

펌프와 발포기의 중간에 설치된 벤투리관의 **벤투리 작용**에 의하여 포소화약제를 흡입·혼합하는 방식

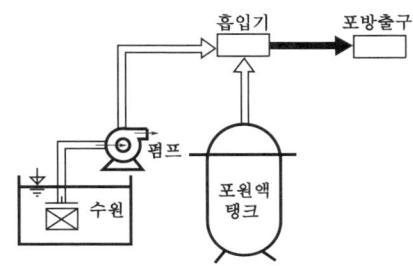

∥ 라인 프로포셔너 방식 ∥

* 라인 프로포셔너 방식
  급수관의 배관도중에 포소화약제 흡입기를 설치하여 그 흡입관에서 소화약제를 흡입하여 혼합하는 방식

 문제 ★★

펌프와 발포기의 중간에 설치된 벤투리관의 <u>벤투리작용</u>에 의하여 포소화약제를 흡입·혼합하는 방식은?

① 펌프 비례혼합식 ② 라인 비례혼합식
③ 석션 비례혼합식 ④ 프레져 비례혼합식

해설 **라인 비례혼합식**(라인 프로포셔너 방식)
(1) 펌프와 발포기의 중간에 설치된 벤투리관의 **벤투리작용**에 의하여 포소화약제를 흡입·혼합하는 방식
(2) 급수관의 배관 도중에 포소화약제 **흡입기**를 설치하여 그 흡입관에서 소화약제를 흡입·혼합하는 방식

답 ②

(3) 프레져 프로포셔너 방식(차압 혼합 방식)

펌프와 발포기의 중간에 설치된 벤투리관의 벤투리 작용과 **펌프 가압수**의 **포소화약제 저장 탱크**에 대한 압력에 의하여 포소화약제를 흡입·혼합하는 방식

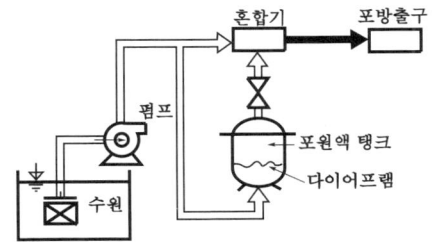

∥ 프레져 프로포셔너 방식 ∥

* 프레져 프로포셔너 방식
  원액 저장조속의 원액이 점점 소모됨에 따라 혼합비도 작아지게 된다.
  ① 가압송수관 도중에 공기포 소화원액 혼합조(PPT)와 혼합기를 접속하여 사용하는 방법
  ② 격막방식 휨 탱크를 쓰는 에어 휨 혼합 방식
  ③ 펌프가 물을 가압해서 관로내로 보내면 비례혼합기가 수량을 조정 원액 탱크 내에 수량의 일부를 유입시켜서 혼합하는 방식

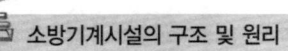

※ 프레져 사이드 프로포셔너 방식
① 소화원액 가압 펌프(압입용 펌프)를 별도로 사용하는 방식
② 포말을 탱크로부터 펌프에 의해 강제로 가압송수관로 속으로 밀어넣는 방식

(4) 프레져 사이드 프로포셔너 방식(압입 혼합 방식)

펌프의 토출관에 압입기를 설치하여 포소화약제 **압입용 펌프**로 포소화약제를 압입시켜 혼합하는 방식

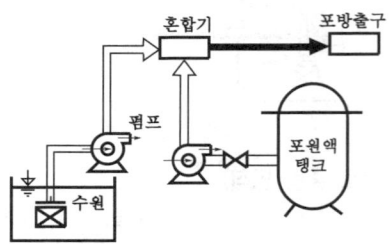

∥프레져 사이드 프로포셔너 방식∥

(5) 압축공기포 믹싱챔버방식

포수용액에 공기를 강제로 주입시켜 **원거리 방수**가 가능하고 물 사용량을 줄여 **수손피해**를 최소화할 수 있는 방식

10 포헤드 (NFPC 105 12조, NFTC 105 2.9)

∥팽창비율에 의한 포의 종류∥

팽창비	포방출구의 종류	비 고
팽창비 20 이하	포헤드, 압축공기포헤드	저발포
팽창비 80~1000 미만	고발포용 고정포 방출구	고발포

※ 팽창비
최종 발생한 포 체적을 원래 포수용액 체적으로 나눈값

중요 · 발포배율식

$$발포배율 = \frac{내용적(용량)}{전체중량 - 빈 \ 시료용기의 \ 중량}$$

※ 이동식 포소화설비
① 화재시 연기가 현저하게 충만하지 않은 곳에 설치
② 호스와 포방출구만 이동하여 소화하는 설비
③ 화학포차량

① 포워터 스프링클러 헤드는 바닥면적 $8m^2$마다 1개 이상 설치한다.
② 포헤드는 바닥면적 $9m^2$마다 1개 이상 설치한다.

∥소방대상물별 약제방사량∥

소방대상물	포소화약제의 종류	방사량
• 차고 · 주차장 • 항공기격납고	수성막포	$3.7l/m^2 \cdot min$
	단백포	$6.5l/m^2 \cdot min$
	합성계면활성제포	$8.0l/m^2 \cdot min$
특수가연물 저장 · 취급소	수성막포 · 단백포 · 합성계면활성제포	$6.5l/m^2 \cdot min$

※ 내유염성
포가 기름에 의해 오염되기 어려운 성질

중요 · 수성막포 소화약제의 장단점

장 점	단 점
① **유동성**이 좋아 급속한 소화에 효과적이다. ② **침투력**이 우수하다. ③ **소화효과**가 뛰어나다. ④ **내유염성**이 우수하다. ⑤ 화학적으로 안정하여 **장기보존**이 가능하다.	① 내열성이 낮다. ② 수성막 형성 조건이 까다롭다. ③ 가격이 고가이다.

※ 포슈트
① 고정지붕구조의 탱크에 사용
② 포방출구 형상이 I형인 경우에 사용
③ 포가 안정된 상태로 공급
④ 수직형이므로 토출구가 많다.

Chapter_ 01

11 고정포 방출구

포방출구(위험물기준 133조)	
탱크의 구조	포 방출구
고정지붕구조	• Ⅰ형 방출구 • Ⅱ형 방출구 • Ⅲ형 방출구 • Ⅳ형 방출구
고정지붕구조 또는 부상덮개부착 고정지붕구조	• Ⅱ형 방출구
부상지붕구조	• 특형 방출구

문제 위험물 옥외탱크저장소의 **부상지붕**구조에 설치하는 포방출구는?
① Ⅰ형 방출구
② Ⅱ형 방출구
③ Ⅲ형 방출구
④ 특형 방출구

해설 ④ **부상지붕**구조에 설치하는 포방출구 : **특형 방출구**

기억법 부특(보트)   답 ④

(1) 차고·주차장에 설치하는 호스릴 포설비 또는 포소화전설비(NFPC 105 12조, NFTC 105 2.9.3)
  ① 방사압력 : **0.35MPa** 이상
  ② 방사량 : **300**l**/min**(바닥면적 200m² 이하는 230l/min) 이상
  ③ 방사거리 : 수평거리 **15m** 이상
  ④ 호스릴함 또는 호스함의 설치 높이 : **1.5m** 이하

(2) 전역방출방식의 고발포용 고정포방출구(NFPC 105 12조, NFTC 105 2.9.4.1)
  ① 개구부에 **자동폐쇄장치**를 설치할 것
  ② 포방출구는 바닥면적 **500m²**마다 1개 이상으로 할 것
  ③ 포방출구는 방호대상물의 **최고 부분**보다 **높은 위치**에 설치할 것
  ④ 해당 방호구역의 관포체적 1m³에 대한 포수용액 방출량은 소방대상물 및 포의 팽창비에 따라 달라진다.

  ※ **관포체적** : 해당 바닥면으로부터 방호대상물의 높이보다 **0.5m** 높은 위치까지의 체적

Key Point

※ Ⅰ형 방출구
고정지붕구조의 탱크에 상부포주입법을 이용하는 것으로서 방출된 포가 액면 아래로 몰입되거나 액면을 뒤섞지 않고 액면상을 덮을 수 있는 통계단 또는 미끄럼판 등의 설비 및 탱크내의 위험물증기가 외부로 역류되는 것을 저지할 수 있는 구조·기구를 갖는 포방출구

※ Ⅱ형 방출구
고정지붕구조 또는 부상덮개부착고정지붕구조의 탱크에 상부포주입법을 이용하는 것으로서 방출된 포가 탱크 옆판의 내면을 따라 흘러내려 가면서 액면 아래로 몰입되거나 액면을 뒤섞지 않고 액면상을 덮을 수 있는 반사판 및 탱크내의 위험물증기가 외부로 역류되는 것을 저지할 수 있는 구조·기구를 갖는 포방출구

※ 방사압력

설비	방사압력
스프링클러설비	0.1MPa
옥내소화전설비	0.17MPa
옥외소화전설비	0.25MPa
포소화설비	0.35MPa

※ 전역방출방식
소화약제 공급장치에 배관 및 분사헤드 등을 설치하여 밀폐방호구역 전체에 소화약제를 방출하는 방식

(3) 국소방출방식의 고발포용 고정포 방출구(NFPC 105 12조, NFTC 105 2.9.4.2.2)

방호대상물	방출량
특수가연물	$3l/m^2 \cdot min$
기타	$2l/m^2 \cdot min$

12 포소화설비의 설치대상(소방시설법 시행령 〔별표 4〕)

물분무소화설비와 동일하다.

* 방호대상물
화재로부터 방어하기 위한 대상물

* 국소방출방식
소화약제 공급장치에 배관 및 분사헤드 등을 설치하여 직접 화점에 소화약제를 방출하는 방식

7 이산화탄소 소화설비

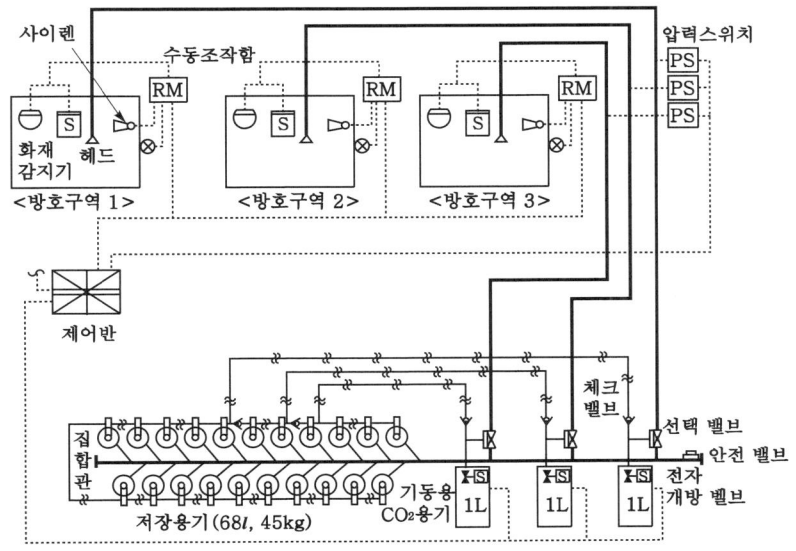

|이산화탄소 소화설비의 계통도|

문제 ★★★
이산화탄소 소화설비의 특징이 <u>아닌</u> 것은?
① 화재진화 후 깨끗하다.
② 부속은 고압배관, 고압밸브에 사용하여야 한다.
③ 소음이 적다.
      크다.
④ 전기, 기계, 유류화재에 효과가 있다.

답 ③

1 주요구성

① 배관
② 제어반
③ 비상전원
④ 기동장치
⑤ 자동폐쇄장치
⑥ 저장용기
⑦ 선택 밸브
⑧ 이산화탄소 소화약제
⑨ 감지기
⑩ 분사 헤드

Key Point

✱ CO_2 설비의 소화 효과
① 질식효과
  이산화탄소가 공기 중의 산소 공급을 차단하여 소화한다.
② 냉각효과
  이산화탄소 방사시 기화열을 흡수하여 냉각 소화한다.
③ 피복소화
  비중이 공기의 1.52배 정도로 무거운 이산화탄소를 방사하여 가연물의 구석구석까지 침투·피복하여 소화한다.

✱ CO_2 설비의 특징
① 화재진화 후 깨끗하다.
② 심부화재에 적합하다.
③ 증거보존이 양호하여 화재원인조사가 쉽다.
④ 방사시 소음이 크다.

✱ 심부화재
물질의 내부 깊숙한 곳에서 연소하는 것

Key Point

✽ 배관의 재질
① 동관
② 강관

✽ 스케줄
관의 구경, 두께, 내부 압력 등의 일정한 표준

2 배관(NFPC 106 8조, NFTC 106 2.5)

① 전용
② 강관(압력배관용 탄소강관) ─┬─ 고압식 : 스케줄 80(호칭구경 20mm 이하 스케줄 40) 이상
　　　　　　　　　　　　　　　└─ 저압식 : 스케줄 40 이상
③ 동관(이음이 없는 동 및 동합금관)
　　┬─ 고압식 : 16.5MPa 이상
　　└─ 저압식 : 3.75MPa 이상
④ 배관부속 ─┬─ 고압식 ─┬─ 1차측 배관부속 : 9.5MPa
　　　　　　│　　　　　　└─ 2차측 배관부속 : 4.5MPa
　　　　　　└─ 저압식 : 4.5MPa

| 약제방출시간 |

방출방식	소방대상물	방출시간
국소방출방식	–	30초
전역방출방식	표면화재(가연성 액체·가연성가스)	1분
	심부화재(종이·석탄·석유류)	7분

✽ 표면화재
가연물의 표면에서 연소하는 화재

✽ 심부화재
가연물의 내부 깊숙한 곳에서 연소하는 화재

3 기동장치(NFPC 106 6조, NFTC 106 2.3)

(1) 수동식 기동장치
① 전역방출방식은 **방호구역**마다, 국소방출방식은 **방호대상물**마다 설치한다.
② 해당 방호구역의 **출입구 부분** 등 조작을 하는 자가 쉽게 피난할 수 있는 장소에 설치한다.
③ 기동장치의 조작부는 바닥에서 **0.8~1.5m** 이하의 위치에 설치하고, 보호판 등에 의한 보호장치를 설치한다.
④ 기동장치에는 "이산화탄소 소화설비 기동장치"라고 표시한 표지를 한다.
⑤ 전기를 사용하는 기동장치에는 **전원표시등**을 설치한다.
⑥ 기동장치의 방출용 스위치는 **음향경보장치**와 연동하여 조작될 수 있는 것으로 한다.
⑦ 기동장치에는 **보호장치**를 설치해야 하며, 보호장치를 개방하는 경우 기동장치에 설치된 **버저** 또는 **벨** 등에 의하여 경고음을 발할 것
⑧ 기동장치를 **옥외**에 설치하는 경우 **빗물** 또는 외부**충격**의 영향을 받지 않도록 설치할 것

✽ 기동장치
용기 내에 있는 가스를 외부로 분출시키는 장치

(2) 자동식 기동장치
① 자동식 기동장치는 수동으로도 기동할 수 있는 구조로 한다.
② 전기식 기동장치로서 **7병** 이상의 저장용기를 동시에 개방하는 설비는 **2병** 이상의 저장용기에 **전자개방 밸브**를 부착한다.
③ 기계식 기동장치는 저장 용기를 쉽게 개방할 수 있는 구조로 한다.

가스 압력식 기동장치	
구 분	기 준
비활성 기체 충전압력	6MPa 이상(21℃ 기준)
기동용 가스용기의 체적	5l 이상
기동용 가스용기 안전장치의 압력	내압시험압력의 0.8~내압시험압력 이하
기동용 가스용기 및 해당 용기에 사용하는 밸브의 견디는 압력	25MPa 이상

※ 자동식 기동장치는 **자동화재 탐지설비의 감지기**의 작동과 연동하여야 한다.

Key Point

※ 충전비
① 저장용기의 부피[l] / 소화약제 저장량[kg]
② 내용적[l] / 가스량[kg]

※ CO_2 저장용기의 충전비
① 고압식 : 1.5~1.9 이하
② 저압식 : 1.1~1.4 이하

문제 이산화탄소 소화설비의 기동용 가스용기에 사용되는 <u>안전장치</u>의 <u>작동압력</u>은?
① 17MPa 이상
② 17MPa 이상 20MPa 이하
③ 내압시험압력의 0.8~내압시험압력 이하
④ 25MPa 이상

해설 ③ 안전장치의 작동압력 : 내압시험압력의 **0.8~내압시험압력** 이하

답 ③

4 자동폐쇄장치 (NFPC 106 14조, NFTC 106 2.11)

① 환기장치를 설치한 것에는 이산화탄소가 방사되기 전에 해당 **환기장치**가 정지할 수 있도록 한다.
② 개구부가 있거나 천장으로부터 1m 이상의 아래부분 또는 바닥으로부터 해당 층의 높이의 $\frac{2}{3}$ 이내의 부분에 통기구가 있어 이산화탄소의 유출에 의하여 소화효과를 감소시킬 우려가 있는 것에는 이산화탄소가 방사되기 전에 해당 **개구부** 및 **통기구**를 폐쇄할 수 있도록 한다.
③ 자동폐쇄장치는 방호구역 또는 방호대상물이 있는 구획의 밖에서 복구할 수 있는 구조로 하고, 그 위치를 표시하는 표지를 한다.

5 저장용기 (NFPC 106 4조, NFTC 106 2.1)

① **방호구역 외**의 장소에 설치한다(단, 방호구역 내에 설치할 경우 **피난구 부근**에 설치).
② 온도가 **40℃** 이하이고, 온도변화가 작은 곳에 설치한다.
③ **직사광선** 및 빗물이 침투할 우려가 없는 곳에 설치한다.
④ **방화문**으로 구획된 실에 설치한다.
⑤ 용기의 설치장소에는 해당 용기가 설치된 곳임을 표시하는 표지를 한다.

※ 저장용기의 구성요소
① 자동냉동장치
② 압력경보장치
③ 안전 밸브
④ 봉판
⑤ 압력계
⑥ 액면계

※ 불연성 가스 소화설비의 구성
① 집합장치
② 화재감지 및 경보장치
③ 기동장치

저장용기		
자동냉동장치	2.1MPa 유지, -18℃ 이하	
압력경보장치	2.3MPa 이상, 1.9MPa 이하	
선택 밸브 또는 개폐 밸브의 안전장치	배관의 최소사용설계압력과 최대허용압력 사이의 압력	
저장용기	• 고압식	25MPa 이상
	• 저압식	3.5MPa 이상
안전 밸브	내압시험압력의 0.64~0.8배	
봉 판	내압시험압력의 0.8~내압시험압력	
충전비	고압식	1.5~1.9 이하
	저압식	1.1~1.4 이하

※ 충전비
용기의 용적과 소화약제의 중량과의 비율

문제 이산화탄소 소화설비의 저압식 저장방식의 저장온도와 압력으로 맞는 것은?
① 15℃, 5.3MPa ② 15℃, 2.1MPa
③ -18℃, 5.3MPa ④ -18℃, 2.1MPa

해설 ④ 저압식 저장용기의 저장온도 및 압력 : -18℃, 2.1MPa

답 ④

6 선택 밸브(CO_2 저장용기를 공용하는 경우)(NFPC 106 9조, NFTC 106 2.6)

① **방호구역** 또는 **방호대상물**마다 설치할 것
② 각 선택 밸브에는 그 담당 방호구역 또는 방호대상물을 표시할 것

※ **가스용기 밸브** : 다른 밸브와 같이 개방 후 폐지하면 안 된다.

※ 방호대상물
화재로부터 방어하기 위한 대상물

7 이산화탄소 소화약제(NFPC 106 5조, NFTC 106 2.2)

(1) 전역방출방식(표면화재)

$$CO_2 \text{ 저장량[kg]} = \text{방호구역 체적[m}^3\text{]} \times \text{약제량[kg/m}^3\text{]} \times \text{보정계수} + \text{개구부면적[m}^2\text{]} \times \text{개구부 가산량(5kg/m}^2\text{)}$$

※ CO_2 설비의 방출 방식
① 전역방출방식
② 국소방출방식
③ 이동식(호스릴 방식)

※ 전역방출방식
주차장이나 통신기기실에 적합한 CO_2 소화설비

※ 표면화재
물질의 표면에서 연소하는 것

표면화재의 약제량 및 개구부 가산량			
방호구역 체적	약제량	개구부 가산량 (자동폐쇄장치 미설치시)	최소저장량
45m³ 미만	1kg/m³	5kg/m²	45kg
45~150m³ 미만	0.9kg/m³		
150~1450m³ 미만	0.8kg/m³		135kg
1450m³ 이상	0.75kg/m³		1125kg

(2) 전역방출방식(심부화재)

$$CO_2 \text{ 저장량}[kg] = \text{방호구역 체적}[m^3] \times \text{약제량}[kg/m^3] + \text{개구부면적}[m^2] \times \text{개구부 가산량}(10kg/m^2)$$

| 심부화재의 약제량 및 개구부 가산량 |

방호대상물	약제량	개구부 가산량 (자동폐쇄장치 미설치시)	설계농도
전기설비($55m^3$ 이상), 케이블실	$1.3kg/m^3$	$10kg/m^2$	50%
전기설비($55m^3$ 미만)	$1.6kg/m^3$		50%
서고, 박물관, 목재가공품창고, 전자제품창고	$2.0kg/m^3$		65%
석탄창고, 면화류창고, 고무류, 모피창고, 집진설비	$2.7kg/m^3$		75%

(3) 호스릴 이산화탄소 소화설비

하나의 노즐에 대하여 **90kg** 이상이어야 한다.

8 분사 헤드 (NFPC 106 10조, NFTC 106 2.7)

(1) 전역방출방식
① 방사된 소화약제가 방호구역의 전역에 균일하게 신속히 확산될 수 있도록 한다.
② 분사 헤드의 방사압력은 고압식은 **2.1MPa** 이상, 저압식은 **1.05MPa** 이상이어야 한다.

(2) 국소방출방식
① 소화약제의 방사에 의하여 가연물이 비산하지 않는 장소에 설치한다.
② 이산화탄소의 소화약제의 저장량은 **30초** 이내에 방사할 수 있는 것으로 한다.

(3) 호스릴 방식
① 방호대상물의 각 부분으로부터 하나의 호스 접결구까지의 수평거리가 **15m** 이하가 되도록 한다.
② 노즐은 20℃에서 하나의 노즐마다 **60kg/min** 이상의 소화약제를 방사할 수 있는 것으로 한다.

문제 호스릴 이산화탄소 소화설비는 섭씨 20도에서 하나의 노즐마다 분당 몇 kg 이상을 방사할 수 있어야 하는가?
① 40 ② 50
③ 60 ④ 80

해설 ③ 호스릴 분사헤드의 방사량 : 60kg/min 이상

답 ③

③ 소화약제 저장용기는 **호스릴**을 설치하는 장소마다 설치한다.

Key Point

※ **심부화재**
목재 또는 섬유류와 같은 고체가연물에서 발생하는 화재형태로서 가연물 내부에서 연소하는 화재

※ **CO_2 소요량**
$\dfrac{21-O_2}{21} \times 100\%$

※ **설계농도**

종류	설계농도
메탄	34%
부탄	
프로판	36%
에탄	40%

※ **이동식 CO_2 설비의 구성**
① 호스릴
② 봄베
③ 용기 밸브

※ **호스릴 소화약제 저장량**
90kg 이상

※ **호스릴 분사헤드 방사량**
60kg/min 이상

※ **CO_2 설비의 분사 헤드**
온도의 변화나 진동 등에 의하여 새지 않고 안전하게 설치되어 있다.

※ **전역방출방식**
소화약제 공급장치에 배관 및 분사헤드 등을 설치하여 밀폐방호구역 전체에 소화약제를 방출하는 방식

※ 국소방출방식
소화약제 공급장치에 배관 및 분사헤드 등을 설치하여 직접 화점에 소화약제를 방출하는 방식

※ 호스릴방식
분사 헤드가 배관에 고정되어 있지 않고 소화약제 저장용기에 호스를 연결하여 사람이 직접 화점에 소화약제를 방출하는 이동식 소화설비

※ 방호대상물
화재로부터 방어하기 위한 대상물

※ CO_2 설비의 적용 대상
① 일반 A급가연물(도서실)
② 가연성 기체와 액체류(경유저장실)
③ 전기설비(컴퓨터실)

※ 물분무소화설비의 설치 대상
① 차고·주차장 : $200m^2$ 이상
② 전기실 : $300m^2$ 이상
③ 주차용 건축물 : $800m^2$ 이상
④ 자동차 : 20대 이상
⑤ 항공기격납고

④ 소화약제 저장용기의 개방밸브는 호스의 설치장소에서 **수동**으로 **개폐**할 수 있는 것으로 한다.
⑤ 소화약제 저장용기의 가장 가까운 곳의 보기 쉬운 곳에 **표시등**을 설치하고, 호스릴 이산화탄소 소화설비가 있다는 뜻을 표시한 표지를 할 것

9 분사 헤드 설치제외 장소 (NFPC 106 11조, NFTC 106 2.8)

① **방재실, 제어실** 등 사람이 상시 근무하는 장소
② **나이트로셀룰로오스, 셀룰로이드** 제품 등 자기연소성 물질을 저장, 취급하는 장소
③ **나트륨, 칼륨, 칼슘** 등 활성금속 물질을 저장, 취급하는 장소
④ **전시장** 등의 관람을 위하여 다수인이 출입·통행하는 통로 및 전시실 등

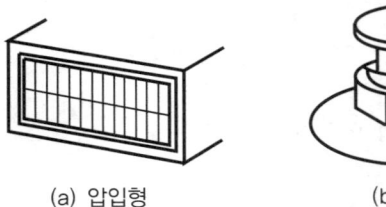

(a) 압입형 (b) 양방형

∥분사 헤드∥

  CO_2 설비의 유량, 관경, 압력의 관계식

$$Q^2 = \frac{1.52 D^{5.25} Y}{L + 0.77 D^{1.25} Z}$$

여기서, Q : 유량[kg/min]
D : 관의 내경[cm]
L : 배관길이[m]
Y, Z : 저장압력 및 관로압력에 의한 계수

10 이산화탄소 소화설비의 설치대상

물분무소화설비와 동일하다.

8 할론소화설비

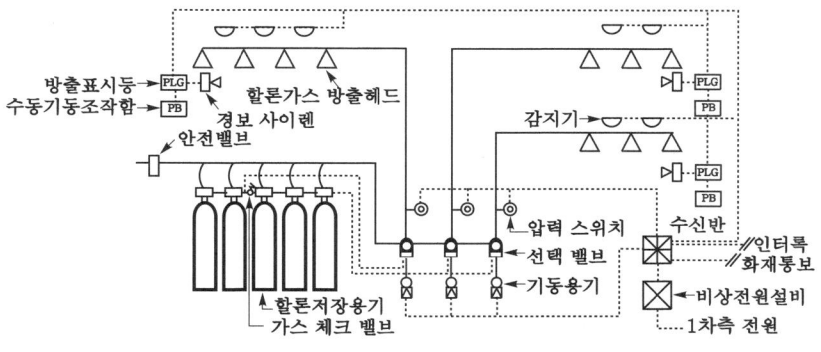

┃할론소화설비 계통도┃

1 주요구성

① 배관
② 제어반
③ 비상전원
④ 기동장치
⑤ 자동폐쇄장치
⑥ 저장용기
⑦ 선택 밸브
⑧ 할론소화약제
⑨ 감지기
⑩ 분사 헤드

2 배 관(NFPC 107 8조, NFTC 107 2.5)

① 전용
② 강관(압력배관용 탄소강관) ─ 고압식 : 스케줄 80 이상
　　　　　　　　　　　　　　└ 저압식 : 스케줄 40 이상
③ 동관(이음이 없는 동 및 동합금관) ─ 저압식 : 3.75MPa 이상
　　　　　　　　　　　　　　　　　└ 고압식 : 16.5MPa 이상
④ 배관부속 및 밸브류 : 강관 또는 동관과 동등 이상의 강도 및 내식성 유지

※ **스케줄** : 관의 구경, 두께, 내부압력 등의 일정한 표준

✽ 방출표시등
실외의 출입구 외에 설치하는 것으로 실내로의 입실을 금지시킨다.

✽ 경보사이렌
실내에 설치하는 것으로 실내의 인명을 대피시킨다.

✽ 비상전원
상용전원 정전시에 사용하기 위한 전원

3 저장용기 (NFPC 107 4조 / NFTC 107 2.1.2, 2.7.1.3)

저장용기의 설치기준

구 분		할론 1301	할론 2402	할론 1211
저장압력		2.5MPa 또는 4.2MPa	–	1.1MPa 또는 2.5MPa
방출압력		0.9MPa	0.1MPa	0.2MPa
충전비	가압식	0.9~1.6 이하	0.51~0.67 미만	0.7~1.4 이하
	축압식		0.67~2.75 이하	

문제 할론 1301 소화약제의 충전비는 얼마인가?
① 0.51 이상 0.67 이하
② 0.9 이상 1.6 이하
③ 0.67 이상 2.75 이하
④ 0.7 이상 1.4 이하

해설 ② 할론 1301 충전비 : 0.9~1.6 이하

답 ②

① 가압용 가스용기 : 2.5MPa 또는 4.2MPa
② 가압용 저장용기 : 2MPa 이하의 압력조정장치 설치
③ 저장용기의 소화약제량보다 방출배관의 내용적이 **1.5배** 이상일 경우 방호구역설비는 별도 독립방식으로 한다.

4 할론소화약제 (NFPC 107 5조, NFTC 107 2.2)

(1) 전역방출방식

할론 저장량[kg] = 방호구역체적[m³]×약제량[kg/m³]+개구부면적[m²]×개구부가산량[kg/m²]

할론 1301의 약제량 및 개구부 가산량

방호대상물	약제량	개구부 가산량 (자동폐쇄장치 미설치시)
차고·주차장·전기실·전산실·통신기기실	0.32~0.64kg/m³	2.4kg/m²
고무류·면화류	0.52~0.64kg/m³	3.9kg/m²

(2) 국소방출방식

① 연소면 한정 및 비산우려가 없는 경우와 윗면 개방용기

약제 저장량식

약제종별	저장량
할론 1301	방호대상물 표면적×6.8kg/m²×1.25
할론 1211	방호대상물 표면적×7.6kg/m²×1.1
할론 2402	방호대상물 표면적×8.8kg/m²×1.1

※ 알루미늄(Al)
할론 1211에 부식성이 가장 큰 금속

※ 가압용 가스용기
질소가스 충전

※ 축압식 용기의 가스
질소(N_2)

※ 고무류·면화류
단위체적당 가장 많은 양의 소화약제 필요

※ 방호공간
방호대상물의 각 부분으로부터 0.6m의 거리에 의하여 둘러싸인 공간

② 기타

$$Q = X - Y\frac{a}{A}$$

여기서, Q : 방호공간 1[m³]에 대한 할론소화약제의 양[kg/m³]
a : 방호대상물의 주위에 설치된 벽면적의 합계[m²]
A : 방호공간의 벽면적의 합계[m²]
X, Y : 다음 표의 수치

약제종별	X의 수치	Y의 수치
할론 1301	4.0	3.0
할론 1211	4.4	3.3
할론 2402	5.2	3.9

문제 할론소화설비의 국소방출방식에 대한 소화약제 산출방식이 관련된 공식 $Q = X - Y\frac{a}{A}$ 에 대한 설명으로 옳지 않은 것은?

① Q는 방호공간 1m³에 대한 할론소화약제량이다.
② a는 방호대상물 주위에 설치된 벽면적의 합계이다.
③ A는 방호공간의 벽면적이다.
④ X는 개구부 면적이다.

해설 ④ $X \cdot Y$: 수치

답 ④

(3) 호스릴방식

약제종별	약 제 량
할론 1301	45kg
할론 1211	50kg
할론 2402	

5 분사헤드 (NFPC 107 10조, NFTC 107 2.7)

(1) 전역·국소방출방식
① 할론 2402의 분사 헤드는 **무상**으로 분무되는 것으로 한다.
② 소화약제를 **10초** 이내에 방사할 수 있어야 한다.

(2) 호스릴 방식

약제 종별	약제의 방사량(20℃)
할론 1301	35kg/min
할론 1211	40kg/min
할론 2402	45kg/min

* **호스릴 방식**
① CO_2·분말설비
 : 수평거리 15m 이하
② 할론설비
 : 수평거리 20m 이하
③ 옥내소화전설비
 : 수평거리 25m 이하

* **무상**
안개 모양

* **할론 1301(CF_3Br)**
① 여과망을 설치하지 않아도 된다.
② 제3류 위험물에는 사용할 수 없다.

① 방호대상물의 각 부분으로부터 하나의 호스 접결구까지의 수평거리가 **20m** 이하가 되도록 한다.
② 소화약제 저장용기의 개방밸브는 호스릴의 설치장소에서 **수동**으로 **개폐**할 수 있는 것으로 한다.
③ 소화약제의 저장용기는 **호스릴**을 설치하는 장소마다 설치한다.
④ 소화약제 저장용기의 가까운 곳의 보기 쉬운 곳에 **적색 표시등**을 설치하고 호스릴 할론소화설비가 있다는 뜻을 표시한 표지를 한다.

6 할론소화설비의 설치대상

물분무소화설비와 동일하다.

9 할로겐화합물 및 불활성기체 소화설비

1 할로겐화합물 및 불활성기체 소화약제의 종류 (NFPC 107A 4조, NFTC 107A 2.1.1)

소화약제	상품명	화학식
퍼플루오로부탄 (FC-3-1-10)	CEA-410	C_4F_{10}
트리플루오로메탄 (HFC-23)	FE-13	CHF_3
펜타플루오로에탄 (HFC-125)	FE-25	CHF_2CF_3
헵타플루오로프로판 (HFC-227ea)	FM-200	CF_3CHFCF_3
클로로테트라플루오로에탄 (HCFC-124)	FE-241	$CHClCF_3$
하이드로클로로플루오로카본 혼화제 (HCFC BLEND A)	NAF S-Ⅲ	$HCFC-22(CHClF_2)$: 82% $HCFC-123(CHCl_2CF_3)$: 4.75% $HCFC-124(CHClCF_3)$: 9.5% $C_{10}H_{16}$: 3.75%
불연성·불활성 기체 혼합가스 (IG-541)	Inergen	N_2 : 52% Ar : 40% CO_2 : 8%

문제 할로겐화합물 및 불활성기체 소화약제 중에서 IG-541의 혼합가스 성분비는?
① Ar 52%, N_2 40%, CO_2 8%
② N_2 52%, Ar 40%, CO_2 8%
③ CO_2 52%, Ar 40%, N_2 8%
④ N_2 10%, Ar 40%, CO_2 50%

해설 ② IG-541의 혼합가스성분비 : N_2 52%, Ar 40%, CO_2 8%

답 ②

2 할로겐화합물 및 불활성기체 소화약제의 명명법

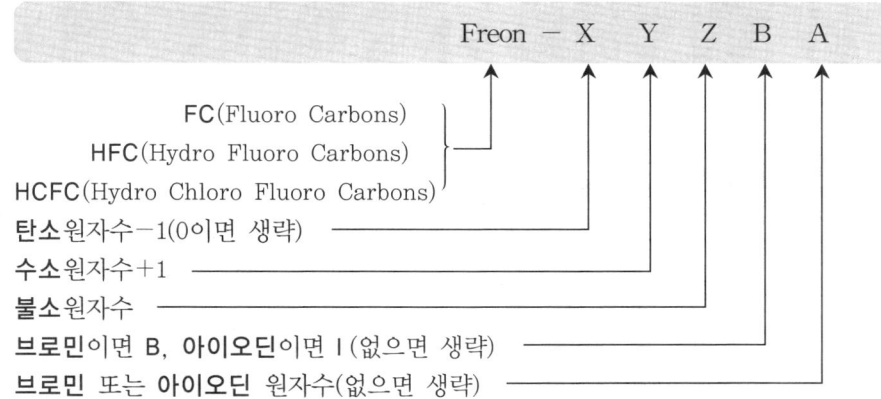

Key Point

※ **할로겐화합물 및 불활성기체 소화약제**
① FC : 불화탄소
② HFC : 불화탄화수소
③ HCFC : 염화불화탄화 수소

※ **할로겐화합물 소화약제**
불소, 염소, 브로민 또는 아이오딘 중 하나 이상의 원소를 포함하고 있는 유기화합물을 기본성분으로 하는 소화약제

3 배관(NFPC 107A 10조, NFTC 107A 2.7)

① 전용
② 할로겐화합물 및 불활성기체 소화설비의 배관은 배관·배관부속 및 밸브류는 저장용기의 방출내압을 견딜 수 있어야 한다.
③ 배관과 배관, 배관과 배관부속 및 밸브류의 접속은 **나사접합, 용접접합, 압축접합** 또는 **플랜지 접합** 등의 방법을 사용하여야 한다.
④ 배관의 구경은 해당 방호구역에 **할로겐화합물** 소화약제가 **10초**(**불활성기체** 소화약제는 A·C급 화재 **2분**, B급 화재 **1분**) 이내에 **최소설계농도**의 **95%** 이상 방출되어야 한다.

※ **불활성기체 소화약제**
헬륨, 네온, 아르곤 또는 질소 가스 중 하나 이상의 원소를 기본성분으로 하는 소화약제

※ **배관과 배관 등의 접속방법**
① 나사접합
② 용접접합
③ 압축접합
④ 플랜지 접합

4 기동장치(NFPC 107A 8조, NFTC 107A 2.5)

(1) 수동식 기동장치의 기준

① **방호구역**마다 설치
② 해당 방호구역의 **출입구 부근** 등 조작 및 피난이 용이한 곳에 설치
③ 조작부는 바닥으로부터 **0.8~1.5 m** 이하의 위치에 설치하고, 보호판 등에 의한 보호장치를 설치
④ 기동장치에는 인근의 보기 쉬운 곳에 "**할로겐화합물 및 불활성기체 소화설비 기동장치**"라는 표지를 설치
⑤ 기동장치에는 **전원표시등**을 설치
⑥ 방출용 스위치는 **음향경보장치**와 연동하여 조작될 수 있도록 설치
⑦ **50N** 이하의 힘을 가하여 기동할 수 있는 구조로 설치할 것
⑧ 기동장치에는 보호장치를 설치해야 하며, 보호장치를 개방하는 경우 기동장치에 설치된 버저 또는 벨 등에 의하여 경고음을 발할 것
⑨ 기동장치를 옥외에 설치하는 경우 빗물 또는 외부충격의 영향을 받지 않도록 설치할 것

(2) 자동식 기동장치의 기준

① 자동식 기동장치에는 **수동식 기동장치**를 함께 설치
② 기계적·전기적 또는 가스압에 의한 방법으로 기동하는 구조로 설치

※ **음향장치**
경종, 사이렌 등을 말한다.

※ **자동식 기동장치**
자동화재탐지설비의 감지기의 작동과 연동하여야 한다.

※ **자동식 기동장치의 기동방법**
① 기계적 방법
② 전기적 방법
③ 가스압에 의한 방법

※ 할로겐화합물 및 불활성기체 소화설비가 설치된 구역의 출입구에는 소화약제가 방출되고 있음을 나타내는 **표시등**을 설치할 것

5 저장용기 등(NFPC 107A 6조, NFTC 107A 2.3)

(a) NAF S-Ⅲ   (b) FM-200

| 저장용기 |

※ 저장용기의 표시 사항
① 약제명
② 약제의 체적
③ 충전일시
④ 충전압력
⑤ 저장용기의 자체중량과 총중량

(1) 저장용기의 적합 장소
① **방호구역 외**의 장소에 설치할 것
② 온도가 **55℃** 이하이고 온도의 변화가 작은 곳에 설치할 것
③ 방호구역 내에 설치할 경우에는 피난 및 조작이 용이하도록 **피난구 부근**에 설치할 것
④ **방화문**으로 구획된 실에 설치할 것
⑤ 용기간의 간격은 점검에 지장이 없도록 **3cm** 이상의 간격을 유지할 것

문제 할로겐화합물 및 불활성기체 소화설비의 화재안전기준에서 <u>할로겐화합물 및 불활성기체 소화약제 저장용기</u> 설치기준으로 틀린 것은?

① 용기 간의 간격은 점검에 지장이 없도록 3cm 이상의 간격을 유지할 것
② 온도가 70℃ 이하이고 온도의 변화가 작은 곳에 설치할 것
③ 직사광선 및 빗물이 침투할 우려가 없는 곳에 설치할 것
④ 방화문으로 구획된 실에 설치할 것

해설 저장용기 온도

40℃ 이하	55℃ 이하
• 이산화탄소 소화설비 • 할론소화설비 • 분말 소화설비	• 할로겐화합물 및 불활성기체 소화설비

답 ②

(2) 저장용기의 기준
① 저장용기에는 **약제명·**저장용기의 **자체중량**과 **총중량·충전일시·충전압력** 및 **약제의 체적**을 표시할 것
② 집합관에 접속되는 저장용기는 동일한 내용적을 가진 것으로 충전량 및 **충전압력**이 같도록 할 것
③ 저장용기는 충전량 및 충전압력을 확인할 수 있는 구조로 할 것
④ 저장용기의 **약제량 손실**이 **5%**를 초과하거나 **압력손실**이 **10%**를 초과할 경우에는 재충전하거나 저장용기를 교체하여야 한다.

> ※ 하나의 방호구역을 담당하는 저장용기의 소화약제의 체적합계보다 소화약제의 방출시 방출경로가 되는 배관(집합관을 포함한다)의 내용적의 비율이 할로겐화합물 및 불활성기체 소화약제 제조업체의 설계기준에서 정한 값 이상일 경우에는 해당 방호구역에 대한 설비는 **별도독립 방식**으로 하여야 한다.

※ 충전밀도
용기의 단위용적당 소화약제의 중량의 비율

6 선택밸브 (NFPC 107A 11조, NFTC 107A 2.8)

하나의 소방대상물 또는 그 부분에 2 이상의 방호구역이 있어 소화약제의 저장용기를 공용하는 경우에 있어서 방호구역마다 선택 밸브를 설치하고 선택 밸브에는 각각의 방호구역을 표시하여야 한다.

※ 선택 밸브
방호구역을 여러 개로 분기하기 위한 밸브로서, 방호구역마다 1개씩 설치된다.

7 소화약제량의 산정 (NFPC 107A 7조, NFTC 107A 2.4)

(1) 할로겐화합물 소화약제

$$W = \frac{V}{S} \times \left(\frac{C}{100-C} \right)$$

여기서, W : 소화약제의 무게[kg]
V : 방호구역의 체적[m³]
S : 소화약제별 선형상수($K_1 + K_2 t$)
C : 체적에 따른 소화약제의 설계농도[%]
t : 방호구역의 최소 예상 온도[℃]

※ 방호구역
화재로부터 보호하기 위한 구역

 ★★
문제 할로겐화합물 및 불활성기체 소화설비의 화재안전기준상 할로겐화합물 소화약제 산출공식은?(단, W : 소화약제의 무게[kg], V : 방호구역의 체적[m³], S : 소화약제별선형상수($K_1+K_2 \times t$)[m³/kg], C : 체적에 따른 소화약제의 설계농도[%], t : 방호구역의 최소 예상온도[℃]이다.)
① $W = V/S \times [C/(100-C)]$ ② $W = V/S \times [(100-C)/C]$
③ $W = S/V \times [C/(100-C)]$ ④ $W = S/V \times [(100-C)/C]$

해설 ① $W = \dfrac{V}{S} \times \left(\dfrac{C}{100-C} \right)$

답 ①

(2) 불활성기체 소화약제

$$X = 2.303 \times \frac{V_s}{S} \times \left(\log \frac{100}{100-C} \right)$$

여기서, X : 공간체적에 더해진 소화약제의 부피 [m³]
S : 소화약제별 선형상수 ($K_1 + K_2 t$)
C : 체적에 따른 소화약제의 설계농도 [%]
V_s : 20℃에서 소화약제의 비체적 [m³/kg]
t : 방호구역의 최소예상온도 [℃]

※ **설계농도**
화재발생시 소화가 가능한 방호구역의 부피에 대한 소화약제의 비율

설계농도	소화농도	설계농도
A급	A급	A급 설계농도=A급 소화농도×1.2
B급	B급	B급 설계농도=B급 소화농도×1.3
C급	A급	C급 설계농도=A급 소화농도×1.35

(3) 방호구역이 둘 이상인 경우

방호구역이 둘 이상인 경우에 있어서는 가장 큰 방호구역에 대하여 기준에 의해 산출한 양 이상이 되도록 하여야 한다.

8 할로겐화합물 및 불활성기체 소화약제의 설치제외장소(NFPC 107A 5조, NFTC 107A 2.2)

※ **제3류 위험물**
금수성물질 또는 자연발화성물질이다.

① 사람이 상주하는 곳으로서 최대허용설계농도를 초과하는 장소
② **제3류 위험물** 및 **제5류 위험물**을 사용하는 장소

※ **제5류 위험물**
자기반응성물질이다.

9 분사 헤드(NFPC 107A 12조, NFTC 107A 2.9)

(1) 분사 헤드의 기준

① 분사 헤드의 설치 높이는 방호구역의 바닥으로부터 최소 **0.2 m** 이상 최대 **3.7 m** 이하로 하여야 하며 천장높이가 3.7 m를 초과할 경우에는 추가로 다른 열의 분사 헤드를 설치할 것
② 분사 헤드의 개수는 방호구역에 할로겐화합물 소화약제가 **10초**(**불활성기체 소화약제는 A·C급 화재 2분, B급 화재 1분**) 이내에 방호구역 각 부분에 최소설계농도의 **95% 이상** 해당하는 약제량이 방출되도록 해야 한다.
③ 분사 헤드에는 **부식방지조치**를 하여야 하며 **오리피스의 크기, 제조일자, 제조업체**를 새겨 넣을 것

※ **오리피스**
유체를 분출시키는 구멍으로 적은 양의 유량측정에 사용된다.

(2) 분사 헤드의 오리피스 면적

분사 헤드가 연결되는 배관 구경면적의 **70%**를 초과하여서는 아니된다.

Chapter_ 01

10 분말소화설비

출제확률 7.8% (2문제)

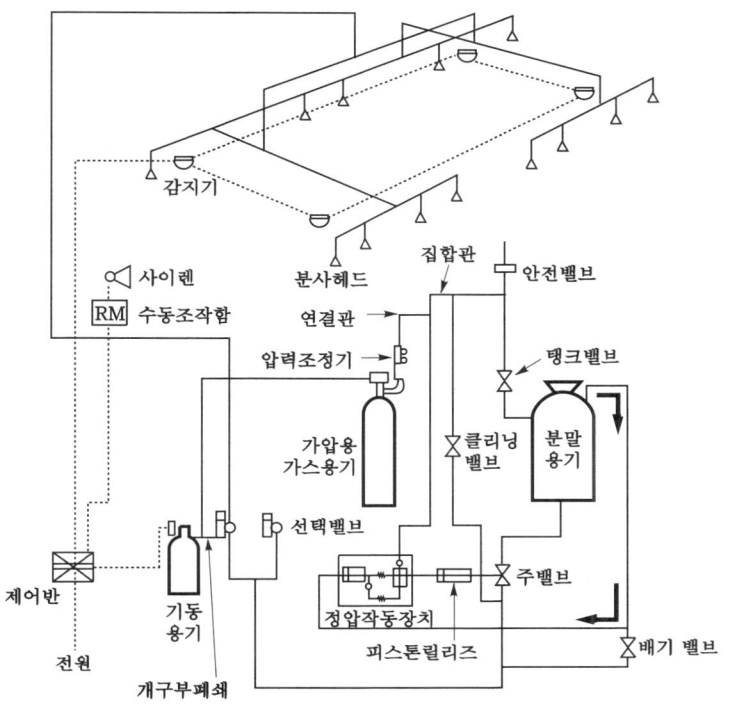

∥ 분말소화설비의 계통도 ∥

1 주요구성

① 배관
② 제어반
③ 비상전원
④ 기동장치
⑤ 자동폐쇄장치
⑥ 저장용기
⑦ 가압용 가스용기
⑧ 선택 밸브
⑨ 분말소화약제
⑩ 감지기
⑪ 분사 헤드

중요 분말소화약제

종 별	주성분	적응화재
제1종	중탄산나트륨($NaHCO_3$)	BC급

Key Point

✻ **클리닝 밸브**
소화약제의 방출 후 송출배관 내에 잔존하는 분말약제를 배출시키는 배관 청소용으로 사용

✻ **배기 밸브**
약제방출 후 약제 저장용기 내의 잔압을 배출시키기 위한 것

✻ **집합관**
분말소화설비의 가압용가스(질소 또는 이산화탄소)와 분말소화약제가 혼합되는 관

✻ **정압작동장치**
약제를 적절히 내보내기 위해 다음의 기능이 있다.
① 기동장치가 작동한 뒤에 저장용기의 압력이 설정압력 이상이 될 때 방출면을 개방시키는 장치
② 탱크의 압력을 일정하게 해주는 장치
③ 저장용기마다 설치

제2종	중탄산칼륨($KHCO_3$)	BC급
제3종	제1인산암모늄($NH_4H_2PO_4$)=인산염	ABC급
제4종	중탄산칼륨+요소($KHCO_3$)+(NH_2)$_2CO$)	BC급

2 배관 (NFPC 108 9조, NFTC 108 2.6)

① 전용
② 강관 : 아연도금에 의한 배관용 탄소강관
③ 동관 : 고정압력 또는 최고사용압력의 **1.5배** 이상의 압력에 견딜 것
④ 밸브류 : **개폐위치** 또는 **개폐방향**을 표시한 것
⑤ 배관의 관부속 및 밸브류 : 배관과 동등 이상의 강도 및 내식성이 있는 것
⑥ 주밸브~헤드까지의 배관의 분기 : **토너먼트 방식**
⑦ 저장용기 등~배관의 굴절부까지의 거리 : 배관 내경의 **20배** 이상

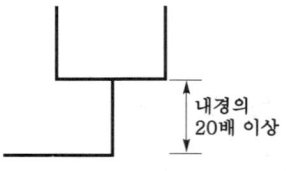

| 배관의 이격거리 |

※ **분말소화설비**
알칼리금속화재에 부적합하다.

문제 분말소화설비의 배관으로 동관을 사용하는 경우 <u>최고사용압력의 몇 배 이상</u>의 압력에 견딜 수 있는 동관을 사용하여야 하는가?
① 1   ② 1.5
③ 2   ④ 2.5

해설 ② 동관 : 최고사용압력의 1.5배 압력에 견딜 것

답 ②

※ **경보밸브 적용설비**
① 스프링클러 설비
② 물분무소화설비
③ 포소화설비

3 저장용기 (NFPC 108 4조, NFTC 108 2.1.2)

※ **분말설비의 충전용 가스**
질소(N_2)

| 저장용기의 충전비 |

약제 종별	충전비[l/kg]
제1종 분말	0.8
제2·3종 분말	1
제4종 분말	1.25

※ **충전비**
용기의 용적과 소화약제의 중량과의 비율

① 안전 밸브 ┬ 가압식 : **최고사용압력**의 **1.8배** 이하
             └ 축압식 : **내압시험압력**의 **0.8배** 이하
② 충전비 : **0.8 이상**
③ 축압식 : 지시압력계 설치
④ 정압작동장치 설치
⑤ 청소장치 설치

※ **지시압력계**
분말소화설비의 사용압력의 범위를 표시한다.

※ **청소장치**
잔류소화약제를 처리하는 장치

4 가압용 가스용기(NFPC 108 5조, NFTC 108 2.2)

① 분말소화약제의 **저장용기**에 접속하여 설치한다.
② 가압용 가스용기를 **3병** 이상 설치시 **2병** 이상의 용기에 **전자개방밸브**(solenoid valve)를 부착한다.

※ 가압 가스용기 밸브: 전자 밸브(전자개방 밸브)를 사용하는 곳

③ 2.5MPa 이하의 **압력조정기**를 설치한다.

분말소화설비 가압식과 축압식의 설치기준

구분 사용가스	가압식	축압식
질소(N_2)	40l/kg 이상	10l/kg 이상
이산화탄소(CO_2)	20g/kg+배관청소 필요량 이상	20g/kg+배관청소 필요량 이상

※ 배관청소용 가스는 별도의 용기에 저장한다.

5 분말소화약제의 방출방식(NFPC 108 6조, NFTC 108 2.3.2)

(1) 전역방출방식

분말저장량[kg] = 방호구역 체적[m^3]×약제량[kg/m^3]+개구부면적[m^2]×개구부 가산량[kg/m^2]

전역방출방식의 약제량 및 개구부 가산량

약제종별	약제량	개구부 가산량(자동폐쇄장치 미설치시)
제1종 분말	0.6kg/m^3	4.5kg/m^2
제2·3종 분말	0.36kg/m^3	2.7kg/m^2
제4종 분말	0.24kg/m^3	1.8kg/m^2

> **문제** ★★★
> **전역방출방식** 분말 소화설비에서 방호구역의 개구부에 자동폐쇄장치를 설치하지 아니한 경우에 개구부의 면적 1m^2에 대한 **분말소화약제**의 **가산량**으로 잘못 연결된 것은?
> ① 제1종 분말 − 4.5kg   ② 제2종 분말 − 2.7kg
> ③ 제3종 분말 − <u>2.5kg</u>   ④ 제4종 분말 − 1.8kg
>   2.7kg
> 답 ③

(2) 국소방출방식

$$Q = \left(X - Y\frac{a}{A}\right) \times 1.1$$

Key Point

※ **압력조정기**
분말용기에 도입되는 압력을 감압시키기 위해 사용

※ **용기유닛의 설치밸브**
① 배기 밸브
② 안전 밸브
③ 세척 밸브(클리닝 밸브)

※ **세척 밸브(클리닝 밸브)**
소화약제 탱크의 내부를 청소하여 약제를 충전하기 위한 것

※ **제3종 분말**
차고·주차장

※ **제1종 분말**
식당

※ **분말소화설비의 방식**
① 전역방출방식
② 국소방출방식
③ 호스릴(이동식)방식

여기서, Q : 방호공간 $1m^3$에 대한 분말소화약제의 양[kg/m^3]
　　　　a : 방호대상물의 주변에 설치된 벽면적의 합계[m^2]
　　　　A : 방호공간의 벽면적의 합계[m^2]
　　　　X, Y : 다음 표의 수치

| 약제량 및 수치 |

약제종별	약제량	X의 수치	Y의 수치
제1종분말	8.8kg/m²	5.2	3.9
제2·3종분말	5.2kg/m²	3.2	2.4
제4종분말	3.6kg/m²	2.0	1.5

(3) 호스릴방식

| 하나의 노즐에 대한 약제량 |

약제종별	약제량
제1종 분말	50kg
제2·3종 분말	30kg
제4종 분말	20kg

6 분사 헤드 (NFPC 108 11조, NFTC 108 2.8)

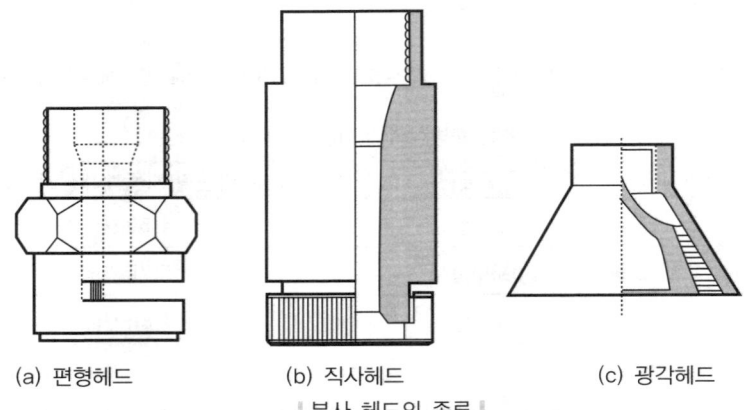

| 분사 헤드의 종류 |

(1) 전역·국소방출방식
① **전역방출방식**은 소화약제가 방호구역의 전역에 신속하고 균일하게 확산되도록 한다.
② **국소방출방식**은 소화약제 방사시 가연물이 비산되지 않도록 한다.
③ 소화약제를 **30초** 이내에 방사할 수 있어야 한다.

(2) 호스릴방식

| 하나의 노즐에 대한 약제의 방사량 |

약제 종별	약제의 방사량
제1종 분말	45kg/min
제2·3종 분말	27kg/min
제4종 분말	18kg/min

Chapter_ 01

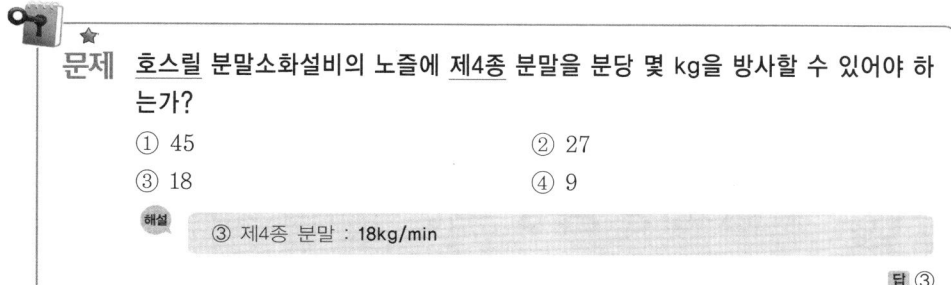

문제 호스릴 분말소화설비의 노즐에 제4종 분말을 분당 몇 kg을 방사할 수 있어야 하는가?
① 45   ② 27
③ 18   ④ 9

해설   ③ 제4종 분말 : 18kg/min

답 ③

① 방호대상물의 각 부분으로부터 하나의 호스 접결구까지의 수평거리가 **15m** 이하가 되도록 한다.
② 소화약제 저장용기의 개방 밸브는 호스릴의 설치장소에서 **수동**으로 **개폐**할 수 있는 것으로 하여야 한다.
③ 소화약제의 저장용기는 **호스릴**을 설치하는 장소마다 설치한다.
④ 저장용기에는 가까운 곳의 보기 쉬운 곳에 **적색 표시등**을 설치하고, 이동식 분말소화설비가 있다는 뜻을 표시한 표지를 한다.

7 분말소화설비의 설치대상

물분무소화설비와 동일하다.

* 분말소화설비의 방호대상
① 목재창고
② 방직공장
③ 변전실

* 물분무설비의 설치 대상
① 차고·주차장 : 200㎡ 이상
② 전기실 : 300㎡ 이상
③ 주차용 건축물 : 800㎡ 이상
④ 자동차 : 20대 이상
⑤ 항공기격납고

출제경향분석

CHAPTER 02 피난구조설비

① ~ ④ 피난기구 · 인명구조기구
8.4% (2문제)

2문제

CHAPTER 02 피난구조설비

```
                ┌ 피난사다리
                ├ 구조대
  피난기구 ─────┼ 완강기
                └ 소방청장이 정하여 고시하
                  는 화재안전기준으로 정하
                  는 것(미끄럼대, 피난교, 공
                  기안전매트, 피난용 트랩,
                  다수인 피난장비, 승강식
                  피난기, 간이완강기, 하향
                  식 피난구용 내림식 사다리)

                    ┌ 방열복
                    ├ 방화복(안전모, 보호장갑, 안전
  인명구조기구 ──┼    화 포함)
                    ├ 공기호흡기
                    └ 인공소생기
```

Key Point

※ 피난기구의 설치 완화조건
① 층별 구조에 의한 감소
② 계단수에 의한 감소
③ 건널복도에 의한 감소

1 피난기구의 종류

출제확률 8.4% (2문제)

피난기구의 적응성(NFTC 301 2.1.1)

설치장소별 구분 / 층별	1층	2층	3층	4층 이상 10층 이하
노유자시설	• 미끄럼대 • 구조대 • 피난교 • 다수인 피난장비 • 승강식 피난기	• 미끄럼대 • 구조대 • 피난교 • 다수인 피난장비 • 승강식 피난기	• 미끄럼대 • 구조대 • 피난교 • 다수인 피난장비 • 승강식 피난기	• 구조대[1] • 피난교 • 다수인 피난장비 • 승강식 피난기
의료시설·입원실이 있는 의원·접골원·조산원	–	–	• 미끄럼대 • 구조대 • 피난교 • 피난용 트랩 • 다수인 피난장비 • 승강식 피난기	• 구조대 • 피난교 • 피난용 트랩 • 다수인 피난장비 • 승강식 피난기
영업장의 위치가 4층 이하인 다중이용업소	–	• 미끄럼대 • 피난사다리 • 구조대 • 완강기 • 다수인 피난장비 • 승강식 피난기	• 미끄럼대 • 피난사다리 • 구조대 • 완강기 • 다수인 피난장비 • 승강식 피난기	• 미끄럼대 • 피난사다리 • 구조대 • 완강기 • 다수인 피난장비 • 승강식 피난기
그 밖의 것	–	–	• 미끄럼대 • 피난사다리 • 구조대 • 완강기 • 피난교 • 피난용 트랩 • 간이완강기[2] • 공기안전매트 • 다수인 피난장비 • 승강식 피난기	• 피난사다리 • 구조대 • 완강기 • 피난교 • 간이완강기[2] • 공기안전매트 • 다수인 피난장비 • 승강식 피난기

[비고] 1) 구조대의 적응성은 장애인 관련 시설로서 주된 사용자 중 스스로 피난이 불가한 자가 있는 경우 추가로 설치하는 경우에 한한다.
2) 간이완강기의 적응성은 숙박시설의 3층 이상에 있는 객실에 추가로 설치하는 경우에 한한다.

※ 피난사다리
① 소방대상물에 고정시키거나 매달아 피난용으로 사용하는 금속제 사다리
② 화재시 긴급대피를 위해 사용하는 사다리

1 피난사다리

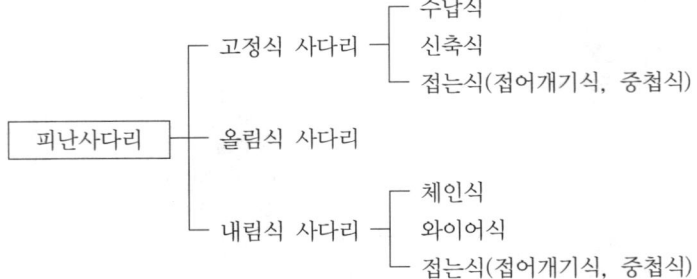

> **문제** 다음 중 고정식 사다리에 관계가 없는 것은 어느 것인가?
> ① 수납식   ② 접는식
> ③ 신축식   ④ 굽히는식
>   해당없음   답 ④

① 금구는 전면측면에서 **수직**, 사다리 하단은 **수평**이 되도록 설치한다.
② 피난사다리의 횡봉과 벽 사이는 **10cm** 이상 떨어지도록 한다.
③ 사다리의 각 간격, 종봉과 횡봉이 **직각**이 되도록 설치한다.
④ **4층** 이상에 금속성 고정사다리를 설치한다.

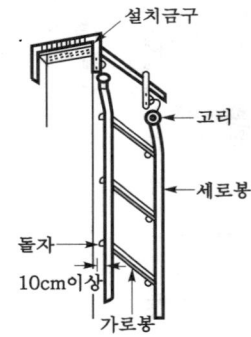

∥ 피난사다리의 구조 ∥

Key Point

* **올림식 사다리**
① 사다리 상부지점에 안전장치 설치
② 사다리 하부 지점에 미끄럼 방지 장치 설치

* **피난사다리 설치시 검토사항**
하중을 부담하는 부재(部材)는 어떠한가

* **환봉과 정6각형 단면봉**
환봉이 더 큰 하중을 지탱할 수 있다.

* **피난사다리의 설치위치**
개구부의 크기가 적당한 곳

2 피난사다리의 형식승인 및 제품검사기술기준

(1) 일반구조(3조)

① 안전하고 확실하며 쉽게 사용할 수 있는 금속제 구조이어야 한다.
② 피난사다리는 2개 이상의 종봉 및 횡봉으로 구성되어야 한다. 다만, 고정식 사다리인 경우에는 종봉의 수를 1개로 할 수 있다.
③ 피난사다리(종봉이 1개인 고정식사다리는 제외)의 종봉의 간격은 최외각 종봉 사이의 안치수가 **30cm** 이상이어야 한다.
④ 피난사다리의 횡봉은 지름 **14~35mm**의 원통인 단면이거나 또는 이와 비슷한 손으로 잡을 수 있는 형태의 단면이 있는 것이어야 한다.

⑤ 피난사다리의 횡봉은 종봉에 동일한 간격으로 부착한 것이어야 하며, 그 간격은 25~35cm 이하이어야 한다.
⑥ 피난사다리 횡봉의 디딤면은 미끄러지지 아니하는 구조이어야 한다.
⑦ 절단 또는 용접 등으로 인한 모서리 부분은 사람에게 해를 끼치지 않도록 조치되어 있어야 한다.

(2) 올림식 사다리의 구조(5조)

① **상부지지점**(끝부분으로부터 60cm 이내의 임의의 부분으로 한다)에 미끄러지거나 넘어지지 아니하도록 하기 위하여 **안전장치**를 설치하여야 한다.
② **하부지지점**에서는 **미끄러짐을 막는 장치**를 설치하여야 한다.
③ **신축하는 구조**인 것은 사용할 때 자동적으로 작동하는 **축제방지장치**를 설치하여야 한다.
④ **접어지는 구조**인 것은 사용할 때 자동적으로 작동하는 **접힘방지장치**를 설치하여야 한다.

※ 피난사다리
① 횡봉의 간격 : 25~35cm 이하
② 종봉의 간격 : 30cm 이상

※ 신축하는 구조
축제방지장치 설치

※ 접어지는 구조
접힘방지장치 설치

문제 사다리 하부에 미끄럼방지장치를 하여야 하는 사다리는 다음 중 어느 것인가?
① 내림식 사다리 ② 수납식 사다리
③ 올림식 사다리 ④ 신축식 사다리

해설 올림식 사다리
(1) 사다리 상부지점에 **안전장치** 설치
(2) 사다리 하부지점에 **미끄럼방지장치** 설치

답 ③

---

(3) 내림식 사다리의 구조(6조)

① 사용시 소방대상물로부터 **10cm** 이상의 거리를 유지하기 위한 유효한 돌자를 횡봉의 위치마다 설치하여야 한다. 다만, 그 돌자를 설치하지 아니하여도 사용시 소방대상물에서 10cm 이상의 거리를 유지할 수 있는 것은 그러하지 아니하다.
② 종봉의 끝부분에는 가변식 걸고리 또는 걸림장치가 부착되어 있어야 한다.
③ 걸림장치 등은 쉽게 이탈하거나 파손되지 아니하는 구조이어야 한다.
④ 하향식 피난구용 내림식 사다리는 사다리를 접거나 천천히 펼쳐지게 하는 완강장치를 부착할 수 있다.
⑤ 하향식 피난구용 내림식 사다리는 한 번의 동작으로 사용 가능한 구조이어야 한다.

(4) 부품의 재료(7조)

구 분	부품명	재 료
고정식 사다리 및 올림식 사다리	종봉・횡봉・보강재 및 지지재	• 일반구조용 압연 강재 • 일반구조용 탄소 강관 • 알루미늄 및 알루미늄합금압출형재
	축제방지장치 및 접힘방지장치	• 리벳용 원형강 • 탄소강 단강품
	활차	• 구리 및 구리합금 주물
	속도조절기의 연결부	• 일반구조용 압연 강재

※ 활차
'도르래'를 말한다.

※ 고정식 사다리의 종류
① 수납식
② 신축식
③ 접는식(접어개기식)

소방기계시설의 구조 및 원리

	종봉 및 돌자	• 일반구조용 압연 강재 • 항공기용 와이어 로프 • 알루미늄 및 알루미늄합금압출형재
내림식 사다리	횡봉	• 일반구조용 압연 강재 • 마봉강 • 일반구조용 탄소 강관 • 알루미늄 및 알루미늄합금의 판 및 띠
	결합금구(내림식)	• 일반구조용 압연 강재

(5) 강도(8조)

부품명	정하중
종봉	최상부의 횡봉으로부터 최하부 횡봉까지의 부분에 대하여 2m의 간격으로 또는 종봉 1개에 대하여 750N의 **압축하중(내림식 사다리는 인장하중)**을 가하고, 종봉이 3개 이상인 것은 그 내측에 설치된 종봉 하나에 대하여 종봉이 하나인 것은 그 종봉에 대하여 각각 1500N의 압축하중을 가한다.
횡봉	횡봉 하나에 대하여 중앙 7cm의 부분에 1500N의 **등분포하중**을 가한다.

(6) 중량(9조)

피난사다리의 중량은 **올림식 사다리**인 경우 **35kg₁** 이하, **내림식 사다리(하향식 파난구용은 제외)**인 경우는 **20kg₁** 이하이어야 한다.

(7) 피난사다리의 표시사항(제11조)

① 종별 및 형식
② 형식승인번호
③ 제조연월 및 제조번호
④ 제조업체명
⑤ 길이
⑥ 자체중량(고정식 및 하향식 피난구용 내림식 사다리 제외)
⑦ 사용안내문(사용방법, 취급상의 주의사항)
⑧ 용도(하향식 피난구용 내림식 사다리에 한하며, "**하향식 피난구용**"으로 표시)
⑨ 품질보증에 관한 사항(보증기간, 보증내용, A/S방법, 자체검사필증 등)

Key Point

❋ **내림식 사다리의 종류**
① 체인식
② 와이어식
③ 접는식(접어개기식, 중첩식)

❋ **가하는 하중**
① 올림식 사다리 : 압축하중
② 내림식 사다리 : 인장하중

❋ **피난사다리의 중량**
① 올림식 사다리 : 35kg₁ 이하
② 내림식 사다리(하향식 피난구용은 제외) : 20kg₁ 이하

 문제 피난사다리에 표시할 사항 중 불필요한 것은?
① 종별   ② 길이
③ 형식승인번호   ④ 관리책임자
　　　　　　　　　해당없음
　　　　　　　　　　　　　　　답 ④

3 피난교

① 피난교의 폭 : 60cm 이상
② 피난교의 적재하중 : 350kg/m² 이상
③ 난간의 높이 : 1.1m 이상
④ 난간의 간격 : 18cm 이하

* **피난교**
인접한 건축물 등에 가교를 설치하여 상호간에 피난할 수 있도록 한 것

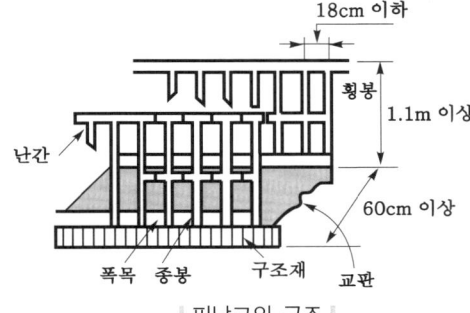

‖ 피난교의 구조 ‖

4 피난용 트랩

소방대상물의 외벽 또는 지하층의 내벽에 설치하는 것으로 **매입식**과 **계단식**이 있다.

① 철근의 직경 : 16mm 이상
② 발판의 돌출치수 : 벽으로부터 10~15cm
③ 발디딤 상호간의 간격 : 25~35cm
④ 적재하중 : 1300N(130kg) 이상

* **피난용 트랩**
수직계단처럼 생긴 철재로 만든 피난기구

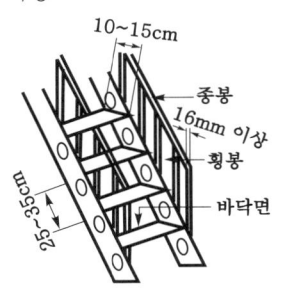

‖ 피난용 트랩의 구조 ‖

※ 미끄럼대의 종류
① 고정식
② 반고정식
③ 수납식

5 미끄럼대

피난자가 앉아서 미끄럼을 타듯이 활강하여 피난하는 기구로서 **고정식·반고정식·수납식**의 3종류가 있다.

① 미끄럼대의 폭 : **0.5~1m** 이하
② 측판의 높이 : **30~50cm** 이하
③ 경사각도 : **25~35°**

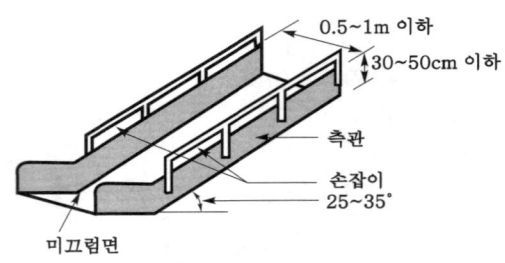

∥ 미끄럼대의 구조 ∥

※ 구조대의 정의
포지 등을 사용하여 자루형태로 만든 것으로서 화재시 사용자가 그 내부에 들어가서 내려옴으로써 대피할 수 있는 것

6 구조대

피난자가 창 또는 발코니 등에서 지면까지 설치한 포대속으로 활강하여 피난하는 기구로서 **경사강하방식**과 **수직강하방식**이 있다.

※ 구조대
3층 이상에 설치

> **문제** 의료시설에 피난구조시설을 설치하고자 한다. 구조대를 설치하여야 할 층은?
> ① 지하층 이상 ② 1층 이상
> ③ 2층 이상 ④ 3층 이상
> **해설** 구조대(의료시설) : **3층** 이상에 설치한다.   답 ④

※ 발코니
건물의 외벽에서 밖으로 설치된 낮은 벽 또는 난간으로 계획된 장소, '베란다' 또는 '노대'라고도 한다.

(1) 경사강하방식(경사강하식 구조대)

① 상부지지장치 ─ 설계하중 : **30kg/m**
                └ 하중의 방향 : 수직에서 **30°** 위쪽
② 하부지지장치 ─ 설계하중 : **20kg/m**
                └ 하중의 방향 : 수평에서 **170°** 위쪽
③ 보호장치 ─ 보호망
            ├ 보호범포(이중포)
            └ 보호대
④ 유도 로프 ─ 로프의 직경 : **4mm** 이상
             └ 선단의 모래주머니 중량 : **3N(300g)** 이상
⑤ 재료 : 중량 **60MPa** 이상
⑥ 수납함
⑦ 본체

※ 경사강하방식
① 각대 : 포대에 설치한 로프에 인장력을 지니게 하는 구조
② 환대 : 포대를 구성하는 범포에 인장력을 지니게 하는 구조

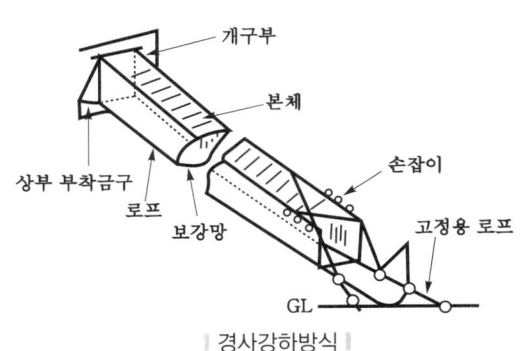

∥ 경사강하방식 ∥

(2) 수직강하방식(수직강하식 구조대)
① 상부지지장치
② 하부 캡슐
③ 본체

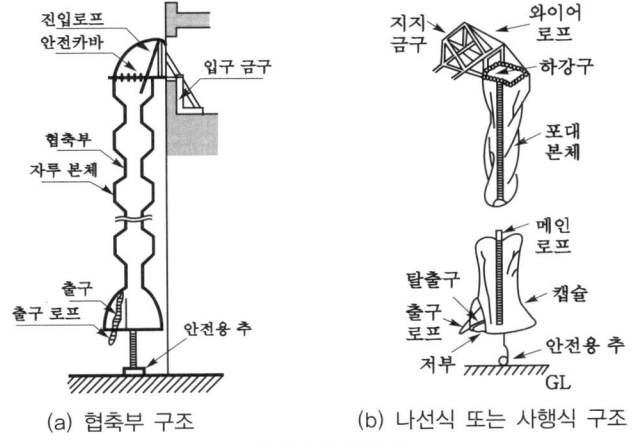

(a) 협축부 구조   (b) 나선식 또는 사행식 구조
∥ 수직강하방식 ∥

문제 수직강하식 구조대의 구조를 바르게 설명한 것은?
① 본체 내부에 로프를 사다리형으로 장착한 것
② 본체에 적당한 간격으로 협축부를 마련한 것
③ 본체 전부가 신축성이 있는 것
④ 내림식 사다리의 동쪽에 복대를 씌운 것

해설 ② 수직강하식 구조대의 구조 : 본체에 적당한 간격으로 협축부를 마련한 것

답 ②

(3) 구조대의 선정 및 설치방법
① 부대의 길이 ─ 경사형(사강식) : 수직거리의 약 1.3~1.5배의 길이
              └ 수직형 : 수직거리에서 1.3~1.5m를 뺀 길이

※ 개구부
화재발생시 쉽게 탈출할 수 있는 출입문, 창문 등을 말한다.

※ 수직강하식 구조대
본체에 적당한 간격으로 협축부를 만든 것

※ 나선식 또는 사행식 구조
하강경로를 선회시킨 것

※ 사강식 구조대의 부대길이
수직거리의 1.3~1.5배

② 부대둘레의 길이 ┌ 경사형(사강식) : 1.5~2.5m
　　　　　　　　　└ 수직형 : 좁은 부분은 1m, 넓은 부분은 2m 정도
③ 구조대의 크기가 **45×45cm**인 경우 창의 너비 및 높이는 **60cm** 이상으로 한다.
④ 구조대는 기존건물에 있어서 **5배** 이상의 하중을 더한 시험을 한 경우 이외에는 창틀에 지지하지 않도록 한다.

> ※ 구조대의 돛천을 가로방향으로 봉합하는 경우 돛천을 겹치도록 하는데 그 이유는 사용자가 강하 중 봉합부분에 걸리지 않게 하기 위해서이다.

7 구조대의 형식승인 및 제품검사기술기준

(1) 경사강하식 구조대의 구조(3조)
① 연속하여 활강할 수 있는 구조로 안전하고 쉽게 사용할 수 있어야 한다.
② 입구틀 및 고정틀의 입구는 지름 **60cm** 이상의 구체가 통과할 수 있어야 한다.
③ 포지를 사용할 때에 수직방향으로 현저하게 늘어나지 아니하여야 한다.
④ 포지, 지지틀, 고정틀 그 밖의 부속장치 등은 견고하게 부착되어야 한다.
⑤ 구조대 본체는 강하방향으로 봉합부가 설치되지 아니하여야 한다.
⑥ 구조대 본체의 활강부는 **낙하방지**를 위해 포를 2중구조로 하거나 또는 망목의 변의 길이가 **8cm** 이하인 망을 설치하여야 한다(단, 구조상 낙하방지의 성능을 갖고 있는 구조대의 경우는 제외).
⑦ 본체의 포지는 하부지지장치에 인장력이 균등하게 걸리도록 부착하여야 하며 하부지지장치는 쉽게 조작할 수 있어야 한다.
⑧ 손잡이는 출구 부근에 좌우 각 3개 이상 균일한 간격으로 견고하게 부착하여야 한다.
⑨ 구조대 본체의 끝부분에는 길이 **4m** 이상, 지름 **4mm** 이상의 유도선을 부착하여야 하며, 유도선 끝에는 중량 3N(300g) 이상의 모래주머니 등을 설치하여야 한다.

(2) 수직강하식 구조대의 구조(17조)
① 구조대는 안전하고 쉽게 사용할 수 있는 구조이어야 한다.
② 구조대의 포지는 외부포지와 내부포지로 구성하되, 외부포지와 내부포지의 사이에 충분한 공기층을 두어야 한다(단, 건물 내부의 별실에 설치하는 것은 외부포지 설치 제외 가능).
③ 입구틀 및 고정틀의 입구는 지름 **60cm** 이상의 구체가 통과할 수 있는 것이어야 한다.
④ 구조대는 **연속**하여 **강하**할 수 있는 구조이어야 한다.
⑤ 포지는 사용할 때 수직방향으로 현저하게 늘어나지 아니하여야 한다.
⑥ 포지·지지틀·고정틀 그 밖의 부속장치 등은 견고하게 부착되어야 한다.

8 완강기

속도조절기·속도조절기의 연결부·로프·연결금속구·벨트로 구성되며, 피난자의 체중에 의하여 속도조절기가 자동적으로 강하속도를 조절하여 강하하는 기구이다.

> **문제** 완강기의 구성 부분으로서 다음 중 적합한 것은?
> ① 속도조절기, 로프, 벨트, 속도조절기의 연결부
> ② 설치공구, 체인, 벨트, 속도조절기의 연결부
> ③ 속도조절기, 로프, 벨트, 세로봉
> ④ 속도조절기, 체인, 벨트, 속도조절기의 연결부
>
> **해설** 완강기의 구성
> (1) 속도조절기
> (2) 로프
> (3) 벨트
> (4) 속도조절기의 연결부
> (5) 연결금속구
>
> **답** ①

Key Point

* **로프에 기름이 있는 경우**
  강하속도의 현저한 변화

* **속도조절기의 연결부 안전고리**
  나사는 격납시에 벗겨져 있어야 화재시에 신속하게 사용할 수 있다.

(1) 구조 및 기능

① 속도조절기
- 견고하고 **내구성**이 있어야 한다.
- **평상시**에 분해·청소 등을 하지 아니하여도 작동할 수 있어야 한다.
- 강하시 발생하는 열에 의하여 기능에 이상이 생기지 아니하여야 한다.
- 속도조절기는 사용 중에 분해·손상·변형되지 아니하여야 하며, **속도조절기의 이탈**이 생기지 아니하도록 **덮개**를 하여야 한다.
- 강하시 로프가 손상되지 아니하여야 한다.
- 속도조절기의 **풀리**(pulley) 등으로부터 로프가 노출되지 아니하는 구조이어야 한다.

② 로프
- 직경 3mm 이상
- 강도시험 : 3900N

③ 벨트
- 너비 : 45mm 이상
- 최소원주길이 : 55~65cm 이하
- 최대원주길이 : 160~180cm 이하
- 강도시험 : 6500N

④ 속도조절기의 연결부 : 사용 중 꼬이거나 분해·이탈되지 않아야 한다.

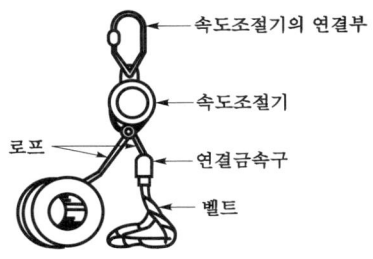

∥ 완강기의 구조 ∥

* **최대사용자수**
  1회에 강하할 수 있는 사용자의 최대수

* **절하**
  '소수점은 버린다'는 뜻임

> **중요**
>
> **최대사용자수**
>
> 최대사용자수 = $\dfrac{\text{최대사용하중}}{1500\text{N}}$ (절하)
>
> **지지대의 강도**
>
> 지지대의 강도 = 최대사용자수 × 5000N

* **로프**
  '밧줄'을 의미한다.

(2) 정비시 점검사항
① 로프의 운행은 원활한가?
② 로프의 말단 및 속도조절기에 봉인은 되어 있는가?
③ 로프에 이물질(산성약품, 기름 등)이 붙어 있지는 않은가?
④ 완강기 전체에 나사의 부식·손상은 없는가?
⑤ 속도조절기의 연결부는 정상적으로 가동하는가?

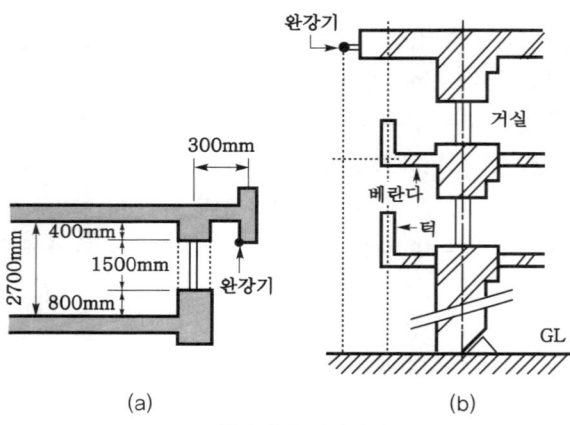

‖ 완강기의 설치위치 ‖

* **완강기**
  사용자의 몸무게에 따라 자동적으로 내려올 수 있는 기구 중 사용자가 교대하여 연속적으로 사용할 수 있는 것

9 완강기의 형식승인 및 제품검사기술기준

(1) 구조 및 성능(3·11조)
① 완강기는 안전하고 쉽게 사용할 수 있어야 하며 사용자가 타인의 도움없이 자기의 몸무게에 의하여 자동적으로 연속하여 교대로 강하할 수 있는 기구이어야 한다.
② 완강기는 **속도조절기·속도조절기의 연결부·로프·연결금속구** 및 **벨트**로 구성되어야 한다.
③ 속도조절기의 적합기준
  ㈎ 견고하고 내구성이 있어야 한다.
  ㈏ 평상시에 분해·청소 등을 하지 아니하여도 작동할 수 있어야 한다.
  ㈐ 강하시 발생하는 열에 의하여 기능에 이상이 생기지 아니하여야 한다.
  ㈑ 속도조절기는 사용 중에 분해·손상·변형되지 아니하여야 하며, 속도조절기의 이탈이 생기지 아니하도록 덮개를 하여야 한다.

* **간이완강기**
  사용자의 몸무게에 따라 자동적으로 내려올 수 있는 기구 중 사용자가 연속적으로 사용할 수 없는 것

* **완강기의 구성요소**
  ① 속도조절기
  ② 속도조절기의 연결부
  ③ 로프
  ④ 벨트
  ⑤ 연결금속구

Chapter_ 02

(마) 강하시 로프가 손상되지 아니하여야 한다.
(바) 속도조절기의 풀리(pulley) 등으로부터 로프가 노출되지 아니하는 구조이어야 한다.
④ 기능에 이상이 생길 수 있는 모래나 기타의 이물질이 쉽게 들어가지 아니하도록 견고한 덮개로 덮어져 있어야 한다.
⑤ 완강기에 사용하는 **로프**(와이어 로프)의 적합기준(3조)
   (가) 와이어 로프는 지름이 3mm 이상 또는 안전계수(와이어 파단하중(N)을 최대사용하중(N)으로 나눈 값) 5 이상이어야 하며, 전체 길이에 걸쳐 균일한 구조이어야 한다.
   (나) 와이어 로프에 외장을 하는 경우에는 전체 길이에 걸쳐 균일하게 외장을 하여야 한다.
⑥ 벨트의 적합기준(3조)
   (가) 사용할 때 벗겨지거나 풀어지지 아니하고 또한 벨트가 꼬이지 않아야 한다.
   (나) 벨트의 너비는 **45mm** 이상이어야 하고 벨트의 최소원주길이는 **55~65cm** 이하이어야 하며, 최대원주길이는 **160~180cm** 이하이어야 하고 최소원주길이 부분에는 너비 **100mm** 두께 **10mm** 이상의 **충격보호재**를 덧씌워야 한다.

(2) 강하속도(12조)

주위온도가 −20~50℃인 상태에서 **250N · 750N · 1500N**의 하중, 최대사용자수에 750N을 곱하여 얻은 값의 하중 또는 최대사용하중에 상당하는 하중으로 좌우 교대하여 각각 1회 연속 강하시키는 경우 각각의 강하속도는 **25~150cm/s** 미만이어야 한다.

>
> **문제** 완강기의 강하속도에 대한 기술 중 맞는 것은?
> ① 하중 250N을 가했을 때 매초 20cm=5cm
> ② 하중 600N을 가했을 때 매초 35cm=5cm
> ③ 하중 1000N을 가했을 때 매초 40cm=5cm
> ④ 250N · 750N · 1500N의 하중, 최대사용자수에 750N을 곱하여 얻은 값의 하중, 최대사용하중에 상당하는 하중으로 좌우 교대하여 각각 1회 연속 강하시키는 경우 각각의 강하속도는 25cm/s 이상 150cm/s 미만이어야 한다.
>
> **해설** ④ 완강기의 강하속도 : 3가지 시험방식 선택
>
> **답** ④

2 피난기구의 설치기준 (NFPC 301 5조, NFTC 301 2.1.3)

① 피난기구를 설치하는 **개구부**는 서로 **동일 직선상**이 **아닌 위치**에 있을 것
② 피난기구는 피난시설로부터 적당한 거리에 있는 안전한 구조로 된 개구부에 설치하여야 한다.
③ **4층** 이상의 층에 피난사다리를 설치하는 경우에는 **금속성 고정사다리**를 설치하고, 해당 고정사다리에는 쉽게 피난할 수 있는 구조의 **노대**를 설치할 것

Key Point

※ **공기안전매트**
화재 발생시 사람이 건축물 내에서 외부로 긴급히 뛰어 내릴 때 충격을 흡수하여 안전하게 지상에 도달할 수 있도록 포지에 공기 등을 주입하는 구조로 되어 있는 것

※ **완강기 벨트**
① 너비 : 45mm 이상
② 착용길이 : 160~180cm 이하

※ **완강기의 강하속도**
25~150cm/s 미만

※ **개구부**
화재시 쉽게 대피할 수 있는 대문, 창문 등을 말한다.

④ 완강기 로프의 길이는 부착위치에서 지면 기타 **피난상 유효한 착지면**까지의 길이로 할 것

3 피난기구의 설치대상(NFPC 301 5조, NFTC 301 2.1.2.1)

① 숙박시설·노유자시설·의료시설 : **500m²**마다(층마다 설치)
② 위락시설·문화 및 집회시설·운동시설·판매시설 또는 복합용도의 층 : **800m²**마다 (층마다 설치)
③ 그 밖의 용도의 층 : 1000m²마다
④ 아파트 등(계단실형 아파트) : **각 세대**마다(NFPC 608 ⑬, NFTC 608 2.9.1.1)

4 인명구조기구의 설치기준(NFTC 302 2.1.1.1)

① 화재시 **쉽게 반출** 사용할 수 있는 장소에 비치할 것
② 인명구조기구가 설치된 가까운 장소의 보기 쉬운 곳에 "**인명구조기구**"라는 축광식 표지와 그 사용방법을 표시한 표지를 부착할 것

| 인명구조기구의 설치대상 |

특정소방대상물	인명구조기구의 종류	설치수량
•7층 이상인 **관광호텔** 및 5층 이상인 **병원**(지하층 포함)	•방열복 •방화복(안전모, 보호장갑, 안전화 포함) •공기호흡기 •인공소생기	•각 **2개** 이상 비치할 것. (단, 병원은 인공소생기 설치 제외)
•문화 및 집회시설 중 수용인원 **100명** 이상의 영화상영관 •**대규모점포** •**지하역사** •**지하상가**	•공기호흡기	•층마다 **2개** 이상 비치할 것
•물분무등소화설비 중 이산화탄소소화설비를 설치하여야 하는 특정소방대상물	•공기호흡기	•이산화탄소소화설비가 설치된 장소의 출입구 외부 인근에 **1대** 이상 비치할 것

※ **방열복**
고온의 복사열에 가까이 접근하여 소방활동을 수행할 수 있는 내열피복

※ **공기호흡기**
소화활동시에 화재로 인하여 발생하는 각종 유독가스 중에서 일정시간 사용할 수 있도록 제조된 압축공기식 개인호흡장비

※ **인공소생기**
호흡 부전 상태인 사람에게 인공호흡을 시켜 환자를 보호하거나 구급하는 기구

당신의 활동지수는?

> 요령 : 번호별 점수를 합산해 맨 아래쪽 판정표로 확인

1. 얼마나 걷나 (하루 기준)
   - 빠른걸음(시속 6km)으로 걷는 시간은?
     10분 : 50점
     20분 : 100점
     30분 : 150점
     10분 추가 때마다 50점씩 추가
   - 느린걸음(시속 3km)으로 걷는 시간은?
     10분 : 30점
     20분 : 60점
     10분 추가 때마다 30점씩 추가

2. 집에서 뭘 하나
   - 집안청소·요리·못질 등
     10분 : 30점
     20분 : 60점
     10분 추가 때마다 30점 추가
   - 정원 가꾸기
     10분 : 50점
     20분 : 100점
     10분 추가 때마다 50점 추가
   - 힘이 많이 드는 집안일(장작패기·삽질·곡괭이질 등)
     10분 : 60점
     20분 : 120점
     10분 추가 때마다 60점 추가

3. 어떻게 움직이나
   - 조깅
     10분 : 100점
     20분 : 200점
     10분 추가 때마다 100점 추가
   - 자전거 타기
     10분 : 50점
     20분 : 100점
     10분 추가 때마다 50점 추가

- 운전
  10분 : 15점
  20분 : 30점
  10분 추가 때마다 15점 추가

4. 2층 이상 올라가야 할 경우
   - 승강기를 탄다 : -100점
   - 승강기냐 계단이냐 고민한다 : -50점
   - 계단을 이용한다 : +50점

5. 운동유형별
   - 골프(캐디 없이)·수영 : 30분당 150점
   - 테니스·댄스·농구·롤러 스케이트 : 30분당 180점
   - 축구·복싱·격투기 : 30분당 250점

6. 직장 또는 학교에서 돌아와 컴퓨터나 TV 앞에 앉아 있는 시간은?
   - 1시간 이하 : 0점
   - 1~3시간 이하 : -50점
   - 3시간 이상 : -250점

7. 여가시간은
   - 쇼핑한다
     10분 : 25점
     20분 : 50점
     10분 추가 때마다 25점씩 추가
   - 사랑을 한다.
     10분 : 45점
     20분 : 90점
     10분 추가 때마다 45점씩 추가

> **판정표**
> - 150점 이하 : 정말 움직이지 않는 사람. 건강에 참으로 문제가 많을 것이다.
> - 150~1000점 : 그럭저럭 활동적인 사람. 그럭저럭 건강할 것이다.
> - 1000점 이상 : 매우 활동적인 사람. 건강이 매우 좋을 것이다.
> ※ 1점은 소비열량 기준 1cal에 해당
>   자료=리베라시옹

출제경향분석

CHAPTER 03 소화활동설비 및 소화용수설비

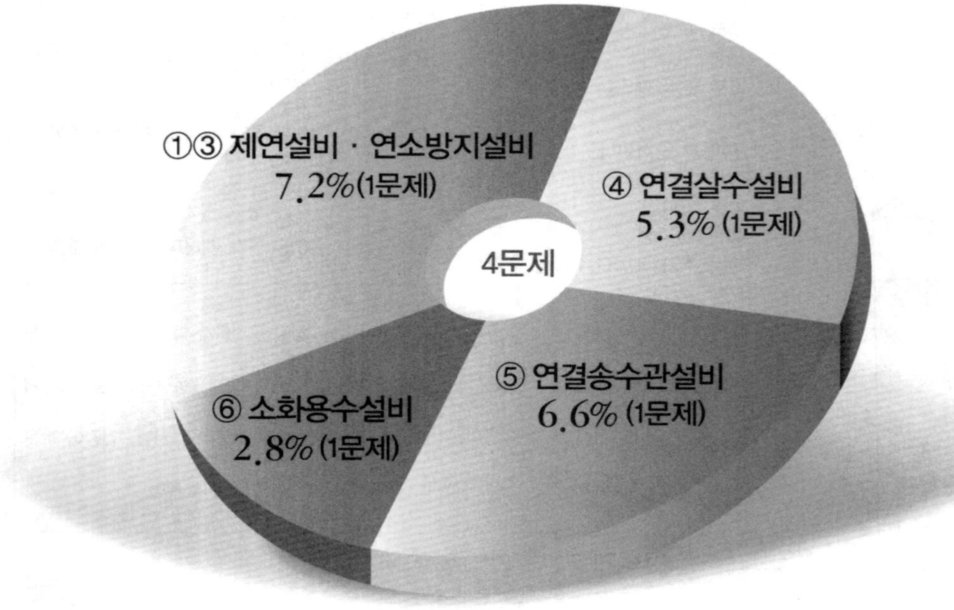

* * * * * * * * * * *

①③ 제연설비·연소방지설비 7.2%(1문제)

④ 연결살수설비 5.3%(1문제)

⑤ 연결송수관설비 6.6%(1문제)

⑥ 소화용수설비 2.8%(1문제)

4문제

CHAPTER 03 소화활동설비 및 소화용수설비

1 제연설비

 (1문제)

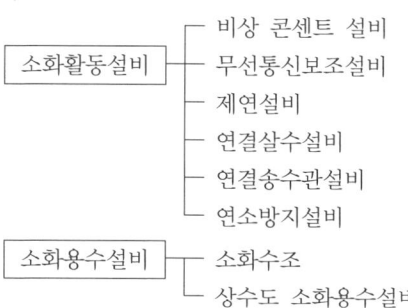

1 제연방식의 종류

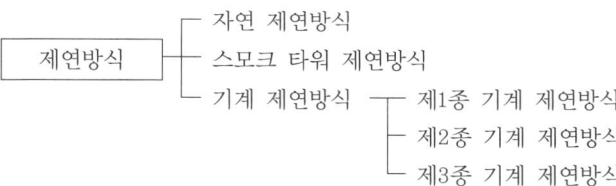

(1) 자연제연 방식
개구부를 통하여 연기를 자연적으로 배출하는 방식

(2) 스모크 타워 제연방식
루프 모니터를 설치하여 제연하는 방식으로 **고층 빌딩**에 적당하다.

(3) 기계 제연방식

제1종 기계 제연방식	제2종 기계 제연방식	제3종 기계 제연방식
송풍기와 **배연기**(배풍기)를 설치하여 급기와 배기를 하는 방식으로 장치가 복잡하다.	송풍기만 설치하여 급기와 배기를 하는 방식으로 역류의 우려가 있다.	**배연기**(배풍기)만 설치하여 급기와 배기를 하는 방식으로 가장 많이 사용된다.

2 제연구역의 기준 (NFPC 501 4조, NFTC 501 2.1.1)

① 하나의 제연구역의 면적은 **1000m²** 이내로 한다.
② 거실과 통로는 **각각 제연구획**한다.
③ 통로상의 제연구역은 보행중심선의 길이가 **60m**를 초과하지 않아야 한다.

Key Point

※ 제연설비
화재발생시 급기와 배기를 하여 질식 및 피난을 유효하게 하기 위한 안전설비

※ 제연설비의 연기 제어
① 희석(가장 많이 사용)
② 배기
③ 차단

※ 연기의 이동요인
① 온도상승에 의한 증기팽창
② 연돌효과
③ 외부에서의 풍력의 영향

※ 스모크 타워 제연 방식
① 고층 빌딩에 적당
② 제연 샤프트의 굴뚝효과를 이용
③ 모든 층의 일반 거실화재에 이용

※ 스모크 해치 효과를 높이는 장치
드래프트 커튼

※ 연소할 우려가 있는 개구부
각 방화구획을 관통하는 에스컬레이터 또는 이와 유사한 시설의 주위로서 방화구획이 되어 있지 아니한 부분

④ 하나의 제연구역은 직경 **60m** 원내에 들어갈 수 있도록 한다.
⑤ 하나의 제연구역은 **2개** 이상의 층에 미치지 않도록 한다.

> ★★★
> 문제 제연구획에 대한 설명 중 잘못된 것은?
> ① 하나의 제연구역의 면적은 1000m² 이내로 하여야 한다.
> ② 거실과 통로는 각각 제연구획하여야 한다.
> ③ 제연구역의 구획은 보·제연경계벽 및 벽으로 해야 한다.
> ④ 통로상의 제연구역은 보행 중심선으로 길이가 최대 50m 이내이어야 한다.
>   60m를 초과하지 않아야
>   답 ④

3 제연구역의 구획 (NFPC 501 4조, NFTC 501 2.1.2)

① 제연경계의 재질은 **내화재료, 불연재료** 또는 제연경계벽으로 성능을 인정받은 것으로서 화재시 쉽게 변형·파괴되지 아니하고 연기가 누설되지 않는 기밀성 있는 재료로 할 것
② 제연경계의 폭은 **0.6m** 이상이고, 수직거리가 **2m** 이내이어야 한다.
③ 제연경계벽은 배연시 기류에 의하여 그 하단이 쉽게 흔들리지 아니하여야 한다.

4 배출량 및 배출방식 (NFPC 501 6조, NFTC 501 2.3)

(1) 통로
예상제연구역이 통로인 경우의 배출량은 **45000m³/h** 이상으로 할 것

(2) 거실

바닥면적	예상제연구역의 직경	배출량
400m² 미만	-	5000m³/h 이상
400m² 이상	40m 이내	40000m³/h 이상
	40m 초과	45000m³/h 이상

5 예상제연구역 및 유입구

① 예상제연구역의 각 부분으로부터 하나의 배출구까지의 수평거리는 **10m** 이내로 한다.
② 예상제연구역에 공기가 유입되는 순간의 풍속은 **5m/s** 이하가 되도록 한다.
③ 공기 유입구의 구조는 유입공기를 상향으로 분출하지 않도록 설치하여야 한다(단, 유입구가 바닥에 설치되는 경우에는 상향으로 분출가능하며 이때의 풍속은 1m/s 이하가 되도록 해야 한다).
④ 공기 유입구의 크기는 **35cm²·min/m³** 이상으로 한다.

공기유입량

$$Q = CA(2P)^N$$

여기서, Q : 공기 유입량
C : 유입계수
A : 틈새면적
P : 기압차
N : 보통 0.5~1의 값을 가짐

※ **대규모 화재실의 제연** : 바닥면적이 커지면 연기배출량도 커져야 한다.

6 배출기 및 배출풍도 (NFPC 501 9조, NFTC 501 2.6)

(1) 배출기
① 배출기와 배출풍도의 접속부분에 사용하는 **캔버스**는 내열성(**석면 제외**)이 있는 것으로 하여야 한다.
② 배출기의 전동기 부분과 배풍기 부분은 **분리**하여 설치하여야 하며, **배풍기 부분**은 **내열처리**하여야 한다.

※ 제연풍도가 벽 등을 관통하는 경우에는 틈이 없어야 한다.

(2) 배출풍도
① 배출풍도는 **아연도금강판** 또는 이와 동등 이상의 내식성·내열성이 있는 것으로 한다.
② 배출기 **흡입측** 풍도 안의 풍속은 **15m/s** 이하로 하고, **배출측** 풍속은 **20m/s** 이하로 한다.

※ 유입풍도 안의 풍속 : 20m/s 이하

Key Point

※ **예상제연구역**
화재발생시 연기의 제어가 요구되는 제연구역

※ **공동예상제연구역**
2개 이상의 예상제연구역

※ **예상제연구역의 공기유입량**
배출량 이상이 될 것

※ **배출풍도의 강판 두께**
0.5mm 이상

※ **비상전원 용량**
20분 이상

※ **연소방지설비**
지하구에 설치

문제 ★★★ 제연설비에서 배출기 및 배출풍도에 관한 다음 설명 중 틀린 것은?
① 배출기와 배출풍도의 접속부분에 사용하는 캔버스는 내열성이 있는 것으로 할 것
② 배출기의 전동기 부분과 배풍기 부분은 분리하여 설치할 것
③ 배출기의 흡입구 풍도 안의 풍속은 초속 20m 이상으로 할 것
④ 배출기의 배출측 풍도 안의 풍속은 초속 20m 이하로 할 것

해설 풍속
(1) 배출기 흡입측 풍속 : 15m/s 이하
(2) 배출기 배출측 풍속 ┐ 20m/s 이하
(3) 유입풍도 안의 풍속 ┘

답 ③

(3) 배출풍도의 기준

배출풍도의 강판두께	
풍도단면의 긴변 또는 직경의 크기	강판두께
450mm 이하	0.5mm 이상
451~750mm 이하	0.6mm 이상

751~1500mm 이하	0.8mm 이상
1501~2250mm 이하	1.0mm 이상
2250mm 초과	1.2mm 이상

7 제연설비의 설치대상 (소방시설법 시행령 [별표 4])

설치대상	조건
① 문화 및 집회시설, 운동시설	• 바닥면적 200m² 이상
② 기타	• 1000m² 이상
③ 영화상영관	• 수용인원 100명 이상
④ 터널	• 예상 교통량, 경사도 등 터널의 특성을 고려하여 **행정안전부령**으로 정하는 것
⑤ 특별피난계단 ⑥ 비상용 승강기의 승강장 ⑦ 피난용 승강기의 승강장	• 전부

2 특별피난계단의 계단실 및 부속실 제연설비

1 제연설비의 적합기준 (NFPC 501A 4조, NFTC 501A 2.1.1)

① 제연구역에 옥외의 신선한 공기를 공급하여 제연구역의 기압을 제연구역 이외의 옥내보다 높게 하되 차압을 유지하게 함으로써 옥내로부터 **제연구역** 내로 **연기**가 **침투**하지 못하도록 할 것

② 피난을 위하여 제연구역의 출입문이 일시적으로 개방되는 경우 **방연풍속**을 유지하도록 옥외의 공기를 **제연구역** 내로 **보충공급**하도록 할 것

③ 출입문이 닫히는 경우 제연구역의 과압을 방지할 수 있는 유효한 조치를 하여 차압을 유지할 것

2 제연구역의 선정 (NFPC 501A 5조, NFTC 501A 2.2)

① **계단실** 및 그 **부속실**을 동시에 제연하는 것
② 부속실을 단독으로 제연하는 것
③ **계단실** 단독제연 하는 것

* **제연구역**
제연하고자 하는 계단실 및 부속실

* **차압**
일정한 기압의 차이

3 차압 등 (NFPC 501A 6조, NFTC 501A 2.3)

① 제연구역과 옥내와의 사이에 유지하여야 하는 차압은 **40Pa**(옥내에 **스프링클러 설비가 설치된 경우 12.5Pa**) 이상으로 하여야 한다.
② 제연설비가 가동되었을 경우 출입문의 개방에 필요한 힘은 **110N** 이하로 하여야 한다.
③ 출입문이 일시적으로 개방되는 경우 개방되지 않은 제연구역과 옥내와의 차압은 40Pa의 **70% 이상**이어야 한다.

※ 계단실과 부속실을 동시에 제연하는 경우의 차압 : **5 Pa 이하**

4 급기량 (NFPC 501A 7조, NFTC 501A 2.4)

(1) 급기량

$$\text{급기량}[m^3/s] = \text{기본량}(Q) + \text{보충량}(q)$$

(2) 기본량과 보충량

① **기본량** : 차압을 유지하기 위하여 제연구역에 공급하여야 할 공기량
② **보충량** : 방연풍속을 유지하기 위하여 제연구역에 보충하여야 할 공기량

5 보충량 (NFPC 501A 9조, NFTC 501A 2.6)

보충량은 부속실의 수가 20 이하는 **1개층** 이상, 20을 초과하는 경우에는 **2개층** 이상의 보충량으로 한다.

중요 | 보충량

부속실 수 20 이하	부속실 수 20 초과
1개층 이상	2개층 이상

6 방연풍속의 기준 (NFPC 501A 10조, NFTC 501A 2.7.1)

제연구역		방연풍속
계단실 및 그 부속실을 동시에 제연하는 것 또는 계단실만 단독으로 제연하는 것		0.5m/s 이상
부속실만 단독으로 제연하는 것	부속실 또는 승강장이 면하는 옥내가 거실인 경우	0.7m/s 이상
	부속실이 면하는 옥내가 복도로서 그 구조가 방화구조(내화시간이 30분 이상인 구조를 포함한다)인 것	0.5m/s 이상

Key Point

* **급기량**
제연구역에 공급하여야 할 공기

* **기본량**
차압을 유지하기 위하여 제연구역에 공급하여야 할 공기량으로 누설량과 같아야 한다.

* **누설량**
제연구역에 설치된 출입문, 창문 등의 틈새를 통하여 제연구역으로부터 흘러나가는 공기량

* **보충량**
방연풍속을 유지하기 위하여 제연구역에 보충하여야 할 공기량

* **방연풍속**
옥내로부터 제연구역내로 연기의 유입을 유효하게 방지할 수 있는 풍속

* **제연구역**
제연하고자 하는 계단실 및 부속실

* **제연경계벽**
제연경계가 되는 가동형 또는 고정형 벽

7 과압방지조치 (NFPC 501A 11조, NFTC 501A 2.8)

제연구역에서 발생하는 과압을 해소하기 위해 과압방지장치를 설치하는 등의 과압방지 조치를 해야 한다. 단, 제연구역 내에 과압발생의 우려가 없다는 것을 시험 또는 공학적인 자료로 입증하는 경우에는 과압방지조치를 하지 않을 수 있다.

8 누설틈새면적의 기준 (NFPC 501A 12조, NFTC 501A 2.9)

① 출입문의 틈새면적

$$A = \frac{L}{l} A_d$$

여기서, A : 출입문의 틈새면적[m²]
L : 출입문 틈새의 길이[m] (조건 : $L \geq 1$)
l : 표준출입문의 틈새길이[m]
  (외여닫이문 : **5.6**, 쌍여닫이문 : **9.2**, 승강기 출입문 : **8.0**)
A_d : 표준출입문의 누설면적[m²]

외여닫이문 ┬ 제연구역 실내쪽으로 개방 : **0.01**
         └ 제연구역 실외쪽으로 개방 : **0.02**
쌍여닫이문 : **0.03**
승강기 출입문 : **0.06**

* **방수 패킹**
누수를 방지하기 위하여 창문 틀 사이에 끼워넣는 부품

② 창문의 틈새면적

(가) 여닫이식 창문으로서 창틀에 방수 패킹이 없는 경우

$$A = 2.55 \times 10^{-4} L$$

(나) 여닫이식 창문으로서 창틀에 방수 패킹이 있는 경우

$$A = 3.61 \times 10^{-5} L$$

* **여닫이**
앞으로 잡아당기거나 뒤로 밀어 열고 닫는 문

(다) 미닫이식 창문이 설치되어 있는 경우

$$A = 1.00 \times 10^{-4} L$$

* **미닫이**
옆으로 밀어 열고 닫는 문

여기서, A : 창문의 틈새면적[m²]
L : 창문틈새의 길이[m]

③ 제연구역으로부터 누설하는 공기가 승강기와 승강로를 경유하여 승강로의 외부로 유출하는 유출면적은 **승강로 상부**의 **환기구**의 **면적**으로 할 것
④ 제연구역을 구성하는 벽체가 벽돌 또는 시멘트블록 등의 조적구조이거나 석고판 등의 조립구조인 경우에는 **불연재료**를 사용하여 틈새를 조정할 것
⑤ 제연설비의 완공시 제연구역의 출입문 등은 크기 및 개방방식이 해당 설비의 설계시와 같아야 한다.

9 유입공기의 배출기준 (NFPC 501A 13조, NFTC 501A 2.10.2)

(1) 수직풍도에 따른 배출
옥상으로 직통하는 전용의 배출용 수직풍도를 설치하여 배출하는 것

자연배출식	기계배출식
굴뚝효과에 의하여 배출하는 것	수직풍도의 상부에 전용의 **배출용 송풍기**를 설치하여 강제로 배출하는 것

(2) 배출구에 따른 배출
건물의 옥내와 면하는 외벽마다 옥외와 통하는 배출구를 설치하여 배출하는 것

(3) 제연설비에 따른 배출

10 수직풍도에 의한 배출기준 (NFPC 501A 14조, NFTC 501A 2.11)

① 수직풍도는 **내화구조**로 할 것
② 수직풍도의 내부면은 두께 **0.5 mm** 이상의 **아연도금강판**으로 마감하되 강판의 접합부에 대하여는 통기성이 없도록 조치할 것
③ 배출 댐퍼의 적합기준
  (가) 배출 댐퍼는 두께 **1.5mm** 이상의 **강판** 또는 이와 동등 이상의 강도가 있는 것으로 설치하여야 하며, **비내식성재료**의 경우에는 **부식방지 조치**를 할 것
  (나) 평상시 닫힌구조로 기밀상태를 유지할 것
  (다) 개폐여부를 해당 장치 및 제어반에서 확인할 수 있는 감지기능을 내장하고 있을 것
  (라) 구동부의 작동상태와 닫혀있을 때의 기밀상태를 수시로 점검할 수 있는 구조일 것
  (마) 풍도의 내부마감상태에 대한 점검 및 댐퍼의 정비가 가능한 **이·탈착구조**로 할 것
  (바) 화재층에 설치된 화재감지기의 동작에 따라 해당 층의 댐퍼가 개방될 것
  (사) 개방시의 **실제개구부**의 크기는 **수직풍도**의 **최소 내부단면적** 이상으로 할 것
  (아) 댐퍼는 풍도내의 공기흐름에 지장을 주지 않도록 수직풍도의 내부로 돌출하지 않게 설치할 것
④ 수직풍도의 내부단면적 적합기준
  (가) 자연배출식(풍도길이 **100 m 이하**)

$$A_p = 0.5 Q_N$$

  (나) 자연배출식(풍도길이 **100 m 초과**)

$$A_p = 0.6 Q_N$$

여기서, A_P : 수직풍도의 내부단면적[m²]
Q_N : 수직풍도가 담당하는 1개층의 제연구역의 출입문 1개의 면적과 방연풍속을 곱한 값[m³/s]

※ 굴뚝효과
건물 내의 연기가 압력차에 의하여 순식간에 상승하여 상층부로 이동하는 현상

※ 배출구
'배연구'라고도 한다.

※ 유입공기
제연구역으로부터 옥내로 유입하는 공기로서, 차압에 의하여 누설하는 것과 출입문의 일시적인 개방에 의하여 유입하는 것을 말한다.

※ 배출 댐퍼
각 층의 옥내와 면하는 수직풍도의 관통부에 설치하는 댐퍼

※ 전동기구동형
전동기에 의해 누르게 핀을 이동시킴으로써 작동되는 것

※ 솔레노이드 구동형
솔레노이드에 의해 누르게 핀을 이동시킴으로써 작동되는 것

※ 방연
연기를 방지하는 것

11 배출구에 의한 배출기준 (NFPC 501A 15조, NFTC 501A 2.12)

① 개폐기의 적합기준
  ㈎ 빗물과 이물질이 유입하지 아니하는 구조로 할 것
  ㈏ 옥외쪽으로만 열리도록 하고 옥외의 풍압에 의하여 자동으로 닫히도록 할 것
② 개폐기의 개구면적

$$A_o = 0.4 Q_N$$

여기서, A_o : 개폐기의 개구면적[m²]
  Q_N : 수직풍도가 담당하는 1개층의 제연구역의 출입문 1개의 면적[m²]과 방연풍속[m/s]를 곱한 값[m³/s]

12 제연구역의 급기기준 (NFPC 501A 16조, NFTC 501A 2.13)

① 부속실을 제연하는 경우 동일 수직선상의 모든 부속실은 하나의 전용수직풍도에 의하여 동시에 급기할 것
② 하나의 수직풍도마다 **전용**의 **송풍기**로 급기할 것

13 제연구역의 급기구 기준 (NFPC 501A 17조, NFTC 501A 2.14)

① 급기용 수직풍도와 직접 면하는 벽체 또는 천장에 고정하되, 옥내와 면하는 출입문으로부터 가능한한 먼 위치에 설치할 것
② 계단실과 그 부속실을 동시에 제연하거나 계단실만 제연하는 경우 계단실의 급기구는 **3개층** 이하의 높이마다 설치할 것
③ 급기구의 댐퍼 설치기준
  급기 댐퍼의 재질은 「자동차압 급기 댐퍼의 성능인증 및 제품검사의 기술기준」에 적합한 것으로 할 것

14 급기송풍기의 설치기준 (NFPC 501A 19조, NFTC 501A 2.16)

① 송풍기의 송풍능력은 송풍기가 담당하는 제연구역에 대한 급기량의 **1.15배** 이상으로 할 것
② 송풍기에는 **풍량조절장치**를 설치하여 풍량조절을 할 수 있도록 할 것
③ 송풍기에는 **풍량**을 실측할 수 있는 유효한 조치를 할 것
④ 송풍기는 인접장소의 화재로부터 영향을 받지 아니하고 접근 및 점검이 용이한 곳에 설치할 것
⑤ 송풍기는 옥내의 **화재감지기**의 동작에 따라 작동하도록 할 것

※ 송풍기
공기 또는 연기를 불어넣는 FAN

※ 수직풍도
수직으로 설치한 덕트

※ 댐퍼
공기의 양을 조절하기 위하여 덕트 전면에 설치된 수동 또는 자동식 장치

※ 급기풍도
공기가 유입되는 덕트

※ 캔버스
덕트와 덕트 사이에 끼워넣는 불연재료(석면재료 제외)로서 진동 등이 직접 덕트에 전달되지 않도록 하기 위한 것

※ 외기취입구
옥외로부터 공기를 불어 넣는 구멍

Chapter_ 03

| 중요 | 제연설비용 송풍기의 종류 |

송풍기	설 명
다익형 송풍기	'실록팬'이라고도 부르며, 가장 소형이다.
터보형 송풍기	'사일런트팬'이라고도 부르며, 주로 고속용 덕트에 사용된다.
리미트로드형 송풍기	다익형과 터보형의 장점을 종합한 것

15 옥상에 설치하는 취입구의 적합기준(NFPC 501A 20조, NFTC 501A 2.17)

① 취입구는 배기구 등으로부터 수평거리 5 m 이상, 수직거리 1 m 이상 낮은 위치에 설치할 것
② 취입구는 옥상의 외곽면으로부터 수평거리 5 m 이상, 외곽면의 상단으로부터 하부로 수직거리 1 m 이하의 위치에 설치할 것

* **해정장치**
개방된 출입문을 원래대로 닫힘 상태를 유지하도록 하는 장치

16 수동기동장치의 설치목적(NFPC 501A 22조, NFTC 501A 2.19)

① 전층의 제연구역에 설치된 급기 댐퍼의 개방
② 해당 층의 배출 댐퍼 또는 개폐기의 개방
③ 급기송풍기 및 유입공기의 배출용 송풍기의 작동
④ 개방·고정된 모든 출입문의 개폐장치의 작동

* **수동기동장치의 설치장소**
① 배출 댐퍼
② 개폐기의 직근
③ 제연구역

3 연소방지설비

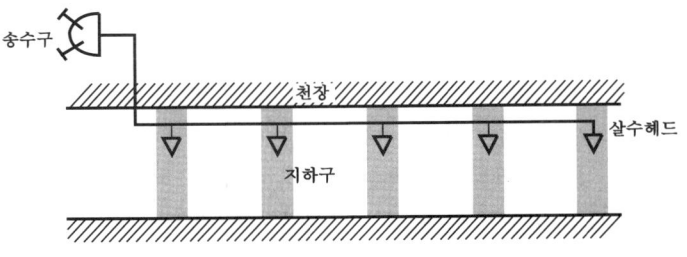

|연소방지설비의 계통도|

* **소화활동설비 적용 대상**
연결송수관설비

문제 ★★ 연소방지설비는 어느 곳에 설치하여야 하는가?
① 기계실   ② 보일러실
③ 화장실   ④ 지하구

해설 **연소방지설비**: **지하구**의 화재를 방지하기 위한 설비
  • **지하구**: 지하의 케이블 통로

답 ④

* **연소방지설비**
지하구에 설치

✽ 송수구
물을 배관에 공급하기 위한 구멍

✽ 헤드
연소방지설비용 전용 헤드 및 스프링클러 헤드를 말한다.

1 주요구성

① 송수구
② 배관
③ 헤드

2 연소방지설비의 설치기준

(1) 송수구의 설치기준(NFPC 605 8조, NFTC 605 2.4.3)

① 소방차가 쉽게 접근할 수 있는 노출된 장소에 설치하되, 눈에 띄기 쉬운 **보도** 또는 **차도**에 설치하여야 한다.
② 송수구는 구경 **65mm**의 **쌍구형**으로 하여야 한다.
③ 송수구로부터 1m 이내에 **살수구역 안내표지**를 설치하여야 한다.

(2) 연소방지설비의 배관구경(NFPC 605 8조, NFTC 605 2.4.1.3.1)

① 연소방지설비 전용 헤드를 사용하는 경우

배관의 구경	32 mm	40 mm	50 mm	65 mm	80 mm
살수 헤드 수	1개	2개	3개	4개 또는 5개	6개 이상

② 스프링클러 헤드를 사용하는 경우

구분 \ 배관의 구경	25 mm	32 mm	40 mm	50 mm	65 mm	80 mm	90 mm	100 mm	125 mm	150 mm
폐쇄형 헤드 수	2개	3개	5개	10개	30개	60개	80개	100개	160개	161개 이상
개방형 헤드 수	1개	2개	5개	8개	15개	27개	40개	55개	90개	91개 이상

(3) 헤드의 설치기준(NFPC 605 8조, NFTC 605 2.4.2)

① **천장** 또는 **벽면**에 설치하여야 한다.
② 헤드 간의 수평거리는 **연소방지설비 전용 헤드**의 경우에는 **2m** 이하, **스프링클러 헤드**의 경우에는 **1.5m** 이하로 하여야 한다.
③ 소방대원의 출입이 가능한 **환기구·작업구**마다 지하구의 양쪽방향으로 살수헤드를 설정하되, 한쪽 방향의 살수구역의 길이는 **3m 이상**으로 할 것(단, 환기구 사이의 간격이 **700m**를 초과할 경우에는 700m 이내마다 살수구역을 설정하되, 지하구의 구조를 고려하여 방화벽을 설치한 경우 제외)

4 연결살수설비

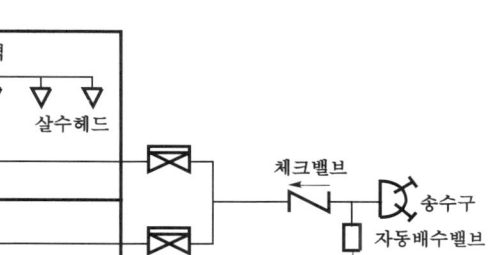

‖ 연결살수설비의 계통도 ‖

1 주요구성

① 송수구(단구형 또는 쌍구형)
② 밸브(선택 밸브, 자동배수 밸브, 체크 밸브)
③ 배관
④ 살수 헤드(또는 폐쇄형 헤드)

| 문제 | 다음 품목 중 **연결살수설비**의 구조를 이루는 부속물이 <u>아닌</u> 것은?
① 폐쇄형 헤드　　　　　② 송수구역 선택 밸브
③ 단구형 송수구　　　　④ 준비작동식 밸브
해설　④ 준비작동식 스프링클러설비
답 ④

2 연결살수설비의 설치기준

(1) **송수구의 기준** (NFPC 503 4조, NFTC 503 2.1)

① 소방차가 쉽게 접근할 수 있고 **노출**된 장소에 설치하여야 한다. 이 경우 가연성 가스의 저장·취급시설에 설치하는 연결살수설비의 송수구는 그 방호대상물로부터 **20m** 이상의 거리를 두거나 방호대상물에 면하는 부분이 높이 1.5m 이상, 폭 2.5m 이상의 철근콘크리트벽으로 가려진 장소에 설치하여야 한다.
② 송수구는 구경 **65mm**의 **쌍구형**으로 하여야 한다. 다만, 하나의 송수구역에 부착하는 살수헤드의 수가 **10개** 이하인 것에 있어서는 **단구형**의 것으로 할 수 있다.
③ 개방형 헤드를 사용하는 송수구의 호스 접결구는 각 송수구역마다 설치하여야 한다 (단, 송수구역을 선택할 수 있는 **선택 밸브**가 설치되어 있고 각 송수구역의 주요구조부가 내화구조로 되어 있는 경우는 제외).
④ 송수구의 부근에는 **송수구역 일람표**를 설치하여야 한다.

Key Point

＊ **호스 접결구**
호스를 연결하는 데 사용되는 장비일체

＊ **송수구**
소화설비에 소화용수를 보급하기 위하여 건물 외벽 또는 구조물에 설치하는 관

＊ **방수구**
송수구를 통해 보내어진 가압수를 방수하기 위한 구멍

＊ **송수구의 설치높이**
0.5∼1m 이하

＊ **연결살수설비의 송수구**
구경 65mm의 쌍구형

(2) 선택 밸브의 기준(NFPC 503 4조, NFTC 503 2.1.2)

① 화재시 연소의 우려가 없는 장소로서 조작 및 점검이 쉬운 위치에 설치하여야 한다.
② 자동개방 밸브에 의한 선택 밸브를 사용하는 경우에 있어서는 송수구역에 방수하지 아니하고 자동 밸브의 작동시험이 가능하도록 하여야 한다.
③ 선택 밸브의 부근에는 **송수구역 일람표**를 설치하여야 한다.

(3) 자동배수 밸브 및 체크 밸브의 기준(NFPC 503 4조, NFTC 503 2.1.3)

① **폐쇄형 헤드**를 사용하는 설비의 경우에는 **송수구·자동배수 밸브·체크 밸브**의 순으로 설치하여야 한다.
② **개방형 헤드**를 사용하는 설비의 경우에는 **송수구·자동배수 밸브**의 순으로 설치하여야 한다.
③ 자동배수 밸브는 배관 안의 물이 잘 빠질 수 있는 위치에 설치하되 배수로 인하여 다른 물건 또는 장소에 피해를 주지 아니하여야 한다.

※ 개방형 헤드의 송수구역당 살수 헤드수 : **10개** 이하

(4) 배관의 기준(NFPC 503 5조, NFTC 503 2.2)

연결살수설비 전용헤드 사용시의 구경					
하나의 배관에 부착하는 살수 헤드의 개수	1개	2개	3개	4개 또는 5개	6~10개 이하
배관의 구경[mm]	32	40	50	65	80

문제 ★★★ 연결살수설비 하나의 배관에 설치하는 전용헤드의 수는 배관의 **구경**에 따라 각각 다르다. 옳지 <u>않은</u> 것은 어느 것인가?
① 배관의 구경이 32mm인 것에는 1개의 헤드
② 배관의 구경이 40mm인 것에는 2개의 헤드
③ 배관의 구경이 50mm인 것에는 3개의 헤드
④ 배관의 구경이 65mm인 것에는 6개의 헤드

해설 ④ 배관의 구경이 **65mm**인 것에는 **4~5개**의 헤드

답 ④

① 폐쇄형 헤드를 사용하는 연결살수설비의 주배관은 옥내소화전 설비의 주배관 및 수도배관 또는 옥상에 설치된 수조에 접속하여야 한다. 이 경우 연결살수설비의 주배관과 옥내소화전설비의 주배관·수도배관·옥상에 설치된 수조의 접속부분에는 체크 밸브를 설치하되 점검하기 쉽게 하여야 한다.
② 폐쇄형 헤드의 시험배관 설치
　㈎ 송수구에서 가장 먼 거리에 위치한 가지배관의 끝으로부터 연결·설치하여야 한다.
　㈏ 시험배관의 구경은 25mm 이상으로 하고, 시험배관의 끝에는 **물받이통** 및 **배수관**을 설치하여 시험 중 방사된 물이 바닥으로 흘러내리지 않도록 하여야

Key Point

※ 체크 밸브와 같은 의미
① 역지 밸브
② 역류방지 밸브
③ 불환 밸브

※ 연결살수설비의 배관 종류
① 배관용 탄소 강관
② 압력배관용 탄소 강관
③ 소방용 합성수지 배관
④ 이음매 없는 구리 및 구리합금관(습식에 한함)
⑤ 배관용 스테인리스강관
⑥ 일반용 스테인리스강관
⑦ 덕타일 주철관
⑧ 배관용 아크용접 탄소강강관

※ 연결살수설비의 부속재료
① 나사식 가단주철재 엘보
② 배수 트랩

한다(단, 목욕실·화장실 또는 그 밖의 배수처리가 쉬운 장소의 경우에는 물받이통 또는 배수관을 설치하지 아니할 수 있다.).

③ 개방형 헤드를 사용하는 연결살수설비에 있어서의 수평주행배관은 헤드를 향하여 상향으로 $\frac{1}{100}$ 이상의 기울기로 설치하고 주배관 중 낮은 부분에는 자동배수 밸브를 설치하여야 한다.

④ 가지배관 또는 교차배관을 설치하는 경우에는 가지배관의 배열은 **토너먼트 방식**이 **아니어야** 하며 가지배관은 교차배관 또는 주배관에서 분기되는 지점을 기점으로 한쪽 **가지배관**에 설치되는 헤드의 개수는 **8개** 이하로 하여야 한다.

(5) 헤드의 기준(NFPC 503 6조, NFTC 503 2.3)
① 연결살수설비의 헤드는 연결살수설비 전용 헤드 또는 스프링클러 헤드로 설치하여야 한다.
② 건축물에 설치하는 헤드의 설치기준
  ㈎ 천장 또는 반자의 실내에 면하는 부분에 설치하여야 한다.
  ㈏ 천장 또는 반자의 각 부분으로부터 하나의 살수 헤드까지의 수평거리가 연결살수설비 전용 헤드의 경우는 **3.7m** 이하, 스프링클러 헤드의 경우는 **2.3m** 이하로 하여야 한다(단, 살수 헤드의 부착면과 바닥과의 높이가 **2.1m** 이하인 부분에 있어서는 살수헤드의 살수분포에 따른 거리로 할 수 있다.).

※ 수평주행배관
각층에서 교차배관까지 물을 공급하는 배관

※ 가지배관의 헤드 개수
8개 이하

※ 헤드의 수평거리
① 살수 헤드 : 3.7m 이하
② 스프링클러 헤드 : 2.3m 이하

문제 천장 또는 반자의 각 부분으로부터 하나의 살수 헤드까지의 수평거리가 <u>연결살수설비 전용 헤드</u>의 경우는 얼마이어야 하는가?
① 2.1m 이하 ② 2.3m 이하
③ 3.2m 이하 ④ 3.7m 이하

해설 ④ 살수헤드 : 3.7m 이하

답 ④

---

③ 가연성 가스의 저장·취급시설에 설치하는 헤드의 설치기준
  ㈎ 연결살수설비 전용의 **개방형 헤드**를 설치하여야 한다.
  ㈏ 가스 저장 탱크·가스 홀더 및 가스 발생기의 주위에 설치하되 헤드 상호간의 거리는 **3.7m** 이하로 하여야 한다.
  ㈐ 헤드의 살수범위는 가스 저장 탱크·가스 홀더 및 가스 발생기의 몸체의 중간 윗부분의 모든 부분이 포함되도록 하여야 하고 살수된 물이 흘러 내리면서 살수범위에 포함되지 아니한 부분에도 모두 적셔질 수 있도록 하여야 한다.

※ 연소할 우려가 있는 개구부
각 방화구획을 관통하는 컨베이어·에스컬레이터 또는 이와 유사한 시설의 주위로서 방화구획을 할 수 없는 부분

3 살수 헤드의 설치제외장소 (NFPC 503 7조, NFTC 503 2.4)

연결살수설비를 설치하여야 할 상점(판매시설 바닥면적 150m² 이상인 지하층에 설치된 것 제외)로서 주요구조부가 내화구조 또는 방화구조로 되어 있고 바닥면적이 500m² 미만으로 방화구획되어 있는 소방대상물 또는 그 부분

※ 보일러실
연결살수설비의 살수 헤드를 설치하여야 한다.

※ 살수 헤드
화재시 직선류 또는 나선류의 물을 충돌·확산시켜 살수함으로써 소화기능을 하는 헤드

4 연결살수설비의 설치대상 (소방시설법 시행령 [별표 4])

설치대상	조 건
① 지하층	• 바닥면적 합계 150m²(학교 700m²) 이상
② 판매시설·운수시설·물류터미널	• 바닥면적 합계 1000m² 이상
③ 가스 시설	• 30t 이상 탱크 시설
④ 연결통로	• 전부

5 연결송수관설비

출제확률  6.6% (1문제)

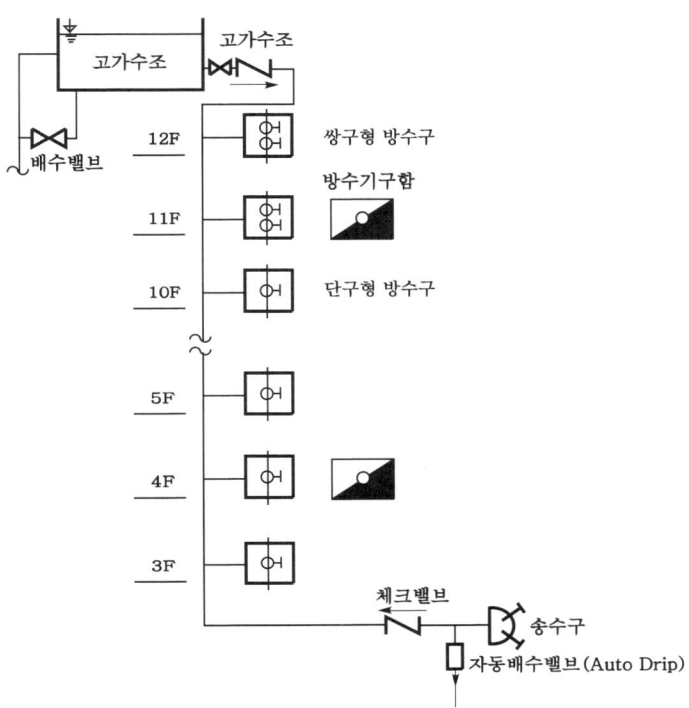

∥연결송수관설비의 계통도∥

1 주요구성

① 가압송수장치
② 송수구
③ 방수구
④ 방수기구함
⑤ 배관
⑥ 전원 및 배선

2 연결송수관설비의 설치기준

(1) 가압송수장치의 기준(NFPC 502 8조, NFTC 502 2.5)

① 펌프의 토출량 2400ℓ/min 이상이 되는 것으로 할 것. 다만, 해당 층에 설치된 방수구가 3개 초과(방수구가 5개 이상은 5개)인 경우에는 1개마다 800ℓ/min을 가산한 양이 되는 것으로 하여야 한다.
② 펌프의 양정은 최상층에 설치된 노즐선단의 압력이 0.35MPa 이상의 압력이 되도록 하여야 한다.

※ 연결송수관 설비
시험용 밸브가 필요없다.

※ 연결송수관설비의
부속장치
① 쌍구형 송수구
② 자동배수 밸브
  (오토 드립)
③ 체크 밸브

※ 가압송수장치
높이 70m 이상에 설치

※ 노즐 선단의 압력
0.35MPa 이상

Key Point

문제 높이 70m 이상의 소방대상물로서 연결송수관 설비의 <u>최상층</u>에 설치된 <u>노즐선단</u> 방수압력은 얼마 이상이어야 하는가?
① 0.45MPa ② 0.35MPa
③ 0.25MPa ④ 0.17MPa

해설 ② 펌프의 양정은 최상층에 설치된 노즐선단의 압력이 **0.35MPa** 이상의 압력이 되도록 하여야 한다.

답 ②

③ 가압송수장치는 방수구가 개방될 때 자동으로 기동되거나 또는 수동스위치의 조작에 의하여 기동되도록 하여야 한다. 이 경우 수동 스위치는 2개 이상을 설치하되 그 중 1개는 다음 기준에 의하여 송수구의 부근에 설치해야 한다.
  ㈎ 송수구로부터 **5m** 이내의 보기 쉬운 장소에 바닥으로부터 높이 **0.8~1.5m** 이하로 설치하여야 한다.
  ㈏ **1.5mm** 이상의 강판함에 수납하여 설치하고 "**연결송수관설비 수동스위치**"라고 표시한 표지를 부착할 것. 이 경우 문짝은 **불연재료**로 설치할 수 있다.

(2) 송수구의 기준(NFPC 502 4조, NFTC 502 2.1)
  ① 송수구는 연결송수관의 **수직배관**마다 **1개** 이상을 설치하여야 한다. 다만, 하나의 건축물에 설치된 각 수직배관이 중간에 개폐 밸브가 설치되지 아니한 배관으로 상호 연결되어 있는 경우에는 건축물마다 1개씩 설치할 수 있다.
  ② 송수구의 부근에는 자동배수 밸브 또는 체크 밸브를 다음의 기준에 의하여 설치하여야 한다. 이 경우 자동배수 밸브는 배관 안의 물이 잘 빠질 수 있는 위치에 설치하되 배수로 인하여 다른 물건이나 장소에 피해를 주지 아니하여야 한다.
  ㈎ **습식**의 경우에는 **송수구 · 자동배수 밸브 · 체크 밸브**의 순으로 설치하여야 한다.
  ㈏ **건식**의 경우에는 **송수구 · 자동배수 밸브 · 체크 밸브 · 자동배수 밸브**의 순으로 설치하여야 한다.
  ③ 송수구에는 가까운 곳의 보기 쉬운 곳에 "**연결송수관설비 송수구**"라고 표시한 표지를 설치하여야 한다.

※ 옥내소화전설비에서 송수구로부터 주배관에 이르는 연결배관에는 개폐밸브를 설치하여서는 아니된다.

(3) 방수구의 기준(NFPC 502 6조, NFTC 502 2.3)
  ① 연결송수관설비의 방수구는 그 소방대상물의 **층**마다 설치하여야 한다. 다만, 다음에 해당하는 층에는 설치하지 아니할 수 있다.
  ㈎ **아파트의 1층 및 2층**
  ㈏ 소방차의 접근이 가능하고 소방대원이 소방차로부터 각 부분에 쉽게 도달할 수 있는 피난층

※ 수직배관
층마다 물을 공급하는 수직배관

※ 송수구
소화설비에 소화용수를 보급하기 위하여 건물 외벽 또는 구조물의 외벽에 설치하는 관

※ 방수구
① 아파트인 경우 3층부터 설치
② 11층 이상에는 쌍구형으로 설치

※ 방수구의 설치장소
비교적 연소의 우려가 적고 접근이 용이한 계단실과 같은 곳

㈐ 송수구가 부설된 옥내소화전이 설치된 소방대상물(집회장·관람장·판매시설·창고시설 또는 지하가를 제외한다)로서 다음에 해당하는 층
  ㉮ 지하층을 제외한 층수가 **4층** 이하이고 연면적이 **6000m²** 미만인 소방대상물의 지상층
  ㉯ 지하층의 층수가 2 이하인 소방대상물의 지하층
② 방수구는 아파트 또는 바닥면적이 1000m² 미만인 층에 있어서는 계단(계단이 2 이상 있는 경우에는 그 중 1개의 계단)으로부터 5m 이내에 바닥면적 1000m² 이상인 층(아파트 제외)에 있어서는 각 계단(계단이 3 이상 있는 층의 경우에는 그 중 2개의 계단)으로부터 5m 이내에 설치하되 그 방수구로부터 그 층의 각 부분까지의 수평거리가 다음 기준을 초과하는 경우에는 그 기준 이하가 되도록 방수구를 추가하여 설치하여야 한다.
  ㉮ 지하가(터널은 제외한다) 또는 지하층의 바닥면적의 합계가 **3000m²** 이상인 것은 **25m**
  ㉯ ㉮에 해당하지 아니하는 것은 **50m**
③ 11층 이상의 부분에 설치하는 방수구는 **쌍구형**으로 하여야 한다. 다만 다음에 해당하는 층에는 **단구형**으로 설치할 수 있다.
  ㉮ 아파트의 용도로 사용되는 층
  ㉯ 스프링클러 설비가 유효하게 설치되어 있고 방수구가 2개소 이상 설치된 층
④ 방수구의 호스 접결구는 바닥으로부터 높이 **0.5~1m** 이하의 위치에 설치하여야 한다.
⑤ 방수구는 연결송수관설비의 전용방수구 또는 옥내소화전방수구로서 구경 **65mm**의 것으로 하여야 한다.
⑥ 방수구의 위치표시는 **표시등**이나 **발광식** 또는 **축광식 표지**로 하여야 한다.
⑦ 방수구는 **개폐기능**을 가진 것으로 하여야 한다.

(4) 방수기구함의 기준(NFPC 502 7조, NFTC 502 2.4)
① 방수기구함은 **피난층과 가장 가까운 층**을 기준으로 **3개층**마다 설치하되, 그 층의 방수구마다 보행거리 **5m** 이내에 설치할 것
② 방수기구함에는 길이 **15m**의 호스와 **방사형 관창**을 다음 기준에 의하여 비치하여야 한다.
  ㉮ 호스는 방수구에 연결하였을 때 그 방수구가 담당하는 구역의 각 부분에 유효하게 물이 뿌려질 수 있는 개수 이상을 비치하여야 한다. 이 경우 쌍구형 방수구는 단구형 방수구의 **2배** 이상의 개수를 설치하여야 한다.
  ㉯ 방사형 관창은 **단구형 방수구**의 경우에는 **1개**, **쌍구형 방수구**의 경우에는 **2개** 이상 비치하여야 한다.

중요 방수기구함 방사형 관창

단구형 방수구	쌍구형 방수구
1개	2개

③ 방수기구함에는 "**방수기구함**"이라고 표시한 축광식표지를 할 것

Key Point

❋ 설치높이
(1) 0.5~1m 이하
 ① 연결송수관설비의 송수구
 ② 소화용수설비의 채수구
(2) 0.8~1.5m 이하
 ① 제어 밸브
 ② 유수검지장치
 ③ 일제개방 밸브
(3) 1.5m 이하
 ① 옥내소화전설비의 방수구
 ② 호스릴함
 ③ 소화기

❋ 방수구의 구경
65mm

❋ 방수기구함
3개층마다 설치

❋ 관창
호스의 끝부분에 설치하는 원통형의 금속제로서 '노즐'이라고도 부른다.

(5) 배관의 기준(NFPC 502 5조, NFTC 502 2.2)
① 주배관의 구경은 **100mm** 이상의 것으로 할 것. 단, 주배관의 구경이 100mm 이상인 옥내소화전설비의 배관과는 겸용할 수 있다.
② 지면으로부터의 높이가 **31m** 이상인 특정소방대상물 또는 지상 **11층 이상**인 특정소방대상물에 있어서는 **습식설비**로 할 것

* 습식설비로 하여야 하는 경우
① 높이 31m 이상
② 지상 11층 이상

문제 연결송수관의 주배관이 옥내소화전설비의 배관과 겸용할 수 있는 경우는 어떤 때인가?
① 구경이 100mm 이상인 경우
② 준비작동식 스프링클러 설비인 경우
③ 건물의 층고 31m 이하인 경우
④ 가압 펌프가 따로 설치되어 있는 경우

해설 **옥내소화전설비**(NFPC 102 ⑥, NFTC 102 2.3.4)

구 분	가지배관	주배관 중 수직배관
호스릴	25mm 이상	32mm 이상
일반	40mm 이상	50mm 이상
연결송수관 겸용	65mm 이상	100mm 이상 보기 ①

답 ①

③ 연결송수관설비의 설치대상(소방시설법 시행령 〔별표 4〕)

① **5층** 이상으로서 연면적 **6000m² 이상**
② **7층 이상**
③ **지하 3층** 이상이고 바닥면적 **1000m² 이상**
④ 터널길이 **1000m 이상**

* 연면적
각 바닥면적의 합계를 말하는 것으로, 지하·지상층의 모든 바닥면적을 포함한다.

6 소화용수설비

1 주요구성

① 가압송수장치
② 소화수조
③ 저수조
④ 상수도 소화용수설비

2 소화용수설비의 설치기준

(1) 가압송수장치의 기준(NFPC 402 5조, NFTC 402 2.2)

① 소화수조 또는 저수조가 지표면으로부터의 깊이(수조내부바닥까지 길이)가 **4.5m** 이상인 지하에 있는 경우에는 표에 의하여 가압송수장치를 설치하여야 한다.

∥가압송수장치의 분당 양수량∥

저수량	20~40m³ 미만	40~100m³ 미만	100m³ 이상
분당 양수량	1100l 이상	2200l 이상	3300l 이상

② 소화수조가 옥상 또는 옥탑의 부분에 설치된 경우에는 지상에서 설치된 채수구에서의 압력이 **0.15MPa** 이상이 되도록 하여야 한다.

(2) 소화수조・저수조의 기준(NFPC 402 4조, NFTC 402 2.1)

① 소화수조, 저수조의 채수구 또는 흡수관투입구는 소방차가 채수구로부터 **2m** 이내의 지점까지 접근할 수 있는 위치에 설치하여야 한다.

문제 소화용수설비에서 소방 펌프차가 채수구로부터 어느 거리 이내까지 접근할 수 있도록 설치하여야 하는가?

① 1m 이내
② 2m 이내
③ 3m 이내
④ 5m 이내

해설 소화용수설비에서 소방 펌프차가 채수구로부터 **2m** 이내까지 접근할 수 있도록 설치하여야 한다.

답 ②

---

② 소화수조 또는 저수조의 저수량은 특정소방대상물의 연면적을 다음 표에 따른 기준면적으로 나누어 얻은 수(소수점 이하의 수는 1로 본다)에 **20m³**를 곱한 양 이상이 되도록 하여야 한다.

중요 소화용수의 양

$$Q = \frac{연면적}{기준면적}(절상) \times 20\text{m}^3$$

여기서, Q : 소화용수의 양[m³]

Key Point

✽ **소화용수설비**
부지가 넓은 대규모 건물이나 고층건물의 경우에 설치한다.

✽ **가압송수장치의 설치**
깊이 4.5m 이상

✽ **소화수조・저수조**
수조를 설치하고 여기에 소화에 필요한 물을 항시 채워두는 것

✽ **소화수조**
옥상에 설치할 수 있다.

소화수조 또는 저수조의 저수량 산출

소방대상물의 구분	기준면적[m²]
지상 1층 및 2층의 바닥면적 합계 15000m² 이상	7500
기타	12500

③ 소화수조 또는 저수조의 설치기준
　㈎ 지하에 설치하는 소화용수설비의 흡수관 투입구는 그 한변이 **0.6m** 이상이거나 직경이 0.6m 이상인 것으로 할 것

흡수관 투입구의 수

소요수량	80m³ 미만	80m³ 이상
흡수관 투입구의 수	**1개 이상**	**2개 이상**

　㈏ 소화용수설비에 설치하는 채수구에는 다음 표에 의하여 소방호스 또는 소방용 흡수관에 사용하는 규격 **65mm** 이상의 **나사식 결합금속구**를 설치하여야 한다.

채수구의 수

소화수조용량	20~40m³ 미만	40~100m³ 미만	100m³ 이상
채수구의 수	1개	2개	3개

　㈐ 채수구는 지면으로부터의 높이가 0.5~1m 이하의 위치에 설치하고 "**채수구**"라고 표시한 표지를 하여야 한다.

④ 소화용수설비를 설치하여야 할 특정소방대상물에 있어서 유수의 양이 **0.8m³/min** 이상인 유수를 사용할 수 있는 경우에는 소화수조를 설치하지 않을 수 있다.

(3) 상수도 소화용수설비의 설치기준(NFPC 401 4조, NFTC 401 2.1)
① 호칭지름 **75mm** 이상의 수도배관에 호칭지름 **100mm** 이상의 소화전을 접속할 것
② 소화전은 소방자동차 등의 진입이 쉬운 **도로변** 또는 **공지**에 설치할 것
③ 소화전은 특정소방대상물의 수평투영면의 각 부분으로부터 **140m** 이하가 되도록 설치할 것
④ 지상식 소화전의 호스접결구는 지면으로부터 높이가 0.5m 이상 1m 이하가 되도록 설치할 것

★★

문제 소화용수설비에 관한 설명 중 틀린 것은?

① 소화용수설비는 건축물의 각 부분으로부터 1개의 소화용수설비까지의 수평거리가 10m 이하가 되도록 설치하여야 한다.
　　특정소방대상물의 수평투영면의 각 부분으로부터 140m 이하
② 소화용수설비의 깊이가 지면으로부터 4.5m 이상인 때에는 가압송수장치를 설치하여야 한다.
③ 소화용수설비의 채수구는 지면으로부터 높이가 0.5m 이상 1.0m 이하의 위치에 설치하여야 한다.
④ 소화용수설비는 소방펌프 자동차가 채수구로부터 2m 이내의 지점까지 접근할 수 있는 위치에 설치하여야 한다.

답 ①

※ 채수구
소방차의 소방 호스와 접결되는 흡입구로서 지면에서 0.5~1m 이하에 설치

※ 호칭지름
일반적으로 표기하는 배관의 직경

※ 소화용수설비
수평거리 140m 이하마다 설치

※ 수평투영면
건축물을 수평으로 투영하였을 경우의 면

3 상수도 소화용수설비의 설치대상(소방시설법 시행령 〔별표 4〕)

① 연면적 5000m² 이상인 것(단, 위험물 저장 및 처리시설 중 가스시설, 터널 또는 지하구의 경우 제외)
② 가스 시설로서 지상에 노출된 탱크의 저장용량의 합계가 100t 이상인 것
③ 자원순환 관련시설 중 폐기물재활용시설 및 폐기물처분시설

  ※ 가스시설, 지하구, 터널을 제외한다.

Key Point

✽ 지하구
지하에 있는 케이블 통로

✽ 상수도 소화용수 설비 설치대상
연면적 5000m² 이상

면면이 이어져 오는 개성상인 5대 경영철학

1. 남의 돈으로 사업하지 않는다.
2. 한 가지 업종을 선택해 그 분야 최고 기업으로 키운다.
3. 장사꾼은 목에 칼이 들어와도 신용을 지킨다.
4. 자식이라도 능력이 모자라면 회사를 물려주지 않는다.
5. 기업은 국가경제발전에 기여해야 한다.

CBT 기출복원문제

2025년
소방설비산업기사 필기(기계분야)

- 2025. 2. 7 시행 ·················· 25- 2
- 2025. 5. 21 시행 ·················· 25-33
- 2025. 9. 1 시행 ·················· 25-63

** 수험자 유의사항 **

1. 문제지를 받는 즉시 **본인**이 **응시한 종목**이 맞는지 확인하시기 바랍니다.
2. 문제지 표지에 본인의 **수험번호**와 **성명**을 기재하여야 합니다.
3. 문제지의 **총면수, 문제번호 일련순서, 인쇄상태, 중복 및 누락 페이지 유무**를 확인하시기 바랍니다.
4. 답안은 각 문제마다 요구하는 가장 적합하거나 가까운 답 1개만을 선택하여야 합니다.
5. 답안카드는 뒷면의 「수험자 유의사항」에 따라 작성하시고, 답안카드 작성 시 형별누락, 마킹착오로 인한 불이익은 전적으로 수험자에게 책임이 있음을 알려드립니다.
6. 문제지는 시험 종료 후 본인이 가져갈 수 있습니다.

** 안내사항 **

- 가답안/최종정답은 큐넷(www.q-net.or.kr)에서 확인하실 수 있습니다. 가답안에 대한 의견은 큐넷의 [가답안 의견 제시]를 통해 제시할 수 있으며, 확정된 답안은 최종정답으로 갈음합니다.
- 공단에서 제공하는 자격검정서비스에 대해 개선할 점이 있으시면 고객참여(http://hrdkorea.or.kr/7/1/1)를 통해 건의하여 주시기 바랍니다.

2025. 2. 7 시행

2025년 산업기사 제1회 필기시험 CBT 기출복원문제

자격종목	종목코드	시험시간	형별	수험번호	성명
소방설비산업기사(기계분야)		2시간			

※ 각 문항은 4지택일형으로 질문에 가장 적합한 보기 항을 선택하여 체크하여야 합니다.

제1과목 소방원론

01 다음 중 할로젠족 원소에 해당하는 것은?
① F, Cl, I, Ar
② F, I, Ar, Br
③ F, Cl, Br, I
④ F, Cl, Br, Ar

해설 할로젠족 원소
(1) 불소 : F
(2) 염소 : Cl
(3) 브로민(취소) : Br
(4) 아이오딘(옥소) : I

기억법 FClBrI

답 ③

02 화재발생시 물을 사용하여 소화하면 더 위험해지는 것은?
① 적린
② 질산암모늄
③ 나트륨
④ 황린

해설 주수소화(물소화)시 위험한 물질

위험물	발생물질
• 무기과산화물	산소(O_2) 발생
• 금속분 • 마그네슘 • 알루미늄 • 칼륨 • 나트륨 보기 ③ • 수소화리튬	수소(H_2) 발생
• 가연성 액체의 유류화재	연소면(화재면) 확대

답 ③

03 열원으로서 화학적 에너지에 해당되지 않는 것은?
① 분해열
② 연소열
③ 중합열
④ 마찰열

해설 ④ 마찰열 : 기계적 에너지

열에너지원의 종류

기계열 (기계적 점화원)	전기열 (전기적 점화원)	화학열 (화학적 점화원)
• **압**축열 • **마**찰열 보기 ④ • **마**찰스파크(스파크열)	• 유도열 • 유전열 • 저항열 • 아크열 • 정전기열 • 낙뢰에 의한 열	• **연**소열 보기 ② • **용**해열 • **분**해열 보기 ① • **생**성열 • **자**연발화열 • **중**합열 보기 ③

기억법 기압마

기억법 화연용분생자

• 기계적 점화원=기계적 에너지
• 전기적 점화원=전기적 에너지
• 화학적 점화원=화학적 에너지

답 ④

04 다음 중 인화점이 가장 낮은 물질은?
① 에틸렌글리콜
② 아세톤
③ 등유
④ 경유

해설
① 에틸렌글리콜 : 111℃
② 아세톤 : -18℃
③ 등유 : 43~72℃
④ 경유 : 50~70℃

인화점 vs 착화점

물 질	**인**화점	착화점
• 프로필렌	-107℃	497℃

• 에틸에터 • 다이에틸에터	-45℃	180℃
• 가솔린(휘발유)	-43℃	300℃
• **산**화프로필렌	-37℃	465℃
• **이**황화탄소	-30℃	100℃
• 아세틸렌	-18℃	335℃
• 아세톤 보기②	-18℃	538℃
• 벤젠	-11℃	562℃
• 톨루엔	4.4℃	480℃
• **메**틸알코올	11℃	464℃
• **에**틸알코올	13℃	423℃
• 아세트산	40℃	-
• **등**유 보기③	43~72℃	210℃
• **경**유 보기④	50~70℃	200℃
• 적린	-	260℃
• 에틸렌글리콜 보기①	111℃	413℃

기억법 인산 이메등경

- 착화점=발화점=착화온도=발화온도
- 인화점=인화온도

답 ②

05 ★★★ B급 화재에 해당하지 않는 것은?

24.03.문09
23.03.문06
21.05.문10
20.06.문02
19.03.문08
18.04.문08
17.09.문07
16.10.문20
15.09.문14
14.09.문01

① 목탄
② 등유
③ 아세톤
④ 이황화탄소

해설 ① 목탄: A급 화재

화재의 분류

화재 종류	표시색	적응물질
일반화재(A급)	백색	① 일반가연물(목탄) 보기① ② 종이류 화재 ③ **목재·섬유**화재
유류화재(B급)	황색	① 가연성 액체(등유, 경유, 아세톤 등) 보기②③ ② 가연성 가스(이황화탄소) 보기④ ③ 액화가스화재 ④ 석유화재 ⑤ 알코올류
전기화재(C급)	청색	전기설비
금속화재(D급)	무색	가연성 금속
주방화재(K급)	-	식용유화재

기억법 백황청무

※ 요즘은 표시색의 의무규정은 없음

답 ①

06 ★★★ 동식물유류에서 "아이오딘값이 크다."라는 의미로 옳은 것은?

24.07.문06
22.03.문19
17.03.문19
11.06.문16

① 불포화도가 높다.
② 불건성유이다.
③ 자연발화성이 낮다.
④ 산소와의 결합이 어렵다.

해설 "아이오딘값이 크다."라는 의미
(1) **불포**화도가 높다. 보기①
(2) **건**성유이다. 보기②
(3) 자연발화성이 높다. 보기③
(4) 산소와 결합이 쉽다. 보기④

※ **아이오딘값**: 기름 100g에 첨가되는 아이오딘의 g수

기억법 아불포

답 ①

07 ★★★ 화씨온도 122°F는 섭씨온도로 몇 ℃인가?

24.05.문14
19.09.문11
16.10.문08
14.03.문11

① 40
② 50
③ 60
④ 70

해설 (1) 기호
- °F : 122°F
- ℃ : ?

(2) 섭씨온도

$$℃ = \frac{5}{9}(°F - 32)$$

여기서, ℃ : 섭씨온도[℃]
°F : 화씨온도[°F]

섭씨온도 $℃ = \frac{5}{9}(°F - 32) = \frac{5}{9}(122 - 32) = 50℃$

중요

섭씨온도와 켈빈온도

섭씨온도	켈빈온도
$℃ = \frac{5}{9}(°F - 32)$	$K = 273 + ℃$
여기서, ℃ : 섭씨온도[℃] °F : 화씨온도[°F]	여기서, K : 켈빈온도[K] ℃ : 섭씨온도[℃]

비교
화씨온도와 랭킨온도

화씨온도	랭킨온도
$°F = \dfrac{9}{5}°C + 32$	$°R = 460 + °F$
여기서, °F : 화씨온도[°F] °C : 섭씨온도[°C]	여기서, °R : 랭킨온도[°R] °F : 화씨온도[°F]

답 ②

08 ★★★
분말소화약제 중 A, B, C급의 화재에 모두 사용할 수 있는 것은?

24.05.문11
23.03.문06
22.04.문18
22.03.문10
21.05.문07
20.09.문07
18.04.문06
18.03.문02
17.10.문10
16.10.문06
16.10.문10
16.05.문15
15.09.문07

① 제1종 분말소화약제
② 제2종 분말소화약제
③ 제3종 분말소화약제
④ 제4종 분말소화약제

해설 분말소화약제(질식효과)

종별	주성분	약제의 착색	적응 화재	비고
제1종	중탄산나트륨 ($NaHCO_3$)	백색	BC급	**식용유** 및 **지방질유**의 화재에 적합
제2종	중탄산칼륨 ($KHCO_3$)	담자색 (담회색)	-	-
제3종	인산암모늄 ($NH_4H_2PO_4$)	담홍색	ABC급 보기 ③	차고·주차장에 적합
제4종	중탄산칼륨+요소 ($KHCO_3+(NH_2)_2CO$)	회(백)색	BC급	-

기억법 3ABC(3종이니까 3가지 ABC급)

- 중탄산나트륨 = 탄산수소나트륨
- 중탄산칼륨 = 탄산수소칼륨
- 제1인산암모늄 = 인산암모늄 = 인산염
- 중탄산칼륨+요소 = 탄산수소칼륨+요소

답 ③

09 ★★★
건축물 내부 화재시 연기의 평균 수직이동속도는 약 몇 m/s인가?

24.05.문09
23.05.문06
22.04.문15
21.03.문09
20.08.문07
17.03.문06
16.10.문19
06.03.문16

① 0.01~0.05
② 0.5~1
③ 2~3
④ 20~30

해설 연기의 이동속도

방향 또는 장소	이동속도
수평방향(수평이동속도)	0.5~1m/s
수직방향(수직이동속도)	2~3m/s 보기 ③
계단실 내의 수직이동속도	**3~5**m/s

기억법 3계5(**삼계**탕 드시러 **오**세요.)

답 ③

10 ★★★
건축법상 건축물의 주요 구조부에 해당되지 않는 것은?

24.05.문16
24.03.문07
21.03.문10
20.08.문01
17.03.문16
12.09.문19

① 지붕틀
② 내력벽
③ 주계단
④ 최하층 바닥

해설 주요 구조부
(1) 내력**벽**
(2) **보**(작은 보 제외)
(3) **지**붕틀(차양 제외)
(4) **바**닥(최하층 바닥 제외) 보기 ④
(5) **주**계단(옥외계단 제외)
(6) **기**둥(사이기둥 제외)

※ 주요 구조부 : 건물의 구조 내력상 주요한 부분

기억법 벽보지 바주기

답 ④

11 ★★
물과 반응하여 가연성인 아세틸렌가스를 발생하는 것은?

21.03.문11
20.08.문11
19.04.문12
18.04.문18
10.09.문11

① 나트륨
② 아세톤
③ 마그네슘
④ 탄화칼슘

해설 (1) 탄화칼슘과 물의 반응식

$CaC_2 + 2H_2O \rightarrow Ca(OH)_2 + C_2H_2 \uparrow$ 보기 ④
탄화칼슘   물   수산화칼슘   **아세틸렌**

(2) 탄화알루미늄과 물의 반응식

$Al_4C_3 + 12H_2O \rightarrow 4Al(OH)_3 + 3CH_4 \uparrow$
탄화알루미늄   물   수산화알루미늄   메탄

(3) 인화칼슘과 물의 반응식

$Ca_3P_2 + 6H_2O \rightarrow 3Ca(OH)_2 + 2PH_3 \uparrow$
인화칼슘   물   수산화칼슘   포스핀

(4) 수소화리튬과 물의 반응식

$LiH + H_2O \rightarrow LiOH + H_2$
수소화리튬   물   수산화리튬   수소

답 ④

12. 열의 전달형태가 아닌 것은?

① 대류
② 산화
③ 전도
④ 복사

해설 열전달(열의 전달방법)의 종류

종류	설명
전도 보기 ③ (conduction)	하나의 물체가 다른 물체와 직접 접촉하여 열이 이동하는 현상
대류 보기 ① (convection)	유체의 흐름에 의하여 열이 이동하는 현상
복사 보기 ④ (radiation)	• 화재시 화원과 격리된 인접 가연물에 불이 옮겨 붙는 현상 • 열전달 매질이 없이 열이 전달되는 형태 • 열에너지가 전자파의 형태로 옮겨지는 현상으로, 가장 크게 작용한다.

기억법 전대복

용어 산화
가연물이 산소와 화합하는 것

비교 목조건축물의 화재원인

종류	설명
접염 (화염의 접촉)	화염 또는 열의 접촉에 의하여 불이 다른 곳으로 옮겨 붙는 것
비화	불티가 **바람**에 날리거나 화재현장에서 상승하는 **열기류** 중심에 휩쓸려 원거리 가연물에 착화하는 현상
복사열	복사파에 의하여 열이 **고온**에서 **저온**으로 이동하는 것

답 ②

13. 단백포 소화약제의 안정제로 철염을 첨가하였을 때 나타나는 현상이 아닌 것은?

① 포의 유면봉쇄성 저하
② 포의 유동성 저하
③ 포의 내화성 향상
④ 포의 내유성 향상

해설 ① 저하 → 향상(우수)

단백포의 장단점

장점	단점
① 내열성 우수 ② 유면봉쇄성 우수 보기 ① ③ 내화성 향상(우수) 보기 ③ ④ 내유성 향상(우수) 보기 ④	① 소화기간이 길다. ② 유동성이 좋지 않다. 보기 ② ③ 변질에 의한 저장성 불량 ④ 유류오염

답 ①

14. 부피비가 메탄 80%, 에탄 15%, 프로판 4%, 부탄 1%인 혼합기체가 있다. 이 기체의 공기 중 폭발하한계는 약 몇 vol%인가? (단, 공기 중 단일가스의 폭발하한계는 메탄 5vol%, 에탄 2vol%, 프로판 2vol%, 부탄 1.8vol%이다.)

① 2.2
② 3.8
③ 4.9
④ 6.2

해설 혼합가스의 폭발하한계

$$\frac{100}{L} = \frac{V_1}{L_1} + \frac{V_2}{L_2} + \frac{V_3}{L_3} + \cdots + \frac{V_n}{L_n}$$

여기서, L : 혼합가스의 폭발하한계[vol%]
L_1, L_2, L_3, L_n : 가연성 가스의 폭발하한계[vol%]
V_1, V_2, V_3, V_n : 가연성 가스의 용량[vol%]

$$\frac{100}{L} = \frac{V_1}{L_1} + \frac{V_2}{L_2} + \frac{V_3}{L_3} + \frac{V_4}{L_4}$$

$$\frac{100}{L} = \frac{80}{5} + \frac{15}{2} + \frac{4}{2} + \frac{1}{1.8}$$

$$\frac{100}{\frac{80}{5} + \frac{15}{2} + \frac{4}{2} + \frac{1}{1.8}} = L$$

$$L = \frac{100}{\frac{80}{5} + \frac{15}{2} + \frac{4}{2} + \frac{1}{1.8}} ≒ 3.8 \text{vol\%}$$

• 폭발하한계 = 연소하한계

용어 %와 vol%

%	vol%
수를 100의 비로 나타낸 것	어떤 공간에 차지하는 부피를 백분율로 나타낸 것
50%	공기 50vol% 50vol%
50%	50vol%

답 ②

15. 스테판-볼츠만(Stefan-Boltzmann)의 법칙에서 복사체의 단위표면적에서 단위시간당 방출되는 복사에너지는 절대온도의 얼마에 비례하는가?

① 제곱근
② 제곱
③ 3제곱
④ 4제곱

해설 스테판-볼츠만의 법칙

$$Q = aAF(T_1^4 - T_2^4)$$

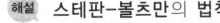

여기서, Q : 복사열(W)
a : 스테판-볼츠만 상수(W/m²·K⁴)
A : 단면적(m²)
T_1 : 고온(273+℃)(K)
T_2 : 저온(273+℃)(K)

※ **스**테판-**볼**츠만의 법칙 : 복사체에서 발산되는 복사열은 복사체의 절대온도의 **4**제곱에 비례한다.

보기 ④

기억법 스볼4

• 4제곱 = 4승

답 ④

16 가연물의 종류에 따른 화재의 분류로 틀린 것은?

① 일반화재 : A급
② 유류화재 : B급
③ 전기화재 : C급
④ 주방화재 : D급

해설 ④ D급 → K급

화재의 분류

화재 종류	표시색	적응물질
일반화재(A급) 보기 ①	백색	① 일반가연물(목탄) ② 종이류 화재 ③ 목재·섬유화재
유류화재(B급) 보기 ②	황색	① 가연성 액체(등유·아마인유 등) ② 가연성 가스 ③ 액화가스화재 ④ 석유화재 ⑤ 알코올류
전기화재(C급) 보기 ③	청색	전기설비
금속화재(D급)	무색	가연성 금속
주방화재(K급) 보기 ④	-	식용유화재

※ 요즘은 표시색의 의무규정은 없음

답 ④

17 가연물이 되기 위한 조건이 아닌 것은?

① 산화되기 쉬울 것
② 산소와의 친화력이 클 것
③ 활성화에너지가 클 것
④ 열전도도가 작을 것

해설 ③ 클 것 → 작을 것

가연물이 **연소**하기 쉬운 **조건**(가연물이 되기 위한 조건)
(1) 산소와 **친화력**이 클 것(산화되기 쉬울 것) 보기 ①②
(2) **발열량**이 클 것(연소열이 많을 것)
(3) **표면적**이 넓을 것(공기와 접촉면이 클 것)
(4) 열전도율이 작을 것(열전도도가 작을 것) 보기 ④
(5) **활성화에너지**가 작을 것 보기 ③
(6) **연쇄반응**을 일으킬 수 있을 것

용어
활성화에너지
가연물이 처음 연소하는 데 필요한 열

답 ③

18 감광계수에 따른 가시거리 및 상황에 대한 설명으로 틀린 것은?

① 감광계수 0.1m^{-1}는 연기감지기가 작동할 정도의 연기농도이고, 가시거리는 20~30m이다.
② 감광계수 0.5m^{-1}는 거의 앞이 보이지 않을 정도의 농도이고, 가시거리는 1~2m이다.
③ 감광계수 10m^{-1}는 화재 최성기 때의 연기농도를 나타낸다.
④ 감광계수 30m^{-1}는 출화실에서 연기가 분출할 때의 농도이다.

해설 ② 0.5m^{-1} → 1m^{-1}

감광계수에 따른 **가시거리** 및 **상황**

감광계수 (m⁻¹)	가시거리 (m)	상황
0.1	20~30	연기감지기가 작동할 때의 농도 보기 ①
0.3	5	건물 내부에 익숙한 사람이 피난에 지장을 느낄 정도의 농도
0.5	3	어두운 것을 느낄 정도의 농도
1	1~2	거의 앞이 보이지 않을 정도의 농도 보기 ②
10	0.2~0.5	화재 최성기 때의 농도 보기 ③
30	-	출화실에서 연기가 분출할 때의 농도 보기 ④

답 ②

19 안전을 위해서 물속에 저장하는 물질은?

① 나트륨
② 칼륨
③ 이황화탄소
④ 과산화나트륨

해설 저장물질

위험물	저장장소
황린, 이황화탄소(CS₂) 보기 ③	물속
나이트로셀룰로오스	알코올 속
칼륨(K), 나트륨(Na), 리튬(Li)	석유류(등유) 속
아세틸렌(C₂H₂)	• 디메틸포름아미드(DMF) • 아세톤

답 ③

20 자연발화를 방지하는 방법이 아닌 것은?
24.07.문11
22.09.문18
15.09.문15
14.05.문15
08.05.문06
① 저장실의 온도를 높인다.
② 통풍을 잘 시킨다.
③ 열이 쌓이지 않게 퇴적방법에 주의한다.
④ 습도가 높은 곳을 피한다.

해설 ① 높인다. → 낮춘다.

자연발화의 방지법
(1) **습**도가 높은 곳을 **피**할 것(건조하게 유지할 것) 보기 ④
(2) 저장실의 온도를 낮출 것(주위온도를 낮게 유지) 보기 ①
(3) 통풍이 잘 되게 할 것 보기 ②
(4) 퇴적 및 수납시 열이 쌓이지 않게 할 것(**열축적방지**) 보기 ③
(5) 발열반응에 정촉매작용을 하는 물질을 피할 것

기억법 자습피

답 ①

제2과목 소방유체역학

21 분자량이 35인 어떤 가스의 정압비열이 0.535 kJ/kg·K라고 가정할 때 이 가스의 비열비(K)는 약 얼마인가? (단, 기체상수 $R=8.31434$ kJ/kmol·K이다.)
24.05.문33
17.09.문21
16.05.문32
14.05.문27

① 1.4
② 1.5
③ 1.65
④ 1.8

해설 (1) 기호
• M : 35kg/kmol
• C_P : 0.535kJ/kg·K
• K : ?

(2) 기체상수

$$R = C_P - C_V = \frac{\overline{R}}{M}$$

여기서, R : 기체상수(kJ/kg·K)
C_P : 정압비열(kJ/kg·K)
C_V : 정적비열(kJ/kg·K)
$\overline{R}$: 일반기체상수(kJ/kmol·K)
M : 분자량(kg/kmol)

$$C_P - C_V = \frac{\overline{R}}{M}$$

$$C_P - \frac{\overline{R}}{M} = C_V$$

$$C_V = C_P - \frac{\overline{R}}{M}$$

$$= 0.535\text{kJ/kg·K} - \frac{8.31434\text{kJ/kmol·K}}{35\text{kg/kmol}}$$

$$= 0.297\text{kJ/kg·K}$$

(3) 비열비

$$K = \frac{C_P}{C_V}$$

여기서, K : 비열비
C_P : 정압비열(kJ/K)
C_V : 정적비열(kJ/K)

비열비 $K = \dfrac{C_P}{C_V} = \dfrac{0.535\text{kJ/kg·K}}{0.297\text{kJ/kg·K}} ≒ 1.8$

답 ④

22 3m/s의 속도로 물이 흐르고 있는 관로 내에 피토관을 삽입하고, 비중 1.8의 액체를 넣은 시차액주계에서 나타나게 되는 액주차는 약 몇 m인가?

① 0.191
② 0.573
③ 1.41
④ 2.15

해설
$$\Delta P = R(\gamma - \gamma_w)$$

(1) 기호
• V : 3m/s
• s : 1.8

(2) 비중

$$s = \frac{\gamma}{\gamma_w}$$

여기서, s : 비중
γ : 어떤 물질의 비중량(N/m³)
γ_w : 물의 비중량(9800N/m³)

$\gamma = \gamma_w s = 9800\text{N/m}^3 \times 1.8 = 17640\text{N/m}^3$

(3) 높이차

$$h = \frac{V^2}{2g}$$

여기서, h : 높이차[m]
V : 유속[m/s]
g : 중력가속도($9.8m/s^2$)

높이차 h는

$$h = \frac{V^2}{2g} = \frac{(3m/s)^2}{2 \times 9.8m/s^2} ≒ 0.459m$$

(4) 물의 압력차

$$\Delta P = \gamma_w h$$

여기서, ΔP : 물의 압력차[Pa] 또는 [N/m²]
γ_w : 물의 비중량(9800N/m³)
h : 높이차[m]

압력차 $\Delta P = \gamma_w h$
$= 9800N/m^3 \times 0.459m ≒ 4498N/m^2$

(5) 어떤 물질의 압력차

$$\Delta P = p_2 - p_1 = R(\gamma - \gamma_w)$$

여기서, ΔP : U자관 마노미터의 압력차[Pa] 또는 [N/m²]
p_2 : 출구압력[Pa] 또는 [N/m²]
p_1 : 입구압력[Pa] 또는 [N/m²]
R : 마노미터 읽음[m]
γ : 어떤 물질의 비중량[N/m³]
γ_w : 물의 비중량(9800N/m³)

마노미터 읽음(액주차) R은

$$R = \frac{\Delta P}{(\gamma - \gamma_w)} = \frac{4498N/m^2}{(17640 - 9800)N/m^3} ≒ 0.573m$$

답 ②

23 다음 열역학적 용어에 대한 설명으로 틀린 것은?

① 물질의 3중점(triple point)은 고체, 액체, 기체의 3상이 평형상태로 공존하는 상태의 지점을 말한다.
② 일정한 압력하에서 고체가 상변화를 일으켜 액체로 변화할 때 필요한 열을 융해열(융해잠열)이라 한다.
③ 고체가 일정한 압력하에서 액체를 거치지 않고 직접 기체로 변화하는 데 필요한 열을 승화열이라 한다.
④ 포화액체를 정압하에서 가열할 때 온도변화 없이 포화증기로 상변화를 일으키는 데 사용되는 열을 현열이라 한다.

해설 ④ 현열 → 잠열

열역학적 용어

용어	설명
① 3중점	고체, 액체, 기체의 3상이 평형상태로 공존하는 상태의 지점 보기 ①
② 융해열 (융해잠열)	• 일정한 압력하에서 고체가 상변화를 일으켜 액체로 변화할 때 필요한 열 보기 ② • 고체를 녹여서 액체로 바꾸는 데 소요되는 열량
③ 승화열	고체가 일정한 압력하에서 액체를 거치지 않고 직접 기체로 변화하는 데 필요한 열 보기 ③
④ 잠열	온도의 변화 없이 물질의 상태변화에 필요한 열(예 물 100℃ → 수증기 100℃) 보기 ④
⑤ 현열	상태의 변화 없이 물질의 온도변화에 필요한 열(예 물 0℃ → 물 100℃)

답 ④

24 안지름이 5mm인 원형 직선관 내에 $0.2 \times 10^{-3} m^3/min$의 물이 흐르고 있다. 유량을 두 배로 하기 위해서는 직선관 양단의 압력차가 몇 배가 되어야 하는가? (단, 물의 동점성 계수는 $10^{-6} m^2/s$이다.)

① 1.14배
② 1.41배
③ 2배
④ 4배

해설 (1) 기호
• D : 5mm=0.005m(1000mm=1m)
• Q : $0.2 \times 10^{-3} m^3/min$
• ν : $10^{-6} m^2/s$
• ΔP : ?

(2) 하겐-포아젤의 법칙

$$\Delta P = \frac{128\mu Q l}{\pi D^4} \propto Q$$

여기서, ΔP : 압력차(압력강하)[kPa]
μ : 점성계수[kg/m·s] 또는 [N·s/m²]
Q : 유량[m³/s]
l : 길이[m]
D : 내경[m]

• 유량(Q)을 2배로 하기 위해서는 직선관 양단의 압력차(ΔP)가 2배가 되어야 한다.
• 이 문제는 비례관계로만 풀면 되지 위의 수치를 적용할 필요는 없음

답 ③

25
동점성계수가 $1.15 \times 10^{-6} \mathrm{m^2/s}$인 물이 30mm의 지름 원관 속을 흐르고 있다. 층류가 기대될 수 있는 최대 유량은 약 몇 $\mathrm{m^3/s}$인가? (단, 임계 레이놀즈수는 2100이다.)

① 2.85×10^{-5} ② 5.69×10^{-5}
③ 2.85×10^{-7} ④ 5.69×10^{-7}

해설 (1) 기호
- $\nu : 1.15 \times 10^{-6} \mathrm{m^2/s}$
- $D : 30\mathrm{mm} = 0.03\mathrm{m}(1000\mathrm{mm}=1\mathrm{m})$
- $Q : ?$

(2) 레이놀즈수
$$Re = \frac{DV\rho}{\mu} = \frac{DV}{\nu}$$

여기서, Re : 레이놀즈수
 D : 내경(지름)[m]
 V : 유속[m/s]
 ρ : 밀도[kg/m³]
 μ : 점성계수[kg/m·s]
 ν : 동점성계수$\left(\frac{\mu}{\rho}\right)$[m²/s]

$Re = \dfrac{DV}{\nu}$ 에서

층류의 최대 레이놀즈수 **2100**을 적용하면

$2100 = \dfrac{0.03\mathrm{m} \times V}{1.15 \times 10^{-6} \mathrm{m^2/s}}$

$2100 \times 1.15 \times 10^{-6} \mathrm{m^2/s} = 0.03\mathrm{m} \times V$

$\dfrac{2100 \times 1.15 \times 10^{-6} \mathrm{m^2/s}}{0.03\mathrm{m}} = V$

$0.08\mathrm{m/s} \fallingdotseq V$
$V \fallingdotseq 0.08\mathrm{m/s}$

(3) 유량
$$Q = AV = \left(\frac{\pi D^2}{4}\right)V$$

여기서, Q : 유량[m³/s]
 A : 단면적[m²]
 V : 유속[m/s]
 D : 지름[m]

최대 유량 Q는

$Q = \left(\dfrac{\pi D^2}{4}\right)V = \dfrac{\pi \times 0.03\mathrm{m^2}}{4} \times 0.08\mathrm{m/s}$
$\fallingdotseq 5.69 \times 10^{-5} \mathrm{m^3/s}$

참고

레이놀즈수
(1) 층류 : $Re < 2100$
(2) 천이영역(임계영역) : $2100 < Re < 4000$
(3) 난류 : $Re > 4000$

답 ②

26
한 변의 길이가 L인 정사각형 단면의 수력지름(hydraulic diameter)은?

① $\dfrac{L}{4}$ ② $\dfrac{L}{2}$
③ L ④ $2L$

해설 (1) 수력반경(hydraulic radius)
$$R_h = \frac{A}{L(P)}$$

여기서, R_h : 수력반경[m]
 A : 단면적[m²]
 $L(P)$: 접수길이(단면 둘레의 길이)[m]

(2) 수력지름
$$D_h = 4R_h$$

여기서, D_h : 수력직경[m]
 R_h : 수력반경[m]

$D_h = 4R_h = \dfrac{4A}{P}$

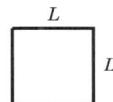

수력반경 $R_h = \dfrac{A}{P}$ 에서
$P = 2(\text{가로}+\text{세로}) = 2(L+L)$
$A = (\text{가로} \times \text{세로}) = L \times L$
여기서, 가로 L, 세로 L을 대입하면
수력지름 R_h 는
$R_h = \dfrac{A}{P} = \dfrac{L \times L}{2(L+L)}$
수력지름 D_h 는
$D_h = 4R_h = 4 \times \dfrac{L \times L}{2(L+L)} = \dfrac{2L^2}{2L} = L$

수력지름=수력직경

답 ③

27
다음 중 수력지름이 가장 큰 것은? (단, 모든 덕트나 관은 완전히 채워져 흐른다고 가정한다.)

① 지름 5cm인 원형 덕트
② 한 변이 5cm인 정사각형 덕트
③ 가로 4cm, 세로 7cm인 직사각형 덕트
④ 바깥지름 10cm, 안지름 6cm인 동심이중관

해설 (1) 수력반경(hydraulic radius)
$$R_h = \frac{A}{l} = \frac{1}{4}(D-d)$$

여기서, R_h : 수력반경[m], A : 단면적[m²]
 l : 접수길이[m], D : 관의 외경[m]
 d : 관의 내경[m]

(2) **수력직경**(수력지름)

$$D_h = 4R_h$$

여기서, D_h : 수력직경[m]
R_h : 수력반경[m]

㉠ 지름 5cm인 원형 덕트 [보기 ①]

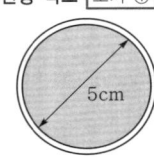

수력반경
$$R_h = \frac{A}{l} = \frac{\pi r^2}{2\pi r(원둘레)} = \frac{\pi \times (2.5\text{cm})^2}{2\pi \times 2.5\text{cm}} = 1.25\text{cm}$$

• 원형이므로 단면적 $A = \pi r^2$, 원둘레 $l = 2\pi r$
여기서, r : 반지름[cm]

수력지름
$$D_h = 4R_h = 4 \times 1.25\text{cm} = 5\text{cm}$$

㉡ 한 변이 5cm인 정사각형 덕트 [보기 ②]

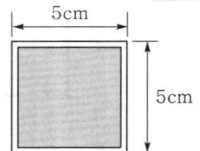

수력반경
$$R_h = \frac{A}{l} = \frac{(5 \times 5)\text{cm}^2}{(5 \times 4면)\text{cm}} = 1.25\text{cm}$$

수력지름
$$D_h = 4R_h = 4 \times 1.25\text{cm} = 5\text{cm}$$

㉢ 가로 4cm, 세로 7cm인 직사각형 덕트 [보기 ③]

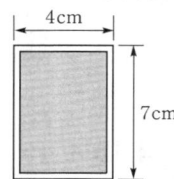

수력반경
$$R_h = \frac{A}{l} = \frac{(4 \times 7)\text{cm}^2}{(4 \times 2면)\text{cm} + (7 \times 2면)\text{cm}} ≒ 1.27\text{cm}$$

수력지름
$$D_h = 4R_h = 4 \times 1.27\text{cm} = 5.08\text{cm}$$

㉣ 바깥지름 10cm, 안지름 6cm인 동심이중관 [보기 ④]

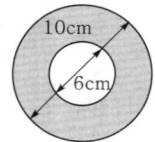

수력반경
$$R_h = \frac{A}{l} = \frac{\pi \times (5^2 - 3^2)\text{cm}^2}{2\pi \times (5 + 3)\text{cm}} = 1\text{cm}$$

수력지름
$$D_h = 4R_h = 4 \times 1\text{cm} = 4\text{cm}$$

∴ ③이 수력지름이 가장 크다.

답 ③

28

동점성계수가 $2.4 \times 10^{-4} \text{m}^2/\text{s}$이고, 비중이 0.88인 40℃ 엔진오일을 1km 떨어진 곳으로 원형관을 통하여 완전발달 층류상태로 수송할 때 관의 직경 100mm이고 유량 0.02m^3/s라면 필요한 최소 펌프동력[kW]은?

22.03.문28
21.05.문35
20.06.문36
17.09.문36

① 28.2 ② 30.1
③ 32.2 ④ 34.4

해설 (1) 기호

• ν : $2.4 \times 10^{-4}\text{m}^2/\text{s}$
• s : 0.88
• T : 40℃=(273+40)K
• L : 1km=1000m
• D : 100mm=0.1m(1000mm=1m)
• Q : $0.02\text{m}^3/\text{s}$
• P : ?

(2) 유량

$$Q = AV = \left(\frac{\pi D^2}{4}\right)V$$

여기서, Q : 유량[m³/s]
A : 단면적[m²]
V : 유속[m/s]
D : 직경(내경)[m]

유속 V는
$$V = \frac{Q}{\frac{\pi D^2}{4}} = \frac{0.02\text{m}^3/\text{s}}{\frac{\pi \times (0.1\text{m})^2}{4}} ≒ 2.546\text{m/s}$$

(3) 비중

$$s = \frac{\gamma}{\gamma_w}$$

여기서, s : 비중
γ : 어떤 물질(엔진오일)의 비중량[N/m³]
γ_w : 물의 비중량(9800N/m³)

엔진오일의 비중량 γ은
$\gamma = s \times \gamma_w = 0.88 \times 9800\text{N/m}^3$
$= 8624\text{N/m}^3$
$= 8.624\text{kN/m}^3$

(4) 레이놀즈수

$$Re = \frac{DV\rho}{\mu} = \frac{DV}{\nu}$$

여기서, Re : 레이놀즈수
D : 내경(직경)[m]
V : 유속(속도)[m/s]
ρ : 밀도[kg/m³]
μ : 점성계수[kg/(m·s)]
ν : 동점성계수$\left(\dfrac{\mu}{\rho}\right)$[m²/s]

레이놀즈수 $Re = \dfrac{DV}{\nu} = \dfrac{0.1\text{m} \times 2.546\text{m/s}}{2.4 \times 10^{-4}\text{m}^2/\text{s}} ≒ 1060$

- Re(레이놀즈수)가 2100 이하이므로 층류식 적용

(5) 관마찰계수(층류)

$$f = \dfrac{64}{Re}$$

여기서, f : 관마찰계수
Re : 레이놀즈수

관마찰계수 $f = \dfrac{64}{Re} = \dfrac{64}{1060} ≒ 0.06$

(6) 달시-웨버의 식

$$H = \dfrac{\Delta P}{\gamma} = \dfrac{fLV^2}{2gD}$$

여기서, H : 마찰손실[m]
ΔP : 압력차(압력손실)[kPa] 또는 [kN/m²]
γ : 비중량[kN/m³]
f : 관마찰계수
L : 길이[m]
V : 유속[m/s]
g : 중력가속도(9.8m/s²)
D : 내경(직경)[m]

압력차 ΔP는

$\Delta P = \dfrac{\gamma fLV^2}{2gD}$

$= \dfrac{8.624\text{kN/m}^3 \times 0.06 \times 1000\text{m} \times (2.546\text{m/s})^2}{2 \times 9.8\text{m/s}^2 \times 0.1\text{m}}$

$≒ 1711\text{kN/m}^2$
$= 1711\text{kPa}$

(7) 표준대기압

1atm = 760mmHg = 1.0332kg$_f$/cm²
    = 10.332mH₂O(mAq)
    = 10.332m
    = 14.7PSI(lb$_f$/in²)
    = 101.325kPa(kN/m²)
    = 1013mbar

$1711\text{kPa} = \dfrac{1711\text{kPa}}{101.325\text{kPa}} \times 10.332\text{m} ≒ 174.47\text{m}$

- 101.325kPa=10.332m

(8) 펌프에 필요한 동력

$$P = \dfrac{0.163QH}{\eta}K$$

여기서, P : 전동력(펌프동력)[kW]
Q : 유량[m³/min]
H : 전양정[m]
η : 효율
K : 전달계수

펌프에 필요한 동력 P는

$P = \dfrac{0.163QH}{\eta}K$

$= 0.163 \times 0.02\text{m}^3/\text{s} \times 174.47\text{m}$

$= 0.163 \times 0.02\text{m}^3 / \dfrac{1}{60}\text{min} \times 174.47\text{m}$

$= 0.163 \times (0.02 \times 60)\text{m}^3/\text{min} \times 174.47\text{m}$

$≒ 34.13\text{kW}$

- 계산과정 중 반올림이나 올림 등을 고려하면 34.4kW 정답!
- η, K는 주어지지 않았으므로 무시

답 ④

29 ★★★

17.03.문35
16.03.문28
15.03.문21

다음 시차압력계에서 압력차($P_A - P_B$)는 몇 kPa인가? (단, $H_1 = 300$mm, $H_2 = 200$mm, $H_3 = 800$mm이고 수은의 비중은 13.6이다.)

① 21.76
② 31.07
③ 217.6
④ 310.7

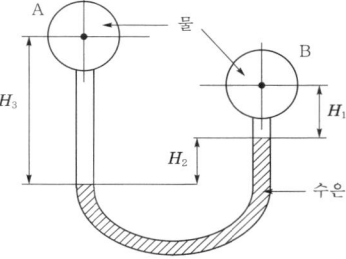

해설 계산의 편의를 위해 기호를 수정하면

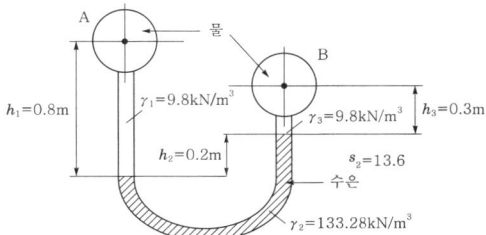

- 1000mm=1m이므로 300mm=0.3m
  200mm=0.2m, 800mm=0.8m

$$s = \dfrac{\gamma}{\gamma_w}$$

여기서, s : 비중
γ : 어떤 물질의 비중량[kN/m³]
γ_w : 물의 비중량(9.8kN/m³)

$\gamma_2 = s_2 \times \gamma_w = 13.6 \times 9.8\text{kN/m}^3 = 133.28\text{kN/m}^3$

$P_A + \gamma_1 h_1 - \gamma_2 h_2 - \gamma_3 h_3 = P_B$
$P_A - P_B = -\gamma_1 h_1 + \gamma_2 h_2 + \gamma_3 h_3$
$= -9.8\text{kN/m}^3 \times 0.8\text{m} + 133.28\text{kN/m}^3 \times 0.2\text{m}$
$\quad + 9.8\text{kN/m}^3 \times 0.3\text{m}$
$≒ 21.76\text{kN/m}^2$
$= 21.76\text{kPa}$

- $1N/m^2 = 1Pa$, $1kN/m^2 = 1kPa$이므로
  $21.76kN/m^2 = 21.76kPa$

시차액주계의 압력계산 방법
점 a를 기준으로 내려가면 더하고, 올라가면 빼면 된다.

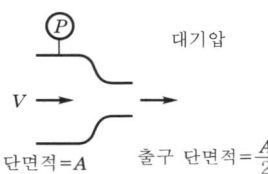

답 ①

30

관 출구 단면적이 입구 단면적의 $\frac{1}{2}$이고, 마찰손실을 무시하였을 때, 압력계 P의 계기압력은 얼마인가? (단, 유속 $V = 5m/s$, 입구 단면적 $A = 0.01m^2$, 대기압 $= 101.3kPa$, 밀도 $= 1000kg/m^3$이다.)

19.04.문38
17.05.문29
16.10.문27
16.03.문21
13.06.문34
02.05.문36

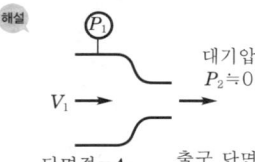

① 375Pa
② 12.5kPa
③ 37.5kPa
④ 138.8kPa

해설

(1) 기호
- $A_2 : \frac{1}{2}A_1$
- $V_1 : 5m/s$
- $A_1 : 0.01m^2$

(2) 유량(flowrate) = 체적유량

$$Q = A_1 V_1 = A_2 V_2$$

여기서, Q : 유량[m³/s]
A_1, A_2 : 단면적[m²]
V_1, V_2 : 유속[m/s]

유속 $V_2 = \frac{A_1}{A_2}V_1$
$= \frac{A_1}{\frac{1}{2}A_1}V_1 = 2V_1 = 2 \times 5m/s = 10m/s$

(3) 베르누이 방정식

$$\frac{V_1^2}{2g} + \frac{P_1}{\gamma} + Z_1 = \frac{V_2^2}{2g} + \frac{P_2}{\gamma} + Z_2$$

여기서, V_1, V_2 : 유속[m/s]
P_1, P_2 : 압력[kPa] 또는 [kN/m²]
Z_1, Z_2 : 높이[m]
g : 중력가속도(9.8m/s²)
γ : 비중량(물의 비중량 9.8kN/m³)
ΔH : 손실수두[m]

$$\frac{V_1^2}{2g} + \frac{P_1}{\gamma} + \cancel{Z_1} = \frac{V_2^2}{2g} + \frac{P_2}{\gamma} + \cancel{Z_2}$$

- 그림에서 높이차는 $Z_1 = Z_2$이므로 Z_1, Z_2 삭제
- P_2는 0(그림에서 대기압 상태이므로 계기압은 거의 0이다.)

$$\frac{V_1^2}{2g} + \frac{P_1}{\gamma} = \frac{V_2^2}{2g}$$

$$\frac{P_1}{\gamma} = \frac{V_2^2}{2g} - \frac{V_1^2}{2g} = \frac{V_2^2 - V_1^2}{2g}$$

$$P_1 = \gamma \frac{V_2^2 - V_1^2}{2g}$$

$= 9.8kN/m^3 \times \frac{(10m/s)^2 - (5m/s)^2}{2 \times 9.8m/s^2}$
$= 37.5kN/m^2$
$= 37.5kPa$

- $37.5kN/m^2 = 37.5kPa(1kN/m^2 = 1kPa)$

답 ③

31

이상기체를 등온과정으로 서서히 가열한다. 이 과정을 '$PV^n = $Constant'와 같은 폴리트로픽(polytropic) 과정으로 나타내고자 할 때, 지수 n의 값은?

23.03.문30
19.03.문28
18.09.문21
14.03.문40

① $n = 0$
② $n = 1$
③ $n = k$(비열비)
④ $n = \infty$

해설 완전가스(이상기체)의 상태변화

상태변화	관 계
정압과정	$\frac{V}{T} = C$(Constant, 일정)
정적과정	$\frac{P}{T} = C$(Constant, 일정)
등온과정	$PV = C$(Constant, 일정)
단열과정	$PV^{k(n)} = C$(Constant, 일정)

여기서, V : 비체적(부피)[m³/kg]
T : 절대온도[K]
P : 압력[kPa]
$k(n)$: 비열비
C : 상수

등온과정 PV=Constant이므로
$PV^{n=1}$=Constant
PV=Constant($\therefore n=1$)

※ **단열변화** : 손실이 없는 상태에서의 과정

답 ②

32. 뉴턴(Newton)의 점성법칙을 이용한 회전원통식 점도계는?

23.03.문33
18.04.문34
06.05.문25

① 세이볼트 점도계 ② 오스트발트 점도계
③ 레드우드 점도계 ④ 스토머 점도계

해설 점도계

(1) **세**관법 : **하겐-포아젤**(Hagen-Poiseuille)의 **법칙** 이용
  ㉠ 세이볼트(Saybolt) 점도계
  ㉡ 레드우드(Redwood) 점도계
  ㉢ 앵글러(Engler) 점도계
  ㉣ 바베이(Barbey) 점도계
  ㉤ 오스트발트(Ostwald) 점도계

(2) **회**전원통법 : **뉴턴**(Newton)의 **점**성법칙 이용
  ㉠ **스**토머(Stormer) 점도계
  ㉡ **맥** 마이클(Mac Michael) 점도계

(3) **낙**구법 : **스**토크스(Stokes)의 **법칙** 이용
  낙구식 점도계

기억법 뉴점스맥

※ **점도계** : 점성계수를 측정할 수 있는 기기

답 ④

33. 물탱크에 연결된 마노미터의 눈금이 그림과 같을 때 점 A에서의 게이지압력은 몇 kPa인가? (단, 수은의 비중은 13.6이다.)

24.07.문29
23.05.문26
22.03.문34
20.06.문38
19.04.문40
19.03.문24
18.03.문39
15.09.문22
15.04.문26
13.09.문32

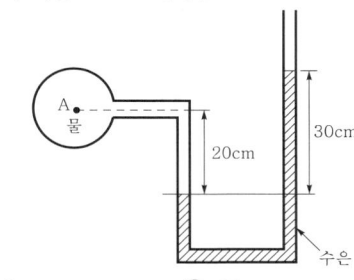

① 32 ② 38
③ 43 ④ 47

해설 (1) 기호
- P_A : ?
- s : 13.6
- h_1 : 20cm=0.2m
- h_2 : 30cm=0.3m

(2) 비중

$$s = \frac{\gamma}{\gamma_w}$$

여기서, s : 비중
γ : 어떤 물질의 비중량[N/m³]
γ_w : 물의 비중량(9800N/m³)

수은의 비중량 γ는
$\gamma = s \cdot \gamma_w$
$= 13.6 \times 9800\text{N/m}^3$
$= 133280\text{N/m}^3$
$= 133.28\text{kN/m}^3$

(3) 시차액주계

$$P_A + \gamma_1 h_1 - \gamma_2 h_2 = 0$$

여기서, P_A : 계기압력[kPa] 또는 [kN/m²]
γ_1, γ_2 : 비중량(물의 비중량 9800N/m³)
h_1, h_2 : 높이[m]

- 마노미터의 한쪽 끝이 **대기압**이므로 이부분의 게이지압력=0

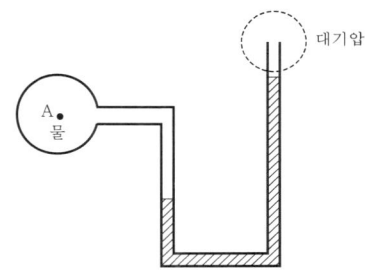

계기압력 P_A는
$P_A = -\gamma_1 h_1 + \gamma_2 h_2$
$= -9.8\text{kN/m}^3 \times 0.2\text{m} + 133.28\text{kN/m}^3 \times 0.3\text{m}$
$\fallingdotseq 38\text{kN/m}^2 = 38\text{kPa}$

- 1kN/m²=1kPa이므로 38kN/m²=38kPa

중요

시차액주계의 압력계산방법
점 A를 기준으로 내려가면 더하고, 올라가면 빼면 된다.

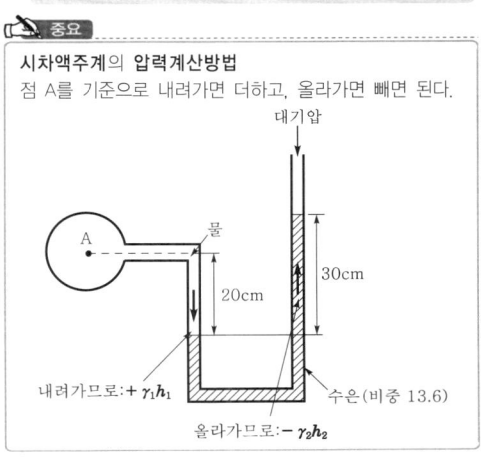

답 ②

34

비체적 $v=0.76\text{m}^3/\text{kg}$인 기체를 $Pv^k = \text{const}$의 폴리트로픽 과정을 거쳐 1기압에서 3기압으로 압축하였을 때의 비체적은 약 몇 m^3/kg인가? (단, 기체의 비열비 k는 1.4이고, P는 압력이다.)

① 0.25　　② 0.35
③ 0.5　　　④ 1.67

해설 (1) 기호

- v_1 : $0.76\text{m}^3/\text{kg}$
- P_1 : 1기압=1atm
- P_2 : 3기압=3atm
- v_2 : ?
- $k(n)$: 1.4 ($Pv^k = \text{const}$, 폴리트로픽 과정 $Pv^n = \text{const}$이므로 $k=n$)

(2) 온도, 비체적과 압력

$$\frac{P_2}{P_1} = \left(\frac{v_1}{v_2}\right)^n \cdot \frac{T_2}{T_1} = \left(\frac{v_1}{v_2}\right)^{n-1} = \left(\frac{P_2}{P_1}\right)^{\frac{n-1}{n}}$$

여기서, P_1, P_2 : 변화 전후의 압력[kJ/m³]
　　　　v_1, v_2 : 변화 전후의 비체적[m³]
　　　　T_1, T_2 : 변화 전후의 온도(273+℃)[K]
　　　　n : 폴리트로픽 지수

$$\frac{P_2}{P_1} = \left(\frac{v_1}{v_2}\right)^n$$

$$\left(\frac{P_2}{P_1}\right)^{\frac{1}{n}} = \left(\frac{v_1}{v_2}\right)^{n \times \frac{1}{n}} \;\;\leftarrow\; \text{양 변에 } \frac{1}{n}\text{승을 함}$$

$$\left(\frac{P_2}{P_1}\right)^{\frac{1}{n}} = \frac{v_1}{v_2}$$

$$v_2 = \frac{v_1}{\left(\frac{P_2}{P_1}\right)^{\frac{1}{n}}} = \frac{0.76\text{m}^3/\text{kg}}{\left(\frac{3\text{atm}}{1\text{atm}}\right)^{\frac{1}{1.4}}} = 0.346 ≒ 0.35\text{m}^3/\text{kg}$$

답 ②

35

다음 그림과 같이 설치한 피토 정압관의 액주계 눈금 $R=100\text{mm}$일 때 ㉠에서의 물의 유속은 약 몇 m/s인가? (단, 액주계에 사용된 수은의 비중은 13.6이다.)

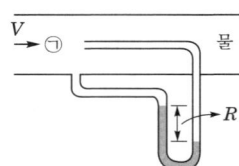

① 15.7　　② 5.35
③ 5.16　　④ 4.97

해설 (1) 기호

- R : 100mm=0.1m(1000mm=1m)
- V : ?
- s : 13.6

(2) 비중

$$s = \frac{\gamma}{\gamma_w}$$

여기서, s : 비중
　　　　γ : 어떤 물질의 비중량[N/m³]
　　　　γ_w : 물의 비중량(9800N/m³)

수은의 비중량 γ는
$\gamma = s \times \gamma_w = 13.6 \times 9800\text{N/m}^3 = 133280\text{N/m}^3$

(3) 압력차

$$\Delta P = p_2 - p_1 = (\gamma_s - \gamma)R$$

여기서, ΔP : U자관 마노미터의 압력차[Pa] 또는 [N/m²]
　　　　p_2 : 출구압력[Pa] 또는 [N/m²]
　　　　p_1 : 입구압력[Pa] 또는 [N/m²]
　　　　R : 마노미터 읽음[m]
　　　　γ_s : 어떤 물질의 비중량[N/m³]
　　　　γ : 비중량(물의 비중량 9800N/m³)

압력차 ΔP는
$\Delta P = (\gamma_s - \gamma)R = (133280 - 9800)\text{N/m}^3 \times 0.1\text{m}$
　　　$= 12348\text{N/m}^2$

- R : 100mm=0.1m(1000mm=1m)

(4) 높이(압력수두)

$$H = \frac{P}{\gamma}$$

여기서, H : 압력수두[m]
　　　　P : 압력[N/m²]
　　　　γ : 비중량(물의 비중량 9800N/m³)

압력수두 H는
$H = \dfrac{P}{\gamma} = \dfrac{12348\text{N/m}^2}{9800\text{N/m}^3} = 1.26\text{m}$

(5) 피토관(pitot tube)

$$V = \sqrt{2gH}$$

여기서, V : 유속[m/s]
　　　　g : 중력가속도(9.8m/s²)
　　　　H : 높이[m]

$V = \sqrt{2gH} = \sqrt{2 \times 9.8\text{m/s}^2 \times 1.26\text{m}} ≒ 4.97\text{m/s}$

답 ④

36 그림과 같이 안쪽 원의 지름이 D_1, 바깥쪽 원의 지름이 D_2인 두 개의 동심원 사이에 유체가 흐르고 있다. 이 유동 단면의 수력지름(hydraulic diameter)을 구하면?

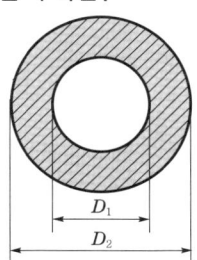

① $D_2 + D_1$ ② $D_2 - D_1$
③ $\pi(D_2 + D_1)$ ④ $\pi(D_2 - D_1)$

해설 (1) **수력반경**(hydraulic radius)

$$R_h = \frac{A}{l} = \frac{1}{4}(D-d)$$

여기서, R_h : 수력반경[m]
A : 단면적[m²]
l : 접수길이[m]
D : 관의 외경[m]
d : 관의 내경[m]

(2) **수력직경**(수력지름)(hydraulic diameter)

$$D_h = 4R_h$$

여기서, D_h : 수력직경[m]
R_h : 수력반경[m]

바깥지름 D_2, 안지름 D_1인 동심이중관

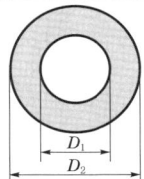

수력반경

$$R_h = \frac{A}{l} = \frac{\pi r^2}{2\pi r (\text{원둘레})}$$

$$= \frac{\pi(r_2^2 - r_1^2)}{2\pi(r_2 + r_1)} = \frac{\left[\left(\frac{D_2}{2}\right)^2 - \left(\frac{D_1}{2}\right)^2\right]}{2\pi\left(\frac{D_2}{2} + \frac{D_1}{2}\right)}$$

$$= \frac{\frac{D_2^2}{4} - \frac{D_1^2}{4}}{2\left(\frac{D_2 + D_1}{2}\right)} = \frac{\frac{D_2^2 - D_1^2}{4}}{D_2 + D_1}$$

인수분해 기본공식
$A^2 - B^2 = (A+B)(A-B)$ 이므로

$D_2^2 - D_1^2 = (D_2 + D_1)(D_2 - D_1)$

$$R_h = \frac{A}{l} = \frac{\frac{D_2^2 - D_1^2}{4}}{D_2 + D_1}$$

$$= \frac{\frac{(D_2 + D_1)(D_2 - D_1)}{4}}{D_2 + D_1} = \frac{D_2 - D_1}{4}$$

• 원형이므로 단면적 $A = \pi r^2$, 원둘레 $l = 2\pi r$
여기서, r : 반지름[m]

수력지름

$$D_h = 4R_h = 4 \times \frac{D_2 - D_1}{4} = D_2 - D_1$$

답 ②

37 체적 또는 비체적이 일정하게 유지되면서 상태가 변하는 정적과정에서 밀폐계가 한 일은?
① 내부에너지 감소량과 같다.
② 평균압력과 체적의 곱과 같다.
③ 0
④ 엔탈피 증가량과 같다.

해설 ③ 밀폐계는 절대일이므로 정적과정 $_1W_2 = 0$

정적과정

구분	공식
압력과 온도	$\dfrac{P_2}{P_1} = \dfrac{T_2}{T_1}$ 여기서, $P_1 \cdot P_2$: 변화전후의 압력[kJ/m³] $T_1 \cdot T_2$: 변화전후의 온도(273+℃)[K]
절대일 =밀폐계 (압축일)	$_1W_2 = 0$ 보기 ③ 여기서, $_1W_2$: 절대일[kJ]
공업일 =개방계	$_1W_{t2} = -V(P_2 - P_1)$ $= V(P_1 - P_2)$ $= mR(T_1 - T_2)$ 여기서, $_1W_{t2}$: 공업일[kJ] V : 체적[m³] $P_1 \cdot P_2$: 변화전후의 압력[kJ/m³] R : 기체상수[kJ/kg·K] m : 질량[kg] $T_1 \cdot T_2$: 변화전후의 온도(273+℃)[K]

용어

밀폐계	개방계
① 절대일	① 공업일
② 팽창일	② 압축일
③ 비유동일	③ 유동일
④ 가역일	④ 소비일
	⑤ 정상휴일
	⑥ 가역일

답 ③

38 (22.04.문36)

지름 0.4m인 관에 물이 0.5m³/s로 흐를 때 길이 300m에 대한 동력손실은 60kW이었다. 이때 관마찰계수(f)는 얼마인가?

① 0.0151
② 0.0202
③ 0.0256
④ 0.0301

해설

(1) 기호
- D : 0.4m
- Q : 0.5m³/s
- L : 300m
- P : 60kW
- f : ?

(2) 유량

$$Q = AV = \left(\frac{\pi D^2}{4}\right)V$$

여기서, Q : 유량[m³/s]
A : 단면적[m²]
V : 유속[m/s]
D : 지름[m]

유속 V는

$$V = \frac{Q}{\frac{\pi D^2}{4}} = \frac{0.5\text{m}^3/\text{s}}{\frac{\pi \times (0.4\text{m})^2}{4}} \approx 3.979\text{m/s}$$

(3) 전동력

$$P = \frac{0.163QH}{\eta} K$$

여기서, P : 전동력 또는 동력손실[kW]
Q : 유량[m³/min]
H : 전양정 또는 손실수두[m]
K : 전달계수
η : 효율

손실수두 H는

$$H = \frac{P\eta}{0.163QK}$$

$$H = \frac{60\text{kW}}{0.163 \times (0.5 \times 60)\text{m}^3/\text{min}} = 12.269\text{m}$$

- η, K : 주어지지 않았으므로 무시
- 1min=60s, 1s=$\frac{1}{60}$min 이므로

$$0.5\text{m}^3/\text{s} = 0.5\text{m}^3 / \frac{1}{60}\text{min} = (0.5 \times 60)\text{m}^3/\text{min}$$

(4) 마찰손실(달시-웨버의 식, Darcy-Weisbach formula)

$$H = \frac{\Delta P}{\gamma} = \frac{fLV^2}{2gD}$$

여기서, H : 마찰손실(수두)[m]
ΔP : 압력차[kPa] 또는 [kN/m²]
γ : 비중량(물의 비중량 9.8kN/m³)
f : 관마찰계수
L : 길이[m]
V : 유속(속도)[m/s]
g : 중력가속도(9.8m/s²)
D : 내경[m]

관마찰계수 f는

$$f = \frac{2gDH}{LV^2}$$

$$= \frac{2 \times 9.8\text{m/s}^2 \times 0.4\text{m} \times 12.269\text{m}}{300\text{m} \times (3.979\text{m/s})^2} \approx 0.0202$$

답 ②

39 (23.03.문33, 18.04.문34, 11.03.문29, 06.09.문27)

유동손실을 유발하는 액체의 점성, 즉 점도를 측정하는 장치에 관한 설명으로 옳은 것은?

① Stomer 점도계는 하겐-포아젤 법칙을 기초로 한 방식이다.
② 낙구식 점도계는 Stokes의 법칙을 이용한 방식이다.
③ Saybolt 점도계는 액 중에 잠긴 원판의 회전 저항의 크기로 측정한다.
④ Ostwald 점도계는 Stokes의 법칙을 이용한 방식이다.

해설

① 하겐-포아젤 법칙 → 뉴턴의 점성법칙
③ Saybolt 점도계 → 스토머(Stormer) 점도계 또는 맥마이클(Mac Michael) 점도계
④ Stokes의 법칙 → 하겐-포아젤의 법칙

점도계

관련 법	점도계	관련 법칙
세관법	• 세이볼트(Saybolt) 점도계 보기 ③ • 레드우드(Redwood) 점도계 • 엥글러(Engler) 점도계 • 바베이(Barbey) 점도계 • 오스트발트(Ostwald) 점도계 보기 ④	하겐-포아젤의 법칙

회전원통법 (원판의 회전 저항 크기 측정)	• **스**토머(Stormer) 점도계 보기 ① • **맥**마이클(Mac Michael) 점도계 기억법 뉴점스맥	**뉴턴**의 **점성법칙**
낙구법	• 낙구식 점도계 보기 ②	**스토크스**의 **법칙**

※ **점도계**: 점성계수를 측정할 수 있는 기기

답 ②

40 ★★★
[22.09.문22 / 19.03.문26 / 15.05.문24]

어떤 팬이 1750rpm으로 회전할 때의 전압은 155mmAq, 풍량은 240m³/min이다. 이것과 상사한 팬을 만들어 1650rpm, 전압 200mmAq로 작동할 때 풍량은 약 몇 m³/min인가? (단, 공기의 밀도와 비속도는 두 경우에 같다고 가정한다.)

① 396
② 386
③ 356
④ 366

해설 (1) 기호
- N_1 : 1750rpm
- H_1 : 155mmAq=0.155mAq=0.155m(1000mm= 1m, Aq 생략 가능)
- Q_1 : 240m³/min
- N_2 : 1650rpm
- H_2 : 200mmAq=0.2mAq=0.2m(1000mm=1m, Aq 생략 가능)
- Q_2 : ?

(2) 비교회전도(비속도)

$$N_s = N \frac{\sqrt{Q}}{\left(\frac{H}{n}\right)^{\frac{3}{4}}}$$

여기서, N_s : 펌프의 비교회전도(비속도) [m³/min · m/rpm]
N : 회전수[rpm]
Q : 유량[m³/min]
H : 양정[m]
n : 단수

펌프의 비교회전도 N_s 는

$$N_s = N_1 \frac{\sqrt{Q_1}}{\left(\frac{H_1}{n}\right)^{\frac{3}{4}}} = 1750\text{rpm} \times \frac{\sqrt{240\text{m}^3/\text{min}}}{(0.155\text{m})^{\frac{3}{4}}}$$

$=109747.5\text{m}^3/\text{min} \cdot \text{m/rpm}$

• n : 주어지지 않았으므로 무시

펌프의 비교회전도 N_{s2} 는

$$N_{s2} = N_2 \frac{\sqrt{Q_2}}{\left(\frac{H_2}{n}\right)^{\frac{3}{4}}}$$

$$109747.5\text{m}^3/\text{min} \cdot \text{m/rpm} = 1650\text{rpm} \times \frac{\sqrt{Q_2}}{(0.2\text{m})^{\frac{3}{4}}}$$

$$\frac{109747.5\text{m}^3/\text{min} \cdot \text{m/rpm} \times (0.2\text{m})^{\frac{3}{4}}}{1650\text{rpm}} = \sqrt{Q_2}$$

$$\sqrt{Q_2} = \frac{109747.5\text{m}^3/\text{min} \cdot \text{m/rpm} \times (0.2\text{m})^{\frac{3}{4}}}{1650\text{rpm}} \leftarrow \text{좌우 이항}$$

$$\left(\sqrt{Q_2}\right)^2 = \left(\frac{109747.5 \times (0.2\text{m})^{\frac{3}{4}}}{1650\text{rpm}}\right)^2$$

$Q_2 \fallingdotseq 396\text{m}^3/\text{min}$

기억법 396m³/min(369! 369! 396)

용어
비속도(비교회전도)
펌프의 성능을 나타내거나 가장 적합한 **회전수**를 결정하는 데 이용되며, **회전자의 형상**을 나타내는 척도가 된다.

답 ①

제3과목 소방관계법규

41 ★★★
[19.04.문55 / 16.10.문51]

위험물제조소에 환기설비를 설치할 경우 바닥면적이 100m²이면 급기구의 면적은 몇 cm² 이상이어야 하는가?

① 150
② 300
③ 450
④ 600

해설 **위험물규칙**〔별표 4〕
위험물제조소의 환기설비
(1) 환기는 **자연배기방식**으로 할 것
(2) 급기구는 바닥면적 **150m²**마다 1개 이상으로 하되, 그 크기는 **800cm²** 이상일 것

바닥면적	급기구의 면적
60m² 미만	150cm² 이상
60~90m² 미만	300cm² 이상
90~120m² 미만 →	450cm² 이상
120~150m² 미만	600cm² 이상

(3) 급기구는 **낮은 곳**에 설치하고, 가는 눈의 구리망 등으로 **인화방지망**을 설치할 것

(4) 환기구는 지붕 위 또는 지상 **2m** 이상의 높이에 **회전식 고정벤틸레이터** 또는 **루프팬방식**으로 설치할 것

답 ③

42

소방시설공사업법상 소방시설업자가 등록을 한 후 정당한 사유없이 1년이 지날 때까지 영업을 개시하지 아니하거나 계속하여 1년 이상 휴업한 때는 몇 개월 이내의 영업정지를 당할 수 있나?

① 1개월 이내
② 2개월 이내
③ 3개월 이내
④ 6개월 이내

해설 공사업법 9조
소방시설업 등록의 취소와 6개월 이내 영업정지
(1) **등록의 취소** 또는 **6개월** 이내 영업정지
  ㉠ 등록기준에 미달하게 된 후 30일 경과
  ㉡ 등록의 결격사유에 해당하는 경우
  ㉢ **거짓**, 그 밖의 **부정한 방법**으로 등록을 한 경우
  ㉣ 계속하여 **1년** 이상 휴업한 때
  ㉤ 등록을 한 후 정당한 사유없이 **1년**이 지날 경우
  ㉥ 등록증 또는 등록수첩을 빌려준 경우
(2) **등록 취소**
  ㉠ 거짓, 그 밖의 **부정한 방법**으로 등록을 한 경우
  ㉡ 등록 **결격사유**에 해당된 경우
  ㉢ 영업정지기간 중에 소방시설공사 등을 한 경우

답 ④

43

소방기본법령상 소방신호의 종류가 아닌 것은?

① 발화신호
② 해제신호
③ 훈련신호
④ 소화신호

해설 기본규칙 10조
소방신호의 종류

소방신호	설 명
경계신호	• 화재예방상 필요하다고 인정되거나 **화재위험경보시** 발령
발화신호 보기 ①	• 화재가 **발생**한 때 발령
해제신호 보기 ②	• 소화활동이 필요없다고 인정되는 때 발령
훈련신호 보기 ③	• **훈련**상 필요하다고 인정되는 때 발령

기억법 경발해훈

중요

기본규칙 [별표 4]
소방신호표

신호방법 종 별	타종 신호	사이렌 신호
경계신호	1타와 연 2타를 반복	5초 간격을 두고 30초씩 3회
발화신호	난타	5초 간격을 두고 5초씩 3회
해제신호	상당한 간격을 두고 1타씩 반복	1분간 1회
훈련신호	연 3타 반복	10초 간격을 두고 1분씩 3회

답 ④

44

국가가 시·도의 소방업무에 필요한 경비의 일부를 보조하는 국고보조대상이 아닌 것은?

① 사무용 기기
② 소방전용통신설비
③ 소방자동차
④ 소방관서용 청사의 건축

해설 ① 국고보조대상이 아님

기본령 2조
국고보조의 대상 및 기준
(1) **국고보조의 대상**
  ㉠ 소방**활**동장비와 설비의 구입 및 설치
    • 소방**자**동차 보기 ③
    • 소방**헬**리콥터 · 소방정
    • 소방**전**용통신설비 · 전산설비 보기 ②
    • 방**화**복
  ㉡ 소방관서용 **청**사 보기 ④
(2) 소방활동장비 및 설비의 종류와 규격 : 행정안전부령
(3) 대상사업의 **기준보조율** : 「보조금관리에 관한 법률 시행령」에 따름

기억법 국화복 활자 전헬청

답 ①

45

소방기본법령상 소방대상물에 해당하지 않는 것은?

① 차량
② 건축물
③ 운항 중인 선박
④ 선박건조구조물

해설 ③ 운항 중인 → 매어 둔

기본법 2조 1호
소방대상물
(1) **건**축물 보기 ②
(2) **차**량 보기 ①
(3) **선**박(매어둔 것) 보기 ③

(4) **선**박건조구조물 보기 ④
(5) **인**공구조물
(6) **물**건
(7) **산**림

기억법 건차선 인물산

비교
위험물법 3조
위험물의 저장·운반·취급에 대한 적용 제외
(1) 항공기
(2) 선박
(3) 철도(기차)
(4) 궤도

(8) 승계(위험물법 10조)
(9) 위험물안전관리자의 직무대행(위험물법 15조)
(10) 탱크시험자의 변경신고일(위험물법 16조)

답 ①

48 제조소 등의 설치허가 등에 있어서 최저의 기준이 되는 위험물의 지정수량이 100kg인 위험물의 품명이 바르게 연결된 것은?

① 브로민산염류 - 질산염류 - 아이오딘산염류
② 칼륨 - 나트륨 - 알킬알루미늄
③ 황화인 - 적린 - 황
④ 과염소산 - 과산화수소 - 질산

해설 위험물령 [별표 1]
제2류 위험물

성 질	품 명	지정수량
가연성 고체	황화인	100kg
	적린	
	황	
	철분	500kg
	금속분	
	마그네슘	
	인화성 고체	1000kg

중요
위험물령 [별표 1]
제1류 위험물

성 질	품 명	지정수량
산화성 고체	아염소산염류	50kg
	염소산염류	
	과염소산염류	
	무기과산화물	
	브로민산염류	300kg
	질산염류	
	아이오딘산염류	
	과망가니즈산염류	1000kg
	다이크로뮴산염류	

답 ③

46 소방시설공사의 하자보수기간으로 옳은 것은?

① 유도등 : 1년
② 자동소화장치 : 3년
③ 자동화재탐지설비 : 2년
④ 소화용수설비 : 2년

해설 공사업령 6조
소방시설공사의 하자보수 보증기간

보증기간	소방시설
2년	• **유**도등·**피**난기구 • **비**상**조**명등·비상**경**보설비·비상**방**송설비 • **무**선통신보조설비
3년	• 자동소화장치 보기 ② • 옥내·외 소화전설비 • 스프링클러설비 • 물분무등소화설비·소화용수설비 • 자동화재탐지설비·소화활동설비(무선통신보조설비 제외) • 화재알림설비

기억법 유비조경방피2(유비조경방무피투)

답 ②

47 위험물안전관리법령에 따라 위험물안전관리자를 해임하거나 퇴직한 때에는 해임하거나 퇴직한 날부터 며칠 이내에 다시 안전관리자를 선임하여야 하는가?

① 30일   ② 35일
③ 40일   ④ 55일

해설 30일
(1) 소방시설업 등록사항 변경신고(공사업규칙 6조)
(2) 위험물안전관리자의 재선임(위험물안전관리법 15조) 보기 ①
(3) 소방안전관리자의 재선임(화재예방법 시행규칙 14조)
(4) 도급계약 해지(공사업법 23조)
(5) 소방시설공사 중요사항 변경시의 신고일(공사업규칙 12조)
(6) 소방기술자 실무교육기관 지정서 발급(공사업규칙 32조)
(7) 소방공사감리자 변경서류 제출(공사업규칙 15조)

49 특정소방대상물에 사용하는 물품으로 방염대상물품에 해당하지 않는 것은? (단, 제조 또는 가공 공정에서 방염처리한 물품이다.)

① 가구류
② 창문에 설치하는 커튼류
③ 무대용 합판
④ 두께가 2mm 미만인 종이벽지를 제외한 벽지류

해설 소방시설법 시행령 31조
방염대상물품

제조 또는 가공 공정에서 방염처리를 한 물품	건축물 내부의 천장이나 벽에 부착하거나 설치하는 것
① 창문에 설치하는 **커튼류**(블라인드 포함) 보기 ② ② 카펫 ③ 벽지류(두께 2mm 미만인 종이벽지 제외) 보기 ④ ④ 전시용 합판·목재 또는 섬유판 ⑤ 무대용 합판·목재 또는 섬유판 보기 ③ ⑥ 암막·무대막(영화상영관·가상체험 체육시설업의 스크린 포함) ⑦ 섬유류 또는 합성수지류 등을 원료로 하여 제작된 소파·의자(단란주점영업, 유흥주점영업 및 노래연습장업의 영업장에 설치하는 것만 해당)	① 종이류(두께 2mm 이상), 합성수지류 또는 섬유류를 주원료로 한 물품 ② 합판이나 목재 ③ 공간을 구획하기 위하여 설치하는 간이칸막이 ④ 흡음재(흡음용 커튼 포함) 또는 방음재(방음용 커튼 포함) ※ 가구류(옷장, 찬장, 식탁, 식탁용 의자, 사무용 책상, 사무용 의자, 계산대)와 너비 10cm 이하인 반자돌림대, 내부 마감재료 제외

답 ①

50. 다음 중 위험물안전관리법령상 제3류 위험물이 아닌 것은?

24.05.문48
21.03.문44
20.08.문41
19.09.문60
19.03.문01
18.09.문20
15.05.문43
15.03.문18
14.09.문04
14.03.문05
14.03.문16
13.09.문07

① 칼륨
② 황린
③ 나트륨
④ 마그네슘

해설 ④ 제2류 위험물

위험물령 [별표 1]
위험물

유별	성질	품명
제1류	**산**화성 **고**체	• 아염소산염류 • 염소산염류 • 과염소산염류 • 질산염류(질산칼륨) • 무기과산화물(과산화바륨) 기억법 1산고(일산GO)
제2류	가연성 고체	• **황**화인 • **적**린 • **황** • **마**그네슘 보기 ④ 기억법 황화적황마
제3류	금수성 물질	• **황**린(P₄) 보기 ② (자연발화성 물질) • **칼**륨(K) 보기 ① • **나**트륨(Na) 보기 ③ • **알**킬알루미늄 • 알킬리튬 • **칼**슘 또는 알루미늄의 탄화물류(탄화칼슘=CaC₂) 기억법 황칼나알칼
제4류	인화성 액체	• 특수인화물(이황화탄소) • 알코올류 • 석유류 • 동식물유류
제5류	자기반응성 물질	• 나이트로화합물 • 유기과산화물 • 나이트로소화합물 • 아조화합물 • 질산에스터류(셀룰로이드)
제6류	산화성 액체	• 과염소산 • 과산화수소 • 질산

답 ④

51. 화재예방강화지구의 지정대상지역에 해당되지 않는 곳은?

24.03.문47
19.09.문55
16.03.문41
15.09.문55
14.05.문53
12.09.문46

① 시장지역
② 공장·창고가 밀집한 지역
③ 소방용수시설 또는 소방출동로가 있는 지역
④ 석유화학제품을 생산하는 공장이 있는 지역

해설 ③ 있는 → 없는

화재예방법 18조
화재예방강화지구의 지정
(1) **지정권자** : **시·도지사**
(2) 지정지역
 ㉠ **시장**지역 보기 ①
 ㉡ **공장·창고** 등이 밀집한 지역 보기 ②
 ㉢ **목조건물**이 밀집한 지역
 ㉣ 노후·불량 건축물이 밀집한 지역
 ㉤ **위험물**의 **저장** 및 **처리시설**이 밀집한 지역
 ㉥ **석유화학제품**을 생산하는 공장이 있는 지역 보기 ④
 ㉦ **소방시설·소방용수시설** 또는 **소방출동로**가 **없는** 지역 보기 ③
 ㉧ 「**산업입지 및 개발에 관한 법률**」에 따른 산업단지
 ㉨ 「**물류시설의 개발 및 운영에 관한 법률**」에 따른 물류단지
 ㉩ **소방청장, 소방본부장** 또는 **소방서장**(소방관서장)이 화재예방강화지구로 지정할 필요가 있다고 인정하는 지역

※ **화재예방강화지구**: 화재발생 우려가 크거나 화재가 발생할 경우 피해가 클 것으로 예상되는 지역에 대하여 화재의 예방 및 안전관리를 강화하기 위해 지정·관리하는 지역

비교

기본법 19조
화재로 오인할 만한 불을 피우거나 연막소독시 신고지역
(1) **시장**지역
(2) **공장·창고**가 밀집한 지역
(3) **목조건물**이 밀집한 지역
(4) **위험물**의 저장 및 **처리시설**이 **밀집**한 지역
(5) **석유화학제품**을 생산하는 공장이 있는 지역
(6) 그 밖에 **시·도**의 **조례**로 정하는 지역 또는 장소

답 ③

비교

개구부 vs 흡수관 투입구	
개구부	흡수관 투입구
지름 50cm(0.5m) 이상	지름 60cm(0.6m) 이상

답 ②

52 소방기본법령상 소방용수시설인 저수조의 설치기준으로 맞는 것은?

① 흡수부분의 수심이 0.5m 이하일 것
② 지면으로부터의 낙차가 4.5m 이하일 것
③ 흡수관의 투입구가 사각형의 경우에는 한 변의 길이가 60cm 이하일 것
④ 저수조에 물을 공급하는 방법은 상수도에 연결하여 수동으로 급수되는 구조일 것

 해설
① 0.5m 이하 → 0.5m 이상
③ 60cm 이하 → 60cm 이상
④ 수동으로 → 자동으로

기본규칙 〔별표 3〕
소방용수시설의 저수조의 설치기준

구 분	기 준
낙차	4.5m 이하 보기 ②
수심	0.5m 이상 보기 ①
투입구의 길이 또는 지름	60cm 이상 보기 ③

(1) 소방펌프자동차가 **쉽게 접근**할 수 있도록 할 것
(2) 흡수에 지장이 없도록 **토사** 및 **쓰레기** 등을 제거할 수 있는 설비를 갖출 것
(3) 저수조에 물을 공급하는 방법은 **상수도에 연결하여 자동으로 급수되는 구조일 것** 보기 ④

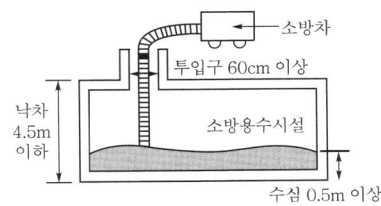

53 소방시설 설치 및 관리에 관한 법령상 간이스프링클러설비를 설치하여야 하는 특정소방대상물의 기준으로 옳은 것은?

① 근린생활시설로 사용하는 부분의 바닥면적 합계가 1000m^2 이상인 것은 모든 층
② 교육연구시설 내에 있는 합숙소로서 연면적 500m^2 이상인 것
③ 의료재활시설을 제외한 요양병원으로 사용되는 바닥면적의 합계가 300m^2 이상 600m^2 미만인 시설
④ 정신의료기관 또는 의료재활시설로 사용되는 바닥면적의 합계가 600m^2 미만인 시설

 해설
② 500m^2 이상 → 100m^2 이상
③ 300m^2 이상 600m^2 미만 → 600m^2 미만
④ 600m^2 미만 → 300m^2 이상 600m^2 미만

소방시설법 시행령 〔별표 4〕
간이스프링클러설비의 설치대상

설치대상	조 건
교육연구시설 내 합숙소	• 연면적 100m^2 이상
노유자시설·정신의료기관·의료재활시설	• 창살설치: 300m^2 미만 • 기타: 300m^2 이상 600m^2 미만
숙박시설	• 바닥면적 합계 300m^2 이상 600m^2 미만
종합병원, 병원, 치과병원, 한방병원 및 요양병원(의료재활시설 제외)	• 바닥면적 합계 600m^2 미만
근린생활시설	• 바닥면적 합계 1000m^2 이상은 **전층** • **의원**, 치과의원 및 한의원으로서 **입원실** 또는 인공신장실이 **있는 시설**
• 연립주택 • 다세대주택	• 주택전용 간이스프링클러설비 설치

답 ①

54. 위험물안전관리법령상 인화성 액체위험물(이황화탄소를 제외)의 옥외탱크저장소의 탱크주위에 설치하여야 하는 방유제의 기준 중 틀린 것은?

① 방유제의 용량은 방유제 안에 설치된 탱크가 하나인 때에는 그 탱크용량의 110% 이상으로 할 것
② 방유제의 용량은 방유제 안에 설치된 탱크가 2기 이상인 때에는 그 탱크 중 용량이 최대인 것의 용량의 110% 이상으로 할 것
③ 방유제의 높이 1m 이상 3m 이하, 두께 0.2m 이상, 지하매설깊이 0.5m 이상으로 할 것
④ 방유제 내의 면적은 80000m^2 이하로 할 것

해설
③ 방유제의 높이는 0.5m 이상 3m 이하

위험물규칙 〔별표 6〕
옥외탱크저장소의 방유제
(1) 높이: 0.5m 이상 3m 이하 보기 ③
(2) 탱크: 10기(모든 탱크용량이 20만L 이하, 인화점이 70℃ 이상 200℃ 미만은 20기) 이하
(3) 면적: 80000m^2 이하 보기 ④
(4) 용량

1기 이상 보기 ①	2기 이상 보기 ②
탱크용량×110% 이상	탱크최대용량×110% 이상

답 ③

55. 소방기본법령상 소방안전교육사의 배치대상별 배치기준에서 소방본부의 배치기준은 몇 명 이상인가?

① 1   ② 2
③ 3   ④ 4

해설
기본령 〔별표 2의 3〕
소방안전교육사의 배치대상별 배치기준

배치대상	배치기준
소방서	•1명 이상
한국소방안전원	•시·도지부: 1명 이상 •본회: 2명 이상
소방본부	•2명 이상 보기 ②
소방청	•2명 이상
한국소방산업기술원	•2명 이상

답 ②

56. 소방기본법령상 최대 200만원 이하의 과태료 처분 대상이 아닌 것은?

① 한국소방안전원 또는 이와 유사한 명칭을 사용한 자
② 소방활동구역을 대통령령으로 정하는 사람 외에 출입한 사람
③ 화재진압 구조·구급 활동을 위해 사이렌을 사용하여 출동하는 소방자동차에 진로를 양보하지 아니하여 출동에 지장을 준 자
④ 화재, 재난·재해, 그 밖의 위급한 상황이 발생한 구역에 소방본부장의 피난명령을 위반한 사람

해설
④ 100만원 이하의 벌금

200만원 이하의 과태료
(1) **소방용수시설·소화기구 및 설비 등의 설치명령 위반**(화재예방법 52조)
(2) **특수가연물의 저장·취급 기준 위반**(화재예방법 52조)
(3) 한국119청소년단 또는 이와 유사한 명칭을 사용한 자(기본법 56조)
(4) 한국소방안전원 또는 이와 유사한 명칭을 사용하는 것 보기 ①
(5) **소방활동구역 출입**(기본법 56조) 보기 ②
(6) 소방자동차의 출동에 지장을 준 자(기본법 56조) 보기 ③
(7) 관계서류 미보관자(공사업법 40조)
(8) 소방기술자 미배치자(공사업법 40조)
(9) 하도급 미통지자(공사업법 40조)

비교

100만원 이하의 벌금
(1) 관계인의 소방활동 미수행(기본법 20조)
(2) **피난명령 위반**(기본법 54조) 보기 ④
(3) 위험시설 등에 대한 긴급조치 방해(기본법 54조)
(4) 거짓보고 또는 자료 미제출자(공사업법 38조)
(5) 관계공무원의 출입·조사·검사 방해(공사업법 38조)

기억법 피1(차일**피일**)

답 ④

57. 위험물안전관리법령상 관계인이 예방규정을 정하여야 하는 위험물을 취급하는 제조소의 지정수량 기준으로 옳은 것은?

① 지정수량의 10배 이상
② 지정수량의 100배 이상
③ 지정수량의 150배 이상
④ 지정수량의 200배 이상

해설 위험물령 15조
예방규정을 정하여야 할 제조소 등

배 수	제조소 등
10배 이상	• **제**조소 • **일**반취급소
100배 이상	• **옥외**저장소
150배 이상	• **옥내**저장소
200배 이상	• 옥외**탱**크저장소
모두 해당	• 이송취급소 • 암반탱크저장소

기억법 0 제일
        0 외
        5 내
        2 탱

답 ①

58. 소방안전관리자의 업무라고 볼 수 없는 것은?

① 소방계획서의 작성 및 시행
② 화재예방강화지구의 지정
③ 자위소방대의 구성·운영·교육
④ 피난시설, 방화구획 및 방화시설의 관리

해설 ② 시·도지사의 업무

화재예방법 24조
관계인 및 소방안전관리자의 업무

특정소방대상물 (관계인)	소방안전관리대상물 (소방안전관리자)
① **피**난시설·방화구획 및 방화시설의 관리 ② **소**방시설, 그 밖의 소방 관련시설의 관리 ③ **화**기취급의 감독 ④ 소방안전관리에 필요한 업무 ⑤ 화재발생시 초기대응	① **피**난시설·방화구획 및 방화시설의 관리 보기 ④ ② **소**방시설, 그 밖의 소방 관련시설의 관리 ③ **화**기취급의 감독 ④ 소방안전관리에 필요한 업무 ⑤ **소방계획서**의 작성 및 시행(대통령령으로 정하는 사항 포함) 보기 ① ⑥ **자위**소방대 및 초기대응체계의 구성·운영·교육 보기 ③ ⑦ 소방**훈**련 및 교육 ⑧ 소방안전관리에 관한 업무 수행에 관한 기록·유지 ⑨ 화재발생시 초기대응

기억법 계위 훈피소화

용어

특정소방대상물	소방안전관리대상물
건축물 등의 규모·용도 및 수용 인원 등을 고려하여 소방시설을 설치하여야 하는 소방대상물로서 대통령령으로 정하는 것	대통령령으로 정하는 특정소방대상물

중요

화재예방법 18조
화재예방강화지구의 지정
(1) 지정권자 : 시·도지사 보기 ②
(2) 지정지역
   ㉠ 시장지역
   ㉡ 공장·창고 등이 밀집한 지역
   ㉢ 목조건물이 밀집한 지역
   ㉣ 노후·불량 건축물이 밀집한 지역
   ㉤ 위험물의 저장 및 처리시설이 밀집한 지역
   ㉥ 석유화학제품을 생산하는 공장이 있는 지역
   ㉦ 소방시설·소방용수시설 또는 소방출동로가 없는 지역
   ㉧ 「산업입지 및 개발에 관한 법률」에 따른 산업단지
   ㉨ 「물류시설의 개발 및 운영에 관한 법률」에 따른 물류단지
   ㉩ 소방청장·소방본부장 또는 소방서장(소방관서장)이 화재예방강화지구로 지정할 필요가 있다고 인정하는 지역

답 ②

59. 특정소방대상물 중 침대가 있는 숙박시설의 수용인원을 산정하는 방법으로 옳은 것은?

① 해당 특정소방대상물의 종사자수에 침대의 수(2인용 침대는 2인으로 산정한다)를 합한 수
② 해당 특정소방대상물의 종사자의 수에 객실 수를 합한 수
③ 해당 특정소방대상물의 종사자의 수의 3배수
④ 해당 특정소방대상물의 종사자의 수에 숙박시설 바닥면적의 합계를 3m²로 나누어 얻은 수를 합한 수

해설 ① **침대가 있는 숙박시설** : 해당 특정소방대상물의 종사자수에 **침대의 수**(2인용 침대는 2인으로 산정한다)를 합한 수

소방시설법 시행령 〔별표 7〕
수용인원의 산정방법

특정소방대상물	산정방법
• 강의실 • 상담실 • 휴게실 • 교무실 • 실습실	$\dfrac{\text{바닥면적 합계}}{1.9\text{m}^2}$

• 숙박 시설	침대가 있는 경우	종사자수+침대수 보기 ①
	침대가 없는 경우	종사자수+ $\dfrac{바닥면적 합계}{3m^2}$
• 기타		$\dfrac{바닥면적 합계}{3m^2}$
• 강당 • 문화 및 집회시설, 운동시설 • 종교시설		$\dfrac{바닥면적의 합계}{4.6m^2}$

답 ①

60 소방시설공사업법령상 공사감리자 지정대상 특정소방대상물의 범위가 아닌 것은?
22.04.문49

① 물분무등소화설비(호스릴방식의 소화설비는 제외)를 신설·개설하거나 방호·방수구역을 증설할 때
② 제연설비를 신설·개설하거나 제연구역을 증설할 때
③ 연소방지설비를 신설·개설하거나 살수구역을 증설할 때
④ 캐비닛형 간이스프링클러설비를 신설·개설하거나 방호·방수구역을 증설할 때

해설
④ 캐비닛형 간이스프링클러설비를 → 스프링클러설비(캐비닛형 간이스프링클러설비 제외)를

공사업령 10조
소방공사감리자 지정대상 특정소방대상물의 범위
(1) **옥내소화전설비**를 신설·개설 또는 **증설**할 때
(2) **스프링클러설비** 등(캐비닛형 간이스프링클러설비 제외)을 신설·개설하거나 방호·**방수구역**을 증설할 때 보기 ④
(3) **물분무등소화설비**(호스릴방식의 소화설비 제외)를 신설·개설하거나 방호·방수구역을 증설할 때 보기 ①
(4) **옥외소화전설비**를 신설·개설 또는 **증설**할 때
(5) **자동화재탐지설비**를 신설·개설할 때
(6) **화재알림설비**를 신설 또는 개설할 때
(7) **비상방송설비**를 신설 또는 개설할 때
(8) **통합감시시설**을 신설 또는 **개설**할 때
(9) **소화용수설비**를 신설 또는 **개설**할 때
(10) 다음의 **소화활동설비**에 대하여 시공할 때
  ㉠ **제연설비**를 신설·개설하거나 제연구역을 증설할 때 보기 ②
  ㉡ 연결송수관설비를 신설 또는 개설할 때
  ㉢ 연결살수설비를 신설·개설하거나 송수구역을 증설할 때
  ㉣ 비상콘센트설비를 신설·개설하거나 전용회로를 증설할 때
  ㉤ 무선통신보조설비를 신설 또는 개설할 때
  ㉥ **연소방지설비**를 신설·개설하거나 살수구역을 증설할 때 보기 ③

답 ④

제4과목 소방기계시설의 구조 및 원리

61 소화수조 또는 저수조가 지표면으로부터 깊이가 4.5m 이상인 지하에 있는 경우 설치하여야 하는 가압송수장치의 1분당 최소양수량은 몇 L인가? (단, 소요수량은 80m³이다.)
22.03.문64
18.04.문80
17.09.문67
17.05.문65
11.06.문78

① 1100 ② 2200
③ 3300 ④ 4400

해설 가압송수장치의 양수량(토출량)(NFPC 402 5조, NFTC 402 2.2.1)

소화수조 또는 저수조 저수량	20~40m³ 미만	40~100m³ 미만	100m³ 이상
양수량 (토출량)	1100L/min 이상	2200L/min 이상 보기 ②	3300L/min 이상

중요

소화수조·저수조(NFPC 402 4조, NFTC 402 2.1.3)
(1) 흡수관 투입구

소요수량	80m³ 미만	80m³ 이상
흡수관 투입구의 수	1개 이상	2개 이상

(2) 채수구

소요수량	20~40m³ 미만	40~100m³ 미만	100m³ 이상
채수구의 수	1개	2개	3개

답 ②

62 물분무소화설비를 설치하는 차고 또는 주차장의 배수설비 설치기준으로 옳은 것은?
24.07.문75
24.05.문63
19.04.문62
19.03.문77
17.03.문67
17.03.문73
16.05.문73
16.05.문79
15.09.문71
15.05.문78
11.03.문71

① 차량이 주차하는 바닥은 배수구를 향하여 100분의 1 이상의 경사를 유지할 것
② 차량이 주차하는 장소의 적당한 곳에 높이 5cm 이상의 경계턱으로 배수구를 설치할 것
③ 배수설비는 가압송수장치 최대송수능력의 수량을 유효하게 배수할 수 있는 크기 및 기울기로 할 것
④ 배수구에는 새어나온 기름을 모아 소화할 수 있도록 길이 50m 이하마다 집수관·소화피트 등 기름분리장치를 설치할 것

해설
① 100분의 1 → 100분의 2
② 5cm → 10cm
④ 50m → 40m

물분무소화설비의 배수설비(NFPC 104 11조, NFTC 104 2.8.1)

(1) **10cm** 이상의 경계턱으로 배수구 설치(차량이 주차하는 곳)
(2) **40m** 이하마다 기름분리장치 설치
(3) 차량이 주차하는 바닥은 $\frac{2}{100}$ 이상의 기울기 유지
(4) **배수설비**는 가압송수장치의 **최대송수능력**의 수량을 유효하게 배수할 수 있는 크기 및 기울기로 할 것

참고

기울기

구 분	배관 및 설비
$\frac{1}{100}$ 이상	연결살수설비의 수평주행배관
$\frac{2}{100}$ 이상	물분무소화설비의 배수설비
$\frac{1}{250}$ 이상	습식·부압식 설비 외 스프링클러설비의 가지배관
$\frac{1}{500}$ 이상	습식·부압식 설비 외 스프링클러설비의 수평주행배관

답 ③

---

63 ★ 포소화설비의 화재안전기준상 포헤드의 설치기준 중 다음 괄호 안에 알맞은 것은?

> 압축공기포소화설비의 분사헤드는 천장 또는 반자에 설치하되 방호대상물에 따라 측벽에 설치할 수 있으며 유류탱크 주위에는 바닥면적 (㉠)m² 마다 1개 이상, 특수가연물 저장소에는 바닥면적 (㉡)m² 마다 1개 이상으로 당해 방호대상물의 화재를 유효하게 소화할 수 있도록 할 것

① ㉠ 8, ㉡ 9
② ㉠ 9, ㉡ 8
③ ㉠ 9.3, ㉡ 13.9
④ ㉠ 13.9, ㉡ 9.3

해설 **포헤드**의 **설치기준**(NFPC 105 12조, NFTC 105 2.9.2)
압축공기포소화설비의 분사헤드는 천장 또는 반자에 설치하되 방호대상물에 따라 측벽에 설치할 수 있으며 유류탱크 주위에는 바닥면적 **13.9m²** 마다 1개 이상, **특수가연물** 저장소에는 바닥면적 **9.3m²** 마다 1개 이상으로 당해 방호대상물의 화재를 유효하게 소화할 수 있도록 할 것 보기 ④

방호대상물	방호면적 1m²에 대한 1분당 방출량
특수가연물	2.3L
기타의 것	1.63L

답 ④

---

64 ★★ 습식 스프링클러설비의 구성요소가 아닌 것은?

① 유수검지장치
② 압력스위치
③ 엑셀레이터
④ 리타딩챔버

해설 ③ 엑셀레이터 : **건식** 스프링클러설비의 구성요소

습식 스프링클러설비의 **구성**

구 성	설 명
안전밸브	배관 내의 압력이 일정압력 이상 상승시 개방되어 **배관을 보호**하는 밸브
압력스위치	유수검지장치가 개방되면 작동하여 **사이렌경보**를 울림과 동시에 **감시제어반**에 **신호**를 보낸다. 보기 ②
알람밸브	헤드의 개방에 의해 개방되어 1차측의 **가압수**를 2차측으로 **송수**시킨다.
리타딩챔버	유수경보밸브에 의한 **오동작**을 **방지**하기 위한 안전장치로서 경보용 압력스위치에 대한 수압의 작용시간을 **지연**시켜 주는 것 보기 ④
유수검지장치	물의 흐름을 검지하는 장치 보기 ①

기억법 습안 압알리유

답 ③

---

65 ★★ 화재조기진압용 스프링클러설비를 설치할 장소의 구조기준 중 틀린 것은?

① 천장의 기울기가 $\frac{168}{1000}$ 을 초과하지 않아야 하고, 이를 초과하는 경우에는 반자를 지면과 수평으로 설치할 것
② 천장은 평평하여야 하며 철재나 목재트러스 구조인 경우 철재나 목재의 돌출부분이 102mm를 초과하지 않을 것
③ 보로 사용되는 목재·콘크리트 및 철재 사이의 간격이 0.9m 이상 2.3m 이하일 것. 다만, 보의 간격이 2.3m 이상인 경우에는 화재조기진압용 스프링클러헤드의 동작을 원활히 하기 위하여 보로 구획된 부분의 천장 및 반자의 넓이가 28m²를 초과하지 않을 것
④ 해당층의 높이가 10m 이하일 것. 다만, 2층 이상일 경우에는 해당층의 바닥을 내화구조로 하고 다른 부분과 방화구획할 것

해설
④ 10m 이하 → 13.7m 이하

화재조기진압용 스프링클러설비의 설치장소의 **구조**(NFPC 103B 4조, NFTC 103B 2.1)
(1) 해당층의 높이가 **13.7m** 이하일 것(단, **2층** 이상일 경우에는 해당층의 바닥을 **내화구조**로 하고 다른 부분과 **방화구획**할 것) 보기 ④
(2) 천장의 기울기가 $\frac{168}{1000}$ 을 초과하지 않아야 하고, 이를 초과하는 경우에는 반자를 지면과 **수평**으로 설치할 것 보기 ①

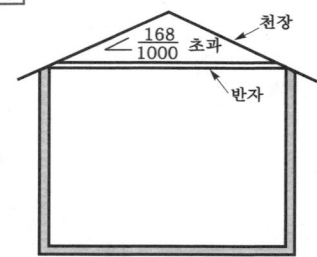

‖ 기울어진 천장의 경우 ‖

(3) 천장은 평평하여야 하며 철재나 목재트러스 구조인 경우 철재나 목재의 돌출부분이 **102mm**를 초과하지 않을 것 보기 ②

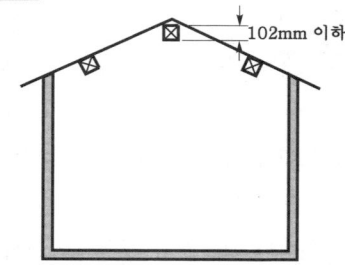

‖ 철재 또는 목재의 돌출치수 ‖

(4) 보로 사용되는 목재·콘크리트 및 철재 사이의 간격이 **0.9~2.3m 이하**일 것(단, 보의 간격이 2.3m 이상인 경우에는 화재조기진압용 스프링클러헤드의 동작을 원활히 하기 위하여 보로 구획된 부분의 천장 및 반자의 넓이가 **28m²**를 초과하지 않을 것) 보기 ③
(5) 창고 내의 선반의 형태는 하부로 **물**이 **침투**되는 구조로 할 것

용어

화재조기진압용 스프링클러헤드(early suppression fast-response sprinkler)
화재를 **초기**에 **진압**할 수 있도록 정해진 면적에 충분한 물을 방사할 수 있는 빠른 작동능력의 스프링클러헤드로서 일반적으로 최대 **360L/min**의 물을 방사한다.

‖ 화재조기진압용 스프링클러헤드 ‖

답 ④

---

66 연소방지설비의 설치기준에 대한 설명 중 틀린 것은?

24.03.문64
23.03.문75
21.09.문79
19.04.문73
18.04.문65
13.09.문61

① 연소방지설비 전용헤드를 2개 설치하는 경우 배관의 구경은 40mm 이상으로 한다.
② 수평주행배관의 구경은 100mm 이상으로 한다.
③ 수평주행배관은 헤드를 향하여 1/200 이상의 기울기로 한다.
④ 연소방지설비 전용헤드의 경우 헤드 간의 수평거리는 2m 이하로 한다.

해설 ③ 연소방지설비 수평주행배관의 기울기 규정은 없음

기울기

기울기	설 비
$\frac{1}{100}$ 이상	연결살수설비의 수평주행배관
$\frac{2}{100}$ 이상	물분무소화설비의 배수설비
$\frac{1}{250}$ 이상	습식·부압식 설비 외 스프링클러설비의 가지배관
$\frac{1}{500}$ 이상	습식·부압식 설비 외 스프링클러설비의 수평주행배관

중요

연소방지설비의 배관구경(NFPC 605 8조, NFTC 605 2.4.1.3.1)
(1) **연소방지설비 전용헤드**를 사용하는 경우

배관의 구경	32mm	40mm	50mm	65mm	80mm
살수 헤드수	1개	2개	3개	4개 또는 5개	6개 이상

(2) **스프링클러헤드**를 사용하는 경우

배관의 구경 구분	25mm	32mm	40mm	50mm	65mm	80mm	90mm	100mm
폐쇄형 헤드수	2개	3개	5개	10개	30개	60개	80개	100개
개방형 헤드수	1개	2개	5개	8개	15개	27개	40개	55개

답 ③

---

67 대형소화기를 설치하는 경우 특정소방대상물의 각 부분으로부터 1개의 소화기까지의 보행거리는 몇 m 이내로 배치하여야 하는가?

23.03.문77
20.09.문76
19.04.문73
19.04.문77
15.09.문79
15.03.문70
14.05.문63
12.05.문79

① 10
② 20
③ 30
④ 40

해설 (1) 수평거리

수평거리	설 명
수평거리 10m 이하	• 예상제연구역
수평거리 15m 이하	• 분말호스릴 • 포호스릴 • CO_2 호스릴
수평거리 20m 이하	• 할론 호스릴
수평거리 25m 이하	• 옥내소화전 방수구(호스릴 포함) • 포소화전 방수구 • 연결송수관 방수구(지하가) • 연결송수관 방수구(지하층 바닥면적 3000m² 이상)
수평거리 40m 이하	• 옥외소화전 방수구
수평거리 50m 이하	• 연결송수관 방수구(사무실)

(2) 보행거리

수평거리	설 명
보행거리 20m 이내	소형소화기
보행거리 30m 이내 보기 ③	대형소화기

용어

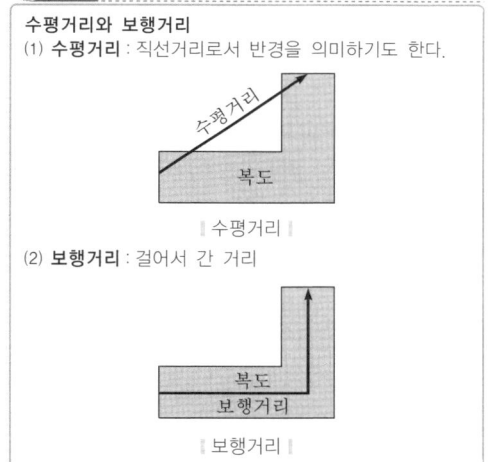

수평거리와 보행거리
(1) **수평거리** : 직선거리로서 반경을 의미하기도 한다.
(2) **보행거리** : 걸어서 간 거리

답 ③

★★★ 68
펌프의 토출관에 압입기를 설치하여 포소화약제 압입용 펌프로 포소화약제를 압입시켜 혼합하는 방식은?

23.05.문65
21.05.문71
16.05.문61
15.09.문76

① 라인 프로포셔너방식
② 펌프 프로포셔너방식
③ 프레져 프로포셔너방식
④ 프레져사이드 프로포셔너방식

해설 포소화약제의 혼합장치

(1) **펌프 프로포셔너방식(펌프 혼합방식)**
  ㉠ 펌프 토출측과 흡입측에 바이패스를 설치하고, 그 바이패스의 도중에 설치한 어댑터(adaptor)로 펌프 토출측 수량의 일부를 통과시켜 공기포 용액을 만드는 방식

  ㉡ 펌프의 **토출관**과 **흡입관** 사이의 배관 도중에 설치한 흡입기에 펌프에서 토출된 물의 일부를 보내고 **농도조정밸브**에서 조정된 포소화약제의 필요량을 포소화약제 탱크에서 펌프 흡입측으로 보내어 약제를 혼합하는 방식

기억법 펌농

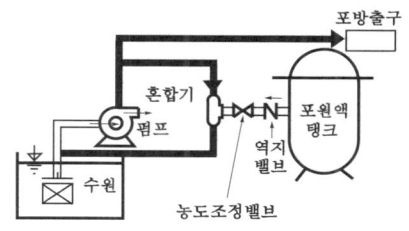

∥ 펌프 프로포셔너방식 ∥

(2) **프레져 프로포셔너방식(차압 혼합방식)**
  ㉠ 가압송수관 도중에 공기포 소화원액 혼합조(P.P.T)와 혼합기를 접속하여 사용하는 방법
  ㉡ **격막방식 휨탱크**를 사용하는 에어휨 혼합방식
  ㉢ 펌프와 발포기의 중간에 설치된 벤투리관의 **벤투리작용**과 펌프 가압수의 **포소화약제 저장탱크**에 대한 압력에 의하여 포소화약제를 흡입 · 혼합하는 방식

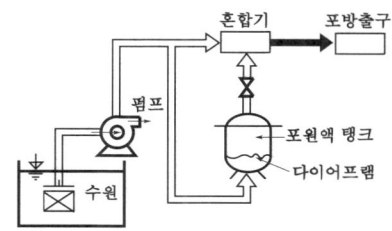

∥ 프레져 프로포셔너방식 ∥

(3) **라인 프로포셔너방식(관로 혼합방식)**
  ㉠ 급수관의 배관 도중에 포소화약제 흡입기를 설치하여 그 흡입관에서 소화약제를 흡입하여 혼합하는 방식
  ㉡ 펌프와 발포기의 중간에 설치된 **벤**투리관의 **벤투리작용**에 의하여 포소화약제를 흡입 · 혼합하는 방식

기억법 라벤벤

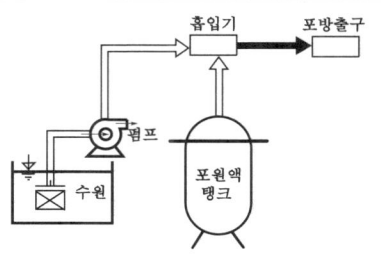

∥ 라인 프로포셔너방식 ∥

(4) **프레져사이드 프로포셔너방식(압입 혼합방식)**
  ㉠ 소화원액 가압펌프(압입용 펌프)를 별도로 사용하는 방식

ⓛ 펌프 **토출관**에 압입기를 설치하여 포소화약제 **압입용 펌프**로 포소화약제를 입입시켜 혼합하는 방식 보기 ④

기억법 프사압

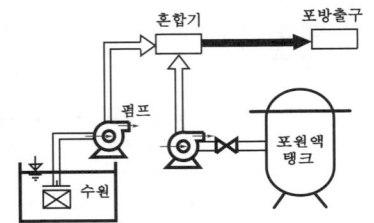

| 프레져사이드 프로포셔너방식 |

(5) **압축공기포 믹싱챔버방식**
포수용액에 공기를 강제로 주입시켜 **원거리 방수**가 가능하고 물 사용량을 줄여 **수손피해**를 **최소화**할 수 있는 방식

답 ④

69 스프링클러설비의 화재안전기준상 스프링클러헤드를 설치하지 않을 수 있는 장소 기준으로 틀린 것은?
20.08.문75
19.04.문65
17.05.문68
15.03.문72

① 계단실 · 경사로 · 목욕실 · 화장실 · 기타 이와 유사한 장소
② 통신기기실 · 전자기기실 · 기타 이와 유사한 장소
③ 천장과 반자 양쪽이 불연재료로 되어 있는 경우로서 천장과 반자 사이의 거리가 2m 미만인 부분
④ 천장 및 반자가 불연재료 외의 것으로 되어 있고 천장과 반자 사이의 거리가 1.5m 미만인 부분

해설 ④ 1.5m → 0.5m

스프링클러헤드의 **설치제외장소**(NFPC 103 15조, NFTC 103 2.12)
(1) 계단실, 경사로, 승강기의 승강로, 파이프덕트, 목욕실, 수영장(관람석 제외), 화장실, 직접 외기에 개방되어 있는 복도, 기타 이와 유사한 장소 보기 ①
(2) **통신기기실** · **전자기기실**, 기타 이와 유사한 장소 보기 ②
(3) **발전실** · **변전실** · **변압기**, 기타 이와 유사한 전기설비가 설치되어 있는 장소
(4) 병원의 **수술실** · **응급처치실**, 기타 이와 유사한 장소
(5) 천장과 반자 양쪽이 **불연재료**로 되어 있는 경우로서 그 사이의 거리 및 구조가 다음에 해당하는 부분
  ㉠ 천장과 반자 사이의 거리가 2m 미만인 부분 보기 ③
  ㉡ 천장과 반자 사이의 **벽**이 **불연재료**이고 천장과 반자 사이의 거리가 2m 이상으로서 그 사이에 **가연물**이 **존재**하지 **아니하는** 부분

(6) 천장 · 반자 중 한쪽이 **불연재료**로 되어 있고, 천장과 반자 사이의 거리가 1m 미만인 부분
(7) 천장 및 반자가 **불연재료 외**의 것으로 되어 있고, 천장과 반자 사이의 거리가 **0.5m 미만**인 경우 보기 ④
(8) **펌프실** · **물탱크실**, 그 밖의 이와 비슷한 장소
(9) **현관** · **로비** 등으로서 바닥에서 높이가 **20m** 이상인 장소

답 ④

70 간이스프링클러설비에서 폐쇄형 스프링클러헤드를 사용하는 설비의 경우로서 1개층에 하나의 급수배관(또는 밸브 등)이 담당하는 구역의 최대면적은 몇 m²를 초과하지 아니하여야 하는가?

① 1000 ② 2000
③ 2500 ④ 3000

해설 **1개층**에 **하나**의 **급수배관**이 담당하는 **구역**의 **최대면적**
(NFPC 103A [별표 1], NFTC 103A 2.5.3.3)

간이스프링클러설비 (폐쇄형 헤드)	스프링클러설비 (폐쇄형 헤드)
1000m² 이하 보기 ①	3000m² 이하

기억법 폐간1(폐간일)

답 ①

71 소화수조 및 저수조의 화재안전기준에 따라 소화수조의 채수구는 소방차가 최대 몇 m 이내의 지점까지 접근할 수 있도록 설치하여야 하는가?
23.05.문62
20.08.문69
17.03.문61

① 1 ② 2
③ 4 ④ 5

해설 **소화수조** 및 **저수조**의 **설치기준**(NFPC 402 4~5조, NFTC 402 2.1.1, 2.2)
(1) 소화수조 또는 저수조가 지표면으로부터 깊이가 **4.5m** 이상인 지하에 있는 경우에는 소요수량을 고려하여 가압송수장치를 설치할 것
(2) 소화수조 및 저수조의 채수구 또는 흡수관 투입구는 소방차가 **2m** 이내의 지점까지 접근할 수 있는 위치에 설치할 것 보기 ②
(3) 소화수조가 **옥상** 또는 옥탑부분에 설치된 경우에는 지상에 설치된 채수구에서의 압력 **0.15MPa** 이상 되도록 할 것

기억법 옥15

답 ②

72 다음 중 입원실이 있는 3층 조산원에 대한 피난기구의 적응성으로 가장 거리가 먼 것은?
23.09.문69
21.05.문64
19.09.문62
19.03.문76
17.05.문62
17.03.문66
16.10.문64
16.05.문72
16.05.문74
16.03.문69
15.09.문68
14.09.문68
14.09.문75
13.03.문78
12.05.문65

① 미끄럼대
② 승강식 피난기
③ 피난용 트랩
④ 공기안전매트

해설 **피난기구**의 **적응성**(NFTC 301 2.1.1)

층별 설치 장소별 구분	1층	2층	3층	4층 이상 10층 이하
노유자시설	• 미끄럼대 • 구조대 • 피난교 • 다수인 피난 장비 • 승강식 피난기	• 미끄럼대 • 구조대 • 피난교 • 다수인 피난 장비 • 승강식 피난기	• 미끄럼대 • 구조대 • 피난교 • 다수인 피난 장비 • 승강식 피난기	• 구조대¹⁾ • 피난교 • 다수인 피난 장비 • 승강식 피난기
의료시설 · 입원실이 있는 의원 · 접골원 · 조산원	–	–	• 미끄럼대 • 구조대 • 피난교 • 피난용 트랩 • 다수인 피난 장비 • 승강식 피난기	• 구조대 • 피난교 • 피난용 트랩 • 다수인 피난 장비 • 승강식 피난기
영업장의 위치가 4층 이하인 다중 이용업소	–	• 미끄럼대 • 피난사다리 • 구조대 • 완강기 • 다수인 피난 장비 • 승강식 피난기	• 미끄럼대 • 피난사다리 • 구조대 • 완강기 • 다수인 피난 장비 • 승강식 피난기	• 미끄럼대 • 피난사다리 • 구조대 • 완강기 • 다수인 피난 장비 • 승강식 피난기
그 밖의 것	–	–	• 미끄럼대 • 피난사다리 • 구조대 • 완강기 • 피난교 • 피난용 트랩 • 간이완강기²⁾ • 공기안전매트 • 다수인 피난 장비 • 승강식 피난기	• 피난사다리 • 구조대 • 완강기 • 피난교 • 간이완강기²⁾ • 공기안전매트 • 다수인 피난 장비 • 승강식 피난기

[비고] 1) **구조대**의 **적응성**은 **장애인관련시설**로서 주된 사용자 중 **스스로 피난**이 **불가**한 자가 있는 경우 추가로 설치하는 경우에 한한다.
2) 간이완강기의 적응성은 **숙박시설**의 **3층 이상**에 있는 객실에 추가로 설치하는 경우에 한한다.

중요
의무관리대상 공동주택(NFPC 608 13조, NFTC 608 2.9.1.3)
공동주택 구역마다 공기안전매트 1개 이상 추가 설치

비교
피난기구 적응성

간이완강기	공기안전매트	구조대
숙박시설의 3층 이 상에 있는 객실	공동주택	장애인관련시설

답 ④

73 다음 ( ) 안에 맞는 숫자와 용어는?

21.03.문73
13.09.문70

국소방출방식의 고정포방출구는 방호대상물의 구분에 따라 해당 방호대상물의 높이의 ( )의 거리를 수평으로 연장한 선으로 둘러싸인 부분의 면적을 ( )이라 한다.

① 3배, 방호면적
② 2배, 관포면적
③ 1.5배, 방호면적
④ 2배를 더한 길이, 외주선 면적

해설 **방호면적** vs **관포체적**(NFPC 105 12조, NFTC 105 2.9.4.2.2, 2.9.4.1.2)

방호면적	관포체적
방호대상물의 구분에 따라 해당 방호대상물의 높이의 **3배** (1m 미만은 1m)의 거리를 수평으로 연장한 선으로 둘러싸인 부분의 면적(국소방출방식의 고정포방출구)	해당 바닥면으로부터 방호대상물의 높이보다 **0.5m** 높은 위치까지의 체적

기억법 3방(3방출)   기억법 관5(관우)

답 ①

74 연결송수관설비의 화재안전기준에 따라 송수구가 부설된 옥내소화전을 설치한 특정소방대상물로서 연결송수관설비의 방수구를 설치하지 아니할 수 있는 층의 기준 중 다음 ( ) 안에 알맞은 것은? (단, 집회장 · 관람장 · 백화점 · 도매시장 · 소매시장 · 판매시설 · 공장 · 창고시설 또는 지하가를 제외한다.)

21.03.문77
19.09.문68
17.03.문69

● 지하층을 제외한 층수가 (㉠)층 이하이고 연면적이 (㉡)m² 미만인 특정소방대상물의 지상층
● 지하층의 층수가 (㉢) 이하인 특정소방대상물의 지하층

① ㉠ 3, ㉡ 5000, ㉢ 3
② ㉠ 4, ㉡ 6000, ㉢ 2
③ ㉠ 5, ㉡ 3000, ㉢ 3
④ ㉠ 6, ㉡ 4000, ㉢ 2

해설 **연결송수관설비**의 **방수구 설치제외 장소**(NFPC 502 6조, NFTC 502 2.3)
(1) **아파트**의 **1층** 및 **2층**
(2) 소방차의 접근이 가능하고 소방대원이 소방차로부터 각 부분에 쉽게 도달할 수 있는 피난층
(3) 송수구가 부설된 옥내소화전을 설치한 특정소방대상물 (집회장·관람장·백화점·도매시장·소매시장·판매시설·공장·창고시설 또는 지하가 제외)로서 다음에 해당하는 층 보기 ②
㉠ 지하층을 제외한 **4**층 이하이고 연면적이 **6000**m² 미만인 특정소방대상물의 지상층
㉡ 지하층의 층수가 **2** 이하인 특정소방대상물의 지하층

75 이산화탄소소화설비 중 호스릴방식으로 설치되는 호스접결구는 방호대상물의 각 부분으로부터 수평거리 몇 m 이하이어야 하는가?

23.09.문64
21.05.문67
21.03.문74
20.06.문69
19.04.문73
19.03.문69
18.04.문75
16.05.문66
15.03.문70
15.03.문78
08.05.문76

① 15m 이하
② 20m 이하
③ 25m 이하
④ 40m 이하

기억법 송426(송사리로 육포를 만들다.)

답 ②

해설 (1) 보행거리

구분	적용
20m 이내	• 소형 소화기
30m 이내	• 대형 소화기

(2) 수평거리

구분	적용
10m 이내	• 예상제연구역
15m 이하	• 분말(호스릴) • 포(호스릴) • 이산화탄소(호스릴) 보기①
20m 이하	• 할론(호스릴)
25m 이하	• 음향장치 • 옥내소화전 방수구 • 옥내소화전(호스릴) • 포소화전 방수구 • 연결송수관 방수구(지하가) • 연결송수관 방수구(지하층 바닥면적 3000m² 이상)
40m 이하	• 옥외소화전 방수구
50m 이하	• 연결송수관 방수구(사무실)

용어
수평거리와 보행거리

수평거리	보행거리
직선거리를 말하며, 반경을 의미하기도 한다.	걸어서 간 거리이다.

답 ①

76 연결살수설비의 배관에 관한 설치기준 중 옳은 것은?

18.09.문63
17.05.문64
15.05.문63

① 개방형 헤드를 사용하는 연결살수설비의 수평주행배관은 헤드를 향하여 상향으로 100분의 5 이상의 기울기로 설치한다.
② 가지배관 또는 교차배관을 설치하는 경우에는 가지배관의 배열은 토너먼트방식이어야 한다.
③ 교차배관에는 가지배관과 가지배관 사이마다 1개 이상의 행거를 설치하되, 가지배관 사이의 거리가 4.5m를 초과하는 경우에는 4.5m 이내마다 1개 이상 설치한다.
④ 가지배관은 교차배관 또는 주배관에서 분기되는 지점을 기점으로 한쪽 가지배관에 설치되는 헤드의 개수는 6개 이하로 하여야 한다.

해설
① 100분의 5 이상 → 100분의 1 이상
② 토너먼트방식이어야 한다. → 토너먼트방식이 아니어야 한다.
④ 6개 이하 → 8개 이하

행거의 설치(NFPC 503 5조, NFTC 503 2.2.10)
(1) 가지배관 : 3.5m 이내마다 설치
(2) 교차배관 ┐
(3) 수평주행배관 ┘ 4.5m 이내마다 설치 보기③
(4) 헤드와 행거 사이의 간격 : 8cm 이상

답 ③

77 차고·주차장에 호스릴포소화설비 또는 포소화전설비를 설치할 수 있는 부분이 아닌 것은?

17.03.문72

① 지상 1층으로서 지붕이 없는 부분
② 지상에서 수동 또는 원격조작에 따라 개방이 가능한 개구부의 유효면적의 합계가 바닥면적의 10% 이상인 부분
③ 고가 밑의 주차장 등으로서 주된 벽이 없고 기둥뿐이거나 주위가 위해방지용 철주 등으로 둘러싸인 부분
④ 완전 개방된 옥상주차장

해설 ② 무관한 내용

포소화설비의 적용대상(NFPC 105 4조, NFTC 105 2.1.1)

특정소방대상물	설비종류
• 차고·주차장 • 항공기격납고 • 공장·창고(특수가연물 저장·취급)	• 포워터스프링클러설비 • 포헤드설비 • 고정포방출설비 • 압축공기포소화설비
• 완전개방된 옥상주차장(주된 벽이 없고 기둥뿐이거나 주위가 위해방지용 철주 등으로 둘러싸인 부분) 보기④ • 지상 1층으로서 지붕이 없는 차고·주차장 보기① • 고가 밑의 주차장(주된 벽이 없고 기둥뿐이거나 주위가 위해방지용 철주 등으로 둘러싸인 부분) 보기③	• 호스릴포소화설비 • 포소화전설비

- 발전기실
- 엔진펌프실
- 변압기
- 전기케이블실
- 유압설비

- 고정식 압축공기포소화설비(바닥면적 합계 300m² 미만)

답 ②

78 피난기구의 설치기준 중 노유자시설로 사용되는 층에 있어서 그 층의 바닥면적 몇 m²마다 1개 이상을 설치하여야 하는가?

23.05.문67
17.09.문76
06.03.문63

① 300
② 500
③ 800
④ 1000

해설 피난기구의 **설치개수**(NFPC 301 5조, NFTC 301 2.1.2.1 / NFPC 608 13조, NFTC 608 2.9.1.3)

(1) **층**마다 설치할 것

시 설	설치기준
① 숙박시설·노유자시설·의료시설	바닥면적 500m²마다 (층마다 설치) 보기②
② 위락시설·문화 및 집회시설, 운동시설 ③ 판매시설·복합용도의 층	바닥면적 800m²마다 (층마다 설치)
④ 그 밖의 용도의 층	바닥면적 1000m²마다
⑤ 아파트 등(계단실형 아파트)	각 세대마다

(2) 피난기구 외에 **숙박시설**(휴양콘도미니엄 제외)의 경우에는 추가로 객실마다 완강기 또는 **둘** 이상의 **간이완강기**를 설치할 것

(3) '**의무관리대상 공동주택**'의 경우에는 하나의 관리주체가 관리하는 공동주택 구역마다 **공기안전매트 1개** 이상을 추가로 설치할 것(단, 옥상으로 피난이 가능하거나 수평 또는 수직 방향의 인접세대로 피난할 수 있는 구조인 경우는 제외)

답 ②

79 물분무소화설비가 설치된 주차장 바닥의 집수관 소화피트 등 기름분리장치는 몇 m 이하마다 설치하여야 하는가?

24.05.문63
23.03.문80
22.03.문77
21.04.문75
21.03.문65
19.04.문62
19.03.문70
17.09.문72
17.03.문67
16.10.문07
16.05.문79
15.05.문78
12.05.문62

① 10m
② 20m
③ 30m
④ 40m

해설 물분무소화설비의 **배수설비**(NFPC 104 11조, NFTC 104 2.8.1)
(1) **10cm** 이상의 **경계턱**으로 배수구 설치(차량이 주차하는 곳)
(2) **40m** 이하마다 기름분리장치 설치 보기④

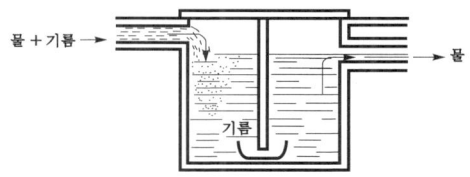

기름분리장치

(3) 차량이 주차하는 바닥은 $\dfrac{2}{100}$ 이상의 기울기 유지

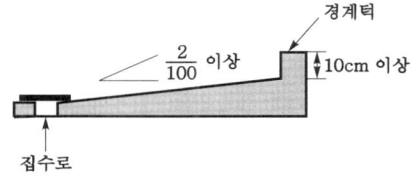

배수설비

(4) 배수설비는 가압송수장치의 **최대송수능력**의 수량을 유효하게 배수할 수 있는 크기 및 기울기일 것

참고

기울기

기울기	설 명
$\dfrac{1}{100}$ 이상	연결살수설비의 수평주행배관
$\dfrac{2}{100}$ 이상	물분무소화설비의 배수설비
$\dfrac{1}{250}$ 이상	습식설비·부압식설비 외 스프링클러설비의 가지배관
$\dfrac{1}{500}$ 이상	습식설비·부압식설비 외 스프링클러설비의 수평주행배관

답 ④

80 연결살수설비의 화재안전기준에 따른 건축물에 설치하는 연결살수설비의 헤드에 대한 기준 중 다음 ( ) 안에 알맞은 것은?

24.03.문64
19.04.문80

> 천장 또는 반자의 각 부분으로부터 하나의 살수헤드까지의 수평거리가 연결살수설비 전용헤드의 경우는 (㉠)m 이하, 스프링클러헤드의 경우는 (㉡)m 이하로 할 것. 다만, 살수헤드의 부착면과 바닥과의 높이가 (㉢)m 이하인 부분은 살수헤드의 살수분포에 따른 거리로 할 수 있다.

① ㉠ 3.7, ㉡ 2.3, ㉢ 2.1
② ㉠ 3.7, ㉡ 2.3, ㉢ 2.3
③ ㉠ 2.3, ㉡ 3.7, ㉢ 2.3
④ ㉠ 2.3, ㉡ 3.7, ㉢ 2.1

해설 연결살수설비헤드의 **수평거리**(NFPC 503 6조, NFTC 503 2.3.2.2)

연결살수설비 전용헤드	스프링클러헤드
3.7m 이하 보기 ㉠	2.3m 이하 보기 ㉡

살수헤드의 부착면과 바닥과의 높이가 **2.1m** 이하인 부분에 있어서는 살수헤드의 살수분포에 따른 거리로 할 수 있다. 보기 ㉢

(1) 연결살수설비에서 하나의 송수구역에 설치하는 **개방형 헤드**수는 10개 이하
(2) 연결살수설비에서 하나의 송수구역에 설치하는 **단구형 살수헤드**수도 10개 이하

비교

연소방지설비 헤드 간의 수평거리

연소방지설비 전용헤드	스프링클러헤드
2m 이하	1.5m 이하

답 ①

2025. 5. 21 시행

2025년 산업기사 제2회 필기시험 CBT 기출복원문제				수험번호	성명
자격종목 **소방설비산업기사(기계분야)**	종목코드	시험시간 **2시간**	형별		

※ 각 문항은 4지택일형으로 질문에 가장 적합한 보기 항을 선택하여 체크하여야 합니다.

제1과목 소방원론

01 분말소화약제의 주성분 중에서 A, B, C급 화재 모두에 적응성이 있는 것은?

24.03.문05
22.04.문13
19.04.문17
17.03.문14
16.03.문10
11.03.문08

① $KHCO_3$ ② $NaHCO_3$
③ $Al_2(SO_4)_3$ ④ $NH_4H_2PO_4$

해설 분말소화약제

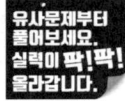

종별	분자식	착색	적응화재	비고
제1종	탄산수소나트륨 ($NaHCO_3$) 보기 ②	백색	BC급	식용유 및 지방질유의 화재에 적합
제2종	탄산수소칼륨 ($KHCO_3$) 보기 ①	담자색 (담회색)	BC급	–
제3종	제1인산암모늄 ($NH_4H_2PO_4$) 보기 ④	담홍색	ABC급	차고·주차장 에 적합
제4종	탄산수소칼륨 +요소 ($KHCO_3$+ $(NH_2)_2CO$)	회(백)색	BC급	–

- 탄산수소나트륨=중탄산나트륨
- 탄산수소칼륨=중탄산칼륨
- 제1인산암모늄=인산암모늄=인산염
- 탄산수소칼륨+요소=중탄산칼륨+요소

답 ④

02 피난계획의 일반원칙 중 Fool proof 원칙에 대한 설명으로 옳은 것은?

24.03.문11
23.03.문12
17.09.문02
15.05.문03
13.03.문05

① 한 가지가 고장이 나도 다른 수단을 이용할 수 있도록 하는 원칙
② 두 방향의 피난동선을 항상 확보하는 원칙
③ 피난수단을 이동식 시설로 하는 원칙
④ 피난수단을 조작이 간편한 원시적 방법으로 하는 원칙

해설
①, ② Fail safe
③ 이동식 시설 → 고정식 시설(설비)

페일 세이프(fail safe)와 풀 프루프(fool proof)

용어	설명
페일 세이프 (fail safe)	① 한 가지 피난기구가 고장이 나도 다른 수단을 이용할 수 있도록 고려하는 것 ② 한 가지가 고장이 나도 다른 수단을 이용하는 원칙 보기 ① ③ 두 방향의 피난동선을 항상 확보하는 원칙 보기 ②
풀 프루프 (fool proof)	① 피난경로는 간단 명료하게 한다. ② 피난구조설비는 고정식 설비를 위주로 설치한다. 보기 ③ ③ 피난수단은 원시적 방법에 의한 것을 원칙으로 한다. 보기 ④ ④ 피난통로를 완전불연화한다. ⑤ 막다른 복도가 없도록 계획한다. ⑥ 간단한 그림이나 색채를 이용하여 표시한다.

답 ④

03 화재하중에 주된 영향을 주는 것은?

18.09.문07
09.08.문03
09.05.문17
01.06.문04

① 가연물의 온도 ② 가연물의 색상
③ 가연물의 양   ④ 가연물의 융점

해설 화재하중과 관계있는 것
(1) 단위면적
(2) 발열량
(3) 가연물의 중량(가연물의 양)

중요

화재하중(kg/m^2 또는 N/m^2)
(1) 일반건축물에서 가연성의 건축구조재와 가연성 수용물의 양으로서 건물화재시 **발열량** 및 화재위험성을 나타내는 용어
(2) 가연물 등의 연소시 건축물의 붕괴 등을 고려하여 설계하는 하중
(3) 화재실 또는 화재구역의 단위면적당 **가연물의 양**
(4) 건물화재에서 가열온도의 정도를 의미
(5) 건물의 내화설계시 고려되어야 할 사항
(6) 화재하중의 식

$$q = \frac{\Sigma GH_1}{H_0 A} = \frac{\Sigma Q}{4500 A}$$

여기서, q : 화재하중[kg/m^2]
G : 가연물의 양[kg]
H_1 : 가연물의 단위중량당 발열량[kcal/kg]
H_0 : 목재의 단위중량당 발열량[kcal/kg]
A : 바닥면적[m^2]
ΣQ : 가연물의 전체 발열량[kcal]

답 ③

04. 화재시 이산화탄소를 사용하여 질식소화하는 경우, 산소의 농도를 14vol%까지 낮추려면 공기 중의 이산화탄소 농도는 약 몇 vol%가 되어야 하는가?

24.05.문12
22.04.문17
19.04.문03
17.09.문12

① 22.3vol%
② 33.3vol%
③ 44.3vol%
④ 55.3vol%

해설 (1) 기호
- O_2 : 14vol%
- CO_2 : ?

(2) CO_2 농도

$$CO_2 = \frac{방출가스량}{방호구역체적 + 방출가스량} \times 100$$

$$= \frac{21 - O_2}{21} \times 100$$

여기서, CO_2 : CO_2의 농도[%], O_2 : O_2의 농도[%]
이산화탄소의 농도 CO_2는

$$CO_2 = \frac{21 - O_2}{21} \times 100 = \frac{21 - 14}{21} \times 100$$

$$\fallingdotseq 33.3 \text{vol}\% \quad 보기 ②$$

용어

%	vol%
수를 100의 비로 나타낸 것	어떤 공간에 차지하는 부피를 백분율로 나타낸 것
50%	공기 50vol% 50vol%
|50%|	|50vol%|

답 ②

05. 포소화약제의 포가 갖추어야 할 조건으로 적합하지 않은 것은?

24.03.문18
20.06.문08
13.03.문01

① 화재면과의 부착성이 좋을 것
② 응집성과 안정성이 우수할 것
③ 환원시간(drainage time)이 짧을 것
④ 약제는 독성이 없고 변질되지 말 것

해설 ③ 짧을 것 → 길 것

포소화약제의 구비조건
(1) **유동성**이 좋아야 한다.
(2) **안정성**을 가지고 내열성이 있어야 한다.
(3) 독성이 적어야 한다(독성이 없고 변질되지 말 것). 보기 ④
(4) 화재면에 부착하는 성질이 커야 한다(**응집성**과 **안정성**이 있을 것). 보기 ①②
(5) 바람에 견디는 힘이 커야 한다.
(6) **유면봉쇄성**이 좋아야 한다.
(7) **내유성**이 좋아야 한다.
(8) 환원시간이 길 것 보기 ③

용어

25% 환원시간(drainage time)
발포된 포중량의 25%가 원래의 포수용액으로 되돌아가는 데 걸리는 시간

답 ③

06. 동식물유류에서 "아이오딘값이 크다."라는 의미로 옳은 것은?

24.07.문06
22.03.문19
17.03.문19
11.06.문16

① 불포화도가 높다.
② 불건성유이다.
③ 자연발화성이 낮다.
④ 산소와의 결합이 어렵다.

해설 "아이오딘값이 크다."라는 의미
(1) **불포**화도가 높다. 보기 ①
(2) **건성유**이다. 보기 ②
(3) 자연발화성이 높다. 보기 ③
(4) 산소와 결합이 쉽다. 보기 ④

※ **아이오딘값** : 기름 100g에 첨가되는 아이오딘의 g수

기억법 아불포

답 ①

07. 다음 중 인화점이 낮은 것부터 높은 순서로 옳게 나열된 것은?

23.03.문16
19.04.문06
17.09.문11
17.03.문02
14.03.문02
08.09.문06

① 에틸알코올 < 이황화탄소 < 아세톤
② 이황화탄소 < 에틸알코올 < 아세톤
③ 에틸알코올 < 아세톤 < 이황화탄소
④ 이황화탄소 < 아세톤 < 에틸알코올

해설 인화점 vs 착화점

물 질	인화점	착화점
• 프로필렌	-107℃	497℃
• 에틸에터 • 다이에틸에터	-45℃	180℃
• 가솔린(휘발유)	-43℃	300℃
• **산**화프로필렌	-37℃	465℃
• **이황화탄소**	-30℃	100℃
• 아세틸렌	-18℃	335℃
• **아세톤**	-18℃	538℃
• 벤젠	-11℃	562℃
• 톨루엔	4.4℃	480℃
• **메**틸알코올	11℃	464℃
• **에**틸알코올	13℃	423℃
• 아세트산	40℃	-
• **등**유	43~72℃	210℃
• **경**유	50~70℃	200℃
• 적린	-	260℃
• 에틸렌글리콜	111℃	413℃

25. 05. 시행 / 산업(기계)

> **기억법** 인산 이메등경
>
> - 착화점=발화점=착화온도=발화온도
> - 인화점=인화온도

답 ④

08 오존파괴지수(ODP)가 가장 큰 것은?

23.05.문18
18.04.문20
17.09.문06
16.05.문10
11.03.문09
06.03.문18

① Halon 104
② CFC 11
③ Halon 1301
④ CFC 113

해설 할론 1301(Halon 1301)
(1) 할론소화약제 중 **소화효과**가 가장 좋다.
(2) 할론소화약제 중 **독성**이 가장 약하다.
(3) 할론소화약제 중 **오존파괴지수**가 가장 높다.

비교

ODP=0인 할로겐화합물 및 불활성기체 소화약제
(1) FC-3-1-10
(2) HFC-125
(3) HFC-227ea
(4) HFC-23
(5) IG-541

용어

오존파괴지수(ODP ; Ozone Depletion Potential)
어떤 물질의 오존파괴능력을 상대적으로 나타내는 지표

$$ODP = \frac{\text{어떤 물질 1kg이 파괴하는 오존량}}{\text{CFC 11의 1kg이 파괴하는 오존량}}$$

답 ③

09 분진폭발의 발생 위험성이 가장 낮은 물질은?

23.03.문12
22.03.문20
16.10.문16
16.03.문20
11.10.문13

① 시멘트
② 밀가루
③ 금속분류
④ 석탄가루

해설

분진폭발을 일으키지 않는 물질	물과 반응하여 가연성 기체를 발생시키지 않는 것
① **시**멘트 보기 ①	① 시멘트
② **석**회석(소석회)	② 석회석(소석회)
③ **탄**산칼슘(CaCO₃)	③ 탄산칼슘(CaCO₃)
④ **생**석회(CaO)=산화칼슘	

> **기억법** 분시석탄생

중요

분진폭발
공기 중에 분산된 **밀가루**, **알루미늄가루** 등이 에너지를 받아 폭발하는 현상

답 ①

10 자연발화를 일으키는 원인이 아닌 것은?

24.05.문17
20.06.문10
18.04.문10
17.05.문07
17.03.문09
15.05.문05
15.03.문08
12.09.문12
11.06.문12
08.09.문01

① 산화열
② 분해열
③ 흡착열
④ 기화열

해설 ④ 해당없음

자연발화의 형태

구 분	종 류
분해열 보기 ②	• 셀룰로이드 • 나이트로셀룰로오스 **기억법** 분셀나
산화열 보기 ①	• 건성유(정어리유, 아마인유, 해바라기유) • 석탄 • 원면 • 고무분말
발효열	• **퇴**비 • **먼**지 • **곡**물 **기억법** 발퇴먼곡
흡착열 보기 ③	• **목**탄 • **활**성탄 **기억법** 흡목탄활

중요

(1) 산화열

산화열이 축적되는 경우	산화열이 축적되지 않는 경우
햇빛에 방치한 기름걸레는 산화열이 축적되어 자연발화를 일으킬 수 있다.	기름걸레를 빨랫줄에 걸어 놓으면 산화열이 축적되지 않아 자연발화는 일어나지 않는다.

(2) 발화원이 아닌 것
① 기화열
② 융해열

답 ④

11 유류화재시 분말소화약제와 병용이 가능하여 빠른 소화효과와 재착화방지효과를 기대할 수 있는 소화약제로 옳은 것은?

23.03.문02
17.09.문02
16.03.문03
15.05.문17
13.06.문01
05.05.문06

① 단백포 소화약제
② 수성막포 소화약제
③ 알코올형포 소화약제
④ 합성계면활성제포 소화약제

해설 **수성막포의 장단점**

장점	단점
• 석유류 표면에 신속히 **피막**을 **형성**하여 유류증발을 억제한다. • **안전성**이 좋아 장기보존이 가능하다. • **내약품성**이 좋아 **분말소화 약제**와 **겸용** 사용도 가능하다. 보기 ② • **내유염성**이 우수하다.	• 가격이 비싸다. • 내열성이 좋지 않다. • 부식방지용 저장설비가 요구된다.

기억법 **수**분

※ **내유염성** : 포가 기름에 의해 오염되기 어려운 성질

답 ②

12 다음 중 독성이 가장 강한 가스는?
24.03.문20
20.06.문17
18.04.문09
17.09.문13
16.10.문12
14.09.문13
14.05.문07
14.05.문18
13.09.문19
08.05.문20
① C_3H_8
② O_2
③ CO_2
④ $COCl_2$

해설 연소가스

구 분	설 명
일산화탄소 (CO)	• 화재시 흡입된 일산화탄소(CO)의 화학적 작용에 의해 **헤모글로빈**(Hb)이 혈액의 산소운반작용을 저해하여 사람을 **질식·사망**하게 한다. • 목재류의 화재시 **인**명피해를 가장 많이 주며, 연기로 인한 의식불명 또는 질식을 가져온다. • 인체의 **폐**에 큰 자극을 준다. • **산**소와의 **결**합력이 극히 강하여 질식작용에 의한 독성을 나타낸다. 기억법 일헤인 폐산결
이산화탄소 (CO_2)	연소가스 중 가장 **많**은 **양**을 차지하고 있으며 가스 그 자체의 독성은 거의 없으나 다량이 존재할 경우 호흡속도를 증가시키고, 이로 인하여 화재가스에 혼합된 유해가스의 혼입을 증가시켜 위험을 가중시키는 가스이다. 기억법 이많(이만큼)
암모니아 (NH_3)	• 나무, 페놀수지, 멜라민수지 등의 **질소함유물**이 연소할 때 발생하며, 냉동시설의 **냉**매로 쓰인다. • **눈·코·폐** 등에 매우 **자**극성이 큰 가연성 가스이다. 기억법 암페 멜냉자
포스겐 ($COCl_2$) 보기 ④	매우 **독**성이 **강**한 가스로서 **소**화제인 **사**염화**탄**소(CCl_4)를 화재시에 사용할 때도 발생한다. 기억법 독강 소사포

황화수소 (H_2S)	• **달걀 썩는 냄새**가 나는 특성이 있다. • **황**분이 포함되어 있는 물질의 불완전 연소에 의하여 발생하는 가스이다. • **자**극성이 있다. 기억법 황달자
아크롤레인 ($CH_2=CHCHO$)	독성이 매우 높은 가스로서 **석유제품**, **유지** 등이 연소할 때 생성되는 가스이다. 기억법 아석유
시안화수소 (HCN, 청산가스)	**질소**성분을 가지고 있는 **합성수지**, **동물의 털**, **인조견** 등의 섬유가 불완전연소할 때 발생하는 맹독성 가스로 0.3%의 농도에서 즉시 사망할 수 있다.
아황산가스 (SO_2, 이산화황)	• **황**이 함유된 물질인 **동물**의 **털**, **고무** 등이 연소하는 화재시에 발생되며 **무색**의 자극성 냄새를 가진 유독성 기체 • 눈 및 호흡기 등에 점막을 상하게 하고 질식사할 우려가 있다.
프로판 (C_3H_8)	• LPG의 주성분 • 물보다 가볍다.

답 ④

13 공기 중의 산소농도는 약 몇 vol%인가?
23.03.문09
22.09.문06
21.09.문12
20.06.문04
14.05.문19
12.09.문08
① 15
② 18
③ 21
④ 25

해설 공기 중 산소농도

구 분	산소농도
체적비(부피백분율)	약 21vol% 보기 ③
중량비(중량백분율)	약 23wt%

중요

공기 중 **구성물질**

구성물질	비 율
아르곤(Ar)	1vol%
산소(O_2)	21vol%
질소(N_2)	78vol%

• 문제 단위 vol%를 보고 **체적비**라는 것을 알 수 있다.

용어

%	vol%
수를 100의 비로 나타낸 것	어떤 공간에 차지하는 부피를 백분율로 나타낸 것
50%	공기 50vol% 50vol% 50vol%

답 ③

14. 메탄의 공기 중 연소범위[vol.%]로 옳은 것은?

① 2.1~9.5 ② 5~15
③ 2.5~81 ④ 4~75

해설 (1) 공기 중의 폭발한계(일사천리로 나와야 한다.)

가 스	하한계[vol%]	상한계[vol%]
아세틸렌(C_2H_2)	2.5	81
수소(H_2)	4	75
일산화탄소(CO)	12	75
에틸렌(C_2H_4)	2.7	36
암모니아(NH_3)	15	25
메탄(CH_4) 보기 ②	5	15
에탄(C_2H_6)	3	12.4
프로판(C_3H_8)	2.1	9.5
부탄(C_4H_{10})	1.8	8.4

기억법
아 25 81
수 4 75
일 12 75
에 27 36
암 15 25
메 5 15
에 3 12.4
프 21 95 (**둘하나 구오**)
부 18 84

(2) 폭발한계와 같은 의미
㉠ 폭발범위
㉡ 연소한계
㉢ 연소범위
㉣ 가연한계
㉤ 가연범위

답 ②

15. 대체 소화약제의 물리적 특성을 나타내는 용어 중 지구온난화지수를 나타내는 약어는?

① ODP ② GWP
③ LOAEL ④ NOAEL

해설

용 어	설 명
오존파괴지수 (ODP : Ozone Depletion Potential)	오존파괴지수는 어떤 물질의 **오존파괴능력**을 상대적으로 나타내는 지표
지구**온**난화지수 보기 ② (GWP : Global Warming Potential)	지구온난화지수는 **지구온난화**에 기여하는 정도를 나타내는 지표
LOAEL (Least Observable Adverse Effect Level)	인체에 **독성**을 주는 **최소 농도**
NOAEL (No Observable Adverse Effect Level)	인체에 **독성**을 주지 않는 **최대농도**

기억법 G온O오(**지온!오온!**)

공식

오존파괴지수(ODP)	지구온난화지수(GWP)
ODP = 어떤 물질 1kg이 파괴하는 오존량 / CFC 11의 1kg이 파괴하는 오존량	GWP = 어떤 물질 1kg이 기여하는 온난화 정도 / CO_2 1kg이 기여하는 온난화 정도

답 ②

16. 물리적 폭발에 해당하는 것은?

① 분해폭발 ② 분진폭발
③ 중합폭발 ④ 수증기폭발

해설 폭발의 종류

화학적 폭발	물리적 폭발
• 가스폭발 • 유증기폭발 • 분진폭발 • 화약류의 폭발 • 산화폭발 • 분해폭발 • 중합폭발 • 증기운폭발	• 증기폭발(수증기폭발) 보기 ④ • 전선폭발 • 상전이폭발 • 압력방출에 의한 폭발

답 ④

17. 다음 중 인화점이 가장 낮은 물질은?

① 산화프로필렌 ② 이황화탄소
③ 메틸알코올 ④ 등유

해설 인화점 vs 착화점(발화점)

물 질	인화점	착화점
• 프로필렌	-107℃	497℃
• 에틸에터 • 다이에틸에터	-45℃	180℃
• 가솔린(휘발유)	-43℃	300℃
• **산**화프로필렌 →	-37℃	465℃
• **이**황화탄소 →	-30℃	100℃
• 아세틸렌	-18℃	335℃
• 아세톤	-18℃	538℃
• 벤젠	-11℃	562℃
• 톨루엔	4.4℃	480℃
• **메**틸알코올 →	11℃	464℃
• 에틸알코올	13℃	423℃
• 아세트산	40℃	-
• **등**유 →	43~72℃	210℃
• **경**유	50~70℃	200℃
• 적린	-	260℃

기억법 인산 이메등경

- 착화점=발화점=착화온도=발화온도
- 인화점=인화온도

답 ①

18 표준상태에서 메탄가스의 밀도는 몇 g/L인가?

22.03.문06
20.08.문14

① 0.21　　② 0.41
③ 0.71　　④ 0.91

해설 (1) 원자량

원소	원자량
H	1
C	12
N	14
O	16

메탄(CH_4) 분자량 = $12 + 1 \times 4 = 16$

(2) 증기밀도

$$증기밀도 [g/L] = \frac{분자량}{22.4}$$

여기서, 22.4 : 공기의 부피[L]

$$증기밀도 [g/L] = \frac{분자량}{22.4} = \frac{16}{22.4} ≒ 0.71 g/L$$

- 단위를 보고 계산하면 쉽다.

비교

증기비중

$$증기비중 = \frac{분자량}{29}$$

여기서, 29 : 공기의 평균 분자량[g/mol]

답 ③

19 이산화탄소의 증기비중은 약 얼마인가? (단, 공기의 분자량은 29이다.)

19.09.문07
17.05.문03
16.03.문02

① 0.81　　② 1.52
③ 2.02　　④ 2.51

해설 (1) 증기비중

$$증기비중 = \frac{분자량}{29}$$

여기서, 29 : 공기의 평균 분자량

(2) 분자량

원소	원자량
H	1
C	12
N	14
O	16

이산화탄소(CO_2) 분자량 = $12 + 16 \times 2 = 44$

$$증기비중 = \frac{44}{29} ≒ 1.52$$

- 증기비중 = 가스비중

중요

이산화탄소의 물성

구분	물성
임계압력	72.75atm
임계온도	31.35℃(약 31.1℃)
3중점	−**5**6.3℃(약 −56℃)
승화점(**비**점)	−**7**8.5℃
허용농도	0.5%
증기비중	1.**5**29
수분	0.05% 이하(함량 99.5% 이상)

기억법 이356, 이비78, 이증15

답 ②

20 다음 중 연기에 의한 감광계수가 $0.1m^{-1}$, 가시거리가 20~30m일 때의 상황으로 옳은 것은?

24.07.문13
23.05.문02
23.03.문20
21.09.문07
21.03.문02

① 건물 내부에 익숙한 사람이 피난에 지장을 느낄 정도
② 연기감지기가 작동할 정도
③ 어두운 것을 느낄 정도
④ 앞이 거의 보이지 않을 정도

해설 감광계수와 가시거리

감광계수 [m^{-1}]	가시거리 [m]	상황
0.1	20~30	연기**감**지기가 작동할 때의 농도(연기감지기가 작동하기 직전의 농도) 보기 ②
0.3	5	건물 내부에 **익**숙한 사람이 피난에 지장을 느낄 정도의 농도 보기 ①
0.5	3	**어**두운 것을 느낄 정도의 농도 보기 ③
1	1~2	앞이 거의 **보**이지 않을 정도의 농도 보기 ④
10	0.2~0.5	화재 **최**성기 때의 농도
30	−	출화실에서 연기가 **분**출할 때의 농도

기억법　0123　감
　　　　035　익
　　　　053　어
　　　　112　보
　　　　100205　최
　　　　30　분

답 ②

제2과목 소방유체역학

21. 배관 내에서 물의 수격작용(water hammer)을 방지하는 대책으로 잘못된 것은?

① 조압수조(surge tank)를 관로에 설치한다.
② 밸브를 펌프 송출구에서 멀게 설치한다.
③ 밸브를 서서히 조작한다.
④ 관경을 크게 하고 유속을 작게 한다.

 ② 멀게 → 가까이

수격작용(water hammer)

구분	내용
개요	• 배관 속의 물흐름을 급히 차단하였을 때 동압이 정압으로 전환되면서 일어나는 **쇼크**(shock)현상 • 배관 내를 흐르는 유체의 유속을 급격하게 변화시키므로 압력이 상승 또는 하강하여 관로의 벽면을 치는 현상
발생 원인	• 펌프가 갑자기 정지할 때 • 급히 밸브를 개폐할 때 • 정상운전시 유체의 압력변동이 생길 때
방지 대책	• **관**의 관경(직경)을 크게 한다. • 관 내의 유속을 낮게 한다.(관로에서 일부 고압수를 방출한다.) • **조압수조**(surge tank)를 관선(관로)에 설치한다. • **플라이휠**(flywheel)을 설치한다. • 펌프 **송출구**(토출측) **가까이**에 밸브를 설치한다. • **에어체임버**(air chamber)를 설치한다. • 밸브를 서서히 조작한다.

기억법 수방관플에

비교

공동현상(cavitation, 캐비테이션)

구분	내용
개요	펌프의 흡입측 배관 내의 물의 정압이 기존의 증기압보다 낮아져서 기포가 발생되어 물이 흡입되지 않는 현상
발생 현상	• **소음**과 **진동** 발생 • 관 부식(펌프깃의 침식) • 임펠러의 **손상**(수차의 날개를 해침) • 펌프의 성능 저하(양정곡선 저하) • 효율곡선 저하
발생 원인	• 펌프 입구 직전에서의 전압력이 낮은 경우 • **펌프**가 물탱크보다 부적당하게 **높게** 설치되어 있을 때 • 펌프 **흡입수두**가 지나치게 **클** 때 • 펌프 **회전수**가 지나치게 **높을** 때 • 관 내를 흐르는 **물의 정압**이 그 물의 온도에 해당하는 증기압보다 **낮을** 때
방지 대책	• 펌프의 흡입수두를 작게 한다.(흡입양정을 짧게 함) • 펌프의 마찰손실을 작게 한다. • 펌프의 임펠러속도(회전수)를 작게 한다.(흡입속도를 감소시킴) • 흡입압력을 **높게** 한다. • 펌프의 설치위치를 수원보다 **낮게** 한다. • **양**(쪽)**흡입펌프**를 사용한다.(펌프의 흡입측을 가압함) • 관 내의 물의 정압을 그때의 증기압보다 높게 한다. • 흡입관의 **구경**을 **크게** 한다. • 펌프를 **2개** 이상 설치한다. • 회전차를 수중에 완전히 잠기게 한다.

답 ②

22. 운동량의 단위로 맞는 것은?

① N
② J/s
③ $N \cdot s^2/m$
④ $N \cdot s$

해설 ④ 운동량[$N \cdot s$]

차원	중력단위[차원]	절대단위[차원]
길이	m[L]	m[L]
시간	s[T]	s[T]
운동량	$N \cdot s$[FT] 보기 ④	$kg \cdot m/s$[MLT^{-1}]
힘	N[F]	$kg \cdot m/s^2$[MLT^{-2}]
속도	m/s[LT^{-1}]	m/s[LT^{-1}]
가속도	m/s^2[LT^{-2}]	m/s^2[LT^{-2}]
질량	$N \cdot s^2/m$[$FL^{-1}T^2$]	kg[M]
압력	N/m^2[FL^{-2}]	$kg \cdot s^2$[$ML^{-1}T^{-2}$]
밀도	$N \cdot s^2/m^4$[$FL^{-4}T^2$]	kg/m^3[ML^{-3}]
비중	무차원	무차원
비중량	N/m^3[FL^{-3}]	$kg/m^2 \cdot s^2$[$ML^{-2}T^{-2}$]
비체적	$m^4/N \cdot s^2$[$F^{-1}L^4T^{-2}$]	m^3/kg[$M^{-1}L^3$]
일률	$N \cdot m/s$[FLT^{-1}]	$kg \cdot m^2/s^3$[ML^2T^{-3}]
일	$N \cdot m$[FL]	$kg \cdot m^2/s^2$[ML^2T^{-2}]
점성계수	$N \cdot s/m^2$[$FL^{-2}T$]	$kg/m \cdot s$[$ML^{-1}T^{-1}$]

답 ④

23. 그림과 같이 개방된 물탱크의 수면까지 수직으로 살짝 잠긴 반지름 a인 원형 평판을 b만큼 밀어 넣었더니 한쪽 면이 압력에 의해 받는 힘이 50% 늘어났다. 대기압의 영향을 무시한다면 $\dfrac{b}{a}$는?

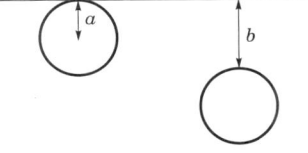

① 0.2
② 0.5
③ 1
④ 2

해설 (1) 힘
압력에 의해 받는 힘이 50% 늘어났으므로
(100%+50%=150%=1.5)
$F_2 = 1.5 F_1$ … ㉠

(2) 압력

$$p = \gamma h, \quad p = \dfrac{F}{A} = \dfrac{F}{\pi a^2}$$

여기서, p : 압력[Pa]
γ : 비중량[N/m³]
h : 높이[m]
F : 힘[N]
A : 단면적[m²]
a : 반지름[m]

문제의 그림에서 $\boxed{h = a}$ 이므로
$$F_1 = pA = (\gamma h)A = (\gamma a)A = (\gamma a)(\pi a^2) \cdots \text{ⓒ}$$
$$= \gamma a(\pi a^2)$$

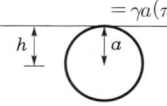

$$F_2 = pA = (\gamma h)A = (\gamma(a+b))A = \gamma(a+b)(\pi a^2) \cdots \text{ⓒ}$$
문제의 그림에서 $\boxed{h = a+b}$ 이므로

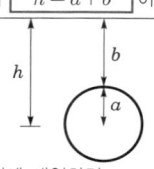

ⓒ식과 ⓒ식을 ⓒ식에 대입하면
$$F_2 = 1.5F_1$$
$$\gamma(a+b)(\pi a^2) = 1.5\gamma a(\pi a^2)$$
$$\frac{\cancel{\gamma}(a+b)\cancel{(\pi a^2)}}{\cancel{\gamma}a\cancel{(\pi a^2)}} = 1.5$$
$$\frac{a+b}{a} = 1.5$$
$$\frac{a}{a} + \frac{b}{a} = 1.5$$
$$1 + \frac{b}{a} = 1.5$$
$$\frac{b}{a} = 1.5 - 1 = 0.5$$

답 ②

24 ★★★
22.09.문24
21.05.문32
19.09.문23
16.03.문30
11.03.문31

안지름 60cm의 수평 원관에 정상류의 층류흐름이 있다. 이 관의 길이 60m에 대한 수두손실이 9m였다면 이 관에 대하여 관 벽으로부터 10cm 떨어진 지점에서의 전단응력의 크기[N/m²]는?

① 294 ② 147
③ 98   ④ 196

 (1) 기호

- r : 30cm=0.3m(안지름이 60cm이므로 반지름은 30cm, 100cm=1m)
- r' : (30−10)cm=20cm=0.2m(100cm=1m)
- l : 60m
- h : 9m
- τ : ?

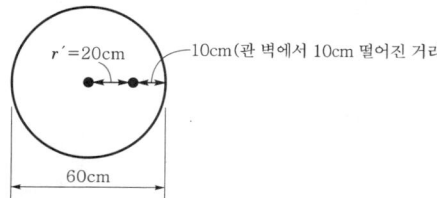

(2) 압력차
$$\Delta P = \gamma h$$
여기서, ΔP : 압력차[N/m²] 또는 [Pa]
γ : 비중량(물의 비중량 9800N/m³)
h : 높이(수두손실)[m]

압력차 ΔP는
$\Delta P = \gamma h = 9800\text{N/m}^3 \times 9\text{m} = 88200\text{N/m}^2$

(3) 뉴턴의 **점성법칙**
$$\tau = \frac{P_A - P_B}{l} \cdot \frac{r}{2}$$
여기서, τ : 전단응력[N/m²] 또는 [Pa]
$P_A - P_B$: 압력강하[N/m²] 또는 [Pa]
l : 관의 길이[m]
r : 반경[m]

중심에서 **20cm** 떨어진 지점에서의 **전단응력** τ는
$$\tau = \frac{P_A - P_B}{l} \cdot \frac{r'}{2}$$
$$= \frac{88200\text{N/m}^2}{60\text{m}} \times \frac{0.2\text{m}}{2}$$
$$= 147\text{N/m}^2$$

• 전단응력=전단력

중요

전단응력	
층류	난류
$\tau = \dfrac{P_A - P_B}{l} \cdot \dfrac{r}{2}$	$\tau = \mu \dfrac{du}{dy}$
여기서, τ : 전단응력[N/m²] $P_A - P_B$: 압력강하 [N/m²] l : 관의 길이[m] r : 반경[m]	여기서, τ : 전단응력[N/m²] 또는 [Pa] μ : 점성계수 [N·s/m²] 또는 [kg/m·s] $\dfrac{du}{dy}$: 속도구배(속도 변화율)$\left(\dfrac{1}{s}\right)$ du : 속도[m/s] dy : 높이[m]

답 ②

25 ★★★
24.03.문27
21.09.문28
15.05.문35
06.09.문29

옥내소화전설비에서 노즐구경이 같은 노즐에서 방수압력(계기압력)을 9배로 올리면 방수량은 몇 배로 되는가?

① $\sqrt{3}$ ② 2
③ 3   ④ 9

 (1) 기호

- P : 9배
- Q : ?

(2) 방수량

$$Q = 0.653D^2\sqrt{10P} = 0.6597CD^2\sqrt{10P}$$

여기서, Q : 방수량[L/min]
  C : 유량계수(노즐의 흐름계수)
  D : 구경[mm]
  P : 방압[MPa]

$Q = 0.653D^2\sqrt{10P} \propto \sqrt{P} = \sqrt{9} = 3$

∴ 3배

답 ③

26 ★★★

다음 그림과 같은 U자관 차압마노미터가 있다. 비중 $S_1 = 0.9$, $S_2 = 13.6$, $S_3 = 1.2$이고 $h_1 = 10\text{cm}$, $h_2 = 30\text{cm}$, $h_3 = 20\text{cm}$일 때 $P_A - P_B$는 얼마인가?

23.09.문31
21.09.문37
21.03.문22
19.09.문36
19.03.문30
13.06.문25

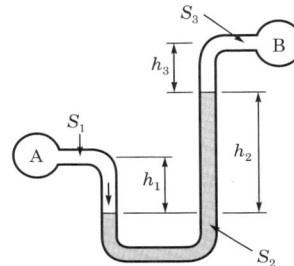

① 41.5kPa ② 28.8kPa
③ 41.5Pa   ④ 28.8Pa

해설 (1) 기호

- S_1 : 0.9
- S_2 : 13.6
- S_3 : 1.2
- h_1 : 10cm = 0.1m
- h_2 : 30cm = 0.3m
- h_3 : 20cm = 0.2m
- $P_A - P_B$: ?

(2) 비중

$$s = \frac{\gamma}{\gamma_w}$$

여기서, s : 비중
  γ : 어떤 물질의 비중량[kN/m³]
  γ_w : 물의 비중량(9.8kN/m³)

물의 비중량 $\gamma_w = 9.8\text{kN/m}^3$
비중량 $\gamma_1 = S_1 \times \gamma_w = 0.9 \times 9.8\text{kN/m}^3 = 8.82\text{kN/m}^3$
비중량 $\gamma_2 = S_2 \times \gamma_w = 13.6 \times 9.8\text{kN/m}^3 = 133.28\text{kN/m}^3$
비중량 $\gamma_3 = S_3 \times \gamma_w = 1.2 \times 9.8\text{kN/m}^3 = 11.76\text{kN/m}^3$

(3) 압력차

$P_A + \gamma_1 h_1 - \gamma_2 h_2 - \gamma_3 h_3 = P_B$
$P_A - P_B = -\gamma_1 h_1 + \gamma_2 h_2 + \gamma_3 h_3$
  $= -8.82\text{kN/m}^3 \times 0.1\text{m} + 133.28\text{kN/m}^3 \times 0.3\text{m} + 11.76\text{kN/m}^3 \times 0.2\text{m}$
  $= 41.454 ≒ 41.5\text{kN/m}$
  $= 41.5\text{kPa}(1\text{kN/m}^2 = 1\text{kPa})$

중요

시차액주계의 압력계산방법
점 a를 기준으로 내려가면 더하고, 올라가면 빼면 된다.

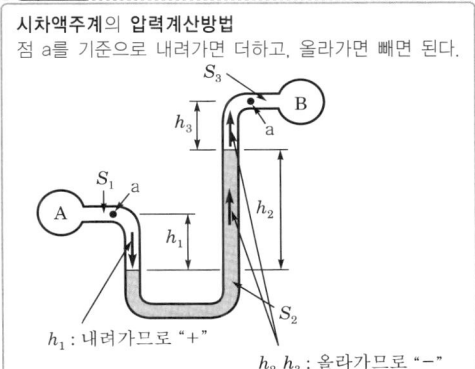

h_1 : 내려가므로 "+"
h_2, h_3 : 올라가므로 "-"

답 ①

27 ★★★

직경이 20mm에서 40mm로 돌연 확대하는 원형 관이 있다. 이때 직경이 20mm인 관에서 레이놀즈수가 5000이라면 직경이 40mm인 관에서의 레이놀즈수는 얼마인가?

20.06.문23
19.09.문24
19.09.문35
15.09.문27
14.09.문33
05.05.문23

① 2500 ② 5000
③ 7500 ④ 10000

해설 (1) 기호

- D_1 : 20mm
- D_2 : 40mm
- Re_1 : 5000
- Re_2 : ?

(2) 유량

$$Q = AV = \left(\frac{\pi D^2}{4}\right)V$$

여기서, Q : 유량[m³/s]
  A : 단면적[m²]
  V : 유속[m/s]
  D : 직경[m]

유속 V는

$$V = \frac{Q}{\frac{\pi D^2}{4}} = \frac{4Q}{\pi D^2}$$

(3) 레이놀즈수

$$Re = \frac{DV\rho}{\mu} = \frac{DV}{\nu}$$

여기서, Re : 레이놀즈수
D : 내경[m]
V : 유속[m/s]
ρ : 밀도[kg/m³]
μ : 점도[kg/m·s]
ν : 동점성계수$\left(\dfrac{\mu}{\rho}\right)$[m²/s]

레이놀즈수 Re 는

$$Re = \dfrac{DV}{\nu} = \dfrac{D\left(\dfrac{4Q}{\pi D^2}\right)}{\nu} = \dfrac{\dfrac{4Q}{\pi D}}{\nu} = \dfrac{4Q}{\pi D\nu} \propto \dfrac{1}{D}$$

$Re \propto \dfrac{1}{D}$ 이므로

$Re_1 : \dfrac{1}{D_1} = Re_2 : \dfrac{1}{D_2}$

$5000 : \dfrac{1}{20mm} = Re_2 : \dfrac{1}{40mm}$

$\dfrac{1}{20}Re_2 = 5000 \times \dfrac{1}{40}$ ← 계산의 편의를 위해 단위 생략

$Re_2 = \dfrac{5000 \times \dfrac{1}{40}}{\dfrac{1}{20}} = 2500$

중요

돌연 확대관에서의 손실

$$H = K\dfrac{(V_1 - V_2)^2}{2g}$$

여기서, H : 손실수두[m]
K : 손실계수
V_1 : 축소관 유속[m/s]
V_2 : 확대관 유속[m/s]
$V_1 - V_2$: 입·출구 속도차[m/s]
g : 중력가속도(9.8m/s²)

| 돌연 확대관 |

답 ①

28 열역학 제2법칙에 관한 설명으로 틀린 것은?

20.06.문28
17.05.문25
14.05.문24
13.09.문22

① 열효율 100%인 열기관은 제작이 불가능하다.
② 열은 스스로 저온체에서 고온체로 이동할 수 없다.
③ 제2종 영구기관은 동작물질의 종류에 따라 존재할 수 있다.
④ 한 열원에서 발생하는 열량을 일로 바꾸기 위해서는 반드시 다른 열원의 도움이 필요하다.

해설 ③ 있다. → 없다.

열역학의 법칙
(1) **열역학 제0법칙** (열평형의 법칙)
  ㉠ 온도가 높은 물체에 낮은 물체를 접촉시키면 온도가 **높은 물체**에서 **낮은 물체**로 열이 이동하여 두 물체의 **온도**는 **평형**을 이루게 된다.
  ㉡ 어떤 두 물체 A와 B가 제3의 물체 C와 각각 열평형상태에 있을 때, 두 물체 A와 B도 서로 열평형상태이다.
(2) **열역학 제1법칙** (에너지보존의 법칙)
  기체의 공급에너지는 **내부에너지**와 외부에서 한 일의 합과 같다.
(3) **열역학 제2법칙**
  ㉠ 열은 스스로 **저온**에서 **고온**으로 절대로 흐르지 않는다.
  ㉡ 열은 그 스스로 저온체에서 고온체로 이동할 수 없다.
  ㉢ 자발적인 변화는 **비가역**이다.
  ㉣ 열을 완전히 일로 바꿀 수 있는 **열기관**을 만들 수 **없다** (제2종 영구기관의 제작이 **불가능**하다).
  ㉤ 열기관에서 일을 얻으려면 최소 **두 개**의 **열원**이 필요하다.
(4) **열역학 제3법칙**
  순수한 물질이 1atm하에서 결정상태이면 엔트로피는 0K에서 0이다.

답 ③

29 그림과 같이 수조차의 탱크 측벽에 안지름이 25cm인 노즐을 설치하여 노즐로부터 물이 분사되고 있다. 노즐 중심은 수면으로부터 3m 아래에 있다고 할 때 수조차가 받는 추력 F는 약 몇 kN인가? (단, 노면과의 마찰은 무시한다.)

21.05.문35
19.03.문27
13.09.문39
05.03.문23

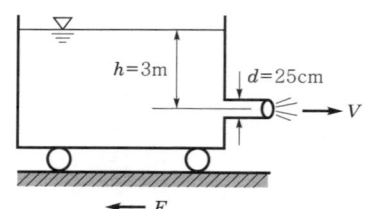

① 1.77
② 2.89
③ 4.56
④ 5.21

해설 (1) **기호**
  • $d(D)$: 25cm=0.25m(100cm=1m)
  • $h(H)$: 3m
  • F : ?

(2) **토리첼리의 식**

$$V = \sqrt{2gH}$$

여기서, V : 유속[m/s]
g : 중력가속도(9.8m/s²)
H : 높이[m]

유속 V는

$V = \sqrt{2gH} = \sqrt{2 \times 9.8m/s^2 \times 3m} ≒ 7.668m/s$

(3) 유량

$$Q = AV$$

여기서, Q : 유량[m³/s]
 A : 단면적[m²]
 V : 유속[m/s]

(4) 추력(힘)

$$F = \rho QV$$

여기서, F : 추력(힘)[N]
 ρ : 밀도(물의 밀도 1000N·s²/m⁴)
 Q : 유량[m³/s]
 V : 유속[m/s]

추력 F 는

$$F = \rho QV = \rho(AV)V = \rho AV^2 = \rho\left(\frac{\pi D^2}{4}\right)V^2$$

$$= 1000N \cdot s^2/m^4 \times \frac{\pi \times (0.25m)^2}{4} \times (7.668m/s)^2$$

$$= 2886N = 2.886kN ≒ 2.89kN$$

• $Q = AV$ 이므로 $F = \rho QV = \rho(AV)V$
• $A = \frac{\pi D^2}{4}$ (여기서, D : 지름[m])

답 ②

30

공기의 평균속도가 16m/s인 원형 관속을 5kg/s의 공기가 흐르고 있다. 관속 공기의 절대압력은 200kPa, 온도는 23℃일 때 원형관의 내경은 몇 mm 인가? (단, 공기의 기체상수는 287J/kg·K이다.)

① 300 ② 400
③ 520 ④ 600

해설

(1) 기호
• V : 16m/s
• $\overline{m}$: 5kg/s
• P : 200kPa = 200kN/m²(1kPa=1kN/m²)
• T : (273+23)K
• D : ?
• R : 287J/kg·K = 287N·m/kg·K(1J=1N·m)

(2) 밀도

$$\rho = \frac{P}{RT}$$

여기서, ρ : 밀도[kg/m³]
 P : 압력[Pa]
 R : 기체상수[N·m/kg·K]
 T : 절대온도(273+℃)[K]

밀도 ρ 는

$$\rho = \frac{P}{RT} = \frac{200kN/m^2}{287N \cdot m/kg \cdot K \times (273+23)K}$$

$$= \frac{200 \times 10^3 N/m^2}{287N \cdot m/kg \cdot K \times (273+23)K} ≒ 2.35kg/m^3$$

(3) 질량유량(mass flowrate)

$$\overline{m} = AV\rho = \left(\frac{\pi D^2}{4}\right)V\rho$$

여기서, $\overline{m}$: 질량유량[kg/s]
 A : 단면적[m²]
 V : 유속[m/s]
 ρ : 밀도(물의 밀도 1000kg/m³)
 D : 직경[m]

내경 D 는

$$\frac{4\overline{m}}{\pi V\rho} = D^2$$

$$D^2 = \frac{4\overline{m}}{\pi V\rho} \leftarrow \text{좌우 위치 바꿈}$$

$$\sqrt{D^2} = \sqrt{\frac{4\overline{m}}{\pi V\rho}}$$

$$D = \sqrt{\frac{4\overline{m}}{\pi V\rho}} = \sqrt{\frac{4 \times 5kg/s}{\pi \times 16m/s \times 2.35kg/m^3}}$$

$$≒ 0.4m = 400mm (1m = 1000mm)$$

답 ②

31

어떤 펌프가 1400rpm으로 회전할 때 12.6m의 전양정을 갖는다고 한다. 이 펌프를 1450rpm으로 회전할 경우 전양정은 약 몇 m인가? (단, 상사법칙을 만족한다고 한다.)

① 10.6 ② 12.6
③ 13.5 ④ 14.8

해설

(1) 기호
• N_1 : 1400rpm
• H_1 : 12.6m
• N_2 : 1450rpm

(2) 상사법칙

㉠ 유량

$$Q_2 = Q_1\left(\frac{N_2}{N_1}\right)$$

여기서, Q_1, Q_2 : 변화 전후의 유량[m³/min]
 N_1, N_2 : 변화 전후의 회전수[rpm]

㉡ 양정

$$H_2 = H_1\left(\frac{N_2}{N_1}\right)^2$$

여기서, H_1, H_2 : 변화 전후의 양정[m]
 N_1, N_2 : 변화 전후의 회전수[rpm]

㉢ 축동력

$$P_2 = P_1\left(\frac{N_2}{N_1}\right)^3$$

여기서, P_1, P_2 : 변화 전후의 축동력[kW]
 N_1, N_2 : 변화 전후의 회전수[rpm]

∴ 양정 H_2는

$$H_2 = H_1 \left(\frac{N_2}{N_1}\right)^2$$
$$= 12.6 \times \left(\frac{1450}{1400}\right)^2 = 13.5\text{m}$$

※ **상사법칙** : 기하학적으로 유사하거나 같은 펌프에 적용하는 법칙

답 ③

32 동점성계수가 $2.4 \times 10^{-4} \text{m}^2/\text{s}$이고, 비중이 0.88인 40℃ 엔진오일을 1km 떨어진 곳으로 원형관을 통하여 완전발달 층류상태로 수송할 때 관의 직경 100mm이고 유량 $0.02\text{m}^3/\text{s}$라면 필요한 최소 펌프동력[kW]은?

20.06.문36
17.09.문36

① 28.2
② 30.1
③ 32.2
④ 34.4

 (1) 기호
- ν : $2.4 \times 10^{-4} \text{m}^2/\text{s}$
- s : 0.88
- T : 40℃=(273+40)K
- L : 1km=1000m
- D : 100mm=0.1m(1000mm=1m)
- Q : $0.02\text{m}^3/\text{s}$
- P : ?

(2) 유량

$$Q = AV = \left(\frac{\pi D^2}{4}\right) V$$

여기서, Q : 유량[m³/s]
A : 단면적[m²]
V : 유속[m/s]
D : 직경(내경)[m]

유속 V는

$$V = \frac{Q}{\frac{\pi D^2}{4}} = \frac{0.02\text{m}^3/\text{s}}{\frac{\pi \times (0.1\text{m})^2}{4}} ≒ 2.546\text{m/s}$$

(3) 비중

$$s = \frac{\gamma}{\gamma_w}$$

여기서, s : 비중
γ : 어떤 물질(엔진오일)의 비중량[N/m³]
γ_w : 물의 비중량(9800N/m³)

엔진오일의 비중량 γ은
$\gamma = s \times \gamma_w$
$= 0.88 \times 9800\text{N/m}^3$
$= 8624\text{N/m}^3$
$= 8.624\text{kN/m}^3$

(4) 레이놀즈수

$$Re = \frac{DV\rho}{\mu} = \frac{DV}{\nu}$$

여기서, Re : 레이놀즈수
D : 내경(직경)[m]
V : 유속(속도)[m/s]
ρ : 밀도[kg/m³]
μ : 점성계수[kg/(m·s)]
ν : 동점성계수$\left(\frac{\mu}{\rho}\right)$[m²/s]

레이놀즈수 $Re = \frac{DV}{\nu} = \frac{0.1\text{m} \times 2.546\text{m/s}}{2.4 \times 10^{-4} \text{m}^2/\text{s}} ≒ 1060$

- Re(레이놀즈수)가 2100 이하이므로 층류식 적용

(5) 관마찰계수(층류)

$$f = \frac{64}{Re}$$

여기서, f : 관마찰계수
Re : 레이놀즈수

관마찰계수 $f = \frac{64}{Re} = \frac{64}{1060} ≒ 0.06$

(6) 달시-웨버의 식

$$H = \frac{\Delta P}{\gamma} = \frac{fLV^2}{2gD}$$

여기서, H : 마찰손실[m]
ΔP : 압력차(압력손실)[kPa] 또는 [kN/m²]
γ : 비중량[kN/m³]
f : 관마찰계수
L : 길이[m]
V : 유속[m/s]
g : 중력가속도(9.8m/s²)
D : 내경(직경)[m]

압력차 ΔP는

$$\Delta P = \frac{\gamma fLV^2}{2gD}$$
$$= \frac{8.624\text{kN/m}^3 \times 0.06 \times 1000\text{m} \times (2.546\text{m/s})^2}{2 \times 9.8\text{m/s}^2 \times 0.1\text{m}}$$
$$≒ 1711\text{kN/m}^2$$
$$= 1711\text{kPa}$$

(7) 표준대기압

1atm=760mmHg=1.0332kg$_f$/cm²
=10.332mH₂O(mAq)
=10.332m
=14.7PSI(lb$_f$/in²)
=101.325kPa(kN/m²)
=1013mbar

1711kPa = $\frac{1711\text{kPa}}{101.325\text{kPa}} \times 10.332\text{m} ≒ 174.47\text{m}$

- 101.325kPa=10.332m

(8) 펌프에 필요한 동력

$$P = \frac{0.163QH}{\eta}K$$

여기서, P : 전동력(펌프동력)[kW]
Q : 유량[m³/min]
H : 전양정[m]
η : 효율
K : 전달계수

펌프에 필요한 동력 P는

$$P = \frac{0.163QH}{\eta}K$$
$$= 0.163 \times 0.02 \text{m}^3/\text{s} \times 174.47\text{m}$$
$$= 0.163 \times 0.02 \text{m}^3 \left/ \frac{1}{60} \right. \text{min} \times 174.47\text{m}$$
$$= 0.163 \times (0.02 \times 60) \text{m}^3/\text{min} \times 174.47\text{m}$$
$$\fallingdotseq 34.13 \text{kW}$$

• 계산과정 중 반올림이나 올림 등을 고려하면 34.4kW 정답!
• η, K는 주어지지 않았으므로 무시

답 ④

33 ★★★

송풍기의 전압이 1.47kPa, 풍량이 20m³/min, 전압효율이 0.6일 때 축동력[W]은?

23.03.문24
20.08.문22
18.03.문33
17.09.문24
17.05.문36
16.10.문24
15.09.문36
13.09.문30
13.06.문24
11.06.문25
03.05.문80

① 463.2
② 816.7
③ 1110.3
④ 1264.4

해설 (1) 기호

• P_T : 1.47kPa = $\frac{1.47\text{kPa}}{101.325\text{kPa}} \times 10332\text{mmH}_2\text{O}$
  $\fallingdotseq 149.9\text{mmH}_2\text{O}$

  101.325kPa = 10.332mH₂O = 10332mmH₂O
  (1m=1000mm)

• Q : 20m³/min
• η : 0.6
• P : ?

중요

표준대기압
1atm = 760mmHg = 1.0332kgf/cm²
      = 10.332mH₂O(mAq)
      = 14.7PSI(lb_f/in²)
      = 101.325kPa(kN/m²)
      = 1013mbar

(2) 송풍기 축동력

$$P = \frac{P_T Q}{102 \times 60\eta}$$

여기서, P : 송풍기 축동력[kW]
P_T : 송풍기전압(정압)[mmAq] 또는 [mmH₂O]
Q : 풍량(배출량) 또는 체적유량[m³/min]
η : 효율

송풍기 축동력 P는

$$P = \frac{P_T Q}{102 \times 60\eta} = \frac{149.9\text{mmH}_2\text{O} \times 20\text{m}^3/\text{min}}{102 \times 60 \times 0.6}$$
$$= 0.8164\text{kW} = 816.4\text{W}$$

• 816.4W의 근사값인 816.7W가 정답

용어

송풍기 축동력
동력에서 전달계수 또는 여유율(K)을 고려하지 않는 것

$$\text{축동력} \ P = \frac{P_T Q}{102 \times 60\eta}$$

비교

펌프의 동력(물을 사용하는 설비)
(1) **전동력** : 일반적인 전동기의 동력(용량)을 말한다.

$$P = \frac{0.163QH}{\eta}K$$

여기서, P : 전동력[kW]
Q : 유량[m³/min]
H : 전양정[m]
K : 전달계수
η : 효율

(2) **축동력** : 전달계수 또는 여유율(K)를 고려하지 않은 동력이다.

$$P = \frac{0.163QH}{\eta}$$

여기서, P : 축동력[kW]
Q : 유량[m³/min]
H : 전양정[m]
η : 효율

(3) **수동력** : 전달계수(K)와 효율(η)을 고려하지 않은 동력이다.

$$P = 0.163QH$$

여기서, P : 수동력[kW]
Q : 유량[m³/min]
H : 전양정[m]

답 ②

34 ★★★

대기에 노출된 상태로 저장 중인 20℃의 소화용수 500kg을 연소 중인 가연물에 분사하였을 때 소화용수가 모두 100℃인 수증기로 증발하였다. 이때 소화용수가 증발하면서 흡수한 열량 [MJ]은? (단, 물의 비열은 4.2kJ/kg·℃, 기화열은 2250kJ/kg이다.)

22.09.문25
21.03.문04
19.03.문05
17.05.문20
15.09.문03
15.05.문19
14.05.문03
11.10.문18
10.05.문03

① 1125
② 2.59
③ 168
④ 1293

해설 (1) 기호
- m : 500kg
- ΔT : (100−20)℃
- Q : ?
- C : 4.2kJ/kg·℃
- r_2 : 2250kJ/kg

(2) 열량
$$Q = r_1 m + mC\Delta T + r_2 m$$

여기서, Q : 열량(cal)
r_1 : 융해열(cal/g)
r_2 : 기화열(cal/g)
m : 질량(kg)
C : 비열(cal/g·℃)
ΔT : 온도차(℃)

열량 Q는
$Q = r_1 m + mC\Delta T + r_2 m$ ← 융해열은 없으므로 $r_1 m$ 삭제
$= mC\Delta T + r_2 m$
$= 500\text{kg} \times 4.2\text{kJ/kg}\cdot\text{℃} \times (100-20)\text{℃}$
$\quad + 2250\text{kJ/kg} \times 500\text{kg}$
$= 1293000\text{kJ} = 1293\text{MJ}(1000\text{kJ} = 1\text{MJ})$

답 ④

35 ★★★

온도 54.64℃, 압력 100kPa인 산소가 지름 10cm인 관 속을 흐를 때 층류로 흐를 수 있는 평균속도의 최대값(m/s)은 얼마인가? (단, 임계레이놀즈수는 2100, 산소의 점성계수는 23.16×10^{-6}kg/m·s, 기체상수는 259.75N·m/kg·K이다.)

20.08.문29
19.09.문26
19.04.문34
17.09.문40
17.05.문35
15.09.문39
14.05.문40
14.03.문30
11.03.문33

① 0.212 ② 0.414
③ 0.616 ④ 0.818

해설 (1) 기호
- T : 54.64℃=(273+54.64)K
- P : 100kPa=100kN/m²(1kPa=1kN/m²)
- D : 10cm=0.1m(100cm=1m)
- V : ?
- Re : 2100
- μ : 23.16×10^{-6}kg/m·s
- R : 259.75N·m/kg·K=0.25975kN·m/kg·K

(2) 밀도
$$\rho = \frac{m}{V}$$

여기서, ρ : 밀도(kg/m³) 또는 (N·s²/m⁴)
m : 질량(kg)
V : 부피(m³)

(3) 이상기체상태방정식
$$PV = mRT$$

여기서, P : 압력(kN/m²)
V : 부피(m³)
m : 질량(kg)
R : 기체상수(kN·m/kg·K)
T : 절대온도(273+℃)(K)

$PV = mRT$
$P = \frac{m}{V}RT$
$P = \rho RT$ ← $\rho = \frac{m}{V}$ 이므로
$\frac{P}{RT} = \rho$
$\rho = \frac{P}{RT}$
$= \frac{100\text{kN/m}^2}{0.25975\text{kN}\cdot\text{m/kg}\cdot\text{K} \times (273+54.64)\text{K}}$
$\fallingdotseq 1.175\text{kg/m}^3$

(4) 레이놀즈수
$$Re = \frac{DV\rho}{\mu} = \frac{DV}{\nu}$$

여기서, Re : 레이놀즈수
D : 내경(m)
V : 유속(m/s)
ρ : 밀도(kg/m³)
μ : 점성계수(kg/m·s)
ν : 동점성계수$\left(\frac{\mu}{\rho}\right)$(m²/s)

$Re = \frac{DV\rho}{\mu}$
$Re\mu = DV\rho$
$\frac{Re\mu}{D\rho} = V$
$V = \frac{Re\mu}{D\rho}$
$= \frac{2100 \times (23.16 \times 10^{-6})\text{kg/m}\cdot\text{s}}{0.1\text{m} \times 1.175\text{kg/m}^3} \fallingdotseq 0.414\text{m/s}$

답 ②

36 ★

열전달면적이 A이고 온도차이가 10℃, 벽의 열전도율이 10W/m·K, 두께 25cm인 벽을 통한 열류량은 100W이다. 동일한 열전달면적에서 온도차이가 2배, 벽의 열전도율이 4배가 되고 벽의 두께가 2배가 되는 경우 열류량(W)은 얼마인가?

21.09.문25
17.09.문35
16.10.문40

① 50   ② 200
③ 400   ④ 800

해설 (1) 기호
- $(T_2 - T_1)$: 10℃
- k : 10W/m·K
- l : 25cm=0.25m(100cm=1m)
- $\mathring{q}$: 100W
- $\mathring{q}'$: ?

(2) 전도 열전달
$$\mathring{q} = \frac{kA(T_2 - T_1)}{l}$$

여기서, $\dot{q}$: 열전달량[W]
k : 열전도율[W/m·K]
A : 단면적[m²]
$(T_2 - T_1)$: 온도차[℃] 또는 [K]
l : 두께[m]

- 열전달량=열전달률=열류량
- 열전도율=열전달계수

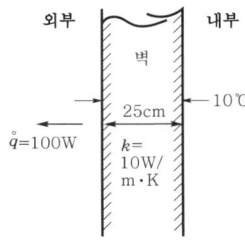

열전달면적 A는

$$A = \frac{\dot{q}l}{k(T_2-T_1)} = \frac{100W \times 0.25m}{10W/m \cdot K \times 10℃}$$
$$= \frac{100W \times 0.25m}{10W/m \cdot K \times 10K} = 0.25m^2$$

- 온도차는 ℃로 나타내던지 K으로 나타내던지 계산해 보면 값은 같다. 그러므로 여기서는 단위를 일치시키기 위해 K으로 쓰기로 한다.

$(T_2 - T_1)' = 2(T_2 - T_1) = 2 \times 10℃ = 20℃$
$k' = 4k = 4 \times 10W/m \cdot K = 40W/m \cdot K$
$l' = 2l = 2 \times 0.25m = 0.5m$

열류량 $\dot{q}'$는

$$\dot{q}' = \frac{k'A(T_2-T_1)'}{l'}$$
$$= \frac{40W/m \cdot K \times 0.25m^2 \times 20℃}{0.5m}$$
$$= \frac{40W/m \cdot K \times 0.25m^2 \times 20K}{0.5m} = 400W$$

답 ③

37 ★★
[18.09.문35]

이상적인 카르노사이클의 과정인 단열압축과 등온압축의 엔트로피 변화에 관한 설명으로 옳은 것은?

① 등온압축의 경우 엔트로피 변화는 없고, 단열압축의 경우 엔트로피 변화는 감소한다.
② 등온압축의 경우 엔트로피 변화는 없고, 단열압축의 경우 엔트로피 변화는 증가한다.
③ 단열압축의 경우 엔트로피 변화는 없고, 등온압축의 경우 엔트로피 변화는 감소한다.
④ 단열압축의 경우 엔트로피 변화는 없고, 등온압축의 경우 엔트로피 변화는 증가한다.

해설 카르노사이클
(1) 이상적인 카르노사이클

단열압축	등온압축
엔트로피 변화가 없다.	엔트로피 변화는 **감소**한다.

(2) 이상적인 카르노사이클의 특징
㉠ 가역사이클이다.
㉡ 공급열량과 방출열량의 비는 고온부의 절대온도와 저온부의 절대온도비와 같다.
㉢ 이론 효율은 **고열원** 및 **저열원**의 온도만으로 표시된다.
㉣ 두 개의 **등온변화**와 두 개의 **단열변화**로 둘러싸인 사이클이다.

(3) 카르노사이클의 순서

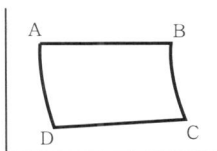

등온팽창 → 단열팽창 → 등온압축 → 단열압축
(A → B)   (B → C)   (C → D)   (D → A)

용어

엔트로피	엔탈피
어떤 물질의 정렬상태를 나타내는 수치	어떤 물질이 가지고 있는 총에너지

답 ③

38 ★★★
[23.09.문24]
[22.04.문24]
[18.04.문33]

체적이 10m³인 기름의 무게가 30000N이라면 이 기름의 비중은 얼마인가? (단, 물의 밀도는 1000kg/m³이다.)

① 0.153
② 0.306
③ 0.459
④ 0.612

해설 (1) 기호
- W : 30000N=30kN
- V : 10m³
- ρ_w : 1000kg/m³
- s : ?
- g : 9.8m/s

(2) 물체의 무게

$$W = \gamma V$$

여기서, W : 물체의 무게[kN]
γ : 비중량[kN/m³]
V : 물체가 잠긴 체적[m³]

비중량 γ는

$$\gamma = \frac{W}{V} = \frac{30kN}{10m^3} = 3kN/m^3$$

- 1kN=1000N이므로 30000N=30kN

(3) 비중량

$$\gamma_w = \rho_w g$$

여기서, γ_w : 물의 비중량[N/m³]
ρ_w : 물의 밀도[kg/m³] 또는 [N·s²/m⁴]
g : 중력가속도[m/s²]

물의 비중량 $\gamma_w = \rho_w g$
$= 1000\text{kg/m}^3 \times 9.8\text{m/s}^2$
$= 1000\text{N}\cdot\text{s}^2/\text{m}^4 \times 9.8\text{m/s}^2$
$(1\text{kg/m}^3 = 1\text{N}\cdot\text{s}^2/\text{m}^4)$
$= 9800\text{N/m}^3 = 9.8\text{kN/m}^3$

(4) 비중

$$s = \frac{\gamma}{\gamma_w}$$

여기서, s : 비중
γ : 어떤 물질의 비중량[kN/m³]
γ_w : 물의 비중량[kN/m³]

비중
$$s = \frac{\gamma}{\gamma_w} = \frac{3\text{kN/m}^3}{9.8\text{kN/m}^3} ≒ 0.306$$

답 ②

39 그림과 같이 수평과 30° 경사된 폭 50cm인 수문 AB가 A점에서 힌지(hinge)로 되어 있다. 이 문을 열기 위한 최소한의 힘 F(수문에 직각방향)는 약 몇 kN인가? (단, 수문의 무게는 무시하고, 유체의 비중은 1이다.)

20.06.문29

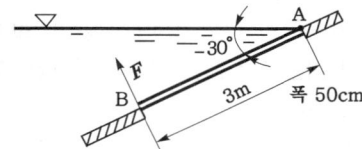

① 11.5　　② 7.35
③ 5.51　　④ 2.71

해설 (1) 기호
- θ : 30°
- A : 3m×50cm=3m×0.5m(100cm=1m)
- F_0 : ?
- s : 1

(2) 비중
$$s = \frac{\rho}{\rho_w} = \frac{\gamma}{\gamma_w}$$

여기서, s : 비중
ρ : 어떤 물질의 밀도[kg/m³]
ρ_w : 물의 밀도(1000kg/m³)
γ : 어떤 물질의 비중량[N/m³]
γ_w : 물의 비중량(9800N/m³)

유체(어떤 물질)의 **비중량** γ는
$\gamma = s \times \gamma_w$
$= 1 \times 9800\text{N/m}^3 = 9800\text{N/m}^3 = 9.8\text{kN/m}^3$

(3) 전압력
$$F = \gamma y \sin\theta A = \gamma h A$$

여기서, F : 전압력[kN]
γ : 비중량(물의 비중량 9.8kN/m³)
y : 표면에서 수문 중심까지의 경사거리[m]
h : 표면에서 수문 중심까지의 수직거리[m]
A : 수문의 단면적[m²]

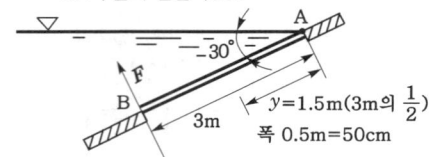

전압력 F는
$F = \gamma y \sin\theta A$
$= 9.8\text{kN/m}^3 \times 1.5\text{m} \times \sin 30° \times (3 \times 0.5)\text{m}^2$
$= 11.025\text{kN}$

(4) 작용점 깊이

명칭	구형(rectangle)
형태	(그림)
A(면적)	$A = bh$
y_c (중심위치)	$y_c = y$
I_c (관성능률)	$I_c = \dfrac{bh^3}{12}$

$$y_p = y_c + \frac{I_c}{Ay_c}$$

여기서, y_p : 작용점 깊이(작용위치)[m]
y_c : 중심위치[m]
I_c : 관성능률 $\left(I_c = \dfrac{bh^3}{12}\right)$
A : 단면적[m²] ($A = bh$)

작용점 깊이 y_p는
$y_p = y_c + \dfrac{I_c}{Ay_c} = y + \dfrac{\frac{bh^3}{12}}{(bh)y}$
$= 1.5\text{m} + \dfrac{\frac{0.5 \times (3\text{m})^3}{12}}{(0.5 \times 3)\text{m}^2 \times 1.5\text{m}} ≒ 2\text{m}$

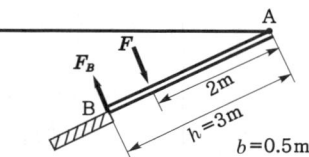

A지점 모멘트의 합이 0이므로
$\Sigma M_A = 0$
$F_B \times 3\text{m} - F \times 2\text{m} = 0$
$F_B \times 3\text{m} - 11.025\text{kN} \times 2\text{m} = 0$
$F_B \times 3\text{m} = 11.025\text{kN} \times 2\text{m}$
$F_B = \dfrac{11.025\text{kN} \times 2\text{m}}{3\text{m}} = 7.35\text{kN}$

답 ②

40 그림과 같이 수직평판에 속도 2m/s로 단면적이 0.01m²인 물 제트가 수직으로 세워진 벽면에 충돌하고 있다. 벽면의 오른쪽에서 물 제트를 왼쪽 방향으로 쏘아 벽면의 평형을 이루게 하려면 물 제트의 속도를 약 몇 m/s로 해야 하는가? (단, 오른쪽에서 쏘는 물 제트의 단면적은 0.005m²이다.)

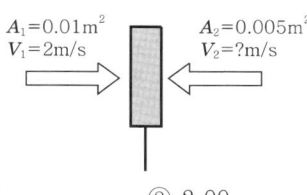

① 1.42　　② 2.00
③ 2.83　　④ 4.00

해설 (1) 기호
- A_1 : 0.01m²
- V_1 : 2m/s
- A_2 : 0.005m²
- V_2 : ?

벽면이 평형을 이루므로 힘 $F_1 = F_2$

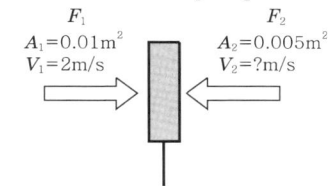

(2) 유량
$$Q = AV = \frac{\pi}{4}D^2 V \quad \cdots \text{㉠}$$

여기서, Q : 유량[m³/s], A : 단면적[m²]
V : 유속[m/s], D : 직경[m]

(3) 힘
$$F = \rho QV \quad \cdots \text{㉡}$$

여기서, F : 힘[N]
ρ : 밀도(물의 밀도 1000N·s²/m⁴)
Q : 유량[m³/s]
V : 유속[m/s]

㉡식에 ㉠식을 대입하면
$F = \rho QV = \rho(AV)V = \rho AV^2$

$F_1 = F_2$

$\rho A_1 V_1^2 = \rho A_2 V_2^2$

$\dfrac{A_1 V_1^2}{A_2} = V_2^2$

$V_2^2 = \dfrac{A_1 V_1^2}{A_2}$

$\sqrt{V_2^2} = \sqrt{\dfrac{A_1 V_1^2}{A_2}}$

$V_2 = \sqrt{\dfrac{A_1 V_1^2}{A_2}} = \sqrt{\dfrac{0.01\text{m}^2 \times (2\text{m/s})^2}{0.005\text{m}^2}} \fallingdotseq 2.83\text{m/s}$

답 ③

제3과목　소방관계법규

41 제조 또는 가공 공정에서 방염처리를 하는 방염대상물품으로 틀린 것은? (단, 합판·목재류의 경우에는 설치현장에서 방염처리를 한 것을 포함한다.)
① 카펫
② 창문에 설치하는 커튼류
③ 두께가 2mm 미만인 종이벽지
④ 전시용 합판 또는 섬유판

해설 ③ 두께 2mm 미만인 종이벽지 → 두께 2mm 미만인 종이벽지 제외

소방시설법 시행령 31조
방염대상물품

제조 또는 가공 공정에서 방염처리를 한 물품	건축물 내부의 천장이나 벽에 부착하거나 설치하는 것
① 창문에 설치하는 **커튼류**(블라인드 포함) [보기 ②] ② 카펫 [보기 ①] ③ 벽지류(두께 **2mm 미만**인 종이벽지 제외) [보기 ③] ④ 전시용 합판·목재 또는 섬유판 [보기 ④] ⑤ 무대용 합판·목재 또는 섬유판 ⑥ 암막·무대막(영화상영관·가상체험 체육시설업의 스크린 포함) ⑦ 섬유류 또는 합성수지류 등을 원료로 하여 제작된 소파·의자(단란주점영업, 유흥주점영업 및 노래연습장업의 영업장에 설치하는 것만 해당)	① 종이류(두께 **2mm 이상**), 합성수지류 또는 섬유류를 주원료로 한 물품 ② 합판이나 목재 ③ 공간을 구획하기 위하여 설치하는 **간이칸막이** ④ 흡음재(흡음용 커튼 포함) 또는 방음재(방음용 커튼 포함) ※ 가구류(옷장, 찬장, 식탁, 식탁용 의자, 사무용 책상, 사무용 의자, 계산대와 너비 10cm 이하인 반자돌림대, 내부 마감재료 제외)

답 ③

42 화재예방강화지구의 지정대상지역에 해당되지 않는 곳은?
① 시장지역
② 공장·창고가 밀집한 지역
③ 소방용수시설 또는 소방출동로가 있는 지역
④ 석유화학제품을 생산하는 공장이 있는 지역

해설 ③ 있는 → 없는

화재예방법 18조
화재예방강화지구의 지정
(1) 지정권자 : 시·도지사

(2) 지정지역
  ㉠ **시장**지역 〈보기 ①〉
  ㉡ **공장·창고** 등이 밀집한 지역 〈보기 ②〉
  ㉢ **목조건물**이 밀집한 지역
  ㉣ **노후·불량** 건축물이 밀집한 지역
  ㉤ **위험물**의 저장 및 **처리시설**이 밀집한 지역
  ㉥ **석유화학제품**을 생산하는 공장이 있는 지역 〈보기 ④〉
  ㉦ **소방시설·소방용수시설** 또는 **소방출동로**가 **없는** 지역 〈보기 ③〉
  ㉧ 「**산업입지 및 개발에 관한 법률**」에 따른 산업단지
  ㉨ 「**물류시설의 개발 및 운영에 관한 법률**」에 따른 물류단지
  ㉩ **소방청장, 소방본부장** 또는 **소방서장**(소방관서장)이 화재예방강화지구로 지정할 필요가 있다고 인정하는 지역

  ※ **화재예방강화지구** : 화재발생 우려가 크거나 화재가 발생할 경우 피해가 클 것으로 예상되는 지역에 대하여 화재의 예방 및 안전관리를 강화하기 위해 지정·관리하는 지역

기본법 19조
화재로 오인할 만한 불을 피우거나 연막소독시 신고지역
(1) **시**장지역
(2) **공장·창고**가 밀집한 지역
(3) **목조건물**이 밀집한 지역
(4) **위험물**의 저장 및 **처리시설**이 밀집한 지역
(5) **석유화학제품**을 생산하는 공장이 있는 지역
(6) 그 밖에 **시·도**의 **조례**로 정하는 지역 또는 장소

답 ③

★★★
43 소방안전관리자의 업무라고 볼 수 없는 것은?

24.05.문57
23.03.문41
21.05.문58
19.09.문53
16.05.문46
11.03.문44
10.05.문55
06.05.문55

① 소방계획서의 작성 및 시행
② 화재예방강화지구의 지정
③ 자위소방대의 구성·운영·교육
④ 피난시설, 방화구획 및 방화시설의 관리

해설 ② 시·도지사의 업무

화재예방법 24조
관계인 및 소방안전관리자의 업무

특정소방대상물 (관계인)	소방안전관리대상물 (소방안전관리자)
① **피**난시설·방화구획 및 방화시설의 관리 ② **소**방시설, 그 밖의 소방관련시설의 관리 ③ **화기취급**의 감독 ④ 소방안전관리에 필요한 업무 ⑤ 화재발생시 초기대응	① **피**난시설·방화구획 및 방화시설의 관리 〈보기 ④〉 ② **소**방시설, 그 밖의 소방관련시설의 관리 ③ **화기취급**의 감독 ④ 소방안전관리에 필요한 업무 ⑤ **소**방계획서의 작성 및 시행(대통령령으로 정하는 사항 포함) 〈보기 ①〉 ⑥ **자위소방대** 및 **초기대응체계**의 구성·운영·교육 〈보기 ③〉 ⑦ 소방**훈**련 및 교육 ⑧ 소방안전관리에 관한 업무수행에 관한 기록·유지 ⑨ 화재발생시 초기대응

[기억법] 계위 훈피소화

용어

특정소방대상물	소방안전관리대상물
건축물 등의 규모·용도 및 수용인원 등을 고려하여 소방시설을 설치하여야 하는 소방대상물로서 대통령령으로 정하는 것	대통령령으로 정하는 특정소방대상물

중요

화재예방법 18조
화재예방강화지구의 지정
(1) 지정권자 : **시·도지사** 〈보기 ②〉
(2) 지정지역
  ① **시장**지역
  ② **공장·창고** 등이 밀집한 지역
  ③ **목조건물**이 밀집한 지역
  ④ **노후·불량** 건축물이 밀집한 지역
  ⑤ **위험물**의 저장 및 **처리시설**이 **밀집**한 지역
  ⑥ **석유화학제품**을 생산하는 공장이 있는 지역
  ⑦ **소방시설·소방용수시설** 또는 **소방출동로**가 **없는** 지역
  ⑧ 「**산업입지 및 개발에 관한 법률**」에 따른 산업단지
  ⑨ 「**물류시설의 개발 및 운영에 관한 법률**」에 따른 물류단지
  ⑩ **소방청장·소방본부장** 또는 **소방서장**(소방관서장)이 화재예방강화지구로 지정할 필요가 있다고 인정하는 지역

답 ②

★★★
44 위험물안전관리법상 위험물의 정의 중 다음 (   )
17.03.문52 안에 알맞은 것은?
07.03.문44

위험물이라 함은 (㉠) 또는 발화성 등의 성질을 가지는 것으로서 (㉡)이/가 정하는 물품을 말한다.

① ㉠ 인화성, ㉡ 대통령령
② ㉠ 휘발성, ㉡ 국무총리령
③ ㉠ 인화성, ㉡ 국무총리령
④ ㉠ 휘발성, ㉡ 대통령령

위험물법 2조
용어의 정의

용 어	뜻
위험물	**인화성** 또는 **발화성** 등의 성질을 가지는 것으로서 **대통령령**이 정하는 물품
지정수량	위험물의 종류별로 위험성을 고려하여 대통령령이 정하는 수량으로서 제조소 등의 설치허가 등에 있어서 **최저**의 기준이 되는 **수량**
제조소	위험물을 제조할 목적으로 **지정수량 이상**의 위험물을 취급하기 위하여 허가를 받은 장소
저장소	지정수량 이상의 위험물을 저장하기 위한 **대통령령**이 정하는 장소
취급소	지정수량 이상의 위험물을 제조 외의 목적으로 취급하기 위한 대통령령이 정하는 장소
제조소 등	제조소·저장소·취급소

답 ①

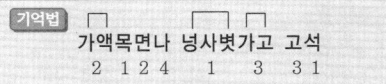

45
화재의 예방 및 안전관리에 관한 법률상 소방안전관리대상물의 관계인이 소방안전관리자를 선임할 경우에는 선임한 날부터 며칠 이내에 소방본부장 또는 소방서장에게 신고하여야 하는가?

① 7
② 14
③ 21
④ 30

해설 **14일**
(1) 소방기술자 실무교육기관 휴폐업신고일(공사업규칙 34조)
(2) **제**조소 등의 용도**폐**지 신고일(위험물법 11조)
(3) 위험물안전관리자의 **선**임신고일(위험물법 15조)
(4) 소방안전관리자의 **선**임신고일(화재예방법 26조)

기억법 14제폐선(**일사**천리로 **제패**하여 **성공**하라.)

비교
30일
(1) 소방시설업 등록사항 변경신고(공사업규칙 6조)
(2) 위험물안전관리자의 **재선임**(위험물법 15조)
(3) 소방안전관리자의 **재선임**(화재예방법 시행규칙 14조)
(4) **도급계약** 해지(공사업법 23조)
(5) 소방시설공사 중요사항 변경신고일(공사업규칙 12조)
(6) 소방기술자 실무교육기관 지정서 발급(공사업규칙 32조)
(7) 소방공사감리자 변경서류제출(공사업규칙 15조)
(8) **승계**(위험물법 10조)

답 ②

46
화재의 예방 및 안전관리에 관한 법령상 대통령령으로 정하는 특수가연물의 품명별 수량의 기준으로 옳은 것은?

① 가연성 고체류 : $2m^3$ 이상
② 목재가공품 및 나무부스러기 : $5m^3$ 이상
③ 석탄·목탄류 : 3000kg 이상
④ 면화류 : 200kg 이상

해설
① $2m^3$ 이상 → 3000kg 이상
② $5m^3$ 이상 → $10m^3$ 이상
③ 3000kg 이상 → 10000kg 이상

화재예방법 시행령 [별표 2]
특수가연물

품 명		수 량
가연성 **액**체류		$2m^3$ 이상
목재가공품 및 나무부스러기 보기②		$10m^3$ 이상
면화류 보기④		200kg 이상
나무껍질 및 대팻밥		400kg 이상
넝마 및 종이부스러기		1000kg 이상
사류(絲類)		
볏짚류		
가연성 **고**체류 보기①		3000kg 이상
고무류· 플라스틱류	발포시킨 것	$20m^3$ 이상
	그 밖의 것	3000kg 이상
석탄·목탄류 보기③		10000kg 이상

기억법 가액목면나 넝사볏가고 고석
　　　　 2 124　1　3 31

※ **특수가연물** : 화재가 발생하면 그 확대가 빠른 물품

답 ④

47
대통령령 또는 화재안전기준이 변경되어 그 기준이 강화되는 경우 기존의 특정소방대상물의 소방시설 중 대통령령으로 정하는 것으로 변경으로 강화된 기준을 적용하여야 하는 소방시설은? (단, 건축물의 신축·개축·재축·이전 및 대수선 중인 특정소방대상물을 포함한다.)

① 비상경보설비
② 화재조기진압용 스프링클러설비
③ 옥내소화전설비
④ 제연설비

해설 **소방시설법 13조, 소방시설법 시행령 13조**
변경강화기준 적용설비
(1) 소화기구
(2) 비상경보설비 보기①
(3) 자동화재탐지설비
(4) 자동화재속보설비
(5) 피난구조설비
(6) 소방시설(**공동구** 설치용, 전력 및 통신사업용 지하구)
(7) 노유자시설, 의료시설

공동구, 전력 및 통신사업용 지하구	노유자시설에 설치하여야 하는 소방시설	의료시설에 설치하여야 하는 소방시설
① 소화기 ② 자동소화장치 ③ 자동화재탐지설비 ④ 통합감시시설 ⑤ 유도등 ⑥ 연소방지설비	① 간이스프링클러설비 ② 자동화재탐지설비 ③ 단독경보형 감지기	① 스프링클러설비 ② 간이스프링클러설비 ③ 자동화재탐지설비 ④ 자동화재속보설비

답 ①

48
소방시설의 설치 및 관리에 관한 법령상 특정소방대상물의 피난시설, 방화구획 또는 방화시설의 폐쇄·훼손·변경 등의 행위를 한 자에 대한 과태료 기준으로 옳은 것은?

① 200만원 이하의 과태료
② 300만원 이하의 과태료
③ 500만원 이하의 과태료
④ 600만원 이하의 과태료

해설 **소방시설법 61조**
300만원 이하의 과태료
(1) 소방시설을 화재안전기준에 따라 설치·관리하지 아니한 자
(2) 피난시설, 방화구획 또는 방화시설의 **폐쇄·훼손·변경** 등의 행위를 한 자
(3) 임시소방시설을 설치·관리하지 아니한 자

비교

(1) **300만원** 이하의 벌금
 ① 화재안전조사를 정당한 사유없이 거부·방해·기피(화재예방법 50조)
 ② 위탁받은 업무종사자의 **비밀누설**(소방시설법 59조)
 ③ 방염성능검사 합격표시 위조(소방시설법 59조)
 ④ **소**방안전관리자, 총괄소방안전관리자 또는 소방안전관리보조자 **미**선임(화재예방법 50조)
 ⑤ 다른 자에게 자기의 성명이나 상호를 사용하여 소방시설공사 등을 수급 또는 시공하게 하거나 소방시설업의 등록증·등록수첩을 빌려준 자(공사업법 37조)
 ⑥ 감리원 미배치자(공사업법 37조)
 ⑦ 소방기술인정 자격수첩을 빌려준 자(공사업법 37조)
 ⑧ 2 이상의 업체에 취업한 자(공사업법 37조)
 ⑨ 소방시설업자나 관계인 감독시 관계인의 업무를 방해하거나 비밀누설(공사업법 37조)

기억법 비3미소(비상미소)

(2) **200만원** 이하의 과태료
 ① 소방용수시설·소화기구 및 설비 등의 설치명령 위반(화재예방법 52조)
 ② **특수가연물의 저장·취급 기준 위반**(화재예방법 52조)
 ③ 한국119청소년단 또는 이와 유사한 명칭을 사용한 자(기본법 56조)
 ④ **소방활동구역 출입**(기본법 56조)
 ⑤ 소방자동차의 출동에 지장을 준 자(기본법 56조)
 ⑥ 관계서류 미보관자(공사업법 40조)
 ⑦ 소방기술자 미배치자(공사업법 40조)
 ⑧ 하도급 미통지자(공사업법 40조)

답 ②

49 ★★★
소방시설 설치 및 관리에 관한 법령상 건축허가 등을 할 때 미리 소방본부장 또는 소방서장의 동의를 받아야 하는 건축물의 범위에 해당하는 것은?

20.08.문47
19.03.문50
15.09.문45
15.03.문49
13.06.문41
13.03.문45

① 연면적이 200m²인 노유자시설 및 수련시설
② 연면적이 300m²인 업무시설로 사용되는 건축물
③ 승강기 등 기계장치에 의한 주차시설로서 자동차 10대를 주차할 수 있는 시설
④ 차고·주차장으로 사용되는 층 중 바닥면적이 150m²인 층이 있는 건축물

 해설

② 300m² → 400m² 이상
③ 10대 → 20대 이상
④ 150m² → 200m² 이상

소방시설법 시행령 7조
건축허가 등의 동의대상물
(1) 연면적 **400m²**(학교시설 : 100m², 수련시설·노유자시설 : 200m², 정신의료기관·장애인의료재활시설 : 300m²) 이상
 보기 ①②
(2) **6층** 이상인 건축물
(3) 차고·주차장으로서 바닥면적 200m² 이상(자동차 20대 이상)
 보기 ③④
(4) 항공기격납고, 관망탑, 항공관제탑, 방송용 송수신탑

(5) 지하층 또는 무창층의 바닥면적 150m²(공연장은 100m²) 이상
(6) 위험물저장 및 처리시설
(7) 전기저장시설, 풍력발전소
(8) **공동주택, 숙박시설**
(9) 조산원, 산후조리원, 의원(입원실 또는 인공신장실이 있는 것)
⑩ **결핵환자**나 **한센인**이 24시간 생활하는 **노유자시설**
⑪ 지하구
⑫ 노인주거복지시설·노인의료복지시설 및 재가노인복지시설, 학대피해노인 전용쉼터, 아동복지시설, 장애인거주시설
⑬ 정신질환자 관련시설(공동생활가정을 제외한 재활훈련시설과 종합시설 중 24시간 주거를 제공하지 않는 시설 제외)
⑭ 노숙인자활시설, 노숙인재활시설 및 노숙인 요양시설
⑮ **요양병원**(의료재활시설 제외)
⑯ 공장 또는 창고시설로서 지정수량의 **750배** 이상의 특수가연물을 저장·취급하는 것
⑰ 가스시설로서 지상에 노출된 탱크의 저장용량의 합계가 100t 이상인 것

답 ①

50 ★★★
소방시설 설치 및 관리에 관한 법령상 자동화재속보설비를 설치하여야 하는 특정소방대상물의 기준으로 틀린 것은? (단, 사람이 24시간 상시 근무하고 있는 경우는 제외한다.)

20.08.문56
19.03.문62
14.03.문44
12.03.문58

① 정신병원으로서 바닥면적이 500m² 이상인 층이 있는 것
② 문화유산의 보존 및 활용에 관한 법률에 따라 보물 또는 국보로 지정된 목조건축물
③ 노유자 생활시설에 해당하지 않는 노유자시설로서 바닥면적이 300m² 이상인 층이 있는 것
④ 수련시설(숙박시설이 있는 건축물만 해당)로서 바닥면적이 500m² 이상인 층이 있는 것

 해설

③ 300m² → 500m²

소방시설법 시행령 〔별표 4〕
자동화재속보설비의 설치대상

설치대상	조건
① **수**련시설(숙박시설이 있는 것) ② **노**유자시설 ③ 정신병원 및 의료재활시설	바닥면적 **500m²** 이상
④ 목조건축물	국보·보물
⑤ 노유자 생활시설 ⑥ 종합병원, 병원, 치과병원, 한방병원 및 요양병원(의료재활시설 제외) ⑦ 의원, 치과의원 및 한의원(입원실이 있는 것) ⑧ 조산원 및 산후조리원 ⑨ 전통시장	전부

기억법 5수노속

답 ③

51 화재안전조사 결과에 따른 조치명령으로 인하여 손실을 입은 자에 대한 손실보상에 관한 설명으로 틀린 것은?

① 손실보상에 관하여는 소방청장, 시·도지사와 손실을 입은 자가 협의하여야 한다.
② 보상금액에 관한 협의가 성립되지 아니한 경우에는 소방청장 또는 시·도지사는 그 보상금액을 지급하거나 공탁하고 이를 상대방에게 알려야 한다.
③ 소방청장 또는 시·도지사가 손실을 보상하는 경우에는 공시지가로 보상하여야 한다.
④ 보상금의 지급 또는 공탁의 통지에 불복이 있는 자는 지급 또는 공탁의 통지를 받은 날부터 30일 이내에 관할토지수용위원회에 재결을 신청할 수 있다.

해설
③ 소방청장 또는 시·도지사가 손실을 보상하는 경우에는 **시가**로 보상하여야 한다.

화재예방법 시행령 14조
(1) 손실보상권자 : **소방청장** 또는 **시·도지사**
(2) 손실보상방법 : **시가** 보상

답 ③

52 소방기본법령상 소방용수시설 및 지리조사의 기준 중 ⊙, ⓒ에 알맞은 것은?

> 소방본부장 또는 소방서장은 원활한 소방활동을 위하여 설치된 소방용수시설에 대한 조사를 (⊙)회 이상 실시하여야 하며 그 조사결과를 (ⓒ)년간 보관하여야 한다.

① ⊙ 월 1, ⓒ 1
② ⊙ 월 1, ⓒ 2
③ ⊙ 연 1, ⓒ 1
④ ⊙ 연 1, ⓒ 2

해설
기본규칙 7조
소방용수시설 및 지리조사
(1) 조사자 : 소방본부장·소방서장
(2) 조사일시 : **월 1회** 이상
(3) 조사내용
  ⊙ 소방용수시설
  ⓒ 도로의 **폭**·교통상황
  ⓒ 도로 주변의 **토지** 고저
  ⓔ 건축물의 개황
(4) 조사결과 : 2년간 보관

답 ②

53 위험물안전관리법령상 점포에서 위험물을 용기에 담아 판매하기 위하여 지정수량의 40배 이하의 위험물을 취급하는 장소의 취급소 구분으로 옳은 것은? (단, 위험물을 제조 외의 목적으로 취급하기 위한 장소이다.)

① 이송취급소 ② 일반취급소
③ 주유취급소 ④ 판매취급소

해설
위험물령〔별표 3〕
위험물 취급소의 구분

구 분	설 명
주유취급소	고정된 주유설비에 의하여 **자동차·항공기** 또는 **선박** 등의 연료탱크에 직접 주유하기 위하여 위험물을 취급하는 장소
판매취급소	**점포**에서 위험물을 용기에 담아 판매하기 위하여 지정수량의 **40배** 이하의 위험물을 취급하는 장소 기억법 점포4판(점포에서 사고 판다.)
이송취급소	배관 및 이에 부속된 설비에 의하여 위험물을 이송하는 장소
일반취급소	주유취급소·판매취급소·이송취급소 이외의 장소

중요

위험물규칙〔별표 14〕

제1종 판매취급소	제2종 판매취급소
저장·취급하는 위험물의 수량이 지정수량의 **20배** 이하인 판매취급소	저장·취급하는 위험물의 수량이 지정수량의 **40배** 이하인 판매취급소

답 ④

54 1급 소방안전관리대상물에 대한 기준으로 옳지 않은 것은?

① 특정소방대상물로서 층수가 11층 이상인 것
② 국보 또는 보물로 지정된 목조건축물
③ 연면적 15000m² 이상인 것
④ 가연성 가스를 1천톤 이상 저장·취급하는 시설

해설
② 2급 소방안전관리대상물

화재예방법 시행령〔별표 4〕
소방안전관리자를 두어야 할 특정소방대상물

소방안전관리대상물	특정소방대상물
특급 소방안전관리대상물 (동식물원, 철강 등 불연성 물품 저장·취급창고, 지하구, 위험물제조소 등 제외)	• 50층 이상(지하층 제외) 또는 지상 200m 이상 아파트 • 30층 이상(지하층 포함) 또는 지상 120m 이상(아파트 제외) • 연면적 10만m² 이상(아파트 제외)

1급 소방안전관리대상물 (동식물원, 철강 등 불연성 물품 저장·취급창고, 지하구, 위험물제조소 등 제외)	• **30층** 이상(지하층 제외) 또는 지상 **120m** 이상 아파트 • 연면적 **15000m²** 이상인 것(아파트 및 연립주택 제외) 보기 ③ • **11층** 이상(아파트 제외) 보기 ① • 가연성 가스를 **1000t** 이상 저장·취급하는 시설 보기 ④
2급 소방안전관리대상물	• 지하구 • 가스제조설비를 갖추고 도시가스사업 허가를 받아야 하는 시설 또는 가연성 가스를 **100~1000t 미만** 저장·취급하는 시설 • **옥내소화전설비·스프링클러설비** 설치대상물 • **물분무등소화설비**(호스릴방식의 물분무등소화설비만을 설치한 경우 제외) 설치대상물 • **공동주택**(옥내소화전설비 또는 스프링클러설비가 설치된 공동주택 한정) • **목조건축물**(국보·보물) 보기 ②
3급 소방안전관리대상물	• **간이스프링클러설비**(주택전용 간이스프링클러설비 제외) 설치대상물 • **자동화재탐지설비** 설치대상물

답 ②

55 ★★★

소방기본법령에 따른 급수탑 및 지상에 설치하는 소화전·저수조의 경우 소방용수표지 기준 중 다음 ( ) 안에 알맞은 것은?

23.05.문57
22.03.문60
21.03.문49
18.09.문58
05.03.문54

> 안쪽 문자는 (㉠), 안쪽 바탕은 (㉡), 바깥쪽 바탕은 (㉢)으로 하고 반사재료를 사용하여야 한다.

① ㉠ 검은색, ㉡ 파란색, ㉢ 붉은색
② ㉠ 검은색, ㉡ 붉은색, ㉢ 파란색
③ ㉠ 흰색, ㉡ 파란색, ㉢ 붉은색
④ ㉠ 흰색, ㉡ 붉은색, ㉢ 파란색

• 안쪽 문자는 **흰색**, 바깥쪽 문자는 **노란색**, 안쪽 바탕은 **붉은색**, 바깥쪽 바탕은 **파란색**으로 하고 **반사재료** 사용 보기 ④

기본규칙〔별표 2〕
소방용수표지
(1) **지하**에 설치하는 소화전·저수조의 소방용수표지
  ㉠ 맨홀뚜껑은 지름 **648mm** 이상의 것으로 할 것
  ㉡ 맨홀뚜껑에는 "**소화전·주정차금지**" 또는 "**저수조·주정차금지**"의 표시를 할 것
  ㉢ 맨홀뚜껑 부근에는 **노란색 반사도료**로 폭 **15cm**의 선을 그 둘레를 따라 칠할 것

(2) **지상**에 설치하는 소화전·저수조 및 **급수탑**의 소방용수표지

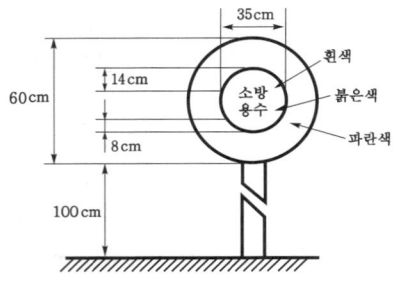

답 ④

56 ★★★

위험물안전관리법령상 인화성 액체 위험물(이황화탄소를 제외)의 옥외탱크저장소의 탱크 주위에 설치하여야 하는 방유제의 기준 중 틀린 것은?

19.03.문43
18.04.문48

① 방유제의 용량은 방유제 안에 설치된 탱크가 하나인 때에는 그 탱크용량의 110% 이상으로 할 것
② 방유제의 용량은 방유제 안에 설치된 탱크가 2기 이상인 때에는 그 탱크 중 용량이 최대인 것의 용량의 110% 이상으로 할 것
③ 방유제는 높이 1m 이상 2m 이하, 두께 0.2m 이상, 지하매설깊이 0.5m 이상으로 할 것
④ 방유제 내의 면적은 80000m² 이하로 할 것

③ 1m 이상 2m 이하 → 0.5m 이상 3m 이하, 0.5m → 1m

위험물규칙〔별표 6〕
(1) **옥외탱크저장소의 방유제**

구분	설 명
높이	0.5~3m 이하(두께 0.2m 이상, 지하매설깊이 1m 이상) 보기 ③
탱크	10기(모든 탱크용량이 20만L 이하, 인화점이 70~200℃ 미만은 20기) 이하
면적	80000m² 이하 보기 ④
용량	① 1기 이상 : **탱크용량**×110% 이상 보기 ① ② 2기 이상 : **최대탱크용량**×110% 이상 보기 ②

(2) 높이가 **1m**를 넘는 방유제 및 간막이 둑의 안팎에는 방유제 내에 출입하기 위한 계단 또는 경사로를 약 **50m**마다 설치할 것

답 ③

57. 화재의 예방 및 안전관리에 관한 법령상 특정소방대상물 중 1급 소방안전관리대상물의 해당기준이 아닌 것은?

① 연면적이 1만 5천m² 이상인 것(아파트 및 연립주택 제외)
② 층수가 11층 이상인 것(아파트는 제외)
③ 가연성 가스를 1천톤 이상 저장·취급하는 시설
④ 80m 높이의 21층 이상의 아파트

해설
④ 80m 높이의 21층 이상의 아파트 → 30층 이상(지하층 제외) 또는 120m 이상 아파트

화재예방법 시행령 [별표 4]
소방안전관리자를 두어야 할 특정소방대상물
(1) 특급 소방안전관리대상물 : 동식물원, 철강 등 불연성 물품 저장·취급창고, 지하구, 위험물제조소 등 제외
  ㉠ 50층 이상(지하층 제외) 또는 지상 200m 이상 아파트
  ㉡ 30층 이상(지하층 포함) 또는 지상 120m 이상(아파트 제외)
  ㉢ 연면적 10만m² 이상(아파트 제외)
(2) 1급 소방안전관리대상물 : 동식물원, 철강 등 불연성 물품 저장·취급창고, 지하구, 위험물제조소 등 제외
  ㉠ 30층 이상(지하층 제외) 또는 지상 120m 이상 아파트
  ㉡ 연면적 15000m² 이상인 것(아파트 및 연립주택 제외) 보기 ①
  ㉢ 11층 이상(아파트 제외) 보기 ②
  ㉣ 가연성 가스를 1000t 이상 저장·취급하는 시설 보기 ③
(3) 2급 소방안전관리대상물
  ㉠ 지하구
  ㉡ 가스제조설비를 갖추고 도시가스사업 허가를 받아야 하는 시설 또는 가연성 가스를 100~1000t 미만 저장·취급하는 시설
  ㉢ 옥내소화전설비·스프링클러설비 설치대상물
  ㉣ 물분무등소화설비(호스릴방식의 물분무등소화설비만을 설치한 경우 제외) 설치대상물
  ㉤ 공동주택(옥내소화전설비 또는 스프링클러설비가 설치된 공동주택 한정)
  ㉥ 목조건축물(국보·보물)
(4) 3급 소방안전관리대상물
  ㉠ 자동화재탐지설비 설치대상물
  ㉡ 간이스프링클러설비(주택전용 간이스프링클러설비 제외) 설치대상물

답 ④

58. 하자보수대상 소방시설 중 하자보수 보증기간이 3년인 것은?

① 유도등
② 피난기구
③ 비상방송설비
④ 스프링클러설비

해설
①, ②, ③ 2년
④ 3년

공사업령 6조
소방시설공사의 하자보수 보증기간

보증기간	소방시설
2년	① **유**도등·**피**난기구 ② **비**상**조**명등·비상**경**보설비·비상**방**송설비 ③ **무**선통신보조설비 기억법 유비조경방무피2
3년	① 자동소화장치 ② 옥내·외소화전설비 ③ 스프링클러설비 보기 ④ ④ 물분무등소화설비·소화용수설비 ⑤ 자동화재탐지설비·소화활동설비(무선통신보조설비 제외) ⑥ 화재알림설비

답 ④

59. 소방시설 설치 및 관리에 관한 법령상 무창층으로 판정하기 위한 개구부가 갖추어야 할 요건으로 틀린 것은?

① 크기는 반지름 30cm 이상의 원이 통과할 수 있을 것
② 해당 층의 바닥면으로부터 개구부 밑부분까지 높이가 1.2m 이내일 것
③ 도로 또는 차량이 진입할 수 있는 빈터를 향할 것
④ 화재시 건축물로부터 쉽게 피난할 수 있도록 창살이나 그 밖의 장애물이 설치되지 않을 것

해설
① 반지름 → 지름, 30cm 이상 → 50cm 이상

소방시설법 시행령 2조
무창층의 개구부의 기준
(1) 개구부의 크기는 지름 **50cm 이상**의 원이 통과할 수 있을 것 보기 ①
(2) 해당 층의 바닥면으로부터 개구부 밑부분까지의 높이가 **1.2m 이내**일 것 보기 ②
(3) 개구부는 **도로** 또는 **차량**이 진입할 수 있는 **빈터**를 향할 것 보기 ③
(4) 화재시 건축물로부터 **쉽게 피난**할 수 있도록 개구부에 창살, 그 밖의 장애물이 설치되지 않을 것 보기 ④
(5) 내부 또는 외부에서 **쉽게 부수거나 열 수** 있을 것

용어

소방시설법 시행령 2조
무창층
지상층 중 기준에 의해 개구부의 면적의 합계가 해당층의 바닥면적의 $\frac{1}{30}$ 이하가 되는 층

답 ①

60 위험물안전관리법상 시·도지사의 허가를 받지 아니하고 당해 제조소 등을 설치할 수 있는 기준 중 다음 ( ) 안에 알맞은 것은?

> 농예용·축산용 또는 수산용으로 필요한 난방시설 또는 건조시설을 위한 지정수량 ( )배 이하의 저장소

① 20 ② 30
③ 40 ④ 50

해설 위험물법 6조
제조소 등의 설치허가
(1) 설치허가자 : 시·도지사
(2) 설치허가 제외장소
 ㉠ 주택의 난방시설(공동주택의 중앙난방시설은 제외)을 위한 **저장소** 또는 **취급소**
 ㉡ 지정수량 **20배** 이하의 **농예용·축산용·수산용** 난방시설 또는 건조시설의 **저장소** 보기 ①
(3) 제조소 등의 변경신고 : 변경하고자 하는 날의 **1일** 전까지

기억법 농축수2

참고
시·도지사
(1) 특별시장
(2) 광역시장
(3) 특별자치시장
(4) 도지사
(5) 특별자치도지사

답 ①

제4과목 소방기계시설의 구조 및 원리

61 포소화설비의 수동식 기동장치의 조작부 설치위치는?

① 바닥으로부터 0.5m 이상, 1.2m 이하
② 바닥으로부터 0.8m 이상, 1.2m 이하
③ 바닥으로부터 0.8m 이상, 1.5m 이하
④ 바닥으로부터 0.5m 이상, 1.5m 이하

해설 포소화설비 수동식 기동장치
(1) 직접조작 또는 원격조작에 의하여 가압송수장치·수동식 개방밸브 및 소화약제 혼합장치를 기동할 수 있는 것
(2) **2 이상**의 방사구역을 가진 포소화설비에는 방사구역을 선택할 수 있는 구조
(3) 기동장치의 조작부는 화재시 쉽게 접근할 수 있는 곳에 설치하되, 바닥으로부터 **0.8~1.5m 이하**의 위치에 설치하고, 유효한 보호장치 설치 보기 ③
(4) 기동장치의 조작부 및 호스접결구에는 가까운 곳의 보기 쉬운 곳에 각각 '**기동장치의 조작부**' 및 '**접결구**'라고 표시한 표지 설치

답 ③

62 소화기구 및 자동소화장치의 화재안전기준상 소화기구의 설치기준 중 다음 괄호 안에 알맞은 것은?

> 능력단위가 2단위 이상이 되도록 소화기를 설치하여야 할 특정소방대상물 또는 그 부분에 있어서는 간이소화용구의 능력단위가 전체 능력단위의 ( )을 초과하지 아니하게 할 것

① $\frac{1}{2}$ ② $\frac{1}{3}$
③ $\frac{1}{4}$ ④ $\frac{1}{5}$

해설 소화기구의 설치기준(NFPC 101 4조, NFTC 101 2.1.1.5)
능력단위가 **2단위** 이상이 되도록 소화기를 설치하여야 할 특정소방대상물 또는 그 부분에 있어서는 간이소화용구의 능력단위가 전체 능력단위의 $\frac{1}{2}$ 보기 ① 을 초과하지 아니하게 할 것 (단, **노유자시설**은 제외)

답 ①

63 소화기구의 소화약제별 적응성 중 C급 화재에 적응성이 없는 소화약제는?

① 마른모래
② 할로겐화합물 및 불활성기체 소화약제
③ 이산화탄소소화약제
④ 중탄산염류소화약제

해설 전기화재(C급 화재)에 적응성이 있는 소화약제(NFTC 101 2.1.1.1)
(1) 이산화탄소소화약제 보기 ③
(2) 할론소화약제
(3) 할로겐화합물 및 불활성기체 소화약제 보기 ②
(4) 인산염류소화약제(분말)
(5) 중탄산염류소화약제(분말) 보기 ④
(6) 고체에어로졸화합물

답 ①

64 최대방수구역의 바닥면적이 60m²인 주차장에 물분무소화설비를 설치하려고 하는 경우 수원의 최소저수량은 몇 m³인가?

① 12
② 16
③ 20
④ 24

해설 **물분무소화설비**의 **수원**(NFPC 104 4조, NFTC 104 2.1.1)

특정소방대상물	토출량	최소기준	비고
컨베이어벨트	10L/min·m²	—	벨트부분의 바닥면적
절연유 봉입변압기	10L/min·m²	—	표면적을 합한 면적 (바닥면적 제외)
특수가연물	10L/min·m²	최소 50m²	최대방수구역의 바닥면적 기준
케이블트레이·덕트	12L/min·m²	—	투영된 바닥면적
차고·주차장	20L/min·m²	최소 50m²	최대방수구역의 바닥면적 기준
위험물 저장탱크	37L/min·m	—	위험물탱크 둘레길이(원주길이) : 위험물규칙〔별표 6〕Ⅱ

※ 모두 **20분간** 방수할 수 있는 양 이상으로 하여야 한다.

기억법	컨	0
	절	0
	특	0
	케	2
	차	0
	위	37

차고·주차장의 토출량 : 20L/min·m²
= 바닥면적(최소 50m²)×토출량×20min

주차장 방사량 = 바닥면적(최소 50m²)×20L/min·m²×20min
= 60m²×20L/min·m²×20min
= 24000L
= 24m³

• 1000L=1m³이므로 24000L=24m³

답 ④

65
상수도소화용수설비는 호칭지름 75mm의 수도배관에 호칭지름 몇 mm 이상의 소화전을 접속하여야 하는가?

① 50
② 65
③ 75
④ 100

해설 **상수도소화용수설비**의 **기준**(NFPC 401 4조, NFTC 401 2.1.1)

(1) **호칭지름**

수도배관	소화전
75mm 이상	100mm 이상 보기 ④

(2) 소화전은 소방자동차 등의 진입이 쉬운 **도로변** 또는 **공지**에 설치
(3) 소화전은 특정소방대상물의 수평투영면의 각 부분으로부터 **140m** 이하에 설치
(4) 지상식 소화전의 호스접결구는 지면으로부터 높이가 0.5m 이상 1m 이하가 되도록 설치

답 ④

66
피난기구의 화재안전기준에 따른 피난기구의 설치기준으로 틀린 것은?

① 피난기구를 설치하는 개구부는 서로 동일 직선상이 아닌 위치에 있을 것
② 완강기 로프 길이는 부착위치에서 피난상 유효한 착지면까지의 길이로 할 것
③ 피난기구는 소방대상물의 견고한 부분에 볼트조임, 용접 등으로 견고하게 부착할 것
④ 4층 이상의 층에 설치하는 피난사다리는 고강도 경량폴리에틸렌 재질을 사용할 것

해설 ④ 고강도 경량폴리에틸렌 재질을 → 금속성 고정사다리를

피난기구의 **설치기준**(NFPC 301 5조, NFTC 301 2.1.3)
(1) **4층 이상**의 층에 피난사다리(하향식 피난구용 내림식 사다리 제외)를 설치하는 경우에는 **금속성 고정사다리**를 설치하고, 당해 고정사다리에는 쉽게 피난할 수 있는 구조의 **노대**를 설치 보기 ④
(2) 피난기구를 설치하는 **개구부**는 서로 **동일 직선상**이 아닌 위치에 있을 것

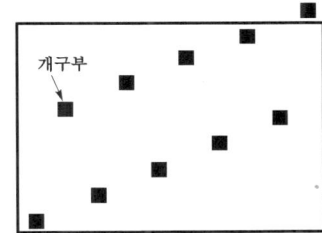

∥동일 직선상이 아닌 위치∥

답 ④

67
대형 소화기의 종별 소화약제의 최소충전용량으로 옳은 것은?

① 기계포 : 15L
② 분말 : 20kg
③ CO_2 : 40kg
④ 강화액 : 50L

해설
① 15L → 20L
③ 40kg → 50kg
④ 50L → 60L

대형 소화기의 소화약제 충전량

종 별	충전량
포(기계포)	**2**0L 이상
분말	**2**0kg 이상
할로겐화합물	**3**0kg 이상
이산화탄소(CO_2)	**5**0kg 이상
강화액	**6**0L 이상
물	**8**0L 이상

기억법 포 → 2
         분 → 2
         할 → 3
         이 → 5
         강 → 6
         물 → 8

답 ②

68 분말소화설비의 화재안전기준상 분말소화약제의 저장용기를 가압식으로 설치할 때 안전밸브의 작동압력기준은?

24.07.문76
24.05.문77
23.03.문72
20.08.문76
18.09.문80

① 최고사용압력의 0.8배 이하
② 최고사용압력의 1.8배 이하
③ 내압시험압력의 0.8배 이하
④ 내압시험압력의 1.8배 이하

해설 분말소화약제의 저장용기 설치장소 기준(NFPC 108 4조, NFTC 108 2.1)
(1) **방호구역 외**의 장소에 설치할 것(단, 방호구역 내에 설치할 경우에는 피난 및 조작이 용이하도록 피난구 부근에 설치)
(2) 온도가 **40℃** 이하이고, 온도변화가 작은 곳에 설치할 것
(3) 직사광선 및 빗물이 침투할 우려가 없는 곳에 설치할 것
(4) 방화문으로 구획된 실에 설치할 것
(5) 용기의 설치장소에는 해당 용기가 설치된 곳임을 표시하는 표지를 할 것
(6) 용기 간의 간격은 점검에 지장이 없도록 **3cm** 이상의 간격을 유지할 것
(7) 저장용기와 집합관을 연결하는 연결배관에는 **체크밸브**를 설치할 것
(8) 주밸브를 개방하는 **정압작동장치** 실시
(9) 저장용기의 **충전비**는 0.8 이상
(10) 안전밸브의 설치

가압식	축압식
최고사용압력의 **1.8배** 이하 보기 ②	**내압시험압력**의 **0.8배** 이하

답 ②

69 포소화약제의 혼합장치 중 펌프의 토출관과 흡입관 사이의 배관 도중에 설치한 흡입기에 펌프에서 토출된 물의 일부를 보내고, 농도조정밸브에서 조정된 포소화약제의 필요량을 포소화약제 탱크에서 펌프 흡입측으로 보내어 이를 혼합하는 방식은?

24.07.문74
18.09.문65
14.03.문62
12.09.문67
02.05.문79

① 펌프 프로포셔너방식
② 프레져 프로포셔너방식
③ 라인 프로포셔너방식
④ 프레져 사이드 프로포셔너방식

해설 포소화약제의 혼합장치
(1) **라인 프로포셔너방식(관로 혼합방식)**
㉠ 펌프와 발포기의 중간에 설치된 벤투리관의 **벤투리 작용**에 의하여 포소화약제를 흡입·혼합하는 방식
㉡ 급수관의 배관 도중에 포소화약제 **흡입기**를 설치하여 그 흡입관에서 소화약제를 흡입하여 혼합하는 방식

기억법 라벤(라벤다)

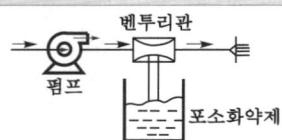

∥라인 프로포셔너방식∥

(2) **펌프 프로포셔너방식(펌프 혼합방식)** : 펌프의 **토출관**과 **흡입관** 사이의 배관 도중에 설치한 흡입기에 펌프에서 토출된 물의 일부를 보내고 **농도조정밸브**에서 조정된 포소화약제의 필요량을 포소화약제 탱크에서 펌프 흡입측으로 보내어 약제를 혼합하는 방식

기억법 펌농

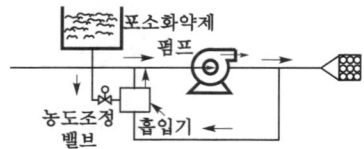

∥펌프 프로포셔너방식∥

(3) **프레져 프로포셔너방식(차압 혼합방식)**
㉠ 가압송수관 도중에 **공기 포소화원액 혼합조**(P.P.T)와 혼합기를 접속하여 사용하는 방법
㉡ **격막방식 휨탱크**를 사용하는 에어휨 혼합방식

기억법 프프혼격

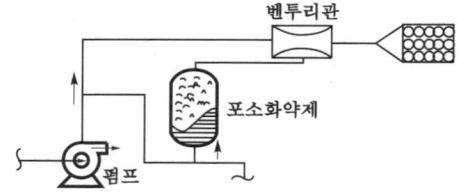

∥프레져 프로포셔너방식∥

(4) **프레져 사이드 프로포셔너방식(압입 혼합방식)**
㉠ 소화약액 가압펌프(**압입용 펌프**)를 별도로 사용하는 방식
㉡ 펌프 토출관에 압입기를 설치하여 포소화약제 **압입용 펌프**로 포소화약제를 압입시켜 혼합하는 방식

기억법 프사압

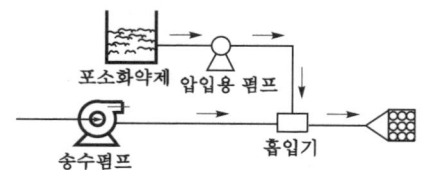

∥프레져 사이드 프로포셔너방식∥

(5) **압축공기포 믹싱챔버방식** : 포수용액에 공기를 강제로 주입시켜 **원거리 방수**가 가능하고 물 사용량을 줄여 **수손피해를 최소화**할 수 있는 방식

답 ①

70 이산화탄소소화설비의 수동식 기동장치에 대한 설명으로 틀린 것은?

① 전역방출방식에 있어서는 방호구역마다, 국소방출방식에 있어서는 방호대상물마다 설치한다.
② 해당 방호구역의 출입구 부분 등 조작을 하는 자가 쉽게 피난할 수 있는 장소에 설치한다.
③ 전기를 사용하는 기동장치에 전원표시등을 설치한다.
④ 기동장치의 조작부는 바닥으로부터 높이 0.5m 이상 1.0m 이하의 위치에 설치한다.

해설 이산화탄소소화설비의 **수동식 기동장치**(NFPC 106 6조, NFTC 106 2.3.1)
(1) 전역방출방식은 **방호구역**마다, 국소방출방식은 **방호대상물**마다 설치 보기①
(2) 해당 방호구역의 **출입구부분** 등 조작을 하는 자가 쉽게 피난할 수 있는 장소에 설치 보기②
(3) 기동장치의 조작부는 바닥에서 **0.8~1.5m** 이하의 위치에 설치하고, 보호판 등에 의한 보호장치 설치 보기④
(4) 기동장치에는 "이산화탄소소화설비 기동장치"라고 표시한 표지를 한다.
(5) 전기를 사용하는 기동장치에는 **전원표시등**을 설치 보기③
(6) 기동장치의 **방출용 스위치**는 음향경보장치와 연동하여 조작될 수 있는 것
(7) 기동장치에는 보호장치를 설치해야 하며, 보호장치를 개방하는 경우 기동장치에 설치된 버저 또는 벨 등에 의하여 경고음을 발할 것
(8) 기동장치를 옥외에 설치하는 경우 빗물 또는 외부 충격의 영향을 받지 아니하도록 설치할 것

중요

설치높이

0.5~1m 이하	0.8~1.5m 이하	1.5m 이하
① **연**결송수관설비의 송수구 ② **연**결살수설비의 송수구 ③ **소**화용수설비의 채수구	① **제**어밸브(수동식 개방밸브) ② **유**수검지장치 ③ **일**제개방밸브	① **옥내**소화전설비의 방수구 ② **호**스릴함 ③ **소**화기(투척용 소화기)
기억법 연송용 51 (**연소용 오일**은 잘 탄다.)	**기억법** 제유일 85 (**제**가 **유일**하게 팔 았어**요**.)	**기억법** 옥내호소 5 (**옥내**에서 **호소**하시**오**.)

답 ④

71 이산화탄소소화설비 배관의 설치기준 중 다음 ( ) 안에 알맞은 것은?

동관을 사용하는 경우의 배관은 이음이 없는 동 및 동합금관(KS D 5301)으로서 고압식은 (㉠)MPa 이상, 저압식은 (㉡)MPa 이상의 압력에 견딜 수 있는 것을 사용할 것

① ㉠ 16.5, ㉡ 3.75 ② ㉠ 25, ㉡ 3.5
③ ㉠ 16.5, ㉡ 2.5   ④ ㉠ 25, ㉡ 3.75

해설 이산화탄소소화설비의 **배관**(NFPC 106 8조, NFTC 106 2.5.1)

구 분	고압식	저압식
강관	스케줄 80(호칭구경 20mm 이하 스케줄 40) 이상	스케줄 40 이상
동관	**16.5MPa** 이상 보기 ①	**3.75MPa** 이상 보기 ①
배관부속	• 1차측 배관부속 : 9.5MPa • 2차측 배관부속 : 4.5MPa	4.5MPa

기억법 고동163

답 ①

72 피난기구인 완강기의 기술기준 중 최대사용하중은 몇 N 이상인가?

① 800   ② 1000
③ 1200   ④ 1500

해설 완강기의 **하중**(완강기의 형식승인 및 제품검사의 기술기준 12조)
(1) 250N(최소하중)
(2) 750N
(3) 1500N(최대하중) 보기 ④

답 ④

73 물분무소화설비의 화재안전기준상 물분무헤드를 설치하지 않을 수 있는 장소 기준 중 다음 괄호 안에 알맞은 것은?

운전시에 표면의 온도가 ( )℃ 이상으로 되는 등 직접 분무를 하는 경우 그 부분에 손상을 입힐 우려가 있는 기계장치 등이 있는 장소

① 250   ② 260
③ 270   ④ 280

해설 물분무헤드의 **설치제외대상**(NFPC 104 15조, NFTC 104 2.12)
(1) 물과 심하게 반응하거나 위험한 물질을 생성하는 물질 저장·취급 장소
(2) **고온물질** 저장·취급 장소
(3) 운전시에 표면의 온도가 **260**℃ 이상 되는 장소

기억법 물26(물이 이류)

비교

옥내소화전설비 방수구 설치제외장소(NFPC 102 11조, NFTC 102 2.8)
(1) **냉**장창고 중 온도가 영하인 **냉장**실 또는 냉동창고의 냉동실
(2) **고온**의 노가 설치된 장소 또는 물과 격렬하게 반응하는 물품의 저장 또는 취급 장소
(3) **발**전소 · **변**전소 등으로서 전기시설이 설치된 장소
(4) **식**물원 · **수**족관 · **목욕**장 · **수영장**(관람석 부분을 제외) 또는 그 밖의 이와 비슷한 장소
(5) **야**외음악당 · **야**외극장 또는 그 밖의 이와 비슷한 장소

기억법 내냉방 야식 고발

답 ②

74 ★★
전역방출방식 분말소화설비의 분사헤드는 소화약제 저장량을 몇 초 이내에 방사할 수 있는 것으로 하여야 하는가?

24.05.문64
15.05.문64
10.03.문67

① 5   ② 10
③ 20   ④ 30

해설 약제방사시간

소화설비	전역방출방식		국소방출방식	
	일반 건축물	위험물 제조소	일반 건축물	위험물 제조소
할론소화설비	10초 이내	30초 이내	10초 이내	30초 이내
분말소화설비	30초 이내 → 보기 ④			
CO₂ 소화설비 표면화재	1분 이내	30초 이내	30초 이내	30초 이내
CO₂ 소화설비 심부화재	7분 이내 (단, 설계농도가 2분 이내에 30% 도달)		60초 이내	

• 문제에서 특정한 조건이 없으면 "일반건축물"을 적용하면 된다.

답 ④

75 ★★★
간이소화용구 중 삽을 상비한 마른모래 50L 이상의 것 1포의 능력단위가 맞는 것은?

23.05.문75
21.03.문62
15.05.문78
14.09.문78
13.06.문72
10.05.문72

① 0.3 단위   ② 0.5 단위
③ 0.8 단위   ④ 1.0 단위

해설 간이소화용구의 **능력단위**(NFPC 101 3조, NFTC 101 1.7.1.6)

간이소화용구		능력단위
마른모래	삽을 상비한 50L 이상의 것 1포	0.5단위
팽창질석 또는 팽창진주암	삽을 상비한 80L 이상의 것 1포	

기억법 마 0.5

비교

능력단위(위험물규칙 [별표 17])

소화설비	용량	능력단위
소화전용 물통	8L	0.3
수조(소화전용 물통 3개 포함)	80L	1.5
수조(소화전용 물통 6개 포함)	190L	2.5

답 ②

76 ★★★
스프링클러설비의 누수로 인한 유수검지장치의 오작동을 방지하기 위한 목적으로 설치하는 것은?

① 솔레노이드밸브
② 리타딩챔버
③ 물올림장치
④ 성능시험배관

해설 **리타딩챔버**의 **역할**
(1) **오**작동(오보) 방지
(2) 안전밸브의 역할
(3) 배관 및 압력스위치의 손상보호

기억법 오리(오리 꽥!꽥!)

참고

리타딩챔버(retarding chamber)
(1) 누수로 인한 유수검지장치의 오동작을 방지하기 위한 안전장치로서 안전밸브의 역할, 배관 및 압력스위치가 손상되는 것을 방지한다.
(2) 리타딩챔버의 용량은 **7.5L형**이 주로 사용되며, 압력스위치의 작동지연시간은 약 **20초** 정도이다.

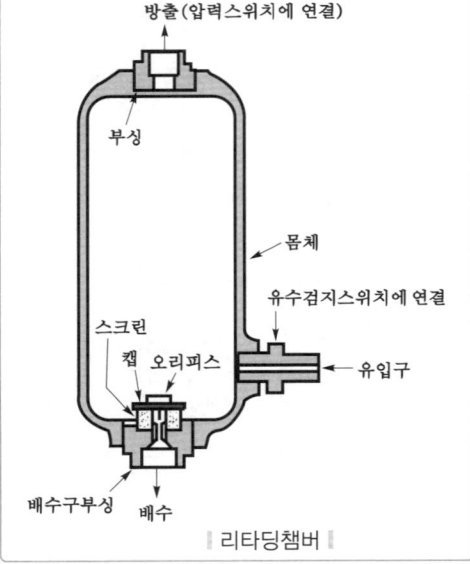

| 리타딩챔버 |

답 ②

77 분말소화약제의 가압용 가스용기의 설치기준 중 틀린 것은?

① 분말소화약제의 저장용기에 접속하여 설치하여야 한다.
② 가압용 가스는 질소가스 또는 이산화탄소로 하여야 한다.
③ 가압용 가스용기를 3병 이상 설치한 경우에 있어서는 2개 이상의 용기에 전자개방밸브를 부착하여야 한다.
④ 가압용 가스용기에는 2.5MPa 이상의 압력에서 압력조정이 가능한 압력조정기를 설치하여야 한다.

해설
④ 2.5MPa 이상 → 2.5MPa 이하

압력조정장치(압력조정기)의 압력

할론소화설비	분말소화설비(분말소화약제)
2MPa 이하	2.5MPa 이하

기억법 분압25(분압이오.)

중요

(1) 전자개방밸브 부착

분말소화약제 가압용 가스용기	이산화탄소·분말소화설비 전기식 기동장치
3병 이상 설치한 경우 2개 이상 보기 ③	7병 이상 개방시 2병 이상

기억법 이7(이치)

(2) 가압식과 축압식의 설치기준(35℃에서 1기압의 압력상태로 환산한 것)(NFPC 108 5조, NFTC 108 2.2.4)

사용 가스	가압식 보기 ②	축압식
N_2(질소)	40L/kg 이상	10L/kg 이상
CO_2(이산화탄소)	20g/kg+배관청소 필요량 이상	20g/kg+배관청소 필요량 이상

※ 배관청소용 가스는 별도의 용기에 저장한다.

답 ④

78 물분무소화설비를 설치하는 차고 또는 주차장의 배수설비 설치기준 중 틀린 것은?

① 차량이 주차하는 장소의 적당한 곳에 높이 10cm 이상 경계턱으로 배수구를 설치할 것
② 배수구에는 새어 나온 기름을 모아 소화할 수 있도록 길이 30m 이하마다 집수관, 소화피트 등 기름분리장치를 설치할 것
③ 차량이 주차하는 바닥은 배수구를 향하여 100분의 2 이상의 기울기를 유지할 것
④ 배수설비는 가압송수장치의 최대송수능력의 수량을 유효하게 배수할 수 있는 크기 및 기울기로 할 것

해설
② 30m 이하 → 40m 이하

물분무소화설비의 배수설비(NFPC 104 11조, NFTC 104 2.8.1)
(1) 10cm 이상의 경계턱으로 배수구 설치(차량이 주차하는 곳) 보기 ①
(2) 40m 이하마다 기름분리장치 설치
(3) 차량이 주차하는 바닥은 $\frac{2}{100}$ 이상의 기울기 유지 보기 ③
(4) **배수설비** : 가압송수장치의 최대송수능력의 수량을 유효하게 배수할 수 있는 크기 및 기울기로 할 것 보기 ④

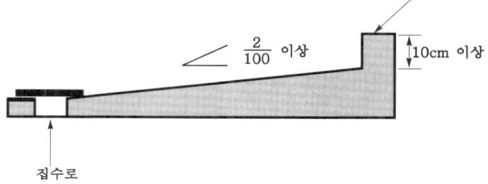

| 배수설비 |

참고

기울기

구 분	설 명
$\frac{1}{100}$ 이상	연결살수설비의 수평주행배관
$\frac{2}{100}$ 이상	물분무소화설비의 배수설비
$\frac{1}{250}$ 이상	습식·부압식 설비 외 스프링클러설비의 가지배관
$\frac{1}{500}$ 이상	습식·부압식 설비 외 스프링클러설비의 수평주행배관

답 ②

79 소화용수설비의 저수조 소요수량이 120m³인 경우 채수구의 수는 몇 개인가?

① 1 ② 2
③ 3 ④ 4

해설 채수구의 수(NFPC 402 4조)

소화수조 소요수량	20~40m³ 미만	40~100m³ 미만	100m³ 이상
채수구의 수	1개	2개	3개 보기 ③

용어

채수구
소방대상물의 펌프에 의하여 양수된 물을 소방차가 흡입하는 구멍

흡수관 투입구		
소요수량	80m³ 미만	80m³ 이상
흡수관 투입구의 수	1개 이상	2개 이상

답 ③

80 ★★★

24.07.문72
24.05.문74
24.03.문76

미분무소화설비의 화재안전기준상 용어의 정의 중 다음 ( ) 안에 알맞은 것은?

"미분무"란 물만을 사용하여 소화하는 방식으로 최소설계압력에서 헤드로부터 방출되는 물입자 중 99%의 누적체적분포가 (㉠)μm 이하로 분무되고 (㉡)급 화재에 적응성을 갖는 것을 말한다.

① ㉠ 400, ㉡ A, B, C
② ㉠ 400, ㉡ B, C
③ ㉠ 200, ㉡ A, B, C
④ ㉠ 200, ㉡ B, C

해설 **미분무소화설비**의 **용어정의**(NFPC 104A 3조, NFTC 104A 1.7)

용어	설명
미분무 소화설비	가압된 물이 헤드 통과 후 **미세**한 **입자**로 분무됨으로써 소화성능을 가지는 설비를 말하며, **소화력**을 **증가**시키기 위해 **강화액** 등을 첨가할 수 있다.
미분무	물만을 사용하여 소화하는 방식으로 최소설계압력에서 헤드로부터 방출되는 물입자 중 **99%**의 누적체적분포가 **400μm** 이하로 분무되고 **A, B, C급 화재**에 적응성을 갖는 것 보기 ①
미분무 헤드	**하나 이상**의 **오리피스**를 가지고 미분무소화설비에 사용되는 헤드

답 ①

2025. 9. 1 시행

2025년 산업기사 제3회 필기시험 CBT 기출복원문제

자격종목	종목코드	시험시간	형별	수험번호	성명
소방설비산업기사(기계분야)		2시간			

※ 각 문항은 4지택일형으로 질문에 가장 적합한 보기 항을 선택하여 체크하여야 합니다.

제1과목 소방원론

01 다음 불꽃의 색상 중 가장 온도가 높은 것은?

23.05.문20
17.09.문04
17.03.문01

① 암적색 ② 적색
③ 휘백색 ④ 휘적색

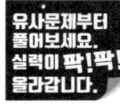

해설 연소의 색과 온도

색	온도[℃]
암적색(진홍색) 보기①	700~750
적색 보기②	850
휘적색(주황색) 보기④	925~950
황적색	1100
백적색(백색)	1200~1300
휘백색 보기③	1500

※ 불꽃의 색상 중 낮은 온도에서 높은 온도의 순서 :
암적색<**황**적색<**백**적색<**휘**백색

기억법 암황백휘

답 ③

02 질소(N₂)의 증기비중은 약 얼마인가? (단, 공기 분자량은 29이다.)

20.08.문08
19.09.문07
17.05.문03
16.03.문02
14.03.문14
07.09.문05

① 0.8 ② 0.97
③ 1.5 ④ 1.8

해설 (1) 원자량

원 소	원자량
H	1
C	12
N	14
O	16

질소(N₂) : $14 \times 2 = 28$

(2) 증기비중

$$증기비중 = \frac{분자량}{29}$$

여기서, 29 : 공기의 평균분자량

질소의 증기비중 $= \frac{분자량}{29} = \frac{28}{29} ≒ 0.97$

비교

증기밀도

$$증기밀도(g/L) = \frac{분자량}{22.4}$$

여기서, 22.4 : 기체 1몰의 부피[L]

답 ②

03 산소의 공급이 원활하지 못한 화재실에 급격히 산소가 공급이 될 경우 순간적으로 연소하여 화재가 폭풍을 동반하여 실외로 분출하는 현상은?

22.09.문13
20.06.문02
14.09.문12
12.09.문15

① 백드래프트 ② 플래시오버
③ 보일오버   ④ 슬롭오버

해설 백드래프트(back draft)

(1) 산소의 **공급**이 **원활**하지 못한 화재실에 급격히 **산소**가 **공급**이 될 경우 순간적으로 연소하여 화재가 폭풍을 동반하여 **실외**로 **분출**하는 현상 보기①
(2) 소방대가 소화활동을 위하여 화재실의 문을 개방할 때 신선한 공기가 유입되어 실내에 축적되었던 가연성 가스가 **단시간**에 폭발적으로 **연소**함으로써 화재가 폭풍을 동반하며 **실외**로 분출되는 현상으로 **감쇠기**에 나타난다.
(3) 화재로 인하여 **산소**가 **부족**한 건물 내에 산소가 새로 유입된 때 **고열가스**의 **폭발** 또는 급속한 **연소**가 발생하는 현상
(4) **통기력**이 좋지 않은 상태에서 연소가 계속되어 산소가 심히 부족한 상태가 되었을 때 **개구부**를 통하여 산소가 공급되면 실내의 가연성 혼합기가 공급되는 **산소**의 **방향**과 **반대**로 흐르며 급격히 연소하는 현상으로서 "**역화현상**"이라고 하며 이때에는 화염이 산소의 공급통로로 분출되는 현상을 눈으로 확인할 수 있다.

기억법 백감

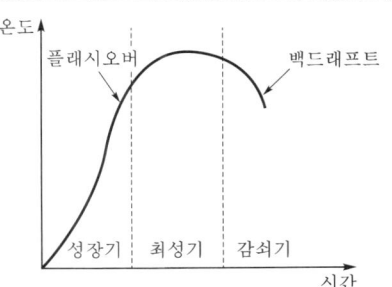

백드래프트와 플래시오버의 발생시기

용어	설명
플래시오버 (flash over)	화재로 인하여 **실내의 온도가 급격히 상승**하여 화재가 순간적으로 실내 전체에 **확산**되어 연소되는 현상
보일오버 (boil over)	중질유가 탱크에서 조용히 연소하다 열유층에 의해 가열된 하부의 물이 폭발적으로 끓어 올라와 상부의 뜨거운 기름과 함께 분출하는 현상
백드래프트 (back draft)	화재로 인해 **산소**가 **고갈**된 건물 안으로 외부의 **산소**가 **유입**될 경우 발생하는 현상
롤오버 (roll over)	플래시오버가 발생하기 직전에 작은 불들이 연기 속에서 산재해 있는 상태
슬롭오버 (slop over)	• 물이 연소유의 **뜨거운 표면에 들어갈 때** 기름표면에서 화재가 발생하는 현상 • 유화제로 소화하기 위한 물이 수분의 급격한 증발에 의하여 액면이 거품을 일으키면서 **열유층 밑**의 냉유가 급히 열팽창하여 **기름**의 **일부**가 불이 붙은 채 탱크벽을 넘어서 일출하는 현상

답 ①

04 건축법상 건축물의 주요구조부에 해당되지 않는 것은?

24.05.문03
23.05.문10
22.04.문03
16.10.문09
16.05.문06
13.06.문12

① 차양
② 주계단
③ 내력벽
④ 기둥

해설 주요구조부
(1) 내력**벽** 보기 ③
(2) **보**(작은 보 제외)
(3) **지**붕틀(차양 제외) 보기 ①
(4) **바**닥(최하층 바닥 제외)
(5) **주**계단(옥외계단 제외) 보기 ②
(6) **기**둥(사잇기둥 제외) 보기 ④

기억법 벽보지 바주기

답 ①

05 물의 비열과 증발잠열을 이용한 소화효과는?

23.03.문05
18.03.문10
17.09.문10
16.10.문03
14.09.문05
14.03.문03
13.06.문16
09.03.문18

① 희석효과
② 억제효과
③ 냉각효과
④ 질식효과

해설 ③ 냉각효과(냉각소화) : 물의 증발잠열 이용

소화형태

구분	설명
냉각소화	① 물의 비열과 증발잠열을 이용한 소화효과 보기 ③ ② **점화원**을 냉각하여 소화하는 방법 ③ **증**발잠열을 이용하여 열을 빼앗아 가연물의 온도를 떨어뜨려 화재를 진압하는 소화방법 ④ **다량의 물**을 뿌려 소화하는 방법 ⑤ 가연성 물질을 **발화점 이하로 냉각** 기억법 냉점증발 ⑥ 주방에서 신속히 할 수 있는 방법으로, 신선한 **야채**를 넣어 **식용유**의 온도를 발화점 이하로 낮추어 소화하는 방법(**식용유 화재**에 신선한 **야채**를 넣어 소화) 기억법 야식냉(야식이 차다.)
질식소화	① 공기 중의 **산소농도**를 **16%**(10~15%) 이하로 희박하게 하여 소화하는 방법 ② 산화제의 농도를 낮추어 연소가 지속될 수 없도록 함 ③ 산소공급을 차단하는 소화방법(**공기공급을 차단**하여 소화하는 방법) 기억법 질산
제거소화	**가연물을 제거**하여 소화하는 방법
부촉매소화 (화학소화)	① **연쇄반응**을 **차단**하여 소화하는 방법 ② 화학적인 방법으로 화재 억제
희석소화	기체·고체·액체에서 나오는 분해가스나 증기의 농도를 낮춰 소화하는 방법

답 ③

06 다음 중 인화점이 가장 낮은 물질은?

23.05.문17
23.03.문16
22.04.문12
19.04.문06
17.09.문11

① 산화프로필렌
② 이황화탄소
③ 메틸알코올
④ 등유

해설 인화점 vs 착화점(발화점)

물질	인화점	착화점
• 프로필렌	-107℃	497℃
• 에틸에터 • 다이에틸에터	-45℃	180℃
• 가솔린(휘발유)	-43℃	300℃
• **산화프로필렌**	→ -37℃	465℃
• **이황화탄소**	→ -30℃	100℃
• 아세틸렌	-18℃	335℃
• 아세톤	-18℃	538℃
• 벤젠	-11℃	562℃
• 톨루엔	4.4℃	480℃
• **메틸알코올**	→ 11℃	464℃

• 에틸알코올	13℃	423℃
• 아세트산	40℃	-
• **등**유 →	43~72℃	210℃
• **경**유	50~70℃	200℃
• 적린	-	260℃

기억법 인산 이메등경

- 착화점=발화점=착화온도=발화온도
- 인화점=인화온도

답 ①

07 연소의 3요소에 해당하지 않는 것은?

22.03.문02
14.09.문02
13.06.문19

① 점화원   ② 가연물
③ 산소   ④ 촉매

해설 연소의 3요소와 4요소

연소의 **3**요소	연소의 **4**요소
• 가연물(연료) 보기 ②	• 가연물(연료)
• 산소공급원(산소, 공기) 보기 ③	• 산소공급원(산소, 공기)
• 점화원(점화에너지) 보기 ①	• 점화원(점화에너지)
	• **연**쇄반응

기억법 연4(연사)

답 ④

08 건축물 내부 화재시 연기의 평균 수평이동속도는 약 몇 m/s인가?

22.04.문15
21.03.문09
20.08.문07
17.03.문06
16.10.문19
06.03.문16

① 0.01~0.05
② 0.5~1
③ 2~3
④ 20~30

해설 연기의 이동속도

방향 또는 장소	이동속도
수평방향(수평이동속도)	0.5~1m/s 보기 ②
수직방향(수직이동속도)	2~3m/s
계단실 내의 수직이동속도	3~5m/s

기억법 3계5(삼계탕 드시러 **오**세요.)

답 ②

09 제1종 분말소화약제의 주성분으로 옳은 것은?

24.03.문03
23.03.문19
22.04.문13
22.03.문07
21.09.문18
21.03.문18
19.04.문17
19.03.문07
18.03.문08
17.03.문14
16.03.문10

① 탄산수소칼륨
② 탄산수소나트륨
③ 탄산수소칼륨과 요소
④ 제1인산암모늄

해설 (1) 분말소화약제

종별	주성분	약제의 착색	적응화재	비고
제**1**종	중탄산나트륨 (NaHCO₃) 보기 ②	백색	BC급	**식**용유 및 **지**방질유의 화재에 적합
제2종	중탄산칼륨 (KHCO₃)	담자색 (담회색)	-	-
제**3**종	제1**인**산암모늄 (NH₄H₂PO₄)	담홍색	ABC급	**차**고·**주차**장에 적합
제4종	중탄산칼륨+요소 (KHCO₃+ (NH₂)₂CO)	회(백)색	BC급	

기억법 1식분(**일**식 **분**식) 3분 차주(**삼보**컴퓨터 **차주**), 인3(**인삼**)

(2) 이산화탄소소화약제

주성분	적응화재
이산화탄소(CO₂)	BC급

• 탄산수소나트륨=중탄산나트륨

답 ②

10 다음 중 할로젠족 원소에 해당하는 것은?

22.03.문12
12.03.문13

① F, Cl, I, Ar   ② F, I, Ar, Br
③ F, Cl, Br, I   ④ F, Cl, Br, Ar

해설 할로젠족 원소
(1) 불소 : **F**
(2) 염소 : **Cl**
(3) 브로민(취소) : **Br**
(4) 아이오딘(옥소) : **I**

기억법 FClBrI

답 ③

11 칼륨이 물과 반응하면 위험한 이유는?

24.03.문12
21.05.문16
18.04.문17
15.03.문09
13.06.문15
10.05.문07

① 수소가 발생하기 때문에
② 산소가 발생하기 때문에
③ 이산화탄소가 발생하기 때문에
④ 아세틸렌이 발생하기 때문에

해설 주수소화(물소화)시 위험한 물질

위험물	발생물질
무기과산화물	**산소**(O₂) 발생
① 금속분 ② 마그네슘 ③ 알루미늄 ④ 칼륨 보기 ① ⑤ 나트륨 ⑥ 수소화리튬	**수소**(H₂) 발생
가연성 액체의 유류화재(경유)	**연**소면(화재면) 확대

25. 09. 시행 / 산업(기계)

> **중요**
> **경유화재시 주수소화가 부적당한 이유**
> 물보다 비중이 가벼워 물 위에 떠서 **화재 확대**의 우려가 있기 때문이다.
>
> 답 ①

★★★
12 촛불(양초)의 연소형태로 옳은 것은?

19.04.문01
15.09.문09
15.05.문10
14.09.문09
14.09.문20
13.09.문20
11.10.문20

① 증발연소
② 액적연소
③ 표면연소
④ 자기연소

해설 연소의 형태

연소형태	종류
표면연소	• **숯**, **코**크스 • **목**탄, **금**속분 기억법 표숯코 목탄금
분해연소	• **석**탄, **종**이 • **플**라스틱, **목**재 • **고**무, **중**유, **아**스팔트, **면**직물 기억법 분석종플 목고중아면
증발연소	• 황, 왁스 • **파**라핀(**양**초), 나프탈렌 보기 ① • 가솔린, 등유 • 경유, 알코올, 아세톤 기억법 양파증(양파증가)
자기연소	• **나**이트로글리세린, 나이트로셀룰로오스(질화면) • **T**NT, 피크린산 기억법 자T나
액적연소	• 벙커C유
확산연소	• 메탄(CH_4), 암모니아(NH_3) • 아세틸렌(C_2H_2), 일산화탄소(CO) • 수소(H_2)

답 ①

★
13 연기의 물리·화학적인 설명으로 틀린 것은?

19.09.문12

① 화재시 발생하는 연소생성물을 의미한다.
② 연기의 색상은 연소물질에 따라 다양하다.
③ 연기는 기체로만 이루어진다.
④ 연기의 감광계수가 크면 피난장애를 일으킨다.

해설 ③ 기체로만 → 고체 또는 액체로

연기의 물리·화학적 설명
(1) 화재시 발생하는 **연소생성물**을 의미한다. 보기 ①
(2) 연기의 **색상**은 연소물질에 따라 **다양**하다. 보기 ②

(3) 연기는 **고체** 또는 **액체**로 이루어진다. 보기 ③
(4) 연기의 **감광계수**가 **크면 피난장애**를 일으킨다. 보기 ④

답 ③

★★★
14 화재하중 계산시 목재의 단위 발열량은 약 몇 [kcal/kg]인가?

18.09.문07
09.08.문03
09.05.문17
01.06.문04

① 3000
② 4500
③ 6000
④ 9000

해설 화재하중(kg/m^2 또는 N/m^2)
(1) 일반건축물에서 가연성의 건축구조재와 가연성 수용물의 양으로서 건물화재시 **발열량** 및 **화재위험성**을 나타내는 용어
(2) 가연물 등의 연소시 건축물의 붕괴 등을 고려하여 설계하는 하중
(3) 화재실 또는 화재구역의 단위면적당 **가연물의 양**
(4) 건물화재에서 가열온도의 정도를 의미
(5) 건물의 내화설계시 고려되어야 할 사항
(6) 화재하중의 식

$$q = \frac{\Sigma G H_1}{H_0 A} = \frac{\Sigma Q}{4500 A}$$

여기서, q : 화재하중[kg/m^2]
G : 가연물의 양[kg]
H_1 : 가연물의 단위중량당 발열량[kcal/kg]
H_0 : 목재의 단위중량당 발열량[kcal/kg][4500kcal/kg]
A : 바닥면적[m^2]
ΣQ : 가연물의 전체발열량[kcal]

답 ②

★★
15 자연발화가 일어나기 쉬운 조건이 아닌 것은?

24.07.문11
22.09.문18
19.09.문09
15.09.문15
14.05.문05

① 열전도율이 클 것
② 적당량의 수분이 존재할 것
③ 주위의 온도가 높을 것
④ 표면적이 넓을 것

해설 ① 클 것 → 작을 것

자연발화 조건
(1) 열전도율이 작을 것 보기 ①
(2) 발열량이 클 것
(3) 주위의 온도가 높을 것 보기 ③
(4) 표면적이 넓을 것 보기 ④
(5) 적당량의 수분이 존재할 것 보기 ②

> **비교**
> 자연발화의 **방지법**
> (1) 습도가 높은 곳을 피할 것(건조하게 유지할 것)
> (2) 저장실의 온도를 낮출 것
> (3) 통풍이 잘 되게 할 것
> (4) 퇴적 및 수납시 열이 쌓이지 않게 할 것(**열 축적 방지**)
> (5) 산소와의 접촉을 차단할 것
> (6) **열전도성**을 좋게 할 것

답 ①

16. 대체 소화약제의 물리적 특성을 나타내는 용어 중 지구온난화지수를 나타내는 약어는?

① ODP
② GWP
③ LOAEL
④ NOAEL

해설

용어	설 명
오존파괴지수 (ODP : Ozone Depletion Potential)	오존파괴지수는 어떤 물질의 **오존파괴능력**을 상대적으로 나타내는 지표
지구**온**난화지수 (GWP : Global Warming Potential) 보기 ②	지구온난화지수는 **지구온난화**에 기여하는 정도를 나타내는 지표
LOAEL (Least Observable Adverse Effect Level)	인체에 **독성**을 주는 **최소농도**
NOAEL (No Observable Adverse Effect Level)	인체에 **독성**을 주지 않는 **최대농도**

기억법 G온O오(**지온!오온!**)

중요

공식	
오존파괴지수(ODP)	지구온난화지수(GWP)
ODP = $\dfrac{어떤\ 물질\ 1kg이\ 파괴하는\ 오존량}{CFC\ 11의\ 1kg이\ 파괴하는\ 오존량}$	GWP = $\dfrac{어떤\ 물질\ 1kg이\ 기여하는\ 온난화\ 정도}{CO_2\ 1kg이\ 기여하는\ 온난화\ 정도}$

답 ②

17. 동식물유류에서 "아이오딘값이 크다."라는 의미로 옳은 것은?

① 불포화도가 높다.
② 불건성유이다.
③ 자연발화성이 낮다.
④ 산소와의 결합이 어렵다.

해설 "아이오딘값이 크다."라는 의미
(1) **불포**화도가 높다. 보기 ①
(2) **건성유**이다. 보기 ②
(3) 자연발화성이 높다. 보기 ③
(4) 산소와 결합이 쉽다. 보기 ④

※ **아이오딘값** : 기름 100g에 첨가되는 아이오딘의 g수

기억법 아불포

답 ①

18. 감광계수에 따른 가시거리 및 상황에 대한 설명으로 틀린 것은?

① 감광계수 $0.1m^{-1}$는 연기감지기가 작동할 정도의 연기농도이고, 가시거리는 20~30m이다.
② 감광계수 $0.5m^{-1}$는 거의 앞이 보이지 않을 정도의 농도이고, 가시거리는 1~2m이다.
③ 감광계수 $10m^{-1}$는 화재 최성기 때의 연기농도를 나타낸다.
④ 감광계수 $30m^{-1}$는 출화실에서 연기가 분출할 때의 농도이다.

해설 ② $0.5m^{-1}$ → $1m^{-1}$

감광계수에 따른 **가시거리** 및 **상황**

감광계수 [m^{-1}]	가시거리 [m]	상 황
0.1	20~30	연기감지기가 작동할 때의 농도 보기 ①
0.3	5	건물 내부에 익숙한 사람이 피난에 지장을 느낄 정도의 농도
0.5	3	어두운 것을 느낄 정도의 농도
1	1~2	거의 앞이 보이지 않을 정도의 농도 보기 ②
10	0.2~0.5	화재 최성기 때의 농도 보기 ③
30	—	출화실에서 연기가 분출할 때의 농도 보기 ④

답 ②

19. 할론소화약제의 특징으로 옳지 않은 것은?

① 부식성이 크다.
② 소화속도가 빠르다.
③ 전기절연성이 높다.
④ 가연물과 산소의 화학반응을 억제한다.

해설 할론소화설비의 특징
(1) 오존층을 파괴한다.
(2) 연소 억제작용이 크다(가연물과 산소의 화학반응을 억제한다). 보기 ④
(3) 소화능력이 크다(소화속도가 빠르다). 보기 ②
(4) 금속에 대한 부식성이 작다. 보기 ①
(5) 변질, 분해 등이 적다.
(6) 전기절연성이 높다. 보기 ③

답 ①

20. 정전기 발생 방지대책 중 틀린 것은?
① 상대습도를 높인다.
② 공기를 이온화시킨다.
③ 접지시설을 한다.
④ 가능한 한 부도체를 사용한다.

해설 정전기 방지대책
(1) **접지**(접지시설)를 한다. 보기 ③
(2) 공기의 **상대습도**를 **70%** 이상으로 한다.(상대습도를 높임) 보기 ①
(3) 공기를 **이온화**한다. 보기 ②
(4) 가능한 한 **도체**를 사용한다. 보기 ④
(5) 제전기를 사용한다.

기억법 정습7 접이도

답 ④

제 2 과목 소방유체역학

21. 웨버수(Weber number)의 물리적 의미를 옳게 나타낸 것은?
① $\dfrac{관성력}{표면장력}$ ② $\dfrac{관성력}{중력}$
③ $\dfrac{표면장력}{관성력}$ ④ $\dfrac{중력}{관성력}$

해설 무차원수의 물리적 의미

명 칭	물리적 의미
레이놀즈(Reynolds)수	$\dfrac{관성력}{점성력}$ 기억법 레관점
프루드(Froude)수	$\dfrac{관성력}{중력}$ 기억법 프관중
코시(Cauchy)수	$\dfrac{관성력}{탄성력}$
웨버(Weber)수	$\dfrac{관성력}{표면장력}$ 보기 ① 기억법 웨관표
오일러(Euler)수	$\dfrac{압축력}{관성력}$
마하(Mach)수	$\dfrac{관성력}{압축력}$

답 ①

22. 동력(power)과 같은 차원을 갖는 것은? (단, P는 압력, Q는 체적유량, V는 유체속도를 나타낸다.)
① PV ② PQ
③ VQ ④ PQV

해설 동력의 단위
(1) [W]
(2) [J/s]
(3) [N·m/s]

• 1W=1J/s, 1J=1N·m이므로 1W=1J/s=1N·m/s

압력 P[N/m²]
체적유량 Q[m³/s]
동력 $P' = PQ$ = N/m² × m³/s = N·m/s
∴ PQ를 하면 동력의 단위가 된다.

중요

차원		
차 원	중력단위[차원]	절대단위[차원]
길이	m[L]	m[L]
시간	s[T]	s[T]
운동량	N·s[FT]	kg·m/s[MLT⁻¹]
힘	N[F]	kg·m/s²[MLT⁻²]
속도	m/s[LT⁻¹]	m/s[LT⁻¹]
가속도	m/s²[LT⁻²]	m/s²[LT⁻²]
질량	N·s²/m[FL⁻¹T²]	kg[M]
압력	N/m²[FL⁻²]	kg/m·s²[ML⁻¹T⁻²]
밀도	N·s²/m⁴[FL⁻⁴T²]	kg/m³[ML⁻³]
비중	무차원	무차원
비중량	N/m³[FL⁻³]	kg/m²·s²[ML⁻²T⁻²]
비체적	m⁴/N·s²[F⁻¹L⁴T⁻²]	m³/kg[M⁻¹L³]
동력(일률)	N·m/s[FLT⁻¹]	kg·m²/s³[ML²T⁻³]
일	N·m[FL]	kg·m²/s²[ML²T⁻²]
점성계수	N·s/m²[FL⁻²T]	kg·m/s[ML⁻¹T⁻¹]
동점성계수	m²/s[L²T⁻¹]	m²/s[L²T⁻¹]
체적유량	m³/s[L³T⁻¹]	m³/s[L³T⁻¹]

답 ②

23. 수조의 수면으로부터 20m 아래에 설치된 지름 5cm의 오리피스에서 30초 동안 분출된 유량 [m³]은? (단, 수심은 일정하게 유지된다고 가정하고 오리피스의 유량계수 $C=0.98$로 하여 다른 조건은 무시한다.)
① 3.46   ② 1.14
③ 31.6   ④ 11.4

해설 (1) 기호
- H : 20m
- D : 5cm=0.05m(100cm=1m)
- t : 30s
- Q : ?
- C : 0.98

(2) 토리첼리의 식

$$V = C\sqrt{2gH}$$

여기서, V : 유속[m/s]
C : 유량계수
g : 중력가속도(9.8m/s²)
H : 물의 높이[m]

유속 V는
$V = C\sqrt{2gH}$
$= 0.98 \times \sqrt{2 \times 9.8\text{m/s}^2 \times 20\text{m}} ≒ 19.4\text{m/s}$

(3) 유량

$$Q = AV = \left(\frac{\pi D^2}{4}\right)V$$

여기서, Q : 유량[m³/s]
A : 단면적[m²]
V : 유속[m/s]
D : 지름[m]

유량 Q는
$Q = \left(\frac{\pi D^2}{4}\right)V$
$= \frac{\pi \times (0.05\text{m})^2}{4} \times 19.4\text{m/s} = 0.038\text{m}^3/\text{s}$

∴ $0.038\text{m}^3/\text{s} \times 30\text{s} = 1.14\text{m}^3$

답 ②

24 ★★★ 열역학 법칙 중 제2종 영구기관의 제작이 불가능함을 역설한 내용은?

24.05.문40
23.05.문25
21.03.문21
14.05.문24
13.09.문22

① 열역학 제0법칙
② 열역학 제1법칙
③ 열역학 제2법칙
④ 열역학 제3법칙

해설 **열역학의 법칙**

(1) 열역학 제0법칙 (열평형의 법칙)
㉠ 온도가 높은 물체에 낮은 물체를 접촉시키면 온도가 **높은 물체**에서 **낮은 물체**로 열이 이동하여 두 물체의 **온도**는 **평형**을 이루게 된다.
㉡ 어떤 두 물체 A와 B가 제3의 물체 C와 각각 열평형상태에 있을 때, 두 물체 A와 B도 서로 열평형상태이다.

(2) 열역학 제1법칙 (에너지보존의 법칙)
기체의 공급에너지는 **내부에너지**와 외부에서 한 일의 합과 같다.

(3) 열역학 제2법칙
㉠ 열은 스스로 **저온**에서 **고온**으로 절대로 흐르지 않는다.

㉡ 열은 그 스스로 저열원체에서 고열원체로 이동할 수 없다.
㉢ 자발적인 변화는 **비가역적**이다.
㉣ 열을 완전히 일로 바꿀 수 있는 **열기관**을 만들 수 **없다**. (제2종 영구기관의 제작이 불가능하다.) 보기 ③
㉤ 열기관에서 일을 얻으려면 최소 **두 개**의 **열원**이 필요하다.

기억법 2기(이기자!)

(4) 열역학 제3법칙
순수한 물질이 1atm하에서 결정상태이면 엔트로피는 0K에서 0이다.

답 ③

25 ★ 진공계기압력이 19kPa, 20℃인 기체가 계기압력 800kPa로 등온압축되었다면 처음 체적에 대한 최후의 체적비는? (단, 대기압은 100kPa이다.)

24.07.문33
17.03.문26

① $\frac{1}{11.1}$
② $\frac{1}{9.8}$
③ $\frac{1}{8.4}$
④ $\frac{1}{7.8}$

해설 **등온과정**
(1) 기호
- 진공압 : 19kPa
- 계기압 : 800kPa
- $\frac{V_2}{V_1}$: ?
- 대기압 : 100kPa

(2) 절대압
㉠ **절**대압 = **대**기압 + **게**이지압(계기압)
㉡ 절대압 = 대기압 - 진공압

기억법 절대게

P_1 : 절대압 = 대기압 - 진공압 = (100-19)kPa = **81kPa**
P_2 : 절대압 = 대기압 + 게이지압(계기압)
  = (100+800)kPa = **900kPa**

(3) 압력과 비체적

$$\frac{P_2}{P_1} = \frac{v_1}{v_2}$$

여기서, P_1, P_2 : 변화 전후의 압력[kJ/m³] 또는 [kPa]
v_1, v_2 : 변화 전후의 비체적[m³/kg]

(4) 변형식

$$\frac{P_2}{P_1} = \frac{V_1}{V_2}$$

여기서, P_1, P_2 : 변화 전후의 압력[kJ/m³] 또는 [kPa]
V_1, V_2 : 변화 전후의 체적[m³]

$$\frac{V_2}{V_1} = \frac{P_1}{P_2}$$

처음 체적에 대한 최후 체적의 비 $\dfrac{V_2}{V_1}$ 는

$$\dfrac{V_2}{V_1}=\dfrac{P_1}{P_2}=\dfrac{81\text{kPa}}{900\text{kPa}}=\dfrac{9}{100}=0.09 \fallingdotseq \dfrac{1}{11.1}$$

답 ①

26 ★★★

다음 중 캐비테이션(공동현상) 방지방법으로 옳은 것을 모두 고른 것은?

24.03.문25
23.09.문23
19.09.문27
16.10.문29
15.09.문37
14.09.문34
14.05.문33
11.03.문83

㉠ 펌프의 설치위치를 낮추어 흡입양정을 작게 한다.
㉡ 흡입관 지름을 작게 한다.
㉢ 펌프의 회전수를 작게 한다.

① ㉠, ㉡
② ㉠, ㉢
③ ㉡, ㉢
④ ㉠, ㉡, ㉢

해설 ㉡ 작게 → 크게

공동현상(cavitation, 캐비테이션)

개요	펌프의 흡입측 배관 내의 물의 정압이 기존의 증기압보다 낮아져서 기포가 발생되어 물이 흡입되지 않는 현상
발생현상	• **소음**과 **진동** 발생 • 관 부식(펌프깃의 침식) • **임펠러**의 **손상**(수차의 날개를 해친다.) • 펌프의 성능 저하(양정곡선 저하) • 효율곡선 **저하**
발생원인	• 펌프 입구 직전에서의 전압력이 낮을 경우 • **펌프**가 물탱크보다 부적당하게 **높게** 설치되어 있을 때 • 펌프 **흡입수두**가 지나치게 **클** 때 • 펌프 **회전수**가 지나치게 **높을** 때 • 관내를 흐르는 **물**의 **정압**이 그 물의 온도에 해당하는 증기압보다 **낮을** 때
방지대책 (방지방법)	• 펌프의 흡입수두를 작게 한다.(흡입양정을 작게 한다.) 보기 ㉠ • 펌프의 마찰손실을 작게 한다. • 펌프의 임펠속도(**회전수**)를 **작게** 한다. 보기 ㉢ • 펌프의 설치위치를 수원보다 낮게 한다. • 양흡입펌프를 사용한다.(펌프의 흡입측을 가압한다.) • 관내의 물의 정압을 그때의 증기압보다 높게 한다. • 흡입관의 **구경**(지름)을 **크게** 한다. 보기 ㉡ • 펌프를 2개 이상 설치한다. • 회전차를 수중에 완전히 잠기게 한다.

비교

수격작용(water hammering)	
개요	• 배관 속의 물흐름을 급히 차단하였을 때 동압이 정압으로 전환되면서 일어나는 **쇼크**(shock)현상 • 배관 내를 흐르는 유체의 유속을 급격하게 변화시키므로 압력이 상승 또는 하강하여 관로의 벽면을 치는 현상
발생원인	• 펌프가 갑자기 정지할 때 • 급히 밸브를 개폐할 때 • 정상운전시 유체의 압력변동이 생길 때
방지대책 (방지방법)	• **관**의 관경(직경)을 크게 한다. • 관내의 유속을 낮게 한다.(관로에서 일부 고압수를 방출한다.) • **조압수조**(surge tank)를 관선에 설치한다. • **플라이휠**(fly wheel)을 설치한다. • 펌프 송출구(토출측) 가까이에 밸브를 설치한다. • **에어챔버**(air chamber)를 설치한다.
기억법	수방관플에

답 ②

27 ★★★

가로 80cm, 세로 50cm이고 300℃로 가열된 평판에 수직한 방향으로 25℃의 공기를 불어주고 있다. 대류열전달계수가 25W/m²·K일 때 공기를 불어넣는 면에서의 열전달률[kW]은?

22.03.문24
19.09.문38
17.05.문31
16.03.문23
15.09.문25
13.06.문40

① 2.04
② 2.75
③ 5.16
④ 7.33

해설 (1) 기호
• A : 80cm×50cm=0.8m×0.5m(100cm=1m)
• T_2 : 273+300℃=573K
• T_1 : 273+25℃=298K
• h : 25W/m²·K
• $\mathring{q}$: ?

(2) 대류(열전달률)

$$\mathring{q}=Ah(T_2-T_1)$$

여기서, $\mathring{q}$: 대류열류(열전달률)[W]
A : 대류면적[m²]
h : 대류열전달계수[W/m²·℃]
T_2-T_1 : 온도차[℃] 또는 [K]

열전달률 $\mathring{q}$ 는
$\mathring{q}=Ah(T_2-T_1)$
$=(0.8\text{m}\times0.5\text{m})\times 25\text{W/m}^2\cdot\text{K}\times(573-298)\text{K}$
$=2750\text{W}=2.75\text{kW}$

• 1000W=1kW이므로 2750W=2.75kW

답 ②

28

어떤 오일의 동점성계수가 $2\times 10^{-4} m^2/s$이고 비중이 0.9라면 점성계수는 약 몇 kg/m·s인가?

① 1.2 ② 2.0
③ 0.18 ④ 1.8

해설 (1) 기호
- $\nu : 2\times 10^{-4} m^2/s$
- $s : 0.9$
- $\mu : ?$

(2) 비중
$$s = \frac{\rho}{\rho_w}$$

여기서, s : 비중
ρ : 어떤 물질의 밀도[kg/m³]
ρ_w : 물의 밀도(1000kg/m³)

오일의 밀도 ρ는
$\rho = \rho_w \cdot s = 1000kg/m^3 \times 0.9 = 900kg/m^3$

(3) 동점성계수
$$\nu = \frac{\mu}{\rho}$$

여기서, ν : 동점성계수[m²/s]
μ : 점성계수[kg/m·s]
ρ : 밀도(어떤 물질의 밀도)[kg/m³]

점성계수 μ는
$\mu = \nu \cdot \rho$
$= 2\times 10^{-4} m^2/s \times 900 kg/m^3 = 0.18 kg/m\cdot s$

답 ③

29

20℃의 물 10L를 대기압에서 110℃의 증기로 만들려면, 공급해야 하는 열량은 약 몇 kJ인가? (단, 대기압에서 물의 비열은 4.2kJ/kg·℃, 증발잠열은 2260kJ/kg이고, 증기의 정압비열은 2.1kJ/kg·℃이다.)

① 26380 ② 26170
③ 22600 ④ 3780

해설 (1) 기호
- $\Delta T_1 : (100-20)℃$
- $m : 10L=10kg$(물 1L=1kg)
- $\Delta T_3 : (110-100)℃$
- $Q : ?$
- $c : 4.2kJ/kg\cdot ℃$
- $r : 2260kJ/kg$
- $C_p : 2.1kJ/kg\cdot ℃$

(2) 열량
$$Q = mc\Delta T_1 + rm + mC_p\Delta T_3$$

여기서, Q : 열량[kJ]
m : 질량[kg]
c : 비열(물의 비열 4.2kJ/kg·℃)
$\Delta T_1, \Delta T_3$: 온도차[℃]
r : 증발잠열[kJ/kg]
C_p : 정압비열[kJ/kg·℃]

(3) 20℃ 물 → 100℃ 물
$Q_1 = mc\Delta T_1$
$= 10kg \times 4.2kJ/kg\cdot ℃ \times (100-20)℃$
$= 3360kJ$

(4) 100℃ 물 → 100℃ 수증기
$Q_2 = rm$
$= 2260kJ/kg \times 10kg = 22600kJ$

(5) 100℃ 수증기 → 110℃ 수증기
$Q_3 = mC_p\Delta T_3$
$= 10kg \times 2.1kJ/kg\cdot ℃ \times (110-100)℃$
$= 210kJ$

열량 Q는
$Q = Q_1 + Q_2 + Q_3$
$= 3360kJ + 22600kJ + 210kJ$
$= 26170kJ$

답 ②

30

그림에서 $h_1=120mm$, $h_2=180mm$, $h_3=100mm$일 때 A에서의 압력과 B에서의 압력의 차이($P_A - P_B$)를 구하면? (단, A, B 속의 액체는 물이고, 차압액주계에서의 중간 액체는 수은(비중 13.6)이다.)

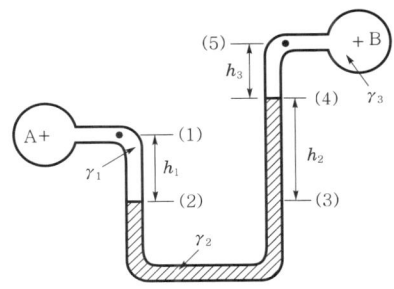

① 20.4kPa ② 23.8kPa
③ 26.4kPa ④ 29.8kPa

해설 (1) 기호
- $h_1 : 120mm = 0.12m$
- $h_2 : 180mm = 0.18m$
- $h_3 : 100mm = 0.1m$
- $S_2 : 13.6$(수은)
- $r_1 : 9.8kN/m^3$(물)
- $r_3 : 9.8kN/m^3$(물)
- $P_A - P_B : ?$
- $1000mm = 1m$

계산의 편의를 위해 기호를 수정하면

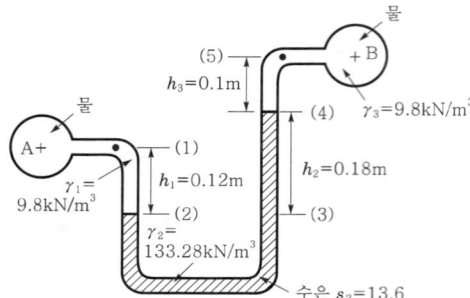

(2) 비중

$$s = \frac{\gamma}{\gamma_w}$$

여기서, s : 비중
γ : 어떤 물질(수은)의 비중량[kN/m³]
γ_w : 물의 비중량(9.8kN/m³)

수은의 비중량 $\gamma_2 = s_2 \times \gamma_w$
$= 13.6 \times 9.8 \text{kN/m}^3$
$= 133.28 \text{kN/m}^3$

(3) 압력차

$$P_A + \gamma_1 h_1 - \gamma_2 h_2 - \gamma_3 h_3 = P_B$$

$P_A - P_B = -\gamma_1 h_1 + \gamma_2 h_2 + \gamma_3 h_3$
$= -9.8 \text{kN/m}^3 \times 0.12\text{m}$
$+ 133.28 \text{kN/m}^3 \times 0.18\text{m}$
$+ 9.8 \text{kN/m}^3 \times 0.1\text{m}$
$\fallingdotseq 23.8 \text{kN/m}^2$
$= 23.8 \text{kPa}$

• $1\text{N/m}^2 = 1\text{Pa}$, $1\text{kN/m}^2 = 1\text{kPa}$이므로
$23.8 \text{kN/m}^2 = 23.8 \text{kPa}$

중요

시차액주계의 압력계산방법
점 a를 기준으로 내려가면 **더하고**, 올라가면 **빼면** 된다.

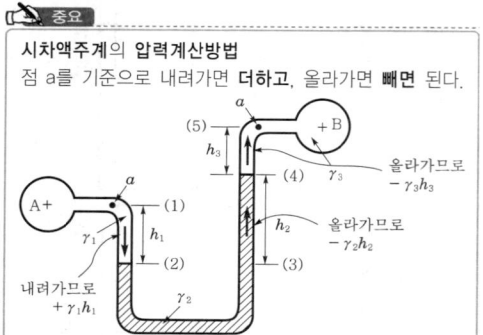

답 ②

31 회전수 1800rpm, 유량 4m³/min, 양정 50m인 원심펌프의 비속도[m³/min·m/rpm]는 약 얼마인가?

① 46   ② 72
③ 126 ④ 191

해설 (1) 기호
• n : 1800rpm
• Q : 4m³/min
• H : 50m
• n_s : ?

(2) 펌프의 비속도

$$n_s = n \frac{\sqrt{Q}}{H^{\frac{3}{4}}}$$

여기서, n_s : 펌프의 비교회전도(비속도)[m³/min·m/rpm]
n : 회전수[rpm]
Q : 유량[m³/min]
H : 양정[m]

비속도 n_s는

$n_s = n \dfrac{\sqrt{Q}}{H^{\frac{3}{4}}}$

$= 1800 \text{rpm} \times \dfrac{\sqrt{4\text{m}^3/\text{min}}}{50\text{m}^{\frac{3}{4}}}$

$\fallingdotseq 191 \text{m}^3/\text{min} \cdot \text{m/rpm}$

※ **rpm**(revolution per minute) : 분당 회전속도

용어

비속도
펌프의 성능을 나타내거나 가장 적합한 **회전수**를 결정하는 데 이용되며, **회전자의 형상**을 나타내는 척도가 된다.

답 ④

32 완전 흑체로 가정한 흑연의 표면온도가 450℃이다. 단위면적당 방출되는 복사에너지의 열유속[kW/m²]은? (단, 흑체의 Stefan-Boltzmann 상수 $\sigma = 5.67 \times 10^{-8} \text{W/m}^2 \cdot \text{K}^4$이다.)

① 2.33
② 15.5
③ 21.4
④ 232.5

해설 (1) 기호
• ε : 1(완전 흑체이므로)
• T : 450℃=(273+450)K
• $\overset{\circ}{q}''$: ?
• σ : $5.67 \times 10^{-8} \text{W/m}^2 \cdot \text{K}^4$

(2) 복사열

$$\overset{\circ}{q} = AF_{12}\varepsilon\sigma T^4$$
$$\overset{\circ}{q}'' = F_{12}\varepsilon\sigma T^4$$

여기서, $\overset{\circ}{q}$: 복사열[W]

$\overset{\circ}{q}''$: 단위면적당 복사열(단위면적당 방출되는 복사에너지의 열유속)[W/m²]

A : 단면적[m²]

F_{12} : 배치계수(형상계수)

ε : 복사능(방사율)[$1-e^{(-kl)}$](완전 흑체 : 1)

k : 흡수계수(absorption coefficient)[m⁻¹]

l : 화염두께[m]

σ : 스테판-볼츠만 상수(5.67×10^{-8} W/m² · K⁴)

T : 절대온도[K]

단위면적당 복사열 $\overset{\circ}{q}''$ 는

$$\overset{\circ}{q}'' = F_{12}\varepsilon\sigma T^4$$
$$= 1 \times (5.67 \times 10^{-8} \text{W/m}^2 \cdot \text{K}^4) \times [(273+450)\text{K}]^4$$
$$= 15493 \text{W/m}^2 = 15.493 \text{kW/m}^2 ≒ 15.5 \text{kW/m}^2$$

• F_{12} : 주어지지 않았으므로 무시

답 ②

33
액면으로부터 40m인 지점의 계기압력이 515.8kPa일 때 이 액체의 비중량은 몇 kN/m³인가?

19.04.문30
14.03.문32
01.03.문36

① 11.8 ② 12.9
③ 14.2 ④ 16.4

해설 (1) 기호
• H : 40m
• P : 515.8kPa=515.8kN/m²(1kPa=1kN/m²)
• γ : ?

(2) 수두

$$H = \frac{P}{\gamma}$$

여기서, H : 수두[m]
P : 압력[kPa] 또는 [kN/m²]
γ : 비중량(물의 비중량 9800N/m³)

비중량 γ 은

$$\gamma = \frac{P}{H} = \frac{515.8 \text{kN/m}^2}{40\text{m}} ≒ 12.9 \text{kN/m}^3$$

답 ②

34
비중이 1.03인 바닷물에 전체 부피의 90%가 잠겨 있는 빙산이 있다. 이 빙산의 비중은 얼마인가?

19.04.문33
15.03.문35
04.09.문34

① 0.856 ② 0.956
③ 0.927 ④ 0.882

해설 (1) 기호
• s : 1.03
• V : 90%=0.9
• s_s : ?

(2) 잠겨 있는 체적(부피) 비율

$$V = \frac{s_s}{s}$$

여기서, V : 잠겨 있는 체적(부피) 비율
s_s : 어떤 물질의 비중(빙산의 비중)
s : 표준물질의 비중(바닷물의 비중)

빙산의 비중 s_s 는
$s_s = s \cdot V$
$= 1.03 \times 0.9$
$≒ 0.927$

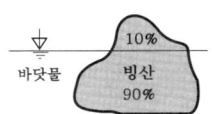

답 ③

35
그림과 같이 탱크에 비중이 0.8인 기름과 물이 들어있다. 벽면 AB에 작용하는 유체(기름 및 물)에 의한 힘은 약 몇 kN인가? (단, 벽면 AB의 폭(y방향)은 1m이다.)

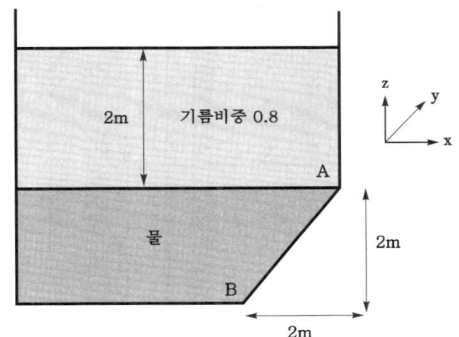

① 50 ② 72
③ 82 ④ 96

해설
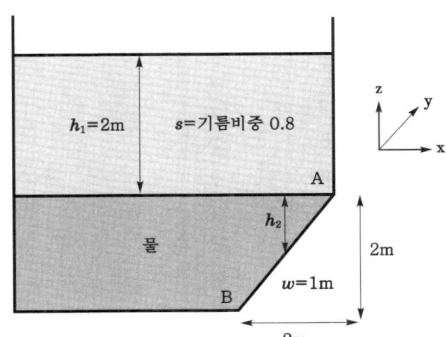

(1) 기호
• s : 0.8
• h_1 : 2m
• h_2 : 경사면 중심에서의 수직거리
• w : 1m(벽면 AB의 폭) → y방향

(2) 전체압력
$$P_0 = P_1 + P_2$$
여기서, P_0 : 전체압력(kN)
P_1 : 기름부분의 압력(kN)
P_2 : 물부분의 경사면에 미치는 압력(kN)

(3) 압력
$$P = \gamma h$$
여기서, P : 압력(N/m²)
γ : 비중량(N/m³)
h : 높이(m)

※ 물의 비중량(γ) : 9800N/m³

$P_1 = \gamma_1 h_1 = (9800\text{N/m}^3 \times 0.8) \times 2\text{m} = 15680\text{N/m}^2$
AB길이 계산(피타고라스 정리 이용) : AB길이 = $\sqrt{A^2 + B^2}$
AB길이 = $\sqrt{2^2 + 2^2}$ = 2.828m = $2\sqrt{2}$ m
경사면 중심길이 = $\dfrac{\text{AB길이}}{2} = \dfrac{2\sqrt{2}\,\text{m}}{2} = \sqrt{2}\,\text{m}$

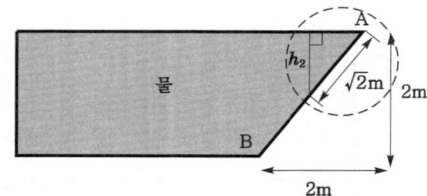

점선 3각형을 바로 세워 놓으면 아래 그림과 같이 되고

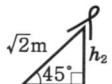

$\dfrac{2\text{m}}{2\text{m}}$ 로 길이가 같으므로 경사각은 45°

$\sin\theta = \dfrac{h_2}{\sqrt{2}}$

$\sqrt{2}\sin\theta = h_2$

$h_2 = \sqrt{2}\sin\theta = \sqrt{2}\sin 45°$

$P_2 = \gamma_2 h_2 = \gamma_2 \times (\sqrt{2}\sin 45°)$
$\quad = 9800\text{N/m}^3 \times (\sqrt{2} \times \sin 45°)\text{m} = 9800\text{N/m}^2$

$P_0 = P_1 + P_2$
$\quad = 15680\text{N/m}^2 + 9800\text{N/m}^2 = 25480\text{N/m}^2$

(4) 경사면의 면적
$A = w(\text{폭}) \times h(\text{높이})$
$\quad = 1\text{m} \times 2.828\text{m} = 2.828\text{m}^2$

(5) 벽면 AB에 작용하는 유체에 의한 힘 F
$F = P_0(\text{전체 압력}) \times A(\text{경사면의 면적})$
$\quad = 25480\text{N/m}^2 \times 2.828\text{m}^2$
$\quad = 72057.44\text{N} ≒ 72\text{kN}$

답 ②

36

22.03.문38
17.03.문39
15.03.문33
10.05.문30

그림과 같이 안쪽 원의 지름이 D_1, 바깥쪽 원의 지름이 D_2인 두 개의 동심원 사이에 유체가 흐르고 있다. 이 유동 단면의 수력지름(hydraulic diameter)을 구하면?

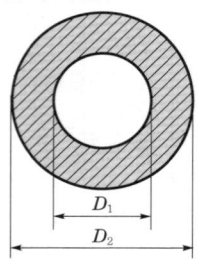

① $D_2 + D_1$ ② $D_2 - D_1$
③ $\pi(D_2 + D_1)$ ④ $\pi(D_2 - D_1)$

해설 (1) 수력반경(hydraulic radius)
$$R_h = \dfrac{A}{l} = \dfrac{1}{4}(D - d)$$
여기서, R_h : 수력반경(m)
A : 단면적(m²)
l : 접수길이(m)
D : 관의 외경(m)
d : 관의 내경(m)

(2) 수력직경(수력지름)(hydraulic diameter)
$$D_h = 4R_h$$
여기서, D_h : 수력직경(m)
R_h : 수력반경(m)

바깥지름 D_2, 안지름 D_1인 동심이중관

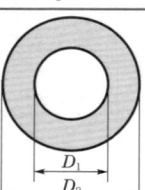

수력반경

$R_h = \dfrac{A}{l} = \dfrac{\pi r^2}{2\pi r(\text{원둘레})}$

$= \dfrac{\pi(r_2^2 - r_1^2)}{2\pi(r_2 + r_1)} = \dfrac{\cancel{\pi}\left[\left(\dfrac{D_2}{2}\right)^2 - \left(\dfrac{D_1}{2}\right)^2\right]}{\cancel{2\pi}\left(\dfrac{D_2}{2} + \dfrac{D_1}{2}\right)}$

$= \dfrac{\dfrac{D_2^2}{4} - \dfrac{D_1^2}{4}}{\cancel{2}\left(\dfrac{D_2 + D_1}{\cancel{2}}\right)} = \dfrac{\dfrac{D_2^2 - D_1^2}{4}}{D_2 + D_1}$

인수분해 기본공식
$A^2 - B^2 = (A+B)(A-B)$ 이므로

$D_2^2 - D_1^2 = (D_2 + D_1)(D_2 - D_1)$

$R_h = \dfrac{A}{l} = \dfrac{\dfrac{D_2^2 - D_1^2}{4}}{D_2 + D_1}$

$= \dfrac{\dfrac{(D_2 + D_1)(D_2 - D_1)}{4}}{D_2 + D_1} = \dfrac{D_2 - D_1}{4}$

- 원형이므로 단면적 $A = \pi r^2$, 원둘레 $l = 2\pi r$
  여기서, r : 반지름[m]

수력지름

$D_h = 4R_h = 4 \times \dfrac{D_2 - D_1}{4} = D_2 - D_1$

답 ②

★★★ 37

어떤 펌프가 1000rpm으로 회전하여 전양정 10m에 0.5m³/min의 유량을 방출한다. 이때 펌프가 2000rpm으로 운전된다면 유량[m³/min]은 얼마인가?

23.03.문22
20.10.문27
18.03.문35
10.05.문34

① 1.2
② 1
③ 0.7
④ 0.5

해설 (1) 기호

- N_1 : 1000rpm
- H_1 : 10m
- Q_1 : 0.5m³/min
- N_2 : 2000rpm
- Q_2 : ?

(2) **상사법칙**(유량)

$$Q_2 = Q_1 \left(\dfrac{N_2}{N_1}\right)$$

여기서, Q_1, Q_2 : 변화 전후의 유량[m³/min]
N_1, N_2 : 변화 전후의 회전수[rpm]

$Q_2 = Q_1 \left(\dfrac{N_2}{N_1}\right) = 0.5\text{m}^3/\text{min} \times \dfrac{2000\text{rpm}}{1000\text{rpm}}$

$= 1\text{m}^3/\text{min}$

- 이 문제에서 H_1은 계산에 사용되지 않으므로 필요 없음. H_1를 어디에 적용할지 고민하지 말라!

비교

(1) 양정

$$H_2 = H_1 \left(\dfrac{N_2}{N_1}\right)^2$$

여기서, H_1, H_2 : 변화 전후의 양정[m]
N_1, N_2 : 변화 전후의 회전수[rpm]

(2) 축동력

$$P_2 = P_1 \left(\dfrac{N_2}{N_1}\right)^3$$

여기서, P_1, P_2 : 변화 전후의 축동력[kW]
N_1, N_2 : 변화 전후의 회전수[rpm]

용어

상사법칙
기하학적으로 유사하거나 같은 펌프에 적용하는 법칙

답 ②

★★★ 38

반지름 R인 원관에서의 물의 속도분포가 $u = u_0[1 - (r/R)^2]$과 같을 때, 벽면에서의 전단응력의 크기는 얼마인가? (단, μ는 점성계수, ν는 동점성계수, u_0는 관 중앙에서의 속도, r은 관 중심으로부터의 거리이다.)

24.07.문25
18.09.문28
16.03.문30
14.03.문25

① $\dfrac{\mu u_0}{R}$ ② $\dfrac{2\mu u_0}{R}$

③ $\dfrac{\nu u_0}{R}$ ④ $\dfrac{2\nu u_0}{R}$

해설 (1) 전단응력

층 류	난 류
$\tau = \dfrac{P_A - P_B}{l} \cdot \dfrac{r}{2}$	$\tau = \mu \dfrac{du}{dy}$

여기서, τ : 전단응력[N/m²]
$P_A - P_B$: 압력강하[N/m²]
l : 관의 길이[m]
r : 반경[m]

여기서, τ : 전단응력[N/m² 또는 Pa]
μ : 점성계수 [N·s/m² 또는 kg/m·s]
$\dfrac{du}{dy}$: 속도구배(속도 변화율)$\left(\dfrac{1}{s}\right)$
du : 속도[m/s]
dy : 높이[m]

원관은 일반적으로 **난류**이므로

$\tau = \mu \dfrac{du}{dy} = \mu \dfrac{du}{dr}$

(2) 물의 속도분포

$$u = u_0 \left[1 - \left(\dfrac{r}{R}\right)^2\right]$$

여기서, u : 물의 속도분포[m/s]
u_0 : 관의 중심에서의 속도[m/s]
r : 관 중심으로부터의 거리[m]
R : 관의 반지름[m]

u를 r에 대하여 미분하면 다음과 같다.
$$\frac{du}{dr} = \left(u_0 - u_0 \times \frac{r^2}{R^2}\right)' = -\frac{2ru_0}{R^2}$$

관벽에서는 $R=r$이므로 r에 R를 대입하여 정리하면
$$\frac{du}{dr} = -\frac{2u_0}{R}$$

$$\therefore \tau = -\mu \times \frac{2u_0}{R}$$

답 ②

39.

밑면이 3m×5m인 물탱크에 물이 5m 깊이로 채워져 있을 때, 밑면에 작용하는 물에 의한 힘은 몇 kN인가? (단, 물의 비중량은 9800N/m³이다.)

① 706 ② 714
③ 726 ④ 735

해설 (1) 기호
- A : (3m×5m)
- h : 5m
- F : ?
- γ : 9800N/m³

(2) 밑면에 작용하는 힘
$$F = \gamma h A$$

여기서, F : 밑면에 작용하는 힘[N]
γ : 비중량(물의 비중량 9800N/m³)
h : 물의 깊이[m]
A : 단면적[m²]

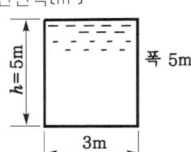

밑면에 작용하는 힘 F는
$F = \gamma h A$
$= 9800\text{N/m}^3 \times 5\text{m} \times (3\text{m} \times 5\text{m}) = 735000\text{N} = 735\text{kN}$

• 1kN = 1000N

답 ④

40.

유량 2m³/min, 전양정 25m인 원심펌프의 축동력은 약 몇 kW인가? (단, 펌프의 전효율은 0.78이고, 유체의 밀도는 1000kg/m³이다.)

① 11.52 ② 9.52
③ 10.47 ④ 13.47

해설 (1) 기호
- Q : 2m³/min = 2m³/60s (1min=60s)
- H : 25m
- P : ?
- η : 0.78
- ρ : 1000kg/m³ = 1000N·s²/m⁴
  (1kg/m³ = 1N·s²/m⁴)

(2) 비중량
$$\gamma = \rho g$$

여기서, γ : 비중량[N/m³]
ρ : 밀도[N·s²/m⁴]
g : 중력가속도(9.8m/s²)

비중량 γ는
$\gamma = \rho g = 1000\text{N}\cdot\text{s}^2/\text{m}^4 \times 9.8\text{m/s}^2 = 9800\text{N/m}^3$

(3) 축동력
$$P = \frac{\gamma Q H}{1000\eta}$$

여기서, P : 축동력[kW]
γ : 비중량[N/m³]
Q : 유량[m³/s]
H : 전양정[m]
η : 효율

축동력 P는
$P = \frac{\gamma Q H}{1000\eta}$
$= \frac{9800\text{N/m}^3 \times 2\text{m}^3/60\text{s} \times 25\text{m}}{1000 \times 0.78}$
$\fallingdotseq 10.47\text{kW}$

용어

축동력
전달계수(K)를 고려하지 않은 동력

별해

원칙적으로 밀도가 주어지지 않을 때 적용
축동력
$$P = \frac{0.163 Q H}{\eta}$$

여기서, P : 축동력[kW]
Q : 유량[m³/min]
H : 전양정(수두)[m]
η : 효율

펌프의 축동력 P는
$P = \frac{0.163 Q H}{\eta}$
$= \frac{0.163 \times 2\text{m}^3/\text{min} \times 25\text{m}}{0.78}$
$= 10.448 \fallingdotseq 10.45\text{kW}$
(정확하지는 않지만 유사한 값이 나옴)

답 ③

제3과목 소방관계법규

41 소방시설 설치 및 관리에 관한 법령상 다음 소방시설 중 경보설비에 속하지 않는 것은?

① 자동화재속보설비
② 자동화재탐지설비
③ 무선통신보조설비
④ 통합감시시설

해설 ③ 무선통신보조설비 : 소화활동설비

소방시설법 시행령 〔별표 1〕
경보설비
(1) 비상경보설비 ┬ 비상벨설비
　　　　　　　　└ 자동식 사이렌설비
(2) 단독경보형 감지기
(3) 비상방송설비
(4) 누전경보기
(5) 자동화재탐지설비 및 시각경보기 보기 ②
(6) 자동화재속보설비 보기 ①
(7) 가스누설경보기
(8) 통합감시시설 보기 ④
(9) 화재알림설비

※ **경보설비** : 화재발생 사실을 통보하는 기계·기구 또는 설비

답 ③

42 소방시설공사의 하자보수기간으로 옳은 것은?

① 유도등 : 1년
② 자동소화장치 : 3년
③ 자동화재탐지설비 : 2년
④ 소화용수설비 : 2년

해설 공사업령 6조
소방시설공사의 하자보수 보증기간

보증기간	소방시설
2년	• **유**도등·**피**난기구 • **비**상**조**명등·비상**경**보설비·비상**방**송설비 • **무**선통신보조설비
3년	• 자동소화장치 보기 ② • 옥내·외 소화전설비 • 스프링클러설비 • 물분무등소화설비·소화용수설비 • 자동화재탐지설비·소화활동설비(무선통신보조설비 제외) • 화재알림설비

기억법 유비조경방무피2(유비조경방무피투)

답 ②

43 화재예방강화지구의 지정대상지역에 해당되지 않는 곳은?

① 시장지역
② 공장·창고가 밀집한 지역
③ 콘크리트건물이 밀집한 지역
④ 석유화학제품을 생산하는 공장이 있는 지역

해설 ③ 해당없음

화재예방법 18조
화재예방강화지구의 지정
(1) **지정권자** : 시·도지사
(2) **지정지역**
　㉠ **시장**지역 보기 ①
　㉡ **공장·창고** 등이 밀집한 지역 보기 ②
　㉢ **목조건물**이 밀집한 지역
　㉣ **노후·불량** 건축물이 밀집한 지역
　㉤ **위험물**의 **저장** 및 **처리시설**이 밀집한 지역
　㉥ **석유화학제품**을 생산하는 공장이 있는 지역 보기 ④
　㉦ **소방시설·소방용수시설** 또는 **소방출동로**가 **없는** 지역
　㉧ 「산업입지 및 개발에 관한 법률」에 따른 산업단지
　㉨ 「물류시설의 개발 및 운영에 관한 법률」에 따른 물류단지
　㉩ **소방청장, 소방본부장** 또는 **소방서장**(소방관서장)이 화재예방강화지구로 지정할 필요가 있다고 인정하는 지역

※ **화재예방강화지구** : 화재발생 우려가 크거나 화재가 발생할 경우 피해가 클 것으로 예상되는 지역에 대하여 화재의 예방 및 안전관리를 강화하기 위해 지정·관리하는 지역

비교

기본법 19조
화재로 오인할 만한 불을 피우거나 연막소독시 신고지역
(1) **시장**지역
(2) **공장·창고**가 밀집한 지역
(3) **목조건물**이 밀집한 지역
(4) **위험물**의 **저장** 및 **처리시설**이 밀집한 지역
(5) **석유화학제품**을 생산하는 공장이 있는 지역
(6) 그 밖에 **시·도**의 **조례**로 정하는 지역 또는 장소

답 ③

44 소방기본법령상 소방신호의 종류가 아닌 것은?

① 발화신호
② 해제신호
③ 훈련신호
④ 소화신호

해설 **기본규칙 10조**
소방신호의 종류

소방신호	설명
경계신호	• 화재예방상 필요하다고 인정되거나 **화재위험경보시** 발령
발화신호 보기 ①	• **화재**가 **발생**한 때 발령
해제신호 보기 ②	• 소화활동이 필요없다고 인정되는 때 발령
훈련신호 보기 ③	• **훈련**상 필요하다고 인정되는 때 발령

기억법 경발해훈

중요

기본규칙 [별표 4]
소방신호표

종별\신호방법	타종 신호	사이렌 신호
경계신호	1타와 연 2타를 반복	5초 간격을 두고 30초씩 3회
발화신호	난타	5초 간격을 두고 5초씩 3회
해제신호	상당한 간격을 두고 1타씩 반복	1분간 1회
훈련신호	연 3타 반복	10초 간격을 두고 1분씩 3회

답 ④

45 ★★★
17.09.문41
15.03.문58
14.05.문57
11.06.문55

위험물안전관리법령상 관계인이 예방규정을 정하여야 하는 제조소 등의 기준이 아닌 것은?

① 지정수량의 10배 이상의 위험물을 취급하는 제조소
② 지정수량의 200배 이상의 위험물을 저장하는 옥외탱크저장소
③ 지정수량의 50배 이상의 위험물을 저장하는 옥외저장소
④ 지정수량의 150배 이상의 위험물을 저장하는 옥내저장소

해설 ③ 50배 이상 → 100배 이상

위험물령 15조
예방규정을 정하여야 할 제조소 등

배 수	제조소 등
10배 이상	• **제**조소 보기 ① • **일**반취급소
100배 이상	• **옥외**저장소 보기 ③
150배 이상	• **옥내**저장소 보기 ④
200배 이상	• **옥외탱**크저장소 보기 ②
모두 해당	• 이송취급소 • 암반탱크저장소

기억법 0 제일
　　　　 0 외
　　　　 5 내
　　　　 2 탱

※ **예방규정** : 제조소 등의 화재예방과 화재 등 재해발생시의 비상조치를 위한 규정

답 ③

46 ★
23.09.문50
14.09.문54

소방대상물이 있는 장소 및 그 이웃지역으로서 화재의 예방·경계·진압, 구조·구급 등의 활동에 필요한 지역으로 정의되는 것은?

① 방화지역
② 밀집지역
③ 소방지역
④ 관계지역

해설 **기본법 2조**
관계지역
소방대상물이 있는 **장소** 및 그 **이웃지역**으로서 화재의 예방·경계·진압, 구조·구급 등의 활동에 필요한 지역

중요

기본법 2조
관계인
(1) 소유자
(2) 관리자
(3) 점유자

답 ④

47 ★★★
24.03.문41
22.03.문42
20.06.문55
19.04.문46
16.05.문47
15.05.문50
15.05.문57
11.03.문42
10.05.문46

소방기본법령상 소방용수시설인 저수조의 설치기준으로 맞는 것은?

① 흡수부분의 수심이 0.5m 이하일 것
② 지면으로부터 낙차가 4.5m 이하일 것
③ 흡수관의 투입구가 사각형의 경우에는 한 변의 길이가 60cm 이하일 것
④ 저수조에 물을 공급하는 방법은 상수도에 연결하여 수동으로 급수되는 구조일 것

해설 ① 0.5m 이하 → 0.5m 이상
③ 60cm 이하 → 60cm 이상
④ 수동으로 → 자동으로

기본규칙 [별표 3]
소방용수시설의 저수조의 설치기준

구 분	기 준
낙차	4.5m 이하 보기 ②
수심	0.5m 이상 보기 ①
투입구의 길이 또는 지름	60cm 이상 보기 ③

(1) 소방펌프자동차가 **쉽게 접근**할 수 있도록 할 것
(2) 흡수에 지장이 없도록 **토사** 및 **쓰레기** 등을 제거할 수 있는 설비를 갖출 것
(3) 저수조에 물을 공급하는 방법은 **상수도**에 연결하여 **자동**으로 **급수**되는 구조일 것 보기 ④

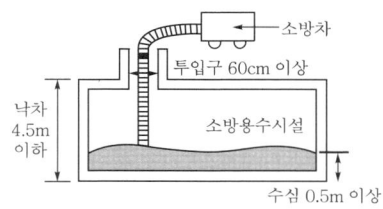

비교

개구부	흡수관 투입구
지름 50cm(0.5m) 이상	지름 60cm(0.6m) 이상

답 ②

48 소방시설공사업법령상 소방공사감리를 실시함에 있어 용도와 구조에서 특별히 안전성과 보안성이 요구되는 소방대상물로서 소방시설물에 대한 감리는 감리업자 아닌 자가 감리를 할 수 있는 장소는?

① 교도소 등 교정관련시설
② 국방 관계시설 설치장소
③ 정보기관의 청사
④ 「원자력안전법」상 관계시설이 설치되는 장소

해설 공사업령 8조
감리업자가 아닌 자가 감리할 수 있는 보안성 등이 요구되는 소방대상물의 감리장소
「**원자력안전법**」에 따른 관계시설이 설치되는 장소

답 ④

49 위험물안전관리법령에 따라 위험물안전관리자를 해임하거나 퇴직한 때에는 해임하거나 퇴직한 날부터 며칠 이내에 다시 안전관리자를 선임하여야 하는가?

① 30일 ② 35일
③ 40일 ④ 55일

해설 30일
(1) 소방시설업 등록사항 변경신고(공사업규칙 6조)
(2) **위험물안전관리자의 재선임**(위험물안전관리법 15조) 보기 ①
(3) 소방안전관리자의 재선임(화재예방법 시행규칙 14조)
(4) 도급계약 해지(공사업법 23조)
(5) 소방시설공사 중요사항 변경시의 신고일(공사업규칙 12조)
(6) 소방기술자 실무교육기관 지정서 발급(공사업규칙 32조)
(7) 소방공사감리자 변경서류 제출(공사업규칙 15조)
(8) 승계(위험물법 10조)
(9) 위험물안전관리자의 직무대행(위험물법 15조)
(10) 탱크시험자의 변경신고일(위험물법 16조)

답 ①

50 화재의 예방 및 안전관리에 관한 법령상 정당한 사유 없이 화재안전조사 결과에 따른 조치명령을 위반한 자에 대한 최대 벌칙으로 옳은 것은?

① 300만원 이하의 벌금
② 100만원 이하의 벌금
③ 1년 이하의 징역 또는 1천만원 이하의 벌금
④ 3년 이하의 징역 또는 3천만원 이하의 벌금

해설 **3**년 이하의 징역 또는 **3000**만원 이하의 벌금
(1) 화재안전조사 결과에 따른 조치명령(화재예방법 50조) 보기 ④
(2) **소방시설업** 무등록자(공사업법 35조)
(3) **부정**한 **청탁**을 받고 재물 또는 재산상의 **이익**을 취득하거나 부정한 청탁을 하면서 재물 또는 재산상의 이익을 제공한 자(공사업법 35조)
(4) **소방시설관리업** 무등록자(소방시설법 57조)
(5) **형식승인**을 얻지 않은 소방용품 제조·수입자(소방시설법 57조)
(6) **제품검사**를 받지 않은 사람(소방시설법 57조)
(7) 거짓이나 그 밖의 **부정한 방법**으로 제품검사 전문기관의 지정을 받은 사람(소방시설법 57조)

기억법 33형관(**삼삼**하게 **형**처럼 **관**리하기!)

답 ④

51 소방기본법령상 소방용수시설을 주거지역·상업지역 및 공업지역에 설치하는 경우 소방대상물과의 수평거리는 몇 m 이하가 되도록 하여야 하는가?

① 100 ② 140
③ 150 ④ 200

해설 기본규칙 [별표 3]
소방용수시설의 설치기준

거리기준	지 역
100m 이하	•**주**거지역 •**공**업지역 •**상**업지역
140m 이하	•기타지역

기억법 주공 100상 (**주공**아파트에 **백상어**가 그려져 있다.)

비교

기본규칙 [별표 3]
소방용수시설별 설치기준

구 분	소화전	급수탑
구경	65mm	100mm
개폐밸브 높이	–	지상 1.5~1.7m 이하

답 ①

52 소방안전관리자의 업무라고 볼 수 없는 것은?

24.05.문57
23.03.문41
21.05.문58
19.09.문53
16.05.문46
11.03.문44
10.05.문55
06.05.문55

① 소방계획서의 작성 및 시행
② 화재예방강화지구의 지정
③ 자위소방대의 구성·운영·교육
④ 피난시설, 방화구획 및 방화시설의 관리

해설 ② 시·도지사의 업무

화재예방법 24조
관계인 및 소방안전관리자의 업무

특정소방대상물 (관계인)	소방안전관리대상물 (소방안전관리자)
① 피난시설·방화구획 및 방화시설의 관리 ② 소방시설, 그 밖의 소방관련시설의 관리 ③ 화기취급의 감독 ④ 소방안전관리에 필요한 업무 ⑤ 화재발생시 초기대응	① **피**난시설·방화구획 및 방화시설의 관리 보기 ④ ② **소**방시설, 그 밖의 소방관련시설의 관리 ③ **화**기취급의 감독 ④ 소방안전관리에 필요한 업무 ⑤ **소방계획서**의 작성 및 시행(대통령령으로 정하는 사항 포함) 보기 ① ⑥ **자위**소방대 및 **초기대응체계**의 구성·운영·교육 보기 ③ ⑦ 소방**훈**련 및 교육 ⑧ 소방안전관리에 관한 업무수행에 관한 기록·유지 ⑨ 화재발생시 초기대응

기억법 계위 훈피소화

용어

특정소방대상물	소방안전관리대상물
건축물 등의 규모·용도 및 수용인원 등을 고려하여 소방시설을 설치하여야 하는 소방대상물로서 대통령령으로 정하는 것	대통령령으로 정하는 특정소방대상물

중요

화재예방법 18조
화재예방강화지구의 지정
(1) 지정권자 : 시·도지사 보기 ②
(2) 지정지역
 ① 시장지역
 ② 공장·창고 등이 밀집한 지역
 ③ 목조건물이 밀집한 지역
 ④ 노후·불량 건축물이 밀집한 지역
 ⑤ 위험물의 저장 및 처리시설이 밀집한 지역
 ⑥ 석유화학제품을 생산하는 공장이 있는 지역
 ⑦ 소방시설·소방용수시설 또는 소방출동로가 없는 지역
 ⑧ 「산업입지 및 개발에 관한 법률」에 따른 산업단지
 ⑨ 「물류시설의 개발 및 운영에 관한 법률」에 따른 물류단지
 ⑩ 소방청장·소방본부장 또는 소방서장(소방관서장)이 화재예방강화지구로 지정할 필요가 있다고 인정하는 지역

답 ②

53 소방시설 설치 및 관리에 관한 법령상 소방시설관리사의 결격사유가 아닌 것은?

24.03.문44
22.03.문55
20.08.문60
13.09.문47

① 피성년후견인
② 소방기본법령에 따른 금고 이상의 실형을 선고받고 그 집행이 면제된 날부터 2년이 지나지 아니한 사람
③ 소방시설공사업법령에 따른 금고 이상의 형의 집행유예를 선고받고 그 유예기간이 지난 후 2년이 지나지 아니한 사람
④ 거짓이나 그 밖의 부정한 방법으로 관리사 시험에 합격하여 자격이 취소된 날부터 2년이 지나지 아니한 사람

해설 ③ 그 유예기간이 지난 후 2년이 지나지 아니한 사람 → 금고 이상의 형의 집행유예를 선고받고 그 유예기간 중에 있는 사람

소방시설법 27조
소방시설관리사의 결격사유
(1) 피성년후견인 보기 ①
(2) 금고 이상의 실형을 선고받고 그 집행이 끝나거나 집행이 면제된 날부터 **2년**이 지나지 아니한 사람 보기 ②
(3) 금고 이상의 형의 집행유예를 선고받고 그 유예기간 중에 있는 사람 보기 ③
(4) 자격취소 후 **2년**이 지나지 아니한 사람 보기 ④

용어

피성년후견인
질병, 장애, 노령, 그 밖의 사유로 인한 정신적 제약으로 사무를 처리할 능력이 없어서 가정법원에서 판정을 받은 사람

답 ③

54 화재안전조사 결과에 따른 조치명령으로 인하여 손실을 입은 자에 대한 손실보상에 관한 설명으로 틀린 것은?

① 손실보상에 관하여는 소방청장, 시·도지사와 손실을 입은 자가 협의하여야 한다.
② 보상금액에 관한 협의가 성립되지 아니한 경우에는 소방청장 또는 시·도지사는 그 보상금액을 지급하거나 공탁하고 이를 상대방에게 알려야 한다.
③ 소방청장 또는 시·도지사가 손실을 보상하는 경우에는 공시지가로 보상하여야 한다.
④ 보상금의 지급 또는 공탁의 통지에 불복이 있는 자는 지급 또는 공탁의 통지를 받은 날부터 30일 이내에 관할토지수용위원회에 재결을 신청할 수 있다.

해설
③ 소방청장 또는 시·도지사가 손실을 보상하는 경우에는 **시가**로 보상하여야 한다.

화재예방법 시행령 14조
(1) 손실보상권자 : **소방청장** 또는 **시·도지사**
(2) 손실보상방법 : **시가** 보상

답 ③

55 화재의 예방 및 안전관리에 관한 법령상 소방안전관리대상물의 소방계획서에 포함되어야 하는 사항이 아닌 것은?

① 예방규정을 정하는 제조소 등의 위험물 저장·취급에 관한 사항
② 소방시설·피난시설 및 방화시설의 점검·정비계획
③ 특정소방대상물의 근무자 및 거주자의 자위소방대 조직과 대원의 임무에 관한 사항
④ 방화구획, 제연구획, 건축물의 내부 마감재료(불연재료·준불연재료 또는 난연재료로 사용된 것) 및 방염대상물품의 사용현황과 그 밖의 방화구조 및 설비의 유지·관리계획

해설 화재예방법 시행령 27조
소방안전관리대상물의 소방계획서 작성
(1) 소방안전관리대상물의 위치·구조·연면적·용도 및 수용인원 등의 **일반현황**
(2) 화재예방을 위한 **자체점검계획** 및 **대응대책**
(3) 특정소방대상물의 **근무자** 및 거주자의 **자위소방대** 조직과 대원의 임무에 관한 사항
(4) 소방시설·피난시설 및 방화시설의 점검·정비계획
(5) 방화구획, 제연구획, 건축물의 **내부 마감재료**(불연재료·준불연재료 또는 난연재료로 사용된 것) 및 방염대상물품의 사용현황과 그 밖의 방화구조 및 설비의 유지·관리계획

답 ①

56 제조 또는 가공 공정에서 방염처리를 한 물품으로서 방염대상물품이 아닌 것은? (단, 합판·목재류의 경우에는 설치현장에서 방염처리를 한 것을 포함한다.)

① 카펫
② 창문에 설치하는 커튼류
③ 두께가 2mm 미만인 종이벽지
④ 전시용 합판 또는 섬유판

해설
③ 두께 2mm 미만인 종이벽지 → 두께 2mm 미만인 종이벽지 제외

소방시설법 시행령 31조
방염대상물품

제조 또는 가공 공정에서 방염처리를 한 물품	건축물 내부의 천장이나 벽에 부착하거나 설치하는 것
① 창문에 설치하는 **커튼류** (블라인드 포함) ② 카펫 ③ 벽지류(두께 2mm 미만인 종이벽지 제외) ④ 전시용 합판·목재 또는 섬유판 ⑤ 무대용 합판·목재 또는 섬유판 ⑥ 암막·무대막(영화상영관·가상체험 체육시설업의 스크린 포함) ⑦ 섬유류 또는 합성수지류 등을 원료로 하여 제작된 소파·의자(단란주점영업, 유흥주점영업 및 노래연습장업의 영업장에 설치하는 것만 해당)	① 종이류(두께 2mm 이상), 합성수지류 또는 섬유류를 주원료로 한 물품 ② 합판이나 목재 ③ 공간을 구획하기 위하여 설치하는 **간이칸막이** ④ **흡음재**(흡음용 커튼 포함) 또는 **방음재**(방음용 커튼 포함) ※ 가구류(옷장, 찬장, 식탁, 식탁용 의자, 사무용 책상, 사무용 의자, 계산대)와 너비 10cm 이하인 반자돌림대, 내부 마감재료 제외

답 ③

57 위험물을 취급하는 건축물 그 밖의 시설 주위에 보유해야 하는 공지의 너비를 정하는 기준이 되는 것은? (단, 위험물을 이송하기 위한 배관 그 밖에 이와 유사한 시설을 제외한다.)

① 위험물안전관리자의 보유 기술자격
② 위험물의 품명
③ 취급하는 위험물의 최대수량
④ 위험물의 성질

[해설] 위험물규칙 〔별표 4〕
위험물을 취급하는 건축물 그 밖의 시설(위험물을 이송하기 위한 배관 그 밖에 이와 유사한 시설 제외)의 주위에는 그 **취급하는 위험물의 최대수량**에 따라 다음 표에 의한 너비의 공지를 보유할 것

취급하는 위험물의 최대수량	공지의 너비
지정수량의 10배 이하	3m 이상
지정수량의 10배 초과	5m 이상

답 ③

58 소방기본법령상 소방대장은 화재, 재난·재해 그 밖의 위급한 상황이 발생한 현장에 소방활동구역을 정하여 소방활동에 필요한 자로서 대통령령으로 정하는 사람 외에는 그 구역에의 출입을 제한할 수 있다. 다음 중 소방활동구역에 출입할 수 없는 사람은?

① 소방활동구역 안에 있는 소방대상물의 소유자·관리자 또는 점유자
② 전기·가스·수도·통신·교통의 업무에 종사하는 사람으로서 원활한 소방활동을 위하여 필요한 사람
③ 시·도지사가 소방활동을 위하여 출입을 허가한 사람
④ 의사·간호사 그 밖에 구조·구급업무에 종사하는 사람

[해설] ③ 시·도지사 → 소방대장

기본령 8조
소방활동구역 출입자
(1) **소방활동구역** 안에 있는 **소유자·관리자** 또는 **점유자** 보기 ①
(2) **전기·가스·수도·통신·교통**의 업무에 종사하는 자로서 원활한 **소방활동**을 위하여 필요한 자 보기 ②
(3) **의사·간호사**, 그 밖에 구조·구급업무에 종사하는 자 보기 ④
(4) **취재인력** 등 보도업무에 종사하는 자
(5) **수사업무**에 종사하는 자
(6) **소방대장**이 소방활동을 위하여 **출입**을 **허가**한 자 보기 ③

 용어
소방활동구역
화재, 재난·재해 그 밖의 위급한 상황이 발생한 현장에 정하는 구역

답 ③

59 위험물안전관리법령상 제조소와 사용전압이 35000V를 초과하는 특고압가공전선에 있어서 안전거리는 몇 m 이상을 두어야 하는가? (단, 제6류 위험물을 취급하는 제조소는 제외한다.)

① 3
② 5
③ 20
④ 30

[해설] 위험물규칙 〔별표 4〕
위험물제조소의 안전거리

안전거리	대상
3m 이상	7000~35000V 이하의 특고압가공전선
5m 이상 보기 ②	35000V를 초과하는 특고압가공전선
10m 이상	**주거용**으로 사용되는 것
20m 이상	• 고압가스 **제조시설**(용기에 충전하는 것 포함) • 고압가스 **사용시설**(1일 30m³ 이상 용적 취급) • 고압가스 **저장시설** • 액화산소 **소비시설** • 액화석유가스 제조·저장시설 • 도시가스 공급시설
30m 이상	• 학교 • 병원급 의료기관 • 공연장 ┐ 300명 이상 수용시설 • 영화상영관 ┘ • 아동복지시설 • 노인복지시설 • 장애인복지시설 • 한부모가족복지시설 • 어린이집 • 성매매피해자 등을 위한 지원시설 • 정신건강증진시설 • 가정폭력피해자 보호시설 ┘ 20명 이상 수용시설
50m 이상	• 지정문화유산 • 천연기념물 등

답 ②

60 소방시설 설치 및 관리에 관한 법령상 자동화재탐지설비를 설치하여야 하는 특정소방대상물의 기준으로 틀린 것은?

① 공장 및 창고시설로서「소방기본법 시행령」에서 정하는 수량의 500배 이상의 특수가연물을 저장·취급하는 것
② 지하상가로서 연면적 600m² 이상인 것
③ 숙박시설이 있는 수련시설로서 수용인원 100명 이상인 것
④ 장례시설 및 복합건축물로서 연면적 600m² 이상인 것

해설 ② 600m² 이상 → 1000m² 이상

소방시설법 시행령〔별표 4〕
자동화재탐지설비의 설치대상

설치대상	조 건
① 정신의료기관·의료재활시설	• 창살설치 : 바닥면적 300m² 미만 • 기타 : 바닥면적 300m² 이상
② 노유자시설	• 연면적 400m² 이상
③ **근**린생활시설·**위**락시설 ④ **의**료시설(정신의료기관, 요양병원 제외) ⑤ **복**합건축물·장례시설 보기 ④	• 연면적 600m² 이상
기억법 근위의복6	
⑥ 목욕장·문화 및 집회시설, 운동시설 ⑦ 종교시설 ⑧ 방송통신시설·관광휴게시설 ⑨ 업무시설·판매시설 ⑩ 항공기 및 자동차 관련시설·공장·창고시설 ⑪ 지하가·운수시설·발전시설·위험물 저장 및 처리시설 보기 ② ⑫ 교정 및 군사시설 중 국방·군사시설	• 연면적 1000m² 이상
⑬ **교**육연구시설·**동**식물관련시설 ⑭ **자**원순환관련시설·교정 및 군사시설(국방·군사시설 제외) ⑮ **수**련시설(숙박시설이 있는 것 제외) ⑯ 묘지관련시설	• 연면적 2000m² 이상
기억법 교동자교수2	
⑰ 지하가 중 터널	• 길이 1000m 이상
⑱ 지하구 ⑲ 노유자생활시설 ⑳ 아파트 등 기숙사 ㉑ 숙박시설 ㉒ 6층 이상인 건축물 ㉓ 조산원 및 산후조리원 ㉔ 전통시장 ㉕ 요양병원(정신병원, 의료재활시설 제외)	• 전부
㉖ 특수가연물 저장·취급 보기 ①	• 지정수량 500배 이상
㉗ 수련시설(숙박시설이 있는 것) 보기 ③	• 수용인원 100명 이상
㉘ 발전시설	• 전기저장시설

답 ②

제 4 과목 소방기계시설의 구조 및 원리

61 ★★★
23.03.문73
19.04.문67
16.10.문69
16.05.문78
08.09.문66

호스릴 이산화탄소소화설비의 설치기준으로 틀린 것은?

① 소화약제 저장용기는 호스릴을 설치하는 장소마다 설치할 것
② 노즐은 20℃에서 하나의 노즐마다 40kg/min 이상의 소화약제를 방사할 수 있는 것으로 할 것
③ 방호대상물의 각 부분으로부터 하나의 호스 접결구까지의 수평거리가 15m 이하가 되도록 할 것
④ 소화약제 저장용기의 개방밸브는 호스의 설치장소에서 수동으로 개폐할 수 있는 것으로 할 것

해설 ② 40kg/min → 60kg/min

호스릴 이산화탄소소화설비의 설치기준(NFPC 106 10조, NFTC 106 2.7.4)
(1) 노즐당 소화약제 방출량은 **20℃**에서 **60kg/min** 이상
(2) 소화약제 저장용기는 **호스릴**을 **설치**하는 **장소**마다 설치 보기 ①
(3) 소화약제 저장용기의 가장 가까운 곳, 보기 쉬운 곳에 **표시등** 설치, 호스릴 이산화탄소소화설비가 있다는 뜻을 표시한 표지를 할 것
(4) 약제개방밸브는 호스의 설치장소에서 수동으로 개폐할 것 보기 ④
(5) 방호대상물의 각 부분으로부터 하나의 호스 접결구까지의 수평거리가 15m 이하가 되도록 할 것 보기 ③

답 ②

62 ★★
24.07.문61
18.03.문61
17.03.문75
(기사)

물분무등소화설비 중 이산화탄소소화설비를 설치하여야 하는 특정소방대상물에 설치하여야 할 인명구조기구의 종류로 옳은 것은?

① 방열복
② 방화복
③ 인공소생기
④ 공기호흡기

해설 **특정소방대상물**의 용도 및 장소별로 설치하여야 할 **인명구조기구**(NFTC 302 2.1.1.1)

특정소방대상물	인명구조기구의 종류	설치수량
• 7층 이상인 관광호텔 및 5층 이상인 병원(지하층 포함)	• 방열복 • 방화복(안전모, 보호장갑, 안전화 포함) • 공기호흡기 • 인공소생기	• 각 2개 이상 비치할 것(단, 병원의 경우에는 인공소생기 설치 제외 가능)

• 문화 및 집회시설 중 수용인원 **100명** 이상의 영화상영관 • 대규모 점포 • 지하역사 • **지하상가**	공기호흡기	• 층마다 **2개** 이상 비치할 것(단, 각 층마다 갖추어 두어야 할 공기호흡기 중 일부를 직원이 상주하는 인근 사무실에 갖추어 둘 수 있다.)
• **이산화탄소소화설비**(호스릴 이산화탄소소화설비 제외)를 설치하여야 하는 특정소방대상물	공기호흡기	• 이산화탄소소화설비가 설치된 장소의 출입구 외부 인근에 **1대** 이상 비치할 것

답 ④

63 분말소화설비의 화재안전기준상 자동화재탐지설비의 감지기의 작동과 연동하는 분말소화설비 자동식 기동장치의 설치기준 중 다음 ( ) 안에 알맞은 것은?

21.09.문78
18.04.문72
17.09.문80
17.03.문67

- 전기식 기동장치로서 (㉠)병 이상의 저장용기를 동시에 개방하는 설비는 2병 이상의 저장용기에 전자개방밸브를 부착할 것
- 가스압력식 기동장치의 기동용 가스용기 및 해당 용기에 사용하는 밸브는 (㉡)MPa 이상의 압력에 견딜 수 있는 것으로 할 것

① ㉠ 3, ㉡ 2.5
② ㉠ 7, ㉡ 2.5
③ ㉠ 3, ㉡ 25
④ ㉠ 7, ㉡ 25

해설 **전자개방밸브 부착**

분말소화약제 가압용 가스용기	**이산화탄소 소화설비 전기식 기동장치 · 분말소화설비 전기식 기동장치**
3병 이상 설치한 경우 **2개** 이상	**7병** 이상 개방시 **2병** 이상 보기 ④

중요

(1) 분말소화설비 가스압력식 기동장치

구 분	기 준
기동용 가스용기의 체적	**5L** 이상(단, 1L 이상시 CO_2량 **0.6kg** 이상)
기동용 가스용기 충전비	**1.5~1.9** 이하
기동용 가스용기 안전장치의 압력	내압시험압력의 **0.8배** ~내압시험압력 이하
기동용 가스용기 및 해당 용기에 사용하는 밸브의 견디는 압력	**25MPa** 이상 보기 ④

(2) 이산화탄소 소화설비 가스압력식 기동장치

구 분	기 준
기동용 가스용기의 체적	**5L** 이상

답 ④

64 포소화설비의 화재안전기준에 따른 포소화설비 설치기준에 대한 설명으로 틀린 것은?

24.05.문62
20.06.문63
18.09.문61
16.05.문67
11.10.문71
09.08.문74

① 포워터스프링클러헤드는 바닥면적 $8m^2$마다 1개 이상 설치하여야 한다.
② 포헤드를 정방형으로 배치하든 장방형으로 배치하든 간에 그 유효반경은 2.1m로 한다.
③ 포헤드는 특정소방대상물의 천장 또는 반자에 설치하되, 바닥면적 $7m^2$마다 1개 이상으로 한다.
④ 전역방출방식의 고발포용 고정포방출구는 바닥면적 $500m^2$ 이내마다 1개 이상을 설치하여야 한다.

해설 ③ $7m^2$마다 → $9m^2$마다

(1) **헤드**의 **설치개수** (NFPC 105 12조, NFTC 105 2.9.2)

헤드 종류	바닥면적/설치개수
포워터스프링클러헤드	$8m^2$/개 보기 ①
포헤드	→ $9m^2$/개 보기 ③
압축공기포 소화설비	특수가연물 저장소 : $9.3m^2$/개
	유류탱크 주위 : $13.9m^2$/개
고정포방출구	$500m^2$/1개

(2) **포헤드 상호간**의 **거리기준** (NFPC 105 12조, NFTC 105 2.9.2.5)

정방형(정사각형)	장방형(직사각형)
$S = 2r \times \cos 45°$ $L = S$ 여기서, S : 포헤드 상호간의 거리[m] r : 유효반경(2.1m) L : 배관간격[m]	$P_t = 2r$ 여기서, P_t : 대각선의 길이[m] r : 유효반경(2.1m) 보기 ②

(3) **전역방출방식**의 **고발포용 고정포방출구** (NFPC 105 12조, NFTC 105 2.9.4.1)
  ㉠ 개구부에 **자동폐쇄장치**를 설치할 것
  ㉡ 고정포방출구는 바닥면적 **500m²**마다 1개 이상으로 할 것 보기 ④
  ㉢ 고정포방출구는 방호대상물의 **최고부분**보다 높은 위치에 설치할 것
  ㉣ 해당 방호구역의 관포체적 $1m^3$에 대한 포수용액 방출량은 소방대상물 및 포의 팽창비에 따라 달라진다.

기억법 고5(GO)

답 ③

65

연결살수설비의 가지배관은 교차배관 또는 주배관에서 분기되는 지점을 기점으로 한쪽 가지배관에 설치되는 헤드의 개수는 최대 몇 개 이하로 하여야 하는가?

① 8개
② 10개
③ 12개
④ 15개

해설 연결살수설비(NFPC 503 5조, NFTC 503 2.2.6)
한쪽 가지배관에 설치되는 헤드의 개수 : **8개** 이하

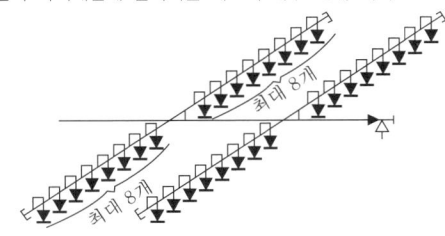

∥가지배관의 헤드개수∥

비교

연결살수설비(NFPC 503 4조, NFTC 503 2.1.4)
연결살수설비에서 하나의 송수구역에 설치하는 개방형 헤드의 수는 **10개** 이하이다.

답 ①

66

포소화약제의 혼합장치 중 펌프의 토출관과 흡입관 사이의 배관 도중에 설치한 흡입기에 펌프에서 토출된 물의 일부를 보내고, 농도조정밸브에서 조정된 포소화약제의 필요량을 포소화약제 탱크에서 펌프 흡입측으로 보내어 이를 혼합하는 방식은?

① 펌프 프로포셔너방식
② 프레져 프로포셔너방식
③ 라인 프로포셔너방식
④ 프레져 사이드 프로포셔너방식

해설 포소화약제의 혼합장치

(1) **라인 프로포셔너방식**(관로 혼합방식)
  ㉠ 펌프와 발포기의 중간에 설치된 벤투리관의 **벤투리 작용**에 의하여 포소화약제를 흡입·혼합하는 방식
  ㉡ 급수관의 배관 도중에 포소화약제 **흡입기**를 설치하여 그 흡입관에서 소화약제를 흡입하여 혼합하는 방식

  기억법 라벤(라벤다)

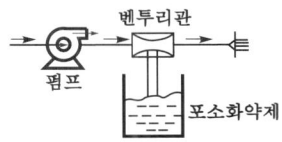

∥라인 프로포셔너방식∥

(2) **펌프 프로포셔너방식**(펌프 혼합방식) : 펌프의 **토출관**과 **흡입관** 사이의 배관 도중에 설치한 흡입기에 펌프에서 토출된 물의 일부를 보내고 **농도조정밸브**에서 조정된 포소화약제의 필요량을 포소화약제 탱크에서 펌프 흡입측으로 보내어 약제를 혼합하는 방식

  기억법 펌농

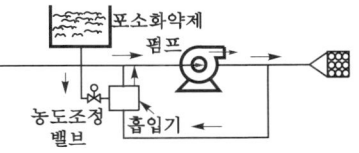

∥펌프 프로포셔너방식∥

(3) **프레져 프로포셔너방식**(차압 혼합방식)
  ㉠ 가압송수관 도중에 공기 포소화원액 혼합조(P.P.T)와 혼합기를 접속하여 사용하는 방법
  ㉡ **격막방식 휨탱크**를 사용하는 에어휨 혼합방식

  기억법 프프혼격

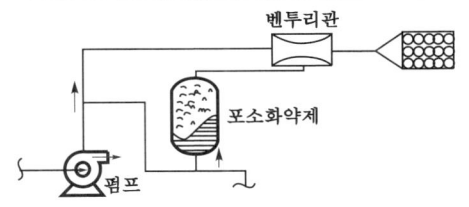

∥프레져 프로포셔너방식∥

(4) **프레져 사이드 프로포셔너방식**(압입 혼합방식)
  ㉠ 소화원액 가압펌프(**압입용 펌프**)를 별도로 사용하는 방식
  ㉡ 펌프 토출관에 압입기를 설치하여 포소화약제 **압입용 펌프**로 포소화약제를 압입시켜 혼합하는 방식

  기억법 프사압

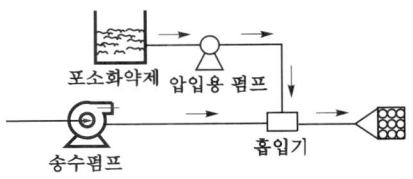

∥프레져 사이드 프로포셔너방식∥

(5) **압축공기포 믹싱챔버방식** : 포수용액에 공기를 강제로 주입시켜 **원거리 방수**가 가능하고 물 사용량을 줄여 **수손피해를 최소화**할 수 있는 방식

답 ①

67. 이산화탄소소화약제 저장용기의 설치기준으로 옳은 것은?

① 저장용기의 충전비는 고압식은 1.1 이상 1.5 이하, 저압식은 0.64 이상 0.8 이하로 할 것
② 저압식 저장용기에는 액면계 및 압력계와 1.5MPa 이상 1.9MPa 이하의 압력에서 작동하는 압력경보장치를 설치할 것
③ 저장용기는 고압식은 25MPa 이상, 저압식은 3.5MPa 이상의 내압시험압력에 합격한 것으로 할 것
④ 저압식 저장용기에는 용기 내부의 온도가 섭씨 영하 21℃ 이하에서 1.8MPa의 압력을 유지할 수 있는 자동냉동장치를 설치할 것

해설
① 1.1 이상 1.5 이하 → 1.5 이상 1.9 이하, 0.64 이상 0.8 이하 → 1.1 이상 1.4 이하
② 1.5MPa 이상 → 2.3MPa 이상
④ 영하 21℃ 이하에서 1.8MPa → 영하 18℃ 이하에서 2.1MPa

이산화탄소 소화설비의 저장용기(NFPC 106 4조, NFTC 106 2.1.2)

자동냉동장치	● 2.1MPa 유지, −18℃ 이하
압력경보장치	● 2.3MPa 이상, 1.9MPa 이하
선택밸브 또는 **개**폐밸브의 **안**전장치	● 내압시험압력의 **0.8**배
저장용기	● **고**압식 : **25**MPa 이상 ● **저**압식 : **3.5**MPa 이상
안전밸브	● 내압시험압력의 **0.64~0.8**배
봉판	● 내압시험압력의 0.8배~내압시험압력
충전비	고압식 ● 1.5~1.9 이하
	저압식 ● 1.1~1.4 이하

기억법 선개안내08, 이고25저35

답 ③

68. 습식 스프링클러설비 또는 부압식 스프링클러설비 외의 설비에는 헤드를 향하여 상향으로 수평주행배관 기울기를 최소 몇 이상으로 하여야 하는가? (단, 배관의 구조상 기울기를 줄 수 없는 경우는 제외한다.)

① $\frac{1}{100}$ ② $\frac{1}{200}$
③ $\frac{1}{300}$ ④ $\frac{1}{500}$

해설 기울기

구 분	설 명
$\frac{1}{100}$ 이상	연결살수설비의 수평주행배관
$\frac{2}{100}$ 이상	물분무소화설비의 배수설비
$\frac{1}{250}$ 이상	습식 설비·부압식 설비 외 스프링클러설비의 가지배관
$\frac{1}{500}$ 이상 보기 ④	**습**식 설비·**부**압식 설비 외 스프링클러설비의 **수**평주행배관

기억법 습부수5

답 ④

69. 상수도소화용수설비 설치시 호칭지름 75mm 이상의 수도배관에는 호칭지름 몇 mm 이상의 소화전을 접속하여야 하는가?

① 50mm   ② 75mm
③ 80mm   ④ 100mm

해설 상수도소화용수설비의 기준(NFPC 401 4조, NFTC 401 2.1.1)
(1) 호칭지름

수도배관	소화전
75mm 이상	100mm 이상 보기 ④

(2) 소화전은 소방자동차 등의 진입이 쉬운 **도로변** 또는 **공지**에 설치
(3) 소화전은 특정소방대상물의 수평투영면의 각 부분으로부터 **140m** 이하에 설치
(4) 지상식 소화전의 호스접결구는 지면으로부터 높이가 0.5m 이상 1m 이하가 되도록 설치

답 ④

70. 소화기의 정의 중 다음 ( ) 안에 알맞은 것은?

대형 소화기란 화재시 사람이 운반할 수 있도록 (㉠)와 (㉡)가 설치되어 있고 능력단위가 A급 10단위 이상, B급 20단위 이상인 소화기를 말한다.

① ㉠ 운반대, ㉡ 바퀴
② ㉠ 수레, ㉡ 바퀴
③ ㉠ 손잡이, ㉡ 바퀴
④ ㉠ 운반대, ㉡ 손잡이

해설 대형 소화기(NFPC 101 3조, NFTC 101 1.7)
화재시 사람이 운반할 수 있도록 **운반대**와 **바퀴**가 설치되어 있고 능력단위가 A급 **10단위** 이상, B급 **20단위** 이상인 소화기를 말한다.

답 ①

71. 이산화탄소 또는 할로젠화합물을 방사하는 소화기구(자동확산소화기를 제외)의 설치기준 중 다음 ( ) 안에 알맞은 것은? (단, 배기를 위한 유효한 개구부가 있는 장소인 경우는 제외한다.)

지하층이나 무창층 또는 밀폐된 거실로서 그 바닥면적이 ( )m² 미만의 장소에는 설치할 수 없다.

① 15
② 20
③ 30
④ 40

해설 이산화탄소(자동확산소화기 제외)·할로젠화합물 소화기구(자동확산소화기 제외)의 **설치제외 장소**
(1) 지하층
(2) 무창층 ┐ 바닥면적 **20m² 미만**인 장소
(3) 밀폐된 거실 ┘

답 ②

72. 호스릴 분말소화설비의 설치기준으로 틀린 것은?

① 소화약제의 저장용기는 호스릴을 설치하는 장소마다 설치할 것
② 방호대상물의 각 부분으로부터 하나의 호스접결구까지의 수평거리가 15m 이하가 되도록 할 것
③ 소화약제의 저장용기의 개방밸브는 호스릴의 설치장소에서 자동으로 개폐할 수 있는 것으로 할 것
④ 소화약제 저장용기의 가장 가까운 곳의 보기 쉬운 곳에 적색의 표시등을 설치하고, 호스릴방식의 분말소화설비가 있다는 뜻을 표시한 표지를 할 것

해설 ③ 자동 → 수동

호스릴 분말소화설비의 **설치기준**(NFPC 108 11조, NFTC 108 2.8.4)
(1) 방호대상물의 각 부분으로부터 하나의 호스접결구까지의 **수평거리**가 **15m** 이하가 되게 한다. 보기 ②
(2) 소화약제의 저장용기의 개방밸브는 호스릴의 설치장소에서 **수동**으로 **개폐** 가능하게 한다. 보기 ③
(3) 소화약제의 저장용기는 **호스릴** 설치장소마다 설치한다. 보기 ①
(4) 호스릴방식의 분말소화설비의 노즐은 하나의 노즐마다 1분당 다음 표에 따른 소화약제를 방출할 수 있는 것으로 할 것

소화약제의 종별	1분당 방사하는 소화약제의 양
제1종 분말	45kg
제2종 분말 또는 제3종 분말	27kg
제4종 분말	18kg

(5) 소화약제 저장용기의 가장 가까운 곳의 보기 쉬운 곳에 적색의 표시등을 설치하고, 호스릴방식의 분말소화설비가 있다는 뜻을 표시한 표지를 할 것 보기 ④

답 ③

73. 미분무소화설비 용어의 정의 중 다음 ( ) 안에 알맞은 것은?

저압 미분무소화설비란 (㉠)사용압력이 (㉡) MPa 이하인 미분무소화설비를 말한다.

① ㉠ 최고, ㉡ 1.2
② ㉠ 최저, ㉡ 1.2
③ ㉠ 최고, ㉡ 0.7
④ ㉠ 최저, ㉡ 0.7

해설 **미분무소화설비**의 **종류**(NFPC 104A 3조, NFTC 104A 1.7)

저압	중압	고압
최고사용압력 **1.2MPa 이하**	사용압력 1.2MPa 초과 3.5MPa 이하	최저사용압력 3.5MPa 초과

답 ①

74. 대형 소화기의 정의 중 다음 ( ) 안에 알맞은 것은?

화재시 사람이 운반할 수 있도록 운반대와 바퀴가 설치되어 있고 능력단위가 A급 (㉠) 단위 이상, B급 (㉡)단위 이상인 소화기를 말한다.

① ㉠ 20, ㉡ 10
② ㉠ 10, ㉡ 5
③ ㉠ 5, ㉡ 10
④ ㉠ 10, ㉡ 20

해설 **소화능력단위**에 의한 **분류**(소화기의 형식승인 및 제품검사의 기술기준 4조)

소화기 분류		능력단위
소형 소화기		1단위 이상
대형 소화기	A급	**10단위 이상** 보기 ㉠
	B급	**20단위 이상** 보기 ㉡

기억법 대2B(데이빗!)

답 ④

75 연결살수설비의 송수구 설치기준에 관한 설명으로 옳은 것은?

① 지면으로부터 높이가 1m 이상 1.5m 이하의 위치에 설치할 것
② 개방형 헤드를 사용하는 연결살수설비에 있어서 하나의 송수구역에 설치하는 살수헤드의 수는 15개 이하가 되도록 할 것
③ 폐쇄형 헤드를 사용하는 송수구의 호스접결구는 각 송수구역마다 설치할 것
④ 폐쇄형 헤드를 사용하는 설비의 경우에는 송수구·자동배수밸브·체크밸브의 순으로 설치할 것

해설
① 1m 이상 1.5m 이하 → 0.5m 이상 1m 이하
② 15개 이하 → 10개 이하
③ 폐쇄형 헤드 → 개방형 헤드

연결살수설비의 송수구 설치기준(NFPC 503 4조, NFTC 503 2.1.3)

폐쇄형 헤드 사용설비	개방형 헤드 사용설비
송수구 → 자동배수밸브 → 체크밸브	송수구 → 자동배수밸브 **기억법** 송자개(자개농)

답 ④

76 연결송수관설비 방수용 기구함의 설치기준 중 틀린 것은?

① 방수기구함은 피난층과 가장 가까운 층을 기준으로 2개층마다 설치하되, 그 층의 방수구마다 보행거리 5m 이내에 설치할 것
② 방수기구함에는 "방수기구함"이라고 표시한 축광식 표지를 할 것
③ 방수기구함의 길이 15m 호스는 방수구에 연결하였을 때 그 방수구가 담당하는 구역의 각 부분에 유효하게 물이 뿌려질 수 있는 개수 이상으로 비치할 것. 이 경우 쌍구형 방수구는 단구형 방수구의 2배 이상의 개수를 설치할 것
④ 방수기구함의 방사형 관창은 단구형 방수구의 경우에는 1개, 쌍구형 방수구의 경우에는 2개 이상 비치할 것

해설
① 2개층 → 3개층

방수기구함의 기준(NFPC 502 7조, NFTC 502 2.4)
(1) **3개층**마다 설치
(2) 보행거리 **5m** 이내마다 설치
(3) 길이 **15m** 호스와 **방사형 관창** 비치

답 ①

77 피난기구의 화재안전기준에 따른 피난기구의 설치기준으로 틀린 것은?

① 피난기구를 설치하는 개구부는 서로 동일 직선상이 아닌 위치에 있을 것
② 완강기 로프 길이는 부착위치에서 피난상 유효한 착지면까지의 길이로 할 것
③ 피난기구는 소방대상물의 견고한 부분에 볼트조임, 용접 등으로 견고하게 부착할 것
④ 4층 이상의 층에 설치하는 피난사다리는 고강도 경량폴리에틸렌 재질을 사용할 것

해설
④ 고강도 경량폴리에틸렌 재질을 → 금속성 고정사다리를

피난기구의 설치기준(NFPC 301 5조, NFTC 301 2.1.3)
(1) **4층 이상**의 층에 피난사다리(**하향식 피난구용 내림식 사다리 제외**)를 설치하는 경우에는 **금속성 고정사다리**를 설치하고, 당해 고정사다리에는 쉽게 피난할 수 있는 구조의 노대를 설치 보기 ④
(2) 피난기구를 설치하는 **개구부**는 서로 **동일** 직선상이 아닌 위치에 있을 것

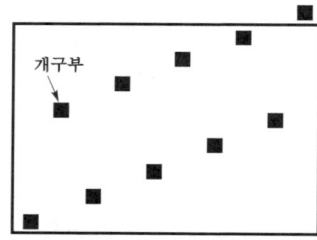

|동일 직선상이 아닌 위치|

답 ④

78 스프링클러헤드를 설치하는 천장과 반자 사이, 덕트, 선반 등의 각 부분으로부터 하나의 스프링클러헤드까지의 수평거리 적용기준으로 잘못된 항목은?

① 특수가연물 저장 랙식 창고 : 2.5m 이하
② 공동주택(아파트) 세대 : 2.6m 이하
③ 내화구조의 사무실 : 2.3m 이하
④ 비내화구조의 판매시설 : 2.1m 이하

해설
① 특수가연물 저장 랙식 창고 : 1.7m 이하

수평거리(R)

설치장소	설치기준
무대부 · **특**수가연물 (창고 포함)	→ 수평거리 1.7m 이하
기타구조(창고 포함)	수평거리 2.1m 이하 보기 ④
내화구조(창고 포함)	수평거리 2.3m 이하 보기 ③
공동주택(**아**파트) 세대 내	수평거리 2.6m 이하 보기 ②

기억법 무특기내아(**무기 내**려놔 **아**!) 7136

답 ①

[비고] 1) **구조대**의 적응성은 **장애인관련시설**로서 주된 사용자 중 **스스로 피난**이 **불가**한 자가 있는 경우 추가로 설치하는 경우에 한한다.
2) 간이완강기의 적응성은 **숙박시설**의 **3층 이상**에 있는 객실에 추가로 설치하는 경우에 한한다.

중요
의무관리대상 공동주택(NFPC 608 13조, NFTC 608 2.9.1.3)
공동주택 구역마다 공기안전매트 1개 이상 추가 설치

비교
피난기구 적응성		
간이완강기	공기안전매트	구조대
숙박시설의 3층 이상에 있는 객실	공동주택	장애인관련시설

답 ①

79 의료시설 3층에 피난기구의 적응성이 없는 것은?
24.07.문78
19.09.문62
19.03.문68
17.03.문66
16.05.문72
16.03.문69
15.09.문68
14.09.문68
13.03.문78
12.05.문65

① 공기안전매트
② 구조대
③ 승강식 피난기
④ 피난용 트랩

해설 피난기구의 적응성(NFTC 301 2.1.1)

층별 설치 장소별 구분	1층	2층	3층	4층 이상 10층 이하
노유자시설	• 미끄럼대 • 구조대 • 피난교 • 다수인 피난장비 • 승강식 피난기	• 미끄럼대 • 구조대 • 피난교 • 다수인 피난장비 • 승강식 피난기	• 미끄럼대 • 구조대 • 피난교 • 다수인 피난장비 • 승강식 피난기	• 구조대[1] • 피난교 • 다수인 피난장비 • 승강식 피난기
의료시설 · 입원실이 있는 의원 · 접골원 · 조산원	–	–	• 미끄럼대 • 구조대 • 피난교 • 피난용 트랩 • 다수인 피난장비 • 승강식 피난기	• 구조대 • 피난교 • 피난용 트랩 • 다수인 피난장비 • 승강식 피난기
영업장의 위치가 4층 이하인 다중 이용업소	–	• 미끄럼대 • 피난사다리 • 구조대 • 완강기 • 다수인 피난장비 • 승강식 피난기	• 미끄럼대 • 피난사다리 • 구조대 • 완강기 • 다수인 피난장비 • 승강식 피난기	• 미끄럼대 • 피난사다리 • 구조대 • 완강기 • 다수인 피난장비 • 승강식 피난기
그 밖의 것	–	–	• 미끄럼대 • 피난사다리 • 구조대 • 완강기 • 피난교 • 피난용 트랩 • 간이완강기[2] • 공기안전매트 • 다수인 피난장비 • 승강식 피난기	• 피난사다리 • 구조대 • 완강기 • 피난교 • 간이완강기[2] • 공기안전매트 • 다수인 피난장비 • 승강식 피난기

80 이산화탄소소화설비 배관의 설치기준 중 다음 ( ) 안에 알맞은 것은?
23.05.문72
17.03.문78
14.03.문72
(기사)

동관을 사용하는 경우의 배관은 이음이 없는 동 및 동합금관(KS D 5301)으로서 고압식은 (㉠)MPa 이상, 저압식은 (㉡)MPa 이상의 압력에 견딜 수 있는 것을 사용할 것

① ㉠ 16.5, ㉡ 3.75
② ㉠ 25, ㉡ 3.5
③ ㉠ 16.5, ㉡ 2.5
④ ㉠ 25, ㉡ 3.75

해설 이산화탄소소화설비의 배관(NFPC 106 8조, NFTC 106 2.5.1)

구 분	고압식	저압식
강관	스케줄 80(호칭구경 20mm 이하 스케줄 40) 이상	스케줄 40 이상
동관	**16.5**MPa 이상 보기 ①	**3.75**MPa 이상 보기 ①
배관부속	• 1차측 배관부속: 9.5MPa • 2차측 배관부속: 4.5MPa	4.5MPa

기억법 고동163

답 ①

생각은 깊게, 결단은 빠르게

CBT 기출복원문제

2024년
소방설비산업기사 필기(기계분야)

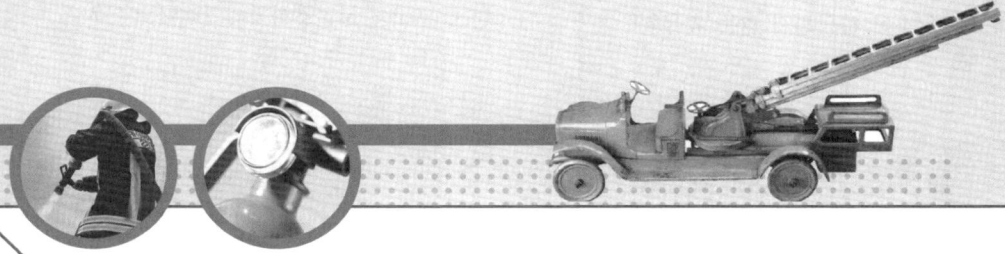

■ 2024. 3. 1 시행 ·················· 24- 2
■ 2024. 5. 9 시행 ·················· 24-28
■ 2024. 7. 5 시행 ·················· 24-52

** 수험자 유의사항 **

1. 문제지를 받는 즉시 **본인**이 **응시한 종목**이 맞는지 확인하시기 바랍니다.
2. 문제지 표지에 본인의 **수험번호**와 **성명**을 기재하여야 합니다.
3. 문제지의 **총면수, 문제번호 일련순서, 인쇄상태, 중복 및 누락 페이지 유무**를 확인하시기 바랍니다.
4. 답안은 각 문제마다 요구하는 가장 적합하거나 가까운 답 1개만을 선택하여야 합니다.
5. 답안카드는 뒷면의 「수험자 유의사항」에 따라 작성하시고, 답안카드 작성 시 형별누락, 마킹착오로 인한 불이익은 전적으로 수험자에게 책임이 있음을 알려드립니다.
6. 문제지는 시험 종료 후 본인이 가져갈 수 있습니다.

** 안내사항 **

• 가답안/최종정답은 큐넷(www.q-net.or.kr)에서 확인하실 수 있습니다. 가답안에 대한 의견은 큐넷의 [가답안 의견 제시]를 통해 제시할 수 있으며, 확정된 답안은 최종정답으로 갈음합니다.
• 공단에서 제공하는 자격검정서비스에 대해 개선할 점이 있으시면 고객참여(http://hrdkorea.or.kr/7/1/1)를 통해 건의하여 주시기 바랍니다.

2024. 3. 1 시행

2024년 산업기사 제1회 필기시험 CBT 기출복원문제

자격종목	종목코드	시험시간	형별	수험번호	성명
소방설비산업기사(기계분야)		2시간			

※ 각 문항은 4지택일형으로 질문에 가장 적합한 보기 항을 선택하여 체크하여야 합니다.

제 1 과목 소방원론

01 연소의 3요소에 해당하지 않는 것은?
22.03.문02
14.09.문10
13.06.문19
① 점화원
② 가연물
③ 산소
④ 촉매

해설 연소의 3요소와 4요소

연소의 3요소	연소의 4요소
• 가연물(연료) 보기 ②	• 가연물(연료)
• 산소공급원(산소, 공기) 보기 ③	• 산소공급원(산소, 공기)
• 점화원(점화에너지) 보기 ①	• 점화원(점화에너지)
	• 연쇄반응

기억법 연4(연사)

답 ④

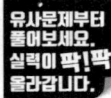

02 표준상태에서 44.8m³의 용적을 가진 이산화탄소가스를 모두 액화하면 몇 kg인가? (단, 이산화탄소의 분자량은 44이다.)
22.03.문06
20.08.문14
12.09.문03
① 88
② 44
③ 22
④ 11

해설 (1) 주어진 값
• 용적 : 44.8m³=44800L(1m³=1000L)
• 질량 : ?
• 분자량 : 44

(2) 증기밀도

$$증기밀도(g/L) = \frac{분자량}{22.4}$$

여기서, 22.4 : 공기의 부피(L)

$$증기밀도(g/L) = \frac{분자량}{22.4}$$

$$\frac{g(질량)}{44800L} = \frac{44}{22.4}$$

$$g(질량) = \frac{44}{22.4} \times 44800L = 88000g = 88kg$$

• 단위를 보고 계산하면 쉽다.

답 ①

03 제2종 분말소화약제의 주성분은?
22.03.문07
19.04.문12
19.03.문07
15.05.문20
15.03.문16
13.09.문11
① 탄산수소칼륨
② 탄산수소나트륨
③ 제1인산암모늄
④ 탄산수소칼륨+요소

해설 분말소화약제

종 별	분자식	착색	적응화재	비 고
제1종	탄산수소나트륨 (NaHCO₃)	백색	BC급	**식용유** 및 **지방질유**의 화재에 적합
제**2**종	탄산수소칼륨 (KHCO₃) 보기 ①	담자색 (담회색)	BC급	—
제3종	제1인산암모늄 (NH₄H₂PO₄)	담홍색	ABC급	차고·주차장에 적합
제4종	탄산수소칼륨 +요소 (KHCO₃+ (NH₂)₂CO)	회(백)색	BC급	—

• 탄산수소나트륨=중탄산나트륨
• 탄산**수**소**칼**륨=중탄산칼륨 보기 ①
• 제1인산암모늄=인산암모늄=인산염
• 탄산수소칼륨+요소=중탄산칼륨+요소

기억법 2수칼(이수역에 칼이 있다.)

답 ①

04 물질의 연소범위에 대한 설명 중 옳은 것은?
22.04.문18
16.03.문08
12.09.문10
① 연소범위의 상한이 높을수록 발화위험이 낮다.
② 연소범위의 상한과 하한 사이의 폭은 발화위험과 무관하다.
③ 연소범위의 하한이 낮은 물질을 취급시 주의를 요한다.
④ 연소범위의 하한이 낮은 물질은 발열량이 크다.

해설
① 낮다. → 높다.
② 무관하다. → 관계가 있다.
④ 연소범위의 하한과 발열량과는 무관하다.

연소범위와 발화위험
(1) 연소하한과 연소상한의 범위를 나타낸다.
(2) **연소하한**이 **낮을수록** 발화위험이 높다. 보기 ③
(3) **연소범위**가 **넓을수록** 발화위험이 높다.
(4) 연소범위는 주위온도와 관계가 있다.
(5) 연소범위의 하한은 그 물질의 인화점에 해당된다.
(6) 압력상승시 **연소하한**은 **불변**, **연소상한**만 **상승**한다.

- 연소한계=연소범위=폭발한계=폭발범위=가연한계=가연범위
- 연소하한=하한계
- 연소상한=상한계

답 ③

05 분말소화약제의 주성분 중에서 A, B, C급 화재 모두에 적응성이 있는 것은?

① KHCO₃
② NaHCO₃
③ Al₂(SO₄)₃
④ NH₄H₂PO₄

해설 분말소화약제

종별	분자식	착색	적응 화재	비고
제1종	탄산수소나트륨 (NaHCO₃) 보기 ②	백색	BC급	**식용유** 및 **지방질유**의 화재에 적합
제2종	탄산수소칼륨 (KHCO₃) 보기 ①	담자색 (담회색)	BC급	–
제3종	제1인산암모늄 (NH₄H₂PO₄) 보기 ④	담홍색	ABC급	**차고·주차장**에 적합
제4종	탄산수소칼륨 + 요소 (KHCO₃ + (NH₂)₂CO)	회(백)색	BC급	–

- 탄산수소나트륨=중탄산나트륨
- 탄산수소칼륨=중탄산칼륨
- 제1인산암모늄=인산암모늄=인산염
- 탄산수소칼륨+요소=중탄산칼륨+요소

답 ④

06 기름탱크에서 화재가 발생하였을 때 탱크 하부에 있는 물 또는 물-기름 에멀션이 뜨거운 열유층에 의해서 가열되어 유류가 탱크 밖으로 갑자기 분출하는 현상은?

① 플래시오버(flash over)
② 보일오버(boil over)
③ 리프트(lift)
④ 백파이어(back-fire)

해설 보일오버(boil over)
(1) 중질유의 탱크에서 장시간 조용히 연소하다 탱크 내의 잔존기름이 갑자기 분출하는 현상
(2) 유류탱크에서 탱크바닥에 물과 기름의 **에멀션**이 섞여 있을 때 이로 인하여 화재가 발생하는 현상
(3) 연소유면으로부터 100℃ 이상의 열파가 **탱크 저부**에 고여 있는 물을 비등하게 하면서 연소유를 탱크 밖으로 비산시키며 연소하는 현상
(4) 기름탱크에서 화재가 발생하였을 때 **탱크 하부**에 있는 물 또는 물-기름 에멀션이 뜨거운 열유층에 의해서 가열되어 유류가 탱크 밖으로 갑자기 분출하는 현상 보기 ②

용어

구 분	설 명
리프트(lift)	버너 내압이 높아져서 분출속도가 빨라지는 현상 보기 ③
백파이어 (backfire, 역화)	가스가 노즐에서 나가는 속도가 연소속도보다 느리게 되어 버너 내부에서 **연소**하게 되는 현상 보기 ④
플래시오버 (flashover)	화재로 인하여 실내의 온도가 급격히 상승하여 화재가 순간적으로 실내 전체에 **확산**되어 연소되는 현상 보기 ①

답 ②

07 건축법상 건축물의 주요 구조부에 해당되지 않는 것은?

① 지붕틀
② 내력벽
③ 주계단
④ 최하층 바닥

해설 주요 구조부
(1) 내력**벽**
(2) **보**(작은 보 제외)
(3) **지**붕틀(차양 제외)
(4) **바**닥(최하층 바닥 제외) 보기 ④
(5) **주**계단(옥외계단 제외)
(6) **기**둥(사이기둥 제외)

※ **주요 구조부** : 건물의 구조 내력상 주요한 부분

기억법 벽보지 바주기

답 ④

08 햇빛에 방치한 기름걸레가 자연발화를 일으켰다. 다음 중 이때의 원인에 가장 가까운 것은?

① 광합성 작용
② 산화열 축적
③ 흡열반응
④ 단열압축

해설 산화열

산화열이 축적되는 경우	산화열이 축적되지 않는 경우
햇빛에 방치한 기름걸레는 **산화열**이 **축적**되어 자연발화를 일으킬 수 있다. 보기 ②	기름걸레를 빨랫줄에 걸어 놓으면 산화열이 축적되지 않아 자연발화는 일어나지 않는다.

답 ②

09 Halon 1211의 화학식으로 옳은 것은?

21.03.문12
19.03.문06
16.03.문09
15.03.문02
14.03.문06

① CF_2BrCl
② $CFBrCl_2$
③ $C_2F_2Br_2$
④ CH_2BrCl

해설

종류	약 칭	분자식
Halon 1011	CB	CH_2ClBr
Halon 104	CTC	CCl_4
Halon 1211	BCF	$CF_2ClBr(CBrClF_2, CF_2BrCl)$ 보기 ①
Halon 1301	BTM	$CF_3Br(CBrF_3)$
Halon 2402	FB	$C_2F_4Br_2(C_2Br_2F_4)$

중요

할론소화약제의 명명법

```
              C  F  Cl Br
        Halon 1  3  0  1
```
- 탄소원자수(C)
- 불소원자수(F)
- 염소원자수(Cl)
- 브로민원자수(Br)

※ 수소원자의 수=(첫 번째 숫자×2)+2−나머지 숫자의 합

답 ①

10 열에너지원 중 화학적 열에너지가 아닌 것은?

21.03.문14
18.03.문05
16.05.문14
16.03.문17
15.03.문04
09.05.문06
05.09.문12

① 분해열
② 용해열
③ 유도열
④ 생성열

해설

③ 전기적 열에너지

열에너지원의 종류

기계열 (기계적 열에너지)	전기열 (전기적 열에너지)	화학열 (화학적 열에너지)
• **압**축열 • **마**찰열 • **마**찰스파크(스파크열)	• 유도열 보기 ③ • 유전열 • 저항열 • 아크열 • 정전기열 • 낙뢰에 의한 열	• **연**소열 • **용**해열 보기 ② • **분**해열 보기 ① • **생**성열 보기 ④ • **자**연발열열

기억법 기압마

기억법 화연용분생자

- 기계열=기계적 점화원=기계적 열에너지
- 전기열=전기적 점화원=전기적 열에너지
- 화학열=화학적 점화원=화학적 열에너지

답 ③

11 피난계획의 일반원칙 중 Fool proof 원칙에 대한 설명으로 옳은 것은?

23.03.문12
17.09.문02
15.05.문03
13.03.문05

① 한 가지가 고장이 나도 다른 수단을 이용할 수 있도록 하는 원칙
② 두 방향의 피난동선을 항상 확보하는 원칙
③ 피난수단을 이동식 시설로 하는 원칙
④ 피난수단을 조작이 간편한 원시적 방법으로 하는 원칙

해설

①, ② Fail safe
③ 이동식 시설 → 고정식 시설(설비)

페일 세이프(fail safe)와 풀 프루프(fool proof)

용 어	설 명
페일 세이프 (fail safe)	① 한 가지 피난기구가 고장이 나도 다른 수단을 이용할 수 있도록 고려하는 것 ② 한 가지가 고장이 나도 다른 수단을 이용하는 원칙 보기 ① ③ **두 방향**의 **피난동선**을 항상 확보하는 원칙 보기 ②
풀 프루프 (fool proof)	① 피난경로는 **간단 명료**하게 한다. ② 피난구조설비는 **고정식 설비**를 위주로 설치한다. 보기 ③ ③ 피난수단은 **원시적 방법**에 의한 것을 원칙으로 한다. 보기 ④ ④ 피난통로를 **완전불연화**한다. ⑤ 막다른 복도가 없도록 계획한다. ⑥ **간단한 그림**이나 **색채**를 이용하여 표시한다.

답 ④

12 칼륨이 물과 반응하면 위험한 이유는?

21.05.문16
18.04.문17
15.03.문09
13.06.문15
10.05.문07

① 수소가 발생하기 때문에
② 산소가 발생하기 때문에
③ 이산화탄소가 발생하기 때문에
④ 아세틸렌이 발생하기 때문에

해설

주수소화(물소화)시 위험한 물질

위험물	발생물질
무기과산화물	**산소**(O_2) 발생
① 금속분 ② 마그네슘 ③ 알루미늄 ④ 칼륨 보기 ① ⑤ 나트륨 ⑥ 수소화리튬	**수소**(H_2) 발생
가연성 액체의 유류화재(경유)	**연소면**(화재면) 확대

중요

경유화재시 **주수소화**가 **부적당**한 이유
물보다 비중이 가벼워 물 위에 떠서 **화재 확대**의 우려가 있기 때문이다.

답 ①

13 0℃의 얼음 1g이 100℃의 수증기가 되려면 약 몇 cal의 열량이 필요한가? (단, 0℃ 얼음의 융해열은 80cal/g이고, 100℃ 물의 증발잠열은 539cal/g이다.)

① 539　　② 719
③ 939　　④ 1119

해설 물의 잠열

잠열 및 열량	설 명
80cal/g	융해잠열
539cal/g	기화(증발)잠열
639cal	0℃의 물 1g이 100℃의 수증기가 되는 데 필요한 열량
719cal	0℃의 얼음 1g이 100℃의 수증기가 되는 데 필요한 열량 [보기 ②]

답 ②

14 상온·상압 상태에서 액체로 존재하는 할론으로만 연결된 것은?

① Halon 2402, Halon 1211
② Halon 1211, Halon 1011
③ Halon 1301, Halon 1011
④ Halon 1011, Halon 2402

해설 상온·상압에서의 상태

기체상태	액체상태
① Halon 1301	① Halon 1011 [보기 ④]
② Halon 1211	② Halon 104
③ 탄산가스(CO_2)	③ Halon 2402 [보기 ④]

기억법 132탄기

답 ④

15 내화건축물과 비교한 목조건축물 화재의 일반적인 특징은?

① 고온 단기형　　② 저온 단기형
③ 고온 장기형　　④ 저온 장기형

해설

목조건축물의 화재온도 표준곡선	내화건축물의 화재온도 표준곡선
① 화재성상 : **고**온 **단**기형 [보기 ①] ② 최고온도(최성기 온도) : **1300**℃	① 화재성상 : 저온 장기형 ② 최고온도(최성기 온도) : 900~1000℃

기억법 목고단 13

• 목조건축물=목재건축물

답 ①

16 적린의 착화온도는 약 몇 ℃인가?

① 34　　② 157
③ 180　　④ 260

해설

물 질	인화점	발화점
프로필렌	-107℃	497℃
에틸에터, 다이에틸에터	-45℃	180℃
가솔린(휘발유)	-43℃	300℃
이황화탄소	-30℃	100℃
아세틸렌	-18℃	335℃
아세톤	-18℃	538℃
에틸알코올	13℃	423℃
적린	-	**260**℃ [보기 ④]

기억법 적26(적이 육지에 있다.)

• 발화점=발화온도=착화온도=착화점

답 ④

17 물을 이용한 대표적인 소화효과로만 나열된 것은?

① 냉각효과, 부촉매효과
② 냉각효과, 질식효과
③ 질식효과, 부촉매효과
④ 제거효과, 냉각효과, 부촉매효과

해설 소화약제의 소화작용

소화약제	소화작용	주된 소화작용
물 (스프링클러)	• 냉각작용 • 희석작용	냉각작용 (냉각소화)
물(무상)	• **냉**각작용(증발잠열 이용) [보기 ②] • **질**식작용 [보기 ②] • **유**화작용(에멀션 효과) • **희**석작용	질식작용 (질식소화)
포	• 냉각작용 • 질식작용	
분말	• 질식작용 • 부촉매작용 (억제작용) • 방사열 차단작용	
이산화탄소	• 냉각작용 • 질식작용 • 피복작용	

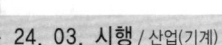

| 할론 | • 질식작용
• 부촉매작용
(억제작용) | 부촉매작용
(연쇄반응 억제)
기억법 할부(할아버지) |

기억법 물냉질유희

• CO₂ 소화기=이산화탄소소화기
• 에멀션효과=에멀전효과
• 물은 부촉매효과는 없으므로 부촉매효과가 없는 ②번이 정답

중요
부촉매효과
(1) 분말소화약제
(2) 할론소화약제
(3) 할로겐화합물소화약제

답 ②

18 포소화약제의 포가 갖추어야 할 조건으로 적합하지 않은 것은?
20.06.문08
13.03.문01

① 화재면과의 부착성이 좋을 것
② 응집성과 안정성이 우수할 것
③ 환원시간(drainage time)이 짧을 것
④ 약제는 독성이 없고 변질되지 말 것

해설 ③ 짧을 것 → 길 것

포소화약제의 구비조건
(1) 유동성이 좋아야 한다.
(2) 안정성을 가지고 내열성이 있어야 한다.
(3) 독성이 적어야 한다(독성이 없고 변질되지 말 것). 보기 ④
(4) 화재면에 부착하는 성질이 커야 한다(응집성과 안정성이 있을 것). 보기 ①②
(5) 바람에 견디는 힘이 커야 한다.
(6) 유면봉쇄성이 좋아야 한다.
(7) 내유성이 좋아야 한다.
(8) 환원시간이 길 것 보기 ③

용어
25% 환원시간(drainage time)
발포된 포중량의 25%가 원래의 포수용액으로 되돌아가는 데 걸리는 시간

답 ③

19 공기 중 산소의 농도를 낮추어 화재를 진압하는 소화방법에 해당하는 것은?
21.05.문06
19.03.문20
16.10.문03
14.09.문05
14.03.문03
13.06.문16
05.09.문09

① 부촉매소화
② 냉각소화
③ 제거소화
④ 질식소화

해설 **소화방법**

소화방법	설 명
냉각소화	• **점**화원을 **냉**각하여 소화하는 방법 • **증**발잠열을 이용하여 열을 빼앗아 가연물의 온도를 떨어뜨려 화재를 진압하는 소화방법 • 다량의 **물**을 뿌려 소화하는 방법 • 가연성 물질을 **발**화점 이하로 냉각 • 식용유화재에 신선한 **야**채를 넣어 소화 기억법 냉점증발
질식소화	• 공기 중의 **산**소농도를 15~16%(16%, 10~15%) 이하로 희박하게 하여 소화하는 방법 보기 ④ • **산**화제의 농도를 낮추어 연소가 지속될 수 없도록 함(산소의 농도를 낮추어 소화하는 방법) • **산**소공급을 차단하는 소화방법 기억법 질산
제거소화	• 가연물을 **제거**하여 소화하는 방법
부촉매소화 (=화학소화)	• **연쇄반응**을 차단하여 소화하는 방법 • 화학적인 방법으로 화재 억제
희석소화	• 기체・고체・액체에서 나오는 분해가스나 증기의 농도를 낮춰 소화하는 방법
유화소화	• 물을 무상으로 방사하여 유류표면에 유화층의 **막**을 **형성**시켜 공기의 접촉을 막아 소화하는 방법
피복소화	• 비중이 공기의 **1.5배** 정도로 무거운 소화약제를 방사하여 가연물의 구석구석까지 침투・피복하여 소화하는 방법

답 ④

20 다음 중 독성이 가장 강한 가스는?
20.06.문17
18.04.문09
17.09.문13
16.10.문12
14.09.문13
14.05.문07
14.05.문18
13.09.문19
08.05.문20

① C_3H_8
② O_2
③ CO_2
④ $COCl_2$

해설 **연소가스**

구 분	설 명
일산화탄소 (CO)	• 화재시 흡입된 일산화탄소(CO)의 화학적 작용에 의해 **헤모글로빈**(Hb)이 혈액의 산소 운반작용을 저해하여 사람을 **질식・사망**하게 한다. • 목재류의 화재시 **인**명피해를 가장 많이 주며, 연기로 인한 의식불명 또는 질식을 가져온다. • 인체의 **폐**에 큰 자극을 준다. • **산**소와의 **결**합력이 극히 강하여 질식작용에 의한 독성을 나타낸다. 기억법 일헤인 폐산결

이산화탄소 (CO_2)	연소가스 중 **가장 많은 양**을 차지하고 있으며 가스 그 자체의 독성은 거의 없으나 다량이 존재할 경우 호흡속도를 증가시키고, 이로 인하여 화재가스에 혼합된 유해가스의 혼입을 증가시켜 위험을 가중시키는 가스이다. **기억법** 이많(이만큼)	
암모니아 (NH_3)	• 나무, **페**놀수지, **멜**라민수지 등의 **질소**함유물이 연소할 때 발생하며, 냉동시설의 **냉**매로 쓰인다. • 눈·코·폐 등에 매우 **자극성**이 큰 가연성 가스이다. **기억법** 암페 멜냉자	
포스겐 ($COCl_2$) 보기 ④	매우 **독성**이 **강**한 가스로서 **소**화제인 **사**염화탄소(CCl_4)를 화재시에 사용할 때도 발생한다. **기억법** 독강 소사포	
황화수소 (H_2S)	• 달걀 썩는 냄새가 나는 특성이 있다. • **황**분이 포함되어 있는 물질의 불완전 연소에 의하여 발생하는 가스이다. • **자**극성이 있다. **기억법** 황달자	
아크롤레인 ($CH_2=CHCHO$)	독성이 매우 높은 가스로서 **석유**제품, **유지** 등이 연소할 때 생성되는 가스이다. **기억법** 아석유	
시안화수소 (HCN, 청산가스)	**질소**성분을 가지고 있는 **합성수지, 동물의 털, 인조견** 등의 섬유가 불완전연소할 때 발생하는 맹독성 가스로 0.3%의 농도에서 즉시 사망할 수 있다.	
아황산가스 (SO_2, 이산화황)	**황**이 함유된 물질인 **동물의 털, 고무** 등이 연소하는 화재시에 발생되며 **무색**의 자극성 냄새를 가진 유독성 기체 • 눈 및 호흡 등에 점막을 상하게 하고 질식사할 우려가 있다.	
프로판 (C_3H_8)	• LPG의 주성분 • 물보다 가볍다.	

답 ④

제 2 과목 소방유체역학

21

비중이 0.75인 액체와 비중량이 6700N/m³인 액체를 부피비 1 : 2로 혼합한 혼합액의 밀도는 약 몇 kg/m³인가?

① 688 ② 706
③ 727 ④ 748

해설 (1) 기호
- s : 0.75
- γ_B : 6700N/m³
- ρ : ?

(2) 비중

$$s = \frac{\gamma}{\gamma_w} = \frac{\rho}{\rho_w}$$

여기서, s : 비중
γ : 어떤 물질의 비중량[N/m³]
γ_w : 물의 비중량(9800N/m³)
ρ : 어떤 물질의 밀도[kg/m³]
ρ_w : 물의 밀도(1000kg/m³)

어떤 물질의 비중량 $\gamma = s \times \gamma_w$

비중이 0.75인 액체를 γ_A, $\gamma_B = 6700$N/m³이라 하면
$\gamma_A = s \cdot \gamma_w = 0.75 \times 9800$N/m³ $= 7350$N/m³

γ_A와 γ_B를 1 : 2로 혼합했으므로 혼합액의 비중량 γ는

$$\gamma = \frac{\gamma_A \times 1 + \gamma_B \times 2}{3}$$

$$= \frac{7350\text{N/m}^3 \times 1 + 6700\text{N/m}^3 \times 2}{3} \fallingdotseq 6916.67\text{N/m}^3$$

$\frac{\gamma}{\gamma_w} = \frac{\rho}{\rho_w}$ 에서

혼합액의 밀도 ρ는

$$\rho = \frac{\gamma \times \rho_w}{\gamma_w}$$

$$= \frac{6916.67\text{N/m}^3 \times 1000\text{kg/m}^3}{9800\text{N/m}^3} \fallingdotseq 706\text{kg/m}^3$$

답 ②

22

웨버수(Weber number)의 물리적 의미를 옳게 나타낸 것은?

① $\dfrac{관성력}{표면장력}$ ② $\dfrac{관성력}{중력}$

③ $\dfrac{표면장력}{관성력}$ ④ $\dfrac{중력}{관성력}$

해설 무차원수의 물리적 의미

명 칭	물리적 의미
레이놀즈(Reynolds)수	$\dfrac{관성력}{점성력}$ **기억법** 레관점
프루드(Froude)수	$\dfrac{관성력}{중력}$ **기억법** 프관중
코시(Cauchy)수	$\dfrac{관성력}{탄성력}$
웨버(Weber)수	$\dfrac{관성력}{표면장력}$ 보기 ① **기억법** 웨관표
오일러(Euler)수	$\dfrac{압축력}{관성력}$
마하(Mach)수	$\dfrac{관성력}{압축력}$

답 ①

23

다음 그림과 같은 U자관 차압마노미터가 있다. 압력차 $P_A - P_B$를 바르게 표시한 것은? (단, $\gamma_1, \gamma_2, \gamma_3$는 비중량, h_1, h_2, h_3는 높이 차이를 나타낸다.)

23.05.문27
21.03.문22
19.09.문36
19.03.문30
13.06.문25

① $-\gamma_1 h_1 - \gamma_2 h_2 + \gamma_3 h_3$
② $-\gamma_1 h_1 + \gamma_2 h_2 + \gamma_3 h_3$
③ $\gamma_1 h_1 + \gamma_2 h_2 - \gamma_3 h_3$
④ $\gamma_1 h_1 - \gamma_2 h_2 - \gamma_3 h_3$

해설 (1) 주어진 값
- 압력차 : $P_A - P_B$ [kN/m²=kPa]
- 비중량 : $\gamma_1, \gamma_2, \gamma_3$ [kN/m³]
- 높이차 : h_1, h_2, h_3 [m]

(2) 압력차
$P_A + \gamma_1 h_1 - \gamma_2 h_2 - \gamma_3 h_3 = P_B$
$P_A - P_B = -\gamma_1 h_1 + \gamma_2 h_2 + \gamma_3 h_3$

> **중요**
> **시차액주계**의 **압력계산방법**
> 점 a를 기준으로 내려가면 더하고, 올라가면 빼면 된다.
>
>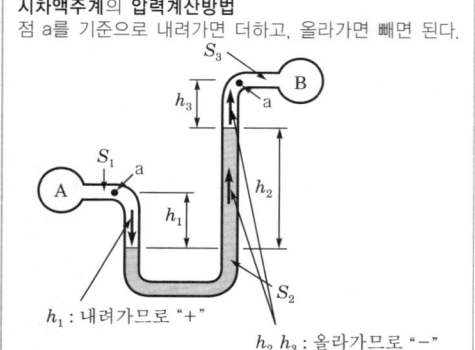
>
> h_1 : 내려가므로 "+"
> h_2, h_3 : 올라가므로 "−"

답 ②

24

안지름이 2cm인 원관 내에 물을 흐르게 하여 층류 상태로부터 점차 유속을 빠르게 하여 완전난류 상태로 될 때의 한계유속[cm/s]은? (단, 물의 동점성계수는 0.01cm²/s, 완전난류가 되는 임계 레이놀즈수는 4000이다.)

22.03.문33
19.09.문35
15.09.문27
14.09.문33
05.05.문23

① 10
② 15
③ 20
④ 40

해설 (1) 기호
- D : 2cm
- V : ?
- ν : 0.01cm²/s
- Re : 4000

(2) 레이놀즈수
$$Re = \frac{DV\rho}{\mu} = \frac{DV}{\nu}$$

여기서, Re : 레이놀즈수
D : 내경[m]
V : 유속[m/s]
ρ : 밀도[kg/m³]
μ : 점성계수[kg/m·s]
ν : 동점성계수$\left(\frac{\mu}{\rho}\right)$[m²/s]

유속 V는
$$V = \frac{Re\,\nu}{D} = \frac{4000 \times 0.01\text{cm}^2/\text{s}}{2\text{cm}} = 20\text{cm/s}$$

답 ③

25

다음 중 캐비테이션(공동현상) 방지방법으로 옳은 것을 모두 고른 것은?

23.09.문23
19.09.문27
16.10.문29
15.09.문37
14.09.문34
14.05.문33
11.03.문83

㉠ 펌프의 설치위치를 낮추어 흡입양정을 작게 한다.
㉡ 흡입관 지름을 작게 한다.
㉢ 펌프의 회전수를 작게 한다.

① ㉠, ㉡
② ㉠, ㉢
③ ㉡, ㉢
④ ㉠, ㉡, ㉢

해설 ㉡ 작게 → 크게

공동현상(cavitation, 캐비테이션)

개요	펌프의 흡입측 배관 내의 물의 정압이 기존의 증기압보다 낮아져서 기포가 발생되어 물이 흡입되지 않는 현상
발생현상	• **소음**과 **진동** 발생 • 관 부식(펌프깃의 침식) • **임펠러**의 **손상**(수차의 날개를 해친다.) • 펌프의 성능 저하(양정곡선 저하) • 효율곡선 저하
발생원인	• **펌프**가 물탱크보다 부적당하게 **높게** 설치되어 있을 때 • 펌프 **흡입수두**가 지나치게 **클** 때 • 펌프 **회전수**가 지나치게 **높을** 때 • 관내를 흐르는 **물**의 **정압**이 그 물의 온도에 해당하는 증기압보다 **낮을** 때
방지대책 (방지방법)	• 펌프의 흡입수두를 작게 한다.(흡입양정을 작게 한다.) 보기 ㉠ • 펌프의 마찰손실을 작게 한다. • 펌프의 임펠러속도(**회전수**)를 **작게** 한다. 보기 ㉢ • 펌프의 설치위치를 수원보다 낮게 한다. • 양흡입펌프를 사용한다.(펌프의 흡입측을 가압한다.) • 관내의 물의 정압을 그때의 증기압보다 높게 한다. • 흡입관의 **구경**(지름)을 **크게** 한다. 보기 ㉡ • 펌프를 **2개** 이상 설치한다. • 회전차를 수중에 완전히 잠기게 한다.

비교

수격작용(water hammering)	
개 요	• 배관 속의 물흐름을 급히 차단하였을 때 동압이 정압으로 전환되면서 일어나는 **쇼크**(shock)현상 • 배관 내를 흐르는 유체의 유속을 급격하게 변화시키므로 압력이 상승 또는 하강하여 관로의 벽면을 치는 현상
발생 원인	• 펌프가 갑자기 정지할 때 • 급히 밸브를 개폐할 때 • 정상운전시 유체의 압력변동이 생길 때
방지 대책 (방지 방법)	• **관**의 관경(직경)을 크게 한다. • 관내의 유속을 낮게 한다.(관로에서 일부 고압수를 방출한다.) • **조**압수조(surge tank)를 관선에 설치한다. • **플**라이휠(fly wheel)을 설치한다. • 펌프 송출구(토출측) 가까이에 밸브를 설치한다. • **에**어챔버(air chamber)를 설치한다.

기억법 수방관플에

답 ②

26 ★★★
체적이 0.031m³인 액체에 61000kPa의 압력을 가했을 때 체적이 0.025m³가 되었다. 이때 액체의 체적탄성계수는 약 얼마인가?

① 2.38×10^8 Pa ② 2.62×10^8 Pa
③ 1.23×10^8 Pa ④ 3.15×10^8 Pa

해설 (1) 기호
- V : 0.031m³
- ΔP : 61000kPa
- ΔV : (0.031−0.025)m³
- K : ?

(2) 체적탄성계수

$$K = -\frac{\Delta P}{\frac{\Delta V}{V}}$$

여기서, K : 체적탄성계수(kPa)
ΔP : 가해진 압력(kPa)
$\frac{\Delta V}{V}$: 체적의 감소율
ΔV : 체적의 변화(체적의 차)(m³)
V : 처음 체적(m³)

체적탄성계수 K는

$$K = -\frac{\Delta P}{\frac{\Delta V}{V}} = -\frac{61000 \times 10^3 \text{Pa}}{\frac{(0.031-0.025)\text{m}^3}{0.031\text{m}^3}}$$

$= -315000000 \text{Pa} = -3.15 \times 10^8 \text{Pa}$

• '−'는 누르는 방향이 위 또는 아래를 나타내는 것으로 특별한 의미는 없다.

용어

체적탄성계수
어떤 압력으로 누를 때 이를 떠받치는 힘의 크기를 의미하며, 체적탄성계수가 클수록 압축하기 힘들다.

답 ④

27 ★★★
옥내소화전설비에서 노즐구경이 같은 노즐에서 방수압력(계기압력)을 9배로 올리면 방수량은 몇 배로 되는가?

① $\sqrt{3}$ ② 2
③ 3 ④ 9

해설 (1) 기호
- P : 9배
- Q : ?

(2) 방수량

$$Q = 0.653D^2\sqrt{10P} = 0.6597CD^2\sqrt{10P}$$

여기서, Q : 방수량(L/min)
C : 유량계수(노즐의 흐름계수)
D : 구경(mm)
P : 방수압(MPa)

$Q = 0.653D^2\sqrt{10P} \propto \sqrt{P} = \sqrt{9} = 3$

∴ 3배

답 ③

28 ★★★
그림과 같은 단순 피토관에서 물의 유속(m/s)은?

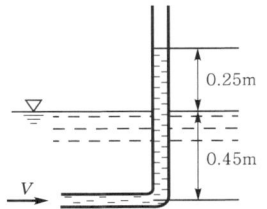

① 1.71 ② 1.98
③ 2.21 ④ 3.28

해설 (1) 기호
- H : 0.25m(그림에 주어짐)
- V : ?

(2) 피토관의 유속

$$V = C\sqrt{2gH}$$

여기서, V : 유속(m/s)
C : 측정계수(속도계수)
g : 중력가속도(9.8m/s²)
H : 높이(수면에서의 높이)(m)

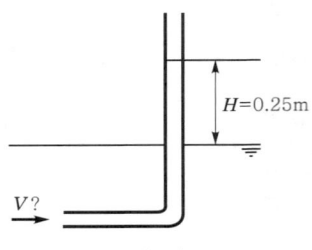

| 피토관 |

피토관 유속 V는

$V = C\sqrt{2gH} = \sqrt{2 \times 9.8\text{m/s}^2 \times 0.25\text{m}} ≒ 2.21\text{m/s}$

- C : 주어지지 않았으므로 무시

답 ③

29 유체에 대한 일반적인 설명으로 틀린 것은?

① 아무리 작은 전단응력이라도 물질 내부에 전단응력이 생기면 정지상태로 있을 수가 없다.
② 점성이 작은 유체일수록 유동저항이 작아 더 쉽게 움직일 수 있다.
③ 충격파는 비압축성 유체에서는 잘 관찰되지 않는다.
④ 유체에 미치는 압축의 정도가 커서 밀도가 변하는 유체를 비압축성 유체라 한다.

 ④ 비압축성 유체 → 압축성 유체

유체의 종류

종류	설명
실제유체	**점**성이 **있**으며, **압**축성인 유체 **기억법** 실점있압(실점이 있는 사람만 압박해!)
이상유체	① 점성이 없으며(비점성), **비압축성**인 유체 ② 유체유동시 **마찰전단응력이 발생**하지 **않**으며 압력변화에 따른 **체적변화**가 **없는** 유체 ③ 유체유동시 마찰전단응력이 발생하지 않으며 분자 간에 분자력이 작용하지 않는 유체
압축성 유체	① **기체**와 같이 체적이 변화하는 유체 **기억법** 기압(기압) ② 밀도가 변하는 유체 보기 ④
비압축성 유체	① **액체**와 같이 체적이 변화하지 않는 유체 ② **충격파**는 잘 관찰되지 **않**는다 보기 ③
점성 유체	유동시 마찰저항이 유발되는 유체
비점성 유체	유동시 마찰저항이 유발되지 않는 유체

답 ④

30 600K의 고온열원과 300K의 저온열원 사이에서 작동하는 카르노사이클에 공급하는 열량이 사이클당 200kJ이라 할 때 1사이클당 외부에 하는 일은?

① 100kJ
② 200kJ
③ 300kJ
④ 400kJ

해설 (1) 기호
- T_H : 600K
- T_L : 300K
- Q_H : 200kJ
- W : ?

(2) 일
$$\frac{W}{mQ_H} = 1 - \frac{T_L}{T_H}$$

여기서, W : 출력(일)[kJ]
m : 질량[kg]
Q_H : 열량[kJ]
T_L : 저온[K]
T_H : 고온[K]

출력(일) W는
$W = mQ_H\left(1 - \frac{T_L}{T_H}\right) = 200\text{kJ}\left(1 - \frac{300\text{K}}{600\text{K}}\right) = 100\text{kJ}$

- m(질량)은 주어지지 않았으므로 무시

답 ①

31 그림과 같이 수평으로 분사된 유량 Q의 분류가 경사진 고정평판에 충돌한 후 양쪽으로 분리되어 흐르고 있다. 위방향의 유량이 $Q_1 = 0.7Q$일 때 수평선과 판이 이루는 각 θ는 몇 도인가? (단, 이상유체의 흐름이고 중력과 압력은 무시한다.)

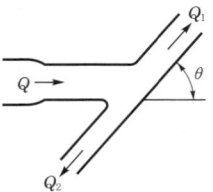

① 76.4
② 66.4
③ 56.4
④ 46.4

해설 (1) 기호
- Q_1 : $0.7Q$
- θ : ?

(2) 경사 고정평판에 충돌하는 분류(Q_1)

$$Q_1 = \frac{Q}{2}(1 + \cos\theta)$$

여기서, Q_1 : 분류 유량[m³/s]
Q : 전체 유량[m³/s]
θ : 각도

$$Q_1 = \frac{Q}{2}(1+\cos\theta)$$

$$0.7Q = \frac{Q}{2}(1+\cos\theta)$$

$$\frac{0.7\cancel{Q}}{\frac{\cancel{Q}}{2}} = 1+\cos\theta$$

$0.7 \times 2 = 1+\cos\theta$
$(0.7 \times 2) - 1 = \cos\theta$
$0.4 = \cos\theta$
$\cos\theta = 0.4$
$\therefore \theta = \cos^{-1}0.4 ≒ 66.4°$

비교

경사 고정평판에 충돌하는 분류(Q_2)

$$Q_2 = \frac{Q}{2}(1-\cos\theta)$$

여기서, Q_2 : 분류 유량[m³/s]
Q : 전체 유량[m³/s]
θ : 각도

답 ②

32 밑면은 한 변의 길이가 2m인 정사각형이고 높이가 4m인 직육면체 탱크에 비중이 0.8인 유체를 가득 채웠다. 유체에 의해 탱크의 한쪽 측면에 작용하는 힘은 약 몇 kN인가?

① 125.44 ② 169.2
③ 178.4   ④ 186.2

해설

$$F = \gamma h A$$

(1) 기호
- A : (2m×4m)
- h : $\frac{4m}{2} = 2m$
- s : 0.8
- F : ?

(2) 비중

$$s = \frac{\gamma}{\gamma_w}$$

여기서, s : 비중
γ : 어떤 물질의 비중량[N/m³]
γ_w : 물의 비중량(9800N/m³)

비중 0.8인 유체의 비중량 γ는
$\gamma = s \cdot \gamma_w$
$= 0.8 \times 9800\text{N/m}^3$
$= 7840\text{N/m}^3$
$= 7.84\text{kN/m}^3$

• 1000N=1kN이므로 7840N/m³=7.84kN/m³

(3) **전압력**(한쪽 측면에 작용하는 힘)

$$F = \gamma h A$$

여기서, F : 전압력[N]
γ : 비중량(물의 비중량 9800N/m³)
h : 표면에서 수문 중심까지의 수직거리[m]
A : 단면적[m²]

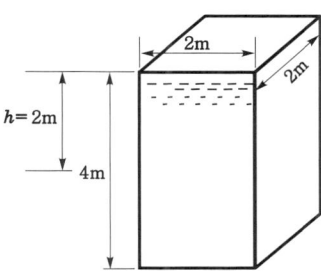

한쪽 측면에 작용하는 힘 F는
$F = \gamma h A$
$= 7.84\text{kN/m}^3 \times 2\text{m} \times (2\text{m} \times 4\text{m}) = 125.44\text{kN}$

답 ①

33 펌프 양수량 0.6m³/min, 관로의 전손실수두 5.5m인 펌프가 펌프 중심으로부터 2.5m 아래에 있는 물을 펌프 중심으로부터 23m 위의 송출액면에 양수할 때 펌프에 공급해야 할 동력은 몇 kW인가?

① 1.513   ② 1.974
③ 2.548   ④ 3.038

해설

(1) 기호
- Q : 0.6m³/min
- H : (2.5+23+5.5)m
- P : ?

(2) 전동력

$$P = \frac{0.163QH}{\eta}K$$

여기서, P : 전동력[kW]
Q : 유량[m³/min]
H : 전양정[m]
K : 전달계수
η : 효율

전동력 P는
$P = \frac{0.163QH}{\eta}K$
$= 0.163 \times 0.6\text{m}^3/\text{min} \times (2.5+23+5.5)\text{m}$
$≒ 3.038\text{kW}$

• 전양정(H)=흡입양정+토출양정+전손실수두
$= (2.5+23+5.5)\text{m}$
• K : 주어지지 않았으므로 무시
• η : 주어지지 않았으므로 무시

답 ④

34. 그림에서 수문이 열리지 않도록 하기 위하여 수문의 하단에 받쳐 주어야 할 최소 힘 P는 약 몇 N인가? (단, 수문의 폭은 1m이다.)

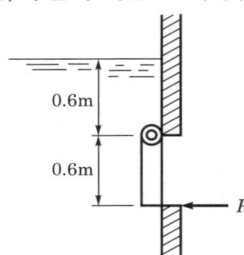

① 2640
② 2940
③ 3540
④ 5340

해설

(1) 기호
- $P(F_B)$: ?
- $A : (0.6 \times 1) \text{m}^2$
- $h : 0.6\text{m} + \dfrac{0.6\text{m}}{2} = 0.9\text{m}$
- $b : 1\text{m}$
- $a : 0.6\text{m}$

(2) 수평면에 작용하는 힘

$$F = \gamma h A$$

여기서, F : 수평면에 작용하는 힘[N]
γ : 비중량(물의 비중량 9800N/m³)
h : 표면에서 수문 중심까지의 수직거리[m]
A : 수문의 단면적[m²]

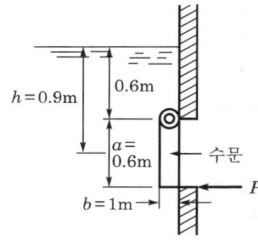

$F = \gamma h A = 9800\text{N/m}^3 \times 0.9\text{m} \times (0.6 \times 1)\text{m}^2 = 5292\text{N}$

(3) 작용점 깊이

명칭	구형(rectangle)
형태	
A(면적)	$A = bh$
y_c (중심위치)	$y_c = y$
I_c (관성능률)	$I_c = \dfrac{bh^3}{12}$

$$y_p = y_c + \dfrac{I_c}{A y_c}$$

여기서, y_p : 작용점 깊이(작용위치)[m]
y_c : 중심위치[m]
I_c : 관성능률 $\left(I_c = \dfrac{bh^3}{12} \right)$
A : 단면적[m²] $(A = bh)$

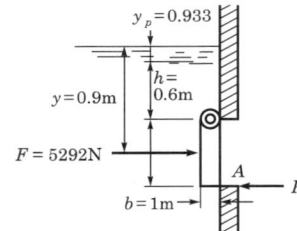

작용점 깊이 y_p는

$$y_p = y_c + \dfrac{I_c}{A y_c}$$

$$= y + \dfrac{\dfrac{bh^3}{12}}{(bh)y}$$

$$= 0.9 + \dfrac{\dfrac{1\text{m} \times (0.6\text{m})^3}{12}}{(1 \times 0.6)\text{m}^2 \times 0.9\text{m}} ≒ 0.933\text{m}$$

(4) 수문하단에 받쳐주어야 할 힘

$$F(y_p - h_a) = F_B a$$

여기서, F : 수평면에 작용하는 힘[N]
y_p : 작용점 깊이(작용위치)[m]
h_a : 표면에서 수문입구까지의 수직거리[m]
F_B : 수문의 하단에 받쳐주어야 할 힘[N]
a : 수문길이[m]

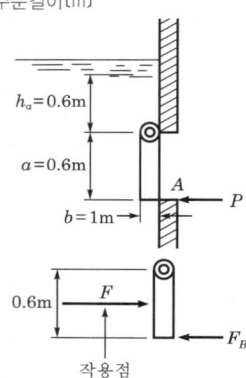

$F(y_p - h_a) = F_B a$
$5292\text{N} \times (0.933 - 0.6)\text{m} = F_B \times 0.6\text{m}$
$F_B = \dfrac{5292\text{N} \times (0.933 - 0.6)\text{m}}{0.6\text{m}} ≒ 2940\text{N}$

용어

관성능률
(1) 어떤 물체를 회전시키려 할 때 잘 돌아가지 않으려는 성질
(2) 각 운동상태의 변화에 대하여 그 물체가 지니고 있는 저항적 성질

답 ②

35
그림과 같은 원형 관에 유체가 흐르고 있다. 원형 관 내의 유속분포를 측정하여 실험식을 구하였더니 $V = V_{max} \dfrac{(r_0^2 - r^2)}{r_0^2}$ 이었다. 관속을 흐르는 유체의 평균속도는 얼마인가?

① $\dfrac{V_{max}}{8}$ ② $\dfrac{V_{max}}{4}$

③ $\dfrac{V_{max}}{2}$ ④ V_{max}

해설
문제에서 층류인지 난류인지 알 수 없으므로 $V = \dfrac{V_{max}}{2}$
또는 $V = 0.8 V_{max}$ 가 정답인데 여기서는 $V = \dfrac{V_{max}}{2}$ 만 있으므로 ③이 정답

∥층류와 난류∥

구분	층류		난류
흐름	정상류		비정상류
레이놀즈수	2100 이하		4000 이상
손실수두	유체의 속도를 알 수 있는 경우 $H = \dfrac{flV^2}{2gD}$ [m] (다르시-바이스바하의 식)	유체의 속도를 알 수 없는 경우 $H = \dfrac{128\mu Ql}{\gamma \pi D^4}$ [m] (하젠-포아젤의 식)	$H = \dfrac{2flV^2}{gD}$ [m] (패닝의 법칙)
전단응력	$\tau = \dfrac{p_A - p_B}{l} \cdot \dfrac{r}{2}$ [N/m²]		$\tau = \mu \dfrac{du}{dy}$ [N/m²]
평균속도	$V = \dfrac{V_{max}}{2}$ 보기 ③		$V = 0.8 V_{max}$
전이길이	$L_t = 0.05 Re\, D$ [m]		$L_t = 40 \sim 50 D$ [m]
관마찰계수	$f = \dfrac{64}{Re}$		-

답 ③

36
다음 계측기 중 측정하고자 하는 것이 다른 것은?
23.09.문29
18.03.문29
① Bourdon 압력계
② U자관 마노미터
③ 피에조미터
④ 열선풍속계

해설
①~③ 정압측정
④ 유속측정

정압측정	유속측정(동압측정)	유량측정
① **정**압관 (Static tube) ② **피**에조미터 (Piezometer) 보기 ③ ③ **부**르동압력계 (Bourdon 압력계) 보기 ① ④ **마**노미터(U자관 마노미터) 보기 ②	① **시**차액주계 (Differential manometer) ② **피**토관 (Pitot-tube) ③ **피**토-정압관 (Pitot-static tube) ④ **열**선속도계 (Hot-wire anemometer) 보기 ④	① **벤**투리미터 (Venturimeter) ② **오**리피스 (Orifice) ③ **위**어 (Weir) ④ **로**터미터 (Rotameter)

기억법 정피마부, 유시피열

• 열선속도계=열선풍속계

답 ④

37
그림과 같이 수평면에 대하여 60° 기울어진 경사관에 비중(s)이 13.6인 수은이 채워져 있으며, A와 B에는 물이 채워져 있다. A의 압력이 250kPa, B의 압력이 200kPa일 때, 길이 L은 약 몇 cm인가?

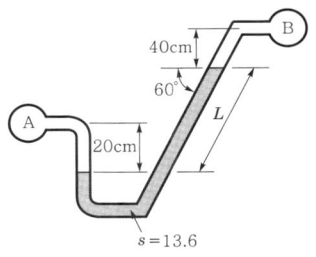

① 33.3   ② 38.2
③ 41.6   ④ 45.1

해설 (1) 기호
• θ : 60°
• s : 13.6
• P_A : 250kPa
• P_B : 200kPa
• L : ?

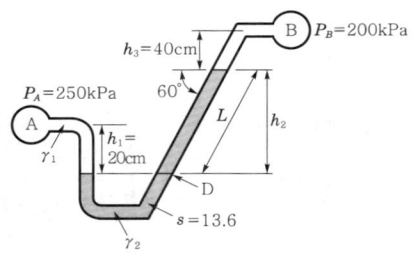

(2) 비중

$$s = \frac{\gamma}{\gamma_w}$$

여기서, s : 비중
  γ : 어떤 물질의 비중량[kN/m³]
  γ_w : 물의 비중량[kN/m³]

• γ_w (물의 비중량)=9800N/m³=9.8kN/m³

$\gamma_2 = s \times \gamma_w = 13.6 \times 9.8\text{kN/m}^3 = 133.28\text{kN/m}^3$

(3) 압력차

$$P_A + \gamma_1 h_1 - \gamma_2 h_2 - \gamma_3 h_3 = P_B$$

여기서, P_A : A의 압력[kPa]
  $\gamma_1, \gamma_2, \gamma_3$: 비중량[kN/m³]
  h_1, h_2, h_3 : 액주계의 높이[m]
  P_B : B의 압력[kPa]

• 1kPa=1kN/m²

$P_A + \gamma_1 h_1 = P_B + \gamma_2 h_2 + \gamma_3 h_3$

250kPa+9.8kN/m³×20cm
=200kPa+133.28kN/m³×h_2+9.8kN/m³
×40cm

250kPa+9.8kN/m³×0.2m
=200kPa+133.28kN/m³×h_2+9.8kN/m³×0.4m

250kPa+1.96kN/m²
=200kPa+133.28kN/m³×h_2+3.92kN/m²

251.96kN/m² = 203.92kN/m² + 133.28kN/m³×h_2
(251.96−203.92)kN/m² = 133.28kN/m³×h_2
133.28kN/m³×h_2 = (251.96−203.92)kN/m²

$$h_2 = \frac{(251.96-203.92)\text{kN/m}^2}{133.28\text{kN/m}^3}$$
  ≒ 0.3604m = 36.04cm

(4) 경사길이

$$\sin\theta = \frac{h_2}{L}$$

여기서, θ : 각도[°]
  h_2 : 마노미터 읽음[m]
  L : 마노미터 경사길이[m]

$L = \dfrac{h_2}{\sin\theta} = \dfrac{36.04\text{cm}}{\sin 60°} ≒ 41.6\text{cm}$

중요

시차액주계의 압력계산방법

점 a를 기준으로 내려가면 더하고, 올라가면 빼면 된다.

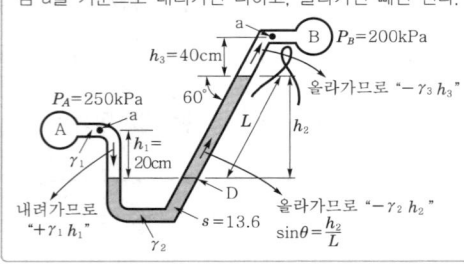

답 ③

38 부차적 손실계수가 5인 밸브가 관에 부착되어 있으며 물의 평균유속이 4m/s인 경우, 이 밸브에서 발생하는 부차적 손실수두는 몇 m인가?

19.03.문31
14.09.문36
04.03.문24

① 61.3 ② 6.13
③ 40.8 ④ 4.08

해설 (1) 기호

• K_L : 5
• V : 4m/s
• H : ?

(2) 부차적 손실수두

$$H = K_L \frac{V^2}{2g}$$

여기서, H : 부차적 손실수두[m]
  K_L : 손실계수
  V : 유속[m/s]
  g : 중력가속도(9.8m/s²)

부차적 손실수두 H는

$H = K_L \dfrac{V^2}{2g} = 5 \times \dfrac{(4\text{m/s})^2}{2 \times 9.8\text{m/s}^2} ≒ 4.08\text{m}$

답 ④

39 유체에 관한 설명 중 옳은 것은?

20.08.문26
19.04.문26
19.09.문28

① 실제유체는 유동할 때 마찰손실이 생기지 않는다.
② 이상유체는 높은 압력에서 밀도가 변화하는 유체이다.
③ 유체에 압력을 가하면 체적이 줄어드는 유체는 압축성 유체이다.
④ 압력을 가해도 밀도변화가 없으며 점성에 의한 마찰손실만 있는 유체가 이상유체이다.

해설
① 생기지 않는다. → 생긴다.
② 변화하는 → 변화하지 않는
④ 점성에 의한 마찰손실만 있는 → 점도도 없으며 마찰손실도 없는

구분	설명
실제유체	① 점성이 있으며, 압축성인 유체 ② 유동시 마찰이 존재하는 유체 보기 ①
이상유체	① 점성이 없으며, 비압축성인 유체 보기 ④ ② 밀도가 변화하지 않는 유체 보기 ② ③ 마찰이 없는 유체 보기 ④
압축성 유체	압력을 가하면 체적이 줄어드는 유체 보기 ③

답 ③

40 회전속도 1000rpm일 때 유량 Q[m³/min], 전양정 H[m]인 원심펌프가 상사한 조건에서 회전속도가 1200rpm으로 작동할 때 유량 및 전양정은 어떻게 변하는가?

22.03.문31
17.05.문22
09.05.문23

① 유량=$1.2Q$, 전양정=$1.44H$
② 유량=$1.2Q$, 전양정=$1.2H$
③ 유량=$1.44Q$, 전양정=$1.44H$
④ 유량=$1.44Q$, 전양정=$1.2H$

해설 (1) 기호
- N_1 : 1000rpm
- N_2 : 1200rpm
- Q_2 : ?
- H_2 : ?

(2) 유량(송출량)

$$Q_2 = Q_1 \times \left(\frac{N_2}{N_1}\right)$$

여기서, Q_2 : 변경 후 유량[m³/min]
Q_1 : 변경 전 유량[m³/min]
N_2 : 변경 후 회전수[rpm]
N_1 : 변경 전 회전수[rpm]

유량 Q_2는

$$Q_2 = Q_1 \times \left(\frac{N_2}{N_1}\right) = Q_1 \times \left(\frac{1200\text{rpm}}{1000\text{rpm}}\right) = 1.2Q_1$$

(3) 양정(전양정)

$$H_2 = H_1 \times \left(\frac{N_2}{N_1}\right)^2$$

여기서, H_2 : 변경 후 양정[m]
H_1 : 변경 전 양정[m]
N_2 : 변경 후 회전수[rpm]
N_1 : 변경 전 회전수[rpm]

양정 H_2는

$$H_2 = H_1 \times \left(\frac{N_2}{N_1}\right)^2 = H_1 \times \left(\frac{1200\text{rpm}}{1000\text{rpm}}\right)^2 = 1.44H_1$$

답 ①

제3과목 소방관계법규

41 소방기본법령상 소방용수시설인 저수조의 설치기준으로 맞는 것은?

22.03.문42
20.06.문55
19.04.문46
16.05.문47
15.05.문50
15.05.문57
11.03.문42
10.05.문46

① 흡수부분의 수심이 0.5m 이하일 것
② 지면으로부터의 낙차가 4.5m 이하일 것
③ 흡수관의 투입구가 사각형의 경우에는 한 변의 길이가 60cm 이하일 것
④ 저수조에 물을 공급하는 방법은 상수도에 연결하여 수동으로 급수되는 구조일 것

해설
① 0.5m 이하 → 0.5m 이상
③ 60cm 이하 → 60cm 이상
④ 수동으로 → 자동으로

기본규칙 [별표 3]
소방용수시설의 저수조의 설치기준

구 분	기 준
낙 차	4.5m 이하 보기 ②
수 심	0.5m 이상 보기 ①
투입구의 길이 또는 지름	60cm 이상 보기 ③

(1) 소방펌프자동차가 **쉽게 접근**할 수 있도록 할 것
(2) 흡수에 지장이 없도록 **토사** 및 **쓰레기** 등을 제거할 수 있는 설비를 갖출 것
(3) 저수조에 물을 공급하는 방법은 **상수도**에 연결하여 **자동**으로 **급수**되는 구조일 것 보기 ④

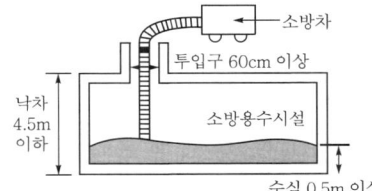

비교
개구부	흡수관 투입구
지름 50cm(0.5m) 이상	지름 60cm(0.6m) 이상

답 ②

42 소방시설 설치 및 관리에 관한 법령상 특정소방대상물에 설치되어 소방본부장 또는 소방서장의 건축허가 등의 동의대상에서 제외되게 하는 소방시설이 아닌 것은? (단, 설치되는 소방시설은 화재안전기준에 적합하다.)

22.03.문47
20.08.문59
17.09.문43

① 유도표지
② 누전경보기
③ 비상조명등
④ 인공소생기

해설	소방시설법 시행령 7조〔별표 1〕
	건축허가 등의 동의대상 제외

(1) **소**화기구
(2) **자**동소화장치
(3) **누**전경보기 보기 ②
(4) **단**독경보형 감지기
(5) **시**각경보기
(6) **가**스누설경보기
(7) **피**난구조설비(비상조명등 제외)
(8) **인**명구조기구 ─ **방열**복
  ─ 방**화**복(안전모, 보호장갑, 안전화 포함)
  ─ **공**기호흡기
  ─ **인**공소생기 보기 ④

  [기억법] 방화열공인

(9) **유**도등
(10) **유**도표지 보기 ①
(11) 건축물의 증축 또는 용도변경으로 인하여 해당 특정소방대상물에 추가로 소방시설이 설치되지 않는 경우 해당 특정소방대상물

  [기억법] 소누피 유인(**스누피**를 **유인**하다.)

답 ③

43 ★★★
23.05.문52
21.09.문41
19.04.문42
17.03.문59
15.03.문51
13.06.문44

제조 또는 가공 공정에서 방염처리를 하는 방염대상물품으로 틀린 것은? (단, 합판·목재류의 경우에는 설치현장에서 방염처리를 한 것을 포함한다.)

① 카펫
② 창문에 설치하는 커튼류
③ 두께가 2mm 미만인 종이벽지
④ 전시용 합판 또는 섬유판

해설
③ 두께 2mm 미만인 종이벽지 → 두께 2mm 미만인 종이벽지 제외

소방시설법 시행령 31조
방염대상물품

제조 또는 가공 공정에서 방염처리를 한 물품	건축물 내부의 천장이나 벽에 부착하거나 설치하는 것
① 창문에 설치하는 **커튼류**(블라인드 포함) 보기 ② ② 카펫 보기 ① ③ 벽지류(두께 2mm 미만인 종이벽지 제외) 보기 ③ ④ 전시용 합판·목재 또는 섬유판 보기 ④ ⑤ 무대용 합판·목재 또는 섬유판 ⑥ 암막·무대막(영화상영관·가상체험 체육시설업의 스크린 포함) ⑦ 섬유류 또는 합성수지류 등을 원료로 하여 제작된 소파·의자(단란주점영업, 유흥주점영업 및 노래연습장업의 영업장에 설치하는 것만 해당)	① 종이류(두께 **2mm 이상**), 합성수지류 또는 섬유류를 주원료로 한 물품 ② 합판이나 목재 ③ 공간을 구획하기 위하여 설치하는 간이칸막이 ④ 흡음재(흡음용 커튼 포함) 또는 방음재(방음용 커튼 포함) ※ 가구류(옷장, 찬장, 식탁, 식탁용 의자, 사무용 책상, 사무용 의자, 계산대)와 너비 10cm 이하인 반자돌림대, 내부 마감재료 제외

답 ③

44 ★★★
22.03.문55
20.08.문60
13.09.문47

소방시설 설치 및 관리에 관한 법령상 소방시설관리사의 결격사유가 아닌 것은?

① 피성년후견인
② 소방기본법령에 따른 금고 이상의 실형을 선고받고 그 집행이 면제된 날부터 2년이 지나지 아니한 사람
③ 소방시설공사업법령에 따른 금고 이상의 형의 집행유예를 선고받고 그 유예기간이 지난 후 2년이 지나지 아니한 사람
④ 거짓이나 그 밖의 부정한 방법으로 관리사 시험에 합격하여 자격이 취소된 날부터 2년이 지나지 아니한 사람

해설
③ 그 유예기간이 지난 후 2년이 지나지 아니한 사람 → 금고 이상의 형의 집행유예를 선고받고 그 유예기간 중에 있는 사람

소방시설법 27조
소방시설관리사의 결격사유

(1) 피성년후견인 보기 ①
(2) 금고 이상의 실형을 선고받고 그 집행이 끝나거나 집행이 면제된 날부터 **2년**이 지나지 아니한 사람 보기 ②
(3) 금고 이상의 형의 집행유예를 선고받고 그 유예기간 중에 있는 사람 보기 ③
(4) 자격취소 후 **2년**이 지나지 아니한 사람 보기 ④

 용어

피성년후견인
질병, 장애, 노령, 그 밖의 사유로 인한 정신적 제약으로 사무를 처리할 능력이 없어서 가정법원에서 판정을 받은 사람

답 ③

45 ★★
22.04.문41
21.09.문44

국가가 시·도의 소방업무에 필요한 경비의 일부를 보조하는 국고보조대상이 아닌 것은?

① 사무용 기기
② 소방전용통신설비
③ 소방자동차
④ 소방관서용 청사의 건축

해설
① 국고보조대상이 아님

기본령 2조
국고보조의 대상 및 기준
(1) **국고보조의 대상**
 ㉠ 소방**활**동장비와 설비의 구입 및 설치
  • 소방**자**동차 보기 ③
  • 소방**헬**리콥터·소방정
  • 소방**전**용통신설비·전산설비 보기 ②
  • 방**화**복
 ㉡ 소방관서용 **청**사 보기 ④

(2) 소방활동장비 및 설비의 종류와 규격 : 행정안전부령
(3) 대상사업의 기준보조율 : 「보조금관리에 관한 법률 시행령」에 따름

> 기억법 국화복 활자 전헬청

답 ①

46 하자보수대상 소방시설 중 하자보수 보증기간이 3년인 것은?

23.09.문57
21.09.문49
17.03.문57
12.05.문59

① 유도등
② 피난기구
③ 비상방송설비
④ 스프링클러설비

①, ②, ③ 2년
④ 3년

공사업령 6조
소방시설공사의 하자보수 보증기간

보증기간	소방시설
2년	① **유**도등·**피**난기구 보기 ①② ② **비**상**조**명등·비상**경**보설비·비상**방**송설비 보기 ③ ③ **무**선통신보조설비 기억법 유비조경방무피2
3년	① 자동소화장치 ② 옥내·외소화전설비 ③ 스프링클러설비 보기 ④ ④ 물분무등소화설비·소화용수설비 ⑤ 자동화재탐지설비·소화활동설비(무선통신보조설비 제외) ⑥ 화재알림설비

답 ④

47 화재예방강화지구의 지정대상지역에 해당되지 않는 곳은?

23.03.문52
19.09.문55
16.03.문41
15.09.문55
14.05.문53
12.09.문46

① 시장지역
② 공장·창고가 밀집한 지역
③ 소방용수시설 또는 소방출동로가 있는 지역
④ 석유화학제품을 생산하는 공장이 있는 지역

③ 있는 → 없는

화재예방법 18조
화재예방강화지구의 지정
(1) 지정권자 : 시·도지사
(2) 지정지역
  ㉠ **시**장지역 보기 ①
  ㉡ **공**장·**창**고 등이 밀집한 지역 보기 ②
  ㉢ **목**조건물이 밀집한 지역
  ㉣ 노후·불량 건축물이 밀집한 지역
  ㉤ **위**험물의 **저**장 및 **처**리시설이 **밀**집한 지역
  ㉥ **석**유화학제품을 생산하는 공장이 있는 지역 보기 ④
  ㉦ 소방시설·소방용수시설 또는 소방출동로가 없는 지역 보기 ③
  ㉧ 「산업입지 및 개발에 관한 법률」에 따른 산업단지
  ㉨ 「물류시설의 개발 및 운영에 관한 법률」에 따른 물류단지
  ㉩ 소방청장, 소방본부장 또는 소방서장(소방관서장)이 화재예방강화지구로 지정할 필요가 있다고 인정하는 지역

※ **화재예방강화지구** : 화재발생 우려가 크거나 화재가 발생할 경우 피해가 클 것으로 예상되는 지역에 대하여 화재의 예방 및 안전관리를 강화하기 위해 지정·관리하는 지역

> 비교

기본법 19조
화재로 오인할 만한 불을 피우거나 연막소독시 신고지역
(1) 시장지역
(2) 공장·창고가 밀집한 지역
(3) 목조건물이 밀집한 지역
(4) 위험물의 저장 및 처리시설이 밀집한 지역
(5) 석유화학제품을 생산하는 공장이 있는 지역
(6) 그 밖에 시·도의 조례로 정하는 지역 또는 장소

답 ③

48 위험물안전관리법령상 제조소와 사용전압이 35000V를 초과하는 특고압가공전선에 있어서 안전거리는 몇 m 이상을 두어야 하는가? (단, 제6류 위험물을 취급하는 제조소는 제외한다.)

22.04.문43
18.03.문49
15.03.문56
09.05.문51

① 3
② 5
③ 20
④ 30

위험물규칙〔별표 4〕
위험물제조소의 안전거리

안전거리	대상
3m 이상	7000~35000V 이하의 특고압가공전선
5m 이상	35000V를 초과하는 특고압가공전선 보기 ②
10m 이상	**주거용**으로 사용되는 것
20m 이상	• 고압가스 **제조**시설(용기에 충전하는 것 포함) • 고압가스 **사용**시설(1일 30m³ 이상 용적 취급) • 고압가스 **저장**시설 • 액화산소 **소비**시설 • 액화석유가스 제조·저장시설 • 도시가스 공급시설
30m 이상	• 학교 • 병원급 의료기관 • 공연장 ─┐ • 영화상영관 ─┴ 300명 이상 수용시설 • 아동복지시설 ─┐ • 노인복지시설 │ • 장애인복지시설 │ • 한부모가족복지시설 ├ 20명 이상 수용시설 • 어린이집 │ • 성매매피해자 등을 위한 지원시설 │ • 정신건강증진시설 │ • 가정폭력피해자 보호시설 ─┘
50m 이상	• 지정**문**화유산 • 천연기념물 등

> 기억법 문5(문어)

답 ②

49. 위험물안전관리법상 제조소 등을 설치하고자 하는 자는 누구의 허가를 받아 설치할 수 있는가?

① 소방서장 ② 소방청장
③ 시·도지사 ④ 안전관리자

해설 위험물법 6조
제조소 등의 설치허가
(1) 설치허가자 : 시·도지사 보기 ③
(2) 설치허가 제외장소
 ㉠ 주택의 난방시설(공동주택의 중앙난방시설은 제외)을 위한 저장소 또는 취급소
 ㉡ 지정수량 20배 이하의 농예용·축산용·수산용 난방시설 또는 건조시설의 저장소
(3) 제조소 등의 변경신고 : 변경하고자 하는 날의 1일 전까지

참고
시·도지사
(1) 특별시장
(2) 광역시장
(3) 특별자치시장
(4) 도지사
(5) 특별자치도지사

답 ③

50. 소방시설 설치 및 관리에 관한 법령상 스프링클러설비를 설치하여야 하는 특정소방대상물의 기준으로 틀린 것은? (단, 위험물 저장 및 처리 시설 중 가스시설 또는 지하구를 제외한다.)

① 물류터미널로서 바닥면적 합계가 2000m² 이상인 경우에는 모든 층
② 숙박이 가능한 수련시설에 해당하는 용도로 사용되는 시설의 바닥면적의 합계가 600m² 이상인 것은 모든 층
③ 종교시설(주요구조부가 목조인 것은 제외)로서 수용인원이 100명 이상인 것에 해당하는 경우에는 모든 층
④ 지하상가로서 연면적 1000m² 이상인 것

해설
① 2000m² → 5000m²

소방시설법 시행령 〔별표 4〕
스프링클러설비의 설치대상

설치대상	조 건
• 문화 및 집회시설, 운동시설 • 종교시설 보기 ③	• 수용인원 : 100명 이상 • 영화상영관 : 지하층·무창층 500m²(기타 1000m²) 이상 • 무대부 - 지하층·무창층·4층 이상 : 300m² 이상 - 1~3층 : 500m² 이상

• 판매시설 • 운수시설 • 물류터미널 보기 ①	• 수용인원 : 500명 이상 • 바닥면적 합계 5000m² 이상
창고시설(물류터미널 제외)	바닥면적 합계 5000m² 이상 : 전층
• 노유자시설 • 정신의료기관 • 수련시설(숙박 가능한 곳) 보기 ② • 종합병원, 병원, 치과병원, 한방병원 및 요양병원(정신병원 제외) • 숙박시설	바닥면적 합계 600m² 이상
지하상가 보기 ④	연면적 1000m² 이상
지하층·무창층·4층 이상	바닥면적 1000m² 이상
10m 넘는 랙식 창고	연면적 1500m² 이상
• 복합건축물 • 기숙사	연면적 5000m² 이상 : 전층
6층 이상	

중요
6층 이상
① 건축허가 동의
② 자동화재탐지설비
③ 스프링클러설비
→ 전층

보일러실·연결통로	전부
특수가연물 저장·취급	지정수량 1000배 이상
발전시설	전기저장시설 : 전층

중요

지정수량 500배 이상	지정수량 750배 이상	지정수량 1000배 이상
① 자동화재탐지설비 ② 스프링클러설비(지붕 또는 외벽이 불연재료가 아니거나 내화구조가 아닌 공장 또는 창고시설)	① 옥내·외 소화전설비 ② 물분무등소화설비 ③ 건축허가 동의	스프링클러설비(공장 또는 창고시설)

답 ①

51. 소방시설 설치 및 관리에 관한 법령상 단독경보형 감지기를 설치하여야 하는 특정소방대상물로 틀린 것은?

① 연면적 600m²의 유치원
② 연면적 300m²의 유치원
③ 100명 미만의 숙박시설이 있는 수련시설
④ 교육연구시설 또는 수련시설 내에 있는 합숙소 또는 기숙사로서 연면적 2000m² 미만인 것

해설
① 600m² → 400m² 미만
② 유치원은 400m² 미만이므로 300m²는 옳은 답
③ 100명 미만의 수련시설(숙박시설이 있는 것)은 옳은 답

소방시설법 시행령 [별표 4]
단독경보형 감지기의 설치대상

연면적	설치대상
400m² 미만	유치원 보기 ①②
2000m² 미만 보기 ④	• 교육연구시설·수련시설 내의 합숙소 • 교육연구시설·수련시설 내의 기숙사
모두 적용 보기 ③	• 100명 미만의 수련시설(숙박시설이 있는 것) • 연립주택 • 다세대주택

답 ①

52. 위험물안전관리법령상 제4류 위험물 중 경유의 지정수량은 몇 리터인가?

22.09.문46
19.09.문05
16.03.문45
09.05.문12
05.03.문41

① 1500 ② 2000
③ 500   ④ 1000

해설
위험물령 [별표 1]
제4류 위험물

성질	품명		지정수량	대표물질
인화성액체	특수인화물		50L	• 다이에틸에터 • 이황화탄소
	제1석유류	비수용성	200L	• 휘발유 • 콜로디온
		수용성	400L	• 아세톤
	알코올류		400L	• 변성알코올
	제2석유류	비수용성	1000L	• 등유 • 경유 보기 ④
		수용성	2000L	• 아세트산
	제3석유류	비수용성	2000L	• 중유 • 크레오소트유
		수용성	4000L	• 글리세린
	제4석유류		6000L	• 기어유 • 실린더유
	동식물유류		10000L	• 아마인유

답 ④

53. 소방시설 설치 및 관리에 관한 법령상 건축허가 등의 동의요구시 동의요구서에 첨부하여야 할 서류가 아닌 것은?

22.04.문57
22.09.문51
16.03.문54
14.09.문46
05.03.문53

① 소방시설공사업 등록증
② 소방시설설계업 등록증
③ 소방시설 설치계획표
④ 건축허가신청서 및 건축허가서

해설
① 공사업은 건축허가 동의에 해당없음

소방시설법 시행규칙 3조
건축허가 동의시 첨부서류
(1) 건축허가신청서 및 건축허가서 사본 보기 ④
(2) 설계도서 및 소방시설 설치계획표 보기 ③
(3) 임시소방시설 설치계획서(설치시기·위치·종류·방법 등 임시소방시설의 설치와 관련한 세부사항 포함)
(4) 소방시설설계업 등록증과 소방시설을 설계한 기술인력의 기술자격증 사본 보기 ②
(5) 건축·대수선·용도변경신고서 사본
(6) 주단면도 및 입면도
(7) 소방시설별 층별 평면도
(8) 방화구획도(창호도 포함)

※ 건축허가 등의 동의권자 : **소방본부장·소방서장**

답 ①

54. 위험물안전관리법령상 제조소 등에 전기설비(전기배선, 조명기구 등은 제외)가 설치된 장소의 면적이 300m²일 경우, 소형 수동식 소화기는 최소 몇 개 설치하여야 하는가?

22.09.문53
21.03.문43
20.08.문54
17.03.문55

① 2개 ② 4개
③ 3개 ④ 1개

해설
위험물규칙 [별표 17]
전기설비의 소화설비
제조소 등에 전기설비(전기배선, 조명기구 등은 제외)가 설치된 경우에는 당해 장소의 면적 100m²마다 소형 수동식 소화기를 1개 이상 설치할 것

제조소 등의 전기설비 소형 수동식 소화기 개수

$$\frac{바닥면적}{100m^2}(절상) = \frac{300m^2}{100m^2} = 3개$$

중요
절상 : '소수점 이하는 무조건 올린다.'는 뜻

답 ③

55. 소방시설 설치 및 관리에 관한 법령상 다음 소방시설 중 경보설비에 속하지 않는 것은?

22.09.문57
17.03.문53

① 자동화재속보설비 ② 자동화재탐지설비
③ 무선통신보조설비 ④ 통합감시시설

해설
③ 무선통신보조설비 : 소화활동설비

소방시설법 시행령 [별표 1]
경보설비
(1) 비상경보설비 ┬ 비상벨설비
            └ 자동식 사이렌설비
(2) 단독경보형 감지기
(3) 비상방송설비
(4) 누전경보기
(5) 자동화재탐지설비 및 시각경보기 보기 ②
(6) 자동화재속보설비 보기 ①
(7) 가스누설경보기
(8) 통합감시시설 보기 ④
(9) 화재알림설비

※ **경보설비** : 화재발생 사실을 통보하는 기계·기구 또는 설비

답 ③

56 소방활동구역의 출입자로서 대통령령이 정하는 자에 속하는 사람은?

① 의사·간호사 그 밖의 구조·구급업무에 종사하지 않는 자
② 소방활동구역 밖에 있는 소방대상물의 소유자·관리자 또는 점유자
③ 취재인력 등 보도업무에 종사하지 않는 자
④ 수사업무에 종사하는 자

해설
① 종사하지 않는 자 → 종사하는 자
② 밖에 → 안에
③ 종사하지 않는 자 → 종사하는 자

기본령 8조
소방활동구역 출입자(대통령령이 정하는 사람)
(1) 소방활동구역 **안**에 있는 **소유자·관리자** 또는 **점유자** 보기 ②
(2) **전기·가스·수도·통신·교통**의 업무에 종사하는 자로서 원활한 **소방활동**을 위하여 필요한 자
(3) **의사·간호사** 그 밖의 구조·구급업무에 종사하는 자 보기 ①
(4) **취재인력** 등 보도업무에 종사하는 자 보기 ③
(5) **수사업무**에 종사하는 자 보기 ④
(6) **소방대장**이 소방활동을 위하여 **출입**을 **허가**한 **자**

※ **소방활동구역** : 화재, 재난·재해 그 밖의 위급한 상황이 발생한 현장에 정하는 구역

답 ④

57 소방기본법령에 따른 급수탑 및 지상에 설치하는 소화전·저수조의 경우 소방용수표지 기준 중 다음 (   ) 안에 알맞은 것은?

안쪽 문자는 (㉠), 안쪽 바탕은 (㉡), 바깥쪽 바탕은 (㉢)으로 하고 반사재료를 사용하여야 한다.

① ㉠ 검은색, ㉡ 파란색, ㉢ 붉은색
② ㉠ 검은색, ㉡ 붉은색, ㉢ 파란색
③ ㉠ 흰색, ㉡ 파란색, ㉢ 붉은색
④ ㉠ 흰색, ㉡ 붉은색, ㉢ 파란색

해설 **기본규칙 [별표 2]**
소방용수표지
(1) **지하**에 설치하는 소화전·저수조의 소방용수표지
㉠ 맨홀뚜껑은 지름 **648mm** 이상의 것으로 할 것
㉡ 맨홀뚜껑에는 "**소화전·주정차금지**" 또는 "**저수조·주정차금지**"의 표시를 할 것
㉢ 맨홀뚜껑 부근에는 **노란색 반사도료**로 폭 **15cm**의 선을 그 둘레를 따라 칠할 것

(2) **지상**에 설치하는 소화전·저수조 및 **급수탑**의 소방용수표지

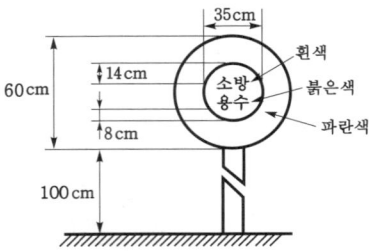

※ 안쪽 문자는 **흰색**, 바깥쪽 문자는 **노란색**, 안쪽 바탕은 **붉은색**, 바깥쪽 바탕은 **파란색**으로 하고 **반사재료** 사용 보기 ④

답 ④

58 1급 소방안전관리대상물에 대한 기준으로 옳지 않은 것은?

① 특정소방대상물로서 층수가 11층 이상인 것
② 국보 또는 보물로 지정된 목조건축물
③ 연면적 15000m² 이상인 것
④ 가연성 가스를 1천톤 이상 저장·취급하는 시설

해설 ② 2급 소방안전관리대상물

화재예방법 시행령 [별표 4]
소방안전관리자를 두어야 할 특정소방대상물

소방안전관리대상물	특정소방대상물
특급 소방안전관리대상물 (동식물원, 철강 등 불연성 물품 저장·취급창고, 지하구, 위험물제조소 등 제외)	●50층 이상(지하층 제외) 또는 지상 **200m** 이상 아파트 ●30층 이상(지하층 포함) 또는 지상 **120m** 이상(아파트 제외) ●연면적 10만m² 이상(아파트 제외)
1급 소방안전관리대상물 (동식물원, 철강 등 불연성 물품 저장·취급창고, 지하구, 위험물제조소 등 제외)	●30층 이상(지하층 제외) 또는 지상 **120m** 이상 아파트 ●연면적 15000m² 이상인 것(아파트 및 연립주택 제외) 보기 ③ ●**11층** 이상(아파트 제외) 보기 ① ●가연성 가스를 1000t 이상 저장·취급하는 시설 보기 ④
2급 소방안전관리대상물	●지하구 ●가스제조설비를 갖추고 도시가스사업 허가를 받아야 하는 시설 또는 가연성 가스를 100~1000t 미만 저장·취급하는 시설 ●**옥내소화전설비·스프링클러설비** 설치대상물 ●**물분무등소화설비**(호스릴방식의 물분무등소화설비만을 설치한 경우 제외) 설치대상물 ●공동주택(옥내소화전설비 또는 스프링클러설비가 설치된 공동주택 한정) ●목조건축물(국보·보물) 보기 ②

| 3급 소방안전관리대상물 | • 간이스프링클러설비(주택전용 간이스프링클러설비 제외) 설치대상물
• 자동화재탐지설비 설치대상물 |

중요

연결 살수설비	건축허가 동의	2급 소방안전 관리대상물	• 1급 소방안전 관리대상물 • 종합상황실 • 현장확인대상
30톤 이상	100톤 이상	100~1000톤 미만	1000톤 이상

답 ②

59
23.05.문59
21.03.문55
15.09.문58
09.08.문58

소방본부장 또는 소방서장은 화재예방강화지구 안의 관계인에 대하여 소방상 필요한 훈련 또는 교육을 실시할 경우 관계인에게 훈련 또는 교육 며칠 전까지 그 사실을 통보해야 하는가?

① 3일 ② 5일
③ 7일 ④ 10일

해설 10일
(1) 화재예방강화지구 안의 소방훈련·교육 통보일(화재예방법 시행령 20조) 보기 ④
(2) 건축허가 등의 동의 여부 회신(소방시설법 시행규칙 3조)
  ㉠ 50층 이상(지하층 제외) 또는 지상으로부터 높이 200m 이상인 아파트의 건축허가 등의 동의 여부 회신(소방시설법 시행규칙 3조)
  ㉡ 30층 이상(지하층 포함) 또는 지상 120m 이상(아파트 제외)의 건축허가 등의 동의 여부 회신(소방시설법 시행규칙 3조)
  ㉢ 연면적 10만m² 이상의 건축허가 등의 동의 여부 회신(소방시설법 시행규칙 3조)
(3) 소방기술자의 실무교육 통지일(공사업규칙 26조)
(4) 실무교육 교육계획의 변경보고일(공사업규칙 35조)
(5) 소방기술자 실무교육기관 지정사항 변경보고일(공사업규칙 33조)
(6) 소방시설업의 등록신청서류 보완일(공사업규칙 2조 2)
(7) 제조소 등의 재발급 완공검사합격확인증 제출일(위험물령 10조)

답 ④

60
22.09.문60
21.05.문56
17.09.문57
15.05.문44

소방기본법령상 이웃하는 다른 시·도지사와 소방업무에 관하여 시·도지사가 체결할 상호응원협정 사항이 아닌 것은?

① 화재조사활동
② 응원출동의 요청방법
③ 소방교육 및 응원출동훈련
④ 응원출동 대상지역 및 규모

해설 ③ 소방교육은 해당없음

기본규칙 8조
소방업무의 상호응원협정
(1) 다음의 소방활동에 관한 사항
  ㉠ 화재의 경계·진압활동
  ㉡ 구조·구급업무의 지원
  ㉢ 화재조사활동 보기 ①
(2) 응원출동 대상지역 및 규모 보기 ④
(3) 소요경비의 부담에 관한 사항
  ㉠ 출동대원의 수당·식사 및 의복의 수선
  ㉡ 소방장비 및 기구의 정비와 연료의 보급
(4) 응원출동의 요청방법 보기 ②
(5) 응원출동 훈련 및 평가

기억법 조응(조아?)

답 ③

제4과목 소방기계시설의 구조 및 원리

61
21.03.문66
17.03.문73
16.05.문73
15.09.문71
15.03.문71
13.06.문69
12.05.문62
11.03.문71

물분무소화설비를 설치하는 차고 또는 주차장의 배수설비 중 배수구에서 새어나온 기름을 모아 소화할 수 있도록 최대 몇 m마다 집수관·소화피트 등 기름분리장치를 설치하여야 하는가?

① 10 ② 40
③ 50 ④ 100

해설 물분무소화설비의 배수설비(NFPC 104 11조, NFTC 104 2.8.1)

구분	설명
배수구	10cm 이상의 경계턱으로 배수구 설치(차량이 주차하는 곳)
기름분리장치	40m 이하마다 기름분리장치 설치 보기 ②
기울기	차량이 주차하는 바닥은 $\frac{2}{100}$ 이상의 기울기 유지
배수설비	배수설비는 가압송수장치의 최대송수능력의 수량을 유효하게 배수할 수 있는 크기 및 기울기일 것

중요

기울기

구분	배관 및 설비
$\frac{1}{100}$ 이상	연결살수설비의 수평주행배관
$\frac{2}{100}$ 이상	물분무소화설비의 배수설비
$\frac{1}{250}$ 이상	습식·부압식 설비 외 설비의 가지배관
$\frac{1}{500}$ 이상	습식·부압식 설비 외 설비의 수평주행배관

답 ②

62. 완강기 및 완강기의 속도조절기에 관한 설명으로 틀린 것은?

21.05.문61
14.03.문72
08.05.문79

① 견고하고 내구성이 있어야 한다.
② 강하시 발생하는 열에 의해 기능에 이상이 생기지 아니하여야 한다.
③ 속도조절기는 사용 중에 분해·손상·변형되지 아니하여야 하며, 속도조절기의 이탈이 생기지 아니하도록 덮개를 하여야 한다.
④ 평상시에는 분해, 청소 등을 하기 쉽게 만들어져 있어야 한다.

 해설

④ 하기 쉽게 만들어져 있어야 한다. → 하지 아니하여도 작동될 수 있을 것

완강기 및 **완강기 속도조절기**의 **일반구조**(완강기의 형식승인 및 제품검사의 기술기준 3조)
(1) 견고하고 **내구성**이 있을 것 보기 ①
(2) 평상시에 분해, 청소 등을 하지 아니하여도 작동할 수 있을 것 보기 ④
(3) 강하시 발생하는 **열**에 의하여 기능에 이상이 생기지 아니할 것 보기 ②
(4) 속도조절기는 사용 중에 분해·손상·변형되지 아니하여야 하며, 속도조절기의 이탈이 생기지 아니하도록 덮개를 하여야 한다. 보기 ③
(5) 강하시 **로프**가 손상되지 아니할 것
(6) **속도조절기의 폴리** 등으로부터 로프가 노출되지 아니하는 구조

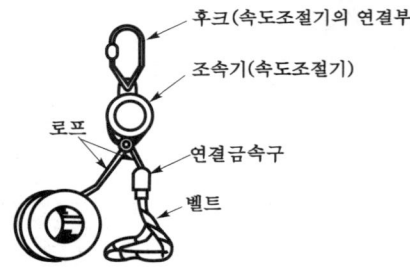

‖ 완강기의 구조 ‖

답 ④

63. 습식 스프링클러설비 또는 부압식 스프링클러설비 외의 설비에는 헤드를 향하여 상향으로 수평주행배관 기울기를 최소 몇 이상으로 하여야 하는가? (단, 배관의 구조상 기울기를 줄 수 없는 경우는 제외한다.)

23.03.문75
21.09.문79
19.04.문73
18.04.문65
13.09.문66

① $\dfrac{1}{100}$ ② $\dfrac{1}{200}$
③ $\dfrac{1}{300}$ ④ $\dfrac{1}{500}$

 해설

기울기

구 분	설 명
$\dfrac{1}{100}$ 이상	연결살수설비의 수평주행배관
$\dfrac{2}{100}$ 이상	물분무소화설비의 배수설비
$\dfrac{1}{250}$ 이상	습식 설비·부압식 설비 외 설비의 가지배관
$\dfrac{1}{500}$ 이상 보기 ④	**습**식 설비·**부**압식 설비 외 설비의 **수**평주행배관

기억법 습부수5

답 ④

64. 연결살수설비의 설치기준에 대한 설명으로 옳은 것은?

19.04.문80
11.03.문66

① 송수구는 반드시 65mm의 쌍구형으로만 한다.
② 연결살수설비 전용헤드를 사용하는 경우 천장으로부터 하나의 살수헤드까지 수평거리는 3.2m 이하로 한다.
③ 개방형 헤드를 사용하는 연결살수설비의 수평주행배관은 헤드를 향해 상향으로 $\dfrac{1}{100}$ 이상의 기울기로 설치한다.
④ 천장·반자 중 한쪽이 불연재료로 되어 있고 천장과 반자 사이의 거리가 0.5m 미만인 부분은 연결살수설비 헤드를 설치하지 않아도 된다.

해설
① 65mm의 쌍구형이 원칙이지만 살수헤드수 10개 이하는 **단구형도 가능**
② 연결살수설비 헤드의 수평거리

전용헤드	스프링클러헤드
3.7m 이하	2.3m 이하

④ 0.5m 미만 → 1m 미만

🔔 중요

기울기

기울기	설 명
$\dfrac{1}{100}$ 이상 보기 ③	←연결살수설비의 수평주행배관
$\dfrac{2}{100}$ 이상	물분무소화설비의 배수설비
$\dfrac{1}{250}$ 이상	습식 설비·부압식 설비 외 설비의 가지배관
$\dfrac{1}{500}$ 이상	습식 설비·부압식 설비 외 설비의 수평주행배관

답 ③

65
소화펌프의 원활한 기동을 위하여 설치하는 물올림장치가 필요한 경우는?

① 수원의 수위가 펌프보다 높을 경우
② 수원의 수위가 펌프보다 낮을 경우
③ 수원의 수위가 펌프와 수평일 때
④ 수원의 수위와 관계없이 설치

해설 수원의 **수위**가 펌프보다 **낮**을 경우 설치하는 것 **보기 ②**
(1) **풋**밸브
(2) **물**올림수조(호수조, 물마중장치, 프라이밍탱크)
(3) **연**성계 또는 진공계

기억법 풋물연낮

참고

풋밸브
(1) 여과기능(이물질 침투방지)
(2) 체크밸브기능(역류방지)

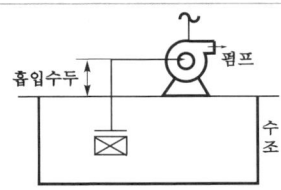

|수원의 수위가 펌프보다 낮은 경우|

답 ②

66
1개층의 거실면적이 400m²이고 복도면적이 300m²인 소방대상물에 제연설비를 설치할 경우, 제연구역은 최소 몇 개로 할 수 있는가?

① 1개   ② 2개
③ 3개   ④ 4개

해설

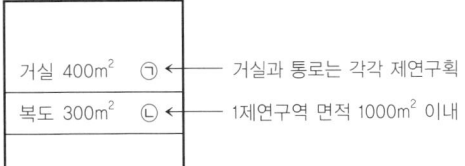

1제연구역(거실 400m²) + 1제연구역(복도 300m²) = 2제연구역

중요

제연구역의 **구획** (NFPC 501 4조, NFTC 501 2.1.1)
(1) 1제연구역의 면적은 **1000m²** 이내로 할 것
(2) 거실과 통로는 **각각 제연구획**할 것
(3) 통로상의 제연구역은 보행중심선의 길이가 **60m**를 초과하지 않을 것
(4) 1제연구역은 직경 **60m** 원 내에 들어갈 것
(5) 1제연구역은 **2개** 이상의 층에 미치지 않을 것

기억법 제10006(제천 육포)

● 제연구획에서 제연경계의 폭은 **0.6m** 이상, 수직거리는 **2m** 이내이어야 한다.

답 ②

67
소화용수설비의 소요수량이 40m³ 이상 100m³ 미만일 경우에 채수구는 몇 개를 설치하여야 하는가?

① 1   ② 2
③ 3   ④ 4

해설 소화수조·저수조
(1) 흡수관 투입구 (NFPC 402 4조, NFTC 402 2.1.3.1)

소요수량	80m³ 미만	80m³ 이상
흡수관 투입구의 수	1개 이상	2개 이상

(2) 채수구 (NFPC 402 4조, NFTC 402 2.1.3.2.1)

소요수량	20~40m³ 미만	40~100m³ 미만	100m³ 이상
채수구의 수	1개	2개 보기 ②	3개

용어

채수구
소방차의 소방호스와 접결되는 흡입구

답 ②

68
분말소화설비에서 저장용기의 내부압력이 설정압력으로 되었을 때 주밸브를 개방하기 위해 저장용기에 설치하는 것은?

① 정압작동장치   ② 체크밸브
③ 압력조정기   ④ 선택밸브

해설 정압작동장치 **보기 ①**
약제저장용기 내의 내부압력이 설정압력이 되었을 때 주밸브를 개방시키는 장치

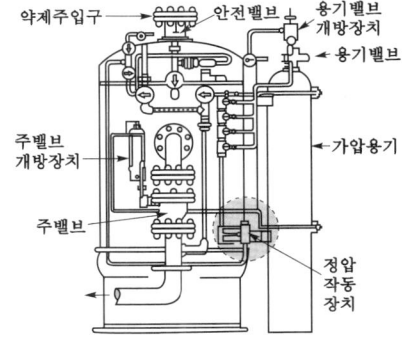

|정압작동장치|

중요

정압작동장치의 종류
(1) 봉판식
(2) 기계식
(3) 스프링식
(4) 압력스위치식
(5) 시한릴레이식

답 ①

69. 가스계 소화설비 선택밸브의 설치기준으로 틀린 것은?

① 선택밸브는 2개 이상의 방호구역에 약제 저장용기를 공용하는 경우 설치한다.
② 선택밸브는 방호구역 내에 설치한다.
③ 선택밸브는 방호구역마다 설치한다.
④ 선택밸브는 방호구역을 나타내는 표시를 한다.

해설
② 방호구역 내 → 방호구역 외

선택밸브(NFPC 107A 11조, NFTC 107A 2.8)
① 하나의 소방대상물 또는 그 부분에 2 이상의 방호구역이 있어 소화약제의 저장용기를 공용하는 경우에 있어서 방호구역마다 선택밸브를 설치하고 선택밸브에는 각각의 방호구역 표시
② **방호구역 외**에 설치 보기 ②

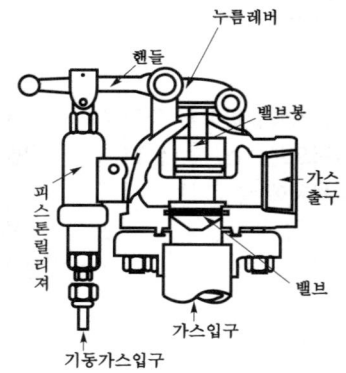
∥선택밸브∥

답 ②

70. 분말소화설비의 화재안전기준에서 분말소화약제의 저장용기를 가압식으로 설치할 때 안전밸브의 작동압력은?

① 최고사용압력의 0.8배 이하
② 최고사용압력의 1.8배 이하
③ 내압시험압력의 0.8배 이하
④ 내압시험압력의 1.8배 이하

해설 분말소화설비의 저장용기 안전밸브

가압식	축압식
최고사용압력 1.8배 이하 보기 ②	내압시험압력 0.8배 이하

답 ②

71. 피난기구인 완강기의 기술기준 중 최대 사용하중은 몇 N 이상인가?

① 800
② 1000
③ 1200
④ 1500

해설 **완강기**의 **하중**(완강기의 형식승인 및 제품검사의 기술기준 4조)
(1) 250N(최소하중)
(2) 750N
(3) 1500N(최대하중) 보기 ④

답 ④

72. 이산화탄소 소화설비의 배관 사용기준에서 다음 중 부적합한 것은?

① 압력배관용 탄소강관 중 고압식은 스케줄 80 이상으로 한다.
② 압력배관용 탄소강관 중 저압식은 스케줄 40 이상으로 한다.
③ 동관 중 고압식은 12.5MPa 이상 압력에 견딜 수 있는 것으로 한다.
④ 동관 중 저압식은 3.75MPa 압력에 견딜 수 있는 것으로 한다.

해설
③ 12.5MPa 이상 → 16.5MPa 이상

이산화탄소 소화설비 배관
(1) 전용
(2) 강관(압력배관용 탄소강관)
　─ 고압식 : **스케줄 80**(호칭구경 20mm 이하 **스케줄 40**) 이상
　─ 저압식 : 스케줄 40 이상
(3) **동**관(이음이 없는 동 및 동합금관)
　─ **고**압식 : **16.5**MPa 이상 보기 ③
　─ **저**압식 : **3.75**MPa 이상
(4) 배관부속
　─ 고압식 ┬ 1차측 배관부속 : 9.5MPa
　　　　　└ 2차측 배관부속 : 4.5MPa
　─ 저압식 : 4.5MPa

기억법 이동고16저37

답 ③

73. 고발포용 고정포방출구의 팽창비율로 옳은 것은?

① 팽창비 10 이상 20 미만
② 팽창비 20 이상 50 미만
③ 팽창비 50 이상 100 미만
④ 팽창비 80 이상 1000 미만

해설 **팽창비**

저발포	고발포
20배 이하	• 제1종 기계포 : 80~250배 미만 • 제2종 기계포 : 250~500배 미만 • 제3종 기계포 : 500~1000배 미만

※ **고발포** : 80~1000배 미만 보기 ④

기억법 저2, 고81

답 ④

74

소방대상물에 제연 샤프트를 설치하여 건물 내·외부의 온도차와 화재시 발생되는 열기에 의한 밀도 차이를 이용하여 실내에서 발생한 화재열, 연기 등을 지붕 외부의 루프모니터 등을 통해 옥외로 배출·환기시키는 제연방식은?

23.03.문71
20.08.문67
18.09.문06
16.10.문13
13.09.문71
04.03.문05

① 자연제연방식
② 루프해치방식
③ 스모크타워 제연방식
④ 제3종 기계제연방식

해설 **스모그타워식 자연배연방식(스모그타워방식)**

구 분	스모그타워 제연방식
정의	제연설비에 전용 **샤프트**를 설치하여 건물 내·외부의 온도차와 화재시 발생되는 열기에 의한 밀도 차이를 이용하여 지붕 외부의 **루프모니터** 등을 이용하여 옥외로 배출·환기시키는 방식 보기 ③
특징	• 배연(제연) 샤프트의 **굴뚝효과**를 이용한다. • **고층 빌딩**에 적당하다. • **자연배연방식**의 일종이다. • 모든 층의 **일반 거실화재**에 이용할 수 있다.

기억법 스루

중요

제연방식
(1) 자연제연방식 : **개구부** 이용
(2) 스모그타워 제연방식 : **루프모니터** 이용
(3) 기계제연방식
  ㉠ 제1종 기계제연방식 : **송풍기＋배연기**
  ㉡ 제2종 기계제연방식 : **송풍기**
  ㉢ 제3종 기계제연방식 : **배연기**

답 ③

75

포소화설비에서 고정지붕구조 또는 부상덮개부착 고정지붕구조의 탱크에 사용하는 포방출구 형식으로 방출된 포가 탱크 옆판의 내면을 따라 흘러내려 가면서 액면 아래로 몰입되거나 액면을 뒤섞지 않고 액면상을 덮을 수 있는 반사판 및 탱크 내의 위험물증기가 외부로 역류되는 것을 저지할 수 있는 구조·기구를 갖는 포방출구는?

22.04.문64
19.03.문70
18.04.문64

① Ⅰ형 방출구
② Ⅱ형 방출구
③ Ⅲ형 방출구
④ 특형 방출구

해설 **Ⅰ형 방출구 vs Ⅱ형 방출구**

Ⅰ형 방출구	Ⅱ형 방출구 보기 ②
고정지붕구조의 탱크에 상부 포주입법을 이용하는 것으로서 방출된 포가 액면 아래로 몰입되거나 액면을 뒤섞지 않고 액면상을 덮을 수 있는 통계단 또는 미끄럼판 등의 설비 및 탱크 내의 위험물증기가 외부로 역류되는 것을 저지할 수 있는 구조·기구를 갖는 포방출구	고정지붕구조 또는 부상덮개부착 고정지붕구조의 탱크에 상부포주입법을 이용하는 것으로서 방출된 포가 탱크 옆판의 내면을 따라 흘러내려 가면서 액면 아래로 몰입되거나 액면을 뒤섞지 않고 액면상을 덮을 수 있는 반사판 및 탱크 내의 위험물증기가 외부로 역류되는 것을 저지할 수 있는 구조·기구를 갖는 포방출구

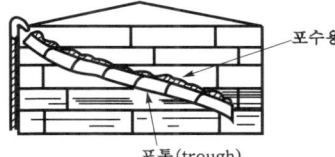

(a) Ⅰ형 방출구

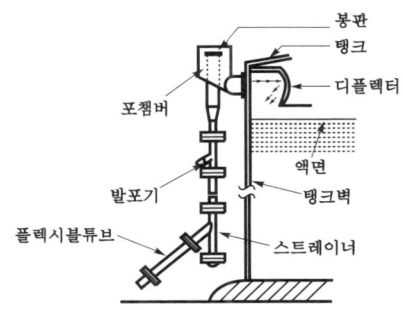

(b) Ⅱ형 방출구

중요

고정포방출구의 **포방출구**(위험물기준 133조)

탱크의 구조	포방출구
고정지붕구조	• Ⅰ형 방출구 • Ⅱ형 방출구 • Ⅲ형 방출구 • Ⅳ형 방출구
고정지붕구조 또는 부상덮개부착 고정지붕구조	• Ⅱ형 방출구 보기 ②
부상지붕구조	• 특형 방출구

답 ②

76
미분무소화설비의 화재안전기준에 따른 용어의 정리 중 다음 ( ) 안에 알맞은 것은?

미분무란 물만을 사용하여 소화하는 방식으로 최소설계압력에서 헤드로부터 방출되는 물입자 중 (㉠)%의 누적체적분포가 (㉡)μm 이하로 분무되고 A, B, C급 화재에 적응성을 갖는 것을 말한다.

① ㉠ 30, ㉡ 200 ② ㉠ 50, ㉡ 200
③ ㉠ 60, ㉡ 400 ④ ㉠ 99, ㉡ 400

해설 **미분무소화설비의 용어정의**(NFPC 104A 3조, NFTC 104A 1.7)

용어	설명
미분무소화설비	가압된 물이 헤드 통과 후 미세한 입자로 분무됨으로써 소화성능을 가지는 설비를 말하며, 소화력을 증가시키기 위해 강화액 등을 첨가할 수 있다.
미분무	물만을 사용하여 소화하는 방식으로 최소설계압력에서 헤드로부터 방출되는 물입자 중 **99%**의 누적체적분포가 **400μm** 이하로 분무되고 A, B, C급 화재에 적응성을 갖는 것 보기 ④
미분무헤드	하나 이상의 오리피스를 가지고 미분무소화설비에 사용되는 헤드

답 ④

77
대형 소화기를 설치하여야 할 특정소방대상물 또는 그 부분에 옥내소화전설비를 설치한 경우 해당 설비의 유효범위 안의 부분에 대한 대형 소화기 감소기준으로 옳은 것은?

① $\frac{1}{3}$을 감소할 수 있다.
② $\frac{1}{2}$을 감소할 수 있다.
③ $\frac{2}{3}$를 감소할 수 있다.
④ 설치하지 아니할 수 있다.

해설 **대형 소화기의 설치면제기준**

면제대상	대체설비
대형 소화기	• 옥내·외소화전설비 보기 ④ • 스프링클러설비 • 물분무등소화설비

비교
소화기의 감소기준

감소대상	감소기준	적용설비
소형 소화기	$\frac{1}{2}$	• 대형 소화기
	$\frac{2}{3}$	• 옥내·외소화전설비 • 스프링클러설비 • 물분무등소화설비

답 ④

78
전동기 또는 내연기관에 따른 펌프를 이용하는 가압송수장치의 설치기준에 있어 해당 소방대상물에 설치된 옥외소화전을 동시에 사용하는 경우 각 옥외소화전의 노즐선단에서의 ㉠ 방수압력과 ㉡ 방수량으로 옳은 것은?

① ㉠ 0.25MPa 이상, ㉡ 350L/min 이상
② ㉠ 0.17MPa 이상, ㉡ 350L/min 이상
③ ㉠ 0.25MPa 이상, ㉡ 100L/min 이상
④ ㉠ 0.17MPa 이상, ㉡ 100L/min 이상

해설 **옥외소화전설비**(NFPC 109 5조, NFTC 109 2.2.1.3)

방수압력	방수량
0.25MPa 이상 보기 ①	350L/min 이상 보기 ①

비교
옥내소화전설비(호스릴 포함)(NFPC 102 5조, NFTC 102 2.2.1.3)

방수압력	방수량
0.17MPa 이상	130L/min 이상

답 ①

79
다음의 할로겐화합물 및 불활성기체 소화약제 중 기본성분이 다른 것은?

① HCFC BLEND A ② HFC-125
③ IG-541 ④ HFC-227ea

해설 **할로겐화합물 소화약제 vs 불활성기체 소화약제**

구분	할로겐화합물 소화약제	불활성기체 소화약제
종류	• FC-3-1-10 • HCFC BLEND A 보기 ① • HCFC-124 • HFC-125 보기 ② • HFC-227ea 보기 ④ • HFC-23 • HFC-236fa • FIC-13I1 • FK-5-1-12	• IG-01 • IG-100 • IG-541 보기 ③ • IG-55

답 ③

80 스프링클러 헤드(폐쇄형)를 보일러실에 설치하고자 할 경우 헤드의 표시온도로서 옳은 것은?

16.05.문62
14.05.문69
05.09.문62

① 보일러실의 평균온도보다 높은 것을 선택한다.
② 보일러실의 최고온도보다 낮은 것을 선택한다.
③ 보일러실의 최고온도보다 높은 것을 선택한다.
④ 보일러실의 평균온도의 것을 선택한다.

해설 헤드의 표시온도는 **최고온도**보다 **높은** 것을 선택한다. 보기 ③

기억법 최높

참고

폐쇄형 헤드의 표시온도

설치장소의 최고 주위온도	표시온도
39℃ 미만	**79**℃ 미만
39~**64**℃ 미만	79~**121**℃ 미만
64~**106**℃ 미만	121~**162**℃ 미만
106℃ 이상	162℃ 이상

기억법
39 79
64 121
106 162

답 ③

2024. 5. 9 시행

2024년 산업기사 제2회 필기시험 CBT 기출복원문제

자격종목	종목코드	시험시간	형별	수험번호	성명
소방설비산업기사(기계분야)		2시간			

※ 각 문항은 4지택일형으로 질문에 가장 적합한 보기 항을 선택하여 체크하여야 합니다.

제 1 과목 ─ 소방원론

01 상온, 상압에서 액체상태인 할론소화약제는?
19.04.문15
17.03.문15
16.10.문10
① 할론 2402 ② 할론 1301
③ 할론 1211 ④ 할론 1400

해설 ④ 할론 1400 : 이런 소화약제는 없음

상온에서의 상태

기체상태	액체상태
① 할론 **13**01 보기 ②	① 할론 1011
② 할론 **12**11 보기 ③	② 할론 104
③ **탄**산가스(CO_2)	③ 할론 2402 보기 ①

기억법 132탄기

답 ①

02 피난계획의 일반원칙 중 페일 세이프(fail safe)
23.03.문18
17.09.문02
15.05.문03
13.03.문05
에 대한 설명으로 옳은 것은?
① 한 가지 피난기구가 고장이 나도 다른 수단을 이용할 수 있도록 고려하는 것
② 피난구조설비를 반드시 이동식으로 하는 것
③ 본능적 상태에서도 쉽게 식별이 가능하도록 그림이나 색채를 이용하는 것
④ 피난수단을 조작이 간편한 원시적인 방법으로 설계하는 것

해설 ② 풀 프루프(fool proof) : 이동식 → 고정식

페일 세이프(fail safe)와 **풀 프루프**(fool proof)

용어	설명
페일 세이프 (fail safe)	① 한 가지 피난기구가 고장이 나도 다른 수단을 이용할 수 있도록 고려하는 것 보기 ① ② 한 가지가 고장이 나도 다른 수단을 이용하는 원칙 ③ 두 **방**향의 피난동선을 항상 확보하는 원칙

| 풀 프루프 (fool proof) | ① 피난경로는 간단 **명료**하게 한다.
② 피난구조설비는 고정식 설비를 위주로 설치한다. 보기 ②
③ 피난수단은 원시적 방법에 의한 것을 원칙으로 한다. 보기 ④
④ 피난통로를 완전불연화한다.
⑤ 막다른 복도가 없도록 계획한다.
⑥ 간단한 그림이나 색채를 이용하여 표시한다. 보기 ③ |

답 ①

03 건축법상 건축물의 주요구조부에 해당되지 않는
23.05.문10
22.04.문03
16.10.문09
16.05.문06
13.06.문12
것은?
① 차양
② 주계단
③ 내력벽
④ 기둥

해설 **주요구조부**
(1) 내력**벽** 보기 ③
(2) **보**(작은 보 제외)
(3) **지**붕틀(차양 제외) 보기 ①
(4) **바**닥(최하층 바닥 제외)
(5) **주**계단(옥외계단 제외) 보기 ②
(6) **기**둥(사잇기둥 제외) 보기 ④

기억법 벽보지 바주기

답 ①

04 다음 중 독성이 가장 강한 가스는?
20.06.문17
18.04.문09
17.09.문13
16.10.문12
14.09.문13
14.05.문07
14.05.문18
13.09.문19
08.05.문20
① C_3H_8
② O_2
③ CO_2
④ $COCl_2$

해설 연소가스

구분	설명
일산화탄소 (CO)	• 화재시 흡입된 일산화탄소(CO)의 화학적 작용에 의해 **헤모글로빈**(Hb)이 혈액의 산소운반작용을 저해하여 사람을 **질식·사망**하게 한다. • 목재류의 화재시 **인**명피해를 가장 많이 주며, 연기로 인한 의식불명 또는 질식을 가져온다. • 인체의 **폐**에 큰 자극을 준다. • **산**소와의 **결**합력이 극히 강하여 질식작용에 의한 독성을 나타낸다. **기억법** 일헤인 폐산결
이산화탄소 (CO_2) 보기 ③	연소가스 중 가장 **많은 양**을 차지하고 있으며 가스 그 자체의 독성은 거의 없으나 다량이 존재할 경우 호흡속도를 증가시키고, 이로 인하여 화재가스에 혼합된 유해가스의 혼입을 증가시켜 위험을 가중시키는 가스이다. **기억법** 이많(이만큼)
암모니아 (NH_3)	• 나무, 페놀수지, **멜**라민수지 등의 **질**소함유물이 연소할 때 발생하며, 냉동시설의 **냉**매로 쓰인다. • 눈·코·폐 등에 매우 **자**극성이 큰 가연성 가스이다. **기억법** 암페 멜냉자
포스겐 ($COCl_2$) 보기 ④	매우 **독**성이 **강**한 가스로서 **소**화제인 **사**염화탄소(CCl_4)를 화재시에 사용할 때도 발생한다. **기억법** 독강 소사포
황화수소 (H_2S)	• **달**걀 썩는 냄새가 나는 특성이 있다. • **황**분이 포함되어 있는 물질의 불완전 연소에 의하여 발생하는 가스이다. • **자**극성이 있다. **기억법** 황달자
아크롤레인 ($CH_2=CHCHO$)	독성이 매우 높은 가스로서 **석**유제품, **유**지 등이 연소할 때 생성되는 가스이다. **기억법** 아석유
시안화수소 (HCN, 청산가스)	**질**소성분을 가지고 있는 **합**성수지, 동물의 **털**, **인**조견 등의 섬유가 불완전연소할 때 발생하는 맹독성 가스로 0.3%의 농도에서 즉시 사망할 수 있다.
아황산가스 (SO_2, 이산화황)	• 황이 함유된 물질인 동물의 털, 고무 등이 연소하는 화재시에 발생되며 무색의 자극성 냄새를 가진 유독성 기체 • 눈 및 호흡기 등에 점막을 상하게 하고 질식사할 우려가 있다.
프로판 (C_3H_8) 보기 ①	• LPG의 주성분 • 물보다 가볍다.

답 ④

05 다음 중 물과 반응하여 수소가 발생하지 않는 것은?

① Na ② K
③ S ④ Li

해설 황(S)은 물과 반응하여 수소가 발생하지 않는다.

$2S + 2H_2O \rightarrow 2H_2S + O_2$ 보기 ③
(황) (물) (황화수소) (산소)

중요

(1) 무기과산화물
$2K_2O_2 + 2H_2O \rightarrow 4KOH + O_2\uparrow$
$2Na_2O_2 + 2H_2O \rightarrow 4NaOH + O_2\uparrow$

(2) 금속분
$Al + 2H_2O \rightarrow Al(OH)_3 + H_2\uparrow$

(3) 기타물질
$2K + 2H_2O \rightarrow 2KOH + H_2\uparrow$ 보기 ②
$2Na + 2H_2O \rightarrow 2NaOH + H_2\uparrow$ 보기 ①
$2Li + 2H_2O \rightarrow 2LiOH + H_2\uparrow$ 보기 ④
$Mg + 2H_2O \rightarrow Mg(OH)_2 + H_2\uparrow$

• H_2(수소)

답 ③

06 정전기 화재사고의 예방대책으로 틀린 것은?

① 제전기를 설치한다.
② 공기를 되도록 건조하게 유지시킨다.
③ 접지를 한다.
④ 공기를 이온화한다.

해설 ② 건조하게 → 상대습도 70% 이상

정전기 방지대책
(1) 접지 보기 ③
(2) 공기의 상대습도 **70%** 이상 보기 ②
(3) 공기 이온화 보기 ④
(4) 제전기 설치 보기 ①

기억법 정7(정치)

중요

구분	설명
제전기	정전기를 제거하는 장치
제전기의 종류	• 전압인가식 제전기 • 자기방전식 제전기 • 방사선식 제전기

답 ②

07 스테판-볼츠만(Stefan-Boltzmann)의 법칙에서 복사체의 단위표면적에서 단위시간당 방출되는 복사에너지는 절대온도의 얼마에 비례하는가?

① 제곱근 ② 제곱
③ 3제곱 ④ 4제곱

해설 스테판-볼츠만의 법칙

$$Q = aAF(T_1^4 - T_2^4)$$

여기서, Q : 복사열(W)
 a : 스테판-볼츠만 상수(W/m²·K⁴)
 A : 단면적(m²)
 T_1 : 고온(273+℃)(K)
 T_2 : 저온(273+℃)(K)

※ **스**테판-**볼**츠만의 법칙 : 복사체에서 발산되는 복사열은 복사체의 절대온도의 **4**제곱에 비례한다.
보기 ④

기억법 스볼4

• 4제곱=4승

답 ④

08 표준상태에서 44.8m³의 용적을 가진 이산화탄소가스를 모두 액화하면 몇 kg인가? (단, 이산화탄소의 분자량은 44이다.)

22.03.문06
20.08.문14
12.09.문03

① 88   ② 44
③ 22   ④ 11

해설 (1) 분자량

원 소	원자량
H	1
C	12
N	14
O	16

이산화탄소(CO_2)의 분자량 = $12+16\times2=44$g/mol

(2) 증기밀도

$$증기밀도(g/L) = \frac{분자량}{22.4}$$

여기서, 22.4 : 공기의 부피(L)

$$증기밀도(g/L) = \frac{분자량}{22.4}$$

$$\frac{g(질량)}{44800L} = \frac{44}{22.4}$$

$$g(질량) = \frac{44}{22.4} \times 44800L = 88000g = 88kg \quad 보기 ①$$

• 1m³=1000L이므로 44.8m³=44800L
• 단위를 보고 계산하면 쉽다.

답 ①

09 건축물 내부 화재시 연기의 평균 수직이동속도는 약 몇 m/s인가?

23.05.문06
22.04.문15
21.03.문09
20.08.문07
17.03.문06
16.10.문19
06.03.문16

① 0.01~0.05   ② 0.5~1
③ 2~3   ④ 20~30

해설 연기의 이동속도

방향 또는 장소	이동속도
수평방향(수평이동속도)	0.5~1m/s
수직방향(수직이동속도)	2~3m/s 보기 ③
계단실 내의 수직이동속도	3~5m/s

기억법 3계5(**삼계**탕 드시러 **오**세요.)

답 ③

10 건축물에서 방화구획의 구획기준이 아닌 것은?

18.03.문07

① 피난구획   ② 수평구획
③ 층간구획   ④ 용도구획

해설 ① 해당없음

방화구획의 종류
(1) 층간구획(층단위) 보기 ③
(2) 용도구획(용도단위) 보기 ④
(3) 수평구획(면적단위) 보기 ②

중요

연소확대방지를 위한 방화구획
(1) 층 또는 면적별 구획
(2) 승강기의 승강로구획
(3) 위험용도별 구획
(4) 방화댐퍼 설치

답 ①

11 분말소화약제 중 A, B, C급의 화재에 모두 사용할 수 있는 것은?

22.03.문10
18.03.문02
17.03.문14
16.03.문10
15.09.문07
15.03.문03
14.05.문14
14.03.문07
13.03.문18
12.05.문20
12.03.문09
11.03.문08
06.05.문10
04.09.문15

① 제1종 분말소화약제
② 제2종 분말소화약제
③ 제3종 분말소화약제
④ 제4종 분말소화약제

해설 분말소화약제(질식효과)

종 별	주성분	약제의 착색	적응 화재	비 고
제1종	중탄산나트륨 ($NaHCO_3$)	백색	BC급	**식용유** 및 **지방질유**의 화재에 적합
제2종	중탄산칼륨 ($KHCO_3$)	담자색 (담회색)	BC급	—
제**3**종	인산암모늄 ($NH_4H_2PO_4$)	담홍색	ABC급 보기 ③	차고 · 주차장에 적합
제4종	중탄산칼륨+요소 ($KHCO_3+(NH_2)_2CO$)	회(백)색	BC급	—

기억법 3ABC(**3**종이니까 3가지 **ABC**급)

• 중탄산나트륨=탄산수소나트륨
• 중탄산칼륨=탄산수소칼륨
• 제1인산암모늄=인산암모늄=인산염
• 중탄산칼륨+요소=탄산수소칼륨+요소

답 ③

12

화재시 이산화탄소를 사용하여 질식소화하는 경우, 산소의 농도를 14vol%까지 낮추려면 공기 중의 이산화탄소 농도는 약 몇 vol%가 되어야 하는가?

① 22.3vol% ② 33.3vol%
③ 44.3vol% ④ 55.3vol%

해설 (1) 기호

- O_2 : 14vol%
- CO_2 : ?

(2) CO_2 농도

$$CO_2 = \frac{방출가스량}{방호구역체적 + 방출가스량} \times 100$$
$$= \frac{21 - O_2}{21} \times 100$$

여기서, CO_2 : CO_2의 농도[%], O_2 : O_2의 농도[%]
이산화탄소의 농도 CO_2는

$$CO_2 = \frac{21 - O_2}{21} \times 100 = \frac{21 - 14}{21} \times 100$$
$$\fallingdotseq 33.3\text{vol}\% \quad \boxed{보기 ②}$$

용어

%	vol%
수를 100의 비로 나타낸 것	어떤 공간에 차지하는 부피를 백분율로 나타낸 것
50%	공기 50vol% 50vol%
50%	50vol%

답 ②

13

열의 전달형태가 아닌 것은?

① 대류 ② 산화
③ 전도 ④ 복사

해설 열전달(열의 전달방법)의 종류

종 류	설 명
전도 (conduction) 보기 ③	하나의 물체가 다른 물체와 직접 접촉하여 열이 이동하는 현상
대류 (convection) 보기 ①	유체의 흐름에 의하여 열이 이동하는 현상
복사 (radiation) 보기 ④	• 화재시 화원과 격리된 인접 가연물에 불이 옮겨 붙는 현상 • 열전달 매질이 없이 열이 전달되는 형태 • 열에너지가 전자파의 형태로 옮겨지는 현상으로, 가장 크게 작용한다.

기억법 전대복

용어

산화
가연물이 산소와 화합하는 것

비교

목조건축물의 화재원인

종 류	설 명
접염 (화염의 접촉)	화염 또는 열의 **접촉**에 의하여 불이 다른 곳으로 옮겨 붙는 것
비화	불티가 **바람**에 날리거나 화재현장에서 상승하는 **열기류** 중심에 휩쓸려 원거리 가연물에 착화하는 현상
복사열	복사파에 의하여 열이 **고온**에서 **저온**으로 이동하는 것

답 ②

14

화씨온도 122°F는 섭씨온도로 몇 ℃인가?

① 40 ② 50
③ 60 ④ 70

해설 (1) 기호

- °F : 122°F
- ℃ : ?

(2) 섭씨온도

$$℃ = \frac{5}{9}(°F - 32)$$

여기서, ℃ : 섭씨온도[℃]
°F : 화씨온도[°F]

섭씨온도 $℃ = \frac{5}{9}(°F - 32) = \frac{5}{9}(122 - 32) = 50℃$

중요

섭씨온도와 켈빈온도

섭씨온도	켈빈온도
$℃ = \frac{5}{9}(°F - 32)$	$K = 273 + ℃$
여기서, ℃ : 섭씨온도[℃] °F : 화씨온도[°F]	여기서, K : 켈빈온도[K] ℃ : 섭씨온도[℃]

비교

화씨온도와 랭킨온도

화씨온도	랭킨온도
$°F = \frac{9}{5}℃ + 32$	$°R = 460 + °F$
여기서, °F : 화씨온도[°F] ℃ : 섭씨온도[℃]	여기서, °R : 랭킨온도[°R] °F : 화씨온도[°F]

답 ②

24. 05. 시행 / 산업(기계)

15 Halon 1301의 화학식에 포함되지 않는 원소는?

21.03.문08
20.08.문20
19.03.문06
16.03.문09
15.03.문02
14.03.문06

① C
② Cl
③ F
④ Br

해설 ② Halon 1301 : Cl의 개수는 0이므로 포함되지 않음

할론소화약제

종류	약칭	분자식
Halon 1011	CB	CH_2ClBr
Halon 104	CTC	CCl_4
Halon 1211	BCF	$CF_2ClBr(CBrClF_2)$
Halon 1301	BTM	$CF_3Br(CBrF_3)$ 보기 ①③④
Halon 2402	FB	$C_2F_4Br_2(C_2Br_2F_4)$

중요

```
        Halon   1   3   0   1
탄소원자수(C) ─────┘   │   │   │
불소원자수(F) ─────────┘   │   │
염소원자수(Cl) ─────────────┘   │
브로민원자수(Br) ─────────────────┘
```

※ 수소원자의 수=(첫 번째 숫자×2)+2-나머지 숫자의 합

답 ②

16 다음 중 발화점[℃]이 가장 낮은 물질은?

17.03.문02
17.03.문12
08.09.문06

① 아세틸렌 ② 메탄
③ 프로판   ④ 이황화탄소

해설

물질	인화점	착화점
• 메탄 보기②	-188℃	540℃
• 프로필렌	-107℃	497℃
• 프로판 보기③	-104℃	470℃
• 에틸에터 • 다이에틸에터	-45℃	180℃
• 가솔린(휘발유)	-43℃	300℃
• 산화프로필렌	-37℃	465℃
• **이**황화탄소 보기④	-30℃	**100℃**
• **아**세틸렌 보기①	-18℃	**335℃**
• 아세톤	-18℃	538℃
• 벤젠	-11℃	562℃
• 톨루엔	4.4℃	480℃
• **메**틸알코올	11℃	464℃
• 에틸알코올	13℃	423℃
• 아세트산	40℃	-
• **등**유	43~72℃	210℃
• 경유	50~70℃	200℃
• 적린	-	260℃

기억법 인산 이메등
• 착화점=발화점=착화온도=발화온도
• 인화점=인화온도

답 ④

17 자연발화를 일으키는 원인이 아닌 것은?

20.06.문10
18.04.문10
17.05.문07
17.03.문09
15.05.문05
15.03.문08
12.09.문12
11.06.문12
08.09.문01

① 산화열
② 분해열
③ 흡착열
④ 기화열

해설 ④ 해당없음

자연발화의 형태

구분	종류
분해열 보기②	• 셀룰로이드 • 나이트로셀룰로오스 **기억법** 분셀나
산화열 보기①	• 건성유(정어리유, 아마인유, 해바라기유) • 석탄 • 원면 • 고무분말
발효열	• **퇴**비 • **먼**지 • **곡**물 **기억법** 발퇴먼곡
흡착열 보기③	• **목**탄 • **활**성탄 **기억법** 흡목탄활

중요

(1) 산화열

산화열이 축적되는 경우	산화열이 축적되지 않는 경우
햇빛에 방치한 기름걸레는 산화열이 축적되어 자연발화를 일으킬 수 있다.	기름걸레를 빨랫줄에 걸어 놓으면 산화열이 축적되지 않아 자연발화는 일어나지 않는다.

(2) 발화원이 아닌 것
  ① 기화열
  ② 융해열

답 ④

18 실 상부에 배연기를 설치하여 연기를 옥외로 배출하고 급기는 자연적으로 하는 제연방식은?

18.09.문06
16.10.문13
04.03.문05

① 제2종 기계제연방식
② 제3종 기계제연방식
③ 스모크타워 제연방식
④ 제1종 기계제연방식

해설 제연방식의 종류
(1) 자연제연방식 : 건물에 설치된 창
(2) 스모크타워 제연방식
(3) 기계제연방식
　㉠ 제1종 : **송풍기** + **배연기**
　㉡ 제2종 : **송풍기**
　㉢ 제3종 : **배연기** 보기 ②

● 기계제연방식 = 강제제연방식 = 기계식 제연방식

용어

제3종 기계제연방식
실 상부에 배연기를 설치하여 연기를 옥외로 배출하고 급기는 자연적으로 하는 제연방식

답 ②

19 ★★
16.03.문07
09.03.문12

기체연료의 연소형태로서 연료와 공기를 인접한 2개의 분출구에서 각각 분출시켜 계면에서 연소를 일으키게 하는 것은?

① 증발연소
② 자기연소
③ 확산연소
④ 분해연소

해설

연소의 형태	설 명
증발연소 보기 ①	• 가열하면 고체에서 액체로 액체에서 기체로 상태가 변하여 그 기체가 연소하는 현상 • 액체가 열에 의해 **증기**가 되어 그 증기가 연소하는 현상
자기연소 보기 ②	열분해에 의해 **산소**를 **발생**하면서 연소하는 현상
확산연소	• **기체연료**가 공기 중의 **산소**와 **혼합**하면서 연소하는 현상 • **기체연료**의 연소형태로서 **연료**와 **공기**를 인접한 2개의 분출구에서 각각 분출시켜 계면에서 연소를 일으키는 것 보기 ③
분해연소 보기 ④	• 연소시 열분해에 의해 발생된 **가스**와 **산소**가 혼합하여 연소하는 현상 • 점도가 높고 비휘발성인 액체가 고온에서 열분해에 의해 **가스**로 **분해**되어 연소하는 현상
표면연소	열분해에 의해 가연성 가스를 발생하지 않고 그 **물질 자체**가 **연소**하는 현상
액적연소	가열하고 점도를 낮추어 버너 등을 사용하여 **액체**의 **입자**를 안개형태로 분출하여 연소하는 현상
예혼합기연소 (예혼합연소)	기체연료에 공기 중의 **산소**를 **미리 혼합**한 상태에서 연소하는 현상

기억법 예미(예민해)

답 ③

20 ★★★
22.04.문07
21.09.문04
18.04.문13
15.05.문04
14.05.문02
13.03.문08
11.10.문01

물이 소화약제로서 널리 사용되고 있는 이유에 대한 설명으로 틀린 것은?

① 다른 약제에 비해 쉽게 구할 수 있다.
② 비열이 크다.
③ 증발잠열이 크다.
④ 점도가 크다.

해설
　④ 크다. → 작다.

물이 소화작업에 사용되는 이유
(1) **가**격이 **싸**다.(가격이 저렴하다.)
(2) **쉽**게 구할 수 있다.(많은 양을 구할 수 있다.) 보기 ①
(3) **열**흡수가 매우 크다.(**증발잠열**이 크다.) 보기 ③
(4) 사용방법이 비교적 간단하다.
(5) **비열**이 크다. 보기 ②
(6) 밀폐된 장소에서 증발가열하면 수증기에 의해서 **산소희석작용** 또는 **질식소화작용**을 한다.
(7) **무상**으로 주수하면 **중질유화재**에도 사용할 수 있다.

● 증발잠열 = 기화잠열

참고

물이 소화약제로 많이 쓰이는 이유

장 점	단 점
① 쉽게 구할 수 있다. ② 증발잠열(기화잠열)이 크다. ③ 취급이 간편하다.	① 가스계 소화약제에 비해 사용 후 **오염**이 크다. ② 일반적으로 **전기화재**에는 **사용**이 **불가**하다.

답 ④

제 2 과목　소방유체역학

21 ★★★
23.03.문23
20.08.문21
17.05.문38
11.10.문31

그림과 같이 수면으로부터 2m 아래에 직경 3m의 평면 원형 수문이 수직으로 설치되어 있다. 물의 압력에 의해 수문이 받는 전압력의 세기[kN]는?

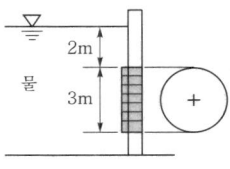

① 104.5
② 242.5
③ 346.5
④ 417.5

해설 (1) 기호
● D : 3m
● h : 3.5m
● F : ?

(2) **수평면**에 **작용하는 힘**(전압력의 세기)

$$F = \gamma h A = \gamma h \frac{\pi D^2}{4}$$

여기서, F : 수평면에 작용하는 힘(전압력의 세기)[N]
γ : 비중량(물의 비중량 9800N/m³)
h : 표면에서 수문 중심까지의 수직거리[m]
A : 수문의 단면적[m²]
D : 직경[m]

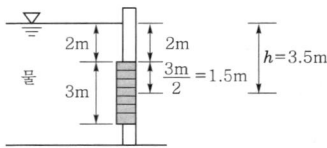

수평면에 작용하는 힘(전압력) F는

$$F = \gamma h \frac{\pi D^2}{4} = 9800\text{N/m}^3 \times 3.5\text{m} \times \frac{\pi \times (3\text{m})^2}{4}$$
$$= 242452\text{N} ≒ 242500\text{N} = 242.5\text{kN}$$

비교

경사면에 작용하는 힘

$$F = \gamma y \sin\theta A$$

여기서, F : 경사면에 작용하는 힘(전압력의 세기)[N]
γ : 비중량(물의 비중량 9800N/m³)
y : 표면에서 수문 중심까지의 경사거리[m]
θ : 각도
A : 수문의 단면적[m²]

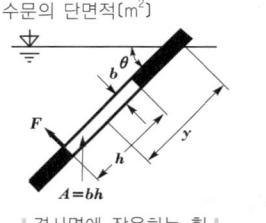

| 경사면에 작용하는 힘 |

답 ②

22 ★★★ 점성계수 μ의 차원으로 옳은 것은? (단, M은 질량, L은 길이, T는 시간이다.)

23.03.문21
22.04.문34
20.06.문26
18.03.문30
02.05.문27

① $ML^{-1}T^{-1}$　② MLT
③ $M^{-2}L^{-1}T$　④ MLT^2

해설 중력단위와 절대단위의 차원

차원	중력단위[차원]	절대단위[차원]
길이	m[L]	m[L]
시간	s[T]	s[T]
운동량	N·s[FT]	kg·m/s[MLT⁻¹]
힘	N[F]	kg·m/s²[MLT⁻²]
속도	m/s[LT⁻¹]	m/s[LT⁻¹]
가속도	m/s²[LT⁻²]	m/s²[LT⁻²]
질량	N·s²/m[FL⁻¹T²]	kg[M]
압력	N/m²[FL⁻²]	kg/m·s²[ML⁻¹T⁻²]
밀도	N·s²/m⁴[FL⁻⁴T²]	kg/m³[ML⁻³]

비중	무차원	무차원
비중량	N/m³[FL⁻³]	kg/m²·s²[ML⁻²T⁻²]
비체적	m⁴/N·s²[F⁻¹L⁴T⁻²]	m³/kg[M⁻¹L³]
일률	N·m/s[FLT⁻¹]	kg·m²/s³[ML²T⁻³]
일	N·m[FL]	kg·m²/s²[ML²T⁻²]
점성계수	N·s/m²[FL⁻²T]	kg/m·s[ML⁻¹T⁻¹] 보기 ①
동점성계수	m²/s[L²T⁻¹]	m²/s[L²T⁻¹]

답 ①

23 ★★★ 회전수가 1500rpm일 때 송풍기 전압 3.92kPa, 풍량 6m³/min을 내는 팬이 있다. 이때 축동력이 0.6kW라면 전압효율은 대략 몇 %인가?

23.09.문24
20.08.문22
18.03.문33
17.09.문24
17.05.문36
13.06.문24

① 55%　② 60%
③ 65%　④ 70%

해설 (1) 기호
- P_T : 3.92kPa
- Q : 6m³/min
- P : 0.6kW
- η : ?

(2) 동력

$$P = \frac{P_T Q}{102 \times 60 \eta} K$$

여기서, P : 배연기 동력[kW]
P_T : 전압(동압)[mmAq, mmH₂O]
Q : 풍량[m³/min]
K : 여유율
η : 효율

101.325kPa = 10332mmAq

$3.92\text{kPa} = \frac{3.92\text{kPa}}{101.325\text{kPa}} \times 10332\text{mmAq} ≒ 399.72\text{mmAq}$

효율 η는

$$\eta = \frac{P_T Q}{102 \times 60 P} = \frac{399.72\text{mmAq} \times 6\text{m}^3/\text{min}}{102 \times 60 \times 0.6\text{kW}}$$
$$≒ 0.65 = 65\%$$

- K(여유율) : 주어지지 않았으므로 무시

답 ③

24 ★★★ 물의 체적을 2% 축소시키는 데 필요한 압력[MPa]은? (단, 물의 체적탄성계수는 2.08GPa이다.)

19.09.문33
18.03.문37
15.05.문27
12.03.문30

① 32.1　② 41.6
③ 45.4　④ 52.5

해설 (1) 기호
- $\frac{\Delta V}{V}$: 2% = 0.02
- ΔP : ?
- K : 2.08GPa = 2.08 × 10³MPa(G : 10⁹, M : 10⁶)

(2) 체적탄성계수

$$K = -\frac{\Delta P}{\frac{\Delta V}{V}}$$

여기서, K : 체적탄성계수[kPa]
ΔP : 가해진 압력[kPa]
$\frac{\Delta V}{V}$: 체적의 감소율(체적의 축소율)
ΔV : 체적의 변화(체적의 차)[m³]
V : 처음 체적[m³]

(3) 압축률

$$\beta = \frac{1}{K}$$

여기서, β : 압축률[m²/N]
K : 체적탄성계수[Pa] 또는 [N/m²]

$K = -\frac{\Delta P}{\frac{\Delta V}{V}}$ 에서

가해진 압력 ΔP 는

$\Delta P = -\frac{\Delta V}{V} \cdot K$
$= -0.02 \times (2.08 \times 10^3 \text{MPa})$
$= -41.6 \text{MPa}$

- '−'는 누르는 방향의 위 또는 아래를 나타내는 것으로 특별한 의미는 없다.

용어

체적탄성계수
어떤 압력으로 누를 때 이를 떠받치는 힘의 크기를 의미하며, 체적탄성계수가 클수록 압축하기 힘들다.

답 ②

★★★
25 물 분류가 고정평판을 60°의 각도로 충돌할 때 유량이 500L/min, 유속이 15m/s이면 분류가 평판에 수직방향으로 미치는 힘은 약 몇 N인가? (단, 중력은 무시한다.)

18.04.문25
18.03.문21
12.09.문27
07.03.문32
03.05.문36

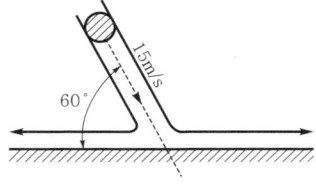

① 10.8 ② 5.4
③ 108 ④ 54

해설

$F_y = \rho Q V \sin\theta$

(1) 기호
- Q : 500L/min=0.5m³/60s(1000L=1m³, 1min=60s)
- V : 15m/s
- θ : 60°

(2) 판이 받는 y방향(수직방향)의 힘

$$F_y = \rho Q V \sin\theta$$

여기서, F_y : 판이 받는 y방향(수직방향)의 힘[N]
ρ : 밀도(물의 밀도 1000N·s²/m⁴)
Q : 유량[m³/s]
V : 유속[m/s]
θ : 각도[°]

판이 받는 y방향의 힘 F_y는
$F_y = \rho Q V \sin\theta$
$= 1000\text{N} \cdot \text{s}^2/\text{m}^4 \times 0.5\text{m}^3/60\text{s} \times 15\text{m/s} \times \sin 60°$
$≒ 108\text{N}$

비교

판이 받는 x방향(수평방향)의 힘

$$F_x = \rho Q V (1-\cos\theta)$$

여기서, F_x : 판이 받는 x방향의 힘[N]
ρ : 밀도[N·s²/m⁴]
Q : 유량[m³/s]
V : 속도[m/s]
θ : 각도[°]

답 ③

★★
26 유체 속에 완전히 잠긴 경사 평면에 작용하는 압력힘의 작용점은?

16.10.문30
09.08.문29

① 경사 평면의 도심보다 밑에 있다.
② 경사 평면의 도심에 있다.
③ 경사 평면의 도심보다 위에 있다.
④ 경사 평면의 도심과는 관계가 없다.

해설

① 유체 속에 완전히 잠긴 경사 평면에 작용하는 압력힘의 작용점은 경사 평면의 도심보다 **밑**에 있다.

※ **도심**(center of figure) : 평면도형의 중심 및 두께가 일정한 물체의 중심

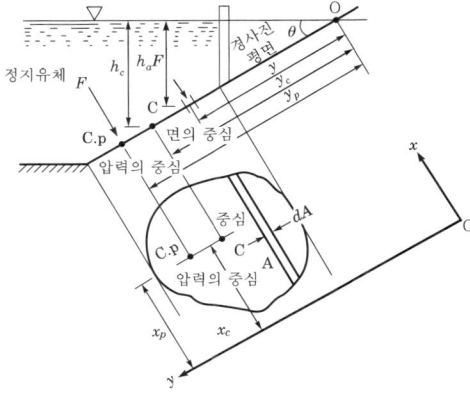

∥힘의 작용점의 중심압력∥

답 ①

27 그림은 원유, 물, 공기에 대하여 전단응력과 속도기울기의 관계를 나타낸 것이다. 물에 해당하는 선은?

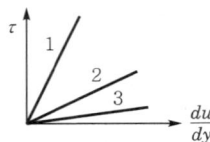

① 1
② 2
③ 3
④ 주어진 정보로는 알 수 없다.

해설 전단응력과 속도기울기의 관계

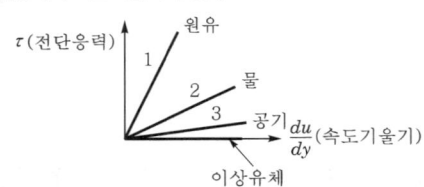

중요

뉴턴(Newton)의 점성법칙

$$\tau = \mu \frac{du}{dy}$$

여기서, τ : 전단응력[N/m²]
μ : 점성계수[N·s/m²]
$\frac{du}{dy}$: 속도구배(속도기울기)

• 전단응력은 **속도구배**(속도기울기)에 **비례**한다.

답 ②

28 대기압이 100kPa인 지역에서 이론적으로 펌프로 물을 끌어올릴 수 있는 최대높이[m]는?

① 8.8
② 10.2
③ 12.6
④ 14.1

해설 (1) 기호
• P : 100kPa=100kN/m²(1kPa=1kN/m²)
• H : ?

(2) 높이(압력수두)

$$H = \frac{P}{\gamma}$$

여기서, H : 높이(압력수두)[m]
P : 압력[kPa] 또는 [kN/m²]
γ : 비중량(물의 비중량 9.8kN/m³)

높이(압력수두) H는

$$H = \frac{P}{\gamma} = \frac{100\text{kN/m}^2}{9.8\text{kN/m}^3} \fallingdotseq 10.2\text{m}$$

답 ②

29 수평원관 유동에 관한 설명으로 옳지 않은 것은?

① 층류흐름에서 관마찰계수는 레이놀즈수의 함수이다.
② 층류흐름일 때 수평원관 속의 유량은 직경에 반비례한다.
③ 층류 유동상태인 직선원형관의 중심에서 전단응력은 0이다.
④ 층류 유동에서 레이놀즈수가 2000일 때 관마찰계수는 0.032이다.

해설 ② 유량은 직경에 반비례 → 유량은 직경의 제곱근에 비례
④ 관마찰계수

$$f = \frac{64}{Re}$$

여기서, f : 관마찰계수
Re : 레이놀즈수

$f = \frac{64}{Re} = \frac{64}{2000} = 0.032$ (∴ 옳은 내용)

(1) 유량

$$Q = AV$$

여기서, Q : 유량[m³/s]
A : 단면적[m²]
V : 유속[m/s]

유속 $V = \frac{Q}{A}$

(2) 달시-웨버식(Darcy-Weisbach formula) : 층류

$$H = \frac{\Delta p}{\gamma} = \frac{flV^2}{2gD}$$

여기서, H : 마찰손실(수두)[m]
Δp : 압력차[kPa] 또는 [kN/m²]
γ : 비중량(물의 비중량 9800N/m³)
f : 관마찰계수
l : 길이[m]
V : 유속[m/s]
g : 중력가속도(9.8m/s²)
D : 내경[m]

$$H = \frac{flV^2}{2gD} = \frac{fl\left(\frac{Q}{A}\right)^2}{2gD} = \frac{fl\left(\frac{Q^2}{A^2}\right)}{2gD}$$

$2gDH = fl\left(\frac{Q^2}{A^2}\right) \propto Q^2$

$D \propto Q^2$
$\sqrt{D} \propto \sqrt{Q^2}$
$\sqrt{D} \propto Q$
∴ 유량은 **직경의 제곱근**에 **비례**한다.

답 ②

30
밑면이 3m×5m인 물탱크에 물이 5m 깊이로 채워져 있을 때, 밑면에 작용하는 물에 의한 힘은 몇 kN인가? (단, 물의 비중량은 9800N/m³이다.)

① 706   ② 714
③ 726   ④ 735

해설 (1) 기호
- A : (3m×5m)
- h : 5m
- F : ?
- γ : 9800N/m³

(2) 밑면에 작용하는 힘
$$F = \gamma h A$$
여기서, F : 밑면에 작용하는 힘[N]
γ : 비중량(물의 비중량 9800N/m³)
h : 물의 깊이[m]
A : 단면적[m²]

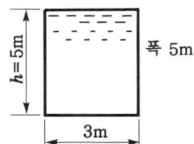

밑면에 작용하는 힘 F는
$F = \gamma h A$
$= 9800\text{N/m}^3 \times 5\text{m} \times (3\text{m} \times 5\text{m}) = 735000\text{N} = 735\text{kN}$

• 1kN = 1000N

답 ④

31
Newton 유체와 관련한 유체의 점성법칙과 직접적으로 관계가 없는 것은?

① 점성계수   ② 전단응력
③ 속도구배   ④ 중력가속도

해설 ④ 해당없음

뉴턴(Newton)의 점성법칙
$$\tau = \mu \frac{du}{dy}$$
여기서, τ : 전단응력[N/m²] 보기②
μ : 점성계수[N·s/m²] 보기①
$\frac{du}{dy}$: 속도구배(속도기울기) 보기③

중요

유체의 종류	
유체 종류	설 명
실제유체	**점**성이 있으며, **압**축성인 유체 **기억법** 실점있압(실점이 있는 사람만 압박해!)
이상유체	① 점성이 없으며, 비압축성인 유체 ② 유체유동시 마찰전단응력이 발생하지 않으며, 압력변화에 따른 체적변화가 없는 유체 ③ 유체유동시 마찰전단응력이 발생하지 않으며, 분자 간에 분자력이 작용하지 않는 유체
압축성 유체	**기**체와 같이 체적이 변화하는 유체 **기억법** 기압(기압)
비압축성 유체	액체와 같이 체적이 변화하지 않는 유체

답 ④

32
노즐에서 10m/s로서 수직방향으로 물을 분사할 때 최대상승높이는 약 몇 m인가? (단, 저항은 무시한다.)

① 5.10   ② 6.34
③ 3.22   ④ 2.65

해설 (1) 기호
- V : 10m/s
- H : ?

(2) 속도수두
$$H = \frac{V^2}{2g}$$
여기서, H : 속도수두(최대상승높이)[m]
V : 유속[m/s]
g : 중력가속도(9.8m/s²)

속도수두(최대상승높이) H는
$H = \frac{V^2}{2g} = \frac{(10\text{m/s})^2}{2 \times 9.8\text{m/s}^2} = 5.1\text{m}$

답 ①

33
분자량이 35인 어떤 가스의 정압비열이 0.535 kJ/kg·K라고 가정할 때 이 가스의 비열비(K)는 약 얼마인가? (단, 기체상수 R=8.31434 kJ/kmol·K이다.)

① 1.4   ② 1.5
③ 1.65   ④ 1.8

해설 (1) 기호
- M : 35kg/kmol
- C_P : 0.535kJ/kg·K
- K : ?

(2) 기체상수

$$R = C_P - C_V = \frac{\overline{R}}{M}$$

여기서, R : 기체상수[kJ/kg·K]
C_P : 정압비열[kJ/kg·K]
C_V : 정적비열[kJ/kg·K]
$\overline{R}$: 일반기체상수[kJ/kmol·K]
M : 분자량[kg/kmol]

$$C_P - C_V = \frac{\overline{R}}{M}$$

$$C_P - \frac{\overline{R}}{M} = C_V$$

$$C_V = C_P - \frac{\overline{R}}{M}$$

$$= 0.535 \text{kJ/kg·K} - \frac{8.31434 \text{kJ/kmol·K}}{35 \text{kg/kmol}}$$

$$= 0.297 \text{kJ/kg·K}$$

(3) 비열비

$$K = \frac{C_P}{C_V}$$

여기서, K : 비열비
C_P : 정압비열[kJ/K]
C_V : 정적비열[kJ/K]

비열비 $K = \frac{C_P}{C_V} = \frac{0.535 \text{kJ/kg·K}}{0.297 \text{kJ/kg·K}} ≒ 1.8$

답 ④

★★
34 유체의 연속방정식에 대한 설명으로 가장 적절한 것은?
14.03.문34
04.05.문30
① 뉴턴의 운동법칙을 만족시키는 방정식
② 일과 에너지의 관계를 나타내는 방정식
③ 유선에 따른 오일러 방정식을 적분한 방정식
④ 질량보존의 법칙을 유체 유동에 적용한 방정식

해설 연속방정식(continuity equation) : **질량보존의 법칙**의 일종 보기 ④
(1) $d(\rho AV) = 0$
(2) $\rho AV = C$
(3) $\frac{dA}{A} = \frac{d\rho}{\rho} = \frac{dV}{V} = 0$

참고
연속방정식
유체의 흐름이 정상류일 때 임의의 한 점에서 속도, 온도, 압력, 밀도 등의 평균값이 시간에 따라 변하지 않으며 임의의 두 점에서의 단면적, 밀도, 속도를 곱한 값은 같다.

답 ④

★★
35 이상기체의 엔탈피가 변하지 않는 과정은?
15.09.문24
12.03.문29
① 가역 단열과정 ② 비가역 단열과정
③ 교축과정 ④ 정적과정

해설 교축과정
이상기체의 엔탈피가 변하지 않는 과정 보기 ③
※ 엔탈피 : 어떤 물질이 가지고 있는 총에너지

답 ③

★★★
36 노즐 내의 유체의 질량유량을 0.06kg/s, 출구에서의 비체적을 7.8m³/kg, 출구에서의 평균 속도를 80m/s라고 하면, 노즐출구의 단면적은 약 몇 cm²인가?
23.03.문38
18.09.문25
09.08.문40
09.05.문39
① 88.5 ② 78.5
③ 68.5 ④ 58.5

해설
$$\overline{m} = AV\rho$$

(1) 기호
- $\overline{m}$: 0.06kg/s
- V_s : 7.8m³/kg
- V : 80m/s
- A : ?

(2) 밀도

$$\rho = \frac{1}{V_s}$$

여기서, ρ : 밀도[kg/m³]
V_s : 비체적[m³/kg]

밀도 ρ는
$\rho = \frac{1}{V_s} = \frac{1}{7.8 \text{m}^3/\text{kg}} ≒ 0.128 \text{kg/m}^3$

(3) 질량유량

$$\overline{m} = AV\rho$$

여기서, $\overline{m}$: 질량유량[kg/s], A : 단면적[m²]
V : 유속[m/s], ρ : 밀도[kg/m³]

단면적 A는
$A = \frac{\overline{m}}{V\rho} = \frac{0.06 \text{kg/s}}{80 \text{m/s} \times 0.128 \text{kg/m}^3} ≒ 5.85 \times 10^{-3} \text{m}^2$
$= 58.5 \times 10^{-4} \text{m}^2 = 58.5 \text{cm}^2$

답 ④

37. 어떤 유체 2m³의 무게가 18000N일 때, 이 유체의 비중은 약 얼마인가?

① 0.82 ② 0.92
③ 1.01 ④ 9.0

해설

(1) 기호
- s : ?
- $\gamma : \dfrac{18000\text{N}}{2\text{m}^3} = 9000\text{N/m}^3$

(2) 비중

$$s = \dfrac{\gamma}{\gamma_w} = \dfrac{\rho}{\rho_w}$$

여기서, s : 비중
γ : 어떤 물질의 비중량[N/m³]
γ_w : 물의 비중량(9800N/m³)
ρ : 어떤 물질의 밀도[kg/m³]
ρ_w : 물의 밀도(1000kg/m³)

$$s = \dfrac{9000\text{N/m}^3}{9800\text{N/m}^3} = 0.918 \fallingdotseq 0.92$$

답 ②

38. 안지름 50mm의 원관에 기름이 2.5m/s의 평균 속도로 흐를 때 관마찰계수는? (단, 기름의 동점성계수는 $1.31 \times 10^{-4}\text{m}^2/\text{s}$이다.)

① 0.013 ② 0.067
③ 0.125 ④ 0.954

해설

(1) 기호
- D : 50mm = 0.05m (1000mm = 1m)
- V : 2.5m/s
- ν : $1.31 \times 10^{-4}\text{m}^2/\text{s}$
- f : ?

(2) 레이놀즈수

$$Re = \dfrac{DV\rho}{\mu} = \dfrac{DV}{\nu}$$

여기서, Re : 레이놀즈수
D : 내경[m]
V : 유속[m/s]
ρ : 밀도[kg/m³]
μ : 점성계수[kg/m·s]
ν : 동점성계수$\left(\dfrac{\mu}{\rho}\right)$[m²/s]

레이놀즈수 Re 는

$$Re = \dfrac{DV}{\nu} = \dfrac{0.05\text{m} \times 2.5\text{m/s}}{1.31 \times 10^{-4}\text{m}^2/\text{s}} \fallingdotseq 954$$

(3) 관마찰계수

$$f = \dfrac{64}{Re}$$

여기서, f : 관마찰계수
Re : 레이놀즈수

관마찰계수 f 는

$$f = \dfrac{64}{Re} = \dfrac{64}{954} \fallingdotseq 0.067$$

답 ②

39. 직경 2m의 원형 수문이 그림과 같이 수면에서 3m 아래에 30° 각도로 기울어져 있을 때 수문의 자중을 무시하면 수문이 받는 힘은 몇 kN인가?

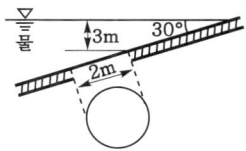

① 107.7 ② 94.2
③ 78.5   ④ 62.8

해설

(1) 기호
- D : 2m
- θ : 30°
- F : ?

(2) 수문이 받는 힘

$$F = \gamma y \sin\theta A = \gamma h A$$

여기서, F : 힘[kN]
γ : 비중량(물의 비중량 9.8kN/m³)
y : 표면에서 수문중심까지의 경사거리[m]
θ : 각도
A : 수문의 단면적[m²]
h : 표면에서 수문중심까지의 수직거리[m]

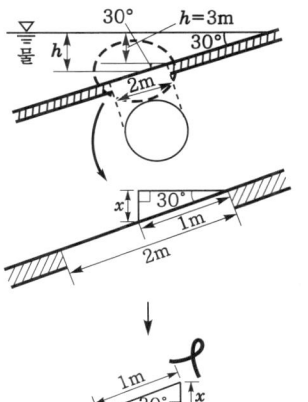

$\sin 30° = \dfrac{x}{1\text{m}}$

$1\text{m} \times \sin 30° = x$

$x = 1\text{m} \times \sin 30°$

$$h = 3\text{m} + y_c \sin \theta$$

여기서, h : 표면에서 수문중심까지의 수직거리[m]
　　　y_c : 수문의 반경[m]
　　　θ : 각도

$h = 3\text{m} + (1\text{m} \times \sin 30°) = 3.5\text{m}$

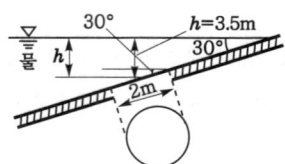

힘 F는

$F = \gamma h A$

$= 9.8\text{kN/m}^3 \times 3.5\text{m} \times \left(\dfrac{\pi}{4}D^2\right)$

$= 9.8\text{kN/m}^3 \times 3.5\text{m} \times \dfrac{\pi}{4}(2\text{m})^2$

$≒ 107.7\text{kN}$

답 ①

40 열역학 법칙 중 제2종 영구기관의 제작이 불가능함을 역설한 내용은?

23.05.문25
21.03.문21
14.05.문24
13.09.문22

① 열역학 제0법칙
② 열역학 제1법칙
③ 열역학 제2법칙
④ 열역학 제3법칙

해설 열역학의 법칙

(1) **열역학 제0법칙** (열평형의 법칙)
　㉠ 온도가 높은 물체에 낮은 물체를 접촉시키면 온도가 높은 물체에서 낮은 물체로 열이 이동하여 두 물체의 **온도는 평형**을 이루게 된다.
　㉡ 어떤 두 물체 A와 B가 제3의 물체 C와 각각 열평형상태에 있을 때, 두 물체 A와 B도 서로 열평형상태이다.

(2) **열역학 제1법칙** (에너지보존의 법칙)
　기체의 공급에너지는 **내부에너지**와 외부에서 한 일의 합과 같다.

(3) **열역학 제2법칙**
　㉠ 열은 스스로 **저온**에서 **고온**으로 절대로 흐르지 않는다.
　㉡ 열은 그 스스로 저열원체에서 고열원체로 이동할 수 없다.
　㉢ 자발적인 변화는 **비가역적**이다.
　㉣ 열을 완전히 일로 바꿀 수 있는 **열기관**을 만들 수 **없다**.
　　(제2종 영구기관의 제작이 불가능하다.) 보기 ③
　㉤ 열기관에서 일을 얻으려면 최소 **두 개**의 **열원**이 필요하다.

기억법 2기(이기자!)

(4) **열역학 제3법칙**
　순수한 물질이 1atm하에서 결정상태이면 엔트로피는 0K에서 0이다.

답 ③

제3과목　소방관계법규

41 소방시설 설치 및 관리에 관한 법률상 소방시설관리업 등록의 결격사유에 해당하지 않는 사람은?

21.03.문57
20.06.문51
13.09.문47
11.06.문50

① 피성년후견인
② 소방시설관리업의 등록이 취소된 날로부터 2년이 지난 자
③ 금고 이상의 형의 집행유예를 선고받고 그 유예기간 중에 있는 자
④ 금고 이상의 실형을 선고받고 그 집행이 면제된 날부터 2년이 지나지 아니한 자

해설 ② 지난 자 → 지나지 아니한 자

소방시설법 30조
소방시설관리업의 등록결격사유
(1) 피성년후견인 보기 ①
(2) 금고 이상의 선고를 받고 끝난 후 **2년**이 지나지 아니한 사람 보기 ④
(3) **집행유예기간** 중에 있는 사람 보기 ③
(4) 등록취소 후 **2년**이 지나지 아니한 사람 보기 ②

 비교

소방시설법 27조
소방시설관리사의 결격사유
(1) 피성년후견인
(2) 금고 이상의 실형을 선고받고 그 집행이 끝나거나(집행이 끝난 것으로 보는 경우 포함) 집행이 면제된 날부터 **2년**이 지나지 아니한 사람
(3) 금고 이상의 형의 집행유예를 선고받고 그 유예기간 중에 있는 사람
(4) 자격취소 후 **2년**이 지나지 아니한 사람

답 ②

42 위험물안전관리법령상 제조소와 사용전압이 35000V를 초과하는 특고압가공전선에 있어서 안전거리는 몇 m 이상을 두어야 하는가? (단, 제6류 위험물을 취급하는 제조소는 제외한다.)

22.04.문43
18.03.문49
15.03.문56
09.05.문51

① 3
② 5
③ 20
④ 30

해설 위험물규칙 [별표 4]
위험물제조소의 안전거리

안전거리	대상
3m 이상	7000~35000V 이하의 특고압가공전선
5m 이상	35000V를 초과하는 특고압가공전선 보기 ②

10m 이상	주거용으로 사용되는 것
20m 이상	• 고압가스 **제조**시설(용기에 충전하는 것 포함) • 고압가스 **사용**시설(1일 30m³ 이상 용적 취급) • 고압가스 **저장**시설 • 액화산소 **소비**시설 • 액화석유가스 제조·저장시설 • 도시가스 공급시설
30m 이상	• 학교 • 병원급 의료기관 • 공연장 ┐ • 영화상영관 ┘ 300명 이상 수용시설 • 아동복지시설 • 노인복지시설 • 장애인복지시설 • 한부모가족복지시설 • 어린이집 • 성매매피해자 등을 위한 지원시설 • 정신건강증진시설 • 가정폭력피해자 보호시설 ┘ 20명 이상 수용시설
50m 이상	• 지정**문**화유산 • 천연기념물 등

기억법 문5(문어)

답 ②

43 다음 중 화재예방강화지구의 지정대상 지역과 가장 거리가 먼 것은?

21.05.문44
19.09.문55
16.03.문41
15.09.문55
14.05.문53
12.09.문46
10.05.문55
10.03.문48

① 공장지역
② 시장지역
③ 목조건물이 밀집한 지역
④ 소방용수시설이 없는 지역

해설 ① 공장지역 → 공장 등이 밀집한 지역

화재예방법 18조
화재예방강화지구의 지정
(1) 지정권자 : **시**·도지사
(2) 지정지역
  ㉠ 시장지역 보기 ②
  ㉡ 공장·창고 등이 밀집한 지역 보기 ①
  ㉢ 목조건물이 밀집한 지역 보기 ③
  ㉣ 노후·불량 건축물이 밀집한 지역
  ㉤ 위험물의 저장 및 처리시설이 밀집한 지역
  ㉥ 석유화학제품을 생산하는 공장이 있는 지역
  ㉦ 소방시설·소방용수시설 또는 소방출동로가 **없는** 지역 보기 ④
  ㉧ 「산업입지 및 개발에 관한 법률」에 따른 산업단지
  ㉨ 「물류시설의 개발 및 운영에 관한 법률」에 따른 물류단지
  ㉩ 소방청장·소방본부장 또는 소방서장(소방관서장)이 화재예방강화지구로 지정할 필요가 있다고 인정하는 지역

기억법 화강시

※ **화재예방강화지구** : 화재발생 우려가 크거나 화재가 발생할 경우 피해가 클 것으로 예상되는 지역에 대하여 화재의 예방 및 안전관리를 강화하기 위해 지정·관리하는 지역

비교

기본법 19조
화재로 오인할 만한 불을 피우거나 연막소독시 신고지역
(1) **시장**지역
(2) **공장·창고**가 밀집한 지역
(3) **목조**건물이 밀집한 지역
(4) **위험물**의 **저장** 및 **처리**시설이 밀집한 지역
(5) **석유화학제품**을 생산하는 공장이 있는 지역
(6) 그 밖에 **시·도**의 **조례**로 정하는 지역 또는 장소

답 ①

44 소방시설 설치 및 관리에 관한 법령상 스프링클러설비를 설치하여야 하는 특정소방대상물의 기준으로 틀린 것은? (단, 위험물 저장 및 처리 시설 중 가스시설 또는 지하구를 제외한다.)

23.09.문41
22.04.문60
21.05.문60
18.03.문44
15.03.문41
05.09.문52

① 물류터미널로서 바닥면적 합계가 2000m² 이상인 경우에는 모든 층
② 숙박이 가능한 수련시설에 해당하는 용도로 사용되는 시설의 바닥면적의 합계가 600m² 이상인 것은 모든 층
③ 종교시설(주요구조부가 목조인 것은 제외)로서 수용인원이 100명 이상인 것에 해당하는 경우에는 모든 층
④ 지하상가로서 연면적 1000m² 이상인 것

해설 ① 2000m² → 5000m²

소방시설법 시행령 [별표 4]
스프링클러설비의 설치대상

설치대상	조건
① 문화 및 집회시설, 운동시설 ② 종교시설(주요구조부가 목조인 것은 제외) 보기 ③	• 수용인원 : 100명 이상 • 영화상영관 : 지하층·무창층 500m²(기타 1000m²) 이상 • 무대부 - 지하층·무창층·4층 이상 : 300m² 이상 - 1~3층 : 500m² 이상
③ 판매시설 ④ 운수시설 ⑤ 물류터미널 보기 ①	• 수용인원 : 500명 이상 • 바닥면적 합계 5000m² 이상
⑥ 창고시설(물류터미널 제외)	바닥면적 합계 5000m² 이상 : 전층
⑦ 노유자시설 ⑧ 정신의료기관 ⑨ 수련시설(숙박 가능한 것) 보기 ② ⑩ 종합병원, 병원, 치과병원, 한방병원 및 요양병원(정신병원 제외) ⑪ 숙박시설	바닥면적 합계 600m² 이상

⑫ 지하상가 보기 ④	연면적 1000m² 이상
⑬ 지하층·무창층·4층 이상	바닥면적 1000m² 이상
⑭ 10m 넘는 랙식 창고	연면적 1500m² 이상
⑮ 복합건축물 ⑯ 기숙사	연면적 5000m² 이상 : 전층
⑰ 6층 이상	전층
⑱ 보일러실·연결통로	전부
⑲ 특수가연물 저장·취급	지정수량 1000배 이상
⑳ 발전시설	전기저장시설 : 전부

답 ①

45 소방기본법상 정당한 사유없이 물의 사용이나 수도의 개폐장치의 사용 또는 조작을 하지 못하게 하거나 방해한 자에 대한 벌칙기준으로 옳은 것은?

① 400만원 이하의 벌금
② 300만원 이하의 벌금
③ 200만원 이하의 벌금
④ 100만원 이하의 벌금

해설 **100만원 이하**의 벌금
(1) 관계인의 **소방활동 미수행**(기본법 54조)
(2) **피난명령** 위반(기본법 54조)
(3) 위험시설 등에 대한 긴급조치 방해(기본법 54조)
(4) 거짓보고 또는 자료 미제출자(공사업법 38조)
(5) **관계공무원**의 출입·조사·**검사 방해**(공사업법 38조)
(6) 정당한 사유없이 **물**의 **사용**이나 **수도**의 **개폐장치**의 사용 또는 조작을 하지 못하게 하거나 **방해**한 자(기본법 54조) 보기 ④
(7) 소방대의 생활안전활동을 방해한 자(기본법 54조)

기억법 피1(차일**피일**)

답 ④

46 위험물안전관리법령상 위험물의 안전관리와 관련된 업무를 시행하는 자로서 소방청장이 실시하는 안전교육대상자가 아닌 사람은?

① 제조소 등의 관계인
② 안전관리자로 선임된 자
③ 위험물운송자로 종사하는 자
④ 탱크시험자의 기술인력으로 종사하는 자

해설 위험물안전관리법 28조
위험물 안전교육대상자
(1) 안전관리자 보기 ②
(2) 탱크시험자 보기 ④
(3) 위험물운반자
(4) 위험물운송자 보기 ③

답 ①

47 소방시설 중 경보설비에 해당하지 않는 것은?

① 비상벨설비
② 단독경보형 감지기
③ 비상방송설비
④ 비상콘센트설비

해설 ④ 비상콘센트설비 : 소화활동설비

소방시설법 시행령 〔별표 1〕
경보설비
(1) 비상**경**보설비 — 비상벨설비 보기 ①
                  — 자동식 사이렌설비
(2) **단**독경보형 감지기 보기 ②
(3) 비상**방**송설비 보기 ③
(4) **누**전경보기
(5) 자동화재**탐**지설비 및 시각경보기
(6) 자동화재**속**보설비
(7) **가**스누설경보기
(8) **통**합감시시설
(9) 화재알림설비

기억법 경단방 누탐속가통

※ **경보설비** : 화재발생 사실을 통보하는 기계·기구 또는 설비

비교
소방시설법 시행령 〔별표 1〕
소화활동설비
(1) **연**결송수관설비
(2) **연**결살수설비
(3) **연**소방지설비
(4) **무**선통신보조설비
(5) **제연**설비
(6) **비상콘센트**설비

기억법 3연무제비콘

용어
소화활동설비
화재를 진압하거나 인명구조활동을 위하여 사용하는 설비

답 ④

48 다음 중 위험물안전관리법령상 제3류 위험물이 아닌 것은?

① 칼륨
② 황린
③ 나트륨
④ 마그네슘

해설 ④ 제2류 위험물

위험물령 [별표 1]
위험물

유별	성질	품명
제1류	산화성 고체	• 아염소산염류 • 염소산염류 • 과염소산염류 • 질산염류(질산칼륨) • 무기과산화물(과산화바륨) 기억법 1산고(일산GO)
제2류	가연성 고체	• 황화인 • 적린 • 황 • 마그네슘 보기 ④ 기억법 황화적황마
제3류	자연발화성 물질 금수성 물질	• 황린(P_4) 보기 ② • 칼륨(K) 보기 ① • 나트륨(Na) 보기 ③ • 알킬알루미늄 • 알킬리튬 • 칼슘 또는 알루미늄의 탄화물류 **탄화칼슘**=CaC_2 기억법 황칼나알칼
제4류	인화성 액체	• 특수인화물(이황화탄소) • 알코올류 • 석유류 • 동식물유류
제5류	자기반응성 물질	• 나이트로화합물 • 유기과산화물 • 나이트로소화합물 • 아조화합물 • 질산에스터류(셀룰로이드)
제6류	산화성 액체	• 과염소산 • 과산화수소 • 질산

답 ④

49 소방시설 설치 및 관리에 관한 법령상 방염성능 기준 이상의 실내장식물 등을 설치하여야 하는 특정소방대상물의 기준으로 틀린 것은?

22.09.문55
22.04.문47
18.04.문50
16.10.문46
16.03.문58
15.09.문54
15.05.문54
14.05.문48

① 층수가 11층 이상인 아파트
② 건축물의 옥내에 있는 시설로서 종교시설
③ 의료시설 중 종합병원
④ 노유자시설

해설 ① 아파트 제외

소방시설법 시행령 30조
방염성능기준 이상 적용 특정소방대상물
(1) 체력단련장, 공연장 및 종교집회장
(2) 문화 및 집회시설

(3) **종**교시설 보기 ②
(4) 운동시설(수영장은 제외)
(5) 의료시설(종합병원, 정신의료기관) 보기 ③
(6) 의원, 치과의원, 한의원, 조산원, 산후조리원
(7) 교육연구시설 중 합숙소
(8) **노**유자시설 보기 ④
(9) 숙박이 가능한 **수**련시설
(10) **숙**박시설
(11) 방송국 및 촬영소
(12) 다중이용업소(단란주점영업, 유흥주점영업, 노래연습장업의 연습장 등)
(13) 층수가 11층 이상인 것(아파트는 제외 : 2026. 12. 1. 삭제)

기억법 방숙 노종수

답 ①

50 소방기본법에 규정된 내용에 관한 설명으로 옳은 것은?

16.03.문49

① 소방대상물에는 항해 중인 선박도 포함된다.
② 관계인이란 소방대상물의 관리자와 점유자를 제외한 실제 소유자를 말한다.
③ 소방대의 임무는 구조와 구급활동을 제외한 화재현장에서의 화재진압활동이다.
④ 의용소방대원과 의무소방원도 소방대의 구성원이다.

해설 **기본법 2조**
소방대
(1) 소방**공**무원
(2) **의**무소방원 보기 ④
(3) **의**용소방대원 보기 ④

기억법 공의

답 ④

51 건축허가 등의 동의를 요구한 기관이 그 건축허가 등을 취소하였을 때에는 취소한 날부터 며칠 이내에 건축물 등의 시공지 또는 소재지를 관할하는 소방본부장 또는 소방서장에게 그 사실을 통보하여야 하는가?

17.09.문55
16.10.문43
15.05.문60
13.03.문46

① 3 ② 7
③ 10 ④ 14

해설 **7일**
(1) 옮긴 물건 등의 **보**관기간(화재예방법 시행령 17조)
(2) 건축허가 등의 취소통보(소방시설법 시행규칙 3조) 보기 ②
(3) 소방공사 감리원의 배치통보(공사업규칙 17조)
(4) 소방공사 감리결과 통보·보고일(공사업규칙 19조)

기억법 보7(보칙)

답 ②

52 ★★★
화재의 예방 및 안전관리에 관한 법령상 대통령령으로 정하는 특수가연물의 품명별 수량의 기준으로 옳은 것은?

19.09.문50
16.10.문53
13.03.문51
08.05.문55

① 가연성 고체류 : 2m³ 이상
② 목재가공품 및 나무부스러기 : 5m³ 이상
③ 석탄·목탄류 : 3000kg 이상
④ 면화류 : 200kg 이상

해설
① 2m³ 이상 → 3000kg 이상
② 5m³ 이상 → 10m³ 이상
③ 3000kg 이상 → 10000kg 이상

화재예방법 시행령 〔별표 2〕
특수가연물

품 명		수 량
가연성 **액**체류		**2**m³ 이상
목재가공품 및 나무부스러기 보기 ②		**1**0m³ 이상
면화류		**2**00kg 이상 보기 ④
나무껍질 및 대팻밥		**4**00kg 이상
넝마 및 종이부스러기		
사류(絲類)		1000kg 이상
볏짚류		
가연성 **고**체류 보기 ①		**3**000kg 이상
고무류·플라스틱류	발포시킨 것	20m³ 이상
	그 밖의 것	**3**000kg 이상
석탄·목탄류 보기 ③		**1**0000kg 이상

기억법 가액목면나 넝사볏가고 고석
　　　　 2 1 2 4　1　3 31

※ **특수가연물** : 화재가 발생하면 그 확대가 빠른 물품

답 ④

53 ★★★
소방안전교육사를 배치하지 않아도 되는 곳은 어느 것인가?

23.03.문51
21.09.문42
14.03.문57

① 소방청
② 한국소방안전원
③ 소방체험관
④ 한국소방산업기술원

해설
기본령 〔별표 2의 3〕
소**방안**전교육사의 배치대상별 배치기준

배치대상	배치기준
소방**서**	• 1명 이상
한국소방안전원 보기 ②	• 시·도지부 : 1명 이상 • 본회 : 2명 이상
소방**본**부	• 2명 이상
소방청 보기 ①	• 2명 이상
한국소방산업**기**술원 보기 ④	• 2명 이상

기억법 서본기안

답 ③

54 ★★★
화재의 예방 및 안전관리에 관한 법률상 2급 소방안전관리대상물의 소방안전관리자로 선임될 수 없는 사람은? (단, 2급 소방안전관리자 자격증을 받은 사람이다.)

15.03.문54
14.09.문60
14.03.문47
12.03.문53

① 위험물기능사 자격을 가진 사람
② 소방공무원으로 2년 이상 근무한 경력이 있는 사람
③ 위험물산업기사 자격을 가진 사람
④ 소방청장이 실시하는 2급 소방안전관리대상물의 소방안전관리에 관한 시험에 합격한 사람

해설
② 2년 → 3년

화재예방법 시행령 〔별표 4〕
(1) **특급 소방안전관리대상물**의 소방안전관리자 선임조건

자 격	경 력	비 고
• 소방기술사 • 소방시설관리사	경력 필요 없음	특급 소방안전관리자 자격증을 받은 사람
• 1급 소방안전관리자(소방설비기사)	5년	
• 1급 소방안전관리자(소방설비산업기사)	7년	
• 소방공무원	20년	
• 소방청장이 실시하는 특급 소방안전관리대상물의 소방안전관리에 관한 시험에 합격한 사람	경력 필요 없음	

(2) **1급 소방안전관리대상물**의 소방안전관리자 선임조건

자 격	경 력	비 고
• 소방설비기사·소방설비산업기사	경력 필요 없음	1급 소방안전관리자 자격증을 받은 사람
• 소방공무원	7년	
• 소방청장이 실시하는 1급 소방안전관리대상물의 소방안전관리에 관한 시험에 합격한 사람	경력 필요 없음	
• 특급 소방안전관리대상물의 소방안전관리자 자격이 인정되는 사람		

(3) **2급 소방안전관리대상물**의 소방안전관리자 선임조건

자 격	경 력	비 고
• 위험물기능장·위험물산업기사·위험물기능사	경력 필요 없음	2급 소방안전관리자 자격증을 받은 사람
• 소방공무원	3년	
• 소방청장이 실시하는 2급 소방안전관리대상물의 소방안전관리에 관한 시험에 합격한 사람	경력 필요 없음	
• 「기업활동 규제완화에 관한 특별조치법」에 따라 소방안전관리자로 선임된 사람(소방안전관리자로 선임된 기간으로 한정)	경력 필요 없음	
• 특급 또는 1급 소방안전관리대상물의 소방안전관리자 자격이 인정되는 사람		

(4) 3급 소방안전관리대상물의 소방안전관리자 선임조건

자격	경력	비고
• 소방공무원	1년	
• 소방청장이 실시하는 3급 소방안전관리대상물의 소방안전관리에 관한 시험에 합격한 사람	경력 필요 없음	3급 소방안전관리자 자격증을 받은 사람
• 「기업활동 규제완화에 관한 특별조치법」에 따라 소방안전관리자로 선임된 사람(소방안전관리자로 선임된 기간으로 한정)		
• 특급 소방안전관리대상물, 1급 소방안전관리대상물 또는 2급 소방안전관리대상물의 소방안전관리자 자격이 인정되는 사람		

답 ②

55 위험물의 저장 또는 취급에 세부기준을 위반한 자에 대한 과태료 금액으로 옳은 것은?
[15.05.문49]

① 1차 위반시 : 250만원
② 2차 위반시 : 300만원
③ 3차 위반시 : 350만원
④ 4차 위반시 : 400만원

해설 위험물령 [별표 9]
위험물의 저장 또는 취급에 관한 세부기준을 위반한 자

1차 위반시	2차 위반시	3차 이상 위반시
250만원 보기 ①	400만원	500만원

답 ①

56 소방시설공사업법령상 감리원의 세부배치기준 중 일반공사감리 대상인 경우 다음 ( ) 안에 알맞은 것은? (단, 일반공사감리 대상인 아파트의 경우는 제외한다.)
[18.04.문56]
[11.03.문56]
[10.05.문52]

1명의 감리원이 담당하는 소방공사감리 현장은 (㉠)개 이하로서 감리현장 연면적의 총 합계가 (㉡)m² 이하일 것

① ㉠ 5, ㉡ 50000
② ㉠ 5, ㉡ 100000
③ ㉠ 7, ㉡ 50000
④ ㉠ 7, ㉡ 100000

해설 공사업규칙 16조
소방공사감리원의 세부배치기준

감리대상	책임감리원
일반공사감리 대상	• 주 1회 이상 방문감리 • 담당감리현장 5개 이하로서 연면적 총 합계 100000m² 이하 보기 ②

답 ②

57 소방안전관리자의 업무라고 볼 수 없는 것은?
[23.03.문41]
[21.05.문58]
[19.09.문53]
[16.05.문46]
[11.03.문44]
[10.05.문55]
[06.05.문55]

① 소방계획서의 작성 및 시행
② 화재예방강화지구의 지정
③ 자위소방대의 구성·운영·교육
④ 피난시설, 방화구획 및 방화시설의 관리

해설 ② 시·도지사의 업무

화재예방법 24조
관계인 및 소방안전관리자의 업무

특정소방대상물 (관계인)	소방안전관리대상물 (소방안전관리자)
① **피**난시설·방화구획 및 방화시설의 관리 ② **소**방시설, 그 밖의 소방관련시설의 관리 ③ **화**기취급의 감독 ④ 소방안전관리에 필요한 업무 ⑤ 화재발생시 초기대응	① **피**난시설·방화구획 및 방화시설의 관리 보기 ④ ② **소**방시설, 그 밖의 소방관련시설의 관리 ③ **화**기취급의 감독 ④ 소방안전관리에 필요한 업무 ⑤ **소**방계획서의 작성 및 시행(대통령령으로 정하는 사항 포함) 보기 ① ⑥ **자위**소방대 및 초기대응체계의 구성·운영·교육 보기 ③ ⑦ 소방**훈**련 및 교육 ⑧ 소방안전관리에 관한 업무 수행에 관한 기록·유지 ⑨ 화재발생시 초기대응

기억법 계위 훈피소화

용어

특정소방대상물	소방안전관리대상물
건축물 등의 규모·용도 및 수용인원 등을 고려하여 소방시설을 설치하여야 하는 소방대상물로서 대통령령으로 정하는 것	대통령령으로 정하는 특정소방대상물

중요

화재예방법 18조
화재예방강화지구의 지정
(1) 지정권자 : **시·도지사** 보기 ②
(2) 지정지역
  ㉠ **시장**지역
  ㉡ **공장·창고** 등이 밀집한 지역
  ㉢ **목조건물**이 밀집한 지역
  ㉣ 노후·불량 건축물이 밀집한 지역
  ㉤ **위험물**의 **저장** 및 **처리시설**이 **밀집**한 지역
  ㉥ **석유화학제품**을 생산하는 공장이 있는 지역
  ㉦ **소방시설·소방용수시설** 또는 **소방출동로**가 **없는** 지역
  ㉧ 「**산업입지 및 개발에 관한 법률**」에 따른 산업단지
  ㉨ 「**물류시설의 개발 및 운영에 관한 법률**」에 따른 물류단지
  ㉩ **소방청장·소방본부장** 또는 **소방서장**(소방관서장)이 화재예방강화지구로 지정할 필요가 있다고 인정하는 지역

답 ②

58 ★★★

소방시설 설치 및 관리에 관한 법률상 건축물의 신축·증축·용도변경 등의 허가 권한이 있는 행정기관은 건축허가를 할 때 미리 그 건축물 등의 시공지 또는 소재지를 관할하는 소방본부장이나 소방서장의 동의를 받아야 한다. 다음 중 건축허가 등의 동의대상물의 범위가 아닌 것은?

22.03.문44
21.03.문51
20.06.문59
19.03.문50
15.09.문45
15.03.문49
13.06.문41
13.03.문45

① 수련시설로서 연면적 200m² 이상인 건축물
② 지하층 또는 무창층이 있는 건축물로서 바닥면적이 150m² 이상인 층이 있는 것
③ 승강기 등 기계장치에 의한 주차시설로서 자동차 10대 이상을 주차할 수 있는 시설
④ 차고·주차장으로 사용되는 바닥면적이 200m² 이상인 층이 있는 건축물이나 주차시설

해설 ③ 10대 이상 → 20대 이상

소방시설법 시행령 7조
건축허가 등의 동의대상물
(1) 연면적 400m²(학교시설 : 100m², 수련시설·노유자시설 : 200m², 정신의료기관·장애인의료재활시설 : 300m²) 이상 보기 ①
(2) 6층 이상인 건축물
(3) 차고·주차장으로서 바닥면적 200m² 이상(자동차 20대 이상) 보기 ④
(4) 항공기격납고, 관망탑, 항공관제탑, 방송용 송수신탑
(5) 지하층 또는 무창층의 바닥면적 150m²(공연장은 100m²) 이상 보기 ②
(6) 위험물저장 및 처리시설, 지하구
(7) 결핵환자나 한센인이 24시간 생활하는 노유자시설
(8) 전기저장시설, 풍력발전소
(9) 공동주택, 숙박시설
(10) 요양병원(의료재활시설 제외)
(11) 노인주거복지시설·노인의료복지시설 및 재가노인복지시설, 학대피해노인 전용쉼터, 아동복지시설, 장애인거주시설
(12) 정신질환자 관련시설(공동생활가정을 제외한 재활훈련시설과 종합시설 중 24시간 주거를 제공하지 않는 시설 제외)
(13) 노숙인자활시설, 노숙인재활시설 및 노숙인요양시설
(14) 조산원, 산후조리원, 의원(입원실 또는 인공신장실이 있는 것)
(15) 공장 또는 창고시설로서 지정수량의 750배 이상의 특수가연물을 저장·취급하는 것
(16) 가스시설로서 지상에 노출된 탱크의 저장용량의 합계가 100t 이상인 것

답 ③

59 ★★★

특정소방대상물 중 침대가 있는 숙박시설의 수용인원을 산정하는 방법으로 옳은 것은?

23.05.문35
18.04.문43
17.03.문48
15.05.문41
13.06.문42

① 해당 특정소방대상물의 종사자수에 침대의 수(2인용 침대는 2인으로 산정한다)를 합한 수
② 해당 특정소방대상물의 종사자의 수에 객실 수를 합한 수
③ 해당 특정소방대상물의 종사자의 수의 3배수

④ 해당 특정소방대상물의 종사자의 수에 숙박시설 바닥면적의 합계를 3m²로 나누어 얻은 수를 합한 수

해설 ① 침대가 있는 숙박시설 : 해당 특정소방대상물의 종사자수에 침대의 수(2인용 침대는 2인으로 산정한다)를 합한 수

소방시설법 시행령〔별표 7〕
수용인원의 산정방법

특정소방대상물		산정방법
• 강의실 • 교무실 • 상담실 • 실습실 • 휴게실		바닥면적 합계 1.9m²
• 숙박 시설	침대가 있는 경우	종사자수+침대수 보기 ①
	침대가 없는 경우	종사자수+ 바닥면적 합계 3m²
• 기타		바닥면적 합계 3m²
• 강당 • 문화 및 집회시설, 운동시설 • 종교시설		바닥면적의 합계 4.6m²

답 ①

60 ★★★

특정소방대상물에 사용하는 물품으로 방염대상물품에 해당하지 않는 것은? (단, 제조 또는 가공 공정에서 방염처리한 물품이다.)

23.05.문52
22.03.문51
21.09.문41
21.03.문59
19.04.문42
17.03.문59
11.10.문47

① 가구류
② 창문에 설치하는 커튼류
③ 무대용 합판
④ 두께가 2mm 미만인 종이벽지를 제외한 벽지류

해설 **소방시설법 시행령 31조**
방염대상물품

제조 또는 가공 공정에서 방염처리를 한 물품	건축물 내부의 천장이나 벽에 부착하거나 설치하는 것
① 창문에 설치하는 커튼류 (블라인드 포함) 보기 ②	① 종이류(두께 2mm 이상), 합성수지류 또는 섬유류를 주원료로 한 물품
② 카펫	② 합판이나 목재
③ 벽지류(두께 2mm 미만인 종이벽지 제외) 보기 ④	③ 공간을 구획하기 위하여 설치하는 간이칸막이
④ 전시용 합판·목재 또는 섬유판	④ 흡음재(흡음용 커튼 포함) 또는 방음재(방음용 커튼 포함)
⑤ 무대용 합판·목재 또는 섬유판 보기 ③	
⑥ 암막·무대막(영화상영관·가상체험 체육시설업의 스크린 포함)	※ 가구류(옷장, 찬장, 식탁, 식탁용 의자, 사무용 책상, 사무용 의자, 계산대)와 너비 10cm 이하인 반자돌림대, 내부 마감재료 제외
⑦ 섬유류 또는 합성수지류 등을 원료로 하여 제작된 소파·의자(단란주점영업, 유흥주점영업 및 노래연습장업의 영업장에 설치하는 것만 해당)	

답 ①

제4과목 ─ 소방기계시설의 구조 및 원리

61 옥외소화전설비의 화재안전기준상 옥외소화전설비의 배관 등에 관한 기준 중 호스의 구경은 몇 mm로 하여야 하는가?

① 35　　② 45
③ 55　　④ 65

해설 호스의 구경

옥내소화전설비	옥외소화전설비
40mm	65mm 보기 ④

기억법 내4(내사종결)

답 ④

62 포소화설비의 화재안전기준에 따른 포소화설비 설치기준에 대한 설명으로 틀린 것은?

① 포워터스프링클러헤드는 바닥면적 8m²마다 1개 이상 설치하여야 한다.
② 포헤드를 정방형으로 배치하든 장방형으로 배치하든 간에 그 유효반경은 2.1m로 한다.
③ 포헤드는 특정소방대상물의 천장 또는 반자에 설치하되, 바닥면적 7m²마다 1개 이상으로 한다.
④ 전역방출방식의 고발포용 고정포방출구는 바닥면적 500m² 이내마다 1개 이상을 설치하여야 한다.

해설 ③ 7m²마다 → 9m²마다

(1) 헤드의 설치개수 (NFPC 105 12조, NFTC 105 2.9.2)

헤드 종류		바닥면적/설치개수
포워터스프링클러헤드		8m²/개 보기 ①
포헤드		9m²/개 보기 ③
압축공기포 소화설비	특수가연물 저장소	9.3m²/개
	유류탱크 주위	13.9m²/개
고정포방출구		500m²/1개

(2) 포헤드 상호간의 거리기준 (NFPC 105 12조, NFTC 105 2.9.2.5)

정방형(정사각형)	장방형(직사각형)
$S = 2r \times \cos 45°$ $L = S$ 여기서, S : 포헤드 상호간의 거리[m] r : 유효반경(2.1m)	$P_t = 2r$ 여기서, P_t : 대각선의 길이 [m] r : 유효반경(2.1m) 보기 ②

(3) 전역방출방식의 고발포용 고정포방출구 (NFPC 105 12조, NFTC 105 2.9.4.1)
㉠ 개구부에 자동폐쇄장치를 설치할 것
㉡ 고정포방출구는 바닥면적 500m²마다 1개 이상으로 할 것 보기 ④
㉢ 고정포방출구는 방호대상물의 최고부분보다 높은 위치에 설치할 것
㉣ 해당 방호구역의 관포체적 1m³에 대한 포수용액 방출량은 소방대상물 및 포의 팽창비에 따라 달라진다.

기억법 고5(GO)

답 ③

63 연결살수설비 전용 헤드를 사용하는 배관의 설치에서 하나의 배관에 부착하는 살수헤드가 4개일 때 배관의 구경은 몇 mm 이상으로 하는가?

① 50　　② 65
③ 80　　④ 100

해설 연결살수설비 (NFPC 503 5조, NFTC 503 2.2.3.1)

배관의 구경	살수헤드 개수
32mm	1개
40mm	2개
50mm	3개
65mm 보기 ②	4개 또는 5개
80mm	6~10개 이하

• 연결살수설비에서 하나의 송수구역에 설치하는 개방형 헤드수는 10개 이하로 하여야 한다.

답 ②

64 전역방출방식 분말소화설비의 분사헤드는 소화약제 저장량을 몇 초 이내에 방사할 수 있는 것으로 하여야 하는가?

① 5　　② 10
③ 20　　④ 30

해설 약제방사시간

소화설비		전역방출방식		국소방출방식	
		일반 건축물	위험물 제조소	일반 건축물	위험물 제조소
할론소화설비		10초 이내	30초 이내	10초 이내	30초 이내
분말소화설비		30초 이내 보기 ④		30초 이내	
CO₂ 소화설비	표면화재	1분 이내	60초 이내	30초 이내	
	심부화재	7분 이내 (단, 설계 농도가 2분 이내에 30% 도달)			

• 문제에서 특정한 조건이 없으면 "일반건축물"을 적용하면 된다.

답 ④

65 소화기구 및 자동소화장치의 화재안전기준에 따라 부속용도별 추가하여야 할 소화기구 중 음식점의 주방에 추가하여야 할 소화기구의 능력단위는? (단, 지하가의 음식점을 포함한다.)

① 해당 용도 바닥면적 $10m^2$마다 1단위 이상
② 해당 용도 바닥면적 $15m^2$마다 1단위 이상
③ 해당 용도 바닥면적 $20m^2$마다 1단위 이상
④ 해당 용도 바닥면적 $25m^2$마다 1단위 이상

해설 부속용도별로 **추가**되어야 할 **소화기구**(소화기)

소화기	자동확산소화기
① 능력단위: 해당 용도의 바닥면적 $25m^2$마다 1단위 이상 보기 ④	① $10m^2$ 이하: 1개 ② $10m^2$ 초과: 2개
② 능력단위 = $\dfrac{바닥면적}{25m^2}$	

답 ④

66 호스릴 분말소화설비의 설치기준으로 틀린 것은?

① 소화약제의 저장용기는 호스릴을 설치하는 장소마다 설치할 것
② 방호대상물의 각 부분으로부터 하나의 호스접결구까지의 수평거리가 15m 이하가 되도록 할 것
③ 소화약제의 저장용기의 개방밸브는 호스릴의 설치장소에서 자동으로 개폐할 수 있는 것으로 할 것
④ 소화약제 저장용기의 가장 가까운 곳의 보기 쉬운 곳에 적색의 표시등을 설치하고, 호스릴방식의 분말소화설비가 있다는 뜻을 표시한 표지를 할 것

해설 ③ 자동 → 수동

호스릴 분말소화설비의 **설치기준**(NFPC 108 11조, NFTC 108 2.8.4)
(1) 방호대상물의 각 부분으로부터 하나의 호스접결구까지의 **수평거리**가 **15m** 이하가 되게 한다. 보기 ②
(2) 소화약제의 저장용기의 개방밸브는 호스릴의 설치장소에서 **수동**으로 **개폐** 가능하게 한다. 보기 ③
(3) 소화약제의 저장용기는 **호스릴** 설치장소마다 설치한다. 보기 ①
(4) 호스릴방식의 분말소화설비의 노즐은 하나의 노즐마다 1분당 다음 표에 따른 소화약제를 방출할 수 있는 것으로 할 것

소화약제의 종별	1분당 방사하는 소화약제의 양
제1종 분말	45kg
제2종 분말 또는 제3종 분말	27kg
제4종 분말	18kg

(5) 소화약제 저장용기의 가장 가까운 곳의 보기 쉬운 곳에 적색의 표시등을 설치하고, 호스릴방식의 분말소화설비가 있다는 뜻을 표시한 표지를 할 것 보기 ④

답 ③

67 소화기구 및 자동소화장치의 화재안전기준상 소화기구의 설치기준 중 다음 괄호 안에 알맞은 것은?

> 능력단위가 2단위 이상이 되도록 소화기를 설치하여야 할 특정소방대상물 또는 그 부분에 있어서는 간이소화용구의 능력단위가 전체 능력단위의 ( )을 초과하지 아니하게 할 것

① $\dfrac{1}{2}$ ② $\dfrac{1}{3}$
③ $\dfrac{1}{4}$ ④ $\dfrac{1}{5}$

해설 **소화기구**의 **설치기준**(NFPC 101 4조, NFTC 101 2.1.1.5)
능력단위가 **2단위** 이상이 되도록 소화기를 설치하여야 할 특정소방대상물 또는 그 부분에 있어서는 간이소화용구의 능력단위가 전체 능력단위의 $\dfrac{1}{2}$ 보기 ① 을 초과하지 아니하게 할 것(단, **노유자시설**은 제외)

답 ①

68 연결살수설비 배관의 설치기준 중 옳은 것은?

① 연결살수설비 전용 헤드를 사용하는 경우 하나의 배관에 부착하는 살수헤드의 개수가 2개이면 배관의 구경은 50mm 이상으로 설치하여야 한다.
② 옥내소화전설비가 설치된 경우 폐쇄형 헤드를 사용하는 연결살수설비의 주배관은 옥내소화전설비의 주배관에 접속하여야 한다.
③ 개방형 헤드를 사용하는 연결살수설비의 수평주행배관은 헤드를 향하여 상향으로 $\dfrac{1}{50}$ 이상의 기울기로 설치하여야 한다.
④ 가지배관을 설치하는 경우에는 가지배관의 배열은 토너먼트방식으로 하여야 한다.

해설 ① 50mm → 40mm
③ $\dfrac{1}{50}$ 이상 → $\dfrac{1}{100}$ 이상
④ 토너먼트방식으로 하여야 한다. → 토너먼트방식이 아니어야 한다.

연결살수설비의 배관 설치기준
(1) 구경이 **50mm**일 때 하나의 배관에 부착하는 헤드의 개수는 **3개**
(2) 폐쇄형 헤드를 사용하는 경우, 시험배관은 송수구의 **가장 먼 가지배관**의 끝으로부터 연결 설치
(3) 개방형 헤드를 사용하는 수평주행배관은 헤드를 향하여 상향으로 $\dfrac{1}{100}$ 이상의 기울기로 설치 보기 ③
(4) 가지배관의 배열은 **토너먼트방식**(토너멘트방식)이 **아닐 것** 보기 ④
(5) **연결살수설비**의 살수헤드개수

배관의 구경	32mm	40mm	50mm	65mm	80mm
살수헤드개수	1개	2개 보기 ①	3개	4개 또는 5개	6~10개 이하

기억법 6545

(6) 옥내소화전설비가 설치된 경우 **폐쇄형** 헤드를 사용하는 **연결살수설비**의 **주배관**은 옥내소화전설비의 주배관에 접속 보기 ②

답 ②

---

69 폐쇄형 스프링클러설비의 하나의 방호구역은 바닥면적 몇 m²를 초과할 수 없는가?

19.09.문67
15.03.문73
10.03.문66

① 1000 ② 2000
③ 2500 ④ 3000

해설 폐쇄형 스프링클러설비의 방호구역 설치기준
(1) 하나의 **방**호구역의 바닥면적은 **3**000m²를 초과하지 아니할 것 보기 ④
(2) 하나의 방호구역에는 1개 이상의 **유수검지장치**를 설치하되, 화재발생시 접근이 쉽고 점검하기 편리한 장소에 설치
(3) 하나의 방호구역은 **2개층**에 미치지 아니하도록 할 것(단, 1개층에 설치되는 스프링클러헤드의 수가 **10개 이하**인 경우는 **3개층 이내**)

기억법 폐방3

답 ④

---

70 고압의 전기기기가 있는 장소의 전기기기와 물분무헤드의 이격거리 기준으로 틀린 것은?

23.03.문62
16.05.문70
16.03.문74
15.03.문74
12.03.문65

① 110kV 초과 154kV 이하 : 150cm 이상
② 154kV 초과 181kV 이하 : 180cm 이상
③ 181kV 초과 220kV 이하 : 200cm 이상
④ 220kV 초과 275kV 이하 : 260cm 이상

해설 **물분무헤드**의 이격거리

전 압	거 리
66kV 이하	70cm 이상
67~77kV 이하	80cm 이상
78~110kV 이하	110cm 이상
111~154kV 이하 보기 ①	150cm 이상
155~181kV 이하 보기 ②	180cm 이상
182~220kV 이하 보기 ③	210cm 이상
221~275kV 이하 보기 ④	260cm 이상

기억법
66 → 70
77 → 80
110 → 110
154 → 150
181 → 180
220 → 210
275 → 260

답 ③

---

71 랙식 창고에 설치하는 스프링클러헤드는 천장 또는 각 부분으로부터 하나의 스프링클러헤드까지의 수평거리가 몇 m 이하이어야 하는가?

16.03.문78
12.05.문73

① 1.5 ② 2.1
③ 2.5 ④ 3.2

해설
• **특수가연물**, 내화구조가 아니므로 **기타구조**로 본다.
• ② 기타구조(랙식 창고) : **2.1m 이하**

수평거리(R)

설치장소	설치기준
무대부・**특**수가연물 (창고 포함)	수평거리 **1.7m** 이하
기타구조(창고 포함)	수평거리 **2.1m** 이하 보기 ②
내화구조(창고 포함)	수평거리 **2.3m** 이하
공동주택(**아**파트) 세대 내	수평거리 **2.6m** 이하

기억법
무특 17
기 1
내 3
공아 26

답 ②

---

72 완강기 및 간이완강기의 최대사용하중 기준은 몇 N 이상이어야 하는가?

23.03.문69
21.05.문63
18.09.문76
16.10.문77
16.05.문76
15.05.문69
09.03.문61

① 800
② 1000
③ 1200
④ 1500

해설 **완강기** 및 **간이완강기**의 하중
(1) 250N(최소하중)
(2) 750N
(3) 1500N(최대하중) 보기 ④

답 ④

24. 05. 시행 / 산업(기계)

73 ★★
18.03.문73
13.03.문62

표준형 스프링클러헤드의 감도 특성에 의한 분류 중 조기반응(fast response)에 따른 스프링클러헤드의 반응시간지수(RTI) 기준으로 옳은 것은?

① $50(m \cdot s)^{1/2}$ 이하
② $80(m \cdot s)^{1/2}$ 이하
③ $150(m \cdot s)^{1/2}$ 이하
④ $350(m \cdot s)^{1/2}$ 이하

해설 반응시간지수(RTI)값(스프링클러헤드의 형식승인 및 제품검사의 기술기준 13조)

구 분	RTI값
조기반응	$50(m \cdot s)^{1/2}$ 이하 보기 ①
특수반응	$51 \sim 80(m \cdot s)^{1/2}$ 이하
표준반응	$81 \sim 350(m \cdot s)^{1/2}$ 이하

기억법 조5(**조로**증)

답 ①

74 ★★★
23.05.문64
23.03.문67
22.09.문76
22.04.문70
22.03.문69
21.03.문63
20.06.문77
18.04.문79
17.05.문75

미분무소화설비의 화재안전기준에 따른 용어의 정리 중 다음 ( ) 안에 알맞은 것은?

미분무란 물만을 사용하여 소화하는 방식으로 최소설계압력에서 헤드로부터 방출되는 물입자 중 (㉠)%의 누적체적분포가 (㉡)μm 이하로 분무되고 A, B, C급 화재에 적응성을 갖는 것을 말한다.

① ㉠ 30, ㉡ 200
② ㉠ 50, ㉡ 200
③ ㉠ 60, ㉡ 400
④ ㉠ 99, ㉡ 400

해설 미분무소화설비의 용어정의(NFPC 104A 3조, NFTC 104A 1.7)

용 어	설 명
미분무소화설비	가압된 물이 헤드 통과 후 미세한 입자로 분무됨으로써 소화성능을 가지는 설비를 말하며, 소화력을 증가시키기 위해 강화액 등을 첨가할 수 있다.
미분무	물만을 사용하여 소화하는 방식으로 최소설계압력에서 헤드로부터 방출되는 물입자 중 **99**%의 누적체적분포가 **400**μm 이하로 분무되고 A, B, C급 화재에 적응성을 갖는 것 보기 ④
미분무헤드	하나 이상의 오리피스를 가지고 미분무소화설비에 사용되는 헤드

답 ④

75 ★★★
21.09.문75
20.06.문75
19.03.문80
16.03.문63
15.03.문79
13.03.문74
12.03.문70

포소화설비의 수동식 기동장치의 조작부 설치위치는?

① 바닥으로부터 0.5m 이상, 1.2m 이하
② 바닥으로부터 0.8m 이상, 1.2m 이하
③ 바닥으로부터 0.8m 이상, 1.5m 이하
④ 바닥으로부터 0.5m 이상, 1.5m 이하

해설 포소화설비 수동식 기동장치
(1) 직접조작 또는 원격조작에 의하여 가압송수장치·수동식 개방밸브 및 소화약제 혼합장치를 기동할 수 있는 것
(2) **2 이상**의 방사구역을 가진 포소화설비에는 방사구역을 선택할 수 있는 구조
(3) 기동장치의 조작부는 화재시 쉽게 접근할 수 있는 곳에 설치하되, 바닥으로부터 **0.8~1.5m 이하**의 위치에 설치하고, 유효한 보호장치 설치 보기 ③
(4) 기동장치의 조작부 및 호스접결구에는 가까운 곳의 보기 쉬운 곳에 각각 '**기동장치의 조작부**' 및 '**접결구**'라고 표시한 표지 설치

답 ③

76 ★
19.03.문61

스프링클러설비에서 건식 설비와 비교한 습식 설비의 특징에 관한 설명으로 옳지 않은 것은?

① 구조가 상대적으로 간단하고 설비비가 적게 든다.
② 동결의 우려가 있는 곳에는 사용하기가 적절하지 않다.
③ 헤드 개방시 즉시 방수된다.
④ 오동작이 발생할 때 물에 의해 야기되는 피해가 적다.

해설 ④ 적다 → 많을 수 있다.

건식 설비 vs 습식 설비

습식	건식
① 습식 밸브의 1·2차측 배관 내에 가압수가 상시 충수되어 있다.	① 건식 밸브의 1차측에는 가압수, 2차측에는 압축공기 또는 질소로 충전되어 있다.
② **구조**가 **간단**하다. 보기 ①	② **구조**가 **복잡**하다.
③ 설치비(설비비)가 적게 든다.	③ 설치비(설비비)가 많이 든다.
④ **보온**이 **필요**하다. (동결 우려가 있는 곳은 사용하기 부적절) 보기 ②	④ **보온**이 **불필요**하다.
⑤ 소화활동시간이 **빠르다**.	⑤ 소화활동시간이 **느리다**.
⑥ 헤드 개방시 즉시 방수된다. 보기 ③	
⑦ 오동작이 발생할 때 물에 의해 야기되는 **피해**가 **많을 수 있다**. 보기 ④	

답 ④

77
분말소화설비의 화재안전기준상 분말소화약제의 저장용기를 가압식으로 설치할 때 안전밸브의 작동압력기준은?

① 최고사용압력의 0.8배 이하
② 최고사용압력의 1.8배 이하
③ 내압시험압력의 0.8배 이하
④ 내압시험압력의 1.8배 이하

해설 분말소화약제의 저장용기 설치장소 기준(NFPC 108 4조, NFTC 108 2.1)
(1) **방호구역** 외의 장소에 설치할 것(단, 방호구역 내에 설치할 경우에는 피난 및 조작이 용이하도록 피난구 부근에 설치)
(2) 온도가 **40℃** 이하이고, 온도변화가 작은 곳에 설치할 것
(3) 직사광선 및 빗물이 침투할 우려가 없는 곳에 설치할 것
(4) 방화문으로 구획된 실에 설치할 것
(5) 용기의 설치장소에는 해당 용기가 설치된 곳임을 표시하는 표지를 할 것
(6) 용기 간의 간격은 점검에 지장이 없도록 **3cm** 이상의 간격을 유지할 것
(7) 저장용기와 집합관을 연결하는 연결배관에는 **체크밸브**를 설치할 것
(8) 주밸브를 개방하는 **정압작동장치** 실시
(9) 저장용기의 **충전비**는 0.8 이상
(10) 안전밸브의 설치

가압식	축압식
최고사용압력의 **1.8배** 이하 보기 ②	내압시험압력의 **0.8배** 이하

답 ②

78
다음 시설 중 호스릴 포소화설비를 설치할 수 있는 소방대상물은?

① 완전 밀폐된 주차장
② 지상 1층으로서 지붕이 있는 차고·주차장
③ 주된 벽이 없고 기둥뿐인 고가 밑의 주차장
④ 바닥면적 합계가 1000m² 미만인 항공기 격납고

해설
① 밀폐된 주차장 → 개방된 옥상주차장
② 있는 → 없는
④ 1000m² 미만 → 1000m² 이상

호스릴 포소화설비의 적용
(1) **지상 1층**으로서 지붕이 **없는** 차고·주차장 보기 ②
(2) 바닥면적 합계가 1000m² **이상**인 항공기 격납고 보기 ④
(3) **완전 개방**된 옥상주차장(주된 벽이 없고 기둥뿐이거나 주위가 위해방지용 철주 등으로 둘러싸인 부분) 보기 ①
(4) 고가 밑의 주차장(주된 벽이 없고 기둥뿐이거나 주위가 위해방지용 철주 등으로 둘러싸인 부분) 보기 ③

답 ③

79
물분무소화설비의 화재안전기준상 물분무헤드를 설치하지 않을 수 있는 장소 기준 중 다음 괄호 안에 알맞은 것은?

> 운전시에 표면의 온도가 ( )℃ 이상으로 되는 등 직접 분무를 하는 경우 그 부분에 손상을 입힐 우려가 있는 기계장치 등이 있는 장소

① 250   ② 260
③ 270   ④ 280

해설 물분무헤드의 설치제외대상(NFPC 104 15조, NFTC 104 2.1.2)
(1) 물과 심하게 반응하거나 위험한 물질을 생성하는 물질 저장·취급 장소
(2) **고온물질** 저장·취급 장소
(3) 운전시에 표면의 온도가 **260℃** 이상 되는 장소 보기 ②

기억법 물26(물이 이륙)

비교
옥내소화전설비 방수구 설치제외장소(NFPC 102 11조, NFTC 102 2.8)
(1) **냉**장창고 중 온도가 영하인 **냉장실** 또는 냉동창고의 **냉동실**
(2) **고온**의 노가 설치된 장소 또는 물과 격렬하게 반응하는 물품의 저장 또는 취급 장소
(3) **발**전소·변전소 등으로서 전기시설이 설치된 장소
(4) **식**물원·수족관·목욕실·수영장(관람석 부분을 제외) 또는 그 밖의 이와 비슷한 장소
(5) **야**외음악당·야외극장 또는 그 밖의 이와 비슷한 장소

기억법 내냉방 야식 고발

답 ②

80
옥내소화전설비의 가압송수장치를 압력수조방식으로 할 경우에 압력수조에 설치하는 부속장치 중 필요하지 않은 것은?

① 수위계   ② 급기관
③ 맨홀   ④ 오버플로우관

해설 ④ 고가수조에 필요

필요설비(NFTC 103 2.2.2.2, 2.2.3.2)

고가수조	압력수조
• 수위계	• **수**위계 보기 ①
• 배수관	• **배**수관
• 급수관	• **급**수관
• 맨홀	• **맨**홀 보기 ③
• **오**버플로우관 보기 ④	• **급**기관 보기 ②
	• 압력계
	• 안전장치
	• **자**동식 공기압축기

기억법 고오(GO!), 기안자 배급수맨

답 ④

2024. 7. 5 시행

2024년 산업기사 제3회 필기시험 CBT 기출복원문제

자격종목	종목코드	시험시간	형별	수험번호	성명
소방설비산업기사(기계분야)		2시간			

※ 각 문항은 4지택일형으로 질문에 가장 적합한 보기 항을 선택하여 체크하여야 합니다.

제 1 과목 소방원론

01 폭발에 대한 설명으로 틀린 것은?
22.03.문01
19.09.문20
16.03.문05
① 보일러폭발은 화학적 폭발이라 할 수 없다.
② 분무폭발은 기상폭발에 속하지 않는다.
③ 수증기폭발은 기상폭발에 속하지 않는다.
④ 화약류 폭발은 화학적 폭발이라 할 수 있다.

해설 ② 분무폭발은 기상폭발에 속한다.

기상폭발
(1) 가스폭발(혼합가스폭발)
(2) 분무폭발 보기 ②
(3) 분진폭발

답 ②

02 적린의 착화온도는 약 몇 ℃인가?
22.03.문04
18.03.문06
14.09.문14
14.05.문04
12.03.문04
07.05.문03
① 34
② 157
③ 180
④ 260

해설

물 질	인화점	발화점
프로필렌	-107℃	497℃
에틸에터, 다이에틸에터	-45℃	180℃
가솔린(휘발유)	-43℃	300℃
이황화탄소	-30℃	100℃
아세틸렌	-18℃	335℃
아세톤	-18℃	538℃
에틸알코올	13℃	423℃
적린	-	**260**℃ 보기 ④

기억법 적26(적이 육지에 있다.)

• 발화점=발화온도=착화온도=착화점

답 ④

03 표준상태에서 44.8m³의 용적을 가진 이산화탄소가스를 모두 액화하면 몇 kg인가? (단, 이산화탄소의 분자량은 44이다.)
22.03.문06
20.08.문14
12.09.문03
① 88
② 44
③ 22
④ 11

해설 (1) 분자량

원 소	원자량
H	1
C	12
N	14
O	16

이산화탄소(CO_2)의 분자량 = $12 + 16 \times 2 = 44$g/mol

(2) 증기밀도

$$증기밀도[g/L] = \frac{분자량}{22.4}$$

여기서, 22.4 : 공기의 부피[L]

$$증기밀도[g/L] = \frac{분자량}{22.4}$$

$$\frac{g(질량)}{44800L} = \frac{44}{22.4}$$

$$g(질량) = \frac{44}{22.4} \times 44800L = 88000g = 88kg$$

• 1m³=1000L이므로 44.8m³=44800L
• 단위를 보고 계산하면 쉽다.

답 ①

04 스테판-볼츠만(Stefan-Boltzmann)의 법칙에서 복사체의 단위표면적에서 단위시간당 방출되는 복사에너지는 절대온도의 얼마에 비례하는가?
22.03.문08
19.03.문08
14.05.문08
13.06.문11
13.03.문06
① 제곱근
② 제곱
③ 3제곱
④ 4제곱

해설 스테판-볼츠만의 법칙
$$Q = aAF(T_1^4 - T_2^4)$$
여기서, Q : 복사열[W]
a : 스테판-볼츠만 상수[W/m² · K⁴]
A : 단면적[m²]
T_1 : 고온(273+℃)[K]
T_2 : 저온(273+℃)[K]

※ **스**테판-**볼**츠만의 법칙 : 복사체에서 발산되는 복사열은 복사체의 절대온도의 **4**제곱에 비례한다.
보기 ④

기억법 스볼4

• 4제곱=4승

답 ④

05 목조건축물의 온도와 시간에 따른 화재특성으로 옳은 것은?

① 저온단기형 ② 저온장기형
③ 고온단기형 ④ 고온장기형

해설
목조건물의 화재온도 표준곡선	내화건물의 화재온도 표준곡선
• 화재성상 : **고온단**기형 보기 ③ • 최고온도(최성기온도) : 1300℃	• 화재성상 : 저온장기형 • 최고온도(최성기온도) : 900~1000℃

기억법 목고단 13

• 목조건물=목재건물

답 ③

06 동식물유류에서 "아이오딘값이 크다."라는 의미로 옳은 것은?

① 불포화도가 높다.
② 불건성유이다.
③ 자연발화성이 낮다.
④ 산소와의 결합이 어렵다.

해설 "아이오딘값이 크다."라는 의미
(1) **불포**화도가 높다. 보기 ①
(2) 건성유이다. 보기 ②
(3) 자연발화성이 높다. 보기 ③

(4) 산소와 결합이 쉽다. 보기 ④

※ **아이오딘값** : 기름 100g에 첨가되는 아이오딘의 g수

기억법 아불포

답 ①

07 공기 중에 분산된 밀가루, 알루미늄가루 등이 에너지를 받아 폭발하는 현상은?

① 분진폭발   ② 분무폭발
③ 충격폭발   ④ 단열압축폭발

해설 분진폭발 보기 ①
공기 중에 분산된 **밀가루**, **알루미늄가루** 등이 에너지를 받아 폭발하는 현상

중요

분진폭발을 일으키지 않는 물질
(1) **시**멘트
(2) **석**회석(소석회)
(3) **탄**산칼슘(CaCO₃)
(4) **생**석회(CaO)=산화칼슘

• 분진폭발을 일으키지 않는 물질 = 물과 반응하여 가연성 기체를 발생시키지 않는 것

기억법 분시석탄생

답 ①

08 다음 중 제3류 위험물로 금수성 물질에 해당하는 것은?

① 황
② 황린
③ 이황화탄소
④ 탄화칼슘

해설 위험물령 [별표 1]
위험물

유 별	성 질	품 명
제1류	**산**화성 **고**체	• 아염소산염류 • 염소산염류 • 과염소산염류 • 질산염류(질산칼륨) • 무기과산화물(과산화바륨) 기억법 1산고(일산GO)
제2류	가연성 고체	• **황**화인 • **적**린 • **황** 보기 ① • **마**그네슘 기억법 황화적황마

제3류	자연발화성 물질	• 황린(P_4) 보기 ②
	금수성 물질	• 칼륨(K) • 나트륨(Na) • 알킬알루미늄 • 알킬리튬 • 칼슘 또는 알루미늄의 탄화물류 (탄화칼슘=CaC_2) 보기 ④
		기억법 황칼나알칼
제4류	인화성 액체	• 특수인화물(이황화탄소) 보기 ③ • 알코올류 • 석유류 • 동식물유류
제5류	자기반응성 물질	• 나이트로화합물 • 유기과산화물 • 나이트로소화합물 • 아조화합물 • 질산에스터류(셀룰로이드)
제6류	산화성 액체	• 과염소산 • 과산화수소 • 질산

답 ④

09 산소와 질소의 혼합물인 공기의 평균분자량은? (단, 공기는 산소 21vol%, 질소 79vol%로 구성되어 있다고 가정한다.)

23.09.문14
19.09.문17
16.10.문02
11.06.문03

① 30.84
② 29.84
③ 28.84
④ 27.84

해설 원자량

원 소	원자량
H	1
C	12
N	14
O	16

$O_2 : 16 \times 2 \times 0.21 = 6.72$
$N_2 : 14 \times 2 \times 0.79 = 22.12$
∴ $6.72 + 22.12 = 28.84$

답 ③

10 피난대책의 일반적 원칙이 아닌 것은?

23.09.문18
22.09.문16
20.06.문13
19.04.문04
13.09.문02
11.10.문07

① 피난경로는 가능한 한 길어야 한다.
② 피난대책은 비상시 본능상태에서도 혼돈이 없도록 한다.
③ 피난시설은 가급적 고정식 시설이 바람직하다.
④ 피난수단은 원시적인 방법으로 하는 것이 바람직하다.

해설 ① 길어야 한다. → 짧아야 한다.

피난대책의 일반적인 원칙
(1) 피난경로는 **간단명료**하게 한다(단순한 형태).
(2) 피난설비는 **고정식 설비**를 위주로 설치한다. 보기 ③
(3) 피난수단은 **원시적 방법**에 의한 것을 원칙으로 한다. 보기 ④
(4) **2방향**의 피난통로를 확보한다
(5) 피난통로를 **완전불연화** 한다.
(6) **화재층**의 **피난**을 **최우선**으로 고려한다.
(7) 피난시설 중 피난로는 **복도** 및 **거실**을 가리킨다.
(8) 인간의 **본능적 행동**을 무시하지 않도록 고려한다(본능상태에서도 혼동이 없도록 한다). 보기 ②
(9) 계단은 **직통계단**으로 한다.
(10) **정전시**에도 **피난방향**을 알 수 있는 표시를 한다.
(11) 모든 피난동선은 건물 중심부 한 곳으로 향해서는 안 된다.
(12) 피난동선은 그 말단이 짧을수록 좋다. 보기 ①

• 피난동선=피난경로

답 ①

11 자연발화를 방지하는 방법이 아닌 것은?

22.09.문18
15.09.문15
14.05.문15
08.05.문06

① 저장실의 온도를 높인다.
② 통풍을 잘 시킨다.
③ 열이 쌓이지 않게 퇴적방법에 주의한다.
④ 습도가 높은 곳을 피한다.

해설 ① 높인다. → 낮춘다.

자연발화의 **방지법**
(1) **습**도가 높은 곳을 **피**할 것(건조하게 유지할 것) 보기 ④
(2) 저장실의 온도를 낮출 것(주위온도를 낮게 유지)
보기 ①
(3) 통풍이 잘 되게 할 것 보기 ②
(4) 퇴적 및 수납시 열이 쌓이지 않게 할 것(**열축적방지**)
보기 ③
(5) 발열반응에 정촉매작용을 하는 물질을 피할 것

기억법 자습피

답 ①

12 다음 중 제3류 위험물인 나트륨 화재시의 소화방법으로 가장 적합한 것은?

22.09.문19
15.03.문01
14.05.문06
08.05.문13

① 이산화탄소 소화약제를 분사한다.
② 할론 1301을 분사한다.
③ 물을 뿌린다.
④ 건조사를 뿌린다.

해설 소화방법

구 분	소화방법
제1류	물에 의한 **냉각소화**(단, **무기과산화물**은 **마른모래** 등에 의한 질식소화)
제2류	물에 의한 **냉각소화**(단, **황화인·철분·마그네슘·금속분**은 마른모래 등에 의한 질식소화)

제3류	마른모래 등에 의한 질식소화 보기 ④
제4류	포·분말·CO_2·할론소화약제에 의한 **질식소화**
제5류	화재 초기에만 대량의 물에 의한 **냉각소화**(단, 화재가 진행되면 자연진화 되도록 기다릴 것)
제6류	마른모래 등에 의한 **질식소화**(단, 과산화수소는 다량의 **물**로 **희석소화**)

기억법 마3(마산)

• 건조사=마른모래

답 ④

13 감광계수에 따른 가시거리 및 상황에 대한 설명으로 틀린 것은?

23.05.문02
21.03.문02
17.05.문10
01.06.문17

① 감광계수 $0.1m^{-1}$는 연기감지기가 작동할 정도의 연기농도이고, 가시거리는 20~30m이다.
② 감광계수 $0.5m^{-1}$는 거의 앞이 보이지 않을 정도의 농도이고, 가시거리는 1~2m이다.
③ 감광계수 $10m^{-1}$는 화재 최성기 때의 연기농도를 나타낸다.
④ 감광계수 $30m^{-1}$는 출화실에서 연기가 분출할 때의 농도이다.

해설 ② $0.5m^{-1}$ → $1m^{-1}$

감광계수에 따른 가시거리 및 상황

감광계수 $[m^{-1}]$	가시거리 $[m]$	상 황
0.1	20~30	연기감지기가 작동할 때의 농도 보기 ①
0.3	5	건물 내부에 익숙한 사람이 피난에 지장을 느낄 정도의 농도
0.5	3	어두운 것을 느낄 정도의 농도
1	1~2	거의 앞이 보이지 않을 정도의 농도 보기 ②
10	0.2~0.5	화재 최성기 때의 농도 보기 ③
30	-	출화실에서 연기가 분출할 때의 농도 보기 ④

답 ②

14 다음 중 착화점이 가장 낮은 물질은?

21.03.문06
19.04.문06
17.09.문11
17.03.문05
14.03.문02
08.09.문06

① 등유
② 아세톤
③ 경유
④ 톨루엔

해설
① 210℃   ② 538℃
③ 200℃   ④ 480℃

물 질	인화점	착화점
• 프로필렌	-107℃	497℃
• 에틸에터 • 다이에틸에터	-45℃	180℃
• 가솔린(휘발유)	-43℃	300℃
• **산**화프로필렌	-37℃	465℃
• **이**황화탄소	-30℃	100℃
• 아세틸렌	-18℃	335℃
• 아세톤 보기 ②	-18℃	538℃
• 벤젠	-11℃	562℃
• 톨루엔 보기 ④	4.4℃	480℃
• **메**틸알코올	11℃	464℃
• 에틸알코올	13℃	423℃
• 아세트산	40℃	-
• **등**유 보기 ①	43~72℃	210℃
• **경**유 보기 ③	50~70℃	200℃
• 적린	-	260℃

기억법 인산 이메등경

• 착화점=발화점=착화온도=발화온도
• 인화점=인화온도

답 ③

15 건축법상 건축물의 주요 구조부에 해당되지 않는 것은?

21.03.문10
20.08.문01
17.03.문16
12.09.문19

① 지붕틀   ② 내력벽
③ 주계단   ④ 최하층 바닥

해설 주요 구조부
(1) 내력**벽**
(2) **보**(작은 보 제외)
(3) **지**붕틀(차양 제외)
(4) **바**닥(최하층 바닥 제외) 보기 ④
(5) **주**계단(옥외계단 제외)
(6) **기**둥(사이기둥 제외)

※ **주요 구조부**: 건물의 구조 내력상 주요한 부분

기억법 벽보지 바주기

답 ④

16 Halon 1211의 화학식으로 옳은 것은?

21.03.문12
19.03.문06
16.03.문09
15.03.문02
14.03.문06

① CF_2BrCl
② $CFBrCl_2$
③ $C_2F_2Br_2$
④ CH_2BrCl

종 류	약 칭	분자식
Halon 1011	CB	CH_2ClBr
Halon 104	CTC	CCl_4
Halon 1211	BCF	$CF_2ClBr(CBrClF_2, CF_2BrCl)$
Halon 1301	BTM	$CF_3Br(CBrF_3)$
Halon 2402	FB	$C_2F_4Br_2(C_2Br_2F_4)$

답 ①

17
장기간 방치하면 습기, 고온 등에 의해 분해가 촉진되고 분해열이 축적되면 자연발화 위험성이 있는 것은?

21.03.문13
16.03.문12
15.03.문08
12.09.문12

① 셀룰로이드 ② 질산나트륨
③ 과망가니즈산칼륨 ④ 과염소산

자연발화의 형태

자연발화형태	종 류
분해열	• **셀**룰로이드 보기 ① • **나**이트로셀룰로오스 기억법 분셀나
산화열	• 건성유(정어리유, 아마인유, 해바라기유) • 석탄 • 원면 • 고무분말
발효열	• **퇴**비 • **먼**지 • **곡**물 기억법 발퇴먼곡
흡착열	• **목**탄 • **활**성탄 기억법 흡목탄활

답 ①

18
제1종 분말소화약제의 주성분은?

21.03.문18
19.03.문07
13.06.문18

① 탄산수소나트륨
② 탄산수소칼슘
③ 요소
④ 황산알루미늄

분말소화약제

종 별	분자식	착 색	적응 화재	비 고
제1종	중탄산나트륨 ($NaHCO_3$) 보기 ①	백색	BC급	**식용유** 및 **지방질유**의 화재에 적합
제2종	중탄산칼륨 ($KHCO_3$)	담자색 (담회색)	BC급	–
제3종	제1인산암모늄 ($NH_4H_2PO_4$)	담홍색	ABC급	**차고·주차장** 에 적합
제4종	중탄산칼륨 +요소 ($KHCO_3$+ $(NH_2)_2CO$)	회(백)색	BC급	–

• 중탄산나트륨=탄산수소나트륨 보기 ①
• 중탄산칼륨=탄산수소칼륨
• 제1인산암모늄=인산암모늄=인산염
• 중탄산칼륨+요소=탄산수소칼륨+요소

답 ①

19
경유화재시 주수(물)에 의한 소화가 부적당한 이유는?

21.03.문19
15.03.문09
13.06.문15

① 물보다 비중이 가벼워 물 위에 떠서 화재 확대의 우려가 있으므로
② 물과 반응하여 유독가스를 발생하므로
③ 경유의 연소열로 산소가 방출되어 연소를 돕기 때문에
④ 경유가 연소할 때 수소가스가 발생하여 연소를 돕기 때문에

경유화재시 주수소화가 부적당한 이유
물보다 비중이 가벼워 물 위에 떠서 **화재** 확대의 우려가 있기 때문이다. 보기 ①

주수소화(물소화)시 위험한 물질

위험물	발생물질
• 무기과산화물	산소(O_2) 발생
• 금속분 • 마그네슘 • 알루미늄 • 칼륨 • 나트륨 • 수소화리튬	수소(H_2) 발생
• 가연성 액체의 유류화재(경유)	연소면(화재면) 확대

답 ①

20
불완전연소 시 발생되는 가스로서 헤모글로빈과 결합하여 인체에 유해한 영향을 주는 것은?

22.09.문15
20.06.문17
18.04.문09
17.09.문13
16.10.문12
14.09.문13
14.05.문07
14.05.문18
13.09.문19
08.05.문20

① CO
② CO_2
③ O_2
④ N_2

해설 연소가스

구 분	설 명
일산화탄소 (CO)	• 화재시 흡입된 일산화탄소(CO)의 화학적 작용에 의해 **헤모글로빈**(Hb)이 혈액의 산소 운반작용을 저해하여 사람을 **질식·사망**하게 한다. 보기 ① • 목재류의 화재시 **인명**피해를 가장 많이 주며, 연기로 인한 의식불명 또는 질식을 가져온다. • 인체의 **폐**에 큰 자극을 준다. • **산**소와의 **결**합력이 극히 강하여 질식작용에 의한 독성을 나타낸다. 기억법 일헤인 폐산결
이산화탄소 (CO_2)	연소가스 중 **가장 많은 양**을 차지하고 있으며 가스 그 자체의 독성은 거의 없으나 다량이 존재할 경우 호흡속도를 증가시키고, 이로 인하여 화재가스에 혼합된 유해가스의 혼입을 증가시켜 위험을 가중시키는 가스이다. 기억법 이많(이만큼)
암모니아 (NH_3)	• 나무, **페**놀수지, **멜**라민수지 등의 **질소**함유물이 연솔할 때 발생하며, 냉동시설의 **냉**매로 쓰인다. • 눈·코·폐 등에 매우 **자극성**이 큰 가연성 가스이다. 기억법 암페 멜냉자
포스겐 ($COCl_2$)	매우 **독**성이 **강**한 가스로서 **소**화제인 **사**염화탄소(CCl_4)를 화재시에 사용할 때도 발생한다. 기억법 독강 소사포
황화수소 (H_2S)	• 달걀 썩는 냄새가 나는 특성이 있다. • **황**분이 포함되어 있는 물질의 불완전 연소에 의하여 발생하는 가스이다. • **자**극성이 있다. 기억법 황달자
아크롤레인 ($CH_2=CHCHO$)	독성이 매우 높은 가스로서 **석유제품**, **유지** 등이 연소할 때 생성되는 가스이다. 기억법 아석유
시안화수소 (HCN, 청산가스)	**질소**성분을 가지고 있는 **합성수지**, **동물**의 **털**, **인조견** 등의 섬유가 불완전연소할 때 발생하는 맹독성 가스로 0.3%의 농도에서 즉시 사망할 수 있다.
아황산가스 (SO_2, 이산화황)	• 황이 함유된 물질인 **동물**의 **털**, **고무** 등이 연소하는 화재시에 발생되며 **무색**의 자극성 냄새를 가진 유독성 기체 • 눈 및 호흡기 등에 점막을 상하게 하고 질식 사할 우려가 있다.
프로판 (C_3H_8)	• LPG의 주성분 • 물보다 가볍다.

답 ①

제2과목 소방유체역학

21 ★★★
19.03.문28
18.09.문21
14.03.문40
10.09.문40

이상기체의 폴리트로픽변화 $PV^n = C$에서 n이 대상기체의 비열비(ratio of specific heat)인 경우는 어떤 변화인가? (단, P는 압력, V는 부피, C는 상수(Constant)를 나타낸다.)

① 단열변화   ② 등온변화
③ 정적변화   ④ 정압변화

해설 완전가스(이상기체)의 상태변화

상태변화	관 계
정압변화	$\dfrac{V}{T} = C$(Constant, 일정)
정적변화	$\dfrac{P}{T} = C$(Constant, 일정)
등온변화	$PV = C$(Constant, 일정)
단열변화	$PV^{k(n)} = C$(Constant, 일정)

여기서, V : 비체적(부피)[m³/kg]
  T : 절대온도[K]
  P : 압력[kPa]
  $k(n)$: 비열비
  C : 상수

※ **단열변화** : 손실이 없는 상태에서의 과정

답 ①

22 ★★★
23.05.문37
18.09.문22
14.05.문29
06.09.문36

비중이 0.88인 벤젠에 안지름 1mm의 유리관을 세웠더니 벤젠이 유리관을 따라 9.8mm를 올라갔다. 유리와의 접촉각이 0°라 하면 벤젠의 표면장력은 몇 N/m인가?

① 0.021   ② 0.042
③ 0.084   ④ 0.128

해설 (1) 기호
• h : 9.8mm
• γ : 0.88×9800N/m³
• D : 1mm
• θ : 0°
• σ : ?

(2) 상승높이

$$h = \dfrac{4\sigma\cos\theta}{\gamma D}$$

여기서, h : 상승높이[m]
  σ : 표면장력[N/m]
  θ : 각도
  γ : 비중량(비중×9800N/m³)
  D : 내경[m]

24. 07. 시행 / 산업(기계)

표면장력 σ는

$$\sigma = \frac{h\gamma D}{4\cos\theta}$$

$$= \frac{9.8\text{mm} \times (0.88 \times 9800\text{N/m}^3) \times 1\text{mm}}{4 \times \cos 0°}$$

$$= \frac{9.8 \times 10^{-3}\text{m} \times (0.88 \times 9800\text{N/m}^3) \times (1 \times 10^{-3})\text{m}}{4 \times \cos 0°}$$

$$\fallingdotseq 0.021\text{N/m}$$

답 ①

※ 표준대기압
1atm=760mmHg=1.0332kg$_f$/cm^2
　　　　　　=10.332mH$_2$O(mAq)
　　　　　　=14.7PSI(lb$_f$/in^2)
　　　　　　=101.325kPa(kN/m^2)
　　　　　　=1013mbar

답 ③

23 ★★★
[18.09.문26 / 16.05.문33 / 13.06.문29]

지름이 13mm인 옥내소화전의 노즐에서 10분간 방사된 물의 양이 1.7m³이었다면 노즐의 방사압력(계기압력)은 약 몇 kPa인가?

① 17　　　② 27
③ 228　　④ 456

해설 (1) 기호
- D : 13mm=0.013m(1000mm=1m)
- Q : 1.7m³/10min=1.7m³/600s(1min=60s)
- P : ?

(2) 유량

$$Q = AV = \left(\frac{\pi D^2}{4}\right)V$$

여기서, Q : 유량(방사량)[m³/s]
　　　　A : 단면적[m²]
　　　　V : 유속[m/s]
　　　　D : 내경[m]

유속 V는

$$V = \frac{Q}{\frac{\pi D^2}{4}} = \frac{1.7\text{m}^3/600\text{s}}{\frac{\pi \times (0.013\text{m})^2}{4}} \fallingdotseq 21.346\text{m/s}$$

- 1min=60s이므로 1.7m³/10min=1.7m³/600s
- 1000mm=1m이므로 13mm=0.013m

(3) 속도수두

$$H = \frac{V^2}{2g}$$

여기서, H : 속도수두[m]
　　　　V : 유속[m/s]
　　　　g : 중력가속도(9.8m/s²)

속도수두 H는

$$H = \frac{V^2}{2g} = \frac{(21.346\text{m/s})^2}{2 \times 9.8\text{m/s}^2} \fallingdotseq 23.247\text{m}$$

방사압력으로 환산하면 다음과 같다.

10.332mH$_2$O=10.332m=101.325kPa

$$23.247\text{m} = \frac{23.247\text{m}}{10.332\text{m}} \times 101.325\text{kPa} \fallingdotseq 228\text{kPa}$$

24 ★★
[18.09.문30 / 17.05.문39]

지름 6cm, 길이 15m, 관마찰계수 0.025인 수평 원관 속을 물이 층류로 흐를 때 관 출구와 입구의 압력차가 9810Pa이면 유량은 약 몇 m³/s인가?

① 5.0　　　　② 5.0×10⁻³
③ 0.5　　　　④ 0.5×10⁻³

해설 (1) 기호
- D : 6cm=0.06m(100cm=1m)
- L : 15m
- f : 0.025
- ΔP : 9810Pa(N/m²)
- Q : ?

(2) **마찰손실**(다르시-웨버의 식, Darcy-Weisbach formula)

$$H = \frac{\Delta P}{\gamma} = \frac{fLV^2}{2gD}$$

여기서, H : 마찰손실(수두)[m]
　　　　ΔP : 압력차[Pa 또는 N/m²]
　　　　γ : 비중량(물의 비중량 9800N/m³)
　　　　f : 관마찰계수
　　　　L : 길이[m]
　　　　V : 유속(속도)[m/s]
　　　　g : 중력가속도(9.8m/s²)
　　　　D : 내경[m]

$$\frac{\Delta P}{\gamma} = \frac{fLV^2}{2gD}$$

좌우변을 이항하면 다음과 같다.

$$\frac{fLV^2}{2gD} = \frac{\Delta P}{\gamma}$$

$$V^2 = \frac{2gD\Delta P}{fL\gamma}$$

$$\sqrt{V^2} = \sqrt{\frac{2gD\Delta P}{fL\gamma}}$$

$$V = \sqrt{\frac{2gD\Delta P}{fL\gamma}}$$

$$= \sqrt{\frac{2 \times 9.8\text{m/s}^2 \times 0.06\text{m} \times 9810\text{N/m}^2}{0.025 \times 15\text{m} \times 9800\text{N/m}^3}}$$

$$\fallingdotseq 1.7718\text{m/s}$$

- 1Pa=1N/m²이므로 9810Pa=9810N/m²

(3) 유량

$$Q = AV = \left(\frac{\pi D^2}{4}\right)V$$

여기서, Q : 유량[m³/s]
　　　　A : 단면적[m²]
　　　　V : 유속[m/s]
　　　　D : 지름(안지름)[m]

유량 Q는

$$Q = \frac{\pi D^2}{4} V$$
$$= \frac{\pi \times (0.06\text{m})^2}{4} \times 1.7718\text{m/s}$$
$$≒ 5.0 \times 10^{-3} \text{m}^3/\text{s}$$

답 ②

25 ★★★
18.09.문28
16.03.문30
14.03.문25

반지름 R인 원관에서의 물의 속도분포가 $u = u_0[1-(r/R)^2]$ 과 같을 때, 벽면에서의 전단응력의 크기는 얼마인가? (단, μ는 점성계수, ν는 동점성계수, u_0는 관 중앙에서의 속도, r은 관 중심으로부터의 거리이다.)

① $\dfrac{\mu u_0}{R}$ ② $\dfrac{2\mu u_0}{R}$

③ $\dfrac{\nu u_0}{R}$ ④ $\dfrac{2\nu u_0}{R}$

해설 (1) 전단응력

층류	난류
$\tau = \dfrac{P_A - P_B}{l} \cdot \dfrac{r}{2}$	$\tau = \mu \dfrac{du}{dy}$
여기서, τ : 전단응력[N/m²] $P_A - P_B$: 압력강하[N/m²] l : 관의 길이[m] r : 반경[m]	여기서, τ : 전단응력[N/m² 또는 Pa] μ : 점성계수 [N·s/m² 또는 kg/m·s] $\dfrac{du}{dy}$: 속도구배(속도 변화율)$\left(\dfrac{1}{\text{s}}\right)$ du : 속도[m/s] dy : 높이[m]

원관은 일반적으로 **난류**이므로
$$\tau = \mu \frac{du}{dy} = \mu \frac{du}{dr}$$

(2) 물의 속도분포

$$u = u_0\left[1 - \left(\frac{r}{R}\right)^2\right]$$

여기서, u : 물의 속도분포[m/s]
u_0 : 관의 중심에서의 속도[m/s]
r : 관 중심으로부터의 거리[m]
R : 관의 반지름[m]

u를 r에 대하여 미분하면 다음과 같다.
$$\frac{du}{dr} = \left(u_0 - u_0 \times \frac{r^2}{R^2}\right)' = -\frac{2ru_0}{R^2}$$

관벽에서는 $R=r$이므로 r에 R를 대입하여 정리하면
$$\frac{du}{dr} = -\frac{2u_0}{R}$$

$$\therefore \tau = -\mu \times \frac{2u_0}{R}$$

답 ②

26 ★★★
18.09.문34
17.05.문37
10.09.문34
09.05.문32
07.03.문37

지름 10cm의 원형 노즐에서 물이 50m/s의 속도로 분출되어 벽에 수직으로 충돌할 때 벽이 받는 힘의 크기는 약 몇 kN인가?

① 19.6   ② 33.9
③ 57.1   ④ 79.3

해설 (1) 기호
- D : 10cm=0.1m(100cm=1m)
- V : 50m/s
- F : ?

(2) 유량

$$Q = AV$$

여기서, Q : 유량[m³/s]
A : 단면적[m²]
V : 유속[m/s]

유량 Q는
$$Q = AV = \frac{\pi}{4}D^2 V = \frac{\pi}{4} \times (10\text{cm})^2 \times 50\text{m/s}$$
$$= \frac{\pi}{4}(0.1\text{m})^2 \times 50\text{m/s} ≒ 0.39\text{m}^3/\text{s}$$

• 100cm=1m이므로 10cm=0.1m

(3) 벽이 받는 힘

$$F = \rho Q V$$

여기서, F : 힘[N]
ρ : 밀도(물의 밀도 1000N·s²/m⁴)
Q : 유량[m³/s]
V : 유속[m/s]

벽이 받는 **힘** F는
$$F = \rho Q V$$
$$= 1000\text{N} \cdot \text{s}^2/\text{m}^4 \times 0.39\text{m}^3/\text{s} \times 50\text{m/s}$$
$$= 19600\text{N} = 19.6\text{kN}$$

답 ①

27 ★★★
18.09.문31
14.05.문30
14.03.문24
13.03.문38

유체역학적 관점으로 말하는 이상유체(ideal fluid)에 관한 설명으로 가장 옳은 것은?
① 점성으로 인해 마찰손실이 생기는 유체
② 높은 압력을 가하면 밀도가 상승하는 유체
③ 유체에 압력을 가하면 체적이 줄어드는 유체
④ 압력을 가해도 밀도변화가 없으며 점성에 의한 마찰손실도 없는 유체

해설 유체의 종류

종류	설명
실제유체	**점**성이 **있**으며, **압**축성인 유체 기억법 실점있압(실점이 있는 사람만 압박해!)
이상유체	① 점성이 없으며, **비압축성**인 유체 (**비점성, 비압축성** 유체) ② 압력을 가해도 **밀도변화**가 없으며 점성에 의한 **마찰손실도 없는** 유체 보기 ④ 기억법 이비

압축성 유체	기체와 같이 체적이 변화하는 유체 (밀도가 변하는 유체)
	기억법 기압(기압)
비압축성 유체	액체와 같이 체적이 변화하지 않는 유체
점성 유체	① 유동시 마찰저항이 유발되는 유체 ② 점성으로 인해 마찰손실이 생기는 유체
비점성 유체	유동시 마찰저항이 유발되지 않는 유체
뉴턴(Newton)유체	전단속도의 크기에 관계없이 일정한 점도를 나타내는 유체(점성 유체)

답 ④

28 ★★★
[23.03.문35 / 18.09.문37 / 03.05.문31 / 01.03.문32]

30°C의 물이 안지름 2cm인 원관 속을 흐르고 있는 경우 평균속도는 약 몇 m/s인가? (단, 레이놀즈수는 2100, 동점성계수는 $1.006 \times 10^{-6} \mathrm{m^2/s}$이다.)

① 0.106
② 1.067
③ 2.003
④ 0.703

해설 (1) 기호
- D : 2cm=0.02m(100cm=1m)
- V : ?
- Re : 2100
- ν : $1.006 \times 10^{-6} \mathrm{m^2/s}$

(2) 레이놀즈수

$$Re = \frac{DV\rho}{\mu} = \frac{DV}{\nu}$$

여기서, Re : 레이놀즈수
D : 내경[m]
V : 유속[m/s]
ρ : 밀도[kg/m³]
μ : 점도[kg/m·s]
ν : 동점성계수$\left(\frac{\mu}{\rho}\right)$[m²/s]

유속(속도) V는

$$V = \frac{Re\,\nu}{D}$$
$$= \frac{2100 \times 1.006 \times 10^{-6} \mathrm{m^2/s}}{0.02\mathrm{m}}$$
$$\fallingdotseq 0.106 \mathrm{m/s}$$

답 ①

29 ★★★
[23.03.문40 / 18.09.문40 / 16.10.문29 / 15.09.문37 / 15.03.문28 / 14.09.문34 / 11.03.문38 / 09.05.문40 / 03.03.문29 / 01.09.문23]

배관 내에서 물의 수격작용(water hammer)을 방지하는 대책으로 잘못된 것은?

① 조압수조(surge tank)를 관로에 설치한다.
② 밸브를 펌프 송출구에서 멀게 설치한다.
③ 밸브를 서서히 조작한다.
④ 관경을 크게 하고 유속을 작게 한다.

해설 ② 멀게 → 가까이

수격작용(water hammer)

개요	• 배관 속의 물흐름을 급히 차단하였을 때 동압이 정압으로 전환되면서 일어나는 쇼크(shock)현상 • 배관 내를 흐르는 유체의 유속을 급격하게 변화시키므로 압력이 상승 또는 하강하여 관로의 벽면을 치는 현상
발생 원인	• 펌프가 갑자기 정지할 때 • 급히 밸브를 개폐할 때 • 정상운전시 유체의 압력변동이 생길 때
방지 대책	• 관의 관경(직경)을 크게 한다. • 관 내의 유속을 낮게 한다.(관로에서 일부 고압수를 방출한다.) • 조압수조(surge tank)를 관선(관로)에 설치한다. • 플라이휠(flywheel)을 설치한다. • 펌프 송출구(토출측) 가까이에 밸브를 설치한다. • 에어체임버(air chamber)를 설치한다. • 밸브를 서서히 조작한다.

기억법 수방관플에

비교

공동현상(cavitation, 캐비테이션)

개요	펌프의 흡입측 배관 내의 물의 정압이 기존의 증기압보다 낮아져서 기포가 발생되어 물이 흡입되지 않는 현상
발생 현상	• 소음과 진동 발생 • 관 부식(펌프깃의 침식) • 임펠러의 손상(수차의 날개를 해침) • 펌프의 성능 저하(양정곡선 저하) • 효율곡선 저하
발생 원인	• 펌프가 물탱크보다 부적당하게 높게 설치되어 있을 때 • 펌프 흡입수두가 지나치게 클 때 • 펌프 회전수가 지나치게 높을 때 • 관 내를 흐르는 물의 정압이 그 물의 온도에 해당하는 증기압보다 낮을 때
방지 대책	• 펌프의 흡입수두를 작게 한다.(흡입양정을 짧게 함) • 펌프의 마찰손실을 작게 한다. • 펌프의 임펠러속도(회전수)를 작게 한다.(흡입속도를 감소시킴) • 흡입압력을 높게 한다. • 펌프의 설치위치를 수원보다 낮게 한다. • 양(쪽)흡입펌프를 사용한다.(펌프의 흡입측을 가압함) • 관 내의 물의 정압을 그때의 증기압보다 높게 한다. • 흡입관의 구경을 크게 한다. • 펌프를 2개 이상 설치한다. • 회전차를 수중에 완전히 잠기게 한다.

답 ②

30 ★★
[21.09.문40 / 18.09.문38]

지름이 10cm인 원통에 물이 담겨있다. 중심축에 대하여 300rpm의 속도로 원통을 회전시켰을 때 수면의 최고점과 최저점의 높이차는 약 몇 cm인가? (단, 회전시켰을 때 물이 넘치지 않았다고 가정한다.)

① 8.5
② 10.2
③ 11.4
④ 12.6

해설 (1) 기호
- D : 10cm=0.1m[반지름(r) 5cm=0.05m]
- N : 300rpm
- ΔH : ?

(2) 주파수
$$f = \frac{N}{60}$$

여기서, f : 주파수[Hz]
N : 회전속도[rpm]

주파수 f 는
$f = \dfrac{N}{60} = \dfrac{300}{60} = 5\text{Hz}$

(3) 각속도
$$\omega = 2\pi f$$

여기서, ω : 각속도[rad/s]
f : 주파수[Hz]

각속도 ω 는
$\omega = 2\pi f = 2\pi \times 5 = 10\pi$

(4) 높이차
$$\Delta H = \frac{r^2 \omega^2}{2g}$$

여기서, ΔH : 높이차[cm]
r : 반지름[cm]
ω : 각속도[rad/s]
g : 중력가속도(9.8m/s²)

높이차 ΔH 는
$\Delta H = \dfrac{r^2 \omega^2}{2g}$
$= \dfrac{(0.05\text{m})^2 \times (10\pi[\text{rad/s}])^2}{2 \times 9.8\text{m/s}^2}$
$\fallingdotseq 0.126\text{m}$
$= 12.6\text{cm}(1\text{m}=100\text{cm})$

답 ④

31 [17.03.문22]

그림과 같이 개방된 물탱크의 수면까지 수직으로 살짝 잠긴 반지름 a인 원형 평판을 b만큼 밀어 넣었더니 한쪽 면이 압력에 의해 받는 힘이 50% 늘어났다. 대기압의 영향을 무시한다면 b/a는?

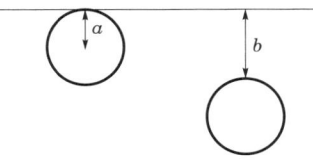

① 0.2 ② 0.5
③ 1   ④ 2

해설 (1) 힘
압력에 의해 받는 힘이 50% 늘어났으므로
(100%+50%=150%=1.5)
$F_2 = 1.5 F_1$ … ㉠

(2) 압력
$$p = \gamma h, \quad p = \frac{F}{A} = \frac{F}{\pi a^2}$$

여기서, p : 압력[Pa]
γ : 비중량[N/m³]
h : 높이[m]
F : 힘[N]
A : 단면적[m²]
a : 반지름[m]

문제의 그림에서 $h=a$ 이므로
$F_1 = pA = (\gamma h)A = (\gamma a)A = (\gamma a)(\pi a^2)$ … ㉡
$= \gamma a(\pi a^2)$

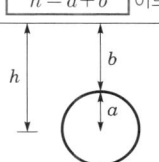

$F_2 = pA = (\gamma h)A = (\gamma(a+b))A = \gamma(a+b)(\pi a^2)$ … ㉢
문제의 그림에서 $h = a+b$ 이므로

㉡식과 ㉢식을 ㉠식에 대입하면
$F_2 = 1.5 F_1$
$\gamma(a+b)(\pi a^2) = 1.5\gamma a(\pi a^2)$
$\dfrac{\cancel{\gamma}(a+b)(\cancel{\pi a^2})}{\cancel{\gamma} a(\cancel{\pi a^2})} = 1.5$
$\dfrac{a+b}{a} = 1.5$
$\dfrac{a}{a} + \dfrac{b}{a} = 1.5$
$1 + \dfrac{b}{a} = 1.5$
$\dfrac{b}{a} = 1.5 - 1 = 0.5$

답 ②

32 ★★★
[23.05.문24]
[17.03.문29]
[17.09.문37]
[15.09.문38]
[11.10.문24]

비중이 0.7인 물체를 물에 띄우면 전체 체적의 몇 %가 물속에 잠기는가?

① 30%
② 49%
③ 70%
④ 100%

해설 (1) 기호
- s_0 : 0.7
- V : ?

(2) 비중
$$V = \frac{s_0}{s}$$

여기서, V : 물에 잠겨진 체적
s_0 : 어떤 물질의 비중(물체의 비중)
s : 표준물질의 비중(물의 비중 1)
물에 잠겨진 체적 V는

$$V = \frac{s_0}{s} = \frac{0.7}{1} = 0.7 = 70\%$$

답 ③

33 ★★

20℃, 2kg의 공기가 온도의 변화 없이 팽창하여 그 체적이 2배로 되었을 때 이 시스템이 외부에 한 일은 약 몇 kJ인가? (단, 공기의 기체상수는 0.287kJ/(kg·K)이다.)

① 85.63 ② 102.85
③ 116.63 ④ 125.71

해설 등온과정
(1) 기호
- T : (273+20)K
- m : 2kg
- R : 0.287kJ/(kg·K)
- $_1W_2$: ?

(2) 일

$$_1W_2 = P_1V_1\ln\frac{V_2}{V_1} = mRT\ln\frac{V_2}{V_1}$$
$$= mRT\ln\frac{P_1}{P_2} = P_1V_1\ln\frac{P_1}{P_2}$$

여기서, $_1W_2$: 절대일[kJ]
$P_1 \cdot P_2$: 변화 전후의 압력[kJ/m³]
$V_1 \cdot V_2$: 변화 전후의 체적[m³]
m : 질량[kg]
R : 기체상수[kJ/(kg·K)]
T : 절대온도(273+℃)[K]

일 $_1W_2$는

$$_1W_2 = mRT\ln\frac{V_2}{V_1}$$
$$= mRT\ln\frac{2V_1}{V_1}$$
$$= 2\text{kg} \times 0.287\text{kJ/(kg·K)} \times (273+20)\text{K} \times \ln 2$$
$$\fallingdotseq 116.63\text{kJ}$$

- $V_2 = 2V_1$ (체적이 2배로 되었다고 하였으므로)

용어
등온과정
온도가 일정한 상태에서의 과정

답 ③

34 ★

그림과 같이 물 제트가 정지하고 있는 사각판의 중앙부분에 직각방향으로 부딪히도록 분사하고 있다. 이때 분사속도(V_j)를 점차 증가시켰더니 2m/s의 속도가 될 때 사각판이 넘어졌다면, 이 판의 중량은 약 몇 N인가? (단, 제트의 단면적은 0.01m²이다.)

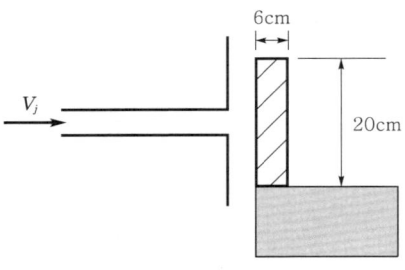

① 4.1N ② 133.3N
③ 16.4N ④ 40.0N

해설 (1) 이해도

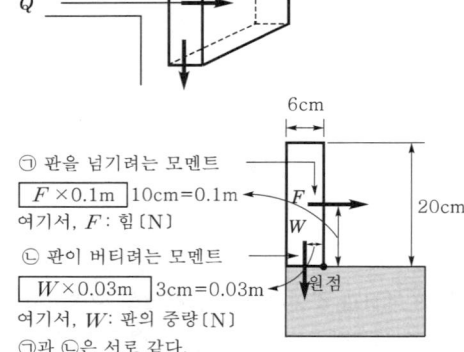

㉠ 판을 넘기려는 모멘트
$F \times 0.1\text{m}$ 10cm=0.1m
여기서, F : 힘[N]

㉡ 판이 버티려는 모멘트
$W \times 0.03\text{m}$ 3cm=0.03m
여기서, W : 판의 중량[N]

㉠과 ㉡은 서로 같다.

(2) 힘

$$F = \rho QV \quad \cdots\cdots\cdots ①$$

여기서, F : 힘[N]
ρ : 밀도(물의 밀도 1000N·s²/m⁴)
Q : 유량[m³/s]
V : 유속[m/s]

(3) 유량

$$Q = AV \quad \cdots\cdots\cdots ②$$

여기서, Q : 유량[m³/s]
A : 단면적[m²]
V : 유속[m/s]

(4) 모멘트
식 ①, 식 ②를 적용하면
$$F \times 0.1\text{m} = \rho QV \times 0.1\text{m} = \rho(AV)V \times 0.1\text{m}$$
$$= \rho AV^2 \times 0.1\text{m}$$

$$= 1000\text{N} \cdot \text{s}^2/\text{m}^4 \times 0.01\text{m}^2 \times (2\text{m/s})^2$$
$$\times 0.1\text{m}$$
$$= 4\text{N} \cdot \text{m}$$
㉠=㉡이므로
$$F \times 0.1\text{m} = W \times 0.03\text{m}$$
$$4\text{N} \cdot \text{m} = W \times 0.03\text{m}$$
$$W = \frac{4\text{N} \cdot \text{m}}{0.03\text{m}} ≒ 133.3\text{N}$$

답 ②

35 다음 중 무차원이 아닌 것은?

① 기체상수 ② 레이놀즈수
③ 항력계수 ④ 비중

해설

① 기체상수(kJ/kg·K)

무차원
(1) 레이놀즈수
(2) 항력계수
(3) 비중(무차원)

※ **무차원** : 단위가 없는 것

답 ①

36 텅스텐, 백금 또는 백금-이리듐 등을 전기적으로 가열하고 통과 풍량에 따른 열교환 양으로 속도를 측정하는 것은?

① 열선 풍속계 ② 도플러 풍속계
③ 컵형 풍속계 ④ 포토디텍터 풍속계

해설

열선 풍속계	열선 속도계
• 유동하는 유체의 동압을 **휘트스톤 브리지**(Wheatstone bridge)의 원리를 이용하여 전압을 측정하고 그 값을 속도로 환산하여 유속을 측정하는 장치 • **텅스텐, 백금** 또는 **백금-이리듐** 등을 전기적으로 가열하고 **통과 풍량**에 따른 **열교환** 양으로 속도를 측정하는 유속계	• 유동하는 기체의 속도 측정 • 기체유동의 국소속도 측정

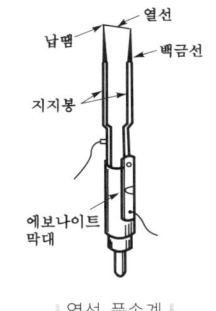
|열선 풍속계|

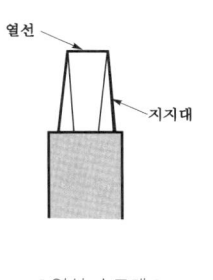
|열선 속도계|

답 ①

37 그림과 같이 수조측면에 구멍이 나있다. 이 구멍을 통하여 흐르는 유속은 약 몇 m/s인가?

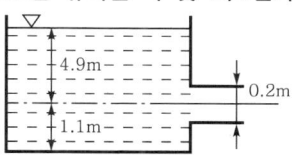

① 6.9 ② 3.09
③ 9.8 ④ 13.8

해설 (1) 기호
- H : 4.9m
- V : ?

(2) 유속(토리첼리의 식)

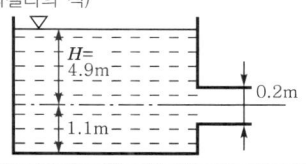

$$V = \sqrt{2gH}$$

여기서, V : 유속[m/s]
 g : 중력가속도(9.8m/s²)
 H : 높이[m]

유속 V는
$$V = \sqrt{2gH} = \sqrt{2 \times 9.8\text{m/s}^2 \times 4.9\text{m}} ≒ 9.8\text{m/s}$$

답 ③

38 그림에서 $h_1 = 300$mm, $h_2 = 150$mm, $h_3 = 350$mm 일 때 A와 B의 압력차($p_A - p_B$)는 약 몇 kPa인가? (단, A, B의 액체는 물이고, 그 사이의 액주계 유체는 비중이 13.6인 수은이다.)

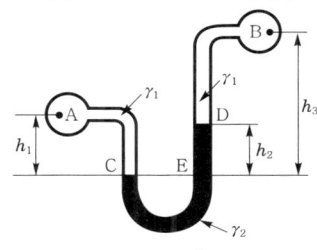

① 15 ② 17
③ 19 ④ 21

해설 (1) 기호
- h_1 : 300mm=0.3m(100mm=0.1m)
- h_2 : 150mm=0.15m
- h_3 : 350mm=0.35m
- s : 13.6
- $p_A - p_B$: ?

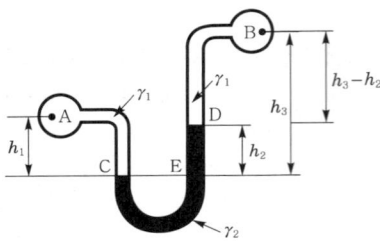

(2) 압력차

$p_A + \gamma_1 h_1 - \gamma_2 h_2 - \gamma_1(h_3 - h_2) = p_B$

$p_A - p_B = -\gamma_1 h_1 + \gamma_2 h_2 + \gamma_1(h_3 - h_2)$

$= -9.8\text{kN/m}^3 \times 0.3\text{m} + 133.28\text{kN/m}^3$
$\times 0.15\text{m} + 9.8\text{kN/m}^3 \times (0.35 - 0.15)\text{m}$

$≒ 19\text{kN/m}^2$

$= 19\text{kPa}$

- 물의 비중량: 9.8kN/m³
- 수은의 비중: 13.6 = 133.28kN/m³

$$s = \frac{\gamma}{\gamma_w}$$

여기서, s : 비중
γ : 어떤 물질의 비중량(kN/m³)
γ_w : 물의 비중량(9.8kN/m³)

수은의 비중량 γ는
$\gamma = s \times \gamma_w = 13.6 \times 9.8\text{kN/m}^3$
$= 133.28\text{kN/m}^3$

- 1kN/m² = 1kPa이므로 19kN/m² = 19kPa

중요

시차액주계의 압력계산방법
점 A를 기준으로 내려가면 더하고, 올라가면 빼면 된다.

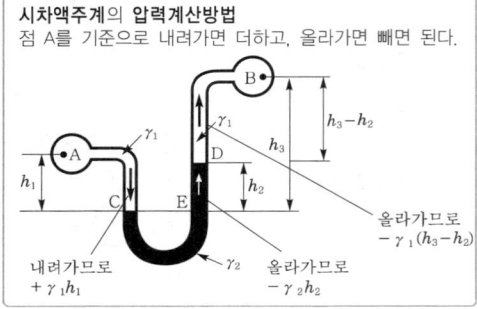

답 ③

39 ★★★
17.03.문37
16.05.문38
(기사)
09.03.문38

임펠러의 지름이 같은 원심식 송풍기에서 회전수만 변화시킬 때 동력변화를 구하는 식으로 옳은 것은? (단, 변화 전·후의 회전수를 N_1, N_2, 변화 전·후의 동력을 L_1, L_2로 표시한다.)

① $L_2 = L_1 \times \left(\dfrac{N_2}{N_1}\right)^3$

② $L_2 = L_1 \times \left(\dfrac{N_2}{N_1}\right)^2$

③ $L_2 = L_1 \times \left(\dfrac{N_1}{N_2}\right)^3$

④ $L_2 = L_1 \times \left(\dfrac{N_1}{N_2}\right)^2$

해설 펌프의 상사법칙

(1) 유량

$$Q_2 = Q_1 \times \frac{N_2}{N_1} \times \left(\frac{D_2}{D_1}\right)^3 \text{ 또는}$$

$$Q_2 = Q_1 \times \frac{N_2}{N_1}$$

(2) 전양정

$$H_2 = H_1 \times \left(\frac{N_2}{N_1}\right)^2 \times \left(\frac{D_2}{D_1}\right)^2 \text{ 또는}$$

$$H_2 = H_1 \times \left(\frac{N_2}{N_1}\right)^2$$

(3) 동력

$$L_2 = L_1 \times \left(\frac{N_2}{N_1}\right)^3 \times \left(\frac{D_2}{D_1}\right)^5 \text{ 또는}$$

$$L_2 = L_1 \times \left(\frac{N_2}{N_1}\right)^3$$

여기서, Q_1, Q_2 : 변화 전후의 유량(m³/s)
H_1, H_2 : 변화 전후의 전양정(m)
L_1, L_2 : 변화 전후의 동력(kW)
N_1, N_2 : 변화 전후의 회전수(rpm)
D_1, D_2 : 변화 전후의 직경(m)

답 ①

40 ★★★
19.03.문25
17.03.문38
15.05.문19
14.05.문03
14.03.문28
11.10.문18

표준 대기압 상태에서 15℃의 물 2kg을 모두 기체로 증발시키고자 할 때 필요한 에너지는 약 몇 kJ인가? (단, 물의 비열은 4.2kJ/(kg·K), 기화열은 2256kJ/kg이다.)

① 355   ② 1248
③ 2256   ④ 5226

해설 열량

$$Q = mC\Delta T + rm$$

여기서, Q : 열량(kJ)
r : 기화열(kJ/kg)
m : 질량(kg)
C : 비열(kJ/(kg·℃) 또는 (kJ/(kg·K))
ΔT : 온도차(℃) 또는 (K)

(1) 기호

- ΔT : (100-15)℃(기체증발을 위해서는 우선, 15℃ 물을 100℃로 상승시켜야 하므로)
- m : 2kg
- C : 4.2kJ/(kg·℃)
- r : 2256kJ/kg

(2) 15℃ 물 → 100℃ 물
열량 Q_1 는
$Q_1 = mC\Delta T$ = 2kg×4.2kJ/(kg·K)×(100−15)℃
= 714kJ

- ΔT(온도차)를 구할 때는 ℃로 구하든지 K로 구하든지 그 값은 같으므로 편한대로 구하면 된다.
  예) (100−15)℃=85℃
  K=273+100=373K
  K=273+15=288K
  (373−288)K=85K

(3) 100℃ 물 → 100℃ 수증기
열량 Q_2 는
$Q_2 = rm$ = 2256kJ/kg×2kg = 4512kJ

(4) 전체열량 Q는
$Q = Q_1 + Q_2$ = (714+4512)kJ = 5226kJ

답 ④

제3과목 소방관계법규

41
소방시설 설치 및 관리에 관한 법령상 단독경보형 감지기를 설치하여야 하는 특정소방대상물의 기준 중 틀린 것은?

① 연면적 400m² 미만의 유치원
② 교육연구시설 내에 있는 연면적 2000m² 미만의 합숙소
③ 수련시설 내에 있는 연면적 2000m² 미만의 기숙사
④ 연면적 2000m² 미만의 아파트

해설 ④ 아파트는 해당없음

소방시설법 시행령〔별표 4〕
단독경보형 감지기의 설치대상

연면적	설치대상
400m² 미만	• 유치원 보기 ①
2000m² 미만	• 교육연구시설·수련시설 내에 있는 합숙소 또는 기숙사 보기 ②③
모두 적용	• 100명 미만의 수련시설(숙박시설이 있는 것) • 연립주택 • 다세대주택

답 ④

42
위험물을 취급하는 건축물 그 밖의 시설 주위에 보유해야 하는 공지의 너비를 정하는 기준이 되는 것은? (단, 위험물을 이송하기 위한 배관 그 밖에 이와 유사한 시설을 제외한다.)

① 위험물안전관리자의 보유 기술자격
② 위험물의 품명
③ 취급하는 위험물의 최대수량
④ 위험물의 성질

해설 **위험물규칙〔별표 4〕**
위험물을 취급하는 건축물 그 밖의 시설(위험물을 이송하기 위한 배관 그 밖에 이와 유사한 시설 제외)의 주위에는 그 **취급하는 위험물의 최대수량**에 따라 다음 표에 의한 **너비의 공지**를 보유할 것

취급하는 위험물의 최대수량	공지의 너비
지정수량의 10배 이하	3m 이상
지정수량의 10배 초과	5m 이상

답 ③

43
특정소방대상물의 의료시설 중 병원에 해당하는 것은?

① 마약진료소   ② 장례시설
③ 전염병원   ④ 요양병원

해설 **소방시설법 시행령〔별표 2〕**
의료시설

구 분	종 류
병원	• 종합병원 • 병원 • 치과병원 • 한방병원 • 요양병원
격리병원	• 전염병원 • 마약진료소
정신의료기관	−
장애인 의료재활시설	−

※ 장례시설은 장례시설 단독으로 분류한다.

답 ④

44
소방시설공사업법상 소방시설공사 결과 소방시설의 하자발생시 통보를 받은 공사업자는 며칠 이내에 하자를 보수해야 하는가?

① 3   ② 5
③ 7   ④ 10

해설 **공사업법 15조**
소방시설공사의 하자보수기간 : 3일 이내

중요

3일
(1) **하**자보수기간(공사업법 15조)
(2) 소방시설업 **등**록증 **분**실 등의 **재**발급(공사규칙 4조)
(3) 소방시설 등의 자체점검 면제 또는 연기신청(소방시설법 시행규칙 22조)
(4) 소방안전관리자 선임연기신청서 관계인 통보(화재예방법 시행규칙 14조)

기억법 3하등분재(**상하**이에서 **동**생이 **분재**를 가져왔다.)

답 ①

45
소방시설 중 경보설비에 해당하지 않는 것은?

① 비상벨설비   ② 단독경보형 감지기
③ 비상방송설비   ④ 비상콘센트설비

해설 ④ 비상콘센트설비 : 소화활동설비

소방시설법 시행령 [별표 1]
경보설비
(1) 비상경보설비 ┬ 비상벨설비
　　　　　　　　└ 자동식 사이렌설비
(2) 단독경보형 감지기
(3) 비상방송설비
(4) 누전경보기
(5) 자동화재탐지설비 및 시각경보기
(6) 자동화재속보설비
(7) 가스누설경보기
(8) 통합감시시설
(9) 화재알림설비

※ **경보설비** : 화재발생 사실을 통보하는 기계·기구 또는 설비

답 ④

46 ★★
17.03.문54
06.05.문60
(기사)

국가가 시·도의 소방업무에 필요한 경비의 일부를 보조하는 국고보조 대상이 아닌 것은?

① 소방용수시설
② 소방전용통신설비
③ 소방자동차
④ 소방관서용 청사의 건축

해설 ① 국고보조대상이 아님

기본령 2조
국고보조의 대상 및 기준
(1) **국고보조의 대상**
　㉠ 소방**활**동장비와 설비의 구입 및 설치
　　• 소방**자**동차
　　• 소방**헬**리콥터·소방정
　　• 소방**전**용통신설비·전산설비
　　• 방**화복**
　㉡ 소방관서용 **청**사
(2) 소방활동장비 및 설비의 종류와 규격 : 행정안전부령
(3) 대상사업의 기준보조율 : 「보조금관리에 관한 법률 시행령」에 따름

기억법　국화복 활자 전헬청

답 ①

47 ★★★
19.04.문42
17.03.문59
06.03.문42
(기사)

제조 또는 가공 공정에서 방염처리를 한 물품으로서 방염대상물품이 아닌 것은? (단, 합판·목재류의 경우에는 설치현장에서 방염처리를 한 것을 포함한다.)

① 카펫
② 창문에 설치하는 커튼류
③ 두께가 2mm 미만인 종이벽지
④ 전시용 합판 또는 섬유판

해설 ③ 두께 2mm 미만인 종이벽지 → 두께 2mm 미만인 종이벽지 제외

소방시설법 시행령 31조
방염대상물품

제조 또는 가공 공정에서 방염처리를 한 물품	건축물 내부의 천장이나 벽에 부착하거나 설치하는 것
① 창문에 설치하는 **커튼류**(블라인드 포함) ② 카펫 ③ 벽지류(두께 2mm 미만인 종이벽지 제외) ④ 전시용 합판·목재 또는 섬유판 ⑤ 무대용 합판·목재 또는 섬유판 ⑥ 암막·무대막(영화상영관·가상체험 체육시설업의 스크린 포함) ⑦ 섬유류 또는 합성수지류 등을 원료로 하여 제작된 소파·의자(단란주점영업, 유흥주점영업 및 노래연습장업의 영업장에 설치하는 것만 해당)	① 종이류(두께 2mm 이상), **합성수지류** 또는 섬유류를 주원료로 한 물품 ② **합판**이나 **목재** ③ 공간을 구획하기 위하여 설치하는 **간이칸막이** ④ **흡음재**(흡음용 커튼 포함) 또는 **방음재**(방음용 커튼 포함) ※ 가구류(옷장, 찬장, 식탁, 식탁용 의자, 사무용 책상, 사무용 의자, 계산대)와 너비 10cm 이하인 반자돌림대, 내부 마감재료 제외

답 ③

48 ★★
23.03.문54
17.05.문43

위험물안전관리법령상 제조소 또는 일반취급소에서 취급하는 제4류 위험물의 최대수량의 합이 지정수량의 24만배 이상 48만배 미만인 사업소의 관계인이 두어야 하는 화학소방자동차와 자체소방대원의 수의 기준으로 옳은 것은? (단, 화재, 그 밖의 재난발생시 다른 사업소 등과 상호응원에 관한 협정을 체결하고 있는 사업소는 제외한다.)

① 화학소방자동차 : 2대, 자체소방대원의 수 : 10인
② 화학소방자동차 : 3대, 자체소방대원의 수 : 10인
③ 화학소방자동차 : 3대, 자체소방대원의 수 : 15인
④ 화학소방자동차 : 4대, 자체소방대원의 수 : 20인

해설 **위험물령 [별표 8]**
자체소방대에 두는 화학소방자동차 및 인원

구 분	화학소방자동차	자체소방대원의 수
지정수량 3천~12만배 미만	1대	5인
지정수량 12~24만배 미만	2대	10인
지정수량 24~48만배 미만 보기 ③	3대	15인

	지정수량 48만배 이상	4대	20인
	옥외탱크저장소에 저장하는 제4류 위험물의 최대수량이 지정수량의 50만배 이상	2대	10인

답 ③

49. 분말형태의 소화약제를 사용하는 소화기의 내용연수로 옳은 것은? (단, 소방용품의 성능을 확인받아 그 사용기한을 연장하는 경우는 제외한다.)

① 10년 ② 7년
③ 5년   ④ 3년

해설 소방시설법 시행령 19조
분말형태의 소화약제를 사용하는 소화기 : 내용연수 10년

답 ①

50. 하자를 보수하여야 하는 소방시설과 소방시설별 하자보수보증기간이 틀린 것은?

① 자동소화장치 : 3년
② 자동화재탐지설비 : 2년
③ 무선통신보조설비 : 2년
④ 스프링클러설비 : 3년

해설 ② 자동화재탐지설비 : 3년

공사업령 6조
소방시설공사의 하자보수보증기간

보증기간	소방시설
2년	• **유**도등 • **피**난기구 • 비상**조**명등 • 비상**경**보설비 • 비상**방**송설비 • **무**선통신보조설비 [기억법] 유피조경방무2
3년	• 자동소화장치 • 옥내 · 외소화전설비 • 스프링클러설비 • 물분무등소화설비 • 소화용수설비 • 자동화재탐지설비 · 소화활동설비(무선통신보조설비 제외) • 화재알림설비

답 ②

51. 위험물안전관리법령상 위험물 및 지정수량에 대한 기준 중 다음 ( ) 안에 알맞은 것은?

금속분이라 함은 알칼리금속·알칼리토류 금속·철 및 마그네슘 외의 금속의 분말을 말하고, 구리분·니켈분 및 (㉠)마이크로미터의 체를 통과하는 것이 (㉡)중량퍼센트 미만인 것은 제외한다.

① ㉠ 150, ㉡ 50
② ㉠ 53, ㉡ 50
③ ㉠ 50, ㉡ 150
④ ㉠ 50, ㉡ 53

해설 위험물령〔별표 1〕
금속분
알칼리금속·알칼리토류 금속·철 및 마그네슘 외의 금속의 분말을 말하고, 구리분·니켈분 및 150마이크로미터의 체를 통과하는 것이 50중량퍼센트 미만인 것은 제외한다.

답 ①

52. 제조소 등의 설치허가 등에 있어서 최저의 기준이 되는 위험물의 지정수량이 100kg인 위험물의 품명이 바르게 연결된 것은?

① 브로민산염류 - 질산염류 - 아이오딘산염류
② 칼륨 - 나트륨 - 알킬알루미늄
③ 황화인 - 적린 - 황
④ 과염소산 - 과산화수소 - 질산

해설 위험물령〔별표 1〕
제2류 위험물

성 질	품 명	지정수량
가연성 고체	황화인	100kg
	적린	
	황	
	철분	500kg
	금속분	
	마그네슘	
	인화성 고체	1000kg

중요

위험물령〔별표 1〕
제1류 위험물

성 질	품 명	지정수량
산화성 고체	아염소산염류	50kg
	염소산염류	
	과염소산염류	
	무기과산화물	
	브로민산염류	300kg
	질산염류	
	아이오딘산염류	
	과망가니즈산염류	1000kg
	다이크로뮴산염류	

답 ③

53. 화재의 예방 및 안전관리에 관한 법령상 대통령령으로 정하는 특수가연물의 품명별 수량기준이 옳은 것은?

① 가연성 고체류 - 1000kg 이상
② 목재가공품 및 나무 부스러기 - 20m³ 이상
③ 석탄·목탄류 - 3000kg 이상
④ 면화류 - 200kg 이상

해설
① 1000kg → 3000kg
② 20m³ → 10m³
③ 3000kg → 10000kg

화재예방법 시행령 [별표 2]
특수가연물

품 명		수 량
가연성 **액**체류		**2**m³ 이상
목재가공품 및 나무부스러기		**10**m³ 이상
면화류		**2**00kg 이상
나무껍질 및 대팻밥		**4**00kg 이상
넝마 및 종이부스러기		
사류(絲類)		**1**000kg 이상
볏짚류		
가연성 **고**체류		**3**000kg 이상
고무류·플라스틱류	발포시킨 것	**2**0m³ 이상
	그 밖의 것	**3**000kg 이상
석탄·목탄류		**1**0000kg 이상

기억법 가액목면나 넝사볏가고 고석
　　　　 2 1 2 4　1 3　3 1

※ **특수가연물**: 화재가 발생하면 그 확대가 빠른 물품

답 ④

54. 대통령령으로 정하는 화재예방강화지구의 지정 대상지역이 아닌 것은?

① 시장지역
② 목조건물이 밀집한 지역
③ 위험물의 저장 및 처리시설이 밀집한 지역
④ 석유화학제품을 판매하는 시설이 있는 지역

해설
④ 판매하는 시설이 있는 지역 → 생산하는 공장이 있는 지역

화재예방법 18조
화재예방강화지구의 지정
(1) 지정권자: **시**·도지사
(2) 지정지역
　㉠ **시**장지역
　㉡ **공**장·**창**고 등이 밀집한 지역
　㉢ **목**조건물이 밀집한 지역
　㉣ 노후·불량 건축물이 밀집한 지역
　㉤ **위**험물의 저장 및 처리시설이 밀집한 지역
　㉥ **석**유화학제품을 생산하는 공장이 있는 지역
　㉦ **소**방시설·소방용수시설 또는 소방출동로가 없는 지역
　㉧ 「산업입지 및 개발에 관한 법률」에 따른 산업단지
　㉨ 「물류시설의 개발 및 운영에 관한 법률」에 따른 물류단지
　㉩ **소**방청장·**소**방본부장 또는 **소**방서장(소방관서장)이 화재예방강화지구로 지정할 필요가 있다고 인정하는 지역

기억법 화강시

※ **화재예방강화지구**: 화재발생 우려가 크거나 화재가 발생할 경우 피해가 클 것으로 예상되는 지역에 대하여 화재의 예방 및 안전관리를 강화하기 위해 지정·관리하는 지역

답 ④

55. 연소 우려가 있는 건축물의 구조에 대한 기준으로 다음 (　) 안에 알맞은 것은?

건축물대장의 건축물 현황도에 표시된 대지경계선 안에 둘 이상의 건축물이 있는 경우, 각각의 건축물이 다른 건축물의 외벽으로부터 수평거리가 1층에 있어서는 (　㉠　)m 이하, 2층 이상의 층의 경우에는 (　㉡　)m 이하인 경우, 개구부가 다른 건축물을 향하여 설치되어 있는 경우 모두 해당하는 구조이다.

① ㉠ 6, ㉡ 10
② ㉠ 10, ㉡ 6
③ ㉠ 3, ㉡ 5
④ ㉠ 5, ㉡ 3

해설 소방시설법 시행규칙 17조
연소 우려가 있는 건축물의 구조
(1) **1층**: 타건축물 외벽으로부터 **6m 이하**
(2) **2층 이상**: 타건축물 외벽으로부터 **10m 이하**
(3) 대지경계선 안에 2 이상의 건축물이 있는 경우
(4) 개구부가 다른 건축물을 향하여 설치된 구조

답 ①

56. 소방시설 설치 및 관리에 관한 법령상 특정소방대상물에 설치되는 소방시설 중 소방본부장 또는 소방서장의 건축허가 등의 동의대상에서 제외되는 것이 아닌 것은? (단, 설치되는 소방시설이 화재안전기준에 적합한 경우 그 특정소방대상물이다.)

① 인공소생기
② 유도표지
③ 누전경보기
④ 비상조명등

해설 소방시설법 시행령 7조
건축허가 등의 동의대상 제외
(1) 소화기
(2) 자동소화장치

24. 07. 시행 / 산업(기계)

(3) 누전경보기
(4) 단독경보형감지기
(5) 시각경보기
(6) 가스누설경보기
(7) 피난구조설비(비상조명등 제외)
(8) 건축물의 증축 또는 용도변경으로 인하여 해당 특정소방대상물에 추가로 소방시설이 설치되지 않는 경우 해당 특정소방대상물

용어

피난구조설비
(1) 유도등
(2) 유도표지
(3) 인명구조기구 ─ **방열**복
  ├ **방화**복(안전모, 보호장갑, 안전화 포함)
  ├ **공**기호흡기
  └ **인**공소생기

기억법 방열화공인

답 ④

해설 위험물규칙 65조
특정옥외탱크저장소의 구조안전점검기간

점검기간	조 건
• **11년** 이내	최근의 정밀정기검사를 받은 날부터
• **12년** 이내	**완공검사합격확인증**을 발급받은 날부터
• **13년** 이내	최근의 정밀정기검사를 받은 날부터(연장신청을 한 경우)

기억법 12완(연필은 **12**개가 **완**전 1타스)

비교

위험물규칙 68조 ②항
정기점검기록

특정옥외탱크저장소의 구조안전점검	기 타
25년	3년

답 ①

57. 소방시설 설치 및 관리에 관한 법령상 소방용품으로 틀린 것은?

21.09.문60
19.04.문54
15.05.문47
11.06.문52
10.03.문57

① 시각경보기
② 자동소화장치
③ 가스누설경보기
④ 방염제

해설 소방시설법 시행령 6조
소방용품 제외대상
(1) 주거용 주방자동소화장치용 소화약제
(2) 가스자동소화장치용 소화약제
(3) 분말자동소화장치용 소화약제
(4) 고체에어로졸 자동소화장치용 소화약제
(5) 소화약제 외의 것을 이용한 간이소화용구
(6) 휴대용 비상조명등
(7) 유도표지
(8) 벨용 푸시버튼스위치
(9) 피난밧줄
(10) 옥내소화전함
(11) 방수구
(12) 안전매트
(13) 방수복
(14) 시각경보기 보기 ①

답 ①

58. 위험물안전관리법령상 정밀정기검사를 받아야 하는 특정옥외탱크저장소의 관계인은 특정옥외탱크저장소의 설치허가에 따른 완공검사합격확인증을 발급받은 날부터 몇 년 이내에 정밀정기검사를 받아야 하는가?

17.09.문48

① 12 ② 11
③ 10 ④ 9

59. 화재의 예방 및 안전관리에 관한 법령상 특정소방대상물의 관계인이 소방안전관리자를 30일 이내에 선임하여야 하는 기준일 중 틀린 것은?

17.09.문49

① 신축으로 해당 특정소방대상물의 소방안전관리자를 신규로 선임하여야 하는 경우 : 해당 특정소방대상물의 완공일
② 특정소방대상물을 양수하여 관계인의 권리를 취득한 경우 : 해당 권리를 취득한 날
③ 증축으로 인하여 특정소방대상물의 소방안전관리대상물로 된 경우 : 증축공사의 개시일
④ 소방안전관리자를 해임한 경우 : 소방안전관리자를 해임한 날

해설 ③ 개시일 → 완공일

화재예방법 시행규칙 14조
소방안전관리자를 30일 이내에 선임하여야 하는 기준일

내 용	선임기준
신축·증축·개축·재축·대수선 또는 용도변경으로 해당 특정소방대상물의 소방안전관리자를 신규로 선임하여야 하는 경우	해당 특정소방대상물의 **완공일**
특정소방대상물을 양수하여 관계인의 권리를 취득한 경우	해당 권리를 취득한 날
증축 또는 용도변경으로 인하여 특정소방대상물이 소방안전관리대상물로 된 경우	증축공사의 완공일 또는 용도변경 사실을 건축물관리대장에 기재한 날
소방안전관리자를 해임한 경우	소방안전관리자를 해임한 날

답 ③

60. 특정소방대상물의 소방시설 설치의 면제기준 중 다음 ( ) 안에 알맞은 것은?

> 물분무등소화설비를 설치하여야 하는 차고·주차장에 ( )를 화재안전기준에 적합하게 설치한 경우에는 그 설비의 유효범위에서 설치가 면제된다.

① 옥내소화전설비
② 스프링클러설비
③ 간이스프링클러설비
④ 할로겐화합물 및 불활성기체 소화설비

해설 소방시설법 시행령 [별표 5]
소방시설 면제기준

면제대상	대체설비
스프링클러설비	• 물분무등소화설비
물분무등소화설비	• 스프링클러설비 기억법 스물(스물스물 하다.)
간이스프링클러설비	• 스프링클러설비 • 물분무소화설비·미분무소화설비
비상경보설비 또는 단독경보형감지기	• 자동화재탐지설비
비상경보설비	• 2개 이상 단독경보형 감지기 연동
비상방송설비	• 자동화재탐지설비 • 비상경보설비
연결살수설비	• 스프링클러설비 • 간이스프링클러설비·미분무소화설비 • 물분무소화설비·미분무소화설비
제연설비	• 공기조화설비
연소방지설비	• 스프링클러설비 • 물분무소화설비·미분무소화설비
연결송수관설비	• 옥내소화전설비 • 스프링클러설비 • 간이스프링클러설비 • 연결살수설비
자동화재탐지설비	• 자동화재탐지설비의 기능을 가진 스프링클러설비 • 물분무등소화설비 기억법 탐탐스물
옥내소화전설비	• 옥외소화전설비 • 미분무소화설비(호스릴방식)

답 ②

제 4 과목 소방기계시설의 구조 및 원리

61. 물분무등소화설비 중 이산화탄소소화설비를 설치하여야 하는 특정소방대상물에 설치하여야 할 인명구조기구의 종류로 옳은 것은?

① 방열복
② 방화복
③ 인공소생기
④ 공기호흡기

해설 특정소방대상물의 용도 및 장소별로 설치하여야 할 인명구조기구(NFTC 302 2.1.1.1)

특정소방대상물	인명구조기구의 종류	설치수량
• 7층 이상인 관광호텔 및 5층 이상인 병원(지하층 포함)	• 방열복 • 방화복(안전모, 보호장갑, 안전화 포함) • 공기호흡기 • 인공소생기	• 각 2개 이상 비치할 것(단, 병원의 경우에는 인공소생기 설치 제외 가능)
• 문화 및 집회시설 중 수용인원 100명 이상의 영화상영관 • 대규모 점포 • 운수시설 중 지하역사 • 지하가 중 지하상가	• 공기호흡기	• 층마다 2개 이상 비치할 것(단, 각 층마다 갖추어 두어야 할 공기호흡기 중 일부를 직원이 상주하는 인근 사무실에 갖추어 둘 수 있다.)
• 이산화탄소소화설비(호스릴 이산화탄소 소화설비 제외)를 설치하여야 하는 특정소방대상물	• 공기호흡기	• 이산화탄소소화설비가 설치된 장소의 출입구 외부 인근에 1대 이상 비치할 것

답 ④

62. 옥내소화전설비의 설치기준 중 틀린 것은?

① 성능시험배관은 펌프의 토출측에 설치된 개폐밸브 이후에서 분기하여 설치하고, 유량측정장치를 기준으로 전단 직관부에 개폐밸브를, 후단 직관부에는 유량조절밸브를 설치하여야 한다.
② 가압송수장치의 체절운전시 수온의 상승을 방지하기 위하여 체크밸브와 펌프 사이에서 분기한 구경 20mm 이상의 배관에 체절압력 미만에서 개방되는 릴리프밸브를 설치하여야 한다.
③ 펌프의 성능은 체절운전시 정격토출압력의 140%를 초과하지 않고, 정격토출량의 150%로 운전시 정격토출압력의 65% 이상이 되어야 한다.
④ 연결송수관설비의 배관과 겸용할 경우의 주배관은 구경 100mm 이상, 방수구로 연결되는 배관의 구경은 65mm 이상의 것으로 하여야 한다.

해설 ① 이후 → 이전

펌프의 성능시험배관

성능시험배관	유량측정장치
• 펌프의 토출측에 설치된 개폐밸브 이전에 설치 • 유량측정장치를 기준으로 전단 직관부에 개폐밸브 설치	• 성능시험배관의 직관부에 설치 • 펌프의 정격토출량의 175% 이상 측정할 수 있는 성능

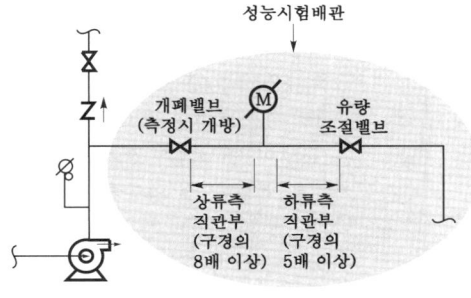

|성능시험배관|

답 ①

63 ★★★ 대형 소화기의 종별 소화약제의 최소충전용량으로 옳은 것은?

18.03.문67
17.03.문64
16.03.문16
12.09.문77
11.06.문79

① 기계포 : 15L
② 분말 : 20kg
③ CO_2 : 40kg
④ 강화액 : 50L

해설
① 15L → 20L
③ 40kg → 50kg
④ 50L → 60L

대형 소화기의 소화약제 충전량

종 별	충전량
<u>포</u>(기계포)	<u>2</u>0L 이상
<u>분</u>말	<u>2</u>0kg 이상
<u>할</u>로겐화합물	<u>3</u>0kg 이상
<u>이</u>산화탄소(CO_2)	<u>5</u>0kg 이상
<u>강</u>화액	<u>6</u>0L 이상
<u>물</u>	<u>8</u>0L 이상

기억법
포 → 2
분 → 2
할 → 3
이 → 5
강 → 6
물 → 8

답 ②

64 ★ 가연성 가스의 저장·취급시설에 설치하는 연결살수설비의 헤드 설치기준 중 다음 ( ) 안에 알맞은 것은? (단, 지하에 설치된 가연성 가스의 저장·취급시설로서 지상에 노출된 부분이 없는 경우는 제외한다.)

18.03.문71

가스저장탱크·가스홀더 및 가스발생기의 주위에 설치하되, 헤드 상호 간의 거리는 ( )m 이하로 할 것

① 2.1   ② 2.3
③ 3.0   ④ 3.7

해설 **연결살수설비헤드의 수평거리**

스프링클러헤드	전용 헤드 (연결살수설비헤드)
2.3m 이하	3.7m 이하 보기 ④

• 연결살수설비에서 하나의 송수구역에 설치하는 개방형 헤드수는 **10개** 이하로 한다.

답 ④

65 ★★ 이산화탄소소화설비 가스압력식 기동장치의 기준 중 틀린 것은?

18.03.문74
05.09.문74

① 기동용 가스용기 및 해당 용기에 사용하는 밸브는 25MPa 이상의 압력에 견딜 수 있는 것으로 할 것
② 기동용 가스용기에는 내압시험압력의 0.64배부터 내압시험압력 이하에서 작동하는 안전장치를 설치할 것
③ 기동용 가스용기의 체적은 5L 이상으로 하고, 해당 용기에 저장하는 질소 등의 비활성 기체는 6.0MPa 이상(21℃ 기준)의 압력으로 충전할 것
④ 기동용 가스용기에는 충전 여부를 확인할 수 있는 압력게이지를 설치할 것

해설 ② 0.64배 → 0.8배

이산화탄소 소화설비 가스압력식 기동장치 (NFTC 106 2.3.2.3)

구 분	기 준
비활성 기체 충전압력	6MPa 이상(21℃ 기준)
기동용 가스용기의 체적	5L 이상
기동용 가스용기 안전장치의 압력	내압시험압력의 0.8배~ 내압시험압력 이하
기동용 가스용기 및 해당 용기에 사용하는 밸브의 견디는 압력	25MPa 이상
충전 여부 확인	압력게이지 설치

24. 07. 시행 / 산업(기계)

비교

분말소화설비의 가스압력식 기동장치(NFTC 108 2.4.2.3)

구분	기준
기동용 가스용기의 체적	5L 이상(단, 1L 이상시 CO_2량 0.6kg 이상)

답 ②

★★★ 66

이산화탄소 또는 할로젠화합물을 방사하는 소화기구(자동확산소화기를 제외)의 설치기준 중 다음 ( ) 안에 알맞은 것은? (단, 배기를 위한 유효한 개구부가 있는 장소인 경우는 제외한다.)

[18.03.문75] [13.09.문75] [10.09.문74]

지하층이나 무창층 또는 밀폐된 거실로서 그 바닥면적이 ( )m² 미만의 장소에는 설치할 수 없다.

① 15 ② 20
③ 30 ④ 40

해설 이산화탄소(자동확산소화기 제외)·할로젠화합물 소화기구(자동확산소화기 제외)의 설치제외 장소
(1) 지하층
(2) 무창층 ─ 바닥면적 20m² 미만인 장소 보기 ②
(3) 밀폐된 거실

답 ②

★★★ 67

호스릴분말소화설비 노즐이 하나의 노즐마다 1분당 방사하는 소화약제의 양 기준으로 옳은 것은?

[18.03.문76] [15.09.문64] [12.09.문62]

① 제1종 분말−45kg ② 제2종 분말−30kg
③ 제3종 분말−30kg ④ 제4종 분말−20kg

②, ③ 30kg → 27kg
④ 20kg → 18kg

호스릴방식
(1) CO_2 소화설비

약제종별	약제저장량	약제방사량(20℃)
CO_2	90kg	60kg/min

(2) 할론소화설비

약제종별	약제저장량	약제방사량(20℃)
할론 1301	45kg	35kg/min
할론 1211	50kg	40kg/min
할론 2402	50kg	45kg/min

(3) 분말소화설비

약제종별	약제저장량	약제방사량
제1종 분말	50kg	45kg/min 보기 ①
제2·3종 분말	30kg	27kg/min 보기 ②③
제4종 분말	20kg	18kg/min 보기 ④

• 문제에서 1분당 방사량이므로 저장량이 아니고 **약제방사량**을 답하는 것임을 기억할 것

답 ①

★★★ 68

전역방출방식의 분말소화설비를 설치한 특정소방대상물 또는 그 부분의 자동폐쇄장치 설치기준 중 다음 ( ) 안에 알맞은 것은?

[19.03.문72] [18.03.문77] [17.09.문64] [14.09.문61]

개구부가 있거나 천장으로부터 1m 이상의 아랫부분 또는 바닥으로부터 해당층의 높이의 ( ) 이내의 부분에 통기구가 있어 분말의 유출에 따라 소화효과를 감소시킬 우려가 있는 것은 분말이 방사되기 전에 해당 개구부 및 통기구를 폐쇄할 수 있도록 할 것

① $\frac{1}{5}$ ② $\frac{1}{2}$
③ $\frac{2}{3}$ ④ $\frac{3}{4}$

해설 전역방출방식의 분말소화설비 개구부 및 통기구를 폐쇄해야 하는 경우(NFPC 108 14조, NFTC 108 2.11.1.1)
(1) 개구부가 있는 경우
(2) 천장으로부터 **1m 이상**의 아랫부분에 설치된 통기구
(3) 바닥으로부터 해당층 높이의 $\frac{2}{3}$ 이내 부분에 설치된 통기구 보기 ③

• 이 기준은 할로겐화합물 및 불활성기체 소화설비·분말소화설비·이산화탄소소화설비 자동폐쇄장치 설치기준(NFPC 107A 15조, NFTC 107A 2.12.1.2 / NFPC 108 14조, NFTC 108 2.11.1.2 / NFPC 106 14조, NFTC 106 2.11.1.2)이 모두 동일

답 ③

★ 69

피난사다리의 중량기준 중 다음 ( ) 안에 알맞은 것은?

[18.03.문79]

올림식 사다리인 경우 (㉠)kg$_f$ 이하, 내림식 사다리의 경우 (㉡)kg$_f$ 이하이어야 한다.

① ㉠ 25, ㉡ 30
② ㉠ 30, ㉡ 25
③ ㉠ 20, ㉡ 35
④ ㉠ 35, ㉡ 20

해설 **피난사다리**의 **중량기준**(피난사다리의 형식승인 및 제품검사의 기술기준 9조)

올림식 사다리	내림식 사다리 (하향식 피난구용은 제외)
35kg$_f$ 이하 보기 ㉠	20kg$_f$ 이하 보기 ㉡

답 ④

70. 소화기의 정의 중 다음 ( ) 안에 알맞은 것은?

대형 소화기란 화재시 사람이 운반할 수 있도록 운반대와 바퀴가 설치되어 있고 능력단위가 A급 (㉠)단위 이상, B급 (㉡)단위 이상인 소화기를 말한다.

① ㉠ 3, ㉡ 5
② ㉠ 5, ㉡ 3
③ ㉠ 10, ㉡ 20
④ ㉠ 20, ㉡ 10

해설 소화능력단위에 의한 분류(소화기의 형식승인 및 제품검사의 기술기준 4조)

소화기 분류		능력단위
소형 소화기		1단위 이상
대형 소화기	A급	10단위 이상 보기 ㉠
	B급	20단위 이상 보기 ㉡

기억법 대2B(데이빗!)

답 ③

71. 하나의 옥내소화전을 사용하는 노즐선단에서의 방수압력이 0.7MPa를 초과할 경우에 감압장치를 설치하여야 하는 곳은?

① 방수구 연결배관
② 호스접결구의 인입측
③ 노즐선단
④ 노즐 안쪽

해설 감압장치
옥내소화전설비의 소방호스 노즐의 방수압력의 허용범위는 0.17~0.7MPa이다. 0.7MPa을 초과시에는 **호스접결구의 인입측** 보기 ② 에 **감압장치**를 설치하여야 한다.

 중요

각 설비의 주요사항

구 분	옥내소화전설비	옥외소화전설비
방수압	0.17~0.7MPa 이하	0.25~0.7MPa 이하
방수량	130L/min 이상 (30층 미만: 최대 2개, 30층 이상: 최대 5개)	350L/min 이상 (최대 2개)
방수구경	40mm	65mm
노즐구경	13mm	19mm

답 ②

72. 미분무소화설비의 화재안전기준에 따른 용어의 정리 중 다음 ( ) 안에 알맞은 것은?

미분무란 물만을 사용하여 소화하는 방식으로 최소설계압력에서 헤드로부터 방출되는 물입자 중 (㉠)%의 누적체적분포가 (㉡)μm 이하로 분무되고 A, B, C급 화재에 적응성을 갖는 것을 말한다.

① ㉠ 30, ㉡ 200
② ㉠ 50, ㉡ 200
③ ㉠ 60, ㉡ 400
④ ㉠ 99, ㉡ 400

해설 미분무소화설비의 용어정의(NFPC 104A 3조, NFTC 104A 1.7)

용 어	설 명
미분무소화설비	가압된 물이 헤드 통과 후 미세한 입자로 분무됨으로써 소화성능을 가지는 설비를 말하며, 소화력을 증가시키기 위해 강화액 등을 첨가할 수 있다.
미분무	물만을 사용하여 소화하는 방식으로 최소설계압력에서 헤드로부터 방출되는 물입자 중 **99%**의 누적체적분포가 **400μm** 이하로 분무되고 A, B, C급 화재에 적응성을 갖는 것 보기 ④
미분무헤드	하나 이상의 오리피스를 가지고 미분무소화설비에 사용되는 헤드

답 ④

73. 물분무소화설비의 화재안전기준상 물분무헤드를 설치하지 않을 수 있는 장소 기준 중 다음 괄호 안에 알맞은 것은?

운전시에 표면의 온도가 ( )℃ 이상으로 되는 등 직접 분무를 하는 경우 그 부분에 손상을 입힐 우려가 있는 기계장치 등이 있는 장소

① 250
② 260
③ 270
④ 280

해설 물분무헤드의 설치제외대상(NFPC 104 15조, NFTC 104 2.12)
(1) 물과 심하게 반응하거나 위험한 물질을 생성하는 물질 저장·취급 장소
(2) **고온물질** 저장·취급 장소
(3) 운전시에 표면의 온도가 **260℃** 이상 되는 장소 보기 ②

기억법 물26(물이 이륙)

비교

옥내소화전설비 방수구 설치제외장소(NFPC 102 11조, NFTC 102 2.8)
(1) **냉**장창고 중 온도가 영하인 **냉장실** 또는 **냉동창고**의 **냉동실**
(2) **고온**의 노가 설치된 장소 또는 **물**과 격렬하게 **반응**하는 물품의 저장 또는 취급 장소
(3) **발전소·변전소** 등으로서 전기시설이 설치된 장소
(4) **식물원·수족관·목욕실·수영장**(관람석 부분을 제외) 또는 그 밖의 이와 비슷한 장소
(5) **야외음악당·야외극장** 또는 그 밖의 이와 비슷한 장소

기억법 내냉방 야식 고발

답 ②

74 ★★★

18.09.문65
14.03.문62
12.09.문67
02.05.문79

포소화약제의 혼합장치 중 펌프의 토출관과 흡입관 사이의 배관 도중에 설치한 흡입기에 펌프에서 토출된 물의 일부를 보내고, 농도조정밸브에서 조정된 포소화약제의 필요량을 포소화약제 탱크에서 펌프 흡입측으로 보내어 이를 혼합하는 방식은?

① 펌프 프로포셔너방식
② 프레져 프로포셔너방식
③ 라인 프로포셔너방식
④ 프레져 사이드 프로포셔너방식

해설 포소화약제의 혼합장치(NFPC 105 3·9조, NFTC 105 1.7, 2.6.1)

(1) **라인 프로포셔너방식(관로 혼합방식)**
  ㉠ 펌프와 발포기의 중간에 설치된 벤투리관의 **벤투리작용**에 의하여 포소화약제를 흡입·혼합하는 방식
  ㉡ 급수관의 배관 도중에 포소화약제 **흡입기**를 설치하여 그 흡입관에서 소화약제를 흡입하여 혼합하는 방식

  기억법 라벤(라벤다)

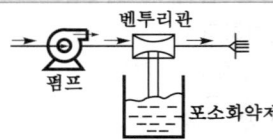

| 라인 프로포셔너방식 |

(2) **펌프 프로포셔너방식(펌프 혼합방식)** : 펌프의 **토출관**과 **흡입관** 사이의 배관 도중에 설치한 흡입기에 펌프에서 토출된 물의 일부를 보내고, **농도조정밸브**에서 조정된 포소화약제의 필요량을 포소화약제 탱크에서 펌프 흡입측으로 보내어 약제를 혼합하는 방식

  기억법 펌농

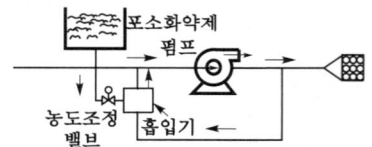

| 펌프 프로포셔너방식 |

(3) **프레져 프로포셔너방식(차압 혼합방식)**
  ㉠ 가압송수관 도중에 **공기 포소화원액 혼합조**(P.P.T)와 혼합기를 접속하여 사용하는 방법
  ㉡ **격막방식 휨탱크**를 사용하는 에어휨 혼합방식

  기억법 프프혼격

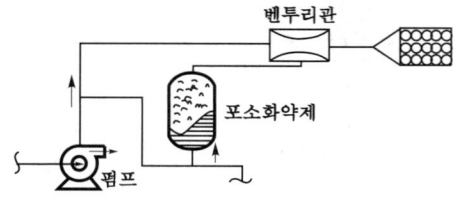

| 프레져 프로포셔너방식 |

(4) **프레져 사이드 프로포셔너방식(압입 혼합방식)**
  ㉠ 소화원액 가압펌프(**압입용 펌프**)를 별도로 사용하는 방식
  ㉡ 펌프 토출관에 압입기를 설치하여 포소화약제 **압입용 펌프**로 포소화약제를 압입시켜 혼합하는 방식

  기억법 프사압

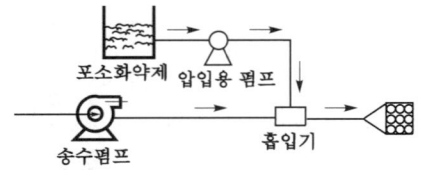

| 프레져 사이드 프로포셔너방식 |

(5) **압축공기포 믹싱챔버방식** : 포수용액에 공기를 강제로 주입시켜 **원거리 방수**가 가능하고 물 사용량을 줄여 **수손피해**를 **최소화**할 수 있는 방식

답 ①

75 ★★★

18.09.문66
17.09.문64
14.09.문61

할로겐화합물 및 불활성기체 소화설비를 설치한 특정소방대상물 또는 그 부분에 대한 자동폐쇄장치의 설치기준 중 다음 (   ) 안에 알맞은 것은?

> 개구부가 있거나 천장으로부터 (㉠)m 이상의 아랫부분 또는 바닥으로부터 해당층의 높이의 (㉡) 이내의 부분에 통기구가 있어 할로겐화합물 및 불활성기체 소화약제의 유출에 따라 소화효과를 감소시킬 우려가 있는 것은 할로겐화합물 및 불활성기체 소화약제가 방사되기 전에 당해 개구부 및 통기구를 폐쇄할 수 있도록 할 것

① ㉠ 1.5, ㉡ $\frac{1}{3}$
② ㉠ 1.5, ㉡ $\frac{2}{3}$
③ ㉠ 1, ㉡ $\frac{1}{3}$
④ ㉠ 1, ㉡ $\frac{2}{3}$

해설 할로겐화합물 및 불활성기체 소화설비·분말소화설비·이산화탄소소화설비 자동폐쇄장치 설치기준(NFPC 107A 15조, NFTC 107A 2.12.1.2 / NFPC 108 14조, NFTC 108 2.11.1.2 / NFPC 106 14조, NFTC 106 2.11.1.2)

개구부가 있거나 천장으로부터 **1m 이상**의 아랫부분 또는 바닥으로부터 해당층의 높이의 $\frac{2}{3}$ 이내의 부분에 통기구가 있어 소화약제의 유출에 따라 소화효과를 감소시킬 우려가 있는 것은 소화약제가 방사되기 전에 당해 **개구부** 및 **통기구**를 폐쇄할 수 있도록 할 것 보기 ④

답 ④

76 분말소화설비 분말소화약제의 저장용기 설치기준 중 옳은 것은?
18.09.문80

① 저장용기의 충전비는 0.7 이상으로 할 것
② 저장용기에는 가압식은 최고사용압력의 0.8배 이하, 축압식은 용기의 내압시험압력의 1.8배 이하의 압력에서 작동하는 안전밸브를 설치할 것
③ 제3종 분말소화약제 저장용기의 내용적은(소화제 1kg당 저장용기의 내용적) 1L로 할 것
④ 저장용기에는 저장용기의 내부압력이 설정압력으로 되었을 때 주밸브를 개방하는 압력조정기를 설치할 것

해설
① 0.7 이상 → 0.8 이상
② 0.8배 이하 → 1.8배 이하, 1.8배 이하 → 0.8배 이하
④ 압력조정기 → 정압작동장치

분말소화약제의 저장용기 설치장소기준(NFPC 108 4조, NFTC 108 2.1)
(1) **방호구역 외**의 장소에 설치할 것(단, 방호구역 내에 설치할 경우에는 피난 및 조작이 용이하도록 피난구 부근에 설치)
(2) 온도가 **40℃** 이하이고, 온도변화가 작은 곳에 설치할 것
(3) 직사광선 및 빗물이 침투할 우려가 없는 곳에 설치할 것
(4) 방화문으로 구획된 실에 설치할 것
(5) 용기의 설치장소에는 해당용기가 설치된 곳임을 표시하는 표지를 할 것
(6) 용기간의 간격은 점검에 지장이 없도록 **3cm** 이상의 간격을 유지할 것
(7) 저장용기와 집합관을 연결하는 연결배관에는 **체크밸브**를 설치할 것
(8) 주밸브를 개방하는 **정압작동장치** 실시 보기 ④
(9) 저장용기의 **충전비**는 **0.8** 이상 보기 ①
(10) 안전밸브의 설치 보기 ②

가압식	축압식
최고사용압력의 **1.8배** 이하	내압시험압력의 **0.8배** 이하

답 ③

77 분말소화약제 저장용기의 내부압력이 설정압력으로 되었을 때 정압작동장치에 의해 개방되는 밸브는?
23.03.문68
17.03.문62
15.03.문69
14.03.문77
07.03.문74

① 주밸브
② 클리닝밸브
③ 니들밸브
④ 기동용기밸브

해설 **정압작동장치**
약제저장용기 내의 내부압력이 설정압력이 되었을 때 **주밸브** 보기 ① 를 개방시키는 장치로서 정압작동장치의 설치 위치는 그림과 같다.

기억법 주정(**주정**뱅이가 되지 말라!)

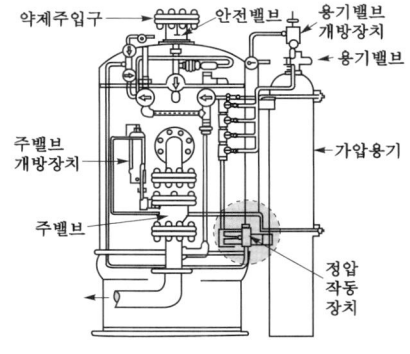

정압작동장치

중요
정압작동장치의 종류
(1) 봉판식
(2) 기계식
(3) 스프링식
(4) 압력스위치식
(5) 시한릴레이식

답 ①

78 의료시설 3층에 피난기구의 적응성이 없는 것은?
19.09.문62
19.03.문68
17.03.문66
16.05.문72
16.03.문69
15.09.문68
14.09.문68
13.03.문78
12.05.문65

① 공기안전매트
② 구조대
③ 승강식 피난기
④ 피난용 트랩

해설 **피난기구**의 **적응성**(NFTC 301 2.1.1)

층별 설치 장소별 구분	1층	2층	3층	4층 이상 10층 이하
노유자시설	• 미끄럼대 • 구조대 • 피난교 • 다수인 피난장비 • 승강식 피난기	• 미끄럼대 • 구조대 • 피난교 • 다수인 피난장비 • 승강식 피난기	• 미끄럼대 • 구조대 • 피난교 • 다수인 피난장비 • 승강식 피난기	• 구조대[1] • 피난교 • 다수인 피난장비 • 승강식 피난기
의료시설·입원실이 있는 의원·접골원·조산원	–	–	• 미끄럼대 • 구조대 보기 ② • 피난교 • 피난용 트랩 보기 ④ • 다수인 피난장비 • 승강식 피난기 보기 ③	• 구조대 • 피난교 • 피난용 트랩 • 다수인 피난장비 • 승강식 피난기
영업장의 위치가 4층 이하인 다중이용업소	–	• 미끄럼대 • 피난사다리 • 구조대 • 완강기 • 다수인 피난장비 • 승강식 피난기	• 미끄럼대 • 피난사다리 • 구조대 • 완강기 • 다수인 피난장비 • 승강식 피난기	• 미끄럼대 • 피난사다리 • 구조대 • 완강기 • 다수인 피난장비 • 승강식 피난기

| 그 밖의 것 | – | – | • 미끄럼대
• 피난사다리
• 구조대
• 완강기
• 피난교
• 피난용 트랩
• 간이완강기
• 공기안전매트
• 다수인 피난장비
• 승강식 피난기 | • 피난사다리
• 구조대
• 완강기
• 피난교
• 간이완강기
• 공기안전매트
• 다수인 피난장비
• 승강식 피난기 |

[비고] 1) **구조대**의 적응성은 **장애인관련시설**로서 주된 사용자 중 **스스로 피난**이 **불가**한 자가 있는 경우 추가로 설치하는 경우에 한한다.
2) **간이완강기**의 적응성은 **숙박시설**의 **3층 이상**에 있는 객실에, **공기안전매트**의 적응성은 **공동주택**에 추가로 설치하는 경우에 한한다.

중요

의무관리대상 공동주택(NFPC 608 13조, NFTC 608 2.9.1.3)
공동주택 구역마다 공기안전매트 1개 이상 추가 설치

비교

피난기구 적응성		
간이완강기	공기안전매트	구조대
숙박시설의 3층 이상에 있는 객실	공동주택	장애인관련시설

답 ①

79 옥외소화전이 31개 이상 설치된 경우 옥외소화전 몇 개마다 1개 이상의 소화전함을 설치하여야 하는가?
19.03.문78
17.03.문76
08.09.문67

① 3
② 5
③ 9
④ 11

해설 옥외소화전이 **31개 이상**이므로 소화전 **3개**마다 **1개** 이상 설치하여야 한다.

중요

옥외소화전함 설치기구	
옥외소화전 개수	소화전함 개수
10개 이하	5m 이내의 장소에 1개 이상
11~30개 이하	11개 이상 소화전함 분산설치
31개 이상	소화전 3개마다 1개 이상 보기 ①

답 ①

80 소화기구의 설치기준 중 다음 ( ) 안에 알맞은 것은?
17.03.문77

> 능력단위가 2단위 이상이 되도록 소화기를 설치하여야 할 특정소방대상물 또는 그 부분에 있어서는 간이소용구의 능력단위가 전체 능력단위의 ( )을 초과하지 아니하게 할 것

① $\frac{1}{2}$ ② $\frac{1}{3}$
③ $\frac{1}{4}$ ④ $\frac{1}{5}$

해설 **소화기구의 설치기준**(NFPC 101 4조, NFTC 101 2.1.1.5)
능력단위가 2단위 이상이 되도록 소화기를 설치하여야 할 특정소방대상물 또는 그 부분에 있어서는 간이소용구의 능력단위가 전체 능력단위의 $\frac{1}{2}$을 초과하지 아니하게 할 것(단, 노유자시설은 제외) 보기 ①

답 ①

CBT 기출복원문제

2023년
소방설비산업기사 필기(기계분야)

- 2023. 3. 1 시행 ·················· 23- 2
- 2023. 5. 13 시행 ·················· 23-29
- 2023. 9. 2 시행 ·················· 23-53

** 수험자 유의사항 **

1. 문제지를 받는 즉시 **본인**이 **응시한 종목**이 맞는지 확인하시기 바랍니다.
2. 문제지 표지에 본인의 **수험번호**와 **성명**을 기재하여야 합니다.
3. 문제지의 **총면수, 문제번호 일련순서, 인쇄상태, 중복 및 누락 페이지 유무**를 확인하시기 바랍니다.
4. 답안은 각 문제마다 요구하는 가장 적합하거나 가까운 답 1개만을 선택하여야 합니다.
5. 답안카드는 뒷면의 「수험자 유의사항」에 따라 작성하시고, 답안카드 작성 시 형별누락, 마킹착오로 인한 불이익은 전적으로 수험자에게 책임이 있음을 알려드립니다.
6. 문제지는 시험 종료 후 본인이 가져갈 수 있습니다.

** 안내사항 **

- 가답안/최종정답은 큐넷(www.q-net.or.kr)에서 확인하실 수 있습니다. 가답안에 대한 의견은 큐넷의 [가답안 의견제시]를 통해 제시할 수 있으며, 확정된 답안은 최종정답으로 갈음합니다.
- 공단에서 제공하는 자격검정서비스에 대해 개선할 점이 있으시면 고객참여(http://hrdkorea.or.kr/7/1/1)를 통해 건의하여 주시기 바랍니다.

2023. 3. 1 시행

2023년 산업기사 제1회 필기시험 CBT 기출복원문제

자격종목	종목코드	시험시간	형별
소방설비산업기사(기계분야)		2시간	

※ 각 문항은 4지택일형으로 질문에 가장 적합한 보기 항을 선택하여 체크하여야 합니다.

제1과목 소방원론

01 메탄의 공기 중 연소범위[vol.%]로 옳은 것은?
① 2.1~9.5 ② 5~15
③ 2.5~81 ④ 4~75

해설 (1) 공기 중의 폭발한계(일사천리로 나와야 한다.)

가 스	하한계[vol%]	상한계[vol%]
아세틸렌(C_2H_2)	2.5	81
수소(H_2)	4	75
일산화탄소(CO)	12	75
에틸렌(C_2H_4)	2.7	36
암모니아(NH_3)	15	25
메탄(CH_4) 보기 ②	5	15
에탄(C_2H_6)	3	12.4
프로판(C_3H_8)	2.1	9.5
부탄(C_4H_{10})	1.8	8.4

기억법
아 25 81
수 4 75
일 12 75
에 27 36
암 15 25
메 5 15
에 3 124
프 21 95(둘하나 구오)
부 18 84

(2) 폭발한계와 같은 의미
㉠ 폭발범위
㉡ 연소한계
㉢ 연소범위
㉣ 가연한계
㉤ 가연범위

답 ②

02 유류화재시 분말소화약제와 병용이 가능하여 빠른 소화효과와 재착화방지효과를 기대할 수 있는 소화약제로 옳은 것은?
① 단백포 소화약제
② 수성막포 소화약제
③ 알코올형포 소화약제
④ 합성계면활성제포 소화약제

해설 **수성막포**의 장단점

장점	단점
• 석유류 표면에 신속히 **피막**을 **형성**하여 유류증발을 억제한다. • **안전성**이 좋아 장기보존이 가능하다. • **내약품성**이 좋아 **분말소화약제**와 **겸용 사용**도 가능하다. 보기 ② • **내유염성**이 우수하다.	• 가격이 비싸다. • 내열성이 좋지 않다. • 부식방지용 저장설비가 요구된다.

기억법 수분

※ 내유염성 : 포가 기름에 의해 오염되기 어려운 성질

답 ②

03 대체 소화약제의 물리적 특성을 나타내는 용어 중 지구온난화지수를 나타내는 약어는?
① ODP
② GWP
③ LOAEL
④ NOAEL

해설
용어	설명
오존파괴지수 (**OD**P : Ozone Depletion Potential)	오존파괴지수는 어떤 물질의 **오존파괴능력**을 상대적으로 나타내는 지표
지구**온**난화지수 보기 ② (**G**WP : Global Warming Potential)	지구온난화지수는 **지구온난화**에 기여하는 정도를 나타내는 지표
LOAEL (Least Observable Adverse Effect Level)	인체에 **독성**을 주는 **최소농도**
NOAEL (No Observable Adverse Effect Level)	인체에 **독성**을 주지 않는 **최대농도**

기억법 G온O오 (**지온!오온!**)

중요

공식	
오존파괴지수(ODP)	지구온난화지수(GWP)
$ODP = \dfrac{\text{어떤 물질 1kg이 파괴하는 오존량}}{\text{CFC 11의 1kg이 파괴하는 오존량}}$	$GWP = \dfrac{\text{어떤 물질 1kg이 기여하는 온난화 정도}}{CO_2\ 1kg\text{이 기여하는 온난화 정도}}$

답 ②

04 연소의 3요소가 모두 포함된 것은?

22.09.문08
22.03.문02
20.08.문17
14.09.문10
14.03.문08
13.06.문19

① 산화열, 산소, 점화에너지
② 나무, 산소, 불꽃
③ 질소, 가연물, 산소
④ 가연물, 헬륨, 공기

해설 연소의 3요소와 4요소

연소의 3요소	연소의 4요소
• 가연물(연료, 나무) 보기 ② • 산소공급원(산소, 공기) 보기 ② • 점화원(점화에너지, 불꽃, 산화열) 보기 ②	• 가연물(연료, 나무) • 산소공급원(산소, 공기) • 점화원(점화에너지, 불꽃, 산화열) • 연쇄반응

기억법 연4(연사)

• 산화열: 연소과정에서 발생하는 열을 의미하므로 열은 점화원이다.

답 ②

05 물의 비열과 증발잠열을 이용한 소화효과는?

18.03.문10
17.09.문10
16.10.문03
14.09.문05
14.03.문03
13.06.문16
09.03.문18

① 희석효과
② 억제효과
③ 냉각효과
④ 질식효과

해설 ③ 냉각효과(냉각소화) : 물의 **증발잠열** 이용

소화형태

구 분	설 명
냉각소화	① 물의 비열과 증발잠열을 이용한 소화효과 보기 ③ ② **점화원**을 냉각하여 소화하는 방법 ③ 증발잠열을 이용하여 열을 빼앗아 가연물의 온도를 떨어뜨려 화재를 진압하는 소화방법 ④ **다량의 물**을 뿌려 소화하는 방법 ⑤ 가연성 물질을 **발화점** 이하로 **냉각** 기억법 냉점증발 ⑥ 주방에서 신속히 할 수 있는 방법으로, 신선한 **야채**를 넣어 **식용유**의 온도를 발화점 이하로 낮추어 소화하는 방법(**식용유화재**에 신선한 **야채**를 넣어 소화) 기억법 야식냉(야식이 차다.)

질식소화	① 공기 중의 **산소농도**를 16%(10~15%) 이하로 희박하게 하여 소화하는 방법 ② 산화제의 농도를 낮추어 연소가 지속될 수 없도록 함 ③ 산소공급을 차단하는 소화방법(**공기공급을 차단**하여 소화하는 방법) 기억법 질산
제거소화	**가연물**을 **제거**하여 소화하는 방법
부촉매소화 (화학소화)	① **연쇄반응**을 **차단**하여 소화하는 방법 ② 화학적인 방법으로 화재 억제
희석소화	기체·고체·액체에서 나오는 분해가스나 증기의 농도를 낮춰 소화하는 방법

답 ③

06 B급 화재에 해당하지 않는 것은?

18.04.문08
17.05.문19
16.10.문20
16.05.문09
14.09.문01
14.09.문15
14.05.문05
14.05.문20
14.03.문19
13.06.문09

① 목탄
② 등유
③ 아세톤
④ 이황화탄소

해설 ① 목탄 : A급 화재

화재의 분류

화재 종류	표시색	적응물질
일반화재(A급)	백색	① 일반가연물(목탄) 보기 ① ② 종이류 화재 ③ 목재·섬유화재
유류화재(B급)	황색	① 가연성 액체(등유, 경유, 아세톤 등) 보기 ②③ ② 가연성 가스(이황화탄소) 보기 ④ ③ 액화가스화재 ④ 석유화재 ⑤ 알코올류
전기화재(C급)	청색	전기설비
금속화재(D급)	무색	가연성 금속
주방화재(K급)	–	식용유화재

기억법 백황청무

※ 요즘은 표시색의 의무규정은 없음

답 ①

07 공기와 접촉되었을 때 위험도(H)가 가장 큰 것은?

14.03.문12

① 에터
② 수소
③ 에틸렌
④ 부탄

해설 위험도

$$H = \dfrac{U-L}{L}$$

여기서, H : 위험도
U : 연소상한계
L : 연소하한계

① 에터 = $\frac{48-1.7}{1.7}$ = 27.23 (가장 크다.)

② 수소 = $\frac{75-4}{4}$ = 17.75

③ 에틸렌 = $\frac{36-2.7}{2.7}$ = 12.33

④ 부탄 = $\frac{8.4-1.8}{1.8}$ = 3.67

(1) **공기 중의 폭발한계**(일사천리로 나와야 한다.)

가 스	하한계[vol%]	상한계[vol%]
아세틸렌(C_2H_2)	2.5	81
수소(H_2) 보기 ②	4	75
일산화탄소(CO)	12	75
에터($C_2H_5)_2O$ 보기 ①	1.7	48
에틸렌(C_2H_4) 보기 ③	2.7	36
암모니아(NH_3)	15	25
메탄(CH_4)	5	15
에탄(C_2H_6)	3	12.4
프로판(C_3H_8)	2.1	9.5
부탄(C_4H_{10}) 보기 ④	1.8	8.4

기억법
아	25	81
수	4	75
일	12	75
에터	17	48
에틸	27	36
암	15	25
메	5	15
에	3	124
프	21	95 (**둘하나 구오**)
부	18	84

• 에터 = 다이에틸에터

(2) **폭발한계와 같은 의미**
  ㉠ 폭발범위
  ㉡ 연소한계
  ㉢ 연소범위
  ㉣ 가연한계
  ㉤ 가연범위

답 ①

08 다음 중 포소화약제에 대한 설명으로 옳은 것은?

22.03.문13
21.03.문07
20.08.문05
19.09.문04
17.05.문15
14.05.문10
14.05.문13
13.03.문10

① 포소화약제의 주된 소화효과는 질식과 냉각이다.
② 포소화약제는 모든 화재에 효과가 있다.
③ 포소화약제는 저장기간이 영구적이다.
④ 포소화약제의 사용온도는 제한이 없다.

해설
② 모든 화재 → AB급 화재
③ 영구적 → 제한적
④ 제한이 없다. → 0~40℃ 이하이다.

주된 소화효과

소화약제	주된 소화효과
• **할**론	**억**제소화(화학소화, 부촉매효과)
• **이**산화탄소	**질**식소화
• **포** 보기 ①	• **질**식소화 • **냉**각소화
• **물**	냉각소화

기억법 할억이질, 포질냉

중요

(1) **주된 소화효과**

할론 1301	이산화탄소
억제소화	질식소화

(2) **소화기의 사용온도**(소화기 형식 36조)

소화기의 종류	사용온도
• 분말 • 강화액	-20~40℃ 이하
• 그 밖의 소화기(포) 보기 ④	0~40℃ 이하

기억법 분강-2(**분강마이**)

• 포 : 주된 소화효과가 '**질식소화**'라는 이론도 있다.

답 ①

09 공기 중의 산소농도는 약 몇 vol%인가?

22.09.문06
21.09.문12
20.06.문04
14.05.문19
12.09.문08

① 15   ② 18
③ 21   ④ 25

해설 공기 중 산소농도

구 분	산소농도
체적비(부피백분율)	약 21vol% 보기 ③
중량비(중량백분율)	약 23wt%

중요

공기 중 구성물질

구성물질	비 율
아르곤(Ar)	1vol%
산소(O_2) →	21vol%
질소(N_2)	78vol%

• 문제 단위 vol%를 보고 **체적비**라는 것을 알 수 있다.

용어

%	vol%
수를 100의 비로 나타낸 것	어떤 공간에 차지하는 부피를 백분율로 나타낸 것
50%	공기 50vol% 50vol%
50%	50vol%

답 ③

10. 위험물안전관리법령상 지정수량이 나머지 셋과 다른 하나는?

① 질산
② 과염소산염류
③ 과염소산
④ 과산화수소

해설
①, ③, ④ 300kg
② 50kg

위험물령〔별표 1〕
제6류 위험물

성 질	품 명	지정수량
산화성 액체	과염소산 보기 ③	300kg
	과산화수소 보기 ④	
	질산 보기 ①	

중요
위험물령〔별표 1〕
제1류 위험물

성 질	품 명	지정수량
산화성 고체	아염소산염류	50kg
	염소산염류	
	과염소산염류 보기 ②	
	무기과산화물	
	브로민산염류	300kg
	질산염류	
	아이오딘산염류	
	과망가니즈산염류	1000kg
	다이크로뮴산염류	

답 ②

11. 화재이론에 따르면 일반적으로 연기의 수평방향 이동속도는 몇 m/s 정도인가?

① 0.1~0.2
② 0.5~1
③ 3~5
④ 5~10

해설 연기의 이동속도

방향 또는 장소	이동속도
수평방향(수평이동속도)	0.5~1m/s 보기 ②
수직방향(수직이동속도)	2~3m/s
계단실 내의 수직이동속도	**3~5**m/s

기억법 3계5(**삼계**탕 드시러 **오**세요.)

답 ②

12. 분진폭발의 발생 위험성이 가장 낮은 물질은?

① 시멘트
② 밀가루
③ 금속분류
④ 석탄가루

해설

분진폭발을 일으키지 않는 물질	물과 반응하여 가연성 기체를 발생시키지 않는 것
① **시**멘트 보기 ①	① 시멘트
② **석**회석(소석회)	② 석회석(소석회)
③ **탄**산칼슘(CaCO₃)	③ 탄산칼슘(CaCO₃)
④ **생**석회(CaO)=산화칼슘	

기억법 분시석탄생

중요
분진폭발
공기 중에 분산된 **밀가루, 알루미늄가루** 등이 에너지를 받아 폭발하는 현상

답 ①

13. 연소에 관한 설명으로 틀린 것은?

① 황, 나프탈렌이 연소하는 현상을 작열연소라 한다.
② 나이트로화합물류가 연소하는 현상을 자기연소라 한다.
③ 목탄, 금속분, 코크스가 연소하는 현상을 표면연소라 한다.
④ 목재가 연소하는 현상을 분해연소라 한다.

해설 ① 작열연소 → 증발연소

연소의 형태

연소형태	종 류
표면연소 보기 ③	• **숯**, **코**크스 • **목**탄, **금**속분
	기억법 표숯코 목탄금
분해연소 보기 ④	• **석**탄, **종**이 • **플**라스틱, **목**재 • **고**무, **중**유 • **아**스팔트
	기억법 분석종플 목고중아팔
증발연소 보기 ①	• **황**, **왁**스 • **파**라핀, **나**프탈렌 • **가**솔린, **등**유 • **경**유, **알**코올 • **아**세톤
	기억법 증황왁파나가 등경알아

자기연소 보기 ②	• **나**이트로글리세린, 나이트로셀룰로오스(질화면) • **T**NT, **피**크린산 기억법 자나T피
액적연소	• 벙커C유
확산연소	• **메**탄(CH_4), **암**모니아(NH_3) • **아**세틸렌(C_2H_2), **일**산화탄소(CO) • **수**소(H_2) 기억법 확메암 아틸일수

답 ①

14 화재시 흡입된 일산화탄소는 혈액 내의 어떠한 물질과 작용하여 사람이 사망에 이르게 할 수 있는가?

22.09.문15
20.06.문17
18.04.문09
17.09.문13
16.10.문12
14.09.문13
14.05.문07
14.05.문18
13.09.문19
08.05.문20

① 백혈구
② 혈소판
③ 헤모글로빈
④ 수분

해설 연소가스

구 분	설 명
일산화탄소 (CO)	• 화재시 흡입된 일산화탄소(CO)의 화학적 작용에 의해 **헤**모글로빈(Hb)이 혈액의 산소 운반작용을 저해하여 사람을 **질식·사망**하게 한다. 보기 ③ • 목재류의 화재시 **인**명피해를 가장 많이 주며, 연기로 인한 의식불명 또는 질식을 가져온다. • 인체의 **폐**에 큰 자극을 준다. • **산**소와의 **결**합력이 극히 강하여 질식작용에 의한 독성을 나타낸다. 기억법 일헤인 폐산결
이산화탄소 (CO_2)	연소가스 중 **가장 많은 양**을 차지하고 있으며 가스 그 자체의 독성은 거의 없으나 다량이 존재할 경우 호흡속도를 증가시키고, 이로 인하여 화재가스에 혼합된 유해가스의 혼입을 증가시켜 위험을 가중시키는 가스이다. 기억법 이많(이만큼)
암모니아 (NH_3)	• 나무, 페놀수지, 멜라민수지 등의 **질**소함유물이 연소할 때 발생하며, 냉동시설의 **냉**매로 쓰인다. • 눈·코·폐 등에 매우 **자**극성이 큰 가연성 가스이다. 기억법 암페 멜냉자
포스겐 ($COCl_2$)	매우 **독**성이 강한 가스로서 **소**화제인 **사**염화탄소(CCl_4)를 화재시에 사용할 때도 발생한다. 기억법 독강 소사포

황화수소 (H_2S)	• **달**걀 썩는 냄새가 나는 특성이 있다. • 황분이 포함되어 있는 물질의 불완전 연소에 의하여 발생하는 가스이다. • **자**극성이 있다. 기억법 황달자
아크롤레인 ($CH_2=CHCHO$)	독성이 매우 높은 가스로서 **석유제품**, **유지** 등이 연소할 때 생성되는 가스이다. 기억법 아석유
시안화수소 (HCN, 청산가스)	**질소**성분을 가지고 있는 합성수지, 동물의 털, 인조견 등의 섬유가 불완전연소할 때 발생하는 맹독성 가스로 0.3%의 농도에서 즉시 사망할 수 있다.
아황산가스 (SO_2, 이산화황)	• **황**이 함유된 물질인 **동물의 털**, **고무** 등이 연소하는 화재시에 발생되며 **무색**의 자극성 냄새를 가진 유독성 기체 • 눈 및 호흡기 등에 점막을 상하게 하고 질식사할 우려가 있다.
프로판 (C_3H_8)	• LPG의 주성분 • 물보다 가볍다.

답 ③

15 다음 중 화재시 방사한 탄산수소나트륨 소화약제의 열분해 생성물에 속하지 않는 물질은?

19.03.문14
17.03.문18
16.05.문08
14.09.문18
13.09.문17

① H_2O
② Na_2CO_3
③ CO_2
④ NaCl

해설 ④ $2NaHCO_3 \rightarrow Na_2CO_3+H_2O+CO_2$

분말소화기(질식효과)

종 별	소화약제	약제의 착색	화학반응식	적응 화재
제1종	탄산수소 나트륨 ($NaHCO_3$)	백색	$2NaHCO_3 \rightarrow$ $Na_2CO_3+H_2O+CO_2$ 보기 ①~③	BC급
제2종	탄산수소 칼륨 ($KHCO_3$)	담자색 (담회색)	$2KHCO_3 \rightarrow$ $K_2CO_3+CO_2+H_2O$	BC급
제3종	인산암모늄 ($NH_4H_2PO_4$)	담홍색	$NH_4H_2PO_4 \rightarrow$ $HPO_3+NH_3+H_2O$	AB C급
제4종	탄산수소 칼륨+요소 ($KHCO_3+$ $(NH_2)_2CO$)	회(백)색	$2KHCO_3+$ $(NH_2)_2CO \rightarrow$ K_2CO_3+ $2NH_3+2CO_2$	BC급

• 탄산수소나트륨=중탄산나트륨
• 탄산수소칼륨=중탄산칼륨
• 제1인산암모늄=인산암모늄=인산염
• 탄산수소칼륨+요소=중탄산칼륨+요소

답 ④

16. 다음 중 인화점이 가장 낮은 물질은?

① 에틸렌글리콜
② 아세톤
③ 등유
④ 경유

해설
① 에틸렌글리콜 : 111℃
② 아세톤 : -18℃
③ 등유 : 43~72℃
④ 경유 : 50~70℃

인화점 vs 착화점

물 질	인화점	착화점
• 프로필렌	-107℃	497℃
• 에틸에터 • 다이에틸에터	-45℃	180℃
• 가솔린(휘발유)	-43℃	300℃
• 산화프로필렌	-37℃	465℃
• 이황화탄소	-30℃	100℃
• 아세틸렌	-18℃	335℃
• 아세톤 보기②	-18℃	538℃
• 벤젠	-11℃	562℃
• 톨루엔	4.4℃	480℃
• 메틸알코올	11℃	464℃
• 에틸알코올	13℃	423℃
• 아세트산	40℃	-
• 등유 보기③	43~72℃	210℃
• 경유 보기④	50~70℃	200℃
• 적린	-	260℃
• 에틸렌글리콜 보기①	111℃	413℃

기억법 인산 이메등경

• 착화점=발화점=착화온도=발화온도
• 인화점=인화온도

답 ②

17. 열원으로서 화학적 에너지에 해당되지 않는 것은?

① 분해열
② 연소열
③ 중합열
④ 마찰열

해설
④ 마찰열 : 기계적 에너지

열에너지원의 종류

기계열 (기계적 점화원)	전기열 (전기적 점화원)	화학열 (화학적 점화원)
• **압**축열 • **마**찰열 보기④ • **마**찰스파크(스파크열)	• 유도열 • 유전열 • 저항열 • 아크열 • 정전기열 • 낙뢰에 의한 열	• **연**소열 보기② • **용**해열 • **분**해열 보기① • **생**성열 • **자**연발화열 • **중**합열 보기③

기억법 기압마

기억법 화연용분생자

• 기계적 점화원=기계적 에너지
• 전기적 점화원=전기적 에너지
• 화학적 점화원=화학적 에너지

답 ④

18. 피난계획의 일반원칙 중 페일 세이프(fail safe)에 대한 설명으로 옳은 것은?

① 한 가지 피난기구가 고장이 나도 다른 수단을 이용할 수 있도록 고려하는 것
② 피난구조설비를 반드시 이동식으로 하는 것
③ 본능적 상태에서도 쉽게 식별이 가능하도록 그림이나 색채를 이용하는 것
④ 피난수단을 조작이 간편한 원시적인 방법으로 설계하는 것

해설
② 풀 프루프(fool proof) : 이동식 → 고정식

페일 세이프(fail safe)와 풀 프루프(fool proof)

용 어	설 명
페일 세이프 (fail safe)	① 한 가지 피난기구가 고장이 나도 다른 수단을 이용할 수 있도록 고려하는 것 보기① ② 한 가지가 고장이 나도 다른 수단을 이용하는 원칙 ③ **두 방향**의 피난동선을 항상 확보하는 원칙
풀 프루프 (fool proof)	① 피난경로는 간단 명료하게 한다. ② 피난구조설비는 고정식 설비를 위주로 설치한다. 보기② ③ 피난수단은 원시적 방법에 의한 것을 원칙으로 한다. 보기④ ④ 피난통로를 완전불연화한다. ⑤ 막다른 복도가 없도록 계획한다. ⑥ 간단한 그림이나 색채를 이용하여 표시한다. 보기③

답 ①

19 ★★★
A, B, C급의 화재에 사용할 수 있기 때문에 일명 ABC 분말소화약제로 불리는 소화약제의 주성분은?

① 탄산수소나트륨
② 탄산수소칼륨
③ 제1인산암모늄
④ 황산알루미늄

해설 분말소화약제(질식효과)

종별	주성분	약제의 착색	적응 화재	비 고
제1종	중탄산나트륨 (NaHCO₃)	백색	BC급	식용유 및 지방질유의 화재에 적합
제2종	중탄산칼륨 (KHCO₃)	담자색 (담회색)		-
제3종	인산암모늄 (NH₄H₂PO₄) 보기 ③	담홍색	ABC급	차고·주차장에 적합
제4종	중탄산칼륨+요소 (KHCO₃+(NH₂)₂CO)	회(백)색	BC급	-

기억법 3ABC(3종이니까 3가지 ABC급)

- 중탄산나트륨=탄산수소나트륨
- 중탄산칼륨=탄산수소칼륨
- 제1인산암모늄=인산암모늄=인산염
- 중탄산칼륨+요소=탄산수소칼륨+요소

답 ③

20 ★★★
연기농도에서 감광계수 $0.1m^{-1}$은 어떤 현상을 의미하는가?

① 화재 최성기의 연기농도
② 연기감지기가 작동하는 정도의 농도
③ 거의 앞이 보이지 않을 정도의 농도
④ 출화실에서 연기가 분출될 때의 연기농도

해설 감광계수에 따른 가시거리 및 상황

감광계수 [m⁻¹]	가시거리 [m]	상 황
0.1	20~30	연기감지기가 작동할 때의 농도 보기 ②
0.3	5	건물 내부에 익숙한 사람이 피난에 지장을 느낄 정도의 농도
0.5	3	어두운 것을 느낄 정도의 농도
1	1~2	거의 앞이 보이지 않을 정도의 농도
10	0.2~0.5	화재 최성기 때의 농도 기억법 십25최
30	-	출화실에서 연기가 분출할 때의 농도

답 ②

제2과목 소방유체역학

21 ★★★
점성계수 μ의 차원으로 옳은 것은? (단, M은 질량, L은 길이, T는 시간이다.)

① $ML^{-1}T^{-1}$
② MLT
③ $M^{-2}L^{-1}T$
④ MLT^2

해설 중력단위와 절대단위의 차원

차 원	중력단위[차원]	절대단위[차원]
길이	m[L]	m[L]
시간	s[T]	s[T]
운동량	N·s[FT]	kg·m/s[MLT⁻¹]
힘	N[F]	kg·m/s²[MLT⁻²]
속도	m/s[LT⁻¹]	m/s[LT⁻¹]
가속도	m/s²[LT⁻²]	m/s²[LT⁻²]
질량	N·s²/m[FL⁻¹T²]	kg[M]
압력	N/m²[FL⁻²]	kg/m·s²[ML⁻¹T⁻²]
밀도	N·s²/m⁴[FL⁻⁴T²]	kg/m³[ML⁻³]
비중	무차원	무차원
비중량	N/m³[FL⁻³]	kg/m²·s²[ML⁻²T⁻²]
비체적	m⁴/N·s²[F⁻¹L⁴T⁻²]	m³/kg[M⁻¹L³]
일률	N·m/s[FLT⁻¹]	kg·m²/s³[ML²T⁻³]
일	N·m[FL]	kg·m²/s²[ML²T⁻²]
점성계수	N·s/m²[FL⁻²T]	kg/m·s[ML⁻¹T⁻¹] 보기 ①
동점성계수	m²/s[L²T⁻¹]	m²/s[L²T⁻¹]

답 ①

22 ★★★
어떤 펌프가 1000rpm으로 회전하여 전양정 10m에 0.5m³/min의 유량을 방출한다. 이때 펌프가 2000rpm으로 운전된다면 유량[m³/min]은 얼마인가?

① 1.2
② 1
③ 0.7
④ 0.5

해설 (1) 기호
- N_1 : 1000rpm
- H_1 : 10m
- Q_1 : 0.5m³/min
- N_2 : 2000rpm
- Q_2 : ?

(2) 상사법칙(유량)

$$Q_2 = Q_1 \left(\frac{N_2}{N_1}\right)$$

여기서, Q_1, Q_2 : 변화 전후의 유량[m³/min]
N_1, N_2 : 변화 전후의 회전수[rpm]

$$Q_2 = Q_1\left(\frac{N_2}{N_1}\right) = 0.5\text{m}^3/\text{min} \times \left(\frac{2000\text{rpm}}{1000\text{rpm}}\right)$$
$$= 1\text{m}^3/\text{min}$$

• 이 문제에서 H_1은 계산에 사용되지 않으므로 필요 없음. H_1를 어디에 적용할지 고민하지 말라!

📌 비교

(1) 양정

$$H_2 = H_1\left(\frac{N_2}{N_1}\right)^2$$

여기서, H_1, H_2 : 변화 전후의 양정[m]
N_1, N_2 : 변화 전후의 회전수[rpm]

(2) 축동력

$$P_2 = P_1\left(\frac{N_2}{N_1}\right)^3$$

여기서, P_1, P_2 : 변화 전후의 축동력[kW]
N_1, N_2 : 변화 전후의 회전수[rpm]

📌 용어

상사법칙
기하학적으로 유사하거나 같은 펌프에 적용하는 법칙

답 ②

---

23 그림과 같이 수면으로부터 2m 아래에 직경 3m의 평면 원형 수문이 수직으로 설치되어 있다. 물의 압력에 의해 수문이 받는 전압력의 세기[kN]는?

20.08.문21
17.05.문38
11.10.문31

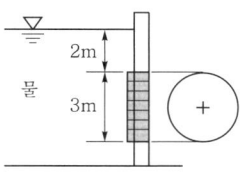

① 104.5 ② 242.5
③ 346.5 ④ 417.5

해설 (1) 기호
• D : 3m
• h : 3.5m
• F : ?

(2) 수평면에 작용하는 힘(전압력의 세기)

$$F = \gamma hA = \gamma h \frac{\pi D^2}{4}$$

여기서, F : 수평면에 작용하는 힘(전압력의 세기)[N]
γ : 비중량(물의 비중량 9800N/m³)
h : 표면에서 수문 중심까지의 수직거리[m]
A : 수문의 단면적[m²]
D : 직경[m]

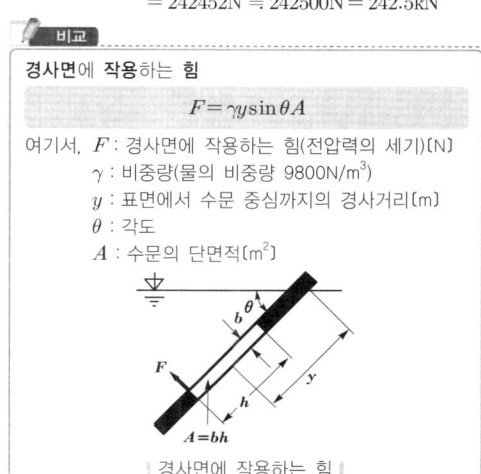

수평면에 작용하는 힘(전압력) F는

$$F = \gamma h \frac{\pi D^2}{4} = 9800\text{N/m}^3 \times 3.5\text{m} \times \frac{\pi \times (3\text{m})^2}{4}$$
$$= 242452\text{N} ≒ 242500\text{N} = 242.5\text{kN}$$

📌 비교

경사면에 작용하는 힘

$$F = \gamma y \sin\theta A$$

여기서, F : 경사면에 작용하는 힘(전압력의 세기)[N]
γ : 비중량(물의 비중량 9800N/m³)
y : 표면에서 수문 중심까지의 경사거리[m]
θ : 각도
A : 수문의 단면적[m²]

[경사면에 작용하는 힘]

답 ②

---

24 송풍기의 전압이 1.47kPa, 풍량이 20m³/min, 전압효율이 0.6일 때 축동력[W]은?

20.08.문22
18.03.문33
17.09.문24
17.05.문36
16.10.문32
15.09.문36
13.09.문30
13.06.문24
11.06.문25
03.05.문80

① 463.2
② 816.7
③ 1110.3
④ 1264.4

해설 (1) 기호

• P_T : 1.47kPa $= \frac{1.47\text{kPa}}{101.325\text{kPa}} \times 10332\text{mmH}_2\text{O}$
≒ 149.9mmH₂O

> 101.325kPa = 10.332mH₂O = 10332mmH₂O
> (1m = 1000mm)

• Q : 20m³/min
• η : 0.6
• P : ?

📌 중요

표준대기압
1atm = 760mmHg = 1.0332kg$_f$/cm²
= 10.332mH₂O(mAq)
= 14.7PSI(lb$_f$/in²)
= 101.325kPa(kN/m²)
= 1013mbar

(2) 송풍기 축동력

$$P = \frac{P_T Q}{102 \times 60\eta}$$

여기서, P : 송풍기 축동력[kW]
P_T : 송풍기전압(정압)[mmAq] 또는 [mmH₂O]
Q : 풍량(배출량) 또는 체적유량[m³/min]
η : 효율

송풍기 축동력 P는

$$P = \frac{P_T Q}{102 \times 60\eta} = \frac{149.9\text{mmH}_2\text{O} \times 20\text{m}^3/\text{min}}{102 \times 60 \times 0.6}$$
$$= 0.8164\text{kW}$$
$$= 816.4\text{W}$$

② 816.4W의 근사값인 816.7W가 정답

용어

송풍기 축동력
동력에서 전달계수 또는 여유율(K)을 고려하지 않는 것

축동력 $P = \dfrac{P_T Q}{102 \times 60\eta}$

비교

펌프의 동력(물을 사용하는 설비)
(1) 전동력 : 일반적인 전동기의 동력(용량)을 말한다.

$$P = \frac{0.163\,QH}{\eta} K$$

여기서, P : 전동력[kW]
Q : 유량[m³/min]
H : 전양정[m]
K : 전달계수
η : 효율

(2) 축동력 : 전달계수 또는 여유율(K)를 고려하지 않은 동력이다.

$$P = \frac{0.163\,QH}{\eta}$$

여기서, P : 축동력[kW]
Q : 유량[m³/min]
H : 전양정[m]
η : 효율

(3) 수동력 : 전달계수(K)와 효율(η)을 고려하지 않은 동력이다.

$$P = 0.163\,QH$$

여기서, P : 수동력[kW]
Q : 유량[m³/min]
H : 전양정[m]

답 ②

★★★
25 뉴턴의 점성법칙과 직접적으로 관계없는 것은?

22.04.문38
20.08.문27
19.03.문21
17.09.문21
16.03.문31
06.09.문22
01.09.문32

① 압력
② 전단응력
③ 속도구배
④ 점성계수

해설 ① 압력은 뉴턴의 점성법칙과 관계없음

뉴턴(Newton)의 점성법칙

$$\tau = \mu \frac{du}{dy}$$

여기서, τ : 전단응력[N/m²] 보기 ②
μ : 점성계수[N·s/m²] 보기 ④
$\dfrac{du}{dy}$: 속도구배(속도기울기) 보기 ③

답 ①

★★
26 관지름 d, 관마찰계수 f, 부차손실계수 K인 관의 상당길이 L_e는?

22.04.문39
15.09.문33

① $\dfrac{f}{K \times d}$
② $\dfrac{K \times d}{f}$
③ $\dfrac{K}{d \times f}$
④ $\dfrac{d \times f}{K}$

해설 관의 상당관길이

$$L_e = \frac{KD}{f} = \frac{K \times d}{f} \quad 보기 ②$$

여기서, L_e : 관의 상당관길이[m]
K : 손실계수
$D(d)$: 내경[m]
f : 마찰손실계수

● 상당관길이=상당길이=등가길이

답 ②

★★★
27 펌프의 이상현상 중 펌프의 유효흡입수두(NPSH)와 가장 관련이 있는 것은?

20.08.문35
19.03.문40
16.03.문34
12.05.문33
05.03.문26

① 수온상승현상
② 수격현상
③ 공동현상
④ 서징현상

해설 공동현상 발생조건

$$\text{NPSH}_{re} > \text{NPSH}_{av}$$

여기서, NPSH_{re} : 필요한 유효흡입양정[m]
NPSH_{av} : 이용 가능한 유효흡입양정[m]

● 유효흡입수두=유효흡입양정

용어

공동현상(cavitation)
펌프의 흡입측 배관 내의 물의 정압이 기존의 증기압보다 낮아져서 **기포**가 **발생**되어 **물이 흡입**되지 **않는** 현상

비교

수격현상(water hammer cashion)
(1) 배관 내를 흐르는 유체의 유속을 급격하게 변화시키므로 **압력**이 **상승** 또는 **하강**하여 **관로의 벽면을 치는 현상**
(2) 배관 속의 물 흐름을 급히 차단하였을 때 **동압**이 **정압**으로 전환되면서 일어나는 쇼크(shock)현상
(3) 관 내의 유동형태가 급격히 변화하여 물의 운동에너지가 **압력파**의 형태로 나타나는 현상

답 ③

---

28 단면적이 10m²이고 두께가 2.5cm인 단열재를 통과하는 열전달량이 3kW이다. 내부(고온)면의 온도가 415℃이고 단열재의 열전도도가 0.2W/m·K일 때 외부(저온)면의 온도[℃]는?

① 353.7
② 377.5
③ 396.2
④ 402.4

해설 (1) 기호
- A : 10m²
- l : 2.5cm=0.025m(100cm=1m)
- $\mathring{q}$: 3kW=3000W(1kW=1000W)
- T_2 : 415℃
- k : 0.2W/m·K
- T_1 : ?

(2) 전도

$$\mathring{q} = \frac{kA(T_2 - T_1)}{l}$$

여기서, $\mathring{q}$: 열전달량[W]
k : 열전도율[W/m·K]
A : 면적[m²]
$T_2 - T_1$: 온도차[℃] 또는 K
l : 벽체두께[m]

- 열전달량=열전달률=열유동률=열흐름률

$$\mathring{q} = \frac{kA(T_2 - T_1)}{l}$$

$$\mathring{q}l = kA(T_2 - T_1)$$

$$\frac{\mathring{q}l}{kA} = T_2 - T_1$$

$$T_1 = T_2 - \frac{\mathring{q}l}{kA} = 415℃ - \frac{3000W \times 0.025m}{0.2W/m·K \times 10m²}$$
$$= 377.5℃$$

- $T_2 - T_1$은 온도차이므로 ℃ 또는 K 어느 단위를 적용해도 답은 동일하게 나옴

답 ②

---

29 20℃, 101kPa에서 산소(O₂) 25g의 부피는 약 몇 L인가? (단, 일반기체상수는 8314J/kmol·K이다.)

① 21.8
② 20.8
③ 19.8
④ 18.8

해설 (1) 기호
- T : 273+℃=(273+20)K
- P : 101kPa
- m : 25g=0.025kg(1000g=1kg)
- V : ?
- R : 8314J/kmol·K=8.314kJ/kmol·K

(2) 표준대기압(P)
1atm=760mmHg=1.0332kg_f/cm²
=10.332mH₂O(mAq)
=14.7PSI(lb_f/in²)
=101.325kPa(kN/m²)
=1013mbar

(3) 분자량(M)

원소	원자량
H	1
C	12
N	14
O	16

산소(O₂)의 분자량 = 16×2 = 32kg/kmol

(4) 이상기체 상태 방정식

$$PV = \frac{m}{M}RT$$

여기서, P : 압력[kN/m²] 또는 [kPa]
V : 부피(체적)[m³]
m : 질량[kg]
M : 분자량[kg/kmol]
R : 기체상수(8.314kJ/kmol·K)
T : 절대온도(273+℃)[K]

체적 V는

$$V = \frac{m}{PM}RT$$
$$= \frac{0.025\text{kg}}{101\text{kPa} \times 32\text{kg/kmol}} \times 8.314\text{kJ/kmol·K}$$
$$\times (273+20)\text{K}$$
$$= \frac{0.025\text{kg}}{101\text{kN/m}^2 \times 32\text{kg/kmol}} \times 8.314\text{kN·m/kmol·K}$$
$$\times (273+20)\text{K}$$
$$\fallingdotseq 0.0188\text{m}^3$$
$$= 18.8\text{L}$$

- 1kPa=1kN/m²
- 1kJ=1kN·m
- 0.0188m³=18.8L(1m³=1000L)

답 ④

30

이상기체를 등온과정으로 서서히 가열한다. 이 과정을 'PV^n=Constant'와 같은 폴리트로픽 (polytropic) 과정으로 나타내고자 할 때, 지수 n의 값은?

① $n=0$ ② $n=1$
③ $n=k$(비열비)   ④ $n=\infty$

해설 완전가스(이상기체)의 상태변화

상태변화	관 계
정압과정	$\frac{V}{T}=C$(Constant, 일정)
정적과정	$\frac{P}{T}=C$(Constant, 일정)
등온과정 보기②	$PV=C$(Constant, 일정)
단열과정	$PV^{k(n)}=C$(Constant, 일정)

여기서, V : 비체적(부피)[m³/kg]
　　　　T : 절대온도[K]
　　　　P : 압력[kPa]
　　　　$k(n)$: 비열비
　　　　C : 상수

등온과정 PV=Constant이므로
　　　　　$PV^{n=1}$=Constant
　　　　　PV=Constant(∴ $n=1$)

※ **단열변화** : 손실이 없는 상태에서의 과정

답 ②

31

그림에서 피스톤 A와 피스톤 B의 단면적이 각각 6cm², 600cm²이고, 피스톤 B의 무게가 90kN이며, 내부에는 비중이 0.75인 기름으로 채워져 있다. 그림과 같은 상태를 유지하기 위한 피스톤 A의 무게는 약 몇 N인가? (단, C와 D는 수평선상에 있다.)

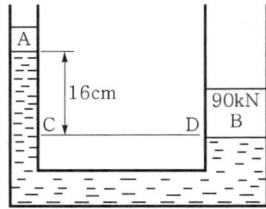

① 756   ② 899
③ 1252   ④ 1504

해설 (1) 기호
- A_1 : 6cm²=0.0006m²(1cm=0.01m, 1cm²=0.0001m²)
- A_2 : 600cm²=0.06m²(1cm=0.01m, 1cm²=0.0001m²)
- F_2 : 90kN=90000N(1kN=1000N)
- s : 0.75
- F_1 : ?

(2) **파스칼의 원리**(Principle of Pascal)

$$\frac{F_1}{A_1}=\frac{F_2}{A_2}$$

여기서, F_1, F_2 : 가해진 힘[N]
　　　　A_1, A_2 : 단면적[m²]

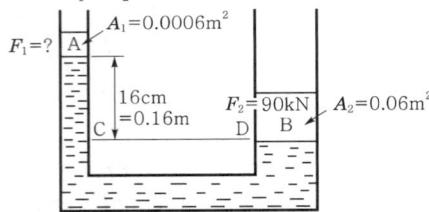

$$\frac{F_1}{A_1}=\frac{F_2}{A_2}$$

$$F_1=\frac{F_2}{A_2}A_1=\frac{90000\text{N}}{0.06\text{m}^2}\times0.0006\text{m}^2=900\text{N}$$

위치수두가 동일하지 않으므로 **위치수두**에 의해 가해진 힘을 구하면

(3) **비중**

$$s=\frac{\gamma}{\gamma_w}=\frac{\rho}{\rho_w}$$

여기서, s : 비중
　　　　γ : 어떤 물질의 비중량[N/m³]
　　　　γ_w : 물의 비중량(9800N/m³)
　　　　ρ : 어떤 물질의 밀도[kg/m³]
　　　　ρ_w : 물의 밀도(1000kg/m³)

비중량 γ은
$\gamma=s\times\gamma_w=0.75\times9800\text{N/m}^3=7350\text{N/m}^3$

(4) **압력 1**

$$P=\gamma h$$

여기서, P : 압력[N/m²] 또는 [Pa]
　　　　γ : 비중량(물의 비중량 9800N/m³)
　　　　h : 높이(수두손실)[m]

압력 P는
$P=\gamma h=7350\text{N/m}^3\times0.16\text{m}=1176\text{Pa}$

- 그림에서 16cm=0.16m(100cm=1m)

(5) **압력 2**

$$P=\frac{F}{A}$$

여기서, P : 압력([N/m²] 또는 [Pa])
　　　　F : 가해진 힘[N]
　　　　A : 단면적[m²]

가해진 힘 F'는
$F'=P\times A_1$
　$=1176\text{Pa}\times0.0006\text{m}^2$
　$=1176\text{N/m}^2\times0.0006\text{m}^2$
　$=0.7056\text{N}$

- 1176Pa=1176N/m²(1Pa=1N/m²)

A부분의 하중=F_1-F'
　　　　　　$=(900-0.7056)\text{N}≒899\text{N}$

답 ②

32 그림과 같이 수조차의 탱크 측벽에 지름이 25cm인 노즐을 달아 깊이 $h=3$m만큼 물을 실었다. 차가 받는 추력 F는 약 몇 kN인가? (단, 노면과의 마찰은 무시한다.)

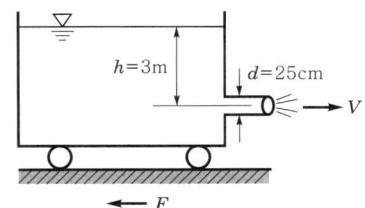

① 1.79   ② 2.89
③ 4.56   ④ 5.21

해설 (1) 기호
- D : 25cm=0.25m(100cm=1m)
- $h(H)$: 3m
- F : ?

(2) 토리첼리의 식
$$V=\sqrt{2gH}$$
여기서, V : 유속[m/s]
g : 중력가속도[9.8m/s²]
H : 높이[m]

유속 V는
$V=\sqrt{2gH}$
$=\sqrt{2\times 9.8\text{m/s}^2\times 3\text{m}} \fallingdotseq 7.668\text{m/s}$

(3) 유량
$$Q=AV$$
여기서, Q : 유량[m³/s]
A : 단면적[m²]
V : 유속[m/s]

(4) 추력(힘)
$$F=\rho QV$$
여기서, F : 추력(힘)[N]
ρ : 밀도(물의 밀도 1000N·s²/m⁴)
Q : 유량[m³/s]
V : 유속[m/s]

추력 F는
$F=\rho QV=\rho(AV)V=\rho AV^2=\rho\left(\dfrac{\pi D^2}{4}\right)V^2$
$=1000\text{N}\cdot\text{s}^2/\text{m}^4\times\dfrac{\pi\times(0.25\text{m})^2}{4}\times(7.668\text{m/s})^2$
$=2886\text{N}=2.886\text{kN}\fallingdotseq 2.89\text{kN}$

- $Q=AV$이므로 $F=\rho QV=\rho(AV)V$
- $A=\dfrac{\pi D^2}{4}$ (여기서, D : 지름[m])
- 100cm=1m이므로 25cm=0.25m

답 ②

33 유동손실을 유발하는 액체의 점성, 즉 점도를 측정하는 장치에 관한 설명으로 옳은 것은?

① Stomer 점도계는 하겐-포아젤 법칙을 기초로 한 방식이다.
② 낙구식 점도계는 Stokes의 법칙을 이용한 방식이다.
③ Saybolt 점도계는 액 중에 잠긴 원판의 회전저항의 크기로 측정한다.
④ Ostwald 점도계는 Stokes의 법칙을 이용한 방식이다.

해설
① 하겐-포아젤 법칙 → 뉴턴의 점성법칙
③ Saybolt 점도계 → 스토머(Stormer) 점도계 또는 맥마이클(Mac Michael) 점도계
④ Stokes의 법칙 → 하겐-포아젤의 법칙

점도계

관련 법	점도계	관련 법칙
세관법	• 세이볼트(Saybolt) 점도계 <보기 ③> • 레드우드(Redwood) 점도계 • 엥글러(Engler) 점도계 • 바베이(Barbey) 점도계 • 오스트발트(Ostwald) 점도계 <보기 ④>	하겐-포아젤의 법칙
회전원통법 (원판의 회전저항 크기 측정)	• 스토머(Stormer) 점도계 <보기 ①> • 맥마이클(Mac Michael) 점도계 기억법 뉴점스맥	뉴턴의 점성법칙
낙구법	• 낙구식 점도계 <보기 ②>	스토크스의 법칙

※ **점도계** : 점성계수를 측정할 수 있는 기기

답 ②

34 그림과 같이 수직관로를 통하여 물이 위에서 아래로 흐르고 있다. 손실을 무시할 때 상하에 설치된 압력계의 눈금이 동일하게 지시되도록 하려면 아래의 지름 d는 약 몇 mm로 하여야 하는가? (단, 위의 압력계가 있는 곳에서 유속은 3m/s, 안지름은 65mm 이고, 압력계의 설치높이 차이는 5m이다.)

① 30mm
② 35mm
③ 40mm
④ 45mm

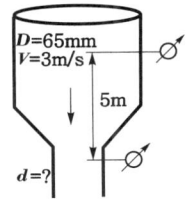

해설 (1) 기호

- D : 65mm
- V : 3m/s
- d : ?
- $Z_1 - Z_2$: 5m

(2) 베르누이 방정식

$$\frac{V_1^2}{2g} + \frac{P_1}{\gamma} + Z_1 = \frac{V_2^2}{2g} + \frac{P_2}{\gamma} + Z_2$$

여기서, V_1, V_2 : 유속[m/s]
P_1, P_2 : 압력[kPa 또는 kN//m²]
Z_1, Z_2 : 높이[m]
g : 중력가속도(9.8m/s²)
γ : 비중량[kN//m³]

상하에 설치된 **압력계**의 **눈금**이 **동일**하므로

$$P_1 = P_2$$

$$\frac{V_1^2}{2g} + Z_1 = \frac{V_2^2}{2g} + Z_2$$

$$\frac{V_1^2}{2g} + Z_1 - Z_2 = \frac{V_2^2}{2g}$$

$$2g\left(\frac{V_1^2}{2g} + Z_1 - Z_2\right) = V_2^2$$

$$V_2^2 = 2g\left(\frac{V_1^2}{2g} + Z_1 - Z_2\right)$$

$$V_2 = \sqrt{2g\left(\frac{V_1^2}{2g} + Z_1 - Z_2\right)}$$

$$= \sqrt{2 \times 9.8\text{m/s}^2 \left(\frac{(3\text{m/s})^2}{2 \times 9.8\text{m/s}^2} + 5\text{m}\right)}$$

$$= 10.34\text{m/s}$$

(3) 유량

$$Q = A_1 V_1 = A_2 V_2$$

여기서, Q : 유량[m³/s]
A_1, A_2 : 단면적[m²]
V_1, V_2 : 유속[m/s]

$A_1 V_1 = A_2 V_2$

$$\left(\frac{\pi D_1^2}{4}\right) V_1 = \left(\frac{\pi D_2^2}{4}\right) V_2$$

$$\frac{D_1^2 V_1}{V_2} = D_2^2$$

$$\sqrt{\frac{D_1^2 V_1}{V_2}} = \sqrt{D_2^2}$$

$$\sqrt{\frac{D_1^2 V_1}{V_2}} = D_2$$

$$D_2 = \sqrt{\frac{D_1^2 V_1}{V_2}} = \sqrt{\frac{(65\text{mm})^2 \times 3\text{m/s}}{10.34\text{m/s}}} \fallingdotseq 35\text{mm}$$

답 ②

---

35 ★★★
[18.09.문37 / 03.05.문31 / 01.03.문32]

30℃의 물이 안지름 2cm인 원관 속을 흐르고 있는 경우 평균속도는 약 몇 m/s인가? (단, 레이놀즈수는 2100, 동점성계수는 $1.006 \times 10^{-6}\text{m}^2/\text{s}$이다.)

① 0.106
② 1.067
③ 2.003
④ 0.703

해설 (1) 기호

- D : 2cm=0.02m(100cm=1m)
- V : ?
- Re : 2100
- ν : $1.006 \times 10^{-6}\text{m}^2/\text{s}$

(2) 레이놀즈수

$$Re = \frac{DV\rho}{\mu} = \frac{DV}{\nu}$$

여기서, Re : 레이놀즈수
D : 내경[m]
V : 유속[m/s]
ρ : 밀도[kg/m³]
μ : 점도[kg/m·s]
ν : 동점성계수$\left(\frac{\mu}{\rho}\right)$[m²/s]

유속(속도) V는

$$V = \frac{Re\,\nu}{D}$$

$$= \frac{2100 \times 1.006 \times 10^{-6}\text{m}^2/\text{s}}{0.02\text{m}}$$

$$\fallingdotseq 0.106\text{m/s}$$

답 ①

36 ★★★
[21.03.문36 / 18.03.문39 / 14.09.문28 / 09.03.문21 / 02.09.문29]

지름이 10mm인 노즐에서 물이 방사되는 방사압(계기압력)이 392kPa이라면 방수량은 약 몇 m³/min인가?

① 0.402
② 0.220
③ 0.132
④ 0.012

해설 (1) 기호

- D : 10mm
- P : 392kPa=0.392MPa($k=10^3$, $M=10^6$)
- Q : ?

(2) 방수량

$$Q = 0.653 D^2 \sqrt{10P} = 0.6597 CD^2 \sqrt{10P}$$

여기서, Q : 방수량[L/min]
C : 유량계수(노즐의 흐름계수)
D : 내경[mm]
P : 방수압력[MPa]

방수량 Q는
$$Q = 0.653D^2\sqrt{10P}$$
$$= 0.653 \times 10^2 \times \sqrt{10 \times 0.392}$$
$$≒ 129\text{L/min}$$
$$= 0.129\text{m}^3/\text{min}$$
($\therefore$ 그러므로 근사값이 0.132m³/min이 정답)

별해

(1) 단위변환

$$10.332\text{mH}_2\text{O} = 10.332\text{m} = 101.325\text{kPa}$$

$$392\text{kPa} = \frac{392\text{kPa}}{101.325\text{kPa}} \times 10.332\text{m} ≒ 39.97\text{m}$$

※ 표준대기압
1atm = 760mmHg = 1.0332kgf/cm²
= 10.332mH₂O(mAq)
= 14.7PSI(lb₁/in²)
= 101.325kPa(kN/m²)
= 1013mbar

(2) 속도수두

$$H = \frac{V^2}{2g}$$

여기서, H : 속도수두[m]
V : 유속[m/s]
g : 중력가속도(9.8m/s²)

$$V^2 = 2gH$$
$$\sqrt{V^2} = \sqrt{2gH}$$
유속 $V = \sqrt{2gH} = \sqrt{2 \times 9.8\text{m/s}^2 \times 39.97\text{m}}$
$$= 27.99\text{m/s}$$

(3) 유량

$$Q = AV = \left(\frac{\pi D^2}{4}\right)V$$

여기서, Q : 유량(방사량)[m³/s]
A : 단면적[m²]
V : 유속[m/s]
D : 내경[m]

유량 Q는
$$Q = \left(\frac{\pi D^2}{4}\right)V$$
$$= \frac{\pi \times (10\text{mm})^2}{4} \times 27.99\text{m/s}$$
$$= \frac{\pi \times (0.01\text{m})^2}{4} \times 27.99\text{m/s}$$
$$= 2.198 \times 10^{-3}\text{m}^3/\text{s}$$
$$= 2.198 \times 10^{-3}\text{m}^3/\frac{1}{60}\text{min}$$
$$= (2.198 \times 10^{-3} \times 60)\text{m}^3/\text{min}$$
$$≒ 0.132\text{m}^3/\text{min}$$

답 ③

★★ 37 지름(D) 60mm인 물 분류가 30m/s의 속도(V)로 고정평판에 대하여 45° 각도로 부딪칠 때 지면에 수직방향으로 작용하는 힘(F_y)은 약 몇 N인가?
[18.03.문21]
[16.03.문37]

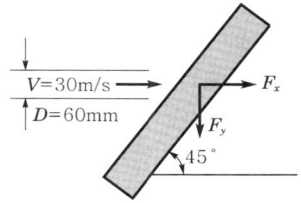

① 1700　　② 1800
③ 1900　　④ 2000

해설 (1) 기호
- D : 60mm = 0.06m(1000mm = 1m)
- V : 30m/s
- θ : 45°
- F_y

(2) 유량

$$Q = AV = \frac{\pi D^2}{4}V$$

여기서, Q : 유량[m³/s]
A : 단면적[m²]
V : 유속[m/s]
D : 지름[m]

(3) 판이 받는 y방향의 힘

$$F_y = \rho QV\sin\theta$$

여기서, F_y : 판이 받는 y방향의 힘[N]
ρ : 밀도(물의 밀도 1000N·s²/m⁴)
Q : 유량[m³/s]
V : 유속[m/s]

판이 받는 y방향의 힘 F_y는
$$F_y = \rho QV\sin\theta$$
$$= \rho\left(\frac{\pi D^2}{4}V\right)V\sin\theta$$
$$= \rho\frac{\pi D^2}{4}V^2\sin\theta$$
$$= 1000\text{N}\cdot\text{s}^2/\text{m}^4 \times \frac{\pi \times (0.06\text{m})^2}{4} \times (30\text{m/s})^2$$
$$\times \sin 45°$$
$$≒ 1800\text{N}$$

비교

판이 받는 x방향의 힘

$$F_x = \rho QV(1-\cos\theta)$$

여기서, F_x : 판이 받는 x방향의 힘[N]
ρ : 밀도[N·s²/m⁴]
Q : 유량[m³/s]
V : 속도(유속)[m/s]
θ : 유출방향

답 ②

38

노즐 내의 유체의 질량유량을 0.06kg/s, 출구에서의 비체적을 7.8m³/kg, 출구에서의 평균 속도를 80m/s라고 하면, 노즐출구의 단면적은 약 몇 cm²인가?

① 88.5
② 78.5
③ 68.5
④ 58.5

해설

$$\overline{m} = AV\rho$$

(1) 기호
- $\overline{m}$: 0.06kg/s
- V_s : 7.8m³/kg
- V : 80m/s
- A : ?

(2) 밀도

$$\rho = \frac{1}{V_s}$$

여기서, ρ : 밀도[kg/m³]
V_s : 비체적[m³/kg]

밀도 ρ는

$$\rho = \frac{1}{V_s} = \frac{1}{7.8\text{m}^3/\text{kg}} \fallingdotseq 0.128\text{kg/m}^3$$

(3) 질량유량

$$\overline{m} = AV\rho$$

여기서, $\overline{m}$: 질량유량[kg/s]
A : 단면적[m²]
V : 유속[m/s]
ρ : 밀도[kg/m³]

단면적 A는

$$A = \frac{\overline{m}}{V\rho}$$
$$= \frac{0.06\text{kg/s}}{80\text{m/s} \times 0.128\text{kg/m}^3}$$
$$\fallingdotseq 5.85 \times 10^{-3}\text{m}^2$$
$$= 58.5 \times 10^{-4}\text{m}^2$$
$$= 58.5\text{cm}^2$$

답 ④

39

단면적이 0.1m²에서 0.5m²로 급격히 확대되는 관로에 0.5m³/s의 물이 흐를 때 급확대에 의한 손실수두는 약 몇 m인가? (단, 급확대에 의한 부차적 손실계수는 0.64이다.)

① 0.82
② 0.99
③ 1.21
④ 1.45

해설

(1) 기호
- A_1 : 0.1m²
- A_2 : 0.5m²
- Q : 0.5m³/s
- H : ?
- K : 0.64

(2) 유량

$$Q = AV = \left(\frac{\pi D^2}{4}\right)V$$

여기서, Q : 유량[m³/s]
A : 단면적[m²]
V : 유속[m/s]
D : 안지름[m]

축소관 유속 V_1은

$$V_1 = \frac{Q}{A_1} = \frac{0.5\text{m}^3/\text{s}}{0.1\text{m}^2} = 5\text{m/s}$$

(3) 작은 관을 기준으로 한 **손실계수**

$$K_1 = \left(1 - \frac{A_1}{A_2}\right)^2 = \left(1 - \frac{0.1\text{m}^2}{0.5\text{m}^2}\right)^2 = 0.64$$

(4) 돌연확대관에서의 손실

㉠ $H = K\dfrac{(V_1 - V_2)^2}{2g}$

㉡ $H = K_1\dfrac{V_1^2}{2g}$

㉢ $H = K_2\dfrac{V_2^2}{2g}$

※ 문제 조건에 따라 편리한 식을 적용하면 된다.

여기서, H : 손실수두[m]
K : 손실계수
K_1 : 작은 관을 기준으로 한 손실계수
K_2 : 큰 관을 기준으로 한 손실계수
V_1 : 축소관 유속[m/s]
V_2 : 확대관 유속[m/s]
g : 중력가속도(9.8m/s²)

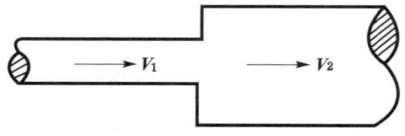

| 돌연확대관 |

$$H = K_1\frac{V_1^2}{2g} = 0.64 \times \frac{(5\text{m/s})^2}{2 \times 9.8\text{m/s}^2} \fallingdotseq 0.82\text{m}$$

답 ①

40

배관 내에서 물의 수격작용(water hammer)을 방지하는 대책으로 잘못된 것은?

① 조압수조(surge tank)를 관로에 설치한다.
② 밸브를 펌프 송출구에서 멀게 설치한다.
③ 밸브를 서서히 조작한다.
④ 관경을 크게 하고 유속을 작게 한다.

② 멀게 → 가까이

수격작용(water hammer)

개요	• 배관 속의 물흐름을 급히 차단하였을 때 동압이 정압으로 전환되면서 일어나는 **쇼크**(shock)현상 • 배관 내를 흐르는 유체의 유속을 급격하게 변화시키면 압력이 상승 또는 하강하여 관로의 벽면을 치는 현상
발생 원인	• 펌프가 갑자기 정지할 때 • 급히 밸브를 개폐할 때 • 정상운전시 유체의 압력변동이 생길 때
방지 대책	• **관**의 관경(직경)을 크게 한다. • 관 내의 유속을 낮게 한다.(관로에서 일부 고압수를 방출한다.) • **조압수조**(surge tank)를 관선(관로)에 설치한다. • **플라이휠**(flywheel)을 설치한다. • 펌프 **송출구**(토출측) 가까이에 밸브를 설치한다. • **에어체임버**(air chamber)를 설치한다. • 밸브를 서서히 조작한다.

기억법 수방관플에

비교

공동현상(cavitation, 캐비테이션)

개요	펌프의 흡입측 배관 내의 물의 정압이 기존의 증기압보다 낮아져서 기포가 발생되어 물이 흡입되지 않는 현상
발생 현상	• **소음**과 **진동** 발생 • 관 부식(펌프깃의 침식) • **임펠러**의 **손상**(수차의 날개를 해침) • 펌프의 성능 저하(양정곡선 저하) • 효율곡선 저하
발생 원인	• **펌프**가 물탱크보다 부적당하게 **높게** 설치되어 있을 때 • 펌프 **흡입수두**가 지나치게 **클** 때 • 펌프 **회전수**가 지나치게 **높을** 때 • 관 내를 흐르는 **물**의 정압이 그 물의 온도에 해당하는 증기압보다 **낮을** 때
방지 대책	• 펌프의 흡입수두를 작게 한다.(흡입양정을 짧게 함) • 펌프의 마찰손실을 작게 한다. • 펌프의 임펠러속도(**회전수**)를 작게 한다.(흡입속도를 감소시킴) • 흡입압력을 **높게** 한다. • 펌프의 설치위치를 수원보다 **낮게** 한다. • 양(쪽)흡입펌프를 사용한다.(펌프의 흡입측을 가압함) • 관 내의 물의 정압을 그때의 증기압보다 높게 한다. • 흡입관의 **구경**을 크게 한다. • 펌프를 **2개** 이상 설치한다. • 회전차를 수중에 완전히 잠기게 한다.

답 ②

제3과목 소방관계법규

41 화재의 예방 및 안전관리에 관한 법률상 소방안전관리대상물의 소방안전관리자의 업무가 아닌 것은?

21.05.문58
19.09.문53
16.05.문46
11.03.문44
10.05.문55
06.05.문55

① 소방시설공사
② 소방훈련 및 교육
③ 소방계획서의 작성 및 시행
④ 자위소방대의 구성·운영·교육

해설 ① 소방시설공사업자의 업무

화재예방법 24조
관계인 및 소방안전관리자의 업무

특정소방대상물 (관계인)	소방안전관리대상물 (소방안전관리자)
① **피**난시설·방화구획 및 방화시설의 관리 ② **소**방시설, 그 밖의 소방관련시설의 관리 ③ **화기취급**의 감독 ④ 소방안전관리에 필요한 업무 ⑤ 화재발생시 초기대응	① **피**난시설·방화구획 및 방화시설의 관리 ② **소**방시설, 그 밖의 소방관련시설의 관리 ③ **화기취급**의 감독 ④ 소방안전관리에 필요한 업무 ⑤ **소방계획서**의 작성 및 시행(대통령령으로 정하는 사항 포함) 보기 ③ ⑥ **자위소방대** 및 초기대응체계의 구성·운영·교육 보기 ④ ⑦ 소방**훈련** 및 교육 보기 ② ⑧ 소방안전관리에 관한 업무수행에 관한 기록·유지 ⑨ 화재발생시 초기대응

기억법 계위 훈피소화

답 ①

42 위험물안전관리법령상 관계인이 예방규정을 정하여야 하는 제조소 등의 기준이 아닌 것은?

17.09.문41
15.03.문58
14.05.문57
11.06.문55

① 지정수량의 10배 이상의 위험물을 취급하는 제조소
② 지정수량의 200배 이상의 위험물을 저장하는 옥외탱크저장소
③ 지정수량의 50배 이상의 위험물을 저장하는 옥외저장소
④ 지정수량의 150배 이상의 위험물을 저장하는 옥내저장소

해설

③ 50배 이상 → 100배 이상

위험물령 15조
예방규정을 정하여야 할 제조소 등

배 수	제조소 등
10배 이상	• **제**조소 보기 ① • **일**반취급소
100배 이상	• 옥**외**저장소 보기 ③
150배 이상	• 옥**내**저장소 보기 ④
200배 이상	• 옥외**탱**크저장소 보기 ②
모두 해당	• 이송취급소 • 암반탱크저장소

기억법 0 제일
        0 외
        5 내
        2 탱

※ **예방규정** : 제조소 등의 화재예방과 화재 등 재해발생시의 비상조치를 위한 규정

답 ③

해설 위험물령 [별표 3]
위험물 취급소의 구분

구 분	설 명
주유 취급소	고정된 주유설비에 의하여 **자동차·항공기** 또는 **선박** 등의 연료탱크에 직접 주유하기 위하여 위험물을 취급하는 장소
판매 취급소	**점포**에서 위험물을 용기에 담아 판매하기 위하여 지정수량의 **40배** 이하의 위험물을 취급하는 장소 보기 ④ **기억법** 점포4판(**점포**에서 **사**고 **판**다.)
이송 취급소	배관 및 이에 부속된 설비에 의하여 위험물을 이송하는 장소
일반 취급소	주유취급소·판매취급소·이송취급소 이외의 장소

중요

위험물규칙 [별표 14]

제1종 판매취급소	제2종 판매취급소
저장·취급하는 위험물의 수량이 지정수량의 **20배** 이하인 판매취급소	저장·취급하는 위험물의 수량이 지정수량의 **40배** 이하인 판매취급소

답 ④

---

43 소방기본법령상 소방기관이 소방업무를 수행하는 데에 필요한 인력과 장비 등에 관한 기준은 어느 것으로 정하는가?

① 대통령령
② 시·도의 조례
③ 행정안전부령
④ 국토교통부령

해설 기본법 8·9조
(1) 소방력의 기준 : **행정안전부령** 보기 ③
(2) 소방장비 등에 대한 국고보조 기준 : **대통령령**

※ **소방력** : 소방기관이 소방업무를 수행하는 데 필요한 **인력**과 **장비**

답 ③

44 위험물안전관리법령상 점포에서 위험물을 용기에 담아 판매하기 위하여 지정수량의 40배 이하의 위험물을 취급하는 장소의 취급소 구분으로 옳은 것은? (단, 위험물을 제조 외의 목적으로 취급하기 위한 장소이다.)

① 이송취급소
② 일반취급소
③ 주유취급소
④ 판매취급소

---

45 소방시설 설치 및 관리에 관한 법령상 시·도지사는 관리업자에게 영업정지를 명하는 경우로서 그 영업정지가 국민에게 심한 불편을 주거나 그 밖에 공익을 해칠 우려가 있을 때에는 영업정지처분을 갈음하여 최대 얼마 이하의 과징금을 부과할 수 있는가?

① 1000만원   ② 2000만원
③ 3000만원   ④ 5000만원

해설 소방시설법 36조, 위험물법 13조, 공사업법 10조
과징금

3000만원 이하	2억원 이하
• 소방시설관리업 영업정지처분 갈음 보기 ③	• **제조소** 사용정지처분 갈음 • **소방시설업** 영업정지처분 갈음

기억법 제2과

답 ③

46 소방기본법의 목적과 거리가 먼 것은?
① 화재를 예방·경계하고 진압하는 것
② 건축물의 안전한 사용을 통하여 안락한 국민생활을 보장해 주는 것
③ 화재, 재난·재해로부터 구조·구급활동을 하는 것
④ 공공의 안녕 및 질서유지와 복리증진에 기여하는 것

해설 기본법 1조
소방기본법의 목적
(1) 화재의 예방·경계·진압 보기 ①
(2) 국민의 생명·신체 및 재산보호
(3) 공공의 안녕 및 질서유지와 복리증진 보기 ④
(4) 구조·구급활동 보기 ③

답 ②

47 소방기본법령상 소방용수시설별 설치기준 중 옳은 것은?

19.03.문47
17.09.문42
17.09.문47
14.05.문42
11.03.문59

① 저수조는 지면으로부터의 낙차가 4.5m 이상일 것
② 소화전은 상수도와 연결하여 지하식 또는 지상식의 구조로 하고, 소방용 호스와 연결하는 소화전의 연결금속구의 구경은 50mm로 할 것
③ 저수조 흡수관의 투입구가 사각형의 경우에는 한 변의 길이가 60cm 이상일 것
④ 급수탑 급수배관의 구경은 65mm 이상으로 하고, 개폐밸브는 지상에서 0.8m 이상 1.5m 이하의 위치에 설치하도록 할 것

해설 ① 4.5m 이상 → 4.5m 이하
② 50mm → 65mm
④ 0.8m 이상 1.5m 이하 → 1.5m 이상 1.7m 이하

기본규칙〔별표 3〕
소방용수시설별 설치기준

구 분	소화전	급수탑
구경	65mm 보기②	100mm
개폐밸브 높이	–	지상 1.5~1.7m 이하 보기④

흡수관 투입구 : 한 변이 0.6m 이상이거나 직경이 0.6m 이상인 것 보기③

(a) 원형

(b) 사각형

∥흡수관 투입구∥

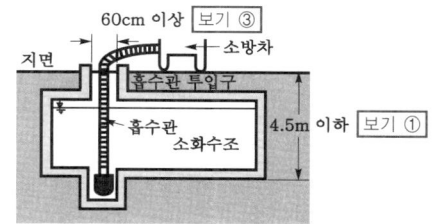

∥저수조의 깊이∥

중요

기본규칙〔별표 3〕
소방용수시설의 설치기준

거리기준	지 역
100m 이하	• **주**거지역 • **공**업지역 • **상**업지역
140m 이하	• 기타지역

기억법 주공 100상(주공아파트에 백상어가 그려져 있다.)

답 ③

48 위험물안전관리법령에 따라 위험물안전관리자를 해임하거나 퇴직한 때에는 해임하거나 퇴직한 날부터 며칠 이내에 다시 안전관리자를 선임하여야 하는가?

19.03.문59
18.03.문56
16.10.문54
16.03.문55
11.03.문56

① 30일   ② 35일
③ 40일   ④ 55일

해설 30일
(1) 소방시설업 등록사항 변경신고(공사업규칙 6조)
(2) **위험물안전관리자의 재선임**(위험물안전관리법 15조) 보기①
(3) 소방안전관리자의 재선임(화재예방법 시행규칙 14조)
(4) 도급계약 해지(공사업법 23조)
(5) 소방시설공사 중요사항 변경시의 신고일(공사업규칙 12조)
(6) 소방기술자 실무교육기관 지정서 발급(공사업규칙 32조)
(7) 소방공사감리자 변경서류 제출(공사업규칙 15조)
(8) 승계(위험물법 10조)
(9) 위험물안전관리자의 직무대행(위험물법 15조)
(10) 탱크시험자의 변경신고일(위험물법 16조)

답 ①

49 위험물안전관리법령상 제조소 또는 일반취급소의 위험물취급탱크 노즐 또는 맨홀을 신설하는 경우, 노즐 또는 맨홀의 직경이 몇 mm를 초과하는 경우에 변경허가를 받아야 하는가?

21.05.문48
19.09.문57
18.04.문58

① 250   ② 300
③ 450   ④ 600

해설 위험물규칙〔별표 1의 2〕
제조소 또는 일반취급소의 변경허가
(1) 제조소 또는 일반취급소의 **위치**를 **이전**하는 경우
(2) 건축물의 벽·기둥·바닥·보 또는 지붕을 **증설** 또는 **철거**하는 경우
(3) **배출설비**를 **신설**하는 경우

(4) 위험물취급탱크를 신설·교체·철거 또는 보수(탱크의 본체를 절개)하는 경우
(5) 위험물취급탱크의 **노즐** 또는 **맨홀**을 신설하는 경우(노즐 또는 맨홀의 직경이 **250mm**를 초과하는 경우) 보기 ①
(6) 위험물취급탱크의 **방유제**의 **높이** 또는 방유제 내의 **면적**을 **변경**하는 경우
(7) 위험물취급탱크의 탱크전용실을 **증설** 또는 **교체**하는 경우
(8) 300m(지상에 설치하지 아니하는 배관은 30m)를 초과하는 위험물배관을 신설·교체·철거 또는 보수(배관 절개)하는 경우
(9) 불활성기체의 봉입장치를 **신설**하는 경우

기억법 노맨 250mm

답 ①

50 화재의 예방 및 안전관리에 관한 법령에 따라 소방안전관리대상물의 관계인의 소방안전관리업무에서 소방안전관리자를 선임하지 아니하였을 때 벌금기준은?

① 100만원 이하   ② 200만원 이하
③ 300만원 이하   ④ 1천만원 이하

해설 **300만원 이하의 벌금**
(1) 화재안전조사를 정당한 사유없이 거부·방해·기피(화재예방법 50조)
(2) 위탁받은 업무종사자의 **비밀누설**(소방시설법 59조)
(3) 방염성능검사 합격표시 위조(소방시설법 59조)
(4) **소**방안전관리자, 총괄소방안전관리자 또는 소방안전관리보조자 **미**선임(화재예방법 50조) 보기 ③
(5) 다른 자에게 자기의 성명이나 상호를 사용하여 소방시설공사 등을 수급 또는 시공하게 하거나 소방시설업의 등록증·등록수첩을 빌려준 자(공사업법 37조)
(6) 감리원 미배치자(공사업법 37조)
(7) 소방기술인정 자격수첩을 빌려준 자(공사업법 37조)
(8) 2 이상의 업체에 취업한 자(공사업법 37조)
(9) 소방시설업자나 관계인 감독시 관계인의 업무를 방해하거나 비밀누설(공사업법 37조)

기억법 비3미소(비상미소)

답 ③

51 소방기본법령상 소방안전교육사의 배치대상별 배치기준에서 소방본부의 배치기준은 몇 명 이상인가?

① 1   ② 2
③ 3   ④ 4

해설 기본령 [별표 2의 3]
소방안전교육사의 배치대상별 배치기준

배치대상	배치기준
소방서	●1명 이상
한국소방안전원	●시·도부 : 1명 이상 ●본회 : 2명 이상
소방본부	●2명 이상 보기 ②
소방청	●2명 이상
한국소방산업기술원	●2명 이상

답 ②

52 화재예방강화지구의 지정대상지역에 해당되지 않는 곳은?

① 시장지역
② 공장·창고가 밀집한 지역
③ 콘크리트건물이 밀집한 지역
④ 석유화학제품을 생산하는 공장이 있는 지역

해설 ③ 해당없음

화재예방법 18조
화재예방강화지구의 지정
(1) **지정권자** : 시·도지사
(2) **지정지역**
 ㉠ 시장지역 보기 ①
 ㉡ 공장·창고 등이 밀집한 지역 보기 ②
 ㉢ 목조건물이 밀집한 지역
 ㉣ 노후·불량 건축물이 밀집한 지역
 ㉤ 위험물의 저장 및 처리시설이 밀집한 지역
 ㉥ 석유화학제품을 생산하는 공장이 있는 지역 보기 ④
 ㉦ 소방시설·소방용수시설 또는 소방출동로가 **없는** 지역
 ㉧ 「산업입지 및 개발에 관한 법률」에 따른 산업단지
 ㉨ 「물류시설의 개발 및 운영에 관한 법률」에 따른 물류단지
 ㉩ **소방청장, 소방본부장** 또는 **소방서장**(소방관서장)이 화재예방강화지구로 지정할 필요가 있다고 인정하는 지역

※ **화재예방강화지구** : 화재발생 우려가 크거나 화재가 발생할 경우 피해가 클 것으로 예상되는 지역에 대하여 화재의 예방 및 안전관리를 강화하기 위해 지정·관리하는 지역

비교
기본법 19조
화재로 오인할 만한 불을 피우거나 연막소독시 신고지역
(1) **시장**지역
(2) **공장·창고**가 밀집한 지역
(3) **목조건물**이 밀집한 지역
(4) **위험물**의 **저장** 및 **처리**시설이 **밀집**한 지역
(5) **석유화학제품**을 생산하는 공장이 있는 지역
(6) 그 밖에 **시·도**의 **조례**로 정하는 지역 또는 장소

답 ③

53 소방기본법령상 최대 200만원 이하의 과태료 처분 대상이 아닌 것은?

① 한국소방안전원 또는 이와 유사한 명칭을 사용한 자
② 소방활동구역을 대통령령으로 정하는 사람 외에 출입한 사람
③ 화재진압 구조·구급 활동을 위해 사이렌을 사용하여 출동하는 소방자동차에 진로를 양보하지 아니하여 출동에 지장을 준 자
④ 화재, 재난·재해, 그 밖의 위급한 상황이 발생한 구역에 소방본부장의 피난명령을 위반한 사람

옥외탱크저장소에 저장하는 제4류 위험물의 최대수량이 지정수량의 50만배 이상	2대	10인

답 ③

해설

④ 100만원 이하의 벌금

200만원 이하의 과태료
(1) **소방용수시설·소화기구 및 설비 등의 설치명령 위반**(화재예방법 52조)
(2) **특수가연물의 저장·취급 기준 위반**(화재예방법 52조)
(3) 한국119청소년단 또는 이와 유사한 명칭을 사용한 자(기본법 56조)
(4) 한국소방안전원 또는 이와 유사한 명칭을 사용하는 것 보기 ①
(5) **소방활동구역 출입**(기본법 56조) 보기 ②
(6) 소방자동차의 출동에 지장을 준 자(기본법 56조) 보기 ③
(7) 관계서류 미보관자(공사업법 40조)
(8) 소방기술자 미배치자(공사업법 40조)
(9) 하도급 미통지자(공사업법 40조)

비교

100만원 이하의 벌금
(1) 관계인의 소방활동 미수행(기본법 20조)
(2) **피난명령** 위반(기본법 54조) 보기 ④
(3) 위험시설 등에 대한 긴급조치 방해(기본법 54조)
(4) 거짓보고 또는 자료 미제출자(공사업법 38조)
(5) 관계공무원의 출입·조사·검사 방해(공사업법 38조)

기억법 **피**1(차일**피일**)

답 ④

54

위험물안전관리법령상 제조소 또는 일반취급소에서 취급하는 제4류 위험물의 최대수량의 합이 지정수량의 24만배 이상 48만배 미만인 사업소의 관계인이 두어야 하는 화학소방자동차와 자체소방대원의 수의 기준으로 옳은 것은? (단, 화재, 그 밖의 재난발생시 다른 사업소 등과 상호응원에 관한 협정을 체결하고 있는 사업소는 제외한다.)

① 화학소방자동차 : 2대, 자체소방대원의 수 : 10인
② 화학소방자동차 : 3대, 자체소방대원의 수 : 10인
③ 화학소방자동차 : 3대, 자체소방대원의 수 : 15인
④ 화학소방자동차 : 4대, 자체소방대원의 수 : 20인

해설 위험물령 〔별표 8〕
자체소방대에 두는 화학소방자동차 및 인원

구 분	화학소방자동차	자체소방대원의 수
지정수량 3천~12만배 미만	1대	5인
지정수량 12~24만배 미만	2대	10인
지정수량 24~48만배 미만 보기 ③	3대	15인
지정수량 48만배 이상	4대	20인

55

위험물안전관리법령상 산화성 고체인 제1류 위험물에 해당되는 것은?

① 질산염류
② 과염소산
③ 특수인화물
④ 유기과산화물

해설
② 과염소산 : 제6류
③ 특수인화물 : 제4류
④ 유기과산화물 : 제5류

위험물령 〔별표 1〕
위험물

유 별	성 질	품 명
제1류	**산**화성 **고**체	• 아염소산염류 • 염소산염류 • 과염소산염류 • **질**산염류(질산칼륨) 보기 ① • 무기과산화물(과산화바륨) 기억법 1산고(**일산GO**)
제2류	가연성 고체	• **황화**인 • **적**린 • **황** • **마**그네슘 기억법 황화적황마
제3류	자연발화성 물질	• **황**린(P_4)
	금수성 물질	• **칼**륨(K) • **나**트륨(Na) • **알**킬알루미늄 • 알킬리튬 • **칼**슘 또는 알루미늄의 탄화물류 (**탄화칼슘**=CaC_2) 기억법 황칼나알칼
제4류	인화성 액체	• 특수인화물(이황화탄소) 보기 ③ • 알코올류 • 석유류 • 동식물유류
제5류	자기반응성 물질	• 나이트로화합물 • 유기과산화물 보기 ④ • 나이트로소화합물 • 아조화합물 • 질산에스터류(셀룰로이드)
제6류	산화성 액체	• 과염소산 보기 ② • 과산화수소 • 질산

답 ①

56. 소방기본법령상 특정 지역에 화재로 오인할 만한 우려가 있는 불을 피우거나 연막소독을 하려는 자는 관할 소방본부장 또는 소방서장에게 신고하여야 한다. 이 지역이 아닌 것은?

① 공장·창고가 밀집한 지역
② 시장지역
③ 목조건물이 밀집한 지역
④ 시·군의 조례로 정하는 지역

해설
④ 시·군의 조례 → 시·도의 조례
(1) 화재로 오인할 만한 불을 피우거나 연막소독시 신고지역 (기본법 19조)
  ① 시장지역 [보기 ②]
  ② 공장·창고가 밀집한 지역 [보기 ①]
  ③ 목조건물이 밀집한 지역 [보기 ③]
  ④ 위험물의 저장 및 처리시설이 밀집한 지역
  ⑤ 석유화학제품을 생산하는 공장이 있는 지역
  ⑥ 그 밖에 시·도의 조례로 정하는 지역 또는 장소 [보기 ④]
(2) 과태료 20만원 이하 (기본법 57조)
  연막소독 신고를 하지 아니하여 소방자동차를 출동하게 한 자

답 ④

57. 소방기본법령상 소방박물관을 설립·운영할 수 있는 자는?

① 제주특별자치도지사
② 시장
③ 소방청장
④ 행정안전부장관

해설 기본법 5조
설립과 운영

구 분	소방박물관	소방체험관
설립·운영자	소방청장 [보기 ③]	시·도지사
설립·운영사항	행정안전부령	시·도의 조례

[기억법] 시체

답 ③

58. 화재의 예방 및 안전관리에 관한 법령상 화재예방을 위하여 불의 사용에 있어서 지켜야 하는 사항에 따라 이동식 난로를 사용하여서는 안 되는 장소로 틀린 것은? (단, 난로를 받침대로 고정시키거나 즉시 소화되고 연료 누출 차단이 가능한 경우는 제외한다.)

① 역·터미널
② 슈퍼마켓
③ 가설건축물
④ 한의원

해설 화재예방법 시행령 [별표 1]
이동식 난로를 설치할 수 없는 장소
(1) 학원
(2) 종합병원
(3) 역·터미널
(4) 가설건축물
(5) 한의원

답 ②

59. ( ) 안의 내용으로 알맞은 것은?

다량의 위험물을 저장·취급하는 제조소 등으로서 ( ) 위험물을 취급하는 제조소 또는 일반취급소가 있는 동일한 사업소에서 지정수량의 3천배 이상의 위험물을 저장 또는 취급하는 경우 해당 사업소의 관계인은 대통령령이 정하는 바에 따라 해당 사업소에 자체소방대를 설치하여야 한다.

① 제1류
② 제2류
③ 제3류
④ 제4류

해설 위험물령 18조
자체소방대를 설치하여야 하는 사업소
(1) **제4류** 위험물을 취급하는 **제조소** 또는 **일반취급소** (대통령령이 정하는 제조소 등): 제조소 또는 일반취급소에서 취급하는 제4류 위험물의 최대수량의 합이 지정수량의 3천배 이상 [보기 ④]
(2) 제4류 위험물을 저장하는 **옥외탱크저장소**: 옥외탱크저장소에 저장하는 제4류 위험물의 최대수량이 지정수량의 50만배 이상

답 ④

60. 소방시설 설치 및 관리에 관한 법령에 따라 소방시설관리업자가 사망한 경우 소방시설관리업자의 지위를 승계한 그 상속인은 누구에게 신고하여야 하는가?

① 소방본부장
② 시·도지사
③ 소방청장
④ 소방서장

해설 소방시설법 32조
소방시설관리업자 지위승계: 시·도지사

중요
시·도지사
(1) 제조소 등의 설치**허**가 (위험물법 6조)
(2) 소방업무의 지휘·감독 (기본법 3조)
(3) 소방체험관의 설립·운영 (기본법 5조)
(4) 소방업무에 관한 세부적인 종합계획수립 및 소방업무 수행 (기본법 6조)
(5) 소방시설업자의 지위**승**계 (공사업법 7조)
(6) 제조소 등의 **승**계 (위험물법 10조)
(7) 소방력의 기준에 따른 계획 수립 (기본법 8조)

(8) **화**재예방강화지구의 지정(화재예방법 18조)
(9) 소방시설관리업의 **등록**(소방시설법 29조)
(10) 탱크시험자의 **등록**(위험물법 16조)
(11) 소방시설관리업자 지위승계(소방시설법 32조) 보기 ②
(12) 소방시설관리업의 과징금 부과(소방시설법 36조)
(13) 탱크안전성능검사(위험물법 8조)
(14) 제조소 등의 **완공검사**(위험물법 9조)
(15) 제조소 등의 용도 폐지(위험물법 11조)
(16) **예**방규정의 제출(위험물법 17조)

기억법 허시승화예(농구선수 **허**재가 **차 시승**장에서 나와 **화해**했다.)

답 ②

제 4 과목 — 소방기계시설의 구조 및 원리

61 평상시 최고주위온도가 70°C인 장소에 폐쇄형 스프링클러헤드를 설치하는 경우 표시온도가 몇 °C인 것을 설치해야 하는가?
16.05.문62
14.05.문69
05.09.문62

① 79°C 미만
② 79°C 이상 121°C 미만
③ 121°C 이상 162°C 미만
④ 162°C 이상

해설 **폐쇄형 헤드의 표시온도**(NFTC 103 2.7.6)

설치장소의 최고주위온도	표시온도
39°C 미만	**79**°C 미만
39~**64**°C 미만	79~**121**°C 미만
64~**106**°C 미만 →	**121**~**162**°C 미만 보기 ③
106°C 이상	162°C 이상

기억법 39 → 79
         64 → 121
         106 → 162

• 헤드의 표시온도는 **최고주위온도**보다 **높은** 것을 선택한다.

기억법 최높

답 ③

62 66000V 이하의 고압의 전기기기가 있는 장소에 물분무헤드 설치시 전기기기와 물분무헤드 사이의 최소이격거리는 몇 m인가?
16.05.문70
16.03.문74
15.03.문74
12.03.문65

① 0.7   ② 1.1
③ 1.8   ④ 2.6

해설 **물분무헤드**의 **이격거리**(NFPC 104 10조, NFTC 104 2.7.2)

전 압	거 리
66kV 이하 보기 ①	**70**cm 이상
67~**77**kV 이하	**80**cm 이상
78~**110**kV 이하	**110**cm 이상
111~**154**kV 이하	**150**cm 이상
155~**181**kV 이하	**180**cm 이상
182~**220**kV 이하	**210**cm 이상
221~**275**kV 이하	**260**cm 이상

기억법 66 → 70
         77 → 80
         110 → 110
         154 → 150
         181 → 180
         220 → 210
         275 → 260

• 66kV 이하=66000V 이하
• 70cm=0.7m

답 ①

63 연결살수설비의 송수구 설치기준에 관한 설명으로 옳은 것은?
16.05.문71

① 지면으로부터 높이가 1m 이상 1.5m 이하의 위치에 설치할 것
② 개방형 헤드를 사용하는 연결살수설비에 있어서 하나의 송수구역에 설치하는 살수헤드의 수는 15개 이하가 되도록 할 것
③ 폐쇄형 헤드를 사용하는 송수구의 호스접결구는 각 송수구역마다 설치할 것
④ 폐쇄형 헤드를 사용하는 설비의 경우에는 송수구·자동배수밸브·체크밸브의 순으로 설치할 것

해설
① 1m 이상 1.5m 이하 → 0.5m 이상 1m 이하
② 15개 이하 → 10개 이하
③ 폐쇄형 헤드 → 개방형 헤드

연결살수설비의 송수구 설치기준(NFPC 503 4조, NFTC 503 2.1.3)

폐쇄형 헤드 사용설비	개방형 헤드 사용설비
송수구 → 자동배수밸브 → 체크밸브	**송**수구 → **자**동배수밸브

기억법 송자개(자개농)

답 ④

64. 연결살수설비의 가지배관은 교차배관 또는 주배관에서 분기되는 지점을 기점으로 한쪽 가지배관에 설치되는 헤드의 개수는 최대 몇 개 이하로 하여야 하는가?

① 8개 ② 10개
③ 12개 ④ 15개

해설 연결살수설비(NFPC 503 5조, NFTC 503 2.2.6)
한쪽 가지배관에 설치되는 헤드의 개수 : **8개** 이하 보기 ①

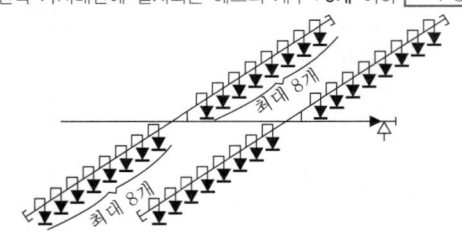

‖ 가지배관의 헤드개수 ‖

비교
연결살수설비(NFPC 503 4조, NFTC 503 2.1.4)
연결살수설비에서 하나의 송수구역에 설치하는 개방형 헤드의 수는 **10개** 이하이다.

답 ①

65. 소화기구 및 자동소화장치의 화재안전기준상 노유자시설에 대한 소화기구의 능력단위기준으로 옳은 것은? (단, 건축물의 주요구조부, 벽 및 반자의 실내에 면하는 부분에 대한 조건은 무시한다.)

① 해당 용도의 바닥면적 30m²마다 능력단위 1단위 이상
② 해당 용도의 바닥면적 50m²마다 능력단위 1단위 이상
③ 해당 용도의 바닥면적 100m²마다 능력단위 1단위 이상
④ 해당 용도의 바닥면적 200m²마다 능력단위 1단위 이상

해설 특정소방대상물별 소화기구의 능력단위기준(NFTC 101 2.1.1.2)

특정소방대상물	소화기구의 능력단위	건축물의 주요 구조부가 내화구조이고, 벽 및 반자의 실내에 면하는 부분이 불연재료·준불연재료 또는 난연재료로 된 특정소방대상물의 능력단위
• **위**락시설 기억법 위3(**위상**)	바닥면적 30m²마다 1단위 이상	바닥면적 60m²마다 1단위 이상
• **공연**장 • **집**회장 • **관람**장 및 **문**화재 • **의**료시설·**장**례식장 기억법 5공연장 문의 집관람 (손오공 연장 문의 집관람)	바닥면적 50m²마다 1단위 이상	바닥면적 100m²마다 1단위 이상
• **근**린생활시설 • **판**매시설 • **운**수시설 • **숙**박시설 • **노**유자시설 • **전**시장 • 공동**주**택 • **업**무시설 • **방**송통신시설 • 공장·**창**고 • **항**공기 및 자동**차** 관련시설 및 **관광**휴게시설 기억법 근판숙노전 주업방차창 1항관광(근 판숙노전 주 업방차창 일 본항 관광)	바닥면적 100m²마다 1단위 이상 보기 ③	바닥면적 200m²마다 1단위 이상
• 그 밖의 것	바닥면적 200m²마다 1단위 이상	바닥면적 400m²마다 1단위 이상

용어
소화능력단위
소화기구의 소화능력을 나타내는 수치

답 ③

66. 포헤드의 설치기준 중 다음 ( ) 안에 알맞은 것은?

포워터 스프링클러헤드는 특정소방대상물의 천장 또는 반자에 설치하되, 바닥면적 ( )m²마다 1개 이상으로 하여 해당 방호대상물의 화재를 유효하게 소화할 수 있도록 할 것

① 4 ② 6
③ 8 ④ 9

해설 헤드의 설치개수(NFPC 105 12조, NFTC 105 2.9.2)

헤드 종류		바닥면적/설치개수
포워터 스프링클러헤드		8m²/개 보기 ③
포헤드		9m²/개
압축공기포소화설비	특수가연물 저장소	9.3m²/개
	유류탱크 주위	13.9m²/개

답 ③

67. 미분무소화설비 용어의 정의 중 다음 ( ) 안에 알맞은 것은?

미분무란 물만을 사용하여 소화하는 방식으로 최소설계압력에서 헤드로부터 방출되는 물입자 중 99%의 누적체적분포가 (㉠)μm 이하로 분무되고 (㉡)급 화재에 적응성을 갖는 것을 말한다.

① ㉠ 200, ㉡ B, C
② ㉠ 400, ㉡ B, C
③ ㉠ 200, ㉡ A, B, C
④ ㉠ 400, ㉡ A, B, C

해설 **미분무소화설비**의 **용어정의**(NFPC 104A 3조, NFTC 104A 1.7)

용어	설명
미분무 소화설비	가압된 물이 헤드 통과 후 미세한 입자로 분무됨으로써 소화성능을 가지는 설비를 말하며, 소화력을 증가시키기 위해 강화액 등을 첨가할 수 있다.
미분무	물만을 사용하여 소화하는 방식으로 최소설계압력에서 헤드로부터 방출되는 물입자 중 **99%**의 누적체적분포가 **400μm** 이하로 분무되고 **A, B, C급** 화재에 적응성을 갖는 것 보기 ④
미분무헤드	하나 이상의 오리피스를 가지고 미분무소화설비에 사용되는 헤드

답 ④

68. 분말소화약제 저장용기의 내부압력이 설정압력으로 되었을 때 정압작동장치에 의해 개방되는 밸브는?

① 주밸브
② 클리닝밸브
③ 니들밸브
④ 기동용기밸브

해설 **정압작동장치**
약제저장용기 내의 내부압력이 설정압력이 되었을 때 **주밸브** 보기 ① 를 개방시키는 장치로서 정압작동장치의 설치위치는 그림과 같다.

기억법 주정(**주정**뱅이가 되지 말라!)

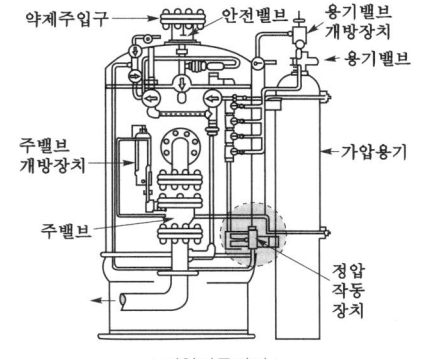

∥정압작동장치∥

중요

정압작동장치의 종류
(1) 봉판식
(2) 기계식
(3) 스프링식
(4) 압력스위치식
(5) 시한릴레이식

답 ①

69. 완강기 및 간이완강기의 최대사용하중 기준은 몇 N 이상이어야 하는가?

① 800
② 1000
③ 1200
④ 1500

해설 **완강기** 및 **간이완강기**의 **하중**(완강기의 형식승인 및 제품검사의 기술기준 12조)
(1) 250N(최소하중)
(2) 750N
(3) **1500N**(최대하중) 보기 ④

답 ④

70. 옥내소화전설비 배관의 설치기준 중 다음 ( ) 안에 알맞은 것은?

연결송수관설비의 배관과 겸용할 경우의 주배관은 구경 (㉠)mm 이상, 방수구로 연결되는 배관의 구경은 (㉡)mm 이상의 것으로 하여야 한다.

① ㉠ 40, ㉡ 50
② ㉠ 50, ㉡ 40
③ ㉠ 65, ㉡ 100
④ ㉠ 100, ㉡ 65

해설 (1) 배관의 **구경**(NFPC 102 6조, NFTC 102 2.3)

구 분	가지배관	주배관 중 수직배관
호스릴	25mm 이상	32mm 이상
일반	40mm 이상	50mm 이상

(2) **연결송수관설비**의 **배관**과 **겸용** 보기 ④

주배관	방수구로 연결되는 배관
구경 100mm 이상	구경 65mm 이상

답 ④

71. 소방대상물에 제연 샤프트를 설치하여 건물 내·외부의 온도차와 화재시 발생되는 열기에 의한 밀도 차이를 이용하여 실내에서 발생한 화재열, 연기 등을 지붕 외부의 루프모니터 등을 통해 옥외로 배출·환기시키는 제연방식은?

① 자연제연방식
② 루프해치방식
③ 스모그타워 제연방식
④ 제3종 기계제연방식

23. 03. 시행 / 산업(기계)

해설 스모그타워식 자연배연방식(스모그타워방식)

구 분	스모그타워 제연방식
정의	제연설비에 전용 **샤프트**를 설치하여 건물 내·외부의 온도차와 화재시 발생되는 열기에 의한 밀도 차이를 이용하여 지붕 외부의 **루프모니터** 등을 이용하여 옥외로 배출·환기시키는 방식 [보기 ③]
특징	• 배연(제연) 샤프트의 **굴뚝효과**를 이용한다. • **고층 빌딩**에 적당하다. • **자연배연방식**의 일종이다. • 모든 층의 **일반 거실화재**에 이용할 수 있다.

기억법 스루

중요

제연방식
(1) 자연제연방식 : **개구부** 이용
(2) 스모그타워 제연방식 : **루프모니터** 이용
(3) 기계제연방식
  ㉠ 제1종 기계제연방식 : **송풍기 + 배연기**
  ㉡ 제2종 기계제연방식 : **송풍기**
  ㉢ 제3종 기계제연방식 : **배연기**

답 ③

72 ★★
20.08.문76
18.09.문80

분말소화설비의 화재안전기준상 분말소화약제의 저장용기를 가압식으로 설치할 때 안전밸브의 작동압력기준은?

① 최고사용압력의 0.8배 이하
② 최고사용압력의 1.8배 이하
③ 내압시험압력의 0.8배 이하
④ 내압시험압력의 1.8배 이하

해설 **분말소화약제**의 **저장용기 설치장소 기준**(NFPC 108 4조, NFTC 108 2.1)
(1) **방호구역 외**의 장소에 설치할 것(단, 방호구역 내에 설치할 경우에는 피난 및 조작이 용이하도록 피난구 부근에 설치)
(2) 온도가 **40℃** 이하이고, 온도변화가 작은 곳에 설치할 것
(3) 직사광선 및 빗물이 침투할 우려가 없는 곳에 설치할 것
(4) 방화문으로 구획된 실에 설치할 것
(5) 용기의 설치장소에는 해당 용기가 설치된 곳임을 표시하는 표지를 할 것
(6) 용기 간의 간격은 점검에 지장이 없도록 **3cm** 이상의 간격을 유지할 것
(7) 저장용기와 집합관을 연결하는 연결배관에는 **체크밸브**를 설치할 것
(8) 주밸브를 개방하는 **정압작동장치** 실시
(9) 저장용기의 **충전비**는 0.8 이상
(10) 안전밸브의 설치

가압식	축압식
최고사용압력의 **1.8배** 이하 [보기 ②]	내압시험압력의 **0.8배** 이하

답 ②

73 ★★★
19.04.문67
16.10.문69
16.05.문78
08.09.문66

호스릴 이산화탄소소화설비의 설치기준으로 틀린 것은?

① 소화약제 저장용기는 호스릴을 설치하는 장소마다 설치할 것
② 노즐은 20℃에서 하나의 노즐마다 40kg/min 이상의 소화약제를 방사할 수 있는 것으로 할 것
③ 방호대상물의 각 부분으로부터 하나의 호스 접결구까지의 수평거리가 15m 이하가 되도록 할 것
④ 소화약제 저장용기의 개방밸브는 호스의 설치장소에서 수동으로 개폐할 수 있는 것으로 할 것

해설 ② 40kg/min → 60kg/min

호스릴 이산화탄소소화설비의 설치기준(NFPC 106 10조, NFTC 106 2.7.4)
(1) 노즐당 소화약제 방출량은 **20℃**에서 **60kg/min** 이상
(2) 소화약제 저장용기는 **호스릴**을 **설치**하는 **장소**마다 설치 [보기 ①]
(3) 소화약제 저장용기의 가장 가까운 곳, 보기 쉬운 곳에 **표시등** 설치, 호스릴 이산화탄소소화설비가 있다는 뜻을 표시한 표지를 할 것
(4) 약제개방밸브는 호스의 설치장소에서 수동으로 개폐할 것 [보기 ④]
(5) 방호대상물의 각 부분으로부터 하나의 호스 접결구까지의 수평거리가 15m 이하가 되도록 할 것 [보기 ③]

답 ②

74 ★★★
21.03.문76
19.04.문74
18.04.문74
13.09.문62
14.05.문75
04.09.문74

소화기의 정의 중 다음 (   ) 안에 알맞은 것은?

대형 소화기란 화재시 사람이 운반할 수 있도록 (㉠)와 (㉡)가 설치되어 있고 능력단위가 A급 10단위 이상, B급 20단위 이상인 소화기를 말한다.

① ㉠ 운반대, ㉡ 바퀴 ② ㉠ 수레, ㉡ 바퀴
③ ㉠ 손잡이, ㉡ 바퀴 ④ ㉠ 운반대, ㉡ 손잡이

해설 **대형 소화기**(NFPC 101 3조, NFTC 101 1.7)
화재시 사람이 운반할 수 있도록 **운반대**와 **바퀴**가 설치되어 있고 능력단위가 A급 **10단위** 이상, B급 **20단위** 이상인 소화기를 말한다. [보기 ①]

답 ①

75 ★★★
21.09.문79
19.04.문73
18.04.문73
13.09.문66

습식 스프링클러설비 또는 부압식 스프링클러설비 외의 설비에는 헤드를 향하여 상향으로 수평주행배관 기울기를 최소 몇 이상으로 하여야 하는가? (단, 배관의 구조상 기울기를 줄 수 없는 경우는 제외한다.)

① $\frac{1}{100}$ ② $\frac{1}{200}$
③ $\frac{1}{300}$ ④ $\frac{1}{500}$

해설 기울기

구 분	설 명
$\frac{1}{100}$ 이상	연결살수설비의 수평주행배관
$\frac{2}{100}$ 이상	물분무소화설비의 배수설비
$\frac{1}{250}$ 이상	습식 설비·부압식 설비 외 설비의 가지배관
$\frac{1}{500}$ 이상	**습**식 설비·**부**압식 설비 외 설비의 **수**평주행배관 보기 ④

기억법 습부수5

답 ④

76 완강기 및 완강기의 속도조절기에 관한 설명으로 틀린 것은?

22.03.문74
19.04.문71
14.03.문72
08.05.문79

① 견고하고 내구성이 있어야 한다.
② 강하시 발생하는 열에 의해 기능에 이상이 생기지 아니하여야 한다.
③ 속도조절기는 사용 중에 분해·손상·변형되지 아니하여야 하며, 속도조절기의 이탈이 생기지 아니하도록 덮개를 하여야 한다.
④ 평상시에는 분해, 청소 등을 하기 쉽게 만들어져 있어야 한다.

해설 ④ 하기 쉽게 만들어져 있어야 한다. → 하지 아니하여도 작동할 수 있을 것

완강기 및 **완강기 속도조절기**의 **일반구조**(완강기의 형식승인 및 제품검사의 기술기준 3조)
(1) 견고하고 **내구성**이 있을 것 보기 ①
(2) 평상시에 분해, 청소 등을 하지 아니하여도 작동할 수 있을 것 보기 ④
(3) 강하시 발생하는 **열**에 의하여 기능에 이상이 생기지 아니할 것 보기 ②
(4) 속도조절기는 사용 중에 분해·손상·변형되지 아니하여야 하며, 속도조절기의 이탈이 생기지 아니하도록 덮개를 하여야 한다. 보기 ③
(5) 강하시 **로프**가 손상되지 아니할 것
(6) **속도조절기**의 **폴리** 등으로부터 로프가 노출되지 아니하는 구조

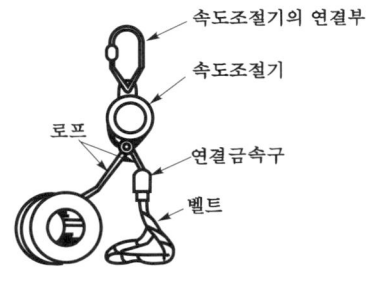

∥완강기의 구조∥

답 ④

77 대형소화기를 설치하는 경우 특정소방대상물의 각 부분으로부터 1개의 소화기까지의 보행거리는 몇 m 이내로 배치하여야 하는가?

19.04.문77
15.09.문79
14.05.문63
12.05.문79

① 10 ② 20
③ 30 ④ 40

해설 (1) 수평거리

수평거리	설 명
수평거리 10m 이하	• 예상제연구역
수평거리 15m 이하	• 분말호스릴 • 포호스릴 • CO_2 호스릴
수평거리 20m 이하	• 할론 호스릴
수평거리 25m 이하	• 옥내소화전 방수구(호스릴 포함) • 포소화전 방수구 • 연결송수관 방수구(지하가) • 연결송수관 방수구(지하층 바닥면적 3000m² 이상)
수평거리 40m 이하	• 옥외소화전 방수구
수평거리 50m 이하	• 연결송수관 방수구(사무실)

(2) 보행거리

수평거리	설 명
보행거리 20m 이내	소형소화기
보행거리 30m 이내 보기 ③	대형소화기

용어
수평거리와 보행거리
(1) **수평거리** : 직선거리로서 반경을 의미하기도 한다.

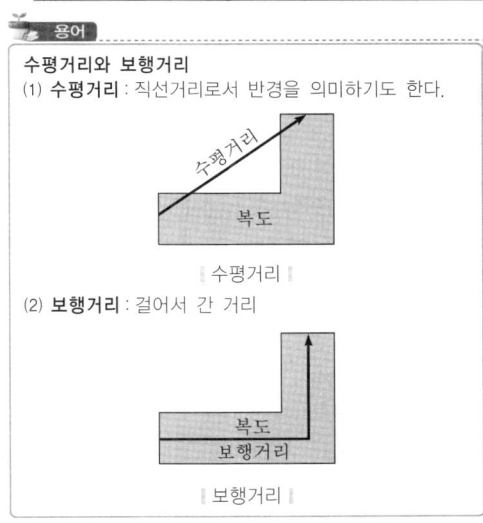

(2) **보행거리** : 걸어서 간 거리

답 ③

78 소화용수설비에 설치하는 소화수조의 소요수량이 50m³인 경우 채수구의 수는 몇 개인가?

22.09.문79
20.08.문66
20.06.문62
19.09.문77
17.09.문67
11.06.문78

① 1 ② 4
③ 3 ④ 2

해설 소화수조·저수조 (NFPC 402 4조, NFTC 402 2.1.3)
(1) 흡수관 투입구 (NFPC 402 4조, NFTC 402 2.1.3.1)
한 변이 **0.6m 이상**이거나 직경이 **0.6m 이상**인 것

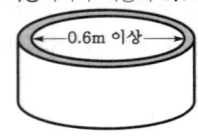

(a) 원형

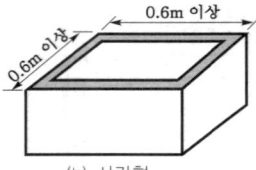

(b) 사각형

‖ 흡수관 투입구 ‖

소요수량	80m³ 미만	80m³ 이상
흡수관 투입구의 수	1개 이상	2개 이상

(2) 채수구 (NFPC 402 4조, NFTC 402 2.1.3.2.1)

소요수량	20~40m³ 미만	40~100m³ 미만	100m³ 이상
채수구의 수	1개	2개 〈보기 ④〉	3개

용어
채수구
소방차의 소방호스와 접결되는 흡입구로 저장되어 있는 물을 소방차에 주입하기 위한 구멍

답 ④

---

79 하나의 옥내소화전을 사용하는 노즐선단에서의 방수압력이 0.7MPa를 초과할 경우에 감압장치를 설치하여야 하는 곳은?
22.03.문78
18.04.문76
① 방수구 연결배관   ② 호스접결구의 인입측
③ 노즐선단   ④ 노즐 안쪽

해설 감압장치 (NFPC 102 5조, NFTC 102 2.2.1.3)
옥내소화전설비의 소방호스 노즐의 방수압력의 허용범위는 **0.17~0.7MPa**이다. **0.7MPa**을 초과시에는 **호스접결구의 인입측**에 **감압장치**를 설치하여야 한다. 〈보기 ②〉

중요

각 설비의 주요사항		
구 분	옥내소화전설비	옥외소화전설비
방수압	0.17~0.7MPa 이하	0.25~0.7MPa 이하
방수량	130L/min 이상 (30층 미만 : 최대 **2개**, 30층 이상 : 최대 **5개**)	350L/min 이상 (최대 **2개**)
방수구경	40mm	65mm
노즐구경	13mm	19mm

답 ②

★★★
80 물분무소화설비가 설치된 주차장 바닥의 집수관 소화피트 등 기름분리장치는 몇 m 이하마다 설치하여야 하는가?
21.03.문65
19.04.문62
12.05.문62
① 10m   ② 20m
③ 30m   ④ 40m

해설 물분무소화설비의 배수설비 (NFPC 104 11조, NFTC 104 2.8.1)
(1) **10cm** 이상의 경계턱으로 배수구 설치(차량이 주차하는 곳)
(2) **40m** 이하마다 기름분리장치 설치 〈보기 ④〉

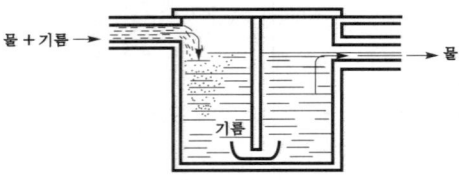

‖ 기름분리장치 ‖

(3) 차량이 주차하는 바닥은 $\dfrac{2}{100}$ 이상의 기울기 유지

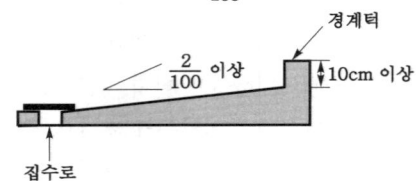

‖ 배수설비 ‖

(4) 배수설비는 가압송수장치의 **최대송수능력**의 수량을 유효하게 배수할 수 있는 크기 및 기울기일 것

참고

기울기		
기울기	설 명	
$\dfrac{1}{100}$ 이상	연결살수설비의 수평주행배관	
$\dfrac{2}{100}$ 이상	물분무소화설비의 배수설비	
$\dfrac{1}{250}$ 이상	습식설비·부압식설비 외 설비의 가지배관	
$\dfrac{1}{500}$ 이상	습식설비·부압식설비 외 설비의 수평주행배관	

답 ④

2023. 5. 13 시행

▌2023년 산업기사 제2회 필기시험 CBT 기출복원문제 ▌

자격종목	종목코드	시험시간	형별
소방설비산업기사(기계분야)		2시간	

※ 각 문항은 4지택일형으로 질문에 가장 적합한 보기 항을 선택하여 체크하여야 합니다.

제1과목 소방원론

01 열에너지원 중 화학적 열에너지가 아닌 것은?

① 분해열
② 용해열
③ 유도열
④ 생성열

해설

③ 전기적 열에너지

열에너지원의 종류

기계열 (기계적 열에너지)	전기열 (전기적 열에너지)	화학열 (화학적 열에너지)
• **압**축열 • **마**찰열 • **마**찰스파크(스파크열)	• 유도열 보기 ③ • 유전열 • 저항열 • 아크열 • 정전기열 • 낙뢰에 의한 열	• **연**소열 • **용**해열 보기 ② • **분**해열 보기 ① • **생**성열 보기 ④ • **자**연발화열
기억법 기압마		기억법 화연용분생자

• 기계열=기계적 점화원=기계적 열에너지
• 전기열=전기적 점화원=전기적 열에너지
• 화학열=화학적 점화원=화학적 열에너지

답 ③

02 감광계수에 따른 가시거리 및 상황에 대한 설명으로 틀린 것은?

① 감광계수 $0.1m^{-1}$는 연기감지기가 작동할 정도의 연기농도이고, 가시거리는 20~30m이다.
② 감광계수 $0.5m^{-1}$는 거의 앞이 보이지 않을 정도의 농도이고, 가시거리는 1~2m이다.
③ 감광계수 $10m^{-1}$는 화재 최성기 때의 연기 농도를 나타낸다.
④ 감광계수 $30m^{-1}$는 출화실에서 연기가 분출할 때의 농도이다.

해설

② $0.5m^{-1}$ → $1m^{-1}$

감광계수에 따른 가시거리 및 상황

감광계수 (m^{-1})	가시거리 (m)	상 황
0.1	20~30	연기감지기가 작동할 때의 농도 보기 ①
0.3	5	건물 내부에 익숙한 사람이 피난에 지장을 느낄 정도의 농도
0.5	3	어두운 것을 느낄 정도의 농도
1	1~2	거의 앞이 보이지 않을 정도의 농도 보기 ②
10	0.2~0.5	화재 최성기 때의 농도 보기 ③
30		출화실에서 연기가 분출할 때의 농도 보기 ④

답 ②

03 실내 화재 발생시 순간적으로 실 전체로 화염이 확산되면서 온도가 급격히 상승하는 현상은?

① 제트 파이어(jet fire)
② 파이어볼(fireball)
③ 플래시오버(flashover)
④ 리프트(lift)

해설 화재현상

용어	설명
제트 파이어 (jet fire)	압축 또는 액화상태의 가스가 **저장탱크**나 **배관**에서 **누출**되어 분출하면서 주위 공기와 혼합되어 점화원을 만나 발생하는 화재
파이어볼 (fireball, 화구)	인화성 액체가 대량으로 기화되어 갑자기 발화될 때 발생하는 공모양의 화염
플래시오버 (flashover)	화재로 인하여 실내의 온도가 급격히 상승하여 화재가 **순간적으로 실내 전체**에 **확산**되어 연소되는 현상 보기 ③
리프트 (lift)	버너 내압이 높아져서 **분출속도**가 **빨라지는** 현상
백파이어 (backfire, 역화)	가스가 노즐에서 나가는 속도가 연소속도보다 느리게 되어 버너 내부에서 **연소**하게 되는 현상

답 ③

23. 05. 시행 / 산업(기계)

04 피난대책의 일반적인 원칙으로 틀린 것은?

21.09.문11
17.03.문08
15.03.문07
12.03.문12

① 피난경로는 간단 명료하게 한다.
② 피난구조설비는 고정식 설비보다 이동식 설비를 위주로 설치한다.
③ 피난수단은 원시적 방법에 의한 것을 원칙으로 한다.
④ 2방향 피난통로를 확보한다.

해설

② 고정식 설비위주 설치

피난대책의 **일반적인 원칙**(피난안전계획)
(1) 피난경로는 간단 명료하게 한다.(피난경로는 가능한 한 짧게 한다.) 보기 ①
(2) 피난구조설비는 **고정식 설비**를 위주로 설치한다. 보기 ②
(3) 피난수단은 **원시적 방법**에 의한 것을 원칙으로 한다. 보기 ③
(4) **2방향**의 피난통로를 확보한다. 보기 ④
(5) 피난통로를 **완전불연화**한다.
(6) 막다른 복도가 없도록 계획한다.
(7) 피난구조설비는 Fool proof와 Fail safe의 원칙을 중시한다.
(8) 비상시 **본능상태**에서도 혼돈이 없도록 한다.
(9) 건축물의 용도를 고려한 피난계획을 수립한다.

답 ②

05 목조건축물의 온도와 시간에 따른 화재특성으로 옳은 것은?

22.03.문18
18.03.문16
17.03.문13
14.05.문09
13.09.문09
10.09.문08

① 저온단기형
② 저온장기형
③ 고온단기형
④ 고온장기형

해설

목조건물의 화재온도 표준곡선	내화건물의 화재온도 표준곡선
• 화재성상 : **고**온**단**기형 보기 ③ • 최고온도(최성기온도) : **1300℃**	• 화재성상 : 저온장기형 • 최고온도(최성기온도) : 900~1000℃

기억법 목고단 13

• 목조건물=목재건물

답 ③

06 건축물 내부 화재시 연기의 평균 수직이동속도는 약 몇 m/s인가?

22.04.문15
21.03.문09
20.08.문07
17.03.문06
16.10.문19
06.03.문16

① 0.01~0.05
② 0.5~1
③ 2~3
④ 20~30

해설

연기의 이동속도

방향 또는 장소	이동속도
수평방향(수평이동속도)	0.5~1m/s
수직방향(수직이동속도)	2~3m/s 보기 ③
계단실 내의 수직이동속도	**3~5**m/s

기억법 3계5(**삼계**탕 드시러 **오**세요.)

답 ③

07 적린의 착화온도는 약 몇 ℃인가?

22.03.문04
18.03.문06
14.09.문14
14.05.문04
12.03.문04
07.05.문03

① 34
② 157
③ 180
④ 260

해설

물 질	인화점	발화점
프로필렌	-107℃	497℃
에틸에터, 다이에틸에터	-45℃	180℃
가솔린(휘발유)	-43℃	300℃
이황화탄소	-30℃	100℃
아세틸렌	-18℃	335℃
아세톤	-18℃	538℃
에틸알코올	13℃	423℃
적린	-	**26**0℃ 보기 ④

기억법 적26(**적**이 **육**지에 있다.)

• 발화점=발화온도=착화온도=착화점

답 ④

08 햇볕에 장시간 노출된 기름걸레가 자연발화한 경우 그 원인으로 옳은 것은?

17.05.문07
15.05.문05
11.06.문12

① 산소의 결핍
② 산화열 축적
③ 단열 압축
④ 정전기 발생

해설

산화열

산화열이 축적되는 경우	산화열이 축적되지 않는 경우
햇빛에 방치한 기름걸레는 산화열이 축적되어 자연발화를 일으킬 수 있다. 보기 ②	기름걸레를 빨랫줄에 걸어 놓으면 산화열이 축적되지 않아 자연발화는 일어나지 않는다.

중요
자연발화의 형태

자연발화 형태	종 류
분해열	• **셀**룰로이드 • **나**이트로셀룰로오스 [기억법] 분셀나
산화열	• 건성유(정어리유, 아마인유, 해바라기유) • 석탄 • 원면 • 고무분말
발효열	• **퇴**비 • **먼**지 • **곡**물 [기억법] 발퇴먼곡
흡착열	• **목**탄 • **활**성탄 [기억법] 흡목탄활

[기억법] 자분산발흡

답 ②

---

09 기름탱크에서 화재가 발생하였을 때 탱크 하부에 있는 물 또는 물-기름 에멀션이 뜨거운 열유층에 의해서 가열되어 유류가 탱크 밖으로 갑자기 분출하는 현상은?

22.03.문17
18.03.문03
12.03.문08
11.06.문20
10.03.문14
09.08.문04
04.09.문05

① 리프트(lift)
② 백파이어(backfire)
③ 플래시오버(flashover)
④ 보일오버(boilover)

해설 보일오버(boilover)
(1) 중질유의 탱크에서 장시간 조용히 연소하다 탱크 내의 잔존기름이 갑자기 분출하는 현상
(2) 유류탱크에서 탱크바닥에 물과 기름의 **에멀션**이 섞여 있을 때 이로 인하여 화재가 발생하는 현상 보기 ④
(3) 연소유면으로부터 100℃ 이상의 열파가 탱크 저부에 고여 있는 물을 비등하게 하면서 연소유를 탱크 밖으로 비산시키며 연소하는 현상

용어

구 분	설 명
리프트 (lift)	버너 내압이 높아져서 **분출속도**가 **빨라지는** 현상
백파이어 (backfire, 역화)	가스가 노즐에서 나가는 속도가 연소속도보다 느리게 되어 **버너 내부**에서 **연소**하게 되는 현상
플래시오버 (flashover)	화재로 인하여 실내의 온도가 급격히 상승하여 화재가 순간적으로 **실내 전체**에 **확산**되어 연소되는 현상

답 ④

★★★
10 건축법상 건축물의 주요구조부에 해당되지 않는 것은?

22.04.문03
16.10.문09
16.05.문06
13.06.문12

① 지붕틀
② 내력벽
③ 주계단
④ 최하층 바닥

해설 ④ 최하층 바닥 : 주요구조부에서 제외

주요구조부
(1) 내력**벽** 보기 ②
(2) **보**(작은 보 제외)
(3) **지**붕틀(차양 제외) 보기 ①
(4) **바**닥(최하층 바닥 제외) 보기 ④
(5) **주**계단(옥외계단 제외) 보기 ③
(6) **기**둥(사잇기둥 제외)

[기억법] 벽보지 바주기

답 ④

★★
11 실험군 쥐를 15분 동안 노출시켰을 때 실험군의 절반이 사망하는 치사농도는?

18.08.문03
16.05.문07

① ODP
② GWP
③ NOAEL
④ ALC

해설 ALC(Approximate Lethal Concentration, **치사농도**)
(1) 실험쥐의 **50%**를 15분 이내에 사망시킬 수 있는 허용농도
(2) 실험쥐를 15분 동안 노출시켰을 때 실험쥐의 **절반**이 사망하는 치사농도

중요
독성학의 허용농도
(1) LD_{50}과 LC_{50}

LD_{50}(Lethal Dose, 반수치사량)	LC_{50}(Lethal Concentration, 반수치사농도)
실험쥐의 50%를 사망시킬 수 있는 물질의 양	실험쥐의 50%를 사망시킬 수 있는 물질의 농도

(2) LOAEL과 NOAEL

LOAEL(Lowest Observed Adverse Effect Level)	NOAEL(No Observed Adverse Effect Level)
인간의 심장에 영향을 주지 않는 최소농도	인간의 심장에 영향을 주지 않는 최대농도

(3) TLV(Threshold Limit Values, 허용한계농도)
독성 물질의 섭취량과 인간에 대한 그 반응 정도를 나타내는 관계에서 손상을 입히지 않는 농도 중 가장 큰 값

TLV 농도표시법	정 의
TLV-TWA (시간가중 평균농도)	매일 일하는 근로자가 하루에 8시간씩 근무할 경우 근로자에게 노출되어도 아무런 영향을 주지 않는 최고평균농도
TLV-STEL (단시간 노출허용농도)	단시간 동안 노출되어도 유해한 증상이 나타나지 않는 최고 허용농도
TLV-C (최고 허용한계농도)	단 한순간이라도 초과하지 않아야 하는 농도

답 ④

12. 단백포 소화약제의 안정제로 철염을 첨가하였을 때 나타나는 현상이 아닌 것은?
17.05.문08
① 포의 유면봉쇄성 저하
② 포의 유동성 저하
③ 포의 내화성 향상
④ 포의 내유성 향상

해설 ① 저하 → 향상(우수)

단백포의 장·단점

장 점	단 점
① **내열성** 우수	① 소화기간이 길다.
② **유면봉쇄성** 우수	② 유동성이 좋지 않다.
③ 내화성 향상(우수)	③ 변질에 의한 저장성 불량
④ 내유성 향상(우수)	④ 유류오염

답 ①

13. 칼륨이 물과 반응하면 위험한 이유는?
21.05.문13
18.04.문17
15.03.문09
13.06.문15
10.05.문07
① 수소가 발생하기 때문에
② 산소가 발생하기 때문에
③ 이산화탄소가 발생하기 때문에
④ 아세틸렌이 발생하기 때문에

해설 **주수소화**(물소화)시 위험한 물질

위험물	발생물질
무기과산화물	**산소**(O_2) 발생
① 금속분 ② 마그네슘 ③ 알루미늄 ④ **칼륨** ⑤ 나트륨 ⑥ 수소화리튬	**수소**(H_2) 발생
가연성 액체의 유류화재(경유)	**연소면**(화재면) 확대

 중요

경유화재시 주수소화가 **부적당**한 이유
물보다 비중이 가벼워 물 위에 떠서 **화재 확대**의 우려가 있기 때문이다.

답 ①

14. 가연물의 종류에 따른 화재의 분류로 틀린 것은?
18.04.문05
17.05.문09
16.10.문20
16.05.문09
15.09.문17
15.05.문15
15.03.문03
14.09.문01
14.09.문15
14.05.문05
14.05.문20
14.03.문19
13.06.문09
10.03.문07
① 일반화재 : A급
② 유류화재 : B급
③ 전기화재 : C급
④ 주방화재 : D급

해설 ④ D급 → K급

화재의 분류

화재 종류		표시색	적응물질
일반화재(A급)	보기 ①	백색	① 일반가연물(목탄) ② 종이류 화재 ③ 목재·섬유화재
유류화재(B급)	보기 ②	황색	① 가연성 액체(등유·아마인유 등) ② 가연성 가스 ③ 액화가스화재 ④ 석유화재 ⑤ 알코올류
전기화재(C급)	보기 ③	청색	전기설비
금속화재(D급)		무색	가연성 금속
주방화재(K급)	보기 ④	–	식용유화재

※ 요즘은 표시색의 의무규정은 없음

답 ④

15. 제4류 위험물을 취급하는 위험물제조소에 설치하는 게시판의 주의사항으로 옳은 것은?
18.09.문12
16.03.문46
14.09.문57
13.03.문09
13.03.문20
① 화기엄금　② 물기주의
③ 화기주의　④ 충격주의

해설 **위험물규칙 〔별표 4〕**
위험물제조소의 게시판 설치기준

위험물	주의사항	비 고
• 제1류 위험물(알칼리금속의 과산화물) • 제3류 위험물(금수성 물질)	물기엄금	**청색**바탕에 **백색**문자
제2류 위험물(인화성 고체 제외)	화기주의	**적색**바탕에 **백색**문자
• 제2류 위험물(인화성 고체) • 제3류 위험물(자연발화성 물질) • **제4류 위험물** • 제5류 위험물	**화기엄금** 보기 ①	
제6류 위험물		별도의 표시를 하지 않는다.

기억법 화4엄(화사함), 화엄적백

답 ①

16. 화재의 분류방법 중 전기화재의 표시색은?
17.05.문19
16.10.문20
16.05.문09
15.03.문19
14.09.문01
14.09.문15
14.05.문05
14.05.문20
14.03.문19
13.06.문09
① 무색
② 청색
③ 황색
④ 백색

화재 종류	표시색	적응물질
일반화재(A급)	백색	• 일반가연물 • 종이류 화재 • 목재, 섬유화재
유류화재(B급)	황색	• 가연성 액체 • 가연성 가스 • 액화가스화재 • 석유화재
전기화재(C급)	청색 보기②	• 전기설비
금속화재(D급)	무색	• 가연성 금속
주방화재(K급)	−	• 식용유화재

기억법 백황청무

※ 요즘은 표시색의 의무규정은 없음

답 ②

17 다음 중 인화점이 가장 낮은 물질은?

① 산화프로필렌
② 이황화탄소
③ 아세틸렌
④ 다이에틸에터

해설
① −37℃
② −30℃
③ −18℃
④ −45℃

인화점 vs 착화점

물 질	인화점	착화점
• 프로필렌	−107℃	497℃
• 에틸에터 • 다이틸에터 보기④	−45℃	180℃
• 가솔린(휘발유)	−43℃	300℃
• **산**화프로필렌 보기①	−37℃	465℃
• **이**황화탄소 보기②	−30℃	100℃
• 아세틸렌 보기③	−18℃	335℃
• 아세톤	−18℃	538℃
• 벤젠	−11℃	562℃
• 톨루엔	4.4℃	480℃
• **메**틸알코올	11℃	464℃
• 에틸알코올	13℃	423℃
• 아세트산	40℃	−
• **등**유	43∼72℃	210℃
• **경**유	50∼70℃	200℃
• 적린	−	260℃

기억법 인산 이메등경

• 착화점=발화점=착화온도=발화온도
• 인화점=인화온도

답 ④

18 오존파괴지수(ODP)가 가장 큰 것은?

① Halon 104
② CFC 11
③ Halon 1301
④ CFC 113

해설 할론 1301(Halon 1301)
(1) 할론소화약제 중 소화효과가 가장 좋다.
(2) 할론소화약제 중 독성이 가장 약하다.
(3) 할론소화약제 중 오존파괴지수가 가장 높다. 보기③

비교
ODP=0인 할로겐화합물 및 불활성기체 소화약제
(1) FC-3-1-10
(2) HFC-125
(3) HFC-227ea
(4) HFC-23
(5) IG-541

용어
오존파괴지수(ODP ; Ozone Depletion Potential)
어떤 물질의 오존파괴능력을 상대적으로 나타내는 지표

$$ODP = \frac{\text{어떤 물질 1kg이 파괴하는 오존량}}{\text{CFC 11의 1kg이 파괴하는 오존량}}$$

답 ③

19 건축물 화재시 계단실 내 연기의 수직이동속도는 약 몇 m/s인가?

① 0.5∼1
② 1∼2
③ 3∼5
④ 10∼15

해설 연기의 이동속도

방향 또는 장소	이동속도
수평방향	0.5∼1m/s
수직방향	2∼3m/s
계단실 내의 수직이동속도	3∼5m/s 보기③

기억법 3계5(**삼계**탕 드시러 **오**세요.)

답 ③

20 다음 불꽃의 색상 중 가장 온도가 높은 것은?

① 암적색
② 적색
③ 휘백색
④ 휘적색

해설 연소의 색과 온도

색	온도[℃]
암적색(진홍색)	700∼750
적색	850
휘적색(주황색)	925∼950
황적색	1100
백적색(백색)	1200∼1300
휘백색 보기③	1500

※ 불꽃의 색상 중 낮은 온도에서 높은 온도의 순서
암적색<**황**적색<**백**적색<**휘**백색

기억법 암황백휘

답 ③

제2과목 소방유체역학

21 단면적이 10m²이고 두께가 2.5cm인 단열재를 통과하는 열전달량이 3kW이다. 내부(고온)면의 온도가 415℃이고 단열재의 열전도도가 0.2W/m·K일 때 외부(저온)면의 온도[℃]는?

21.05.문34
20.08.문39
19.09.문38
19.04.문23
16.05.문35
12.05.문28

① 353.7   ② 377.5
③ 396.2   ④ 402.4

해설 (1) 기호

- A : 10m²
- l : 2.5cm=0.025m(100cm=1m)
- $\mathring{q}$: 3kW=3000W(1kW=1000W)
- T_2 : 415℃
- k : 0.2W/m·K
- T_1 : ?

(2) 전도

$$\mathring{q} = \frac{kA(T_2 - T_1)}{l}$$

여기서, $\mathring{q}$: 열전달량[W]
k : 열전도율[W/m·K]
A : 면적[m²]
$T_2 - T_1$: 온도차[℃] 또는 [K]
l : 벽체두께[m]

- 열전달량=열전달률=열유동률=열흐름률

$$\mathring{q} = \frac{kA(T_2 - T_1)}{l}$$

$$\mathring{q}l = kA(T_2 - T_1)$$

$$\frac{\mathring{q}l}{kA} = T_2 - T_1$$

$$T_1 = T_2 - \frac{\mathring{q}l}{kA}$$

$$= 415℃ - \frac{3000W \times 0.025m}{0.2W/m·K \times 10m^2}$$

$$= 377.5℃$$

- $T_2 - T_1$ 은 온도차이므로 ℃ 또는 K 어느 단위를 적용해도 답은 동일하게 나온다.

답 ②

22 급격 확대관과 급격 축소관에서 부차적 손실계수를 정의하는 기준속도는?

21.05.문26
19.09.문24
17.09.문27
16.05.문29
14.03.문23
04.03.문24

① 급격 확대관 : 상류속도
  급격 축소관 : 상류속도
② 급격 확대관 : 하류속도
  급격 축소관 : 하류속도
③ 급격 확대관 : 상류속도
  급격 축소관 : 하류속도
④ 급격 확대관 : 하류속도
  급격 축소관 : 상류속도

해설 부차적 손실계수

급격 확대관	급격 축소관
상류속도 기준	**하**류속도 기준 기억법 **축하**

작은 관을 기준으로 한다.

- 급격 확대관=급확대관=돌연 확대관
- 급격 축소관=급축소관=돌연 축소관

중요

(1) 돌연 축소관에서의 손실

$$H = K\frac{V_2^2}{2g}$$

여기서, H : 손실수두[m]
K : 손실계수
V_2 : 축소관 유속(출구속도)[m/s]
g : 중력가속도(9.8m/s²)

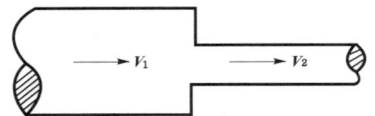

∥돌연 축소관∥

(2) 돌연 확대관에서의 손실

$$H = K\frac{(V_1 - V_2)^2}{2g}$$

여기서, H : 손실수두[m]
K : 손실계수
V_1 : 축소관 유속[m/s]
V_2 : 확대관 유속[m/s]
$V_1 - V_2$: 입·출구 속도차[m/s]
g : 중력가속도(9.8m/s²)

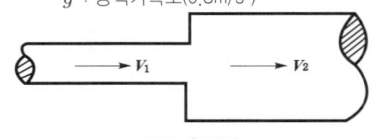

∥돌연 확대관∥

답 ③

23
관 속의 부속품을 통한 유체흐름에서 관의 등가길이(상당길이)를 표현하는 식은? (단, 부차적 손실계수는 K, 관의 지름은 d, 관마찰계수는 f이다.)

① Kfd ② $\dfrac{fd}{K}$
③ $\dfrac{Kf}{d}$ ④ $\dfrac{Kd}{f}$

해설 **등가길이**

$$L_e = \dfrac{Kd}{f}$$

여기서, L_e : 등가길이[m]
K : 부차적 손실계수
d : 내경(지름)[m]
f : 마찰손실계수(관마찰계수)

• 등가길이=상당길이=상당관길이
• 마찰계수=마찰손실계수=관마찰계수

답 ④

24
비중이 0.7인 물체를 물에 띄우면 전체 체적의 몇 %가 물속에 잠기는가?

① 30% ② 49%
③ 70% ④ 100%

해설 (1) 기호
• s_0 : 0.7

(2) 비중

$$V = \dfrac{s_0}{s}$$

여기서, V : 물에 잠겨진 체적
s_0 : 어떤 물질의 비중(물체의 비중)
s : 표준물질의 비중(물의 비중 1)

물에 잠겨진 체적 V는

$$V = \dfrac{s_0}{s} = \dfrac{0.7}{1} = 0.7 = 70\%$$

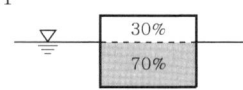

답 ③

25
열역학 법칙 중 제2종 영구기관의 제작이 불가능함을 역설한 내용은?

① 열역학 제0법칙 ② 열역학 제1법칙
③ 열역학 제2법칙 ④ 열역학 제3법칙

해설 **열역학의 법칙**

(1) **열역학 제0법칙** (열평형의 법칙)
㉠ 온도가 높은 물체에 낮은 물체를 접촉시키면 온도가 높은 물체에서 낮은 물체로 열이 이동하여 두 물체의 **온도**는 **평형**을 이루게 된다.
㉡ 어떤 두 물체 A와 B가 제3의 물체 C와 각각 열평형상태에 있을 때, 두 물체 A와 B도 서로 열평형상태이다.

(2) **열역학 제1법칙** (에너지보존의 법칙)
기체의 공급에너지는 **내부에너지**와 외부에서 한 일의 합과 같다.

(3) **열역학 제2법칙**
㉠ 열은 스스로 **저온**에서 **고온**으로 절대로 흐르지 않는다.
㉡ 열은 그 스스로 저열원체에서 고열원체로 이동할 수 없다.
㉢ 자발적인 변화는 **비가역적**이다.
㉣ 열을 완전히 일로 바꿀 수 있는 **열기관**을 만들 수 **없다**.
(제2종 영구기관의 제작이 불가능하다.) 보기 ③
㉤ 열기관에서 일을 얻으려면 최소 **두 개의 열원**이 필요하다.

기억법 2기(이기자!)

(4) **열역학 제3법칙**
순수한 물질이 1atm하에서 결정상태이면 엔트로피는 0K에서 0이다.

답 ③

26
물탱크에 연결된 마노미터의 눈금이 그림과 같을 때 점 A에서의 게이지압력은 몇 kPa인가? (단, 수은의 비중은 13.6이다.)

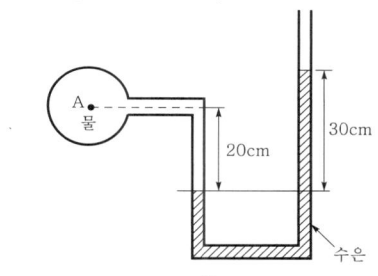

① 32 ② 38
③ 43 ④ 47

해설 (1) 기호
• P_A : ?
• s : 13.6
• h_1 : 20cm=0.2m
• h_2 : 30cm=0.3m

(2) 비중

$$s = \dfrac{\gamma}{\gamma_w}$$

여기서, s : 비중
γ : 어떤 물질의 비중량[N/m³]
γ_w : 물의 비중량(9800N/m³)

수은의 비중량 γ는
$\gamma = s \cdot \gamma_w$
$= 13.6 \times 9800\text{N/m}^3$
$= 133280\text{N/m}^3$
$= 133.28\text{kN/m}^3$

(3) 시차액주계

$$P_A + \gamma_1 h_1 - \gamma_2 h_2 = 0$$

여기서, P_A : 계기압력[kPa] 또는 [kN/m²]
γ_1, γ_2 : 비중량(물의 비중량 9800N/m³)
h_1, h_2 : 높이[m]

- 마노미터의 한쪽 끝이 **대기압**이므로 이부분의 게이지압력=0

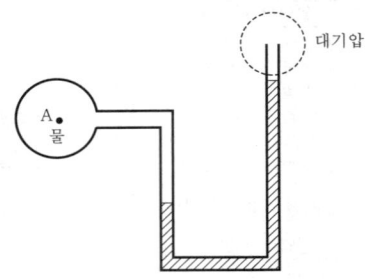

계기압력 P_A는
$P_A = -\gamma_1 h_1 + \gamma_2 h_2$
$= -9.8\text{kN/m}^3 \times 0.2\text{m} + 133.28\text{kN/m}^3 \times 0.3\text{m}$
$\fallingdotseq 38\text{kN/m}^2$
$= 38\text{kPa}$

- $1\text{kN/m}^2 = 1\text{kPa}$이므로 $38\text{kN/m}^2 = 38\text{kPa}$

중요
시차액주계의 압력계산방법
점 A를 기준으로 내려가면 더하고, 올라가면 빼면 된다.

[그림: A(물) — 30cm, 20cm, 수은(비중 13.6)
내려가므로: $+\gamma_1 h_1$
올라가므로: $-\gamma_2 h_2$]

답 ②

---

27 다음 그림과 같은 U자관 차압마노미터가 있다. 압력차 $P_A - P_B$를 바르게 표시한 것은? (단, $\gamma_1, \gamma_2, \gamma_3$는 비중량, h_1, h_2, h_3는 높이 차이를 나타낸다.)

21.03.문22
19.09.문36
19.03.문30
13.06.문25

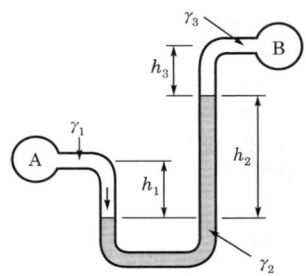

① $-\gamma_1 h_1 - \gamma_2 h_2 + \gamma_3 h_3$
② $-\gamma_1 h_1 + \gamma_2 h_2 + \gamma_3 h_3$
③ $\gamma_1 h_1 + \gamma_2 h_2 - \gamma_3 h_3$
④ $\gamma_1 h_1 - \gamma_2 h_2 - \gamma_3 h_3$

해설 (1) 주어진 값
- 압력차: $P_A - P_B$ [kN/m²=kPa]
- 비중량: $\gamma_1, \gamma_2, \gamma_3$ [kN/m³]
- 높이차: h_1, h_2, h_3 [m]

(2) 압력차
$P_A + \gamma_1 h_1 - \gamma_2 h_2 - \gamma_3 h_3 = P_B$
$P_A - P_B = -\gamma_1 h_1 + \gamma_2 h_2 + \gamma_3 h_3$

중요
시차액주계의 압력계산방법
점 a를 기준으로 내려가면 더하고, 올라가면 빼면 된다.

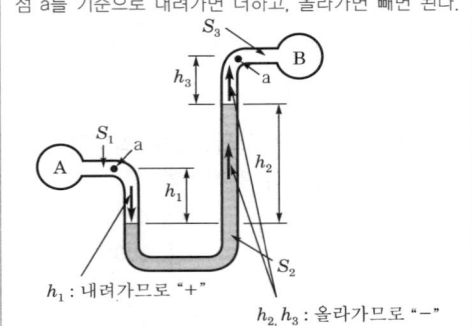

h_1: 내려가므로 "+"
h_2, h_3: 올라가므로 "-"

답 ②

---

28 표준 대기압 상태에서 15℃의 물 2kg을 모두 기체로 증발시키고자 할 때 필요한 에너지는 약 몇 kJ인가? (단, 물의 비열은 4.2kJ/kg·K, 기화열은 2256kJ/kg이다.)

21.03.문37
19.03.문25
17.03.문38
15.05.문19
14.05.문03
14.03.문28
11.10.문18

① 355
② 1248
③ 2256
④ 5226

해설 (1) 기호
- m : 2kg
- C : 4.2kJ/kg·℃
- r : 2256kJ/kg
- Q : ?

(2) 열량
$$Q = mC\Delta T + rm$$

여기서, Q : 열량[kJ]
  r : 기화열[kJ/kg]
  m : 질량[kg]
  C : 비열[kJ/kg·℃] 또는 [kJ/kg·K]
  ΔT : 온도차[℃] 또는 [K]

(3) 15℃ 물 → 100℃ 물

열량 Q_1 는

$Q_1 = mC\Delta T$
   $= 2\text{kg} \times 4.2\text{kJ/kg} \cdot \text{K} \times (100-15)℃$
   $= 714\text{kJ}$

- ΔT(온도차)를 구할 때는 ℃로 구하든지 K로 구하든지 그 값은 같으므로 편한대로 구하면 된다.

  예 $(100-15)℃ = 85℃$
  $K = 273 + 100 = 373\text{K}$
  $K = 273 + 15 = 288\text{K}$
  $(373-288)\text{K} = 85\text{K}$

(4) 100℃ 물 → 100℃ 수증기

열량 Q_2 는

$Q_2 = rm = 2256\text{kJ/kg} \times 2\text{kg} = 4512\text{kJ}$

(5) 전체 열량 Q는

$Q = Q_1 + Q_2 = (714 + 4512)\text{kJ} = 5226\text{kJ}$

답 ④

29

정지유체 속에 잠겨있는 경사진 평면에서 압력에 의해 작용하는 합력의 작용점에 대한 설명으로 옳은 것은?

22.03.문32
21.05.문27
18.03.문27
15.03.문38
10.03.문25

① 도심의 아래에 있다.
② 도심의 위에 있다.
③ 도심의 위치와 같다.
④ 도심의 위치와 관계가 없다.

해설 힘의 작용점의 중심압력은 경사진 평판의 **도심의**(보다) **아래**에 있다. 보기 ①

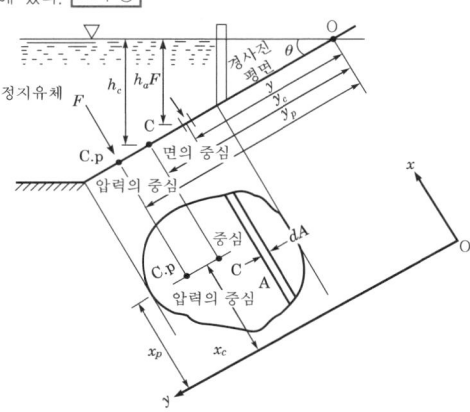

|| 힘의 작용점의 중심압력 ||

답 ①

30

물이 안지름 600mm의 파이프를 통하여 평균 3m/s의 속도로 흐를 때, 유량은 약 몇 m³/s인가?

21.03.문34
18.03.문31
15.03.문22
07.03.문36
04.09.문27
02.05.문39

① 0.34
② 0.85
③ 1.82
④ 2.88

해설 (1) 기호

- D : 600mm = 0.6m(1000mm = 1m)
- V : 3m/s
- Q : ?

(2) 유량

$$Q = AV = \left(\frac{\pi}{4}D^2\right)V$$

여기서, Q : 유량[m³/s]
 A : 단면적[m²]
 V : 유속[m/s]
 D : 안지름[m]

유량 Q는

$Q = \left(\frac{\pi}{4}D^2\right)V = \frac{\pi}{4}(0.6\text{m})^2 \times 3\text{m/s} ≒ 0.85\text{m}^3/\text{s}$

답 ②

31

길이 300m, 지름 10cm인 관에 1.2m/s의 평균 속도로 물이 흐르고 있다면 손실수두는 약 몇 m인가? (단, 관의 마찰계수는 0.02이다.)

19.03.문29
18.03.문25
09.08.문26
09.05.문21
06.03.문30

① 2.1
② 4.4
③ 6.7
④ 8.3

해설 다르시-웨버의 식

$$H = \frac{\Delta P}{\gamma} = \frac{flV^2}{2gD}$$

여기서, H : 마찰손실[m]
 ΔP : 압력차[Pa]
 γ : 비중량(물의 비중량 9800N/m³)
 f : 관마찰계수
 l : 길이[m]
 V : 유속[m/s]
 g : 중력가속도(9.8m/s²)
 D : 내경(지름)[m]

속도수두 H는

$H = \frac{flV^2}{2gD} = \frac{0.02 \times 300\text{m} \times (1.2\text{m/s})^2}{2 \times 9.8\text{m/s}^2 \times 10\text{cm}}$

$= \frac{0.02 \times 300\text{m} \times (1.2\text{m/s})^2}{2 \times 9.8\text{m/s}^2 \times 0.1\text{m}} ≒ 4.4\text{m}$

답 ②

32

회전속도 1000rpm일 때 유량 Q[m³/min], 전양정 H[m]인 원심펌프가 상사한 조건에서 회전속도가 1200rpm으로 작동할 때 유량 및 전양정은 어떻게 변하는가?

22.03.문31
17.05.문22
09.05.문23

① 유량 = $1.2Q$, 전양정 = $1.44H$
② 유량 = $1.2Q$, 전양정 = $1.2H$
③ 유량 = $1.44Q$, 전양정 = $1.44H$
④ 유량 = $1.44Q$, 전양정 = $1.2H$

해설 (1) 기호
- N_1 : 1000rpm
- N_2 : 1200rpm
- Q_2 : ?
- H_2 : ?

(2) 유량(송출량)

$$Q_2 = Q_1 \times \left(\frac{N_2}{N_1}\right)$$

여기서, Q_2 : 변경 후 유량[m³/min]
Q_1 : 변경 전 유량[m³/min]
N_2 : 변경 후 회전수[rpm]
N_1 : 변경 전 회전수[rpm]

유량 Q_2는

$$Q_2 = Q_1 \times \left(\frac{N_2}{N_1}\right) = Q_1 \times \left(\frac{1200\text{rpm}}{1000\text{rpm}}\right) = 1.2 Q_1$$

(3) 양정(전양정)

$$H_2 = H_1 \times \left(\frac{N_2}{N_1}\right)^2$$

여기서, H_2 : 변경 후 양정[m]
H_1 : 변경 전 양정[m]
N_2 : 변경 후 회전수[rpm]
N_1 : 변경 전 회전수[rpm]

양정 H_2는

$$H_2 = H_1 \times \left(\frac{N_2}{N_1}\right)^2 = H_1 \times \left(\frac{1200\text{rpm}}{1000\text{rpm}}\right)^2 = 1.44 H_1$$

답 ①

33 ★★★

유동하는 물의 속도가 12m/s, 압력이 98kPa이다. 이때 속도수두와 압력수두는 각각 얼마인가?

21.03.문24
18.04.문36
03.05.문35
01.06.문31

① 7.35m, 10m
② 43.5m, 10.5m
③ 7.35m, 20.3m
④ 0.66m, 10m

해설 (1) 기호
- V : 12m/s
- P : 98kPa=98kN/m²(1kPa=1kN/m²)
- $H_{속}$: ?
- $H_{압}$: ?

(2) 속도수두

$$H_{속} = \frac{V^2}{2g}$$

여기서, $H_{속}$: 속도수두[m]
V : 유속[m/s]
g : 중력가속도(9.8m/s²)

속도수두 $H_{속}$는

$$H_{속} = \frac{V^2}{2g} = \frac{(12\text{m/s})^2}{2 \times 9.8\text{m/s}^2} ≒ 7.35\text{m}$$

(3) 압력수두

$$H_{압} = \frac{P}{\gamma}$$

여기서, $H_{압}$: 압력수두[m]
γ : 비중량[kN/m³]
P : 압력[kPa 또는 kN/m²]

압력수두 $H_{압}$는

$$H_{압} = \frac{P}{\gamma} = \frac{98\text{kN/m}^2}{9.8\text{kN/m}^3} = 10\text{m}$$

- 물의 비중량 $\gamma = 9.8\text{kN/m}^3$

답 ①

34 ★★★

물 소화펌프의 토출량이 0.7m³/min, 양정 60m, 펌프효율 72%일 경우 전동기 용량은 약 몇 kW인가? (단, 펌프의 전달계수는 1.1이다.)

21.05.문21
19.03.문22
17.09.문24
17.05.문36
11.06.문25
03.05.문80

① 10.5
② 12.5
③ 14.5
④ 15.5

해설 (1) 기호
- Q : 0.7m³/min
- H : 60m
- η : 72%=0.72
- P : ?
- K : 1.1

(2) 전동기 용량(소요동력) P는

$$P = \frac{0.163 QH}{\eta} K$$

$$= \frac{0.163 \times 0.7\text{m}^3/\text{min} \times 60\text{m}}{0.72} \times 1.1 ≒ 10.5\text{kW}$$

중요

펌프의 동력

(1) 전동력

일반적인 전동기의 동력(용량)을 말한다.

$$P = \frac{0.163 QH}{\eta} K$$

여기서, P : 전동력[kW]
Q : 유량[m³/min]
H : 전양정[m]
K : 전달계수
η : 효율

(2) 축동력

전달계수(K)를 고려하지 않은 동력이다.

$$P = \frac{0.163 QH}{\eta}$$

여기서, P : 축동력[kW]
Q : 유량[m³/min]
H : 전양정[m]
η : 효율

(3) 수동력

전달계수(K)와 효율(η)을 고려하지 않은 동력이다.

$$P = 0.163 QH$$

여기서, P : 수동력[kW]
Q : 유량[m³/min]
H : 전양정[m]

답 ①

35

30℃의 물이 안지름 2cm인 원관 속을 흐르고 있는 경우 평균속도는 약 몇 m/s인가? (단, 레이놀즈수는 2100, 동점성계수는 $1.006 \times 10^{-6} m^2/s$이다.)

① 0.106 ② 1.067
③ 2.003 ④ 0.703

해설 (1) 기호
- Re : 2100
- ν : $1.006 \times 10^{-6} m^2/s$
- D : 2cm=0.02m
- V : ?

(2) 레이놀즈수

$$Re = \frac{DV\rho}{\mu} = \frac{DV}{\nu}$$

여기서, Re : 레이놀즈수
D : 내경[m]
V : 유속[m/s]
ρ : 밀도[kg/m³]
μ : 점도[kg/m·s]
ν : 동점성계수 $\left(\frac{\mu}{\rho}\right)$ [m²/s]

유속(속도) V는
$V = \dfrac{Re\,\nu}{D}$

$= \dfrac{2100 \times 1.006 \times 10^{-6} m^2/s}{2cm}$

$= \dfrac{2100 \times 1.006 \times 10^{-6} m^2/s}{0.02m}$

$\fallingdotseq 0.106 m/s$

답 ①

36

단면적이 0.01m²인 옥내소화전 노즐로 그림과 같이 7m/s로 움직이는 벽에 수직으로 물을 방수할 때 벽이 받는 힘은 약 몇 kN인가?

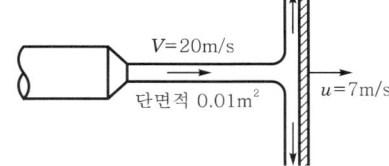

① 1.42 ② 1.69
③ 1.85 ④ 2.14

해설 (1) 기호
- A : 0.01m²
- V : 20m/s
- u : 7m/s
- F : ?

(2) 유량

$$Q = AV' = A(V-u)$$

여기서, Q : 유량[m³/s]
A : 단면적[m²]
V' : 유속[m/s]
V : 노즐유속[m/s]
u : 움직이는 벽의 유속[m/s]

유량 Q는
$Q = A(V-u)$
$= 0.01m^2 \times (20-7)m/s = 0.13 m^3/s$

(3) 벽이 받는 힘

$$F = \rho QV' = \rho Q(V-u)$$

여기서, F : 힘[N]
ρ : 밀도(물의 밀도 1000N·s²/m⁴)
Q : 유량[m³/s]
V' : 노즐유속[m/s]
u : 움직이는 벽의 유속[m/s]

벽이 받는 힘 F는
$F = \rho Q(V-u)$
$= 1000 N \cdot s^2/m^4 \times 0.13 m^3/s \times (20-7) m/s$
$= 1690 N = 1.69 kN$

- 1000N=1kN이므로 1690N=1.69kN

답 ②

37

비중이 0.88인 벤젠에 안지름 1mm의 유리관을 세웠더니 벤젠이 유리관을 따라 9.8mm를 올라갔다. 유리와의 접촉각이 0°라 하면 벤젠의 표면장력은 몇 N/m인가?

① 0.021 ② 0.042
③ 0.084 ④ 0.128

해설 (1) 기호
- h : 98mm
- γ : 0.88×9800N/m³
- D : 1mm
- θ : 0°
- σ : ?

(2) 상승높이

$$h = \frac{4\sigma \cos\theta}{\gamma D}$$

여기서, h : 상승높이[m]
σ : 표면장력[N/m]
θ : 각도
γ : 비중량(비중×9800N/m³)
D : 내경[m]

표면장력 σ는
$\sigma = \dfrac{h\gamma D}{4\cos\theta}$

$= \dfrac{9.8mm \times (0.88 \times 9800 N/m^3) \times 1mm}{4 \times \cos 0°}$

$= \dfrac{9.8 \times 10^{-3} m \times (0.88 \times 9800 N/m^3) \times (1 \times 10^{-3})m}{4 \times \cos 0°}$

$\fallingdotseq 0.021 N/m$

답 ①

38

어떤 오일의 동점성계수가 $2 \times 10^{-4} \mathrm{m}^2/\mathrm{s}$이고 비중이 0.9라면 점성계수는 약 몇 kg/m·s인가?

① 1.2 ② 2.0
③ 0.18 ④ 1.8

 해설

(1) 비중

$$s = \frac{\rho}{\rho_w}$$

여기서, s : 비중
ρ : 어떤 물질의 밀도[kg/m³]
ρ_w : 물의 밀도(1000kg/m³)

오일의 밀도 ρ는
$\rho = \rho_w \cdot s = 1000\mathrm{kg/m^3} \times 0.9 = 900\mathrm{kg/m^3}$

(2) 동점성계수

$$\nu = \frac{\mu}{\rho}$$

여기서, ν : 동점성계수[m²/s]
μ : 점성계수[kg/m·s]
ρ : 밀도(어떤 물질의 밀도)[kg/m³]

점성계수 μ는
$\mu = \nu \cdot \rho$
$= 2 \times 10^{-4} \mathrm{m^2/s} \times 900\mathrm{kg/m^3} = 0.18 \mathrm{kg/m \cdot s}$

답 ③

39

배관 내에서 물의 수격작용(water hammer)을 방지하는 대책으로 잘못된 것은?

① 조압수조(surge tank)를 관로에 설치한다.
② 밸브를 펌프 송출구에서 멀게 설치한다.
③ 밸브를 서서히 조작한다.
④ 관경을 크게 하고 유속을 작게 한다.

 해설

② 멀게 → 가까이

수격작용(water hammer)

개요	• 배관 속의 물흐름을 급히 차단하였을 때 동압이 정압으로 전환되면서 일어나는 쇼크(shock)현상 • 배관 내를 흐르는 유체의 유속을 급격하게 변화시키므로 압력이 상승 또는 하강하여 관로의 벽면을 치는 현상
발생 원인	• 펌프가 갑자기 정지할 때 • 급히 밸브를 개폐할 때 • 정상운전시 유체의 압력변동이 생길 때
방지 대책	• **관**의 관경(직경)을 크게 한다. 보기 ④ • **관** 내의 유속을 낮게 한다.(관로에서 일부 고압수를 방출한다.) 보기 ④ • **조**압수조(surge tank)를 관선(관로)에 설치한다. 보기 ① • **플**라이휠(flywheel)을 설치한다. • **펌**프 송출구(토출측) 가까이에 밸브를 설치한다. 보기 ② • **에**어체임버(air chamber)를 설치한다. • 밸브를 서서히 조작한다. 보기 ③

기억법 수방관플에

답 ②

40

다음 그림에서 단면 1의 관지름은 50cm이고 단면 2의 관지름은 30cm이다. 단면 1과 2의 압력계의 읽음이 같을 때 관을 통과하는 유량은 몇 m³/s인가? (단, 관로의 모든 손실은 무시한다.)

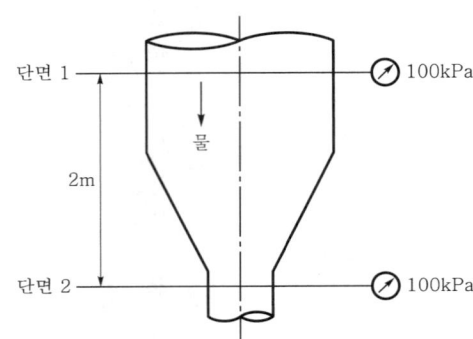

① 0.474 ② 0.671
③ 4.74   ④ 9.71

 해설

(1) 유량

$$Q = AV = \left(\frac{\pi D^2}{4}\right) V$$

여기서, Q : 유량[m³/s]
A : 단면적[m²]
V : 유속[m/s]
D : 직경[m]

단면 1의 유속 V_1은

$$V_1 = \frac{Q}{\frac{\pi D_1^2}{4}} = \frac{Q}{\frac{\pi \times (0.5\mathrm{m})^2}{4}} \fallingdotseq 5.09Q$$

• 100cm=1m이므로 50cm=0.5m

단면 2의 유속 V_2는

$$V_2 = \frac{Q}{\frac{\pi D_2^2}{4}} = \frac{Q}{\frac{\pi \times (0.3\mathrm{m})^2}{4}} \fallingdotseq 14.1Q$$

• 100cm=1m이므로 30cm=0.3m

(2) 베르누이 방정식

$$\underbrace{\frac{V_1^2}{2g}}_{(\text{속도수두})} + \underbrace{\frac{p_1}{\gamma}}_{(\text{압력수두})} + \underbrace{Z_1}_{(\text{위치수두})} = \frac{V_2^2}{2g} + \frac{p_2}{\gamma} + Z_2 = 일정(또는 H)$$

여기서, V_1, V_2 : 유속[m/s]
p_1, p_2 : 압력[kPa] 또는 [kN/m²]
Z_1, Z_2 : 높이[m]
g : 중력가속도(9.8m/s²)
γ : 비중량[kN/m³]
H : 전수두[m]

문제에서 압력이 같으므로($p_1 = p_2$)

$$\frac{V_1^2}{2g} + \cancel{\frac{p_1}{}} + Z_1 = \frac{V_2^2}{2g} + \cancel{\frac{p_2}{}} + Z_2$$

$$\frac{V_1^2}{2g} + Z_1 = \frac{V_2^2}{2g} + Z_2$$

$$Z_1 - Z_2 = \frac{V_2^2}{2g} - \frac{V_1^2}{2g}$$

계산의 편리를 위해 좌우를 서로 이항하면

$$\frac{V_2^2}{2g} - \frac{V_1^2}{2g} = Z_1 - Z_2$$

$$\frac{V_2^2 - V_1^2}{2g} = Z_1 - Z_2$$

그림에서 단면 1과 단면 2의 높이차가 **2m**이므로

$$\frac{V_2^2 - V_1^2}{2g} = 2$$

$$\frac{(14.1Q)^2 - (5.09Q)^2}{2 \times 9.8} = 2$$

$$(14.1Q)^2 - (5.09Q)^2 = 2 \times 2 \times 9.8$$

$$191.81Q^2 - 25.9Q^2 = 39.2$$

$$172.91Q^2 = 39.2$$

$$Q^2 = \frac{39.2}{172.91}$$

$$Q = \sqrt{\frac{39.2}{172.91}}$$

$$\fallingdotseq 0.474$$

답 ①

제3과목 소방관계법규

41 소방기본법령상 소방용수시설 및 지리조사의 기준 중 ⊙, ⓒ에 알맞은 것은?

22.09.문50
21.05.문49
19.04.문50
17.09.문59
16.03.문57
09.08.문51

소방본부장 또는 소방서장은 원활한 소방활동을 위하여 설치된 소방용수시설에 대한 조사를 (⊙)회 이상 실시하여야 하며 그 조사결과를 (ⓒ)년간 보관하여야 한다.

① ⊙ 월 1, ⓒ 1
② ⊙ 월 1, ⓒ 2
③ ⊙ 연 1, ⓒ 1
④ ⊙ 연 1, ⓒ 2

해설 기본규칙 7조
소방용수시설 및 지리조사
(1) 조사자 : 소방본부장·소방서장
(2) 조사일시 : 월 1회 이상 [보기 ②]
(3) 조사내용
  ⊙ 소방용수시설
  ⓒ 도로의 폭·교통상황
  ⓒ 도로 주변의 토지 고저
  ② 건축물의 개황
(4) 조사결과 : 2년간 보관 [보기 ②]

중요

횟수
(1) **월** 1회 이상 : 소방용수시설 및 **지**리조사(기본규칙 7조)
  기억법 월1지 (**월**요일이 **지**났다.)
(2) **연** 1회 이상
  ⊙ 화재예방강화지구 안의 화재안전조사·훈련·교육(화재예방법 시행령 20조)
  ⓒ 특정소방대상물의 소방훈련·교육(화재예방법 시행규칙 36조)
  ⓒ 제조소 등의 **정**기점검(위험물규칙 64조)
  ② **종**합점검(소방시설법 시행규칙 [별표 3])
  ⓒ 작동점검(소방시설법 시행규칙 [별표 3])
  기억법 연1정종 (**연**일 **정종**술을 마셨다.)
(3) **2년**마다 1회 이상
  ⊙ 소방대원의 소방교육·훈련(기본규칙 9조)
  ⓒ **실**무교육(화재예방법 시행규칙 29조)
  기억법 실2 (**실리**)

답 ②

42 화재의 예방 및 안전관리에 관한 법령상 특수가연물 중 품명과 지정수량의 연결이 틀린 것은?

21.05.문51
18.03.문50
17.05.문56
16.10.문53
13.03.문51
10.09.문46
10.05.문48
08.09.문46

① 사류-1000kg 이상
② 볏집류-3000kg 이상
③ 석탄·목탄류-10000kg 이상
④ 고무류·플라스틱류 발포시킨 것-20m³ 이상

해설 ② 3000kg → 1000kg

화재예방법 시행령 [별표 2]
특수가연물

품 명		수량(지정수량)
가연성 **액**체류		**2**m³ 이상
목재가공품 및 나무부스러기		**10**m³ 이상
면화류		**2**00kg 이상
나무껍질 및 대팻밥		**4**00kg 이상
넝마 및 종이부스러기		
사류(絲類) [보기 ①]		1000kg 이상
볏짚류 [보기 ②]		
가연성 **고**체류		**3**000kg 이상
고무류·플라스틱류	발포시킨 것 [보기 ④]	20m³ 이상
	그 밖의 것	**3**000kg 이상
석탄·목탄류 [보기 ③]		**10000**kg 이상

기억법
가액목면나 넝사볏가고 고석
2 124 1 3 31

※ **특수가연물** : 화재가 발생하면 그 확대가 빠른 물품

답 ②

43 소방기본법령상 인접하고 있는 시·도간 소방업무의 상호응원협정을 체결하고자 하는 때에 포함되도록 하여야 하는 사항이 아닌 것은?

① 소방교육·훈련의 종류 및 대상자에 관한 사항
② 출동대원의 수당·식사 및 의복의 수선 등 소요경비의 부담에 관한 사항
③ 화재의 경계·진압활동에 관한 사항
④ 화재조사활동에 관한 사항

해설
① 상호응원협정은 실제상황이므로 소방교육·훈련은 해당되지 않음

기본규칙 8조
소방업무의 상호응원협정
(1) 다음의 소방활동에 관한 사항
  ㉠ 화재의 경계·진압활동 보기 ③
  ㉡ 구조·구급업무의 지원
  ㉢ 화재조사활동 보기 ④
(2) 응원출동 대상지역 및 규모
(3) 소요경비의 부담에 관한 사항
  ㉠ 출동대원의 수당·식사 및 의복의 수선 보기 ②
  ㉡ 소방장비 및 기구의 정비와 연료의 보급
(4) 응원출동의 요청방법
(5) 응원출동훈련 및 평가

기억법 경응출

답 ①

44 소방기본법에 따른 출동한 소방대의 소방장비를 파손하거나 그 효용을 해하여 화재진압·인명구조 또는 구급활동을 방해하는 행위를 한 사람에 대한 벌칙기준은?

① 5년 이하의 징역 또는 5000만원 이하의 벌금
② 5년 이하의 징역 또는 3000만원 이하의 벌금
③ 3년 이하의 징역 또는 3000만원 이하의 벌금
④ 3년 이하의 징역 또는 1500만원 이하의 벌금

해설 기본법 50조
5년 이하의 징역 또는 **5000만원** 이하의 벌금
(1) 소방자동차의 **출**동 방해
(2) 사람**구**출 방해(화재진압, 구급활동 방해)
(3) **소방용수시설** 또는 **비상소화장치**의 효용 방해

기억법 출구용5

답 ①

45 위험물안전관리법상 제조소 등을 설치하고자 하는 자는 누구의 허가를 받아 설치할 수 있는가?

① 소방서장   ② 소방청장
③ 시·도지사   ④ 안전관리자

해설 위험물법 6조
제조소 등의 설치허가
(1) 설치허가자 : 시·도지사 보기 ③
(2) 설치허가 제외장소
  ㉠ 주택의 난방시설(공동주택의 중앙난방시설은 제외)을 위한 저장소 또는 취급소
  ㉡ 지정수량 **20배** 이하의 **농예용·축산용·수산용** 난방시설 또는 건조시설의 저장소
(3) 제조소 등의 변경신고 : 변경하고자 하는 날의 **1일** 전까지

참고
시·도지사
(1) 특별시장   (2) 광역시장
(3) 특별자치시장 (4) 도지사
(5) 특별자치도지사

답 ③

46 화재예방강화지구의 지정대상지역에 해당되지 않는 곳은?

① 시장지역
② 공장·창고가 밀집한 지역
③ 소방용수시설 또는 소방출동로가 있는 지역
④ 석유화학제품을 생산하는 공장이 있는 지역

해설
③ 있는 → 없는

화재예방법 18조
화재예방강화지구의 지정
(1) 지정권자 : 시·도지사
(2) 지정지역
  ㉠ 시장지역 보기 ①
  ㉡ 공장·창고 등이 밀집한 지역 보기 ②
  ㉢ 목조건물이 밀집한 지역
  ㉣ 노후·불량 건축물이 밀집한 지역
  ㉤ 위험물의 저장 및 처리시설이 밀집한 지역
  ㉥ 석유화학제품을 생산하는 공장이 있는 지역 보기 ④
  ㉦ 소방시설·소방용수시설 또는 소방출동로가 없는 지역 보기 ③
  ㉧ 「산업입지 및 개발에 관한 법률」에 따른 산업단지
  ㉨ 「물류시설의 개발 및 운영에 관한 법률」에 따른 물류단지
  ㉩ 소방청장, 소방본부장 또는 소방서장(소방관서장)이 화재예방강화지구로 지정할 필요가 있다고 인정하는 지역

※ 화재예방강화지구 : 화재발생 우려가 크거나 화재가 발생할 경우 피해가 클 것으로 예상되는 지역에 대하여 화재의 예방 및 안전관리를 강화하기 위해 지정·관리하는 지역

답 ③

47 소방본부장 또는 소방서장은 건축허가 등의 동의 요구서류를 접수한 날부터 며칠 이내에 건축허가 등의 동의 여부를 회신하여야 하는가? (단, 지하층을 포함한 30층 이상의 사무실 건축물이다.)

① 5일
② 7일
③ 10일
④ 30일

해설 소방시설법 시행규칙 3조
건축허가 등의 동의

내 용	기 간	
동의요구서류 보완	4일 이내	
건축허가 등의 취소통보	7일 이내	
동의 여부 회신	5일 이내	기타
	10일 이내	• 50층 이상(지하층 제외) 또는 높이 200m 이상인 아파트 • 30층 이상(지하층 포함) 또는 높이 120m 이상(아파트 제외) 보기 ③ • 연면적 10만m² 이상(아파트 제외)

답 ③

48 소방시설 설치 및 관리에 관한 법률에 따른 소방시설관리업자가 사망한 경우 그 상속인이 소방시설관리업자의 지위를 승계한 자는 누구에게 신고하여야 하는가?

① 소방청장
② 시·도지사
③ 소방본부장
④ 소방서장

해설 시·도지사
(1) 제조소 등의 설치허가(위험물법 6조)
(2) 소방업무의 지휘·감독(기본법 3조)
(3) 소방체험관의 설립·운영(기본법 5조)
(4) 소방업무에 관한 세부적인 종합계획 수립 및 소방업무 수행(기본법 6조)
(5) 소방시설업자의 지위승계(공사업법 7조)
(6) **소방시설관리업**자의 **지위승계**(소방시설법 32조)
(7) 제조소 등의 승계(위험물법 10조)

용어 소방시설업자
(1) 소방시설설계업자
(2) 소방시설공사업자
(3) 소방공사감리업자
(4) 방염처리업자

중요 공사업법 2~7조
소방시설업
(1) 등록권자
(2) 등록사항변경 ── 시·도지사 신고
(3) 지위승계
(4) 등록기준 ── 자본금
 ── 기술인력
(5) 종류 ── 소방시설설계업
 ── 소방시설공사업
 ── 소방공사감리업
 ── 방염처리업
(6) 업종별 영업범위: 대통령령

답 ②

49 화재예방과 화재 등 재해발생시 비상조치를 위하여 관계인에 예방규정을 정하여야 하는 제조소 등의 기준으로 틀린 것은?

① 이송취급소
② 지정수량 10배 이상의 위험물을 취급하는 제조소
③ 지정수량 100배 이상의 위험물을 저장하는 옥외저장소
④ 지정수량 150배 이상의 위험물을 저장하는 옥외탱크저장소

해설 ④ 150배 이상 → 200배 이상

위험물령 15조
예방규정을 정하여야 할 제조소 등

배 수	제조소 등
10배 이상	• 제조소 보기 ② • 일반취급소
1**0**0배 이상	• 옥**외**저장소 보기 ③
1**5**0배 이상	• 옥**내**저장소
200배 이상	• 옥외**탱**크저장소 보기 ④
모두 해당	• 이송취급소 보기 ① • 암반탱크저장소

기억법 052
외내탱

※ **예방규정**: 제조소 등의 화재예방과 화재 등 재해발생시 비상조치를 위한 규정

답 ④

50 소방활동구역의 출입자로서 대통령령이 정하는 자에 속하는 사람은?

① 의사·간호사 그 밖의 구조·구급업무에 종사하지 않는 자
② 소방활동구역 밖에 있는 소방대상물의 소유자·관리자 또는 점유자
③ 취재인력 등 보도업무에 종사하지 않는 자
④ 수사업무에 종사하는 자

해설
① 종사하지 않는 자 → 종사하는 자
② 밖에 → 안에
③ 종사하지 않는 자 → 종사하는 자

기본령 8조
소방활동구역 출입자(대통령령이 정하는 사람)
(1) 소방활동구역 안에 있는 **소유자·관리자** 또는 **점유자**
(2) **전기·가스·수도·통신·교통**의 업무에 종사하는 자로서 원활한 **소방활동**을 위하여 필요한 자
(3) **의사·간호사** 그 밖의 구조·구급업무에 종사하는 자
(4) **취재인력** 등 보도업무에 종사하는 자
(5) **수사업무**에 종사하는 자
(6) **소방대장**이 소방활동을 위하여 **출입**을 허가한 자

※ **소방활동구역** : 화재, 재난·재해 그 밖의 위급한 상황이 발생한 현장에 정하는 구역

답 ④

51 ★★★
화재의 예방 및 안전관리에 관한 법령상 특수가연물의 저장기준 중 ㉠, ㉡, ㉢에 알맞은 것은? (단, 석탄·목탄류를 발전용으로 저장하는 경우는 제외한다.)

쌓는 높이는 10m 이하가 되도록 하고, 쌓는 부분의 바닥면적은 (㉠)m² 이하가 되도록 할 것. 다만, 살수설비를 설치하거나, 방사능력 범위에 해당 특수가연물이 포함되도록 대형 수동식 소화기를 설치하는 경우에는 쌓는 높이를 (㉡)m 이하, 쌓는 부분의 바닥면적을 (㉢)m² 이하로 할 수 있다.

① ㉠ 200, ㉡ 20, ㉢ 400
② ㉠ 200, ㉡ 15, ㉢ 300
③ ㉠ 50, ㉡ 20, ㉢ 100
④ ㉠ 50, ㉡ 15, ㉢ 200

해설 **화재예방법 시행령 [별표 3]**
특수가연물의 저장 및 취급의 기준
(1) 특수가연물을 저장 또는 취급하는 장소에는 품명, 최대저장수량, 단위부피당 질량 또는 단위체적당 질량, 관리책임자 성명·직책, 연락처 및 화기취급의 금지표지가 포함된 특수가연물 표지를 설치할 것
(2) 쌓아 저장하는 기준(단, 석탄·목탄류를 발전용으로 저장하는 것 제외)
㉠ 품명별로 구분하여 쌓을 것
㉡ 쌓는 높이는 **10m** 이하가 되도록 하고, 쌓는 부분의 바닥면적은 **50m²**(석탄·목탄류는 **200m²**) 이하가 되도록 할 것(단, 살수설비를 설치하거나, 방사능력 범위에 해당 특수가연물이 포함되도록 대형 수동식 소화기를 설치하는 경우에는 쌓는 높이를 **15m** 이하, 쌓는 부분의 바닥면적을 **200m²**(석탄·목탄류는 **300m²**) 이하로 할 수 있다) 보기 ④
㉢ 쌓는 부분 바닥면적의 사이는 실내의 경우 **1.2m** 또는 쌓는 높이 중 $\frac{1}{2}$ 중 **큰 값** 이상으로 간격을 두어야 하며, 실외의 경우 **3m** 또는 쌓는 높이 중 큰 값 이상으로 간격을 둘 것

답 ④

52 ★★★
제조 또는 가공 공정에서 방염처리를 하는 방염대상물품으로 틀린 것은? (단, 합판·목재류의 경우에는 설치현장에서 방염처리를 한 것을 포함한다.)

① 카펫
② 창문에 설치하는 커튼류
③ 두께가 2mm 미만인 종이벽지
④ 전시용 합판 또는 섬유판

해설 ③ 벽지류(두께가 2mm 미만인 종이벽지는 제외)

소방시설법 시행령 31조
방염대상물품

제조 또는 가공 공정에서 방염처리를 한 물품	건축물 내부의 천장이나 벽에 부착하거나 설치하는 것
① 창문에 설치하는 **커튼류** (블라인드 포함) ② 카펫 ③ 벽지류(두께가 2mm 미만인 종이벽지는 제외) ④ 전시용 **합판·목재** 또는 섬유판 ⑤ 무대용 **합판·목재** 또는 섬유판 ⑥ 암막·무대막(영화상영관·가상체험 체육시설업의 **스크린** 포함) ⑦ 섬유류 또는 합성수지류 등을 원료로 하여 제작된 소파·의자(단란주점영업, 유흥주점영업 및 노래연습장업의 영업장에 설치하는 것만 해당)	① 종이류(두께 **2mm 이상**), **합성수지류** 또는 섬유류를 주원료로 한 물품 ② **합판**이나 **목재** ③ 공간을 구획하기 위하여 설치하는 **간이칸막이** ④ **흡음재**(흡음용 커튼 또는 **방음재**(방음용 커튼 포함) ※ 가구류(옷장, 찬장, 식탁, 식탁용 의자, 사무용 책상, 사무용 의자, 계산대)와 너비 10cm 이하인 반자돌림대, 내부 마감재료 제외

답 ③

53 ★★
소방시설공사의 하자보수기간으로 옳은 것은?

① 유도등 : 1년
② 자동소화장치 : 3년
③ 자동화재탐지설비 : 2년
④ 소화용수설비 : 2년

해설 **공사업령 6조**
소방시설공사의 하자보수 보증기간

보증기간	소방시설
2년	• **유도등·피**난기구 • **비상조**명등·비상**경보**설비·비상**방**송설비 • **무**선통신보조설비
3년	• 자동소화장치 보기 ② • 옥내·외 소화전설비 • 스프링클러설비 • 물분무등소화설비·소화용수설비 • 자동화재탐지설비·소화활동설비(무선통신보조설비 제외) • 화재알림설비

기억법 유비조경방무피2 (유비조경방무피투)

답 ②

54. 1급 소방안전관리대상물에 대한 기준으로 옳지 않은 것은?

① 특정소방대상물로서 층수가 11층 이상인 것
② 국보 또는 보물로 지정된 목조건축물
③ 연면적 15000m² 이상인 것
④ 가연성 가스를 1천톤 이상 저장·취급하는 시설

② 2급 소방안전관리대상물

화재예방법 시행령〔별표 4〕
소방안전관리자를 두어야 할 특정소방대상물

소방안전관리대상물	특정소방대상물
특급 소방안전관리대상물 (동식물원, 철강 등 불연성 물품 저장·취급창고, 지하구, 위험물제조소 등 제외)	• 50층 이상(지하층 제외) 또는 지상 200m 이상 아파트 • 30층 이상(지하층 포함) 또는 지상 120m 이상(아파트 제외) • 연면적 10만m² 이상(아파트 제외)
1급 소방안전관리대상물 (동식물원, 철강 등 불연성 물품 저장·취급창고, 지하구, 위험물제조소 등 제외)	• 30층 이상(지하층 제외) 또는 지상 120m 이상 아파트 • 연면적 15000m² 이상인 것(아파트 및 연립주택 제외) 보기 ③ • 11층 이상(아파트 제외) 보기 ① • 가연성 가스를 1000t 이상 저장·취급하는 시설 보기 ④
2급 소방안전관리대상물	• 지하구 • 가스제조설비를 갖추고 도시가스사업 허가를 받아야 하는 시설 또는 가연성 가스를 100~1000t 미만 저장·취급하는 시설 • 옥내소화전설비·스프링클러설비 설치대상물 • 물분무등소화설비(호스릴방식의 물분무등소화설비만을 설치한 경우 제외) 설치대상물 • 공동주택(옥내소화전설비 또는 스프링클러설비가 설치된 공동주택 한정) • 목조건축물(국보·보물) 보기 ②
3급 소방안전관리대상물	• 간이스프링클러설비(주택전용 간이스프링클러설비 제외) 설치대상물 • 자동화재탐지설비 설치대상물

답 ②

55. 소방시설 설치 및 관리에 관한 법령상 수용인원 산정 방법 중 다음의 수련시설의 수용인원은 몇 명인가?

수련시설의 종사자수는 5명, 숙박시설은 모두 2인용 침대이며 침대수량은 50개이다.

① 55 ② 75
③ 85 ④ 105

소방시설법 시행령〔별표 7〕
수용인원의 산정방법

특정소방대상물		산정방법
숙박시설	침대가 있는 경우	종사자수+침대수(2인용 침대는 2인으로 산정)
	침대가 없는 경우	종사자수 + $\dfrac{바닥면적 합계}{3m^2}$
• 강의실 • 교무실 • 상담실 • 실습실 • 휴게실		$\dfrac{바닥면적 합계}{1.9m^2}$
기타		$\dfrac{바닥면적 합계}{3m^2}$
• 강당 • 문화 및 집회시설, 운동시설 • 종교시설		$\dfrac{바닥면적 합계}{4.6m^2}$

숙박시설(침대가 있는 경우)=종사자수+침대수
=5명+50개×2인
=105명

※ 수용인원 산정시 **소수점 이하는 반올림**한다. 특히 주의!

중요

기타 개수 산정 (감지기·유도등 개수)	수용인원 산정
소수점 이하는 **절상**	소수점 이하는 **반올림** 기억법 수반(수반! 동반)

용어

절상	반올림
소수점 다음의 수가 1~90면 올림 예 5.5 → 6개	소수점 다음의 수가 0~4이면 버림, 5~90면 올림 예 5.5 → 6개 5.4 → 5개

답 ④

56. 과태료의 부과기준 중 특수가연물의 저장 및 취급 기준을 위반한 경우의 과태료 금액으로 옳은 것은?

① 50만원 ② 100만원
③ 150만원 ④ 200만원

화재예방법 시행령〔별표 9〕
과태료의 부과기준

위반사항	과태료 금액
① 소방용수시설·소화기구 및 설비 등의 설치명령을 위반한 자	200

위반사항	
② 불의 사용에 있어서 지켜야 하는 사항을 위반한 자	200
③ 특수가연물의 저장 및 취급의 기준을 위반한 자	

 비교

기본령〔별표 3〕

위반사항	과태료 금액
① 화재 또는 구조·구급이 필요한 상황을 거짓으로 알린 자	• 1회 위반시 : 200 • 2회 위반시 : 400 • 3회 이상 위반시 : 500
② 소방활동구역 출입제한을 위반한 자	100
③ 한국소방안전원 또는 이와 유사한 명칭을 사용한 경우	200

답 ④

57 ★★★ 소방기본법령에 따른 급수탑 및 지상에 설치하는 소화전·저수조의 경우 소방용수표지 기준 중 다음 ( ) 안에 알맞은 것은?

22.03.문60
21.03.문49
18.09.문58
05.03.문54

안쪽 문자는 (㉠), 안쪽 바탕은 (㉡), 바깥쪽 바탕은 (㉢)으로 하고 반사재료를 사용하여야 한다.

① ㉠ 검은색, ㉡ 파란색, ㉢ 붉은색
② ㉠ 검은색, ㉡ 붉은색, ㉢ 파란색
③ ㉠ 흰색, ㉡ 파란색, ㉢ 붉은색
④ ㉠ 흰색, ㉡ 붉은색, ㉢ 파란색

해설
• 안쪽 문자는 **흰색**, 바깥쪽 문자는 **노란색**, 안쪽 바탕은 **붉은색**, 바깥쪽 바탕은 **파란색**으로 하고 **반사재료** 사용 보기 ④

기본규칙〔별표 2〕
소방용수표지
(1) **지하**에 설치하는 소화전·저수조의 소방용수표지
  ㉠ 맨홀뚜껑은 지름 **648mm** 이상의 것으로 할 것
  ㉡ 맨홀뚜껑에는 "**소화전·주정차금지**" 또는 "**저수조·주정차금지**"의 표시를 할 것
  ㉢ 맨홀뚜껑 부근에는 **노란색 반사도료**로 폭 **15cm**의 선을 그 둘레를 따라 칠할 것
(2) **지상**에 설치하는 소화전·저수조 및 **급수탑**의 소방용수표지

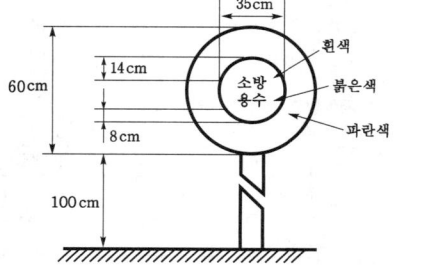

답 ④

58 ★★★ 비상경보설비를 설치하여야 할 특정소방대상물이 아닌 것은?

21.03.문53
15.05.문46
13.09.문64

① 연면적 400m² 이상이거나 지하층 또는 무창층의 바닥면적이 150m² 이상인 것
② 지하층에 위치한 바닥면적 100m²인 공연장
③ 터널로서 길이가 500m 이상인 것
④ 30명 이상의 근로자가 작업하는 옥내작업장

해설
④ 30명 이상 → 50명 이상

소방시설법 시행령〔별표 4〕
비상경보설비의 설치대상

설치대상	조건
지하층·무창층	• 바닥면적 150m²(공연장 100m²) 이상 보기 ①②
전부	• 연면적 400m² 이상 보기 ①
터널	• 길이 500m 이상 보기 ③
옥내작업장	• 50명 이상 작업 보기 ④

답 ④

59 ★★★ 소방본부장 또는 소방서장은 화재예방강화지구 안의 관계인에 대하여 소방상 필요한 훈련 또는 교육을 실시할 경우 관계인에게 훈련 또는 교육 며칠 전까지 그 사실을 통보해야 하는가?

21.03.문55
15.09.문52
09.08.문58

① 3일   ② 5일
③ 7일   ④ 10일

해설 10일
(1) 화재예방강화지구 안의 소방훈련·교육 통보일(화재예방법 시행령 20조) 보기 ④
(2) 건축허가 등의 동의 여부 회신(소방시설법 시행규칙 3조)
  ㉠ **50층** 이상(지하층 제외) 또는 지상으로부터 높이 **200m** 이상인 **아파트**의 건축허가 등의 동의 여부 회신(소방시설법 시행규칙 3조)
  ㉡ **30층** 이상(지하층 포함) 또는 지상 **120m** 이상(아파트 제외)의 건축허가 등의 동의 여부 회신(소방시설법 시행규칙 3조)
  ㉢ 연면적 10만m² 이상의 건축허가 등의 동의 여부 회신(소방시설법 시행규칙 3조)
(3) 소방기술자의 **실무교육** 통지일(공사업규칙 26조)
(4) **실무교육** 교육계획의 변경보고일(공사업규칙 35조)
(5) 소방기술자 **실무교육기관** 지정사항 변경보고일(공사업규칙 33조)
(6) 소방시설업의 등록신청서류 보완일(공사업규칙 2조 2)
(7) 제조소 등의 재발급 완공검사합격확인증 제출일(위험령 10조)

답 ④

60. 제조소 등의 지위승계 및 폐지에 관한 설명 중 다음 ( ) 안에 알맞은 것은?

제조소 등의 설치자가 사망하거나 그 제조소 등을 양도·인도한 때 또는 합병이 있는 때에는 그 설치자의 지위를 승계한 자는 승계한 날부터 (㉠)일 이내에 그리고 제조소 등의 관계인은 당해 제조소 등의 용도를 폐지한 때에는 용도를 폐지한 날부터 (㉡)일 이내에 시·도지사에게 신고하여야 한다.

① ㉠ 14, ㉡ 14
② ㉠ 14, ㉡ 30
③ ㉠ 30, ㉡ 14
④ ㉠ 30, ㉡ 30

해설 30일 vs 14일
(1) 30일
 ㉠ 소방시설업 등록사항 변경신고(공사업규칙 6조)
 ㉡ 위험물안전관리자의 **재선임**(위험물법 15조)
 ㉢ 소방안전관리자의 **재선임**(화재예방법 시행규칙 14조)
 ㉣ **도급계약** 해지(공사업법 23조)
 ㉤ 소방시설공사 중요사항 변경시의 신고일(공사업규칙 12조)
 ㉥ 소방기술자 실무교육기관 지정서 발급(공사업규칙 32조)
 ㉦ 소방공사감리자 변경서류제출(공사업규칙 15조)
 ㉧ **승계**(위험물법 10조)

(2) 14일
 ㉠ 소방기술자 실무교육기관 휴폐업신고일(공사업규칙 34조)
 ㉡ **제**조소 등의 용도**폐**지 신고일(위험물법 11조)
 ㉢ 위험물안전관리자의 **선**임신고일(위험물법 15조)
 ㉣ 소방안전관리자의 **선**임신고일(화재예방법 26조)

기억법 14제폐선(**일사**천리로 **제패**하여 **성**공하라.)

답 ③

제4과목 소방기계시설의 구조 및 원리

61. 완강기 및 완강기의 속도조절기에 관한 설명으로 틀린 것은?

① 견고하고 내구성이 있어야 한다.
② 강하시 발생하는 열에 의해 기능에 이상이 생기지 아니하여야 한다.
③ 속도조절기는 사용 중에 분해·손상·변형되지 아니하여야 하며, 속도조절기의 이탈이 생기지 아니하도록 덮개를 하여야 한다.
④ 평상시에는 분해, 청소 등을 하기 쉽게 만들어져 있어야 한다.

해설
④ 하기 쉽게 만들어져 있어야 한다. → 하지 아니하여도 작동될 수 있을 것

완강기 및 완강기 속도조절기의 **일반구조**(완강기의 형식승인 및 제품검사의 기술기준 3조)
(1) 견고하고 **내구성**이 있을 것 보기 ①
(2) 평상시에 분해, 청소 등을 하지 아니하여도 작동할 수 있을 것 보기 ④
(3) 강하시 발생하는 **열**에 의하여 기능에 이상이 생기지 아니할 것 보기 ②
(4) 속도조절기는 사용 중에 분해·손상·변형되지 아니하여야 하며, 속도조절기의 이탈이 생기지 아니하도록 덮개를 하여야 한다. 보기 ③
(5) 강하시 **로프**가 손상되지 아니할 것
(6) **속도조절기의 폴리** 등으로부터 로프가 노출되지 아니하는 구조

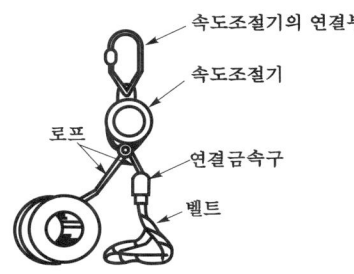

| 완강기의 구조 |

답 ④

62. 소화수조 및 저수조의 화재안전기준상 소화수조, 저수조의 채수구 또는 흡수관 투입구는 소방차가 최대 몇 m 이내의 지점까지 접근할 수 있는 위치에 설치하여야 하는가?

① 2   ② 4
③ 6   ④ 8

해설 소화수조 및 저수조의 설치기준(NFPC 402 4~5조, NFTC 402 2.1.1, 2.2)
(1) 소화수조 또는 저수조가 지표면으로부터 깊이가 **4.5m** 이상인 지하에 있는 경우에는 소요수량을 고려하여 가압송수장치를 설치할 것
(2) 소화수조 및 저수조의 채수구 또는 흡수관 투입구는 소방차가 **2m** 이내의 지점까지 접근할 수 있는 위치에 설치할 것 보기 ①
(3) 소화수조가 **옥상** 또는 옥탑부분에 설치된 경우에는 지상에 설치된 채수구에서의 압력 **0.15MPa** 이상 되도록 할 것

기억법 옥15

답 ①

63. 의료시설 3층에 피난기구의 적응성이 없는 것은?

① 공기안전매트
② 구조대
③ 승강식 피난기
④ 피난용 트랩

23. 05. 시행 / 산업(기계)

해설 피난기구의 적응성(NFTC 301 2.1.1)

층별 설치 장소별 구분	1층	2층	3층	4층 이상 10층 이하

노유자시설	• 미끄럼대
	• 구조대
	• 피난교
	• 다수인 피난
	  장비
	• 승강식 피난기
		• 미끄럼대
		• 구조대
		• 피난교
		• 다수인 피난
		  장비
		• 승강식 피난기
			• 미끄럼대
			• 구조대
			• 피난교
			• 다수인 피난
			  장비
			• 승강식 피난기
				• 구조대¹⁾
				• 피난교
				• 다수인 피난
				  장비
				• 승강식 피난기

의료시설·
입원실이
있는
의원·접골원
·조산원
	-	-	• 미끄럼대
			• 구조대
			  보기 ②
			• 피난교
			• 피난용 트랩
			  보기 ④
			• 다수인 피난
			  장비
			• 승강식 피난기
			  보기 ③
				• 구조대
				• 피난교
				• 피난용 트랩
				• 다수인 피난
				  장비
				• 승강식 피난기

영업장의
위치가
4층 이하인
다중
이용업소
	-	• 미끄럼대
		• 피난사다리
		• 구조대
		• 완강기
		• 다수인 피난
		  장비
		• 승강식 피난기
			• 미끄럼대
			• 피난사다리
			• 구조대
			• 완강기
			• 다수인 피난
			  장비
			• 승강식 피난기
				• 미끄럼대
				• 피난사다리
				• 구조대
				• 완강기
				• 다수인 피난
				  장비
				• 승강식 피난기

그 밖의 것	-	-	• 미끄럼대
			• 피난사다리
			• 구조대
			• 완강기
			• 피난교
			• 피난용 트랩
			• 간이완강기
			• 공기안전매트
			• 다수인 피난
			  장비
			• 승강식 피난기
				• 피난사다리
				• 구조대
				• 완강기
				• 피난교
				• 간이완강기
				• 다수인 피난
				  장비
				• 승강식 피난기

[비고] 1) **구조대**의 적응성은 **장애인관련시설**로서 주된 사용자 중 **스스로 피난**이 **불가**한 자가 있는 경우 추가로 설치하는 경우에 한한다.
2) 간이완강기의 적응성은 **숙박시설**의 **3층 이상**에 있는 객실에, **공기안전매트**의 적응성은 **공동주택**에 추가로 설치하는 경우에 한한다.

중요 의무관리대상 공동주택(NFPC 608 13조, NFTC 608 2.9.1.3)
공동주택 구역마다 공기안전매트 1개 이상 추가 설치

비교 피난기구 적응성

간이완강기	공기안전매트	구조대
숙박시설의 3층 이 상에 있는 객실	공동주택	장애인관련시설

답 ①

64 미분무소화설비의 화재안전기준에 따른 용어의 정리 중 다음 ( ) 안에 알맞은 것은?
22.03.문69
18.04.문79
17.05.문75

미분무란 물만을 사용하여 소화하는 방식으로 최소설계압력에서 헤드로부터 방출되는 물입자 중 99%의 누적체적분포가 (㉠)μm 이하로 분무되고 (㉡)급 화재에 적응성을 갖는 것을 말한다.

① ㉠ 200, ㉡ B, C
② ㉠ 400, ㉡ B, C
③ ㉠ 200, ㉡ A, B, C
④ ㉠ 400, ㉡ A, B, C

해설 미분무소화설비의 용어정의(NFPC 104A 3조, NFTC 104A 1.7)

용 어	설 명
미분무소화설비	가압된 물이 헤드 통과 후 미세한 입자로 분무됨으로써 소화성능을 가지는 설비를 말하며, 소화력을 증가시키기 위해 강화액 등을 첨가할 수 있다.
미분무	물만을 사용하여 소화하는 방식으로 최소설계압력에서 헤드로부터 방출되는 물입자 중 **99%**의 누적체적분포가 **400**μm 이하로 분무되고 A, B, C급 화재에 적응성을 갖는 것 보기 ④
미분무헤드	하나 이상의 오리피스를 가지고 미분무소화설비에 사용되는 헤드

답 ④

65 펌프의 토출관에 압입기를 설치하여 포소화약제 압입용 펌프로 포소화약제를 압입시켜 혼합하는 포소화약제의 혼합방식은?
21.05.문71
16.05.문61
15.09.문74
14.09.문79
10.05.문74

① 펌프 프로포셔너
② 프레져 프로포셔너
③ 라인 프로포셔너
④ 프레져사이드 프로포셔너

해설 포소화약제의 혼합장치(NFPC 105 3·9조, NFTC 105 1.7, 2.6.1)

(1) **펌프 프로포셔너방식**(펌프 혼합방식)
  ㉠ 펌프 토출측과 흡입측에 바이패스를 설치하고 그 바이패스 도중에 설치한 어댑터(adaptor)로 펌프 토출측 수량의 일부를 통과시켜 공기포용액을 만드는 방식
  ㉡ 펌프의 **토출관**과 **흡입관** 사이의 배관 도중에 설치한 흡입기에 펌프에서 토출된 물의 일부를 보내고 **농도조정밸브**에서 조정된 포소화약제의 필요량을 포소화약제탱크에서 펌프 흡입측으로 보내어 약제를 혼합하는 방식

(2) **프레져 프로포셔너방식**(차압 혼합방식)
  ㉠ 가압송수관 도중에 공기포 소화원액 혼합조(P.P.T)와 혼합기를 접속하여 사용하는 방법
  ㉡ **격막방식 휨탱크**를 사용하는 에어휨 혼합방식
  ㉢ 펌프와 발포기의 중간에 설치된 벤츄리관의 **벤츄리작용**과 펌프 가압수의 **포소화약제 저장탱크**에 대한 압력에 의하여 포소화약제를 흡입·혼합하는 방식

(3) **라인 프로포셔너방식**(관로 혼합방식)
  ㉠ 급수관의 배관 도중에 포소화약제 흡입기를 설치하여 그 흡입관에서 소화약제를 흡입하여 혼합하는 방식
  ㉡ 펌프와 발포기의 중간에 설치된 **벤**츄리관의 **벤**츄리작용에 의하여 포소화약제를 흡입·혼합하는 방식

• 벤츄리=벤투리

기억법 라벤벤

(4) 프레져사이드 프로포셔너방식(압입 혼합방식)
 ㉠ 소화원액 가압펌프(압입용 펌프)를 별도로 사용하는 방식
 ㉡ 펌프 **토출관**에 압입기를 설치하여 포소화약제 **압입용 펌프**로 포소화약제를 압입시켜 혼합하는 방식 보기 ④

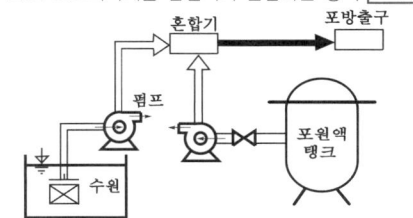

기억법 프사압

(5) 압축공기포 믹싱챔버방식
포수용액에 공기를 강제로 주입시켜 **원거리 방수**가 가능하고 물 사용량을 줄여 **수손피해**를 **최소화**할 수 있는 방식

답 ④

66
평상시 최고주위온도가 70℃인 장소에 폐쇄형 스프링클러헤드를 설치하는 경우 표시온도가 몇 ℃인 것을 설치해야 하는가?

① 79℃ 미만
② 79℃ 이상 121℃ 미만
③ 121℃ 이상 162℃ 미만
④ 162℃ 이상

해설 폐쇄형 헤드의 표시온도(NFTC 103 2.7.6)

설치장소의 최고주위온도	표시온도
39℃ 미만	**79**℃ 미만
39~**64**℃ 미만	79~**121**℃ 미만
64~**106**℃ 미만 →	**121**~**162**℃ 미만 보기 ③
106℃ 이상	162℃ 이상

기억법 39 → 79
      64 → 121
      106 → 162

• 헤드의 표시온도는 **최고주위온도**보다 **높은** 것을 선택한다.

기억법 최높

답 ③

67
피난기구의 설치기준 중 노유자시설로 사용되는 층에 있어서 그 층의 바닥면적 몇 m²마다 1개 이상을 설치하여야 하는가?

① 300   ② 500
③ 800   ④ 1000

해설 피난기구의 설치개수(NFPC 301 5조, NFTC 301 2.1.2.1 / NFPC 608 13조, NFTC 608 2.9.1.3)
(1) **층**마다 설치할 것

시설	설치기준
① 숙박시설·노유자시설·의료시설 →	바닥면적 **500m²**마다 (층마다 설치) 보기 ②
② 위락시설·문화 및 집회시설, 운동시설	바닥면적 800m²마다 (층마다 설치)
③ 판매시설·복합용도의 층	
④ 그 밖의 용도의 층	바닥면적 1000m²마다
⑤ 아파트 등(계단실형 아파트)	각 세대마다

(2) 피난기구 외에 **숙박시설**(휴양콘도미니엄 제외)의 경우에는 추가로 객실마다 **완강기** 또는 **둘** 이상의 **간이완강기**를 설치할 것
(3) '**의무관리대상 공동주택**'의 경우에는 하나의 관리주체가 관리하는 공동주택 구역마다 **공기안전매트** 1개 이상을 추가로 설치할 것(단, 옥상으로 피난이 가능하거나 수평 또는 수직 방향의 인접세대로 피난할 수 있는 구조인 경우는 제외)

답 ②

68
전역방출방식의 이산화탄소소화설비를 설치한 특정소방대상물 또는 그 부분에 설치하는 자동폐쇄장치의 설치기준 중 다음 ( ) 안에 알맞은 것은?

개구부가 있거나 천장으로부터 (㉠)m 이상의 아랫부분 또는 바닥으로부터 해당 층의 높이의 (㉡) 이내의 부분에 통기구가 있어 이산화탄소의 유출에 따라 소화효과를 감소시킬 우려가 있는 것은 이산화탄소가 방사되기 전에 해당 개구부 및 통기구를 폐쇄할 수 있도록 할 것

① ㉠ 1, ㉡ $\frac{2}{3}$ ② ㉠ 1, ㉡ $\frac{1}{2}$
③ ㉠ 0.3, ㉡ $\frac{2}{3}$ ④ ㉠ 0.3, ㉡ $\frac{1}{2}$

해설 할로겐화합물 및 불활성기체 소화설비·분말소화설비·이산화탄소소화설비 자동폐쇄장치 설치기준(NFPC 107A 15조, NFTC 107A 2.12.1.2 / NFPC 108 14조, NFTC 108 2.11.1.2 / NFPC 106 14조, NFTC 106 2.11.1.2)
개구부가 있거나 천장으로부터 **1m 이상**의 아랫부분 또는 바닥으로부터 해당 층의 높이의 $\frac{2}{3}$ 이내의 부분에 통기구가 있어 **소화약제**의 유출에 따라 소화효과를 감소시킬 우려가 있는 것은 **소화약제**가 방사되기 전에 해당 **개구부** 및 **통기구**를 폐쇄할 수 있도록 할 것 보기 ①

답 ①

69 소화기의 정의 중 다음 ( ) 안에 알맞은 것은?

대형 소화기란 화재시 사람이 운반할 수 있도록 운반대와 바퀴가 설치되어 있고 능력단위가 A급 (㉠)단위 이상, B급 (㉡)단위 이상인 소화기를 말한다.

① ㉠ 3, ㉡ 5
② ㉠ 5, ㉡ 3
③ ㉠ 10, ㉡ 20
④ ㉠ 20, ㉡ 10

해설 **대형 소화기** (NFPC 101 3조, NFTC 101 1.7)
화재시 사람이 운반할 수 있도록 **운반대**와 **바퀴**가 설치되어 있고 능력단위가 **A급 10단위** 이상, **B급 20단위** 이상인 소화기를 말한다. 보기 ③

답 ③

70 분말소화설비의 화재안전기준에 따라 분말소화설비의 소화약제 중 차고 또는 주차장에 설치해야 하는 것은?

① 제1종 분말
② 제2종 분말
③ 제3종 분말
④ 제4종 분말

해설 (1) 분말소화약제

종별	주성분	약제의 착색	적응화재	비고
제**1**종	중탄산나트륨 ($NaHCO_3$)	백색	BC급	**식용유** 및 **지방질유**의 화재에 적합 (**비**누화현상) 기억법 1식분(일식분식), 비1(비일비재)
제2종	중탄산칼륨 ($KHCO_3$)	담자색 (담회색)	BC급	
제**3**종	제**1인**산암모늄 ($NH_4H_2PO_4$)	담홍색	AB C급	**차고·주차장**에 적합 보기 ③ 기억법 3분 차주 (삼보 컴퓨터 차주), 인3
제4종	중탄산칼륨+요소 ($KHCO_3$+$(NH_2)_2CO$)	회(백)색	BC급	

- 중탄산나트륨=탄산수소나트륨
- 중탄산칼륨=탄산수소칼륨
- 제1인산암모늄=인산암모늄=인산염
- 중탄산칼륨+요소=탄산수소칼륨+요소

(2) 이산화탄소 소화약제

주성분	적응화재
이산화탄소(CO_2)	BC급

답 ③

71 분말소화약제 가압식 저장용기는 최고사용압력의 몇 배 이하의 압력에서 작동하는 안전밸브를 설치해야 하는가?

① 0.8배
② 1.2배
③ 1.8배
④ 2.0배

해설 **분말소화설비**의 **저장용기 안전밸브** (NFPC 108 4조, NFTC 108 2.1.2.2)

가압식	축압식
최고사용압력×1.8배 이하 보기 ③	내압시험압력×0.8배 이하

답 ③

72 이산화탄소소화설비 배관의 설치기준 중 다음 ( ) 안에 알맞은 것은?

동관을 사용하는 경우의 배관은 이음이 없는 동 및 동합금관(KS D 5301)으로서 고압식은 (㉠)MPa 이상, 저압식은 (㉡)MPa 이상의 압력에 견딜 수 있는 것을 사용할 것

① ㉠ 16.5, ㉡ 3.75
② ㉠ 25, ㉡ 3.5
③ ㉠ 16.5, ㉡ 2.5
④ ㉠ 25, ㉡ 3.75

해설 **이산화탄소소화설비**의 **배관** (NFPC 106 8조, NFTC 106 2.5.1)

구분	고압식	저압식
강관	스케줄 80(호칭구경 20mm 이하 스케줄 40) 이상	스케줄 40 이상
동관	**16.5**MPa 이상 보기 ①	3.75MPa 이상 보기 ①
배관부속	• 1차측 배관부속 : 9.5MPa • 2차측 배관부속 : 4.5MPa	4.5MPa

기억법 고동163

답 ①

73 포소화설비의 화재안전기준에 따른 팽창비의 정의로 옳은 것은?

① 최종 발생한 포원액 체적/원래 포원액 체적
② 최종 발생한 포수용액 체적/원래 포원액 체적
③ 최종 발생한 포원액 체적/원래 포수용액 체적
④ 최종 발생한 포 체적/원래 포수용액 체적

해설 **발포배율식**(팽창비)

(1) 발포배율(팽창비) = 내용적(용량) / (전체 중량 − 빈 시료용기의 중량)

(2) 발포배율(팽창비) = 방출된 포의 체적[L] / 방출 전 포수용액의 체적[L]

(3) 발포배율(팽창비) = 최종 발생한 포 체적[L] / 원래 포수용액 체적[L]

답 ④

74 ★★★
다음의 할로겐화합물 및 불활성기체 소화약제 중 기본성분이 다른 것은?

22.03.문75
17.05.문73
11.10.문02

① HCFC BLEND A   ② HFC-125
③ IG-541   ④ HFC-227ea

해설
① ② ④ 할로겐화합물 소화약제
③ 불활성기체 소화약제

소화약제량(저장량)의 산정 (NFPC 107A 7조, NFTC 107A 2.4)

구 분	할로겐화합물 소화약제	불활성기체 소화약제
종류	• FC-3-1-10 • HCFC BLEND A 보기① • HCFC-124 • HFC-125 보기② • HFC-227ea 보기④ • HFC-23 • HFC-236fa • FIC-13I1 • FK-5-1-12	• IG-01 • IG-100 • IG-541 보기③ • IG-55

답 ③

75 ★★★
간이소화용구 중 삽을 상비한 마른모래 50L 이상의 것 1포의 능력단위가 맞는 것은?

21.03.문62
15.05.문78
14.09.문78
13.06.문72
10.05.문72

① 0.3 단위   ② 0.5 단위
③ 0.8 단위   ④ 1.0 단위

해설 **간이소화용구**의 능력단위 (NFPC 101 3조, NFTC 101 1.7.1.6)

간이소화용구		능력단위
마른모래	삽을 상비한 **50L** 이상의 것 **1포**	**0.5**단위 보기②
팽창질석 또는 팽창진주암	삽을 상비한 80L 이상의 것 1포	

기억법 마 0.5

비교

능력단위(위험물규칙 [별표 17])

소화설비	용량	능력단위
소화전용 물통	8L	0.3
수조(소화전용 물통 3개 포함)	80L	1.5
수조(소화전용 물통 6개 포함)	190L	2.5

답 ②

76 ★★★
소화기의 설치기준 중 다음 (   ) 안에 알맞은 것은? (단, 가연성 물질이 없는 작업장 및 지하구의 경우는 제외한다.)

21.09.문69
21.09.문66
16.10.문74
07.09.문74

각 층마다 설치하되, 특정소방대상물의 각 부분으로부터 1개의 소화기까지의 보행거리가 소형 소화기의 경우에는 (㉠)m 이내, 대형 소화기의 경우에는 (㉡)m 이내가 되도록 배치할 것

① ㉠ 20, ㉡ 10   ② ㉠ 10, ㉡ 20
③ ㉠ 20, ㉡ 30   ④ ㉠ 30, ㉡ 20

해설 (1) 보행거리

구 분	적 용
20m 이하	• 소형 소화기 보기③
30m 이하	• 대형 소화기 보기③

(2) 수평거리

구 분	적 용
10m 이하	• 예상제연구역
15m 이하	• 분말(호스릴) • 포(호스릴) • 이산화탄소(호스릴)
20m 이하	• 할론(호스릴)
25m 이하	• 음향장치 • 옥내소화전 방수구 • **옥**내소화전(**호**스릴) • 포소화전 방수구 • 연결송수관 방수구(지하가) • 연결송수관 방수구(지하층 바닥면적 3000m² 이상)
40m 이하	• 옥외소화전 방수구
50m 이하	• 연결송수관 방수구(사무실)

기억법 옥호25(**오후**에 **이**사 **오**세요.)

용어
수평거리와 보행거리

수평거리	보행거리
직선거리를 말하며, 반경을 의미하기도 한다.	걸어서 간 거리

답 ③

77 ★★★
완강기 및 간이완강기의 최대사용하중 기준은 몇 N 이상이어야 하는가?

21.05.문63
18.09.문76
16.10.문77
16.05.문76
15.05.문69
09.03.문61

① 800   ② 1000
③ 1200   ④ 1500

해설 완강기 및 간이완강기의 하중(완강기의 형식승인 및 제품검사의 기술기준 12조)
(1) 250N(최소하중)
(2) 750N
(3) 1500N(최대하중) 보기 ④

답 ④

78 할로겐화합물 및 불활성기체 소화약제의 최대허용설계농도[%] 기준으로 옳은 것은?

18.06.문17
17.03.문70
16.05.문04

① HFC-125 : 9%
② IG-541 : 50%
③ FC-3-1-10 : 43%
④ HCFC-124 : 1%

해설
① 9% → 11.5%
② 50% → 43%
③ 43% → 40%

할로겐화합물 및 불활성기체 소화약제 최대허용설계농도
(NFTC 107A 2.4.2)

소화약제	최대허용설계농도[%]
FIC-13I1	0.3
HCFC-124	1.0 보기 ④
FK-5-1-12	10
HCFC BLEND A	
HFC-227ea	10.5
HFC-125	11.5
HFC-236fa	12.5
HFC-23	30
FC-3-1-10	40
IG-01	43
IG-100	
IG-541	
IG-55	

답 ④

79 상수도 소화용수설비는 호칭지름 75mm의 수도배관에 호칭지름 몇 mm 이상의 소화전을 접속하여야 하는가?

21.03.문72
19.03.문64
17.09.문65
15.09.문66
15.05.문65
15.03.문72
13.09.문73

① 50
② 65
③ 75
④ 100

해설 상수도 소화용수설비의 기준(NFPC 401 4조, NFTC 401 2.1.1)
(1) 호칭지름

수도배관	소화전
75mm 이상	100mm 이상 보기 ④

(2) 소화전은 소방자동차 등의 진입이 쉬운 **도로변** 또는 **공지**에 설치
(3) 소화전은 특정소방대상물의 수평투영면의 각 부분으로부터 **140m** 이하에 설치
(4) 지상식 소화전의 호스접결구는 지면으로부터 높이가 0.5m 이상 1m 이하가 되도록 설치

답 ④

80 연결송수관설비 방수용 기구함의 설치기준 중 틀린 것은?

17.09.문70
16.03.문73
11.10.문72

① 방수기구함은 피난층과 가장 가까운 층을 기준으로 2개층마다 설치하되, 그 층의 방수구마다 보행거리 5m 이내에 설치할 것
② 방수기구함에는 "방수기구함"이라고 표시한 축광식 표지를 할 것
③ 방수기구함의 길이 15m 호스는 방수구에 연결하였을 때 그 방수구가 담당하는 구역의 각 부분에 유효하게 물이 뿌려질 수 있는 개수 이상으로 비치할 것. 이 경우 쌍구형 방수구는 단구형 방수구의 2배 이상의 개수를 설치할 것
④ 방수기구함의 방사형 관창은 단구형 방수구의 경우에는 1개, 쌍구형 방수구의 경우에는 2개 이상 비치할 것

해설 ① 2개층 → 3개층

방수기구함의 **기준**(NFPC 502 7조, NFTC 502 2.4)
(1) **3개층**마다 설치 보기 ①
(2) 보행거리 **5m** 이내마다 설치
(3) 길이 **15m** 호스와 **방사형 관창** 비치

답 ①

2023. 9. 2 시행

2023년 산업기사 제4회 필기시험 CBT 기출복원문제

자격종목	종목코드	시험시간	형별
소방설비산업기사(기계분야)		2시간	

수험번호	성명

※ 각 문항은 4지택일형으로 질문에 가장 적합한 보기 항을 선택하여 체크하여야 합니다.

제1과목 소방원론

01 공기 중의 산소농도는 약 몇 vol%인가?
22.09.문06
21.09.문12
20.06.문04
14.05.문19
12.09.문08
① 15
② 28
③ 21
④ 32

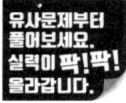

해설 공기 중 구성물질

구성물질	비율
아르곤(Ar)	1vol%
산소(O_2)	21vol% 보기 ③
질소(N_2)	78vol%

중요

공기 중 산소농도

구 분	산소농도
체적비(부피백분율)	약 21vol%
중량비(중량백분율)	약 23wt%

• 문제 단위 vol%를 보고 **체적비**라는 것을 알 수 있다.

답 ③

02 적린의 착화온도는 약 몇 ℃인가?
21.09.문20
18.03.문06
14.09.문14
14.05.문04
12.03.문04
07.05.문03
① 34
② 157
③ 180
④ 260

해설

물 질	인화점	발화점
프로필렌	-107℃	497℃
에틸에터, 다이에틸에터	-45℃	180℃
가솔린(휘발유)	-43℃	300℃
이황화탄소	-30℃	100℃
아세틸렌	-18℃	335℃
아세톤	-18℃	538℃
에틸알코올	13℃	423℃
적린	-	**260**℃ 보기 ④

기억법 적26(적이 육지에 있다.)

• 발화점=발화온도=착화온도=착화점

답 ④

03 상온·상압 상태에서 기체로 존재하는 할론으로만
22.03.문05
19.04.문15
17.03.문15
16.10.문10
연결된 것은?
① Halon 2402, Halon 1211
② Halon 1211, Halon 1011
③ Halon 1301, Halon 1011
④ Halon 1301, Halon 1211

해설 상온에서의 상태

기체상태	액체상태
① Halon 13 01 보기 ④	① Halon 1011
② Halon 12 11 보기 ④	② Halon 104
③ 탄산가스(CO_2)	③ Halon 2402

기억법 132탄기

답 ④

04 다음 물질 중 자연발화의 위험성이 가장 낮은
21.05.문09
17.03.문09
08.09.문01
것은?
① 석탄
② 팽창질석
③ 셀룰로이드
④ 퇴비

해설 ② 소화약제로서 자연발화의 위험성이 낮다.

자연발화의 형태

구 분	종 류
분해열	셀룰로이드, 나이트로셀룰로오스 보기 ③
산화열	건성유(정어리유, 아마인유, 해바라기유), 석탄, 원면, 고무분말 보기 ①
발효열	퇴비, 먼지, 곡물 보기 ④
흡착열	목탄, 활성탄

답 ②

05 피난계획의 일반원칙 중 Fool proof 원칙에 대한 설명으로 옳은 것은?

① 한 가지가 고장이 나도 다른 수단을 이용할 수 있도록 하는 원칙
② 두 방향의 피난동선을 항상 확보하는 원칙
③ 피난수단을 이동식 시설로 하는 원칙
④ 피난수단을 조작이 간편한 원시적 방법으로 하는 원칙

해설
①, ② Fail safe
③ 이동식 시설 → 고정식 시설(설비)

페일 세이프(fail safe)와 풀 프루프(fool proof)

용 어	설 명
페일 세이프 (fail safe)	① 한 가지 피난기구가 고장이 나도 다른 수단을 이용할 수 있도록 고려하는 것 ② 한 가지가 고장이 나도 다른 수단을 이용하는 원칙 보기 ① ③ 두 **방향**의 피난동선을 항상 확보하는 원칙 보기 ②
풀 프루프 (fool proof)	① 피난경로는 **간단 명료**하게 한다. ② 피난구조설비는 **고정식 설비**를 위주로 설치한다. 보기 ③ ③ 피난수단은 **원시적 방법**에 의한 것을 원칙으로 한다. 보기 ④ ④ 피난통로를 완전불연화한다. ⑤ 막다른 복도가 없도록 계획한다. ⑥ **간단한 그림**이나 **색채**를 이용하여 표시한다.

답 ④

06 이산화탄소소화기가 갖는 주된 소화효과는?

① 유화소화
② 질식소화
③ 제거소화
④ 부촉매소화

해설 주된 소화효과

할론 1301	이산화탄소
억제소화	질식소화 보기 ②

중요

주된 소화효과

소화약제	주된 소화효과
• **할**론	**억**제소화(화학소화, 부촉매소화)
• 포 • **이**산화탄소	**질**식소화
• 물	냉각소화

기억법 할억이질

답 ②

07 특별피난계단을 설치하여야 하는 층에 관한 기술로서 적당하지 않은 것은?

① 위락시설로서 5층 이상의 층
② 공동주택으로서 16층 이상의 층
③ 지하 3층 이하의 층(바닥면적 400m² 미만인 층은 제외)
④ 병원으로서의 11층 이상의 층

해설 ① 위락시설 → 판매시설

건축령 35조
피난계단의 설치 기준

층 및 용도	계단의 종류	비 고
• 5~10층 이하 • 지하 2층 이하	판매시설 보기 ①	피난계단 또는 특별피난계단 중 1개소 이상은 특별피난계단
• 11층 이상 보기 ④ • 지하 3층 이하 보기 ③	특별피난계단	• 공동주택은 16층 이상 보기 ② • 지하 3층 이하의 바닥면적이 400m² 미만인 층은 제외 보기 ③

 중요

피난계단과 특별피난계단

피난계단	특별피난계단
계단의 출입구에 방화문이 설치되어 있는 계단이다.	건물 각 층으로 통하는 문은 방화문이 달리고 내화구조의 벽체나 연소우려가 없는 창문으로 구획된 피난용 계단으로 반드시 부속실을 거쳐서 계단실과 연결된다.

답 ①

08 산소의 공급이 원활하지 못한 화재실에 급격히 산소가 공급이 될 경우 순간적으로 연소하여 화재가 폭풍을 동반하여 실외로 분출하는 현상은?

① 백파이어(backfire)
② 플래시오버(flashover)
③ 보일오버(boil over)
④ 백드래프트(back draft)

해설 **백드래프트**(back draft)
(1) **산소**의 공급이 **원활**하지 **못한** 화재실에 급격히 **산소**가 **공급**이 될 경우 순간적으로 연소하여 화재가 폭풍을 동반하여 **실외**로 **분출**하는 현상 보기 ④
(2) 소방대가 소화활동을 위하여 화재실의 문을 개방할 때 신선한 공기가 유입되어 실내에 축적되었던 가연성 가스가 **단시간**에 **폭발적**으로 **연소**함으로써 화재가 폭풍을 동반하며 **실외**로 분출되는 현상으로 **감쇠기**에 나타난다.

답 ④

(3) 화재로 인하여 **산소**가 **부족**한 건물 내에 산소가 새로 유입된 때 **고열가스**의 **폭발** 또는 급속한 **연소**가 발생하는 현상
(4) **통기력**이 좋지 않은 상태에서 연소가 계속되어 산소가 심히 부족한 상태가 되었을 때 **개구부**를 통하여 산소가 공급되면 실내의 가연성 혼합기가 공급되는 **산소**의 **방향**과 **반대**로 흐르며 급격히 연소하는 현상으로 "**역화현상**"이라고 하며 이때에는 **화염**이 산소의 공급통로로 분출되는 현상을 눈으로 확인할 수 있다.

기억법 백감

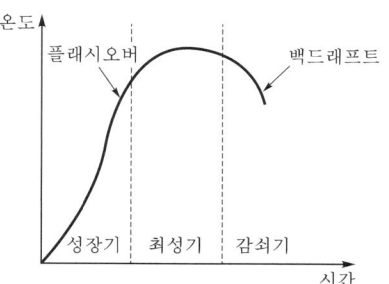

| 백드래프트와 플래시오버의 발생시기 |

중요

용어	설명
플래시오버 (flashover) 보기 ②	화재로 인하여 **실내**의 온도가 **급격히 상승**하여 화재가 순간적으로 실내 전체에 **확산**되어 연소되는 현상
보일오버 (boil over) 보기 ③	**중질유**가 탱크에서 조용히 연소하다 열유층에 의해 가열된 하부의 물이 폭발적으로 끓어 올라와 상부의 뜨거운 기름과 함께 분출하는 현상
백드래프트 (back draft)	화재로 인해 **산소**가 **고갈**된 건물 안으로 외부의 **산소**가 **유입**될 경우 발생하는 현상
롤오버 (roll over)	플래시오버가 발생하기 직전에 작은 불들이 연기 속에서 산재해 있는 상태
슬롭오버 (slop over)	• **물**이 연소유의 **뜨거운 표면**에 들어갈 때 기름표면에서 화재가 발생하는 현상 • 유화제로 소화하기 위한 **물**이 수분의 급격한 증발에 의하여 액면이 거품을 일으키면서 **열유층 밑**의 **냉유**가 급히 열팽창하여 **기름**의 **일부**가 불이 붙은 채 탱크벽을 넘어서 일출하는 현상

| 연소상의 문제점 |

구분	설명
백파이어 (Backfire, 역화) 보기 ①	가스가 노즐에서 분출되는 속도가 연소속도보다 느려져 버너 내부에서 연소하게 되는 현상 | 백파이어 | 혼합가스의 유출속도<연소속도
리프트 (Lift, 불꽃뜨임)	가스가 노즐에서 나가는 속도가 연소속도보다 빠르게 되어 불꽃이 버너의 노즐에서 떨어져서 연소하게 되는 현상 | 리프트 | 혼합가스의 유출속도>연소속도
블로오프 (Blowoff)	리프트 상태에서 불이 꺼지는 현상 | 블로오프 |

답 ④

09 건축물의 주요구조부에서 제외되는 것은?
22.04.문03
17.03.문16
16.05.문06
13.06.문72
① 지붕틀
② 내력벽
③ 바닥
④ 사잇기둥

해설 ④ 사잇기둥 : 주요구조부에서 **제외**

주요구조부
(1) 내력**벽** 보기 ②
(2) **보**(작은 보 제외)
(3) **지**붕틀(차양 제외) 보기 ①
(4) **바**닥(최하층 바닥 제외) 보기 ③
(5) **주**계단(옥외계단 제외)
(6) **기**둥(사잇기둥 제외) 보기 ④

기억법 벽보지 바주기

답 ④

10 정전기 발생 방지대책 중 틀린 것은?
18.04.문06
15.03.문20
13.03.문14
13.03.문41
12.05.문02
08.05.문09
① 상대습도를 70% 이상으로 한다.
② 공기를 이온화시킨다.
③ 접지시설을 한다.
④ 가능한 한 부도체를 사용한다.

해설 ④ 부도체 → 도체

정전기 방지대책
(1) **접지**(접지시설)를 한다. 보기 ③
(2) 공기의 **상대습도**를 **70%** 이상으로 한다.(상대습도를 높임) 보기 ①
(3) 공기를 **이온화**한다. 보기 ②
(4) 가능한 한 **도체**를 사용한다. 보기 ④
(5) 제전기를 사용한다.

기억법 정습7 접이도

답 ④

11 실내에 화재가 발생하였을 때 그 실내의 환경변화에 대한 설명 중 틀린 것은?

① 압력이 내려간다.
② 산소의 농도가 감소한다.
③ 일산화탄소가 증가한다.
④ 이산화탄소가 증가한다.

해설 ① 밀폐된 내화건물의 실내에 화재가 발생하면 **압력**(기압)이 **상승**한다.

답 ①

12 소화약제의 화학식에 대한 표기가 틀린 것은?

① C_3F_8 : FC-3-1-10
② N_2 : IG-100
③ CF_3CHFCF_3 : HFC-227ea
④ Ar : IG-01

해설 ① $C_3F_8 \rightarrow C_4F_{10}$

할로겐화합물 및 불활성기체 소화약제의 종류(NFPC 107A 4조, NFTC 107A 2.1.1)

소화약제	화학식
퍼플루오로부탄 (FC-3-1-10) 기억법 FC31(FC 서울의 3.1절)	C_4F_{10} 보기 ①
하이드로클로로플루오로카본혼화제(HCFC BLEND A)	HCFC-22($CHClF_2$) : **82**% HCFC-123($CHCl_2CF_3$) : **4.75**% HCFC-124($CHClCF_3$) : **9.5**% $C_{10}H_{16}$: **3.75**% 기억법 475 82 95 375 (사시오 빨리 그래서 구어 삶키시오!)
클로로테트라플루오로에탄 (HCFC-124)	$CHClCF_3$
펜타플루오로에탄 (HFC-**125**) 기억법 125(이리온)	CHF_2CF_3
헵타플루오로프로판 (HFC-**227ea**) 기억법 227e(둘둘치킨 이 맛있다.)	CF_3CHFCF_3 보기 ③
트리플루오로메탄(HFC-23)	CHF_3
헥사플루오로프로판 (HFC-236fa)	$CF_3CH_2CF_3$
트리플루오로이오다이드 (FIC-13I1)	CF_3I
불연성·불활성기체혼합가스 (IG-01)	Ar 보기 ④
불연성·불활성기체혼합가스 (IG-100)	N_2 보기 ②
불연성·불활성기체혼합가스 (IG-541)	N_2 : 52%, Ar : 40%, CO_2 : 8% 기억법 NACO(내코) 52408
불연성·불활성기체혼합가스 (IG-55)	N_2 : 50%, Ar : 50%
도데카플루오로-2-메틸펜탄-3원(FK-5-1-12)	$CF_3CF_2C(O)CF(CF_3)_2$

답 ①

13 내화구조의 기준에서 바닥의 경우 철근콘크리트조로서 두께가 몇 cm 이상인 것이 내화구조에 해당하는가?

① 3   ② 5
③ 10   ④ 15

해설 피난·방화구조 3조
내화구조의 기준

내화 구분	기 준
벽·바닥	철골·철근콘크리트조로서 두께가 **10**cm 이상인 것 보기 ③
기둥	철골을 두께 5cm 이상의 콘크리트로 덮은 것
보	두께 5cm 이상의 콘크리트로 덮은 것

기억법 벽바내1(**벽**을 **바**라보면 **내일**이 보인다.)

답 ③

14 산소와 질소의 혼합물인 공기의 평균분자량은? (단, 공기는 산소 21vol%, 질소 79vol%로 구성되어 있다고 가정한다.)

① 30.84   ② 29.84
③ 28.84   ④ 27.84

해설 원자량

원 소	원자량
H	1
C	12
N	14
O	16

O_2 : $16 \times 2 \times 0.21 = 6.72$
N_2 : $14 \times 2 \times 0.79 = 22.12$
∴ $6.72 + 22.12 = 28.84$

답 ③

15 산화성 고체와 관계가 없는 것은?

① 과염소산
② 질산염류
③ 아염소산염류
④ 무기과산화물류

해설 ① 산화성 액체

위험물령 [별표 1]
위험물

유 별	성 질	품 명
제1류	산화성 고체	• 아염소산염류 보기 ③ • 염소산염류 • 과염소산염류 • 질산염류(질산칼륨) 보기 ② • 무기과산화물(과산화바륨) 보기 ④ 기억법 1산고(일산GO)
제2류	가연성 고체	• 황화인 • 적린 • 황 • 마그네슘 기억법 황화적황마
제3류	자연발화성 물질 금수성 물질	• 황린(P₄) • 칼륨(K) • 나트륨(Na) • 알킬알루미늄 • 알킬리튬 • 칼슘 또는 알루미늄의 탄화물류 (탄화칼슘=CaC₂) 기억법 황칼나알칼
제4류	인화성 액체	• 특수인화물(이황화탄소) • 알코올류 • 석유류 • 동식물유류
제5류	자기반응성 물질	• 나이트로화합물 • 유기과산화물 • 나이트로소화합물 • 아조화합물 • 질산에스터류(셀룰로이드)
제6류	산화성 액체	• 과염소산 보기 ① • 과산화수소 • 질산

답 ①

16 화재발생시 물을 사용하여 소화하면 더 위험해지는 것은?

① 적린
② 질산암모늄
③ 나트륨
④ 황린

해설 주수소화(물소화)시 위험한 물질

위험물	발생물질
• 무기과산화물	산소(O₂) 발생
• 금속분 • 마그네슘 • 알루미늄 • 칼륨 • 나트륨 보기 ③ • 수소화리튬	수소(H₂) 발생
• 가연성 액체의 유류화재	연소면(화재면) 확대

답 ③

17 지하 주차장에 사용할 수 있는 법정 분말소화약제는?

① 인산염계
② 탄화수소나트륨계
③ 탄화수소칼륨계
④ 탄화수소칼륨과 요소계

해설 분말소화약제

종 별	주성분	착 색	적응화재	비 고
제1종	중탄산나트륨 (NaHCO₃)	백색	BC급	식용유 및 지방질유의 화재에 적합
제2종	중탄산칼륨 (KHCO₃)	담자색 (담회색)	BC급	–
제3종	제1인산암모늄 (NH₄H₂PO₄)	담홍색	ABC급	차고·주차장에 적합 보기 ①
제4종	중탄산칼륨 + 요소 (KHCO₃+ (NH₂)₂CO)	회(백)색	BC급	–

기억법 1식분(일식 분식)
3분 차주(삼보컴퓨터 차주)
백자홍회

∴ 차고는 제3종 분말소화설비 설치

답 ①

18 피난대책의 일반적 원칙이 아닌 것은?

① 피난경로는 가능한 한 길어야 한다.
② 피난대책은 비상시 본능상태에서도 혼돈이 없도록 한다.
③ 피난시설은 가급적 고정식 시설이 바람직하다.
④ 피난수단은 원시적인 방법으로 하는 것이 바람직하다.

① 길어야 한다. → 짧아야 한다.

피난대책의 일반적인 원칙
(1) 피난경로는 **간단명료**하게 한다(단순한 형태).
(2) 피난설비는 **고정식 설비**를 위주로 설치한다. 보기 ③
(3) 피난수단은 **원시적 방법**에 의한 것을 원칙으로 한다. 보기 ④
(4) **2방향**의 피난통로를 확보한다.
(5) 피난통로를 **완전불연화** 한다.
(6) 화재층의 **피난**을 **최우선**으로 고려한다.
(7) 피난시설 중 피난로는 **복도** 및 **거실**을 가리킨다.
(8) 인간의 **본능적 행동**을 무시하지 않도록 고려한다(본능상태에서도 혼동이 없도록 한다). 보기 ②
(9) 계단은 **직통계단**으로 한다.
(10) 정전시에도 **피난방향**을 알 수 있는 표시를 한다.
(11) 모든 피난동선은 건물 중심부 한 곳으로 향해서는 안 된다.
(12) 피난동선은 그 말단이 짧을수록 좋다. 보기 ①

• 피난동선=피난경로

답 ①

19 물을 이용한 대표적인 소화효과로만 나열된 것은?
22.04.문11
20.06.문07
19.03.문18
15.09.문10
15.03.문05
14.09.문11
① 냉각효과, 부촉매효과
② 냉각효과, 질식효과
③ 질식효과, 부촉매효과
④ 제거효과, 냉각효과, 부촉매효과

해설 **소화약제**의 소화작용

소화약제	소화작용	주된 소화작용
물(스프링클러)	• 냉각작용 • 희석작용	냉각작용 (냉각소화)
물(무상)	• **냉**각작용(증발잠열 이용) 보기 ② • **질**식작용 보기 ② • **유**화작용(에멀션 효과) • **희**석작용	
포	• 냉각작용 • 질식작용	질식작용 (질식소화)
분말	• 질식작용 • 부촉매작용(억제작용) • 방사열 차단작용	
이산화탄소	• 냉각작용 • 질식작용 • 피복작용	
할론	• 질식작용 • 부촉매작용(억제작용)	**부**촉매작용 (연쇄반응 억제)

기억법 **할부**(**할**아**버**지)

기억법 물냉질유희
• CO_2 소화기=이산화탄소소화기
• 에멀션효과=에멀젼효과
• 작용=효과
• 물은 부촉매효과는 없으므로 부촉매효과가 없는 ②번이 정답

중요
부촉매효과
(1) 분말소화약제
(2) 할론소화약제
(3) 할로겐화합물소화약제

답 ②

20 건물화재에서의 사망원인 중 가장 큰 비중을 차지하는 것은?
20.06.문15
11.10.문03
① 연소가스에 의한 질식
② 화상
③ 열충격
④ 기계적 상해

해설 ① 건물화재에서의 사망원인 중 가장 큰 비중을 차지하는 것 : **연소가스**에 의한 **질식사**이다.

답 ①

제 2 과목   소방유체역학

21 비중이 0.75인 액체와 비중량이 $6700N/m^3$인 액체를 부피비 1 : 2로 혼합한 혼합액의 밀도는 약 몇 kg/m^3인가?
22.04.문24
21.09.문30
21.05.문29
18.04.문33
① 688   ② 706
③ 727   ④ 748

해설 (1) 기호
• s : 0.75
• γ : $6700N/m^3$
• ρ : ?

(2) 비중
$$s = \frac{\gamma}{\gamma_w} = \frac{\rho}{\rho_w}$$

여기서, s : 비중
γ : 어떤 물질의 비중량[N/m^3]
γ_w : 물의 비중량(9800N/m^3)
ρ : 어떤 물질의 밀도[kg/m^3]
ρ_w : 물의 밀도(1000kg/m^3)

어떤 물질의 비중량 $\gamma = s \times \gamma_w$
비중이 0.75인 액체를 γ_A, $\gamma_B = 6700\text{N/m}^3$이라 하면
$\gamma_A = s \cdot \gamma_w = 0.75 \times 9800\text{N/m}^3 = 7350\text{N/m}^3$
γ_A와 γ_B를 1 : 2로 혼합했으므로 혼합액의 비중량 γ는
$$\gamma = \frac{\gamma_A \times 1 + \gamma_B \times 2}{3}$$
$$= \frac{7350\text{N/m}^3 \times 1 + 6700\text{N/m}^3 \times 2}{3} \fallingdotseq 6916.67\text{N/m}^3$$

$\boxed{\dfrac{\gamma}{\gamma_w} = \dfrac{\rho}{\rho_w}}$ 에서

혼합액의 밀도 ρ는
$$\rho = \frac{\gamma \times \rho_w}{\gamma_w}$$
$$= \frac{6916.67\text{N/m}^3 \times 1000\text{kg/m}^3}{9800\text{N/m}^3} \fallingdotseq 706\text{kg/m}^3$$

답 ②

22 ★★★

그림과 같이 수조차의 탱크 측벽에 안지름이 25cm인 노즐을 설치하여 노즐로부터 물이 분사되고 있다. 노즐 중심은 수면으로부터 3m 아래에 있다고 할 때 수조차가 받는 추력 F는 약 몇 kN인가? (단, 노면과의 마찰은 무시한다.)

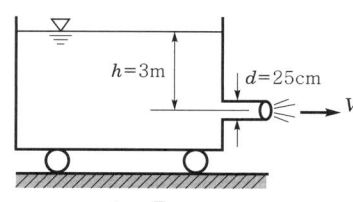

① 1.77　　② 2.89
③ 4.56　　④ 5.21

해설 (1) 기호
- $d(D)$: 25cm=0.25m(100cm=1m)
- $h(H)$: 3m
- F : ?

(2) 토리첼리의 식
$$V = \sqrt{2gH}$$
여기서, V : 유속[m/s]
　　　　g : 중력가속도(9.8m/s²)
　　　　H : 높이[m]

유속 V는
$V = \sqrt{2gH}$
　$= \sqrt{2 \times 9.8\text{m/s}^2 \times 3\text{m}} \fallingdotseq 7.668\text{m/s}$

(3) 유량
$$Q = AV$$
여기서, Q : 유량[m³/s]
　　　　A : 단면적[m²]
　　　　V : 유속[m/s]

(4) 추력(힘)
$$F = \rho QV$$
여기서, F : 추력(힘)[N]
　　　　ρ : 밀도(물의 밀도 1000N·s²/m⁴)
　　　　Q : 유량[m³/s]
　　　　V : 유속[m/s]

추력 F는
$F = \rho QV$
　$= \rho(AV)V$
　$= \rho AV^2$
　$= \rho\left(\dfrac{\pi D^2}{4}\right)V^2$
　$= 1000\text{N}\cdot\text{s}^2/\text{m}^4 \times \dfrac{\pi \times (0.25\text{m})^2}{4} \times (7.668\text{m/s})^2$
　$= 2886\text{N} = 2.886\text{kN} \fallingdotseq 2.89\text{kN}$

- $Q = AV$이므로 $F = \rho QV = \rho(AV)V$
- $A = \dfrac{\pi D^2}{4}$ (여기서, D : 지름[m])

답 ②

23 ★★★

다음 중 캐비테이션(공동현상) 방지방법으로 옳은 것을 모두 고른 것은?

ⓐ 펌프의 설치위치를 낮추어 흡입양정을 작게 한다.
ⓑ 흡입관 지름을 작게 한다.
ⓒ 펌프의 회전수를 작게 한다.

① ㉠, ㉡
② ㉠, ㉢
③ ㉡, ㉢
④ ㉠, ㉡, ㉢

해설 공동현상(cavitation, 캐비테이션)

개요	펌프의 흡입측 배관 내의 물의 정압이 기존의 증기압보다 낮아져서 기포가 발생되어 물이 흡입되지 않는 현상
발생 현상	• **소음**과 **진동** 발생 • 관 부식(펌프깃의 침식) • **임펠러**의 손상(수차의 날개를 해친다.) • 펌프의 성능 저하(양정곡선 저하) • 효율곡선 **저하**
발생 원인	• 펌프가 물탱크보다 부적당하게 **높게** 설치되어 있을 때 • 펌프 **흡입수두**가 지나치게 **클** 때 • 펌프 **회전수**가 지나치게 **높을** 때 • 관내를 흐르는 **물**의 **정압**이 그 물의 온도에 해당하는 증기압보다 **낮을** 때

방지대책 (방지방법)	• 펌프의 흡입수두를 작게 한다.(흡입양정을 작게 한다.) 보기 ① • 펌프의 마찰손실을 작게 한다. • 펌프의 임펠러속도(회전수)를 작게 한다. 보기 ⓒ • 펌프의 설치위치를 수원보다 낮게 한다. • 양흡입펌프를 사용한다.(펌프의 흡입측을 가압한다.) • 관내의 물의 정압을 그때의 증기압보다 높게 한다. • 흡입관의 **구경**을 **크게** 한다. 보기 ⓒ • 펌프를 **2개** 이상 설치한다. • 회전차를 수중에 완전히 잠기게 한다.

비교

수격작용(water hammering)	
개요	• 배관 속의 물흐름을 급히 차단하였을 때 동압이 정압으로 전환되면서 일어나는 **쇼크**(shock)현상 • 배관 내를 흐르는 유체의 유속을 급격하게 변화시키므로 압력이 상승 또는 하강하여 관로의 벽면을 치는 현상
발생원인	• 펌프가 갑자기 정지할 때 • 급히 밸브를 개폐할 때 • 정상운전시 유체의 압력변동이 생길 때
방지대책 (방지방법)	• **관**의 관경(직경)을 크게 한다. • 관내의 유속을 낮게 한다.(관로에서 일부 고압수를 방출한다.) • **조압수조**(surge tank)를 관선에 설치한다. • **플라이휠**(fly wheel)을 설치한다. • 펌프 송출구(토출측) 가까이에 밸브를 설치한다. • **에어챔버**(air chamber)를 설치한다.

기억법 수방관플에

답 ②

★★★ 24

20℃의 물 10L를 대기압에서 110℃의 증기로 만들려면, 공급해야 할 열량은 약 몇 kJ인가? (단, 대기압에서 물의 비열은 4.2kJ/kg·℃, 증발잠열은 2260kJ/kg이고, 증기의 정압비열은 2.1kJ/kg·℃이다.)

21.09.문26
16.10.문26
11.03.문36

① 26380 ② 26170
③ 22600 ④ 3780

해설 (1) 기호
- ΔT_1 : (100−20)℃
- m : 10L=10kg(물 1L=1kg)
- ΔT_3 : (110−100)℃
- Q : ?
- c : 4.2kJ/kg·℃
- r : 2260kJ/kg
- C_p : 2.1kJ/kg·℃

(2) 열량

$$Q = mc\Delta T_1 + rm + mC_p\Delta T_3$$

여기서, Q : 열량[kJ]
m : 질량[kg]
c : 비열(물의 비열 4.2kJ/kg·℃)
$\Delta T_1, \Delta T_3$: 온도차[℃]
r : 증발잠열[kJ/kg]
C_p : 정압비열[kJ/kg·℃]

(3) 20℃ 물 → 100℃ 물
$Q_1 = mc\Delta T_1$
　　$= 10\text{kg} \times 4.2\text{kJ/kg}·℃ \times (100-20)℃$
　　$= 3360\text{kJ}$

(4) 100℃ 물 → 100℃ 수증기
$Q_2 = rm$
　　$= 2260\text{kJ/kg} \times 10\text{kg} = 22600\text{kJ}$

(5) 100℃ 수증기 → 110℃ 수증기
$Q_3 = mC_p\Delta T_3$
　　$= 10\text{kg} \times 2.1\text{kJ/kg}·℃ \times (110-100)℃$
　　$= 210\text{kJ}$

열량 Q는
$Q = Q_1 + Q_2 + Q_3$
　$= 3360\text{kJ} + 22600\text{kJ} + 210\text{kJ}$
　$= 26170\text{kJ}$

답 ②

★★★ 25

정지유체 속에 잠겨있는 경사진 평면에서 압력에 의해 작용하는 압력의 작용점에 대한 설명으로 옳은 것은?

22.04.문31
22.03.문32
21.05.문27
18.03.문27
15.03.문38
10.03.문25

① 도심의 아래에 있다.
② 도심의 위에 있다.
③ 도심의 위치와 같다.
④ 도심의 위치와 관계가 없다.

해설 힘의 작용점의 중심압력은 경사진 평판의 **도심**의(보다) **아래**에 있다. 보기 ①

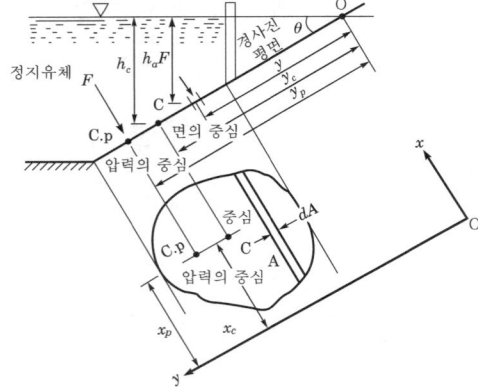

‖ 힘의 작용점의 중심압력 ‖

답 ①

26. 관 속의 부속품을 통한 유체흐름에서 관의 등가길이(상당길이)를 표현하는 식은? (단, 부차적 손실계수는 K, 관의 지름은 d, 관마찰계수는 f이다.)

① Kfd
② $\dfrac{fd}{K}$
③ $\dfrac{Kf}{d}$
④ $\dfrac{Kd}{f}$

해설 등가길이

$$L_e = \dfrac{Kd}{f}$$

여기서, L_e : 등가길이[m]
K : 부차적 손실계수
d : 내경(지름)[m]
f : 마찰손실계수(관마찰계수)

- 등가길이=상당길이=상당관길이
- 마찰계수=마찰손실계수=관마찰계수

답 ④

27. 그림과 같이 고정된 노즐에서 균일한 유속 $V=40$m/s, 유량 $Q=0.2$m³/s로 물이 분출되고 있다. 분류와 같은 방향으로 $u=10$m/s의 일정 속도로 운동하고 있는 평판에 분사된 물이 수직으로 충돌할 때 분류가 평판에 미치는 충격력은 몇 kN인가?

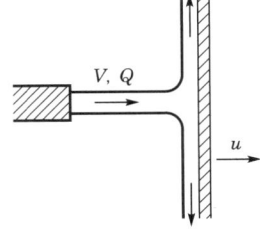

① 4.5
② 6
③ 44.1
④ 58.8

해설 (1) 기호
- V : 40m/s
- Q : 0.2m³/s
- u : 10m/s
- F : ?

(2) 평판에 작용하는 힘

$$F = \rho QV' = \rho Q(V-u)$$

여기서, F : 평판에 작용하는 힘[N]
ρ : 밀도(물의 밀도 1000N·s²/m⁴)
Q : 유량[m³/s]
V' : 유속[m/s]
V : 물의 속도[m/s]
u : 평판의 이동속도[m/s]

평판에 작용하는 힘 F는
$F = \rho Q(V-u)$
$= 1000$N·s²/m⁴ $\times 0.2$m³/s $\times (40-10)$m/s
$= 6000$N $= 6$kN

- 1000N=1kN이므로 6000N=6kN

답 ②

28. 비중이 0.88인 벤젠에 안지름 1mm의 유리관을 세웠더니 벤젠이 유리관을 따라 9.8mm를 올라갔다. 유리와의 접촉각이 0°라 하면 벤젠의 표면장력은 몇 N/m인가?

① 0.021
② 0.042
③ 0.084
④ 0.128

해설 (1) 기호
- h : 9.8mm
- θ : 0°
- γ : 비중×9800N/m³
- D : 1mm
- σ : ?

(2) 상승높이

$$h = \dfrac{4\sigma\cos\theta}{\gamma D}$$

여기서, h : 상승높이[m]
σ : 표면장력[N/m]
θ : 각도
γ : 비중량(비중×9800N/m³)
D : 내경[m]

표면장력 σ는
$\sigma = \dfrac{h\gamma D}{4\cos\theta}$

$= \dfrac{9.8\text{mm} \times (0.88 \times 9800\text{N/m}^3) \times 1\text{mm}}{4 \times \cos 0°}$

$= \dfrac{9.8 \times 10^{-3}\text{m} \times (0.88 \times 9800\text{N/m}^3) \times (1 \times 10^{-3})\text{m}}{4 \times \cos 0°}$

$≒ 0.021$N/m

답 ①

29. 다음 측정계기 중 유량 측정에 사용되는 것은?

① interferometer
② viscometer
③ potentiometer
④ rotameter

해설
④ 로터미터(rotameter)는 유량을 측정하는 장치이기는 하지만 **부자**(float)의 오르내림에 의해서 배관 내의 유량 및 유속을 측정할 수 있는 기구로서 관의 단면에 축소부분은 **없다**.

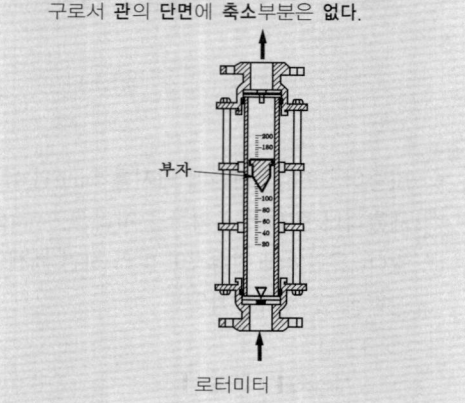
로터미터

측정기구

종 류	측정기구
동압 (유속)	• 시차액주계(differential manometer) • 피토관(pitot tube) • 피토–정압관(pitot-static tube) • 열선속도계(hot-wire anemometer)
정압	• 정압관(static tube) • 피에조미터(piezometer) • 마노미터(manometer) : 유체의 압력차 측정
유량	• 벤투리미터(venturimeter) • 오리피스(orifice) • 위어(weir) • 로터미터(rotameter) 보기 ④ • 노즐(nozzle)

답 ④

30. 피스톤 내의 기체 0.5kg을 압축하는 데 15kJ의 열량이 가해졌다. 이때 12kJ의 열이 피스톤 밖으로 빠져나갔다면 내부에너지의 변화는 약 몇 kJ인가?

① 27
② 13.5
③ 3
④ 1.5

해설 열

$$Q = (U_2 - U_1) + W$$

여기서, Q : 열[kJ]
$U_2 - U_1$: 내부에너지 변화[kJ]
W : 일[kJ]

내부에너지 변화 $U_2 - U_1$ 은
$U_2 - U_1 = Q - W = (-12\text{kJ}) - (-15\text{kJ}) = 3\text{kJ}$

• W(일)이 필요로 하면 '−' 값을 적용한다.
• Q(열)이 계 밖으로 손실되면 '−' 값을 적용한다.

답 ③

31. 다음 그림과 같은 U자관 차압마노미터가 있다. 비중 $S_1 = 0.9$, $S_2 = 13.6$, $S_3 = 1.2$이고 $h_1 = 10\text{cm}$, $h_2 = 30\text{cm}$, $h_3 = 20\text{cm}$일 때 $P_A - P_B$는 얼마인가?

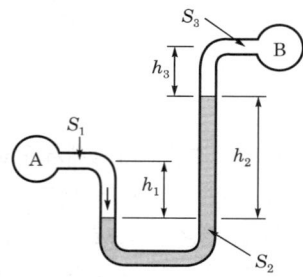

① 41.5kPa
② 28.8kPa
③ 41.5Pa
④ 28.8Pa

해설 (1) 기호

• S_1 : 0.9
• S_2 : 13.6
• S_3 : 1.2
• h_1 : 10cm=0.1m
• h_2 : 30cm=0.3m
• h_3 : 20cm=0.2m
• $P_A - P_B$: ?

(2) 비중

$$s = \frac{\gamma}{\gamma_w}$$

여기서, s : 비중
γ : 어떤 물질의 비중량[kN/m³]
γ_w : 물의 비중량(9.8kN/m³)

물의 비중량 $\gamma_w = 9.8\text{kN/m}^3$
비중량 $\gamma_1 = S_1 \times \gamma_w = 0.9 \times 9.8\text{kN/m}^3 = 8.82\text{kN/m}^3$
비중량 $\gamma_2 = S_2 \times \gamma_w = 13.6 \times 9.8\text{kN/m}^3 = 133.28\text{kN/m}^3$
비중량 $\gamma_3 = S_3 \times \gamma_w = 1.2 \times 9.8\text{kN/m}^3 = 11.76\text{kN/m}^3$

(3) 압력차

$$P_A + \gamma_1 h_1 - \gamma_2 h_2 - \gamma_3 h_3 = P_B$$
$$P_A - P_B = -\gamma_1 h_1 + \gamma_2 h_2 + \gamma_3 h_3$$
$$= -8.82 kN/m^3 \times 0.1m + 133.28 kN/m^3$$
$$\quad \times 0.3m + 11.76 kN/m^3 \times 0.2m$$
$$= 41.454 ≒ 41.5 kN/m$$
$$= 41.5 kPa(1kN/m^2 = 1kPa)$$

중요

시차액주계의 압력계산방법
점 a를 기준으로 내려가면 더하고, 올라가면 빼면 된다.

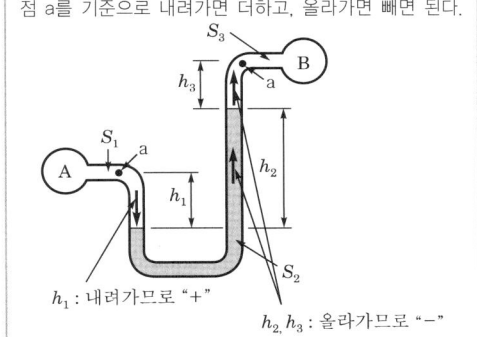

h_1 : 내려가므로 "+"
h_2, h_3 : 올라가므로 "-"

답 ①

32
계기압력이 1.2MPa이고, 대기압이 96kPa일 때 절대압력은 몇 kPa인가?

① 108
② 1104
③ 1200
④ 1296

해설 (1) 주어진 값
- 계기압 : 1.2MPa = 1.2×10³kPa(1MPa=10³kPa)
- 대기압 : 96kPa
- 절대압 : ?

(2) 절대압 = 대기압 + 게이지압(계기압)
= 96kPa + 1.2×10³kPa
= 1296kPa

중요

절대압
(1) **절**대압 = **대**기압 + **게**이지압(계기압)
(2) 절대압 = 대기압 - 진공압

기억법 절대게

답 ④

33
이상기체에서 온도가 일정한 경우 부피(V)와 압력(P)의 관계를 맞게 표현한 것은?

① P/V = 일정
② P/V^2 = 일정
③ PV = 일정
④ PV^2 = 일정

해설 완전가스(이상기체)의 상태변화

상태변화	관계
정압과정	$\dfrac{V}{T} = C$(Constant, 일정)
정적과정	$\dfrac{P}{T} = C$(Constant, 일정)
등온과정	$PV = C$(Constant, 일정) 보기 ③
단열과정	$PV^{k(n)} = C$(Constant, 일정)

여기서, V : 비체적(부피)[m³/kg]
T : 절대온도[K]
P : 압력[kPa]
$k(n)$: 비열비
C : 상수

등온과정 PV = Constant 이므로
$PV^{n=1}$ = Constant
PV = Constant(∴ $n=1$)

※ **단열변화** : 손실이 없는 상태에서의 과정

답 ③

34
온도 60℃, 압력 100kPa인 산소가 지름 10mm인 관 속을 흐르고 있다. 임계 레이놀즈가 2100인 층류로 흐를 수 있는 최대 평균속도[m/s]와 유량[m²/s]은? (단, 점성계수는 $\mu = 23 \times 10^{-6}$ kg/m·s이고, 기체상수는 $R = 260$ N·m/kg이다.)

① 4.18, 3.28×10⁻⁴
② 41.8, 32.8×10⁻⁴
③ 3.18, 24.8×10⁻⁴
④ 3.18, 2.48×10⁻⁴

해설 (1) 밀도

$$\rho = \frac{P}{RT}$$

여기서, ρ : 밀도[kg/m³]
P : 압력[Pa]
R : 기체상수[N·m/kg·K]
T : 절대온도(273+℃)[K]

1Pa = 1N/m²

밀도 ρ는
$$\rho = \frac{P}{RT}$$
$$= \frac{100kPa}{260N·m/kg·K \times (273+60)K}$$
$$= \frac{100 \times 10^3 N/m^2}{260N·m/kg·K \times (273+60)K}$$
$$≒ 1.155 kg/m^3$$

(2) 최대평균속도

$$V_{max} = \frac{Re\mu}{D\rho}$$

여기서, V_{max} : 최대평균속도[m/s]
Re : 레이놀즈수
μ : 점성계수[kg/m·s]
D : 직경(관경)[m]
ρ : 밀도[kg/m³]

최대평균속도 V_{max} 는

$$V_{max} = \frac{Re\mu}{D\rho}$$
$$= \frac{2100 \times 23 \times 10^{-6} \text{kg/m·s}}{10\text{mm} \times 1.155 \text{kg/m}^3}$$
$$= \frac{2100 \times 23 \times 10^{-6} \text{kg/m·s}}{0.01\text{m} \times 1.155 \text{kg/m}^3}$$
$$\fallingdotseq 4.18 \text{m/s}$$

(3) 유량

$$Q = AV$$

여기서, Q : 유량[m³/s]
A : 단면적[m²]
V : 유속[m/s]

유량 Q는

$$Q = AV = \frac{\pi D^2}{4} V$$
$$= \frac{\pi \times (10\text{mm})^2}{4} \times 4.18 \text{m/s}$$
$$= \frac{\pi \times (0.01\text{m})^2}{4} \times 4.18 \text{m/s}$$
$$\fallingdotseq 3.28 \times 10^{-4} \text{m}^3/\text{s}$$

답 ①

35

20℃, 기름 5m³의 무게가 24kN일 때, 이 기름의 비중량은 몇 kN/m³인가?

① 4.7 ② 4.8
③ 4.9 ④ 5.0

해설 (1) 기호
- V : 5m³
- W : 24kN

(2) 비중량

$$\gamma = \rho g = \frac{W}{V}$$

여기서, γ : 비중량[kN/m³]
ρ : 밀도[kg/m³]
g : 중력가속도(9.8m/s²)
W : 중량[kN]
V : 체적[m³]

비중량 γ는
$$\gamma = \frac{W}{V} = \frac{24\text{kN}}{5\text{m}^3} = 4.8 \text{kN/m}^3$$

답 ②

36

동점성계수와 비중이 각각 0.003m²/s, 1.2일 때 이 액체의 점성계수는 약 몇 N·s/m²인가?

① 2.2 ② 2.8
③ 3.6 ④ 4.0

해설 (1) 기호
- ν : 0.003m²/s
- s : 1.2
- μ : ?

(2) 비중

$$s = \frac{\rho}{\rho_w}$$

여기서, s : 비중
ρ_w : 물의 밀도(1000N·s²/m⁴)
ρ : 어떤 물질의 밀도[N·s²/m⁴]

$\rho = s \times \rho_w = 1.2 \times 1000 \text{N·s}^2/\text{m}^4 = 1200 \text{N·s}^2/\text{m}^4$

(3) 동점성계수

$$\nu = \frac{\mu}{\rho}$$

여기서, ν : 동점성계수[m²/s]
μ : 점성계수[N·s/m²]
ρ : 어떤 물질의 밀도[N·s²/m⁴]

$\mu = \rho \times \nu$
$= 1200 \text{N·s}^2/\text{m}^4 \times 0.003 \text{m}^2/\text{s} = 3.6 \text{N·s/m}^2$

답 ③

37

한 변의 길이가 10cm인 정육면체의 금속무게를 공기 중에서 달았더니 77N이었고, 어떤 액체 중에서 달아보니 70N이었다. 이 액체의 비중량은 몇 N/m³인가?

① 7700 ② 7300
③ 7000 ④ 6300

해설 (1) 체적
체적(V)=가로×세로×높이
$=0.1\text{m} \times 0.1\text{m} \times 0.1\text{m}$
$=0.001\text{m}^3$

(2) 부력

$$F_B = \gamma V$$

여기서, F_B : 부력[N]
γ : 비중량[N/m³]
V : 체적[m³]

(3) 공기 중 무게
공기 중 무게=부력+액체 중 무게
$77\text{N} = \gamma V + 70\text{N}$
$(77-70)\text{N} = \gamma V$
$7\text{N} = \gamma \times 0.001 \text{m}^3$
$\frac{7\text{N}}{0.001\text{m}^3} = \gamma$
$7000 \text{N/m}^3 = \gamma$
∴ $\gamma = 7000 \text{N/m}^3$

참고

물체의 비중 = 공기 중의 무게 / (공기 중의 무게 − 물속의 무게)

답 ③

38. 열역학 제2법칙에 관한 설명으로 틀린 것은?

① 열효율 100%인 열기관은 제작이 불가능하다.
② 열은 스스로 저온체에서 고온체로 이동할 수 없다.
③ 제2종 영구기관은 동작물질의 종류에 따라 존재할 수 있다.
④ 한 열원에서 발생하는 열량을 일로 바꾸기 위해서는 반드시 다른 열원의 도움이 필요하다.

해설 ③ 있다. → 없다.

열역학의 법칙
(1) **열역학 제0법칙** (열평형의 법칙)
 ㉠ 온도가 높은 물체에 낮은 물체를 접촉시키면 온도가 높은 물체에서 낮은 물체로 열이 이동하여 두 물체의 온도는 평형을 이루게 된다.
 ㉡ 어떤 두 물체 A와 B가 제3의 물체 C와 각각 열평형상태에 있을 때, 두 물체 A와 B도 서로 열평형상태이다.

(2) **열역학 제1법칙** (에너지보존의 법칙)
 기체의 공급에너지는 내부에너지와 외부에서 한 일의 합과 같다.

(3) **열역학 제2법칙**
 ㉠ 열은 스스로 저온에서 고온으로 절대로 흐르지 않는다.
 ㉡ 열은 그 스스로 저온체에서 고온체로 이동할 수 없다. 보기 ②
 ㉢ 자발적인 변화는 비가역적이다.
 ㉣ 열을 완전히 일로 바꿀 수 있는 열기관을 만들 수 없다 (제2종 영구기관의 제작이 불가능하다). 보기 ① ③
 ㉤ 열기관에서 일을 얻으려면 최소 두 개의 열원이 필요하다. 보기 ④

(4) **열역학 제3법칙**
 순수한 물질이 1atm하에서 결정상태이면 엔트로피는 0K에서 0이다.

답 ③

39. 수두가 9m일 때 오리피스에서 물의 유속이 11m/s이다. 속도계수는 약 얼마인가?

① 0.81 ② 0.83
③ 0.95 ④ 0.97

해설 (1) 기호
- V : 11m/s
- g : 9.8m/s²
- H : 9m
- C : ?

(2) 유속
$$V = C\sqrt{2gH}$$

여기서, V : 유속[m/s]
 C : 속도계수 또는 유량계수
 g : 중력가속도(9.8m/s²)
 H : 수두[m]

속도계수 C는
$$C = \frac{V}{\sqrt{2gH}} = \frac{11\text{m/s}}{\sqrt{2\times 9.8\text{m/s}^2 \times 9\text{m}}} \fallingdotseq 0.83$$

답 ②

40. 공기가 그림과 같은 안지름 10cm인 직관의 두 단면 사이를 정상유동으로 흐르고 있다. 각 단면에서의 온도와 압력은 일정하다고 하고, 단면 (2)에서의 공기의 평균속도가 10m/s일 때, 단면 (1)에서의 평균속도는 약 몇 m/s인가? (단, 공기는 이상기체라고 가정하고, 각 단면에서의 온도와 압력은 $P_1=100\text{Pa}$, $T_1=320\text{K}$, $P_2=20\text{Pa}$, $T_2=300\text{K}$이다.)

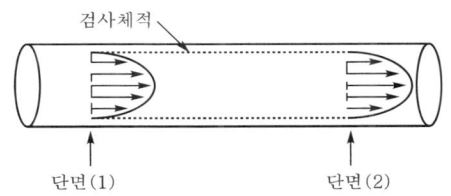

① 1.675 ② 2.133
③ 2.875 ④ 3.732

해설 (1) 기호
- D : 10cm=0.1m(100cm=1m)
- V_2 : 10m/s
- V_1 : ?
- P_1 : 100Pa
- T_1 : 320K
- P_2 : 20Pa
- T_2 : 300K

(2) 밀도
$$\rho = \frac{P}{RT} \quad \cdots\cdots ㉠$$

여기서, ρ : 밀도[kg/m³]
 P : 압력[kPa] 또는 [kN/m²]
 R : 기체상수[kJ/kg·K]
 T : 절대온도(273+℃)[K]

(3) 질량유량(mass flowrate)
$$\overline{m} = A_1 V_1 \rho_1 = A_2 V_2 \rho_2 \quad \cdots\cdots ㉡$$

여기서, $\overline{m}$: 질량유량[kg/s]
 A_1, A_2 : 단면적[m²]
 V_1, V_2 : 유속[m/s]
 ρ_1, ρ_2 : 밀도[kg/m³]

㉠식을 ㉡식에 대입하면

$A_1 V_1 \rho_1 = A_2 V_2 \rho_2$

$A_1 V_1 \dfrac{P_1}{RT_1} = A_2 V_2 \dfrac{P_2}{RT_2}$

같은 공기가 흐르므로 $\boxed{R = R}$

단면 (1), (2)가 같으므로 $\boxed{A_1 = A_2}$

$\cancel{A_1} V_1 \dfrac{P_1}{R T_1} = \cancel{A_2} V_2 \dfrac{P_2}{R T_2}$

$V_1 \dfrac{P_1}{T_1} = V_2 \dfrac{P_2}{T_2}$

$V_1 = V_2 \dfrac{P_2}{T_2} \dfrac{T_1}{P_1}$

$= 10\text{m/s} \times \dfrac{20\text{Pa}}{300\text{K}} \times \dfrac{320\text{K}}{100\text{Pa}} ≒ 2.133\text{m/s}$

답 ②

제 3 과목 소방관계법규

41
소방시설 설치 및 관리에 관한 법령상 스프링클러설비를 설치하여야 하는 특정소방대상물의 기준으로 틀린 것은? (단, 위험물 저장 및 처리 시설 중 가스시설 또는 지하구를 제외한다.)

22.04.문41
21.05.문60
18.03.문44
15.03.문41
05.09.문52

① 물류터미널로서 바닥면적 합계가 2000m² 이상인 경우에는 모든 층
② 숙박이 가능한 수련시설에 해당하는 용도로 사용되는 시설의 바닥면적의 합계가 600m² 이상인 것은 모든 층
③ 종교시설(주요구조부가 목조인 것은 제외)로서 수용인원이 100명 이상인 것에 해당하는 경우에는 모든 층
④ 지하상가로서 연면적 1000m² 이상인 것

 ① 2000m² → 5000m²

소방시설법 시행령 [별표 4]
스프링클러설비의 설치대상

설치대상	조 건
• 문화 및 집회시설, 운동시설 • 종교시설 보기 ③	• 수용인원 : 100명 이상 • 영화상영관 : 지하층·무창층 500m²(기타 1000m²) 이상 • 무대부 - 지하층·무창층·4층 이상 : 300m² 이상 - 1~3층 : 500m² 이상
• 판매시설 • 운수시설 • 물류터미널 보기 ①	• 수용인원 : 500명 이상 • 바닥면적 합계 5000m² 이상
창고시설(물류터미널 제외)	바닥면적 합계 5000m² 이상 : 전층
• 노유자시설 • 정신의료기관 • 수련시설(숙박 가능한 곳) 보기 ② • 종합병원, 병원, 치과병원, 한방병원 및 요양병원(정신병원 제외) • 숙박시설	바닥면적 합계 600m² 이상
지하상가 보기 ④	연면적 1000m² 이상
지하층·무창층·4층 이상	바닥면적 1000m² 이상
10m 넘는 랙식 창고	연면적 1500m² 이상
• 복합건축물 • 기숙사	연면적 5000m² 이상 : 전층
6층 이상	전층
보일러실·연결통로	전부
특수가연물 저장·취급	지정수량 1000배 이상
발전시설	전기저장시설 : 전층

답 ①

42
위험물안전관리법상 업무상 과실로 제조소 등에서 위험물을 유출·방출 또는 확산시켜 사람의 생명·신체 또는 재산에 대하여 위험을 발생시킨 자에 대한 벌칙으로 옳은 것은?

22.03.문59
21.09.문50
20.06.문57
15.03.문50

① 5년 이하의 금고 또는 5천만원 이하의 벌금
② 5년 이하의 금고 또는 7천만원 이하의 벌금
③ 7년 이하의 금고 또는 5천만원 이하의 벌금
④ 7년 이하의 금고 또는 7천만원 이하의 벌금

위험물법 34조
위험물 유출·방출·확산

위험 발생	사람 사상
7년 이하의 금고 또는 7000만원 이하의 벌금 보기 ④	10년 이하의 징역 또는 금고나 1억원 이하의 벌금

답 ④

43
위험물안전관리법상 제조소 등을 설치하고자 하는 자는 누구의 허가를 받아 설치할 수 있는가?

22.03.문53
21.03.문46
20.06.문56
19.04.문47
14.03.문58

① 소방서장
② 소방청장
③ 시·도지사
④ 안전관리자

해설 위험물법 6조
제조소 등의 설치허가
(1) 설치허가자 : 시·도지사 보기 ③
(2) 설치허가 제외장소
  ㉠ 주택의 난방시설(공동주택의 중앙난방시설은 제외)을 위한 저장소 또는 취급소
  ㉡ 지정수량 20배 이하의 **농예용·축산용·수산용** 난방시설 또는 건조시설의 저장소
(3) 제조소 등의 변경신고 : 변경하고자 하는 날의 1일 전까지

> **참고**
> 시·도지사
> (1) 특별시장   (2) 광역시장
> (3) 특별자치시장 (4) 도지사
> (5) 특별자치도지사

답 ③

44 위험물안전관리법령상 위험물 및 지정수량에 대한 기준 중 다음 (   ) 안에 알맞은 것은?
21.05.문41
19.09.문58
17.05.문52

> 금속분이라 함은 알칼리금속·알칼리토류 금속·철 및 마그네슘 외의 금속의 분말을 말하고, 구리분·니켈분 및 (㉠)마이크로미터의 체를 통과하는 것이 (㉡)중량퍼센트 미만인 것은 제외한다.

① ㉠ 150, ㉡ 50   ② ㉠ 53, ㉡ 50
③ ㉠ 50, ㉡ 150   ④ ㉠ 50, ㉡ 53

해설 위험물령 [별표 1]
금속분
알칼리금속·알칼리토류 금속·철 및 마그네슘 외의 금속의 분말을 말하고, **구리분·니켈분** 및 **150마이크로미터**의 체를 통과하는 것이 **50중량퍼센트** 미만인 것은 제외한다.

답 ①

45 화재예방과 화재 등 재해발생시 비상조치를 위하여 관계인에 예방규정을 정하여야 하는 제조소 등의 기준으로 틀린 것은?
21.03.문50
18.03.문48
17.09.문41
15.03.문58
14.05.문57
11.06.문55

① 이송취급소
② 지정수량 10배 이상의 위험물을 취급하는 제조소
③ 지정수량 100배 이상의 위험물을 저장하는 옥외저장소
④ 지정수량 150배 이상의 위험물을 저장하는 옥외탱크저장소

해설 ④ 150배 이상 → 200배 이상

위험물령 15조
예방규정을 정하여야 할 제조소 등

배 수	제조소 등
10배 이상	• 제조소 보기 ② • 일반취급소
1**00**배 이상	• 옥**외**저장소 보기 ③
1**50**배 이상	• 옥**내**저장소
2**00**배 이상	• 옥외**탱**크저장소 보기 ④
모두 해당	• 이송취급소 보기 ① • 암반탱크저장소

기억법 052
외내탱

※ **예방규정** : 제조소 등의 화재예방과 화재 등 재해발생시의 비상조치를 위한 규정

답 ④

46 기상법에 따른 이상기상의 예보 또는 특보가 있을 때 화재에 관한 경보를 발령하고 그에 따른 조치를 할 수 있는 자는?
18.03.문60
10.05.문51
10.03.문53

① 기상청장   ② 행정안전부장관
③ 소방본부장 ④ 시·도지사

해설 화재예방법 17·20조
화재
(1) 화재위험경보 발령권자 ─┐
(2) 화재의 예방조치권자   ─┴ 소방청장, 소방본부장, 소방서장

답 ③

47 다음 중 소방신호의 종류별 방법에 해당하지 않는 것은?
19.04.문59
12.03.문56
11.03.문48

① 타종신호   ② 사이렌신호
③ 게시판   ④ 스트로보신호

해설 기본규칙 [별표 4]
소방신호표

신호방법 종별	타종신호	사이렌신호	기타신호
경계신호	1타와 연2타를 반복	5초 간격을 두고 30초씩 3회	• **통**풍대 • **게**시판
발화신호	난타	5초 간격을 두고 5초씩 3회	
해제신호	상당한 간격을 두고 1타씩 반복	1분간 1회	
훈련신호	연3타 반복	10초 간격을 두고 1분씩 3회	

기억법 타사통게(타사통계)

답 ④

48 제4류 위험물의 적응소화설비와 가장 거리가 먼 것은?

① 옥내소화전설비　② 물분무소화설비
③ 포소화설비　　　④ 할론소화설비

해설 제4류 위험물의 적응소화설비
(1) 물분무소화설비
(2) 미분무소화설비
(3) 포소화설비
(4) 할론소화설비
(5) 할로겐화합물 및 불활성기체 소화설비
(6) 이산화탄소소화설비
(7) 분말소화설비
(8) 강화액소화설비

중요

위험물별 적응소화약제

위험물	적응소화약제
제1류 위험물	• 물소화약제(단, **무기과산화물**은 **마른 모래**)
제2류 위험물	• 물소화약제(단, **금속분**은 **마른 모래**)
제3류 위험물	• 마른 모래
제4류 위험물	• 포소화약제 • 물분무·미분무소화설비 • 제1~4종 분말소화약제 • CO_2 소화약제 • 할론소화약제 • 할로겐화합물 및 불활성기체 소화설비
제5류 위험물	• 물소화약제
제6류 위험물	• 마른 모래(단, **과산화수소**는 물소화약제)
특수가연물	• 제3종 분말소화약제 • 포소화약제

답 ①

49 1급 소방안전관리대상물에 대한 기준으로 옳은 것은?

① 스프링클러설비 또는 물분무등소화설비를 설치하는 연면적 3000m²인 소방대상물
② 자동화재탐지설비를 설치한 연면적 3000m²인 소방대상물
③ 전력용 또는 통신용 지하구
④ 가연성 가스를 1천톤 이상 저장·취급하는 시설

해설 화재예방법 시행령 [별표 4]
소방안전관리자를 두어야 할 특정소방대상물

소방안전관리대상물	특정소방대상물
특급 소방안전관리대상물 (동식물원, 철강 등 불연성 물품 저장·취급창고, 지하구, 위험물제조소 등 제외)	• 50층 이상(지하층 제외) 또는 지상 200m 이상 아파트 • 30층 이상(지하층 포함) 또는 지상 120m 이상(아파트 제외) • 연면적 10만m² 이상(아파트 제외)
1급 소방안전관리대상물 (동식물원, 철강 등 불연성 물품 저장·취급창고, 지하구, 위험물제조소 등 제외)	• 30층 이상(지하층 제외) 또는 지상 120m 이상 **아파트** • 연면적 15000m² 이상인 것(아파트 및 연립주택 제외) • 11층 이상(아파트 제외) • 가연성 가스를 1000t 이상 저장·취급하는 시설 보기 ④
2급 소방안전관리대상물	• 지하구 보기 ③ • 가스제조설비를 갖추고 도시가스사업 허가를 받아야 하는 시설 또는 가연성 가스를 100~1000t 미만 저장·취급하는 시설 • **옥내소화전설비·스프링클러설비** 설치대상물 보기 ① • **물분무등소화설비**(호스릴방식의 물분무등소화설비만을 설치한 경우 제외) 설치대상물 보기 ① • 공동주택(옥내소화전설비 또는 스프링클러설비가 설치된 공동주택 한정) • 목조건축물(국보·보물)
3급 소방안전관리대상물	• **간이스프링클러설비**(주택전용 간이스프링클러설비 제외) 설치대상물 • **자동화재탐지설비** 설치대상물 보기 ②

답 ④

50 소방대상물이 있는 장소 및 그 이웃지역으로서 화재의 예방·경계·진압, 구조·구급 등의 활동에 필요한 지역으로 정의되는 것은?

① 방화지역　② 밀집지역
③ 소방지역　④ 관계지역

해설 기본법 2조
관계지역
소방대상물이 있는 **장소** 및 그 **이웃지역**으로서 화재의 예방·경계·진압, 구조·구급 등의 활동에 필요한 지역

중요

기본법 2조
관계인
(1) 소유자
(2) 관리자
(3) 점유자

답 ④

51. 일반음식점에서 조리를 위하여 불을 사용하는 설비를 설치할 경우 화재예방을 위하여 지켜야 할 사항 중 틀린 것은?

① 주방설비에 부속된 배출덕트(공기배출통로)는 0.5mm 이상의 아연도금강판 또는 이와 동등 이상의 내식성 불연재료로 설치할 것
② 주방시설에는 동물 또는 식물의 기름을 제거할 수 있는 필터 등을 설치할 것
③ 열을 발생하는 조리기구는 반자 또는 선반으로부터 0.5m 이상 떨어지게 할 것
④ 열을 발생하는 조리기구로부터 0.15m 이내의 거리에 있는 가연성 주요구조부는 단열성이 있는 불연재로 덮어씌울 것

해설 ③ 0.5m 이상 → 0.6m 이상

화재예방법 시행령〔별표 1〕
음식조리를 위하여 설치하는 설비
(1) 주방설비에 부속된 배출덕트(공기배출통로)는 0.5mm 이상의 **아연도금강판** 또는 이와 동등 이상의 내식성 **불연재료**로 설치 보기 ①
(2) 주방시설에는 동물 또는 식물의 기름을 제거할 수 있는 **필터** 등을 설치 보기 ②
(3) 열을 발생하는 조리기구는 반자 또는 선반으로부터 **0.6m** 이상 떨어지게 할 것 보기 ③
(4) 열을 발생하는 조리기구로부터 0.15m 이내의 거리에 있는 가연성 주요구조부는 **단열성**이 있는 불연재료로 덮어씌울 것 보기 ④

답 ③

52. 화재의 예방 및 안전관리에 관한 법령상 정당한 사유 없이 화재안전조사 결과에 따른 조치명령을 위반한 자에 대한 최대 벌칙으로 옳은 것은?

① 300만원 이하의 벌금
② 100만원 이하의 벌금
③ 1년 이하의 징역 또는 1천만원 이하의 벌금
④ 3년 이하의 징역 또는 3천만원 이하의 벌금

해설 **3년 이하의 징역** 또는 **3000만원 이하의 벌금**
(1) 화재안전조사 결과에 따른 조치명령(화재예방법 50조) 보기 ④
(2) **소방시설업** 무등록자(공사업법 35조)
(3) **부정**한 **청탁**을 받고 재물 또는 재산상의 **이익**을 취득하거나 부정한 청탁을 하면서 재물 또는 재산상의 이익을 제공한 자(공사업법 35조)
(4) **소방시설관리업** 무등록자(소방시설법 57조)
(5) **형식승인**을 얻지 않은 소방용품 제조·수입자(소방시설법 57조)
(6) **제품검사**를 받지 않은 사람(소방시설법 57조)
(7) 거짓이나 그 밖의 **부정한 방법**으로 제품검사 전문기관의 지정을 받은 사람(소방시설법 57조)

기억법 33형관(삼삼하게 형처럼 관리하기!)

답 ④

53. 소화기구를 분류할 때 간이소화용구에 해당하지 않는 것은?

① 소화약제에 의한 간이소화용구
② 팽창질석 또는 팽창진주암
③ 수동식 소화기
④ 마른모래

해설 **간이소화용구**
(1) 소화약제를 이용한 간이소화용구
(2) 팽창질석 또는 팽창진주암
(3) 마른모래

비교
(1) **소화약제**를 이용한 간이소화용구
  ㉠ 투척식 간이소화용구
  ㉡ 수동펌프식 간이소화용구
  ㉢ 에어졸식 간이소화용구
  ㉣ 자동확산소화기
(2) 간이소화용구의 능력단위 (NFPC 101 3조, NFTC 101 1.7.1.6)

간이소화용구		능력단위
마른모래	삽을 상비한 **50**L 이상의 것 1포	**0.5**단위
팽창질석 또는 진주암	삽을 상비한 80L 이상의 것 1포	

기억법 마 5

(3) **능력단위**(위험물규칙 [별표 17])

소화설비	용량	능력단위
소화전용 물통	8L	0.3
수조(소화전용 물통 3개 포함)	80L	1.5
수조(소화전용 물통 6개 포함)	190L	2.5

답 ③

54. 지정수량의 몇 배 이상의 위험물을 취급하는 제조소에는 피뢰침을 설치해야 하는가? (단, 제6류 위험물을 취급하는 위험물제조소는 제외한다.)

① 5배 ② 10배
③ 50배 ④ 100배

해설 **위험물규칙〔별표 4〕**
지정수량의 **10배** 이상의 위험물을 취급하는 제조소(제6류 위험물을 취급하는 위험물제조소 제외)에는 **피뢰침**을 설치하여야 한다. (단, 제조소 주위의 상황에 따라 안전상 지장이 없는 경우에는 피뢰침을 설치하지 아니할 수 있다.)

기억법 피10(피식 웃다.)

답 ②

55 소방기본법령상 인접하고 있는 시·도간 소방업무의 상호응원협정을 체결하고자 하는 때에 포함되도록 하여야 하는 사항이 아닌 것은?

① 응원출동 대상지역 및 규모에 관한 사항
② 출동대원의 수당·식사 및 의복의 수선 등 소요경비의 부담에 관한 사항
③ 화재의 경계·진압활동에 관한 사항
④ 지휘권의 범위에 관한 사항

해설 기본규칙 8조
소방업무의 상호응원협정
(1) 다음의 **소방활동**에 관한 사항
 ㉠ 화재의 **경**계·진압활동 보기 ③
 ㉡ 구조·구급업무의 지원
 ㉢ 화재조사활동
(2) **응**원출동 대상지역 및 **규**모 보기 ①
(3) 소요경비의 **부담**에 관한 사항
 ㉠ **출**동대원의 수당·식사 및 의복의 수선 보기 ②
 ㉡ 소방장비 및 기구의 정비와 연료의 보급
(4) **응**원출동의 **요청방법**
(5) **응**원출동훈련 및 평가

기억법 경응출

답 ④

56 화재의 예방 및 안전관리에 관한 법률상 소방안전관리대상물의 관계인이 소방안전관리자를 선임할 경우에는 선임한 날부터 며칠 이내에 소방본부장 또는 소방서장에게 신고하여야 하는가?

① 7   ② 14
③ 21 ④ 30

해설 **14일**
(1) 소방기술자 실무교육기관 휴폐업신고일(공사업규칙 34조)
(2) **제**조소 등의 용도**폐**지 신고일(위험물법 11조)
(3) 위험물안전관리자의 **선**임신고일(위험물법 15조)
(4) 소방안전관리자의 **선**임신고일(화재예방법 26조) 보기 ②

기억법 14제폐선(**일사**천리로 **제패**하여 **성**공하라.)

 비교

30일
(1) 소방시설업 등록사항 변경신고(공사업규칙 6조)
(2) 위험물안전관리자의 **재선임**(위험물법 15조)
(3) 소방안전관리자의 **재선임**(화재예방법 시행규칙 14조)
(4) **도급계약** 해지(공사업법 23조)
(5) 소방시설공사 중요사항 변경시의 신고일(공사업규칙 12조)
(6) 소방기술자 실무교육기관 지정서 발급(공사업규칙 32조)
(7) 소방공사감리자 변경서류제출(공사업규칙 15조)
(8) **승**계(위험물법 10조)

답 ②

57 하자보수대상 소방시설 중 하자보수 보증기간이 3년이 아닌 것은?

① 옥내소화전설비   ② 자동화재탐지설비
③ 비상방송설비   ④ 물분무등소화설비

해설 ①, ②, ④ : 3년
③ : 2년

공사업령 6조
소방시설공사의 하자보수 보증기간

보증기간	소방시설
2년	① **유**도등·**피**난기구 ② **비**상**조**명등·비상**경**보설비·비상**방**송설비 보기 ③ ③ **무**선통신보조설비
3년	① 자동소화장치 ② 옥내·외소화전설비 보기 ① ③ 스프링클러설비 ④ 물분무등소화설비·소화용수설비 보기 ④ ⑤ 자동화재탐지설비·소화활동설비(무선통신보조설비 제외) 보기 ② ⑥ 화재알림설비

기억법 유비조경방무피2(**유비조경방무피투**)

답 ③

58 화재의 예방 및 안전관리에 관한 법률상 2급 소방안전관리대상물의 소방안전관리자로 선임될 수 없는 사람은? (단, 2급 소방안전관리자 자격증을 받은 사람이다.)

① 위험물기능사 자격을 가진 사람
② 소방공무원으로 3년 이상 근무한 경력이 있는 사람
③ 의용소방대원으로 3년 이상 근무한 경력이 있는 사람
④ 소방청장이 실시하는 2급 소방안전관리대상물의 소방안전관리에 관한 시험에 합격한 사람

해설 ③ 해당없음

화재예방법 시행령 [별표 4]
(1) **특급** 소방안전관리대상물의 소방안전관리자 선임조건

자격	경력	비고
• 소방기술사 • 소방시설관리사	경력 필요 없음	특급 소방안전관리자 자격증을 받은 사람
• 1급 소방안전관리자(소방설비기사)	5년	
• 1급 소방안전관리자(소방설비산업기사)	7년	
• 소방공무원	20년	
• 소방청장이 실시하는 특급 소방안전관리대상물의 소방안전관리에 관한 시험에 합격한 사람	경력 필요 없음	

(2) **1급 소방안전관리대상물**의 소방안전관리자 선임조건

자격	경력	비고
• 소방설비기사·소방설비산업기사	경력 필요 없음	1급 소방안전관리자 자격증을 받은 사람
• 소방공무원	7년	
• 소방청장이 실시하는 1급 소방안전관리대상물의 소방안전관리에 관한 시험에 합격한 사람	경력 필요 없음	
• 특급 소방안전관리대상물의 소방안전관리자 자격이 인정되는 사람		

(3) **2급 소방안전관리대상물**의 소방안전관리자 선임조건

자격	경력	비고
• 위험물기능장·위험물산업기사·위험물기능사 보기①	경력 필요 없음	2급 소방안전관리자 자격증을 받은 사람
• 소방공무원 보기②	3년	
• 소방청장이 실시하는 2급 소방안전관리대상물의 소방안전관리에 관한 시험에 합격한 사람 보기④	경력 필요 없음	
• 「기업활동 규제완화에 관한 특별조치법」에 따라 소방안전관리자로 선임된 사람(소방안전관리자로 선임된 기간으로 한정)	경력 필요 없음	
• 특급 또는 1급 소방안전관리대상물의 소방안전관리자 자격이 인정되는 사람		

(4) **3급 소방안전관리대상물**의 소방안전관리자 선임조건

자격	경력	비고
• 소방공무원	1년	3급 소방안전관리자 자격증을 받은 사람
• 소방청장이 실시하는 3급 소방안전관리대상물의 소방안전관리에 관한 시험에 합격한 사람	경력 필요 없음	
• 「기업활동 규제완화에 관한 특별조치법」에 따라 소방안전관리자로 선임된 사람(소방안전관리자로 선임된 기간으로 한정)	경력 필요 없음	
• 특급 소방안전관리대상물, 1급 소방안전관리대상물 또는 2급 소방안전관리대상물의 소방안전관리자 자격이 인정되는 사람		

답 ③

59 소방시설공사업법상 소방시설업의 등록을 하지 아니하고 영업을 한 사람에 대한 벌칙은?

① 500만원 이하의 벌금
② 1년 이하의 징역 또는 2천만원 이하의 벌금
③ 3년 이하의 징역 또는 3천만원 이하의 벌금
④ 5년 이하의 징역 또는 5천만원 이하의 벌금

해설 **3년 이하**의 **징역** 또는 **3000만원** 이하의 벌금
 (1) 화재안전조사 결과에 따른 조치명령(화재예방법 50조)
 (2) **소방시설업** 무등록자(공사업법 35조) 보기③

(3) **부정**한 **청탁**을 받고 재물 또는 재산상의 **이익**을 취득하거나 부정한 청탁을 하면서 재물 또는 재산상의 이익을 제공한 자(공사업법 35조)
(4) **소방시설관리업** 무등록자(소방시설법 57조)
(5) **형식승인**을 얻지 않은 소방용품 제조·수입자(소방시설법 57조)
(6) **제품검사**를 받지 않은 사람(소방시설법 57조)
(7) 거짓이나 그 밖의 **부정한 방법**으로 제품검사 전문기관의 지정을 받은 사람(소방시설법 57조)

기억법 33형관(**삼삼**하게 **형**처럼 **관**리하기!)

답 ③

60 소방기본법령상 소방활동구역에 출입할 수 있는 자는?

① 한국소방안전원에 종사하는 자
② 수사업무에 종사하지 않는 검찰청 소속 공무원
③ 의사·간호사 그 밖의 구조·구급업무에 종사하는 사람
④ 소방활동구역 밖에 있는 소방대상물의 소유자·관리자 또는 점유자

해설
① 한국소방안전원은 해당사항 없음
② 종사하지 않는 → 종사하는
④ 소방활동구역 밖 → 소방활동구역 안

기본령 8조
소방활동구역 출입자
(1) 소방활동구역 안에 있는 **소유자·관리자** 또는 **점유자** 보기④
(2) **전기·가스·수도·통신·교통**의 업무에 종사하는 자로서 원활한 **소방활동**을 위하여 필요한 자
(3) **의사·간호사**, 그 밖의 구조·구급업무에 종사하는 자 보기③
(4) **취재인력** 등 보도업무에 종사하는 자
(5) **수사업무**에 종사하는 자 보기②
(6) **소방대장**이 소방활동을 위하여 **출입**을 **허가**한 자

※ **소방활동구역**: 화재, 재난·재해 그 밖의 위급한 상황이 발생한 현장에 정하는 구역

답 ③

제4과목 소방기계시설의 구조 및 원리

61 포소화설비에서 부상지붕구조의 탱크에 상부포주입법을 이용한 포방출구 형태는?

① Ⅰ형 방출구
② Ⅱ형 방출구
③ 특형 방출구
④ 표면하 주입식 방출구

해설 포방출구(위험물기준 133조)

탱크의 구조	포방출구
고정지붕구조(원추형 루프탱크, 콘루프탱크)	• Ⅰ형 방출구 • Ⅱ형 방출구 • Ⅲ형 방출구(표면하 주입식 방출구) • Ⅳ형 방출구(반표면하 주입식 방출구)
부상덮개부착 고정지붕구조	• Ⅱ형 방출구
부상지붕구조(부상식 루프탱크, **플**로팅 루프탱크)	• **특**형 방출구 보기 ③

기억법 특플부(**터프**가이 **부**상)

※ 제1석유류 옥외탱크저장소 : 부상식 루프탱크

답 ③

62 스프링클러설비의 화재안전기준에 따라 극장에 설치된 무대부에 스프링클러설비를 설치할 때, 스프링클러헤드를 설치하는 천장 및 반자 등의 각 부분으로부터 하나의 스프링클러헤드까지의 수평거리는 최대 몇 m 이하인가?

① 1.0 ② 1.7
③ 2.0 ④ 2.7

해설 수평거리(R)

설치장소	설치기준
무대부·특수가연물 (창고 포함)	수평거리 **1.7m** 이하 보기 ②
기타구조(창고 포함)	수평거리 **2.1m** 이하
내화구조(창고 포함)	수평거리 **2.3m** 이하
공동주택(**아**파트) 세대 내	수평거리 **2.6m** 이하

기억법 무기내아(**무기 내**려놔 **아**!)

답 ②

63 폐쇄형 스프링클러헤드를 사용하는 연결살수설비의 주배관이 접속할 수 없는 것은?

① 옥내소화전설비의 주배관
② 옥외소화전설비의 주배관
③ 수도배관
④ 옥상수조

해설 폐쇄형 헤드를 사용하는 연결살수설비의 주배관 연결 (NFPC 503 5조, NFTC 503 2.2.4.1)
(1) 옥내소화전설비의 주배관 보기 ①
(2) 수도배관 보기 ③
(3) 옥상수조(옥상에 설치된 수조) 보기 ④

답 ②

64 이산화탄소소화설비 중 호스릴방식으로 설치되는 호스접결구는 방호대상물의 각 부분으로부터 수평거리 몇 m 이하이어야 하는가?

① 15m 이하 ② 20m 이하
③ 25m 이하 ④ 40m 이하

해설 (1) 보행거리

구 분	적 용
20m 이내	• 소형 소화기
30m 이내	• 대형 소화기

(2) 수평거리

구 분	적 용
10m 이내	• 예상제연구역
15m 이하	• 분말(호스릴) • 포(호스릴) • 이산화탄소(호스릴) 보기 ①
20m 이하	• 할론(호스릴)
25m 이하	• 음향장치 • 옥내소화전 방수구 • 옥내소화전(호스릴) • 포소화전 방수구 • 연결송수관 방수구(지하가) • 연결송수관 방수구(지하층 바닥면적 3000m² 이상)
40m 이하	• 옥외소화전 방수구
50m 이하	• 연결송수관 방수구(사무실)

용어 수평거리와 보행거리

수평거리	보행거리
직선거리를 말하며, 반경을 의미하기도 한다.	걸어서 간 거리이다.

답 ①

65 간이소화용구 중 삽을 상비한 마른모래 50L 이상의 것 1포의 능력단위가 맞는 것은?

① 0.3단위
② 0.5단위
③ 0.8단위
④ 1.0단위

해설 간이소화용구의 능력단위(NFPC 101 3조, NFTC 101 1.7.1.6)

간이소화용구		능력단위
마른모래	삽을 상비한 **50L** 이상의 것 1포	**0.5**단위 보기 ②
팽창질석 또는 팽창진주암	삽을 상비한 **80L** 이상의 것 1포	

기억법 마 0.5

답 ②

비교

능력단위(위험물규칙 〔별표 17〕)

소화설비	용량	능력단위
소화전용 물통	8L	0.3
수조(소화전용 물통 3개 포함)	80L	1.5
수조(소화전용 물통 6개 포함)	190L	2.5

답 ②

66 포소화설비의 화재안전기준에 따른 팽창비의 정의로 옳은 것은?

① 최종 발생한 포원액 체적/원래 포원액 체적
② 최종 발생한 포수용액 체적/원래 포원액 체적
③ 최종 발생한 포원액 체적/원래 포수용액 체적
④ 최종 발생한 포 체적/원래 포수용액 체적

해설 발포배율식(팽창비)

(1) 발포배율(팽창비) = $\dfrac{\text{내용적(용량)}}{\text{전체 중량 - 빈 시료용기의 중량}}$

(2) 발포배율(팽창비) = $\dfrac{\text{방출된 포의 체적(L)}}{\text{방출 전 포수용액의 체적(L)}}$

(3) 발포배율(팽창비) = $\dfrac{\text{최종 발생한 포 체적(L)}}{\text{원래 포수용액 체적(L)}}$

답 ④

67 소방용수시설의 저수조는 지면으로부터 낙차가 몇 m 이하로 설치하여야 하는가?

① 0.5
② 1.7
③ 4.5
④ 5.5

해설 ③ 지면으로부터의 낙차가 4.5m 이하일 것

소방용수시설의 저수조의 설치기준(기본규칙 〔별표 3〕)

구 분	기 준
낙차	4.5m 이하 보기 ③
수심	0.5m 이상
투입구의 길이 또는 지름	60cm 이상

(1) 소방펌프자동차가 **쉽게 접근**할 수 있도록 할 것
(2) 흡수에 지장이 없도록 **토사** 및 **쓰레기** 등을 제거할 수 있는 설비를 갖출 것
(3) 저수조에 물을 공급하는 방법은 **상수도**에 연결하여 **자동**으로 **급수**되는 구조일 것

답 ③

68 옥외소화전설비의 가압송수장치로서 틀린 것은?

① 펌프방식
② 고가수조방식
③ 압력수조방식
④ 지상수조방식

해설 옥외소화전설비의 **가압송수장치**(NFPC 109 5조, NFTC 109 2.2)
(1) **펌**프방식 보기 ①
(2) **고**가수조방식 보기 ②
(3) **압**력수조방식(지하수조방식) 보기 ③

기억법 가압펌고

비교

(1) **물분무소화설비의 가압송수장치**

가압송수장치	설 명
고가수조방식	**자연낙차**를 이용한 **가압송수장치**
압력수조방식	**압력수조**를 이용한 **가압송수장치**
펌프방식(지하수조방식)	**전동기** 또는 **내연기관**에 따른 펌프를 이용하는 **가압송수장치**

(2) **미분무소화설비의 가압송수장치**

가압송수장치	설 명
가압수조방식	**가압수조**를 이용한 **가압송수장치**
압력수조방식	**압력수조**를 이용한 **가압송수장치**
펌프방식(지하수조방식)	**전동기** 또는 **내연기관**에 따른 펌프를 이용하는 **가압송수장치**

답 ④

69 할로겐화합물(자동확산소화기 제외)을 방출하는 소화기구에 관한 설명이다. 설치장소로 적합한 것은?

① 지하층으로서 그 바닥면적이 $20m^2$ 미만인 곳
② 무창층으로서 그 바닥면적이 $20m^2$ 미만인 곳
③ 밀폐된 거실로서 그 바닥면적이 $20m^2$ 미만인 곳
④ 밀폐된 거실로서 그 바닥면적이 $20m^2$ 이상인 곳

해설 **이산화탄소**(자동확산소화기 제외)·**할로겐화합물 소화기구**(자동확산소화기 제외)의 **설치제외 장소**(NFPC 101 4조, NFTC 101 2.1.3)
(1) 지하층 ─┐
(2) 무창층 ─┼─ 바닥면적 $20m^2$ 미만인 장소
(3) 밀폐된 거실 ─┘

답 ④

70 할론 1301을 사용하는 호스릴방식에서 하나의 노즐에서 1분당 방사하여야 하는 소화약제량은? (단, 온도는 20℃이다.)

① 35kg
② 30kg
③ 25kg
④ 20kg

해설 호스릴방식

(1) CO₂ 소화설비

약제종별	약제저장량	약제방사량(20℃)
CO_2	90kg	60kg/min

(2) 할론소화설비

약제종별	약제저장량	약제방사량(20℃)
할론 1301	45kg	35kg/min 보기 ①
할론 1211	50kg	40kg/min
할론 2402	50kg	45kg/min

(3) 분말소화설비

약제종별	약제저장량	약제방사량
제1종 분말	50kg	45kg/min
제2·3종 분말	30kg	27kg/min
제4종 분말	20kg	18kg/min

• 문제에서 1분당 방사량이므로 저장량이 아니라 **약제방사량**을 답하는 것임을 기억할 것

답 ①

71. 스프링클러설비의 화재안전기준상 폐쇄형 스프링클러헤드의 방호구역·유수검지장치에 대한 기준으로 틀린 것은?

19.09.문67
16.05.문63
10.05.문66

① 하나의 방호구역에는 1개 이상의 유수검지장치를 설치하되, 화재발생시 접근이 쉽고 점검하기 편리한 장소에 설치할 것
② 하나의 방호구역은 2개층에 미치지 아니하도록 할 것. 다만, 1개층에 설치되는 스프링클러헤드의 수가 10개 이하인 경우와 복층형 구조의 공동주택에는 3개층 이내로 할 수 있다.
③ 송수구를 통하여 스프링클러헤드에 공급되는 물은 유수검지장치 등을 지나도록 할 것
④ 조기반응형 스프링클러헤드를 설치하는 경우에는 습식 유수검지장치 또는 부압식 스프링클러설비를 설치할 것

③ 송수구 제외

폐쇄형 설비의 **방호구역** 및 **유수검지장치**(NFPC 103 6조, NFTC 103 2.3)

(1) 하나의 방호구역의 바닥면적은 **3000㎡**를 초과하지 않을 것
(2) 하나의 방호구역에는 1개 이상의 유수검지장치를 설치할 것 보기 ①
(3) 하나의 방호구역은 **2개층**에 미치지 아니하도록 하되, 1개층에 설치되는 스프링클러헤드의 수가 **10개 이하**인 경우와 복층형 구조의 공동주택 **3개층** 이내 보기 ②

(4) 유수검지장치를 실내에 설치하거나 보호용 철망 등으로 구획하여 바닥으로부터 **0.8m 이상 1.5m 이하**의 위치에 설치하되, 그 실 등에는 개구부가 가로 **0.5m 이상** 세로 **1m 이상**의 출입문을 설치하고 그 출입문 상단에 "유수검지장치실"이라고 표시한 표지를 설치할 것[단, 유수검지장치를 기계실(공조용 기계실 포함) 안에 설치하는 경우에는 별도의 실 또는 보호용 철망을 설치하지 않고 기계실 출입문 상단에 "유수검지장치실"이라고 표시한 표지 설치가능]

(5) 스프링클러헤드에 공급되는 물은 **유수검지장치**를 지나도록 할 것(단, **송수구**를 통하여 공급되는 물은 **제외**) 보기 ③

(6) **조기반응형** 스프링클러헤드를 설치하는 경우에는 **습식** 유수검지장치 또는 **부압식** 스프링클러설비를 설치할 것 보기 ④

중요

설치높이

0.5~1m 이하	0.8~1.5m 이하	1.5m 이하
• **연**결송수관설비의 송수구·방수구 • **연**결살수설비의 송수구 • 물분무소화설비의 송수구 • **소**화용수설비의 채수구 **기억법** 연소용 51(**연소용 오일**은 잘 탄다.)	• **제**어밸브(수동식 개방밸브) • **유**수검지장치 • **일**제개방밸브 **기억법** 제유일 85(**제**가 **유일**하게 **팔**았**요**.)	• **옥내**소화전설비의 방수구 • **호**스릴함 • **소**화기(투척용 소화기 포함) **기억법** 옥내호소 5(**옥내**에서 **호소**하시**오**.)

답 ③

72. 다음은 옥외소화전설비에서 소화전함의 설치기준에 관한 설명이다. 괄호 안에 들어갈 말로 옳은 것은?

19.04.문61
19.03.문78
18.04.문71
17.03.문76
11.10.문79
08.09.문67

• 옥외소화전이 10개 이하 설치된 때에는 옥외소화전마다 (㉠)m 이내의 장소에 1개 이상의 소화전함을 설치하여야 한다.
• 옥외소화전이 11개 이상 30개 이하 설치된 때에는 (㉡)개 이상의 소화전함을 각각 분산하여 설치하여야 한다.
• 옥외소화전이 31개 이상 설치된 때에는 옥외소화전 3개마다 1개 이상의 소화전함을 설치하여야 한다.

① ㉠ 5, ㉡ 11
② ㉠ 7, ㉡ 11
③ ㉠ 5, ㉡ 15
④ ㉠ 7, ㉡ 15

해설 **옥외소화전함 설치기구**(NFTC 109 2.4)

옥외소화전의 개수	소화전함의 개수
10개 이하	**5m** 이내의 장소에 **1개** 이상
11~30개 이하	**11개** 이상 소화전함 분산설치
31개 이상	소화전 **3개**마다 1개 이상

답 ①

73 완강기 및 간이완강기의 최대사용하중 기준은 몇 N 이상이어야 하는가?

① 800
② 1000
③ 1200
④ 1500

해설 **완강기** 및 **간이완강기의 하중**(완강기의 형식 12조)
(1) **250N**(최소하중)
(2) **750N**
(3) **1500N**(최대하중) 보기 ④

답 ④

74 연결송수관설비의 방수용 기구함 설치기준 중 다음 ( ) 안에 알맞은 것은?

방수기구함은 피난층과 가장 가까운 층을 기준으로 (㉠)개층마다 설치하되, 그 층의 방수구마다 보행거리 (㉡)m 이내에 설치할 것

① ㉠ 2, ㉡ 3
② ㉠ 3, ㉡ 5
③ ㉠ 3, ㉡ 2
④ ㉠ 5, ㉡ 3

해설 **연결송수관설비의 설치기준**(NFPC 502 5~7조, NFTC 502 2.2~2.4)
(1) **층**마다 설치(**아파트**인 경우 **3층**부터 설치)
(2) **11층** 이상에는 **쌍구형**으로 설치(**아파트**인 경우 **단구형** 설치 가능)
(3) 방수구는 **개폐기능**을 가진 것으로 한다.
(4) 방수구는 구경 **65mm**로 한다.
(5) 방수구는 바닥에서 **0.5~1m** 이하에 설치
(6) 높이 **70m** 이상 소방대상물에는 **가**압송수장치를 설치
(7) **방**수**기**구함은 피난층과 가장 가까운 층을 기준으로 **3개**층마다 설치하되, 그 층의 방수구마다 **보행거리 5m** 이내에 설치할 것 보기 ②
(8) 주배관의 구경은 **100mm** 이상(단, 주배관의 구경이 100mm 이상인 옥내소화전설비의 배관과 겸용 가능)

기억법 연송65, 송7가(**송치가** 가능한가?), 방기3(**방**에서 **기상**)

답 ②

75 펌프, 송풍기 등의 건물바닥에 대한 진동을 줄이기 위해 사용하는 방진재료가 아닌 것은?

① 방진고무
② 워터 해머쿠션
③ 금속스프링
④ 공기스프링

해설 ② **워터 해머쿠션**(Water hammer cushion ; 수격방지기) : 수격작용에 의한 충격흡수

방진재료
(1) 방진고무 보기 ①
(2) 금속스프링 보기 ③
(3) 공기스프링 보기 ④

답 ②

76 옥외소화전설비의 화재안전기준상 옥외소화전설비의 배관 등에 관한 기준 중 호스의 구경은 몇 mm로 하여야 하는가?

① 35
② 45
③ 55
④ 65

해설 **호스의 구경**(NFPC 109 6조, NFTC 109 2.3.2)

옥내소화전설비	옥외소화전설비
40mm	65mm 보기 ④

기억법 내4(**내사종결**)

답 ④

77 간이스프링클러설비의 배관 및 밸브 등의 설치순서 중 다음 ( ) 안에 알맞은 것은?

펌프 등의 가압송수장치를 이용하여 배관 및 밸브 등을 설치하는 경우에는 수원, 연성계 또는 진공계(수원이 펌프보다 높은 경우를 제외), 펌프 또는 압력수조, 압력계, 체크밸브, ( ), 개폐표시형밸브, 유수검지장치, 시험밸브의 순으로 설치할 것

① 진공계
② 플렉시블 조인트
③ 성능시험배관
④ 편심 레듀셔

해설 **간이스프링클러설비**(펌프 등 사용)(NFPC 103A 8조, NFTC 103A 2.5.16)

수원-**연**성계 또는 진공계-**펌**프 또는 압력수조-**압**력계-**체**크밸브-**성**능시험배관-**개**폐표시형밸브-**유**수검지장치-**시**험밸브

기억법 수연펌프 압체성 개유시

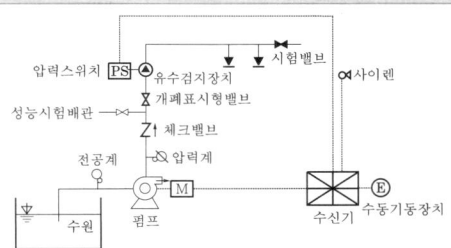

펌프 등의 가압송수장치를 이용하는 방식

비교

(1) 간이스프링클러설비(가압수조 사용)

수원-가압수조-압력계-체크밸브-성능시험배관-개폐표시형밸브-유수검지장치-2개의 시험밸브

| 기억법 | 가수가2 압체성 개유시(가수가인)

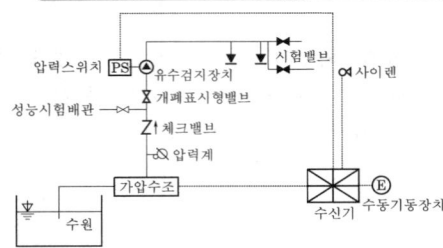

| 가압수조를 가압송수장치로 이용하는 방식 |

(2) 간이스프링클러설비(캐비닛형)

수원-연성계 또는 진공계-펌프 또는 압력수조-압력계-체크밸브-개폐표시형밸브-2개의 시험밸브

| 기억법 | 2캐수연 펌압체개시(가구회사 이케아)

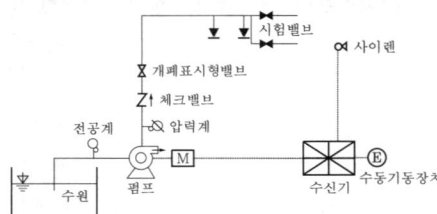

| 캐비닛형의 가압송수장치 이용 |

(3) 간이스프링클러설비(상수도직결형)

수도용계량기-급수차단장치-개폐표시형밸브-체크밸브-압력계-유수검지장치-2개의 시험밸브

| 기억법 | 상수도2 급수 개체 압유시(상수도가 이상함)

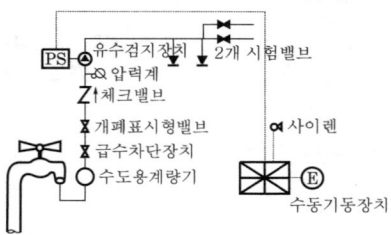

| 상수도직결형 |

중요

간이스프링클러설비 이외의 배관
화재시 배관을 차단할 수 있는 **급수차단장치**를 설치할 것

답 ③

---

78 ★★★
특별피난계단의 계단실 및 부속실 제연설비의 차압 등에 관한 기준으로 틀린 것은?

19.04.문79
17.09.문68
17.03.문65

① 제연구역과 옥내와의 사이에 유지해야 하는 최소차압은 40Pa 이상으로 해야 한다.
② 제연설비가 가동되었을 경우 출입문의 개방에 필요한 힘은 100N 이하로 해야 한다.
③ 옥내에 스프링클러가 설치된 경우 제연구역과 옥내와의 사이에 유지해야 하는 최소차압은 12.5Pa 이상으로 해야 한다.
④ 계단실과 부속실을 동시에 제연하는 경우 부속실의 기압은 계단실과 같게 하거나 계단실의 기압보다 낮게 할 경우에는 부속실과 계단실의 압력차이는 5Pa 이하가 되도록 해야 한다.

해설 ② 100N → 110N

차압(NFPC 501A 6조, NFTC 501A 2.3)
(1) 제연구역과 옥내와의 사이에 유지해야 하는 최소차압은 **40Pa**(옥내에 **스프링클러설비**가 설치된 경우는 **12.5Pa**) 이상 보기 ①③
(2) 제연설비가 가동되었을 경우 출입문의 개방에 필요한 힘은 **110N 이하** 보기 ②
(3) 계단실과 부속실을 동시에 제연하는 경우 부속실의 기압은 계단실과 같게 하거나 계단실의 기압보다 낮게 할 경우에는 부속실과 계단실의 압력차이는 **5Pa 이하** 보기 ④
(4) 계단실 및 그 부속실을 동시에 제연하는 것 또는 계단실만 단독으로 제연할 때의 방연풍속은 **0.5m/s 이상**

답 ②

79 ★★
소화수조, 저수조의 채수구 또는 흡수관 투입구는 소방차가 몇 m 이내의 지점까지 접근할 수 있는 위치에 설치하여야 하는가?

20.08.문69
17.03.문61

① 2   ② 3
③ 4   ④ 5

해설 **소화수조** 및 **저수조**의 설치기준(NFPC 402 4~5조, NFTC 402 2.1, 2.2)
(1) 소화수조 또는 저수조가 지표면으로부터 깊이가 **4.5m** 이상인 지하에 있는 경우에는 소요수량을 고려하여 가압송수장치를 설치할 것
(2) 소화수조 및 저수조의 채수구 또는 흡수관 투입구는 소방차가 **2m** 이내의 지점까지 접근할 수 있는 위치에 설치할 것 보기 ①
(3) 소화수조가 **옥상** 또는 옥탑부분에 설치된 경우에는 지상에 설치된 채수구에서의 압력 **0.15MPa** 이상 되도록 할 것

| 기억법 | 옥15

답 ①

80 ★★★

20.08.문71
19.04.문70
12.05.문70

스프링클러설비의 화재안전기준상 가압송수장치에서 폐쇄형 스프링클러헤드까지 배관 내에 항상 물이 가압되어 있다가 화재로 인한 열로 폐쇄형 스프링클러헤드가 개방되면 배관 내에 유수가 발생하여 습식 유수검지장치가 작동하게 되는 스프링클러설비는?

① 건식 스프링클러설비
② 습식 스프링클러설비
③ 부압식 스프링클러설비
④ 준비작동식 스프링클러설비

해설 스프링클러설비의 종류(NFPC 103 3조, NFTC 103 1.7)

종류	설명	헤드
습식 스프링클러설비 보기 ②	**습식** 밸브의 **1차측** 및 **2차측** 배관 내에 항상 **가압수**가 충수되어 있다가 화재발생시 열에 의해 헤드가 개방되어 소화한다.	폐쇄형
건식 스프링클러설비	**건식** 밸브의 **1차측**에는 **가압수**, **2차측**에는 **공기**가 압축되어 있다가 화재발생시 열에 의해 헤드가 개방되어 소화한다.	폐쇄형
준비작동식 스프링클러설비	① **준비작동밸브**의 **1차측**에는 **가압수**, **2차측**에는 **대기압**상태로 있다가 화재발생시 감지기에 의하여 **준비작동밸브**(preaction valve)를 개방하여 헤드까지 가압수를 송수시켜 놓고 열에 의해 헤드가 개방되면 소화한다. ② **화재감지기**의 작동에 의해 밸브가 개방되고 다시 **열**에 의해 **헤드**가 개방되는 방식이다. • 준비작동밸브 = 준비작동식 밸브	폐쇄형
부압식 스프링클러설비	준비작동식 밸브의 **1차측**에는 **가압수**, **2차측**에는 **부압**(**진공**)상태로 있다가 화재발생시 감지기에 의하여 준비작동식 밸브(preaction valve)를 개방하여 헤드까지 가압수를 송수시켜 놓고 열에 의해 헤드가 개방되면 소화한다.	폐쇄형
일제살수식 스프링클러설비	**일제개방밸브**의 **1차측**에는 **가압수**, **2차측**에는 **대기압**상태로 있다가 화재발생시 감지기에 의하여 **일제개방밸브**(deluge valve)가 개방되어 소화한다.	개방형

답 ②

공부 최적화를 위한 좋은 신발 고르기

1. 신발을 신은 뒤 엄지손가락을 엄지발가락 끝에 놓고 눌러본다. (엄지손가락으로 가볍게 약간 눌려지는 것이 적당)
2. 신발을 신어본 뒤 볼이 조이지 않는지 확인한다. (신발의 볼이 여유가 있어야 발이 편하다)
3. 신발 구입은 저녁 무렵에 한다. (발은 아침 기상시 가장 작고 저녁 무렵에는 0.5~1cm 커지기 때문)
4. 선 상태에서 신발을 신어본다. (서면 의자에 앉았을 때보다 발길이가 1cm까지 커지기 때문)
5. 양 발 중 큰 발의 크기에 따라 맞춘다.
6. 신발 모양보다 기능에 초점을 맞춘다.
7. 외국인 평균치에 맞춘 신발을 살 때는 발등 높이·발너비를 잘 살핀다. (한국인은 발등이 높고 발너비가 상대적으로 넓다)
8. 앞쪽이 뾰족하고 굽이 3cm 이상인 하이힐은 가능한 한 피한다.
9. 통굽·뽀빠이 구두는 피한다. (보행이 불안해지고 보행시 척추·뇌에 충격)

자료 : 을지병원 족부클리닉

CBT 기출복원문제

2022년
소방설비산업기사 필기(기계분야)

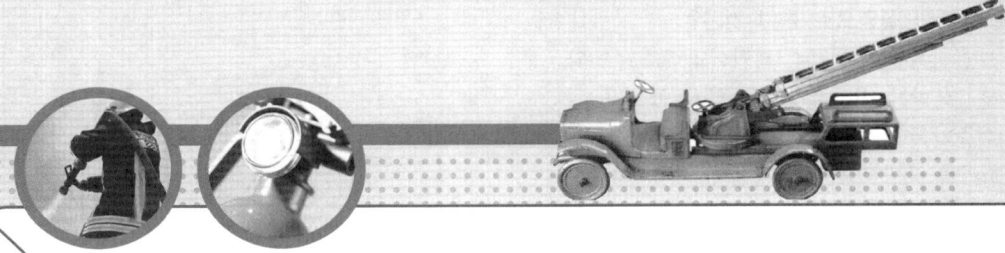

■ 2022. 3. 2 시행 ·················· 22- 2
■ 2022. 4. 17 시행 ·················· 22-27
■ 2022. 9. 27 시행 ·················· 22-51

** 수험자 유의사항 **

1. 문제지를 받는 즉시 **본인**이 **응시한 종목**이 맞는지 확인하시기 바랍니다.
2. 문제지 표지에 본인의 **수험번호**와 **성명**을 기재하여야 합니다.
3. 문제지의 **총면수, 문제번호 일련순서, 인쇄상태, 중복 및 누락 페이지 유무**를 확인하시기 바랍니다.
4. 답안은 각 문제마다 요구하는 가장 적합하거나 가까운 답 1개만을 선택하여야 합니다.
5. 답안카드는 뒷면의「수험자 유의사항」에 따라 작성하시고, 답안카드 작성 시 형별누락, 마킹착오로 인한 불이익은 전적으로 수험자에게 책임이 있음을 알려드립니다.
6. 문제지는 시험 종료 후 본인이 가져갈 수 있습니다.

** 안내사항 **

• 가답안/최종정답은 큐넷(www.q-net.or.kr)에서 확인하실 수 있습니다. 가답안에 대한 의견은 큐넷의 [가답안 의견 제시]를 통해 제시할 수 있으며, 확정된 답안은 최종정답으로 갈음합니다.
• 공단에서 제공하는 자격검정서비스에 대해 개선할 점이 있으시면 고객참여(http://hrdkorea.or.kr/7/1/1)를 통해 건의하여 주시기 바랍니다.

2022. 3. 2 시행

2022년 산업기사 제1회 필기시험 CBT 기출복원문제

자격종목	종목코드	시험시간	형별	수험번호	성명
소방설비산업기사(기계분야)		2시간			

※ 각 문항은 4지택일형으로 질문에 가장 적합한 보기 항을 선택하여 체크하여야 합니다.

제1과목 소방원론

01 폭발에 대한 설명으로 틀린 것은?
19.09.문20
16.03.문05
① 보일러폭발은 화학적 폭발이라 할 수 없다.
② 분무폭발은 기상폭발에 속하지 않는다.
③ 수증기폭발은 기상폭발에 속하지 않는다.
④ 화약류 폭발은 화학적 폭발이라 할 수 있다.

해설 ② 분무폭발은 기상폭발에 속한다.

기상폭발
(1) 가스폭발(혼합가스폭발)
(2) 분무폭발 보기 ②
(3) 분진폭발

답 ②

02 연소의 3요소에 해당하지 않는 것은?
14.09.문10
13.06.문19
① 점화원
② 가연물
③ 산소
④ 촉매

해설 **연소의 3요소와 4요소**

연소의 3요소	연소의 4요소
• 가연물(연료) 보기 ② • 산소공급원(산소, 공기) 보기 ③ • 점화원(점화에너지) 보기 ①	• 가연물(연료) • 산소공급원(산소, 공기) • 점화원(점화에너지) • 연쇄반응

기억법 연4(연사)

답 ④

03 다음의 위험물 중 위험물안전관리법령상 지정수
20.08.문10 량이 나머지 셋과 다른 것은?
① 적린
② 황화인
③ 유기과산화물(제2종)
④ 질산에스터류(제1종)

해설 **위험물의 지정수량**

위험물	지정수량
• 질산에스터류(제1종) 보기 ④ • 알킬알루미늄	10kg
• 황린	20kg
• 무기과산화물 • 과산화나트륨	50kg
• 황화인 보기 ② • 적린 보기 ① • 유기과산화물(제2종) 보기 ③	100kg
• 트리나이트로톨루엔	200kg
• 탄화알루미늄	300kg

답 ④

04 적린의 착화온도는 약 몇 ℃인가?
18.03.문06
14.09.문14
14.05.문04
12.03.문04
07.05.문03
① 34
② 157
③ 180
④ 260

해설

물 질	인화점	발화점
프로필렌	−107℃	497℃
에틸에터, 다이에틸에터	−45℃	180℃
가솔린(휘발유)	−43℃	300℃
이황화탄소	−30℃	100℃
아세틸렌	−18℃	335℃
아세톤	−18℃	538℃
에틸알코올	13℃	423℃
적린	−	260℃ 보기 ④

기억법 적26(적이 육지에 있다.)

• 발화점 = 발화온도 = 착화온도 = 착화점

답 ④

05 상온·상압 상태에서 기체로 존재하는 할론으로만 연결된 것은?

① Halon 2402, Halon 1211
② Halon 1211, Halon 1011
③ Halon 1301, Halon 1011
④ Halon 1301, Halon 1211

해설 상온에서의 상태

기체상태	액체상태
① Halon **13**01 보기 ④	① Halon 1011
② Halon **12**11 보기 ④	② Halon 104
③ 탄산가스(CO_2)	③ Halon 2402

기억법 132탄기

답 ④

06 표준상태에서 44.8m³의 용적을 가진 이산화탄소가스를 모두 액화하면 몇 kg인가? (단, 이산화탄소의 분자량은 44이다.)

① 88
② 44
③ 22
④ 11

해설 (1) 분자량

원소	원자량
H	1
C	12
N	14
O	16

이산화탄소(CO_2)의 분자량 = 12 + 16 × 2 = 44g/mol

(2) 증기밀도

$$증기밀도[g/L] = \frac{분자량}{22.4}$$

여기서, 22.4 : 공기의 부피[L]

$$증기밀도[g/L] = \frac{분자량}{22.4}$$

$$\frac{g(질량)}{44800L} = \frac{44}{22.4}$$

$$g(질량) = \frac{44}{22.4} \times 44800L = 88000g = 88kg$$

- 1m³ = 1000L이므로 44.8m³ = 44800L
- 단위를 보고 계산하면 쉽다.

답 ①

07 제2종 분말소화약제의 주성분은?

① 탄산수소칼륨
② 탄산수소나트륨
③ 제1인산암모늄
④ 탄산수소칼륨 + 요소

해설 분말소화약제

종별	분자식	착색	적응화재	비고
제1종	중탄산나트륨 ($NaHCO_3$)	백색	BC급	식용유 및 지방유의 화재에 적합
제**2**종	중탄산칼륨 ($KHCO_3$) 보기 ①	담자색 (담회색)	BC급	-
제3종	제1인산암모늄 ($NH_4H_2PO_4$)	담홍색	ABC급	차고·주차장에 적합
제4종	중탄산칼륨 + 요소 ($KHCO_3$ + $(NH_2)_2CO$)	회(백)색	BC급	-

- 중탄산나트륨 = 탄산수소나트륨
- 중탄산칼륨 = 탄산**수**소**칼**륨 보기 ①
- 제1인산암모늄 = 인산암모늄 = 인산염
- 중탄산칼륨 + 요소 = 탄산수소칼륨 + 요소

기억법 2수칼(이수역에 칼이 있다.)

답 ①

08 스테판-볼츠만(Stefan-Boltzmann)의 법칙에서 복사체의 단위표면적에서 단위시간당 방출되는 복사에너지는 절대온도의 얼마에 비례하는가?

① 제곱근
② 제곱
③ 3제곱
④ 4제곱

해설 스테판-볼츠만의 법칙

$$Q = aAF(T_1^4 - T_2^4)$$

여기서, Q : 복사열[W]
a : 스테판-볼츠만 상수[W/m²·K⁴]
A : 단면적[m²]
T_1 : 고온(273+℃)[K]
T_2 : 저온(273+℃)[K]

※ **스**테판-**볼**츠만의 법칙 : 복사체에서 발산되는 복사열은 복사체의 절대온도의 **4**제곱에 비례한다.
보기 ④

기억법 스볼4

- 4제곱 = 4승

답 ④

09 나이트로셀룰로오스의 용도, 성상 및 위험성과 저장·취급에 대한 설명 중 틀린 것은?

① 질화도가 낮을수록 위험성이 크다.
② 운반시 물, 알코올을 첨가하여 습윤시킨다.
③ 무연화약의 원료로 사용된다.
④ 햇빛에서 황갈색으로 변하고 물에 녹지 않지만 아세톤, 초산에스터, 나이트로벤젠에 녹는다.

해설 ① 질화도가 클수록 위험성이 크다.

중요

질화도

구 분	설 명
정의	나이트로셀룰로오스의 질소 함유율이다.
특징	질화도가 높을수록 위험하다.

답 ①

10 분말소화약제 중 A, B, C급의 화재에 모두 사용할 수 있는 것은?

① 제1종 분말소화약제
② 제2종 분말소화약제
③ 제3종 분말소화약제
④ 제4종 분말소화약제

해설 **분말소화약제(질식효과)**

종 별	주성분	약제의 착색	적응화재	비 고
제1종	중탄산나트륨 (NaHCO₃)	백색	BC급	식용유 및 지방질유의 화재에 적합
제2종	중탄산칼륨 (KHCO₃)	담자색 (담회색)		-
제3종	인산암모늄 (NH₄H₂PO₄)	담홍색	**ABC급** 보기 ③	차고·주차장에 적합
제4종	중탄산칼륨+요소 (KHCO₃+(NH₂)₂CO)	회(백)색	BC급	-

기억법 3ABC(**3**종이니까 3가지 **ABC**급)

• 중탄산나트륨 = 탄산수소나트륨
• 중탄산칼륨 = 탄산수소칼륨
• 제1인산암모늄 = 인산암모늄 = 인산염
• 중탄산칼륨+요소 = 탄산수소칼륨+요소

답 ③

11 가연물의 종류 및 성상에 따른 화재의 분류 중 A급 화재에 해당하는 것은?

① 통전 중인 전기설비 및 전기기기의 화재
② 마그네슘, 칼륨 등의 화재
③ 목재, 섬유화재
④ 도시가스 화재

해설 ③ 목재, 섬유화재 : A급 화재

화재 종류	표시색	적응물질
일반화재(A급)	백색	• 일반가연물(목탄) • 종이류 화재 • 목재, 섬유화재 보기 ③
유류화재(B급)	황색	• 가연성 액체(등유·아마인유) • 가연성 가스(도시가스) 보기 ④ • 액화가스화재 • 석유화재 • 알코올류
전기화재(C급)	청색	• 전기설비 보기 ①
금속화재(D급)	무색	• 가연성 금속(마그네슘, 칼륨) 보기 ②
주방화재(K급)	-	• 식용유화재

※ 요즘은 표시색의 의무규정은 없음

답 ③

12 다음 중 할로젠족 원소에 해당하는 것은?

① F, Cl, I, Ar
② F, I, Ar, Br
③ F, Cl, Br, I
④ F, Cl, Br, Ar

해설 **할로젠족 원소**
(1) 불소 : **F**
(2) 염소 : **Cl**
(3) 브로민(취소) : **Br**
(4) 아이오딘(옥소) : **I**

기억법 F**Cl**Br**I**

답 ③

13 이산화탄소소화기가 갖는 주된 소화효과는?

① 유화소화
② 질식소화
③ 제거소화
④ 부촉매소화

해설 **주된 소화효과**

할론 1301	이산화탄소
억제소화	질식소화 보기 ②

중요

주된 소화효과

소화약제	주된 소화효과
• **할**론	**억**제소화(화학소화, 부촉매효과)
• 포 • **이**산화탄소	**질**식소화
• 물	냉각소화

기억법 할억이질

답 ②

14. 고비점 유류의 화재에 적응성이 있는 소화설비는?

① 옥내소화전설비
② 옥외소화전설비
③ 미분무설비
④ 연결송수관설비

해설 고비점 유류화재의 적응성
(1) 미분무소화설비(미분무설비) 보기 ③
(2) 물분무소화설비
(3) 포소화설비

답 ③

15. 피난계획의 일반원칙 중 Fool proof 원칙에 대한 설명으로 옳은 것은?

① 한 가지가 고장이 나도 다른 수단을 이용할 수 있도록 하는 원칙
② 두 방향의 피난동선을 항상 확보하는 원칙
③ 피난수단을 이동식 시설로 하는 원칙
④ 피난수단을 조작이 간편한 원시적 방법으로 하는 원칙

해설
①, ② Fail safe
③ 이동식 시설 → 고정식 시설(설비)

페일 세이프(fail safe)와 **풀 프루프**(fool proof)

용어	설명
페일 세이프 (fail safe)	① 한 가지 피난기구가 고장이 나도 다른 수단을 이용할 수 있도록 고려하는 것 보기 ① ② 한 가지가 고장이 나도 다른 수단을 이용하는 원칙 ③ **두 방향**의 피난동선을 항상 확보하는 원칙 보기 ②
풀 프루프 (fool proof)	① 피난경로는 **간단 명료**하게 한다. ② 피난구조설비는 **고정식 설비**를 위주로 설치한다. 보기 ③ ③ 피난수단은 **원시적 방법**에 의한 것을 원칙으로 한다. 보기 ④ ④ 피난통로를 **완전불연화**한다. ⑤ 막다른 복도가 없도록 계획한다. ⑥ **간단한 그림**이나 **색채**를 이용하여 표시한다.

답 ④

16. 15℃의 물 1g을 1℃ 상승시키는 데 필요한 열량은 몇 cal인가?

① 1
② 15
③ 1000
④ 15000

해설
- 15℃ 물 → 16℃ 물로 변화
- 15℃를 1℃ 상승시키므로 16℃가 됨

열량
$$Q = r_1 m + mC\Delta T + r_2 m$$

여기서, Q : 열량[cal]
r_1 : 융해열[cal/g]
r_2 : 기화열[cal/g]
m : 질량[g]
C : 비열[cal/g·℃]
ΔT : 온도차[℃]

(1) 기호
- m : 1g
- C : 1cal/g·℃
- ΔT : (16−15)℃

(2) 15℃ 물 → 16℃ 물(1℃ 상승시키므로)
열량 $Q = mC\Delta T$
$= 1g \times 1cal/g·℃ \times (16-15)℃$
$= 1cal$

- '**융해열**'과 '**기화열**'은 없으므로 이 문제에서는 $r_1 m$, $r_2 m$ 식은 제외

중요

비열(specific heat)

단위	정의
1cal	1g의 물체를 1℃만큼 온도 상승시키는 데 필요한 열량
1BTU	1 lb의 물체를 1℉만큼 온도 상승시키는 데 필요한 열량
1chu	1 lb의 물체를 1℃만큼 온도 상승시키는 데 필요한 열량

답 ①

17. 기름탱크에서 화재가 발생하였을 때 탱크 하부에 있는 물 또는 물-기름 에멀션이 뜨거운 열유층에 의해서 가열되어 유류가 탱크 밖으로 갑자기 분출하는 현상은?

① 리프트(lift)
② 백파이어(backfire)
③ 플래시오버(flashover)
④ 보일오버(boil over)

해설 보일오버(boil over)
(1) 중질유의 탱크에서 장시간 조용히 연소하다 탱크 내의 잔존기름이 갑자기 분출하는 현상
(2) 유류탱크에서 탱크바닥에 물과 기름의 **에멀션**이 섞여 있을 때 이로 인하여 화재가 발생하는 현상 보기 ④
(3) 연소유면으로부터 100℃ 이상의 열파가 탱크 저부에 고여 있는 물을 비등하게 하면서 연소유를 탱크 밖으로 비산시키며 연소하는 현상

용어

구 분	설 명
리프트 (lift)	버너 내압이 높아져서 **분출속도**가 **빨라지는** 현상
백파이어 (backfire, 역화)	가스가 노즐에서 나가는 속도가 연소속도보다 느리게 되어 **버너 내부**에서 **연소**하게 되는 현상
플래시오버 (flashover)	화재로 인하여 실내의 온도가 급격히 상승하여 화재가 **순간적**으로 **실내 전체**에 **확산**되어 연소되는 현상

답 ④

18 목조건축물의 온도와 시간에 따른 화재특성으로 옳은 것은?
18.03.문16
17.03.문13
14.05.문09
13.09.문09
10.09.문08

① 저온단기형 ② 저온장기형
③ 고온단기형 ④ 고온장기형

해설

목조건물의 화재온도 표준곡선	내화건물의 화재온도 표준곡선
• 화재성상 : **고**온**단**기형 보기 ③ • 최고온도(최성기온도) : 1300℃	• 화재성상 : 저온장기형 • 최고온도(최성기온도) : 900~1000℃

기억법 목고단 13

• 목조건물=목재건물

답 ③

19 동식물유류에서 "아이오딘값이 크다."라는 의미로 옳은 것은?
17.03.문19
11.06.문16

① 불포화도가 높다.
② 불건성유이다.
③ 자연발화성이 낮다.
④ 산소와의 결합이 어렵다.

해설 "**아이오딘값**이 **크다**."라는 **의미**
(1) **불포**화도가 높다. 보기 ①
(2) **건성**유이다. 보기 ②
(3) 자연발화성이 높다. 보기 ③
(4) 산소와 결합이 쉽다. 보기 ④

※ **아이오딘값** : 기름 100g에 첨가되는 아이오딘의 g수

기억법 아불포

답 ①

20 공기 중에 분산된 밀가루, 알루미늄가루 등이 에너지를 받아 폭발하는 현상은?
16.03.문20
16.10.문16
11.10.문13

① 분진폭발 ② 분무폭발
③ 충격폭발 ④ 단열압축폭발

해설 **분진폭발** 보기 ①
공기 중에 분산된 **밀가루**, **알루미늄가루** 등이 에너지를 받아 폭발하는 현상

중요

분진폭발을 일으키지 않는 물질
(1) **시**멘트
(2) **석**회석(소석회)
(3) **탄**산칼슘(CaCO₃)
(4) **생**석회(CaO)=산화칼슘

• 분진폭발을 일으키지 않는 물질 = 물과 반응하여 가연성 기체를 발생시키지 않는 것

기억법 분시석탄생

답 ①

제 2 과목 소방유체역학

21 운동량의 단위로 맞는 것은?
21.03.문38
17.09.문25
16.03.문36
15.09.문28
15.05.문23
13.09.문28

① N
② J/s
③ N·s²/m
④ N·s

해설

차 원	중력단위[차원]	절대단위[차원]
길이	m[L]	m[L]
시간	s[T]	s[T]
운동량	N·s[FT] 보기 ④	kg·m/s[MLT⁻¹]
힘	N[F]	kg·m/s²[MLT⁻²]
속도	m/s[LT⁻¹]	m/s[LT⁻¹]
가속도	m/s²[LT⁻²]	m/s²[LT⁻²]
질량	N·s²/m[FL⁻¹T²]	kg[M]
압력	N/m²[FL⁻²]	kg/m·s²[ML⁻¹T⁻²]
밀도	N·s²/m⁴[FL⁻⁴T²]	kg/m³[ML⁻³]
비중	무차원	무차원
비중량	N/m³[FL⁻³]	kg/m²·s²[ML⁻²T⁻²]
비체적	m⁴/N·s²[F⁻¹L⁴T⁻²]	m³/kg[M⁻¹L³]
일률	N·m/s[FLT⁻¹]	kg·m²/s³[ML²T⁻³]
일	N·m[FL]	kg·m²/s²[ML²T⁻²]
점성계수	N·s/m²[FL⁻²T]	kg/m·s[ML⁻¹T⁻¹]

④ 운동량[N·s]

답 ④

22. 뉴턴의 점성법칙과 직접적으로 관계없는 것은?

① 압력
② 전단응력
③ 속도구배
④ 점성계수

해설 뉴턴(Newton)의 점성법칙

$$\tau = \mu \frac{du}{dy}$$

여기서, τ : 전단응력[N/m²] 보기 ②
μ : 점성계수[N·s/m²] 보기 ④
$\frac{du}{dy}$: 속도구배(속도기울기) 보기 ③

답 ①

23. 직경이 d인 소방호스 끝에 직경이 $\frac{d}{2}$인 노즐이 연결되어 있다. 노즐에서 유출되는 유체의 평균속도는 호스에서의 평균속도에 얼마인가?

① $\frac{1}{4}$
② $\frac{1}{2}$
③ 2배
④ 4배

해설 (1) 기호
- $D_{호스}$: d
- $D_{노즐}$: $\frac{d}{2}$
- $\frac{V_{노즐}}{V_{호스}}$: ?(일반적으로 먼저 나온 말을 분자, 나중에 나온 말을 분모로 보면 됨)

(2) 유량
$$Q = AV = \left(\frac{\pi D^2}{4}\right) V$$

여기서, Q : 유량[m³/s]
A : 단면적[m²]
V : 유속[m/s]
D : 지름[m]

$Q = \left(\frac{\pi D^2}{4}\right) V$

$Q \left(\frac{4}{\pi D^2}\right) = V$

$V = Q \left(\frac{4}{\pi D^2}\right) \propto \frac{1}{D^2} = \frac{1}{\left(\frac{D_{노즐}}{D_{호스}}\right)^2}$

$\frac{V_{노즐}}{V_{호스}} = \frac{1}{\left(\frac{D_{노즐}}{D_{호스}}\right)^2} = \frac{1}{\left(\frac{\frac{d}{2}}{d}\right)^2} = \frac{1}{\left(\frac{1}{2}\right)^2} = 4배$

답 ④

24. 가로 80cm, 세로 50cm이고 300℃로 가열된 평판에 수직한 방향으로 25℃의 공기를 불어주고 있다. 대류열전달계수가 25W/m²·K일 때 공기를 불어넣는 면에서의 열전달률[kW]은?

① 2.04
② 2.75
③ 5.16
④ 7.33

해설 (1) 기호
- A : 80cm×50cm=0.8m×0.5m(100cm=1m)
- T_2 : 273+300℃=573K
- T_1 : 273+25℃=298K
- h : 25W/m²·K
- $\mathring{q}$: ?

(2) 대류(열전달률)
$$\mathring{q} = Ah(T_2 - T_1)$$

여기서, $\mathring{q}$: 대류열류(열전달률)[W]
A : 대류면적[m²]
h : 대류열전달계수[W/m²·℃]
$T_2 - T_1$: 온도차[℃] 또는 [K]

열전달률 $\mathring{q}$는
$\mathring{q} = Ah(T_2 - T_1)$
$= (0.8m \times 0.5m) \times 25W/m² \cdot K \times (573-298)K$
$= 2750W = 2.75kW$

• 1000W=1kW이므로 2750W=2.75kW

답 ②

25. 안지름이 5mm인 원형 직선관 내에 0.2×10⁻³m³/min의 물이 흐르고 있다. 유량을 두 배로 하기 위해서는 직선관 양단의 압력차가 몇 배가 되어야 하는가? (단, 물의 동점성계수는 10⁻⁶m²/s이다.)

① 1.14배
② 1.41배
③ 2배
④ 4배

해설 (1) 기호
- D : 5mm=0.005m(1000mm=1m)
- Q : 0.2×10⁻³m³/min
- ν : 10⁻⁶m²/s
- ΔP : ?

(2) 하겐-포아젤의 법칙 : 유속이 주어지지 않은 경우 적용하는 식

$$\Delta P = \frac{128\mu Q l}{\pi D^4} \propto Q$$

여기서, ΔP : 압력차(압력강하)[kPa]
μ : 점성계수[kg/m·s] 또는 [N·s/m²]
Q : 유량[m³/s]
l : 길이[m]
D : 내경[m]

- 유량(Q)을 2배로 하기 위해서는 직선관 양단의 **압력차**(ΔP)가 2배가 되어야 한다.
- 이 문제는 비례관계로만 풀면 되지 위의 수치를 적용할 필요는 없음

비교

층류 : 손실수두	
유체의 속도를 알 수 있는 경우	유체의 속도를 알 수 없는 경우
$H = \dfrac{\Delta P}{\gamma} = \dfrac{flV^2}{2gD}$[m]	$H = \dfrac{\Delta P}{\gamma} = \dfrac{128\mu Ql}{\gamma\pi D^4}$[m]
(다르시-바이스바하의 식)	(하젠-포아젤의 식)

여기서,
H : 마찰손실(손실수두)[m]
ΔP : 압력차[Pa] 또는 [N/m²]
γ : 비중량(물의 비중량 9800N/m³)
f : 관마찰계수
l : 길이[m]
V : 유속[m/s]
g : 중력가속도(9.8m/s²)
D : 내경[m]

여기서,
ΔP : 압력차(압력강하, 압력손실)[N/m²]
γ : 비중량(물의 비중량 9800N/m³)
μ : 점성계수[N·s/m²]
Q : 유량[m³/s]
l : 길이[m]
D : 내경[m]

답 ③

26 다음 중 캐비테이션(공동현상) 방지방법으로 옳은 것을 모두 고른 것은?

21.03.문26
19.09.문27
16.10.문29
15.09.문37
14.09.문34
14.05.문33
11.03.문83

㉠ 펌프의 설치위치를 낮추어 흡입양정을 작게 한다.
㉡ 흡입관 지름을 작게 한다.
㉢ 펌프의 회전수를 작게 한다.

① ㉠, ㉡   ② ㉠, ㉢
③ ㉡, ㉢   ④ ㉠, ㉡, ㉢

해설 공동현상(cavitation, 캐비테이션)

개요	펌프의 흡입측 배관 내의 물의 정압이 기존의 증기압보다 낮아져서 기포가 발생되어 물이 흡입되지 않는 현상
발생 현상	• 소음과 진동 발생 • 관 부식(펌프깃의 침식) • 임펠러의 손상(수차의 날개를 해친다.) • 펌프의 성능 저하(양정곡선 저하) • 효율곡선 저하
발생 원인	• 펌프가 물탱크보다 부적당하게 높게 설치되어 있을 때 • 펌프 흡입수두가 지나치게 클 때 • 펌프 회전수가 지나치게 높을 때 • 관내를 흐르는 물의 정압이 그 물의 온도에 해당하는 증기압보다 낮을 때

방지 대책 (방지 방법)	• 펌프의 흡입수두를 작게 한다.(흡입양정을 작게 한다.) 보기 ㉠ • 펌프의 마찰손실을 작게 한다. • 펌프의 임펠러속도(회전수)를 작게 한다. 보기 ㉢ • 펌프의 설치위치를 수원보다 낮게 한다. • 양흡입펌프를 사용한다.(펌프의 흡입측을 가압한다.) • 관내의 물의 정압을 그때의 증기압보다 높게 한다. • 흡입관의 구경을 크게 한다. 보기 ㉡ • 펌프를 2개 이상 설치한다. • 회전차를 수중에 완전히 잠기게 한다.

비교

수격작용(water hammering)	
개요	• 배관 속의 물흐름을 급히 차단하였을 때 동압이 정압으로 전환되면서 일어나는 쇼크(shock)현상 • 배관 내를 흐르는 유체의 유속을 급격하게 변화시키므로 압력이 상승 또는 하강하여 관로의 벽면을 치는 현상
발생 원인	• 펌프가 갑자기 정지할 때 • 급히 밸브를 개폐할 때 • 정상운전시 유체의 압력변동이 생길 때
방지 대책 (방지 방법)	• 관의 관경(직경)을 크게 한다. • 관내의 유속을 낮게 한다.(관로에서 일부 고압수를 방출한다.) • 조압수조(surge tank)를 관선에 설치한다. • 플라이휠(fly wheel)을 설치한다. • 펌프 송출구(토출측) 가까이에 밸브를 설치한다. • 에어챔버(air chamber)를 설치한다.

기억법 수방관플에

답 ②

27 비중이 1.03인 바닷물에 전체 부피의 90%가 잠겨 있는 빙산이 있다. 이 빙산의 비중은 얼마인가?

19.04.문33
15.03.문35
04.09.문34

① 0.856   ② 0.956
③ 0.927   ④ 0.882

해설 (1) 기호
- s : 1.03
- V : 90%=0.9
- s_s : ?

(2) 잠겨 있는 체적(부피) 비율

$$V = \dfrac{s_s}{s}$$

여기서, V : 잠겨 있는 체적(부피) 비율
s_s : 어떤 물질의 비중(빙산의 비중)
s : 표준물질의 비중(바닷물의 비중)

빙산의 비중 s_s는

$s_s = s \cdot V$
$= 1.03 \times 0.9$
$≒ 0.927$

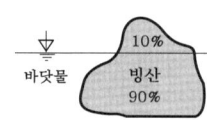

답 ③

28

동점성계수가 $2.4 \times 10^{-4} \text{m}^2/\text{s}$이고, 비중이 0.88인 40℃ 엔진오일을 1km 떨어진 곳으로 원형관을 통하여 완전발달 층류상태로 수송할 때 관의 직경 100mm이고 유량 $0.02\text{m}^3/\text{s}$라면 필요한 최소 펌프동력[kW]은?

20.06.문36
17.09.문36

① 28.2
② 30.1
③ 32.2
④ 34.4

해설 (1) 기호

- $\nu : 2.4 \times 10^{-4} \text{m}^2/\text{s}$
- $s : 0.88$
- $T : 40℃ = (273+40)\text{K}$
- $L : 1\text{km} = 1000\text{m}$
- $D : 100\text{mm} = 0.1\text{m}(1000\text{mm}=1\text{m})$
- $Q : 0.02\text{m}^3/\text{s}$
- $P : ?$

(2) 유량

$$Q = AV = \left(\frac{\pi D^2}{4}\right)V$$

여기서, Q : 유량[m^3/s]
A : 단면적[m^2]
V : 유속[m/s]
D : 직경(내경)[m]

유속 V는

$V = \dfrac{Q}{\dfrac{\pi D^2}{4}} = \dfrac{0.02\text{m}^3/\text{s}}{\dfrac{\pi \times (0.1\text{m})^2}{4}} ≒ 2.546\text{m/s}$

(3) 비중

$$s = \frac{\gamma}{\gamma_w}$$

여기서, s : 비중
γ : 어떤 물질(엔진오일)의 비중량[N/m^3]
γ_w : 물의 비중량(9800N/m^3)

엔진오일의 비중량 γ은
$\gamma = s \times \gamma_w = 0.88 \times 9800\text{N/m}^3$
$= 8624\text{N/m}^3$
$= 8.624\text{kN/m}^3$

(4) 레이놀즈수

$$Re = \frac{DV\rho}{\mu} = \frac{DV}{\nu}$$

여기서, Re : 레이놀즈수
D : 내경(직경)[m]
V : 유속(속도)[m/s]
ρ : 밀도[kg/m^3]
μ : 점성계수[kg/(m·s)]
ν : 동점성계수$\left(\dfrac{\mu}{\rho}\right)$[$\text{m}^2/\text{s}$]

레이놀즈수 $Re = \dfrac{DV}{\nu} = \dfrac{0.1\text{m} \times 2.546\text{m/s}}{2.4 \times 10^{-4}\text{m}^2/\text{s}} ≒ 1060$

- Re(레이놀즈수)가 2100 이하이므로 층류식 적용

(5) 관마찰계수(층류)

$$f = \frac{64}{Re}$$

여기서, f : 관마찰계수
Re : 레이놀즈수

관마찰계수 $f = \dfrac{64}{Re} = \dfrac{64}{1060} ≒ 0.06$

(6) 달시-웨버의 식

$$H = \frac{\Delta P}{\gamma} = \frac{fLV^2}{2gD}$$

여기서, H : 마찰손실[m]
ΔP : 압력차(압력손실)[kPa] 또는 [kN/m^2]
γ : 비중량[kN/m^3]
f : 관마찰계수
L : 길이[m]
V : 유속[m/s]
g : 중력가속도(9.8m/s^2)
D : 내경(직경)[m]

압력차 ΔP는

$\Delta P = \dfrac{\gamma f L V^2}{2gD}$

$= \dfrac{8.624\text{kN/m}^3 \times 0.06 \times 1000\text{m} \times (2.546\text{m/s})^2}{2 \times 9.8\text{m/s}^2 \times 0.1\text{m}}$

$≒ 1711\text{kN/m}^2$
$= 1711\text{kPa}$

(7) 표준대기압

1atm = 760mmHg = 1.0332kg_f/cm^2
= 10.332mH_2O(mAq)
= 10.332m
= 14.7PSI(lb_f/in^2)
= 101.325kPa(kN/m^2)
= 1013mbar

1711kPa = $\dfrac{1711\text{kPa}}{101.325\text{kPa}} \times 10.332\text{m} ≒ 174.47\text{m}$

- 101.325kPa = 10.332m

(8) 펌프에 필요한 동력

$$P = \frac{0.163QH}{\eta}K$$

여기서, P : 전동력(펌프동력)[kW]
Q : 유량[m^3/min]
H : 전양정[m]
η : 효율
K : 전달계수

펌프에 필요한 동력 P는

$$P = \frac{0.163QH}{\eta}K$$
$$= 0.163 \times 0.02 \text{m}^3/\text{s} \times 174.47\text{m}$$
$$= 0.163 \times 0.02 \text{m}^3 / \frac{1}{60}\text{min} \times 174.47\text{m}$$
$$= 0.163 \times (0.02 \times 60) \text{m}^3/\text{min} \times 174.47\text{m}$$
$$\approx 34.13\text{kW}$$

- 계산과정 중 반올림이나 올림 등을 고려하면 34.4kW 정답!
- η, K는 주어지지 않았으므로 무시

답 ④

29 ★★★
15.09.문33

관지름 d, 관마찰계수 f, 부차손실계수 K인 관의 상당길이 L_e는?

① $\dfrac{f}{K \times d}$ ② $\dfrac{K \times d}{f}$
③ $\dfrac{K}{d \times f}$ ④ $\dfrac{d \times f}{K}$

해설 관의 상당관길이

$$L_e = \frac{KD}{f} = \frac{K \times d}{f}$$

여기서, L_e : 관의 상당관길이[m]
K : (부차)손실계수
$D(d)$: 내경[m]
f : 마찰손실계수

- 상당관길이=상당길이=등가길이

답 ②

30 ★★
19.03.문27
13.09.문39
05.03.문23

그림과 같이 수조차의 탱크 측벽에 안지름이 25cm인 노즐을 설치하여 노즐로부터 물이 분사되고 있다. 노즐 중심은 수면으로부터 3m 아래에 있다고 할 때 수조차가 받는 추력 F는 약 몇 kN인가? (단, 노면과의 마찰은 무시한다.)

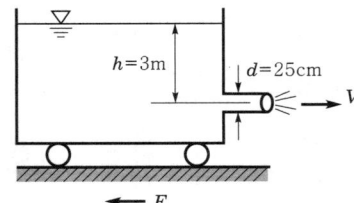

① 1.77   ② 2.89
③ 4.56   ④ 5.21

해설 (1) 기호
- $d(D)$: 25cm=0.25m(100cm=1m)
- $h(H)$: 3m
- F : ?

(2) 토리첼리의 식

$$V = \sqrt{2gH}$$

여기서, V : 유속[m/s]
g : 중력가속도(9.8m/s²)
H : 높이[m]

유속 V는

$$V = \sqrt{2gH}$$
$$= \sqrt{2 \times 9.8 \text{m/s}^2 \times 3\text{m}} \approx 7.668 \text{m/s}$$

(3) 유량

$$Q = AV$$

여기서, Q : 유량[m³/s]
A : 단면적[m²]
V : 유속[m/s]

(4) 추력(힘)

$$F = \rho Q V$$

여기서, F : 추력(힘)[N]
ρ : 밀도(물의 밀도 1000N·s²/m⁴)
Q : 유량[m³/s]
V : 유속[m/s]

추력 F는
$$F = \rho Q V$$
$$= \rho(AV)V$$
$$= \rho A V^2$$
$$= \rho \left(\frac{\pi D^2}{4}\right)V^2$$
$$= 1000 \text{N} \cdot \text{s}^2/\text{m}^4 \times \frac{\pi \times (0.25\text{m})^2}{4} \times (7.668\text{m/s})^2$$
$$= 2886\text{N} = 2.886\text{kN} \approx 2.89\text{kN}$$

- $Q = AV$이므로 $F = \rho QV = \rho(AV)V$
- $A = \dfrac{\pi D^2}{4}$ (여기서, D : 지름[m])

답 ②

31 ★★★
17.05.문22
09.05.문23

회전속도 1000rpm일 때 유량 Q[m³/min], 전양정 H[m]인 원심펌프가 상사한 조건에서 회전속도가 1200rpm으로 작동할 때 유량 및 전양정은 어떻게 변하는가?

① 유량=1.2Q, 전양정=1.44H
② 유량=1.2Q, 전양정=1.2H
③ 유량=1.44Q, 전양정=1.44H
④ 유량=1.44Q, 전양정=1.2H

해설 (1) 기호
- N_1 : 1000rpm
- N_2 : 1200rpm
- Q_2 : ?
- H_2 : ?

(2) 유량(송출량)

$$Q_2 = Q_1 \times \left(\frac{N_2}{N_1}\right)$$

여기서, Q_2 : 변경 후 유량[m³/min]
Q_1 : 변경 전 유량[m³/min]
N_2 : 변경 후 회전수[rpm]
N_1 : 변경 전 회전수[rpm]

유량 Q_2는

$$Q_2 = Q_1 \times \left(\frac{N_2}{N_1}\right) = Q_1 \times \left(\frac{1200 \mathrm{rpm}}{1000 \mathrm{rpm}}\right) = 1.2 Q_1$$

(3) 양정(전양정)

$$H_2 = H_1 \times \left(\frac{N_2}{N_1}\right)^2$$

여기서, H_2 : 변경 후 양정[m]
H_1 : 변경 전 양정[m]
N_2 : 변경 후 회전수[rpm]
N_1 : 변경 전 회전수[rpm]

양정 H_2는

$$H_2 = H_1 \times \left(\frac{N_2}{N_1}\right)^2 = H_1 \times \left(\frac{1200 \mathrm{rpm}}{1000 \mathrm{rpm}}\right)^2 = 1.44 H_1$$

답 ①

32. 정지유체 속에 잠겨있는 경사진 평면에서 압력에 의해 작용하는 합력의 작용점에 대한 설명으로 옳은 것은?

21.05.문27
18.03.문27
15.03.문38
10.03.문25

① 도심의 아래에 있다.
② 도심의 위에 있다.
③ 도심의 위치와 같다.
④ 도심의 위치와 관계가 없다.

해설 힘의 작용점의 중심압력은 경사진 평판의 **도심의**(보다) **아래** 에 있다. 보기 ①

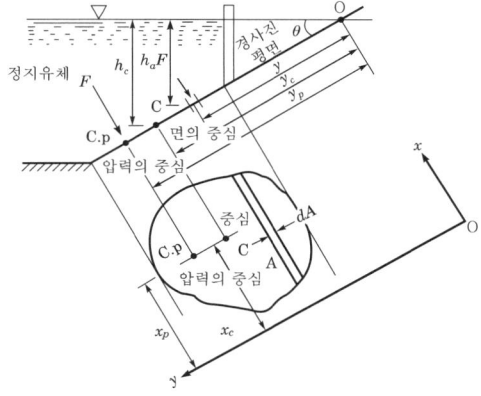

힘의 작용점의 중심압력

답 ①

33. 안지름이 2cm인 원관 내에 물을 흐르게 하여 층류 상태로부터 점차 유속을 빠르게 하여 완전난류 상태로 될 때의 한계유속[cm/s]은? (단, 물의 동점성계수는 0.01cm²/s, 완전난류가 되는 임계 레이놀즈수는 4000이다.)

19.09.문35
15.09.문27
14.09.문33
05.05.문23

① 10   ② 15
③ 20   ④ 40

해설 (1) 기호
- D : 2cm
- V : ?
- ν : 0.01cm²/s
- Re : 4000

(2) 레이놀즈수

$$Re = \frac{DV\rho}{\mu} = \frac{DV}{\nu}$$

여기서, Re : 레이놀즈수
D : 내경[m]
V : 유속[m/s]
ρ : 밀도[kg/m³]
μ : 점도[kg/m·s]
ν : 동점성 계수$\left(\frac{\mu}{\rho}\right)$[m²/s]

유속 V는

$$V = \frac{Re \nu}{D} = \frac{4000 \times 0.01 \mathrm{cm^2/s}}{2\mathrm{cm}} = 20 \mathrm{cm/s}$$

답 ③

34. 물탱크에 연결된 마노미터의 눈금이 그림과 같을 때 점 A에서의 게이지압력은 몇 kPa인가? (단, 수은의 비중은 13.6이다.)

19.04.문40
15.09.문22
13.09.문32

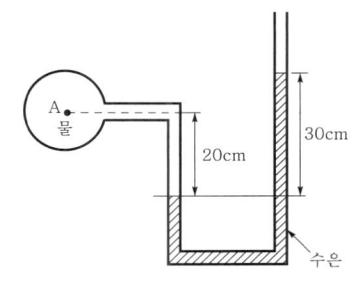

① 32   ② 38
③ 43   ④ 47

해설 (1) 기호
- P_A : ?
- s : 13.6
- h_1 : 20cm=0.2m
- h_2 : 30cm=0.3m

(2) 비중

$$s = \frac{\gamma}{\gamma_w}$$

여기서, s : 비중
γ : 어떤 물질의 비중량[N/m³]
γ_w : 물의 비중량(9800N/m³)

수은의 비중량 γ는
$\gamma = s \cdot \gamma_w$
$= 13.6 \times 9800 \text{N/m}^3$
$= 133280 \text{N/m}^3$
$= 133.28 \text{kN/m}^3$

(3) 시차액주계

$$P_A + \gamma_1 h_1 - \gamma_2 h_2 = 0$$

여기서, P_A : 계기압력[kPa] 또는 [kN/m²]
γ_1, γ_2 : 비중량(물의 비중량 9800N/m³)
h_1, h_2 : 높이[m]

• 마노미터의 한쪽 끝이 대기압이므로 이부분의 게이지압력=0

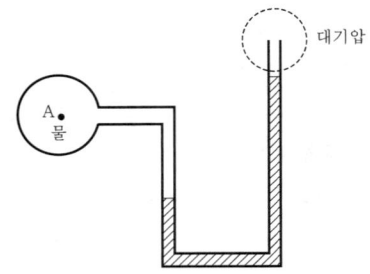

계기압력 P_A는
$P_A = -\gamma_1 h_1 + \gamma_2 h_2$
$= -9.8 \text{kN/m}^3 \times 0.2\text{m} + 133.28 \text{kN/m}^3 \times 0.3\text{m}$
$\fallingdotseq 38 \text{kN/m}^2$
$= 38 \text{kPa}$

• 1kN/m²=1kPa이므로 38kN/m²=38kPa

중요

시차액주계의 압력계산방법
점 A를 기준으로 내려가면 더하고, 올라가면 빼면 된다.

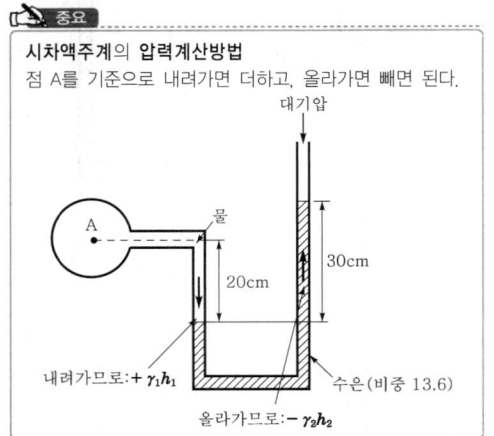

답 ②

35 다음 중 동점성계수의 차원으로 올바른 것은? (단, M, L, T는 각각 질량, 길이, 시간을 나타낸다.)

12.05.문29

① $ML^{-1}T^{-1}$
② $ML^{-1}T^{-2}$
③ L^2T^{-1}
④ MLT^{-2}

해설

차 원	중력단위[차원]	절대단위[차원]
길이	m[L]	m[L]
시간	s[T]	s[T]
운동량	N·s[FT]	kg·m/s[MLT⁻¹]
힘	N[F]	kg·m/s²[MLT⁻²]
속도	m/s[LT⁻¹]	m/s[LT⁻¹]
가속도	m/s²[LT⁻²]	m/s²[LT⁻²]
질량	N·s²/m[FL⁻¹T²]	kg[M]
압력	N/m²[FL⁻²]	kg/m·s²[ML⁻¹T⁻²]
밀도	N·s²/m⁴[FL⁻⁴T²]	kg/m³[ML⁻³]
비중	무차원	무차원
비중량	N/m³[FL⁻³]	kg/m²·s²[ML⁻²T⁻²]
비체적	m⁴/N·s²[F⁻¹L⁴T⁻²]	m³/kg[M⁻¹L³]
일률	N·m/s[FLT⁻¹]	kg·m²/s³[ML²T⁻³]
일	N·m[FL]	kg·m²/s²[ML²T⁻²]
점성계수	N·s/m²[FL⁻²T]	kg/m·s[ML⁻¹T⁻¹]
동점성계수 보기③	m²/s[L²T⁻¹]	m²/s[L²T⁻¹]

답 ③

36 화씨온도 122°F는 섭씨온도로 몇 ℃인가?

19.09.문11
16.10.문08
14.03.문11

① 40
② 50
③ 60
④ 70

해설

(1) 기호
• °F : 120°F
• ℃ : ?

(2) 섭씨온도

$$℃ = \frac{5}{9}(°F - 32)$$

여기서, ℃ : 섭씨온도[℃]
°F : 화씨온도[°F]

섭씨온도 $℃ = \frac{5}{9}(°F - 32)$
$= \frac{5}{9}(122 - 32) = 50℃$

중요
섭씨온도와 켈빈온도
(1) 섭씨온도

$$℃ = \frac{5}{9}(℉ - 32)$$

여기서, ℃ : 섭씨온도[℃]
　　　　℉ : 화씨온도[℉]

(2) 켈빈온도

$$K = 273 + ℃$$

여기서, K : 켈빈온도[K]
　　　　℃ : 섭씨온도[℃]

비교
화씨온도와 랭킨온도
(1) 화씨온도

$$℉ = \frac{9}{5}℃ + 32$$

여기서, ℉ : 화씨온도[℉]
　　　　℃ : 섭씨온도[℃]

(2) 랭킨온도

$$°R = 460 + ℉$$

여기서, °R : 랭킨온도[°R]
　　　　℉ : 화씨온도[℉]

답 ②

---

37 이산화탄소가 압력 2×10^5Pa, 비체적 0.04m³/kg 상태로 저장되었다가 온도가 일정한 상태로 압축되어 압력이 8×10^5Pa이 되었다면 변화 후 비체적은 몇 m³/kg인가?

16.05.문32
03.08.문35

① 0.01　　② 0.02
③ 0.16　　④ 0.32

해설 (1) 기호
- P_1 : 2×10^5Pa
- v_1 : 0.04m³/kg
- P_2 : 8×10^5Pa
- v_2 : ?

(2) 등온과정

$$\frac{P_2}{P_1} = \frac{v_1}{v_2}$$

여기서, P_1, P_2 : 변화 전후의 압력[Pa]
　　　　v_1, v_2 : 변화 전후의 비체적[m³/kg]

변화 후 비체적 v_2는

$$v_2 = \frac{v_1}{\frac{P_2}{P_1}} = \frac{0.04\text{m}^3/\text{kg}}{\frac{8 \times 10^5 \text{Pa}}{2 \times 10^5 \text{Pa}}} = 0.01\text{m}^3/\text{kg}$$

답 ①

---

38 그림과 같이 안쪽 원의 지름이 D_1, 바깥쪽 원의 지름이 D_2인 두 개의 동심원 사이에 유체가 흐르고 있다. 이 유동 단면의 수력지름(hydraulic diameter)을 구하면?

17.03.문39
15.03.문33
10.05.문30

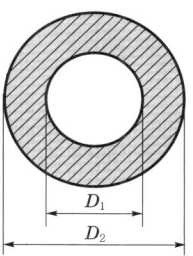

① $D_2 + D_1$　　② $D_2 - D_1$
③ $\pi(D_2 + D_1)$　　④ $\pi(D_2 - D_1)$

해설 (1) 수력반경(hydraulic radius)

$$R_h = \frac{A}{l} = \frac{1}{4}(D - d)$$

여기서, R_h : 수력반경[m]
　　　　A : 단면적[m²]
　　　　l : 접수길이[m]
　　　　D : 관의 외경[m]
　　　　d : 관의 내경[m]

(2) 수력직경(수력지름)(hydraulic diameter)

$$D_h = 4R_h$$

여기서, D_h : 수력직경[m]
　　　　R_h : 수력반경[m]

| 바깥지름 D_2, 안지름 D_1인 동심이중관 |

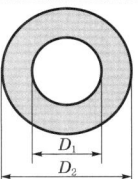

수력반경

$$R_h = \frac{A}{l} = \frac{\pi r^2}{2\pi r(원둘레)}$$

$$= \frac{\pi(r_2^2 - r_1^2)}{2\pi(r_2 + r_1)} = \frac{\cancel{\pi}\left[\left(\frac{D_2}{2}\right)^2 - \left(\frac{D_1}{2}\right)^2\right]}{2\cancel{\pi}\left(\frac{D_2}{2} + \frac{D_1}{2}\right)}$$

$$= \frac{\frac{D_2^2}{4} - \frac{D_1^2}{4}}{\cancel{2}\left(\frac{D_2 + D_1}{\cancel{2}}\right)} = \frac{\frac{D_2^2 - D_1^2}{4}}{D_2 + D_1}$$

- 인수분해 기본공식
$A^2 - B^2 = (A+B)(A-B)$ 이므로
$D_2^2 - D_1^2 = (D_2+D_1)(D_2-D_1)$

$R_h = \dfrac{A}{l} = \dfrac{\dfrac{D_2^2-D_1^2}{4}}{D_2+D_1} = \dfrac{\dfrac{(D_2+D_1)(D_2-D_1)}{4}}{D_2+D_1}$

$= \dfrac{D_2-D_1}{4}$

- 원형이므로 단면적 $A=\pi r^2$, 원둘레 $l=2\pi r$
  여기서, r : 반지름[m]

수력지름
$D_h = 4R_h = 4 \times \dfrac{D_2-D_1}{4} = D_2-D_1$

답 ②

39 ★
[18.09.문27]
[02.05.문33]

온도와 압력이 각각 15℃, 101.3kPa이고 밀도 1.225kg/m³인 공기가 흐르는 관로 속에 U자관 액주계를 설치하여 유속을 측정하였더니 수은주 높이 차이가 250mm이었다. 이때 공기는 비압축성 유동이라고 가정할 때 공기의 유속은 약 몇 m/s인가? (단, 수은의 비중은 13.6이다.)

① 174   ② 233
③ 296   ④ 355

해설 (1) 기호
- C : 1.225kg/m³=1.225N·s²/m⁴
  (1kg/m³=1N·s²/m⁴)
- H : 250mm=0.25m(1000mm=1m)
- s : 13.6
- V : ?

(2) 비중
$$s = \dfrac{\gamma_h}{\gamma_w}$$

여기서, s : 비중(수은비중)
γ_h : 어떤 물질의 비중량(수은의 비중량)[N/m³]
γ_w : 물의 비중량(9800N/m³)

수은의 비중량 γ_h는
$\gamma_h = s\gamma_w = 13.6 \times 9800 \text{N/m}^3 = 133280 \text{N/m}^3$

(3) 비중량
$$\gamma_a = \rho g$$

여기서, γ_a : 비중량(공기의 비중량)[N/m³]
ρ : 밀도[N·s²/m⁴]
g : 중력가속도(9.8m/s²)

공기의 비중량 γ_a는
$\gamma_a = \rho g = 1.225 \text{N·s}^2/\text{m}^4 \times 9.8 \text{m/s}^2$
$= 12.005 \text{N/m}^3$

(4) 유속
$$V = C\sqrt{2gH\left(\dfrac{\gamma_h}{\gamma_a}-1\right)}$$

여기서, V : 유속[m/s]
C : 보정계수
g : 중력가속도(9.8m/s²)
H : 높이[m]
γ_h : 비중량(수은의 비중량 133280N/m³)
γ_a : 공기의 비중량[N/m³]

유속 V는
$V = C\sqrt{2gH\left(\dfrac{\gamma_h}{\gamma_a}-1\right)}$
$= \sqrt{2\times 9.8\text{m/s}^2 \times 0.25\text{m}\left(\dfrac{133280\text{N/m}^3}{12.005\text{N/m}^3}-1\right)}$
$≒ 233\text{m/s}$

답 ②

40 ★★
[19.04.문23]
[16.05.문35]
[12.05.문28]

평면벽을 통해 전도되는 열전달량에 대한 설명으로 옳은 것은?

① 면적과 온도차에 비례한다.
② 면적과 온도차에 반비례한다.
③ 면적에 비례하며 온도차에 반비례한다.
④ 면적에 반비례하며 온도차에 비례한다.

해설 ① **분자**에 있으면 **비례**, **분모**에 있으면 **반비례**
전도
$$\overset{\circ}{q} = \dfrac{kA(T_2-T_1)}{l} \begin{array}{l}\rightarrow \text{비례}\\ \rightarrow \text{반비례}\end{array}$$

여기서, $\overset{\circ}{q}$: 열전달량[W]
k : 열전도율[W/m·K]
A : 면적[m²]
T_2-T_1 : 온도차[℃] 또는 [K]
l : 벽체두께[m]

- 열전달량=열전달률=열유동률=열흐름률

답 ①

제3과목 　소방관계법규

41 ★★
[14.09.문49]
[10.03.문55]

소방기본법의 목적과 거리가 먼 것은?

① 화재를 예방·경계하고 진압하는 것
② 건축물의 안전한 사용을 통하여 안락한 국민 생활을 보장해 주는 것
③ 화재, 재난·재해로부터 구조·구급활동을 하는 것
④ 공공의 안녕 및 질서유지와 복리증진에 기여하는 것

해설 기본법 1조
소방기본법의 목적
(1) 화재의 예방·경계·진압 보기 ①
(2) 국민의 생명·신체 및 재산보호
(3) 공공의 안녕 및 질서유지와 복리증진 보기 ④
(4) 구조·구급활동 보기 ③

답 ②

42 소방기본법령상 소방용수시설인 저수조의 설치 기준으로 맞는 것은?

20.06.문55
19.04.문46
16.05.문47
15.05.문50
15.05.문57
11.03.문42
10.05.문46

① 흡수부분의 수심이 0.5m 이하일 것
② 지면으로부터의 낙차가 4.5m 이하일 것
③ 흡수관의 투입구가 사각형의 경우에는 한 변의 길이가 60cm 이하일 것
④ 저수조에 물을 공급하는 방법은 상수도에 연결하여 수동으로 급수되는 구조일 것

해설
① 0.5m 이하 → 0.5m 이상
③ 60cm 이하 → 60cm 이상
④ 수동으로 → 자동으로

기본규칙 [별표 3]
소방용수시설의 저수조의 설치기준

구 분	기 준
낙차	4.5m 이하 보기 ②
수심	0.5m 이상 보기 ①
투입구의 길이 또는 지름	60cm 이상 보기 ③

(1) 소방펌프자동차가 쉽게 접근할 수 있도록 할 것
(2) 흡수에 지장이 없도록 토사 및 쓰레기 등을 제거할 수 있는 설비를 갖출 것
(3) 저수조에 물을 공급하는 방법은 상수도에 연결하여 자동으로 급수되는 구조일 것 보기 ④

답 ②

43 소방기본법령상 소방서 종합상황실의 실장이 서면·모사전송 또는 컴퓨터통신 등으로 소방본부의 종합상황실에 지체 없이 보고하여야 하는 화재의 기준으로 틀린 것은?

20.08.문52
17.05.문44
10.03.문60

① 이재민이 50인 이상 발생한 화재
② 재산피해액이 50억원 이상 발생한 화재
③ 층수가 11층 이상인 건축물에서 발생한 화재
④ 사망자가 5인 이상 발생하거나 사상자가 10인 이상 발생한 화재

해설
① 50인 → 100인

기본규칙 3조
종합상황실 실장의 보고화재
(1) 사망자 5인 이상 화재 보기 ④

(2) 사상자 10인 이상 화재 보기 ④
(3) 이재민 100인 이상 화재 보기 ①
(4) 재산피해액 50억원 이상 화재 보기 ②
(5) 관광호텔, 층수가 11층 이상인 건축물, 지하상가, 시장, 백화점 보기 ③
(6) 5층 이상 또는 객실 30실 이상인 숙박시설
(7) 5층 이상 또는 병상 30개 이상인 종합병원·정신병원·한방병원·요양소
(8) 1000t 이상인 선박(항구에 매어둔 것)
(9) 지정수량 3000배 이상의 위험물 제조소·저장소·취급소
(10) 연면적 15000m² 이상인 공장 또는 화재예방강화지구에서 발생한 화재
(11) 가스 및 화약류의 폭발에 의한 화재
(12) 관공서·학교·정부미 도정공장·문화재·지하철 또는 지하구의 화재
(13) 철도차량, 항공기, 발전소 또는 변전소에서 발생한 화재
(14) 다중이용업소의 화재

※ **종합상황실** : 화재·재난·재해·구조·구급 등이 필요한 때에 신속한 소방활동을 위한 정보를 수집·전파하는 소방서 또는 소방본부의 지령관제실

답 ①

44 소방시설 설치 및 관리에 관한 법령상 건축허가 등을 할 때 미리 소방본부장 또는 소방서장의 동의를 받아야 하는 건축물의 범위에 해당하는 것은?

20.08.문47
19.03.문50
15.09.문45
15.03.문49
13.06.문41
13.03.문45

① 연면적이 200m²인 노유자시설 및 수련시설
② 연면적이 300m²인 업무시설로 사용되는 건축물
③ 승강기 등 기계장치에 의한 주차시설로서 자동차 10대를 주차할 수 있는 시설
④ 차고·주차장으로 사용되는 층 중 바닥면적이 150m²인 층이 있는 건축물

해설
② 300m² → 400m² 이상
③ 10대 → 20대 이상
④ 150m² → 200m² 이상

소방시설법 시행령 7조
건축허가 등의 동의대상물
(1) 연면적 **400m²**(학교시설 : **100m²**, 수련시설·노유자시설 : **200m²**, 정신의료기관·장애인의료재활시설 : **300m²**) 이상 보기 ①②
(2) **6층** 이상인 건축물
(3) 차고·주차장으로서 바닥면적 **200m²** 이상(자동차 **20대** 이상) 보기 ③④
(4) 항공기격납고, 관망탑, 항공관제탑, 방송용 송수신탑
(5) 지하층 또는 무창층의 바닥면적 **150m²**(공연장은 100m²) 이상
(6) 위험물저장 및 처리시설, 지하구
(7) 결핵환자나 한센인이 24시간 생활하는 **노유자시설**
(8) 전기저장시설, 풍력발전소
(9) 공동주택, 숙박시설
(10) 요양병원(의료재활시설 제외)

(11) 노인주거복지시설·노인의료복지시설 및 재가노인복지시설, 학대피해노인 전용쉼터, 아동복지시설, 장애인거주시설
(12) 정신질환자 관련시설(공동생활가정을 제외한 재활훈련시설과 종합시설 중 24시간 주거를 제공하지 않는 시설 제외)
(13) 노숙인자활시설, 노숙인재활시설 및 노숙인요양시설
(14) 조산원, 산후조리원, 의원(입원실 또는 인공신장실이 있는 것)
(15) 공장 또는 창고시설로서 지정수량의 **750배** 이상의 특수가연물을 저장·취급하는 것
(16) 가스시설로서 지상에 노출된 탱크의 저장용량의 합계가 **100t** 이상인 것

답 ①

45 ★ [19.09.문52]
소방시설 설치 및 관리에 관한 법령에서 정하는 소방시설이 아닌 것은?
① 캐비닛형 자동소화장치
② 이산화탄소소화설비
③ 가스누설경보기
④ 방염성 물질

해설 ④ 해당없음

소방시설법 2조
소방시설

소방시설	세부 종류
소화설비	① 캐비닛형 자동소화장치 보기 ① ② 이산화탄소소화설비 등 보기 ②
경보설비	• 가스누설경보기 등 보기 ③
피난구조설비	• 완강기 등
소화용수설비	① 상수도소화용수설비 ② 소화수조 및 저수조
소화활동설비	• 비상콘센트설비 등

답 ④

46 ★★★ [12.09.문56]
소방시설 설치 및 관리에 관한 법령상 소화설비를 구성하는 제품 또는 기기에 해당하지 않는 것은?
① 가스누설경보기 ② 소방호스
③ 스프링클러헤드 ④ 분말자동소화장치

해설 ① 가스누설경보기는 소화설비가 아니고 **경보설비**

소방시설법 시행령 [별표 3]
소방용품

구 분	설 명
소화설비를 구성하는 제품 또는 기기	• 소화기구(소화약제 외의 것을 이용한 간이소화용구 제외) 보기 ④ • 소화전 • 자동소화장치 • 관창(菅槍) • 소방호스 보기 ② • 스프링클러헤드 보기 ③ • 기동용 수압개폐장치 • 유수제어밸브 • 가스관선택밸브
경보설비를 구성하는 제품 또는 기기	• 누전경보기 • 가스누설경보기 • 발신기 • 수신기 • 중계기 • 감지기 및 음향장치(경종만 해당)
피난구조설비를 구성하는 제품 또는 기기	• 피난사다리 • 구조대 • 완강기(간이완강기 및 지지대 포함) • 공기호흡기(충전기 포함) • 유도등 • 예비전원이 내장된 비상조명등
소화용으로 사용하는 제품 또는 기기	• 소화약제 • 방염제

답 ①

47 ★ [20.08.문59] [17.09.문43]
소방시설 설치 및 관리에 관한 법령상 특정소방대상물에 설치되어 소방본부장 또는 소방서장의 건축허가 등의 동의대상에서 제외되게 하는 소방시설이 아닌 것은? (단, 설치되는 소방시설은 화재안전기준에 적합하다.)
① 유도표지   ② 누전경보기
③ 비상조명등 ④ 인공소생기

해설 소방시설법 시행령 7조 [별표 1]
건축허가 등의 동의대상 제외
(1) **소**화기구
(2) 자동소화장치
(3) **누**전경보기 보기 ②
(4) 단독경보형 감지기
(5) 시각경보기
(6) 가스누설경보기
(7) **피**난구조설비(비상조명등 제외)
(8) **인**명구조기구 ─ **방열**복
　　　　　　　　　├ 방**화**복(안전모, 보호장갑, 안전화 포함)
　　　　　　　　　├ **공**기호흡기
　　　　　　　　　└ **인**공소생기 보기 ④

기억법 방화열공인

(9) **유**도등
(10) **유**도표지 보기 ①
(11) 건축물의 증축 또는 용도변경으로 인하여 해당 특정소방대상물에 추가로 소방시설이 설치되지 않는 경우 해당 특정소방대상물

기억법 소누피 유인(**스누피**를 유인하다.)

답 ③

48 ★★★ [21.09.문60] [19.04.문54] [15.05.문47] [11.06.문26] [10.03.문57]
소방시설 설치 및 관리에 관한 법령상 소방용품으로 틀린 것은?
① 시각경보기   ② 자동소화장치
③ 가스누설경보기 ④ 방염제

해설 소방시설법 시행령 6조
소방용품 제외대상
(1) 주거용 주방자동소화장치용 소화약제
(2) 가스자동소화장치용 소화약제
(3) 분말자동소화장치용 소화약제
(4) 고체에어로졸 자동소화장치용 소화약제
(5) 소화약제 외의 것을 이용한 간이소화용구
(6) 휴대용 비상조명등
(7) 유도표지
(8) 벨용 푸시버튼스위치
(9) 피난밧줄
(10) 옥내소화전함
(11) 방수구
(12) 안전매트
(13) 방수복
(14) 시각경보기 보기 ①

답 ①

49 대통령령 또는 화재안전기준이 변경되어 그 기준이 강화되는 경우 기존의 특정소방대상물의 소방시설 중 대통령령으로 정하는 것으로 변경으로 강화된 기준을 적용하여야 하는 소방시설은? (단, 건축물의 신축·개축·재축·이전 및 대수선 중인 특정소방대상물을 포함한다.)
① 비상경보설비
② 화재조기진압용 스프링클러설비
③ 옥내소화전설비
④ 제연설비

해설 소방시설법 13조, 소방시설법 시행령 13조
변경강화기준 적용설비
(1) 소화기구
(2) 비상경보설비 보기 ①
(3) 자동화재탐지설비
(4) 자동화재속보설비
(5) 피난구조설비
(6) 소방시설(공동구 설치용, 전력 및 통신사업용 지하구)
(7) 노유자시설, 의료시설

공동구, 전력 및 통신사업용 지하구	노유자시설에 설치하여야 하는 소방시설	의료시설에 설치하여야 하는 소방시설
① 소화기	① 간이스프링클러설비	① 스프링클러설비
② 자동소화장치	② 자동화재탐지설비	② 간이스프링클러설비
③ 자동화재탐지설비	③ 단독경보형 감지기	③ 자동화재탐지설비
④ 통합감시시설		④ 자동화재속보설비
⑤ 유도등		
⑥ 연소방지설비		

답 ①

50 소방기본법령상 소방대상물에 해당하지 않는 것은?
① 차량
② 건축물
③ 운항 중인 선박
④ 선박건조구조물

해설 ③ 운항 중인 → 매어 둔

기본법 2조 1호
소방대상물
(1) **건**축물 보기 ②
(2) **차**량 보기 ①
(3) **선**박(매어둔 것) 보기 ③
(4) **선**박건조구조물 보기 ④
(5) **인**공구조물
(6) **물**건
(7) **산**림

기억법 건차선 인물산

비교
위험물법 3조
위험물의 저장·운반·취급에 대한 적용 제외
(1) 항공기   (2) 선박
(3) 철도(기차)   (4) 궤도

답 ③

51 제조 또는 가공 공정에서 방염처리를 하는 방염대상물품으로 틀린 것은? (단, 합판·목재류의 경우에는 설치현장에서 방염처리를 한 것을 포함한다.)
① 카펫
② 창문에 설치하는 커튼류
③ 두께가 2mm 미만인 종이벽지
④ 전시용 합판 또는 섬유판

해설 ③ 두께 2mm 미만인 종이벽지 → 두께 2mm 미만인 종이벽지 제외

소방시설법 시행령 31조
방염대상물품

제조 또는 가공 공정에서 방염처리를 한 물품	건축물 내부의 천장이나 벽에 부착하거나 설치하는 것
① 창문에 설치하는 **커튼류**(블라인드 포함)	① 종이류(두께 2mm 이상), **합성수지류** 또는 섬유류를 주원료로 한 물품
② 카펫	② **합판이나 목재**
③ 벽지류(두께 2mm 미만인 종이벽지 제외)	③ 공간을 구획하기 위하여 설치하는 **간이칸막이**
④ 전시용 합판·목재 또는 섬유판	④ **흡음재**(흡음용 커튼 포함) 또는 **방음재**(방음용 커튼 포함)
⑤ 무대용 합판·목재 또는 섬유판	※ 가구류(옷장, 찬장, 식탁, 식탁용 의자, 사무용 책상, 사무용 의자, 계산대)와 너비 10cm 이하인 반자돌림대, 내부 마감재료 제외
⑥ 암막·무대막(영화상영관·가상체험 체육시설업의 스크린 포함)	
⑦ 섬유류 또는 합성수지류 등을 원료로 하여 제작된 소파·의자(단란주점영업, 유흥주점영업 및 노래연습장업의 영업장에 설치하는 것만 해당)	

답 ③

52. 특정소방대상물의 건축·대수선·용도변경 또는 설치 등을 위한 공사를 시공하는 자가 공사현장에서 인화성 물품을 취급하는 작업 등 대통령령으로 정하는 작업을 하기 전에 설치하고 유지·관리하는 임시소방시설의 종류가 아닌 것은? (단, 용접·용단 등 불꽃을 발생시키거나 화기를 취급하는 작업이다.)

① 간이소화장치
② 비상경보장치
③ 자동확산소화기
④ 간이피난유도선

해설 소방시설법 시행령 [별표 8]
임시소방시설의 종류

종 류	설 명
소화기	—
간이소화장치 보기①	물을 방사하여 **화재**를 **진화**할 수 있는 장치로서 **소방청장**이 정하는 성능을 갖추고 있을 것
비상경보장치 보기②	화재가 발생한 경우 주변에 있는 작업자에게 **화재사실**을 **알릴** 수 있는 장치로서 **소방청장**이 정하는 성능을 갖추고 있을 것
간이피난유도선 보기④	화재가 발생한 경우 **피난구 방향**을 안내할 수 있는 장치로서 **소방청장**이 정하는 성능을 갖추고 있을 것
가스누설경보기	**가연성 가스**가 **누설** 또는 발생된 경우 **탐지**하여 경보하는 장치로서 **소방청장**이 실시하는 형식승인 및 제품검사를 받은 것
비상조명등	화재발생시 안전하고 원활한 피난활동을 할 수 있도록 **자동점등**되는 조명장치로서 **소방청장**이 정하는 성능을 갖추고 있을 것
방화포	용접·용단 등 작업시 발생하는 **불티**로부터 가연물이 점화되는 것을 방지해주는 천 또는 **불연성 물품**으로서 **소방청장**이 정하는 성능을 갖추고 있을 것

답 ③

53. 위험물안전관리법상 제조소 등을 설치하고자 하는 자는 누구의 허가를 받아 설치할 수 있는가?

① 소방서장
② 소방청장
③ 시·도지사
④ 안전관리자

해설 위험물법 6조
제조소 등의 설치허가
(1) 설치허가자 : **시·도지사** 보기③
(2) 설치허가 제외장소
 ㉠ 주택의 난방시설(공동주택의 중앙난방시설은 제외)을 위한 **저장소** 또는 **취급소**
 ㉡ 지정수량 **20배** 이하의 **농예용**·**축산용**·**수산용** 난방시설 또는 건조시설의 **저장소**

(3) 제조소 등의 변경신고 : 변경하고자 하는 날의 1일 전까지

참고 시·도지사
(1) 특별시장 (2) 광역시장
(3) 특별자치시장 (4) 도지사
(5) 특별자치도지사

답 ③

54. 소방기본법령상 소방대원에게 실시할 교육·훈련의 횟수 및 기간으로 옳은 것은?

① 1년마다 1회, 2주 이상
② 2년마다 1회, 2주 이상
③ 3년마다 1회, 2주 이상
④ 3년마다 1회, 4주 이상

해설 (1) **2년마다 1회** 이상 보기②
 ㉠ 소방대원의 소방교육·훈련(기본규칙 9조)
 ㉡ **실**무교육(화재예방법 시행규칙 29조)

기억법 실2(실리)

(2) 소방기본법 시행규칙 [별표 3의 2]
소방대원의 소방 교육·훈련

구 분	설 명
전문교육기간	2주 이상 보기②

비교 화재예방법 시행규칙 29조
소방안전관리자의 실무교육
(1) 실시자 : **소방청장**(위탁 : 한국소방안전원장)
(2) 실시 : **2년마다 1회** 이상
(3) 교육통보 : 30일 전

답 ②

55. 소방시설 설치 및 관리에 관한 법령상 소방시설관리사의 결격사유가 아닌 것은?

① 피성년후견인
② 소방기본법령에 따른 금고 이상의 실형을 선고받고 그 집행이 면제된 날부터 2년이 지나지 아니한 사람
③ 소방시설공사업법령에 따른 금고 이상의 형의 집행유예를 선고받고 그 유예기간이 지난 후 2년이 지나지 아니한 사람
④ 거짓이나 그 밖의 부정한 방법으로 관리사 시험에 합격하여 자격이 취소된 날부터 2년이 지나지 아니한 사람

해설
③ 그 유예기간이 지난 후 2년이 지나지 아니한 사람 → 금고 이상의 형의 집행유예를 선고받고 그 유예기간 중에 있는 사람

소방시설법 27조
소방시설관리사의 결격사유
(1) 피성년후견인 보기 ①
(2) 금고 이상의 실형을 선고받고 그 집행이 끝나거나 집행이 면제된 날부터 **2년**이 지나지 아니한 사람 보기 ②
(3) 금고 이상의 형의 집행유예를 선고받고 그 유예기간 중에 있는 사람 보기 ③
(4) 자격취소 후 **2년**이 지나지 아니한 사람 보기 ④

용어
피성년후견인
질병, 장애, 노령, 그 밖의 사유로 인한 정신적 제약으로 사무를 처리할 능력이 없어서 가정법원에서 판정을 받은 사람

답 ③

56 ★
[19.03.문41] 다음 위험물 중 위험물안전관리법령에서 정하고 있는 지정수량이 가장 적은 것은?

① 브로민산염류
② 황
③ 알칼리토금속
④ 과염소산

해설
위험물령〔별표 1〕
지정수량

위험물	지정수량
• **알칼토**금속	50kg 보기 ③
	기억법 알토(소프라노, **알토**)
• 황	100kg
• 브로민산염류 • 과염소산	300kg

답 ③

57 ★
특정소방대상물이 증축되는 경우 기존부분에 대해서 증축 당시의 소방시설의 설치에 관한 대통령령 또는 화재안전기준을 적용하지 않는 경우로 틀린 것은?

① 증축으로 인하여 천장·바닥·벽 등에 고정되어 있는 가연성 물질의 양이 줄어드는 경우
② 자동차 생산공장 등 화재위험이 낮은 특정 소방대상물 내부에 연면적 33m² 이하의 직원 휴게실을 증축하는 경우
③ 기존부분과 증축부분이 자동방화셔터 또는 60분+방화문으로 구획되어 있는 경우
④ 자동차 생산공장 등 화재위험이 낮은 특정 소방대상물에 캐노피(3면 이상에 벽이 없는 구조의 캐노피)를 설치하는 경우

해설
① 해당사항 없음

소방시설법 시행령 15조
화재안전기준 적용제외
(1) 기존부분과 증축부분이 **내화구조**로 된 **바닥**과 **벽**으로 구획된 경우
(2) 기존부분과 증축부분이 **자동방화셔터** 또는 **60분+방화문**으로 구획되어 있는 경우
(3) 자동차 생산공장 등 화재위험이 낮은 특정소방대상물 내부에 연면적 **33m²** 이하의 직원 휴게실을 증축하는 경우
(4) 자동차 생산공장 등 화재위험이 낮은 특정소방대상물에 **캐노피**(3면 이상에 벽이 없는 구조의 것)를 설치하는 경우

비교
소방시설법 시행령 15조
용도변경 전의 대통령령 또는 화재안전기준을 적용하는 경우
(1) 특정소방대상물의 구조·설비가 **화재연소 확대요인**이 **적어지거나 피난** 또는 **화재진압활동**이 쉬워지도록 변경되는 경우
(2) 용도변경으로 인하여 천장·바닥·벽 등에 고정되어 있는 **가연성 물질의 양이 줄어드는** 경우

답 ①

58 ★★
화재의 예방 및 안전관리에 관한 법률상 소방안전특별관리시설물의 대상기준 중 틀린 것은?

① 수련시설
② 항만시설
③ 전력용 및 통신용 지하구
④ 지정문화유산인 시설(시설이 아닌 지정문화유산을 보호하거나 소장하고 있는 시설을 포함)

해설
① 해당없음

화재예방법 40조
소방안전특별관리시설물의 안전관리
(1) 공항시설
(2) 철도시설
(3) 도시철도시설
(4) **항만시설** 보기 ②
(5) **지정문화유산** 및 천연기념물 등인 시설(시설이 아닌 지정문화유산 및 천연기념물 등을 보호하거나 소장하고 있는 시설 포함) 보기 ④
(6) 산업기술단지
(7) 산업단지
(8) 초고층 건축물 및 지하연계 복합건축물
(9) 영화상영관 중 수용인원 **1000명** 이상인 영화상영관
(10) **전력용 및 통신용 지하구** 보기 ③
(11) 석유비축시설
(12) 천연가스 인수기지 및 공급망
(13) 전통시장(**대통령령**으로 정하는 전통시장)

답 ①

59. 위험물안전관리법상 업무상 과실로 제조소 등에서 위험물을 유출·방출 또는 확산시켜 사람의 생명·신체 또는 재산에 대하여 위험을 발생시킨 자에 대한 벌칙으로 옳은 것은?

① 5년 이하의 금고 또는 5천만원 이하의 벌금
② 5년 이하의 금고 또는 7천만원 이하의 벌금
③ 7년 이하의 금고 또는 5천만원 이하의 벌금
④ 7년 이하의 금고 또는 7천만원 이하의 벌금

해설 위험물법 34조
위험물 유출·방출·확산

위험 발생	사람 사상
7년 이하의 금고 또는 7000만원 이하의 벌금 보기 ④	10년 이하의 징역 또는 금고나 1억원 이하의 벌금

답 ④

60. 소방기본법령에 따른 급수탑 및 지상에 설치하는 소화전·저수조의 경우 소방용수표지 기준 중 다음 ( ) 안에 알맞은 것은?

안쪽 문자는 (㉠), 안쪽 바탕은 (㉡), 바깥쪽 바탕은 (㉢)으로 하고 반사재료를 사용하여야 한다.

① ㉠ 검은색, ㉡ 파란색, ㉢ 붉은색
② ㉠ 검은색, ㉡ 붉은색, ㉢ 파란색
③ ㉠ 흰색, ㉡ 파란색, ㉢ 붉은색
④ ㉠ 흰색, ㉡ 붉은색, ㉢ 파란색

해설 기본규칙 [별표 2]
소방용수표지
(1) **지하**에 설치하는 소화전·저수조의 소방용수표지
  ㉠ 맨홀뚜껑은 지름 **648mm** 이상의 것으로 할 것
  ㉡ 맨홀뚜껑에는 "소화전·주정차금지" 또는 "저수조·주정차금지"의 표시를 할 것
  ㉢ 맨홀뚜껑 부근에는 **노란색 반사도료**로 폭 **15cm**의 선을 그 둘레를 따라 칠할 것
(2) **지상**에 설치하는 소화전·저수조 및 **급수탑**의 소방용수표지

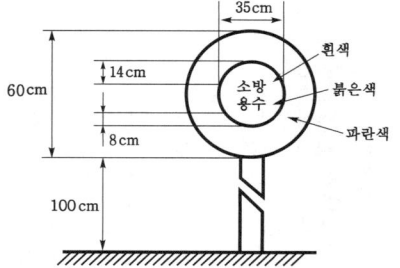

- 안쪽 문자는 **흰색**, 바깥쪽 문자는 **노란색**, 안쪽 바탕은 **붉은색**, 바깥쪽 바탕은 **파란색**으로 하고 **반사재료** 사용 보기 ④

답 ④

제 4 과목 소방기계시설의 구조 및 원리

61. 소화수조 및 저수조의 화재안전기준에 따라 소화용수 소요수량이 120m³일 때 소화용수설비에 설치하는 채수구는 몇 개가 소요되는가?

① 2 ② 3
③ 4 ④ 5

해설 소화수조·저수조(NFPC 402 4조, NFTC 402 2.1.3)
(1) 흡수관 투입구

소요수량	80m³ 미만	80m³ 이상
흡수관 투입구의 수	1개 이상	2개 이상

(2) 채수구

소요수량	20~40m³ 미만	40~100m³ 미만	100m³ 이상
채수구의 수	1개	2개	3개 보기 ②

용어
채수구
소방차의 소방호스와 접결되는 흡입구

답 ②

62. 물분무소화설비의 화재안전기준상 물분무헤드를 설치하지 않을 수 있는 장소 기준 중 다음 괄호 안에 알맞은 것은?

운전시에 표면의 온도가 ( )℃ 이상으로 되는 등 직접 분무를 하는 경우 그 부분에 손상을 입힐 우려가 있는 기계장치 등이 있는 장소

① 250 ② 260
③ 270 ④ 280

해설 물분무헤드의 설치제외대상(NFPC 104 15조, NFTC 104 2.12)
(1) 물과 심하게 반응하거나 위험한 물질을 생성하는 물질 저장·취급 장소
(2) 고온물질 저장·취급 장소
(3) 운전시에 표면의 온도가 **260℃** 이상 되는 장소 보기 ②

기억법 물26(물이 이륙)

비교

옥내소화전설비 방수구 설치제외장소(NFPC 102 11조, NFTC 102 2.8)

(1) **냉**장창고 중 온도가 영하인 **냉장실** 또는 냉동창고의 **냉동실**
(2) **고온**의 노가 설치된 장소 또는 **물**과 격렬하게 **반응**하는 **물품**의 저장 또는 취급 장소
(3) **발전소·변전소** 등으로서 전기시설이 설치된 장소
(4) **식물원·수족관·목욕실·수영장**(관람석 부분을 제외) 또는 그 밖의 이와 비슷한 장소
(5) **야외음악당·야외극장** 또는 그 밖의 이와 비슷한 장소

기억법 내냉방 야식 고발

답 ②

63 화재조기진압용 스프링클러설비를 설치할 장소의 구조기준 중 틀린 것은?

① 천장의 기울기가 $\frac{168}{1000}$을 초과하지 않아야 하고, 이를 초과하는 경우에는 반자를 지면과 수평으로 설치할 것
② 천장은 평평하여야 하며 철재나 목재트러스 구조인 경우 철재나 목재의 돌출부분이 102mm를 초과하지 않을 것
③ 보로 사용되는 목재·콘크리트 및 철재 사이의 간격이 0.9m 이상 2.3m 이하일 것. 다만, 보의 간격이 2.3m 이상인 경우에는 화재조기진압용 스프링클러헤드의 동작을 원활히 하기 위하여 보로 구획된 부분의 천장 및 반자의 넓이가 28m²를 초과하지 않을 것
④ 해당층의 높이가 10m 이하일 것. 다만, 2층 이상일 경우에는 해당층의 바닥을 내화구조로 하고 다른 부분과 방화구획할 것

해설 ④ 10m 이하 → 13.7m 이하

화재조기진압용 스프링클러설비의 설치장소의 구조(NFPC 103B 4조, NFTC 103B 2.1)
(1) 해당층의 높이가 **13.7m** 이하일 것(단, **2층** 이상일 경우에는 해당층의 바닥을 **내화구조**로 하고 다른 부분과 **방화구획**할 것) 보기 ④
(2) 천장의 기울기가 $\frac{168}{1000}$을 초과하지 않아야 하고, 이를 초과하는 경우에는 반자를 지면과 **수평**으로 설치할 것 보기 ①

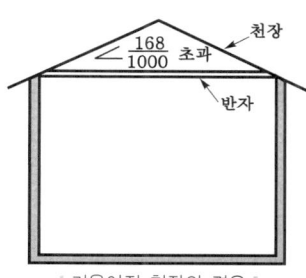
│기울어진 천장의 경우│

(3) 천장은 평평하여야 하며 철재나 목재트러스 구조인 경우 철재나 목재의 돌출부분이 102mm를 초과하지 않을 것 보기 ②

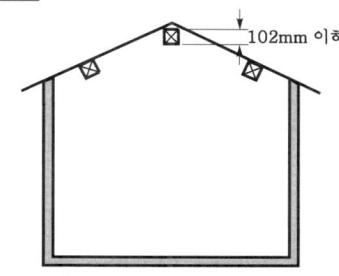
│철재 또는 목재의 돌출치수│

(4) 보로 사용되는 목재·콘크리트 및 철재 사이의 간격이 0.9~2.3m 이하일 것(단, 보의 간격이 2.3m 이상인 경우에는 화재조기진압형 스프링클러헤드의 동작을 원활히 하기 위하여 보로 구획된 부분의 천장 및 반자의 넓이가 28m²를 초과하지 않을 것) 보기 ③
(5) 창고 내의 선반의 형태는 하부로 **물**이 **침투**되는 구조로 할 것

용어

화재조기진압형 스프링클러헤드(early suppression fast-response sprinkler)
화재를 **초기**에 **진압**할 수 있도록 정해진 면적에 충분한 물을 방사할 수 있는 빠른 작동능력의 스프링클러헤드로서 일반적으로 최대 **360L/min**의 물을 방사한다.

│화재조기진압형 스프링클러헤드│

답 ④

64 소화수조 또는 저수조가 지표면으로부터 깊이가 4.5m 이상인 지하에 있는 경우 설치하여야 하는 가압송수장치의 1분당 최소양수량은 몇 L인가? (단, 소요수량은 80m³이다.)

① 1100
② 2200
③ 3300
④ 4400

해설 가압송수장치의 양수량(토출량)(NFPC 402 5조, NFTC 402 2.2.1)

소화수조 또는 저수조 저수량	20~40m³ 미만	40~100m³ 미만	100m³ 이상
양수량 (토출량)	1100L/min 이상	2200L/min 이상 보기 ②	3300L/min 이상

중요

소화수조·저수조(NFPC 402 4조, NFTC 402 2.1.3)
(1) 흡수관 투입구

소요수량	80m³ 미만	80m³ 이상
흡수관 투입구의 수	1개 이상	2개 이상

(2) 채수구

소요수량	20~40m³ 미만	40~100m³ 미만	100m³ 이상
채수구의 수	1개	2개	3개

답 ②

65 상수도소화용수설비는 호칭지름 75mm의 수도 배관에 호칭지름 몇 mm 이상의 소화전을 접속하여야 하는가?

① 50 ② 65
③ 75 ④ 100

해설 상수도소화용수설비의 기준(NFPC 401 4조, NFTC 401 2.1.1)
(1) 호칭지름

수도배관	소화전
75mm 이상	100mm 이상 보기 ④

(2) 소화전은 소방자동차 등의 진입이 쉬운 **도로변** 또는 **공지**에 설치
(3) 소화전은 특정소방대상물의 수평투영면의 각 부분으로부터 **140m** 이하에 설치
(4) 지상식 소화전의 호스접결구는 지면으로부터 높이가 0.5m 이상 1m 이하가 되도록 설치

답 ④

66 분말소화설비의 화재안전기준상 분말소화약제 저장용기의 내부압력이 설정압력으로 되었을 때 주밸브를 개방하기 위해 설치하는 장치는?

① 자동폐쇄장치
② 전자개방장치
③ 자동청소장치
④ 정압작동장치

해설 정압작동장치
약제저장용기 내의 내부압력이 설정압력이 되었을 때 **주밸브**를 **개방**시키는 장치로서 정압작동장치의 설치위치는 그림과 같다. 보기 ④

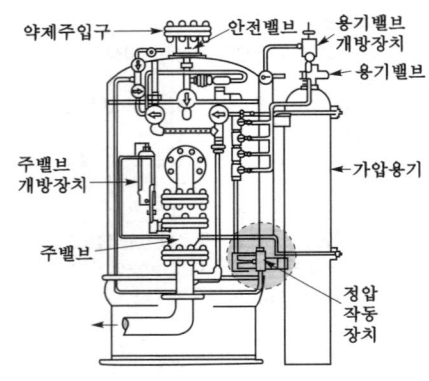

∥정압작동장치∥

중요

정압작동장치의 종류
(1) 봉판식
(2) 기계식
(3) 스프링식
(4) 압력스위치식
(5) 시한릴레이식

답 ④

67 옥외소화전설비의 화재안전기준상 옥외소화전설비의 배관 등에 관한 기준 중 호스의 구경은 몇 mm로 하여야 하는가?

① 35 ② 45
③ 55 ④ 65

해설 호스의 구경(NFPC 109 6조, NFTC 109 2.3.2)

옥내소화전설비	옥외소화전설비
40mm	65mm 보기 ④

기억법 내4(내사종결)

답 ④

68 스프링클러설비의 화재안전기준에 따라 스프링클러설비 가압송수장치의 정격토출압력 기준으로 맞는 것은?

① 하나의 헤드 선단의 방수압력이 0.2MPa 이상 1.0MPa 이하가 되어야 한다.
② 하나의 헤드 선단의 방수압력이 0.2MPa 이상 1.2MPa 이하가 되어야 한다.
③ 하나의 헤드 선단의 방수압력이 0.1MPa 이상 1.0MPa 이하가 되어야 한다.
④ 하나의 헤드 선단의 방수압력이 0.1MPa 이상 1.2MPa 이하가 되어야 한다.

기억법 주정(주정뱅이가 되지 말라!)

해설 각 설비의 주요사항

구분	드렌처 설비	스프링클러설비	소화용수설비	옥내소화전설비	옥외소화전설비	포소화설비, 물분무소화설비, 연결송수관설비
방수압 (정격토출압력)	0.1MPa 이상	0.1~1.2MPa 이하 〈보기 ④〉	0.15MPa 이상	0.17~0.7MPa 이하	0.25~0.7MPa 이하	0.35MPa 이상
방수량	80L/min 이상	80L/min 이상	800L/min 이상 (가압송수장치 설치)	130L/min 이상 (30층 미만 : 최대 2개, 30층 이상 : 최대 5개)	350L/min 이상 (최대 2개)	75L/min 이상 (포워터 스프링클러헤드 설치)
방수구경	-	-	-	40mm	65mm	-
노즐구경	-	-	-	13mm	19mm	-

답 ④

---

69 미분무소화설비의 화재안전기준에 따른 용어의 정리 중 다음 ( ) 안에 알맞은 것은?

18.04.문79
17.05.문75

> 미분무란 물만을 사용하여 소화하는 방식으로 최소설계압력에서 헤드로부터 방출되는 물입자 중 (㉠)%의 누적체적분포가 (㉡)μm 이하로 분무되고 A, B, C급 화재에 적응성을 갖는 것을 말한다.

① ㉠ 30, ㉡ 200
② ㉠ 50, ㉡ 200
③ ㉠ 60, ㉡ 400
④ ㉠ 99, ㉡ 400

해설 미분무소화설비의 용어정의(NFPC 104A 3조, NFTC 104A 1.7)

용어	설명
미분무소화설비	가압된 물이 헤드 통과 후 미세한 입자로 분무됨으로써 소화성능을 가지는 설비를 말하며, 소화력을 증가시키기 위해 강화액 등을 첨가할 수 있다.
미분무	물만을 사용하여 소화하는 방식으로 최소설계압력에서 헤드로부터 방출되는 물입자 중 **99%**의 누적체적분포가 **400μm** 이하로 분무되고 A, B, C급 화재에 적응성을 갖는 것 〈보기 ④〉
미분무헤드	하나 이상의 오리피스를 가지고 미분무소화설비에 사용되는 헤드

답 ④

---

70 평상시 최고주위온도가 70℃인 장소에 폐쇄형 스프링클러헤드를 설치하는 경우 표시온도가 몇 ℃인 것을 설치해야 하는가?

16.05.문62
14.05.문69
05.09.문62

① 79℃ 미만
② 79℃ 이상 121℃ 미만
③ 121℃ 이상 162℃ 미만
④ 162℃ 이상

해설 폐쇄형 헤드의 표시온도(NFTC 103 2.7.6)

설치장소의 최고주위온도	표시온도
39℃ 미만	**79**℃ 미만
39~**64**℃ 미만	79~**121**℃ 미만
64~**106**℃ 미만 →	121~**162**℃ 미만 〈보기 ③〉
106℃ 이상	162℃ 이상

기억법
39 → 79
64 → 121
106 → 162

• 헤드의 표시온도는 **최고주위온도**보다 **높은** 것을 선택한다.

기억법 최높

답 ③

---

71 포소화설비에서 부상지붕구조의 탱크에 상부포 주입법을 이용한 포방출구 형태는?

21.05.문72
19.09.문80
18.04.문64
14.05.문72

① Ⅰ형 방출구
② Ⅱ형 방출구
③ 특형 방출구
④ 표면하 주입식 방출구

해설 포방출구(위험물기준 133조)

탱크의 구조	포방출구
고정지붕구조(원추형 루프탱크, 콘루프탱크)	• Ⅰ형 방출구 • Ⅱ형 방출구 • Ⅲ형 방출구(표면하 주입식 방출구) • Ⅳ형 방출구(반표면하 주입식 방출구)
부상덮개부착 고정지붕구조	• Ⅱ형 방출구
부상지붕구조(부상식 루프탱크, **플**로팅 루프탱크)	• **특**형 방출구 〈보기 ③〉

기억법 특플부(터프가이 부상)

※ 제1석유류 옥외탱크저장소 : 부상식 루프탱크

답 ③

72 할론 1301을 전역방출방식으로 방출할 때 분사헤드의 최소방출압력[MPa]은?

① 0.1
② 0.2
③ 0.9
④ 1.05

해설 할론소화약제(NFPC 107 4·10조, NFTC 107 2.1.2.1, 2.1.2.2, 2.7)

구 분		할론 1301	할론 1211	할론 2402
저장압력		2.5MPa 또는 4.2MPa	1.1MPa 또는 2.5MPa	-
방출압력		0.9MPa 보기 ③	0.2MPa	0.1MPa
충전비	가압식	0.9~1.6 이하	0.7~1.4 이하	0.51~0.67 미만
	축압식			0.67~2.75 이하

답 ③

73 방호대상물 주변에 설치된 벽면적의 합계가 20m², 방호공간의 벽면적 합계가 50m², 방호공간체적이 30m³인 장소에 국소출방식의 분말소화설비를 설치할 때 저장할 소화약제량은 약 몇 kg인가? (단, 소화약제의 종별에 따른 X, Y의 수치에서 X의 수치는 5.2, Y의 수치는 3.9로 하며, 여유율(K)은 1.1로 한다.)

① 120
② 199
③ 314
④ 349

해설 분말소화설비(국소출방식)(NFPC 108 6조, NFTC 108 2.3.2.2)

(1) 기호
- X : 5.2
- Y : 3.9
- a : 20m²
- A : 50m²
- Q : ?

(2) 방호공간 1m³에 대한 분말소화약제량

$$Q = \left(X - Y\frac{a}{A}\right) \times 1.1$$

여기서, Q : 방호공간 1m³에 대한 분말소화약제의 양[kg/m³]
a : 방호대상물의 주변에 설치된 벽면적의 합계[m²]
A : 방호공간의 벽면적의 합계[m²]
X, Y : 주어진 수치

방호공간 1m³에 대한 분말소화약제량 Q는

$$Q = \left(X - Y\frac{a}{A}\right) \times 1.1 = \left(5.2 - 3.9 \times \frac{20m^2}{50m^2}\right) \times 1.1$$
$$\fallingdotseq 4kg/m^3$$

(3) 분말소화약제량

$$Q' = Q \times 방호공간체적$$

여기서, Q' : 분말소화약제량[kg]
Q : 방호공간 1m³에 대한 분말소화약제의 양[kg/m³]

분말소화약제량 Q'는
$Q' = Q \times 방호공간체적$
$= 4kg/m^3 \times 30m^3 = 120kg$

용어
방호공간
방호대상물의 각 부분으로부터 0.6m의 거리에 의하여 둘러싸인 공간

답 ①

74 완강기 및 완강기의 속도조절기에 관한 설명으로 틀린 것은?

① 견고하고 내구성이 있어야 한다.
② 강하시 발생하는 열에 의해 기능에 이상이 생기지 아니하여야 한다.
③ 속도조절기는 사용 중에 분해·손상·변형되지 아니하여야 하며, 속도조절기의 이탈이 생기지 아니하도록 덮개를 하여야 한다.
④ 평상시에는 분해, 청소 등을 하기 쉽게 만들어져 있어야 한다.

해설
④ 하기 쉽게 만들어져 있어야 한다. → 하지 아니하여도 작동될 수 있을 것

완강기 및 **완강기 속도조절기**의 **일반구조**(완강기의 형식승인 및 제품검사의 기술기준 3조)
(1) 견고하고 **내구성**이 있을 것 보기 ①
(2) 평상시에 분해, 청소 등을 하지 아니하여도 작동할 수 있을 것 보기 ④
(3) 강하시 발생하는 **열**에 의하여 기능에 이상이 생기지 아니할 것 보기 ②
(4) 속도조절기는 사용 중에 분해·손상·변형되지 아니하여야 하며, 속도조절기의 이탈이 생기지 아니하도록 덮개를 하여야 한다. 보기 ③
(5) 강하시 **로프**가 손상되지 아니할 것
(6) **속도조절기**의 **폴리** 등으로부터 로프가 노출되지 아니하는 구조

∥완강기의 구조∥

답 ④

75. 다음의 할로겐화합물 및 불활성기체 소화약제 중 기본성분이 다른 것은?

① HCFC BLEND A ② HFC-125
③ IG-541 ④ HFC-227ea

해설
①, ②, ④ 할로겐화합물 소화약제
③ 불활성기체 소화약제

소화약제량(저장량)의 산정 (NFPC 107A 7조, NFTC 107A 2.4)

구 분	할로겐화합물 소화약제	불활성기체 소화약제
종류	• FC-3-1-10 • HCFC BLEND A 보기 ① • HCFC-124 • HFC-125 보기 ② • HFC-227ea 보기 ④ • HFC-23 • HFC-236fa • FIC-13I1 • FK-5-1-12	• IG-01 • IG-100 • IG-541 보기 ③ • IG-55

답 ③

76. 제연구역 구획기준 중 제연경계의 폭과 수직거리 기준으로 옳은 것은? (단, 구조상 불가피한 경우는 제외한다.)

① 폭 : 0.3m 이상, 수직거리 : 0.6m 이내
② 폭 : 0.6m 이내, 수직거리 : 2m 이상
③ 폭 : 0.6m 이상, 수직거리 : 2m 이내
④ 폭 : 2m 이상, 수직거리 : 0.6m 이내

해설 제연구획에서 제연경계의 폭은 **0.6m 이상**, 수직거리는 **2m 이내**이어야 한다. 보기 ③

| 제연경계 | 0.6m 이상(폭) |
| 2m 이내(수직거리) |

중요
제연구역의 구획 (NFPC 501 4조, NFTC 501 2.1.1)
(1) 1제연구역의 면적은 **1000m²** 이내로 할 것
(2) 거실과 통로는 **각각 제연구획**할 것
(3) 통로상의 제연구역은 보행중심선의 길이가 **60m**를 초과하지 않을 것
(4) 1제연구역은 직경 **60m** 원 내에 들어갈 것
(5) 1제연구역은 **2개** 이상의 층에 미치지 않을 것

기억법 제10006(제천 육포)

답 ③

77. 호스릴 이산화탄소소화설비 하나의 노즐에 대하여 저장량은 최소 몇 kg 이상이어야 하는가?

① 60 ② 70 ③ 80 ④ 90

해설 **호스릴 CO₂ 소화설비** (NFPC 106 5·10조, NFTC 106 2.2.1.4, 2.7.4.2)

소화약제 저장량	분사헤드 방사량
90kg 이상 보기 ④	60kg/min 이상

기억법 호소9

비교
호스릴방식(분말소화설비) (NFPC 108 6·11조, NFTC 108 2.3.2.3, 2.8.4.4)

약제 종별	약제저장량	약제방사량
제1종 분말	50kg	45kg/min
제2·3종 분말	30kg	27kg/min
제4종 분말	20kg	18kg/min

답 ④

78. 하나의 옥내소화전을 사용하는 노즐선단에서의 방수압력이 0.7MPa를 초과할 경우에 감압장치를 설치하여야 하는 곳은?

① 방수구 연결배관
② 호스접결구의 인입측
③ 노즐선단
④ 노즐 안쪽

해설 **감압장치** (NFPC 102 5조, NFTC 102 2.2.1.3)
옥내소화전설비의 소방호스 노즐의 방수압력의 허용범위는 **0.17~0.7MPa**이다. **0.7MPa**을 초과시에는 **호스접결구의 인입측**에 **감압장치**를 설치하여야 한다. 보기 ②

중요
각 설비의 주요사항

구 분	옥내소화전설비	옥외소화전설비
방수압	0.17~0.7MPa 이하	0.25~0.7MPa 이하
방수량	130L/min 이상 (30층 미만 : 최대 2개, 30층 이상 : 최대 5개)	350L/min 이상 (최대 2개)
방수구경	40mm	65mm
노즐구경	13mm	19mm

답 ②

79
연결송수관설비의 송수구 설치기준 중 건식의 경우 송수구 부근 자동배수밸브 및 체크밸브의 설치순서로 옳은 것은?

18.03.문64
15.09.문78
13.03.문61

① 송수구 → 체크밸브 → 자동배수밸브 → 체크밸브
② 송수구 → 체크밸브 → 자동배수밸브 → 개폐밸브
③ 송수구 → 자동배수밸브 → 체크밸브 → 개폐밸브
④ 송수구 → 자동배수밸브 → 체크밸브 → 자동배수밸브

해설 **연결송수관설비**(NFPC 502 4조, NFTC 502 2.1.1.8)

(1) **습식** : 송수구 → 자동배수밸브 → 체크밸브

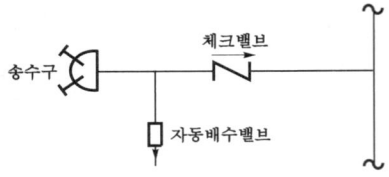

∥연결송수관설비(습식)∥

(2) **건식** : **송**수구 → **자**동배수밸브 → **체**크밸브 → **자**동배수밸브
보기 ④

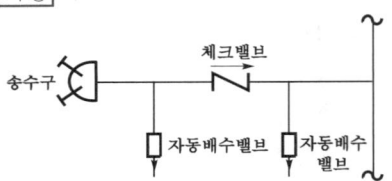

∥연결송수관설비(건식)∥

기억법 송자체자건

 비교

연결살수설비의 **송수구**(NFPC 503 4조, NFTC 503 2.1.3)

폐쇄형 헤드	개방형 헤드
송수구 → 자동배수밸브 → 체크밸브	송수구 → 자동배수밸브

답 ④

80
최대방수구역의 바닥면적이 60m²인 주차장에 물분무소화설비를 설치하려고 하는 경우 수원의 최소저수량은 몇 m³인가?

19.09.문66
16.10.문70
11.10.문68

① 12 ② 16
③ 20 ④ 24

해설 **물분무소화설비**의 **수원**(NFPC 104 4조, NFTC 104 2.1.1)

특정소방대상물	토출량	최소기준	비 고
컨베이어벨트	10L/min·m²	–	벨트부분의 바닥면적
절연유 봉입변압기	10L/min·m²	–	표면적을 합한 면적 (바닥면적 제외)
특수가연물	10L/min·m²	최소 50m²	최대방수구역의 바닥면적 기준
케이블트레이 ·덕트	12L/min·m²	–	투영된 바닥면적
차고·**주**차장	20L/min·m²	최소 50m²	최대방수구역의 바닥면적 기준
위험물 저장탱크	37L/min·m	–	위험물탱크 둘레길이(원주길이) : 위험물규칙〔별표 6〕Ⅱ

※ 모두 **20분**간 방수할 수 있는 양 이상으로 하여야 한다.

기억법
컨 0
절 0
특 0
케 2
차 0
위 37

차고·주차장의 토출량 = 20L/min·m²
= 바닥면적(최소 50m²)×토출량×20min

주차장 방사량 = 바닥면적(최소 50m²)×20L/min·m²×20min
= 60m²×20L/min·m²×20min
= 24000L
= 24m³

• 1000L = 1m³이므로 24000L = 24m³

답 ④

2022. 4. 17 시행

2022년 산업기사 제2회 필기시험 CBT 기출복원문제

자격종목	종목코드	시험시간	형별	수험번호	성명
소방설비산업기사(기계분야)		2시간			

※ 각 문항은 4지택일형으로 질문에 가장 적합한 보기 항을 선택하여 체크하여야 합니다.

제1과목 소방원론

01 목조건축물의 온도와 시간에 따른 화재특성으로 옳은 것은?

18.03.문16
17.03.문13
14.05.문09
13.09.문09
10.09.문08

① 저온단기형
② 저온장기형
③ 고온단기형
④ 고온장기형

해설

목조건물의 화재온도 표준곡선	내화건물의 화재온도 표준곡선
• 화재성상 : **고온단**기형 보기 ③ • 최고온도(최성기온도) : 1300℃	• 화재성상 : 저온장기형 • 최고온도(최성기온도) : 900~1000℃

기억법 목고단 13

• 목조건물=목재건물

답 ③

02 폭발에 대한 설명으로 틀린 것은?

19.09.문20
16.03.문05

① 보일러 폭발은 화학적 폭발이라 할 수 없다.
② 분무폭발은 기상폭발에 속하지 않는다.
③ 수증기 폭발은 기상폭발에 속하지 않는다.
④ 화약류 폭발은 화학적 폭발이라 할 수 있다.

해설
② 속하지 않는다. → 속한다.

기상폭발
(1) 가스폭발(혼합가스폭발)
(2) 분무폭발 보기 ②
(3) 분진폭발

중요

폭발의 종류

화학적 폭발	물리적 폭발
• 가스폭발 • 유증기폭발 • 분진폭발 • 화약류의 폭발 보기 ④ • 산화폭발 • 분해폭발 • 중합폭발 • 증기운폭발	• 증기폭발(=수증기폭발) 보기 ③ • 전선폭발 • 상전이폭발 • 압력방출에 의한 폭발

답 ②

03 건축법상 건축물의 주요구조부에 해당되지 않는 것은?

16.10.문09
16.05.문06
13.06.문12

① 지붕틀
② 내력벽
③ 주계단
④ 최하층 바닥

해설
④ 최하층 바닥 : 주요구조부에서 제외

주요구조부
(1) 내력**벽** 보기 ②
(2) **보**(작은 보 제외)
(3) **지**붕틀(차양 제외) 보기 ①
(4) **바**닥(최하층 바닥 제외) 보기 ④
(5) **주**계단(옥외계단 제외) 보기 ③
(6) **기**둥(사잇기둥 제외)

기억법 벽보지 바주기

답 ④

04 기름탱크에서 화재가 발생하였을 때 탱크 하부에 있는 물 또는 물-기름 에멀션이 뜨거운 열유층에 의해서 가열되어 유류가 탱크 밖으로 갑자기 분출하는 현상은?

21.03.문03
18.03.문03
12.03.문08
11.06.문20
10.03.문14
09.08.문04
04.09.문05

① 리프트(lift)
② 백파이어(backfire)
③ 플래시오버(flashover)
④ 보일오버(boil over)

해설 **보일오버**(boil over)
(1) 중질유의 탱크에서 장시간 조용히 연소하다 탱크 내의 잔존기름이 갑자기 분출하는 현상
(2) 유류탱크에서 탱크바닥에 물과 기름이 **에멀션**이 섞여 있을 때 이로 인하여 화재가 발생하는 현상 보기 ④
(3) 연소유면으로부터 100℃ 이상의 열파가 탱크 저부에 고여 있는 물을 비등하게 하면서 연소유를 탱크 밖으로 비산시키며 연소하는 현상

용어

구분	설명
리프트(lift) 보기 ①	버너 내압이 높아져서 **분출속도가 빨라지는** 현상
백파이어 (backfire, 역화) 보기 ②	가스가 노즐에서 나가는 속도가 연소속도보다 느리게 되어 **버너 내부에서 연소**하게 되는 현상
플래시오버 (flashover) 보기 ③	화재로 인하여 실내의 온도가 급격히 상승하여 화재가 **순간적으로 실내 전체**에 **확산**되어 연소되는 현상

답 ④

★
05 소화약제로 사용되는 물에 대한 설명 중 틀린 것은?
20.08.문19
11.06.문16
① 극성 분자이다.
② 수소결합을 하고 있다.
③ 아세톤, 벤젠보다 증발잠열이 크다.
④ 아세톤, 구리보다 비열이 작다.

해설 **물**(H₂O)
(1) **극성 분자**이다. 보기 ①
(2) **수소결합**을 하고 있다. 보기 ②
(3) 아세톤, 벤젠보다 증발잠열이 크다. 보기 ③
(4) 아세톤, 구리보다 비열이 매우 **크다**. 보기 ④

중요

물의 비열	물의 증발잠열
1cal/g · ℃	539cal/g

답 ④

★★★
06 고체연료의 연소형태를 구분할 때 해당하지 않는 것은?
17.09.문09
11.06.문11
① 증발연소　② 분해연소
③ 표면연소　④ 예혼합연소

해설 ④ 기체의 연소형태
연소의 형태

연소형태	종류
기체 연소형태	• **예**혼합연소 보기 ④ • **확**산연소 기억법 **확예기**(우리 **확률 얘기** 좀 할까?)

액체 연소형태	• 증발연소 • 분해연소 • 액적연소
고체 연소형태	• 표면연소 보기 ③ • 분해연소 보기 ② • 증발연소 보기 ① • 자기연소

답 ④

★★★
07 물이 소화약제로서 널리 사용되고 있는 이유에 대한 설명으로 틀린 것은?
21.09.문04
18.04.문13
15.05.문04
14.05.문02
13.03.문08
11.10.문01
① 다른 약제에 비해 쉽게 구할 수 있다.
② 비열이 크다.
③ 증발잠열이 크다.
④ 점도가 크다.

해설 ④ 크다. → 크지 않다.

물이 소화작업에 사용되는 이유
(1) 가격이 싸다.(가격이 저렴하다.)
(2) 쉽게 구할 수 있다.(많은 양을 구할 수 있다.) 보기 ①
(3) 열흡수가 매우 크다.(증발잠열이 크다.) 보기 ③
(4) 사용방법이 비교적 간단하다.
(5) **비열**이 크다. 보기 ②
(6) 밀폐된 장소에서 증발가열하면 수증기에 의해서 **산소희석작용** 또는 **질식소화작용**을 한다.
(7) **무상**으로 주수하면 **중질유화재**에도 사용할 수 있다.

• 증발잠열=기화잠열

 참고

물이 소화약제로 많이 쓰이는 이유

장점	단점
① 쉽게 구할 수 있다. ② 증발잠열(기화잠열)이 크다. ③ 취급이 간편하다.	① 가스계 소화약제에 비해 사용 후 **오염**이 크다. ② 일반적으로 **전기화재**에는 **사용**이 **불가**하다.

답 ④

★★
08 동식물유류에서 "아이오딘값이 크다."라는 의미로 옳은 것은?
17.03.문19
11.06.문16
① 불포화도가 높다.
② 불건성유이다.
③ 자연발화성이 낮다.
④ 산소와의 결합이 어렵다.

해설 "**아이오딘값이 크다.**"라는 **의미**
(1) **불포**화도가 높다. 보기 ①
(2) **건**성유이다. 보기 ②
(3) 자연발화성이 높다. 보기 ③
(4) 산소와 결합이 쉽다. 보기 ④

※ 아이오딘값: 기름 100g에 첨가되는 아이오딘의 g수

기억법 아불포

답 ①

09 다음 중 전기화재에 해당하는 것은?

① A급 화재
② B급 화재
③ C급 화재
④ D급 화재

해설

화재 종류	표시색	적응물질
일반화재(A급)	백색	• 일반 가연물 • 종이류 화재 • 목재, 섬유화재
유류화재(B급)	황색	• 가연성 액체(등유·경유) • 가연성 가스 • 액화가스화재 • 석유화재
전기화재(C급) 보기 ③	청색	• 전기설비
금속화재(D급)	무색	• 가연성 금속
주방화재(K급)	–	• 식용유화재

기억법 백황청무

※ 요즘은 표시색의 의무규정은 없음

답 ③

10 할론 1301의 화학식으로 옳은 것은?

① CBr_3Cl
② $CBrCl_3$
③ CF_3Br
④ $CFBr_3$

해설

종류	약칭	분자식
Halon 1011	CB	CH_2ClBr
Halon 104	CTC	CCl_4
Halon 1211	BCF	$CF_2ClBr(CBrClF_2)$
Halon 1301	BTM	$CF_3Br(CBrF_3)$ 보기 ③
Halon 2402	FB	$C_2F_4Br_2(C_2Br_2F_4)$

중요

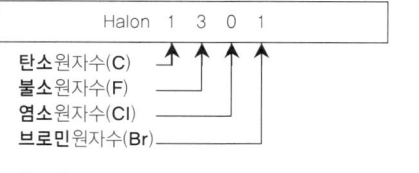

Halon 1 3 0 1
탄소원자수(C)
불소원자수(F)
염소원자수(Cl)
브로민원자수(Br)

※ 수소원자의 수=(첫 번째 숫자×2)+2-나머지 숫자의 합

답 ③

11 물을 이용한 대표적인 소화효과로만 나열된 것은?

① 냉각효과, 부촉매효과
② 냉각효과, 질식효과
③ 질식효과, 부촉매효과
④ 제거효과, 냉각효과, 부촉매효과

해설 소화약제의 소화작용

소화약제	소화작용	주된 소화작용
물 (스프링클러)	• 냉각작용 • 희석작용	냉각작용 (냉각소화)
물(무상)	• **냉**각작용(증발 잠열 이용) 보기 ② • **질**식작용 보기 ② • **유**화작용(에멀 션 효과) • **희**석작용	질식작용 (질식소화)
포	• 냉각작용 • 질식작용	
분말	• 질식작용 • 부촉매작용 (억제작용) • 방사열 차단작용	
이산화탄소	• 냉각작용 • 질식작용 • 피복작용	
할론	• 질식작용 • 부촉매작용 (억제작용)	**부**촉매작용 (연쇄반응 억제) **기억법** 할부(할아버지)

기억법 물냉질유희

• CO_2 소화기=이산화탄소소화기
• 에멀션효과=에멀전효과
• 작용=효과
• 물은 부촉매효과는 없으므로 부촉매효과가 없는
  ②번이 정답

중요

부촉매효과
(1) 분말소화약제
(2) 할론소화약제
(3) 할로겐화합물소화약제

답 ②

12 다음 중 인화점이 가장 낮은 물질은?

① 등유
② 아세톤
③ 경유
④ 아세트산

해설
① 43~72℃   ② -18℃
③ 50~70℃   ④ 40℃

인화점 vs 착화점

물 질	인화점	착화점
• 프로필렌	-107℃	497℃
• 에틸에터 • 다이에틸에터	-45℃	180℃
• 가솔린(휘발유)	-43℃	300℃
• **산**화프로필렌	-37℃	465℃
• **이**황화탄소	-30℃	100℃
• 아세틸렌	-18℃	335℃
• 아세톤 보기 ②	-18℃	538℃
• 벤젠	-11℃	562℃
• 톨루엔	4.4℃	480℃
• **메**틸알코올	11℃	464℃
• 에틸알코올	13℃	423℃
• 아세트산 보기 ④	40℃	-
• **등**유 보기 ①	43~72℃	210℃
• **경**유 보기 ③	50~70℃	200℃
• 적린	-	260℃

기억법 인산 이메등경

• 착화점=발화점=착화온도=발화온도
• 인화점=인화온도

답 ②

13 분말소화약제의 주성분 중에서 A, B, C급 화재 모두에 적응성이 있는 것은?

① KHCO₃
② NaHCO₃
③ Al₂(SO₄)₃
④ NH₄H₂PO₄

해설 분말소화약제

종 별	분자식	착 색	적응 화재	비 고
제1종	중탄산나트륨 (NaHCO₃) 보기 ②	백색	BC급	**식용유** 및 **지방질유**의 화재에 적합
제2종	중탄산칼륨 (KHCO₃) 보기 ①	담자색 (담회색)	BC급	-
제3종	제1인산암모늄 (NH₄H₂PO₄) 보기 ④	담홍색	ABC급	차고·주차장에 적합
제4종	중탄산칼륨 +요소 (KHCO₃+ (NH₂)₂CO)	회(백)색	BC급	-

• 중탄산나트륨=탄산수소나트륨
• 중탄산칼륨=탄산수소칼륨
• 제1인산암모늄=인산암모늄=인산염
• 중탄산칼륨+요소=탄산수소칼륨+요소

답 ④

14 위험물안전관리법령상 품명이 특수인화물에 해당하는 것은?

① 등유
② 경유
③ 다이에틸에터
④ 휘발유

해설 제4류 위험물

품 명	대표물질
특수인화물	• 다이에틸**에**터 보기 ③ • **이**황화탄소 **기억법** 에이특(에이특시럽)
제**1**석유류	• **아**세톤 • 휘발유(**가**솔린) 보기 ④ • **콜**로디온 **기억법** 아가콜1(아가의 콜로일기)
제2석유류	• 등유 보기 ① • 경유 보기 ②
제3석유류	• 중유 • 크레오소트유
제4석유류	• 기어유 • 실린더유

답 ③

15 건축물 내부 화재시 연기의 평균 수직이동속도는 약 몇 m/s인가?

① 0.01~0.05
② 0.5~1
③ 2~3
④ 20~30

해설 연기의 이동속도

방향 또는 장소	이동속도
수평방향(수평이동속도)	0.5~1m/s
수직방향(수직이동속도)	2~3m/s 보기 ③
계단실 내의 수직이동속도	**3**~**5**m/s

기억법 3계5(삼계탕 드시러 오세요.)

답 ③

16. 물질의 연소범위에 대한 설명 중 옳은 것은?

① 연소범위의 상한이 높을수록 발화위험이 낮다.
② 연소범위의 상한과 하한 사이의 폭은 발화위험과 무관하다.
③ 연소범위의 하한이 낮은 물질을 취급시 주의를 요한다.
④ 연소범위의 하한이 낮은 물질은 발열량이 크다.

해설
① 낮다. → 높다.
② 무관하다. → 관계가 있다.
④ 연소범위의 하한과 발열량과는 무관하다.

연소범위와 발화위험
(1) 연소하한과 연소상한의 범위를 나타낸다.
(2) **연소하한**이 **낮을수록** 발화위험이 높다. 보기 ③
(3) **연소범위**가 **넓을수록** 발화위험이 높다.
(4) 연소범위는 주위온도와 관계가 있다.
(5) 연소범위의 하한은 그 물질의 **인화점**에 해당된다.
(6) 압력상승시 **연소하한**은 **불변**, **연소상한**만 **상승**한다.

- 연소한계=연소범위=폭발한계=폭발범위=가연한계=가연범위
- 연소하한=하한계
- 연소상한=상한계

답 ③

17. 화재시 이산화탄소를 사용하여 질식소화 하는 경우, 산소의 농도를 14vol%까지 낮추려면 공기 중의 이산화탄소 농도는 약 몇 vol%가 되어야 하는가?

① 22.3vol%   ② 33.3vol%
③ 44.3vol%   ④ 55.3vol%

해설

$$CO_2 = \frac{방출가스량}{방호구역체적+방출가스량} \times 100$$

$$= \frac{21-O_2}{21} \times 100$$

여기서, CO_2 : CO_2의 농도[%], O_2 : O_2의 농도[%]

이산화탄소의 농도 CO_2는

$$CO_2 = \frac{21-O_2}{21} \times 100 = \frac{21-14}{21} \times 100 ≒ 33.3vol\%$$

용어

%	vol%
수를 100의 비로 나타낸 것	어떤 공간에 차지하는 부피를 백분율로 나타낸 것
50%	공기 50vol% / 50vol%

답 ②

18. 대형 소화기에 충전하는 소화약제 양의 기준으로 틀린 것은?

① 할로겐화합물소화기 : 20kg 이상
② 강화액소화기 : 60L 이상
③ 분말소화기 : 20kg 이상
④ 이산화탄소소화기 : 50kg 이상

해설
① 20kg → 30kg

소화기의 형식승인 및 제품검사의 기술기준 10조
대형 소화기의 소화약제 충전량

종 별	충전량
포(기계포)	**2**0L 이상
분말	**2**0kg 이상 보기 ③
할로겐화합물	**3**0kg 이상 보기 ①
이산화탄소(CO_2)	**5**0kg 이상 보기 ④
강화액	**6**0L 이상 보기 ②
물	**8**0L 이상

기억법
포 2
분 2
할 3
이 5
강 6
물 8

답 ①

19. 화학적 점화원의 종류가 아닌 것은?

① 연소열
② 중합열
③ 분해열
④ 아크열

해설
④ 아크열 : 전기적 점화원

열에너지원의 종류

기계열 (기계적 점화원)	전기열 (전기적 점화원)	화학열 (화학적 점화원)
• **압**축열 • **마**찰열 • **마**찰스파크(스파크열) 기억법 기압마	• 유도열 • 유전열 • 저항열 • 아크열 • 정전기열 • 낙뢰에 의한 열 보기 ④	• **연**소열 보기 ① • **용**해열 • **분**해열 보기 ③ • **생**성열 • **자**연발화열 • **중**합열 보기 ② 기억법 화연용분생자

답 ④

20. 열의 전달형태가 아닌 것은?
① 대류
② 산화
③ 전도
④ 복사

해설 열전달(열의 전달방법)의 종류

종류	설명
전도 [보기 ③] (conduction)	하나의 물체가 다른 물체와 직접 접촉하여 열이 이동하는 현상
대류 [보기 ①] (convection)	유체의 흐름에 의하여 열이 이동하는 현상
복사 [보기 ④] (radiation)	• 화재시 화원과 격리된 인접 가연물에 불이 옮겨 붙는 현상 • 열전달 매질이 없이 열이 전달되는 형태 • 열에너지가 전자파의 형태로 옮겨지는 현상으로, 가장 크게 작용한다.

기억법 전대복

용어 산화
가연물이 산소와 화합하는 것

비교 목조건축물의 화재원인

종류	설명
접염 (화염의 접촉)	화염 또는 열의 접촉에 의하여 불이 다른 곳으로 옮겨 붙는 것
비화	불티가 바람에 날리거나 화재현장에서 상승하는 열기류 중심에 휩쓸려 원거리 가연물에 착화하는 현상
복사열	복사파에 의하여 열이 고온에서 저온으로 이동하는 것

답 ②

제 2 과목   소방유체역학

21. 열역학 제2법칙에 관한 설명으로 틀린 것은?
① 열효율 100%인 열기관은 제작이 불가능하다.
② 열은 스스로 저온체에서 고온체로 이동할 수 없다.
③ 제2종 영구기관은 동작물질의 종류에 따라 존재할 수 있다.
④ 한 열원에서 발생하는 열량을 일로 바꾸기 위해서는 반드시 다른 열원의 도움이 필요하다.

해설 ③ 있다. → 없다.

열역학의 법칙
(1) **열역학 제0법칙** (열평형의 법칙)
 ㉠ 온도가 높은 물체에 낮은 물체를 접촉시키면 온도가 **높은 물체**에서 **낮은 물체**로 열이 이동하여 두 물체의 **온도**는 **평형**을 이루게 된다.
 ㉡ 어떤 두 물체 A와 B가 제3의 물체 C와 각각 열평형상태에 있을 때, 두 물체 A와 B도 서로 열평형상태이다.

(2) **열역학 제1법칙** (에너지보존의 법칙)
 기체의 공급에너지는 **내부에너지**와 외부에서 한 일의 합과 같다.

(3) **열역학 제2법칙**
 ㉠ 열은 스스로 **저온**에서 **고온**으로 절대로 흐르지 않는다.
 ㉡ 열은 그 스스로 저온체에서 고온체로 이동할 수 없다. [보기 ②]
 ㉢ 자발적인 변화는 **비가역**이다.
 ㉣ 열을 완전히 일로 바꿀 수 있는 **열기관**을 만들 수 **없다** (제2종 영구기관의 제작이 **불가능**하다). [보기 ① ③]
 ㉤ 열기관에서 일을 얻으려면 최소 **두 개**의 **열원**이 필요하다. [보기 ④]

(4) **열역학 제3법칙**
 순수한 물질이 1atm하에서 결정상태이면 엔트로피는 0K에서 0이다.

답 ③

---

22. 비열이 0.475kJ/(kg·K)인 철 10kg을 20℃에서 80℃로 올리는 데 필요한 열량은 약 몇 kJ인가?
① 222
② 232
③ 285
④ 315

해설
(1) 기호
 • C : 0.475kJ/(kg·K)
 • m : 10kg
 • ΔT : (80-20)℃ 또는 (80-20)K
 • Q : ?

(2) 열량
$$Q = r_1 m + mC\Delta T + r_2 m$$

여기서, Q : 열량[kJ]
 r_1 : 융해열[kJ/kg]
 r_2 : 기화열[kJ/kg]
 m : 질량[kg]
 C : 비열[kJ/(kg·℃)] 또는 [kJ/(kg·K)]
 ΔT : 온도차[℃] 또는 [K]

(3) 20℃철 → 80℃철
온도만 변화하고 융해열, 기화열은 없으므로 $r_1 m$, $r_2 m$은 무시

$$Q = mC\Delta T$$
$$= 10\text{kg} \times 0.475\text{kJ/(kg·K)} \times (80-20)\text{K}$$
$$= 285\text{kJ}$$

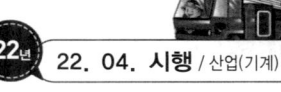

• ΔT(온도차)를 구할 때는 ℃로 구하든지 K로 구하든지 그 값은 같으므로 단위를 편한대로 적용하면 된다.
예 (80−20)℃=60℃
K=273+80=353K
K=273+20=293K
(353−293)K=60K

답 ③

23

어떤 오일의 동점성계수가 $2\times 10^{-4} \text{m}^2/\text{s}$이고 비중이 0.9라면 점성계수는 약 몇 kg/m·s인가?

19.09.문29
18.03.문26
09.05.문29

① 1.2
② 2.0
③ 0.18
④ 1.8

해설 (1) 기호
- $\nu : 2\times 10^{-4}\text{m}^2/\text{s}$
- $s : 0.9$
- $\mu : ?$

(2) 비중
$$s = \frac{\rho}{\rho_w}$$

여기서, s : 비중
ρ : 어떤 물질의 밀도[kg/m³]
ρ_w : 물의 밀도(1000kg/m³)

오일의 밀도 ρ는
$\rho = \rho_w \cdot s = 1000\text{kg/m}^3 \times 0.9 = 900\text{kg/m}^3$

(3) 동점성계수
$$\nu = \frac{\mu}{\rho}$$

여기서, ν : 동점성계수[m²/s]
μ : 점성계수[kg/m·s]
ρ : 밀도(어떤 물질의 밀도)[kg/m³]

점성계수 μ는
$\mu = \nu \cdot \rho$
$= 2\times 10^{-4}\text{m}^2/\text{s} \times 900\text{kg/m}^3 = 0.18\text{kg/m·s}$

답 ③

24

비중이 0.75인 액체와 비중량이 6700N/m³인 액체를 부피비 1 : 2로 혼합한 혼합액의 밀도는 약 몇 kg/m³인가?

18.04.문33

① 688
② 706
③ 727
④ 748

해설 (1) 기호
- $s : 0.75$
- $\gamma : 6700\text{N/m}^3$
- $\rho : ?$

(2) 비중
$$s = \frac{\gamma}{\gamma_w} = \frac{\rho}{\rho_w}$$

여기서, s : 비중
γ : 어떤 물질의 비중량[N/m³]
γ_w : 물의 비중량(9800N/m³)
ρ : 어떤 물질의 밀도[kg/m³]
ρ_w : 물의 밀도(1000kg/m³)

어떤 물질의 비중량 $\gamma = s \times \gamma_w$
비중이 0.75인 액체를 γ_A, $\gamma_B = 6700\text{N/m}^3$이라 하면
$\gamma_A = s \cdot \gamma_w = 0.75 \times 9800\text{N/m}^3 = 7350\text{N/m}^3$
γ_A와 γ_B를 1 : 2로 혼합했으므로 혼합액의 비중량 γ는
$$\gamma = \frac{\gamma_A \times 1 + \gamma_B \times 2}{3}$$
$$= \frac{7350\text{N/m}^3 \times 1 + 6700\text{N/m}^3 \times 2}{3} \fallingdotseq 6916.67\text{N/m}^3$$

$$\frac{\gamma}{\gamma_w} = \frac{\rho}{\rho_w}$$ 에서

혼합액의 밀도 ρ는
$$\rho = \frac{\gamma \times \rho_w}{\gamma_w}$$
$$= \frac{6916.67\text{N/m}^3 \times 1000\text{kg/m}^3}{9800\text{N/m}^3} \fallingdotseq 706\text{kg/m}^3$$

답 ②

25

단면적이 0.01m²인 옥내소화전 노즐로 그림과 같이 7m/s로 움직이는 벽에 수직으로 물을 방수할 때 벽이 받는 힘은 약 몇 kN인가?

17.09.문26
17.05.문37
10.09.문34
09.05.문32

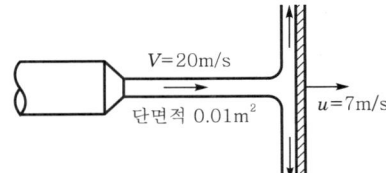

① 1.42
② 1.69
③ 1.85
④ 2.14

해설 (1) 기호
- $A : 0.01\text{m}^2$
- $V : 20\text{m/s}$
- $u : 7\text{m/s}$
- $F : ?$

(2) 유량
$$Q = AV' = A(V-u)$$

여기서, Q : 유량[m³/s]
A : 단면적[m²]
V' : 유속[m/s]
V : 노즐유속[m/s]
u : 움직이는 벽의 유속[m/s]

유량 Q는
$Q = A(V-u)$
$= 0.01\text{m}^2 \times (20-7)\text{m/s} = 0.13\text{m}^3/\text{s}$

(3) **벽**이 받는 **힘**

$$F = \rho Q V' = \rho Q(V-u)$$

여기서, F : 힘[N]
ρ : 밀도(물의 밀도 1000N·s²/m⁴)
Q : 유량[m³/s]
V' : 유속[m/s]
V : 노즐유속[m/s]
u : 움직이는 벽의 유속[m/s]

벽이 받는 **힘** F는
$F = \rho Q(V-u)$
$= 1000\text{N}\cdot\text{s}^2/\text{m}^4 \times 0.13\text{m}^3/\text{s} \times (20-7)\text{m/s}$
$= 1690\text{N} = 1.69\text{kN}$

● 1000N=1kN이므로 1690N=1.69kN

답 ②

26 ★★★ 부력의 작용점에 관한 설명으로 옳은 것은?

14.05.문37
① 떠 있는 물체의 중심
② 물체의 수직투영면 중심
③ 잠겨진 물체의 중력 중심
④ 잠겨진 물체 체적의 중심

해설

부력	부력의 작용점
정지된 유체에 잠겨 있거나 떠 있는 물체가 유체에 의해 **수직**상방으로 받는 힘	잠겨진 물체 **체적**의 중심 보기 ④ 기억법 작체(자체)

답 ④

27 ★★ 다음 그림에서 A점의 계기압력은 약 몇 kPa인가?

19.04.문40
15.09.문22
13.09.문32

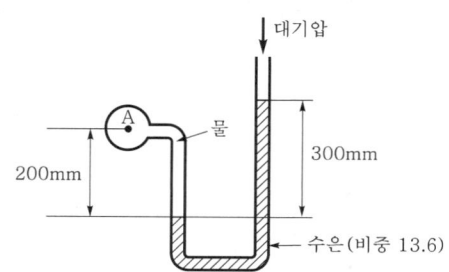

① 0.38
② 38
③ 0.42
④ 42

해설 **시차액주계**

$$P_A + \gamma_1 h_1 - \gamma_2 h_2 = 0$$

(1) **기호**

● h_1 : 200mm=0.2m(1000mm=1m)
● h_2 : 300mm=0.3m(1000mm=1m)
● s : 13.6
● P_A : ?

(2) **비중**

$$s = \frac{\gamma}{\gamma_w}$$

여기서, s : 비중
γ : 어떤 물질의 비중량[N/m³]
γ_w : 물의 비중량(9800N/m³)

수은의 비중량 γ는
$\gamma = s \cdot \gamma_w$
$= 13.6 \times 9800\text{N/m}^3$
$= 133280\text{N/m}^3$
$= 133.28\text{kN/m}^3$

(3) **시차액주계**

$$P_A + \gamma_1 h_1 - \gamma_2 h_2 = 0$$

여기서, P_A : 계기압력[kPa] 또는 [kN/m²]
γ_1, γ_2 : 비중량(물의 비중량 9800N/m³)
h_1, h_2 : 높이[m]

● 마노미터의 한쪽 게이지 압력=0

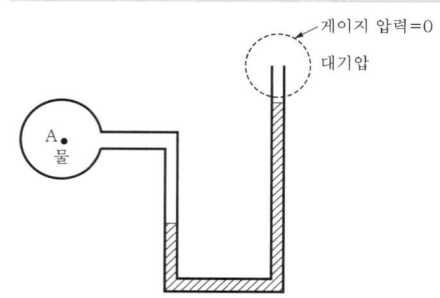

계기압력 P_A는
$P_A = -\gamma_1 h_1 + \gamma_2 h_2$
$= -9.8\text{kN/m}^3 \times 0.2\text{m} + 133.28\text{kN/m}^3 \times 0.3\text{m}$
$≒ 38\text{kN/m}^2$
$= 38\text{kPa}$

● 1kN/m²=1kPa이므로 38kN/m²=38kPa

중요

시차액주계의 **압력계산방법**
점 A를 기준으로 내려가면 더하고, 올라가면 빼면 된다.

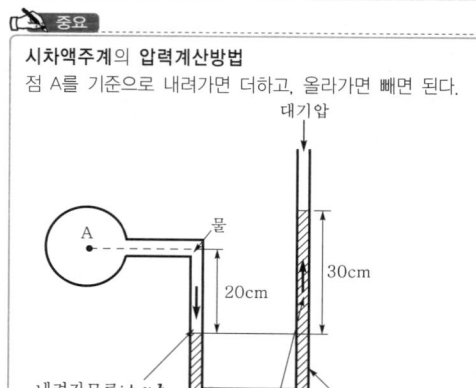

답 ②

28
지름 1m인 곧은 수평원관에서 층류로 흐를 수 있는 유체의 최대평균속도는 몇 m/s인가? (단, 임계 레이놀즈(Reynolds)수는 2000이고, 유체의 동점성계수는 $4\times10^{-4}m^2/s$이다.)

① 0.4
② 0.8
③ 40
④ 80

해설 (1) 기호
- D : 1m
- V_{max} : ?
- Re : 2000
- ν : $4\times10^{-4}m^2/s$

(2) 레이놀즈수

$$Re=\frac{DV\rho}{\mu}=\frac{DV}{\nu}$$

여기서, Re : 레이놀즈수
D : 내경[m]
V : 유속[m/s]
ρ : 밀도[kg/m³]
μ : 점성계수[kg/m·s]
ν : 동점성계수$\left(\frac{\mu}{\rho}\right)$[m²/s]

$Re=\frac{DV}{\nu}$ 에서 V는

$$V=\frac{Re\nu}{D}=\frac{2000\times(4\times10^{-4})m^2/s}{1m}=0.8m/s$$

답 ②

29
펌프의 공동현상(cavitation) 방지대책으로 가장 적절한 것은?

① 펌프를 수원보다 되도록 높게 설치한다.
② 흡입속도를 증가시킨다.
③ 흡입압력을 낮게 한다.
④ 양쪽을 흡입한다.

해설
① 높게 → 낮게
② 증가 → 감소
③ 낮게 → 높게

공동현상(cavitation, 캐비테이션)

개요	펌프의 흡입측 배관 내의 물의 정압이 기존의 증기압보다 낮아져서 기포가 발생되어 물이 흡입되지 않는 현상
발생현상	• **소음**과 **진동** 발생 • 관 부식(펌프깃의 침식) • **임펠러**의 **손상**(수차의 날개를 해친다.) • 펌프의 성능 저하(양정곡선 저하) • 효율곡선 **저하**

발생원인	• 펌프가 물탱크보다 부적당하게 **높게** 설치되어 있을 때 • 펌프 **흡입수두**가 지나치게 **클** 때 • 펌프 **회전수**가 지나치게 **높을** 때 • 관 내를 흐르는 **물의 정압**이 그 물의 온도에 해당하는 증기압보다 **낮을** 때
방지대책	• 펌프의 흡입수두를 작게 한다.(흡입양정을 짧게 한다.) • 펌프의 마찰손실을 작게 한다. • 펌프의 임펠러속도(**회전수**)를 **작게** 한다.(흡입속도를 **감소**시킨다.) 보기 ② • 흡입압력을 높게 한다. 보기 ③ • 펌프의 설치위치를 수원보다 **낮게** 한다. 보기 ① • 양(쪽)흡입펌프를 사용한다.(펌프의 흡입측을 가압한다.) 보기 ④ • 관 내의 물의 정압을 그때의 증기압보다 높게 한다. • 흡입관의 **구경**을 **크게** 한다. • 펌프를 2개 이상 설치한다. • 회전차를 수중에 완전히 잠기게 한다.

비교

수격작용(water hammering)

개요	• 배관 속의 물흐름을 급히 차단하였을 때 동압이 정압으로 전환되면서 일어나는 **쇼크**(shock)현상 • 배관 내를 흐르는 유체의 유속을 급격하게 변화시키므로 압력이 상승 또는 하강하여 관로의 벽면을 치는 현상
발생원인	• 펌프가 갑자기 정지할 때 • 급히 밸브를 개폐할 때 • 정상운전시 유체의 압력변동이 생길 때
방지대책	• **관**의 관경(직경)을 크게 한다. • 관 내의 유속을 낮게 한다.(관로에서 일부 고압수를 방출한다.) • **조압수조**(surge tank)를 관선에 설치한다. • **플라이휠**(fly wheel)을 설치한다. • 펌프 송출구(토출측) 가까이에 밸브를 설치한다. • **에어챔버**(air chamber)를 설치한다.

기억법 수방관플에

답 ④

30
옥내소화전설비의 배관유속이 3m/s인 위치에 피토정압관을 설치하였을 때, 정체압과 정압의 차를 수두로 나타내면 몇 m가 되겠는가?

① 0.46
② 4.6
③ 0.92
④ 9.2

해설 (1) 기호
- V : 3m/s
- H : ?

(2) 수두

$$H=\frac{V^2}{2g}$$

여기서, H : 수두[m]
V : 유속[m/s]
g : 중력가속도(9.8m/s²)

$$H = \frac{V^2}{2g} = \frac{(3\text{m/s})^2}{2 \times 9.8\text{m/s}^2} ≒ 0.46\text{m}$$

답 ①

31 ★★
(21.05.문27 / 18.03.문27 / 15.03.문38 / 10.03.문25)

정지유체 속에 잠겨있는 경사진 평면에서 압력에 의해 작용하는 합력의 작용점에 대한 설명으로 옳은 것은?

① 도심의 아래에 있다.
② 도심의 위에 있다.
③ 도심의 위치와 같다.
④ 도심의 위치와 관계가 없다.

해설 힘의 작용점의 중심압력은 경사진 평판의 **도심의**(보다) **아래**에 있다. 보기 ①

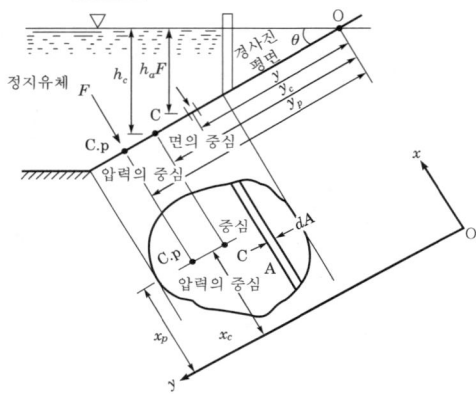

| 힘의 작용점의 중심압력 |

답 ①

32 ★★★
(20.06.문25 / 19.03.문24 / 12.05.문37 / 12.03.문24)

10kg의 액화이산화탄소가 15℃의 대기(표준대기압) 중으로 방출되었을 때 이산화탄소의 부피[m³]는? (단, 일반기체상수는 8.314kJ/kmol·K이다.)

① 5.4   ② 6.2
③ 7.3   ④ 8.2

해설 (1) 기호
- m : 10kg
- T : 15℃=(273+15)K
- P : 1atm=101.325kPa(표준대기압이므로)
  =101.325kN/m²(1kPa=1kN/m²)
- M(이산화탄소) : 44kg/kmol
- V : ?
- R : 8.314kJ/kmol·K=8.314kN·m/kmol·K
  (1kJ=1kN·m)

(2) 표준대기압(P)
1atm=760mmHg=1.0332kg/cm³
=10.332mH₂O(mAq)
=14.7PSI(lb_f/in²)
=101.325kPa(kN/m²)
=1013mbar

(3) 분자량(M)

원소	원자량
H	1
C	12
N	14
O	16

이산화탄소(CO_2)의 분자량=$12+16\times2=44$kg/kmol

(4) 이상기체상태 방정식

$$PV = \frac{m}{M}RT$$

여기서, P : 압력[kN/m²] 또는 [kPa]
V : 부피(체적)[m³]
m : 질량[kg]
M : 분자량[kg/kmol]
R : 기체상수(8.314kJ/(kmol·K))
T : 절대온도(273+℃)[K]

부피 V는

$$V = \frac{m}{PM}RT$$

$$= \frac{10\text{kg}}{101.325\text{kN/m}^2 \times 44\text{kg/kmol}}$$
$$\times 8.314\text{kN·m/kmol·K} \times (273+15)\text{K}$$
$$≒ 5.4\text{m}^3$$

답 ①

33 ★★★
(16.03.문39)

배관 내 유체의 유량 또는 유속 측정법이 아닌 것은?

① 삼각위어에 의한 방법
② 오리피스에 의한 방법
③ 벤츄리관에 의한 방법
④ 피토관에 의한 방법

해설 ① 위어 : 개수로의 유량 측정

배관의 유량 또는 유속 측정	개수로의 유량 측정
① 벤츄리관 보기③ ② 오리피스 보기② ③ 로터미터 ④ 노즐(유동노즐) ⑤ 피토관 보기④	위어(삼각위어) 보기①

답 ①

34 ★★
(20.06.문26 / 18.03.문30 / 02.05.문27)

점성계수 μ의 차원으로 옳은 것은? (단, M은 질량, L은 길이, T는 시간이다.)

① $ML^{-1}T^{-1}$ ② MLT
③ $M^{-2}L^{-1}T$ ④ MLT^2

해설 **중력단위와 절대단위의 차원**

차 원	중력단위[차원]	절대단위[차원]
길이	m[L]	m[L]
시간	s[T]	s[T]
운동량	N·s[FT]	kg·m/s[MLT^{-1}]
힘	N[F]	kg·m/s^2[MLT^{-2}]
속도	m/s[LT^{-1}]	m/s[LT^{-1}]
가속도	m/s^2[LT^{-2}]	m/s^2[LT^{-2}]
질량	N·s^2/m[FL^{-1}T^2]	kg[M]
압력	N/m^2[FL^{-2}]	kg/m·s^2[ML^{-1}T^{-2}]
밀도	N·s^2/m^4[FL^{-4}T^2]	kg/m^3[ML^{-3}]
비중	무차원	무차원
비중량	N/m^3[FL^{-3}]	kg/m^2·s^2[ML^{-2}T^{-2}]
비체적	m^4/N·s^2[F^{-1}L^{4}T^{-2}]	m^3/kg[M^{-1}L^3]
일률	N·m/s[FLT^{-1}]	kg·m^2/s^3[ML^{2}T^{-3}]
일	N·m[FL]	kg·m^2/s^2[ML^{2}T^{-2}]
점성계수	N·s/m^2[FL^{-2}T]	kg/m·s[ML^{-1}T^{-1}] 보기 ①
동점성계수	m^2/s[L^{2}T^{-1}]	m^2/s[L^{2}T^{-1}]

답 ①

35 웨버수(Weber number)의 물리적 의미를 옳게 나타낸 것은?

17.05.문33
08.09.문27

① $\dfrac{관성력}{표면장력}$ ② $\dfrac{관성력}{중력}$

③ $\dfrac{표면장력}{관성력}$ ④ $\dfrac{중력}{관성력}$

해설 **무차원수의 물리적 의미**

명 칭	물리적 의미
레이놀즈(Reynolds)수	$\dfrac{관성력}{점성력}$ 기억법 레관점
프루드(Froude)수	$\dfrac{관성력}{중력}$ 기억법 프관중
코시(Cauchy)수	$\dfrac{관성력}{탄성력}$
웨버(Weber)수	$\dfrac{관성력}{표면장력}$ 보기 ① 기억법 웨관표
오일러(Euler)수	$\dfrac{압축력}{관성력}$
마하(Mach)수	$\dfrac{관성력}{압축력}$

답 ①

36 안지름이 30cm, 길이가 800m인 관로를 통하여 0.3m^3/s의 물을 50m 높이까지 양수하는 데 있어 펌프에 필요한 동력은 몇 kW인가? (단, 관마찰계수는 0.03이고, 펌프의 효율은 85%이다.)

14.03.문36
05.09.문34

① 402
② 409
③ 415
④ 427

해설 **(1) 기호**
- D : 30cm=0.3m(100cm=1m)
- l : 800m
- Q : 0.3m^3/s
- $H_{낙차}$: 50m
- P : ?

(2) 유량(flowrate)=체적유량

$$Q = AV = \left(\dfrac{\pi D^2}{4}\right)V$$

여기서, Q : 유량[m^3/s]
 A : 단면적[m^2]
 V : 유속[m/s]
 D : 지름[m]

유속 $V = \dfrac{Q}{\dfrac{\pi D^2}{4}} = \dfrac{0.3\text{m}^3/\text{s}}{\dfrac{\pi \times (0.3\text{m})^2}{4}} ≒ 4.24\text{m/s}$

• 100cm=1m이므로 30cm=0.3m

(3) 마찰손실

$$H = \dfrac{flV^2}{2gD}$$

여기서, H : 마찰손실[m]
 f : 관마찰계수
 l : 길이[m]
 V : 유속[m/s]
 g : 중력가속도(9.8m/s^2)
 D : 내경[m]

마찰손실 H는
$H = \dfrac{flV^2}{2gD} = \dfrac{0.03 \times 800\text{m} \times (4.24\text{m/s})^2}{2 \times 9.8\text{m/s}^2 \times 0.3\text{m}} ≒ 73.4\text{m}$

(4) 동력

$$P = \dfrac{0.163QH}{\eta}K$$

여기서, P : 동력[kW]
 Q : 유량[m^3/min]
 H : 전양정[m]
 K : 전달계수
 η : 효율

동력 P는

$$P = \frac{0.163QH}{\eta}K$$

$$= \frac{0.163 \times 0.3\text{m}^3 / \frac{1}{60}\text{min} \times (50+73.4)\text{m}}{0.85}$$

$$= \frac{0.163 \times (0.3 \times 60)\text{m}^3/\text{min} \times (50+73.4)\text{m}}{0.85}$$

$$≒ 427\text{kW}$$

- 전양정(H)=낙차+손실수두=$(50+73.4)$m
- K : 주어지지 않았으므로 무시
- 1min=60s이므로 $1s = \frac{1}{60}$min

답 ④

37 ★★★

17.03.문35
16.03.문28
15.03.문21
14.09.문23
14.05.문36
11.10.문22
08.05.문29
08.03.문32

그림에서 $h_1=300$mm, $h_2=150$mm, $h_3=350$mm 일 때 A와 B의 압력차($p_A - p_B$)는 약 몇 kPa 인가? (단, A, B의 액체는 물이고, 그 사이의 액주계 유체는 비중이 13.6인 수은이다.)

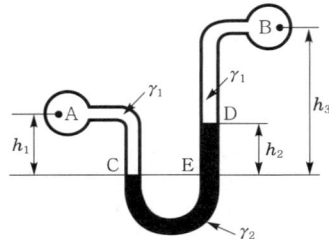

① 15 ② 17
③ 19 ④ 21

해설 (1) 기호
- h_1 : 300mm=0.3m(1000mm=1m)
- h_2 : 150mm=0.15m(1000mm=1m)
- h_3 : 350mm=0.35m(1000mm=1m)
- s : 13.6
- $p_A - p_B$: ?

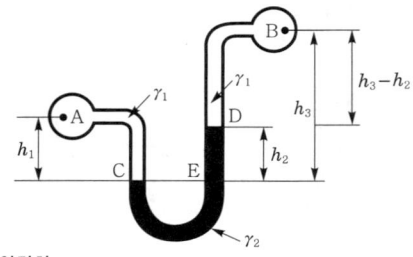

(2) 압력차

$$p_A + \gamma_1 h_1 - \gamma_2 h_2 - \gamma_1(h_3 - h_2) = p_B$$

$$p_A - p_B = -\gamma_1 h_1 + \gamma_2 h_2 + \gamma_1(h_3 - h_2)$$
$$= -9.8\text{kN/m}^3 \times 0.3\text{m} + 133.28\text{kN/m}^3$$
$$\times 0.15\text{m} + 9.8\text{kN/m}^3 \times (0.35-0.15)\text{m}$$
$$≒ 19\text{kN/m}^2$$
$$= 19\text{kPa}$$

- 물의 비중량 : 9.8kN/m³
- 수은의 비중 : 13.6=133.28kN/m³

$$s = \frac{\gamma}{\gamma_w}$$

여기서, s : 비중
γ : 어떤 물질의 비중량[kN/m³]
γ_w : 물의 비중량(9.8kN/m³)

수은의 비중량 γ는
$$\gamma = s \times \gamma_w = 13.6 \times 9.8\text{kN/m}^3$$
$$= 133.28\text{kN/m}^3$$

- 1kN/m²=1kPa이므로 19kN/m²=19kPa

중요

시차액주계의 압력계산방법
점 A를 기준으로 내려가면 더하고, 올라가면 빼면 된다.

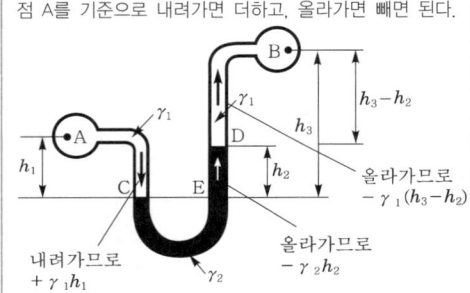

답 ③

38 ★★★

20.08.문27
19.03.문21
17.09.문21
16.03.문31
06.09.문22
01.09.문32

뉴턴의 점성법칙과 직접적으로 관계없는 것은?

① 압력
② 전단응력
③ 속도구배
④ 점성계수

해설 ① 압력은 뉴턴의 점성법칙과 관계없음

뉴턴(Newton)의 점성법칙

$$\tau = \mu \frac{du}{dy}$$

여기서, τ : 전단응력[N/m²] 보기 ②
μ : 점성계수[N·s/m²] 보기 ④
$\frac{du}{dy}$: 속도구배(속도기울기) 보기 ③

답 ①

39 ★★★
15.09.문33

관지름 d, 관마찰계수 f, 부차손실계수 K인 관의 상당길이 L_e는?

① $\dfrac{f}{K \times d}$
② $\dfrac{K \times d}{f}$
③ $\dfrac{K}{d \times f}$
④ $\dfrac{d \times f}{K}$

해설 관의 상당관길이

$$L_e = \dfrac{KD}{f} = \dfrac{K \times d}{f} \quad \boxed{보기 ②}$$

여기서, L_e : 관의 상당관길이[m]
　　　　K : 손실계수
　　　　$D(d)$: 내경[m]
　　　　f : 마찰손실계수

● 상당관길이=상당길이=등가길이

답 ②

40 ★★
21.05.문35
19.03.문27
13.09.문39
05.03.문23

그림과 같이 수조차의 탱크 측벽에 안지름이 25cm인 노즐을 설치하여 노즐로부터 물이 분사되고 있다. 노즐 중심은 수면으로부터 3m 아래에 있다고 할 때 수조차가 받는 추력 F는 약 몇 kN인가? (단, 노면과의 마찰은 무시한다.)

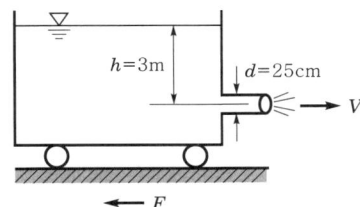

① 1.77
② 2.89
③ 4.56
④ 5.21

해설 (1) 기호
● $d(D)$: 25cm=0.25m(100cm=1m)
● $h(H)$: 3m
● F : ?

(2) 토리첼리의 식

$$V = \sqrt{2gH}$$

여기서, V : 유속[m/s]
　　　　g : 중력가속도(9.8m/s²)
　　　　H : 높이[m]

유속 V는
$V = \sqrt{2gH}$
　 $= \sqrt{2 \times 9.8\text{m/s}^2 \times 3\text{m}} ≒ 7.668\text{m/s}$

(3) 유량

$$Q = AV$$

여기서, Q : 유량[m³/s]
　　　　A : 단면적[m²]
　　　　V : 유속[m/s]

(4) 추력(힘)

$$F = \rho QV$$

여기서, F : 추력(힘)[N]
　　　　ρ : 밀도(물의 밀도 1000N·s²/m⁴)
　　　　Q : 유량[m³/s]
　　　　V : 유속[m/s]

추력 F는

$F = \rho QV = \rho(AV)V = \rho AV^2 = \rho\left(\dfrac{\pi D^2}{4}\right)V^2$

$= 1000\text{N}\cdot\text{s}^2/\text{m}^4 \times \dfrac{\pi \times (0.25\text{m})^2}{4} \times (7.668\text{m/s})^2$

$= 2886\text{N} = 2.886\text{kN} ≒ 2.89\text{kN}$

● $Q = AV$이므로 $F = \rho QV = \rho(AV)V$
● $A = \dfrac{\pi D^2}{4}$ (여기서, D : 지름[m])

답 ②

제3과목　소방관계법규

41 ★★★
21.09.문44

국가가 시·도의 소방업무에 필요한 경비의 일부를 보조하는 국고보조대상이 아닌 것은?

① 사무용 기기
② 소방전용통신설비
③ 소방자동차
④ 소방관서용 청사의 건축

해설 ① 국고보조대상이 아님

기본령 2조
국고보조의 대상 및 기준
(1) **국고보조의 대상**
　㉠ 소방**활**동장비와 설비의 구입 및 설치
　　● 소방**자**동차　보기 ③
　　● 소방**헬**리콥터·소방정
　　● 소방**전**용통신설비·전산설비　보기 ②
　　● 방**화**복
　㉡ 소방관서용 **청**사　보기 ④
(2) 소방활동장비 및 설비의 종류와 규격 : 행정안전부령
(3) 대상사업의 기준보조율 : 「보조금관리에 관한 법률 시행령」에 따름

기억법 국화복 활자 전헬청

답 ①

42 다음 중 유별을 달리하는 위험물을 혼재하여 저장할 수 있는 것으로 짝지어진 것은?

① 제1류 – 제2류 ② 제2류 – 제3류
③ 제3류 – 제4류 ④ 제5류 – 제6류

해설 위험물규칙 [별표 19]
위험물의 혼재기준
(1) 제1류 + 제6류
(2) 제2류 + 제4류
(3) 제2류 + 제5류
(4) 제3류 + 제4류 보기 ③
(5) 제4류 + 제5류

기억법 1-6
        2-4·5
        3-4-5

답 ③

43 위험물안전관리법령상 제조소와 사용전압이 35000V를 초과하는 특고압가공전선에 있어서 안전거리는 몇 m 이상을 두어야 하는가? (단, 제6류 위험물을 취급하는 제조소는 제외한다.)

① 3   ② 5
③ 20   ④ 30

해설 위험물규칙 [별표 4]
위험물제조소의 안전거리

안전거리	대상
3m 이상	7000~35000V 이하의 특고압가공전선
5m 이상	35000V를 초과하는 특고압가공전선 보기 ②
10m 이상	주거용으로 사용되는 것
20m 이상	• 고압가스 **제조**시설(용기에 충전하는 것 포함) • 고압가스 **사용**시설(1일 30m³ 이상 용적 취급) • 고압가스 **저장**시설 • 액화산소 **소비**시설 • 액화석유가스 제조·저장시설 • 도시가스 공급시설
30m 이상	• 학교 • 병원등 의료기관 • 공연장 ─┐ • 영화상영관 ─┤ 300명 이상 수용시설 • 아동복지시설 ─┐ • 노인복지시설 • 장애인복지시설 • 한부모가족복지시설 ─┤ 20명 이상 수용시설 • 어린이집 • 성매매피해자 등을 위한 지원시설 • 정신건강증진시설 • 가정폭력피해자 보호시설

| 50m 이상 | • 지정문화유산
• 천연기념물 등 |

답 ②

44 보일러 등의 위치·구조 및 관리와 화재예방을 위하여 불의 사용에 있어서 지켜야 하는 사항 중 난로의 연통은 천장으로부터 최소 몇 m 이상 떨어지게 설치하여야 하는가?

① 0.3   ② 0.6
③ 1   ④ 2

해설 화재예방법 시행령 [별표 1]
벽·천장 사이의 거리

종류	벽·천장 사이의 거리
건조설비	0.5m 이상
보일러	0.6m 이상 보기 ②

기억법 보6(보육시설)

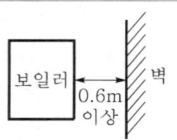

|보일러 이격거리|

답 ②

45 하자보수대상 소방시설 중 하자보수 보증기간이 3년인 것은?

① 유도등   ② 피난기구
③ 비상방송설비   ④ 스프링클러설비

해설 ①, ②, ③ 2년
④ 3년

공사업령 6조
소방시설공사의 하자보수 보증기간

보증기간	소방시설
2년	① 유도등·**피**난기구 보기 ①② ② 비상**조**명등·비상**경**보설비·비상**방**송설비 보기 ③ ③ **무**선통신보조설비
3년	① 자동소화장치 ② 옥내·외소화전설비 ③ 스프링클러설비 보기 ④ ④ 물분무등소화설비·소화용수설비 ⑤ 자동화재탐지설비·소화활동설비(무선통신보조설비 제외) ⑥ 화재알림설비

기억법 유비조경방무피2(유비조경방무피투)

답 ④

46. 화재예방강화지구의 지정대상지역에 해당되지 않는 곳은?

① 시장지역
② 공장·창고가 밀집한 지역
③ 소방용수시설 또는 소방출동로가 있는 지역
④ 석유화학제품을 생산하는 공장이 있는 지역

해설
③ 있는 → 없는

화재예방법 18조
화재예방강화지구의 지정
(1) 지정권자 : 시·도지사
(2) 지정지역
 ㉠ 시장지역 [보기 ①]
 ㉡ 공장·창고 등이 밀집한 지역 [보기 ②]
 ㉢ 목조건물이 밀집한 지역
 ㉣ 노후·불량 건축물이 밀집한 지역
 ㉤ 위험물의 저장 및 처리시설이 밀집한 지역
 ㉥ 석유화학제품을 생산하는 공장이 있는 지역 [보기 ④]
 ㉦ 소방시설·소방용수시설 또는 소방출동로가 없는 지역 [보기 ③]
 ㉧ 「산업입지 및 개발에 관한 법률」에 따른 산업단지
 ㉨ 「물류시설의 개발 및 운영에 관한 법률」에 따른 물류단지
 ㉩ 소방청장, 소방본부장 또는 소방서장(소방관서장)이 화재예방강화지구로 지정할 필요가 크다고 인정하는 지역

※ **화재예방강화지구** : 화재발생 우려가 크거나 화재가 발생할 경우 피해가 클 것으로 예상되는 지역에 대하여 화재의 예방 및 안전관리를 강화하기 위해 지정·관리하는 지역

답 ③

47. 방염성능기준 이상의 실내장식물 등을 설치하여야 하는 특정소방대상물이 아닌 것은?

① 방송국
② 종합병원
③ 11층 이상의 아파트
④ 숙박이 가능한 수련시설

해설
③ 아파트 → 아파트 제외

소방시설법 시행령 30조
방염성능기준 이상 적용 특정소방대상물
(1) 층수가 **11층 이상**인 것(아파트 제외 : 2026. 12. 1. 삭제) [보기 ③]
(2) 체력단련장, 공연장 및 종교집회장
(3) 문화 및 집회시설
(4) 종교시설
(5) 운동시설(수영장은 제외)
(6) 의료시설(종합병원, 정신의료기관) [보기 ②]
(7) 의원, 치과의원, 한의원, 조산원, 산후조리원
(8) 교육연구시설 중 합숙소
(9) 노유자시설
(10) 숙박이 가능한 수련시설 [보기 ④]
(11) 숙박시설
(12) 방송국 및 촬영소 [보기 ①]
(13) 다중이용업소(단란주점영업, 유흥주점영업, 노래연습장업의 영업장 등)

답 ③

48. 다음 위험물 중 위험물안전관리법령에서 정하고 있는 지정수량이 가장 적은 것은?

① 브로민산염류
② 황
③ 알칼리토금속
④ 과염소산

해설
위험물령 [별표 1]
지정수량

위험물	지정수량
• **알칼리토**금속	50kg [보기 ③]
기억법 알토(소프라노, **알토**)	
• 황	100kg [보기 ②]
• 브로민산염류 • 과염소산	300kg [보기 ①④]

답 ③

49. 소방시설공사업법령상 공사감리자 지정대상 특정소방대상물의 범위가 아닌 것은?

① 물분무등소화설비(호스릴방식의 소화설비는 제외)를 신설·개설하거나 방호·방수구역을 증설할 때
② 제연설비를 신설·개설하거나 제연구역을 증설할 때
③ 연소방지설비를 신설·개설하거나 살수구역을 증설할 때
④ 캐비닛형 간이스프링클러설비를 신설·개설하거나 방호·방수구역을 증설할 때

해설
④ 캐비닛형 간이스프링클러설비를 → 스프링클러설비(캐비닛형 간이스프링클러설비 제외)를

공사업령 10조
소방공사감리자 지정대상 특정소방대상물의 범위
(1) **옥내소화전설비**를 신설·개설 또는 **증설**할 때
(2) **스프링클러설비** 등(캐비닛형 간이스프링클러설비 제외)을 신설·개설하거나 방호·**방수구역**을 증설할 때 [보기 ④]
(3) **물분무등소화설비**(호스릴방식의 소화설비 제외)를 신설·개설하거나 방호·방수구역을 **증설**할 때 [보기 ①]
(4) **옥외소화전설비**를 신설·개설 또는 **증설**할 때
(5) **자동화재탐지설비**를 신설·개설할 때
(6) **화재알림설비**를 신설 또는 개설할 때
(7) **비상방송설비**를 신설 또는 개설할 때
(8) **통합감시설**을 신설 또는 **개설**할 때
(9) **소화용수설비**를 신설 또는 **개설**할 때

22. 04. 시행 / 산업(기계)

⑩ 다음의 **소화활동설비**에 대하여 시공할 때
  ㉠ **제연설비**를 신설·개설하거나 제연구역을 증설할 때 보기 ②
  ㉡ 연결송수관설비를 신설 또는 개설할 때
  ㉢ 연결살수설비를 신설·개설하거나 송수구역을 증설할 때
  ㉣ 비상콘센트설비를 신설·개설하거나 전용회로를 증설할 때
  ㉤ 무선통신보조설비를 신설 또는 개설할 때
  ㉥ **연소방지설비**를 신설·개설하거나 살수구역을 증설할 때 보기 ③

답 ④

50 ★★★ 소방기본법령상 소방대상물에 해당하지 않는 것은?

21.09.문51
20.08.문45
16.10.문57
16.05.문51

① 차량 ② 건축물
③ 운항 중인 선박 ④ 선박건조구조물

해설 ③ 운항 중인 → 매어 둔

기본법 2조 1호
소방대상물
(1) **건**축물 보기 ②
(2) **차**량 보기 ①
(3) **선**박(매어둔 것) 보기 ③
(4) **선**박건조구조물 보기 ④
(5) **인**공구조물
(6) **물**건
(7) **산**림

기억법 건차선 인물산

비교
위험물법 3조
위험물의 저장·운반·취급에 대한 적용 제외
(1) **항**공기
(2) **선**박
(3) **철**도(기차)
(4) **궤**도

기억법 항선철궤

답 ③

51 ★★★ 소방시설 설치 및 관리에 관한 법령상 소방용품으로 틀린 것은?

21.09.문60
19.04.문54
15.05.문47
11.06.문52
10.03.문57

① 시각경보기 ② 자동소화장치
③ 가스누설경보기 ④ 방염제

해설 **소방시설법 시행령 6조**
소방용품 제외대상
(1) 주거용 주방자동소화장치용 소화약제
(2) 가스자동소화장치용 소화약제
(3) 분말자동소화장치용 소화약제
(4) 고체에어로졸 자동소화장치용 소화약제
(5) 소화약제 외의 것을 이용한 간이소화용구
(6) 휴대용 비상조명등
(7) 유도표지
(8) 벨용 푸시버튼스위치
(9) 피난밧줄

⑩ 옥내소화전함
⑪ 방수구
⑫ 안전매트
⑬ 방수복
⑭ 시각경보기 보기 ①

답 ①

52 ★★ 위험물안전관리법상 제조소 등을 설치하고자 하는 자는 누구의 허가를 받아 설치할 수 있는가?

20.06.문56
19.04.문47
14.03.문58

① 소방서장 ② 소방청장
③ 시·도지사 ④ 안전관리자

해설 **위험물법 6조**
제조소 등의 설치허가
(1) 설치허가자 : **시·도지사** 보기 ③
(2) 설치허가 제외장소
  ㉠ 주택의 난방시설(공동주택의 중앙난방시설은 제외)을 위한 **저장소** 또는 **취급소**
  ㉡ **지정수량 20배** 이하의 **농예용·축산용·수산용** 난방시설 또는 건조시설의 **저장소**
(3) 제조소 등의 변경신고 : 변경하고자 하는 날의 **1일** 전까지

시·도지사
(1) 특별시장
(2) 광역시장
(3) 특별자치시장
(4) 도지사
(5) 특별자치도지사

답 ③

53 ★★ 특정소방대상물의 건축·대수선·용도변경 또는 설치 등을 위한 공사를 시공하는 자가 공사현장에서 인화성 물품을 취급하는 작업 등 대통령령으로 정하는 작업을 하기 전에 설치하고 유지·관리해야 하는 임시소방시설의 종류가 아닌 것은? (단, 용접·용단 등 불꽃을 발생시키거나 화기를 취급하는 작업이다.)

19.09.문44
17.09.문54
17.05.문41

① 간이소화장치 ② 비상경보장치
③ 자동확산소화기 ④ 간이피난유도선

해설 ③ 자동확산소화기는 해당없음

소방시설법 시행령 [별표 8]
임시소방시설의 종류

종류	설 명
소화기	-
간이소화장치 보기 ①	물을 방사하여 **화재**를 **진화**할 수 있는 장치로서 **소방청장**이 정하는 성능을 갖추고 있을 것
비상경보장치 보기 ②	화재가 발생한 경우 주변에 있는 작업자에게 **화재사실**을 **알릴** 수 있는 장치로서 **소방청장**이 정하는 성능을 갖추고 있을 것

간이피난유도선 보기 ④	화재가 발생한 경우 피난구 방향을 안내할 수 있는 장치로서 **소방청장**이 정하는 성능을 갖추고 있을 것
가스누설경보기	**가연성 가스**가 **누설** 또는 발생된 경우 **탐지**하여 경보하는 장치로서 **소방청장**이 실시하는 형식승인 및 제품검사를 받은 것
비상조명등	화재발생시 안전하고 원활한 피난활동을 할 수 있도록 **자동점등**되는 **조명장치**로서 **소방청장**이 정하는 성능을 갖추고 있을 것
방화포	용접·용단 등 작업시 발생하는 불티로부터 가연물이 점화되는 것을 방지해주는 **천** 또는 **불연성 물품**으로서 **소방청장**이 정하는 성능을 갖추고 있을 것

비교

소방시설법 시행령 [별표 8]
임시소방시설을 설치하여야 하는 공사의 종류와 규모

공사 종류	규 모
간이소화장치	• 연면적 3천m² 이상 • 지하층, 무창층 또는 **4층** 이상의 층. 바닥면적이 600m² 이상인 경우만 해당
비상경보장치	• 연면적 400m² 이상 • 지하층 또는 무창층. 바닥면적이 150m² 이상인 경우만 해당
간이피난유도선	• 바닥면적이 150m² 이상인 지하층 또는 무창층의 화재위험작업현장에 설치
소화기	• 건축허가 등을 할 때 **소방본부장** 또는 **소방서장**의 동의를 받아야 하는 특정소방대상물의 **신축·증축·개축·재축·이전·용도변경** 또는 **대수선** 등을 위한 공사 중 화재위험작업현장에 설치
가스누설경보기	• 바닥면적이 150m² 이상인 **지하층** 또는 **무창층**의 화재위험작업현장에 설치
비상조명등	
방화포	• 용접·용단 작업이 진행되는 화재위험작업현장에 설치

답 ③

54 ★★
(20.08.문42, 17.05.문42, 12.05.문55)

소방시설 설치 및 관리에 관한 법령상 소방청장 또는 시·도지사가 청문을 하여야 하는 처분이 아닌 것은?

① 소방시설관리사 자격의 정지
② 소방안전관리자 자격의 취소
③ 소방시설관리업의 등록취소
④ 소방용품의 형식승인 취소

해설 ② 소방안전관리자는 청문 해당없음

소방시설법 49조
청문실시 대상
(1) 소방시설**관리사** 자격의 취소 및 정지 보기 ①
(2) 소방시설**관리업**의 등록취소 및 영업정지 보기 ③
(3) **소방용품**의 형식승인취소 및 제품검사중지 보기 ④
(4) 소방용품의 **제품검사 전문기관**의 **지정취소** 및 업무정지
(5) 우수품질인증의 취소
(6) 소방용품의 성능인증 취소

기억법 청사 용업(청사 용역)

답 ②

55 ★★
(19.04.문49, 16.03.문44, 06.03.문42)

지정수량 미만인 위험물의 저장 또는 취급기준은 무엇으로 정하는가?

① 시·도의 조례
② 행정안전부령
③ 소방청 고시
④ 대통령령

해설 위험물법 4·5조
위험물
(1) 지정수량 미만인 위험물의 저장·취급 : **시·도의 조례** 보기 ①
(2) 위험물의 **임**시저장기간 : **90일** 이내

기억법 9임(구인)

답 ①

56 ★★★

소방용수시설 급수탑 개폐밸브의 설치기준으로 옳은 것은?

① 지상에서 1.0m 이상 1.5m 이하
② 지상에서 1.5m 이상 1.7m 이하
③ 지상에서 1.2m 이상 1.8m 이하
④ 지상에서 1.5m 이상 2.0m 이하

해설 기본규칙 [별표 3]
소방용수시설별 설치기준

소화전	급수탑
• 65mm : 연결금속구의 구경	• 100mm : 급수배관의 구경 • **1.5~1.7m** 이하 : 개폐밸브 높이

기억법 57탑(57층 탑)

답 ②

57 ★
(16.03.문54, 14.09.문46, 05.03.문53)

건축허가 등의 동의요구시 동의요구서에 첨부하여야 할 서류가 아닌 것은?

① 건축허가신청서 및 건축허가서 사본
② 소방시설 설치계획표
③ 임시소방시설 설치계획서
④ 소방시설공사업 등록증

 ④ 공사업은 건축허가 동의에 해당없음

소방시설법 시행규칙 3조
건축허가 동의시 첨부서류
(1) 건축허가신청서 및 건축허가서 사본 보기 ①
(2) 설계도서 및 소방시설 설치계획표 보기 ②
(3) **임시소방시설** 설치계획서(설치시기·위치·종류·방법 등 임시소방시설의 설치와 관련한 세부사항 포함) 보기 ③
(4) **소방시설설계업 등록증**과 소방시설을 설계한 기술인력의 기술자격증 사본
(5) 건축·대수선·용도변경신고서 사본
(6) 주단면도 및 입면도
(7) 소방시설별 층별 평면도
(8) 방화구획도(창호도 포함)

※ 건축허가 등의 동의권자 : **소방본부장·소방서장**

답 ④

58 소방기본법령상 소방대원에게 실시할 교육·훈련의 횟수 및 기간으로 옳은 것은?

21.09.문58
20.06.문53
18.09.문53
15.09.문53

① 1년마다 1회, 2주 이상
② 2년마다 1회, 2주 이상
③ 3년마다 1회, 2주 이상
④ 3년마다 1회, 4주 이상

해설 (1) **2년마다 1회 이상**
  ㉠ 소방대원의 소방교육·훈련(기본규칙 9조) 보기 ②
  ㉡ **실**무교육(화재예방법 시행규칙 29조)

기억법 실2(실리)

(2) **소방기본법 시행규칙 [별표 3의 2]**
소방대원의 소방 교육·훈련

구 분	설 명
전문교육기간	**2주** 이상 보기 ②

비교
화재예방법 시행규칙 29조
소방안전관리자의 실무교육
(1) 실시자 : **소방청장**(위탁 : 한국소방안전원장)
(2) 실시 : **2년마다 1회** 이상
(3) 교육통보 : **30일** 전

답 ②

59 소방시설 설치 및 관리에 관한 법령상 소방시설관리사의 결격사유가 아닌 것은?

20.08.문60
13.09.문47

① 피성년후견인
② 소방기본법령에 따른 금고 이상의 실형을 선고받고 그 집행이 면제된 날부터 2년이 지나지 아니한 사람
③ 소방시설공사업법령에 따른 금고 이상의 형의 집행유예를 선고받고 그 유예기간이 지난 후 2년이 지나지 아니한 사람
④ 거짓이나 그 밖의 부정한 방법으로 관리사 시험에 합격하여 자격이 취소된 날부터 2년이 지나지 아니한 사람

해설 ③ 그 유예기간이 지난 후 2년이 지나지 아니한 사람 → 금고 이상의 형의 집행유예를 선고받고 그 유예기간 중에 있는 사람

소방시설법 27조
소방시설관리사의 결격사유
(1) 피성년후견인 보기 ①
(2) 금고 이상의 실형을 선고받고 그 집행이 끝나거나 집행이 면제된 날부터 **2년**이 지나지 아니한 사람 보기 ②
(3) 금고 이상의 형의 집행유예를 선고받고 그 유예기간 중에 있는 사람 보기 ③
(4) 자격취소 후 **2년**이 지나지 아니한 사람 보기 ④

답 ③

60 소방시설 설치 및 관리에 관한 법령상 스프링클러설비를 설치하여야 하는 특정소방대상물의 기준으로 틀린 것은? (단, 위험물 저장 및 처리 시설 중 가스시설 또는 지하구를 제외한다.)

21.05.문60
18.03.문44
15.03.문41
05.09.문52

① 물류터미널로서 바닥면적 합계가 2000m² 이상인 경우에는 모든 층
② 숙박이 가능한 수련시설에 해당하는 용도로 사용되는 시설의 바닥면적의 합계가 600m² 이상인 것은 모든 층
③ 종교시설(주요구조부가 목조인 것은 제외)로서 수용인원이 100명 이상인 것에 해당하는 경우에는 모든 층
④ 지하상가로서 연면적 1000m² 이상인 것

해설 ① 2000m² → 5000m²

소방시설법 시행령 [별표 4]
스프링클러설비의 설치대상

설치대상	조 건
• 문화 및 집회시설, 운동시설 • 종교시설 보기 ③	• 수용인원 : **100명** 이상 • 영화상영관 : 지하층·무창층 500m²(기타 1000m²) 이상 • 무대부 - 지하층·무창층·**4층** 이상 : 300m² 이상 - 1~3층 : 500m² 이상
• 판매시설 • 운수시설 • 물류터미널 보기 ①	• 수용인원 : **500명** 이상 • 바닥면적 합계 5000m² 이상

창고시설(물류터미널 제외)	바닥면적 합계 5000m² 이상 : 전층
• 노유자시설 • 정신의료기관 • 수련시설(숙박 가능한 곳) 보기 ② • 종합병원, 병원, 치과병원, 한방병원 및 요양병원(정신병원 제외) • 숙박시설	바닥면적 합계 600m² 이상
지하상가 보기 ④	연면적 1000m² 이상
지하층・무창층・4층 이상	바닥면적 1000m² 이상
10m 넘는 랙식 창고	연면적 1500m² 이상
• 복합건축물 • 기숙사	연면적 5000m² 이상 : 전층
6층 이상	전층
보일러실・연결통로	전부
특수가연물 저장・취급	지정수량 1000배 이상
발전시설	전기저장시설 : 전층

답 ①

제4과목 소방기계시설의 구조 및 원리

61 상수도소화용수설비의 설치기준 중 다음 ( ) 안에 알맞은 것은?

19.04.문75
17.09.문65
15.09.문66
15.05.문65
15.03.문72
13.09.문73

호칭지름 (㉠)mm 이상의 수도배관에 호칭지름 (㉡)mm 이상의 소화전을 접속할 것

① ㉠ 80, ㉡ 65
② ㉠ 75, ㉡ 100
③ ㉠ 65, ㉡ 100
④ ㉠ 50, ㉡ 65

해설 **상수도소화용수설비**의 **기준**(NFPC 401 4조, NFTC 401 2.1.1)
(1) **호칭지름**

수도배관	소화전
75mm 이상 보기 ②	**100mm** 이상 보기 ②

기억법 수75(수치료)

(2) 소화전은 소방자동차 등의 진입이 쉬운 **도로변** 또는 **공지**에 설치
(3) 소화전은 특정소방대상물의 수평투영면의 각 부분으로부터 **140m** 이하에 설치
(4) 지상식 소화전의 호스접결구는 지면으로부터 높이 0.5m 이상 1m 이하가 되도록 설치

답 ②

62 분말소화설비의 화재안전기준상 분말소화약제 저장용기의 내부압력이 설정압력으로 되었을 때 주밸브를 개방하기 위해 설치하는 장치는?

20.08.문78
17.03.문62
15.03.문69
14.03.문77
07.03.문74

① 자동폐쇄장치
② 전자개방장치
③ 자동청소장치
④ 정압작동장치

해설 **정압작동장치**
약제저장용기 내의 내부압력이 설정압력이 되었을 때 **주밸브**를 **개방**시키는 장치로서 정압작동장치의 설치위치는 그림과 같다. 보기 ④

기억법 주정(주정뱅이가 되지 말라!)

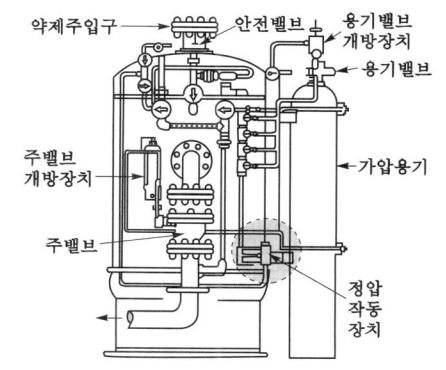

∥정압작동장치∥

중요

정압작동장치의 종류
(1) 봉판식
(2) 기계식
(3) 스프링식
(4) 압력스위치식
(5) 시한릴레이식

답 ④

63 분말소화약제 가압식 저장용기는 최고사용압력의 몇 배 이하의 압력에서 작동하는 안전밸브를 설치해야 하는가?

21.09.문76
16.03.문68
15.05.문70
12.03.문63

① 0.8배
② 1.2배
③ 1.8배
④ 2.0배

해설 **분말소화설비**의 **저장용기 안전밸브**(NFPC 108 4조, NFTC 108 2.1.2.2)

가압식	축압식
최고사용압력×1.8배 이하 보기 ③	내압시험압력×0.8배 이하

답 ③

64 포소화설비에서 고정지붕구조 또는 부상덮개부착 고정지붕구조의 탱크에 사용하는 포방출구 형식으로 방출된 포가 탱크 옆판의 내면을 따라 흘러내려 가면서 액면 아래로 몰입되거나 액면을 뒤섞지 않고 액면상을 덮을 수 있는 반사판 및 탱크 내의 위험물증기가 외부로 역류되는 것을 저지할 수 있는 구조·기구를 갖는 포방출구는?

① Ⅰ형 방출구
② Ⅱ형 방출구
③ Ⅲ형 방출구
④ 특형 방출구

해설 Ⅰ형 방출구 vs Ⅱ형 방출구

Ⅰ형 방출구	Ⅱ형 방출구
고정지붕구조의 탱크에 상부포주입법을 이용하는 것으로서 방출된 포가 액면 아래로 몰입되거나 액면을 뒤섞지 않고 액면상을 덮을 수 있는 통계단 또는 미끄럼판 등의 설비 및 탱크 내의 위험물증기가 외부로 역류되는 것을 저지할 수 있는 구조·기구를 갖는 포방출구	고정지붕구조 또는 부상덮개부착 고정지붕구조의 탱크에 상부포주입법을 이용하는 것으로서 방출된 포가 탱크 옆판의 내면을 따라 흘러내려 가면서 액면 아래로 몰입되거나 액면을 뒤섞지 않고 액면상을 덮을 수 있는 반사판 및 탱크 내의 위험물증기가 외부로 역류되는 것을 저지할 수 있는 구조·기구를 갖는 포방출구 보기 ②

중요 고정포방출구의 포방출구(위험물기준 133조)

탱크의 구조	포방출구
고정지붕구조	• Ⅰ형 방출구 • Ⅱ형 방출구 • Ⅲ형 방출구 • Ⅳ형 방출구
고정지붕구조 또는 부상덮개부착 고정지붕구조	• Ⅱ형 방출구
부상지붕구조	• 특형 방출구

답 ②

65 할론 1301을 전역방출방식으로 방출할 때 분사 헤드의 최소방출압력(MPa)은?

① 0.1
② 0.2
③ 0.9
④ 1.05

해설 할론소화약제(NFPC 107 4·10조, NFTC 107 2.1.2.1, 2.1.2.2, 2.7)

구분	할론 1301	할론 1211	할론 2402
저장압력	2.5MPa 또는 4.2MPa	1.1MPa 또는 2.5MPa	-
방출압력	0.9MPa 보기 ③	0.2MPa	0.1MPa
충전비 가압식	0.9~1.6 이하	0.7~1.4 이하	0.51~0.67 미만
충전비 축압식			0.67~2.75 이하

답 ③

66 소화용수설비의 소요수량이 40m³ 이상 100m³ 미만일 경우에 채수구는 몇 개를 설치하여야 하는가?

① 1
② 2
③ 3
④ 4

해설 소화수조·저수조(NFPC 402 4조, NFTC 402 2.1.3)
(1) 흡수관 투입구

소요수량	80m³ 미만	80m³ 이상
흡수관 투입구의 수	1개 이상	2개 이상

(2) 채수구

소요수량	20~40m³ 미만	40~100m³ 미만	100m³ 이상
채수구의 수	1개	2개 보기 ②	3개

용어 채수구
소방차의 소방호스와 접결되는 흡입구

답 ②

67 완강기 및 완강기의 속도조절기에 관한 기술 중 옳지 않은 것은?

① 견고하고 내구성이 있어야 한다.
② 강하시 발생하는 열에 의해 기능에 이상이 생기지 아니하여야 한다.
③ 속도조절기는 사용 중에 분해·손상·변형되지 아니하여야 하며, 속도조절기의 이탈이 생기지 아니하도록 덮개를 하여야 한다.
④ 평상시에는 분해, 청소 등을 하기 쉽게 만들어져 있어야 한다.

해설 완강기 및 완강기 속도조절기의 **일반구조**
(1) 견고하고 **내구성**이 있을 것 보기 ①
(2) 평상시에 분해, 청소 등을 하지 아니하여도 작동할 수 있을 것 보기 ④
(3) 강하시 발생하는 **열**에 의하여 기능에 이상이 생기지 아니할 것 보기 ②

(4) 속도조절기는 사용 중에 분해·손상·변형되지 아니하여야 하며, 속도조절기의 이탈이 생기지 아니하도록 덮개를 하여야 한다. 보기 ③
(5) 강하시 **로프**가 손상되지 아니할 것
(6) **속도조절기의 폴리** 등으로부터 로프가 노출되지 아니하는 구조

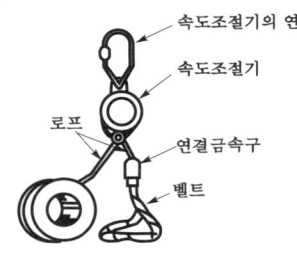
완강기의 구조

답 ④

68
스프링클러설비의 배관 중 수직배수배관의 구경은 최소 몇 mm 이상으로 하여야 하는가? (단, 수직배관의 구경이 50mm 미만인 경우는 제외한다.)

① 40 ② 45
③ 50 ④ 60

해설 **스프링클러설비의 배관**(NFPC 103 8조, NFTC 103 2.5)
(1) 배관의 구경

교차배관	수직배수배관
40mm 이상	**5**0mm 이상 보기 ③

기억법 교4(교사), 수5(수호천사)

(2) 가지배관의 배열은 **토너먼트방식**이 아닐 것
(3) 기울기

구 분	설 비
$\frac{1}{100}$ 이상	연결살수설비의 수평주행배관
$\frac{2}{100}$ 이상	물분무소화설비의 배수설비
$\frac{1}{250}$ 이상	습식·부압식 설비 외 설비의 가지배관
$\frac{1}{500}$ 이상	습식·부압식 설비 외 설비의 수평주행배관

답 ③

69
방호대상물 주변에 설치된 벽면적의 합계가 20m², 방호공간의 벽면적 합계가 50m², 방호공간체적이 30m³인 장소에 국소방출방식의 분말소화설비를 설치할 때 저장할 소화약제량은 약 몇 kg인가? (단, 소화약제의 종별에 따른 X, Y의 수치에서 X의 수치는 5.2, Y의 수치는 3.9로 하며, 여유율(K)은 1.1로 한다.)

① 120 ② 199
③ 314 ④ 349

해설 **분말소화설비**(국소방출방식)(NFPC 108 6조, NFTC 108 2.3.2.2)
(1) 기호
- X : 5.2
- Y : 3.9
- a : 20m²
- A : 50m²
- Q : ?

(2) 방호공간 1m³에 대한 분말소화약제량

$$Q = \left(X - Y\frac{a}{A}\right) \times 1.1$$

여기서, Q : 방호공간 1m³에 대한 분말소화제의 양[kg/m³]
a : 방호대상물의 주변에 설치된 벽면적의 합계[m²]
A : 방호공간의 벽면적의 합계[m²]
X, Y : 주어진 수치

방호공간 1m³에 대한 분말소화약제량 Q는

$$Q = \left(X - Y\frac{a}{A}\right) \times 1.1$$
$$= \left(5.2 - 3.9 \times \frac{20m^2}{50m^2}\right) \times 1.1$$
$$\fallingdotseq 4kg/m^3$$

(3) 분말소화약제량

$$Q' = Q \times 방호공간체적$$

여기서, Q' : 분말소화약제량[kg]
Q : 방호공간 1m³에 대한 분말소화제의 양[kg/m³]

분말소화약제량 Q'는
$Q' = Q \times 방호공간체적$
$= 4kg/m^3 \times 30m^3$
$= 120kg$

용어

방호공간
방호대상물의 각 부분으로부터 0.6m의 거리에 의하여 둘러싸인 공간

답 ①

70
미분무소화설비의 화재안전기준에 따른 용어의 정리 중 다음 ( ) 안에 알맞은 것은?

미분무란 물만을 사용하여 소화하는 방식으로 최소설계압력에서 헤드로부터 방출되는 물입자 중 (㉠)%의 누적체적분포가 (㉡)μm 이하로 분무되고 A, B, C급 화재에 적응성을 갖는 것을 말한다.

① ㉠ 30, ㉡ 200
② ㉠ 50, ㉡ 200
③ ㉠ 60, ㉡ 400
④ ㉠ 99, ㉡ 400

해설 미분무소화설비의 용어정의 (NFPC 104A 3조, NFTC 104A 1.7)

용어	설명
미분무소화설비	가압된 물이 헤드 통과 후 미세한 입자로 분무됨으로써 소화성능을 가지는 설비를 말하며, 소화력을 증가시키기 위해 강화액 등을 첨가할 수 있다.
미분무	물만을 사용하여 소화하는 방식으로 최소설계압력에서 헤드로부터 방출되는 물입자 중 **99%**의 누적체적분포가 **400μm** 이하로 분무되고 A, B, C급 화재에 적응성을 갖는 것 보기 ④
미분무헤드	하나 이상의 오리피스를 가지고 미분무소화설비에 사용되는 헤드

답 ④

71 ★★★
1개층의 거실면적이 400m²이고 복도면적이 300m²인 소방대상물에 제연설비를 설치할 경우, 제연구역은 최소 몇 개로 할 수 있는가?

19.09.문69
17.03.문63
15.05.문80
14.05.문79
11.10.문77

① 1개 ② 2개
③ 3개 ④ 4개

해설

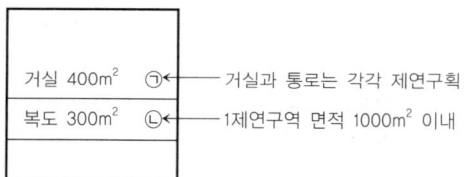

1제연구역(거실 400m²)+1제연구역(복도 300m²)=2제연구역

중요
제연구역의 구획(NFPC 501 4조, NFTC 501 2.1.1)
(1) 1제연구역의 면적은 **1000m²** 이내로 할 것 보기 ②
(2) 거실과 통로는 **각각 제연구획**할 것 보기 ②
(3) 통로상의 제연구역은 보행중심선의 길이가 **60m**를 초과하지 않을 것
(4) 1제연구역은 직경 **60m** 원 내에 들어갈 것
(5) 1제연구역은 **2개** 이상의 층에 미치지 않을 것

기억법 제10006(제천 육포)

● 제연구획에서 제연경계의 폭은 **0.6m** 이상, 수직거리는 **2m** 이내이어야 한다.

답 ②

72 ★★★
하나의 배관에 부착하는 살수헤드의 개수가 7개인 경우 연결살수설비 배관의 최소구경은 몇 mm인가? (단, 연결살수설비 전용 헤드를 사용하는 경우이다.)

16.10.문64
16.03.문62
15.05.문77
11.10.문65

① 32 ② 40
③ 50 ④ 80

해설 연결살수설비 (NFPC 503 5조, NFTC 503 2.2.3.1)

배관의 구경	살수헤드 개수
32mm	1개
40mm	2개
50mm	3개
65mm	4개 또는 5개
80mm	6~10개 이하 보기 ④

비교
연결살수설비에서 하나의 송수구역에 설치하는 개방형 헤드수는 **10개** 이하로 하여야 한다.

답 ④

73 ★★
대형 소화기를 설치하여야 할 특정소방대상물 또는 그 부분에 옥내소화전설비를 설치한 경우 해당 설비의 유효범위 안의 부분에 대한 대형 소화기 감소기준으로 옳은 것은?

17.09.문63
15.03.문62
07.05.문62

① $\frac{1}{3}$을 감소할 수 있다.
② $\frac{1}{2}$을 감소할 수 있다.
③ $\frac{2}{3}$를 감소할 수 있다.
④ 설치하지 아니할 수 있다.

해설 대형 소화기의 설치면제기준 (NFPC 101 5조, NFTC 101 2.2.2)

면제대상	대체설비
대형 소화기	● 옥내·외소화전설비 보기 ④ ● 스프링클러설비 ● 물분무등소화설비

비교

소화기의 감소기준 (NFPC 101 5조, NFTC 101 2.2.1)

감소대상	감소기준	적용설비
소형 소화기	$\frac{1}{2}$	● 대형 소화기
	$\frac{2}{3}$	● 옥내·외소화전설비 ● 스프링클러설비 ● 물분무등소화설비

답 ④

74 ★
할론화합물 소화설비의 자동식 기동장치의 종류에 속하지 않는 것은?

12.03.문71

① 기계식 방식
② 전기식 방식
③ 가스압력식
④ 수압압력식

해설 **자동식 기동장치의 종류**(NFPC 107 6조, NFTC 107 2.3.2)
(1) 기계식 방식: 잘 사용되지 않음 보기 ①
(2) 전기식 방식 보기 ②
(3) 가스압력식(뉴메틱 방식): 기동용기의 개방에 따라 저장용기가 개방되는 방식 보기 ③

답 ④

75 수계소화설비의 가압송수장치인 압력수조의 설치부속물이 아닌 것은?

① 수위계
② 물올림장치
③ 자동식 공기압축기
④ 맨홀

해설 **필요설비**(NFTC 103 2.2.2.2, 2.2.3.2)

고가수조	압력수조
• 수위계 • 배수관 • 급수관 • 맨홀 • 오버플로우관	• **수**위계 보기 ① • **배**수관 • **급**수관 • **맨**홀 보기 ④ • 급기관 • 압력계 • 안전장치 • **자**동식 공기압축기 보기 ③

기억법 고오(GO!), 기압안자 배급수맨

답 ②

76 스프링클러설비헤드의 설치기준 중 높이가 4m 이상인 공장에 설치하는 스프링클러헤드는 그 설치장소의 평상시 최고주위온도에 관계없이 최소표시온도 몇 ℃ 이상의 것으로 설치할 수 있는가?

① 162℃
② 121℃
③ 79℃
④ 64℃

해설 **스프링클러헤드**의 **설치기준**(NFTC 103 2.7.6)

설치장소의 최고주위온도	표시온도
39℃ 미만	**79**℃ 미만
39~**64**℃ 미만	79~**121**℃ 미만
64~**106**℃ 미만	121~**162**℃ 미만
106℃ 이상	162℃ 이상

※ 높이 4m 이상인 공장은 표시온도 121℃ 이상으로 할 것 보기 ②

기억법 39 79
64 121
106 162

답 ②

77 전동기 또는 내연기관에 따른 펌프를 이용하는 가압송수장치의 설치기준에 있어 해당 소방대상물에 설치된 옥외소화전을 동시에 사용하는 경우 각 옥외소화전의 노즐선단에서의 ㉠ 방수압력과 ㉡ 방수량으로 옳은 것은?

① ㉠ 0.25MPa 이상, ㉡ 350L/min 이상
② ㉠ 0.17MPa 이상, ㉡ 350L/min 이상
③ ㉠ 0.25MPa 이상, ㉡ 100L/min 이상
④ ㉠ 0.17MPa 이상, ㉡ 100L/min 이상

해설 **옥외소화전설비**(NFPC 109 5조, NFTC 109 2.2.1.3)

방수압력	방수량
0.25MPa 이상 보기 ①	350L/min 이상 보기 ①

비교

옥내소화전설비(호스릴 포함)(NFPC 102 5조, NFTC 102 2.2.1.3)

방수압력	방수량
0.17MPa 이상	130L/min 이상

답 ①

78 분말소화설비의 화재안전기준에 따라 분말소화설비의 소화약제 중 차고 또는 주차장에 설치해야 하는 것은?

① 제1종 분말
② 제2종 분말
③ 제3종 분말
④ 제4종 분말

해설 (1) **분말소화약제**

종별	주성분	약제의 착색	적응 화재	비 고
제**1**종	중탄산나트륨 ($NaHCO_3$)	백색	BC급	**식**용유 및 지방질유의 화재에 적합 (**비**누화현상) 기억법 1식분(일식분식), 비1(비일비재)
제2종	중탄산칼륨 ($KHCO_3$)	담자색 (담회색)	—	—
제**3**종	제**1인**산암모늄 ($NH_4H_2PO_4$)	담홍색	AB C급	**차고·주차장**에 적합 보기 ③ 기억법 3분 차주 (삼보컴퓨터 차주), 인3(인삼)

| 제4종 | 중탄산칼륨 + 요소 (KHCO₃ + (NH₂)₂CO) | 회(백)색 | BC급 | - |

- 중탄산나트륨 = 탄산수소나트륨
- 중탄산칼륨 = 탄산수소칼륨
- 제1인산암모늄 = 인산암모늄 = 인산염
- 중탄산칼륨 + 요소 = 탄산수소칼륨 + 요소

(2) 이산화탄소 소화약제

주성분	적응화재
이산화탄소(CO_2)	BC급

답 ③

79 다음의 할로겐화합물 및 불활성기체 소화약제 중 기본성분이 다른 것은?

① HCFC BLEND A
② HFC-125
③ IG-541
④ HFC-227ea

해설 할로겐화합물 소화약제 vs 불활성기체 소화약제

구분	할로겐화합물 소화약제	불활성기체 소화약제
종류	• FC-3-1-10 • HCFC BLEND A 보기 ① • HCFC-124 • HFC-125 보기 ② • HFC-227ea 보기 ④ • HFC-23 • HFC-236fa • FIC-13I1 • FK-5-1-12	• IG-01 • IG-100 • IG-541 보기 ③ • IG-55

답 ③

80 폐쇄형 스프링클러헤드가 설치된 건물에 하나의 유수검지장치가 담당해야 할 방호구역의 바닥면적은 몇 m²를 초과하지 않아야 하는가? (단, 폐쇄형 스프링클러설비에 격자형 배관방식은 제외한다.)

① 1000
② 2000
③ 2500
④ 3000

해설 폐쇄형 설비의 방호구역 및 유수검지장치(NFPC 103 6조, NFTC 103 2.3.1)
(1) 하나의 방호구역의 바닥면적은 **3000m²**를 초과하지 않을 것 보기 ④
(2) 하나의 방호구역에는 1개 이상의 유수검지장치 설치
(3) 하나의 방호구역은 **2개층**에 미치지 아니하도록 하되, 1개층에 설치되는 스프링클러헤드의 수가 **10개 이하** 및 복층형 구조의 공동주택에는 **3개층** 이내
(4) 유수검지장치는 바닥에서 **0.8~1.5m** 이하의 높이에 설치하여야 하며, 개구부가 가로 **0.5m** 이상 세로 **1m** 이상의 출입문을 설치하고 그 출입문 상단에 "유수검지장치실"이라고 표시한 표지 설치

답 ④

2022. 9. 27 시행

2022년 산업기사 제4회 필기시험 CBT 기출복원문제

자격종목	종목코드	시험시간	형별	수험번호	성명
소방설비산업기사(기계분야)		2시간			

※ 각 문항은 4지택일형으로 질문에 가장 적합한 보기 항을 선택하여 체크하여야 합니다.

제1과목 소방원론

01 산소와 질소의 혼합물인 공기의 평균 분자량은? (단, 공기는 산소 21vol%, 질소 79vol%로 구성되어 있다고 가정한다.)
① 28.84
② 27.84
③ 30.84
④ 29.84

해설 원자량

원소	원자량
H	1
C	12
N	14
O	16

(1) 산소(O_2) 21vol% : $16 \times 2 \times 0.21 = 6.72$
(2) 질소(N_2) 79vol% : $14 \times 2 \times 0.79 = 22.12$
∴ $6.72 + 22.12 = 28.84$

답 ①

02 다음 중 착화온도가 가장 높은 물질은?
① 이황화탄소
② 황린
③ 아세트알데하이드
④ 메탄

해설

물질	인화점	착화점
아세트산	40℃	-
이황화탄소 보기 ①	-30℃	100℃
에틸에터 다이에틸에터	-45℃	180℃
아세트알데하이드 보기 ③	-37.8℃	185℃
경유	50~70℃	200℃
등유	43~72℃	210℃
황린, 적린 보기 ②	-	260℃
가솔린(휘발유)	-43℃	300℃
아세틸렌	-18℃	335℃
에틸알코올	13℃	423℃
메틸알코올	11℃	464℃
산화프로필렌	-37℃	465℃
톨루엔	4.4℃	480℃
프로필렌	-107℃	497℃
아세톤	-18℃	538℃
메탄 보기 ④	-188℃	540℃
벤젠	-11℃	562℃

기억법 인산 이메등경

- 착화점 = 발화점 = 착화온도 = 발화온도
- 인화점 = 인화온도

답 ④

03 다음 중 제3류 위험물로 금수성 물질에 해당하는 것은?
① 황
② 황린
③ 이황화탄소
④ 탄화칼슘

해설 위험물령 [별표 1]
위험물

유별	성질	품명
제1류	산화성 고체	• 아염소산염류 • 염소산염류 • 과염소산염류 • 질산염류(질산칼륨) • 무기과산화물(과산화바륨) **기억법** 1산고(일산GO)
제2류	가연성 고체	• 황화인 • 적린 • 황 보기 ① • 마그네슘 **기억법** 황화적황마

제3류	자연발화성 물질	• 황린(P₄) 보기 ②
	금수성 물질	• 칼륨(K) • 나트륨(Na) • 알킬알루미늄 • 알킬리튬 • 칼슘 또는 알루미늄의 탄화물류 (탄화칼슘=CaC₂) 보기 ④ 기억법 황칼나알칼
제4류	인화성 액체	• 특수인화물(이황화탄소) 보기 ③ • 알코올류 • 석유류 • 동식물유류
제5류	자기반응성 물질	• 나이트로화합물 • 유기과산화물 • 나이트로소화합물 • 아조화합물 • 질산에스터류(셀룰로이드)
제6류	산화성 액체	• 과염소산 • 과산화수소 • 질산

답 ④

04 ★★★

기름탱크에서 화재가 발생하였을 때 탱크 하부에 있는 물 또는 물-기름 에멀션이 뜨거운 열유층에 의해서 가열되어 유류가 탱크 밖으로 갑자기 분출하는 현상은?

21.03.문03
18.03.문03
12.03.문08
11.06.문20
10.03.문14
09.08.문04
04.09.문05

① 플래시오버(flash over)
② 보일오버(boil over)
③ 리프트(lift)
④ 백파이어(back-fire)

해설 **보일오버**(boil over)
(1) **중질유**의 탱크에서 장시간 조용히 연소하다 탱크 내의 잔존기름이 갑자기 분출하는 현상
(2) 유류탱크에서 탱크바닥에 물과 기름의 **에멀션**이 섞여 있을 때 이로 인하여 화재가 발생하는 현상
(3) 연소유면으로부터 100℃ 이상의 열파가 **탱크 저부**에 고여 있는 물을 비등하게 하면서 연소유를 탱크 밖으로 비산시키며 연소하는 현상
(4) 기름탱크에서 화재가 발생하였을 때 **탱크 하부**에 있는 물 또는 물-기름 **에멀션**이 뜨거운 열유층에 의해서 가열되어 유류가 탱크 밖으로 갑자기 분출하는 현상 보기 ②

용어

구 분	설 명
리프트(lift)	버너 내압이 높아져서 **분출속도**가 빨라지는 현상 보기 ③
백파이어 (backfire, 역화)	가스가 노즐에서 나가는 속도가 연소속도보다 느리게 되어 **버너 내부**에서 **연소**하게 되는 현상 보기 ④
플래시오버 (flashover)	화재로 인하여 실내의 온도가 급격히 상승하여 화재가 **순간적**으로 **실내 전체**에 **확산**되어 연소되는 현상 보기 ①

답 ②

05 ★★

소화약제에 관한 설명 중 옳지 않은 것은?

20.08.문19
11.06.문16

① 소화약제는 현저한 독성이나 부식성이 없어야 한다.
② 수용액 및 액체상태의 소화약제는 침전물이 발생하지 않아야 한다.
③ 수용액 및 액체상태의 소화약제는 결정이 석출되고 용액의 분리가 쉬워야 한다.
④ 소화약제는 열과 접촉할 때 현저한 독성이나 부식성의 가스를 발생하지 않아야 한다.

해설 ③ 쉬워야 한다. → 생기지 않아야 한다.

소화약제의 형식승인 및 제품검사의 기술기준 제3조
소화약제의 공통적 성질
(1) 소화약제는 현저한 **독성**이나 **부식성**이 없어야 한다. 보기 ①
(2) 수용액 및 액체상태의 소화약제는 **침전물**이 발생하지 않아야 한다. 보기 ②
(3) 수용액의 소화약제 및 액체상태의 소화약제는 **결정**의 **석출**, **용액**의 **분리**, **부유물** 또는 침전물의 발생 등 그 밖의 이상이 생기지 아니하여야 하며 과불화옥탄술폰산을 함유하지 않아야 한다. 보기 ③
(4) 소화약제는 **열**과 **접촉**할 때 현저한 **독성**이나 **부식성**의 가스를 발생하지 않아야 한다. 보기 ④

답 ③

06 ★★★

공기 중의 산소농도는 약 몇 vol%인가?

21.09.문12
20.06.문04
14.05.문19
12.09.문08

① 15   ② 25
③ 21   ④ 18

해설 **공기 중 구성물질**

구성물질	비 율
아르곤(Ar)	1vol%
산소(O₂)	21vol%
질소(N₂)	78vol%

중요

공기 중 산소농도

구 분	산소농도
체적비(부피백분율)	약 21vol%
중량비(중량백분율)	약 23wt%

• 문제 단위 **vol%**를 보고 **체적비**라는 것을 알 수 있다.

답 ③

07 ★★★

물의 증발잠열은 약 몇 cal/g인가?

21.05.문16
19.04.문19
16.05.문01
15.03.문14
13.06.문04

① 810
② 79
③ 539
④ 750

해설 **물의 잠열**

잠열 및 열량	설명
80cal/g	융해잠열
539cal/g 보기 ③	기화(증발)잠열
639cal	0℃의 **물** 1g이 100℃의 수증기가 되는 데 필요한 열량
719cal	0℃의 **얼음** 1g이 100℃의 수증기가 되는 데 필요한 열량

답 ③

08 연소의 3요소가 모두 포함된 것은?
22.03.문02
20.08.문17
14.09.문10
14.03.문08
13.06.문19

① 산화열, 산소, 점화에너지
② 나무, 산소, 불꽃
③ 질소, 가연물, 산소
④ 가연물, 헬륨, 공기

해설 **연소의 3요소와 4요소**

연소의 **3**요소	연소의 **4**요소
• 가연물(연료, 나무) 보기 ② • 산소공급원(**산소**, 공기) 보기 ② • 점화원(**점화에너지**, 불꽃, 산화열) 보기 ②	• 가연물(연료, 나무) • 산소공급원(산소, 공기) • 점화원(점화에너지, 불꽃, 산화열) • **연쇄반응**

기억법 연4(연사)

• **산화열** : 연소과정에서 발생하는 열을 의미하므로 **열**은 점화원이다.

답 ②

09 다음 중 가연성 가스가 아닌 것은?
21.09.문13
20.08.문12
16.05.문12
12.05.문15

① 메탄   ② 수소
③ 산소   ④ 암모니아

해설 **가연성 가스와 지연성 가스**

가연성 가스(가연성 물질)	지연성 가스(지연성 물질)
• 수소 보기 ② • 메탄 보기 ① • 암모니아 보기 ④ • 일산화탄소 • 천연가스 • 에탄 • 프로판	• **산**소 보기 ③ • **공**기 • **오**존 • **불**소 • **염**소
	기억법 지산공 오불염

• 지연성 가스=조연성 가스=지연성 물질=조연성 물질

답 ③

10 폭발에 대한 설명으로 틀린 것은?
19.09.문20
16.03.문05

① 화약류폭발은 화학적 폭발이라 할 수 있다.
② 보일러폭발은 물리적 폭발이라 할 수 있다.
③ 수증기폭발은 기상폭발에 속하지 않는다.
④ 분무폭발은 기상폭발에 속하지 않는다.

해설 ④ 속하지 않는다. → 속한다.

기상폭발
(1) 가스폭발(혼합가스폭발)
(2) 분무폭발 보기 ④
(3) 분진폭발

답 ④

11 물이 소화약제로 사용되는 장점으로 가장 거리가 먼 것은?
21.09.문04
18.04.문13
15.05.문04
14.05.문02
13.03.문08
11.10.문01

① 모든 종류의 화재에 사용할 수 있다.
② 가격이 저렴하다.
③ 많은 양을 구할 수 있다.
④ 기화잠열이 비교적 크다.

해설 **물이 소화작업에 사용되는 이유**
(1) 가격이 싸다.(가격이 저렴하다.) 보기 ②
(2) 쉽게 구할 수 있다.(많은 양을 구할 수 있다.) 보기 ③
(3) 열흡수가 매우 크다.[**증발잠열**(기화잠열)이 크다.] 보기 ④
(4) 사용방법이 비교적 간단하다.
(5) **비열**이 크다.
(6) 밀폐된 장소에서 증발가열하면 수증기에 의해서 **산소희석작용** 또는 **질식소화작용**을 한다.
(7) **무상**으로 주수하면 **중질유화재**에도 사용할 수 있다.

• 증발잠열=기화잠열

참고

물이 소화약제로 많이 쓰이는 이유

장점	단점
① 쉽게 구할 수 있다. ② 증발잠열(기화잠열)이 크다. ③ 취급이 간편하다.	① 가스계 소화약제에 비해 사용 후 **오염**이 **크다**. ② 일반적으로 **전기화재**는 **사용**이 **불가**하다.

답 ①

12 공기 중에 분산된 밀가루, 알루미늄가루 등이 에너지를 받아 폭발하는 현상은?
21.09.문10
16.10.문16
16.03.문20
11.10.문13

① 분무폭발   ② 충격폭발
③ 분진폭발   ④ 단열압축폭발

해설 **분진폭발**
공기 중에 분산된 **밀가루**, **알루미늄가루** 등이 에너지를 받아 폭발하는 현상 보기 ③

중요

분진폭발을 일으키지 않는 물질
(1) **시**멘트
(2) **석**회석(소석회)
(3) **탄**산칼슘($CaCO_3$)
(4) **생**석회(CaO)=산화칼슘

• 분진폭발을 일으키지 않는 물질 = 물과 반응하여 가연성 기체를 발생시키지 않는 것

기억법 분시석탄생

답 ③

13 ★★★

산소의 공급이 원활하지 못한 화재실에 급격히 산소가 공급이 될 경우 순간적으로 연소하여 화재가 폭풍을 동반하여 실외로 분출하는 현상은?

20.06.문02
14.09.문12
12.09.문15

① 백드래프트
② 플래시오버
③ 보일오버
④ 슬롭오버

해설 백드래프트(back draft)

(1) **산소**의 공급이 **원활하지 못한 화재실**에 급격히 **산소**가 공급이 될 경우 순간적으로 연소하여 화재가 폭풍을 동반하여 **실외**로 **분출**하는 현상 보기 ①
(2) 소방대가 소화활동을 위하여 화재실의 문을 개방할 때 신선한 공기가 유입되어 실내에 축적되었던 가연성 가스가 **단시간**에 **폭발적**으로 **연소**함으로써 화재가 폭풍을 동반하며 **실외**로 분출되는 현상으로 **감쇠기**에 나타난다.
(3) 화재로 인하여 **산소**가 **부족**한 건물 내에 산소가 새로 유입된 때 **고열가스**의 **폭발** 또는 급속한 **연소**가 발생하는 현상
(4) **통기력**이 좋지 않은 상태에서 연소가 계속되어 산소가 심히 부족한 상태가 되었을 때 **개구부**를 통하여 산소가 공급되면 실내의 가연성 혼합기가 공급되는 **산소**의 **방향**과 **반대**로 흐르게 급격히 연소하는 현상으로서 **"역화현상"**이라고 하며 이때에는 **화염**이 산소의 공급통로로 분출되는 현상을 눈으로 확인할 수 있다.

기억법 백감

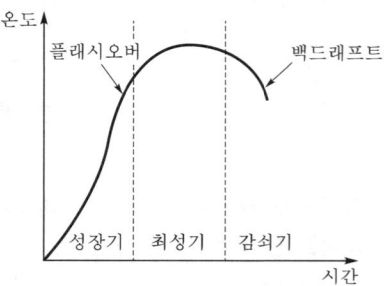

‖백드래프트와 플래시오버의 발생시기‖

중요

용어	설명
플래시오버 (flash over)	화재로 인하여 **실내**의 온도가 **급격히 상승**하여 화재가 순간적으로 실내 전체에 **확산**되어 연소되는 현상
보일오버 (boil over)	**중질유**가 탱크에서 조용히 연소하다 열유층에 의해 가열된 하부의 물이 폭발적으로 끓어 올라와 상부의 뜨거운 기름과 함께 분출하는 현상
백드래프트 (back draft)	화재로 인해 **산소**가 **고갈**된 건물 안으로 외부의 **산소**가 **유입**될 경우 발생하는 현상
롤오버 (roll over)	플래시오버가 발생하기 직전에 작은 불들이 연기 속에서 산재해 있는 상태

슬롭오버 (slop over)	• **물**이 연소유의 **뜨거운 표면**에 들어갈 때 기름표면에서 화재가 발생하는 현상 • 유화제로 소화하기 위한 **물**이 수분의 급격한 증발에 의하여 액면이 거품을 일으키면서 **열유층 밑**의 **냉유**가 급히 열팽창하여 **기름**의 **일부**가 불이 붙은 채 탱크벽을 넘어서 일출하는 현상

답 ①

14 ★★★

위험물안전관리법령에 따른 제1류 위험물의 종류에 해당되지 않는 것은?

21.03.문44
20.08.문41
19.09.문60
19.03.문01
18.09.문20
15.05.문43
15.03.문18
14.09.문04
14.03.문05
14.03.문16
13.09.문07

① 무기과산화물
② 과염소산
③ 과염소산염류
④ 염소산염류

해설 ② 제6류 위험물

위험물령〔별표 1〕
위험물

유별	성질	품명
제1류	**산**화성 **고**체	• 아염소산염류 • 염소산염류 보기 ④ • 과염소산염류 보기 ③ • 질산염류(질산칼륨) • 무기과산화물(과산화바륨) 보기 ① 기억법 1산고(일산GO)
제2류	가연성 고체	• **황화**인 • **적**린 • **황** • **마**그네슘 기억법 황화적황마
제3류	자연발화성 물질	• **황**린(P₄)
제3류	금수성 물질	• **칼**륨(K) • **나**트륨(Na) • **알**킬알루미늄 • 알킬리튬 • **칼**슘 또는 알루미늄의 탄화물류 (탄화칼슘=CaC₂) 기억법 황칼나알칼
제4류	인화성 액체	• 특수인화물(이황화탄소) • 알코올류 • 석유류 • 동식물유류
제5류	자기반응성 물질	• 나이트로화합물 • 유기과산화물 • 나이트로소화합물 • 아조화합물 • 질산에스터류(셀룰로이드)
제6류	산화성 액체	• 과염소산 보기 ② • 과산화수소 • 질산

답 ②

15. 불완전연소 시 발생되는 가스로서 헤모글로빈과 결합하여 인체에 유해한 영향을 주는 것은?

① CO
② CO₂
③ O₂
④ N₂

해설 **연소가스**

구 분	설 명
일산화탄소 (CO)	• 화재시 흡입된 일산화탄소(CO)의 화학적 작용에 의해 **헤**모글로빈(Hb)이 혈액의 산소 운반작용을 저해하여 사람을 **질식·사망**하게 한다. 보기 ① • 목재류의 화재시 **인**명피해를 가장 많이 주며, 연기로 인한 의식불명 또는 질식을 가져온다. • 인체의 **폐**에 큰 자극을 준다. • 산소와의 **결**합력이 극히 강하여 질식작용에 의한 독성을 나타낸다. 기억법 일헤인 폐산결
이산화탄소 (CO₂)	연소가스 중 가장 **많**은 양을 차지하고 있으며 가스 그 자체의 독성은 거의 없으나 다량이 존재할 경우 호흡속도를 증가시키고, 이로 인하여 화재가스에 혼합된 유해가스의 혼입을 증가시켜 위험을 가중시키는 가스이다. 기억법 이많(이만큼)
암모니아 (NH₃)	• 나무, **페**놀수지, **멜**라민수지 등의 **질**소함유물이 연소할 때 발생하며, 냉동시설의 **냉**매로 쓰인다. • 눈·코·폐 등에 매우 **자**극성이 큰 가연성 가스이다. 기억법 암페 멜냉자
포스겐 (COCl₂)	매우 **독**성이 **강**한 가스로서 **소**화제인 **사**염화탄소(CCl₄)를 화재시에 사용할 때도 발생한다. 기억법 독강 소사포
황화수소 (H₂S)	• **달**걀 썩는 냄새가 나는 특성이 있다. • 황분이 포함되어 있는 물질의 불완전 연소에 의하여 발생하는 가스이다. • **자**극성이 있다. 기억법 황달자
아크롤레인 (CH₂=CHCHO)	독성이 매우 높은 가스로서 **석**유제품, **유**지 등이 연소할 때 생성되는 가스이다. 기억법 아석유
시안화수소 (HCN, 청산가스)	질소성분을 가지고 있는 합성수지, 동물의 털, 인조견 등의 섬유가 불완전연소할 때 발생하는 맹독성 가스로 0.3%의 농도에서 즉시 사망할 수 있다.

아황산가스 (SO₂, 이산화황)	• 황이 함유된 물질인 **동물**의 털, 고무 등이 연소하는 화재시에 발생되며 **무색**의 자극성 냄새를 가진 유독성 기체 • 눈 및 호흡기 등에 점막을 상하게 하고 질식 사할 우려가 있다.
프로판 (C₃H₈)	• LPG의 주성분 • 물보다 가볍다.

답 ①

16. 피난대책의 일반적 원칙이 아닌 것은?

① 피난경로는 가능한 한 길어야 한다.
② 피난대책은 비상시 본능상태에서도 혼돈이 없도록 한다.
③ 피난시설은 가급적 고정식 시설이 바람직하다.
④ 피난수단은 원시적인 방법으로 하는 것이 바람직하다.

해설 ① 길어야 한다. → 짧아야 한다.

피난대책의 일반적인 원칙
(1) 피난경로는 **간단명료**하게 한다(단순한 형태).
(2) 피난설비는 **고정식** 설비를 위주로 설치한다. 보기 ③
(3) 피난수단은 **원시적 방법**에 의한 것을 원칙으로 한다. 보기 ④
(4) **2방향**의 피난통로를 확보한다.
(5) 피난통로를 **완전불연화** 한다.
(6) 화재층의 피난을 **최우선**으로 고려한다.
(7) 피난시설 중 피난로는 **복도** 및 **거실**을 가리킨다.
(8) 인간의 **본능적 행동**을 무시하지 않도록 고려한다(본능상태에서도 혼돈이 없도록 한다). 보기 ②
(9) 계단은 **직통계단**으로 한다.
(10) 정전시에도 피난방향을 알 수 있는 표시를 한다.
(11) 모든 피난동선은 건물 중심부 한 곳으로 향해서는 안 된다.
(12) 피난동선은 그 말단이 짧을수록 좋다. 보기 ①

• 피난동선=피난경로

답 ①

17. 15℃의 물 1g을 1℃ 상승시키는데 필요한 열량은 몇 cal인가?

① 15000
② 1000
③ 15
④ 1

해설 1cal 보기 ④
물 1g을 1℃ 상승시키는 데 필요한 열량

답 ④

18. 자연발화를 방지하는 방법이 아닌 것은?

① 저장실의 온도를 높인다.
② 통풍을 잘 시킨다.
③ 열이 쌓이지 않게 퇴적방법에 주의한다.
④ 습도가 높은 곳을 피한다.

해설
① 높인다. → 낮춘다.

자연발화의 **방지법**
(1) **습**도가 높은 곳을 **피**할 것(건조하게 유지할 것) 보기 ④
(2) 저장실의 온도를 낮출 것(주위온도를 낮게 유지) 보기 ①
(3) 통풍이 잘 되게 할 것 보기 ②
(4) 퇴적 및 수납시 열이 쌓이지 않게 할 것(**열축적방지**) 보기 ③
(5) 발열반응에 정촉매작용을 하는 물질을 피할 것

기억법 자습피

답 ①

19 다음 중 제3류 위험물인 나트륨 화재시의 소화방법으로 가장 적합한 것은?
15.03.문01
14.05.문06
08.05.문13
① 이산화탄소 소화약제를 분사한다.
② 할론 1301을 분사한다.
③ 물을 뿌린다.
④ 건조사를 뿌린다.

해설 **소화방법**

구 분	소화방법
제1류	물에 의한 **냉각소화**(단, **무기과산화물**은 **마른모래** 등에 의한 질식소화)
제2류	물에 의한 **냉각소화**(단, **황화인·철분·마그네슘·금속분**은 마른모래 등에 의한 질식소화)
제**3**류	**마른모래** 등에 의한 질식소화 보기 ④
제4류	포·분말·CO_2·할론소화약제에 의한 **질식소화**
제5류	화재 초기에만 대량의 물에 의한 **냉각소화**(단, 화재가 진행되면 자연진화 되도록 기다릴 것)
제6류	마른모래 등에 의한 **질식소화**(단, **과산화수소**는 다량의 **물**로 **희석소화**)

기억법 마3(마산)

• 건조사=마른모래

답 ④

20 270℃에서 다음의 열분해 반응식과 관계가 있는 분말소화약제는?
17.03.문18
16.05.문08
14.09.문18
13.09.문17

$$2NaHCO_3 \rightarrow Na_2CO_3+CO_2+H_2O$$

① 제1종 분말
② 제3종 분말
③ 제2종 분말
④ 제4종 분말

해설 **분말소화기** : 질식효과

종 별	소화약제	약제의 착색	화학반응식	적응 화재
제1종	중탄산나트륨 (NaHCO₃)	백색	$2NaHCO_3 \rightarrow$ $Na_2CO_3+CO_2+H_2O$	BC급
제2종	중탄산칼륨 (KHCO₃)	담자색 (담회색)	$2KHCO_3 \rightarrow$ $K_2CO_3+CO_2+H_2O$	BC급
제3종	인산암모늄 (NH₄H₂PO₄)	담홍색	$NH_4H_2PO_4 \rightarrow$ $HPO_3+NH_3+H_2O$	ABC급
제4종	중탄산칼륨+요소 (KHCO₃+ (NH₂)₂CO)	회(백)색	$2KHCO_3+(NH_2)_2CO$ $\rightarrow K_2CO_3+2NH_3$ $+2CO_2$	BC급

• 화학반응식=열분해반응식

답 ①

제2과목 소방유체역학

21 대기압 101kPa인 곳에서 측정된 진공압력이 7kPa일 때, 절대압력(kPa)은?
21.09.문23
16.10.문38
14.09.문24
14.03.문27
01.09.문30
① -7
② 108
③ 94
④ 7

해설 (1) 주어진 값
• 대기압 : 101KPa
• 진공압(력) : 7kPa
• 절대압(력) : ?

(2) 절대압=대기압-진공압
=(101-7)kPa=94kPa

중요
절대압
(1) **절**대압=**대**기압+**게**이지압(계기압)
(2) 절대압=대기압-진공압

기억법 절대게

답 ③

22 펌프의 비속도를 나타내는 식의 요소가 아닌 것은?
19.03.문26
15.05.문24
07.03.문27
① 유량
② 전양정
③ 압력
④ 회전수

해설 **펌프의 비속도**

$$n_s = n \frac{\sqrt{Q}}{H^{\frac{3}{4}}}$$

여기서, n_s : 펌프의 비교회전도(비속도)[m³/min·m/rpm]
n : 회전수(rpm) 보기 ④
Q : 유량(m³/min) 보기 ①
H : 양정(전양정)(m) 보기 ②

용어
비속도(비교회전도)
펌프의 성능을 나타내거나 가장 적합한 **회전수**를 결정하는 데 이용되며, 회전자의 **형상**을 나타내는 척도가 된다.

답 ③

23
21.03.문22
19.09.문36
19.03.문30
13.06.문25

관 A에는 물이, 관 B에는 비중 0.9의 기름이 흐르고 있으며 그 사이에 마노미터 액체는 비중이 13.6인 수은이 들어 있다. 그림에서 $h_1=120\text{mm}$, $h_2=180\text{mm}$, $h_3=300\text{mm}$일 때 두 관의 압력차 (P_A-P_B)는 약 몇 kPa인가?

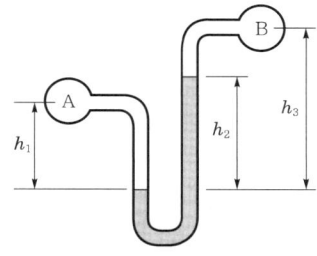

① 33.4   ② 18.4
③ 12.3   ④ 23.9

해설 (1) 기호
- s_1 : 1(물이므로)
- s_3 : 0.9
- s_2 : 13.6
- h_1 : 120mm=0.12m(1000mm=1m)
- h_2 : 180mm=0.18m(1000mm=1m)
- h_3' : $(h_3-h_2)=(300-180)\text{mm}$
  $=120\text{mm}$
  $=0.12\text{m}(1000\text{mm}=1\text{m})$
- P_A-P_B : ?

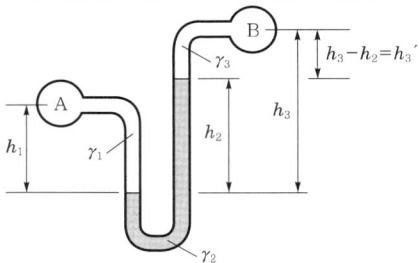

(2) 비중
$$s=\frac{\gamma}{\gamma_w}$$
여기서, s : 비중
γ : 어떤 물질의 비중량[kN/m³]
γ_w : 물의 비중량(9.8kN/m³)

물의 비중량 $s_1=9.8\text{kN/m}^3$
기름의 비중량 γ_3는
$\gamma_3=s_3\times\gamma_w=0.9\times9.8\text{kN/m}^3=8.82\text{kN/m}^3$
수은의 비중량 γ_2는
$\gamma_2=s_2\times\gamma_w=13.6\times9.8\text{kN/m}^3=133.28\text{kN/m}^3$

(3) 압력차
$P_A+\gamma_1h_1-\gamma_2h_2-\gamma_3h_3'=P_B$
$P_A-P_B=-\gamma_1h_1+\gamma_2h_2+\gamma_3h_3'$
$\quad=-9.8\text{kN/m}^3\times0.12\text{m}+133.28\text{kN/m}^3$
$\quad\quad\times0.18\text{m}+8.82\text{kN/m}^3\times0.12\text{m}$
$\quad≒23.87≒23.9\text{kN/m}^2$
$\quad=23.9\text{kPa}(1\text{kN/m}^2=1\text{kPa})$

중요
시차액주계의 압력계산방법
점 a를 기준으로 내려가면 더하고, 올라가면 빼면 된다.

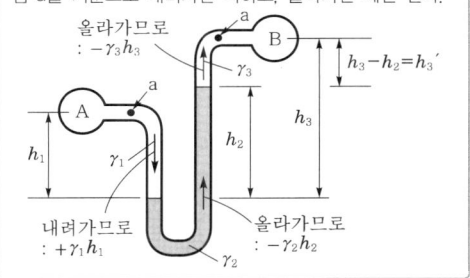

답 ④

24
21.05.문32
19.09.문23
16.03.문30
11.03.문31

안지름 60cm의 수평 원관에 정상류의 층류흐름이 있다. 이 관의 길이 60m에 대한 수두손실이 9m였다면 이 관에 대하여 관 벽으로부터 10cm 떨어진 지점에서의 전단응력의 크기[N/m²]는?

① 294
② 147
③ 98
④ 196

해설 (1) 기호
- r : 30cm=0.3m(안지름이 60cm이므로 반지름은 30cm, 100cm=1m)
- r' : (30-10)cm=20cm=0.2m(100cm=1m)
- l : 60m
- h : 9m
- τ : ?

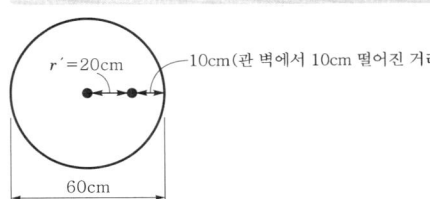

(2) 압력차

$$\Delta P = \gamma h$$

여기서, ΔP : 압력차[N/m²] 또는 [Pa]
γ : 비중량(물의 비중량 9800N/m³)
h : 높이(수두손실)[m]

압력차 ΔP는
$\Delta P = \gamma h = 9800\text{N/m}^3 \times 9\text{m} = 88200\text{N/m}^2$

(3) 뉴턴의 점성법칙

$$\tau = \frac{P_A - P_B}{l} \cdot \frac{r}{2}$$

여기서, τ : 전단응력[N/m²] 또는 [Pa]
$P_A - P_B$: 압력강하[N/m²] 또는 [Pa]
l : 관의 길이[m]
r : 반경[m]

중심에서 20cm 떨어진 지점에서의 **전단응력** τ는

$\tau = \frac{P_A - P_B}{l} \cdot \frac{r'}{2}$
$= \frac{88200\text{N/m}^2}{60\text{m}} \times \frac{0.2\text{m}}{2}$
$= 147\text{N/m}^2$

- 전단응력=전단력

중요

전단응력

층류	난류
$\tau = \frac{P_A - P_B}{l} \cdot \frac{r}{2}$	$\tau = \mu \frac{du}{dy}$
여기서, τ : 전단응력[N/m²] $P_A - P_B$: 압력강하 [N/m²] l : 관의 길이[m] r : 반경[m]	여기서, τ : 전단응력[N/m²] 또는 [Pa] μ : 점성계수 [N·s/m²] 또는 [kg/m·s] $\frac{du}{dy}$: 속도구배(속도 변화율)$\left[\frac{1}{s}\right]$ du : 속도[m/s] dy : 높이[m]

답 ②

25 대기에 노출된 상태로 저장 중인 20℃의 소화용수 500kg을 연소 중인 가연물에 분사하였을 때 소화용수가 모두 100℃인 수증기로 증발하였다. 이때 소화용수가 증발하면서 흡수한 열량[MJ]은? (단, 물의 비열은 4.2kJ/kg·℃, 기화열은 2250kJ/kg이다.)

① 1125   ② 2.59
③ 168   ④ 1293

해설 (1) 기호

- m : 500kg
- ΔT : (100−20)℃
- Q : ?
- C : 4.2kJ/kg·℃
- r_2 : 2250kJ/kg

(2) 열량

$$Q = r_1 m + mC\Delta T + r_2 m$$

여기서, Q : 열량[cal]
r_1 : 융해열[cal/g]
r_2 : 기화열[cal/g]
m : 질량[kg]
C : 비열[cal/g·℃]
ΔT : 온도차[℃]

열량 Q는
$Q = r_1\cancel{m} + mC\Delta T + r_2 m$ ← 융해열은 없으므로 r_1 삭제
$= mC\Delta T + r_2 m$
$= 500\text{kg} \times 4.2\text{kJ/kg·℃} \times (100-20)\text{℃}$
$\quad + 2250\text{kJ/kg} \times 500\text{kg}$
$= 1293000\text{kJ} = 1293\text{MJ}(1000\text{kJ}=1\text{MJ})$

답 ④

26 체적이 200L인 용기에 압력이 800kPa이고 온도가 200℃의 공기가 들어 있다. 공기를 냉각하여 압력을 500kPa로 낮추기 위해 제거해야 하는 열[kJ]은? (단, 공기의 정적비열은 0.718kJ/kg·K이고, 기체상수는 0.287kJ/kg·K이다.)

① 1400
② 570
③ 990
④ 150

해설 (1) 기호

- V : 200L=0.2m³(1000L=1m³)
- P_1 : 800kPa=800kN/m²(1kPa=1kN/m²)
- T_1 : 200℃=(273+200)K
- P_2 : 500kPa
- Q : ?
- C_V : 0.718kJ/kg·K
- R : 0.287kJ/kg·K=0.287kN·m/kg·K (1kJ=1kN·m)

(2) 이상기체상태방정식

$$PV = mRT$$

여기서, P : 압력[kPa]
V : 체적[m³]
m : 질량[kg]
R : 기체상수[kJ/kg·K]
T : 절대온도(273+℃)[K]

질량 m은
$$m = \frac{PV}{RT}$$
$$= \frac{800 \text{kN/m}^2 \times 0.2\text{m}^3}{0.287 \text{kN}\cdot\text{m/kg}\cdot\text{K} \times (273+200)\text{K}} ≒ 1.18\text{kg}$$

(3) **정적과정**(체적이 변하지 않으므로)시의 온도와 압력과의 관계

$$\frac{P_2}{P_1} = \frac{T_2}{T_1}$$

여기서, P_1, P_2 : 변화 전후의 압력[kJ/m³]
T_1, T_2 : 변화 전후의 온도(273+℃)[K]

변화 후의 온도 T_2는
$$T_2 = \frac{P_2}{P_1} \times T_1$$
$$= \frac{500\text{kPa}}{800\text{kPa}} \times (273+200)\text{K} ≒ 295.6\text{K}$$

(4) **열**
$$Q = mC_V(T_2 - T_1)$$

여기서, Q : 열[kJ]
m : 질량[kg]
C_V : 정적비열[kJ/kg·K]
$(T_2 - T_1)$: 온도차[K] 또는 [℃]

열 Q는
$$Q = mC_V(T_2 - T_1)$$
$$= 1.18\text{kg} \times 0.718\text{kJ/kg}\cdot\text{K}$$
$$\times [295.6-(273+200)]\text{K}$$
$$≒ -150\text{kJ}$$

- '−'는 제거열에 해당

답 ④

27 다음 물성량 중 길이의 단위로 표시할 수 없는 것은?

① 수차의 유효낙차 ② 속도수두
③ 물의 밀도   ④ 펌프 전양정

해설 ③ 물의 밀도(kg/m³=N·s²/m⁴)

길이의 단위
(1) 수차의 유효낙차[m] 보기 ①
(2) 속도수두[m] 보기 ②
(3) 위치수두[m]
(4) 압력수두[m]
(5) 펌프 전양정[m] 보기 ④

답 ③

28 운동량(Momentum)의 차원을 MLT계로 옳게 나타낸 것은? (단, M은 질량, L은 길이, T는 시간을 나타낸다.)

21.03.문32
18.03.문30
02.05.문27

① MLT^{-1} ② MLT
③ MLT^2 ④ MLT^{-2}

해설 중력단위와 절대단위의 차원

차원	중력단위[차원]	절대단위[차원]
길이	m[L]	m[L]
시간	s[T]	s[T]
운동량	N·s[FT]	kg·m/s[MLT⁻¹] 보기 ①
힘	N[F]	kg·m/s²[MLT⁻²]
속도	m/s[LT⁻¹]	m/s[LT⁻¹]
가속도	m/s²[LT⁻²]	m/s²[LT⁻²]
질량	N·s²/m[FL⁻¹T²]	kg[M]
압력	N/m²[FL⁻²]	kg/m·s²[ML⁻¹T⁻²]
밀도	N·s²/m⁴[FL⁻⁴T²]	kg/m³[ML⁻³]
비중	무차원	무차원
비중량	N/m³[FL⁻³]	kg/m²·s²[ML⁻²T⁻²]
비체적	m⁴/N·s²[F⁻¹L⁴T⁻²]	m³/kg[M⁻¹L³]
일률	N·m/s[FLT⁻¹]	kg·m²/s³[ML²T⁻³]
일	N·m[FL]	kg·m²/s²[ML²T⁻²]
점성계수	N·s/m²[FL⁻²T]	kg/m·s[ML⁻¹T⁻¹]
동점성계수	m²/s[L²T⁻¹]	m²/s[L²T⁻¹]

답 ①

29 지름 60cm, 관마찰계수가 0.3인 배관에 설치한 밸브의 부차적 손실계수(K)가 10이라면 이 밸브의 상당길이[m]는?

21.03.문29
18.03.문39
11.10.문26
11.03.문21
10.03.문28

① 20   ② 22
③ 26   ④ 24

해설 (1) 기호
- d : 60cm=0.6m(100cm=1m)
- f : 0.3
- K : 10
- L_e : ?

(2) 등가길이(상당길이)
$$L_e = \frac{Kd}{f}$$

여기서, L_e : 등가길이[m]
K : 부차적 손실계수
d : 내경(지름)[m]
f : 마찰손실계수(관마찰계수)

- 등가길이=상당길이=상당관길이
- 마찰계수=마찰손실계수=관마찰계수

상당길이 L_e는
$$L_e = \frac{Kd}{f} = \frac{10 \times 0.6\text{m}}{0.3} = 20\text{m}$$

답 ①

30 ★★★
`21.03.문36`
`18.03.문39`
`14.09.문28`
`09.03.문21`
`02.09.문29`

안지름 19mm인 옥외소화전 노즐로 방수량을 측정하기 위하여 노즐 출구에서의 방수압을 측정한 결과 압력계가 608kPa로 측정되었다. 이때 방수량[m³/min]은?

① 0.891　　② 0.435
③ 0.742　　④ 0.593

 (1) 기호
- D : 19mm
- P : 608kPa=0.608MPa(1000kPa=1MPa)
- Q : ?

(2) 방수량
$$Q = 0.653D^2\sqrt{10P} = 0.6597CD^2\sqrt{10P}$$

여기서, Q : 방수량[L/min]
　　　　C : 유량계수(노즐의 흐름계수)
　　　　D : 내경[mm]
　　　　P : 방수압력[MPa]

방수량 Q는
$Q = 0.653D^2\sqrt{10P}$
　$= 0.653 \times (19\text{mm})^2 \times \sqrt{10 \times 0.608\text{MPa}}$
　$≒ 581\text{L/min}$
　$= 0.581\text{m}^3/\text{min}\,(1000\text{L}=1\text{m}^3)$

• 여기서는 근접한 ④ 0.593m³/min이 답

답 ④

31 ★★★
`17.03.문34`
`15.03.문37`
`13.03.문28`
`03.08.문22`

수조의 수면으로부터 20m 아래에 설치된 지름 5cm의 오리피스에서 30초 동안 분출된 유량[m³]은? (단, 수심이 일정하게 유지된다고 가정하고 오리피스의 유량계수 $C=0.98$로 하여 다른 조건은 무시한다.)

① 3.46　　② 1.14
③ 31.6　　④ 11.4

 (1) 기호
- H : 20m
- D : 5cm=0.05m(100cm=1m)
- t : 30s
- Q : ?
- C : 0.98

(2) 토리첼리의 식
$$V = C\sqrt{2gH}$$

여기서, V : 유속[m/s]
　　　　C : 유량계수
　　　　g : 중력가속도(9.8m/s²)
　　　　H : 물의 높이[m]

유속 V는
$V = C\sqrt{2gH}$
　$= 0.98 \times \sqrt{2 \times 9.8\text{m/s}^2 \times 20\text{m}} ≒ 19.4\text{m/s}$

(3) 유량
$$Q = AV = \left(\frac{\pi D^2}{4}\right)V$$

여기서, Q : 유량[m³/s]
　　　　A : 단면적[m²]
　　　　V : 유속[m/s]
　　　　D : 지름[m]

유량 Q는
$Q = \left(\dfrac{\pi D^2}{4}\right)V$
　$= \dfrac{\pi \times (0.05\text{m})^2}{4} \times 19.4\text{m/s} = 0.038\text{m}^3/\text{s}$
$0.038\text{m}^3/\text{s} \times 30\text{s} = 1.14\text{m}^3$

답 ②

32 ★★★
`20.08.문27`
`19.03.문21`
`17.09.문21`
`16.03.문31`
`06.09.문22`
`01.09.문32`

유체의 마찰에 의하여 발생하는 성질을 점성이라 한다. 뉴턴의 점성법칙을 설명한 것으로 옳지 않은 것은?

① 전단응력은 속도기울기에 비례한다.
② 속도기울기가 크면 전단응력이 크다.
③ 점성계수가 크면 전단응력이 작다.
④ 전단응력과 속도기울기가 선형적인 관계를 가지면 뉴턴유체라고 한다.

 ③ 작다. → 크다.

뉴턴(Newton)의 점성법칙
$$\tau = \mu \frac{du}{dy}\begin{matrix}(\text{비례})\\(\text{반비례})\end{matrix}$$

여기서, τ : 전단응력[N/m²]
　　　　μ : 점성계수[N·s/m²]
　　　　$\dfrac{du}{dy}$: 속도구배(속도기울기)[s⁻¹]
　　　　du : 속도[m/s]
　　　　dy : 높이[m]

답 ③

33 ★
그림과 같이 바닥면적이 4m²인 어느 물탱크에 차있는 물의 수위가 4m일 때 탱크의 바닥이 받는 물에 의한 힘[kN]은?

① 156.8
② 15.68
③ 39.1
④ 3.91

해설 (1) 기호
- $V : 4m^2 \times 4m = 16m^3$
- $F : ?$

(2) 힘
$$F = \gamma V$$

여기서, F : 힘[N]
γ : 비중량(물의 비중량 9.8kN/m³)
V : 체적[m³]

힘 F는
$F = \gamma V = 9.8 kN/m^3 \times 16m^3 = 156.8 kN$

답 ①

34. 그림과 같은 사이펀(Siphon)에서 흐를 수 있는 유량[m³/min]은? (단, 관의 안지름은 50mm이며, 관로 손실은 무시한다.)

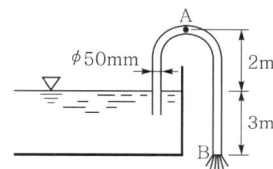

① 60
② 0.903
③ 15
④ 0.015

해설 (1) 기호
- $Q : ?$
- $D : 50mm = 0.05m (1000mm = 1m)$
- $H : 3m(그림)$

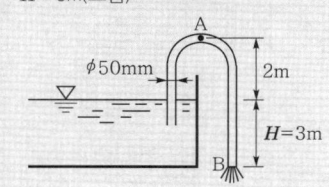

(2) 토리첼리의 식
$$V = C\sqrt{2gH}$$

여기서, V : 유속[m/s]
C : 유량계수
g : 중력가속도(9.8m/s²)
H : 높이[m]

유속 V는
$V = C\sqrt{2gH}$
$= \sqrt{2 \times 9.8 m/s^2 \times 3m}$
$≒ 7.668 m/s$

- C : 주어지지 않았으므로 무시

(3) 유량
$$Q = AV = \left(\frac{\pi D^2}{4}\right)V$$

여기서, Q : 유량[m³/s]
A : 단면적[m²]
V : 유속[m/s]
D : 직경[m]

유량 Q는
$Q = \left(\frac{\pi D^2}{4}\right)V$
$= \frac{\pi \times (0.05m)^2}{4} \times 7.668 m/s$
$= 0.01505 m^3/s$
$= 0.01505 m^3 / \frac{1}{60} min \left(1min = 60s, 1s = \frac{1}{60}min\right)$
$= 0.01505 \times 60 m^3/min$
$= 0.903 m^3/min$

답 ②

35. 원형 파이프 내에서 유체의 흐름이 난류라고 할 때 다음 설명 중 틀린 것은?

19.09.문35
15.09.문27
14.09.문33

① 파이프의 거칠기는 마찰계수에 영향을 미친다.
② 레이놀즈수가 2000 이하일 때 난류가 발생한다.
③ 무작위적이고 불규칙적인 흐름으로 인해 난류유동에서는 전단응력이 시간 평균의 기울기에 비례하지 않는다.
④ 평균유속이 파이프 중심에서의 유속과 거의 비슷하게 된다.

해설 ② 난류 → 층류

레이놀즈수

구 분	설 명
층류	$Re < 2100(2000)$
천이영역(임계영역)	$2100(2000) < Re < 4000$
난류	$Re > 4000$

중요

관마찰계수

구 분	설 명
층류	레이놀즈수에만 관계되는 계수(언제나 **레이놀즈**의 함수)
천이영역 (임계영역)	레이놀즈수와 관의 상대조도에 관계되는 계수
난류	관의 상대조도에 무관한 계수

답 ②

36 안지름이 150mm인 금속구(球)의 질량을 내부가 진공일 때와 875kPa까지 미지의 가스로 채워졌을 때 각각 측정하였다. 이때 질량의 차이가 0.00125kg이었고 실온은 25℃이었다. 이 가스를 순수물질이라고 할 때 이 가스는 무엇으로 추정되는가? (단, 일반기체상수는 8314J/kmol·K이다.)

21.09.문02
20.06.문17
18.09.문11
14.09.문07
12.03.문19
06.09.문13

① 헬륨(He, 분자량 약 4)
② 수소(H_2, 분자량 약 2)
③ 아르곤(Ar, 분자량 약 40)
④ 산소(O_2, 분자량 약 32)

 해설 (1) 기호

- D : 150mm=0.15m(1000mm=1m)
- P : 875kPa=875kN/m^2(1kPa=1kN/m^2)
- m : 0.00125kg
- T : 25℃=(273+25)K
- $\overline{R}$: 8314J/kmol·K=8.314kJ/kmol·K (1000J=1kJ)
- M : ?

(2) 구의 부피

$$V = \frac{\pi}{6}D^3$$

여기서, V : 구의 부피[m^3]
D : 구의 안지름[m]

구의 부피 V는

$$V = \frac{\pi}{6}D^3 = \frac{\pi}{6} \times (0.15m)^3$$

(3) 이상기체상태 방정식

$$PV = mRT$$

여기서, P : 기압[kPa]
V : 부피[m^3]
m : 질량[kg]
R : 기체상수[kJ/kg·K]
T : 절대온도(273+℃)[K]

기체상수 R은

$$R = \frac{PV}{mT}$$

$$= \frac{875kN/m^2 \times \frac{\pi}{6} \times (0.15m)^3}{0.00125kg \times (273+25)K}$$

$$≒ 4.15kN·m/kg·K$$
$$= 4.15kJ/kg·K \ (1kN·m = 1kJ)$$

(4) 기체상수

$$R = C_P - C_V = \frac{\overline{R}}{M}$$

여기서, R : 기체상수[kJ/kg·K]
C_P : 정압비열[kJ/kg·K]
C_V : 정적비열[kJ/kg·K]
$\overline{R}$: 일반기체상수[kJ/kmol·K]
M : 분자량[kg/kmol]

분자량 M은

$$M = \frac{\overline{R}}{R} = \frac{8.314 kJ/kmol·K}{4.15 kJ/kg·K} ≒ 2kg/kmol$$

(∴ 분자량 약 2kg/kmol인 ②번 정답)

답 ②

37 실린더 내 액체의 압력이 0.1GPa일 때 체적이 0.5cm^3이었다. 이후 압력을 0.2GPa로 가했을 때 체적이 0.495cm^3로 되었다면, 이 액체의 체적탄성계수[GPa]는?

21.03.문35
19.09.문33
18.03.문37
12.03.문30

① 20
② 1
③ 2
④ 10

해설 (1) 기호

- ΔP : (0.2-0.1)GPa
- V : 0.5cm^3
- ΔV : (0.5-0.495)cm^3
- K : ?

(2) 체적탄성계수

$$K = -\frac{\Delta P}{\frac{\Delta V}{V}}$$

여기서, K : 체적탄성계수[kPa]
ΔP : 가해진 압력[kPa]
$\frac{\Delta V}{V}$: 체적의 감소율
ΔV : 체적의 변화(체적의 차)[m^3]
V : 처음 체적[m^3]

체적탄성계수 K는

$$K = -\frac{\Delta P}{\frac{\Delta V}{V}} = -\frac{(0.2-0.1)GPa}{\frac{(0.5-0.495)cm^3}{0.5cm^3}} = -10GPa$$

- '−'는 누르는 방향이 위 또는 아래를 나타내는 것으로 특별한 의미는 없다.
- 단위만 일치시켜 주면 되므로 GPa, cm^3 그대로 사용

용어

체적탄성계수
어떤 압력으로 누를 때 이를 떠받치는 힘의 크기를 의미하며, 체적탄성계수가 클수록 압축하기 힘들다.

답 ④

38

대류에 의한 열전달률은 아래의 식과 같이 단순화하여 나타낼 수 있는데 이와 관련한 법칙은? (단, q는 대류열전달률, h는 대류열전달계수, A는 열전달면적, T_w는 물체의 표면온도, T_x는 물체 주위의 유체온도이다.)

$$q = hA(T_w - T_x)$$

① 줄의 법칙
② 뉴턴의 냉각법칙
③ 스테판-볼츠만 법칙
④ 푸리에의 법칙

해설 열전달의 종류

종류	공식	관련 법칙
전도 (conduction)	$Q = \dfrac{kA(T_2 - T_1)}{l}$ 여기서, Q: 전도열[W] k: 열전도율[W/m·K] A: 단면적[m²] $(T_2 - T_1)$: 온도차[K] l: 벽체 두께[m]	푸리에 (Fourier) 의 법칙
대류 (convection)	$Q = hA(T_2 - T_1)$ 여기서, Q: 대류열[W] h: 열전달률[W/m²·℃] A: 단면적[m²] $(T_2 - T_1)$: 온도차[℃]	뉴턴의 냉각법칙 보기 ②
복사 (radiation)	$Q = aAF(T_1^4 - T_2^4)$ 여기서, Q: 복사열[W] a: 스테판-볼츠만 상수[W/m²·K⁴] A: 단면적[m²] F: 기하학적 Factor T_1: 고온[K] T_2: 저온[K]	스테판- 볼츠만의 법칙

중요 용어

구분	설명
전도	하나의 물체가 다른 물체와 직접 **접촉**하여 열이 이동하는 현상
대류	**유체**의 흐름에 의하여 열이 이동하는 현상
복사	① 화재시 화원과 **격리**된 인접 가연물에 불이 옮겨 붙는 현상 ② 열전달 매질이 없이 **열**이 전달되는 형태 ③ 열에너지가 **전자파**의 형태로 옮겨지는 현상으로, **가장 크게 작용**

답 ②

39

설계규정에 의하면 어떤 장치에서의 원형관의 유체속도는 2m/s 내외이다. 이 관을 이용하여 물을 1m³/min 유량으로 수송하려면 관의 안지름[mm]은?

① 505 ② 13
③ 103 ④ 25

해설
(1) 기호
 • V : 2m/s
 • Q : 1m³/min = 1m³/60s
 • D : ?

(2) 유량

$$Q = AV = \left(\dfrac{\pi D^2}{4}\right)V$$

여기서, Q: 유량[m³/s]
    A: 단면적[m²]
    V: 유속[m/s]
    D: 직경[m]

유량 Q는

$$Q = \left(\dfrac{\pi D^2}{4}\right)V$$

$$\dfrac{4Q}{\pi V} = D^2$$

$$D^2 = \dfrac{4Q}{\pi V} \;\;\leftarrow\; 좌우 이항$$

$$\sqrt{D^2} = \sqrt{\dfrac{4Q}{\pi V}}$$

$$D = \sqrt{\dfrac{4Q}{\pi V}} = \sqrt{\dfrac{4 \times 1\text{m}^3/60\text{s}}{\pi \times 2\text{m/s}}}$$

$$\fallingdotseq 0.103\text{m} = 103\text{mm}\,(1\text{m} = 1000\text{mm})$$

답 ③

40

전양정 50m, 유량 1.5m³/min로 운전 중인 펌프가 유체에 가해주는 이론적인 동력[kW]은?

① 16.45
② 14.85
③ 18.35
④ 12.25

해설
(1) 기호
 • H : 50m
 • Q : 1.5m³/min
 • P : ?

(2) 수동력(이론동력) : 이론적인 동력

$$P = 0.163QH$$

여기서, P: 수동력[kW]
    Q: 유량[m³/min]
    H: 전양정[m]

수동력 P는
$P = 0.163QH$
$= 0.163 \times 1.5\text{m}^3/\text{min} \times 50\text{m}$
$= 12.225\text{kW}$
(∴ 여기서는 ④ 12.25kW가 정답)

중요
펌프의 동력

(1) **전동력**(모터동력)
일반적인 전동기의 동력(용량)을 말한다.

$$P = \frac{0.163\,QH}{\eta}K$$

여기서, P : 전동력[kW]
Q : 유량[m³/min]
H : 전양정[m]
K : 전달계수
η : 효율

(2) **축동력**(제동동력)
전달계수(K)를 고려하지 않은 동력이다.

$$P = \frac{0.163\,QH}{\eta}$$

여기서, P : 축동력[kW]
Q : 유량[m³/min]
H : 전양정[m]
η : 효율

(3) **수동력**(이론동력)
전달계수(K)와 효율(η)을 고려하지 않은 동력이다.

$$P = 0.163\,QH$$

여기서, P : 수동력[kW]
Q : 유량[m³/min]
H : 전양정[m]

답 ④

제 3 과목 소방관계법규

41 소방시설 설치 및 관리에 관한 법령상 단독경보형 감지기를 설치하여야 하는 특정소방대상물로 틀린 것은?
21.09.문72
18.09.문71
17.03.문41
07.05.문45

① 연면적 600m²의 유치원
② 연면적 300m²의 유치원
③ 100명 미만의 숙박시설이 있는 수련시설
④ 교육연구시설 또는 수련시설 내에 있는 합숙소 또는 기숙사로서 연면적 2000m² 미만인 것

① 600m² → 400m² 미만
② 유치원은 400m² 미만이므로 300m²는 옳은 답
③ 100명 미만의 수련시설(숙박시설이 있는 것)은 옳은 답

소방시설법 시행령〔별표 4〕
단독경보형 감지기의 설치대상

연면적	설치대상
400m² 미만	유치원 보기 ①②
2000m² 미만 보기 ④	• 교육연구시설·수련시설 내의 합숙소 • 교육연구시설·수련시설 내의 기숙사
모두 적용 보기 ③	• 100명 미만의 수련시설(숙박시설이 있는 것) • 연립주택 • 다세대주택

답 ①

42 소방시설공사업법령상 지하층을 포함한 층수가 16층 이상 40층 미만인 특정소방대상물의 소방시설 공사현장에 배치하여야 할 소방공사 책임감리원의 배치기준에서 ( ) 안에 들어갈 등급으로 옳은 것은?
17.05.문53
13.06.문59

행정안전부령으로 정하는 ( )감리원 이상의 소방공사 감리원(기계분야 및 전기분야)

① 특급   ② 중급
③ 고급   ④ 초급

공사업령〔별표 4〕
소방공사감리원의 배치기준

공사현장	배치기준	
	책임감리원	보조감리원
• 연면적 5천m² 미만 • 지하구	**초급**감리원 이상 (기계 및 전기)	
• 연면적 5천~3만m² 미만	**중급**감리원 이상 (기계 및 전기)	
• 물분무등소화설비(호스릴 제외) 설치 • 제연설비 설치 • 연면적 3만~20만m² 미만 (아파트)	**고급**감리원 이상 (기계 및 전기)	**초급**감리원 이상 (기계 및 전기)
• 연면적 3만~20만m² 미만 (아파트 제외) • 16~40층 미만(지하층 포함) 보기 ①	**특급**감리원 이상 (기계 및 전기)	**초급**감리원 이상 (기계 및 전기)
• 연면적 20만m² 이상 • 40층 이상(지하층 포함)	**특급**감리원 중 **소방기술사**	**초급**감리원 이상 (기계 및 전기)

비교
공사업령〔별표 2〕
소방기술자의 배치기준

공사현장	배치기준
• 연면적 1천m² 미만	• 소방기술인정자격수첩 발급자
• 연면적 1천~5천m² 미만(아파트 제외) • 연면적 1천~1만m² 미만(아파트) • 지하구	• **초급**기술자 이상(기계 및 전기분야)

• 물분무등소화설비(호스릴 제외) 또는 **제연설비** 설치 • 연면적 **5천~3만m²** 미만(아파트 제외) • 연면적 **1만~20만m²** 미만(아파트)	**중급**기술자 이상(기계 및 전기분야)
• 연면적 **3만~20만m²** 미만(아파트 제외) • **16~40층** 미만(지하층 포함)	**고급**기술자 이상(기계 및 전기분야)
• 연면적 **20만m²** 이상 • **40층** 이상(지하층 포함)	**특급**기술자 이상(기계 및 전기분야)

답 ①

43 소방시설공사업법령상 소방시설업의 등록권자는?

① 한국소방안전원장
② 소방서장
③ 시·도지사
④ 국무총리

해설 **시·도지사**
(1) 제조소 등의 설치**허**가(위험물법 6조)
(2) 소방업무의 지휘·감독(기본법 3조)
(3) 소방체험관의 설립·운영(기본법 5조)
(4) 소방업무에 관한 세부적인 종합계획수립 및 소방업무 수행(기본법 6조)
(5) 소방시설업자의 지위**승**계(공사업법 7조)
(6) 제조소 등의 **승**계(위험물법 10조)
(7) 소방력의 기준에 따른 계획 수립(기본법 8조)
(8) **화**재예방강화지구의 지정(화재예방법 18조)
(9) 소방시설관리업의 **등**록(소방시설법 29조)
(10) 소방시설업 등록(공사업법 4조) 보기 ③
(11) 탱크시험자의 **등**록(위험물법 16조)
(12) 소방시설관리업의 과징금 부과(소방시설법 36조)
(13) 탱크안전성능검사(위험물법 8조)
(14) 제조소 등의 **완공검사**(위험물법 9조)
(15) 제조소 등의 용도 폐지(위험물법 11조)
(16) **예**방규정의 제출(위험물법 17조)

기억법 **허**시승화예(농구선수 **허**재가 차 **시승**장에서 나와 **화해**했다.)

답 ③

44 위험물안전관리법령상 자체소방대를 설치하여야 하는 제조소 등으로 옳은 것은?

① 지정수량 3500배의 칼륨을 취급하는 제조소
② 지정수량 3000배의 아세톤을 취급하는 일반취급소
③ 지정수량 4000배의 등유를 이동저장탱크에 주입하는 일반취급소
④ 지정수량 4500배의 기계유를 유압장치로 취급하는 일반취급소

해설 ① 칼륨:제3류 위험물
② 아세톤:제4류 위험물
③ 등유:제4류 위험물
④ 기계유:제4류 위험물

위험물령 18조
자체소방대를 설치하여야 하는 사업소
(1) 제4류 위험물을 취급하는 제조소 또는 일반취급소(단, 보일러로 위험물을 소비하는 일반취급소 등 행정안전부령으로 정하는 일반취급소는 제외)
• 제조소 또는 일반취급소에서 취급하는 제4류 위험물의 최대수량의 합이 지정수량의 **3천배** 이상 보기 ②
(2) 제4류 위험물을 저장하는 옥외탱크저장소
• 옥외탱크저장소에 저장하는 제4류 위험물의 최대수량이 지정수량의 **50만배** 이상

답 ②

45 소방시설 설치 및 관리에 관한 법령상 소방용품 중 피난구조설비를 구성하는 제품 또는 기기에 속하지 않는 것은?

① 통로유도등
② 소화기구
③ 공기호흡기
④ 피난사다리

해설 ② 소화설비

소방시설법 시행령〔별표 3〕
소방용품

소방시설	제품 또는 기기
소화용	① 소화**약**제 ② **방**염제(방염액·방염도료·방염성 물질) 기억법 소약방
피난구조설비	① 피난사다리, 구조대, 완강기(간이완강기 및 지지대 포함) 보기 ④ ② 공기호흡기(충전기를 포함) 보기 ③ ③ 피난구유도등, 통로유도등, 객석유도등 및 예비전원이 내장된 비상조명등 보기 ①
소화설비	① 소화기 보기 ② ② 자동소화장치 ③ 간이소화용구(소화약제 외의 것을 이용한 간이소화용구 제외) ④ 소화전 ⑤ 송수구 ⑥ 관창 ⑦ 소방호스 ⑧ 스프링클러헤드 ⑨ 기동용 수압개폐장치 ⑩ 유수제어밸브 ⑪ 가스관 선택밸브

답 ②

46. 위험물안전관리법령상 제4류 위험물 중 경유의 지정수량은 몇 리터인가?

① 1500
② 2000
③ 500
④ 1000

해설 위험물령 [별표 1]
제4류 위험물

성질	품명		지정수량	대표물질
인화성 액체	특수인화물		50L	• 다이에틸에터 • 이황화탄소
	제1석유류	비수용성	200L	• 휘발유 • 콜로디온
		수용성	400L	• 아세톤
	알코올류		400L	• 변성알코올
	제2석유류	비수용성	1000L	• 등유 • 경유 [보기 ④]
		수용성	2000L	• 아세트산
	제3석유류	비수용성	2000L	• 중유 • 크레오소트유
		수용성	4000L	• 글리세린
	제4석유류		6000L	• 기어유 • 실린더유
	동식물유류		10000L	• 아마인유

답 ④

47. 소방기본법령상 지상에 설치하는 소화전, 저수조 및 급수탑에 대한 소방용수표지기준 중 다음 ( ) 안에 알맞은 것은?

안쪽 문자는 (㉠), 바깥쪽 문자는 노란색으로, 안쪽 바탕은 (㉡), 바깥쪽 바탕은 (㉢)으로 하고, 반사재료를 사용해야 한다.

① ㉠ 검은색, ㉡ 파란색, ㉢ 붉은색
② ㉠ 흰색, ㉡ 붉은색, ㉢ 파란색
③ ㉠ 흰색, ㉡ 파란색, ㉢ 붉은색
④ ㉠ 검은색, ㉡ 붉은색, ㉢ 파란색

해설 기본규칙 [별표 2]
소방용수표지
(1) **지하**에 설치하는 소화전·저수조의 소방용수표지
 ㉠ 맨홀뚜껑은 지름 **648mm** 이상의 것으로 할 것
 ㉡ 맨홀뚜껑에는 "소화전·주정차금지" 또는 "저수조·주정차금지"의 표시를 할 것
 ㉢ 맨홀뚜껑 부근에는 **노란색 반사도료**로 폭 **15cm**의 선을 그 둘레를 따라 칠할 것
(2) **지상**에 설치하는 소화전·저수조 및 **급수탑**의 소방용수표지

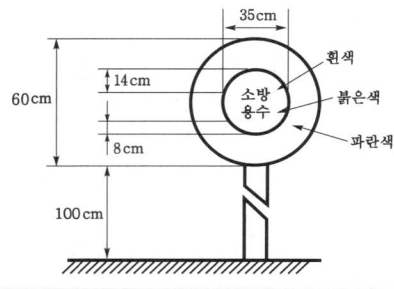

• 안쪽 문자는 **흰색**, 바깥쪽 문자는 노란색, 안쪽 바탕은 **붉은색**, 바깥쪽 바탕은 **파란색**으로 하고 **반사재료** 사용 [보기 ②]

답 ②

48. 화재의 예방 및 안전관리에 관한 법령상 정당한 사유 없이 화재안전조사 결과에 따른 조치명령을 위반한 자에 대한 최대 벌칙으로 옳은 것은?

① 300만원 이하의 벌금
② 100만원 이하의 벌금
③ 1년 이하의 징역 또는 1천만원 이하의 벌금
④ 3년 이하의 징역 또는 3천만원 이하의 벌금

해설 **3년** 이하의 **징역** 또는 **3000만원** 이하의 **벌금**
(1) 화재안전조사 결과에 따른 조치명령(화재예방법 50조) [보기 ④]
(2) **소방시설업** 무등록자(공사업법 35조)
(3) **부정**한 **청탁**을 받고 재물 또는 재산상의 **이익**을 취득하거나 부정한 청탁을 하면서 재물 또는 재산상의 이익을 제공한 자(공사업법 35조)
(4) **소방시설관리업** 무등록자(소방시설법 57조)
(5) **형식승인**을 얻지 않은 소방용품 제조·수입자(소방시설법 57조)
(6) **제품검사**를 받지 않은 사람(소방시설법 57조)
(7) 거짓이나 그 밖의 **부정한 방법**으로 제품검사 전문기관의 지정을 받은 사람(소방시설법 57조)

기억법 33형관(삼삼하게 형처럼 관리하기!)

답 ④

49. 소방시설 설치 및 관리에 관한 법령상 모든 층에 스프링클러설비를 설치하여야 하는 특정소방대상물의 기준으로 틀린 것은? (단, 위험물 저장 및 처리시설 중 가스시설 또는 지하구는 제외한다.)

① 바닥면적 합계가 5000m² 이상인 창고시설 (물류터미널은 제외)
② 바닥면적의 합계가 600m² 이상인 숙박이 가능한 수련시설
③ 연면적 3500m² 이상인 복합건축물
④ 바닥면적의 합계가 5000m² 이상이거나 수용인원이 500명 이상인 판매시설, 운수시설 및 창고시설(물류터미널에 한정)

해설 ③ 3500m² 이상 → 5000m² 이상

소방시설법 시행령 [별표 4]
스프링클러설비의 설치대상

설치대상	조건

• 문화 및 집회시설, 운동시설
• 종교시설
	• 수용인원 : 100명 이상
	• 영화상영관 : 지하층·무창층 500m²(기타 1000m²) 이상
	• 무대부
	  – 지하층·무창층·4층 이상 : 300m² 이상
	  – 1~3층 : 500m² 이상

• 판매시설 • 운수시설 • 물류터미널 보기④	• 수용인원 : 500명 이상 • 바닥면적 합계 5000m² 이상
창고시설(물류터미널 제외)	바닥면적 합계 5000m² 이상 : 전층 보기①
• 노유자시설 • 정신의료기관 • 수련시설(숙박 가능한 것) 보기② • 종합병원, 병원, 치과병원, 한방병원 및 요양병원(정신병원 제외) • 숙박시설	바닥면적 합계 600m² 이상
지하가	연면적 1000m² 이상
지하층·무창층·4층 이상	바닥면적 1000m² 이상
10m 넘는 랙식 창고	연면적 1500m² 이상
• 복합건축물 보기③ • 기숙사	연면적 5000m² 이상 : 전층
6층 이상	전층
보일러실·연결통로	전부
특수가연물 저장·취급	지정수량 1000배 이상
발전시설	전기저장시설 : 전층

답 ③

50 소화활동을 위한 소방용수시설 및 지리조사의 실시 횟수는?

21.05.문49
19.04.문50
17.09.문59
16.03.문57
09.08.문51

① 주 1회 이상
② 주 2회 이상
③ 월 1회 이상
④ 분기별 1회 이상

해설 **기본규칙 7조**
소방용수시설 및 지리조사
(1) 조사자 : **소방본부장·소방서장**
(2) 조사일시 : **월 1회** 이상
(3) 조사내용
　㉠ 소방용수시설
　㉡ 도로의 폭·교통상황
　㉢ 도로주변의 **토**지고저
　㉣ 건축물의 **개**황
(4) 조사결과 : **2년간** 보관

중요

횟수
(1) **월 1회** 이상 : 소방용수시설 및 **지**리조사(기본규칙 7조)

기억법 월1지 (**월**요일이 **지**났다.)

(2) **연** 1회 이상
　㉠ 화재예방강화지구 안의 화재안전조사·훈련·교육(화재예방법 시행령 20조)
　㉡ 특정소방대상물의 소방훈련·교육(화재예방법 시행규칙 36조)
　㉢ 제조소 등의 **정**기점검(위험물규칙 64조)
　㉣ **종**합점검(소방시설법 시행규칙 [별표 3])
　㉤ 작동점검(소방시설법 시행규칙 [별표 3])

기억법 연1정종 (**연일 정종**술을 마셨다.)

(3) **2년마다** 1회 이상
　㉠ 소방대원의 소방교육·훈련(기본규칙 9조)
　㉡ **실**무교육(화재예방법 시행규칙 29조)

기억법 실2 (**실리**)

답 ③

51 소방시설 설치 및 관리에 관한 법령상 건축허가 등의 동의요구시 동의요구서에 첨부하여야 할 서류가 아닌 것은?

16.03.문54
14.09.문46
05.03.문53

① 소방시설공사업 등록증
② 소방시설설계업 등록증
③ 소방시설 설치계획표
④ 건축허가신청서 및 건축허가서

해설 ① 공사업은 건축허가 동의에 해당없음

소방시설법 시행규칙 3조
건축허가 동의시 첨부서류
(1) 건축허가신청서 및 건축허가서 사본 보기④
(2) 설계도서 및 소방시설 설치계획표 보기③
(3) **임시소방시설** 설치계획서(설치시기·위치·종류·방법 등 임시소방시설의 설치와 관련한 세부사항 포함)
(4) **소방시설설계업** 등록증과 소방시설을 설계한 기술인력의 기술자격증 사본 보기②
(5) 건축·대수선·용도변경신고서 사본
(6) 주단면도 및 입면도
(7) 소방시설별 층별 평면도
(8) 방화구획도(창호도 포함)

※ 건축허가 등의 동의권자 : **소방본부장·소방서장**

답 ①

52 위험물안전관리법령상 허가를 받지 아니하고 당해 제조소 등을 설치하거나 그 위치·구조 또는 설비를 변경할 수 있으며, 신고를 하지 아니하고 위험물의 품명·수량 또는 지정수량의 배수를 변경할 수 있는 기준으로 옳은 것은?

21.03.문46
20.06.문56
19.04.문47
14.03.문58

① 축산용으로 필요한 건조시설을 위한 지정수량 40배 이하의 저장소
② 농예용으로 필요한 난방시설을 위한 지정수량 40배 이하의 저장소
③ 수산용으로 필요한 건조시설을 위한 지정수량 30배 이하의 저장소
④ 주택의 난방시설(공동주택의 중앙난방시설 제외)을 위한 저장소

해설
① 40배 이하 → 20배 이하
② 40배 이하 → 20배 이하
③ 30배 이하 → 20배 이하

위험물법 6조
제조소 등의 설치허가
(1) 설치허가자 : 시·도지사
(2) 설치허가 제외장소
 ㉠ 주택의 난방시설(공동주택의 중앙난방시설은 제외)을 위한 저장소 또는 취급소 보기 ④
 ㉡ 지정수량 20배 이하의 **농**예용·**축**산용·**수**산용 난방시설 또는 건조시설의 **저**장소 보기 ①②③
(3) 제조소 등의 변경신고 : 변경하고자 하는 날의 1일 전까지

참고
시·도지사
(1) 특별시장
(2) 광역시장
(3) 특별자치시장
(4) 도지사
(5) 특별자치도지사

답 ④

53 ★★★
21.03.문43
20.08.문54
17.03.문55

위험물안전관리법령상 제조소 등에 전기설비(전기배선, 조명기구 등은 제외)가 설치된 장소의 면적이 300m²일 경우, 소형 수동식 소화기는 최소 몇 개 설치하여야 하는가?

① 2개 ② 4개
③ 3개 ④ 1개

해설 **위험물규칙 [별표 17]**
전기설비의 소화설비
제조소 등에 전기설비(전기배선, 조명기구 등 제외)가 설치된 경우에는 당해 장소의 면적 100m²마다 **소형 수동식 소화기**를 1개 이상 설치할 것

제조소 등의 전기설비 소형 수동식 소화기 개수

$$\frac{\text{바닥면적}}{100\text{m}^2}(\text{절상}) = \frac{300\text{m}^2}{100\text{m}^2} = 3개$$

중요
절상 : '소수점 이하는 무조건 올린다.'는 뜻

답 ③

54 ★★★
21.03.문45
20.08.문46
16.10.문57
16.05.문51

소방기본법령상 소방대상물에 해당하지 않는 것은?

① 차량 ② 운항 중인 선박
③ 선박건조구조물 ④ 건축물

해설 ② 운항 중인 → 매어 둔

기본법 2조 1호
소방대상물
(1) **건**축물 보기 ④
(2) **차**량 보기 ①
(3) **선**박(매어둔 것) 보기 ②
(4) **선**박건조구조물 보기 ③
(5) **인**공구조물
(6) **물**건
(7) **산**림

기억법 건차선 인물산

비교
위험물법 3조
위험물의 저장·운반·취급에 대한 적용 제외
(1) 항공기
(2) 선박
(3) 철도(기차)
(4) 궤도

답 ②

55 ★★★
18.04.문50
16.10.문48
16.03.문58
15.09.문54
15.05.문54
14.05.문48

소방시설 설치 및 관리에 관한 법령상 방염성능기준 이상의 실내장식물 등을 설치하여야 하는 특정소방대상물에 속하지 않는 것은?

① 의료시설
② 숙박시설
③ 11층 이상인 아파트
④ 노유자시설

해설 ③ 아파트 → 아파트 제외

소방시설법 시행령 30조
방염성능기준 이상 적용 특정소방대상물
(1) 체력단련장, 공연장 및 종교집회장
(2) 문화 및 집회시설
(3) **종**교시설
(4) 운동시설(수영장은 제외)
(5) 의료시설(종합병원, 정신의료기관) 보기 ①
(6) 의원, 치과의원, 한의원, 조산원, 산후조리원
(7) 합숙소
(8) **노**유자시설 보기 ④
(9) **숙**박이 가능한 **수**련시설
(10) **숙**박시설 보기 ②
(11) 방송국 및 촬영소
(12) 다중이용업소(단란주점영업, 유흥주점영업, 노래연습장업의 연습장)
(13) 층수가 11층 이상인 것(아파트 제외 : 2026. 12. 1. 삭제) 보기 ③

기억법 방숙 노종수

답 ③

56 ★★
20.08.문46
11.10.문46

소방시설 설치 및 관리에 관한 법령상 터널로서 길이가 1000m일 때 설치하여야 하는 소방시설이 아닌 것은?

① 인명구조기구 ② 연결송수관설비
③ 무선통신보조설비 ④ 옥내소화전설비

해설 소방시설법 시행령〔별표 4〕
터널길이

터널길이	적용설비
500m 이상	• 비상조명등설비 • 비상경보설비 • 무선통신보조설비 보기 ③ • 비상콘센트설비
1000m 이상	• 옥내소화전설비 보기 ④ • 연결송수관설비 보기 ② • 자동화재탐지설비 • 제연설비

• ②·③ 무선통신보조설비·연결송수관설비는 500m 이상에 설치해야 하므로 1000m에도 당연히 설치

중요

소방시설법 시행령〔별표 4〕
인명구조기구의 설치장소
(1) 지하층을 포함한 **7층** 이상의 **관광호텔**[방열복, 방화복(안전모, 보호장갑, 안전화 포함), 인공소생기, 공기호흡기]
(2) 지하층을 포함한 **5층** 이상의 **병원**[방화복(안전모, 보호장갑, 안전화 포함), 공기호흡기]

기억법 5병(오병)이어의 기적)

(3) 공기호흡기를 설치하여야 하는 특정소방대상물
  ㉠ 수용인원 **100명** 이상인 **영화상영관**
  ㉡ 대규모점포
  ㉢ 지하역사
  ㉣ 지하상가
  ㉤ 이산화탄소 소화설비(호스릴 이산화탄소 소화설비 제외)를 설치하여야 하는 특정소방대상물

답 ①

57
17.03.문53
소방시설 설치 및 관리에 관한 법령상 다음 소방시설 중 경보설비에 속하지 않는 것은?
① 자동화재속보설비 ② 자동화재탐지설비
③ 무선통신보조설비 ④ 통합감시시설

해설 ③ 무선통신보조설비: 소화활동설비

소방시설법 시행령〔별표 1〕
경보설비
(1) 비상경보설비 ┬ 비상벨설비
              └ 자동식 사이렌설비
(2) 단독경보형 감지기
(3) 비상방송설비
(4) 누전경보기
(5) 자동화재탐지설비 및 시각경보기 보기 ②
(6) 자동화재속보설비 보기 ①
(7) 가스누설경보기
(8) 통합감시시설 보기 ④
(9) 화재알림설비

※ **경보설비**: 화재발생 사실을 통보하는 기계·기구 또는 설비

답 ③

58 ★★
21.03.문48
20.06.문47
위험물안전관리법령상 위험물의 안전관리와 관련된 업무를 수행하는 자로서 소방청장이 실시하는 안전교육의 대상자가 아닌 자는?
① 탱크시험자의 기술인력으로 종사하는 자
② 위험물운송자로 종사하는 자
③ 제조소 등의 관계인
④ 안전관리자로 선임된 자

해설 위험물법 28조
위험물 안전교육대상자
(1) 안전관리자 보기 ④
(2) 탱크시험자 보기 ①
(3) 위험물운반자
(4) 위험물운송자 보기 ②

답 ③

59 ★★★
21.09.문41
19.04.문42
17.03.문59
15.03.문51
13.06.문44
소방시설 설치 및 관리에 관한 법령상 특정소방대상물에 실내장식 등의 목적으로 설치 또는 부착하는 물품으로서 제조 또는 가공 공정에서 방염처리를 한 방염대상물품이 아닌 것은? (단, 합판·목재류의 경우에는 설치현장에서 방염처리를 한 것을 말한다.)
① 암막·무대막
② 전시용 합판 또는 섬유판
③ 두께가 2mm 미만인 종이벽지
④ 창문에 설치하는 커튼류

해설 ③ 두께가 2mm 미만인 종이벽지 → 두께가 2mm 미만인 종이벽지 제외

소방시설법 시행령 31조
방염대상물품

제조 또는 가공 공정에서 방염처리를 한 물품	건축물 내부의 천장이나 벽에 부착하거나 설치하는 것
① 창문에 설치하는 **커튼류** (블라인드 포함) 보기 ④ ② 카펫 ③ 벽지류(두께 2mm 미만인 종이벽지 제외) 보기 ③ ④ 전시용 합판·목재 또는 섬유판 보기 ② ⑤ 무대용 합판·목재 또는 섬유판 ⑥ **암막·무대막**(영화상영관 ·가상체험 체육시설업의 **스크린** 포함) 보기 ① ⑦ 섬유류 또는 합성수지류 등을 원료로 하여 제작된 소파·의자(단란주점영업, 유흥주점영업 및 노래연 습장업의 영업장에 설치 하는 것만 해당)	① 종이류(두께 2mm 이상), **합성수지류** 또는 섬유류 를 주원료로 한 물품 ② **합판**이나 **목재** ③ 공간을 구획하기 위하여 설치하는 **간이칸막이** ④ **흡음재**(흡음용 커튼 포함) 또는 **방음재**(방음용 커튼 포함) ※ 가구류(옷장, 찬장, 식탁, 식탁용 의자, 사무용 책상, 사무용 의자, 계산대)와 너비 10cm 이하인 반자돌림대, 내부 마감재료 제외

답 ③

22. 09. 시행 / 산업(기계)

60 소방기본법령상 인접하고 있는 시·도간 소방업무의 상호응원협정을 체결하고자 하는 때에 포함되도록 하여야 하는 사항이 아닌 것은?

21.05.문56
17.09.문57
15.05.문44
14.05.문41

① 소방교육·훈련의 종류 및 대상자에 관한 사항
② 출동대원의 수당·식사 및 의복의 수선 등 소요경비의 부담에 관한 사항
③ 화재의 경계·진압활동에 관한 사항
④ 화재조사활동에 관한 사항

해설 ① 상호응원협정은 실제상황이므로 소방교육·훈련은 해당되지 않음

기본규칙 8조
소방업무의 상호응원협정
(1) 다음의 **소방활동**에 관한 사항
 ㉠ 화재의 **경계**·진압활동 보기 ③
 ㉡ 구조·구급업무의 지원
 ㉢ 화재조사활동 보기 ④
(2) 응원출동 대상지역 및 규모
(3) 소요경비의 부담에 관한 사항
 ㉠ 출동대원의 수당·식사 및 의복의 수선 보기 ②
 ㉡ 소방장비 및 기구의 정비와 연료의 보급
(4) 응원출동의 요청방법
(5) 응원출동훈련 및 평가

기억법 경응출

답 ①

제 4 과목 소방기계시설의 구조 및 원리

61 다음 소화기구 및 자동소화장치의 화재안전기준에 관한 설명 중 ( ) 안에 해당하는 설비가 아닌 것은?

15.03.문62
07.05.문62

대형소화기를 설치하여야 할 특정소방대상물 또는 그 부분에 ( ), ( ), ( ) 또는 옥외소화전설비를 설치한 경우에는 해당 설비의 유효범위 안의 부분에 대하여는 대형소화기를 설치하지 아니할 수 있다.

① 스프링클러설비
② 제연설비
③ 물분무등소화설비
④ 옥내소화전설비

해설 **대형소화기의 설치면제기준**(NFPC 101 5조, NFTC 101 2.2.2)

면제대상	대체설비
대형소화기	• 옥내·외소화전설비 보기 ④ • 스프링클러설비 보기 ① • 물분무등소화설비 보기 ③

기억법 옥내외 스물대

 비교

소화기의 감소기준(NFPC 101 5조, NFTC 101 2.2.1)

감소대상	감소기준	적용설비
소형소화기	$\frac{1}{2}$	• 대형소화기
	$\frac{2}{3}$	• 옥내·외소화전설비 • 스프링클러설비 • 물분무등소화설비

답 ②

62 연결살수설비의 화재안전기준상 배관의 설치기준 중 하나의 배관에 부착하는 살수헤드의 개수가 7개인 경우 배관의 구경은 최소 몇 mm 이상으로 설치해야 하는가? (단, 연결살수설비 전용헤드를 사용하는 경우이다.)

21.05.문65
17.05.문67
16.03.문62
15.05.문77
11.10.문65

① 40   ② 32
③ 50   ④ 80

해설 **연결살수설비**(NFPC 503 5조, NFTC 503 2.2.3.1)

배관의 구경	살수헤드 개수
32mm	1개
40mm	2개
50mm	3개
65mm	4개 또는 5개
80mm	6~10개 이하 보기 ④

• 연결살수설비에서 하나의 송수구역에 설치하는 개방형 헤드수는 **10개** 이하로 하여야 한다.

답 ④

63 피난기구의 화재안전기준상 승강식 피난기 및 하향식 피난구용 내림식 사다리 설치시 2세대 이상일 경우 대피실의 면적은 최소 몇 m² 이상인가?

17.05.문79

① 3m² 이상
② 1m² 이상
③ 1.2m² 이상
④ 2m² 이상

해설 승강식 피난기 및 하향식 피난구용 내림식 사다리의 설치기준(NFPC 301 5조, NFTC 301 2.1.3.9)
(1) 대피실의 면적은 $2m^2$(2세대 이상일 경우에는 $3m^2$) 이상으로 하고, 건축법 시행령 제46조 제4항의 규정에 적합하여야 하며 하강구(개구부) 규격은 직경 **60cm** 이상일 것(단, 외기와 개방된 장소에는 제외) 보기 ①
(2) 하강구 내측에는 기구의 연결금속구 등이 없어야 하며 전개된 피난기구는 하강구 수평투영면적 공간 내의 범위를 침범하지 않는 구조이어야 할 것(단, 직경 **60cm** 크기의 범위를 벗어난 경우이거나, 지하층의 바닥면으로부터 높이 **50cm** 이하의 범위는 제외)
(3) 착지점과 하강구는 상호 수평거리 **15cm** 이상의 간격을 둘 것

답 ①

64
★★★
21.05.문76
16.10.문68
09.08.문66

물분무소화설비의 화재안전기준에 따라 차고 또는 주차장에 물분무소화설비 설치시 저수량은 바닥면적 $1m^2$에 대하여 최소 몇 L/min으로 20분간 방수할 수 있는 양 이상으로 해야 하는가?

① 20 ② 30
③ 10 ④ 40

해설 물분무소화설비의 수원(NFPC 104 4조, NFTC 104 2.1.1)

특정소방대상물	토출량	최소기준	비고
컨베이어벨트	10L/min·m^2	–	벨트부분의 바닥면적
절연유 봉입변압기	10L/min·m^2	–	표면적을 합한 면적(바닥면적 제외)
특수가연물	10L/min·m^2	최소 $50m^2$	최대방수구역의 바닥면적 기준
케이블트레이·덕트	12L/min·m^2	–	투영된 바닥면적
차고·주차장	20L/min·m^2 보기 ①	최소 $50m^2$	최대방수구역의 바닥면적 기준
위험물 저장탱크	37L/min·m	–	위험물탱크 둘레길이(원주길이) : 위험물규칙〔별표 6〕Ⅱ

※ 모두 **20분**간 방수할 수 있는 양 이상으로 하여야 한다.

기억법
컨 0
절 0
특 0
케 2
차 0
위 37

답 ①

65
★★★
16.03.문71
12.03.문77
11.10.문64

특별피난계단의 계단실 및 부속실 제연설비의 화재안전기준에 따라 특별피난계단의 계단실 및 부속실 제연설비에서 사용하는 유입공기의 배출방식으로 적절하지 않은 것은?

① 굴뚝효과에 따라 배출하는 자연배출방식
② 제연설비에 따른 배출방식
③ 배출구에 따른 배출방식
④ 수평풍도에 따른 배출방식

해설 ④ 수평풍도 → 수직풍도

유입공기의 배출방식(NFPC 501A 13조, NFTC 501A 2.10)

구 분		설 명
수직풍도에 따른 배출	자연배출식 보기 ①	• **굴뚝효과**에 따라 배출하는 것
	기계배출식 보기 ④	• 수직풍도의 상부에 전용의 **배출용 송풍기**를 설치하여 강제로 배출하는 것
배출구에 따른 배출 보기 ③		• 건물의 옥내와 면하는 **외벽**마다 옥외와 통하는 **배출구**를 설치하여 배출하는 것
제연설비에 따른 배출 보기 ②		• **거실제연설비**가 설치되어 있고 해당 옥내로부터 옥외로 배출하여야 하는 유입공기의 양을 거실제연설비의 배출량에 합하여 배출하는 경우 유입공기의 배출은 해당 거실제연설비에 따른 배출로 갈음

기억법 제직수배(제는 직접 수배하세요.)

※ **수직풍도에 따른 배출** : 옥상으로 직통하는 전용의 배출용 수직풍도를 설치하여 배출하는 것

용어
풍도(duct)
공기를 배출시켜 주기 위한 덕트(duct)를 말한다.

답 ④

66
★★
15.03.문62
07.05.문62

소화기구 및 자동소화장치의 화재안전기준에 따라 옥내소화전설비가 설치된 특정소방대상물에서 소형소화기 감면기준은?

① 소화기의 2분의 1을 감소할 수 있다.
② 소화기의 4분의 3을 감소할 수 있다.
③ 소화기의 3분의 1을 감소할 수 있다.
④ 소화기의 3분의 2를 감소할 수 있다.

해설 소화기의 감소기준(NFPC 101 5조, NFTC 101 2.2.1)

감소대상	감소기준	적용설비
소형소화기	$\frac{1}{2}$	• 대형소화기
	$\frac{2}{3}$ 보기 ④	• 옥내·외소화전설비 • 스프링클러설비 • 물분무등소화설비

비교
대형소화기의 설치면제기준(NFPC 101 5조, NFTC 101 2.2.1)

면제대상	대체설비
대형소화기	• **옥**내 · **외**소화전설비 • **스**프링클러설비 • **물**분무등소화설비

| 기억법 | 옥내외 스물대 |

답 ④

67 피난기구의 화재안전기준에 따른 피난기구의 설치기준으로 틀린 것은?

20.08.문77
15.03.문61

① 피난기구를 설치하는 개구부는 서로 동일 직선상이 아닌 위치에 있을 것
② 완강기 로프 길이는 부착위치에서 피난상 유효한 착지면까지의 길이로 할 것
③ 피난기구는 소방대상물의 견고한 부분에 볼트조임, 용접 등으로 견고하게 부착할 것
④ 4층 이상의 층에 설치하는 피난사다리는 고강도 경량폴리에틸렌 재질을 사용할 것

해설
④ 고강도 경량폴리에틸렌 재질을 → 금속성 고정사다리를

피난기구의 **설치기준**(NFPC 301 5조, NFTC 301 2.1.3)
(1) **4층 이상**의 층에 피난사다리(**하향식 피난구용 내림식 사다리 제외**)를 설치하는 경우에는 **금속성 고정사다리**를 설치하고, 당해 고정사다리에는 쉽게 피난할 수 있는 구조의 **노대**를 설치 보기 ④
(2) 피난기구를 설치하는 **개구부**는 서로 **동일 직선상**이 아닌 위치에 있을 것

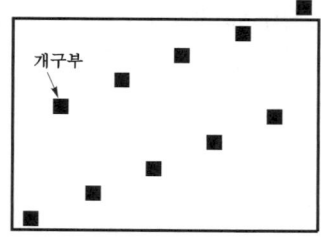

│동일 직선상이 아닌 위치│

답 ④

68 차고 · 주차장의 부분에 호스릴포소화설비 또는 포소화전설비를 설치할 수 있는 기준 중 옳은 것은?

17.05.문70

① 지상 1층으로서 방화구획 되거나 지붕이 있는 부분
② 지상에서 수동 또는 원격조직에 따라 개방이 가능한 개구부의 유효면적의 합계가 바닥면적의 20% 이상인 부분
③ 옥외로 통하는 개구부가 상시 개방된 구조의 부분으로서 그 개방된 부분의 합계면적이 해당 차고 또는 주차장의 바닥면적의 20% 이상인 부분
④ 완전 개방된 옥상주차장 또는 고가 밑의 주차장 등으로서 주된 벽이 없고 기둥뿐이거나 주위가 위해방지용 철주 등으로 둘러싸인 부분

해설
차고 · 주차장에 **호스릴포소화설비** 또는 **포소화전설비**를 **설치할 수 있는 경우**(NFPC 105 4조, NFTC 105 2.1.1.2)
(1) **완전 개방**된 **옥상주차장** 또는 **고가 밑**의 **주차장**으로서 주된 벽이 없고 기둥뿐이거나 주위가 위해방지용 철주 등으로 둘러싸인 부분 보기 ④
(2) **지상 1층**으로서 지붕이 없는 부분 보기 ①

| 기억법 | 차호완고1 |

답 ④

69 분말소화설비의 화재안전기준상 차고 또는 주차장에 설치하는 분말소화설비의 소화약제는?

21.05.문79
16.05.문75
15.05.문20
15.03.문16
13.09.문11

① 제1종 분말
② 제2종 분말
③ 제3종 분말
④ 제4종 분말

해설
분말소화약제

종 별	분자식	착 색	적응화재	비 고
제**1**종	중탄산나트륨 (NaHCO₃)	백색	BC급	**식용유** 및 **지방질유**의 화재에 적합(**비**누화 반응) 기억법 비1(**비일**비재)
제**2**종	중탄산칼륨 (KHCO₃)	담자색 (담회색)	BC급	–
제**3**종	제1인산암모늄 (NH₄H₂PO₄)	담홍색	AB C급	**차고 · 주차장**에 **적합** 보기 ③ 기억법 차주3 (차주는 **삼**가하세요.)
제**4**종	중탄산칼륨 +요소 (KHCO₃+ (NH₂)₂CO)	회(백)색	BC급	–

- 중탄산나트륨 = 탄산수소나트륨
- 중탄산칼륨 = 탄산**수소칼**륨

기억법 2수칼(이수역에 칼이 있다.)

- 제1인산암모늄 = 인산암모늄 = 인산염
- 중탄산칼륨 + 요소 = 탄산수소칼륨 + 요소

답 ③

70
스프링클러설비의 화재안전기준에 따라 폐쇄형 스프링클러헤드를 사용하는 설비 하나의 방호구역의 바닥면적은 몇 m²를 초과하지 않아야 하는가? (단, 격자형 배관방식은 제외한다.)

① 2000
② 2500
③ 3000
④ 1000

해설 폐쇄형 설비의 방호구역 및 유수검지장치(NFPC 103 6조, NFTC 103 2.3.1)
(1) 하나의 방호구역의 바닥면적은 **3000m²**를 초과하지 않을 것 보기 ③
(2) 하나의 방호구역에는 **1개** 이상의 **유수검지장치** 설치
(3) 하나의 방호구역은 **2개층**에 미치지 아니하도록 하되, 1개층에 설치되는 스프링클러헤드의 수가 **10개 이하** 및 복층형 구조의 공동주택에는 **3개층** 이내
(4) 유수검지장치는 바닥에서 **0.8~1.5m** 이하의 높이에 설치하여야 하며, 개구부가 가로 **0.5m** 이상 세로 **1m** 이상의 **출입문**을 설치하고 그 출입문 상단에 '**유수검지장치실**'이라고 표시한 표지 설치

답 ③

71
다음 중 불소, 염소, 브로민 또는 아이오딘 중 하나 이상의 원소를 포함하고 있는 유기화합물을 기본 성분으로 하는 할로겐화합물 소화약제가 아닌 것은?

① HFC-227ea
② HCFC BLEND A
③ HFC-125
④ IG-541

해설 ④ 불활성기체 소화약제

할로겐화합물 및 불활성기체 소화약제의 종류 (NFPC 107A 3조, NFTC 107A 1.7)

구분	할로겐화합물 소화약제	불활성기체 소화약제
정의	불소, 염소, 브로민 또는 아이오딘 중 하나 이상의 원소를 포함하고 있는 유기화합물을 기본성분으로 하는 소화약제	헬륨, 네온, 아르곤 또는 질소가스 중 하나 이상의 원소를 기본성분으로 하는 소화약제

| 종류 | ① FC-3-1-10
② HCFC BLEND A 보기 ②
③ HCFC-124
④ HFC-125 보기 ③
⑤ HFC-227ea 보기 ①
⑥ HFC-23
⑦ HFC-236fa
⑧ FIC-13l1
⑨ FK-5-1-12 | ① IG-01
② IG-100
③ IG-541 보기 ④
④ IG-55 |

답 ④

72
할로겐화합물 및 불활성기체 소화설비의 화재안전기준에 따른 할로겐화합물 및 불활성기체 소화약제의 저장용기에 대한 기준으로 틀린 것은?

① 저장용기는 약제명·저장용기의 자체중량과 총중량·충전일시·충전압력 및 약제의 체적을 표시할 것
② 집합관에 접속되는 저장용기는 동일한 내용적을 가진 것으로 충전량 및 충전압력이 같도록 할 것
③ 저장용기에 충전량 및 충전압력을 확인할 수 있는 장치를 하는 경우에는 해당 소화약제에 적합한 구조로 할 것
④ 불활성기체 소화약제 저장용기의 약제량 손실이 10%를 초과할 경우에는 재충전하거나 저장용기를 교체할 것

해설 ④ 10% → 5%

할로겐화합물 및 불활성기체 소화약제 저장용기 설치기준 (NFPC 107A 6조, NFTC 107A 2.3.1, 2.3.2)
(1) **방호구역 외**의 장소에 설치할 것(단, 방호구역 내에 설치할 경우에는 피난 및 조작이 용이하도록 **피난구 부근**에 설치할 것)
(2) 온도가 **55℃** 이하이고 온도의 변화가 작은 곳에 설치할 것
(3) 직사광선 및 빗물이 침투할 우려가 없는 곳에 설치할 것
(4) **방화문**으로 구획된 실에 설치할 것
(5) 용기의 설치장소에는 해당 용기가 설치된 곳임을 표시하는 표지를 할 것
(6) 용기 간의 간격은 점검에 지장이 없도록 **3cm** 이상의 간격을 유지할 것
(7) 저장용기와 집합관을 연결하는 연결배관에는 **체크밸브**를 설치할 것(단, 저장용기가 하나의 방호구역만을 담당하는 경우는 제외)
(8) 저장용기는 약제명·저장용기의 자체중량과 **총중량·충전일시·충전압력** 및 **약제의 체적**을 표시할 것 보기 ①
(9) 집합관에 접속되는 저장용기는 **동일한 내용적**을 가진 것으로 충전량 및 충전압력이 같도록 할 것 보기 ②

(10) 저장용기에 **충전량** 및 **충전압력**을 확인할 수 있는 장치를 하는 경우에는 해당 소화약제에 적합한 구조로 할 것 보기 ③

(11) 저장용기의 **약제량 손실**이 **5%**를 초과하거나 **압력손실**이 **10%**를 초과할 경우에는 재충전하거나 저장용기를 교체할 것 보기 ④

답 ④

73 ★
스프링클러설비의 화재안전기준에 따른 스프링클러설비에 설치하는 음향장치 및 기동장치에 대한 설명으로 틀린 것은?

① 음향장치는 경종 또는 사이렌(전자식사이렌을 포함한다)으로 하되, 주위의 소음 및 다른 용도의 경보와 구별이 가능한 음색으로 할 것

② 준비작동식 유수검지장치 또는 일제개방밸브를 사용하는 설비에는 화재감지기의 감지에 따른 음향장치가 경보되도록 할 것

③ 습식 유수검지장치 또는 건식 유수검지장치를 사용하는 설비에 있어서는 헤드가 개방되면 유수검지장치가 화재신호를 발신하고 그에 따라 음향장치가 경보되도록 할 것

④ 음향장치는 정격전압의 90% 전압에서 음향을 발할 수 있는 것으로 할 것

해설 ④ 90% → 80%

음향장치의 구조 및 성능기준

스프링클러설비 음향장치의 구조 및 성능기준 • 간이스프링클러설비 음향장치의 구조 및 성능기준 • 화재조기진압용 스프링클러설비 음향장치의 구조 및 성능기준	자동화재탐지설비 음향장치의 구조 및 성능기준	비상방송설비 음향장치의 구조 및 성능기준
① 정격전압의 **80%** 전압에서 음향을 발할 것 보기 ④ ② 음량은 **1m** 떨어진 곳에서 **90dB** 이상일 것	① 정격전압의 **80%** 전압에서 음향을 발할 것 ② **음량**은 **1m** 떨어진 곳에서 **90dB** 이상일 것 ③ **감지기·발신기**의 작동과 **연동**하여 작동할 것	① 정격전압의 **80%** 전압에서 음향을 발할 것 ② **자동화재탐지설비**의 작동과 연동하여 작동할 것

답 ④

74 ★★★
분말소화설비의 화재안전기준에 따라 분말소화약제 가압식 저장용기는 최고사용압력의 몇 배 이하의 압력에서 작동하는 안전밸브를 설치해야 하는가?

① 1.2   ② 2.0
③ 1.8   ④ 0.8

해설 **분말소화설비**의 **저장용기 안전밸브**(NFPC 108 4조, NFTC 108 2.1.2.2)

가압식	축압식
최고사용압력 **1.8배** 이하 보기 ③	내압시험압력 **0.8배** 이하

답 ③

75 ★★★
상수도소화용수설비와 화재안전기준에 따라 소화전은 특정소방대상물의 수평투영면의 각 부분으로부터 몇 m 이하가 되도록 설치해야 하는가?

① 25
② 75
③ 40
④ 140

해설 **상수도소화용수설비**의 **기준**(NFPC 401 4조, NFTC 401 2.1.1)
(1) 호칭지름

수도배관	소화전
75mm 이상	**100mm** 이상

(2) 소화전은 소방자동차 등의 진입이 쉬운 **도로변** 또는 **공지**에 설치
(3) 소화전은 특정소방대상물의 수평투영면의 각 부분으로부터 **140m** 이하에 설치 보기 ④
(4) 지상식 소화전의 호스접결구는 지면으로부터 높이가 0.5m 이상 1m 이하가 되도록 설치

답 ④

76 ★★
미분무소화설비의 화재안전기준상 용어 정의 중 다음 ( ) 안에 알맞은 것은?

'미분무'란 물만을 사용하여 소화하는 방식으로 최소설계압력에서 헤드로부터 방출되는 물입자 중 99%의 누적체적분포가 (㉠)μm 이하로 분무되고 (㉡)급 화재에 적응성을 갖는 것을 말한다.

① ㉠ 200, ㉡ B, C
② ㉠ 400, ㉡ A, B, C
③ ㉠ 200, ㉡ A, B, C
④ ㉠ 400, ㉡ B, C

해설 미분무소화설비의 용어 정의(NFPC 104A 3조, NFTC 104A 1.7)

용어	설명
미분무 소화설비	가압된 물이 헤드 통과 후 미세한 입자로 분무됨으로써 소화성능을 가지는 설비를 말하며, 소화력을 증가시키기 위해 강화액 등을 첨가할 수 있다.
미분무	물만을 사용하여 소화하는 방식으로 최소설계 압력에서 헤드로부터 방출되는 입자 중 99%의 누적체적분포가 $400\mu m$ 이하로 분무되고 A, B, C급 화재에 적응성을 갖는 것 보기 ②
미분무헤드	하나 이상의 오리피스를 가지고 미분무소화설비에 사용되는 헤드

답 ②

77
분말소화설비의 화재안전기준상 제1종 분말(탄산수소나트륨을 주성분으로 한 분말)의 경우 소화약제 1kg당 저장용기의 내용적은 몇 L인가?

19.04.문69
18.04.문68
14.05.문73
12.05.문63
12.03.문72

① 1
② 0.5
③ 1.25
④ 0.8

해설 분말소화약제

종별	소화약제	1kg당 내용적 [L/kg]	적응 화재	비고
제**1**종	중탄산나트륨 (NaHCO₃)	0.8 보기 ④	BC급	**식**용유 및 지방질유의 화재에 적합
제2종	중탄산칼륨 (KHCO₃)	1.0	BC급	—
제**3**종	인산암모늄 (NH₄H₂PO₄)	1.0	ABC급	**차**고·**주**차장에 적합
제4종	중탄산칼륨+요소 (KHCO₃+(NH₂)₂CO)	1.25	BC급	—

기억법 1식분(**일식 분**식)
3분 차주(**삼보**컴퓨터 **차주**)

용어
충전비
소화약제 1kg당 저장용기의 내용적

답 ④

78
할로겐화합물 및 불활성기체 소화설비의 화재안전기준에 따른 할로겐화합물 및 불활성기체 소화설비의 배관설치기준으로 틀린 것은?
① 강관을 사용하는 경우의 배관은 입력배관용 탄소강관(KS D 3562) 또는 이와 동등 이상의 강도를 가진 것으로 사용할 것
② 강관을 사용하는 경우의 배관은 아연도금 등에 따라 방식처리된 것을 사용할 것
③ 배관은 전용으로 할 것
④ 동관을 사용하는 경우 배관은 이음이 많고 동 및 동합금관(KS D 5301)의 것을 사용할 것

해설 ④ 이음이 많고 → 이음이 없는

할로겐화물 및 불활성기체 소화설비의 배관설치기준(NFPC 107A 10조, NFTC 107A 2.7.1.2)

강관	동관
압력배관용 탄소강관(KS D 3562) 또는 이와 동등 이상의 강도를 가진 것으로서 아연도금 등에 따라 방식처리된 것	이음이 없는 동 및 동합금관 (KS D 5301) 보기 ④

답 ④

79
소화용수설비에 설치하는 소화수조의 소요수량이 50m³인 경우 채수구의 수는 몇 개인가?

20.08.문66
20.06.문62
19.09.문77
17.09.문67
11.06.문78

① 1   ② 4
③ 3   ④ 2

해설 소화수조·저수조(NFPC 402 4조, NFTC 402 2.1.3)
(1) 흡수관 투입구 : 한 변이 0.6m 이상이거나 직경이 0.6m 이상인 것

(a) 원형

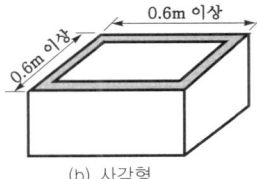
(b) 사각형
흡수관 투입구

소요수량	80m³ 미만	80m³ 이상
흡수관 투입구의 수	1개 이상	2개 이상

(2) 채수구

소요수량	20~40m³ 미만	40~100m³ 미만	100m³ 이상
채수구의 수	1개	2개 보기 ④	3개

용어
채수구
소방차의 소방호스와 접결되는 흡입구로 저장되어 있는 물을 소방차에 주입하기 위한 구멍

답 ④

22. 09. 시행 / 산업(기계)

80 ★★★

스프링클러설비의 화재안전기준상 압력수조를 이용한 가압송수장치 설치시 압력수조의 설치부속물이 아닌 것은?

① 물올림장치
② 자동식 공기압축기
③ 수위계
④ 맨홀

해설 **설치부속물**(NFTC 103 2.2)

고가수조	압력수조
• 수위계 • 배수관 • 급수관 • 맨홀 • **오**버플로우관	• **수**위계 보기 ③ • **배**수관 • **급**수관 • **맨**홀 보기 ④ • **급**기관 • **압**력계 • **안**전장치 • **자**동식 공기압축기 보기 ②

기억법 고오(GO!), 기안자 배급수맨

답 ①

CBT 기출복원문제

2021년
소방설비산업기사 필기(기계분야)

- 2021. 3. 2 시행 ·················· 21- 2
- 2021. 5. 9 시행 ·················· 21-26
- 2021. 9. 5 시행 ·················· 21-51

** 수험자 유의사항 **

1. 문제지를 받는 즉시 **본인**이 **응시한 종목**이 맞는지 확인하시기 바랍니다.
2. 문제지 표지에 본인의 **수험번호**와 **성명**을 기재하여야 합니다.
3. 문제지의 **총면수, 문제번호 일련순서, 인쇄상태, 중복 및 누락 페이지 유무**를 확인하시기 바랍니다.
4. 답안은 각 문제마다 요구하는 가장 적합하거나 가까운 답 1개만을 선택하여야 합니다.
5. 답안카드는 뒷면의 「수험자 유의사항」에 따라 작성하시고, 답안카드 작성 시 형별누락, 마킹착오로 인한 불이익은 전적으로 수험자에게 책임이 있음을 알려드립니다.
6. 문제지는 시험 종료 후 본인이 가져갈 수 있습니다.

** 안내사항 **

- 가답안/최종정답은 큐넷(www.q-net.or.kr)에서 확인하실 수 있습니다. 가답안에 대한 의견은 큐넷의 [가답안 의견 제시]를 통해 제시할 수 있으며, 확정된 답안은 최종정답으로 갈음합니다.
- 공단에서 제공하는 자격검정서비스에 대해 개선할 점이 있으시면 고객참여(http://hrdkorea.or.kr/7/1/1)를 통해 건의하여 주시기 바랍니다.

2021. 3. 2 시행

■ 2021년 산업기사 제1회 필기시험 CBT 기출복원문제 ■

수험번호	성명

자격종목	종목코드	시험시간	형별
소방설비산업기사(기계분야)		2시간	

※ 각 문항은 4지택일형으로 질문에 가장 적합한 보기 항을 선택하여 체크하여야 합니다.

제 1 과목 　 소방원론

01 다음 물질 중 연소하였을 때 시안화수소를 가장 많이 발생시키는 물질은?
[20.06.문16]

① Polyethylene
② Polyurethane
③ Polyvinyl chloride
④ Polystyrene

해설　연소시 **시안화수소**(HCN) 발생물질
(1) 요소
(2) 멜라닌
(3) 아닐린
(4) Polyurethane(**폴리우**레탄) 보기 ②

기억법　시폴우

답 ②

02 감광계수에 따른 가시거리 및 상황에 대한 설명으로 틀린 것은?
[17.05.문10]
[01.06.문17]

① 감광계수 $0.1m^{-1}$는 연기감지기가 작동할 정도의 연기농도이고, 가시거리는 20~30m이다.
② 감광계수 $0.5m^{-1}$는 거의 앞이 보이지 않을 정도의 농도이고, 가시거리는 1~2m이다.
③ 감광계수 $10m^{-1}$는 화재 최성기 때의 연기농도를 나타낸다.
④ 감광계수 $30m^{-1}$는 출화실에서 연기가 분출할 때의 농도이다.

해설　② $0.5m^{-1}$ → $1m^{-1}$

감광계수에 따른 **가시거리** 및 **상황**

감광계수 $[m^{-1}]$	가시거리 [m]	상 황
0.1	20~30	연기감지기가 작동할 때의 농도 보기 ①
0.3	5	건물 내부에 익숙한 사람이 피난에 지장을 느낄 정도의 농도
0.5	3	어두운 것을 느낄 정도의 농도
1	1~2	거의 앞이 보이지 않을 정도의 농도 보기 ②
10	0.2~0.5	화재 최성기 때의 농도 보기 ③
30	-	출화실에서 연기가 분출할 때의 농도 보기 ④

답 ②

03 기름탱크에서 화재가 발생하였을 때 탱크 하부에 있는 물 또는 물-기름 에멀션이 뜨거운 열유층에 의해서 가열되어 유류가 탱크 밖으로 갑자기 분출하는 현상은?
[18.03.문03]
[12.03.문08]
[11.06.문20]
[10.03.문14]
[09.08.문04]
[04.09.문05]

① 리프트(lift)
② 백파이어(backfire)
③ 플래시오버(flashover)
④ 보일오버(boil over)

해설　**보일오버**(boil over)
(1) 중질유의 탱크에서 장시간 조용히 연소하다 탱크 내의 잔존기름이 갑자기 분출하는 현상
(2) 유류탱크에서 탱크바닥에 물과 기름의 **에멀션**이 섞여 있을 때 이로 인하여 화재가 발생하는 현상 보기 ④
(3) 연소유면으로부터 100℃ 이상의 열파가 탱크 저부에 고여 있는 물을 비등하게 하면서 연소유를 탱크 밖으로 비산시키며 연소하는 현상

용어

구 분	설 명
리프트 (lift)	버너 내압이 높아져서 **분출속도**가 **빨라지는** 현상
백파이어 (backfire, 역화)	가스가 노즐에서 나가는 속도가 연소속도보다 느리게 되어 **버너 내부에서 연소**하게 되는 현상
플래시오버 (flashover)	화재로 인하여 실내의 온도가 급격히 상승하여 화재가 **순간적**으로 **실내 전체**에 **확산**되어 연소되는 현상

답 ④

04. 15℃의 물 1g을 1℃ 상승시키는 데 필요한 열량은 몇 cal인가?

① 1
② 15
③ 1000
④ 15000

해설
- 15℃ 물 → 16℃ 물로 변화
- 15℃를 1℃ 상승시키므로 16℃가 됨

열량
$$Q = r_1 m + mC\Delta T + r_2 m$$

여기서, Q : 열량(cal)
r_1 : 융해열(cal/g)
r_2 : 기화열(cal/g)
m : 질량(g)
C : 비열(cal/g·℃)
ΔT : 온도차(℃)

(1) 기호
- m : 1g
- C : 1cal/g·℃
- ΔT : (16−15)℃

(2) 15℃ 물 → 16℃ 물(1℃ 상승시키므로)
열량 $Q = mC\Delta T$
     $= 1g \times 1cal/g·℃ \times (16-15)℃$
     $= 1cal$

- '**융해열**'과 '**기화열**'은 없으므로 이 문제에서는 $r_1 m$, $r_2 m$ 식은 제외

중요

비열(specific heat)

단위	정의
1cal	1g의 물체를 1℃만큼 온도 상승시키는 데 필요한 열량
1BTU	1 lb의 물체를 1°F만큼 온도 상승시키는 데 필요한 열량
1chu	1 lb의 물체를 1℃만큼 온도 상승시키는 데 필요한 열량

답 ①

05. 열에너지원 중 화학적 열에너지가 아닌 것은?

① 분해열
② 용해열
③ 유도열
④ 생성열

해설
③ 전기적 열에너지

열에너지원의 종류

기계열 (기계적 열에너지)	전기열 (전기적 열에너지)	화학열 (화학적 열에너지)
• **압**축열 • **마**찰열 • **마**찰스파크(스파크열)	• 유도열 • 유전열 • 저항열 • 아크열 • 정전기열 • 낙뢰에 의한 열	• **연**소열 • **용**해열 • **분**해열 • **생**성열 • **자**연발열
기억법 기압마		기억법 화연용분생자

- 기계열 = 기계적 점화원 = 기계적 열에너지
- 전기열 = 전기적 점화원 = 전기적 열에너지
- 화학열 = 화학적 점화원 = 화학적 열에너지

답 ③

06. 다음 중 착화점이 가장 낮은 물질은?

① 등유
② 아세톤
③ 경유
④ 톨루엔

해설
① 210℃ ② 538℃
③ 200℃ ④ 480℃

물 질	인화점	착화점
프로필렌	−107℃	497℃
에틸에터 다이에틸에터	−45℃	180℃
가솔린(휘발유)	−43℃	300℃
산화프로필렌	−37℃	465℃
이황화탄소	−30℃	100℃
아세틸렌	−18℃	335℃
아세톤 보기 ②	−18℃	538℃
벤젠	−11℃	562℃
톨루엔 보기 ④	4.4℃	480℃
메틸알코올	11℃	464℃
에틸알코올	13℃	423℃
아세트산	40℃	−
등유 보기 ①	43~72℃	210℃
경유 보기 ③	50~70℃	200℃
적린	−	260℃

기억법 인산 이메등경

- 착화점 = 발화점 = 착화온도 = 발화온도
- 인화점 = 인화온도

답 ③

07. 이산화탄소소화기가 갖는 주된 소화효과는?

① 유화소화
② 질식소화
③ 제거소화
④ 부촉매소화

해설 주된 소화효과

할론 1301	이산화탄소
억제소화	질식소화 보기 ②

중요 주된 소화효과

소화약제	주된 소화효과
• 할론	**억**제소화(화학소화, 부촉매효과)
• 포 • **이**산화탄소	**질**식소화
• 물	냉각소화

기억법 할억이질

답 ②

08. Halon 1301의 화학식에 포함되지 않는 원소는?

① C
② Cl
③ F
④ Br

해설 ② Halon 1301 : Cl의 개수는 0이므로 포함되지 않음

할론소화약제

종 류	약 칭	분자식
Halon 1011	CB	CH_2ClBr
Halon 104	CTC	CCl_4
Halon 1211	BCF	$CF_2ClBr(CBrClF_2)$
Halon 1301	BTM	$CF_3Br(CBrF_3)$
Halon 2402	FB	$C_2F_4Br_2(C_2Br_2F_4)$

중요

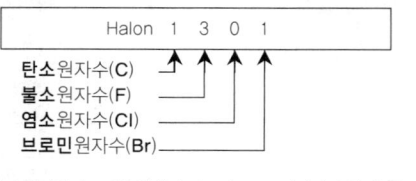

※ 수소원자의 수=(첫 번째 숫자×2)+2-나머지 숫자의 합

답 ②

09. 건축물 내부 화재시 연기의 평균 수직이동속도는 약 몇 m/s인가?

① 0.01~0.05
② 0.5~1
③ 2~3
④ 20~30

해설 연기의 이동속도

방향 또는 장소	이동속도
수평방향(수평이동속도)	0.5~1m/s
수직방향(수직이동속도)	2~3m/s 보기 ③
계단실 내의 수직이동속도	**3**~**5**m/s

기억법 3계5(**삼계**탕 드시러 **오**세요.)

답 ③

10. 건축법상 건축물의 주요 구조부에 해당되지 않는 것은?

① 지붕틀
② 내력벽
③ 주계단
④ 최하층 바닥

해설 주요 구조부
(1) 내력**벽**
(2) **보**(작은 보 제외)
(3) **지**붕틀(차양 제외)
(4) **바**닥(최하층 바닥 제외) 보기 ④
(5) **주**계단(옥외계단 제외)
(6) **기**둥(사이기둥 제외)

※ 주요 구조부 : 건물의 구조 내력상 주요한 부분

기억법 벽보지 바주기

답 ④

11. 물과 반응하여 가연성인 아세틸렌가스를 발생하는 것은?

① 나트륨
② 아세톤
③ 마그네슘
④ 탄화칼슘

해설 (1) 탄화칼슘과 물의 반응식

$$CaC_2 + 2H_2O \rightarrow Ca(OH)_2 + C_2H_2 \uparrow \text{ 보기 ④}$$
탄화칼슘   물   수산화칼슘   아세틸렌

(2) 탄화알루미늄과 물의 반응식

$$Al_4C_3 + 12H_2O \rightarrow 4Al(OH)_3 + 3CH_4 \uparrow$$
탄화알루미늄   물   수산화알루미늄   메탄

(3) 인화칼슘과 물의 반응식

$$Ca_3P_2 + 6H_2O \rightarrow 3Ca(OH)_2 + 2PH_3 \uparrow$$
인화칼슘   물   수산화칼슘   포스핀

(4) 수소화리튬과 물의 반응식

$$LiH + H_2O \rightarrow LiOH + H_2$$
수소화리튬   물   수산화리튬   수소

답 ④

12 Halon 1211의 화학식으로 옳은 것은?

① CF_2BrCl
② $CFBrCl_2$
③ $C_2F_2Br_2$
④ CH_2BrCl

해설

종 류	약 칭	분자식
Halon 1011	CB	CH_2ClBr
Halon 104	CTC	CCl_4
Halon 1211	BCF	$CF_2ClBr(CBrClF_2, CF_2BrCl)$
Halon 1301	BTM	$CF_3Br(CBrF_3)$
Halon 2402	FB	$C_2F_4Br_2(C_2Br_2F_4)$

답 ①

13 장기간 방치하면 습기, 고온 등에 의해 분해가 촉진되고 분해열이 축적되면 자연발화 위험성이 있는 것은?

① 셀룰로이드   ② 질산나트륨
③ 과망가니즈산칼륨   ④ 과염소산

해설 자연발화의 형태

자연발화형태	종 류
분해열	• **셀**룰로이드 보기 ① • **나**이트로셀룰로오스 기억법 분셀나
산화열	• 건성유(정어리유, 아마인유, 해바라기유) • 석탄 • 원면 • 고무분말
발효열	• **퇴**비 • **먼**지 • **곡**물 기억법 발퇴먼곡
흡착열	• **목**탄 • **활**성탄 기억법 흡목탄활

답 ①

14 햇빛에 방치한 기름걸레가 자연발화를 일으켰다. 다음 중 이때의 원인에 가장 가까운 것은?

① 광합성 작용
② 산화열 축적
③ 흡열반응
④ 단열압축

해설 산화열

산화열이 축적되는 경우	산화열이 축적되지 않는 경우
햇빛에 방치한 기름걸레는 **산화열이 축적**되어 자연발화를 일으킬 수 있다. 보기 ②	기름걸레를 빨랫줄에 걸어 놓으면 산화열이 축적되지 않아 자연발화는 일어나지 않는다.

답 ②

15 어떤 기체의 확산속도가 이산화탄소의 2배였다면 그 기체의 분자량은 얼마로 예상할 수 있는가?

① 11   ② 22
③ 44   ④ 88

해설 그레이엄의 법칙

$$\frac{V_B}{V_A} = \sqrt{\frac{M_A}{M_B}} = \sqrt{\frac{d_B}{d_A}}$$

여기서, $V_A \cdot V_B$: 확산속도[m/s]
$M_A \cdot M_B$: 분자량[kg/kmol]
$d_A \cdot d_B$: 밀도[kg/m³]

변형식 $V = \sqrt{\frac{1}{M}}$

• 원자량

원 소	원자량
H	1
C	12
N	14
O	16

이산화탄소의 분자량(CO_2) = 12 + 16 × 2 = 44
이산화탄소(CO_2)의 확산속도 V는

$$V = \sqrt{\frac{1}{M}} = \sqrt{\frac{1}{44}} ≒ 0.15$$

확산속도가 이산화탄소의 **2배**가 되는 기체의 분자량 V'는

$$V' = \sqrt{\frac{1}{M'}}$$

$$2V = \sqrt{\frac{1}{M'}}$$

$$2 \times 0.15 = \sqrt{\frac{1}{M'}}$$

$$0.3 = \sqrt{\frac{1}{M'}}$$

$$0.3^2 = \left(\sqrt{\frac{1}{M'}}\right)^2$$

$$0.09 = \frac{1}{M'}$$

$$M' = \frac{1}{0.09} ≒ 11$$

※ **그레이엄**의 **법칙**(Graham's law) : 일정온도, 일정압력에서 기체의 확산속도는 **밀도**의 **제곱근**에 반비례한다.

답 ①

16. 15℃의 물 10kg이 100℃의 수증기가 되기 위해서는 약 몇 kcal의 열량이 필요한가?

① 850
② 1650
③ 5390
④ 6240

해설 열량

$$Q = rm + mC\Delta T$$

여기서, Q : 열량[kcal]
r : 융해열 또는 기화열[kcal/kg]
m : 질량[kg]
C : 비열[kcal/kg·℃]
ΔT : 온도차[℃]

(1) 기호
- m : 10kg
- C : 1kcal/kg·℃
- r : 기화열 539kcal/kg
- Q : ?

(2) 15℃ 물 → 100℃ 물
열량 Q_1 는
$Q_1 = mC\Delta T = 10\text{kg} \times 1\text{kcal/kg·℃} \times (100-15)℃$
$= 850\text{kcal}$

(3) 100℃ 물 → 100℃ 수증기
열량 Q_2 는
$Q_2 = rm = 539\text{kcal/kg} \times 10\text{kg} = 5390\text{kcal}$

(4) 전체 열량 Q 는
$Q = Q_1 + Q_2 = (850 + 5390)\text{kcal} = 6240\text{kcal}$

답 ④

17. 다음 중 인화점이 가장 낮은 물질은?

① 등유
② 아세톤
③ 경유
④ 아세트산

해설
① 43~72℃   ② -18℃
③ 50~70℃   ④ 40℃

물질	인화점	착화점
프로필렌	-107℃	497℃
에틸에터 다이에틸에터	-45℃	180℃
가솔린(휘발유)	-43℃	300℃
산화프로필렌	-37℃	465℃
이황화탄소	-30℃	100℃
아세틸렌	-18℃	335℃
아세톤 보기②	-18℃	538℃
벤젠	-11℃	562℃
톨루엔	4.4℃	480℃
메틸알코올	11℃	464℃
에틸알코올	13℃	423℃
아세트산 보기④	40℃	-
등유 보기①	43~72℃	210℃
경유 보기③	50~70℃	200℃
적린	-	260℃

기억법 인산 이메등경

- 착화점 = 발화점 = 착화온도 = 발화온도
- 인화점 = 인화온도

답 ②

18. 제1종 분말소화약제의 주성분은?

① 탄산수소나트륨   ② 탄산수소칼슘
③ 요소   ④ 황산알루미늄

해설 분말소화약제

종별	분자식	착색	적응화재	비고
제1종	중탄산나트륨 ($NaHCO_3$) 보기①	백색	BC급	식용유 및 지방질유의 화재에 적합
제2종	중탄산칼륨 ($KHCO_3$)	담자색 (담회색)	BC급	-
제3종	제1인산암모늄 ($NH_4H_2PO_4$)	담홍색	ABC급	차고·주차장에 적합
제4종	중탄산칼륨 + 요소 ($KHCO_3$ + $(NH_2)_2CO$)	회(백)색	BC급	-

- 중탄산나트륨 = 탄산수소나트륨 보기①
- 중탄산칼륨 = 탄산수소칼륨
- 제1인산암모늄 = 인산암모늄 = 인산염
- 중탄산칼륨 + 요소 = 탄산수소칼륨 + 요소

답 ①

19. 경유화재시 주수(물)에 의한 소화가 부적당한 이유는?

① 물보다 비중이 가벼워 물 위에 떠서 화재 확대의 우려가 있으므로
② 물과 반응하여 유독가스를 발생하므로
③ 경유의 연소열로 산소가 방출되어 연소를 돕기 때문에
④ 경유가 연소할 때 수소가스가 발생하여 연소를 돕기 때문에

해설 **경유화재시 주수소화가 부적당한 이유**
물보다 비중이 가벼워 물 위에 떠서 **화재 확대**의 우려가 있기 때문이다. 보기 ①

중요

주수소화(물소화)시 위험한 물질

위험물	발생물질
• 무기과산화물	산소(O_2) 발생
• 금속분 • 마그네슘 • 알루미늄 • 칼륨 • 나트륨 • 수소화리튬	수소(H_2) 발생
• 가연성 액체의 유류화재(경유)	연소면(화재면) 확대

답 ①

20 복사에 관한 Stefan-Boltzmann의 법칙에서 흑체의 단위표면적에서 단위시간에 내는 에너지의 총량은 절대온도의 얼마에 비례하는가?
① 제곱근   ② 제곱
③ 3제곱   ④ 4제곱

해설 **스테판-볼츠만의 법칙**
복사체에서 발산되는 복사열은 복사체의 절대온도의 **4제곱**에 비례한다.

답 ④

제2과목 소방유체역학

21 열역학 법칙 중 제2종 영구기관의 제작이 불가능함을 역설한 내용은?
① 열역학 제0법칙   ② 열역학 제1법칙
③ 열역학 제2법칙   ④ 열역학 제3법칙

해설 **열역학의 법칙**
(1) **열역학 제0법칙** (열평형의 법칙)
  ㉠ 온도가 높은 물체에 낮은 물체를 접촉시키면 온도가 높은 물체에서 낮은 물체로 열이 이동하여 두 물체의 **온도**는 **평형**을 이루게 된다.
  ㉡ 어떤 두 물체 A와 B가 제3의 물체 C와 각각 열평형상태에 있을 때, 두 물체 A와 B도 서로 열평형상태이다.
(2) **열역학 제1법칙** (에너지보존의 법칙)
  기체의 공급에너지는 **내부에너지**와 외부에서 한 일의 합과 같다.
(3) **열역학 제2법칙**
  ㉠ 열은 스스로 **저온**에서 **고온**으로 절대로 흐르지 않는다.
  ㉡ 열은 그 스스로 저열원체에서 고열원체로 이동할 수 없다.
  ㉢ 자발적인 변화는 **비가역적**이다.
  ㉣ 열을 완전히 일로 바꿀 수 있는 **열기관**을 만들 수 **없다**.
  (제2종 영구기관의 제작이 불가능하다.) 보기 ③

㉤ 열기관에서 일을 얻으려면 최소 **두 개**의 **열원**이 필요하다.

기억법 2기(이기자!)

(4) **열역학 제3법칙**
순수한 물질이 1atm하에서 결정상태이면 엔트로피는 0K에서 0이다.

답 ③

22 다음 그림과 같은 U자관 차압마노미터가 있다. 압력차 $P_A - P_B$를 바르게 표시한 것은? (단, γ_1, γ_2, γ_3는 비중량, h_1, h_2, h_3는 높이 차이를 나타낸다.)

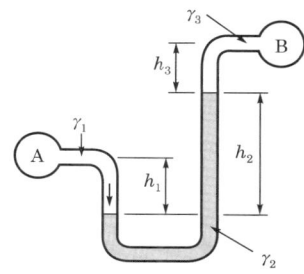

① $-\gamma_1 h_1 - \gamma_2 h_2 + \gamma_3 h_3$
② $-\gamma_1 h_1 + \gamma_2 h_2 + \gamma_3 h_3$
③ $\gamma_1 h_1 + \gamma_2 h_2 - \gamma_3 h_3$
④ $\gamma_1 h_1 - \gamma_2 h_2 - \gamma_3 h_3$

해설 (1) 주어진 값
  • 압력차: $P_A - P_B$ [kN/m² = kPa]
  • 비중량: γ_1, γ_2, γ_3 [kN/m³]
  • 높이차: h_1, h_2, h_3 [m]

(2) 압력차
$$P_A + \gamma_1 h_1 - \gamma_2 h_2 - \gamma_3 h_3 = P_B$$
$$P_A - P_B = -\gamma_1 h_1 + \gamma_2 h_2 + \gamma_3 h_3$$

중요

시차액주계의 압력계산방법
점 a를 기준으로 내려가면 더하고, 올라가면 빼면 된다.

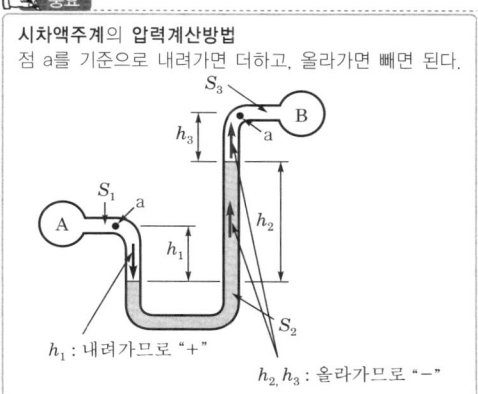

h_1: 내려가므로 "+"
h_2, h_3: 올라가므로 "-"

답 ②

23 그림과 같이 고정된 노즐에서 균일한 유속 $V = 40\text{m/s}$, 유량 $Q = 0.2\text{m}^3/\text{s}$로 물이 분출되고 있다. 분류와 같은 방향으로 $u = 10\text{m/s}$의 일정 속도로 운동하고 있는 평판에 분사된 물이 수직으로 충돌할 때 분류가 평판에 미치는 충격력은 몇 kN인가?

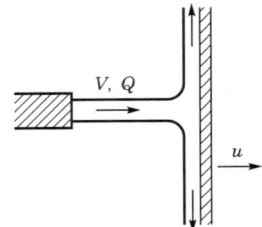

① 4.5
② 6
③ 44.1
④ 58.8

해설 (1) 기호

- V : 40m/s
- Q : 0.2m³/s
- u : 10m/s
- F : ?

(2) 평판에 작용하는 힘

$$F = \rho Q V' = \rho Q(V-u)$$

여기서, F : 평판에 작용하는 힘[N]
ρ : 밀도(물의 밀도 1000N·s²/m⁴)
Q : 유량[m³/s]
V' : 유속[m/s]
V : 물의 속도[m/s]
u : 평판의 이동속도[m/s]

평판에 작용하는 힘 F는
$F = \rho Q(V-u)$
$= 1000\text{N}\cdot\text{s}^2/\text{m}^4 \times 0.2\text{m}^3/\text{s} \times (40-10)\text{m/s}$
$= 6000\text{N} = 6\text{kN}$

- 1000N=1kN이므로 6000N=6kN

답 ②

24 유동하는 물의 속도가 12m/s, 압력이 98kPa이다. 이때 속도수두와 압력수두는 각각 얼마인가?

① 7.35m, 10m
② 43.5m, 10.5m
③ 7.35m, 20.3m
④ 0.66m, 10m

해설 (1) 기호

- V : 12m/s
- P : 98kPa=98kN/m²(1kPa=1kN/m²)
- $H_\text{속}$: ?
- $H_\text{압}$: ?

(2) 속도수두

$$H_\text{속} = \frac{V^2}{2g}$$

여기서, $H_\text{속}$: 속도수두[m]
V : 유속[m/s]
g : 중력가속도(9.8m/s²)

속도수두 $H_\text{속}$는
$H_\text{속} = \frac{V^2}{2g}$
$= \frac{(12\text{m/s})^2}{2 \times 9.8\text{m/s}^2} ≒ 7.35\text{m}$

(3) 압력수두

$$H_\text{압} = \frac{P}{\gamma}$$

여기서, $H_\text{압}$: 압력수두[m]
γ : 비중량[kN/m³]
P : 압력[kPa 또는 kN/m²]

압력수두 $H_\text{압}$는
$H_\text{압} = \frac{P}{\gamma}$
$= \frac{98\text{kN/m}^2}{9.8\text{kN/m}^3} = 10\text{m}$

- 물의 비중량 $\gamma = 9.8\text{kN/m}^3$

답 ①

25 안지름이 5mm인 원형 직선관 내에 $0.2 \times 10^{-3}\text{m}^3/\text{min}$의 물이 흐르고 있다. 유량을 두 배로 하기 위해서는 직선관 양단의 압력차가 몇 배가 되어야 하는가? (단, 물의 동점성계수는 $10^{-6}\text{m}^2/\text{s}$이다.)

① 1.14배
② 1.41배
③ 2배
④ 4배

해설 (1) 기호

- D : 5mm=0.005m(1000mm=1m)
- Q : $0.2 \times 10^{-3}\text{m}^3/\text{min}$
- ν : $10^{-6}\text{m}^2/\text{s}$
- ΔP : ?

(2) 하겐-포아젤의 법칙 : 유속이 주어지지 않은 경우 적용하는 식

$$\Delta P = \frac{128\mu Ql}{\pi D^4} \propto Q$$

여기서, ΔP : 압력차(압력강하)[kPa]
 μ : 점성계수[kg/m·s] 또는 [N·s/m²]
 Q : 유량[m³/s]
 l : 길이[m]
 D : 내경[m]

- 유량(Q)을 2배로 하기 위해서는 직선관 양단의 **압력차**(ΔP)가 **2배**가 되어야 한다.
- 이 문제는 비례관계로만 풀면 되지 위의 수치를 적용할 필요는 없음

답 ③

26 다음 중 캐비테이션(공동현상) 방지방법으로 옳은 것을 모두 고른 것은?

19.09.문27
16.10.문29
15.09.문37
14.09.문34
14.05.문33
11.03.문83

㉠ 펌프의 설치위치를 낮추어 흡입양정을 작게 한다.
㉡ 흡입관 지름을 작게 한다.
㉢ 펌프의 회전수를 작게 한다.

① ㉠, ㉡ ② ㉠, ㉢
③ ㉡, ㉢ ④ ㉠, ㉡, ㉢

해설 공동현상(cavitation, 캐비테이션)

개요	펌프의 흡입측 배관 내의 물의 정압이 기존의 증기압보다 낮아져서 기포가 발생되어 물이 흡입되지 않는 현상
발생현상	• **소음**과 **진동** 발생 • 관 부식(펌프깃의 침식) • **임펠러**의 **손상**(수차의 날개를 해친다.) • 펌프의 성능 저하(양정곡선 저하) • 효율곡선 저하
발생원인	• **펌프**가 물탱크보다 부적당하게 **높게** 설치되어 있을 때 • 펌프 **흡입수두**가 지나치게 **클 때** • 펌프 **회전수**가 지나치게 **높을 때** • 관내를 흐르는 물의 정압이 그 물의 온도에 해당하는 증기압보다 **낮을 때**
방지대책 (방지방법)	• 펌프의 **흡입수두**를 작게 한다.(흡입양정을 작게 한다.) 보기 ㉠ • 펌프의 마찰손실을 작게 한다. • 펌프의 **임펠러속도**(**회전수**)를 작게 한다. 보기 ㉢ • 펌프의 설치위치를 수원보다 낮게 한다. • 양흡입펌프를 사용한다.(펌프의 흡입측을 가압한다.) • 관내의 물의 정압을 그때의 증기압보다 높게 한다. • 흡입관의 **구경**을 크게 한다. 보기 ㉡ • 펌프를 2개 이상 설치한다. • 회전차를 수중에 완전히 잠기게 한다.

비교

수격작용(water hammering)	
개요	• 배관 속의 물흐름을 급히 차단하였을 때 동압이 정압으로 전환되면서 일어나는 **쇼크**(shock)현상 • 배관 내를 흐르는 유체의 유속을 급격하게 변화시키므로 압력이 상승 또는 하강하여 관로의 벽면을 치는 현상
발생원인	• 펌프가 갑자기 정지할 때 • 급히 밸브를 개폐할 때 • 정상운전시 유체의 압력변동이 생길 때
방지대책 (방지방법)	• **관**의 관경(직경)을 크게 한다. • 관내의 유속을 낮게 한다.(관로에서 일부 고압수를 방출한다.) • **조압수조**(surge tank)를 관선에 설치한다. • **플라이휠**(fly wheel)을 설치한다. • 펌프 송출구(토출측) 가까이에 밸브를 설치한다. • **에어챔버**(air chamber)를 설치한다.

기억법 수방관플에

답 ②

27 저장용기에 압력이 800kPa이고, 온도가 80℃인 이산화탄소가 들어 있다. 이산화탄소의 비중량[N/m³]은? (단, 일반기체상수는 8314J/kmol·K이다.)

19.09.문26
18.03.문22
17.05.문30
16.05.문30
15.09.문39
13.06.문31
10.03.문26

① 113.4 ② 117.6
③ 121.3 ④ 125.4

해설 (1) 기호
- P : 800kPa=800kN/m²(1Pa=1N/m²)
- T : (273+80)℃=353K
- γ : ?
- R : 8314J/kmol·K=8.314kJ/kmol·K
  =8.314kN·m/kmol·K
  (1J=1N·m)

(2) 이상기체 상태 방정식

$$\rho = \frac{PM}{RT}$$

여기서, ρ : 밀도[kg/m³] 또는 [N·s²/m⁴]
 P : 압력[kPa] 또는 [kN/m²]
 M : 분자량[kg/kmol]
 R : 기체상수[kJ/kmol·K] 또는 [kN·m/kmol·K]
 T : (273+℃)[K]

밀도 ρ는

$$\rho = \frac{PM}{RT}$$

$$= \frac{800\text{kN/m}^2 \times 44\text{kg/kmol}}{8.314\text{kN·m/kmol·K} \times 353\text{K}}$$

$$\fallingdotseq 12\text{kg/m}^3 = 12\text{N·s}^2/\text{m}^4$$

- 이산화탄소의 분자량(M) : 44kg/kmol

(3) 비중량
$$\gamma = \rho g$$
여기서, γ : 비중량[N/m³]
ρ : 밀도[N·s²/m⁴]
g : 중력가속도(9.8m/s²)
비중량 γ는
$\gamma = \rho g = 12$N·s²/m⁴$\times 9.8$m/s² $= 117.6$N/m³

답 ②

28 ★★
출구지름이 1cm인 노즐이 달린 호스로 20L의 생수통에 물을 채운다. 생수통을 채우는 시간이 50초가 걸린다면, 노즐출구에서의 물의 평균속도는 몇 m/s인가?

① 5.1 ② 7.2
③ 11.2 ④ 20.4

해설
$$Q = \frac{\pi D^2}{4} V$$

(1) 기호
- D : 1cm=0.01m(100cm=1m)
- Q : 20L/50초=0.02m³/50s(1000L1=m³)
- V : ?

(2) 유량(flowrate, 체적유량)
$$Q = AV = \left(\frac{\pi D^2}{4}\right)V$$
여기서, Q : 유량[m³/s]
A : 단면적[m²]
V : 유속[m/s]
D : 직경(지름)[m]
유속 V는
$V = \dfrac{Q}{\frac{\pi D^2}{4}} = \dfrac{0.02\text{m}^3/50\text{s}}{\frac{\pi \times (0.01\text{m})^2}{4}} \approx 5.1$m/s

답 ①

29 ★★★

관 속의 부속품을 통한 유체흐름에서 관의 등가길이(상당길이)를 표현하는 식은? (단, 부차적 손실계수는 K, 관의 지름은 d, 관마찰계수는 f이다.)

① Kfd ② $\dfrac{fd}{K}$
③ $\dfrac{Kf}{d}$ ④ $\dfrac{Kd}{f}$

해설 등가길이
$$L_e = \frac{Kd}{f}$$
여기서, L_e : 등가길이[m]
K : 부차적 손실계수

d : 내경(지름)[m]
f : 마찰손실계수(관마찰계수)
- 등가길이=상당길이=상당관길이
- 마찰계수=마찰손실계수=관마찰계수

답 ④

30 ★★★
30×50cm의 평판이 수면에서 깊이 30cm되는 곳에 수평으로 놓여 있을 때 평판에 작용하는 물에 의한 힘은 몇 N인가?

① 341 ② 441
③ 541 ④ 641

해설 (1) 기호
- A : 30×50cm=0.3×0.5m(100cm=1m)
- h : 30cm=0.3m(100cm=1m)
- F : ?

(2) 수평면에 작용하는 힘
$$F = \gamma h A$$
여기서, F : 수평면에 작용하는 힘[N]
γ : 비중량(물의 비중량 9800N/m³)
h : 깊이[m]
A : 면적[m²]
수평면에 작용하는 힘 F는
$F = \gamma h A$
$= 9800$N/m³$\times 0.3$m$\times (0.3$m$\times 0.5$m$) = 441$N

비교

유량과 유속이 주어진 경우 평판에 작용하는 힘
$$F = \rho Q V$$
여기서, F : 힘[N]
ρ : 밀도(물의 밀도 1000N·s²/m⁴)
Q : 유량[m³/s]
V : 유속[m/s]

답 ②

31 ★★★
안지름이 2cm인 원관 내에 물을 흐르게 하여 층류 상태로부터 점차 유속을 빠르게 하여 완전난류 상태로 될 때의 한계유속[cm/s]은? (단, 물의 동점성계수는 0.01cm²/s, 완전난류가 되는 임계 레이놀즈수는 4000이다.)

① 10 ② 15
③ 20 ④ 40

해설 (1) 기호
- D : 2cm
- V : ?
- ν : 0.01cm²/s
- Re : 4000

(2) 레이놀즈수

$$Re = \frac{DV\rho}{\mu} = \frac{DV}{\nu}$$

여기서, Re : 레이놀즈수
D : 내경[m]
V : 유속[m/s]
ρ : 밀도[kg/m³]
μ : 점도[kg/m·s]
ν : 동점성계수$\left(\dfrac{\mu}{\rho}\right)$[m²/s]

유속 V는

$$V = \frac{Re\,\nu}{D} = \frac{4000 \times 0.01\text{cm}^2/\text{s}}{2\text{cm}} = 20\text{cm/s}$$

답 ③

32 ★★
다음 중 동점성 계수의 차원으로 올바른 것은? (단, M, L, T는 각각 질량, 길이, 시간을 나타낸다.)

① $ML^{-1}T^{-1}$
② $ML^{-1}T^{-2}$
③ L^2T^{-1}
④ MLT^{-1}

해설 동점성계수

$$\nu = \frac{\mu}{\rho}$$

여기서, ν : 동점성계수(동점도)[m²/s]
μ : 일반점도(점성계수×중력가속도)[kg/m·s]
ρ : 밀도(물의 밀도 1000kg/m³)

동점성계수$(\nu) = \dfrac{\text{m}^2}{\text{s}} = \left[\dfrac{L^2}{T}\right] = [L^2T^{-1}]$

중요
중력단위와 절대단위의 차원

차 원	중력단위[차원]	절대단위[차원]
길이	m[L]	m[L]
시간	s[T]	s[T]
운동량	N·s[FT]	kg·m/s[MLT⁻¹]
힘	N[F]	kg·m/s²[MLT⁻²]
속도	m/s[LT⁻¹]	m/s[LT⁻¹]
가속도	m/s²[LT⁻²]	m/s²[LT⁻²]
질량	N·s²/m[FL⁻¹T²]	kg[M]
압력	N/m²[FL⁻²]	kg/m·s²[ML⁻¹T⁻²]
밀도	N·s²/m⁴[FL⁻⁴T²]	kg/m³[ML⁻³]
비중	무차원	무차원
비중량	N/m³[FL⁻³]	kg/m²·s²[ML⁻²T⁻²]
비체적	m⁴/N·s²[F⁻¹L⁴T⁻²]	m³/kg[M⁻¹L³]
일률	N·m/s[FLT⁻¹]	kg·m²/s³[ML²T⁻³]
일	N·m[FL]	kg·m²/s²[ML²T⁻²]
점성계수	N·s/m²[FL⁻²T]	kg/m·s[ML⁻¹T⁻¹]
동점성계수	m²/s[L²T⁻¹]	m²/s[L²T⁻¹]

답 ③

33 ★★
20℃, 100kPa의 공기 1kg을 일차적으로 300kPa까지 등온압축시키고 다시 1000kPa까지 단열압축시켰다. 압축 후의 절대온도는 약 몇 K인가? (단, 모든 과정은 가역과정이고 공기의 비열비는 1.4이다.)

① 413K
② 433K
③ 453K
④ 473K

해설 (1) 기호
- T_1 : (273+20)K
- T_2 : ?
- P_1 : 300kPa
- P_2 : 1000kPa
- K : 1.4

(2) 단열변화(단열압축)

$$\frac{T_2}{T_1} = \left(\frac{P_2}{P_1}\right)^{\frac{k-1}{k}}$$

여기서, T_1, T_2 : 변화 전후의 절대온도(273+℃)[K]
P_1, P_2 : 변화 전후의 압력[kPa]
k : 비열비(1.4)

$$T_2 = T_1\left(\frac{P_2}{P_1}\right)^{\frac{k-1}{k}}$$

$$= (273+20)\text{K} \times \left(\frac{1000\text{kPa}}{300\text{kPa}}\right)^{\frac{1.4-1}{1.4}} \fallingdotseq 413\text{K}$$

용어
단열변화
손실이 없는 상태에서의 과정

답 ①

34 ★★★
물이 안지름 600mm의 파이프를 통하여 평균 3m/s의 속도로 흐를 때, 유량은 약 몇 m³/s인가?

① 0.34
② 0.85
③ 1.82
④ 2.88

해설 (1) 기호
- D : 600mm = 0.6m (1000mm=1m)
- V : 3m/s
- Q : ?

(2) 유량

$$Q = AV = \left(\frac{\pi}{4}D^2\right)V$$

여기서, Q : 유량[m³/s]
A : 단면적[m²]
V : 유속[m/s]
D : 안지름[m]

유량 Q는
$$Q = \left(\frac{\pi}{4}D^2\right)V = \frac{\pi}{4}(0.6m)^2 \times 3m/s \fallingdotseq 0.85m^3/s$$

답 ②

35 ★★
19.09.문33
18.03.문37
12.03.문30

체적이 0.031m³인 액체에 61000kPa의 압력을 가했을 때 체적이 0.025m³가 되었다. 이때 액체의 체적탄성계수는 약 얼마인가?

① 2.38×10^8Pa   ② 2.62×10^8Pa
③ 1.23×10^8Pa   ④ 3.15×10^8Pa

해설 (1) 기호
- V : 0.031m³
- ΔP : 61000kPa
- ΔV : (0.031 − 0.025)m³
- K : ?

(2) 체적탄성계수
$$K = -\frac{\Delta P}{\frac{\Delta V}{V}}$$

여기서, K : 체적탄성계수[kPa]
ΔP : 가해진 압력[kPa]
$\frac{\Delta V}{V}$: 체적의 감소율
ΔV : 체적의 변화(체적의 차)[m³]
V : 처음 체적[m³]

체적탄성계수 K는
$$K = -\frac{\Delta P}{\frac{\Delta V}{V}} = -\frac{61000 \times 10^3 \text{Pa}}{\frac{(0.031 - 0.025)\text{m}^3}{0.031\text{m}^3}}$$
$$\fallingdotseq -315000000\text{Pa} = -3.15 \times 10^8 \text{Pa}$$

- '−'는 누르는 방향이 위 또는 아래를 나타내는 것으로 특별한 의미는 없다.

용어
체적탄성계수
어떤 압력으로 누를 때 이를 떠받치는 힘의 크기를 의미하며, 체적탄성계수가 클수록 압축하기 힘들다.

답 ④

36 ★★★
18.03.문39
14.09.문28
09.03.문21
02.09.문29

지름이 10mm인 노즐에서 물이 방사되는 방사압(계기압력)이 392kPa이라면 방수량은 약 몇 m³/min인가?

① 0.402   ② 0.220
③ 0.132   ④ 0.012

해설 (1) 기호
- D : 10mm
- P : 392kPa=0.392MPa(k=10³, M=10⁶)
- Q : ?

(2) 방수량
$$Q = 0.653D^2\sqrt{10P} = 0.6597CD^2\sqrt{10P}$$

여기서, Q : 방수량[L/min]
C : 유량계수(노즐의 흐름계수)
D : 내경[mm]
P : 방수압력[MPa]

방수량 Q는
$Q = 0.653D^2\sqrt{10P}$
$= 0.653 \times 10^2 \times \sqrt{10 \times 0.392}$
$\fallingdotseq 129\text{L/min}$
$= 0.129\text{m}^3/\text{min}$
(∴ 그러므로 근사값인 0.132m³/min이 정답)

별해
(1) 단위변환
$$10.332\text{mH}_2\text{O} = 10.332\text{m} = 101.325\text{kPa}$$
$$392\text{kPa} = \frac{392\text{kPa}}{101.325\text{kPa}} \times 10.332\text{m} \fallingdotseq 39.97\text{m}$$

※ **표준대기압**
1atm = 760mmHg = 1.0332kgf/cm²
　　　　　　　= 10.332mH₂O(mAq)
　　　　　　　= 14.7PSI(lb/in²)
　　　　　　　= 101.325kPa(kN/m²)
　　　　　　　= 1013mbar

(2) 속도수두
$$H = \frac{V^2}{2g}$$

여기서, H : 속도수두[m]
V : 유속[m/s]
g : 중력가속도(9.8m/s²)

$V^2 = 2gH$
$\sqrt{V^2} = \sqrt{2gH}$
유속 $V = \sqrt{2gH} = \sqrt{2 \times 9.8\text{m/s}^2 \times 39.97\text{m}}$
$\fallingdotseq 27.99\text{m/s}$

(3) 유량
$$Q = AV = \left(\frac{\pi D^2}{4}\right)V$$

여기서, Q : 유량(방사량)[m³/s]
A : 단면적[m²]
V : 유속[m/s]
D : 내경[m]

유량 Q는
$Q = \left(\frac{\pi D^2}{4}\right)V$
$= \frac{\pi \times (10\text{mm})^2}{4} \times 27.99\text{m/s}$
$= \frac{\pi \times (0.01\text{m})^2}{4} \times 27.99\text{m/s}$
$= 2.198 \times 10^{-3}\text{m}^3/\text{s}$
$= 2.198 \times 10^{-3}\text{m}^3\frac{1}{60}\text{min}$
$= (2.198 \times 10^{-3} \times 60)\text{m}^3/\text{min}$
$\fallingdotseq 0.132\text{m}^3/\text{min}$

답 ③

37

표준 대기압 상태에서 15℃의 물 2kg을 모두 기체로 증발시키고자 할 때 필요한 에너지는 약 몇 kJ인가? (단, 물의 비열은 4.2kJ/kg·K, 기화열은 2256kJ/kg이다.)

① 355
② 1248
③ 2256
④ 5226

해설

(1) 기호
- m : 2kg
- C : 4.2kJ/kg·℃
- r : 2256kJ/kg
- Q : ?

(2) 열량

$$Q = mC\Delta T + rm$$

여기서, Q : 열량[kJ]
 r : 기화열[kJ/kg]
 m : 질량[kg]
 C : 비열[kJ/kg·℃] 또는 [kJ/kg·K]
 ΔT : 온도차[℃] 또는 [K]

(3) 15℃ 물 → 100℃ 물
열량 Q_1는
$Q_1 = mC\Delta T$
 $= 2\text{kg} \times 4.2\text{kJ/kg·K} \times (100-15)℃$
 $= 714\text{kJ}$

- ΔT(온도차)를 구할 때는 ℃로 구하든지 K로 구하든지 그 값은 같으므로 편한대로 구하면 된다.
 예 $(100-15)℃ = 85℃$
  $K = 273 + 100 = 373K$
  $K = 273 + 15 = 288K$
  $(373-288)K = 85K$

(4) 100℃ 물 → 100℃ 수증기
열량 Q_2는
$Q_2 = rm = 2256\text{kJ/kg} \times 2\text{kg} = 4512\text{kJ}$

(5) 전체 열량 Q는
$Q = Q_1 + Q_2 = (714 + 4512)\text{kJ} = 5226\text{kJ}$

답 ④

38

운동량의 단위로 맞는 것은?

① N
② J/s
③ N·s²/m
④ N·s

해설 ④ 운동량[N·s]

차원	중력단위[차원]	절대단위[차원]
길이	m[L]	m[L]
시간	s[T]	s[T]

운동량	N·s[FT]	kg·m/s[MLT⁻¹]
힘	N[F]	kg·m/s²[MLT⁻²]
속도	m/s[LT⁻¹]	m/s[LT⁻¹]
가속도	m/s²[LT⁻²]	m/s²[LT⁻²]
질량	N·s²/m[FL⁻¹T²]	kg[M]
압력	N/m²[FL⁻²]	kg/m·s²[ML⁻¹T⁻²]
밀도	N·s²/m⁴[FL⁻⁴T²]	kg/m³[ML⁻³]
비중	무차원	무차원
비중량	N/m³[FL⁻³]	kg/m²·s²[ML⁻²T⁻²]
비체적	m⁴/N·s²[F⁻¹L⁴T⁻²]	m³/kg[M⁻¹L³]
일률	N·m/s[FLT⁻¹]	kg·m²/s³[ML²T⁻³]
일	N·m[FL]	kg·m²/s²[ML²T⁻²]
점성계수	N·s/m²[FL⁻²T]	kg/m·s[ML⁻¹T⁻¹]

답 ④

39

옥외소화전 노즐선단에서 물 제트의 방사량이 0.1m³/min, 노즐선단 내경이 25mm일 때 방사압력(계기압력)은 약 몇 kPa인가?

① 3.27
② 4.41
③ 5.32
④ 5.78

해설

(1) 기호
- Q : 0.1m³/min = 0.1m³/60s(1min = 60s)
- D : 25mm = 0.025m(1000mm = 1m)
- P : ?

(2) 유량

$$Q = AV = \left(\frac{\pi D^2}{4}\right)V$$

여기서, Q : 유량(방사량)[m³/s]
 A : 단면적[m²]
 V : 유속[m/s]
 D : 내경[m]

유속 V는
$V = \dfrac{Q}{\dfrac{\pi D^2}{4}} = \dfrac{0.1\text{m}^3/60\text{s}}{\dfrac{\pi \times (0.025\text{m})^2}{4}} \fallingdotseq 3.395\text{m/s}$

(3) 속도수두

$$H = \frac{V^2}{2g}$$

여기서, H : 속도수두[m]
 V : 유속[m/s]
 g : 중력가속도(9.8m/s²)

속도수두 H는
$H = \dfrac{V^2}{2g} = \dfrac{(3.395\text{m/s})^2}{2 \times 9.8\text{m/s}^2} \fallingdotseq 0.588\text{m}$

방사압력으로 환산하면
$10.332\text{mH}_2\text{O} = 10.332\text{m} = 101.325\text{kPa}$

$0.588\text{m} = \dfrac{0.588\text{m}}{10.332\text{m}} \times 101.325\text{kPa} \fallingdotseq 5.78\text{kPa}$

21. 03. 시행 / 산업(기계)

※ 표준대기압
1atm=760mmHg=1.0332kgf/cm²
       =10.332mH₂O(mAq)
       =14.7PSI(lbf/in²)
       =101.325kPa(kN/m²)
       =1013mbar

별해

방수량

$$Q = 0.653D^2\sqrt{10P} = 0.6597CD^2\sqrt{10P}$$

여기서, Q : 방수량[L/min]
         C : 유량계수(노즐의 흐름계수)
         D : 내경[mm]
         P : 방수압력[MPa]

$Q = 0.653D^2\sqrt{10P}$
$0.653D^2\sqrt{10P} = Q$
$\sqrt{10P} = \dfrac{Q}{0.653D^2}$
$(\sqrt{10P})^2 = \left(\dfrac{Q}{0.653D^2}\right)^2$
$10P = \left(\dfrac{Q}{0.653D^2}\right)^2$
$P = \dfrac{1}{10} \times \left(\dfrac{Q}{0.653D^2}\right)^2$
$= \dfrac{1}{10} \times \left(\dfrac{0.1\text{m}^3/\text{min}}{0.653 \times (25\text{mm})^2}\right)^2$
$= \dfrac{1}{10} \times \left(\dfrac{100\text{L/min}}{0.653 \times (25\text{mm})^2}\right)^2$
$\fallingdotseq 6 \times 10^{-3}\text{MPa}$
$= 6\text{kPa}$

(∴ 근사값인 5.78kPa 정답!)

답 ④

★★★
40 물탱크에 연결된 마노미터의 눈금이 그림과 같을 때 점 A에서의 게이지압력은 몇 kPa인가? (단, 수은의 비중은 13.6이다.)
19.04.문40
15.09.문22
13.09.문32

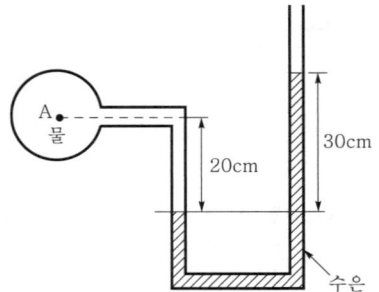

① 32
② 38
③ 43
④ 47

해설 (1) 기호
• P_A : ?
• s : 13.6
• h_1 : 20cm=0.2m(그림)
• h_2 : 30cm=0.3m(그림)

(2) 비중

$$s = \dfrac{\gamma}{\gamma_w}$$

여기서, s : 비중
         γ : 어떤 물질의 비중량[N/m³]
         γ_w : 물의 비중량(9800N/m³)

수은의 비중량 γ는
$\gamma = s \cdot \gamma_w$
   $= 13.6 \times 9800\text{N/m}^3$
   $= 133280\text{N/m}^3$
   $= 133.28\text{kN/m}^3$

(3) 시차액주계

$$P_A + \gamma_1 h_1 - \gamma_2 h_2 = 0$$

여기서, P_A : 계기압력[kPa] 또는 [kN/m²]
         γ_1, γ_2 : 비중량(물의 비중량 9.8kN/m³)
         h_1, h_2 : 높이[m]

계기압력 P_A는
$P_A = -\gamma_1 h_1 + \gamma_2 h_2$
    $= -9.8\text{kN/m}^3 \times 0.2\text{m} + 133.28\text{kN/m}^3 \times 0.3\text{m}$
    $\fallingdotseq 38\text{kN/m}^2$
    $= 38\text{kPa}$

• 1kN/m²=1kPa이므로 38kN/m²=38kPa

중요

시차액주계의 압력계산방법
점 A를 기준으로 내려가면 더하고, 올라가면 빼면 된다.

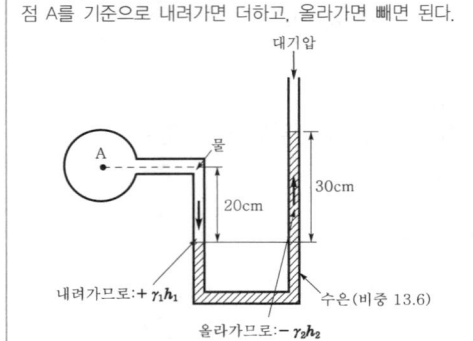

답 ②

제3과목 소방관계법규

41 소방시설 설치 및 관리에 관한 법령상 소방청장 또는 시·도지사가 청문을 하여야 하는 처분이 아닌 것은?

① 소방시설관리사 자격의 정지
② 소방안전관리자 자격의 취소
③ 소방시설관리업의 등록취소
④ 소방용품의 형식승인 취소

해설 소방시설법 49조
청문실시 대상
(1) 소방시설관리사 자격의 취소 및 정지 보기 ①
(2) 소방시설관리업의 등록취소 및 영업정지 보기 ③
(3) 소방용품의 형식승인취소 및 제품검사중지 보기 ④
(4) 소방용품의 제품검사 전문기관의 지정취소 및 업무정지
(5) 우수품질인증의 취소
(6) 소방용품의 성능인증 취소

기억법 청사 용업(청사 용역)

답 ②

42 소방활동구역의 출입자로서 대통령령이 정하는 자에 속하는 사람은?

① 의사·간호사 그 밖의 구조·구급업무에 종사하지 않는 자
② 소방활동구역 밖에 있는 소방대상물의 소유자·관리자 또는 점유자
③ 취재인력 등 보도업무에 종사하지 않는 자
④ 수사업무에 종사하는 자

해설
① 종사하지 않는 자 → 종사하는 자
② 밖에 → 안에
③ 종사하지 않는 자 → 종사하는 자

기본령 8조
소방활동구역 출입자(대통령령이 정하는 사람)
(1) 소방활동구역 안에 있는 소유자·관리자 또는 점유자
(2) 전기·가스·수도·통신·교통의 업무에 종사하는 자로서 원활한 소방활동을 위하여 필요한 자
(3) 의사·간호사 그 밖의 구조·구급업무에 종사하는 자
(4) 취재인력 등 보도업무에 종사하는 자
(5) 수사업무에 종사하는 자
(6) 소방대장이 소방활동을 위하여 출입을 허가한 자

※ 소방활동구역 : 화재, 재난·재해 그 밖의 위급한 상황이 발생한 현장에 정하는 구역

답 ④

43 위험물안전관리법령상 제조소 등에 전기설비(전기배선, 조명기구 등은 제외)가 설치된 장소의 면적이 300m²일 경우, 소형 수동식 소화기는 최소 몇 개 설치하여야 하는가?

① 1개
② 2개
③ 3개
④ 4개

해설 위험물규칙 [별표 17]
전기설비의 소화설비
제조소 등에 전기설비(전기배선, 조명기구 등은 제외)가 설치된 경우에는 당해 장소의 면적 100m²마다 소형 수동식 소화기를 1개 이상 설치할 것

제조소 등의 전기설비 소형 수동식 소화기 개수

$$\frac{바닥면적}{100\text{m}^2}(절상) = \frac{300\text{m}^2}{100\text{m}^2} = 3개$$

 중요

절상 : '소수점 이하는 무조건 올린다.'는 뜻

답 ③

44 위험물안전관리법령상 제3류 위험물이 아닌 것은?

① 칼륨
② 황린
③ 나트륨
④ 마그네슘

해설 ④ 제2류 위험물

위험물령 [별표 1]
위험물

유별	성질	품명
제1류	산화성 고체	• 아염소산염류 • 염소산염류 • 과염소산염류 • 질산염류(질산칼륨) • 무기과산화물(과산화바륨) 기억법 1산고(일산GO)
제2류	가연성 고체	• 황화인 • 적린 • 황 • 마그네슘 보기 ④ 기억법 황화적황마
제3류	자연발화성 물질 금수성 물질	• 황린(P₄) 보기 ② • 칼륨(K) 보기 ① • 나트륨(Na) 보기 ③ • 알킬알루미늄 • 알킬리튬 • 칼슘 또는 알루미늄의 탄화물류 (탄화칼슘=CaC₂) 기억법 황칼나알칼

제4류	인화성 액체	• 특수인화물(이황화탄소) • 알코올류 • 석유류 • 동식물유류
제5류	자기반응성 물질	• 나이트로화합물 • 유기과산화물 • 나이트로소화합물 • 아조화합물 • 질산에스터류(셀룰로이드)
제6류	산화성 액체	• 과염소산 • 과산화수소 • 질산

답 ④

45. 소방기본법령상 소방대상물에 해당하지 않는 것은?

① 차량 ② 건축물
③ 운항 중인 선박 ④ 선박건조구조물

해설 ③ 운항 중인 → 매어 둔

기본법 2조 1호
소방대상물
(1) **건**축물
(2) **차**량
(3) **선**박(매어둔 것)
(4) **선**박건조구조물
(5) **인**공구조물
(6) **물**건
(7) **산**림

기억법 건차선 인물산

비교
위험물법 3
위험물의 저장·운반·취급에 대한 적용 제외
(1) 항공기 (2) 선박
(3) 철도(기차) (4) 궤도

답 ③

46. 위험물안전관리법상 제조소 등을 설치하고자 하는 자는 누구의 허가를 받아 설치할 수 있는가?

① 소방서장 ② 소방청장
③ 시·도지사 ④ 안전관리자

해설 위험물법 6조
제조소 등의 설치허가
(1) 설치허가자 : 시·도지사 보기 ③
(2) 설치허가 제외장소
  ㉠ 주택의 난방시설(공동주택의 중앙난방시설은 제외)을 위한 **저장소** 또는 **취급소**
  ㉡ 지정수량 **20배** 이하의 **농예용·축산용·수산용** 난방시설 또는 건조시설의 **저장소**
(3) 제조소 등의 변경신고 : 변경하고자 하는 날의 1일 전까지

참고
시·도지사
(1) 특별시장 (2) 광역시장
(3) 특별자치시장 (4) 도지사
(5) 특별자치도지사

답 ③

47. 소방기본법령상 소방용수시설의 설치기준 중 급수탑의 급수배관의 구경은 최소 몇 mm 이상이어야 하는가?

① 100
② 150
③ 200
④ 250

해설 기본규칙〔별표 3〕
소방용수시설별 설치기준

소화전	급수탑
• 65mm : 연결금속구의 구경	• **100mm** : 급수배관의 구경 보기 ① • **1.5~1.7m** 이하 : 개폐밸브 높이

기억법 57탑(57층 탑)

답 ①

48. 위험물안전관리법령상 위험물의 안전관리와 관련된 업무를 시행하는 자로서 소방청장이 실시하는 안전교육대상자가 아닌 사람은?

① 제조소 등의 관계인
② 안전관리자로 선임된 자
③ 위험물운송자로 종사하는 자
④ 탱크시험자의 기술인력으로 종사하는 자

해설 위험물안전관리법 28조
위험물 안전교육대상자
(1) 안전관리자 보기 ②
(2) 탱크시험자 보기 ④
(3) 위험물운반자
(4) 위험물운송자 보기 ③

답 ①

49. 소방기본법령에 따른 급수탑 및 지상에 설치하는 소화전·저수조의 경우 소방용수표지 기준 중 다음 ( ) 안에 알맞은 것은?

안쪽 문자는 (㉠), 안쪽 바탕은 (㉡), 바깥쪽 바탕은 (㉢)으로 하고 반사재료를 사용하여야 한다.

① ㉠ 검은색, ㉡ 파란색, ㉢ 붉은색
② ㉠ 검은색, ㉡ 붉은색, ㉢ 파란색
③ ㉠ 흰색, ㉡ 파란색, ㉢ 붉은색
④ ㉠ 흰색, ㉡ 붉은색, ㉢ 파란색

해설 **기본규칙〔별표 2〕**
소방용수표지
(1) **지하**에 설치하는 소화전·저수조의 소방용수표지
  ㉠ 맨홀뚜껑은 지름 **648mm** 이상의 것으로 할 것
  ㉡ 맨홀뚜껑에는 "소화전·주정차금지" 또는 "저수조·주정차금지"의 표시를 할 것
  ㉢ 맨홀뚜껑 부근에는 **노란색 반사도료**로 폭 15cm의 선을 그 둘레를 따라 칠할 것
(2) **지상**에 설치하는 소화전·저수조 및 **급수탑**의 소방용수표지

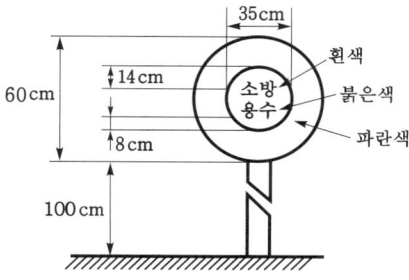

※ 안쪽 문자는 **흰색**, 바깥쪽 문자는 **노란색**, 안쪽 바탕은 **붉은색**, 바깥쪽 바탕은 **파란색**으로 하고 **반사재료** 사용 보기 ④

답 ④

50 ★★★
화재예방과 화재 등 재해발생시 비상조치를 위하여 관계인에 예방규정을 정하여야 하는 제조소 등의 기준으로 틀린 것은?

17.09.문41
15.03.문58
14.05.문57
11.06.문55

① 이송취급소
② 지정수량 10배 이상의 위험물을 취급하는 제조소
③ 지정수량 100배 이상의 위험물을 저장하는 옥외저장소
④ 지정수량 150배 이상의 위험물을 저장하는 옥외탱크저장소

해설 ④ 150배 이상 → 200배 이상

위험물령 15조
예방규정을 정하여야 할 제조소 등

배 수	제조소 등
10배 이상	• 제조소 보기 ② • 일반취급소
100배 이상	• **옥외**저장소 보기 ③
150배 이상	• **옥내**저장소
200배 이상	• **옥외탱**크저장소 보기 ④
모두 해당	• 이송취급소 보기 ① • 암반탱크저장소

기억법 052
외내탱

※ **예방규정** : 제조소 등의 화재예방과 화재 등 재해발생시의 비상조치를 위한 규정

답 ④

51 ★★★
건축허가 등을 할 때 소방본부장 또는 소방서장의 동의를 미리 받아야 하는 대상이 아닌 것은?

19.03.문50
16.05.문54
15.09.문45
15.03.문49
13.06.문41

① 연면적 200m² 이상인 노유자시설 및 수련시설
② 항공기격납고, 관망탑
③ 차고·주차장으로 사용되는 층 중 바닥면적이 100m² 이상인 층이 있는 시설
④ 지하층 또는 무창층이 있는 건축물로서 바닥면적이 150m² 이상인 층이 있는 것

해설 ③ 100m² → 200m²

소방시설법 시행령 7조
건축허가 등의 동의대상물
(1) 연면적 400m²(학교시설 : 100m², 수련시설·노유자시설 : 200m², 정신의료기관·장애인의료재활시설 : 300m²) 이상 보기 ①
(2) 6층 이상인 건축물
(3) 차고·주차장으로서 바닥면적 200m² 이상(자동차 20대 이상) 보기 ③
(4) 항공기격납고, 관망탑, 항공관제탑, 방송용 송수신탑 보기 ②
(5) 지하층 또는 무창층의 바닥면적 150m²(공연장은 100m²) 이상 보기 ④
(6) 위험물저장 및 처리시설, 지하구
(7) **결핵환자**나 한센인이 24시간 생활하는 **노유자시설**
(8) 전기저장시설, 풍력발전소
(9) **공동주택**, **숙박시설**
(10) 요양병원(의료재활시설 제외)
(11) 노인주거복지시설·노인의료복지시설 및 재가노인복지시설, 학대피해노인 전용쉼터, 아동복지시설, 장애인거주시설
(12) 정신질환자 관련시설(공동생활가정을 제외한 재활훈련시설과 종합시설 중 24시간 주거를 제공하지 않는 시설 제외)
(13) 노숙인자활시설, 노숙인재활시설 및 노숙인요양시설
(14) 조산원, 산후조리원, 의원(입원실 또는 인공신장실이 있는 것)
(15) 공장 또는 창고시설로서 지정수량의 **750배** 이상의 특수가연물을 저장·취급하는 것
(16) 가스시설로서 지상에 노출된 탱크의 저장용량의 합계가 100t 이상인 것

답 ③

52 ★★
문화유산의 보존 및 활용에 관한 법률의 규정에 의한 지정문화유산과 천연기념물 등에 있어서는 제조소 등과의 수평거리를 몇 m 이상 유지하여야 하는가?

15.03.문56

① 20   ② 30
③ 50   ④ 70

해설 위험물규칙 〔별표 4〕
위험물제조소의 안전거리

안전거리	대상
3m 이상	• 7~35kV 이하의 특고압가공전선
5m 이상	• 35kV를 초과하는 특고압가공전선
10m 이상	• 주거용으로 사용되는 것
20m 이상	• 고압가스 제조시설(용기에 충전하는 것 포함) • 고압가스 사용시설(1일 30m³ 이상 용적 취급) • 고압가스 저장시설 • 액화산소 소비시설 • 액화석유가스 제조·저장시설 • 도시가스 공급시설
30m 이상	• 학교 • 병원급 의료기관 • 공연장 ┐ • 영화상영관 ┤ 300명 이상 수용시설 • 아동복지시설 • 노인복지시설 • 장애인복지시설 • 한부모가족복지시설 20명 이상 수용시설 • 어린이집 • 성매매피해자 등을 위한 지원시설 • 정신건강증진시설 • 가정폭력 피해자 보호시설
50m 이상	• 지정문화유산 보기 ③ • 천연기념물 등

기억법 문5(문어)

답 ③

53 비상경보설비를 설치하여야 할 특정소방대상물이 아닌 것은?
15.05.문46
13.09.문64
① 연면적 400m² 이상이거나 지하층 또는 무창층의 바닥면적이 150m² 이상인 것
② 지하층에 위치한 바닥면적 100m²인 공연장
③ 지하가 중 터널로서 길이가 500m 이상인 것
④ 30명 이상의 근로자가 작업하는 옥내작업장

해설 ④ 30명 이상 → 50명 이상

소방시설법 시행령 〔별표 4〕
비상경보설비의 설치대상

설치대상	조건
지하층·무창층	• 바닥면적 150m²(공연장 100m²) 이상 보기 ① ②
전부	• 연면적 400m² 이상 보기 ①
지하가 중 터널	• 길이 500m 이상 보기 ③
옥내작업장	• 50명 이상 작업 보기 ④

답 ④

54 1급 소방안전관리대상물에 대한 기준으로 옳지 않은 것은?
19.09.문51
12.05.문49
① 특정소방대상물로서 층수가 11층 이상인 것
② 국보 또는 보물로 지정된 목조건축물
③ 연면적 15000m² 이상인 것
④ 가연성 가스를 1천톤 이상 저장·취급하는 시설

해설 ② 2급 소방안전관리대상물

화재예방법 시행령 〔별표 4〕
소방안전관리자를 두어야 할 특정소방대상물

소방안전관리대상물	특정소방대상물
특급 소방안전관리대상물 (동식물원, 철강 등 불연성 물품 저장·취급창고, 지하구, 위험물제조소 등 제외)	• 50층 이상(지하층 제외) 또는 지상 200m 이상 아파트 • 30층 이상(지하층 포함) 또는 지상 120m 이상(아파트 제외) • 연면적 10만m² 이상(아파트 제외)
1급 소방안전관리대상물 (동식물원, 철강 등 불연성 물품 저장·취급창고, 지하구, 위험물제조소 등 제외)	• 30층 이상(지하층 제외) 또는 지상 120m 이상 아파트 • 연면적 15000m² 이상인 것(아파트 및 연립주택 제외) 보기 ③ • 11층 이상(아파트 제외) 보기 ① • 가연성 가스를 1000t 이상 저장·취급하는 시설 보기 ④
2급 소방안전관리대상물	• 지하구 • 가스제조설비를 갖추고 도시가스사업 허가를 받아야 하는 시설 또는 가연성 가스를 100~1000t 미만 저장·취급하는 시설 • 옥내소화전설비·스프링클러설비 설치대상물 • 물분무등소화설비(호스릴방식의 물분무등소화설비만을 설치한 경우 제외) 설치대상물 • 공동주택(옥내소화전설비 또는 스프링클러설비가 설치된 공동주택 한정) • 목조건축물(국보·보물) 보기 ②
3급 소방안전관리대상물	• 간이스프링클러설비(주택전용 간이스프링클러설비 제외) 설치대상물 • 자동화재탐지설비 설치대상물

답 ②

55 소방본부장 또는 소방서장은 화재예방강화지구 안의 관계인에 대하여 소방상 필요한 훈련 또는 교육을 실시할 경우 관계인에게 훈련 또는 교육 며칠 전까지 그 사실을 통보해야 하는가?
15.09.문58
09.08.문58
① 3일
② 5일
③ 7일
④ 10일

해설 10일
(1) 화재예방강화지구 안의 소방훈련·교육 통보일(화재예방법 시행령 20조) 보기 ④
(2) 건축허가 등의 동의 여부 회신(소방시설법 시행규칙 3조)
  ㉠ 50층 이상(지하층 제외) 또는 지상으로부터 높이 200m 이상인 아파트의 건축허가 등의 동의 여부 회신(소방시설법 시행규칙 3조)
  ㉡ 30층 이상(지하층 포함) 또는 지상 120m 이상(아파트 제외)의 건축허가 등의 동의 여부 회신(소방시설법 시행규칙 3조)
  ㉢ 연면적 10만m² 이상의 건축허가 등의 동의 여부 회신 (소방시설법 시행규칙 3조)
(3) 소방기술자의 실무교육 통지일(공사업규칙 26조)
(4) 실무교육 교육계획의 변경보고일(공사업규칙 35조)
(5) 소방기술자 실무교육기관 지정사항 변경보고일(공사업규칙 33조)
(6) 소방시설업의 등록신청서류 보완일(공사업규칙 2조 2)
(7) 제조소 등의 재발급 완공검사합격확인증 제출일(위험물령 10조)

답 ④

56 소방용수시설의 저수조 설치기준으로 틀린 것은?

19.04.문46
15.05.문50
15.05.문57
11.03.문42

① 흡수에 지장이 없도록 토사 및 쓰레기 등을 제거할 수 있는 설비를 갖출 것
② 흡수부분의 수심이 0.5m 이상일 것
③ 흡수관의 투입구가 사각형의 경우에는 한 변의 길이가 60cm 이상일 것
④ 저수조에 물을 공급하는 방법은 상수도에 연결하여 수동으로 급수되는 구조일 것

해설 ④ 수동 → 자동

기본규칙 [별표 3]
소방용수시설의 저수조의 설치기준
(1) 낙차 : 4.5m 이하
(2) 수심 : 0.5m 이상 보기 ②
(3) 투입구의 길이 또는 지름 : 60cm 이상 보기 ③

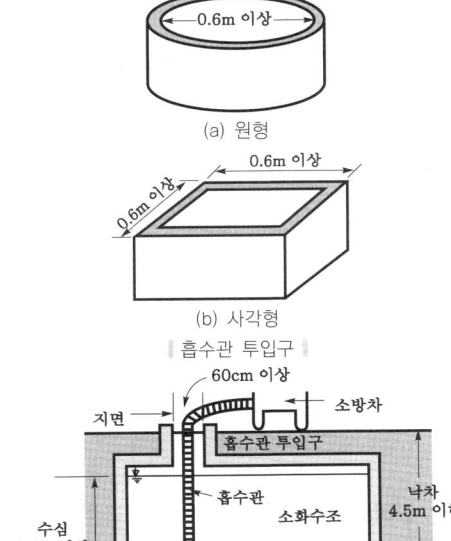

(4) 소방펌프자동차가 쉽게 접근할 수 있도록 할 것
(5) 흡수에 지장이 없도록 토사 및 쓰레기 등을 제거할 수 있는 설비를 갖출 것 보기 ①
(6) 저수조에 물을 공급하는 방법은 상수도에 연결하여 자동으로 급수되는 구조일 것 보기 ④

답 ④

57 소방시설 설치 및 관리에 관한 법률상 소방시설관리업 등록의 결격사유에 해당하지 않는 사람은?

20.06.문51
13.09.문47
11.06.문50

① 피성년후견인
② 소방시설관리업의 등록이 취소된 날로부터 2년이 지난 자
③ 금고 이상의 형의 집행유예를 선고받고 그 유예기간 중에 있는 자
④ 금고 이상의 실형을 선고받고 그 집행이 면제된 날부터 2년이 지나지 아니한 자

해설 ② 지난 자 → 지나지 아니한 자

소방시설법 30조
소방시설관리업의 등록결격사유
(1) 피성년후견인 보기 ①
(2) 금고 이상의 선고를 받고 끝난 후 2년이 지나지 아니한 사람 보기 ④
(3) 집행유예기간 중에 있는 사람 보기 ③
(4) 등록취소 후 2년이 지나지 아니한 사람 보기 ②

비교

소방시설법 27조
소방시설관리사의 결격사유
(1) 피성년후견인
(2) 금고 이상의 실형을 선고받고 그 집행이 끝나거나(집행이 끝난 것으로 보는 경우 포함) 집행이 면제된 날부터 2년이 지나지 아니한 사람
(3) 금고 이상의 형의 집행유예를 선고받고 그 유예기간 중에 있는 사람
(4) 자격취소 후 2년이 지나지 아니한 사람

답 ②

58 화재예방강화지구의 지정대상지역에 해당되지 않는 곳은?

19.09.문55
16.03.문41
15.09.문55
14.05.문53
12.09.문46

① 시장지역
② 공장·창고가 밀집한 지역
③ 소방용수시설 또는 소방출동로가 있는 지역
④ 석유화학제품을 생산하는 공장이 있는 지역

해설 ③ 소방출동로가 있는 지역 → 소방출동로가 없는 지역

화재예방법 18조
화재예방강화지구의 지정
(1) 지정권자 : 시·도지사

(2) 지정지역
  ㉠ **시**장지역 보기 ①
  ㉡ **공**장·창고 등이 밀집한 지역 보기 ②
  ㉢ 목조건물이 밀집한 지역
  ㉣ 노후·불량 건축물이 밀집한 지역
  ㉤ 위험물의 저장 및 처리시설이 밀집한 지역
  ㉥ 석유화학제품을 생산하는 공장이 있는 지역 보기 ④
  ㉦ 소방시설·소방용수시설 또는 소방출동로가 없는 지역
  ㉧ 「산업입지 및 개발에 관한 법률」에 따른 산업단지
  ㉨ 「물류시설의 개발 및 운영에 관한 법률」에 따른 물류단지
  ㉩ 소방청장·소방본부장 또는 소방서장(소방관서장)이 화재예방강화지구로 지정할 필요가 있다고 인정하는 지역

  기억법 화강시

  ※ 화재예방강화지구 : 화재발생 우려가 크거나 화재가 발생할 경우 피해가 클 것으로 예상되는 지역에 대하여 화재의 예방 및 안전관리를 강화하기 위해 지정·관리하는 지역

답 ③

59 ★ (11.10.문47)
특정소방대상물에 사용하는 물품으로 방염대상물품에 해당하지 않는 것은? (단, 제조 또는 가공 공정에서 방염처리한 물품이다.)

① 가구류
② 창문에 설치하는 커튼류
③ 무대용 합판
④ 두께가 2밀리미터 미만인 종이벽지를 제외한 벽지류

해설 소방시설법 시행령 31조
방염대상물품

제조 또는 가공 공정에서 방염처리를 한 물품	건축물 내부의 천장이나 벽에 부착하거나 설치하는 것
① 창문에 설치하는 **커튼류**(블라인드 포함) 보기 ② ② 카펫 ③ 벽지류(두께 2mm 미만인 종이벽지 제외) 보기 ④ ④ 전시용 합판·목재 또는 섬유판 ⑤ 무대용 합판·목재 또는 섬유판 보기 ③ ⑥ 암막·무대막(영화상영관·가상체험 체육시설업의 스크린 포함) ⑦ 섬유류 또는 합성수지류 등을 원료로 하여 제작된 소파·의자(단란주점영업, 유흥주점영업 및 노래연습장업의 영업장에 설치하는 것만 해당)	① 종이류(두께 2mm 이상), 합성수지류 또는 섬유류를 주원료로 한 물품 ② 합판이나 목재 ③ 공간을 구획하기 위하여 설치하는 간이칸막이 ④ 흡음재(흡음용 커튼 포함) 또는 방음재(방음용 커튼 포함) ※ 가구류(옷장, 찬장, 식탁, 식탁용 의자, 사무용 책상, 사무용 의자, 계산대)와 너비 10cm 이하인 반자돌림대, 내부 마감재료 제외 보기 ①

답 ①

60 ★ (13.09.문46)
소방시설공사의 하자보수기간으로 옳은 것은?

① 유도등 : 1년
② 자동소화장치 : 3년
③ 자동화재탐지설비 : 2년
④ 소화용수설비 : 2년

해설 공사업령 6조
소방시설공사의 하자보수 보증기간

보증기간	소방시설
2년	• **유**도등·**피**난기구 • **비**상**조**명등·비상**경**보설비·비상**방**송설비 • **무**선통신보조설비
3년	• 자동소화장치 보기 ② • 옥내·외 소화전설비 • 스프링클러설비 • 물분무등소화설비·소화용수설비 • 자동화재탐지설비·소화활동설비(무선통신보조설비 제외) • 화재알림설비

기억법 유비조경방무피2(유비조경방무피투)

답 ②

제 4 과목   소방기계시설의 구조 및 원리

61 ★ (16.10.문71 / 10.03.문68)
포소화설비의 화재안전기준에 따른 팽창비의 정의로 옳은 것은?

① 최종 발생한 포원액 체적/원래 포원액 체적
② 최종 발생한 포수용액 체적/원래 포원액 체적
③ 최종 발생한 포원액 체적/원래 포수용액 체적
④ 최종 발생한 포 체적/원래 포수용액 체적

해설 발포배율식(팽창비)

(1) 발포배율(팽창비) = $\dfrac{\text{내용적(용량)}}{\text{전체 중량} - \text{빈 시료용기의 중량}}$

(2) 발포배율(팽창비) = $\dfrac{\text{방출된 포의 체적(L)}}{\text{방출 전 포수용액의 체적(L)}}$

(3) 발포배율(팽창비) = $\dfrac{\text{최종 발생한 포 체적(L)}}{\text{원래 포수용액 체적(L)}}$

답 ④

62 ★★★ (15.05.문78 / 14.09.문78 / 10.05.문72)
간이소화용구 중 삽을 상비한 마른모래 50L 이상의 것 1포의 능력단위가 맞는 것은?

① 0.3 단위
② 0.5 단위
③ 0.8 단위
④ 1.0 단위

해설 **간이소화용구의 능력단위**(NFPC 101 3조, NFTC 101 1.7.1.6)

간이소화용구		능력단위
마른모래	삽을 상비한 50L 이상의 것 1포	0.5단위
팽창질석 또는 팽창진주암	삽을 상비한 80L 이상의 것 1포	

기억법 마 0.5

비교

능력단위(위험물규칙 [별표 17])

소화설비	용량	능력단위
소화전용 물통	8L	0.3
수조(소화전용 물통 3개 포함)	80L	1.5
수조(소화전용 물통 6개 포함)	190L	2.5

답 ②

63 미분무소화설비 용어의 정의 중 다음 ( ) 안에 알맞은 것은?
17.05.문75

> 미분무란 물만을 사용하여 소화하는 방식으로 최소설계압력에서 헤드로부터 방출되는 물입자 중 99%의 누적체적분포가 (㉠)μm 이하로 분무되고 (㉡)급 화재에 적응성을 갖는 것을 말한다.

① ㉠ 200, ㉡ B, C
② ㉠ 400, ㉡ B, C
③ ㉠ 200, ㉡ A, B, C
④ ㉠ 400, ㉡ A, B, C

해설 **미분무소화설비의 용어정의**(NFPC 104A 3조, NFTC 104A 1.7)

용어	설명
미분무 소화설비	가압된 물이 헤드 통과 후 미세한 입자로 분무됨으로써 소화성능을 가지는 설비를 말하며, 소화력을 증가시키기 위해 강화액 등을 첨가할 수 있다.
미분무	물만을 사용하여 소화하는 방식으로 최소설계압력에서 헤드로부터 방출되는 물입자 중 99%의 누적체적분포가 **400μm** 이하로 분무되고 **A, B, C급** 화재에 적응성을 갖는 것 보기 ④
미분무헤드	하나 이상의 오리피스를 가지고 미분무소화설비에 사용되는 헤드

답 ④

64 이산화탄소소화설비에서 기동용기의 개방에 따라 이산화탄소(CO_2) 저장용기가 개방되는 시스템방식은?
16.03.문72
12.05.문64

① 전기식
② 가스압력식
③ 기계식
④ 유압식

해설 **자동식 기동장치의 종류**(NFPC 106 6조, NFTC 106 2.3.2)
(1) **기계식 방식** : 잘 사용되지 않음
(2) **전기식 방식**
(3) **가스압력식**(뉴메틱 방식) : **기동용기**의 개방에 따라 저장용기가 개방되는 방식 보기 ②

중요

가스압력식 이산화탄소소화설비의 **구성요소**
(1) 솔레노이드장치
(2) 압력스위치
(3) 피스톤릴리스
(4) 기동용기

답 ②

65 물분무소화설비가 설치된 주차장 바닥의 집수관 소화피트 등 기름분리장치는 몇 m 이하마다 설치하여야 하는가?
19.04.문62
12.05.문62

① 10m
② 20m
③ 30m
④ 40m

해설 **물분무소화설비의 배수설비**(NFPC 104 11조, NFTC 104 2.8.1)
(1) **10cm** 이상의 경계턱으로 배수구 설치(차량이 주차하는 곳)
(2) **40m** 이하마다 기름분리장치 설치 보기 ④

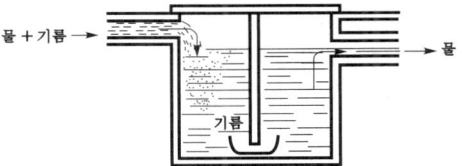

| 기름분리장치 |

(3) 차량이 주차하는 바닥은 $\frac{2}{100}$ 이상의 기울기 유지

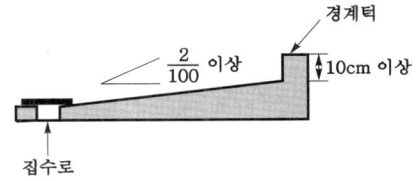

| 배수설비 |

(4) 배수설비는 가압송수장치의 **최대송수능력**의 수량을 유효하게 배수할 수 있는 크기 및 기울기일 것

참고

기울기	설명
$\frac{1}{100}$ 이상	연결살수설비의 수평주행배관
$\frac{2}{100}$ 이상	물분무소화설비의 배수설비
$\frac{1}{250}$ 이상	습식설비·부압식설비 외 설비의 가지배관
$\frac{1}{500}$ 이상	습식설비·부압식설비 외 설비의 수평주행배관

답 ④

66. 물분무소화설비를 설치하는 차고, 주차장의 배수설비기준에 관한 설명으로 옳은 것은?

① 차량이 주차하는 장소의 적당한 곳에 높이 11cm 이상의 경계턱으로 배수구를 설치할 것
② 길이 50m 이하마다 집수관, 소화피트 등 기름분리장치를 설치할 것
③ 차량이 주차하는 바닥은 배수구를 향하여 1/100 이상의 기울기를 유지할 것
④ 배수설비는 가압송수장치 최대송수능력의 수량을 유효하게 배수할 수 있는 크기 및 기울기로 할 것

해설 문제 65 참조

① 11cm 이상 → 10cm 이상
② 50m 이하 → 40m 이하
③ 1/100 이상 → 2/100 이상

답 ④

67. 전역방출방식의 이산화탄소소화설비를 설치한 특정소방대상물 또는 그 부분에 설치하는 자동폐쇄장치의 설치기준 중 다음 ( ) 안에 알맞은 것은?

> 개구부가 있거나 천장으로부터 (㉠)m 이상의 아랫부분 또는 바닥으로부터 해당 층의 높이의 (㉡) 이내의 부분에 통기구가 있어 이산화탄소의 유출에 따라 소화효과를 감소시킬 우려가 있는 것은 이산화탄소가 방사되기 전에 해당 개구부 및 통기구를 폐쇄할 수 있도록 할 것

① ㉠ 1, ㉡ $\frac{2}{3}$ ② ㉠ 1, ㉡ $\frac{1}{2}$
③ ㉠ 0.3, ㉡ $\frac{2}{3}$ ④ ㉠ 0.3, ㉡ $\frac{1}{2}$

해설 할로겐화합물 및 불활성기체 소화설비·분말소화설비·이산화탄소소화설비 자동폐쇄장치 설치기준(NFPC 107A 15조, NFTC 107A 2.12.1.2 / NFPC 108 14조, NFTC 108 2.11.1.2 / NFPC 106 14조, NFTC 106 2.11.1.2)

개구부가 있거나 천장으로부터 **1m 이상**의 아랫부분 또는 바닥으로부터 해당 층의 높이의 $\frac{2}{3}$ **이내**의 부분에 통기구가 있어 **소화약제**의 유출에 따라 소화효과를 감소시킬 우려가 있는 것은 **소화약제**가 방사되기 전에 해당 **개구부** 및 **통기구**를 폐쇄할 수 있도록 할 것

답 ①

68. 호스릴 이산화탄소 소화설비는 방호대상물의 각 부분으로부터 하나의 호스접결구까지의 수평거리는 최대 몇 m 이하인가?

① 10 ② 15
③ 20 ④ 25

해설 (1) 보행거리

구 분	적 용
20m 이내	• 소형 소화기
30m 이내	• 대형 소화기

(2) 수평거리

구 분	적 용
10m 이내	• 예상제연구역
15m 이하	• 분말(호스릴) • 포(호스릴) • 이산화탄소(호스릴) 보기 ②
20m 이하	• 할론(호스릴)
25m 이하	• 음향장치 • 옥내소화전 방수구 • 옥내소화전(호스릴) • 포소화전 방수구 • 연결송수관 방수구(지하가) • 연결송수관 방수구(지하층 바닥면적 3000m² 이상)
40m 이하	• 옥외소화전 방수구
50m 이하	• 연결송수관 방수구(사무실)

용어 수평거리와 보행거리

수평거리	보행거리
직선거리를 말하며, 반경을 의미하기도 한다.	걸어서 간 거리이다.

답 ②

69. 습식 스프링클러설비의 구성요소가 아닌 것은?

① 유수검지장치 ② 압력스위치
③ 엑셀레이터   ④ 리타딩챔버

해설 ③ 엑셀레이터 : **건식** 스프링클러설비의 구성요소

습식 스프링클러설비의 구성

구 성	설 명
안전밸브	배관 내의 압력이 일정압력 이상 상승시 개방되어 **배관을 보호**하는 밸브
압력스위치	유수검지장치가 개방되면 작동하여 **사이렌경보**를 울림과 동시에 **감시제어반**에 **신호**를 보낸다. 보기 ②
알람밸브	헤드의 개방에 의해 개방되어 1차측의 **가압수**를 2차측으로 **송수**시킨다.
리타딩챔버	유수경보밸브에 의한 **오동작**을 **방지**하기 위한 안전장치로서 경보용 압력스위치에 대한 수압의 작용시간을 **지연**시켜 주는 것 보기 ④
유수검지장치	물의 흐름을 검지하는 장치 보기 ①

기억법 습안 압알리유

답 ③

70. 대형 소화기로 인정되는 소화능력단위의 적합한 기준은?

① A급 10단위 이상, B급 10단위 이상
② A급 20단위 이상, B급 10단위 이상
③ A급 10단위 이상, B급 20단위 이상
④ A급 20단위 이상, B급 20단위 이상

해설 **소화능력단위**에 의한 **분류**(소화기의 형식승인 및 제품검사의 기술기준 4조)

소화기 분류		능력단위
소형 소화기		1단위 이상
대형 소화기 보기 ③	A급	10단위 이상
	B급	**20**단위 이상

기억법 대2B(데이빗!)

답 ③

71. 연결송수관설비에서 가압송수장치를 하여야 하는 소방대상물의 높이는 얼마인가?

① 50m 이상   ② 31m 이상
③ 70m 이상   ④ 100m 이상

해설 **연결송수관설비**의 설치기준(NFPC 502 5~7조, NFTC 502 2.2~2.4)
(1) **층**마다 설치(아파트인 경우 **3층**부터 설치)
(2) **11층** 이상에는 **쌍구형**으로 설치(아파트인 경우 **단구형** 설치 가능)
(3) 방수구는 개폐기능을 가진 것으로 한다.
(4) 방수구는 구경 **65mm**로 한다.
(5) 방수구는 바닥에서 **0.5~1m** 이하에 설치
(6) 높이 **70m** 이상 소방대상물에는 **가**압송수장치를 설치 보기 ③
(7) **방**수**기**구함은 피난층과 가장 가까운 층을 기준으로 **3개 층**마다 설치하되, 그 층의 방수구마다 **보행거리 5m** 이내에 설치할 것
(8) 주배관의 구경은 **100mm** 이상(단, 주배관의 구경이 100mm 이상인 옥내소화전설비의 배관과 겸용 가능)

기억법 연송65, 송7가(**송치가** 가능한가?),
방기3(**방**에서 **기상**)

답 ③

72. 상수도 소화용수설비는 호칭지름 75mm의 수도배관에 호칭지름 몇 mm 이상의 소화전을 접속하여야 하는가?

① 50   ② 65
③ 75   ④ 100

해설 **상수도 소화용수설비**의 **기준**(NFPC 401 4조, NFTC 401 2.1.1)
(1) **호칭지름**

수도배관	소화전
75mm 이상	100mm 이상 보기 ④

(2) 소화전은 소방자동차 등의 진입이 쉬운 **도로변** 또는 **공지**에 설치
(3) 소화전은 특정소방대상물의 수평투영면의 각 부분으로부터 **140m** 이하에 설치
(4) 지상식 소화전의 호스접결구는 지면으로부터 높이가 **0.5m** 이상 **1m** 이하가 되도록 설치

답 ④

73. 다음 ( ) 안에 맞는 숫자와 용어는?

국소방출방식의 고정포방출구는 방호대상물의 구분에 따라 해당 방호대상물의 높이의 ( )의 거리를 수평으로 연장한 선으로 둘러싸인 부분의 면적을 ( )이라 한다.

① 3배, 방호면적
② 2배, 관포면적
③ 1.5배, 방호면적
④ 2배를 더한 길이, 외주선 면적

해설 **방호면적** vs **관포체적**(NFPC 105 12조, NFTC 105 2.9.4.2.2, 2.9.4.1.2)

방호면적	관포체적
방호대상물의 구분에 따라 해당 방호대상물의 높이의 **3배**(1m 미만은 **1m**)의 거리를 수평으로 연장한 선으로 둘러싸인 부분의 면적(국소방출방식의 고정포방출구) 보기 ①	해당 바닥면으로부터 방호대상물의 높이보다 **0.5m** 높은 위치까지의 체적
기억법 3방(3방출)	기억법 관5(관우)

답 ①

74. 할론소화설비 중 호스릴방식으로 설치되는 호스접결구는 방호대상물의 각 부분으로부터 수평거리 몇 m 이하이어야 하는가?

① 15m 이하   ② 20m 이하
③ 25m 이하   ④ 40m 이하

해설 (1) 보행거리

구분	적용
20m 이내	• 소형 소화기
30m 이내	• 대형 소화기

(2) 수평거리

구분	적용
10m 이내	• 예상제연구역
15m 이하	• 분말(호스릴) • 포(호스릴) • 이산화탄소(호스릴)

20m 이하	• 할론(호스릴) 보기 ②
25m 이하	• 음향장치 • 옥내소화전 방수구 • 옥내소화전(호스릴) • 포소화전 방수구 • 연결송수관 방수구(지하가) • 연결송수관 방수구(지하층 바닥면적 3000m² 이상)
40m 이하	• 옥외소화전 방수구
50m 이하	• 연결송수관 방수구(사무실)

용어

수평거리와 보행거리

수평거리	보행거리
직선거리를 말하며, 반경을 의미하기도 한다.	걸어서 간 거리이다.

답 ②

75 물분무소화설비를 설치하는 차고 또는 주차장의 배수설비 중 차량이 주차하는 장소의 적당한 곳에 높이 몇 cm 이상의 경계턱으로 배수구를 설치하여야 하는가?

19.04.문62
17.03.문73
16.05.문73
15.09.문71
15.03.문71
13.06.문69
12.05.문62
11.03.문71

① 10   ② 40
③ 50   ④ 100

해설 물분무소화설비의 배수설비(NFPC 104 11조, NFTC 104 2.8.1)

구 분	설 명
배수구	10cm 이상의 경계턱으로 배수구 설치(차량이 주차하는 곳) 보기 ①
기름분리장치	40m 이하마다 기름분리장치 설치
기울기	차량이 주차하는 바닥은 $\dfrac{2}{100}$ 이상의 기울기 유지
배수설비	배수설비는 가압송수장치의 **최대송수능력**의 수량을 유효하게 배수할 수 있는 크기 및 기울기일 것

답 ①

76 소화기의 정의 중 다음 (   ) 안에 알맞은 것은?

19.04.문74
18.04.문74
13.09.문62
14.05.문75
04.09.문74

대형 소화기란 화재시 사람이 운반할 수 있도록 (㉠)와 (㉡)가 설치되어 있고 능력단위가 A급 10단위 이상, B급 20단위 이상인 소화기를 말한다.

① ㉠ 운반대, ㉡ 바퀴
② ㉠ 수레, ㉡ 바퀴
③ ㉠ 손잡이, ㉡ 바퀴
④ ㉠ 운반대, ㉡ 손잡이

해설 대형 소화기(NFPC 101 3조, NFTC 101 1.7)
화재시 사람이 운반할 수 있도록 **운반대**와 **바퀴**가 설치되어 있고 능력단위가 A급 10단위 이상, B급 20단위 이상인 소화기를 말한다.

답 ①

77 연결송수관설비 방수구의 설치기준에 대한 내용이다. 다음 (   ) 안에 들어갈 내용으로 알맞은 것은? (단, 집회장·관람장·백화점·도매시장·소매시장·판매시설·공장·창고시설 또는 지하가를 제외한다.)

19.09.문68
17.03.문69

송수구가 부설된 옥내소화전을 설치한 특정소방대상물로서 지하층을 제외한 층수가 (㉠)층 이하이고 연면적이 (㉡)m² 미만인 특정소방대상물의 지상층에는 방수구를 설치하지 아니할 수 있다.

① ㉠ 4, ㉡ 6000   ② ㉠ 5, ㉡ 6000
③ ㉠ 4, ㉡ 3000   ④ ㉠ 5, ㉡ 3000

해설 연결송수관설비의 방수구 설치제외장소(NFTC 502 2.3.1.1)
(1) 아파트의 1층 및 2층
(2) 소방차의 접근이 가능하고 소방대원이 소방차로부터 각 부분에 쉽게 도달할 수 있는 피난층
(3) 송수구가 부설된 옥내소화전을 설치한 특정소방대상물(집회장·관람장·백화점·도매시장·소매시장·판매시설·공장·창고시설 또는 지하가 제외)로서 다음에 해당하는 층
  ㉠ 지하층을 제외한 **4층** 이하이고 연면적이 **6000**m² 미만인 특정소방대상물의 지상층 보기 ①

기억법 송46(송사리로 육포를 만들다.)

  ㉡ 지하층의 층수가 2 이하인 특정소방대상물의 지하층

답 ①

78 옥외소화전설비 설치시 고가수조의 자연낙차를 이용한 가압송수장치의 설치기준 중 고가수조의 최소 자연낙차수두 산출공식으로 옳은 것은? (단, H : 필요한 낙차[m], h_1 : 소방용 호스 마찰손실수두[m], h_2 : 배관의 마찰손실수두[m] 이다.)

① $H = h_1 + h_2 + 25$
② $H = h_1 + h_2 + 17$
③ $H = h_1 + h_2 + 12$
④ $H = h_1 + h_2 + 10$

해설 소화설비에 따른 필요한 낙차

소화설비	필요한 낙차
스프링클러설비	$H = h_1 + 10$ 여기서, H : 필요한 낙차[m] h_1 : 배관 및 관부속품의 마찰손실수두[m]
옥내소화전설비	$H = h_1 + h_2 + 17$ 여기서, H : 필요한 낙차[m] h_1 : 소방용 호스의 마찰손실수두[m] h_2 : 배관 및 관부속품의 마찰손실수두[m]
옥외소화전설비	$H = h_1 + h_2 + 25$ 보기 ① 여기서, H : 필요한 낙차[m] h_1 : 소방용 호스의 마찰손실수두[m] h_2 : 배관 및 관부속품의 마찰손실수두[m]

용어

자연낙차수두
수조의 하단으로부터 최고층에 설치된 소화전 호스접결구까지의 수직거리

비교

소화설비에 따른 필요한 압력

소화설비	필요한 압력
스프링클러설비	$P = P_1 + P_2 + 0.1$ 여기서, P : 필요한 압력[MPa] P_1 : 배관 및 관 부속품의 마찰손실수두압[m] P_2 : 낙차의 환산수두압[MPa]
옥내소화전설비	$P = P_1 + P_2 + P_3 + 0.17$ 여기서, P : 필요한 압력[MPa] P_1 : 소방호스의 마찰손실수두압[m] P_2 : 배관 및 관 부속품의 마찰손실수두압[m] P_3 : 낙차의 환산수두압[MPa]
옥외소화전설비	$P = P_1 + P_2 + P_3 + 0.25$ 여기서, P : 필요한 압력[MPa] P_1 : 소방호스의 마찰손실수두압[MPa] P_2 : 배관 및 관 부속품의 마찰손실수두압[MPa] P_3 : 낙차의 환산수두압[MPa]

답 ①

79 도로터널의 화재안전기준상 옥내소화전설비 설치기준 중 괄호 안에 알맞은 것은?

> 가압송수장치는 옥내소화전 2개(4차로 이상의 터널인 경우 3개)를 동시에 사용할 경우 각 옥내소화전의 노즐선단에서의 방수압력은 (㉠)MPa 이상이고 방수량은 (㉡)L/min 이상이 되는 성능의 것으로 할 것

① ㉠ 0.1, ㉡ 130
② ㉠ 0.17, ㉡ 130
③ ㉠ 0.25, ㉡ 350
④ ㉠ 0.35, ㉡ 190

해설 도로터널의 옥내소화전설비 설치기준(NFPC 603 6조, NFTC 603 2.2.1.3)
가압송수장치는 옥내소화전 2개(4차로 이상의 터널인 경우 3개)를 동시에 사용할 경우 각 옥내소화전의 노즐선단에서의 방수압력은 **0.35MPa 이상**이고 방수량은 **190L/min 이상**이 되는 성능의 것으로 할 것(단, 하나의 옥내소화전을 사용하는 노즐선단에서의 방수압력이 0.7MPa을 초과할 경우에는 호스접결구의 **인입측에 감압장치 설치**) 보기 ④

답 ④

80 소화기구의 소화약제별 적응성 중 C급 화재에 적응성이 없는 소화약제는?

① 마른모래
② 할로겐화합물 및 불활성기체 소화약제
③ 이산화탄소소화약제
④ 중탄산염류소화약제

해설 전기화재(C급 화재)에 적응성이 있는 소화약제(NFTC 101 2.1.1.1)
(1) 이산화탄소소화약제 보기 ③
(2) 할론소화약제
(3) 할로겐화합물 및 불활성기체 소화약제 보기 ②
(4) 인산염류소화약제(분말)
(5) 중탄산염류소화약제(분말) 보기 ④
(6) 고체에어로졸화합물

답 ①

2021. 5. 9 시행

■ 2021년 산업기사 제2회 필기시험 CBT 기출복원문제 ■

자격종목	종목코드	시험시간	형별
소방설비산업기사(기계분야)		2시간	

※ 각 문항은 4지택일형으로 질문에 가장 적합한 보기 항을 선택하여 체크하여야 합니다.

제1과목 소방원론

01 목조건축물의 온도와 시간에 따른 화재특성으로 옳은 것은?
18.03.문16
17.03.문13
14.05.문09
13.09.문09
10.09.문08
① 저온단기형   ② 저온장기형
③ 고온단기형   ④ 고온장기형

해설

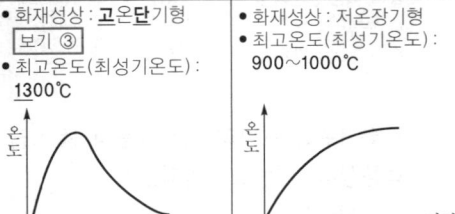

목조건물의 화재온도 표준곡선	내화건물의 화재온도 표준곡선
• 화재성상 : **고온단**기형 보기 ③ • 최고온도(최성기온도) : 1300℃	• 화재성상 : 저온장기형 • 최고온도(최성기온도) : 900~1000℃

기억법 목고단 13

• 목조건물=목재건물

답 ③

02 등유 또는 경유화재에 해당하는 것은?
19.03.문02
17.05.문19
16.10.문20
16.05.문05
16.05.문15
15.03.문19
14.09.문15
14.05.문05
14.03.문20
14.03.문19
13.06.문09
11.06.문13
① A급 화재
② B급 화재
③ C급 화재
④ D급 화재

해설

화재 종류	표시색	적응물질
일반화재(A급)	백색	• 일반 가연물 • 종이류 화재 • 목재, 섬유화재
유류화재(B급)	황색	• 가연성 액체(**등유·경유**) 보기 ② • 가연성 가스 • 액화가스화재 • 석유화재
전기화재(C급)	청색	• 전기설비
금속화재(D급)	무색	• 가연성 금속
주방화재(K급)	-	• 식용유화재

기억법 백황청무

※ 요즘은 표시색의 의무규정은 없음

답 ②

03 열에너지원 중 화학적 열에너지가 아닌 것은?
18.03.문05
16.05.문14
16.03.문17
15.03.문04
09.05.문06
05.09.문12
① 분해열
② 용해열
③ 유도열
④ 생성열

해설 ③ 전기적 열에너지

열에너지원의 종류

기계열 (기계적 열에너지)	전기열 (전기적 열에너지)	화학열 (화학적 열에너지)
• 압축열 • **마**찰열 • **마**찰스파크(스파크열)	• 유도열 보기 ③ • 유전열 • 저항열 • 아크열 • 정전기열 • 낙뢰에 의한 열	• **연**소열 • **용**해열 보기 ② • **분**해열 보기 ① • **생**성열 보기 ④ • **자**연발화열
기억법 기압마		기억법 화연용분생자

• 기계열=기계적 점화원=기계적 열에너지
• 전기열=전기적 점화원=전기적 열에너지
• 화학열=화학적 점화원=화학적 열에너지

답 ③

04 출화의 시기를 나타낸 것 중 옥외출화에 해당되는 것은?
18.09.문08
① 목재사용 가옥에서는 벽, 추녀 밑의 판자나 목재에 발염착화한 때
② 불연벽체나 칸막이 및 불연천장인 경우 실내에서는 그 뒤판에 발염착화한 때
③ 보통 가옥 구조시에는 천장판의 발염착화한 때
④ 천장 속, 벽 속 등에서 발염착화한 때

해설 ②, ③, ④ 옥내출화

옥외출화	옥내출화
① 창·출입구 등에 발염 착화한 경우 ② 목재사용 가옥에서는 벽·추녀 밑의 판자나 목재에 발염착화한 경우 보기 ④	① 천장 속·벽 속 등에서 발염착화한 경우 보기 ④ ② 가옥 구조에는 천장판에 발염착화한 경우 ③ 불연벽체나 칸막이의 불연천장인 경우 실내에서는 그 뒤판에 발염착화한 경우 보기 ②

기억법 외창출

답 ①

---

05 실내 화재 발생시 순간적으로 실 전체로 화염이 확산되면서 온도가 급격히 상승하는 현상은?

17.03.문10
12.03.문15
11.06.문06
09.08.문04
09.03.문13

① 제트 파이어(jet fire)
② 파이어볼(fireball)
③ 플래시오버(flashover)
④ 리프트(lift)

해설 화재현상

용어	설명
제트 파이어 (jet fire)	압축 또는 액화상태의 가스가 저장탱크나 배관에서 누출되어 분출하면서 주위 공기와 혼합되어 점화원을 만나 발생하는 화재
파이어볼 (fireball, 화구)	인화성 액체가 대량으로 기화되어 갑자기 발화될 때 발생하는 공모양의 화염
플래시오버 (flashover)	화재로 인하여 실내의 온도가 급격히 상승하여 화재가 순간적으로 실내 전체에 확산되어 연소되는 현상 보기 ③
리프트 (lift)	버너 내압이 높아져서 분출속도가 빨라지는 현상
백파이어 (backfire, 역화)	가스가 노즐에서 나가는 속도가 연소속도보다 느리게 되어 버너 내부에서 연소하게 되는 현상

답 ③

---

06 공기 중 산소의 농도를 낮추어 화재를 진압하는 소화방법에 해당하는 것은?

20.03.문16
19.03.문20
16.10.문03
14.09.문05
14.03.문03
13.06.문16
05.09.문09

① 부촉매소화
② 냉각소화
③ 제거소화
④ 질식소화

해설 소화방법

소화방법	설명
냉각소화	• 점화원을 냉각하여 소화하는 방법 • 증발잠열을 이용하여 열을 빼앗아 가연물의 온도를 떨어뜨려 화재를 진압하는 소화방법
	• 다량의 물을 뿌려 소화하는 방법 • 가연성 물질을 발화점 이하로 냉각 • 식용유화재에 신선한 야채를 넣어 소화 **기억법** 냉점증발
질식소화	• 공기 중의 산소농도를 15~16%(16%, 10~15%) 이하로 희박하게 하여 소화하는 방법 보기 ④ • 산화제의 농도를 낮추어 연소가 지속될 수 없도록 함(산소의 농도를 낮추어 소화하는 방법) • 산소공급을 차단하는 소화방법 **기억법** 질산
제거소화	• 가연물을 제거하여 소화하는 방법
부촉매소화 (=화학소화)	• 연쇄반응을 차단하여 소화하는 방법 • 화학적인 방법으로 화재 억제
희석소화	• 기체·고체·액체에서 나오는 분해가스나 증기의 농도를 낮춰 소화하는 방법
유화소화	• 물을 무상으로 방사하여 유류표면에 유화층의 막을 형성시켜 공기의 접촉을 막아 소화하는 방법
피복소화	• 비중이 공기의 1.5배 정도로 무거운 소화약제를 방사하여 가연물의 구석구석까지 침투·피복하여 소화하는 방법

답 ④

---

07 제1류 위험물로서 그 성질이 산화성 고체인 것은?

19.09.문01
15.05.문43
15.03.문18
14.09.문04
14.03.문16
13.09.문07

① 셀룰로이드류
② 금속분류
③ 아염소산염류
④ 과염소산

해설 ① 제5류 ② 제3류
③ 제1류 ④ 제6류

위험물령 [별표 1]
위험물

유별	성질	품명
제1류	산화성 고체	• 아염소산염류(아염소산나트륨) 보기 ③ • 염소산염류 • 과염소산염류 • 질산염류(질산칼륨) • 무기과산화물(과산화바륨) **기억법** 1산고(일산GO)
제2류	가연성 고체	• 황화인 • 적린 • 황 • 마그네슘 **기억법** 2황화적황마
제3류	자연발화성 물질 및 금수성 물질	• 황린 • 칼륨 • 나트륨 ─ 금속분 • 트리에틸알루미늄 보기 ② **기억법** 황칼나트알

제4류	인화성 액체	• 특수인화물 • 석유류(벤젠) • 알코올류 • 동식물유류
제5류	자기반응성 물질	• 질산에스터류(셀룰로이드) 보기 ① • 유기과산화물 • 나이트로화합물 • 나이트로소화합물 • 아조화합물 • 나이트로글리세린
제6류	산화성 액체	• **과염**소산 보기 ④ • 과**산**화수소 • **질산** 기억법 6산액과염산질산

답 ③

08 피난계획의 일반원칙 중 Fool proof 원칙에 대한 설명으로 옳은 것은?
17.09.문02
15.05.문03
13.03.문05
① 한 가지가 고장이 나도 다른 수단을 이용할 수 있도록 하는 원칙
② 두 방향의 피난동선을 항상 확보하는 원칙
③ 피난수단을 이동식 시설로 하는 원칙
④ 피난수단을 조작이 간편한 원시적 방법으로 하는 원칙

해설
①, ② Fail safe
③ 이동식 시설 → 고정식 시설(설비)

페일 세이프(fail safe)와 **풀 프루프**(fool proof)

용어	설명
페일 세이프 (fail safe)	① 한 가지 피난기구가 고장이 나도 다른 수단을 이용할 수 있도록 고려하는 것 ② 한 가지가 고장이 나도 다른 수단을 이용하는 원칙 보기 ① ③ **두 방향**의 피난동선을 항상 확보하는 원칙 보기 ②
풀 프루프 (fool proof)	① 피난경로는 **간단 명료**하게 한다. ② 피난구조설비는 **고정식 설비**를 위주로 설치한다. 보기 ③ ③ 피난수단은 **원시적 방법**에 의한 것을 원칙으로 한다. 보기 ④ ④ 피난통로를 **완전불연화**한다. ⑤ 막다른 복도가 없도록 계획한다. ⑥ **간단한 그림**이나 **색채**를 이용하여 표시한다.

답 ④

09 다음 물질 중 자연발화의 위험성이 가장 낮은 것은?
17.03.문09
08.09.문01
① 석탄
② 팽창질석
③ 셀룰로이드
④ 퇴비

해설
② **소화약제**로서 자연발화의 위험성이 낮다.

자연발화의 **형태**

구 분	종 류
분해열	셀룰로이드, 나이트로셀룰로오스 보기 ③
산화열	건성유(정어리유, 아마인유, 해바라기유), 석탄, 원면, 고무분말 보기 ①
발효열	퇴비, 먼지, 곡물 보기 ④
흡착열	목탄, 활성탄

답 ②

10 식용유화재시 가연물과 결합하여 비누화반응을 일으키는 소화약제는?
19.04.문18
① 물
② Halon 1301
③ 제1종 분말소화약제
④ 이산화탄소소화약제

해설
③ 제1종 분말소화약제 : 식용유화재

(1) **분말소화약제**

종 별	주성분	약제의 착색	적응 화재	비 고
제1종	중탄산나트륨 ($NaHCO_3$)	백색	BC급	**식용유** 및 **지방질유**의 화재에 적합 (**비**누화현상) 기억법 1식분(일식분식), 비1(비일비재)
제2종	중탄산칼륨 ($KHCO_3$)	담자색 (담회색)	–	–
제3종	제1**인**산암모늄 ($NH_4H_2PO_4$)	담홍색	ABC급	**차고 · 주차장**에 적합 기억법 3분 차주(**삼보**컴퓨터 **차주**), 인3(인삼)
제4종	중탄산칼륨+ 요소 ($KHCO_3$+ $(NH_2)_2CO$)	회(백)색	BC급	–

• 중탄산나트륨=탄산수소나트륨
• 중탄산칼륨=탄산수소칼륨
• 제1인산암모늄=인산암모늄=인산염
• 중탄산칼륨+요소=탄산수소칼륨+요소

용어
비누화현상(saponification phenomenon)

구분	설명
정의	**소화약제**가 식용유에서 분리된 **지방산**과 **결합**해 **비누거품**처럼 부풀어 오르는 현상
발생원리	에스테르가 알칼리에 의해 가수분해되어 알코올과 산의 알칼리염이 됨
화재에 미치는 효과	주방의 식용유화재시 나트륨이 기름을 둘러싸 외부와 분리시켜 **질식소화** 및 **재발화 억제효과**
화학식	RCOOR′ + NaOH → RCOONa + R′OH

(2) 이산화탄소소화약제

주성분	적응화재
이산화탄소(CO_2)	BC급

답 ③

11. 상온·상압 상태에서 기체로 존재하는 할론으로만 연결된 것은?
① Halon 2402, Halon 1211
② Halon 1211, Halon 1011
③ Halon 1301, Halon 1011
④ Halon 1301, Halon 1211

해설 상온·상압에서의 상태

기체상태	액체상태
① Halon 1**3**01	① Halon 1011
② Halon 1**2**11	② Halon 104
③ 탄산가스(CO_2)	③ Halon 2402

기억법 132탄기

답 ④

12. 탄화칼슘이 물과 반응할 때 생성되는 가연성가스는?
① 메탄   ② 에탄
③ 아세틸렌   ④ 프로필렌

해설 물과의 반응식
(1) $CaC_2 + 2H_2O \rightarrow Ca(OH)_2 + C_2H_2\uparrow$ 〈보기 ③〉
  탄화칼슘 물 수산화칼슘 아세틸렌

(2) $AlP + 3H_2O \rightarrow Al(OH)_3 + PH_3$
  인화알루미늄 물 수산화알루미늄 포스핀=인화수소

(3) $Ca_3P_2 + 6H_2O \rightarrow 3Ca(OH)_2 + 2PH_3\uparrow$
  인화칼슘 물 수산화칼슘 포스핀

(4) $Al_4C_3 + 12H_2O \rightarrow 4Al(OH)_3 + 3CH_4$
  탄화알루미늄 물 수산화알루미늄 메탄

(5) $2K_2O_2 + 2H_2O \rightarrow 4KOH + O_2\uparrow$
  과산화칼륨 물 수산화칼륨 산소

답 ③

13. 칼륨이 물과 반응하면 위험한 이유는?
① 수소가 발생하기 때문에
② 산소가 발생하기 때문에
③ 이산화탄소가 발생하기 때문에
④ 아세틸렌이 발생하기 때문에

해설 주수소화(물소화)시 위험한 물질

위험물	발생물질
무기과산화물	**산소**(O_2) 발생
① 금속분 ② 마그네슘 ③ 알루미늄 ④ 칼륨 ⑤ 나트륨 ⑥ 수소화리튬	**수소**(H_2) 발생
가연성 액체의 유류화재(경유)	**연소면**(화재면) 확대

중요
경유화재시 주수소화가 **부적당**한 이유
물보다 비중이 가벼워 물 위에 떠서 **화재 확대**의 우려가 있기 때문이다.

답 ①

14. 다음 중 황린의 완전 연소시에 주로 발생되는 물질은?
① P_2O ② PO_2
③ P_2O_3 ④ P_2O_5

해설 ④ 황린의 연소생성물은 P_2O_5(오산화인)이다.

황린의 연소분해반응식
$P_4 + 5O_2 \rightarrow 2P_2O_5$
황린 산소 오산화인

답 ④

15. 건축물의 방화계획에서 공간적 대응에 해당되지 않는 것은?
① 대항성   ② 회피성
③ 도피성   ④ 피난성

해설 건축방재의 계획
(1) 공간적 대응

종 류	설 명
대항성	내화성능·방연성능·초기 소화대응 등의 화재사상의 저항능력
회피성	불연화·난연화·내장제한·구획의 세분화·방화훈련(소방훈련)·불조심 등 출화유발·확대 등을 저감시키는 예방조치강구
도피성	화재가 발생한 경우 안전하게 피난할 수 있는 시스템

[기억법] 도대회

(2) 설비적 대응
화재에 대응하여 설치하는 **소화설비, 경보설비, 피난구조설비, 소화활동설비** 등의 제반 소방시설

[기억법] 설설

답 ④

16 ★★★
0℃의 얼음 1g이 100℃의 수증기가 되려면 약 몇 cal의 열량이 필요한가? (단, 0℃ 얼음의 융해열은 80cal/g이고, 100℃ 물의 증발잠열은 539cal/g이다.)

① 539
② 719
③ 939
④ 1119

해설 물의 잠열

잠열 및 열량	설 명
80cal/g	융해잠열
539cal/g	기화(증발)잠열
639cal	0℃의 물 1g이 100℃의 수증기가 되는 데 필요한 열량
719cal	0℃의 얼음 1g이 100℃의 수증기가 되는 데 필요한 열량 [보기 ②]

답 ②

17 ★★★
상태의 변화 없이 물질의 온도를 변화시키기 위해서 가해진 열을 무엇이라 하는가?
① 현열 ② 잠열
③ 기화열 ④ 융해열

해설 현열과 잠열

현 열	잠 열
상태의 변화 없이 물질의 온도를 **변화**시키기 위해서 가해진 열 [보기 ①]	온도의 변화 없이 물질의 상태를 **변화**시키기 위해서 가해진 열
예 물 0℃ → 물 100℃	예 물 100℃ → 수증기 100℃

용어 기화열 vs 융해열

기화열(증발열)	융해열
액체가 **기체**로 되면서 주위에서 빼앗는 열량	**고체**를 녹여서 **액체**로 바꾸는 데 소요되는 열량

답 ①

18 ★★★
분말소화약제 중 A, B, C급의 화재에 모두 사용할 수 있는 것은?
① 제1종 분말소화약제
② 제2종 분말소화약제
③ 제3종 분말소화약제
④ 제4종 분말소화약제

해설 분말소화약제(질식효과)

종 별	주성분	약제의 착색	적응 화재	비 고
제1종	중탄산나트륨 ($NaHCO_3$)	백색	BC급	식용유 및 지방질유의 화재에 적합
제2종	중탄산칼륨 ($KHCO_3$)	담자색 (담회색)	-	-
제**3**종	인산암모늄 ($NH_4H_2PO_4$)	담홍색	**ABC급**	차고·주차장에 적합
제4종	중탄산칼륨+요소 ($KHCO_3+(NH_2)_2CO$)	회(백)색	BC급	-

[기억법] 3ABC(**3**종이니까 3가지 **ABC**급)

- 중탄산나트륨 = 탄산수소나트륨
- 중탄산칼륨 = 탄산수소칼륨
- 제1인산암모늄 = 인산암모늄 = 인산염
- 중탄산칼륨+요소 = 탄산수소칼륨+요소

답 ③

19 ★★★
기름탱크에서 화재가 발생하였을 때 탱크 하부에 있는 물 또는 물-기름 에멀션이 뜨거운 열유층에 의해서 가열되어 유류가 탱크 밖으로 갑자기 분출하는 현상은?
① 리프트(lift)
② 백파이어(backfire)
③ 플래시오버(flashover)
④ 보일오버(boil over)

해설 보일오버(boil over)
(1) 중질유의 탱크에서 장시간 조용히 연소하다 탱크 내의 잔존기름이 갑자기 분출하는 현상
(2) 유류탱크에서 탱크바닥에 물과 기름의 **에멀션**이 섞여 있을 때 이로 인하여 화재가 발생하는 현상 [보기 ④]
(3) 연소유면으로부터 100℃ 이상의 열파가 탱크 저부에 고여 있는 물을 비등하게 하면서 연소유를 탱크 밖으로 비산시키며 연소하는 현상

용어

구 분	설 명
리프트 (lift)	버너 내압이 높아져서 **분출속도**가 **빨라지는 현상**
백파이어 (backfire, 역화)	가스가 노즐에서 나가는 속도가 연소속도보다 느리게 되어 버너 내부에서 **연소**하게 되는 현상
플래시오버 (flashover)	화재로 인하여 실내의 온도가 급격히 상승하여 화재가 **순간적**으로 **실내 전체**에 **확산**되어 연소되는 현상

답 ④

20 다음 중 인화점이 가장 낮은 물질은?

① 산화프로필렌
② 이황화탄소
③ 아세틸렌
④ 다이에틸에터

해설
① -37℃
② -30℃
③ -18℃
④ -45℃

물 질	인화점	착화점
• 프로필렌	-107℃	497℃
• 에틸에터 • 다이에틸에터	-45℃ 보기 ④	180℃
• 가솔린(휘발유)	-43℃	300℃
• 이황화탄소	-30℃ 보기 ②	100℃
• 아세틸렌	-18℃ 보기 ③	335℃
• 아세톤	-18℃	538℃
• 산화프로필렌	-37℃ 보기 ①	465℃
• 벤젠	-11℃	562℃
• 톨루엔	4.4℃	480℃
• 에틸알코올	13℃	423℃
• 아세트산	40℃	-
• 등유	43~72℃	210℃
• 경유	50~70℃	200℃
• 적린	-	260℃

• 인화점=인화온도
• 착화점=발화점=착화온도=발화온도

답 ④

제2과목 소방유체역학

21 물 소화펌프의 토출량이 0.7m³/min, 양정 60m, 펌프효율 72%일 경우 전동기 용량은 약 몇 kW인가? (단, 펌프의 전달계수는 1.1이다.)

① 10.5
② 12.5
③ 14.5
④ 15.5

해설 (1) 기호
• Q : 0.7m³/min
• H : 60m
• η : 72%=0.72
• P : ?
• K : 1.1

(2) 전동기 용량(소요동력) P는

$$P = \frac{0.163 QH}{\eta} K$$

$$= \frac{0.163 \times 0.7 \text{m}^3/\text{min} \times 60\text{m}}{0.72} \times 1.1 ≒ 10.5\text{kW}$$

중요

펌프의 동력

(1) 전동력
일반적인 전동기의 동력(용량)을 말한다.

$$P = \frac{0.163 QH}{\eta} K$$

여기서, P : 전동력[kW]
Q : 유량[m³/min]
H : 전양정[m]
K : 전달계수
η : 효율

(2) 축동력
전달계수(K)를 고려하지 않은 동력이다.

$$P = \frac{0.163 QH}{\eta}$$

여기서, P : 축동력[kW]
Q : 유량[m³/min]
H : 전양정[m]
η : 효율

(3) 수동력
전달계수(K)와 효율(η)을 고려하지 않은 동력이다.

$$P = 0.163 QH$$

여기서, P : 수동력[kW]
Q : 유량[m³/min]
H : 전양정[m]

답 ①

22. 텅스텐, 백금 또는 백금-이리듐 등을 전기적으로 가열하고 통과 풍량에 따른 열교환 양으로 속도를 측정하는 것은?

① 열선 풍속계
② 도플러 풍속계
③ 컵형 풍속계
④ 포토디텍터 풍속계

해설

열선 풍속계	열선 속도계
• 유동하는 유체의 동압을 휘트스톤 브리지(Wheatstone bridge)의 원리를 이용하여 전압을 측정하고 그 값을 속도로 환산하여 유속을 측정하는 장치 • 텅스텐, 백금 또는 백금-이리듐 등을 전기적으로 가열, 통과 풍량에 따른 열교환 양으로 속도를 측정하는 유속계 보기 ①	• 유동하는 기체의 속도 측정 • 기체유동의 국소속도 측정

답 ①

23. 안지름이 250mm, 길이가 218m인 주철관을 통하여 물이 유속 3.6m/s로 흐를 때 손실수두는 약 몇 m인가? (단, 관마찰계수는 0.05이다.)

① 20.1
② 23.0
③ 25.8
④ 28.8

해설

(1) 기호
- D : 250mm = 0.25m (1000mm = 1m)
- l : 218m
- V : 3.6m/s
- f : 0.05
- H : ?

(2) 달시-웨버의 식

$$H = \frac{\Delta P}{\gamma} = \frac{flV^2}{2gD}$$

여기서, H : 마찰손실[m]
ΔP : 압력차[Pa]
γ : 비중량(물의 비중량 9800N/m³)
f : 관마찰계수
l : 길이[m]
V : 유속[m/s]
g : 중력가속도(9.8m/s²)
D : 내경[m]

손실수두 H는

$$H = \frac{flV^2}{2gD} = \frac{0.05 \times 218\text{m} \times (3.6\text{m/s})^2}{2 \times 9.8\text{m/s}^2 \times 0.25\text{m}} ≒ 28.8\text{m}$$

답 ④

24. 회전속도 1000rpm일 때 유량 Q[m³/min], 전양정 H[m]인 원심펌프가 상사한 조건에서 회전속도가 1200rpm으로 작동할 때 유량 및 전양정은 어떻게 변하는가?

① 유량 = 1.2Q, 전양정 = 1.44H
② 유량 = 1.2Q, 전양정 = 1.2H
③ 유량 = 1.44Q, 전양정 = 1.44H
④ 유량 = 1.44Q, 전양정 = 1.2H

해설

(1) 기호
- N_1 : 1000rpm
- Q_1 : ?
- H_1 : ?
- N_2 : 1200rpm
- Q_2 : ?
- H_2 : ?

(2) 유량(송출량)

$$Q_2 = Q_1 \times \left(\frac{N_2}{N_1}\right)$$

여기서, Q_2 : 변경 후 유량[m³/min]
Q_1 : 변경 전 유량[m³/min]
N_2 : 변경 후 회전수[rpm]
N_1 : 변경 전 회전수[rpm]

유량 Q_2는

$$Q_2 = Q_1 \times \left(\frac{N_2}{N_1}\right) = Q_1 \times \left(\frac{1200\text{rpm}}{1000\text{rpm}}\right) = 1.2Q_1$$

(3) 양정(전양정)

$$H_2 = H_1 \times \left(\frac{N_2}{N_1}\right)^2$$

여기서, H_2 : 변경 후 양정[m]
H_1 : 변경 전 양정[m]
N_2 : 변경 후 회전수[rpm]
N_1 : 변경 전 회전수[rpm]

양정 H_2는

$$H_2 = H_1 \times \left(\frac{N_2}{N_1}\right)^2 = H_1 \times \left(\frac{1200\text{rpm}}{1000\text{rpm}}\right)^2 = 1.44H_1$$

유량, 양정, 축동력

유량	$Q_2 = Q_1 \left(\dfrac{N_2}{N_1}\right)\left(\dfrac{D_2}{D_1}\right)^3$ 또는 $Q_2 = Q_1 \left(\dfrac{N_2}{N_1}\right)$ 여기서, Q_2 : 변경 후 유량[L/min] Q_1 : 변경 전 유량[L/min] N_2 : 변경 후 회전수[rpm] N_1 : 변경 전 회전수[rpm] D_2 : 변경 후 직경(관경)[mm] D_1 : 변경 전 직경(관경)[mm]
양정	$H_2 = H_1\left(\dfrac{N_2}{N_1}\right)^2\left(\dfrac{D_2}{D_1}\right)^2$ 또는 $H_2 = H_1\left(\dfrac{N_2}{N_1}\right)^2$ 여기서, H_2 : 변경 후 양정[m] H_1 : 변경 전 양정[m] N_2 : 변경 후 회전수[rpm] N_1 : 변경 전 회전수[rpm] D_2 : 변경 후 직경(관경)[mm] D_1 : 변경 전 직경(관경)[mm]
축동력	$P_2 = P_1\left(\dfrac{N_2}{N_1}\right)^3\left(\dfrac{D_2}{D_1}\right)^5$ 또는 $P_2 = P_1\left(\dfrac{N_2}{N_1}\right)^3$ 여기서, P_2 : 변경 후 축동력[kW] P_1 : 변경 전 축동력[kW] N_2 : 변경 후 회전수[rpm] N_1 : 변경 전 회전수[rpm] D_2 : 변경 후 직경(관경)[mm] D_1 : 변경 전 직경(관경)[mm]

답 ①

25 안지름 65mm의 관내를 유량 0.24m³/min로 물이 흘러간다면 평균유속은 약 몇 m/s인가?

① 1.2 ② 2.4
③ 3.6 ④ 4.8

해설 (1) 기호
- D : 65mm = 0.065m (1000mm = 1m)
- Q : 0.24m³/min
- V : ?

(2) 유량

$$Q = AV = \left(\dfrac{\pi D^2}{4}\right)V$$

여기서, Q : 유량[m³/s]
A : 단면적[m²]
V : 유속[m/s]
D : (안)지름[m]

유속 V는

$$V = \dfrac{Q}{A} = \dfrac{Q}{\dfrac{\pi}{4}D^2}$$

$$= \dfrac{0.24\text{m}^3/\text{min}}{\dfrac{\pi \times (0.065\text{m})^2}{4}} = \dfrac{0.24\text{m}^3/60\text{s}}{\dfrac{\pi \times (0.065\text{m})^2}{4}} ≒ 1.2\text{m/s}$$

- 1min = 60s이므로 0.24m³/min = 0.24m³/60s

답 ①

26 급격 확대관과 급격 축소관에서 부차적 손실계수를 정의하는 기준속도는?

① 급격 확대관 : 상류속도
   급격 축소관 : 상류속도
② 급격 확대관 : 하류속도
   급격 축소관 : 하류속도
③ 급격 확대관 : 상류속도
   급격 축소관 : 하류속도
④ 급격 확대관 : 하류속도
   급격 축소관 : 상류속도

해설 부차적 손실계수

급격 확대관	급격 축소관
상류속도 기준	**하**류속도 기준 기억법 **축하**

작은 관을 기준으로 한다.

- 급격 확대관 = 급확대관 = 돌연 확대관
- 급격 축소관 = 급축소관 = 돌연 축소관

중요

(1) 돌연 축소관에서의 손실

$$H = K\dfrac{V_2^2}{2g}$$

여기서, H : 손실수두[m]
K : 손실계수
V_2 : 축소관 유속(출구속도)[m/s]
g : 중력가속도(9.8m/s²)

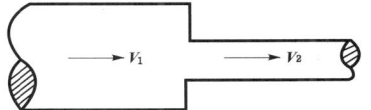

돌연 축소관

(2) 돌연 확대관에서의 손실

$$H = K\dfrac{(V_1 - V_2)^2}{2g}$$

여기서, H : 손실수두[m]
K : 손실계수
V_1 : 축소관 유속[m/s]
V_2 : 확대관 유속[m/s]
$V_1 - V_2$: 입·출구 속도차[m/s]
g : 중력가속도(9.8m/s²)

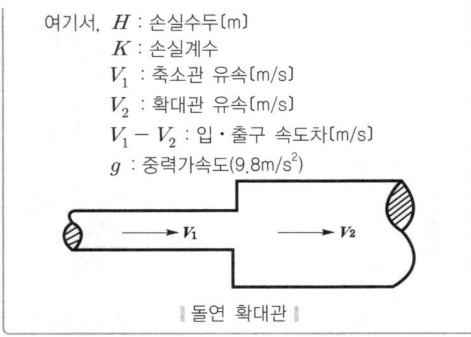

∥돌연 확대관∥

답 ③

27
18.03.문27
15.03.문38
10.03.문25

정지유체 속에 잠겨있는 경사진 평면에서 압력에 의해 작용하는 합력의 작용점에 대한 설명으로 옳은 것은?

① 도심의 아래에 있다.
② 도심의 위에 있다.
③ 도심의 위치와 같다.
④ 도심의 위치와 관계가 없다.

해설 힘의 작용점의 중심압력은 경사진 평판의 **도심**보다 **아래**에 있다.

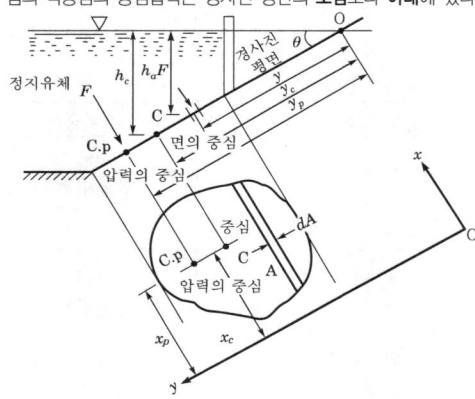

∥힘의 작용점의 중심압력∥

답 ①

28
17.09.문29
15.05.문38
02.09.문32

유속이 2.21m/s인 관에 비중이 0.8인 유체가 0.26m³/min의 유량으로 흐를 때 이 관의 안지름[mm]은?

① 40
② 50
③ 60
④ 70

해설 (1) 기호
- V : 2.21m/s
- s : 0.8
- Q : 0.26m³/min=0.26m³/60s(1min=60s)
- D : ?

(2) 유량

$$Q = AV = \frac{\pi D^2}{4}V$$

여기서, Q : 방수량[m³/s]
A : 단면적[m²]
V : 유속[m/s]
D : 내경[m]

$Q = \frac{\pi D^2}{4}V$

$\frac{4Q}{\pi V} = D^2$

$D^2 = \frac{4Q}{\pi V}$ ← 좌우 위치 바꿈

$\sqrt{D^2} = \sqrt{\frac{4Q}{\pi V}}$

$D = \sqrt{\frac{4Q}{\pi V}} = \sqrt{\frac{4 \times 0.26\text{m}^3/60\text{s}}{\pi \times 2.21\text{m/s}}}$

$≒ 0.05\text{m} = 50\text{mm}(1\text{m} = 1000\text{mm})$

● 이 문제에서 비중은 필요 없음

답 ②

29
18.04.문33

비중이 0.75인 액체와 비중량이 6700N/m³인 액체를 부피비 1:2로 혼합한 혼합액의 밀도는 약 몇 kg/m³인가?

① 688
② 706
③ 727
④ 748

해설 (1) 기호
- s : 0.75
- γ_B : 6700N/m³
- ρ : ?

(2) 비중

$$s = \frac{\gamma}{\gamma_w} = \frac{\rho}{\rho_w}$$

여기서, s : 비중
γ : 어떤 물질의 비중량[N/m³]
γ_w : 물의 비중량(9800N/m³)
ρ : 어떤 물질의 밀도[kg/m³]
ρ_w : 물의 밀도(1000kg/m³)

어떤 물질의 비중량 $\gamma = s \times \gamma_w$

비중이 0.75인 액체를 γ_A, 6700N/m³=γ_B라 하면

$s = \frac{\gamma_A}{\gamma_w}$ 에서

$\gamma_A = s \cdot \gamma_w = 0.75 \times 9800\text{N/m}^3 = 7350\text{N/m}^3$

γ_A와 γ_B를 1:2로 혼합했으므로 혼합액의 비중량 γ는

$\gamma = \frac{\gamma_A \times 1 + \gamma_B \times 2}{3}$

$= \frac{7350\text{N/m}^3 \times 1 + 6700\text{N/m}^3 \times 2}{3}$

$≒ 6916.67\text{N/m}^3$

$\dfrac{\gamma}{\gamma_w} = \dfrac{\rho}{\rho_w}$ 에서

혼합액의 밀도 ρ는

$\rho = \dfrac{\gamma \times \rho_w}{\gamma_w}$

$= \dfrac{6916.67 \text{N/m}^3 \times 1000 \text{kg/m}^3}{9800 \text{N/m}^3} \fallingdotseq 706 \text{kg/m}^3$

답 ②

30 ★★★

17.03.문35
16.03.문28
15.03.문21
14.09.문23
14.05.문36
11.10.문22
08.05.문29
08.03.문32

그림에서 각각의 높이를 h_1, h_2, h_3라고 할 때 A와 B의 압력차 $(p_A - p_B)$는 어떻게 표현되는가?

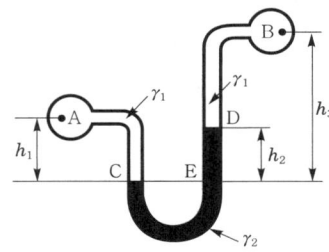

① $\gamma_1 h_1 - \gamma_2 h_2 - \gamma_1 (h_3 - h_2)$
② $-\gamma_1 h_1 + \gamma_2 h_2 + \gamma_1 (h_3 - h_2)$
③ $\gamma_1 h_1 - \gamma_2 h_2 - \gamma_1 h_3$
④ $-\gamma_1 h_1 + \gamma_2 h_2 + \gamma_1 h_3$

해설

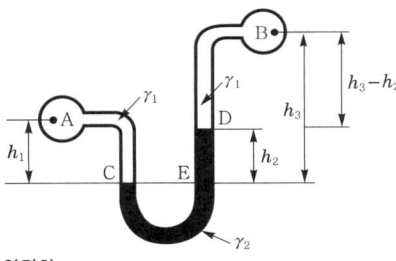

압력차
$p_A + \gamma_1 h_1 - \gamma_2 h_2 - \gamma_1 (h_3 - h_2) = p_B$
$p_A - p_B = -\gamma_1 h_1 + \gamma_2 h_2 + \gamma_1 (h_3 - h_2)$

 중요

시차액주계의 압력계산방법
점 A를 기준으로 내려가면 더하고, 올라가면 빼면 된다.

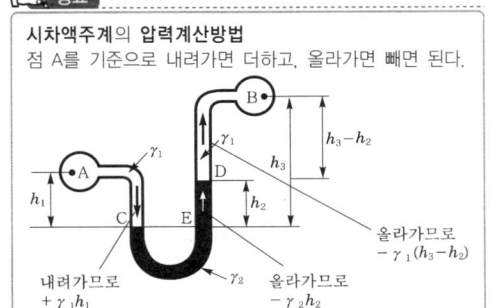

답 ②

31 ★

17.05.문32
11.10.문33
09.05.문35

공기의 평균속도가 16m/s인 원형 관속을 5kg/s의 공기가 흐르고 있다. 관속 공기의 절대압력은 200kPa, 온도는 23℃일 때 원형관의 내경은 몇 mm인가? (단, 공기의 기체상수는 287J/kg·K이다.)

① 300
② 400
③ 520
④ 600

해설

(1) 기호

- V : 16m/s
- $\overline{m}$: 5kg/s
- P : 200kPa = 200kN/m² (1kPa = 1kN/m²)
- T : (273+23)K
- D : ?
- R : 287J/kg·K = 287N·m/kg·K (1J = 1N·m)

(2) 밀도

$$\rho = \dfrac{P}{RT}$$

여기서, ρ : 밀도[kg/m³]
P : 압력[Pa]
R : 기체상수[N·m/kg·K]
T : 절대온도(273+℃)[K]

밀도 ρ는

$\rho = \dfrac{P}{RT} = \dfrac{200 \text{kN/m}^2}{287 \text{N·m/kg·K} \times (273+23)\text{K}}$

$= \dfrac{200 \times 10^3 \text{N/m}^2}{287 \text{N·m/kg·K} \times (273+23)\text{K}}$

$\fallingdotseq 2.35 \text{kg/m}^3$

(3) 질량유량(mass flowrate)

$$\overline{m} = AV\rho = \left(\dfrac{\pi D^2}{4}\right) V\rho$$

여기서, $\overline{m}$: 질량유량[kg/s]
A : 단면적[m²]
V : 유속[m/s]
ρ : 밀도(물의 밀도 1000kg/m³)
D : 직경[m]

내경 D는

$\dfrac{4\overline{m}}{\pi V \rho} = D^2$

$D^2 = \dfrac{4\overline{m}}{\pi V \rho}$ ← 좌우 위치 바꿈

$\sqrt{D^2} = \sqrt{\dfrac{4\overline{m}}{\pi V \rho}}$

$D = \sqrt{\dfrac{4\overline{m}}{\pi V \rho}}$

$= \sqrt{\dfrac{4 \times 5 \text{kg/s}}{\pi \times 16 \text{m/s} \times 2.35 \text{kg/m}^3}}$

$\fallingdotseq 0.4\text{m} = 400\text{mm}$ (1m = 1000mm)

답 ②

32.
안지름 50cm의 수평원관 속에 물이 흐르고 있다. 입구구역이 아닌 50m 길이에서 80kPa의 압력강하가 생겼다. 관벽에서의 전단응력은 몇 Pa인가?

① 0.002　② 200
③ 8000　④ 0

해설 (1) 기호
- $P_A - P_B$: 80kPa=80000Pa(1kPa=1000Pa)
- l : 50m
- r : 안지름이 50cm이므로 반지름(반경)은 25cm = 0.25m(100cm=1m)
- τ : ?

(2) 뉴턴의 점성법칙

$$\tau = \frac{P_A - P_B}{l} \cdot \frac{r}{2}$$

여기서, τ : 전단응력[N/m²] 또는 [Pa]
$P_A - P_B$: 압력강하[N/m²] 또는 [Pa]
l : 관의 길이[m]
r : 반경[m]

$$N/m^2 = Pa$$

층류의 전단응력 τ는

$$\tau = \frac{P_A - P_B}{l} \cdot \frac{r}{2} = \frac{80000Pa}{50m} \times \frac{0.25m}{2} = 200Pa$$

- 전단응력=전단력
- 특별한 조건이 없으면 **층류** 적용

답 ②

33. 점성계수 μ의 차원으로 옳은 것은? (단, M은 질량, L은 길이, T는 시간이다.)

① $ML^{-1}T^{-1}$　② MLT
③ $M^{-2}L^{-1}T$　④ MLT^2

해설 중력단위와 절대단위의 차원

차 원	중력단위[차원]	절대단위[차원]
길이	m[L]	m[L]
시간	s[T]	s[T]
운동량	N·s[FT]	kg·m/s[MLT⁻¹]
힘	N[F]	kg·m/s²[MLT⁻²]
속도	m/s[LT⁻¹]	m/s[LT⁻¹]
가속도	m/s²[LT⁻²]	m/s²[LT⁻²]
질량	N·s²/m[FL⁻¹T²]	kg[M]
압력	N/m²[FL⁻²]	kg/m·s²[ML⁻¹T⁻²]
밀도	N·s²/m⁴[FL⁻⁴T²]	kg/m³[ML⁻³]

비중	무차원	무차원
비중량	N/m³[FL⁻³]	kg/m²·s²[ML⁻²T⁻²]
비체적	m⁴/N·s²[F⁻¹L⁴T⁻²]	m³/kg[M⁻¹L³]
일률	N·m/s[FLT⁻¹]	kg·m²/s³[ML²T⁻³]
일	N·m[FL]	kg·m²/s²[ML²T⁻²]
점성계수	N·s/m²[FL⁻²T]	kg/m·s[ML⁻¹T⁻¹]
동점성계수	m²/s[L²T⁻¹]	m²/s[L²T⁻¹]

답 ①

34. 단면적이 10m²이고 두께가 2.5cm인 단열재를 통과하는 열전달량이 3kW이다. 내부(고온)면의 온도가 415℃이고 단열재의 열전도도가 0.2W/m·K일 때 외부(저온)면의 온도[℃]는?

① 353.7　② 377.5
③ 396.2　④ 402.4

해설 (1) 기호
- A : 10m²
- l : 2.5cm=0.025m(100cm=1m)
- $\mathring{q}$: 3kW=3000W(1kW=1000W)
- T_2 : 415℃
- k : 0.2W/m·K
- T_1 : ?

(2) 전도

$$\mathring{q} = \frac{kA(T_2 - T_1)}{l}$$

여기서, $\mathring{q}$: 열전달량[W]
k : 열전도율[W/m·K]
A : 면적[m²]
$T_2 - T_1$: 온도차[℃] 또는 [K]
l : 벽체두께[m]

- 열전달량=열전달률=열유동률=열흐름률

$$\mathring{q} = \frac{kA(T_2 - T_1)}{l}$$
$$\mathring{q}l = kA(T_2 - T_1)$$
$$\frac{\mathring{q}l}{kA} = T_2 - T_1$$
$$T_1 = T_2 - \frac{\mathring{q}l}{kA}$$
$$= 415℃ - \frac{3000W \times 0.025m}{0.2W/m \cdot K \times 10m^2}$$
$$= 377.5℃$$

- $T_2 - T_1$은 온도차이므로 ℃ 또는 K 어느 단위를 적용해도 답은 동일하게 나온다.

답 ②

35

그림과 같이 수조차의 탱크 측벽에 안지름이 25cm인 노즐을 설치하여 노즐로부터 물이 분사되고 있다. 노즐 중심은 수면으로부터 3m 아래에 있다고 할 때 수조차가 받는 추력 F는 약 몇 kN인가? (단, 노면과의 마찰은 무시한다.)

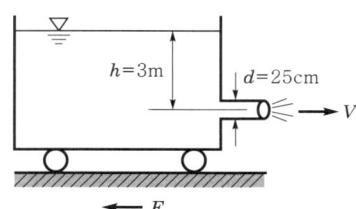

① 1.77 ② 2.89
③ 4.56 ④ 5.21

해설 (1) 기호
- $d(D)$: 25cm = 0.25m(100cm = 1m)
- $h(H)$: 3m
- F : ?

(2) 토리첼리의 식

$$V = \sqrt{2gH}$$

여기서, V : 유속[m/s]
g : 중력가속도(9.8m/s²)
H : 높이[m]

유속 V는

$$V = \sqrt{2gH} = \sqrt{2 \times 9.8\text{m/s}^2 \times 3\text{m}} \fallingdotseq 7.668\text{m/s}$$

(3) 유량

$$Q = AV$$

여기서, Q : 유량[m³/s]
A : 단면적[m²]
V : 유속[m/s]

(4) 추력(힘)

$$F = \rho Q V$$

여기서, F : 추력(힘)[N]
ρ : 밀도(물의 밀도 1000N·s²/m⁴)
Q : 유량[m³/s]
V : 유속[m/s]

추력 F는

$$F = \rho Q V = \rho(AV)V = \rho A V^2 = \rho\left(\frac{\pi D^2}{4}\right) V^2$$

$$= 1000\text{N}\cdot\text{s}^2/\text{m}^4 \times \frac{\pi \times (0.25\text{m})^2}{4} \times (7.668\text{m/s})^2$$

$$= 2886\text{N} = 2.886\text{kN} \fallingdotseq 2.89\text{kN}$$

- $Q = AV$ 이므로 $F = \rho QV = \rho(AV)V$
- $A = \frac{\pi D^2}{4}$ (여기서, D : 지름[m])

답 ②

36

옥내소화전용 소방펌프 2대를 직렬로 연결하였다. 마찰손실을 무시할 때 기대할 수 있는 효과는?

① 펌프의 양정은 증가하나 유량은 감소한다.
② 펌프의 유량은 증대하나 양정은 감소한다.
③ 펌프의 양정은 증가하나 유량과는 무관한다.
④ 펌프의 유량은 증대하나 양정과는 무관하다.

해설 ③ 직렬연결 : 양정은 증가, 유량은 무관(동일)

펌프의 연결

직렬연결	병렬연결
① 토출량(양수량, 유량) : Q	① 토출량(양수량, 유량) : $2Q$
② 양정 : $2H$	② 양정 : H
③ 토출압 : $2P$	③ 토출압 : P

답 ③

37

흐르는 유체에서 정상유동(steady flow)이란 어떤 것을 지칭하는가?

① 임의의 점에서 유체속도가 시간에 따라 일정하게 변하는 흐름
② 임의의 점에서 유체속도가 시간에 따라 변하지 않는 흐름
③ 임의의 시각에서 유로 내 모든 점의 속도벡터가 일정한 흐름
④ 임의의 시각에서 유로 내 각 점의 속도벡터가 서로 다른 흐름

해설 유체 관련

구분	설명
정상유동	• 유동장에서 유체흐름의 특성이 시간에 따라 변하지 않는 흐름 • 임의의 점에서 유체속도가 시간에 따라 **변하지 않는 흐름** 보기 ②
정상류	• 직관로 속의 어느 지점에서 항상 일정한 유속을 가지는 물의 흐름
연속방정식	• **질량보존**의 **법칙**

답 ②

38. 다음 중 동점성계수의 차원으로 올바른 것은? (단, M, L, T는 각각 질량, 길이, 시간을 나타낸다.)

① $ML^{-1}T^{-1}$
② $ML^{-1}T^{-2}$
③ L^2T^{-1}
④ MLT^{-2}

해설 동점성계수

$$\nu = \frac{\mu}{\rho}$$

여기서, ν : 동점성계수(동점도)[m^2/s]
μ : 일반점도(점성계수×중력가속도)[kg/m·s]
ρ : 밀도(물의 밀도 1000kg/m³)

동점성계수(ν) = $\frac{m^2}{s}$ = $\left[\frac{L^2}{T}\right]$ = $[L^2T^{-1}]$

중요 중력단위와 절대단위의 차원

차 원	중력단위[차원]	절대단위[차원]
길이	m[L]	m[L]
시간	s[T]	s[T]
운동량	N·s[FT]	kg·m/s[MLT^{-1}]
힘	N[F]	kg·m/s²[MLT^{-2}]
속도	m/s[LT^{-1}]	m/s[LT^{-1}]
가속도	m/s²[LT^{-2}]	m/s²[LT^{-2}]
질량	N·s²/m[$FL^{-1}T^2$]	kg[M]
압력	N/m²[FL^{-2}]	kg/m·s²[$ML^{-1}T^{-2}$]
밀도	N·s²/m⁴[$FL^{-4}T^2$]	kg/m³[ML^{-3}]
비중	무차원	무차원
비중량	N/m³[FL^{-3}]	kg/m²·s²[$ML^{-2}T^{-2}$]
비체적	m⁴/N·s²[$F^{-1}L^4T^{-2}$]	m³/kg[$M^{-1}L^3$]
일률	N·m/s[FLT^{-1}]	kg·m²/s³[ML^2T^{-3}]
일	N·m[FL]	kg·m²/s²[ML^2T^{-2}]
점성계수	N·s/m²[$FL^{-2}T$]	kg/m·s[$ML^{-1}T^{-1}$]
동점성계수	m²/s[L^2T^{-1}]	m²/s[L^2T^{-1}]

답 ③

39. 공동현상(cavitation)의 방지법으로 적절하지 않은 것은?

① 단흡입펌프보다는 양흡입펌프를 사용한다.
② 펌프의 회전수를 낮추어 흡입 비속도를 적게 한다.
③ 펌프의 설치위치를 가능한 한 높여서 흡입양정을 크게 한다.
④ 마찰저항이 작은 흡입관을 사용하여 흡입관의 손실을 줄인다.

해설 ③ 높여서 → 낮춰서, 크게 → 작게

공동현상(cavitation, 캐비테이션)

개요	펌프의 흡입측 배관 내의 물의 정압이 기존의 증기압보다 낮아져서 기포가 발생되어 물이 흡입되지 않는 현상
발생 현상	① **소음**과 **진동** 발생 ② 관 부식(펌프깃의 침식) ③ **임펠러**의 **손상**(수차의 날개를 해침) ④ 펌프의 성능 저하(양정곡선 저하) ⑤ 효율곡선 **저하**
발생 원인	① **펌프**가 물탱크보다 부적당하게 **높게** 설치되어 있을 때 ② 펌프 **흡입수두**가 지나치게 **클** 때 ③ 펌프 **회전수**가 지나치게 **높을** 때 ④ 관 내를 흐르는 **물**의 **정압**이 그 물의 온도에 해당하는 증기압보다 **낮을** 때
방지 대책 (방지법)	① 펌프의 흡입수두를 작게 한다.(흡입양정을 작게 함) 보기 ③ ② 마찰저항이 **작은 흡입관** 사용 보기 ④ ③ 펌프의 마찰손실을 작게 한다. ④ 펌프의 임펠러속도(**회전수**)를 **작게** 한다.(흡입속도를 감소시킴) 보기 ② ⑤ 흡입압력을 **높게** 한다. ⑥ 펌프의 설치위치를 수원보다 **낮게** 한다. 보기 ③ ⑦ 양(쪽)흡입펌프를 사용한다.(펌프의 흡입측을 가압함) 보기 ① ⑧ 관 내의 물의 정압을 그때의 증기압보다 높게 한다. ⑨ 흡입관의 **구경**을 **크게** 한다. ⑩ 펌프를 **2개** 이상 설치한다. ⑪ 회전차를 수중에 완전히 잠기게 한다.

답 ③

40. 배관 내에서 물의 수격작용(water hammer)을 방지하는 대책으로 잘못된 것은?

① 조압수조(surge tank)를 관로에 설치한다.
② 밸브를 펌프 송출구에서 멀게 설치한다.
③ 밸브를 서서히 조작한다.
④ 관경을 크게 하고 유속을 작게 한다.

해설 ② 멀게 → 가까이

수격작용(water hammer)

개요	•배관 속의 물흐름을 급히 차단하였을 때 동압이 정압으로 전환되면서 일어나는 **쇼크**(shock)현상 •배관 내를 흐르는 유체의 유속을 급격하게 변화시키므로 압력이 상승 또는 하강하여 관로의 벽면을 치는 현상
발생 원인	•펌프가 갑자기 정지할 때 •급히 밸브를 개폐할 때 •정상운전시 유체의 압력변동이 생길 때

|방지대책| • 관의 관경(직경)을 크게 한다. 보기 ④
• 관 내의 유속을 낮게 한다.(관로에서 일부 고압수를 방출한다.) 보기 ④
• 조압수조(surge tank)를 관선(관로)에 설치한다. 보기 ①
• 플라이휠(flywheel)을 설치한다.
• 펌프 송출구(토출측) 가까이에 밸브를 설치한다. 보기 ②
• 에어체임버(air chamber)를 설치한다.
• 밸브를 서서히 조작한다. 보기 ③ |

기억법 수방관플에

답 ②

제3과목 소방관계법규

 위험물안전관리법령상 위험물 및 지정수량에 대한 기준 중 다음 ( ) 안에 알맞은 것은?

19.09.문58
17.05.문52

금속분이라 함은 알칼리금속·알칼리토류금속·철 및 마그네슘 외의 금속의 분말을 말하고, 구리분·니켈분 및 (㉠)마이크로미터의 체를 통과하는 것이 (㉡)중량퍼센트 미만인 것은 제외한다.

① ㉠ 150, ㉡ 50
② ㉠ 53, ㉡ 50
③ ㉠ 50, ㉡ 150
④ ㉠ 50, ㉡ 53

해설 위험물령〔별표 1〕
금속분
알칼리금속·알칼리토류 금속·철 및 마그네슘 외의 금속의 분말을 말하고, **구리분·니켈분** 및 **150**마이크로미터의 체를 통과하는 것이 **50중량퍼센트** 미만인 것은 제외한다.

답 ①

42 위험물안전관리법령상 정기점검의 대상인 제조소 등의 기준으로 틀린 것은?

18.03.문48
14.09.문47

① 이송취급소
② 위험물을 취급하는 탱크로서 지하에 매설된 탱크가 있는 일반취급소
③ 지정수량의 50배 이상의 위험물을 저장하는 옥외저장소
④ 지정수량의 200배 이상의 위험물을 저장하는 옥외탱크저장소

해설 ③ 50배 이상 → 100배 이상

위험물령 16조
정기점검대상인 제조소 등
(1) 예방규정을 정하여야 하는 제조소 등
 ㉠ 지정수량 **10**배 이상의 **제조소**·**일반취급소**
 ㉡ 지정수량 **100**배 이상의 **옥외**저장소
 ㉢ 지정수량 **150**배 이상의 **옥내**저장소
 ㉣ 지정수량 **200**배 이상의 **옥외탱크**저장소

기억법	1 제일
	0 외
	5 내
	2 탱

 ㉤ 암반탱크저장소
 ㉥ 이송취급소
(2) 지하탱크저장소
(3) 이동탱크저장소
(4) **지하**에 매설된 탱크가 있는 **제조소**·**주유취급소** 또는 **일반취급소**

답 ③

43 소방기본법령상 이웃하는 다른 시·도지사와 소방업무에 관하여 시·도지사가 체결할 상호응원협정 사항이 아닌 것은?

22.09.문60
21.05.문56
17.09.문57
15.05.문44

① 화재조사활동
② 응원출동의 요청방법
③ 소방교육 및 응원출동훈련
④ 응원출동 대상지역 및 규모

해설 ③ 소방교육은 해당없음

기본규칙 8조
소방업무의 상호응원협정
(1) 다음의 **소방활동**에 관한 사항
 ㉠ 화재의 경계·진압활동
 ㉡ 구조·구급업무의 지원
 ㉢ 화재**조**사활동
(2) **응**원출동 대상지역 및 규모
(3) 소**요**경비의 부담에 관한 사항
 ㉠ 출동대원의 수당·식사 및 의복의 수선
 ㉡ 소방장비 및 기구의 정비와 연료의 보급
(4) 응원출동의 요청방법
(5) 응원출동 훈련 및 평가

기억법 조응(조아?)

답 ③

44. 다음 중 화재예방강화지구의 지정대상 지역과 가장 거리가 먼 것은?

① 공장지역
② 시장지역
③ 목조건물이 밀집한 지역
④ 소방용수시설이 없는 지역

해설 ① 공장지역 → 공장 등이 밀집한 지역

화재예방법 18조
화재예방강화지구의 지정
(1) 지정권자 : 시·도지사
(2) 지정지역
  ㉠ 시장지역 [보기 ②]
  ㉡ 공장·창고 등이 밀집한 지역 [보기 ①]
  ㉢ 목조건물이 밀집한 지역 [보기 ③]
  ㉣ 노후·불량 건축물이 밀집한 지역
  ㉤ 위험물의 저장 및 처리시설이 밀집한 지역
  ㉥ 석유화학제품을 생산하는 공장이 있는 지역
  ㉦ 소방시설·소방용수시설 또는 소방출동로가 없는 지역 [보기 ④]
  ㉧ 「산업입지 및 개발에 관한 법률」에 따른 산업단지
  ㉨ 「물류시설의 개발 및 운영에 관한 법률」에 따른 물류단지
  ㉩ 소방청장·소방본부장 또는 소방서장(소방관서장)이 화재예방강화지구로 지정할 필요가 있다고 인정하는 지역

기억법 화강시

※ **화재예방강화지구** : 화재발생 우려가 크거나 화재가 발생할 경우 피해가 클 것으로 예상되는 지역에 대하여 화재의 예방 및 안전관리를 강화하기 위해 지정·관리하는 지역

비교
기본법 19조
화재로 오인할 만한 불을 피우거나 연막소독시 신고지역
(1) 시장지역
(2) 공장·창고가 밀집한 지역
(3) 목조건물이 밀집한 지역
(4) 위험물의 저장 및 처리시설이 밀집한 지역
(5) 석유화학제품을 생산하는 공장이 있는 지역
(6) 그 밖에 시·도의 조례로 정하는 지역 또는 장소

답 ①

45. 소방시설공사업법상 소방시설공사 결과 소방시설의 하자발생시 통보를 받은 공사업자는 며칠 이내에 하자를 보수해야 하는가?

① 3
② 5
③ 7
④ 10

해설 공사업법 15조
소방시설공사의 하자보수기간 : 3일 이내

중요
3일
(1) **하**자보수기간(공사업법 15조)
(2) 소방시설업 **등**록증 **분**실 등의 **재**발급(공사업규칙 4조)
(3) 소방시설 등의 자체점검 면제 또는 연기신청(소방시설법 시행규칙 22조)
(4) 소방안전관리자 선임연기신청서 관계인 통보(화재예방법 시행규칙 14조)

기억법 3하등분재(상하이에서 동생이 분재를 가져왔다.)

답 ①

46. 다음 위험물 중 위험물안전관리법령에서 정하고 있는 지정수량이 가장 적은 것은?

① 브로민산염류
② 황
③ 알칼리토금속
④ 과염소산

해설 위험물령 [별표 1]
지정수량

위험물	지정수량
●**알**칼리**토**금속	50kg
●황	100kg
●브로민산염류 ●과염소산	300kg

기억법 알토(소프라노, 알토)

답 ③

47. 국가가 시·도의 소방업무에 필요한 경비의 일부를 보조하는 국고보조대상이 아닌 것은?

① 소방용수시설
② 소방전용통신설비
③ 소방자동차
④ 소방관서용 청사의 건축

해설 ① 국고보조대상이 아님

기본령 2조
국고보조의 대상 및 기준
(1) **국고보조의 대상**
  ㉠ 소방**활**동장비와 설비의 구입 및 설치
    ●소방**자**동차 [보기 ③]
    ●소방**헬**리콥터·소방정
    ●소방**전**용통신설비·전산설비 [보기 ②]
    ●방**화**복
  ㉡ 소방관서용 **청**사 [보기 ④]
(2) 소방활동장비 및 설비의 종류와 규격 : 행정안전부령
(3) 대상사업의 기준보조율 : 「보조금관리에 관한 법률 시행령」에 따름

기억법 국화복 활자 전헬청

답 ①

48 위험물안전관리법령상 제조소 또는 일반취급소의 위험물취급탱크 노즐 또는 맨홀을 신설하는 경우, 노즐 또는 맨홀의 직경이 몇 mm를 초과하는 경우에 변경허가를 받아야 하는가?

① 250 ② 300
③ 450 ④ 600

해설 위험물규칙 [별표 1의 2]
제조소 또는 일반취급소의 변경허가
(1) 제조소 또는 일반취급소의 위치를 이전하는 경우
(2) 건축물의 벽·기둥·바닥·보 또는 지붕을 증설 또는 철거하는 경우
(3) 배출설비를 신설하는 경우
(4) 위험물취급탱크를 신설·교체·철거 또는 보수(탱크의 본체를 절개)하는 경우
(5) 위험물취급탱크의 노즐 또는 맨홀을 신설하는 경우(노즐 또는 맨홀의 직경이 250mm를 초과하는 경우) 보기 ①
(6) 위험물취급탱크의 방유제의 높이 또는 방유제 내의 면적을 변경하는 경우
(7) 위험물취급탱크의 탱크전용실을 증설 또는 교체하는 경우
(8) 300m(지상에 설치하지 아니하는 배관은 30m)를 초과하는 위험물배관을 신설·교체·철거 또는 보수(배관절개)하는 경우
(9) 불활성기체의 봉입장치를 신설하는 경우

기억법 노맨 250mm

답 ①

49 소방기본법령상 소방용수시설 및 지리조사의 기준 중 ㉠, ㉡에 알맞은 것은?

소방본부장 또는 소방서장은 원활한 소방활동을 위하여 설치된 소방용수시설에 대한 조사를 (㉠)회 이상 실시하여야 하며 그 조사결과를 (㉡)년간 보관하여야 한다.

① ㉠ 월 1, ㉡ 1 ② ㉠ 월 1, ㉡ 2
③ ㉠ 연 1, ㉡ 1 ④ ㉠ 연 1, ㉡ 2

해설 기본규칙 7조
소방용수시설 및 지리조사
(1) 조사자 : 소방본부장·소방서장
(2) 조사일시 : 월 1회 이상 보기 ②
(3) 조사내용
  ㉠ 소방용수시설
  ㉡ 도로의 폭·교통상황

  ㉢ 도로 주변의 토지 고저
  ㉣ 건축물의 개황
(4) 조사결과 : 2년간 보관 보기 ②

답 ②

50 특정소방대상물의 건축·대수선·용도변경 또는 설치 등을 위한 공사를 시공하는 자가 공사현장에서 인화성 물품을 취급하는 작업 등 대통령령으로 정하는 작업을 하기 전에 설치하고 유지·관리하는 임시소방시설의 종류가 아닌 것은? (단, 용접·용단 등 불꽃을 발생시키거나 화기를 취급하는 작업이다.)

① 간이소화장치 ② 비상경보장치
③ 자동확산소화기 ④ 간이피난유도선

해설 소방시설법 시행령 [별표 8]
임시소방시설의 종류

종류	설명
소화기	-
간이소화장치 보기 ①	물을 방사하여 화재를 진화할 수 있는 장치로서 소방청장이 정하는 성능을 갖추고 있을 것
비상경보장치 보기 ②	화재가 발생한 경우 주변에 있는 작업자에게 화재사실을 알릴 수 있는 장치로서 소방청장이 정하는 성능을 갖추고 있을 것
간이피난유도선 보기 ④	화재가 발생한 경우 피난구 방향을 안내할 수 있는 장치로서 소방청장이 정하는 성능을 갖추고 있을 것
가스누설경보기	가연성 가스가 누설 또는 발생된 경우 탐지하여 경보하는 장치로서 소방청장이 실시하는 형식승인 및 제품검사를 받은 것
비상조명등	화재발생시 안전하고 원활한 피난활동을 할 수 있도록 자동점등되는 조명장치로서 소방청장이 정하는 성능을 갖추고 있을 것
방화포	용접·용단 등 작업시 발생하는 불티로부터 가연물이 점화되는 것을 방지해주는 천 또는 불연성 물품으로서 소방청장이 정하는 성능을 갖추고 있을 것

답 ③

51 화재의 예방 및 안전관리에 관한 법령상 특수가연물 중 품명과 지정수량의 연결이 틀린 것은?

① 사류 - 1000kg 이상
② 볏집류 - 3000kg 이상
③ 석탄·목탄류 - 10000kg 이상
④ 고무류·플라스틱류 발포시킨 것 - 20m³ 이상

해설 ② 3000kg → 1000kg

화재예방법 시행령 [별표 2]
특수가연물

품 명		수량(지정수량)
가연성 **액**체류		**2**m³ 이상
목재가공품 및 나무부스러기		**10**m³ 이상
면화류		**2**00kg 이상
나무껍질 및 대팻밥		**4**00kg 이상
넝마 및 종이부스러기		1000kg 이상
사류(絲類) 보기 ①		
볏짚류 보기 ②		
가연성 **고**체류		**3**000kg 이상
고무류·플라스틱류	발포시킨 것 보기 ④	20m³ 이상
	그 밖의 것	3000kg 이상
석탄·목탄류 보기 ③		10000kg 이상

기억법 　가액목면나 넝사볏가고 고석
　　　　　2 1 2 4　1　3　3 1

※ **특수가연물** : 화재가 발생하면 그 확대가 빠른 물품

답 ②

52
위험물안전관리법령상 제조소와 사용전압이 35000V를 초과하는 특고압가공전선에 있어서 안전거리는 몇 m 이상을 두어야 하는가? (단, 제6류 위험물을 취급하는 제조소는 제외한다.)
① 3　　② 5
③ 20　　④ 30

해설 **위험물규칙 [별표 4]**
위험물제조소의 안전거리

안전거리	대 상
3m 이상	7000~35000V 이하의 특고압가공전선
5m 이상	35000V를 초과하는 특고압가공전선
10m 이상	주거용으로 사용되는 것
20m 이상	• 고압가스 **제조**시설(용기에 충전하는 것 포함) • 고압가스 **사용**시설(1일 30m³ 이상 용적 취급) • 고압가스 **저장**시설 • 액화산소 **소비**시설 • 액화석유가스 제조·저장시설 • 도시가스 공급시설

30m 이상	• 학교 • 병원급 의료기관 • 공연장 ─┐ 300명 이상 수용시설 • 영화상영관 ─┘ • 아동복지시설 • 노인복지시설 • 장애인복지시설 ─┐ • 한부모가족복지시설 • 어린이집 • 성매매피해자 등을 위한 지원시설 ├ 20명 이상 수용시설 • 정신건강증진시설 • 가정폭력피해자 보호시설 ─┘
50m 이상	• 지정문화유산 • 천연기념물 등

답 ②

53
화재안전기준을 달리 적용하여야 하는 특수한 용도 또는 구조를 가진 특정소방대상물인 원자력발전소에 설치하지 않을 수 있는 소방시설은?
① 옥내소화전설비 및 소화용수설비
② 연결송수관설비 및 연결살수설비
③ 옥내소화전설비 및 자동화재탐지설비
④ 스프링클러설비 및 물분무등소화설비

해설 **소방시설법 시행령 [별표 6]**
소방시설을 설치하지 않을 수 있는 특정소방대상물 및 소방시설의 범위

구 분	특정소방대상물	소방시설
화재안전**기**준을 달리 적용하여야 하는 특수한 용도 또는 구조를 가진 특정소방대상물	• 원자력발전소 • 중·저준위방사성 폐기물의 저장시설	• **연**결송수관설비 • **연**결살수설비　보기 ② 기억법 화기연(**화기연**구)
자체소방대가 설치된 특정소방대상물	자체소방대가 설치된 위험물 제조소 등에 부속된 사무실	• 옥내소화전설비 • 소화용수설비 • 연결살수설비 • 연결송수관설비

답 ②

54
화재의 예방 및 안전관리에 관한 법률상 시·도지사가 화재예방강화지구로 지정할 필요가 있는 지역을 화재예방강화지구로 지정하지 아니하는 경우 해당 시·도지사에게 해당 지역의 화재예방강화지구 지정을 요청할 수 있는 자는?
① 행정안전부장관　② 소방청장
③ 소방본부장　　　④ 소방서장

해설 화재예방법 18조
화재예방강화지구

지 정	지정요청	화재안전조사
시·도지사	소방청장 [보기 ②]	소방청장·소방본부장 또는 소방서장

답 ②

55 소방시설공사업법상 특정소방대상물의 관계인 또는 발주자로부터 소방시설공사 등을 도급받은 소방시설업자가 제3자에게 소방시설공사 시공을 하도급할 수 없다. 이를 위반하는 경우의 벌칙기준은? (단, 대통령령으로 도급받은 소방시설공사의 일부를 한 번만 제3자에게 하도급할 수 있는 경우는 제외한다.)

① 100만원 이하의 벌금
② 300만원 이하의 벌금
③ 1년 이하의 징역 또는 1000만원 이하의 벌금
④ 3년 이하의 징역 또는 1500만원 이하의 벌금

해설 **1년 이하의 징역 또는 1000만원 이하의 벌금**
(1) **소방시설의 자체점검** 미실시자(소방시설법 58조)
(2) **소방시설관리사증** 대여(소방시설법 58조)
(3) **소방시설관리업**의 등록증 또는 등록수첩 대여(소방시설법 58조)
(4) 제조소 등의 정기점검기록 허위 작성(위험물법 35조)
(5) **자체소방대**를 두지 않고 제조소 등의 허가를 받은 자(위험물법 35조)
(6) **위험물 운반용기**의 검사를 받지 않고 유통시킨 자(위험물법 35조)
(7) 제조소 등의 긴급사용정지 위반자(위험물법 35조)
(8) 영업정지처분 위반자(공사업법 36조)
(9) 거짓감리자(공사업법 36조)
(10) 공사감리자 미지정자(공사업법 36조)
(11) 소방시설 설계·시공·감리 **하도급자**(공사업법 36조) [보기 ③]
(12) 소방시설공사 재하도급자(공사업법 36조)
(13) 소방시설업자가 아닌 자에게 소방시설공사 등을 도급한 관계인(공사업법 36조)

기억법 1 1000하(일천하)

답 ③

56 소방기본법령상 소방업무 상호응원협정 체결시 포함되도록 하여야 하는 사항이 아닌 것은?

① 응원출동의 요청방법
② 응원출동훈련 및 평가
③ 응원출동대상지역 및 규모
④ 응원출동시 현장지휘에 관한 사항

해설 ④ 현장지휘는 응원출동을 요청한 쪽에서 하는 것으로 이미 정해져 있으므로 상호응원협정 체결시 고려할 사항이 아님

기본규칙 8조
소방업무의 상호응원협정
(1) 다음의 **소방활동**에 관한 사항
 ㉠ 화재의 **경**계·진압활동
 ㉡ 구조·구급업무의 지원
 ㉢ 화재조사활동
(2) **응**원출동 **대**상지역 및 규모 [보기 ③]
(3) 소요경비의 **부담**에 관한 사항
 ㉠ **출**동대원의 수당·식사 및 의복의 수선
 ㉡ 소방장비 및 기구의 정비와 연료의 보급
(4) **응**원출동의 요청방법 [보기 ①]
(5) **응**원출동훈련 및 **평**가 [보기 ②]

기억법 경응출

답 ④

57 소방시설 설치 및 관리에 관한 법령상 둘 이상의 특정소방대상물이 내화구조로 된 연결통로가 벽이 없는 구조로서 그 길이가 몇 m 이하인 경우 하나의 소방대상물로 보는가?

① 6
② 9
③ 10
④ 12

해설 소방시설법 시행령 〔별표 2〕
둘 이상의 특정소방대상물이 내화구조의 복도 또는 통로(연결통로)로 연결된 경우로 하나의 소방대상물로 보는 경우

벽이 없는 경우	벽이 있는 경우
길이 6m 이하 [보기 ①]	길이 10m 이하

답 ①

58 소방안전관리자의 업무라고 볼 수 없는 것은?

① 소방계획서의 작성 및 시행
② 화재예방강화지구의 지정
③ 자위소방대의 구성·운영·교육
④ 피난시설, 방화구획 및 방화시설의 관리

② 시·도지사의 업무

화재예방법 24조
관계인 및 소방안전관리자의 업무

특정소방대상물 (관계인)	소방안전관리대상물 (소방안전관리자)
① **피**난시설·방화구획 및 방화시설의 관리 ② **소**방시설, 그 밖의 소방관련시설의 관리 ③ **화**기취급의 감독 ④ 소방안전관리에 필요한 업무 ⑤ 화재발생시 초기대응	① **피**난시설·방화구획 및 방화시설의 관리 〔보기 ④〕 ② **소**방시설, 그 밖의 소방관련시설의 관리 ③ **화**기취급의 감독 ④ 소방안전관리에 필요한 업무 ⑤ **소**방계획서의 작성 및 시행(대통령령으로 정하는 사항 포함) 〔보기 ①〕 ⑥ **자위**소방대 및 초기대응체계의 구성·운영·교육 〔보기 ③〕 ⑦ 소방훈련 및 교육 ⑧ 소방안전관리에 관한 업무수행에 관한 기록·유지 ⑨ 화재발생시 초기대응

기억법 계위 훈피소화

용어

특정소방대상물	소방안전관리대상물
건축물 등의 규모·용도 및 수용인원 등을 고려하여 소방시설을 설치하여야 하는 소방대상물로서 대통령령으로 정하는 것	대통령령으로 정하는 특정소방대상물

중요

화재예방법 18조
화재예방강화지구의 지정
(1) 지정권자 : **시·도지사** 〔보기 ②〕
(2) 지정지역
  ㉠ **시장**지역
  ㉡ **공장·창고** 등이 밀집한 지역
  ㉢ **목조**건물이 밀집한 지역
  ㉣ **노후·불량** 건축물이 밀집한 지역
  ㉤ **위험물**의 저장 및 **처리시설**이 밀집한 지역
  ㉥ **석유화학제품**을 생산하는 공장이 있는 지역
  ㉦ **소방시설·소방용수시설** 또는 **소방출동로**가 **없는** 지역
  ㉧ 「**산업입지 및 개발에 관한 법률**」에 따른 산업단지
  ㉨ 「물류시설의 개발 및 운영에 관한 법률」에 따른 물류단지
  ㉩ **소방청장·소방본부장** 또는 **소방서장**(소방관서장)이 화재예방강화지구로 지정할 필요가 있다고 인정하는 지역

답 ②

59 소방기본법상 정당한 사유없이 물의 사용이나 수도의 개폐장치의 사용 또는 조작을 하지 못하게 하거나 방해한 자에 대한 벌칙기준으로 옳은 것은?

19.09.문42
18.04.문51
17.05.문55
16.03.문42
07.03.문45

① 400만원 이하의 벌금
② 300만원 이하의 벌금
③ 200만원 이하의 벌금
④ 100만원 이하의 벌금

해설 100만원 이하의 벌금
(1) 관계인의 **소방활동 미수행**(기본법 54조)
(2) **피난명령** 위반(기본법 54조)
(3) 위험시설 등에 대한 긴급조치 방해(기본법 54조)
(4) 거짓보고 또는 자료 미제출자(공사업법 38조)
(5) **관계공무원**의 출입·조사·**검사 방해**(공사업법 38조)
(6) 정당한 사유없이 물의 **사용**이나 수도의 **개폐장치**의 사용 또는 조작을 하지 못하게 하거나 방해한 자(기본법 54조)
(7) 소방대의 생활안전활동을 방해한 자(기본법 54조)

기억법 피1(차일피일)

답 ④

60 소방시설 설치 및 관리에 관한 법령상 스프링클러설비를 설치하여야 하는 특정소방대상물의 기준으로 틀린 것은? (단, 위험물 저장 및 처리 시설 중 가스시설 또는 지하구를 제외한다.)

18.03.문44
15.03.문41
05.09.문52

① 물류터미널로서 바닥면적 합계가 $2000m^2$ 이상인 경우에는 모든 층
② 숙박이 가능한 수련시설에 해당하는 용도로 사용되는 시설의 바닥면적의 합계가 $600m^2$ 이상인 것은 모든 층
③ 종교시설(주요구조부가 목조인 것은 제외)로서 수용인원이 100명 이상인 것에 해당하는 경우에는 모든 층
④ 지하상가로서 연면적 $1000m^2$ 이상인 것

해설 ① $2000m^2 \rightarrow 5000m^2$

소방시설법 시행령 〔별표 4〕
스프링클러설비의 설치대상

설치대상	조건
① 문화 및 집회시설, 운동시설 ② 종교시설(주요구조부가 목조인 것은 제외) 〔보기 ③〕	• 수용인원 : **100명** 이상 • 영화상영관 : 지하층·무창층 $500m^2$ (기타 $1000m^2$) 이상 • 무대부 – 지하층·무창층·**4층** 이상 : $300m^2$ 이상 – 1~3층 : $500m^2$ 이상
③ 판매시설 ④ 운수시설 ⑤ 물류터미널 〔보기 ①〕	• 수용인원 : **500명** 이상 • 바닥면적 합계 $5000m^2$ 이상
⑥ 창고시설(물류터미널 제외)	바닥면적 합계 $5000m^2$ 이상 : 전층
⑦ 노유자시설 ⑧ 정신의료기관 ⑨ 수련시설(숙박 가능한 것) 〔보기 ②〕 ⑩ 종합병원, 병원, 치과병원, 한방병원 및 요양병원(정신병원 제외) ⑪ 숙박시설	바닥면적 합계 $600m^2$ 이상

⑫ 지하상가 보기 ④	연면적 1000m² 이상
⑬ 지하층·무창층·4층 이상	바닥면적 1000m² 이상
⑭ 10m 넘는 랙식 창고	연면적 1500m² 이상
⑮ 복합건축물 ⑯ 기숙사	연면적 5000m² 이상 : 전층
⑰ 6층 이상	전층
⑱ 보일러실·연결통로	전부
⑲ 특수가연물 저장·취급	지정수량 1000배 이상
⑳ 발전시설	전기저장시설 : 전부

답 ①

제 4 과목 소방기계시설의 구조 및 원리

61 완강기 및 완강기의 속도조절기에 관한 설명으로 틀린 것은?
19.04.문71
14.03.문72
08.05.문79
① 견고하고 내구성이 있어야 한다.
② 강하시 발생하는 열에 의해 기능에 이상이 생기지 아니하여야 한다.
③ 속도조절기는 사용 중에 분해·손상·변형 되지 아니하여야 하며, 속도조절기의 이탈이 생기지 아니하도록 덮개를 하여야 한다.
④ 평상시에는 분해, 청소 등을 하기 쉽게 만들어져 있어야 한다.

④ 하기 쉽게 만들어져 있어야 한다. → 하지 아니 하여도 작동될 수 있을 것

완강기 및 **완강기 속도조절기**의 **일반구조**(완강기의 형식승인 및 제품검사의 기술기준 3조)
(1) 견고하고 **내구성**이 있을 것 보기 ①
(2) 평상시에 분해, 청소 등을 하지 아니하여도 작동할 수 있을 것 보기 ④
(3) 강하시 발생하는 **열**에 의하여 기능에 이상이 생기지 아니할 것 보기 ②
(4) 속도조절기는 사용 중에 분해·손상·변형되지 아니하여야 하며, 속도조절기의 이탈이 생기지 아니하도록 덮개를 하여야 할 것 보기 ③
(5) 강하시 **로프**가 손상되지 아니할 것
(6) **속도조절기**의 **폴리** 등으로부터 로프가 노출되지 아니하는 구조

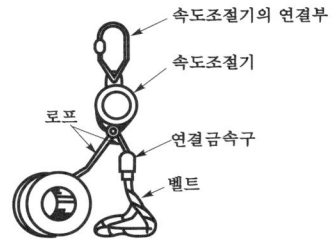

∥완강기의 구조∥

답 ④

62 방호대상물 주변에 설치된 벽면적의 합계가 20m², 방호공간의 벽면적 합계가 50m², 방호공간체적이 30m³인 장소에 국소방출방식의 분말소화설비를 설치할 때 저장할 소화약제량은 약 몇 kg인가? (단, 소화약제의 종별에 따른 X, Y의 수치에서 X의 수치는 5.2, Y의 수치는 3.9로 하며, 여유율(K)은 1.1로 한다.)
17.05.문71
12.05.문67
① 120
② 199
③ 314
④ 349

분말소화설비(국소방출방식)(NFPC 108 6조, NFTC 108 2.3.2.2)
(1) 기호
- X : 5.2
- Y : 3.9
- a : 20m²
- A : 50m²
- Q : ?

(2) 방호공간 1m³에 대한 분말소화약제량
$$Q = \left(X - Y\frac{a}{A}\right) \times 1.1$$

여기서, Q : 방호공간 1m³에 대한 분말소화약제의 양[kg/m³]
a : 방호대상물의 주변에 설치된 벽면적의 합계[m²]
A : 방호공간의 벽면적의 합계[m²]
X, Y : 주어진 수치

방호공간 1m³에 대한 분말소화약제량 Q는
$$Q = \left(X - Y\frac{a}{A}\right) \times 1.1 = \left(5.2 - 3.9 \times \frac{20m^2}{50m^2}\right) \times 1.1$$
$$\fallingdotseq 4kg/m^3$$

(3) 분말소화약제량
$$Q' = Q \times 방호공간체적$$

여기서, Q' : 분말소화약제량[kg]
Q : 방호공간 1m³에 대한 분말소화약제의 양[kg/m³]

분말소화약제량 Q'는
$Q' = Q \times$방호공간체적$= 4kg/m^3 \times 30m^3 = 120kg$

용어

방호공간
방호대상물의 각 부분으로부터 0.6m의 거리에 의하여 둘러싸인 공간

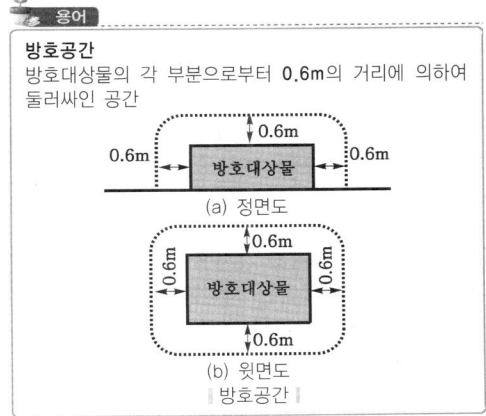

답 ①

21. 05. 시행 / 산업(기계)

★★★
63 완강기 및 간이완강기의 최대사용하중 기준은 몇 N 이상이어야 하는가?

18.09.문76
16.10.문77
16.05.문76
15.05.문69
09.03.문61

① 800 ② 1000
③ 1200 ④ 1500

해설 완강기 및 간이완강기의 하중(완강기의 형식승인 및 제품검사의 기술기준 12조)
(1) 250N(최소하중)
(2) 750N
(3) 1500N(최대하중) 보기 ④

답 ④

★★
64 옥외소화전설비의 화재안전기준상 옥외소화전설비의 배관 등에 관한 기준 중 호스의 구경은 몇 mm로 하여야 하는가?

20.08.문61
19.04.문61
12.05.문77

① 35 ② 45
③ 55 ④ 65

해설 호스의 구경(NFPC 109 6조, NFTC 109 2.3.2)

옥내소화전설비	옥외소화전설비
<u>40</u>mm	<u>65</u>mm 보기 ④

기억법 내4(내사종결)

답 ④

★★★
65 연결살수설비 전용 헤드를 사용하는 배관의 설치에서 하나의 배관에 부착하는 살수헤드가 4개일 때 배관의 구경은 몇 mm 이상으로 하는가?

17.05.문67
16.03.문62
15.05.문77
11.10.문65

① 40 ② 50
③ 65 ④ 80

해설 연결살수설비(NFPC 503 5조, NFTC 503 2.2.3.1)

배관의 구경	살수헤드 개수
32mm	1개
40mm	2개
50mm	3개
65mm 보기 ③	4개 또는 5개
80mm	6~10개 이하

● 연결살수설비에서 하나의 송수구역에 설치하는 개방형 헤드수는 **10개** 이하로 하여야 한다.

답 ③

★★★
66 연결살수설비의 가지배관은 교차배관 또는 주배관에서 분기되는 지점을 기점으로 한쪽 가지배관에 설치되는 헤드의 개수는 최대 몇 개 이하로 하여야 하는가?

18.04.문77
11.03.문65

① 8개 ② 10개
③ 12개 ④ 15개

해설 연결살수설비(NFPC 503 5조, NFTC 503 2.2.6)
한쪽 가지배관에 설치되는 헤드의 개수 : **8개** 이하 보기 ①

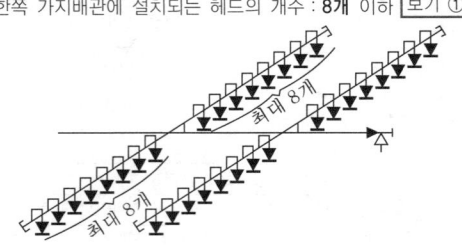

|| 가지배관의 헤드개수 ||

비교
연결살수설비(NFPC 503 4조, NFTC 503 2.1.4)
연결살수설비에서 하나의 송수구역에 설치하는 개방형 헤드의 수는 **10개** 이하이다.

답 ①

★★★
67 이산화탄소소화설비 중 호스릴방식으로 설치되는 호스접결구는 방호대상물의 각 부분으로부터 수평거리 몇 m 이하이어야 하는가?

19.03.문69
18.04.문75
16.05.문66
15.03.문78
08.05.문76

① 15m 이하 ② 20m 이하
③ 25m 이하 ④ 40m 이하

해설 (1) 보행거리

구 분	적 용
20m 이내	● 소형 소화기
30m 이내	● 대형 소화기

(2) 수평거리

구 분	적 용
10m 이내	● 예상제연구역
15m 이하	● 분말(호스릴) ● 포(호스릴) ● 이산화탄소(호스릴) 보기 ①
20m 이하	● 할론(호스릴)
25m 이하	● 음향장치 ● 옥내소화전 방수구 ● 옥내소화전(호스릴) ● 포소화전 방수구 ● 연결송수관 방수구(지하가) ● 연결송수관 방수구(지하층 바닥면적 3000m² 이상)
40m 이하	● 옥외소화전 방수구
50m 이하	● 연결송수관 방수구(사무실)

용어

수평거리와 보행거리	
수평거리	보행거리
직선거리를 말하며, 반경을 의미하기도 한다.	걸어서 간 거리이다.

답 ①

68. 피난기구의 화재안전기준상 피난기구의 종류가 아닌 것은?

① 미끄럼대
② 간이완강기
③ 인공소생기
④ 피난용 트랩

해설 ③ 인명구조기구

피난기구(NFPC 301 3조, NFTC 301 1.7) **vs 인명구조기구**(NFPC 302 3조, NFTC 302 1.7)

피난기구	인명구조기구
① **피**난사다리 ② **구**조대 ③ **완**강기 ④ 소방청장이 정하여 고시하는 화재안전기준으로 정하는 것(**미끄럼대**, 피난교, 공기안전매트, **피난용 트랩**, 다수인 피난장비, 승강식 피난기, **간이 완강기**, 하향식 피난구용 내림식 사다리)	① 방**열**복 ② **방화**복(안전모, 보호장갑, 안전화 포함) ③ **공**기호흡기 ④ **인**공소생기 보기 ③ 기억법 방화열공인

기억법 피구완

답 ③

69. 분말소화설비에 사용하는 소화약제 중 제3종 분말의 주성분으로 옳은 것은?

① 인산염
② 탄산수소칼륨
③ 탄산수소나트륨
④ 요소

해설 분말소화기(질식효과)

종 별	소화약제	약제의 착색	화학반응식	적응화재
제1종	중탄산나트륨 ($NaHCO_3$)	**백**색	$2NaHCO_3 \rightarrow$ $Na_2CO_3+CO_2+H_2O$	BC급
제2종	중탄산칼륨 ($KHCO_3$)	담**자**색 (담회색)	$2KHCO_3 \rightarrow$ $K_2CO_3+CO_2+H_2O$	BC급
제**3**종	**인**산암모늄 ($NH_4H_2PO_4$)	담**홍**색 (황색)	$NH_4H_2PO_4 \rightarrow$ $HPO_3+NH_3+H_2O$	**ABC급**
제4종	중탄산칼륨 +요소 ($KHCO_3+$ $(NH_2)_2CO$)	**회**(백)색	$2KHCO_3+$ $(NH_2)_2CO \rightarrow K_2CO_3+$ $2NH_3+2CO_2$	BC급

- 중탄산나트륨= 탄산수소나트륨
- 중탄산칼륨= 탄산수소칼륨
- 제1인산암모늄= 인산암모늄= **인산염** 보기 ①
- 중탄산칼륨 + 요소= 탄산수소칼륨 + 요소

기억법 백자홍회, 3인ABC(**3**종이니까 3가지 **ABC**급)

답 ①

70. 1개층의 거실면적이 400m²이고 복도면적이 300m²인 소방대상물에 제연설비를 설치할 경우, 제연구역은 최소 몇 개인가?

① 1
② 2
③ 3
④ 4

해설

거실과 통로(복도)는 각각 제연구획(제연구획을 별도로 할 것)
1제연구역 면적 1000m² 이내

1제연구역(거실 400m²)+1제연구역(복도 300m²)= 2제연구역

중요

제연구역의 구획(NFPC 501 4조, NFTC 501 2.1.1)
(1) 1제연구역의 면적은 **1000m²** 이내로 할 것
(2) **거실**과 **통로**(복도)는 각각 **제연구획**할 것
(3) 통로상의 제연구역은 보행중심선의 길이가 **60m**를 초과하지 않을 것
(4) 1제연구역은 직경 **60m** 원 내에 들어갈 것
(5) 1제연구역은 **2개** 이상의 층에 미치지 않을 것

기억법 제10006(제천 육포)

- 제연구획에서 제연경계의 폭은 **0.6m** 이상, 수직거리는 **2m** 이내이어야 한다.

답 ②

71. 펌프의 토출관에 압입기를 설치하여 포소화약제 압입용 펌프로 포소화약제를 압입시켜 혼합하는 포소화약제의 혼합방식은?

① 펌프 프로포셔너
② 프레져 프로포셔너
③ 라인 프로포셔너
④ 프레져사이드 프로포셔너

해설 포소화약제의 혼합장치(NFPC 105 3·9조, NFTC 105 1.7, 2.6.1)

(1) **펌프 프로포셔너방식**(펌프 혼합방식)
  ㉠ 펌프 토출측과 흡입측에 바이패스를 설치하고 그 바이패스 도중에 설치한 어댑터(adaptor)로 펌프 토출측 수량의 일부를 통과시켜 공기포용액을 만드는 방식
  ㉡ 펌프의 **토출관**과 **흡입관** 사이의 배관 도중에 설치한 흡입기에 펌프에서 토출된 물의 일부를 보내고 **농도조정밸브**에서 조정된 포소화약제의 필요량을 포소화약제탱크에서 펌프 흡입측으로 보내어 약제를 혼합하는 방식

(2) **프레져 프로포셔너방식**(차압 혼합방식)
  ㉠ 가압송수관 도중에 공기포 소화원액 혼합조(P.P.T)와 혼합기를 접속하여 사용하는 방법
  ㉡ **격막방식 휨탱크**를 사용하는 에어휨 혼합방식

ⓒ 펌프와 발포기의 중간에 설치된 벤츄리관의 **벤츄리작용**과 펌프 가압수의 **포소화약제 저장탱크**에 대한 압력에 의하여 포소화약제를 흡입·혼합하는 방식

(3) **라인 프로포셔너방식(관로 혼합방식)**
  ㉠ 급수관의 배관 도중에 포소화약제 흡입기를 설치하여 그 흡입관에서 소화약제를 흡입하여 혼합하는 방식
  ㉡ 펌프와 발포기의 중간에 설치된 **벤**츄리관의 **벤**츄리작용에 의하여 포소화약제를 흡입·혼합하는 방식

• 벤츄리＝벤투리

| 기억법 | 라벤벤 |

(4) **프레져사이드 프로포셔너방식(압입 혼합방식)**
  ㉠ 소화원액 **가압펌프(압입용 펌프)**를 별도로 사용하는 방식
  ㉡ 펌프 **토출관**에 압입기를 설치하여 포소화약제 **압입용 펌프**로 포소화약제를 입시켜 혼합하는 방식 〈보기 ④〉

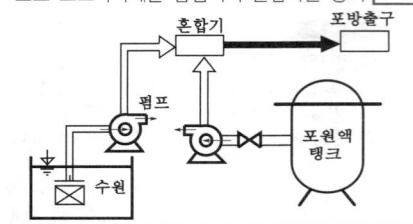

| 기억법 | 프사압 |

(5) **압축공기포 믹싱챔버방식**
  포수용액에 공기를 강제로 주입시켜 원거리 방수가 가능하고 물 사용량을 줄여 수손피해를 최소화할 수 있는 방식

답 ④

72 포소화설비에서 부상지붕구조의 탱크에 상부포 주입법을 이용한 포방출구 형태는?
19.09.문80
18.04.문64
14.05.문72
① Ⅰ형 방출구
② Ⅱ형 방출구
③ 특형 방출구
④ 표면하 주입식 방출구

해설 **포방출구**(위험물기준 133조)

탱크의 구조	포방출구
고정지붕구조(원추형 루프탱크, 콘루프탱크)	• Ⅰ형 방출구 • Ⅱ형 방출구 • Ⅲ형 방출구(표면하 주입식 방출구) • Ⅳ형 방출구(반표면하 주입식 방출구)
부상덮개부착 고정지붕구조	• Ⅱ형 방출구
부상지붕구조(부상식 루프탱크, **플**로팅 루프탱크)	• **특**형 방출구

| 기억법 | 특플부(**터프**가이 **부상**) |

※ 제1석유류 옥외탱크저장소 : **부상식 루프탱크**

답 ③

73 상수도소화용수설비 설치시 호칭지름 75mm 이상의 수도배관에는 호칭지름 몇 mm 이상의 소화전을 접속하여야 하는가?
19.04.문76
10.05.문62
① 50mm
② 75mm
③ 80mm
④ 100mm

해설 **상수도소화용수설비**의 **기준**(NFPC 401 4조, NFTC 401 2.1.1)
(1) 호칭지름

수도배관	소화전
75mm 이상	100mm 이상 〈보기 ④〉

(2) 소화전은 소방자동차 등의 진입이 쉬운 **도로변** 또는 **공지**에 설치
(3) 소화전은 특정소방대상물의 수평투영면의 각 부분으로부터 **140m** 이하에 설치
(4) 지상식 소화전의 호스접결구는 지면으로부터 높이가 0.5m 이상 1m 이하가 되도록 설치

답 ④

74 물분무소화설비를 설치하는 차고 또는 주차장의 배수설비 중 배수구에서 새어나온 기름을 모아 소화할 수 있도록 최대 몇 m마다 집수관·소화피트 등 기름분리장치를 설치하여야 하는가?
19.04.문62
17.03.문73
16.05.문73
15.09.문71
15.03.문71
13.06.문69
12.05.문62
11.03.문71
① 10   ② 40
③ 50   ④ 100

해설 **물분무소화설비**의 **배수설비**(NFPC 104 11조, NFTC 104 2.8.1)

구 분	설 명
배수구	10cm 이상의 경계턱으로 배수구 설치(차량이 주차하는 곳)
기름분리장치	40m 이하마다 기름분리장치 설치 ‖ 기름분리장치 ‖
기울기	차량이 주차하는 바닥은 $\frac{2}{100}$ 이상의 기울기 유지 ‖ 배수설비 ‖
배수설비	배수설비는 가압송수장치의 **최대송수능력**의 수량을 유효하게 배수할 수 있는 크기 및 기울기일 것

중요

기울기

구 분	배관 및 설비
$\frac{1}{100}$ 이상	연결살수설비의 수평주행배관
$\frac{2}{100}$ 이상	물분무소화설비의 배수설비
$\frac{1}{250}$ 이상	습식·부압식 설비 외 설비의 가지배관
$\frac{1}{500}$ 이상	습식·부압식 설비 외 설비의 수평주행배관

답 ②

75 이산화탄소소화설비에서 기동용기의 개방에 따라 이산화탄소(CO_2) 저장용기가 개방되는 시스템방식은?

① 전기식 ② 가스압력식
③ 기계식 ④ 유압식

해설 자동식 기동장치의 종류(NFPC 106 6조, NFTC 106 2.3.2)
(1) 기계식 방식 : 잘 사용되지 않음
(2) 전기식 방식
(3) 가스압력식(뉴메틱 방식) : 기동용기의 개방에 따라 저장용기가 개방되는 방식

중요

가스압력식 이산화탄소소화설비의 구성요소
(1) 솔레노이드장치
(2) 압력스위치
(3) 피스톤릴리스
(4) 기동용기

답 ②

76 물분무소화설비의 수원 저수량 기준으로 옳은 것은?

① 특수가연물을 저장하는 또는 취급하는 특정소방대상물 또는 그 부분에 있어서 그 바닥면적 $1m^2$에 대하여 20L/min로 20분간 방수할 수 있는 양 이상으로 할 것
② 주차장은 그 바닥면적 $1m^2$에 대하여 10L/min로 20분간 방수할 수 있는 양 이상으로 할 것
③ 케이블트레이는 투영된 바닥면적 $1m^2$에 대하여 10L/min로 20분간 방수할 수 있는 양 이상으로 할 것
④ 케이블덕트는 투영된 바닥면적 $1m^2$에 대하여 12L/min로 20분간 방수할 수 있는 양 이상으로 할 것

해설
① 20L/min → 10L/min
② 10L/min → 20L/min
③ 10L/min → 12L/min

물분무소화설비의 수원(NFPC 104 4조, NFTC 104 2.1.1)

특정소방대상물	토출량	최소기준	비 고
컨베이어벨트	10L/min·m^2	–	벨트부분의 바닥면적
절연유 봉입변압기	10L/min·m^2	–	표면적을 합한 면적 (바닥면적 제외)
특수가연물	10L/min·m^2	최소 $50m^2$	최대방수구역의 바닥면적 기준
케이블트레이·덕트	12L/min·m^2	–	투영된 바닥면적
차고·주차장	20L/min·m^2	최소 $50m^2$	최대방수구역의 바닥면적 기준
위험물 저장탱크	37L/min·m	–	위험물탱크 둘레길이(원주길이) : 위험물규칙〔별표 6〕Ⅱ

※ 모두 **20분**간 방수할 수 있는 양 이상으로 하여야 한다.

기억법	컨	0
	절	0
	특	0
	케	2
	차	0
	위	37

답 ④

77 할론 1301을 전역방출방식으로 방출할 때 분사헤드의 최소방출압력[MPa]은?

① 0.1 ② 0.2
③ 0.9 ④ 1.05

해설 **할론소화약제**(NFPC 107 4·10조, NFTC 107 2.1.2.1, 2.1.2.2, 2.7)

구 분		할론 1301	할론 1211	할론 2402
저장압력		2.5MPa 또는 4.2MPa	1.1MPa 또는 2.5MPa	–
방출압력		0.9MPa	0.2MPa	0.1MPa
충전비	가압식	0.9~1.6 이하	0.7~1.4 이하	0.51~0.67 미만
	축압식			0.67~2.75 이하

답 ③

78 대형 소화기의 종별 소화약제의 최소충전용량으로 옳은 것은?

① 기계포 : 15L ② 분말 : 20kg
③ CO_2 : 40kg ④ 강화액 : 50L

해설

① 15L → 20L
③ 40kg → 50kg
④ 50L → 60L

대형 소화기의 소화약제 충전량(소화기의 형식승인 및 제품검사의 기술기준 10조)

종 별	충전량
포(기계포)	**2**0L 이상
분말	**2**0kg 이상
할로겐화합물	**3**0kg 이상
이산화탄소(CO_2)	**5**0kg 이상
강화액	**6**0L 이상
물	**8**0L 이상

기억법
포 → 2
분 → 2
할 → 3
이 → 5
강 → 6
물 → 8

답 ②

79 차고 또는 주차장에 설치하는 분말소화설비의 소화약제는?

16.05.문75
15.05.문20
15.03.문16
13.09.문11

① 제1종 분말   ② 제2종 분말
③ 제3종 분말   ④ 제4종 분말

해설 분말소화약제

종 별	분자식	착색	적응 화재	비 고
제**1**종	중탄산나트륨 (NaHCO₃)	백색	BC급	**식용유** 및 **지방질유**의 화재에 적합(**비**누화 반응) **기억법** 비1(**비일**비재)
제**2**종	중탄산칼륨 (KHCO₃)	담자색 (담회색)	BC급	-
제**3**종	제1인산암모늄 (NH₄H₂PO₄)	담홍색	AB C급	**차고·주차장**에 적합 보기 ③
제**4**종	중탄산칼륨 +요소 (KHCO₃+ (NH₂)₂CO)	회(백)색	BC급	-

• 중탄산나트륨= 탄산수소나트륨
• 중탄산칼륨= 탄산**수**소**칼**륨
• 제1인산암모늄= 인산암모늄= 인산염
• 중탄산칼륨 + 요소= 탄산수소칼륨 + 요소

기억법 2수칼(**이수**역에 **칼**이 있다.)
차주3(**차주**는 **삼**가하세요.)

답 ③

80 호스릴분말소화설비 노즐이 하나의 노즐마다 1분당 방사하는 소화약제의 양 기준으로 옳은 것은?

18.03.문76
15.09.문64
12.09.문62

① 제1종 분말-45kg
② 제2종 분말-30kg
③ 제3종 분말-30kg
④ 제4종 분말-20kg

해설
②, ③ 30kg → 27kg
④ 20kg → 18kg

호스릴방식
(1) CO_2 소화설비

약제종별	약제저장량	약제방사량(20℃)
CO_2	90kg	60kg/min

(2) 할론소화설비

약제종별	약제저장량	약제방사량(20℃)
할론 1301	45kg	35kg/min
할론 1211	50kg	40kg/min
할론 2402	50kg	45kg/min

(3) 분말소화설비

약제종별	약제저장량	약제방사량
제1종 분말	50kg	45kg/min 보기 ①
제2·3종 분말	30kg	27kg/min
제4종 분말	20kg	18kg/min

• 문제에서 1분당 방사량이므로 저장량이 아니고 **약제방사량**을 답하는 것임을 기억할 것

답 ①

2021. 9. 5 시행

2021년 산업기사 제4회 필기시험 CBT 기출복원문제

자격종목	종목코드	시험시간	형별	수험번호	성명
소방설비산업기사(기계분야)		2시간			

※ 각 문항은 4지택일형으로 질문에 가장 적합한 보기 항을 선택하여 체크하여야 합니다.

제1과목 소방원론

01 상온·상압 상태에서 액체로 존재하는 할론으로만 연결된 것은?

① Halon 2402, Halon 1211
② Halon 1211, Halon 1011
③ Halon 1301, Halon 1011
④ Halon 1011, Halon 2402

해설 상온·상압에서의 상태

기체상태	액체상태
① Halon **13**01	① Halon 1011 보기 ④
② Halon **12**11	② Halon 104
③ 탄산가스(CO_2)	③ Halon 2402 보기 ④

기억법 132탄기

답 ④

02 0℃, 1기압에서 44.8m³의 용적을 가진 이산화탄소를 액화하여 얻을 수 있는 액화탄산가스의 무게는 약 몇 kg인가?

① 88 ② 44
③ 22 ④ 11

해설 (1) 기호
- T : 0℃=(273+0℃)K
- P : 1기압=1atm
- V : 44.8m³
- m : ?

(2) 이상기체상태 방정식
$$PV = nRT$$
여기서, P : 기압(atm)
V : 부피(m³)
n : 몰수$\left(n = \dfrac{m(질량)[kg]}{M(분자량)[kg/kmol]}\right)$
R : 기체상수(0.082atm·m³/kmol·K)
T : 절대온도(273+℃)(K)

$PV = \dfrac{m}{M}RT$에서

$m = \dfrac{PVM}{RT}$

$= \dfrac{1atm \times 44.8m^3 \times 44kg/kmol}{0.082atm \cdot m^3/kmol \cdot K \times (273+0℃)K}$

$≒ 88kg$

- 이산화탄소 분자량(M)=44kg/kmol

답 ①

03 건축법상 건축물의 주요 구조부에 해당되지 않는 것은?

① 지붕틀 ② 내력벽
③ 주계단 ④ 최하층 바닥

해설 주요 구조부
(1) 내력**벽**
(2) **보**(작은 보 제외)
(3) **지**붕틀(차양 제외)
(4) **바**닥(최하층 바닥 제외) 보기 ④
(5) **주**계단(옥외계단 제외)
(6) **기**둥(사이기둥 제외)

※ **주요 구조부** : 건물의 구조 내력상 주요한 부분

기억법 벽보지 바주기

답 ④

04 물이 소화약제로서 널리 사용되고 있는 이유에 대한 설명으로 틀린 것은?

① 다른 약제에 비해 쉽게 구할 수 있다.
② 비열이 크다.
③ 증발잠열이 크다.
④ 점도가 크다.

해설 ④ 점도는 크지 않다.

물이 소화작업에 사용되는 이유
(1) 가격이 싸다.(가격이 저렴하다.)
(2) 쉽게 구할 수 있다.(많은 양을 구할 수 있다.) 보기 ①
(3) 열흡수가 매우 크다.(**증발잠열**이 크다.) 보기 ③
(4) 사용방법이 비교적 간단하다.

(5) **비열**이 크다. 보기②
(6) 밀폐된 장소에서 증발가열하면 수증기에 의해서 **산소희석작용**을 한다.
(7) **무상**으로 주수하면 **중질유화재**에도 사용할 수 있다.

• 증발잠열 = 기화잠열

참고

물이 소화약제로 많이 쓰이는 이유

장 점	단 점
① 쉽게 구할 수 있다.	① 가스계 소화약제에 비해 사용 후 **오염**이 크다.
② 증발잠열(기화잠열)이 크다.	② 일반적으로 **전기화재**에는 **사용**이 **불가**하다.
③ 취급이 간편하다.	

답 ④

05 물의 증발잠열은 약 몇 kcal/kg인가?

① 439
② 539
③ 639
④ 739

해설 **물의 잠열**

잠열 및 열량	설 명
80kcal/kg	융해잠열
539kcal/kg	기화(증발)잠열
639cal	0℃의 **물** 1g이 100℃의 수증기가 되는 데 필요한 열량
719cal	0℃의 **얼음** 1g이 100℃의 수증기가 되는 데 필요한 열량

답 ②

06 내화건축물과 비교한 목조건축물 화재의 일반적인 특징은?

① 고온 단기형
② 저온 단기형
③ 고온 장기형
④ 저온 장기형

해설

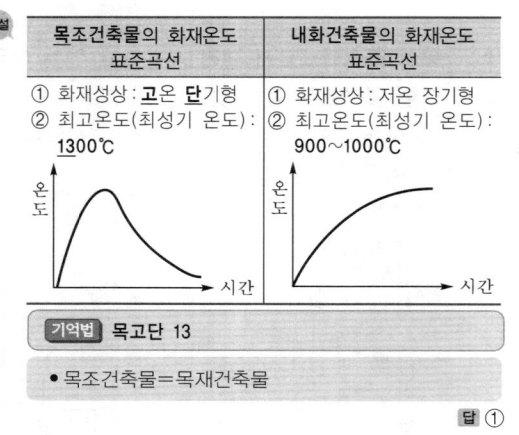

목조건축물의 화재온도 표준곡선	내화건축물의 화재온도 표준곡선
① 화재성상: **고온 단기형**	① 화재성상: 저온 장기형
② 최고온도(최성기 온도): 1300℃	② 최고온도(최성기 온도): 900~1000℃

기억법 목고단 13

• 목조건축물 = 목재건축물

답 ①

07 감광계수에 따른 가시거리 및 상황에 대한 설명으로 틀린 것은?

① 감광계수 $0.1m^{-1}$는 연기감지기가 작동할 정도의 연기농도이고, 가시거리는 20~30m이다.
② 감광계수 $0.5m^{-1}$는 거의 앞이 보이지 않을 정도의 농도이고, 가시거리는 1~2m이다.
③ 감광계수 $10m^{-1}$는 화재 최성기 때의 연기농도를 나타낸다.
④ 감광계수 $30m^{-1}$는 출화실에서 연기가 분출할 때의 농도이다.

해설 ② $0.5m^{-1}$ → $1m^{-1}$

감광계수에 따른 가시거리 및 상황

감광계수 [m^{-1}]	가시거리 [m]	상 황
0.1	20~30	연기감지기가 작동할 때의 농도 보기①
0.3	5	건물 내부에 익숙한 사람이 피난에 지장을 느낄 정도의 농도
0.5	3	어두운 것을 느낄 정도의 농도
1	1~2	거의 앞이 보이지 않을 정도의 농도 보기②
10	0.2~0.5	화재 최성기 때의 농도 보기③
30	-	출화실에서 연기가 분출할 때의 농도 보기④

답 ②

08 고체연료의 연소형태를 구분할 때 해당하지 않는 것은?

① 증발연소
② 분해연소
③ 표면연소
④ 예혼합연소

해설 ④ 기체의 연소형태

연소의 형태

연소형태	종 류
기체 연소형태	• 예혼합연소 보기④ • 확산연소 기억법 확예기(우리 확률 얘기 좀 할까?)
액체 연소형태	• 증발연소 • 분해연소 • 액적연소
고체 연소형태 →	• 표면연소 • 분해연소 • 증발연소 • 자기연소

답 ④

09. 위험물안전관리법령상 품명이 특수인화물에 해당하는 것은?

① 등유
② 경유
③ 다이에틸에터
④ 휘발유

해설 제4류 위험물

품 명	대표물질
특수인화물	• 다이에틸에터 보기 ③ • 이황화탄소 [기억법] 에이특(에이특시럼)
제1석유류	• 아세톤 • 휘발유(가솔린) 보기 ④ • 콜로디온 [기억법] 아가콜1(아가의 콜로일기)
제2석유류	• 등유 보기 ① • 경유 보기 ②
제3석유류	• 중유 • 크레오소트유
제4석유류	• 기어유 • 실린더유

답 ③

10. 공기 중에 분산된 밀가루, 알루미늄가루 등이 에너지를 받아 폭발하는 현상은?

① 분진폭발
② 분무폭발
③ 충격폭발
④ 단열압축폭발

해설 분진폭발
공기 중에 분산된 **밀가루, 알루미늄가루** 등이 에너지를 받아 폭발하는 현상

중요

분진폭발을 일으키지 않는 물질
(1) 시멘트
(2) 석회석(소석회)
(3) 탄산칼슘($CaCO_3$)
(4) 생석회(CaO)=산화칼슘

• 분진폭발을 일으키지 않는 물질 = 물과 반응하여 가연성 기체를 발생시키지 않는 것

[기억법] 분시석탄생

답 ①

11. 피난대책의 일반적인 원칙으로 틀린 것은?

① 피난경로는 간단 명료하게 한다.
② 피난구조설비는 고정식 설비보다 이동식 설비를 위주로 설치한다.
③ 피난수단은 원시적 방법에 의한 것을 원칙으로 한다.
④ 2방향 피난통로를 확보한다.

해설 ② 고정식 설비위주 설치

피난대책의 **일반적인 원칙**(피난안전계획)
(1) 피난경로는 **간단 명료**하게 한다.(피난경로는 가능한 한 짧게 한다.) 보기 ①
(2) 피난구조설비는 **고정식 설비**를 위주로 설치한다. 보기 ②
(3) 피난수단은 **원시적 방법**에 의한 것을 원칙으로 한다. 보기 ③
(4) **2방향**의 피난통로를 확보한다. 보기 ④
(5) 피난통로를 **완전불연화**한다.
(6) 막다른 복도가 없도록 계획한다.
(7) 피난구조설비는 Fool proof와 Fail safe의 원칙을 중시한다.
(8) 비상시 **본능상태**에서도 혼돈이 없도록 한다.
(9) 건축물의 용도를 고려한 피난계획을 수립한다.

답 ②

12. 공기 중의 산소는 약 몇 vol%인가?

① 15
② 21
③ 28
④ 32

해설 공기 중 구성물질

구성물질	비 율
아르곤(Ar)	1vol%
산소(O_2)	21vol%
질소(N_2)	78vol%

중요

공기 중 산소농도

구 분	산소농도
체적비(부피백분율)	약 21vol%
중량비(중량백분율)	약 23wt%

• 용적=부피

답 ②

13. 다음 중 가연성 물질이 아닌 것은?

① 프로판
② 산소
③ 에탄
④ 암모니아

해설 ② 지연성 물질

가연성 가스와 지연성 가스

가연성 가스(가연성 물질)	지연성 가스(지연성 물질)
• 수소 • 메탄 • 암모니아 보기 ④ • 일산화탄소 • 천연가스 • 에탄 보기 ③ • 프로판 보기 ①	• 산소 보기 ② • 공기 • 오존 • 불소 • 염소 [기억법] 지산공 오불염

• 지연성 가스=조연성 가스=지연성 물질=조연성 물질

참고

가연성 가스와 지연성 가스

가연성 가스	지연성 가스
물질 자체가 연소하는 것	자기 자신은 연소하지 않지만 연소를 도와주는 가스

답 ②

14 다음의 위험물 중 위험물안전관리법령상 지정수량이 나머지 셋과 다른 것은?
20.08.문10
① 적린
② 황화인
③ 유기과산화물(제2종)
④ 질산에스터류(제1종)

해설 위험물의 지정수량

위험물	지정수량
• 질산에스터류(제1종) 보기 ④ • 알킬알루미늄	10kg
• 황린	20kg
• 무기과산화물 • 과산화나트륨	50kg
• 황화인 보기 ② • 적린 보기 ① • 유기과산화물(제2종) 보기 ③	100kg
• 트리나이트로톨루엔	200kg
• 탄화알루미늄	300kg

답 ④

★★★ 15 제1류 위험물에 속하지 않는 것은?
19.09.문01
15.05.문43
15.03.문18
14.09.문04
14.03.문16
13.09.문07
① 과염소산염류
② 무기과산화물
③ 아염소산염류
④ 과염소산

해설 ④ 제6류

위험물령 [별표 1]
위험물

유별	성질	품명
제1류	산화성 고체	• 아염소산염류(아염소산나트륨) 보기 ③ • 염소산염류 • 과염소산염류 보기 ① • 질산염류(질산칼륨) • 무기과산화물(과산화바륨) 보기 ②

기억법 1산고(일산GO)

유별		품명
제2류	가연성 고체	• 황화인 • 적린 • 황 • 마그네슘

기억법 2황화적황마

| 제3류 | 자연발화성 물질 및 금수성 물질 | • 황린
• 칼륨ㅡ
• 나트륨 ㅡ 금속분
• 트리에틸알루미늄 |

기억법 황칼나트알

제4류	인화성 액체	• 특수인화물 • 석유류(벤젠) • 알코올류 • 동식물유류
제5류	자기반응성 물질	• 질산에스터류(셀룰로이드) • 유기과산화물 • 나이트로화합물 • 나이트로소화합물 • 아조화합물 • 나이트로글리세린
제6류	산화성 액체	• 과염소산 보기 ④ • 과산화수소 • 질산

기억법 6산액과염산질산

답 ④

★★★ 16 실내 화재 발생시 순간적으로 실 전체로 화염이 확산되면서 온도가 급격히 상승하는 현상은?
18.04.문11
17.03.문10
12.03.문15
11.06.문06
09.08.문04
09.03.문13
① 제트 파이어(jet fire)
② 파이어볼(fireball)
③ 플래시오버(flashover)
④ 리프트(lift)

해설 화재현상

용어	설명
제트 파이어 (jet fire)	압축 또는 액화상태의 가스가 저장탱크나 배관에서 누출되어 분출하면서 주위 공기와 혼합되어 점화원을 만나 발생하는 화재
파이어볼 (fireball, 화구)	인화성 액체가 대량으로 기화되어 갑자기 발화될 때 발생하는 공모양의 화염
플래시오버 (flashover)	화재로 인하여 실내의 온도가 급격히 상승하여 화재가 순간적으로 실내 전체에 확산되어 연소되는 현상 보기 ③
리프트 (lift)	버너 내압이 높아져서 분출속도가 빨라지는 현상
백파이어 (backfire, 역화)	가스가 노즐에서 나가는 속도가 연소속도보다 느리게 되어 버너 내부에서 연소하게 되는 현상

답 ③

17. 화재의 분류에서 A급 화재에 속하는 것은?

① 유류
② 목재
③ 전기
④ 가스

해설

① 유류 : B급
③ 전기 : C급
④ 가스 : B급

화재 종류	표시색	적응물질
일반화재(A급)	백색	• 일반가연물 • **종이류** 화재 • **목재, 섬유**화재 [보기 ②]
유류화재(B급)	황색	• 가연성 액체 • 가연성 가스 • 액화가스화재 • 석유화재 • 유류
전기화재(C급)	청색	• **전기설비**
금속화재(D급)	무색	• 가연성 금속
주방화재(K급)	—	• 식용유화재

※ 요즘은 표시색의 의무규정은 없음

답 ②

18. 제2종 분말소화약제의 주성분은?

① 탄산수소칼륨
② 탄산수소나트륨
③ 제1인산암모늄
④ 탄산수소칼륨 + 요소

해설 분말소화약제

종별	분자식	착색	적응화재	비고
제1종	중탄산나트륨 (NaHCO₃)	백색	BC급	**식용유** 및 **지방질유**의 화재에 적합
제**2**종 →	중탄산칼륨 (KHCO₃)	담자색 (담회색)	BC급	—
제3종	제1인산암모늄 (NH₄H₂PO₄)	담홍색	ABC급	차고·주차장에 적합
제4종	중탄산칼륨 + 요소 (KHCO₃ + (NH₂)₂CO)	회(백)색	BC급	—

• 중탄산나트륨 = 탄산수소나트륨
• 중탄산**칼**륨 = 탄**수소칼**륨 [보기 ①]
• 제1인산암모늄 = 인산암모늄 = 인산염
• 중탄산칼륨 + 요소 = 탄산수소칼륨 + 요소

기억법 2수칼(이수역에 칼이 있다.)

답 ①

19. 다음 중 인화점이 가장 낮은 물질은?

① 산화프로필렌
② 이황화탄소
③ 아세틸렌
④ 다이에틸에터

해설

① −37℃
② −30℃
③ −18℃
④ −45℃

물 질	인화점	착화점
• 프로필렌	−107℃	497℃
• 에틸에터 • **다이에틸에터** [보기 ④]	−45℃	180℃
• 가솔린(휘발유)	−43℃	300℃
• **이황화탄소** [보기 ②]	−30℃	100℃
• **아세틸렌** [보기 ③]	−18℃	335℃
• 아세톤	−18℃	538℃
• **산화프로필렌** [보기 ①]	−37℃	465℃
• 벤젠	−11℃	562℃
• 톨루엔	4.4℃	480℃
• 에틸알코올	13℃	423℃
• 아세트산	40℃	—
• 등유	43~72℃	210℃
• 경유	50~70℃	200℃
• 적린	—	260℃

• 인화점 = 인화온도
• 착화점 = 발화점 = 착화온도 = 발화온도

답 ④

20. 적린의 착화온도는 약 몇 ℃인가?

① 34
② 157
③ 180
④ 260

해설

물 질	인화점	발화점
프로필렌	−107℃	497℃
에틸에터, 다이에틸에터	−45℃	180℃
가솔린(휘발유)	−43℃	300℃
이황화탄소	−30℃	100℃
아세틸렌	−18℃	335℃
아세톤	−18℃	538℃
에틸알코올	13℃	423℃
적린	—	**260**℃

기억법 적26(**적이 육**지에 있다.)

• 발화점 = 발화온도 = 착화온도 = 착화점

답 ④

제 2 과목 　 소방유체역학

21 공동현상(cavitation)의 방지법으로 적절하지 않은 것은?

17.09.문32
17.05.문28
16.10.문29
15.09.문37
14.09.문34
14.05.문33
12.03.문34
11.03.문38

① 단흡입펌프보다는 양흡입펌프를 사용한다.
② 펌프의 회전수를 낮추어 흡입 비속도를 적게 한다.
③ 펌프의 설치위치를 가능한 한 높여서 흡입양정을 크게 한다.
④ 마찰저항이 작은 흡입관을 사용하여 흡입관의 손실을 줄인다.

 ③ 높여서 → 낮춰서, 크게 → 작게

공동현상(cavitation, 캐비테이션)

개요	펌프의 흡입측 배관 내의 물의 정압이 기존의 증기압보다 낮아져서 기포가 발생되어 물이 흡입되지 않는 현상
발생 현상	① **소음**과 **진동** 발생 ② 관 부식(펌프깃의 침식) ③ **임펠러**의 **손상**(수차의 날개를 해침) ④ 펌프의 성능 저하(양정곡선 저하) ⑤ 효율곡선 저하
발생 원인	① **펌프**가 물탱크보다 부적당하게 **높게** 설치되어 있을 때 ② 펌프 **흡입수두**가 지나치게 **클** 때 ③ 펌프 **회전수**가 지나치게 **높을** 때 ④ 관 내를 흐르는 물의 정압이 그 물의 온도에 해당하는 증기압보다 **낮을** 때
방지 대책	① 펌프의 흡입수두를 작게 한다.(흡입양정을 작게 함) ② 마찰저항이 **작은** 흡입관을 사용한다. ③ 펌프의 마찰손실을 작게 한다. ④ 펌프의 임펠러속도(**회전수**)를 **작게** 한다.(흡입속도를 감소시킴) ⑤ 흡입압력을 높게 한다. ⑥ 펌프의 설치위치를 수원보다 **낮게** 한다. ⑦ 양(쪽)흡입펌프를 사용한다.(펌프의 흡입측을 가압함) ⑧ 관 내의 물의 정압을 그때의 증기압보다 높게 한다. ⑨ 흡입관의 **구경**을 **크게** 한다. ⑩ 펌프를 **2개** 이상 설치한다. ⑪ 회전차를 수중에 완전히 잠기게 한다.

비교

수격작용(water hammering)

개요	① 배관 속의 물흐름을 급히 차단하였을 때 동압이 정압으로 전환되면서 일어나는 **쇼크**(shock)현상 ② 배관 내에 흐르는 유체의 유속을 급격하게 변화시키므로 압력이 상승 또는 하강하여 관로의 벽면을 치는 현상
발생 원인	① 펌프가 갑자기 정지할 때 ② 급히 밸브를 개폐할 때 ③ 정상운전시 유체의 압력변동이 생길 때

방지 대책	① **관**의 관경(직경)을 크게 한다. ② 관 내의 유속을 낮게 한다.(관로에서 일부 고압수를 방출함) ③ **조압수조**(surge tank)를 관선에 설치한다. ④ **플라이휠**(flywheel)을 설치한다. ⑤ 펌프 송출구(토출측) 가까이에 밸브를 설치한다. ⑥ **에어체임버**(air chamber)를 설치한다.

기억법 　수방관플에

답 ③

22 대기에 노출된 상태로 저장 중인 20℃의 소화용수 500kg을 연소 중인 가연물에 분사하는 경우 소화용수가 증발하면서 흡수한 열량은 몇 MJ인가? (단, 물의 비열은 4.2kJ/kg·℃, 기화열은 2250kJ/kg이다.)

19.03.문25
17.03.문38
15.05.문19
14.05.문03
14.03.문28
11.10.문18

① 2.59　　　② 168
③ 1125　　　④ 1293

 열량

$$Q = rm + mC\Delta T$$

여기서, Q : 열량[kJ]
　　　　r : 융해열 또는 기화열[kJ/kg]
　　　　m : 질량[kg]
　　　　C : 비열[kJ/kg·℃]
　　　　ΔT : 온도차[℃]

(1) 기호
　● m : 500kg
　● C : 4.2kJ/kg·℃
　● r : 2250kJ/kg

(2) 20℃ 물 → 100℃ 물
　열량 Q_1 는
　$Q_1 = mC\Delta T = 500\text{kg} \times 4.2\text{kJ/kg·℃} \times (100-20)$℃
　　　$= 168000\text{kJ} = 168\text{MJ}$

(3) 100℃ 물 → 100℃ 수증기
　열량 Q_2 는
　$Q_2 = rm = 2250\text{kJ/kg} \times 500\text{kg} = 1125000\text{kJ} = 1125\text{MJ}$

(4) 전체 열량 Q는
　$Q = Q_1 + Q_2 = (168 + 1125)\text{MJ} = 1293\text{MJ}(1000\text{kJ}=1\text{MJ})$

답 ④

23 계기압력이 1.2MPa이고, 대기압이 96kPa일 때 절대압력은 몇 kPa인가?

16.10.문38
14.09.문24
14.03.문27
01.09.문30

① 108　　　② 1104
③ 1200　　　④ 1296

(1) 주어진 값
　● 계기압 : 1.2MPa=1.2×10³kPa(1MPa=10³kPa)
　● 대기압 : 96kPa
　● 절대압 : ?

(2) 절대압=대기압+게이지압(계기압)
　　　　=96kPa+1.2×10³kPa
　　　　=1296kPa

중요

절대압
(1) **절**대압=**대**기압+**게**이지압(계기압)
(2) 절대압=대기압−진공압

기억법 절대게

답 ④

24
동점성계수와 비중이 각각 0.003m²/s, 1.2일 때 이 액체의 점성계수는 약 몇 N·s/m²인가?

① 2.2　② 2.8
③ 3.6　④ 4.0

해설
(1) 기호
- ν : 0.003m²/s
- s : 1.2
- μ : ?

(2) 비중
$$s = \frac{\rho}{\rho_w}$$

여기서, s : 비중
　　　ρ_w : 물의 밀도(1000N·s²/m⁴)
　　　ρ : 어떤 물질의 밀도(N·s²/m⁴)

$\rho = s \times \rho_w = 1.2 \times 1000$N·s²/m⁴ $= 1200$N·s²/m⁴

(3) 동점성계수
$$\nu = \frac{\mu}{\rho}$$

여기서, ν : 동점성계수(m²/s)
　　　μ : 점성계수(N·s/m²)
　　　ρ : 어떤 물질의 밀도(N·s²/m⁴)

$\mu = \rho \times \nu$
　 $= 1200$N·s²/m⁴ $\times 0.003$m²/s $= 3.6$N·s/m²

답 ③

25
두께 10cm인 벽의 내부 표면의 온도는 20℃이고 외부 표면의 온도는 0℃이다. 외부 벽은 온도가 −10℃인 공기에 노출되어 있어 대류열전달이 일어난다. 외부 표면에서의 대류열전달계수가 200W/m²·K 라면 정상상태에서 벽의 열전도율은 몇 W/m·K인가? (단, 복사열전달은 무시한다.)

① 10　② 20
③ 30　④ 40

해설
(1) 기호
- l : 10cm=0.1m
- $T_{2전}$: 20℃=(273+20)K=293K
- $T_{1전}$, $T_{2대}$: 0℃=(273+0)K=273K
- $T_{1대}$: −10℃=(273−10)K=263K
- k : ?

(2) 전도 열전달
$$\mathring{q} = \frac{kA(T_2 - T_1)}{l}$$

여기서, $\mathring{q}$: 열전달량(J/s=W)
　　　k : 열전도율(W/m·K)
　　　A : 단면적(m²)
　　　T_2 : 내부 벽온도(273+℃)(K)
　　　T_1 : 외부 벽온도(273+℃)(K)
　　　l : 두께(m)

- 열전달량=열전달률
- 열전도율=열전달계수

(3) 대류 열전달
$$\mathring{q} = Ah(T_2 - T_1)$$

여기서, $\mathring{q}$: 대류열류(W)
　　　A : 대류면적(m²)
　　　h : 대류전열계수(대류열전달계수)(W/m²·K)
　　　T_2 : 외부 벽온도(273+℃)(K)
　　　T_1 : 대기온도(273+℃)(K)

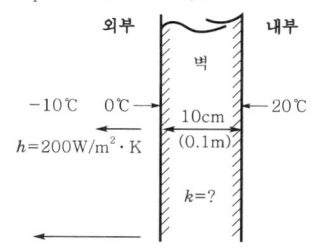

| 0℃에서 −10℃로 대류 열전달 | = | 20℃에서 0℃로 전도 열전달 |

$$h(T_{2대} - T_{1대}) = \frac{k(T_{2전} - T_{1전})}{l}$$

200W/m²·K $\times (273-263)$K $= \dfrac{k(293-273)\text{K}}{0.1\text{m}}$

2000W/m² $= \dfrac{k(293-273)\text{K}}{0.1\text{m}}$ ← 좌우 위치 바꿈

$\dfrac{k(293-273)\text{K}}{0.1\text{m}} = 2000$W/m²

$k = \dfrac{2000\text{W/m}^2 \times 0.1\text{m}}{(293-273)\text{K}} = 10$W/m·K

- 온도차는 ℃로 나타내던지 K로 나타내던지 계산해 보면 값은 같다. 그러므로 여기서는 단위를 일치시키기 위해 K로 쓰기로 한다.

답 ①

26
20°C의 물 10L를 대기압에서 110°C의 증기로 만들려면, 공급해야 하는 열량은 약 몇 kJ인가? (단, 대기압에서 물의 비열은 4.2kJ/kg · °C, 증발잠열은 2260kJ/kg이고, 증기의 정압비열은 2.1kJ/kg · °C이다.)

① 26380　　② 26170
③ 22600　　④ 3780

해설 (1) 기호
- ΔT_1 : (100−20)°C
- m : 10L=10kg(물 1L=1kg)
- ΔT_3 : (110−100)°C
- Q : ?
- c : 4.2kJ/kg · °C
- r : 2260kJ/kg
- C_p : 2.1kJ/kg · °C

(2) 열량
$$Q = mc\Delta T_1 + rm + mC_p\Delta T_3$$

여기서, Q : 열량[kJ]
m : 질량[kg]
c : 비열(물의 비열 4.2kJ/kg · °C)
$\Delta T_1, \Delta T_3$: 온도차[°C]
r : 증발잠열[kJ/kg]
C_p : 정압비열[kJ/kg · °C]

(3) 20°C 물 → 100°C 물
$Q_1 = mc\Delta T_1$
$\quad = 10\text{kg} \times 4.2\text{kJ/kg} \cdot °C \times (100-20)°C$
$\quad = 3360\text{kJ}$

(4) 100°C 물 → 100°C 수증기
$Q_2 = rm$
$\quad = 2260\text{kJ/kg} \times 10\text{kg} = 22600\text{kJ}$

(5) 100°C 수증기 → 110°C 수증기
$Q_3 = mC_p\Delta T_3$
$\quad = 10\text{kg} \times 2.1\text{kJ/kg} \cdot °C \times (110-100)°C$
$\quad = 210\text{kJ}$

열량 Q는
$Q = Q_1 + Q_2 + Q_3$
$\quad = 3360\text{kJ} + 22600\text{kJ} + 210\text{kJ}$
$\quad = 26170\text{kJ}$

답 ②

27
유효낙차가 65m이고 유량이 20m³/s인 수력발전소에서 수차의 이론출력[kW]은?

① 12740　　② 1300
③ 12.74　　④ 1.3

해설 (1) 기호
- H : 65m
- Q : 20m³/s
- P : ?

(2) 수동력(이론동력, 이론출력)
$$P = 0.163QH$$

여기서, P : 전동력[kW]
Q : 유량[m³/min]
H : 전양정[m]

수동력 P는
$P = 0.163QH$
$\quad = 0.163 \times 20\text{m}^3/\text{s} \times 65\text{m}$
$\quad = 0.163 \times 20\text{m}^3/\dfrac{1}{60}\text{min} \times 65\text{m}$
$\quad = 0.163 \times (20 \times 60)\text{m}^3/\text{min} \times 65\text{m}$
$\quad ≒ 12740\text{kW}$

중요

(1) 전동력(모터동력)
$$P = \dfrac{0.163QH}{\eta}K$$

여기서, P : 전동력[kW]
Q : 유량[m³/min]
H : 전양정[m]
K : 전달계수
η : 효율

(2) 축동력
$$P = \dfrac{0.163QH}{\eta}$$

여기서, P : 축동력[kW]
Q : 유량[m³/min]
H : 전양정[m]
η : 효율

답 ①

28
옥내소화전설비에서 노즐구경이 같은 노즐에서 방수압력(계기압력)을 9배로 올리면 방수량은 몇 배로 되는가?

① $\sqrt{3}$　　② 2
③ 3　　④ 9

해설 (1) 기호
- P : 9배
- Q : ?

(2) 방수량
$$Q = 0.653D^2\sqrt{10P} = 0.6597CD^2\sqrt{10P}$$

여기서, Q : 방수량[L/min]
C : 유량계수(노즐의 흐름계수)
D : 구경[mm]
P : 방수압[MPa]

$Q = 0.653D^2\sqrt{10P} \propto \sqrt{P} = \sqrt{9} = 3$

∴ 3배

답 ③

29 관 속에 물이 흐르고 있다. 피토-정압관을 수은이 든 U자관에 연결하여 전압과 정압을 측정하였더니 20mm의 액면차가 생겼다. 피토-정압관의 위치에서의 유속은 약 몇 m/s인가? (단, 속도계수는 0.95이다.)

① 2.11 ② 3.65
③ 11.11 ④ 12.35

해설 (1) 기호
- R : 20mm=0.02m(1000mm=1m)
- C : 0.95
- V : ?

(2) 피토-정압관의 유속

$$V = C\sqrt{2gR\left(\frac{S_0}{S}-1\right)}$$

여기서, V : 유속[m/s]
C : 속도계수
g : 중력가속도(9.8m/s²)
R : 액면차[m]
S_0 : 수은의 비중(13.6)
S : 물의 비중(1)

유속 V는
$V = C\sqrt{2gR\left(\frac{S_0}{S}-1\right)}$
$= 0.95\sqrt{2\times9.8\text{m/s}^2\times0.02\text{m}\times\left(\frac{13.6}{1}-1\right)}$
$≒ 2.11\text{m/s}$

답 ①

 30 비중이 0.75인 액체와 비중량이 6700N/m³인 액체를 부피비 1 : 2로 혼합한 혼합액의 밀도는 약 몇 kg/m³인가?

① 688 ② 706
③ 727 ④ 748

해설 (1) 기호
- S : 0.75
- γ_B : 6700N/m³
- $\gamma_A : \gamma_B = 1 : 2$
- ρ : ?

(2) 비중

$$s = \frac{\gamma}{\gamma_w} = \frac{\rho}{\rho_w}$$

여기서, s : 비중
γ : 어떤 물질의 비중량[N/m³]
γ_w : 물의 비중량(9800N/m³)
ρ : 어떤 물질의 밀도[kg/m³]
ρ_w : 물의 밀도(1000kg/m³)

어떤 물질의 비중량 $\gamma = s\times\gamma_w$
비중이 0.75인 액체를 γ_A, $\gamma_B = 6700\text{N/m}^3$이라 하면
$\gamma_A = s\cdot\gamma_w = 0.75\times9800\text{N/m}^3 = 7350\text{N/m}^3$
γ_A와 γ_B를 1 : 2로 혼합했으므로 혼합액의 비중량 γ는

$\gamma = \frac{\gamma_A\times1+\gamma_B\times2}{3}$

$= \frac{7350\text{N/m}^3\times1+6700\text{N/m}^3\times2}{3} ≒ 6916.67\text{N/m}^3$

$$\frac{\gamma}{\gamma_w} = \frac{\rho}{\rho_w}$$ 에서

혼합액의 밀도 ρ는
$\rho = \frac{\gamma\times\rho_w}{\gamma_w}$

$= \frac{6916.67\text{N/m}^3\times1000\text{kg/m}^3}{9800\text{N/m}^3} ≒ 706\text{kg/m}^3$

답 ②

31 U자관 액주계가 2개의 큰 저수조 사이의 압력차를 측정하기 위하여 그림과 같이 설치되어 있다. 오일 레벨의 차이가 수면 레벨의 차이의 10배가 되도록 하는 오일의 비중은? (단, $h_2=10h_1$)

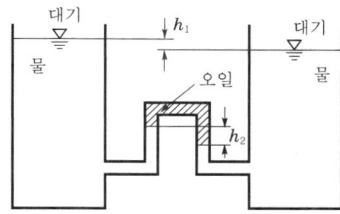

① 0.1 ② 0.5
③ 0.9 ④ 1.5

해설 (1) 기호
- s : 1(물이므로)
- $h_2 = 10h_1$

(2) U자관 액주계의 압력차

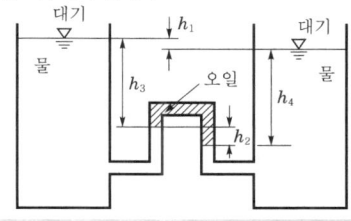

$P_A = P_B$

$s = \frac{\gamma}{\gamma_w}$

여기서, s : 비중
γ : 어떤 물질의 비중량[kN/m³]
γ_w : 물의 비중량(9.8kN/m³)

물의 비중량 $\gamma_1 = s \times \gamma_w = 1 \times \gamma_w = \gamma_w$
물의 비중량 $\gamma_3 = s \times \gamma_w = 1 \times \gamma_w = \gamma_w$
오일의 비중량 $\gamma_2 = s \times \gamma_w$
물의 비중량 $\gamma_4 = s \times \gamma_w = 1 \times \gamma_w = \gamma_w$

$P_A + \gamma_1 h_1 + \gamma_3 h_3 + \gamma_2 h_2 = P_B + \gamma_4 h_4$
$P_A + \gamma_w h_1 + \gamma_w h_3 + s\gamma_w h_2 = P_B + \gamma_w (h_3 + h_2)$
$\cancel{P_A} + \gamma_w h_1 + \cancel{\gamma_w h_3} + s\gamma_w h_2 = \cancel{P_B} + \cancel{\gamma_w h_3} + \gamma_w h_2 \leftarrow P_A = P_B$

이므로
$\gamma_w h_1 + s\gamma_w h_2 = \gamma_w h_2$
$h_1 + sh_2 = h_2 \leftarrow h_2 = 10h_1$ 대입
$h_1 + s(10h_1) = 10h_1$
$s(10h_1) = 10h_1 - h_1$
$s = \dfrac{10h_1 - h_1}{10h_1} = \dfrac{9h_1}{10h_1} = 0.9$

답 ③

32

안지름이 250mm, 길이가 218m인 주철관을 통하여 물이 유속 3.6m/s로 흐를 때 손실수두는 약 몇 m인가? (단, 관마찰계수는 0.05이다.)

19.03.문29
18.03.문25
11.06.문33
09.08.문26
09.05.문21
06.03.문20

① 20.1 ② 23.0
③ 25.8 ④ 28.8

해설 (1) 기호
- D : 250mm=0.25m(1000mm=1m)
- l : 218m
- V : 3.6m/s
- f : 0.05
- H : ?

(2) 달시-웨버의 식
$$H = \dfrac{\Delta P}{\gamma} = \dfrac{flV^2}{2gD}$$

여기서, H : 마찰손실[m]
ΔP : 압력차[Pa]
γ : 비중량(물의 비중량 9800N/m³)
f : 관마찰계수
l : 길이[m]
V : 유속[m/s]
g : 중력가속도(9.8m/s²)
D : 내경[m]

손실수두 H는
$H = \dfrac{flV^2}{2gD} = \dfrac{0.05 \times 218\text{m} \times (3.6\text{m/s})^2}{2 \times 9.8\text{m/s}^2 \times 0.25\text{m}} ≒ 28.8\text{m}$

답 ④

33

안지름 65mm의 관내를 유량 0.24m³/min로 물이 흘러간다면 평균유속은 약 몇 m/s인가?

19.04.문35
16.03.문37
10.05.문33
06.09.문30

① 1.2 ② 2.4
③ 3.6 ④ 4.8

해설 (1) 기호
- D : 65mm=0.065m(1000mm=1m)
- Q : 0.24m³/min
- V : ?

(2) 유량
$$Q = AV = \left(\dfrac{\pi D^2}{4}\right)V$$

여기서, Q : 유량[m³/s]
A : 단면적[m²]
V : 유속[m/s]
D : (안)지름[m]

유속 V는
$V = \dfrac{Q}{A} = \dfrac{Q}{\dfrac{\pi}{4}D^2}$
$= \dfrac{0.24\text{m}^3/\text{min}}{\dfrac{\pi \times (0.065\text{m})^2}{4}} = \dfrac{0.24\text{m}^3/60\text{s}}{\dfrac{\pi \times (0.065\text{m})^2}{4}}$
$≒ 1.2\text{m/s}$

• 1min=60s이므로 0.24m³/min=0.24m³/60s

답 ①

34

물방울(20℃)의 내부 압력이 외부 압력보다 1kPa만큼 더 큰 압력을 유지하도록 하려면 물방울의 지름은 약 몇 mm로 해야 하는가? (단, 20℃에서 물의 표면장력은 0.0727N/m이다.)

16.10.문36
14.09.문38
(기사)
10.03.문25
(기사)

① 0.15 ② 0.3
③ 0.6 ④ 0.9

해설 (1) 기호
- σ : 0.0727N/m
- Δp : 1kPa=1000Pa
- D : ?

(2) 물방울의 표면장력(surface tension)
$$\sigma = \dfrac{\Delta p D}{4}$$

여기서, σ : 물방울의 표면장력[N/m]
Δp : 압력차[Pa] 또는 [N/m²]
D : 직경[m]

물방울의 직경(지름) D는
$D = \dfrac{4\sigma}{\Delta p} = \dfrac{4 \times 0.0727\text{N/m}}{1000\text{Pa}} = \dfrac{4 \times 0.0727\text{N/m}}{1000\text{N/m}^2}$
$≒ 3 \times 10^{-4}\text{m}$
$= 0.0003\text{m}$
$= 0.3\text{mm}$

• 1kPa=1000Pa
• 1Pa=1N/m²이므로 1000Pa=1000N/m²
• 1m=1000mm이므로 0.0003m=0.3mm

비교

비눗방울의 표면장력(surface tension)

$$\sigma = \frac{\Delta p D}{8}$$

여기서, σ : 비눗방울의 표면장력[N/m]
Δp : 압력차[Pa] 또는 [N/m²]
D : 직경[m]

답 ②

---

35 어떤 펌프가 1400rpm으로 회전할 때 12.6m의 전양정을 갖는다고 한다. 이 펌프를 1450rpm으로 회전할 경우 전양정은 약 몇 m인가? (단, 상사법칙을 만족한다고 한다.)

① 10.6 ② 12.6
③ 13.5 ④ 14.8

해설 (1) 기호
- N_1 : 1400rpm
- H_1 : 12.6m
- N_2 : 1450rpm

(2) 상사법칙
㉠ 유량
$$Q_2 = Q_1 \left(\frac{N_2}{N_1}\right)$$

여기서, Q_1, Q_2 : 변화 전후의 유량[m³/min]
N_1, N_2 : 변화 전후의 회전수[rpm]

㉡ 양정
$$H_2 = H_1 \left(\frac{N_2}{N_1}\right)^2$$

여기서, H_1, H_2 : 변화 전후의 양정[m]
N_1, N_2 : 변화 전후의 회전수[rpm]

㉢ 축동력
$$P_2 = P_1 \left(\frac{N_2}{N_1}\right)^3$$

여기서, P_1, P_2 : 변화 전후의 축동력[kW]
N_1, N_2 : 변화 전후의 회전수[rpm]

∴ 양정 H_2는
$$H_2 = H_1 \left(\frac{N_2}{N_1}\right)^2 = 12.6 \times \left(\frac{1450}{1400}\right)^2 ≒ 13.5\text{m}$$

※ **상사법칙** : 기하학적으로 유사하거나 같은 펌프에 적용하는 법칙

답 ③

---

36 유속이 2m/s, 유로에 설치된 부차적 손실계수(K_L)가 6인 밸브에서의 수두손실은 약 얼마인가?

① 0.523m
② 0.876m
③ 1.024m
④ 1.224m

해설 (1) 기호
- V : 2m/s
- K_L : 6
- H : ?

(2) 부차적 손실
$$H = K_L \frac{V^2}{2g}$$

여기서, H : 부차적 손실[m]
K_L : 손실계수
V : 유속[m/s]
g : 중력가속도(9.8m/s²)

부차적 손실 H는
$$H = K_L \frac{V^2}{2g} = 6 \times \frac{(2\text{m/s})^2}{2 \times 9.8\text{m/s}^2} ≒ 1.224\text{m}$$

답 ④

---

37 다음 그림과 같은 U자관 차압마노미터가 있다. 압력차 $P_A - P_B$를 바르게 표시한 것은? (단, $\gamma_1, \gamma_2, \gamma_3$는 비중량, h_1, h_2, h_3는 높이 차이를 나타낸다.)

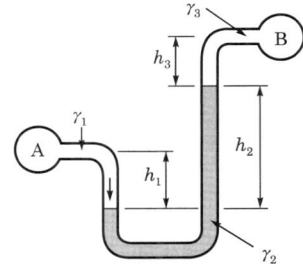

① $-\gamma_1 h_1 - \gamma_2 h_2 + \gamma_3 h_3$
② $-\gamma_1 h_1 + \gamma_2 h_2 + \gamma_3 h_3$
③ $\gamma_1 h_1 + \gamma_2 h_2 - \gamma_3 h_3$
④ $\gamma_1 h_1 - \gamma_2 h_2 - \gamma_3 h_3$

해설 $P_A + \gamma_1 h_1 - \gamma_2 h_2 - \gamma_3 h_3 = P_B$
$P_A - P_B = -\gamma_1 h_1 + \gamma_2 h_2 + \gamma_3 h_3$

중요
시차액주계의 압력계산방법
점 a를 기준으로 내려가면 더하고, 올라가면 빼면 된다.

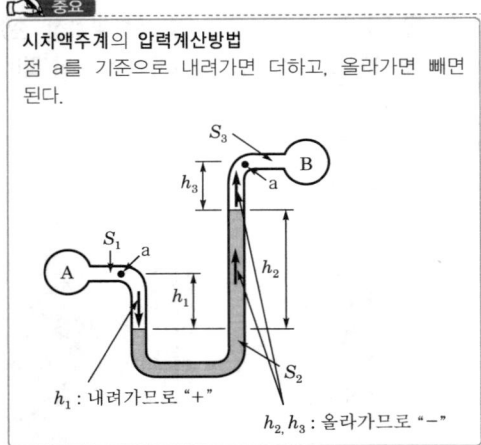

h_1 : 내려가므로 "+"
h_2, h_3 : 올라가므로 "-"

답 ②

38 ★★★
4kg/s의 물 제트가 평판에 수직으로 부딪힐 때 평판을 고정시키기 위하여 60N의 힘이 필요하다면 제트의 분출속도[m/s]는?

20.06.문40
19.03.문27
13.09.문39
05.03.문23

① 3 ② 7
③ 15 ④ 30

해설 (1) 기호
- $\overline{m}$: 4kg/s
- F : 60N
- V : ?

(2) 유량
$$Q = AV$$
여기서, Q : 유량[m³/s]
A : 단면적[m²]
V : 유속[m/s]

(3) 질량유량(mass flowrate)
$$\overline{m} = AV\rho = Q\rho$$
여기서, $\overline{m}$: 질량유량[kg/s]
A : 단면적[m²]
V : 유속[m/s]
ρ : 밀도(물의 밀도 1000kg/m³ = 1000N·s²/m⁴)
Q : 유량[m³/s]

유량 Q는
$$Q = \frac{\overline{m}}{\rho} = \frac{4\text{kg/s}}{1000\text{kg/m}^3} = 4 \times 10^{-3} \text{m}^3/\text{s}$$

(4) 힘
$$F = \rho QV$$
여기서, F : 힘[N]
ρ : 밀도(물의 밀도 1000N·s²/m⁴ = 1000kg/m³)
Q : 유량[m³/s]
V : 유속[m/s]

유속 V는
$$V = \frac{F}{\rho Q}$$
$$= \frac{60\text{N}}{1000\text{N}\cdot\text{s}^2/\text{m}^4 \times (4 \times 10^{-3})\text{m}^3/\text{s}} = 15\text{m/s}$$

답 ③

39 ★★★
지름 6cm인 원관으로부터 매분 4000L의 물이 고정된 평면판에 직각으로 부딪칠 때 평면에 작용하는 충격력은 약 몇 N인가?

18.09.문34
17.05.문37
14.05.문26
10.09.문34
09.05.문32
07.03.문37

① 1380 ② 1570
③ 1700 ④ 1930

해설 (1) 기호
- D : 6cm=0.06m(1000cm=1m)
- Q : 4000L/min=4m³/60s
  (1000L=1m³, 1min=60s)
- F : ?

(2) 유량
$$Q = AV = \left(\frac{\pi D^2}{4}\right)V$$
여기서, Q : 유량[m³/s]
A : 단면적[m²]
V : 유속[m/s]
D : 지름[m]

유속 $V = \dfrac{Q}{\dfrac{\pi D^2}{4}} = \dfrac{4\text{m}^3/60\text{s}}{\dfrac{\pi \times (0.06\text{m})^2}{4}} \fallingdotseq 23.57\text{m/s}$

- 1000L=1m³, 1min=60s이므로
  4000L/min=4m³/60s
- 100cm=1m이므로 6cm=0.06m

(3) 평면에 작용하는 힘
$$F = \rho QV$$
여기서, F : 평면에 작용하는 힘[N]
ρ : 밀도(물의 밀도 1000N·s²/m⁴)
Q : 유량[m³/s]
V : 유속[m/s]

평면에 작용하는 힘 F는
$F = \rho QV$
$= 1000\text{N}\cdot\text{s}^2/\text{m}^4 \times 4\text{m}^3/60\text{s} \times 23.57\text{m/s} \fallingdotseq 1570\text{N}$

답 ②

40 ★
지름이 10cm인 원통에 물이 담겨있다. 중심축에 대하여 300rpm의 속도로 원통을 회전시켰을 때 수면의 최고점과 최저점의 높이차는 약 몇 cm인가? (단, 회전시켰을 때 물이 넘치지 않았다고 가정한다.)

18.09.문38

① 8.5 ② 10.2
③ 11.4 ④ 12.6

해설 (1) 기호
- D : 10cm=0.1m[반지름(r) 5cm=0.05m]
- N : 300rpm
- ΔH : ?

(2) 주파수
$$f = \frac{N}{60}$$

여기서, f : 주파수[Hz]
N : 회전속도[rpm]

주파수 f는
$$f = \frac{N}{60} = \frac{300}{60} = 5\text{Hz}$$

(3) 각속도
$$\omega = 2\pi f$$

여기서, ω : 각속도[rad/s]
f : 주파수[Hz]

각속도 ω는
$\omega = 2\pi f = 2\pi \times 5 = 10\pi$

(4) 높이차
$$\Delta H = \frac{r^2 \omega^2}{2g}$$

여기서, ΔH : 높이차[cm]
r : 반지름[cm]
ω : 각속도[rad/s]
g : 중력가속도(9.8m/s²)

높이차 ΔH는
$\Delta H = \dfrac{r^2 \omega^2}{2g}$
$= \dfrac{(0.05\text{m})^2 \times (10\pi[\text{rad/s}])^2}{2 \times 9.8\text{m/s}^2}$
$≒ 0.126\text{m}$
$= 12.6\text{cm}(1\text{m}=100\text{cm})$

답 ④

제3과목 소방관계법규

41 제조 또는 가공 공정에서 방염처리를 하는 방염대상물품으로 틀린 것은? (단, 합판·목재류의 경우에는 설치현장에서 방염처리를 한 것을 포함한다.)

19.04.문42
17.03.문59
15.03.문51
13.06.문44

① 카펫
② 창문에 설치하는 커튼류
③ 두께가 2mm 미만인 종이벽지
④ 전시용 합판 또는 섬유판

 ③ 두께 2mm 미만인 종이벽지 → 두께 2mm 미만인 종이벽지 제외

소방시설법 시행령 31조
방염대상물품

제조 또는 가공 공정에서 방염처리를 한 물품	건축물 내부의 천장이나 벽에 부착하거나 설치하는 것
① 창문에 설치하는 **커튼류**(블라인드 포함) 보기②	① 종이류(두께 **2mm 이상**), **합성수지류** 또는 **섬유류**를 주원료로 한 물품
② 카펫 보기①	② 합판이나 목재
③ 벽지류(두께 **2mm 미만**인 종이벽지 제외) 보기③	③ 공간을 구획하기 위하여 설치하는 **간이칸막이**
④ 전시용 합판·목재 또는 섬유판 보기④	④ 흡음재(흡음용 커튼 포함) 또는 **방음재**(방음용 커튼 포함)
⑤ 무대용 합판·목재 또는 섬유판	※ **가구류**(옷장, 찬장, 식탁, 식탁용 의자, 사무용 책상, 사무용 의자, 계산대)와 너비 **10cm 이하**인 반자돌림대, 내부 마감재료 제외
⑥ 암막·무대막(영화상영관·가상체험 체육시설업의 스크린 포함)	
⑦ 섬유류 또는 합성수지류 등을 원료로 하여 제작된 소파·의자(단란주점영업, 유흥주점영업 및 노래연습장업의 영업장에 설치하는 것만 해당)	

답 ③

42 소방안전교육사가 수행하는 소방안전교육의 업무에 직접적으로 해당되지 않는 것은?

① 소방안전교육의 분석
② 소방안전교육의 기획
③ 소방안전관리자 양성교육
④ 소방안전교육의 평가

해설 기본법 17조 2
소방안전교육사의 수행업무
(1) 소방안전교육의 **기획** 보기②
(2) 소방안전교육의 **진행**
(3) 소방안전교육의 **분석** 보기①
(4) 소방안전교육의 **평가** 보기④
(5) 소방안전교육의 **교수업무**

기억법 기진분평교

답 ③

43 소방안전관리자의 업무라고 볼 수 없는 것은?

16.05.문46
11.03.문44
10.05.문55
06.05.문55

① 소방계획서의 작성 및 시행
② 화재예방강화지구의 지정
③ 자위소방대의 구성·운영·교육
④ 피난시설, 방화구획 및 방화시설의 관리

해설 ② 시·도지사의 업무

화재예방법 24조 ⑤항
관계인 및 소방안전관리자의 업무

특정소방대상물 (관계인)	소방안전관리대상물 (소방안전관리자)
① **피**난시설·방화구획 및 방화시설의 관리 ② **소**방시설, 그 밖의 소방관련시설의 관리 ③ **화**기취급의 감독 ④ 소방안전관리에 필요한 업무 ⑤ 화재발생시 초기대응	① **피**난시설·방화구획 및 방화시설의 관리 보기 ④ ② **소**방시설, 그 밖의 소방관련시설의 관리 ③ **화**기취급의 감독 ④ 소방안전관리에 필요한 업무 ⑤ **소**방계획서의 작성 및 시행(대통령령으로 정하는 사항 포함) 보기 ① ⑥ **자**위소방대 및 초기대응체계의 구성·운영·교육 보기 ③ ⑦ 소방**훈**련 및 교육 ⑧ 소방안전관리에 관한 업무수행에 관한 기록·유지 ⑨ 화재발생시 초기대응

기억법 계위 훈피소화

용어

특정소방대상물	소방안전관리대상물
건축물 등의 규모·용도 및 수용인원 등을 고려하여 소방시설을 설치하여야 하는 소방대상물로서 대통령령으로 정하는 것	대통령령으로 정하는 특정소방대상물

중요

화재예방법 18조
화재예방강화지구의 지정
(1) 지정권자: **시·도지사**
(2) 지정지역
  ㉠ 시장지역
  ㉡ 공장·창고 등이 밀집한 지역
  ㉢ 목조건물이 밀집한 지역
  ㉣ 노후·불량 건축물이 밀집한 지역
  ㉤ 위험물의 저장 및 처리시설이 밀집한 지역
  ㉥ 석유화학제품을 생산하는 공장이 있는 지역
  ㉦ 소방시설·소방용수시설 또는 소방출동로가 없는 지역
  ㉧ 「산업입지 및 개발에 관한 법률」에 따른 산업단지
  ㉨ 「물류시설의 개발 및 운영에 관한 법률」에 따른 물류단지
  ㉩ 소방청장·소방본부장 또는 소방서장(소방관서장)이 화재예방강화지구로 지정할 필요가 있다고 인정하는 지역
  ※ **화재예방강화지구**: 화재발생 우려가 크거나 화재가 발생할 경우 피해가 클 것으로 예상되는 지역에 대하여 화재의 예방 및 안전관리를 강화하기 위해 지정·관리하는 지역

답 ②

44
국가가 시·도의 소방업무에 필요한 경비의 일부를 보조하는 국고보조대상이 아닌 것은?
① 사무용 기기
② 소방전용통신설비
③ 소방자동차
④ 소방관서용 청사의 건축

해설 ① 국고보조대상이 아님

기본령 2조
국고보조의 대상 및 기준
(1) **국고보조의 대상**
  ㉠ 소방활동장비와 설비의 구입 및 설치
   • 소방**자**동차 보기 ③
   • 소방**헬**리콥터·소방정
   • 소방**전**용통신설비·전산설비 보기 ②
   • 방**화**복
  ㉡ 소방관서용 **청**사 보기 ④
(2) 소방활동장비 및 설비의 종류와 규격: 행정안전부령
(3) 대상사업의 기준보조율: 「보조금관리에 관한 법률 시행령」에 따름

기억법 국화복 활자 전헬청

답 ①

45

소방본부장 또는 소방서장은 건축허가 등의 동의요구서류를 접수한 날부터 며칠 이내에 건축허가 등의 동의 여부를 회신하여야 하는가? (단, 지하층을 포함한 50층 이상의 건축물이다.)
① 5일 ② 7일
③ 10일 ④ 30일

해설 소방시설법 시행규칙 3조
건축허가 등의 동의

내 용	기 간	
동의요구서류 보완	4일 이내	
건축허가 등의 취소통보	7일 이내	
동의 여부 회신	5일 이내	기타
	10일 이내	• 50층 이상(지하층 제외) 또는 높이 200m 이상인 아파트 • 30층 이상(지하층 포함) 또는 높이 120m 이상(아파트 제외) 보기 ③ • 연면적 10만m² 이상 (아파트 제외)

답 ③

공동구, 전력 및 통신사업용 지하구	노유자시설에 설치하여야 하는 소방시설	의료시설에 설치하여야 하는 소방시설
① 소화기 ② 자동소화장치 ③ 자동화재탐지설비 ④ 통합감시시설 ⑤ 유도등 및 연소방지설비	① 간이스프링클러설비 ② 자동화재탐지설비 ③ 단독경보형 감지기	① 스프링클러설비 ② 간이스프링클러설비 ③ 자동화재탐지설비 ④ 자동화재속보설비

답 ①

46 화재가 발생할 우려가 높거나 화재가 발생하는 경우 그로 인하여 피해가 클 것으로 예상되는 일정한 구역으로서 대통령으로 정하는 지역을 화재예방강화지구로 지정할 수 있는데, 화재예방강화지구의 지정권자는?

① 국무총리 ② 행정안전부장관
③ 시·도지사 ④ 소방청장

해설 화재예방법 18조
화재예방강화지구의 지정
(1) 지정권자 : 시·도지사 보기 ③
(2) 지정지역
  ㉠ 시장지역
  ㉡ 공장·창고 등이 밀집한 지역
  ㉢ 목조건물이 밀집한 지역
  ㉣ 노후·불량 건축물이 밀집한 지역
  ㉤ 위험물의 저장 및 처리시설이 밀집한 지역
  ㉥ 석유화학제품을 생산하는 공장이 있는 지역
  ㉦ 소방시설·소방용수시설 또는 소방출동로가 없는 지역
  ㉧ 「산업입지 및 개발에 관한 법률」에 따른 산업단지
  ㉨ 「물류시설의 개발 및 운영에 관한 법률」에 따른 물류단지
  ㉩ 소방청장·소방본부장 또는 소방서장(소방관서장)이 화재예방강화지구로 지정할 필요가 있다고 인정하는 지역

  ※ 화재예방강화지구 : 화재발생 우려가 크거나 화재가 발생할 경우 피해가 클 것으로 예상되는 지역에 대하여 화재의 예방 및 안전관리를 강화하기 위해 지정·관리하는 지역

답 ③

48 특정소방대상물의 소방시설 설치의 면제기준 중 다음 ( ) 안에 알맞은 것은?

물분무등소화설비를 설치하여야 하는 차고·주차장에 ( )를 화재안전기준에 적합하게 설치한 경우에는 그 설비의 유효범위에서 설치가 면제된다.

① 옥내소화전설비
② 스프링클러설비
③ 간이스프링클러설비
④ 할로겐화합물 및 불활성기체 소화설비

해설 소방시설법 시행령 [별표 5]
소방시설 면제기준

면제대상	대체설비
스프링클러설비	• 물분무등소화설비
물분무등소화설비 →	• 스프링클러설비 기억법 스물(스물스물 하다.)
간이스프링클러설비	• 스프링클러설비 • 물분무소화설비·미분무소화설비
비상경보설비 또는 단독경보형 감지기	• 자동화재탐지설비
비상경보설비	• 2개 이상 단독경보형 감지기 연동
비상방송설비	• 자동화재탐지설비 • 비상경보설비
연결살수설비	• 스프링클러설비 • 간이스프링클러설비·미분무소화설비 • 물분무소화설비·미분무소화설비
제연설비	• 공기조화설비
연소방지설비	• 스프링클러설비 • 물분무소화설비·미분무소화설비
연결송수관설비	• 옥내소화전설비 • 스프링클러설비 • 간이스프링클러설비 • 연결살수설비

47 대통령령 또는 화재안전기준이 변경되어 그 기준이 강화되는 경우 기존의 특정소방대상물의 소방시설 중 대통령령으로 정하는 것으로 변경으로 강화된 기준을 적용하여야 하는 소방시설은? (단, 건축물의 신축·개축·재축·이전 및 대수선 중인 특정소방대상물을 포함한다.)

① 비상경보설비
② 화재조기진압용 스프링클러설비
③ 옥내소화전설비
④ 제연설비

해설 소방시설법 13조, 소방시설법 시행령 13조
변경강화기준 적용설비
(1) 소화기구
(2) 비상경보설비 보기 ①
(3) 자동화재탐지설비
(4) 자동화재속보설비
(5) 피난구조설비
(6) 소방시설(공동구 설치용, 전력 및 통신사업용 지하구)
(7) 노유자시설, 의료시설

자동화재**탐**지설비	• 자동화재**탐**지설비의 기능을 가진 **스**프링클러설비 • **물**분무등소화설비 **기억법** 탐탐스물
옥내소화전설비	• 옥외소화전설비 • 미분무소화설비(호스릴방식)

답 ②

49. 하자보수대상 소방시설 중 하자보수 보증기간이 3년인 것은?
① 유도등 ② 피난기구
③ 비상방송설비 ④ 스프링클러설비

해설 ①, ②, ③ 2년
④ 3년

공사업령 6조
소방시설공사의 하자보수 보증기간

보증기간	소방시설
2년	① **유**도등 · **피**난기구 ② **비**상**조**명등 · 비상**경**보설비 · 비상**방**송설비 ③ **무**선통신보조설비
3년	① 자동소화장치 ② 옥내 · 외소화전설비 ③ 스프링클러설비 보기 ④ ④ 물분무등소화설비 · 소화용수설비 ⑤ 자동화재탐지설비 · 소화활동설비(무선통신보조설비 제외) ⑥ 화재알림설비

기억법 유비조경방무피2(유비조경방무피투)

답 ④

50. 위험물안전관리법상 업무상 과실로 제조소 등에서 위험물을 유출 · 방출 또는 확산시켜 사람의 생명 · 신체 또는 재산에 대하여 위험을 발생시킨 자에 대한 벌칙으로 옳은 것은?
① 5년 이하의 금고 또는 5천만원 이하의 벌금
② 5년 이하의 금고 또는 7천만원 이하의 벌금
③ 7년 이하의 금고 또는 5천만원 이하의 벌금
④ 7년 이하의 금고 또는 7천만원 이하의 벌금

해설 위험물법 34조
위험물 유출 · 방출 · 확산

위험 발생	사람 사상
7년 이하의 금고 또는 7000만원 이하의 벌금 보기 ④	10년 이하의 징역 또는 금고나 1억원 이하의 벌금

답 ④

51. 소방기본법령상 소방대상물에 해당하지 않는 것은?
① 차량 ② 건축물
③ 운항 중인 선박 ④ 선박건조구조물

해설 ③ 운항 중인 → 매어 둔

기본법 2조 1호
소방대상물
(1) **건**축물 보기 ②
(2) **차**량 보기 ①
(3) **선**박(매어둔 것) 보기 ③
(4) **선**박건조구조물 보기 ④
(5) **인**공구조물
(6) **물**건
(7) **산**림

기억법 건차선 인물산

비교
위험물법 3조
위험물의 저장 · 운반 · 취급에 대한 적용 제외
(1) **항**공기
(2) **선**박
(3) **철**도(기차)
(4) **궤**도

기억법 항선철궤

답 ③

52. 소방시설 중 경보설비에 속하지 않는 것은?
① 통합감시시설
② 자동화재탐지설비
③ 자동화재속보설비
④ 무선통신보조설비

해설 ④ 무선통신보조설비 : 소화활동설비

소방시설법 시행령 [별표 1]
경보설비
(1) 비상**경**보설비 ─ 비상벨설비
         └ 자동식 사이렌설비
(2) **단**독경보형 감지기
(3) 비상**방**송설비
(4) **누**전경보기
(5) 자동화재**탐**지설비 및 시각경보기 보기 ②
(6) 자동화재**속**보설비 보기 ③
(7) **가**스누설경보기
(8) **통**합감시시설 보기 ①
(9) 화재알림설비

기억법 경단방 누탐속가통

※ **경보설비** : 화재발생 사실을 통보하는 기계 · 기구 또는 설비

중요
소방시설법 시행령 [별표 1]
소화활동설비
(1) **연**결송수관설비
(2) **연**결살수설비
(3) **연**소방지설비
(4) **무**선통신보조설비
(5) **제**연설비
(6) **비**상**콘**센트설비

기억법 3연무제비콘

용어

소화활동설비
화재를 진압하거나 인명구조활동을 위하여 사용하는 설비

답 ④

53 소방기본법령상 인접하고 있는 시·도간 소방업무의 상호응원협정을 체결하고자 하는 때에 포함되도록 하여야 하는 사항이 아닌 것은?

① 소방교육·훈련의 종류 및 대상자에 관한 사항
② 화재의 경계·진압활동에 관한 사항
③ 출동대원의 수당·식가 및 의복의 수선 소요경비의 부담에 관한 사항
④ 화재조사활동에 관한 사항

해설 기본규칙 8조
소방업무의 상호응원협정
(1) 다음의 **소방활동**에 관한 사항
  ㉠ 화재의 **경계·진압활동** 보기 ②
  ㉡ 구조·구급업무의 지원
  ㉢ 화재조사활동 보기 ④
(2) **응원출동 대상지역** 및 **규모**
(3) **소요경비**의 **부담**에 관한 사항
  ㉠ **출동**대원의 수당·식사 및 의복의 수선 보기 ③
  ㉡ 소방장비 및 기구의 정비와 연료의 보급
(4) **응원출동**의 **요청방법**
(5) **응원출동훈련** 및 **평가**

기억법 경응출

답 ①

54 소방기본법에 따른 공동주택에 소방자동차 전용구역에 차를 주차하거나 전용구역에의 진입을 가로막는 등의 방해행위를 한 자에게는 몇 만원 이하의 과태료를 부과하는가?

① 20만원 ② 100만원
③ 200만원 ④ 300만원

해설 기본법 56조
100만원 이하의 과태료
공동주택에 소방자동차 **전용구역**에 **차**를 **주차**하거나 전용구역에의 진입을 가로막는 등의 방해행위를 한 자

비교

300만원 이하의 과태료
(1) **관**계인의 **소**방안전관리 **업**무 미수행(화재예방법 52조)
(2) **소**방훈련 및 **교**육 미실시자(화재예방법 52조)
(3) 소방시설의 점검결과 미보고(소방시설법 61조)

기억법 3과관소업

답 ②

55 소방기본법령에 따른 급수탑 및 지상에 설치하는 소화전·저수조의 경우 소방용수표지 기준 중 다음 ( ) 안에 알맞은 것은?

안쪽 문자는 (㉠), 안쪽 바탕은 (㉡), 바깥쪽 바탕은 (㉢)으로 하고 반사재료를 사용하여야 한다.

① ㉠ 검은색, ㉡ 파란색, ㉢ 붉은색
② ㉠ 검은색, ㉡ 붉은색, ㉢ 파란색
③ ㉠ 흰색, ㉡ 파란색, ㉢ 붉은색
④ ㉠ 흰색, ㉡ 붉은색, ㉢ 파란색

해설 기본규칙 [별표 2]
소방용수표지
(1) **지하**에 설치하는 소화전·저수조의 소방용수표지
  ㉠ 맨홀뚜껑은 지름 **648mm 이상**의 것으로 할 것
  ㉡ 맨홀뚜껑에는 "**소화전·주정차금지**" 또는 "**저수조·주정차금지**"의 표시를 할 것
  ㉢ 맨홀뚜껑 부근에는 **노란색 반사도료**로 폭 **15cm**의 선을 그 둘레를 따라 칠할 것
(2) **지상**에 설치하는 소화전·저수조 및 **급수탑**의 소방용수표지

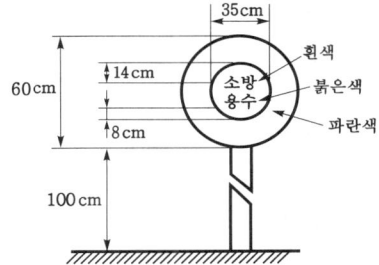

※ 안쪽 문자는 **흰색**, 바깥쪽 문자는 **노란색**, 안쪽 바탕은 **붉은색**, 바깥쪽 바탕은 **파란색**으로 하고 **반사재료** 사용 보기 ④

답 ④

56 위험물안전관리법상 허가를 받지 아니하고 당해 제조소 등을 설치하거나 그 위치·구조 또는 설비를 변경할 수 있으며, 신고를 하지 아니하고 위험물의 품명·수량 또는 지정수량의 배수를 변경할 수 있는 기준으로 틀린 것은?

① 주택의 난방시설을 위한 저장소 또는 취급소
② 공동주택의 중앙난방시설을 위한 저장소 또는 취급소
③ 수산용으로 필요한 건조시설을 위한 지정수량 20배 이하의 저장소
④ 농예용으로 필요한 난방시설을 위한 지정수량 20배 이하의 저장소

해설 위험물법 6조
제조소 등의 설치허가
(1) 설치허가자 : 시·도지사 [문제 57]
(2) 설치허가 제외장소
  ㉠ **주택**의 난방시설(공동주택의 중앙난방시설 제외)을 위한 **저장소** 또는 **취급소** [보기 ①]
  ㉡ 지정수량 20배 이하의 **농예용·축산용·수산용** 난방시설 또는 건조시설의 **저장소** [보기 ③④]
(3) 제조소 등의 변경신고 : 변경하고자 하는 날의 1일 전까지

참고
시·도지사
(1) 특별시장
(2) 광역시장
(3) 특별자치시장
(4) 도지사
(5) 특별자치도지사

답 ②

57 ★★ 위험물안전관리법상 제조소 등을 설치하고자 하는 자는 누구의 허가를 받아 설치할 수 있는가?
20.06.문56
19.04.문47
14.03.문58
① 소방서장
② 소방청장
③ 시·도지사
④ 안전관리자

해설 문제 56 참조

답 ③

58 ★★ 소방기본법령상 소방대원에게 실시할 교육·훈련의 횟수 및 기간으로 옳은 것은?
20.06.문53
18.09.문53
15.09.문53
① 1년마다 1회, 2주 이상
② 2년마다 1회, 2주 이상
③ 3년마다 1회, 2주 이상
④ 3년마다 1회, 4주 이상

해설 (1) **2년**마다 1회 이상
  ㉠ 소방대원의 소방교육·훈련(기본규칙 9조) [보기 ②]
  ㉡ **실**무교육(화재예방법 시행규칙 29조)

기억법 실2(실리)

(2) 소방기본법 시행규칙 [별표 3의 2]
소방대원의 소방 교육·훈련

구 분	설 명
전문교육기간	2주 이상

비교
화재예방법 시행규칙 29조
소방안전관리자의 실무교육
(1) 실시자 : **소방청장**(위탁 : 한국소방안전원장)
(2) 실시 : **2년**마다 1회 이상
(3) 교육통보 : **30일** 전

답 ②

59 ★ 위험물안전관리법령상 제조소 또는 일반취급소에서 취급하는 제4류 위험물의 최대수량의 합이 지정수량의 48만배 이상인 사업소의 자체소방대에 두는 화학소방자동차 및 인원기준으로 다음 ( ) 안에 알맞은 것은?
18.03.문57
17.05.문43
11.06.문42

화학소방자동차	자체소방대원의 수
(㉠)	(㉡)

① ㉠ 1대, ㉡ 5인
② ㉠ 2대, ㉡ 10인
③ ㉠ 3대, ㉡ 15인
④ ㉠ 4대, ㉡ 20인

해설 위험물령 [별표 8]
자체소방대에 두는 화학소방자동차 및 인원

구 분	화학소방자동차	자체소방대원의 수
지정수량 3천~12만배 미만	1대	5인
지정수량 12~24만배 미만	2대	10인
지정수량 24~48만배 미만	3대	15인
지정수량 48만배 이상	4대	20인
옥외탱크저장소에 저장하는 제4류 위험물의 최대수량이 지정수량의 50만배 이상	2대	10인

답 ④

60 ★★★ 소방시설 설치 및 관리에 관한 법령상 소방용품으로 틀린 것은?
19.04.문54
15.05.문47
11.06.문52
10.03.문57
① 시각경보기
② 자동소화장치
③ 가스누설경보기
④ 방염제

해설 소방시설법 시행령 6조
소방용품 제외대상
(1) 주거용 주방자동소화장치용 소화약제
(2) 가스자동소화장치용 소화약제
(3) 분말자동소화장치용 소화약제
(4) 고체에어로졸 자동소화장치용 소화약제
(5) 소화약제 외의 것을 이용한 간이소화용구
(6) 휴대용 비상조명등
(7) 유도표지
(8) 벨용 푸시버튼스위치
(9) 피난밧줄
(10) 옥내소화전함
(11) 방수구
(12) 안전매트
(13) 방수복
(14) 시각경보기 [보기 ①]

답 ①

제4과목　소방기계시설의 구조 및 원리

61 폐쇄형 스프링클러헤드를 사용하는 연결살수설비의 주배관이 접속할 수 없는 것은?

① 옥내소화전설비의 주배관
② 옥외소화전설비의 주배관
③ 수도배관
④ 옥상수조

해설 **폐쇄형 헤드**를 사용하는 **연결살수설비의 주배관** 연결 (NFPC 503 5조, NFTC 503 2.2.4.1)
(1) 옥내소화전설비의 주배관　보기 ①
(2) 수도배관　보기 ③
(3) 옥상수조(옥상에 설치된 수조)　보기 ④

답 ②

62 옥내소화전설비의 설치기준 중 틀린 것은?

① 성능시험배관은 펌프의 토출측에 설치된 개폐밸브 이후에서 분기하여 설치하고, 유량측정장치를 기준으로 전단 직관부에 개폐밸브를, 후단 직관부에는 유량조절밸브를 설치하여야 한다.
② 가압송수장치의 체절운전시 수온의 상승을 방지하기 위하여 체크밸브와 펌프 사이에서 분기한 구경 20mm 이상의 배관에 체절압력 미만에서 개방되는 릴리프밸브를 설치하여야 한다.
③ 펌프의 성능은 체절운전시 정격토출압력의 140%를 초과하지 않고, 정격토출량의 150%로 운전시 정격토출압력의 65% 이상이 되어야 한다.
④ 연결송수관설비의 배관과 겸용할 경우의 주배관은 구경 100mm 이상, 방수구로 연결되는 배관의 구경은 65mm 이상의 것으로 하여야 한다.

해설 ① 이후 → 이전

펌프의 성능시험배관(NFPC 102 5·6조, NFTC 102 2.2, 2.3)

성능시험배관	유량측정장치
• 펌프의 **토출측**에 설치된 **개폐밸브 이전**에 설치 보기 ① • 유량측정장치를 기준으로 **전단 직관부에 개폐밸브** 설치	• 성능시험배관의 **직관부**에 설치 • 펌프의 정격토출량의 **175% 이상** 측정할 수 있는 성능

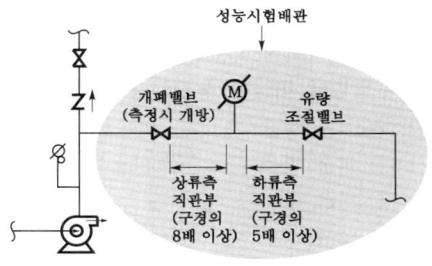
|성능시험배관|

답 ①

63 이산화탄소소화설비의 수동식 기동장치에 대한 설명으로 틀린 것은?

① 전역방출방식에 있어서는 방호구역마다, 국소방출방식에 있어서는 방호대상물마다 설치한다.
② 해당 방호구역의 출입구 부분 등 조작을 하는 자가 쉽게 피난할 수 있는 장소에 설치한다.
③ 전기를 사용하는 기동장치에 전원표시등을 설치한다.
④ 기동장치의 조작부는 바닥으로부터 높이 0.5m 이상 1.0m 이하의 위치에 설치한다.

해설 **이산화탄소소화설비의 수동식 기동장치**(NFPC 106 6조, NFTC 106 2.3.1)
(1) 전역방출방식은 **방호구역**마다, 국소방출방식은 **방호대상물**마다 설치　보기 ①
(2) 해당 방호구역의 **출입구부분** 등 조작을 하는 자가 쉽게 피난할 수 있는 장소에 설치　보기 ②
(3) 기동장치의 조작부는 바닥에서 **0.8~1.5m** 이하의 위치에 설치하고, 보호판 등에 의한 보호장치 설치　보기 ④
(4) 기동장치에는 "이산화탄소소화설비 기동장치"라고 표시한 표지를 한다.
(5) 전기를 사용하는 기동장치에는 **전원표시등**을 설치　보기 ③
(6) 기동장치의 **방출용 스위치**는 **음향경보장치**와 연동하여 조작될 수 있는 것
(7) 기동장치에는 보호장치를 설치해야 하며, 보호장치를 개방하는 경우 기동장치에 설치된 버저 또는 벨 등에 의하여 경고음을 발할 것
(8) 기동장치를 옥외에 설치하는 경우 빗물 또는 외부 충격의 영향을 받지 아니하도록 설치할 것

중요

설치높이

0.5~1m 이하	0.8~1.5m 이하	1.5m 이하
① **연**결송수관설비의 송수구 ② **연**결살수설비의 송수구 ③ **소**화용수설비의 채수구 **기억법** 연소용 51 (**연소용 오일**은 잘 탄다.)	① **제**어밸브(수동식 개방밸브) ② **유**수검지장치 ③ **일**제개방밸브 **기억법** 제유일 85 (**제가 유일**하게 팔 았어요.)	① **옥내**소화전설비의 방수구 ② **호**스릴함 ③ **소**화기(투척용 소화기) **기억법** 옥내호소 5 (**옥내**에서 **호소**하시오.)

답 ④

64. 포소화설비에서 부상지붕구조의 탱크에 상부포 주입법을 이용한 포방출구 형태는?

① Ⅰ형 방출구
② Ⅱ형 방출구
③ 특형 방출구
④ 표면하 주입식 방출구

해설 **포방출구**(위험물기준 133조)

탱크의 구조	포방출구
고정지붕구조(원추형 루프탱크, 콘루프탱크)	• Ⅰ형 방출구 • Ⅱ형 방출구 • Ⅲ형 방출구(표면하 주입식 방출구) • Ⅳ형 방출구(반표면하 주입식 방출구)
부상덮개부착 고정지붕구조	• Ⅱ형 방출구
부상지붕구조(부상식 루프탱크, **플**로팅 루프탱크)	• **특**형 방출구 보기 ③

기억법 특플부(터프가이 부상)

답 ③

65. 다음 중 연결송수관설비를 건식으로 설치하는 경우의 밸브 설치순서로 옳은 것은?

① 송수구 → 자동배수밸브 → 체크밸브 → 자동배수밸브
② 송수구 → 체크밸브 → 자동배수밸브 → 체크밸브
③ 송수구 → 체크밸브 → 자동배수밸브 → 개폐밸브
④ 송수구 → 자동배수밸브 → 체크밸브 → 개폐밸브

해설 **연결송수관설비**(NFPC 502 4조, NFTC 502 2.1.1.8)
(1) 습식
송수구 → 자동배수밸브 → 체크밸브

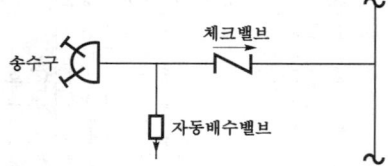

‖ 연결송수관설비(습식) ‖

(2) 건식 보기 ①
송수구 → **자**동배수밸브 → **체**크밸브 → **자**동배수밸브

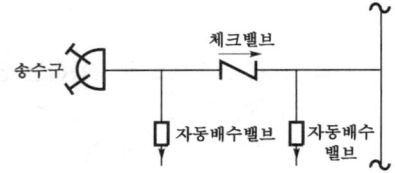

‖ 연결송수관설비(건식) ‖

기억법 송자체자건

답 ①

66. 소화기의 설치수량 산정에 대한 설명 중 틀린 것은?

① 소화기의 설치기준은 소화기의 수량으로 정하는 것이 아니라 용도별, 면적별로 소요단위수로 산정한다.
② 소형 소화기의 경우 보행거리 30m마다 설치하는 기준으로 적용한다.
③ 11층 이상의 고층부분에서는 소화기 감소조항이 적용되지 않는다.
④ 감소조항을 적용 받아도 보행거리 조항은 준수해야 한다.

해설 ② 소형 소화기 → 대형 소화기

(1) **수평거리**

수평거리	설 명
수평거리 10m 이하	• 예상제연구역
수평거리 15m 이하	• 분말호스릴 • 포호스릴 • CO_2호스릴
수평거리 20m 이하	• 할론호스릴
수평거리 25m 이하	• 옥내소화전 방수구(호스릴 포함) • 포소화전 방수구 • 연결송수관 방수구(지하가) • 연결송수관 방수구(지하층 바닥면적 3000m^2 이상)
수평거리 40m 이하	• 옥외소화전 방수구
수평거리 50m 이하	• 연결송수관 방수구(사무실)

(2) **보행거리**

보행거리	설 명
보행거리 20m 이내	소형 소화기 보기 ②
보행거리 30m 이내	대형 소화기

용어

수평거리와 보행거리
(1) **수평거리**: 직선거리로서 반경을 의미하기도 한다.
(2) **보행거리**: 걸어선 간 거리

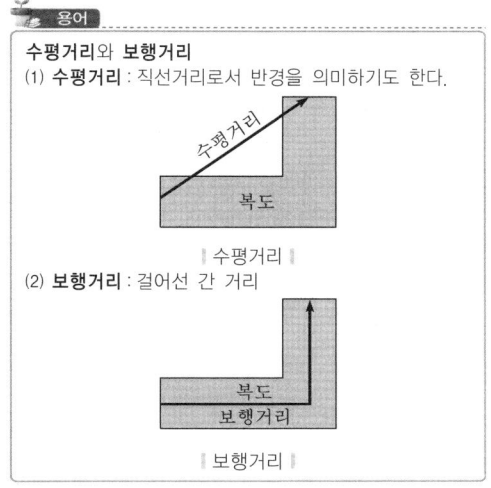

답 ②

67. 상수도소화용수설비 설치시 소화전 설치기준으로 옳은 것은?

① 특정소방대상물의 수평투영반경의 각 부분으로부터 140m 이하가 되도록 설치
② 특정소방대상물의 수평투영면의 각 부분으로부터 140m 이하가 되도록 설치
③ 특정소방대상물의 수평투영반경의 각 부분으로부터 100m 이하가 되도록 설치
④ 특정소방대상물의 수평투영면의 각 부분으로부터 100m 이하가 되도록 설치

해설
① 수평투영반경 → 수평투영면
③ 수평투영반경 → 수평투영면, 100m → 140m
④ 100m → 140m

상수도소화용수설비의 기준(NFPC 401 4조, NFTC 401 2.1.1)
(1) 호칭지름

수도배관	소화전
75mm 이상	100mm 이상

(2) 소화전은 소방자동차 등의 진입이 쉬운 **도로변** 또는 **공지**에 설치
(3) 소화전은 특정소방대상물의 **수평투영면**의 각 부분으로부터 140m 이하에 설치 보기 ②
(4) 지상식 소화전의 호스접결구는 지면으로부터 높이가 0.5m 이상 1m 이하가 되도록 설치

답 ②

68. 피난기구인 완강기의 기술기준 중 최대사용하중은 몇 N 이상인가?

① 800
② 1000
③ 1200
④ 1500

해설 완강기의 하중(완강기의 형식승인 및 제품검사의 기술기준 12조)
(1) 250N(최소하중)
(2) 750N
(3) 1500N(최대하중) 보기 ④

답 ④

69. 소화기의 설치기준 중 다음 ( ) 안에 알맞은 것은? (단, 가연성 물질이 없는 작업장 및 지하구의 경우는 제외한다.)

각 층마다 설치하되, 특정소방대상물의 각 부분으로부터 1개의 소화기까지의 보행거리가 소형 소화기의 경우에는 (㉠)m 이내, 대형 소화기의 경우에는 (㉡)m 이내가 되도록 배치할 것

① ㉠ 20, ㉡ 10
② ㉠ 10, ㉡ 20
③ ㉠ 20, ㉡ 30
④ ㉠ 30, ㉡ 20

해설
(1) 보행거리

구분	적용
20m 이하	• 소형 소화기 보기 ③
30m 이하	• 대형 소화기 보기 ③

(2) 수평거리

구분	적용
10m 이하	• 예상제연구역
15m 이하	• 분말(호스릴) • 포(호스릴) • 이산화탄소(호스릴)
20m 이하	• 할론(호스릴)
25m 이하	• 음향장치 • 옥내소화전 방수구 • **옥**내소화전(**호**스릴) • 포소화전 방수구 • 연결송수관 방수구(지하가) • 연결송수관 방수구(지하층 바닥면적 3000m² 이상)
40m 이하	• 옥외소화전 방수구
50m 이하	• 연결송수관 방수구(사무실)

기억법 옥호25(<u>오</u>후에 <u>이</u>사 <u>오</u>세요.)

용어

수평거리와 보행거리

수평거리	보행거리
직선거리를 말하며, 반경을 의미하기도 한다.	걸어서 간 거리

답 ③

70. 제3종 분말소화약제의 열분해시 생성되는 물질과 관계없는 것은?

① NH_3
② HPO_3
③ H_2O
④ CO_2

해설
① NH_3(암모니아)
② HPO_3(메탄인산)
③ H_2O(물)
④ 이산화탄소(CO_2) 미발생

분말소화기 : 질식효과

종 별	소화약제	약제의 착색	화학반응식	적응 화재
제1종	탄산수소 나트륨 ($NaHCO_3$)	백색	$2NaHCO_3 \rightarrow Na_2CO_3+CO_2+H_2O$	BC급
제2종	탄산수소 칼륨 ($KHCO_3$)	담자색 (담회색)	$2KHCO_3 \rightarrow K_2CO_3+CO_2+H_2O$	BC급
제3종	인산암모늄 ($NH_4H_2PO_4$)	담홍색	$NH_4H_2PO_4 \rightarrow HPO_3+NH_3+H_2O$ 보기 ④	ABC급
제4종	탄산수소 칼륨+요소 ($KHCO_3$+$(NH_2)_2CO$)	회(백)색	$2KHCO_3+(NH_2)_2CO \rightarrow K_2CO_3+2NH_3+2CO_2$	BC급

• 탄산수소나트륨 = 중탄산나트륨
• 탄산수소칼륨 = 중탄산칼륨
• 제1인산암모늄 = 인산암모늄 = 인산염
• 탄산수소칼륨 + 요소 = 중탄산칼륨 + 요소

답 ④

71. 펌프의 토출관에 압입기를 설치하여 포소화약제 압입용 펌프로 포소화약제를 압입시켜 혼합하는 포소화약제의 혼합방식은?

① 펌프 프로포셔너
② 프레져 프로포셔너
③ 라인 프로포셔너
④ 프레져사이드 프로포셔너

해설 포소화약제의 혼합장치(NFPC 105 3·9조, NFTC 105 1.7, 2.6.1)

(1) **펌프 프로포셔너방식(펌프 혼합방식)**
  ㉠ 펌프 토출측과 흡입측에 바이패스를 설치하고 그 바이패스 도중에 설치한 어댑터(adaptor)로 펌프 토출측 수량의 일부를 통과시켜 공기포용액을 만드는 방식
  ㉡ 펌프 **토출관**과 **흡입관** 사이의 배관 도중에 설치한 흡입기에 펌프에서 토출된 물의 일부를 보내고 **농도조정밸브**에서 조정된 포소화약제의 필요량을 포소화약제탱크에서 펌프 흡입측으로 보내어 약제를 혼합하는 방식

(2) **프레져 프로포셔너방식(차압 혼합방식)**
  ㉠ 가압송수관 도중에 공기포 소화원액 혼합조(P.P.T)와 혼합기를 접속하여 사용하는 방법
  ㉡ **격막방식 휩탱크**를 사용하는 에어휩 혼합방식
  ㉢ 펌프와 발포기의 중간에 설치된 벤츄리관의 **벤츄리작용**과 펌프 가압수의 **포소화약제 저장탱크**에 대한 압력에 의하여 포소화약제를 흡입·혼합하는 방식

(3) **라인 프로포셔너방식(관로 혼합방식)**
  ㉠ 급수관의 배관 도중에 포소화약제 흡입기를 설치하여 그 흡입관에서 소화약제를 흡입하여 혼합하는 방식
  ㉡ 펌프와 발포기의 중간에 설치된 벤츄리관의 **벤츄리작용**에 의하여 포소화약제를 흡입·혼합하는 방식

• 벤츄리 = 벤투리

기억법 라벤벤

(4) **프레져사이드 프로포셔너방식(압입 혼합방식)**
  ㉠ 소화원액 **가압펌프**(압입용 펌프)를 별도로 사용하는 방식
  ㉡ 펌프 **토출관**에 압입기를 설치하여 포소화약제 **압입용 펌프**로 포소화약제를 압입시켜 혼합하는 방식 보기 ④

기억법 프사압

(5) **압축공기포 믹싱챔버방식**
  포수용액에 공기를 강제로 주입시켜 **원거리 방수**가 가능하고 물 사용량을 줄여 **수손피해**를 **최소화**할 수 있는 방식

답 ④

72. 평상시 최고주위온도가 70°C인 장소에 폐쇄형 스프링클러헤드를 설치하는 경우 표시온도가 몇 °C인 것을 설치해야 하는가?

① 79°C 미만
② 79°C 이상 121°C 미만
③ 121°C 이상 162°C 미만
④ 162°C 이상

해설 폐쇄형 헤드의 표시온도(NFTC 103 2.7.6)

설치장소의 최고주위온도	표시온도
39°C 미만	**79**°C 미만
39~**64**°C 미만	79~**121**°C 미만
64~**106**°C 미만 →	121~**162**°C 미만 보기 ③
106°C 이상	162°C 이상

기억법 39 → 79
  64 → 121
  106 → 162

• 헤드의 표시온도는 **최고주위온도**보다 **높은** 것을 선택한다.

기억법 최높

답 ③

73. 옥내소화전설비 배관의 설치기준 중 다음 ( ) 안에 알맞은 것은?

연결송수관설비의 배관과 겸용할 경우의 주배관은 구경 (㉠)mm 이상, 방수구로 연결되는 배관의 구경은 (㉡)mm 이상의 것으로 하여야 한다.

① ㉠ 40, ㉡ 50
② ㉠ 50, ㉡ 40
③ ㉠ 65, ㉡ 100
④ ㉠ 100, ㉡ 65

해설 (1) 배관의 **구경**(NFPC 102 6조, NFTC 102 2.3)

구 분	가지배관	주배관 중 수직배관
호스릴	25mm 이상	32mm 이상
일반	40mm 이상	50mm 이상

(2) 연결송수관설비의 배관과 겸용 보기 ④

주배관	방수구로 연결되는 배관
구경 100mm 이상	구경 65mm 이상

답 ④

74. 전역방출방식의 이산화탄소소화설비를 설치한 특정소방대상물 또는 그 부분에 설치하는 자동폐쇄장치의 설치기준 중 다음 ( ) 안에 알맞은 것은?

개구부가 있거나 천장으로부터 (㉠)m 이상의 아랫부분 또는 바닥으로부터 해당 층의 높이의 (㉡) 이내의 부분에 통기구가 있어 이산화탄소의 유출에 따라 소화효과를 감소시킬 우려가 있는 것은 이산화탄소가 방사되기 전에 해당 개구부 및 통기구를 폐쇄할 수 있도록 할 것

① ㉠ 1, ㉡ $\frac{2}{3}$
② ㉠ 1, ㉡ $\frac{1}{2}$
③ ㉠ 0.3, ㉡ $\frac{2}{3}$
④ ㉠ 0.3, ㉡ $\frac{1}{2}$

해설 할로겐화합물 및 불활성기체 소화설비·분말소화설비·이산화탄소 소화설비 자동폐쇄장치 설치기준(NFPC 107A 15조, NFTC 107A 2.12.1.2 / NFPC 108 14조, NFTC 108 2.11.1.2 / NFPC 106 14조, NFTC 106 2.11.1.2)

개구부가 있거나 천장으로부터 **1m 이상**의 아랫부분 또는 바닥으로부터 해당 층의 높이의 $\frac{2}{3}$ 이내의 부분에 통기구가 있어 **소화약제**의 유출에 따라 소화효과를 감소시킬 우려가 있는 것은 **소화약제**가 방사되기 전에 해당 **개구부** 및 **통기구**를 폐쇄할 수 있도록 할 것 보기 ①

답 ①

75. 차고 또는 주차장에 설치하는 포소화설비의 수동식 기동장치는 방사구역마다 몇 개 이상을 설치해야 하는가?

① 1개 이상
② 2개 이상
③ 3개 이상
④ 4개 이상

해설 포소화설비 수동식 기동장치(NFTC 105 2.8.1)
(1) 직접조작 또는 원격조작에 의하여 가압송수장치·수동식 개방밸브 및 소화약제 혼합장치를 기동할 수 있는 것
(2) 2 이상의 방사구역을 가진 포소화설비에는 방사구역을 선택할 수 있는 구조
(3) 기동장치의 조작부는 화재시 쉽게 접근할 수 있는 곳에 설치하되, 바닥으로부터 0.8~1.5m 이하의 위치에 설치하고, 유효한 보호장치 설치
(4) 기동장치의 조작부 및 호스접결구에는 가까운 곳의 보기 쉬운 곳에 각각 "기동장치의 조작부" 및 "접결구"라고 표시한 표지 설치
(5) 설치개수

차고·주차장	항공기 격납고
1개 이상 보기 ①	2개 이상

기억법 차1(차일피일!)

답 ①

76. 분말소화약제 가압식 저장용기는 최고사용압력의 몇 배 이하의 압력에서 작동하는 안전밸브를 설치해야 하는가?

① 0.8배
② 1.2배
③ 1.8배
④ 2.0배

해설 분말소화설비의 저장용기 안전밸브(NFPC 108 4조, NFTC 108 2.1.2.2)

가압식	축압식
최고사용압력 1.8배 이하 보기 ③	내압시험압력 0.8배 이하

답 ③

77. 물분무등소화설비 중 이산화탄소소화설비를 설치하여야 하는 특정소방대상물에 설치하여야 할 인명구조기구의 종류로 옳은 것은?

① 방열복
② 방화복
③ 인공소생기
④ 공기호흡기

해설 특정소방대상물의 용도 및 장소별로 설치하여야 할 인명구조기구(NFTC 302 2.1.1.1)

특정소방대상물	인명구조기구의 종류	설치수량
• 7층 이상인 관광호텔 및 5층 이상인 병원(지하층 포함)	• 방열복 • 방화복(안전모, 보호장갑, 안전화 포함) • 공기호흡기 • 인공소생기	• 각 2개 이상 비치할 것(단, 병원의 경우에는 인공소생기 설치 제외 가능)
• 문화 및 집회시설 중 수용인원 100명 이상의 영화상영관 • 대규모 점포 • 운수시설 중 지하역사 • 지하가 중 지하상가	• 공기호흡기	• 층마다 2개 이상 비치할 것(단, 각 층마다 갖추어 두어야 할 공기호흡기 중 일부를 직원이 상주하는 인근 사무실에 갖추어 둘 수 있다.)
• 이산화탄소소화설비(호스릴 이산화탄소소화설비 제외)를 설치하여야 하는 특정소방대상물	• 공기호흡기 보기 ④	• 이산화탄소소화설비가 설치된 장소의 출입구 외부 인근에 1대 이상 비치할 것

답 ④

78 할론소화설비 자동식 기동장치의 설치기준 중 다음 ( ) 안에 알맞은 것은?

18.04.문72
17.09.문80
17.03.문67

전기식 기동장치로서 ( )병 이상의 저장용기를 동시에 개방하는 설비는 2병 이상의 저장용기에 전자개방밸브를 부착할 것

① 3   ② 5
③ 7   ④ 10

해설 전자개방밸브 부착(NFPC 106 2.3.2.2 / NFPC 108 5·7조, NFTC 108 2.2.2, 2.4.2.2)

분말소화약제 가압용 가스용기	할론·이산화탄소·분말소화설비 전기식 기동장치
3병 이상 설치한 경우 2개 이상	7병 이상 개방시 2병 이상 보기 ③

기억법 할이72

▶ **중요**

압력조정장치(압력조정기)의 압력(NFPC 107 4조, NFTC 107 2.1.5 / NFPC 108 5조, NFTC 108 2.2.3)

할론소화설비	분말소화설비(분말소화약제)
2MPa 이하	2.5MPa 이하

기억법 분압25(분압이오.)

답 ③

79 습식 스프링클러설비 또는 부압식 스프링클러설비 외의 설비에는 헤드를 향하여 상향으로 수평주행배관 기울기를 최소 몇 이상으로 하여야 하는가? (단, 배관의 구조상 기울기를 줄 수 없는 경우는 제외한다.)

19.04.문73
18.04.문65
13.09.문66

① $\frac{1}{100}$ ② $\frac{1}{200}$
③ $\frac{1}{300}$ ④ $\frac{1}{500}$

해설 기울기

구 분	설 명
$\frac{1}{100}$ 이상	연결살수설비의 수평주행배관
$\frac{2}{100}$ 이상	물분무소화설비의 배수설비
$\frac{1}{250}$ 이상	습식 설비·부압식 설비 외 설비의 가지배관
$\frac{1}{500}$ 이상	**습**식 설비·**부**압식 설비 외 설비의 **수**평주행배관 보기 ④

기억법 습부수5

답 ④

80 연결살수설비의 화재안전기준상 연결살수설비의 가지배관은 교차배관 또는 주배관에서 분기되는 지점을 기점으로 한쪽 가지배관에 설치되는 헤드의 개수를 최대 몇 개 이하로 해야 하는가?

18.04.문77
11.03.문65

① 8   ② 10
③ 12   ④ 15

해설 연결살수설비(NFPC 503 5조, NFTC 503 2.2.6)
한쪽 가지배관에 설치되는 헤드의 개수 : **8개 이하** 보기 ①

‖ 가지배관의 헤드개수 ‖

▶ **비교**

연결살수설비(NFPC 503 4조, NFTC 503 2.1.4)
연결살수설비에서 하나의 송수구역에 설치하는 개방형 헤드의 수는 **10개 이하**이다.

답 ①

과년도 기출문제
2020년
소방설비산업기사 필기 (기계분야)

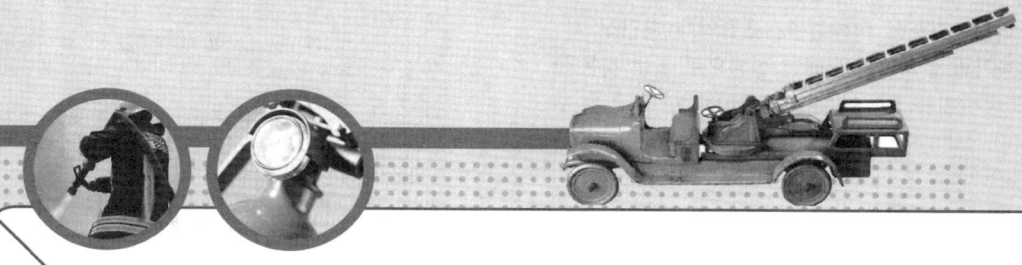

▌2020. 6. 13 시행 ·················· 20- 2
▌2020. 8. 23 시행 ·················· 20-28

** 수험자 유의사항 **

1. 문제지를 받는 즉시 **본인**이 **응시한 종목**이 맞는지 확인하시기 바랍니다.
2. 문제지 표지에 본인의 **수험번호**와 **성명**을 기재하여야 합니다.
3. 문제지의 **총면수, 문제번호 일련순서, 인쇄상태, 중복 및 누락 페이지 유무**를 확인하시기 바랍니다.
4. 답안은 각 문제마다 요구하는 가장 적합하거나 가까운 답 1개만을 선택하여야 합니다.
5. 답안카드는 뒷면의 「수험자 유의사항」에 따라 작성하시고, 답안카드 작성 시 형별누락, 마킹착오로 인한 불이익은 전적으로 수험자에게 책임이 있음을 알려드립니다.
6. 문제지는 시험 종료 후 본인이 가져갈 수 있습니다.

** 안내사항 **

• 가답안/최종정답은 큐넷(www.q-net.or.kr)에서 확인하실 수 있습니다. 가답안에 대한 의견은 큐넷의 [가답안 의견 제시]를 통해 제시할 수 있으며, 확정된 답안은 최종정답으로 갈음합니다.
• 공단에서 제공하는 자격검정서비스에 대해 개선할 점이 있으시면 고객참여(http://hrdkorea.or.kr/7/1/1)를 통해 건의하여 주시기 바랍니다.

2020. 6. 13 시행

2020년 산업기사 제1·2회 통합 필기시험

자격종목	종목코드	시험시간	형별
소방설비산업기사(기계분야)		2시간	

※ 각 문항은 4지택일형으로 질문에 가장 적합한 보기 항을 선택하여 체크하여야 합니다.

제1과목 소방원론

01 화재안전기준상 이산화탄소소화약제 저압식 저장용기의 설치기준에 대한 설명으로 틀린 것은?

① 충전비는 1.1 이상 1.4 이하로 한다.
② 3.5MPa 이상의 내압시험압력에 합격한 것이어야 한다.
③ 용기 내부의 온도가 −18℃ 이하에서 2.1MPa의 압력을 유지할 수 있는 자동냉동장치를 설치해야 한다.
④ 내압시험압력의 0.64~0.8배의 압력에서 작동하는 봉판을 설치해야 한다.

해설 ④ 봉판 → 안전밸브

이산화탄소소화설비의 **저장용기**(NFPC 106 4조, NFTC 106 2.1.2)

자동냉동장치	2.1MPa 유지, −18℃ 이하 [보기 ③]
압력경보장치	2.3MPa 이상 1.9MPa 이하
선택밸브 또는 개폐밸브의 안전장치	내압시험압력의 0.8배 [기억법] 선개안내08
저장용기	고압식 25MPa 이상 저압식 3.5MPa 이상 [보기 ②] [기억법] 이고25저35
안전밸브	내압시험압력의 0.64~0.8배
봉판	내압시험압력의 0.8배~내압시험압력 [보기 ④]
충전비	고압식 1.5~1.9 이하 저압식 1.1~1.4 이하 [보기 ①]

답 ④

02 화재로 인하여 산소가 부족한 건물 내에 산소가 새로 유입된 때에는 고열가스의 폭발 또는 급속한 연소가 발생하는데 이 현상을 무엇이라고 하는가?

① 파이어볼 ② 보일오버
③ 백드래프트 ④ 백파이어

해설 **백드래프트**(back draft)
(1) **산소의 공급**이 원활하지 못한 화재실에 급격히 **산소**가 공급이 될 경우 순간적으로 연소하여 화재가 폭풍을 동반하여 **실외로 분출**하는 현상
(2) 소방대가 소화활동을 위하여 화재실의 문을 개방할 때 신선한 공기가 유입되어 실내에 축적되었던 가연성 가스가 **단시간에 폭발적으로 연소**함으로써 화재가 폭풍을 동반하며 실외로 분출되는 현상으로 **감쇠기**에 나타난다.
(3) 화재로 인하여 **산소가 부족**한 건물 내에 산소가 새로 유입된 때 **고열가스의 폭발** 또는 급속한 **연소**가 발생하는 현상 [보기 ③]
(4) **통기력**이 좋지 않은 상태에서 연소가 계속되어 산소가 심히 부족한 상태가 되었을 때 **개구부**를 통하여 산소가 공급되면 실내의 가연성 혼합기가 공급되는 **산소의 방향과 반대로** 흐르며 급격히 연소하는 현상으로서 "**역화현상**"이라고 하며 이때에는 **화염**이 산소의 공급통로로 분출되는 현상을 눈으로 확인할 수 있다.

[기억법] 백감

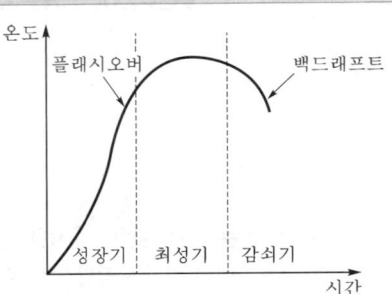

| 백드래프트와 플래시오버의 발생시기 |

중요

용어	설명
플래시오버 (flash over)	화재로 인하여 **실내의 온도가 급격히 상승**하여 화재가 순간적으로 실내 전체에 **확산**되어 연소되는 현상
보일오버 (boil over)	**중질유**가 탱크에서 조용히 연소하다 열유층에 의해 가열된 하부의 물이 폭발적으로 끓어 올라와 상부의 뜨거운 기름과 함께 분출하는 현상
백드래프트 (back draft)	화재로 인해 **산소가 고갈**된 건물 안으로 외부의 **산소가 유입**될 경우 발생하는 현상
롤오버 (roll over)	플래시오버가 발생하기 직전에 **작은 불들이 연기 속**에서 산재해 있는 상태

제트파이어 (jet fire)	압축 또는 액화상태의 가스가 **저장탱크**나 **배관**에서 **누출**되어 분출하면서 주위 공기와 혼합되어 점화원을 만나 발생하는 화재
파이어볼 (fireball, 화구)	**인화성 액체**가 **대량**되어 **기화**되어 갑자기 발화될 때 발생하는 **공모양**의 화염
리프트 (lift)	버너 내압이 높아져서 **분출속도**가 **빨라지는** 현상
백파이어 (backfire, 역화)	가스가 노즐에서 나가는 속도가 연소속도보다 느리게 되어 **버너 내부**에서 **연소**하게 되는 현상

답 ③

03 0℃의 얼음 1g을 100℃의 수증기로 만드는 데 필요한 열량은 약 몇 cal인가? (단, 물의 융융열은 80cal/g, 증발잠열은 539cal/g이다.)

① 518 ② 539
③ 619 ④ 719

해설 물의 잠열

잠열 및 열량	설 명
80cal/g	융해잠열
539cal/g	기화(증발)잠열
639cal	0℃의 **물** 1g이 100℃의 수증기가 되는 데 필요한 열량
719cal	0℃의 **얼음** 1g이 100℃의 수증기가 되는 데 필요한 열량

답 ④

04 공기 중의 산소는 약 몇 vol%인가?

① 15 ② 21
③ 28 ④ 32

해설 공기 중 구성물질

구성물질	비 율
아르곤(Ar)	1vol%
산소(O_2)	21vol% 보기②
질소(N_2)	78vol%

중요 공기 중 산소농도

구 분	산소농도
체적비(부피백분율)	약 21vol%
중량비(중량백분율)	약 23wt%

• 용적=부피

답 ②

05 연소 또는 소화약제에 관한 설명으로 틀린 것은?

① 기체의 정압비열은 정적비열보다 크다.
② 프로판가스가 완전연소하면 일산화탄소와 물이 발생한다.
③ 이산화탄소소화약제는 액화할 수 있다.
④ 물의 증발잠열은 아세톤, 벤젠보다 크다.

해설 ② 일산화탄소 → 이산화탄소

완전연소시 발생물질	불완전연소시 발생물질
이산화탄소+물	일산화탄소+물

답 ②

06 다음 중 전기화재에 해당하는 것은?

① A급 화재
② B급 화재
③ C급 화재
④ K급 화재

해설

화재 종류	표시색	적응물질
일반화재(A급)	**백**색	• 일반 가연물 • **종이류** 화재 • **목재, 섬유**화재
유류화재(B급)	**황**색	• 가연성 액체(등유·경유) • 가연성 가스 • 액화가스화재 • 석유화재
전기화재(C급) 보기③	**청**색	• 전기설비
금속화재(D급)	**무**색	• 가연성 금속
주방화재(K급)	–	• 식용유화재

기억법 백황청무

※ 요즘은 표시색의 의무규정은 없음

답 ③

07 물을 이용한 대표적인 소화효과로만 나열된 것은?

① 냉각효과, 부촉매효과
② 냉각효과, 질식효과
③ 질식효과, 부촉매효과
④ 제거효과, 냉각효과, 부촉매효과

해설 소화약제의 소화작용

소화약제	소화작용	주된 소화작용
물 (스프링클러)	• 냉각작용 • 희석작용	냉각작용 (냉각소화)

20. 06. 시행 / 산업(기계)

물(무상)	• **냉**각작용(증발 잠열 이용) • **질**식작용 • **유**화작용(에멀션 효과) • **희**석작용	
포	• 냉각작용 • 질식작용	질식작용 (질식소화)
분말	• 질식작용 • 부촉매작용 (억제작용) • 방사열 차단작용	
이산화탄소	• 냉각작용 • 질식작용 • 피복작용	
할론	• 질식작용 • **부**촉매작용 (억제작용)	부촉매작용 (연쇄반응 억제) 기억법 **할부**(**할**아**버**지)

기억법 물냉질유희

- CO_2 소화기=이산화탄소소화기
- 에멀션효과=에멀전효과
- 물은 부촉매효과는 없으므로 부촉매효과가 없는 ②번이 정답

중요

부촉매효과
(1) 분말소화약제
(2) 할론소화약제
(3) 할로겐화합물소화약제

답 ②

08 포소화약제의 포가 갖추어야 할 조건으로 적합하지 않은 것은?
13.03.문01
① 화재면과의 부착성이 좋을 것
② 응집성과 안정성이 우수할 것
③ 환원시간(drainage time)이 짧을 것
④ 약제는 독성이 없고 변질되지 말 것

해설 ③ 짧을 것 → 길 것

포소화약제의 구비조건
(1) **유동**성이 좋아야 한다.
(2) **안정**성을 가지고 내열성이 있어야 한다.
(3) 독성이 적어야 한다(독성이 없고 변질되지 말 것). 보기 ④
(4) 화재면에 부착하는 성질이 커야 한다(**응집성**과 **안정성**이 있을 것). 보기 ①②
(5) 바람에 견디는 힘이 커야 한다.
(6) **유면봉쇄**성이 좋아야 한다.
(7) **내유**성이 좋아야 한다.
(8) 환원시간이 **길 것** 보기 ③

용어

25% 환원시간(drainage time)
발포된 포중량의 25%가 원래의 포수용액으로 되돌아가는 데 걸리는 시간

답 ③

★★★
09 다음 중 인화점이 가장 낮은 것은?
19.04.문06
17.09.문11
17.03.문02
14.03.문02
08.09.문06
① 경유
② 메틸알코올
③ 이황화탄소
④ 등유

해설 ① 경유 : 50~70℃ ② 메틸알코올 : 11℃
③ 이황화탄소 : -30℃ ④ 등유 : 43~72℃

인화점 vs 착화점

물 질	인화점	착화점
• 프로필렌	-107℃	497℃
• 에틸에터 • 다이에틸에터	-45℃	180℃
• 가솔린(휘발유)	-43℃	300℃
• **산**화프로필렌	-37℃	465℃
• **이**황화탄소	-30℃	100℃
• 아세틸렌	-18℃	335℃
• 아세톤	-18℃	538℃
• 벤젠	-11℃	562℃
• 톨루엔	4.4℃	480℃
• **메**틸알코올	11℃	464℃
• 에틸알코올	13℃	423℃
• 아세트산	40℃	-
• **등**유	43~72℃	210℃
• **경**유	50~70℃	200℃
• 적린	-	260℃

기억법 **인산 이메등경**

- 착화점=발화점=착화온도=발화온도
- 인화점=인화온도

용어

인화점(flash point)
(1) 휘발성 물질에 **불꽃**을 접하여 연소가 가능한 최저온도
(2) 가연성 증기발생시 연소범위의 **하한계**에 이르는 **최저온도**
(3) 가연성 증기를 발생하는 액체가 공기와 혼합하여 기상부에 다른 불꽃이 닿았을 때 연소가 일어나는 **최저온도**
(4) **위험성** 기준의 척도
(5) 가연성 액체의 발화와 깊은 관계가 있다.
(6) 연료의 조성, 점도, 비중에 따라 달라진다.
(7) 인화점은 보통 **연소점 이하, 발화점 이하**의 온도이다.

기억법 **인불하저위**

답 ③

20. 06. 시행 / 산업(기계)

10 자연발화를 일으키는 원인이 아닌 것은?

① 산화열
② 분해열
③ 흡착열
④ 기화열

해설 자연발화의 형태

구 분	종 류
분해열	• **셀**룰로이드 • **나**이트로셀룰로오스 **기억법** 분셀나
산화열	• 건성유(정어리유, 아마인유, 해바라기유) • 석탄 • 원면 • 고무분말
발효열	• **퇴**비 • **먼**지 • **곡**물 **기억법** 발퇴먼곡
흡착열	• **목**탄 • **활**성탄 **기억법** 흡목탄활

중요

(1) 산화열

산화열이 축적되는 경우	산화열이 축적되지 않는 경우
햇빛에 방치한 기름걸레는 산화열이 축적되어 자연발화를 일으킬 수 있다.	기름걸레를 빨랫줄에 걸어 놓으면 산화열이 축적되지 않아 자연발화는 일어나지 않는다.

(2) **발화원**이 아닌 것
 ㉠ 기화열
 ㉡ 융해열

답 ④

11 열전달에 대한 설명으로 틀린 것은?

① 전도에 의한 열전달은 물질표면을 보온하여 완전히 막을 수 있다.
② 대류는 밀도 차이에 의해서 열이 전달된다.
③ 진공 속에서도 복사에 의한 열전달이 가능하다.
④ 화재시의 열전달은 전도, 대류, 복사가 모두 관여된다.

① 전도에 의한 열전달은 물질표면을 보온한다 해도 완전히 막을 수는 없다.

중요

열전달의 종류	
종 류	설 명
전도(Conduction)	하나의 물체가 다른 물체와 **직접 접촉**하여 열이 이동하는 현상
대류(Convection)	**유체**의 흐름에 의하여 열이 이동하는 현상
복사(Radiation)	열에너지가 **전자파**의 형태로 옮겨지는 현상으로, **가장 크게 작용**한다.
기억법 열전대복	

답 ①

12 불연성 물질로만 이루어진 것은?

① 황린, 나트륨
② 적린, 황
③ 이황화탄소, 나이트로글리세린
④ 과산화나트륨, 질산

해설 불연성 물질

제1류 위험물	제6류 위험물
• 과산화칼륨 • 과산화나트륨 • 과산화바륨	• 과염소산 • 과산화수소 • 질산

중요

(1) **과산화나트륨**(Na_2O_2)
 ㉠ 제1류 위험물(무기과산화물)
 ㉡ 자신은 **불연성** 물질이지만 **산소공급원** 역할을 하는 물질
 기억법 과나불산

(2) 질산
 ㉠ 제6류 위험물
 ㉡ **부식성**이 있다.
 ㉢ **불연성** 물질이다.
 ㉣ **산화제**이다.
 ㉤ 산화성 물질과의 접촉을 피할 것

답 ④

13 피난대책의 일반적 원칙이 아닌 것은?

① 피난수단은 원시적인 방법으로 하는 것이 바람직하다.
② 피난대책은 비상시 본능상태에서도 혼돈이 없도록 한다.
③ 피난경로는 가능한 한 길어야 한다.
④ 피난시설은 가급적 고정식 시설이 바람직하다.

 ③ 길어야 한다. → 짧아야 한다.

피난대책의 일반적인 원칙
(1) 피난경로는 **간단명료**하게 한다(단순한 형태).
(2) 피난설비는 **고정식 설비**를 위주로 설치한다. 보기 ④
(3) 피난수단은 **원시적 방법**에 의한 것을 원칙으로 한다. 보기 ①
(4) **2방향**의 피난통로를 확보한다
(5) 피난통로를 **완전불연화** 한다.
(6) **화재층**의 피난을 **최우선**으로 고려한다.
(7) 피난시설 중 피난로는 **복도** 및 **거실**을 가리킨다.
(8) 인간의 **본능적 행동**을 무시하지 않도록 고려한다(본능상태에서도 혼동이 없도록 한다). 보기 ②
(9) 계단은 **직통계단**으로 한다.
(10) 정전시에도 **피난방향**을 알 수 있는 표시를 한다.
(11) 모든 피난동선은 건물 중심부 한 곳으로 향해서는 안 된다.
(12) 피난동선은 그 말단이 짧을수록 좋다. 보기 ③

- 피난동선=피난경로

답 ③

14 기체상태의 Halon 1301은 공기보다 약 몇 배 무거운가? (단, 공기의 평균분자량은 28.84이다.)
① 4.05배　　② 5.17배
③ 6.12배　　④ 7.01배

해설 (1) 원자량

원 소	원자량
H	1
C	12
N	14
O	16
F	19
S	32
Cl	35
Br	80

(2) 분자량
Halon 1301(CF_3Br)=12+19×3+80=149

(3) 증기비중
$$증기비중 = \frac{분자량}{28.84} ≒ \frac{분자량}{29}$$
여기서, 29 : 공기의 평균분자량
$$증기비중 = \frac{분자량}{29} = \frac{149}{28.84} ≒ 5.17$$

비교
증기밀도
$$증기밀도[g/L] = \frac{분자량}{22.4}$$
여기서, 22.4 : 기체 1몰의 부피[L]

중요
할론소화약제의 약칭 및 분자식

종 류	약 칭	분자식
Halon 1011	CB	CH_2ClBr
Halon 104	CTC	CCl_4
Halon 1211	BCF	$CF_2ClBr(CF_2BrCl, CBrClF_2)$
Halon 1301	BTM	CF_3Br
Halon 2402	FB	$C_2F_4Br_2$

답 ②

15 건물화재에서의 사망원인 중 가장 큰 비중을 차지하는 것은?
① 연소가스에 의한 질식
② 화상
③ 열충격
④ 기계적 상해

해설 ① 건물화재에서의 사망원인 중 가장 큰 비중을 차지하는 것 : **연소가스**에 의한 **질식사**이다.

답 ①

16 공기 중 산소의 농도를 낮추어 화재를 진압하는 소화방법에 해당하는 것은?
① 부촉매소화
② 냉각소화
③ 제거소화
④ 질식소화

해설 **소화방법**

소화방법	설 명
냉각소화	• **점**화원을 냉각하여 소화하는 방법 • **증**발잠열을 이용하여 열을 빼앗아 가연물의 온도를 떨어뜨려 화재를 진압하는 소화방법 • **다**량의 물을 뿌려 소화하는 방법 • 가연성 물질을 **발**화점 이하로 **냉**각 • 식용유화재에 신선한 **야**채를 넣어 소화 기억법 냉점증발
질식소화	• 공기 중의 **산**소농도를 15~16%(16%, 10~15%) 이하로 희박하게 하여 소화하는 방법 • **산**화제의 농도를 낮추어 연소가 지속될 수 없도록 함(산소의 농도를 낮추어 소화하는 방법) • **산**소공급을 차단하는 소화방법 기억법 질산

제거소화	• 가연물을 제거하여 소화하는 방법
부촉매소화 (= 화학소화)	• 연쇄반응을 차단하여 소화하는 방법 • 화학적인 방법으로 화재 억제
희석소화	• 기체·고체·액체에서 나오는 분해가스나 증기의 농도를 낮춰 소화하는 방법
유화소화	• 물을 무상으로 방사하여 유류표면에 유화층의 막을 형성시켜 공기의 접촉을 막아 소화하는 방법
피복소화	• 비중이 공기의 1.5배 정도로 무거운 소화약제를 방사하여 가연물의 구석구석까지 침투·피복하여 소화하는 방법

답 ④

17. 다음 중 독성이 가장 강한 가스는?

① C_3H_8
② O_2
③ CO_2
④ $COCl_2$

해설 연소가스

구 분	설 명
일산화탄소 (CO)	• 화재시 흡입된 일산화탄소(CO)의 화학적 작용에 의해 헤모글로빈(Hb)이 혈액의 산소 운반작용을 저해하여 사람을 질식·사망하게 한다. • 목재류의 화재시 인명피해를 가장 많이 주며, 연기로 인한 의식불명 또는 질식을 가져온다. • 인체의 폐에 큰 자극을 준다. • 산소와의 결합력이 극히 강하여 질식작용에 의한 독성을 나타낸다. 기억법 일헤인 폐산결
이산화탄소 (CO_2)	연소가스 중 가장 많은 양을 차지하고 있으며 가스 그 자체의 독성은 거의 없으나 다량이 존재할 경우 호흡속도를 증가시키고, 이로 인하여 화재가스에 혼합된 유해가스의 혼입을 증가시켜 위험을 가중시키는 가스이다. 기억법 이많(이만큼)
암모니아 (NH_3)	• 나무, 페놀수지, 멜라민수지 등의 질소함유물이 연소할 때 발생하며, 냉동시설의 냉매로 쓰인다. • 눈·코·폐 등에 매우 자극성이 큰 가연성 가스이다. 기억법 암페 멜냉자
포스겐 ($COCl_2$)	매우 독성이 강한 가스로서 소화제인 사염화탄소(CCl_4)를 화재시에 사용할 때도 발생한다. 기억법 독강 소사포
황화수소 (H_2S)	• 달걀 썩는 냄새가 나는 특성이 있다. • 황분이 포함되어 있는 물질의 불완전 연소에 의하여 발생하는 가스이다. • 자극성이 있다. 기억법 황달자
아크롤레인 (CH_2=CHCHO)	독성이 매우 높은 가스로서 석유제품, 유지 등이 연소할 때 생성되는 가스이다. 기억법 아석유
시안화수소 (HCN, 청산가스)	질소성분을 가지고 있는 합성수지, 동물의 털, 인조견 등의 섬유가 불완전연소할 때 발생하는 맹독성 가스로 0.3%의 농도에서 즉시 사망할 수 있다.
아황산가스 (SO_2, 이산화황)	• 황이 함유된 물질인 동물의 털, 고무 등이 연소하는 화재시에 발생되며 무색의 자극성 냄새를 가진 유독성 기체 • 눈 및 호흡기 등에 점막을 상하게 하고 질식사할 우려가 있다.
프로판 (C_3H_8)	• LPG의 주성분 • 물보다 가볍다.

답 ④

18. 물과 반응하여 가연성 가스를 발생시키는 물질이 아닌 것은?

① 탄화알루미늄
② 칼륨
③ 과산화수소
④ 트리에틸알루미늄

해설 과산화수소(H_2O_2)
물과 반응하여 가연성 가스를 발생시키지 않으므로 다량의 물로 주수하여 소화한다.

중요

과산화수소의 일반성질
(1) 순수한 것은 무취하며 옅은 푸른색을 띠는 투명한 액체이다.
(2) 물보다 무겁다.
(3) 물·알코올·에터에는 잘 녹지만, 석유·벤젠 등에는 녹지 않는다.
(4) 강산화제이지만 환원제로도 사용된다.
(5) 표백작용·살균작용이 있다.

답 ③

19. 전기화재의 원인으로 볼 수 없는 것은?

① 중합반응에 의한 발화
② 과전류에 의한 발화
③ 누전에 의한 발화
④ 단락에 의한 발화

해설 ① 중합반응은 관련이 적다.

전기화재를 일으키는 원인
(1) 단락(합선)에 의한 발화(배선의 단락)
(2) 과부하(과전류)에 의한 발화(과부하에 의한 발열)
(3) 절연저항 감소(누전)에 의한 발화

(4) 전열기기 과열에 의한 발화
(5) 전기불꽃에 의한 발화
(6) 용접불꽃에 의한 발화
(7) 낙뢰에 의한 발화
(8) **정전기**로 인한 스파크 발생

답 ①

20 위험물별 성질의 연결로 틀린 것은?

① 제2류 위험물 – 가연성 고체
② 제3류 위험물 – 자연발화성 물질 및 금수성 물질
③ 제4류 위험물 – 산화성 고체
④ 제5류 위험물 – 자기반응성 물질

해설 ③ 산화성 고체 → 인화성 액체

위험물령 [별표 1]
위험물

유별	성질	품명
제**1**류	**산**화성 **고**체	• 아염소산염류(아염소산나트륨) • 염소산염류 • 과염소산염류 • 질산염류(질산칼륨) • 무기과산화물(과산화바륨) 기억법 1산고(일산GO)
제**2**류	가연성 고체	• **황화**인 • **적**린 • **황** • **마**그네슘 기억법 2황화적황마
제3류	자연발화성 물질 및 금수성 물질	• **황**린 • **칼**륨 • **나**트륨 • 트리에틸**알**루미늄 기억법 황칼나알
제4류	인화성 액체	• 특수인화물 • 석유류(벤젠) • 알코올류 • 동식물유류
제5류	자기반응성 물질	• 질산에스터류(셀룰로이드) • 유기과산화물 • 나이트로화합물 • 나이트로소화합물 • 아조화합물 • 나이트로글리세린
제6류	산화성 액체	• **과염**소산 • 과**산**화수소 • **질**산 기억법 산액과염산질산

답 ③

제 2 과목 소방유체역학

21 표준대기압하에서 온도가 20℃인 공기의 밀도 [kg/m³]는? (단, 공기의 기체상수는 287J/kg·K 이다.)

① 0.012
② 1.2
③ 17.6
④ 1000

해설 (1) 기호
- P : 1atm=101.325kPa(표준대기압이므로)
  =101.325kN/m²(1Pa=1N/m²)
- T : 20℃=(273+20)K
- ρ : ?
- R : 287J/kg·K=0.287kJ/kg·K(1kJ=1kN·m)
  =0.287kN·m/kg·K

(2) 밀도

$$\rho = \frac{m}{V}$$

여기서, ρ : 밀도[kg/m³]
m : 질량[kg]
V : 부피[m³]

(3) 이상기체상태 방정식

$$PV = mRT$$

여기서, P : 압력[kPa] 또는 [kN/m²]
V : 부피(체적)[m³]
m : 질량[kg]
R : 기체상수[kJ/kg·K]
T : 절대온도(273+℃)[K]

$$P = \frac{m}{V}RT = \rho RT$$

밀도 ρ는

$$\rho = \frac{P}{RT} = \frac{101.325 \text{kN/m}^2}{0.287 \text{kN}\cdot\text{m/kg}\cdot\text{K} \times (273+20)\text{K}}$$

$\fallingdotseq 1.2 \text{kg/m}^3$

답 ②

22 안지름 25cm인 원관으로 1500m 떨어진 곳(수평거리)에 하루에 10000m³의 물을 보내는 경우 압력강하[kPa]는 얼마인가? (단, 마찰계수는 0.035이다.)

① 58.4
② 584
③ 84.8
④ 848

해설 (1) 기호
- D : 25cm=0.25m(100cm=1m)
- l : 1500m
- Q : 10000m³/24h=10000m³/24×3600s
  ≒ 0.115m³/s(1h=3600s)
- ΔP : ?
- f : 0.035

(2) 유량
$$Q = AV = \frac{\pi D^2}{4} V$$

여기서, Q : 유량[m³/s]
  A : 단면적[m²]
  V : 유속[m/s]
  D : 안지름(직경)[m]

유속 V는
$$V = \frac{Q}{\frac{\pi D^2}{4}} = \frac{0.115 \text{m}^3/\text{s}}{\frac{\pi \times (0.25\text{m})^2}{4}} = 2.343 \text{m/s}$$

(3) 달시-웨버의 식
$$H = \frac{\Delta P}{\gamma} = \frac{flV^2}{2gD}$$

여기서, H : 마찰손실[m]
  ΔP : 압력차(압력강하)[Pa]
  γ : 비중량(물의 비중량 9800N/m³)
  f : 관마찰계수
  l : 길이[m]
  V : 유속[m/s]
  g : 중력가속도(9.8m/s²)
  D : 내경[m]

압력강하 ΔP는
$$\Delta P = \frac{\gamma f l V^2}{2gD}$$
$$= \frac{9800\text{N/m}^3 \times 0.035 \times 1500\text{m} \times (2.343\text{m/s})^2}{2 \times 9.8\text{m/s}^2 \times 0.25\text{m}}$$
$$= 576413 \text{Pa}$$
$$= 576.413 \text{kPa}$$

∴ ②번의 584kPa이 가장 가까우므로 정답!

답 ②

23 ★★★
19.09.문24
19.09.문35
15.09.문27
14.09.문33
05.05.문23

직경이 20mm에서 40mm로 돌연 확대하는 원형관이 있다. 이때 직경이 20mm인 관에서 레이놀즈수가 5000이라면 직경이 40mm인 관에서의 레이놀즈수는 얼마인가?

① 2500
② 5000
③ 7500
④ 10000

해설 (1) 기호
- D_1 : 20mm
- D_2 : 40mm
- Re_1 : 5000
- Re_2 : ?

(2) 유량
$$Q = AV = \left(\frac{\pi D^2}{4}\right)V$$

여기서, Q : 유량[m³/s]
  A : 단면적[m²]
  V : 유속[m/s]
  D : 직경[m]

유속 V는
$$V = \frac{Q}{\frac{\pi D^2}{4}} = \frac{4Q}{\pi D^2}$$

(3) 레이놀즈수
$$Re = \frac{DV\rho}{\mu} = \frac{DV}{\nu}$$

여기서, Re : 레이놀즈수
  D : 내경[m]
  V : 유속[m/s]
  ρ : 밀도[kg/m³]
  μ : 점도[kg/m·s]
  ν : 동점성계수$\left(\frac{\mu}{\rho}\right)$[m²/s]

레이놀즈수 Re는
$$Re = \frac{DV}{\nu} = \frac{D\left(\frac{4Q}{\pi D^2}\right)}{\nu} = \frac{\frac{4Q}{\pi D}}{\nu} = \frac{4Q}{\pi D \nu} \propto \frac{1}{D}$$

$Re \propto \frac{1}{D}$ 이므로

$Re_1 : \frac{1}{D_1} = Re_2 : \frac{1}{D_2}$

$5000 : \frac{1}{20\text{mm}} = Re_2 : \frac{1}{40\text{mm}}$

$\frac{1}{20} Re_2 = 5000 \times \frac{1}{40}$ ← 계산의 편의를 위해 단위 생략

$Re_2 = \frac{5000 \times \frac{1}{40}}{\frac{1}{20}} = 2500$

중요

돌연 확대관에서의 손실

$$H = K \frac{(V_1 - V_2)^2}{2g}$$

여기서, H : 손실수두[m]
  K : 손실계수
  V_1 : 축소관 유속[m/s]
  V_2 : 확대관 유속[m/s]
  $V_1 - V_2$: 입·출구 속도차[m/s]
  g : 중력가속도(9.8m/s²)

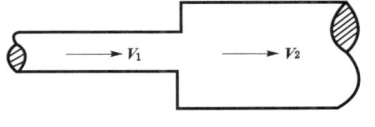

| 돌연 확대관 |

답 ①

24. 다음 중 점성계수가 큰 순서대로 바르게 나열한 것은?
① 공기 > 물 > 글리세린
② 글리세린 > 공기 > 물
③ 물 > 글리세린 > 공기
④ 글리세린 > 물 > 공기

[해설] 20℃에서의 점성계수

유 체	점성계수
글리세린	1410cp=14.10g/cm·s
물	1cp=0.01g/cm·s
공기	0.018cp=0.00018g/cm·s

점도
(1) $1p = 1g/cm \cdot s = 1dyne \cdot s/cm^2$
(2) $1cp = 0.01g/cm \cdot s$
(3) $1stokes = 1cm^2/s$ (동점성계수)

답 ④

25. 10kg의 액화이산화탄소가 15℃의 대기(표준대기압) 중으로 방출되었을 때 이산화탄소의 부피[m³]는? (단, 일반기체상수는 8.314kJ/kmol·K이다.)
① 5.4   ② 6.2
③ 7.3   ④ 8.2

[해설] (1) 기호
- m : 10kg
- T : 15℃ = (273+15)K
- P : 1atm = 101.325kPa(표준대기압이므로)
  = 101.325kN/m²(1kPa=1kN/m²)
- M(이산화탄소) : 44kg/kmol
- V : ?
- R : 8.314kJ/kmol·K = 8.314kN·m/kmol·K
  (1kJ = 1kN·m)

(2) 표준대기압(P)
1atm = 760mmHg = 1.0332kg$_f$/cm²
= 10.332mH₂O(mAq)
= 14.7PSI(lb$_f$/in²)
= 101.325kPa(kN/m²)
= 1013mbar

(3) 분자량(M)

원 소	원자량
H	1
C	12
N	14
O	16

이산화탄소(CO_2)의 분자량 = 12 + 16×2 = 44kg/kmol

(4) 이상기체상태 방정식
$$PV = \frac{m}{M}RT$$

여기서, P : 압력(kN/m²) 또는 [kPa]
V : 부피(체적)[m³]
m : 질량[kg]
M : 분자량[kg/kmol]
R : 기체상수(8.314kJ/(kmol·K))
T : 절대온도(273+℃)[K]

부피 V는
$$V = \frac{m}{PM}RT$$
$$= \frac{10kg}{101.325kN/m^2 \times 44kg/kmol} \times 8.314kN \cdot m/kmol \cdot K \times (273+15)K$$
$$≒ 5.4m^3$$

답 ①

26. 점성계수 μ의 차원으로 옳은 것은? (단, M은 질량, L은 길이, T는 시간이다.)
① $ML^{-1}T^{-1}$ ② MLT
③ $M^{-2}L^{-1}T$ ④ MLT^2

[해설] 중력단위와 절대단위의 차원

차 원	중력단위[차원]	절대단위[차원]
길이	m[L]	m[L]
시간	s[T]	s[T]
운동량	N·s[FT]	kg·m/s[MLT⁻¹]
힘	N[F]	kg·m/s²[MLT⁻²]
속도	m/s[LT⁻¹]	m/s[LT⁻¹]
가속도	m/s²[LT⁻²]	m/s²[LT⁻²]
질량	N·s²/m[FL⁻¹T²]	kg[M]
압력	N/m²[FL⁻²]	kg/m·s²[ML⁻¹T⁻²]
밀도	N·s²/m⁴[FL⁻⁴T²]	kg/m³[ML⁻³]
비중	무차원	무차원
비중량	N/m³[FL⁻³]	kg/m²·s²[ML⁻²T⁻²]
비체적	m⁴/N·s²[F⁻¹L⁴T⁻²]	m³/kg[ML⁻³]
일률	N·m/s[FLT⁻¹]	kg·m²/s³[ML²T⁻³]
일	N·m[FL]	kg·m²/s²[ML²T⁻²]
점성계수	N·s/m²[FL⁻²T]	kg/m·s[ML⁻¹T⁻¹]
동점성계수	m²/s[L²T⁻¹]	m²/s[L²T⁻¹]

답 ①

27. 어떤 펌프가 1000rpm으로 회전하여 전양정 10m에 0.5m³/min의 유량을 방출한다. 이때 펌프가 2000rpm으로 운전된다면 유량[m³/min]은 얼마인가?
① 1.2   ② 1
③ 0.7   ④ 0.5

해설 (1) 기호
- N_1 : 1000rpm
- H_1 : 10m
- Q_1 : 0.5m³/min
- N_2 : 2000rpm
- Q_2 : ?

(2) 상사법칙(유량)

$$Q_2 = Q_1\left(\frac{N_2}{N_1}\right)$$

여기서, Q_1, Q_2 : 변화 전후의 유량[m³/min]
N_1, N_2 : 변화 전후의 회전수[rpm]

$Q_2 = Q_1\left(\frac{N_2}{N_1}\right) = 0.5\text{m}^3/\text{min} \times \left(\frac{2000\text{rpm}}{1000\text{rpm}}\right)$
$= 1\text{m}^3/\text{min}$

- 이 문제에서 H_1은 계산에 사용되지 않으므로 필요 없음. H_1를 어디에 적용할지 고민하지 말라!

비교
(1) 양정

$$H_2 = H_1\left(\frac{N_2}{N_1}\right)^2$$

여기서, H_1, H_2 : 변화 전후의 양정[m]
N_1, N_2 : 변화 전후의 회전수[rpm]

(2) 축동력

$$P_2 = P_1\left(\frac{N_2}{N_1}\right)^3$$

여기서, P_1, P_2 : 변화 전후의 축동력[kW]
N_1, N_2 : 변화 전후의 회전수[rpm]

용어
상사법칙
기하학적으로 유사하거나 같은 펌프에 적용하는 법칙

답 ②

28 열역학 제2법칙에 관한 설명으로 틀린 것은?
① 열효율 100%인 열기관은 제작이 불가능하다.
② 열은 스스로 저온체에서 고온체로 이동할 수 없다.
③ 제2종 영구기관은 동작물질의 종류에 따라 존재할 수 있다.
④ 한 열원에서 발생하는 열량을 일로 바꾸기 위해서는 반드시 다른 열원의 도움이 필요하다.

해설 ③ 있다. → 없다.

열역학의 법칙
(1) 열역학 제0법칙 (열평형의 법칙)
㉠ 온도가 높은 물체에 낮은 물체를 접촉시키면 온도가 **높은 물체**에서 **낮은 물체**로 열이 이동하여 두 물체의 **온도**는 **평형**을 이루게 된다.
㉡ 어떤 두 물체 A와 B가 제3의 물체 C와 각각 열평형상태에 있을 때, 두 물체 A와 B도 서로 열평형상태이다.

(2) 열역학 제1법칙 (에너지보존의 법칙)
기체의 공급에너지는 **내부에너지**와 외부에서 한 일의 합과 같다.

(3) 열역학 제2법칙
㉠ 열은 스스로 **저온**에서 **고온**으로 절대로 흐르지 않는다.
㉡ 열은 그 스스로 저온체에서 고온체로 이동할 수 없다.
㉢ 자발적인 변화는 **비가역적**이다.
㉣ 열을 완전히 일로 바꿀 수 있는 **열기관**을 만들 수 **없다** (제2종 영구기관의 제작이 **불가능**하다).
㉤ 열기관에서 일을 얻으려면 최소 **두 개**의 **열원**이 필요하다.

(4) 열역학 제3법칙
순수한 물질이 1atm하에서 결정상태이면 엔트로피는 0K에서 0이다.

답 ③

29 밑면은 한 변의 길이가 2m인 정사각형이고 높이가 4m인 직육면체 탱크에 비중이 0.8인 유체를 가득 채웠다. 유체에 의해 탱크의 한쪽 측면에 작용하는 힘[kN]은?
① 125.4
② 169.2
③ 178.4
④ 186.2

해설 (1) 기호
- A : (가로×세로)=2m×2m=4m²
- h : 4m
- s : 0.8
- F : ?

(2) 비중

$$s = \frac{\gamma}{\gamma_w}$$

여기서, s : 비중
γ : 어떤 물질의 비중량[N/m³]
γ_w : 물의 비중량(9800N/m³)

어떤 물질의 비중량 γ는
$\gamma = s \times \gamma_w = 0.8 \times 9800\text{N/m}^3 = 7840\text{N/m}^3$

(3) 측면(수평면)에 작용하는 힘

$$F = \gamma h A$$

여기서, F : 측면(수평면)에 작용하는 힘[N]
γ : 비중량[N/m³]
h : 표면에서 중심까지의 수직거리[m]
A : 단면적[m²]

측면에 작용하는 힘 F는
$F = \gamma h A = 7840\text{N/m}^3 \times 4\text{m} \times 4\text{m}^2$
$= 125440\text{N} = 125.44\text{kN}$
$≒ 125.4\text{kN}$

비교

경사면에 작용하는 힘

$$F = \gamma y \sin\theta A$$

여기서, F : 경사면에 작용하는 힘(전압력)[N]
γ : 비중량(물의 비중량 9800N/m³)
y : 표면에서 수문 중심까지의 경사거리[m]
θ : 각도
A : 수문의 단면적[m²]

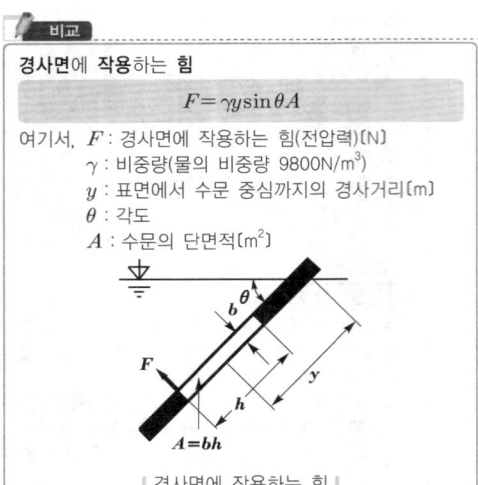

| 경사면에 작용하는 힘 |

답 ①

30 ★★★
19.03.문31
14.09.문36
04.03.문24

단면적이 0.1m²에서 0.5m²로 급격히 확대되는 관로에 0.5m³/s의 물이 흐를 때 급격 확대에 의한 부차적 손실수두[m]는?

① 0.61
② 0.78
③ 0.82
④ 0.98

해설 (1) 기호
- A_1 : 0.1m²
- A_2 : 0.5m²
- Q : 0.5m³/s
- H : ?

(2) 유량

$$Q = AV = \frac{\pi D^2}{4}V$$

여기서, Q : 유량[m³/s]
A : 단면적[m²]
V : 유속[m/s]
D : 내경[m]

축소관 유속 V_1은

$$V_1 = \frac{Q}{A_1} = \frac{0.5\text{m}^3/\text{s}}{0.1\text{m}^2} = 5\text{m/s}$$

확대관 유속 V_2는

$$V_2 = \frac{Q}{A_2} = \frac{0.5\text{m}^3/\text{s}}{0.5\text{m}^2} = 1\text{m/s}$$

(3) 돌연 확대관에서의 손실

$$H = K\frac{(V_1 - V_2)^2}{2g}$$

여기서, H : 손실수두[m]
K : 손실계수

V_1 : 축소관 유속[m/s]
V_2 : 확대관 유속[m/s]
$V_1 - V_2$: 입·출구 속도차[m/s]
g : 중력가속도(9.8m/s²)

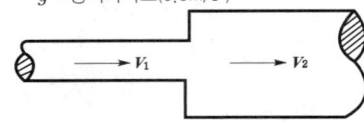

| 돌연 확대관 |

돌연 확대관에서의 손실 H는

$$H = K\frac{(V_1 - V_2)^2}{2g} = \frac{(5\text{m/s} - 1\text{m/s})^2}{2 \times 9.8\text{m/s}^2} \approx 0.82\text{m}$$

- K : 주어지지 않았으므로 무시

답 ③

31 ★★★
19.04.문38
17.05.문29
13.06.문34

어떤 수평관에서 물의 속도는 28m/s이고, 압력은 160kPa이다. (㉠) 속도수두와 (㉡) 압력수두는 각각 얼마인가?

① ㉠ 40m, ㉡ 14.3m
② ㉠ 50m, ㉡ 14.3m
③ ㉠ 40m, ㉡ 16.3m
④ ㉠ 50m, ㉡ 16.3m

해설 (1) 기호
- V : 28m/s
- P : 160kPa=160kN/m²=160000N/m²(1kPa= 1kN/m²)
- $H_\text{속}$: ?
- $H_\text{압}$: ?

(2) 속도수두

$$H_\text{속} = \frac{V^2}{2g}$$

여기서, $H_\text{속}$: 속도수두[m]
V : 속도(유속)[m/s]
g : 중력가속도(9.8m/s²)

속도수두 $H_\text{속}$은

$$H_\text{속} = \frac{V^2}{2g} = \frac{(28\text{m/s})^2}{2 \times 9.8\text{m/s}^2} = 40\text{m}$$

(3) 압력수두

$$H_\text{압} = \frac{P}{\gamma}$$

여기서, $H_\text{압}$: 압력수두[m]
P : 압력[kPa] 또는 [kN/m²]
γ : 비중량(물의 비중량 9800N/m³)

압력수두 $H_\text{압}$은

$$H_\text{압} = \frac{P}{\gamma} = \frac{160000\text{N/m}^2}{9800\text{N/m}^3} \approx 16.3\text{m}$$

답 ③

32. 대기압이 100kPa인 지역에서 이론적으로 펌프로 물을 끌어올릴 수 있는 최대높이(m)는?

① 8.8   ② 10.2
③ 12.6 ④ 14.1

해설 (1) 기호
- P : 100kPa=100kN/m² (1kPa=1kN/m²)
- H : ?

(2) 높이(압력수두)

$$H = \frac{P}{\gamma}$$

여기서, H : 높이(압력수두)[m]
P : 압력[kPa] 또는 [kN/m²]
γ : 비중량(물의 비중량 9.8kN/m³)

높이(압력수두) H는

$$H = \frac{P}{\gamma} = \frac{100\text{kN/m}^2}{9.8\text{kN/m}^3} \approx 10.2\text{m}$$

답 ②

33. 유체의 흐름에 있어서 유선에 대한 설명으로 옳은 것은?

① 유동단면의 중심을 연결한 선이다.
② 유체의 흐름에 있어서 위치벡터에 수직한 방향을 갖는 연속적인 선이다.
③ 모든 점에서 유체흐름의 속도벡터의 방향을 갖는 연속적인 선이다.
④ 정상류에만 존재하고 난류에서는 존재하지 않는다.

해설 유선, 유적선, 유맥선

구 분	설 명
유선 (stream line)	① **유**동장의 한 선상의 모든 점에서 그은 접선이 그 점에서 **속도방향**과 **일치**되는 선이다. ② **유**동장 내의 모든 점에서 **속도벡터**에 접하는 **가상적**인 선이다. ③ 모든 점에서 유체흐름의 **속도벡터**의 방향을 갖는 **연속적**인 선이다.
유적선 (path line)	한 유체입자가 일정한 기간 내에 **움직여 간 경로**를 말한다.
유맥선 (streak line)	모든 유체입자의 순간적인 부피를 말하며, 연소하는 물질의 **체적** 등을 말한다.

기억법 유속

답 ③

34. 비중이 0.85인 가연성 액체가 직경 20m, 높이 15m인 탱크에 저장되어 있을 때 탱크 최저부에서의 액체에 의한 압력(kPa)은?

① 147   ② 12.7
③ 125   ④ 14.7

해설 (1) 기호
- s : 0.85
- D : 20m
- h : 15m
- P : ?

(2) 비중

$$s = \frac{\gamma}{\gamma_w}$$

여기서, s : 비중
γ : 어떤 물질의 비중량[N/m³]
γ_w : 물의 비중량(9800N/m³)

어떤 물질의 비중량 γ는
$\gamma = s \times \gamma_w$
$= 0.85 \times 9800\text{N/m}^3 = 8330\text{N/m}^3 = 8.33\text{kN/m}^3$

(3) 액체 속의 압력(게이지압)

$$P = \gamma h$$

여기서, P : 액체 속의 압력(탱크 밑바닥의 압력)[Pa]
γ : 어떤 물질의 비중량[N/m³]
h : 높이(깊이)[m]

탱크 밑바닥의 압력(게이지압) P는
$P = \gamma h$
$= 8.33\text{kN/m}^3 \times 15\text{m} \approx 125\text{kN/m}^2 = 125\text{kPa}$

비교

액체 속의 **압력**(절대압)

$$P = P_0 + \gamma h$$

여기서, P : 액체 속의 압력(탱크 밑바닥의 압력)[Pa]
P_0 : 대기압(101.325kPa=101.325kN/m²)
γ : 어떤 물질의 비중량[N/m³]
h : 높이(깊이)[m]

탱크 밑바닥의 압력(절대압) P는
$P = P_0 + \gamma h = 101.325\text{kN/m}^2 + 8.33\text{kN/m}^3 \times 15\text{m}$
$\approx 226\text{kN/m}^2 = 226\text{kPa}$

답 ③

35. 표준대기압 상태에서 소방펌프차가 양수 시작 후 펌프 입구의 진공계가 10cmHg을 표시하였다면 펌프에서 수면까지의 높이(m)는? (단, 수은의 비중은 13.6이며, 모든 마찰손실 및 펌프 입구에서의 속도수두는 무시한다.)

① 0.36   ② 1.36
③ 2.36   ④ 3.36

해설 (1) 기호
- $H_{수은}$: 10cmHg=0.1mHg
- s : 13.6
- $H_물$: ?

(2) 물의 높이
$$H_물 = sH_{수은}$$

여기서, $H_물$: 물의 높이[m]
s : 수은의 비중
$H_{수은}$: 수은주[m]

물의 높이 $H_물$ 은
$H_물 = sH_{수은} = 13.6 \times 0.1\text{mHg} = 1.36\text{m}$

- 진공계가 가리키는 눈금은 **수은주**(Hg)이다.

답 ②

36 동점성계수가 $2.4\times10^{-4}\text{m}^2/\text{s}$이고, 비중이 0.88
인 40℃ 엔진오일을 1km 떨어진 곳으로 원형
관을 통하여 완전발달 층류상태로 수송할 때 관
의 직경 100mm이고 유량 0.02m³/s라면 필요
한 최소 펌프동력[kW]은?

① 28.2 ② 30.1
③ 32.2 ④ 34.4

해설 (1) 기호
- ν : $2.4\times10^{-4}\text{m}^2/\text{s}$
- s : 0.88
- T : 40℃=(273+40)K
- L : 1km=1000m
- D : 100mm=0.1m(1000mm=1m)
- Q : 0.02m³/s
- P : ?

(2) 유량
$$Q = AV = \left(\frac{\pi D^2}{4}\right)V$$

여기서, Q : 유량[m³/s]
A : 단면적[m²]
V : 유속[m/s]
D : 직경(내경)[m]

유속 V는
$V = \dfrac{Q}{\dfrac{\pi D^2}{4}} = \dfrac{0.02\text{m}^3/\text{s}}{\dfrac{\pi \times (0.1\text{m})^2}{4}} \fallingdotseq 2.546\text{m/s}$

(3) 비중
$$s = \frac{\gamma}{\gamma_w}$$

여기서, s : 비중
γ : 어떤 물질(엔진오일)의 비중량[N/m³]
γ_w : 물의 비중량(9800N/m³)

엔진오일의 비중량 γ은

$\gamma = s \times \gamma_w = 0.88 \times 9800\text{N/m}^3$
$= 8624\text{N/m}^3$
$= 8.624\text{kN/m}^3$

(4) 레이놀즈수
$$Re = \frac{DV\rho}{\mu} = \frac{DV}{\nu}$$

여기서, Re : 레이놀즈수
D : 내경(직경)[m]
V : 유속(속도)[m/s]
ρ : 밀도[kg/m³]
μ : 점성계수[kg/(m·s)]
ν : 동점성계수 $\left(\dfrac{\mu}{\rho}\right)$[m²/s]

레이놀즈수 $Re = \dfrac{DV}{\nu} = \dfrac{0.1\text{m}\times 2.546\text{m/s}}{2.4\times10^{-4}\text{m}^2/\text{s}} \fallingdotseq 1060$

- Re(레이놀즈수)가 2100 이하이므로 층류식 적용

(5) 관마찰계수(층류)
$$f = \frac{64}{Re}$$

여기서, f : 관마찰계수
Re : 레이놀즈수

관마찰계수 $f = \dfrac{64}{Re} = \dfrac{64}{1060} \fallingdotseq 0.06$

(6) 달시-웨버의 식
$$H = \frac{\Delta P}{\gamma} = \frac{fLV^2}{2gD}$$

여기서, H : 마찰손실[m]
ΔP : 압력차(압력손실)[kPa] 또는 [kN/m²]
γ : 비중량[kN/m³]
f : 관마찰계수
L : 길이[m]
V : 유속[m/s]
g : 중력가속도(9.8m/s²)
D : 내경(직경)[m]

압력차 ΔP는
$\Delta P = \dfrac{\gamma fLV^2}{2gD}$

$= \dfrac{8.624\text{kN/m}^3 \times 0.06 \times 1000\text{m} \times (2.546\text{m/s})^2}{2\times 9.8\text{m/s}^2 \times 0.1\text{m}}$

$\fallingdotseq 1711\text{kN/m}^2$
$= 1711\text{kPa}$

(7) 표준대기압
1atm=760mmHg=1.0332kgf/cm²
=10.332mH₂O(mAq)
=10.332m
=14.7PSI(lbf/in²)
=101.325kPa(kN/m²)
=1013mbar

$1711\text{kPa} = \dfrac{1711\text{kPa}}{101.325\text{kPa}} \times 10.332\text{m} \fallingdotseq 174.47\text{m}$

- 101.325kPa=10.332m

(8) 펌프에 필요한 동력

$$P = \frac{0.163QH}{\eta} K$$

여기서, P : 전동력(펌프동력)[kW]
Q : 유량[m³/min]
H : 전양정[m]
η : 효율
K : 전달계수

펌프에 필요한 동력 P는
$P = \dfrac{0.163QH}{\eta}K$
$= 0.163 \times 0.02\text{m}^3/\text{s} \times 174.47\text{m}$
$= 0.163 \times 0.02\text{m}^3 \Big/ \dfrac{1}{60}\min \times 174.47\text{m}$
$= 0.163 \times (0.02 \times 60)\text{m}^3/\min \times 174.47\text{m}$
$≒ 34.13\text{kW}$

- 계산과정 중 반올림이나 올림 등을 고려하면 34.4kW 정답!
- η, K는 주어지지 않았으므로 무시

답 ④

37 완전 흑체로 가정한 흑연의 표면온도가 450℃이다. 단위면적당 방출되는 복사에너지의 열유속[kW/m²]은? (단, 흑체의 Stefan-Boltzmann 상수 $\sigma = 5.67 \times 10^{-8}$ W/m² · K⁴이다.)
[18.09.문23]
① 2.33   ② 15.5
③ 21.4   ④ 232.5

해설 (1) 기호
- ε : 1(완전 흑체이므로)
- T : 450℃ = (273+450)K
- $\overset{\circ}{q}{''}$: ?
- σ : 5.67×10^{-8} W/m² · K⁴

(2) 복사열

$$\overset{\circ}{q} = AF_{12}\varepsilon\sigma T^4$$
$$\overset{\circ}{q}{''} = F_{12}\varepsilon\sigma T^4$$

여기서, $\overset{\circ}{q}$: 복사열[W]
$\overset{\circ}{q}{''}$: 단위면적당 복사열(단위면적당 방출되는 복사에너지의 열유속)[W/m²]
A : 단면적[m²]
F_{12} : 배치계수(형상계수)
ε : 복사능/방사율[$1-e^{(-kl)}$](완전 흑체 : 1)
k : 흡수계수(absorption coefficient)[m⁻¹]
l : 화염두께[m]
σ : 스테판-볼츠만 상수(5.67×10^{-8} W/m² · K⁴)
T : 절대온도[K]

단위면적당 복사열 $\overset{\circ}{q}{''}$는
$\overset{\circ}{q}{''} = F_{12}\varepsilon\sigma T^4$
$= 1 \times (5.67 \times 10^{-8}\text{W/m}^2 \cdot \text{K}^4) \times [(273+450)\text{K}]^4$
$= 15493\text{W/m}^2 = 15.493\text{kW/m}^2 ≒ 15.5\text{kW/m}^2$

- F_{12} : 주어지지 않았으므로 무시

답 ②

38 그림과 같은 단순 피토관에서 물의 유속[m/s]은?
[17.05.문26]
[02.03.문23]

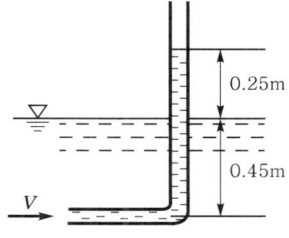

① 1.71   ② 1.98
③ 2.21   ④ 3.28

해설 (1) 기호
- H : 0.25m(그림에 주어짐)
- V : ?

(2) 피토관의 유속

$$V = C\sqrt{2gH}$$

여기서, V : 유속[m/s]
C : 측정계수(속도계수)
g : 중력가속도(9.8m/s²)
H : 높이(수면에서의 높이)[m]

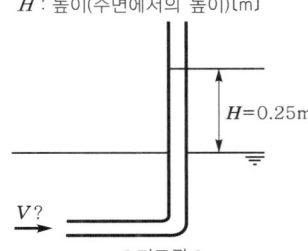

| 피토관

피토관 유속 V는
$V = C\sqrt{2gH} = \sqrt{2 \times 9.8\text{m/s}^2 \times 0.25\text{m}} ≒ 2.21\text{m/s}$

- C : 주어지지 않았으므로 무시

답 ③

39 온도 20℃, 절대압력 400kPa, 기체 15m³을 등온압축하여 체적이 2m³로 되었다면 압축 후의 절대압력[kPa]은?
[16.05.문32]
[03.08.문35]
① 2000   ② 2500
③ 3000   ④ 4000

해설 (1) 기호
- T_1 : 20℃
- P_1 : 400kPa
- V_1 : 15m³
- V_2 : 2m³
- P_2 : ?

(2) **등온과정**(문제에서 **등온압축**이라고 주어짐)

$$\frac{P_2}{P_1} = \frac{v_1}{v_2} = \frac{V_1}{V_2}$$

여기서, P_1, P_2 : 변화 전후의 (절대)압력[kPa]
v_1, v_2 : 변화 전후의 비체적[m³/kg]
V_1, V_2 : 변화 전후의 체적[m³]

변화(압축) 후의 (절대)압력 P_2는

$$P_2 = P_1 \times \frac{V_1}{V_2} = 400 \text{kPa} \times \frac{15 \text{m}^3}{2 \text{m}^3} = 3000 \text{kPa}$$

답 ③

40 ★★★
19.03.문27
13.09.문39
05.03.문23

4kg/s의 물 제트가 평판에 수직으로 부딪힐 때 평판을 고정시키기 위하여 60N의 힘이 필요하다면 제트의 분출속도[m/s]는?

① 3　　② 7
③ 15　　④ 30

해설 (1) 기호
- $\overline{m}$: 4kg/s
- F : 60N
- V : ?

(2) 유량

$$Q = AV$$

여기서, Q : 유량[m³/s]
A : 단면적[m²]
V : 유속[m/s]

(3) **질량유량**(mass flowrate)

$$\overline{m} = AV\rho = Q\rho$$

여기서, $\overline{m}$: 질량유량[kg/s]
A : 단면적[m²]
V : 유속[m/s]
ρ : 밀도(물의 밀도 1000kg/m³=1000N·s²/m⁴)
Q : 유량[m³/s]

유량 Q는

$$Q = \frac{\overline{m}}{\rho}$$

$$= \frac{4\text{kg/s}}{1000\text{kg/m}^3} = 4 \times 10^{-3} \text{m}^3/\text{s}$$

(4) 힘

$$F = \rho QV$$

여기서, F : 힘[N]
ρ : 밀도(물의 밀도 1000N·s²/m⁴=1000kg/m³)
Q : 유량[m³/s]
V : 유속[m/s]

유속 V는

$$V = \frac{F}{\rho Q}$$

$$= \frac{60\text{N}}{1000\text{N}\cdot\text{s}^2/\text{m}^4 \times (4 \times 10^{-3})\text{m}^3/\text{s}} = 15\text{m/s}$$

답 ③

제3과목　소방관계법규

41 ★
12.05.문57

소방기본법령상 소방활동에 필요한 소화전·급수탑·저수조를 설치하고 유지·관리하여야 하는 사람은? (단, 수도법에 따라 설치되는 소화전은 제외한다.)

① 소방서장　　② 시·도지사
③ 소방본부장　　④ 소방파출소장

해설 기본법 10조
소방용수시설
(1) 종류 : 소화전·급수탑·저수조
(2) 기준 : 행정안전부령
(3) 설치·유지·관리 : **시·도지사**(단, 수도법에 의한 소화전은 일반수도사업자가 관할소방서장과 협의하여 설치)

답 ②

42 ★★★
17.03.문57
12.05.문59

다음 소방시설 중 소방시설공사업법령상 하자보수 보증기간이 3년이 아닌 것은?

① 비상방송설비
② 옥내소화전설비
③ 자동화재탐지설비
④ 물분무등소화설비

해설 ① 2년

공사업령 6조
소방시설공사의 하자보수 보증기간

보증기간	소방시설
2년	① **유**도등·**피**난기구 ② **비상조**명등·비상**경**보설비·**비상방송**설비 ③ **무**선통신보조설비
3년	① 자동소화장치 ② **옥내**·외소화전설비 ③ 스프링클러설비 ④ **물분무등소화설비**·소화용수설비 ⑤ **자동화재탐지설비**·소화활동설비(무선통신보조설비 제외) ⑥ 화재알림설비

기억법 유비조경방무피2(유비조경방무피투)

답 ①

43 ★★★
19.03.문51
15.05.문43
14.09.문04
14.03.문16
13.09.문07
10.09.문49

다음 중 위험물안전관리법령상 제6류 위험물은?

① 황
② 칼륨
③ 황린
④ 질산

해설
① 황 : 제2류
② 칼륨 : 제3류
③ 황린 : 제3류

위험물령 〔별표 1〕
위험물

유별	성질	품명
제**1**류	**산**화성 **고**체	• 아염소산염류(아염소산나트륨) • 염소산염류 • 과염소산염류 • 질산염류(질산칼륨) • 무기과산화물(과산화바륨) 기억법 1산고(일산GO)
제**2**류	가연성 고체	• **황화**인 • **적**린 • **황** • **마**그네슘 기억법 2황화적황마
제**3**류	자연발화성 물질 및 금수성 물질	• **황**린 • **칼**륨 • **나**트륨 • **트**리에틸**알**루미늄 기억법 황칼나트알
제**4**류	인화성 액체	• 특수인화물 • 석유류(벤젠) • 알코올류 • 동식물유류
제**5**류	자기반응성 물질	• 셀룰로이드(질산에스터류) • 유기과산화물 • 나이트로화합물 • 나이트로소화합물 • 아조화합물 • 나이트로글리세린
제**6**류	**산**화성 **액**체	• **과염**소산 • 과**산**화수소 • **질산** 기억법 산액과염산질산

답 ④

44 화재의 예방 및 안전관리에 관한 법률상 2급 소방안전관리대상물의 소방안전관리자로 선임될 수 없는 사람은? (단, 2급 소방안전관리자 자격증을 받은 사람이다.)
15.03.문54
14.09.문60
14.03.문47
12.03.문55

① 위험물기능사 자격을 가진 사람
② 소방공무원으로 2년 이상 근무한 경력이 있는 사람
③ 위험물산업기사 자격을 가진 사람
④ 소방청장이 실시하는 2급 소방안전관리대상물의 소방안전관리에 관한 시험에 합격한 사람

해설
② 2년 → 3년

화재예방법 시행령 〔별표 4〕
(1) **특급** 소방안전관리대상물의 소방안전관리자 선임조건

자격	경력	비고
• 소방기술사 • 소방시설관리사	경력 필요 없음	특급 소방안전관리자 자격증을 받은 사람
• 1급 소방안전관리자(소방설비기사)	5년	
• 1급 소방안전관리자(소방설비산업기사)	7년	
• 소방공무원	20년	
• 소방청장이 실시하는 특급 소방안전관리대상물의 소방안전관리에 관한 시험에 합격한 사람	경력 필요 없음	

(2) **1급** 소방안전관리대상물의 소방안전관리자 선임조건

자격	경력	비고
• 소방설비기사·소방설비산업기사	경력 필요 없음	1급 소방안전관리자 자격증을 받은 사람
• 소방공무원	7년	
• 소방청장이 실시하는 1급 소방안전관리대상물의 소방안전관리에 관한 시험에 합격한 사람	경력 필요 없음	
• 특급 소방안전관리대상물의 소방안전관리자 자격이 인정되는 사람		

(3) **2급** 소방안전관리대상물의 소방안전관리자 선임조건

자격	경력	비고
• 위험물기능장·위험물산업기사·위험물기능사	경력 필요 없음	2급 소방안전관리자 자격증을 받은 사람
• 소방공무원 보기 ②	3년	
• 소방청장이 실시하는 2급 소방안전관리대상물의 소방안전관리에 관한 시험에 합격한 사람	경력 필요 없음	
• 「기업활동 규제완화에 관한 특별조치법」에 따라 소방안전관리자로 선임된 사람(소방안전관리자로 선임된 기간으로 한정)		
• 특급 또는 1급 소방안전관리대상물의 소방안전관리자 자격이 인정되는 사람		

20. 06. 시행 / 산업(기계)

(4) **3급 소방안전관리대상물**의 소방안전관리자 선임조건

자격	경력	비고
• 소방공무원	1년	
• 소방청장이 실시하는 3급 소방안전관리대상물의 소방안전관리에 관한 시험에 합격한 사람		3급 소방안전관리자 자격증을 받은 사람
• 「기업활동 규제완화에 관한 특별조치법」에 따라 소방안전관리자로 선임된 사람(소방안전관리자로 선임된 기간으로 한정)	경력 필요 없음	
• 특급 소방안전관리대상물, 1급 소방안전관리대상물 또는 2급 소방안전관리대상물의 소방안전관리자 자격이 인정되는 사람		

답 ②

45 화재의 예방 및 안전관리에 관한 법률상 소방안전관리대상물의 관계인이 소방안전관리자를 선임할 경우에는 선임한 날부터 며칠 이내에 소방본부장 또는 소방서장에게 신고하여야 하는가?
17.03.문43
① 7   ② 14
③ 21   ④ 30

해설 **14**일
(1) 소방기술자 실무교육기관 휴폐업신고일(공사업규칙 34조)
(2) **제**조소 등의 용도**폐**지 신고일(위험물법 11조)
(3) 위험물안전관리자의 **선**임신고일(위험물법 15조)
(4) 소방안전관리자의 **선**임신고일(화재예방법 26조)

기억법 14제폐선(**일사**천리로 **제패**하여 **성**공하라.)

 비교

30일
(1) 소방시설업 등록사항 변경신고(공사업규칙 6조)
(2) 위험물안전관리자의 **재선임**(위험물법 15조)
(3) 소방안전관리자의 **재선임**(화재예방법 시행규칙 14조)
(4) **도급계약** 해지(공사업법 23조)
(5) 소방시설공사 중요사항 변경시의 신고일(공사업규칙 12조)
(6) 소방기술자 실무교육기관 지정서 발급(공사업규칙 32조)
(7) 소방공사감리자 변경서류제출(공사업규칙 15조)
(8) **승계**(위험물법 10조)

답 ②

46 소방기본법령상 이웃하는 다른 시·도지사와 소방업무에 관하여 시·도지사가 체결할 상호응원협정 사항이 아닌 것은?
13.09.문42
① 화재조사활동
② 응원출동의 요청방법
③ 소방교육 및 응원출동훈련
④ 응원출동 대상지역 및 규모

해설 ③ 소방교육은 해당없음

기본규칙 8조
소방업무의 상호응원협정
(1) 다음의 **소방활동**에 관한 사항
 ㉠ 화재의 경계·진압활동
 ㉡ 구조·구급업무의 지원
 ㉢ 화재**조**사활동
(2) **응원출동** 대상지역 및 **규**모
(3) **소요경비**의 부담에 관한 사항
 ㉠ 출동대원의 수당·식사 및 의복의 수선
 ㉡ 소방장비 및 기구의 정비와 연료의 보급
(4) **응원출동**의 요청방법
(5) **응원출동** 훈련 및 평가

기억법 조응(**조아**?)

답 ③

47 위험물안전관리법령상 위험물의 안전관리와 관련된 업무를 시행하는 자로서 소방청장이 실시하는 안전교육대상자가 아닌 사람은?
① 제조소 등의 관계인
② 안전관리자로 선임된 자
③ 위험물운송자로 종사하는 자
④ 탱크시험자의 기술인력으로 종사하는 자

해설 위험물안전관리법 28조
위험물 안전교육대상자
(1) 안전관리자
(2) 탱크시험자
(3) 위험물운반자
(4) 위험물운송자

답 ①

48 소방시설공사업법상 소방시설업의 등록을 하지 아니하고 영업을 한 사람에 대한 벌칙은?
17.09.문53
① 500만원 이하의 벌금
② 1년 이하의 징역 또는 2천만원 이하의 벌금
③ 3년 이하의 징역 또는 3천만원 이하의 벌금
④ 5년 이하의 징역 또는 5천만원 이하의 벌금

해설 **3**년 이하의 징역 또는 **3000**만원 이하의 벌금
(1) 화재안전조사 결과에 따른 조치명령(화재예방법 50조)
(2) **소방시설업** 무등록자(공사업법 35조)
(3) **부정한 청탁**을 받고 재물 또는 재산상의 **이익**을 취득하거나 부정한 청탁을 하면서 재물 또는 재산상의 이익을 제공한 자(공사업법 35조)
(4) **소방시설관리업** 무등록자(소방시설법 57조)
(5) **형식승인**을 얻지 않은 소방용품 제조·수입자(소방시설법 57조)
(6) **제품검사**를 받지 않은 사람(소방시설법 57조)
(7) 거짓이나 그 밖의 **부정한 방법**으로 제품검사 전문기관의 지정을 받은 사람(소방시설법 57조)

기억법 33형관(**삼삼**하게 **형**처럼 **관**리하기!)

답 ③

49 소방시설 설치 및 관리에 관한 법률상 건축물대장의 건축물 현황도에 표시된 대지경계선 안에 둘 이상의 건축물이 있는 경우, 연소 우려가 있는 건축물의 구조에 대한 기준으로 맞는 것은?

① 건축물이 다른 건축물의 외벽으로부터 수평거리가 1층의 경우에는 6m 이하인 경우
② 건축물이 다른 건축물의 외벽으로부터 수평거리가 2층의 경우에는 6m 이하인 경우
③ 건축물이 다른 건축물의 외벽으로부터 수평거리가 1층의 경우에는 20m 이상의 경우
④ 건축물이 다른 건축물의 외벽으로부터 수평거리가 2층의 경우에는 20m 이상인 경우

해설 소방시설법 시행규칙 17조
연소 우려가 있는 건축물의 구조
(1) **1층** : 타건축물 외벽으로부터 **6m** 이하
(2) **2층 이상** : 타건축물 외벽으로부터 **10m** 이하
(3) 대지경계선 안에 2 이상의 건축물이 있는 경우
(4) 개구부가 다른 건축물을 향하여 설치된 구조

소방시설법 시행령 [별표 2]
둘 이상의 특정소방대상물이 내화구조의 복도 또는 통로(연결통로)로 연결된 경우로 하나의 소방대상물로 보는 경우

벽이 없는 경우	벽이 있는 경우
길이 6m 이하	길이 10m 이하

답 ①

50 소방시설 설치 및 관리에 관한 법률상 무창층 여부 판단시 개구부 요건에 대한 기준으로 맞는 것은?

① 도로 또는 차량이 진입할 수 없는 빈터를 향할 것
② 내부 또는 외부에서 쉽게 부수거나 열 수 없을 것
③ 크기는 지름 50cm 이상의 원이 통과할 수 있을 것
④ 해당 층의 바닥면으로부터 개구부 밑부분까지의 높이가 1.5m 이내일 것

해설
① 없는 → 있는
② 없을 것 → 있을 것
④ 1.5m 이내 → 1.2m 이내

소방시설법 시행령 2조
무창층의 개구부의 기준
(1) 개구부의 크기는 지름 **50cm** 이상의 원이 통과할 수 있을 것
(2) 해당 층의 바닥면으로부터 개구부 밑부분까지의 높이가 **1.2m** 이내일 것
(3) 개구부는 **도로** 또는 **차량**이 진입할 수 있는 **빈터**를 향할 것
(4) 화재시 건축물로부터 **쉽게 피난**할 수 있도록 개구부에 창살 그 밖의 장애물이 설치되지 않을 것
(5) 내부 또는 외부에서 **쉽게** 부수거나 열 수 있을 것

기억법 무125

답 ③

51 소방시설 설치 및 관리에 관한 법률상 소방시설관리업 등록의 결격사유에 해당하지 않는 사람은?

① 피성년후견인
② 소방시설관리업의 등록이 취소된 날로부터 2년이 지난 자
③ 금고 이상의 형의 집행유예를 선고받고 그 유예기간 중에 있는 자
④ 금고 이상의 실형을 선고받고 그 집행이 면제된 날부터 2년이 지나지 아니한 자

해설 ② 지난 자 → 지나지 아니한 자

소방시설법 30조
소방시설관리업의 등록결격사유
(1) 피성년후견인
(2) 금고 이상의 실형을 선고받고 그 집행이 끝나거나 집행이 면제된 날부터 **2년**이 지나지 아니한 사람
(3) 금고 이상의 형의 집행유예를 선고받고 그 **유예기간** 중에 있는 사람
(4) 관리업의 등록이 취소된 날부터 **2년**이 지나지 아니한 사람

소방시설법 27조
소방시설관리사의 결격사유
(1) 피성년후견인
(2) 금고 이상의 실형을 선고받고 그 집행이 끝나거나(집행이 끝난 것으로 보는 경우 포함) 집행이 면제된 날부터 **2년**이 지나지 아니한 사람
(3) 금고 이상의 형의 집행유예를 선고받고 그 **유예기간** 중에 있는 사람
(4) 자격취소 후 **2년**이 지나지 아니한 사람

답 ②

52 다음 보기 중 소방시설 설치 및 관리에 관한 법률상 소방용품의 형식승인을 반드시 취소하여야만 하는 경우를 모두 고른 것은?

> ㉠ 형식승인을 위한 시험시설의 시설기준에 미달되는 경우
> ㉡ 거짓이나 그 밖의 부정한 방법으로 형식승인을 받은 경우
> ㉢ 제품검사시 소방용품의 형식승인 및 제품검사의 기술기준에 미달되는 경우

① ㉡
② ㉢
③ ㉡, ㉢
④ ㉠, ㉡, ㉢

해설 ㉠, ㉢ 제품검사 중지사항

소방시설법 39조
(1) 제품검사의 중지사항
  ㉠ 시험시설이 시설기준에 미달한 경우
  ㉡ 제품검사의 기술기준에 미달한 경우
(2) 형식승인 **취소**사항
  ㉠ 거짓이나 그 밖의 **부**정한 방법으로 형식승인을 받은 경우
  ㉡ 거짓이나 그 밖의 **부**정한 방법으로 제품검사를 받은 경우
  ㉢ 변경승인을 받지 아니하거나 거짓이나 그 밖의 **부**정한 방법으로 변경승인을 얻은 경우

기억법 취부(**치부**하다.)

답 ①

53 소방기본법령상 소방대원에게 실시할 교육·훈련의 횟수 및 기간으로 옳은 것은?

① 1년마다 1회, 2주 이상
② 2년마다 1회, 2주 이상
③ 3년마다 1회, 2주 이상
④ 3년마다 1회, 4주 이상

해설 (1) **2**년마다 1회 이상
  ㉠ 소방대원의 소방교육·훈련(기본규칙 9조)
  ㉡ **실**무교육(화재예방법 시행규칙 29조)

기억법 실2(**실리**)

(2) 소방기본법 시행규칙 [별표 3의 2]
  소방대원의 소방 교육·훈련

구 분	설 명
전문교육기간	2주 이상

비교
화재예방법 시행규칙 29조
소방안전관리자의 실무교육
① 실시자: **소방청장**(위탁: 한국소방안전원장)
② 실시: 2년마다 1회 이상
③ 교육통보: 30일 전

답 ②

54 소방기본법령상 벌칙이 5년 이하의 징역 또는 5천만원 이하의 벌금에 해당하지 않는 것은?

① 정당한 사유 없이 소방용수시설의 효용을 해치거나 그 정당한 사용을 방해하는 자
② 소방자동차가 화재진압 및 구조·구급 활동을 위하여 출동할 때 그 출동을 방해한 자
③ 출동한 소방대의 소방장비를 파손하거나 그 효용을 해하여 화재진압·인명구조 또는 구급활동을 방해한 자
④ 사람을 구출하거나 불이 번지는 것을 막기 위하여 불이 번질 우려가 있는 소방대상물 사용제한의 강제처분을 방해한 자

해설 ④ 3년 이하의 징역 또는 3000만원 이하의 벌금

기본법 50조
5년 이하의 징역 또는 5000만원 이하의 벌금
(1) 소방자동차의 **출**동 방해
(2) 사람**구**출 방해(화재진압, 구급활동 방해)
(3) **소**방용수시설 또는 비상소화장치의 효용 방해

기억법 출구용5

중요
3년 이하의 **징**역 또는 3000만원 이하의 **벌**금
(1) 소방활동에 필요한 소방대상물 및 토지의 강제처분을 방해한 자(기본법 51조)
(2) 소방시설업 무등록자(공사업법 35조)

답 ④

55 소방기본법령상 소방용수시설인 저수조의 설치기준으로 맞는 것은?

① 흡수부분의 수심이 0.5m 이하일 것
② 지면으로부터의 낙차가 4.5m 이하일 것
③ 흡수관의 투입구가 사각형의 경우에는 한 변의 길이가 60cm 이하일 것
④ 저수조에 물을 공급하는 방법은 상수도에 연결하여 수동으로 급수되는 구조일 것

해설
① 0.5m 이하 → 0.5m 이상
③ 60cm 이하 → 60cm 이상
④ 수동으로 → 자동으로

소방용수시설의 저수조의 설치기준(기본규칙 [별표 3])

구 분	기 준
낙차	4.5m 이하
수심	0.5m 이상
투입구의 길이 또는 지름	60cm 이상

(1) 소방펌프자동차가 **쉽게 접근**할 수 있도록 할 것
(2) 흡수에 지장이 없도록 **토사 및 쓰레기** 등을 제거할 수 있는 설비를 갖출 것
(3) 저수조에 물을 공급하는 방법은 **상수도**에 연결하여 **자동**으로 **급수**되는 구조일 것

답 ②

56
19.04.문47
14.03.문58

위험물안전관리법상 제조소 등을 설치하고자 하는 자는 누구의 허가를 받아 설치할 수 있는가?

① 소방서장
② 소방청장
③ 시·도지사
④ 안전관리자

해설 위험물법 6조
제조소 등의 설치허가
(1) 설치허가자 : 시·도지사
(2) 설치허가 제외장소
  ⊙ 주택의 난방시설(공동주택의 중앙난방시설은 제외)을 위한 **저장소** 또는 **취급소**
  ⓒ 지정수량 20배 이하의 **농예용·축산용·수산용** 난방시설 또는 건조시설의 **저장소**
(3) 제조소 등의 변경신고 : 변경하고자 하는 날의 **1일** 전까지

참고
시·도지사
(1) 특별시장
(2) 광역시장
(3) 특별자치시장
(4) 도지사
(5) 특별자치도지사

답 ③

57
15.03.문50

위험물안전관리법상 업무상 과실로 제조소 등에서 위험물을 유출·방출 또는 확산시켜 사람의 생명·신체 또는 재산에 대하여 위험을 발생시킨 자에 대한 벌칙으로 옳은 것은?

① 5년 이하의 금고 또는 5천만원 이하의 벌금
② 5년 이하의 금고 또는 7천만원 이하의 벌금
③ 7년 이하의 금고 또는 5천만원 이하의 벌금
④ 7년 이하의 금고 또는 7천만원 이하의 벌금

해설 위험물법 34조
위험물 유출·방출·확산

위험 발생	사람 사상
7년 이하의 금고 또는 **7000만원** 이하의 벌금	**10년** 이하의 징역 또는 금고나 **1억원** 이하의 벌금

답 ④

58
10.09.문54

소방시설 설치 및 관리에 관한 법률상 특정소방 대상물 중 숙박시설에 해당하지 않는 것은?

① 모텔
② 오피스텔
③ 가족호텔
④ 한국전통호텔

해설
② 오피스텔 : 업무시설

소방시설법 시행령 [별표 2]
숙박시설

구 분	세부종류
일반형 숙박시설 (취사 제외)	• 호텔 • 여관 • 여인숙 • **모텔** 보기 ①
생활형 숙박시설 (취사 포함)	• 관광호텔 • 수상관광호텔 • **한국전통호텔** 보기 ④ • **가족호텔·휴양콘도미니엄** 보기 ③
고시원	바닥면적 합계 **500m²** 이상으로 근린 생활시설에 해당하지 않는 것

답 ②

59
19.03.문50
15.09.문45
15.03.문49
13.06.문41
13.03.문45

소방시설 설치 및 관리에 관한 법률상 건축물의 신축·증축·용도변경 등의 허가 권한이 있는 행정기관은 건축허가를 할 때 미리 그 건축물 등의 시공지 또는 소재지를 관할하는 소방본부장이나 소방서장의 동의를 받아야 한다. 다음 중 건축허가 등의 동의대상물의 범위가 아닌 것은?

① 수련시설로서 연면적 200m² 이상인 건축물
② 지하층 또는 무창층이 있는 건축물로서 바닥면적이 150m² 이상인 층이 있는 것
③ 승강기 등 기계장치에 의한 주차시설로서 자동차 10대 이상을 주차할 수 있는 시설
④ 차고·주차장으로 사용되는 바닥면적이 200m² 이상인 층이 있는 건축물이나 주차시설

해설
③ 10대 이상 → 20대 이상

소방시설법 시행령 7조
건축허가 등의 동의대상물
(1) 연면적 400m²(학교시설 : 100m² · 수련시설 · 노유자시설 : 200m² · 정신의료기관 · 장애인의료재활시설 : 300m²) 이상
　　보기 ①
(2) 6층 이상인 건축물
(3) 차고 · 주차장으로서 바닥면적 200m² 이상(자동차 20대 이상)
　　보기 ④
(4) 항공기격납고, 관망탑, 항공관제탑, 방송용 송수신탑
(5) 지하층 또는 무창층의 바닥면적 150m²(공연장은 100m²) 이상 보기 ②
(6) 위험물저장 및 처리시설, 지하구
(7) 결핵환자나 한센인이 24시간 생활하는 노유자시설
(8) 전기저장시설, 풍력발전소
(9) 공동주택, 숙박시설
(10) 요양병원(의료재활시설 제외)
(11) 노인주거복지시설 · 노인의료복지시설 및 재가노인복지시설, 학대피해노인 전용쉼터, 아동복지시설, 장애인거주시설
(12) 정신질환자 관련시설(공동생활가정을 제외한 재활훈련시설과 종합시설 중 24시간 주거를 제공하지 않는 시설 제외)
(13) 노숙인자활시설, 노숙인재활시설 및 노숙인요양시설
(14) 조산원, 산후조리원, 의원(입원실 또는 인공신장실이 있는 것)
(15) 공장 또는 창고시설로서 지정수량의 750배 이상의 특수가연물을 저장 · 취급하는 것
(16) 가스시설로서 지상에 노출된 탱크의 저장용량의 합계가 100t 이상인 것

답 ③

60 소방기본법령상 소방활동구역에 출입할 수 있는 자는?
19.03.문60
11.10.문57

① 한국소방안전원에 종사하는 자
② 수사업무에 종사하지 않는 검찰청 소속 공무원
③ 의사 · 간호사 그 밖의 구조 · 구급업무에 종사하는 사람
④ 소방활동구역 밖에 있는 소방대상물의 소유자 · 관리자 또는 점유자

해설
① 한국소방안전원은 해당사항 없음
② 종사하지 않는 → 종사하는
④ 소방활동구역 밖 → 소방활동구역 안

기본령 8조
소방활동구역 출입자
(1) 소방활동구역 안에 있는 **소유자 · 관리자** 또는 **점유자**
(2) **전기 · 가스 · 수도 · 통신 · 교통**의 업무에 종사하는 자로서 원활한 **소방활동**을 위하여 필요한 자
(3) **의사 · 간호사**, 그 밖의 구조 · 구급업무에 종사하는 자 보기 ③
(4) **취재인력** 등 보도업무에 종사하는 자
(5) **수사업무**에 종사하는 자
(6) **소방대장**이 소방활동을 위하여 출입을 허가한 자

※ 소방활동구역 : 화재, 재난 · 재해 그 밖의 위급한 상황이 발생한 현장에 정하는 구역

답 ③

제4과목　소방기계시설의 구조 및 원리

61 상수도소화용수설비의 화재안전기준에 따라 상수도소화용수설비의 소화전은 특정소방대상물의 수평투영면의 각 부분으로부터 최대 몇 m 이하가 되도록 설치하여야 하는가?
19.03.문64
15.05.문65
15.03.문72
13.09.문73
10.05.문62

① 100
② 120
③ 140
④ 160

해설
상수도소화용수설비의 기준(NFPC 401 4조, NFTC 401 2.1.1)
(1) 호칭지름

수도배관(상수도배관)	소화전(상수도소화전)
75mm 이상	100mm 이상

(2) 소화전은 소방자동차 등의 진입이 쉬운 **도로변** 또는 **공지**에 설치
(3) 소화전은 특정소방대상물의 수평투영면의 각 부분으로부터 **140m** 이하에 설치
(4) 지상식 소화전의 호스접결구는 지면으로부터 높이가 0.5m 이상 1m 이하가 되도록 설치

답 ③

62 소화수조 및 저수조의 화재안전기준에 따라 소화용수 소요수량이 120m³일 때 소화용수설비에 설치하는 채수구는 몇 개가 소요되는가?
19.09.문77
17.09.문67
11.06.문78
07.09.문77

① 2　　　　② 3
③ 4　　　　④ 5

해설
소화수조 · 저수조(NFPC 402 4조, NFTC 402 2.1.3)
(1) 흡수관 투입구

소요수량	80m³ 미만	80m³ 이상
흡수관 투입구의 수	1개 이상	2개 이상

(2) 채수구

소요수량	20~40m³ 미만	40~100m³ 미만	100m³ 이상 보기 ②
채수구의 수	1개	2개	3개

 용어
채수구
소방차의 소방호스와 접결되는 흡입구

답 ②

63. 포소화설비의 화재안전기준에 따른 포소화설비 설치기준에 대한 설명으로 틀린 것은?

① 포워터스프링클러헤드는 바닥면적 8m²마다 1개 이상 설치하여야 한다.
② 포헤드를 정방형으로 배치하든 장방형으로 배치하든 간에 그 유효반경은 2.1m로 한다.
③ 포헤드는 특정소방대상물의 천장 또는 반자에 설치하되, 바닥면적 7m²마다 1개 이상으로 한다.
④ 전역방출방식의 고발포용 고정포방출구는 바닥면적 500m² 이내마다 1개 이상을 설치하여야 한다.

해설 ③ 7m²마다 → 9m²마다

헤드의 설치개수 (NFPC 105 12조, NFTC 105 2.9.2)

헤드 종류		바닥면적/설치개수
포워터스프링클러헤드		8m²/개
포헤드		9m²/개
압축공기포 소화설비	특수가연물 저장소	9.3m²/개
	유류탱크 주위	13.9m²/개
고정포방출구		500m²/개

답 ③

64. 소화기구 및 자동소화장치의 화재안전기준에 따라 부속용도별 추가하여야 할 소화기구 중 음식점의 주방에 추가하여야 할 소화기구의 능력단위는? (단, 지하가의 음식점을 포함한다.)

① 해당 용도 바닥면적 10m²마다 1단위 이상
② 해당 용도 바닥면적 15m²마다 1단위 이상
③ 해당 용도 바닥면적 20m²마다 1단위 이상
④ 해당 용도 바닥면적 25m²마다 1단위 이상

해설 부속용도별로 추가되어야 할 소화기구(소화기)(NFTC 101 2.1.1.3)

소화기	자동확산소화기
① 능력단위 : 해당 용도의 바닥면적 25m²마다 1단위 이상 ② 능력단위 = $\dfrac{바닥면적}{25m^2}$	① 10m² 이하 : 1개 ② 10m² 초과 : 2개

답 ④

65. 분말소화설비의 화재안전기준에 따라 전역방출방식 분말소화설비의 분사헤드는 소화약제 저장량을 최대 몇 초 이내에 방사할 수 있는 것으로 하여야 하는가?

① 10   ② 20
③ 30   ④ 60

해설 약제방사시간

소화설비	전역방출방식		국소방출방식	
	일반건축물	위험물제조소	일반건축물	위험물제조소
할론소화설비	10초 이내	30초 이내	10초 이내	30초 이내
분말소화설비	30초 이내			
CO₂소화설비 표면화재	1분 이내	60초 이내	30초 이내	
CO₂소화설비 심부화재	7분 이내 (단, 설계농도가 2분 이내에 30% 도달)			

• 문제에서 특정한 조건이 없으면 "일반건축물"을 적용하면 된다.

답 ③

66. 연결살수설비의 화재안전기준에 따라 연결살수설비 전용헤드를 사용하는 배관의 설치에서 하나의 배관에 부착하는 살수헤드가 4개일 때 배관의 구경은 몇 mm 이상으로 하는가?

① 50   ② 65
③ 80   ④ 100

해설 배관의 기준(NFPC 503 5조, NFTC 503 2.2.3.1)

살수헤드 개수	1개	2개	3개	4개 또는 5개	6~10개 이하
배관구경 (mm)	32	40	50	65	80

비교

(1) 스프링클러설비

급수관의 구경 구분	25mm	32mm	40mm	50mm	65mm	80mm	90mm	100mm	125mm	150mm
폐쇄형 헤드수	2개	3개	5개	10개	30개	60개	80개	100개	160개	161개 이상
개방형 헤드수	1개	2개	5개	8개	15개	27개	40개	55개	90개	91개 이상

※ 폐쇄형 스프링클러헤드 : 최대면적 3000m² 이하

(2) 옥내소화전설비

배관 구경	40mm	50mm	65mm	80mm	100mm
방수량	130 L/min	260 L/min	390 L/min	520 L/min	650 L/min
소화전수	1개	2개	3개	4개	5개

답 ②

67. 연결살수설비의 화재안전기준상 연결살수설비의 가지배관은 교차배관 또는 주배관에서 분기되는 지점을 기점으로 한쪽 가지배관에 설치되는 헤드의 개수를 최대 몇 개 이하로 해야 하는가?

① 8
② 10
③ 12
④ 15

해설 연결살수설비(NFPC 503 5조, NFTC 503 2.2.6)
한쪽 가지배관에 설치되는 헤드의 개수 : **8개** 이하 보기 ①

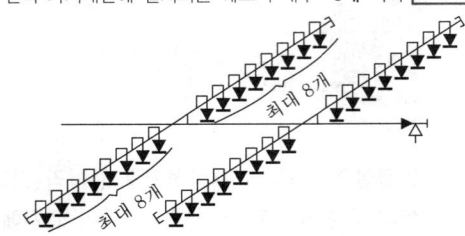

∥가지배관의 헤드개수∥

비교
연결살수설비(NFPC 503 4조, NFTC 503 2.1.4)
연결살수설비에서 하나의 송수구역에 설치하는 개방형 헤드의 수는 **10개** 이하이다.

답 ①

68. 스프링클러설비의 화재안전기준에 따라 설치장소의 최고 주위온도가 70℃인 장소에 폐쇄형 스프링클러헤드를 설치하는 경우 표시온도가 몇 ℃인 것을 설치해야 하는가?

① 79℃ 미만
② 162℃ 이상
③ 79℃ 이상 121℃ 미만
④ 121℃ 이상 162℃ 미만

해설 폐쇄형 헤드의 표시온도(NFTC 103 2.7.6)

설치장소의 최고 주위온도	표시온도
39℃ 미만	**79**℃ 미만
39~**64**℃ 미만	79~**121**℃ 미만
64~**106**℃ 미만	121~**162**℃ 미만 보기 ④
106℃ 이상	162℃ 이상

기억법
39 79
64 121
106 162

참고
헤드의 표시온도는 **최고온도**보다 **높은** 것을 선택한다.

기억법 최높

답 ④

69. 옥외소화전설비의 화재안전기준에 따라 옥외소화전설비의 수원은 그 저수량이 옥외소화전의 설치개수에 몇 m³를 곱한 양 이상이 되도록 하여야 하는가? (단, 옥외소화전이 2개 이상 설치된 경우에는 2개로 고려한다.)

① 3
② 5
③ 7
④ 9

해설 수원의 저수량(NFPC 109 4조, NFTC 109 2.1.1)

옥내소화전설비	옥외소화전설비
$Q = 2.6N$(29층 이하, N : 최대 2개) $Q = 5.2N$(30~49층 이하, N : 최대 5개) $Q = 7.8N$(50층 이상, N : 최대 5개) 여기서, Q : 옥내소화전 수원의 저수량[m³] N : 가장 많은 층의 소화전개수	$Q = 7N$ 보기 ③ 여기서, Q : 옥외소화전 수원의 저수량[m³] N : 옥외소화전 설치개수(**최대 2개**)

답 ③

70. 피난사다리의 형식승인 및 제품검사의 기술기준에 따른 피난사다리에 대한 설명으로 틀린 것은?

① 수납식 사다리는 평소에 실내에 두다가 필요시 꺼내어 사용하는 사다리를 말한다.
② 올림식 사다리는 소방대상물 등에 기대어 세워서 사용하는 사다리를 말한다.
③ 고정식 사다리는 항시 사용 가능한 상태로 소방대상물에 고정되어 사용되는 사다리를 말한다.
④ 내림식 사다리는 평상시에는 접어둔 상태로 두었다가 사용하는 때에 소방대상물 등에 걸어 내려 사용하는 사다리를 말한다.

 ① 평소에 실내에 두다가 필요시 꺼내어 사용하는 사다리 → 횡봉이 종봉 내에 수납되어 사용하는 때에 횡봉을 꺼내어 사용할 수 있는 구조

용어의 **정의**(피난사다리의 형식승인 및 제품검사의 기술기준 2조)

용어	정의
피난사다리	화재시 긴급대피에 사용하는 사다리로서 **고정식·올림식** 및 **내림식** 사다리
고정식 사다리	항시 사용 가능한 상태로 소방대상물에 **고정**되어 사용되는 사다리(수납식·접는식·신축식을 포함) 보기 ③
수납식	횡봉이 종봉 내에 수납되어 사용하는 때에 횡봉을 꺼내어 사용할 수 있는 구조 보기 ①
접는식	사다리를 **접을 수** 있는 구조
신축식	사다리 하부를 **신축**할 수 있는 구조
올림식 사다리	소방대상물 등에 **기대어** 세워서 사용하는 사다리 보기 ②
내림식 사다리	평상시에는 **접어둔** 상태로 두었다가 사용하는 때에 소방대상물 등에 **걸어 내려** 사용하는 사다리(하향식 피난구용 내림식 사다리를 포함) 보기 ④
하향식 피난구용 내림식 사다리	하향식 피난구 해치(피난사다리를 항상 사용 가능한 상태로 넣어 두는 장치를 말함)에 **격납**하여 보관되다가 사용하는 때에 **사다리의 돌자** 등이 소방대상물과 접촉되지 아니하는 내림식 사다리

답 ①

 소방시설 설치 및 관리에 관한 법률상 주거용 주방자동소화장치를 설치하여야 하는 기준은?
① 30층 오피스텔의 16층에 있는 세대의 주방
② 층수와 관계없이 모든 오피스텔의 주방
③ 30층 아파트의 16층에 있는 세대의 주방
④ 20층 아파트의 3층에 있는 세대의 주방

 ② 모든 층에 설치하므로 정답

소화설비의 **설치대상**(소방시설법 시행령 [별표 4])

종류	설치대상
소화기구	① 연면적 33m² 이상(단, 노유자시설은 투척용 소화용구 등을 산정된 소화기 수량의 $\frac{1}{2}$ 이상으로 설치 가능) ② 국가유산 ③ 가스시설, 전기저장시설 ④ 터널 ⑤ 지하구
주거용 주방자동소화장치	① 아파트 등(모든 층) ② 오피스텔(모든 층) 보기 ②

답 ②

72 분말소화설비의 화재안전기준에 따라 분말소화설비의 소화약제 중 차고 또는 주차장에 설치해야 하는 것은?
① 제1종 분말
② 제2종 분말
③ 제3종 분말
④ 제4종 분말

(1) **분말소화약제**

종별	주성분	약제의 착색	적응화재	비고
제1종	중탄산나트륨 (NaHCO₃)	백색	BC급	**식용유** 및 **지방질유**의 화재에 적합 (**비**누화현상) 기억법 1식분(일식분식), 비1(비일비재)
제2종	중탄산칼륨 (KHCO₃)	담자색 (담회색)	–	
제3종	제1인산암모늄 (NH₄H₂PO₄)	담홍색	ABC급	**차고·주차장**에 적합 기억법 3분 차주(삼보컴퓨터 차주), 인3(인삼)
제4종	중탄산칼륨+ 요소 (KHCO₃+ (NH₂)₂CO)	회(백)색	BC급	–

- 중탄산나트륨 = 탄산수소나트륨
- 중탄산칼륨 = 탄산수소칼륨
- 제1인산암모늄 = 인산암모늄 = 인산염
- 중탄산칼륨+요소 = 탄산수소칼륨+요소

(2) 이산화탄소 소화약제

주성분	적응화재
이산화탄소(CO₂)	BC급

답 ③

73 스프링클러설비의 화재안전기준에 따라 극장에 설치된 무대부에 스프링클러설비를 설치할 때, 스프링클러헤드를 설치하는 천장 및 반자 등의 각 부분으로부터 하나의 스프링클러헤드까지의 수평거리는 최대 몇 m 이하인가?
① 1.0   ② 1.7
③ 2.0   ④ 2.7

해설 **수평거리**(R)

설치장소	설치기준
무대부 · 특수가연물 (창고 포함)	수평거리 1.7m 이하
기타구조(창고 포함)	수평거리 2.1m 이하
내화구조(창고 포함)	수평거리 2.3m 이하
공동주택(**아**파트) 세대 내	수평거리 2.6m 이하

기억법 무기내아(**무기** 내려놔 **아**!)

답 ②

74. 이산화탄소 소화설비의 화재안전기준에 따른 이산화탄소 소화설비의 수동식 기동장치 설치기준으로 틀린 것은?

① 기동장치의 조작부는 보호판 등에 따른 보호장치를 설치하여야 한다.
② 기동장치의 조작부는 바닥으로부터 0.8m 이상 1.5m 이하의 위치에 설치한다.
③ 전역방출방식은 방호구역마다, 국소방출방식은 방호대상물마다 설치한다.
④ 기동장치의 복구스위치는 음향경보장치와 연동하여 조작될 수 있는 것이어야 한다.

해설 ④ 복구스위치 → 방출용 스위치

이산화탄소 소화설비의 **수동식 기동장치 설치기준**(NFPC 106 6조, NFTC 106 2.3.1)
(1) **전역방출방식**은 **방호구역**마다, **국소방출방식**은 **방호대상물**마다 설치할 것 보기 ③
(2) 해당 방호구역의 **출입구부분** 등 조작을 하는 자가 쉽게 피난할 수 있는 장소에 설치할 것
(3) 기동장치의 **조작부**는 바닥으로부터 높이 0.8~1.5m 이하의 위치에 설치하고, 보호판 등에 따른 보호장치를 설치할 것 보기 ①②
(4) 기동장치에는 그 가까운 곳의 보기 쉬운 곳에 "**이산화탄소 소화설비 기동장치**"라고 표시한 **표**지를 할 것
(5) 전기를 사용하는 기동장치에는 **전**원표시등을 설치할 것
(6) 기동장치의 **방**출용 스위치는 음향경보장치와 연동하여 조작될 수 있는 것으로 할 것 보기 ④
(7) 기동장치에는 보호장치를 설치해야 하며, 보호장치를 개방하는 경우 기동장치에 설치된 버저 또는 벨 등에 의하여 경고음을 발할 것
(8) 기동장치를 옥외에 설치하는 경우 빗물 또는 외부 충격의 영향을 받지 아니하도록 설치할 것

기억법 이수전국 출조표 방전

답 ④

75. 포소화설비의 화재안전기준에 따라 차고 또는 주차장에 설치하는 포소화설비의 수동식 기동장치는 방사구역마다 최소한 몇 개 이상을 설치해야 하는가?

① 1   ② 2
③ 3   ④ 4

해설 **포소화설비**의 **수동식 기동장치**(NFTC 105 2.8.1)
(1) 직접조작 또는 원격조작에 의하여 가압송수장치·수동식 개방밸브 및 소화약제 혼합장치를 기동할 수 있는 것
(2) **2 이상**의 방사구역을 가진 포소화설비에는 방사구역을 선택할 수 있는 구조
(3) 기동장치의 조작부는 화재시 쉽게 접근할 수 있는 곳에 설치하되, 바닥으로부터 0.8~1.5m 이하의 위치에 설치하고, 유효한 보호장치 설치
(4) 기동장치의 조작부 및 호스접결구에는 가까운 곳의 보기 쉬운 곳에 각각 "**기동장치의 조작부**" 및 "**접결구**"라고 표시한 표지 설치
(5) 설치개수

차고·주차장	항공기 격납고
1개 이상	2개 이상

기억법 차1(**차일**피일!)

답 ①

76. 소화활동시에 화재로 인하여 발생하는 각종 유독가스 중에서 일정 시간 사용할 수 있도록 제조된 압축공기식 개인호흡장비는?

① 산소발생기   ② 공기호흡기
③ 방열마스크   ④ 인공소생기

해설 **인명구조기구**(NFPC 302 3조, NFTC 302 1.7)

종류	설명
방열복	고온의 복사열에 가까이 접근하여 소방활동을 수행할 수 있는 내열피복
방화복	안전모, 보호장갑, 안전화 포함
공기**호**흡기	소화활동시에 화재로 인하여 발생하는 각종 유독가스 중에서 일정 시간 사용할 수 있도록 제조된 압축공기식 개인**호**흡비 보기 ②
인공소생기	호흡부전상태인 사람에게 인공호흡을 시켜 환자를 보호하거나 구급하는 기구

기억법 호호

답 ②

77. 미분무소화설비의 화재안전기준에 따른 다음 용어에 대한 설명 중 ( ) 안에 알맞은 것은?

미분무란 물만을 사용하여 소화하는 방식으로 최소설계압력에서 헤드로부터 방출되는 물입자 중 (㉠)%의 누적체적분포가 (㉡)μm 이하로 분무되고 A, B, C급 화재에 적응성을 갖는 것을 말한다.

① ㉠ 30, ㉡ 120
② ㉠ 50, ㉡ 120
③ ㉠ 60, ㉡ 200
④ ㉠ 99, ㉡ 400

해설 미분무의 정의(NFPC 104A 3조, NFTC 104A 1.7)
물만을 사용하여 소화하는 방식으로 최소설계압력에서 헤드로부터 방출되는 물입자 중 **99%**의 누적체적분포가 **400μm** 이하로 분무되고 **A, B, C급 화재**에 적응성을 갖는 것

답 ④

78. 물분무소화설비의 수원을 옥내소화전설비, 스프링클러설비, 옥외소화전설비, 포소화전설비의 수원과 겸용하여 사용하고 있다. 이 중 옥내소화전설비와 옥외소화전설비가 고정식으로 설치되어 있고, 그 소화설비가 설치된 부분이 방화벽과 방화문으로 구획되어 있는 경우 필요한 수원의 저수량은?

① 스프링클러설비에 필요한 저수량 이상
② 모든 소화설비에 필요한 저수량 중 최소의 것 이상
③ 각 고정식 소화설비에 필요한 저수량 중 최대의 것 이상
④ 각 고정식 소화설비에 필요한 저수량 중 최소의 것 이상

해설 **물분무소화설비의 수원 및 가압송수장치의 펌프 등의 겸용** (NFPC 104 16조, NFTC 104 2.13)
물분무소화설비의 수원을 **옥내소화전설비·스프링클러설비·간이스프링클러설비·화재조기진압용 스프링클러설비·포소화전설비** 및 **옥외소화전설비**의 수원과 겸용하여 설치하는 경우의 저수량은 각 소화설비에 필요한 **저수량**을 **합한 양** 이상이 되도록 해야 한다. 단, 이들 소화설비 중 고정식 소화설비(펌프·배관과 소화수 또는 소화약제를 최종 방출하는 방출구가 고정된 설비)가 2 이상 설치되어 있고, 그 소화설비가 설치된 부분이 방화벽과 방화문으로 구획되어 있는 경우에는 각 고정식 소화설비에 필요한 **저수량** 중 **최대**의 것 **이상**으로 할 수 있다.

답 ③

79. 할론소화설비의 화재안전기준에 따른 할론소화약제의 저장용기 설치장소에 대한 설명으로 틀린 것은?

① 가능한 한 방호구역 외의 장소에 설치해야 한다.
② 온도가 40℃ 이하이고, 온도변화가 작은 곳에 설치해야 한다.
③ 용기 간에 이물질이 들어가지 않도록 용기 간의 간격을 1cm 이하로 유지해야 한다.
④ 저장용기가 여러 개의 방호구역을 담당하는 경우 저장용기와 집합관을 연결하는 연결배관에는 체크밸브를 설치해야 한다.

해설 ③ 1cm 이하 → 3cm 이상

할론소화약제의 저장용기 설치기준(NFPC 107 4조, NFTC 107 2.1.1)
(1) **방호구역 외**의 장소에 설치할 것(단, 방호구역 내에 설치할 경우에는 피난 및 조작이 용이하도록 **피난구 부근**에 설치)
(2) 온도가 **40℃** 이하이고, 온도변화가 작은 곳에 설치할 것
(3) **직사광선** 및 **빗물**이 침투할 우려가 없는 곳에 설치할 것
(4) **방화문**으로 구획된 실에 설치할 것
(5) 용기의 설치장소에는 해당 용기가 설치된 곳임을 표시하는 표지를 할 것
(6) 용기 간의 간격은 점검에 지장이 없도록 **3cm 이상**의 간격을 유지할 것
(7) 저장용기와 집합관을 연결하는 연결배관에는 **체크밸브**를 설치할 것(단, 저장용기가 하나의 방호구역만을 담당하는 경우 제외)

답 ③

80. 스프링클러설비의 화재안전기준에 따라 스프링클러설비 가압송수장치의 정격토출압력 기준으로 맞는 것은?

① 하나의 헤드 선단의 방수압력이 0.2MPa 이상 1.0MPa 이하가 되어야 한다.
② 하나의 헤드 선단의 방수압력이 0.2MPa 이상 1.2MPa 이하가 되어야 한다.
③ 하나의 헤드 선단의 방수압력이 0.1MPa 이상 1.0MPa 이하가 되어야 한다.
④ 하나의 헤드 선단의 방수압력이 0.1MPa 이상 1.2MPa 이하가 되어야 한다.

해설 **각 설비의 주요사항**

구분	드렌처설비	스프링클러설비	소화용수설비	옥내소화전설비	옥외소화전설비	포소화설비, 물분무소화설비, 연결송수관설비
방수압 (정격토출압력)	0.1MPa 이상	0.1~1.2MPa 이하	0.15MPa 이상	0.17~0.7MPa 이하	0.25~0.7MPa 이하	0.35MPa 이상
방수량	80L/min 이상	80L/min 이상	800L/min 이상 (가압송수장치 설치)	130L/min 이상 (30층 미만: 최대 2개, 30층 이상: 최대 5개)	350L/min 이상 (최대 2개)	75L/min 이상 (포워터 스프링클러헤드 설치)
방수구경				40mm	65mm	-
노즐구경				13mm	19mm	-

답 ④

2020. 8. 23 시행

2020년 산업기사 제3회 필기시험

자격종목	종목코드	시험시간	형별	수험번호	성명
소방설비산업기사(기계분야)		2시간			

※ 각 문항은 4지택일형으로 질문에 가장 적합한 보기 항을 선택하여 체크하여야 합니다.

제1과목 소방원론

01 건축법상 건축물의 주요 구조부에 해당되지 않는 것은?

① 지붕틀 ② 내력벽
③ 주계단 ④ 최하층 바닥

해설 주요 구조부
(1) 내력**벽**
(2) **보**(작은 보 제외)
(3) **지**붕틀(차양 제외)
(4) **바**닥(최하층 바닥 제외)
(5) **주**계단(옥외계단 제외)
(6) **기**둥(사이기둥 제외)

※ **주요 구조부** : 건물의 구조 내력상 주요한 부분

기억법 벽보지 바주기

답 ④

02 가연물이 되기 위한 조건이 아닌 것은?

① 산화되기 쉬울 것
② 산소와의 친화력이 클 것
③ 활성화에너지가 클 것
④ 열전도도가 작을 것

해설 ③ 클 것 → 작을 것

가연물이 연소하기 쉬운 조건(가연물이 되기 위한 조건)
(1) 산소와 친화력이 클 것(산화되기 쉬울 것)
(2) 발열량이 클 것(연소열이 많을 것)
(3) 표면적이 넓을 것(공기와 접촉면이 클 것)
(4) 열전도율이 작을 것(열전도도가 작을 것)
(5) 활성화에너지가 작을 것
(6) 연쇄반응을 일으킬 수 있을 것

용어 활성화에너지
가연물이 처음 연소하는 데 필요한 열

답 ③

03 위험물안전관리법령상 제1석유류, 제2석유류, 제3석유류를 구분하는 기준은?

① 인화점 ② 발화점
③ 비점   ④ 녹는점

해설 • 제1석유류~제4석유류의 분류기준 : 인화점

 중요

제4류 위험물

구 분	설 명
제1석유류	인화점이 21℃ 미만
제2석유류	인화점이 21~70℃ 미만
제3석유류	인화점이 70~200℃ 미만
제4석유류	인화점이 200~250℃ 미만

답 ①

04 어떤 기체의 확산속도가 이산화탄소의 2배였다면 그 기체의 분자량은 얼마로 예상할 수 있는가?

① 11 ② 22
③ 44 ④ 88

해설 그레이엄의 법칙

$$\frac{V_B}{V_A} = \sqrt{\frac{M_A}{M_B}} = \sqrt{\frac{d_B}{d_A}}$$

여기서, V_A, V_B : 확산속도[m/s]
M_A, M_B : 분자량[kg/kmol]
d_A, d_B : 밀도[kg/m³]

변형식

$$V = \sqrt{\frac{1}{M}}$$

• 원자량

원 소	원자량
H	1
C	12
N	14
O	16

이산화탄소의 분자량(CO_2)=12+16×2=44
이산화탄소(CO_2)의 확산속도 V는

$$V = \sqrt{\frac{1}{M}} = \sqrt{\frac{1}{44}} \fallingdotseq 0.15$$

확산속도가 이산화탄소의 2배가 되는 기체의 분자량 V'는

$$V' = \sqrt{\frac{1}{M'}}$$

$$2V = \sqrt{\frac{1}{M'}}$$

$$2 \times 0.15 = \sqrt{\frac{1}{M'}}$$

$$0.3 = \sqrt{\frac{1}{M'}}$$

$$0.3^2 = \left(\sqrt{\frac{1}{M'}}\right)^2$$

$$0.09 = \frac{1}{M'}$$

$$M' = \frac{1}{0.09} \fallingdotseq 11$$

※ **그레이엄**의 **법칙**(Graham's law)
"일정온도, 일정압력에서 기체의 확산속도는 **밀도의 제곱근에 반비례한다**"는 법칙

답 ①

05 이산화탄소소화기가 갖는 주된 소화효과는?

19.09.문04
17.05.문15
14.05.문10
14.05.문13
13.03.문10

① 유화소화
② 질식소화
③ 제거소화
④ 부촉매소화

해설 주된 소화효과

할론 1301	이산화탄소
억제소화	질식소화

중요

주된 소화효과

소화약제	주된 소화효과
•**할**론	**억**제소화 (화학소화, 부촉매효과)
•포 •**이**산화탄소	**질**식소화
•물	냉각소화

기억법 할억이질

답 ②

06 물과 접촉하면 발열하면서 수소기체를 발생하는 것은?

19.04.문14
12.03.문03
06.09.문08

① 과산화수소
② 나트륨
③ 황린
④ 아세톤

해설 주수소화(물소화)시 위험한 물질

위험물	발생물질
•무기과산화물	산소(O_2) 발생
•금속분 •마그네슘 •알루미늄 •칼륨 •**나트륨** •수소화리튬	**수소**(H_2) 발생
•가연성 액체의 유류화재	**연소면**(화재면) 확대

답 ②

07 건축물 내부 화재시 연기의 평균 수평이동속도는 약 몇 m/s인가?

17.03.문06
16.10.문19
06.03.문16

① 0.01~0.05
② 0.5~1
③ 10~15
④ 20~30

해설 연기의 이동속도

방향 또는 장소	이동속도
수평방향(수평이동속도)	0.5~1m/s
수직방향(수직이동속도)	2~3m/s
계단실 내의 수직이동속도	**3**~**5**m/s

기억법 3계5(**삼계**탕 드시러 **오**세요.)

답 ②

08 질소(N_2)의 증기비중은 약 얼마인가? (단, 공기 분자량은 29이다.)

19.09.문07
17.05.문03
16.03.문02
14.03.문14
07.09.문05

① 0.8
② 0.97
③ 1.5
④ 1.8

해설 (1) 원자량

원소	원자량
H	1
C	12
N	14
O	16

질소(N_2) : 14×2=28

(2) 증기비중

$$증기비중 = \frac{분자량}{29}$$

여기서, 29 : 공기의 평균분자량

질소의 증기비중 = $\frac{분자량}{29} = \frac{28}{29} \fallingdotseq 0.97$

비교

증기밀도

$$증기밀도[g/L] = \frac{분자량}{22.4}$$

여기서, 22.4 : 기체 1몰의 부피[L]

답 ②

09 위험물안전관리법령상 제3류 위험물에 해당되지 않는 것은?

① Ca
② K
③ Na
④ Al

해설 ④ Al : 제2류 위험물

위험물령 〔별표 1〕
위험물

유 별	성 질	품 명
제1류	산화성 고체	• 아염소산염류(아염소산나트륨) • 염소산염류 • 과염소산염류 • 질산염류(질산칼륨) • 무기과산화물(과산화바륨) 기억법 1산고(일산GO)
제2류	가연성 고체	• **황화**인 • **적**린 • **황** • **마**그네슘 • 알루미늄분(Al) 기억법 2황화적황마
제3류	자연발화성 물질 및 금수성 물질	• **황**린(P₄) • **칼**륨(K) • **나**트륨(Na) • 칼슘(Ca) • 트리에틸**알**루미늄 기억법 황칼나알
제4류	인화성 액체	• 특수인화물 • 석유류(벤젠) • 알코올류 • 동식물유류
제5류	자기반응성 물질	• 질산에스터류(셀룰로이드) • 유기과산화물 • 나이트로화합물 • 나이트로소화합물 • 아조화합물 • 나이트로글리세린

답 ④

10 다음의 위험물 중 위험물안전관리법령상 지정수량이 나머지 셋과 다른 것은?

① 적린
② 황화인
③ 유기과산화물(제2종)
④ 질산에스터류(제1종)

해설 위험물의 지정수량

위험물	지정수량
• 질산에스터류(제1종) • 알킬알루미늄	10kg
• 황린	20kg
• 무기과산화물 • 과산화나트륨	50kg
• 황화인 • 적린 • 유기과산화물(제2종)	100kg
• 트리나이트로톨루엔	200kg
• 탄화알루미늄	300kg

답 ④

11 물과 반응하여 가연성인 아세틸렌가스를 발생하는 것은?

① 나트륨   ② 아세톤
③ 마그네슘   ④ 탄화칼슘

해설 물과의 반응식
$CaC_2 + 2H_2O \rightarrow Ca(OH)_2 + C_2H_2 \uparrow$
(탄화칼슘) (물)   (수산화칼슘) (아세틸렌)

답 ④

12 다음 중 가연성 물질이 아닌 것은?

① 프로판   ② 산소
③ 에탄   ④ 암모니아

해설 ② 지연성 가스

가연성 가스와 지연성 가스

가연성 가스(가연성 물질)	지연성 가스(지연성 물질)
• 수소 • 메탄 • 암모니아 • 일산화탄소 • 천연가스 • 에탄 • 프로판	• 산소 • 공기 • 오존 • 불소 • 염소

• 지연성 가스=조연성 가스=지연성 물질=조연성 물질

참고

가연성 가스와 지연성 가스

가연성 가스	지연성 가스
물질 자체가 연소하는 것	자기 자신은 연소하지 않지만 연소를 도와주는 가스

답 ②

13. 칼륨 화재시 주수소화가 적응성이 없는 이유는?
① 수소가 발생되기 때문
② 아세틸렌이 발생되기 때문
③ 산소가 발생되기 때문
④ 메탄가스가 발생하기 때문

해설 주수소화(물소화)시 위험한 물질

위험물	발생물질
• 무기과산화물	산소(O_2) 발생
• 금속분 • 마그네슘 • 알루미늄 • **칼륨** • 나트륨 • 수소화리튬	수소(H_2) 발생
• 가연성 액체의 유류화재	연소면(화재면) 확대

답 ①

14. 표준상태에서 44.8m³의 용적을 가진 이산화탄소가스를 모두 액화하면 몇 kg인가? (단, 이산화탄소의 분자량은 44이다.)
① 88
② 44
③ 22
④ 11

해설 (1) 분자량

원소	원자량
H	1
C	12
N	14
O	16

이산화탄소(CO_2)의 분자량 $= 12 + 16 \times 2 = 44 \text{g/mol}$

(2) 증기밀도

$$\text{증기밀도(g/L)} = \frac{\text{분자량}}{22.4}$$

여기서, 22.4는 공기의 부피[L]

증기밀도(g/L) $= \dfrac{\text{분자량}}{22.4}$

$\dfrac{g(\text{질량})}{44800L} = \dfrac{44}{22.4}$

$g(\text{질량}) = \dfrac{44}{22.4} \times 44800L = 88000g = 88kg$

• 1m³=1000L이므로 44.8m³=44800L
• 단위를 보고 계산하면 쉽다.

답 ①

15. 가연성 기체의 일반적인 연소범위에 관한 설명으로서 옳지 못한 것은?
① 연소범위에는 상한과 하한이 있다.
② 연소범위의 값은 공기와 혼합된 가연성 기체의 체적농도로 표시된다.
③ 연소범위의 값은 압력과 무관하다.
④ 연소범위는 가연성 기체의 종류에 따라 다른 값을 갖는다.

해설 ③ 무관하다. → 관계있다.

연소범위
(1) 연소하한과 연소상한의 범위를 나타낸다(상한과 하한의 값을 가지고 있다).
(2) **연소하한**이 낮을수록 발화위험이 높다.
(3) **연소범위**가 넓을수록 발화위험이 높다(연소범위가 넓을수록 연소위험성은 높아진다).
(4) 연소범위는 주위온도와 관계가 있다(동일 물질이라도 환경에 따라 연소범위가 달라질 수 있다).
(5) 연소범위의 하한은 그 물질의 **인화점**에 해당된다.
(6) 연소범위는 **압력상승**시 **연소하한**은 **불변**, **연소상한**만 **상승**한다.
(7) 연소에 필요한 혼합가스의 농도를 말한다.
(8) 연소범위의 값은 공기와 혼합된 가연성 기체의 체적농도로 표시된다.
(9) 연소범위는 가연성 기체의 종류에 따라 다른 값을 갖는다.

• 연소한계=연소범위=폭발한계=폭발범위=가연한계=가연범위
• 연소하한=하한계
• 연소상한=상한계

답 ③

16. A급 화재에 해당하는 가연물이 아닌 것은?
① 섬유
② 목재
③ 종이
④ 유류

해설 ④ B급 화재

화재 종류	표시색	적응물질
일반화재(A급)	백색	• 일반 가연물 • **종이**류 화재 • **목재**, **섬유**화재
유류화재(B급)	황색	• 가연성 액체(등유·경유) • 가연성 가스 • 액화가스화재 • 석유화재
전기화재(C급)	청색	• 전기설비
금속화재(D급)	무색	• 가연성 금속
주방화재(K급)	–	• 식용유화재

(3) 아세톤, 벤젠보다 증발잠열이 크다.
(4) 아세톤, 구리보다 비열이 매우 **크다**.

중요

물의 비열	물의 증발잠열
1cal/g·℃	539cal/g

답 ④

17 연소의 3요소에 해당하지 않는 것은?
14.09.문10
14.03.문08
13.06.문19
① 점화원 ② 연쇄반응
③ 가연물질 ④ 산소공급원

해설 연소의 3요소와 4요소

연소의 3요소	연소의 4요소
• 가연물(연료) • 산소공급원(산소, 공기) • 점화원(점화에너지)	• 가연물(연료) • 산소공급원(산소, 공기) • 점화원(점화에너지) • **연쇄반응**

기억법 연4(연사)

답 ②

20 Halon 1301의 화학식에 포함되지 않는 원소는?
19.03.문06
16.03.문09
15.03.문02
14.03.문06
① C ② Cl
③ F ④ Br

해설 ② Halon 1301 : Cl의 개수는 0이므로 포함되지 않음

할론소화약제

종류	약칭	분자식
Halon 1011	CB	CH_2ClBr
Halon 104	CTC	CCl_4
Halon 1211	BCF	$CF_2ClBr(CBrClF_2)$
Halon 1301	BTM	$CF_3Br(CBrF_3)$
Halon 2402	FB	$C_2F_4Br_2(C_2Br_2F_4)$

중요

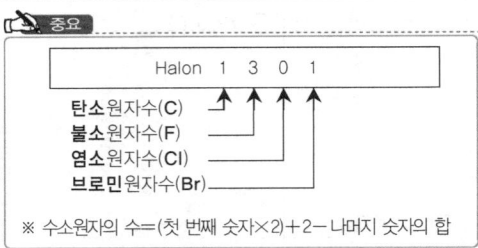

※ 수소원자의 수=(첫 번째 숫자×2)+2-나머지 숫자의 합

답 ②

18 기계적 열에너지에 의한 점화원에 해당되는 것은?
18.03.문05
16.05.문14
16.03.문17
15.03.문04
09.05.문06
05.09.문12
① 충격, 기화, 산화
② 촉매, 열방사선, 중합
③ 충격, 마찰, 압축
④ 응축, 증발, 촉매

해설 열에너지원의 종류

기계열 (기계적 열에너지)	전기열 (전기적 열에너지)	화학열 (화학적 열에너지)
• **압**축열 • **마**찰열 • **마**찰스파크(스파크열) • 충격열	• 유도열 • 유전열 • 저항열 • 아크열 • 정전기열 • 낙뢰에 의한 열	• **연**소열 • **용**해열 • **분**해열 • **생**성열 • **자**연발화열
기억법 기압마		**기억법** 화연용분생자

• 기계열=기계적 점화원=기계적 열에너지
• 전기열=전기적 점화원=전기적 열에너지
• 화학열=화학적 점화원=화학적 열에너지

답 ③

제 2 과목 소방유체역학

21 그림과 같이 수면으로부터 2m 아래에 직경 3m의 평면 원형 수문이 수직으로 설치되어 있다. 물의 압력에 의해 수문이 받는 전압력의 세기[kN]는?
17.05.문38
11.10.문31

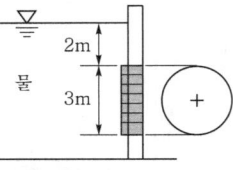

① 104.5 ② 242.5
③ 346.5 ④ 417.5

19 소화약제로 사용되는 물에 대한 설명 중 틀린 것은?
11.06.문16
① 극성 분자이다.
② 수소결합을 하고 있다.
③ 아세톤, 벤젠보다 증발잠열이 크다.
④ 아세톤, 구리보다 비열이 작다.

해설 물(H_2O)
(1) **극성 분자**이다.
(2) **수소결합**을 하고 있다.

20-32 · 20. 08. 시행 / 산업(기계)

해설 (1) 기호
- D : 3m
- h : 3.5m
- F : ?

(2) 수평면에 **작용**하는 힘(전압력의 세기)

$$F = \gamma h A = \gamma h \frac{\pi D^2}{4}$$

여기서, F : 수평면에 작용하는 힘(전압력의 세기)[N]
γ : 비중량(물의 비중량 9800N/m³)
h : 표면에서 수문 중심까지의 수직거리[m]
A : 수문의 단면적[m²]
D : 직경[m]

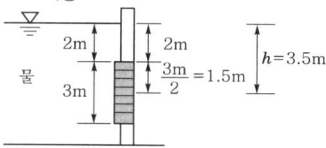

수평면에 작용하는 힘(전압력) F는

$F = \gamma h \frac{\pi D^2}{4} = 9800\text{N/m}^3 \times 3.5\text{m} \times \frac{\pi \times (3\text{m})^2}{4}$
$= 242452\text{N} ≒ 242500\text{N} = 242.5\text{kN}$

비교

경사면에 작용하는 힘

$$F = \gamma y \sin\theta A$$

여기서, F : 경사면에 작용하는 힘(전압력의 세기)[N]
γ : 비중량(물의 비중량 9800N/m³)
y : 표면에서 수문 중심까지의 경사거리[m]
θ : 각도
A : 수문의 단면적[m²]

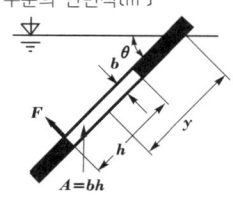

│경사면에 작용하는 힘│

답 ②

22 ★★★

송풍기의 전압이 1.47kPa, 풍량이 20m³/min, 전압효율이 0.6일 때 축동력[W]은?

18.03.문33
17.09.문24
17.05.문36
16.10.문32
15.09.문36
13.09.문30
13.06.문24
11.06.문25
03.05.문80

① 463.2
② 816.7
③ 1110.3
④ 1264.4

해설 ② 816.4W와 근사값인 816.7W가 정답

(1) 기호
- P_T : 1.47kPa = $\frac{1.47\text{kPa}}{101.325\text{kPa}} \times 10332\text{mmH}_2\text{O}$
  ≒ 149.9mmH₂O

$101.325\text{kPa} = 10.332\text{mH}_2\text{O} = 10332\text{mmH}_2\text{O}$
(1m=1000mm)

- Q : 20m³/min
- η : 0.6
- P : ?

(2) 송풍기 축동력

$$P = \frac{P_T Q}{102 \times 60\eta}$$

여기서, P : 송풍기 축동력[kW]
P_T : 송풍기전압(정압)[mmAq] 또는 [mmH₂O]
Q : 풍량(배출량) 또는 체적유량[m³/min]
η : 효율

송풍기 축동력 P는

$P = \frac{P_T Q}{102 \times 60\eta} = \frac{149.9\text{mmH}_2\text{O} \times 20\text{m}^3/\text{min}}{102 \times 60 \times 0.6}$
$= 0.8164\text{kW}$
$= 816.4\text{W}$

용어

송풍기 축동력
동력에서 전달계수 또는 여유율(K)을 고려하지 않는 것

$$\text{축동력 } P = \frac{P_T Q}{102 \times 60\eta}$$

비교

펌프의 **동력**(물을 사용하는 설비)

(1) **전동력** : 일반적인 전동기의 동력(용량)을 말한다.

$$P = \frac{0.163 QH}{\eta} K$$

여기서, P : 전동력[kW]
Q : 유량[m³/min]
H : 전양정[m]
K : 전달계수
η : 효율

(2) **축동력** : 전달계수 또는 여유율(K)을 고려하지 않은 동력이다.

$$P = \frac{0.163 QH}{\eta}$$

여기서, P : 축동력[kW]
Q : 유량[m³/min]
H : 전양정[m]
η : 효율

(3) **수동력** : 전달계수(K)와 효율(η)을 고려하지 않은 동력이다.

$$P = 0.163 QH$$

여기서, P : 수동력[kW]
Q : 유량[m³/min]
H : 전양정[m]

표준대기압
1atm = 760mmHg = 1.0332kg$_f$/cm^2
= 10.332mH$_2$O(mAq)
= 14.7PSI(lb$_f$/in^2)
= 101.325kPa(kN/m^2)
= 1013mbar

답 ②

23 열역학 제1법칙(에너지 보존의 법칙)에 대한 설명으로 옳은 것은?

① 공급열량은 총 에너지 변화에 외부에 한 일량과의 합계이다.
② 열효율이 100%인 열기관은 없다.
③ 순수물질이 상압(1기압), 0K에서 결정상태이면 엔트로피는 0이다.
④ 일에너지는 열에너지로 쉽게 변환될 수 있으나, 열에너지는 일에너지로 변환되기 어렵다.

해설 열역학의 법칙
(1) **열역학 제0법칙** (열평형의 법칙)
   ㉠ 온도가 높은 물체에 낮은 물체를 접촉시키면 온도가 높은 물체에서 낮은 물체로 열이 이동하여 두 물체의 **온도**는 **평형**을 이루게 된다.
   ㉡ 어떤 두 물체 A와 B가 제3의 물체 C와 각각 열평형상태에 있을 때, 두 물체 A와 B도 서로 열평형상태이다.
(2) **열역학 제1법칙** (에너지 보존의 법칙)
   ㉠ 기체의 공급에너지는 **내부에너지**와 외부에서 한 일의 합과 같다.
   ㉡ 공급열량은 총 에너지 변화에 외부에 한 일량과의 합계이다.
(3) **열역학 제2법칙**
   ㉠ 열은 스스로 **저온**에서 **고온**으로 절대로 흐르지 않는다.
   ㉡ 열은 그 스스로 저열원체에서 고열원체로 이동할 수 없다.
   ㉢ 자발적인 변화는 **비가역**이다.
   ㉣ 열을 완전히 일로 바꿀 수 있는 **열기관**을 만들 수 **없**다(제2종 영구기관의 제작이 불가능).
   ㉤ 열기관에서 일을 얻으려면 최소 **두 개**의 **열원**이 필요하다.

   기억법 2기(이기)자!

(4) **열역학 제3법칙**
   순수한 물질이 1atm하에서 결정상태이면 엔트로피는 0K에서 0이다.

답 ①

24 원심펌프의 임펠러 직경이 20cm이다. 이 펌프와 상사한 동일한 모양의 펌프를 임펠러 직경 60cm로 만들었을 때 같은 회전수에서 운전하면 새로운 펌프의 설계점 성능 특성 중 유량은 몇 배가 되는가? (단, 레이놀즈수의 영향은 무시한다.)

① 1배
② 3배
③ 9배
④ 27배

해설 (1) 기호
- D_1 : 20cm
- D_2 : 60cm
- Q_2 : ?

(2) 펌프의 상사법칙
㉠ 유량
$$Q_2 = Q_1 \times \frac{N_2}{N_1} \times \left(\frac{D_2}{D_1}\right)^3$$ 또는
$$Q_2 = Q_1 \times \frac{N_2}{N_1}$$

여기서, Q_1, Q_2 : 변화 전후의 유량(m^3/s)
N_1, N_2 : 변화 전후의 회전수(rpm)
D_1, D_2 : 변화 전후의 직경(m)

㉡ 전양정
$$H_2 = H_1 \times \left(\frac{N_2}{N_1}\right)^2 \times \left(\frac{D_2}{D_1}\right)^2$$ 또는
$$H_2 = H_1 \times \left(\frac{N_2}{N_1}\right)^2$$

여기서, H_1, H_2 : 변화 전후의 전양정(m)
N_1, N_2 : 변화 전후의 회전수(rpm)
D_1, D_2 : 변화 전후의 직경(m)

㉢ 동력
$$P_2 = P_1 \times \left(\frac{N_2}{N_1}\right)^3 \times \left(\frac{D_2}{D_1}\right)^5$$ 또는
$$P_2 = P_1 \times \left(\frac{N_2}{N_1}\right)^3$$

여기서, P_1, P_2 : 변화 전후의 동력(kW)
N_1, N_2 : 변화 전후의 회전수(rpm)
D_1, D_2 : 변화 전후의 직경(m)

유량 Q_2는
$$Q_2 = Q_1 \times \frac{N_2}{N_1} \times \left(\frac{D_2}{D_1}\right)^3$$
$$= Q_1 \times \frac{N_2}{N_1} \times \left(\frac{60\text{cm}}{20\text{cm}}\right)^3$$
$$= 27 Q_1 \times \frac{N_2}{N_1}$$

∴ 27배

답 ④

25. 정상상태의 원형 관의 유동에서 주손실에 의한 압력강하(ΔP)는 어떻게 나타내는가? (단, V는 평균속도, D는 관 직경, L은 관 길이, f는 마찰계수, ρ는 유체의 밀도, γ는 비중량이다.)

① $\rho f \dfrac{L}{D} \dfrac{V^2}{2}$ ② $\rho f \dfrac{D}{L} \dfrac{V^2}{2}$

③ $\gamma f \dfrac{L}{D} \dfrac{V^2}{2}$ ④ $\gamma f \dfrac{D}{L} \dfrac{V^2}{2}$

해설 (1) 비중량

$$\gamma = \rho g$$

여기서, γ : 비중량[N/m³]
ρ : 밀도[N·s²/m⁴]
g : 중력가속도[m/s²]

밀도 ρ는

$\rho = \dfrac{\gamma}{g}$

(2) 달시-웨버의 식(Darcy-Weisbach formula, 층류)

$$H = \dfrac{\Delta P}{\gamma} = \dfrac{fLV^2}{2gD}$$

여기서, H : 마찰손실[m]
ΔP : 압력차(압력강하)[kPa] 또는 [kN/m²]
γ : 비중량(물의 비중량 9800N/m³)
f : 관마찰계수
L : 길이(관 길이)[m]
V : 유속(평균속도)[m/s]
g : 중력가속도(9.8m/s²)
D : 내경(관 직경)[m]

압력강하 ΔP는

$\Delta P = \dfrac{\gamma fLV^2}{2gD} = \dfrac{\rho fLV^2}{2D} \left(\because \rho = \dfrac{\gamma}{g} \right)$

$= \rho f \dfrac{L}{D} \dfrac{V^2}{2}$

답 ①

26. 유체에 대한 일반적인 설명으로 틀린 것은?

① 아무리 작은 전단응력이라도 물질 내부에 전단응력이 생기면 정지상태로 있을 수가 없다.
② 점성이 작은 유체일수록 유동저항이 작아 더 쉽게 움직일 수 있다.
③ 충격파는 비압축성 유체에서는 잘 관찰되지 않는다.
④ 유체에 미치는 압축의 정도가 커서 밀도가 변하는 유체를 비압축성 유체라 한다.

해설 ④ 비압축성 유체 → 압축성 유체

유체의 종류

종류	설명
실제유체	**점**성이 **있**으며, **압**축성인 유체 **기억법** 실점있압(실점이 있는 사람만 압박해!)
이상유체	① 점성이 없으며(비점성), **비압축성**인 유체 ② 유체유동시 **마찰전단응력**이 발생하지 **않으며** 압력변화에 따른 **체적변화**가 **없는 유체** ③ 유체유동시 마찰전단응력이 발생하지 않으며 분자 간에 분자력이 작용하지 않는 유체
압축성 유체	① **기체**와 같이 체적이 변화하는 유체 **기억법** 기압(기압) ② 밀도가 변하는 유체
비압축성 유체	**액체**와 같이 체적이 변화하지 않는 유체
점성 유체	유동시 마찰저항이 유발되는 유체
비점성 유체	유동시 마찰저항이 유발되지 않는 유체

답 ④

27. 뉴턴의 점성법칙과 직접적으로 관계없는 것은?

① 압력
② 전단응력
③ 속도구배
④ 점성계수

해설 뉴턴(Newton)의 점성법칙

$$\tau = \mu \dfrac{du}{dy}$$

여기서, τ : 전단응력[N/m²] 보기 ②
μ : 점성계수[N·s/m²] 보기 ④
$\dfrac{du}{dy}$: 속도구배(속도기울기) 보기 ③

답 ①

28. 직경이 d인 소방호스 끝에 직경이 $\dfrac{d}{2}$인 노즐이 연결되어 있다. 노즐에서 유출되는 유체의 평균 속도는 호스에서의 평균속도에 얼마인가?

① $\dfrac{1}{4}$ ② $\dfrac{1}{2}$

③ 2배 ④ 4배

[해설] (1) 기호
- $D_{호스} : d$
- $D_{노즐} : \dfrac{d}{2}$
- $\dfrac{V_{노즐}}{V_{호스}} : ?$ (일반적으로 **먼저** 나온 말을 **분자**, 나중에 나온 말을 **분모**로 보면 됨)

(2) 유량

$$Q = AV = \left(\dfrac{\pi D^2}{4}\right)V$$

여기서, Q : 유량[m³/s]
A : 단면적[m²]
V : 유속[m/s]
D : 지름[m]

$Q = \left(\dfrac{\pi D^2}{4}\right)V$

$Q\left(\dfrac{4}{\pi D^2}\right) = V$

$V = Q\left(\dfrac{4}{\pi D^2}\right) \propto \dfrac{1}{D^2} = \dfrac{1}{\left(\dfrac{D_{노즐}}{D_{호스}}\right)^2}$

$\dfrac{V_{노즐}}{V_{호스}} = \dfrac{1}{\left(\dfrac{D_{노즐}}{D_{호스}}\right)^2} = \dfrac{1}{\left(\dfrac{\cancel{d}/2}{\cancel{d}}\right)^2} = \dfrac{1}{\left(\dfrac{1}{2}\right)^2} = 4$ 배

답 ④

29 ★★★
19.09.문26
19.04.문34
17.09.문40
17.05.문35
15.09.문39
14.05.문40
14.03.문30
11.03.문33

온도 54.64℃, 압력 100kPa인 산소가 지름 10cm 인 관 속을 흐를 때 층류로 흐를 수 있는 평균속도의 최댓값[m/s]은 얼마인가? (단, 임계레이놀즈수는 2100, 산소의 점성계수는 23.16×10⁻⁶kg/m·s, 기체상수는 259.75N·m/kg·K이다.)

① 0.212 ② 0.414
③ 0.616 ④ 0.818

[해설] (1) 기호
- $T : 54.64℃ = (273+54.64)$K
- $P : 100$kPa$ = 100$kN/m²(1kPa=1kN/m²)
- $D : 10$cm$ = 0.1$m(100cm=1m)
- $V : ?$
- $Re : 2100$
- $\mu : 23.16 \times 10^{-6}$kg/m·s
- $R : 259.75$N·m/kg·K$=0.25975$kN·m/kg·K

(2) 밀도

$$\rho = \dfrac{m}{V}$$

여기서, ρ : 밀도[kg/m³] 또는 [N·s²/m⁴]
m : 질량[kg]
V : 부피[m³]

(3) 이상기체상태방정식

$$PV = mRT$$

여기서, P : 압력[kN/m²]
V : 부피[m³]
m : 질량[kg]
R : 기체상수[kN·m/kg·K]
T : 절대온도(273+℃)[K]

$PV = mRT$

$P = \dfrac{m}{V}RT$

$P = \rho RT \leftarrow \rho = \dfrac{m}{V}$ 이므로

$\dfrac{P}{RT} = \rho$

$\rho = \dfrac{P}{RT}$

$= \dfrac{100\text{kN/m}^2}{0.25975\text{kN·m/kg·K} \times (273+54.64)\text{K}}$

$≒ 1.175$kg/m³

(4) 레이놀즈수

$$Re = \dfrac{DV\rho}{\mu} = \dfrac{DV}{\nu}$$

여기서, Re : 레이놀즈수
D : 내경[m]
V : 유속[m/s]
ρ : 밀도[kg/m³]
μ : 점성계수[kg/m·s]
ν : 동점성계수$\left(\dfrac{\mu}{\rho}\right)$[m²/s]

$Re = \dfrac{DV\rho}{\mu}$

$Re\mu = DV\rho$

$\dfrac{Re\mu}{D\rho} = V$

$V = \dfrac{Re\mu}{D\rho}$

$= \dfrac{2100 \times (23.16 \times 10^{-6})\text{kg/m·s}}{0.1\text{m} \times 1.175\text{kg/m}^3} ≒ 0.414$m/s

답 ②

30 ★
15.09.문30

수평 노즐 입구에서의 계기압력이 P_1[Pa], 면적이 A_1[m²]이고, 출구에서의 면적은 A_2[m²]이다. 물이 노즐을 통해 V_2[m/s]의 속도로 대기 중으로 방출될 때 노즐을 고정시키는 데 필요한 힘[N]은 얼마인가? (단, 물의 밀도는 ρ[kg/m³]이다.)

① $P_1 A_1 - \rho A_2 V_2^{\,2}\left(1 - \dfrac{A_2}{A_1}\right)$

② $P_1 A_1 + \rho A_2 V_2^{\,2}\left(1 - \dfrac{A_2}{A_1}\right)$

③ $P_1 A_1 - \rho A_2 V_2^{\,2}\left(1 + \dfrac{A_1}{A_2}\right)$

④ $P_1 A_1 + \rho A_2 V_2^{\,2}\left(1 + \dfrac{A_1}{A_2}\right)$

해설 **노즐을 고정하기 위한 수평방향의 힘**

$$F = P_1 A_1 - \rho A_2 V_2^2 \left(1 - \frac{A_2}{A_1}\right)$$

여기서, F : 노즐을 고정하기 위한 수평방향의 힘[N]
 P_1 : 입구압력(계기압력)[N/m²]
 A_1 : 입구면적[m²]
 A_2 : 출구면적[m²]
 ρ : 밀도[N·s²/m⁴]
 V_2 : 출구유속[m/s]

중요

(1) 유량

$$Q = AV = \left(\frac{\pi D^2}{4}\right) V$$

여기서, Q : 유량[m³/s]
 A : 단면적[m²]
 V : 유속[m/s]
 D : 직경[m]

(2) 변형식

$$F = P_1 A_1 - \rho Q V_2 \left(1 - \frac{A_2}{A_1}\right) (\because Q = A_2 V_2)$$
$$= P_1 A_1 - \rho Q \left(V_2 - \frac{A_2 V_2}{A_1}\right)$$
$$= P_1 A_1 - \rho Q \left(V_2 - \frac{Q}{A_1}\right) (\because Q = A_2 V_2)$$

$$\boxed{F = P_1 A_1 - \rho Q (V_2 - V_1)} \left(\because V_1 = \frac{Q}{A_1}\right)$$

여기서, F : 노즐을 고정하기 위한 수평방향의 힘[N]
 P_1 : 입구압력(계기압력)[N/m²]
 A_1 : 입구면적[m²]
 A_2 : 출구면적[m²]
 ρ : 밀도[N·s²/m⁴]
 V_1 : 입구유속[m/s]
 V_2 : 출구유속[m/s]
 Q : 유량[m³/s]

답 ①

31 풍동에서 유속을 측정하기 위해서 피토관을 설치하였다. 이때 피토관에 연결된 U자관 액주계 내 비중이 0.8인 알코올이 10cm 상승하였다. 풍동 내의 공기의 압력이 100kPa이고, 온도가 20℃일 때 풍동에서 공기의 속도[m/s]는? (단, 일반기체상수는 0.287kJ/kg·K이다.)

19.09.문26
19.03.문32
15.09.문39
10.05.문33

① 33.5
② 36.3
③ 38.6
④ 40.4

해설 (1) 기호

• s : 0.8
• h : 10cm=0.1m
• P : 100kPa
• T : 20℃(273+20)K
• V : ?
• R : 0.287kJ/kg·K=0.287kN·m/kg·K
  =0.287kPa·m³/kg·K

(2) 밀도

$$\rho = \frac{m}{V}$$

여기서, ρ : 밀도[kg/m³]
 m : 질량[kg]
 V : 부피(체적)[m³]

(3) 이상기체 상태방정식

$$PV = mRT$$

여기서, P : 압력[kPa] 또는 [kN/m²]
 V : 부피(체적)[m³]
 m : 질량[kg]
 R : 기체상수[kJ/kg·K] 또는 [kN·m/kg·K] 또는 [kPa·m³/kg·K]
 T : 절대온도(273+℃)[K]

$PV = mRT$
$P = \frac{m}{V} RT$
$P = \rho RT$
$\frac{P}{RT} = \rho$

공기의 밀도 $\rho = \frac{P}{RT}$

$$= \frac{100\text{kPa}}{0.287\text{kPa·m}^3/\text{kg·K} \times (273+20)\text{K}}$$

≈ 1.19kg/m³ = 1.19N·s²/m⁴
(1kg/m³ = 1N·s²/m⁴)

(4) 비중

$$s = \frac{\rho}{\rho_w} = \frac{\gamma}{\gamma_w}$$

여기서, s : 비중
 ρ : 어떤 물질(알코올)의 밀도[kg/m³] 또는 [N·s²/m⁴]
 ρ_w : 물의 밀도(1000kg/m³ 또는 1000N·s²/m⁴)
 γ : 어떤 물질(알코올)의 비중량[N/m³]
 γ_w : 물의 비중량(9800N/m³)

어떤 물질(알코올)의 비중량 γ는
$\gamma = s \times \gamma_w = 0.8 \times 9800\text{N/m}^3 = 7840\text{N/m}^3$

(5) 비중량

$$\gamma = \rho g$$

여기서, γ : 비중량[kN/m³]
 ρ : 밀도[kg/m³] 또는 [N·s²/m⁴]
 g : 중력가속도(9.8m/s²)

(6) 압력수두

$$H = \frac{P}{\gamma_a} = \frac{\gamma h}{\gamma_a}$$

여기서, H : 압력수두(높이)[m]
P : 압력[N/m²]
γ : 어떤 물질(알코올)의 비중량[N/m³]
γ_a : 공기의 비중량[N/m³]
h : 수두(수주)[m]

압력수두 H는
$$H = \frac{\gamma h}{\gamma_a} = \frac{\gamma h}{\rho g}$$

(7) **피토관**(pitot tube)
$$V = C\sqrt{2gH}$$

여기서, V : 유속(공기의 속도)[m/s]
C : 피토관계수
g : 중력가속도(9.8m/s²)
H : 높이(압력수두)[m]

유속(공기의 속도) V는
$$V = C\sqrt{2gH}$$
$$= C\sqrt{2g\frac{\gamma h}{\rho g}}$$
$$= C\sqrt{\frac{2\gamma h}{\rho}}$$
$$= \sqrt{\frac{2 \times 7840\text{N/m}^3 \times 0.1\text{m}}{1.19\text{N} \cdot \text{s}^2/\text{m}^4}} \fallingdotseq 36.3\text{m/s}$$

• C : 주어지지 않았으므로 무시

답 ②

32 관지름 d, 관마찰계수 f, 부차손실계수 K인 관의 상당길이 L_e는?

① $\dfrac{f}{K \times d}$ ② $\dfrac{K \times d}{f}$

③ $\dfrac{K}{d \times f}$ ④ $\dfrac{d \times f}{K}$

해설 등가길이 공식
$$L_e = \frac{KD}{f} = \frac{K \times d}{f}$$

여기서, L_e : 등가길이[m]
K : (부차)손실계수
$D(d)$: 내경[m]
f : 마찰손실계수

• 등가길이=상당길이=상당관길이
• 마찰계수=마찰손실계수=관마찰계수
• 부차손실계수=부차적 손실계수

용어
등가길이
부차적 손실과 같은 크기의 마찰손실이 발생할 수 있는 직관의 길이

답 ②

33 압력 300kPa, 체적 1.66m³인 상태의 가스를 정압하에서 열을 방출시켜 체적을 $\dfrac{1}{2}$로 만들었다. 이때 기체에 해준 일[kJ]은 얼마인가?

① 129   ② 249
③ 399   ④ 981

해설 정압과정
(1) 기호
• P : 300kPa
• V_2 : 1.66m³
• V_1 : $\left(1.66 \times \dfrac{1}{2}\right)$m³ = 0.83m³
• $_1W_2$: ?

(2) **절대일**(압축일)
$$_1W_2 = P(V_2 - V_1) = mR(T_2 - T_1)$$

여기서, $_1W_2$: 절대일[kJ]
P : 압력[kJ/m³] 또는 [kPa]
V_1, V_2 : 변화 전후의 체적[m³]
m : 질량[kg]
R : 기체상수[kJ/kg·K]
T_1, T_2 : 변화 전후의 온도(273+℃)[K]

절대일 $_1W_2$는
$_1W_2 = P(V_2 - V_1)$
$= 300\text{kPa} \times (1.66 - 0.83)\text{m}^3$
$= 249\text{kPa} \cdot \text{m}^3 \ (1\text{kPa} \cdot \text{m}^3 = 1\text{kJ})$
$= 249\text{kJ}$

답 ②

34 다음 중 기체상수가 가장 큰 것은?

① 수소   ② 산소
③ 공기   ④ 질소

해설 기체상수

기체	기체상수 R[kJ/kg·K]
아르곤(Ar)	0.20813
산소(O₂) 보기 ②	0.25984
공기 보기 ③	0.28700
질소(N₂) 보기 ④	0.29680
네온(Ne)	0.41203
헬륨(He)	2.07725
수소(H₂) 보기 ①	4.12446

답 ①

35. 펌프의 이상현상 중 펌프의 유효흡입수두(NPSH)와 가장 관련이 있는 것은?

① 수온상승현상 ② 수격현상
③ 공동현상 ④ 서징현상

해설 공동현상 발생조건

$$NPSH_{re} > NPSH_{av}$$

여기서, $NPSH_{re}$: 필요한 유효흡입양정[m]
$NPSH_{av}$: 이용 가능한 유효흡입양정[m]

- 유효흡입수두=유효흡입양정

용어

공동현상(cavitation)
펌프의 흡입측 배관 내의 물의 정압이 기존의 증기압보다 낮아져서 **기포**가 **발생**되어 **물**이 **흡입**되지 **않는 현상**

비교

수격현상(water hammer cashion)
(1) 배관 내를 흐르는 유체의 유속을 급격하게 변화시키므로 **압력**이 **상승** 또는 **하강**하여 **관로의 벽면**을 **치는 현상**
(2) 배관 속의 물 흐름을 급히 차단하였을 때 **동압**이 **정압**으로 전환되면서 일어나는 쇼크(shock)현상
(3) 관 내의 유동형태가 급격히 변화하여 물의 운동에너지가 **압력파**의 형태로 나타나는 현상

답 ③

36. 점성계수의 MLT계 차원으로 옳은 것은?

① $[ML^{-1}T^{-1}]$ ② $[ML^2T^{-1}]$
③ $[L^2T^{-2}]$ ④ $[ML^{-2}T^{-2}]$

해설 중력단위와 절대단위의 차원

차 원	중력단위[차원]	절대단위[차원]
길이	m[L]	m[L]
시간	s[T]	s[T]
운동량	N·s[FT]	kg·m/s[MLT^{-1}]
힘	N[F]	kg·m/s^2[MLT^{-2}]
속도	m/s[LT^{-1}]	m/s[LT^{-1}]
가속도	m/s^2[LT^{-2}]	m/s^2[LT^{-2}]
질량	N·s^2/m[FL^{-1}T^2]	kg[M]
압력	N/m^2[FL^{-2}]	kg/m·s^2[ML^{-1}T^{-2}]
밀도	N·s^2/m^4[FL^{-4}T^2]	kg/m^3[ML^{-3}]
비중	무차원	무차원
비중량	N/m^3[FL^{-3}]	kg/m^2·s^2[ML^{-2}T^{-2}]
비체적	m^4/N·s^2[F^{-1}L^{4}T^{-2}]	m^3/kg[M^{-1}L^3]
일률	N·m/s[FLT^{-1}]	kg·m^2/s^3[ML^{2}T^{-3}]
일	N·m[FL]	kg·m^2/s^2[ML^{2}T^{-2}]
점성계수	N·s/m^2[FL^{-2}T]	kg/m·s[ML^{-1}T^{-1}] 보기 ①
동점성계수	m^2/s[L^{2}T^{-1}]	m^2/s[L^{2}T^{-1}]

답 ①

37. 부력에 대한 설명으로 틀린 것은?

① 부력의 중심인 부심은 유체에 잠긴 물체 체적의 중심이다.
② 부력의 크기는 물체에 의해 배제된 유체의 무게와 같다.
③ 부력이 작용하므로 모든 물체는 항상 유체 속에 잠기지 않고 유체 표면에 뜨게 된다.
④ 정지유체에 잠겨있거나 떠 있는 물체가 유체에 의하여 수직 상방향으로 받는 힘을 부력이라고 한다.

해설 ③ 물체는 비중에 따라 유체 속에 잠길 수도 있고 뜰 수도 있다.

부력(buoyant force)
(1) 정지된 유체에 잠겨있거나 떠 있는 물체가 유체에 의해 **수직상방**으로 받는 힘이다.
(2) **물체**에 의하여 배제된 유체의 **무게**와 같다.
(3) 떠 있는 물체의 부력은 '**물체의 비중량**×**물체의 체적**'으로 계산할 수 있다.

중요

부력공식

$$F_B = \gamma V$$

여기서, F_B : 부력[kN]
γ : 비중량[kN/m^3]
V : 물체가 잠긴 체적[m^3]

원리

아르키메데스의 원리
유체 속에 잠겨진 물체는 그 물체에 의해서 **배제**된 유체의 **무게**만큼 부력을 받는다는 원리

답 ③

38. U자관 액주계가 오리피스 유량계에 설치되어 있다. 액주계 내부에는 비중 13.6인 수은으로 채워져 있으며, 유량계에는 비중 1.6인 유체가 유동하고 있다. 액주계에서 수은의 높이차이가 200mm이라면 오리피스 전후의 압력차[kPa]는 얼마인가?

① 13.5 ② 23.5
③ 33.5 ④ 43.5

해설 (1) 기호
- s_1 : 13.6
- s_2 : 1.6
- R : 200mm=0.2m(1000mm=1m)
- ΔP : ?

(2) 비중과 압력차
  ㉠ 비중
  $$s = \frac{\gamma}{\gamma_w}$$
  여기서, s : 비중
    γ : 어떤 물질의 비중량[N/m³]
    γ_w : 물의 비중량(9800N/m³)
  수은의 비중량 γ_s 는
  $\gamma_s = s_1 \times \gamma_w = 13.6 \times 9800 \text{N/m}^3 = 133280 \text{N/m}^3$
  유체의 비중량 γ 는
  $\gamma = s_2 \times \gamma_w = 1.6 \times 9800 \text{N/m}^3 = 15680 \text{N/m}^3$

  ㉡ 압력차
  $$\Delta P = p_2 - p_1 = (\gamma_s - \gamma) R$$
  여기서, ΔP : U자관 마노미터(오리피스)의 압력차[Pa] 또는 [N/m²]
    p_2 : 출구압력[Pa] 또는 [N/m²]
    p_1 : 입구압력[Pa] 또는 [N/m²]
    R : 마노미터 읽음[m]
    γ_s : 수은의 비중량[N/m³]
    γ : 유체의 비중량[N/m³]
  압력차 ΔP 는
  $\Delta P = (\gamma_s - \gamma) R$
    $= (133280 - 15680) \text{N/m}^3 \times 0.2\text{m}$
    $= 23520 \text{N/m}^2$
    $= 23.52 \text{kN/m}^2$
    $\fallingdotseq 23.5 \text{kN/m}^2$
    $= 23.5 \text{kPa}(\because 1\text{kN/m}^2 = 1\text{kPa})$

  답 ②

★★★ 39

19.09.문38
19.04.문23
16.05.문35
12.05.문28

단면적이 10m²이고 두께가 2.5cm인 단열재를 통과하는 열전달량이 3kW이다. 내부(고온)면의 온도가 415℃이고 단열재의 열전도도가 0.2W/m·K일 때 외부(저온)면의 온도[℃]는?

① 353.7   ② 377.5
③ 396.2   ④ 402.4

해설 (1) 기호
• A : 10m²
• l : 2.5cm=0.025m(100cm=1m)
• $\mathring{q}$: 3kW=3000W(1kW=1000W)
• T_2 : 415℃
• k : 0.2W/m·K
• T_1 : ?

(2) 전도
$$\mathring{q} = \frac{kA(T_2 - T_1)}{l}$$

여기서, $\mathring{q}$: 열전달량[W]
  k : 열전도율[W/m·K]
  A : 면적[m²]
  $T_2 - T_1$: 온도차[℃] 또는 [K]
  l : 벽체두께[m]

• 열전달량=열전달률=열유동률=열흐름률

$\mathring{q} = \dfrac{kA(T_2 - T_1)}{l}$
$\mathring{q}l = kA(T_2 - T_1)$
$\dfrac{\mathring{q}l}{kA} = T_2 - T_1$
$T_1 = T_2 - \dfrac{\mathring{q}l}{kA} = 415℃ - \dfrac{3000\text{W} \times 0.025\text{m}}{0.2\text{W/m·K} \times 10\text{m}^2}$
   $= 377.5℃$

• $T_2 - T_1$ 은 온도차이므로 ℃ 또는 K 어느 단위를 적용해도 답은 동일하게 나옴

답 ②

★★★ 40

19.04.문38
19.03.문39
17.05.문29
16.10.문27
16.03.문21
13.06.문34
06.05.문33
02.05.문36

기준면에서 7.5m 높은 곳에서 유속이 6.5m/s인 물이 흐르고 있을 때 압력이 55kPa이었다. 전수두[m]는 얼마인가?

① 15.3
② 17.4
③ 19.1
④ 23.5

해설 (1) 기호
• Z : 7.5m
• V : 6.5m/s
• P : 55kPa=55kN/m²(1kPa=1kN/m²)
• H : ?

(2) 베르누이 방정식
$$H = \frac{V^2}{2g} + \frac{P}{\gamma} + Z$$

여기서, H : 전수두[m]
  V : 유속[m/s]
  g : 중력가속도(9.8m/s²)
  P : 압력[kPa] 또는 [kN/m²]
  γ : 비중량(물의 비중량 9.8kN/m³)
  Z : 위치수두[m]

전수두 H 는
$H = \dfrac{V^2}{2g} + \dfrac{P}{\gamma} + Z$
  $= \dfrac{(6.5\text{m/s})^2}{2 \times 9.8 \text{m/s}^2} + \dfrac{55\text{kN/m}^2}{9.8\text{kN/m}^3} + 7.5\text{m}$
  $\fallingdotseq 15.3\text{m}$

답 ①

제3과목　소방관계법규

41 위험물안전관리법령상 제3류 위험물이 아닌 것은?
① 칼륨
② 황린
③ 나트륨
④ 마그네슘

해설 ④ 제2류 위험물

위험물령 〔별표 1〕
위험물

유 별	성 질	품 명
제1류	산화성 고체	• 아염소산염류 • 염소산염류 • 과염소산염류 • 질산염류(질산칼륨) • 무기과산화물(과산화바륨) 기억법　1산고(일산GO)
제2류	가연성 고체	• 황화인 • 적린 • 황 • 마그네슘 기억법　황화적황마
제3류	자연발화성 물질 금수성 물질	• 황린(P₄) • 칼륨(K) • 나트륨(Na) • 알킬알루미늄 • 알킬리튬 • 칼슘 또는 알루미늄의 탄화물(탄화칼슘=CaC₂) 기억법　황칼나알칼
제4류	인화성 액체	• 특수인화물(이황화탄소) • 알코올류 • 석유류 • 동식물유류
제5류	자기반응성 물질	• 나이트로화합물 • 유기과산화물 • 나이트로소화합물 • 아조화합물 • 질산에스터류(셀룰로이드)
제6류	산화성 액체	• 과염소산 • 과산화수소 • 질산

답 ④

42 소방시설 설치 및 관리에 관한 법령상 소방청장 또는 시・도지사가 청문을 하여야 하는 처분이 아닌 것은?
① 소방시설관리사 자격의 정지
② 소방안전관리자 자격의 취소
③ 소방시설관리업의 등록취소
④ 소방용품의 형식승인 취소

해설 소방시설법 49조
청문실시 대상
(1) 소방시설관리사 자격의 취소 및 정지
(2) 소방시설관리업의 등록취소 및 영업정지
(3) 소방용품의 형식승인취소 및 제품검사중지
(4) 소방용품의 제품검사 전문기관의 지정취소 및 업무정지
(5) 우수품질인증의 취소
(6) 소방용품의 성능인증 취소

기억법　청사 용업(청사 용역)

답 ②

43 위험물안전관리법령상 산화성 고체이며 제1류 위험물에 해당하는 것은?
① 칼륨
② 황화인
③ 염소산염류
④ 유기과산화물

해설 문제 41 참조

① 칼륨 : 제3류
② 황화인 : 제2류
④ 유기과산화물 : 제5류

답 ③

44 소방시설 설치 및 관리에 관한 법령상 특정소방대상물 중 교육연구시설에 포함되지 않은 것은?
① 도서관
② 초등학교
③ 직업훈련소
④ 자동차운전학원

해설 ④ 자동차운전학원 제외

소방시설법 시행령 〔별표 2〕
교육연구시설
(1) 학교
　㉠ 초등학교, 중학교, 고등학교, 특수학교
　㉡ 대학, 대학교
(2) 교육원(연수원 포함)
(3) 직업훈련소
(4) 학원(근린생활시설에 해당하는 것과 자동차운전학원, 정비학원 및 무도학원은 제외)

(5) 연구소(연구소에 준하는 시험소와 계량계측소 포함)
(6) 도서관

답 ④

45 소방기본법령상 소방대상물에 해당하지 않는 것은?
16.10.문57
16.05.문51
① 차량 ② 건축물
③ 운항 중인 선박 ④ 선박건조구조물

해설 ③ 운항 중인 → 매어 둔

기본법 2조 1호
소방대상물
(1) 건축물
(2) 차량
(3) 선박(매어둔 것)
(4) 선박건조구조물
(5) 인공구조물
(6) 물건
(7) 산림

비교
위험물법 3조
위험물의 저장·운반·취급에 대한 적용 제외
(1) 항공기
(2) 선박
(3) 철도(기차)
(4) 궤도

답 ③

46 소방시설 설치 및 관리에 관한 법령상 시·도지
11.03.문50 사는 관리업자에게 영업정지를 명하는 경우로서 그 영업정지가 국민에게 심한 불편을 주거나 그 밖에 공익을 해칠 우려가 있을 때에는 영업정지 처분을 갈음하여 최대 얼마 이하의 과징금을 부과할 수 있는가?
① 1000만원 ② 2000만원
③ 3000만원 ④ 5000만원

해설 소방시설법 36조, 위험물법 13조, 공사업법 10조
과징금

3000만원 이하	2억원 이하
• 소방시설관리업의 영업정지처분 갈음	• 소방시설업 영업정지처분 갈음 • 제조소 사용정지처분 갈음

기억법 제2과

답 ③

47 소방시설 설치 및 관리에 관한 법령상 건축허가
19.03.문50 등을 할 때 미리 소방본부장 또는 소방서장의
15.09.문25
15.03.문49 동의를 받아야 하는 건축물의 범위에 해당하는
13.06.문41
13.03.문45 것은?

① 연면적이 200m²인 노유자시설 및 수련시설
② 연면적이 300m²인 업무시설로 사용되는 건축물
③ 승강기 등 기계장치에 의한 주차시설로서 자동차 10대를 주차할 수 있는 시설
④ 차고·주차장으로 사용되는 층 중 바닥면적이 150m²인 층이 있는 건축물

해설
② 300m² → 400m² 이상
③ 10대 → 20대 이상
④ 150m² → 200m² 이상

소방시설법 시행령 7조
건축허가 등의 동의대상물
(1) 연면적 400m²(학교시설 : 100m², 수련시설·노유자시설 : 200m², 정신의료기관·장애인의료재활시설 : 300m²) 이상
보기 ①②
(2) 6층 이상인 건축물
(3) 차고·주차장으로서 바닥면적 200m² 이상(자동차 20대 이상)
보기 ③④
(4) 항공기격납고, 관망탑, 항공관제탑, 방송용 송수신탑
(5) 지하층 또는 무창층의 바닥면적 150m²(공연장은 100m²) 이상
(6) 위험물저장 및 처리시설, 지하구
(7) 결핵환자나 한센인이 24시간 생활하는 노유자시설
(8) 전기저장시설, 풍력발전소
(9) 공동주택, 숙박시설
(10) 요양병원(의료재활시설 제외)
(11) 노인주거복지시설·노인의료복지시설 및 재가노인복지시설, 학대피해노인 전용쉼터, 아동복지시설, 장애인거주시설
(12) 정신질환자 관련시설(공동생활가정을 제외한 재활훈련시설과 종합시설 중 24시간 주거를 제공하지 않는 시설 제외)
(13) 노숙인자활시설, 노숙인재활시설 및 노숙인요양시설
(14) 조산원, 산후조리원, 의원(입원실 또는 인공신장실이 있는 것)
(15) 공장 또는 창고시설로서 지정수량의 750배 이상의 특수가연물을 저장·취급하는 것
(16) 가스시설로서 지상에 노출된 탱크의 저장용량의 합계가 100t 이상인 것

답 ①

48 소방시설공사업법령상 소방본부장이나 소방서장
19.09.문03 이 소방시설공사가 공사감리 결과보고서대로 완
18.03.문42
17.09.문58 공되었는지를 현장에서 확인할 수 있는 특정소방
16.10.문55 대상물이 아닌 것은?

① 판매시설
② 문화 및 집회시설
③ 11층 이상인 아파트
④ 수련시설 및 노유자시설

해설 ③ 아파트 제외

공사업령 5조
완공검사를 위한 현장확인 대상 특정소방대상물
(1) 수련시설
(2) 노유자시설
(3) 문화 및 집회시설, 운동시설
(4) 종교시설

(5) 판매시설
(6) 숙박시설
(7) 창고시설
(8) 지하상가
(9) 다중이용업소
(10) 다음에 해당하는 설비가 설치되는 특정소방대상물
  ㉠ 스프링클러설비 등
  ㉡ 물분무등소화설비(호스릴방식 제외)
(11) 연면적 10000m² 이상이거나 11층 이상인 특정소방대상물 (아파트 제외)
(12) 가연성 가스를 제조·저장 또는 취급하는 시설 중 지상에 노출된 가연성 가스탱크의 저장용량 합계가 1000t 이상인 시설

기억법 문종판 노수운 숙창상현

답 ③

49 소방기본법령상 동원된 소방력의 운용과 관련하여 필요한 사항을 정하는 자는? (단, 동원된 소방력의 소방활동 수행과정에서 발생하는 경비 및 동원된 민간소방인력이 소방활동을 수행하다가 사망하거나 부상을 입은 경우와 관련된 사항은 제외한다.)

17.09.문44

① 대통령
② 소방청장
③ 시·도지사
④ 행정안전부장관

해설 소방청장
(1) 방염성능 검사(소방시설법 21조)
(2) 소방박물관의 설립·운영(기본법 5조)
(3) 소방력의 동원 및 운용(기본법 11조 2)
(4) 한국소방안전원의 정관 변경(기본법 43조)
(5) 한국소방안전원의 감독(기본법 48조)
(6) 소방대원의 소방교육·훈련 정하는 것(기본규칙 9조)
(7) 소방박물관의 설립·운영(기본규칙 4조)
(8) 소방용품의 형식승인(소방시설법 37조)
(9) 우수품질제품 인증(소방시설법 43조)
(10) 화재안전조사에 필요한 사항(화재예방법 시행령 15조)
(11) 시공능력평가의 공시(공사업법 26조)
(12) 실무교육기관의 지정(공사업법 29조)
(13) 소방기술자의 실무교육 필요사항 제정(공사업규칙 26조)

기억법 력동 청장 방검(역동적인 청장님이 방금 오셨다.)

답 ②

50 화재의 예방 및 안전관리에 관한 법령상 화재예방강화지구로 지정할 수 있는 대상지역이 아닌 것은? (단, 소방청장·소방본부장 또는 소방서장이 화재예방강화지구로 지정할 필요가 있다고 별도로 지정한 지역은 제외한다.)

19.09.문55
16.03.문41
15.09.문55
14.05.문53
12.09.문46
10.05.문55
10.03.문48

① 시장지역
② 석조건물이 있는 지역
③ 위험물의 저장 및 처리시설이 밀집한 지역
④ 석유화학제품을 생산하는 공장이 있는 지역

해설 화재예방법 18조
화재예방강화지구의 지정

(1) 지정권자 : 시·도지사
(2) 지정지역
  ㉠ 시장지역
  ㉡ 공장·창고 등이 밀집한 지역
  ㉢ 목조건물이 밀집한 지역
  ㉣ 노후·불량 건축물이 밀집한 지역
  ㉤ 위험물의 저장 및 처리시설이 밀집한 지역
  ㉥ 석유화학제품을 생산하는 공장이 있는 지역
  ㉦ 소방시설·소방용수시설 또는 소방출동로가 없는 지역
  ㉧ 「산업입지 및 개발에 관한 법률」에 따른 산업단지
  ㉨ 「물류시설의 개발 및 운영에 관한 법률」에 따른 물류단지
  ㉩ 소방청장·소방본부장 또는 소방서장(소방관서장)이 화재예방강화지구로 지정할 필요가 있다고 인정하는 지역

기억법 화강시

※ 화재예방강화지구 : 화재발생 우려가 크거나 화재가 발생할 경우 피해가 클 것으로 예상되는 지역에 대하여 화재의 예방 및 안전관리를 강화하기 위해 지정·관리하는 지역

비교

기본법 19조
화재로 오인할 만한 불을 피우거나 연막소독시 신고지역
(1) 시장지역
(2) 공장·창고가 밀집한 지역
(3) 목조건물이 밀집한 지역
(4) 위험물의 저장 및 처리시설이 밀집한 지역
(5) 석유화학제품을 생산하는 공장이 있는 지역
(6) 그 밖에 시·도의 조례로 정하는 지역 또는 장소

답 ②

51 소방시설 설치 및 관리에 관한 법령상 특정소방대상물 중 숙박시설의 종류가 아닌 것은?

19.04.문50 (기사)
17.03.문50 (기사)
14.09.문54 (기사)
11.06.문50 (기사)
09.03.문56 (기사)

① 학교 기숙사
② 일반형 숙박시설
③ 생활형 숙박시설
④ 근린생활시설에 해당하지 않는 고시원

해설 ① 공동주택에 해당

숙박시설
(1) 일반형 숙박시설
(2) 생활형 숙박시설
(3) 고시원(근린생활시설에 해당하지 않는 것)

답 ①

52 소방기본법령상 소방서 종합상황실의 실장이 서면·모사전송 또는 컴퓨터통신 등으로 소방본부의 종합상황실에 지체 없이 보고하여야 하는 화재의 기준으로 틀린 것은?

17.05.문44
10.03.문60

① 이재민이 50인 이상 발생한 화재
② 재산피해액이 50억원 이상 발생한 화재
③ 층수가 11층 이상인 건축물에서 발생한 화재
④ 사망자가 5인 이상 발생하거나 사상자가 10인 이상 발생한 화재

20. 08. 시행 / 산업(기계) • 20-43

① 50인 → 100인

기본규칙 3조
종합상황실 실장의 보고화재
(1) 사망자 **5인** 이상 화재
(2) 사상자 **10인** 이상 화재
(3) 이재민 **100인** 이상 화재
(4) 재산피해액 **50억원** 이상 화재
(5) 관광호텔, 층수가 11층 이상인 건축물, 지하상가, 시장, 백화점
(6) 5층 이상 또는 객실 30실 이상인 **숙박시설**
(7) 5층 이상 또는 병상 30개 이상인 **종합병원·정신병원·한방병원·요양소**
(8) 1000t 이상인 선박(항구에 매어둔 것), 철도차량, 항공기, 발전소 또는 변전소
(9) 지정수량 3000배 이상의 위험물 제조소·저장소·취급소
(10) 연면적 15000㎡ 이상인 **공장** 또는 **화재예방강화지구**에서 발생한 화재
(11) **가스** 및 **화약류**의 폭발에 의한 화재
(12) 관공서·학교·정부미 도정공장·문화재·**지하철** 또는 지하구의 **화재**
(13) 다중이용업소의 화재

※ **종합상황실** : 화재·재난·재해·구조·구급 등이 필요한 때에 신속한 소방활동을 위한 정보를 수집·전파하는 소방서 또는 소방본부의 지령관제실

답 ①

53 소방기본법령상 소방신호의 종류가 아닌 것은?
① 발화신호   ② 해제신호
③ 훈련신호   ④ 소화신호

해설 기본규칙 10조
소방신호의 종류

소방신호	설명
경계신호	화재예방상 필요하다고 인정되거나 **화재위험경보**시 발령
발화신호	**화재**가 **발생**한 때 발령
해제신호	소화활동이 필요없다고 인정되는 때 발령
훈련신호	**훈련**상 필요하다고 인정되는 때 발령

기억법 경발해훈

기본규칙 [별표 4]
소방신호표

신호방법 종별	타종 신호	사이렌 신호
경계신호	1타와 연 2타를 반복	5초 간격을 두고 30초씩 3회
발화신호	난타	5초 간격을 두고 5초씩 3회
해제신호	상당한 간격을 두고 1타씩 반복	1분간 1회
훈련신호	연 3타 반복	10초 간격을 두고 1분씩 3회

답 ④

54 위험물안전관리법령상 제조소 등에 전기설비(전기배선, 조명기구 등은 제외)가 설치된 장소의 면적이 300㎡일 경우, 소형 수동식 소화기는 최소 몇 개 설치하여야 하는가?
① 1개   ② 2개
③ 3개   ④ 4개

해설 위험물규칙 [별표 17]
전기설비의 소화설비
제조소 등에 전기설비(전기배선, 조명기구 등은 제외)가 설치된 경우에는 당해 장소의 면적 100㎡마다 소형 수동식 소화기를 1개 이상 설치할 것

제조소 등의 전기설비 소형 수동식 소화기 개수

$$\frac{바닥면적}{100㎡}(절상) = \frac{300㎡}{100㎡} = 3개$$

중요
절상 : '소수점 이하는 무조건 올린다.'는 뜻

답 ③

55 위험물안전관리법령상 점포에서 위험물을 용기에 담아 판매하기 위하여 지정수량의 40배 이하의 위험물을 취급하는 장소의 취급소 구분으로 옳은 것은? (단, 위험물을 제조 외의 목적으로 취급하기 위한 장소이다.)
① 이송취급소   ② 일반취급소
③ 주유취급소   ④ 판매취급소

해설 위험물령 [별표 3]
위험물 취급소의 구분

구 분	설 명
주유취급소	고정된 주유설비에 의하여 **자동차·항공기** 또는 **선박** 등의 연료탱크에 직접 주유하기 위하여 위험물을 취급하는 장소
판매취급소	**점포**에서 위험물을 용기에 담아 판매하기 위하여 지정수량의 **40배** 이하의 위험물을 취급하는 장소 **기억법** 점포4판(**점포**에서 **사**고 **판**다.)
이송취급소	배관 및 이에 부속된 설비에 의하여 위험물을 이송하는 장소
일반취급소	주유취급소·판매취급소·이송취급소 이외의 장소

중요
위험물규칙 [별표 14]

제1종 판매취급소	제2종 판매취급소
저장·취급하는 위험물의 수량이 지정수량의 20배 이하인 판매취급소	저장·취급하는 위험물의 수량이 지정수량의 40배 이하인 판매취급소

답 ④

56. 소방시설 설치 및 관리에 관한 법령상 자동화재속보설비를 설치하여야 하는 특정소방대상물의 기준으로 틀린 것은? (단, 사람이 24시간 상시 근무하고 있는 경우는 제외한다.)

① 정신병원으로서 바닥면적이 500m² 이상인 층이 있는 것
② 문화유산의 보존 및 활용에 관한 법률에 따라 보물 또는 국보로 지정된 목조건축물
③ 노유자 생활시설에 해당하지 않는 노유자시설로서 바닥면적이 300m² 이상인 층이 있는 것
④ 수련시설(숙박시설이 있는 건축물만 해당)로서 바닥면적이 500m² 이상인 층이 있는 것

해설 ③ 300m² → 500m²

소방시설법 시행령 [별표 4]
자동화재속보설비의 설치대상

설치대상	조건
① **수**련시설(숙박시설이 있는 것)	바닥면적 **500m² 이상**
② **노**유자시설	
③ 정신병원 및 의료재활시설	
④ 목조건축물	국보·보물
⑤ 노유자 생활시설	전부
⑥ 종합병원, 병원, 치과병원, 한방병원 및 요양병원(의료재활시설 제외)	
⑦ 의원, 치과의원 및 한의원(입원실이 있는 시설)	
⑧ 조산원 및 산후조리원	
⑨ 전통시장	

기억법 5수노속

답 ③

57. 소방시설공사업법령상 상주 공사감리의 대상기준 중 다음 괄호 안에 알맞은 것은?

- 연면적(㉠)m² 이상의 특정소방대상물(아파트는 제외)에 대한 소방시설의 공사
- 지하층을 포함한 층수가 (㉡)층 이상으로서 (㉢)세대 이상인 아파트에 대한 소방시설의 공사

① ㉠ 30000, ㉡ 16, ㉢ 500
② ㉠ 30000, ㉡ 11, ㉢ 300
③ ㉠ 50000, ㉡ 16, ㉢ 500
④ ㉠ 50000, ㉡ 11, ㉢ 300

해설 공사업령 [별표 3]
상주공사감리 대상
(1) 연면적 **30000m² 이상**의 특정소방대상물(**아파트 제외**)
(2) **16층** 이상(**지하층 포함**)으로서 **500세대** 이상인 **아파트**

비교
공사업규칙 16조
소방공사감리원의 세부배치기준

감리대상	책임감리원
일반공사감리대상	• 주1회 이상 방문감리 • 담당감리현장 **5개** 이하로서 연면적 총합계 **100000m²** 이하

답 ①

58. 소방기본법령상 국가가 시·도의 소방업무에 필요한 경비의 일부를 보조하는 국고보조대상이 아닌 것은?

① 소방자동차 구입
② 소방용수시설 설치
③ 소방전용통신설비 설치
④ 소방관서용 청사의 건축

해설 기본령 2조
국고보조의 대상 및 기준
(1) **국고보조의 대상**
  ㉠ 소방**활**동장비와 설비의 구입 및 설치
    • 소방**자**동차
    • 소방**헬**리콥터·소방정
    • 소방**전**용통신설비·전산설비
    • 방**화**복
  ㉡ 소방관서용 **청**사
(2) 소방활동장비 및 설비의 종류와 규격 : 행정안전부령
(3) 대상사업의 기준 보조율 : 「보조금관리에 관한 법률 시행령」에 따름

기억법 국화복 활자 전헬청

답 ②

59. 소방시설 설치 및 관리에 관한 법령상 특정소방대상물에 설치되어 소방본부장 또는 소방서장의 건축허가 등의 동의대상에서 제외되게 하는 소방시설이 아닌 것은? (단, 설치되는 소방시설은 화재안전기준에 적합하다.)

① 유도표지   ② 누전경보기
③ 비상조명등   ④ 인공소생기

해설 소방시설법 시행령 7조
건축허가 등의 동의대상 제외
(1) 소화기구
(2) 자동소화장치
(3) 누전경보기
(4) 단독경보형감지기
(5) 시각경보기
(6) 가스누설경보기
(7) 피난구조설비(비상조명등은 제외)
(8) 건축물의 증축 또는 용도변경으로 인하여 해당 특정소방대상물에 추가로 소방시설이 설치되지 않는 경우 해당 특정소방대상물

```
용어
피난구조설비
(1) 유도등
(2) 유도표지
(3) 인명구조기구 ─ 방열복
              ├ 방화복(안전모, 보호장갑, 안전화 포함)
              ├ 공기호흡기
              └ 인공소생기

기억법  방열화공인
```

답 ③

60 소방시설 설치 및 관리에 관한 법령상 소방시설관리사의 결격사유가 아닌 것은?

13.09.문47

① 피성년후견인
② 소방기본법령에 따른 금고 이상의 실형을 선고받고 그 집행이 면제된 날부터 2년이 지나지 아니한 사람
③ 소방시설공사업법령에 따른 금고 이상의 형의 집행유예를 선고받고 그 유예기간이 지난 후 2년이 지나지 아니한 사람
④ 거짓이나 그 밖의 부정한 방법으로 관리사 시험에 합격하여 자격이 취소된 날부터 2년이 지나지 아니한 사람

해설
③ 그 유예기간이 지난 후 2년이 지나지 아니한 사람 → 집행유예기간 중에 있는 사람

소방시설법 27조
소방시설관리사의 결격사유
(1) 피성년후견인
(2) 금고 이상의 실형을 선고받고 그 집행이 끝나거나(집행이 끝난 것으로 보는 경우 포함) 집행이 면제된 날부터 **2년**이 지나지 아니한 사람
(3) 금고 이상의 형의 집행유예를 선고받고 그 유예기간 중에 있는 사람
(4) 자격취소 후 **2년**이 지나지 아니한 사람

답 ③

제 4 과목 소방기계시설의 구조 및 원리

61 옥외소화전설비의 화재안전기준상 옥외소화전설비의 배관 등에 관한 기준 중 호스의 구경은 몇 mm로 하여야 하는가?

19.04.문61
12.05.문77

① 35 ② 45
③ 55 ④ 65

해설 호스의 구경(NFPC 109 6조, NFTC 109 2.3.2)

옥내소화전설비	옥외소화전설비
40mm	65mm 보기 ④

기억법 내4(내사종결)

답 ④

62 옥내소화전설비 배관의 설치기준 중 다음 ( ) 안에 알맞은 것은?

17.09.문72
11.10.문61
11.06.문80

연결송수관설비의 배관과 겸용할 경우의 주배관은 구경 (㉠)mm 이상, 방수구로 연결되는 배관의 구경은 (㉡)mm 이상의 것으로 하여야 한다.

① ㉠ 40, ㉡ 50   ② ㉠ 50, ㉡ 40
③ ㉠ 65, ㉡ 100 ④ ㉠ 100, ㉡ 65

해설 (1) **배관**의 **구경**(NFPC 102 6조, NFTC 102 2.3)

구 분	가지배관	주배관 중 수직배관
호스릴	25mm 이상	32mm 이상
일반	40mm 이상	50mm 이상

(2) **연결송수관설비**의 **배관**과 **겸용** 보기 ④

주배관	방수구로 연결되는 배관
구경 100mm 이상	구경 65mm 이상

답 ④

63 물분무소화설비의 화재안전기준상 66kV 이하인 고압의 전기기기가 있는 장소에 물분무헤드를 설치시 전기기기와 물분무헤드 사이의 이격거리는 최소 몇 cm인가?

16.03.문74
15.03.문74
12.09.문71
12.03.문65

① 70   ② 80
③ 90   ④ 100

해설 **물분무헤드**의 **이격거리**(NFPC 104 10조, NFTC 104 2.7.2)

전 압	이격거리
66kV 이하 →	**70**cm 이상 보기 ①
67~**77**kV 이하	**80**cm 이상
78~**110**kV 이하	**110**cm 이상
111~**154**kV 이하	**150**cm 이상
155~**181**kV 이하	**180**cm 이상
182~**220**kV 이하	**210**cm 이상
221~**275**kV 이하	**260**cm 이상

기억법	66 → 70
	77 → 80
	110 → 110
	154 → 150
	181 → 180
	220 → 210
	275 → 260

답 ①

64 이산화탄소 소화설비의 화재안전기준상 전역방출식 이산화탄소 소화설비 분사헤드의 방사압력은 최소 몇 MPa 이상이 되어야 하는가? (단, 저압식은 제외한다.)

① 1.2
② 2.1
③ 3.6
④ 4.2

해설 전역방출방식 이산화탄소 소화설비 분사헤드의 방사압력 (NFPC 106 10조, NFTC 106 2.7.1.2)

저압식	고압식
1.05MPa	2.1MPa 보기 ②

답 ②

65 소화기구 및 자동소화장치의 화재안전기준상 소화기구의 설치기준 중 다음 괄호 안에 알맞은 것은?

> 능력단위가 2단위 이상이 되도록 소화기를 설치하여야 할 특정소방대상물 또는 그 부분에 있어서는 간이소화용구의 능력단위가 전체 능력단위의 ( )을 초과하지 아니하게 할 것

① $\frac{1}{2}$ ② $\frac{1}{3}$
③ $\frac{1}{4}$ ④ $\frac{1}{5}$

해설 소화기구의 설치기준 (NFPC 101 4조, NFTC 101 2.1.1.5)
능력단위가 **2단위** 이상이 되도록 소화기를 설치하여야 할 특정소방대상물 또는 그 부분에 있어서는 간이소화용구의 능력단위가 전체 능력단위의 $\frac{1}{2}$을 초과하지 아니하게 할 것(단, **노유자시설**은 제외) 보기 ①

답 ①

66 소화수조 및 저수조의 화재안전기준상 소화용수설비 소화수조의 소요수량이 120m³일 때 채수구는 몇 개를 설치하여야 하는가?

① 1   ② 2
③ 3   ④ 4

해설 소화수조 · 저수조 (NFPC 402 4조, NFTC 402 2.1.3)
(1) **흡수관 투입구** : 한 변이 **0.6m 이상**이거나 직경이 **0.6m 이상**인 것

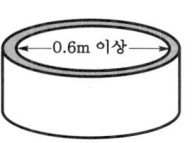
(a) 원형
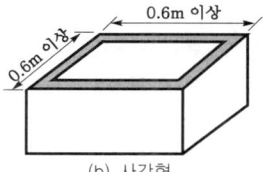
(b) 사각형

흡수관 투입구		
소요수량	80m³ 미만	80m³ 이상
흡수관 투입구의 수	1개 이상	2개 이상

(2) 채수구

소요수량	20~40m³ 미만	40~100m³ 미만	100m³ 이상
채수구의 수	1개	2개	3개 보기 ③

용어
채수구
소방차의 소방호스와 접결되는 흡입구

답 ③

67 소방대상물에 제연 샤프트를 설치하여 건물 내·외부의 온도차와 화재시 발생되는 열기에 의한 밀도 차이를 이용하여 실내에서 발생한 화재열, 연기 등을 지붕 외부의 루프모니터 등을 통해 옥외로 배출·환기시키는 제연방식은?

① 자연제연방식
② 루프해치방식
③ 스모크타워 제연방식
④ 제3종 기계제연방식

해설 스모그타워식 자연배연방식(스모그타워방식)

구분	스모그타워 제연방식
정의	제연설비에 전용 **샤프트**를 설치하여 건물 내·외부의 온도차와 화재시 발생되는 열기에 의한 밀도 차이를 이용하여 지붕 외부의 **루프모니터** 등을 이용하여 옥외로 배출·환기시키는 방식
특징	• 배연(제연) **샤프트**의 **굴뚝효과**를 이용한다. • **고층 빌딩**에 적당하다. • **자연배연방식**의 일종이다. • 모든 층의 **일반 거실화재**에 이용할 수 있다.

기억법 스루

중요
제연방식
(1) 자연제연방식 : 개구부 이용
(2) 스모그타워 제연방식 : 루프모니터 이용
(3) 기계제연방식
   ㉠ 제1종 기계제연방식 : 송풍기+배연기
   ㉡ 제2종 기계제연방식 : 송풍기
   ㉢ 제3종 기계제연방식 : 배연기

답 ③

68. 물분무소화설비의 화재안전기준상 물분무헤드를 설치하지 않을 수 있는 장소 기준 중 다음 괄호 안에 알맞은 것은?

> 운전시에 표면의 온도가 (　) ℃ 이상으로 되는 등 직접 분무를 하는 경우 그 부분에 손상을 입힐 우려가 있는 기계장치 등이 있는 장소

① 250　② 260
③ 270　④ 280

해설 **물분무헤드**의 **설치제외대상**(NFPC 104 15조, NFTC 104 2.12)
(1) 물과 심하게 반응하거나 위험한 물질을 생성하는 물질 저장·취급 장소
(2) **고온물질** 저장·취급 장소
(3) 운전시에 표면의 온도가 **260℃** 이상 되는 장소

기억법 물26(물이 이륙)

비교
옥내소화전설비 방수구 설치제외장소(NFPC 102 11조, NFTC 102 2.8)
(1) **냉**장창고 중 온도가 영하인 **냉장실** 또는 냉동창고의 **냉동실**
(2) **고온**의 노가 설치된 장소 또는 물과 격렬하게 **반응**하는 물품의 저장 또는 취급 장소
(3) **발전소·변전소** 등으로서 전기시설이 설치된 장소
(4) **식물원·수족관·목욕실·수영장**(관람석 부분을 제외) 또는 그 밖의 이와 비슷한 장소
(5) **야외음악당·야외극장** 또는 그 밖의 이와 비슷한 장소

기억법 내냉방 야식 고발

답 ②

69. 소화수조 및 저수조의 화재안전기준상 소화수조, 저수조의 채수구 또는 흡수관 투입구는 소방차가 최대 몇 m 이내의 지점까지 접근할 수 있는 위치에 설치하여야 하는가?

① 2　② 4
③ 6　④ 8

해설 **소화수조** 및 **저수조**의 **설치기준**(NFPC 402 4~5조, NFTC 402 2.1.1, 2.2)
(1) 소화수조 또는 저수조가 지표면으로부터 깊이가 **4.5m** 이상인 지하에 있는 경우에는 소요수량을 고려하여 가압송수장치를 설치할 것
(2) 소화수조 및 저수조의 채수구 또는 흡수관 투입구는 소방차가 **2m** 이내의 지점까지 접근할 수 있는 위치에 설치할 것 보기 ①
(3) 소화수조가 **옥상** 또는 옥탑부분에 설치된 경우에는 지상에 설치된 채수구에서의 압력 **0.15MPa** 이상 되도록 할 것

기억법 옥15

답 ①

70. 특별피난계단의 계단실 및 부속실 제연설비의 화재안전기준상 제연설비에 사용되는 플랩댐퍼의 정의로 옳은 것은?

① 급기가압공간의 제연량을 자동으로 조절하는 장치를 말한다.
② 제연덕트 내에 설치되어 화재시 자동으로 폐쇄 또는 개방되는 장치를 말한다.
③ 제연구역과 화재구역 사이의 연결을 자동으로 차단할 수 있는 댐퍼를 말한다.
④ 부속실의 설정압력범위를 초과하는 경우 압력을 배출하여 설정압범위를 유지하게 하는 과압방지장치를 말한다.

해설 **용어**(NFPC 501A 3조, NFTC 501A 1.7)

용어	설명
플랩댐퍼	부속실의 설정압력범위를 초과하는 경우 압력을 배출하여 설정압범위를 유지하게 하는 과압방지장치
제연구역	제연하고자 하는 계단실, 부속실
방연풍속	옥내로부터 제연구역 내로 연기의 유입을 유효하게 방지할 수 있는 풍속
급기량	제연구역에 공급하여야 할 공기의 양
누설량	**틈새**를 통하여 제연구역으로부터 흘러나가는 공기량
보충량	**방연풍속**을 유지하기 위하여 제연구역에 보충하여야 할 공기량
유입공기	제연구역으로부터 옥내로 유입하는 공기로서 **차압**에 따라 누설하는 것과 **출입문**의 개방에 따라 유입하는 것
자동차압·과압 조절형 급기댐퍼	제연구역과 옥내 사이의 **차압**을 압력 **센서** 등으로 감지하여 제연구역에 공급되는 풍량의 조절로 제연구역의 **차압 유지** 및 **과압 방지**를 **자동**으로 **제어**할 수 있는 댐퍼
자동폐쇄장치	제연구역의 **출입문** 등에 설치하는 것으로서 화재발생시 옥내에 설치된 **감지기** 작동과 연동하여 출입문을 자동적으로 닫게 하는 장치

답 ④

71. 스프링클러설비의 화재안전기준상 가압송수장치에서 폐쇄형 스프링클러헤드까지 배관 내에 항상 물이 가압되어 있다가 화재로 인한 열로 폐쇄형 스프링클러헤드가 개방되면 배관 내에 유수가 발생하여 습식 유수검지장치가 작동하게 되는 스프링클러설비는?

① 건식 스프링클러설비
② 습식 스프링클러설비
③ 부압식 스프링클러설비
④ 준비작동식 스프링클러설비

해설 스프링클러설비의 **종류**(NFPC 103 3조, NFTC 103 1.7)

종류	설명	헤드
습식 스프링클러설비	습식 밸브의 1차측 및 2차측 배관 내에 항상 가압수가 충수되어 있다가 화재발생시 열에 의해 헤드가 개방되어 소화한다. **보기 ②**	폐쇄형
건식 스프링클러설비	건식 밸브의 1차측에는 가압수, 2차측에는 공기가 압축되어 있다가 화재발생시 열에 의해 헤드가 개방되어 소화한다.	폐쇄형
준비작동식 스프링클러설비	① 준비작동밸브의 1차측에는 가압수, 2차측에는 대기압상태로 있다가 화재발생시 감지기에 의하여 준비작동밸브(preaction valve)를 개방하여 헤드까지 가압수를 송수시켜 놓고 열에 의해 헤드가 개방되면 소화한다. ② 화재감지기의 작동에 의해 밸브가 개방되고 다시 열에 의해 헤드가 개방되는 방식이다. • 준비작동밸브＝준비작동식 밸브	폐쇄형
부압식 스프링클러설비	준비작동식 밸브의 1차측에는 가압수, 2차측에는 부압(진공)상태로 있다가 화재발생 감지기에 의하여 준비작동식 밸브(preaction valve)를 개방하여 헤드까지 가압수를 송수시켜 놓고 열에 의해 헤드가 개방되면 소화한다.	폐쇄형
일제살수식 스프링클러설비	일제개방밸브의 1차측에는 가압수, 2차측에는 대기압상태로 있다가 화재발생시 감지기에 의하여 일제개방밸브(deluge valve)가 개방되어 소화한다.	개방형

답 ②

72. 이산화탄소 소화설비의 화재안전기준상 이산화탄소 소화설비의 가스압력식 기동장치에 대한 기준 중 틀린 것은?

① 기동용 가스용기에는 충전 여부를 확인할 수 있는 압력게이지를 설치할 것
② 기동용 가스용기 및 해당 용기에 사용하는 밸브는 25MPa 이상의 압력에 견딜 수 있는 것으로 할 것
③ 기동용 가스용기에는 내압시험압력의 0.64배부터 내압시험압력 이하에서 작동하는 안전장치를 설치할 것
④ 기동용 가스용기의 체적은 5L 이상으로 하고, 해당 용기에 저장하는 질소 등의 비활성 기체는 6.0MPa 이상(21℃ 기준)의 압력으로 충전할 것

해설 ③ 0.64배 → 0.8배

이산화탄소 소화설비 가스압력식 기동장치(NFTC 106 2.3.2.3)

구분	기준
비활성 기체 충전압력	6MPa 이상(21℃ 기준)
기동용 가스용기의 체적	5L 이상
기동용 가스용기 안전장치의 압력	내압시험압력의 0.8배～내압시험압력 이하 **보기 ③**
기동용 가스용기 및 해당 용기에 사용하는 밸브의 견디는 압력	25MPa 이상
충전 여부 확인	압력게이지 설치

기동용 가스용기의 체적은 5L 이상으로 하고, 해당 용기에 저장하는 질소 등의 비활성 기체는 6.0MPa 이상(21℃ 기준)의 압력으로 충전할 것

비교

분말소화설비의 가스압력식 기동장치(NFTC 108 2.4.2.3.3)

구분	기준
기동용 가스용기의 체적	5L 이상(단, 1L 이상시 CO_2량 0.6kg 이상)

답 ③

73. 피난기구의 화재안전기준상 피난기구의 종류가 아닌 것은?

① 미끄럼대   ② 간이완강기
③ 인공소생기   ④ 피난용 트랩

해설 ③ 인명구조기구

피난기구(NFPC 301 3조, NFTC 301 1.7) vs **인명구조기구**(NFPC 302 3조, NFTC 302 1.7)

피난기구	인명구조기구
① 피난사다리 ② 구조대 ③ 완강기 ④ 소방청장이 정하여 고시하는 화재안전기준으로 정하는 것(미끄럼대, 피난교, 공기안전매트, 피난용 트랩, 다수인 피난장비, 승강식 피난기, 간이완강기, 하향식 피난구용 내림식 사다리) **보기 ①②④**	① 방**열**복 ② 방**화**복(안전모, 보호장갑, 안전화 포함) ③ **공**기호흡기 ④ **인**공소생기 **보기 ③** **기억법** 방화열공인

기억법 피구완

답 ③

74. 분말소화설비의 화재안전기준상 호스릴 분말소화설비의 설치기준으로 틀린 것은?

① 소화약제의 저장용기는 호스릴을 설치하는 장소마다 설치할 것
② 방호대상물의 각 부분으로부터 하나의 호스접결구까지의 수평거리가 15m 이하가 되도록 할 것
③ 소화약제의 저장용기의 개방밸브는 호스릴의 설치장소에서 수동으로 개폐할 수 있는 것으로 할 것
④ 제1종 분말소화약제를 사용하는 호스릴 분말소화설비의 노즐은 하나의 노즐마다 1분당 27kg을 방사할 수 있는 것으로 할 것

해설

④ 27kg → 45kg

호스릴 분말소화설비의 설치기준 (NFPC 108 11조, NFTC 108 2.8.4)
(1) 방호대상물의 각 부분으로부터 하나의 호스접결구까지의 **수평거리**가 **15m** 이하가 되도록 할 것
(2) 소화약제의 저장용기의 개방밸브는 호스릴의 설치장소에서 **수동**으로 개폐할 수 있는 것으로 할 것
(3) 소화약제의 저장용기는 **호스릴**을 설치하는 장소마다 설치할 것
(4) 호스릴방식의 분말소화설비의 노즐은 하나의 노즐마다 1분당 다음 표에 따른 소화약제를 방출할 수 있는 것으로 할 것

소화약제의 종별	1분당 방사하는 소화약제의 양
제1종 분말	45kg 〔보기 ④〕
제2종 분말 또는 제3종 분말	27kg
제4종 분말	18kg

(5) 소화약제 저장용기의 가장 가까운 곳의 보기 쉬운 곳에 **적색**의 **표시등**을 설치하고, 호스릴방식의 분말소화설비가 있다는 뜻을 표시한 표지를 할 것

중요

호스릴방식
(1) CO_2 소화설비

약제종별	약제저장량	약제방사량(20℃)
CO_2	90kg	60kg/min

(2) 할론소화설비

약제종별	약제저장량	약제방사량(20℃)
할론 1301	45kg	35kg/min
할론 1211	50kg	40kg/min
할론 2402	50kg	45kg/min

(3) 분말소화설비

약제종별	약제저장량	약제방사량
제1종 분말	50kg	45kg/min
제2·3종 분말	30kg	27kg/min
제4종 분말	20kg	18kg/min

답 ④

75. 스프링클러설비의 화재안전기준상 스프링클러헤드를 설치하지 않을 수 있는 장소 기준으로 틀린 것은?

① 계단실·경사로·목욕실·화장실·기타 이와 유사한 장소
② 통신기기실·전자기기실·기타 이와 유사한 장소
③ 천장과 반자 양쪽이 불연재료로 되어 있는 경우로서 천장과 반자 사이의 거리가 2m 미만인 부분
④ 천장 및 반자가 불연재료 외의 것으로 되어 있고 천장과 반자 사이의 거리가 1.5m 미만인 부분

해설

④ 1.5m → 0.5m

스프링클러헤드의 설치제외장소 (NFPC 103 15조, NFTC 103 2.12)
(1) 계단실, 경사로, 승강기의 승강로, 파이프덕트, 목욕실, 수영장(관람석 제외), 화장실, 직접 외기에 개방되어 있는 복도, 기타 이와 유사한 장소 〔보기 ①〕
(2) **통신기기실**·**전자기기실**, 기타 이와 유사한 장소 〔보기 ②〕
(3) **발전실**·**변전실**·**변압기**, 기타 이와 유사한 전기설비가 설치되어 있는 장소
(4) **병원의 수술실**·**응급처치실**, 기타 이와 유사한 장소
(5) 천장과 반자 양쪽이 **불연재료**로 되어 있는 경우로서 그 사이의 거리 및 구조가 다음에 해당하는 부분
  ㉠ 천장과 반자 사이의 거리가 2m 미만인 부분 〔보기 ③〕
  ㉡ 천장과 반자 사이의 **벽**이 **불연재료**이고 천장과 반자 사이의 거리가 **2m** 이상으로서 그 사이에 **가연물**이 **존재**하지 **아니하는 부분**
(6) 천장·반자 중 한쪽이 **불연재료**로 되어 있고, 천장과 반자 사이의 거리가 1m 미만인 부분
(7) 천장 및 반자가 **불연재료 외**의 것으로 되어 있고, 천장과 반자 사이의 거리가 **0.5m 미만**인 경우 〔보기 ④〕
(8) **펌프실**·**물탱크실**, 그 밖의 이와 비슷한 장소
(9) **현관**·**로비** 등으로서 바닥에서 높이가 **20m** 이상인 장소

답 ④

76. 분말소화설비의 화재안전기준상 분말소화약제의 저장용기를 가압식으로 설치할 때 안전밸브의 작동압력기준은?

① 최고사용압력의 0.8배 이하
② 최고사용압력의 1.8배 이하
③ 내압시험압력의 0.8배 이하
④ 내압시험압력의 1.8배 이하

해설 분말소화약제의 저장용기 설치장소 기준(NFPC 108 4조, NFTC 108 2.1)
(1) **방호구역 외**의 장소에 설치할 것(단, 방호구역 내에 설치할 경우에는 피난 및 조작이 용이하도록 피난구 부근에 설치)
(2) 온도가 **40℃** 이하이고, 온도변화가 작은 곳에 설치할 것
(3) 직사광선 및 빗물이 침투할 우려가 없는 곳에 설치할 것
(4) 방화문으로 구획된 실에 설치할 것
(5) 용기의 설치장소에는 해당 용기가 설치된 곳임을 표시하는 표지를 할 것
(6) 용기 간의 간격은 점검에 지장이 없도록 **3cm** 이상의 간격을 유지할 것
(7) 저장용기와 집합관을 연결하는 연결배관에는 **체크밸브**를 설치할 것
(8) 주밸브를 개방하는 **정압작동장치** 실시
(9) 저장용기의 **충전비**는 0.8 이상
(10) 안전밸브의 설치

가압식	축압식
최고사용압력의 **1.8배** 이하 보기②	내압시험압력의 **0.8배** 이하

답 ②

77. 피난기구의 화재안전기준상 피난기구의 설치기준 중 피난사다리 설치시 금속성 고정사다리를 설치하여야 하는 층의 기준으로 옳은 것은? (단, 하향식 피난구용 내림식 사다리는 제외한다.)

① 4층 이상
② 5층 이상
③ 7층 이상
④ 11층 이상

해설 피난기구의 설치기준(NFPC 301 5조, NFTC 301 2.1.3.4)
4층 이상의 층에 피난사다리(**하향식 피난구용 내림식 사다리** 제외)를 설치하는 경우에는 **금속성 고정사다리**를 설치하고, 당해 고정사다리에는 쉽게 피난할 수 있는 구조의 **노대**를 설치

답 ①

78. 분말소화설비의 화재안전기준상 분말소화약제 저장용기의 내부압력이 설정압력으로 되었을 때 주밸브를 개방하기 위해 설치하는 장치는?

① 자동폐쇄장치
② 전자개방장치
③ 자동청소장치
④ 정압작동장치

해설 **정압작동장치**
약제저장용기 내의 내부압력이 설정압력이 되었을 때 **주밸브를 개방**시키는 장치로서 정압작동장치의 설치위치는 그림과 같다.

기억법 주정(**주정**뱅이가 되지 말라!)

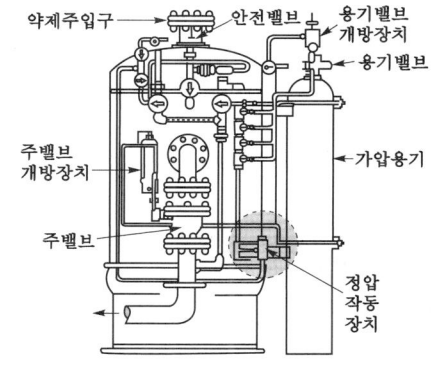

|정압작동장치|

중요
정압작동장치의 종류
(1) 봉판식
(2) 기계식
(3) 스프링식
(4) 압력스위치식
(5) 시한릴레이식

답 ④

79. 포소화설비의 화재안전기준상 전역방출방식의 고발포용 고정포방출구 설치기준 중 다음 괄호 안에 알맞은 것은?

고정포방출구는 바닥면적 ( )m²마다 1개 이상으로 하여 방호대상물의 화재를 유효하게 소화할 수 있도록 할 것

① 300
② 400
③ 500
④ 600

해설 전역방출방식의 **고발포용 고정포방출구**(NFPC 105 12조, NFTC 105 2.9.4.1)
(1) 개구부에 **자동폐쇄장치**를 설치할 것
(2) 고정포방출구는 바닥면적 **500m²**마다 1개 이상으로 할 것 보기③
(3) 고정포방출구는 방호대상물의 **최고부분**보다 **높은 위치**에 설치할 것
(4) 해당 방호구역의 관포체적 1m³에 대한 포수용액 방출량은 소방대상물 및 포의 팽창비에 따라 달라진다.

기억법 고5(GO)

답 ③

80 ★★★

소화기구 및 자동소화장치의 화재안전기준상 노유자시설에 대한 소화기구의 능력단위기준으로 옳은 것은? (단, 건축물의 주요구조부, 벽 및 반자의 실내에 면하는 부분에 대한 조건은 무시한다.)

① 해당 용도의 바닥면적 $30m^2$마다 능력단위 1단위 이상
② 해당 용도의 바닥면적 $50m^2$마다 능력단위 1단위 이상
③ 해당 용도의 바닥면적 $100m^2$마다 능력단위 1단위 이상
④ 해당 용도의 바닥면적 $200m^2$마다 능력단위 1단위 이상

해설 특정소방대상물별 소화기구의 능력단위기준(NFTC 101 2.1.1.2)

특정소방대상물	소화기구의 능력단위	건축물의 주요구조부가 내화구조이고, 벽 및 반자의 실내에 면하는 부분이 불연재료·준불연재료 또는 난연재료로 된 특정소방대상물의 능력단위
• **위**락시설 [기억법] 위3(위상)	바닥면적 $30m^2$마다 1단위 이상	바닥면적 $60m^2$마다 1단위 이상
• **공연**장 • **집**회장 • **관람**장 및 **문**화재 • **의**료시설·**장**례식장 [기억법] 5공연장 문의 집관람 (손오공 연장 문의 집관람)	바닥면적 $50m^2$마다 1단위 이상	바닥면적 $100m^2$마다 1단위 이상
• **근**린생활시설 • **판**매시설 • **운**수시설 • **숙**박시설 • **노**유자시설 • **전**시장 • 공동**주**택 • **업**무시설 • **방**송통신시설 • 공장·**창**고 • **항**공기 및 자동**차** 관련시설 및 **관광**휴게시설 [기억법] 근판숙노전 주업방차창 1항관광(근 판숙노전 주 업방차창 일 본항 관광)	바닥면적 $100m^2$마다 1단위 이상	바닥면적 $200m^2$마다 1단위 이상
• 그 밖의 것	바닥면적 $200m^2$마다 1단위 이상	바닥면적 $400m^2$마다 1단위 이상

용어

소화능력단위
소화기구의 소화능력을 나타내는 수치

답 ③

과년도 기출문제

2019년
소방설비산업기사 필기 (기계분야)

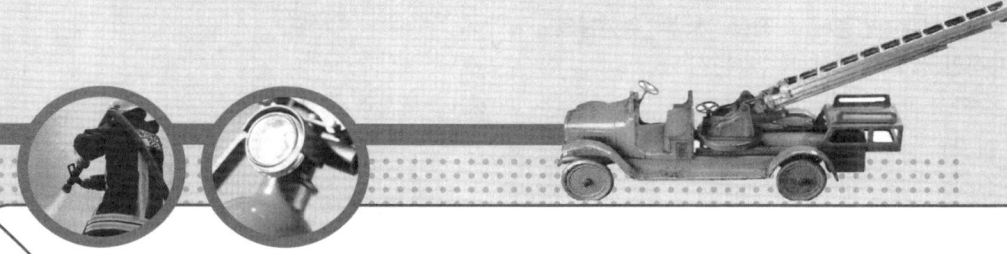

- 2019. 3. 3 시행 ·················· 19- 2
- 2019. 4. 27 시행 ·················· 19-28
- 2019. 9. 21 시행 ·················· 19-52

** 수험자 유의사항 **

1. 문제지를 받는 즉시 **본인**이 **응시한 종목**이 맞는지 확인하시기 바랍니다.
2. 문제지 표지에 본인의 **수험번호**와 **성명**을 기재하여야 합니다.
3. 문제지의 **총면수**, **문제번호 일련순서**, **인쇄상태**, **중복 및 누락 페이지 유무**를 확인하시기 바랍니다.
4. 답안은 각 문제마다 요구하는 가장 적합하거나 가까운 답 1개만을 선택하여야 합니다.
5. 답안카드는 뒷면의 「수험자 유의사항」에 따라 작성하시고, 답안카드 작성 시 형별누락, 마킹착오로 인한 불이익은 전적으로 수험자에게 책임이 있음을 알려드립니다.
6. 문제지는 시험 종료 후 본인이 가져갈 수 있습니다.

** 안내사항 **

- 가답안/최종정답은 큐넷(www.q-net.or.kr)에서 확인하실 수 있습니다. 가답안에 대한 의견은 큐넷의 [가답안 의견 제시]를 통해 제시할 수 있으며, 확정된 답안은 최종정답으로 갈음합니다.
- 공단에서 제공하는 자격검정서비스에 대해 개선할 점이 있으시면 고객참여(http://hrdkorea.or.kr/7/1/1)를 통해 건의하여 주시기 바랍니다.

2019. 3. 3 시행

2019년 산업기사 제1회 필기시험

자격종목	종목코드	시험시간	형별	수험번호	성명
소방설비산업기사(기계분야)		2시간			

※ 각 문항은 4지택일형으로 질문에 가장 적합한 보기 항을 선택하여 체크하여야 합니다.

제1과목 소방원론

01 위험물안전관리법령에서 정한 제5류 위험물의 대표적인 성질에 해당하는 것은?

① 산화성
② 자연발화성
③ 자기반응성
④ 가연성

해설 위험물령 [별표 1]
위험물

유별	성질	품명
제1류	**산**화성 **고**체	• 아염소산염류(아염소산나트륨) • 염소산염류 • 과염소산염류 • 질산염류(질산칼륨) • 무기과산화물(과산화바륨) **기억법** 1산고(일산GO)
제2류	가연성 고체	• **황화**인 • **적**린 • **황** • **마**그네슘 **기억법** 2황화적황마
제3류	자연발화성 물질 및 금수성 물질	• **황**린 • **칼**륨 • **나**트륨 • 트리에틸**알**루미늄 **기억법** 황칼나알
제4류	인화성 액체	• 특수인화물 • 석유류(벤젠) • 알코올류 • 동식물유류
제5류	자기반응성 물질	• 질산에스터류(셀룰로이드) • 유기과산화물 • 나이트로화합물 • 나이트로소화합물 • 아조화합물 • 나이트로글리세린

답 ③

02 등유 또는 경유화재에 해당하는 것은?

① A급 화재
② B급 화재
③ C급 화재
④ D급 화재

해설

화재 종류	표시색	적응물질
일반화재(A급)	**백**색	• 일반 가연물 • **종**이류 화재 • **목**재, **섬유**화재
유류화재(B급)	**황**색	• 가연성 액체(등유·경유) • 가연성 가스 • 액화가스화재 • 석유화재
전기화재(C급)	**청**색	• 전기설비
금속화재(D급)	**무**색	• 가연성 금속
주방화재(K급)	–	• 식용유화재

기억법 백황청무

※ 요즘은 표시색의 의무규정은 없음

답 ②

03 소화기의 소화약제에 관한 공통적 성질에 대한 설명으로 틀린 것은?

① 산알칼리소화약제는 양질의 유기산을 사용한다.
② 소화약제는 현저한 독성 또는 부식성이 없어야 한다.
③ 분말상의 소화약제는 고체화 및 변질 등 이상이 없어야 한다.
④ 액상의 소화약제는 결정의 석출, 용액의 분리, 부유물 또는 침전물 등 기타 이상이 없어야 한다.

해설 ① 유기산 → 무기산
소화약제의 형식승인 및 제품검사의 기술기준 5조
산알칼리소화약제의 적합기준

(1) 산은 양질의 **무기산** 또는 이와 같은 염류일 것
(2) 알칼리는 물에 잘 용해되는 양질의 **알칼리 염류**일 것
(3) 방사액의 수소이온농도는 KS M 0011(수용액의 pH 측정방법)에 따라 측정하는 경우 **5.5 이하**의 산성을 나타내지 않을 것

답 ①

04 질산에 대한 설명으로 틀린 것은?

14.09.문03
11.10.문19

① 산화제이다.
② 부식성이 있다.
③ 불연성 물질이다.
④ 산화되기 쉬운 물질이다.

해설 질산(제6류 위험물)의 특징
(1) **부식성**이 있다.
(2) **불연성 물질**이다.
(3) **산화제**이다.
(4) 산화성 물질과의 접촉을 피할 것

중요

제6류 위험물
(1) 과염소산
(2) 과산화수소
(3) 질산

답 ④

05 15℃의 물 1g을 1℃ 상승시키는 데 필요한 열량은 몇 cal인가?

17.05.문05
15.09.문03
15.05.문19
14.05.문03
11.10.문18
10.05.문03

① 1   ② 15
③ 1000   ④ 15000

해설
- 15℃ 물 → 16℃ 물로 변화
- 15℃를 1℃ 상승시키므로 16℃가 됨

열량

$$Q = r_1 m + mC\Delta T + r_2 m$$

여기서, Q : 열량(cal)
r_1 : 융해열(cal/g)
r_2 : 기화열(cal/g)
m : 질량(g)
C : 비열(cal/g·℃)
ΔT : 온도차(℃)

(1) 기호
- m : 1g
- C : 1cal/g·℃
- ΔT : (16−15)℃

(2) 15℃ 물 → 16℃ 물(1℃ 상승시키므로)
열량 $Q = mC\Delta T$
$= 1g \times 1cal/g·℃ \times (16-15)℃$
$= 1cal$

- '**융해열**'과 '**기화열**'은 없으므로 이 문제에서는 $r_1 m$, $r_2 m$ 식은 제외

중요

비열(specific heat)

단위	정의
1cal	1g의 물체를 1℃만큼 온도 상승시키는 데 필요한 열량
1BTU	1 lb의 물체를 1°F만큼 온도 상승시키는 데 필요한 열량
1chu	1 lb의 물체를 1℃만큼 온도 상승시키는 데 필요한 열량

답 ①

06 다음 중 부촉매 소화효과로서 가장 적절한 것은?

16.03.문09
15.03.문02
14.03.문06

① CO_2 ② $C_2F_4Br_2$
③ 질소   ④ 아르곤

해설 ② 할론소화약제(Halon 2402)

부촉매 소화효과
(1) 분말소화약제
(2) 할론소화약제
(3) 할로겐화합물소화약제

- 부촉매 소화효과=부촉매효과

중요

할론소화약제

종류	약칭	분자식
Halon 1011	CB	CH_2ClBr
Halon 104	CTC	CCl_4
Halon 1211	BCF	$CF_2ClBr(CBrClF_2)$
Halon 1301	BTM	$CF_3Br(CBrF_3)$
Halon 2402	FB	$C_2F_4Br_2(C_2Br_2F_4)$

답 ②

07 제2종 분말소화약제의 주성분은?

17.05.문13
16.05.문15
15.05.문20
15.03.문16
13.09.문11
13.06.문18
12.03.문09
11.06.문08
02.09.문12

① 탄산수소칼륨
② 탄산수소나트륨
③ 제1인산암모늄
④ 탄산수소칼륨+요소

해설 분말소화약제

종별	분자식	착색	적응화재	비고
제1종	중탄산나트륨 ($NaHCO_3$)	백색	BC급	**식용유** 및 **지방질유**의 화재에 적합
제**2**종	중탄산칼륨 ($KHCO_3$)	담자색 (담회색)	BC급	−
제3종	제1인산암모늄 ($NH_4H_2PO_4$)	담홍색	ABC급	**차고·주차장**에 적합
제4종	중탄산칼륨 +요소 ($KHCO_3$+ $(NH_2)_2CO$)	회(백)색	BC급	−

	• 중탄산나트륨=탄산수소나트륨 • 중탄산칼륨=탄산**수**소**칼**륨 • 제1인산암모늄=인산암모늄=인산염 • 중탄산칼륨+요소=탄산수소칼륨+요소
	기억법 2수칼(**이수**역에서 **칼**국수 먹자.)

답 ①

08 ★★★
14.05.문08
13.06.문11
13.03.문06

스테판-볼츠만(Stefan-Boltzmann)의 법칙에서 복사체의 단위표면적에서 단위시간당 방출되는 복사에너지는 절대온도의 얼마에 비례하는가?

① 제곱근 ② 제곱
③ 3제곱 ④ 4제곱

해설 스테판-볼츠만의 법칙

$$Q = aAF(T_1^4 - T_2^4)$$

여기서, Q : 복사열(W)
a : 스테판-볼츠만 상수(W/m²·K⁴)
A : 단면적(m²)
T_1 : 고온(273+℃)(K)
T_2 : 저온(273+℃)(K)

※ **스**테판-**볼**츠만의 법칙 : 복사체에서 발산되는 복사열은 복사체의 절대온도의 **4**제곱에 비례한다.

기억법 스볼4

• 4제곱=4승

답 ④

09 ★★★
14.03.문15
13.03.문12
11.06.문04

연소시 분해연소의 전형적인 특성을 보여줄 수 있는 것은?

① 나프탈렌 ② 목재
③ 목탄   ④ 휘발유

해설 연소의 형태

연소형태	종 류
표면연소	• **숯**, 코크스 • **목탄**, **금**속분 **기억법** 표숯코목탄금
분해연소	• **석**탄, **종**이 • **플**라스틱, **목**재 • **고**무, **중**유 • **아**스팔트 **기억법** 분석종플목고중아팔

증발연소	• **황**, **왁**스 • **파**라핀, **나**프탈렌 • **가**솔린, **등**유 • **경**유, **알**코올 • **아**세톤 **기억법** 증황왁파 나가등경알아
자기연소	• 나이트로글리세린, 나이트로셀룰로오스(질화면) • TNT, 피크린산
액적연소	• 벙커C유
확산연소	• 메탄(CH₄), 암모니아(NH₃) • 아세틸렌(C₂H₂), 일산화탄소(CO) • 수소(H₂)

답 ②

10 ★★★
12.03.문15
06.03.문02
01.06.문10

플래시오버(flash-over) 현상과 관련이 없는 것은?

① 화재의 확산
② 다량의 연기방출
③ 파이어볼의 발생
④ 실내온도의 급격한 상승

해설 ③ 파이어볼(fireball) : 증기운 폭발(vapor cloud explosion)에서 발생

플래시오버(flash over)

구 분	설 명
정의	① 폭발적인 착화현상 ② 순발적인 연소확대현상 ③ 화재로 인하여 실내의 온도가 급격히 상승하여 화재가 **순간적**으로 **실내 전체**에 **확산**되어 연소되는 현상 ④ 연소의 급속한 확대현상 ⑤ 건물 화재에서 발생한 가연성 가스가 축적되다가 **일순간**에 **화염**이 크게 되는 현상 ⑥ 실내의 가연물이 연소됨에 따라 생성되는 가연성 가스가 실내에 누적되어 폭발적으로 연소하여 실 전체가 순간적으로 불길에 쌓이는 현상 ⑦ 옥내화재가 서서히 진행하여 열이 축적되었다가 일시에 화염이 크게 발생하는 상태
발생시점	**성장기~최성기**(성장기에서 최성기로 넘어가는 분기점)
실내온도	800~900℃ **기억법** 내플89(**내** 풀 팔고 네 풀 쓰자.)

• 파이어볼=화이어볼

플래시오버 현상
(1) 화재의 확산
(2) 다량의 연기방출
(3) 실내온도의 급격한 상승

답 ③

11. 포소화약제가 유류화재를 소화시킬 수 있는 능력과 관계가 없는 것은?

① 수분의 증발잠열을 이용한다.
② 유류표면으로부터 기름의 증발을 억제 또는 차단한다.
③ 포의 연쇄반응 차단효과를 이용한다.
④ 포가 유류표면을 덮어 기름과 공기와의 접촉을 차단한다.

해설 연쇄반응 차단효과
(1) **분**말소화약제
(2) **할**론소화약제
(3) **할**로겐화합물소화약제

기억법 연분할

답 ③

12. 나이트로셀룰로오스의 용도, 성상 및 위험성과 저장·취급에 대한 설명 중 틀린 것은?

① 질화도가 낮을수록 위험성이 크다.
② 운반시 물, 알코올을 첨가하여 습윤시킨다.
③ 무연화약의 원료로 사용된다.
④ 햇빛에서 황갈색으로 변하고 물에 녹지 않지만 아세톤, 초산에스터, 나이트로벤젠에 녹는다.

해설 ① 질화도가 클수록 위험성이 크다.

중요

구 분	설 명
정의	나이트로셀룰로오스의 질소 함유율이다.
특징	질화도가 높을수록 위험하다.

답 ①

13. 화재시 고층건물 내의 연기유동인 굴뚝효과와 관계가 없는 것은?

① 건물 내·외의 온도차
② 건물의 높이
③ 층의 면적
④ 화재실의 온도

해설 연기거동 중 **굴뚝효과**와 관계 있는 것
(1) 건물 내·외의 온도차
(2) 화재실의 온도
(3) 건물의 높이(**고층건물**에서 발생)

용어 굴뚝효과
(1) 건물 내의 연기가 압력차에 의하여 순식간에 상승하여 상층부 또는 외부로 빠르게 이동하는 현상
(2) 실내·외 공기 사이의 **온도**와 **밀도**의 **차이**에 의해 공기가 건물의 수직방향으로 빠르게 이동하는 현상

답 ③

14. 270℃에서 다음의 열분해반응식과 관계가 있는 분말소화약제는?

$$2NaHCO_3 \rightarrow Na_2CO_3 + CO_2 + H_2O$$

① 제1종 분말
② 제2종 분말
③ 제3종 분말
④ 제4종 분말

해설 분말소화기 : 질식효과

종별	소화약제	약제의 착색	화학반응식	적응화재
제1종	중탄산나트륨 ($NaHCO_3$)	백색	$2NaHCO_3 \rightarrow Na_2CO_3+CO_2+H_2O$	BC급
제2종	중탄산칼륨 ($KHCO_3$)	담자색 (담회색)	$2KHCO_3 \rightarrow K_2CO_3+CO_2+H_2O$	BC급
제3종	인산암모늄 ($NH_4H_2PO_4$)	담홍색	$NH_4H_2PO_4 \rightarrow HPO_3+NH_3+H_2O$	ABC급
제4종	중탄산칼륨+요소 ($KHCO_3+(NH_2)_2CO$)	회(백)색	$2KHCO_3+(NH_2)_2CO \rightarrow K_2CO_3+2NH_3+2CO_2$	BC급

• 화학반응식=열분해반응식

답 ①

15. 인화점에 대한 설명 중 틀린 것은?

① 인화점은 공기 중에서 액체를 가열하는 경우 액체표면에서 증기가 발생하여 점화원에서 착화하는 최저온도를 말한다.
② 인화점 이하의 온도에서는 성냥불을 접근시켜도 착화하지 않는다.
③ 인화점 이상 가열하면 증기가 발생되어 성냥불이 접근하면 착화한다.
④ 인화점은 보통 연소점 이상, 발화점 이하의 온도이다.

해설 ④ 연소점 이상 → 연소점 이하

인화점(flash point)
(1) 휘발성 물질에 **불꽃**을 접하여 연소가 가능한 최저온도
(2) 가연성 증기발생시 연소범위의 **하한계**에 이르는 **최저온도**
(3) 가연성 증기를 발생하는 액체가 공기와 혼합하여 기상부에 다른 불꽃이 닿았을 때 연소가 일어나는 **최저온도**
(4) **위험성 기준**의 척도
(5) 가연성 액체의 발화와 깊은 관계가 있다.

(6) 연료의 조성, 점도, 비중에 따라 달라진다.
(7) 인화점은 보통 **연소점 이하**, **발화점 이하**의 온도이다.

기억법 인불하저위

비교

용어	설명
발화점	가연성 물질에 불꽃을 접하지 아니하였을 때 연소가 가능한 **최저온도**
연소점	어떤 인화성 액체가 공기 중에서 열을 받아 점화원의 존재하에 **지속**적인 연소를 일으킬 수 있는 온도

답 ④

16 건축물의 방재센터에 대한 설명으로 틀린 것은?
05.05.문09
03.08.문09
① 피난층에 두는 것이 가장 바람직하다.
② 화재 및 안전관리의 중추적 기능을 수행한다.
③ 방재센터는 직통계단 위치와 관계없이 안전한 곳에 설치한다.
④ 소방차의 접근이 용이한 곳에 두는 것이 바람직하다.

해설
③ 직통계단 위치와 관계없이 안전한 곳에 설치
→ 직통계단으로 이동하기 쉬운 곳에 설치

방재센터에 대한 **위치, 구조**
(1) 소방대의 **출입**이 **쉬운** 장소일 것
(2) 지상으로 직접 통하는 출입구가 **1개소** 이상 있을 것
(3) 다른 방(실)과는 독립된 방화구획의 구조일 것
(4) **피난층**에 두는 것이 가장 바람직
(5) 화재 및 안전관리의 중추적 기능 수행
(6) 소방차의 접근이 용이한 곳에 두는 것이 바람직

용어

방재센터
화재를 사전에 예방하고 초기에 진압하기 위해 모든 소방시설을 제어하고 비상방송 등을 통해 인명을 대피시키는 총체적 지휘본부

답 ③

17 목재가 열분해할 때 발생하는 가스가 아닌 것은?
01.06.문07
① 수증기   ② 염화수소
③ 일산화탄소   ④ 이산화탄소

해설 **목재**가 200℃에서 **발생**하는 **가스**
(1) 수증기
(2) 일산화탄소
(3) 이산화탄소
(4) 개미산 가스
(5) 초산

답 ②

18 물의 소화작용과 가장 거리가 먼 것은?
15.09.문10
15.03.문05
14.09.문11
① 증발잠열의 이용   ② 질식효과
③ 에멀션효과   ④ 부촉매효과

해설 **소화약제**의 **소화작용**

소화약제	소화작용	주된 소화작용
물(스프링클러)	• 냉각작용 • 희석작용	냉각작용 (냉각소화)
물(무상)	• **냉**각작용(증발잠열 이용) • **질**식작용 • **유**화작용(에멀션 효과) • **희**석작용	
포	• 냉각작용 • 질식작용	질식작용 (질식소화)
분말	• 질식작용 • 부촉매작용(억제작용) • 방사열 차단작용	
이산화탄소	• 냉각작용 • 질식작용 • 피복작용	
할론	• 질식작용 • 부촉매작용(억제작용)	**부**촉매작용 (연쇄반응 억제) 기억법 할부(할아버지)

기억법 물냉질유희

• CO_2 소화기 = 이산화탄소소화기
• 에멀션효과 = 에멀전효과

중요

부촉매효과
(1) 분말소화약제
(2) 할론소화약제
(3) 할로겐화합물소화약제

답 ④

19 소화제의 적응대상에 따라 분류한 화재종류 중 C급 화재에 해당되는 것은?
15.05.문15
14.05.문05
14.05.문20
14.03.문19
13.06.문09
02.03.문03
① 금속분화재   ② 유류화재
③ 일반화재   ④ 전기화재

해설
화재 종류	표시색	적응물질
일반화재(A급)	**백**색	• 일반 가연물 • **종**이류 화재 • **목**저, **섬**유화재
유류화재(B급)	**황**색	• 가연성 액체 • 가연성 가스 • 액화가스화재 • 석유화재
전기화재(C급)	**청**색	• **전기**설비
금속화재(D급)	**무**색	• 가연성 금속
주방화재(K급)	–	• 식용유화재

기억법 백황청무

※ 요즘은 표시색의 의무규정은 없음

답 ④

20. 가연물이 연소할 때 연쇄반응을 차단하기 위해서는 공기 중의 산소량을 일반적으로 약 몇 % 이하로 억제해야 하는가?

① 15
② 17
③ 19
④ 21

해설 소화방법

소화방법	설명
냉각소화	• 점화원을 냉각하여 소화하는 방법 • 증발잠열을 이용하여 열을 빼앗아 가연물의 온도를 떨어뜨려 화재를 진압하는 소화방법 • 다량의 물을 뿌려 소화하는 방법 • 가연성 물질을 발화점 이하로 냉각 • 식용유화재에 신선한 야채를 넣어 소화 [기억법] 냉점증발
질식소화	• 공기 중의 산소농도를 15~16%(16%, 10~15%) 이하로 희박하게 하여 소화하는 방법 • 산화제의 농도를 낮추어 연소가 지속될 수 없도록 함 • 산소공급을 차단하는 소화방법 [기억법] 질산
제거소화	• 가연물을 제거하여 소화하는 방법
부촉매소화 (=화학소화)	• 연쇄반응을 차단하여 소화하는 방법 • 화학적인 방법으로 화재 억제
희석소화	• 기체・고체・액체에서 나오는 분해가스나 증기의 농도를 낮춰 소화하는 방법
유화소화	• 물을 무상으로 방사하여 유류표면에 유화층의 막을 형성시켜 공기의 접촉을 막아 소화하는 방법
피복소화	• 비중이 공기의 1.5배 정도로 무거운 소화약제를 방사하여 가연물의 구석구석까지 침투・피복하여 소화하는 방법

답 ①

제 2 과목 소방유체역학

21. Newton 유체와 관련한 유체의 점성법칙과 직접적으로 관계가 없는 것은?

① 점성계수
② 전단응력
③ 속도구배
④ 중력가속도

해설 뉴턴(Newton)의 점성법칙

$$\tau = \mu \frac{du}{dy}$$

여기서, τ : 전단응력[N/m²]
μ : 점성계수[N·s/m²]
$\frac{du}{dy}$: 속도구배(속도기울기)

중요 유체의 종류

유체 종류	설명
실제유체	점성이 있으며, 압축성인 유체 [기억법] 실점있압(실점이 있는 사람만 압박해!)
이상유체	① 점성이 없으며, 비압축성인 유체 ② 유체유동시 마찰전단응력이 발생하지 않으며 압력변화에 따른 체적변화가 없는 유체 ③ 유체유동시 마찰전단응력이 발생하지 않으며 분자 간에 분자력이 작용하지 않는 유체
압축성유체	기체와 같이 체적이 변화하는 유체 [기억법] 기압(기압)
비압축성유체	액체와 같이 체적이 변화하지 않는 유체

답 ④

---

22. 물 소화펌프의 토출량이 0.7m³/min, 양정 60m, 펌프효율 72%일 경우 전동기 용량은 약 몇 kW인가? (단, 펌프의 전달계수는 1.1이다.)

① 10.5
② 12.5
③ 14.5
④ 15.5

해설 (1) 기호

• Q : 0.7m³/min
• H : 60m
• η : 72%=0.72
• P : ?
• K : 1.1

(2) 전동기 용량(소요동력) P는

$$P = \frac{0.163QH}{\eta}K$$

$$= \frac{0.163 \times 0.7\text{m}^3/\text{min} \times 60\text{m}}{0.72} \times 1.1 \fallingdotseq 10.5\text{kW}$$

중요 펌프의 동력
(1) 전동력
일반적인 전동기의 동력(용량)을 말한다.

$$P = \frac{0.163QH}{\eta}K$$

여기서, P : 전동력[kW]
Q : 유량[m³/min]
H : 전양정[m]
K : 전달계수
η : 효율

(2) 축동력
전달계수(K)를 고려하지 않은 동력이다.

$$P = \frac{0.163\,QH}{\eta}$$

여기서, P : 축동력[kW]
Q : 유량[m³/min]
H : 전양정[m]
η : 효율

(3) 수동력
전달계수(K)와 효율(η)을 고려하지 않은 동력이다.

$$P = 0.163\,QH$$

여기서, P : 수동력[kW]
Q : 유량[m³/min]
H : 전양정[m]

답 ①

23 반지름 R인 수평원관 내 유동의 속도분포가 $u(r) = U\left[1 - \left(\frac{r}{R}\right)^2\right]$으로 주어질 때 유량으로 옳은 것은? (단, U는 관 중심에서 이루는 최대 유속이며, r은 관 중심에서 반지름 방향으로의 거리이다.)

① $\pi R^2 U$
② $\dfrac{\pi R^2 U}{2}$
③ $\dfrac{3\pi R^2 U}{4}$
④ $\dfrac{5\pi R^2 U}{8}$

해설
(1) 곧은 원형관 속도분포

$$u(r) = U\left(1 - \frac{r^2}{R^2}\right)$$

여기서, $u(r)$: 관의 속도분포[m/s]
U : 관의 속도[m/s]
r : 관 중심선으로부터의 거리[m]
R : 관의 반지름[m]

(2) 체적유량

$$Q = \frac{\pi R^2 U}{2}$$

여기서, Q : 체적유량[m³/s]
U : 관의 속도[m/s]
R : 관의 반지름[m]

답 ②

24 20℃, 101kPa에서 산소(O₂) 25g의 부피는 약 몇 L인가? (단, 일반기체상수는 8314J/(kmol·K)이다.)

① 21.8
② 20.8
③ 19.8
④ 18.8

해설
(1) 표준대기압(P)
1atm=760mmHg=1.0332kg$_f$/cm²
=10.332mH₂O(mAq)
=14.7PSI(lb$_f$/in²)
=101.325kPa(kN/m²)
=1013mbar

(2) 분자량(M)

원소	원자량
H	1
C	12
N	14
O	16

산소(O₂)의 분자량 = 16×2 = 32kg/kmol

(3) 이상기체 상태 방정식

$$PV = \frac{m}{M}RT$$

여기서, P : 압력[kN/m²] 또는 [kPa]
V : 부피(체적)[m³]
m : 질량[kg]
M : 분자량[kg/kmol]
R : 기체상수(8.314kJ/(kmol·K)
T : 절대온도(273+℃)[K]

체적 V는
$V = \dfrac{m}{PM}RT$

$= \dfrac{0.025\text{kg}}{101.325\text{kPa} \times 32\text{kg/kmol}} \times 8.314\text{kJ/(kmol·K)} \times (273+20)\text{K}$

$= \dfrac{0.025\text{kg}}{101.325\text{kN/m}^2 \times 32\text{kg/kmol}} \times 8.314\text{kN·m/(kmol·K)} \times (273+20)\text{K}$

≒ 0.0188m³
= 18.8L

• 25g=0.025kg(1000g=1kg)
• 1kPa=1kN/m²
• 1kJ=1kN·m
• 0.0188m³=18.8L(1m³=1000L)

답 ④

25 비열이 0.475kJ/(kg·K)인 철 10kg을 20℃에서 80℃로 올리는 데 필요한 열량은 약 몇 kJ인가?

① 222
② 232
③ 285
④ 315

해설 열량

$$Q = r_1 m + mC\Delta T + r_2 m$$

여기서, Q : 열량[kJ]
r_1 : 융해열[kJ/kg]

r_2 : 기화열[kJ/kg]
m : 질량[kg]
C : 비열[kJ/(kg·℃)] 또는 [kJ/(kg·K)]
ΔT : 온도차[℃] 또는 [K]

(1) 기호
- C : 0.475kJ/(kg·K)
- m : 10kg
- ΔT : (80-20)℃ 또는 (80-20)K
- Q : ?

(2) 20℃철 → 80℃철

온도만 변화하고 융해열, 기화열은 없으므로 r_1m, r_2m은 무시

$Q = mC\Delta T$
$= 10\text{kg} \times 0.475\text{kJ/(kg·K)} \times (80-20)\text{K}$
$= 285\text{kJ}$

- ΔT(온도차)를 구할 때는 ℃로 구하든지 K로 구하든지 그 값은 같으므로 단위를 편한대로 적용하면 된다.
- 예) (80-20)℃=60℃
  K=273+80=353K
  K=273+20=293K
  (353-293)K=60K

답 ③

26 ★★
15.05.문24
07.03.문27

회전수 1800rpm, 유량 4m³/min, 양정 50m인 원심펌프의 비속도[m³/min·m/rpm]는 약 얼마인가?

① 46　② 72
③ 126　④ 191

해설 (1) 기호
- n : 1800rpm
- Q : 4m³/min
- H : 50m
- n_s : ?

(2) 펌프의 비속도

$$n_s = n \frac{\sqrt{Q}}{H^{\frac{3}{4}}}$$

여기서, n_s : 펌프의 비교회전도(비속도)[m³/min·m/rpm]
　　　　n : 회전수[rpm]
　　　　Q : 유량[m³/min]
　　　　H : 양정[m]

비속도 n_s는

$n_s = n \dfrac{\sqrt{Q}}{H^{\frac{3}{4}}}$

$= 1800\text{rpm} \times \dfrac{\sqrt{4\text{m}^3/\text{min}}}{50\text{m}^{\frac{3}{4}}}$

$\fallingdotseq 191\text{m}^3/\text{min·m/rpm}$

※ **rpm**(revolution per minute) : 분당 회전속도

용어

비속도
펌프의 성능을 나타내거나 가장 적합한 **회전수**를 결정하는 데 이용되며, **회전자**의 **형상**을 나타내는 척도가 된다.

답 ④

27 ★★
13.09.문39
05.03.문23

그림과 같이 수조차의 탱크 측벽에 안지름이 25cm인 노즐을 설치하여 노즐로부터 물이 분사되고 있다. 노즐 중심은 수면으로부터 3m 아래에 있다고 할 때 수조차가 받는 추력 F는 약 몇 kN인가? (단, 노면과의 마찰은 무시한다.)

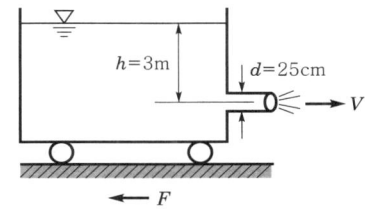

① 1.77　② 2.89
③ 4.56　④ 5.21

해설 (1) 기호
- $d(D)$: 25cm=0.25m(100cm=1m)
- $h(H)$: 3m
- F : ?

(2) 토리첼리의 식

$$V = \sqrt{2gH}$$

여기서, V : 유속[m/s]
　　　　g : 중력가속도(9.8m/s²)
　　　　H : 높이[m]

유속 V는
$V = \sqrt{2gH}$
$= \sqrt{2 \times 9.8\text{m/s}^2 \times 3\text{m}} \fallingdotseq 7.668\text{m/s}$

(3) 유량

$$Q = AV$$

여기서, Q : 유량[m³/s]
　　　　A : 단면적[m²]
　　　　V : 유속[m/s]

(4) 추력(힘)

$$F = \rho QV$$

여기서, F : 추력(힘)[N]
　　　　ρ : 밀도(물의 밀도 1000N·s²/m⁴)
　　　　Q : 유량[m³/s]
　　　　V : 유속[m/s]

추력 F는

$$F = \rho QV = \rho(AV)V = \rho AV^2 = \rho\left(\frac{\pi D^2}{4}\right)V^2$$
$$= 1000\text{N}\cdot\text{s}^2/\text{m}^4 \times \frac{\pi \times (0.25\text{m})^2}{4} \times (7.668\text{m/s})^2$$
$$= 2886\text{N} = 2.886\text{kN} ≒ 2.89\text{kN}$$

- $Q = AV$이므로 $F = \rho QV = \rho(AV)V$
- $A = \frac{\pi D^2}{4}$ (여기서, D : 지름[m])

답 ②

28 ★★★

18.09.문21 / 14.03.문40 / 11.06.문23 / 10.09.문40

이상기체를 등온과정으로 서서히 가열한다. 이 과정을 'PV^n = Constant'와 같은 폴리트로픽(polytropic) 과정으로 나타내고자 할 때, 지수 n의 값은?

① $n = 0$ ② $n = 1$
③ $n = k$(비열비)   ④ $n = \infty$

해설 완전가스(이상기체)의 상태변화

상태변화	관계
정압과정	$\frac{V}{T} = C$(Constant, 일정)
정적과정	$\frac{P}{T} = C$(Constant, 일정)
등온과정	$PV = C$(Constant, 일정)
단열과정	$PV^{k(n)} = C$(Constant, 일정)

여기서, V : 비체적(부피)[m³/kg]
T : 절대온도[K]
P : 압력[kPa]
$k(n)$: 비열비
C : 상수

등온과정 PV = Constant이므로
$PV^{n=1}$ = Constant
PV = Constant(∴ $n = 1$)

※ 단열변화 : 손실이 없는 상태에서의 과정

답 ②

29 ★★★

18.03.문25 / 11.06.문33 / 09.08.문26 / 09.05.문25 / 06.03.문30

안지름이 250mm, 길이가 218m인 주철관을 통하여 물이 유속 3.6m/s로 흐를 때 손실수두는 약 몇 m인가? (단, 관마찰계수는 0.05이다.)

① 20.1   ② 23.0
③ 25.8   ④ 28.8

해설 (1) 기호
- D : 250mm = 0.25m(1000mm = 1m)
- l : 218m
- V : 3.6m/s
- f : 0.05
- H : ?

(2) 달시-웨버의 식

$$H = \frac{\Delta P}{\gamma} = \frac{flV^2}{2gD}$$

여기서, H : 마찰손실[m]
ΔP : 압력차[Pa]
γ : 비중량(물의 비중량 9800N/m³)
f : 관마찰계수
l : 길이[m]
V : 유속[m/s]
g : 중력가속도(9.8m/s²)
D : 내경[m]

손실수두 H는

$$H = \frac{flV^2}{2gD} = \frac{0.05 \times 218\text{m} \times (3.6\text{m/s})^2}{2 \times 9.8\text{m/s}^2 \times 0.25\text{m}} ≒ 28.8\text{m}$$

답 ④

30 ★★

13.06.문25 / 10.03.문27

그림과 같이 비중량이 γ_1, γ_2, γ_3인 세 가지의 유체로 채워진 마노미터에서 A점과 B점의 압력차$(P_A - P_B)$는?

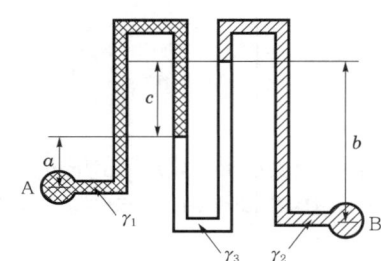

① $-a\gamma_1 - b\gamma_2 + c\gamma_3$
② $a\gamma_1 + b\gamma_2 - c\gamma_3$
③ $a\gamma_1 - b\gamma_2 + c\gamma_3$
④ $a\gamma_1 - b\gamma_2 - c\gamma_3$

해설 시차액주계
점 A를 기준으로 내려가면 더하고, 올라가면 빼면 된다.

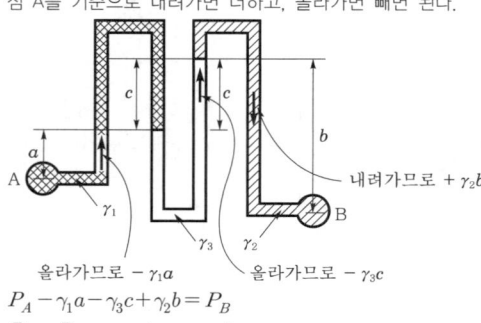

$P_A - \gamma_1 a - \gamma_3 c + \gamma_2 b = P_B$
$P_A - P_B = \gamma_1 a + \gamma_3 c - \gamma_2 b$
$\qquad = \gamma_1 a - \gamma_2 b + \gamma_3 c$
$\qquad = a\gamma_1 - b\gamma_2 + c\gamma_3$

답 ③

31.

관 내 유동 중 지름이 급격히 커지면서 발생하는 부차적 손실계수는 0.38이다. 지름이 작은 부분에서의 속도가 0.8m/s라고 할 때 부차적 손실수두는 약 몇 m인가?

① 0.0045 ② 0.0092
③ 0.0124 ④ 0.0825

해설 (1) 기호
- K_L : 0.38
- V : 0.8m/s
- H : ?

(2) 부차적 손실수두

$$H = K_L \frac{V^2}{2g}$$

여기서, H : 부차적 손실수두[m]
K_L : 손실계수
V : 유속[m/s]
g : 중력가속도(9.8m/s²)

부차적 손실수두 H는

$$H = K_L \frac{V^2}{2g} = 0.38 \times \frac{(0.8\text{m/s})^2}{2 \times 9.8\text{m/s}^2} \fallingdotseq 0.0124\text{m}$$

답 ③

32.

피토정압관으로 지름이 400mm인 풍동의 유속을 측정하였을 때 풍동의 중심에서 정체압과 정압이 각수로 80mmAq, 40mmAq이었다. 풍동 내에서 평균유속을 중심부 유속의 $\frac{3}{4}$이라 할 때 공기의 유량은 약 몇 m³/s인가? (단, 풍동 내의 공기밀도는 1.25kg/m³이고, 피토관 계수(C)는 1로 한다.)

① 1.15 ② 2.36
③ 3.56 ④ 4.71

해설 (1) 기호
- D : 400mm=0.4m(1000mm=1m)
- h_1 : 80mmAq=0.08mAq(1000mm=1m)
- h_2 : 40mmAq=0.04mAq(1000mm=1m)
- V_{av} : $V_{av} = \frac{3}{4}V$
- Q : ?
- ρ : 1.25kg/m³=1.25N·s²/m⁴(1kg/m³=1N·s²/m⁴)
- C : 1

(2) 비중

$$s = \frac{\rho}{\rho_w} = \frac{\gamma}{\gamma_w}$$

여기서, s : 비중
ρ : 어떤 물질(공기)의 밀도[kg/m³] 또는 [N·s²/m⁴]
ρ_w : 물의 밀도(1000kg/m³ 또는 1000N·s²/m⁴)
γ : 어떤 물질(공기)의 비중량[N/m³]
γ_w : 물의 비중량(9800N/m³)

$$\frac{\rho}{\rho_w} = \frac{\gamma}{\gamma_w}$$

$$\frac{\gamma}{\gamma_w} = \frac{\rho}{\rho_w}$$

$$\gamma = \frac{\rho}{\rho_w} \times \gamma_w = \frac{1.25\text{N·s}^2/\text{m}^4}{1000\text{N·s}^2/\text{m}^4} \times 9800\text{N/m}$$
$$= 12.25\text{N/m}^3$$

(3) 압력수두

$$H = \frac{P}{\gamma} = \frac{\gamma_w h}{\gamma} = \frac{\gamma_w(h_1 - h_2)}{\gamma}$$

여기서, H : 압력수두[m]
P : 압력[N/m²]
γ : 비중량[N/m³]
γ_w : 물의 비중량(9800N/m³)
h, h_1, h_2 : 수두(수주)[m]

압력수두 H는

$$H = \frac{\gamma_w(h_1 - h_2)}{\gamma}$$
$$= \frac{9800\text{N/m}^3 \times (0.08 - 0.04)\text{mAq}}{12.25\text{N/m}^3} = 32\text{m}$$

(4) 피토관(pitot tube)

$$V = C\sqrt{2gH}$$

여기서, V : 유속[m/s]
C : 피토관 계수
g : 중력가속도(9.8m/s²)
H : 높이[m]

유속 V는
$V = C\sqrt{2gH}$
$= 1 \times \sqrt{2 \times 9.8\text{m/s}^2 \times 32\text{m}} = 25.04\text{m/s}$

(5) 중심부의 유속

$$V_{av} = \frac{3}{4}V$$

여기서, V_{av} : 중심부의 유속[m/s]
V : 평균유속(m/s)

중심부의 유속 V_{av}는
$V_{av} = \frac{3}{4}V = \frac{3}{4} \times 25.04\text{m/s} = 18.78\text{m/s}$

(6) 유량

$$Q = AV_{av} = \left(\frac{\pi D^2}{4}\right)V_{av}$$

여기서, Q : 유량[m³/s]
A : 단면적[m²]
V_{av} : 중심부의 유속[m/s]
D : 지름[m]

유량 Q는

$$Q = \left(\frac{\pi D^2}{4}\right) V_{av}$$

$$= \frac{\pi \times (0.4\text{m})^2}{4} \times 18.78\text{m/s} ≒ 2.36\text{m}^3/\text{s}$$

답 ②

★ 33
[10.03.문21]
비중이 0.89이며 중량이 35N인 유체의 체적은 약 몇 m³인가?

① 0.13×10^{-3}
② 2.43×10^{-3}
③ 3.03×10^{-3}
④ 4.01×10^{-3}

해설 (1) 기호
- s : 0.89
- W : 35N
- V : ?

(2) 비중

$$s = \frac{\gamma}{\gamma_w}$$

여기서, s : 비중
γ : 어떤 물질의 비중량(N/m³)
γ_w : 물의 비중량(9800N/m³)

$\gamma = s \times \gamma_w = 0.89 \times 9800\text{N/m}^3 = 8722\text{N/m}^3$

(3) 비중량

$$\gamma = \frac{W}{V}$$

여기서, γ : 비중량(N/m³)
W : 중량(N)
V : 체적(m³)

$V = \frac{W}{\gamma} = \frac{35\text{N}}{8722\text{N/m}^3} ≒ 0.00401 = 4.01 \times 10^{-3}\text{m}^3$

답 ④

★ 34
[03.05.문27]
할론 1301이 밀도 1.4g/cm³, 속도 15m/s로 지름 50mm 배관을 통해 정상류로 흐르고 있다. 이때 할론 1301의 질량유량은 약 몇 kg/s인가?

① 20.4
② 30.6
③ 41.2
④ 52.5

해설 (1) 기호
- ρ : 1.4g/cm³=1.4×10⁻³kg/10⁻⁶m³(1000g=1kg, 1cm=10⁻²m, 1cm³=(10⁻²m)³=10⁻⁶m³)
- V : 15m/s
- D : 50mm=0.05m(1000mm=1m)
- $\overline{m}$: ?

(2) 질량유량

$$\overline{m} = AV\rho = \frac{\pi D^2}{4} V\rho$$

여기서, $\overline{m}$: 질량유량(kg/s)
A : 단면적(m²)
V : 유속(m/s)
ρ : 밀도(kg/m³)
D : 직경(m)

질량유량(질량유동률) $\overline{m}$는

$$\overline{m} = \frac{\pi D^2}{4} V\rho$$

$$= \frac{\pi \times (0.05\text{m})^2}{4} \times 15\text{m/s} \times 1.4 \times 10^{-3}\text{kg}/10^{-6}\text{m}^3$$

$$= \frac{\pi \times (0.05\text{m})^2}{4} \times 15\text{m/s} \times 1.4 \times 10^{-3} \times 10^{6}\text{kg/m}^3$$

$$= 41.2\text{kg/s}$$

시간의 단위인 '**초**'는 'sec' 또는 's'로 나타낸다.

답 ③

★ 35
[11.06.문21]
다음 중 멀리 떨어진 화염으로부터 관찰자가 직접 열기를 느꼈다고 할 때 가장 크게 영향을 미친 열전달 원리는? (단, 화염과 관찰자 사이에 공기흐름은 거의 없다고 가정한다.)

① 복사
② 대류
③ 전도
④ 비등

해설 열전달의 **종류**(열의 전달수단)

종류	설명
전도(conduction)	하나의 물체가 다른 물체와 직접 **접촉**하여 열이 이동하는 현상
대류(convection)	**유체**(액체 또는 기체)의 흐름에 의하여 열이 이동하는 현상
복사(radiation)	① 열에너지가 **전자파**의 형태로 옮겨지는 현상으로, **가장 크게** 작용한다. ② 화재시 화원과 **격리**된 **인접 가연물**에 불이 옮겨 붙는 현상 ③ 멀리 떨어진 화염에 열기 전달

답 ①

★ 36
기체를 액체로 변화시킬 때의 조건으로 가장 적합한 것은?

① 온도를 낮추고 압력을 높인다.
② 온도를 높이고 압력을 낮춘다.
③ 온도와 압력을 모두 낮춘다.
④ 온도와 압력을 모두 높인다.

해설 **기체를 액체로 변화시킬 때의 조건**(기체의 용해도)
(1) 온도를 낮추고 압력을 높인다.
(2) **저온, 고압**일수록 용해가 잘 된다.

답 ①

37
15.05.문25
11.06.문32
08.05.문28

그림에서 피스톤 A와 피스톤 B의 단면적이 각각 $6cm^2$, $600cm^2$이고, 피스톤 B의 무게가 90kN이며, 내부에는 비중이 0.75인 기름으로 채워져 있다. 그림과 같은 상태를 유지하기 위한 피스톤 A의 무게는 약 몇 N인가? (단, C와 D는 수평선상에 있다.)

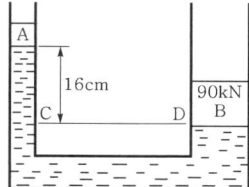

① 756 ② 899
③ 1252 ④ 1504

해설 (1) 기호
- A_1 : $6cm^2 = 0.0006m^2(1cm = 0.01m, 1cm^2 = 0.0001m^2)$
- A_2 : $600cm^2 = 0.06m^2(1cm = 0.01m, 1cm^2 = 0.0001m^2)$
- F_2 : $90kN = 90000N(1kN = 1000N)$
- s : 0.75
- F_1 : ?

(2) **파스칼의 원리**(Principle of Pascal)

$$\frac{F_1}{A_1} = \frac{F_2}{A_2}$$

여기서, F_1, F_2 : 가해진 힘[N]
  A_1, A_2 : 단면적[m^2]

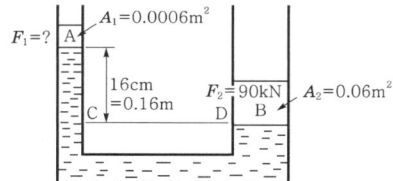

$$\frac{F_1}{A_1} = \frac{F_2}{A_2}$$

$$F_1 = \frac{F_2}{A_2}A_1 = \frac{90000N}{0.06m^2} \times 0.0006m^2 = 900N$$

위치수두가 동일하지 않으므로 **위치수두**에 의해 가해진 힘을 구하면

(3) 비중

$$s = \frac{\gamma}{\gamma_w} = \frac{\rho}{\rho_w}$$

여기서, s : 비중
  γ : 어떤 물질의 비중량[N/m^3]
  γ_w : 물의 비중량(9800N/m^3)

  ρ : 어떤 물질의 밀도[kg/m^3]
  ρ_w : 물의 밀도(1000kg/m^3)

비중량 γ은
$\gamma = s \times \gamma_w = 0.75 \times 9800N/m^3 = 7350N/m^3$

(4) 압력 1

$$P = \gamma h$$

여기서, P : 압력[N/m^2] 또는 [Pa]
  γ : 비중량(물의 비중량 9800N/m^3)
  h : 높이(수두손실)[m]

압력 P는
$P = \gamma h = 7350N/m^3 \times 0.16m = 1176Pa$

- 그림에서 16cm=0.16m(100cm=1m)

(5) 압력 2

$$P = \frac{F}{A}$$

여기서, P : 압력([N/m^2] 또는 [Pa])
  F : 가해진 힘[N]
  A : 단면적[m^2]

가해진 힘 F'는
$F' = P \times A_1$
  $= 1176Pa \times 0.0006m^2$
  $= 1176N/m^2 \times 0.0006m^2$
  $= 0.7056N$

- $1176Pa = 1176N/m^2(1Pa = 1N/m^2)$

A부분의 하중 $= F_1 - F'$
  $= (900 - 0.7056)N ≒ 899N$

답 ②

38
12.03.문39

그림과 같이 높이가 h이고 윗변의 길이가 $\frac{h}{2}$인 직각 삼각형으로 된 평판이 자유표면에 윗변을 두고 물속에 수직으로 놓여 있다. 물의 비중량을 γ라고 하면, 이 평판에 작용하는 힘은?

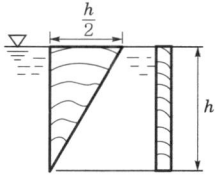

① $\frac{\gamma h^3}{2}$ ② $\frac{\gamma h^3}{6}$
③ $\frac{\gamma h^3}{8}$ ④ $\frac{\gamma h^3}{12}$

해설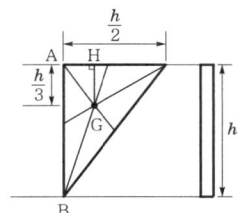

(1) 표면에서 평판 중심까지의 수직거리
무게중심 G 에서 수선의 발을 내리면
$\overline{AB} : \overline{HG} = 3 : 1$
즉, $\overline{HG}$는 높이(h)의 $\frac{1}{3}$이다. 즉 삼각형의 성질
∴ $\overline{HG} = \frac{h}{3}$
이것이 수면에서 무게중심까지의 거리(h')이다.

(2) 평판에 작용하는 힘
$$F_H = \gamma h' A$$
여기서, F_H : 수평분력(수평면에 작용하는 힘)[N]
γ : 비중량(물의 비중량 9.8kN/m³)
h : 표면에서 평판 중심까지의 수직거리[m]
A : 평판의 단면적[m²]

$F = \gamma \cdot h' \cdot A = \gamma \cdot \frac{h}{3} \times \left(\frac{h}{2} \times h \times \frac{1}{2}\right)$

삼각형 단면적이므로 가로×세로에서 $\frac{1}{2}$을 곱해주어야 한다.

∴ $F = \frac{\gamma h^3}{12}$

답 ④

39 ★
06.05.문33

그림과 같이 수직관로를 통하여 물이 위에서 아래로 흐르고 있다. 손실을 무시할 때 상하에 설치된 압력계의 눈금이 동일하게 지시되도록 하려면 아래의 지름 d는 약 몇 mm로 하여야 하는가? (단, 위의 압력계가 있는 곳에서 유속은 3m/s, 안지름은 65mm 이고, 압력계의 설치높이 차이는 5m이다.)

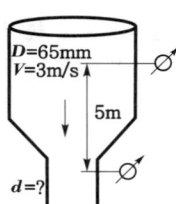

① 30mm ② 35mm
③ 40mm ④ 45mm

해설 (1) 기호
- D : 65mm
- V : 3m/s
- d : ?
- $Z_1 - Z_2$: 5m

(2) 베르누이 방정식
$$\frac{V_1^2}{2g} + \frac{P_1}{\gamma} + Z_1 = \frac{V_2^2}{2g} + \frac{P_2}{\gamma} + Z_2$$

여기서, V_1, V_2 : 유속[m/s]
P_1, P_2 : 압력[kPa 또는 kN/m²]
Z_1, Z_2 : 높이[m]
g : 중력가속도(9.8m/s²)
γ : 비중량[kN/m³]

상하에 설치된 압력계의 눈금이 동일하므로
$$P_1 = P_2$$

$\frac{V_1^2}{2g} + Z_1 = \frac{V_2^2}{2g} + Z_2$

$\frac{V_1^2}{2g} + Z_1 - Z_2 = \frac{V_2^2}{2g}$

$2g\left(\frac{V_1^2}{2g} + Z_1 - Z_2\right) = V_2^2$

$V_2^2 = 2g\left(\frac{V_1^2}{2g} + Z_1 - Z_2\right)$

$V_2 = \sqrt{2g\left(\frac{V_1^2}{2g} + Z_1 - Z_2\right)}$

$= \sqrt{2 \times 9.8\text{m/s}^2 \left(\frac{(3\text{m/s})^2}{2 \times 9.8\text{m/s}^2} + 5\text{m}\right)}$

$= 10.34\text{m/s}$

(3) 유량
$$Q = A_1 V_1 = A_2 V_2$$

여기서, Q : 유량[m³/s]
$A_1 \cdot A_2$: 단면적[m²]
$V_1 \cdot V_2$: 유속[m/s]

$A_1 V_1 = A_2 V_2$

$\left(\frac{\pi D_1^2}{4}\right) V_1 = \left(\frac{\pi D_2^2}{4}\right) V_2$

$\frac{D_1^2 V_1}{V_2} = D_2^2$

$\sqrt{\frac{D_1^2 V_1}{V_2}} = \sqrt{D_2^2}$

$\sqrt{\frac{D_1^2 V_1}{V_2}} = D_2$

$D_2 = \sqrt{\frac{D_1^2 V_1}{V_2}} = \sqrt{\frac{(65\text{mm})^2 \times 3\text{m/s}}{10.34\text{m/s}}} ≒ 35\text{mm}$

답 ②

40 ★★★
15.03.문28
12.05.문33
03.09.문29

배관 내 유체의 흐름속도가 급격히 변화될 때 속도에너지가 압력에너지로 변화되면서 배관 및 관 부속물에 심한 압력파로 때리는 현상을 무엇이라고 하는가?

① 수격현상
② 서징현상
③ 공동현상
④ 무구속현상

해설 **수격현상**(water hammer cashion)
(1) 배관 내를 흐르는 유체의 유속을 급격하게 변화시키므로 **압력**이 **상승** 또는 **하강**하여 관로의 **벽면**을 **치는 현상**
(2) 배관 속의 물 흐름을 급히 차단하였을 때 **동압**이 **정압**으로 전환되면서 일어나는 쇼크(shock) 현상
(3) 관 내의 유동형태가 급격히 변화하여 물의 운동에너지가 **압력파**의 형태로 나타나는 현상
(4) 배관 내 유체의 흐름속도가 급격히 변화될 때 **속도에너지**가 **압력에너지**로 변화되면서 배관 및 관 부속물에 심한 **압력파**로 때리는 현상

비교

공동현상(cavitation)
펌프의 흡입측 배관 내의 물의 정압이 기존의 증기압보다 낮아져서 **기포**가 **발생**되어 물이 **흡입**되지 **않는 현상**

중요

수격작용의 **방지대책**
(1) 관로의 **관경**을 크게 한다.
(2) 관로 내의 유속을 낮게 한다. (관로에서 일부 고압수를 방출한다.)
(3) **조압수조**(surge tank)를 설치하여 적정압력을 유지한다.
(4) **플라이휠**(fly wheel)을 설치한다.
(5) 펌프 송출구 가까이에 밸브를 설치한다.
(6) 펌프 송출구에 **수격**을 **방지**하는 **체크밸브**를 달아 역류를 막는다.
(7) **에어챔버**(air chamber)를 설치한다.
(8) 밸브를 서서히 조작한다.

• 조압수조=써지탱크(서지탱크)

답 ①

제3과목 소방관계법규

41 다음 위험물 중 위험물안전관리법령에서 정하고 있는 지정수량이 가장 적은 것은?
① 브로민산염류
② 황
③ 알칼리토금속
④ 과염소산

해설 **위험물령** 〔별표 1〕
지정수량

위험물	지정수량
• 알칼리**토**금속	50kg
기억법 알토(소프라노, 알토)	
• 황	100kg
• 브로민산염류 • 과염소산	300kg

답 ③

42 화재안전조사를 정당한 사유없이 거부·방해 또는 기피한 자에 대한 벌칙은?
① 100만원 이하의 벌금
② 150만원 이하의 벌금
③ 200만원 이하의 벌금
④ 300만원 이하의 벌금

해설 **300만원 이하의 벌금**
(1) 화재안전조사를 정당한 사유없이 거부·방해·기피(화재예방법 50조) 보기 ④
(2) 위탁받은 업무종사자의 **비밀누설**(소방시설법 59조)
(3) **2** 이상의 업체에 취업한 자(공사업법 37조)

기억법 비3(비상)

비교

소방시설법 61조
300만원 이하의 과태료
(1) 소방시설을 화재안전기준에 따라 설치·관리하지 아니한 자
(2) 피난시설, 방화구획 또는 방화시설의 **폐쇄·훼손·변경** 등의 행위를 한 자
(3) 임시소방시설을 설치·관리하지 아니한 자

답 ④

43 위험물안전관리법령상 인화성 액체위험물(이황화탄소를 제외)의 옥외탱크저장소의 탱크주위에 설치하여야 하는 방유제의 기준 중 틀린 것은?
① 방유제의 유량은 방유제 안에 설치된 탱크가 하나인 때에는 그 탱크용량의 110% 이상으로 할 것
② 방유제의 용량은 방유제 안에 설치된 탱크가 2기 이상인 때에는 그 탱크 중 용량이 최대인 것의 용량의 110% 이상으로 할 것
③ 방유제의 높이 1m 이상 3m 이하, 두께 0.2m 이상, 지하매설깊이 0.5m 이상으로 할 것
④ 방유제 내의 면적은 80000m² 이하로 할 것

해설 ③ 방유제의 높이는 **0.5m** 이상 **3m** 이하

위험물규칙 〔별표 6〕
옥외탱크저장소의 **방유제**
(1) 높이: **0.5m** 이상 3m 이하 보기 ③
(2) 탱크: 10기(모든 탱크용량이 **20만L** 이하, 인화점이 70℃ 이상 200℃ 미만은 **20기**) 이하
(3) 면적: 80000m² 이하
(4) 용량

1기 이상	2기 이상
탱크용량×110% 이상	탱크최대용량×110% 이상

답 ③

44. 소방시설의 설치 및 관리에 관한 법령상 특정소방대상물의 피난시설, 방화구획 또는 방화시설의 폐쇄·훼손·변경 등의 행위를 한 자에 대한 과태료 기준으로 옳은 것은?

① 200만원 이하의 과태료
② 300만원 이하의 과태료
③ 500만원 이하의 과태료
④ 600만원 이하의 과태료

해설 소방시설법 61조
300만원 이하의 과태료
(1) 소방시설을 화재안전기준에 따라 설치·관리하지 아니한 자
(2) 피난시설, 방화구획 또는 방화시설의 **폐쇄·훼손·변경** 등의 행위를 한 자 [보기 ②]
(3) 임시소방시설을 설치·관리하지 아니한 자

비교
(1) **300만원** 이하의 벌금
 ㉠ 화재안전조사를 정당한 사유없이 거부·방해·기피(화재예방법 50조)
 ㉡ 위탁받은 업무종사자의 **비밀누설**(소방시설법 59조)
 ㉢ 방염성능검사 합격표시 위조(소방시설법 59조)
 ㉣ **소**방안전관리자, 총괄소방안전관리자 또는 소방안전관리보조자 **미**선임(화재예방법 50조)
 ㉤ 다른 자에게 자기의 성명이나 상호를 사용하여 소방시설공사 등을 수급 또는 시공하게 하거나 소방시설업의 등록증·등록수첩을 빌려준 자(공사업법 37조)
 ㉥ 감리원 미배치자(공사업법 37조)
 ㉦ 소방기술인정 자격수첩을 빌려준 자(공사업법 37조)
 ㉧ 2 이상의 업체에 취업한 자(공사업법 37조)
 ㉨ 소방시설업자나 관계인 감독시 관계인의 업무를 방해하거나 비밀누설(공사업법 37조)

기억법 비3미소(비상미소)

(2) **200만원** 이하의 과태료
 ㉠ 소방용수시설·소화기구 및 설비 등의 설치명령 위반(화재예방법 52조)
 ㉡ **특수가연물의 저장·취급 기준 위반**(화재예방법 52조)
 ㉢ 한국119청소년단 또는 이와 유사한 명칭을 사용한 자(기본법 56조)
 ㉣ **소방활동구역 출입**(기본법 56조)
 ㉤ 소방자동차의 출동에 지장을 준 자(기본법 56조)
 ㉥ 관계서류 미보관자(공사업법 40조)
 ㉦ 소방기술자 미배치자(공사업법 40조)
 ㉧ 하도급 미통지자(공사업법 40조)

답 ②

45. 소방신호의 종류가 아닌 것은?

① 진화신호
② 발화신호
③ 경계신호
④ 해제신호

해설 기본규칙 10조
소방신호의 종류

소방신호	설 명
경계신호	화재예방상 필요하다고 인정되거나 **화재위험경보**시 발령
발화신호	**화재**가 **발생**한 때 발령
해제신호	소화활동이 필요없다고 인정되는 때 발령
훈련신호	**훈련**상 필요하다고 인정되는 때 발령

중요
기본규칙 [별표 4]
소방신호표

신호방법 종 별	타종 신호	사이렌 신호
경계신호	1타와 연 2타를 반복	5초 간격을 두고 30초씩 3회
발화신호	난타	5초 간격을 두고 5초씩 3회
해제신호	상당한 간격을 두고 1타씩 반복	1분간 1회
훈련신호	연 3타 반복	10초 간격을 두고 1분씩 3회

답 ①

46. 자동화재탐지설비를 설치하여야 하는 특정소방대상물의 기준으로 틀린 것은?

① 지하구
② 터널로서 길이 700m 이상인 것
③ 노유자생활시설
④ 복합건축물로서 연면적 600m² 이상인 것

해설 ② 700m 이상 → 1000m 이상

소방시설법 시행령 [별표 4]
자동화재탐지설비의 설치대상

설치대상	조 건
① 정신의료기관·의료재활시설	• 창살설치 : 바닥면적 300m² 미만 • 기타 : 바닥면적 300m² 이상
② 노유자시설	• 연면적 400m² 이상
③ 근린생활시설·**위**락시설 ④ **의**료시설(정신의료기관, 요양병원 제외) ⑤ **복**합건축물·장례시설	• 연면적 600m² 이상

기억법 근위의복 6

⑥ 목욕장·문화 및 집회시설, 운동시설 ⑦ 종교시설 ⑧ 방송통신시설·관광휴게시설 ⑨ 업무시설·판매시설 ⑩ 항공기 및 자동차 관련시설·공장·창고시설 ⑪ 지하상가·운수시설·발전시설·위험물 저장 및 처리시설 ⑫ 교정 및 군사시설 중 국방·군사시설	• 연면적 1000m² 이상
⑬ **교**육연구시설·**동**식물관련시설 ⑭ **자**원순환 관련시설·**교**정 및 군사시설(국방·군사시설 제외) ⑮ **수**련시설(숙박시설이 있는 것 제외) ⑯ 묘지관련시설	• 연면적 2000m² 이상

기억법 교동자교수 2

⑰ 터널	• 길이 1000m 이상
⑱ 지하구 ⑲ 노유자생활시설 ⑳ 공동주택 ㉑ 숙박시설 ㉒ **6층** 이상인 건축물 ㉓ 조산원 및 산후조리원 ㉔ 전통시장 ㉕ 요양병원(정신병원, 의료재활시설 제외)	• 전부
㉖ 특수가연물 저장·취급	• 지정수량 500배 이상
㉗ 수련시설(숙박시설이 있는 것)	• 수용인원 100명 이상
㉘ 발전시설	• 전기저장시설

답 ②

47 소방기본법령상 소방용수시설별 설치기준 중 틀린 것은?

17.09.문42
17.09.문47
14.05.문42
11.03.문59

① 급수탑 개폐밸브는 지상에서 1.5m 이상 1.7m 이하의 위치에 설치하도록 할 것
② 소화전은 상수도와 연결하여 지하식 또는 지상식의 구조로 하고, 소방용 호스와 연결하는 소화전의 연결금속구의 구경은 100mm로 할 것
③ 저수조 흡수관의 투입구가 사각형의 경우에는 한 변의 길이가 60cm 이상, 원형의 경우에는 지름이 60cm 이상일 것
④ 저수조는 지면으로부터의 낙차가 4.5m 이하일 것

해설 기본규칙 〔별표 3〕
소방용수시설별 설치기준

구 분	소화전	급수탑
구경	65mm	100mm
개폐밸브 높이	–	지상 1.5~1.7m 이하

중요
소방용수시설의 설치기준(기본규칙 〔별표 3〕)

거리기준	지 역
100m 이하	• **주**거지역 • **공**업지역 • **상**업지역
140m 이하	• 기타지역

기억법 주공 100상(**주공**아파트에 **백상**어가 그려져 있다.)

답 ②

48 대통령령이 정하는 특정소방대상물에는 관계인이 소방안전관리자를 선임하지 않은 경우의 벌금 규정은?

17.03.문46
16.10.문52
14.05.문43
13.06.문43

① 100만원 이하
② 200만원 이하
③ 300만원 이하
④ 1천만원 이하

해설 **300만원** 이하의 벌금
(1) 화재안전조사를 정당한 사유없이 거부·방해·기피(화재예방법 50조)
(2) 위탁받은 업무종사자의 **비밀누설**(소방시설법 59조)
(3) 방염성능검사 합격표시 위조(소방시설법 59조)
(4) **소**방안전관리자, 총괄소방안전관리자 또는 소방안전관리보조자 **미**선임(화재예방법 50조)
(5) 다른 자에게 자기의 성명이나 상호를 사용하여 소방시설공사 등을 수급 또는 시공하게 하거나 소방시설업의 등록증·등록수첩을 빌려준 자(공사업법 37조)
(6) 감리원 미배치자(공사업법 37조)
(7) 소방기술인정 자격수첩을 빌려준 자(공사업법 37조)
(8) 2 이상의 업체에 취업한 자(공사업법 37조)
(9) 소방시설업자나 관계인 감독시 관계인의 업무를 방해하거나 비밀누설(공사업법 37조)

기억법 비3미소(**비상미소**)

답 ③

49 소방기본법상 소방활동구역의 설정권자로 옳은 것은?

14.03.문50

① 소방본부장
② 소방서장
③ 소방대장
④ 시·도지사

해설 기본법 23
소방활동구역의 설정
(1) 설정권자 : 소방대장
(2) 설정구역 ┬ 화재현장
└ 재난·재해 등의 위급한 상황이 발생한 현장

> **비교**
> 화재예방강화지구의 지정 : 시·도지사

답 ③

50 ★★★
건축허가 등을 함에 있어서 미리 소방본부장 또는 소방서장의 동의를 받아야 하는 건축물 등의 범위로 차고·주차장으로 사용되는 층 중 바닥면적이 몇 제곱미터 이상인 층이 있는 시설에 시설하여야 하는가?

15.09.문45
15.03.문49
13.06.문41
13.03.문45

① 50
② 100
③ 200
④ 400

해설 소방시설법 시행령 7조
건축허가 등의 동의대상물
(1) 연면적 400m²(학교시설 : 100m², 수련시설·노유자시설 : 200m², 정신의료기관·장애인의료재활시설 : 300m²) 이상
(2) 6층 이상인 건축물
(3) 차고·주차장으로서 바닥면적 200m² 이상(자동차 20대 이상)
(4) 항공기격납고, 관망탑, 항공관제탑, 방송용 송수신탑
(5) 지하층 또는 무창층의 바닥면적 150m²(공연장은 100m²) 이상
(6) 위험물저장 및 처리시설, 지하구
(7) 전기저장시설, 풍력발전소
(8) 공동주택, 숙박시설
(9) 조산원, 산후조리원, 의원(입원실 또는 인공신장실이 있는 것)
(10) 결핵환자나 한센인이 24시간 생활하는 노유자시설
(11) 노인주거복지시설·노인의료복지시설 및 재가노인복지시설, 학대피해노인 전용쉼터, 아동복지시설, 장애인거주시설
(12) 정신질환자 관련시설(공동생활가정을 제외한 재활훈련시설과 종합시설 중 24시간 주거를 제공하지 않는 시설 제외)
(13) 노숙인자활시설, 노숙인재활시설 및 노숙인 요양시설
(14) 요양병원(의료재활시설 제외)
(15) 공장 또는 창고시설로서 지정수량의 750배 이상의 특수가연물을 저장·취급하는 것
(16) 가스시설로서 지상에 노출된 탱크의 저장용량의 합계가 100t 이상인 것

답 ③

51 ★★★
위험물안전관리법상 제1류 위험물의 성질은?

15.05.문43
14.09.문04
14.03.문16
13.09.문07
10.09.문49

① 산화성 액체
② 가연성 고체
③ 금수성 물질
④ 산화성 고체

해설 위험물(위험물령 [별표 1])

유별	성질	품명
제**1**류	**산**화성 **고**체	• 아염소산염류(아염소산나트륨) • 염소산염류 • 과염소산염류 • 질산염류(질산칼륨) • 무기과산화물(과산화바륨) **기억법** 1산고(일산GO)
제**2**류	가연성 고체	• **황화**인 • **적**린 • **황** • **마**그네슘 **기억법** 2황화적황마
제**3**류	자연발화성 물질 및 금수성 물질	• **황**린 • **칼**륨 • **나**트륨 • **트**리에틸**알**루미늄 **기억법** 황칼나트알
제**4**류	인화성 액체	• 특수인화물 • 석유류(벤젠) • 알코올류 • 동식물유류
제**5**류	자기반응성 물질	• 질산에스터류(셀룰로이드) • 유기과산화물 • 나이트로화합물 • 나이트로소화합물 • 아조화합물 • 나이트로글리세린
제**6**류	**산**화성 **액**체	• 과**염**소산 • 과**산**화수소 • **질산** **기억법** 산액과염산질산

답 ④

52 ★★
소방시설공사업법상 소방시설업자가 등록을 한 후 정당한 사유없이 1년이 지날 때까지 영업을 개시하지 아니하거나 계속하여 1년 이상 휴업한 때는 몇 개월 이내의 영업정지를 당할 수 있나?

08.09.문51
07.09.문47

① 1개월 이내
② 2개월 이내
③ 3개월 이내
④ 6개월 이내

해설 공사업법 9조
소방시설업 등록의 취소와 6개월 이내 영업정지
(1) **등록의 취소** 또는 **6개월 이내 영업정지**
   ㉠ 등록기준에 미달하게 된 후 30일 경과
   ㉡ 등록의 결격사유에 해당하는 경우
   ㉢ **거짓**, 그 밖의 **부정한 방법**으로 등록을 한 경우
   ㉣ 계속하여 **1년** 이상 휴업한 때
   ㉤ 등록을 한 후 정당한 사유없이 **1년**이 지날 경우
   ㉥ 등록증 또는 등록수첩을 빌려준 경우

(2) 등록 취소
 ㉠ 거짓, 그 밖의 **부정한 방법**으로 등록을 한 경우
 ㉡ 등록 **결격사유**에 해당된 경우
 ㉢ 영업정지기간 중에 소방시설공사 등을 한 경우

답 ④

53 소방시설 설치 및 관리에 관한 법령상 특정소방대상물의 관계인이 특정소방대상물의 규모·용도 및 수용인원 등을 고려하여 갖추어야 하는 소방시설의 종류 기준 중 ㉠, ㉡에 알맞은 것은?

18.04.문49

> 화재안전기준에 따라 소화기구를 설치하여야 하는 특정소방대상물은 연면적 (㉠)m² 이상인 것. 다만, 노유자시설의 경우에는 투척용 소화용구 등을 화재안전기준에 따라 산정된 소화기수량의 (㉡) 이상으로 설치할 수 있다.

① ㉠ 33, ㉡ $\frac{1}{2}$

② ㉠ 33, ㉡ $\frac{1}{3}$

③ ㉠ 50, ㉡ $\frac{1}{2}$

④ ㉠ 50, ㉡ $\frac{1}{3}$

해설 소방시설법 시행령 〔별표 4〕
소화설비의 설치대상

종류	설치대상
소화기구	① 연면적 **33m²** 이상(단, **노유자시설**은 **투척용 소화용구** 등을 산정된 소화기수량의 $\frac{1}{2}$ 이상으로 설치 가능) ② 국가유산 ③ 가스시설, 전기저장시설 ④ 터널 ⑤ 지하구
주거용 주방자동소화장치	① 아파트 등(모든 층) ② **오피스텔**(모든 층)

답 ①

54 자체소방대를 설치하여야 하는 제조소 등으로 옳은 것은?

15.09.문57
13.06.문53
11.10.문49

① 지정수량 3000배의 아세톤을 취급하는 일반취급소

② 지정수량 3500배의 칼륨을 취급하는 제조소

③ 지정수량 4000배의 등유를 이동저장탱크에 주입하는 일반취급소

④ 지정수량 4500배의 기계유를 유압장치로 취급하는 일반취급소

해설
① 아세톤: 제4류 위험물
② 칼륨: 제3류 위험물
③ 등유: 제4류 위험물
④ 기계유: 제4류 위험물

위험물령 18조
자체소방대를 설치하여야 하는 사업소
(1) 제4류 위험물을 취급하는 제조소 또는 일반취급소(단, 보일러로 위험물을 소비하는 일반취급소 등 행정안전부령으로 정하는 일반취급소는 제외)
(2) 제4류 위험물을 저장하는 옥외탱크저장소
(3) 대통령령이 정하는 수량 이상
 ㉠ 위 (1)에 해당하는 경우: 제조소 또는 일반취급소에서 취급하는 제4류 위험물의 최대수량의 합이 지정수량의 3천배 이상
 ㉡ 위 (2)에 해당하는 경우: 옥외탱크저장소에 저장하는 제4류 위험물의 최대수량이 지정수량의 50만배 이상

답 ①

55 화재의 예방 및 안전관리에 관한 법령상 소방안전관리대상물의 소방계획서에 포함되어야 하는 사항이 아닌 것은?

① 예방규정을 정하는 제조소 등의 위험물 저장·취급에 관한 사항

② 소방시설·피난시설 및 방화시설의 점검·정비계획

③ 특정소방대상물의 근무자 및 거주자의 자위소방대 조직과 대원의 임무에 관한 사항

④ 방화구획, 제연구획, 건축물의 내부 마감재료(불연재료·준불연재료 또는 난연재료로 사용된 것) 및 방염대상물품의 사용현황과 그 밖의 방화구조 및 설비의 유지·관리계획

해설 **화재예방법 시행령 27조**
소방안전관리대상물의 소방계획서 작성
(1) 소방안전관리대상물의 위치·구조·연면적·용도 및 수용인원 등의 **일반현황**
(2) 화재예방을 위한 **자체점검계획** 및 **대응대책**
(3) 특정소방대상물의 **근무자** 및 거주자의 **자위소방대** 조직과 대원의 임무에 관한 사항
(4) **소방시설**·피난시설 및 **방화시설**의 점검·정비계획
(5) 방화구획, 제연구획, 건축물의 **내부 마감재료(불연재료**·**준불연재료** 또는 **난연재료**로 사용된 것) 및 **방염대상물품**의 사용현황과 그 밖의 방화구조 및 설비의 유지·관리계획

답 ①

56

화재의 예방 및 안전관리에 관한 법령상 특수가연물의 저장기준 중 ㉠, ㉡, ㉢에 알맞은 것은? (단, 석탄·목탄류를 발전용으로 저장하는 경우는 제외한다.)

쌓는 높이는 10m 이하가 되도록 하고, 쌓는 부분의 바닥면적은 (㉠)m² 이하가 되도록 할 것. 다만, 살수설비를 설치하거나, 방사능력 범위에 해당 특수가연물이 포함되도록 대형 수동식 소화기를 설치하는 경우에는 쌓는 높이를 (㉡)m 이하, 쌓는 부분의 바닥면적을 (㉢)m² 이하로 할 수 있다.

① ㉠ 200, ㉡ 20, ㉢ 400
② ㉠ 200, ㉡ 15, ㉢ 300
③ ㉠ 50, ㉡ 20, ㉢ 100
④ ㉠ 50, ㉡ 15, ㉢ 200

해설 화재예방법 시행령 [별표 3]
특수가연물의 저장 및 취급의 기준
(1) 특수가연물을 저장 또는 취급하는 장소에는 품명, 최대저장수량, 단위부피당 질량 또는 단위체적당 질량, 관리책임자 성명·직책·연락처 및 화기취급의 금지표지가 포함된 특수가연물 표지를 설치할 것
(2) 쌓아 저장하는 기준(단, 석탄·목탄류를 발전용으로 저장하는 것 제외)
 ㉠ 품명별로 구분하여 쌓을 것
 ㉡ 쌓는 높이는 10m 이하가 되도록 하고, 쌓는 부분의 바닥면적은 50m²(석탄·목탄류는 200m²) 이하가 되도록 할 것(단, 살수설비를 설치하거나, 방사능력 범위에 해당 특수가연물이 포함되도록 대형 수동식 소화기를 설치하는 경우에는 쌓는 높이는 15m 이하, 쌓는 부분의 바닥면적은 200m²(석탄·목탄류는 300m²) 이하로 할 수 있다)
 ㉢ 쌓는 부분 바닥면적의 사이는 실내의 경우 1.2m 또는 쌓는 높이의 $\frac{1}{2}$ 중 **큰 값** 이상으로 간격을 두어야 하며, **실외**의 경우 3m 또는 쌓는 높이 중 큰 값 이상으로 간격을 둘 것

답 ④

57

소방시설 설치 및 관리에 관한 법령상 시·도지사가 소방시설 등의 자체점검을 하지 아니한 관리업자에게 영업정지를 명할 수 있으나, 이로 인해 국민에게 심한 불편을 줄 때에는 영업정지 처분을 갈음하여 과징금 처분을 한다. 과징금의 기준은?

① 1000만원 이하
② 2000만원 이하
③ 3000만원 이하
④ 5000만원 이하

해설 소방시설법 36조, 위험물법 13조, 공사업법 10조
과징금

3000만원 이하	2억원 이하
• **소방시설관리업** 영업정지처분 갈음	• 제조소 사용정지처분 갈음 • 소방시설업 영업정지처분 갈음

중요
소방시설업
(1) 소방시설설계업
(2) 소방시설공사업
(3) 소방공사감리업
(4) 방염처리업

답 ③

58

화재안전조사 결과에 따른 조치명령으로 인하여 손실을 입은 자에 대한 손실보상에 관한 설명으로 틀린 것은?

① 손실보상에 관하여는 소방청장, 시·도지사와 손실을 입은 자가 협의하여야 한다.
② 보상금액에 관한 협의가 성립되지 아니한 경우에는 소방청장 또는 시·도지사는 그 보상금액을 지급하거나 공탁하고 이를 상대방에게 알려야 한다.
③ 소방청장 또는 시·도지사가 손실을 보상하는 경우에는 공시지가로 보상하여야 한다.
④ 보상금의 지급 또는 공탁의 통지에 불복이 있는 자는 지급 또는 공탁의 통지를 받은 날부터 30일 이내에 관할토지수용위원회에 재결을 신청할 수 있다.

해설 ③ 소방청장 또는 시·도지사가 손실을 보상하는 경우에는 **시가**로 보상하여야 한다.

화재예방법 시행령 14조
(1) 손실보상권자 : **소방청장** 또는 **시·도지사**
(2) 손실보상방법 : **시가 보상**

답 ③

59

소방시설 설치 및 관리에 관한 법령상 소방시설 등에 대한 자체점검 중 종합점검 대상기준으로 틀린 것은?

① 제연설비가 설치된 터널
② 노래연습장으로서 연면적이 2000m² 이상인 것
③ 물분무등소화설비가 설치된 아파트로서 연면적 3000m²이고 11층 이상인 것
④ 소방대가 근무하지 않는 국공립학교 중 연면적이 1000m² 이상인 것으로서 자동화재탐지설비가 설치된 것

해설 ② 노래연습장은 다중이용업소이므로 연면적 2000m² 이상이 맞음
③ 3000m²이고 11층 이상인 것 → 5000m² 이상인 것

소방시설법 시행규칙 〔별표 3〕
소방시설 등 자체점검의 점검대상, 점검자의 자격, 점검횟수 및 시기

점검구분	정의	점검대상	점검자의 자격(주된 인력)	점검횟수 및 점검시기
작동점검	소방시설 등을 인위적으로 조작하여 정상적으로 작동하는지를 점검하는 것	① 간이스프링클러설비·자동화재탐지설비	• 관계인 • 소방안전관리자로 선임된 소방시설관리사 또는 소방기술사 • 소방시설관리업에 등록된 기술인력 중 소방시설관리사 또는 「소방시설공사업법 시행규칙」에 따른 특급 점검자	• 작동점검은 **연 1회** 이상 실시하며, 종합점검대상은 종합점검(최초점검 제외)을 받은 달부터 **6개월**이 되는 달에 실시 • 종합점검대상 외의 특정소방대상물은 사용승인일이 속하는 달의 말일까지 실시
		② ①에 해당하지 아니하는 특정소방대상물	• 소방시설관리업에 등록된 기술인력 중 소방시설관리사 • 소방안전관리자로 선임된 소방시설관리사 또는 소방기술사	
		③ 작동점검 제외대상 • 특정소방대상물 중 소방안전관리자를 선임하지 않는 대상 • 위험물제조소 등 • 특급 소방안전관리대상물		
종합점검	소방시설 등의 작동점검을 포함하여 소방시설 등의 설비별 주요 구성부품의 구조기준이 화재안전기준과 「건축법」 등 관련 법령에서 정하는 기준에 적합한지 여부를 점검하는 것 (1) 최초점검 : 특정소방대상물의 소방시설이 신설된 경우 건축물을 사용할 수 있게 된 날부터 60일 이내에 점검하는 것 (2) 그 밖의 종합점검 : 최초점검을 제외한 종합점검	④ 소방시설 등이 신설된 경우에 해당하는 특정소방대상물 ⑤ **스프링클러설비**가 설치된 특정소방대상물 ⑥ **물분무등소화설비**(호스릴 방식의 물분무등소화설비만을 설치한 경우는 제외)가 설치된 연면적 **5000m²** 이상인 특정소방대상물(위험물제조소 등 제외) ⑦ 다중이용업의 영업장이 설치된 특정소방대상물로서 연면적이 **2000m²** 이상인 것 ⑧ **제연설비**가 설치된 터널 ⑨ 공공기관 중 연면적(터널·지하구의 경우 그 길이와 평균폭을 곱하여 계산된 값)이 **1000m²** 이상인 것으로서 옥내소화전설비 또는 자동화재탐지설비가 설치된 것(단, 소방대가 근무하는 공공기관 제외) **중요** **종합점검** ① 공공기관 : 1000m² ② 다중이용업 : 2000m² ③ 물분무등(호스릴 ×) : 5000m²	• 소방시설관리업에 등록된 기술인력 중 **소방시설관리사** • 소방안전관리자로 선임된 **소방시설관리사** 또는 **소방기술사**	〈점검횟수〉 ㉠ 연 1회 이상(특급 소방안전관리대상물은 반기에 1회 이상) 실시 ㉡ ㉠에도 불구하고 소방본부장 또는 소방서장은 소방청장이 소방안전관리가 우수하다고 인정한 특정소방대상물에 대해서는 3년의 범위에서 소방청장이 고시하거나 정한 기간 동안 종합점검을 면제할 수 있다(단, 면제기간 중 화재가 발생한 경우는 제외). 〈점검시기〉 ㉠ ④에 해당하는 특정소방대상물은 건축물을 사용할 수 있게 된 날부터 60일 이내 실시 ㉡ ㉠을 제외한 특정소방대상물은 건축물의 사용승인일이 속하는 달에 실시(단, 학교의 경우 해당 건축물의 사용승인일이 1월에서 6월 사이에 있는 경우에는 6월 30일까지 실시할 수 있다.) ㉢ 건축물 사용승인일 이후 ⑦에 따라 종합점검대상에 해당하게 된 경우에는 그 다음 해부터 실시 ㉣ 하나의 대지경계선 안에 2개 이상의 자체점검대상 건축물 등이 있는 경우 그 건축물 중 사용승인일이 가장 빠른 연도의 건축물의 사용승인일을 기준으로 점검할 수 있다.

답 ③

19. 03. 시행 / 산업(기계)

60 소방활동구역의 출입자로서 대통령령이 정하는 자에 속하지 않는 사람은?
11.10.문57
① 의사·간호사 그 밖의 구조·구급업무에 종사하는 자
② 소방활동구역 밖에 있는 소방대상물의 소유자·관리자 또는 점유자
③ 취재인력 등 보도업무에 종사하는 자
④ 수사업무에 종사하는 자

해설
② 소방활동구역 안에 있는 소방대상물의 소유자·관리자 또는 점유자

기본령 8조
소방활동구역 출입자
(1) 소방활동구역 안에 있는 **소유자·관리자** 또는 **점유자**
(2) **전기·가스·수도·통신·교통**의 업무에 종사하는 자로서 원활한 소방활동을 위하여 필요한 자
(3) **의사·간호사** 그 밖의 **구조·구급업무**에 종사하는 자
(4) **취재인력** 등 보도업무에 종사하는 자
(5) **수사업무**에 종사하는 자
(6) **소방대장**이 소방활동을 위하여 **출입**을 **허가**한 **자**

※ **소방활동구역**: 화재, 재난·재해 그 밖의 위급한 상황이 발생한 현장에 정하는 구역

답 ②

제 4 과목　소방기계시설의 구조 및 원리

61 스프링클러설비에서 건식 설비와 비교한 습식 설비의 특징에 관한 설명으로 옳지 않은 것은?
① 구조가 상대적으로 간단하고 설비비가 적게 든다.
② 동결의 우려가 있는 곳에는 사용하기가 적절하지 않다.
③ 헤드 개방시 즉시 방수된다.
④ 오동작이 발생할 때 물에 의해 야기되는 피해가 적다.

해설
④ 적다 → 많을 수 있다.

건식 설비 vs 습식 설비

습식	건식
① 습식 밸브의 1·2차측 배관 내에 가압수가 상시 충수되어 있다.	① 건식 밸브의 1차측에는 가압, 2차측에는 압축공기 또는 질소로 충전되어 있다.
② **구조**가 **간단**하다. 보기 ①	② **구조**가 **복잡**하다.
③ 설치비(설비비)가 적게 든다. 보기 ①	③ 설치비(설비비)가 많이 든다.
④ **보온**이 **필요**하다. (동결 우려가 있는 곳은 사용하기 부적절) 보기 ②	④ **보온**이 **불필요**하다.
	⑤ 소화활동시간이 **느리다**.

⑤ 소화활동시간이 **빠르다**.
⑥ 헤드 개방시 즉시 방수된다. 보기 ③
⑦ 오동작이 발생할 때 물에 의해 야기되는 **피해**가 많을 수 있다. 보기 ④

답 ④

62 지상 5층인 사무실 용도의 소방대상물에 연결송수관설비를 설치할 경우 최소로 설치할 수 있는 방수구의 총수는? (단, 방수구는 각 층별 1개의 설치로 충분하고, 소방차 접근이 가능한 피난층은 1개층(1층)이다.)
13.03.문68
12.09.문61
① 2개　　② 3개
③ 4개　　④ 5개

해설
연결송수관설비의 **방수구** (NFTC 502 2.3.1.1)

설치장소	설치제외
층마다 설치	• 아파트 1층 • 아파트 2층 • 피난층

연결송수관설비 방수구수＝층수－피난층(1개층)
　　　　＝5(지상 5층)－1(1개층)
　　　　＝4개

답 ③

63 다음 중 완강기의 주요 구성요소가 아닌 것은?
18.04.문66
15.09.문67
14.05.문64
13.06.문79
08.05.문79
① 앵커볼트
② 속도조절기
③ 연결금속구
④ 로프

해설
완강기의 **구성** (완강기의 형식승인 및 제품검사의 기술기준 3조)
(1) 속도조절기　보기 ②
(2) 로프　보기 ④
(3) 벨트
(4) 속도조절기의 연결부
(5) 연결금속구　보기 ③

기억법　조로벨후

중요

속도조절기의 커버 피복 이유
기능에 이상을 생기게 하는 **모**래 따위의 잡물이 들어가는 것을 방지하기 위하여

기억법　모조(모조품)

답 ①

64 상수도소화용수설비에서 소화전의 호칭지름 100mm 이상을 연결할 수 있는 상수도 배관의 호칭지름은 몇 mm 이상이어야 하는가?
15.05.문65
15.03.문72
13.09.문73
10.05.문62
① 50　　② 75
③ 80　　④ 100

해설 상수도 소화용수설비의 기준(NFPC 401 4조, NFTC 401 2.1.1)
(1) 호칭지름

수도배관(상수도 배관)	소화전(상수도 소화전)
75mm 이상	100mm 이상

(2) 소화전은 소방자동차 등의 진입이 쉬운 **도로변** 또는 공지에 설치
(3) 소화전은 특정소방대상물의 수평투영면의 각 부분으로부터 **140m** 이하에 설치
(4) 지상식 소화전의 호스접결구는 지면으로부터 높이가 0.5m 이상 1m 이하가 되도록 설치

답 ②

65 ★★★
18.09.문73
17.05.문78
16.10.문79

인명구조기구를 설치하여야 하는 특정소방대상물 중 공기호흡기만을 설치 가능한 대상물에 포함되지 <u>않는</u> 것은?

① 수용인원 100명 이상인 영화상영관
② 운수시설 중 지하역사
③ 판매시설 중 대규모점포
④ 호스릴 이산화탄소소화설비를 설치하여야 하는 특정소방대상물

해설 인명구조기구 설치장소(NFTC 302 2.1.1.1)

특정소방대상물	인명구조기구의 종류	설치수량
• **7층** 이상인 관광호텔(지하층 포함) • **5층** 이상인 병원(지하층 포함)	• 방열복 • 방화복(안전모, 보호장갑, 안전화 포함) • 공기호흡기 • 인공소생기	• 각 2개 이상 비치할 것 (단, **병원**의 경우 **인공소생기** 설치 **제외**)
• 수용인원 **100명** 이상의 영화상영관 보기① • 대규모 점포 보기③ • 운수시설 중 지하역사 보기② • 지하가 중 **지하상가**	• 공기호흡기	• 층마다 2개 이상 비치할 것(단, 각 층마다 갖추어 두어야 할 공기호흡기 중 일부를 **직원**이 **상주**하는 인근 **사무실**에 비치 가능)
• 이산화탄소소화설비(호스릴 이산화탄소소화설비 제외) 설치대상물	• 공기호흡기	• 이산화탄소소화설비가 설치된 장소의 출입구 외부 인근에 **1대** 이상 비치

답 ④

66 ★★
14.05.문75
13.03.문75

소화능력단위에 의한 분류에서 소형 소화기를 올바르게 설명한 것은?

① 능력단위가 1단위 이상이면서 대형 소화기의 능력단위 미만인 소화기이다.
② 능력단위가 3단위 이상이면서 대형 소화기의 능력단위 미만인 소화기이다.
③ 능력단위가 5단위 이상이면서 대형 소화기의 능력단위 미만인 소화기이다.
④ 능력단위가 10단위 이상이면서 대형 소화기의 능력단위 미만인 소화기이다.

해설 소형 소화기 vs 대형 소화기(NFPC 101 3조, NFTC 101 1.7)

소형 소화기	대형 소화기
능력단위가 1단위 이상이고 대형 소화기의 능력단위 미만인 소화기 보기①	화재시 사람이 운반할 수 있도록 운반대와 바퀴가 설치되어 있고 능력단위가 A급 10단위 이상, B급 20단위 이상인 소화기

중요

소화능력단위에 의한 분류(소화기의 형식승인 및 제품검사의 기술기준 4조)

소화기 분류		능력단위
소형 소화기		1단위 이상
대형 소화기	A급	10단위 이상
	B급	20단위 이상

기억법 대2B(데이빗!)

답 ①

67 ★★
13.06.문65
08.09.문69

이산화탄소소화약제 저장용기에 대한 설명으로 옳지 <u>않은</u> 것은?

① 온도가 40℃ 이하인 장소에 설치할 것
② 방화문으로 구획된 실에 설치할 것
③ 고압식 저장용기의 충전비는 1.3 이상 1.7 이하로 할 것
④ 저압식 저장용기에는 2.3MPa 이상 1.9MPa 이하에서 작동하는 압력경보장치를 설치할 것

해설 ③ 1.3 이상 1.7 이하 → 1.5 이상 1.9 이하

이산화탄소소화약제 저장용기 설치기준(NFPC 106 4조, NFTC 106 2.1)

이산화탄소소화설비 충전비

구분	저장용기
고압식	1.5~1.9 이하 보기③
저압식	1.1~1.4 이하

(1) **온도**가 **40℃** 이하인 장소 보기①
(2) **방호구역 외**의 장소에 설치할 것
(3) 직사광선 및 빗물이 침투할 우려가 없는 곳
(4) 온도의 변화가 작은 곳에 설치
(5) **방화문**으로 구획된 실에 설치할 것 보기②
(6) 방호구역 내에 설치할 경우에는 피난 및 조작이 용이하도록 **피난구 부근**에 설치
(7) 용기의 설치장소에는 해당 용기가 설치된 곳임을 표시하는 표지할 것
(8) 용기 간의 간격은 점검에 지장이 없도록 **3cm 이상**의 간격 유지
(9) 저장용기와 집합관을 연결하는 연결배관에는 **체크밸브** 설치
(10) 저압식 저장용기에는 **2.3MPa** 이상 **1.9MPa** 이하에서 작동하는 **압력경보장치**를 설치할 것 보기④

기억법 이온4(이혼사유)

답 ③

68. 노유자시설 1층에 적응성을 가진 피난기구가 아닌 것은?

① 미끄럼대 ② 다수인 피난장비
③ 피난교   ④ 피난용 트랩

해설 피난기구의 **적응성** (NFTC 301 2.1.1)

설치장소별 구분 \ 층별	1층	2층	3층	4층 이상 10층 이하
노유자시설	•미끄럼대 [보기 ①] •구조대 •피난교 •다수인 피난장비 [보기 ③] •승강식 피난기 [보기 ②]	•미끄럼대 •구조대 •피난교 •다수인 피난장비 •승강식 피난기	•미끄럼대 •구조대 •피난교 •다수인 피난장비 •승강식 피난기	•구조대¹⁾ •피난교 •다수인 피난장비 •승강식 피난기
의료시설·입원실이 있는 의원·접골원·조산원	–	–	•미끄럼대 •구조대 •피난교 •피난용 트랩 •다수인 피난장비 •승강식 피난기	•구조대 •피난교 •피난용 트랩 •다수인 피난장비 •승강식 피난기
영업장의 위치가 4층 이하인 다중이용업소	–	•미끄럼대 •피난사다리 •구조대 •완강기 •다수인 피난장비 •승강식 피난기	•미끄럼대 •피난사다리 •구조대 •완강기 •다수인 피난장비 •승강식 피난기	•미끄럼대 •피난사다리 •구조대 •완강기 •다수인 피난장비 •승강식 피난기
그 밖의 것	–	–	•미끄럼대 •피난사다리 •구조대 •완강기 •피난교 •피난용 트랩 •간이완강기 •공기안전매트 •다수인 피난장비 •승강식 피난기	•피난사다리 •구조대 •완강기 •피난교 •간이완강기 •공기안전매트 •다수인 피난장비 •승강식 피난기

[비고] 1) **구조대**의 적응성은 **장애인관련시설**로서 주된 사용자 중 **스스로 피난**이 **불가**한 자가 있는 경우 추가로 설치하는 경우에 한한다.
2) 간이완강기의 적응성은 **숙박시설**의 **3층 이상**에 있는 객실에, **공기안전매트**의 적응성은 **공동주택**에 추가로 설치하는 경우에 한한다.

중요
의무관리대상 공동주택 (NFPC 608 13조, NFTC 608 2.9.1.3)
공동주택 구역마다 공기안전매트 1개 이상 추가 설치

비교
피난기구 적응성		
간이완강기	공기안전매트	구조대
숙박시설의 3층 이상에 있는 객실	공동주택	장애인관련시설

답 ④

69. 이산화탄소소화설비 중 호스릴방식으로 설치되는 호스접결구는 방호대상물의 각 부분으로부터 수평거리 몇 m 이하이어야 하는가?

① 15m 이하 ② 20m 이하
③ 25m 이하 ④ 40m 이하

해설 (1) 보행거리

구분	적용
20m 이내	•소형 소화기
30m 이내	•대형 소화기

(2) 수평거리

구분	적용
10m 이내	•예상제연구역
15m 이하 [보기 ①]	•분말(호스릴) •포(호스릴) •이산화탄소(호스릴)
20m 이하	•할론(호스릴)
25m 이하	•음향장치 •옥내소화전 방수구 •옥내소화전(호스릴) •포소화전 방수구 •연결송수관 방수구(지하가) •연결송수관 방수구(지하층 바닥면적 3000m² 이상)
40m 이하	•옥외소화전 방수구
50m 이하	•연결송수관 방수구(사무실)

용어
수평거리와 보행거리	
수평거리	보행거리
직선거리를 말하며, 반경을 의미하기도 한다.	걸어서 간 거리이다.

답 ①

70. 포소화설비에서 고정지붕구조 또는 부상덮개부착 고정지붕구조의 탱크에 사용하는 포방출구 형식으로 방출된 포가 탱크 옆판의 내면을 따라 흘러내려 가면서 액면 아래로 몰입되거나 액면을 뒤섞지 않고 액면상을 덮을 수 있는 반사판 및 탱크 내의 위험물증기가 외부로 역류되는 것을 저지할 수 있는 구조·기구를 갖는 포방출구는?

① Ⅰ형 방출구 ② Ⅱ형 방출구
③ Ⅲ형 방출구 ④ 특형 방출구

해설 Ⅰ형 방출구 vs Ⅱ형 방출구

Ⅰ형 방출구	Ⅱ형 방출구
고정지붕구조의 탱크에 상부 포주입법을 이용하는 것으로서 방출된 포가 액면 아래로 몰입되거나 액면을 뒤섞지 않고 액면상을 덮을 수 있는 통계단 또는 미끄럼판 등의 설비 및 탱크 내의 위험물증기가 외부로 역류되는 것을 저지할 수 있는 구조·기구를 갖는 포방출구	**고정지붕구조** 또는 **부상덮개부착 고정지붕구조**의 탱크에 상부포주입법을 이용하는 것으로서 방출된 포가 탱크 옆판의 내면을 따라 흘러내려 가면서 액면 아래로 몰입되거나 액면을 뒤섞지 않고 액면상을 덮을 수 있는 반사판 및 탱크 내의 위험물증기가 외부로 역류되는 것을 저지할 수 있는 구조·기구를 갖는 포방출구

중요
고정포방출구의 포방출구(위험물기준 133조)

탱크의 구조	포방출구
고정지붕구조	• Ⅰ형 방출구 • Ⅱ형 방출구 • Ⅲ형 방출구 • Ⅳ형 방출구
고정지붕구조 또는 부상덮개부착 고정지붕구조	• Ⅱ형 방출구
부상지붕구조	• 특형 방출구

답 ②

71 습식 스프링클러설비 및 부압식 스프링클러설비 외의 스프링클러설비에는 특정한 제외조건 이외에는 상향식 스프링클러헤드를 설치해야 하는데, 다음 중 특정한 제외조건에 해당하지 않는 경우는?
① 스프링클러헤드의 설치장소가 동파의 우려가 없는 곳인 경우
② 플러쉬형 스프링클러헤드를 사용하는 경우
③ 드라이펜던트 스프링클러헤드를 사용하는 경우
④ 개방형 스프링클러헤드를 사용하는 경우

해설 스프링클러설비의 화재안전기준(NFPC 103 10조, NFTC 103 2.7.7.7)
습식 스프링클러설비 및 부압식 스프링클러설비 외의 설비에 상향식 스프링클러헤드 제외조건
(1) **드**라이펜던트 스프링클러헤드를 사용하는 경우
(2) 스프링클러헤드의 설치장소가 **동**파의 우려가 **없**는 곳인 경우
(3) **개**방형 스프링클러헤드를 사용하는 경우

기억법 드개동

답 ②

72 전역방출방식의 분말소화설비에서 분말이 방사되기 전, 다음에 해당하는 개구부 또는 통기구 중 폐쇄하지 않아도 되는 것은?
① 천장에 설치된 통기구
② 바닥으로부터 해당 층의 높이의 $\frac{1}{2}$ 높이 위치에 설치된 통기구
③ 바닥으로부터 해당 층의 높이의 $\frac{1}{3}$ 높이 위치에 설치된 개구부
④ 천장으로부터 아래로 1.2m 떨어진 벽체에 설치된 통기구

해설 ① 천장에 설치된 통기구는 제외

전역방출방식의 **분말소화설비 개구부** 및 **통기구를 폐쇄**해야 하는 **경우**(NFPC 108 14조, NFTC 108 2.11.1.2)
(1) **개구부**가 있는 경우
(2) 천장으로부터 1m 이상의 아랫부분에 설치된 통기구 보기 ④
(3) 바닥으로부터 해당층 높이의 $\frac{2}{3}$ 이내 부분에 설치된 통기구 보기 ② ③
• 이 기준은 할로겐화합물 및 불활성기체 소화설비·분말소화설비·이산화탄소소화설비 자동폐쇄장치 설치기준(NFPC 107A 15조, NFTC 107A 2.12.1.2/ NFPC 108 14조, NFTC 108 2.11.1.2 / NFPC 106 14조, NFTC 106 2.11.1.2)이 모두 동일

답 ①

73 다음 소방시설 중 내진설계가 요구되는 소방시설이 아닌 것은?
① 옥내소화전설비 ② 옥외소화전설비
③ 물분무소화설비 ④ 스프링클러설비

해설 소방시설의 내진설계 대상(소방시설법 시행령 8조)
(1) 옥**내**소화전설비
(2) **스**프링클러설비
(3) **물**분무등소화설비

기억법 스물내(스물네살)

중요
물분무등소화설비
(1) **분**말소화설비
(2) **포**소화설비
(3) **할**론소화설비
(4) **이**산화탄소 소화설비
(5) **할**로겐화합물 및 불활성기체 소화설비
(6) **강**화액소화설비
(7) **미**분무소화설비
(8) 물분무소화설비
(9) **고**체에어로졸 소화설비

기억법 분포할이 할강미고

답 ②

74 제연설비 설치장소의 제연구역 구획기준으로 틀린 것은?
① 하나의 제연구역의 면적은 1000m² 이내로 할 것
② 거실과 통로는 각각 제연구획할 것
③ 통로상의 제연구역은 보행중심선의 길이가 60m를 초과하지 아니할 것
④ 하나의 제연구역은 지름 40m 원 내에 들어갈 수 있을 것

해설 ④ 40m → 60m

제연구역의 구획(NFPC 501 4조, NFTC 501 2.1.1)
(1) 1제연구역의 면적은 1000m² 이내로 할 것
(2) 거실과 통로는 **각각 제연구획**할 것
(3) 통로상의 제연구역은 보행중심선의 길이가 **60m**를 초과하지 않을 것
(4) 1제연구역은 직경 **60m** 원 내에 들어갈 것
(5) 1제연구역은 **2개** 이상의 층에 미치지 않을 것

답 ④

75 ★★★ 바닥면적이 500m²인 의료시설에 필요한 소화기구의 소화능력단위는 몇 단위 이상인가? (단, 소화능력단위 기준은 바닥면적만 고려한다.)
16.05.문64
15.03.문80
11.06.문67

① 2.5
② 5
③ 10
④ 16.7

해설 **특정소방대상물별 소화기구의 능력단위 기준**(NFTC 101 2.1.1.2)

특정소방대상물	능력단위 (바닥면적)	내화구조이고 불연재료·준불연재료·난연재료 (바닥면적)
• **위**락시설 기억법 위상(**위상**)	30m²마다 1단위 이상	60m²마다 1단위 이상
• **공연**장·**집**회장·**관람**장·**문**화재·**장**례식장 및 **의**료시설 기억법 5공연장 문의 집관람(손**오공** 연장 문의 집관람)	50m²마다 1단위 이상	100m²마다 1단위 이상
• **근**린생활시설·**판**매시설·운수시설·**숙**박시설·**노**유자시설·**전**시장·공동**주**택·**업**무시설·**방**송통신시설·공장·**창**고시설·**항**공기 및 **자동차** 관련 시설 및 **관광**휴게시설 기억법 근판숙노전 주업방차창 1항관광(근판숙노전 주업방차장 일본항 관광)	100m²마다 1단위 이상	200m²마다 1단위 이상
• 그 밖의 것	200m²마다 1단위 이상	400m²마다 1단위 이상

의료시설로서 500m²이므로 50m²마다 1단위 이상

$$\text{단위} = \frac{\text{바닥면적}}{\text{기준면적}} = \frac{500m^2}{50m^2} = 10\text{단위}$$

용어
소화능력단위
소화기구의 소화능력을 나타내는 수치

답 ③

76 ★★ 상수도 소화용수설비를 설치하여야 하는 특정소방대상물의 연면적 기준으로 옳은 것은? (단, 특정소방대상물 중 숙박시설로 한정한다.)
18.09.문71
11.10.문68

① 연면적 1000m² 이상인 경우
② 연면적 1500m² 이상인 경우
③ 연면적 3000m² 이상인 경우
④ 연면적 5000m² 이상인 경우

해설 **상수도 소화용수설비의 설치대상**(소방시설법 시행령 〔별표 4〕)
(1) 연면적 **5000m²** 이상(단, 위험물 저장 및 처리시설 중 가스시설, 터널 또는 지하구의 경우 제외) 보기 ④
(2) 가스시설로서 저장용량 100t 이상
(3) 폐기물재활용시설 및 폐기물처분시설

답 ④

77 ★ 지상 5층 건물의 2층 슈퍼마켓에 스프링클러설비가 설치되어 있다. 이때 설치된 폐쇄형 헤드의 수는 총 40개라고 할 때 최소저수량 산출시 스프링클러헤드의 기준개수로 옳은 것은? (단, 다른 층의 폐쇄형 헤드의 수는 모두 40개 미만이라고 가정한다.)

① 10개
② 20개
③ 30개
④ 40개

해설 **폐쇄형 헤드의 기준개수**(NFPC 103 4조, NFTC 103 2.1.1.1)

특정소방대상물		폐쇄형 헤드의 기준개수
지하가·지하역사		
11층 이상		
10층 이하	공장(특수가연물)	30
	판매시설(슈퍼마켓, 백화점 등), 복합건축물(판매시설이 설치된 것)	보기 ③
	근린생활시설, 운수시설	20
	8m 이상	
	8m 미만	10
공동주택(아파트 등)		10(각 동이 주차장으로 연결된 주차장 : 30)

답 ③

78. 다음은 옥외소화전설비에서 소화전함의 설치기준에 관한 설명이다. 괄호 안에 들어갈 말로 옳은 것은?

- 옥외소화전이 10개 이하 설치된 때에는 옥외소화전마다 (㉠)m 이내의 장소에 1개 이상의 소화전함을 설치하여야 한다.
- 옥외소화전이 11개 이상 30개 이하 설치된 때에는 (㉡)개 이상의 소화전함을 각각 분산하여 설치하여야 한다.
- 옥외소화전이 31개 이상 설치된 때에는 옥외소화전 3개마다 1개 이상의 소화전함을 설치하여야 한다.

① ㉠ 5, ㉡ 11　　② ㉠ 7, ㉡ 11
③ ㉠ 5, ㉡ 15　　④ ㉠ 7, ㉡ 15

해설 옥외소화전함 설치기구 (NFTC 109 2.4)

옥외소화전의 개수	소화전함의 개수
10개 이하	**5m** 이내의 장소에 **1개** 이상 [보기 ㉠]
11~30개 이하	**11개** 이상 소화전함 분산설치 [보기 ㉡]
31개 이상	소화전 **3개**마다 1개 이상

답 ①

79. 소방시설 설치 및 관리에 관한 법령에 따라 구분된 소방설비 중 "물분무등소화설비"에 속하지 않는 것은?

① 포소화설비　　② 이산화탄소소화설비
③ 스프링클러설비　　④ 강화액소화설비

해설 물분무등소화설비
(1) **분**말소화설비
(2) **포**소화설비 [보기 ①]
(3) **할**론소화설비
(4) **이**산화탄소소화설비 [보기 ②]
(5) 할로겐화합물 및 불활성기체 소화설비
(6) **강**화액소화설비 [보기 ④]
(7) **미**분무소화설비
(8) 물분무소화설비
(9) 고체에어로졸소화설비

기억법 분포할 이강미

답 ③

80. 포소화설비의 수동식 기동장치의 조작부 설치위치는?

① 바닥으로부터 0.5m 이상, 1.2m 이하
② 바닥으로부터 0.8m 이상, 1.2m 이하
③ 바닥으로부터 0.8m 이상, 1.5m 이하
④ 바닥으로부터 0.5m 이상, 1.5m 이하

해설 포소화설비 수동식 기동장치 (NFTC 105 2.8.1)
(1) 직접조작 또는 원격조작에 의하여 가압송수장치·수동식 개방밸브 및 소화약제 혼합장치를 기동할 수 있는 것
(2) **2 이상**의 방사구역을 가진 포소화설비에는 방사구역을 선택할 수 있는 구조
(3) 기동장치의 조작부는 화재시 쉽게 접근할 수 있는 곳에 설치하되, 바닥으로부터 **0.8~1.5m 이하**의 위치에 설치하고, 유효한 보호장치 설치 [보기 ③]
(4) 기동장치의 조작부 및 호스접결구에는 가까운 곳의 보기 쉬운 곳에 각각 '**기동장치의 조작부**' 및 '**접결구**'라고 표시한 표지 설치

답 ③

2019. 4. 27 시행

■ 2019년 산업기사 제2회 필기시험 ■

자격종목	종목코드	시험시간	형별	수험번호	성명
소방설비산업기사(기계분야)		2시간			

※ 각 문항은 4지택일형으로 질문에 가장 적합한 보기 항을 선택하여 체크하여야 합니다.

제 1 과목 소방원론

01 촛불(양초)의 연소형태로 옳은 것은?

15.09.문09
15.05.문10
14.09.문09
14.09.문20
13.09.문20
11.10.문20

① 증발연소
② 액적연소
③ 표면연소
④ 자기연소

해설 연소의 형태

연소형태	종류
표면연소	• **숯**, **코**크스 • **목**탄, **금**속분 기억법 표숯코 목탄금
분해연소	• **석**탄, **종**이 • **플**라스틱, **목**재 • **고**무, **중**유, **아**스팔트, **면**직물 기억법 분석종플 목고중아면
증발연소	• 황, 왁스 • **파**라핀(**양**초), 나프탈렌 • 가솔린, 등유 • 경유, 알코올, 아세톤 기억법 양파증(양파증가)
자기연소	• 나이트로글리세린, 나이트로셀룰로오스(질화면) • **T**NT, 피크린산 기억법 자T나
액적연소	• 벙커C유
확산연소	• 메탄(CH_4), 암모니아(NH_3) • 아세틸렌(C_2H_2), 일산화탄소(CO) • 수소(H_2)

답 ①

02 소방안전관리대상물에서 소방안전관리자가 작성하는 것으로, 소방계획서 내에 포함되지 않는 것은?

① 화재예방을 위한 자체검사계획

② 화새시 화재실 진입에 따른 전술계획
③ 소방시설·피난시설 및 방화시설의 점검·정비계획
④ 소방훈련 및 교육계획

해설 ② 해당없음

화재예방법 시행령 27조
소방안전관리대상물의 소방계획서 작성
(1) 소방안전관리대상물의 위치·구조·연면적·용도 및 수용인원 등의 **일반현황**
(2) 화재예방을 위한 **자체점검계획** 및 대응대책
(3) 특정소방대상물의 **근무자** 및 거주자의 **자위소방대** 조직과 대원의 임무에 관한 사항
(4) **소방시설·피난시설** 및 **방화시설**의 점검·정비계획
(5) 방화구획, 제연구획, 건축물의 내부 마감재료(불연재료·준불연재료 또는 난연재료로 사용된 것) 및 방염대상물품의 사용현황과 그 밖의 방화구조 및 설비의 유지·관리계획
(6) 소방훈련 및 교육에 관한 계획

답 ②

03 이산화탄소소화약제가 공기 중에 34vol% 공급되면 산소의 농도는 약 몇 vol%가 되는가?

17.09.문12
16.10.문06

① 12   ② 14
③ 16   ④ 18

해설 이산화탄소의 농도

$$CO_2 = \frac{21 - O_2}{21} \times 100$$

여기서, CO_2 : CO_2의 농도(vol%)
O_2 : O_2의 농도(vol%)

$$CO_2 = \frac{21 - O_2}{21} \times 100$$

$$34 = \frac{21 - O_2}{21} \times 100$$

$$\frac{34 \times 21}{100} = 21 - O_2$$

$$O_2 + \frac{34 \times 21}{100} = 21$$

$$O_2 = 21 - \frac{34 \times 21}{100} ≒ 14 vol\%$$

답 ②

04 건물 내 피난동선의 조건에 대한 설명으로 옳은 것은?

① 피난동선은 그 말단이 길수록 좋다.
② 모든 피난동선은 건물 중심부 한 곳으로 향해야 한다.
③ 피난동선의 한 쪽은 막다른 통로와 연결되어 화재시 연소가 되지 않도록 하여야 한다.
④ 2개 이상의 방향으로 피난할 수 있으며 그 말단은 화재로부터 안전한 장소이어야 한다.

해설
① 길수록 → 짧을수록
② 중심부 한 곳으로 향해야 한다. → 중심부 한 곳으로 향해서는 안 된다.
③ 막다른 통로가 없을 것

피난대책의 일반적인 원칙
(1) 피난경로는 **간단명료**하게 한다. (단순한 형태)
(2) 피난설비는 **고정식 설비**를 위주로 설치한다.
(3) 피난수단은 **원시적 방법**에 의한 것을 원칙으로 한다.
(4) **2방향**의 피난통로를 확보한다. 보기 ③
(5) 피난통로를 **완전불연화**한다.
(6) **화재층**의 **피난**을 **최우선**으로 고려한다.
(7) 피난시설 중 피난로는 **복도** 및 **거실**을 가리킨다.
(8) 인간의 **본능적 행동**을 무시하지 않도록 고려한다.
(9) 계단은 **직통계단**으로 한다.
(10) **정전시**에도 **피난방향**을 알 수 있는 표시를 한다.
(11) 모든 피난동선은 건물 중심부 한 곳으로 향해서는 안 된다. 보기 ②
(12) 피난동선은 그 말단이 짧을수록 좋다. 보기 ①

• 피난동선=피난경로

답 ④

05 분무연소에 대한 설명으로 틀린 것은?

① 휘발성이 낮은 액체연료의 연소가 여기에 해당된다.
② 점도가 높은 중질유의 연소에 많이 이용된다.
③ 액체연료를 수~수백[μm] 크기의 액적으로 미립화시켜 연소시킨다.
④ 미세한 액적으로 분무시키는 이유는 표면적을 작게 하여 공기와의 혼합을 좋게 하기 위함이다.

해설
④ 작게 → 크게

분무연소
(1) 액체연료를 수~수백[μm] 크기의 액적으로 미립화시켜 연소시킨다.
(2) 휘발성이 낮은 **액체**연료의 연소가 여기에 해당한다.
(3) **점도**가 **높은** 중질유의 연소에 많이 이용된다.
(4) 미세한 액적으로 분무시키는 이유는 **표면적**을 **크게** 하여 공기와의 혼합을 좋게 하기 위함이다.

용어
분무연소
점도가 높고 **비휘발성**인 **액체**를 일단 가열 등의 방법으로 점도를 낮추어 버너 등을 사용하여 액체의 입자를 안개상으로 분출시켜 액체표면적을 넓게 하여 공기와의 접촉면을 많게 하는 연소방법

답 ④

06 다음 중 인화점이 가장 낮은 물질은?

① 등유
② 아세톤
③ 경유
④ 아세트산

해설
① 43~72℃   ② -18℃
③ 50~70℃   ④ 40℃

물 질	인화점	착화점
• 프로필렌	-107℃	497℃
• 에틸에터 • 다이에틸에터	-45℃	180℃
• 가솔린(휘발유)	-43℃	300℃
• **산화프로필렌**	-37℃	465℃
• **이황화탄소**	-30℃	100℃
• 아세틸렌	-18℃	335℃
• 아세톤	-18℃	538℃
• 벤젠	-11℃	562℃
• 톨루엔	4.4℃	480℃
• **메틸알코올**	11℃	464℃
• 에틸알코올	13℃	423℃
• 아세트산	40℃	-
• **등유**	43~72℃	210℃
• **경유**	50~70℃	200℃
• 적린	-	260℃

기억법 인산 이메등경

• 착화점=발화점=착화온도=발화온도
• 인화점=인화온도

답 ②

07 다음 중 증기밀도가 가장 큰 것은?

① 공기
② 메탄
③ 부탄
④ 에틸렌

해설

① 공기 = $\frac{29}{22.4}$ = 1.29g/L

② 메탄 = $\frac{16}{22.4}$ = 0.71g/L

③ 부탄 = $\frac{58}{22.4}$ = 2.59g/L

④ 에틸렌 = $\frac{28}{22.4}$ = 1.25g/L

(1) 분자량

원 소	원자량
H →	1
C →	12
N	14
O	16

㉠ 공기 O_2 21%, N_2 79%
  $O_2 : 16 \times 2 \times 0.21 = 6.72$
  $N_2 : 14 \times 2 \times 0.79 = 22.12$
  28.84(약 29) : 이것은 암기해도 좋다!

㉡ 메탄 $CH_4 = 12 + 1 \times 4 = 16$
㉢ 부탄 $C_4H_{10} = 12 \times 4 + 1 \times 10 = 58$
㉣ 에틸렌 $C_2H_4 = 12 \times 2 + 1 \times 4 = 28$

(2) 증기밀도

증기밀도(g/L) = $\frac{분자량}{22.4}$

여기서, 22.4 : 기체 1몰의 부피(L)

답 ③

08 건물화재에서 플래시오버(flash over)에 관한 설명으로 옳은 것은?

① 가연물이 착화되는 초기 단계에서 발생한다.
② 화재시 발생한 가연성 가스가 축적되다가 일순간에 화염이 실 전체로 확대되는 현상을 말한다.
③ 소화활동이 끝난 단계에서 발생한다.
④ 화재시 모두 연소하여 자연 진화된 상태를 말한다.

해설 플래시오버(flash over)
(1) 정의
  ㉠ 폭발적인 착화현상
  ㉡ 순발적인 연소확대현상
  ㉢ 화재로 인하여 실내의 온도가 급격히 상승하여 화재가 **순간적**으로 **실내 전체**에 **확산**되어 연소되는 현상
  ㉣ 연소의 급속한 확대현상
  ㉤ 건물 화재에서 발생한 가연성 가스가 축적되다가 **일순간**에 **화염**이 크게 되는 현상
(2) 발생시점
  성장기~최성기(성장기에서 최성기로 넘어가는 분기점)

답 ②

09 다음 중 황린의 완전 연소시 주로 발생되는 물질은?

① P_2O ② PO_2
③ P_2O_3 ④ P_2O_5

해설 ④ 황린의 연소생성물은 P_2O_5(오산화인)이다.

황린의 연소분해반응식

$P_4 + 5O_2 \rightarrow 2P_2O_5$
황린 산소   오산화인

답 ④

10 부피비가 메탄 80%, 에탄 15%, 프로판 4%, 부탄 1%인 혼합기체가 있다. 이 기체의 공기 중 폭발하한계는 약 몇 vol%인가? (단, 공기 중 단일가스의 폭발하한계는 메탄 5vol%, 에탄 2vol%, 프로판 2vol%, 부탄 1.8vol%이다.)

① 2.2   ② 3.8
③ 4.9   ④ 6.2

해설 혼합가스의 폭발하한계

$$\frac{100}{L} = \frac{V_1}{L_1} + \frac{V_2}{L_2} + \frac{V_3}{L_3} + \cdots + \frac{V_n}{L_n}$$

여기서, L : 혼합가스의 폭발하한계[vol%]
  L_1, L_2, L_3, L_n : 가연성 가스의 폭발하한계[vol%]
  V_1, V_2, V_3, V_n : 가연성 가스의 용량[vol%]

$\frac{100}{L} = \frac{V_1}{L_1} + \frac{V_2}{L_2} + \frac{V_3}{L_3} + \frac{V_4}{L_4}$

$\frac{100}{L} = \frac{80}{5} + \frac{15}{2} + \frac{4}{2} + \frac{1}{1.8}$

$\frac{100}{\frac{80}{5} + \frac{15}{2} + \frac{4}{2} + \frac{1}{1.8}} = L$

$L = \frac{100}{\frac{80}{5} + \frac{15}{2} + \frac{4}{2} + \frac{1}{1.8}} ≒ 3.8vol\%$

● 폭발하한계=연소하한계

용어

%와 vol%	
%	vol%
수를 100의 비로 나타낸 것	어떤 공간에 차지하는 부피를 백분율로 나타낸 것
50%	공기 50vol% / 50vol%
50%	50vol%

답 ②

11 다음 중 연소시 발생하는 가스로 독성이 가장 강한 것은?

① 수소   ② 질소
③ 이산화탄소   ④ 일산화탄소

수소·질소	이산화탄소	일산화탄소
비독성 가스	독성이 거의 없음	① 독성이 강하다. ② 인체에 영향을 미치는 농도 : 50ppm

> **중요**
>
> 일산화탄소(CO)
> (1) **연소시** 발생하는 가스로 독성이 강하다.
> (2) 화재시 흡입된 일산화탄소(CO)의 화학적 작용에 의해 **헤모글로빈**(Hb)이 혈액의 산소운반작용을 저해하여 사람을 질식·사망하게 한다.
> (3) **유독성**이 커서 화재시 인명피해 위험성이 높은 가스이다.
> (4) 목재류의 화재시 인명피해를 가장 많이 주며, 연기로 인한 의식불명 또는 질식을 가져온다.
> (5) 인체의 폐에 큰 자극을 준다.
> (6) 산소와의 결합력이 극히 강하여 질식작용에 의한 독성을 나타낸다.

답 ④

12 탄화칼슘이 물과 반응할 때 생성되는 가연성가스는?
[10.09.문11]
① 메탄 ② 에탄
③ 아세틸렌 ④ 프로필렌

해설 물과의 반응식
$CaC_2 + 2H_2O \rightarrow Ca(OH)_2 + C_2H_2\uparrow$
(탄화칼슘) (물) (수산화칼슘) (아세틸렌)

● C_2H_2 : 아세틸렌

답 ③

13 화재를 소화시키는 소화작용이 아닌 것은?
[11.06.문10]
① 냉각작용 ② 질식작용
③ 부촉매작용 ④ 활성화작용

해설 ④ '활성화작용'이란 말은 들어보잖!

소화의 형태

소화형태	설 명
냉각작용 보기 ①	① **점화원**을 냉각하여 소화하는 방법 ② **증발잠열**을 이용하여 열을 빼앗아 가연물의 온도를 떨어뜨려 화재를 진압하는 소화 방법 ③ **다량의 물**을 뿌려 소화하는 방법
질식작용 보기 ②	① 공기 중의 **산소농도**를 **16%**(또는 15%) 이하로 희박하게 하여 소화하는 방법 ② 공기 중의 **산소**의 농도를 낮추어 화재를 진압하는 소화방법
제거작용	● **가연물**을 **제거**하여 소화하는 방법
부촉매작용 (화학작용, 억제작용) 보기 ③	● **연쇄반응**을 **차단**하여 소화하는 방법
희석작용	● 기체·고체·액체에서 나오는 분해가스나 증기의 농도를 낮춰 소화하는 방법

답 ④

14 화재발생시 물을 사용하여 소화하면 더 위험해지는 것은?
[12.03.문03]
[06.09.문08]
① 적린 ② 질산암모늄
③ 나트륨 ④ 황린

해설 주수소화(물소화)시 **위험한** 물질

위험물	발생물질
● 무기과산화물	산소(O_2) 발생
● 금속분 ● 마그네슘 ● 알루미늄 ● 칼륨 ● 나트륨 ● 수소화리튬	수소(H_2) 발생
● 가연성 액체의 유류화재	**연소면**(화재면) 확대

답 ③

15 소화약제에 대한 설명 중 옳은 것은?
[17.03.문15]
[16.10.문10]
[14.05.문02]
[13.06.문05]
[11.10.문01]
① 물이 냉각효과가 가장 큰 이유는 비열과 증발잠열이 크기 때문이다.
② 이산화탄소는 순도가 95.0% 이상인 것을 소화약제로 사용해야 한다.
③ 할론 2402는 상온에서 기체로 존재하므로 저장시에는 액화시켜 저장한다.
④ 이산화탄소는 전기적으로 비전도성이며 공기보다 3배 정도 무거운 기체이다.

해설
② 95% 이상 → 99.5% 이상
③ 기체 → 액체
④ 3배 → 1.52배

보기 ①	물이 소화작업에 사용되는 이유

(1) 가격이 싸다.
(2) 쉽게 구할 수 있다.
(3) 열흡수가 매우 크다. (증발잠열)
(4) 사용방법이 비교적 간단하다.
(5) 비열이 크다.

보기 ②, ④	이산화탄소의 물성

구 분	물 성
임계압력	72.75atm
임계온도	31℃
3중점	-**56**.3℃(약 -56℃)
승화점(**비**점)	-**78**.5℃
허용농도	0.5%
보기 ② 수분	0.05% 이하(함량 99.5% 이상)
보기 ④ 증기비중	1.52

기억법 이356, 이비78, 이증15

보기 ③	상온에서의 상태
기체상태	액체상태
① 할론 1301 ② 할론 1211 ③ 탄산가스(CO_2)	① 할론 1011 ② 할론 104 ③ 할론 2402

[기억법] 132탄기

답 ①

16
다른 곳에서 화원, 전기스파크 등의 착화원을 부여하지 않고 가연성 물질을 공기 또는 산소 중에서 가열함으로써 발화 또는 폭발을 일으키는 최저온도를 나타내는 용어는?

15.05.문06
11.03.문11

① 인화점　　② 발열점
③ 연소점　　④ 발화점

해설 용어

용어	설명
인화점	① 휘발성 물질에 **불꽃**을 접하여 연소가 가능한 **최저온도** ② 가연물에 점화원을 가했을 때 연소가 일어나는 최저온도
발화점	① 가연성 물질에 불꽃을 접하지 아니하였을 때 연소가 가능한 **최저온도** ② 다른 곳에서 화원, 전기스파크 등의 착화원을 부여하지 않고 가연성 물질을 공기 또는 산소 중에서 **가열**함으로써 발화 또는 폭발을 일으키는 최저온도
연소점	어떤 인화성 액체가 공기 중에서 열을 받아 점화원의 존재하에 **지속적인** 연소를 일으킬 수 있는 온도
자연발열 (자연발화)	어떤 물질이 외부로부터 열의 공급을 받지 아니하고 온도가 상승하는 현상

답 ④

17
제3종 분말소화약제의 주성분은?

18.03.문08
17.03.문14
16.03.문10
15.05.문20
15.03.문16
13.09.문11
12.09.문04
11.03.문08
08.05.문18

① 요소
② 탄산수소나트륨
③ 제1인산암모늄
④ 탄산수소칼륨

해설 (1) 분말소화약제

종별	주성분	약제의 착색	적응 화재	비 고
제1종	중탄산나트륨 (NaHCO₃)	백색	BC급	**식용유** 및 **지방질유**의 화재에 적합 (**비**누화현상) [기억법] 1식분(일식분식), 비1(비일비재)
제2종	중탄산칼륨 (KHCO₃)	담자색 (담회색)		−
제3종	제1인산암모늄 (NH₄H₂PO₄) 보기 ③	담홍색	ABC급	**차고·주차장**에 적합 [기억법] 3분 차주(삼보컴퓨터 차주), 인3(인삼)
제4종	중탄산칼륨 + 요소 (KHCO₃+ (NH₂)₂CO)	회(벽)색	BC급	−

- 중탄산나트륨 = 탄산수소나트륨
- 중탄산칼륨 = 탄산수소칼륨
- 제1인산암모늄 = 인산암모늄 = 인산염
- 중탄산칼륨+요소 = 탄산수소칼륨+요소

(2) 이산화탄소소화약제

주성분	적응화재
이산화탄소(CO_2)	BC급

답 ③

18
식용유화재시 가연물과 결합하여 비누화반응을 일으키는 소화약제는?

① 물
② Halon 1301
③ 제1종 분말소화약제
④ 이산화탄소소화약제

해설 문제 17 참조

③ 제1종 분말소화약제 : 식용유화재

답 ③

19
0℃의 얼음 1g이 100℃의 수증기가 되려면 약 몇 cal의 열량이 필요한가? (단, 0℃ 얼음의 융해열은 80cal/g이고, 100℃ 물의 증발잠열은 539cal/g이다.)

16.05.문01
15.03.문14
13.06.문04

① 539　　② 719
③ 939　　④ 1119

해설 물의 잠열

잠열 및 열량	설 명
80cal/g	융해잠열
539cal/g	기화(증발)잠열
639cal	0℃의 물 1g이 100℃의 수증기가 되는 데 필요한 열량
719cal	0℃의 **얼음** 1g이 100℃의 수증기가 되는 데 필요한 열량

답 ②

20
벤젠화재시 이산화탄소소화약제를 사용하여 소화하는 경우 한계산소량은 약 몇 vol%인가?

① 14　　② 19
③ 24　　④ 28

해설 CO₂ 설계농도는 기본적으로 **34vol%** 이상으로 설계하므로 CO₂의 농도(이론소화농도)

$$CO_2 = \frac{21 - O_2}{21} \times 100$$

여기서, CO₂ : CO₂의 이론소화농도[vol%]
　　　　O₂ : 한계산소농도[vol%]

$CO_2 = \frac{21 - O_2}{21} \times 100$

$34 = \frac{21 - O_2}{21} \times 100$, $\frac{34}{100} = \frac{21 - O_2}{21}$

$0.34 = \frac{21 - O_2}{21}$, $0.34 \times 21 = 21 - O_2$

$O_2 + (0.34 \times 21) = 21$
$O_2 = 21 - (0.34 \times 21) ≒ 14 \text{vol}\%$

용어

vol%
어떤 공간에 차지하는 부피를 백분율로 나타낸 것

답 ①

제 2 과목 소방유체역학

 21
11.06.문23

압력은 0.1MPa이고 비체적은 0.8m³/kg인 기체를 다음과 같은 폴리트로픽 과정을 거쳐 압력을 0.2MPa로 압축하였을 때의 비체적은 약 몇 m³/kg인가? (단, 이 기체의 n은 1.4이다.)

$$Pv^n = \text{constant}(P\text{는 압력}, v\text{는 비체적})$$

① 0.42　　② 0.49
③ 0.84　　④ 0.98

해설 (1) 기호
- P_1 : 0.1MPa
- v_1 : 0.8m³/kg
- P_2 : 0.2MPa
- v_2 : ?
- n : 1.4

(2) 폴리트로픽 과정

$$Pv^n = \text{constant}(\text{일정})$$

여기서, P : 압력[kJ/m³] 또는 [kPa]
　　　　v : 비체적[m³/kg]
　　　　n : 폴리트로픽지수

Pv^n = 일정

$v^n = \frac{1}{P} \propto \frac{1}{P}$

$v_1^n : \frac{1}{P_1} = v_2^n : \frac{1}{P_2}$

$0.8^{1.4} : \frac{1}{0.1} = v_2^{1.4} : \frac{1}{0.2}$

$\frac{v_2^{1.4}}{0.1} = \frac{0.8^{1.4}}{0.2}$

$v_2^{1.4} = \frac{0.8^{1.4}}{0.2} \times 0.1$

$v_2 \times \frac{1}{14} = \left(\frac{0.8^{1.4}}{0.2} \times 0.1\right)^{\frac{1}{1.4}}$

$v_2 = \left(\frac{0.8^{1.4}}{0.2} \times 0.1\right)^{\frac{1}{1.4}} ≒ 0.49 \text{m}^3/\text{kg}$

답 ②

★★★ **22**
15.03.문30
02.09.문35
01.06.문25

작동원리와 구조를 기준으로 펌프를 분류할 때 터보형 중에서 원심식 펌프에 속하는 것은?

① 기어펌프　　② 벌류트펌프
③ 피스톤펌프　④ 플런저펌프

해설
① 회전펌프
③ 왕복펌프
④ 왕복펌프

펌프의 종류

원심펌프 (원심식 펌프)	왕복펌프 (왕복식 펌프)	회전펌프 (회전식 펌프)
① 볼류트펌프 (벌류트펌프) ② 터빈펌프	① **피**스톤펌프 ② **플**런저펌프 ③ **워**싱톤펌프 ④ **다**이어프램펌프	① 기어펌프 (치차펌프) ② 베인펌프 ③ 나사펌프

기억법 왕피플워다

답 ②

★★ **23**
16.05.문35
12.05.문28

평면벽을 통해 전도되는 열전달량에 대한 설명으로 옳은 것은?

① 면적과 온도차에 비례한다.
② 면적과 온도차에 반비례한다.
③ 면적에 비례하며 온도차에 반비례한다.
④ 면적에 반비례하며 온도차에 비례한다.

해설 ① 분자에 있으면 **비례**, 분모에 있으면 **반비례**

전도

$$\dot{q} = \frac{kA(T_2 - T_1)}{l} \begin{array}{l} \rightarrow \text{비례} \\ \rightarrow \text{반비례} \end{array}$$

여기서, $\dot{q}$: 열전달량[W]
　　　　k : 열전도율[W/m·K]
　　　　A : 면적[m²]
　　　　$T_2 - T_1$: 온도차[℃] 또는 [K]
　　　　l : 벽체두께[m]

- 열전달량=열전달률=열유동률=열흐름률

답 ①

24

그림과 같이 거리 b만큼 떨어진 평행평판 사이에 점성계수 μ인 유체가 채워져 있다. 위 판이 동쪽으로, 아래판은 북쪽으로 일정한 속도 V로 움직일 때, 위판이 받는 전단응력은? (단, 평판 내 유체의 속도분포는 선형적이다.)

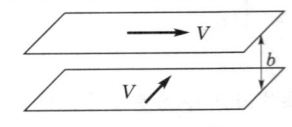

① $\mu\dfrac{V}{\sqrt{2}\,b}$ ② $\mu\dfrac{V}{b}$
③ $\mu\dfrac{\sqrt{2}\,V}{b}$ ④ $\mu\dfrac{2V}{b}$

해설

(1) 기호
- $dy : b$
- $\tau : ?$

(2) 속도(du)

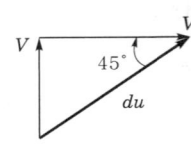

$du = \dfrac{V}{\sin 45°} = \sqrt{2}\,V$

(3) 전단응력

층류	난류
$\tau = \dfrac{P_A - P_B}{l}\cdot\dfrac{r}{2}$	$\tau = \mu\dfrac{du}{dy}$
여기서, τ : 전단응력[N/m²] $P_A - P_B$: 압력강하 [N/m²] l : 관의 길이[m] r : 반경[m]	여기서, τ : 전단응력[N/m²] 또는 [Pa] μ : 점성계수 [N·s/m²] 또는 [kg/m·s] $\dfrac{du}{dy}$: 속도구배 (속도변화율) $\left(\dfrac{1}{s}\right)$ du : 속도[m/s] dy : 높이[m]

전단응력 $\tau = \mu\dfrac{du}{dy} = \mu\dfrac{\sqrt{2}\,V}{b}$

답 ③

25

어떤 기술자가 펌프에서 일어나는 수격현상을 방지하기 위한 방안으로 다음과 같은 방법을 제시하였는데 이 중 옳은 방지법을 모두 고른 것은?

㉠ 공기실을 설치한다.
㉡ 플라이휠을 설치한다.
㉢ 역류가 많이 일어나는 밸브를 사용한다.

① ㉠, ㉡ ② ㉠, ㉢
③ ㉡, ㉢ ④ ㉠, ㉡, ㉢

해설 **수격작용의 방지대책**
(1) 관로의 **관경**을 크게 한다.
(2) 관로 내의 유속을 낮게 한다. (관로에서 일부 고압수를 방출한다.)
(3) **조압수조**(surge tank)를 설치하여 적정압력을 유지한다.
(4) **플라이휠**(fly wheel)을 설치한다. 보기 ㉡
(5) 펌프 송출구 가까이에 밸브를 설치한다.
(6) 펌프 송출구에 **수격**을 **방지**하는 **체크밸브**를 달아 역류를 막는다.
(7) **공기실**(**에**어챔버, air chamber)을 설치한다. 보기 ㉠
(8) 밸브를 서서히 조작한다.
(9) 회전체의 **관성 모멘트**를 **크**게 한다.

• 조압수조=써지탱크(서지탱크)

기억법 수방관플에

용어

수격작용(수격현상)
배관 내를 흐르는 유체의 유속을 급격하게 변화시키므로 압력이 상승 또는 하강하여 **관로**의 **벽면**을 **치는 현상**

답 ①

26

다음 용어의 정의들 중 잘못된 것은?

① 뉴턴의 점성법칙을 만족하는 유체를 뉴턴의 유체라고 한다.
② 시간에 따라 유동형태가 변화하지 않는 유체를 비정상유체라고 한다.
③ 큰 압력변화에 대하여 체적변화가 없는 유체를 비압축성 유체라고 한다.
④ 입자의 상대운동에 저해하려는 성질을 점성이라고 하고 이러한 성질을 가진 유체를 점성유체라고 한다.

해설 유체의 종류

용어	설명
뉴턴의 유체	뉴턴의 **점성법칙**을 만족하는 유체
비정상유체	시간에 따라 유동형태가 **변하는** 유체
정상유체	시간에 따라 유동형태가 **변하지 않는** 유체
압축성 유체	**기체**와 같이 체적이 변화하는 유체
비압축성 유체	① **액체**와 같이 체적이 변하지 않는 유체 ② 큰 압력변화에 대하여 **체적변화**가 **없는** 유체
실제유체	점성이 있으며, **압축성**인 유체
이상유체	점성이 없으며, **비압축성**인 유체
점성유체	① 유동시 마찰저항이 **유발**되는 유체 ② 입자의 상대운동에 저해하려는 성질을 **점**성이라고 하고 이러한 성질을 가진 **유체**
비점성유체	유동시 마찰저항이 **유발**되지 **않는** 유체

기억법 이비

답 ②

27 ★
12.03.문39

그림과 같이 입구와 출구가 β의 각을 이루고 있는 고정된 판에 질량유량 $\dot{m}$의 분류가 V의 속도로 충돌하고 있다. 분류에 의해 판이 받는 힘의 크기는?

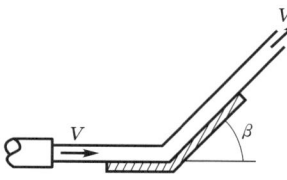

① $\dot{m}V(1-\sin\beta)$
② $\dot{m}V(1-\cos\beta)$
③ $\dot{m}V\sqrt{2(1-\sin\beta)}$
④ $\dot{m}V\sqrt{2(1-\cos\beta)}$

해설 (1) 기호

- $\dot{m}$: 질량유량[kg/s]
- V : 속도[m/s]
- β : 입구와 출구의 각
- F : ?

(2) 합력

$$F=\sqrt{F_H^2+F_V^2}$$

여기서, F : 합력[kN]
F_H : 수평분력[kN]
F_V : 수직분력[kN]

$F_H=\dot{m}V(1-\cos\beta)$
$F_V=\dot{m}V\cdot\sin\beta$

합력 F는
$F=\sqrt{F_H^2+F_V^2}$
$=\sqrt{[\dot{m}V(1-\cos\beta)]^2+(\dot{m}V\cdot\sin\beta)^2}$
$=\sqrt{(\dot{m}V)^2(1-\cos\beta)^2+(\dot{m}V)^2\cdot\sin\beta^2}$
$=\sqrt{(\dot{m}V)^2[(1-\cos\beta)^2+\sin\beta^2]}$
$=\dot{m}V\sqrt{(1-\cos\beta)^2+\sin\beta^2}$
$=\dot{m}V\sqrt{(1-\cos\beta)(1-\cos\beta)+\sin\beta^2}$
$=\dot{m}V\sqrt{1-\cos\beta-\cos\beta+\cos\beta^2+\sin\beta^2}$
$=\dot{m}V\sqrt{1-2\cos\beta+\cos\beta^2+\sin\beta^2}$

$\cos\beta^2+\sin\beta^2=1$이므로
$=\dot{m}V\sqrt{1-2\cos\beta+1}$
$=\dot{m}V\sqrt{2-2\cos\beta}$
$=\dot{m}V\sqrt{2(1-\cos\beta)}$

답 ④

28 ★★★
17.09.문24
17.05.문36
11.06.문25
03.05.문80

비중량이 9806N/m³인 유체를 전양정 95m에 70m³/min의 유량으로 송수하려고 한다. 이때 소요되는 펌프의 수동력은 약 몇 kW인가?

① 1054
② 1063
③ 1071
④ 1087

해설 (1) 기호

- γ : 9806N/m³
- H : 95m
- Q : 70m³/min=70m³/60s(1min=60s)
- P : ?

(2) 수동력

$$P=\frac{\gamma QH}{1000}$$

여기서, P : 수동력[kW]
γ : 비중량(물의 비중량 9800N/m³)
Q : 유량[m³/s]
H : 전양정[m]

수동력 P는
$P=\frac{\gamma QH}{1000}$
$=\frac{9806\text{N/m}^3\times70\text{m}^3/60\text{s}\times95\text{m}}{1000}$
$≒1087\text{kW}$

중요

펌프의 동력
(1) **전동력** : 일반적인 전동기의 동력(용량)을 말한다.

$$P=\frac{0.163\,QH}{\eta}K$$

여기서, P : 전동력[kW]
Q : 유량[m³/min]
H : 전양정[m]
K : 전달계수
η : 효율

(2) **축동력** : 전달계수(K)를 고려하지 않은 동력이다.

$$P=\frac{0.163\,QH}{\eta}$$

여기서, P : 축동력[kW]
Q : 유량[m³/min]
H : 전양정[m]
η : 효율

(3) **수동력** : 전달계수(K)와 효율(η)을 고려하지 않은 동력이다.

$$P=0.163\,QH$$

여기서, P : 수동력[kW]
Q : 유량[m³/min]
H : 전양정[m]

답 ④

29. 배관에서 소화약제 압송시 발생하는 손실은 주손실과 부차적 손실로 구분할 수 있다. 다음 중 부차적 손실을 야기하는 요소는?

① 마찰계수 ② 상대조도
③ 배관의 길이 ④ 배관의 급격한 확대

해설 배관의 마찰손실

주손실	부차적 손실
관로에 의한 마찰손실	① 관의 급격한 확대 손실 ② 관의 급격한 축소 손실 ③ 관부속품에 의한 손실

중요 부차적 손실계수의 기준속도

급격확대관	급격축소관
상류속도	하류속도

기억법 축하

답 ④

30. 액면으로부터 40m인 지점의 계기압력이 515.8kPa일 때 이 액체의 비중량은 몇 kN/m³인가?

① 11.8 ② 12.9
③ 14.2 ④ 16.4

해설 (1) 기호
- H : 40m
- P : 515.8kPa=515.8kN/m² (1kPa=1kN/m²)
- γ : ?

(2) 수두

$$H = \frac{P}{\gamma}$$

여기서, H : 수두[m]
P : 압력[kPa] 또는 [kN/m²]
γ : 비중량(물의 비중량 9800N/m³)

비중량 γ은

$$\gamma = \frac{P}{H} = \frac{515.8\text{kN/m}^2}{40\text{m}} \fallingdotseq 12.9\text{kN/m}^3$$

답 ②

31. 물이 흐르고 있는 관내에 피토정압관을 넣어 정체압 P_s와 정압 P_o을 측정하였더니, 수은이 들어있는 피토정압관에 연결한 U자관에서 75mm의 액면차가 생겼다. 피토정압관 위치에서의 유속은 몇 m/s인가? (단, 수은의 비중은 13.6이다.)

① 4.3 ② 4.45
③ 4.6 ④ 4.75

해설 (1) 기호
- R : 75mm=0.075m (1000mm=1m)
- s_0 : 13.6
- V : ?

(2) 피토-정압관의 유속

$$V = C\sqrt{2gR\left(\frac{s_0}{s}-1\right)}$$

여기서, V : 유속[m/s]
C : 속도계수
g : 중력가속도(9.8m/s²)
R : 액면차[m]
s_0 : 수은의 비중(13.6)
s : 물의 비중(1)

유속 V는

$$V = C\sqrt{2gR\left(\frac{s_0}{s}-1\right)}$$
$$= \sqrt{2\times9.8\text{m/s}^2\times0.075\text{m}\times\left(\frac{13.6}{1}-1\right)}$$
$$\fallingdotseq 4.3\text{m/s}$$

- C : 주어지지 않았으므로 무시

답 ①

32. 기체가 0.3MPa의 일정한 압력하에 8m³에서 4m³까지 마찰없이 압축되면서 동시에 500kJ의 열을 외부에 방출하였다면, 내부에너지[kJ]의 변화는 어떻게 되는가?

① 700kJ 증가하였다.
② 1700kJ 증가하였다.
③ 1200kJ 증가하였다.
④ 1500kJ 증가하였다.

해설 (1) 기호
- P : 0.3MPa=0.3×10³kPa (1MPa=1×10³kPa)
- V_2 : 8m³
- V_1 : 4m³
- Q : 500kJ
- u_2-u_1 : ?

(2) 일

$$_1W_2 = P(V_2-V_1)$$

여기서, $_1W_2$: 상태가 1에서 2까지 변화할 때의 일[kJ]
P : 압력[kPa] 또는 [kN/m²]
V_2-V_1 : 체적변화[m³]

상태가 1에서 2까지 변화할 때의 일 $_1W_2$는

$$_1W_2 = P(V_2-V_1)$$
$$= 0.3\times10^3\text{kPa}\times(8-4)\text{m}^3$$
$$= 1200\text{kPa}\cdot\text{m}^3$$
$$= 1200\text{kJ}$$

- $1\text{kPa} = 1\text{kN/m}^2$ 이므로
  $1200\text{kPa} \cdot \text{m}^3 = 1200\text{kN/m}^2/\text{m}^3$
  $= 1200\text{kN} \cdot \text{m} = 1200\text{kJ}$

(3) 열
$$Q = (u_2 - u_1) + W$$

여기서, Q : 열[kJ]
$u_2 - u_1$: 내부에너지 변화[kJ]
W : 일[kJ]

내부에너지 변화 $u_2 - u_1$ 은
$u_2 - u_1 = Q - W$
$= (500 - 1200)\text{kJ} = -700\text{kJ}$

- '−'는 증가의 의미

답 ①

33 ★★
비중이 1.03인 바닷물에 전체 부피의 90%가 잠겨 있는 빙산이 있다. 이 빙산의 비중은 얼마인가?

15.03.문35
04.09.문34

① 0.856
② 0.956
③ 0.927
④ 0.882

(1) 기호
- s : 1.03
- V : 90% = 0.9
- s_s : ?

(2) 잠겨 있는 체적(부피) 비율
$$V = \frac{s_s}{s}$$

여기서, V : 잠겨 있는 체적(부피) 비율
s_s : 어떤 물질의 비중(빙산의 비중)
s : 표준물질의 비중(바닷물의 비중)

빙산의 비중 s_s 는
$s_s = s \cdot V$
$= 1.03 \times 0.9$
$\fallingdotseq 0.927$

답 ③

34 ★★★
지름 1m인 곧은 수평원관에서 층류로 흐를 수 있는 유체의 최대평균속도는 몇 m/s인가? (단, 임계 레이놀즈(Reynolds)수는 2000이고, 유체의 동점성계수는 $4 \times 10^{-4}\text{m}^2/\text{s}$이다.)

17.09.문40
17.05.문35
14.05.문40
14.03.문30
11.03.문33

① 0.4
② 0.8
③ 40
④ 80

해설 (1) 기호
- D : 1m
- V_{max} : ?
- Re : 2000
- ν : $4 \times 10^{-4}\text{m}^2/\text{s}$

(2) 레이놀즈수
$$Re = \frac{DV\rho}{\mu} = \frac{DV}{\nu}$$

여기서, Re : 레이놀즈수
D : 내경[m]
V : 유속[m/s]
ρ : 밀도[kg/m³]
μ : 점성계수[kg/m·s]
ν : 동점성계수$\left(\frac{\mu}{\rho}\right)$[m²/s]

$Re = \frac{DV}{\nu}$ 에서 V는

$V = \frac{Re\nu}{D} = \frac{2000 \times (4 \times 10^{-4})\text{m}^2/\text{s}}{1\text{m}} = 0.8\text{m/s}$

답 ②

35 ★★★
안지름 65mm의 관내를 유량 $0.24\text{m}^3/\text{min}$로 물이 흘러간다면 평균유속은 약 몇 m/s인가?

16.03.문37
10.05.문33
06.09.문30

① 1.2
② 2.4
③ 3.6
④ 4.8

해설 (1) 기호
- D : 65mm = 0.065m (1000mm=1m)
- Q : $0.24\text{m}^3/\text{min}$
- V : ?

(2) 유량
$$Q = AV = \left(\frac{\pi D^2}{4}\right)V$$

여기서, Q : 유량[m³/s]
A : 단면적[m²]
V : 유속[m/s]
D : (안)지름[m]

유속 V는
$V = \frac{Q}{A} = \frac{Q}{\frac{\pi}{4}D^2}$
$= \frac{0.24\text{m}^3/\text{min}}{\frac{\pi \times (0.065\text{m})^2}{4}} = \frac{0.24\text{m}^3/60\text{s}}{\frac{\pi \times (0.065\text{m})^2}{4}}$
$\fallingdotseq 1.2\text{m/s}$

- 1min=60s이므로 $0.24\text{m}^3/\text{min} = 0.24\text{m}^3/60\text{s}$

답 ①

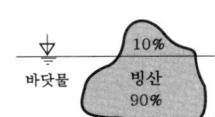

36
원통형 탱크(지름 3m)에 물이 3m 깊이로 채워져 있다. 물의 비중을 1이라 할 때, 물에 의해 탱크 밑면에 받는 힘은 약 몇 kN인가?

① 62.9   ② 102
③ 165   ④ 208

해설 (1) 기호
- D : 3m
- h : 3m
- s : 1
- F : ?

(2) 비중
$$s = \frac{\gamma}{\gamma_w}$$

여기서, s : 비중
γ : 어떤 물질의 비중량[N/m³]
γ_w : 물의 비중량(9800N/m³)

어떤 물질의 비중량 γ는
$\gamma = s \times \gamma_w = 1 \times 9800\text{N/m}^3 = 9800\text{N/m}^3$

(3) 탱크 밑면에 작용하는 힘

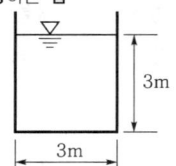

$$F = \gamma y \sin\theta A = \gamma h A$$

여기서, F : 탱크 밑면에 작용하는 힘[N]
γ : 비중량(물의 비중량 9800N/m³)
y : 표면에서 탱크 중심까지의 경사거리[m]
h : 표면에서 탱크 중심까지의 수직거리[m]
A : 단면적[m²]
θ : 경사각도[°]

탱크 밑면에 작용하는 힘 F는
$$F = \gamma h A = \gamma h \frac{\pi D^2}{4}$$
$$= 9800\text{N/m}^3 \times 3\text{m} \times \frac{\pi \times (3\text{m})^2}{4}$$
$$= 208000\text{N} = 208\text{kN}$$

- A : 원통형 탱크이므로 $A = \frac{\pi D^2}{4}$

여기서, A : 단면적[m²]
D : 지름[m]

답 ④

37
압력 1.5MPa, 온도 300℃인 과열증기를 질량유량 18000kg/h가 되도록 총길이 20m인 관로에 유속 30m/s로 유동시킬 때 압력강하는 약 몇 Pa인가? (단, 압력 1.5MPa, 온도 300℃인 과열증기의 비체적은 0.1697m³/kg이고, 관마찰계수는 0.02이다.)

① 5459   ② 5588
③ 5696   ④ 5723

해설 (1) 기호
- P : 1.5MPa=1.5×10⁶Pa($M : 10^6$)
- T : (273+300℃)[K]
- $\overline{m}$: 18000kg/h=18000kg/3600s(1h=3600s)
- L : 20m
- V : 30m/s
- ΔP : ?
- V_s : 0.1697m³/kg
- f : 0.02

(2) 비체적
$$V_s = \frac{1}{\rho}$$

여기서, V_s : 비체적[m³/kg]
ρ : 밀도[kg/m³]

밀도 ρ는
$$\rho = \frac{1}{V_s} = \frac{1}{0.1697\text{m}^3/\text{kg}}$$
$$= 5.893\text{kg/m}^3 (5.893\text{N} \cdot \text{s}^2/\text{m}^4)$$

(3) 질량유량(mass flowrate)
$$\overline{m} = AV\rho = \left(\frac{\pi D^2}{4}\right)V\rho$$

여기서, $\overline{m}$: 질량유량[kg/s]
A : 단면적[m²]
V : 유속[m/s]
ρ : 밀도[kg/m³]
D : 직경[m]

$$\overline{m} = \left(\frac{\pi D^2}{4}\right)V\rho$$
$$\frac{4\overline{m}}{\pi V\rho} = D^2$$
$$D^2 = \frac{4\overline{m}}{\pi V\rho}$$
$$\sqrt{D^2} = \sqrt{\frac{4\overline{m}}{\pi V\rho}}$$
$$D = \sqrt{\frac{4\overline{m}}{\pi V\rho}} = \sqrt{\frac{4 \times 18000\text{kg}/3600\text{s}}{\pi \times 30\text{m/s} \times 5.893\text{kg/m}^3}}$$
$$= 0.1898\text{m}$$

(4) 비중량
$$\gamma = \rho g$$

여기서, γ : 비중량[N/m³]
ρ : 밀도[kg/m³] 또는 [N·s²/m⁴]
g : 중력가속도(9.8m/s²)

(5) 달시-웨버의 식(Darcy-Weisbach formula) : 층류
$$H = \frac{\Delta P}{\gamma} = \frac{flV^2}{2gD}$$

여기서, H : 마찰손실[m]
ΔP : 압력차(압력강하)[kPa 또는 kN/m²]
γ : 비중량(물의 비중량 9800N/m³)
f : 관마찰계수
l : 길이[m]
V : 유속[m/s]
g : 중력가속도(9.8m/s²)
D : 내경[m]

압력강하 ΔP는

$$\Delta P = \frac{\gamma f L V^2}{2gD} = \frac{(\rho g)fLV^2}{2gD}$$
$$= \frac{\rho f L V^2}{2D} = \frac{fLV^2}{2V_s D} \left(\because \rho = \frac{1}{V_s}\right)$$
$$= \frac{0.02 \times 20m \times (30m/s)^2}{2 \times 0.1697m^3/kg \times 0.1898m}$$
$$= \frac{0.02 \times 20m \times (30m/s)^2}{2 \times 0.1697m^4/N \cdot s^2 \times 0.1898m}$$
$$≒ 5588N/m^2 = 5588Pa$$

• $1kg/m^3 = 1N \cdot s^2/m^4$이므로 $0.1697m^3/kg = 0.1697m^4/N \cdot s^2$

답 ②

38 관 출구 단면적이 입구 단면적의 $\frac{1}{2}$이고, 마찰손실을 무시하였을 때, 압력계 P의 계기압력은 얼마인가? (단, 유속 $V = 5m/s$, 입구 단면적 $A = 0.01m^2$, 대기압=101.3kPa, 밀도=1000kg/m³이다.)

17.05.문29
16.10.문27
16.03.문21
13.06.문34
02.05.문36

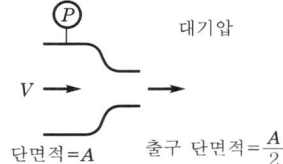

① 375Pa   ② 12.5kPa
③ 37.5kPa   ④ 138.8kPa

해설

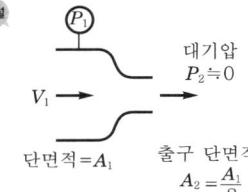

(1) 기호
• $A_2 : \frac{1}{2} A_1$
• $V_1 : 5m/s$
• $A_1 : 0.01m^2$

(2) 유량(flowrate)=체적유량
$$Q = A_1 V_1 = A_2 V_2$$
여기서, Q : 유량[m³/s]

A_1, A_2 : 단면적[m²]
V_1, V_2 : 유속[m/s]

유속 $V_2 = \frac{A_1}{A_2} V_1$
$= \frac{A_1}{\frac{1}{2}A_1} V_1 = 2V_1 = 2 \times 5m/s = 10m/s$

(3) 베르누이 방정식
$$\frac{V_1^2}{2g} + \frac{P_1}{\gamma} + Z_1 = \frac{V_2^2}{2g} + \frac{P_2}{\gamma} + Z_2$$

여기서, V_1, V_2 : 유속[m/s]
P_1, P_2 : 압력[kPa] 또는 [kN/m²]
Z_1, Z_2 : 높이[m]
g : 중력가속도(9.8m/s²)
γ : 비중량(물의 비중량 9.8kN/m³)
ΔH : 손실수두[m]

$$\frac{V_1^2}{2g} + \frac{P_1}{\gamma} + \cancel{Z_1} = \frac{V_2^2}{2g} + \frac{P_2}{\gamma} + \cancel{Z_2}$$

• 그림에서 높이차는 $Z_1 = Z_2$이므로 Z_1, Z_2 삭제
• $P_2 ≒ 0$(그림에서 대기압 상태이므로 계기압은 거의 0이다.)

$$\frac{V_1^2}{2g} + \frac{P_1}{\gamma} = \frac{V_2^2}{2g}$$
$$\frac{P_1}{\gamma} = \frac{V_2^2}{2g} - \frac{V_1^2}{2g} = \frac{V_2^2 - V_1^2}{2g}$$
$$P_1 = \gamma \frac{V_2^2 - V_1^2}{2g}$$
$$= 9.8kN/m^3 \times \frac{(10m/s)^2 - (5m/s)^2}{2 \times 9.8m/s^2}$$
$$= 37.5kN/m^2$$
$$= 37.5kPa$$

• $37.5kN/m^2 = 37.5kPa(1kN/m^2 = 1kPa)$

답 ③

39 진공 밀폐된 20m³의 방호구역에 이산화탄소약제를 방사하여 30℃, 101kPa 상태가 되었다. 이때 방사된 이산화탄소량은 약 몇 kg인가? (단, 일반기체상수는 8.314kJ/(kmol·K)이다.)

12.05.문37

① 33.6   ② 35.3
③ 37.1   ④ 39.2

해설 (1) 기호
• $V : 20m^3$
• $T : (273+t) = (273+30℃)[K]$
• $P : 101kPa = 101kN/m^2 (1kPa = 1kN/m^2)$
• $m : ?$
• $R : 8.314kJ/kmol \cdot K = 8.314kN \cdot m/(kmol \cdot K)$
  $(1kJ = 1kN \cdot m)$

(2) 분자량(M)

원소	원자량
H	1
C	12
N	14
O	16

이산화탄소(CO_2)의 분자량 $= 12+16\times 2 = 44kg/kmol$

(3) 이상기체 상태 방정식

$$PV = \frac{m}{M}RT$$

여기서, P : 압력[kN/m^2] 또는 [kPa]
　　　　V : 부피(체적)[m^3]
　　　　m : 질량[kg]
　　　　M : 분자량[kg/kmol]
　　　　R : 기체상수(8.314kJ/(kmol·K))
　　　　T : 절대온도(273+℃)[K]

질량 m은

$$m = \frac{PVM}{RT}$$

$$= \frac{101kN/m^2 \times 20m^3 \times 44kg/kmol}{8.314kN\cdot m/(kmol\cdot K)\times(273+30)K}$$

$≒ 35.3kg$

답 ②

★★ 40 다음 그림에서 A점의 계기압력은 약 몇 kPa 인가?

15.09.문22
13.09.문32

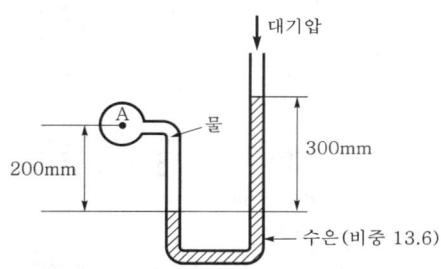

① 0.38　　　② 38
③ 0.42　　　④ 42

해설 시차액주계

$$P_A + \gamma_1 h_1 - \gamma_2 h_2 = 0$$

(1) 기호
- h_1 : 200mm = 0.2m(1000mm = 1m)
- h_2 : 300mm = 0.3m(1000mm = 1m)
- s : 13.6
- P_A : ?

(2) 비중

$$s = \frac{\gamma}{\gamma_w}$$

여기서, s : 비중
　　　　γ : 어떤 물질의 비중량[N/m^3]
　　　　γ_w : 물의 비중량(9800N/m^3)

수은의 비중량 γ는
$\gamma = s\cdot\gamma_w$
　　$= 13.6\times 9800N/m^3$
　　$= 133280N/m^3$
　　$= 133.28kN/m^3$

(3) 시차액주계

$$P_A + \gamma_1 h_1 - \gamma_2 h_2 = 0$$

여기서, P_A : 계기압력[kPa] 또는 [kN/m^2]
　　　　γ_1, γ_2 : 비중량(물의 비중량 9800N/m^3)
　　　　h_1, h_2 : 높이[m]

계기압력 P_A는
$P_A = -\gamma_1 h_1 + \gamma_2 h_2$
　　$= -9.8kN/m^3 \times 0.2m + 133.28kN/m^3 \times 0.3m$
　　$≒ 38kN/m^2$
　　$= 38kPa$

• $1kN/m^2 = 1kPa$이므로 $38kN/m^2 = 38kPa$

중요

시차액주계의 압력계산방법
점 A를 기준으로 내려가면 더하고, 올라가면 빼면 된다.

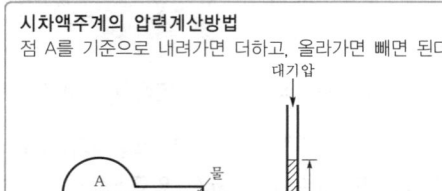

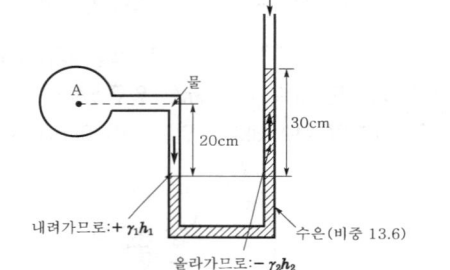

답 ②

제3과목　소방관계법규

★★★ 41 제4류 위험물에 속하지 않는 것은?

12.09.문07
10.03.문52

① 아염소산염류　　② 특수인화물
③ 알코올류　　　　④ 동식물유류

해설 ① 아염소산염류 : 제1류 위험물

위험물령 [별표 1]
위험물

유별	성질	품명
제1류	산화성 고체	• 아염소산염류 보기 ① • 염소산염류 • 과염소산염류 • 질산염(질산칼륨) • 무기과산화물

기억법 1산고(일산GO)

제2류	가연성 고체	• 황화인 • 적린 • 황 • 마그네슘 • 금속분 기억법 2황화적황마
제3류	자연발화성 물질 및 금수성 물질	• 황린 • 칼륨 • 나트륨 • 트리에틸알루미늄 • 금속의 수소화물 기억법 황칼나트알
제4류	인화성 액체	• 특수인화물 보기 ② • 석유류(벤젠)(제1석유류 : 톨루엔) • 알코올류 보기 ③ • 동식물유류 보기 ④
제5류	자기반응성 물질	• 유기과산화물 • 나이트로화합물 • 나이트로소화합물 • 아조화합물 • 질산에스터류(셀룰로이드)
제6류	산화성 액체	• 과염소산 • 과산화수소 • 질산

답 ①

42 ★★★
17.03.문59
15.03.문51
13.06.문44

제조 또는 가공 공정에서 방염처리를 하는 방염대상물품으로 틀린 것은? (단, 합판·목재류의 경우에는 설치현장에서 방염처리를 한 것을 포함한다.)

① 카펫
② 창문에 설치하는 커튼류
③ 두께가 2mm 미만인 종이벽지
④ 전시용 합판 또는 섬유판

해설
③ 두께가 2mm 미만인 종이벽지 → 두께가 2mm 미만인 종이벽지 제외

소방시설법 시행령 31조
방염대상물품

제조 또는 가공 공정에서 방염처리를 한 물품	건축물 내부의 천장이나 벽에 부착하거나 설치하는 것
① 창문에 설치하는 **커튼류** 　(블라인드 포함) 보기 ② ② 카펫 보기 ① ③ 벽지류(두께 2mm 미만인 　종이벽지 제외) 보기 ③ ④ 전시용 합판·목재 또는 　섬유판 보기 ④ ⑤ 무대용 합판·목재 또는 　섬유판 ⑥ 암막·무대막(영화상영관 　·가상체험 체육시설업의 　스크린 포함) ⑦ 섬유류 또는 합성수지류 등을 　원료로 하여 제작된 소파·의 　자(단란주점영업, 유흥주점 　영업 및 노래연습장업의 영업 　장에 설치하는 것만 해당)	① 종이류(두께 2mm 이상), 　합성수지류 또는 섬유류 　를 주원료로 한 물품 ② 합판이나 목재 ③ 공간을 구획하기 위하여 　설치하는 간이칸막이 ④ 흡음재(흡음용 커튼 포함) 　또는 **방음재**(방음용 커 　튼 포함) ※ **가구류**(옷장, 찬장, 　식탁, 식탁용 의자, 　사무용 책상, 사무용 　의자, 계산대)와 너 　비 **10cm** 이하인 반 　자돌림대, 내부 마감 　재료 제외

답 ③

43 ★★★
17.05.문60
14.05.문56
13.09.문43
13.09.문57

소방시설 중 경보설비에 속하지 않는 것은?

① 통합감시시설
② 자동화재탐지설비
③ 자동화재속보설비
④ 무선통신보조설비

해설
④ 무선통신보조설비 : 소화활동설비

소방시설법 시행령 〔별표 1〕
경보설비
(1) 비상경보설비 ─┬─ 비상벨설비
　　　　　　　　 └─ 자동식 사이렌설비
(2) 단독경보형 감지기
(3) 비상방송설비
(4) 누전경보기
(5) 자동화재탐지설비 및 시각경보기
(6) 자동화재속보설비
(7) 가스누설경보기
(8) 통합감시시설
(9) 화재알림설비

※ **경보설비** : 화재발생 사실을 통보하는 기계·기구 또는 설비

중요

소방시설법 시행령 〔별표 1〕
소화활동설비
(1) **연결**송수관설비
(2) **연결**살수설비
(3) **연**소방지설비
(4) **무**선통신보조설비
(5) **제**연설비
(6) **비상콘센트**설비

기억법 3연무제비콘

용어

소화활동설비
화재를 진압하거나 인명구조활동을 위하여 사용하는 설비

답 ④

44 ★★
05.09.문45

소방시설 설치 및 관리에 관한 법령상 방염성능 기준으로 틀린 것은?

① 버너의 불꽃을 제거한 때부터 불꽃을 올리며 연소하는 상태가 그칠 때까지 시간은 20초 이내
② 버너의 불꽃을 제거한 때부터 불꽃을 올리지 않고 연소하는 상태가 그칠 때까지 시간은 30초 이내
③ 탄화한 면적은 50cm^2 이내, 탄화한 길이는 20cm 이내
④ 불꽃에 의하여 완전히 녹을 때까지 불꽃의 접촉횟수는 2회 이상

 ④ 2회 이상 → 3회 이상

소방시설법 시행령 31조
방염성능기준
(1) 잔염시간 : 20초 이내
(2) 잔진시간 : 30초 이내
(3) 탄화길이 : 20cm 이내
(4) 탄화면적 : 50cm² 이내
(5) 불꽃 접촉횟수 : **3회** 이상
(6) 최대연기밀도 : 400 이하

용어

잔염시간	잔진시간(잔신시간)
버너의 불꽃을 제거한 때부터 불꽃을 올리며 연소하는 상태가 그칠 때까지의 시간	버너의 불꽃을 제거한 때부터 불꽃을 올리지 않고 연소하는 상태가 그칠 때까지의 시간

답 ④

45 소방시설 설치 및 관리에 관한 법률상 지방소방기술심의위원회의 심의사항은?
① 화재안전기준에 관한 사항
② 소방시설의 성능위주설계에 관한 사항
③ 소방시설에 하자가 있는지의 판단에 관한 사항
④ 소방시설의 설계 및 공사감리의 방법에 관한 사항

 ③ 지방소방기술심의위원회의 심의사항

소방시설법 18조
소방기술심의위원회의 심의사항

중앙소방기술심의위원회	지방소방기술심의위원회
① 화재안전기준에 관한 사항 ② 소방시설의 구조 및 원리 등에서 공법이 특수한 설계 및 시공에 관한 사항 ③ 소방시설의 설계 및 공사감리의 방법에 관한 사항 ④ **소방시설공사**의 하자를 판단하는 기준에 관한 사항 ⑤ 신기술·신공법 등 검토평가에 고도의 기술이 필요한 경우로서 중앙위원회에 심의를 요청한 상태	**소방시설**에 하자가 있는지의 판단에 관한 사항

답 ③

 46 소방용수시설 저수조의 설치기준으로 틀린 것은?

16.05.문47
15.05.문50
15.05.문57
11.03.문42
10.05.문46

① 지면으로부터의 낙차가 4.5m 이하일 것
② 흡수부분의 수심이 0.3m 이상일 것
③ 흡수관의 투입구가 사각형의 경우에는 한 변의 길이가 60cm 이상일 것
④ 흡수관의 투입구가 원형의 경우에는 지름이 60cm 이상일 것

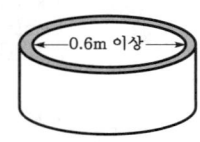 ② 0.3m 이상 → 0.5m 이상

소방용수시설의 저수조의 설치기준(기본규칙 [별표 3])

구 분	기 준
낙차	4.5m 이하 보기 ①
수심	**0.5m** 이상
투입구의 길이 또는 지름	60cm 이상 보기 ③④

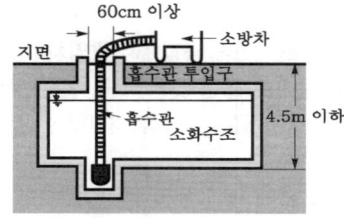

(a) 원형

(b) 사각형

흡수관 투입구

저수조의 깊이

(1) 소방펌프자동차가 **쉽게 접근**할 수 있도록 할 것
(2) 흡수에 지장이 없도록 **토사** 및 **쓰레기** 등을 제거할 수 있는 설비를 갖출 것
(3) 저수조에 물을 공급하는 방법은 **상수도**에 연결하여 **자동**으로 **급수**되는 구조일 것

답 ②

47 다음 ( ) 안에 들어갈 말로 옳은 것은?

14.03.문58

위험물의 제조소 등을 설치하고자 할 때 설치장소를 관할하는 ( )의 허가를 받아야 한다.

① 행정안전부장관   ② 소방청장
③ 경찰청장   ④ 시·도지사

 위험물법 6조
제조소 등의 설치허가
(1) 설치허가자 : **시·도지사**
(2) 설치허가 제외장소
   ㉠ 주택의 난방시설(공동주택의 중앙난방시설은 제외)을 위한 **저장소** 또는 **취급소**
   ㉡ 지정수량 **20배** 이하의 **농예용·축산용·수산용** 난방시설 또는 건조시설의 **저장소**
(3) 제조소 등의 변경신고 : 변경하고자 하는 날의 **1일** 전까지

> **참고**
>
> **시·도지사**
> (1) 특별시장
> (2) 광역시장
> (3) 특별자치시장
> (4) 도지사
> (5) 특별자치도지사
>
> 답 ④

48. 소방안전관리자를 선임하지 아니한 경우의 벌칙 기준은?

① 100만원 이하 과태료
② 200만원 이하 벌금
③ 200만원 이하 과태료
④ 300만원 이하 벌금

해설 300만원 이하의 벌금
(1) 화재안전조사를 정당한 사유없이 거부·방해·기피(화재예방법 50조)
(2) 위탁받은 업무종사자의 **비밀누설**(소방시설법 59조)
(3) 성능위주설계평가단 비밀누설(소방시설법 59조)
(4) 방염성능검사 합격표시 위조(소방시설법 59조)
(5) **소**방안전관리자, 총괄소방안전관리자 또는 소방안전관리보조자 **미**선임(화재예방법 50조) 보기 ④
(6) 다른 자에게 자기의 성명이나 상호를 사용하여 소방시설공사 등을 수급 또는 시공하게 하거나 소방시설업의 등록증·등록수첩을 빌려준 자(공사업법 37조)
(7) 감리원 미배치자(공사업법 37조)
(8) 소방기술인정 자격수첩을 빌려준 자(공사업법 37조)
(9) 2 이상의 업체에 취업한 자(공사업법 37조)
(10) 소방시설업자나 관계인 감독시 관계인의 업무를 방해하거나 비밀누설(공사업법 37조)

기억법 비3미소(비상미소)

답 ④

49. 위험물안전관리법상 지정수량 미만인 위험물의 저장 또는 취급에 관한 기술상의 기준은 무엇으로 정하는가?

① 대통령령
② 국무총리령
③ 시·도의 조례
④ 행정안전부령

해설 시·도의 조례
(1) 소방**체**험관(기본법 5조)
(2) 지정수량 **미**만인 위험물의 취급(위험물법 4조) 보기 ③
(3) 위험물의 임시저장 취급기준(위험물법 5조)

기억법 시체미(**시체**는 **미**(美)가 없다.)

답 ③

50. 소방기본법령상 소방용수시설 및 지리조사의 기준 중 ㉠, ㉡에 알맞은 것은?

> 소방본부장 또는 소방서장은 원활한 소방활동을 위하여 설치된 소방용수시설에 대한 조사를 (㉠)회 이상 실시하여야 하며 그 조사 결과를 (㉡)년간 보관하여야 한다.

① ㉠ 월 1, ㉡ 1
② ㉠ 월 1, ㉡ 2
③ ㉠ 연 1, ㉡ 1
④ ㉠ 연 1, ㉡ 2

해설 기본규칙 7조
소방용수시설 및 지리조사
(1) 조사자 : 소방본부장·소방서장
(2) 조사일시 : 월 1회 이상
(3) 조사내용
  ㉠ 소방용수시설
  ㉡ 도로의 폭·교통상황
  ㉢ 도로 주변의 토지 고저
  ㉣ 건축물의 개황
(4) 조사결과 : 2년간 보관

답 ②

51. 화재의 예방 및 안전관리에 관한 법률상 화재의 예방조치 명령이 아닌 것은?

① 모닥불·흡연 및 화기취급 제한
② 풍등 등 소형 열기구 날리기 제한
③ 용접·용단 등 불꽃을 발생시키는 행위 제한
④ 불이 번지는 것을 막기 위하여 불이 번질 우려가 있는 소방대상물의 사용 제한

해설 화재예방법 17조
누구든지 화재예방강화지구 및 이에 준하는 대통령령으로 정하는 장소에서는 다음의 어느 하나에 해당하는 행위를 하여서는 아니 된다. (단, 행정안전부령으로 정하는 바에 따라 안전조치한 경우는 제외)
(1) 모닥불, 흡연 등 화기의 취급
(2) 풍등 등 소형 열기구 날리기
(3) 용접·용단 등 불꽃을 발생시키는 행위
(4) 그 밖에 **대통령령**으로 정하는 화재발생위험이 있는 행위

답 ④

52. 화재를 진압하고 화재, 재난·재해, 그 밖의 위급한 상황에서 구조·구급 활동 등을 하기 위하여 소방공무원, 의무소방원, 의용소방대원으로 구성된 조직체는?

① 구조구급대
② 소방대
③ 의무소방대
④ 의용소방대

해설 기본법 2조 ⑤항
소방대
(1) 소방**공**무원
(2) **의**무소방원
(3) **의**용소방대원

기억법 공의(**공의**가 살아 있다!)

용어
소방대
화재를 진압하고 화재, 재난·재해 그 밖의 위급한 상황에서의 구조·구급활동 등을 하기 위하여 **소방공무원·의무소방원·의용소방대원**으로 구성된 조직체

답 ②

53 ★★
(18.04.문57)
소방시설공사업법상 특정소방대상물의 관계인 또는 발주자로부터 소방시설공사 등을 도급받은 소방시설업자가 제3자에게 소방시설공사 시공을 하도급할 수 없다. 이를 위반하는 경우의 벌칙기준은? (단, 대통령령으로 도급받은 소방시설공사의 일부를 한 번만 제3자에게 하도급할 수 있는 경우는 제외한다.)

① 100만원 이하의 벌금
② 300만원 이하의 벌금
③ 1년 이하의 징역 또는 1000만원 이하의 벌금
④ 3년 이하의 징역 또는 1500만원 이하의 벌금

해설 **1년 이하의 징역** 또는 **1000만원 이하의 벌금**
(1) **소방시설**의 **자체점검** 미실시자(소방시설법 58조)
(2) **소방시설관리사증** 대여(소방시설법 58조)
(3) **소방시설관리업**의 등록증 또는 등록수첩 대여(소방시설법 58조)
(4) 제조소 등의 정기점검기록 허위 작성(위험물법 35조)
(5) **자체소방대**를 두지 않고 제조소 등의 허가를 받은 자(위험물법 35조)
(6) **위험물 운반용기**의 검사를 받지 않고 유통시킨 자(위험물법 35조)
(7) 제조소 등의 긴급사용정지 위반자(위험물법 35조)
(8) 영업정지처분 위반자(공사업법 36조)
(9) 거짓감리자(공사업법 36조)
(10) 공사감리자 미지정자(공사업법 36조)
(11) 소방시설 설계·시공·감리 **하도급자**(공사업법 36조)
(12) 소방시설공사 재하도급자(공사업법 36조)
(13) 소방시설업자가 아닌 자에게 소방시설공사 등을 도급한 관계인(공사업법 36조)

기억법 1 1000하(**일천하**)

답 ③

54 ★★★
(15.05.문47)
(11.06.문52)
(10.03.문57)
소방시설 설치 및 관리에 관한 법령상 소방용품으로 틀린 것은?
① 시각경보기
② 자동소화장치
③ 가스누설경보기
④ 방염제

해설 소방시설법 시행령 6조
소방용품 제외 대상
(1) 주거용 주방자동소화장치용 소화약제
(2) 가스자동소화장치용 소화약제
(3) 분말자동소화장치용 소화약제
(4) 고체에어로졸자동소화장치용 소화약제
(5) 소화약제 외의 것을 이용한 간이소화용구
(6) 휴대용 비상조명등
(7) 유도표지
(8) 벨용 푸시버튼스위치
(9) 피난밧줄
(10) 옥내소화전함
(11) 방수구
(12) 안전매트
(13) 방수복
(14) 시각경보기

답 ①

55 ★★★
(16.10.문51)
위험물제조소에 환기설비를 설치할 경우 바닥면적이 $100m^2$이면 급기구의 면적은 몇 cm^2 이상이어야 하는가?

① 150
② 300
③ 450
④ 600

해설 위험물규칙 〔별표 4〕
위험물제조소의 환기설비
(1) 환기는 **자연배기방식**으로 할 것
(2) 급기구는 바닥면적 $150m^2$마다 1개 이상으로 하되, 그 크기는 $800cm^2$ 이상일 것

바닥면적	급기구의 면적
$60m^2$ 미만	$150cm^2$ 이상
$60 \sim 90m^2$ 미만	$300cm^2$ 이상
$90 \sim 120m^2$ 미만 →	$450cm^2$ 이상
$120 \sim 150m^2$ 미만	$600cm^2$ 이상

(3) 급기구는 **낮은 곳**에 설치하고, 가는 눈의 구리망 등으로 **인화방지망**을 설치할 것
(4) 환기구는 지붕 위 또는 지상 2m 이상의 높이에 **회전식 고정벤틸레이터** 또는 **루프팬방식**으로 설치할 것

답 ③

56. 화재안전조사를 실시할 수 있는 경우가 아닌 것은?

① 화재가 자주 발생하였거나 발생할 우려가 뚜렷한 곳에 대한 조사가 필요한 경우
② 재난예측정보, 기상예보 등을 분석한 결과 소방대상물에 화재의 발생 위험이 크다고 판단되는 경우
③ 화재 등이 발생할 경우 인명 또는 재산피해의 우려가 낮다고 판단되는 경우
④ 관계인이 실시하는 소방시설 등에 대한 자체점검이 불성실하거나 불완전하다고 인정되는 경우

해설
③ 낮다고 판단되는 경우 → 현저하다고 판단되는 경우

화재예방법 7조
화재안전조사의 실시
(1) 관계인이 이 법 또는 다른 법령에 따라 실시하는 소방시설 등, 방화시설, 피난시설 등에 대한 자체점검이 **불성실**하거나 불완전하다고 인정되는 경우
(2) 화재예방강화지구 등 법령에서 화재안전조사를 하도록 규정되어 있는 경우
(3) 화재예방안전진단이 불성실하거나 불완전하다고 인정되는 경우
(4) **국가적 행사** 등 주요 행사가 개최되는 장소 및 그 주변의 관계지역에 대하여 소방안전관리 실태를 조사할 필요가 있는 경우
(5) **화재**가 **자주 발생**하였거나 발생할 우려가 뚜렷한 곳에 대한 조사가 필요한 경우
(6) **재난예측정보**, 기상예보 등을 분석한 결과 소방대상물에 화재의 발생 위험이 크다고 판단되는 경우
(7) 화재, 그 밖의 긴급한 상황이 발생할 경우 인명 또는 재산피해의 우려가 **현저하다고** 판단되는 경우

중요
화재예방법 7·8조
화재안전조사
(1) 실시자 : 소방청장·소방본부장·소방서장
(2) 관계인의 승낙이 필요한 곳 : **주거**(주택)

용어
화재안전조사
소방대상물, 관계지역 또는 관계인에 대하여 소방시설 등이 소방관계법령에 적합하게 설치·관리되고 있는지, 소방대상물에 화재의 발생위험이 있는지 등을 확인하기 위하여 실시하는 현장조사·문서열람·보고요구 등을 하는 활동

답 ③

57. 피난시설, 방화구획 및 방화시설에서 해서는 안 될 사항으로 틀린 것은?

① 피난시설, 방화구획 및 방화시설을 폐쇄하거나 훼손하는 등의 행위
② 피난시설, 방화구획 및 방화시설을 유지·관리하는 행위
③ 피난시설, 방화구획 및 방화시설의 주위에 물건을 쌓는 행위
④ 피난시설, 방화구획 및 방화시설의 용도에 장애를 주는 행위

해설
② 유지·관리하는 행위 → 변경하는 행위

소방시설법 16조
피난시설, 방화구획 및 방화시설의 관리에 대한 관계인의 잘못된 행위
(1) 피난시설, 방화구획 및 방화시설을 **폐쇄**하거나 **훼손**하는 등의 행위
(2) 피난시설, 방화구획 및 방화시설의 주위에 물건을 쌓아두거나 **장애물**을 설치하는 행위
(3) 피난시설, 방화구획 및 방화시설의 용도에 장애를 주거나 **소방활동**에 **지장**을 주는 행위
(4) 피난시설, 방화구획 및 방화시설을 **변경**하는 행위

답 ②

58. 공사업자가 소방시설공사를 마친 때에는 누구에게 완공검사를 받는가?

① 소방본부장 또는 소방서장
② 군수
③ 시·도지사
④ 소방청장

해설
착공신고·완공검사 등 (공사업법 13~15조)
(1) 소방시설공사의 착공신고  **소방본부장·소방서장**
(2) 소방시설공사의 완공검사
(3) 하자보수기간 : 3일 이내

답 ①

59. 화재예방상 필요하다고 인정되거나 화재위험경보시 발령하는 소방신호는?

① 경계신호
② 발화신호
③ 해제신호
④ 훈련신호

해설 기본규칙 10조
소방신호의 종류

소방신호	설 명
경계신호	• 화재예방상 필요하다고 인정되거나 **화재위험경보시** 발령
발화신호	• **화재가 발생**한 때 발령
해제신호	• 소화활동이 필요없다고 인정되는 때 발령
훈련신호	• **훈련상** 필요하다고 인정되는 때 발령

중요

기본규칙 〔별표 4〕
소방신호표

신호방법 종별	타종신호	사이렌 신호
경계신호	1타와 연 2타를 반복	5초 간격을 두고 30초씩 3회
발화신호	난타	5초 간격을 두고 5초씩 3회
해제신호	상당한 간격을 두고 1타씩 반복	1분간 1회
훈련신호	연 3타 반복	10초 간격을 두고 1분씩 3회

답 ①

★★★ 60
16.05.문50 / 15.05.문56 / 14.09.문43 / 12.09.문53 / 10.09.문52

소방시설 설치 및 관리에 관한 법령상 종합점검을 실시하여야 하는 특정소방대상물의 기준 중 틀린 것은?

① 물분무등소화설비(호스릴방식의 물분무등소화설비만을 설치한 경우는 제외)가 설치된 연면적 5000m² 이상인 아파트
② 물분무등소화설비(호스릴방식의 물분무등소화설비만을 설치한 경우는 제외)가 설치된 연면적 5000m² 이상인 특정소방대상물(위험물제조소 등은 제외)
③ 공공기관 중 연면적이 1000m² 이상인 것으로서 옥내소화전설비 또는 자동화재탐지설비가 설치된 것(소방대가 근무하는 공공기관은 제외)
④ 노래연습장업이 설치된 특정소방대상물로서 연면적이 1500m² 이상인 것

해설 ④ 노래방은 다중이용업소로서 연면적 2000m² 이상

소방시설법 시행규칙 〔별표 3〕
소방시설 등 자체점검의 구분과 대상, 점검자의 자격

점검구분	정 의	점검대상	점검자의 자격 (주된 인력)
작동점검	소방시설 등을 인위적으로 조작하여 정상적으로 작동하는지를 점검하는 것	① 간이스프링클러설비 ② 자동화재탐지설비	① 관계인 ② 소방안전관리자로 선임된 **소방시설관리사** 또는 **소방기술사** ③ 소방시설관리업에 등록된 소방시설관리사 또는 **특급점검자**
		③ 간이스프링클러설비 또는 자동화재탐지설비가 미설치된 특정소방대상물	① 소방시설관리업에 등록된 기술인력 중 소방시설관리사 ② 소방안전관리자로 선임된 소방시설관리사 또는 소방기술사
	④ 작동점검대상 제외 ㉠ 특정소방대상물 중 소방안전관리자를 선임하지 않는 대상 ㉡ 위험물제조소 등 ㉢ 특급소방안전관리대상물		
종합점검	소방시설 등의 작동점검을 포함하여 소방시설 등의 설비별 주요구성부품의 구조기준이 관련 법령에서 정하는 기준에 적합한지 여부를 점검하는 것 (1) 최초점검: 특정소방대상물의 소방시설이 새로 설치되는 경우 건축물을 사용할 수 있게 된 날부터 **60일** 이내 점검하는 것 (2) 그 밖의 종합점검: 최초점검을 제외한 종합점검	① 소방시설 등이 신설된 경우에 해당하는 특정소방대상물 ② **스프링클러설비**가 설치된 특정소방대상물 ③ **물분무등소화설비**(호스릴방식의 물분무등소화설비만을 설치한 경우는 제외)가 설치된 연면적 5000m² 이상인 특정소방대상물(위험물제조소 등 제외) ④ 다중이용업의 영업장이 설치된 특정소방대상물로서 연면적이 2000m² 이상인 것 ⑤ 제연설비가 설치된 터널 ⑥ 공공기관 중 연면적 (터널·지하구의 경우 그 길이와 평균 폭을 곱하여 계산된 값을 말한다)이 1000m² 이상인 것으로서 옥내소화전설비 또는 자동화재탐지설비가 설치된 것(단, 소방대가 근무하는 공공기관 제외)	① 소방시설관리업에 등록된 기술인력 중 소방시설관리사 ② 소방안전관리자로 선임된 소방시설관리사 또는 소방기술사

답 ④

제4과목 소방기계시설의 구조 및 원리

61 옥외소화전에 관한 설명으로 옳은 것은?
① 호스는 구경 40mm의 것으로 한다.
② 노즐선단에서 방수압력 0.17MPa 이상, 방수량이 130L/min 이상의 가압송수장치가 필요하다.
③ 압력챔버를 사용할 경우 그 용적은 50L 이하의 것으로 한다.
④ 옥외소화전이 10개 이하 설치된 때에는 옥외소화전마다 5m 이내의 장소에 1개 이상의 소화전함을 설치하여야 한다.

 해설
① 40mm → 65mm
② 0.17MPa → 0.25MPa, 130L/min → 350L/min
③ 50L 이하 → 100L 이상

옥외소화전(NFPC 109 5~7조, NFTC 109 2.2~2.4)
(1) 호스는 구경 **65mm** 이상의 것으로 한다. 보기 ①
(2) 노즐선단에서 방수압력 **0.25MPa** 이상, 방수량이 **350L/min** 이상의 가압송수장치가 필요하다. 보기 ②
(3) 압력챔버를 사용할 경우 그 용적은 **100L** 이상의 것으로 한다. 보기 ③
(4) 면적은 **0.5m²** 이상으로 한다.

중요
(1) 옥외소화전함의 설치거리 및 면적

옥외소화전함의 설치거리(실제도)

(2) 옥외소화전함 설치기구(NFTC 109 2.4)

옥외소화전의 개수	소화전함의 개수
10개 이하	소화전마다 **5m** 이내의 장소에 1개 이상 보기 ④
11~30개 이하	**11개** 이상 소화전함 분산설치
31개 이상	소화전 **3개**마다 1개 이상

답 ④

62 물분무소화설비를 설치하는 차고 또는 주차장의 배수설비 중 배수구에서 새어나온 기름을 모아 소화할 수 있도록 최대 몇 m마다 집수관·소화피트 등 기름분리장치를 설치하여야 하는가?
① 10   ② 40
③ 50   ④ 100

해설 **물분무소화설비의 배수설비**(NFPC 104 11조, NFTC 104 2.8.1)

구 분	설 명
배수구	10cm 이상의 경계턱으로 배수구 설치 (차량이 주차하는 곳)
기름분리장치	40m 이하마다 기름분리장치 설치 보기 ②
기울기	차량이 주차하는 바닥은 $\frac{2}{100}$ 이상의 기울기 유지
배수설비	배수설비는 가압송수장치의 **최대송수능력**의 수량을 유효하게 배수할 수 있는 크기 및 기울기일 것

중요
기울기

구 분	배관 및 설비
$\frac{1}{100}$ 이상	연결살수설비의 수평주행배관
$\frac{2}{100}$ 이상	물분무소화설비의 배수설비
$\frac{1}{250}$ 이상	습식·부압식 설비 외 설비의 가지배관
$\frac{1}{500}$ 이상	습식·부압식 설비 외 설비의 수평주행배관

답 ②

63 다음 중 분말소화설비의 구성품이 아닌 것은?
① 정압작동장치   ② 압력조정기
③ 가압용 가스용기 ④ 기화기

해설 **분말소화설비의 구성품**
(1) **정**압작동장치 보기 ①
(2) **압**력조정기 보기 ②
(3) **가**압용 가스용기 보기 ③
(4) 분사헤드
(5) 안전밸브

기억법 분정압가

답 ④

64 할론소화설비 중 가압용 가스용기의 충전가스로 옳은 것은?
① NO₂   ② O₂
③ N₂   ④ H₂

해설 압력원(충전가스)(NFPC 107 4조, NFTC 107 2.1.3)

소화기	압력원(충전가스)
• 강화액 • 산·알칼리 • 화학포 • 분말(가스가압식)	이산화탄소(CO_2)
• 할론 • 분말(축압식)	질소(N_2) 보기 ③

답 ③

65 연소할 우려가 있는 개구부에는 상하좌우 몇 m 간격으로 스프링클러헤드를 설치하여야 하는가?
16.10.문73
11.06.문73
09.05.문67
① 1.5m   ② 2.0m
③ 2.5m   ④ 3.0m

해설 연소할 우려가 있는 개구부(NFPC 103 10조, NFTC 103 2.7.7.6)
(1) 개구부 상하좌우에 **2.5m** 간격으로 헤드 설치 보기 ③
(2) 스프링클러헤드와 개구부의 내측면으로부터 직선거리는 **15cm** 이하
(3) 개구부 폭이 **2.5m** 이하인 경우 그 **중앙**에 1개의 헤드 설치
(4) 사람이 상시 출입하는 개구부로서 통행에 지장이 있을 때에는 **개구부**의 **상부** 또는 **측면**에 설치

답 ③

66 소화약제 공급장치에 배관 및 분사헤드 등을 설치하여 밀폐방호구역 전체에 소화약제를 방출하는 설비방식은?
14.03.문80
13.06.문64
11.03.문79
① 전역방출방식
② 국소방출방식
③ 이동식 방출방식
④ 반이동식 방출방식

해설 소화설비의 방출방식

방출방식	설명
전역방출방식	소화약제 공급장치에 배관 및 분사헤드 등을 설치하여 **밀폐방호구역 전체**에 소화약제를 방출하는 방식 보기 ①
국소방출방식	소화약제 공급장치에 **배관** 및 분사헤드 등을 설치하여 **직접 화점**에 소화약제를 방출하는 방식
호스방출방식 (호스릴방식)	소화수 또는 소화약제 저장용기 등에 연결된 **호스릴**을 이용하여 사람이 **직접 화점**에 소화수 또는 소화약제를 방출하는 방식

답 ①

67 호스릴 이산화탄소소화설비의 설치기준으로 틀린 것은?
16.10.문69
16.05.문73
08.09.문66
① 소화약제 저장용기는 호스릴을 설치하는 장소마다 설치할 것

② 노즐은 20℃에서 하나의 노즐마다 40kg/min 이상의 소화약제를 방사할 수 있는 것으로 할 것
③ 방호대상물의 각 부분으로부터 하나의 호스 접결구까지의 수평거리가 15m 이하가 되도록 할 것
④ 소화약제 저장용기의 개방밸브는 호스의 설치장소에서 수동으로 개폐할 수 있는 것으로 할 것

해설 ② 40kg/min → 60kg/min

호스릴 이산화탄소소화설비의 설치기준(NFPC 106 10조, NFTC 106 2.7.4)
(1) 노즐당 소화약제 방출량은 20℃에서 **60kg/min** 이상 보기 ②
(2) 소화약제 저장용기는 **호스릴**을 설치하는 **장소**마다 설치 보기 ①
(3) 소화약제 저장용기의 가장 가까운 곳, 보기 쉬운 곳에 **표시등** 설치, 호스릴 이산화탄소소화설비가 있다는 뜻을 표시한 표지를 할 것
(4) 약제개방밸브는 호스의 설치장소에서 수동으로 개폐할 것 보기 ④
(5) 방호대상물의 각 부분으로부터 하나의 호스 접결구까지의 수평거리가 15m 이하가 되도록 할 것 보기 ③

답 ②

68 미분무소화설비의 화재안전기준에서 나타내고 있는 가압송수장치방식으로 가장 거리가 먼 것은?
10.05.문76
① 고가수조방식   ② 펌프방식
③ 압력수조방식   ④ 가압수조방식

해설 **미분무소화설비**의 **가압송수장치**

가압송수장치	설명
가압수조방식 보기 ④	**가압수조**를 이용한 **가압송수장치**
압력수조방식 보기 ③	**압력수조**를 이용한 **가압송수장치**
펌프방식 (지하수조방식) 보기 ②	**전동기** 또는 **내연기관**에 따른 펌프를 이용하는 가압송수장치

비교

물분무소화설비의 **가압송수장치**

가압송수장치	설명
고가수조방식	**자연낙차**를 이용한 가압송수장치
압력수조방식	**압력수조**를 이용한 가압송수장치
펌프방식 (지하수조방식)	**전동기** 또는 **내연기관**에 따른 펌프를 이용하는 가압송수장치

답 ①

69 다음 중 분말소화약제 1kg당 저장용기의 내용적이 가장 작은 것은?
18.04.문68
14.05.문73
12.05.문63
12.03.문72
① 제1종 분말   ② 제2종 분말
③ 제3종 분말   ④ 제4종 분말

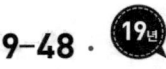

해설

① 제1종 분말의 내용적이 0.8로서 가장 작다.

분말소화약제

종별	소화약제	충전비 (L/kg)	적응 화재	비고
제**1**종	중탄산나트륨 (NaHCO₃)	0.8	BC급	**식**용유 및 지방질유의 화재에 적합
제2종	중탄산칼륨 (KHCO₃)	1.0	BC급	–
제**3**종	인산암모늄 (NH₄H₂PO₄)		ABC급	**차**고·**주**차장에 적합
제4종	중탄산칼륨+요소 (KHCO₃+(NH₂)₂CO)	1.25	BC급	–

기억법 1식분(**일식 분식**)
3분 차주(**삼보**컴퓨터 **차주**)

• 1kg당 저장용기의 내용적=충전비

답 ①

70 일제살수식 스프링클러설비에 대한 설명으로 옳은 것은?

① 정상상태에서 방수구를 막고 있는 감열체가 일정온도에서 자동적으로 파괴·용해 또는 이탈됨으로써 방수구가 개방되는 방식이다.
② 가압된 물이 분사될 때 헤드의 축심을 중심으로 한 반원상에 균일하게 분산시키는 방식이다.
③ 물과 오리피스가 분리되어 동파를 방지할 수 있는 특징을 가진 방식이다.
④ 화재발생시 자동감지장치의 작동으로 일제개방밸브가 개방되면 스프링클러헤드까지 소화용수가 송수되는 방식이다.

해설 스프링클러설비의 **종류**(NFPC 103 3조, NFTC 103 1.7)

종류	설명
습식 스프링클러설비	습식 밸브의 **1차**측 및 **2차**측 배관 내에 항상 **가압수**가 충수되어 있다가 화재발생시 열에 의해 헤드가 개방되어 소화한다.
건식 스프링클러설비	건식 밸브의 **1차**측에는 **가압수**, 2차측에는 **공기**가 압축되어 있다가 화재발생시 열에 의해 헤드가 개방되어 소화한다.
준비작동식 스프링클러설비	• 준비작동밸브의 **1차**측에는 **가압수**, 2차측에는 **대기압** 상태로 있다가 화재발생시 감지기에 의하여 **준비작동밸브**(pre-action valve)를 개방하여 헤드까지 가압수를 송수시켜 놓고 있다가 열에 의해 헤드가 개방되면 소화한다. • **화재감지기**의 작동에 의해 밸브가 개방되고 다시 **열**에 의해 **헤드**가 개방되는 방식이다.
일제살수식 스프링클러설비	일제개방밸브의 **1차**측에는 **가압수**, 2차측에는 **대기압** 상태로 있다가 화재발생시 감지기에 의하여 **일제개방밸브**(deluge valve)가 개방되어 소화한다.

답 ④

71 완강기 및 완강기의 속도조절기에 관한 설명으로 틀린 것은?

① 견고하고 내구성이 있어야 한다.
② 강하시 발생하는 열에 의해 기능에 이상이 생기지 아니하여야 한다.
③ 속도조절기는 사용 중에 분해·손상·변형되지 아니하여야 하며, 속도조절기의 이탈이 생기지 아니하도록 덮개를 하여야 한다.
④ 평상시에는 분해, 청소 등을 하기 쉽게 만들어져 있어야 한다.

해설 ④ 하기 쉽게 만들어져 있어야 한다. → 하지 아니하여도 작동될 수 있을 것

완강기 및 **완강기 속도조절기**의 **일반구조**(완강기 형식 3조)
(1) 견고하고 **내구성**이 있을 것
(2) 평상시에 분해, 청소 등을 하지 아니하여도 작동할 수 있을 것
(3) 강하시 발생하는 **열**에 의하여 기능에 이상이 생기지 아니할 것
(4) 속도조절기는 사용 중에 분해·손상·변형되지 아니하여야 하며, 속도조절기의 이탈이 생기지 아니하도록 덮개를 하여야 한다.
(5) 강하시 **로프**가 손상되지 아니할 것
(6) **속도조절기**의 **폴리** 등으로부터 로프가 노출되지 아니하는 구조

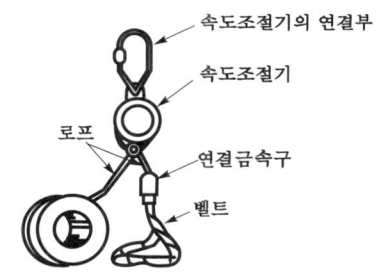

‖ 완강기의 구조 ‖

답 ④

72 완강기의 부품구성으로서 옳은 것은?

① 체인, 속도조절기의 연결부, 벨트, 연결금속구
② 속도조절기의 연결부, 체인, 벨트, 속도조절기
③ 로프, 벨트, 속도조절기의 연결부, 속도조절기
④ 로프, 릴, 속도조절기의 연결부, 벨트

해설 **완강기**의 **구성**(완강기의 형식승인 및 제품검사의 기술기준 3조)
(1) 속도조절기
(2) **로**프
(3) **벨**트
(4) 속도조절기의 연결부
(5) 연결금속구

기억법 조로벨후

19. 04. 시행 / 산업(기계)

속도조절기의 커버 피복 이유
기능에 이상을 생기게 하는 **모**래 따위의 잡물이 들어가는 것을 방지하기 위하여

기억법 모조(모조품)

답 ③

73

습식 스프링클러설비 또는 부압식 스프링클러설비 외의 설비에는 헤드를 향하여 상향으로 수평주행배관 기울기를 최소 몇 이상으로 하여야 하는가? (단, 배관의 구조상 기울기를 줄 수 없는 경우는 제외한다.)

① $\frac{1}{100}$ ② $\frac{1}{200}$
③ $\frac{1}{300}$ ④ $\frac{1}{500}$

해설 기울기

구 분	설 명
$\frac{1}{100}$ 이상	연결살수설비의 수평주행배관
$\frac{2}{100}$ 이상	물분무소화설비의 배수설비
$\frac{1}{250}$ 이상	습식 설비·부압식 설비 외 설비의 가지배관
$\frac{1}{500}$ 이상 보기 ④	**습**식 설비·**부**압식 설비 외 설비의 **수**평주행배관

기억법 습부수5

답 ④

74

소화기의 정의 중 다음 ( ) 안에 알맞은 것은?

대형 소화기란 화재시 사람이 운반할 수 있도록 운반대와 바퀴가 설치되어 있고 능력단위가 A급 (㉠)단위 이상, B급 (㉡)단위 이상인 소화기를 말한다.

① ㉠ 10, ㉡ 5   ② ㉠ 20, ㉡ 5
③ ㉠ 10, ㉡ 20   ④ ㉠ 20, ㉡ 20

해설 **소화능력단위**에 의한 **분류**(소화기의 형식승인 및 제품검사의 기술기준 4조)

소화기 분류		능력단위
소형 소화기		1단위 이상
대형 소화기	A급	10단위 이상 보기 ㉠
	B급	**20**단위 이상 보기 ㉡

기억법 대2B(데이빗!)

답 ③

75

상수도소화용수설비 설치시 소화전 설치기준으로 옳은 것은?

① 특정소방대상물의 수평투영반경의 각 부분으로부터 140m 이하가 되도록 설치
② 특정소방대상물의 수평투영면의 각 부분으로부터 140m 이하가 되도록 설치
③ 특정소방대상물의 수평투영반경의 각 부분으로부터 100m 이하가 되도록 설치
④ 특정소방대상물의 수평투영면의 각 부분으로부터 100m 이하가 되도록 설치

해설 **상수도소화용수설비**의 **기준**(NFPC 401 4조, NFTC 401 2.1.1)
(1) 호칭지름

수도배관	소화전
75mm 이상	100mm 이상

(2) 소화전은 소방자동차 등의 진입이 쉬운 **도**로변 또는 **공**지에 설치
(3) 소화전은 특정소방대상물의 수평투영면의 각 부분으로부터 **140m** 이하에 설치
(4) 지상식 소화전의 호스접결구는 지면으로부터 높이가 0.5m 이상 1m 이하가 되도록 설치

답 ②

76

상수도소화용수설비 설치시 호칭지름 75mm 이상의 수도배관에는 호칭지름 몇 mm 이상의 소화전을 접속하여야 하는가?

① 50mm   ② 75mm
③ 80mm   ④ 100mm

해설 문제 75 참조

④ 소화전 : 100mm 이상

답 ④

77

대형 소화기를 설치하는 경우 특정소방대상물의 각 부분으로부터 1개의 소화기까지의 보행거리는 몇 m 이내로 배치하여야 하는가?

① 10   ② 20
③ 30   ④ 40

해설 (1) 수평거리

수평거리	설 명
수평거리 10m 이하	• 예상제연구역
수평거리 15m 이하	• 분말호스릴 • 포호스릴 • CO_2 호스릴
수평거리 20m 이하	• 할론 호스릴
수평거리 25m 이하	• 옥내소화전 방수구(호스릴 포함) • 포소화전 방수구 • 연결송수관 방수구(지하가) • 연결송수관 방수구(지하층 바닥면적 3000m² 이상)
수평거리 40m 이하	• 옥외소화전 방수구
수평거리 50m 이하	• 연결송수관 방수구(사무실)

답 ③

(2) 보행거리

수평거리	설 명
보행거리 20m 이내	소형 소화기
보행거리 30m 이내 보기 ③	대형 소화기

용어

수평거리와 보행거리
(1) **수평거리** : 직선거리로서 반경을 의미하기도 한다.

(2) **보행거리** : 걸어서 간 거리이다.

답 ③

78 포헤드를 정방형으로 배치한 경우 포헤드 상호 간 거리(S) 산정식으로 옳은 것은? (단, r은 유효반경이다.)

① $S = 2r \times \sin 30°$
② $S = 2r \times \cos 30°$
③ $S = 2r$
④ $S = 2r \times \cos 45°$

해설 포헤드 상호간의 거리기준(NFPC 105 12조, NFTC 105 2.9.2.5)

정방형(정사각형)	장방형(직사각형)
$S = 2r \times \cos 45°$ $L = S$ 여기서, S : 포헤드 상호간의 거리[m] r : 유효반경(2.1m) L : 배관간격[m]	$P_t = 2r$ 여기서, P_t : 대각선의 길이[m] r : 유효반경(2.1m)

답 ④

79 계단실 및 그 부속실을 동시에 제연구역으로 선정시 방연풍속은 최소 얼마 이상이어야 하는가?

① 0.3m/s
② 0.5m/s
③ 0.7m/s
④ 1.0m/s

해설 **차압**(NFPC 501A 6·10조, NFTC 501A 2.3, 2.7)
(1) 계단실 및 그 부속실을 동시에 제연하는 것 또는 계단실만 단독으로 제연할 때의 방연풍속 : **0.5m/s 이상**
보기 ②
(2) 계단실과 부속실을 동시에 제연하는 경우 부속실의 기압은 계단실과 같게 하거나 계단실의 기압보다 낮게 할 경우에는 부속실과 계단실의 압력차이 : **5Pa 이하**
(3) 제연구역과 옥내와의 사이에 유지하여야 하는 최소차압 : **40Pa**(옥내에 **스프링클러설비**가 설치된 경우는 **12.5Pa**) 이상
(4) 제연설비가 가동되었을 경우 출입문의 개방에 필요한 힘 : **110N 이하**

답 ②

80 연결살수설비의 설치기준에 대한 설명으로 옳은 것은?

① 송수구는 반드시 65mm의 쌍구형으로만 한다.
② 연결살수설비 전용헤드를 사용하는 경우 천장으로부터 하나의 살수헤드까지 수평거리는 3.2m 이하로 한다.
③ 개방형 헤드를 사용하는 연결살수설비의 수평주행배관은 헤드를 향해 상향으로 $\dfrac{1}{100}$ 이상의 기울기로 설치한다.
④ 천장·반자 중 한쪽이 불연재료로 되어 있고 천장과 반자 사이의 거리가 0.5m 미만인 부분은 연결살수설비 헤드를 설치하지 않아도 된다.

해설
① 65mm의 쌍구형이 원칙이지만 살수헤드수 **10개** 이하는 **단구형**도 **가능**
② 연결살수설비 헤드의 수평거리

전용헤드	스프링클러헤드
3.7m 이하	2.3m 이하

④ 0.5m 미만 → 1m 미만

중요

기울기

기울기	설 명
$\dfrac{1}{100}$ 이상	연결살수설비의 수평주행배관
$\dfrac{2}{100}$ 이상	물분무소화설비의 배수설비
$\dfrac{1}{250}$ 이상	습식 설비·부압식 설비 외 설비의 가지배관
$\dfrac{1}{500}$ 이상	습식 설비·부압식 설비 외 설비의 수평주행배관

답 ③

2019. 9. 21 시행

2019년 산업기사 제4회 필기시험

자격종목	종목코드	시험시간	형별	수험번호	성명
소방설비산업기사(기계분야)		2시간			

※ 각 문항은 4지택일형으로 질문에 가장 적합한 보기 항을 선택하여 체크하여야 합니다.

제1과목 소방원론

01 제1류 위험물로서 그 성질이 산화성 고체인 것은?

① 셀룰로이드류
② 금속분류
③ 아염소산염류
④ 과염소산

해설
① 제5류   ② 제3류
③ 제1류   ④ 제6류

위험물령 〔별표 1〕
위험물

유별	성질	품명
제1류	산화성 고체	• 아염소산염류(아염소산나트륨) • 염소산염류 • 과염소산염류 • 질산염류(질산칼륨) • 무기과산화물(과산화바륨) [기억법] 1산고(일산GO)
제2류	가연성 고체	• 황화인 • 적린 • 황 • 마그네슘 [기억법] 2황화적황마
제3류	자연발화성 물질 및 금수성 물질	• 황린 • 칼륨 ┐ • 나트륨 ├ 금속분 • 트리에틸알루미늄 ┘ [기억법] 황칼나트알
제4류	인화성 액체	• 특수인화물 • 석유류(벤젠) • 알코올류 • 동식물유류
제5류	자기반응성 물질	• 질산에스터류(셀룰로이드) • 유기과산화물 • 나이트로화합물 • 나이트로소화합물 • 아조화합물 • 나이트로글리세린
제6류	산화성 액체	• 과염소산 • 과산화수소 • 질산 [기억법] 6산액과염산질산

답 ③

02 건축물 화재시 플래시오버(flash over)에 영향을 주는 요소가 아닌 것은?

① 내장재료
② 개구율
③ 화원의 크기
④ 건물의 층수

해설
플래시오버(flash over)에 **영향**을 미치는 것
(1) 개구율(벽면적에 대한 개구부면적의 비)
(2) 내장재료(내장재료의 제성상)
(3) 화원의 크기

※ **화원**(source of fire) : 불이 난 근원

중요

플래시오버(flash over)의 지연대책
(1) **두께**가 **두꺼운** 가연성 내장재료 사용
(2) **열전도율**이 큰 내장재료 사용
(3) 주요구조부를 **내화구조**로 하고 개구부를 **적게** 설치
(4) 실내에 저장하는 **가연물**의 양을 줄임

답 ④

03 다음 중 가스계 소화약제가 아닌 것은?

① 포소화약제
② 할로겐화합물 및 불활성기체 소화약제
③ 이산화탄소소화약제
④ 할론소화약제

해설
① 수계 소화약제

가스계 소화약제
(1) 할로겐화합물 및 불활성기체 소화약제
(2) 이산화탄소소화약제
(3) 할론소화약제

답 ①

04 할론소화약제로부터 기대할 수 있는 소화작용으로 틀린 것은?

① 부촉매작용
② 냉각작용
③ 유화작용
④ 질식작용

해설 ③ 유화작용: 물분무소화약제

소화약제의 소화작용

소화약제	소화작용	주된 소화작용
물(스프링클러)	• 냉각작용 • 희석작용	냉각작용 (냉각소화)
물분무, 미분무	• **냉**각작용(증발잠열 이용) • **질**식작용 • **유**화작용(에멀션효과) • **희**석작용 [기억법] 물냉질유희	
포	• 냉각작용 • 질식작용	질식작용 (질식소화)
분말	• 질식작용 • 부촉매작용(억제작용) • 방사열 차단작용	
이산화탄소	• 냉각작용 • 질식작용 • 피복작용	
할론	• 질식작용 • 부촉매작용(억제작용)	부촉매작용 (연쇄반응 차단소화)

• 할론소화약제: 주로 **질식작용**, **부촉매작용**을 나타내지만 일부 **냉각작용**도 나타낼 수 있음

부촉매효과
(1) 분말소화약제
(2) 할론소화약제
(3) 할로겐화합물소화약제

답 ③

05 제1석유류는 어떤 위험물에 속하는가?

① 산화성 액체
② 인화성 액체
③ 자기반응성 물질
④ 금수성 물질

해설 위험물령 [별표 1]
제4류 위험물

성질	품명		지정수량	대표물질
인화성 액체	특수인화물		50L	• 다이에틸에터 • 이황화탄소
	제1석유류	비수용성	200L	• 휘발유 • 콜로디온
		수용성	400L	• 아세톤
	알코올류		400L	• 변성알코올
	제2석유류	비수용성	1000L	• 등유 • 경유
		수용성	2000L	• 아세트산
	제3석유류	비수용성	2000L	• 중유 • 크레오소트유
		수용성	4000L	• 글리세린
	제4석유류		6000L	• 기어유 • 실린더유
	동식물유류		10000L	• 아마인유

답 ②

06 질식소화방법에 대한 예를 설명한 것으로 옳은 것은?

① 열을 흡수할 수 있는 매체를 화염 속에 투입한다.
② 열용량이 큰 고체물질을 이용하여 소화한다.
③ 중질유 화재시 물을 무상으로 분무한다.
④ 가연성 기체의 분출화재시 주밸브를 닫아서 연료공급을 차단한다.

해설 ① 냉각소화   ② 냉각소화
③ 질식소화   ④ 제거소화

소화의 형태

소화형태	설명
냉각소화	• <u>점화원</u>을 냉각시켜 소화하는 방법 • <u>증</u>발잠열을 이용하여 열을 빼앗아 가연물의 온도를 떨어뜨려 화재를 진압하는 소화 • 다량의 물을 뿌려 소화하는 방법 • 가연성 물질을 **발화점 이하**로 **냉각** [기억법] 냉점증발
질식소화	• 공기 중의 <u>산소농도를 16%</u>(10~15%) 이하로 희박하게 하여 소화 • 산화제의 농도를 낮추어 연소가 지속될 수 없도록 함 • **산소공급**을 **차단**하는 소화방법 [기억법] 질산

제거소화	• **가연물**을 **제거**하여 소화하는 방법
부촉매소화 (=화학소화, 억제소화)	• **연쇄반응**을 **차단**하여 소화하는 방법 • 화학적인 방법으로 화재 억제
희석소화	• 기체·고체·액체에서 나오는 분해가스 나 증기의 농도를 낮춰 소화하는 방법

• 부촉매소화=연쇄반응 차단소화

답 ③

07 증기비중을 구하는 식은 다음과 같다. ( ) 안에 들어갈 알맞은 값은?

17.05.문03
16.03.문02
14.03.문14
07.09.문05

$$증기비중 = \frac{분자량}{(\quad)}$$

① 15 ② 21
③ 22.4 ④ 29

해설 증기비중

$$증기비중 = \frac{분자량}{29}$$

여기서, 29 : 공기의 평균분자량

비교

증기밀도

$$증기밀도[g/L] = \frac{분자량}{22.4}$$

여기서, 22.4 : 기체 1몰의 부피[L]

답 ④

08 물의 물리·화학적 성질에 대한 설명으로 틀린 것은?

16.05.문01
16.03.문18
15.03.문14
13.06.문04

① 수소결합성 물질로서 비점이 높고 비열이 크다.
② 100℃의 액체물이 100℃의 수증기로 변하면 체적이 약 1600배 증가한다.
③ 유류화재에 물을 무상으로 주수하면 질식효과 이외에 유탁액에 생성되어 유화효과가 나타난다.
④ 비극성 공유결합성 물질로 비점이 높다.

해설 ④ 비극성 → 극성

물의 물리·화학적 성질
(1) 물의 비열은 **1cal/g·℃**이다.
(2) 100℃, 1기압에서 증발잠열은 약 **539cal/g**이다.
(3) 물의 비중은 **4℃**에서 가장 크다.
(4) 액체상태에서 수증기로 바뀌면 체적이 **1600배**(또는 1650~1700배) 증가한다.
(5) 물 분자 간 결합은 분자 간 인력인 **수소결합**이다.

(6) 물 분자 내의 결합은 수소원자와 산소원자 사이의 결합인 **극성 공유결합**이다.
(7) **공유결합**은 수소결합보다 강한 **결합**이다.
(8) 비점이 높고 비열이 크다.
(9) 무상주수하면 **질식효과**, **유화효과** 등도 나타난다.

답 ④

09 자연발화의 조건으로 틀린 것은?

18.04.문04
05.05.문18

① 열전도율이 낮을 것
② 발열량이 클 것
③ 주위의 온도가 높을 것
④ 표면적이 작을 것

해설 ④ 작을 것 → 넓을 것

자연발화 조건
(1) 열전도율이 작을 것
(2) 발열량이 클 것
(3) 주위의 온도가 높을 것
(4) 표면적이 넓을 것

비교

자연발화의 **방지법**
(1) 습도가 높은 곳을 피할 것(건조하게 유지할 것)
(2) 저장실의 온도를 낮출 것
(3) 통풍이 잘 되게 할 것
(4) 퇴적 및 수납시 열이 쌓이지 않게 할 것

답 ④

10 부피비로 질소가 65%, 수소가 15%, 이산화탄소가 20%로 혼합된 전압이 760mmHg인 기체가 있다. 이때 질소의 분압은 약 몇 mmHg인가? (단, 모두 이상기체로 간주한다.)

08.09.문11

① 152 ② 252
③ 394 ④ 494

해설 (1) 기호

• 혼합된 기체의 합 : 760mmHg
• 질소 : 65%=0.65
• 질소분압 : ?

(2) **달톤**의 분압법칙

질소분압=혼합된 기체의 합×질소부피비
=760mmHg×0.65=494mmHg

 중요

법칙	설명
달톤의 **분압법칙** (Dalton's law of portial pressure)	① 일정온도, 일정압력에서 **여러 가지 이상기체**를 **혼합**하여 하나의 혼합기체를 만들 때 혼합기체가 차지하는 체적은 혼합 전에 각 기체가 차지했던 **체적**의 합과 같고, 혼합기체의 압력은 각 기체에서 분압의 합과 같다. ② 혼합가스의 전압력은 각 가스의 분압의 합과 같다.

그레이엄의 법칙 (Graham's law)	일정온도, 일정압력에서 기체의 확산속도는 **밀도**의 **제곱근**에 반비례한다.
아보가드로의 법칙 (Avogadro's law)	일정온도, 일정압력하에 있는 모든 기체는 단위체적 속에 같은 수의 분자를 갖는다.
헨리의 법칙 (Henry's law)	일정한 온도에서 일정량의 **용매**에 녹는 **기체의 양**은 용액과 평형에 있는 기체의 분압에 비례한다.

답 ④

11. 화씨온도 122°F는 섭씨온도로 몇 ℃인가?

① 40   ② 50
③ 60   ④ 70

해설 섭씨온도

$$℃ = \frac{5}{9}(°F - 32)$$

여기서, ℃ : 섭씨온도[℃]
°F : 화씨온도[°F]

섭씨온도 $℃ = \frac{5}{9}(°F - 32) = \frac{5}{9}(122 - 32) = 50℃$

중요
섭씨온도와 켈빈온도
(1) 섭씨온도

$$℃ = \frac{5}{9}(°F - 32)$$

여기서, ℃ : 섭씨온도[℃]
°F : 화씨온도[°F]

(2) 켈빈온도

$$K = 273 + ℃$$

여기서, K : 켈빈온도[K]
℃ : 섭씨온도[℃]

비교
화씨온도와 랭킨온도
(1) 화씨온도

$$°F = \frac{9}{5}℃ + 32$$

여기서, °F : 화씨온도[°F]
℃ : 섭씨온도[℃]

(2) 랭킨온도

$$°R = 460 + °F$$

여기서, °R : 랭킨온도[°R]
°F : 화씨온도[°F]

답 ②

12. 연기의 물리·화학적인 설명으로 틀린 것은?

① 화재시 발생하는 연소생성물을 의미한다.
② 연기의 색상은 연소물질에 따라 다양하다.
③ 연기는 기체로만 이루어진다.
④ 연기의 감광계수가 크면 피난장애를 일으킨다.

해설 ③ 기체로만 → 고체 또는 액체로

연기의 물리·화학적인 설명
(1) 화재시 발생하는 **연소생성물**을 의미한다.
(2) 연기의 **색상**은 연소물질에 따라 **다양**하다.
(3) 연기는 **고체** 또는 **액체**로 이루어진다.
(4) 연기의 **감광계수**가 **크면 피난장애**를 일으킨다.

답 ③

13. 건축물에 화재가 발생할 때 연소확대를 방지하기 위한 계획에 해당되지 않는 것은?

① 수직계획   ② 입면계획
③ 수평계획   ④ 용도계획

해설 건축물 내부의 연소확대 방지를 위한 방화계획
(1) 수평계획(면적단위)
(2) 수직계획(층단위)
(3) 용도계획(용도단위)

답 ②

14. 화재발생시 물을 소화약제로 사용할 수 있는 것은?

① 칼슘카바이드   ② 무기과산화물류
③ 마그네슘분말   ④ 염소산염류

해설 ④ 제1류 위험물 : 주수소화

주수소화시 위험한 물질

위험물	발생물질
• 무기과산화물(류) 보기 ②	산소 발생
• 금속분	
• 마그네슘(분말) 보기 ③	
• 알루미늄	수소 발생
• 칼륨(금속칼륨)	
• 나트륨	
• 수소화리튬	
• 칼슘카바이드(탄화칼슘) 보기 ①	아세틸렌 발생
• 가연성 액체의 유류화재	연소면(화재면) 확대

용어
주수소화
물을 뿌려 소화하는 방법

답 ④

15. 알루미늄분말 화재시 적응성이 있는 소화약제는?

① 물   ② 마른모래
③ 포말   ④ 강화액

해설 알킬알루미늄 : 제3류 위험물

중요
위험물의 소화방법

종류	소화방법
제1류	물에 의한 **냉각소화**(단, 무기과산화물은 **마른모래** 등에 의한 **질식소화**)
제2류	물에 의한 **냉각소화**(단, 황화인·철분·마그네슘·금속분은 **마른모래** 등에 의한 **질식소화**)
제3류	**마른모래**, 팽창질석, 팽창진주암에 의한 **질식소화**(마른모래보다 팽창질석 또는 팽창진주암이 더 효과적)
제4류	포·분말·CO_2·할론소화약제에 의한 질식소화
제5류	화재 초기에만 대량의 물에 의한 **냉각소화**(단, 화재가 진행되면 자연진화되도록 기다릴 것)
제6류	마른모래 등에 의한 **질식소화**(단, **과산화수소**는 다량의 **물로 희석소화**)

답 ②

16 ★★★
제4류 위험물 중 제1석유류, 제2석유류, 제3석유류, 제4석유류를 각 품명별로 구분하는 분류의 기준은?

16.10.문14
11.06.문01
10.09.문20

① 발화점
② 인화점
③ 비중
④ 연소범위

해설 ② 제1석유류~제4석유류의 분류기준 : 인화점

중요
제4류 위험물

구 분	설 명
제1석유류	인화점이 21℃ 미만
제2석유류	인화점이 21~70℃ 미만
제3석유류	인화점이 70~200℃ 미만
제4석유류	인화점이 200~250℃ 미만

답 ②

17 ★★
산소와 질소의 혼합물인 공기의 평균분자량은? (단, 공기는 산소 21vol%, 질소 79vol%로 구성되어 있다고 가정한다.)

16.10.문02
11.06.문03

① 30.84
② 29.84
③ 28.84
④ 27.84

해설 원자량

원 소	원자량
H	1
C	12
N	14
O	16

$O_2 : 16 \times 2 \times 0.21 = 6.72$
$N_2 : 14 \times 2 \times 0.79 = 22.12$
　　　　　　　　　　　28.84

답 ③

18 ★★
고가의 압력탱크가 필요하지 않아서 대용량의 포소화설비에 채용되는 것으로 펌프의 토출관에 압입기를 설치하여 포소화약제 압입용 펌프로 포소화약제를 압입시켜 혼합하는 방식은?

02.09.문10

① 프레져 프로포셔너 방식(pressure proportioner type)
② 프레져 사이드 프로포셔너 방식(pressure side proportioner type)
③ 펌프 프로포셔너 방식(pump proportioner type)
④ 라인 프로포셔너 방식(line proportioner type)

해설 포소화약제의 혼합장치(NFPC 105 3·9조, NFTC 105 1.7, 2.6.1)

(1) **펌프 프로포셔너 방식**(펌프 혼합방식)
㉠ 펌프 토출측과 흡입측에 바이패스를 설치하고, 그 바이패스의 도중에 설치한 어댑터(Adaptor)로 펌프 토출측 수량의 일부를 통과시켜 공기포 용액을 만드는 방식
㉡ 펌프의 **토출관**과 **흡입관** 사이의 배관 도중에 설치한 흡입기에 펌프에서 토출된 물의 일부를 보내고 **농도조정밸브**에서 조정된 포소화약제의 필요량을 포소화약제 탱크에서 펌프 흡입측으로 보내어 약제를 혼합하는 방식

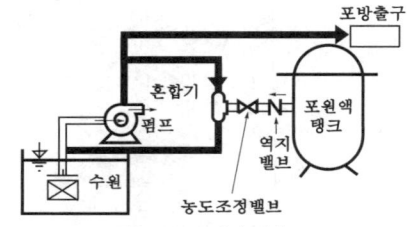

∥펌프 프로포셔너 방식∥

(2) **프레져 프로포셔너 방식**(차압 혼합방식)
㉠ 가압송수관 도중에 공기포 소화원액 혼합조(P.P.T)와 혼합기를 접속하여 사용하는 방법
㉡ **격막방식 휨탱크**를 사용하는 에어휨 혼합방식
㉢ 펌프와 발포기의 중간에 설치된 벤투리관의 **벤투리작용**과 펌프 가압수의 **포소화약제 저장탱크**에 대한 압력에 의하여 포소화약제를 흡입·혼합하는 방식

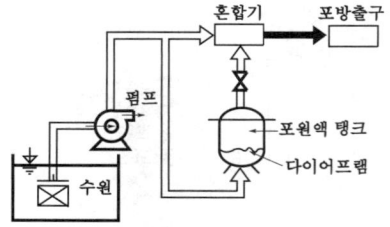

∥프레져 프로포셔너 방식∥

(3) 라인 프로포셔너 방식(관로 혼합방식)
㉠ 급수관의 배관 도중에 포소화약제 흡입기를 설치하여 그 흡입관에서 소화약제를 흡입하여 혼합하는 방식
㉡ 펌프와 발포기의 중간에 설치된 벤투리관의 **벤투리작용**에 의하여 포소화약제를 흡입·혼합하는 방식

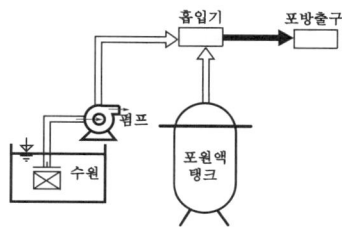

| 라인 프로포셔너 방식 |

(4) **프레져 사이드 프로포셔너** 방식(압입 혼합방식)
㉠ 소화원액 가압펌프(압입용 펌프)를 별도로 사용하는 방식
㉡ 펌프 **토출관**에 압입기를 설치하여 포소화약제 **압입용 펌프**로 포소화약제를 압입시켜 혼합하는 방식

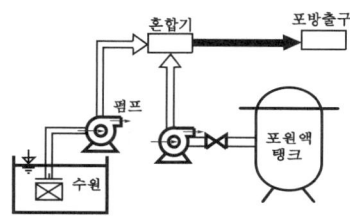

| 프레져 사이드 프로포셔너 방식 |

> 기억법 프사압

- 프레져 사이드 프로포셔너 방식=프레셔 사이드 프로포셔너 방식

(5) 압축공기포 믹싱챔버방식
포수용액에 공기를 강제로 주입시켜 **원거리 방수**가 가능하고 물 사용량을 줄여 **수손피해**를 **최소화**할 수 있는 방식

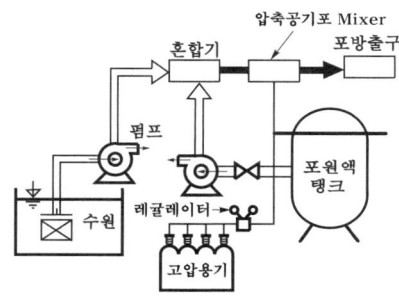

| 압축공기포 믹싱챔버방식 |

답 ②

---

19 전기화재가 발생되는 발화요인으로 틀린 것은?

18.09.문09
16.03.문11
15.05.문16
13.09.문01

① 역률
② 합선
③ 누전
④ 과전류

해설 ① 해당없음

전기화재를 일으키는 **원인**
(1) 단락(**합선**)에 의한 발화(배선의 **단락**)
(2) 과부하(**과전류**)에 의한 발화(**과부하**에 의한 발열)
(3) 절연저항 감소(**누전**)에 의한 발화
(4) 전열기기 과열에 의한 발화
(5) 전기불꽃에 의한 발화
(6) 용접불꽃에 의한 발화
(7) 낙뢰에 의한 발화
(8) **정전기**로 인한 스파크 발생

답 ①

20 폭발에 대한 설명으로 틀린 것은?

16.03.문05

① 보일러 폭발은 화학적 폭발이라 할 수 없다.
② 분무폭발은 기상폭발에 속하지 않는다.
③ 수증기 폭발은 기상폭발에 속하지 않는다.
④ 화약류 폭발은 화학적 폭발이라 할 수 있다.

해설 ② **분무폭발**은 **기상폭발**에 속한다.

기상폭발
(1) 가스폭발(혼합가스폭발)
(2) 분무폭발
(3) 분진폭발

답 ②

제 2 과목 소방유체역학

21 관로의 손실에 관한 내용 중 등가길이의 의미로 옳은 것은?

11.10.문26

① 부차적 손실과 같은 크기의 마찰손실이 발생할 수 있는 직관의 길이
② 배관요소 중 곡관에 해당하는 총길이
③ 손실계수에 손실수두를 곱한 값
④ 배관시스템의 밸브, 벤드, 티 등 추가적 부품의 총길이

해설 **등가길이**
부차적 손실과 같은 크기의 마찰손실이 발생할 수 있는 직관의 길이

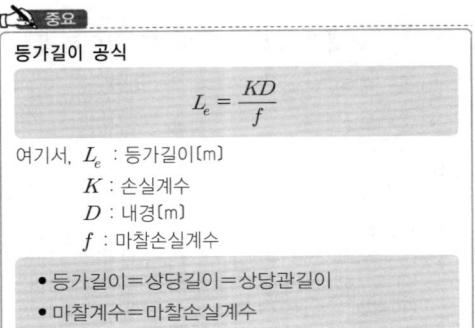

중요
등가길이 공식

$$L_e = \frac{KD}{f}$$

여기서, L_e : 등가길이[m]
K : 손실계수
D : 내경[m]
f : 마찰손실계수

• 등가길이=상당길이=상당관길이
• 마찰계수=마찰손실계수

답 ①

22 그림에서 수문의 길이는 1.5m이고 폭은 1m이다. 유체의 비중(s)이 0.8일 때 수문에 수직방향으로 작용하는 압력에 의한 힘 F[kN]의 크기는?

18.09.문33
12.03.문39

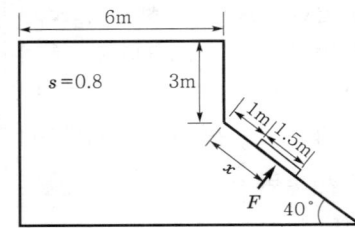

① 96.9
② 75.5
③ 60.2
④ 48.5

 해설

(1) 기호
• A : 1.5m×1m
• s : 0.8
• F : ?

(2) 표면에서 수문 중심까지의 수직거리(h)

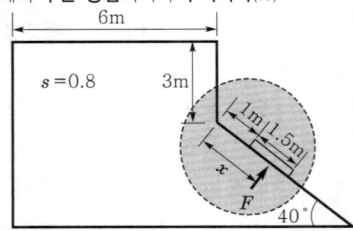

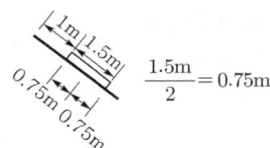

수면 중심의 수직거리를 구해야 하므로

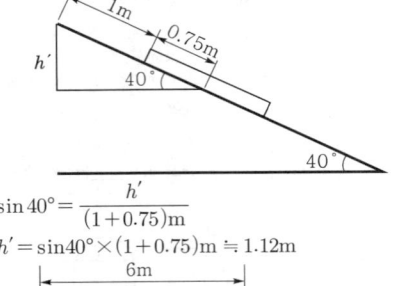

$$\sin 40° = \frac{h'}{(1+0.75)\text{m}}$$

$h' = \sin 40° \times (1+0.75)\text{m} ≒ 1.12\text{m}$

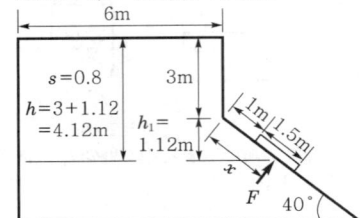

표면에서 수문 중심까지의 수직거리 h는
$h = (3+1.12)\text{m} = 4.12\text{m}$

(3) **유체의 비중**

$$s = \frac{\gamma}{\gamma_w} = \frac{\rho}{\rho_w}$$

여기서, s : 어떤 물질의 비중(유체의 비중)
γ : 어떤 물질의 비중량(유체의 비중량)[N/m³]
γ_w : 물의 비중량(9800N/m³)
ρ : 어떤 물질의 밀도[kg/m³] 또는 [N·s²/m⁴]
ρ_w : 물의 밀도(1000kg/m³ 또는 1000N·s²/m⁴)

유체의 비중량 γ는
$\gamma = s \times \gamma_w = 0.8 \times 9800\text{N/m}^3 = 7840\text{N/m}^3$

(4) **수직분력**(수직방향으로 작용하는 압력에 의한 힘)

$$F = \gamma V$$

여기서, F : 수직분력[N]
γ : 비중량[N/m³]
V : 체적[m³]

수직분력 F는
$F = \gamma V = \gamma h A$
$= 7840\text{N/m}^3 \times 4.12\text{m} \times (1.5\text{m} \times 1\text{m})$
$≒ 48450\text{N}$
$≒ 48.45\text{kN}$
$≒ 48.5\text{kN}$

답 ④

★★★
23 간격이 10mm인 평행한 두 평판 사이에 점성계수가 8×10^{-2} N·s/m²인 기름이 가득 차있다. 한쪽 판이 정지된 상태에서 다른 판이 6m/s의 속도로 미끄러질 때 면적 1m²당 받는 힘[N]은? (단, 평판 내 유체의 속도분포는 선형적이다.)

16.03.문30
11.03.문31
01.09.문32

① 12
② 24
③ 48
④ 96

해설 (1) 기호
- dy : 10mm=0.01m(1000mm=1m)
- μ : 8×10^{-2}N·s/m²
- du : 6m/s
- τ : ?

(2) 뉴턴(Newton)의 **점성법칙**(난류)

$$\tau = \frac{F}{A} = \mu\frac{du}{dy}$$

여기서, τ : 전단응력[N/m²]
F : 힘[N]
A : 단면적[m²]
μ : 점성계수(점도)[N·s/m²]
du : 속도의 변화[m/s]
dy : 거리(간격)의 변화[m]

전단응력 τ는

$$\tau = \mu\frac{du}{dy} = 8\times10^{-2}\text{N}\cdot\text{s/m}^2 \times \frac{6\text{m/s}}{0.01\text{m}} = 48\text{N/m}^2$$

- 면적 1m²당 받는 힘[N]=N/m²

비교

뉴턴(Newton)의 **점성법칙**(층류)

$$\tau = \frac{p_A - p_B}{l}\cdot\frac{r}{2}$$

여기서, τ : 전단응력[N/m²]
$p_A - p_B$: 압력강하[N/m²]
l : 관의 길이[m]
r : 반경[m]

답 ③

24 내경이 D인 배관에 비압축성 유체인 물이 V의 속도로 흐르다가 갑자기 내경이 $3D$가 되는 확대관으로 흘렀다. 확대된 배관에서 물의 속도는 어떻게 되는가?

17.09.문27
13.06.문35

① 변화 없다.　　② $\frac{1}{3}$로 줄어든다.

③ $\frac{1}{6}$로 줄어든다.　　④ $\frac{1}{9}$로 줄어든다.

해설 유량

$$Q = AV = \left(\frac{\pi D^2}{4}\right)V$$

여기서, Q : 유량[m³/s]
A : 단면적[m²]
V : 유속[m/s]
D : 내경[m]

유속 V는

$$V = \frac{Q}{\frac{\pi D^2}{4}} \propto \frac{1}{D^2} = \frac{1}{(3D)^2} = \frac{1}{9D^2} = \frac{1}{9}\text{배}$$

중요

돌연 확대관에서의 손실

$$H = K\frac{(V_1 - V_2)^2}{2g}$$

여기서, H : 손실수두[m]
K : 손실계수
V_1 : 축소관 유속[m/s]
V_2 : 확대관 유속[m/s]
$V_1 - V_2$: 입·출구 속도차[m/s]
g : 중력가속도(9.8m/s²)

돌연 확대관

답 ④

25 온도가 20℃이고, 압력이 100kPa인 공기를 가역단열 과정으로 압축하여 체적을 30%로 줄였을 때의 압력[kPa]은? (단, 공기의 비열비는 1.4이다.)

17.05.문21
15.03.문36
12.03.문23

① 263.9
② 324.5
③ 403.5
④ 539.5

해설 (1) 기호
- T_1 : 273+20℃=293K
- P_1 : 100kPa
- v_2 : 30%=0.3
- P_2 : ?
- K : 1.4

(2) 단열변화(단열 과정)

$$\frac{P_2}{P_1} = \left(\frac{v_1}{v_2}\right)^K$$

여기서, P_1, P_2 : 변화 전·후의 압력[kPa]
v_1, v_2 : 변화 전·후의 비체적[m³/kg]
K : 비열비

$$\frac{P_2}{100\text{kPa}} = \left(\frac{1}{0.3}\right)^{1.4}$$

$$P_2 = \left(\frac{1}{0.3}\right)^{1.4} \times 100\text{kPa} ≒ 539.5\text{kPa}$$

용어

단열변화
손실이 없는 상태에서의 과정

비교

단열변화

$$\frac{T_2}{T_1} = \left(\frac{P_2}{P_1}\right)^{\frac{k-1}{k}}$$

여기서, T_1, T_2 : 변화 전·후의 온도(273+℃)[K]
P_1, P_2 : 변화 전·후의 압력[kPa]
k : 비열비(1.4)

답 ④

26 ★★★
18.03.문22
17.05.문30
16.05.문30
15.09.문39
13.06.문31
10.03.문16

저장용기에 압력이 800kPa이고, 온도가 80℃인 이산화탄소가 들어 있다. 이산화탄소의 비중량 [N/m³]은? (단, 일반기체상수는 8314J/kmol·K이다.)

① 113.4
② 117.6
③ 121.3
④ 125.4

해설 (1) 기호
- P : 800kPa=800kN/m²(1Pa=1N/m²)
- T : (273+80)℃=353K
- γ : ?
- R : 8314J/kmol·K=8.314kJ/kmol·K
  =8.314kN·m/kmol·K
  (1J=1N·m)

(2) 이상기체 상태 방정식

$$\rho = \frac{PM}{RT}$$

여기서, ρ : 밀도(kg/m³) 또는 (N·s²/m⁴)
P : 압력[kPa] 또는 [kN/m²]
M : 분자량[kg/kmol]
R : 기체상수[kJ/kmol·K] 또는 [kN·m/kmol·K]
T : (273+℃)[K]

밀도 ρ는

$$\rho = \frac{PM}{RT}$$

$$= \frac{800\text{kN/m}^2 \times 44\text{kg/kmol}}{8.314\text{kN·m/kmol·K} \times 353\text{K}}$$

$$\fallingdotseq 12\text{kg/m}^3 = 12\text{N·s}^2/\text{m}^4$$

- 이산화탄소의 분자량(M) : 44kg/kmol

(3) 비중량

$$\gamma = \rho g$$

여기서, γ : 비중량[N/m³]
ρ : 밀도[N·s²/m⁴]
g : 중력가속도(9.8m/s²)

비중량 γ는
$\gamma = \rho g = 12\text{N·s}^2/\text{m}^4 \times 9.8\text{m/s}^2 = 117.6\text{N/m}^3$

답 ②

27 ★★★
16.10.문29
15.09.문37
14.05.문33
14.09.문34
11.03.문83

다음 중 캐비테이션(공동현상) 방지방법으로 옳은 것을 모두 고른 것은?

㉠ 펌프의 설치위치를 낮추어 흡입양정을 작게 한다.
㉡ 흡입관 지름을 작게 한다.
㉢ 펌프의 회전수를 작게 한다.

① ㉠, ㉡
② ㉠, ㉢
③ ㉡, ㉢
④ ㉠, ㉡, ㉢

해설 공동현상(cavitation, 캐비테이션)

개요	펌프의 흡입측 배관 내의 물의 정압이 기존의 증기압보다 낮아져서 기포가 발생되어 물이 흡입되지 않는 현상
발생현상	• **소음**과 **진동** 발생 • 관 부식(펌프깃의 침식) • **임펠러의 손상**(수차의 날개를 해친다.) • 펌프의 성능 저하(양정곡선 저하) • 효율곡선 저하
발생원인	• 펌프가 물탱크보다 부적당하게 **높게** 설치되어 있을 때 • 펌프 **흡입수두**가 지나치게 **클** 때 • 펌프 **회전수**가 지나치게 **높을** 때 • 관내를 흐르는 물의 정압이 그 물의 온도에 해당하는 증기압보다 **낮을** 때
방지대책	• 펌프의 흡입수두를 작게 한다. (흡입양정을 작게 한다.) 보기 ㉠ • 펌프의 마찰손실을 작게 한다. • 펌프의 임펠러속도(**회전수**)를 **작게** 한다. 보기 ㉢ • 펌프의 설치위치를 수원보다 낮게 한다. • 양흡입펌프를 사용한다. (펌프의 흡입측을 가압한다.) • 관내의 물의 정압을 그때의 증기압보다 높게 한다. • 흡입관의 **구경**을 **크게** 한다. • 펌프를 **2개** 이상 설치한다. • 회전차를 수중에 완전히 잠기게 한다.

비교

수격작용(water hammering)	
개요	• 배관 속의 물흐름을 급히 차단하였을 때 동압이 정압으로 전환되면서 일어나는 쇼크(shock)현상 • 배관 내를 흐르는 유체의 유속을 급격하게 변화시키므로 압력이 상승 또는 하강하여 관로의 벽면을 치는 현상
발생 원인	• 펌프가 갑자기 정지할 때 • 급히 밸브를 개폐할 때 • 정상운전시 유체의 압력변동이 생길 때
방지 대책	• **관**의 관경(직경)을 크게 한다. • 관내의 유속을 낮게 한다. (관로에서 일부 고압수를 방출한다.) • **조압수조**(surge tank)를 관선에 설치한다. • **플라이휠**(fly wheel)을 설치한다. • 펌프 송출구(토출측) 가까이에 밸브를 설치한다. • **에어챔버**(air chamber)를 설치한다.

기억법 수방관플에

답 ②

---

28 다음 중 이상유체(ideal fluid)에 대한 설명으로 가장 적합한 것은?

14.05.문30
14.03.문24
13.03.문38
12.09.문25
11.06.문22

① 점성이 없는 유체
② 압축성이 없는 유체
③ 점성과 압축성이 없는 유체
④ 뉴턴의 점성법칙을 만족하는 유체

해설 유체의 종류

종류	설명
실제유체	**점**성이 **있**으며, **압**축성인 유체 **기억법** 실점있압(실점이 있는 사람만 압박해!)
이상유체	① 비점성, 비압축성 유체 ② 점성과 압축성이 없는 유체 보기 ③
압축성 유체	**기체**와 같이 체적이 변화하는 유체(밀도가 변하는 유체) **기억법** 기압(기압)
비압축성 유체	**액체**와 같이 체적이 변화하지 않는 유체
점성 유체	유동시 마찰저항이 유발되는 유체
비점성 유체	유동시 마찰저항이 유발되지 않는 유체

답 ③

---

29 안지름이 5mm인 원형 직선관 내에 $0.2 \times 10^{-3} m^3/min$의 물이 흐르고 있다. 유량을 두 배로 하기 위해서는 직선관 양단의 압력차가 몇 배가 되어야 하는가? (단, 물의 동점성 계수는 $10^{-6} m^2/s$이다.)

18.03.문26
10.05.문26
09.05.문29

① 1.14배
② 1.41배
③ 2배
④ 4배

해설 (1) 기호
- D : 5mm=0.005m (1000mm=1m)
- Q : $0.2 \times 10^{-3} m^3/min$
- ν : $10^{-6} m^2/s$
- ΔP : ?

(2) 하겐-포아젤의 법칙

$$\Delta P = \frac{128\mu Q l}{\pi D^4} \propto Q$$

여기서, ΔP : 압력차(압력강하)[kPa]
μ : 점성계수[kg/m·s] 또는 [N·s/m²]
Q : 유량[m³/s]
l : 길이[m]
D : 내경[m]

• 유량(Q)을 2배로 하기 위해서는 직선관 양단의 압력차(ΔP)가 2배가 되어야 한다.
• 이 문제는 비례관계로만 풀면 되지 위의 수치를 적용할 필요는 없음

답 ③

---

30 중력가속도가 $10.6 m/s^2$인 곳에서 어떤 금속체의 중량이 100N이었다. 중력가속도가 $1.67 m/s^2$인 달 표면에서 이 금속체의 중량[N]은?

① 13.1
② 14.2
③ 15.8
④ 17.2

해설 (1) 기호
- g_{c_1} : $10.6 m/s^2$
- W_1 : 100N
- g_{c_2} : $1.67 m/s^2$
- W_2 : ?

(2) 힘

$$F = \frac{Wg}{g_c}$$

여기서, F : 힘[N]
W : 중량[N]
g : 표준중력가속도(9.8m/s²)
g_c : 중력가속도[m/s²]

$$\frac{g_c}{g} = \frac{W}{F}$$

$$\frac{W}{F} = \frac{g_c}{g} \propto g_c$$

$$g_{c_1} : W_1 = g_{c_2} : W_2$$

$$10.6 \text{m/s}^2 : 100\text{N} = 1.67 \text{m/s}^2 : W_2$$

$10.6 W_2 = 100 \times 1.67$ ← 계산편의를 위해 단위 생략

$$W_2 = \frac{100 \times 1.67}{10.6} \fallingdotseq 15.8\text{N}$$

답 ③

31 ★★★
17.03.문34
15.03.문37
13.03.문28
03.08.문22

관 속에 물이 흐르고 있다. 피토-정압관을 수은이 든 U자관에 연결하여 전압과 정압을 측정하였더니 20mm의 액면 차가 생겼다. 피토-정압관의 위치에서의 유속(m/s)은? (단, 수은의 비중은 13.6이고, 유량계수는 0.9이며, 유체는 정상상태, 비점성, 비압축성 유동이라고 가정한다.)

① 2.0 ② 3.0
③ 11.0 ④ 12.0

해설 (1) 기호
- $H_{수은}$: 20mmHg
- V : ?
- s : 13.6
- C : 0.9

(2) 물의 높이
$$H_{물} = sH_{수은}$$

여기서, $H_{물}$: 물의 높이[m]
s : 수은의 비중
$H_{수은}$: 수은주[m]

물의 높이 $H_{물}$은
$H_{물} = sH_{수은} = 13.6 \times 20\text{mmHg}$
$\fallingdotseq 272\text{mm} = 0.272\text{m}$

• 272mm=0.272m(1000mm=1m)

(3) 토리첼리의 식
$$V = C\sqrt{2gH}$$

여기서, V : 유속[m/s]
C : 유량계수
g : 중력가속도(9.8m/s²)
H : 물의 높이[m]

유속 V는
$V = C\sqrt{2gH} = 0.9 \times \sqrt{2 \times 9.8 \text{m/s}^2 \times 0.272\text{m}}$
$\fallingdotseq 2\text{m/s}$

답 ①

32 ★★
14.03.문33
10.03.문38

그림과 같이 속도 V인 자유제트가 곡면에 부딪혀 θ의 각도로 유동방향이 바뀐다. 유체가 곡면에 가하는 힘의 x, y 성분의 크기인 F_x와 F_y는 θ가 증가함에 따라 각각 어떻게 되겠는가? (단, 유동단면적은 일정하고, $0° < \theta < 90°$이다.)

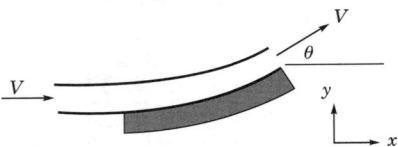

① F_x : 감소한다, F_y : 감소한다.
② F_x : 감소한다, F_y : 증가한다.
③ F_x : 증가한다, F_y : 감소한다.
④ F_x : 증가한다, F_y : 증가한다.

해설 (1) 곡면판이 받는 x방향의 힘
$$F_x = \rho QV(1 - \cos\theta)$$

여기서, F_x : 곡면판이 받는 x방향의 힘[N]
ρ : 밀도[N·s²/m⁴]
Q : 유량[m³/s]
V : 속도[m/s]
θ : 유출방향

(2) 곡면판이 받는 y방향의 힘
$$F_y = \rho QV\sin\theta$$

여기서, F_y : 곡면판이 받는 y방향의 힘[N]
ρ : 밀도[N·s²/m⁴]
Q : 유량[m³/s]
V : 속도[m/s]
θ : 유출방향

• F_x와 F_y는 θ(유출방향)에 비례하므로 F_x : 증가, F_y : 증가

중요
각도(θ)값

힘	각도(θ)
수직방향의 힘이 최소일 때	0°
수직방향의 힘이 최대일 때	90°

답 ④

33 ★★★
18.03.문37
15.05.문27
12.03.문30

물의 체적을 2% 축소시키는 데 필요한 압력[MPa]은? (단, 물의 체적탄성계수는 2.08GPa이다.)

① 32.1 ② 41.6
③ 45.4 ④ 52.5

해설 (1) 기호
- $\dfrac{\Delta V}{V}$: 2% = 0.02
- ΔP : ?
- K : 2.08GPa = 2.08×10³MPa (G : 10⁹, M : 10⁶)

(2) 체적탄성계수

$$K = -\dfrac{\Delta P}{\dfrac{\Delta V}{V}}$$

여기서, K : 체적탄성계수[kPa]
ΔP : 가해진 압력[kPa]
$\dfrac{\Delta V}{V}$: 체적의 감소율(체적의 축소율)
ΔV : 체적의 변화(체적의 차)[m³]
V : 처음 체적[m³]

(3) 압축률

$$\beta = \dfrac{1}{K}$$

여기서, β : 압축률[m²/N]
K : 체적탄성계수[Pa] 또는 [N/m²]

$K = -\dfrac{\Delta P}{\dfrac{\Delta V}{V}}$ 에서

가해진 압력 ΔP 는

$\Delta P = -\dfrac{\Delta V}{V} \cdot K$

$= -0.02 \times (2.08 \times 10^3 \text{MPa})$

$= -41.6 \text{MPa}$

- '−'는 누르는 방향의 위 또는 아래를 나타내는 것으로 특별한 의미는 없다.

용어
체적탄성계수
어떤 압력으로 누를 때 이를 떠받치는 힘의 크기를 의미하며, 체적탄성계수가 클수록 압축하기 힘들다.

답 ②

유효낙차가 65m이고 유량이 20m³/s인 수력발전소에서 수차의 이론출력[kW]은?

① 12740   ② 1300
③ 12.74   ④ 1.3

해설 (1) 기호
- H : 65m
- Q : 20m³/s
- P : ?

(2) 수동력(이론동력, 이론출력)

$$P = 0.163QH$$

여기서, P : 전동력[kW]
Q : 유량[m³/min]
H : 전양정[m]

수동력 P 는
$P = 0.163QH$
$= 0.163 \times 20\text{m}^3/\text{s} \times 65\text{m}$
$= 0.163 \times 20\text{m}^3/\dfrac{1}{60}\text{min} \times 65\text{m}$
$= 0.163 \times (20 \times 60)\text{m}^3/\text{min} \times 65\text{m}$
$≒ 12740\text{kW}$

중요

(1) 전동력(모터동력)

$$P = \dfrac{0.163QH}{\eta}K$$

여기서, P : 전동력[kW]
Q : 유량[m³/min]
H : 전양정[m]
K : 전달계수
η : 효율

(2) 축동력

$$P = \dfrac{0.163QH}{\eta}$$

여기서, P : 축동력[kW]
Q : 유량[m³/min]
H : 전양정[m]
η : 효율

답 ①

안지름이 2cm인 원관 내에 물을 흐르게 하여 층류 상태로부터 점차 유속을 빠르게 하여 완전난류 상태로 될 때의 한계유속[cm/s]은? (단, 물의 동점성 계수는 0.01cm²/s, 완전난류가 되는 임계 레이놀즈수는 4000이다.)

① 10   ② 15
③ 20   ④ 40

해설 (1) 기호
- D : 2cm
- V : ?
- ν : 0.01cm²/s
- Re : 4000

(2) 레이놀즈수

$$Re = \dfrac{DV\rho}{\mu} = \dfrac{DV}{\nu}$$

여기서, Re : 레이놀즈수
D : 내경[m]
V : 유속[m/s]
ρ : 밀도[kg/m³]
μ : 점성계수[kg/m·s]
ν : 동점성 계수$\left(\dfrac{\mu}{\rho}\right)$[m²/s]

유속 V 는
$V = \dfrac{Re\,\nu}{D} = \dfrac{4000 \times 0.01\text{cm}^2/\text{s}}{2\text{cm}} = 20\text{cm/s}$

답 ③

36 ★
[13.06.문25] 세 액체가 그림과 같은 U자관에 들어있을 때, 가운데 유체 S_2의 비중은 얼마인가? (단, 비중 $S_1=1$, $S_3=2$, $h_1=20$cm, $h_2=10$cm, $h_3=30$cm이다.)

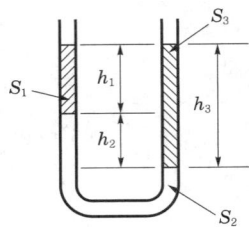

① 1   ② 2
③ 4   ④ 8

해설 (1) 기호
- $S_1 = 1$
- $S_2 : ?$
- $S_3 = 2$
- $h_1 = 20$cm $= 0.2$m(100cm=1m)
- $h_2 = 10$cm $= 0.1$m(100cm=1m)
- $h_3 = 30$cm $= 0.3$m(100cm=1m)

(2) 비중
$$S = \frac{\gamma}{\gamma_w} = \frac{\rho}{\rho_w}$$

여기서, S : 비중
γ : 어떤 물질의 비중량[N/m³]
γ_w : 물의 비중량(9800N/m³)
ρ : 어떤 물질의 밀도[kg/m³]
ρ_w : 물의 밀도(1000kg/m³)

어떤 물질의 비중량 γ는
$\gamma = S\gamma_w$ ················· ㉠

(3) 압력
$$P = \gamma h \quad \cdots\cdots ㉡$$

여기서, P : 압력[N/m²]
γ : 비중량[N/m³]
h : 높이[m]

㉠식을 ㉡식에 대입하면

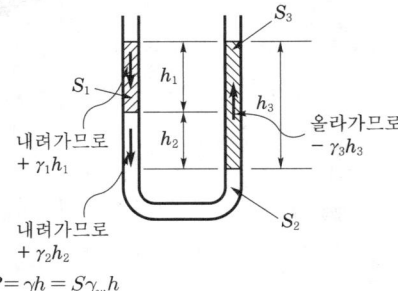

$P = \gamma h = S\gamma_w h$
$\gamma_1 h_1 + \gamma_2 h_2 - \gamma_3 h_3 = 0$

$S_1\gamma_w h_1 + S_2\gamma_w h_2 - S_3\gamma_w h_3 = 0$
1×9800N/m³ $\times 0.2$m $+ S_2 \times 9800$N/m³ $\times 0.1$m $- 2 \times 9800$N/m³ $\times 0.3$m $= 0$
$1960 + 980S_2 - 5880 = 0$ ← 계산편의를 위해 단위 생략
$980S_2 - 3920 = 0$
$980S_2 = 3920$
$S_2 = \dfrac{3920}{980} = 4$

답 ③

37 ★★
[10.05.문27] 물이 들어가 있는 그림과 같은 수조에서 바닥에 [08.03.문34] 지름 D의 구멍이 있다. 모든 손실과 표면장력의 영향을 무시할 때, 바닥 아래 y지점에서의 분류 반지름 r의 값은? (단, H는 일정하게 유지된다고 가정한다.)

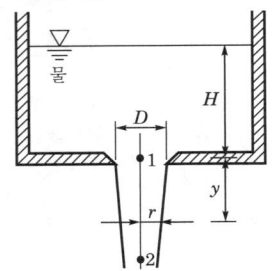

① $r = \dfrac{\pi D^2}{4}\left(\dfrac{H+y}{H}\right)^{\frac{1}{2}}$

② $r = \dfrac{D}{4}\left(\dfrac{H+y}{H}\right)^{\frac{1}{4}}$

③ $r = \dfrac{D}{2}\left(\dfrac{H}{H+y}\right)^{\frac{1}{4}}$

④ $r = \dfrac{D}{2}\left(\dfrac{H+y}{H}\right)^{\frac{1}{2}}$

해설 (1) 유량
$$Q = A_1 V_1 = A_2 V_2$$

여기서, Q : 유량[m³/s]
A_1, A_2 : 단면적[m²]
V_1, V_2 : 유속[m/s]

(2) 유속
$$V = \sqrt{2gH}$$

여기서, V : 유속[m/s]
g : 중력가속도(9.8m/s²)
H : 높이[m]

그림에서
$A_1 = \pi\left(\dfrac{D}{2}\right)^2$, $V_1 = \sqrt{2gH}$
$A_2 = \pi r^2$, $V_2 = \sqrt{2g(H+y)}$

$$A_1 V_1 = A_2 V_2$$

$$\pi \left(\frac{D}{2}\right)^2 \cdot \sqrt{2gH} = \pi r^2 \cdot \sqrt{2g(H+y)}$$

$$\left(\frac{D}{2}\right)^2 \cdot \sqrt{2gH} = r^2 \cdot \sqrt{2g(H+y)}$$

$$\left(\frac{D}{2}\right)^4 \cdot 2gH = r^4 \cdot 2g(H+y)$$

$$\left(\frac{D}{2}\right)^4 \cdot \frac{2gH}{2g(H+y)} = r^4$$

$$r^4 = \left(\frac{D}{2}\right)^4 \cdot \frac{2gH}{2g(H+y)} = \left(\frac{D}{2}\right)^4 \cdot \frac{H}{H+y}$$

$$r = \frac{D}{2}\left(\frac{H}{H+y}\right)^{\frac{1}{4}}$$

답 ③

38 ★★★

가로 80cm, 세로 50cm이고 300℃로 가열된 평판에 수직한 방향으로 25℃의 공기를 불어주고 있다. 대류열전달계수가 $25W/m^2 \cdot K$일 때 공기를 불어넣는 면에서의 열전달률[kW]은?

① 2.04
② 2.75
③ 5.16
④ 7.33

해설 (1) 기호
- A : 80cm×50cm=0.8m×0.5m(100cm=1m)
- T_2 : 273+300℃=573K
- T_1 : 273+25℃=298K
- h : $25W/m^2 \cdot K$
- $\mathring{q}$: ?

(2) 대류(열전달률)

$$\mathring{q} = Ah(T_2 - T_1)$$

여기서, $\mathring{q}$: 대류열류(열전달률)[W]
A : 대류면적[m^2]
h : 대류열전달계수[$W/m^2 \cdot ℃$]
$T_2 - T_1$: 온도차[℃] 또는 [K]

열전달률 $\mathring{q}$ 는
$\mathring{q} = Ah(T_2 - T_1)$
$= (0.8m \times 0.5m) \times 25W/m^2 \cdot K \times (573-298)K$
$= 2750W = 2.75kW$

- 1000W=1kW이므로 2750W=2.75kW

답 ②

39 ★

15℃의 물 24kg과 80℃의 물 85kg을 혼합한 경우, 최종 물의 온도[℃]는?

① 32.8
② 42.5
③ 65.7
④ 75.5

해설 (1) 기호
- ΔT_1 : $x-15$℃
- m_1 : 24kg
- ΔT_2 : $x-80$℃
- m_2 : 85kg

(2) 열량

$$Q = mC\Delta T + rm$$

여기서, Q : 열량[kcal]
m : 질량[kg]
C : 비열[kcal/kg·℃]
ΔT : 온도차[℃]
r : 융해열 또는 기화열[kcal/kg](물의 기화열 539kcal/kg)

$Q = mC\Delta T$의 변형식

- 24kg 물이 얻은 열용량=-85kg 물이 잃은 열용량
- $m_1 C \Delta T_1 = -m_2 C \Delta T_2$

$24kg \times 1kcal/kg \cdot ℃ \times (x-15)℃$
$= -85kg \times 1kcal/kg \cdot ℃ \times (x-80)℃$
$24x - 360 = -85x + 6800$
$24x + 85x = 6800 + 360$
$109x = 7160$
$x = \dfrac{7160}{109} ≒ 65.7℃$

답 ③

40 ★★

옥내소화전용 소방펌프 2대를 직렬로 연결하였다. 마찰손실을 무시할 때 기대할 수 있는 효과는?

① 펌프의 양정은 증가하나 유량은 감소한다.
② 펌프의 유량은 증대하나 양정은 감소한다.
③ 펌프의 양정은 증가하나 유량과는 무관한다.
④ 펌프의 유량은 증대하나 양정과는 무관하다.

해설 펌프의 연결

직렬연결	병렬연결
① 토출량(양수량, 유량) : Q	① 토출량(양수량, 유량) : $2Q$
② 양정 : $2H$	② 양정 : H
③ 토출압 : $2P$	③ 토출압 : P

답 ③

제3과목 소방관계법규

41 소방시설 설치 및 관리에 관한 법령에서 정하는 특정소방대상물의 분류로 틀린 것은?
① 카지노영업소 - 위락시설
② 박물관 - 문화 및 집회시설
③ 물류터미널 - 운수시설
④ 변전소 - 업무시설

해설 ③ 물류터미널 : 창고시설

소방시설법 시행령 [별표 2]
운수시설
(1) 여객자동차터미널
(2) 철도 및 도시철도 시설(정비창 등 관련시설 포함)
(3) 공항시설(항공관제탑 포함)
(4) 항만시설 및 종합여객시설

비교

소방시설법 시행령 [별표 2]
창고시설
(1) 창고(물품저장시설로서 냉장·냉동 창고 포함)
(2) 하역장
(3) 물류터미널
(4) 집배송시설

답 ③

42 소방기본법상 관계인의 소방활동을 위반하여 정당한 사유없이 소방대가 현장에 도착할 때까지 사람을 구출하는 조치 또는 불을 끄거나 불이 번지지 아니하도록 하는 조치를 하지 아니한 자에 대한 벌칙으로 옳은 것은?
① 100만원 이하의 벌금
② 200만원 이하의 벌금
③ 300만원 이하의 벌금
④ 1000만원 이하의 벌금

해설 100만원 이하의 벌금
(1) 관계인의 소방활동 미수행 (기본법 54조)
(2) 피난명령 위반 (기본법 54조)
(3) 위험시설 등에 대한 긴급조치 방해 (기본법 54조)
(4) 거짓보고 또는 자료 미제출자 (공사업법 38조)
(5) 관계공무원의 출입·조사·검사 방해 (공사업법 38조)
(6) 정당한 사유없이 물의 사용이나 수도의 개폐장치의 사용 또는 조작을 하지 못하게 하거나 방해한 자 (기본법 54조)
(7) 소방대의 생활안전활동을 방해한 자 (기본법 54조)

기억법 피1(차일피일)

답 ①

43 소방시설 설치 및 관리에 관한 법령상 무창층으로 판정하기 위한 개구부가 갖추어야 할 요건으로 틀린 것은?
① 크기는 반지름 30cm 이상의 원이 통과할 수 있을 것
② 해당 층의 바닥면으로부터 개구부 밑부분까지 높이가 1.2m 이내일 것
③ 도로 또는 차량이 진입할 수 있는 빈터를 향할 것
④ 화재시 건축물로부터 쉽게 피난할 수 있도록 창살이나 그 밖의 장애물이 설치되지 않을 것

해설 ① 30cm 이상 → 50cm 이상

소방시설법 시행령 2조
무창층의 개구부의 기준
(1) 개구부의 크기는 지름 **50cm** 이상의 원이 통과할 수 있을 것
(2) 해당 층의 바닥면으로부터 개구부 밑부분까지의 높이가 **1.2m** 이내일 것
(3) 개구부는 **도로** 또는 **차량**이 진입할 수 있는 **빈터**를 향할 것
(4) 화재시 건축물로부터 **쉽게 피난**할 수 있도록 개구부에 창살 그 밖의 장애물이 설치되지 않을 것
(5) 내부 또는 외부에서 **쉽게** 부수거나 열 수 있을 것

기억법 무125

답 ①

44 특정소방대상물의 건축·대수선·용도변경 또는 설치 등을 위한 공사를 시공하는 자가 공사현장에서 인화성 물품을 취급하는 작업 등 대통령령으로 정하는 작업을 하기 전에 설치하고 유지·관리해야 하는 임시소방시설의 종류가 아닌 것은? (단, 용접·용단 등 불꽃을 발생시키거나 화기를 취급하는 작업이다.)
① 간이소화장치
② 비상경보장치
③ 자동확산소화기
④ 간이피난유도선

해설 소방시설법 시행령 〔별표 8〕
임시소방시설의 종류

종 류	설 명
소화기	-
간이소화장치	물을 방사하여 화재를 진화할 수 있는 장치로서 소방청장이 정하는 성능을 갖추고 있을 것
비상경보장치	화재가 발생한 경우 주변에 있는 작업자에게 화재사실을 알릴 수 있는 장치로서 소방청장이 정하는 성능을 갖추고 있을 것
간이피난유도선	화재가 발생한 경우 피난구 방향을 안내할 수 있는 장치로서 소방청장이 정하는 성능을 갖추고 있을 것
가스누설경보기	가연성 가스가 누설 또는 발생된 경우 탐지하여 경보하는 장치로서 소방청장이 실시하는 형식승인 및 제품검사를 받은 것
비상조명등	화재발생시 안전하고 원활한 피난활동을 할 수 있도록 자동점등되는 조명장치로서 소방청장이 정하는 성능을 갖추고 있을 것
방화포	용접·용단 등 작업시 발생하는 불티로부터 가연물이 점화되는 것을 방지해주는 천 또는 불연성 물품으로서 소방청장이 정하는 성능을 갖추고 있을 것

비교

소방시설법 시행령 〔별표 8〕
임시소방시설을 설치하여야 하는 공사의 종류와 규모

공사 종류	규 모
간이소화장치	• 연면적 3천m² 이상 • 지하층, 무창층 또는 4층 이상의 층. 바닥면적이 600m² 이상인 경우만 해당
비상경보장치	• 연면적 400m² 이상 • 지하층 또는 무창층. 바닥면적이 150m² 이상인 경우만 해당
간이피난유도선	바닥면적이 150m² 이상인 지하층 또는 무창층의 화재위험작업현장에 설치
소화기	건축허가 등을 할 때 소방본부장 또는 소방서장의 동의를 받아야 하는 특정소방대상물의 신축·증축·개축·재축·이전·용도변경 또는 대수선 등을 위한 공사 중 화재위험작업현장에 설치
가스누설경보기 비상조명등	바닥면적이 150m² 이상인 지하층 또는 무창층의 화재위험작업현장에 설치
방화포	용접·용단 작업이 진행되는 화재위험작업현장에 설치

답 ③

45
16.10.문54

보일러, 난로, 건조설비, 가스·전기시설, 그 밖에 화재발생 우려가 있는 설비 또는 기구 등의 위치·구조 및 관리와 화재예방을 위하여 불을 사용할 때 지켜야 하는 사항은 다음 중 어느 것으로 정하는가?

① 대통령령 ② 총리령
③ 행정안전부령 ④ 소방청훈령

해설 **대통령령**
(1) 소방장비 등에 대한 **국**고보조기준(기본법 9조)
(2) **불을 사용**하는 설비의 관리사항을 정하는 기준(화재예방법 17조)
(3) **특**수가연물 저장·취급(화재예방법 17조)
(4) **방**염성능기준(소방시설법 20조)
(5) 건축허가 등의 동의대상물의 범위(소방시설법 6조)
(6) 소방시설관리업의 등록기준(소방시설법 29조)
(7) 소방시설업의 업종별 영업범위(공사업법 4조)
(8) 소방공사감리의 종류 및 대상에 따른 감리원 배치, 감리의 방법(공사업법 16조)
(9) 위험물의 정의(위험물법 2조)
(10) 탱크안전성능검사의 내용(위험물법 8조)
(11) 제조소 등의 안전관리자의 자격(위험물법 15조)

기억법 대국장 특방(대구 시장에서 특수 방한복 지급)

답 ①

46
14.03.문45
12.09.문42

소방시설공사업자는 소방시설착공신고서의 중요한 사항이 변경된 경우에는 해당서류를 첨부하여 변경일로부터 며칠 이내에 소방본부장 또는 소방서장에게 신고하여야 하는가?

① 7일 ② 15일
③ 21일 ④ 30일

해설 **30일**
(1) 소방시설 착공신고서의 중요사항 변경신고(공사업규칙 12조)
(2) **소방시설업** 등록사항 **변경신고**(공사업규칙 6조)
(3) 위험물안전관리자의 재선임(위험물법 15조)
(4) 소방안전관리자의 재선임(소방시설법 시행규칙 14조)
(5) **도급계약** 해지(공사업법 23조)
(6) 소방기술자 실무교육기관 지정서 발급(공사업규칙 32조)
(7) 소방공사감리자 변경서류제출(공사업규칙 15조)
(8) **승계**(위험물법 10조)
(9) 위험물안전관리자의 직무대행(위험물법 15조)
(10) 탱크시험자의 변경신고일(위험물법 16조)

답 ④

47
16.05.문42
12.05.문56

시장지역에서 화재로 오인할 만한 우려가 있는 불을 피우거나 연막소독을 한 자가 소방본부장 또는 소방서장에게 신고를 하지 아니하여 소방자동차를 출동하게 한 때에 과태료 부과 금액 기준으로 옳은 것은?

① 20만원 이하 ② 50만원 이하
③ 100만원 이하 ④ 200만원 이하

해설 기본법 57조
과태료 20만원 이하
연막소독 신고를 하지 아니하여 소방자동차를 출동하게 한 자

> **중요**
> 기본법 19조
> 화재로 오인할 만한 불을 피우거나 연막소독시 신고 지역
> (1) **시**장지역
> (2) 공장·창고가 밀집한 지역
> (3) 목조건물이 밀집한 지역
> (4) 위험물의 저장 및 처리시설이 밀집한 지역
> (5) 석유화학제품을 생산하는 공장이 있는 지역
> (6) 그 밖에 **시·도**의 **조례**로 정하는 지역 또는 장소

답 ①

48 특정소방대상물의 소방시설 등에 대한 자체점검 기술자격자의 범위에서 '행정안전부령으로 정하는 기술자격자'는?
① 소방안전관리자로 선임된 소방설비산업기사
② 소방안전관리자로 선임된 소방설비기사
③ 소방안전관리자로 선임된 전기기사
④ 소방안전관리자로 선임된 소방시설관리사 및 소방기술사

해설 소방시설법 시행규칙 19조
소방시설 등 자체점검 기술자격자
(1) 소방안전관리자로 선임된 **소방시설관리사**
(2) 소방안전관리자로 선임된 **소방기술사**

답 ④

49 제조소 등의 설치허가 또는 변경허가를 받고자 하는 자는 설치허가 또는 변경허가신청서에 행정안전부령으로 정하는 서류를 첨부하여 누구에게 제출하여야 하는가?
① 소방본부장   ② 소방서장
③ 소방청장   ④ 시·도지사

해설 시·도지사
(1) **제조소 등의 설치허가**(위험물법 6조)
(2) 소방업무의 지휘·감독(기본법 3조)
(3) 소방체험관의 설립·운영(기본법 5조)
(4) 소방업무에 관한 세부적인 종합계획수립 및 소방업무수행(기본법 6조)
(5) 소방시설업자의 지위승계(공사업법 7조)
(6) 제조소 등의 승계(위험물법 10조)

> **중요**
> 소방시설업(공사업법 2~7조)
> (1) 등록권자 ┐
> (2) 등록사항변경 ├ 시·도지사
> (3) 지위승계 ┘
> (4) 등록기준 ┬ 자본금
>   └ 기술인력
> (5) 종류 ┬ 소방시설 설계업
>   ├ 소방시설 공사업
>   ├ 소방공사 감리업
>   └ 방염처리업
> (6) 업종별 영업범위: 대통령령

답 ④

50 화재의 예방 및 안전관리에 관한 법령상 대통령령으로 정하는 특수가연물의 품명별 수량의 기준으로 옳은 것은?
① 가연성 고체류: $2m^3$ 이상
② 목재가공품 및 나무부스러기: $5m^3$ 이상
③ 석탄·목탄류: 3000kg 이상
④ 면화류: 200kg 이상

해설
① $2m^3$ 이상 → 3000kg 이상
② $5m^3$ 이상 → $10m^3$ 이상
③ 3000kg 이상 → 10000kg 이상

화재예방법 시행령 [별표 2]
특수가연물

품 명		수 량
가연성 **액**체류		$2m^3$ 이상
목재가공품 및 나무부스러기		$10m^3$ 이상
면화류		**2**00kg 이상
나무껍질 및 대팻밥		**4**00kg 이상
넝마 및 종이부스러기		
사류(絲類)		1000kg 이상
볏짚류		
가연성 **고**체류		**3**000kg 이상
고무류· 플라스틱류	발포시킨 것	20m^3 이상
	그 밖의 것	**3**000kg 이상
석탄·목탄류		10000kg 이상

> **기억법** 가액목면나 넝사볏가고 고석
>   2 1 2 4 1 3 3 1

※ **특수가연물**: 화재가 발생하면 그 확대가 빠른 물품

답 ④

51. 다음 중 1급 소방안전관리대상물이 아닌 것은?

① 연면적 15000m² 이상인 공장
② 층수가 11층 이상인 업무시설
③ 지하구
④ 가연성 가스를 1000톤 이상 저장·취급하는 시설

해설 ③ 2급 소방안전관리대상물

화재예방법 시행령 〔별표 4〕
소방안전관리자를 두어야 할 특정소방대상물

소방안전관리대상물	특정소방대상물
특급 소방안전관리대상물 (동식물원, 철강 등 불연성 물품 저장·취급창고, 지하구, 위험물제조소 등 제외)	• 50층 이상(지하층 제외) 또는 지상 200m 이상 아파트 • 30층 이상(지하층 포함) 또는 지상 120m 이상(아파트 제외) • 연면적 10만m² 이상(아파트 제외)
1급 소방안전관리대상물 (동식물원, 철강 등 불연성 물품 저장·취급창고, 지하구, 위험물제조소 등 제외)	• 30층 이상(지하층 제외) 또는 지상 120m 이상 아파트 • 연면적 15000m² 이상인 것(아파트 및 연립주택 제외) • 11층 이상(아파트 제외) • 가연성 가스를 1000t 이상 저장·취급하는 시설
2급 소방안전관리대상물	• 지하구 〔보기 ③〕 • 가스제조설비를 갖추고 도시가스사업 허가를 받아야 하는 시설 또는 가연성 가스를 100~1000t 미만 저장·취급하는 시설 • 옥내소화전설비·스프링클러설비 설치대상물 • 물분무등소화설비(호스릴방식의 물분무등소화설비만을 설치한 경우 제외) 설치대상물 • 공동주택(옥내소화전설비 또는 스프링클러설비가 설치된 공동주택 한정) • 목조건축물(국보·보물)
3급 소방안전관리대상물	• 간이스프링클러설비(주택전용 간이스프링클러설비 제외) 설치대상물 • 자동화재탐지설비 설치대상물

답 ③

52. 소방시설 설치 및 관리에 관한 법령에서 정하는 소방시설이 아닌 것은?

① 캐비닛형 자동소화장치
② 이산화탄소소화설비
③ 가스누설경보기
④ 방염성 물질

해설 ④ 해당없음

소방시설법 2조
소방시설

소방시설	세부 종류
소화설비	① 캐비닛형 자동소화장치 ② 이산화탄소소화설비 등
경보설비	• 가스누설경보기 등
피난구조설비	• 완강기 등
소화용수설비	① 상수도 소화용수설비 ② 소화수조 및 저수조
소화활동설비	• 비상콘센트설비 등

답 ④

53. 소방안전관리자의 업무라고 볼 수 없는 것은?

① 소방계획서의 작성 및 시행
② 화재예방강화지구의 지정
③ 자위소방대의 구성·운영·교육
④ 피난시설, 방화구획 및 방화시설의 관리

해설 ② 시·도지사의 업무

화재예방법 24조 ⑤항
관계인 및 소방안전관리자의 업무

특정소방대상물 (관계인)	소방안전관리대상물 (소방안전관리자)
① **피**난시설·방화구획 및 방화시설의 관리 ② **소**방시설, 그 밖의 소방관련시설의 관리 ③ **화기취급**의 감독 ④ 소방안전관리에 필요한 업무 ⑤ 화재발생시 초기대응	① **피**난시설·방화구획 및 방화시설의 관리 ② **소**방시설, 그 밖의 소방관련시설의 관리 ③ **화기취급**의 감독 ④ 소방안전관리에 필요한 업무 ⑤ **소방계획서**의 작성 및 시행(대통령령으로 정하는 사항 포함) ⑥ **자위소방대** 및 **초기대응체계**의 구성·운영·교육 ⑦ 소방**훈**련 및 교육 ⑧ 소방안전관리에 관한 업무수행에 관한 기록·유지 ⑨ 화재발생시 초기대응

기억법 계위 훈피소화

용어

특정소방대상물	소방안전관리대상물
건축물 등의 규모·용도 및 수용인원 등을 고려하여 소방시설을 설치하여야 하는 소방대상물로서 대통령령으로 정하는 것	대통령령으로 정하는 특정소방대상물

중요
화재예방법 18조
화재예방강화지구의 지정
(1) 지정권자 : **시·도지사**
(2) 지정지역
　㉠ **시장**지역
　㉡ **공장·창고** 등이 밀집한 지역
　㉢ **목조**건물이 밀집한 지역
　㉣ 노후·불량 건축물이 밀집한 지역
　㉤ **위험**물의 **저장** 및 **처리시설**이 **밀집**한 지역
　㉥ **석유화학제품**을 생산하는 공장이 있는 지역
　㉦ **소방시설·소방용수시설** 또는 **소방출동로**가 **없는** 지역
　㉧ 「**산업입지 및 개발에 관한 법률**」에 따른 산업단지
　㉨ 「물류시설의 개발 및 운영에 관한 법률」에 따른 물류단지
　㉩ **소방청장·소방본부장** 또는 **소방서장**(소방관서장)이 화재예방강화지구로 지정할 필요가 있다고 인정하는 지역

※ **화재예방강화지구** : 화재발생 우려가 크거나 화재가 발생할 경우 피해가 클 것으로 예상되는 지역에 대하여 화재의 예방 및 안전관리를 강화하기 위해 지정·관리하는 지역

답 ②

★★★ 54
성능위주설계를 할 수 있는 자의 기술인력에 대한 기준으로 옳은 것은?

18.03.문58
10.03.문54
09.03.문45

① 소방기술사 1명 이상
② 소방기술사 2명 이상
③ 소방기술사 3명 이상
④ 소방기술사 4명 이상

해설 공사업령〔별표 1의 2〕
성능위주설계를 할 수 있는 자의 자격·기술인력 및 자격에 따른 설계범위

성능위주설계자의 자격	기술인력	설계범위
① **전문 소방시설설계업**을 등록한 자 ② **전문 소방시설설계업** 등록기준에 따른 기술인력을 갖춘 자로서 **소방청장**이 정하여 고시하는 연구기관 또는 단체	**소방기술사 2명** 이상	**성능위주설계**를 하여야 하는 특정소방대상물

비교
소방시설법 시행령 9조
성능위주설계를 해야 할 특정소방대상물의 범위
(1) 연면적 **20만㎡** 이상인 특정소방대상물(아파트 등 제외)
(2) **50층** 이상(지하층 제외)이거나 지상으로부터 높이가 **200m** 이상인 아파트
(3) **30층** 이상(지하층 포함)이거나 지상으로부터 높이가 **120m** 이상인 특정소방대상물(아파트 등 제외)
(4) 연면적 **3만㎡** 이상인 철도 및 도시철도 시설, **공항시설**
(5) 하나의 건축물에 관련법에 따른 **영화상영관**이 **10개** 이상인 특정소방대상물
(6) 연면적 **10만㎡** 이상이거나 **지하 2층** 이하이고 지하층의 바닥면적의 합이 **3만㎡** 이상인 창고시설
(7) 지하연계 복합건축물에 해당하는 특정소방대상물
(8) 터널 중 수저터널 또는 길이가 **5000m** 이상인 것

답 ②

★★★ 55
다음 중 화재예방강화지구의 지정대상 지역과 가장 거리가 먼 것은?

16.03.문41
15.09.문55
14.05.문53
12.09.문46
10.05.문55
10.03.문48

① 공장지역
② 시장지역
③ 목조건물이 밀집한 지역
④ 소방용수시설이 없는 지역

해설 ① 공장지역 → 공장 등이 밀집한 지역

화재예방법 18조
화재예방강화지구의 지정
(1) 지정권자 : **시**·도지사
(2) 지정지역
　㉠ **시장**지역
　㉡ **공장·창고** 등이 밀집한 지역
　㉢ **목조**건물이 밀집한 지역
　㉣ 노후·불량 건축물이 밀집한 지역
　㉤ **위험**물의 **저장** 및 **처리시설**이 **밀집**한 지역
　㉥ **석유화학제품**을 생산하는 공장이 있는 지역
　㉦ **소방시설·소방용수시설** 또는 **소방출동로**가 **없는** 지역
　㉧ 「**산업입지 및 개발에 관한 법률**」에 따른 산업단지
　㉨ 「물류시설의 개발 및 운영에 관한 법률」에 따른 물류단지
　㉩ **소방청장, 소방본부장** 또는 **소방서장**(소방관서장)이 화재예방강화지구로 지정할 필요가 있다고 인정하는 지역

기억법 화강시

※ **화재예방강화지구** : 화재발생 우려가 크거나 화재가 발생할 경우 피해가 클 것으로 예상되는 지역에 대하여 화재의 예방 및 안전관리를 강화하기 위해 지정·관리하는 지역

비교
기본법 19조
화재로 오인할 만한 불을 피우거나 연막소독시 신고지역
(1) **시장**지역
(2) **공장·창고**가 밀집한 지역
(3) **목조**건물이 밀집한 지역
(4) **위험**물의 **저장** 및 **처리시설**이 **밀집**한 지역
(5) **석유화학제품**을 생산하는 공장이 있는 지역
(6) 그 밖에 **시·도**의 **조례**로 정하는 지역 또는 장소

답 ①

★★ 56

소방기본법상 소방의 역사와 안전문화를 발전시키고 국민의 안전의식을 높이기 위하여 소방체험관을 설립하여 운영할 수 있는 자는? (단, 소방체험관은 화재현장에서의 피난 등을 체험할 수 있는 체험관을 말한다.)

12.03.문48
08.03.문54

① 행정안전부장관
② 소방청장
③ 시·도지사
④ 소방본부장

해설 기본법 5조
설립과 운영

구 분	소방박물관	소방체험관
설립·운영자	소방청장	시·도지사
설립·운영사항	행정안전부령	시·도의 조례

기억법 시체

답 ③

57 위험물안전관리법령상 제조소 또는 일반취급소의 위험물취급탱크 노즐 또는 맨홀을 신설하는 경우, 노즐 또는 맨홀의 직경이 몇 mm를 초과하는 경우에 변경허가를 받아야 하는가?

18.04.문58

① 250 ② 300
③ 450 ④ 600

해설 위험물규칙 〔별표 1의 2〕
제조소 또는 일반취급소의 변경허가
(1) 제조소 또는 일반취급소의 **위치**를 **이전**하는 경우
(2) 건축물의 벽·기둥·바닥·보 또는 지붕을 **증설** 또는 **철거**하는 경우
(3) **배출설비**를 **신설**하는 경우
(4) 위험물취급탱크를 신설·교체·철거 또는 보수(탱크의 본체를 절개)하는 경우
(5) 위험물취급탱크의 **노즐** 또는 **맨홀**을 신설하는 경우(노즐 또는 맨홀의 직경이 **250mm**를 초과하는 경우)
(6) 위험물취급탱크의 **방유제**의 **높이** 또는 방유제 내의 **면적**을 **변경**하는 경우
(7) 위험물취급탱크의 탱크전용실을 **증설** 또는 **교체**하는 경우
(8) **300m**(지상에 설치하지 아니하는 배관은 30m)를 초과하는 위험물배관을 신설·교체·철거 또는 보수(배관 절개)하는 경우
(9) 불활성기체의 봉입장치를 **신설**하는 경우

기억법 250mm

답 ①

58 위험물안전관리법령상 위험물 및 지정수량에 대한 기준 중 다음 ( ) 안에 알맞은 것은?

17.05.문52

> 금속분이라 함은 알칼리금속·알칼리토류금속·철 및 마그네슘 외의 금속의 분말을 말하고, 구리분·니켈분 및 (㉠)마이크로미터의 체를 통과하는 것이 (㉡)중량퍼센트 미만인 것은 제외한다.

① ㉠ 150, ㉡ 50
② ㉠ 53, ㉡ 50
③ ㉠ 50, ㉡ 150
④ ㉠ 50, ㉡ 53

해설 위험물령 〔별표 1〕
금속분
알칼리금속·알칼리토류 금속·철 및 마그네슘 외의 금속의 분말을 말하고, **구리분**·**니켈분** 및 **150마이크로미터**의 체를 통과하는 것이 **50중량퍼센트** 미만인 것은 제외한다.

답 ①

59 화재안전기준을 달리 적용하여야 하는 특수한 용도 또는 구조를 가진 특정소방대상물인 원자력발전소에 설치하지 않을 수 있는 소방시설은?

17.03.문42
14.03.문49

① 옥내소화전설비 및 소화용수설비
② 연결송수관설비 및 연결살수설비
③ 옥내소화전설비 및 자동화재탐지설비
④ 스프링클러설비 및 물분무등소화설비

해설 소방시설법 시행령 〔별표 6〕
소방시설을 설치하지 않을 수 있는 특정소방대상물 및 소방시설의 범위

구 분	특정소방대상물	소방시설
화재안전기준을 달리 적용하여야 하는 특수한 용도 또는 구조를 가진 특정소방대상물	원자력발전소·중·저준위 방사성 폐기물의 저장시설	•**연**결송수관설비 •**연**결살수설비 기억법 화기연(화기연구)
자체소방대가 설치된 특정소방대상물	자체소방대가 설치된 위험물 제조소 등에 부속된 사무실	•옥내소화전설비 •소화용수설비 •연결살수설비 •연결송수관설비

답 ②

60 위험물안전관리법령에서 정하는 제3류 위험물에 해당하는 것은?

18.09.문20
18.03.문17
17.03.문17
15.09.문19
15.09.문56
15.03.문46
14.05.문59
14.03.문46
13.03.문59
12.09.문09
10.09.문06
10.09.문10

① 나트륨
② 염소산염류
③ 무기과산화물
④ 유기과산화물

해설 위험물령 〔별표 1〕
위험물

유 별	성 질	품 명
제1류	**산**화성 **고**체	•아염소산염류 •염소산염류(**염소산나트륨**) •과염소산염류 •질산염류 •무기과산화물 기억법 1산고염나

제2류	가연성 고체	• 황화인 • **적**린 • **황** • **마**그네슘 [기억법] 황화적황마
제3류	자연발화성 물질 및 금수성 물질	• **황**린 • **칼**륨 • **나**트륨 • **알**칼리토금속 • **트**리에틸알루미늄 [기억법] 황칼나알트
제4류	인화성 액체	• 특수인화물 • 석유류(벤젠) • 알코올류 • 동식물유류
제**5**류	**자**기반응성 물질	• 유기과산화물 • 나이트로화합물 • 나이트로소화합물 • 아조화합물 • 질산에스터류(셀룰로이드) [기억법] 5자(**오자**탈자)
제6류	산화성 액체	• 과염소산 • 과산화수소 • 질산

답 ①

제 4 과목 소방기계시설의 구조 및 원리

61 일반적인 산알칼리소화기의 약제방출 압력원에 대한 설명으로 옳은 것은?

① 산과 알칼리의 화학반응에 의해 생성된 CO_2의 압력이다.
② 소화기 내부의 질소가스 충전압력이다.
③ 소화기 내부의 이산화탄소 충전압력이다.
④ 수동펌프를 주로 이용하고 있다.

해설 **산·알칼리소화기**의 압력원 : 산과 알칼리의 화학반응에 의해 생성된 CO_2의 압력

용어

압력원(충전가스)	
소화기	압력원(충전가스)
① 강화액 ② 산·알칼리 ③ 화학포 ④ 분말(가스가압식)	이산화탄소
① 할론 ② 분말(축압식)	질소

답 ①

62 다음 중 입원실이 있는 3층 조산원에 대한 피난기구의 적응성으로 가장 거리가 먼 것은?

① 미끄럼대
② 승강식 피난기
③ 피난용 트랩
④ 공기안전매트

해설 **피난기구**의 적응성(NFTC 301 2.1.1)

설치 장소별 구분	1층	2층	3층	4층 이상 10층 이하

노유자시설	• 미끄럼대
	• 구조대
	• 피난교
	• 다수인 피난
	  장비
	• 승강식 피난기
		• 미끄럼대
		• 구조대
		• 피난교
		• 다수인 피난
		  장비
		• 승강식 피난기
			• 미끄럼대
			• 구조대
			• 피난교
			• 다수인 피난
			  장비
			• 승강식 피난기
				• 구조대[1]
				• 피난교
				• 다수인 피난
				  장비
				• 승강식 피난기

의료시설·
입원실이
있는
의원·접골원
·조산원
	–	–	• 미끄럼대
			  [보기 ①]
			• 구조대
			• 피난교
			• 피난용 트랩
			  [보기 ③]
			• 다수인 피난
			  장비
			• 승강식 피난기
			  [보기 ②]
				• 구조대
				• 피난교
				• 피난용 트랩
				• 다수인 피난
				  장비
				• 승강식 피난기

영업장의
위치가
4층 이하인
다중
이용업소
	–	• 미끄럼대
		• 피난사다리
		• 구조대
		• 완강기
		• 다수인 피난
		  장비
		• 승강식 피난기
			• 미끄럼대
			• 피난사다리
			• 구조대
			• 완강기
			• 다수인 피난
			  장비
			• 승강식 피난기
				• 미끄럼대
				• 피난사다리
				• 구조대
				• 완강기
				• 다수인 피난
				  장비
				• 승강식 피난기

그 밖의 것	–	–	• 미끄럼대
			• 피난사다리
			• 구조대
			• 완강기
			• 피난교
			• 피난용 트랩
			• 간이완강기[2]
			• 공기안전매트
			• 다수인 피난
			  장비
			• 승강식 피난기
				• 피난사다리
				• 구조대
				• 완강기
				• 피난교
				• 간이완강기[2]
				• 공기안전매트
				• 다수인 피난
				  장비
				• 승강식 피난기

[비고] 1) **구조대**의 적응성은 **장애인관련시설**로서 주된 사용자 중 **스스로 피난**이 **불가**한 자가 있는 경우 추가로 설치하는 경우에 한한다.
2) 간이완강기의 적응성은 **숙박시설**의 **3층 이상**에 있는 객실에, **공기안전매트**의 적응성은 **공동주택**에 추가로 설치하는 경우에 한한다.

중요

의무관리대상 공동주택(NFPC 608 13조, NFTC 608 2.9.1.3)
공동주택 구역마다 공기안전매트 1개 이상 추가 설치

비교

피난기구 적응성		
간이완강기	공기안전매트	구조대
숙박시설의 3층 이상에 있는 객실	공동주택	장애인관련시설

답 ④

63 소화설비에 대한 설명으로 틀린 것은?

① 물분무소화설비는 제4류의 위험물을 소화할 수 있는 물입자를 방사한다.
② 증류범위가 넓어 끓어 넘치는 위험이 있는 물질을 저장 또는 취급하는 장소에는 물분무헤드를 설치하지 아니할 수 있다.
③ 주차장에는 물분무소화설비를, 통신기기실에는 스프링클러설비를 설치하여야 한다.
④ 폐쇄형 스프링클러헤드는 그 자체가 자동화재탐지장치의 역할을 할 수 있으나, 개방형은 그렇지 못하다.

해설
③ 물분무소화설비 → 스프링클러설비
　스프링클러설비 → 물분무소화설비

※ 물분무소화설비는 통신기기실에 설치할 수 있으며 스프링클러설비는 주차장에 설치할 수 있다.

중요
통신기기실의 소화설비
(1) 물분무소화설비
(2) 이산화탄소소화설비
(3) 할론소화설비
(4) 할로겐화합물 및 불활성기체 소화설비

답 ③

64 소화펌프의 원활한 기동을 위하여 설치하는 물올림장치가 필요한 경우는?

① 수원의 수위가 펌프보다 높을 경우
② 수원의 수위가 펌프보다 낮을 경우
③ 수원의 수위가 펌프와 수평일 때
④ 수원의 수위와 관계없이 설치

해설 수원의 수위가 펌프보다 낮을 경우 설치하는 것
(1) 풋밸브
(2) 물올림수조(호수조, 물마중장치, 프라이밍탱크)
(3) 연성계 또는 진공계

기억법 풋물연낮

참고
풋밸브
(1) 여과기능(이물질 침투방지)
(2) 체크밸브기능(역류방지)

답 ②

65 이산화탄소소화설비의 수동식 기동장치에 대한 설치기준으로 틀린 것은?

① 전기를 사용하는 기동장치에는 전원표시등을 설치할 것
② 전역방출방식은 방호구역마다, 국소방출방식은 방호대상물마다 설치할 것
③ 해당 방호구역의 출입구부분 등 조작을 하는 자가 쉽게 피난할 수 있는 장소에 설치할 것
④ 기동장치의 조작부는 바닥으로부터 높이 0.5m 이상 0.8m 이하의 위치에 설치하고, 보호판 등에 따른 보호장치를 설치할 것

해설 ④ 0.5m 이상 0.8m 이하 → 0.8m 이상 1.5m 이하

이산화탄소소화설비의 수동식 기동장치(NFPC 106 6조, NFTC 106 2.3.1)
(1) 전역방출방식은 방호구역마다, 국소방출방식은 방호대상물마다 설치
(2) 해당 방호구역의 출입구부분 등 조작을 하는 자가 쉽게 피난할 수 있는 장소에 설치
(3) 기동장치의 조작부는 바닥에서 0.8~1.5m 이하의 위치에 설치하고, 보호판 등에 의한 보호장치 설치 [보기 ④]
(4) 기동장치에는 '이산화탄소소화설비 기동장치'라고 표시한 표지를 한다.
(5) 전기를 사용하는 기동장치에는 전원표시등을 설치
(6) 기동장치의 방출용 스위치는 음향경보장치와 연동하여 조작될 수 있는 것
(7) 기동장치에는 보호장치를 설치해야 하며, 보호장치를 개방하는 경우 기동장치에 설치된 버저 또는 벨 등에 의하여 경고음을 발할 것
(8) 기동장치를 옥외에 설치하는 경우 빗물 또는 외부 충격의 영향을 받지 아니하도록 설치할 것

중요

설치높이		
0.5~1m 이하	0.8~1.5m 이하	1.5m 이하
① 연결송수관설비의 송수구 ② 연결살수설비의 송수구 ③ 소화용수설비의 채수구	① 제어밸브(수동식 개방밸브) ② 유수검지장치 ③ 일제개방밸브 ④ 수동식 기동장치	① 옥내소화전설비의 방수구 ② 호스릴함 ③ 소화기(투척용 소화기)
기억법 연소용 51 (연소용 오일은 잘 탄다.)	기억법 제유일 85 (제가 유일하게 팔 았어요.)	기억법 옥호소 5 (옥내에서 호소하시오.)

답 ④

66 최대방수구역의 바닥면적이 60m²인 주차장에 물분무소화설비를 설치하려고 하는 경우 수원의 최소저수량은 몇 m³인가?

① 12　　② 16
③ 20　　④ 24

해설 물분무소화설비의 수원 (NFPC 104 4조, NFTC 104 2.1.1)

특정소방대상물	토출량	최소기준	비 고
컨베이어벨트	10L/min·m²	–	벨트부분의 바닥면적
절연유 봉입변압기	10L/min·m²	–	표면적을 합한 면적 (바닥면적 제외)
특수가연물	10L/min·m²	최소 50m²	최대방수구역의 바닥면적 기준
케이블트레이·덕트	12L/min·m²	–	투영된 바닥면적
차고·주차장	20L/min·m²	최소 50m²	최대방수구역의 바닥면적 기준
위험물 저장탱크	37L/min·m	–	위험물탱크 둘레길이(원주길이): 위험물규칙 〔별표 6〕 Ⅱ

※ 모두 **20분**간 방수할 수 있는 양 이상으로 하여야 한다.

기억법 컨 0
절 0
특 0
케 2
차 0
위 37

차고·주차장의 토출량 : 20L/min·m²
=바닥면적(최소 50m²)×토출량×20min

주차장 방사량 =바닥면적(최소 50m²)×20L/min·m²×20min
=60m²×20L/min·m²×20min
=24000L=24m³

• 1000L=1m³이므로 24000L=24m³

답 ④

67 폐쇄형 스프링클러헤드를 사용하는 설비에서 하나의 방호구역의 바닥면적의 기준은 몇 m² 이하인가? (단, 격자형 배관방식을 채택하지 않는다.)

16.05.문63
15.03.문73
10.03.문66

① 1500   ② 2000
③ 2500   ④ 3000

해설 폐쇄형 설비의 방호구역 및 유수검지장치 (NFPC 103 6조, NFTC 103 2.3.1)
(1) 하나의 방호구역의 바닥면적은 **3000m²**를 초과하지 않을 것 [보기 ④]
(2) 하나의 방호구역에는 1개 이상의 유수검지장치 설치
(3) 하나의 방호구역은 2개층에 미치지 아니하도록 하되, 1개층에 설치되는 스프링클러헤드의 수가 10개 이하 및 복층형 구조의 공동주택에는 3개층 이내
(4) 유수검지장치는 바닥에서 **0.8~1.5m** 이하의 높이에 설치하여야 하며, 개구부가 가로 **0.5m** 이상 세로 **1m** 이상의 출입문을 설치하고 그 출입문 상단에 '유수검지장치실'이라고 표시한 표지 설치

답 ④

68 연결송수관설비 방수구의 설치기준에 대한 내용이다. 다음 (   ) 안에 들어갈 내용으로 알맞은 것은? (단, 집회장·관람장·백화점·도매시장

17.03.문69

·소매시장·판매시설·공장·창고시설 또는 지하가를 제외한다.)

송수구가 부설된 옥내소화전을 설치한 특정소방대상물로서 지하층을 제외한 층수가 (㉠)층 이하이고 연면적이 (㉡)m² 미만인 특정소방대상물의 지상층에는 방수구를 설치하지 아니할 수 있다.

① ㉠ 4, ㉡ 6000   ② ㉠ 5, ㉡ 6000
③ ㉠ 4, ㉡ 3000   ④ ㉠ 5, ㉡ 3000

해설 연결송수관설비의 방수구 설치제외장소 (NFTC 502 2.3.1.1)
(1) **아파트**의 1층 및 2층
(2) 소방차의 접근이 가능하고 소방대원이 소방차로부터 각 부분에 쉽게 도달할 수 있는 피난층
(3) 송수구가 부설된 옥내소화전을 설치한 특정소방대상물(집회장·관람장·백화점·도매시장·소매시장·판매시설·공장·창고시설 또는 지하가 제외)로서 다음에 해당하는 층
㉠ 지하층을 제외한 **4층** 이하이고 연면적이 **6000m²** 미만인 특정소방대상물의 지상층 보기

기억법 송46(송사리로 **육포**를 만들다.)

㉡ 지하층의 층수가 2 이하인 특정소방대상물의 지하층

답 ①

69 1개층의 거실면적이 400m²이고 복도면적이 300m²인 소방대상물에 제연설비를 설치할 경우, 제연구역은 최소 몇 개인가?

17.03.문63
15.05.문80
14.05.문79
11.10.문77

① 1   ② 2
③ 3   ④ 4

해설

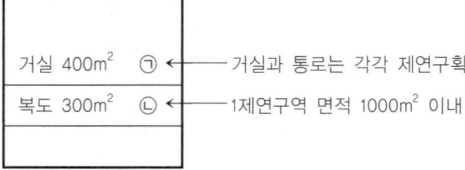

1제연구역(거실 400m²)+1제연구역(복도 300m²)= 2제연구역

중요

제연구역의 구획 (NFPC 501 4조, NFTC 501 2.1.1)
(1) 1제연구역의 면적은 **1000m²** 이내로 할 것
(2) 거실과 통로는 **각각 제연구획**할 것
(3) 통로상의 제연구역은 보행중심선의 길이가 **60m**를 초과하지 않을 것
(4) 1제연구역은 직경 **60m** 원 내에 들어갈 것
(5) 1제연구역은 2개 이상의 층에 미치지 않을 것

기억법 제10006(제천 육포)

• 제연구획에서 제연경계의 폭은 **0.6m** 이상, 수직거리는 **2m** 이내이어야 한다.

답 ②

70
제연설비의 설치시 아연도금강판으로 제작된 배출풍도 단면의 긴 변이 400mm인 경우 (㉠)와 2500mm인 경우 (㉡), 강판의 최소두께는 각각 몇 mm인가?

① ㉠ 0.4, ㉡ 1.0
② ㉠ 0.5, ㉡ 1.0
③ ㉠ 0.5, ㉡ 1.2
④ ㉠ 0.6, ㉡ 1.2

해설 배출풍도의 강판두께 (NFPC 501 9조, NFTC 501 2.6.2.1)

풍도단면의 긴 변 또는 직경의 크기	강판두께
450mm 이하	→ 0.**5**mm 이상 보기 ㉠
451~**7**50mm 이하	0.**6**mm 이상
751~**15**00mm 이하	0.**8**mm 이상
1501~**22**50mm 이하	**1**.0mm 이상
2250mm 초과	→ **1**.**2**mm 이상 보기 ㉡

기억법 4 7 15 22
       5 6 8 1 2

답 ③

71
습식 스프링클러설비 외의 배관설비에는 헤드를 향하여 상향으로 경사를 유지하여야 한다. 이때 수평주행배관의 최소기울기는?

① $\dfrac{1}{500}$ ② $\dfrac{1}{250}$

③ $\dfrac{1}{100}$ ④ $\dfrac{2}{100}$

해설 기울기

구 분	설 명
$\dfrac{1}{100}$ 이상	연결살수설비의 수평주행배관
$\dfrac{2}{100}$ 이상	물분무소화설비의 배수설비
$\dfrac{1}{250}$ 이상	습식 설비·부압식 설비 외 설비의 가지배관
$\dfrac{1}{500}$ 이상 보기 ①	**습**식 설비·**부**압 식설비 외 설비의 **수**평주행배관

기억법 습부수5

답 ①

72
할론 1301을 전역방출방식으로 방출할 때 분사헤드의 최소방출압력[MPa]은?

① 0.1   ② 0.2
③ 0.9   ④ 1.05

해설 할론소화약제 (NFPC 107 4·10조, NFTC 107 2.1.2.1, 2.1.2.2, 2.7)

구 분		할론 1301	할론 1211	할론 2402
저장압력		2.5MPa 또는 4.2MPa	1.1MPa 또는 2.5MPa	-
방출압력		**0.9MPa** 보기 ③	0.2MPa	0.1MPa
충전비	가압식	0.9~1.6 이하	0.7~1.4 이하	0.51~0.67 미만
	축압식			0.67~2.75 이하

답 ③

73
특정소방대상물의 용도 및 장소별로 설치하여야 할 인명구조기구의 기준으로 틀린 것은?

① 지하상가는 공기호흡기를 층마다 2개 이상 비치할 것
② 문화 및 집회시설 중 수용인원 100명 이상의 영화상영관은 공기호흡기를 층마다 2개 이상 비치할 것
③ 물분무등소화설비 중 이산화탄소소화설비를 설치해야 하는 특정소방대상물은 공기호흡기를 이산화탄소소화설비가 설치된 장소의 출입구 외부 인근에 1대 이상 비치할 것
④ 지하층을 포함하는 층수가 7층 이상인 관광호텔은 방열복 또는 방화복, 공기호흡기, 인공소생기를 각 1개 이상 비치할 것

해설 ④ 1개 → 2개

인명구조기구 설치장소 (NFTC 302 2.1.1.1)

특정소방대상물	인명구조기구의 종류	설치수량
• **7**층 이상인 관광호텔(지하층 포함) • **5**층 이상인 병원(지하층 포함)	• 방열복 • 방화복(안전모, 보호장갑, 안전화 포함) • 공기호흡기 • 인공소생기	각 **2개** 이상 비치할 것(단, **병원**의 경우 **인공소생기** 설치 **제외**)
• 수용인원 100명 이상의 영화상영관 • 대규모 점포 • 운수시설 중 지하역사 • 지하가 중 지하상가	• 공기호흡기	• 층마다 2개 이상 비치할 것(단, 각 층마다 갖추어 두어야 할 공기호흡기 중 일부를 **직원**이 **상주**하는 인근 **사무실**에 비치 가능) 보기 ①②
• 이산화탄소소화설비(호스릴 이산화탄소소화설비 제외) 설치 대상물	• 공기호흡기	• 이산화탄소소화설비가 설치된 장소의 출입구 외부 인근에 **1대** 이상 비치 보기 ③

답 ④

74. 다음 시설 중 호스릴 포소화설비를 설치할 수 있는 소방대상물은?

① 완전 밀폐된 주차장
② 지상 1층으로서 지붕이 있는 차고·주차장
③ 주된 벽이 없고 기둥뿐인 고가 밑의 주차장
④ 바닥면적 합계가 1000㎡ 미만인 항공기 격납고

해설
① 밀폐된 주차장 → 개방된 옥상주차장
② 있는 → 없는
④ 1000㎡ 미만 → 1000㎡ 이상

호스릴 포소화설비의 적용 (NFTC 105 2.1)
(1) **지상 1층**으로서 지붕이 **없는** 차고·주차장
(2) 바닥면적 합계가 **1000㎡ 이상**인 항공기 격납고 보기 ③
(3) **완전 개방**된 옥상주차장(주된 벽이 없고 기둥뿐이거나 주위가 위해방지용 철주 등으로 둘러싸인 부분)
(4) 고가 밑의 주차장(주된 벽이 없고 기둥뿐이거나 주위가 위해방지용 철주 등으로 둘러싸인 부분)

답 ③

75. 유량을 토출하여 펌프를 시험할 때 성능시험배관의 밸브를 막고 연속으로 운전할 경우 자동적으로 개방되는 것은 어느 밸브인가?

① 풋밸브
② 릴리프밸브
③ 시험밸브
④ 유량조절밸브

해설

릴리프밸브 보기 ②	순환배관
유량을 토출하여 펌프를 시험할 때 **성능시험배관**의 밸브를 막고 연속으로 운전할 경우 이때 **자동적**으로 개방되는 것 기억법 릴성자	가압송수장치의 체절운전시 **수**온의 **상승**을 **방지**하기 위하여 설치 기억법 순수

답 ②

76. 다음은 특정소방대상물별 소화기구의 능력단위 기준에 대한 설명이다. ( ) 안에 들어갈 내용으로 알맞은 것은?

문화재에 소화기구를 설치할 경우 능력단위 기준에 따라 해당 용도의 바닥면적 ( )㎡마다 능력단위 1단위 이상이 되어야 한다.

① 30 ② 50
③ 100 ④ 200

해설 특정소방대상물별 소화기구의 능력단위기준 (NFTC 101 2.1.1.2)

특정소방대상물	능력단위 (바닥면적)	내화구조이고 불연재료 ·준불연재료 ·난연재료 (바닥면적)
• **위**락시설 기억법 위3(위상)	30㎡마다 1단위 이상	60㎡마다 1단위 이상
• **공**연장·**집**회장 • **관**람장·**문**화재 • **장**례시설·**의**료시설 기억법 5공연장 문의 집람관(손오공 연장 문의 집람관) 보기 ②	50㎡마다 1단위 이상	100㎡마다 1단위 이상
• **근**린생활시설·**판**매시설 • 운**수**시설·**숙**박시설 • **노**유자시설 • **전**시장 • 공동**주**택·**업**무시설 • **방**송통신시설·공장 • **창**고시설·**항**공기 및 자동**차** 관련 시설 • **관광**휴게시설 기억법 근판숙노전 주업방차창 1항 관광(근판숙노전 주업방차장 일본항 관광)	100㎡마다 1단위 이상	200㎡마다 1단위 이상
• 그 밖의 것	200㎡마다 1단위 이상	400㎡마다 1단위 이상

답 ②

77. 소화용수설비의 소요수량이 40㎥ 이상 100㎥ 미만일 경우에 채수구는 몇 개를 설치하여야 하는가?

① 1
② 2
③ 3
④ 4

해설 소화수조·저수조 (NFPC 402 4조, NFTC 402 2.1.3)
(1) **흡수관 투입구**

소요수량	80㎥ 미만	80㎥ 이상
흡수관 투입구의 수	1개 이상	2개 이상

(2) **채수구**

소요수량	20~40㎥ 미만	40~100㎥ 미만	100㎥ 이상
채수구의 수	1개	2개 보기 ②	3개

> **용어**
> **채수구**
> 소방차의 소방호스와 접결되는 흡입구

답 ②

78 호스릴 분말소화설비의 설치기준으로 틀린 것은?
18.04.문75
15.03.문78
① 소화약제의 저장용기는 호스릴을 설치하는 장소마다 설치할 것
② 방호대상물의 각 부분으로부터 하나의 호스 접결구까지의 수평거리가 15m 이하가 되도록 할 것
③ 소화약제의 저장용기의 개방밸브는 호스릴의 설치장소에서 자동으로 개폐할 수 있는 것으로 할 것
④ 소화약제 저장용기의 가장 가까운 곳의 보기 쉬운 곳에 적색의 표시등을 설치하고, 호스릴방식의 분말소화설비가 있다는 뜻을 표시한 표지를 할 것

해설 ③ 자동 → 수동

호스릴 분말소화설비의 **설치기준**(NFPC 108 11조, NFTC 108 2.8.4)
(1) 방호대상물의 각 부분으로부터 하나의 호스접결구까지의 **수평거리**가 **15m** 이하가 되게 한다. 보기 ②
(2) 소화약제의 저장용기의 개방밸브는 호스릴의 설치장소에서 **수동**으로 **개폐** 가능하게 한다. 보기 ③
(3) 소화약제의 저장용기는 **호스릴** 설치장소마다 설치한다. 보기 ①
(4) 호스릴방식의 분말소화설비의 노즐은 하나의 노즐마다 1분당 다음 표에 따른 소화약제를 방출할 수 있는 것으로 할 것

소화약제의 종별	1분당 방사하는 소화약제의 양
제1종 분말	45kg
제2종 분말 또는 제3종 분말	27kg
제4종 분말	18kg

(5) 소화약제 저장용기의 가장 가까운 곳의 보기 쉬운 곳에 적색의 표시등을 설치하고, 호스릴방식의 분말소화설비가 있다는 뜻을 표시한 표지를 할 것 보기 ④

답 ③

79 분말소화설비에 사용하는 소화약제 중 제3종 분말의 주성분으로 옳은 것은?
17.05.문62
16.10.문72
15.03.문03
14.05.문14
14.03.문07
13.09.문67
13.03.문18
① 인산염
② 탄산수소칼륨
③ 탄산수소나트륨
④ 요소

해설 **분말소화기**(질식효과)

종 별	소화약제	약제의 착색	화학반응식	적응화재
제1종	중탄산나트륨 ($NaHCO_3$)	**백**색	$2NaHCO_3 \rightarrow Na_2CO_3 + CO_2 + H_2O$	BC급
제2종	중탄산칼륨 ($KHCO_3$)	담**자**색 (담회색)	$2KHCO_3 \rightarrow K_2CO_3 + CO_2 + H_2O$	BC급
제3종	**인**산암모늄 ($NH_4H_2PO_4$) 보기 ①	담**홍**색 (황색)	$NH_4H_2PO_4 \rightarrow HPO_3 + NH_3 + H_2O$	**ABC급**
제4종	중탄산칼륨 +요소 ($KHCO_3$+ $(NH_2)_2CO$)	**회**(백)색	$2KHCO_3 + (NH_2)_2CO \rightarrow K_2CO_3 + 2NH_3 + 2CO_2$	BC급

- 중탄산나트륨=탄산수소나트륨
- 중탄산칼륨=탄산수소칼륨
- 제1인산암모늄=인산암모늄=**인산염**
- 중탄산칼륨+요소=탄산수소칼륨+요소

> **기억법** 백자홍회, 3인ABC(**3**종이니까 **3**가지 **ABC**급)

답 ①

80 포소화설비에서 부상지붕구조의 탱크에 상부포 주입법을 이용한 포방출구 형태는?
18.04.문64
14.05.문72
① Ⅰ형 방출구
② Ⅱ형 방출구
③ 특형 방출구
④ 표면하 주입식 방출구

해설 **포방출구**(위험물기준 133조)

탱크의 구조	포방출구
고정지붕구조(원추형 루프탱크, 콘루프 탱크)	• Ⅰ형 방출구 • Ⅱ형 방출구 • Ⅲ형 방출구(표면하 주입식 방출구) • Ⅳ형 방출구(반표면하 주입식 방출구)
부상덮개부착 고정지붕구조	• Ⅱ형 방출구
부상지붕구조(부상식 루프탱크, **플**로팅 루프탱크)	• **특**형 방출구 보기 ③

> **기억법** **특플부**(터프가이 부상)

※ 제1석유류 옥외탱크저장소 : **부상식 루프탱크**

답 ③

노화방지 쌀

　황산화 물질인 토코페롤, 안토시아닌 성분 등을 강화한 쌀이다. 보통 흑색(흑진주벼), 녹색(녹원찰벼), 자색(자광벼) 등 색깔이 있다. 이외에도 투명(새상주벼), 흰색(상주찰벼) 등의 개량 품종이 해당된다. 황산화 성분의 작용으로 신체의 노화속도를 늦춰준다.

　경상북도 보건환경연구원의 성분 분석 결과에 따르면 노화방지 유색 쌀은 비타민 B_1, B_2, B_6, 칼슘, 마그네슘 등 무기질과 단백질 함량이 풍부한 것으로 나타났다. 한편 일반 쌀도 쌀눈에 황산화 물질이 들어 있다. 최근 쌀눈의 크기를 3~5배 정도 크게 만든 쌀도 등장했다. 일본에서는 강력한 노화방지 효과가 있는 '코엔자임Q10'이 강화된 쌀이 개발되기도 했다.

출처 : 조선일보

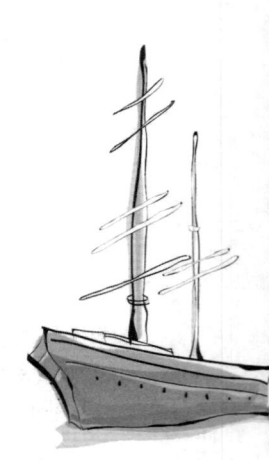

과년도 기출문제

2018년
소방설비산업기사 필기(기계분야)

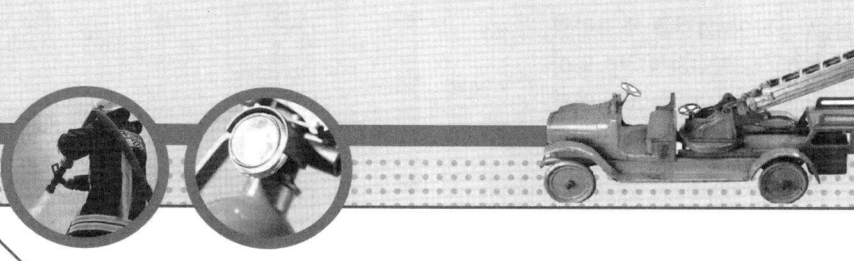

- 2018. 3. 4 시행 ·················· 18- 2
- 2018. 4. 28 시행 ·················· 18-26
- 2018. 9. 15 시행 ·················· 18-51

** 수험자 유의사항 **

1. 문제지를 받는 즉시 **본인**이 **응시한 종목**이 맞는지 확인하시기 바랍니다.
2. 문제지 표지에 본인의 **수험번호**와 **성명**을 기재하여야 합니다.
3. 문제지의 **총면수, 문제번호 일련순서, 인쇄상태, 중복 및 누락 페이지 유무**를 확인하시기 바랍니다.
4. 답안은 각 문제마다 요구하는 가장 적합하거나 가까운 답 1개만을 선택하여야 합니다.
5. 답안카드는 뒷면의 「수험자 유의사항」에 따라 작성하시고, 답안카드 작성 시 형별누락, 마킹착오로 인한 불이익은 전적으로 수험자에게 책임이 있음을 알려드립니다.
6. 문제지는 시험 종료 후 본인이 가져갈 수 있습니다.

** 안내사항 **

- 가답안/최종정답은 큐넷(www.q-net.or.kr)에서 확인하실 수 있습니다. 가답안에 대한 의견은 큐넷의 [가답안 의견 제시]를 통해 제시할 수 있으며, 확정된 답안은 최종정답으로 갈음합니다.
- 공단에서 제공하는 자격검정서비스에 대해 개선할 점이 있으시면 고객참여(http://hrdkorea.or.kr/7/1/1)를 통해 건의하여 주시기 바랍니다.

2018. 3. 4 시행

2018년 산업기사 제1회 필기시험

자격종목	종목코드	시험시간	형별	수험번호	성명
소방설비산업기사(기계분야)		2시간			

※ 각 문항은 4지택일형으로 질문에 가장 적합한 보기 항을 선택하여 체크하여야 합니다.

제1과목 소방원론

01 20℃의 물 400g을 사용하여 화재를 소화하였다. 물 400g이 모두 100℃로 기화하였다면 물이 흡수한 열량은 몇 kcal인가? (단, 물의 비열은 1cal/g · ℃이고, 증발잠열은 539cal/g이다.)

① 215.6
② 223.6
③ 247.6
④ 255.6

해설 열량

$$Q = rm + mC\Delta T$$

여기서, Q : 열량[cal]
  r : 융해열 또는 기화열[cal/g]
  m : 질량[g]
  C : 비열[cal/g · ℃]
  ΔT : 온도차[℃]

(1) 기호
- m : 400g
- C : 1cal/g · ℃
- r : 539cal/g

(2) 20℃ 물 → 100℃ 물
  열량 $Q_1 = mC\Delta T$ = 400g × 1cal/g · ℃ × (100−20)℃
  = 32000cal = 32kcal

(3) 100℃ 물 → 100℃ 수증기
  열량 $Q_2 = rm$ = 539cal/g × 400g
  = 215600cal = 215.6kcal

(4) 전체열량 Q는
  $Q = Q_1 + Q_2$ = (32+215.6)kcal = 247.6kcal

답 ③

02 분말소화약제 중 A, B, C급의 화재에 모두 사용할 수 있는 것은?

① 제1종 분말소화약제
② 제2종 분말소화약제
③ 제3종 분말소화약제
④ 제4종 분말소화약제

해설 분말소화약제(질식효과)

종 별	주성분	약제의 착색	적응 화재	비 고
제1종	중탄산나트륨 (NaHCO₃)	백색	BC급	식용유 및 지방질유의 화재에 적합
제2종	중탄산칼륨 (KHCO₃)	담자색 (담회색)		–
제3종	인산암모늄 (NH₄H₂PO₄)	담홍색	ABC급	차고·주차장에 적합
제4종	중탄산칼륨+요소 (KHCO₃+(NH₂)₂CO)	회(백)색	BC급	–

기억법 3ABC(**3**종이니까 3가지 **ABC**급)

- 중탄산나트륨 = 탄산수소나트륨
- 중탄산칼륨 = 탄산수소칼륨
- 제1인산암모늄 = 인산암모늄 = 인산염
- 중탄산칼륨+요소 = 탄산수소칼륨+요소

답 ③

03 기름탱크에서 화재가 발생하였을 때 탱크 하부에 있는 물 또는 물-기름 에멀션이 뜨거운 열유층에 의해서 가열되어 유류가 탱크 밖으로 갑자기 분출하는 현상은?

① 리프트(lift)
② 백파이어(backfire)
③ 플래시오버(flashover)
④ 보일오버(Boil over)

해설 보일오버(Boil over)
(1) 중질유의 탱크에서 장시간 조용히 연소하다 탱크 내의 잔존기름이 갑자기 분출하는 현상
(2) 유류탱크에서 탱크바닥에 물과 기름의 에멀션이 섞여 있을 때 이로 인하여 화재가 발생하는 현상
(3) 연소유면으로부터 100℃ 이상의 열파가 탱크 저부에 고여 있는 물을 비등하게 하면서 연소유를 탱크 밖으로 비산시키며 연소하는 현상

용어

구 분	설 명
리프트 (lift)	버너 내압이 높아져서 **분출속도**가 **빨라지는** 현상

백파이어 (backfire, 역화)	가스가 노즐에서 나가는 속도가 연소속도보다 느리게 되어 **버너 내부**에서 **연소**하게 되는 현상
플래시오버 (flashover)	화재로 인하여 실내의 온도가 급격히 상승하여 화재가 **순간적**으로 **실내 전체**에 **확산**되어 연소되는 현상

답 ④

04 소화방법 중 질식소화에 해당하지 않는 것은?

① 이산화탄소소화기로 소화
② 포소화기로 소화
③ 마른모래로 소화
④ Halon-1301 소화기로 소화

해설 질식소화
(1) 이산화탄소소화기
(2) 물분무소화설비
(3) 포소화기
(4) 마른모래

④ 부촉매소화

중요

소화형태

구분	설명
냉각소화	• **점화원**을 냉각하여 소화하는 방법 • **증**발잠열을 이용하여 열을 빼앗아 가연물의 온도를 떨어뜨려 화재를 진압하는 소화방법 • **다량의 물**을 뿌려 소화하는 방법 • 가연성 물질을 **발화점 이하**로 냉각 • 주방에서 신속히 할 수 있는 방법으로, 신선한 **야채**를 넣어 **식용유**의 온도를 발화점 이하로 낮추어 소화하는 방법 (식용유화재에 신선한 **야채**를 넣어 소화)
질식소화	• 공기 중의 **산소농도**를 16%(10~15%) 이하로 희박하게 하여 소화하는 방법 • 산화제의 농도를 낮추어 연소가 지속될 수 없도록 함 • 산소공급을 차단하는 소화방법(**공기공급**을 **차단**하여 소화하는 방법)
제거소화	가연물을 **제거**하여 소화하는 방법
부촉매소화 (화학소화)	• **연쇄반응**을 **차단**하여 소화하는 방법 • 화학적인 방법으로 화재억제
희석소화	기체·고체·액체에서 나오는 분해가스나 증기의 농도를 낮추는 소화방법

기억법 냉점증발, 질산

답 ④

05 열에너지원 중 화학적 열에너지가 아닌 것은?

① 분해열
② 용해열
③ 유도열
④ 생성열

해설 열에너지원의 종류

기계열 (기계적 열에너지)	전기열 (전기적 열에너지)	화학열 (화학적 열에너지)
• **압**축열 • **마**찰열 • **마**찰스파크(스파크열)	• **유**도열 • **유**전열 • **저**항열 • **아**크열 • **정**전기열 • 낙뢰에 의한 열	• **연**소열 • **용**해열 • **분**해열 • **생**성열 • **자**연발화열

기억법 기압마

기억법 화연용분생자

③ 전기적 열에너지

• 기계열 = 기계적 점화원 = 기계적 열에너지
• 전기열 = 전기적 점화원 = 전기적 열에너지
• 화학열 = 화학적 점화원 = 화학적 열에너지

답 ③

06 적린의 착화온도는 약 몇 ℃인가?

① 34
② 157
③ 180
④ 260

해설

물질	인화점	발화점
프로필렌	-107℃	497℃
에틸에터, 다이에틸에터	-45℃	180℃
가솔린(휘발유)	-43℃	300℃
이황화탄소	-30℃	100℃
아세틸렌	-18℃	335℃
아세톤	-18℃	538℃
에틸알코올	13℃	423℃
적린	-	**260**℃

기억법 적26(**적이 육**지에 있다.)

• 발화점 = 발화온도 = 착화온도 = 착화점

답 ④

07 건축물에서 방화구획의 구획기준이 아닌 것은?

① 피난구획
② 수평구획
③ 층간구획
④ 용도구획

해설 방화구획의 종류
(1) 층단위(층간구획)
(2) 용도단위(용도구획)
(3) 면적단위(수평구획)

18. 03. 시행 / 산업(기계)

> **중요**
> 연소확대방지를 위한 방화구획
> (1) 층 또는 면적별 구획
> (2) 승강기의 승강로구획
> (3) 위험용도별 구획
> (4) 방화댐퍼 설치

답 ①

08 제3종 분말소화약제의 주성분으로 옳은 것은?
19.04.문17
17.03.문14
16.03.문10
12.09.문04
11.03.문08
08.05.문18

① 탄산수소칼륨
② 탄산수소나트륨
③ 탄산수소칼륨과 요소
④ 제1인산암모늄

해설 (1) 분말소화약제

종 별	주성분	약제의 착색	적응 화재	비 고
제**1**종	중탄산나트륨 (NaHCO₃)	백색	BC급	**식용유** 및 **지방질유**의 화재에 적합
제2종	중탄산칼륨 (KHCO₃)	담자색 (담회색)	–	–
제**3**종	제**1인**산암모늄 (NH₄H₂PO₄)	담홍색	ABC급	**차고 · 주차**장에 적합
제4종	중탄산칼륨+요소 (KHCO₃+ (NH₂)₂CO)	회(백)색	BC급	–

> **기억법** 1식분(일식 분식)
> 3분 차주(**삼보**컴퓨터 **차주**), 인3(인삼)

(2) 이산화탄소소화약제

주성분	적응화재
이산화탄소(CO₂)	BC급

답 ④

09 내화구조의 지붕에 해당하지 않는 구조는?
09.03.문16
06.05.문12
03.08.문07

① 철근콘크리트조
② 철골철근콘크리트조
③ 철재로 보강된 유리블록
④ 무근콘크리트조

해설 내화구조의 지붕
(1) **철근콘크리트조** 또는 **철골철근콘크리트조**
(2) 철재로 보강된 **콘크리트블록조·벽돌조** 또는 **석조**
(3) 철재로 보강된 **유리블록** 또는 **망입유리**로 된 것

> **중요**
> 피난 · 방화구조 3조
> 내화구조의 기준
>
> | 내화구분 | 기 준 |
> |---|---|
> | 벽·바닥 | 철골철근콘크리트조로서 두께가 10cm 이상인 것 |
> | 기둥 | 철골을 두께 5cm 이상의 콘크리트로 덮은 것 |
> | 보 | 두께 5cm 이상의 콘크리트로 덮은 것 |

답 ④

10 물의 비열과 증발잠열을 이용한 소화효과는?
17.09.문10
16.10.문03
14.09.문05
14.03.문03
13.06.문16
09.03.문18

① 희석효과
② 억제효과
③ 냉각효과
④ 질식효과

해설 소화형태

구 분	설 명
냉각소화	① 물의 비열과 증발잠열을 이용한 소화효과 ② **점**화원을 냉각하여 소화하는 방법 ③ **증**발잠열을 이용하여 열을 빼앗아 가연물의 온도를 떨어뜨려 화재를 진압하는 소화방법 ④ **다**량의 **물**을 뿌려 소화하는 방법 ⑤ 가연성 물질을 **발화점 이하**로 **냉각** **기억법** 냉점증발 ⑥ 주방에서 신속히 할 수 있는 방법으로, 신선한 **야채**를 넣어 **식용유**의 온도를 발화점 이하로 낮추어 소화하는 방법(**식용유** 화재에 신선한 **야채**를 넣어 소화) **기억법** 야식냉(**야식**이 **차다**.)
질식소화	① 공기 중의 **산소농도**를 16%(10~15%) 이하로 희박하게 하여 소화하는 방법 ② 산화제의 농도를 낮추어 연소가 지속될 수 없도록 함 ③ 산소공급을 차단하는 소화방법(**공기공급**을 **차단**하여 소화하는 방법) **기억법** 질산
제거소화	**가연물**을 **제거**하여 소화하는 방법
부촉매소화 (화학소화)	① **연쇄반응**을 **차단**하여 소화하는 방법 ② 화학적인 방법으로 화재 억제
희석소화	기체·고체·액체에서 나오는 분해가스나 증기의 농도를 낮춰 소화하는 방법

③ **냉각효과**(냉각소화) : 물의 **증발잠열** 이용

답 ③

11 메탄가스 1mol을 완전연소시키기 위해서 필요한 이론적 최소산소요구량은 몇 mol인가?
15.05.문07
11.06.문09

① 1
② 2
③ 3
④ 4

해설 메탄의 연소반응식

메탄	산소	이산화탄소	물
CH_4	$+\ 2O_2$	$\rightarrow\ CO_2$	$+\ 2H_2O$

$CH_4 + 2O_2 \rightarrow CO_2 + 2H_2O$
1mol 2mol

② 메탄 1mol이 완전연소하는 데 필요한 **산소**는 2mol이다.

답 ②

12. 가연물이 되기 위한 조건이 아닌 것은?

① 산화되기 쉬울 것
② 산소와의 친화력이 클 것
③ 활성화에너지가 클 것
④ 열전도도가 작을 것

해설 가연물이 **연소**하기 쉬운 **조건**(가연물이 되기 위한 조건)
(1) 산소와 **친화력**이 클 것(산화되기 쉬울 것)
(2) **발열량**이 클 것(연소열이 많을 것)
(3) **표면적**이 넓을 것(공기와 접촉면이 클 것)
(4) **열전도율**이 작을 것(열전도도가 작을 것)
(5) **활성화에너지**가 작을 것
(6) **연쇄반응**을 일으킬 수 있을 것

③ 클 것 → 작을 것

용어
활성화에너지
가연물이 처음 연소하는 데 필요한 열

답 ③

13. 조리를 하던 중 식용유화재가 발생하면 신선한 야채를 넣어 소화할 수 있다. 이때의 소화방법에 해당하는 것은?

① 희석소화
② 냉각소화
③ 부촉매소화
④ 질식소화

해설 냉각소화
주방에서 신속히 할 수 있는 방법으로, 신선한 **야채**를 넣어 **식용유**의 온도를 발화점 이하로 낮추어 소화하는 방법

기억법 야식냉(**야식**이 **차다**.)

중요
소화형태	설명
냉각소화	• **점화원**을 냉각하여 소화하는 방법 • **증발잠열**을 이용하여 열을 빼앗아 가연물의 온도를 떨어뜨려 화재를 진압하는 소화방법 • 다량의 **물**을 뿌려 소화하는 방법 • 가연성 물질을 **발화점 이하로 냉각** • **식용유화재**에 신선한 **야채**를 넣어 소화

기억법 냉점증발

질식소화	• 공기 중의 **산소농도**를 16%(10~15%) 이하로 희박하게 하여 소화하는 방법 • 산화제의 농도를 낮추어 연소가 지속될 수 없도록 함 • 산소공급을 차단하는 소화방법 **기억법** 질산
제거소화	가연물을 **제거**하여 소화하는 방법
부촉매소화 (화학소화)	• **연쇄반응**을 차단하여 소화하는 방법 • 화학적인 방법으로 화재 억제
희석소화	기체·고체·액체에서 나오는 분해가스나 증기의 농도를 낮춰 소화하는 방법

답 ②

14. 25℃에서 증기압이 100mmHg이고 증기밀도(비중)가 2인 인화성 액체의 증기-공기밀도는 약 얼마인가? (단, 전압은 760mmHg로 한다.)

① 1.13
② 2.13
③ 3.13
④ 4.13

해설 증기-공기밀도

$$증기-공기밀도 = \frac{P_2 d}{P_1} + \frac{P_1 - P_2}{P_1}$$

여기서, P_1: 대기압(전압)[mmHg]
P_2: 주변온도에서의 증기압[mmHg]
d: 증기밀도[mmHg]

증기-공기밀도
$= \frac{P_2 d}{P_1} + \frac{P_1 - P_2}{P_1}$
$= \frac{100\text{mmHg} \times 2}{760\text{mmHg}} + \frac{760\text{mmHg} - 100\text{mmHg}}{760\text{mmHg}} ≒ 1.13$

답 ①

15. 전기부도체이며 소화 후 장비의 오손 우려가 낮기 때문에 전기실이나 통신실 등의 소화설비로 적합한 것은?

① 스프링클러소화설비
② 옥내소화전설비
③ 포소화설비
④ 이산화탄소소화설비

해설 이산화탄소·할로겐화합물소화기(소화설비) 적응대상
(1) 주차장
(2) 전기실
(3) 통신기기실(통신실)
(4) 박물관
(5) 석탄창고
(6) 면화류창고

• CO_2소화설비=이산화탄소소화설비

답 ④

16. 목조건축물의 온도와 시간에 따른 화재특성으로 옳은 것은?

① 저온단기형
② 저온장기형
③ 고온단기형
④ 고온장기형

해설

목조건물의 화재온도 표준곡선	내화건물의 화재온도 표준곡선
• 화재성상 : **고온단**기형 • 최고온도(최성기온도) : **1300℃**	• 화재성상 : 저온장기형 • 최고온도(최성기온도) : 900~1000℃

[기억법] 목고단 13

• 목조건물=목재건물

답 ③

17. 할로겐화합물 및 불활성기체 소화약제 중 최대 허용설계농도가 가장 낮은 것은?

① FC-3-1-10
② FIC-13I1
③ FK-5-1-12
④ IG-541

해설 할로겐화합물 및 불활성기체 소화약제 최대허용설계농도(NFTC 107A 2.4.2)

소화약제	최대허용설계농도[%]
FIC-13I1	0.3
HCFC-124	1.0
FK-5-1-12	10
HCFC BLEND A	
HFC-227ea	10.5
HFC-125	11.5
HFC-236fa	12.5
HFC-23	30
FC-3-1-10	40
IG-01	43
IG-100	
IG-541	
IG-55	

답 ②

18. 플래시오버(flashover)의 지연대책으로 틀린 것은?

① 두께가 얇은 가연성 내장재료를 사용한다.
② 열전도율이 큰 내장재료를 사용한다.
③ 주요구조부를 내화구조로 하고 개구부를 적게 설치한다.
④ 실내에 저장하는 가연물의 양을 줄인다.

해설 플래시오버(flashover)의 지연대책
(1) **두께**가 **두꺼운** 가연성 내장재료 사용
(2) **열전도율**이 **큰** 내장재료 사용
(3) 주요구조부를 **내화구조**로 하고 **개구부**를 **적게** 설치
(4) 실내에 저장하는 **가연물**의 양을 **줄임**

중요
플래시오버(flashover)에 **영향**을 미치는 것
(1) 개구율(벽면적에 대한 개구부면적의 비)
(2) 내장재료(내장재료의 제성상)
(3) 화원의 크기

※ 화원(source of fire) : 불이 난 근원

답 ①

19. 미분무소화설비의 소화효과 중 틀린 것은?

① 질식
② 부촉매
③ 냉각
④ 유화

해설 소화약제의 소화작용

소화약제	소화작용	주된 소화작용
물(스프링클러)	• 냉각작용 • 희석작용	냉각작용 (냉각소화)
물(무상), 미분무	• **냉**각작용(증발잠열 이용) • **질**식작용 • **유**화작용(에멀션효과) • **희**석작용 [기억법] 물냉질유희	질식작용 (질식소화)
포	• 냉각작용 • 질식작용	
분말	• 질식작용 • 부촉매작용(억제작용) • 방사열 차단작용	
이산화탄소	• 냉각작용 • 질식작용 • 피복작용	
할론	• 질식작용 • 부촉매작용(억제작용)	부촉매작용 (연쇄반응 차단소화)

- CO_2 소화기= 이산화탄소소화기

부촉매효과
(1) 분말소화약제
(2) 할론소화약제
(3) 할로겐화합물소화약제

답 ②

20 자연발화성 물질은?

19.09.문60
15.09.문19
15.03.문46
14.05.문59
13.03.문59
10.09.문10

① 황린
② 나트륨
③ 칼륨
④ 황

해설 위험물령 〔별표 1〕
위험물

유별	성질	품명
제1류	**산**화성 **고**체	• 아염소산염류(아염소산나트륨) • 염소산염류 • 과염소산염류 • 질산염류(질산칼륨) • 무기과산화물(과산화바륨) 기억법 1산고(일산GO)
제2류	가연성 고체	• **황**화인 • **적**린 • **황** • **마**그네슘 기억법 2황적황마
제3류	금수성 물질	자연발화성 물질 **황**린 • **칼**륨 • **나**트륨 • **알**킬알루미늄 • 트리에틸알루미늄 기억법 황칼나알
제4류	인화성 액체	• 특수인화물 • 석유류(벤젠) • 알코올류 • 동식물유류
제5류	자기반응성 물질	• 질산에스터류(셀룰로이드) • 유기과산화물 • 나이트로화합물 • 나이트로소화합물 • 아조화합물 • 나이트로글리세린
제6류	산화성 액체	• 과염소산 • 과산화수소 • 질산

②, ③ 금수성 물질
④ 가연성 고체

답 ①

제 2 과목 소방유체역학

21
16.03.문37

지름(D) 60mm인 물 분류가 30m/s의 속도(V)로 고정평판에 대하여 45° 각도로 부딪칠 때 지면에 수직방향으로 작용하는 힘(F_y)은 약 몇 N인가?

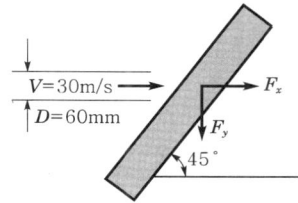

① 1700
② 1800
③ 1900
④ 2000

해설

$$F = \rho QV\sin\theta$$

(1) 유량

$$Q = AV = \frac{\pi D^2}{4}V$$

여기서, Q : 유량[m³/s]
A : 단면적[m²]
V : 유속[m/s]
D : 지름[m]

(2) 판이 받는 y방향의 힘

$$F_y = \rho QV\sin\theta$$

여기서, F_y : 판이 받는 y방향의 힘[N]
ρ : 밀도(물의 밀도 1000N·s²/m⁴)
Q : 유량[m³/s]
V : 유속[m/s]

판이 받는 y방향의 힘 F_y는

$F_y = \rho QV\sin\theta$
$= \rho\left(\dfrac{\pi D^2}{4}V\right)V\sin\theta$
$= \rho\dfrac{\pi D^2}{4}V^2\sin\theta$
$= 1000\text{N}\cdot\text{s}^2/\text{m}^4 \times \dfrac{\pi \times (0.06\text{m})^2}{4} \times (30\text{m/s})^2$
$\quad \times \sin 45°$
$\fallingdotseq 1800\text{N}$

비교

판이 받는 x방향의 힘

$$F_x = \rho QV(1-\cos\theta)$$

여기서, F_x : 판이 받는 x방향의 힘[N]
ρ : 밀도[N·s²/m⁴]
Q : 유량[m³/s]
V : 속도(유속)[m/s]
θ : 유출방향

답 ②

22

어떤 탱크 속에 들어 있는 산소의 밀도는 온도가 25℃일 때 2.0kg/m³이다. 이때 대기압이 97kPa이라면, 이 산소의 압력은 계기압력으로 약 몇 kPa인가? (단, 산소의 기체상수는 259.8J/kg·K이다.)

① 58　　② 65
③ 72　　④ 88

해설

(1) 밀도

$$\rho = \frac{m}{V}$$

여기서, ρ : 밀도[kg/m³]
　　　　m : 질량[kg]
　　　　V : 부피[m³]

(2) 이상기체상태 방정식

$$PV = mRT$$

여기서, P : 압력[kPa 또는 kN/m²]
　　　　V : 부피(체적)[m³]
　　　　m : 질량[kg]
　　　　R : 기체상수[kJ/kg·K]
　　　　T : 절대온도(273+℃)[K]

산소의 압력

$$P = \frac{mRT}{V} = \rho RT$$

　$= 2.0\text{kg/m}^3 \times 0.2598\text{kJ/kg·K} \times (273+25)\text{K}$
　$≒ 154.84\text{kN/m}^2$
　$= 154.84\text{kPa}$ (절대압)

- 1000J=1kJ이므로 259.8J/kg·K=0.2598kJ/kg·K
- 1kJ=1kN·m이므로 0.2598kJ/kg·K=0.2598kN·m/kg·K

(3) 절대압=대기압+게이지압(계기압력)

계기압력=절대압－대기압
　　　　=154.84kPa－97kPa ≒ 58kPa

- 이 문제에서 산소의 분자량은 고려할 필요가 없다.

중요

절대압
(1) **절**대압=**대**기압+**게**이지압(계기압)
(2) 절대압=대기압－진공압

기억법 절대게

답 ①

23

60℃의 물 200kg과 100℃의 포화증기를 적당량 혼합하면 90℃의 물이 된다. 이때 혼합하여야 할 포화증기의 양은 약 몇 kg인가? (단, 100℃에서 물의 증발잠열은 2256kJ/kg이고, 물의 비열은 4.186kJ/kg·K이다.)

① 8.53　　② 9.12
③ 10.02　　④ 10.93

해설 열량

$$Q = mc\Delta T + rm$$

여기서, Q : 열량[kJ]
　　　　m : 질량[kg]
　　　　c : 비열[kJ/kg·K]
　　　　ΔT : 온도차[℃]
　　　　r : 기화열(증발열)[kJ/kg]

(1) 물의 열량

　$Q_1 = mc\Delta T$
　　$= 200\text{kg} \times 4.186\text{kJ/kg·K} \times (363-333)\text{K}$
　　$= 25116\text{kJ}$

- K = 273 + ℃ = 273 + 90℃ = 363K
- K = 273 + ℃ = 273 + 60℃ = 333K
- 온도만 변하고 상태는 변하지 않으므로 rm 생략

(2) 포화증기의 열량

　$Q_2 = mc\Delta T + rm$
　　$= m \times 4.186\text{kJ/kg·K} \times (373-363)\text{K} + 2256\text{kJ/kg} \times m$
　　$= 41.86m + 2256m$ ← 계산 편의를 위해 단위 생략
　　$= 2297.86m$

- K = 273 + ℃ = 273 + 100℃ = 373K
- K = 273 + ℃ = 273 + 90℃ = 363K

$$Q_1 = Q_2$$

$25116 = 2297.86m$
$m = \frac{25116}{2297.86} ≒ 10.93\text{kg}$

답 ④

24

개방된 물통에 깊이 2m로 물이 들어 있고, 이 물위에 깊이 2m의 기름이 떠 있다. 기름의 비중이 0.5일 때, 물통 밑바닥에서의 압력은 약 몇 Pa인가? (단, 유체 상부면에 작용하는 대기압은 무시한다.)

① 9810　　② 16280
③ 29420　　④ 34240

해설

$$P = \gamma_1 h_1 + \gamma_2 h_2$$

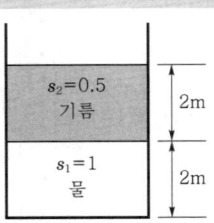

|| 부력 ||

(1) 기름의 비중

$$s_2 = \frac{\gamma_2}{\gamma_w}$$

여기서, s_2 : 비중
  γ_2 : 기름의 비중량[N/m³]
  γ_w : 물의 비중량(9800N/m³)
기름의 비중량 γ_2는
  $\gamma_2 = s_2 \cdot \gamma_w = 0.5 \times 9800\text{N/m}^3 = 4900\text{N/m}^3$

(2) 물속의 **압력**

$$P = P_0 + \gamma h$$

여기서, P : 물속의 압력(물통 밑바닥의 압력)[Pa]
  P_0 : 대기압(101.325kPa)
  γ : 물의 비중량(9800N/m³)
  h : 물의 깊이

(3) 기름이 물위에 떠 있고 단서에서 대기압을 무시하라고 하였으므로 변형식은 다음과 같다.

$$P = \gamma_1 h_1 + \gamma_2 h_2$$

여기서, P : 물속의 압력(물통 밑바닥의 압력)[Pa]
  γ_1 : 물의 비중량(9800N/m³)
  h_1 : 물의 깊이[m]
  γ_2 : 기름의 비중량[N/m³]
  h_2 : 기름의 깊이[m]

물통 밑바닥의 압력 P는
$P = \gamma_1 h_1 + \gamma_2 h_2$
  $= 9800\text{N/m}^3 \times 2\text{m} + 4900\text{N/m}^3 \times 2\text{m}$
  $= 29400\text{Pa}$
  $≒ 29420\text{Pa}$

• 물속의 압력=물통 밑바닥에서의 압력

답 ③

25 ★★★

길이 300m, 지름 10cm인 관에 1.2m/s의 평균 속도로 물이 흐르고 있다면 손실수두는 약 몇 m 인가? (단, 관의 마찰계수는 0.02이다.)

① 2.1   ② 4.4
③ 6.7   ④ 8.3

해설 다르시-웨버의 식

$$H = \frac{\Delta P}{\gamma} = \frac{flV^2}{2gD}$$

여기서, H : 마찰손실[m]
  ΔP : 압력차[Pa]
  γ : 비중량(물의 비중량 9800N/m³)
  f : 관마찰계수
  l : 길이[m]
  V : 유속[m/s]
  g : 중력가속도(9.8m/s²)
  D : 내경(지름)[m]

속도수두 H는
$H = \frac{flV^2}{2gD} = \frac{0.02 \times 300\text{m} \times (1.2\text{m/s})^2}{2 \times 9.8\text{m/s}^2 \times 10\text{cm}}$
  $= \frac{0.02 \times 300\text{m} \times (1.2\text{m/s})^2}{2 \times 9.8\text{m/s}^2 \times 0.1\text{m}} ≒ 4.4\text{m}$

답 ②

26 ★★

어떤 오일의 동점성계수가 2×10^{-4}m²/s이고 비중이 0.9라면 점성계수는 약 몇 kg/m·s인가?

① 1.2   ② 2.0
③ 0.18   ④ 1.8

해설 (1) 비중

$$s = \frac{\rho}{\rho_w}$$

여기서, s : 비중
  ρ : 어떤 물질의 밀도[kg/m³]
  ρ_w : 물의 밀도(1000kg/m³)

오일의 밀도 ρ는
$\rho = \rho_w \cdot s = 1000\text{kg/m}^3 \times 0.9 = 900\text{kg/m}^3$

(2) 동점성계수

$$\nu = \frac{\mu}{\rho}$$

여기서, ν : 동점성계수[m²/s]
  μ : 점성계수[kg/m·s]
  ρ : 밀도(어떤 물질의 밀도)[kg/m³]

점성계수 μ는
$\mu = \nu \cdot \rho$
  $= 2 \times 10^{-4}\text{m}^2/\text{s} \times 900\text{kg/m}^3 = 0.18\text{kg/m·s}$

답 ③

27 ★★

정지유체 속에 잠겨있는 경사진 평면에서 압력에 의해 작용하는 합력의 작용점에 대한 설명으로 옳은 것은?

① 도심의 아래에 있다.
② 도심의 위에 있다.
③ 도심의 위치와 같다.
④ 도심의 위치와 관계가 없다.

해설 힘의 작용점의 중심압력은 경사진 평판의 **도심**보다 **아래에** 있다.

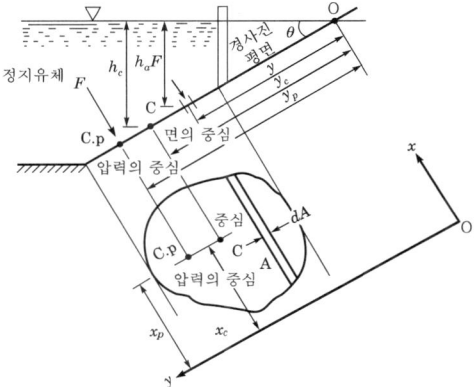

┃힘의 작용점의 중심압력┃

답 ①

28

20℃, 100kPa의 공기 1kg을 일차적으로 300kPa까지 등온압축시키고 다시 1000kPa까지 단열압축시켰다. 압축 후의 절대온도는 약 몇 K인가? (단, 모든 과정은 가역과정이고 공기의 비열비는 1.4이다.)

① 413K ② 433K
③ 453K ④ 473K

해설

$$\frac{T_2}{T_1} = \left(\frac{P_2}{P_1}\right)^{\frac{k-1}{k}}$$

(1) 기호
- P_1 : 300kPa
- P_2 : 1000kPa

(2) 단열변화

$$\frac{T_2}{T_1} = \left(\frac{P_2}{P_1}\right)^{\frac{k-1}{k}}$$

여기서, T_1, T_2 : 변화 전후의 절대온도(273+℃)[K]
P_1, P_2 : 변화 전후의 압력[kPa]
k : 비열비(1.4)

$T_2 = T_1 \left(\frac{P_2}{P_1}\right)^{\frac{k-1}{k}}$

$= (273+20)K \times \left(\frac{1000kPa}{300kPa}\right)^{\frac{1.4-1}{1.4}} ≒ 413K$

용어

단열변화
손실이 없는 상태에서의 과정

답 ①

29

관의 단면에 축소부분이 있어서 유체를 단면에서 가속시킴으로써 생기는 압력차이를 측정하여 유량을 측정하는 장치가 있다. 다음 중 이에 해당하지 않는 것은?

① nozzle meter ② orifice meter
③ venturimeter ④ rotameter

해설 측정기구

종류	측정기구
동압 (유속)	• 시차액주계(differential manometer) • 피토관(pitot tube) • 피토-정압관(pitot-static tube) • 열선속도계(hot-wire anemometer)
정압	• 정압관(static tube) • 피에조미터(piezometer) • 마노미터(manometer) : 유체의 압력차 측정
유량	• 벤투리미터(venturimeter) • 오리피스(orifice) • 위어(weir) • 로터미터(rotameter) 보기 ④ • 노즐(nozzle)

④ 로터미터(rotameter)는 유량을 측정하는 장치이기는 하지만 부자(float)의 오르내림에 의해서 배관 내의 유량 및 유속을 측정할 수 있는 기구로서 관의 단면에 축소부분은 없다.

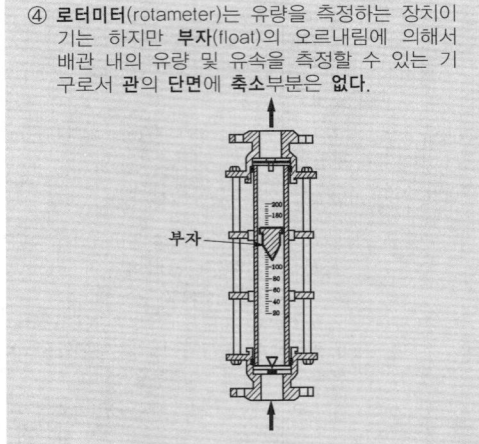

로터미터

답 ④

30

다음 중 동점성계수의 차원으로 올바른 것은? (단, M, L, T는 각각 질량, 길이, 시간을 나타낸다.)

① $ML^{-1}T^{-1}$ ② $ML^{-1}T^{-2}$
③ L^2T^{-1} ④ MLT^{-2}

해설 동점성계수

$$\nu = \frac{\mu}{\rho}$$

여기서, ν : 동점성계수(동점도)[m²/s]
μ : 일반점도(점성계수×중력가속도)[kg/m·s]
ρ : 밀도(물의 밀도 1000kg/m³)

동점성계수(ν) = $\frac{m^2}{s} = \left[\frac{L^2}{T}\right] = [L^2T^{-1}]$

중요

중력단위와 절대단위의 차원

차원	중력단위[차원]	절대단위[차원]
길이	m[L]	m[L]
시간	s[T]	s[T]
운동량	N·s[FT]	kg·m/s[MLT⁻¹]
힘	N[F]	kg·m/s²[MLT⁻²]
속도	m/s[LT⁻¹]	m/s[LT⁻¹]
가속도	m/s²[LT⁻²]	m/s²[LT⁻²]
질량	N·s²/m[FL⁻¹T²]	kg[M]
압력	N/m²[FL⁻²]	kg/m·s²[ML⁻¹T⁻²]
밀도	N·s²/m⁴[FL⁻⁴T²]	kg/m³[ML⁻³]
비중	무차원	무차원
비중량	N/m³[FL⁻³]	kg/m²·s²[ML⁻²T⁻²]
비체적	m⁴/N·s²[F⁻¹L⁴T⁻²]	m³/kg[M⁻¹L³]
일률	N·m/s[FLT⁻¹]	kg·m²/s³[ML²T⁻³]
일	N·m[FL]	kg·m²/s²[ML²T⁻²]
점성계수	N·s/m²[FL⁻²T]	kg/m·s[ML⁻¹T⁻¹]
동점성계수	m²/s[L²T⁻¹]	m²/s[L²T⁻¹] 보기 ③

답 ③

31.
물이 안지름 600mm의 파이프를 통하여 평균 3m/s의 속도로 흐를 때, 유량은 약 몇 m^3/s인가?

① 0.34
② 0.85
③ 1.82
④ 2.88

해설 유량

$$Q = AV = \left(\frac{\pi}{4}D^2\right)V$$

여기서, Q: 유량[m^3/s]
A: 단면적[m^2]
V: 유속[m/s]
D: 안지름[m]

유량 Q는

$$Q = \left(\frac{\pi}{4}D^2\right)V = \frac{\pi}{4}(0.6m)^2 \times 3m/s \fallingdotseq 0.85 m^3/s$$

• 1000mm=1m이므로 600mm=0.6m

답 ②

32.
단면적이 $10m^2$이고 두께가 2.5cm인 단열재를 통과하는 열전달량이 3kW이다. 내부(고온)면의 온도가 415℃이고 단열재의 열전도도가 0.2W/m·K일 때 외부(저온)면의 온도는?

① 353℃
② 378℃
③ 396℃
④ 402℃

해설 열전달률(열전도율)

$$\mathring{q} = \frac{KA(T_2 - T_1)}{l}$$

여기서, $\mathring{q}$: 열전달량(열전도율)[W]
K: 열전도율(열전도도)[W/m·℃ 또는 W/m·K]
A: 단면적[m^2]
$(T_2 - T_1)$: 온도차[℃]
l: 벽체두께[m]

$$\mathring{q} = \frac{KA(T_2 - T_1)}{l}$$

$$\mathring{q}l = KA(T_2 - T_1)$$

$$\frac{\mathring{q}l}{KA} = T_2 - T_1$$

$$\frac{\mathring{q}l}{KA} - T_2 = -T_1$$

$$T_1 = T_2 - \frac{\mathring{q}l}{KA}$$

$$= 415℃ - \frac{3kW \times 2.5cm}{0.2W/m \cdot K \times 10m^2}$$

$$= 415℃ - \frac{(3 \times 10^3)W \times 2.5cm}{0.2W/m \cdot K \times 10m^2}$$

$$= 415℃ - \frac{(3 \times 10^3)W \times 0.025m}{0.2W/m \cdot K \times 10m^2}$$

$$\fallingdotseq 378℃$$

답 ②

33.
송풍기의 전압이 10kPa이고, 풍량이 $3m^3/s$인 송풍기의 동력은 몇 kW인가? (단, 공기의 밀도는 $1.2kg/m^3$이다.)

① 30
② 56
③ 294
④ 353

해설

$$P = \frac{\gamma HQ}{1000\eta}K$$

(1) 압력

$$p = \gamma H$$

여기서, p: 압력(송풍기의 전압)[Pa 또는 N/m^2]
γ: 비중량[N/m^3]
H: 높이(수두, 전양정)[m]

높이(수두, 전양정)

$$H = \frac{p}{\gamma} \quad \cdots\cdots ㉠$$

(2) 전동기의 용량(송풍기의 동력)

$$P = \frac{\gamma HQ}{1000\eta}K \quad \cdots\cdots ㉡$$

여기서, P: 전동기용량[kW]
γ: 물의 비중량(9800N/m^3)
H: 전양정[m]
Q: 양수량(유량, 풍량)[m^3/s]
K: 여유계수
η: 효율

송풍기의 동력 P는

$$P = \frac{\gamma HQ}{1000\eta}K$$

$$= \frac{\cancel{\gamma}\frac{p}{\cancel{\gamma}}Q}{1000\eta}K \quad \cdots\cdots ㉠식을 ㉡식에 대입$$

$$= \frac{pQ}{1000\eta}K$$

$$= \frac{10000N/m^2 \times 3m^3/s}{1000\cancel{\eta}}\cancel{K} = 30kW$$

• 1kPa=1kN/m^2이고 1kN=1000N이므로
10kPa=10kN/m^2=10000N/m^2
• η, K: 주어지지 않았으므로 무시

답 ①

34.
관 속의 부속품을 통한 유체흐름에서 관의 등가길이(상당길이)를 표현하는 식은? (단, 부차적 손실계수는 K, 관의 지름은 d, 관마찰계수는 f이다.)

① Kfd
② $\frac{fd}{K}$
③ $\frac{Kf}{d}$
④ $\frac{Kd}{f}$

해설 등가길이

$$L_e = \frac{Kd}{f}$$

여기서, L_e : 등가길이[m]
K : 부차적 손실계수
d : 내경(지름)[m]
f : 마찰손실계수(관마찰계수)

- 등가길이=상당길이=상당관길이
- 마찰계수=마찰손실계수=관마찰계수

답 ④

35 어떤 펌프가 1400rpm으로 회전할 때 12.6m의 전양정을 갖는다고 한다. 이 펌프를 1450rpm으로 회전할 경우 전양정은 약 몇 m인가? (단, 상사법칙을 만족한다고 한다.)

① 10.6 ② 12.6
③ 13.5 ④ 14.8

해설 (1) 기호
- N_1 : 1400rpm
- H_1 : 12.6m
- N_2 : 1450rpm

(2) 상사법칙
㉠ 유량

$$Q_2 = Q_1 \left(\frac{N_2}{N_1}\right)$$

여기서, Q_1, Q_2 : 변화 전후의 유량[m³/min]
N_1, N_2 : 변화 전후의 회전수[rpm]

㉡ 양정

$$H_2 = H_1 \left(\frac{N_2}{N_1}\right)^2$$

여기서, H_1, H_2 : 변화 전후의 양정[m]
N_1, N_2 : 변화 전후의 회전수[rpm]

㉢ 축동력

$$P_2 = P_1 \left(\frac{N_2}{N_1}\right)^3$$

여기서, P_1, P_2 : 변화 전후의 축동력[kW]
N_1, N_2 : 변화 전후의 회전수[rpm]

∴ 양정 H_2는

$$H_2 = H_1 \left(\frac{N_2}{N_1}\right)^2 = 12.6 \times \left(\frac{1450}{1400}\right)^2 = 13.5\text{m}$$

※ **상사법칙** : 기하학적으로 유사하거나 같은 펌프에 적용하는 법칙

답 ③

36 다음 중 압력차를 측정하는 데 사용되는 기구는?

① 로터미터 ② U자관 액주계
③ 열전대   ④ 위어

해설 측정기구

종 류	측정기구
동압 (유속)	• 시차액주계(differential manometer), **U자관 액주계** • 피토관(pitot tube) • 피토-정압관(pitot-static tube) • 열선속도계(hot-wire anemometer)
정압	• 정압관(static tube) • 피에조미터(piezometer) • 마노미터(manometer)
유량	• 벤투리미터(venturimeter) • 오리피스(orifice) • 위어(weir) • 로터미터(rotameter) • 노즐(nozzle)

※ **U자관 액주계** : 압력차를 측정하는 데 사용되는 기구

답 ②

37 체적이 0.031m³인 액체에 61000kPa의 압력을 가했을 때 체적이 0.025m³가 되었다. 이때 액체의 체적탄성계수는 약 얼마인가?

① 2.38×10^8Pa ② 2.62×10^8Pa
③ 1.23×10^8Pa ④ 3.15×10^8Pa

해설 체적탄성계수

$$K = -\frac{\Delta P}{\frac{\Delta V}{V}}$$

여기서, K : 체적탄성계수[kPa]
ΔP : 가해진 압력[kPa]
$\frac{\Delta V}{V}$: 체적의 감소율
ΔV : 체적의 변화(체적의 차)[m³]
V : 처음 체적[m³]

체적탄성계수 K는

$$K = -\frac{\Delta P}{\frac{\Delta V}{V}} = -\frac{61000 \times 10^3 \text{Pa}}{\frac{(0.031-0.025)\text{m}^3}{0.031\text{m}^3}}$$

$$\doteqdot -315000000\text{Pa} = -3.15 \times 10^8 \text{Pa}$$

- '−'는 누르는 방향이 위 또는 아래를 나타내는 것으로 특별한 의미는 없다.

용어

체적탄성계수
어떤 압력으로 누를 때 이를 떠받치는 힘의 크기를 의미하며, 체적탄성계수가 클수록 압축하기 힘들다.

답 ④

38 흐르는 유체에서 정상유동(steady flow)이란 어떤 것을 지칭하는가?

① 임의의 점에서 유체속도가 시간에 따라 일정하게 변하는 흐름
② 임의의 점에서 유체속도가 시간에 따라 변하지 않는 흐름
③ 임의의 시각에서 유로 내 모든 점의 속도벡터가 일정한 흐름
④ 임의의 시각에서 유로 내 각 점의 속도벡터가 서로 다른 흐름

해설 유체 관련

구 분	설 명
정상유동	• 유동장에서 유체흐름의 특성이 시간에 따라 변하지 않는 흐름 • 임의의 점에서 유체속도가 시간에 따라 변하지 않는 흐름
정상류	• 직관로 속의 어느 지점에서 항상 일정한 유속을 가지는 물의 흐름
연속방정식	• 질량보존의 법칙

답 ②

39 지름이 10mm인 노즐에서 물이 방사되는 방사압(계기압력)이 392kPa이라면 방수량은 약 몇 m³/min인가?

① 0.402　② 0.220
③ 0.132　④ 0.012

해설
(1) 기호
 • D : 10mm
 • P : 392kPa=0.392MPa(k=10^3, M=10^6)

(2) 방수량
$$Q = 0.653D^2\sqrt{10P} = 0.6597CD^2\sqrt{10P}$$

여기서, Q : 방수량[L/min]
C : 유량계수(노즐의 흐름계수)
D : 내경[mm]
P : 방수압력[MPa]

방수량 Q는
$Q = 0.653D^2\sqrt{10P} = 0.653 \times 10^2 \times \sqrt{10 \times 0.392}$
$= 132\text{L/min} = 0.132\text{m}^3/\text{min}$

답 ③

40 옥내소화전설비의 배관유속이 3m/s인 위치에 피토정압관을 설치하였을 때, 정체압과 정압의 차를 수두로 나타내면 몇 m가 되겠는가?

① 0.46　② 4.6
③ 0.92　④ 9.2

해설 수두
$$H = \frac{V^2}{2g}$$

여기서, H : 수두[m], V : 유속[m/s], g : 중력가속도(9.8m/s²)

$$H = \frac{V^2}{2g} = \frac{(3\text{m/s})^2}{2 \times 9.8\text{m/s}^2} = 0.46\text{m}$$

답 ①

제3과목　소방관계법규

41 제조소 또는 일반취급소에서 변경허가를 받아야 하는 경우가 아닌 것은?

① 배출설비를 신설하는 경우
② 불활성기체의 봉입장치를 신설하는 경우
③ 위험물의 펌프설비를 증설하는 경우
④ 위험물취급탱크의 탱크전용실을 증설하는 경우

해설 위험물규칙〔별표 1의 2〕
위험물제조소의 변경허가를 받아야 하는 경우
(1) **제조소**의 **위치**를 이전하는 경우
(2) **배출**설비를 신설하는 경우
(3) 위험물취급탱크의 **탱크전용실**을 증설 또는 교체하는 경우
(4) 위험물취급탱크의 **방유제**의 **높이** 또는 방유제 내의 **면적**을 변경하는 경우
(5) **불활성기체**의 봉입장치를 신설하는 경우
(6) 300m(지상에 설치하지 아니하는 배관의 경우는 30m)를 초과하는 **위험물배관**을 **신설·교체·철거** 또는 보수하는 경우

기억법　배불탱방

답 ③

42 소방시설공사업법령상 완공검사를 위한 현장 확인 대상 특정소방대상물의 범위기준으로 틀린 것은?

① 운동시설
② 호스릴 이산화탄소소화설비가 설치되는 것
③ 연면적 10000m² 이상이거나 11층 이상인 특정소방대상물(아파트는 제외)
④ 가연성 가스를 제조·저장 또는 취급하는 시설 중 지상에 노출된 가연성 가스탱크의 저장용량 합계가 1000톤 이상인 시설

해설 ② 호스릴 → 호스릴 제외

공사업령 5조
완공검사를 위한 현장확인 대상 특정소방대상물
(1) **수**련시설
(2) **노**유자시설
(3) **문**화 및 집회시설, **운**동시설
(4) **종**교시설
(5) **판**매시설
(6) **숙**박시설
(7) **창**고시설
(8) 지하**상**가
(9) 다중이용업소

18. 03. 시행 / 산업(기계)

(10) 다음에 해당하는 설비가 설치되는 특정소방대상물
  ㉠ 스프링클러설비 등
  ㉡ 물분무등소화설비(호스릴방식 제외)
(11) 연면적 10000m² 이상이거나 11층 이상인 특정소방대상물 (아파트 제외)
(12) 가연성 가스를 제조·저장 또는 취급하는 시설 중 지상에 노출된 가연성 가스탱크의 저장용량 합계가 1000t 이상인 시설

[기억법] 문종판 노수운 숙창상현

중요

물분무등소화설비
(1) **분**말소화설비
(2) **포**소화설비
(3) **할**론소화설비
(4) **이**산화탄소 소화설비
(5) **할**로겐화합물 및 불활성기체 소화설비
(6) **강**화액소화설비
(7) **미**분무소화설비
(8) 물분무소화설비
(9) **고**체에어로졸 소화설비

[기억법] 분포할이 할강미고

답 ②

43 대통령령 또는 화재안전기준이 변경되어 그 기준이 강화되는 경우 기존의 특정소방대상물의 소방시설 중 대통령령으로 정하는 것으로 변경으로 강화된 기준을 적용하여야 하는 소방시설은? (단, 건축물의 신축·개축·재축·이전 및 대수선 중인 특정소방대상물을 포함한다.)
08.05.문59

① 비상경보설비
② 화재조기진압용 스프링클러설비
③ 옥내소화전설비
④ 제연설비

해설 소방시설법 11조, 소방시설법 시행령 15조 6
변경강화기준 적용설비
(1) 소화기구
(2) 비상경보설비
(3) 자동화재탐지설비
(4) 자동화재속보설비
(5) 피난구조설비
(6) 소방시설(**공동구** 설치용, 전력 및 통신사업용 지하구)
(7) 노유자시설, 의료시설

공동구, 전력 및 통신사업용 지하구	노유자시설에 설치하여야 하는 소방시설	의료시설에 설치하여야 하는 소방시설
① 소화기 ② 자동소화장치 ③ 자동화재탐지설비 ④ 통합감시시설 ⑤ 유도등 및 연소방지설비	① 간이스프링클러설비 ② 자동화재탐지설비 ③ 단독경보형 감지기	① 스프링클러설비 ② 간이스프링클러설비 ③ 자동화재탐지설비 ④ 자동화재속보설비

답 ①

44 소방시설 설치 및 관리에 관한 법령상 스프링클러설비를 설치하여야 하는 특정소방대상물의 기준으로 틀린 것은? (단, 위험물 저장 및 처리 시설 중 가스시설 또는 지하구를 제외한다.)
15.03.문41
05.09.문52

① 물류터미널로서 바닥면적 합계가 2000m² 이상인 경우에는 모든 층
② 숙박이 가능한 수련시설에 해당하는 용도로 사용되는 시설의 바닥면적의 합계가 600m² 이상인 것은 모든 층
③ 종교시설(주요구조부가 목조인 것은 제외)로서 수용인원이 100명 이상인 것에 해당하는 경우에는 모든 층
④ 지하상가로서 연면적 1000m² 이상인 것

① 2000m² → 5000m²

소방시설법 시행령〔별표 4〕
스프링클러설비의 설치대상

설치대상	조건
① 문화 및 집회시설, 운동시설 ② 종교시설(주요구조부가 목조인 것은 제외)	• 수용인원: 100명 이상 • 영화상영관: 지하층·무창층 500m²(기타 1000m²) 이상 • 무대부 – 지하층·무창층·4층 이상: 300m² 이상 – 1~3층: 500m² 이상
③ 판매시설 ④ 운수시설 ⑤ 물류터미널	• 수용인원: 500명 이상 • 바닥면적 합계 5000m² 이상
⑥ 창고시설(물류터미널 제외)	바닥면적 합계 5000m² 이상 : 전층
⑦ 노유자시설 ⑧ 정신의료기관 ⑨ 수련시설(숙박 가능한 것) ⑩ 종합병원, 병원, 치과병원, 한방병원 및 요양병원(정신병원 제외) ⑪ 숙박시설	바닥면적 합계 600m² 이상
⑫ 지하상가	연면적 1000m² 이상
⑬ 지하층·무창층·4층 이상	바닥면적 1000m² 이상
⑭ 10m 넘는 랙식 창고	연면적 1500m² 이상
⑮ 복합건축물 ⑯ 기숙사	연면적 5000m² 이상 : 전층
⑰ 6층 이상	전층
⑱ 보일러실·연결통로	전부
⑲ 특수가연물 저장·취급	지정수량 1000배 이상
⑳ 발전시설	전기저장시설 : 전부

답 ①

45

특정소방대상물의 자동화재탐지설비 설치면제기준 중 다음 (   ) 안에 알맞은 것은? (단, 자동화재탐지설비의 기능은 감지·수신·경보기능을 말한다.)

자동화재탐지설비의 기능과 성능을 가진 (   ) 또는 물분무등소화설비를 화재안전기준에 적합하게 설치한 경우에는 그 설비의 유효범위에서 설치가 면제된다.

① 비상경보설비　② 연소방지설비
③ 연결살수설비　④ 스프링클러설비

해설 소방시설법 시행령 [별표 5]
소방시설 면제기준

면제대상	대체설비
스프링클러설비	물분무등소화설비
물분무등소화설비	스프링클러설비
간이스프링클러설비	• 스프링클러설비 • 물분무소화설비 · 미분무소화설비
비상경보설비 또는 단독경보형 감지기	자동화재탐지설비
비상경보설비	2개 이상 **단독경보형 감지기** 연동
비상방송설비	• 자동화재탐지설비 • 비상경보설비
연결살수설비	• 스프링클러설비 • 간이스프링클러설비 · 미분무소화설비 • 물분무소화설비 · 미분무소화설비
제연설비	공기조화설비
연소방지설비	• 스프링클러설비 • 물분무소화설비 · 미분무소화설비
연결송수관설비	• 옥내소화전설비 • 스프링클러설비 • 간이스프링클러설비 • 연결살수설비
자동화재**탐**지설비	• 자동화재**탐**지설비의 기능을 가진 **스**프링클러설비 • **물**분무등소화설비
옥내소화전설비	• 옥외소화전설비 • 미분무소화설비(호스릴방식)

기억법 탐탐스물

답 ④

46

화재의 예방 및 안전관리에 관한 법령상 소방안전관리자를 두어야 하는 1급 소방안전관리대상물의 기준으로 틀린 것은?

① 30층 이상(지하층은 제외한다)이거나 지상으로부터 높이가 120m 이상인 아파트
② 가연성 가스를 1000톤 이상 저장·취급하는 시설
③ 연면적 15000m² 이상인 특정소방대상물(아파트 및 연립주택 제외)

④ 지하구

해설 ④ 2급 소방안전관리대상물

소방시설법 시행령 22조
소방안전관리자를 두어야 할 특정소방대상물

소방안전관리대상물	특정소방대상물
특급 소방안전관리대상물 (동식물원, 철강 등 불연성 물품 저장·취급창고, 지하구, 위험물제조소 등 제외)	• 50층 이상(지하층 제외) 또는 지상 200m 이상 아파트 • 30층 이상(지하층 포함) 또는 지상 120m 이상(아파트 제외) • 연면적 10만m² 이상(아파트 제외)
1급 소방안전관리대상물 (동식물원, 철강 등 불연성 물품 저장·취급창고, 지하구, 위험물제조소 등 제외)	• 30층 이상(지하층 제외) 또는 지상 120m 이상 아파트 • 연면적 15000m² 이상인 것(아파트 및 연립주택 제외) • 11층 이상(아파트 제외) • 가연성 가스를 1000t 이상 저장·취급하는 시설
2급 소방안전관리대상물	• 지하구 • 가스제조설비를 갖추고 도시가스사업 허가를 받아야 하는 시설 또는 가연성 가스를 100~1000t 미만 저장·취급하는 시설 • 옥내소화전설비·스프링클러설비 설치대상물 • 물분무등소화설비(호스릴방식의 물분무등소화설비만을 설치한 경우 제외) 설치대상물 • 공동주택(옥내소화전설비 또는 스프링클러설비가 설치된 공동주택 한정) • 목조건축물(국보·보물)
3급 소방안전관리대상물	• 간이스프링클러설비(주택전용 간이스프링클러설비 제외) 설치대상물 • 자동화재탐지설비 설치대상물

답 ④

47

소방본부장 또는 소방서장은 건축허가 등의 동의요구서류를 접수한 날부터 며칠 이내에 건축허가 등의 동의 여부를 회신하여야 하는가? (단, 허가를 신청한 건축물은 특급 소방안전관리대상물이다.)

① 5일　② 7일
③ 10일　④ 30일

해설 소방시설법 시행규칙 3조
건축허가 등의 동의

내용	기간	
동의요구서류 보완	4일 이내	
건축허가 등의 취소통보	7일 이내	
동의 여부 회신	5일 이내	기타
	10일 이내	특급 소방안전관리대상물

18. 03. 시행 / 산업(기계)

중요
건축허가 등의 동의 여부 회신	
10일 이내	• 50층 이상(지하층 제외) 또는 지상으로부터 높이 200m 이상 아파트 • 30층 이상(지하층 포함) 또는 지상 120m 이상(아파트 제외) • 연면적 10만m² 이상(아파트 제외)

답 ③

해설 위험물규칙〔별표 4〕
위험물제조소의 안전거리

안전거리	대 상
3m 이상	7000~35000V 이하의 특고압가공전선
5m 이상	35000V를 초과하는 특고압가공전선
10m 이상	**주거용**으로 사용되는 것
20m 이상	• 고압가스 **제조**시설(용기에 충전하는 것 포함) • 고압가스 **사용**시설(1일 30m³ 이상 용적 취급) • 고압가스 **저장**시설 • 액화산소 **소비**시설 • 액화석유가스 제조·저장시설 • 도시가스 공급시설
30m 이상	• 학교 • 병원급 의료기관 • 공연장 ┐ 300명 이상 수용시설 • 영화상영관 ┘ • 아동복지시설 ┐ • 노인복지시설 │ • 장애인복지시설 │ • 한부모가족복지시설 ├ 20명 이상 수용시설 • 어린이집 │ • 성매매피해자 등을 위한 지원시설 │ • 정신건강증진시설 │ • 가정폭력피해자 보호시설 ┘
50m 이상	• 지정문화유산 • 천연기념물 등

답 ②

48. 위험물안전관리법령상 정기점검의 대상인 제조소 등의 기준으로 틀린 것은?
14.09.문47
① 이송취급소
② 위험물을 취급하는 탱크로서 지하에 매설된 탱크가 있는 일반취급소
③ 지정수량의 100배 이상의 위험물을 저장하는 옥외저장소
④ 지정수량의 150배 이상의 위험물을 저장하는 옥외탱크저장소

해설 ④ 150배 이상 → 200배 이상

위험물령 16조
정기점검대상인 제조소 등
(1) 지정수량 **10배** 이상의 제조소·일반취급소
(2) 지정수량 **100배** 이상의 옥외저장소
(3) 지정수량 **150배** 이상의 옥내저장소
(4) 지정수량 **200배** 이상의 옥외탱크저장소
(5) 암반탱크저장소
(6) 이송취급소
(7) 지하탱크저장소
(8) 이동탱크저장소
(9) **지하**에 매설된 탱크가 있는 제조소·주유취급소 또는 일반취급소

비교
관계인이 예방규정을 정하여야 하는 제조소 등
(1) 지정수량 **10배** 이상의 위험물을 취급하는 제조소·일반취급소 (2) 지정수량 **100배** 이상의 위험물을 저장하는 옥외저장소 (3) 지정수량 **150배** 이상의 위험물을 저장하는 옥내저장소 (4) 지정수량 **200배** 이상의 위험물을 저장하는 옥외탱크저장소 (5) 암반탱크저장소 (6) 이송취급소

답 ④

49. 위험물안전관리법령상 제조소와 사용전압이 35000V를 초과하는 특고압가공전선에 있어서 안전거리는 몇 m 이상을 두어야 하는가? (단, 제6류 위험물을 취급하는 제조소는 제외한다.)
15.03.문56
09.05.문51
① 3   ② 5
③ 20   ④ 30

50. 화재의 예방 및 안전관리에 관한 법령상 특수가연물 중 품명과 지정수량의 연결이 틀린 것은?
17.05.문56
16.10.문53
13.03.문51
10.09.문48
10.05.문48
08.09.문46
① 사류-1000kg 이상
② 볏집류-3000kg 이상
③ 석탄·목탄류-10000kg 이상
④ 고무류·플라스틱류 발포시킨 것-20m³ 이상

해설 ② 3000kg → 1000kg

화재예방법 시행령〔별표 2〕
특수가연물

품 명		수량(지정수량)
가연성 **액**체류		2m³ 이상
목재가공품 및 나무부스러기		10m³ 이상
면화류		200kg 이상
나무껍질 및 대팻밥		400kg 이상
넝마 및 종이부스러기		1000kg 이상
사류(絲類)		
볏짚류		
가연성 **고**체류		3000kg 이상
고무류·플라스틱류	발포시킨 것	20m³ 이상
	그 밖의 것	3000kg 이상
석탄·**목**탄류		10000kg 이상

```
기억법  가액목면나  넝사볏가고  고석
         2 1 2 4    1   3  3 1
```

※ **특수가연물**: 화재가 발생하면 그 확대가 빠른 물품

답 ②

51 ★★★
소방시설업의 영업정지처분을 받고 그 영업정지 기간에 영업을 한 자에 대한 벌칙기준으로 옳은 것은?

17.05.문51
11.03.문49
06.03.문55

① 1년 이하의 징역 또는 1000만원 이하의 벌금
② 2년 이하의 징역 또는 1200만원 이하의 벌금
③ 3년 이하의 징역 또는 1500만원 이하의 벌금
④ 5년 이하의 징역 또는 3000만원 이하의 벌금

해설 **1년 이하의 징역 또는 1000만원 이하의 벌금**
(1) **소방시설**의 **자체점검** 미실시자(소방시설법 58조)
(2) **소방시설관리사증** 대여(소방시설법 58조)
(3) **소방시설관리업**의 등록증 대여(소방시설법 58조)
(4) 제조소 등의 정기점검 기록 허위 작성(위험물법 35조)
(5) **자체소방대**를 두지 않고 제조소 등의 허가를 받은 자(위험물법 35조)
(6) **위험물 운반용기**의 검사를 받지 않고 유통시킨 자(위험물법 35조)
(7) 제조소 등의 긴급 사용정지 위반자(위험물법 35조)
(8) **영업정지처분 위반자**(공사업법 36조)
(9) 거짓감리자(공사업법 36조)
(10) 공사감리자 미지정자(공사업법 36조)
(11) 소방시설 설계·시공·감리 하도급자(공사업법 36조)
(12) 소방시설공사 재하도급자(공사업법 36조)
(13) 소방시설업자가 아닌 자에게 소방시설공사 등을 도급한 관계인(공사업법 36조)
(14) 형식승인의 변경승인을 받지 아니한 자(소방시설법 58조)

중요
3년 이하의 징역 또는 3000만원 이하의 벌금
(1) **소방시설관리업** 무등록자(소방시설법 57조)
(2) **형식승인**을 받지 않은 소방용품 제조·수입자(소방시설법 57조)
(3) **제품검사**를 받지 않은 자(소방시설법 57조)
(4) 피난조치명령 위반(소방시설법 57조)
(5) 거짓이나 그 밖에 **부정한 방법**으로 제품검사 전문기관의 지정을 받은 자(소방시설법 57조)
(6) 소방활동에 필요한 소방대상물 및 **토지**의 강제처분을 방해한 자(기본법 51조)

답 ①

52 ★★★
소방시설 설치 및 관리에 관한 법률상 피난시설, 방화구획 또는 방화시설의 폐쇄·훼손·변경 등의 행위를 한 자에 대한 과태료 부과기준으로 옳은 것은?

19.03.문42
19.03.문44
17.03.문47
16.03.문52
14.05.문43

① 500만원 이하   ② 300만원 이하
③ 200만원 이하   ④ 100만원 이하

해설 **소방시설법 61조**
300만원 이하의 과태료
(1) 소방시설을 화재안전기준에 따라 설치·관리하지 아니한 자
(2) 피난시설, 방화구획 또는 방화시설의 **폐쇄·훼손·변경** 등의 행위를 한 자
(3) 임시소방시설을 설치·관리하지 아니한 자

비교
(1) **300만원 이하의 벌금**
 ㉠ 화재안전조사를 정당한 사유없이 거부·방해·기피(화재예방법 50조)
 ㉡ 위탁받은 업무종사자의 **비밀누설**(소방시설법 59조)
 ㉢ 방염성능검사 합격표시 위조(소방시설법 59조)
 ㉣ **소**방안전관리자, 총괄소방안전관리자 또는 소방안전관리보조자 **미**선임(화재예방법 50조)
 ㉤ 다른 자에게 자기의 성명이나 상호를 사용하여 소방시설공사 등을 수급 또는 시공하게 하거나 소방시설업의 등록증·등록수첩을 빌려준 자(공사업법 37조)
 ㉥ 감리원 미배치자(공사업법 37조)
 ㉦ 소방기술인정 자격수첩을 빌려준 자(공사업법 37조)
 ㉧ 2 이상의 업체에 취업한 자(공사업법 37조)
 ㉨ 소방시설업자나 관계인 감독시 관계인의 업무를 방해하거나 비밀누설(공사업법 37조)

```
기억법  비3미소(비상미소)
```

(2) **200만원 이하의 과태료**
 ㉠ 소방용수시설·소화기구 및 설비 등의 설치명령 위반(화재예방법 52조)
 ㉡ **특수가연물**의 저장·취급 기준 위반(화재예방법 52조)
 ㉢ 한국119청소년단 또는 이와 유사한 명칭을 사용한 자(기본법 56조)
 ㉣ **소방활동구역 출입**(기본법 56조)
 ㉤ 소방자동차의 출동에 지장을 준 자(기본법 56조)
 ㉥ 관계서류 미보관자(공사업법 40조)
 ㉦ 소방기술자 미배치자(공사업법 40조)
 ㉧ 하도급 미통지자(공사업법 40조)

답 ②

53 ★★★
관리의 권원이 분리된 특정소방대상물의 기준이 아닌 것은?

16.05.문56
12.05.문51

① 판매시설 중 도매시장 및 소매시장
② 복합건축물로서 층수가 11층 이상인 것(단, 지하층 제외)
③ 지하층을 제외한 층수가 7층 이상인 고층건축물
④ 복합건축물로서 연면적이 30000m² 이상인 것

해설 ③ 7층 이상 고층건축물 → 11층 이상 복합건축물

화재예방법 35조, 화재예방법 시행령 35조
관리의 권원이 분리된 특정소방대상물의 소방안전관리
(1) **복합건축물**(**지하층**을 **제외**한 11층 이상, 또는 연면적 30000m² 이상인 건축물)

(2) 지하가
(3) 도매시장, 소매시장, 전통시장

답 ③

54 ★★★
[17.09.문57]
[15.05.문44]
[14.05.문41]

소방기본법령상 시·도지사가 이웃하는 다른 시·도지사와 소방업무에 관하여 상호응원협정을 체결하고자 하는 때에 포함되어야 할 사항이 아닌 것은?

① 소방신호방법의 통일
② 화재조사활동에 관한 사항
③ 응원출동 대상지역 및 규모
④ 출동대원 수당·식사 및 의복의 수선 소요경비의 부담에 관한 사항

해설 ① 소방신호방법은 이미 통일되어 있다.

기본규칙 8조
소방업무의 상호응원협정
(1) 다음의 **소방활동**에 관한 사항
  ㉠ 화재의 **경**계·진압활동
  ㉡ 구조·구급업무의 지원
  ㉢ 화재**조**사활동
(2) **응**원출동 대상지역 및 규모
(3) 소요경비의 **부담**에 관한 사항
  ㉠ **출**동대원의 수당·식사 및 의복의 수선
  ㉡ 소방장비 및 기구의 정비와 연료의 보급
(4) **응**원출동의 요청방법
(5) **응**원출동훈련 및 평가

기억법 경응출조

답 ①

55 ★
[17.05.문49]

소방시설 설치 및 관리에 관한 법령상 분말형태의 소화약제는 사용하는 소화기의 내용연수로 옳은 것은?

① 10년   ② 7년
③ 3년   ④ 5년

해설 **소방시설법 시행령 19조**
분말형태의 소화약제를 사용하는 소화기 : 내용연수 10년

답 ①

56 ★★★
[17.05.문48]
[14.05.문44]
[14.03.문52]
[05.09.문60]

소방활동 종사명령으로 소방활동에 종사한 사람이 그로 인하여 사망하거나 부상을 입은 경우 보상하여야 하는 자는?

① 국무총리   ② 행정안전부장관
③ 시·도지사   ④ 소방본부장

해설 **소방기본법 49조의 2**
손실보상권자 : 소방청장 또는 **시**·도지사

기억법 손시(손실)

답 ③

57 ★★
[17.05.문43]
[11.06.문42]

위험물안전관리법령상 제조소 또는 일반취급소에서 취급하는 제4류 위험물의 최대수량의 합이 지정수량의 48만배 이상인 사업소의 자체소방대에 두는 화학소방자동차 및 인원기준으로 다음 ( ) 안에 알맞은 것은?

화학소방자동차	자체소방대원의 수
(㉠)대	(㉡)인

① ㉠ 1대, ㉡ 5인   ② ㉠ 2대, ㉡ 10인
③ ㉠ 3대, ㉡ 15인 ④ ㉠ 4대, ㉡ 20인

해설 **위험물령 [별표 8]**
자체소방대에 두는 화학소방자동차 및 인원

구 분	화학소방 자동차	자체소방대원의 수
지정수량 3천배~12만배 미만	1대	5인
지정수량 12~24만배 미만	2대	10인
지정수량 24~48만배 미만	3대	15인
지정수량 48만배 이상	**4대**	**20인**
옥외탱크저장소에 저장하는 제4류 위험물의 최대수량이 지정수량의 50만배 이상	2대	10인

중요

위험물령 18조
자체소방대를 설치하여야 하는 사업소
(1) 제4류 위험물을 취급하는 제조소 또는 일반취급소(단, 보일러로 위험물을 소비하는 일반취급소 등 행정안전부령으로 정하는 일반취급소는 제외)
(2) 제4류 위험물을 저장하는 옥외탱크저장소
(3) 대통령령이 정하는 수량 이상
  ㉠ 위 (1)에 해당하는 경우 : 제조소 또는 일반취급소에서 취급하는 제4류 위험물의 최대수량의 합이 지정수량의 3천배 이상
  ㉡ 위 (2)에 해당하는 경우 : 옥외탱크저장소에 저장하는 제4류 위험물의 최대수량이 지정수량의 50만배 이상

답 ④

58 ★★★
[19.09.문54]
[10.03.문54]
[09.03.문45]

소방시설 설치 및 관리에 관한 법령상 성능위주설계를 하여야 하는 특정소방대상물(신축하는 것만 해당)의 기준으로 옳은 것은?

① 건축물의 높이가 100m 이상인 아파트 등
② 연면적 100000m^2 이상인 특정소방대상물
③ 연면적 15000m^2 이상인 특정소방대상물로서 철도 및 도시철도 시설
④ 하나의 건축물에 영화상영관이 10개 이상인 특정소방대상물

해설 소방시설법 시행령 9조
성능위주설계를 해야 할 특정소방대상물의 범위
(1) 연면적 **20만m²** 이상인 특정소방대상물(아파트 등 제외)
(2) **50층** 이상(지하층 제외)이거나 지상으로부터 높이가 **200m** 이상인 아파트
(3) **30층** 이상(지하층 포함)이거나 지상으로부터 높이가 **120m** 이상인 특정소방대상물(아파트 등 제외)
(4) 연면적 **3만m²** 이상인 철도 및 도시철도 시설, **공항시설**
(5) 하나의 건축물에 관련법에 따른 **영화상영관**이 10개 이상인 특정소방대상물 〈보기 ④〉
(6) 연면적 10만m² 이상이거나 **지하 2층** 이하이고 지하층의 바닥면적의 합이 3만m² 이상인 창고시설
(7) 지하연계 복합건축물에 해당하는 특정소방대상물
(8) 터널 중 수저터널 또는 길이가 5000m 이상인 것

답 ④

59 ★
17.09.문50
08.09.문45

특수가연물의 저장 및 취급기준 중 다음 ( ) 안에 알맞은 것은? (단, 석탄·목탄류의 경우는 제외한다.)

> 살수설비를 설치하거나, 방사능력범위에 해당 특수가연물이 포함되도록 대형 수동식 소화기를 설치하는 경우에는 쌓는 높이를 (㉠)m 이하, 쌓는 부분의 바닥면적을 (㉡)m² 이하로 할 수 있다.

① ㉠ 15, ㉡ 200
② ㉠ 15, ㉡ 300
③ ㉠ 10, ㉡ 50
④ ㉠ 10, ㉡ 200

해설 화재예방법 시행령〔별표 3〕
특수가연물의 저장 및 취급의 기준
(1) 특수가연물을 저장 또는 취급하는 장소에는 품명, 최대저장수량, 단위부피당 질량 또는 단위체적당 질량, 관리책임자 성명·직책·연락처 및 화기취급의 금지표지가 포함된 특수가연물 표지를 설치할 것
(2) 쌓아 저장하는 기준(단, 석탄·목탄류를 발전용으로 저장하는 것 제외)
  ㉠ 품명별로 구분하여 쌓을 것
  ㉡ 쌓는 높이는 **10m** 이하가 되도록 하고, 쌓는 부분의 바닥면적은 **50m²**(석탄·목탄류는 200m²) 이하가 되도록 할 것(단, 살수설비를 설치하거나, 방사능력 범위에 해당 특수가연물이 포함되도록 대형 수동식 소화기를 설치하는 경우에는 쌓는 높이를 15m 이하, 쌓는 부분의 바닥면적을 200m²(석탄·목탄류는 300m²) 이하로 할 수 있다)
  ㉢ 쌓는 부분 바닥면적의 사이는 실내의 경우 1.2m 또는 쌓는 높이의 $\frac{1}{2}$ 중 **큰 값** 이상으로 간격을 두어야 하며, **실외**의 경우 3m 또는 쌓는 높이 중 큰 값 이상으로 간격을 둘 것

답 ①

60 ★★★
10.05.문51
10.03.문53

기상법에 따른 이상기상의 예보 또는 특보가 있을 때 화재에 관한 경보를 발령하고 그에 따른 조치를 할 수 있는 자는?

① 기상청장
② 행정안전부장관
③ 소방본부장
④ 시·도지사

해설 화재예방법 17·20조
화재
(1) 화재위험경보 발령권자 ─ **소방청장, 소방본부장, 소방서장**
(2) 화재의 예방조치권자 ─┘

답 ③

제4과목   소방기계시설의 구조 및 원리

61 ★★
17.03.문75
(기사)

물분무등소화설비 중 이산화탄소소화설비를 설치하여야 하는 특정소방대상물에 설치하여야 할 인명구조기구의 종류로 옳은 것은?

① 방열복
② 방화복
③ 인공소생기
④ 공기호흡기

해설 특정소방대상물의 용도 및 장소별로 설치하여야 할 인명구조기구(NFTC 302 2.1.1.1)

특정소방대상물	인명구조기구의 종류	설치수량
• 7층 이상인 관광호텔 및 5층 이상인 병원(지하층 포함)	• 방열복 • 방화복(안전모, 보호장갑, 안전화 포함) • 공기호흡기 • 인공소생기	• 각 2개 이상 비치할 것(단, 병원의 경우에는 인공소생기 설치 제외 가능)
• 문화 및 집회시설 중 수용인원 100명 이상의 영화상영관 • 대규모 점포 • 운수시설 중 지하역사 • 지하가 중 **지하상가**	• 공기호흡기	• 층마다 2개 이상 비치할 것(단, 각 층마다 갖추어 두어야 할 공기호흡기 중 일부를 직원이 상주하는 인근 사무실에 갖추어 둘 수 있다.)
• 이산화탄소소화**설비**(호스릴 이산화탄소 소화설비 제외)를 설치하여야 하는 특정소방대상물	• 공기호흡기 〈보기 ④〉	• 이산화탄소소화설비가 설치된 장소의 출입구 외부 인근에 1대 이상 비치할 것

답 ④

62 ★★★
13.06.문78
13.03.문67
08.09.문80

옥내소화전설비의 설치기준 중 틀린 것은?

① 성능시험배관은 펌프의 토출측에 설치된 개폐밸브 이후에서 분기하여 설치하고, 유량측정장치를 기준으로 전단 직관부에 개폐밸브를, 후단 직관부에는 유량조절밸브를 설치하여야 한다.
② 가압송수장치의 체절운전시 수온의 상승을 방지하기 위하여 체크밸브와 펌프 사이에서 분기한 구경 20mm 이상의 배관에 체절압력 미만에서 개방되는 릴리프밸브를 설치하여야 한다.
③ 펌프의 성능은 체절운전시 정격토출압력의 140%를 초과하지 않고, 정격토출량의 150%로 운전시 정격토출압력의 65% 이상이 되어야 한다.
④ 연결송수관설비의 배관과 겸용할 경우의 주배관은 구경 100mm 이상, 방수구로 연결되는 배관의 구경은 65mm 이상의 것으로 하여야 한다.

① 이후 → 이전

펌프의 성능시험배관(NFPC 102 5·6조, NFTC 102 2.2, 2.3)

성능시험배관	유량측정장치
• 펌프의 **토출측**에 설치된 **개폐밸브 이전**에 설치 • 유량측정장치를 기준으로 **전단 직관부**에 **개폐밸브** 설치	• 성능시험배관의 **직관부**에 설치 • 펌프의 정격토출량의 **175% 이상** 측정할 수 있는 성능

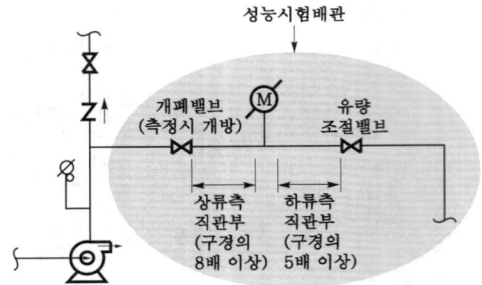
‖성능시험배관‖

답 ①

63 고발포용 고정포방출구의 팽창비율로 옳은 것은?

15.09.문73
① 팽창비 10 이상 20 미만
② 팽창비 20 이상 50 미만
③ 팽창비 50 이상 100 미만
④ 팽창비 80 이상 1000 미만

팽창비

저발포	고발포
• **20**배 이하	• 제1종 기계포: 80~250배 미만 • 제2종 기계포: 250~500배 미만 • 제3종 기계포: 500~1000배 미만

※ 고발포: **8**0~**1**000배 미만

[기억법] 저2, 고81

팽창비율에 의한 포의 종류(NFPC 105 12조, NFTC 105 2.9.1)

팽창비	포방출구의 종류	비고
팽창비 20 이하	포헤드, 압축공기포헤드	저발포
팽창비 80~1000 미만	고발포용 고정포방출구	고발포

답 ④

64 연결송수관설비의 송수구 설치기준 중 건식의 경우 송수구 부근 자동배수밸브 및 체크밸브의 설치순서로 옳은 것은?

15.09.문78
13.03.문61
① 송수구 → 체크밸브 → 자동배수밸브 → 체크밸브
② 송수구 → 체크밸브 → 자동배수밸브 → 개폐밸브
③ 송수구 → 자동배수밸브 → 체크밸브 → 개폐밸브
④ 송수구 → 자동배수밸브 → 체크밸브 → 자동배수밸브

연결송수관설비(NFPC 502 4조, NFTC 502 2.1.1.8)
(1) **습식**: 송수구 → 자동배수밸브 → 체크밸브

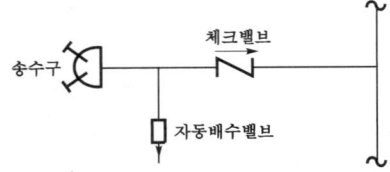
‖연결송수관설비(습식)‖

(2) **건식**: **송**수구 → **자**동배수밸브 → **체**크밸브 → **자**동배수밸브

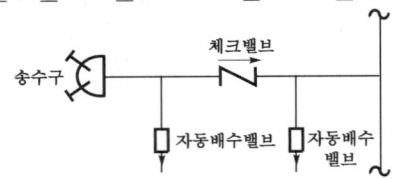
‖연결송수관설비(건식)‖

[기억법] 송자체자건

비교

연결살수설비의 송수구(NFPC 503 4조, NFTC 503 2.1.3)

폐쇄형 헤드	개방형 헤드
송수구 → 자동배수밸브 → 체크밸브	송수구 → 자동배수밸브

답 ④

65 미분무소화설비 수원의 설치기준 중 다음 ( ) 안에 알맞은 내용으로 옳은 것은?

사용되는 필터 또는 스트레이너의 메시는 헤드 오리피스 지름의 ( )% 이하가 되어야 한다.

① 40 ② 65
③ 80 ④ 90

미분무소화설비의 수원(NFPC 104A 6조, NFTC 104A 2.3)
(1) 사용되는 필터 또는 스트레이너의 메시는 헤드 오리피스 지름의 **80%** 이하일 것
(2) 수원의 양

$$Q = N \times D \times T \times S + V$$

여기서, Q : 수원의 양[m³]
N : 방호구역(방수구역) 내 헤드의 개수
D : 설계유량[m³/min]
T : 설계방수시간[min]
S : 안전율(1.2 이상)
V : 배관의 총 체적[m³]

답 ③

66. 소화수조의 설치기준 중 다음 ( ) 안에 알맞은 것은?

> 소화용수설비를 설치하여야 할 특정소방대상물에 있어서 유수의 양이 ( )m³/min 이상인 유수를 사용할 수 있는 경우에는 소화수조를 설치하지 아니할 수 있다.

① 0.8   ② 1.3
③ 1.6   ④ 2.6

해설 **소화수조** 및 **저수조 유수**의 **양**(NFTC 402 2.1.4)
소화용수설비를 설치하여야 할 특정소방대상물에 있어서 유수의 양이 **0.8m³/min** 이상인 유수를 사용할 수 있는 경우에는 소화수조를 설치하지 않을 수 있다. 보기①

답 ①

67. 대형 소화기의 종별 소화약제의 최소충전용량으로 옳은 것은?

① 기계포 : 15L   ② 분말 : 20kg
③ CO₂ : 40kg   ④ 강화액 : 50L

해설
① 15L → 20L
③ 40kg → 50kg
④ 50L → 60L

대형 소화기의 소화약제 충전량(소화기 형식 10조)

종 별	충전량
포(기계포)	**2**0L 이상
분말	**2**0kg 이상
할로겐화합물	**3**0kg 이상
이산화탄소(CO₂)	**5**0kg 이상
강화액	**6**0L 이상
물	**8**0L 이상

기억법
포 → 2
분 → 2
할 → 3
이 → 5
강 → 6
물 → 8

답 ②

68. 호스릴할론소화설비 분사헤드의 설치기준 중 방호대상물의 각 부분으로부터 하나의 호스접결구까지의 수평거리가 몇 m 이하가 되도록 설치하여야 하는가?

① 10   ② 15
③ 20   ④ 25

해설 (1) 보행거리

구 분	적 용
20m 이내	소형 소화기
30m 이내	대형 소화기

(2) 수평거리

구 분	적 용
10m 이내	• 예상제연구역
15m 이하	• 분말(호스릴) • 포(호스릴) • 이산화탄소(호스릴)
20m 이하	• 할론(호스릴) 보기③
25m 이하	• 음향장치 • 옥내소화전 방수구 • 옥내소화전(호스릴) • 포소화전 방수구 • 연결송수관 방수구(지하가) • 연결송수관 방수구(지하층 바닥면적 3000m² 이상)
40m 이하	• 옥외소화전 방수구
50m 이하	• 연결송수관 방수구(사무실)

용어 수평거리와 보행거리

수평거리	보행거리
직선거리를 말하며, 반경을 의미하기도 한다.	걸어서 간 거리이다.

답 ③

69. 연소방지설비 헤드의 설치기준으로 틀린 것은?

① 헤드간의 수평거리는 연소방지설비 전용 헤드의 경우에는 2m 이하로 할 것
② 헤드간의 수평거리는 스프링클러헤드의 경우에는 1.5m 이하로 할 것
③ 소방대원의 출입이 가능한 환기구·작업구마다 지하구의 양쪽방향으로 살수헤드를 설정하되, 한쪽 방향의 살수구역의 길이는 3m 이상으로 할 것(단, 환기구 사이의 간격이 700m를 초과할 경우에는 700m 이내마다 살수구역을 설정하되, 지하구의 구조를 고려하여 방화벽을 설치한 경우에는 제외)
④ 천장 또는 반자의 실내에 면하는 부분에 설치할 것

 ④ 천장 또는 벽면에 설치

연소방지설비 헤드의 **설치기준**(NFPC 605 8조, NFTC 605 2.4.2)
(1) **천장** 또는 **벽면**에 설치하여야 한다.
(2) 헤드간의 수평거리

스프링클러헤드	연소방지설비 전용 헤드
1.5m 이하	**2m** 이하

기억법 연방2(**연방**이 좋다.)

(3) 소방대원의 출입이 가능한 환기구 · 작업구마다 지하구의 양쪽방향으로 살수헤드를 설정하되, 한쪽 방향의 살수구역의 길이는 **3m** 이상으로 할 것(단, 환기구 사이의 간격이 **700m**를 초과할 경우에는 700m 이내마다 살수구역을 설정하되, 지하구의 구조를 고려하여 방화벽을 설치한 경우에는 제외)

기억법 연방70

답 ④

70 스프링클러설비헤드의 설치기준 중 틀린 것은?
① 살수가 방해되지 않도록 스프링클러헤드로부터 반경 60cm 이상의 공간을 보유할 것
② 스프링클러헤드와 그 부착면과의 거리는 30cm 이하로 할 것
③ 측벽형 스프링클러헤드를 설치하는 경우 긴 변의 한쪽 벽에 일렬로 설치하고 4.5m 이내마다 설치할 것
④ 상부에 설치된 헤드의 방출수에 따라 감열부에 영향을 받을 우려가 있는 헤드에는 방출수를 차단할 수 있는 유효한 차폐판을 설치할 것

③ 4.5m → 3.6m

스프링클러설비헤드의 **설치기준**(NFPC 103 10조, NFTC 103 2.7.7)
(1) 살수가 방해되지 않도록 스프링클러헤드로부터 반경 **60cm 이상**의 공간을 보유할 것(단, 벽과 **스프링클러헤드**간의 공간은 **10cm 이상**)
(2) 스프링클러헤드와 그 부착면과의 거리는 **30cm 이하**로 할 것
(3) 측벽형 스프링클러헤드를 설치하는 경우 긴 변의 한쪽 벽에 일렬로 설치(폭이 **4.5~9m** 이하인 실에 있어서는 긴 변의 양쪽에 각각 일렬로 설치하되 마주 보는 스프링클러헤드가 나란히 꼴이 되도록 설치)하고 **3.6m** 이내마다 설치할 것 보기 ③
(4) 상부에 설치된 헤드의 방출수에 따라 감열부에 영향을 받을 우려가 있는 헤드에는 방출수를 차단할 수 있는 유효한 **차폐판**을 설치할 것

답 ③

71 가연성 가스의 저장 · 취급시설에 설치하는 연결살수설비의 헤드 설치기준 중 다음 (   ) 안에 알맞은 것은? (단, 지하에 설치된 가연성 가스의 저장 · 취급시설로서 지상에 노출된 부분이 없는 경우는 제외한다.)

가스저장탱크 · 가스홀더 및 가스발생기의 주위에 설치하되, 헤드 상호 간의 거리는 (   )m 이하로 할 것

① 2.1   ② 2.3
③ 3.0   ④ 3.7

 연결살수설비헤드의 **수평거리**(NFPC 503 6조, NFTC 503 2.3.2.2)

스프링클러헤드	전용 헤드 (연결살수설비헤드)
2.3m 이하	3.7m 이하 보기 ④

● 연결살수설비에서 하나의 송수구역에 설치하는 개방형 헤드수는 **10개** 이하로 한다.

답 ④

72 특정소방대상물에 따라 적응하는 포소화설비기준 중 특수가연물을 저장 · 취급하는 공장 또는 창고에 적응하는 포소화설비의 종류가 아닌 것은?
① 포워터스프링클러설비
② 고정포방출설비
③ 호스릴포소화설비
④ 압축공기포소화설비

포소화설비의 **적응장소**(NFPC 105 4조, NFTC 105 2.1)

특정소방대상물	설비 종류
● **차**고 · **주**차장 ● 항공기격납고	● **포**워터스프링클러설비 ● **포**헤드설비 ● **고**정포방출설비 ● **압**축공기포소화설비
● **공**장 · **창**고(특수가연물 저장 · 취급)	
● 완전 개방된 옥상주차장(주된 벽이 없고 기둥뿐이거나 주위가 위해방지용 철주 등으로 둘러싸인 부분) ● 지상 1층으로서 지붕이 없는 차고 · 주차장 ● 고가 밑의 주차장(주된 벽이 없고 기둥뿐이거나 주위가 위해방지용 철주 등으로 둘러싸인 부분)	● 호스릴포소화설비 ● 포소화전설비
● 발전기실 ● 엔진펌프실 ● 변압기 ● 전기케이블실 ● 유압설비	● 고정식 압축공기포소화설비(바닥면적 합계 300m² 미만)

기억법 차주공창 포드고압

답 ③

73 표준형 스프링클러헤드의 감도 특성에 의한 분류 중 조기반응(fast response)에 따른 스프링클러헤드의 반응시간지수(RTI) 기준으로 옳은 것은?

① 50(m·s)$^{1/2}$ 이하 ② 80(m·s)$^{1/2}$ 이하
③ 150(m·s)$^{1/2}$ 이하 ④ 350(m·s)$^{1/2}$ 이하

해설 **반응시간지수**(RTI)값(스프링클러헤드의 형식승인 및 제품검사의 기술기준 13조)

구 분	RTI값
조기반응	**5**0(m·s)$^{1/2}$ 이하 보기 ①
특수반응	51~80(m·s)$^{1/2}$ 이하
표준반응	81~350(m·s)$^{1/2}$ 이하

기억법 조5(조로증)

답 ①

74 이산화탄소소화설비 가스압력식 기동장치의 기준 중 틀린 것은?

① 기동용 가스용기 및 해당 용기에 사용하는 밸브는 25MPa 이상의 압력에 견딜 수 있는 것으로 할 것
② 기동용 가스용기에는 내압시험압력의 0.64배부터 내압시험압력 이하에서 작동하는 안전장치를 설치할 것
③ 기동용 가스용기의 체적은 5L 이상으로 하고, 해당 용기에 저장하는 질소 등의 비활성기체는 6.0MPa 이상(21℃ 기준)의 압력으로 충전할 것
④ 기동용 가스용기에는 충전 여부를 확인할 수 있는 압력게이지를 설치할 것

해설 ② 0.64배 → 0.8배

이산화탄소 소화설비 가스압력식 기동장치(NFTC 106 2.3.2.3)

구 분	기 준
비활성 기체 충전압력	6MPa 이상(21℃ 기준)
기동용 가스용기의 체적	5L 이상
기동용 가스용기 안전장치의 압력	내압시험압력의 0.8배~ 내압시험압력 이하 보기 ②
기동용 가스용기 및 해당 용기에 사용하는 밸브의 견디는 압력	25MPa 이상
충전 여부 확인	압력게이지 설치

비교

분말소화설비의 가스압력식 기동장치(NFTC 108 2.4.2.3.3)

구 분	기 준
기동용 가스용기의 체적	5L 이상(단, 1L 이상시 CO$_2$량 0.6kg 이상)

답 ②

75 이산화탄소 또는 할로겐화합물을 방사하는 소화기구(자동확산소화기를 제외)의 설치기준 중 다음 (　) 안에 알맞은 것은? (단, 배기를 위한 유효한 개구부가 있는 장소인 경우는 제외한다.)

지하층이나 무창층 또는 밀폐된 거실로서 그 바닥면적이 (　)m² 미만의 장소에는 설치할 수 없다.

① 15 ② 20
③ 30 ④ 40

해설 **이산화탄소**(자동확산소화기 제외)·**할로겐화합물 소화기구**(자동확산소화기 제외)**의 설치제외 장소**(NFPC 101 4조, NFTC 101 2.1.3)

(1) 지하층
(2) 무창층 — 바닥면적 **20**m² 미만인 장소 보기 ②
(3) 밀폐된 거실

답 ②

76 호스릴분말소화설비 노즐이 하나의 노즐마다 1분당 방사하는 소화약제의 양 기준으로 옳은 것은?

① 제1종 분말-45kg
② 제2종 분말-30kg
③ 제3종 분말-30kg
④ 제4종 분말-20kg

해설 ②, ③ 30kg → 27kg
④ 20kg → 18kg

호스릴방식
(1) CO$_2$ 소화설비

약제종별	약제저장량	약제방사량(20℃)
CO$_2$	90kg	60kg/min

(2) 할론소화설비

약제종별	약제저장량	약제방사량(20℃)
할론 1301	45kg	35kg/min
할론 1211	50kg	40kg/min
할론 2402	50kg	45kg/min

(3) 분말소화설비

약제종별	약제저장량	약제방사량
제1종 분말	50kg	45kg/min 보기 ①
제2·3종 분말	30kg	27kg/min 보기 ②③
제4종 분말	20kg	18kg/min 보기 ④

• 문제에서 1분당 방사량이므로 저장량이 아니고 **약제방사량**을 답하는 것임을 기억할 것

답 ①

77. 전역방출방식의 분말소화설비를 설치한 특정소방대상물 또는 그 부분의 자동폐쇄장치 설치기준 중 다음 ( ) 안에 알맞은 것은?

개구부가 있거나 천장으로부터 1m 이상의 아랫부분 또는 바닥으로부터 해당층의 높이의 ( ) 이내의 부분에 통기구가 있어 분말의 유출에 따라 소화효과를 감소시킬 우려가 있는 것은 분말이 방사되기 전에 해당 개구부 및 통기구를 폐쇄할 수 있도록 할 것

① $\frac{1}{5}$ ② $\frac{1}{2}$
③ $\frac{2}{3}$ ④ $\frac{3}{4}$

해설 전역방출방식의 분말소화설비 개구부 및 통기구를 폐쇄해야 하는 경우(NFPC 108 14조, NFTC 108 2.11.1.2)
(1) 개구부가 있는 경우
(2) 천장으로부터 1m 이상의 아랫부분에 설치된 통기구
(3) 바닥으로부터 해당층 높이의 $\frac{2}{3}$ 이내 부분에 설치된 통기구 보기 ③

• 이 기준은 할로겐화합물 및 불활성기체 소화설비·분말소화설비·이산화탄소소화설비 자동폐쇄장치 설치기준(NFPC 107A 15조, NFTC 107A 2.12.1.2 / NFPC 108 14조, NFTC 108 2.11.1.2 / NFPC 106 14조, NFTC 106 2.11.1.2)이 모두 동일

답 ③

78. 물분무소화설비 송수구의 설치기준 중 다음 ( ) 안에 알맞은 것은?

송수구는 화재층으로부터 지면으로 떨어지는 유리창 등이 송수 및 그 밖의 소화작업에 지장을 주지 아니하는 장소에 설치할 것. 이 경우 가연성 가스의 저장·취급시설에 설치하는 송수구는 그 방호대상물로부터 (㉠)m 이상의 거리를 두거나 방호대상물에 면하는 부분이 높이 (㉡)m 이상 폭 (㉢)m 이상의 철근콘크리트벽으로 가려진 장소에 설치하여야 한다.

① ㉠ 20, ㉡ 1.0, ㉢ 1.5
② ㉠ 20, ㉡ 1.5, ㉢ 2.5
③ ㉠ 40, ㉡ 1.0, ㉢ 1.5
④ ㉠ 40, ㉡ 1.5, ㉢ 2.5

해설 물분무소화설비 송수구 설치기준(NFPC 104 7조, NFTC 104 2.4)
(1) 화재층으로부터 지면으로 떨어지는 유리창 등이 송수 및 그 밖의 소화작업에 지장을 주지 아니하는 장소에 설치할 것. 이 경우 가연성 가스의 저장·취급시설에 설치하는

송수구는 그 방호대상물로부터 **20m** 이상의 거리를 두거나 방호대상물에 면하는 부분이 높이 **1.5m** 이상, 폭 **2.5m** 이상의 **철근콘크리트벽**으로 가려진 장소에 설치 보기 ②
(2) 물분무소화설비의 주배관에 이르는 연결배관에 **개폐밸브**를 설치한 때에는 그 **개폐상태**를 쉽게 확인 및 조작할 수 있는 **옥외** 또는 **기계실** 등의 장소에 설치
(3) 구경 **65mm**의 **쌍구형**으로 할 것
(4) 그 가까운 곳의 보기 쉬운 곳에 **송수압력범위**를 표시한 표지를 할 것
(5) 하나의 층의 바닥면적이 **3000㎡**를 넘을 때마다 1개 (5개를 넘을 경우에는 5개)를 설치
(6) 지면으로부터 **0.5~1m** 이하의 위치에 설치
(7) 가까운 부분에 **자동배수밸브**(또는 직경 **5mm**의 배수공) 및 **체크밸브**를 설치
(8) 이물질을 막기 위한 **마개**를 씌울 것

답 ②

79. 피난사다리의 중량기준 중 다음 ( ) 안에 알맞은 것은?

올림식 사다리인 경우 (㉠)kgf 이하, 내림식 사다리의 경우 (㉡)kgf 이하이어야 한다.

① ㉠ 25, ㉡ 30
② ㉠ 30, ㉡ 25
③ ㉠ 20, ㉡ 35
④ ㉠ 35, ㉡ 20

해설 피난사다리의 중량기준(피난사다리의 형식승인 및 제품검사의 기술기준 9조)

올림식 사다리	내림식 사다리 (하향식 피난구용 제외)
35kgf 이하 보기 ㉠	20kgf 이하 보기 ㉡

답 ④

80. 화재조기진압용 스프링클러설비를 설치할 장소의 구조 기준 중 틀린 것은?

① 천장의 기울기가 $\frac{168}{1000}$을 초과하지 않아야 하고, 이를 초과하는 경우에는 반자를 지면과 수평으로 설치할 것
② 천장은 평평하여야 하며 철재나 목재트러스 구조인 경우 철재나 목재의 돌출부분이 102mm를 초과하지 않을 것
③ 보로 사용되는 목재·콘크리트 및 철재 사이의 간격이 0.9m 이상 2.3m 이하일 것. 다만, 보의 간격이 2.3m 이상인 경우에는 화재조기진압용 스프링클러헤드의 동작을 원활히 하기 위하여 보로 구획된 부분의 천장 및 반자의 넓이가 28㎡를 초과하지 않을 것
④ 해당층의 높이가 10m 이하일 것. 다만, 2층 이상일 경우에는 해당층의 바닥을 내화구조로 하고 다른 부분과 방화구획할 것

 ④ 10m 이하 → 13.7m 이하

화재조기진압용 스프링클러설비의 **설치장소**의 **구조**(NFPC 103B 4조, NFTC 103 103B 2.1)

(1) 해당층의 높이가 **13.7m** 이하일 것(단, **2층** 이상일 경우에는 해당층의 바닥을 **내화구조**로 하고 다른 부분과 **방화구획**할 것) 보기 ④

(2) 천장의 기울기가 $\dfrac{168}{1000}$ 을 초과하지 않아야 하고, 이를 초과하는 경우에는 반자를 지면과 **수평**으로 설치할 것

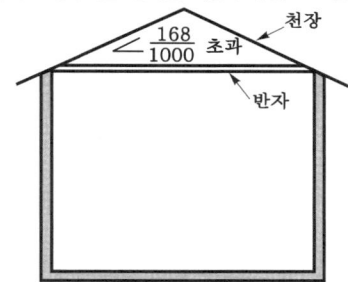

∥ 기울어진 천장의 경우 ∥

(3) 천장은 평평하여야 하며 철재나 목재트러스 구조인 경우 철재나 목재의 돌출부분이 **102mm**를 초과하지 않을 것

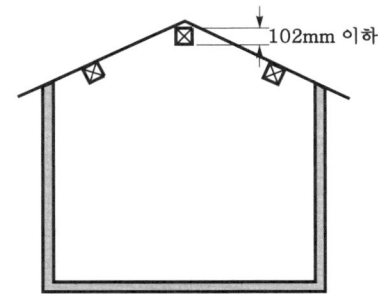

∥ 철재 또는 목재의 돌출치수 ∥

(4) 보로 사용되는 목재·콘크리트 및 철재 사이의 간격이 **0.9~2.3m 이하**일 것(단, 보의 간격이 2.3m 이상인 경우에는 화재조기진압형 스프링클러헤드의 동작을 원활히 하기 위하여 보로 구획된 부분의 천장과 반자의 넓이가 **28m²**를 초과하지 않을 것)

(5) 창고 내의 선반의 형태는 하부로 **물**이 **침투**되는 구조로 할 것

 용어

화재조기진압형 스프링클러헤드(early suppression fast-response sprinkler)
화재를 **초기**에 **진압**할 수 있도록 정해진 면적에 충분한 물을 방사할 수 있는 빠른 작동능력의 스프링클러헤드로서 일반적으로 최대 **360L/min**의 물을 방사한다.

∥ 화재조기진압형 스프링클러헤드 ∥

답 ④

2018. 4. 28 시행

▌2018년 산업기사 제2회 필기시험▐

자격종목	종목코드	시험시간	형별
소방설비산업기사(기계분야)		2시간	

수험번호	성명

※ 각 문항은 4지택일형으로 질문에 가장 적합한 보기 항을 선택하여 체크하여야 합니다.

제 1 과목   소방원론

01 소화약제로서의 물의 단점을 개선하기 위하여 사용하는 첨가제가 아닌 것은?
[15.09.문12]
① 부동액   ② 침투제
③ 증점제   ④ 방식제

해설 물의 첨가제

첨가제	설 명
강화액	알칼리금속염을 주성분으로 한 것으로 **황색** 또는 **무색**의 점성이 있는 수용액
침투제	① 침투성을 높여 주기 위해서 첨가하는 **계면활성제**의 총칭 ② 물의 소화력을 보강하기 위해 첨가하는 약제로서 물의 **표면장력**을 **낮추어** 침투효과를 높이기 위한 첨가제
유화제	**고비점 유류**에 사용을 가능하게 하기 위한 것 기억법 유유
증점제	물의 **점도**를 높여 줌
부동제 (부동액)	물이 저온에서 **동결**되는 단점을 보완하기 위해 첨가하는 액체

용어

물의 첨가제와 관련된 용어

Wet water	Wetting agent
물의 침투성을 높여 주기 위해 Wetting agent가 첨가된 물	주수소화시 물의 표면장력에 의해 연소물의 침투속도를 향상시키기 위해 첨가하는 침투제

답 ④

02 방폭구조 중 전기불꽃이 발생하는 부분을 기름 속에 잠기게 함으로써 기름면 위 또는 용기 외부에 존재하는 가연성 증기에 착화할 우려가 없도록 한 구조는?
[17.09.문17
(가사)]
① 내압방폭구조   ② 안전증방폭구조
③ 유입방폭구조   ④ 본질안전 방폭구조

해설 방폭구조의 종류

(1) **내압**(內壓)**방폭구조**(P) : 용기 내부에 질소 등의 보호용 가스를 충전하여 외부에서 폭발성 가스가 침입하지 못하도록 한 구조

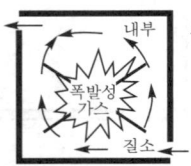

(2) **유입방폭구조**(o)
  ㉠ 전기불꽃, 아크 또는 고온이 발생하는 부분을 **기름** 속에 넣어 폭발성 가스에 의해 인화가 되지 않도록 한 구조
  ㉡ 전기불꽃이 발생하는 부분을 기름 속에 잠기게 함으로써 **기름면** 위 또는 용기 외부에 존재하는 가연성 증기에 착화할 우려가 없도록 한 구조

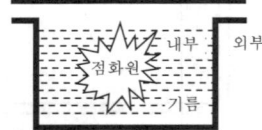

기억법 유기(유기그릇)

(3) **안전증방폭구조**(e) : 기기의 정상운전 중에 폭발성 가스에 의해 점화원이 될 수 있는 전기불꽃 또는 고온이 되어서는 안 될 부분에 기계적, 전기적으로 특히 안전도를 증가시킨 구조

(4) **본질안전 방폭구조**(i) : 폭발성 가스가 단선, 단락, 지락 등에 의해 발생하는 전기불꽃, 아크 또는 고온에 의하여 점화되지 않는 것이 확인된 구조

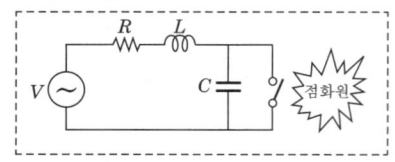

답 ③

03 포소화약제에 대한 설명으로 옳은 것은?

① 수성막포는 단백포소화약제보다 유출유화재에 소화성능이 떨어진다.
② 수용성 유류화재에는 알코올형포 소화약제가 적합하다.
③ 알코올형포 소화약제의 주성분은 제2철염이다.
④ 불화단백포는 단백포에 비하여 유동성이 떨어진다.

해설
① 떨어진다. → 우수하다.
③ 제2철염 → 단백질의 가수분해 생성물과 합성세제
④ 떨어진다. → 우수하다.

포소화약제의 특징

약제의 종류	특 징
단백포	① 흑갈색이다. ② 냄새가 지독하다. ③ 포안정제로서 **제1철염**을 첨가한다. ④ 다른 약제에 비해 **부식성**이 **크다**.
수성막포	① 안전성이 좋아 장기보관이 가능하다. ② 내약품성이 좋아 **타약제**와 **겸용**사용이 가능하다. ③ 석유류 표면에 신속히 피막을 형성하여 유류증발을 억제한다.(유류화재시 소화성능이 가장 우수) ④ 일명 AFFF(Aqueous Film Forming Foam)라고 한다. ⑤ 점성이 작기 때문에 가연성 기름의 표면에서 쉽게 피막을 형성한다. ⑥ **내**한용, **초내**한용으로 적합하다. 기억법 **한수**(**한수** 배웁시다.)
내알코올형포 (내알코올포)	① 알코올류 위험물(**메탄올**)의 소화에 사용한다. ② **수용성** 유류화재(**아세트알데하이드**, **에스터류**)에 사용한다. ③ 가연성 액체에 사용한다. ④ 주성분 : 단백질의 가수분해 생성물과 합성세제
불화단백포	① 소화성능이 가장 우수하다. ② 단백포와 수성막포의 결점인 열안정성을 보완시킨다. ③ **표면하 주입방식**에도 적합하다. ④ 포의 **유동성**이 우수하여 **소화속도**가 빠르다. ⑤ 내화성이 우수하여 대형의 **유류저장탱크시설**에 적합하다.
합성계면활성제포	① **저발포**와 **고발포**를 임의로 발포할 수 있다. ② 유동성이 좋다. ③ 카바이드 저장소에는 부적합하다.

답 ②

04 자연발화에 대한 설명으로 틀린 것은?

① 외부로부터 열의 공급을 받지 않고 온도가 상승하는 현상이다.
② 물질의 온도가 발화점 이상이면 자연발화한다.
③ 다공질이고 열전도가 작은 물질일수록 자연발화가 일어나기 어렵다.
④ 건성유가 묻어있는 기름걸레가 적층되어 있으면 자연발화가 일어나기 쉽다.

해설
③ 어렵다. → 쉽다.

자연발화
(1) 외부로부터 열의 공급을 받지 않고 온도가 상승하는 현상이다.
(2) 물질의 온도가 발화점 이상이면 자연발화한다.
(3) 건성유가 묻어있는 기름걸레가 적층되어 있으면 자연발화가 일어나기 쉽다.

중요

자연발화의 조건	자연발화의 방지법
① 열전도율이 작을 것 ② 발열량이 클 것 ③ 주위의 온도가 높을 것 ④ 표면적이 넓을 것 ⑤ 적당량의 수분이 존재할 것	① 습도가 높은 곳을 피할 것(건조하게 유지할 것) ② 저장실의 온도를 낮출 것 ③ 통풍이 잘 되게 할 것 ④ 퇴적 및 수납시 열이 쌓이지 않게 할 것(**열축적 방지**) ⑤ 산소와의 접촉을 차단할 것 ⑥ **열전도성**을 좋게 할 것

답 ③

05 가연물의 종류에 따른 화재의 분류로 틀린 것은?

① 일반화재 : A급
② 유류화재 : B급
③ 전기화재 : C급
④ 주방화재 : D급

해설
④ D급 → K급

화재의 분류

화재 종류	표시색	적응물질
일반화재(A급)	백색	① 일반가연물(목탄) ② 종이류 화재 ③ 목재 · 섬유화재
유류화재(B급)	황색	① 가연성 액체(등유 · 아마인유 등) ② 가연성 가스 ③ 액화가스화재 ④ 석유화재 ⑤ 알코올류
전기화재(C급)	청색	전기설비
금속화재(D급)	무색	가연성 금속
주방화재(K급)	–	식용유화재

※ 요즘은 표시색의 의무규정은 없음

답 ④

06 정전기 발생 방지대책 중 틀린 것은?

① 상대습도를 높인다.
② 공기를 이온화시킨다.
③ 접지시설을 한다.
④ 가능한 한 부도체를 사용한다.

해설 정전기 방지대책
(1) **접지**(접지시설)를 한다.
(2) 공기의 **상대습도**를 **70%** 이상으로 한다.(상대습도를 높임)
(3) 공기를 **이온화**한다.
(4) 가능한 한 **도체**를 사용한다.
(5) **제전기**를 사용한다.

기억법 정습7 접이도

답 ④

07 할론소화약제가 아닌 것은?

① CF_3Br
② $C_2F_4Br_2$
③ CF_2ClBr
④ $KHCO_3$

해설 ④ 제2종 분말소화약제

할론소화약제

종류	약칭	분자식
Halon 1011	CB	CH_2ClBr
Halon 104	CTC	CCl_4
Halon 1211	BCF	$CF_2ClBr(CBrClF_2)$
Halon 1301	BTM	$CF_3Br(CBrF_3)$
Halon 2402	FB	$C_2F_4Br_2(C_2Br_2F_4)$

중요

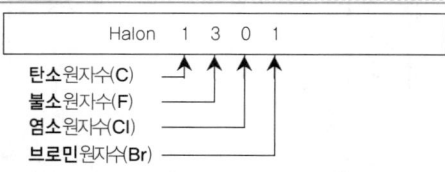

• 수소원자의 수 = (첫 번째 숫자×2)+2 − 나머지 숫자의 합

비교

분말소화기(질식효과)

종별	소화약제	약제의 착색	화학반응식	적응화재
제1종	탄산수소나트륨 ($NaHCO_3$)	백색	$2NaHCO_3 \rightarrow Na_2CO_3+CO_2+H_2O$	BC급
제2종	탄산수소칼륨 ($KHCO_3$)	담자색 (담회색)	$2KHCO_3 \rightarrow K_2CO_3+CO_2+H_2O$	BC급
제3종	인산암모늄 ($NH_4H_2PO_4$)	담홍색	$NH_4H_2PO_4 \rightarrow HPO_3+NH_3+H_2O$	AB C급
제4종	탄산수소칼륨 +요소 [$KHCO_3$+ $(NH_2)_2CO$]	회(백)색	$2KHCO_3+$ $(NH_2)_2CO \rightarrow K_2CO_3+$ $2NH_3+2CO_2$	BC급

• 탄산수소나트륨 = 중탄산나트륨
• 탄산수소칼륨 = 중탄산칼륨
• 제1인산암모늄 = 인산암모늄 = 인산염
• 탄산수소칼륨 + 요소 = 중탄산칼륨 + 요소

답 ④

08 B급 화재에 해당하지 않는 것은?

① 목탄
② 등유
③ 아세톤
④ 이황화탄소

해설 ① 목탄 : A급 화재

화재의 분류

화재 종류	표시색	적응물질
일반화재(A급)	백색	① 일반가연물(목탄) ② 종이류 화재 ③ 목재·섬유화재
유류화재(B급)	황색	① 가연성 액체(등유·경유 등) ② 가연성 가스 ③ 액화가스화재 ④ 석유화재 ⑤ 알코올류
전기화재(C급)	청색	전기설비
금속화재(D급)	무색	가연성 금속
주방화재(K급)	−	식용유화재

기억법 백황청무

※ 요즘은 표시색의 의무규정은 없음

답 ①

09 일산화탄소에 관한 설명으로 틀린 것은?

① 일산화탄소의 증기비중은 약 0.97로 공기보다 약간 가볍다.
② 인체의 혈액 속에서 헤모글로빈(Hb)과 산소의 결합을 방해한다.
③ 질식작용은 없다.
④ 불완전연소 시 주로 발생한다.

해설 ③ 질식작용은 없다. → 질식작용도 있다.

연소가스

구분	설명
일산화탄소 (CO)	• 화재시 흡입된 일산화탄소(CO)의 화학적 작용에 의해 **헤모글로빈**(Hb)이 혈액의 산소운반작용을 저해하여 사람을 **질식·사망**하게 한다. • 목재류의 화재시 **인명**피해를 가장 많이 주며, 연기로 인한 의식불명 또는 질식을 가져온다. • 인체의 **폐**에 큰 자극을 준다. • **산**와의 **결**합력이 극히 강하여 질식작용에 의한 독성을 나타낸다.

기억법 일헤인 폐산결

이산화탄소 (CO₂)	연소가스 중 **가장 많은 양**을 차지하고 있으며 가스 그 자체의 독성은 거의 없으나 다량이 존재할 경우 호흡속도를 증가시키고, 이로 인하여 화재가스에 혼입된 유해가스의 혼입을 증가시켜 위험을 가중시키는 가스이다. **기억법** 이많(이만큼)
암모니아 (NH₃)	• 나무, **페**놀수지, **멜**라민수지 등의 **질소함유물**이 연소할 때 발생하며, **냉**동시설의 **냉**매로 쓰인다. • 눈·코·폐 등에 매우 **자**극성이 큰 가연성 가스이다. **기억법** 암페 멜냉자
포스겐 (COCl₂)	매우 **독**성이 **강**한 가스로서 **소**화제인 **사**염화탄소(CCl₄)를 화재시에 사용할 때도 발생한다. **기억법** 독강 소사포
황화수소 (H₂S)	• **달**걀 썩는 냄새가 나는 특성이 있다. • 황분이 포함되어 있는 물질의 불완전 연소에 의하여 발생하는 가스이다. • **자**극성이 있다. **기억법** 황달자
아크롤레인 (CH₂=CHCHO)	독성이 매우 높은 가스로서 **석**유제품, **유**지 등이 연소할 때 생성되는 가스이다. **기억법** 아석유
시안화수소 (HCN, 청산가스)	**질소**성분을 가지고 있는 **합성수지**, **동물의 털**, **인조견** 등의 섬유가 불완전연소 할 때 발생하는 맹독성 가스로 0.3%의 농도에서 즉시 사망할 수 있다.
아황산가스 (SO₂, 이산화황)	• **황**이 함유된 물질인 **동물**의 **털**, **고무** 등이 연소하는 화재시에 발생되며 **무색**의 자극성 냄새를 가진 유독성 기체로서 눈 및 호흡기 등에 점막을 상하게 하고 질식사할 우려가 있다.

답 ③

10 자연발화의 발화원이 아닌 것은?

17.05.문07
17.03.문09
15.05.문05
15.03.문08
12.09.문12
11.06.문12
08.09.문01

① 분해열
② 흡착열
③ 발효열
④ 기화열

해설 자연발화의 형태

구분	종류
분해열	• **셀**룰로이드 • **나**이트로셀룰로오스 **기억법** 분셀나
산화열	• 건성유(정어리유, 아마인유, 해바라기유) • 석탄 • 원면 • 고무분말
발효열	• **퇴**비 • **먼**지 • **곡**물 **기억법** 발퇴먼곡
흡착열	• **목**탄 • **활**성탄 **기억법** 흡목탄활

중요

(1) 산화열

산화열이 축적되는 경우	산화열이 축적되지 않는 경우
햇빛에 방치한 기름걸레는 산화열이 축적되어 자연발화를 일으킬 수 있다.	기름걸레를 빨랫줄에 걸어 놓으면 산화열이 축적되지 않아 자연발화는 일어나지 않는다.

(2) 발화원이 아닌 것
 ㉠ 기화열
 ㉡ 융해열

답 ④

11 실내 화재 발생시 순간적으로 실 전체로 화염이 확산되면서 온도가 급격히 상승하는 현상은?

17.03.문10
12.03.문15
11.06.문06
09.08.문04
09.03.문13

① 제트 파이어(jet fire)
② 파이어볼(fireball)
③ 플래시오버(flashover)
④ 리프트(lift)

해설 화재현상

용어	설명
제트 파이어 (jet fire)	압축 또는 액화상태의 가스가 저장탱크나 배관에서 **누출**되어 분출하면서 주위 공기와 혼합되어 점화원을 만나 발생하는 화재
파이어볼 (fireball, 화구)	**인화성 액체**가 **대량**으로 **기화**되어 갑자기 발화될 때 발생하는 **공모양**의 화염
플래시오버 (flashover)	화재로 인하여 실내의 온도가 급격히 상승하여 화재가 **순간적**으로 **실내 전체**에 **확산**되어 연소되는 현상
리프트 (lift)	버너 내압이 높아져서 **분출속도**가 **빨라지는** 현상
백파이어 (backfire, 역화)	가스가 노즐에서 나가는 속도가 연소속도보다 느리게 되어 **버너 내부**에서 **연소**하게 되는 현상

답 ③

12 안전을 위해서 물속에 저장하는 물질은?

12.09.문16
09.08.문01

① 나트륨
② 칼륨
③ 이황화탄소
④ 과산화나트륨

저장물질

위험물	저장장소
황린, 이황화탄소(CS_2)	물속
나이트로셀룰로오스	알코올 속
칼륨(K), 나트륨(Na), 리튬(Li)	석유류(등유) 속
아세틸렌(C_2H_2)	• 디메틸포름아미드(DMF) • 아세톤

답 ③

13 물이 소화약제로서 널리 사용되고 있는 이유에 대한 설명으로 틀린 것은?

① 다른 약제에 비해 쉽게 구할 수 있다.
② 비열이 크다.
③ 증발잠열이 크다.
④ 점도가 크다.

해설 ④ 점도는 그리 크지 않다.

물이 소화작업에 사용되는 이유
(1) 가격이 싸다.(가격이 저렴하다.)
(2) 쉽게 구할 수 있다.(많은 양을 구할 수 있다.)
(3) 열흡수가 매우 크다.(**증발잠열**이 크다.)
(4) 사용방법이 비교적 간단하다.
(5) 비열이 크다.
(6) 밀폐된 장소에서 증발가열하면 수증기에 의해서 **산소희석작용**을 한다.
(7) **무상**으로 주수하면 **중질유화재**에도 사용할 수 있다.

• 증발잠열=기화잠열

참고

물이 소화약제로 많이 쓰이는 이유

장 점	단 점
① 쉽게 구할 수 있다. ② 증발잠열(기화잠열)이 크다. ③ 취급이 간편하다.	① 가스계 소화약제에 비해 사용 후 **오염**이 크다. ② 일반적으로 **전기화재**에는 **사용**이 **불가**하다.

답 ④

14 화학적 점화원의 종류가 아닌 것은?

① 연소열 ② 중합열
③ 분해열 ④ 아크열

해설 ④ 아크열 : 전기적 점화원

열에너지원의 종류

기계열 (기계적 점화원)	전기열 (전기적 점화원)	화학열 (화학적 점화원)
• **압**축열 • **마**찰열 • **마**찰스파크(스파크열)	• 유도열 • 유전열 • 저항열 • 아크열 • 정전기열 • 낙뢰에 의한 열	• **연**소열 • **용**해열 • **분**해열 • **생**성열 • **자**연발화열 • 중합열

기억법 기압마

기억법 화연용분생자

답 ④

15 물의 증발잠열은 약 몇 kcal/kg인가?

① 439
② 539
③ 639
④ 739

해설 물의 잠열

잠열 및 열량	설 명
80kcal/g	융해잠열
539kcal/g	기화(증발)잠열
639cal	0℃의 **물** 1g이 100℃의 수증기가 되는 데 필요한 열량
719cal	0℃의 **얼음** 1g이 100℃의 수증기가 되는 데 필요한 열량

답 ②

16 공기 1kg 중에는 산소가 약 몇 mol이 들어 있는가? (단, 산소, 질소 1mol의 분자량은 각각 32g, 28g이고, 공기 중 산소의 농도는 23wt%이다.)

① 5.65
② 6.53
③ 7.19
④ 7.91

해설
(1) 산소질량 = 공기질량(g) × 산소농도
   = 1000g × 0.23
   = 230g

• 공기 1kg = 1000g
• 23wt% = 0.23

(2) 산소몰수 = $\dfrac{산소질량(g)}{산소분자량(g/mol)}$
   = $\dfrac{230g}{32g/mol}$
   ≒ 7.19mol

• 230g : 바로 위에서 주어진 값
• 32g/mol : 단서에서 1mol의 분자량이 32g이므로 32g/mol

답 ③

17 칼륨이 물과 반응하면 위험한 이유는?

① 수소가 발생하기 때문에
② 산소가 발생하기 때문에
③ 이산화탄소가 발생하기 때문에
④ 아세틸렌이 발생하기 때문에

해설 **주수소화**(물소화)시 위험한 물질

위험물	발생물질
무기과산화물	**산소**(O_2) 발생
① 금속분 ② 마그네슘 ③ 알루미늄 ④ 칼륨 ⑤ 나트륨 ⑥ 수소화리튬	**수소**(H_2) 발생
가연성 액체의 유류화재(경유)	**연소면**(화재면) 확대

중요
경유화재시 **주수소화**가 **부적당**한 이유
물보다 비중이 가벼워 물 위에 떠서 **화재 확대**의 우려가 있기 때문이다.

답 ①

★★★
18 기름의 표면에 거품과 얇은 막을 형성하여 유류화재 진압에 뛰어난 소화효과를 갖는 포소화약제는?

17.09.문07
16.03.문03
15.05.문17
13.06.문01
05.05.문06

① 수성막포
② 합성계면활성제포
③ 단백포
④ 알코올형포

해설 **수성막포**의 장단점

장 점	단 점
• 석유류(**기**름) 표면에 신속히 **피막**을 **형성**하여 유류증발을 억제한다. • **안전성**이 좋아 장기보존이 가능하다. • **내약품성**이 좋아 **분말소화약제**와 **겸용** 사용도 가능하다. • **내유염성**이 우수하다.	• 가격이 비싸다. • 내열성이 좋지 않다. • 부식방지용 저장설비가 요구된다.

기억법 수분, 기수

※ **내유염성** : 포가 기름에 의해 오염되기 어려운 성질

답 ①

★
19 분해폭발을 일으키지 않는 물질은?

① 아세틸렌 ② 프로판
③ 산화질소 ④ 산화에틸렌

해설 폭발의 종류

구 분	물 질
분해폭발	• **과**산화물 · **아**세틸렌 • **다**이너마이트 • **산**화**질**소 · 산화에틸렌 기억법 분해과아다산질

분진폭발	• 밀가루 · 담뱃가루 • 석탄가루 · 먼지 • 전분 · 금속분
중합폭발	• **염**화비닐 • **시**안화수소 기억법 중염시
분해 · **중**합폭발	**산**화에틸렌 기억법 분중산
산화폭발	**압**축가스, **액**화가스 기억법 산압액

답 ②

★★★
20 오존파괴지수(ODP)가 가장 큰 것은?

17.09.문06
16.05.문10
11.03.문09
06.03.문18

① Halon 104
② CFC 11
③ Halon 1301
④ CFC 113

해설 **할론 1301**(Halon 1301)
(1) 할론소화약제 중 **소화효과**가 가장 좋다.
(2) 할론소화약제 중 **독성**이 가장 약하다.
(3) 할론소화약제 중 **오존파괴지수**가 가장 높다.

비교
ODP=0인 할로겐화합물 및 불활성기체 소화약제
(1) FC-3-1-10
(2) HFC-125
(3) HFC-227ea
(4) HFC-23
(5) IG-541

용어
오존파괴지수(ODP ; Ozone Depletion Potential)
어떤 물질의 오존파괴능력을 상대적으로 나타내는 지표

$$ODP = \frac{어떤\ 물질\ 1kg이\ 파괴하는\ 오존량}{CFC\ 11의\ 1kg이\ 파괴하는\ 오존량}$$

답 ③

제2과목 소방유체역학

★
21 물이 2m 깊이로 차 있는 개방된 직육면체모양의 물탱크바닥에 한 변이 20cm인 정사각형 판이 놓여 있다. 이 판의 윗면이 받는 힘은 약 몇 N인가? (단, 대기압은 무시한다.)

19.04.문36
17.03.문31
(기사)

① 785 ② 492
③ 259 ④ 157

해설 (1) 기호
- h : 2m
- A : (0.2m×0.2m) 100cm=1m이므로 20cm=0.2m

(2) 탱크 밑면에 작용하는 힘(판의 윗면이 받는 힘)

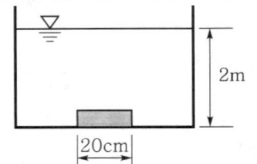

$$F = \gamma y \sin\theta\, A = \gamma h A$$

여기서, F : 탱크 밑면에 작용하는 힘(판의 윗면이 받는 힘)[N]
γ : 비중량(물의 비중량 9800N/m³)
y : 표면에서 탱크 중심까지의 경사거리[m]
h : 표면에서 탱크 중심까지의 수직거리[m]
A : 단면적[m²]
θ : 경사각도[°]

탱크 밑면에 작용하는 힘 F는
$F = \gamma h A$
$= 9800\text{N/m}^3 \times 2\text{m} \times (0.2\text{m} \times 0.2\text{m})$
$= 784\text{N} \fallingdotseq 785\text{N}$

답 ①

22 ★★
유량이 0.75m³/min인 소화설비배관의 안지름이 100mm일 때 배관 속을 흐르는 물의 평균유속은 약 몇 m/s인가?

16.05.문39
09.03.문36
06.09.문30

① 0.8
② 1.1
③ 1.4
④ 1.6

해설 유량

$$Q = AV = \left(\frac{\pi D^2}{4}\right)V$$

여기서, Q : 유량[m³/s]
A : 단면적[m²]
V : 유속[m/s]
D : (안)지름[m]

유속 V는
$V = \dfrac{Q}{A} = \dfrac{Q}{\dfrac{\pi}{4}D^2}$

$= \dfrac{0.75\text{m}^3/\text{min}}{\dfrac{\pi \times (0.1\text{m})^2}{4}} = \dfrac{0.75\text{m}^3/60\text{s}}{\dfrac{\pi \times (0.1\text{m})^2}{4}} \fallingdotseq 1.6\text{m/s}$

- 1min=60s이므로 0.75m³/min=0.75m³/60s
- D : 1000mm=1m이므로 100mm=0.1m

답 ④

23 ★
한 변의 길이가 10cm인 정육면체의 금속무게를 공기 중에서 달았더니 77N이었고, 어떤 액체 중에서 달아보니 70N이었다. 이 액체의 비중량은 몇 N/m³인가?

08.03.문30

① 7700
② 7300
③ 7000
④ 6300

해설 (1) 체적
체적(V)=가로×세로×높이
$=0.1\text{m} \times 0.1\text{m} \times 0.1\text{m}$
$=0.001\text{m}^3$

(2) 부력

$$F_B = \gamma V$$

여기서, F_B : 부력[N]
γ : 비중량[N/m³]
V : 체적[m³]

(3) 공기 중 무게
공기 중 무게=부력+액체 중 무게
$77\text{N} = \gamma V + 70\text{N}$
$(77-70)\text{N} = \gamma V$
$7\text{N} = \gamma \times 0.001\text{m}^3$
$\dfrac{7\text{N}}{0.001\text{m}^3} = \gamma$
$7000\text{N/m}^3 = \gamma$
$\therefore \gamma = 7000\text{N/m}^3$

참고

물체의 비중=$\dfrac{\text{공기 중의 무게}}{\text{공기 중의 무게} - \text{물속의 무게}}$

답 ③

24 ★★
관 내에서 유체가 흐를 경우 유체의 흐름이 빨라 완전난류 유동이 되면 손실수두는?

03.03.문39

① 대략 속도의 제곱에 비례한다.
② 대략 속도의 제곱에 반비례한다.
③ 대략 속도에 비례한다.
④ 대략 속도에 반비례한다.

해설 패닝의 법칙(Fanning's law, 난류)

$$H = \dfrac{2flV^2}{gD} \propto V^2$$

여기서, H : 마찰손실(손실수두)[m]
f : 관마찰계수
l : 길이[m]
V : 유속(속도)[m/s]
g : 중력가속도(9.8m/s²)
D : 내경[m]

① 난류의 손실수두(H)는 대략 속도(V)의 제곱에 비례한다.

답 ①

25

물 분류가 고정평판을 60°의 각도로 충돌할 때 유량이 500L/min, 유속이 15m/s이면 분류가 평판에 수직방향으로 미치는 힘은 약 몇 N인가? (단, 중력은 무시한다.)

① 10.8
② 5.4
③ 108
④ 54

해설

$$F_y = \rho QV\sin\theta$$

(1) 기호
- Q : 500L/min=0.5m³/60s
- V : 15m/s
- θ : 60°

(2) 판이 받는 y방향(수직방향)의 힘

$$F_y = \rho QV\sin\theta$$

여기서, F_y : 판이 받는 y방향(수직방향)의 힘[N]
ρ : 밀도(물의 밀도 1000N·s²/m⁴)
Q : 유량[m³/s]
V : 유속[m/s]
θ : 각도[°]

판이 받는 y방향의 힘 F_y는
$F_y = \rho QV\sin\theta$
$= 1000\text{N}\cdot\text{s}^2/\text{m}^4 \times 0.5\text{m}^3/60\text{s} \times 15\text{m/s} \times \sin 60°$
$\fallingdotseq 108\text{N}$

- 1000L=1m³이고 1min=60s이므로 500L/min=0.5m³/60s

비교

판이 받는 x방향(수평방향)의 힘

$$F_x = \rho QV(1-\cos\theta)$$

여기서, F_x : 판이 받는 x방향의 힘[N]
ρ : 밀도[N·s²/m⁴]
Q : 유량[m³/s]
V : 속도[m/s]
θ : 각도[°]

답 ③

26
동력(power)과 같은 차원을 갖는 것은? (단, P는 압력, Q는 체적유량, V는 유체속도를 나타낸다.)

① PV
② PQ
③ VQ
④ PQV

해설

동력의 단위
(1) [W]
(2) [J/s]
(3) [N·m/s]

• 1W=1J/s, 1J=1N·m이므로 1W=1J/s=1N·m/s

압력 P[N/m²]
체적유량 Q[m³/s]
동력 $P' = PQ$=N/m²×m³/s=N·m/s
∴ PQ를 하면 동력의 단위가 된다.

차원	중력단위[차원]	절대단위[차원]
길이	m[L]	m[L]
시간	s[T]	s[T]
운동량	N·s[FT]	kg·m/s[MLT⁻¹]
힘	N[F]	kg·m/s²[MLT⁻²]
속도	m/s[LT⁻¹]	m/s[LT⁻¹]
가속도	m/s²[LT⁻²]	m/s²[LT⁻²]
질량	N·s²/m[FL⁻¹T²]	kg[M]
압력	N/m²[FL⁻²]	kg/m·s²[ML⁻¹T⁻²]
밀도	N·s²/m⁴[FL⁻⁴T²]	kg/m³[ML⁻³]
비중	무차원	무차원
비중량	N/m³[FL⁻³]	kg/m²·s²[ML⁻²T⁻²]
비체적	m⁴/N·s²[F⁻¹L⁴T⁻²]	m³/kg[M⁻¹L³]
동력(일률)	N·m/s[FLT⁻¹]	kg·m²/s³[ML²T⁻³]
일	N·m[FL]	kg·m²/s²[ML²T⁻²]
점성계수	N·s/m²[FL⁻²T]	kg/m·s[ML⁻¹T⁻¹]
동점성계수	m²/s[L²T⁻¹]	m²/s[L²T⁻¹]
체적유량	m³/s[L³T⁻¹]	m³/s[L³T⁻¹]

답 ②

27
공동현상(cavitation)의 방지법으로 적절하지 않은 것은?

① 단흡입펌프보다는 양흡입펌프를 사용한다.
② 펌프의 회전수를 낮추어 흡입 비속도를 적게 한다.
③ 펌프의 설치위치를 가능한 한 높여서 흡입양 정을 크게 한다.
④ 마찰저항이 작은 흡입관을 사용하여 흡입관 의 손실을 줄인다.

18. 04. 시행 / 산업(기계)

해설
③ 높여서 → 낮춰서, 크게 → 작게

공동현상(cavitation, 캐비테이션)

개요	펌프의 흡입측 배관 내의 물의 정압이 기존의 증기압보다 낮아져서 기포가 발생되어 물이 흡입되지 않는 현상
발생 현상	① **소음**과 **진동** 발생 ② 관 부식(펌프깃의 침식) ③ **임펠러**의 **손상**(수차의 날개를 해침) ④ 펌프의 성능 저하(양정곡선 저하) ⑤ 효율곡선 **저하**
발생 원인	① 펌프가 물탱크보다 부적당하게 **높게** 설치되어 있을 때 ② 펌프 **흡입수두**가 지나치게 **클** 때 ③ 펌프 **회전수**가 지나치게 **높을** 때 ④ 관 내를 흐르는 물의 정압이 그 물의 온도에 해당하는 증기압보다 **낮을** 때
방지 대책	① 펌프의 흡입수두를 작게 한다.(흡입양정을 작게 함) ② 마찰저항이 **작은 흡입관** 사용 ③ 펌프의 마찰손실을 작게 한다. ④ 펌프의 임펠러속도(**회전수**)를 **작게** 한다.(흡입속도를 감소시킴) ⑤ 흡입압력을 **높게** 한다. ⑥ 펌프의 설치위치를 수원보다 **낮게** 한다. ⑦ 양(쪽)흡입펌프를 사용한다.(펌프의 흡입측을 가압함) ⑧ 관 내의 물의 정압을 그때의 증기압보다 높게 한다. ⑨ 흡입관의 **구경**을 **크게** 한다. ⑩ 펌프를 **2개** 이상 설치한다. ⑪ 회전차를 수중에 완전히 잠기게 한다.

비교

수격작용(water hammering)

개요	① 배관 속의 물흐름을 급히 차단하였을 때 동압이 정압으로 전환되면서 일어나는 **쇼크**(shock)현상 ② 배관 내를 흐르는 유체의 유속을 급격하게 변화시키므로 압력이 상승 또는 하강하여 관로의 벽면을 치는 현상
발생 원인	① 펌프가 갑자기 정지할 때 ② 급히 밸브를 개폐할 때 ③ 정상운전시 유체의 압력변동이 생길 때
방지 대책	① **관**의 **관경**(직경)을 크게 한다. ② 관 내의 유속을 낮게 한다.(관로에서 일부 고압수를 방출함) ③ **조압수조**(surge tank)를 관선에 설치한다. ④ **플라이휠**(flywheel)을 설치한다. ⑤ 펌프 송출구(토출측) 가까이에 밸브를 설치한다. ⑥ **에어체임버**(air chamber)를 설치한다.

기억법 수방관플에

답 ③

28 ★★
높이 40m의 저수조에서 15m의 저수조로 안지름 45cm, 길이 600m의 주철관을 통해 물이 흐르고 있다. 유량은 0.25m³/s이며, 관로 중의 터빈에서 29.4kW의 동력을 얻는다면 관로의 손실수두는 약 몇 m인가? (단, 터빈의 효율은 100% 이다.)

① 7 ② 9
③ 11 ④ 13

해설 (1) 기호
- P : 29.4kW
- Q : 0.25m³/s
- Z_1 : 40m
- Z_2 : 15m

(2) 터빈의 동력
$$P = \frac{\gamma h_s Q}{1000}$$

여기서, P : 터빈의 동력[kW]
γ : 비중량(물의 비중량 9800N/m³)
h_s : 단위중량당 축일[m]
Q : 유량[m³/s]

단위중량당 축일 h_s는
$$h_s = \frac{1000P}{\gamma Q} = \frac{1000 \times 29.4\text{kW}}{9800\text{N/m}^3 \times 0.25\text{m}^3/\text{s}} = 12\text{m}$$

(3) 기계에너지 방정식
$$\frac{V_1^2}{2g} + \frac{P_1}{\gamma} + Z_1 = \frac{V_2^2}{2g} + \frac{P_2}{\gamma} + Z_2 + h_L + h_s$$

여기서, V_1, V_2 : 유속[m/s]
P_1, P_2 : 압력[kPa]
Z_1, Z_2 : 높이[m]
h_L : 단위중량당 손실(손실수두)[m]
h_s : 단위중량당 축일[m]

$P_1 = P_2$
$Z_1 = 40$m
$Z_2 = 15$m
$V_1 = V_2$(매우 작으므로 무시)

$$\frac{V_1^2}{2g} + \frac{P_1}{\gamma} + Z_1 = \frac{V_2^2}{2g} + \frac{P_2}{\gamma} + Z_2 + h_L + h_s$$

$$0 + \frac{P_1}{\gamma} + 40\text{m} = 0 + \frac{P_2}{\gamma} + 15\text{m} + h_L + 12\text{m}$$

$P_1 = P_2$ 이므로 $\frac{P_1}{\gamma}$과 $\frac{P_2}{\gamma}$를 생략하면 다음과 같다.

$0 + 40\text{m} = 0 + 15\text{m} + h_L + 12\text{m}$
$h_L = 40\text{m} - 15\text{m} - 12\text{m} = 13\text{m}$

답 ④

29 ★
어느 용기에 3g의 수소(H₂)가 채워졌다. 만일 같은 압력 및 온도 조건하에서 이 용기에 수소 대신 메탄(CH₄, 분자량 16)을 채운다면 이 용기에 채운 메탄의 질량은 몇 g인가?

① 10 ② 24
③ 34 ④ 40

해설 (1) 물질의 원자량

물 질	원자량
H	1
C	12

(2) 물질의 분자량

㉠ $H_2 = 1 \times 2 = 2g/mol$

∴ $\boxed{3g \to 2g/mol}$

• 3g : 문제에서 주어짐

㉡ $CH_4 = 12 + 1 \times 4 = 16g/mol$

∴ $\boxed{x[g] \to 16g/mol}$

비례식으로 풀면

$3g : 2g/mol = x[g] : 16g/mol$
　수소　　　　　메탄

$2x = 3 \times 16$

$x = \dfrac{3 \times 16}{2} = 24g$

답 ②

★★★
30 열려 있는 탱크에 비중(S)이 2.5인 액체가 1.2m, 그 위에 물이 1m가 있다. 이때 탱크의 바닥면에 작용하는 계기압력은 약 몇 kPa인가?

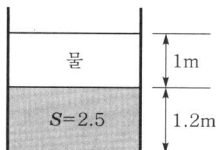

① 19.6 ② 39.2
③ 58.8 ④ 78.4

해설　$P = P_0 + \gamma_1 h_1 + \gamma_2 h_2$

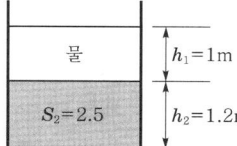

(1) 기호
- h_1 : 1m
- h_2 : 1.2m
- S_2 : 2.5

(2) 액체의 비중

$$S_2 = \dfrac{\gamma_2}{\gamma_w}$$

여기서, S_2 : 액체의 비중
　　　　γ_2 : 액체의 비중량[N/m³]
　　　　γ_w : 물의 비중량(9800N/m³)

액체의 비중량 γ_2는

$\gamma_2 = S_2 \cdot \gamma_w = 2.5 \times 9800N/m^3 = 24500N/m^3$

(3) 물속의 압력

$$P = P_0 + \gamma_w h$$

여기서, P : 물속의 압력(탱크의 바닥에 작용하는 절대압)[Pa]
　　　　P_0 : 대기압(101.325kPa)
　　　　γ_w : 물의 비중량(9800N/m³)
　　　　h : 물의 깊이[m]

그림에서 액체가 물 아래 있으므로 변형식은 다음과 같다.

$$P = P_0 + \gamma_1 h_1 + \gamma_2 h_2$$

여기서, P : 물속의 압력[Pa]
　　　　P_0 : 대기압(101.325kPa)
　　　　γ_1 : 물의 비중량(9800N/m³)
　　　　h_1 : 물의 깊이[m]
　　　　γ_2 : 액체의 비중량[N/m³]
　　　　h_2 : 액체의 깊이[m]

물속의 압력 P는

$P = P_0 + \gamma_1 h_1 + \gamma_2 h_2$
$= 101325N/m^2 + 9800N/m^3 \times 1m + 24500N/m^3 \times 1.2m$
$= 40525N/m^2 = 40525Pa$(절대압)

• 1kPa = 1kN/m², 1kN = 1000N이므로
  101.325kPa = 101.325kN/m² = 101325N/m²
• 1Pa = 1N/m²이므로 40525N/m² = 40525Pa

(4) 절대압

$\boxed{절대압 = 대기압 + 게이지압(계기압)}$

계기압 = 절대압 - 대기압
　　　 = 40525Pa - 101325Pa
　　　 = 39200Pa
　　　 = 39.2kPa

중요
절대압
(1) 절대압 = 대기압 + 게이지압(계기압)
(2) **절대압 = 대기압 - 진공압**

기억법　절대-진(절대 마이너스 진)

답 ②

★★
31 분자량이 4이고 비열비가 1.67인 이상기체의 정압비열은 약 몇 kJ/kg·K인가? (단, 이상기체의 일반기체상수는 8.314J/mol·K이다.)

14.09.문22
14.05.문27

① 3.10 ② 4.72
③ 5.18 ④ 6.75

해설
$$C_P = \dfrac{KR}{K-1}$$

(1) 기체상수

$$R = C_P - C_V = \dfrac{\overline{R}}{M}$$

여기서, R : 기체상수[kJ/kg·K]
　　　　C_P : 정압비열[kJ/kg·K]
　　　　C_V : 정적비열[kJ/kg·K]
　　　　$\overline{R}$: 일반기체상수[kJ/kmol·K]
　　　　M : 분자량[kg/kmol]

기체상수 $R = \dfrac{\overline{R}}{M}$

$= \dfrac{8.314\text{kJ/kmol} \cdot \text{K}}{4\text{kg/kmol}} = 2.0785\text{kJ/kg} \cdot \text{K}$

- 1J/mol · K=1kJ/kmol · K이므로 8.314J/mol · K
  =8.314kJ/kmol · K

(2) 정압비열

$$C_P = \dfrac{KR}{K-1}$$

여기서, C_P : 정압비열[kJ/kg · K]
R : 기체상수[kJ/kg · K]
K : 비열비

정압비열 C_P는

$C_P = \dfrac{KR}{K-1} = \dfrac{1.67 \times 2.0785\text{kJ/kg} \cdot \text{K}}{1.67-1}$

$\fallingdotseq 5.18\text{kJ/kg} \cdot \text{K}$

답 ③

32 출구지름이 1cm인 노즐이 달린 호스로 20L의 생수통에 물을 채운다. 생수통을 채우는 시간이 50초가 걸린다면, 노즐출구에서의 물의 평균속도는 몇 m/s인가?

15.09.문22
10.03.문36

① 5.1 ② 7.2
③ 11.2 ④ 20.4

$$Q = \dfrac{\pi D^2}{4} V$$

(1) 기호
- D : 0.01m(100cm=1m이므로 1cm=0.01m)
- Q : 0.02m³/50s(1000L=1m³이므로 20L/50초 =0.02m³/50s)

(2) 유량(flowrate, 체적유량)

$$Q = AV = \left(\dfrac{\pi D^2}{4}\right) V$$

여기서, Q : 유량[m³/s]
A : 단면적[m²]
V : 유속[m/s]
D : 직경(지름)[m]

유속 V는

$V = \dfrac{Q}{\dfrac{\pi D^2}{4}} = \dfrac{0.02\text{m}^3/50\text{s}}{\dfrac{\pi \times (0.01\text{m})^2}{4}} \fallingdotseq 5.1\text{m/s}$

답 ①

 33 비중이 0.75인 액체와 비중량이 6700N/m³인 액체를 부피비 1 : 2로 혼합한 혼합액의 밀도는 약 몇 kg/m³인가?

① 688 ② 706
③ 727 ④ 748

비중

$$s = \dfrac{\gamma}{\gamma_w} = \dfrac{\rho}{\rho_w}$$

여기서, s : 비중
γ : 어떤 물질의 비중량[N/m³]
γ_w : 물의 비중량(9800N/m³)
ρ : 어떤 물질의 밀도[kg/m³]
ρ_w : 물의 밀도(1000kg/m³)

어떤 물질의 비중량 $\gamma = s \times \gamma_w$

비중이 0.75인 액체를 γ_A, $\gamma_B = 6700\text{N/m}^3$이라 하면
$\gamma_A = s \cdot \gamma_w = 0.75 \times 9800\text{N/m}^3 = 7350\text{N/m}^3$

γ_A와 γ_B를 1 : 2로 혼합했으므로 혼합액의 비중량 γ는

$\gamma = \dfrac{\gamma_A \times 1 + \gamma_B \times 2}{3}$

$= \dfrac{7350\text{N/m}^3 \times 1 + 6700\text{N/m}^3 \times 2}{3} \fallingdotseq 6916.67\text{N/m}^3$

$\dfrac{\gamma}{\gamma_w} = \dfrac{\rho}{\rho_w}$ 에서

혼합액의 밀도 ρ는

$\rho = \dfrac{\gamma \times \rho_w}{\gamma_w} = \dfrac{6916.67\text{N/m}^3 \times 1000\text{kg/m}^3}{9800\text{N/m}^3} \fallingdotseq 706\text{kg/m}^3$

답 ②

 34 유동손실을 유발하는 액체의 점성, 즉 점도를 측정하는 장치에 관한 설명으로 옳은 것은?

11.03.문29
06.09.문27

① Stomer 점도계는 하겐-포아젤 법칙을 기초로 한 방식이다.
② 낙구식 점도계는 Stokes의 법칙을 이용한 방식이다.
③ Saybolt 점도계는 액 중에 잠긴 원판의 회전저항의 크기로 측정한다.
④ Ostwald 점도계는 Stokes의 법칙을 이용한 방식이다.

① 하겐-포아젤 법칙 → 뉴턴의 점성법칙
③ Saybolt 점도계 → 스토머(Stormer) 점도계 또는 맥마이클(Mac Michael) 점도계
④ Stokes의 법칙 → 하겐-포아젤의 법칙

점도계

관련 법	점도계	관련 법칙
세관법	• 세이볼트(Saybolt) 점도계 • 레드우드(Redwood) 점도계 • 엥글러(Engler) 점도계 • 바베이(Barbey) 점도계 • 오스트발트(Ostwald) 점도계	하겐- 포아젤의 법칙
회전원통법	• **스**토머(Stormer) 점도계 • **맥**마이클(Mac Michael) 점도계	**뉴**턴의 **점성**법칙

기억법 뉴점스맥

| 낙구법 | • 낙구식 점도계 | 스토크스의 법칙 |

※ **점도계** : 점성계수를 측정할 수 있는 기기

답 ②

35 다음 중 대류 열전달과 관계되는 사항으로 가장 거리가 먼 것은?
[12.03.문31]
① 팬(fan)을 이용해 컴퓨터 CPU의 열을 식힌다.
② 뜨거운 커피에 바람을 불어 식힌다.
③ 에어컨은 높은 곳에, 라디에이터는 낮은 곳에 설치한다.
④ 판자를 화로 앞에 놓아 열을 차단한다.

해설 ①~③ 대류 열전달, ④ 복사 열전달

열전달

용어	설명
전도 (conduction)	• 하나의 물체가 다른 물체와 직접 접촉하여 열이 이동하는 현상
대류 (convection)	• 유체의 흐름에 의하여 열이 이동하는 현상 예 ① 팬(fan)을 이용해 컴퓨터 CPU의 열을 식힌다. ② 뜨거운 커피에 **바람**을 불어 식힌다. ③ **에어컨**은 높은 곳에, **라디에이터**는 낮은 곳에 설치한다.
복사 (radiation)	• 화재시 화원과 격리된 인접가연물에 불이 옮겨 붙는 현상 • 열에너지가 전자파의 형태로 옮겨지는 현상으로, 가장 크게 작용함 예 판자를 **화로 앞**에 놓아 열을 차단한다.

답 ④

36 유동하는 물의 속도가 12m/s, 압력이 98kPa이다. 이때 속도수두와 압력수두는 각각 얼마인가?
[03.05.문35]
[01.06.문31]
① 7.35m, 10m
② 43.5m, 10.5m
③ 7.35m, 20.3m
④ 0.66m, 10m

해설 (1) 속도수두

$$H = \frac{V^2}{2g}$$

여기서, H : 속도수두[m]
V : 유속[m/s]
g : 중력가속도(9.8m/s²)

속도수두 H는

$$H = \frac{V^2}{2g} = \frac{(12\text{m/s})^2}{2 \times 9.8\text{m/s}^2} ≒ 7.35\text{m}$$

(2) 압력수두

$$H = \frac{P}{\gamma}$$

여기서, H : 압력수두[m]
γ : 비중량[kN/m³]
P : 압력[kPa 또는 kN/m²]

압력수두 H는

$$H = \frac{P}{\gamma} = \frac{98\text{kN/m}^2}{9.8\text{kN/m}^3} = 10\text{m}$$

• 압력 $P = 98\text{kPa} = 98\text{kN/m}^2 (1\text{kPa} = 1\text{kN/m}^2)$
• 물의 비중량 $\gamma = 9.8\text{kN/m}^3$

답 ①

37 절대압력이 101kPa인 상온의 공기가 가역단열 변화를 할 때 체적탄성계수는 몇 kPa인가? (단, 공기의 비열비는 1.4이다.)
[14.09.문38]
[06.03.문37]
① 72.1
② 92.3
③ 118.8
④ 141.4

해설
$$K = kP$$

(1) 기호
• P : 101kPa
• k : 1.4

(2) 체적탄성계수

등온압축	단열압축(가역단열변화)
$K = P$	$K = kP$

여기서, K : 체적탄성계수[kPa]
k : 비열비
P : 절대압력[kPa]

가역단열변화시의 체적탄성계수 K는
$K = kP = 1.4 \times 101\text{kPa} = 141.4\text{kPa}$

답 ④

38 지름이 1.5m로 변하는 돌연축소하는 관에 6m³/s의 유량으로 물이 흐르고 있다. 이때 손실동력은 약 몇 kW인가? (단, 돌연축소에 의한 부차적 손실계수 K는 0.3이다.)
[08.03.문26]
① 6.8
② 7.4
③ 9.1
④ 10.4

해설 (1) 기호
• D : 1.5m
• Q : 6m³/s
• P : ?
• K : 0.3

(2) 유량

$$Q = AV = \left(\frac{\pi}{4}D^2\right)V$$

여기서, Q : 유량[m³/s]
A : 단면적[m²]
V : 유속[m/s]
D : 내경(지름)[m]

유속 V_2는

$$V_2 = \frac{Q}{\frac{\pi}{4}D_2^2} = \frac{6\text{m}^3/\text{s}}{\frac{\pi}{4}(1.5\text{m})^2} = 3.4\text{m/s}$$

(3) 돌연축소관에서의 손실

$$H = K\frac{V_2^2}{2g}$$

여기서, H : 손실수두[m]
K : 손실계수
V_2 : 축소관유속[m/s]
g : 중력가속도(9.8m/s²)

손실수두 H는

$$H = K\frac{V_2^2}{2g} = 0.3 \times \frac{(3.4\text{m/s})^2}{2 \times 9.8\text{m/s}^2} = 0.177\text{m}$$

(4) 전동력

$$P = \frac{0.163QH}{\eta}K$$

여기서, P : 전동력(손실동력)[kW]
Q : 유량[m³/min]
H : 전양정(손실수두)[m]
K : 전달계수
η : 효율

손실동력 P는

$$\begin{aligned}P &= \frac{0.163QH}{\eta}K \\ &= 0.163 \times 6\text{m}^3/\text{s} \times 0.177\text{m} \\ &= 0.163 \times 6\text{m}^3\bigg/\frac{1}{60}\text{min} \times 0.177\text{m} \\ &= 0.163 \times (6 \times 60)\text{m}^3/\text{min} \times 0.177\text{m} \\ &\fallingdotseq 10.4\text{kW}\end{aligned}$$

• K(전달계수), η(효율)은 주어지지 않았으므로 무시
• **전달계수**와 **손실계수**는 다르므로 혼동하지 말 것

답 ④

★★ 39 동력이 2kW인 펌프를 사용하여 수면의 높이차 이가 40m인 곳으로 물을 끌어 올리려고 한다. 관로 전체의 손실수두가 10m라고 할 때 펌프의 유량은 약 몇 m³/s인가? (단, 펌프의 효율은 90%이다.)
[14.05.문21]

① 0.00294   ② 0.00367
③ 0.00408   ④ 0.00453

해설

$$P = \frac{0.163QH}{\eta}K$$

(1) 기호

• P : 2kW
• η : 90% = 0.9
• H : (40+10)m
• Q : ?

(2) 전동력

$$P = \frac{0.163QH}{\eta}K$$

여기서, P : 전동력[kW]
Q : 유량[m³/min]
H : 전양정[m]
K : 전달계수
η : 효율

유량 $Q = \dfrac{P\eta}{0.163HK} = \dfrac{2\text{kW} \times 0.9}{0.163 \times (40+10)\text{m}}$

$\fallingdotseq 0.22\text{m}^3/\text{min}$
$= 0.22\text{m}^3/60\text{s}$
$\fallingdotseq 0.00367\text{m}^3/\text{s}$

• 전양정(H) = 낙차 + 손실수두 = (40+10)m
• K : 주어지지 않았으므로 무시
• 1min = 60s

답 ②

★ 40 펌프는 흡입수면으로부터 송출되는 높이까지 물을 송출시키는 기계로서 흡입수면과 송출수면 사이의 높이를 실양정이라고 한다. 이 실양정을 세분화할 때 펌프로부터 송출수면까지의 높이를 무엇이라고 하는가? (단, 흡입수면과 송출수면은 대기에 노출된다고 가정한다.)

① 유효실양정
② 무효실양정
③ 송출실양정
④ 흡입실양정

해설 실양정

실양정	설 명
유효실양정	**흡입수면**으로부터 **송출**되는 높이
흡입실양정	**흡입수면**에서 **펌프**까지의 높이
송출실양정	**펌프**로부터 **송출수면**까지의 높이

답 ③

제3과목 소방관계법규

41 화재의 예방 및 안전관리에 관한 법령상 특수가연물의 저장기준 중 다음 (   ) 안에 알맞은 것은? (단, 석탄·목탄류를 발전용으로 저장하는 경우는 제외한다.)

> 쌓는 높이는 10m 이하가 되도록 하고, 쌓는 부분의 바닥면적은 (㉠)m² 이하가 되도록 할 것. 다만, 살수설비를 설치하거나, 방사능력범위에 해당 특수가연물이 포함되도록 대형 수동식 소화기를 설치하는 경우에는 쌓는 높이를 (㉡)m 이하, 쌓는 부분의 바닥면적을 (㉢)m² 이하로 할 수 있다.

① ㉠ 20, ㉡ 50, ㉢ 100
② ㉠ 15, ㉡ 50, ㉢ 200
③ ㉠ 50, ㉡ 20, ㉢ 100
④ ㉠ 50, ㉡ 15, ㉢ 200

해설 화재예방법 시행령 〔별표 3〕
특수가연물의 저장 및 취급의 기준
(1) 특수가연물을 저장 또는 취급하는 장소에는 품명, 최대저장수량, 단위부피당 질량 또는 단위체적당 질량, 관리책임자 성명·직책·연락처 및 화기취급의 금지표지가 포함된 특수가연물 표지를 설치할 것
(2) 쌓아 저장하는 기준(단, 석탄·목탄류를 발전용으로 저장하는 것 제외)
  ㉠ 품명별로 구분하여 쌓을 것
  ㉡ 쌓는 높이는 **10m** 이하가 되도록 하고, 쌓는 부분의 바닥면적은 **50m²**(석탄·목탄류는 **200m²**) 이하가 되도록 할 것(단, 살수설비를 설치하거나, 방사능력 범위에 해당 특수가연물이 포함되도록 대형 수동식 소화기를 설치하는 경우에는 쌓는 높이를 **15m** 이하, 쌓는 부분의 바닥면적을 **200m²**(석탄·목탄류는 **300m²**) 이하로 할 수 있다.
  ㉢ 쌓는 부분 바닥면적의 사이는 실내의 경우 1.2m 또는 쌓는 높이의 $\frac{1}{2}$ 중 **큰 값** 이상으로 간격을 두어야 하며, **실외**의 경우 3m 또는 쌓는 높이 중 큰 값 이상으로 간격을 둘 것

답 ④

42 소방시설 설치 및 관리에 관한 법령상 둘 이상의 특정소방대상물이 내화구조로 된 연결통로가 벽이 없는 구조로서 그 길이가 몇 m 이하인 경우 하나의 소방대상물로 보는가?

① 6 ② 9
③ 10 ④ 12

해설 소방시설법 시행령 〔별표 2〕
둘 이상의 특정소방대상물이 내화구조의 복도 또는 통로(연결통로)로 연결된 경우로 하나의 소방대상물로 보는 경우

벽이 없는 경우	벽이 있는 경우
길이 6m 이하	길이 10m 이하

답 ①

43 소방시설 설치 및 관리에 관한 법령상 수용인원 산정 방법 중 다음의 수련시설의 수용인원은 몇 명인가?

> 수련시설의 종사자수는 5명, 숙박시설은 모두 2인용 침대이며 침대수량은 50개이다.

① 55 ② 75
③ 85 ④ 105

해설 소방시설법 시행령 〔별표 7〕
수용인원의 산정방법

특정소방대상물		산정방법
숙박시설	침대가 있는 경우	종사자수＋침대수(2인용 침대는 2인으로 산정)
	침대가 없는 경우	종사자수＋ $\dfrac{\text{바닥면적 합계}}{3m^2}$
• 강의실 • 상담실 • 휴게실	• 교무실 • 실습실	$\dfrac{\text{바닥면적 합계}}{1.9m^2}$
기타		$\dfrac{\text{바닥면적 합계}}{3m^2}$
• 강당 • 문화 및 집회시설, 운동시설 • 종교시설		$\dfrac{\text{바닥면적 합계}}{4.6m^2}$

숙박시설(침대가 있는 경우)＝종사자수＋침대수
＝5명＋50개×2인
＝105명

※ **수용인원 산정시 소수점 이하는 반올림**한다. 특히 주의!

중요

기타 개수 산정 (감지기·유도등 개수)	수용인원 산정
소수점 이하는 **절상**	소수점 이하는 **반올림**
	기억법 수반(수반! 동반)

답 ④

44 위험물안전관리법령상 제조소 등이 아닌 장소에서 지정수량 이상의 위험물을 취급할 수 있는 기준 중 다음 (   ) 안에 알맞은 것은?

> 시·도의 조례가 정하는 바에 따라 관할소방서장의 승인을 받아 지정수량 이상의 위험물을 (   )일 이내의 기간 동안 임시로 저장 또는 취급하는 경우

① 15 ② 30
③ 60 ④ 90

해설 90일
(1) 위험물 임시저장·취급기준(위험물법 5조)
(2) 소방시설업 등록신청 자산평가액·기업진단보고서 유효기간(공사업규칙 2조)

※ 위험물 임시저장 승인권자 : 관할소방서장

기억법 임9(인구)

답 ④

45 ★ [07.03.문54]

화재안전조사 결과 소방대상물의 위치·구조·설비 또는 관리의 상황이 화재나 재난·재해 예방을 위하여 보완될 필요가 있거나 화재가 발생하면 인명 또는 재산의 피해가 클 것으로 예상되는 때 관계인에게 그 소방대상물의 개수·이전·제거, 사용의 금지 또는 제한, 사용폐쇄, 공사의 정지 또는 중지, 그 밖의 필요할 조치를 명할 수 있는 자가 아닌 것은?

① 소방서장
② 소방본부장
③ 소방청장
④ 시·도지사

해설 소방**청**장·소방**본**부장·소방**서**장
(1) 119**종**합상황실의 설치·운영(기본법 4조)
(2) 소방**활**동(기본법 16조)
(3) 소방**대**원의 소방**교육**·**훈련** 실시(기본법 17조)
(4) **화**재안전**조**사 결과에 따른 **조**치명령(화재예방법 14조) 보기 ④

기억법 청본서조

답 ④

46 ★★★ [17.09.문57] [15.05.문44] [14.05.문41]

소방기본법령상 인접하고 있는 시·도간 소방업무의 상호응원협정을 체결하고자 하는 때에 포함되도록 하여야 하는 사항이 아닌 것은?

① 소방교육·훈련의 종류 및 대상자에 관한 사항
② 화재의 경계·진압활동에 관한 사항
③ 출동대원의 수당·식가 및 의복의 수선 소요경비의 부담에 관한 사항
④ 화재조사활동에 관한 사항

해설 기본규칙 8조
소방업무의 상호응원협정
(1) 다음의 **소방활동**에 관한 사항
  ㉠ 화재의 **경**계·진압활동
  ㉡ **구**조·**구**급업무의 지원
  ㉢ **화재조사활동**
(2) **응**원출동 대상지역 및 **규**모
(3) 소요경비의 **부담**에 관한 사항
  ㉠ **출**동대원의 수당·식가 및 의복의 수선
  ㉡ **소**방장비 및 기구의 정비와 연료의 보급

(4) **응**원출동의 요청방법
(5) **응**원출동**훈련** 및 **평가**

기억법 경응출

답 ①

47 ★★★ [14.03.문76] [13.03.문53] [12.05.문52] [08.05.문47]

소방시설 설치 및 관리에 관한 법령상 단독경보형 감지기를 설치하여야 하는 특정소방대상물의 기준 중 틀린 것은?

① 연면적 400m² 미만의 유치원
② 교육연구시설 내에 있는 연면적 2000m² 미만의 합숙소
③ 수련시설 내에 있는 연면적 2000m² 미만의 기숙사
④ 연면적 2000m² 미만의 아파트

해설 ④ 아파트는 해당없음

소방시설법 시행령 [별표 4]
단독경보형 감지기의 설치대상

연면적	설치대상
400m² 미만	• 유치원 보기 ①
2000m² 미만	• 교육연구시설·수련시설 내에 있는 **합숙소** 또는 **기숙사** 보기 ②③
모두 적용	• 100명 미만의 수련시설(숙박시설이 있는 것) • 연립주택 • 다세대주택

답 ④

48 ★★★ [19.03.문43] [14.09.문44] [08.03.문42] [05.05.문50]

위험물안전관리법령상 인화성 액체위험물(이황화탄소를 제외)의 옥외탱크저장소의 탱크 주위에 설치하여야 하는 방유제의 기준 중 틀린 것은?

① 방유제의 용량은 방유제 안에 설치된 탱크가 하나인 때에는 그 탱크용량의 110% 이상으로 할 것
② 방유제의 용량은 방유제 안에 설치된 탱크가 2기 이상인 때에는 그 탱크 중 용량이 최대인 것의 용량의 110% 이상으로 할 것
③ 방유제의 높이는 1m 이상 3m 이하, 두께 0.2m 이상, 지하매설깊이 0.5m 이상으로 할 것
④ 방유제 내의 면적은 80000m² 이하로 할 것

해설 ③ 방유제의 높이는 **0.5m 이상 3m 이하**

위험물규칙 [별표 6]
옥외탱크저장소의 방유제

(1) 높이: **0.5m 이상 3m 이하**
(2) 탱크: **10기**(모든 탱크용량이 **20만L** 이하, 인화점이 70℃ 이상 200℃ 미만은 **20기**) 이하
(3) 면적: **80000m²** 이하
(4) 용량

1기 이상	2기 이상
탱크용량×110% 이상	최대용량×110% 이상

답 ③

49
소방시설 설치 및 관리에 관한 법령상 특정소방대상물의 관계인이 특정소방대상물의 규모·용도 및 수용인원 등을 고려하여 갖추어야 하는 소방시설의 종류 기준 중 다음 ( ) 안에 알맞은 것은?

19.03.문53

> 화재안전기준에 따라 소화기구를 설치하여야 하는 특정소방대상물은 연면적 (㉠)m² 이상인 것. 다만, 노유자시설의 경우에는 투척용 소화용구 등을 화재안전기준에 따라 산정된 소화기수량의 (㉡) 이상으로 설치할 수 있다.

① ㉠ 33, ㉡ $\frac{1}{2}$

② ㉠ 33, ㉡ $\frac{1}{5}$

③ ㉠ 50, ㉡ $\frac{1}{2}$

④ ㉠ 50, ㉡ $\frac{1}{5}$

해설 **소방시설법 시행령〔별표 4〕**
소화설비의 설치대상

종류	설치대상
소화기구	① 연면적 **33m²** 이상(단, **노유자시설**은 **투척용 소화용구** 등을 산정된 소화기 수량의 $\frac{1}{2}$ 이상으로 설치 가능) ② 국가유산 ③ 가스시설, 전기저장시설 ④ 터널 ⑤ 지하구
주거용 주방자동소화장치	① 아파트 등(모든 층) ② **오피스텔**(모든 층)

답 ①

50
소방시설 설치 및 관리에 관한 법령상 방염성능기준 이상의 실내장식물 등을 설치하여야 하는 특정소방대상물의 기준으로 틀린 것은?

16.10.문48
16.03.문58
15.09.문54
15.05.문54
14.05.문48

① 층수가 11층 이상인 아파트
② 건축물의 옥내에 있는 시설로서 종교시설
③ 의료시설 중 종합병원
④ 노유자시설

해설
① 아파트 제외

소방시설법 시행령 30조
방염성능기준 이상 적용 특정소방대상물
(1) 체력단련장, 공연장 및 종교집회장
(2) 문화 및 집회시설
(3) **종**교시설
(4) 운동시설(수영장은 제외)
(5) 의료시설(종합병원, 정신의료기관)
(6) 의원, 치과의원, 한의원, 조산원, 산후조리원
(7) 교육연구시설 중 합숙소
(8) **노**유자시설
(9) **숙**박이 가능한 **수**련시설
(10) **숙**박시설
(11) 방송국 및 촬영소
(12) 다중이용업소(단란주점영업, 유흥주점영업, 노래연습장업의 연습장 등)
(13) 층수가 11층 이상인 것(아파트는 제외 : 2026. 12. 1. 삭제)

기억법 방숙 노종수

답 ①

51
소방기본법상 위험시설 등에 대한 긴급조치를 정당한 사유없이 방해한 자에 대한 벌칙기준으로 옳은 것은?

19.09.문42
17.05.문55
16.03.문42
07.03.문45

① 400만원 이하의 벌금
② 300만원 이하의 벌금
③ 200만원 이하의 벌금
④ 100만원 이하의 벌금

해설 **100만원 이하의 벌금**
(1) 관계인의 **소방활동 미수행**(기본법 54조)
(2) **피난명령** 위반(기본법 54조)
(3) 위험시설 등에 대한 긴급조치 방해(기본법 54조) 보기 ④
(4) 거짓보고 또는 자료 미제출자(공사업법 38조)
(5) **관계공무원**의 출입·조사·**검사 방해**(공사업법 38조)
(6) 정당한 사유없이 **물**의 **사용**이나 **수도**의 **개폐장치**의 사용 또는 조작을 하지 못하게 하거나 **방해**한 자(기본법 54조)
(7) 소방대의 생활안전활동을 방해한 자(기본법 54조)

기억법 피1(차일**피일**)

답 ④

52 소방기본법상 명령권자가 소방본부장, 소방서장, 소방대장에게 있는 사항은?

① 소방활동을 할 때에 긴급한 경우에는 이웃한 소방본부장 또는 소방서장에게 소방업무의 응원 요청할 수 있다.
② 화재, 재난·재해, 그 밖의 위급한 상황이 발생한 현장에서 소방활동을 위하여 필요할 때에는 그 관할구역에 사는 사람 또는 그 현장에 있는 사람으로 하여금 사람을 구출하는 일 또는 불을 끄거나 불이 번지지 아니하도록 하는 일을 하게 할 수 있다.
③ 화재, 재난·재해, 그 밖의 위급한 상황으로부터 국민의 생명·신체 및 재산을 보호하기 위하여 소방업무에 관한 종합계획을 5년마다 수립·시행하여야 한다.
④ 화재, 재난·재해, 그 밖의 위급한 상황이 발생하였을 때에는 소방대를 현장에 신속하게 출동시켜 화재진압과 인명구조·구급 등 소방에 필요한 활동을 하게 하여야 한다.

해설
① 소방본부장·소방서장(기본법 11조)
③ 소방청장(기본법 6조)
④ 소방청장·소방본부장 또는 소방서장(기본법 16조)

소방본부장·소방서장·소방대장
(1) 소방활동 종사명령(기본법 24조) 〈보기 ②〉
(2) 강제 처분·제거(기본법 25조)
(3) 피난명령(기본법 26조)
(4) 댐·저수지 사용 등 위험시설 등에 대한 긴급조치(기본법 27조)

기억법 소대종강피(소방대의 종강파티)

답 ②

53 소방기본법령상 소방용수시설 및 지리조사의 기준 중 다음 ( ) 안에 알맞은 것은?

소방본부장 또는 소방서장은 원활한 소방활동을 위하여 설치된 소방용수시설에 대한 조사를 (㉠)회 이상 실시하여야 하며 그 조사결과를 (㉡)년간 보관하여야 한다.

① ㉠ 월 1, ㉡ 1   ② ㉠ 월 1, ㉡ 2
③ ㉠ 연 1, ㉡ 1   ④ ㉠ 연 1, ㉡ 2

해설 기본규칙 7조
소방용수시설 및 지리조사
(1) 조사자 : 소방본부장·소방서장
(2) 조사일시 : 월 1회 이상
(3) 조사내용
  ㉠ 소방용수시설
  ㉡ 도로의 폭·교통상황
  ㉢ 도로 주변의 토지 고저
  ㉣ 건축물의 개황
(4) 조사결과 : 2년간 보관

답 ②

54 화재의 예방 및 안전관리에 관한 법령상 소방안전관리대상물의 관계인은 소방안전관리대상물 근무자 및 거주자 등에 대한 소방훈련 등을 실시하여야 한다. 다음 ( )안에 알맞은 것은?

소방안전관리대상물의 관계인은 그 장소에 근무하거나 거주하는 사람 등에게 소화·( )·피난 등의 훈련과 소방안전관리에 필요한 교육을 하여야 한다.

① 진입   ② 예방
③ 통보   ④ 복구

해설 화재예방법 37조
근무자 및 거주자 등에 대한 소방훈련
소방안전관리대상물의 관계인은 그 장소에 근무하거나 거주하는 사람 등에게 소화·통보·피난 등의 훈련과 소방안전관리에 필요한 교육을 하여야 한다.

답 ③

55 소방시설 설치 및 관리에 관한 법령상 소방시설 등의 자체점검시 점검인력 배치기준 중 점검인력 1단위가 하루 동안 점검할 수 있는 특정소방대상물의 종합점검 연면적 기준으로 옳은 것은? (단, 보조인력을 추가하는 경우를 제외한다.)

① 3500m²   ② 7000m²
③ 10000m²   ④ 12000m²

해설 소방시설법 시행규칙 〔별표 2〕(소방시설법 시행규칙 〔별표 4〕 2024. 12. 1. 개정)
점검한도면적

종합점검	작동점검
10000m²	12000m² (소규모 점검의 경우 : 3500m²)

> **용어**
> 점검한도면적
> 점검인력 1단위가 하루 동안 점검할 수 있는 특정소방대상물의 연면적

답 ③

56. 소방시설공사업법령상 감리원의 세부배치기준 중 일반공사감리 대상인 경우 다음 ( ) 안에 알맞은 것은? (단, 일반공사감리 대상인 아파트의 경우는 제외한다.)

> 1명의 감리원이 담당하는 소방공사감리 현장은 (㉠)개 이하로서 감리현장 연면적의 총 합계가 (㉡)m² 이하일 것

① ㉠ 5, ㉡ 50000
② ㉠ 5, ㉡ 100000
③ ㉠ 7, ㉡ 50000
④ ㉠ 7, ㉡ 100000

해설 공사업규칙 16조
소방공사감리원의 세부배치기준

감리대상	책임감리원
일반공사감리 대상	• 주 1회 이상 방문감리 • 담당감리현장 5개 이하로서 연면적 총 합계 100000m² 이하

답 ②

57. 소방시설공사업법상 제3자에게 소방시설공사 시공을 하도급한 자에 대한 벌칙기준으로 옳은 것은? (단, 대통령령으로 정하는 경우는 제외한다.)

① 100만원 이하의 벌금
② 300만원 이하의 벌금
③ 1년 이하의 징역 또는 1000만원 이하의 벌금
④ 3년 이하의 징역 또는 1500만원 이하의 벌금

해설 1년 이하의 징역 또는 1000만원 이하의 벌금
(1) 소방시설의 자체점검 미실시자(소방시설법 58조)
(2) 소방시설관리사증 대여(소방시설법 58조)
(3) 소방시설관리업의 등록증 대여(소방시설법 58조)
(4) 제조소 등의 정기점검기록 허위 작성(위험물법 35조)
(5) 자체소방대를 두지 않고 제조소 등의 허가를 받은 자(위험물법 35조)
(6) 위험물 운반용기의 검사를 받지 않고 유통시킨 자(위험물법 35조)
(7) 제조소 등의 긴급사용정지 위반자(위험물법 35조)
(8) 영업정지처분 위반자(공사업법 36조)
(9) 거짓감리자(공사업법 36조)
(10) 공사감리자 미지정자(공사업법 36조)
(11) 소방시설 설계·시공·감리 하도급자(공사업법 36조)
(12) 소방시설공사 재하도급자(공사업법 36조)
(13) 소방시설업자가 아닌 자에게 소방시설공사 등을 도급한 관계인(공사업법 36조)

> **기억법** 1 1000하(일천하)

답 ③

58. 위험물안전관리법령상 제조소 또는 일반취급소의 위험물취급탱크 노즐 또는 맨홀을 신설시 노즐 또는 맨홀의 직경이 몇 mm를 초과하는 경우에 변경허가를 받아야 하는가?

① 250
② 300
③ 450
④ 600

해설 위험물규칙 [별표 1의 2]
제조소 또는 일반취급소의 변경허가
(1) 제조소 또는 일반취급소의 **위치**를 **이전**하는 경우
(2) 건축물의 벽·기둥·바닥·보 또는 지붕을 **증설** 또는 **철거**하는 경우
(3) **배출설비**를 **신설**하는 경우
(4) 위험물취급탱크를 신설·교체·철거 또는 보수(탱크의 본체를 절개)하는 경우
(5) 위험물취급탱크의 **노즐** 또는 **맨홀**을 신설하는 경우(노즐 또는 맨홀의 직경이 **250mm**를 초과하는 경우)
(6) 위험물취급탱크의 **방유제**의 **높이** 또는 방유제 내의 **면적**을 **변경**하는 경우
(7) 위험물취급탱크의 탱크전용실을 **증설** 또는 **교체**하는 경우
(8) **300m**(지상에 설치하지 아니하는 배관은 30m)를 초과하는 위험물배관을 신설·교체·철거 또는 보수(배관 절개)하는 경우
(9) 불활성기체의 봉입장치를 **신설**하는 경우

> **기억법** 250mm

답 ①

59. 화재의 예방 및 안전관리에 관한 법률상 소방본부장 또는 소방서장은 화재예방강화지구 안의 관계인에 대하여 소방상 필요한 훈련 및 교육을 실시하고자 하는 때에는 관계인에게 훈련 또는 교육 며칠 전까지 그 사실을 통보하여야 하는가?

① 5
② 7
③ 10
④ 14

해설 10일
(1) 화재예방강화지구 안의 소방훈련·교육 통보일(화재예방법 시행령 20조)
(2) 건축허가 등의 동의 여부 회신(소방시설법 시행규칙 3조)
 ㉠ 50층 이상(지하층 제외) 또는 지상으로부터 높이 200m 이상인 아파트의 건축허가 등의 동의 여부 회신(소방시설법 시행규칙 3조)
 ㉡ 30층 이상(지하층 포함) 또는 지상 120m 이상(아파트 제외)의 건축허가 등의 동의 여부 회신(소방시설법 시행규칙 3조)
 ㉢ 연면적 10만m² 이상의 건축허가 등의 동의 여부 회신(소방시설법 시행규칙 3조)
(3) 소방기술자의 **실무교육** 통지일(공사업규칙 26조)
(4) **실무교육** 교육계획의 변경보고일(공사업규칙 35조)
(5) 소방기술자 **실무교육기관** 지정사항 변경보고일(공사업규칙 33조)
(6) 소방시설업의 등록신청서류 보완일(공사업규칙 2조 2)
(7) 제조소 등의 재발급 완공검사합격확인증 제출일(위험물령 10조)

60 위험물안전관리법상 허가를 받지 아니하고 당해 제조소 등을 설치하거나 그 위치·구조 또는 설비를 변경할 수 있으며, 신고를 하지 아니하고 위험물의 품명·수량 또는 지정수량의 배수를 변경할 수 있는 기준으로 틀린 것은?

① 주택의 난방시설을 위한 저장소 또는 취급소
② 공동주택의 중앙난방시설을 위한 저장소 또는 취급소
③ 수산용으로 필요한 건조시설을 위한 지정수량 20배 이하의 저장소
④ 농예용으로 필요한 난방시설을 위한 지정수량 20배 이하의 저장소

해설 위험물법 6조
제조소 등의 설치허가
(1) 설치허가자: 시·도지사
(2) 설치허가 제외장소
 ㉠ 주택의 난방시설(공동주택의 중앙난방시설 제외)을 위한 **저장소** 또는 **취급소**
 ㉡ 지정수량 **20배** 이하의 **농예용·축산용·수산용** 난방시설 또는 건조시설의 **저장소**
(3) 제조소 등의 변경신고: 변경하고자 하는 날의 **1일** 전까지

참고 시·도지사
(1) 특별시장
(2) 광역시장
(3) 특별자치시장
(4) 도지사
(5) 특별자치도지사

답 ②

제4과목 소방기계시설의 구조 및 원리

61 스프링클러설비의 종류 중 폐쇄형 스프링클러헤드를 사용하는 방식이 아닌 것은?

① 습식 ② 건식
③ 준비작동식 ④ 일제살수식

해설 ④ 일제살수식: 개방형 헤드

스프링클러설비의 종류

폐쇄형 스프링클러 헤드 방식	개방형 스프링클러 헤드 방식
• **습**식 보기 ① • **건**식 보기 ② • **준**비작동식 보기 ③	• 일제살수식 보기 ④

기억법 폐습건준

답 ④

62 특정소방대상물별 소화기구의 능력단위기준 중 노유자시설 소화기구의 능력단위기준으로 옳은 것은? (단, 건축물의 주요구조부, 벽 및 반자의 실내에 면하는 부분에 대한 조건은 무시한다.)

① 해당 용도의 바닥면적 200m^2마다 능력단위 1단위 이상
② 해당 용도의 바닥면적 100m^2마다 능력단위 1단위 이상
③ 해당 용도의 바닥면적 50m^2마다 능력단위 1단위 이상
④ 해당 용도의 바닥면적 30m^2마다 능력단위 1단위 이상

해설 특정소방대상물별 소화기구의 능력단위기준(NFTC 101 2.1.1.2)

특정소방대상물	능력단위 (바닥면적)	내화구조이고 불연재료 ·준불연재료 ·난연재료 (바닥면적)
• **위**락시설 **기억법** 위3(위상)	30m^2마다 1단위 이상	60m^2마다 1단위 이상
• **공**연장·**집**회장 • 관람장·**문**화재 • **장**례시설·**의**료시설 **기억법** 5공연장 문의 집관람(손**오**공 연장 문의 집관람)	50m^2마다 1단위 이상	100m^2마다 1단위 이상
• **근**린생활시설·**판**매시설 • 운수시설·**숙**박시설 • **노**유자시설 • **전**시장 • 공동**주**택·**업**무시설 • **방**송통신시설·공장 • **창**고시설·**항**공기 및 자동**차** 관련 시설 • **관광**휴게시설 **기억법** 근판숙노전 주업방차창 1항 관광(근판숙노전 주업방차장 일본항 관광)	100m^2마다 1단위 이상 보기 ②	200m^2마다 1단위 이상
• 그 밖의 것	200m^2마다 1단위 이상	400m^2마다 1단위 이상

용어

소화능력단위
소화기구의 소화능력을 나타내는 수치

답 ②

63 물분무소화설비 송수구의 설치기준 중 다음 ( ) 안에 알맞은 것은?

송수구는 화재층으로부터 지면으로 떨어지는 유리창 등이 송수 및 그 밖의 소화작업에 지장을 주지 아니하는 장소에 설치할 것. 이 경우 가연성 가스의 저장·취급시설에 설치하는 송수구는 그 방호대상물로부터 (㉠)m 이상의 거리를 두거나 방호대상물에 면하는 부분이 높이 (㉡)m 이상 폭 (㉢)m 이상의 철근콘크리트벽으로 가려진 장소에 설치하여야 한다.

① ㉠ 20, ㉡ 1.5, ㉢ 2.5
② ㉠ 20, ㉡ 0.5, ㉢ 1
③ ㉠ 10, ㉡ 0.8, ㉢ 1.5
④ ㉠ 10, ㉡ 1, ㉢ 2

해설 **물분무소화설비 송수구 설치기준**(NFPC 104 7조, NFTC 104 2.4)
(1) 화재층으로부터 지면으로 떨어지는 유리창 등이 송수 및 그 밖의 소화작업에 지장을 주지 아니하는 장소에 설치
(2) 물분무소화설비의 주배관에 이르는 연결배관에 **개폐밸브**를 설치한 때에는 그 **개폐상태**를 쉽게 확인 및 조작할 수 있는 **옥외** 또는 **기계실** 등의 장소에 설치
(3) 구경 **65mm**의 **쌍구형**으로 할 것
(4) 그 가까운 곳의 보기 쉬운 곳에 **송수압력범위**를 **표시**한 표지를 할 것
(5) 하나의 층의 바닥면적이 **3000m²**를 넘을 때마다 1개(5개를 넘을 경우에는 5개로 함)를 설치
(6) 지면으로부터 0.5~1m 이하의 위치에 설치
(7) 가까운 부분에 **자동배수밸브**(또는 직경 5mm의 **배수공**) 및 **체크밸브**를 설치
(8) 이물질을 막기 위한 **마개**를 씌울 것
(9) 송수구는 화재층으로부터 지면으로 떨어지는 유리창 등이 송수 및 그 밖의 소화작업에 지장을 주지 아니하는 장소에 설치할 것. 이 경우 가연성 가스의 저장·취급시설에 설치하는 송수구는 그 방호대상물로부터 **20m** 이상의 거리를 두거나 방호대상물에 면하는 부분이 높이 **1.5m** 이상 폭 **2.5m** 이상의 철근콘크리트벽으로 가려진 장소에 설치하여야 한다. → 이 부분은 연결살수설비 송수구 설치기준과 동일하다. 보기 ①

답 ①

64 고정포방출구의 구분 중 다음에서 설명하는 것은?

고정지붕구조 또는 부상덮개부착 고정지붕구조의 탱크에 상부포주입법을 이용하는 것으로서 방출된 포가 탱크 옆판의 내면을 따라 흘러내려 가면서 액면 아래로 몰입되거나 액면을 뒤섞지 않고 액면상을 덮을 수 있는 반사판 및 탱크 내의 위험물증기가 외부로 역류되는 것을 저지할 수 있는 구조·기구를 갖는 포방출구

① Ⅰ형
② Ⅱ형
③ Ⅲ형
④ 특형

해설 **고정포방출구**의 **포방출구**(위험물기준 133조)

탱크의 구조	포방출구
고정지붕구조	• Ⅰ형 방출구 • Ⅱ형 방출구 • Ⅲ형 방출구 • Ⅳ형 방출구
고정지붕구조 또는 부상덮개부착 고정지붕구조	• Ⅱ형 방출구 보기 ②
부상지붕구조	• 특형 방출구

중요

Ⅰ형 방출구	Ⅱ형 방출구
고정지붕구조의 탱크에 상부포주입법을 이용하는 것으로서 방출된 포가 액면 아래로 몰입되거나 액면을 뒤섞지 않고 액면을 덮을 수 있는 통계단 또는 미끄럼판 등의 설비 및 탱크 내의 위험물증기가 외부로 역류되는 것을 저지할 수 있는 구조·기구를 갖는 포방출구	**고정지붕구조** 또는 **부상덮개부착 고정지붕구조**의 탱크에 상부포주입법을 이용하는 것으로서 방출된 포가 탱크 옆판의 내면을 따라 흘러내려 가면서 액면 아래로 몰입되거나 액면을 뒤섞지 않고 액면상을 덮을 수 있는 반사판 및 탱크 내의 위험물증기가 외부로 역류되는 것을 저지할 수 있는 구조·기구를 갖는 포방출구

답 ②

65 습식 스프링클러설비 또는 부압식 스프링클러설비 외의 설비에는 헤드를 향하여 상향으로 수평주행배관 기울기를 몇 이상으로 하여야 하는가? (단, 배관의 구조상 기울기를 줄 수 없는 경우는 제외한다.)

① $\dfrac{1}{100}$
② $\dfrac{1}{200}$
③ $\dfrac{1}{300}$
④ $\dfrac{1}{500}$

해설 **기울기**

구분	설 명
$\frac{1}{100}$ 이상	연결살수설비의 수평주행배관
$\frac{2}{100}$ 이상	물분무소화설비의 배수설비
$\frac{1}{250}$ 이상	습식 설비·부압식 설비 외 설비의 가지배관
$\frac{1}{500}$ 이상	**습**식 설비·**부**압식 설비 외 설비의 **수**평주행배관 보기 ④

기억법 습부수5

답 ④

66 피난기구 중 완강기의 구조에 대한 기준으로 틀린 것은?

19.04.문72
19.03.문63
15.09.문67
14.05.문64
13.06.문79
08.05.문79

① 완강기는 안전하고 쉽게 사용할 수 있어야 하며, 사용자가 타인의 도움 없이 자기의 몸무게에 의하여 자동적으로 강하할 수 있어야 한다.
② 로프의 양끝은 이탈되지 아니하도록 벨트의 연결장치 등에 연결되어야 한다.
③ 벨트는 로프에 고정되어 있거나 또는 분리식인 경우 쉽고 견고하게 로프에 연결할 수 있는 구조이어야 한다.
④ 로프·속도조절기구·벨트 및 고정지지대 등으로 구성되어야 한다.

해설 ④ 고정지지대 → 속도조절기의 연결부, 연결금속구

완강기의 구성(완강기의 형식승인 및 제품검사의 기술기준 3조)
(1) 속도**조**절기구
(2) **로**프
(3) **벨**트
(4) 속도조절기의 연결**부**
(5) 연결금속구

기억법 조로벨후

 중요

속도조절기의 커버 피복이유
기능에 이상을 생기게 하는 **모**래 따위의 잡물이 들어가는 것을 방지하기 위하여

기억법 모조(모조품)

답 ④

67 이산화탄소소화약제 저장용기의 설치기준으로 옳은 것은?

16.03.문61
13.09.문65
09.05.문70

① 저장용기의 충전비는 고압식은 1.1 이상 1.5 이하, 저압식은 0.64 이상 0.8 이하로 할 것

② 저압식 저장용기에는 액면계 및 압력계와 1.5MPa 이상 1.9MPa 이하의 압력에서 작동하는 압력경보장치를 설치할 것
③ 저장용기는 고압식은 25MPa 이상, 저압식은 3.5MPa 이상의 내압시험압력에 합격한 것으로 할 것
④ 저압식 저장용기에는 용기 내부의 온도가 섭씨 영하 21℃ 이하에서 1.8MPa의 압력을 유지할 수 있는 자동냉동장치를 설치할 것

해설 ① 1.1 이상 1.5 이하 → 1.5 이상 1.9 이하, 0.64 이상 0.8 이하 → 1.1 이상 1.4 이하
② 1.5MPa 이상 → 2.3MPa 이상
④ 영하 21℃ 이하에서 1.8MPa → 영하 18℃ 이하에서 2.1MPa

이산화탄소 소화설비의 저장용기(NFPC 106 4조, NFTC 106 2.1.2)

자동냉동장치 보기 ④	• 2.1MPa 유지, -18℃ 이하	
압력경보장치 보기 ②	• 2.3MPa 이상, 1.9MPa 이하	
선택밸브 또는 **개**폐밸브의 **안**전장치	• 내압시험압력의 0.8배	
저장용기 보기 ③	• **고**압식 : **25**MPa 이상 • **저**압식 : **3.5**MPa 이상	
안전밸브	• 내압시험압력의 0.64~0.8배	
봉판	• 내압시험압력의 0.8배~내압시험압력	
충전비 보기 ①	고압식	• 1.5~1.9 이하
	저압식	• 1.1~1.4 이하

기억법 선개안내08, 이고25저35

답 ③

68 분말소화약제 1kg당 저장용기의 내용적이 가장 작은 것은?

19.04.문69
14.05.문73
12.05.문63
12.03.문72

① 제1종 분말   ② 제2종 분말
③ 제3종 분말   ④ 제4종 분말

해설 **분말소화약제**

종별	소화약제	1kg당 저장용기의 내용적 〔L/kg〕	적응화재	비 고
제**1**종	중탄산나트륨 ($NaHCO_3$)	0.8	BC급	**식**용유 및 지방질유의 화재에 적합
제2종	중탄산칼륨 ($KHCO_3$)	1.0	BC급	—
제**3**종	인산암모늄 ($NH_4H_2PO_4$)		ABC급	**차**고·**주**차장에 적합
제4종	중탄산칼륨+요소 [$KHCO_3+(NH_2)_2CO$]	1.25	BC급	

기억법 1식분(일식 분식)
       3분 차주(삼보컴퓨터 차주)

• 1kg당 저장용기의 내용적=충전비

답 ①

69 연결살수설비 배관구경의 설치기준 중 하나의 배관에 부착하는 살수헤드의 개수가 3개인 경우 배관의 최소구경은 몇 mm 이상이어야 하는가?

① 40
② 50
③ 65
④ 80

해설 배관의 기준(NFPC 503 5조, NFTC 503 2.2.3.1)

살수헤드 개수	1개	2개	3개	4개 또는 5개	6~10개 이하
배관구경 [mm]	32	40	50 보기 ②	65	80

비교

(1) 스프링클러설비

급수관의 구경 구 분	25 mm	32 mm	40 mm	50 mm	65 mm	80 mm	90 mm	100 mm	125 mm	150 mm
폐쇄형 헤드수	2개	3개	5개	10개	30개	60개	80개	100개	160개	161개 이상
개방형 헤드수	1개	2개	5개	8개	15개	27개	40개	55개	90개	91개 이상

※ 폐쇄형 스프링클러헤드 : 최대면적 3000m² 이하

(2) 옥내소화전설비

배관구경	40mm	50mm	65mm	80mm	100mm
방수량	130 L/min	260 L/min	390 L/min	520 L/min	650 L/min
소화전수	1개	2개	3개	4개	5개

답 ②

70 포헤드를 정방형으로 배치한 경우 포헤드 상호간 거리 산정식으로 옳은 것은? (단, r은 유효반경이며 S는 포헤드 상호간의 거리이다.)

① $S = 2r \times \sin 30°$
② $S = 2r \times \cos 30°$
③ $S = 2r$
④ $S = 2r \times \cos 45°$

해설 포헤드 상호간의 거리기준(NFPC 105 12조, NFTC 105 2.9.2.5)

정방형(정사각형)	장방형(직사각형)
$S = 2r \times \cos 45°$ $L = S$	$P_t = 2r$
여기서, S : 포헤드 상호간의 거리[m] r : 유효반경(2.1m) L : 배관간격[m]	여기서, P_t : 대각선의 길이 [m] r : 유효반경(2.1m)

답 ④

71 옥외소화전설비 소화전함의 설치기준 중 다음 ( ) 안에 알맞은 것은?

옥외소화전이 31개 이상 설치된 때에는 옥외소화전 ( )개마다 1개 이상의 소화전함을 설치하여야 한다.

① 3
② 5
③ 7
④ 11

해설 옥외소화전이 **31개** 이상이므로 소화전 **3개**마다 **1개** 이상 설치하여야 한다. 보기 ①

중요

옥외소화전함 설치기구(NFTC 109 2.4)

옥외소화전의 개수	소화전함의 개수
10개 이하	**5m** 이내의 장소에 **1개** 이상
11~30개 이하	**11개** 이상 소화전함 분산설치
31개 이상	소화전 **3개**마다 **1개** 이상

답 ①

72 할론소화설비 자동식 기동장치의 설치기준 중 다음 ( ) 안에 알맞은 것은?

전기식 기동장치로서 ( )병 이상의 저장용기를 동시에 개방하는 설비는 2병 이상의 저장용기에 전자개방밸브를 부착할 것

① 3
② 5
③ 7
④ 10

해설 전자개방밸브 부착(NFTC 106 2.3.2.2 / NFPC 108 5·7조, NFTC 108 2.2.2, 2.4.2.2)

분말소화약제 가압용 가스용기	할론·이산화탄소·분말소화설비 전기식 기동장치
3병 이상 설치한 경우 2개 이상	**7**병 이상 개방시 **2**병 이상 보기 ③

기억법 할이72

압력조정장치(압력조정기)의 **압력**(NFPC 107 4조, NFTC 107 2.1.5 / NFPC 108 5조, NFTC 108 2.2.3)	
할론소화설비	분말소화설비(분말소화약제)
2Mpa 이하	**2.5**Mpa 이하

기억법 분압25(**분압**이오.)

답 ③

73 화재조기진압용 스프링클러설비를 설치할 장소의 구조 기준으로 틀린 것은?

17.05.문66
17.03.문80

① 해당층의 높이가 13.7m 이하일 것. 다만, 2층 이상일 경우에는 해당층의 바닥을 내화구조로 하고 다른 부분과 방화구획할 것

② 천장의 기울기가 $\frac{168}{1000}$을 초과하지 않아야 하고, 이를 초과하는 경우에는 반자를 지면과 수평으로 설치할 것

③ 천장은 평평하여야 하며 철재나 목재트러스 구조인 경우 철재나 목재의 돌출부분이 102mm를 초과하지 않을 것

④ 창고 내의 선반의 형태는 하부로 물이 침투되지 않는 구조로 할 것

해설 ④ 침투되지 않는 구조 → 침투되는 구조

화재조기진압용 스프링클러설비의 **설치장소**의 **구조**(NFPC 103B 4조, NFTC 103 103B 2.1)

(1) 해당층의 높이가 **13.7m** 이하일 것(단, **2층** 이상일 경우에는 해당층의 바닥을 **내화구조**로 하고 다른 부분과 **방화구획**할 것) 보기 ①

(2) 천장의 기울기가 $\frac{168}{1000}$을 초과하지 않아야 하고, 이를 초과하는 경우에는 반자를 지면과 **수평**으로 설치할 것 보기 ②

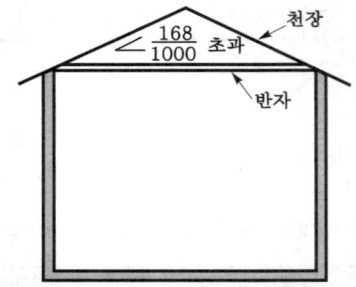

∥기울어진 천장의 경우∥

(3) 천장은 **평평**하여야 하며 철재나 목재트러스 구조인 경우 철재나 목재의 돌출부분이 102mm를 초과하지 않을 것 보기 ③

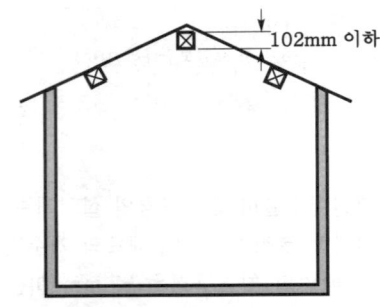

∥철재 또는 목재의 돌출치수∥

(4) 보로 사용되는 목재·콘크리트 및 철재 사이의 간격이 **0.9~2.3m 이하**일 것(단, 보의 간격이 2.3m 이상인 경우에는 스프링클러헤드의 동작을 원활히 하기 위하여 보로 구획된 부분의 천장 및 반자의 넓이가 **28m²**를 초과하지 않을 것)

(5) 창고 내의 선반의 형태는 하부로 물이 침투되는 구조로 할 것 보기 ④

용어
화재조기진압형 스프링클러헤드(early suppression fast-response sprinkler)
화재를 **초기**에 **진압**할 수 있도록 정해진 면적에 충분한 물을 방사할 수 있는 빠른 작동능력의 스프링클러헤드로서 일반적으로 최대 **360L/min**까지 방수한다.

∥화재조기진압형 스프링클러헤드∥

답 ④

74 소화기의 정의 중 다음 ( ) 안에 알맞은 것은?

19.04.문74
13.09.문62

대형 소화기란 화재시 사람이 운반할 수 있도록 운반대와 바퀴가 설치되어 있고 능력단위가 A급 (㉠)단위 이상, B급 (㉡)단위 이상인 소화기를 말한다.

① ㉠ 3, ㉡ 5   ② ㉠ 5, ㉡ 3
③ ㉠ 10, ㉡ 20   ④ ㉠ 20, ㉡ 10

해설 **소화능력단위**에 의한 **분류**(소화기의 형식승인 및 제품검사의 기술기준 4조)

소화기 분류		능력단위
소형 소화기		1단위 이상
대형 소화기	A급	10단위 이상 보기 ㉠
	B급	**20**단위 이상 보기 ㉡

기억법 대2B(**데이빗!**)

답 ③

75. 호스릴 분말소화설비의 설치기준 중 틀린 것은?

① 방호대상물의 각 부분으로부터 하나의 호스 접결구까지의 수평거리가 15m 이하가 되도록 할 것
② 소화약제의 저장용기는 호스릴을 설치하는 장소마다 설치할 것
③ 소화약제의 저장용기의 개방밸브는 호스릴의 설치장소에서 자동으로 개폐할 수 있는 것으로 할 것
④ 소화약제 저장용기의 가장 가까운 곳의 보기 쉬운 곳에 적색의 표시등을 설치하고, 호스릴 방식의 분말소화설비가 있다는 뜻을 표시한 표지를 할 것

해설 ③ 자동 → 수동

호스릴 분말소화설비의 설치기준(NFPC 108 11조, NFTC 108 2.8.4)
(1) 방호대상물의 각 부분으로부터 하나의 호스접결구까지의 **수평거리**가 **15m** 이하가 되게 한다.
(2) 소화약제의 저장용기의 개방밸브는 호스릴의 설치장소에서 **수동**으로 개폐 가능하게 한다. 보기 ③
(3) 소화약제의 저장용기는 **호스릴** 설치장소마다 설치한다.
(4) 호스릴방식의 분말소화설비의 노즐은 하나의 노즐마다 1분당 다음 표에 따른 소화약제를 방출할 수 있는 것으로 할 것

소화약제의 종별	1분당 방사하는 소화약제의 양
제1종 분말	45kg
제2종 분말 또는 제3종 분말	27kg
제4종 분말	18kg

(5) 소화약제 저장용기의 가장 가까운 곳의 보기 쉬운 곳에 적색의 표시등을 설치하고, 호스릴방식의 분말소화설비가 있다는 뜻을 표시한 표지를 할 것

답 ③

76. 하나의 옥내소화전을 사용하는 노즐선단에서의 방수압력이 0.7MPa를 초과할 경우에 감압장치를 설치하여야 하는 곳은?

① 방수구 연결배관
② 호스접결구의 인입측
③ 노즐선단
④ 노즐 안쪽

해설 감압장치(NFPC 102 5조, NFTC 102 2.2.1.3)
옥내소화전설비의 소방호스 노즐의 방수압력의 허용범위는 0.17~0.7MPa이다. 0.7MPa을 초과시에는 **호스접결구의 인입측**에 **감압장치**를 설치하여야 한다. 보기 ②

답 ②

중요
각 설비의 주요사항

구 분	옥내소화전설비	옥외소화전설비
방수압	0.17~0.7MPa 이하	0.25~0.7MPa 이하
방수량	130L/min 이상 (30층 미만 : 최대 2개, 30층 이상 : 최대 5개)	350L/min 이상 (최대 2개)
방수구경	40mm	65mm
노즐구경	13mm	19mm

답 ②

77. 연결살수설비의 가지배관은 교차배관 또는 주배관에서 분기되는 지점을 기점으로 한쪽 가지배관에 설치되는 헤드의 개수는 최대 몇 개 이하로 하여야 하는가?

① 8개
② 10개
③ 12개
④ 15개

해설 연결살수설비(NFPC 503 5조, NFTC 503 2.2.6)
한쪽 가지배관에 설치되는 헤드의 개수 : **8개** 이하 보기 ①

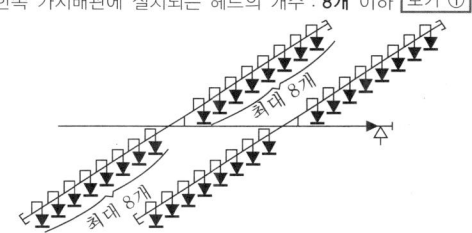

가지배관의 헤드개수

비교
연결살수설비(NFPC 503 4조, NFTC 503 2.1.4)
연결살수설비에서 하나의 송수구역에 설치하는 개방형 헤드의 수는 **10개** 이하이다.

답 ①

78. 특정소방대상물의 용도 및 장소별로 설치하여야 할 인명구조기구의 기준으로 틀린 것은?

① 지하층을 포함하는 층수가 7층 이상인 관광호텔은 방열복 또는 방화복, 공기호흡기를 각 2개 이상 비치할 것
② 문화 및 집회시설 중 수용인원 100명 이상의 영화상영관은 공기호흡기를 층마다 2개 이상 비치할 것
③ 지하상가는 공기호흡기를 층마다 2개 이상 비치할 것
④ 물분무등소화설비 중 이산화탄소소화설비를 설치하여야 하는 특정소방대상물은 공기호흡기를 이산화탄소소화설비가 설치된 장소의 출입구 외부 인근에 1대 이상 비치할 것

① 방열복 또는 방화복, 공기호흡기를 → 방열복 또는 방화복, 공기호흡기, 인공소생기를

인명구조기구 설치장소(NFTC 302 2.1.1.1)

특정소방대상물	인명구조기구의 종류	설치수량
• 7층 이상인 관광호텔(지하층 포함) • 5층 이상인 병원(지하층 포함)	• 방열복 • 방화복(안전모, 보호장갑, 안전화 포함) • 공기호흡기 • 인공소생기	각 2개 이상 비치할 것(단, 병원의 경우 인공소생기 설치 제외)
• 수용인원 100명 이상의 영화상영관 • 대규모 점포 • 운수시설 중 지하역사 • 지하가 중 지하상가	• 공기호흡기	층마다 2개 이상 비치할 것, 단, 각 층마다 갖추어 두어야 할 공기호흡기 중 일부를 직원이 상주하는 인근 사무실에 비치 가능)
• 이산화탄소소화설비(호스릴 이산화탄소 소화설비 제외) 설치 대상물	• 공기호흡기	이산화탄소소화설비가 설치된 장소의 출입구 외부 인근에 1대 이상 비치

답 ①

79 미분무소화설비의 화재안전기준에 따른 용어의 정리 중 다음 ( ) 안에 알맞은 것은?

17.05.문75

> 미분무란 물만을 사용하여 소화하는 방식으로 최소설계압력에서 헤드로부터 방출되는 물입자 중 (㉠)%의 누적체적분포가 (㉡)μm 이하로 분무되고 A, B, C급 화재에 적응성을 갖는 것을 말한다.

① ㉠ 30, ㉡ 200   ② ㉠ 50, ㉡ 200
③ ㉠ 60, ㉡ 400   ④ ㉠ 99, ㉡ 400

미분무소화설비의 **용어정의**(NFPC 104A 3조, NFTC 104A 1.7)

용 어	설 명
미분무소화설비	가압된 물이 헤드 통과 후 미세한 입자로 분무됨으로써 소화성능을 가지는 설비를 말하며, 소화력을 증가시키기 위해 강화액 등을 첨가할 수 있다.
미분무	물만을 사용하여 소화하는 방식으로 최소설계압력에서 헤드로부터 방출되는 물입자 중 **99%**의 누적체적분포가 **400μm** 이하로 분무되고 A, B, C급 화재에 적응성을 갖는 것 보기 ④
미분무헤드	하나 이상의 오리피스를 가지고 미분무소화설비에 사용되는 헤드

답 ④

80 소화수조 또는 저수조가 지표면으로부터 깊이가 4.5m 이상인 지하에 있는 경우 설치하여야 하는 가압송수장치의 1분당 최소양수량은 몇 L인가? (단, 소요수량은 80m³이다.)

17.09.문67
17.05.문65
11.06.문78

① 1100   ② 2200
③ 3300   ④ 4400

가압송수장치의 양수량(토출량)(NFPC 402 5조, NFTC 402 2.2.1)

소화수조 또는 저수조 저수량	20~40m³ 미만	40~100m³ 미만	100m³ 이상
양수량 (토출량)	1100L/min 이상	2200L/min 이상 보기 ②	3300L/min 이상

소화수조·저수조(NFPC 402 4조, NFTC 402 2.1.3)

(1) 흡수관 투입구

소요수량	80m³ 미만	80m³ 이상
흡수관 투입구의 수	1개 이상	2개 이상

(2) 채수구

소요수량	20~40m³ 미만	40~100m³ 미만	100m³ 이상
채수구의 수	1개	2개	3개

용어

채수구
소방차의 소방호스와 접결되는 흡입구

답 ②

2018. 9. 15 시행

2018년 산업기사 제4회 필기시험

자격종목	종목코드	시험시간	형별
소방설비산업기사(기계분야)		2시간	

수험번호	성명

※ 각 문항은 4지택일형으로 질문에 가장 적합한 보기 항을 선택하여 체크하여야 합니다.

제1과목 소방원론

01 사염화탄소를 소화약제로 사용하지 않는 이유에 대한 설명 중 옳은 것은?
15.05.문13
13.09.문18
12.05.문07
08.09.문04
① 폭발의 위험성이 있기 때문에
② 유독가스의 발생위험이 있기 때문에
③ 전기전도성이 있기 때문에
④ 공기보다 비중이 작기 때문에

해설 Halon 104인 **사염화탄소**(CCl_4)를 화재시에 사용하면 **유독가스**인 **포스겐**($COCl_2$)이 발생한다.

※ 연소생성물 중 가장 독성이 큰 것은 **포스겐**($COCl_2$)이다.

기억법 유사

 중요

물질의 특성

물 질	설 명
포스겐($COCl_2$)	독성이 매우 강한 가스로서 소화제인 **사염화탄소**(CCl_4)를 화재시에 사용할 때도 발생한다.
황화수소(H_2S)	달걀 썩는 냄새가 나는 특성이 있다.
일산화탄소(CO)	화재시 흡입된 일산화탄소(CO)의 화학적 작용에 의해 **헤모글로빈**(Hb)이 혈액의 산소운반작용을 저해하여 사람을 질식·사망하게 한다.
이산화탄소(CO_2)	연소가스 중 **가장 많은 양**을 차지한다.

답 ②

02 연소범위에 대한 설명으로 틀린 것은?
16.03.문08
12.09.문10
12.05.문04
① 연소범위에는 상한과 하한이 있다.
② 연소범위의 값은 공기와 혼합된 가연성 기체의 체적농도로 표시된다.
③ 연소범위의 값은 압력과 무관하다.
④ 연소범위는 가연성 기체의 종류에 따라 다른 값을 갖는다.

해설 ③ 무관하다. → 관계있다.

연소범위
(1) 연소하한과 연소상한의 범위를 나타낸다.(상한과 하한의 값을 가지고 있다.)
(2) **연소하한**이 **낮을수록** 발화위험이 높다.
(3) **연소범위**가 **넓을수록** 발화위험이 높다.(연소범위가 넓을수록 연소위험성은 높아진다.)
(4) 연소범위는 주위온도와 관계가 있다.(동일 물질이라도 환경에 따라 연소범위가 달라질 수 있다.)
(5) 연소범위의 하한은 그 물질의 **인화점**에 해당된다.
(6) **압력상승**시 **연소하한**은 **불변**, **연소상한**만 **상승**한다.
(7) 연소에 필요한 혼합가스의 농도를 말한다.
(8) 연소범위의 값은 공기와 혼합된 가연성 기체의 체적농도로 표시된다.
(9) 연소범위는 가연성 기체의 종류에 따라 다른 값을 갖는다.

- 연소한계=연소범위=폭발한계=폭발범위=가연한계=가연범위
- 연소하한=하한계
- 연소상한=상한계

답 ③

03 실험군 쥐를 15분 동안 노출시켰을 때 실험군의 절반이 사망하는 치사농도는?
16.05.문07
① ODP
② GWP
③ NOAEL
④ ALC

해설 ALC(Approximate Lethal Concentration, **치사농도**)
(1) 실험쥐의 **50%**를 15분 이내에 사망시킬 수 있는 허용농도
(2) 실험쥐를 **15분** 동안 노출시켰을 때 실험쥐의 **절반**이 사망하는 치사농도

 중요

독성학의 허용농도
(1) LD_{50}과 LC_{50}

LD_{50}(Lethal Dose, 반수치사량)	LC_{50}(Lethal Concentration, 반수치사농도)
실험쥐의 50%를 사망시킬 수 있는 물질의 양	실험쥐의 50%를 사망시킬 수 있는 물질의 농도

(2) LOAEL과 NOAEL

LOAEL(Lowest Observed Adverse Effect Level)	NOAEL(No Observed Adverse Effect Level)
인간의 심장에 영향을 주지 않는 최소농도	인간의 심장에 영향을 주지 않는 최대농도

(3) TLV(Threshold Limit Values, 허용한계농도)
독성 물질의 섭취량과 인간에 대한 그 반응 정도를 나타내는 관계에서 손상을 입히지 않는 농도 중 가장 큰 값

TLV 농도표시법	정의
TLV-TWA (시간가중 평균농도)	매일 일하는 근로자가 하루에 8시간씩 근무할 경우 근로자에게 노출되어도 아무런 영향을 주지 않는 최고평균농도
TLV-STEL (단시간 노출허용농도)	단시간 동안 노출되어도 유해한 증상이 나타나지 않는 최고허용농도
TLV-C (최고 허용한계농도)	단 한순간이라도 초과하지 않아야 하는 농도

답 ④

04 다음 중에서 전기음성도가 가장 큰 원소는?
04.03.문17
① B ② Na
③ O ④ Cl

해설 전기음성도

원소	전기음성도
Na(나트륨)	0.9
B(붕소)	2
Cl(염소)	3
O(산소)	3.5

중요

할론소화약제

부촉매효과(소화능력) 크기	전기음성도(친화력) 크기
I > Br > Cl > F	F > Cl > Br > I

여기서, I : 아이오딘, Br : 브로민, Cl : 염소, F : 불소

답 ③

05 프로판가스의 공기 중 폭발범위는 약 몇 vol%인가?
17.05.문01
17.03.문07
15.03.문15
09.08.문11
09.05.문05
① 2.1~9.5 ② 15~25.5
③ 20.5~32.1 ④ 33.1~63.5

해설 (1) 공기 중의 폭발범위(상온 1atm)

가스	하한계 [vol%]	상한계 [vol%]
아세틸렌(C_2H_2)	2.5	81
수소(H_2)	4	75
일산화탄소(CO)	12	75
에틸렌(C_2H_4)	2.7	36
암모니아(NH_3)	15	25
메탄(CH_4)	5	15
에탄(C_2H_6)	3	12.4
프로판(C_3H_8)	2.1	9.5
부탄(C_4H_{10})	1.8	8.4

기억법
아 25 81(이오 팔 하나)
수 4 75(수사 후 치료하세요.)
일 12 75
에 27 36
암 15 25
메 5 15
에 3 124
프 21 95(툴 하나 구오)
부 18 84(부자의 일반적인 팔자)

(2) 폭발한계와 같은 의미
㉠ 폭발범위
㉡ 연소한계
㉢ 연소범위
㉣ 가연한계
㉤ 가연범위

답 ①

06 실 상부에 배연기를 설치하여 연기를 옥외로 배출하고 급기는 자연적으로 하는 제연방식은?
16.10.문13
04.03.문05
① 제2종 기계제연방식
② 제3종 기계제연방식
③ 스모크타워 제연방식
④ 제1종 기계제연방식

해설 제연방식의 종류
(1) 자연제연방식 : 건물에 설치된 창
(2) 스모크타워 제연방식
(3) 기계제연방식
  ㉠ 제1종 : **송풍기+배연기**
  ㉡ 제2종 : **송풍기**
  ㉢ 제3종 : **배연기**

• 기계제연방식=강제제연방식=기계식 제연방식

용어

제3종 기계제연방식
실 상부에 배연기를 설치하여 연기를 옥외로 배출하고 급기는 자연적으로 하는 제연방식

답 ②

07 화재하중에 주된 영향을 주는 것은?
09.08.문03
09.05.문17
01.06.문04
① 가연물의 온도 ② 가연물의 색상
③ 가연물의 양 ④ 가연물의 융점

해설 화재하중과 관계있는 것
(1) 단위면적
(2) 발열량
(3) 가연물의 중량(가연물의 양)

중요

화재하중(kg/m² 또는 N/m²)
(1) 일반건축물에서 가연성의 건축구조재와 가연성 수용물의 양으로서 건물화재시 **발열량** 및 **화재위험성**을 나타내는 용어
(2) 가연물 등의 연소시 건축물의 붕괴 등을 고려하여 설계하는 하중
(3) 화재실 또는 화재구역의 단위면적당 **가연물의 양**
(4) 건물화재에서 가열온도의 정도를 의미
(5) 건물의 내화설계시 고려되어야 할 사항
(6) 화재하중의 식

$$q = \frac{\Sigma GH_1}{H_0 A} = \frac{\Sigma Q}{4500 A}$$

여기서, q : 화재하중(kg/m²)
G : 가연물의 양(kg)
H_1 : 가연물의 단위중량당 발열량(kcal/kg)
H_0 : 목재의 단위중량당 발열량(kcal/kg)
A : 바닥면적(m²)
ΣQ : 가연물의 전체발열량(kcal)

답 ③

08 출화의 시기를 나타낸 것 중 옥외출화에 해당되는 것은?

① 목재사용 가옥에서는 벽, 추녀 밑의 판자나 목재에 발염착화한 때
② 불연벽체나 칸막이 및 불연천장인 경우 실내에서는 그 뒤판에 발염착화한 때
③ 보통가옥 구조시에는 천장판의 발염착화한 때
④ 천장 속, 벽 속 등에서 발염착화한 때

해설 ②, ③, ④ 옥내출화

옥외출화	옥내출화
① **창·출입구** 등에 발염착화한 경우	① **천장 속·벽 속** 등에서 **발염착화**한 경우
② 목재사용 가옥에서는 **벽·추녀 밑**의 판자나 목재에 **발염착화**한 경우	② 가옥 구조시에는 천장판에 **발염착화**한 경우
	③ 불연벽체나 칸막이의 불연천장인 경우 실내에서는 그 뒤판에 **발염착화**한 경우

기억법 외창출

답 ①

09 전기화재의 발생원인이 아닌 것은?

① 누전 ② 합선
③ 과전류 ④ 마찰

해설 ④ 마찰 : 기계적 원인

전기화재를 일으키는 원인
(1) 단락(**합선**)에 의한 발화(배선의 **단락**)
(2) 과부하(**과전류**)에 의한 발화(**과부하**에 의한 발열)
(3) 절연저항 감소(**누전**)에 의한 발화
(4) 전열기기 과열에 의한 발화
(5) 전기불꽃에 의한 발화
(6) 용접불꽃에 의한 발화
(7) 낙뢰에 의한 발화
(8) **정전기**로 인한 스파크 발생

답 ④

10 위험물의 종류에 따른 저장방법 설명 중 틀린 것은?

① 칼륨 - 경유 속에 저장
② 아세트알데하이드 - 구리용기에 저장
③ 이황화탄소 - 물속에 저장
④ 황린 - 물속에 저장

해설 사용금지

물질	사용금지
• 산화프로필렌(CH₃CHCH₂O) • 아세트알데하이드(CH₃CHO) • 아세틸렌(C₂H₂)	• **구리**(Cu) • 마그네슘(Mg) ├ 사용금지 • 은(Ag) • 수은(Hg)

비교 저장물질

위험물	저장장소
황린, 이황화탄소(CS₂)	• 물속
나이트로셀룰로오스	• 알코올 속
칼륨(K), 나트륨(Na), 리튬(Li)	• 석유류(등유·경유) 속
아세틸렌(C₂H₂)	• 디메틸포름아미드(DMF) • 아세톤

답 ②

11 소화에 대한 설명 중 틀린 것은?

① 질식소화에 필요한 산소농도는 가연물과 소화약제의 종류에 따라 다르다.
② 억제소화는 자유활성기(free radical)에 의한 연쇄반응을 차단하는 물리적인 소화방법이다.
③ 액체 이산화탄소나 할론의 냉각소화효과는 물보다 아주 작다.
④ 화염을 금속망이나 소결금속 등의 미세한 구멍으로 통과시켜 소화하는 화염방지기(flame arrester)는 냉각소화를 이용한 안전장치이다.

해설 ② 물리적인 → 화학적인

물리적 소화와 화학적 소화

물리적 작용에 의한 소화	화학적 작용에 의한 소화
• 냉각소화 • 질식소화 • 제거소화 • 희석소화	억제소화 기억법 억제(억화 감정)

중요

소화의 형태

구 분	설 명
냉각소화	• 다량의 물 등을 이용하여 점화원을 냉각시켜 소화하는 방법 • 물의 증발잠열을 이용한 주요 소화작용
질식소화	공기 중의 산소농도를 16%(10~15%) 이하로 희박하게 하여 소화하는 방법
제거소화	가연물을 제거하여 소화하는 방법
억제소화 (화학소화, 부촉매효과)	• 연쇄반응을 차단하여 소화하는 방법, 억제작용이라고도 함 • 자유활성기(free radical)에 의한 연쇄반응을 차단하는 화학적인 소화방법
희석소화	고체·기체·액체에서 나오는 분해가스나 증기의 농도를 낮추어 연소를 중지시키는 방법
유화소화	물을 무상으로 방사하여 유류표면에 유화층의 막을 형성시켜 공기의 접촉을 막아 소화하는 방법
피복소화	비중이 공기의 1.5배 정도로 무거운 소화약제를 방사하여 가연물의 구석구석까지 침투·피복하여 소화하는 방법

답 ②

12 ★★★ 제4류 위험물을 취급하는 위험물제조소에 설치하는 게시판의 주의사항으로 옳은 것은?

16.03.문46
14.09.문57
13.03.문09
13.03.문20

① 화기엄금
② 물기주의
③ 화기주의
④ 충격주의

해설 **위험물규칙 〔별표 4〕**
위험물제조소의 게시판 설치기준

위험물	주의사항	비 고
• 제1류 위험물(알칼리금속의 과산화물) • 제3류 위험물(금수성 물질)	물기엄금	청색바탕에 백색문자
• 제2류 위험물(인화성 고체 제외)	화기주의	적색바탕에 백색문자
• 제2류 위험물(인화성 고체) • 제3류 위험물(자연발화성 물질) • 제4류 위험물 • 제5류 위험물	화기엄금	
제6류 위험물	별도의 표시를 하지 않는다.	

기억법 화4엄(화사함), 화엄적백

답 ①

13 ★★ 가연성 물질 종류에 따른 연소생성 가스의 연결이 틀린 것은?

17.09.문20
10.05.문12

① 탄화수소류 - 이산화탄소
② 셀룰로이드 - 질소산화물
③ PVC - 암모니아
④ 레이온 - 아크롤레인

해설 **PVC 연소시 생성 가스**
(1) HCl(염화수소, 부식성 가스)
(2) CO_2(이산화탄소)
(3) CO(일산화탄소)

기억법 PHCC

답 ③

14 ★★ 실내에 화재가 발생하였을 때 그 실내의 환경변화에 대한 설명 중 틀린 것은?

16.10.문17
01.03.문03

① 압력이 내려간다.
② 산소의 농도가 감소한다.
③ 일산화탄소가 증가한다.
④ 이산화탄소가 증가한다.

해설 ① 밀폐된 내화건물의 실내에 화재가 발생하면 **압력**(기압)이 **상승**한다.

답 ①

15 ★★ 이산화탄소소화약제를 방출하였을 때 방호구역 내에서 산소농도가 18vol%가 되기 위한 이산화탄소의 농도는 약 몇 vol%인가?

17.09.문12
16.10.문06

① 3
② 7
③ 6
④ 14

해설 **이산화탄소의 농도**

$$CO_2 = \frac{21 - O_2}{21} \times 100$$

여기서, CO_2 : CO_2의 농도[vol%]
O_2 : O_2의 농도[vol%]

$$CO_2 = \frac{21 - O_2}{21} \times 100$$
$$= \frac{21 - 18}{21} \times 100 = 14.28 ≒ 14\text{vol}\%$$

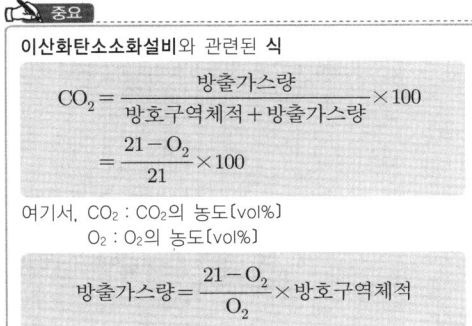

- 단위가 원래는 vol% 또는 vol.%인데 줄여서 %로 쓰기도 한다.

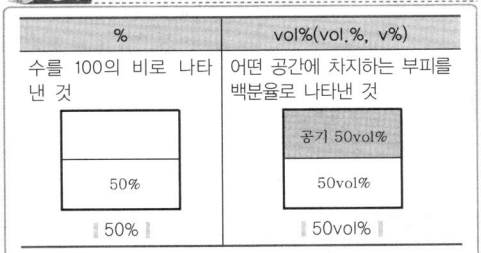

답 ④

16 제1류 위험물 중 과산화나트륨의 화재에 가장 적합한 소화방법은?

① 다량의 물에 의한 소화
② 마른모래에 의한 소화
③ 포소화기에 의한 소화
④ 분무상의 주수소화

해설 ② 무기과산화물(과산화나트륨) : **마른모래**에 의한 소화

소화방법

구 분	소화방법
제1류	물에 의한 **냉각소화**(단, **무기과산화물**은 마른모래 등에 의한 질식소화)
제2류	물에 의한 **냉각소화**(단, 황화인·철분·마그네슘·금속분은 마른모래 등에 의한 질식소화)
제3류	**마른모래** 등에 의한 질식소화
제4류	포·분말·CO_2·할론소화약제에 의한 **질식소화**
제5류	화재 초기에만 대량의 물에 의한 **냉각소화**(단, 화재가 진행되면 자연진화 되도록 기다릴 것)
제6류	마른모래 등에 의한 **질식소화**(단, 과산화수소는 다량의 **물**로 **희석소화**)

답 ②

17 고비점 유류의 화재에 적응성이 있는 소화설비는?

① 옥내소화전설비
② 옥외소화전설비
③ 미분무설비
④ 연결송수관설비

해설 **고비점 유류화재의 적응성**
(1) 미분무소화설비(미분무설비)
(2) 물분무소화설비
(3) 포소화설비

답 ③

18 분말소화약제 원시료의 중량 50g을 12시간 건조한 후 중량을 측정하였더니 49.95g이고, 24시간 건조한 후 중량을 측정하였더니 49.90g이었다. 수분함수율은 몇 %인가?

① 0.1
② 0.15
③ 0.2
④ 0.25

해설 (1) 기호
- W_1 : 50g
- W_2 : 49.90g
- M : ?

(2) 분말소화약제 수분함수율
$$M = \frac{W_1 - W_2}{W_1} \times 100$$

여기서, M : 수분함유율[%]
W_1 : 원시료의 중량[g]
W_2 : 24시간 건조 후의 시료중량[g]

수분함수율 M은
$$M = \frac{W_1 - W_2}{W_1} \times 100$$
$$= \frac{50g - 49.90g}{50g} \times 100$$
$$= 0.2\%$$

분말소화약제 수분함수율
상대습도가 **50%** 이하인 대기 중에서 시료를 칭량하여 농도가 **95~98%**인 진한 황산을 건조제로 사용하고 내부온도가 18~24℃인 데시케이터에 24시간 놓아둔 후 칭량하여 계산한 수분함유율이 **0.2wt%** 이하일 것

비교

흡습률
온도가 30±2℃이고 상대습도가 60%인 항온항습조 등에 48시간 놓아둔 후 칭량하고, 다시 온도가 30±2℃이고 상대습도가 80%인 항온항습조 등에 48시간 놓아둔 후 칭량하여 다음 수식으로 계산한 흡습률이 **중탄산나트륨**이 주성분인 것은 0.2wt%, **중탄산칼륨**이 주성분인 것은 **2wt%**, **인산염류** 등이 주성분인 것은 **1.5wt%** 이하일 것

$$M = \frac{100(W_2 - W_1)}{W_1}$$

여기서, M : 흡습률[%]
W_1 : 온도 30±2℃, 상대습도 60%인 항온항습조 등에 48시간 놓아둔 후의 시료의 중량(g)
W_2 : 온도 30±2℃, 상대습도 80%인 항온항습조 등에 48시간 놓아둔 후의 시료의 중량(g)

답 ③

19 실내화재시 연기의 이동과 관련이 없는 것은?
① 건물 내·외부의 온도차
② 공기의 팽창
③ 공기의 밀도차
④ 공기의 모세관현상

해설 ④ 관계없음

연기를 이동시키는 요인
(1) **연돌**(굴뚝)**효과**(공기의 밀도차)
(2) 외부에서의 **풍력**의 영향
(3) 온도상승에 의한 증기 **팽창**[온도상승에 따른 기체(공기)의 팽창]
(4) 건물 내에서의 강제적인 공기이동(공조설비)
(5) 건물 내외의 **온도차**(기후조건)
(6) 비중차
(7) 부력

용어

굴뚝효과
건물 내의 연기가 압력차 또는 밀도차에 의하여 순식간에 이동하여 상층부로 상승하거나 외부로 배출되는 현상

답 ④

20 제3류 위험물로 금수성 물질에 해당하는 것은?
① 탄화칼슘 ② 황
③ 황린 ④ 이황화탄소

해설 ② 제2류 위험물
③ 제3류 위험물(자연발화성 물질)
④ 제4류 위험물(특수인화물)

위험물령〔별표 1〕
위험물

유별	성질	품명
제1류	산화성 고체	• 아염소산염류 • 염소산염류 • 과염소산염류 • 질산염류 • 무기과산화물
제2류	가연성 고체	• 황화인 • 적린 • 황 • 마그네슘 **기억법** 황화적황마
제3류	자연발화성 물질	황린(P₄)
	금수성 물질	• 칼륨(K) • 나트륨(Na) • 알킬알루미늄 • 알킬리튬 • 칼슘 또는 알루미늄의 탄화물류(**탄화칼슘**=CaC₂) **기억법** 황칼나알칼
제4류	인화성 액체	• 특수인화물(이황화탄소) • 알코올류 • 석유류 • 동식물유류
제5류	자기반응성 물질	• 나이트로화합물 • 유기과산화물 • 나이트로소화합물 • 아조화합물 • 질산에스터류(셀룰로이드)
제6류	산화성 액체	• 과염소산 • 과산화수소 • 질산

답 ①

제 2 과목   소방유체역학

21 이상기체의 폴리트로픽변화 $PV^n = C$에서 n이 대상기체의 비열비(ratio of specific heat)인 경우는 어떤 변화인가? (단, P는 압력, V는 부피, C는 상수(Constant)를 나타낸다.)
① 단열변화
② 등온변화
③ 정적변화
④ 정압변화

해설 **완전가스**(이상기체)의 **상태변화**

상태변화	관계
정압변화	$\frac{V}{T} = C$(Constant, 일정)
정적변화	$\frac{P}{T} = C$(Constant, 일정)
등온변화	$PV = C$(Constant, 일정)
단열변화	$PV^k(n) = C$(Constant, 일정)

여기서, V : 비체적(부피)[m³/kg]
T : 절대온도[K]
P : 압력[kPa]
$k(n)$: 비열비
C : 상수

※ **단열변화** : 손실이 없는 상태에서의 과정

답 ①

22 ★★
14.05.문29
06.09.문36

비중이 0.88인 벤젠에 안지름 1mm의 유리관을 세웠더니 벤젠이 유리관을 따라 9.8mm를 올라갔다. 유리와의 접촉각이 0°라 하면 벤젠의 표면장력은 몇 N/m인가?

① 0.021 ② 0.042
③ 0.084 ④ 0.128

해설 (1) 기호
- γ : 0.88
- D : 1mm
- h : 9.8mm
- θ : 0°
- σ : ?

$$h = \frac{4\sigma \cos\theta}{\gamma D}$$

여기서, h : 상승높이[m]
σ : 표면장력[N/m]
θ : 각도
γ : 비중량(비중×9800N/m³)
D : 내경[m]

(2) 표면장력 σ는

$$\sigma = \frac{h\gamma D}{4\cos\theta}$$

$$= \frac{9.8\text{mm} \times (0.88 \times 9800\text{N/m}^3) \times 1\text{mm}}{4 \times \cos 0°}$$

$$= \frac{9.8 \times 10^{-3}\text{m} \times (0.88 \times 9800\text{N/m}^3) \times (1 \times 10^{-3})\text{m}}{4 \times \cos 0°}$$

$$\fallingdotseq 0.021\text{N/m}$$

답 ①

23 ★★
10.05.문31

복사 열전달에 대한 설명 중 올바른 것은?

① 방출되는 복사열은 복사되는 면적에 반비례한다.
② 방출되는 복사열은 방사율이 작을수록 커진다.
③ 방출되는 복사열은 절대온도의 4승에 비례한다.
④ 완전흑체의 경우 방사율은 0이다.

해설
① 반비례 → 비례
② 커진다. → 작아진다.
③ 방출되는 복사열은 **절대온도**의 **4승**에 **비례**한다.
④ 0 → 1

복사열

$$\overset{\circ}{q} = AF_{12}\varepsilon\sigma T^4 \propto T^4$$

여기서, $\overset{\circ}{q}$: 복사열[W]
A : 단면적[m²]
F_{12} : 배치계수(형상계수)
ε : 복사능(방사율)[$1-e^{(-kl)}$]
k : 흡수계수(absorption coefficient)[m⁻¹]
l : 화염두께[m]
σ : 스테판-볼츠만 상수(5.667×10⁻⁸W/m²·K⁴)
T : 절대온도[K]

답 ③

24 ★★
16.05.문23
06.09.문21

다음 중 금속의 탄성 변형을 이용하여 기계적으로 압력을 측정할 수 있는 것은?

① 부르돈관 압력계 ② 수은 기압계
③ 맥라우드 진공계 ④ 마노미터 압력계

해설 **파이프 속을 흐르는 유체의 압력측정**
(1) **부르돈(관) 압력계(부르동 압력계)** : 금속의 탄성 변형을 이용하여 기계적으로 압력을 측정
(2) 마노미터(manometer)
(3) 피에조미터(piezometer)

부르돈관 압력계=부르동 압력계

답 ①

25 ★★
09.08.문40
09.05.문39

노즐 내의 유체의 질량유량을 0.06kg/s, 출구에서의 비체적을 7.8m³/kg, 출구에서의 평균속도를 80m/s라고 하면, 노즐출구의 단면적은 약 몇 cm²인가?

① 88.5 ② 78.5
③ 68.5 ④ 58.5

해설

$$\overline{m} = AV\rho$$

(1) 기호
- $\overline{m}$: 0.06kg/s
- V_s : 7.8m³/kg
- V : 80m/s
- A : ?

(2) 밀도

$$\rho = \frac{1}{V_s}$$

여기서, ρ : 밀도[kg/m³]
V_s : 비체적[m³/kg]

밀도 ρ는

$$\rho = \frac{1}{V_s} = \frac{1}{7.8\text{m}^3/\text{kg}} \fallingdotseq 0.128\text{kg/m}^3$$

(3) 질량유량

$$\overline{m} = AV\rho$$

여기서, $\overline{m}$: 질량유량[kg/s]
A : 단면적[m²]
V : 유속[m/s]
ρ : 밀도[kg/m³]

단면적 A는

$$A = \frac{\overline{m}}{V\rho} = \frac{0.06\text{kg/s}}{80\text{m/s} \times 0.128\text{kg/m}^3}$$

$$\approx 5.85 \times 10^{-3}\text{m}^2 = 58.5 \times 10^{-4}\text{m}^2 = 58.5\text{cm}^2$$

답 ④

26 ★★
16.05.문33
13.06.문29

지름이 13mm인 옥내소화전의 노즐에서 10분간 방사된 물의 양이 1.7m³이었다면 노즐의 방사압력(계기압력)은 약 몇 kPa인가?

① 17 ② 27
③ 228 ④ 456

 해설 (1) 기호

- D : 13mm=0.013m(1000mm=1m이므로)
- Q : 1.7m³/600s(1min=60s이므로)
- V : ?
- H : ?

(2) 유량

$$Q = AV = \left(\frac{\pi D^2}{4}\right)V$$

여기서, Q : 유량(방사량)[m³/s]
A : 단면적[m²]
V : 유속[m/s]
D : 내경[m]

유속 V는

$$V = \frac{Q}{\frac{\pi D^2}{4}} = \frac{1.7\text{m}^3/600\text{s}}{\frac{\pi \times (0.013\text{m})^2}{4}} \approx 21.346\text{m/s}$$

(3) 속도수두

$$H = \frac{V^2}{2g}$$

여기서, H : 속도수두[m]
V : 유속[m/s]
g : 중력가속도(9.8m/s²)

속도수두 H는

$$H = \frac{V^2}{2g} = \frac{(21.346\text{m/s})^2}{2 \times 9.8\text{m/s}^2} \approx 23.247\text{m}$$

방사압력으로 환산하면 다음과 같다.

10.332mH₂O = 10.332m = 101.325kPa

$$23.247\text{m} = \frac{23.247\text{m}}{10.332\text{m}} \times 101.325\text{kPa} \approx 228\text{kPa}$$

※ 표준대기압
1atm = 760mmHg = 1.0332kg_f/cm²
= 10.332mH₂O(mAq)
= 14.7PSI(lb_f/in²)
= 101.325kPa(kN/m²)
= 1013mbar

답 ③

27 ★
02.05.문33

온도와 압력이 각각 15℃, 101.3kPa이고 밀도 1.225kg/m³인 공기가 흐르는 관로 속에 U자관 액주계를 설치하여 유속을 측정하였더니 수은주 높이 차이가 250mm이었다. 이때 공기는 비압축성 유동이라고 가정할 때 공기의 유속은 약 몇 m/s인가? (단, 수은의 비중은 13.6이다.)

① 174 ② 233
③ 296 ④ 355

해설 (1) 기호

- ρ : 1.225kg/m³
- H : 250mm=0.25m(1m=1000mm이므로)
- V : ?
- S : 13.6

(2) 비중

$$s = \frac{\gamma_h}{\gamma_w}$$

여기서, s : 비중(수은비중)
γ_h : 어떤 물질의 비중량(수은의 비중량)[N/m³]
γ_w : 물의 비중량(9800N/m³)

수은의 비중량 γ_h는

$$\gamma_h = s\gamma_w = 13.6 \times 9800\text{N/m}^3 = 133280\text{N/m}^3$$

(3) 비중량

$$\gamma_a = \rho g$$

여기서, γ_a : 비중량(공기의 비중량)[N/m³]
ρ : 밀도[N·s²/m⁴]
g : 중력가속도(9.8m/s²)

공기의 비중량 γ_a는

$$\gamma_a = \rho g = 1.225\text{N·s}^2/\text{m}^4 \times 9.8\text{m/s}^2 = 12.005\text{N/m}^3$$

- 1kg/m³ = 1N·s²/m⁴이므로
  1.225kg/m³ = 1.225N·s²/m⁴

(4) 유속

$$V = C\sqrt{2gH\left(\frac{\gamma_h}{\gamma_a} - 1\right)}$$

여기서, V : 유속[m/s]
C : 보정계수
g : 중력가속도(9.8m/s²)
H : 높이[m]
γ_h : 비중량(수은의 비중량 133280N/m³)
γ_a : 공기의 비중량[N/m³]

유속 V는

$$V = C\sqrt{2gH\left(\frac{\gamma_h}{\gamma_a} - 1\right)}$$

$$= \sqrt{2 \times 9.8\text{m/s}^2 \times 0.25\text{m}\left(\frac{133280\text{N/m}^3}{12.005\text{N/m}^3} - 1\right)}$$

$$\approx 233\text{m/s}$$

답 ②

28 반지름 R인 원관에서의 물의 속도분포가 $u = u_0[1-(r/R)^2]$과 같을 때, 벽면에서의 전단응력의 크기는 얼마인가? (단, μ는 점성계수, ν는 동점성계수, u_0는 관 중앙에서의 속도, r은 관 중심으로부터의 거리이다.)

① $\dfrac{\mu u_0}{R}$ ② $\dfrac{2\mu u_0}{R}$

③ $\dfrac{\nu u_0}{R}$ ④ $\dfrac{2\nu u_0}{R}$

해설 (1) 전단응력

층류	난류
$\tau = \dfrac{P_A - P_B}{l} \cdot \dfrac{r}{2}$	$\tau = \mu \dfrac{du}{dy}$
여기서, τ : 전단응력[N/m²] $P_A - P_B$: 압력강하[N/m²] l : 관의 길이[m] r : 반경[m]	여기서, τ : 전단응력[N/m² 또는 Pa] μ : 점성계수[N·s/m² 또는 kg/m·s] $\dfrac{du}{dy}$: 속도구배(속도변화율)$\left(\dfrac{1}{s}\right)$ du : 속도[m/s] dy : 높이[m]

원관은 일반적으로 **난류**이므로
$\tau = \mu \dfrac{du}{dy} = \mu \dfrac{du}{dr}$

(2) 물의 **속도분포**

$$u = u_0\left[1-\left(\dfrac{r}{R}\right)^2\right]$$

여기서, u : 물의 속도분포[m/s]
u_0 : 관의 중심에서의 속도[m/s]
r : 관 중심으로부터의 거리[m]
R : 관의 반지름[m]

u를 r에 대하여 미분하면 다음과 같다.
$\dfrac{du}{dr} = \left(u_0 - u_0 \times \dfrac{r^2}{R^2}\right)' = -\dfrac{2ru_0}{R^2}$

관벽에서는 $R = r$이므로 r에 R를 대입하여 정리하면
$\dfrac{du}{dr} = -\dfrac{2u_0}{R}$

∴ $\tau = -\mu \times \dfrac{2u_0}{R}$

답 ②

29 일반적으로 원심펌프의 특성 곡선은 3가지로 나타내는데 이에 속하지 않는 것은?
① 유량과 전양정의 관계를 나타내는 전양정 곡선
② 유량과 축동력의 관계를 나타내는 축동력 곡선
③ 유량과 펌프효율의 관계를 나타내는 효율 곡선
④ 유량과 회전수의 관계를 나타내는 회전수 곡선

해설 원심펌프의 **특성곡선**

구 분	설 명
전양정곡선	유량과 **전양정**의 관계를 나타내는 곡선
축동력곡선	유량과 **축동력**의 관계를 나타내는 곡선
효율곡선	유량과 **펌프효율**의 관계를 나타내는 곡선

답 ④

30 지름 6cm, 길이 15m, 관마찰계수 0.025인 수평 원관 속에 물이 층류로 흐를 때 관 출구와 입구의 압력차가 9810Pa이면 유량은 약 몇 m³/s인가?
① 5.0   ② 5.0×10^{-3}
③ 0.5   ④ 0.5×10^{-3}

해설 (1) 기호
- D : 6cm = 0.06m (100cm = 1m)
- L : 15m
- f : 0.025
- ΔP : 9810Pa(N/m²)
- Q : ?

(2) **마찰손실**(다르시-웨버의 식, Darcy-Weisbach formula)

$$H = \dfrac{\Delta P}{\gamma} = \dfrac{fLV^2}{2gD}$$

여기서, H : 마찰손실(수두)[m]
ΔP : 압력차[Pa 또는 N/m²]
γ : 비중량(물의 비중량 9800N/m³)
f : 관마찰계수
L : 길이[m]
V : 유속(속도)[m/s]
g : 중력가속도(9.8m/s²)
D : 내경[m]

$\dfrac{\Delta P}{\gamma} = \dfrac{fLV^2}{2gD}$

좌우변을 이항하면 다음과 같다.

$\dfrac{fLV^2}{2gD} = \dfrac{\Delta P}{\gamma}$

$V^2 = \dfrac{2gD\Delta P}{fL\gamma}$

$\sqrt{V^2} = \sqrt{\dfrac{2gD\Delta P}{fL\gamma}}$

$V = \sqrt{\dfrac{2gD\Delta P}{fL\gamma}}$

$= \sqrt{\dfrac{2 \times 9.8\text{m/s}^2 \times 0.06\text{m} \times 9810\text{N/m}^2}{0.025 \times 15\text{m} \times 9800\text{N/m}^3}}$

≒ 1.7718 m/s

• 1Pa=1N/m²이므로 9810Pa=9810N/m²

(3) 유량

$$Q = AV = \left(\frac{\pi D^2}{4}\right)V$$

여기서, Q : 유량[m³/s]
A : 단면적[m²]
V : 유속[m/s]
D : 지름(안지름)[m]

유량 Q는

$$Q = \frac{\pi D^2}{4}V$$
$$= \frac{\pi \times (0.06\text{m})^2}{4} \times 1.7718\text{m/s}$$
$$\fallingdotseq 5.0 \times 10^{-3}\text{m}^3/\text{s}$$

답 ②

31 ★★★ 유체역학적 관점으로 말하는 이상유체(ideal fluid)에 관한 설명으로 가장 옳은 것은?
14.05.문30
14.03.문24
13.03.문38
① 점성으로 인해 마찰손실이 생기는 유체
② 높은 압력을 가하면 밀도가 상승하는 유체
③ 유체에 압력을 가하면 체적이 줄어드는 유체
④ 압력을 가해도 밀도변화가 없으며 점성에 의한 마찰손실도 없는 유체

해설 **유체**의 종류

종류	설명
실제유체	**점**성이 **있**으며, **압축**성인 유체 기억법 실점있압(실점이 있는 사람만 압박해!)
이상유체	① 점성이 없으며, **비압축**성인 유체 (**비점성, 비압축** 유체) ② 압력을 가해도 **밀도변화**가 **없으며** 점성에 의한 **마찰손실 없는** 유체 기억법 이비
압축성 유체	**기**체와 같이 체적이 변화하는 유체 (밀도가 변하는 유체) 기억법 기압(기압)
비압축성 유체	**액**체와 같이 체적이 변화하지 않는 유체
점성 유체	① 유동시 마찰저항이 유발되는 유체 ② 점성으로 인해 **마찰손실**이 생기는 유체
비점성 유체	유동시 마찰저항이 유발되지 않는 유체
뉴턴(Newton)유체	전단속도의 크기에 관계없이 일정한 점도를 나타내는 유체 (**점성 유체**)

답 ④

32 ★★ 펌프동력과 관계된 용어의 정의에서 펌프에 의해 유체에 공급되는 동력을 무엇이라고 하는가?
14.09.문37
① 축동력 ② 수동력
③ 전체동력 ④ 원동기동력

해설 **동력**

전체동력(전동력)	축동력	수동력
구동축에 가한 동력 중 유체에 실제로 전달된 동력	수동력을 펌프효율로 나눈 값	① 펌프에 의해 유체에 공급되는 동력 [보기 ②] ② 펌프로부터 유체가 얻어가지고 나가는 동력

답 ②

33 ★ 수평 하수도관에 $\frac{1}{2}$만 물이 차 있다. 관의 안지름이 1m, 길이가 3m인 하수도관 내 물과 접촉하는 곡면에서 받는 압력의 수직방향(중력방향) 성분은 약 몇 kN인가? (단, 대기압의 효과는 무시한다.)
19.09.문22
12.03.문39
① 11.55
② 23.09
③ 46.18
④ 92.36

해설 **수직분력**(곡선에서 받는 압력의 수직방향 성분)

$$F_V = \gamma V = \gamma(\pi r^2 L)$$

여기서, F_V : 수직분력[kN]
γ : 비중량(물의 비중량 9.8kN/m³)
V : 체적[m³]
r : 반지름[m]
L : 길이[m]

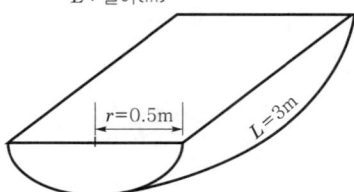

수직분력 F_V는
$$F_V = \gamma(\pi r^2 L) = 9.8\text{kN/m}^3 \times \pi \times (0.5\text{m})^2 \times 3\text{m}$$

물이 $\frac{1}{2}$만 차 있으면

$$F_V = 9.8\text{kN/m}^3 \times \frac{\pi \times (0.5\text{m})^2 \times 3\text{m}}{2} \fallingdotseq 11.55\text{kN}$$

답 ①

34. 지름 10cm의 원형 노즐에서 물이 50m/s의 속도로 분출되어 벽에 수직으로 충돌할 때 벽이 받는 힘의 크기는 약 몇 kN인가?

① 19.6 ② 33.9
③ 57.1 ④ 79.3

해설

(1) 기호
- D : 10cm=0.1m(100cm=1m이므로)
- V : 50m/s
- F : ?

(2) 유량
$$Q = AV$$
여기서, Q : 유량[m³/s]
A : 단면적[m²]
V : 유속[m/s]

유량 Q는
$$Q = AV = \frac{\pi}{4}D^2 V = \frac{\pi}{4} \times (10\text{cm})^2 \times 50\text{m/s}$$
$$= \frac{\pi}{4}(0.1\text{m})^2 \times 50\text{m/s} \fallingdotseq 0.39\text{m}^3/\text{s}$$

(3) 벽이 받는 힘
$$F = \rho QV$$
여기서, F : 힘[N]
ρ : 밀도(물의 밀도 1000N·s²/m⁴)
Q : 유량[m³/s]
V : 유속[m/s]

벽이 받는 힘 F는
$F = \rho QV = 1000\text{N·s}^2/\text{m}^4 \times 0.39\text{m}^3/\text{s} \times 50\text{m/s}$
$= 19600\text{N} = 19.6\text{kN}$

답 ①

35. 카르노사이클에 대한 설명 중 틀린 것은?

① 열효율은 온도만의 함수로 구성된다.
② 두 개의 등온과정과 두 개의 단열과정으로 구성된다.
③ 최고온도와 최저온도가 같을 때 비가역사이클보다는 카르노사이클의 효율이 반드시 높다.
④ 작동유체의 밀도에 따라 열효율은 변한다.

 해설

④ 밀도와 무관하다.

카르노사이클
(1) 열효율은 **온도만의 함수**로 구성된다.
(2) **두 개의 등온과정**과 **두 개의 단열과정**으로 구성된다.
(3) 최고온도와 최저온도가 같을 때 비가역사이클보다는 카르노사이클의 효율이 반드시 높다.
(4) 작동유체의 **밀도**와는 **무관**하다.(절대온도에서만 관계있다.)
(5) 이상적 사이클로서 **최고의 열효율**을 갖는다.
(6) 유체의 온도를 열원의 온도와 같게 한 것으로 실제로는 불가능하다.
(7) **가역사이클**이다.

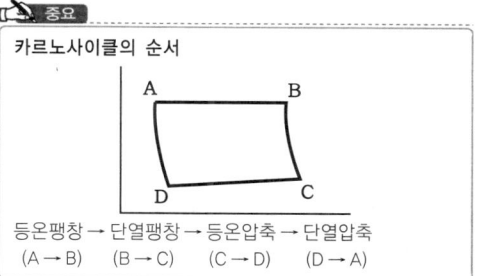

카르노사이클의 순서
등온팽창 → 단열팽창 → 등온압축 → 단열압축
(A→B)   (B→C)   (C→D)   (D→A)

답 ④

36. 피스톤 내의 기체 0.5kg을 압축하는 데 15kJ의 열량이 가해졌다. 이때 12kJ의 열이 피스톤 밖으로 빠져나갔다면 내부에너지의 변화는 약 몇 kJ인가?

① 27   ② 13.5
③ 3   ④ 1.5

해설

(1) 기호
- Q : -12kJ
- W : -15kJ

(2) 열
$$Q = (U_2 - U_1) + W$$
여기서, Q : 열[kJ], $U_2 - U_1$: 내부에너지 변화[kJ]
W : 일[kJ]

내부에너지 변화 $U_2 - U_1$은
$U_2 - U_1 = Q - W = (-12\text{kJ}) - (-15\text{kJ}) = 3\text{kJ}$

- W(일)이 필요로 하면 '-' 값을 적용한다.
- Q(열)이 계 밖으로 손실되면 '-' 값을 적용한다.

답 ③

37. 30°C의 물이 안지름 2cm인 원관 속을 흐르고 있는 경우 평균속도는 약 몇 m/s인가? (단, 레이놀즈수는 2100, 동점성계수는 1.006×10⁻⁶ m²/s이다.)

① 0.106   ② 1.067
③ 2.003   ④ 0.703

해설

(1) 기호
- D : 2cm
- V : ?
- Re : 2100
- ν : 1.006×10⁻⁶ m²/s

(2) 레이놀즈수
$$Re = \frac{DV\rho}{\mu} = \frac{DV}{\nu}$$

여기서, Re : 레이놀즈수, D : 내경[m]
V : 유속[m/s], ρ : 밀도[kg/m³]
μ : 점도[kg/m·s], ν : 동점성계수$\left(\frac{\mu}{\rho}\right)$[m²/s]

유속(속도) V는

$$V = \frac{Re\nu}{D} = \frac{2100 \times 1.006 \times 10^{-6} \text{m}^2/\text{s}}{2\text{cm}}$$

$$= \frac{2100 \times 1.006 \times 10^{-6} \text{m}^2/\text{s}}{2 \times 10^{-2} \text{m}} ≒ 0.106 \text{m/s}$$

답 ①

38 ★

지름이 10cm인 원통에 물이 담겨있다. 중심축에 대하여 300rpm의 속도로 원통을 회전시켰을 때 수면의 최고점과 최저점의 높이차는 약 몇 cm인가? (단, 회전시켰을 때 물이 넘치지 않았다고 가정한다.)

① 8.5
② 10.2
③ 11.4
④ 12.6

해설 (1) 기호

- r : 5cm(지름이 10cm이므로)
- N : 300rpm
- ΔH : ?

(2) 주파수

$$f = \frac{N}{60}$$

여기서, f : 주파수(Hz)
N : 회전속도(rpm)

주파수 f는

$$f = \frac{N}{60} = \frac{300}{60} = 5\text{Hz}$$

(3) 각속도

$$\omega = 2\pi f$$

여기서, ω : 각속도(rad/s)
f : 주파수(Hz)

각속도 ω는
$\omega = 2\pi f = 2\pi \times 5 = 10\pi$

(4) 높이차

$$\Delta H = \frac{r^2 \omega^2}{2g}$$

여기서, ΔH : 높이차(cm)
r : 반지름(cm)
ω : 각속도(rad/s)
g : 중력가속도(9.8m/s²)

높이차 ΔH는

$$\Delta H = \frac{r^2 \omega^2}{2g}$$

$$= \frac{(0.05\text{m})^2 \times (10\pi[\text{rad/s}])^2}{2 \times 9.8\text{m/s}^2} ≒ 0.126\text{m} = 12.6\text{cm}$$

- r : 지름 10cm=0.1m이므로 반지름 5cm=**0.05**m
- 1m=100cm이므로 0.126m=12.6cm

답 ④

39 ★★★

단면적이 0.1m²에서 0.5m²로 급격히 확대되는 관로에 0.5m³/s의 물이 흐를 때 급확대에 의한 손실수두는 약 몇 m인가? (단, 급확대에 의한 부차적 손실계수는 0.64이다.)

① 0.82
② 0.99
③ 1.21
④ 1.45

해설 (1) 기호

- A_1 : 0.1m²
- A_2 : 0.5m²
- Q : 0.5m³/s
- H : ?
- K : 0.64

(2) 유량

$$Q = AV = \left(\frac{\pi D^2}{4}\right)V$$

여기서, Q : 유량(m³/s)
A : 단면적(m²)
V : 유속(m/s)
D : 안지름(m)

축소관 유속 V_1은

$$V_1 = \frac{Q}{A_1} = \frac{0.5\text{m}^3/\text{s}}{0.1\text{m}^2} = 5\text{m/s}$$

(3) 작은 관을 기준으로 한 손실계수

$$K_1 = \left(1 - \frac{A_1}{A_2}\right)^2 = \left(1 - \frac{0.1\text{m}^2}{0.5\text{m}^2}\right)^2 = 0.64$$

(4) 돌연확대관에서의 손실

㉠ $H = K\frac{(V_1 - V_2)^2}{2g}$

㉡ $H = K_1 \frac{V_1^2}{2g}$

㉢ $H = K_2 \frac{V_2^2}{2g}$

※ 문제 조건에 따라 편리한 식을 적용하면 된다.

여기서, H : 손실수두(m)
K : 손실계수
K_1 : 작은 관을 기준으로 한 손실계수
K_2 : 큰 관을 기준으로 한 손실계수
V_1 : 축소관 유속(m/s)
V_2 : 확대관 유속(m/s)
g : 중력가속도(9.8m/s²)

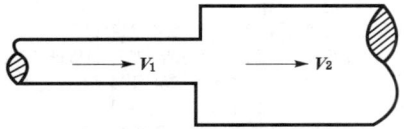

| 돌연확대관 |

$$H = K_1 \frac{V_1^2}{2g} = 0.64 \times \frac{(5\text{m/s})^2}{2 \times 9.8\text{m/s}^2} ≒ 0.82\text{m}$$

답 ①

40. 배관 내에서 물의 수격작용(water hammer)을 방지하는 대책으로 잘못된 것은?

① 조압수조(surge tank)를 관로에 설치한다.
② 밸브를 펌프 송출구에서 멀게 설치한다.
③ 밸브를 서서히 조작한다.
④ 관경을 크게 하고 유속을 작게 한다.

해설 ② 멀게 → 가까이

수격작용(water hammer)

개요	• 배관 속의 물흐름을 급히 차단하였을 때 동압이 정압으로 전환되면서 일어나는 **쇼크**(shock)현상 • 배관 내를 흐르는 유체의 유속을 급격하게 변화시키므로 압력이 상승 또는 하강하여 관로의 벽면을 치는 현상
발생 원인	• 펌프가 갑자기 정지할 때 • 급히 밸브를 개폐할 때 • 정상운전시 유체의 압력변동이 생길 때
방지 대책	• **관**의 관경(직경)을 크게 한다. 보기 ④ • 관 내의 **유속**을 낮게 한다.(관로에서 일부 고압수를 방출한다.) 보기 ④ • **조압수조**(surge tank)를 관선(관로)에 설치한다. 보기 ① • **플라이휠**(flywheel)을 설치한다. • 펌프 송출구(토출측) 가까이에 밸브를 설치한다. 보기 ② • **에어체임버**(air chamber)를 설치한다. • 밸브를 서서히 조작한다. 보기 ③

기억법 수방관플에

비교

공동현상(cavitation, 캐비테이션)

개요	펌프의 흡입측 배관 내의 물의 정압이 기존의 증기압보다 낮아져서 기포가 발생되어 물이 흡입되지 않는 현상
발생 현상	• **소음**과 **진동** 발생 • 관 부식(펌프깃의 침식) • 임펠러의 **손상**(수차의 날개를 해침) • 펌프의 성능 저하(양정곡선 저하) • 효율곡선 **저하**
발생 원인	• **펌프**가 물탱크보다 부적당하게 **높게** 설치되어 있을 때 • 펌프 흡입수두가 지나치게 **클** 때 • 펌프 **회전수**가 지나치게 **높을** 때 • 관 내를 흐르는 **물**의 정압이 그 물의 온도에 해당하는 증기압보다 **낮을** 때
방지 대책	• 펌프의 흡입수두를 작게 한다.(흡입양정을 짧게 함) • 펌프의 마찰손실을 작게 한다. • 펌프의 임펠러속도(**회전수**)를 **작게** 한다.(흡입속도를 감소시킴) • 흡입압력을 **높게** 한다. • 펌프의 설치위치를 수원보다 **낮게** 한다. • 양(쪽)흡입펌프를 사용한다.(펌프의 흡입측을 가압함) • 관 내의 물의 정압을 그때의 증기압보다 높게 한다. • 흡입관의 **구경**을 크게 한다. • 펌프를 **2개** 이상 설치한다. • 회전차를 수중에 완전히 잠기게 한다.

답 ②

제3과목 소방관계법규

41. 소방시설 설치 및 관리에 관한 법령에 따른 임시소방시설 중 비상경보장치를 설치하여야 하는 공사의 작업현장의 규모의 기준 중 다음 ( ) 안에 알맞은 것은?

- 연면적 (㉠)m² 이상
- 지하층 또는 무창층, 이 경우 해당층의 바닥면적이 (㉡)m² 이상인 경우만 해당

① ㉠ 400, ㉡ 150
② ㉠ 400, ㉡ 600
③ ㉠ 600, ㉡ 150
④ ㉠ 600, ㉡ 600

해설 소방시설법 시행령 [별표 8]
임시소방시설을 설치하여야 하는 공사의 종류와 규모

공사 종류	규모
간이소화장치	• 연면적 3000m² 이상 • 지하층, 무창층 또는 **4층** 이상의 층. 바닥면적이 600m² 이상인 경우만 해당
비상경보장치	• 연면적 400m² 이상 보기 ㉠ • 지하층 또는 무창층. 바닥면적이 150m² 이상인 경우만 해당 보기 ㉡
간이피난유도선	바닥면적이 150m² 이상인 지하층 또는 무창층의 화재위험작업현장에 설치
소화기	건축허가 등을 할 때 소방본부장 또는 소방서장의 동의를 받아야 하는 특정소방대상물의 신축·증축·개축·재축·이전·용도변경 또는 대수선 등을 위한 공사 중 화재위험작업현장에 설치
가스누설경보기 비상조명등	바닥면적이 150m² 이상인 지하층 또는 무창층의 화재위험작업현장에 설치
방화포	용접·용단 작업이 진행되는 화재위험작업현장에 설치

답 ①

42. 소방시설 설치 및 관리에 관한 법령에 따른 비상방송설비를 설치하여야 하는 특정소방대상물의 기준 중 틀린 것은? (단, 위험물 저장 및 처리 시설 중 가스시설, 사람이 거주하지 않는 동물 및 식물 관련 시설, 터널, 축사 및 지하구는 제외한다.)

① 연면적 3500m² 이상인 것
② 연면적 1000m² 미만의 기숙사
③ 지하층의 층수가 3층 이상인 것
④ 지하층을 제외한 층수가 11층 이상인 것

해설 ② 해당없음

소방시설법 시행령 [별표 4]
비상방송설비의 설치대상
(1) 연면적 3500m² 이상
(2) 11층 이상(지하층 제외)
(3) 지하 3층 이상

답 ②

43 위험물안전관리법령에 따른 소방청장, 시·도지사, 소방본부장 또는 소방서장이 한국소방산업기술원에 위탁할 수 있는 업무의 기준 중 틀린 것은?

① 시·도지사의 탱크안전성능검사 중 암반탱크에 대한 탱크안전성능검사
② 시·도지사의 탱크안전성능검사 중 용량이 100만L 이상인 액체위험물을 저장하는 탱크에 대한 탱크안전성능검사
③ 시·도지사의 완공검사에 관한 권한 중 저장용량이 30만L 이상인 옥외탱크저장소 또는 암반탱크저장소의 설치 또는 변경에 따른 완공검사
④ 시·도지사의 완공검사에 관한 권한 중 지정수량 1000배 이상의 위험물을 취급하는 제조소 또는 일반취급소의 설치 또는 변경(사용 중인 제조소 또는 일반취급소의 보수 또는 부분적인 증설은 제외)에 따른 완공검사

해설 ③ 30만L → 50만L

소방시설법 50조, 화재예방법 48조, 위험물령 22조
권한의 위탁

구 분	설 명
한국소방산업기술원	① 용량이 **100만L** 이상인 액체위험물을 저장하는 탱크안전성능검사 ② 암반탱크의 탱크안전성능검사 ③ 지하탱크저장소의 액체위험물탱크 탱크안전성능검사 ④ 지정수량의 **1000배** 이상의 위험물을 취급하는 제조소 또는 일반취급소의 설치 또는 변경(사용 중인 제조소 또는 일반취급소의 보수 또는 부분적인 증설 제외)에 따른 완공검사 ⑤ 옥외탱크저장소(저장용량이 **50만L** 이상인 것만 해당) 또는 암반탱크저장소의 설치 또는 변경에 따른 완공검사 ⑥ 소방본부장 또는 소방서장의 제조소 등 정기검사 ⑦ 시·도지사의 위험물 운반용기검사 ⑧ 탱크시험자의 기술인력으로 종사하는 자의 안전교육 ⑨ 대통령령이 정하는 **방**염성능검사 업무(합판·목재를 설치하는 현장에서 방염처리한 경우의 방염성능검사는 제외) ⑩ 소방용품의 **형**식승인 및 취소 ⑪ 소방용품 형식승인의 변경승인 ⑫ 소방용품의 **성**능인증 및 취소 ⑬ 소방용품의 **우**수품질 인증 및 취소 ⑭ 소방용품의 성능인증 변경인증

기억법 기방 우성형

한국소방안전원	① 소방안전관리자 또는 소방안전관리보조자 선임신고의 접수 ② 소방안전관리자 또는 소방안전관리보조자 해임 사실의 확인 ③ 건설현장 소방안전관리자 선임신고의 접수 ④ 소방안전관리자 자격시험 ⑤ 소방안전관리자 자격증의 발급 및 재발급 ⑥ 소방안전관리 등에 관한 종합정보망의 구축·운영 ⑦ 강습교육 및 실무교육

답 ③

44 소방기본법에 따른 출동한 소방대의 소방장비를 파손하거나 그 효용을 해하여 화재진압·인명구조 또는 구급활동을 방해하는 행위를 한 사람에 대한 벌칙기준은?

① 5년 이하의 징역 또는 5000만원 이하의 벌금
② 5년 이하의 징역 또는 3000만원 이하의 벌금
③ 3년 이하의 징역 또는 3000만원 이하의 벌금
④ 3년 이하의 징역 또는 1500만원 이하의 벌금

해설 기본법 50조
5년 이하의 징역 또는 **5000**만원 이하의 벌금
(1) 소방자동차의 **출**동 방해
(2) 사람**구**출 방해(화재진압, 구급활동 방해)
(3) **소방용수시설** 또는 **비상소화장치**의 효용 방해

기억법 출구용5

답 ①

45 소방시설 설치 및 관리에 관한 법령에 따른 소방시설 등의 자체점검시 점검인력 1단위가 하루 동안 점검할 수 있는 특정소방대상물의 연면적기준 중 다음 ( ) 안에 알맞은 것은? (단, 점검인력 1단위에 보조인력 1명을 추가하는 경우는 제외한다.)

- 종합점검 : (㉠)m²
- 작동점검 : (㉡)m²
- 작동점검 소규모 점검의 경우 : (㉢)m²

① ㉠ 10000, ㉡ 12000, ㉢ 3500
② ㉠ 13000, ㉡ 15500, ㉢ 7000
③ ㉠ 12000, ㉡ 10000, ㉢ 3500
④ ㉠ 15500, ㉡ 13000, ㉢ 7000

해설 소방시설법 시행규칙 [별표 2] (소방시설법 시행규칙 [별표 4])
2024. 12. 1. 개정
점검한도면적

종합점검	작동점검
10000m²	12000m² (소규모 점검의 경우 : 3500m²)

용어
점검한도면적
점검인력 1단위가 하루 동안 점검할 수 있는 특정소방대상물의 연면적

답 ①

46. 소방시설 설치 및 관리에 관한 법령에 따른 펄프공장의 작업장, 음료수공장의 충전을 하는 작업장 등과 같이 화재안전기준을 적용하기 어려운 특정소방대상물에 설치하지 않을 수 있는 소방시설의 종류가 아닌 것은?

① 상수도소화용수설비
② 스프링클러설비
③ 연결살수설비
④ 연결송수관설비

해설 소방시설법 시행령 [별표 6]
소방시설을 설치하지 않을 수 있는 특정소방대상물 및 소방시설의 범위

구 분	특정소방대상물	소방시설
화재위험도가 낮은 특정소방대상물	석재, 불연성 금속, 불연성 건축재료 등의 가공공장·기계조립공장 또는 불연성 물품을 저장하는 창고	① 옥외소화전설비 ② 연결살수설비 **기억법** 석불금외
화재안전기준을 적용하기 어려운 특정소방대상물	펄프공장의 작업장, 음료수 공장의 세정 또는 충전을 하는 작업장, 그 밖에 이와 비슷한 용도로 사용하는 것	① 스프링클러설비 ② 상수도소화용수설비 ③ 연결살수설비
	정수장, 수영장, 목욕장, 어류양식용 시설, 그 밖에 이와 비슷한 용도로 사용되는 것	① 자동화재탐지설비 ② 상수도소화용수설비 ③ 연결살수설비
화재안전기준을 달리 적용하여야 하는 특수한 용도 또는 구조를 가진 특정소방대상물	원자력발전소, 중·저준위 방사성 폐기물의 저장시설	① 연결송수관설비 ② 연결살수설비
자체소방대가 설치된 특정소방대상물	자체소방대가 설치된 위험물제조소 등에 부속된 사무실	① 옥내소화전설비 ② 소화용수설비 ③ 연결살수설비 ④ 연결송수관설비

답 ④

47. 소방시설공사업령에 따른 완공검사를 위한 현장확인 대상 특정소방대상물의 범위 기준 중 틀린 것은?

① 연면적 10000m² 이상이거나 11층 이상인 특정소방대상물(아파트는 제외)
② 가연성 가스를 제조·저장 또는 취급하는 시설 중 지상에 노출된 가연성 가스탱크의 저장용량 합계가 1000톤 이상인 시설
③ 물분무등소화설비(호스릴소화설비는 포함)가 설치되는 것
④ 문화 및 집회시설, 종교시설, 판매시설, 노유자시설, 수련시설, 운동시설, 숙박시설, 창고시설, 지하상가

해설 ③ 호스릴소화설비는 포함 → 호스릴소화설비는 제외

공사업령 5조
완공검사를 위한 현장확인 대상 특정소방대상물
(1) **수**련시설
(2) **노**유자시설
(3) **문**화 및 집회시설, **운**동시설
(4) **종**교시설
(5) **판**매시설
(6) **숙**박시설
(7) **창**고시설
(8) 지하**상**가
(9) 다중이용업소
(10) 다음에 해당하는 설비가 설치되는 특정소방대상물
   ㉠ 스프링클러설비 등
   ㉡ 물분무등소화설비(호스릴방식 제외)
(11) 연면적 10000m² 이상이거나 11층 이상인 특정소방대상물 (아파트 제외)
(12) 가연성 가스를 제조·저장 또는 취급하는 시설 중 지상에 노출된 가연성 가스탱크의 저장용량 합계가 1000t 이상인 시설

기억법 문종판 노수운 숙창상현

답 ③

48. 소방기본법에 따른 공동주택에 소방자동차 전용구역에 차를 주차하거나 전용구역에의 진입을 가로막는 등의 방해행위를 한 자에게는 몇 만원 이하의 과태료를 부과하는가?

① 20만원
② 100만원
③ 200만원
④ 300만원

해설 기본법 56조
100만원 이하의 과태료
공동주택에 소방자동차 전용구역에 차를 주차하거나 전용구역에의 진입을 가로막는 등의 방해행위를 한 자

비교
300만원 이하의 과태료
(1) **관**계인의 **소**방안전관리 **업**무 미수행(화재예방법 52조)
(2) **소방훈련** 및 **교육** 미실시자(화재예방법 52조)
(3) **소방시설의 점검결과** 미보고(소방시설법 61조)

기억법 3과관소업

답 ②

49 위험물안전관리법령에 따른 지정수량의 10배 이상의 위험물을 저장 또는 취급하는 제조소 등(이동탱크저장소를 제외)에 화재발생시 이를 알릴 수 있는 경보설비의 종류가 아닌 것은?

① 확성장치(휴대용 확성기 포함)
② 비상방송설비
③ 자동화재속보설비
④ 자동화재탐지설비

해설 위험물규칙 [별표 17]
제조소 등별로 설치하여야 하는 경보설비의 종류

구 분	경보설비
• 연면적 500m² 이상인 것 • 옥내에서 지정수량의 100배 이상을 취급하는 것	자동화재탐지설비
지정수량의 10배 이상을 저장 또는 취급하는 것	• 자동화재탐지설비 • 비상경보설비 • 확성장치 • 비상방송설비 ⎬ 1종 이상

답 ③

50 화재의 예방 및 안전관리에 관한 법령에 따른 특수가연물의 기준 중 다음 ( ) 안에 알맞은 것은?

품 명	수 량
나무껍질 및 대팻밥	(㉠)kg 이상
면화류	(㉡)kg 이상

① ㉠ 200, ㉡ 400
② ㉠ 200, ㉡ 1000
③ ㉠ 400, ㉡ 200
④ ㉠ 400, ㉡ 1000

해설 화재예방법 시행령 [별표 2]
특수가연물

품 명		수 량
가연성 **액**체류		2m³ 이상
목재가공품 및 나무부스러기		10m³ 이상
면화류		200kg 이상
나무껍질 및 대팻밥		400kg 이상
넝마 및 종이부스러기		1000kg 이상
사류(絲類)		
볏짚류		
가연성 **고**체류		3000kg 이상
고무류· 플라스틱류	발포시킨 것	20m³ 이상
	그 밖의 것	3000kg 이상
석탄·목탄류		10000kg 이상

기억법 가액목면나 넝사볏가고 고석
　　　　2 1 2 4 　1 　3 3 1

용어 특수가연물
화재가 발생하면 그 확대가 빠른 물품

답 ③

51 소방시설공사업법에 따른 소방기술인정 자격수첩 또는 소방기술자 경력수첩의 기준 중 다음 ( ) 안에 알맞은 것은? (단, 소방기술자 업무에 영향을 미치지 아니하는 범위에서 근무시간 외에 소방시설업이 아닌 다른 업종에 종사하는 경우는 제외한다.)

• 소방기술인정 자격수첩 또는 소방기술자 경력수첩을 발급받은 사람이 동시에 둘 이상의 업체에 취업한 경우는 (㉠)의 기간을 정하여 그 자격을 정지시킬 수 있다.
• 소방기술인정 자격수첩 또는 소방기술자 경력수첩을 다른 사람에게 빌려준 경우에는 그 자격을 취소하여야 하며 빌려준 사람은 (㉡) 이하의 벌금에 처한다.

① ㉠ 6개월 이상 1년 이하, ㉡ 200만원
② ㉠ 6개월 이상 1년 이하, ㉡ 300만원
③ ㉠ 6개월 이상 2년 이하, ㉡ 200만원
④ ㉠ 6개월 이상 2년 이하, ㉡ 300만원

해설 (1) 공사업법 28·37조
소방기술경력 등의 인정자

구 분	설 명
자격정지기간	6개월 이상 2년 이하
자격정지사항	동시에 둘 이상의 업체에 취업한 경우

(2) **300만원** 이하의 벌금
㉠ 화재안전조사를 정당한 사유없이 거부·방해·기피(화재예방법 50조)
㉡ 방염성능검사 합격표시 위조(소방시설법 59조)
㉢ **소**방안전관리자, 총괄소방안전관리자 또는 소방안전관리보조자 **미**선임(화재예방법 50조)
㉣ 위탁받은 업무종사자의 **비밀누설**(소방시설법 59조)
㉤ 다른 자에게 자기의 성명이나 상호를 사용하여 소방시설공사 등을 수급 또는 시공하게 하거나 소방시설업의 등록증·등록수첩을 빌려준 자(공사업법 37조)
㉥ 감리원 미배치자(공사업법 37조)
㉦ 소방기술인정 자격수첩을 빌려준 자(공사업법 37조)
㉧ 2 이상의 업체에 취업한 자(공사업법 37조)
㉩ 소방시설업자나 관계인 감독시 관계인의 업무를 방해하거나 비밀누설(공사업법 37조)

기억법 비3미소(비상미소)

답 ④

52
소방시설 설치 및 안전관리에 관한 법령에 따른 특정소방대상물 중 운동시설의 용도로 사용하는 바닥면적의 합계가 50m²일 때 수용인원은? (단, 관람석이 없으며 복도, 계단 및 화장실의 바닥면적은 포함하지 않은 경우이다.)

① 8명 ② 11명
③ 17명 ④ 26명

해설 소방시설법 시행령 〔별표 7〕
수용인원의 산정방법

특정소방대상물		산정방법
숙박시설	침대가 있는 경우	종사자수+침대수
	침대가 없는 경우	종사자수+$\dfrac{\text{바닥면적 합계}}{3m^2}$
• 강의실 • 교무실 • 상담실 • 실습실 • 휴게실		$\dfrac{\text{바닥면적 합계}}{1.9m^2}$
기타		$\dfrac{\text{바닥면적 합계}}{3m^2}$
• 강당 • 문화 및 집회시설, 운동시설 • 종교시설		$\dfrac{\text{바닥면적 합계}}{4.6m^2}$

운동시설 = $\dfrac{\text{바닥면적 합계}}{4.6m^2}$

= $\dfrac{50m^2}{4.6m^2}$ = 10.8 ≒ 11명(반올림)

※ **소수점 이하는 반올림**한다.

답 ②

53
위험물안전관리법령상 소화난이도 등급 I의 옥내탱크저장소에서 황만을 저장·취급할 경우 설치하여야 하는 소화설비로 옳은 것은?

① 물분무소화설비
② 스프링클러설비
③ 포소화설비
④ 옥내소화전설비

해설 위험물규칙 〔별표 17〕
황만을 저장·취급하는 옥내·외탱크저장소·암반탱크저장소에 설치해야 하는 소화설비
물분무소화설비

기억법 황물

답 ①

54
소방시설 설치 및 관리에 관한 법령에 따른 특정소방대상물의 연소방지설비 설치면제기준 중 다음 ( ) 안에 해당하지 않는 소방시설은?

연소방지설비를 설치하여야 하는 특정소방대상물에 ( )를 화재안전기준에 적합하게 설치한 경우에는 그 설비의 유효범위에서 설치가 면제된다.

① 스프링클러설비 ② 강화액소화설비
③ 물분무소화설비 ④ 미분무소화설비

해설 소방시설법 시행령 〔별표 5〕
소방시설 면제기준

면제대상	대체설비
스프링클러설비	물분무등소화설비
물분무등소화설비	**스**프링클러설비 기억법 스물(스물스물하다.)
간이스프링클러설비	• 스프링클러설비 • 물분무소화설비·미분무소화설비
비상경보설비 또는 단독경보형 감지기	자동화재탐지설비
비상경보설비	2개 이상 단독경보형 감지기 연동
비상방송설비	• 자동화재탐지설비 • 비상경보설비
연결살수설비	• 스프링클러설비 • 간이스프링클러설비·미분무소화설비 • 물분무소화설비·미분무소화설비
제연설비	공기조화설비
연소방지설비	• 스프링클러설비 • 물분무소화설비 • 미분무소화설비
연결송수관설비	• 옥내소화전설비 • 스프링클러설비 • 간이스프링클러설비 • 연결살수설비
자동화재**탐**지설비	• 자동화재**탐**지설비의 기능을 가진 **스**프링클러설비 • **물**분무등소화설비 기억법 탐탐스물
옥내소화전설비	• 옥외소화전설비 • 미분무소화설비(호스릴방식)

답 ②

55. 소방시설 설치 및 관리에 관한 법령에 따른 건축허가 등의 동의대상물의 범위기준 중 틀린 것은?

① 건축 등을 하려는 학교시설 : 연면적 200m^2 이상
② 노유자시설 : 연면적 200m^2 이상
③ 정신의료기관(입원실이 없는 정신건강의학과 의원은 제외) : 연면적 300m^2 이상
④ 장애인 의료재활시설 : 연면적 300m^2 이상

해설
① 200m^2 → 100m^2

소방시설법 시행령 7조
건축허가 등의 동의대상물
(1) 연면적 400m^2(학교시설 : 100m^2, 수련시설·노유자시설 : 200m^2, 정신의료기관·장애인의료재활시설 : 300m^2) 이상
(2) 6층 이상인 건축물
(3) 차고·주차장으로서 바닥면적 200m^2 이상(자동차 20대 이상)
(4) 항공기격납고, 관망탑, 항공관제탑, 방송용 송수신탑
(5) 지하층 또는 무창층의 바닥면적 150m^2(공연장은 100m^2) 이상
(6) 위험물저장 및 처리시설, 지하구
(7) 전기저장시설, 풍력발전소
(8) 공동주택, 숙박시설
(9) 조산원, 산후조리원, 의원(입원실 또는 인공신장실 있는 것)
(10) **결핵환자**나 **한센인**이 24시간 생활하는 **노유자시설**
(11) 노인주거복지시설·노인의료복지시설 및 재가노인복지시설, 학대피해노인 전용쉼터, 아동복지시설, 장애인거주시설
(12) 정신질환자 관련시설(공동생활가정을 제외한 재활훈련시설과 종합시설 중 24시간 주거를 제공하지 않는 시설 제외)
(13) 노숙인자활시설, 노숙인재활시설 및 노숙인 요양시설
(14) **요양병원**(의료재활시설 제외)
(15) 공장 또는 창고시설로서 지정수량의 **750배** 이상의 특수가연물을 저장·취급하는 것
(16) 가스시설로서 지상에 노출된 탱크의 저장용량의 합계가 100t 이상인 것

답 ①

56. 위험물안전관리법령에 따른 위험물의 유별 저장·취급의 공통기준 중 다음 ( ) 안에 알맞은 것은?

( ) 위험물은 산화제와의 접촉·혼합이나 불티·불꽃·고온체와의 접근 또는 과열을 피하는 한편, 철분·금속분·마그네슘 및 이를 함유한 것에 있어서는 물이나 산과의 접촉을 피하고 인화성 고체에 있어서는 함부로 증기를 발생시키지 아니하여야 한다.

① 제1류 ② 제2류
③ 제3류 ④ 제4류

해설
위험물규칙 〔별표 18〕 Ⅱ
위험물의 유별 저장·취급의 공통기준(중요기준)

위험물	공통기준
제1류 위험물	가연물과의 접촉·혼합이나 분해를 촉진하는 물품과의 접근 또는 과열·충격·마찰 등을 피하는 한편, 알칼리금속의 과산화물 및 이를 함유한 것에 있어서는 물과의 접촉을 피할 것
제2류 위험물	산화제와의 접촉·혼합이나 불티·불꽃·고온체와의 접근 또는 과열을 피하는 한편, 철분·금속분·마그네슘 및 이를 함유한 것에 있어서는 물이나 산과의 접촉을 피하고 인화성 고체에 있어서는 함부로 증기를 발생시키지 않을 것
제3류 위험물	자연발화성 물질에 있어서는 불티·불꽃 또는 고온체와의 접근·과열 또는 공기와의 접촉을 피하고, 금수성 물질에 있어서는 물과의 접촉을 피할 것
제4류 위험물	불티·불꽃·고온체와의 접근 또는 과열을 피하고, 함부로 **증기**를 발생시키지 않을 것
제5류 위험물	불티·불꽃·고온체와의 접근이나 과열·충격 또는 **마찰**을 피할 것
제6류 위험물	가연물과의 접촉·혼합이나 분해를 촉진하는 물품과의 접근 또는 과열을 피할 것

답 ②

57. 소방시설 설치 및 관리에 관한 법률에 따른 소방시설관리업자가 사망한 경우 그 상속인이 소방시설관리업자의 지위를 승계한 자는 누구에게 신고하여야 하는가?

① 소방청장
② 시·도지사
③ 소방본부장
④ 소방서장

해설
시·도지사
(1) 제조소 등의 설치허가(위험물법 6조)
(2) 소방업무의 지휘·감독(기본법 3조)
(3) 소방체험관의 설립·운영(기본법 5조)
(4) 소방업무에 관한 세부적인 종합계획 수립 및 소방업무 수행(기본법 6조)
(5) 소방시설업자의 지위승계(공사업법 7조)
(6) **소방시설관리업자의 지위승계**(소방시설법 32조)
(7) 제조소 등의 승계(위험물법 10조)

용어
소방시설업자
(1) 소방시설설계업자
(2) 소방시설공사업자
(3) 소방공사감리업자
(4) 방염처리업자

중요

공사업법 2~7조
소방시설업
(1) 등록권자
(2) 등록사항변경 ─ 시·도지사 신고
(3) 지위승계
(4) 등록기준 ┬ 자본금
           └ 기술인력
(5) 종류 ┬ 소방시설설계업
        ├ 소방시설공사업
        ├ 소방공사감리업
        └ 방염처리업
(6) 업종별 영업범위 : 대통령령

답 ②

58 소방기본법령에 따른 급수탑 및 지상에 설치하는 소화전·저수조의 경우 소방용수표지 기준 중 다음 (   ) 안에 알맞은 것은?
[05.03.문54]

안쪽 문자는 (㉠), 안쪽 바탕은 (㉡), 바깥쪽 바탕은 (㉢)으로 하고 반사재료를 사용하여야 한다.

① ㉠ 검은색, ㉡ 파란색, ㉢ 붉은색
② ㉠ 검은색, ㉡ 붉은색, ㉢ 파란색
③ ㉠ 흰색, ㉡ 파란색, ㉢ 붉은색
④ ㉠ 흰색, ㉡ 붉은색, ㉢ 파란색

해설 기본규칙 [별표 2]
소방용수표지
(1) **지하**에 설치하는 소화전·저수조의 소방용수표지
 ㉠ 맨홀뚜껑은 지름 **648mm** 이상의 것으로 할 것
 ㉡ 맨홀뚜껑에는 "소화전·주정차금지" 또는 "저수조·주정차금지"의 표시를 할 것
 ㉢ 맨홀뚜껑 부근에는 **노란색** 반사도료로 폭 15cm의 선을 그 둘레를 따라 칠할 것
(2) **지상**에 설치하는 소화전·저수조 및 **급수탑**의 소방용수표지

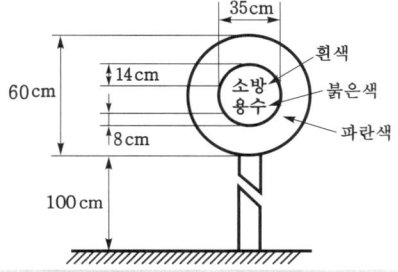

※ 안쪽 문자는 **흰색**, 바깥쪽 문자는 **노란색**, 안쪽 바탕은 **붉은색**, 바깥쪽 바탕은 **파란색**으로 하고 **반사재료** 사용

답 ④

59 위험물안전관리법령에 따른 다수의 제조소 등을 설치한 자가 1인의 안전관리자를 중복하여 선임할 수 있는 경우의 기준 중 다음 (   ) 안에 알맞은 것은? (단, 아래의 기준에 모두 적합한 5개 이하의 제조소 등을 동일인이 설치한 경우이다.)
[17.09.문56]

- 각 제조소 등이 동일구 내에 위치하거나 상호 (㉠)m 이내의 거리에 있을 것
- 각 제조소 등에서 저장 또는 취급하는 위험물의 최대수량이 지정수량의 (㉡)배 미만일 것. 다만, 저장소의 경우에는 그러하지 아니하다.

① ㉠ 100, ㉡ 3000　② ㉠ 300, ㉡ 3000
③ ㉠ 100, ㉡ 1000　④ ㉠ 300, ㉡ 1000

해설 위험물령 12조
1인의 안전관리자를 중복하여 선임할 수 있는 경우
(1) 다음의 기준에 모두 적합한 5개 이하의 제조소 등을 동일인이 설치한 경우
 ㉠ 각 제조소 등이 동일구 내에 위치하거나 상호 **100m** 이내의 거리에 있을 것
 ㉡ 각 제조소 등에서 저장 또는 취급하는 위험물의 최대수량이 지정수량의 **3000배** 미만일 것(단, 저장소는 제외)
(2) 위험물을 차량에 고정된 탱크 또는 운반용기에 옮겨 담기 위한 **5개** 이하의 일반취급소(일반취급소 간의 거리가 **300m** 이내인 경우)와 그 일반취급소에 공급하기 위한 위험물을 저장하는 저장소를 동일인이 설치한 경우
(3) 동일구 내에 있거나 상호 **100m** 이내의 거리에 있는 저장소로서 저장소의 규모, 저장하는 위험물의 종류 등을 고려하여 행정안전부령이 정하는 저장소를 동일인이 설치한 경우
(4) 보일러·버너 또는 이와 비슷한 것으로서 위험물을 소비하는 장치로 이루어진 **7개** 이하의 일반취급소와 그 일반취급소에 공급하기 위한 위험물을 저장하는 저장소를 동일인이 설치한 경우

답 ①

60 위험물안전관리법에 따른 정기검사의 대상인 제조소 등의 기준 중 다음 (   ) 안에 알맞은 것은?

정기점검의 대상이 되는 제조소 등의 관계인 가운데 액체위험물을 저장 또는 취급하는 (   )L 이상의 옥외탱크저장소의 관계인은 행정안전부령이 정하는 바에 따라 소방본부장 또는 소방서장으로부터 당해 제조소 등이 규정에 따른 기술기준에 적합하게 유지되고 있는지의 여부에 대하여 정기적으로 검사를 받아야 한다.

① 50만　② 100만
③ 150만　④ 200만

50만L 이상	100만L 이상
액체위험물을 저장 또는 취급하는 옥외탱크저장소 (위험물법 18조) 보기 ①	• 특정 옥외탱크저장소의 용량 (위험물규칙 [별표 6]) • 옥외저장탱크의 개폐상황 확인장치 설치(위험물규칙 [별표 6])

비교

정기검사의 대상인 제조소 등	한국소방산업기술원에 위탁하는 탱크안전성능검사
액체위험물을 저장 또는 취급하는 **50만L 이상**의 **옥외탱크저장소**	• **100만L 이상**인 액체위험물을 저장하는 탱크 • 암반탱크 • 지하탱크저장소의 액체위험물탱크

답 ①

제4과목 소방기계시설의 구조 및 원리

61 포헤드의 설치기준 중 다음 ( ) 안에 알맞은 것은?

> 포워터 스프링클러헤드는 특정소방대상물의 천장 또는 반자에 설치하되, 바닥면적 ( )m²마다 1개 이상으로 하여 해당 방호대상물의 화재를 유효하게 소화할 수 있도록 할 것

① 4   ② 6
③ 8   ④ 9

해설 **헤드**의 **설치개수**(NFPC 105 12조, NFTC 105 2.9.2)

헤드 종류	바닥면적/설치개수
포워터 스프링클러헤드	8m²/개 보기 ③
포헤드	9m²/개

답 ③

62 물분무소화설비의 물분무헤드를 설치하지 아니할 수 있는 기준 중 다음 ( ) 안에 알맞은 것은?

> 운전시에 표면의 온도가 ( )℃ 이상으로 되는 등 직접 분무를 하는 경우 그 부분에 손상을 입힐 우려가 있는 기계장치 등이 있는 장소

① 79   ② 121
③ 162   ④ 260

해설 **물분무헤드**의 **설치제외 대상**(NFPC 104 15조, NFTC 104 2.12)
(1) 물과 심하게 반응하거나 위험한 물질을 생성하는 물질 저장·취급 장소
(2) **고온**물질 저장·취급 장소
(3) 운전시에 표면의 온도가 **260℃** 이상 되는 장소 보기 ④

기억법 물26(물이 이륙)

비교

옥내소화전설비 방수구 설치제외 장소(NFPC 102 11조, NFTC 102 2.8)
(1) **냉**장창고 중 온도가 영하인 **냉장실** 또는 냉동창고의 **냉동실**
(2) **고온**의 노가 설치된 장소 또는 **물**과 격렬하게 반응하는 **물품**의 저장 또는 취급 장소
(3) **발전소**·**변전소** 등으로서 전기시설이 설치된 장소
(4) **식**물원·**수**족관·**목**욕실·**수**영장(관람석 부분을 제외함) 또는 그 밖의 이와 비슷한 장소
(5) **야**외음악당·**야**외극장 또는 그 밖의 이와 비슷한 장소

기억법 내냉방 야식 고발

답 ④

63 스프링클러설비의 수평주행배관에서 연결된 교차배관의 총 길이가 18m이다. 배관에 설치되는 행거의 최소설치수량으로 옳은 것은?

① 1개
② 2개
③ 3개
④ 4개

해설 **행거**의 **설치**(NFTC 103 2.5.13)
(1) 가지배관 : **3.5m** 이내마다 설치
(2) **교**차배관 ┐
(3) 수평주행배관 ┘ **4.5m** 이내마다 설치
(4) 헤드와 **행**거 사이의 간격 : **8cm** 이상

기억법 교4(교사), 행8(해파리)

 교차배관에서 가지배관과 가지배관 사이의 거리가 **4.5m**를 초과하는 경우에는 **4.5m** 이내마다 행거를 1개 이상 설치할 것

$$\therefore 행거개수 = \frac{교차배관길이}{4.5m} = \frac{18m}{4.5m} = 4개$$

용어

행거
천장 등에 물건을 달아매는 데 사용하는 철재

답 ④

64
특정소방대상물별 소화기구의 능력단위기준 중 옳은 것은? (단, 건축물의 주요구조부가 내화구조이고, 벽 및 반자의 실내에 면하는 부분이 불연재료·준불연재료 또는 난연재료로 된 특정소방대상물인 경우이다.)

① 위락시설 : 해당 용도의 바닥면적 30m²마다 능력단위 1단위 이상
② 공연장 : 해당 용도의 바닥면적 50m²마다 능력단위 1단위 이상
③ 의료시설 : 해당 용도의 바닥면적 100m²마다 능력단위 1단위 이상
④ 노유자시설 : 해당 용도의 바닥면적 100m² 마다 능력단위 1단위 이상

해설
① 30m² → 60m²
② 50m² → 100m²
④ 100m² → 200m²

특정소방대상물별 소화기구의 능력단위기준(NFTC 101 2.1.1.2)

특정소방대상물	능력단위 (바닥면적)	내화구조이고 불연재료 ·준불연재료 ·난연재료 (바닥면적)
• **위**락시설 기억법 위3(위상)	30m²마다 1단위 이상	60m²마다 1단위 이상 보기 ①
• **공**연장·**집**회장 • **관**람장·**문**화재 • **장**례시설·**의**료시설 기억법 5공연장 문의 집관람(손오 공 연장 문의 집관람)	50m²마다 1단위 이상	100m²마다 1단위 이상 보기 ②③
• **근**린생활시설·**판**매시설 • 운수시설·**숙**박시설 • **노**유자시설 • **전**시장 • 공동**주**택·**업**무시설 • **방**송통신시설·공장 • **창**고시설·**항**공기 및 자동**차** 관련 시설 • **관**광휴게시설 기억법 근판숙노전 주업방차창 1항 관광(근 판숙노전 주 업방차창 일 본항 관광)	100m²마다 1단위 이상	200m²마다 1단위 이상 보기 ④
• 그 밖의 것	200m²마다 1단위 이상	400m²마다 1단위 이상

용어
소화능력단위
소화기구의 소화능력을 나타내는 수치

답 ③

65
포소화약제의 혼합장치 중 펌프의 토출관과 흡입관 사이의 배관 도중에 설치한 흡입기에 펌프에서 토출된 물의 일부를 보내고, 농도조정밸브에서 조정된 포소화약제의 필요량을 포소화약제 탱크에서 펌프 흡입측으로 보내어 이를 혼합하는 방식은?

① 펌프 프로포셔너방식
② 프레져 프로포셔너방식
③ 라인 프로포셔너방식
④ 프레져 사이드 프로포셔너방식

해설 포소화약제의 혼합장치(NFPC 105 3·9조, NFTC 105 1.7, 2.6.1)

(1) **라인 프로포셔너방식**(관로 혼합방식)
㉠ 펌프와 발포기의 중간에 설치된 벤투리관의 **벤투리작용**에 의하여 포소화약제를 흡입·혼합하는 방식
㉡ 급수관의 배관 도중에 포소화약제 **흡입기**를 설치하여 그 흡입관에서 소화약제를 흡입하여 혼합하는 방식

기억법 라벤(라벤다)

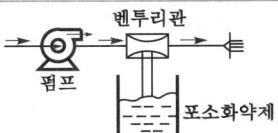
라인 프로포셔너방식

(2) **펌프 프로포셔너방식**(펌프 혼합방식) : 펌프의 **토출관**과 **흡입관** 사이의 배관 도중에 설치한 흡입기에 펌프에서 토출된 물의 일부를 보내고 **농도조정밸브**에서 조정된 포소화약제의 필요량을 포소화약제 탱크에서 펌프 흡입측으로 보내어 약제를 혼합하는 방식

기억법 펌농

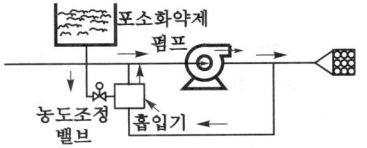
펌프 프로포셔너방식

(3) **프레져 프로포셔너방식(차압 혼합방식)**
 ㉠ 가압송수관 도중에 공기 **포소화원액 혼합조**(P.P.T)와 혼합기를 접속하여 사용하는 방법
 ㉡ **격막방식 휨탱크**를 사용하는 에어휨 혼합방식

 기억법 프프혼격

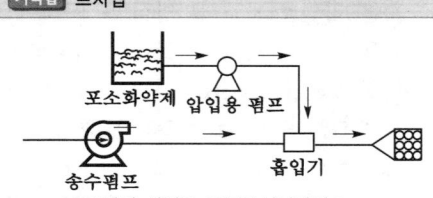
∥프레져 프로포셔너방식∥

(4) **프레져 사이드 프로포셔너방식(압입 혼합방식)**
 ㉠ 소화원액 가압펌프(**압입용 펌프**)를 별도로 사용하는 방식
 ㉡ 펌프 토출관에 압입기를 설치하여 포소화약제 **압입용 펌프**로 포소화약제를 압입시켜 혼합하는 방식

 기억법 프사압

∥프레져 사이드 프로포셔너방식∥

(5) **압축공기포 믹싱챔버방식** : 포수용액에 공기를 강제로 주입시켜 **원거리 방수**가 가능하고 물 사용량을 줄여 **수손피해를 최소화**할 수 있는 방식

답 ①

66 할로겐화합물 및 불활성기체 소화설비를 설치한 특정소방대상물 또는 그 부분에 대한 자동폐쇄장치의 설치기준 중 다음 ( ) 안에 알맞은 것은?

17.09.문64
14.09.문61

개구부가 있거나 천장으로부터 (㉠)m 이상의 아랫부분 또는 바닥으로부터 해당층의 높이의 (㉡) 이내의 부분에 통기구가 있어 할로겐화합물 및 불활성기체 소화약제의 유출에 따라 소화효과를 감소시킬 우려가 있는 것은 할로겐화합물 및 불활성기체 소화약제가 방사되기 전에 당해 개구부 및 통기구를 폐쇄할 수 있도록 할 것

① ㉠ 1.5, ㉡ $\frac{1}{3}$ ② ㉠ 1.5, ㉡ $\frac{2}{3}$
③ ㉠ 1, ㉡ $\frac{1}{3}$ ④ ㉠ 1, ㉡ $\frac{2}{3}$

해설 할로겐화합물 및 불활성기체 소화설비·분말소화설비·이산화탄소소화설비 **자동폐쇄장치 설치기준**(NFPC 107A 15조, NFTC 107A 2.12.1.2 / NFPC 108 14조, NFTC 108 2.11.1.2 / NFPC 106 14조, NFTC 106 2.11.1.2)
개구부가 있거나 천장으로부터 **1m 이상**의 아랫부분 또는 바닥으로부터 해당층의 높이의 $\frac{2}{3}$ **이내**의 부분에 통기구가 있어 소화약제의 유출에 따라 소화효과를 감소시킬 우려가 있는 것은 소화약제가 방사되기 전에 당해 **개구부** 및 **통기구**를 폐쇄할 수 있도록 할 것 보기 ④

답 ④

67 소화수조 및 저수조의 전동기 또는 내연기관에 따른 펌프를 이용하는 가압송수장치의 설치기준 중 다음 ( ) 안에 알맞은 것은? (단, 수원의 수위가 펌프의 위치보다 높거나 수직회전축 펌프의 경우는 제외한다.)

15.09.문80
12.09.문64
03.03.문66

펌프의 토출측에는 (㉠)를 체크밸브 이전에 펌프 토출측 플랜지에서 가까운 곳에 설치하고, 흡입측에는 (㉡) 또는 (㉢)를 설치할 것

① ㉠ 압력계, ㉡ 연성계, ㉢ 진공계
② ㉠ 연성계, ㉡ 압력계, ㉢ 진공계
③ ㉠ 진공계, ㉡ 압력계, ㉢ 연성계
④ ㉠ 연성계, ㉡ 진공계, ㉢ 압력계

해설 **설치위치**(NFPC 402 5조, NFTC 402 2.2.3.4)

기 기	설치위치
압력계	펌프와 **토출측**의 **체크밸브** 사이
진공계(연성계)	펌프와 **흡입측**의 **개폐표시형 밸브** 사이

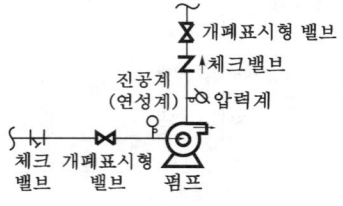
∥스프링클러설비∥

중요

계기		
압력계	진공계	연성계
• 펌프의 **토출측**에 설치 보기 ㉠ • **정**의 게이지압력 측정 • 0.05~200MPa의 계기눈금	• 펌프의 **흡입측**에 설치 보기 ㉡ • **부**의 게이지압력 측정 • 0~76cmHg의 계기눈금	• 펌프의 **흡입측**에 설치 보기 ㉢ • **정** 및 **부**의 게이지압력 측정 • 0.1~2MPa, 0~76cmHg의 계기눈금

답 ①

68. 폐쇄형 스프링클러헤드의 설치기준 중 다음 ( ) 안에 알맞은 것은?

폐쇄형 스프링클러헤드는 그 설치장소의 평상시 최고주위온도에 따라 표시온도의 것으로 설치하여야 한다. 다만, 높이가 4m 이상인 공장에 설치하는 스프링클러헤드는 그 설치장소의 평상시 최고주위온도에 관계없이 표시온도 ( )℃ 이상의 것으로 할 수 있다.

① 64
② 79
③ 121
④ 162

해설 폐쇄형 스프링클러헤드의 설치기준 (NFTC 103 2.7.6)

설치장소의 최고주위온도	표시온도
39℃ 미만	**79**℃ 미만
39~**64**℃ 미만	79~**121**℃ 미만
64~**106**℃ 미만	121~**162**℃ 미만
106℃ 이상	162℃ 이상

※ 비교: 높이 4m 이상인 공장은 표시온도 **121**℃ 이상으로 할 것 보기 ③

기억법		
	39	79
	64	121
	106	162

답 ③

69. 호스릴 이산화탄소소화설비는 방호대상물의 각 부분으로부터 하나의 호스접결구까지의 수평거리는 최대 몇 m 이하가 되도록 설치하여야 하는가?

① 10
② 15
③ 20
④ 25

해설 (1) 보행거리

구 분	적 용
20m 이내	소형 소화기
30m 이내	대형 소화기

(2) 수평거리

구 분	적 용
10m 이내	• 예상제연구역

15m 이하	• 분말(호스릴) • 포(호스릴) • 이산화탄소(호스릴) 보기 ②
20m 이하	• 할론(호스릴)
25m 이하	• 음향장치 • 옥내소화전 방수구 • 옥내소화전(호스릴) • 포소화전 방수구 • 연결송수관 방수구(지하가) • 연결송수관 방수구(지하층 바닥면적 3000m² 이상)
40m 이하	• 옥외소화전 방수구
50m 이하	• 연결송수관 방수구(사무실)

용어 수평거리와 보행거리

수평거리	보행거리
직선거리를 말하며, 반경을 의미하기도 한다.	걸어서 간 거리이다.

답 ②

70. 소화기구의 소화약제별 적응성 기준 중 A급 화재에 적응성을 가지는 소화약제가 아닌 것은?

① 인산염류소화약제
② 중탄산염류소화약제
③ 산알칼리소화약제
④ 고체에어로졸화합물

해설 소화기구 및 자동소화장치 (NFTC 101 2.1.1.1)
일반화재(A급 화재)에 적응성이 있는 소화약제
(1) 할론소화약제
(2) 할로겐화합물 및 불활성기체 소화약제
(3) **인산염류**소화약제(분말) 보기 ①
(4) **산알칼리**소화약제 보기 ③
(5) 강화액소화약제
(6) 포소화약제
(7) 물·침윤소화약제
(8) **고체에어로졸**화합물 보기 ④
(9) 마른모래
(10) 팽창질석·팽창진주암

비교 전기화재(C급 화재)에 적응성이 있는 소화약제
(1) 이산화탄소소화약제
(2) 할론소화약제
(3) 할로겐화합물 및 불활성기체 소화약제
(4) 인산염류소화약제(분말)
(5) **중탄산염류**소화약제(분말) 보기 ②
(6) 고체에어로졸화합물

답 ②

71 상수도 소화용수설비를 설치하여야 하는 특정소방대상물의 기준 중 다음 ( ) 안에 알맞은 것은?

- 연면적 (㉠)m² 이상인 것. 다만, 위험물 저장 및 처리 시설 중 가스시설, 터널 또는 지하구의 경우에는 그러하지 아니하다.
- 가스시설로서 지상에 노출된 탱크의 저장용량의 합계가 (㉡)톤 이상인 것

① ㉠ 5000, ㉡ 100
② ㉠ 5000, ㉡ 30
③ ㉠ 1000, ㉡ 100
④ ㉠ 1000, ㉡ 30

해설 상수도 소화용수설비의 설치대상(소방시설법 시행령 [별표 4])
(1) 연면적 **5000m²** 이상(단, 위험물 저장 및 처리시설 중 가스시설, 터널 또는 지하구의 경우 제외)
(2) 가스시설로서 저장용량 **100t** 이상
(3) 폐기물재활용시설 및 폐기물처분시설

답 ①

72 연결살수설비 배관의 설치기준 중 옳은 것은?

① 연결살수설비 전용 헤드를 사용하는 경우 하나의 배관에 부착하는 살수헤드의 개수가 2개이면 배관의 구경은 50mm 이상으로 설치하여야 한다.
② 옥내소화전설비가 설치된 경우 폐쇄형 헤드를 사용하는 연결살수설비의 주배관은 옥내소화전설비의 주배관에 접속하여야 한다.
③ 개방형 헤드를 사용하는 연결살수설비의 수평주행배관은 헤드를 향하여 상향으로 $\frac{1}{50}$ 이상의 기울기로 설치하여야 한다.
④ 가지배관을 설치하는 경우에는 가지배관의 배열은 토너먼트방식으로 하여야 한다.

해설
① 50mm → 40mm
③ $\frac{1}{50}$ 이상 → $\frac{1}{100}$ 이상
④ 토너먼트방식으로 하여야 한다. → 토너먼트방식이 아니어야 한다.

연결살수설비의 배관 설치기준(NFPC 503 5조, NFTC 503 2.2)
(1) 구경이 **50mm**일 때 하나의 배관에 부착하는 헤드의 개수는 **3개**

(2) 폐쇄형 헤드를 사용하는 경우, 시험배관은 송수구의 **가장 먼 가지배관**의 끝으로부터 연결 설치
(3) 개방형 헤드를 사용하는 수평주행배관은 헤드를 향하여 상향으로 $\frac{1}{100}$ 이상의 기울기로 설치
(4) 가지배관의 배열은 **토너먼트방식**(토너먼트방식)이 **아닐 것**
(5) 연결살수설비의 살수헤드개수(NFPC 503 5조, NFTC 503 2.2.3.1)

배관의 구경	32mm	40mm	50mm	65mm	80mm
살수헤드개수	1개	2개	3개	**4개 또는 5개**	6~10개 이하

기억법 6545

(6) 옥내소화전설비가 설치된 경우 **폐쇄형 헤드**를 사용하는 **연결살수설비의 주배관**은 **옥내소화전설비의 주배관**에 접속

답 ②

73 인명구조기구 중 공기호흡기를 층마다 2개 이상 비치하여야 할 특정소방대상물의 용도 및 장소별 설치기준 중 다음 ( ) 안에 알맞은 것은?

- 문화 및 집회시설 중 수용인원 (㉠)명 이상의 영화상영관
- 지하가 중 (㉡)

① ㉠ 50, ㉡ 터널
② ㉠ 50, ㉡ 지하상가
③ ㉠ 100, ㉡ 터널
④ ㉠ 100, ㉡ 지하상가

해설 인명구조기구 설치장소(NFTC 302 2.1.1.1)

특정소방대상물	인명구조기구의 종류	설치수량
• **7층** 이상인 관광호텔(지하층 포함) • **5층** 이상인 병원(지하층 포함)	• 방열복 • 방화복(안전모, 보호장갑 안전화 포함) • 공기호흡기 • 인공소생기	• 각 **2개** 이상 비치할 것(단, **병원**의 경우 **인공소생기** 설치 **제외**)
• 수용인원 **100명** 이상의 영화상영관 • 대규모 점포 • 운수시설 중 지하역사 • 지하가 중 **지하상가**	• 공기호흡기	• **층**마다 **2개** 이상 비치할 것(단, 각 층마다 갖추어 두어야 할 공기호흡기 중 일부를 직원이 **상주**하는 인근 사무실에 비치 가능)
• 이산화탄소소화설비(호스릴 이산화탄소소화설비 제외) 설치대상물	• 공기호흡기	• 이산화탄소소화설비가 설치된 장소의 출입구 외부 인근에 1대 이상 비치

답 ④

74. 옥내·외소화전설비의 수원의 기준 중 다음 ( ) 안에 알맞은 것은?

- 옥내소화전설비의 수원은 그 저수량이 옥내소화전의 설치개수가 가장 많은 층의 설치개수에 (㉠)m³를 곱한 양 이상
- 옥외소화전설비의 수원은 그 저수량이 옥외소화전의 설치개수에 (㉡)m³를 곱한 양 이상

① ㉠ 1.6, ㉡ 2.6
② ㉠ 2.6, ㉡ 7
③ ㉠ 7, ㉡ 2.6
④ ㉠ 2.6, ㉡ 1.6

해설 수원의 저수량

옥내소화전설비 (NFPC 102 4조, NFTC 102 2.1.1)	옥외소화전설비 (NFPC 109 4조, NFTC 109 2.1.1)
$Q = 2.6N$(29층 이하, N: 최대 2개) $Q = 5.2N$(30~49층 이하, N: 최대 5개) $Q = 7.8N$(50층 이상, N: 최대 5개) 여기서, Q: 옥내소화전 수원의 저수량(m³) N: 가장 많은 층의 소화전개수	$Q = 7N$ 여기서, Q: 옥외소화전 수원의 저수량(m³) N: 옥외소화전 설치개수(최대 2개)

㉠ 2.6, 5.2, 7.8 중에 하나가 답이 되므로 여기서는 2.6만 있으므로 2.6이 답이다.

답 ②

75. 연소방지설비를 설치하여야 하는 적용대상물의 기준 중 옳은 것은?

① 지하구(전력 또는 통신사업용인 것)
② 가스시설 중 지상에 노출된 탱크의 용량이 30톤 이상인 탱크시설
③ 지하층(피난층으로 주된 출입구가 도로와 접한 경우는 제외)으로서 바닥면적의 합계가 150m² 이상인 것
④ 판매시설, 운수시설, 창고시설 중 물류터미널로서 해당 용도로 사용되는 부분의 바닥면적의 합계가 1000m² 이상인 것

해설 ②, ③, ④ 연결살수설비의 설치대상

연소방지설비
지하구(전력 또는 통신사업용인 것만 해당)의 화재를 방지하기 위한 설비

※ 지하구 : 지하의 케이블 통로

중요

소방시설법 시행령 [별표 4]
연결살수설비의 설치대상

설치대상	조 건
① 지하층	• 바닥면적 합계 150m²(국민주택규모 이하인 아파트 등, 학교 700m²) 이상
② 판매시설 ③ 운수시설 ④ 물류터미널	• 바닥면적 합계 1000m² 이상
⑤ 가스시설	• 30t 이상 탱크시설
⑥ 연결통로	• 전부

답 ①

76. 완강기 및 간이완강기의 최대사용하중 기준은 몇 N 이상이어야 하는가?

① 800
② 1000
③ 1200
④ 1500

해설 완강기 및 간이완강기의 하중(완강기의 형식승인 및 제품검사의 기술기준 12조)
(1) 250N(최소하중)
(2) 750N
(3) 1500N(최대하중) 보기 ④

답 ④

77. 분말소화설비 가압용 가스에 이산화탄소를 사용하는 것의 이산화탄소는 소화약제 1kg에 대하여 몇 g에 배관의 청소에 필요한 양을 가산한 양 이상으로 설치하여야 하는가?

① 10
② 15
③ 20
④ 40

해설 분말소화설비 가압식과 축압식의 설치기준(35℃에서 1기압의 압력상태로 환산한 것)(NFPC 108 5조, NFTC 108 2.2.4)

구 분 사용가스	가압식	축압식
N_2(질소)	40L/kg 이상	10L/kg 이상
CO_2(이산화탄소)	20g/kg+배관청소 필요량 이상 보기 ③	20g/kg+배관청소 필요량 이상

※ 배관청소용 가스는 별도의 용기에 저장한다.

중요

(1) **전자개방밸브 부착**(NFTC 106 2.3.2.2 / NFPC 108 5·7조, NFTC 108 2.2.2, 2.4.2.2)

분말소화약제 가압용 가스용기	이산화탄소·분말소화설비 전기식 기동장치
3병 이상 설치한 경우 2개 이상	7병 이상 개방시 2병 이상

기억법 이7(이치)

(2) **압력조정장치**(압력조정기)의 **압력**(NFPC 107 4조, NFTC 107 2.1.5 / NFPC 108 5조, NFTC 108 2.2.3)

할론소화설비	분말소화설비 (분말소화약제)
2MPa 이하	2.5MPa 이하

기억법 분압25(분압이오.)

답 ③

78 미분무소화설비의 미분무헤드 설치기준 중 틀린 것은?

① 하나의 헤드까지의 수평거리 산정은 설계자가 제시하여야 한다.
② 미분무설비에 사용되는 헤드는 표준형 헤드를 설치하여야 한다.
③ 폐쇄형 미분무헤드는 그 설치장소의 평상시 최고주위온도에 따라 $T_a = 0.9 T_m - 27.3℃$ 식에 따른 표시온도의 것으로 설치하여야 한다.
④ 미분무헤드는 소방대상물의 천장·반자·천장과 반자 사이·덕트·선반, 기타 이와 유사한 부분에 설계자의 의도에 적합하도록 설치하여야 한다.

해설 ② 표준형 헤드 → 조기반응형 헤드

미분무헤드의 **설치기준**(NFPC 104A 13조, NFTC 104A 2.10)
① 하나의 헤드까지의 **수평거리** 산정은 **설계자**가 제시
② 미분무설비에 사용되는 헤드는 **조기반응형 헤드** 설치
보기 ②
③ 폐쇄형 미분무헤드는 그 설치장소의 평상시 최고주위온도에 따라 다음 식에 따른 표시온도의 것으로 설치

$$T_a = 0.9 T_m - 27.3℃$$

여기서, T_a : 최고주위온도[℃]
T_m : 헤드의 표시온도[℃]

④ 미분무헤드는 소방대상물의 천장·반자·천장과 반자 사이·덕트·선반, 기타 이와 유사한 부분에 설계자의 의도에 적합하도록 설치

답 ②

79 스프링클러설비의 종류에 따른 밸브 및 헤드의 연결이 옳은 것은? (단, 설비의 종류 – 밸브 – 헤드의 순이다.)

① 습식 – 스모렌스키체크밸브 – 폐쇄형 헤드
② 건식 – 건식밸브 – 개방형 헤드
③ 준비작동식 – 준비작동식 밸브 – 개방형 헤드
④ 일제살수식 – 일제개방밸브 – 개방형 헤드

해설 ① 스모렌스키체크밸브 → 습식 밸브
② 개방형 헤드 → 폐쇄형 헤드
③ 개방형 헤드 → 폐쇄형 헤드

스프링클러설비의 **비교**

방식 구분	습식	건식	준비 작동식	부압식	일제 살수식
1차측	가압수	가압수	가압수	가압수	가압수
2차측	가압수	압축공기	대기압	부압 (진공)	대기압
밸브 종류	습식 밸브 (자동경보 밸브, 알람체크 밸브)	건식 밸브	준비작동 밸브	준비작동 밸브	일제개방 밸브 (델류지 밸브)
헤드 종류	폐쇄형 헤드	폐쇄형 헤드	폐쇄형 헤드	폐쇄형 헤드	개방형 헤드
가압수=소화수					

답 ④

80 분말소화설비 분말소화약제의 저장용기 설치기준 중 옳은 것은?

① 저장용기의 충전비는 0.7 이상으로 할 것
② 저장용기에는 가압식은 최고사용압력의 0.8배 이하, 축압식은 용기의 내압시험압력의 1.8배 이하의 압력에서 작동하는 안전밸브를 설치할 것
③ 제3종 분말소화약제 저장용기의 내용적은(소화약제 1kg당 저장용기의 내용적) 1L로 할 것
④ 저장용기에는 저장용기의 내부압력이 설정압력으로 되었을 때 주밸브를 개방하는 압력조정기를 설치할 것

해설 ① 0.7 이상 → 0.8 이상
② 0.8배 이하 → 1.8배 이하, 1.8배 이하 → 0.8배 이하
④ 압력조정기 → 정압작동장치

분말소화약제의 **저장용기 설치장소기준**(NFPC 108 4조, NFTC 108 2.1)

(1) **방호구역 외**의 장소에 설치할 것(단, 방호구역 내에 설치할 경우에는 피난 및 조작이 용이하도록 피난구 부근에 설치)
(2) 온도가 **40℃** 이하이고, 온도변화가 작은 곳에 설치할 것
(3) 직사광선 및 빗물이 침투할 우려가 없는 곳에 설치할 것
(4) 방화문으로 구획된 실에 설치할 것
(5) 용기의 설치장소에는 해당용기가 설치된 곳임을 표시하는 표지를 할 것
(6) 용기간의 간격은 점검에 지장이 없도록 **3cm** 이상의 간격을 유지할 것
(7) 저장용기와 집합관을 연결하는 연결배관에는 **체크밸브**를 설치할 것
(8) 주밸브를 개방하는 **정압작동장치** 실시 보기 ④
(9) 저장용기의 **충전비**는 **0.8** 이상 보기 ①
(10) 안전밸브의 설치 보기 ②

가압식	축압식
최고사용압력의 **1.8배** 이하	내압시험압력의 **0.8배** 이하

답 ③

기억전략법

읽었을 때 10% 기억

들었을 때 20% 기억

보았을 때 30% 기억

보고 들었을 때 50% 기억

친구(동료)와 이야기를 통해 70% 기억

누군가를 가르쳤을 때 95% 기억

과년도 기출문제

2017년
소방설비산업기사 필기(기계분야)

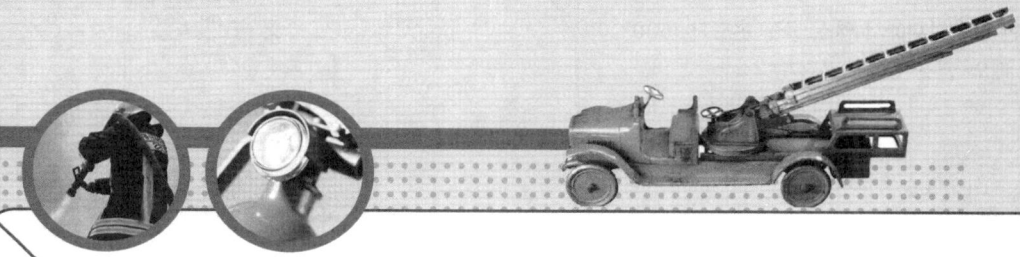

■ 2017. 3. 5 시행 ·················· 17- 2
■ 2017. 5. 7 시행 ·················· 17-27
■ 2017. 9. 23 시행 ·················· 17-52

** 수험자 유의사항 **

1. 문제지를 받는 즉시 **본인**이 **응시한 종목**이 맞는지 확인하시기 바랍니다.
2. 문제지 표지에 본인의 **수험번호**와 **성명**을 기재하여야 합니다.
3. 문제지의 **총면수, 문제번호 일련순서, 인쇄상태, 중복 및 누락 페이지 유무**를 확인하시기 바랍니다.
4. 답안은 각 문제마다 요구하는 가장 적합하거나 가까운 답 1개만을 선택하여야 합니다.
5. 답안카드는 뒷면의 「수험자 유의사항」에 따라 작성하시고, 답안카드 작성 시 형별누락, 마킹착오로 인한 불이익은 전적으로 수험자에게 책임이 있음을 알려드립니다.
6. 문제지는 시험 종료 후 본인이 가져갈 수 있습니다.

** 안내사항 **

- 가답안/최종정답은 큐넷(www.q-net.or.kr)에서 확인하실 수 있습니다. 가답안에 대한 의견은 큐넷의 [가답안 의견 제시]를 통해 제시할 수 있으며, 확정된 답안은 최종정답으로 갈음합니다.
- 공단에서 제공하는 자격검정서비스에 대해 개선할 점이 있으시면 고객참여(http://hrdkorea.or.kr/7/1/1)를 통해 건의하여 주시기 바랍니다.

2017. 3. 5 시행

■ 2017년 산업기사 제1회 필기시험 ■

자격종목	종목코드	시험시간	형별	수험번호	성명
소방설비산업기사(기계분야)		2시간			

※ 각 문항은 4지택일형으로 질문에 가장 적합한 보기 항을 선택하여 체크하여야 합니다.

제1과목 소방원론

01 일반적인 화재에서 연소 불꽃 온도가 1500℃이었을 때의 연소 불꽃의 색상은?
14.03.문17
13.06.문17
① 휘백색　② 적색
③ 휘적색　④ 암적색

해설 연소의 색과 온도

색	온도[℃]
암적색(진홍색)	700~750
적색	850
휘적색(주황색)	925~950
황적색	1100
백적색(백색)	1200~1300
휘백색	**1500**

※ 불꽃의 색상 중 낮은 온도에서 높은 온도의 순서
암적색 < **황**적색 < **백**적색 < **휘**백색

기억법 휘백5, 암황백휘

답 ①

02 인화점이 가장 낮은 것은?
19.04.문06
08.09.문06
① 경유　② 메틸알코올
③ 이황화탄소　④ 등유

해설

물 질	인화점	착화점
● 프로필렌	−107℃	497℃
● 에틸에터 ● 다이에틸에터	−45℃	180℃
● 가솔린(휘발유)	−43℃	300℃
● 산화프로필렌	−37℃	465℃
● **이황화탄소**	**−30℃**	100℃
● 아세틸렌	−18℃	335℃
● 아세톤	−18℃	538℃
● 벤젠	−11℃	562℃
● 톨루엔	4.4℃	480℃
● 메틸알코올	11℃	464℃
● 에틸알코올	13℃	423℃
● 아세트산	40℃	−
● **등유**	43~72℃	210℃
● **경유**	50~70℃	200℃
● 적린	−	260℃

기억법 인산 이메등경

● 착화점 = 발화점 = 착화온도 = 발화온도
● 인화점 = 인화온도

답 ③

03 실내온도 15℃에서 화재가 발생하여 900℃가 되었다면 기체의 부피는 약 몇 배로 팽창되는가?
12.03.문05
① 2.23　② 4.07
③ 6.45　④ 8.05

해설 샤를의 법칙(Charl's law)

$$\frac{V_1}{T_1} = \frac{V_2}{T_2}$$

여기서, V_1, V_2 : 부피[m³]
　　　　T_1, T_2 : 절대온도[K]

기체의 부피 V_2는

$$V_2 = V_1 \times \frac{T_2}{T_1} = 1 \times \frac{(273+900)\text{K}}{(273+15)\text{K}} = 4.07 \text{ 배}$$

답 ②

04 숯, 코크스가 연소하는 형태에 해당하는 것은?
15.09.문09
14.09.문09
① 분무연소　② 예혼합연소
③ 표면연소　④ 분해연소

해설 연소의 형태

연소 형태	종 류
표면연소	● **숯**, **코**크스 ● **목탄**, **금**속분

기억법 표숯코 목탄금

분해연소	• **석**탄, **종**이 • **플**라스틱, **목**재 • 고**무**, **중**유, **아**스팔트, **면**직물 기억법 분석종플 목고중아면
증발연소	• 황, 왁스 • **파**라핀(**양**초), 나프탈렌 • 가솔린, 등유 • 경유, 알코올, 아세톤 기억법 양파증(양파증가)
자기연소	• **나**이트로글리세린, 나이트로셀룰로오스(질화면) • **T**NT, 피크린산 기억법 자T나
액적연소	• 벙커C유
확산연소	• 메탄(CH_4), 암모니아(NH_3) • 아세틸렌(C_2H_2), 일산화탄소(CO) • 수소(H_2)

※ 파라핀 : 양초(초)의 주성분

답 ③

05 열의 전달형태가 아닌 것은?
14.09.문06
12.05.문11
① 대류   ② 산화
③ 전도   ④ 복사

해설 열전달(열의 전달방법)의 종류

종류	설 명
전도 (conduction)	하나의 물체가 다른 물체와 직접 접촉하여 열이 이동하는 현상
대류 (convection)	유체의 흐름에 의하여 열이 이동하는 현상
복사 (radiation)	• 화재시 화원과 격리된 인접 가연물에 불이 옮겨 붙는 현상 • 열전달 매질이 없이 열이 전달되는 형태 • 열에너지가 전자파의 형태로 옮겨지는 현상으로, 가장 크게 작용한다.

 기억법 전대복

용어

산화
가연물이 산소와 화합하는 것

비교

목조건축물의 화재원인

종류	설 명
접염 (화염의 접촉)	화염 또는 열의 **접촉**에 의하여 불이 다른 곳으로 옮겨 붙는 것
비화	불티가 **바람**에 날리거나 화재현장에서 상승하는 **열기류** 중심에 휩쓸려 원거리 가연물에 착화하는 현상
복사열	복사파에 의하여 열이 **고온**에서 **저온**으로 이동하는 것

답 ②

06 건축물 화재시 계단실 내 연기의 수직이동속도는 약 몇 m/s인가?
16.10.문19
06.03.문16
① 0.5~1   ② 1~2
③ 3~5   ④ 10~15

해설 연기의 이동속도

방향 또는 장소	이동속도
수평방향	0.5~1m/s
수직방향	2~3m/s
계단실 내의 수직이동속도	**3~5**m/s

 기억법 3계5(삼계탕 드시러 오세요.)

답 ③

07 수소의 공기 중 폭발한계는 약 몇 vol.%인가?
09.05.문05
① 12.5~74   ② 4~75
③ 3~12.4   ④ 2.5~81

해설 (1) 공기 중의 폭발한계(익사천러로 나와야 한다.)

가 스	하한계[vol%]	상한계[vol%]
아세틸렌(C_2H_2)	2.5	81
수소(H_2)	**4**	**75**
일산화탄소(CO)	12	75
암모니아(NH_3)	15	25
메탄(CH_4)	5	15
에탄(C_2H_6)	3	12.4
프로판(C_3H_8)	2.1	9.5
부탄(C_4H_{10})	**1**.8	**8**.4

vol%=vol.%

 기억법 수475(**수사** 후 **치료**하세요.)
부18(**부자**의 일반적인 **팔자**)

(2) 폭발한계와 같은 의미
  ㉠ 폭발범위
  ㉡ 연소한계
  ㉢ 연소범위
  ㉣ 가연한계
  ㉤ 가연범위

답 ②

08 피난대책의 일반적인 원칙으로 틀린 것은?
15.03.문07
12.03.문12
① 피난경로는 간단 명료하게 한다.
② 피난구조설비는 고정식 설비보다 이동식 설비를 위주로 설치한다.
③ 피난수단은 원시적 방법에 의한 것을 원칙으로 한다.
④ 2방향 피난통로를 확보한다.

해설 ② 고정식 설비 위주설치

피난대책의 일반적인 **원칙**(피난안전계획)
(1) 피난경로는 **간단 명료**하게 한다.(피난경로는 가능한 한 짧게 한다.)
(2) 피난구조설비는 **고정식 설비**를 위주로 설치한다.
(3) 피난수단은 **원시적 방법**에 의한 것을 원칙으로 한다.
(4) 2방향의 피난통로를 확보한다.
(5) 피난통로를 **완전불연화**한다.
(6) 막다른 복도가 없도록 계획한다.
(7) 피난구조설비는 Fool proof와 Fail safe의 원칙을 중시한다.
(8) 비상시 **본능상태**에서도 혼돈이 없도록 한다.
(9) 건축물의 용도를 고려한 피난계획을 수립한다.

답 ②

09 ★★ 다음 물질 중 자연발화의 위험성이 가장 낮은 것은?
08.09.문01
① 석탄 ② 팽창질석
③ 셀룰로이드 ④ 퇴비

 ② 소화약제로서 자연발화의 위험성이 낮다.

자연발화의 형태

구분	종류
분해열	셀룰로이드, 나이트로셀룰로오스
산화열	건성유(정어리유, 아마인유, 해바라기유), 석탄, 원면, 고무분말
발효열	퇴비, 먼지, 곡물
흡착열	목탄, 활성탄

답 ②

10 ★★★ 액체위험물 화재시 물을 방사하게 되면 열유를 교란시켜 탱크 밖으로 밀어 올리거나 비산시키는 현상은?
① 열파(thermal wave)현상
② 슬롭 오버(slop over)현상
③ 파이어 볼(fire ball)현상
④ 보일 오버(boil over)현상

유류탱크, 가스탱크에서 **발생**하는 **현상**

여러 가지 현상	정의
보일 오버 (boil over)	① 중질유의 석유탱크에서 장시간 조용히 연소하다 탱크 내의 잔존기름이 갑자기 분출하는 현상 ② 유류탱크에서 탱크 바닥에 물과 기름의 에멀전이 섞여 있을 때 이로 인하여 화재가 발생하는 현상 ③ 연소 유면으로부터 100℃ 이상의 열파가 탱크 저부에 고여 있는 물을 비등하게 하면서 연소유를 탱크 밖으로 비산시키며 연소하는 현상
슬롭 오버 (slop over)	① 물이 연소유의 뜨거운 표면에 들어갈 때 기름표면에서 화재가 발생하는 현상 ② 유화제로 소화하기 위한 물이 수분의 급격한 증발에 의하여 액면이 거품을 일으키면서 열유층 밑의 냉유가 급히 열팽창하여 기름의 일부가 불이 붙은 채 탱크벽을 넘어서 일출하는 현상 ③ 액체위험물 화재시 물을 방사하게 되면 열유를 교란시켜 탱크 밖으로 밀어 올리거나 비산시키는 현상

파이어 볼 (fire ball) = 화구	인화성 액체가 대량으로 기화되어 갑자기 발화될 때 발생하는 공 모양의 화염

답 ②

11 ★ 수소 1kg이 완전연소할 때 필요한 산소량은 몇 kg인가?
16.03.문06
12.05.문06
① 4 ② 8
③ 16 ④ 32

해설 (1) 분자량

원소	원자량
H	1
C	12
N	14
O	16

(2) **수소**와 **산소**의 **화학반응식**

$$2H_2 + O_2 \rightarrow 2H_2O$$

$2H_2 = 2 \times 1 \times 2 = 4$kg/kmol
$O_2 = 16 \times 2 = 32$kg/kmol
　수소　　　산소　　　수소　산소
4kg/kmol : 32kg/kmol = 1kg : x
4kg/kmol $\times x$ = 32kg/kmol $\times$ 1kg
$x = \dfrac{32\text{kg/kmol} \times 1\text{kg}}{4\text{kg/kmol}} = 8$kg

답 ②

12 ★★★ 다음 중 발화점(℃)이 가장 낮은 물질은?
17.03.문02
08.09.문06
① 아세틸렌 ② 메탄
③ 프로판 ④ 이황화탄소

물질	인화점	착화점
• 프로필렌	-107℃	497℃
• 에틸에터 • 다이에틸에터	-45℃	180℃
• 가솔린(휘발유)	-43℃	300℃
• **산**화프로필렌	-37℃	465℃
• **이**황화탄소	-30℃	**100℃**
• **아**세틸렌	-18℃	**335℃**
• 아세톤	-18℃	538℃
• 벤젠	-11℃	562℃
• 톨루엔	4.4℃	480℃
• **메**틸알코올	11℃	464℃
• 에틸알코올	13℃	423℃
• 아세트산	40℃	-
• **등**유	43~72℃	210℃
• 경유	50~70℃	200℃
• 적린	-	260℃

기억법 인산 이메등

- 착화점=발화점=착화온도=발화온도
- 인화점=인화온도

답 ④

13 내화건축물과 비교한 목조건축물 화재의 일반적인 특징은?

① 고온 단기형 ② 저온 단기형
③ 고온 장기형 ④ 저온 장기형

해설

목조건물의 화재온도 표준곡선	내화건물의 화재온도 표준곡선
① 화재성상 : **고**온 **단**기형	① 화재성상 : 저온 장기형
② 최고온도(최성기 온도) : 1300℃	② 최고온도(최성기 온도) : 900~1000℃

기억법 목고단 13

- 목조건물=목재건물

답 ①

14 제3종 분말소화약제의 주성분으로 옳은 것은?

① 탄산수소나트륨
② 제1인산암모늄
③ 탄산수소칼륨
④ 탄산수소칼륨과 요소

해설 (1) **분말소화약제**

종별	주성분	착색	적응 화재	비고
제**1**종	중탄산나트륨 (NaHCO₃)	백색	BC급	**식용유** 및 **지방질유**의 화재에 적합
제2종	중탄산칼륨 (KHCO₃)	담자색 (담회색)	BC급	-
제**3**종	제1**인**산암모늄 (NH₄H₂PO₄)	담홍색	ABC급	**차고·주차장**에 적합
제4종	중탄산칼륨+요소 (KHCO₃+ (NH₂)₂CO)	회(백)색	BC급	-

기억법 1식분(**일식 분식**)
3분 차주(**삼보컴퓨터 차주**), 인3(**인삼**)

(2) **이산화탄소 소화약제**

주성분	적응화재
이산화탄소(CO₂)	BC급

답 ②

15 상온·상압 상태에서 기체로 존재하는 할론으로만 연결된 것은?

① Halon 2402, Halon 1211
② Halon 1211, Halon 1011
③ Halon 1301, Halon 1011
④ Halon 1301, Halon 1211

해설 상온에서의 상태

기체상태	액체상태
① Halon **13**01	① Halon 1011
② Halon **12**11	② Halon 104
③ **탄**산가스(CO_2)	③ Halon 2402

기억법 132탄기

답 ④

16 건축물의 주요구조부에 해당하는 것은?

① 내력벽   ② 작은 보
③ 옥외 계단   ④ 사이 기둥

해설 주요 구조부
(1) 내력**벽**
(2) **보**(작은 보 제외)
(3) **지**붕틀(차양 제외)
(4) **바**닥(최하층 바닥 제외)
(5) **주**계단(옥외계단 제외)
(6) **기**둥(사이 기둥 제외)

※ **주요 구조부** : 건물의 구조 내력상 주요한 부분

기억법 벽보지 바주기

답 ①

17 위험물의 유별에 따른 대표적인 성질의 연결이 틀린 것은?

① 제1류 - 산화성 고체
② 제2류 - 가연성 고체
③ 제4류 - 인화성 액체
④ 제5류 - 산화성 액체

해설 ④ 제6류 : 산화성 액체

위험물령〔별표 1〕
위험물

유별	성질	품명
제1류	**산**화성 **고**체	• 아염소산염류 • 염소산염류(**염소산나트륨**) • 과염소산염류 • 질산염류 • 무기과산화물

기억법 1산고염나

제2류	가연성 고체	• 황화인 • 적린 • 황 • 마그네슘 기억법 황화적황마
제3류	자연발화성 물질 및 금수성 물질	• 황린 • 칼륨 • 나트륨 • 알칼리금속 • 트리에틸알루미늄 기억법 황칼나알트
제4류	인화성 액체	• 특수인화물 • 석유류(벤젠) • 알코올류 • 동식물유류
제5류	자기반응성 물질	• 유기과산화물 • 나이트로화합물 • 나이트로소화합물 • 아조화합물 • 질산에스터류(셀룰로이드) 기억법 5자(오자탈자)
제6류	산화성 액체	• 과염소산 • 과산화수소 • 질산

답 ④

18 분말소화약제의 열분해반응식 중 다음 ( ) 안에 알맞은 것은?

$$2NaHCO_3 \rightarrow Na_2CO_3 + H_2O + (\quad)$$

① Na ② Na_2
③ CO ④ CO_2

해설 ④ $2NaHCO_3 \rightarrow Na_2CO_3 + H_2O + CO_2$

분말소화기(질식효과)

종별	소화약제	약제의 착색	화학반응식	적응 화재
제1종	탄산수소 나트륨 ($NaHCO_3$)	백색	$2NaHCO_3 \rightarrow$ $Na_2CO_3+H_2O+CO_2$	BC급
제2종	탄산수소 칼륨 ($KHCO_3$)	담자색 (담회색)	$2KHCO_3 \rightarrow$ $K_2CO_3+CO_2+H_2O$	BC급
제3종	인산암모늄 ($NH_4H_2PO_4$)	담홍색	$NH_4H_2PO_4 \rightarrow$ $HPO_3+NH_3+H_2O$	AB C급
제4종	탄산수소 칼륨+요소 ($KHCO_3+$ $(NH_2)_2CO$)	회(백)색	$2KHCO_3+$ $(NH_2)_2CO \rightarrow$ K_2CO_3+ $2NH_3+2CO_2$	BC급

• 탄산수소나트륨 = 중탄산나트륨
• 탄산수소칼륨 = 중탄산칼륨
• 제1인산암모늄 = 인산암모늄 = 인산염
• 탄산수소칼륨+요소 = 중탄산칼륨+요소

답 ④

19 동식물유류에서 "아이오딘값이 크다."라는 의미로 옳은 것은?

① 불포화도가 높다.
② 불건성유이다.
③ 자연발화성이 낮다.
④ 산소와의 결합이 어렵다.

해설 "아이오딘값이 크다."라는 의미
(1) **불포**화도가 높다.
(2) **건성유**이다.
(3) 자연발화성이 높다.
(4) 산소와 결합이 쉽다.

※ **아이오딘값**: 기름 100g에 첨가되는 아이오딘의 g수

기억법 아불포

답 ①

20 황린과 적린이 서로 동소체라는 것을 증명하는 가장 효과적인 실험은?

① 비중을 비교한다.
② 착화점을 비교한다.
③ 유기용제에 대한 용해도를 비교한다.
④ 연소생성물을 확인한다.

해설 동소체는 **연소생성물**을 **확인**해보면 알 수 있다.

※ **동소체**: 같은 원소로 구성되어 있으면서 모양과 성질이 다른 단체

용어
연소생성물
불이 탈 때 나오는 물질

답 ④

제 2 과목 소방유체역학

21 안지름 1000mm의 원통형 수조에 들어 있는 물을 안지름 150mm인 관을 통해 평균유속 3m/s로 배출한다. 이때 수조 내 수면의 강하속도는 약 몇 cm/s인가?

① 3.24 ② 1.423
③ 6.75 ④ 14.13

해설 (1) 기호
- D_1 : 1000mm
- D_2 : 150mm
- V_2 : 3m/s
- V_1 : ?

(2) 그림으로 나타내면

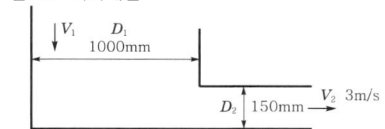

(3) 비압축성 유체

$$\frac{V_1}{V_2} = \frac{A_2}{A_1} = \left(\frac{D_2}{D_1}\right)^2$$

여기서, V_1, V_2 : 유속[m/s]
A_1, A_2 : 단면적[m²]
D_1, D_2 : 직경[m]

$$\frac{V_1}{V_2} = \left(\frac{D_2}{D_1}\right)^2$$

$$\frac{V_1}{3\text{m/s}} = \left(\frac{150\text{mm}}{1000\text{mm}}\right)^2$$

$$V_1 = \left(\frac{150\text{mm}}{1000\text{mm}}\right)^2 \times 3\text{m/s} = 0.0675\text{m/s} = 6.75\text{cm/s}$$

• 1m = 100cm 이므로 0.0675m/s = 6.75cm/s

답 ③

22
그림과 같이 개방된 물탱크의 수면까지 수직으로 살짝 잠긴 반지름 a인 원형 평판을 b만큼 밀어 넣었더니 한쪽 면이 압력에 의해 받는 힘이 50% 늘어났다. 대기압의 영향을 무시한다면 b/a는?

① 0.2
② 0.5
③ 1
④ 2

해설 (1) 힘
압력에 의해 받는 힘이 50% 늘어났으므로
(100% + 50% = 150% = 1.5)
$F_2 = 1.5 F_1$ … ㉠

(2) 압력
$$p = \gamma h, \quad p = \frac{F}{A} = \frac{F}{\pi a^2}$$

여기서, p : 압력[Pa]
γ : 비중량[N/m³]
h : 높이[m]
F : 힘[N]
A : 단면적[m²]
a : 반지름[m]

문제의 그림에서 $h = a$ 이므로
$F_1 = pA = (\gamma h)A = (\gamma a)(\pi a^2)$ … ㉡
$\quad = \gamma a(\pi a^2)$

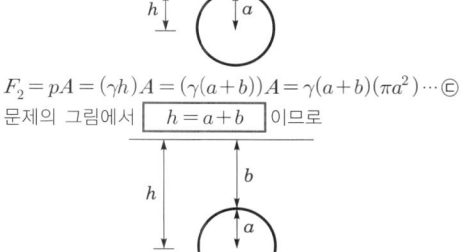

$F_2 = pA = (\gamma h)A = (\gamma(a+b))A = \gamma(a+b)(\pi a^2)$ … ㉢
문제의 그림에서 $h = a+b$ 이므로

㉡식과 ㉢식을 ㉠식에 대입하면
$F_2 = 1.5 F_1$
$\gamma(a+b)(\pi a^2) = 1.5\gamma a(\pi a^2)$
$$\frac{\gamma(a+b)(\pi a^2)}{\gamma a(\pi a^2)} = 1.5$$
$$\frac{a+b}{a} = 1.5$$
$$\frac{a}{a} + \frac{b}{a} = 1.5$$
$$1 + \frac{b}{a} = 1.5$$
$$\frac{b}{a} = 1.5 - 1 = 0.5$$

답 ②

23
관내 유동에서 해당 유체가 완전발달 층류 유동을 할 때 관마찰계수는?

① 레이놀즈수와 관의 상대조도에 관계된다.
② 마하수와 레이놀즈수에 관계된다.
③ 관의 길이와 지름 및 레이놀즈수에 관계된다.
④ 레이놀즈수에만 관계된다.

해설 관마찰계수

구 분	설 명
층류	레이놀즈수에만 관계되는 계수(언제나 레이놀즈의 함수) 보기 ④
천이영역 (임계영역)	레이놀즈수와 관의 상대조도에 관계되는 계수
난류	관의 상대조도에 무관한 계수

답 ④

24
유량계수가 0.94인 방수노즐로부터 방수압력 (계기압력) 255kPa로 물을 방사할 때 방수량을 측정한 결과 0.1m³/min이었다면 사용한 노즐의 구경은 약 몇 mm인가?

① 10
② 12
③ 14
④ 16

해설 방수량
$$Q = 0.653 D^2 \sqrt{10P} = 0.6597 C D^2 \sqrt{10P}$$

여기서, Q : 방수량[L/min]
C : 유량계수(노즐의 흐름계수)
D : 구경[mm]
P : 방수압[MPa]

$$Q = 0.6597 CD^2 \sqrt{10P}$$

$$\frac{Q}{0.6597 C \sqrt{10P}} = D^2$$

$$D^2 = \frac{Q}{0.6597 C \sqrt{10P}}$$

$$D = \sqrt{\frac{Q}{0.6597 C \sqrt{10P}}}$$

$$= \sqrt{\frac{0.1 \text{m}^3/\text{min}}{0.6597 \times 0.94 \times \sqrt{10 \times 255 \text{kPa}}}}$$

$$= \sqrt{\frac{(0.1 \times 10^3) \text{L/min}}{0.6597 \times 0.94 \times \sqrt{10 \times 0.255 \text{MPa}}}}$$

≒ 10mm

- 1m^3=1000L이므로 $0.1\text{m}^3/\text{min}$=(0.1×10^3)L/min
- 1MPa=10^3kPa이므로 255kPa=0.255MPa
- 1MPa=10^6Pa
- 1kPa=10^3Pa

답 ①

25 ★★★
13.09.문26
이상기체의 내부에너지에 대한 설명 중 옳은 것은?
① 내부에너지는 압력과 온도의 함수이다.
② 내부에너지는 압력만의 함수이다.
③ 내부에너지는 체적과 압력의 함수이다.
④ 내부에너지는 온도만의 함수이다.

해설 이상기체
(1) 이상기체를 온도변화 없이 압축시키면 **열**을 **방출**한다.
(2) 이상기체의 **내부에너지**는 **온도**만의 함수이므로 온도변화가 없으면 **내부에너지**는 **0(불변)**이다. 보기 ④

기억법 이내온

답 ④

26 ★★
11.10.문38
20℃, 2kg의 공기가 온도의 변화 없이 팽창하여 그 체적이 2배로 되었을 때 이 시스템이 외부에 한 일은 약 몇 kJ인가? (단, 공기의 기체상수는 0.287kJ/(kg·K)이다.)
① 85.63
② 102.85
③ 116.63
④ 125.71

해설 등온과정
(1) 기호
- T : (273+20)K
- m : 2kg
- R : 0.287kJ/(kg·K)

(2) 일

$$_1W_2 = P_1 V_1 \ln \frac{V_2}{V_1} = mRT \ln \frac{V_2}{V_1}$$

$$= mRT \ln \frac{P_1}{P_2} = P_1 V_1 \ln \frac{P_1}{P_2}$$

여기서, $_1W_2$: 절대일[kJ]
$P_1 \cdot P_2$: 변화 전후의 압력[kJ/m³]
$V_1 \cdot V_2$: 변화 전후의 체적[m³]
m : 질량[kg]
R : 기체상수[kJ/(kg·K)]
T : 절대온도(273+℃)[K]

일 $_1W_2$ 는

$$_1W_2 = mRT \ln \frac{V_2}{V_1}$$

$$= mRT \ln \frac{2V_1}{V_1}$$

$$= 2\text{kg} \times 0.287 \text{kJ/(kg·K)} \times (273+20)\text{K} \times \ln 2$$

≒ 116.63kJ

- $V_2 = 2V_1$(체적이 2배로 되었다고 하였으므로)

용어
등온과정
온도가 일정한 상태에서의 과정

답 ③

27 ★★★
16.03.문24
15.03.문29
11.06.문38
08.09.문30
물속에 지름 4mm의 유리관을 삽입할 때, 모세관에 의한 상승높이는 약 몇 mm인가? (단, 물과 유리관의 접촉각은 0°이고, 물의 표면장력은 0.0742N/m이다.)
① 4.1
② 5.3
③ 6.7
④ 7.6

해설 (1) 기호
- D : 4mm=0.004m(1m=1000mm이므로)
- h : ?
- θ : 0°
- σ : 0.0742N/m

(2) 상승높이

$$h = \frac{4\sigma \cos\theta}{\gamma D}$$

여기서, h : 상승높이[m]
σ : 표면장력[N/m]
θ : 각도
γ : 비중량(물의 비중량 9800N/m³)
D : 관의 내경[m]

상승높이 h 는

$$h = \frac{4\sigma \cos\theta}{\gamma D} = \frac{4 \times 0.0742 \text{N/m} \times \cos 0°}{9800 \text{N/m}^3 \times 0.004\text{m}}$$

≒ 7.6×10^{-3}m = 7.6mm

- $7.6×10^{-3}$m=7.6mm

※ **모세관현상**: 액체 속에 가는 관을 넣으면 액체가 상승 또는 하강하는 현상

답 ④

28 그림과 같이 물 제트가 정지하고 있는 사각판의 중앙부분에 직각방향으로 부딪히도록 분사하고 있다. 이때 분사속도(V_j)를 점차 증가시켰더니 2m/s의 속도가 될 때 사각판이 넘어졌다면, 이 판의 중량은 약 몇 N인가? (단, 제트의 단면적은 $0.01m^2$이다.)

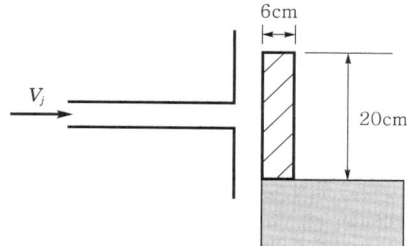

① 4.1N
② 133.3N
③ 16.4N
④ 40.0N

해설 (1) 이해도

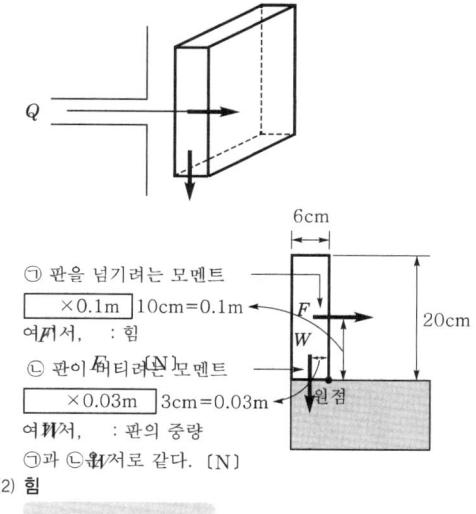

(2) 힘

$$F = \rho Q V \quad \cdots\cdots\cdots ①$$

여기서, F: 힘(N)
ρ: 밀도(물의 밀도 1000N·s^2/m^4)
Q: 유량(m^3/s)
V: 유속(m/s)

(3) 유량

$$Q = AV \quad \cdots\cdots\cdots ②$$

여기서, Q: 유량(m^3/s)
A: 단면적(m^2)
V: 유속(m/s)

(4) 모멘트
식 ①, 식 ②를 적용하면
$F×0.1m = \rho QV×0.1m = \rho(AV)V×0.1m$
$= \rho AV^2 ×0.1m$
$= 1000N·s^2/m^4 × 0.01m^2 × (2m/s)^2 ×0.1m$
$= 4N·m$
㉠=㉡이므로
$F×0.1m = W×0.03m$
$4N·m = W×0.03m$
$W = \dfrac{4N·m}{0.03m} ≒ 133.3N$

답 ②

29 비중이 0.7인 물체를 물에 띄우면 전체 체적의 몇 %가 물속에 잠기는가?
① 30%
② 49%
③ 70%
④ 100%

해설 (1) 기호
- s_0 : 0.7

(2) 비중

$$V = \dfrac{s_0}{s}$$

여기서, V: 물에 잠겨진 체적
s_0: 어떤 물질의 비중(물체의 비중)
s: 표준물질의 비중(물의 비중 1)

물에 잠겨진 체적 V는
$V = \dfrac{s_0}{s} = \dfrac{0.7}{1} = 0.7 = 70\%$

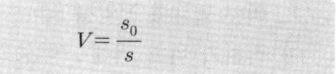

답 ③

30 비점성 유체를 가장 옳게 설명한 것은?
① 실제 유체를 뜻한다.
② 전단응력이 존재하는 유체흐름을 뜻한다.
③ 유체 유동시 마찰저항이 존재하는 유체이다.
④ 유체 유동시 마찰저항이 유발되지 않는 이상적인 유체를 말한다.

해설 유체의 종류

유체 종류	설 명
실제유체	**점**성이 있으며, **압축**성인 유체
이상유체	점성이 없으며, 비압축성인 유체 (비점성, 비압축성 유체)
압축성 유체	**기체**와 같이 체적이 변화하는 유체
비압축성 유체	**액체**와 같이 체적이 변화하지 않는 유체
점성 유체	유동시 마찰저항이 유발되는 유체
비점성 유체	유동시 마찰저항이 유발되지 않는 이상적인 유체 〔보기 ④〕

기억법 실점있압(실점이 있는 사람만 압박해!)
         기압(기압)

답 ④

31 다음 중 무차원이 아닌 것은?
① 기체상수   ② 레이놀즈수
③ 항력계수   ④ 비중

해설 ① 기체상수(kJ/kg·K)

무차원
(1) 레이놀즈수 〔보기 ②〕
(2) 항력계수 〔보기 ③〕
(3) 비중(무차원) 〔보기 ④〕

※ **무차원** : 단위가 없는 것

답 ①

32 어떤 펌프를 전양정 50m, 유량 1.5m³/min로 운전하기 위해 가해주는 동력이 15kW라면 이 펌프의 효율은 약 몇 %인가?
① 72.6   ② 75.4
③ 78.8   ④ 81.7

해설 (1) 기호
- H : 50m
- Q : 1.5m³/min
- P : 15kW
- η : ?

(2) 전동력

$$P = \frac{0.163QH}{\eta}K$$

여기서, P : 축동력[kW]
        Q : 유량[m³/min]
        H : 전양정[m]
        η : 효율
        K : 전달계수

(3) 효율 η는

$$\eta = \frac{0.163QH}{P}K = \frac{0.163 \times 1.5\text{m}^3/\text{min} \times 50\text{m}}{15\text{kW}}$$

≒ 0.815 = 81.5%(∴ 81.7% 정답)

- K : 주어지지 않았으므로 무시
- 답이 0.2% 차이가 있다고 '시비'를 걸지 말라!ㅎㅎ

답 ④

33 텅스텐, 백금 또는 백금-이리듐 등을 전기적으로 가열하고 통과 풍량에 따른 열교환 양으로 속도를 측정하는 것은?
① 열선 풍속계
② 도플러 풍속계
③ 컵형 풍속계
④ 포토디텍터 풍속계

해설

열선 풍속계	열선 속도계
• 유동하는 유체의 동압을 **휘트스톤 브리지**(Wheatstone bridge)의 원리를 이용하여 전압을 측정하고 그 값을 속도로 환산하여 유속을 측정하는 장치 • **텅스텐, 백금** 또는 **백금-이리듐** 등을 전기적으로 가열하고 **통과 풍량**에 따른 **열교환** 양으로 속도를 측정하는 유속계	• 유동하는 기체의 속도 측정 • 기체유동의 국소속도 측정

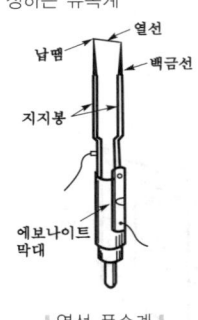
| 열선 풍속계 |

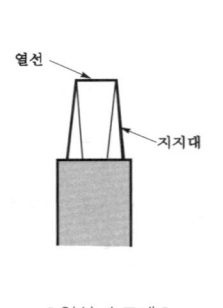
| 열선 속도계 |

답 ①

34 그림과 같이 수조측면에 구멍이 나있다. 이 구멍을 통하여 흐르는 유속은 약 몇 m/s인가?

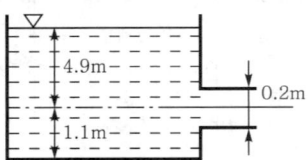

① 6.9
② 3.09
③ 9.8
④ 13.8

해설 유속(토리첼리의 식)

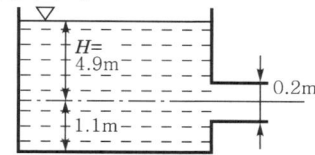

$$V = \sqrt{2gH}$$

여기서, V : 유속[m/s]
g : 중력가속도(9.8m/s²)
H : 높이[m]

유속 V는
$V = \sqrt{2gH} = \sqrt{2 \times 9.8\text{m/s}^2 \times 4.9\text{m}} ≒ 9.8\text{m/s}$

답 ③

★★★
35 그림에서 $h_1 = 300\text{mm}$, $h_2 = 150\text{mm}$, $h_3 = 350\text{mm}$

16.03.문28
15.03.문21
14.09.문23
14.05.문36
11.10.문22
08.05.문29
08.03.문32

일 때 A와 B의 압력차($p_A - p_B$)는 약 몇 kPa 인가? (단, A, B의 액체는 물이고, 그 사이의 액주계 유체는 비중이 13.6인 수은이다.)

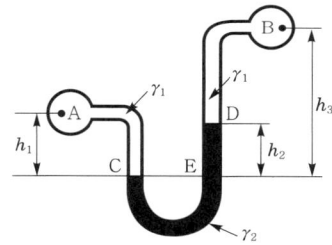

① 15
② 17
③ 19
④ 21

해설

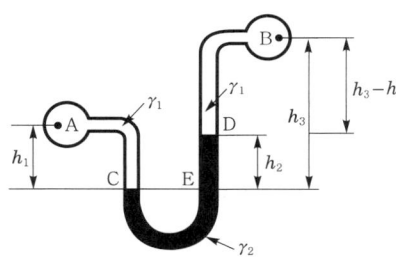

압력차
$p_A + \gamma_1 h_1 - \gamma_2 h_2 - \gamma_1 (h_3 - h_2) = p_B$
$p_A - p_B = -\gamma_1 h_1 + \gamma_2 h_2 + \gamma_1 (h_3 - h_2)$
$= -9.8\text{kN/m}^3 \times 0.3\text{m} + 133.28\text{kN/m}^3$
$\times 0.15\text{m} + 9.8\text{kN/m}^3 \times (0.35 - 0.15)\text{m}$
$≒ 19\text{kN/m}^2$
$= 19\text{kPa}$

• 물의 비중량 : 9.8kN/m³
• 수은의 비중 : 13.6 = 133.28kN/m³

$$s = \frac{\gamma}{\gamma_w}$$

여기서, s : 비중
γ : 어떤 물질의 비중량[kN/m³]
γ_w : 물의 비중량(9.8kN/m³)

수은의 비중량 γ는
$\gamma = s \times \gamma_w = 13.6 \times 9.8\text{kN/m}^3$
$= 133.28\text{kN/m}^3$

• 1kN/m² = 1kPa이므로 19kN/m² = 19kPa
• 1000mm = 1m이므로 h_1 = 300mm = 0.3m, h_2 = 150mm = 0.15m, h_3 = 350mm = 0.35m

중요
시차액주계의 압력계산방법
점 A를 기준으로 내려가면 더하고, 올라가면 빼면 된다.

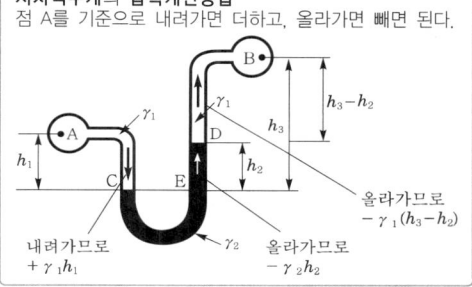

답 ③

★★★
36 지름 4cm인 관에 동점성계수 $5 \times 10^{-2}\text{cm}^2/\text{s}$인

10.03.문24
(기사)

유체가 평균속도 2m/s로 흐르고 있을 때 레이놀즈수는 얼마인가?

① 14000
② 16000
③ 18000
④ 20000

해설 (1) 기호
• D : 4cm
• ν : $5 \times 10^{-2}\text{cm}^2/\text{s}$
• V : 200cm/s(1m = 100cm이므로 2m/s = 200cm/s)
• Re : ?

(2) 레이놀즈수

$$Re = \frac{DV\rho}{\mu} = \frac{DV}{\nu}$$

여기서, Re : 레이놀즈수
D : 내경(지름)[cm]
V : 유속[cm/s]
ρ : 밀도[kg/cm³]
μ : 점도[kg/cm·s]
ν : 동점성계수$\left(\frac{\mu}{\rho}\right)$[cm²/s]

$$Re = \frac{DV\rho}{\mu} = \frac{DV}{\nu}$$

레이놀즈수 Re 는

$$Re = \frac{DV}{\nu}$$

$$= \frac{4\text{cm} \times 200\text{cm/s}}{5 \times 10^{-2}\text{cm}^2/\text{s}} = 16000$$

- 무조건 m(미터)로 단위를 환산할 것이 아니라 편리한 단위로 일치시켜 주면 되는 것이다. 여기서는 cm(센티미터)가 간편하여 cm로 단위를 일치시켰다.

답 ②

37. 임펠러의 지름이 같은 원심식 송풍기에서 회전수만 변화시킬 때 동력변화를 구하는 식으로 옳은 것은? (단, 변화 전·후의 회전수를 N_1, N_2, 변화 전·후의 동력을 L_1, L_2로 표시한다.)

① $L_2 = L_1 \times \left(\dfrac{N_2}{N_1}\right)^3$

② $L_2 = L_1 \times \left(\dfrac{N_2}{N_1}\right)^2$

③ $L_2 = L_1 \times \left(\dfrac{N_1}{N_2}\right)^3$

④ $L_2 = L_1 \times \left(\dfrac{N_1}{N_2}\right)^2$

해설 펌프의 상사법칙

(1) 유량

$$Q_2 = Q_1 \times \frac{N_2}{N_1} \times \left(\frac{D_2}{D_1}\right)^3 \quad \text{또는}$$

$$Q_2 = Q_1 \times \frac{N_2}{N_1}$$

(2) 전양정

$$H_2 = H_1 \times \left(\frac{N_2}{N_1}\right)^2 \times \left(\frac{D_2}{D_1}\right)^2 \quad \text{또는}$$

$$H_2 = H_1 \times \left(\frac{N_2}{N_1}\right)^2$$

(3) 동력

$$L_2 = L_1 \times \left(\frac{N_2}{N_1}\right)^3 \times \left(\frac{D_2}{D_1}\right)^5 \quad \text{또는}$$

$$L_2 = L_1 \times \left(\frac{N_2}{N_1}\right)^3$$

여기서, Q_1, Q_2 : 변화 전후의 유량(m³/s)
H_1, H_2 : 변화 전후의 전양정(m)
L_1, L_2 : 변화 전후의 동력(kW)
N_1, N_2 : 변화 전후의 회전수(rpm)
D_1, D_2 : 변화 전후의 직경(m)

답 ①

38. 표준 대기압 상태에서 15℃의 물 2kg을 모두 기체로 증발시키고자 할 때 필요한 에너지는 약 몇 kJ인가? (단, 물의 비열은 4.2kJ/(kg·K), 기화열은 2256kJ/kg이다.)

① 355
② 1248
③ 2256
④ 5226

해설 열량

$$Q = mC\Delta T + rm$$

여기서, Q : 열량(kJ)
r : 기화열(kJ/kg)
m : 질량(kg)
C : 비열(kJ/(kg·℃)) 또는 (kJ/(kg·K))
ΔT : 온도차(℃) 또는 (K)

(1) 기호
- m : 2kg
- C : 4.2kJ/(kg·℃)
- r : 2256kJ/kg

(2) 15℃ 물 → 100℃ 물
열량 Q_1 는
$Q_1 = mC\Delta T = 2\text{kg} \times 4.2\text{kJ/(kg·K)} \times (100-15)℃$
$= 714\text{kJ}$

- ΔT(온도차)를 구할 때는 ℃로 구하든지 K로 구하든지 그 값은 같으므로 편한대로 구하면 된다.
  예) (100-15)℃ = **85℃**
  K = 273+100 = 373K
  K = 273+15 = 288K
  (373-288)K = **85K**

(3) 100℃ 물 → 100℃ 수증기
열량 Q_2
$Q_2 = rm = 2256\text{kJ/kg} \times 2\text{kg} = \mathbf{4512\text{kJ}}$

(4) 전체열량 Q는
$Q = Q_1 + Q_2 = (714+4512)\text{kJ} = 5226\text{kJ}$

답 ④

39

그림과 같이 안쪽 원의 지름이 D_1, 바깥쪽 원의 지름이 D_2인 두 개의 동심원 사이에 유체가 흐르고 있다. 이 유동 단면의 수력지름(hydraulic diameter)을 구하면?

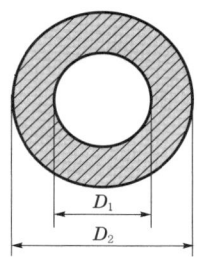

① $D_2 + D_1$
② $D_2 - D_1$
③ $\pi(D_2 + D_1)$
④ $\pi(D_2 - D_1)$

 (1) 수력반경(hydraulic radius)

$$R_h = \frac{A}{l} = \frac{1}{4}(D-d)$$

여기서, R_h : 수력반경[m]
　　　　A : 단면적[m²]
　　　　l : 접수길이[m]
　　　　D : 관의 외경[m]
　　　　d : 관의 내경[m]

(2) 수력직경(수력지름)(hydraulic diameter)

$$D_h = 4R_h$$

여기서, D_h : 수력직경[m]
　　　　R_h : 수력반경[m]

바깥지름 D_2, 안지름 D_1인 동심이중관

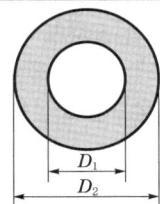

수력반경

$$R_h = \frac{A}{l} = \frac{\pi r^2}{2\pi r (\text{원둘레})}$$

$$= \frac{\pi(r_2^2 - r_1^2)}{2\pi(r_2 + r_1)} = \frac{\pi\left[\left(\frac{D_2}{2}\right)^2 - \left(\frac{D_1}{2}\right)^2\right]}{2\pi\left(\frac{D_2}{2} + \frac{D_1}{2}\right)}$$

$$= \frac{\frac{D_2^2}{4} - \frac{D_1^2}{4}}{2\left(\frac{D_2 + D_1}{2}\right)}$$

$$= \frac{\frac{D_2^2 - D_1^2}{4}}{D_2 + D_1}$$

인수분해 기본공식
$A^2 - B^2 = (A+B)(A-B)$ 이므로
$D_2^2 - D_1^2 = (D_2 + D_1)(D_2 - D_1)$

$$R_h = \frac{A}{l} = \frac{\frac{D_2^2 - D_1^2}{4}}{D_2 + D_1} = \frac{(D_2 + D_1)(D_2 - D_1)}{4(D_2 + D_1)}$$

$$= \frac{D_2 - D_1}{4}$$

• 원형이므로 단면적 $A = \pi r^2$, 원둘레 $l = 2\pi r$
　여기서, r : 반지름[m]

수력지름

$$D_h = 4R_h = 4 \times \frac{D_2 - D_1}{4} = D_2 - D_1$$

답 ②

40

완전 흑체로 가정한 흑연의 표면온도가 450℃이다. 단위면적당 방출되는 복사에너지 유속은 약 몇 kW/m²인가? (단, 흑체의 Stefan-Boltzman 상수는 $\sigma = 5.67 \times 10^{-8}$ W/(m²·K⁴)이다.)

① 2.33
② 15.5
③ 21.4
④ 232.5

(1) 기호
• T : (450+273)K
• E : ?
• σ : 5.67×10^{-8} W/(m²·K⁴)

(2) 복사에너지

$$E = \sigma T^4$$

여기서, E : 복사에너지[W/m²]
　　　　σ : Stefan-Baltzman 상수
　　　　T : 절대온도(273+℃)[K]

복사에너지 E는
$E = \sigma T^4$
$= 5.67 \times 10^{-8}$ W/(m²·K⁴) $\times (273+450)^4$ K⁴
$≒ 15500$ W/m² $= 15.5$ kW/m²

• σ : 5.67×10^{-8} W/(m²·K⁴)
• T : (273+450)K

답 ②

제3과목 소방관계법규

41 소방시설 설치 및 관리에 관한 법령상 단독경보형 감지기를 설치하여야 하는 특정소방대상물의 기준 중 틀린 것은?

① 연면적 400m² 미만의 유치원
② 교육연구시설 내에 있는 연면적 2000m² 미만의 합숙소
③ 수련시설 내에 있는 연면적 2000m² 미만의 기숙사
④ 연면적 2000m² 미만의 아파트

해설 ④ 아파트는 해당없음

소방시설법 시행령 〔별표 4〕
단독경보형 감지기의 설치대상

연면적	설치대상
400m² 미만	• 유치원 보기 ①
2000m² 미만	• 교육연구시설·수련시설 내에 있는 **합숙소** 또는 **기숙사** 보기 ②③
모두 적용	• 100명 미만의 수련시설(숙박시설이 있는 것) • 연립주택 • 다세대주택

답 ④

42 화재안전기준을 달리 적용하여야 하는 특수한 용도 또는 구조를 가진 특정소방대상물 중 원자력발전소에 설치하지 않을 수 있는 소방시설로 옳은 것은?

① 옥내소화전설비 및 소화용수설비
② 연결송수관설비 및 연결살수설비
③ 옥내소화전설비 및 옥외소화전설비
④ 스프링클러설비 및 물분무등소화설비

해설 소방시설법 시행령 〔별표 6〕
소방시설을 설치하지 않을 수 있는 특정소방대상물 및 소방시설의 범위

구분	특정소방대상물	소방시설
화재안전기준을 달리 적용하여야 하는 특수한 용도 또는 구조를 가진 특정소방대상물	• 원자력발전소 • 중·저준위방사성 폐기물의 저장시설	• **연**결송수관비 • **연**결살수설비 기억법 화기연(화기연구)
자체소방대가 설치된 특정소방대상물	자체소방대가 설치된 위험물 제조소 등에 부속된 사무실	• 옥내소화전설비 • 소화용수설비 • 연결살수설비 • 연결송수관설비

답 ②

43 제조소 등의 지위승계 및 폐지에 관한 설명 중 다음 ( ) 안에 알맞은 것은?

제조소 등의 설치자가 사망하거나 그 제조소 등을 양도·인도한 때 또는 합병이 있는 때에는 그 설치자의 지위를 승계한 자는 승계한 날부터 (㉠)일 이내에 그리고 제조소 등의 관계인은 당해 제조소 등의 용도를 폐지한 때에는 용도를 폐지한 날부터 (㉡)일 이내에 시·도지사에게 신고하여야 한다.

① ㉠ 14, ㉡ 14
② ㉠ 14, ㉡ 30
③ ㉠ 30, ㉡ 14
④ ㉠ 30, ㉡ 30

해설 위험물법 10·11조
(1) 30일
㉠ 소방시설업 등록사항 변경신고(공사업규칙 6조)
㉡ 위험물안전관리자의 **재선**임(위험물법 15조)
㉢ 소방안전관리자의 **재선**임(화재예방법 시행규칙 14조)
㉣ **도급계약** 해지(공사업법 23조)
㉤ 소방시설공사 중요사항 변경시의 신고일(공사업규칙 12조)
㉥ 소방기술자 실무교육기관 지정서 발급(공사업규칙 32조)
㉦ 소방공사감리자 변경서류제출(공사업규칙 15조)
㉧ **승계**(위험물법 10조)

(2) 14일
㉠ 소방기술자 실무교육기관 휴폐업신고일(공사업규칙 34조)
㉡ **제조소** 등의 용도**폐지** 신고일(위험물법 11조)
㉢ 위험물안전관리자의 **선**임신고일(위험물법 15조)
㉣ 소방안전관리자의 **선**임신고일(화재예방법 26조)

기억법 14제폐선(**일사**천리로 **제패**하여 **성**공하라.)

답 ③

44 위험물을 취급하는 건축물 그 밖의 시설 주위에 보유해야 하는 공지의 너비를 정하는 기준이 되는 것은? (단, 위험물을 이송하기 위한 배관 그 밖에 이와 유사한 시설을 제외한다.)

① 위험물안전관리자의 보유 기술자격
② 위험물의 품명
③ 취급하는 위험물의 최대수량
④ 위험물의 성질

해설 위험물규칙 〔별표 4〕
위험물을 취급하는 건축물 그 밖의 시설(위험물을 이송하기 위한 배관 그 밖에 이와 유사한 시설 제외)의 주위에는 그 **취급하는** 위험물의 **최대수량**에 따라 다음 표에 의한 **너비의 공지**를 보유할 것

취급하는 위험물의 최대수량	공지의 너비
지정수량의 10배 이하	3m 이상
지정수량의 10배 초과	5m 이상

답 ③

45. 소방시설공사업법령상 전문 소방시설공사업의 등록기준 및 영업범위의 기준에 대한 설명으로 틀린 것은?

① 법인인 경우 자본금은 최소 1억원 이상이다.
② 개인인 경우 자산평가액은 최소 1억원 이상이다.
③ 주된 기술인력 최소 1명 이상, 보조기술인력 최소 3명 이상을 둔다.
④ 영업범위는 특정소방대상물에 설치되는 기계분야 및 전기분야 소방시설의 공사·개설·이전 및 정비이다.

해설 ③ 3명 이상 → 2명 이상

공사업령 〔별표 1〕
소방시설공사업

종류	기술인력	자본금	영업범위
전문	• 주된 기술인력 : 1명 이상 • 보조기술인력 : 2명 이상 보기 ③	• 법인 : 1억원 이상 • 개인 : 1억원 이상	특정소방대상물
일반	• 주된 기술인력 : 1명 이상 • 보조기술인력 : 1명 이상	• 법인 : 1억원 이상 • 개인 : 1억원 이상	연면적 10000m² 미만 위험물제조소 등

답 ③

46. 소방시설공사 현장에 감리원을 배치하지 아니한 자의 벌칙기준은?

① 100만원 이하의 벌금
② 300만원 이하의 벌금
③ 500만원 이하의 벌금
④ 1000만원 이하의 벌금

해설 300만원 이하의 벌금
(1) 화재안전조사를 정당한 사유없이 거부·방해·기피(화재예방법 50조)
(2) 위탁받은 업무종사자의 **비밀누설**(소방시설법 59조)
(3) 방염성능검사 합격표시 위조(소방시설법 59조)
(4) **소**방안전관리자, 총괄소방안전관리자 또는 소방안전관리보조자 **미**선임(화재예방법 50조)
(5) 다른 자에게 자기의 성명이나 상호를 사용하여 소방시설공사 등을 수급 또는 시공하게 하거나 소방시설업의 등록증·등록수첩을 빌려준 자(공사업법 37조)

(6) **감**리원 **미**배치자(공사업법 37조)
(7) 소방기술인정 자격수첩을 빌려준 자(공사업법 37조)
(8) 2 이상의 업체에 취업한 자(공사업법 37조)
(9) 소방시설업자나 관계인 감독시 관계인의 업무를 방해하거나 **비밀누설**(공사업법 37조)

기억법 비3미소 감미(**비상미소**가 **감미**롭다.)

답 ②

47. 소방기본법상 최대 200만원 이하의 과태료 처분대상이 아닌 것은?

① 화재, 재난·재해, 그 밖의 위급한 상황이 발생한 구역에 소방본부장의 피난명령을 위반한 사람
② 소방활동구역을 대통령령으로 정하는 사람 외에 출입한 사람
③ 한국119청소년단 또는 이와 유사한 명칭을 사용한 자
④ 대통령령으로 정하는 특수가연물의 저장 및 취급 기준을 위반한 자

해설 ① 100만원 이하의 벌금

200만원 이하의 과태료
(1) 소방용수시설·소화기구 및 설비 등의 설치명령 위반(화재예방법 52조)
(2) **특수가연물**의 **저장·취급 기준 위반**(화재예방법 52조)
(3) 한국119청소년단 또는 이와 유사한 명칭을 사용한 자(기본법 56조)
(4) **소방활동구역** 출입(기본법 56조)
(5) 소방자동차의 출동에 지장을 준 자(기본법 56조)
(6) 관계서류 미보관자(공사업법 40조)
(7) 소방기술자 미배치자(공사업법 40조)
(8) 하도급 미통지자(공사업법 40조)

비교

100만원 이하의 벌금
(1) 관계인의 소방활동 미수행(기본법 20조)
(2) **피난명령** 위반(기본법 54조)
(3) 위험시설 등에 대한 긴급조치 방해(기본법 54조)
(4) 거짓보고 또는 자료 미제출자(공사업법 38조)
(5) 관계공무원의 출입·조사·검사 방해(공사업법 38조)

기억법 피1(차일**피**일)

답 ①

48. 수용인원 산정방법 중 침대가 없는 숙박시설로서 해당 특정소방대상물의 종사자의 수는 5명, 복도, 계단 및 화장실의 바닥면적을 제외한 바닥면적이 158m²인 경우의 수용인원은?

① 84명
② 58명
③ 45명
④ 37명

해설 소방시설법 시행령〔별표 7〕
수용인원의 산정방법

특정소방대상물		산정방법
숙박시설	침대가 있는 경우	종사자수+침대수
	침대가 없는 경우	종사자수+$\dfrac{바닥면적합계}{3m^2}$
• 강의실 • 상담실 • 휴게실	• 교무실 • 실습실	$\dfrac{바닥면적합계}{1.9m^2}$
• 기타		$\dfrac{바닥면적합계}{3m^2}$
• 강당 • 문화 및 집회시설, 운동시설 • 종교시설		$\dfrac{바닥면적합계}{4.6m^2}$

숙박시설(침대가 없는 경우)=종사자수+$\dfrac{바닥면적합계}{3m^2}$

$=5명+\dfrac{158m^2}{3m^2}=57.6≒58명$

※ 수용인원 산정시 **소수점 이하는 반올림**한다.
특히 주의!

중요

기타 개수 산정 (감지기·유도등 개수)	수용인원 산정
소수점 이하는 **절상**	소수점 이하는 **반올림**

기억법 수반(**수반**! 동반)

답 ②

49 특정소방대상물의 의료시설 중 병원에 해당하는 것은?
13.06.문45 (기사)
① 마약진료소 ② 장례시설
③ 전염병원   ④ 요양병원

해설 소방시설법 시행령〔별표 2〕
의료시설

구 분	종 류
병원	• 종합병원 • 병원 • 치과병원 • 한방병원 • **요양병원**
격리병원	• 전염병원 • 마약진료소
정신의료기관	–
장애인 의료재활시설	–

※ 장례시설은 장례시설 단독으로 분류한다.

답 ④

50 위험물안전관리법령상 위험물 유별에 따른 성질의
11.10.문03 분류 중 자기반응성 물질은?
① 황린
② 염소산염류
③ 알칼리토금속
④ 질산에스터류

해설 위험물령〔별표 1〕
위험물

유 별	성 질	품 명
제**1**류	**산**화성 **고**체	• 아염소산염류 • 염소산염류(**염소산나트륨**) • 과염소산염류 • 질산염류 • 무기과산화물 기억법 1산고염나
제2류	가연성 고체	• **황**화인 • **적**린 • **황** • **마**그네슘 기억법 황화적황마
제3류	자연발화성 물질 및 금수성 물질	• **황**린 • **칼**륨 • **나**트륨 • **알**칼리토금속 • **트**리에틸알루미늄 기억법 황칼나알트
제4류	인화성 액체	• 특수인화물 • 석유류(벤젠) • 알코올류 • 동식물유류
제5류	자기반응성 물질	• 유기과산화물 • 나이트로화합물 • 나이트로소화합물 • 아조화합물 • **질산에스터류**(셀룰로이드)
제6류	산화성 액체	• 과염소산 • 과산화수소 • 질산

답 ④

51 소방시설공사업법상 소방시설공사 결과 소방시
11.06.문59 설의 하자발생시 통보를 받은 공사업자는 며칠
이내에 하자를 보수해야 하는가?
① 3   ② 5
③ 7   ④ 10

해설 공사업법 15조
소방시설공사의 하자보수기간 : **3일** 이내

중요

3일
(1) **하**자보수기간(공사업법 15조)
(2) 소방시설업 등록증 **분**실 등의 **재**발급(공사업규칙 4조)
(3) 소방시설 등의 자체점검 면제 또는 연기신청(소방시설법 시행규칙 22조)
(4) 소방안전관리자 선임연기신청서 관계인 통보(화재예방법 시행규칙 14조)

기억법 3하등분재(**상하**에서 **동**생이 **분재**를 가져왔다.)

답 ①

52. 위험물안전관리법상 위험물의 정의 중 다음 ( ) 안에 알맞은 것은?

> 위험물이라 함은 (㉠) 또는 발화성 등의 성질을 가지는 것으로서 (㉡)이/가 정하는 물품을 말한다.

① ㉠ 인화성, ㉡ 대통령령
② ㉠ 휘발성, ㉡ 국무총리령
③ ㉠ 인화성, ㉡ 국무총리령
④ ㉠ 휘발성, ㉡ 대통령령

해설 위험물법 2조
용어의 정의

용어	뜻
위험물	**인화성** 또는 **발화성** 등의 성질을 가지는 것으로서 **대통령령**이 정하는 물품
지정수량	위험물의 종류별로 위험성을 고려하여 대통령령이 정하는 수량으로서 제조소 등의 설치허가 등에 있어서 **최저**의 기준이 되는 **수량**
제조소	위험물을 제조할 목적으로 **지정수량 이상**의 위험물을 취급하기 위하여 허가를 받은 장소
저장소	지정수량 이상의 위험물을 저장하기 위한 **대통령령**이 정하는 장소
취급소	지정수량 이상의 위험물을 제조 외의 목적으로 취급하기 위한 대통령령이 정하는 장소
제조소 등	제조소·저장소·취급소

답 ①

53. 소방시설 중 경보설비에 해당하지 않는 것은?

① 비상벨설비
② 단독경보형 감지기
③ 비상방송설비
④ 비상콘센트설비

해설 ④ 비상콘센트설비 : 소화활동설비

소방시설법 시행령 〔별표 1〕
경보설비
(1) 비상경보설비 ┬ 비상벨설비
               └ 자동식 사이렌설비
(2) 단독경보형 감지기
(3) 비상방송설비
(4) 누전경보기
(5) 자동화재탐지설비 및 시각경보기
(6) 자동화재속보설비
(7) 가스누설경보기
(8) 통합감시시설
(9) 화재알림설비

※ **경보설비** : 화재발생 사실을 통보하는 기계·기구 또는 설비

답 ④

54. 국가가 시·도의 소방업무에 필요한 경비의 일부를 보조하는 국고보조 대상이 아닌 것은?

① 소방용수시설
② 소방전용통신설비
③ 소방자동차
④ 소방관서용 청사의 건축

해설 ① 국고보조대상이 아님

기본령 2조
국고보조의 대상 및 기준
(1) **국고보조의 대상**
  ㉠ 소방활동장비와 설비의 구입 및 설치
    • 소방**자**동차
    • 소방**헬**리콥터·소방정
    • 소방**전**용통신설비·전산설비
    • 방**화복**
  ㉡ 소방관서용 **청**사
(2) 소방활동장비 및 설비의 종류와 규격 : 행정안전부령
(3) 대상사업의 기준보조율 : 「보조금관리에 관한 법률 시행령」에 따름

기억법 국화복 활자 전헬청

답 ①

55. 제조소 등에 전기설비(전기배선, 조명기구 등은 제외)가 설치된 장소의 면적이 $250m^2$라면, 설치해야 할 소형 수동식소화기의 최소개수는?

① 1개
② 2개
③ 3개
④ 4개

해설 위험물규칙 〔별표 17〕
전기설비의 소화설비
제조소 등에 전기설비(전기배선, 조명기구 등 제외)가 설치된 경우에는 당해 장소의 면적 $100m^2$마다 **소형 수동식소화기**를 1개 이상 설치할 것

〈제조소 등의 전기설비 소형 수동식소화기 개수〉

$$\frac{바닥면적}{100m^2}(절상) = \frac{250m^2}{100m^2} = 2.5 ≒ 3개(절상)$$

중요
절상 : '소수점 이하는 무조건 올린다.'는 뜻

답 ③

56 소방시설공사업법령상 소방공사감리를 실시함에 있어 용도와 구조에서 특별히 안전성과 보안성이 요구되는 소방대상물로서 소방시설물에 대한 감리는 감리업자 아닌 자가 감리를 할 수 있는 장소는?

① 교도소 등 교정관련시설
② 국방 관계시설 설치장소
③ 정보기관의 청사
④ 「원자력안전법」상 관계시설이 설치되는 장소

해설 공사업령 8조
감리업자가 아닌 자가 감리할 수 있는 보안성 등이 요구되는 소방대상물의 감리장소
「원자력안전법」에 따른 관계시설이 설치되는 장소

답 ④

57 하자보수대상 소방시설 중 하자보수 보증기간이 3년인 것은?

① 유도등
② 피난기구
③ 비상방송설비
④ 스프링클러설비

해설 ①, ②, ③ 2년
④ 3년

공사업령 6조
소방시설공사의 하자보수 보증기간

보증기간	소방시설
2년	① **유**도등 · **피**난기구 ② **비**상**조**명등 · 비상**경**보설비 · 비상**방**송설비 ③ **무**선통신보조설비
3년	① 자동소화장치 ② 옥내 · 외소화전설비 ③ 스프링클러설비 ④ 물분무등소화설비 · 소화용수설비 ⑤ 자동화재탐지설비 · 소화활동설비(무선통신보조설비 제외) ⑥ 화재알림설비

기억법 유비조경방무피2(유비조경방무피투)

답 ④

58 소방시설관리업자가 기술인력을 변경시 시 · 도지사에게 첨부하여 제출하는 서류가 아닌 것은?

① 소방시설관리업 등록수첩
② 변경된 기술인력의 기술자격증(경력수첩 포함)
③ 소방기술인력대장
④ 사업자등록증 사본

해설 소방시설법 시행규칙 34조
소방시설관리업의 기술인력을 변경하는 경우의 서류
(1) 소방시설관리업 등록수첩
(2) 변경된 기술인력의 기술자격증(경력수첩 포함)
(3) 소방기술인력대장

답 ④

59 제조 또는 가공 공정에서 방염처리를 한 물품으로서 방염대상물품이 아닌 것은? (단, 합판 · 목재류의 경우에는 설치현장에서 방염처리를 한 것을 포함한다.)

① 카펫
② 창문에 설치하는 커튼류
③ 두께가 2mm 미만인 종이벽지
④ 전시용 합판 또는 섬유판

해설 ③ 두께 2mm 미만인 종이벽지 → 두께 2mm 미만인 종이벽지 제외

소방시설법 시행령 31조
방염대상물품

제조 또는 가공 공정에서 방염처리를 한 물품	건축물 내부의 천장이나 벽에 부착하거나 설치하는 것
① 창문에 설치하는 **커튼류** (블라인드 포함) ② 카펫 ③ 벽지류(두께 2mm 미만인 종이벽지 제외) ④ 전시용 합판 · 목재 또는 섬유판 ⑤ 무대용 합판 · 목재 또는 섬유판 ⑥ 암막 · 무대막(영화상영관 · 가상체험 체육시설업의 스크린 포함) ⑦ 섬유류 또는 합성수지류 등을 원료로 하여 제작된 소파 · 의자(단란주점영업, 유흥주점영업 및 노래연습장업의 영업장에 설치하는 것만 해당)	① 종이류(두께 2mm 이상), 합성수지류 또는 섬유류를 주원료로 한 물품 ② 합판이나 목재 ③ 공간을 구획하기 위하여 설치하는 간이칸막이 ④ 흡음재(흡음용 커튼 포함) 또는 방음재(방음용 커튼 포함) ※ **가구류**(옷장, 찬장, 식탁, 식탁용 의자, 사무용 책상, 사무용 의자, 계산대)와 너비 10cm 이하인 반자돌림대, 내부 마감재료 제외

답 ③

60 특정소방대상물 중 근린생활시설에 해당되는 것은? (단, 같은 건축물에 해당 용도로 쓰는 바닥면적의 합계이다.)

① 바닥면적의 합계가 1500㎡인 슈퍼마켓
② 바닥면적의 합계가 1200㎡인 자동차영업소
③ 바닥면적의 합계가 450㎡인 골프연습장
④ 바닥면적의 합계가 400㎡인 영화상영관

해설 ③ 골프연습장은 500㎡ 미만이므로 근린생활시설이다.

소방시설법 시행령〔별표 2〕
근린생활시설

면 적	적용장소
150㎡ 미만	• 단란주점
300㎡ 미만	• **종**교시설 • 공연장 • 비디오물 감상실업 • 비디오물 소극장업
500㎡ 미만	• 탁구장　• 서점 • 테니스장　• 볼링장 • 체육도장　• 금융업소 • 사무소　• 부동산 중개사무소 • 학원　• 골프연습장 • 당구장
1000㎡ 미만	• 자동차영업소　• 슈퍼마켓 • 일용품　• 의료기기 판매소 • 의약품 판매소
전부	• 기원 • 이용원·미용원·목욕장 및 세탁소 • 휴게음식점·일반음식점, 제과점 • **독**서실 • 안마원(안마시술소 포함) • 조산원(**산**후조리원 포함) • **의**원, 치과의원, 한의원, 침술원, 접골원

기억법 종3(**중세**시대), 근독산의

면 적	적용장소
① 1000㎡ 미만	슈퍼마켓
② 1000㎡ 미만	자동차영업소
③ 500㎡ 미만	골프연습장
④ 300㎡ 미만	영화상영관

답 ③

제 4 과목 소방기계시설의 구조 및 원리

61 소화수조, 저수조의 채수구 또는 흡수관 투입구는 소방차가 몇 m 이내의 지점까지 접근할 수 있는 위치에 설치하여야 하는가?

① 2　② 3
③ 4　④ 5

해설 **소화수조** 및 **저수조**의 **설치기준**(NFPC 402 4~5조, NFTC 402 2.1.1, 2.2)
(1) 소화수조 또는 저수조가 지표면으로부터 깊이가 **4.5m** 이상인 지하에 있는 경우에는 소요수량을 고려하여 가압송수장치를 설치할 것
(2) 소화수조 및 저수조의 채수구 또는 흡수관 투입구는 소방차가 **2m** 이내의 지점까지 접근할 수 있는 위치에 설치할 것 보기 ①
(3) 소화수조가 **옥상** 또는 옥탑부분에 설치된 경우에는 지상에 설치된 채수구에서의 압력이 **0.15MPa** 이상 되도록 할 것

기억법 옥15

답 ①

62 분말소화약제 저장용기의 내부압력이 설정압력으로 되었을 때 정압작동장치에 의해 개방되는 밸브는?

① 주밸브
② 클리닝밸브
③ 니들밸브
④ 기동용기밸브

해설 **정압작동장치**
약제저장용기 내의 내부압력이 설정압력이 되었을 때 **주밸브**를 개방시키는 장치로서 정압작동장치의 설치위치는 그림과 같다.

기억법 주정(**주정**뱅이가 되지 말라!)

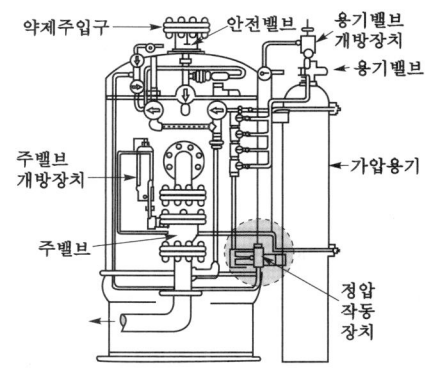

‖정압작동장치‖

중요

정압작동장치의 종류
(1) 봉판식
(2) 기계식
(3) 스프링식
(4) 압력스위치식
(5) 시한릴레이식

답 ①

63. 제연구역 구획기준 중 제연경계의 폭과 수직거리 기준으로 옳은 것은? (단, 구조상 불가피한 경우는 제외한다.)

① 폭 : 0.3m 이상, 수직거리 : 0.6m 이내
② 폭 : 0.6m 이내, 수직거리 : 2m 이상
③ 폭 : 0.6m 이상, 수직거리 : 2m 이내
④ 폭 : 2m 이상, 수직거리 : 0.6m 이내

해설 제연구획에서 제연경계의 폭은 **0.6m 이상**, 수직거리는 **2m 이내**이어야 한다.

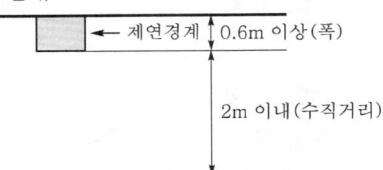

중요
제연구역의 구획(NFPC 501 4조, NFTC 501 2.1.1)
(1) 1제연구역의 면적은 **1000m²** 이내로 할 것
(2) 거실과 통로는 **각각 제연구획**할 것
(3) 통로상의 제연구역은 보행중심선의 길이가 **60m**를 초과하지 않을 것
(4) 1제연구역은 직경 **60m** 원 내에 들어갈 것
(5) 1제연구역은 2개 이상의 층에 미치지 않을 것

기억법 제10006(제천 육포)

답 ③

64. 대형 소화기에 충전하는 소화약제량의 최소기준으로 틀린 것은?

① 물소화기 : 80L 이상
② 이산화탄소소화기 : 50kg 이상
③ 할로겐화합물소화기 : 30kg 이상
④ 강화액소화기 : 20L 이상

해설 ④ 20L → 60L

대형 소화기의 소화약제 충전량(소화기의 형식승인 및 제품검사의 기술기준 10조)

종 별	충전량
포(기계포)	**2**0L 이상
분말	**2**0kg 이상
할로겐화합물	**3**0kg 이상
이산화탄소(CO_2)	**5**0kg 이상
강화액	**6**0L 이상
물	**8**0L 이상

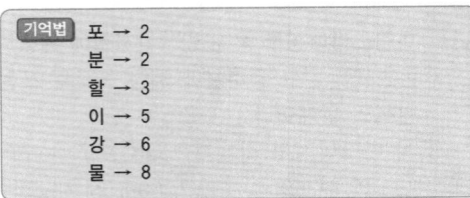

기억법 포 → 2
분 → 2
할 → 3
이 → 5
강 → 6
물 → 8

답 ④

65. 특별피난계단의 계단실 및 부속실 제연설비의 차압 등에 관한 기준으로 틀린 것은?

① 제연구역과 옥내와의 사이에 유지해야 하는 최소차압은 40Pa 이상으로 해야 한다.
② 제연설비가 가동되었을 경우 출입문의 개방에 필요한 힘은 100N 이하로 해야 한다.
③ 옥내에 스프링클러가 설치된 경우 제연구역과 옥내와의 사이에 유지해야 하는 최소차압은 12.5Pa 이상으로 해야 한다.
④ 계단실과 부속실을 동시에 제연하는 경우 부속실의 기압은 계단실과 같게 하거나 계단실의 기압보다 낮게 할 경우에는 부속실과 계단실의 압력차이는 5Pa 이하가 되도록 해야 한다.

해설 ② 100N → 110N

차압(NFPC 501A 6조, NFTC 501A 2.3)
(1) 제연구역과 옥내와의 사이에 유지해야 하는 최소차압은 **40Pa** (옥내에 **스프링클러설비**가 설치된 경우는 **12.5Pa**) 이상
(2) 제연설비가 가동되었을 경우 출입문의 개방에 필요한 힘은 **110N 이하**
(3) 계단실과 부속실을 동시에 제연하는 경우 부속실의 기압은 계단실과 같게 하거나 계단실의 기압보다 낮게 할 경우에는 부속실과 계단실의 압력차이는 **5Pa 이하**
(4) 계단실 및 그 부속실을 동시에 제연하는 것 또는 계단실만 단독으로 제연할 때의 방연풍속은 **0.5m/s 이상**

답 ②

66. 의료시설 3층에 피난기구의 적응성이 없는 것은?

① 공기안전매트
② 구조대
③ 승강식 피난기
④ 피난용 트랩

해설 **피난기구의 적응성**(NFTC 301 2.1.1)

설치 장소별 구분	1층	2층	3층	4층 이상 10층 이하

노유자시설	• 미끄럼대
	• 구조대
	• 피난교
	• 다수인 피난
	  장비
	• 승강식 피난기
		• 미끄럼대
		• 구조대
		• 피난교
		• 다수인 피난
		  장비
		• 승강식 피난기
			• 미끄럼대
			• 구조대
			• 피난교
			• 다수인 피난
			  장비
			• 승강식 피난기
				• 구조대¹⁾
				• 피난교
				• 다수인 피난
				  장비
				• 승강식 피난기

의료시설
· 입원실이
있는
의원 · 접골원
· 조산원
	–	–	• 미끄럼대
			• 구조대
			• 피난교
			• 피난용 트랩
			• 다수인 피난
			  장비
			• 승강식 피난기
				• 구조대
				• 피난교
				• 피난용 트랩
				• 다수인 피난
				  장비
				• 승강식 피난기

영업장의
위치가
4층 이하인
다중
이용업소
	–	• 미끄럼대
		• 피난사다리
		• 구조대
		• 완강기
		• 다수인 피난
		  장비
		• 승강식 피난기
			• 미끄럼대
			• 피난사다리
			• 구조대
			• 완강기
			• 다수인 피난
			  장비
			• 승강식 피난기
				• 미끄럼대
				• 피난사다리
				• 구조대
				• 완강기
				• 다수인 피난
				  장비
				• 승강식 피난기

그 밖의 것	–	–	• 미끄럼대
			• 피난사다리
			• 구조대
			• 완강기
			• 피난교
			• 피난용 트랩
			• 간이완강기²⁾
			• 공기안전매트²⁾
			• 다수인 피난
			  장비
			• 승강식 피난기
				• 피난사다리
				• 구조대
				• 완강기
				• 피난교
				• 간이완강기²⁾
				• 공기안전매트²⁾
				• 다수인 피난
				  장비
				• 승강식 피난기

[비고] 1) **구조대**의 적응성은 **장애인관련시설**로서 주된 사용자 중 **스스로 피난**이 **불가**한 자가 있는 경우 추가로 설치하는 경우에 한한다.
2) **간이완강기**의 적응성은 **숙박시설**의 **3층 이상**에 있는 객실에, **공기안전매트**의 적응성은 **공동주택**에 추가로 설치하는 경우에 한한다.

중요
의무관리대상 공동주택(NFPC 608 13조, NFTC 608 2.9.1.3)
공동주택 구역마다 공기안전매트 1개 이상 추가 설치

비교
피난기구 적응성

간이완강기	공기안전매트	구조대
숙박시설의 3층 이 상에 있는 객실	공동주택	장애인관련시설

답 ①

★★
67 분말소화약제 가압용 가스용기의 설치기준 중 틀린 것은?
① 분말소화약제의 가압용 가스용기를 7병 이상 설치한 경우에는 2개 이상의 용기에 전자개방밸브를 부착할 것
② 분말소화약제의 가압용 가스용기에는 2.5MPa 이하의 압력에서 조정이 가능한 압력조정기를 설치할 것

③ 가압용 가스에 질소가스를 사용하는 것의 질소가스는 소화약제 1kg마다 40L 이상, 이산화탄소를 사용하는 것의 이산화탄소는 소화약제 1kg에 대하여 20g에 배관의 청소에 필요한 양을 가산한 양 이상으로 할 것
④ 축압용 가스에 질소가스를 사용하는 것의 질소가스는 소화약제 1kg에 대하여 10L 이상, 이산화탄소를 사용하는 것의 이산화탄소는 소화약제 1kg에 대하여 20g에 배관의 청소에 필요한 양을 가산한 양 이상으로 할 것

해설 ① 7병 → 3병

전자개방밸브 부착

분말소화약제 가압용 가스용기	이산화탄소 · 분말 소화설비 전기식 기동장치
3병 이상 설치한 경우 2개 이상 보기 ①	7병 이상 개방시 2병 이상

 중요

(1) **분말소화약제의 가스용기**(NFPC 108 5조, NFTC 108 2.2)
 ㉠ 가압용 가스용기를 3병 이상 설치한 경우에는 2개 이상의 용기에 **전자개방밸브** 부착
 ㉡ 가압용 가스용기에는 2.5MPa 이하의 압력에서 조정이 가능한 압력조정기 설치
 ㉢ 가압용 가스 또는 축압용 가스의 설치기준
 • 가압용 가스 또는 축압용 가스는 **질소가스** 또는 **이산화탄소**로 할 것
 • **가압용 가스**에 질소가스를 사용하는 것의 **질소가스**는 소화약제 1kg마다 **40L**(35℃에서 1기압의 압력상태로 환산한 것) 이상, 이산화탄소를 사용하는 것의 이산화탄소는 소화약제 1kg에 대하여 **20g**에 배관의 청소에 필요한 양을 가산한 양 이상으로 할 것
 • **축압용 가스**에 질소가스를 사용하는 것의 **질소가스**는 소화약제 1kg에 대하여 **10L**(35℃에서 1기압의 압력상태로 환산한 것) 이상, 이산화탄소를 사용하는 것의 이산화탄소는 소화약제 1kg에 대하여 **20g**에 배관의 청소에 필요한 양을 가산한 양 이상으로 할 것
 • **배관의 청소**에 필요한 양의 가스는 **별도**의 **용기**에 저장할 것

(2) **가압식**과 **축압식**의 **설치기준**(35℃에서 1기압의 압력상태로 환산한 것)(NFPC 108 5조, NFTC 108 2.2.4)

구분 사용 가스	가압식	축압식
N₂(질소)	40L/kg 이상	10L/kg 이상
CO₂ (이산화탄소)	20g/kg+배관청소 필요량 이상	20g/kg+배관청소 필요량 이상

※ 배관청소용 가스는 별도의 용기에 저장한다.

답 ①

68 인명구조기구의 종류가 아닌 것은?

① 방열복 ② 공기호흡기
③ 인공소생기 ④ 자동심장충격기

해설 **피난구조설비** (소방시설법 시행령 〔별표 1〕)
(1) 피난기구 ─ 피난사다리
　　　　　　 ─ 구조대
　　　　　　 ─ 완강기
　　　　　　 ─ 소방청장이 정하여 고시하는 화재안전기준으로 정하는 것(미끄럼대, 피난교, 공기안전매트, 피난용 트랩, 다수인 피난장비, 승강식 피난기, 간이완강기, 하향식 피난구용 내림식 사다리)
(2) **인**명구조기구 ─ **방열**복 보기 ①
　　　　　　　　　─ **방화**복(안전모, 보호장갑, 안전화 포함)
　　　　　　　　　─ **공**기호흡기 보기 ②
　　　　　　　　　─ **인**공소생기 보기 ③

기억법 방화열공인

(3) 유도등 ─ 피난유도선
　　　　　 ─ 피난구유도등
　　　　　 ─ 통로유도등
　　　　　 ─ 객석유도등
　　　　　 ─ 유도표지
(4) 비상조명등 · 휴대용 비상조명등

답 ④

69 연결송수관설비 방수구의 설치기준 중 다음 (　) 안에 알맞은 것은? (단, 집회장·관람장·백화점·도매시장·소매시장·판매시설·공장·창고시설 또는 지하가를 제외한다.)

송수구가 부설된 옥내소화전을 설치한 특정소방대상물로서 지하층을 제외한 층수가 (㉠)층 이하이고 연면적이 (㉡)m² 미만인 특정소방대상물의 지상층에는 방수구를 설치하지 아니할 수 있다.

① ㉠ 4, ㉡ 6000
② ㉠ 5, ㉡ 3000
③ ㉠ 4, ㉡ 3000
④ ㉠ 5, ㉡ 6000

해설 **연결송수관설비의 방수구 설치제외장소** (NFTC 502 2.3.1.1)
(1) **아파트의 1층 및 2층**
(2) 소방차의 접근이 가능하고 소방대원이 소방차로부터 각 부분에 쉽게 도달할 수 있는 피난층
(3) 송수구가 부설된 옥내소화전을 설치한 특정소방대상물(집회장·관람장·백화점·도매시장·소매시장·판매시설·공장·창고시설 또는 지하가 제외)로서 다음에 해당하는 층
　㉠ 지하층을 제외한 **4층** 이하이고 연면적이 **6000m²** 미만인 특정소방대상물의 지상층 보기 ①

㉡ 지하층의 층수가 **2** 이하인 특정소방대상물의 지하층

기억법 송46(송사리로 **육**포를 만들다.)

답 ①

70 할로겐화합물 및 불활성기체 소화약제의 최대허용설계농도[%] 기준으로 옳은 것은?

① HFC-125 : 9%
② IG-541 : 50%
③ FC-3-1-10 : 43%
④ HCFC-124 : 1%

해설
① 9% → 11.5%
② 50% → 43%
③ 43% → 40%

할로겐화합물 및 불활성기체 소화약제 최대허용설계농도 (NFTC 107A 2.4.2)

소화약제	최대허용설계농도[%]
FIC-13I1	0.3
HCFC-124	1.0 보기 ④
FK-5-1-12	10
HCFC BLEND A	
HFC-227ea	10.5
HFC-125	11.5
HFC-236fa	12.5
HFC-23	30
FC-3-1-10	40
IG-01	43
IG-100	
IG-541	
IG-55	

답 ④

71 상수도직결형 간이스프링클러설비의 배관 및 밸브 등의 설치순서로 옳은 것은?

① 수도용계량기-급수차단장치-개폐표시형밸브-체크밸브-압력계-유수검지장치-2개의 시험밸브순으로 설치
② 수도용계량기-급수차단장치-개폐표시형밸브-압력계-체크밸브-유수검지장치-2개의 시험밸브순으로 설치
③ 수도용계량기-개폐표시형밸브-압력계-체크밸브-압력계-개폐표시형밸브순으로 설치
④ 수도용계량기-개폐표시형밸브-압력계-체크밸브-압력계-개폐표시형밸브-일제개방밸브순으로 설치

해설 **간이스프링클러설비(상수도직결형)**(NFPC 103A 8조, NFTC 103A 2.5.16)

수도용계량기 – **급수**차단장치 – **개**폐표시형밸브 – **체**크밸브 – **압**력계 – **유**수검지장치 – **2**개의 **시**험밸브

기억법 상수도2 급수 개체 압유 시(상수도가 이상함)

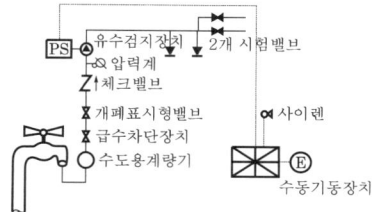

| 상수도직결형

중요
간이스프링클러설비 이외의 배관
화재시 배관을 차단할 수 있는 **급수차단장치**를 설치할 것

비교
(1) 간이스프링클러설비(펌프 등 사용)

수원 – **연**성계 또는 진공계 – **펌**프 또는 압력수조 – **압**력계 – **체**크밸브 – **성**능시험배관 – **개**폐표시형밸브 – **유**수검지장치 – **시**험밸브

기억법 수연펌프 압체성 개유시

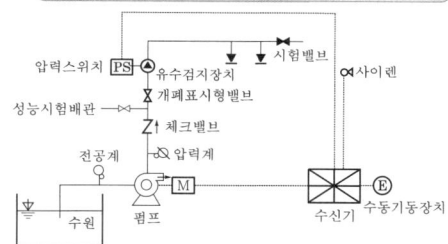

| 펌프 등의 가압송수장치를 이용하는 방식

(2) 간이스프링클러설비(**가**압수조 사용)

수원 – **가**압수조 – **압**력계 – **체**크밸브 – **성**능시험배관 – **개**폐표시형밸브 – **유**수검지장치 – **2**개의 **시**험밸브

기억법 가수가2 압체성 개유시(가수가인)

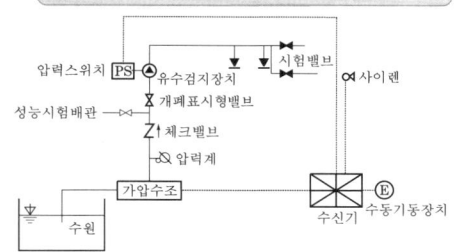

| 가압수조를 가압송수장치로 이용하는 방식

(3) 간이스프링클러설비(**캐**비닛형)

수원 – **연**성계 또는 진공계 – **펌**프 또는 압력수조 – **압**력계 – **체**크밸브 – **개**폐표시형밸브 – **2**개의 **시**험밸브

기억법 2캐수연 펌압체개 시(가구회사 이케아)

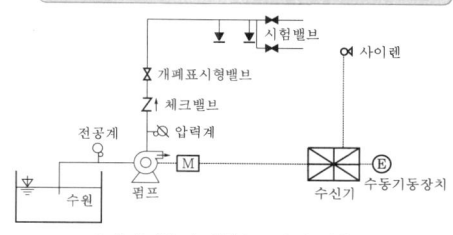

| 캐비닛형의 가압송수장치 이용

답 ①

72 호스릴포소화설비 또는 포소화전설비를 설치할 수 있는 차고·주차장의 부분이 아닌 것은?
13.06.문62 (기사)

① 지상 1층으로서 지붕이 없는 차고·주차장
② 완전개방된 옥상주차장
③ 고가 밑의 주차장으로서 주된 벽이 없고 기둥뿐이거나 주위가 위해방지용 철주 등으로 둘러싸인 부분
④ 지상에서 수동 또는 원격조작에 따라 개방이 가능한 개구부의 유효면적의 합계가 바닥면적의 10% 이상인 부분

해설 ④ 무관한 내용

포소화설비의 적응대상(NFPC 105 4조, NFTC 105 2.1)

특정소방대상물	설비 종류
• 차고·주차장 • 항공기 격납고 • 공장·창고(특수가연물 저장·취급)	• 포워터 스프링클러설비 • 포헤드설비 • 고정포 방출설비 • 압축공기포 소화설비
• 완전 개방된 옥상주차장(주된 벽이 없고 기둥뿐이거나 주위가 위해방지용 철주 등으로 둘러싸인 부분) • **지상 1층**으로서 지붕이 없는 차고·주차장 • 고가 밑의 주차장(주된 벽이 없고 기둥뿐이거나 주위가 위해방지용 철주 등으로 둘러싸인 부분)	• 호스릴포소화설비 • 포소화전설비
• 발전기실 • 엔진펌프실 • 변압기 • 전기케이블실 • 유압설비	• 고정식 압축공기포 소화설비(바닥면적합계 300m² 미만)

답 ④

73. 물분무소화설비를 설치하는 차고 또는 주차장의 배수설비 설치기준으로 옳은 것은?

① 차량이 주차하는 바닥은 배수구를 향하여 100분의 1 이상의 경사를 유지할 것
② 차량이 주차하는 장소의 적당한 곳에 높이 5cm 이상의 경계턱으로 배수구를 설치할 것
③ 배수설비는 가압송수장치 최대송수능력의 수량을 유효하게 배수할 수 있는 크기 및 기울기로 할 것
④ 배수구에는 새어나온 기름을 모아 소화할 수 있도록 길이 50m 이하마다 집수관·소화피트 등 기름분리장치를 설치할 것

해설
① 100분의 1 → 100분의 2
② 5cm → 10cm
④ 50m → 40m

물분무소화설비의 **배수설비** (NFPC 104 11조, NFTC 104 2.8.1)
(1) **10cm** 이상의 경계턱으로 배수구 설치(차량이 주차하는 곳) 보기 ②
(2) **40m** 이하마다 기름분리장치 설치 보기 ④
(3) 차량이 주차하는 바닥은 $\frac{2}{100}$ 이상의 기울기 유지 보기 ①
(4) **배수설비**는 가압송수장치의 **최대송수능력**의 수량을 유효하게 배수할 수 있는 크기 및 기울기로 할 것 보기 ③

참고

기울기

구 분	배관 및 설비
$\frac{1}{100}$ 이상	연결살수설비의 수평주행배관
$\frac{2}{100}$ 이상	물분무소화설비의 배수설비
$\frac{1}{250}$ 이상	습식·부압식 설비 외 설비의 가지배관
$\frac{1}{500}$ 이상	습식·부압식 설비 외 설비의 수평주행배관

답 ③

74. 스프링클러설비의 배관 중 수직배수배관의 구경은 최소 몇 mm 이상으로 하여야 하는가? (단, 수직배관의 구경이 50mm 미만인 경우는 제외한다.)

① 40 ② 45
③ 50 ④ 60

해설 스프링클러설비의 배관 (NFPC 103 8조, NFTC 103 2.5)
(1) 배관의 구경

교차배관	수직배수배관
40mm 이상	**5**0mm 이상

 교4(교사), 수5(수호천사)

(2) 가지배관의 배열은 **토너먼트방식**이 아닐 것
(3) 기울기

구 분	설 비
$\frac{1}{100}$ 이상	연결살수설비의 수평주행배관
$\frac{2}{100}$ 이상	물분무소화설비의 배수설비
$\frac{1}{250}$ 이상	습식·부압식 설비 외 설비의 가지배관
$\frac{1}{500}$ 이상	습식·부압식 설비 외 설비의 수평주행배관

답 ③

75. 폐쇄형 스프링클러헤드를 사용하는 경우 포소화설비 자동식 기동장치의 설치기준으로 틀린 것은? (단, 자동화재탐지설비의 수신기가 설치된 장소에 상시 사람이 근무하고 있고 화재시 즉시 해당 조작부를 작동시킬 수 있는 경우는 제외한다.)

① 하나의 감지장치 경계구역은 하나의 층이 되도록 할 것
② 폐쇄형 스프링클러헤드는 표시온도가 79℃ 이상 121℃ 미만인 것을 사용할 것
③ 폐쇄형 스프링클러헤드 1개의 경계면적은 20m² 이하로 할 것
④ 부착면의 높이는 바닥으로부터 5m 이하로 하고, 화재를 유효하게 감지할 수 있도록 할 것

해설 ② 79℃ 이상 121℃ 미만 → 79℃ 미만
포소화설비의 **자동식 기동장치 설치기준**(폐쇄형 헤드 개방방식)(NFTC 105 2.8.2.1)
(1) 표시온도 **79℃** 미만인 것을 사용하고, 1개의 스프링클러헤드의 경계면적은 **20m²** 이하
(2) 부착면의 높이는 바닥으로부터 **5m** 이하로 하고, 화재를 유효하게 감지할 수 있도록 함
(3) 하나의 감지장치 경계구역은 하나의 **층**이 되도록 함

답 ②

76 ★★ 옥외소화전이 31개 이상 설치된 경우 옥외소화전 몇 개마다 1개 이상의 소화전함을 설치하여야 하는가?

① 3
② 5
③ 9
④ 11

해설 옥외소화전이 **31개** 이상이므로 소화전 **3개**마다 **1개** 이상 설치하여야 한다. 보기 ①

🔧 중요

옥외소화전함 설치기구(NFTC 109 2.4)

옥외소화전 개수	소화전함 개수
10개 이하	**5m** 이내의 장소에 **1개** 이상
11~30개 이하	**11개** 이상 소화전함 분산설치
31개 이상	소화전 **3개**마다 **1개** 이상

답 ①

77 ★ 소화기구의 설치기준 중 다음 ( ) 안에 알맞은 것은?

능력단위가 2단위 이상이 되도록 소화기를 설치하여야 할 특정소방대상물 또는 그 부분에 있어서는 간이소화용구의 능력단위가 전체 능력단위의 ( )을 초과하지 아니하게 할 것

① 1/2
② 1/3
③ 1/4
④ 1/5

해설 **소화기구의 설치기준**(NFPC 101 4조, NFTC 101 2.1.1.5)
능력단위가 2단위 이상이 되도록 소화기를 설치하여야 할 특정소방대상물 또는 그 부분에 있어서는 간이소화용구의 능력단위가 전체 능력단위의 $\frac{1}{2}$을 초과하지 아니하게 할 것(단, 노유자시설은 제외) 보기 ①

답 ①

78 ★★★ 이산화탄소소화설비 배관의 설치기준 중 다음 ( ) 안에 알맞은 것은?

동관을 사용하는 경우의 배관은 이음이 없는 동 및 동합금관(KS D 5301)으로서 고압식은 (㉠)MPa 이상, 저압식은 (㉡)MPa 이상의 압력에 견딜 수 있는 것을 사용할 것

① ㉠ 16.5, ㉡ 3.75
② ㉠ 25, ㉡ 3.5
③ ㉠ 16.5, ㉡ 2.5
④ ㉠ 25, ㉡ 3.75

해설 **이산화탄소소화설비**의 **배관**(NFPC 106 8조, NFTC 106 2.5.1)

구분	고압식	저압식
강관	스케줄 80(호칭구경 20mm 이하 스케줄 40) 이상	스케줄 40 이상
동관	**16.5MPa** 이상 보기 ㉠	**3.75MPa** 이상 보기 ㉡
배관부속	• 1차측 배관부속 : 9.5MPa • 2차측 배관부속 : 4.5MPa	4.5MPa

기억법 고동163

답 ①

79 ★★★ 물분무소화설비의 물분무헤드를 설치하지 아니할 수 있는 장소가 아닌 것은?

① 식물원·수족관·목욕실·관람석 부분을 제외한 수영장 또는 그 밖의 이와 비슷한 장소
② 물에 심하게 반응하는 물질 또는 물과 반응하여 위험한 물질을 생성하는 물질을 저장 또는 취급하는 장소
③ 고온의 물질 및 증류범위가 넓어 끓어 넘치는 위험이 있는 물질을 저장 또는 취급하는 장소
④ 운전시에 표면의 온도가 260℃ 이상으로 되는 등 직접 분무를 하는 경우 그 부분에 손상을 입힐 우려가 있는 기계장치 등이 있는 장소

해설 ① 옥내소화전설비 방수구 설치제외장소

물분무헤드의 **설치제외 대상**(NFPC 104 15조, NFTC 104 2.12)
(1) 물과 심하게 반응하거나 위험한 물질을 생성하는 물질 저장·취급 장소 보기 ②
(2) **고온물질** 저장·취급 장소 보기 ③
(3) 운전시에 표면의 온도가 260℃ 이상 되는 장소 보기 ④

답 ①

> **비교**
>
> **옥내소화전설비 방수구 설치제외장소**(NFPC 102 11조, NFTC 102 2.8)
> (1) **냉**장창고 중 온도가 영하인 **냉장**실 또는 냉동창고의 **냉동실**
> (2) **고온**의 노가 설치된 장소 또는 **물**과 격렬하게 **반응**하는 **물품**의 저장 또는 취급 장소
> (3) **발전소·변전소** 등으로서 전기시설이 설치된 장소
> (4) **식물원·수족관·목욕실·수영장**(관람석 부분을 제외한다.) 또는 그 밖의 이와 비슷한 장소 보기 ①
> (5) **야외음악당·야외극장** 또는 그 밖의 이와 비슷한 장소
>
> 기억법 내냉방 야식 고발

답 ①

80 화재조기진압용 스프링클러설비헤드 하나의 최소방호면적은 몇 m^2 이상이어야 하는가?

① 4.3 ② 6
③ 7.2 ④ 9.3

해설 화재조기진압용 스프링클러헤드의 적합기준(NFPC 103B 10조, NFTC 103B 2.7)

(1) 헤드 하나의 방호면적은 **6.0~9.3m²** 이하로 할 것 보기 ②
(2) 가지배관의 헤드 사이의 거리는 천장의 높이가 **9.1m** 미만인 경우에는 **2.4~3.7m** 이하로, **9.1~13.7m** 이하인 경우에는 **3.1m** 이하로 할 것
(3) 헤드의 반사판은 천장 또는 반자와 평행하게 설치하고 저장물의 최상부와 **914mm** 이상 확보되도록 할 것
(4) **하향식 헤드**의 반사판의 위치는 천장이나 반자 아래 125~355mm 이하일 것
(5) **상향식 헤드**의 감지부 중앙은 천장 또는 반자와 101~152mm 이하이어야 하며, 반사판의 위치는 스프링클러 배관의 윗부분에서 최소 178mm 상부에 설치되도록 할 것
(6) 헤드와 벽과의 거리는 헤드 상호간 거리의 $\frac{1}{2}$을 초과하지 않아야 하며 최소 102mm 이상일 것
(7) 헤드의 작동온도는 **74℃** 이하일 것(단, 헤드 주위의 온도가 38℃ 이상의 경우에는 그 온도에서의 화재시험 등에서 헤드작동에 관하여 공인기관의 시험을 거친 것을 사용할 것)

답 ②

2017. 5. 7 시행

┃2017년 산업기사 제2회 필기시험┃

자격종목	종목코드	시험시간	형별	수험번호	성명
소방설비산업기사(기계분야)		2시간			

※ 각 문항은 4지택일형으로 질문에 가장 적합한 보기 항을 선택하여 체크하여야 합니다.

제1과목 소방원론

01 다음 물질 중 연소범위가 가장 넓은 것은?
15.03.문15
09.08.문11
① 아세틸렌   ② 메탄
③ 프로판   ④ 에탄

해설 연소범위가 넓은 순서
아세틸렌＞메탄＞에탄＞프로판

연소범위=폭발한계

중요

공기 중의 폭발한계(상온 1atm)

가 스	하한계 [vol%]	상한계 [vol%]
아세틸렌(C_2H_2)	**2.5**	**81**
수소(H_2)	4	75
일산화탄소(CO)	12	75
에틸렌(C_2H_4)	2.7	36
암모니아(NH_3)	15	25
메탄(CH_4)	5	15
에탄(C_2H_6)	3	12.4
프로판(C_3H_8)	2.1	9.5
부탄(C_4H_{10})	1.8	8.4

기억법
아 25 81
수   4 75
일 12 75
에 27 36
암 15 25
메   5 15
에   3 124
프 21 95(둘하나 구오)
부 18 84

답 ①

02 물이 다른 액상의 소화약제에 비해 비점이 높은 이유로 옳은 것은?
① 물은 배위결합을 하고 있다.
② 물은 이온결합을 하고 있다.
③ 물은 극성 공유결합을 하고 있다.
④ 물은 비극성 공유결합을 하고 있다.

해설 ③ 물=극성 공유결합

물 분자의 결합
(1) 물 분자 간 결합은 분자 간 인력인 **수소결합**이다.
(2) 물 분자 내의 결합은 수소원자와 산소원자 사이의 결합인 **극성 공유결합**이다.
(3) **공유결합**은 수소결합보다 **강한 결합**이다.

답 ③

03 다음 중 증기비중이 가장 큰 물질은?
19.09.문07
16.03.문02
14.03.문14
① CH_4 ② CO
③ C_6H_6 ④ SO_2

해설 (1) 원자량

원 소	원자량
H	1
C	12
N	14
O	16
F	19
S	32

(2) 분자량
① 메탄(CH_4)=12+(1×4)=16
② 일산화탄소(CO)=12+16=28
③ 벤젠(C_6H_6)=(12×6)+(1×6)=78
④ 이산화황(SO_2)=32+(16×2)=64

(3) 증기비중

$$증기비중 = \frac{분자량}{29}$$

여기서, 29 : 공기의 평균분자량

① 메탄(CH_4)= $\frac{16}{29}$ ≒ 0.55
② 일산화탄소(CO)= $\frac{28}{29}$ ≒ 0.96
③ 벤젠(C_6H_6)= $\frac{78}{29}$ ≒ 2.69
④ 이산화황(SO_2)= $\frac{64}{29}$ ≒ 2.2

※ 일반적으로 **첨자**의 **숫자**가 큰 물질이 **증기비중**도 **크**다. 증기비중을 잘 모를 경우 숫자가 큰 물질을 찾아라!

답 ③

04 피난시설의 안전구획 중 2차 안전구획으로 옳은 것은?

① 거실 ② 복도
③ 계단전실 ④ 계단

해설 피난시설의 안전구획

구분	명칭
1차 안전구획	복도
2차 안전구획	부실(계단전실), 계단부속실
3차 안전구획	계단

답 ③

05 20℃의 물 1g을 100℃의 수증기로 변화시키는 데 필요한 열량은 몇 cal인가?

① 699 ② 619
③ 539 ④ 80

해설 20℃ 물 → 100℃ 수증기로 변화

열량

$$Q = rm + mC\Delta T$$

여기서, Q : 열량[cal]
 r : 융해열 또는 기화열[cal/g]
 m : 질량[g]
 C : 비열[cal/g·℃]
 ΔT : 온도차[℃]

(1) 기호
• m : 1g
• C : 1cal/g·℃
• r : 539cal/g

(2) 20℃ 물 → 100℃ 물
열량 Q_1 는
$Q_1 = mC\Delta T = 1g \times 1cal/g \cdot ℃ \times (100-20)℃ = $ **80cal**

(3) 100℃ 물 → 100℃ 수증기
열량 Q_2
$Q_2 = rm = 539cal/g \times 1g = $ **539cal**

(4) 전체열량 Q 는
$Q = Q_1 + Q_2 = (80+539)cal = $ **619cal**

답 ②

06 제3류 위험물의 물리·화학적 성질에 대한 설명으로 옳은 것은?

① 화재시 황린을 제외하고 물로 소화하면 위험성이 증가한다.

② 황린을 제외한 모든 물질들은 물과 반응하여 가연성의 수소기체를 발생한다.
③ 모두 분자 내부에 산소를 갖고 있다.
④ 모두 액체상태의 화합물이다.

해설
② 가연성의 수소기체 → 가연성 가스 또는 부식성 물질(반드시 수소기체만 발생하는 것은 아님)
③ 갖고 있다. → 갖고 있지 않다.
④ 액체상태 → 고체 또는 액체상태

답 ①

07 햇볕에 장시간 노출된 기름걸레가 자연발화한 경우 그 원인으로 옳은 것은?

① 산소의 결핍 ② 산화열 축적
③ 단열 압축 ④ 정전기 발생

해설 산화열

산화열이 축적되는 경우	산화열이 축적되지 않는 경우
햇빛에 방치한 기름걸레는 산화열이 축적되어 자연발화를 일으킬 수 있다.	기름걸레를 빨랫줄에 걸어 놓으면 산화열이 축적되지 않아 자연발화는 일어나지 않는다.

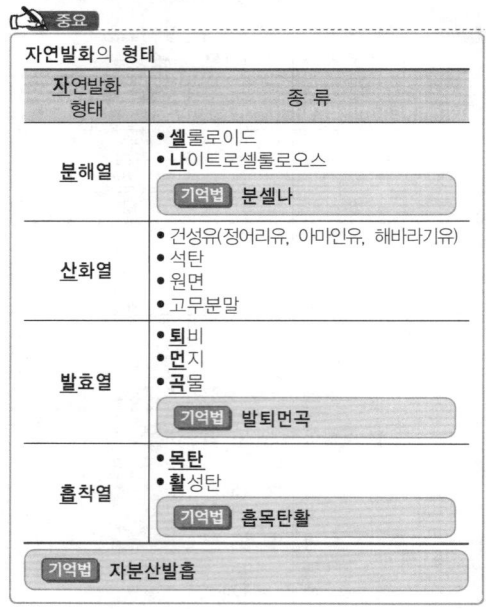

자연발화의 형태

자연발화 형태	종류
분해열	• 셀룰로이드 • 나이트로셀룰로오스 기억법 분셀나
산화열	• 건성유(정어리유, 아마인유, 해바라기유) • 석탄 • 원면 • 고무분말
발효열	• 퇴비 • 먼지 • 곡물 기억법 발퇴먼곡
흡착열	• 목탄 • 활성탄 기억법 흡목탄활

기억법 자분산발흡

답 ②

08 단백포 소화약제의 안정제로 철염을 첨가하였을 때 나타나는 현상이 아닌 것은?

① 포의 유면봉쇄성 저하
② 포의 유동성 저하
③ 포의 내화성 향상
④ 포의 내유성 향상

해설 ① 저하 → 향상(우수)

단백포의 장·단점

장점	단점
① 내열성 우수	① 소화기간이 길다.
② 유면봉쇄성 우수	② 유동성이 좋지 않다.
③ 내화성 향상(우수)	③ 변질에 의한 저장성 불량
④ 내유성 향상(우수)	④ 유류오염

답 ①

09 연료설비의 착화방지대책 중 틀린 것은?
01.03.문13
① 누설연료의 확산방지 및 제한 - 방유제
② 가연성 혼합기체의 형성 방지 - 환기
③ 착화원 배제 - 연료 가열시 간접가열
④ 정전기 발생 억제 - 비금속 배관 사용

해설 ④ 정전기 발생 억제 - **금속배관** 사용

용어
정전기
전기가 어느 한 곳에 머물러 있는 것

답 ④

10 감광계수에 따른 가시거리 및 상황에 대한 설명
01.06.문17 으로 틀린 것은?
① 감광계수 $0.1m^{-1}$는 연기감지기가 작동할 정도의 연기농도이고, 가시거리는 20~30m이다.
② 감광계수 $0.5m^{-1}$는 거의 앞이 보이지 않을 정도의 농도이고, 가시거리는 1~2m이다.
③ 감광계수 $10m^{-1}$는 화재 최성기 때의 연기농도를 나타낸다.
④ 감광계수 $30m^{-1}$는 출화실에서 연기가 분출할 때의 농도이다.

해설 ② $0.5m^{-1}$ → $1m^{-1}$

감광계수에 따른 가시거리 및 상황

감광계수 [m^{-1}]	가시거리 [m]	상황
0.1	20~30	연기감지기가 작동할 때의 농도
0.3	5	건물 내부에 익숙한 사람이 피난에 지장을 느낄 정도의 농도
0.5	3	어두운 것을 느낄 정도의 농도
1	1~2	거의 앞이 보이지 않을 정도의 농도
10	0.2~0.5	화재 최성기 때의 농도
30	-	출화실에서 연기가 분출할 때의 농도

답 ②

11 내화구조의 기준 중 바닥의 경우 철근 콘크리트
07.05.문05 조로서 두께가 몇 cm 이상인 것이 내화구조에
04.09.문12 해당하는가?
① 3   ② 5
③ 10   ④ 15

해설 피난·방화구조 3조
내화구조의 기준

내화 구분	기준
벽·바닥	철골·철근 콘크리트조로서 두께가 **10cm** 이상인 것
기둥	철골을 두께 5cm 이상의 콘크리트로 덮은 것
보	두께 5cm 이상의 콘크리트로 덮은 것

기억법 벽바내1(**벽**을 **바**라보면 **내**일이 보인다.)

답 ③

12 화재를 발생시키는 열원 중 물리적인 열원이 아닌 것은?
① 마찰   ② 단열
③ 압축   ④ 분해

해설 ④ 분해 → 화학적인 열원

화재를 발생시키는 열원

물리적인 열원	화학적인 열원
마찰, 충격, 단열, 압축, 전기, 정전기	**화**합, **분**해, **혼**합, 부가 기억법 화 부분혼

답 ④

13 분말소화설비의 소화약제 중 차고 또는 주차장
19.03.문07 에 사용할 수 있는 것은?
16.05.문15
15.05.문20 ① 탄산수소나트륨을 주성분으로 한 분말
15.03.문16
13.09.문11 ② 탄산수소칼륨을 주성분으로 한 분말
13.06.문18
12.03.문09 ③ 탄산수소칼륨과 요소가 화합된 분말
11.06.문08
02.09.문12 ④ 인산염을 주성분으로 한 분말

해설 ④ 인산염=제1인산암모늄

분말소화약제

종별	분자식	착색	적응화재	비고
제1종	중탄산나트륨 ($NaHCO_3$)	백색	BC급	**식용유** 및 **지방질유**의 화재에 적합

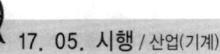

제2종	중탄산칼륨 (KHCO₃)	담자색 (담회색)	BC급	–
제3종	제1인산암모늄 (NH₄H₂PO₄)	담홍색	ABC급	차고·주차장에 적합
제4종	중탄산칼륨 +요소 (KHCO₃ + (NH₂)₂CO)	회(백)색	BC급	–

답 ④

14. 상태의 변화 없이 물질의 온도를 변화시키기 위해서 가해진 열을 무엇이라 하는가?

① 현열
② 잠열
③ 기화열
④ 융해열

해설 현열과 잠열

현 열	잠 열
상태의 변화 없이 물질의 **온도**를 **변화**시키기 위해서 가해진 열 예 물 0℃ → 물 100℃	온도의 변화 없이 물질의 **상태**를 **변화**시키기 위해서 가해진 열 예 물 100℃ → 수증기 100℃

용어

구 분	설 명
현열	상태의 변화 없이 물질의 온도변화에 필요한 열
잠열	온도의 변화 없이 물질의 상태변화에 필요한 열
기화열	**액체**가 **기체**로 되면서 주위에서 빼앗는 열량
융해열	**고체**를 녹여서 **액체**로 바꾸는 데 소요되는 열량

답 ①

15. 할론 1301 소화약제와 이산화탄소 소화약제의 각 주된 소화효과가 순서대로 올바르게 나열된 것은?

① 억제소화 - 질식소화
② 억제소화 - 부촉매소화
③ 냉각소화 - 억제소화
④ 질식소화 - 부촉매소화

해설 주된 소화효과

할론 1301	이산화탄소
억제소화	질식소화

중요

주된 소화효과

소화약제	주된 소화효과
• **할**론	**억**제소화 (화학소화, 부촉매효과)
• 포 • **이**산화탄소	**질**식소화
• 물	냉각소화

기억법 할억이질

답 ①

16. 할로겐화합물 및 불활성기체 소화약제 중 HCFC BLEND A를 구성하는 성분이 아닌 것은?

① HCFC-22
② HCFC-124
③ HCFC-123
④ Ar

해설 할로겐화합물 및 불활성기체 소화약제의 종류(NFPC 107A 4조, NFTC 107A 2.1.1)

소화약제	화학식
퍼플루오로부탄 (FC-3-1-10) **기억법** FC31(FC 서울의 3.1절)	C₄F₁₀
하이드로클로로플루오로카본혼화제(HCFC BLEND A)	HCFC-22(CHClF₂) : **82**% HCFC-123(CHCl₂CF₃) : **4.75**% HCFC-124(CHClFCF₃) : **9.5**% C₁₀H₁₆ : **3.75**% **기억법** 475 82 95 375 (사시오 빨리 그래서 구어 삼키시오!)
클로로테트라플루오로에탄 (HCFC-124)	CHClFCF₃
펜타플루오로에탄 (HFC-125) **기억법** 125(이리온)	CHF₂CF₃
헵타플루오로프로판 (HFC-227ea) **기억법** 227e(둘둘치킨 이 맛있다.)	CF₃CHFCF₃
트리플루오로메탄(HFC-23)	CHF₃
헥사플루오로프로판 (HFC-236fa)	CF₃CH₂CF₃
트리플루오로이오다이드 (FIC-13I1)	CF₃I
불연성·불활성기체혼합가스 (IG-01)	Ar

불연성·불활성기체혼합가스 (IG-100)	N_2
불연성·불활성기체혼합가스 (IG-541)	N_2 : 52%, Ar : 40%, CO_2 : 8% 기억법 NACO(내코) 52408
불연성·불활성기체혼합가스 (IG-55)	N_2 : 50%, Ar : 50%
도데카플루오로-2-메틸펜탄 -3원(FK-5-1-12)	$CF_3CF_2C(O)CF(CF_3)_2$

답 ④

17 자신은 불연성 물질이지만 산소공급원 역할을 하는 물질은?
13.09.문13
① 과산화나트륨
② 나트륨
③ 트리나이트로톨루엔
④ 적린

해설 **과산화나트륨**(Na_2O_2)
자신은 **불연성** 물질이지만 **산소공급원** 역할을 하는 물질

기억법 과나불산

답 ①

18 물의 주수형태에 대한 설명으로 틀린 것은?
① 일반적으로 적상은 고압으로, 무상은 저압으로 방수할 때 나타난다.
② 물을 무상으로 분무하면 비점이 높은 중질유 화재에도 사용할 수 있다.
③ 스프링클러설비 헤드의 주수형태를 적상이라 하며 일반적으로 실내 고체 가연물의 화재에 사용한다.
④ 막대 모양 굵은 물줄기의 소방용 방수노즐을 이용한 주수형태를 봉상이라고 하며 일반 고체 가연물의 화재에 주로 사용한다.

해설 ① 일반적으로 **적상**은 **저압**, **무상**은 **고압**으로 방수할 때 나타난다.

중요
물의 주수형태

구 분	봉상주수	적상주수	무상주수
방사형태	막대 모양의 굵은 물줄기	물방울 (직경 0.5~6mm)	물방울 (직경 0.1~1mm)
적응화재	일반화재	일반화재	• 일반화재 • 유류화재 • 전기화재
소방시설	옥내·외 소화전설비	스프링클러 소화설비	물분무 소화설비

답 ①

19 화재의 분류방법 중 전기화재의 표시색은?
16.10.문20
16.05.문09
15.03.문19
14.09.문01
14.09.문15
14.05.문05
14.05.문20
14.03.문19
13.06.문09
① 무색
② 청색
③ 황색
④ 백색

해설
화재 종류	표시색	적응물질
일반화재(A급)	**백**색	• 일반가연물 • **종이**류 화재 • **목재, 섬유**화재
유류화재(B급)	**황**색	• 가연성 액체 • 가연성 가스 • 액화가스화재 • 석유화재
전기화재(C급)	**청**색	• **전기**설비
금속화재(D급)	**무**색	• 가연성 금속
주방화재(K급)	–	• 식용유화재

기억법 백황청무

※ 요즘은 표시색의 의무규정은 없음

답 ②

20 메탄의 공기 중 연소범위(vol.%)로 옳은 것은?
17.05.문01
15.03.문15
09.08.문11
① 2.1~9.5
② 5~15
③ 2.5~81
④ 4~75

해설 (1) **공기 중의 폭발한계** (*아사천러로 나와야 한다.*)

가 스	하한계(vol%)	상한계(vol%)
아세틸렌(C_2H_2)	2.5	81
수소(H_2)	4	75
일산화탄소(CO)	12	75
에틸렌(C_2H_4)	2.7	36
암모니아(NH_3)	15	25
메탄(CH_4)	5	15
에탄(C_2H_6)	3	12.4
프로판(C_3H_8)	2.1	9.5
부탄(C_4H_{10})	1.8	8.4

기억법
아 25 81
수 4 75
일 12 75
에 27 36
암 15 25
메 5 15
에 3 124
프 21 95(둘하나 **구오**)
부 18 84

(2) **폭발한계**와 같은 의미
㉠ 폭발범위 ㉡ 연소한계
㉢ 연소범위 ㉣ 가연한계
㉤ 가연범위

답 ②

제2과목 소방유체역학

21 공기 1kg을 $T_1 = 10℃$, $P_1 = 0.1MPa$, $V_1 = 0.8m^3$ 상태에서 $T_2 = 167℃$, $P_2 = 0.7MPa$까지 단열 압축시킬 때 압축에 필요한 일은 약 얼마인가? (단, 공기의 정압비열과 정적비열은 각각 1.0035 kJ/(kg·K), 0.7165kJ/(kg·K)이다.)

① 112.5J
② 112.5kJ
③ 157.5J
④ 157.5kJ

해설 단열압축(단열변화)
(1) 기호
- m : 1kg
- T_1 : (273+10)K
- P_1 : 0.1MPa=100kPa(M=10^6, k=10^3)
- V_1 : 0.8m³
- T_2 : (273+167)K
- P_2 : 0.7MPa=700kPa(M=10^6, k=10^3)
- C_P : 1.0035kJ/(kg·K)
- C_V : 0.7165kJ/(kg·K)
- $_1W_2$: ?

(2) 절대일(압축일)

$$_1W_2 = \frac{1}{K-1}(P_1V_1 - P_2V_2)$$
$$= \frac{mR}{K-1}(T_1-T_2) = C_V(T_1-T_2)$$

여기서, $_1W_2$: 절대일[kJ]
K : 비열비
P_1, P_2 : 변화 전후의 압력[kJ/m³]
V_1, V_2 : 변화 전후의 체적[m³]
m : 질량[kg]
R : 기체상수[kJ/(kg·K)]
T_1, T_2 : 변화 전후의 온도(273+℃)[K]
C_V : 정적비열[kJ/K]

압축일 $_1W_2$는
$_1W_2 = C_V(T_1-T_2)$
$= 0.7165kJ/kg·K×[(273+10)-(273+167)]K$
$≒ -112.5kJ/kg$

질량이 1kg이므로 $-112.5kJ/kg × 1kg = -112.5kJ$

• $-112.5kJ$에서 '$-$'는 압축일을 뜻한다. 그러므로 무시가 가능하다.

답 ②

22 회전속도 1000rpm일 때 유량 Q[m³/min], 전양정 H[m]인 원심펌프가 상사한 조건에서 회전속도가 1200rpm으로 작동할 때 유량 및 전양정은 어떻게 변하는가?

① 유량=1.2Q, 전양정=1.44H
② 유량=1.2Q, 전양정=1.2H
③ 유량=1.44Q, 전양정=1.44H
④ 유량=1.44Q, 전양정=1.2H

해설 (1) 기호
- N : 1000rpm
- N' : 1200rpm

(2) 유량(송출량)

$$Q' = Q × \left(\frac{N'}{N}\right)$$

여기서, Q' : 변경 후 유량[m³/min]
Q : 변경 전 유량[m³/min]
N' : 변경 후 회전수[rpm]
N : 변경 전 회전수[rpm]

유량 Q'는
$Q' = Q × \left(\frac{N'}{N}\right) = Q × \left(\frac{1200rpm}{1000rpm}\right) = 1.2Q$

(3) 양정(전양정)

$$H' = H × \left(\frac{N'}{N}\right)^2$$

여기서, H' : 변경 후 양정[m]
H : 변경 전 양정[m]
N' : 변경 후 회전수[rpm]
N : 변경 전 회전수[rpm]

양정 H'는
$H' = H × \left(\frac{N'}{N}\right)^2 = H × \left(\frac{1200rpm}{1000rpm}\right)^2 = 1.44H$

답 ①

23 자유표면이 대기와 접하고 있는 유체가 탱크 내에 채워져 있을 때 탱크 내의 압력에 대한 설명으로 옳은 것은?

① 압력은 유체깊이의 제곱에 비례한다.
② 탱크바닥에서의 압력은 탱크지름에 비례한다.
③ 압력은 유체의 밀도에 비례한다.
④ 깊이가 같을 경우 탱크 벽면 부근의 압력이 탱크 중심에서의 압력보다 높다.

해설 (1) 압력

$$P = \frac{F}{A} = \frac{F}{\frac{\pi D^2}{4}} \cdots\cdots ㉠$$

여기서, P : 압력[N/m²]
F : 힘[N]
A : 단면적[m²]
D : 지름[m]

(2) **토리첼리의 식**(Torricelli's theorem)

$$V = \sqrt{2gH} \quad \cdots\cdots\cdots ㉡$$

여기서, V : 유속[m/s]
g : 중력가속도(9.8m/s²)
H : 높이(깊이)[m]

(3) **힘**

$$F = \rho QV \quad \cdots\cdots\cdots ㉢$$

여기서, F : 힘[N]
ρ : 밀도(물의 밀도 1000N·s²/m⁴)
Q : 유량[m³/s]
V : 유속[m/s]

㉡식을 ㉢식에 대입하고 이것을 다시 ㉠식에 대입하면
힘 $F = \rho QV = \rho Q\sqrt{2gH}$

압력 $P = \dfrac{F}{\dfrac{\pi D^2}{4}} = \dfrac{\rho Q\sqrt{2gH}}{\dfrac{\pi D^2}{4}}$

① 제곱에 비례한다. → 제곱근에 비례한다.
 ($P \propto \sqrt{H}$)
② 탱크지름에 비례한다. → 탱크지름의 제곱에 반
비례한다. $\left(P \propto \dfrac{1}{D^2}\right)$
④ 높다. → 낮다.

답 ③

★★ 24 관의 안지름이 변화하는 관로에서 안지름이 3배로 되면 유속은 어떻게 되는가?

14.05.문22
05.05.문26

① 9배로 커진다.
② 3배로 커진다.
③ 1/3로 작아진다.
④ 1/9로 작아진다.

해설 (1) 안지름 변화
안지름이 3배로 되므로
$$D_2 = 3D_1$$

(2) 유속과 안지름
$$\dfrac{V_1}{V_2} = \dfrac{A_2}{A_1} = \left(\dfrac{D_2}{D_1}\right)^2$$

여기서, V_1, V_2 : 유속[m/s]
A_1, A_2 : 단면적[m²]
D_1, D_2 : 직경[m]

하류측 물의 유속 V_2는
$V_2 = \dfrac{V_1}{\left(\dfrac{D_2}{D_1}\right)^2} = \dfrac{V_1}{\left(\dfrac{3D_1}{D_1}\right)^2} = \dfrac{V_1}{9}$ $\left(\dfrac{1}{9}$로 작아진다.$\right)$

답 ④

★★★ 25 다음 중 열역학 제2법칙과 관계되는 설명으로 옳지 않은 것은?

14.05.문24
13.09.문22

① 열효율 100%인 열기관은 제작이 불가능하다.
② 열은 스스로 저온체에서 고온체로 이동할 수 없다.
③ 제2종 영구기관은 동작물질의 종류에 따라 존재할 수 있다.
④ 한 열원에서 발생하는 열량을 모두 일로 바꾸기 위해서는 반드시 다른 열원의 도움이 필요하다.

해설
③ 있다. → 없다.

열역학의 법칙
(1) **열역학 제0법칙** (열평형의 법칙)
 ㉠ 온도가 높은 물체에 낮은 물체를 접촉시키면 온도가 **높은 물체**로 **낮은 물체**로 열이 이동하여 두 물체의 **온도**는 **평형**을 이루게 된다.
 ㉡ 어떤 두 물체 A와 B가 제3의 물체 C와 각각 열평형상태에 있을 때, 두 물체 A와 B도 서로 열평형상태이다.

(2) **열역학 제1법칙** (에너지보존의 법칙)
기체의 공급에너지는 **내부에너지**와 외부에서 한 일의 합과 같다.

(3) **열역학 제2법칙**
 ㉠ 열은 스스로 **저온**에서 **고온**으로 절대로 흐르지 않는다.
 ㉡ 열은 그 스스로 저온체에서 고온체로 이동할 수 없다.
 ㉢ 자발적인 변화는 **비가역적**이다.
 ㉣ 열을 완전히 일로 바꿀 수 있는 **열기관**을 만들 수 **없다**. (**제2종 영구기관**의 제작이 **불가능**하다.)
 ㉤ 열기관에서 일을 얻으려면 최소 **두 개**의 **열원**이 필요하다.

(4) **열역학 제3법칙**
순수한 물질이 1atm하에서 결정상태이면 엔트로피는 0K에서 0이다.

답 ③

★★★ 26 유속이 0.99m/s이고, 비중이 0.85인 기름이 흐르고 있는 곳에 피토관을 세웠을 때, 피토관에서 기름의 상승높이(H)는 약 몇 mm인가?

02.03.문23

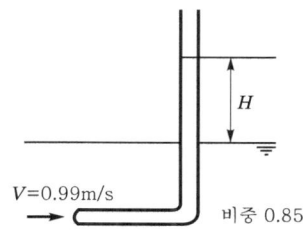

① 50
② 5
③ 42
④ 4.2

해설 (1) 기호
- V : 0.99m/s
- s : 0.85

(2) 피토관의 유속
$$V = C\sqrt{2gH}$$

여기서, V : 유속[m/s]
C : 측정계수
g : 중력가속도(9.8m/s²)
H : 높이[m]

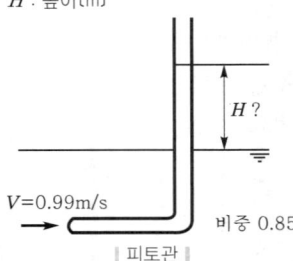
│ 피토관 │

$V = C\sqrt{2gH}$
C는 주어지지 않았으므로 무시하면
$V = \sqrt{2gH}$
계산을 쉽게 하기 위해 양변에 제곱을 하면
$V^2 = (\sqrt{2gH})^2$
$V^2 = 2gH$
$\dfrac{V^2}{2g} = H$
좌우를 이항하면
$H = \dfrac{V^2}{2g} = \dfrac{(0.99\text{m/s})^2}{2 \times 9.8 \text{m/s}^2} ≒ 0.05\text{m} = 50\text{mm}$

- 1000mm=1m이므로 0.05m=50mm
- 이 문제에서 기름의 유속이 주어졌으므로 기름의 비중 0.85는 적용할 필요가 없다.

답 ①

27 ★★★
[11.06.문36]
수조에서 안지름 80mm인 배관으로 20°C 물이 0.95m³/min의 유량으로 유입될 때, 5m의 부차적 손실이 발생하였다. 이때의 부차적 손실계수는 약 얼마인가?
① 7.5 ② 8.2
③ 9.9 ④ 11.6

해설 (1) 기호
- D : 80mm=0.08m(1000mm=1m)
- t : 20°C
- Q : 0.95m³/min=0.95m³/60s(1min=60s)
- H : 5m

(2) 유량
$$Q = AV = \left(\dfrac{\pi D^2}{4}\right)V$$

여기서, Q : 유량[m³/s]
A : 단면적[m²]
V : 유속[m/s]
D : 내경(지름)[m]

유속 V는
$V = \dfrac{Q}{\dfrac{\pi D^2}{4}} = \dfrac{0.95\text{m}^3/60\text{s}}{\dfrac{\pi \times (0.08\text{m})^2}{4}} ≒ 3.15\text{m/s}$

(3) 부차손실
$$H = K\dfrac{V^2}{2g}$$

여기서, H : 부차손실[m]
K : 부차적 손실계수
V : 유속[m/s]
g : 중력가속도(9.8m/s²)

부차적 손실계수 K는
$K = \dfrac{2g}{V^2}H = \dfrac{2 \times 9.8\text{m/s}^2}{(3.15\text{m/s})^2} \times 5\text{m} ≒ 9.9$

- 부차손실=부차적 손실

답 ③

28 ★★★
[17.09.문32]
[12.03.문34]
펌프에서 공동현상이 발생할 때 나타나는 현상이 아닌 것은?
① 소음과 진동 발생
② 양정곡선 저하
③ 효율곡선 증가
④ 펌프깃의 침식

해설 ③ 증가 → 저하

공동현상(cavitation)

개요	펌프의 흡입측 배관 내의 물의 정압이 기존의 증기압보다 낮아져서 기포가 발생되어 물이 흡입되지 않는 현상이다.
발생현상	• **소음**과 **진동** 발생 보기 ① • 관 부식(펌프깃의 침식) 보기 ④ • **임펠러**의 손상(수차의 날개를 해친다.) • 펌프의 성능 저하(양정곡선 **저하**) 보기 ② • 효율곡선 **저하** 보기 ③
방지대책	• 펌프의 흡입수두를 작게 한다. • 펌프의 마찰손실을 작게 한다. • 펌프의 임펠러속도(회전수)를 작게 한다.(흡입속도 감소) • 펌프의 설치위치를 수원보다 낮게 한다. • 양흡입펌프를 사용한다(펌프의 흡입측을 가압). • 관 내의 물의 정압을 그때의 증기압보다 높게 한다. • 흡입관의 **구경**(관경)을 **크게** 한다. • 펌프를 2개 이상 설치한다.

답 ③

29

안지름이 50mm인 옥내소화전배관으로 분당 0.26m³의 물이 흐른다. 이때 물속의 압력이 392kPa이라면 기준면에서 20m 위에 있는 이 배관 속의 물이 갖는 전수두는 약 몇 m인가?

① 24.9
② 32.8
③ 44.3
④ 60.2

해설 (1) 기호

- D : 50mm=0.05m(1000mm=1m)
- Q : 0.26m³/min=0.26m³/60s(1min=60s)
- P : 392kPa
- Z : 20m

(2) 유량

$$Q = AV = \left(\frac{\pi D^2}{4}\right)V$$

여기서, Q : 유량[m³/s]
A : 단면적[m²]
V : 유속[m/s]
D : 내경[m]

유속 V는

$$V = \frac{Q}{\frac{\pi D^2}{4}} = \frac{0.26\text{m}^3/60\text{s}}{\frac{\pi \times (0.05\text{m})^2}{4}}$$

$$= \frac{0.26\text{m}^3/\text{s}}{\frac{60 \times \pi \times (0.05\text{m})^2}{4}} \fallingdotseq 2.2\text{m/s}$$

- 1000mm = 1m이므로 50mm = 0.05m
- 1min = 60s

(3) 베르누이방정식

$$H = \frac{V^2}{2g} + \frac{P}{\gamma} + Z$$

여기서, H : 전수두[m]
V : 유속[m/s]
g : 중력가속도(9.8m/s²)
P : 압력[N/m²]
γ : 비중량(물의 비중량 9800N/m³)
Z : 높이[m]

전수두 H는

$$H = \frac{V^2}{2g} + \frac{P}{\gamma} + Z$$

$$= \frac{(2.2\text{m/s})^2}{2 \times 9.8\text{m/s}^2} + \frac{392 \times 10^3\text{N/m}^2}{9800\text{N/m}^3} + 20\text{m} \fallingdotseq 60.2\text{m}$$

- 1Pa=1N/m²이므로
  392kPa=392kN/m²=392×10³N/m²

답 ④

30

탱크 안의 물의 압력을 수은 마노미터를 이용하여 측정하였더니 수은주의 높이가 500mm이었다. 대기압이 100kPa일 때 탱크 안의 물의 절대압력은 약 몇 kPa인가? (단, 수은의 비체적은 7.35×10⁻⁵m³/kg이다.)

① 154.2
② 160.2
③ 166.7
④ 174.5

해설 (1) 표준대기압

1atm = 760mmHg = 1.0332kg_f/cm²
= 10.332mH₂O[mAq]
= 14.7PSI[lb_f/in²]
= 101.325kPa[kN/m²]
= 1013mbar

760mmHg=101.325kPa

수은주의 높이가 500mm이므로 500mmHg

$$500\text{mmHg} = \frac{500\text{mmHg}}{760\text{mmHg}} \times 101.325\text{kPa} \fallingdotseq 66.7\text{kPa}$$

수은주의 높이=게이지압

(2) 절대압=대기압+게이지압(계기압)
= 100kPa + 66.7kPa
= 166.7kPa

- 이 문제에서 수은의 비체적은 고려할 필요가 없다.

중요

절대압
(1) **절**대압=**대**기압+**게**이지압(계기압)
(2) **절**대압=**대**기압−**진**공압

기억법 절대게

답 ③

31

15℃의 방에 설치된 길이 50cm, 지름 6mm인 저항선으로부터 50W의 열이 대류 열전달에 의하여 공기로 전달된다. 대류 열전달계수가 150W/(m²·K)라고 하면 저항선의 표면온도는 약 몇 ℃인가?

① 50.4
② 61.5
③ 74.8
④ 89.6

해설
$$\dot{q} = Ah(T_2 - T_1)$$

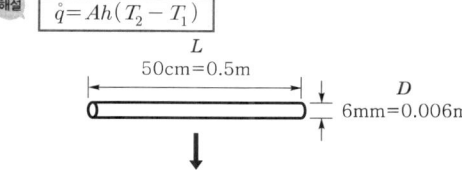

(1) 기호
- T_1 : 15℃
- $\dot{q}$: 50W
- h : 150W/m²·K
- T_2 : ?

(2) 대류면적

$$A = 원둘레 \times 길이$$
$$= \pi D \times L = \pi \times 0.006\text{m} \times 0.5\text{m} = 9.43 \times 10^{-3}\text{m}^2$$

• 대류면적은 **원형**으로 되어 있는 저항선을 펴서 **직사각형**으로 만들었을 때의 면적이므로

$$A = 원둘레 \times 길이$$ 가 된다.

특히 주의! $A = \dfrac{\pi D^2}{4}$ 이 아님

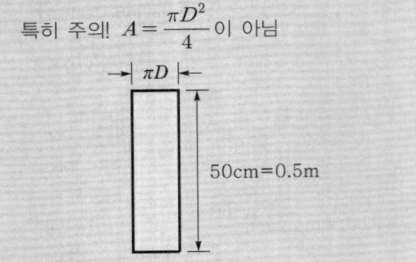

(3) 대류 열전달

$$\dot{q} = Ah(T_2 - T_1)$$

여기서, $\dot{q}$: 대류열류[W]
A : 대류면적[m²]
h : 대류전열계수(대류 열전달계수)[W/m²·K] 또는 [W/m²·℃]
T_2 : 고온[K] 또는 [℃]
T_1 : 저온[K] 또는 [℃]

$\dot{q} = Ah(T_2 - T_1)$

$\dfrac{\dot{q}}{Ah} = T_2 - T_1$

$\dfrac{\dot{q}}{Ah} + T_1 = T_2$

좌우를 이항하면

$T_2 = \dfrac{\dot{q}}{Ah} + T_1$

$= \dfrac{50\text{W}}{(9.43 \times 10^{-3})\text{m}^2 \times 150\text{W/m}^2 \cdot \text{K}} + 15℃$

$≒ 50.4℃$

답 ①

32 ★★

어떤 관 속의 정압(절대압력)은 294kPa, 온도는 27℃, 공기의 기체상수는 287J/(kg·K)일 경우, 안지름 250mm인 관 속을 흐르고 있는 공기의 평균유속이 50m/s이면 공기는 매초 약 몇 kg이 흐르는가?

① 8.4　　② 9.5
③ 10.7　　④ 12.5

해설

(1) 기호
- P : 294kPa
- T : (273+27)K
- R : 287J/(kg·K)
- D : 250mm=0.25m(1000mm=1m)
- V : 50m/s
- $\overline{m}$: ?

(2) 밀도

$$\rho = \dfrac{P}{RT}$$

여기서, ρ : 밀도[kg/m³]
P : 압력[kN/m²] 또는 [kPa]
R : 기체상수[N·m/kg·K]
T : 절대온도(273+℃)[K]

밀도 ρ는

$\rho = \dfrac{P}{RT} = \dfrac{294\text{kN/m}^2}{287\text{N}\cdot\text{m/kg}\cdot\text{K} \times (273+27)\text{K}}$

$= \dfrac{294 \times 10^3 \text{N/m}^2}{287\text{N}\cdot\text{m/kg}\cdot\text{K} \times (273+27)\text{K}} ≒ 3.41\text{kg/m}^3$

• P : 294kPa = 294kN/m²(1kPa=1kN/m²)
• R : 287J/(kg·K) = 287N·m/(kg·K)(1J=1N·m)

(3) **질량유량**(mass flowrate)

$$\overline{m} = AV\rho = \left(\dfrac{\pi D^2}{4}\right)V\rho$$

여기서, $\overline{m}$: 질량유량[kg/s]
A : 단면적[m²]
V : 유속[m/s]
ρ : 밀도(물의 밀도 1000kg/m³)
D : 직경[m]

질량유량 $\overline{m}$은

$\overline{m} = \left(\dfrac{\pi D^2}{4}\right)V\rho$

$= \dfrac{\pi \times (0.25\text{m})^2}{4} \times 50\text{m/s} \times 3.41\text{kg/m}^3$

$≒ 8.4\text{kg/s}$

답 ①

33 ★★★

웨버수(Weber number)의 물리적 의미를 옳게 나타낸 것은?

① $\dfrac{관성력}{표면장력}$　　② $\dfrac{관성력}{중력}$

③ $\dfrac{표면장력}{관성력}$　　④ $\dfrac{중력}{관성력}$

해설 무차원수의 물리적 의미

명 칭	물리적 의미
레이놀즈(Reynolds)수	$\dfrac{관성력}{점성력}$

프루드(Froude)수	$\dfrac{관성력}{중력}$
코시(Cauchy)수	$\dfrac{관성력}{탄성력}$
웨버(Weber)수	$\dfrac{관성력}{표면장력}$ 〈보기 ①〉
오일러(Euler)수	$\dfrac{압축력}{관성력}$
마하(Mach)수	$\dfrac{관성력}{압축력}$

기억법 웨관표

답 ①

34

액체에 지름이 아주 가는 유리관이나 빨대를 넣었을 때, 액체가 상승 또는 하강하는 높이와 관련하여 옳은 것은?

① 지름이 클수록 액체가 상승(하강)하는 높이는 커진다.
② 표면장력이 클수록 액체가 상승(하강)하는 높이는 커진다.
③ 액체의 밀도가 클수록 액체가 상승(하강)하는 높이는 커진다.
④ 액체가 상승(하강)하는 높이는 중력가속도의 크기와는 무관하다.

해설
① 커진다. → 작아진다. $\left(D\propto\dfrac{1}{h}\right)$
③ 커진다. → 작아진다. $\left(\rho\propto\dfrac{1}{h}\right)$
④ 중력가속도의 크기와는 무관하다. → 중력가속도의 크기와 관계가 있다.(중력가속도가 클수록 액체가 상승하는 높이는 작아진다.) $\left(g\propto\dfrac{1}{h}\right)$

모세관현상(capillarity in tube)
액체와 고체가 접촉하면 상호 **부착**하려는 **성질**을 갖는데 이 **부착력**과 액체의 **응집력**의 **상대적 크기**에 의해 일어나는 현상

$$h=\dfrac{4\sigma\cos\theta}{\gamma D}=\dfrac{4\sigma\cos\theta}{(\rho g)D}$$

여기서, h : 상승높이[m]
σ : 표면장력[N/m]
θ : 각도(접촉각)
γ : 비중량(물의 비중량 9800N/m³)
D : 관의 내경[m]
ρ : 밀도(물의 밀도 1000N·s²/m⁴)
g : 중력가속도(9.8m/s²)

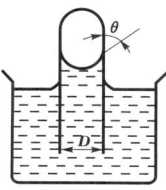
(a) 물(H₂O) 응집력<부착력

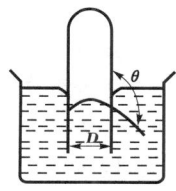
(b) 수은(Hg) 응집력>부착력

‖모세관현상‖

● 위 공식을 보고 비례, 반비례 관계를 보면 답을 쉽게 구할 수 있다.

답 ②

35

안지름 50mm의 관에 기름이 2.5m/s의 속도로 흐를 때 관마찰계수는? (단, 기름의 동점성계수는 $1.31\times10^{-4}\text{m}^2/\text{s}$이다.)

① 0.0067
② 0.0671
③ 0.012
④ 0.025

해설
(1) 기호
● D : 50mm=0.05m(1000mm=1m)
● V : 2.5m/s
● ν : $1.31\times10^{-4}\text{m}^2/\text{s}$
● f : ?

(2) 레이놀즈수

$$Re=\dfrac{DV\rho}{\mu}=\dfrac{DV}{\nu}$$

여기서, Re : 레이놀즈수
D : 내경[m]
V : 유속[m/s]
ρ : 밀도[kg/m³]
μ : 점성계수[kg/m·s]
ν : 동점성계수$\left(\dfrac{\mu}{\rho}\right)$[m²/s]

레이놀즈수 Re 는
$Re=\dfrac{DV}{\nu}$
$=\dfrac{0.05\text{m}\times2.5\text{m/s}}{1.31\times10^{-4}\text{m}^2/\text{s}}≒954$

(3) 관마찰계수

$$f=\dfrac{64}{Re}$$

여기서, f : 관마찰계수
Re : 레이놀즈수

관마찰계수 f 는
$f=\dfrac{64}{Re}=\dfrac{64}{954}≒0.0671$

답 ②

36

동력이 24.3kW인 소화펌프로 지하 5m에 있는 소화수를 지상으로부터 40m의 높이에 있는 물탱크까지 분당 1.5m³로 올리는 경우 사용된 소화펌프의 효율은 약 얼마인가? (단, 관로의 전손실수두는 9m이며, 펌프의 전달계수는 1.1이다.)

① 55% ② 60%
③ 65% ④ 70%

해설

(1) 기호
- P : 24.3kW
- H : 지하높이+지상높이+전손실수두 $=(5+40+9)\text{m}$
- Q : 1.5m³/min
- K : 1.1
- η : ?

(2) 효율 η

$$\eta = \frac{0.163QH}{P}K$$

$$= \frac{0.163 \times 1.5\text{m}^3/\text{min} \times (5+40+9)\text{m}}{24.3\text{kW}} \times 1.1$$

$$≒ 0.6 = 60\%$$

중요

펌프의 동력

(1) **전동력** : 일반적인 전동기의 동력(용량)을 말한다.

$$P = \frac{0.163\,QH}{\eta}K$$

여기서, P : 전동력[kW]
Q : 유량[m³/min]
H : 전양정[m]
K : 전달계수
η : 효율

(2) **축동력** : 전달계수(K)를 고려하지 않은 동력이다.

$$P = \frac{0.163\,QH}{\eta}$$

여기서, P : 축동력[kW]
Q : 유량[m³/min]
H : 전양정[m]
η : 효율

(3) **수동력** : 전달계수(K)와 효율(η)을 고려하지 않은 동력이다.

$$P = 0.163\,QH$$

여기서, P : 수동력[kW]
Q : 유량[m³/min]
H : 전양정[m]

답 ②

37

단면적이 0.01m²인 옥내소화전 노즐로 그림과 같이 7m/s로 움직이는 벽에 수직으로 물을 방수할 때 벽이 받는 힘은 약 몇 kN인가?

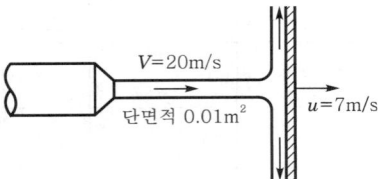

① 1.42
② 1.69
③ 1.85
④ 2.14

해설

(1) 기호
- A : 0.01m²
- V : 20m/s
- u : 7m/s
- F : ?

(2) 유량

$$Q = AV' = A(V-u)$$

여기서, Q : 유량[m³/s]
A : 단면적[m²]
V' : 유속[m/s]
V : 노즐유속[m/s]
u : 움직이는 벽의 유속[m/s]

유량 Q는
$Q = A(V-u)$
$= 0.01\text{m}^2 \times (20-7)\text{m/s} = 0.13\text{m}^3/\text{s}$

(3) 벽이 받는 힘

$$F = \rho QV' = \rho Q(V-u)$$

여기서, F : 힘[N]
ρ : 밀도(물의 밀도 1000N·s²/m⁴)
Q : 유량[m³/s]
V' : 유속[m/s]
V : 노즐유속[m/s]
u : 움직이는 벽의 유속[m/s]

벽이 받는 힘 F는
$F = \rho Q(V-u)$
$= 1000\text{N}\cdot\text{s}^2/\text{m}^4 \times 0.13\text{m}^3/\text{s} \times (20-7)\text{m/s}$
$= 1690\text{N} = 1.69\text{kN}$

- 1000N=1kN이므로 1690N=1.69kN

답 ②

38 ★★★
그림과 같이 비중량이 γ인 유체에 잠겨있고, 면적이 A인 평면에 작용하는 힘은?

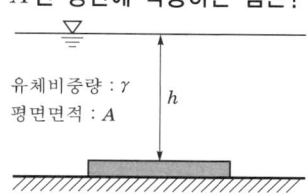

① $\dfrac{1}{2}\gamma hA$ ② $\dfrac{hA}{2\gamma}$

③ $\dfrac{hA}{\gamma}$ ④ γhA

해설 수평면에 작용하는 힘

$$F = \gamma h A$$

여기서, F : 수평면에 작용하는 힘[N]
γ : 비중량(물의 비중량 9800N/m³)
h : 표면에서 수문 중심까지의 수직거리[m]
A : 수문의 단면적[m²]

비교 경사면에 작용하는 힘

$$F = \gamma y \sin\theta A$$

여기서, F : 경사면에 작용하는 힘(전압력)[N]
γ : 비중량(물의 비중량 9800N/m³)
y : 표면에서 수문 중심까지의 경사거리[m]
θ : 각도
A : 수문의 단면적[m²]

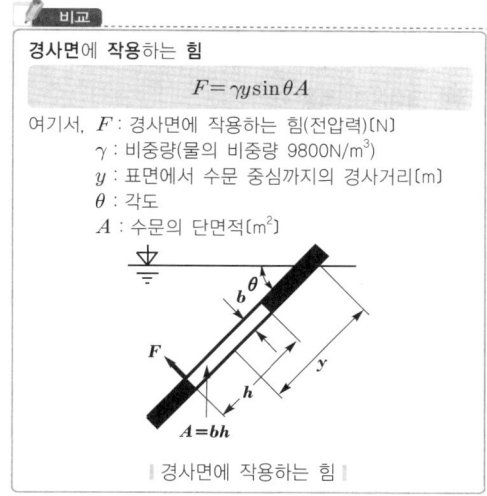

|경사면에 작용하는 힘|

답 ④

39 ★★
유체의 정의를 설명할 때 ( ) 안에 가장 알맞은 용어는?

> 유체란 아무리 작은 ( )에도 저항할 수 없어 연속적으로 변형되는 물질이다.

① 관성력 ② 전단응력
③ 압력   ④ 중력

해설 유체
(1) **전단응력**이 물질 내부에 생기면 정지상태로 있을 수 없는 물질

(2) 아무리 작은 **전단응력**에도 저항할 수 없어 연속적으로 변형되는 물질 〈보기 ②〉

중요

유체의 종류

구 분	설 명
실제유체	• **점**성이 **있**으며, **압**축성인 유체 **기억법** 실점있압(실점이 있는 사람만 압박해!)
이상유체	• 점성이 없으며, 비압축성인 유체 • 유체유동시 마찰전단응력이 발생하지 않으며 압력변화에 따른 체적변화가 없는 유체 • 유체유동시 마찰전단응력이 발생하지 않으며 분자간에 분자력이 작용하지 않는 유체
압축성 유체	• **기**체와 같이 체적이 변화하는 유체 **기억법** 기압(기압)
비압축성 유체	• **액**체와 같이 체적이 변화하지 않는 유체

답 ②

40 ★★★
동점성계수와 비중이 각각 0.003m²/s, 1.2일 때 이 액체의 점성계수는 약 몇 N·s/m²인가?

① 2.2
② 2.8
③ 3.6
④ 4.0

해설 (1) 기호
• ν : 0.003m²/s
• s : 1.2
• μ : ?

(2) 비중

$$s = \dfrac{\rho}{\rho_w}$$

여기서, s : 비중
ρ_w : 물의 밀도(1000N·s²/m⁴)
ρ : 어떤 물질의 밀도[N·s²/m⁴]

$\rho = s \times \rho_w = 1.2 \times 1000\text{N}\cdot\text{s}^2/\text{m}^4 = 1200\text{N}\cdot\text{s}^2/\text{m}^4$

(3) 동점성계수

$$\nu = \dfrac{\mu}{\rho}$$

여기서, ν : 동점성계수[m²/s]
μ : 점성계수[N·s/m²]
ρ : 어떤 물질의 밀도[N·s²/m⁴]

$\mu = \rho \times \nu = 1200\text{N}\cdot\text{s}^2/\text{m}^4 \times 0.003\text{m}^2/\text{s}$
$= 3.6\text{N}\cdot\text{s}/\text{m}^2$

답 ③

제3과목 소방관계법규

41
특정소방대상물의 건축·대수선·용도변경 또는 설치 등을 위한 공사를 시공하는 자가 공사현장에서 인화성 물품을 취급하는 작업 등 대통령령으로 정하는 작업을 하기 전에 설치하고 유지·관리하는 임시소방시설의 종류가 아닌 것은? (단, 용접·용단 등 불꽃을 발생시키거나 화기를 취급하는 작업이다.)

① 간이소화장치
② 비상경보장치
③ 자동확산소화기
④ 간이피난유도선

해설 소방시설법 시행령〔별표 5의 2〕
임시소방시설의 종류

종 류	설 명
소화기	-
간이소화장치	물을 방사하여 화재를 진화할 수 있는 장치로서 소방청장이 정하는 성능을 갖추고 있을 것
비상경보장치	화재가 발생한 경우 주변에 있는 작업자에게 화재사실을 알릴 수 있는 장치로서 소방청장이 정하는 성능을 갖추고 있을 것
간이피난유도선	화재가 발생한 경우 피난구 방향을 안내할 수 있는 장치로서 소방청장이 정하는 성능을 갖추고 있을 것
가스누설경보기	가연성 가스가 누설 또는 발생된 경우 탐지하여 경보하는 장치로서 소방청장이 실시하는 형식승인 및 제품검사를 받은 것
비상조명등	화재발생시 안전하고 원활한 피난활동을 할 수 있도록 자동점등되는 조명장치로서 소방청장이 정하는 성능을 갖추고 있을 것
방화포	용접·용단 등 작업시 발생하는 불티로부터 가연물이 점화되는 것을 방지해 주는 천 또는 불연성 물품으로서 소방청장이 정하는 성능을 갖추고 있을 것

답 ③

42
소방청장 또는 시·도지사가 처분을 실시하기 위한 청문대상이 아닌 것은?

① 소방시설관리사 자격의 정지
② 소방안전관리자 자격의 취소
③ 소방시설관리업의 등록취소
④ 소방용품의 형식승인취소

해설 소방시설법 49조
청문실시 대상
(1) 소방시설**관리사** 자격의 **취소** 및 정지
(2) 소방시설**관리업**의 **등록취소** 및 영업정지
(3) **소방용품**의 **형식승인취소** 및 제품검사중지
(4) 소방용품의 **제품검사 전문기관**의 **지정취소** 및 업무정지
(5) 우수품질인증의 취소

(6) 소방용품의 성능인증 취소

기억법 청사 용업(청사 용역)

답 ②

43
위험물안전관리법령상 자체소방대를 설치하는 제조소 또는 일반취급소에서 취급하는 제4류 위험물의 최대수량의 합이 지정수량의 24만배 이상 48만배 미만인 사업소의 관계인이 두어야 하는 화학소방자동차와 자체소방대원의 수의 기준으로 옳은 것은? (단, 화재, 그 밖의 재난발생시 다른 사업소 등과 상호응원에 관한 협정을 체결하고 있는 사업소는 제외한다.)

① 화학소방자동차 - 2대, 자체소방대원의 수 - 10인
② 화학소방자동차 - 3대, 자체소방대원의 수 - 10인
③ 화학소방자동차 - 3대, 자체소방대원의 수 - 15인
④ 화학소방자동차 - 4대, 자체소방대원의 수 - 20인

해설 위험물령〔별표 8〕
자체소방대에 두는 화학소방자동차 및 인원

구 분	화학소방 자동차	자체소방대원의 수
지정수량 3천배~12만배 미만	1대	5인
지정수량 12~24만배 미만	2대	10인
지정수량 24~48만배 미만	3대	15인
지정수량 48만배 이상	4대	20인
옥외탱크저장소에 저장하는 제4류 위험물의 최대수량이 지정수량의 50만배 이상	2대	10인

답 ③

44
소방본부 종합상황실의 실장이 서면·모사전송 또는 컴퓨터통신 등으로 소방청 종합상황실에 보고하여야 하는 화재의 기준이 아닌 것은?

① 이재민이 100인 이상 발생한 화재
② 사망자가 3인 이상 발생하거나 사상자가 5인 이상 발생한 화재
③ 재산피해액이 50억원 이상 발생한 화재
④ 층수가 5층 이상이거나 병상이 30개 이상인 요양소에서 발생한 화재

해설 ② 사망자가 3인 → 사망자가 5인
사상자가 5인 → 사상자가 10인

기본규칙 3조
종합상황실 실장의 보고 화재
(1) 사망자 **5명** 이상 화재
(2) 사상자 **10명** 이상 화재
(3) 이재민 **100명** 이상 화재
(4) 재산피해액 **50억원** 이상 화재
(5) 관광호텔, 층수가 11층 이상인 건축물, 지하상가, 시장, 백화점
(6) **5층** 이상 또는 객실 **30실** 이상인 **숙박시설**
(7) **5층** 이상 또는 병상 **30개** 이상인 종합병원·정신병원·**한방병원**·**요양소**
(8) **1000t** 이상인 선박(항구에 매어둔 것), 철도차량, 항공기, 발전소 또는 변전소
(9) 지정수량 **3000배** 이상의 위험물 제조소·저장소·취급소
(10) 연면적 **15000㎡** 이상인 **공장** 또는 **화재예방강화지구**에서 발생한 화재
(11) **가스** 및 **화약류**의 폭발에 의한 화재
(12) 관공서·학교·정부미 도정공장·문화재·지하철 또는 지하구의 **화재**
(13) 다중이용업소의 화재

※ **종합상황실** : 화재·재난·재해·구조·구급 등이 필요한 때에 신속한 소방활동을 위한 정보를 수집·전파하는 소방서 또는 소방본부의 지령관제실

답 ②

45 ★★
지진이 발생할 경우 소방시설이 정상적으로 작동할 수 있도록 대통령령으로 정하는 소방시설의 내진설계 대상이 아닌 것은?
19.03.문73
16.10.문49
① 옥내소화전설비 ② 스프링클러설비
③ 물분무등소화설비 ④ 제연설비

해설 소방시설법 시행령 8조
소방시설의 내진설계 대상
(1) 옥**내**소화전설비
(2) **스**프링클러설비
(3) **물**분무등소화설비

기억법 스물내(스물네살)

답 ④

46 ★
보일러 등의 위치·구조 및 관리와 화재예방을 위하여 불의 사용에 있어서 지켜야 하는 사항 중 난로의 연통은 천장으로부터 최소 몇 m 이상 떨어지게 설치하여야 하는가?
10.09.문45
① 0.3 ② 0.6
③ 1   ④ 2

해설 화재예방법 시행령 [별표 1]
벽·천장 사이의 거리

종류	벽·천장 사이의 거리
건조설비	0.5m 이상
보일러	0.**6**m 이상

기억법 보6(보육시설)

답 ②

47 ★★
위험물안전관리법상 위험물 제조소 등의 관계인은 당해 제조소 등의 용도를 폐지한 때에는 용도를 폐지한 날부터 며칠 이내에 시·도지사에게 신고하여야 하는가?
10.03.문46
① 7일   ② 14일
③ 21일 ④ 30일

해설 ② 제조소 등의 용도를 폐지한 때에는 폐지한 날부터 **14일** 이내에 **시·도지사**에게 **신고**하여야 한다.

14일
(1) 옮긴 물건 등을 보관하는 경우 공고기간(화재예방법 시행령 17조)
(2) **제**조소 등의 용도**폐**지 신고일(위험물법 11조)
(3) 위험물안전관리자의 **선**임신고일(위험물법 15조)
(4) 소방안전관리자의 **선**임신고일(화재예방법 26조)

기억법 14제폐선(일사천리로 제패하여 성공하라.)

답 ②

48 ★★
화재안전조사 결과 소방대상물의 개수·이전·제거 명령으로 인하여 손실을 입은 자가 있는 경우, 손실을 보상하여야 하는 자는?
19.03.문58
14.03.문52
① 소방청장   ② 대통령
③ 소방본부장 ④ 소방서장

해설 화재예방법 시행령 14조
손실보상
(1) 소방**청**장
(2) **시**·도지사

기억법 손시청(연예인 손지창)

답 ①

49 ★
분말형태의 소화약제를 사용하는 소화기의 내용연수로 옳은 것은? (단, 소방용품의 성능을 확인받아 그 사용기한을 연장하는 경우는 제외한다.)
① 10년 ② 7년
③ 5년   ④ 3년

해설 소방시설법 시행령 19조
분말형태의 **소화약제**를 사용하는 소화기 : 내용연수 **10년**

답 ①

50 ★
하자를 보수하여야 하는 소방시설과 소방시설별 하자보수보증기간이 틀린 것은?
06.05.문49
① 자동소화장치 : 3년
② 자동화재탐지설비 : 2년
③ 무선통신보조설비 : 2년
④ 스프링클러설비 : 3년

② 자동화재탐지설비 : 3년

공사업령 6조
소방시설공사의 하자보수보증기간

보증기간	소방시설
2년	• **유**도등 · **피**난기구 • **비**상**조**명등 · 비상**경**보설비 · 비상**방**송설비 • **무**선통신보조설비
3년	• 자동소화장치 • 옥내 · 외소화전설비 • 스프링클러설비 • 물분무등소화설비 · 소화용수설비 • 자동화재탐지설비 · 소화활동설비(무선통신보조설비 제외) • 화재알림설비

기억법 유비조경방무피2(유비조경방무피투)

답 ②

51. 소방시설 설치 및 관리에 관한 법률상 1년 이하의 징역 또는 1000만원 이하의 벌금에 처하는 경우는?

① 소방용품의 형식승인을 받지 아니하고 소방용품을 제조하거나 수입한 자
② 형식승인을 받은 그 소방용품에 대하여 제품검사를 받지 아니한 자
③ 거짓이나 그 밖의 부정한 방법으로 제품검사 전문기관으로 지정을 받은 자
④ 형식승인의 변경승인을 받지 아니한 자

①~③ 3년 이하의 징역 또는 3000만원 이하의 벌금

1년 이하의 징역 또는 1000만원 이하의 벌금
(1) 소방시설의 **자체점검** 미실시자(소방시설법 58조)
(2) **소방시설관리사증** 대여(소방시설법 58조)
(3) **소방시설관리업**의 등록증 대여(소방시설법 58조)
(4) 제조소 등의 정기점검 기록 허위 작성(위험물법 35조)
(5) **자체소방대**를 두지 않고 제조소 등의 허가를 받은 자(위험물법 35조)
(6) **위험물 운반용기**의 검사를 받지 않고 유통시킨 자(위험물법 35조)
(7) 제조소 등의 긴급 사용정지 위반자(위험물법 35조)
(8) 영업정지처분 위반자(공사업법 36조)
(9) 거짓 감리자(공사업법 36조)
(10) 공사감리자 미지정자(공사업법 36조)
(11) 소방시설 설계 · 시공 · 감리 하도급자(공사업법 36조)
(12) 소방시설공사 재하도급자(공사업법 36조)
(13) 소방시설업자가 아닌 자에게 소방시설공사 등을 도급한 관계인(공사업법 36조)
(14) 형식승인의 변경승인을 받지 아니한 자(소방시설법 37조 ①항)

중요
3년 이하의 징역 또는 3000만원 이하의 벌금(소방시설법 57조)
(1) 소방시설관리업 무등록자
(2) 형식승인을 받지 않은 소방용품 제조 · 수입자
(3) 제품검사를 받지 않은 자
(4) 피난 조치명령 위반
(5) 거짓이나 그 밖의 부정한 방법으로 제품검사 전문기관의 지정을 받은 자

답 ④

52. 위험물안전관리법령상 위험물 및 지정수량에 대한 기준 중 다음 ( ) 안에 알맞은 것은?

금속분이라 함은 알칼리금속 · 알칼리토류 금속 · 철 및 마그네슘 외의 금속의 분말을 말하고, 구리분 · 니켈분 및 (㉠)마이크로미터의 체를 통과하는 것이 (㉡)중량퍼센트 미만인 것은 제외한다.

① ㉠ 150, ㉡ 50
② ㉠ 53, ㉡ 50
③ ㉠ 50, ㉡ 150
④ ㉠ 50, ㉡ 53

위험물령 〔별표 1〕
금속분
알칼리금속 · 알칼리토류 금속 · 철 및 마그네슘 외의 금속의 분말을 말하고, **구리분 · 니켈분** 및 **150마이크로미터**의 체를 통과하는 것이 **50중량퍼센트** 미만인 것은 제외한다.

답 ①

53. 소방기술자의 배치기준 중 중급기술자 이상의 소방기술자(기계분야 및 전기분야) 소방시설공사현장의 기준으로 틀린 것은?

① 지하층을 포함한 층수가 16층 이상 40층 미만인 특정소방대상물의 공사현장
② 연면적 $5000m^2$ 이상 $30000m^2$ 미만인 특정소방대상물(아파트는 제외)의 공사현장
③ 연면적 $10000m^2$ 이상 $200000m^2$ 미만인 아파트의 공사현장
④ 물분무등소화설비(호스릴방식의 소화설비는 제외) 또는 제연설비가 설치되는 특정소방대상물의 공사현장

① 고급기술자에 대한 설명

공사업령 〔별표 2〕
소방기술자의 배치기준

공사현장	배치기준
• 연면적 1천m² 미만	• 소방기술인정자격수첩 발급자
• 연면적 1천~5천m² 미만(아파트 제외) • 연면적 1천~1만m² 미만(아파트) • 지하구	• 초급기술자 이상(기계 및 전기분야)
• **물분무등소화설비**(호스릴 제외) 또는 **제연설비** 설치 • 연면적 5천~3만m² 미만(아파트 제외) • 연면적 1만~20만m² 미만(아파트)	• 중급기술자 이상(기계 및 전기분야)
• 연면적 3만~20만m² 미만(아파트 제외) • 16~40층 미만(지하층 포함)	• 고급기술자 이상(기계 및 전기분야)
• 연면적 20만m² 이상 • 40층 이상(지하층 포함)	• 특급기술자 이상(기계 및 전기분야)

■ 비교

공사업령 〔별표 4〕
소방공사감리원의 배치기준

공사현장	배치기준	
	책임감리원	보조감리원
• 연면적 5천m² 미만 • 지하구	초급감리원 이상 (기계 및 전기)	
• 연면적 5천~3만m² 미만	중급감리원 이상 (기계 및 전기)	
• **물분무등소화설비**(호스릴 제외) 설치 • **제연설비** 설치 • 연면적 3만~20만m² 미만(아파트)	고급감리원 이상 (기계 및 전기)	초급감리원 이상 (기계 및 전기)
• 연면적 3만~20만m² 미만(아파트 제외) • 16~40층 미만(지하층 포함)	특급감리원 이상 (기계 및 전기)	초급감리원 이상 (기계 및 전기)
• 연면적 20만m² 이상 • 40층 이상(지하층 포함)	특급감리원 중 소방기술사	초급감리원 이상 (기계 및 전기)

답 ①

54 제조소 등의 설치허가 등에 있어서 최저의 기준이 되는 위험물의 지정수량이 100kg인 위험물의 품명이 바르게 연결된 것은?
16.10.문51
(기사)
① 브로민산염류 − 질산염류 − 아이오딘산염류
② 칼륨 − 나트륨 − 알킬알루미늄
③ 황화인 − 적린 − 황
④ 과염소산 − 과산화수소 − 질산

해설 위험물령 〔별표 1〕
제2류 위험물

성 질	품 명	지정수량
가연성 고체	황화인	100kg
	적린	
	황	
	철분	500kg
	금속분	
	마그네슘	
	인화성 고체	1000kg

 중요

위험물령 〔별표 1〕
제1류 위험물

성 질	품 명	지정수량
산화성 고체	아염소산염류	50kg
	염소산염류	
	과염소산염류	
	무기과산화물	
	브로민산염류	300kg
	질산염류	
	아이오딘산염류	
	과망가니즈산염류	1000kg
	다이크로뮴산염류	

답 ③

55 소방기본법상 벌칙 기준 중 100만원 이하의 벌금에 해당하는 자가 아닌 것은?
19.09.문42
07.03.문45
① 위험시설 등에 대한 긴급조치를 방해한 자
② 정당한 사유 없이 소방대의 생활안전활동을 방해한 자
③ 피난명령을 위반한 사람
④ 불을 사용할 때 지켜야 하는 사항 및 특수가연물의 저장 및 취급기준을 위반한 자

해설 ④ 200만원 이하의 과태료(화재예방법 52조)

기본법 54조
100만원 이하의 벌금
(1) 관계인의 **소방활동** 미수행
(2) **피난명령** 위반 보기 ③
(3) 위험시설 등에 대한 긴급조치 방해 보기 ①
(4) 정당한 사유없이 물의 사용이나 수도의 개폐장치의 사용 또는 조작을 하지 못하게 하거나 방해한 자
(5) 소방대의 **생활안전활동**을 방해한 자 보기 ②

기억법 피1(차일피일)

답 ④

56 화재의 예방 및 안전관리에 관한 법령상 대통령령으로 정하는 특수가연물의 품명별 수량기준이 옳은 것은?

① 가연성 고체류 – 1000kg 이상
② 목재가공품 및 나무 부스러기 – 20m³ 이상
③ 석탄·목탄류 – 3000kg 이상
④ 면화류 – 200kg 이상

해설
① 1000kg → 3000kg
② 20m³ → 10m³
③ 3000kg → 10000kg

화재예방법 시행령 [별표 2]
특수가연물

품 명		수 량
가연성 **액**체류		**2**m³ 이상
목재가공품 및 나무부스러기		**10**m³ 이상
면화류		**2**00kg 이상
나무껍질 및 대팻밥		**4**00kg 이상
넝마 및 종이부스러기		
사류(絲類)		1000kg 이상
볏짚류		
가연성 **고**체류		**3**000kg 이상
고무류·플라스틱류	발포시킨 것	20m³ 이상
	그 밖의 것	**3**000kg 이상
석탄·목탄류		10000kg 이상

기억법
가액목면나 넝사볏가고 고석
2 1 2 4   1 3   3 1

※ **특수가연물**: 화재가 발생하면 그 확대가 빠른 물품

답 ④

57 과태료의 부과기준 중 특수가연물의 저장 및 취급 기준을 위반한 경우의 과태료 금액으로 옳은 것은?

① 50만원
② 100만원
③ 150만원
④ 200만원

해설 화재예방법 시행령 [별표 9]
과태료의 부과기준

위반사항	과태료 금액
① 소방용수시설·소화기구 및 설비 등의 설치명령을 위반한 자	200
② 불의 사용에 있어서 지켜야 하는 사항을 위반한 자	
③ 특수가연물의 저장 및 취급의 기준을 위반한 자	

비교

기본령 [별표 3]

위반사항	과태료 금액
① 화재 또는 구조·구급이 필요한 상황을 거짓으로 알린 자	• 1회 위반시: 200 • 2회 위반시: 400 • 3회 이상 위반시: 500
② 소방활동구역 출입제한을 위반한 자	100
③ 한국소방안전원 또는 이와 유사한 명칭을 사용한 경우	200

답 ④

58 대통령령으로 정하는 화재예방강화지구의 지정 대상지역이 아닌 것은?

① 시장지역
② 목조건물이 밀집한 지역
③ 위험물의 저장 및 처리시설이 밀집한 지역
④ 석유화학제품을 판매하는 시설이 있는 지역

해설
④ 판매하는 시설이 있는 지역 → 생산하는 공장이 있는 지역

화재예방법 18조
화재예방강화지구의 지정
(1) 지정권자: **시**·도지사
(2) 지정지역
 ㉠ 시장지역
 ㉡ 공장·창고 등이 밀집한 지역
 ㉢ 목조건물이 밀집한 지역
 ㉣ 노후·불량 건축물이 밀집한 지역
 ㉤ 위험물의 저장 및 처리시설이 밀집한 지역
 ㉥ 석유화학제품을 생산하는 공장이 있는 지역
 ㉦ 소방시설·소방용수시설 또는 소방출동로가 없는 지역
 ㉧ 「산업입지 및 개발에 관한 법률」에 따른 산업단지
 ㉨ 「물류시설의 개발 및 운영에 관한 법률」에 따른 물류단지
 ㉩ 소방청장·소방본부장 또는 소방서장(소방관서장)이 화재예방강화지구로 지정할 필요가 있다고 인정하는 지역

기억법 화강시

※ **화재예방강화지구** : 화재발생 우려가 크거나 화재가 발생할 경우 피해가 클 것으로 예상되는 지역에 대하여 화재의 예방 및 안전관리를 강화하기 위해 지정·관리하는 지역

답 ④

59 연소 우려가 있는 건축물의 구조에 대한 기준으로 다음 (   ) 안에 알맞은 것은?

건축물대장의 건축물 현황도에 표시된 대지 경계선 안에 둘 이상의 건축물이 있는 경우, 각각의 건축물이 다른 건축물의 외벽으로부터 수평거리가 1층에 있어서는 (㉠)m 이하, 2층 이상의 층의 경우에는 (㉡)m 이하인 경우, 개구부가 다른 건축물을 향하여 설치되어 있는 경우 모두 해당하는 구조이다.

① ㉠ 6, ㉡ 10
② ㉠ 10, ㉡ 6
③ ㉠ 3, ㉡ 5
④ ㉠ 5, ㉡ 3

해설 소방시설법 시행규칙 17조
연소 우려가 있는 건축물의 구조
(1) **1층** : 타건축물 외벽으로부터 **6m** 이하
(2) **2층 이상** : 타건축물 외벽으로부터 **10m** 이하
(3) 대지경계선 안에 2 이상의 건축물이 있는 경우
(4) 개구부가 다른 건축물을 향하여 설치된 구조

답 ①

60 소방시설 중 경보설비가 아닌 것은?

① 통합감시시설
② 가스누설경보기
③ 자동화재속보설비
④ 비상콘센트설비

해설 ④ 비상콘센트설비 → 소화활동설비

소방시설법 시행령 [별표 1]
경보설비
(1) 비상**경**보설비 ─ 비상벨설비
              └ 자동식 사이렌설비
(2) **단**독경보형 감지기
(3) 비상**방**송설비
(4) 누전**경**보기
(5) **자**동화재탐지설비 및 시각경보기
(6) **자**동화재속보설비

(7) **가**스**누**설경보기
(8) **통**합감시시설
(9) 화재알림설비

기억법 경자가 누가단통 방경

※ **경보설비** : 화재발생 사실을 통보하는 기계·기구 또는 설비

답 ④

제 4 과목   소방기계시설의 구조 및 원리

61 차고·주차장에 설치하는 포소화전설비의 설치기준으로 옳은 것은?

① 저발포의 소화약제를 사용할 수 있는 것으로 할 것
② 호스를 포소화전방수구로 분리하여 비치하는 때에는 그로부터 1.5m 이내의 거리에 호스함을 설치할 것
③ 호스함은 바닥으로부터 높이 1m 이하의 위치에 설치하고 그 표면에는 포소화전함이라고 표시한 표지와 적색의 위치표시등을 설치할 것
④ 방호대상물의 각 부분으로부터 하나의 포소화전방수구까지의 수평거리는 15m 이하가 되도록 하고 호스의 길이는 방호대상물의 각 부분에 포가 유효하게 뿌려질 수 있도록 할 것

 해설
② 1.5m → 3m
③ 1m → 1.5m
④ 포소화전방수구까지의 → 호스릴포방수구까지의

차고·주차장에 설치하는 **포소화전설비**의 설치기준(NFPC 105 12조, NFTC 105 2.9.3)
(1) **저발포**의 포소화약제를 사용할 수 있는 것으로 할 것
(2) 호스를 호스릴포방수구 또는 포소화전방수구로 분리하여 비치하는 때에는 그로부터 **3m** 이내의 거리에 **호스릴함** 또는 **호스함**을 설치할 것
(3) 호스함은 바닥으로부터 높이 **1.5m** 이하의 위치에 설치하고 그 표면에는 "**포호스릴함(또는 포소화전함)**"이라고 표시한 표지와 적색의 위치표시등을 설치할 것
(4) 방호대상물의 각 부분으로부터 하나의 **호스릴포방수구**까지의 **수평거리**는 15m 이하(**포소화전방수구 25m 이하**)가 되도록 하고 호스의 길이는 방호대상물의 각 부분에 포가 유효하게 뿌려질 수 있도록 할 것

답 ①

62. 분말소화설비에 사용하는 소화약제 중 제3종 분말의 주성분으로 옳은 것은?

① 인산염
② 탄산수소칼륨
③ 탄산수소나트륨
④ 요소

해설 분말소화기(질식효과)

종별	소화약제	약제의 착색	화학반응식	적응화재
제1종	중탄산나트륨 (NaHCO₃)	**백**색	2NaHCO₃ → Na₂CO₃+CO₂+H₂O	BC급
제2종	중탄산칼륨 (KHCO₃)	**담자**색 (담회색)	2KHCO₃ → K₂CO₃+CO₂+H₂O	BC급
제3종	**인**산암모늄 (NH₄H₂PO₄) 보기 ①	담**홍**색 (황색)	NH₄H₂PO₄ → HPO₃+NH₃+H₂O	ABC급
제4종	중탄산칼륨 +요소 (KHCO₃+ (NH₂)₂CO)	**회**(백)색	2KHCO₃+ (NH₂)₂CO → K₂CO₃+ 2NH₃+2CO₂	BC급

- 중탄산나트륨 = 탄산수소나트륨
- 중탄산칼륨 = 탄산수소칼륨
- 제1인산암모늄 = 인산암모늄 = **인산염**
- 중탄산칼륨 + 요소 = 탄산수소칼륨 + 요소

기억법 백자홍회, 3인ABC(3종이니까 3가지 ABC급)

답 ①

63. 옥내소화설비의 압력수조를 이용한 가압송수장치에 있어서 압력수조에 설치하는 것이 아닌 것은?

① 급기관
② 압력계
③ 오버플로우관
④ 자동식 공기압축기

해설 ③ 고가수조에 설치하는 것

필요설비 (NFTC 102 2.2.2.2, 2.2.3.2)

고가수조	압력수조
• 수위계	• **수**위계
• 배수관	• **배**수관
• 급수관	• **급**수관
• 맨홀	• **맨**홀
• **오버플로우관** 보기 ③	• **급**기관 보기 ①
	• **압**력계 보기 ②
	• **안**전장치
	• **자**동식 공기압축기 보기 ④

기억법 고오(GO!), 기안자 배급수맨

답 ③

64. 스프링클러설비배관에 설치되는 행거의 설치기준 중 다음 ( ) 안에 알맞은 것으로 연결된 것은?

가지배관에는 헤드의 설치지점 사이마다 1개 이상의 행거를 설치하되, 헤드간의 거리가 (㉠)m를 초과하는 경우에는 (㉠)m 이내마다 1개 이상 설치할 것. 이 경우 상향식 헤드와 행거사이에는 (㉡)cm 이상의 간격을 두어야 한다.

① ㉠ 3.5, ㉡ 6
② ㉠ 4.5, ㉡ 6
③ ㉠ 3.5, ㉡ 8
④ ㉠ 4.5, ㉡ 8

해설 **행거**의 **설치**(NFTC 103 2.5.13)
(1) 가지배관 : **3.5m** 이내마다 설치 보기 ㉠
(2) **교**차배관
(3) 수평주행배관 ─ **4.5m** 이내마다 설치
(4) 헤드와 **행**거 사이의 간격 : **8cm** 이상 보기 ㉡

기억법 교4(교사), 행8(해파리)

용어 행거(행가)
천장 등에 물건을 달아매는 데 사용하는 철재

답 ③

65. 소화수조의 소요수량이 20m³ 이상 40m³ 미만일 때 가압송수장치의 1분당 양수량은 최소 몇 L 이상이어야 하는가? (단, 소화수조가 지표면으로부터의 깊이(수조 내부바닥까지의 길이)가 4.5m 이상인 지하에 있는 경우이다.)

① 1100
② 2200
③ 3300
④ 4400

해설 **소화수조** 또는 **저수조**(NFPC 402 5조, NFTC 402 2.2.1)

$$\text{가압송수장치의 분당 토출량[L/min]} = \frac{\text{소요수량(저수량)[L]}}{20\text{min}}$$

$$= \frac{20\text{m}^3}{20\text{min}} = \frac{20000\text{L}}{20\text{min}} = 1000\text{L/min}(\therefore \text{최소 } 1100\text{L/min})$$

- 1m³=1000L이므로 20m³=20000L
- 20min : 소화수조 또는 저수조의 방사시간
- 문제에서 소요수량의 20m³이므로 최소토출량은 다음 표에서 1100L/min이므로 계산값은 1000L/min이지만 답은 1100L/min이 된다.

가압송수장치의 양수량(토출량)

저수량	20~40m³ 미만	40~100m³ 미만	100m³ 이상
양수량 (토출량)	1100L/min 이상	2200L/min 이상	3300L/min 이상

답 ①

66 화재조기진압용 스프링클러설비를 설치할 장소의 구조기준으로 틀린 것은?

① 해당층의 높이가 13.7m 이하일 것
② 천장의 기울기가 1000분의 168을 초과하지 않아야 하고, 이를 초과하는 경우에는 반자를 지면과 수평으로 설치할 것
③ 천장은 평평하여야 하며 철재나 목재트러스 구조인 경우 철재나 목재의 돌출부분이 102mm를 초과하지 않을 것
④ 보로 사용되는 목재·콘크리트 및 철재 사이의 간격이 0.8m 이상 1.5m 이하일 것

해설 ④ 0.8m 이상 1.5m 이하 → 0.9m 이상 2.3m 이하

화재조기진압용 스프링클러설비의 **설치장소**의 **구조** (NFPC 103B 4조, NFTC 103 103B 2.1)

(1) 해당층의 높이가 **13.7m** 이하일 것(단, **2층** 이상일 경우에는 해당층의 바닥을 **내화구조**로 하고 다른 부분과 **방화구획**할 것) 보기 ①

(2) 천장의 기울기가 $\frac{168}{1000}$을 초과하지 않아야 하고, 이를 초과하는 경우에는 반자를 지면과 **수평**으로 설치할 것 보기 ②

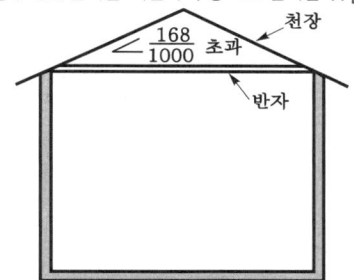

| 기울어진 천장의 경우 |

(3) 천장은 평평하여야 하며 철재나 목재트러스 구조인 경우 철재나 목재의 돌출부분이 **102mm**를 초과하지 않을 것 보기 ③

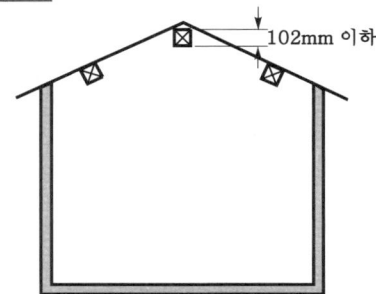

| 철재 또는 목재의 돌출치수 |

(4) 보로 사용되는 목재·콘크리트 및 철재 사이의 간격이 **0.9~2.3m 이하**일 것(단, 보의 간격이 2.3m 이상인 경우에는 스프링클러헤드의 동작을 원활히 하기 위하여 보로 구획된 부분의 천장 및 반자의 넓이가 **28m²**를 초과하지 않을 것) 보기 ④

(5) 창고 내의 선반의 형태는 하부로 **물**이 **침투**되는 구조로 할 것

용어

화재조기진압형 스프링클러헤드(early suppression fast-response sprinkler)
화재를 **초기**에 **진압**할 수 있도록 정해진 면적에 충분한 물을 방사할 수 있는 빠른 작동능력의 스프링클러헤드

| 화재조기진압형 |

답 ④

67 개방형 헤드를 사용하는 연결살수설비에 있어서 하나의 송수구역에 설치하는 살수헤드의 수는 최대 몇 개 이하가 되도록 하여야 하는가?

① 8　　　② 10
③ 16　　 ④ 32

해설 ② 연결살수설비에서 하나의 송수구역에 설치하는 개방형 헤드수는 **10개** 이하로 하여야 한다.

중요

연결살수설비(NFPC 503 5조, NFTC 503 2.2.3.1)

배관의 구경	살수헤드개수
32mm	1개
40mm	2개
50mm	3개
65mm	4개 또는 5개
80mm	6~10개 이하

답 ②

68 스프링클러설비를 설치하여야 할 특정소방대상물에 있어서 스프링클러헤드를 설치하지 아니할 수 있는 기준으로 틀린 것은?

① 천장 및 반자가 불연재료 외의 것으로 되어 있고 천장과 반자 사이의 거리가 1m 미만인 부분
② 천장과 반자 양쪽이 불연재료로 되어 있는 경우로서 천장과 반자 사이의 거리가 2m 미만인 부분
③ 천장·반자 중 한쪽이 불연재료로 되어 있고 천장과 반자 사이의 거리가 1m 미만인 부분
④ 현관 또는 로비 등으로서 바닥으로부터 높이가 20m 이상인 장소

해설
① 1m 미만 → 0.5m 미만
스프링클러헤드의 설치 제외장소(NFPC 103 15조, NFTC 103 2.12)
(1) 계단실, 경사로, 승강기의 승강로, 파이프덕트, 목욕실, 수영장(관람석 제외), 화장실, 직접 외기에 개방되어 있는 복도, 기타 이와 유사한 장소
(2) **통신기기실·전자기기실**, 기타 이와 유사한 장소
(3) **발전실·변전실·변압기**, 기타 이와 유사한 전기설비가 설치되어 있는 장소
(4) **병원의 수술실·응급처치실**, 기타 이와 유사한 장소
(5) 천장과 반자 양쪽이 **불연재료**로 되어 있는 경우로서 그 사이의 거리 및 구조가 다음에 해당하는 부분
  ㉠ 천장과 반자 사이의 거리가 **2m** 미만인 부분 보기 ②
  ㉡ 천장과 반자 사이의 **벽**이 **불연재료**이고 천장과 반자 사이의 거리가 **2m** 이상으로서 그 사이에 **가연물**이 **존재**하지 아니하는 부분
(6) 천장·반자 중 한쪽이 **불연재료**로 되어 있고, 천장과 반자 사이의 거리가 **1m** 미만인 부분 보기 ③
(7) 천장 및 반자가 **불연재료** 외의 것으로 되어 있고, 천장과 반자 사이의 거리가 **0.5m 미만**인 경우 보기 ①
(8) 펌프실·물탱크실, 그 밖의 이와 비슷한 장소
(9) 현관·로비 등으로서 바닥에서 높이가 **20m** 이상인 장소 보기 ④

답 ①

69 소화약제 외의 것을 이용한 간이소화용구의 능력단위 중 다음 ( ) 안에 알맞은 것으로 연결된 것은?
07.09.문76

간이소화용구		능력단위
마른모래	삽을 상비한 (㉠)L 이상의 것 1포	0.5단위
팽창질석 또는 팽창진주암	삽을 상비한 (㉡)L 이상의 것 1포	

① ㉠ 30, ㉡ 50   ② ㉠ 50, ㉡ 30
③ ㉠ 80, ㉡ 50   ④ ㉠ 50, ㉡ 80

해설 **간이소화용구**의 **능력단위**(NFPC 101 3조, NFTC 101 1.7.1.6)

간이소화용구		능력단위
마른모래	삽을 상비한 **50L** 이상의 것 1포 보기 ㉠	0.5단위
팽창질석 또는 진주암	삽을 상비한 **80L** 이상의 것 1포 보기 ㉡	

기억법 마 5

비교
능력단위(위험물규칙 [별표 17])

소화설비	용량	능력단위
소화전용 물통	8L	0.3
수조(소화전용 물통 3개 포함)	80L	1.5
수조(소화전용 물통 6개 포함)	190L	2.5

답 ④

70 화재시 현저하게 연기가 찰 우려가 없는 장소로서 호스릴 할론소화설비를 설치할 수 있는 장소 기준으로 틀린 것은?
① 지상 1층 및 피난층에 있는 부분으로서 지상에서 수동 또는 원격조작에 따라 개방할 수 있는 개구부의 유효면적의 합계가 바닥면적의 15% 이상이 되는 부분
② 전기설비가 설치되어 있는 부분의 바닥면적이 해당 설비가 설치되어 있는 구획의 바닥면적의 5분의 1 미만이 되는 부분
③ 다량의 화기를 사용하는 부분(해당 설비의 주위 5m 이내의 부분을 포함)의 바닥면적이 해당 설비가 설치되어 있는 구획의 바닥면적의 5분의 1 미만이 되는 부분
④ 옥외로 통하는 개구부가 상시 개방된 구조의 부분으로서 그 개방된 부분의 합계면적이 해당 차고 또는 주차장의 바닥면적의 15% 이상인 부분

해설 ④ 무관한 내용

호스릴 할론소화설비의 **설치기준**(화재시 현저하게 연기가 찰 우려가 없는 장소)(NFTC 107 2.7.3)
(1) 지상 1층 및 피난층에 있는 부분으로서 지상에서 수동 또는 원격조작에 따라 개방할 수 있는 개구부의 유효면적의 합계가 바닥면적의 **15%** 이상이 되는 부분
(2) 전기설비가 설치되어 있는 부분 또는 다량의 화기를 사용하는 부분(해당 설비의 주위 5m 이내의 부분 포함)의 바닥면적이 해당 설비가 설치되어 있는 구획의 바닥면적이 $\frac{1}{5}$ 미만이 되는 부분

비교
차고·주차장의 호스릴포소화설비 또는 포소화설비 설치기준

특정소방대상물	설비 종류
• 차고·주차장 • 항공기격납고 • 공장·창고(특수가연물 저장·취급)	• 포워터스프링클러설비 • 포헤드설비 • 고정포방출설비 • 압축공기포소화설비
• 완전 개방된 옥상주차장(주된 벽이 없고 기둥뿐이거나 주위가 위해방지용 철주 등으로 둘러싸인 부분) • **지상 1층**으로서 지붕이 없는 차고·주차장 • 고가 밑의 주차장(주된 벽이 없고 기둥뿐이거나 주위가 위해방지용 철주 등으로 둘러싸인 부분)	• 호스릴포소화설비 • 포소화전설비

- 발전기실
- 엔진펌프실
- 변압기
- 전기케이블실
- 유압설비

| 고정식 압축공기포소화설비(바닥면적 합계 300m² 미만) |

답 ④

71 [12.05.문67]

방호대상물 주변에 설치된 벽면적의 합계가 20m², 방호공간의 벽면적 합계가 50m², 방호공간체적이 30m³인 장소에 국소방출방식의 분말소화설비를 설치할 때 저장할 소화약제량은 약 몇 kg인가? (단, 소화약제의 종별에 따른 X, Y의 수치에서 X의 수치는 5.2, Y의 수치는 3.9로 하며, 여유율(K)은 1.1로 한다.)

① 120
② 199
③ 314
④ 349

해설 분말소화설비(국소방출방식)(NFPC 108 6조, NFTC 108 2.3.2.2)

(1) 기호
- X : 5.2
- Y : 3.9
- a : 20m²
- A : 50m²
- Q : ?

(2) 방호공간 1m³에 대한 분말소화약제량

$$Q = \left(X - Y\frac{a}{A}\right) \times 1.1$$

여기서, Q : 방호공간 1m³에 대한 분말소화약제의 양[kg/m³]
a : 방호대상물의 주변에 설치된 벽면적의 합계[m²]
A : 방호공간의 벽면적의 합계[m²]
X, Y : 주어진 수치

방호공간 1m³에 대한 분말소화약제량 Q는

$$Q = \left(X - Y\frac{a}{A}\right) \times 1.1$$
$$= \left(5.2 - 3.9 \times \frac{20\text{m}^2}{50\text{m}^2}\right) \times 1.1 = 4\text{kg/m}^3$$

(3) 분말소화약제량

$$Q' = Q \times 방호공간체적$$

여기서, Q' : 분말소화약제량[kg]
Q : 방호공간 1m³에 대한 분말소화약제의 양[kg/m³]

분말소화약제량 Q'는
$Q' = Q \times 방호공간체적$
$= 4\text{kg/m}^3 \times 30\text{m}^3 = 120\text{kg}$

답 ①

용어

방호공간
방호대상물의 각 부분으로부터 0.6m의 거리에 의하여 둘러싸인 공간

답 ①

72 [02.05.문75]

다음 중 지하층이나 무창층 또는 밀폐된 거실로서 그 바닥면적이 20m² 미만의 장소에 설치할 수 있는 소화기구는? (단, 배기를 위한 유효한 개구부가 없는 장소인 경우이다.)

① 이산화탄소를 방사하는 소화기구
② 할론자동확산소화기를 방사하는 소화기구
③ 할론 1211을 방사하는 소화기구
④ 할론 2402를 방사하는 소화기구

해설 이산화탄소(자동확산소화기 제외) 또는 **할로겐화합물**(자동확산소화기 제외) 소화기구 설치 제외장소(NFPC 101 4조, NFTC 101 2.1.3)

(1) 지하층
(2) 무창층   — 바닥면적 20m² 미만
(3) 밀폐된 거실

답 ②

73 [11.10.문02]

다음의 할로겐화합물 및 불활성기체 소화약제 중 기본성분이 다른 것은?

① HCFC BLEND A
② HFC-125
③ IG-541
④ HFC-227ea

해설
①, ②, ④ 할로겐화합물 소화약제
③ 불활성기체 소화약제

할로겐화합물 및 불활성기체 소화약제의 종류(NFPC 107A 4조, NFTC 107A 2.1.1)

구분	할로겐화합물 소화약제	불활성기체 소화약제
종류	• FC-3-1-10 • HCFC BLEND A 보기 ① • HCFC-124 • HFC-125 보기 ② • HFC-227ea 보기 ④ • HFC-236fa • FIC-1311 • FK-5-1-12	• IG-01 • IG-100 • IG-541 보기 ③ • IG-55

답 ③

74 옥내소화전설비 배관의 설치기준 중 다음 ( ) 안에 알맞은 것은?

17.09.문72
11.10.문61
11.06.문80

연결송수관설비의 배관과 겸용할 경우의 주배관은 구경 (㉠)mm 이상, 방수구로 연결되는 배관의 구경은 (㉡)mm 이상의 것으로 하여야 한다.

① ㉠ 40, ㉡ 50
② ㉠ 50, ㉡ 40
③ ㉠ 65, ㉡ 100
④ ㉠ 100, ㉡ 65

해설 (1) 배관의 **구경**(NFPC 102 6조, NFTC 102 2.3)

구 분	가지배관	주배관 중 수직배관
호스릴	25mm 이상	32mm 이상
일반	40mm 이상	50mm 이상

(2) **연결송수관설비**의 배관과 **겸용** 보기 ④

주배관	방수구로 연결되는 배관
구경 100mm 이상	구경 65mm 이상

답 ④

75 미분무소화설비 용어의 정의 중 다음 ( ) 안에 알맞은 것은?

미분무란 물만을 사용하여 소화하는 방식으로 최소설계압력에서 헤드로부터 방출되는 물입자 중 99%의 누적체적분포가 (㉠)μm 이하로 분무되고 (㉡)급 화재에 적응성을 갖는 것을 말한다.

① ㉠ 200, ㉡ B, C
② ㉠ 400, ㉡ B, C
③ ㉠ 200, ㉡ A, B, C
④ ㉠ 400, ㉡ A, B, C

해설 미분무소화설비의 용어정의(NFPC 104A 3조, NFTC 104A 1.7)

용어	설 명
미분무 소화설비	가압된 물이 헤드 통과 후 미세한 입자로 분무됨으로써 소화성능을 가지는 설비를 말하며, 소화력을 증가시키기 위해 강화액 등을 첨가할 수 있다.
미분무	물만을 사용하여 소화하는 방식으로 최소설계압력에서 헤드로부터 방출되는 물입자 중 99%의 누적체적분포가 **400**μm 이하로 분무되고 **A, B, C급** 화재에 적응성을 갖는 것 보기 ④
미분무헤드	하나 이상의 오리피스를 가지고 미분무소화설비에 사용되는 헤드

답 ④

76 호스릴 이산화탄소소화설비 하나의 노즐에 대하여 저장량은 최소 몇 kg 이상이어야 하는가?

10.09.문75
(기사)

① 60
② 70
③ 80
④ 90

해설 호스릴 CO_2 소화설비(NFPC 106 5·10조, NFTC 106 2.2.1.4, 2.7.4.2)

소화약제 저장량	분사헤드 방사량
90kg 이상 보기 ④	**60kg/min** 이상

기억법 호소9

비교

호스릴방식(분말소화설비)(NFPC 108 6·11조, NFTC 108 2.3.2.3, 2.8.4.4)

약제 종별	약제저장량	약제방사량
제1종 분말	50kg	45kg/min
제2·3종 분말	30kg	27kg/min
제4종 분말	20kg	18kg/min

답 ④

77 연결송수관설비의 방수용 기구함 설치기준 중 다음 ( ) 안에 알맞은 것은?

01.03.문70

방수기구함은 피난층과 가장 가까운 층을 기준으로 (㉠)개층마다 설치하되, 그 층의 방수구마다 보행거리 (㉡)m 이내에 설치할 것

① ㉠ 2, ㉡ 3
② ㉠ 3, ㉡ 5
③ ㉠ 3, ㉡ 2
④ ㉠ 5, ㉡ 3

해설 방수기구함(NFPC 502 7조, NFTC 502 2.4)

(1) 피난층과 가장 가까운 층을 기준으로 **3개층**마다 설치하되, 그 층의 방수구마다 보행거리 **5m** 이내에 설치할 것 보기 ②
(2) 방수기구함에는 길이 **15m**의 호스와 **방사형 관창**을 비치할 것
(3) 방수기구함에는 '**방수기구함**'이라고 표시한 축광식 표지를 설치할 것

답 ②

78 특정소방대상물의 용도 및 장소별로 설치하여야 할 인명구조기구의 설치기준 중 공기호흡기를 층마다 2개 이상 비치하여야 할 특정소방대상물의 기준으로 옳은 것은?

19.09.문73
19.03.문65
16.10.문79

① 터널
② 운수시설 중 지하역사
③ 판매시설 중 농수산물도매시장
④ 문화 및 집회시설 중 수용인원 50명 이상의 영화상영관

17. 05. 시행 / 산업(기계)

해설
① 터널 → 지하상가
③ 농수산물도매시장 → 대규모점포
④ 50명 → 100명

인명구조기구 설치장소(NFTC 302 2.1.1.1)

특정소방대상물	인명구조기구의 종류	설치수량
• 7층 이상인 관광호텔(지하층 포함) • 5층 이상인 병원(지하층 포함)	• 방열복 • 방화복(안전모, 보호장갑, 안전화 포함) • 공기호흡기 • 인공소생기	• 각 2개 이상 비치할 것 (단, 병원의 경우 인공소생기 설치 제외)
• 수용인원 100명 이상의 영화상영관 • 대규모 점포 • 운수시설 중 지하역사 • 지하가 중 지하상가	• 공기호흡기	• 층마다 2개 이상 비치할 것(단, 각 층마다 갖추어 두어야 할 공기호흡기 중 일부를 직원이 상주하는 인근 사무실에 비치 가능)
• 이산화탄소소화설비(호스릴 이산화탄소 소화설비 제외) 설치대상물	• 공기호흡기	• 이산화탄소소화설비가 설치된 장소의 출입구 외부 인근에 1대 이상 비치

답 ②

79 승강식 피난기 및 하향식 피난구용 내림식 사다리의 설치기준 중 다음 ( ) 안에 알맞은 것은?

> 대피실의 면적은 2세대 이상일 경우에는 (㉠)m² 이상으로 하고, 건축법 시행령 제46조 제4항의 규정에 적합하여야 하며 하강구(개구부) 규격은 직경 (㉡)cm 이상일 것. 단, 외기와 개방된 장소에는 그러하지 아니한다.

① ㉠ 2, ㉡ 50
② ㉠ 3, ㉡ 50
③ ㉠ 2, ㉡ 60
④ ㉠ 3, ㉡ 60

해설 **승강식 피난기 및 하향식 피난구용 내림식 사다리의 설치기준**(NFPC 301 5조, NFTC 301 2.1.3.9)
(1) 대피실의 면적은 2m²(2세대 이상일 경우에는 3m²) 이상으로 하고, 건축법 시행령 제46조 제4항의 규정에 적합하여야 하며 하강구(개구부) 규격은 직경 60cm 이상일 것(단, 외기와 개방된 장소에는 제외) 보기 ④
(2) 하강구 내측에는 기구의 연결금속구 등이 없어야 하며 전개된 피난기구는 하강구 수평투영면적 공간 내의 범위를 침범하지 않는 구조이어야 할 것(단, 직경 60cm 크기의 범위를 벗어난 경우이거나, 직하층의 바닥면으로부터 높이 50cm 이하의 범위는 제외)
(3) 착지점과 하강구는 상호 수평거리 15cm 이상의 간격을 둘 것

답 ④

80 물분무소화설비에 제어반 설치시 감시제어반과 동력제어반으로 구분하여 설치하지 아니할 수 있는 경우가 아닌 것은?

① 압력수조에 따른 가압송수장치를 사용하는 물분무소화설비
② 고가수조에 따른 가압송수장치를 사용하는 물분무소화설비
③ 가압수조에 따른 가압송수장치를 사용하는 물분무소화설비
④ 내연기관에 따른 가압송수장치를 사용하는 물분무소화설비

해설 ① 물분무소화설비 → 미분무소화설비

물분무소화설비의 감시제어반과 동력제어반의 구분 설치 제외(NFPC 104 13조, NFTC 104 2.10.1)
(1) 다음에 해당하지 않는 특정소방대상물에 설치되는 물분무소화설비
  ㉠ 지하층을 제외한 층수가 7층 이상으로서 연면적이 2000m² 이상인 것
  ㉡ 지하층의 바닥면적의 합계가 3000m² 이상인 것(단, 차고·주차장 또는 보일러실·기계실·전기실 등 이와 유사한 장소의 면적은 제외)
(2) **내**연기관에 따른 가압송수장치를 사용하는 물분무소화설비 보기 ④
(3) **고**가수조에 따른 가압송수장치를 사용하는 물분무소화설비 보기 ②
(4) **가**압수조에 따른 가압송수장치를 사용하는 물분무소화설비 보기 ③

기억법 내고가(돈 **내고 가**)

비교	
• 옥내소화전설비(NFPC 102 5조, NFTC 102 2.2) • 옥외소화전설비(NFPC 109 5조, NFTC 109 2.2) • 화재조기진압용 스프링클러설비(NFPC 103B 6조, NFTC 103B 2.3) • 물분무소화설비(NFPC 104 5조, NFTC 104 2.2) • 포소화설비(NFPC 105 6조, NFTC 105 2.3) • 스프링클러설비(NFPC 103 5조, NFTC 103 2.2)	• 미분무소화설비(NFPC 104A 8조, NFTC 104A 2.5)
전동기 또는 내연기관에 따른 펌프를 이용하는 가압송수장치	전동기 또는 내연기관에 따른 펌프를 이용하는 가압송수장치
고가수조의 낙차를 이용한 가압송수장치	해당없음
압력수조를 이용한 가압송수장치	압력수조를 이용한 가압송수장치
가압수조를 이용한 가압송수장치	가압수조를 이용한 가압송수장치

답 ①

2017. 9. 23 시행

2017년 산업기사 제4회 필기시험

자격종목	종목코드	시험시간	형별
소방설비산업기사(기계분야)		2시간	

수험번호	성명

※ 각 문항은 4지택일형으로 질문에 가장 적합한 보기 항을 선택하여 체크하여야 합니다.

제1과목 　 소방원론

01 가압식 분말소화기 가압용 가스의 역할로 옳은 것은?
① 분말소화약제의 유동방지
② 분말소화기에 부착된 압력계 작동
③ 분말소화약제의 혼화 및 방출
④ 분말소화약제의 응고방지

해설 ③ 가압용 가스는 분말소화약제의 **방출**이 주목적이다.

가압방식에 따른 분류

축압식 소화기	가압식 소화기
소화기의 용기 내부에 소화약제와 함께 압축공기 또는 불연성 가스(N_2, CO_2)를 축압시켜 그 압력에 의해 방출되는 방식으로 소화기 상부에 **압력계**가 **부착**되어 있다.	소화약제의 **방출**원이 되는 압축가스를 압력 봄베 등의 별도의 용기에 저장했다가 가스의 압력에 의해 방출시키는 방식으로 **수동펌프식**, **화학반응식**, **가스가압식**으로 분류된다.

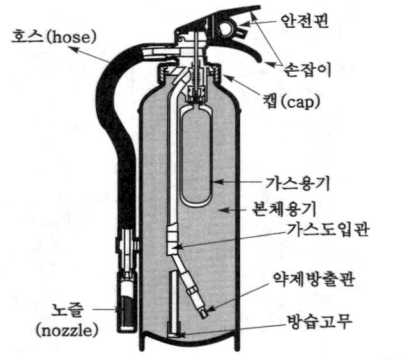

답 ③

02 피난계획의 일반원칙 중 Fool proof 원칙에 대한 설명으로 옳은 것은?
① 한 가지가 고장이 나도 다른 수단을 이용할 수 있도록 하는 원칙
② 두 방향의 피난동선을 항상 확보하는 원칙
③ 피난수단을 이동식 시설로 하는 원칙
④ 피난수단을 조작이 간편한 원시적 방법으로 하는 원칙

해설 ①, ② Fail Safe
③ 이동식 시설 → 고정식 시설(설비)

페일 세이프(fail safe)와 풀 프루프(fool proof)

용어	설명
페일 세이프 (Fail Safe)	① 한 가지 피난기구가 고장이 나도 다른 수단을 이용할 수 있도록 고려하는 것 ② 한 가지가 고장이 나도 다른 수단을 이용하는 원칙 ③ 두 **방향**의 피난동선을 항상 확보하는 원칙
풀 프루프 (Fool Proof)	① 피난경로는 **간단 명료**하게 한다. ② 피난구조설비는 **고정식** 설비를 위주로 설치한다. ③ 피난수단은 **원시적 방법**에 의한 것을 원칙으로 한다. ④ 피난통로를 **완전불연화**한다. ⑤ 막다른 복도가 없도록 계획한다. ⑥ 간단한 **그림**이나 **색채**를 이용하여 표시한다.

답 ④

03 수분과 접촉하면 위험하며 경유, 유동파라핀 등과 같은 보호액에 보관하여야 하는 위험물은?
① 과산화수소
② 이황화탄소
③ 황
④ 칼륨

해설 **저장물질**

위험물	저장장소
황린, 이황화탄소(CS_2)	• 물속 기억법 황물(황토색물)
나이트로셀룰로오스	• 알코올 속
칼륨(K), **나**트륨(Na), 리튬(Li)	• 석유류(등유) 속 • 경유, 유동파라핀 속 기억법 경유칼나(경유는 칼라가 있다.)
아세틸렌(C_2H_2)	• 디메틸프로마미드(DMF), 아세톤

답 ④

04. 다음 불꽃의 색상 중 가장 온도가 높은 것은?

① 암적색
② 적색
③ 휘백색
④ 휘적색

해설 연소의 색과 온도

색	온도[℃]
암적색(진홍색)	700~750
적색	850
휘적색(주황색)	925~950
황적색	1100
백적색(백색)	1200~1300
휘백색	1500

※ 불꽃의 색상 중 낮은 온도에서 높은 온도의 순서
암적색<**황**적색<**백**적색<**휘**백색

기억법 암황백휘

답 ③

05. 장기간 방치하면 습기, 고온 등에 의해 분해가 촉진되고, 분해열이 축적되면 자연발화 위험성이 있는 것은?

① 셀룰로이드
② 질산나트륨
③ 과망가니즈산칼륨
④ 과염소산

해설 자연발화의 형태

구분	종류
분해열	• **셀**룰로이드 • **나**이트로셀룰로오스
산화열	• 건성유(정어리유, 아마인유, 해바라기유) • 석탄 • 원면 • 고무분말
발효열	• **퇴**비 • **먼**지 • **곡**물
흡착열	• **목**탄 • **활**성탄

기억법 자분산 발흡
분셀나
발퇴먼곡
흡목활

※ 분해열을 일으키는 물질을 찾는 문제이다.

답 ①

06. 다음 중 오존파괴지수(ODP)가 가장 큰 할론소화약제는?

① Halon 1211
② Halon 1301
③ Halon 2402
④ Halon 104

해설 할론 1301(Halon 1301)
(1) 할론약제 중 **소화효과**가 가장 좋다.
(2) 할론약제 중 **독성**이 가장 약하다.
(3) 할론약제 중 **오존파괴지수**가 가장 높다.

용어
오존파괴지수(ODP ; Ozone Depletion Potential)
어떤 물질의 오존파괴능력을 상대적으로 나타내는 지표
$$ODP = \frac{\text{어떤 물질 1kg이 파괴하는 오존량}}{\text{CFC 11의 1kg이 파괴하는 오존량}}$$

답 ②

07. 유류화재시 분말소화약제와 병용이 가능하여 빠른 소화효과와 재착화방지효과를 기대할 수 있는 소화약제로 옳은 것은?

① 단백포 소화약제
② 수성막포 소화약제
③ 알코올형포 소화약제
④ 합성계면활성제포 소화약제

해설 수성막포의 장·단점

장 점	단 점
• 석유류 표면에 신속히 **피막**을 **형성**하여 유류증발을 억제한다. • **안전성**이 좋아 장기보존이 가능하다. • **내약품성**이 좋아 **분말소화약제와 겸용 사용**도 가능하다. • **내유염성**이 우수하다.	• 가격이 비싸다. • 내열성이 좋지 않다. • 부식방지용 저장설비가 요구된다.

기억법 수분

※ 내유염성 : 포가 기름에 의해 오염되기 어려운 성질

답 ②

08. 다음 중 연소할 수 있는 가연물로 볼 수 있는 것은?

① C
② N_2
③ Ar
④ CO_2

	① 탄소(C)는 가연물이다.

가연물이 될 수 없는 물질(산소공급원이 될 수 없는 것)

구 분	종 류
주기율표의 0족 원소	**헬륨**(He), **네온**(Ne), **아르곤**(Ar), **크립톤**(Kr), **크세논**(Xe), **라돈**(Rn)
산소와 더 이상 반응하지 않는 물질	**물**(H_2O), **이산화탄소**(CO_2), **산화알루미늄**(Al_2O_3), **오산화인**(P_2O_5)
흡열반응 물질	**질소**(N_2)

답 ①

09 고체연료의 연소형태를 구분할 때 해당하지 않는 것은?
11.06.문11

① 증발연소　　② 분해연소
③ 표면연소　　④ 예혼합연소

 ④ **기체**의 **연소형태**

연소의 형태

연소형태	종 류
기체 연소형태	• **예**혼합연소 • **확**산연소 **기억법** 확예기(우리 **확률 얘기** 좀 할까?)
액체 연소형태	• 증발연소 • 분해연소 • 액적연소
고체 연소형태	• 표면연소 • 분해연소 • 증발연소 • 자기연소

답 ④

10 화재시 연소물에 대한 공기공급을 차단하여 소화하는 방법은?
08.09.문03

① 냉각소화　　② 부촉매소화
③ 제거소화　　④ 질식소화

소화의 형태

소화 형태	설 명
냉각소화	• **점**화원을 냉각하여 소화하는 방법 • **증**발잠열을 이용하여 열을 빼앗아 가연물의 온도를 떨어뜨려 화재를 진압하는 소화방법 • **다량**의 **물**을 뿌려 소화하는 방법 • 가연성 물질을 **발**화점 이하로 냉각 **기억법** 냉점증발 • 주방에서 신속히 할 수 있는 방법으로, 신선한 **야채**를 넣어 **식용유**의 온도를 발화점 이하로 낮추어 소화하는 방법(**식용유** 화재에 신선한 **야채**를 넣어 소화) **기억법** 야식냉(**야식**이 **차다**.)

질식소화	• 공기 중의 **산소농도**를 16%(10~15%) 이하로 희박하게 하여 소화하는 방법 • 산화제의 농도를 낮추어 연소가 지속될 수 없도록 함 • 산소공급을 차단하는 소화방법(**공기공급**을 **차단**하여 소화하는 방법) **기억법** 질산
제거소화	• 가연물을 제거하여 소화하는 방법
부촉매소화 (=화학소화)	• **연쇄반응**을 **차단**하여 소화하는 방법 • 화학적인 방법으로 화재 억제
희석소화	• 기체·고체·액체에서 나오는 분해가스나 증기의 농도를 낮춰 소화하는 방법

답 ④

11 다음 중 인화점이 가장 낮은 물질은?
19.04.문06
14.03.문02

① 산화프로필렌　　② 이황화탄소
③ 아세틸렌　　　　④ 다이에틸에터

① -37℃　　② -30℃
③ -18℃　　④ -45℃

물 질	인화점	착화점
• 프로필렌	-107℃	497℃
• 에틸에터 • **다이에틸에터**	**-45℃**	180℃
• 가솔린(휘발유)	-43℃	300℃
• 이황화탄소	-30℃	100℃
• 아세틸렌	-18℃	335℃
• 아세톤	-18℃	538℃
• 산화프로필렌	-37℃	465℃
• 벤젠	-11℃	562℃
• 톨루엔	4.4℃	480℃
• 에틸알코올	13℃	423℃
• 아세트산	40℃	-
• 등유	43~72℃	210℃
• 경유	50~70℃	200℃
• 적린	-	260℃

• 인화점=인화온도
• 착화점=발화점=착화온도=발화온도

답 ④

12 화재시 이산화탄소를 사용하여 질식소화 하는 경우, 산소의 농도를 14vol.%까지 낮추려면 공기 중의 이산화탄소 농도는 약 몇 vol.%가 되어야 하는가?
19.04.문03

① 22.3vol.%　　② 33.3vol.%
③ 44.3vol.%　　④ 55.3vol.%

해설

$$CO_2 = \frac{방출가스량}{방호구역체적+방출가스량} \times 100$$

$$= \frac{21-O_2}{21} \times 100$$

여기서, CO_2 : CO_2의 농도[%]
O_2 : O_2의 농도[%]

이산화탄소의 농도 CO_2는

$$CO_2 = \frac{21-O_2}{21} \times 100 = \frac{21-14}{21} \times 100 ≒ 33.3 vol.\%$$

답 ②

13 ★★★ (19.04.문11, 14.05.문07, 14.05.문18, 13.09.문19)
독성이 매우 강한 가스로서 석유제품이나 유지 등이 연소할 때 발생되는 것은?

① 포스겐
② 시안화수소
③ 아크롤레인
④ 아황산가스

해설 연소가스

연소가스	설명
일산화탄소 (CO)	• 화재시 흡입된 일산화탄소(CO)의 화학적 작용에 의해 **헤모글로빈**(Hb)이 혈액의 산소운반작용을 저해하여 사람을 질식·사망하게 한다. • 목재류의 화재시 **인**명피해를 가장 많이 주며, 연기로 인한 의식불명 또는 질식을 가져온다. • 인체의 **폐**에 큰 자극을 준다. • **산**소와의 **결**합력이 극히 강하여 질식작용에 의한 독성을 나타낸다.
이산화탄소 (CO_2)	연소가스 중 가장 많은 양을 차지하고 있으며 가스 그 자체의 독성은 거의 없으나 다량이 존재할 경우 호흡속도를 증가시키고, 이로 인하여 화재가스에 혼합된 유해가스의 혼입을 증가시켜 위험을 가중시키는 가스이다.
암모니아 (NH_3)	• 나무, 페놀수지, 멜라민수지 등의 **질소** 함유물이 연소할 때 발생하며, 냉동시설의 **냉**매로 쓰인다. • 눈·코·폐 등에 매우 **자**극성이 큰 가연성 가스이다.
포스겐 ($COCl_2$)	매우 **독**성이 **강**한 가스로서 **소**화제인 **사**염화탄소(CCl_4)를 화재시에 사용할 때도 발생한다.
황화수소 (H_2S)	• **달**걀 썩는 냄새가 나는 특성이 있다. • 황분이 포함되어 있는 물질의 불완전연소에 의하여 발생하는 가스이다. • **자**극성이 있다.
아크롤레인 (CH_2=CHCHO)	독성이 매우 높은 가스로서 **석유제품**, 유지 등이 연소할 때 생성되는 가스이다.

시안화수소 (HCN) (청산가스)	질소성분을 가지고 있는 **합성수지**, 동물의 **털**, **인조견** 등의 섬유가 불완전연소할 때 발생하는 맹독성 가스로 0.3%의 농도에서 즉시 사망할 수 있다.
아황산가스 (SO_2) (이산화황)	• **황**이 함유된 물질인 동물의 **털**, 고무 등이 연소하는 화재시에 발생되며 **무색**의 자극성 냄새를 가진 유독성 기체 • 눈 및 호흡기 등에 점막을 상하게 하고 질식사 할 우려가 있다.

기억법 일헤인 폐산결
이많(이만큼)
암페 멜냉자
독강 소사포
황달자
아석유

답 ③

14 ★★ (12.09.문17)
물과 반응하여 가연성인 아세틸렌가스를 발생시키는 것은?

① 칼슘
② 아세톤
③ 마그네슘
④ 탄화칼슘

해설 물과의 반응식

CaC_2 + $2H_2O$ → $Ca(OH)_2$ + $C_2H_2\uparrow$
(탄화칼슘) (물)   (수산화칼슘) (아세틸렌)

비교

마그네슘(Mg) · 칼슘(Ca)
물과 반응시 가연성인 **수소**(H_2) 가스 발생

답 ④

15 ★★★ (11.10.문15)
100℃를 기준으로 액체상태의 물이 기화할 경우 체적이 약 1700배 정도 늘어난다. 이러한 체적팽창으로 인하여 기대할 수 있는 가장 큰 소화효과는?

① 촉매효과
② 질식효과
③ 제거효과
④ 억제효과

해설 물

냉각효과	질식효과
물은 불에 닿을 때 증발하면서 **다량의 열을 흡수**하여 냉각소화한다.	100℃를 기준으로 액체상태의 물이 기화할 경우 체적이 약 **1700배** 정도 늘어난다. 이러한 체적팽창으로 인하여 **질식효과**를 기대할 수 있다.

답 ②

16. 프로판가스 44g을 공기 중에 완전연소시킬 때 표준상태를 기준으로 약 몇 L의 공기가 필요한가? (단, 가연가스를 이상기체로 보며, 공기는 질소 80%와 산소 20%로 구성되어 있다.)

① 112
② 224
③ 448
④ 560

해설 (1) 분자량

원소	원자량
H	1
C	12
N	14
O	16

프로판(C_3H_8) 분자량 = $12 \times 3 + 1 \times 8 = 44$

(2) 프로판 완전연소 반응식

$C_3H_8 + 5O_2 = 3CO_2 + 4H_2O$
  1mol   5mol

프로판 1mol당 산소 5mol이 소모된다.
아보가드로수하에서 기체 1mol의 부피는 **22.4L**이므로
$22.4L/mol \times 5mol = 112L$
(단서)에서 산소가 20%(0.2)로 구성되므로
$\dfrac{112L}{0.2} = 560L$

답 ④

17. 할로겐화합물 및 불활성기체 소화약제인 HCFC-124의 화학식은?

① CHF_3
② CF_3CHFCF_3
③ $CHClFCF_3$
④ C_4H_{10}

해설 할로겐화합물 및 불활성기체 소화약제의 종류(NFPC 107A 4조, NFTC 107A 2.1.1)

소화약제	화학식	비고
퍼플루오로부탄 (FC-3-1-10) 〔기억법〕 FC31(FC 서울의 3.1절)	C_4F_{10}	할로겐화합물 소화약제
하이드로클로로플루오로카본혼화제 (HCFC BLEND A)	HCFC-123($CHCl_2CF_3$) : **4.75**% HCFC-22($CHClF_2$) : **82**% HCFC-124($CHClFCF_3$) : **9.5**% $C_{10}H_{16}$: **3.75**% 〔기억법〕 475 82 95 3 75(사시오, 빨리 그래서 구어 살키시오!)	
클로로테트라플루오로에탄 (HCFC-124)	$CHClCF_3$	
펜타플루오로에탄 (HFC-125) 〔기억법〕 125(이리온)	CHF_2CF_3	
헵타플루오로프로판 (HFC-227ea) 〔기억법〕 227e(돌돌치킨이 맛있다.)	CF_3CHFCF_3	할로겐화합물 소화약제
트리플루오로메탄 (HFC-23)	CHF_3	
헥사플루오로프로판 (HFC-236fa)	$CF_3CH_2CF_3$	
트리플루오로이오다이드 (FIC-13I1)	CF_3I	
불연성·불활성 기체혼합가스 (IG-01)	Ar	
불연성·불활성 기체혼합가스 (IG-100)	N_2	
불연성·불활성 기체혼합가스 (IG-541)	N_2 : **52**%, Ar : **40**%, CO_2 : **8**% 〔기억법〕 NACO(내코) 52408	불활성기체 소화약제
불연성·불활성 기체혼합가스 (IG-55)	N_2 : 50%, Ar : 50%	
도데카플루오로-2-메틸펜탄-3원(FK-5-1-12)	$CF_3CF_2C(O)CF(CF_3)_2$	

답 ③

18. 벤젠에 대한 설명으로 옳은 것은?

① 방향족 화합물로 적색 액체이다.
② 고체상태에서도 가연성 증기를 발생할 수 있다.
③ 인화점은 약 14℃이다.
④ 화재시 CO_2는 사용불가이며 주수에 의한 소화가 효과적이다.

해설
① 적색 → 무색
③ 14℃ → -11℃
④ 주수에 의한 소화가 효과적 → 분말, 포 등에 의한 소화가 효과적

벤젠
(1) 방향족 냄새의 **무색 액체**이다.
(2) **고체**상태에서도 **가연성 증기**를 발생할 수 있다.

(3) 인화점은 -11℃ 정도이다.
(4) 분말, 포 등의 소화가 효과적이다.
(5) 증기는 공기와 폭발성 혼합물을 형성한다.

답 ②

19 분말소화약제에 사용되는 제1인산암모늄의 열분해시 생성되지 않는 것은?

① CO_2
② H_2O
③ NH_3
④ HPO_3

해설
① 이산화탄소(CO_2)는 제1종, 제2종, 제4종 분말소화약제에서 생성

제3종 분말의 열분해 생성물
(1) H_2O(물)
(2) NH_3(암모니아)
(3) HPO_3(메타인산)

중요

분말소화기 : 질식효과

종별	소화약제	약제의 착색	화학반응식	적응화재
제1종	중탄산나트륨 ($NaHCO_3$)	백색	$2NaHCO_3+열 \rightarrow Na_2CO_3+CO_2+H_2O$	BC급
제2종	중탄산칼륨 ($KHCO_3$)	담자색 (담회색)	$2KHCO_3+열 \rightarrow K_2CO_3+CO_2+H_2O$	BC급
제3종	인산암모늄 ($NH_4H_2PO_4$)	담홍색	$NH_4H_2PO_4+열 \rightarrow HPO_3+NH_3+H_2O$	ABC급
제4종	중탄산칼륨 +요소 ($KHCO_3+$ $(NH_2)_2CO$)	회(백)색	$2KHCO_3+$ $(NH_2)_2CO+열 \rightarrow K_2CO_3+$ $2NH_3+2CO_2$	BC급

- 중탄산나트륨 = 탄산수소나트륨
- 중탄산칼륨 = 탄산수소칼륨
- 제1인산암모늄 = 인산암모늄 = 인산염
- 중탄산칼륨 + 요소 = 탄산수소칼륨 + 요소

기억법 3ABC(3종이니까 3가지 ABC급)

답 ①

20 PVC가 공기 중에서 연소할 때 발생되는 자극성의 유독성 가스는?

① 염화수소
② 아황산가스
③ 질소가스
④ 암모니아

해설 PVC 연소시 생성가스
(1) HCl(염화수소) : 부식성 가스
(2) CO_2(이산화탄소)
(3) CO(일산화탄소)

기억법 PHCC

답 ①

제2과목 소방유체역학

21 유체의 점성에 관한 일반적인 특성의 설명 중 틀린 것은?

① 뉴턴유체에서 전단응력은 흐름방향의 속도 기울기에 반비례한다.
② 액체의 점성은 온도가 상승하면 감소한다.
③ 기체의 점성은 온도가 상승하면 증가하는 경향이 있다.
④ 이상유체가 아닌 모든 실제유체는 점성을 가진다.

해설 뉴턴(Newton)의 점성법칙

$$\tau = \mu \frac{du}{dy}$$

여기서, τ : 전단응력[N/m^2]
μ : 점성계수[$N \cdot s/m^2$]
$\frac{du}{dy}$: 속도구배(속도기울기)

① 전단응력은 **속도구배**(속도기울기)에 **비례**한다.

중요

유체의 종류

유체 종류	설명
실제유체	점성이 있으며, 압축성인 유체 기억법 실점있압(실점이 있는 사람만 압박해!)
이상유체	① 점성이 없으며, 비압축성인 유체 ② 유체유동시 마찰전단응력이 발생하지 않으며 압력변화에 따른 체적변화가 없는 유체 ③ 유체유동시 마찰전단응력이 발생하지 않으며 분자 간에 분자력이 작용하지 않는 유체
압축성 유체	기체와 같이 체적이 변화하는 유체 기억법 기압(기압)
비압축성 유체	액체와 같이 체적이 변화하지 않는 유체

답 ①

22 회전수 1000rpm으로 물을 송출하는 펌프의 축동력은 100kW가 소요된다. 이 펌프와 상사관계인 펌프가 그 크기는 3배이면서 500rpm으로 운전할 때 필요한 축동력은 약 몇 kW인가?

① 303.7
② 3037
③ 203.7
④ 2037

해설 유량, 양정, 축동력(관경 D_1, D_2는 생략 가능)

(1) 유량
$$Q_2 = Q_1 \left(\frac{N_2}{N_1}\right)\left(\frac{D_2}{D_1}\right)^3$$

(2) 양정(수두)
$$H_2 = H_1 \left(\frac{N_2}{N_1}\right)^2 \left(\frac{D_2}{D_1}\right)^2$$

(3) 축동력
$$P_2 = P_1 \left(\frac{N_2}{N_1}\right)^3 \left(\frac{D_2}{D_1}\right)^5$$

여기서, Q_2 : 변경 후 유량[m³/min]
Q_1 : 변경 전 유량[m³/min]
H_2 : 변경 후 양정[m]
H_1 : 변경 전 양정[m]
P_2 : 변경 후 축동력[kW]
P_1 : 변경 전 축동력[kW]
N_2 : 변경 후 회전수[rpm]
N_1 : 변경 전 회전수[rpm]
D_2 : 변경 후 관경[mm]
D_1 : 변경 전 관경[mm]

축동력 P_2은
$$P_2 = P_1 \left(\frac{N_2}{N_1}\right)^3 \left(\frac{D_2}{D_1}\right)^5$$
$$= 100\text{kW} \times \left(\frac{500\text{rpm}}{1000\text{rpm}}\right)^3 \times 3^5 ≒ 3037\text{kW}$$

• 크기가 3배로 되었으므로 $\frac{D_2}{D_1} = 3$

답 ②

23 관광용 잠수함의 벽면에 지름 30cm인 원형의 창문을 수직방향으로 설치하려 한다. 잠수함은 30m까지 잠수할 수 있고, 잠수함의 내부는 대기압으로 유지되고 있다면 이 창문이 지탱하도록 설계하려면 최소한 몇 kN의 힘을 견딜 수 있게 설계해야 하는가? (단, 해수의 밀도는 1025kg/m³이다.)

① 5.33   ② 53.3
③ 2.13   ④ 21.3

해설
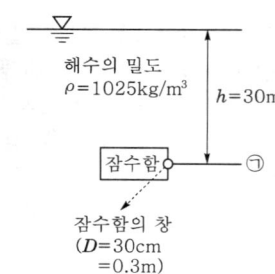

(1) 기호
• D : 30cm=0.3m
• h : 30m
• ρ : 1025kg/m³
• F : ?

(2) 압력
$$p = \gamma h = (\rho g)h = \frac{F}{A}$$

여기서, p : 압력[Pa] 또는 [N/m²]
γ : 비중량[N/m³]
h : 높이[m]
ρ : 밀도[kg/m³] 또는 [N·s²/m⁴]
g : 중력가속도(9.8m/s²)
F : 힘[N]
A : 단면적[m²]

해수 아래 30m 지점(㉠지점)의 압력 p는
$p = \rho g h = 1025\text{N}\cdot\text{s}^2/\text{m}^4 \times 9.8\text{m/s}^2 \times 30\text{m}$
$≒ 301350\text{N/m}^2$

• ρ : 1kg/m³=1N·s²/m⁴이므로
1025kg/m³=1025N·s²/m⁴

(3) 단면적
$$A = \frac{\pi D^2}{4}$$

여기서, A : 단면적[m²]
D : 지름[m]
잠수함의 창문의 단면적 A는
$$A = \frac{\pi D^2}{4} = \frac{\pi \times (0.3)^2}{4} ≒ 0.0706858\text{m}^2$$

• D : 1cm=0.01m이므로 30cm=0.3m

(4) 힘
창문이 해수 아래 30m 지점의 압력을 지탱하려면
$p = \frac{F}{A}$ 에 의해서
$301350\text{N/m}^2 = \frac{F}{0.0706858\text{m}^2}$
$F = 301350\text{N/m}^2 \times 0.0706858\text{m}^2 ≒ 21300\text{N}$
$= 21.3\text{kN}$

답 ④

24 유량이 20m³/min인 물을 실양정 30m인 곳으로 양수하려면 펌프의 동력은 약 몇 kW가 필요한가? (단, 양수장치에서의 전 손실수두는 5m이다.)

① 32   ② 49
③ 98   ④ 114

해설 (1) 기호
• Q : 20m³/min
• H : 실양정+손실수두=(30+5)m
• P : ?

(2) 동력 P는

$$P = \frac{0.163QH}{\eta}K$$
$$= 0.163 \times 20\text{m}^3/\text{min} \times (30+5)\text{m}$$
$$\fallingdotseq 114\text{kW}$$

- η(효율), K(전달계수)는 주어지지 않았으므로 무시

중요

펌프의 동력
(1) **전동력**: 일반적인 전동기의 동력(용량)을 말한다.

$$P = \frac{0.163QH}{\eta}K$$

여기서, P : 전동력(kW)
Q : 유량(m³/min)
H : 전양정(m)
K : 전달계수
η : 효율

(2) **축동력**: 전달계수(K)를 고려하지 않은 동력이다.

$$P = \frac{0.163QH}{\eta}$$

여기서, P : 축동력(kW)
Q : 유량(m³/min)
H : 전양정(m)
η : 효율

(3) **수동력**: 전달계수(K)와 효율(η)을 고려하지 않은 동력이다.

$$P = 0.163QH$$

여기서, P : 수동력(kW)
Q : 유량(m³/min)
H : 전양정(m)

답 ④

25

힘의 차원을 MLT계로 나타낸 것으로 옳은 것은?
(단, M : 질량, L : 길이, T : 시간이다.)

① MLT^2 ② MLT
③ MLT^{-2} ④ $ML^{-1}T^{-2}$

16.03.문36
15.09.문28
15.05.문23
13.09.문28

해설

차 원	중력단위[차원]	절대단위[차원]
길이	m[L]	m[L]
시간	s[T]	s[T]
운동량	N·s[FT]	kg·m/s[MLT⁻¹]
힘	N[F]	kg·m/s²[MLT⁻²] 보기 ③
속도	m/s[LT⁻¹]	m/s[LT⁻¹]
가속도	m/s²[LT⁻²]	m/s²[LT⁻²]
질량	N·s²/m[FL⁻¹T²]	kg[M]
압력	N/m²[FL⁻²]	kg/m·s²[ML⁻¹T⁻²]
밀도	N·s²/m⁴[FL⁻⁴T²]	kg/m³[ML⁻³]
비중	무차원	무차원
비중량	N/m³[FL⁻³]	kg/m²·s²[ML⁻²T⁻²]
비체적	m⁴/N·s²[F⁻¹L⁴T⁻²]	m³/kg[M⁻¹L³]
일률	N·m/s[FLT⁻¹]	kg·m²/s³[ML²T⁻³]
일	N·m[FL]	kg·m²/s²[ML²T⁻²]
점성계수	N·s/m²[FL⁻²T]	kg/m·s[ML⁻¹T⁻¹]

답 ③

26

그림과 같이 유량 0.314m³/s로 분출하는 물제트가 U=5m/s의 속도로 이동하고 있는 평판에 충돌할 때 평판에 작용하는 힘은 약 몇 N인가? (단, 제트의 지름은 200mm이다.)

17.05.문37
13.03.문22
12.05.문25

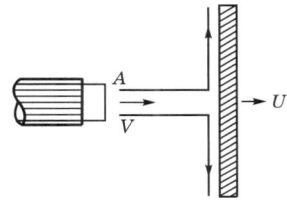

① 196.4 ② 273.3
③ 783.8 ④ 984.4

해설 (1) 기호

- Q : 0.314m³/s
- V : 5m/s
- D : 200mm=0.2m(1000mm=1m)
- F : ?
- 유속의 기호는 V 또는 U로 나타낸다. 여기서는 일반적으로 사용하던 V로 쓰도록 한다.

(2) 유량

$$Q = AV = \left(\frac{\pi D^2}{4}\right)V$$

여기서, Q : 유량(m³/s)
A : 단면적(m²)
V : 유속(m/s)
D : 지름(m)

(3) 평판이 받는 힘

$$F = \rho QV$$

여기서, F : 평판이 받는 힘(N)
ρ : 밀도(물의 밀도 1000N·s²/m⁴)
Q : 유량(m³/s)
V : 유속(m/s)

평판이 받는 힘 F는
$F = \rho QV$
$= \rho(AV)V$
$= \rho AV^2$

$$= \rho\left(\frac{\pi D^2}{4}\right)V^2$$

$$= 1000\text{N}\cdot\text{s}^2/\text{m}^4 \times \left(\frac{\pi \times (0.2\text{m})^2}{4}\right) \times (5\text{m/s})^2$$

$$\fallingdotseq 783.8\text{N}$$

답 ③

27. 급격 확대관과 급격 축소관에서 부차적 손실계수를 정의하는 기준속도는?

19.09.문24
16.05.문29
14.03.문23
04.03.문24

① 급격 확대관 : 상류속도
  급격 축소관 : 상류속도
② 급격 확대관 : 하류속도
  급격 축소관 : 하류속도
③ 급격 확대관 : 상류속도
  급격 축소관 : 하류속도
④ 급격 확대관 : 하류속도
  급격 축소관 : 상류속도

해설 **부차적 손실계수**

급격 확대관	급격 축소관
상류속도 기준	**하류속도** 기준 기억법 축하
작은 관을 기준으로 한다.	

- 급격 확대관=급확대관=돌연 확대관
- 급격 축소관=급축소관=돌연 축소관

중요

(1) 돌연 축소관에서의 손실

$$H = K\frac{V_2^{\,2}}{2g}$$

여기서, H : 손실수두[m]
K : 손실계수
V_2 : 축소관 유속(출구속도)[m/s]
g : 중력가속도(9.8m/s²)

∥돌연 축소관∥

(2) 돌연 확대관에서의 손실

$$H = K\frac{(V_1 - V_2)^2}{2g}$$

여기서, H : 손실수두[m]
K : 손실계수
V_1 : 축소관 유속[m/s]
V_2 : 확대관 유속[m/s]
$V_1 - V_2$: 입·출구 속도차[m/s]
g : 중력가속도(9.8m/s²)

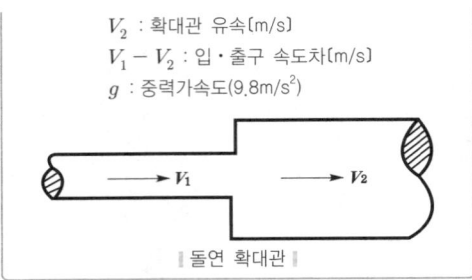
∥돌연 확대관∥

답 ③

28. 공기가 그림과 같은 안지름 10cm인 직관의 두 단면 사이를 정상유동으로 흐르고 있다. 각 단면에서의 온도와 압력은 일정하다고 하고, 단면 (2)에서의 공기의 평균속도가 10m/s일 때, 단면 (1)에서의 평균속도는 약 몇 m/s인가? (단, 공기는 이상기체라고 가정하고, 각 단면에서의 온도와 압력은 $P_1=100$Pa, $T_1=320$K, $P_2=20$Pa, $T_2=300$K이다.)

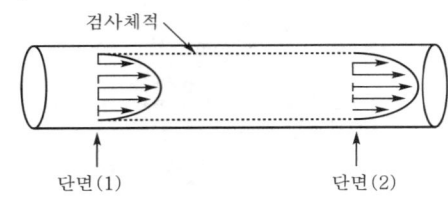

① 1.675
② 2.133
③ 2.875
④ 3.732

해설 (1) **기호**

- D : 10cm=0.1m(100cm=1m)
- V_2 : 10m/s
- V_1 : ?
- P_1 : 100Pa
- T_1 : 320K
- P_2 : 20Pa
- T_2 : 300K

(2) **밀도**

$$\rho = \frac{P}{RT} \quad\cdots\cdots\cdots\cdots \text{㉠}$$

여기서, ρ : 밀도[kg/m³]
P : 압력[kPa] 또는 [kN/m²]
R : 기체상수[kJ/kg·K]
T : 절대온도(273+℃)[K]

(3) **질량유량(mass flowrate)**

$$\overline{m} = A_1 V_1 \rho_1 = A_2 V_2 \rho_2 \quad\cdots\cdots\cdots\cdots \text{㉡}$$

여기서, $\overline{m}$: 질량유량[kg/s]
A_1, A_2 : 단면적[m²]
V_1, V_2 : 유속[m/s]
ρ_1, ρ_2 : 밀도[kg/m³]

㉠식을 ㉡식에 대입하면
$A_1 V_1 \rho_1 = A_2 V_2 \rho_2$
$A_1 V_1 \dfrac{P_1}{RT_1} = A_2 V_2 \dfrac{P_2}{RT_2}$

같은 공기가 흐르므로 $\boxed{R = R}$
단면 (1), (2)가 같으므로 $\boxed{A_1 = A_2}$

$\cancel{A_1} V_1 \dfrac{P_1}{\cancel{R}T_1} = \cancel{A_2} V_2 \dfrac{P_2}{\cancel{R}T_2}$

$V_1 \dfrac{P_1}{T_1} = V_2 \dfrac{P_2}{T_2}$

$V_1 = V_2 \dfrac{P_2}{T_2} \dfrac{T_1}{P_1}$

$= 10\text{m/s} \times \dfrac{20\text{Pa}}{300\text{K}} \times \dfrac{320\text{K}}{100\text{Pa}} ≒ 2.133\text{m/s}$

답 ②

★★★ 29 안지름이 50mm인 관에 비중이 0.8인 유체가 0.26m³/min의 유량으로 흐를 때 유속은 약 몇 m/s인가?
15.05.문38
02.09.문32

① 1.31
② 2.21
③ 13.2
④ 22.1

해설 (1) 기호
- D : 50mm = 0.05m(1000mm=1m)
- s : 0.8
- Q : 0.26m³/min = 0.26m³/60s(1min=60s)
- V : ?

(2) 유량
$$Q = AV = \dfrac{\pi D^2}{4} V$$

여기서, Q : 방수량[m³/s]
A : 단면적[m²]
V : 유속[m/s]
D : 내경[m]

유속 V는
$V = \dfrac{Q}{\dfrac{\pi D^2}{4}} = \dfrac{0.26\text{m}^3/60\text{s}}{\dfrac{\pi \times (0.05\text{m})^2}{4}}$

$= \dfrac{4 \times 0.26\text{m}^3/\text{s}}{\pi \times (0.05\text{m})^2 \times 60} ≒ 2.21\text{m/s}$

답 ②

★★ 30 비중이 1.36의 액체가 흐르는 곳의 압력을 측정하기 위하여 피에조미터를 연결한 결과 90mm가 상승하였다. 이 파이프 안의 압력은 약 몇 Pa인가?
10.09.문23

① 2462
② 1842
③ 1200
④ 649

해설 (1) 기호
- s : 1.36
- H : 90mm = 0.09m(1000mm=1m)
- P : ?

(2) 비중
$$s = \dfrac{\gamma}{\gamma_w}$$

여기서, s : 비중
γ : 어떤 물질의 비중량[N/m³]
γ_w : 비중량(물의 비중량 9800N/m³)

$\gamma = s \times \gamma_w = 1.36 \times 9800\text{N/m}^3$
$= 13328\text{N/m}^3$

(3) 압력차
$$\Delta P = p_2 - p_1 = (\gamma - \gamma_w) R$$

여기서, ΔP : 압력차[Pa] 또는 [N/m²]
p_2 : 출구압력[Pa] 또는 [N/m²]
p_1 : 입구압력[Pa] 또는 [N/m²]
R : 피에조미터 읽음[m]
γ : 어떤 물질의 비중량[N/m³]
γ_w : 비중량(물의 비중량 9800N/m³)

$\Delta P = (\gamma - \gamma_w) R$
$= (13328 - 9800)\text{N/m}^3 \times 0.09\text{m}$
$= 317.52\text{N/m}^2 = 317.52\text{Pa}$

(4) 파이프 안의 압력
$$P = \Delta P + \gamma H$$

여기서, P : 파이프 안의 압력[Pa] 또는 [N/m²]
ΔP : 압력차[Pa] 또는 [N/m²]
γ : 비중량(물의 비중량 9800N/m³)
H : 높이(피에조미터 읽음)[m]

파이프 안의 압력 $P = \Delta P + \gamma H$
$= 317.52\text{Pa} + 9800\text{N/m}^3 \times 0.09\text{m}$
$≒ 1200\text{Pa}$

• 1N/m² = 1Pa

용어

피에조미터
매끄러운 표면에 수직으로 작은 구멍이 뚫어져서 액주계와 연결되어 있으며, 유동하고 있는 유체의 정압 측정

답 ③

31 모세관현상과 관련하여 액체가 상승하는 높이에 대한 설명으로 틀린 것은?

① 상승높이는 표면장력에 비례한다.
② 상승높이는 관 지름에 반비례한다.
③ 상승높이는 유체의 비중량에 반비례한다.
④ 상승높이는 유체의 밀도에 비례한다.

해설

④ 비례 → 반비례

모세관현상(capillarity in tube)
액체와 고체가 접촉하면 상호**부착**하려는 **성질**을 갖는데 이 **부착력**과 액체의 **응집력**의 **상대적 크기**에 의해 일어나는 현상

$$h = \frac{4\sigma\cos\theta}{\gamma D} = \frac{4\sigma\cos\theta}{(\rho g)D}$$

여기서, h : 상승높이[m]
σ : 표면장력[N/m]
θ : 각도(접촉각)
γ : 비중량(물의 비중량 9800N/m³)
D : 관의 내경[m]
ρ : 밀도(물의 밀도 1000N·s²/m⁴)
g : 중력가속도(9.8m/s²)

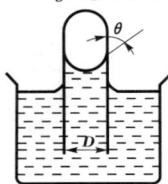 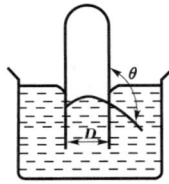
(a) 물(H₂O) 응집력<부착력   (b) 수은(Hg) 응집력>부착력
∥모세관현상∥

• 공식을 보면 비례·반비례 관계를 알 수 있다.

① $h \propto \sigma$ (표면장력에 비례)
② $h \propto \frac{1}{D}$ (관지름에 반비례)
③ $h \propto \frac{1}{\gamma}$ (비중량에 반비례)
④ $h \propto \frac{1}{\rho}$ (밀도에 반비례)

답 ④

32 펌프의 이상현상인 공동현상(cavitation)의 발생원인으로 거리가 먼 것은?

① 펌프 입구 직전에서의 전압력이 높을 경우
② 펌프의 설치위치가 수면보다 높을 경우
③ 펌프의 회전수가 클 경우
④ 펌프의 흡입측 배관지름이 작을 경우

해설

① 높을 경우 → 낮을 경우

공동현상(cavitation, 캐비테이션)

개요	• 펌프의 흡입측 배관 내의 물의 정압이 기존의 증기압보다 낮아져서 기포가 발생되어 물이 흡입되지 않는 현상
발생현상	• **소음**과 **진동** 발생 • 관 부식 • **임펠러**의 **손상**(수차의 날개를 해친다.) • 펌프의 성능 저하
발생원인	• 펌프 입구 직전에서의 전압력이 낮을 경우 보기 ① • 펌프의 흡입수두가 클 때(소화펌프의 흡입고가 클 때) • 펌프의 마찰손실이 클 때 • 펌프의 임펠러속도가 클 때 • 펌프의 설치위치가 수원(수면)보다 높을 때 보기 ② • 관 내의 수온이 높을 때(물의 온도가 높을 때) • 관 내의 물의 정압이 그때의 증기압보다 낮을 때 • 흡입관의 구경이 **작을 때**(흡입측 배관지름이 작을 경우) 보기 ④ • 흡입거리가 길 때 • 유량이 증가하여 펌프물이 과속으로 흐를 때 • 펌프의 회전수가 클 때 보기 ③
방지대책	• 펌프의 흡입수두를 작게 한다. • 펌프의 마찰손실을 작게 한다(손실수두를 줄인다). • 펌프의 임펠러속도(회전수)를 작게 한다. • 펌프의 설치위치를 수원보다 낮게 한다. • **양흡입펌프**를 사용한다(펌프의 흡입을 가압한다). • 관 내의 물의 정압을 그때의 증기압보다 **높게** 한다. • 흡입관의 구경을 **크게** 한다. • 펌프를 2개 이상 설치한다.

답 ①

33 그림과 같은 균일 유동인 직선관에 설치된 피토관의 수은 액주계 높이 차이가 20mm이다. 유동유체는 공기이며, 밀도는 1.23kg/m³일 때 공기의 평균속도는 약 몇 m/s인가? (단, 수은의 비중은 13.6이다.)

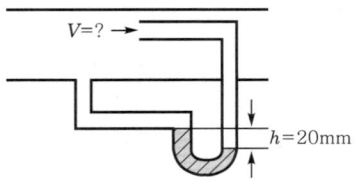

① 2.08   ② 46.5
③ 65.8   ④ 131.6

해설 (1) 기호

• h : 20mm=0.02m(1000mm=1m)
• ρ_a : 1.23kg/m³
• s : 13.6
• V_a : ?

(2) 비중

$$s = \frac{\rho}{\rho_w}$$

여기서, s : 비중
ρ : 어떤물질의 밀도[kg/m³]
ρ_w : 물의 밀도(1000kg/m³)

수은의 밀도 $\rho = s \times \rho_w = 13.6 \times 1000 \text{kg/m}^3$
$= 13600 \text{kg/m}^3$

(3) 공기의 속도

$$V_a = \sqrt{2gh\left(\frac{\rho}{\rho_a} - 1\right)}$$

여기서, V_a : 공기의 속도[m/s]
g : 중력가속도(9.8m/s²)
h : 높이차[m]
ρ : 수은의 밀도[kg/m³]
ρ_a : 공기밀도[kg/m³]

공기의 속도 V_a는

$$V_a = \sqrt{2gh\left(\frac{\rho}{\rho_a} - 1\right)}$$
$$= \sqrt{2 \times 9.8 \text{m/s}^2 \times 0.02\text{m} \times \left(\frac{13600 \text{kg/m}^3}{1.23 \text{kg/m}^3} - 1\right)}$$
$$\fallingdotseq 65.8 \text{m/s}$$

답 ③

★★★ 34 초기상태의 절대온도와 체적이 각각 T_1, v_1인
07.03.문30 이상기체 1kg을 압력 P인 정압상태로 가열하여 온도를 $4T_1$까지 상승시킨다. 이때 이상기체가 한 일은 얼마인가?

① Pv_1 ② $2Pv_1$
③ $3Pv_1$ ④ $4Pv_1$

해설 (1) 압력이 P로 일정하므로
등압과정

$$\frac{v_2}{v_1} = \frac{T_2}{T_1}$$

여기서, $v_1 \cdot v_2$: 비체적[m³/kg]
$T_1 \cdot T_2$: 절대온도(273+℃)[K]

$$\frac{v_2}{v_1} = \frac{T_2}{T_1}$$
$$\frac{v_2}{v_1} = \frac{4\cancel{T_1}}{\cancel{T_1}}$$
$$\frac{v_2}{v_1} = 4$$
$$v_2 = 4v_1$$

(2) 일

$$_1W_2 = PdV = P(v_2 - v_1)$$

여기서, $_1W_2$: 일[J]
P : 압력[Pa=N/m²]

dV : 비체적의 변화량[m³/kg]
$v_1 \cdot v_2$: 비체적[m³/kg]

일 $_1W_2$는
$_1W_2 = PdV$
$= P(v_2 - v_1)$
$= P(4v_1 - v_1)$
$= 3Pv_1$

답 ③

★★★ 35 온도차이가 10℃, 열전도율 20W/(m·K), 두께
16.10.문40 50cm인 벽을 통한 열유속(heat flux)과 온도차이 40℃, 열전도율 A[W/(m·K)], 두께 10cm인 벽을 통한 열유속이 같다면 A의 값은?

① 1 ② 2
③ 5 ④ 10

해설 (1) 기호
- $(T_2 - T_1)$: 10℃
- k : 20W/m·K
- l : 50cm=0.5m
- $(T_2 - T_1)'$: 40℃
- k' : A[W/m·K]?
- l' : 10cm=0.1m

(2) 전도 열전달

$$\overset{\circ}{q} = \frac{kA(T_2 - T_1)}{l}$$

여기서, $\overset{\circ}{q}$: 열전달량[J/s=W]
k : 열전도율[W/m·K]
A : 단면적[m²]
$(T_2 - T_1)$: 온도차[K] 또는 [℃]
l : 두께[m]

- 열전달량=열전달률
- 열전도율=열전달계수

$$\frac{kA(T_2 - T_1)}{l} = \frac{k'A(T_2 - T_1)'}{l'}$$

$$\frac{20\text{W/m·K} \times 10℃}{0.5\text{m}} = \frac{k' \times 40℃}{0.1\text{m}}$$

$$\frac{20\text{W/m·K} \times 10\text{K}}{0.5\text{m}} = \frac{k' \times 40\text{K}}{0.1\text{m}}$$

$$\frac{20\text{W/m·K} \times 10\text{K} \times 0.1\text{m}}{0.5\text{m} \times 40\text{K}} = k'$$

좌우를 서로 이항하면
$k' = \dfrac{20\text{W/m·K} \times 10\text{K} \times 0.1\text{m}}{0.5\text{m} \times 40\text{K}} = 1\text{W/m·K}$

- 온도차는 ℃로 나타내든지 K로 나타내든지 계산해 보면 값은 같다. 그러므로 여기서는 단위를 일치시키기 위해 K로 쓰기로 한다.

답 ①

36 지름이 150mm, 길이 800m의 수평관에 밀도 950kg/m³, 점성계수 0.75kg/(m·s)인 기름이 0.01m³/s의 유량으로 흐르고 있다. 이 기름을 수송하는 데 필요한 동력은 몇 kW인가?

① 4.83　　② 6.28
③ 8.45　　④ 10.9

$$P = \frac{0.163QH}{\eta}K$$

(1) 기호
- D : 150mm=0.15m(1000mm=1m)
- L : 800m
- ρ : 950kg/m³
- μ : 0.75kg/(m·s)
- Q : 0.01m³/s
- P : ?

(2) 유량

$$Q = AV = \left(\frac{\pi D^2}{4}\right)V$$

여기서, Q : 유량[m³/s]
　　　A : 단면적[m²]
　　　V : 유속[m/s]
　　　D : 직경[m]

유속 V는

$$V = \frac{Q}{\frac{\pi D^2}{4}} = \frac{0.01\text{m}^3/\text{s}}{\frac{\pi \times (0.15\text{m})^2}{4}} ≒ 0.566\text{m/s}$$

(3) 레이놀즈수

$$Re = \frac{DV\rho}{\mu} = \frac{DV}{\nu}$$

여기서, Re : 레이놀즈수
　　　D : 내경(직경)[m]
　　　V : 유속(속도)[m/s]
　　　ρ : 밀도[kg/m³]
　　　μ : 점성계수[kg/(m·s)]
　　　ν : 동점성계수$\left(\frac{\mu}{\rho}\right)$[m²/s]

레이놀즈수 $Re = \frac{DV\rho}{\mu}$

$$= \frac{0.15\text{m} \times 0.566\text{m/s} \times 950\text{kg/m}^3}{0.75\text{kg/m·s}}$$

$$≒ 107$$

(4) 관마찰계수(층류)

$$f = \frac{64}{Re}$$

여기서, f : 관마찰계수
　　　Re : 레이놀즈수

관마찰계수 $f = \frac{64}{Re} = \frac{64}{107} ≒ 0.59$

- Re(레이놀즈수)가 2100 이하이므로 층류식 적용

(5) 달시-웨버의 식

$$H = \frac{\Delta P}{\gamma} = \frac{fLV^2}{2gD}$$

여기서, H : 마찰손실[m]
　　　ΔP : 압력차(압력손실)[kPa] 또는 [kN/m²]
　　　γ : 비중량(물의 비중량 9.8kN/m³)
　　　f : 관마찰계수
　　　L : 길이[m]
　　　V : 유속[m/s]
　　　g : 중력가속도(9.8m/s²)
　　　D : 내경[m]

마찰손실 H는

$$H = \frac{fLV^2}{2gD}$$

$$= \frac{0.59 \times 800\text{m} \times (0.566\text{m/s})^2}{2 \times 9.8\text{m/s}^2 \times 0.15\text{m}} ≒ 51\text{m}$$

(6) 펌프에 필요한 동력

$$P = \frac{0.163QH}{\eta}K$$

여기서, P : 전동력[kW]
　　　Q : 유량[m³/min]
　　　H : 전양정[m]
　　　η : 효율
　　　K : 전달계수

펌프에 필요한 동력 P는

$$P = \frac{0.163QH}{\eta}K$$

$$= 0.163 \times 0.01\text{m}^3/\text{s} \times 51\text{m}$$

$$= 0.163 \times 0.01\text{m}^3 \left/ \frac{1}{60}\text{min} \times 51\text{m}\right.$$

$$= 0.163 \times (0.01 \times 60)\text{m}^3/\text{min} \times 51\text{m} ≒ 4.98\text{kW}$$

- 반올림 등을 고려하면 4.83kW 정답
- η, K는 주어지지 않았으므로 무시

답 ①

37 비중이 0.2인 물체를 물 위에 띄웠을 때 물 밖으로 나오는 부피는 전체 부피의 몇 %인가?

① 20　　② 40
③ 60　　④ 80

(1) 기호
- s_0 : 0.2
- V : ?

(2) 비중

$$V = \frac{s_0}{s}$$

여기서, V : 물에 잠겨진 체적
s_0 : 어떤물질의 비중(물체의 비중)
s : 표준물질의 비중(물의 비중 1)

물에 잠겨진 체적 V는
$$V = \frac{s_0}{s} = \frac{0.2}{1} = 0.2 = 20\%$$

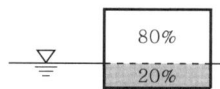

∴ 20%가 물에 잠기므로 80%가 물 밖으로 나온다.

답 ④

38. 표준상태의 공기 1kg을 100kPa에서 2MPa까지 가역단열 압축하였을 경우 엔트로피의 변화는 몇 kJ/K인가?

① 7.1　　② 0
③ 5.0　　④ 9.7

해설 엔트로피(Δs)

가역단열 과정	비가역단열 과정
$\Delta s = 0$ 보기 ②	$\Delta s > 0$

② 가역단열 과정이므로 $\Delta s = 0$

용어

엔탈피와 엔트로피

엔탈피	엔트로피
어떤 물질이 가지고 있는 총 에너지	어떤 물질의 정렬상태를 나타낸다.

답 ②

39. 급수탑의 수면과 지상에 설치된 옥외소화전의 방수구까지의 높이차가 50m일 때 옥외소화전 방수구에서의 정수압은 약 몇 kPa인가?

① 490
② 980
③ 4900
④ 9800

해설 (1) 기호
• H : 50m
• P : ?

(2) 압력
$$P = \gamma H$$

여기서, P : 압력[kPa] 또는 [kN/m²]
γ : 비중량(물의 비중량 9.8kN/m³)
H : 높이[m]

압력 P는
$P = \gamma H$
$= 9.8\text{kN/m}^3 \times 50\text{m} = 490\text{kN/m}^2 = 490\text{kPa}$

• $1\text{kN/m}^2 = 1\text{kPa}$이므로 $490\text{N/m}^2 = 490\text{kPa}$

답 ①

40. 20℃의 물이 안지름 20cm인 원관 내를 1m³/s의 유량으로 흐르고 있을 때 레이놀즈수(Re)는 약 얼마인가? (단, 물의 동점성계수는 1.2×10^{-4}m²/s이다.)

① 2841
② 5305
③ 28412
④ 53052

해설 (1) 기호
• t : 20℃
• D : 20cm = 0.2m (100cm = 1m)
• Q : 1m³/s
• ν : 1.2×10^{-4}m²/s
• Re : ?

(2) 유량
$$Q = AV = \left(\frac{\pi D^2}{4}\right)V$$

여기서, Q : 유량[m³/s]
A : 단면적[m²]
V : 유속[m/s]
D : 직경[m]

유속 V는
$$V = \frac{Q}{\frac{\pi D^2}{4}} = \frac{1\text{m}^3/\text{s}}{\frac{\pi \times (0.2\text{m})^2}{4}} ≒ 31.831\text{m/s}$$

(3) 레이놀즈수
$$Re = \frac{DV\rho}{\mu} = \frac{DV}{\nu}$$

여기서, Re : 레이놀즈수
D : 내경[m]
V : 유속[m/s]
ρ : 밀도[kg/m³]
μ : 점성계수[kg/(m·s)]
ν : 동점성계수$\left(\frac{\mu}{\rho}\right)$[m²/s]

레이놀즈수 Re는
$Re = \frac{DV}{\nu}$
$= \frac{0.2\text{m} \times 31.831\text{m/s}}{1.2 \times 10^{-4}\text{m}^2/\text{s}} ≒ 53052$

답 ④

제3과목 소방관계법규

41 위험물안전관리법령상 관계인이 예방규정을 정하여야 하는 위험물을 취급하는 제조소의 지정수량 기준으로 옳은 것은?

① 지정수량의 10배 이상
② 지정수량의 100배 이상
③ 지정수량의 150배 이상
④ 지정수량의 200배 이상

해설 위험물령 15조
예방규정을 정하여야 할 제조소 등

배 수	제조소 등
10배 이상	• **제**조소 • **일**반취급소
100배 이상	• 옥**외**저장소
150배 이상	• 옥**내**저장소
200배 이상	• 옥외**탱**크저장소
모두 해당	• 이송취급소 • 암반탱크저장소

기억법	0 제일 0 외 5 내 2 탱

답 ①

42 소방시설공사업법령상 하자보수 대상 소방시설과 하자보수 보증기간 중 옳은 것은?

① 유도등 : 1년
② 자동화재탐지설비 : 2년
③ 물분무등소화설비 : 2년
④ 자동소화장치 : 3년

해설
① 1년 → 2년
② 2년 → 3년
③ 2년 → 3년

공사업령 6조
소방시설공사의 하자보수 보증기간

보증 기간	소방시설
2년	① **유**도등・**피**난기구 ② **비**상**조**명등・비상**경**보설비・비상**방**송설비 ③ **무**선통신보조설비

기억법	유비조경방무피2

3년	① 자동소화장치 ② 옥내・외소화전설비 ③ 스프링클러설비 ④ 물분무등소화설비・소화용수설비 ⑤ 자동화재탐지설비・소화활동설비(무선통신보조설비 제외) ⑥ 화재알림설비

답 ④

43 소방시설 설치 및 관리에 관한 법령상 특정소방대상물에 설치되는 소방시설 중 소방본부장 또는 소방서장의 건축허가 등의 동의대상에서 제외되는 것이 아닌 것은? (단, 설치되는 소방시설이 화재안전기준에 적합한 경우 그 특정소방대상물이다.)

① 인공소생기
② 유도표지
③ 누전경보기
④ 비상조명등

해설 소방시설법 시행령 7조
건축허가 등의 동의대상 제외
(1) 소화기구
(2) 자동소화장치
(3) 누전경보기
(4) 단독경보형감지기
(5) 시각경보기
(6) 가스누설경보기
(7) 피난구조설비(비상조명등 제외)
(8) 건축물의 증축 또는 용도변경으로 인하여 해당 특정소방대상물에 추가로 소방시설이 설치되지 않는 경우 해당 특정소방대상물

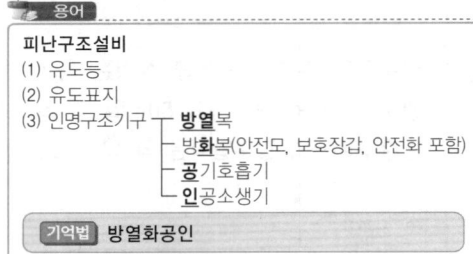

피난구조설비
(1) 유도등 (2) 유도표지 (3) 인명구조기구 — **방열**복 　　　　　　　　— 방**화**복(안전모, 보호장갑, 안전화 포함) 　　　　　　　　— **공**기호흡기 　　　　　　　　— **인**공소생기

기억법	방열화공인

답 ④

44 소방기본법령상 동원된 소방력의 운용과 관련하여 필요한 사항을 정하는 자는? (단, 동원된 소방력의 소방활동 수행과정에서 발생하는 경비 및 동원된 민간 소방인력이 소방활동을 수행하다가 사망하거나 부상을 입은 경우의 사항은 제외한다.)

① 대통령
② 시・도지사
③ 소방청장
④ 행정안전부장관

해설 소방청장
(1) **방**염성능 **검**사(소방시설법 21조)
(2) 소방박물관의 설립·운영(기본법 5조)
(3) 소방**력**의 **동**원(기본법 11조 2)
(4) 한국소방안전원의 정관 변경(기본법 43조)
(5) 한국소방안전원의 **감**독(기본법 48조)
(6) 소방대원의 소방교육·훈련이 정하는 것(기본규칙 9조)
(7) 소방박물관의 설립·운영(기본규칙 4조)
(8) 소방용품의 형식승인(소방시설법 37조)
(9) 우수품질제품 인증(소방시설법 43조)
(10) 화재안전조사의 계획수립(화재예방법 시행령 15조)
(11) 시공능력평가의 공시(공사업법 26조)
(12) 실무교육기관의 지정(공사업법 29조)
(13) 소방기술자의 실무교육 필요사항 제정(공사업규칙 26조)

기억법 력동 청장 방검(**역동**적인 **청장**님이 **방검** 오셨다.)

답 ③

45 소방시설 설치 및 관리에 관한 법률상 주택의 소유자가 설치하여야 하는 소방시설의 설치대상으로 틀린 것은?
① 다세대주택
② 다가구주택
③ 아파트
④ 연립주택

해설 소방시설법 10조
주택의 소유자가 설치하는 소방시설의 설치대상
(1) 단독주택
(2) 공동주택(아파트 및 기숙사 제외) : 연립주택, 다세대주택, 다가구주택

답 ③

46 화재의 예방 및 안전관리에 관한 법령상 정당한 사유 없이 화재의 예방조치에 관한 명령을 따르지 아니하거나 이를 방해한 자에 대한 벌칙기준으로 옳은 것은?
① 300만원 이하의 벌금
② 200만원 이하의 벌금
③ 100만원 이하의 벌금
④ 50만원 이하의 벌금

해설 화재예방법 50조
300만원 이하의 벌금
화재의 **예**방조치명령 위반

기억법 예3

답 ①

47 소방기본법령상 소방용수시설을 주거지역·상업지역 및 공업지역에 설치하는 경우 소방대상물과의 수평거리는 몇 m 이하가 되도록 하여야 하는가?
① 100
② 140
③ 150
④ 200

해설 기본규칙 [별표 3]
소방용수시설의 설치기준

거리기준	지 역
100m 이하	• **주**거지역 • **공**업지역 • **상**업지역
140m 이하	• 기타지역

기억법 주공 100상(**주공**아파트에 **백상**어가 그려져 있다.)

비교

기본규칙 [별표 3]
소방용수시설별 설치기준

구 분	소화전	급수탑
구경	65mm	100mm
개폐밸브 높이	–	지상 1.5~1.7m 이하

답 ①

48 위험물안전관리법령상 정밀정기검사를 받아야 하는 특정옥외탱크저장소의 관계인은 특정옥외탱크저장소의 설치허가에 따른 완공검사합격확인증을 발급받은 날부터 몇 년 이내에 정밀정기검사를 받아야 하는가?
① 12
② 11
③ 10
④ 9

해설 위험물규칙 65조
특정옥외탱크저장소의 구조안전점검기간

점검기간	조 건
• 11년 이내	최근의 정밀정기검사를 받은 날부터
• **12년 이내**	**완공검사합격확인증을 발급받은 날부터**
• 13년 이내	최근의 정밀정기검사를 받은 날부터(연장신청을 한 경우)

기억법 12완(연필은 **12**개가 **완**전 1타스)

비교

위험물규칙 68조 ②항
정기점검기록

특정옥외탱크저장소의 구조안전점검	기 타
25년	3년

답 ①

17. 09. 시행 / 산업(기계)

49 화재의 예방 및 안전관리에 관한 법령상 특정소방대상물의 관계인이 소방안전관리자를 30일 이내에 선임하여야 하는 기준일 중 틀린 것은?

① 신축으로 해당 특정소방대상물의 소방안전관리자를 신규로 선임하여야 하는 경우 : 해당 특정소방대상물의 완공일
② 특정소방대상물을 양수하여 관계인의 권리를 취득한 경우 : 해당 권리를 취득한 날
③ 증축으로 인하여 특정소방대상물의 소방안전관리대상물로 된 경우 : 증축공사의 개시일
④ 소방안전관리자를 해임한 경우 : 소방안전관리자를 해임한 날

해설 ③ 개시일 → 완공일

화재예방법 시행규칙 14조
소방안전관리자를 30일 이내에 선임하여야 하는 기준일

내 용	선임기준
신축·증축·개축·재축·대수선 또는 용도변경으로 해당 특정소방대상물의 소방안전관리자를 신규로 선임하여야 하는 경우	해당 특정소방대상물의 **완공일**
특정소방대상물을 양수하여 관계인의 권리를 취득한 경우	해당 권리를 취득한 날
증축 또는 용도변경으로 인하여 특정소방대상물이 소방안전관리대상물로 된 경우	증축공사의 완공일 또는 용도변경 사실을 건축물관리대장에 기재한 날
소방안전관리자를 해임한 경우	소방안전관리자를 해임한 날

답 ③

50 화재의 예방 및 안전관리에 관한 법령상 특수가연물의 저장 및 취급의 기준 중 옳은 것은? (단, 석탄·목탄류를 발전용으로 저장하는 경우는 제외한다.)

쌓는 높이는 (㉠)m 이하가 되도록 하고, 쌓는 부분의 바닥면적은 (㉡)m² 이하가 되도록 할 것

① ㉠ 15, ㉡ 200
② ㉠ 15, ㉡ 300
③ ㉠ 10, ㉡ 30
④ ㉠ 10, ㉡ 50

해설 **화재예방법 시행령 〔별표 3〕**
특수가연물의 저장 및 취급 기준
(1) 특수가연물을 저장 또는 취급하는 장소에는 품명, 최대저장수량, 단위부피당 질량 또는 단위체적당 질량, 관리책임자 성명·직책·연락처 및 화기취급의 금지표지가 포함된 특수가연물 표지를 설치할 것
(2) 쌓아 저장하는 기준(단, 석탄·목탄류를 발전용으로 저장하는 것 제외)
  ㉠ 품명별로 구분하여 쌓을 것

  ㉡ 쌓는 높이는 10m 이하가 되도록 하고, 쌓는 부분의 바닥면적은 50m²(석탄·목탄류는 200m²) 이하가 되도록 할 것(단, 살수설비를 설치하거나, 방사능력 범위에 해당 특수가연물이 포함되도록 대형 수동식 소화기를 설치하는 경우에는 쌓는 높이를 15m 이하, 쌓는 부분의 바닥면적을 200m²(석탄·목탄류는 300m²) 이하로 할 수 있다)
  ㉢ 쌓는 부분 바닥면적의 사이는 실내의 경우 1.2m 또는 쌓는 높이의 $\frac{1}{2}$ 중 **큰 값** 이상으로 간격을 두어야 하며, **실외**의 경우 **3m** 또는 쌓는 높이 중 큰 값 이상으로 간격을 둘 것

답 ④

51 특정소방대상물의 소방시설 설치의 면제기준 중 다음 ( ) 안에 알맞은 것은?

물분무등소화설비를 설치하여야 하는 차고·주차장에 ( )를 화재안전기준에 적합하게 설치한 경우에는 그 설비의 유효범위에서 설치가 면제된다.

① 옥내소화전설비
② 스프링클러설비
③ 간이스프링클러설비
④ 할로겐화합물 및 불활성기체 소화설비

해설 **소방시설법 시행령 〔별표 5〕**
소방시설 면제기준

면제대상	대체설비
스프링클러설비	• 물분무등소화설비
물분무등소화설비	• **스**프링클러설비 기억법 스물(스물스물 하다.)
간이스프링클러설비	• 스프링클러설비 • 물분무소화설비·미분무소화설비
비상경보설비 또는 단독경보형감지기	• 자동화재탐지설비
비상경보설비	• 2개 이상 단독경보형 감지기 연동
비상방송설비	• 자동화재탐지설비 • 비상경보설비
연결살수설비	• 스프링클러설비 • 간이스프링클러설비·미분무소화설비 • 물분무소화설비·미분무소화설비
제연설비	• 공기조화설비
연소방지설비	• 스프링클러설비 • 물분무소화설비·미분무소화설비

연결송수관설비	• 옥내소화전설비 • 스프링클러설비 • 간이스프링클러설비 • 연결살수설비
자동화재탐지설비	• 자동화재**탐**지설비의 기능을 가진 **스**프링클러설비 • **물**분무등소화설비 기억법 탐탐스물
옥내소화전설비	• 옥외소화전설비 • 미분무소화설비(호스릴방식)

답 ②

52 ★★★
14.03.문56
11.06.문57

점포에서 위험물을 용기에 담아 판매하기 위하여 지정수량 40배 이하의 위험물을 취급하는 장소의 취급소 구분으로 옳은 것은? (단, 위험물을 제조 외의 목적으로 취급하기 위한 장소이다.)

① 이송취급소 ② 일반취급소
③ 주유취급소 ④ 판매취급소

해설 위험물령〔별표 3〕
위험물 취급소의 구분

구 분	설 명
주유 취급소	고정된 주유설비에 의하여 **자동차·항공기** 또는 **선박** 등의 연료탱크에 직접 주유하기 위하여 위험물을 취급하는 장소
판매 취급소	**점포**에서 위험물을 용기에 담아 판매하기 위하여 지정수량의 **40배** 이하의 위험물을 취급하는 장소 기억법 점포4판(**점포**에서 **사**고 **판**다.)
이송 취급소	배관 및 이에 부속된 설비에 의하여 위험물을 **이송**하는 장소
일반 취급소	주유취급소·판매취급소·이송취급소 이외의 장소

중요

위험물규칙〔별표 14〕

제1종 판매취급소	제2종 판매취급소
저장·취급하는 위험물의 수량이 지정수량의 **20배** 이하인 판매취급소	저장·취급하는 위험물의 수량이 지정수량의 **40배** 이하인 판매취급소

답 ④

53 ★★★
소방용품의 형식승인을 받지 아니하고 소방용품을 제조하거나 수입한 자에 대한 벌칙 기준으로 옳은 것은?

① 3년 이하의 징역 또는 3천만원 이하의 벌금
② 1년 이하의 징역 또는 1천만원 이하의 벌금
③ 300만원 이하의 벌금
④ 100만원의 이하의 벌금

해설 **3년** 이하의 **징역** 또는 **3000만원** 이하의 **벌금**
(1) 화재안전조사 결과에 따른 조치명령(화재예방법 50조)
(2) **소방시설업** 무등록자(공사업법 35조)
(3) **부정**한 **청탁**을 받고 재물 또는 재산상의 **이익**을 취득하거나 부정한 청탁을 하면서 재물 또는 재산상의 이익을 제공한 자(공사업법 35조)
(4) **소방시설관리업** 무등록자(소방시설법 57조)
(5) **형식승인**을 얻지 않은 소방용품 제조·수입자(소방시설법 57조)
(6) **제품검사**를 받지 않은 사람(소방시설법 57조)
(7) 거짓이나 그 밖의 **부정한 방법**으로 제품검사 전문기관의 지정을 받은 사람(소방시설법 57조)

기억법 33형관(**삼삼**하게 **형**처럼 **관**리하기!)

답 ①

54 ★
19.09.문44

소방시설 설치 및 관리에 관한 법령상 임시소방시설을 설치하여야 하는 공사의 종류와 규모 기준 중 틀린 것은?

① 간이소화장치 : 연면적 3000m² 이상 공사의 화재위험작업현장에 설치
② 비상경보장치 : 연면적 400m² 이상 공사의 화재위험작업현장에 설치
③ 간이피난유도선 : 바닥면적이 100m² 이상인 지하층 또는 무창층의 화재위험작업현장에 설치
④ 간이소화장치 : 지하층, 무창층 또는 4층 이상의 층 공사의 화재위험작업현장에 설치. 이 경우 해당 층의 바닥면적이 600m² 이상인 경우만 해당

해설 ③ 100m² → 150m²

소방시설법 시행령〔별표 8〕
임시소방시설을 설치하여야 하는 공사의 종류와 규모

공사 종류	규모
간이소화장치	• 연면적 3000m² 이상 • 지하층, 무창층 또는 **4층** 이상의 층. 바닥면적이 **600m²** 이상인 경우만 해당
비상경보장치	• 연면적 400m² 이상 • 지하층 또는 무창층. 바닥면적이 **150m²** 이상인 경우만 해당
간이피난유도선	바닥면적이 **150m²** 이상인 지하층 또는 무창층의 화재위험작업현장에 설치
소화기	건축허가 등을 할 때 소방본부장 또는 소방서장의 동의를 받아야 하는 특정소방대상물의 신축·증축·개축·재축·이전·용도변경 또는 대수선 등을 위한 공사 중 화재위험작업현장에 설치
가스누설경보기 비상조명등	바닥면적이 **150m²** 이상인 지하층 또는 무창층의 화재위험작업현장에 설치
방화포	용접·용단 작업이 진행되는 화재위험작업현장에 설치

답 ③

55. 옮긴 물건 등의 보관기간은 해당 소방관서의 인터넷 홈페이지에 공고하는 기간의 종료일 다음 날부터 며칠로 하여야 하는가?

① 7 ② 10
③ 12 ④ 14

해설 7일
(1) 옮긴 물건 등의 **보**관기간(화재예방법 시행령 17조) 보기 ①
(2) 건축허가 등의 **취**소통보(소방시설법 시행규칙 3조)
(3) 소방공사 감리원의 배치통보일(공사규칙 17조)
(4) 소방공사 감리결과 통보·보고일(공사규칙 19조)

기억법 보7(보칙)

용어 화재안전조사
소방대상물, 관계지역 또는 관계인에 대하여 소방시설 등이 소방관계법령에 적합하게 설치·관리되고 있는지, 소방대상물에 화재의 발생위험이 있는지 등을 확인하기 위하여 실시하는 현장조사·문서열람·보고요구 등을 하는 활동

답 ①

56. 위험물안전관리법령상 다수의 제조소 등을 설치한 자가 1인의 안전관리자를 중복하여 선임할 수 있는 경우 중 다음 ( ) 안에 알맞은 것은?

동일구 내에 있거나 상호 ( )m 이내의 거리에 있는 저장소로서 저장소의 규모, 저장하는 위험물의 종류 등을 고려하여 행정안전부령이 정하는 저장소를 동일인이 설치한 경우

① 50 ② 100
③ 150 ④ 200

해설 위험물령 12조
1인의 안전관리자를 중복하여 선임할 수 있는 경우
(1) 다음의 기준에 모두 적합한 **5개** 이하의 제조소 등을 동일인이 설치한 경우
　㉠ 각 제조소 등이 동일구 내에 위치하거나 상호 **100m** 이내의 거리에 있을 것
　㉡ 각 제조소 등에서 저장 또는 취급하는 위험물의 최대수량이 지정수량의 **3천배** 미만일 것(단, 저장소는 제외)
(2) 위험물을 차량에 고정된 탱크 또는 운반용기에 옮겨 담기 위한 **5개** 이하의 일반취급소(일반취급소 간의 거리가 **300m** 이내인 경우)와 그 일반취급소에 공급하기 위한 위험물을 저장하는 저장소를 동일인이 설치한 경우
(3) 동일구 내에 있거나 상호 **100m** 이내의 거리에 있는 저장소로서 저장소의 규모, 저장하는 위험물의 종류 등을 고려하여 행정안전부령이 정하는 저장소를 동일인이 설치한 경우
(4) 보일러·버너 또는 이와 비슷한 것으로서 위험물을 소비하는 장치로 이루어진 **7개** 이하의 일반취급소와 그 일반취급소에 공급하기 위한 위험물을 저장하는 저장소를 동일인이 설치한 경우

답 ②

57. 소방기본법령상 소방업무 상호응원협정 체결시 포함되도록 하여야 하는 사항이 아닌 것은?

① 응원출동의 요청방법
② 응원출동훈련 및 평가
③ 응원출동대상지역 및 규모
④ 응원출동시 현장지휘에 관한 사항

해설 ④ 현장지휘는 응원출동을 요청한 쪽에서 하는 것으로 이미 정해져 있으므로 상호응원협정 체결시 고려할 사항이 아님

기본규칙 8조
소방업무의 상호응원협정
(1) 다음의 **소방활동**에 관한 사항
　㉠ 화재의 **경**계·진압활동
　㉡ 구조·구급업무의 지원
　㉢ 화재조사활동
(2) **응**원**출**동 대상지역 및 규모
(3) 소요경비의 **부담**에 관한 사항
　㉠ **출**동대원의 수당·식사 및 의복의 수선
　㉡ 소방장비 및 기구의 정비와 연료의 보급
(4) **응**원**출**동의 요청방법
(5) **응**원**출**동훈련 및 평가

기억법 경응출

답 ④

58. 소방시설공사업법령상 완공검사를 위한 현장확인 대상 특정소방대상물의 범위 기준 중 틀린 것은?

① 문화 및 집회시설
② 물분무등소화설비(호스릴소화설비는 제외)가 설치되는 것
③ 가연성 가스를 제조·저장 또는 취급하는 시설 중 지상에 노출된 가연성 가스탱크의 저장용량 합계가 1000톤 이상인 시설
④ 연면적 10000m² 이상이거나 11층 이상인 특정소방대상물 아파트

해설 ④ 아파트 → 아파트 제외

공사업령 5조
완공검사를 위한 현장확인 대상 특정소방대상물
(1) **수**련시설
(2) **노**유자시설
(3) **문**화 및 집회시설, **운**동시설
(4) **종**교시설
(5) **판**매시설
(6) **숙**박시설
(7) **창**고시설
(8) 지하**상**가
(9) 다중이용업소
(10) 다음에 해당하는 설비가 설치되는 특정소방대상물
　㉠ 스프링클러설비 등
　㉡ 물분무등소화설비(호스릴방식 제외)
(11) 연면적 **10000m²** 이상이거나 **11층** 이상인 특정소방대상물(아파트 제외)

(12) 가연성 가스를 제조·저장 또는 취급하는 시설 중 지상에 노출된 가연성 가스탱크의 저장용량 합계가 1000t 이상인 시설

기억법 문종판 노수운 숙창상현

답 ④

59 소방용수시설 및 지리조사에 대한 기준으로 다음 ( ) 안에 알맞은 것은?

소방본부장 또는 소방서장은 소방용수시설 및 지리조사를 월 (㉠)회 이상 실시해야 하며, 그 조사결과를 (㉡)년간 보관해야 한다.

① ㉠ 1, ㉡ 1
② ㉠ 1, ㉡ 2
③ ㉠ 2, ㉡ 1
④ ㉠ 2, ㉡ 2

해설 기본규칙 7조
소방용수시설 및 지리조사
(1) 조사자 : 소방본부장·소방서장
(2) 조사일시 : 월 1회 이상
(3) 조사내용
  ㉠ 소방용수시설
  ㉡ 도로의 폭·교통상황
  ㉢ 도로 주변의 토지 고저
  ㉣ 건축물의 개황
(4) 조사결과 : 2년간 보관

답 ②

60 화재안전조사의 세부 항목에 대한 사항으로 옳지 않은 것은?

① 소방대상물 및 관계지역에 대한 강제처분·피난명령에 관한 사항
② 소방안전관리 업무수행에 관한 사항
③ 소방시설 등의 자체점검에 관한 사항
④ 소방자동차 전용구역 등에 관한 사항

해설 화재예방법 시행령 7조
화재예방조사의 항목
(1) 화재의 예방조치 등에 관한 사항
(2) 소방안전관리 업무수행에 관한 사항 보기 ②
(3) 피난계획의 수립 및 시행에 관한 사항
(4) 소방 훈련 및 교육에 관한 사항
(5) 소방자동차 전용구역 등에 관한 사항 보기 ④
(6) 소방기술자 및 감리원 배치 등에 관한 사항
(7) 소방시설의 설치 및 관리 등에 관한 사항
(8) 건설현장의 임시소방시설의 설치 및 관리에 관한 사항
(9) 피난시설, 방화구획 및 방화시설의 관리에 관한 사항
(10) 방염에 관한 사항
(11) 소방시설 등의 자체점검에 관한 사항 보기 ③
(12) 다중이용업소의 안전관리에 관한 사항
(13) 위험물 안전관리에 관한 사항
(14) 초고층 및 지하연계 복합건축물의 안전관리에 관한 사항
(15) 그 밖에 소방대상물에 화재의 발생위험이 있는지 등을 확인하기 위해 소방관서장이 화재안전조사가 필요하다고 인정하는 사항

답 ①

제4과목 소방기계시설의 구조 및 원리

61 전역방출방식의 고발포용 고정포방출구 설치기준 중 다음 ( ) 안에 알맞은 것은?

고정포방출구는 바닥면적 ( )m²마다 1개 이상으로 하여 방호대상물의 화재를 유효하게 소화할 수 있도록 할 것

① 600
② 500
③ 400
④ 300

해설 전역방출방식의 고발포용 고정포방출구(NFPC 105 12조, NFTC 105 2.9.4.1)
(1) 개구부에 자동폐쇄장치를 설치할 것
(2) 포방출구는 바닥면적 500m²마다 1개 이상으로 할 것 보기 ②
(3) 포방출구는 방호대상물의 최고 부분보다 높은 위치에 설치할 것
(4) 해당 방호구역의 관포체적 1m³에 대한 포수용액 방출량은 소방대상물 및 포의 팽창비에 따라 달라진다.

기억법 고5(GO)

답 ②

62 피난기구의 화재안전기준 중 피난기구 종류로 옳은 것은?

① 공기안전매트
② 방열복
③ 공기호흡기
④ 인공소생기

해설 ②, ③, ④ 인명구조기구

피난구조설비(소방시설법 시행령 〔별표 1〕)
(1) 피난기구 ─ 피난사다리
  ─ 구조대
  ─ 완강기
  ─ 소방청장이 정하여 고시하는 화재안전기준으로 정하는 것(미끄럼대, 피난교, 공기안전매트, 피난용 트랩, 다수인 피난장비, 승강식 피난기, 간이완강기, 하향식 피난구용 내림식 사다리)
(2) 인명구조기구 ─ 방열복 보기 ②
  ─ 방화복(안전모, 보호장갑, 안전화 포함)
  ─ 공기호흡기 보기 ③
  ─ 인공소생기 보기 ④

기억법 방화열공인

(3) 유도등 ─ 피난유도선
  ─ 피난구유도등
  ─ 통로유도등
  ─ 객석유도등
  ─ 유도표지
(4) 비상조명등·휴대용 비상조명등

답 ①

63 대형 소화기를 설치하여야 할 특정소방대상물 또는 그 부분에 옥내소화전설비를 설치한 경우 해당 설비의 유효범위 안의 부분에 대한 대형 소화기 감소기준으로 옳은 것은?

① $\frac{1}{3}$을 감소할 수 있다.
② $\frac{1}{2}$을 감소할 수 있다.
③ $\frac{2}{3}$를 감소할 수 있다.
④ 설치하지 아니할 수 있다.

해설 대형 소화기의 설치면제기준(NFPC 101 5조, NFTC 101 2.2.2)

면제대상	대체설비
대형 소화기	• 옥내·외소화전설비 보기 ④ • 스프링클러설비 • 물분무등소화설비

비교

소화기의 감소기준(NFPC 101 5조, NFTC 101 2.2.1)

감소대상	감소기준	적용설비
소형 소화기	$\frac{1}{2}$	• 대형 소화기
	$\frac{2}{3}$	• 옥내·외소화전설비 • 스프링클러설비 • 물분무등소화설비

답 ④

64 전역방출방식의 이산화탄소 소화설비를 설치한 특정소방대상물 또는 그 부분에 설치하는 자동폐쇄장치의 설치기준 중 다음 ( ) 안에 알맞은 것은?

개구부가 있거나 천장으로부터 (㉠)m 이상의 아랫부분 또는 바닥으로부터 해당 층의 높이의 (㉡) 이내의 부분에 통기구가 있어 이산화탄소의 유출에 따라 소화효과를 감소시킬 우려가 있는 것은 이산화탄소가 방사되기 전에 해당 개구부 및 통기구를 폐쇄할 수 있도록 할 것

① ㉠ 1, ㉡ $\frac{2}{3}$ ② ㉠ 1, ㉡ $\frac{1}{2}$
③ ㉠ 0.3, ㉡ $\frac{2}{3}$ ④ ㉠ 0.3, ㉡ $\frac{1}{2}$

해설 할로겐화합물 및 불활성기체 소화설비·분말소화설비·이산화탄소 소화설비 자동폐쇄장치 설치기준(NFPC 107A 15조, NFTC 107A 2.12.1.2 / NFPC 108 14조, NFTC 108 2.11.1.2 / NFPC 106 14조, NFTC 106 2.11.1.2)
개구부가 있거나 천장으로부터 **1m 이상**의 아랫부분 또는 바닥으로부터 해당 층의 높이의 $\frac{2}{3}$ 이내의 부분에 통기구가 있어 **소화약제**의 유출에 따라 소화효과를 감소시킬 우려가 있는 것은 **소화약제**가 방사되기 전에 해당 **개구부** 및 **통기구**를 폐쇄할 수 있도록 할 것 보기 ①

답 ①

65 상수도 소화용수설비의 설치기준 중 다음 ( ) 안에 알맞은 것은?

호칭지름 (㉠)mm 이상의 수도배관에 호칭지름 (㉡)mm 이상의 소화전을 접속할 것

① ㉠ 80, ㉡ 65
② ㉠ 75, ㉡ 100
③ ㉠ 65, ㉡ 100
④ ㉠ 50, ㉡ 65

해설 상수도 소화용수설비의 기준(NFPC 401 4조, NFTC 401 2.1.1)
(1) 호칭지름

수도배관	소화전
75mm 이상 보기 ㉠	**100mm** 이상 보기 ㉡

기억법 수75(수치료)

(2) 소화전은 소방자동차 등의 진입이 쉬운 **도로변** 또는 **공지**에 설치
(3) 소화전은 특정소방대상물의 수평투영면의 각 부분으로부터 **140m** 이하에 설치
(4) 지상식 소화전의 호스접결구는 지면으로부터 높이가 0.5m 이상 1m 이하가 되도록 설치

답 ②

66 할로겐화합물 및 불활성기체 소화약제의 저장용기 설치기준 중 틀린 것은? (단, 불활성기체 소화약제 저장용기의 경우는 제외한다.)

① 방호구역 외에 설치한 경우에는 방화문으로 구획된 실에 설치할 것
② 용기 간의 간격은 점검에 지장이 없도록 3cm 이상의 간격을 유지할 것
③ 온도가 40℃ 이하이고 온도의 변화가 작은 곳에 설치할 것
④ 저장용기의 약제량 손실이 5%를 초과하거나 압력손실이 10%를 초과할 경우에는 재충전하거나 저장용기를 교체할 것

해설
③ 40℃ 이하 → 55℃ 이하

저장용기 온도(NFTC 107A 2.3.1.2)

40℃ 이하	55℃ 이하
• 이산화탄소 소화설비 • 할론소화설비 • 분말소화설비	• 할로겐화합물 및 불활성기체 소화설비(NFTC 107A 2.3.1.2)

답 ③

67. 소화수조 등에 관한 기준 중 틀린 것은?
19.09.문77
11.06.문78

① 소화수조, 저수조의 채수구 또는 흡수관 투입구는 소방차가 2m 이내의 지점까지 접근할 수 있는 위치에 설치할 것
② 채수구는 소방용 호스 또는 소방용 흡수관에 사용하는 구경 65mm 이상의 나사식 결합금속구를 설치할 것
③ 지하에 설치하는 소화용수설비의 흡수관 투입구는 그 한 변이 0.8m 이상이거나 직경이 0.8m 이상인 것으로 하고, 소요수량이 60m³ 미만인 것은 1개 이상을 설치하여야 하며 "흡관투입구"라고 표시한 표지를 할 것
④ 채수구는 지면으로부터의 높이가 0.5m 이상 1m 이하의 위치에 설치하고 "채수구"라고 표시한 표지를 할 것

해설
③ 0.8m 이상 → 0.6m 이상
   60m³ 미만 → 80m³ 미만

소화수조·저수조(NFPC 402 4조, NFTC 402 2.1.3)

(1) **흡수관 투입구**
한 변이 **0.6m 이상**이거나 직경 **0.6m 이상**인 것

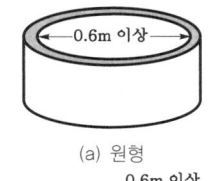
(a) 원형

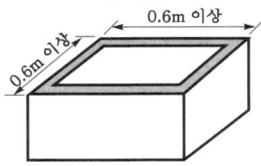
(b) 사각형

┃흡수관 투입구┃

소요수량	80m³ 미만	80m³ 이상
흡수관 투입구의 수	1개 이상	2개 이상

(2) 채수구

소요수량	20~40m³ 미만	40~100m³ 미만	100m³ 이상
채수구의 수	1개	2개	3개

용어
채수구
소방차의 소방호스와 접결되는 흡입구

답 ③

68. 특별피난계단의 계단실 및 부속실 제연설비의 차압 등에 관한 기준 중 틀린 것은?
19.04.문79
16.05.문80
12.05.문80

① 제연설비가 가동되었을 경우 출입문의 개방에 필요한 힘은 150N 이하로 하여야 한다.
② 제연구역과 옥내와의 사이에 유지하여야 하는 최소차압은 40Pa 이상으로 하여야 한다.
③ 옥내에 스프링클러설비가 설치된 경우 제연구역과 옥내와의 사이에 유지하여야 하는 최소차압은 12.5Pa 이상으로 하여야 한다.
④ 계단실과 부속실을 동시에 제연하는 경우 부속실의 기압은 계단실과 같게 하거나 계단실의 기압보다 낮게 할 경우에는 부속실과 계단실의 압력차이는 5Pa 이하가 되도록 하여야 한다.

해설
① 150N 이하 → 110N 이하

차압(NFPC 501A 6·10조, NFTC 501A 2.3, 2.7)
(1) 계단실 및 그 부속실을 동시에 제연하는 것 또는 계단실만 단독으로 제연할 때의 방연풍속 : **0.5m/s 이상**
(2) 계단실과 부속실을 동시에 제연하는 경우 부속실의 기압은 계단실과 같게 하거나 계단실의 기압보다 낮게 할 경우에는 부속실과 계단실의 압력차이 : **5Pa 이하** 보기 ④
(3) 제연구역과 옥내와의 사이에 유지하여야 하는 최소차압 : **40Pa**(옥내에 **스프링클러설비**가 설치된 경우는 **12.5Pa**) 이상 보기 ②③
(4) 제연설비가 가동되었을 경우 출입문의 개방에 필요한 힘 : **110N 이하** 보기 ①

답 ①

69. 전역방출방식 할론소화설비의 분사헤드 설치기준 중 할론 1211 분사헤드의 방출압력은 최소 몇 MPa 이상이어야 하는가?
19.09.문72
15.09.문70
14.09.문77

① 0.1
② 0.2
③ 0.7
④ 0.9

해설 할론소화약제(NFPC 107 4·10조, NFTC 107 2.1.2.1, 2.1.2.2, 2.7)

구 분		할론 1301	할론 1211	할론 2402
저장압력		2.5MPa 또는 4.2MPa	1.1MPa 또는 2.5MPa	—
방출압력		0.9MPa	0.2MPa 보기 ②	0.1MPa
충전비	가압식	0.9~1.6 이하	0.7~1.4 이하	0.51~0.67 미만
	축압식			0.67~2.75 이하

답 ②

★★★
70 연결송수관설비 방수용 기구함의 설치기준 중 틀린 것은?
[16.03.문73]
[11.10.문72]

① 방수기구함은 피난층과 가장 가까운 층을 기준으로 2개층마다 설치하되, 그 층의 방수구마다 보행거리 5m 이내에 설치할 것
② 방수기구함에는 "방수기구함"이라고 표시한 축광식 표지를 할 것
③ 방수기구함의 길이 15m 호스는 방수구에 연결하였을 때 그 방수구가 담당하는 구역의 각 부분에 유효하게 물이 뿌려질 수 있는 개수 이상으로 비치할 것. 이 경우 쌍구형 방수구는 단구형 방수구의 2배 이상의 개수를 설치할 것
④ 방수기구함의 방사형 관창은 단구형 방수구의 경우에는 1개, 쌍구형 방수구의 경우에는 2개 이상 비치할 것

해설 ① 2개층 → 3개층

방수기구함의 **기준**(NFPC 502 7조, NFTC 502 2.4)
(1) **3개층**마다 설치 보기 ①
(2) 보행거리 **5m** 이내마다 설치
(3) 길이 **15m** 호스와 **방사형 관창** 비치

답 ①

★★★
71 스프링클러설비헤드의 설치기준 중 높이가 4m 이상인 공장에 설치하는 스프링클러헤드는 그 설치장소의 평상시 최고주위온도에 관계없이 최소 표시온도 몇 ℃ 이상의 것으로 설치할 수 있는가?

① 162℃
② 121℃
③ 79℃
④ 64℃

해설 스프링클러헤드의 설치기준(NFTC 103 2.7.6)

설치장소의 최고주위온도	표시온도
39℃ 미만	**79**℃ 미만
39~**64**℃ 미만	79~**121**℃ 미만
64~**106**℃ 미만	121~**162**℃ 미만
106℃ 이상	162℃ 이상

※ 비고 : 높이 **4m** 이상인 공장은 표시온도 121℃ 이상으로 할 것 보기 ②

기억법	39	79
	64	121
	106	162

답 ②

★★
72 옥내소화전설비 배관의 설치기준 중 다음 ( ) 안에 알맞은 것은?
[11.10.문61]
[11.06.문80]

연결송수관설비의 배관과 겸용할 경우의 주배관은 구경 (㉠)mm 이상, 방수구로 연결되는 배관의 구경은 (㉡)mm 이상의 것으로 하여야 한다.

① ㉠ 40, ㉡ 50
② ㉠ 50, ㉡ 40
③ ㉠ 65, ㉡ 100
④ ㉠ 100, ㉡ 65

해설 (1) 배관의 구경(NFPC 102 6조, NFTC 102 2.3)

구 분	가지배관	주배관 중 수직배관
호스릴	25mm 이상	32mm 이상
일반	40mm 이상	50mm 이상

(2) **연결송수관설비의 배관과 겸용**

주배관	방수구로 연결되는 배관
구경 100mm 이상 보기 ㉠	구경 65mm 이상 보기 ㉡

답 ④

★★
73 특정소방대상물별 소화기구의 능력단위기준 중 틀린 것은? (단, 건축물의 주요구조부가 내화구조이고 벽 및 반자의 실내에 면하는 부분이 불연재료로 된 특정소방대상물인 경우이다.)
[19.09.문76]
[16.05.문64]
[15.03.문80]
[11.06.문67]

① 위락시설은 해당 용도의 바닥면적 60m²마다 능력단위 1단위 이상
② 장례시설 및 의료시설은 해당 용도의 바닥면적 100m²마다 능력단위 1단위 이상
③ 관광휴게시설은 해당 용도의 바닥면적 200m²마다 능력단위 1단위 이상
④ 공동주택은 해당 용도의 바닥면적 100m²마다 능력단위 1단위 이상

해설 ④ 100m²마다 → 200m²마다

특정소방대상물별 소화기구의 능력단위 기준(NFTC 101 2.1.1.2)

특정소방대상물	능력단위 (바닥면적)	내화구조이고 불연재료 · 준불연재료 · 난연재료 (바닥면적)
• **위**락시설 기억법 위3(위상)	30m²마다 1단위 이상	60m²마다 1단위 이상
• **공**연장 · **집**회장 • **관**람장 · **문**화재 • **장**례시설 · **의**료시설 기억법 5공연장 문의 집관람(손오 공 연장 문의 집관람)	50m²마다 1단위 이상	100m²마다 1단위 이상
• **근**린생활시설 · **판**매시설 • 운수시설 · **숙**박시설 • **노**유자시설 • **전**시장 • 공동**주**택 · **업**무시설 • **방**송통신시설 · 공장 • **창**고시설 · **항**공기 및 자 동**차** 관련 시설 • **관광**휴게시설 기억법 근 판 숙 노 전 주 업 방 차 창 1항 관광(근 판숙노전 주 업방차장 일 본항 관광)	100m²마다 1단위 이상	200m²마다 1단위 이상 보기 ④
• 그 밖의 것	200m²마다 1단위 이상	400m²마다 1단위 이상

용어

소화능력단위
소화기구의 소화능력을 나타내는 수치

답 ④

74 간이스프링클러설비의 배관 및 밸브 등의 설치 순서 중 다음 ( ) 안에 알맞은 것은?

17.03.문71
10.03.문78

펌프 등의 가압송수장치를 이용하여 배관 및 밸브 등을 설치하는 경우에는 수원, 연성계 또는 진공계(수원이 펌프보다 높은 경우를 제외), 펌프 또는 압력수조, 압력계, 체크밸브, ( ), 개폐표시형밸브, 유수검지장치, 시험밸브의 순으로 설치할 것

① 진공계 ② 플렉시블 조인트
③ 성능시험배관 ④ 편심 레듀셔

해설 간이스프링클러설비(펌프 등 사용)(NFPC 103A 8조, NFTC 103A 2.5.16)

수원-**연**성계 또는 진공계-**펌**프 또는 압력수조-**압**력계-**체**크밸브-**성**능시험배관-**개**폐표시형밸브-**유**수검지장치-**시**험밸브

기억법 수연펌프 압체성 개유시

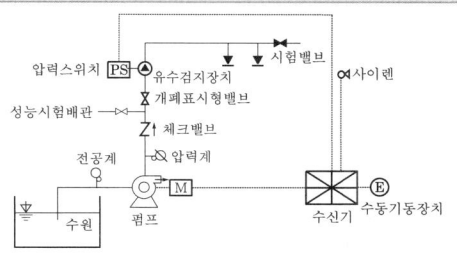

┃ 펌프 등의 가압송수장치를 이용하는 방식 ┃

비교

(1) 간이스프링클러설비(**가**압수조 사용)

수원-**가**압수조-압력계-**체**크밸브-**성**능시험배관-**개**폐표시형밸브-**유**수검지장치-**2**개의 **시**험밸브

기억법 가수가2 압체성 개유시(가수가인)

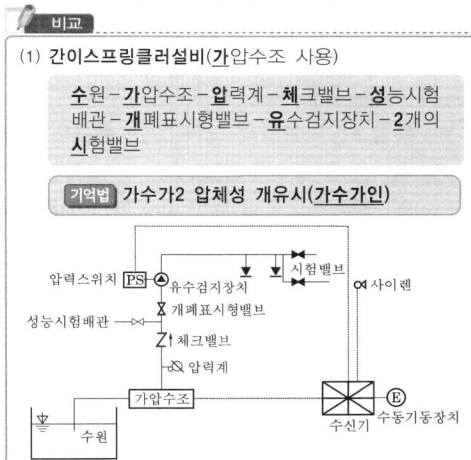

┃ 가압수조를 가압송수장치로 이용하는 방식 ┃

(2) 간이스프링클러설비(**캐**비닛형)

수원-**연**성계 또는 진공계-**펌**프 또는 압력수조-**압**력계-**체**크밸브-**개**폐표시형밸브-**2**개의 **시**험밸브

기억법 2캐수연 펌압체개시(가구회사 이케아)

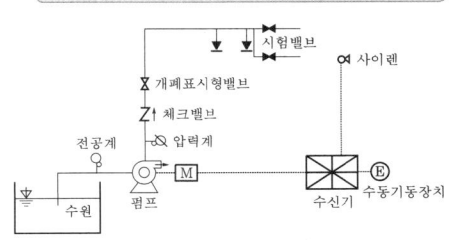

┃ 캐비닛형의 가압송수장치 이용 ┃

(3) 간이스프링클러설비(상수도직결형)

수도용계량기 - 급수차단장치 - 개폐표시형밸브
- 체크밸브 - 압력계 - 유수검지장치 - 2개의 시험밸브

기억법 상수도2 급수 개체 압유시(상수도가 이상함)

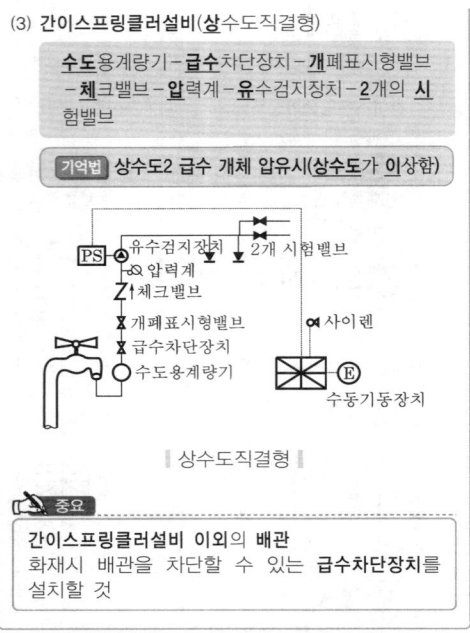

∥상수도직결형∥

중요

간이스프링클러설비 이외의 배관
화재시 배관을 차단할 수 있는 급수차단장치를 설치할 것

답 ③

75 ★★ 특정소방대상물의 보가 있는 부분의 포헤드 설치기준 중 포헤드와 보 하단의 수직거리가 0.2m일 경우 포헤드와 보의 수평거리 기준으로 옳은 것은?
08.03.문78
① 0.75m 미만
② 0.75m 이상 1m 미만
③ 1m 이상 1.5m 미만
④ 1.5m 이상

해설 보가 있는 부분의 포헤드 설치기준(NFPC 105 12조, NFTC 105 2.9.2.4)

포헤드와 보의 하단의 수직거리	포헤드와 보의 수평거리
0m	0.75m 미만
0.1m 미만	0.75~1m 미만
0.1~0.15m 미만	1~1.5m 미만
0.15~0.3m 미만	→1.5m 이상 보기 ④

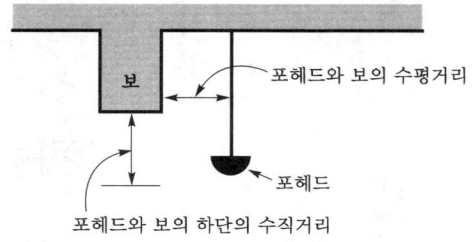

∥보가 있는 부분의 포헤드 설치∥

답 ④

76 ★★★ 피난기구의 설치기준 중 노유자시설로 사용되는 층에 있어서 그 층의 바닥면적 몇 m²마다 1개 이상을 설치하여야 하는가?
06.03.문63
① 300
② 500
③ 800
④ 1000

해설 피난기구의 설치개수(NFPC 301 5조, NFTC 301 2.1.2.1 / NFPC 608 13조, NFTC 608 2.9.1.3)
(1) 층마다 설치할 것

시 설	설치기준
① 숙박시설·노유자시설·의료시설	바닥면적 500m²마다 (층마다 설치) 보기 ②
② 위락시설·문화 및 집회시설, 운동시설 ③ 판매시설·복합용도의 층	바닥면적 800m²마다 (층마다 설치)
④ 그 밖의 용도의 층	바닥면적 1000m²마다
⑤ 아파트 등(계단실형 아파트)	각 세대마다

(2) 피난기구 외에 **숙박시설**(휴양콘도미니엄 제외)의 경우에는 추가로 객실마다 **완강기** 또는 **둘** 이상의 **간이완강기**를 설치할 것
(3) '**의무관리대상 공동주택**'의 경우에는 하나의 관리주체가 관리하는 공동주택 구역마다 **공기안전매트 1개** 이상을 추가로 설치할 것(단, 옥상으로 피난이 가능하거나 수평 또는 수직방향의 인접세대로 피난할 수 있는 구조인 경우는 제외)

답 ②

77 ★ 연소할 우려가 있는 개구부에 드렌처설비를 설치한 경우 해당 개구부에 한하여 스프링클러헤드를 설치하지 아니할 수 있는 드렌처설비의 설치기준으로 틀린 것은?
15.05.문72
① 드렌처헤드는 개구부 위 측에 2.5m 이내마다 1개를 설치할 것
② 제어밸브는 특정소방대상물 층마다에 바닥면으로부터 0.8m 이상 1.5m 이하의 위치에 설치할 것
③ 수원의 수량은 드렌처헤드가 가장 많이 설치된 제어밸브의 드렌처헤드의 설치개수에 2.6m³를 곱하여 얻은 수치 이상이 되도록 할 것
④ 드렌처설비는 드렌처헤드가 가장 많이 설치된 제어밸브에 설치된 드렌처헤드를 동시에 사용하는 경우에 각각의 헤드선단에 방수압력이 0.1MPa 이상, 방수량이 80L/min 이상이 되도록 할 것

해설

③ 2.6m³ → 1.6m³

드렌처설비의 **설치기준**(NFPC 103 15조, NFTC 103 2.12.2)

구 분	설 명
설치	• 개구부 위 측에 2.5m 이내마다 1개 설치
제어밸브	• 특정소방대상물 **층**마다 설치 • 바닥에서 0.8~1.5m 이하에 설치
수원의 수량	• 가장 많이 설치된 제어밸브의 드렌처헤드의 설치개수에 **1.6m³**를 곱함 보기 ③
가압송수장치	• 점검이 쉽고 화재 등의 재해로 인한 피해 우려가 없는 장소에 설치
방수압력	• 0.1MPa 이상
방수량	• 80L/min 이상

답 ③

78 미분무소화설비 용어의 정의 중 다음 ( ) 안에 알맞은 것은?

저압 미분무소화설비란 (㉠)사용압력이 (㉡)MPa 이하인 미분무소화설비를 말한다.

① ㉠ 최고, ㉡ 1.2
② ㉠ 최저, ㉡ 1.2
③ ㉠ 최고, ㉡ 0.7
④ ㉠ 최저, ㉡ 0.7

해설 **미분무소화설비**의 **종류**(NFPC 104A 3조, NFTC 104A 1.7)

저 압	중 압	고 압
최고사용압력 **1.2MPa** 이하 보기 ①	사용압력 1.2MPa 초과 3.5MPa 이하	최저사용압력 3.5MPa 초과

답 ①

79 화재시 현저하게 연기가 찰 우려가 없는 장소로서 호스릴분말소화설비를 설치할 수 있는 장소의 기준 중 다음 ( ) 안에 알맞은 것은?

전기설비가 설치되어 있는 부분 또는 다량의 화기를 사용하는 부분(해당 설비의 주위 5m 이내의 부분을 포함)의 바닥면적이 해당 설비가 설치되어 있는 구획의 바닥면적의 ( ) 미만이 되는 부분

① $\frac{1}{5}$

② $\frac{1}{3}$

③ $\frac{1}{2}$

④ $\frac{2}{3}$

해설 **호스릴 분말·호스릴 이산화탄소·호스릴 할로겐화합물소화설비 설치장소**(NFPC 108 11조(NFTC 108 2.8.3), NFPC 106, NFPC 107]
(1) **지상 1층** 및 **피난층**에 있는 부분으로서 지상에서 수동 또는 원격조작에 따라 개방할 수 있는 개구부의 유효면적의 합계가 바닥면적의 **15% 이상**이 되는 부분
(2) 전기설비가 설치되어 있는 부분 또는 다량의 화기를 사용하는 부분(해당 설비의 주위 **5m 이내**의 부분 포함)의 바닥면적이 해당 설비가 설치되어 있는 구획의 바닥면적의 $\frac{1}{5}$ **미만**이 되는 부분 보기 ①

답 ①

80 분말소화설비의 가압용 가스 설치기준 중 옳은 것은?

① 분말소화약제의 가압용 가스용기를 7병 이상 설치한 경우에는 2개 이상의 용기에 전자개방밸브를 부착하여야 한다.
② 분말소화약제의 가압용 가스용기에는 2.5MPa 이하의 압력에서 조정이 가능한 압력조정기를 설치하여야 한다.
③ 가압용 가스에 질소가스를 사용하는 것의 질소가스는 소화약제 1kg에 대하여 10L 이상, 이산화탄소를 사용하는 것의 이산화탄소는 소화약제 1kg에 대하여 10g에 배관의 청소에 필요한 양을 가산한 양 이상으로 할 것
④ 축압용 가스에 질소가스를 사용하는 것의 질소가스는 소화약제 1kg마다 40L 이상, 이산화탄소를 사용하는 것의 이산화탄소는 소화약제 1kg에 대하여 20g에 배관의 청소에 필요한 양을 가산한 양 이상으로 할 것

해설
① 7병 이상 → 3병 이상
③ 10L 이상 → 40L 이상, 10g → 20g
④ 40L 이상 → 10L 이상

압력조정장치(압력조정기)의 **압력**(NFPC 108 5조, NFTC 108 2.2.3)

할론소화설비	분말소화설비(분말소화약제)
2MPa 이하	**2.5MPa** 이하 보기 ②

기억법 분압25(분압이오.)

중요

(1) 전자개방밸브 부착

분말소화약제 가압용 가스용기	이산화탄소·분말 소화설비 전기식 기동장치
3병 이상 설치한 경우 2개 이상	7병 이상 개방시 2병 이상

기억법 이7(이치)

(2) **가압식**과 **축압식**의 **설치기준**(35℃에서 1기압의 압력 상태로 환산한 것)(NFPC 108 5조, NFTC 108 2.2.4)

구 분 사용 가스	가압식	축압식
N_2(질소)	40L/kg 이상	10L/kg 이상
CO_2(이산화 탄소)	20g/kg+배관청소 필요량 이상	20g/kg+배관청소 필요량 이상

※ 배관청소용 가스는 별도의 용기에 저장한다.

답 ②

과년도 기출문제

2016년
소방설비산업기사 필기(기계분야)

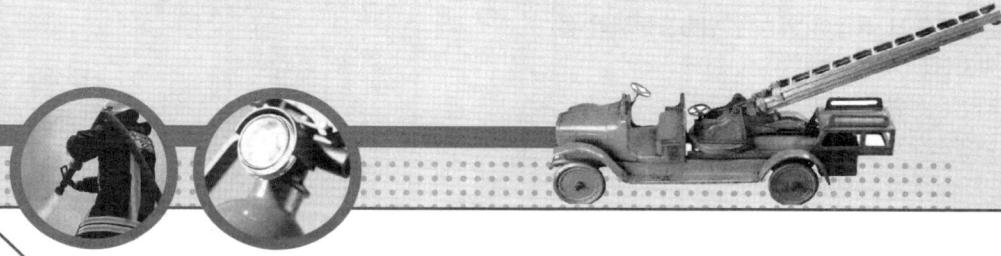

- 2016. 3. 6 시행 ············· 16- 2
- 2016. 5. 8 시행 ············· 16-24
- 2016. 10. 1 시행 ············· 16-45

** 수험자 유의사항 **

1. 문제지를 받는 즉시 본인이 응시한 종목이 맞는지 확인하시기 바랍니다.
2. 문제지 표지에 본인의 수험번호와 성명을 기재하여야 합니다.
3. 문제지의 총면수, 문제번호 일련순서, 인쇄상태, 중복 및 누락 페이지 유무를 확인하시기 바랍니다.
4. 답안은 각 문제마다 요구하는 가장 적합하거나 가까운 답 1개만을 선택하여야 합니다.
5. 답안카드는 뒷면의 「수험자 유의사항」에 따라 작성하시고, 답안카드 작성 시 형별누락, 마킹착오로 인한 불이익은 전적으로 수험자에게 책임이 있음을 알려드립니다.
6. 문제지는 시험 종료 후 본인이 가져갈 수 있습니다.

** 안내사항 **

- 가답안/최종정답은 큐넷(www.q-net.or.kr)에서 확인하실 수 있습니다. 가답안에 대한 의견은 큐넷의 [가답안 의견제시]를 통해 제시할 수 있으며, 확정된 답안은 최종정답으로 갈음합니다.
- 공단에서 제공하는 자격검정서비스에 대해 개선할 점이 있으시면 고객참여(http://hrdkorea.or.kr/7/1/1)를 통해 건의하여 주시기 바랍니다.

2016. 3. 6 시행

┃2016년 산업기사 제1회 필기시험 ┃

자격종목	종목코드	시험시간	형별	수험번호	성명
소방설비산업기사(기계분야)		2시간			

※ 각 문항은 4지택일형으로 질문에 가장 적합한 보기 항을 선택하여 체크하여야 합니다.

제1과목 　 소방원론

01 동일 장소에서 취급이 가능한 위험물들끼리 옳게 짝지어진 것은?
① 과염소산칼륨과 톨루엔
② 과염소산과 황린
③ 마그네슘과 유기과산화물
④ 가솔린과 과산화수소

해설
① 제1류＋제4류
② 제6류＋제3류
③ 제2류＋제5류
④ 제4류＋제6류

동일 장소에 취급이 가능한 위험물
(1) 제1류＋제6류
(2) 제2류＋제4류
(3) 제2류＋제5류
(4) 제3류＋제4류

답 ③

02 질소(N_2)의 증기비중은 약 얼마인가?
① 0.8
② 0.97
③ 1.5
④ 1.8

유사문제부터
풀어보세요.
실력이 팍!팍!
올라갑니다.

해설 (1) 원자량

원소	원자량
H	1
C	12
N	14
O	16
F	19
S	32

(2) 분자량
　질소(N_2)＝14×2＝28

(3) 증기비중

$$증기비중 = \frac{분자량}{29}$$

여기서, 29 : 공기의 평균분자량

$$질소(N_2) = \frac{분자량}{29} = \frac{28}{29} ≒ 0.97$$

답 ②

03 포소화약제 중 유류화재의 소화시 성능이 가장 우수한 것은?
① 단백포
② 수성막포
③ 합성계면활성제포
④ 내알코올포

해설 포소화약제의 특징

약제의 종류	특　징
단백포	• 흑갈색이다. • 냄새가 지독하다. • 포안정제로서 **제1철염**을 첨가한다. • 다른 포약제에 비해 **부식성이 크다**.
수성막포	• 안정성이 좋아 장기보관이 가능하다. • 내약품성이 좋아 **타약제**와 **겸용**사용이 가능하다. • 석유류 표면에 신속히 피막을 형성하여 유류증발을 억제한다.(유류화재시 소화 성능이 가장 우수) • 일명 AFFF(Aqueous Film Forming Foam) 라고 한다. • 점성이 작기 때문에 가연성 기름의 표면에서 쉽게 피막을 형성한다. • **내한용**, **초내한용**으로 적합하다. 기억법 한수(한수 배웁시다.)
내알코올형포 (내알코올포)	• 알코올류 위험물(**메탄올**)의 소화에 사용한다. • 수용성 유류화재(**아세트알데하이드, 에스터류**)에 사용한다. • 가연성 액체에 사용한다.

16. 03. 시행 / 산업(기계)

불화단백포	• 소화성능이 가장 우수하다. • 단백포와 수성막포의 결점인 **열안정성**을 보완시킨다. • **표면하 주입방식**에도 적합하다. • 포의 **유동성**이 우수하여 **소화속도**가 빠르다. • **내화성**이 우수하여 **대형**의 **유류저장탱크시설**에 적합하다.
합성계면 활성제포	• **저발포**와 **고발포**를 임의로 발포할 수 있다. • 유동성이 좋다. • 카바이트 저장소에는 부적합하다.

답 ②

04 ★★★
19.09.문13
04.05.문06
건축물에 화재가 발생할 때 연소확대를 방지하기 위한 계획에 해당되지 않는 것은?

① 수직계획 ② 입면계획
③ 수평계획 ④ 용도계획

해설 연소확대 방지를 위한 방화계획
(1) 수평계획(면적단위)
(2) 수직계획(층단위)
(3) 용도계획(용도단위)

답 ②

05 ★
19.09.문20
폭발에 대한 설명으로 틀린 것은?
① 보일러폭발은 화학적 폭발이라 할 수 없다.
② 분무폭발은 기상폭발에 속하지 않는다.
③ 수증기폭발은 기상폭발에 속하지 않는다.
④ 화약류 폭발은 화학적 폭발이라 할 수 있다.

해설 ② 분무폭발은 기상폭발에 속한다.

기상폭발
(1) 가스폭발(혼합가스폭발)
(2) 분무폭발
(3) 분진폭발

답 ②

06 ★★
17.03.문11
12.05.문06
수소 4kg이 완전연소할 때 생성되는 수증기는 몇 kmol인가?
① 1 ② 2
③ 4 ④ 8

해설 수소와 산소의 화학반응식

$$2H_2 + O_2 \rightarrow 2H_2O$$

$2 \times 2kg : 2kmol = 4kg : X[kmol]$
$4X = 8$
$X = \dfrac{8}{4} = 2kmol$

$H_2 = 2kg$

수소(H)의 원자량이 1이므로
$H_2 = 1 \times 2 = 2kg$

답 ②

07 ★★★
09.03.문12
기체연료의 연소형태로서 연료와 공기를 인접한 2개의 분출구에서 각각 분출시켜 계면에서 연소를 일으키게 하는 것은?
① 증발연소 ② 자기연소
③ 확산연소 ④ 분해연소

해설

연소의 형태	설 명
증발연소	• 가열하면 고체에서 액체로 액체에서 기체로 상태가 변하여 그 기체가 연소하는 현상 • 액체가 열에 의해 **증기**가 되어 그 증기가 연소하는 현상
자기연소	열분해에 의해 **산소**를 **발생**하면서 연소하는 현상
확산연소	• **기체연료**가 공기 중의 **산소**와 **혼합**하면서 연소하는 현상 • **기체연료**의 연소형태로서 **연료**와 **공기**를 인접한 2개의 분출구에서 각각 분출시켜 계면에서 연소를 일으키는 것
분해연소	• 연소시 열분해에 의해 발생된 **가스**와 **산소**가 혼합하여 연소하는 현상 • 점도가 높고 비휘발성인 액체가 고온에서 열분해에 의해 **가스**로 **분해**되어 연소하는 현상
표면연소	열분해에 의해 가연성 가스를 발생하지 않고 그 물질 **자체**가 **연소**하는 현상
액적연소	가열하고 점도를 낮추어 버너 등을 사용하여 **액체**의 **입자**를 안개형태로 분출하여 연소하는 현상
예혼합기연소 (예혼합연소)	기체연료에 공기 중의 **산소**를 **미리 혼합**한 상태에서 연소하는 현상

기억법 예미(예민해)

답 ③

08 ★★
12.09.문10
물질의 연소범위에 대한 설명 중 옳은 것은?
① 연소범위의 상한이 높을수록 발화위험이 낮다.
② 연소범위의 상한과 하한 사이의 폭은 발화위험과 무관하다.
③ 연소범위의 하한이 낮은 물질을 취급시 주의를 요한다.
④ 연소범위의 하한이 낮은 물질은 발열량이 크다.

해설
① 낮다. → 높다.
② 무관하다. → 관계가 있다.
④ 연소범위의 하한과 발열량과는 무관하다.

연소범위와 발화위험
(1) 연소하한과 연소상한의 범위를 나타낸다.
(2) **연소하한**이 **낮을수록** 발화위험이 높다.
(3) **연소범위**가 **넓을수록** 발화위험이 높다.

(4) 연소범위는 주위온도와 관계가 있다.
(5) 연소범위의 하한은 그 물질의 **인화점**에 해당된다.
(6) 압력상승시 **연소하한**은 **불변**, **연소상한**만 **상승**한다.

- 연소한계=연소범위=폭발한계=폭발범위=가연한계=가연범위
- 연소하한=하한계
- 연소상한=상한계

답 ③

09 할론 1301의 화학식으로 옳은 것은?
19.03.문06
15.03.문02
14.03.문06
① CBr_3Cl　　② $CBrCl_3$
③ CF_3Br　　④ $CFBr_3$

해설

종류	약칭	분자식
Halon 1011	CB	CH_2ClBr
Halon 104	CTC	CCl_4
Halon 1211	BCF	$CF_2ClBr(CBrClF_2)$
Halon 1301	BTM	$CF_3Br(CBrF_3)$
Halon 2402	FB	$C_2F_4Br_2(C_2Br_2F_4)$

중요

```
Halon  1  3  0  1
탄소원자수(C) ↑  ↑  ↑  ↑
불소원자수(F) ───┘  │  │
염소원자수(Cl) ──────┘  │
브로민원자수(Br) ─────────┘
```
※ 수소원자의 수=(첫 번째 숫자×2)+2−나머지 숫자의 합

답 ③

10 분말소화약제의 주성분 중에서 A, B, C급 화재 모두에 적응성이 있는 것은?
19.04.문17
17.03.문14
11.03.문08
① $KHCO_3$　　② $NaHCO_3$
③ $Al_2(SO_4)_3$　　④ $NH_4H_2PO_4$

해설 분말소화약제

종별	분자식	착색	적응화재	비고
제1종	중탄산나트륨 ($NaHCO_3$)	백색	BC급	**식용유** 및 **지방질유**의 화재에 적합
제2종	중탄산칼륨 ($KHCO_3$)	담자색 (담회색)	BC급	−
제3종	제1인산암모늄 ($NH_4H_2PO_4$)	담홍색	ABC급	차고·주차장에 적합
제4종	중탄산칼륨+요소 ($KHCO_3$+$(NH_2)_2CO$)	회(백)색	BC급	−

- 중탄산나트륨=탄산수소나트륨
- 중탄산칼륨=탄산수소칼륨
- 제1인산암모늄=인산암모늄=인산염
- 중탄산칼륨+요소=탄산수소칼륨+요소

답 ④

11 전기화재의 원인으로 볼 수 없는 것은?
19.09.문19
15.05.문16
13.09.문01
① 승압에 의한 발화
② 과전류에 의한 발화
③ 누전에 의한 발화
④ 단락에 의한 발화

해설 ① 승압, 고압전류와는 관련이 적다.

전기화재를 일으키는 원인
(1) 단락(**합선**)에 의한 발화(배선의 **단락**)
(2) 과부하(**과전류**)에 의한 발화(**과부하**에 의한 발열)
(3) 절연저항 감소(**누전**)에 의한 발화
(4) 전열기기 과열에 의한 발화
(5) 전기불꽃에 의한 발화
(6) 용접불꽃에 의한 발화
(7) 낙뢰에 의한 발화
(8) **정전기**로 인한 스파크 발생

답 ①

12 산화열에 의해 자연발화될 수 있는 물질이 아닌 것은?
15.03.문08
12.09.문12
① 석탄　　② 건성유
③ 고무분말　　④ 퇴비

해설 ④ 퇴비 : 발효열

자연발화의 형태

구분	종류
분해열	• 셀룰로이드 • **나**이트로셀룰로오스 [기억법] 분셀나
산화열	• 건성유(정어리유, 아마인유, 해바라기유) • 석탄 • 원면 • 고무분말
발효열	• **퇴**비 • **먼**지 • **곡**물 [기억법] 발퇴먼곡
흡착열	• **목**탄 • **활**성탄 [기억법] 흡목탄활

답 ④

13. 건축물 화재의 가혹도에 영향을 주는 주요소로 적합하지 않은 것은?

① 공기의 공급량
② 가연물질의 연소열
③ 가연물질의 비표면적
④ 화재시의 기상

해설 화재가혹도에 영향을 주는 요인
(1) 화재하중
(2) 창문 등 개구부의 크기
(3) 가연물의 배열상태
(4) 가연물의 연소열
(5) 공기의 공급량
(6) 가연물질의 연소열
(7) 가연물질의 비표면적

● **화재가혹도**(fire severity) : 화재로 인하여 건물 내에 수납되어 있는 재산 및 건물 자체에 손상을 주는 능력의 정도

답 ④

14. 화재시 연소의 연쇄반응을 차단하는 소화방식은?

① 냉각소화
② 화학소화
③ 질식소화
④ 가스제거

해설 소화의 형태

구분	설명
냉각소화	● **점화원**을 냉각하여 소화하는 방법 ● **증**발잠열을 이용하여 열을 빼앗아 가연물의 온도를 떨어뜨려 화재를 진압하는 소화방법 ● 다량의 **물**을 뿌려 소화하는 방법 ● 가연성 물질을 **발**화점 이하로 냉각 ● 식용유 화재에 신선한 **야채**를 넣어 소화 **기억법** 냉점증발
질식소화	● 공기 중의 **산소농도**를 16%(10~15%) 이하로 희박하게 하여 소화하는 방법 ● 산화제의 농도를 낮추어 연소가 지속될 수 없도록 함 ● 산소공급을 차단하는 소화방법 **기억법** 질산
제거소화	● **가연물**을 **제거**하여 소화하는 방법
부촉매소화 (=화학소화)	● **연쇄반응**을 **차단**하여 소화하는 방법 ● 화학적인 방법으로 화재 억제
희석소화	● 기체·고체·액체에서 나오는 분해가스나 증기의 농도를 낮춰 소화하는 방법

답 ②

15. 가연물의 종류 및 성상에 따른 화재의 분류 중 A급 화재에 해당하는 것은?

① 통전 중인 전기설비 및 전기기기의 화재
② 마그네슘, 칼륨 등의 화재
③ 목재, 섬유화재
④ 도시가스 화재

해설 ③ 목재, 섬유화재 : A급 화재

화재 종류	표시색	적응물질
일반화재(A급)	백색	● 일반가연물(목탄) ● 종이류 화재 ● 목재, 섬유화재
유류화재(B급)	황색	● 가연성 액체(등유·아마인유) ● 가연성 가스 ● 액화가스화재 ● 석유화재 ● 알코올류
전기화재(C급)	청색	● 전기설비
금속화재(D급)	무색	● 가연성 금속
주방화재(K급)	–	● 식용유화재

※ 요즘은 표시색의 의무규정은 없음

답 ③

16. 대형 소화기에 충전하는 소화약제 양의 기준으로 틀린 것은?

① 할로겐화합물소화기 : 20kg 이상
② 강화액소화기 : 60L 이상
③ 분말소화기 : 20kg 이상
④ 이산화탄소소화기 : 50kg 이상

해설 ① 20kg → 30kg

소화기의 형식승인 및 제품검사의 기술기준 10조
대형 소화기의 소화약제 충전량

종 별	충전량
포(기계포)	**2**0L 이상
분말	**2**0kg 이상
할로겐화합물	**3**0kg 이상
이산화탄소(CO_2)	**5**0kg 이상
강화액	**6**0L 이상
물	**8**0L 이상

기억법
포 → 2
분 → 2
할 → 3
이 → 5
강 → 6
물 → 8

답 ①

16. 03. 시행 / 산업(기계)

17 열에너지원 중 화학열의 종류별 설명으로 옳지 않은 것은?

① 자연발열이라 함은 어떤 물질이 외부로부터 열의 공급을 받지 아니하고 온도가 상승하는 현상이다.
② 분해열이라 함은 화합물이 분해할 때 발생하는 열을 말한다.
③ 용해열이라 함은 어떤 물질이 분해될 때 발생하는 열을 말한다.
④ 연소열은 어떤 물질이 완전히 산화되는 과정에서 발생하는 열을 말한다.

해설 ③ 용해열 : 어떤 물질이 액체에 용해될 때 발생하는 열(농황산, 묽은 황산)

답 ③

18 소화약제로 널리 사용되는 물의 물리적 성질로 틀린 것은?

① 대기압하에서 용융열은 약 80cal/g이다.
② 대기압하에서 증발잠열은 약 539cal/g이다.
③ 대기압하에서 액체상의 비열은 1cal/g·℃이다.
④ 대기압하에서 액체에서 수증기로 상변화가 일어나면 체적은 500배 증가한다.

해설 ④ 500배 → 1650~1700배

물의 물리적 성질
(1) 물의 비열은 1cal/g·℃이다.
(2) 100℃, 1기압에서 증발잠열은 약 539cal/g이다.
(3) 물의 비중은 4℃에서 가장 크다.
(4) 액체상태에서 수증기로 바뀌면 체적이 1650~1700배 증가한다.

답 ④

19 피난시설의 안전구획 중 1차 안전구획에 속하는 것은?

① 계단
② 복도
③ 계단 부속실
④ 피난층에서 외부와 직면한 현관

해설 피난시설의 안전구획

구 분	명 칭
1차 안전구획	복도
2차 안전구획	부실(계단전실)
3차 안전구획	계단

답 ②

20 공기 중에 분산된 밀가루, 알루미늄가루 등이 에너지를 받아 폭발하는 현상은?

① 분진폭발
② 분무폭발
③ 충격폭발
④ 단열압축폭발

해설 **분진폭발**
공기 중에 분산된 밀가루, 알루미늄가루 등이 에너지를 받아 폭발하는 현상

중요
분진폭발을 일으키지 않는 물질
(1) 시멘트
(2) 석회석(소석회)
(3) 탄산칼슘($CaCO_3$)
(4) 생석회(CaO)=산화칼슘

※ 분진폭발을 일으키지 않는 물질 = 물과 반응하여 가연성 기체를 발생시키지 않는 것

기억법 분시석탄생

답 ①

제 2 과목 ─ 소방유체역학

21 베르누이(Bernoulli) 방정식으로 맞는 것은?

① $\dfrac{P}{\gamma}+\dfrac{V}{2g}+Z=$ Constant

② $\dfrac{P}{\gamma^2}+\dfrac{V}{2g}+Z=$ Constant

③ $\dfrac{P^2}{\gamma}+\dfrac{V^2}{2g}+Z=$ Constant

④ $\dfrac{P}{\gamma}+\dfrac{V^2}{2g}+Z=$ Constant

해설 **베르누이 방정식**

$$\underbrace{\dfrac{P}{\gamma}}_{\text{압력수두}}+\underbrace{\dfrac{V^2}{2g}}_{\text{속도수두}}+\underbrace{Z}_{\text{위치수두}}=\text{일정(Constant)}$$

여기서, P : 압력(kPa) 또는 (kN/m²)
$V(U)$: 유속(m/s)
Z : 높이(m)
γ : 비중량(kN/m³)
g : 중력가속도(9.8m/s²)

● 물의 **속도수두**와 **압력수두**의 총합은 배관의 모든 부분에서 같다.

중요

베르누이 방정식의 적용 조건
(1) **정**상흐름
(2) **비**압축성 흐름
(3) **비**점성 흐름
(4) **이**상유체

[기억법] 베정비이

답 ④

22
공기 중에서 무게가 900N인 돌이 물속에서의 무게가 400N일 때 이 돌의 비중은?

① 1.4   ② 1.6
③ 1.8   ④ 2.25

해설

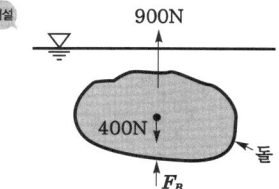

물체의 비중 = $\dfrac{\text{공기 중의 무게}}{\text{공기 중의 무게} - \text{물속의 무게}}$
= $\dfrac{900\text{N}}{900\text{N} - 400\text{N}} = 1.8$

참고

돌의 체적
부력 $F_B = 900\text{N} - 400\text{N} = 500\text{N}$
$F_B = \gamma V$ 에서
돌의 체적 V 는
$V = \dfrac{F_B}{\gamma} = \dfrac{500\text{N}}{9800\text{N/m}^3} ≒ 0.051\text{m}^3$

• γ : 물의 비중량(9800N/m³)

답 ③

23
가로(80cm)×세로(50cm)이고 300℃로 가열된 평판에 수직한 방향으로 25℃의 공기를 불어주고 있다. 대류열전달계수가 25W/m²·℃일 때 공기를 불어넣는 면에서의 열전달률은 약 몇 kW인가?

① 2.0   ② 2.75
③ 5.1   ④ 7.3

해설 (1) 기호
- A : $(0.8 \times 0.5)\text{m}^2$
- T_2 : 300℃
- T_1 : 25℃
- h : 25W/m²·℃
- $\mathring{q}$: ?

(2) 대류
$$\mathring{q} = Ah(T_2 - T_1)$$

여기서, $\mathring{q}$: 대류열류(열전달률)[W]
A : 대류면적[m²]
h : 대류열전달계수[W/m²·℃]
$T_2 - T_1$: 온도차[℃] 또는 [K]

(3) **열전달률** $\mathring{q}$ 는
$\mathring{q} = Ah(T_2 - T_1)$
$= (0.8\text{m} \times 0.5\text{m}) \times 25\text{W/m}^2\cdot℃ \times (300-25)℃$
$= 2750\text{W} = 2.75\text{kW}$

• 100cm=1m이므로 80cm=0.8m, 50cm=0.5m
• 1000W=1kW이므로 2750W=2.75kW

답 ②

24
밀도가 788.6kg/m³이고, 표면장력계수가 0.022N/m 인 유체 속에 지름 1.5×10⁻³m의 유리관을 연직으로 세웠다. 유리와 액체의 접촉각이 45°라고 할 때 유리관 내 액체의 상승높이는? (단, 중력가속도 $g = 9.806\text{m/s}^2$)

① 5.36×10^{-3}m   ② 5.28×10^{-3}m
③ 1.86×10^{-5}m   ④ 1.84×10^{-5}m

해설 (1) 기호
- ρ : 788.6kg/m³=788.6 N·s²/m⁴
  (1kg/m³=1N·s²/m⁴이므로)
- σ : 0.022N/m
- D : 1.5×10⁻³m
- θ : 45°
- h : ?
- g : 9.806m/s²

(2) 비중량
$$\gamma = \rho g$$

여기서, γ : 비중량[N/m³]
ρ : 밀도[N·s²/m⁴]
g : 중력가속도[m/s²]

비중량 γ 는
$\gamma = \rho g = 788.6\text{N·s}^2/\text{m}^4 \times 9.806\text{m/s}^2 ≒ 7733\text{N/m}^3$

(3) 상승높이
$$h = \dfrac{4\sigma \cos\theta}{\gamma D}$$

여기서, h : 상승높이[m]
σ : 표면장력[N/m]
θ : 각도
γ : 비중량[N/m³](물의 비중량 9800N/m³)
D : 관의 내경[m]

상승높이 h 는
$h = \dfrac{4\sigma \cos\theta}{\gamma D}$
$= \dfrac{4 \times 0.022\text{N/m} \times \cos 45°}{7733\text{N/m}^3 \times (1.5 \times 10^{-3})\text{m}} ≒ 5.36 \times 10^{-3}\text{m}$

※ **모세관현상** : 액체 속에 가는 관을 넣으면 액체가 상승 또는 하강하는 현상

답 ①

25
펌프의 흡입 및 토출관의 직경이 동일한 소화전 펌프에서 흡입측의 진공계는 24.5kPa를 가리키고 진공계보다 수직으로 1.0m 높은 위치에 있는 토출측 압력계의 지침은 382kPa이라면 펌프의 전양정[m]은?

① 42.5 ② 38.6
③ 18.9 ④ 1.004

해설 표준대기압
1atm = 760mmHg = 1.0332kgf/cm²
    = 10.332mH₂O [mAq]
    = 14.7PSI [lbf/in²]
    = 101.325kPa [kN/m²]
    = 1013mbar

101.325kPa = 10.332mH₂O = 10.332m

(1) $24.5\text{kPa} = \dfrac{24.5\text{kPa}}{101.325\text{kPa}} \times 10.332\text{m} ≒ 2.5\text{m}$

(2) $382\text{kPa} = \dfrac{382\text{kPa}}{101.325\text{kPa}} \times 10.332\text{m} ≒ 38.95\text{m}$

∴ 전양정 = 2.5m + 1.0m + 38.95m ≒ 42.5m

답 ①

26
600K의 고온열원과 300K의 저온열원 사이에서 작동하는 카르노사이클에 공급하는 열량이 사이클당 200kJ이라 할 때 1사이클당 외부에 하는 일은?

① 100kJ ② 200kJ
③ 300kJ ④ 400kJ

해설 (1) 기호
- T_H : 600K
- T_L : 300K
- Q_H : 200kJ
- W : ?

(2) 일

$$\dfrac{W}{mQ_H} = 1 - \dfrac{T_L}{T_H}$$

여기서, W : 출력(일)[kJ]
    m : 질량[kg]
    Q_H : 열량[kJ]
    T_L : 저온[K]
    T_H : 고온[K]

출력(일) W는
$W = mQ_H\left(1 - \dfrac{T_L}{T_H}\right) = 200\text{kJ}\left(1 - \dfrac{300\text{K}}{600\text{K}}\right) = 100\text{kJ}$

- m(질량)은 주어지지 않았으므로 무시

답 ①

27
용기 속의 유체를 회전날개를 이용하여 젓고 있다. 용기 외부로 방출된 열은 2000kJ이고 회전날개를 통해 용기 내로 입력되는 일은 5000kJ일 때 용기 내 유체의 내부에너지 증가량은?

① 2000kJ ② 3000kJ
③ 5000kJ ④ 7000kJ

해설 (1) 기호
- U_1 : 2000kJ
- U_2 : 5000kJ

(2) 내부에너지 변화

$$\Delta U = U_2 - U_1$$

여기서, ΔU : 내부에너지 변화[kJ]
    U_2 : 입력되는 열[kJ]
    U_1 : 방출되는 열[kJ]

내부에너지 변화는 ΔU는
$\Delta U = U_2 - U_1 = 5000\text{kJ} - 2000\text{kJ} = 3000\text{kJ}$

답 ②

28
시차압력계에서 압력차($P_A - P_B$)는 몇 kPa인가? (단, $H_1 = 250$mm, $H_2 = 200$mm, $H_3 = 700$mm이고 수은의 비중은 13.6이다.)

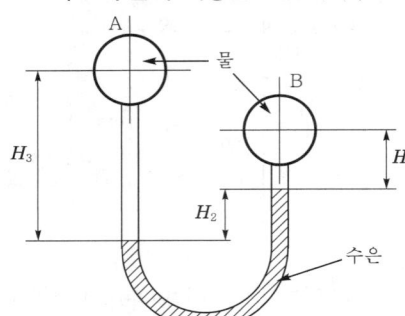

① 3.107 ② 22.25
③ 31.07 ④ 222.5

해설 압력차
$P_B + \gamma_3 H_3 - \gamma_2 H_2 - \gamma_1 H_1 = P_A$
$P_B - P_A = -\gamma_3 H_3 + \gamma_2 H_2 + \gamma_1 H_1$
    $= -9.8\text{kN/m}^3 \times 0.7\text{m} + 133.28\text{kN/m}^3 \times 0.2\text{m}$
    $\quad + 9.8\text{kN/m}^3 \times 0.25\text{m}$
    $≒ 22.25\text{kN/m}^2$
    $= 22.25\text{kPa}$

- 물의 비중량 : 9.8kN/m³
- 수은의 비중 : 13.6 = 133.28kN/m³

$$s = \frac{\gamma}{\gamma_w}$$

여기서, s : 비중
γ : 어떤 물질의 비중량[kN/m³]
γ_w : 물의 비중량(9.8kN/m³)

수은의 비중량 γ는
$\gamma = s \times \gamma_w = 13.6 \times 9.8\text{kN/m}^3$
$= 133.28\text{kN/m}^3$

• 1kN/m² = 1kPa이므로 22.25kN/m² = 22.25kPa
• 1000mm = 1m이므로 H_3 = 700mm = 0.7m,
H_2 = 200mm = 0.2m, H_1 = 250mm = 0.25m

중요

시차액주계의 압력계산 방법
점 a를 기준으로 내려가면 더하고, 올라가면 빼면 된다.

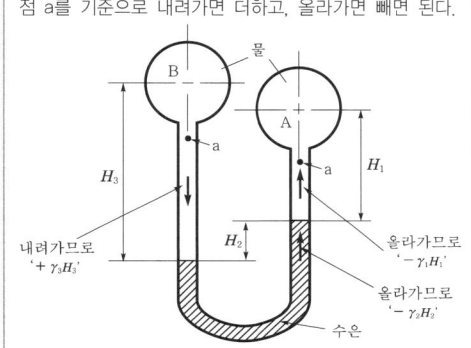

답 ②

29 옥내소화전에서 전체의 양정이 28m, 펌프의 효율이 80%, 펌프의 토출량이 1m³/min이라면 전동기의 용량은 약 몇 kW인가? (단, 전달계수 1.1이다.)
① 4.35
② 5.48
③ 6.01
④ 6.28

해설 (1) 기호
• H : 28m
• η : 0.8
• Q : 1m³/min
• P : ?
• K : 1.1

(2) **전동력**(전동기의 용량)
$$P = \frac{0.163QH}{\eta}K$$
여기서, P : 전동력[kW]
Q : 유량[m³/min]
H : 전양정[m]
K : 전달계수
η : 효율

전동기의 용량 P는
$P = \frac{0.163QH}{\eta}K = \frac{0.163 \times 1\text{m}^3/\text{min} \times 28\text{m}}{0.8} \times 1.1$
$\approx 6.28\text{kW}$

답 ④

30 안지름 50cm의 수평원관 속에 물이 흐르고 있다. 입구구역이 아닌 50m 길이에서 80kPa의 압력강하가 생겼다. 관벽에서의 전단응력은 몇 Pa인가?
① 0.002
② 200
③ 8000
④ 0

해설 (1) 기호
• $P_A - P_B$: 80kPa = 80×10³Pa
• l : 50m
• r : 안지름이 50cm이므로 반지름(반경)은 25cm
 = 0.25m(100cm=1m)

(2) 뉴턴의 점성법칙
$$\tau = \frac{P_A - P_B}{l} \cdot \frac{r}{2}$$
여기서, τ : 전단응력[N/m²] 또는 [Pa]
$P_A - P_B$: 압력강하[N/m²] 또는 [Pa]
l : 관의 길이[m]
r : 반경[m]

N/m² = Pa

층류의 전단응력 τ는
$\tau = \frac{P_A - P_B}{l} \cdot \frac{r}{2} = \frac{80 \times 10^3 \text{Pa}}{50\text{m}} \times \frac{0.25\text{m}}{2} = 200\text{Pa}$

• 전단응력 = 전단력
• 특별한 조건이 없으면 **층류** 적용

답 ②

31 그림은 원유, 물, 공기에 대하여 전단응력과 속도기울기의 관계를 나타낸 것이다. 물에 해당하는 선은?

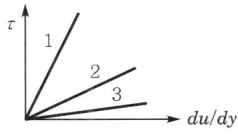

① 1
② 2
③ 3
④ 주어진 정보로는 알 수 없다.

해설 전단응력과 속도기울기의 관계

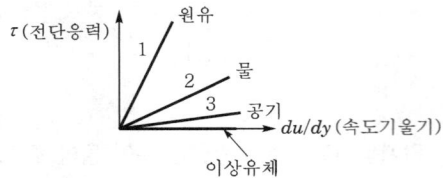

> **중요**
>
> **뉴턴(Newton)의 점성법칙**
>
> $$\tau = \mu \frac{du}{dy}$$
>
> 여기서, τ : 전단응력[N/m²]
> μ : 점성계수[N·s/m²]
> $\frac{du}{dy}$: 속도구배(속도기울기)
>
> • 전단응력은 **속도구배(속도기울기)**에 **비례**한다.

답 ②

32 A점에서 힌지로 연결되어 있는 수문을 열기 위한 수문에 수직인 최소한의 힘이 7355N이라면 수문의 폭 b는 몇 m인가? (단, 수문의 무게는 무시함)

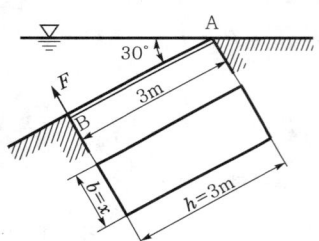

① 0.75 ② 0.5
③ 0.4   ④ 0.3

해설

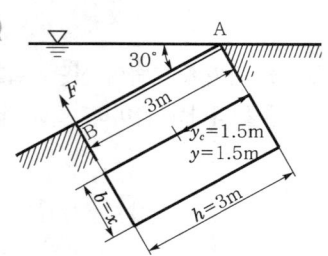

(1) 전압력

$$F = \gamma y \sin\theta A = \gamma h A$$

여기서, F : 전압력[kN]
γ : 비중량(물의 비중량 9800N/m³)
y : 표면에서 수문 중심까지의 경사거리[m]
h : 표면에서 수문 중심까지의 수직거리[m]
A : 수문의 단면적[m²]

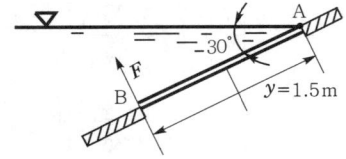

전압력 F는
$F = \gamma y \sin\theta A$
$= 9800\text{N/m}^3 \times 1.5\text{m} \times \sin 30° \times (3b)\text{m}^2$
$= 22050b\text{N}$

• $A = hb = 3b$

(2) 작용점 깊이

명 칭	구형(rectangle)
형 태	(그림)
A(면적)	$A = bh$
y_c(중심위치)	$y_c = y$
I_c(관성능률)	$I_c = \dfrac{bh^3}{12}$

$$y_p = y_c + \frac{I_c}{Ay_c}$$

여기서, y_p : 작용점깊이(작용위치)[m]
y_c : 중심위치[m]
I_c : 관성능률 $\left(I_c = \dfrac{bh^3}{12}\right)$
A : 단면적[m²] $(A = bh)$

작용점깊이 y_p는

$$y_p = y_c + \frac{I_c}{Ay_c} = y + \frac{\dfrac{bh^3}{12}}{(bh)y}$$

$$= 1.5\text{m} + \frac{\dfrac{b\text{m} \times (3\text{m})^3}{12}}{(b \times 3)\text{m}^2 \times 1.5\text{m}} = 2\text{m}$$

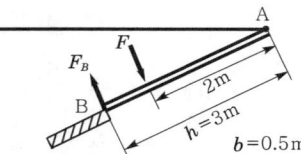

A지점 모멘트의 합이 0이므로
$\Sigma M_A = 0$
$F_B \times 3\text{m} - F \times 2\text{m} = 0$
$7355 \times 3 - 22050b \times 2 = 0$
$22065 - 22050b \times 2 = 0$
$22065 = 22050b \times 2$ ← 좌우 이항
$22050b \times 2 = 22065$
$b = \dfrac{22065}{22050 \times 2} ≒ 0.5\text{m}$

답 ②

33

안지름 20cm인 원관이 안지름 40cm인 원관에 급확대 연결된 관로에 0.2m³/s의 유체가 흐를 때 급확대부에서 발생하는 손실수두는 약 몇 m 인가?

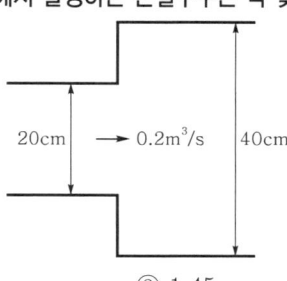

① 1.16 ② 1.45
③ 1.62 ④ 1.83

해설 (1) 기호

- D_1 : 0.2m
- D_2 : 0.4m
- Q : 0.2m³/s
- H : ?

(2) 유량

$$Q = AV = \left(\frac{\pi D^2}{4}\right)V$$

여기서, Q : 유량[m³/s]
A : 단면적[m²]
V : 유속[m/s]
D : 안지름[m]

축소관 유속 V_1은

$$V_1 = \frac{Q}{\frac{\pi D_1^2}{4}} = \frac{0.2\text{m}^3/\text{s}}{\frac{\pi \times (0.2\text{m})^2}{4}} \fallingdotseq 6.36\text{m/s}$$

- D_1 : 0.2m(100cm=1m이므로 20cm=0.2m)

확대관 유속 V_2는

$$V_2 = \frac{Q}{\frac{\pi D_2^2}{4}} = \frac{0.2\text{m}^3/\text{s}}{\frac{\pi \times (0.4\text{m})^2}{4}} \fallingdotseq 1.59\text{m/s}$$

(3) 돌연 확대관에서의 손실

$$H = K\frac{(V_1 - V_2)^2}{2g}$$

여기서, H : 손실수두[m]
K : 손실계수
V_1 : 축소관 유속[m/s]
V_2 : 확대관 유속[m/s]
g : 중력가속도(9.8m/s²)

돌연 확대관에서의 손실 H는

$$H = K\frac{(V_1 - V_2)^2}{2g}$$
$$= \frac{(6.36\text{m/s} - 1.59\text{m/s})^2}{2 \times 9.8\text{m/s}^2}$$
$$\fallingdotseq 1.16$$

- K : 주어지지 않았으므로 무시

비교

돌연 축소관에서의 손실

$$H = K\frac{V_2^2}{2g}$$

여기서, H : 손실수두[m]
K : 손실계수
V_2 : 축소관 유속[m/s]
g : 중력가속도(9.8m/s²)

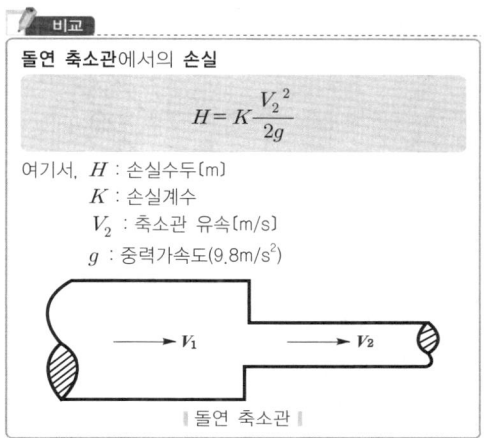

|돌연 축소관|

답 ①

34

NPSH(유효흡입양정)에 관한 설명으로 틀린 것은?

① NPSH$_{av}$(이용 가능한 유효흡입양정)가 작을수록 같은 조건에서 공동현상이 일어날 가능성이 커진다.
② NPSH$_{re}$(필요한 유효흡입양정)은 NPSH$_{av}$보다 커야 공동현상이 발생되지 않는다.
③ NPSH$_{av}$는 포화증기압이 커지면 점차 작아진다.
④ 물의 온도가 올라가면 NPSH$_{av}$가 작아져서 공동현상의 발생가능성이 커진다.

해설 공동현상 발생조건

$$\text{NPSH}_{re} > \text{NPSH}_{av}$$

여기서, NPSH$_{re}$: 필요한 유효흡입양정[m]
NPSH$_{av}$: 이용 가능한 유효흡입양정[m]

② 커야 공동현상이 발생되지 않는다. → 크면 공동현상이 발생된다.

※ **공동현상** : 펌프의 흡입측 배관 내의 물의 정압이 기존의 증기압보다 낮아져서 물이 흡입되지 않는 현상

답 ②

35.

그림과 같이 수평으로 분사된 유량 Q의 분류가 경사진 고정평판에 충돌한 후 양쪽으로 분리되어 흐르고 있다. 위방향의 유량이 $Q_1 = 0.7Q$일 때 수평선과 판이 이루는 각 θ는 몇 도인가? (단, 이상유체의 흐름이고 중력과 압력은 무시한다.)

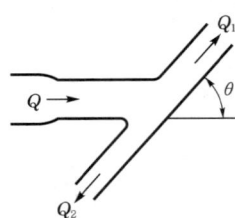

① 76.4 ② 66.4
③ 56.4 ④ 46.4

해설 경사 고정평판에 충돌하는 분류(Q_1)

$$Q_1 = \frac{Q}{2}(1+\cos\theta)$$

여기서, Q_1 : 분류 유량[m³/s]
Q : 전체 유량[m³/s]
θ : 각도

$Q_1 = \frac{Q}{2}(1+\cos\theta)$

$0.7Q = \frac{Q}{2}(1+\cos\theta)$

$\frac{0.7Q}{\frac{Q}{2}} = 1+\cos\theta$

$0.7 \times 2 = 1+\cos\theta$

$(0.7 \times 2) - 1 = \cos\theta$

$0.4 = \cos\theta$

$\cos\theta = 0.4$

$\therefore \theta = \cos^{-1} 0.4 ≒ 66.4°$

비교

경사 고정평판에 충돌하는 분류(Q_2)

$$Q_2 = \frac{Q}{2}(1-\cos\theta)$$

여기서, Q_2 : 분류 유량[m³/s]
Q : 전체 유량[m³/s]
θ : 각도

답 ②

36. 운동량의 단위로 맞는 것은?

① N ② J/s
③ N·s²/m ④ N·s

해설

차 원	중력단위[차원]	절대단위[차원]
길이	m[L]	m[L]
시간	s[T]	s[T]
운동량	N·s[FT]	kg·m/s[MLT⁻¹]
힘	N[F]	kg·m/s²[MLT⁻²]
속도	m/s[LT⁻¹]	m/s[LT⁻¹]
가속도	m/s²[LT⁻²]	m/s²[LT⁻²]
질량	N·s²/m[FL⁻¹T²]	kg[M]
압력	N/m²[FL⁻²]	kg/m·s²[ML⁻¹T⁻²]
밀도	N·s²/m⁴[FL⁻⁴T²]	kg/m³[ML⁻³]
비중	무차원	무차원
비중량	N/m³[FL⁻³]	kg/m²·s²[ML⁻²T⁻²]
비체적	m⁴/N·s²[F⁻¹L⁴T⁻²]	m³/kg[M⁻¹L³]
일률	N·m/s[FLT⁻¹]	kg·m²/s³[ML²T⁻³]
일	N·m[FL]	kg·m²/s²[ML²T⁻²]
점성계수	N·s/m²[FL⁻²T]	kg/m·s[ML⁻¹T⁻¹]

④ 운동량[N·s]

답 ④

37.

안지름 65mm의 관 내를 유량 0.24m³/min로 물이 흘러간다면 평균유속은 몇 m/s인가?

① 1.2
② 2.4
③ 3.6
④ 4.8

해설 (1) 기호
- D : 65mm=0.065m(1000mm=1m이므로)
- Q : 0.24m³/min=0.24m³/60s(1min=60s이므로)
- V : ?

(2) 유량

$$Q = AV = \left(\frac{\pi D^2}{4}\right)V$$

여기서, Q : 유량[m³/s]
A : 단면적[m²]
V : 유속[m/s]
D : (안지름)[m]

유속 V는

$V = \frac{Q}{A} = \frac{Q}{\frac{\pi}{4}D^2}$

$= \frac{0.24\text{m}^3/\text{min}}{\frac{\pi \times (0.065\text{m})^2}{4}} = \frac{0.24\text{m}^3/60\text{s}}{\frac{\pi \times (0.065\text{m})^2}{4}} ≒ 1.2\text{m/s}$

답 ①

38 이상기체의 기체상수 R을 압력 P, 비체적 v, 절대온도 T의 관계로 나타낸 것은?

① $R = \dfrac{Tv}{P}$

② $R = \dfrac{PT}{v}$

③ $R = PTv$

④ $R = \dfrac{Pv}{T}$

해설 (1) 비체적

$$v = \dfrac{1}{\rho}$$

여기서, v : 비체적[m³/kg]
ρ : 밀도[kg/m³]

(2) 이상기체상태 방정식

$$\rho = \dfrac{P}{RT}$$

여기서, ρ : 밀도[kg/m³]
P : 압력[Pa]
R : 기체상수(287J/kg·K)
T : 절대온도(273+℃)[K]

기체상수 R은

$R = \dfrac{P}{\rho T} = \dfrac{Pv}{T} \leftarrow v = \dfrac{1}{\rho}$ 이므로

답 ④

39 배관 내 유체의 유량 또는 유속 측정법이 아닌 것은?

08.03.문37 (기사)

① 삼각위어에 의한 방법
② 오리피스에 의한 방법
③ 벤츄리관에 의한 방법
④ 피토관에 의한 방법

해설

배관의 유량 또는 유속 측정	개수로의 유량 측정
① 벤츄리관 보기 ③ ② 오리피스 보기 ② ③ 로터미터 ④ 노즐(유동노즐) ⑤ 피토관 보기 ④	위어(삼각위어) 보기 ①

답 ①

40 20℃에서 물이 지름 75mm인 관 속을 1.9×10⁻³m³/s로 흐르고 있다. 이때 레이놀즈수는 얼마 정도인가? (단, 20℃일 때 물의 동점성계수는 1.006×10⁻⁶m²/s이다.)

① 1.13×10^4
② 1.99×10^4
③ 2.83×10^4
④ 3.21×10^4

해설 (1) 기호
- D : 75mm=0.075m(1m=1000mm이므로)
- Q : 1.9×10^{-3} m³/s
- Re : ?
- V : 1.006×10^{-6} m²/s

(2) 유량

$$Q = AV = \left(\dfrac{\pi D^2}{4}\right) V$$

여기서, Q : 유량[m³/s]
A : 단면적[m²]
V : 유속[m/s]
D : 지름[m]

유속 V는

$V = \dfrac{Q}{\dfrac{\pi D^2}{4}} = \dfrac{1.9 \times 10^{-3} \text{m}^3/\text{s}}{\dfrac{\pi \times (0.075\text{m})^2}{4}} ≒ 0.43\text{m/s}$

(3) 레이놀즈수

$$Re = \dfrac{DV\rho}{\mu} = \dfrac{DV}{\nu}$$

여기서, Re : 레이놀즈수
D : 지름[m]
V : 유속[m/s]
ρ : 밀도[kg/m·s]
μ : 점성계수[kg/m·s]
ν : 동점성계수$\left(\dfrac{\mu}{\rho}\right)$[m²/s]

레이놀즈수 Re는

$Re = \dfrac{DV}{\nu} = \dfrac{0.075\text{m} \times 0.43\text{m/s}}{1.006 \times 10^{-6}\text{m}^2/\text{s}}$
$≒ 32100 ≒ 3.21 \times 10^4$

- D : 1000mm=1m이므로 75mm=0.075m

답 ④

제3과목 소방관계법규

41 화재예방강화지구로 지정할 수 있는 대상이 아닌 것은?

19.09.문55
17.05.문58
15.09.문53
15.09.문55
12.09.문46

① 시장지역
② 소방출동로가 없는 지역
③ 공장·창고가 밀집한 지역
④ 콘크리트 건물이 밀집한 지역

해설 화재예방법 18조
화재예방강화지구의 지정
(1) 지정권자 : **시**·도지사
(2) 지정지역
  ㉠ **시**장지역
  ㉡ **공**장·창고 등이 밀집한 지역
  ㉢ 목조건물이 밀집한 지역
  ㉣ 노후·불량 건축물이 밀집한 지역
  ㉤ 위험물의 저장 및 처리시설이 밀집한 지역
  ㉥ 석유화학제품을 생산하는 공장이 있는 지역
  ㉦ 소방시설·소방용수시설 또는 소방출동로가 없는 지역
  ㉧ 「산업입지 및 개발에 관한 법률」에 따른 산업단지
  ㉨ 「물류시설의 개발 및 운영에 관한 법률」에 따른 물류단지
  ㉩ 소방청장·소방본부장 또는 소방서장(소방관서장)이 화재예방강화지구로 지정할 필요가 있다고 인정하는 지역

기억법 화강시

※ **화재예방강화지구** : 화재발생 우려가 크거나 화재가 발생할 경우 피해가 클 것으로 예상되는 지역에 대하여 화재의 예방 및 안전관리를 강화하기 위해 지정·관리하는 지역

답 ④

42 정당한 사유없이 소방대의 생활안전활동에 방해한 자에 대한 벌칙 기준으로 옳은 것은?
19.04.문42
① 100만원 이하의 벌금
② 200만원 이하의 벌금
③ 300만원 이하의 벌금
④ 400만원 이하의 벌금

해설 **100만원 이하의 벌금**
(1) 관계인의 **소방활동** 미수행(기본법 54조)
(2) **피난명령** 위반(기본법 54조)
(3) 위험시설 등에 대한 긴급조치 방해(기본법 54조)
(4) 거짓보고 또는 자료 미제출자(공사업법 38조)
(5) 관계공무원의 출입·조사·검사 방해(공사업법 38조)
(6) 정당한 사유없이 **물**의 **사용**이나 **수**도의 **개폐장치**의 사용 또는 조작을 하지 못하게 하거나 **방해**한 자(기본법 54조)
(7) 소방대의 생활안전활동을 방해한 자(기본법 54조) 보기 ①

기억법 피1 (차일피일)

답 ①

43 음료수 공장의 충전을 하는 작업장 등과 같이 화재안전기준을 적용하기 어려운 특정소방대상물에 설치하지 않을 수 있는 소방시설이 아닌 것은?
① 연결송수관설비
② 스프링클러설비
③ 상수도소화용수설비
④ 연결살수설비

해설 소방시설법 시행령〔별표 6〕
소방시설을 설치하지 않을 수 있는 특정소방대상물 및 소방시설의 범위

구 분	특정소방대상물	소방시설
화재위험도가 낮은 특정소방대상물	석재, 불연성 금속, 불연성 건축재료 등의 가공공장·기계조립공장 또는 불연성 물품을 저장하는 창고	① 옥외소화전설비 ② 연결살수설비 기억법 석불금외
화재안전기준을 적용하기 어려운 특정소방대상물	펄프공장의 작업장, 음료수 공장의 세정 또는 충전을 하는 작업장, 그 밖에 이와 비슷한 용도로 사용하는 것	① 스프링클러설비 ② 상수도소화용수설비 ③ 연결살수설비
	정수장, 수영장, 목욕장, 어류양식용 시설, 그 밖에 이와 비슷한 용도로 사용되는 것	① 자동화재탐지설비 ② 상수도소화용수설비 ③ 연결살수설비
화재안전기준을 달리 적용하여야 하는 특수한 용도 또는 구조를 가진 특정소방대상물	원자력발전소, 중·저준위 방사성 폐기물의 저장시설	① 연결송수관설비 ② 연결살수설비
자체소방대가 설치된 특정소방대상물	자체소방대가 설치된 위험물제조소 등에 부속된 사무실	① 옥내소화전설비 ② 소화용수설비 ③ 연결살수설비 ④ 연결송수관설비

답 ①

44 지정수량 미만인 위험물의 저장 또는 취급기준은 무엇으로 정하는가?
19.04.문49
06.03.문42
① 시·도의 조례
② 행정안전부령
③ 소방청 고시
④ 대통령령

해설 위험물법 5조
위험물
(1) 지정수량 미만인 위험물의 저장·취급 : **시·도의 조례**
(2) 위험물의 **임**시저장기간 : **90**일 이내

기억법 9임(구인)

답 ①

45 위험물안전관리법령상 제4류 위험물 인화성 액체의 품명 및 지정수량으로 옳은 것은?
19.09.문05
05.03.문41
① 제1석유류(수용성 액체) : 100리터
② 제2석유류(수용성 액체) : 500리터
③ 제3석유류(수용성 액체) : 1000리터
④ 제4석유류 : 6000리터

해설
① 100리터 → 400리터
② 500리터 → 2000리터
③ 1000리터 → 4000리터

위험물령 〔별표 1〕
제4류 위험물

성질	품명		지정수량	대표물질
인화성 액체	특수인화물		50L	• 다이에틸에터 • 이황화탄소
	제1석유류	비수용성	200L	• 휘발유 • 콜로디온
		수용성	400L	• 아세톤
	알코올류		400L	• 변성알코올
	제2석유류	비수용성	1000L	• 등유 • 경유
		수용성	2000L	• 아세트산
	제3석유류	비수용성	2000L	• 중유 • 크레오소트유
		수용성	4000L	• 글리세린
	제4석유류		6000L	• 기어유 • 실린더유
	동식물유류		10000L	• 아마인유

답 ④

46 제조소에서 저장 또는 취급하는 위험물별 주의사항을 표시한 게시판으로 옳지 않은 것은?
14.09.문57

① 제4류 위험물 : 화기주의
② 제5류 위험물 : 화기엄금
③ 제2류 위험물(인화성 고체 제외) : 화기주의
④ 제3류 위험물 중 자연발화성 물질 : 화기엄금

해설 ① 화기주의 → 화기엄금

위험물규칙 〔별표 4〕
위험물제조소의 게시판 설치기준

위험물	주의사항	비고
• 제1류 위험물(알칼리금속의 과산화물) • 제3류 위험물(금수성 물질)	물기 엄금	**청색**바탕에 **백색**문자
• 제2류 위험물(인화성 고체 제외)	화기 주의	
• 제2류 위험물(인화성 고체) • 제3류 위험물(자연발화성 물질) • 제**4**류 위험물 • 제**5**류 위험물	**화기** **엄**금	**적색**바탕에 **백색**문자
• 제6류 위험물		별도의 표시를 하지 않는다.

기억법 화4엄(화사함), 화엄적백

답 ①

47 전문 소방시설공사업의 등록기준 중 보조기술인력은 최소 몇 명 이상 있어야 하는가?
13.03.문60

① 1   ② 2
③ 3   ④ 4

해설 공사업령 〔별표 1〕
소방시설공사업

종류	기술인력	자본금	영업범위
전문	• 주된 기술인력 : 1명 이상 • 보조기술인력 : 2명 이상	• **법**인 : **1억**원 이상 • 개인 : 1억원 이상	• 특정소방대상물
일반	• 주된 기술인력 : 1명 이상 • 보조기술인력 : 1명 이상	• 법인 : 1억원 이상 • 개인 : 1억원 이상	• 연면적 10000m² 미만 • 위험물제조소 등

기억법 법전1억

답 ②

48 소방시설 설치 및 관리에 관한 법령상 간이스프링클러설비를 설치하여야 하는 특정소방대상물의 기준으로 옳은 것은?
10.03.문41

① 근린생활시설로 사용하는 부분의 바닥면적 합계가 1000m² 이상인 것은 모든 층
② 교육연구시설 내에 있는 합숙소로서 연면적 500m² 이상인 것
③ 의료재활시설을 제외한 요양병원으로 사용되는 바닥면적의 합계가 300m² 이상 600m² 미만인 시설
④ 정신의료기관 또는 의료재활시설로 사용되는 바닥면적의 합계가 600m² 미만인 시설

② 500m² 이상 → 100m² 이상
③ 300m² 이상 600m² 미만 → 600m² 미만
④ 600m² 미만 → 300m² 이상 600m² 미만

소방시설법 시행령 〔별표 4〕
간이스프링클러설비의 설치대상

설치대상	조건
교육연구시설 내 합숙소	• 연면적 100m² 이상
노유자시설 · 정신의료기관 · 의료재활시설	• 창살설치 : 300m² 미만 • 기타 : 300m² 이상 600m² 미만
숙박시설	• 바닥면적 합계 300m² 이상 600m² 미만
종합병원, 병원, 치과병원, 한방병원 및 요양병원(의료재활시설 제외)	• 바닥면적 합계 600m² 미만

16. 03. 시행 / 산업(기계)

근린생활시설	• 바닥면적 합계 1000m² 이상은 전층 • 의원, 치과의원 및 한의원으로서 **입원실** 또는 인공신장실이 있는 시설 • 조산원 및 산후조리원으로서 연면적 600m² 미만
• 연립주택 • 다세대주택	• 주택전용 간이스프링클러설비 설치

답 ①

★★★ 49 소방기본법에 규정된 내용에 관한 설명으로 옳은 것은?

① 소방대상물에는 항해 중인 선박도 포함된다.
② 관계인이란 소방대상물의 관리자와 점유자를 제외한 실제 소유자를 말한다.
③ 소방대의 임무는 구조와 구급활동을 제외한 화재현장에서의 화재진압활동이다.
④ 의용소방대원과 의무소방원도 소방대의 구성원이다.

[해설] 기본법 2조
소방대
(1) 소방**공**무원
(2) **의**무소방원
(3) **의**용소방대원

[기억법] 공의

답 ④

★ 50 소방시설 중 소화기구 및 단독경보형 감지기를 설치하여야 하는 대상으로 옳은 것은?

① 아파트   ② 기숙사
③ 오피스텔   ④ 단독주택

[해설] 소방시설법 시행령 10조
주택용 소방시설
소화기 및 단독경보형 감지기

답 ④

★★ 51 감리업자가 소방공사의 감리를 완료할 때 그 감리결과를 통보해야 하는 대상자가 아닌 것은?

① 시 · 도지사
② 소방시설공사의 도급인
③ 특정소방대상물의 관계인
④ 특정소방대상물의 공사를 감리한 건축사

[해설] 공사업규칙 19조
소방공사감리결과 통보 · 보고
(1) 통보대상 ┬ 관계인
            ├ 도급인
            └ 건축사
(2) 보고대상 : 소방본부장 · 소방서장
(3) 통보 · 보고일 : 7일 이내

답 ①

★★ 52 위험물운송자 자격을 취득하지 아니한 자가 위험물 이동탱크저장소 운전시의 벌칙으로 옳은 것은?

① 50만원 이하의 벌금
② 100만원 이하의 벌금
③ 200만원 이하의 벌금
④ 1000만원 이하의 벌금

[해설] 위험물법 37조
1000만원 이하의 벌금
(1) 위험물 **취**급에 관한 안전관리와 감독하지 않은 자
(2) 위험물 **운**반에 관한 중요기준 위반
(3) 위험물 운반자 요건을 갖추지 아니한 위험물 운반자
(4) 위험물 저장 · 취급장소의 출입 · 검사시 관계인의 정당업무 방해 또는 비밀누설
(5) 위험물 **운**송규정을 위반한 위험물**운**송자(무면허 위험물 운송자)

[기억법] 천운

답 ④

★★★ 53 하자보수 보증기간이 2년인 소방시설은?

17.09.문42
16.05.문60
15.05.문52
14.05.문52
13.03.문55

① 옥내소화전설비 ② 무선통신보조설비
③ 자동화재탐지설비 ④ 물분무등소화설비

 ①, ③, ④ 3년

공사업령 6조
소방시설공사의 하자보수 보증기간

보증 기간	소방시설
2년	• **유**도등 · **피**난기구 • **비**상**조**명등 · 비상**경**보설비 · 비상**방**송설비 • **무**선통신보조설비
3년	• 자동소화장치 • 옥내 · 외소화전설비 • 스프링클러설비 • 물분무등소화설비 · 소화용수설비 • 자동화재탐지설비 · 소화활동설비(무선통신보조설비 제외) • 화재알림설비

[기억법] 유비조경방무피2(유비조경방무피투)

답 ②

★ 54 소방대상물의 건축허가 등의 동의요구를 할 때 제출해야 할 서류로 틀린 것은?

14.09.문46
05.03.문53

① 소방시설 설치계획표
② 소방시설공사업 등록증
③ 건축물의 주단면도
④ 소방시설별 층별 평면도

해설
② 소방시설공사업 등록증 → 소방시설설계업 등록증

소방시설법 시행규칙 3조
건축허가 동의시 첨부서류
(1) 건축허가신청서 및 건축허가서 사본
(2) 설계도서 및 소방시설 설치계획표 **보기 ①**
(3) **임시소방시설** 설치계획서(설치시기·위치·종류·방법 등 임시소방시설의 설치와 관련한 세부사항 포함)
(4) **소방시설설계업등록증**과 소방시설을 설계한 기술인력의 기술자격증 사본
(5) 건축·대수선·용도변경신고서 사본
(6) 주단면도 및 입면도 **보기 ③**
(7) 소방시설별 층별 평면도 **보기 ④**
(8) 방화구획도(창호도 포함)

※ 건축허가 등의 동의권자: **소방본부장·소방서장**

답 ②

55 ★★
[15.09.문59] [14.05.문55]
형식승인을 받지 아니한 소방용품을 소방시설공사에 사용한 자에 대한 벌칙기준으로 옳은 것은?
① 7년 이하의 징역 또는 5000만원 이하의 벌금
② 5년 이하의 징역 또는 3000만원 이하의 벌금
③ 3년 이하의 징역 또는 3000만원 이하의 벌금
④ 1년 이하의 징역 또는 1000만원 이하의 벌금

해설 **3년 이하**의 **징역** 또는 **3000만원 이하**의 **벌금**
(1) 화재안전조사 결과에 따른 조치명령(화재예방법 50조)
(2) **소방시설업** 무등록자(공사업법 35조)
(3) **부정**한 **청탁**을 받고 재물 또는 재산상의 **이익**을 취득하거나 부정한 청탁을 하면서 재물 또는 재산상의 이익을 제공한 자(공사업법 35조)
(4) **소방시설관리업** 무등록자(소방시설법 57조)
(5) **형식승인**을 얻지 않은 소방용품 제조·수입자(소방시설법 57조)
(6) **제품검사**를 받지 않은 사람(소방시설법 57조)
(7) 거짓이나 그 밖의 **부정**한 **방법**으로 제품검사 전문기관의 지정을 받은 사람(소방시설법 57조)

기억법 33관(**삼삼**하게 **관**리하기!)

답 ③

56 ★★
[09.05.문54]
제1종 판매취급소에서 저장 또는 취급할 수 있는 위험물의 수량기준으로 옳은 것은?
① 지정수량의 20배 이하
② 지정수량의 20배 이상
③ 지정수량의 40배 이하
④ 지정수량의 40배 이상

해설 위험물규칙 [별표 14]

제1종 판매취급소	제2종 판매취급소
저장·취급하는 위험물의 수량이 지정수량의 **20배 이하**인 판매취급소	저장·취급하는 위험물의 수량이 지정수량의 **40배 이하**인 판매취급소

답 ①

57 ★★★
[19.04.문50] [17.09.문59] [09.08.문51]
원활한 소방활동을 위하여 실시하는 소방용수시설에 대한 조사결과는 몇 년간 보관하는가?
① 2년   ② 3년
③ 4년   ④ 영구

해설 기본규칙 7조
소방용수시설 및 지리조사
(1) 조사자: 소방본부장·소방서장
(2) 조사일시: 월 1회 이상
(3) 조사내용
 ㉠ 소방용수시설
 ㉡ 도로의 폭·교통상황
 ㉢ 도로 주변의 토지 고저
 ㉣ 건축물의 개황
(4) 조사결과: 2년간 보관

답 ①

58 ★
[15.09.문54] [15.05.문54] [14.05.문48]
방염성능기준 이상의 실내장식물 등을 설치하여야 하는 특정소방대상물이 아닌 것은?
① 다중이용업의 영업장
② 의료시설 중 정신의료기관
③ 방송통신시설 중 방송국 및 촬영소
④ 건축물 옥내에 있는 운동시설 중 수영장

해설 소방시설법 시행령 30조
방염성능기준 이상 적용 특정소방대상물
(1) 체력단련장, 공연장 및 종교집회장
(2) 문화 및 집회시설
(3) **종**교시설
(4) 운동시설(수영장은 제외)
(5) 의료시설(종합병원, 정신의료기관)
(6) 의원, 치과의원, 한의원, 조산원, 산후조리원
(7) 교육연구시설 중 합숙소
(8) **노**유자시설
(9) 숙박이 가능한 **수**련시설
(10) **숙**박시설
(11) 방송국 및 촬영소
(12) 다중이용업소(단란주점영업, 유흥주점영업, 노래연습장업의 영업장 등)
(13) 층수가 11층 이상인 것(아파트는 제외: 2026. 12. 1. 삭제)

기억법 방숙 노종수

답 ④

59 ★
[07.03.문58]
특정소방대상물 중 업무시설에 해당되지 않는 것은?
① 방송국
② 마을회관
③ 주민자치센터
④ 변전소

해설
① 방송국 : 방송통신시설

소방시설법 시행령 [별표 2]
업무시설
(1) 주민자치센터(동사무소)
(2) 경찰서
(3) 소방서
(4) 우체국
(5) 보건소
(6) 공공도서관
(7) 국민건강보험공단
(8) 금융업소 · 오피스텔 · 신문사
(9) 변전소 · 양수장 · 정수장 · 대피소 · 공중화장실

답 ①

60 화재예방을 위하여 불을 사용하는 설비의 관리기준 중 용접 또는 용단 작업장 주변 반경 몇 m 이내에 소화기를 갖추어야 하는가? (단, 산업안전보건법 제23조의 적용을 받는 사업장의 경우는 제외한다.)
① 1
② 3
③ 5
④ 7

해설
화재예방법 시행령 [별표 1]
보일러 등의 위치·구조 및 관리와 화재예방을 위하여 불의 사용에 있어서 지켜야 할 사항

구분	기준
불꽃을 사용하는 용접·용단기구	① 용접 또는 용단 작업장 주변 반경 5m 이내에 소화기를 갖추어 둘 것 ② 용접 또는 용단 작업장 주변 반경 10m 이내에는 가연물을 쌓아두거나 놓아두지 말 것(단, 가연물의 제거가 곤란하여 방화포 등으로 방호조치를 한 경우는 제외)

답 ③

제 4 과목   소방기계시설의 구조 및 원리

61 이산화탄소 소화설비 이산화탄소 소화약제의 저압식 저장용기 설치기준으로 옳은 것은?
① 충전비는 1.5 이상 1.9 이하로 설치
② 압력경보장치는 2.3MPa 이상 1.9MPa 이하에서 작동
③ 안전밸브는 내압시험압력의 0.8~1.0배에서 작동
④ 자동냉동장치는 용기 내부의 온도가 영하 18℃ 이상에서 2.1MPa의 압력을 유지하도록 설치

해설
① 1.5 이상 1.9 이하 → 1.1 이상 1.4 이하
③ 0.8~1.0배 → 0.64~0.8배
④ 영하 18℃ 이상 → 영하 18℃ 이하

CO_2 **소화설비의 저장용기**(NFPC 106 4조, NFTC 106 2.1.2)

자동냉동장치	2.1MPa 유지, -18℃ 이하 보기 ④
압력경보장치	2.3MPa 이상, 1.9MPa 이하 보기 ②
선택밸브 또는 개폐밸브의 안전장치	내압시험압력의 0.8배
저장용기	• 고압식 : 25MPa 이상 • 저압식 : 3.5MPa 이상
안전밸브	내압시험압력의 0.64~0.8배 보기 ③
봉판	내압시험압력의 0.8배~내압시험압력
충전비	고압식 1.5~1.9 이하
	저압식 1.1~1.4 이하 보기 ①

기억법 선개안내08, C고25저35

답 ②

62 연결살수설비 전용 헤드를 사용하는 배관의 설치에서 하나의 배관에 부착하는 살수헤드가 4개일 때 배관의 구경은 몇 mm 이상으로 하는가?
① 40
② 50
③ 65
④ 80

해설
연결살수설비(NFPC 503 5조, NFTC 503 2.2.3.1)

배관의 구경	살수헤드 개수
32mm	1개
40mm	2개
50mm	3개
65mm	4개 또는 5개 보기 ③
80mm	6~10개 이하

• 연결살수설비에서 하나의 송수구역에 설치하는 개방형 헤드수는 **10개** 이하로 하여야 한다.

답 ③

63. 포소화설비 수동식 기동장치의 설치기준으로 틀린 것은?

① 2 이상의 방사구역은 방사구역을 선택할 수 있는 구조로 한다.
② 바닥으로부터 0.8m 이상 1.5m 이하의 위치에 설치한다.
③ 주차장에 설치하는 포소화설비의 기동장치는 방사구역마다 1개 이상 설치한다.
④ 항공기 격납고에 설치하는 포소화설비의 기동장치는 방사구역마다 1개 설치한다.

해설 ④ 1개 → 2개 이상

포소화설비 수동식 기동장치 (NFTC 105 2.8.1)
(1) 직접조작 또는 원격조작에 의하여 가압송수장치·수동식 개방밸브 및 소화약제 혼합장치를 기동할 수 있는 것
(2) 2 이상의 방사구역을 가진 포소화설비에는 방사구역을 선택할 수 있는 구조 보기 ①
(3) 기동장치의 조작부는 화재시 쉽게 접근할 수 있는 곳에 설치하되, 바닥으로부터 0.8~1.5m 이하의 위치에 설치하고, 유효한 보호장치 설치 보기 ②
(4) 기동장치의 조작부 및 호스접결구에는 가까운 곳의 보기 쉬운 곳에 각각 **기동장치의 조작부** 및 **접결구**라고 표시한 표지 설치
(5) 설치개수

차고·주차장	항공기 격납고
1개 이상 보기 ③	2개 이상 보기 ④

기억법 차1(차일피일!)

답 ④

64. 급기가압 제연방식의 문제점에 대한 설명으로 틀린 것은?

① 가압실 외부로 누설된 공기가 화재실로 이어지면 화세를 강화시킬 수 있다.
② 피난시 가압실의 문을 열어두면 급기가압용 공기를 공급하여도 효과가 없다.
③ 문을 괴어놓거나 하여 자동폐쇄장치를 무효화하기 쉽다.
④ 상시 급기가압을 하므로 송풍기의 설치비용 등이 과대하다.

해설 **급기가압 제연설비의 특징**
(1) 가압실 외부로 누설된 공기가 화재실로 이어지면 화세를 강화시킬 수 있다. 보기 ①
(2) 피난시 가압실의 문을 열어두면 급기가압용 공기를 공급하여도 효과가 없다. 보기 ②
(3) 문을 괴어놓거나 하여 자동폐쇄장치를 무효화하기 쉽다. 보기 ③
(4) 화재시에만 급기가압한다.

답 ④

65. 옥외소화전설비 노즐선단에서의 방수압력은 몇 MPa 이상이어야 하는가?

① 0.2
② 0.25
③ 0.3
④ 0.4

해설 **옥외소화전설비** (NFPC 109 5조, NFTC 109 2.2.1.3)

방수압력	방수량
0.25MPa 이상 보기 ②	350L/min 이상

비교

옥내소화전설비(호스릴 포함)(NFPC 102 5조, NFTC 102 2.2.1.3)

방수압력	방수량
0.17MPa 이상	130L/min 이상

답 ②

66. 숙박시설·노유자시설 및 의료시설로 사용되는 층에 있어서는 그 층의 바닥면적 몇 m² 마다 1개 이상의 피난기구를 설치해야 하는가?

① 500
② 600
③ 800
④ 1000

해설 **피난기구의 설치대상** (NFTC 301 2.1.2.1)

조건	설치대상
500m²마다 (층마다 설치)	**숙**박시설·**노**유자시설·**의**료시설 보기 ①
800m²마다 (층마다 설치)	위락시설·문화 및 집회시설·운동시설·판매시설
1000m²마다	그 밖의 용도의 층
각 세대마다	아파트 등(계단실형 아파트)

기억법 5숙노

답 ①

67. 부속용도로 사용되는 부분 중 음식점의 주방에 추가해야 할 소화기의 능력단위는? (단, 지하가의 음식점을 포함한다.)

① 1단위 이상/해당 용도의 바닥면적 10m²
② 1단위 이상/해당 용도의 바닥면적 15m²
③ 1단위 이상/해당 용도의 바닥면적 20m²
④ 1단위 이상/해당 용도의 바닥면적 25m²

해설 부속용도별로 **추가**되어야 할 소화기구(NFTC 101 2.1.1.3)

소화기	자동확산소화기
① 능력단위 = $\dfrac{바닥면적}{25m^2}$ ② 능력단위 = $\dfrac{1단위\ 이상}{해당\ 용도의\ 바닥면적\ 25m^2}$	① $10m^2$ 이하 : **1개** ② $10m^2$ 초과 : **2개**

답 ④

68. ★★★

분말소화약제 가압식 저장용기는 최고사용압력의 몇 배 이하의 압력에서 작동하는 안전밸브를 설치해야 하는가?

15.05.문70
12.03.문63

① 0.8배 ② 1.2배
③ 1.8배 ④ 2.0배

해설 **분말소화설비의 저장용기 안전밸브**(NFPC 108 4조, NFTC 108 2.1.2.2)

가압식	축압식
최고사용압력 **1.8배** 이하 보기 ③	내압시험압력 **0.8배** 이하

답 ③

69. ★★★

근린생활시설 중 입원실이 있는 의원 3층에 적응성이 있는 피난기구는?

19.09.문62
19.03.문68
17.03.문66
15.09.문68
14.09.문68
13.03.문78

① 피난사다리 ② 완강기
③ 공기안전매트 ④ 구조대

해설 **피난기구의 적응성**(NFTC 301 2.1.1)

층별 설치 장소별 구분	1층	2층	3층	4층 이상 10층 이하

노유자시설	• 미끄럼대
	• 구조대
	• 피난교
	• 다수인 피난
	  장비
	• 승강식 피난기
		• 미끄럼대
		• 구조대
		• 피난교
		• 다수인 피난
		  장비
		• 승강식 피난기
			• 미끄럼대
			• 구조대
			• 피난교
			• 다수인 피난
			  장비
			• 승강식 피난기
				• 구조대[1]
				• 피난교
				• 다수인 피난
				  장비
				• 승강식 피난기

의료시설·
입원실이
있는
의원·접골원
·조산원
	–	–	• 미끄럼대
			• **구조대**
			  보기 ④
			• 피난교
			• 피난용 트랩
			• 다수인 피난
			  장비
			• 승강식 피난기
				• 구조대
				• 피난교
				• 피난용 트랩
				• 다수인 피난
				  장비
				• 승강식 피난기

영업장의
위치가
4층 이하인
다중
이용업소
	–	• 미끄럼대
		• 피난사다리
		• 구조대
		• 완강기
		• 다수인 피난
		  장비
		• 승강식 피난기
			• 미끄럼대
			• 피난사다리
			• 구조대
			• 완강기
			• 다수인 피난
			  장비
			• 승강식 피난기
				• 미끄럼대
				• 피난사다리
				• 구조대
				• 완강기
				• 다수인 피난
				  장비
				• 승강식 피난기

그 밖의 것	–	–	• 미끄럼대
			• 피난사다리
			• 구조대
			• 완강기
			• 피난교
			• 피난용 트랩
			• 간이완강기[2]
			• 공기안전매트
			• 다수인 피난
			  장비
			• 승강식 피난기
				• 피난사다리
				• 구조대
				• 완강기
				• 피난교
				• 간이완강기[2]
				• 공기안전매트
				• 다수인 피난
				  장비
				• 승강식 피난기

[비고] 1) **구조대**의 적응성은 **장애인관련시설**로서 주된 사용자 중 **스스로 피난**이 **불가**한 자가 있는 경우 추가로 설치하는 경우에 한한다.

2) 간이완강기의 적응성은 **숙박시설의 3층 이상**에 있는 객실에, **공기안전매트**의 적응성은 **공동주택**에 추가로 설치하는 경우에 한한다.

중요

의무관리대상 공동주택(NFPC 608 13조, NFTC 608 2.9.1.3)
공동주택 구역마다 공기안전매트 1개 이상 추가 설치

비교

피난기구 적응성		
간이완강기	공기안전매트	구조대
숙박시설의 3층 이 상에 있는 객실	공동주택	장애인관련시설

답 ④

70. ★★

축압식 분말소화기의 지시압력계에 표시된 정상 사용압력범위는?

12.09.문69

① 0.6~0.9MPa ② 0.7~0.9MPa
③ 0.6~0.98MPa ④ 0.7~0.98MPa

해설 지시압력계 범위 : 0.7~0.98MPa 보기 ④

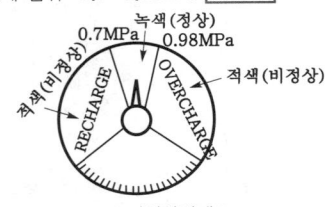

∥지시압력계∥

답 ④

71. ★

특별피난계단의 계단실 및 부속실 제연설비에서 사용하는 유입공기의 배출방식으로 적합하지 않은 것은?

11.10.문64

① 배출구에 따른 배출
② 제연설비에 따른 배출
③ 수직풍도에 따른 배출
④ 수평풍도에 따른 배출

해설 **유입공기의 배출방식**(NFPC 501A 13조, NFTC 501A 2.10)

구 분		설 명
수직풍도에 **따른 배출**	자연 배출식	• **굴뚝효과**에 따라 배출하는 것
	기계 배출식	• 수직풍도의 상부에 전용의 **배 출용 송풍기**를 설치하여 강제 로 배출하는 것
배출구에 따른 배출		• 건물의 옥내와 면하는 **외벽**마 다 옥외로 통하는 **배출구**를 설치하여 배출하는 것
제연설비에 따른 배출		• **거실제연설비**가 설치되어 있 고 해당 옥내로부터 옥외로 배출하여야 하는 유입공기의 양을 거실제연설비의 배출량 에 합하여 배출하는 경우 유 입공기의 배출은 해당 거실제 연설비에 따른 배출로 갈음

기억법 제직수배(제는 직접 수배하세요.)

※ 수직풍도에 따른 배출 : 옥상으로 직통하는 전용의 배출용 수직풍도를 설치하여 배출하는 것

답 ④

72 이산화탄소 소화설비에서 기동용기의 개방에 따라 이산화탄소(CO_2) 저장용기가 개방되는 시스템방식은?
12.05.문64

① 전기식
② 가스압력식
③ 기계식
④ 유압식

해설 자동식 기동장치의 종류(NFPC 106 6조, NFTC 106 2.3.2)
(1) 기계식 방식 : 잘 사용되지 않음
(2) 전기식 방식
(3) 가스압력식(뉴메틱 방식) : 기동용기의 개방에 따라 저장용기가 개방되는 방식 보기 ②

중요

가스압력식 이산화탄소 소화설비의 구성요소
(1) 솔레노이드장치
(2) 압력스위치
(3) 피스톤릴리스
(4) 기동용기

답 ②

73 연결송수관설비의 방수용 기구함은 피난층과 가장 가까운 층을 기준으로 3개층마다 설치하되, 그 층의 방수구마다 몇 m의 보행거리 이내에 설치해야 하는가?
17.09.문70
11.10.문72

① 2
② 3
③ 4
④ 5

해설 방수기구함의 기준(NFPC 502 7조, NFTC 502 2.4)
(1) 3개층마다 설치
(2) 보행거리 5m 이내마다 설치 보기 ④
(3) 길이 15m 호스와 방사형 관창 비치

답 ④

74 고압의 전기기기가 있는 장소의 전기기기와 물분무헤드의 이격거리 기준으로 틀린 것은?
15.03.문74
12.03.문65

① 110kV 초과 154kV 이하 : 150cm 이상
② 154kV 초과 181kV 이하 : 180cm 이상
③ 181kV 초과 220kV 이하 : 200cm 이상
④ 220kV 초과 275kV 이하 : 260cm 이상

해설 ③ 200cm 이상 → 210cm 이상

물분무헤드의 이격거리(NFPC 104 10조, NFTC 104 2.7.2)

전 압	거 리
66kV 이하	70cm 이상
67~77kV 이하	80cm 이상
78~110kV 이하	110cm 이상
111~154kV 이하	150cm 이상
155~181kV 이하	180cm 이상
182~220kV 이하	210cm 이상 보기 ③
221~275kV 이하	260cm 이상

기억법
66 → 70
77 → 80
110 → 110
154 → 150
181 → 180
220 → 210
275 → 260

답 ③

75 알람체크밸브(alarm check valve)가 동작하여 작동 중인 경우, 폐쇄상태에 있는 것은?
05.05.문77

① 시험밸브
② 경보용 볼밸브
③ 1차측 게이트밸브
④ 압력게이지밸브

해설 알람체크밸브가 동작하여도 시험밸브는 폐쇄상태에 있다. 보기 ①

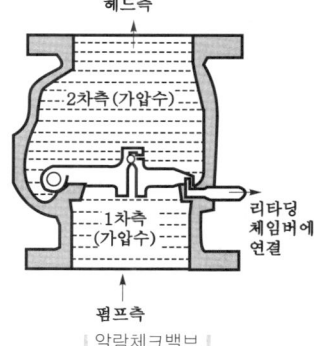

알람체크밸브

답 ①

76. 스프링클러설비의 배관에 대한 설명으로 틀린 것은?

① 성능시험배관은 펌프의 토출측에 설치된 체크밸브 이전에서 분기한다.
② 습식 스프링클러설비 또는 부압식 스프링클러설비 외의 설비에는 헤드를 향하여 상향으로 수평주행배관의 기울기를 1/500 이상으로 한다.
③ 급수배관에 설치되는 템퍼스위치는 감시제어반 또는 수신기에서 동작의 유무 확인을 할 수 있어야 한다.
④ 주차장의 스프링클러설비는 습식 이외의 방식으로 한다.

해설
① 체크밸브 이전 → 개폐밸브 이전

펌프의 성능시험배관(NFTC 103 2.5.6)

성능시험배관	유량측정장치
• 펌프의 토출측에 설치된 개폐밸브 이전에서 분기 보기①	• 성능시험배관의 직관부에 설치
	• 펌프의 정격토출량의 175% 이상 측정할 수 있는 성능
• 유량측정장치를 기준으로 전단 직관부에 개폐밸브 설치	

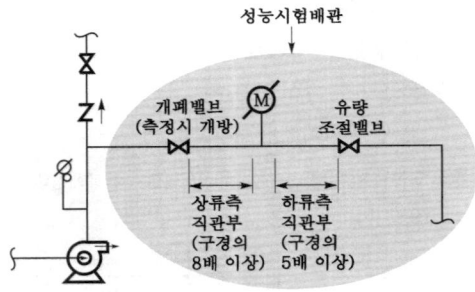

| 성능시험배관 |

답 ①

77. 분말소화설비의 구성품이 아닌 것은?

① 정압작동장치
② 압력조정기
③ 가압용 가스용기
④ 기화기

해설
분말소화설비의 구성품
(1) **정**압작동장치 보기①
(2) **압**력조정기 보기②
(3) **가**압용 가스용기 보기③
(4) 분사헤드
(5) 안전밸브

기억법 분정압가

답 ④

78. 아파트 등의 세대 내 스프링클러헤드는 천장 또는 각 부분으로부터 하나의 스프링클러헤드까지의 수평거리가 몇 m 이하이어야 하는가?

① 3.2
② 2.6
③ 2.1
④ 1.5

해설
수평거리(R)

설치장소	설치기준
무대부·특수가연물 (창고 포함)	수평거리 1.7m 이하
기타구조(창고 포함)	수평거리 2.1m 이하
내화구조(창고 포함)	수평거리 2.3m 이하
공동주택(**아**파트) 세대 내	수평거리 2.6m 이하 보기②

기억법 무기내아(무기 내려놔 아!)

답 ②

79. 플로팅 루프(floating roof)방식의 위험물탱크에 적합한 포방출구는?

① Ⅰ형 방출구
② Ⅱ형 방출구
③ 특형 방출구
④ 표면하 주입식 방출구

해설
포방출구(위험물기준 133)

탱크의 구조	포방출구
고정지붕구조(원추형 루프탱크, 콘루프 탱크)	• Ⅰ형 방출구 • Ⅱ형 방출구 • Ⅲ형 방출구(표면하 주입식 방출구) • Ⅳ형 방출구(반표면하 주입식 방출구)
부상덮개부착 고정지붕구조	• Ⅱ형 방출구
부상지붕구조(부상식 루프탱크, 플로팅 루프탱크)	• 특형 방출구 보기③

• 부상식 루프탱크 : 제1석유류 옥외탱크저장소
• 플로팅 루프탱크 : 특형 방출구

답 ③

80 ★★★

특수가연물을 저장 또는 취급하는 특정소방대상물에 있어서 물분무소화설비 수원의 최소저수량은? (단, 최대방수구역의 바닥면적을 기준으로 한다.)

① 바닥면적$[m^2] \times 10L/min \cdot m^2 \times 20min$
② 바닥면적$[m^2] \times 20L/min \cdot m^2 \times 20min$
③ 바닥면적$[m^2] \times 20L/min \cdot m^2 \times 10min$
④ 바닥면적$[m^2] \times 10L/min \cdot m^2 \times 10min$

해설 특수가연물 수원의 용량 Q는
Q = 바닥면적(최소 50m²) × 10L/min · m² × 20min

- 20min은 소방차가 화재현장에 출동하는 데 걸리는 시간이다.

참고

물분무소화설비의 수원(NFPC 104 4조, NFTC 104 2.1.1)

특정소방대상물	토출량	최소기준	비고
컨베이어벨트	10L/min·m²	-	벨트부분의 바닥면적
절연유 봉입변압기	10L/min·m²	-	표면적을 합한 면적 (바닥면적 제외)
특수가연물	10L/min·m² 보기 ①	최소 50m²	최대방수구역의 바닥면적 기준
케이블트레이 · 덕트	12L/min·m²	-	투영된 바닥면적
차고 · 주차장	20L/min·m²	최소 50m²	최대방수구역의 바닥면적 기준
위험물 저장탱크	37L/min·m	-	위험물탱크 둘레길이(원주길이) : 위험물규칙 〔별표 6〕 Ⅱ

※ 모두 **20분**간 방수할 수 있는 양 이상으로 하여야 한다.

기억법
컨 0
절 0
특 0
케 2
차 0
위 37

답 ①

2016. 5. 8 시행

▌2016년 산업기사 제2회 필기시험▐

자격종목	종목코드	시험시간	형별
소방설비산업기사(기계분야)		2시간	

※ 각 문항은 4지택일형으로 질문에 가장 적합한 보기 항을 선택하여 체크하여야 합니다.

제1과목 소방원론

01 물의 물리적 성질에 대한 설명으로 틀린 것은?
① 물의 비열은 1cal/g·℃이다.
② 물의 융융열은 79.7cal/g이다.
③ 물의 증발잠열은 439kcal/g이다.
④ 대기압하에서 100℃ 물이 액체에서 수증기로 바뀌면 체적은 약 1600배 증가한다.

해설 ③ 439kcal/g → 539cal/g

물의 잠열

잠열 및 열량	설 명
80cal/g	융해잠열
539cal/g	기화(증발)잠열
639cal	0℃의 물 1g이 100℃의 수증기가 되는 데 필요한 열량
719cal	0℃의 얼음 1g이 100℃의 수증기가 되는 데 필요한 열량

답 ③

02 화재강도에 영향을 미치는 인자가 아닌 것은?
① 가연물의 비표면적
② 화재실의 구조
③ 가연물의 배열상태
④ 점화원 또는 발화원의 온도

해설 **화재강도**(fire intensity)에 **영향**을 미치는 **인자**
(1) 가연물의 비표면적
(2) 화재실의 구조
(3) 가연물의 배열상태

용어
화재강도
열의 집중 및 방출량을 상대적으로 나타낸 것, 즉 화재의 온도가 높으면 화재강도는 커진다.

답 ④

03 물분무소화설비의 주된 소화효과가 아닌 것은?
① 냉각효과
② 연쇄반응 단절효과
③ 질식효과
④ 희석효과

해설 주된 소화효과

물	물분무	할론	분 말
• 냉각효과	• 냉각효과 • 질식효과 • 희석효과	• 연쇄반응 차단효과	• 질식효과

답 ②

04 할로겐화합물 및 불활성기체 소화약제 중 HFC 계열인 펜타플루오로에탄(HFC-125, CHF$_2$CF$_3$)의 최대 허용설계농도는?
① 0.2% ② 1.0%
③ 11.5% ④ 9.0%

해설 할로겐화합물 및 불활성기체 소화약제 최대 허용설계농도 (NFTC 107A 2.4.2)

소화약제	최대 허용설계농도[%]
FIC-13I1	0.3
HCFC-124	1.0
FK-5-1-12	10
HCFC BLEND A	
HFC-227ea	10.5
HFC-125	**11.5**
HFC-236fa	12.5
HFC-23	30
FC-3-1-10	40
IG-01	43
IG-100	
IG-541	
IG-55	

답 ③

05. 어떤 유기화합물을 분석한 결과, 실험식이 CH_2O 이었으며 분자량을 측정하였더니 60이었다. 이 물질의 시성식은? (단, C, H, O의 원자량은 각각 12, 1, 16이다.)

① CH_3OH
② CH_3COOCH_3
③ CH_3COCH_3
④ CH_3COOH

해설

원 소	원자량
H	1
C	12
O	16

분자량 $CH_2O = 12 + (1 \times 2) + 16 = 30$
문제에서 분자량 60은 30의 2배이므로
$CH_2O \xrightarrow{2배} C_2H_4O_2 \Rightarrow CH_3COOH$
(여기서, C : 2개, H : 4개, O : 2개)

답 ④

06. 건축물의 주요구조부에서 제외되는 것은?

① 차양   ② 바닥
③ 내력벽   ④ 지붕틀

해설 ① 차양 : 주요구조부에서 제외

주요구조부
(1) 내력**벽**
(2) **보**(작은 보 제외)
(3) **지**붕틀(차양 제외)
(4) **바**닥(최하층 바닥 제외)
(5) **주**계단(옥외계단 제외)
(6) **기**둥(사잇기둥 제외)

기억법 벽보지 바주기

답 ①

07. 실험군 쥐를 15분 동안 노출시켰을 때 실험군 쥐의 절반이 사망하는 치사농도는?

① ODP
② GWP
③ NOAEL
④ ALC

해설 **ALC**(Approximate Lethal Concentration) : **치사농도**
(1) 실험쥐의 **50%**를 **15분** 이내에 사망시킬 수 있는 허용농도
(2) 실험쥐를 **15분** 동안 노출시켰을 때 실험쥐의 **절반**이 사망하는 치사농도

 중요

독성학의 허용농도
(1) LD_{50}과 LC_{50}

LD_{50}(Lethal Dose) : 반수치사량	LC_{50}(Lethal Concentration) : 반수치사농도
실험쥐의 50%를 사망시킬 수 있는 물질의 양	실험쥐의 50%를 사망시킬 수 있는 물질의 농도

(2) LOAEL과 NOAEL

LOAEL(Lowest Observed Adverse Effect Level)	NOAEL(No Observed Adverse Effect Level)
인간의 심장에 영향을 주지 않는 최소농도	인간의 심장에 영향을 주지 않는 최대농도

(3) TLV(Threshold Limit Values) : 허용한계농도
독성 물질의 섭취량과 인간에 대한 그 반응 정도를 나타내는 관계에서 손상을 입히지 않는 농도 중 가장 큰 값

TLV 농도표시법	정 의
TLV-TWA (시간가중 평균농도)	매일 일하는 근로자가 하루에 8시간씩 근무할 경우 근로자에게 노출되어도 아무런 영향을 주지 않는 최고 평균농도
TLV-STEL (단시간 노출허용농도)	단시간 동안 노출되어도 유해한 증상이 나타나지 않는 최고 허용농도
TLV-C (최고 허용한계농도)	단 한순간이라도 초과하지 않아야 하는 농도

답 ④

08. 다음 열분해반응식과 관계가 있는 분말소화약제는?

$$2NaHCO_3 \rightarrow Na_2CO_3 + CO_2 + H_2O$$

① 제1종 분말   ② 제2종 분말
③ 제3종 분말   ④ 제4종 분말

해설 분말소화기 : 질식효과

종 별	소화약제	약제의 착색	화학반응식	적응 화재
제1종	중탄산나트륨 ($NaHCO_3$)	백색	$2NaHCO_3 \rightarrow Na_2CO_3 + CO_2 + H_2O$	BC급
제2종	중탄산칼륨 ($KHCO_3$)	담자색 (담회색)	$2KHCO_3 \rightarrow K_2CO_3 + CO_2 + H_2O$	BC급
제3종	인산암모늄 ($NH_4H_2PO_4$)	담홍색	$NH_4H_2PO_4 \rightarrow HPO_3 + NH_3 + H_2O$	ABC급
제4종	중탄산칼륨+요소 ($KHCO_3$ + $(NH_2)_2CO$)	회(백)색	$2KHCO_3 + (NH_2)_2CO \rightarrow K_2CO_3 + 2NH_3 + 2CO_2$	BC급

● 화학반응식 = 열분해반응식

답 ①

09 화재의 종류에서 A급 화재에 해당하는 색상은?

① 황색
② 청색
③ 백색
④ 적색

해설

화재 종류	표시색	적응물질
일반화재(A급)	**백**색	• 일반가연물 • **종**이류 화재 • **목**재, 섬유화재
유류화재(B급)	**황**색	• 가연성 액체 • 가연성 가스 • 액화가스화재 • 석유화재
전기화재(C급)	**청**색	• **전**기설비
금속화재(D급)	**무**색	• 가연성 금속
주방화재(K급)	–	• 식용유화재

기억법 백황청무

※ 요즘은 표시색의 의무규정은 없음

답 ③

10 오존층 파괴효과가 없는(ODP=0) 소화약제는?

① Halon 1301
② HFC-227ea
③ HCFC BLEND A
④ Halon 1211

해설

① Halon 1301 : ODP=10
③ HCFC BLEND A : ODP=0.04
④ Halon 1211 : ODP=3

ODP=0인 소화약제
(1) FC-3-1-10
(2) HFC-125
(3) **HFC-227ea**
(4) HFC-23
(5) IG-541

용어

오존파괴지수(ODP ; Ozone Depletion Potential)
어떤 물질의 오존파괴능력을 상대적으로 나타내는 지표

$$ODP = \frac{어떤\ 물질\ 1kg이\ 파괴하는\ 오존량}{CFC\ 11의\ 1kg이\ 파괴하는\ 오존량}$$

답 ②

11 연소상태에 대한 설명 중 적합하지 못한 것은?

① 불완전연소는 산소의 공급량 부족으로 나타나는 현상이다.
② 가연성 액체의 연소는 액체 자체가 연소하고 있는 것이다.
③ 분해연소는 가연물질이 가열분해되고, 그때 생기는 가연성 기체가 연소하는 현상을 말한다.
④ 표면연소는 가연물 그 자체가 직접 불에 타는 현상을 의미한다.

해설

② 가연성 액체의 연소는 **가연성 증기**가 연소하는 것이다.

연소의 형태

연소형태	설 명
표면연소	① 열분해에 의하여 가연성 가스를 발생하지 않고 그 **물질 자체**가 **연소**하는 현상 ② 가연물 그 자체가 직접 불에 타는 현상
분해연소	① 연소시 열분해에 의하여 발생된 **가스**와 **산소**가 **혼합**하여 연소하는 현상 ② 가연물질이 가열분해되고, 그때 생기는 가연성 기체가 연소하는 현상
증발연소	가열하면 **고체**에서 **액체**로, **액체**에서 **기체**로 상태가 변하여 그 기체가 연소하는 현상
자기연소	열분해에 의해 **산소**를 **발생**하면서 연소하는 현상

답 ②

12 다음 중 가연성 가스가 아닌 것은?

① 수소
② 염소
③ 암모니아
④ 메탄

해설 가연성 가스와 지연성 가스

가연성 가스	지연성 가스
• 수소 • 메탄 • 암모니아 • 일산화탄소 • 천연가스 • 에탄 • 프로판	• 산소 • 공기 • 오존 • 불소 • 염소

• 지연성 가스 = 조연성 가스

참고

가연성 가스와 지연성 가스

가연성 가스	지연성 가스
물질 자체가 연소하는 것	자기 자신은 연소하지 않지만 연소를 도와주는 가스

답 ②

13. 화재발생 위험에 대한 설명으로 틀린 것은?

① 인화점은 낮을수록 위험하다.
② 발화점은 높을수록 위험하다.
③ 산소농도는 높을수록 위험하다.
④ 연소하한계는 낮을수록 위험하다.

해설 폭발한계(연소범위)
(1) 하한계가 낮을수록 위험하다.
(2) 상한계가 높을수록 위험하다.
(3) 연소범위가 넓을수록 위험하다.
(4) 연소범위의 하한계가 그 물질의 인화점에 해당된다.
(5) 연소범위는 주위온도에 관계가 깊다.
(6) 압력상승시 하한계는 불변, 상한계만 상승한다.
(7) 연소하한과 연소상한의 범위를 나타낸다.
(8) 인화점은 낮을수록 위험하다.
(9) **발화점**은 **낮을수록** 위험하다.
(10) 산소농도는 높을수록 위험하다.

답 ②

14. 열에너지원의 종류 중 화학열에 해당하는 것은?

① 압축열
② 분해열
③ 유전열
④ 스파크열

해설
① 압축열 : 기계열
③ 유전열 : 전기열
④ 스파크열 : 기계열

열에너지원의 종류

기계열 (기계적 점화원)	전기열 (전기적 점화원)	화학열 (화학적 점화원)
• **압**축열 • **마**찰열 • **마**찰스파크(스파크열)	유도열 유전열 저항열 아크열 정전기열 낙뢰에 의한 열	• **연**소열 • **용**해열 • **분**해열 • **생**성열 • **자**연발화열
기억법 기압마		기억법 화연용분생자

답 ②

15. 분말소화약제의 열분해에 의한 반응식 중 맞는 것은?

① $2NaHCO_3 + 열 \rightarrow NaCO_3 + 2CO_2 + H_2O$
② $2KHCO_3 + 열 \rightarrow KCO_3 + 2CO_2 + H_2O$
③ $NH_4H_2PO_4 + 열 \rightarrow HPO_3 + NH_3 + H_2O$
④ $2KHCO_3 + (NH_2)_2CO + 열 \rightarrow K_2CO_3 + NH_2 + CO_2$

해설 분말소화기 : 질식효과

종별	소화약제	약제의 착색	화학반응식	적응 화재
제1종	중탄산나트륨 ($NaHCO_3$)	백색	$2NaHCO_3 + 열 \rightarrow$ $Na_2CO_3 + CO_2 + H_2O$	BC급
제2종	중탄산칼륨 ($KHCO_3$)	담자색 (담회색)	$2KHCO_3 + 열 \rightarrow$ $K_2CO_3 + CO_2 + H_2O$	BC급
제**3**종	인산암모늄 ($NH_4H_2PO_4$)	담홍색	$NH_4H_2PO_4 + 열 \rightarrow$ $HPO_3 + NH_3 + H_2O$	**ABC** 급
제4종	중탄산칼륨 +요소 ($KHCO_3 +$ $(NH_2)_2CO$)	회(백)색	$2KHCO_3 +$ $(NH_2)_2CO + 열 \rightarrow$ $K_2CO_3 +$ $2NH_3 + 2CO_2$	BC급

- 중탄산나트륨 = 탄산수소나트륨
- 중탄산칼륨 = 탄산수소칼륨
- 제1인산암모늄 = 인산암모늄 = 인산염
- 중탄산칼륨 + 요소 = 탄산수소칼륨 + 요소

기억법 3ABC(**3**종이니까 3가지 **ABC**급)

답 ③

16. 위험물의 위험성을 나타내는 성질에 대한 설명으로 틀린 것은?

① 비등점이 낮아지면 인화의 위험성이 높다.
② 비중의 값이 클수록 위험성이 높다.
③ 융점이 낮아질수록 위험성이 높다.
④ 점성이 낮아질수록 위험성이 높다.

해설 ② 클수록 → 낮아질수록

위험물질의 위험성
(1) 비등점(비점)이 낮아질수록 위험하다.
(2) 융점이 낮아질수록 위험하다.
(3) 점성이 낮아질수록 위험하다.
(4) 비중이 낮아질수록 위험하다.

용어

구분	설명
비등점	액체가 끓어오르는 온도, '비점'이라고도 한다.
융점	녹는 온도, '융해점'이라고도 한다.
점성	끈끈한 성질
비중	어떤 물질과 표준물질과의 질량비

답 ②

17. 건물내부에서 화재가 발생하여 실내온도가 27℃에서 1227℃로 상승한다면 이 온도상승으로 인하여 실내공기는 처음의 몇 배로 팽창하는가? (단, 화재에 의한 압력변화 등 기타 주어지지 않은 조건은 무시한다.)

① 3배
② 5배
③ 7배
④ 9배

해설 샤를의 법칙(Charl's law)

$$\frac{V_1}{T_1} = \frac{V_2}{T_2}$$

여기서, V_1, V_2 : 부피[m³]
T_1, T_2 : 절대온도[K]

부피 V_2 는

$V_2 = V_1 \times \frac{T_2}{T_1} = 1 \times \frac{(273+1227)K}{(273+27)K}$ ≒ 5배

※ 처음 부피(V_1)는 1로 가정한다.

답 ②

18 ★★★ 온도 및 습도가 높은 장소에서 취급할 때 자연발화의 위험성이 가장 큰 것은?
14.05.문17
10.05.문05
① 질산나트륨 ② 황화인
③ 아닐린 ④ 셀룰로이드

해설 자연발화의 형태

구분	종류
분해열	• **셀**룰로이드 • **나**이트로셀룰로오스
산화열	• 건성유(정어리유, 아마인유, 해바라기유) • **석**탄 • **원**면 • **고**무분말
발효열	• **퇴**비 • **먼**지 • **곡**물
흡착열	• **목**탄 • **활**성탄

| 기억법 | 자분산 발흡
분셀나
발퇴먼곡
흡목활 |

답 ④

19 ★ 유류화재에 대한 설명으로 틀린 것은?
① 액체상태에서 불이 붙을 수 있다.
② 유류는 반드시 휘발하여 기체상태에서만 불이 붙을 수 있다.
③ 경질류 화재는 쉽게 발생할 수 있으나 열축적이 없어 쉽게 진화할 수 있다.
④ 중질류 화재는 경질류 화재의 진압보다 어렵다.

해설 유류화재
① 액체상태에서는 불이 붙을 수 없고 가연성 증기, 즉 **기체상태**에서만 불이 붙을 수 있다.

답 ①

20 ★★★ 응축상태의 연소를 무엇이라 하는가?
① 작열연소 ② 불꽃연소
③ 폭발연소 ④ 분해연소

해설 표면연소
숯, **코크스**, **목탄**, **금속분** 등이 열분해에 의하여 가연성 가스를 발생하지 않고 그 물질 자체가 연소하는 현상

• 표면연소=응축연소=작열연소=직접연소

답 ①

제 2 과목 소방유체역학

21 ★★ 뉴턴유체의 정의로 옳은 것은?
19.04.문26
13.09.문40
(기사)
① 전단응력과 전단변형률이 비례하는 유체
② 전단응력과 전단변형률이 반비례하는 유체
③ 수직응력과 전단변형률이 비례하는 유체
④ 수직응력과 전단변형률이 반비례하는 유체

해설 점성계수
(1) 차원은 $[ML^{-1}T^{-1}]$이다.
(2) **전단응력**과 **전단변형률**이 **비례**하는 유체를 **뉴턴유체**(Newton유체)라고 한다. 보기 ①
(3) **온도**의 변화에 따라 변화한다.
(4) 공기의 점성계수는 물보다 **작다**.

답 ①

22 ★★ 그림과 같이 3m/s의 속도로 분류의 방향을 따라 이동하는 평판에 10m/s의 속도로 물이 분출하여 충돌한다. 분류의 단면적이 0.02m²일 때, 평판이 받는 힘 F는 몇 N인가? (단, 물의 밀도는 1000kg/m³로 한다.)
07.05.문29

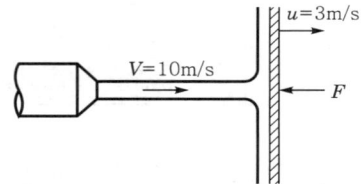

① 960 ② 980
③ 1000 ④ 1020

해설 (1) 기호
• u : 3m/s
• V : 10m/s
• A : 0.02m²
• F : ?
• ρ : 1000kg/m³=1000N·s²/m⁴
(1kg/m³=1N·s²/m⁴이므로)

(2) 평판에 작용하는 힘

$$F = \rho A (V-u)^2$$

여기서, F : 평판에 작용하는 힘[N]
ρ : 밀도(물의 밀도 1000kg/m³)
A : 단면적[m²]
V : 액체의 속도[m/s]
u : 평판의 이동속도[m/s]

평판에 작용하는 힘 F는
$F = \rho A (V-u)^2$
$= 1000\text{N} \cdot \text{s}^2/\text{m}^4 \times 0.02\text{m}^2 \times \{(10-3)\text{m/s}\}^2$
$= 980\text{N}$

답 ②

23 파이프 속을 흐르는 유체의 압력을 측정하기 위한 계기가 아닌 것은?
06.09.문21

① 부르돈압력계 ② 마노미터
③ 위어   ④ 피에조미터

해설 ③ 위어 : 개수로의 유량측정
파이프 속을 흐르는 유체의 압력측정
(1) 부르돈압력계(부르동압력계) [보기 ①]
(2) 마노미터(manometer) [보기 ②]
(3) 피에조미터(piezometer) [보기 ④]

답 ③

24 그림과 같은 수평관로에서 유체가 ①에서 ②로 흐르고 있다. ①, ②에서의 압력과 속도를 각각 P_1, V_1 및 P_2, V_2라 하고 손실수두를 H_l이라 할 때 에너지 방정식은?
09.08.문31

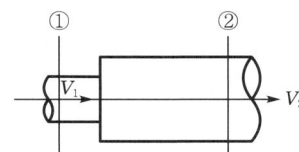

① $\dfrac{P_1}{\gamma} + \dfrac{V_1^2}{2g} = \dfrac{P_2}{\gamma} + \dfrac{V_2^2}{2g} + H_l$

② $\dfrac{P_1}{\gamma} + \dfrac{V_1^2}{2g} + H_l = \dfrac{P_2}{\gamma} + \dfrac{V_2^2}{2g}$

③ $\dfrac{P_1}{\gamma} + \dfrac{V_1^2}{2g} = \dfrac{P_2}{\gamma} + \dfrac{V_2^2}{2g}$

④ $H_l = \dfrac{P_1}{\gamma} + \dfrac{P_2}{\gamma} - \left(\dfrac{V_1^2}{2g} + \dfrac{V_2^2}{2g}\right)$

해설 비압축성 유체

$$\underbrace{\dfrac{P_1}{\gamma}}_{(\text{압력수두})} + \underbrace{\dfrac{V_1^2}{2g}}_{(\text{속도수두})} + \underbrace{Z_1}_{(\text{위치수두})} = \dfrac{P_2}{\gamma} + \dfrac{V_2^2}{2g} + Z_2 + H_l$$

여기서, P_1, P_2 : 압력[N/m²]
V_1, V_2 : 유속[m/s]
Z_1, Z_2 : 높이[m]
g : 중력가속도(9.8m/s²)
γ : 비중량[N/m³]
H_l : 손실수두[m]

수평관로의 유체이므로($Z_1 = Z_2$)

$$\dfrac{P_1}{\gamma} + \dfrac{V_1^2}{2g} = \dfrac{P_2}{\gamma} + \dfrac{V_2^2}{2g} + H_l$$

답 ①

25 하젠-윌리엄스(Hagen-Williams) 공식에서 P는 무엇을 나타내는가? (단, Q=유량[L/min], C=조도계수, d=관의 내경[mm], L=관의 길이[m])
00.03.문22
(기사)

$$P = \dfrac{6.174 \times Q^{1.85}}{C^{1.85} \times d^{4.87}} \times L \times 10^5$$

① 펌프의 가압시 생기는 날개 이면의 압축손실
② 펌프의 1차측 및 2차측의 압력차
③ 배관흐름 중 외부로 누수되는 압력손실
④ 배관 내의 마찰손실

해설 하젠-윌리엄스 공식

$$P = \dfrac{6.174 \times Q^{1.85}}{C^{1.85} \times d^{4.87}} \times L \times 10^5$$

여기서, P : 배관 내의 마찰손실(압력)[kg_f/cm²]
Q : 유량(유수량)[L/min]
C : 조도계수(조도)
d : 관의 내경[mm]
L : 관의 길이[m]

참고

하젠-윌리엄스 공식의 적용
(1) 유체 종류 : 물
(2) 비중량 : 9.8kN/m³
(3) 온도 : 7.2~24℃
(4) 유속 : 1.5~5.5m/s

답 ④

26 펌프 입구에서의 압력 80kPa, 출구에서의 압력 160kPa이고, 이 두 곳의 높이차이(출구가 높음)는 1m이다. 입구 및 출구 관의 직경은 같으며 송출유량이 0.02m³/s일 때, 효율 90%인 펌프에 필요한 축동력은 약 몇 kW인가?
09.05.문31

① 1.4   ② 1.6
③ 1.8   ④ 2.0

해설

(1) 기호
- P_1 : 80kPa
- P_2 : 160kPa
- Q : 0.02m³/s
- η : 0.9
- P : ?

(2) 전양정
$$\Delta P = P_2 - P_1 = 160\text{kPa} - 80\text{kPa} = 80\text{kPa}$$

$$101.325\text{kPa} = 10.332\text{m}$$

$$80\text{kPa} = \frac{80\text{kPa}}{101.325\text{kPa}} \times 10.332\text{m} \fallingdotseq 8.16\text{m}$$

전양정 $H = 8.16\text{m} + 1\text{m} = 9.16\text{m}$

(3) 펌프에 필요한 축동력
$$P = \frac{0.163QH}{\eta}$$

여기서, P : 전동력[kW]
$\quad\quad Q$: 유량[m³/min]
$\quad\quad H$: 전양정[m]
$\quad\quad \eta$: 효율

펌프에 필요한 축동력 P 는
$$P = \frac{0.163QH}{\eta} = \frac{0.163 \times 0.02\text{m}^3/\text{s} \times 9.16\text{m}}{0.9}$$
$$= \frac{0.163 \times 0.02\text{m}^3 \times \frac{1}{60}\text{min} \times 9.16\text{m}}{0.9}$$
$$= \frac{0.163 \times (0.02 \times 60)\text{m}^3/\text{min} \times 9.16\text{m}}{0.9} \fallingdotseq 2\text{kW}$$

- 1min=60s이므로 $1\text{s} = \frac{1}{60}\text{min}$
- 효율 90%이므로 $\eta = 0.9$

답 ④

---

27 어느 이상기체 10kg의 온도를 200℃만큼 상승시키는 데 필요한 열량은 압력이 일정한 경우와 체적이 일정한 경우에 375kJ의 차이가 있다. 이 이상기체의 기체상수[J/kg·K]로 옳은 것은?

19.04.문38
19.03.문25
11.06.문34

① 185.5 ② 187.5
③ 191.5 ④ 194.5

해설

(1) 기호
- m : 10kg
- ΔT : 200℃
- $Q_P - Q_N$: 375kJ
- R : ?

(2) 열량
$$Q_p = mC_p\Delta T$$
$$Q_v = mC_v\Delta T$$

여기서, Q_p : 열량(압력이 일정한 경우)
$\quad\quad Q_v$: 열량(체적이 일정한 경우)
$\quad\quad m$: 질량[kg], C_p : 정압비열[kJ/K]
$\quad\quad C_v$: 정적비열[kJ/K], ΔT : 온도차[K] 또는 [℃]

(3) 이상기체의 기체상수
$$R = C_p - C_v$$

여기서, R : 기체상수[kJ/kg·K], C_p : 정압비열[kJ/K]
$\quad\quad C_v$: 정적비열[kJ/K]

$$Q_p - Q_v = mC_p\Delta T - mC_v\Delta T$$
$$= m\Delta T(C_p - C_v) = m\Delta TR$$

$\therefore\ Q_p - Q_v = m\Delta TR$

$$\frac{Q_p - Q_v}{m\Delta T} = R$$

$$R = \frac{Q_p - Q_v}{m\Delta T} = \frac{375\text{kJ}}{10\text{kg} \times 200\text{K}}$$
$$= 0.1875\text{kJ/kg·K} = 187.5\text{J/kg·K}$$

- $Q_p - Q_v$ = 375kJ
- m : 10kg
- ΔT : 온도가 200℃이므로 절대온도로 변환해도 온도차는 200K

답 ②

---

28 바닷물 위에 떠 있는 물체에 작용하는 부력에 대한 설명으로 옳은 것은? (단, 정지하고 있는 상태이다.)

11.03.문37
10.03.문33

① 물체의 중량보다 크다.
② 물체의 중량보다 작다.
③ 물체에 의하여 배제된 액체의 무게와 같다.
④ 물체에 의하여 배제된 액체의 무게에 유체의 비중량을 곱한 무게와 같다.

해설

부력(buoyant force)
(1) 정지된 유체에 잠겨 있거나 떠 있는 물체가 유체에 의해 **수직상방**으로 받는 힘이다.
(2) **물체**에 의하여 배제된 **액체**의 **무게**와 같다. 보기 ③
(3) 떠 있는 물체의 부력은 "**물체의 비중량×물체의 체적**"으로 계산할 수 있다.

중요

부력 공식
$$F_B = \gamma V$$

여기서, F_B : 부력[kN]
$\quad\quad \gamma$: 비중량[kN/m³]
$\quad\quad V$: 물체가 잠긴 체적[m³]

답 ③

---

29 급확대관 혹은 급축소관에서의 손실수두에 관한 설명 중 옳지 않은 것은?

17.09.문27
14.03.문23

① 입·출구 속도차의 제곱에 비례한다.
② 중력가속도에 반비례한다.
③ 급축소관은 입·출구 속도차의 제곱에 반비례한다.
④ 급확대관에서 굵은 관 직경이 가는 관 직경에 비해 매우 클 경우 손실계수는 약 1이다.

해설

③ 급축소관은 출구속도의 제곱에 **비례**한다.

돌연축소관에서의 **손실**
$$H = K\frac{V_2^2}{2g}$$

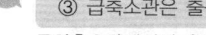

여기서, H : 손실수두[m]
K : 손실계수
V_2 : 축소관 유속(출구속도)[m/s]
g : 중력가속도(9.8m/s²)

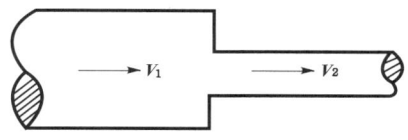

| 돌연 축소관 |

$$H = K\frac{V_2^2}{2g} \propto V_2^2$$

비교

돌연 확대관에서의 손실

$$H = K\frac{(V_1-V_2)^2}{2g}$$

여기서, H : 손실수두[m]
K : 손실계수
V_1 : 축소관 유속[m/s]
V_2 : 확대관 유속[m/s]
$V_1 - V_2$: 입·출구 속도차[m/s]
g : 중력가속도(9.8m/s²)

- 급확대관에서 굵은 관 직경이 가는 관 직경에 비해 매우 클 경우 손실계수는 약 1이다.

| 돌연 확대관 |

답 ③

30
체적이 10m³인 변형하지 않는 용기 내에 산소 2kg과 수소 2kg으로 구성된 혼합기체가 들어 있다. 용기 내의 온도가 30℃일 때 용기 내 압력은 몇 kPa인가? (단, 산소의 기체상수는 259.8J/kg·K, 수소의 기체상수는 4147J/kg·K이며, 화학반응은 일어나지 않는 것으로 한다.)

① 267.2 ② 271.3
③ 277.3 ④ 281.3

해설 (1) 기호
- V : 10m³
- m : 2kg
- T : (273+30)K
- P_T : ?
- 산소의 기체상수 R : 259.8J/kg·K
- 수소의 기체상수 R : 4147J/kg·K

(2) 이상기체상태 방정식

$$PV = mRT$$

여기서, P : 압력[kPa] 또는 [kN/m²]
V : 부피(체적)[m³]
m : 질량[kg]
R : 기체상수[kJ/kg·K]
T : 절대온도(273+℃)[K]

(3) 산소의 압력 P_1은

$$P_1 = \frac{mRT}{V} \leftarrow \text{산소의 압력을 } P_1\text{로 가정}$$

$$= \frac{2\text{kg} \times 0.2598\text{kJ/kg·K} \times (273+30)\text{K}}{10\text{m}^3}$$

$$= \frac{2\text{kg} \times 0.2598\text{kN·m/kg·K} \times (273+30)\text{K}}{10\text{m}^3}$$

$$\fallingdotseq 15.74\text{kN/m}^2$$

- 1000J=1kJ이므로 259.8J/kg·K=0.2598kJ/kg·K
- 1kJ=1kN·m이므로 0.2598kJ/kg·K=0.2598kN·m/kg·K

(4) 수소의 압력 P_2는

$$P_2 = \frac{mRT}{V} \leftarrow \text{수소의 압력을 } P_2\text{로 가정}$$

$$= \frac{2\text{kg} \times 4.147\text{kJ/kg·K} \times (273+30)\text{K}}{10\text{m}^3}$$

$$= \frac{2\text{kg} \times 4.147\text{kN·m/kg·K} \times (273+30)\text{K}}{10\text{m}^3}$$

$$\fallingdotseq 251.31\text{kN/m}^2$$

- 1000J=1kJ이므로 4147J/kg·K=4.147kJ/kg·K
- 1kJ=1kN·m이므로 4.147kJ/kg·K=4.147kN·m/kg·K

(5) 용기 내 압력 P_T는
$P_T = P_1 + P_2$ ← 용기 내 압력을 P_T로 가정
$= (15.74 + 251.31)\text{kN/m}^2$
$\fallingdotseq 267.2\text{kN/m}^2$
$= 267.2\text{kPa}$

- 1kN/m²=1kPa이므로 267.2kN/m²=267.2kPa

답 ①

31
유체에 대한 일반적인 설명으로 틀린 것은?

① 유체 유동시 비점성 유체는 마찰저항이 존재하지 않는다.
② 실제 유체에서는 마찰저항이 존재한다.
③ 뉴턴(Newton)의 점성법칙은 압력, 유체의 변형률에 관한 함수관계를 나타내는 법칙이다.
④ 전단응력이 가해지면 정지상태로 있을 수 없는 물질을 유체라 한다.

해설 ③ 뉴턴(Newton)의 **점성법칙**은 **전단응력**의 변화가 **점성계수**를 비례상수로 하여 **직선적**으로 변화한다는 법칙

16. 05. 시행 / 산업(기계)

중요
뉴턴(Newton)의 점성법칙

$$\tau = \mu \frac{du}{dy}$$

여기서, τ : 전단응력[N/m²]
μ : 점성계수[N·s/m²]
$\frac{du}{dy}$: 속도구배(속도기울기)

• 전단응력은 **속도구배(속도기울기)**에 **비례**한다.

답 ③

32 이산화탄소가 압력 2×10^5Pa, 비체적 0.04m³/kg 상태로 저장되었다가 온도가 일정한 상태로 압축되어 압력이 8×10^5Pa이 되었다면 변화 후 비체적은 몇 m³/kg인가?

① 0.01　　② 0.02
③ 0.16　　④ 0.32

03.08.문35

해설 (1) 기호
• P_1 : 2×10^5Pa
• v_1 : 0.04m³/kg
• P_2 : 8×10^5Pa

(2) 등온과정

$$\frac{P_2}{P_1} = \frac{v_1}{v_2}$$

여기서, P_1, P_2 : 변화 전후의 압력[Pa]
v_1, v_2 : 변화 전후의 비체적[m³/kg]

변화 후 비체적 v_2는

$$v_2 = \frac{v_1}{\frac{P_2}{P_1}} = \frac{0.04 \text{m}^3/\text{kg}}{\frac{8 \times 10^5 \text{Pa}}{2 \times 10^5 \text{Pa}}} = 0.01 \text{m}^3/\text{kg}$$

답 ①

33 옥내소화전 노즐선단에서 물 제트의 방사량이 0.1m³/min, 노즐선단 내경이 25mm일 때 방사압력(계기압력)은 약 몇 kPa인가?

① 3.27　　② 4.41
③ 5.32　　④ 5.78

13.06.문29

해설 (1) 기호
• Q : 0.1m³/min
• D : 25mm=0.025m(1m=1000mm이므로)
• H : ?

(2) 유량

$$Q = AV = \left(\frac{\pi D^2}{4}\right)V$$

여기서, Q : 유량(방사량)[m³/s], A : 단면적[m²]
V : 유속[m/s], D : 내경[m]

유속 V는

$$V = \frac{Q}{\frac{\pi D^2}{4}} = \frac{0.1 \text{m}^3/60\text{s}}{\frac{\pi \times (0.025)^2}{4}} \fallingdotseq 3.395 \text{m/s}$$

• 1min=60s이므로 0.1m³/min=0.1m³/60s
• 1000mm=1m이므로 25mm=0.025m

(3) 속도수두

$$H = \frac{V^2}{2g}$$

여기서, H : 속도수두[m], V : 유속[m/s]
g : 중력가속도(9.8m/s²)

속도수두 H는

$$H = \frac{V^2}{2g} = \frac{(3.395 \text{m/s})^2}{2 \times 9.8 \text{m/s}^2} \fallingdotseq 0.588 \text{m}$$

방사압력으로 환산하면

$$10.332 \text{mH}_2\text{O} = 10.332 \text{m} = 101.325 \text{kPa}$$

$$0.588 \text{m} = \frac{0.588 \text{m}}{10.332 \text{m}} \times 101.325 \text{kPa} \fallingdotseq 5.78 \text{kPa}$$

※ 표준대기압
1atm=760mmHg=1.0332kg_f/cm²
　　　　　　=10.332mH₂O[mAq]
　　　　　　=14.7PSI[lb_f/in²]
　　　　　　=101.325kPa[kN/m²]
　　　　　　=1013mbar

답 ④

34 폭 1m, 길이 2m인 수직평판이 물속 0.5m 깊이에 잠겨 있다. 이 평판에 작용하는 정수력은 얼마인가?

15.05.문40 (기사)
14.09.문36 (기사)

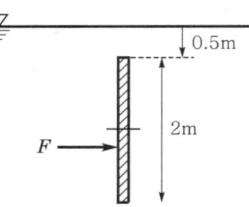

① 9.8kN　　② 14.7kN
③ 24.5kN　　④ 29.4kN

해설 (1) 기호
• A : (1×2)m²
• h : $(1+0.5)$m
• γ : 9800N/m³(물의 비중량)
• F : ?

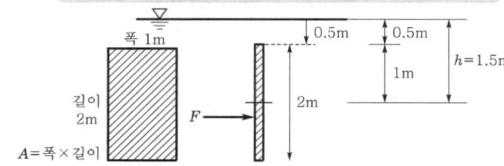

(2) 정수력

$$F = \gamma h A$$

여기서, F : 정수력[N]
γ : 비중량(물의 비중량 9800N/m³)
h : 표면에서 수문중심까지의 수직거리[m]
A : 수문의 단면적[m²]

정수력 F는
$F = \gamma h A = 9800\text{N/m}^3 \times 1.5\text{m} \times (1\times 2)\text{m}^2$
$\qquad = 29400\text{N} = 29.4\text{kN}$

- 1000N=1kN이므로 29400N=29.4kN

답 ④

35 ★★★
19.04.문23
12.05.문28

온도차이 40℃, 열전도율 k_1, 두께 5cm인 벽을 통한 열유속(heat flux)과 온도차이 20℃, 열전도율 k_2, 두께 10cm인 벽을 통한 열유속이 같다면 이 두 재질의 열전도율의 비는 k_2/k_1의 값은?

① 1/4 ② 1/2
③ 2   ④ 4

해설 전도

$$\mathring{q}'' = \frac{k(T_2 - T_1)}{l}$$

여기서, $\mathring{q}''$: 열전달량[W/m²]
k : 열전도율[W/m·K]
$(T_2 - T_1)$: 온도차[℃] 또는 [K]
l : 벽체두께[m]

- 열전달량=열전달률=열유동률=열흐름률

열전도율 k_1, k_2는

$k_1 = \dfrac{\mathring{q}'' l}{T_2 - T_1} = \dfrac{\mathring{q}'' \times 0.05\text{m}}{40\text{K}} = 1.25 \times 10^{-3} \text{W/m·K}$

$k_2 = \dfrac{\mathring{q}'' l}{T_2 - T_1} = \dfrac{\mathring{q}'' \times 0.1\text{m}}{20\text{K}} = 5 \times 10^{-3} \text{W/m·K}$

- 100cm=1m이므로 5cm=0.05m, 10cm=0.1m
- 온도차이므로 40℃를 40K로, 20℃를 20K로 쓸 수도 있다. (℃를 K로 변환해도 값은 동일하다.)

열전도율의 비 $\dfrac{k_2}{k_1} = \dfrac{5 \times 10^{-3} \text{W/m·K}}{1.25 \times 10^{-3} \text{W/m·K}} = 4$

답 ④

36
13.06.문22
12.09.문34

질량과 체적이 각각 4400kg, 5.1m³인 유체의 비중은 약 얼마인가?

① 0.86 ② 8.6
③ 10.6 ④ 11.6

해설 (1) 기호
- m : 4400kg
- V : 5.1m³
- s : ?

(2) 밀도

$$\rho = \frac{m}{V}$$

여기서, ρ : 밀도[kg/m³]
m : 질량[kg]
V : 체적(부피)[m³]

밀도 ρ는
$\rho = \dfrac{m}{V} = \dfrac{4400\text{kg}}{5.1\text{m}^3} = 862.7\text{kg/m}^3$

(3) 비중량

$$\gamma = \rho g$$

여기서, γ : 비중량[N/m³]
ρ : 밀도[kg/m³] 또는 [N·s²/m⁴]
g : 중력가속도(9.8m/s²)

비중량 γ는
$\gamma = \rho g$
$\quad = 862.7\text{kg/m}^3 \times 9.8\text{m/s}^2$
$\quad = 862.7\text{N·s}^2/\text{m}^4 \times 9.8\text{m/s}^2 = 8454.5\text{N/m}^3$

- 1kg/m³=1N·s²/m⁴이므로
  862.7kg/m³=862.7N·s²/m⁴

(4) 비중

$$s = \frac{\gamma}{\gamma_w}$$

여기서, s : 비중
γ : 어떤 물질의 비중량[kN/m³]
γ_w : 물의 비중량(9800N/m³)

비중 s는
$s = \dfrac{\gamma}{\gamma_w} = \dfrac{8454.5\text{N/m}^3}{9800\text{N/m}^3} ≒ 0.86$

답 ①

37 ★★★
12.03.문32

하나의 잘 설계된 원심펌프의 임펠러 직경이 10cm이다. 똑같은 모양의 펌프를 임펠러 직경이 20cm로 만들었을 때, 유량계수를 같게 하고 10cm에서와 같은 회전수에서 운전하면 새로운 펌프의 설계점 성능 특성 중 수두 또는 양정은 몇 배가 되는가? (단, 레이놀즈수의 영향은 무시한다.)

① 동일 ② 2배
③ 4배   ④ 8배

해설 양정(수두) : 회전수의 제곱 및 관경의 제곱에 비례한다.

$$H_2 = H_1 \left(\frac{N_2}{N_1}\right)^2 \left(\frac{D_2}{D_1}\right)^2$$

여기서, H_2 : 변경 후 양정[m]
H_1 : 변경 전 양정[m]
N_2 : 변경 후 회전수[rpm]
N_1 : 변경 전 회전수[rpm]
D_2 : 변경 후 관경[mm]
D_1 : 변경 전 관경[mm]

양정 H_2는
$H_2 = H_1 \left(\dfrac{\cancel{N_2}}{\cancel{N_1}}\right)^2 \left(\dfrac{D_2}{D_1}\right)^2 = H_1 \left(\dfrac{20\text{cm}}{10\text{cm}}\right)^2 = 4H_1$

- 문제에서 '같은 회전수로 운전'하므로 $N_1 = N_2$이다. 그러므로 삭제가능

비교

유량 : 회전수에 비례하고 관경의 세제곱에 비례한다.

$$Q_2 = Q_1 \left(\frac{N_2}{N_1}\right)\left(\frac{D_2}{D_1}\right)^3$$

여기서, Q_2 : 변경 후 유량[m³/min]
Q_1 : 변경 전 유량[m³/min]
N_2 : 변경 후 회전수[rpm]
N_1 : 변경 전 회전수[rpm]
D_2 : 변경 후 관경[mm]
D_1 : 변경 전 관경[mm]

답 ③

38 [10.09.문24] 노즐에서 10m/s로서 수직방향으로 물을 분사할 때 최대상승높이는 약 몇 m인가? (단, 저항은 무시한다.)

① 5.10　② 6.34
③ 3.22　④ 2.65

해설 (1) 기호
- V : 10m/s
- H : ?

(2) 속도수두

$$H = \frac{V^2}{2g}$$

여기서, H : 속도수두(최대상승높이)[m]
V : 유속[m/s]
g : 중력가속도(9.8m/s²)

속도수두(최대상승높이) H는

$$H = \frac{V^2}{2g} = \frac{(10\text{m/s})^2}{2 \times 9.8\text{m/s}^2} = 5.1\text{m}$$

답 ①

39 [09.03.문36] 직경 7.62cm, 길이가 10m인 소방호스에 1.67×10^{-3}m³/s의 물이 흐르고 있을 때 평균유속은 약 몇 m/s인가?

① 0.27　② 0.37
③ 0.47　④ 0.57

해설 (1) 기호
- D : 7.62cm = 0.0762m(1m=100cm이므로)
- Q : 1.67×10^{-3}m³/s
- V : ?

(2) 유량

$$Q = AV = \left(\frac{\pi D^2}{4}\right)V$$

여기서, Q : 유량[m³/s], A : 단면적[m²]
V : 유속[m/s], D : 직경[m]

유속 V는

$$V = \frac{Q}{\frac{\pi D^2}{4}} = \frac{1.67 \times 10^{-3}\text{m}^3/\text{s}}{\frac{\pi \times (0.0762\text{m})^2}{4}} ≒ 0.37\text{m/s}$$

- 100cm = 1m이므로

답 ②

40 [19.03.문23] 곧은 원형 관에서의 속도분포는 $u(r) = U\left(1 - \frac{r^2}{R^2}\right)$ 으로 표현된다. 여기에서 r은 관의 중심선으로부터 측정되었고, R은 관의 반지름이다. 이때 관에서의 체적유량 Q를 나타낸 식은 어느 것인가?
(단, 체적유량 $Q = \int_A u(r) dA$이다.)

① $\dfrac{\pi U R^2}{4}$　② $\dfrac{\pi U R^2}{2}$

③ $\pi U R^2$　④ $2\pi U R^2$

해설 (1) 곧은 원형 관 속도분포

$$u(r) = U\left(1 - \frac{r^2}{R^2}\right)$$

여기서, $u(r)$: 관의 속도분포[m/s]
U : 관의 속도[m/s]
r : 관 중심선으로부터의 거리[m]
R : 관의 반지름[m]

(2) 체적유량

$$Q = \frac{\pi U R^2}{2}$$

여기서, Q : 체적유량[m³/s], U : 관의 속도[m/s]
R : 관의 반지름[m]

답 ②

제3과목　소방관계법규

41 [15.09.문52] [11.10.문43] (가시) 일반소방시설관리업의 기술인력에 속하지 않는 자는?

① 고급점검자
② 중급점검자
③ 초급점검자
④ 소방시설관리사로서 실무경력 1년 이상인 자

해설 ① 해당없음

소방시설법 시행령 [별표 9]
일반소방시설관리업의 등록기준

기술인력	기준
주된 기술인력	소방시설관리사+실무경력 1년 : 1명 이상
보조 기술인력	중급점검자 : 1명 이상 초급점검자 : 1명 이상

답 ①

42
공장·창고가 밀집한 지역에서 화재로 오인할 만한 우려가 있는 불을 피우는 자가 관할 소방본부장에게 신고를 하지 않아 소방자동차를 출동하게 한 자에 대한 벌칙은?

① 200만원 이하의 과태료
② 100만원 이하의 과태료
③ 50만원 이하의 과태료
④ 20만원 이하의 과태료

해설 기본법 57조
과태료 20만원 이하
연막소독 신고를 하지 아니하여 소방자동차를 출동하게 한 자

중요
기본법 19조
화재로 오인할 만한 불을 피우거나 연막소독시 신고지역
(1) **시장**지역
(2) **공장·창고**가 밀집한 지역
(3) **목조**건물이 밀집한 지역
(4) **위험물**의 **저장** 및 **처리시설**이 밀집한 지역
(5) **석유화학제품**을 생산하는 공장이 있는 지역
(6) 그 밖에 **시·도**의 **조례**로 정하는 지역 또는 장소

답 ④

43
출동한 소방대의 소방장비를 파손하거나 그 효용을 해하여 화재진압·인명구조 또는 구급활동을 방해하는 행위를 한 자의 벌칙은?

① 10년 이하의 징역 또는 5000만원 이하의 벌금
② 5년 이하의 징역 또는 5000만원 이하의 벌금
③ 3년 이하의 징역 또는 1500만원 이하의 벌금
④ 2년 이하의 징역 또는 1000만원 이하의 벌금

해설 기본법 50조
5년 이하의 징역 또는 **5000만원** 이하의 벌금
(1) 소방자동차의 **출동** 방해
(2) 사람 **구출** 방해(화재진압, 구급활동 방해)
(3) **소방용수시설** 또는 **비상소화장치**의 효용 방해

기억법 출구용5

답 ②

44
대지경계선 안에 2 이상의 건축물이 있는 경우 연소 우려가 있는 구조로 볼 수 있는 것은?

① 1층 외벽으로부터 수평거리 6m 이상이고 개구부가 설치되지 않은 구조
② 2층 외벽으로부터 수평거리 10m 이상이고 개구부가 설치되지 않은 구조
③ 2층 외벽으로부터 수평거리 6m이고 개구부가 다른 건축물을 향하여 설치된 구조
④ 1층 외벽으로부터 수평거리 10m이고 개구부가 다른 건축물을 향하여 설치된 구조

해설 소방시설법 시행규칙 17조
연소 우려가 있는 건축물의 구조
(1) **1층**: 타건축물 외벽으로부터 **6m** 이하
(2) **2층 이상**: 타건축물 외벽으로부터 **10m** 이하
(3) 대지경계선 안에 2 이상의 건축물이 있는 경우
(4) 개구부가 다른 건축물을 향하여 설치된 구조

답 ③

45
연면적이 33m² 이상이 되지 않아도 소화기구를 설치하여야 하는 특정소방대상물은?

① 변전실
② 가스시설
③ 판매시설
④ 유흥주점영업소

해설 소방시설법 시행령〔별표 4〕
소화설비의 설치대상

종류	설치대상
소화기구	• 연면적 **33m²** 이상 • 국가유산 • 가스시설, 전기저장시설 — 면적, 길이에 관계없이 설치 • 터널 • 지하구
주거용 주방자동소화장치	• 아파트 등(모든 층) • 오피스텔(모든 층)

답 ②

46
다음 중 특정소방대상물의 관계인의 업무가 아닌 것은? (단, 소방안전관리대상물은 제외한다.)

① 자위소방대의 구성·운영·교육
② 소방시설의 관리
③ 화기취급의 감독
④ 방화구획의 관리

해설 화재예방법 24조
관계인 및 소방안전관리자의 업무

특정소방대상물 (관계인)	소방안전관리대상물 (소방안전관리자)
① **피**난시설·방화구획 및 방화시설의 관리 ② **소**방시설, 그 밖의 소방관련시설의 관리 ③ **화기취급**의 감독 ④ 소방안전관리에 필요한 업무 ⑤ 화재발생시 초기대응	① **피**난시설·방화구획 및 방화시설의 관리 ② **소**방시설, 그 밖의 소방관련시설의 관리 ③ **화기취급**의 감독 ④ 소방안전관리에 필요한 업무 ⑤ **소방계획서**의 작성 및 시행(대통령령으로 정하는 사항 포함) ⑥ **자위**소방대 및 초기대응체계의 구성·운영·교육 ⑦ 소방**훈련** 및 교육 ⑧ 소방안전관리에 관한 업무 수행에 관한 기록·유지 ⑨ 화재발생시 초기대응

특정소방대상물	소방안전관리대상물
건축물 등의 규모·용도 및 수용인원 등을 고려하여 소방시설을 설치하여야 하는 소방대상물로서 대통령령으로 정하는 것	대통령령으로 정하는 특정 소방대상물

기억법 계위 훈피소화

답 ①

47 소방용수시설인 저수조의 설치기준으로 옳은 것은?
19.04.문46
10.05.문46

① 흡수부분의 수심이 0.5m 이하일 것
② 지면으로부터의 낙차가 4.5m 이하일 것
③ 흡수관의 투입구가 사각형의 경우에는 한 변의 길이가 60cm 이하일 것
④ 저수조에 물을 공급하는 방법은 상수도에 연결하여 수동으로 급수되는 구조일 것

해설
① 0.5m 이하 → 0.5m 이상
③ 60cm 이하 → 60cm 이상
④ 수동 → 자동

소방용수시설의 **저수조**의 **설치기준**(기본규칙 〔별표 3〕)

구 분	기 준
낙차	4.5m 이하
수심	0.5m 이상
투입구의 길이 또는 지름	60cm 이상

(1) 소방펌프자동차가 쉽게 **접근**할 수 있도록 할 것
(2) 흡수에 지장이 없도록 **토사** 및 **쓰레기** 등을 제거할 수 있는 설비를 갖출 것
(3) 저수조에 물을 공급하는 방법은 **상수도**에 연결하여 **자동**으로 **급수**되는 구조일 것

답 ②

48 소화용수시설별 설치기준 중 다음 ( ) 안에 모두 알맞은 것은?
14.03.문55
13.09.문50

소방용 호스와 연결하는 소화전의 연결금속구 구경은 (㉠)mm, 급수탑의 개폐밸브는 지상에서 (㉡)m 이상 (㉢)m 이하의 위치에 설치하도록 할 것

① ㉠ 65, ㉡ 0.8, ㉢ 1.5
② ㉠ 50, ㉡ 0.8, ㉢ 1.5
③ ㉠ 65, ㉡ 1.5, ㉢ 1.7
④ ㉠ 50, ㉡ 1.5, ㉢ 1.7

해설 기본규칙 〔별표 3〕
소방용수시설별 설치기준

구 분	소화전	급수탑
구경	**65**mm	100mm
개폐밸브 높이	-	지상 **1.5~1.7m** 이하

기억법 용65, 용517

답 ③

49 위험물제조소 등에서 자동화재탐지설비를 설치하여야 할 제조소 및 일반취급소는 옥내에서 지정수량 몇 배 이상의 위험물을 저장·취급하는 곳인가?
13.06.문50

① 지정수량 5배 이상
② 지정수량 10배 이상
③ 지정수량 50배 이상
④ 지정수량 100배 이상

해설 위험물규칙 〔별표 17〕
제조소 등별로 설치하여야 하는 경보설비의 종류

구 분	경보설비
• 연면적 500m² 이상인 것 • 옥내에서 지정수량의 100배 이상을 취급하는 것	자동화재탐지설비
지정수량의 **10배** 이상을 저장 또는 취급하는 것	• 자동화재탐지설비 • 비상경보설비 • 확성장치 • 비상방송설비 } 1종 이상

답 ④

50 소방시설 등에 대한 자체점검 중 작동점검의 실시 횟수로 옳은 것은?
19.04.문60
19.03.문59
15.05.문56
14.09.문43
12.09.문53

① 분기에 1회 이상
② 6개월에 2회 이상
③ 연 1회 이상
④ 연 2회 이상

해설 소방시설법 시행규칙 〔별표 3〕
소방시설 등의 자체점검

점검구분	정 의	점검횟수 및 점검시기
작동점검	소방시설 등을 인위적으로 조작하여 정상적으로 작동하는지를 점검하는 것	• 작동점검은 **연 1회** 이상 실시하며, 종합점검대상은 종합점검(최초점검 제외)을 받은 달부터 **6개월**이 되는 달에 실시 • 종합점검대상 외의 특정소방대상물은 사용승인일이 속하는 달의 말일까지 실시

답 ③

51. 다음 중 소방대상물이 아닌 것은?
① 산림
② 항해 중인 선박
③ 인공구조물
④ 선박건조구조물

해설 기본법 2조 1호
소방대상물
(1) 건축물
(2) 차량
(3) 선박(매어둔 것)
(4) 선박건조구조물
(5) 인공구조물
(6) 물건
(7) 산림

답 ②

52. 특정소방대상물에 설치된 전산실의 경우 물분무등소화설비를 설치해야 하는 바닥면적 기준은 몇 m² 이상인가? (단, 하나의 방화구획 내에 둘 이상의 실이 설치된 경우 이를 하나의 실로 본다.)
① 100m²
② 300m²
③ 500m²
④ 1000m²

해설 ② 전산실: 300m² 이상

소방시설법 시행령〔별표 4〕
물분무등소화설비의 설치대상

설치대상	조건
차고 · 주차장	바닥면적 합계 200m² 이상
전기실 · 발전실 · 변전실 축전지실 · 통신기기실 · 전산실	바닥면적 300m² 이상
주차용 건축물	연면적 800m² 이상
기계식 주차장	20대 이상
항공기 격납고	전부(규모에 관계없이 설치)

답 ②

53. 일반음식점에서 조리를 위하여 불을 사용하는 설비를 설치할 경우 화재예방을 위하여 지켜야 할 사항 중 틀린 것은?
① 주방설비에 부속된 배출덕트는 0.5mm 이상의 아연도금강판 또는 이와 동등 이상의 내식성 불연재료로 설치할 것
② 주방시설에는 기름을 제거할 수 있는 필터 등을 설치할 것
③ 열을 발생하는 조리기구는 반자 또는 선반으로부터 0.5m 이상 떨어지게 할 것
④ 열을 발생하는 조리기구로부터 0.15m 이내의 거리에 있는 가연성 주요구조부는 단열성이 있는 불연재로 덮어씌울 것

해설 ③ 0.5m 이상 → 0.6m 이상

화재예방법 시행령〔별표 1〕
음식 조리를 위하여 설치하는 설비
(1) 주방설비에 부속된 배출덕트는 0.5mm 이상의 **아연도금강판** 또는 이와 동등 이상의 내식성 **불연재료**로 설치
(2) 주방시설에는 동물 또는 식물의 기름을 제거할 수 있는 **필터** 등을 설치
(3) 열을 발생하는 조리기구는 반자 또는 선반으로부터 **0.6m 이상** 떨어지게 할 것
(4) 열을 발생하는 조리기구로부터 0.15m 이내의 거리에 있는 가연성 주요구조부는 **단열성**이 있는 불연재료로 덮어씌울 것

답 ③

54. 건축허가 등의 동의대상물의 범위 중 노유자시설의 연면적 기준은?
① 100m² 이상
② 200m² 이상
③ 400m² 미만
④ 400m² 이상

해설 ② 노유자시설: 연면적 200m² 이상

소방시설법 시행령 7조
건축허가 등의 동의대상물
(1) 연면적 **400m²**(학교시설: **100m²**, 수련시설 · 노유자시설: **200m²**, 정신의료기관 · 장애인의료재활시설: **300m²**) 이상
(2) **6층** 이상인 건축물
(3) 차고 · 주차장으로서 바닥면적 **200m²** 이상(자동차 **20대** 이상)
(4) **항공기격납고, 관망탑, 항공관제탑, 방송용 송수신탑**
(5) 지하층 또는 무창층의 바닥면적 **150m²**(공장용은 **100m²**) 이상
(6) 위험물저장 및 처리시설, 지하구
(7) **결핵환자**나 한센인이 24시간 생활하는 **노유자시설**
(8) 전기저장시설, 풍력발전소
(9) **공동주택, 숙박시설**
(10) 요양병원(의료재활시설 제외)
(11) 노인주거복지시설 · 노인의료복지시설 및 재가노인복지시설, 학대피해노인 전용쉼터, 아동복지시설, 장애인거주시설
(12) 정신질환자 관련시설(공동생활가정을 제외한 재활훈련시설과 종합시설 중 24시간 주거를 제공하지 않는 시설 제외)
(13) 노숙인자활시설, 노숙인재활시설 및 노숙인요양시설
(14) 조산원, 산후조리원, 의원(입원실 또는 인공신장실이 있는 것)
(15) 공장 또는 창고시설로서 지정수량의 **750배** 이상의 특수가연물을 저장 · 취급하는 것
(16) 가스시설로서 지상에 노출된 탱크의 저장용량의 합계가 100t 이상인 것

답 ②

55 탱크안전성능검사의 대상이 되는 탱크 중 기초·지반검사를 받아야 하는 옥외탱크저장소의 액체위험물탱크의 용량은 몇 L 이상인가?
① 100만
② 10만
③ 1만
④ 1천

해설 위험물령 8조
위험물탱크의 탱크안전성능검사

검사항목	조 건
• 기초·지반검사 • 용접부검사	옥외탱크저장소의 액체위험물탱크 중 그 용량이 **100만L** 이상인 탱크
• 충수·수압검사	액체위험물을 저장 또는 취급하는 탱크
• 암반탱크검사	액체위험물을 저장 또는 취급하는 암반 내의 공간을 이용한 탱크

답 ①

56 관리의 권원이 분리된 특정소방대상물 중 복합건축물은 지하층을 제외한 층수가 몇 층 이상인 건축물만 해당되는가?
① 6층
② 11층
③ 20층
④ 30층

해설 화재예방법 35조, 화재예방법 시행령 35조
관리의 권원이 분리된 특정소방대상물의 소방안전관리
(1) 복합건축물(**지하층**을 **제외**한 **11층** 이상, 또는 연면적 30000m² 이상인 건축물)
(2) 지하가
(3) 도매시장, 소매시장, 전통시장

답 ②

57 지정수량 미만인 위험물의 저장 또는 취급에 관한 기술상의 기준은 무엇으로 정하는가?
① 대통령령
② 소방청 고시
③ 행정안전부령
④ 시·도의 조례

해설 시·도의 조례
(1) 소방**체**험관(기본법 5조)
(2) **의**용소방대의 설치(기본법 37조)
(3) 지정수량 **미**만의 위험물 취급(위험물법 4조)

기억법 시체의미(**시체**는 **의미**(美)가 없다.)

답 ④

58 위험물의 지정수량에서 산화성 고체인 다이크로뮴산염류의 지정수량은?
① 3000kg
② 1000kg
③ 300kg
④ 50kg

해설 ② 다이크로뮴산염류 : 1000kg

위험물령 [별표 1]
제1류 위험물

성 질	품 명	지정수량
산화성 고체	아염소산염류	50kg
	염소산염류	
	과염소산염류	
	무기과산화물	
	브로민산염류	300kg
	질산염류	
	아이오딘산염류	
	과망가니즈산염류	1000kg
	다이크로뮴산염류	

답 ②

59 소방시설업의 등록을 하지 않고 영업을 한 자에 대한 벌칙은?
① 1년 이하의 징역 또는 1000만원 이하의 벌금
② 2년 이하의 징역 또는 1500만원 이하의 벌금
③ 3년 이하의 징역 또는 1000만원 이하의 벌금
④ 3년 이하의 징역 또는 3000만원 이하의 벌금

해설 공사업법 35조
3년 이하의 징역 또는 3000만원 이하의 벌금
(1) 소방시설업 **무**등록자(공사업법 35조)
(2) **부정**한 **청탁**을 받고 재물 또는 재산상의 **이익**을 취득하거나 부정한 청탁을 하면서 재물 또는 재산상의 이익을 제공한 자

기억법 무3(**무**더위에는 **살**계탕이 최고다.)

답 ④

60 소방시설공사의 하자보수보증기간이 3년이 아닌 것은?
① 자동소화장치
② 무선통신보조설비
③ 자동화재탐지설비
④ 스프링클러설비

해설 ② 무선통신보조설비 : 2년

공사업령 6조
소방시설공사의 하자보수보증기간

보증기간	소방시설
2년	• <u>유</u>도등·<u>피</u>난기구 • <u>비</u>상<u>조</u>명등·비상<u>경</u>보설비·비상<u>방</u>송설비 • <u>무</u>선통신보조설비
3년	• 자동소화장치 • 옥내·외소화전설비 • 스프링클러설비 • 물분무등소화설비·소화용수설비 • 자동화재탐지설비·소화활동설비(무선통신보조설비 제외) • 화재알림설비

[기억법] 유비조경방무피2(유비조경방무피투)

답 ②

제4과목 소방기계시설의 구조 및 원리

61 펌프의 토출관에 압입기를 설치하여 포소화약제 압입용 펌프로 포소화약제를 압입시켜 혼합하는 포소화약제의 혼합방식은?
15.09.문74
14.09.문79
10.05.문74

① 펌프 프로포셔너
② 프레져 프로포셔너
③ 라인 프로포셔너
④ 프레져사이드 프로포셔너

[해설] 포소화약제의 혼합장치(NFPC 105 3·9조, NFTC 105 1.7, 2.6.1)

(1) **펌프 프로포셔너방식(펌프 혼합방식)**
  ㉠ 펌프 토출측과 흡입측에 바이패스를 설치하고 그 바이패스 도중에 설치한 어댑터(adaptor)로 펌프 토출측 수량의 일부를 통과시켜 공기포용액을 만드는 방식
  ㉡ 펌프의 **토출관**과 **흡입관** 사이의 배관 도중에 설치한 흡입기에 펌프에서 토출된 물의 일부를 보내고 **농도조정밸브**에서 조정된 포소화약제의 필요량을 포소화약제탱크에서 펌프 흡입측으로 보내어 약제를 혼합하는 방식

(2) **프레져 프로포셔너방식(차압 혼합방식)**
  ㉠ 가압송수관 도중에 공기포 소화원액 혼합조(P.P.T)와 혼합기를 접속하여 사용하는 방법
  ㉡ **격막방식 휨탱크**를 사용하는 에어휨 혼합방식
  ㉢ 펌프와 발포기의 중간에 설치된 벤츄리관의 **벤츄리작용**과 펌프 가압수의 **포소화약제 저장탱크**에 대한 압력에 의하여 포소화약제를 흡입·혼합하는 방식

(3) **라인 프로포셔너방식(관로 혼합방식)**
  ㉠ 급수관의 배관 도중에 포소화약제 흡입기를 설치하여 그 흡입관에서 소화약제를 흡입하여 혼합하는 방식
  ㉡ 펌프와 발포기의 중간에 설치된 <u>벤</u>츄리관의 <u>벤</u>츄리작용에 의하여 포소화약제를 흡입·혼합하는 방식

• 벤츄리=벤투리

[기억법] 라벤벤

(4) **프레져사이드 프로포셔너방식(압입 혼합방식)**
  ㉠ 소화원액 **가압펌프(압입용 펌프)**를 별도로 사용하는 방식
  ㉡ 펌프 **토출관**에 압입기를 설치하여 포소화약제 **압입용 펌프**로 포소화약제를 압입시켜 혼합하는 방식 보기 ④

[기억법] 프사압

(5) **압축공기포 믹싱챔버방식**
  포수용액에 공기를 강제로 주입시켜 **원거리 방수**가 가능하고 물 사용량을 줄여 **수손피해**를 **최소화**할 수 있는 방식

답 ④

62 평상시 최고주위온도가 70℃인 장소에 폐쇄형 스프링클러헤드를 설치하는 경우 표시온도가 몇 ℃인 것을 설치해야 하는가?
14.05.문69
05.09.문62

① 79℃ 미만
② 79℃ 이상 121℃ 미만
③ 121℃ 이상 162℃ 미만
④ 162℃ 이상

[해설] 폐쇄형 헤드의 표시온도(NFTC 103 2.7.6)

설치장소의 최고주위온도	표시온도
<u>39</u>℃ 미만	<u>79</u>℃ 미만
39~<u>64</u>℃ 미만	79~<u>121</u>℃ 미만
64~<u>106</u>℃ 미만 →	121~<u>162</u>℃ 미만 보기 ③
106℃ 이상	162℃ 이상

[기억법] 39 → 79
64 → 121
106 → 162

• 헤드의 표시온도는 **최고주위온도**보다 **높은** 것을 선택한다.

[기억법] 최높

답 ③

63 폐쇄형 스프링클러헤드가 설치된 건물에 하나의 유수검지장치가 담당해야 할 방호구역의 바닥면적은 몇 m²를 초과하지 않아야 하는가? (단, 폐쇄형 스프링클러설비에 격자형 배관방식은 제외한다.)
19.09.문67
10.05.문66

① 1000   ② 2000
③ 2500   ④ 3000

[해설] 폐쇄형 설비의 **방호구역** 및 **유수검지장치**(NFPC 103 6조, NFTC 103 2.3.1)
(1) 하나의 방호구역의 바닥면적은 **3000m²**를 초과하지 않을 것 보기 ④
(2) 하나의 방호구역에는 1개 이상의 유수검지장치 설치

16. 05. 시행 / 산업(기계)

(3) 하나의 방호구역은 **2개층**에 미치지 아니하도록 하되, 1개층에 설치되는 스프링클러헤드의 수가 **10개 이하** 및 **복층형 구조의 공동주택**에는 **3개층** 이내
(4) 유수검지장치는 바닥에서 **0.8~1.5m** 이하의 높이에 설치하여야 하며, 개구부가 가로 **0.5m** 이상 세로 **1m** 이상의 출입문을 설치하고 그 출입문 상단에 "유수검지장치실"이라고 표시한 표지 설치

답 ④

★★
64 관람장은 해당 용도의 바닥면적 몇 m²마다 능력단위 1단위 이상의 소화기구를 비치해야 하는가?

19.09.문76
19.03.문75
15.03.문80
11.06.문67

① 30
② 50
③ 100
④ 200

해설 **특정소방대상물별 소화기구의 능력단위 기준**(NFTC 101 2.1.1.2)

특정소방대상물	능력단위 (바닥면적)	내화구조이고 불연재료 · 준불연재료 · 난연재료 (바닥면적)
• **위**락시설 기억법 위3(위상)	30m²마다 1단위 이상	60m²마다 1단위 이상
• **공**연장 · **집**회장 • **관**람장 · **문**화재 • **장**례시설 · **의**료시설 기억법 5공연장 문의 집관람(손오 공 연장 문의 집관람)	50m²마다 1단위 이상 보기 ②	100m²마다 1단위 이상
• **근**린생활시설 · **판**매시설 • 운수시설 · **숙**박시설 • **노**유자시설 • **전**시장 • 공동**주**택 · **업**무시설 • **방**송통신시설 · 공장 • **창**고시설 · **항**공기 및 자**동차** 관련 시설 • **관광**휴게시설 기억법 근판숙노전 주업방차창 1항 관광(근판숙 노전 주업방 차장 일본항 관광)	100m²마다 1단위 이상	200m²마다 1단위 이상
• 그 밖의 것	200m²마다 1단위 이상	400m²마다 1단위 이상

용어 **소화능력단위**
소화기구의 소화능력을 나타내는 수치

답 ②

★★★
65 옥내소화전설비의 가압송수장치를 압력수조방식으로 할 경우에 압력수조에 설치하는 부속장치 중 필요하지 않은 것은?

17.05.문63
14.03.문74
07.05.문76

① 수위계
② 급기관
③ 맨홀
④ 오버플로우관

해설 **필요설비**(NFTC 102 2.2.2.2, 2.2.3.2)

고가수조	압력수조
• **수**위계 • **배**수관 • **급**수관 • **맨**홀 • **오**버플로우관 보기 ④	• **수**위계 보기 ① • **배**수관 • **급**수관 • **맨**홀 보기 ③ • **급**기관 보기 ② • 압력계 • 안전장치 • 자동식 공기압축기

기억법 고오(GO!), 기안자 배급수맨

답 ④

★★★
66 호스릴 이산화탄소 소화설비는 방호대상물의 각 부분으로부터 하나의 호스접결구까지의 수평거리는 최대 몇 m 이하인가?

19.03.문69
08.05.문76

① 10
② 15
③ 20
④ 25

해설 (1) 보행거리

구분	적용
20m 이내	• 소형 소화기
30m 이내	• 대형 소화기

(2) 수평거리

구분	적용
10m 이내	• 예상제연구역
15m 이하	• 분말(호스릴) • 포(호스릴) • 이산화탄소(호스릴) 보기 ②
20m 이하	• 할론(호스릴)
25m 이하	• 음향장치 • 옥내소화전 방수구 • 옥내소화전(호스릴) • 포소화전 방수구 • 연결송수관 방수구(지하가) • 연결송수관 방수구(지하층 바닥면적 3000m² 이상)
40m 이하	• 옥외소화전 방수구
50m 이하	• 연결송수관 방수구(사무실)

용어

수평거리와 보행거리	
수평거리	보행거리
직선거리를 말하며, 반경을 의미하기도 한다.	걸어서 간 거리이다.

답 ②

67 포워터 스프링클러헤드는 특정소방대상물의 천장 또는 반자에 설치하되, 바닥면적 몇 m²마다 1개 이상을 설치하여야 하는가?
① 4 ② 6
③ 8 ④ 9

해설 헤드의 설치개수(NFPC 105 12조, NFTC 105 2.9.2)

헤드 종류	바닥면적/설치개수
포워터 스프링클러헤드 →	8m²/개 보기 ③
포헤드	9m²/개

답 ③

68 소화수조의 저수조가 지표면으로부터의 깊이가 몇 m 이상인 지하에 있는 경우에 가압송수장치를 설치하는가? (단, 지표면으로부터의 깊이는 수조 내부 바닥까지의 길이를 말한다.)
① 4 ② 4.5
③ 5 ④ 5.5

해설 소화수조 및 저수조의 설치기준(NFPC 402 4~5조, NFTC 402 2.1.1, 2.2)
(1) 소화수조 또는 저수조가 지표면으로부터 깊이가 **4.5m** 이상인 지하에 있는 경우에는 소요수량을 고려하여 가압송수장치를 설치할 것 보기 ②
(2) 소화수조 및 저수조의 채수구 또는 흡수관 투입구는 소방차가 **2m** 이내의 지점까지 접근할 수 있는 위치에 설치할 것
(3) 소화수조가 **옥상** 또는 옥탑부분에 설치된 경우에는 지상에 설치된 채수구에서의 압력 **0.15MPa** 이상 되도록 할 것

기억법 옥15

용어
소화수조·저수조
수조를 설치하고 여기에 소화에 필요한 물을 항시 채워두는 것

답 ②

69 제연설비에 사용하는 송풍기의 종류가 아닌 것은?
① 왕복형
② 다익형
③ 리밋 로드형
④ 터보형

해설 송풍기의 형태

원심식	• 다익형(multiblade type) 보기 ② • 익형(airfoil type) • 터보형(turbo type) 보기 ④ • 반경류형(radial type) • 한계부하형(limit loaded type)=리밋 로드형 보기 ③
축류식	• 축류형(axial type) • 프로펠러형(propeller type)

• 제연설비용 송풍기 : 원심식

답 ①

70 66000V 이하의 고압의 전기기기가 있는 장소에 물분무헤드 설치시 전기기기와 물분무헤드 사이의 최소이격거리는 몇 m인가?
① 0.7 ② 1.1
③ 1.8 ④ 2.6

해설 물분무헤드의 이격거리(NFPC 104 10조, NFTC 104 2.7.2)

전압	거리
66kV 이하	**70**cm 이상 보기 ①
67~**77**kV 이하	**80**cm 이상
78~**110**kV 이하	**110**cm 이상
111~**154**kV 이하	**150**cm 이상
155~**181**kV 이하	**180**cm 이상
182~**220**kV 이하	**210**cm 이상
221~**275**kV 이하	**260**cm 이상

기억법	66 → 70
	77 → 80
	110 → 110
	154 → 150
	181 → 180
	220 → 210
	275 → 260

• 66kV 이하=66000V 이하
• 70cm=0.7m

답 ①

71 연결살수설비의 송수구 설치기준에 관한 설명으로 옳은 것은?
① 지면으로부터 높이가 1m 이상 1.5m 이하의 위치에 설치할 것
② 개방형 헤드를 사용하는 연결살수설비에 있어서 하나의 송수구역에 설치하는 살수헤드의 수는 15개 이하가 되도록 할 것
③ 폐쇄형 헤드를 사용하는 송수구의 호스접결구는 각 송수구역마다 설치할 것
④ 폐쇄형 헤드를 사용하는 설비의 경우에는 송수구·자동배수밸브·체크밸브의 순으로 설치할 것

해설
① 1m 이상 1.5m 이하 → 0.5m 이상 1m 이하
② 15개 이하 → 10개 이하
③ 폐쇄형 헤드 → 개방형 헤드

연결살수설비의 송수구 설치기준(NFPC 503 4조, NFTC 503 2.1.3)

폐쇄형 헤드 사용설비	개방형 헤드 사용설비
송수구 → 자동배수밸브 → 체크밸브	송수구 → 자동배수밸브

기억법 송자개(자개농)

답 ④

72 입원실이 있는 3층 의원에 적응성이 없는 피난기구는?

① 미끄럼대   ② 승강식 피난기
③ 피난용 트랩   ④ 공기안전매트

해설 ④ 공기안전매트 : 공동주택

피난기구의 적응성(NFTC 301 2.1.1)

설치 장소별 구분	1층	2층	3층	4층 이상 10층 이하
노유자시설	•미끄럼대 •구조대 •피난교 •다수인 피난 장비 •승강식 피난기	•미끄럼대 •구조대 •피난교 •다수인 피난 장비 •승강식 피난기	•미끄럼대 •구조대 •피난교 •다수인 피난 장비 •승강식 피난기	•구조대 •피난교 •다수인 피난 장비 •승강식 피난기
의료시설· 입원실이 있는 의원·접골원 ·조산원	-	-	•미끄럼대 보기 ① •구조대 •피난교 •피난용 트랩 보기 ③ •다수인 피난 장비 •승강식 피난기 보기 ②	•구조대 •피난교 •피난용 트랩 •다수인 피난 장비 •승강식 피난기
영업장의 위치가 4층 이하인 다중 이용업소	-	•미끄럼대 •피난사다리 •구조대 •완강기 •다수인 피난 장비 •승강식 피난기	•미끄럼대 •피난사다리 •구조대 •완강기 •다수인 피난 장비 •승강식 피난기	•미끄럼대 •피난사다리 •구조대 •완강기 •다수인 피난 장비 •승강식 피난기
그 밖의 것	-	-	•미끄럼대 •피난사다리 •구조대 •완강기 •피난교 •피난용 트랩 •간이완강기 •공기안전매트 •다수인 피난 장비 •승강식 피난기	•미끄럼대 •피난사다리 •구조대 •완강기 •피난교 •간이완강기 •공기안전매트 •다수인 피난 장비 •승강식 피난기

[비고] 1) **구조대**의 적응성은 **장애인관련시설**로서 주된 사용자 중 **스스로 피난**이 **불가**한 자가 있는 경우 추가로 설치하는 경우에 한한다.
2) 간이완강기의 적응성은 **숙박시설**의 **3층 이상**에 있는 객실에, **공기안전매트**의 적응성은 **공동주택**에 추가로 설치하는 경우에 한한다.

중요
의무관리대상 공동주택(NFPC 608 13조, NFTC 608 2.9.1.3)
공동주택 구역마다 공기안전매트 1개 이상 추가 설치

비교

피난기구 적응성		
간이완강기	공기안전매트	구조대
숙박시설의 3층 이상에 있는 객실	공동주택	장애인관련시설

답 ④

73 물분무소화설비를 설치하는 차고 또는 주차장의 배수설비 설치기준이 틀린 것은?

① 차량이 주차하는 장소의 적당한 곳에 높이 10cm 이상의 경계턱으로 배수구를 설치할 것
② 배수구에는 새어 나온 기름을 모아 소화할 수 있도록 길이 20m 이하마다 집수관·소화핏트 등 기름분리장치를 설치할 것
③ 차량이 주차하는 바닥은 배수구를 향하여 100분의 2 이상의 기울기를 유지할 것
④ 배수설비는 가압송수장치의 최대송수능력의 수량을 유효하게 배수할 수 있는 크기 및 기울기로 할 것

해설 ② 20m 이하 → 40m 이하

물분무소화설비의 **배수설비**(NFPC 104 11조, NFTC 104 2.8.1)
(1) **10cm** 이상의 경계턱으로 배수구 설치(차량이 주차하는 곳) 보기 ①
(2) **40m** 이하마다 기름분리장치 설치 보기 ②
(3) 차량이 주차하는 바닥은 $\frac{2}{100}$ 이상의 기울기 유지 보기 ③

참고

기울기

구 분	배관 및 설비
$\frac{1}{100}$ 이상	연결살수설비의 수평주행배관
$\frac{2}{100}$ 이상	물분무소화설비의 배수설비
$\frac{1}{250}$ 이상	습식·부압식 설비 외 설비의 **가지배관**
$\frac{1}{500}$ 이상	습식·부압식 설비 외 설비의 **수평주행배관**

답 ②

74 가압송수장치에 있어 수원의 수위가 펌프보다 낮은 위치에 있을 때 배관 흡수구에 사용할 수 있는 밸브는?

① 풋밸브   ② 앵글밸브
③ 게이트밸브   ④ 스모렌스키 체크밸브

해설 **수원**의 **수위**가 펌프보다 **낮은 위치**에 있을 때 반드시 설치해야 할 것
(1) 풋밸브(foot valve) 보기 ①
(2) 진공계(연성계)
(3) 물올림수조

16. 05. 시행 / 산업(기계)

> **용어**
> **가압송수장치**
> 배관 내의 물에 압력을 가하여 보내기 위한 장치로서 일반적으로 '펌프모터'가 사용된다.
>
> 답 ①

75 차고 또는 주차장에 설치하는 분말소화설비의 소화약제는?

① 제1종 분말 ② 제2종 분말
③ 제3종 분말 ④ 제4종 분말

해설 분말소화약제

종 별	분자식	착색	적응화재	비 고
제1종	중탄산나트륨 (NaHCO₃)	백색	BC급	**식용유** 및 **지방질유**의 화재에 적합(**비**누화 반응) **기억법** 비1(비일비재)
제2종	중탄산칼륨 (KHCO₃)	담자색 (담회색)	BC급	–
제3종	제1인산암모늄 (NH₄H₂PO₄)	담홍색	AB C급	**차고·주차장**에 적합 보기 ③
제4종	중탄산칼륨 + 요소 (KHCO₃+ (NH₂)₂CO)	회(백)색	BC급	

- 중탄산나트륨 = 탄산수소나트륨
- 중탄산칼륨 = 탄산**수**소**칼**륨
- 제1인산암모늄 = 인산암모늄 = 인산염
- 중탄산칼륨 + 요소 = 탄산수소칼륨 + 요소

기억법 2수칼(이수역에 칼이 있다.)
차주3(차주는 삼가하세요.)

답 ③

76 완강기 및 간이완강기의 최대사용하중 기준은 몇 N 이상인가?

① 800 ② 1000
③ 1200 ④ 1500

해설 완강기의 하중(완강기의 형식승인 및 제품검사의 기술기준 12조)
(1) 250N(최소하중)
(2) 750N
(3) 1500N(최대하중) 보기 ④

답 ④

77 분말소화약제의 가압용 가스용기에는 몇 MPa 이하의 압력에서 조정이 가능한 압력조정기를 설치하는가?

① 2.5 ② 5
③ 7.5 ④ 10

해설 압력조정장치(압력조정기)의 **압력**(NFPC 107 4조, NFTC 107 2.1.5 / NFPC 108 5조, NFTC 108 2.2.3)

할론소화설비	분말소화설비(분말소화약제)
2MPa 이하	**2.5**MPa 이하 보기 ①

기억법 분압25(분압이오.)

답 ①

78 호스릴 이산화탄소 소화설비의 설치기준으로 틀린 것은?
① 노즐은 20℃에서 하나의 노즐마다 60kg/min 이상의 소화약제를 방사할 수 있어야 한다.
② 소화약제 저장용기는 호스릴 3개마다 1개 이상 설치해야 한다.
③ 소화약제 저장용기의 가장 가까운 곳의 보기 쉬운 곳에 표시등을 설치해야 한다.
④ 소화약제 저장용기의 개방밸브는 호스의 설치장소에서 수동으로 개폐할 수 있어야 한다.

해설 ② 호스릴 3개마다 1개 이상 → 호스릴을 설치하는 장소마다

호스릴 이산화탄소소화설비의 설치기준(NFPC 106 10조, NFTC 106 2.7.4)
(1) 노즐당 소화약제 방출량은 20℃에서 60kg/min 이상 보기 ①
(2) 소화약제 저장용기는 **호스릴**을 **설치**하는 **장소**마다 설치 보기 ②
(3) 소화약제 저장용기의 가장 가까운 곳, 보기 쉬운 곳에 **표시등** 설치, 호스릴 이산화탄소소화설비가 있다는 뜻을 표시한 표지를 할 것 보기 ③
(4) 약제개방밸브는 호스의 설치장소에서 수동으로 개폐할 것 보기 ④
(5) 방호대상물의 각 부분으로부터 하나의 호스 접결구까지의 수평거리가 15m 이하가 되도록 할 것

답 ②

79 간이소화용구 중 삽을 상비한 마른모래 50L 이상의 것 1포의 능력단위는?

① 0.5 ② 1
③ 2 ④ 4

해설 간이소화용구의 능력단위(NFPC 101 3조, NFTC 101 1.7.1.6)

간이소화용구		능력단위
마른모래	삽을 상비한 **50L** 이상의 것 1포	**0.5**단위 보기 ①
팽창질석 또는 팽창진주암	삽을 상비한 80L 이상의 것 1포	

기억법 마 0.5

답 ①

80. 계단실 및 그 부속실을 동시에 제연구역으로 선정시 방연풍속은 최소 몇 m/s인가?

19.04.문79
17.09.문68
12.05.문80

① 0.3
② 0.5
③ 0.7
④ 1.0

해설 차압(NFPC 501A 6·10조, NFTC 501A 2.3, 2.7)

(1) 계단실 및 그 부속실을 동시에 제연하는 것 또는 계단실만 단독으로 제연할 때의 방연풍속 : **0.5m/s 이상** 보기 ②

(2) 계단실과 부속실을 동시에 제연하는 경우 부속실의 기압은 계단실과 같게 하거나 계단실의 기압보다 낮게 할 경우에는 부속실과 계단실의 압력차이 : **5Pa 이하**

(3) 제연구역과 옥내와의 사이에 유지하여야 하는 최소차압 : **40Pa**(옥내에 **스프링클러설비**가 설치된 경우는 **12.5Pa**) 이상

(4) 제연설비가 가동되었을 경우 출입문의 개방에 필요한 힘 : **110N 이하**

답 ②

2016. 10. 1 시행

2016년 산업기사 제4회 필기시험

자격종목	종목코드	시험시간	형별
소방설비산업기사(기계분야)		2시간	

※ 각 문항은 4지택일형으로 질문에 가장 적합한 보기 항을 선택하여 체크하여야 합니다.

제1과목 소방원론

01 할론 1301 소화약제를 사용하여 소화할 때 연소열에 의하여 생긴 열분해 생성가스가 아닌 것은?
① HF
② HBr
③ Br_2
④ CO_2

해설 할론 1301의 열분해 생성가스
(1) HF
(2) HBr
(3) Br_2
(4) COF_2
(5) $COBr_2$

답 ④

02 산소와 질소의 혼합물인 공기의 평균분자량은? (단, 공기는 산소 21vol%, 질소 79vol%로 구성되어 있다고 가정한다.)
① 30.84
② 29.84
③ 28.84
④ 27.84

해설 원자량

원소	원자량
H	1
C	12
N	14
O	16

$O_2 : 16 \times 2 \times 0.21 = 6.72$
$N_2 : 14 \times 2 \times 0.79 = 22.12$
$\qquad\qquad\qquad\quad 28.84$

답 ③

03 질식소화방법과 가장 거리가 먼 것은?
① 건조 모래로 가연물을 덮는 방법
② 불활성 기체를 가연물에 방출하는 방법
③ 가연성 기체의 농도를 높게 하는 방법
④ 불연성 포소화약제로 가연물을 덮는 방법

해설 ③ 가연성 기체의 농도를 높게 하면 불이 더 잘 탄다.

■ 중요
소화방법

소화방법	설명
냉각소화	• **점화원**을 냉각하여 소화하는 방법 • **증**발잠열을 이용하여 열을 빼앗아 가연물의 온도를 떨어뜨려 화재를 진압하는 소화방법 • 다량의 **물**을 뿌려 소화하는 방법 • 가연성 물질을 **발**화점 이하로 냉각 • 식용유화재에 신선한 야채를 넣어 소화
질식소화	• 공기 중의 **산**소농도를 16%(10~15%) 이하로 희박하게 하여 소화하는 방법 • **산**화제의 농도를 낮추어 연소가 지속될 수 없도록 하는 방법 • **산**소공급을 차단하는 소화방법
제거소화	• 가연물을 **제**거하여 소화하는 방법
부촉매소화 (=화학소화)	• **연**쇄반응을 **차**단하여 소화하는 방법 • 화학적인 방법으로 화재 억제
희석소화	• 기체·고체·액체에서 나오는 분해가스나 증기의 농도를 낮춰 소화하는 방법

기억법 냉점증발, 질산

답 ③

04 화재를 발생시키는 열원 중 기계적 원인은?
① 저항열
② 압축열
③ 분해열
④ 자연발열

해설 열에너지원의 종류

에너지원	종류
기계열 (기계적 원인)	압축열, 마찰열, 마찰 스파크
전기열 (전기적 원인)	유도열, 유전열, 저항열, 아크열, 정전기열, 낙뢰에 의한 열
화학열 (화학적 원인)	연소열, 용해열, 분해열, 생성열, 자연발화열(자연발열)

답 ②

05 인화점에 대한 설명 중 틀린 것은?

① 인화점은 공기 중에서 액체를 가열하는 경우 액체표면에서 증기가 발생하여 점화원에서 착화하는 최저온도를 말한다.
② 인화점 이하의 온도에서는 성냥불을 접근해도 착화하지 않는다.
③ 인화점 이상 가열하면 증기를 발생하여 성냥불이 접근하면 착화한다.
④ 인화점은 보통 연소점 이상, 발화점 이하의 온도이다.

 인화점(flash point)
(1) 휘발성 물질에 **불꽃**을 접하여 연소가 가능한 최저온도
(2) 가연성 증기발생시 연소범위의 **하한계**에 이르는 **최저온도**
(3) 가연성 증기를 발생하는 액체가 공기와 혼합하여 기상부에 다른 불꽃이 닿았을 때 연소가 일어나는 **최저온도**
(4) **위험성** 기준의 척도
(5) 가연성 액체의 발화와 깊은 관계가 있다.
(6) 연료의 조성, 점도, 비중에 따라 달라진다.
(7) 인화점은 보통 **연소점 이하**, 발화점 이하의 온도이다.

기억법 인불하저위

답 ④

06 이산화탄소 소화약제가 공기 중에 34vol% 공급되면 산소의 농도는 약 몇 vol%가 되는가?

① 12
② 14
③ 16
④ 18

$$CO_2 = \frac{21-O_2}{21} \times 100$$

여기서, CO_2 : CO_2의 농도[vol%]
O_2 : O_2의 농도[vol%]

$$CO_2 = \frac{21-O_2}{21} \times 100$$

$$34 = \frac{21-O_2}{21} \times 100$$

$$\frac{34 \times 21}{100} = 21 - O_2$$

$$O_2 + \frac{34 \times 21}{100} = 21$$

$$O_2 = 21 - \frac{34 \times 21}{100}$$

≒ 14vol%

 중요

이산화탄소 소화설비와 관련된 식

$$CO_2 = \frac{방출가스량}{방호구역체적 + 방출가스량} \times 100$$
$$= \frac{21-O_2}{21} \times 100$$

여기서, CO_2 : CO_2의 농도[vol%]
O_2 : O_2의 농도[vol%]

$$방출가스량 = \frac{21-O_2}{O_2} \times 방호구역체적$$

여기서, O_2 : O_2의 농도[vol%]

● 단위가 원래는 vol% 또는 vol.%인데 줄여서 %로 쓰기도 한다.

용어

%	vol%
수를 100의 비로 나타낸 것	어떤 공간에 차지하는 부피를 백분율로 나타낸 것
50%	공기 50vol% 50vol%
50%	50vol%

답 ②

07 할로겐화합물 및 불활성기체 소화약제의 물성을 평가하는 항목 중 심장의 역반응(심장 장애현상)이 나타나는 최저농도를 무엇이라 하는가?

① LOAEL
② NOAEL
③ ODP
④ GWP

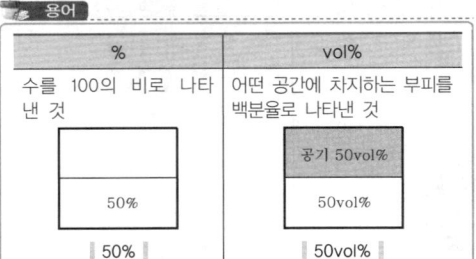

용어	설명
오존파괴지수 (**O**DP ; Ozone Depletion Potential)	오존파괴지수는 어떤 물질의 **오존파괴능력**을 상대적으로 나타내는 지표
지구**온**난화지수 (**G**WP ; Global Warming Potential)	지구온난화지수는 **지구온난화**에 기여하는 정도를 나타내는 지표
LOAEL (Least Observable Adverse Effect Level)	① 인체에 **독성**을 주는 **최소농도** ② 심장의 역반응(심장 장애현상)이 나타나는 최저농도
NOAEL (No Observable Adverse Effect Level)	인체에 **독성**을 주지 않는 **최대농도**

기억법 G온O오(지온!오온!)

중요

공식

오존파괴지수(ODP)	지구온난화지수(GWP)
ODP = $\dfrac{\text{어떤 물질 1kg이 파괴하는 오존량}}{\text{CFC 11의 1kg이 파괴하는 오존량}}$	GWP = $\dfrac{\text{어떤 물질 1kg이 기여하는 온난화 정도}}{CO_2\ 1kg\text{이 기여하는 온난화 정도}}$

답 ①

08 화씨온도 122°F는 섭씨온도로 몇 °C인가?

19.09.문11
14.03.문11

① 40
② 50
③ 60
④ 70

해설 섭씨온도

$$°C = \dfrac{5}{9}(°F - 32)$$

여기서, °C : 섭씨온도[°C]
°F : 화씨온도[°F]

섭씨온도 °C = $\dfrac{5}{9}(°F - 32)$
= $\dfrac{5}{9}(122 - 32) = 50°C$

중요

섭씨온도와 켈빈온도

(1) 섭씨온도

$$°C = \dfrac{5}{9}(°F - 32)$$

여기서, °C : 섭씨온도[°C]
°F : 화씨온도[°F]

(2) 켈빈온도

$$K = 273 + °C$$

여기서, K : 켈빈온도[K]
°C : 섭씨온도[°C]

비교

화씨온도와 랭킨온도

(1) 화씨온도

$$°F = \dfrac{9}{5}°C + 32$$

여기서, °F : 화씨온도[°F]
°C : 섭씨온도[°C]

(2) 랭킨온도

$$°R = 460 + °F$$

여기서, °R : 랭킨온도[°R]
°F : 화씨온도[°F]

답 ②

09 건축법상 건축물의 주요구조부에 해당되지 않는 것은?

16.05.문06
13.06.문12

① 지붕틀
② 내력벽
③ 주계단
④ 최하층 바닥

해설 ④ 최하층 바닥 : 주요구조부에서 제외

주요구조부
(1) 내력**벽**
(2) **보**(작은 보 제외)
(3) **지**붕틀(차양 제외)
(4) **바**닥(최하층 바닥 제외)
(5) **주**계단(옥외계단 제외)
(6) **기**둥(사잇기둥 제외)

기억법 벽보지 바주기

답 ④

10 상온, 상압에서 액체상태인 할론소화약제는?

19.04.문15
17.03.문15

① 할론 2402
② 할론 1301
③ 할론 1211
④ 할론 1400

해설 상온에서의 상태

기체상태	액체상태
① 할론 **13**01	① 할론 1011
② 할론 **12**11	② 할론 104
③ **탄**산가스(CO_2)	③ 할론 2402

기억법 132탄기

답 ①

11 할로겐화합물 및 불활성기체 소화약제의 명명법은 Freon-XYZBA로 표현한다. 이 중 Y가 의미하는 것은?

① 불소원자의 수
② 수소원자의 수 − 1
③ 탄소원자의 수 − 1
④ 수소원자의 수 + 1

해설 할로겐화합물 및 불활성기체 소화약제의 명명법

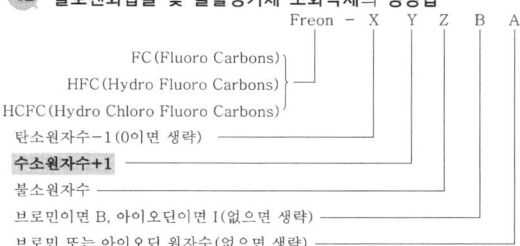

답 ④

12. 멜라민수지, 모, 실크, 요소수지 등과 같이 질소성분을 함유하고 있는 가연물의 연소시 발생하는 기체로 눈, 코, 인후 등에 매우 자극적이고 역한 냄새가 나는 유독성 연소가스는?

① 아크롤레인 ② 시안화수소
③ 일산화질소 ④ 암모니아

해설 연소가스

연소가스	설 명
일산화탄소 (CO)	화재시 흡입된 일산화탄소(CO)의 화학적 작용에 의해 **헤모글로빈**(Hb)이 혈액의 **산소운반작용**을 저해하여 사람을 질식·사망하게 한다. **기억법** 일헤산(**일**요일에 **해산**할 것)
이산화탄소 (CO₂)	연소가스 중 가장 **많은 양**을 차지하고 있으며 가스 그 자체의 독성은 거의 없으나 다량이 존재할 경우 호흡속도를 증가시키고, 이로 인하여 화재가스에 혼합된 유해가스의 혼입을 증가시켜 위험을 가중시키는 가스이다.
암모니아 (NH₃)	• 나무, 페놀수지, 멜라민수지 등의 **질소성분**이 연소할 때 발생하며, 냉동시설의 **냉매**로 쓰인다. • **눈·코·폐** 등에 매우 자극성이 큰 가연성 가스
포스겐 (COCl₂)	매우 독성이 강한 가스로서 소화제인 **사염화탄소**(CCl₄)를 화재시에 사용할 때도 발생한다.
황화수소 (H₂S)	달걀 썩는 냄새가 나는 특성이 있다.
아크롤레인 (CH₂=CHCHO)	독성이 매우 높은 가스로서 **석유제품, 유지** 등이 연소할 때 생성되는 가스이다.
일산화질소 (NO)	비교적 **독성**이 크다.
시안화수소 (HCN)	**무색**의 **맹독성 화합물**이다.

답 ④

13. 제연방식의 종류가 아닌 것은?

① 자연제연방식
② 기계제연방식
③ 흡입제연방식
④ 스모크타워 제연방식

해설 제연방식의 종류
(1) 자연제연방식 : 건물에 설치된 창
(2) 스모크타워 제연방식
(3) 기계제연방식 ┬ 제1종 : **송풍기 + 배연기**
                 ├ 제2종 : **송풍기**
                 └ 제3종 : **배연기**

• 기계제연방식=강제제연방식=기계식 제연방식

답 ③

14. 제4류 위험물 중 제1석유류, 제2석유류, 제3석유류, 제4석유류를 각 품명별로 구분하는 분류의 기준은?

① 발화점 ② 인화점
③ 비중   ④ 연소범위

해설 ② 제1석유류~제4석유류의 분류기준 : 인화점

중요

제4류 위험물

구 분	설 명
제1석유류	인화점이 21℃ 미만
제2석유류	인화점이 21~70℃ 미만
제3석유류	인화점이 70~200℃ 미만
제4석유류	인화점이 200~250℃ 미만

답 ②

15. 나이트로셀룰로오스의 용도, 성상 및 위험성과 저장·취급에 대한 설명 중 틀린 것은?

① 질화도가 낮을수록 위험성이 크다.
② 운반시 물, 알코올을 첨가하여 습윤시킨다.
③ 무연화약의 원료로 사용된다.
④ 햇빛에서 황갈색으로 변하고 물에 녹지 않지만 아세톤, 초산에스터, 나이트로벤젠에 녹는다.

해설 ① 질화도가 클수록 위험성이 크다.

 중요

질화도
(1) 정의 : 나이트로셀룰로오스의 질소 함유율이다.
(2) 질화도가 높을수록 위험하다.

답 ①

16. 분진폭발의 발생 위험성이 가장 낮은 물질은?

① 석탄가루 ② 밀가루
③ 시멘트   ④ 금속분류

해설 **분진폭발**을 일으키지 않는 물질
(1) **시**멘트
(2) **석**회석(소석회)
(3) **탄**산칼슘(CaCO₃)
(4) **생**석회(CaO) = 산화칼슘

※ 분진폭발을 일으키지 않는 물질=물과 반응하여 가연성 기체를 발생시키지 않는 것

기억법 분시석탄생

답 ③

17 100℃의 액체 물 1g을 100℃의 수증기로 만드는 데 필요한 열량은 약 몇 cal/g인가?
① 439 ② 539
③ 639 ④ 739

해설 물의 잠열

잠열 또는 열량	설 명
80cal/g	융해잠열(0℃의 **얼음** 1g이 0℃의 물로 되는 데 필요한 열량)
539cal/g	기화(증발)잠열(100℃의 **물** 1g이 100℃의 **수증기**로 되는 데 필요한 열량)
639cal	0℃의 **물** 1g이 100℃의 **수증기**로 되는 데 필요한 열량
719cal	0℃의 **얼음** 1g이 100℃의 **수증기**로 되는 데 필요한 열량

답 ②

18 대기 중에 대량의 가연성 가스가 유출하거나 대량의 가연성 액체가 유출하여 그것으로부터 발생하는 증기가 공기와 혼합해서 가연성 혼합기체를 형성하고 발화원에 의하여 발생하는 폭발현상은?
① BLEVE ② SLOP OVER
③ UVCE ④ FIRE BALL

해설 유류탱크, 가스탱크에서 발생하는 현상

여러 가지 현상	정 의
블래비=블레이브(BLEVE)	과열상태의 탱크에서 내부의 액화가스가 분출하여 기화되어 폭발하는 현상
보일오버(boil over)	• 중질유의 석유탱크에서 장시간 조용히 연소하다 탱크 내의 잔존기름이 갑자기 분출하는 현상 • 유류탱크에서 탱크바닥에 물과 기름의 에멀션이 섞여 있을 때 이로 인하여 화재가 발생하는 현상 • 연소유면으로부터 100℃ 이상의 열파가 탱크 저부에 고여 있는 물을 비등하게 하면서 연소유를 탱크 밖으로 비산시키며 연소하는 현상 • 탱크 **저부**의 물이 급격히 증발하여 기름이 탱크 밖으로 화재를 동반하여 방출하는 현상
	기억법 보저(보자기)
오일오버(oil over)	저장탱크에 저장된 유류저장량이 내용적의 **50%** 이하로 충전되어 있을 때 화재로 인하여 탱크가 폭발하는 현상

프로스오버(froth over)	물이 점성의 뜨거운 **기름표면 아래에서 끓을 때** 화재를 수반하지 않고 용기가 넘치는 현상
슬롭오버(slop over)	• 물이 연소유의 **뜨거운 표면**에 들어갈 때 기름표면에서 화재가 발생하는 현상 • 유화제로 소화하기 위한 **물**이 수분의 급격한 증발에 의하여 액면이 거품을 일으키면서 **열유층 밑의 냉유**가 급히 열팽창하여 **기름**의 **일부**가 불이 붙은 채 탱크벽을 넘어서 일출하는 현상
증기운 폭발(UVCE)	대기 중에 대량의 가연성 가스가 유출하거나 대량의 **가연성 액체**가 유출하여 그것으로부터 발생하는 **증기**가 **공기**와 혼합해서 **가연성 혼합기체**를 형성하고 발화원에 의하여 발생하는 폭발현상

답 ③

19 건축물 내부화재시 연기의 평균 수평이동속도는 약 몇 m/s인가?
① 0.5~1 ② 2~3
③ 3~5 ④ 10

해설 연기의 이동속도

방향 또는 장소	이동속도
수평방향	0.5~1m/s
수직방향	2~3m/s
계단실 내의 수직이동속도	3~5m/s

답 ①

20 화재의 분류 중 B급 화재의 종류로 옳은 것은?
① 금속화재
② 일반화재
③ 전기화재
④ 유류화재

해설

화재 종류	표시색	적응물질
일반화재(A급)	백색	• 일반가연물 • **종이류** 화재 • **목재, 섬유**화재
유류화재(B급)	황색	• 가연성 액체 • 가연성 가스 • 액화가스화재 • 석유화재
전기화재(C급)	청색	• **전기**설비
금속화재(D급)	무색	• 가연성 금속
주방화재(K급)	–	• 식용유화재

기억법 백황청무

※ 요즘은 표시색의 의무규정은 없음

답 ④

제2과목 소방유체역학

21 밀도가 769kg/m³, 동점성계수가 0.001m²/s인 액체의 점성계수는 몇 Pa·s인가?

① 1.3   ② 13
③ 0.0769   ④ 0.769

해설 (1) 기호
- ρ : 769kg/m³
- ν : 0.001m²/s
- μ : ?

(2) 동점성계수

$$\nu = \frac{\mu}{\rho}$$

여기서, ν : 동점성계수[m²/s]
  μ : 점성계수[kg/m·s] 또는 [Pa·s]
  ρ : 밀도[kg/m³]

점성계수 μ는
$\mu = \nu\rho$
$= 0.001\text{m}^2/\text{s} \times 769\text{kg/m}^3$
$= 0.769\text{kg/m}\cdot\text{s} = 0.769\text{Pa}\cdot\text{s}$

- 1Pa = 1N/m²
- 1N = 1kg·m/s²이므로 1kg = 1N·s²/m
- 0.769kg/m·s = 0.769N·s²/m·m·s
  = 0.769N·s/m²
  = 0.769Pa·s

비교

레이놀즈수

$$Re = \frac{DV\rho}{\mu} = \frac{DV}{\nu}$$

여기서, Re : 레이놀즈수, D : 내경[m]
  V : 유속[m/s], ρ : 밀도[kg/m³]
  μ : 점성계수[kg/m·s]
  ν : 동점성계수$\left(\dfrac{\mu}{\rho}\right)$[m²/s]

답 ④

22 체적이 2m³인 밀폐용기 속에 15℃, 0.8MPa의 공기가 들어 있다. 압력이 1MPa로 상승하였을 때, 온도변화량은?

① 63K   ② 72K
③ 87K   ④ 90K

해설 체적이 변하지 않으므로
(1) 정적과정시의 온도와 압력과의 관계

$$\frac{P_2}{P_1} = \frac{T_2}{T_1}$$

여기서, P_1, P_2 : 변화 전후의 압력[kJ/m³]
  T_1, T_2 : 변화 전후의 온도(273+℃)[K]

변화 후의 온도 T_2는
$T_2 = \dfrac{P_2}{P_1} \times T_1 = \dfrac{1\text{MPa}}{0.8\text{MPa}} \times (273+15)\text{K} = 360\text{K}$

(2) 온도변화량

$$\Delta T = T_2 - T_1$$

여기서, ΔT : 온도변화량(273+℃)[K]
  T_1, T_2 : 변화 전후의 온도(273+℃)[K]

온도변화량 ΔT는
$\Delta T = T_2 - T_1 = 360\text{K} - (273+15)\text{K} = 72\text{K}$

답 ②

23 그림과 같이 고정된 노즐에서 균일한 유속 $V = 40$m/s, 유량 $Q = 0.2$m³/s로 물이 분출되고 있다. 분류와 같은 방향으로 $u = 10$m/s의 일정 속도로 운동하고 있는 평판에 분사된 물이 수직으로 충돌할 때 분류가 평판에 미치는 충격력은 몇 kN인가?

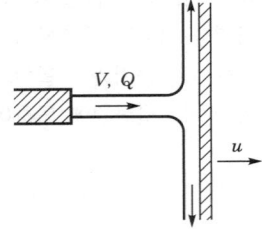

① 4.5   ② 6
③ 44.1   ④ 58.8

해설 (1) 기호
- V : 40m/s
- Q : 0.2m³/s
- u : 10m/s
- F : ?

(2) 평판에 작용하는 힘

$$F = \rho Q V' = \rho Q(V - u)$$

여기서, F : 평판에 작용하는 힘[N]
  ρ : 밀도(물의 밀도 1000N·s²/m⁴)
  Q : 유량[m³/s]
  V' : 유속[m/s]
  V : 물의 속도[m/s]
  u : 평판의 이동속도[m/s]

평판에 작용하는 힘 F는
$F = \rho Q(V - u)$
$= 1000\text{N}\cdot\text{s}^2/\text{m}^4 \times 0.2\text{m}^3/\text{s} \times (40-10)\text{m/s}$
$= 6000\text{N} = 6\text{kN}$

- 1000N = 1kN이므로 6000N = 6kN

답 ②

24.
안지름 25cm인 원관으로 수평거리 1500m 떨어진 곳에 2.36m/s로 물을 보내는 데 필요한 압력은 약 몇 kPa인가? (단, 관마찰계수는 0.035이다.)

① 485 ② 585
③ 620 ④ 670

해설 (1) 기호
- D : 25cm=0.25m(1m=100cm이므로)
- l : 1500m
- V : 2.36m/s
- ΔP : ?
- f : 0.035

(2) 달시-웨버의 식(Darcy-Weisbach formula, 층류)

$$H = \frac{\Delta P}{\gamma} = \frac{flV^2}{2gD}$$

여기서, H : 마찰손실[m]
ΔP : 압력차[kPa] 또는 [kN/m²]
γ : 비중량(물의 비중량 9.8kN/m³)
f : 관마찰계수
l : 길이[m]
V : 유속[m/s]
g : 중력가속도(9.8m/s²)
D : 내경[m]

$$\Delta P = \frac{\gamma flV^2}{2gD}$$

$$\Delta P = \frac{9.8\text{kN/m}^3 \times 0.035 \times 1500\text{m} \times (2.36\text{m/s})^2}{2 \times 9.8\text{m/s}^2 \times 0.25\text{m}}$$

$$\approx 585\text{kN/m}^2 = 585\text{kPa}$$

- 1kN/m²=1kPa이므로 585kN/m²=585kPa

답 ②

25.
100mm 관로를 통하여 물을 정확히 10분 동안 탱크에 공급하였다. 탱크의 늘어난 무게가 95.3kN이다. 이 관로를 흐르는 평균유량은 약 몇 m³/s인가? (단, 물의 밀도는 $\rho = 1000\text{kg/m}^3$이다.)

① 0.0162 ② 0.0972
③ 0.162   ④ 0.972

해설 (1) 기호
- W : 95.3kN
- Q : ?
- ρ : 1000kg/m³

(2) 비중량

$$\gamma = \rho g$$

여기서, γ : 비중량[N/m³]
ρ : 밀도[kg/m³] 또는 [N·s²/m⁴]
g : 중력가속도(9.8m/s²)

비중량 γ는
$\gamma = \rho g = 1000\text{N}\cdot\text{s}^2/\text{m}^4 \times 9.8\text{m/s}^2 = 9800\text{N/m}^3$

- 1000kg/m³=1000N·s²/m⁴

(3) 체적

$$\gamma = \frac{W}{V}$$

여기서, γ : 비중량[kN/m³]
W : 중량[kN]
V : 체적[m³]

체적 V는
$$V = \frac{W}{\gamma} = \frac{95.3\text{kN}}{9.8\text{kN/m}^3} \approx 9.7245\text{m}^3$$

- 1000N=1kN이므로 9800N/m³=9.8kN/m³

(4) 유량

$$Q = \frac{V}{t}$$

여기서, Q : 유량[m³/s]
V : 체적[m³]
t : 시간[s]

유량 Q는
$$Q = \frac{V}{t} = \frac{9.7245\text{m}^3}{10\text{min}} = \frac{9.7245\text{m}^3}{(10\times60)\text{s}} \approx 0.0162\text{m}^3/\text{s}$$

- 1min=60s이므로 10min=(10×60)s

답 ①

26.
20℃의 물 10L를 대기압에서 110℃의 증기로 만들려면, 공급해야 하는 열량은 약 몇 kJ인가? (단, 대기압에서 물의 비열은 4.2kJ/kg·℃, 증발잠열은 2260kJ/kg이고, 증기의 정압비열은 2.1kJ/kg·℃이다.)

① 26380 ② 26170
③ 22600 ④ 3780

해설 열량

$$Q = mc\Delta T + rm + mC_p\Delta T$$

여기서, Q : 열량[kJ]
m : 질량[kg]
c : 비열(물의 비열 4.2kJ/kg·℃)
ΔT : 온도차[℃]
r : 증발잠열[kJ/kg]
C_p : 정압비열[kJ/kg·℃]

(1) 20℃ 물 → 100℃ 물
$Q_1 = mc\Delta T$
$= 10\text{kg} \times 4.2\text{kJ/kg}\cdot\text{℃} \times (100-20)\text{℃}$
$= 3360\text{kJ}$

- 물 1L=1kg이므로 10L=10kg

(2) 100℃ 물 → 100℃ 수증기
$Q_2 = rm$
$= 2260\text{kJ/kg} \times 10\text{kg} = 22600\text{kJ}$

(3) 100℃ 수증기 → 110℃ 수증기
$Q_3 = mC_p\Delta T$
$= 10\text{kg} \times 2.1\text{kJ/kg}\cdot\text{℃} \times (110-100)\text{℃}$
$= 210\text{kJ}$

열량 Q는
$Q = Q_1 + Q_2 + Q_3$
$\quad = 3360\text{kJ} + 22600\text{kJ} + 210\text{kJ}$
$\quad = 26170\text{kJ}$

답 ②

27

다음 그림에서 단면 1의 관지름은 50cm이고 단면 2의 관지름은 30cm이다. 단면 1과 2의 압력계의 읽음이 같을 때 관을 통과하는 유량은 몇 m^3/s인가? (단, 관로의 모든 손실은 무시한다.)

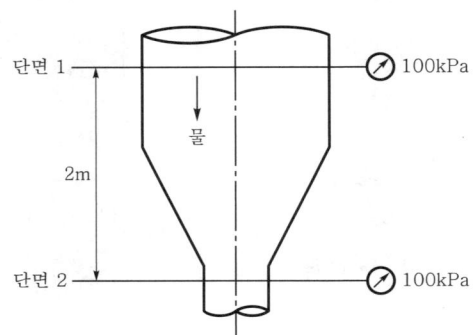

① 0.474
② 0.671
③ 4.74
④ 9.71

 (1) 유량

$$Q = AV = \left(\frac{\pi D^2}{4}\right)V$$

여기서, Q : 유량[m³/s]
$\quad\quad\; A$: 단면적[m²]
$\quad\quad\; V$: 유속[m/s]
$\quad\quad\; D$: 직경[m]

단면 1의 유속 V_1은

$V_1 = \dfrac{Q}{\dfrac{\pi D_1^2}{4}} = \dfrac{Q}{\dfrac{\pi \times (0.5\text{m})^2}{4}} \fallingdotseq 5.09Q$

• 100cm=1m이므로 50cm=0.5m

단면 2의 유속 V_2는

$V_2 = \dfrac{Q}{\dfrac{\pi D_2^2}{4}} = \dfrac{Q}{\dfrac{\pi \times (0.3\text{m})^2}{4}} \fallingdotseq 14.1Q$

• 100cm=1m이므로 30cm=0.3m

(2) 베르누이 방정식

$\dfrac{V_1^2}{2g} + \dfrac{p_1}{\gamma} + Z_1 = \dfrac{V_2^2}{2g} + \dfrac{p_2}{\gamma} + Z_2 =$ 일정(또는 H)
$\quad\;\uparrow\quad\quad\;\;\uparrow\quad\;\;\;\;\uparrow$
(속도수두)(압력수두)(위치수두)

여기서, V_1, V_2 : 유속[m/s]
$\quad\quad\; p_1$, p_2 : 압력[kPa] 또는 [kN/m²]
$\quad\quad\; Z_1$, Z_2 : 높이[m]
$\quad\quad\; g$: 중력가속도(9.8m/s²)
$\quad\quad\; \gamma$: 비중량[kN/m³]
$\quad\quad\; H$: 전수두[m]

문제에서 압력이 같으므로($p_1 = p_2$)

$\dfrac{V_1^2}{2g} + \dfrac{\cancel{p_1}}{\cancel{\gamma}} + Z_1 = \dfrac{V_2^2}{2g} + \dfrac{\cancel{p_2}}{\cancel{\gamma}} + Z_2$

$\dfrac{V_1^2}{2g} + Z_1 = \dfrac{V_2^2}{2g} + Z_2$

$Z_1 - Z_2 = \dfrac{V_2^2}{2g} - \dfrac{V_1^2}{2g}$

계산의 편리를 위해 좌우를 서로 이항하면

$\dfrac{V_2^2}{2g} - \dfrac{V_1^2}{2g} = Z_1 - Z_2$

$\dfrac{V_2^2 - V_1^2}{2g} = Z_1 - Z_2$

그림에서 단면 1과 단면 2의 높이차가 **2m**이므로

$\dfrac{V_2^2 - V_1^2}{2g} = 2$

$\dfrac{(14.1Q)^2 - (5.09Q)^2}{2 \times 9.8} = 2$

$(14.1Q)^2 - (5.09Q)^2 = 2 \times 2 \times 9.8$
$191.81Q^2 - 25.9Q^2 = 39.2$
$172.91Q^2 = 39.2$
$Q^2 = \dfrac{39.2}{172.91}$
$Q = \sqrt{\dfrac{39.2}{172.91}}$
$\quad \fallingdotseq 0.474$

답 ①

28

원관에서 유체가 완전히 발달된 층류로 흐를 때 속도분포는?

① 전단면에서 일정하다.
② 관벽에서 0이고, 중심까지 직선적으로 증가한다.
③ 관 중심에서 0이고, 관벽까지 직선적으로 증가한다.
④ 포물선분포로 관벽에서 속도는 0이고, 관 중심에서 속도는 최대가 된다.

속도분포	전단응력(shearing stress)
포물선분포로 **관벽**에서 속도는 **0**이고, **관 중심**에서 속도는 **최대**가 된다.	흐름의 중심에서 0이고 벽면까지 **직선적**으로 **상승**하며 **반지름**에 **비례**하여 변한다.

답 ④

29. 펌프의 공동현상(cavitation) 방지대책으로 가장 적절한 것은?

① 펌프를 수원보다 되도록 높게 설치한다.
② 흡입속도를 증가시킨다.
③ 흡입압력을 낮게 한다.
④ 양쪽 흡입한다.

해설

① 높게 → 낮게
② 증가 → 감소
③ 낮게 → 높게

공동현상(cavitation, 캐비테이션)

구분	내용
개요	펌프의 흡입측 배관 내의 물의 정압이 기존의 증기압보다 낮아져서 기포가 발생되어 물이 흡입되지 않는 현상
발생현상	• 소음과 진동 발생 • 관 부식(펌프깃의 침식) • 임펠러의 손상(수차의 날개를 해친다.) • 펌프의 성능 저하(양정곡선 저하) • 효율곡선 저하
발생원인	• 펌프가 물탱크보다 부적당하게 높게 설치되어 있을 때 • 펌프 흡입수두가 지나치게 클 때 • 펌프 회전수가 지나치게 높을 때 • 관 내를 흐르는 물의 정압이 그 물의 온도에 해당하는 증기압보다 낮을 때
방지대책	• 펌프의 흡입수두를 작게 한다.(흡입양정을 짧게 한다.) • 펌프의 마찰손실을 작게 한다. • 펌프의 임펠러속도(회전수)를 작게 한다.(흡입속도를 감소시킨다.) 보기 ② • 흡입압력을 높게 한다. 보기 ③ • 펌프의 설치위치를 수원보다 낮게 한다. 보기 ① • 양(쪽)흡입펌프를 사용한다.(펌프의 흡입측을 가압한다.) 보기 ④ • 관 내의 물의 정압을 그때의 증기압보다 높게 한다. • 흡입관의 구경을 크게 한다. • 펌프를 2개 이상 설치한다. • 회전차를 수중에 완전히 잠기게 한다.

비교

수격작용(water hammering)	
개요	• 배관 속의 물흐름을 급히 차단하였을 때 동압이 정압으로 전환되면서 일어나는 쇼크(shock)현상 • 배관 내를 흐르는 유체의 유속을 급격하게 변화시키므로 압력이 상승 또는 하강하여 관로의 벽면을 치는 현상
발생원인	• 펌프가 갑자기 정지할 때 • 급히 밸브를 개폐할 때 • 정상운전시 유체의 압력변동이 생길 때
방지대책	• 관의 관경(직경)을 크게 한다. • 관 내의 유속을 낮게 한다.(관로에서 일부 고압수를 방출한다.) • 조압수조(surge tank)를 관선에 설치한다. • 플라이휠(fly wheel)을 설치한다. • 펌프 송출구(토출측) 가까이에 밸브를 설치한다. • 에어챔버(air chamber)를 설치한다.

기억법 수방관플에

답 ④

30. 유체 속에 완전히 잠긴 경사 평면에 작용하는 압력의 작용점은?

① 경사 평면의 도심보다 밑에 있다.
② 경사 평면의 도심에 있다.
③ 경사 평면의 도심보다 위에 있다.
④ 경사 평면의 도심과는 관계가 없다.

해설

① 유체 속에 완전히 잠긴 경사 평면에 작용하는 압력힘의 작용점은 경사 평면의 도심보다 **밑**에 있다.

※ **도심**(center of figure) : 평면도형의 중심 및 두께가 일정한 물체의 중심

답 ①

31. 다음 중 무차원인 것은?

① 표면장력 ② 탄성계수
③ 비열 ④ 비중

해설
① 표면장력[N/m]
② 탄성계수(체적탄성계수)[N]
③ 비열[cal/g·℃]
④ 비중(무차원)

※ **무차원** : 단위가 없는 것

답 ④

32. 송풍기의 전압공기동력 L_{at}를 옳게 나타낸 것은? (단, g는 중력가속도, p_t는 송풍기전압, Q는 체적유량, γ는 공기의 비중량을 나타낸다.)

① $L_{at} = \dfrac{\gamma p_t Q}{g}$ ② $L_{at} = \dfrac{\gamma p_t Q}{2g}$

③ $L_{at} = p_t Q$ ④ $L_{at} = \gamma p_t Q$

해설 송풍기동력

$$P = \dfrac{P_T Q}{102 \times 60 \eta} K$$

여기서, P : 송풍기동력[kW]
P_T : 송풍기전압(정압)[mmAq, mmH₂O]
Q : 풍량(배출량) 또는 체적유량[m³/min]
K : 여유율
η : 효율

η과 K가 주어지지 않았으므로 무시하면
$P = P_T Q$
문제의 기호로 변환하면

$$L_{at} = p_t Q$$

여기서, L_{at} : 전압공기동력[kW]
p_t : 송풍기전압[mmAq, mmH₂O]
Q : 체적유량[m³/min]

답 ③

33 동일한 사양의 소방펌프를 1대로 운전하다가 2대로 병렬 연결하여 동시에 운전할 경우에 나타나는 현상으로 옳은 것은? (단, 펌프형식은 원심펌프이고, 배관 마찰손실 및 낙차 등은 고려하지 않는다.)

① 동일한 양정에서 유량이 2배가 된다.
② 동일한 유량에서 양정이 항상 2배가 된다.
③ 유량과 양정이 모두 2배가 된다.
④ 유량과 양정이 변화하지 않는다.

해설 ① 동일한 양정에서 유량이 2배가 된다.(2Q)

펌프의 운전

구 분	직렬운전	병렬운전
토출량 (유량)	Q	$2Q$
양정	$2H$ (토출압: $2P$)	H (토출압: P)
그래프	양정 H / 2대 운전 / 단독운전 / 토출량 Q	양정 H / 2대 운전 / 단독운전 / 토출량 Q

답 ①

34 500℃와 20℃의 두 열원 사이에 설치되는 열기관이 가질 수 있는 최대의 이론 열효율은 약 몇 %인가?

① 48   ② 58
③ 62   ④ 96

해설 (1) 기호
- $T_2 : (273+500)\text{K}$
- $T_1 : (273+20)\text{K}$
- $\eta : ?$

(2) 열효율

$$\eta = 1 - \frac{T_1}{T_2}$$

여기서, η : 열효율
T_1 : 저온(273+℃)[K]
T_2 : 고온(273+℃)[K]

열효율 η 는

$$\eta = 1 - \frac{T_1}{T_2} = 1 - \frac{(273+20)\text{K}}{(273+500)\text{K}} \fallingdotseq 0.62 = 62\%$$

답 ③

35 수면으로부터 15m의 깊이에 있는 잠수부가 물속으로 숨을 내쉬려면 그 압력은 몇 kPa 이상이 되어야 하는가? (단, 대기압은 98kPa이다.)

① 210   ② 245
③ 270   ④ 320

해설 물속의 압력

$$P = P_0 + \gamma h$$

여기서, P : 물속의 압력[kPa]
P_0 : 대기압[kPa]
γ : 물의 비중(9.8kN/m³)
h : 물의 깊이[m]

물속의 압력 P 는
$P = P_0 + \gamma h$
$= 98\text{kPa} + 9.8\text{kN/m}^3 \times 15\text{m}$
$= 98\text{kPa} + 147\text{kN/m}^2$
$= 98\text{kPa} + 147\text{kPa}$
$= 245\text{kPa}$

• 1kN/m²=1kPa이므로 147kN/m²=147kPa

답 ②

36 물방울(20℃)의 내부 압력이 외부 압력보다 1kPa만큼 더 큰 압력을 유지하도록 하려면 물방울의 지름은 약 몇 mm로 해야 하는가? (단, 20℃에서 물의 표면장력은 0.0727N/m이다.)

① 0.15   ② 0.3
③ 0.6   ④ 0.9

해설 물방울의 표면장력(surface tension)

$$\sigma = \frac{\Delta p D}{4}$$

여기서, σ : 물방울의 표면장력[N/m]
Δp : 압력차[Pa] 또는 [N/m²]
D : 직경[m]

물방울의 직경(지름) D 는

$$D = \frac{4\sigma}{\Delta p} = \frac{4 \times 0.0727\text{N/m}}{1000\text{Pa}} = \frac{4 \times 0.0727\text{N/m}}{1000\text{N/m}^2}$$

$\fallingdotseq 3 \times 10^{-4}\text{m}$
$= 0.0003\text{m}$
$= 0.3\text{mm}$

• 1kPa=1000Pa
• 1Pa=1N/m²이므로 1000Pa=1000N/m²
• 1m=1000mm이므로 0.0003m=0.3mm

비교

비눗방울의 표면장력(surface tension)

$$\sigma = \frac{\Delta p D}{8}$$

여기서, σ : 비눗방울의 표면장력[N/m]
Δp : 압력차[Pa] 또는 [N/m²]
D : 직경[m]

답 ②

37. 관 상당길이를 구할 때 사용되는 식으로 옳은 것은?

① Hagen-Williams 식
② Torricelli 식
③ Darcy-Weisbach 식
④ Reynolds 식

 해설

공식	적용
하젠-윌리엄스식 (Hagen-Williams 식)	관로에서의 손실수두 계산
토리첼리식 (Torricelli 식)	구멍을 통해 유출되는 유속 계산
달시-웨버식 (Darcy-Weisbach 식)	관 상당길이 계산 보기 ③
레이놀즈식 (Reynolds 식)	층류와 난류 예측

답 ③

38. 계기압력이 25kPa에서 85kPa로 높아졌을 때 절대압력이 50% 증가했다면 국소대기압은 몇 kPa인가?

① 105
② 100
③ 95
④ 90

해설 **절대압**

(1) **절**대압=**대**기압+**게**이지압(계기압)
(2) 절대압=대기압-진공압

기억법 절대게

절대압=대기압+게이지압(계기압) 에서

1절대압=대기압+25kPa
1.5절대압=대기압+85kPa
─────────────────
−0.5절대압=−60kPa

절대압 = $\dfrac{-60\text{kPa}}{-0.5}$ = 120kPa

∴ (국소)대기압=절대압-계기압
  =120kPa-25kPa=95kPa

- 절대압=절대압력
- 계기압=계기압력

답 ③

39. 배관 내 유체 유량을 직접 측정할 수 있는 기기가 아닌 것은?

① 마노미터
② 벤투리미터
③ 로터미터
④ 오리피스미터

해설 마노미터(manometer) : 유체의 **압력차**를 측정하여 유량을 계산하는 계기로 유량을 직접 측정하지는 않음 보기 ①

참고

유량측정 계기
(1) 벤투리미터(벤투리관)
(2) 오리피스미터
(3) 위어
(4) 로터미터
(5) 노즐

답 ①

40. 두께 10cm인 벽의 내부 표면의 온도는 20℃이고 외부 표면의 온도는 0℃이다. 외부 벽은 온도가 −10℃인 공기에 노출되어 있어 대류열전달이 일어난다. 외부 표면에서의 대류열전달계수가 200W/(m²·K)라면 정상상태에서 벽의 열전도율은 몇 W/(m·K)인가? (단, 복사열전달은 무시한다.)

① 10
② 20
③ 30
④ 40

해설 (1) 전도 열전달

$$\dot{q} = \dfrac{kA(T_2 - T_1)}{l}$$

여기서, $\dot{q}$: 열전달량[J/s=W]
k : 열전도율[W/m·K]
A : 단면적[m²]
T_2 : 내부 벽온도(273+℃)[K]
T_1 : 외부 벽온도(273+℃)[K]
l : 두께[m]

- 열전달량=열전달률
- 열전도율=열전달계수

(2) 대류 열전달

$$\dot{q} = Ah(T_2 - T_1)$$

여기서, $\dot{q}$: 대류열류[W]
A : 대류면적[m²]
h : 대류전열계수(대류열전달계수)[W/m²·K]
T_2 : 외부 벽온도(273+℃)[K]
T_1 : 대기온도(273+℃)[K]

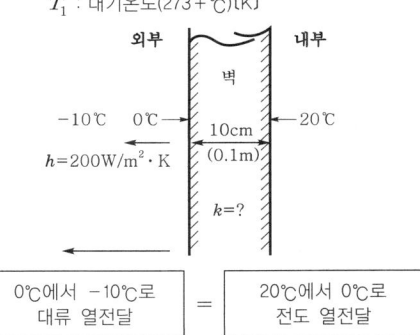

| 0℃에서 −10℃로 대류 열전달 | = | 20℃에서 0℃로 전도 열전달 |

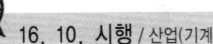
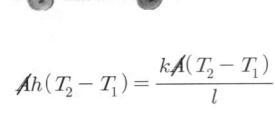

$$Ah(T_2 - T_1) = \frac{kA(T_2 - T_1)}{l}$$

$$200\text{W/m}^2 \cdot \text{K} \times (0-(-10))\text{K} = \frac{k(20-0)\text{K}}{0.1\text{m}}$$

$$2000\text{W/m}^2 = \frac{k(20-0)\text{K}}{0.1\text{m}} \leftarrow \text{좌우 이항}$$

$$\frac{k(20-0)\text{K}}{0.1\text{m}} = 2000\text{W/m}^2$$

$$k = \frac{2000\text{W/m}^2 \times 0.1\text{m}}{(20-0)\text{K}} = 10\text{W/m} \cdot \text{K}$$

- 온도차는 ℃로 나타내던지 K로 나타내던지 계산해 보면 값은 같다. 그러므로 여기서는 단위를 일치시키기 위해 K로 쓰기로 한다.

답 ①

제3과목 소방관계법규

41 소방시설의 하자발생 통보를 받은 공사업자는 며칠 이내에 하자를 보수하거나 보수일정을 기록한 하자보수계획을 관계인에게 서면으로 알려야 하는가?

① 1일   ② 2일
③ 3일   ④ 7일

해설 착공신고 · 완공검사 등 (공사업법 13~15조)
(1) 소방시설공사의 착공신고 ┐
(2) 소방시설공사의 완공검사 ┘ 소방본부장 · 소방서장
(3) 하자보수기간 : **3일** 이내

답 ③

42 제연설비를 설치해야 하는 특정소방대상물의 기준으로 틀린 것은?

① 운동시설로서 무대부의 바닥면적이 200m² 이상인 것
② 지하상가로서 연면적 1000m² 이상인 것
③ 휴게시설로서 지하층의 바닥면적이 500m² 이상인 것
④ 문화 및 집회시설 중 영화상영관으로서 수용인원이 100명 이상인 것

해설 ③ 500m² 이상 → 1000m² 이상

소방시설법 시행령 [별표 4]
제연설비의 설치대상

설치대상	조건
① 문화 및 집회시설, 운동시설 ② 종교시설	• 바닥면적 200m² 이상
③ 기타	• 1000m² 이상

④ 영화상영관	• 수용인원 100명 이상
⑤ 터널	• 예상교통량, 경사도 등 터널의 특성을 고려하여 **행정안전부령**으로 정하는 터널
⑥ 특별피난계단 ⑦ 비상용 승강기의 승강장 ⑧ 피난용 승강기의 승강장	• 전부

용어

제연설비
화재시 발생하는 연기를 감지하여 방연 및 제연함은 물론 화재의 확대연기의 확산을 막아 연기로 인한 탈출로 차단 및 질식으로 인한 인명피해를 줄이는 등 피난 및 소화활동상 필요한 안전설비

답 ③

43 건축허가 등의 동의를 요구한 기관이 그 건축허가 등을 취소하였을 때에는 취소한 날부터 며칠 이내에 건축물 등의 시공지 또는 소재지를 관할하는 소방본부장 또는 소방서장에게 그 사실을 통보하여야 하는가?

① 3   ② 7
③ 10 ④ 14

해설 **7일**
(1) 옮긴 물건 등의 **보**관기간 (화재예방법 시행령 17조)
(2) 건축허가 등의 취소통보 (소방시설법 시행규칙 3조) — 보기 ②
(3) 소방공사 감리원의 배치통보일 (공사업규칙 17조)
(4) 소방공사 감리결과 통보 · 보고일 (공사업규칙 19조)

기억법 보7(보칙)

답 ②

44 특정소방대상물 중 지하구에 대한 기준으로 다음 ( ) 안에 들어갈 내용으로 알맞은 것은?

전력 · 통신용의 전선이나 가스 · 냉난방용의 배관 또는 이와 비슷한 것을 집합수용하기 위하여 설치한 지하 인공구조물로서 사람이 점검 또는 보수하기 위하여 출입이 가능한 것 중 폭 (㉠)m 이상이고 높이가 (㉡)m 이상이며 길이가 (㉢)m 이상인 것

① ㉠ 1.8, ㉡ 2.0, ㉢ 50
② ㉠ 2.0, ㉡ 2.0, ㉢ 500
③ ㉠ 2.5, ㉡ 3.0, ㉢ 600
④ ㉠ 3.0, ㉡ 5.0, ㉢ 700

해설 소방시설법 시행령 [별표 2]
지하구

구분	설명
폭	1.8m 이상
높이	2m 이상
길이	50m 이상

답 ①

45 휴대용 비상조명등을 설치해야 하는 특정소방대상물이 아닌 것은?
① 숙박시설
② 지하상가
③ 판매시설 중 대규모점포
④ 수용인원 100명 이상의 도서관

해설 **휴대용 비상조명등**의 **설치장소** (NFPC 304 4조, NFTC 304 2.1.2.1)
(1) **숙박시설** 또는 **다중이용업소**에는 **객실** 또는 영업장 안의 **구획**된 **실**마다 잘 보이는 곳(외부에 설치시 출입문 손잡이로부터 **1m** 이내 부분)에 **1개** 이상 설치
(2) **대규모점포**(지하상가 및 지하역사 제외)와 **영화상영관**에는 **보행거리 50m** 이내마다 **3개** 이상 설치
(3) **지하상가** 및 **지하역사**에는 **보행거리 25m** 이내마다 **3개** 이상 설치

답 ④

46 옥외저장탱크의 주위에 그 저장 또는 취급하는 위험물의 최대수량이 지정수량의 1000배 초과 2000배 이하인 경우 옥외저장탱크의 측면으로부터 보유해야 하는 공지의 최소너비는 몇 m 이상이어야 하는가? (단, 위험물을 이송하기 위한 배관, 그 밖에 이에 준하는 공작물은 제외한다.)
① 9
② 7
③ 5
④ 3

해설 위험물규칙 [별표 6]
옥외탱크저장소의 보유공지

위험물의 최대수량	공지의 너비
지정수량의 500배 이하	3m 이상
지정수량의 501~1000배 이하	5m 이상
지정수량의 1001~2000배 이하 →	9m 이상
지정수량의 2001~3000배 이하	12m 이상
지정수량의 3001~4000배 이하	15m 이상
지정수량의 4000배 초과	당해 탱크의 수평단면의 **최대지름**(가로형인 경우에는 긴 변과 **높이** 중 **큰 것**과 같은 거리 이상(단, 30m 초과의 경우에는 **30m 이상**으로 할 수 있고, 15m 미만의 경우에는 **15m 이상**)

비교
(1) **옥내저장소**의 보유공지(위험물규칙 [별표 5])

위험물의 최대수량	공지너비	
	내화구조	기타구조
지정수량의 5배 이하	-	0.5m 이상
지정수량의 5배 초과 10배 이하	1m 이상	1.5m 이상
지정수량의 10배 초과 20배 이하	2m 이상	3m 이상
지정수량의 20배 초과 50배 이하	3m 이상	5m 이상
지정수량의 50배 초과 200배 이하	5m 이상	10m 이상
지정수량의 200배 초과	10m 이상	15m 이상

(2) **옥외저장소**의 보유공지(위험물규칙 [별표 11])

위험물의 최대수량	공지의 너비
지정수량의 10배 이하	3m 이상
지정수량의 11~20배 이하	5m 이상
지정수량의 21~50배 이하	9m 이상
지정수량의 51~200배 이하	12m 이상
지정수량의 200배 초과	15m 이상

답 ①

47 소방시설관리업의 등록을 하지 않고 영업을 한 자에 대한 벌칙기준은?
① 300만원 이하의 벌금
② 1년 이하의 징역 또는 1000만원 이하의 벌금
③ 3년 이하의 징역 또는 3000만원 이하의 벌금
④ 5년 이하의 징역 또는 3000만원 이하의 벌금

해설 **3년** 이하의 **징역** 또는 **3000만원** 이하의 벌금
(1) 화재안전조사 결과에 따른 조치명령(화재예방법 50조)
(2) **소방시설관리업** 무등록자(소방시설법 57조)
(3) **형식승인**을 받지 않은 소방용품 제조·수입자(소방시설법 57조)
(4) **제품검사**를 받지 않은 사람(소방시설법 57조)
(5) 거짓이나 그 밖의 **부정한 방법**으로 제품검사 전문기관의 지정을 받은 사람(소방시설법 57조)

기억법 33관 (삼삼하게 관리하기!)

답 ③

48 방염성능기준 이상의 실내장식물 등을 설치하여야 하는 특정소방대상물에 해당되지 않는 것은?
① 근린생활시설 중 체력단련장
② 의료시설 중 종합병원
③ 숙박이 가능한 수련시설
④ 층수가 16층 이상인 아파트

해설 소방시설법 시행령 3조
방염성능기준 이상 적용 특정소방대상물
(1) 체력단련장, 공연장 및 종교집회장
(2) 문화 및 집회시설
(3) **종**교시설
(4) 운동시설(수영장은 제외)
(5) 의료시설(종합병원, 정신의료기관)
(6) 의원, 치과의원, 한의원, 조산원, 산후조리원
(7) 교육연구시설 중 합숙소
(8) **노**유자시설
(9) 숙박이 가능한 **수**련시설
(10) **숙**박시설
(11) 방송국 및 촬영소
(12) 다중이용업소(단란주점영업, 유흥주점영업, 노래연습장업의 영업장 등)
(13) 층수가 11층 이상인 것(아파트는 제외 : 2026. 12. 1. 삭제)

기억법 방숙 노종수

④ 아파트 제외

답 ④

49 특정소방대상물에 소방시설을 설치하는 경우 소방청장이 정하는 내진설계기준에 맞게 설치해야 하는 설비가 아닌 것은?
19.03.문73
17.05.문45
① 옥내소화전설비 ② 연결살수설비
③ 스프링클러설비 ④ 물분무등소화설비

해설 소방시설법 시행령 8조
소방시설의 내진설계
(1) 옥내소화전설비
(2) 스프링클러설비
(3) 물분무등소화설비

답 ②

50 소방시설 중 소화활동설비에 해당하지 않는 것은?
15.03.문06
10.03.문20
① 제연설비   ② 연소방지설비
③ 비상경보설비 ④ 무선통신보조설비

해설 소방시설법 시행령 [별표 1]
소화활동설비
(1) **연결송수관**설비
(2) **연결살수**설비
(3) **연소방지**설비
(4) **무선통신보조**설비
(5) **제연**설비
(6) **비상콘센트**설비

기억법 3연무제비콘

③ 경보설비

• 소화활동설비만 기억하면 대부분의 문제가 해결되므로 **소화활동설비**를 꼭 기억하도록 한다.

답 ③

51 위험물제조소에 환기설비를 설치할 경우 바닥면적이 100m²이면 급기구의 면적은 몇 cm² 이상이어야 하는가?
19.04.문55
① 150   ② 300
③ 450   ④ 600

해설 위험물규칙 [별표 4]
위험물제조소의 환기설비
(1) 환기는 **자연배기방식**으로 할 것
(2) 급기구는 바닥면적 **150m²**마다 1개 이상으로 하되, 그 크기는 **800cm²** 이상일 것

바닥면적	급기구의 면적
60m² 미만	150cm² 이상
60~90m² 미만	300cm² 이상
90~120m² 미만	450cm² 이상
120~150m² 미만	600cm² 이상

(3) 급기구는 **낮은 곳**에 설치하고, 가는 눈의 구리망 등으로 **인화방지망**을 설치할 것
(4) 환기구는 지붕 위 또는 지상 **2m** 이상의 높이에 **회전식 고정벤틸레이터** 또는 **루프팬방식**으로 설치할 것

답 ③

52 다음에 해당하는 자에 대한 벌칙기준으로 벌금이 가장 큰 경우는?
19.03.문48
① 소방안전관리자를 선임하지 아니한 자
② 변경허가를 받지 아니하고 제조소 등을 변경한 자
③ 위험물의 운반에 관한 중요기준을 따르지 아니한 자
④ 방염성능검사에 합격하지 아니한 물품에 합격표시를 위조하거나 변조하여 사용한 자

① 화재예방법 50조 : **300만원** 이하의 벌금
② 위험물법 36조 : **1500만원** 이하의 벌금
③ 위험물법 37조 : **1000만원** 이하의 벌금
④ 소방시설법 59조 : **300만원** 이하의 벌금

답 ②

53 특수가연물의 품명과 수량기준이 옳게 연결된 것은?
19.09.문50
13.03.문51
① 면화류 - 200kg 이상
② 대팻밥 - 300kg 이상
③ 가연성 고체류 - 1000kg 이상
④ 고무류・플라스틱류(발포시킨 것) - 10m³ 이상

해설 **화재예방법 시행령 [별표 2]**
특수가연물

품 명		수 량
가연성 **액**체류		**2**m³ 이상
목재가공품 및 나무부스러기		**10**m³ 이상
면화류		**2**00kg 이상
나무껍질 및 대팻밥		**4**00kg 이상
넝마 및 종이부스러기		
사류(絲類)		**1**000kg 이상
볏짚류		
가연성 **고**체류		**3**000kg 이상
고무류 · 플라스틱류	발포시킨 것	20m³ 이상
	그 밖의 것	3000kg 이상
석탄 · 목탄류		**1**0000kg 이상

② 300kg 이상 → 400kg 이상
③ 1000kg 이상 → 3000kg 이상
④ 10m³ 이상 → 20m³ 이상

※ **특수가연물** : 화재가 발생하면 그 확대가 빠른 물품

기억법
가액목면나	넝사볏	가고	고석
2 1 2 4	1	3	3 1

답 ①

54 ★★★ [19.09.문45]
특수가연물의 저장 및 취급기준은 무엇으로 정하는가?
① 대통령령
② 행정안전부령
③ 시 · 도의 조례
④ 소방청 고시

해설 **대통령령**
(1) 소방**장**비 등에 대한 **국**고보조기준(기본법 9조)
(2) 불을 사용하는 설비의 관리사항 정하는 기준(화재예방법 17조)
(3) **특**수가연물 저장 · 취급(화재예방법 17조)
(4) **방**염성능기준(소방시설법 20조)
(5) 건축허가 등의 동의대상물의 범위(소방시설법 6조)
(6) 소방시설관리업의 등록기준(소방시설법 29조)
(7) 소방시설업의 업종별 영업범위(공사업법 4조)
(8) 소방공사감리의 종류 및 대상에 따른 감리원 배치, 감리의 방법(공사업법 16조)
(9) 위험물의 정의(위험물법 2조)
(10) 탱크안전성능검사의 내용(위험물법 8조)
(11) 제조소 등의 안전관리자의 자격(위험물법 15조)

기억법 대국장 특방(**대구** 시장에서 **특**수 **방**한복 지급)

답 ①

55 ★★ [10.05.문49]
소방본부장이나 소방서장이 소방시설공사 완공검사를 위한 현장 확인대상 특정소방대상물의 범위에 해당하지 않는 것은?
① 운동시설
② 노유자시설
③ 판매시설
④ 업무시설

해설 **공사업령 5조**
완공검사를 위한 **현**장확인 대상 특정소방대상물
(1) **수**련시설
(2) **노**유자시설
(3) **문**화 및 집회시설, **운**동시설
(4) **종**교시설
(5) **판**매시설
(6) **숙**박시설
(7) **창**고시설
(8) 지하**상**가
(9) 다중이용업소
(10) 다음에 해당하는 설비가 설치되는 특정소방대상물
  ㉠ **스**프링클러설비 등
  ㉡ **물**분무등소화설비(호스릴방식 제외)
(11) 연면적 10000m² 이상이거나 11층 이상인 특정소방대상물(아파트 제외)
(12) 가연성 가스를 제조 · 저장 또는 취급하는 시설 중 지상에 노출된 가연성 가스탱크의 저장용량 합계가 1000t 이상인 시설

기억법 문종판 노수운 숙창상현

답 ④

56 ★★★ [13.09.문53]
운송책임자의 감독 · 지원을 받아 운송해야 하는 위험물은?
① 알칼리토금속
② 칼륨
③ 유기과산화물
④ 알킬리튬

해설 **위험물령 19조**
운송책임자의 감독 · 지원을 받는 위험물
(1) 알킬알루미늄
(2) 알킬리튬

답 ④

57 ★★★
소방기본법상 소방대상물에 해당되지 않는 것은?
① 건축물
② 항해 중인 선박
③ 차량
④ 산림

해설 **기본법 2**
소방대상물
(1) 건축물
(2) 차량
(3) 선박(매어둔 것)
(4) 선박건조구조물
(5) 인공구조물
(6) 물건
(7) 산림

비교
위험물법 3조
위험물의 저장 · 운반 · 취급에 대한 적용 제외
(1) 항공기
(2) 선박
(3) 철도(기차)
(4) 궤도

답 ②

58. 다음 중 소방활동 종사명령권을 가진 사람은 누구인가?
① 소방청장 ② 소방대장
③ 시·도지사 ④ 관계인

해설 소방본부장·소방서장·소방대장
(1) 소방활동 종사명령(기본법 24조)
(2) 강제처분(기본법 25조)
(3) 피난명령(기본법 26조)

기억법 소대종강피(소방대의 종강파티)

답 ②

59. 정당한 사유 없이 소방대가 현장에 도착할 때까지 사람을 구출하는 조치 또는 불을 끄거나 불이 번지지 아니하도록 하는 조치를 하지 아니한 사람에 대한 벌칙은?
① 1년 이하의 징역
② 100만원 이하의 벌금
③ 500만원 이하의 벌금
④ 1000만원 이하의 벌금

해설 100만원 이하의 벌금
(1) 관계인의 소방활동 미수행(기본법 54조)
(2) 피난명령 위반(기본법 54조)
(3) 위험시설 등에 대한 긴급조치 방해(기본법 54조)
(4) 거짓보고 또는 자료 미제출자(공업법 38조)
(5) 관계공무원의 출입·조사·검사 방해(공업법 38조)
(6) 정당한 사유없이 물의 사용이나 수도의 개폐장치의 사용 또는 조작을 하지 못하게 하거나 방해한 자(기본법 54조)
(7) 소방대의 생활안전활동을 방해한 자(기본법 54조)

기억법 피1(차일피일)

답 ②

60. 지정수량의 몇 배 이상의 위험물을 취급하는 제조소에는 피뢰침을 설치해야 하는가? (단, 제6류 위험물을 취급하는 위험물제조소는 제외한다.)
① 5배 ② 10배
③ 50배 ④ 100배

해설 위험물규칙 [별표 4]
지정수량의 10배 이상의 위험물을 취급하는 제조소(제6류 위험물을 취급하는 위험물제조소 제외)에는 피뢰침을 설치하여야 한다. (단, 제조소 주위의 상황에 따라 안전상 지장이 없는 경우에는 피뢰침을 설치하지 아니할 수 있다.)

기억법 피10(피식 웃다.)

답 ②

제4과목 소방기계시설의 구조 및 원리

61. 주거용 주방자동소화장치의 설치기준 중 감지부는 어디에 설치해야 하는가?
① 환기구의 중앙 근처
② 환기구로부터 2m 이하
③ 환기구 직경의 $\frac{1}{2}$ 이하의 위치
④ 형식 승인받은 유효한 높이 및 위치

해설 주거용 주방자동소화장치의 설치기준(NFPC 101 4조, NFTC 101 2.1.2.1)

사용가스	탐지부 위치
LNG(공기보다 가벼운 가스)	천장면에서 30cm 이하
LPG(공기보다 무거운 가스)	바닥면에서 30cm 이하

(1) 소화약제 방출구는 환기구의 청소부분과 분리
(2) 감지부는 형식 승인받은 유효한 높이 및 위치에 설치 보기 ④
(3) 차단장치(전기 또는 가스)는 상시 확인 및 점검이 가능하도록 설치할 것
(4) 수신부는 주위의 열기류 또는 습기 등과 주위온도에 영향을 받지 않고 사용자가 상시 볼 수 있는 장소에 설치

답 ④

62. 할론소화약제 가압용 가스용기의 충전가스로 옳은 것은?
① NO_2 ② O_2
③ N_2 ④ H_2

해설 압력원(NFPC 107 4조, NFTC 107 2.1.3)

소화기	압력원(충전가스)
• 강화액 • 산·알칼리 • 화학포 • 분말(가스가압식)	이산화탄소(CO_2)
• 할론 • 분말(축압식)	질소(N_2) 보기 ③

답 ③

63. 스프링클러설비 교차배관의 최소구경은 몇 mm 이상이어야 하는가? (단, 패들형 유수검지장치를 사용하는 경우는 제외한다.)
① 13
② 25
③ 32
④ 40

해설 스프링클러설비의 배관(NFPC 103 8조, NFTC 103 2.5)
(1) 배관의 구경

교차배관	수직배수배관
40mm 이상 보기 ④	50mm 이상

기억법 교4(교사), 수5(수호신)
(2) 가지배관의 배열은 **토너먼트방식**이 아닐 것
(3) 기울기

구 분	설 비
$\frac{1}{100}$ 이상	연결살수설비의 수평주행배관
$\frac{2}{100}$ 이상	물분무소화설비의 배수설비
$\frac{1}{250}$ 이상	습식·부압식 설비 외 설비의 가지배관
$\frac{1}{500}$ 이상	습식·부압식 설비 외 설비의 수평주행배관

답 ④

64 ★★★
16.03.문62
15.05.문77
11.10.문65

하나의 배관에 부착하는 살수헤드의 개수가 7개인 경우 연결살수설비 배관의 최소구경은 몇 mm인가? (단, 연결살수설비 전용 헤드를 사용하는 경우이다.)

① 32
② 40
③ 50
④ 80

해설 **연결살수설비**(NFPC 503 5조, NFTC 503 2.2.3.1)

배관의 구경	살수헤드 개수
32mm	1개
40mm	2개
50mm	3개
65mm	4개 또는 5개
80mm 보기 ④	6~10개 이하

비교

연결살수설비에서 하나의 송수구역에 설치하는 개방형 헤드수는 **10개** 이하로 하여야 한다.

답 ④

65 ★★★
16.05.문61
15.09.문74
14.09.문79
10.05.문74

공기포소화약제의 혼합방식 중 펌프와 발포기의 중간에 설치된 벤츄리관의 벤츄리작용에 따라 포소화약제를 흡입·혼합하는 방식은?

① 라인 프로포셔너방식
② 프레져 프로포셔너방식
③ 펌프 프로포셔너방식
④ 프레져사이드 프로포셔너방식

해설 **포소화약제**의 혼합장치(NFPC 105 3·9조, NFTC 105 1.7, 2.6.1)
(1) **펌프 프로포셔너방식**(펌프 혼합방식)
  ㉠ 펌프 토출측과 흡입측에 바이패스를 설치하고 그 바이패스 도중에 설치한 어댑터(adaptor)로 펌프 토출측 수량의 일부를 통과시켜 공기포용액을 만드는 방식

  ㉡ 펌프의 **토출관**과 **흡입관** 사이의 배관 도중에 설치한 흡입기에 펌프에서 토출된 물의 일부를 보내고 **농도조정 밸브**에서 조정된 포소화약제의 필요량을 포소화약제탱크에서 펌프 흡입측으로 보내어 약제를 혼합하는 방식

(2) **프레져 프로포셔너방식**(차압 혼합방식)
  ㉠ 가압송수관 도중에 공기포 소화원액 혼합조(P.P.T)와 혼합기를 접속하여 사용하는 방법
  ㉡ 격막방식 휨탱크를 사용하는 에어휨 혼합방식
  ㉢ 펌프와 발포기의 중간에 설치된 **벤츄리관**의 **벤츄리작용**과 펌프 가압수의 **포소화약제 저장탱크**에 대한 압력에 의하여 포소화약제를 흡입·혼합하는 방식

(3) **라인 프로포셔너방식**(관로 혼합방식)
  ㉠ 급수관의 배관 도중에 포소화약제 흡입기를 설치하여 그 흡입관에서 소화약제를 흡입하여 혼합하는 방식
  ㉡ 펌프와 발포기의 중간에 설치된 **벤츄리관**의 **벤츄리작용**에 의하여 포소화약제를 흡입·혼합하는 방식 보기 ①

● 벤츄리=벤투리

기억법 라벤벤

(4) **프레져사이드 프로포셔너방식**(압입 혼합방식)
  ㉠ 소화원액 **가압펌프**(압입용 펌프)를 별도로 사용하는 방식
  ㉡ 펌프 **토출관**에 압입기를 설치하여 포소화약제 **압입용 펌프**로 포소화약제를 압입시켜 혼합하는 방식

기억법 프사압

(5) **압축공기포 믹싱챔버방식**
  포수용액에 공기를 강제로 주입시켜 **원거리 방수**가 가능하고 물 사용량을 줄여 **수손피해를 최소화**할 수 있는 방식

답 ①

66 ★★★
16.05.문62
14.05.문69
05.09.문62

평상시 최고주위온도가 110℃이며 높이가 3.8m인 공장에 설치하는 폐쇄형 스프링클러헤드의 표시온도로 옳은 것은?

① 79℃ 미만
② 79℃ 이상 121℃ 미만
③ 121℃ 이상 162℃ 미만
④ 162℃ 이상

해설 **폐쇄형 헤드**의 **표시온도**(NFTC 103 2.7.6)

설치장소의 최고주위온도	표시온도
39℃ 미만	**79**℃ 미만
39~**64**℃ 미만	79~**121**℃ 미만
64~**106**℃ 미만	121~**162**℃ 미만
106℃ 이상	162℃ 이상 보기 ④

기억법 39 → 79
      64 → 121
      106 → 162

답 ④

67 분말소화설비 저장용기의 설치기준으로 옳은 것은?
[09.03.문65]

① 저장용기의 충전비는 0.7 이상으로 할 것
② 가압식의 분말소화설비는 사용압력범위를 표시한 지시압력계를 설치할 것
③ 축압식은 용기의 내압시험압력의 1.8배 이하의 압력에서 작동하는 안전밸브를 설치할 것
④ 저장용기에는 저장용기의 내부 압력이 설정 압력으로 되었을 때 주밸브를 개방하는 정압작동장치를 설치할 것

해설
① 0.7 이상 → 0.8 이상
② 가압식 → 축압식
③ 1.8배 이하 → 0.8배 이하

분말소화설비 저장용기(NFPC 108 4조, NFTC 108 2.1)
(1) 충전비 : **0.8** 이상
(2) 축압식 : **지시압력계** 설치, 내압시험압력의 **0.8배** 이하
(3) 저장용기 : **정압작동장치** 설치 보기 ④

답 ④

68 물분무소화설비의 수원 저수량 기준으로 옳은 것은?
[09.08.문66]

① 특수가연물을 저장하는 또는 취급하는 특정소방대상물 또는 그 부분에 있어서 그 바닥면적 $1m^2$에 대하여 20L/min로 20분간 방수할 수 있는 양 이상으로 할 것
② 주차장은 그 바닥면적 $1m^2$에 대하여 10L/min로 20분간 방수할 수 있는 양 이상으로 할 것
③ 케이블트레이는 투영된 바닥면적 $1m^2$에 대하여 10L/min로 20분간 방수할 수 있는 양 이상으로 할 것
④ 케이블덕트는 투영된 바닥면적 $1m^2$에 대하여 12L/min로 20분간 방수할 수 있는 양 이상으로 할 것

해설
① 20L/min → 10L/min
② 10L/min → 20L/min
③ 10L/min → 12L/min

물분무소화설비의 **수원**(NFPC 104 4조, NFTC 104 2.1.1)

특정소방대상물	토출량	최소기준	비고
컨베이어벨트	10L/min·m^2	–	벨트부분의 바닥면적
절연유 봉입변압기	10L/min·m^2	–	표면적을 합한 면적 (바닥면적 제외)
특수가연물	10L/min·m^2	최소 50m^2	최대방수구역의 바닥면적 기준
케이블트레이·덕트	12L/min·m^2 보기 ④	–	투영된 바닥면적
차고·주차장	20L/min·m^2	최소 50m^2	최대방수구역의 바닥면적 기준
위험물 저장탱크	37L/min·m	–	위험물탱크 둘레길이(원주길이) : 위험물규칙 〔별표 6〕Ⅱ

※ 모두 **20분**간 방수할 수 있는 양 이상으로 하여야 한다.

기억법	컨	0
	절	0
	특	0
	케	2
	차	0
	위	37

답 ④

69 호스릴 이산화탄소 소화설비의 설치기준으로 틀린 것은?
[19.04.문67]
[16.05.문78]
[08.09.문66]

① 소화약제 저장용기는 호스릴을 설치하는 장소마다 설치할 것
② 노즐은 20℃에서 하나의 노즐마다 40kg/min 이상의 소화약제를 방사할 수 있는 것으로 할 것
③ 방호대상물의 각 부분으로부터 하나의 호스 접결구까지 수평거리가 15m 이하가 되도록 할 것
④ 소화약제 저장용기의 개방밸브는 호스의 설치장소에서 수동으로 개폐할 수 있는 것으로 할 것

해설
② 40kg/min → 60kg/min

호스릴 이산화탄소소화설비의 설치기준(NFPC 106 10조, NFTC 106 2.7.4)
(1) 노즐당 소화약제 방출량은 **20℃**에서 **60kg/min** 이상
(2) 소화약제 저장용기는 **호스릴**을 설치하는 **장소**마다 설치 보기 ①
(3) 소화약제 저장용기의 가장 가까운 곳, 보기 쉬운 곳에 **표시등** 설치, 호스릴 이산화탄소소화설비가 있다는 뜻을 표시한 표지를 할 것
(4) 약제개방밸브는 호스의 설치장소에서 수동으로 개폐할 것 보기 ④
(5) 방호대상물의 각 부분으로부터 하나의 호스 접결구까지의 수평거리가 15m 이하가 되도록 할 것 보기 ③

답 ②

70 최대방수구역의 바닥면적이 60m^2인 주차장에 물분무소화설비를 설치하려고 하는 경우 수원의 최소저수량은 몇 m^3인가?
[19.09.문66]
[11.10.문68]

① 12
② 16
③ 20
④ 24

해설 물분무소화설비의 수원 (NFPC 104 4조, NFTC 104 2.1.1)

특정소방대상물	토출량	최소기준	비 고
컨베이어벨트	10L/min·m²	-	벨트부분의 바닥면적
절연유 봉입변압기	10L/min·m²	-	표면적을 합한 면적 (바닥면적 제외)
특수가연물	10L/min·m²	최소 50m²	최대방수구역의 바닥면적 기준
케이블트레이·덕트	12L/min·m²	-	투영된 바닥면적
차고·주차장	20L/min·m²	최소 50m²	최대방수구역의 바닥면적 기준
위험물 저장탱크	37L/min·m	-	위험물탱크 둘레길이(원주길이) : 위험물규칙 [별표 6] Ⅱ

※ 모두 20분간 방수할 수 있는 양 이상으로 하여야 한다.

기억법
- 컨 0
- 절 0
- 특 0
- 케 2
- 차 0
- 위 37

※ 모두 20분간 방수할 수 있는 양 이상으로 하여야 한다.

차고·주차장의 토출량 : 20L/min·m²

방사량 = 바닥면적(최소 50m²)×20L/min·m²×20min
= 60m²×20L/min·m²×20min
= 24000L
= 24m³

• 1000L=1m³이므로 24000L=24m³

답 ④

71. 포소화설비의 화재안전기준에 따른 팽창비의 정의로 옳은 것은?

① 최종 발생한 포원액 체적/원래 포원액 체적
② 최종 발생한 포수용액 체적/원래 포원액 체적
③ 최종 발생한 포원액 체적/원래 포수용액 체적
④ 최종 발생한 포 체적/원래 포수용액 체적

해설 발포배율식(팽창비)

(1) 발포배율(팽창비) = 내용적(용량) / (전체 중량 − 빈 시료용기의 중량)

(2) 발포배율(팽창비) = 방출된 포의 체적[L] / 방출 전 포수용액의 체적[L]

(3) 발포배율(팽창비) = 최종 발생한 포 체적[L] / 원래 포수용액 체적[L]

답 ④

72. 제3종 분말소화설비에 사용되는 소화약제의 주성분으로 옳은 것은?

① 인산염
② 탄산수소칼륨
③ 탄산수소나트륨
④ 탄산수소칼륨과 요소와의 반응물

해설 분말소화기(질식효과)

종 별	소화약제	약제의 착색	화학반응식	적응화재
제1종	중탄산나트륨 (NaHCO₃)	**백**색	$2NaHCO_3 \rightarrow Na_2CO_3 + CO_2 + H_2O$	BC급
제2종	중탄산칼륨 (KHCO₃)	담**자**색 (담회색)	$2KHCO_3 \rightarrow K_2CO_3 + CO_2 + H_2O$	BC급
제3종	인산암모늄 (NH₄H₂PO₄) 보기 ①	담**홍**색 (황색)	$NH_4H_2PO_4 \rightarrow HPO_3 + NH_3 + H_2O$	AB C급
제4종	중탄산칼륨+요소 (KHCO₃+ (NH₂)₂CO)	**회**(백)색	$2KHCO_3 + (NH_2)_2CO \rightarrow K_2CO_3 + 2NH_3 + 2CO_2$	BC급

- 중탄산나트륨 = 탄산수소나트륨
- 중탄산칼륨 = 탄산수소칼륨
- 제1인산암모늄 = 인산암모늄 = **인산염**
- 중탄산칼륨 + 요소 = 탄산수소칼륨 + 요소

기억법 백자홍회, 3ABC(**3**종이니까 3가지 **ABC**급)

답 ①

73. 연소할 우려가 있는 개구부의 스프링클러헤드 설치기준 중 다음 ( ) 안에 알맞은 것은?

연소할 우려가 있는 개구부에는 그 상하좌우에 (㉠)m 간격으로 스프링클러헤드를 설치하되, 스프링클러헤드와 개구부의 내측면으로부터 직선거리는 (㉡)cm 이하가 되도록 할 것

① ㉠ 1.5, ㉡ 15
② ㉠ 2.5, ㉡ 15
③ ㉠ 1.5, ㉡ 20
④ ㉠ 2.5, ㉡ 20

해설 연소할 우려가 있는 개구부 (NFPC 103 10조, NFTC 103 2.7.7.6)

(1) 개구부 상하좌우에 **2.5m** 간격으로 헤드 설치 보기 ㉠
(2) 스프링클러헤드와 개구부의 내측면으로부터 직선거리는 **15cm** 이하 보기 ㉡
(3) 개구부 폭이 **2.5m** 이하인 경우 그 **중앙**에 1개의 헤드 설치
(4) 사람이 상시 출입하는 개구부로서 통행에 지장이 있는 때에는 개구부의 **상부** 또는 **측면**에 설치

답 ②

74
소화기의 설치기준 중 다음 ( ) 안에 알맞은 것은? (단, 가연성 물질이 없는 작업장 및 지하구의 경우는 제외한다.)

각 층마다 설치하되, 특정소방대상물의 각 부분으로부터 1개의 소화기까지의 보행거리가 소형 소화기의 경우에는 (㉠)m 이내, 대형 소화기의 경우에는 (㉡)m 이내가 되도록 배치할 것

① ㉠ 20, ㉡ 10
② ㉠ 10, ㉡ 20
③ ㉠ 20, ㉡ 30
④ ㉠ 30, ㉡ 20

해설 (1) 보행거리

구 분	적 용
20m 이하	• 소형 소화기 보기 ㉠
30m 이하	• 대형 소화기 보기 ㉡

(2) 수평거리

구 분	적 용
10m 이하	• 예상제연구역
15m 이하	• 분말(호스릴) • 포(호스릴) • 이산화탄소(호스릴)
20m 이하	• 할론(호스릴)
25m 이하	• 음향장치 • 옥내소화전 방수구 • **옥**내소화전(**호**스릴) • 포소화전 방수구 • 연결송수관 방수구(지하가) • 연결송수관 방수구(지하층 바닥면적 3000m² 이상)
40m 이하	• 옥외소화전 방수구
50m 이하	• 연결송수관 방수구(사무실)

기억법 옥호25(오후에 이사 오세요.)

용어 수평거리와 보행거리

수평거리	보행거리
직선거리를 말하며, 반경을 의미하기도 한다.	걸어서 간 거리

답 ③

75
제연설비에서 배출풍도단면의 직경의 크기가 450mm 이하인 경우 배출풍도 강판두께의 기준으로 옳은 것은?

① 0.5mm 이상
② 0.8mm 이상
③ 1.0mm 이상
④ 1.2mm 이상

해설 배출풍도의 강판두께(NFPC 501 9조, NFTC 501 2.6.2.1)

풍도단면의 긴 변 또는 직경의 크기	강판두께
450mm 이하	0.5mm 이상 보기 ①
451~750mm 이하	0.6mm 이상
751~1500mm 이하	0.8mm 이상
1501~2250mm 이하	1.0mm 이상
2250mm 초과	1.2mm 이상

답 ①

76
옥내소화전 방수구와 연결되는 가지배관의 구경은 최소 몇 mm 이상이어야 하는가?
① 40
② 50
③ 65
④ 100

해설 옥내소화전설비의 배관구경(NFPC 102 6조, NFTC 102 2.3.5, 2.3.6)

구 분	가지배관	주배관 중 수직배관
호스릴	25mm 이상	32mm 이상
옥내소화전	40mm 이상 보기 ①	50mm 이상
연결송수관 겸용	65mm 이상	100mm 이상

답 ①

77
완강기의 최대사용자수는 최대사용하중을 몇 N으로 나누어서 얻는 값으로 해야 하는가?
① 600
② 700
③ 1000
④ 1500

해설 완강기의 하중(완강기의 형식승인 및 제품검사의 기술기준 12조)
(1) 250N(최소하중)
(2) 750N
(3) 1500N(최대하중) 보기 ④

답 ④

78
연결살수설비의 헤드를 설치하지 아니할 수 있는 장소의 기준으로 틀린 것은?

① 천장·반자 중 한쪽이 불연재료로 되어 있고 천장과 반자 사이의 거리가 1m 미만인 부분
② 현관 또는 로비 등으로서 바닥으로부터 높이가 15m 이상인 장소
③ 천장과 반자 양쪽이 불연재료로 되어 있는 경우로서 천장과 반자 사이의 거리가 2m 미만인 부분
④ 천장과 반자 양쪽이 불연재료로 되어 있는 경우로서 천장과 반자 사이의 벽이 불연재료이고 천장과 반자 사이의 거리가 2m 이상으로서 그 사이에 가연물이 존재하지 아니하는 부분

해설
② 15m 이상 → 20m 이상

연결살수설비 살수헤드의 **설치제외장소**(NFPC 503 7조, NFTC 503 2.4)
(1) 천장·반자 중 **한쪽**이 **불연재료**로 되어 있고 천장과 반자 사이의 거리가 **1m 미만**인 부분 보기 ①
(2) **현관** 또는 **로비** 등으로서 바닥으로부터 높이가 **20m 이상**인 장소 보기 ②
(3) 천장과 반자 양쪽이 **불연재료**로 되어 있는 경우로서 천장과 반자 사이의 거리가 **2m 미만**인 부분 보기 ③
(4) 천장과 반자 양쪽이 **불연재료**로 되어 있는 경우로서 천장과 반자 사이의 벽이 불연재료이고 천장과 반자 사이의 거리가 **2m 이상**으로서 그 사이에 가연물이 존재하지 아니하는 부분 보기 ④
(5) 천장 및 반자가 불연재료 외의 것으로 되어 있고 천장과 반자 사이의 거리가 **0.5m 미만**인 부분
(6) **병원**의 수술실, 응급처치실, 기타 이와 유사한 장소
(7) **발전실**, 변압기, 기타 이와 유사한 전기설비가 설치되어 있는 장소

답 ②

79 ★★
19.09.문73
19.03.문65
17.05.문78

지하상가에 설치해야 할 인명구조기구의 종류로 옳은 것은?

① 공기호흡기
② 구조대
③ 방열복
④ 인공소생기

해설 **인명구조기구 설치장소**(NFTC 302 2.1.1.1)

특정소방대상물	인명구조기구의 종류	설치 수량
• **7층** 이상인 관광호텔(지하층 포함) • **5층** 이상인 병원(지하층 포함)	• 방열복 • 방화복(안전모, 보호장갑, 안전화 포함) • 공기호흡기 • 인공소생기	• 각 **2개** 이상 비치할 것 (단, **병원**의 경우 **인공소생기** 설치제외)
• 수용인원 **100명** 이상의 영화상영관 • 대규모 점포 • 운수시설 중 지하역사 • 지하가 중 **지하상가**	• 공기호흡기 보기 ①	• 층마다 **2개** 이상 비치할 것(단, 각 층마다 갖추어 두어야 할 공기호흡기 중 일부를 **직원**이 **상주**하는 인근 **사무실**에 비치 가능)
• 이산화탄소 소화설비(호스릴 이산화탄소 소화설비 제외) 설치대상물	• 공기호흡기	• 이산화탄소 소화설비가 설치된 장소의 출입구 외부 인근에 **1대** 이상 비치

답 ①

80 ★

특별피난계단의 계단실 및 부속실 제연설비에 대한 설명으로 틀린 것은?

① 급기구는 급기되는 기류흐름이 출입문으로 인하여 차단되거나 방해받지 아니하도록 옥내와 면하는 출입문으로부터 가능한 가까운 위치에 설치해야 한다.
② 제연설비가 가동되었을 때, 출입구의 개방에 필요한 힘은 110N 이하로 하여야 한다.
③ 보충량은 부속실의 수가 20 이하는 1개층 이상, 20을 초과하는 경우에는 2개층 이상의 보충량으로 한다.
④ 급기구는 급기용 수직풍도와 직접 면하는 벽체 또는 천장에 고정해야 한다.

해설
① 가까운 위치 → 먼 위치

급기구(NFPC 501A 17조, NFTC 501A 2.14)
급기용 수직풍도와 직접 면하는 **벽체** 또는 **천장**(해당 수직풍도와 천장급기구 사이의 풍도 포함)에 고정하되, 급기되는 기류흐름이 출입문으로 인하여 차단되거나 방해받지 아니하도록 옥내와 면하는 출입문으로부터 가능한 **먼 위치**에 설치할 것 보기 ①

답 ①

우리에겐 무한한 가능성이 있습니다.
						-H. S. Kong-

찾아보기

가스배출가속장치 ………………………… 4-41	건성유 …………………………………… 1-21
가시거리 ………………………………… 1-30	건식 밸브의 기능 ……………………… 4-40
가압송수장치 ………………… 4-10, 4-13	건식설비의 주요 구성요소 …………… 4-40
가압송수장치용 내연기관 …………… 4-50	건축물 …………………………………… 1-24
가압송수장치의 기동 ………………… 4-50	건축물의 동의 범위 …………………… 2-9
가압송수장치의 설치 ………………… 4-125	건축물의 방재기능설정요소 ………… 1-41
가압송수장치의 작동 ………………… 4-37	건축물의 방화구획 …………………… 1-44
가압식 ……………………………………… 62	건축물의 제연방법 …………………… 1-51
가압식 소화기 …………………………… 4-4	건축물의 화재성상 ………… 1-25, 1-27
가압용 가스용기 ……………………… 4-80	건축허가 등의 동의 ……………… 17, 2-9
가역과정 ………………………………… 3-12	건축허가 등의 동의대상물 …………… 2-11
가연물 …………………………………… 1-9	검은 연기생성 ………………………… 1-31
가연물이 완전연소시 발생물질 ……… 1-57	게시판의 기재사항 …………………… 2-44
가연성 액체 …………………………… 1-34	게이지압(계기압) ………………… 41, 3-6
가연성가스 누출시 …………………… 1-56	결합금속구 …………………………… 4-126
가연성 고체 …………………………… 2-41	결핵 및 한센병 요양시설과 요양병원 ……… 38
가연재료 ………………………………… 1-28	경계신호 …………………………………… 39
가정불화 ………………………………… 1-54	경보밸브 적용설비 …………………… 4-88
가지배관 ………………… 54, 4-54, 4-66	경보사이렌 …………………………… 4-79
가지배관의 헤드 개수 ………………… 4-119	경보설비 …………………… 19-41, 17-17
각 소화전의 규정 방수량 …………… 4-23	경사강하방식 ………………………… 4-98
간이 탱크 저장소의 탱크 용량 ……… 2-47	경사강하식 구조대 …………………… 4-100
간이소화용구 ……………………… 37, 4-8	경제발전과 화재피해의 관계 ………… 1-3
간이완강기 …………………………… 4-102	계량봉 ………………………………… 4-67
감광계수 ………………………………… 1-30	고가수조 ……………………………… 4-11
감리 ……………………………………… 28	고가수조에만 있는 것 ………… 4-61, 4-65
강관배관의 절단기 …………………… 4-47	고무류 · 면화류 ……………………… 4-80
강관의 나사내기공구 ………………… 4-48	고속국도 주유취급소의 특례 ………… 2-48
강화액 소화약제 ………………………… 4-5	고정식 사다리의 종류 ………………… 4-95
개구부 ………………………… 25, 1-47, 4-34	고정주입설비와 고정급유설비 ……… 2-47
개폐지시형 밸브 ……………………… 4-46	고정포 방출구 ………………………… 59
개폐표시형 개폐밸브 ………………… 4-57	공간적 대응 …………………………… 1-41
개폐표시형 밸브 ……………… 4-46, 4-55	공기비 ………………………………… 1-15
개폐표시형 밸브와 같은 의미 ……… 4-19	공기안전 매트 ………………………… 4-103
거실 ……………………………………… 1-55	공기의 구성 성분 ……………………… 1-10
	공기의 기체상수 ………………… 3-8, 3-42

공기 중의 산소농도	1-57
공기호흡기	4-104
공동예상제연구역	4-109
공동주택	38
공동현상	49
공유결합	1-62
공조설비	1-45
과산화물질	1-35
과징금	2-40
과태료	2-4
과포화용액	1-66
관경에 따른 방수량	4-17
관계인	29, 2-3
관성	3-10
관성능률	3-38
관용나사	4-50
관창	4-123
광산안전법	34
교차배관	57, 4-40
교차회로방식	4-44
구조대	4-100
구조대의 구조	4-100
국고보조	2-5
국소대기압	3-5
국소방출방식	4-72, 4-78
군집보행속도	1-48
굴뚝효과	4-113
규정농도	1-65
그라스울	1-44
극성공유결합	1-63
근린생활시설	35, 2-14
글라스 벌브형의 봉입물질	4-30
글라스벌브	4-30
글로브 밸브	4-47
금수성	2-41
금수성 물질	11, 1-33
급기량	4-111
급기풍도	4-114

기계적 착화원	1-20
기계제연방식	1-50
기계포(공기포) 소화약제	1-65
기동용 수압개폐장치	4-15, 4-50
기동장치	4-74
기본량	4-111
기압	1-22, 3-24
기체상수	18-35
기체의 용해도	1-70
기포 안정제	1-65
기화(증발)잠열	19-32, 16-24
기화열	5

ㄴ

나선식 또는 사행식 구조	4-99
나이트로셀룰로오스	1-34
나화	1-10
난연재료	1-28, 4-33
내림식 사다리의 종류	4-96
내압(內壓) 방폭구조	1-52
내유염성	1-67, 4-70
내화 건축물	1-24
내화건축물의 표준 온도	9, 1-27
내화구조	13, 1-42
내화성능이 우수한 순서	1-42
노유자시설	36, 2-12
노즐 선단의 압력	4-121
농황산	1-17
누설량	4-111
누전	4, 1-4
뉴턴유체와 비뉴턴유체	3-12

ㄷ

다르시-바이스바하 공식	45
다익팬(시로코팬)	3-60
다중이용업	2-12
단락	4
단백포	1-66
단수	3-57

| 단열변화 ··································3-46
| 단위 ··························48, 3-56, 4-18
| 단위면적당 열전달량과 같은 의미 ··············3-50
| 달시-웨버의 식 ·····················19-38, 17-64
| 대규모 화재실의 제연효과 ·····················4-108
| 대기 ··3-5
| 대기압 ··3-5
| 대류 ··3-50
| 대류전열계수 ································3-50
| 댐퍼 ··4-114
| 도급계약의 해지 ······························2-32
| 도급인 ······································2-32
| 도로 ··2-11
| 도시가스 ····································1-37
| 도시가스의 주성분 ····························1-37
| 도심 ······································23-37
| 동력 ··3-56
| 동압(유속)측정 ·······························3-32
| 동점도 ··41
| 동점성 계수 ···································3-6
| 두부 ··1-17
| 드라이 펜던트 스프링클러 헤드 ················4-34
| 드라이 펜던트형 헤드 ·························4-42
| 드래프트 효과 ································1-31
| 드레인 밸브 ··································4-50
| 드렌처 ······································1-45
| 드렌처 설비 ······························51, 4-56
| 드렌처 헤드의 수원의 양 ······················4-56
| 등온과정(엔트로피 변화) ······················3-45
| 등온팽창(등온과정) ···························3-45
| Darcy 방정식 ································3-27
| Duct 내의 풍량과 관계되는 요인 ··············4-108
| 디플렉터(반사판) ······························4-27

ㄹ

라인 프로포셔너 방식 ·····················1-68, 4-69
라지 드롭 스프링클러 헤드 ·····················4-28
랙식 창고 ··························36, 56, 2-15, 4-28
랙식 창고 헤드 설치높이 ·······················4-31
레이놀드수 ······································44

로비 ··4-35
로알람 스위치 ································4-42
로켓 ··3-33
로터미터 ····································3-34
로프 ······································4-102
리타딩 챔버 ··································56
리타딩 챔버의 역할 ····························4-38
리프트 ······································1-16

ㅁ

마노미터 ··································23-35
마른모래 ································11, 4-3
마이크로 스위치 ······························4-39
망울 ··1-36
맥동현상이 발생하는 펌프 ·····················3-62
모니터 ··14
모르타르 ····································1-43
모세관 현상 ··································3-22
목재의 연소형태 ······························1-11
목조건축물 ··································1-25
몰농도 ······································1-65
몰수 ··································42, 1-23, 3-8
무기과산화물 ································1-32
무대부 ··································56, 2-14
무상 ··4-81
무염착화 ································8, 1-25
무차원 ··································45, 3-4
무차원수 ····································3-31
무창층 ······································1-62
무풍상태 ······································4-8
물(H_2O) ····································1-63
물분무등소화설비 ································36
물분무 설비의 설치 대상 ················4-78, 4-82
물분무 헤드 ··································4-62
물분무가 전기설비에 적합한 이유 ··············4-60
물분무설비 부적합 위험물 ·····················4-60
물분무설비 설치제외장소 ·····················4-63
물분무설비의 부적합물질 ·····················1-63
물분무소화설비 ······················53, 4-54, 4-60
물소화약제 ····································4-5
물속의 압력 ··································3-5

물올림수조 용량	4-14	방재센터	1-55
물올림장치	4-15	방진효과	1-61
물올림장치의 감수 경보 원인	4-16	방출표시등	4-79
물의 동결방지제	4-5	방폭구조	1-52
물의 밀도	3-7, 3-39, 3-40	방호공간	4-80
물의 비중량	3-7, 3-37, 3-40	방호대상물	4-72, 4-76
물질의 발화점	5, 1-13, 1-21	방화 댐퍼	1-54, 4-43, 4-108
미끄럼대의 종류	4-98	방화구조	13, 1-42
미닫이	4-112	방화구획 면적	4-108
미세도	1-73	방화구획의 종류	1-45

ㅂ

반사판	4-34, 4-55	방화문	13, 1-43, 1-54
반자	4-35, 4-58	방화복	4-104
발염착화	8, 1-25	방화셔터	1-54
발코니	4-98	방화시설	30
발포배율식	4-70	배관	4-25
발포배율	1-67	배관과 배관 등의 접속방법	4-83
발화신호	39	배관의 마찰손실	3-27
발화점과 같은 의미	1-12	배관의 재질	4-74
발화점이 낮아지는 경우	1-13	배관의 지지간격 결정	4-47
방사압력	4-71	배관의 크기 결정 요소	4-51
방수 패킹	4-112	배관재료	4-61
방수구	4-21, 4-117	배기 밸브	4-87
방수구의 구경	4-123	배액밸브	4-66
방수구의 설치장소	65, 4-122	배출 댐퍼	4-113
방수기구함	4-123	배출구	4-113
방수량	4-24, 4-49	배출풍도의 강판두께	4-109
방연	4-113	100만원 이하의 벌금	2-33
방연수직벽	1-54	벌금	27
방연풍속	4-111	벌금과 과태료	2-4
방열복	4-104	베르누이 방정식	3-17
방염	33, 1-37	베르누이 방정식의 적용 조건	43, 3-17
방염대상물품	2-13	변경강화기준 적용 설비	2-9
방염성능	22, 2-9	보유공지	2-45
방염성능기준	2-9, 2-13	보유공지 너비	2-46
방염성능 측정기준	1-37	보일러실	4-119
방염제	1-37	보일-샤를의 법칙	3-22
방염처리업	26, 2-31	보일 오버의 발생조건	1-18
방유제	2-45		
방유제의 용량	2-45		

보정계수(수정계수)	3-18	비중	1-65
보조기술인력	2-34	비중량	41, 3-7
보충량	4-111	비중이 무거운 순서	1-14
보행거리	65	비체적	41, 3-7, 3-41
복사	1-20, 3-51	BTX	1-38
복사능	3-51		
복사열	1-26	ㅅ	
복사열과 같은 의미	3-51	사강식 구조대의 부대길이	4-99
복합건축물	32, 2-15	사류	2-23
본질안전 방폭구조	1-53	산소공급원	1-35
볼류트 펌프	3-58	산화반응	1-9
봄베	4-4	산화속도	1-9
부력	3-9	3중점	19-31
부르동관	3-32	3E	1-55
부실(계단부속실)	1-51	상당관 길이	3-27
부촉매효과 소화약제	1-64	상당관 길이와 같은 의미	3-27
분말	1-72	상대조도	3-43
분말설비의 충전용 가스	4-88	상수도 소화용수설비 설치대상	4-127
분말소화설비	4-88	상온에서 액체상태	1-71
분말소화설비의 방식	4-89	상향식 스프링클러 헤드 설치 이유	4-34
분말소화설비의 방호대상	4-91	상향식 헤드	4-53
분말약제의 소화효과	1-61	샤를의 법칙	8
분사 헤드의 종류	4-90	석조	1-43
분진폭발을 일으키지 않는 물질	1-7	선임신고	2-40
분해부분의 강도	4-36	선택 밸브	4-87
불꽃연소	1-11	설계농도	4-86
불연성 가스 소화설비의 구성	4-75	설치높이	4-123
불연재료	1-44, 4-33, 4-35	성능계수	3-49
V-notch 위어	3-47	성능계수와 같은 의미	3-49
브레이스	4-47	성능시험배관	4-18
비가역과정	3-12	성장기	1-27
비가역적	43	세척 밸브(클리닝 밸브)	4-89
비례혼합방식의 유량허용범위	1-68	소방공사 감리원의 배치 통보	2-36
비상근	2-3	소방공사감리업	2-31
비상전원 용량	4-109	소방공사감리원의 세부배치기준	2-36
비상전원	4-23, 4-79	소방공사감리의 종류	2-36
비상조명장치	1-56	소방공사감리자	2-36
비압축성 유체	3-3, 3-16	소방기본법	2-3
비열	40	소방기술자 실무교육기관	2-37
비열비	3-42	소방기술자	27

소방기술자의 실무교육	2-37	소방호스	4-65
소방대	2-3	소방호스의 종류	53, 4-12
소방대상물	2-3	소방활동	2-4
소방대장	30, 2-3	소방활동구역	20, 2-5
소방력	23-18	소방활동구역 출입자	2-5
소방력 기준	20	소방활동구역의 설정	2-3
소방본부장	2-6	소화기 설치거리	51
소방본부장과 소방대장	20	소화기 추가 설치개수	4-3
소방본부장·소방서장	21	소화기 추가 설치거리	4-3
소방시설	2-9	소화기구	1-60
소방시설관리업	2-10	소화기의 정비공구	4-5
소방시설 등의 자체점검	2-16	소화능력단위	4-3
소방시설 설계업	2-31	소화능력시험 대상	4-8
소방시설공사	2-36	소화설비	24
소방시설공사 시공능력 평가의 신청·평가	2-36	소화수조	4-125
소방시설공사 재하도급자	2-33	소화수조·저수조	4-125
소방시설공사업의 보조기술인력	39	소화약제의 방출수단	1-57
소방시설공사의 하자보수보증기간	2-34	소화용수설비	4-125
소방시설관리업	28	소화장치로 사용할 수 없는 펌프	4-12
소방시설업	17, 2-31	소화활동설비	24, 2-13
소방시설업의 등록결격사유	2-31	속도조절기	4-100
소방시설업의 영업범위	2-31	속도조절기의 연결부 안전고리	4-101
소방시설업의 종류	26	속동형 스프링클러 헤드의 사용장소	4-29
소방신호의 종류	2-7	솔레노이드 구동형	4-113
소방신호표	2-7	송수구	4-19, 4-116, 4-117
소방안전관리업무 대행자	2-20	송수구의 설치높이	4-117
소방안전관리자	2-20, 2-24	송액관	4-66
소방안전관리자의 강습	2-26	송풍기	4-114
소방안전관리자의 선임	2-20	수격작용(water hammering)	50, 3-61
소방안전관리자의 실무교육	2-26	수동기동장치의 설치장소	4-115
소방안전관리자의 재선임	2-26	수동력	25-45
소방용수시설	19, 27, 39, 2-6	수동식 개방 밸브	4-61
소방용수시설 및 지리조사	2-6	수력반경	45, 3-30
소방용수시설의 설치기준	2-6	수문	3-37
소방용수시설의 설치·유지·관리	2-6	수성막포	1-66
소방용수시설의 저수조의 설치기준	2-6	수성막포 적용대상	1-66
소방용품	2-11	수성막포의 특징	1-66
소방용품 제외 대상	2-11	수압기	44
소방의 주된 목적	1-55	수용액이 거품으로 형성되는 장치	4-68
소방체험관	20	수원	52, 4-23, 4-57

수조	4-46
수직강하식 구조대	4-99
수직거리	4-108
수직배관	4-122
수직풍도	4-114
수직풍도에 따른 배출	22-71
수평거리	65
수평거리와 같은 의미	1-51, 4-21
수평주행배관	4-40, 4-119
수평투영면	4-126
수평헤드간격	4-32
순환배관	4-14, 4-19
순환배관의 토출량	4-15
슈퍼바이저리 패널(슈퍼비조리 판넬)	4-43
스모크 타워 제연방식	1-50, 4-107
스모크 해치 효과를 높이는 장치	4-107
스케줄	4-74
스케줄 번호	3-53
스테판-볼츠만의 법칙	19-4
스톱 밸브	4-46
스트레이너와 같은 의미	4-12
스프링클러 설비의 대체설비	4-27
스프링클러 설비의 설치대상	2-14
스프링클러 헤드	4-33, 4-58
스프링클러설비	52
스프링클러설비의 특징	4-27
슬롭 오버	1-19
습식 스프링클러설비	4-34
습식과 건식의 비교	4-36
습식설비	58
습식설비로 하여야 하는 경우	4-124
습식설비의 유수검지장치	4-37
승강기	1-45
승계	24
시공능력 평가 및 공사방법	2-37
시공능력의 평가 기준	23
시공능력평가의 산정식	2-37
시공능력평가자	2-36
시·도지사	21, 30

시차액주계	46
시험방법	4-50
시험배관 설치목적	4-53
신축하는 구조	4-95
실리콘유	1-34, 1-36
실양정과 전양정	3-55
실제 유체	3-3
심부화재	60, 4-73, 4-74
C.R.T 표시장치	1-55
CO_2 설비의 방출방식	4-76
CO_2 설비의 분사 헤드	4-77
CO_2 설비의 소화효과	4-73
CO_2 설비의 적용대상	4-78
CO_2 설비의 특징	4-73
CO_2 소요량	4-77
CO_2 소화기의 적응대상	4-4
CO_2 소화작용	1-69
CO_2 저장용기의 충전비	4-75
CO_2·할론	1-60
CO_2의 상태도	1-69

ㅇ

아보가드로의 법칙	19-55
아세틸렌	1-36
아황산가스	1-18
안내날개	49
안전거리	2-43
안전증 방폭구조	1-53
알루미늄(Al)	4-80
RANGE	4-14
알코올포 사용온도	1-64
rpm(revolution per minute)	19-9
압력	3-5, 3-14
압력 스위치	4-38
압력계	4-60
압력수조에만 있는 것	4-65
압력원	4-4
압력조정기	4-89
압력챔버 용량	4-14

압력챔버	56
압축률	3-9
압축성 유체	3-3
액면계	4-67
액셀레이터	4-41
업무시설	38
에너지선	3-19
에멀전	7, 1-19
에어 레귤레이터	4-41
에어챔버	3-61
F·O	1-29
엔탈피	3-41
엔탈피와 엔트로피	3-44
엔트로피	43, 3-12
lb	1-13
LNG	1-4, 4-6
LPG	1-4, 4-6
여과망	62
여닫이	4-112
역률	3-56
역지 밸브(체크 밸브)	4-68
연결살수설비	54, 4-54
연결살수설비의 배관 종류	4-118
연결살수설비의 부속재료	4-118
연결살수설비의 설치대상	4-120
연결살수설비의 송수구	4-117
연결송수관설비	64, 4-121
연결송수관설비의 부속장치	4-121
연결송수관설비의 설치대상	4-124
연기	1-29, 1-31
연기의 발생속도	1-30
연기의 이동과 관계있는 것	1-31
연기의 이동요인	4-107
연기의 형태	10, 1-29
연면적	4-124
연성계	4-60
연성계·진공계의 설치 제외	4-13
연소	1-9, 4-34
연소가스	1-6
연소방지설비	34, 64, 4-109
연소생성물	1-16
연소속도	1-9
연소시 HCl 발생물질	1-17
연소시 HCN 발생물질	1-18
연소시 SO_2 발생물질	1-17
연소할 우려가 있는 개구부	4-107, 4-119
연소확대방지를 위한 방화계획	1-41
연속방정식	3-15
연화	1-36
열량	1-14
열복사 현상에 대한 이론적인 설명	3-51
열역학	3-37
열역학 제2법칙	17-33
열용량	1-14
열의 전달	1-19
열전달의 종류	1-20
열전도와 관계있는 것	1-20
열전도율	3-49
열전도율과 같은 의미	3-49
열파	1-19
예방규정	2-40
예방규정을 정하여야 할 제조소 등	2-41
예상제연구역	4-109
예상제연구역의 공기유입량	4-109
예혼합기연소	1-12
오리피스	3-33, 4-86
오리피스의 조건	3-33
오버플로관	57, 4-23
OS&Y 밸브	4-62
옥내소화전설비	4-11
옥내소화전설비 유속	4-17
옥내소화전의 규정방수량	4-10
옥내소화전의 설치 위치	4-10
옥내소화전함의 재질	4-20
옥내저장소의 보유공지	2-45
옥상수조	23-72
옥외소화전설비	4-23, 4-26

항목	페이지
옥외소화전의 지하매설 배관	4-25
옥외소화전함 설치	4-26
옥외소화전함 설치기구	55, 4-25
옥외 탱크 저장소의 방유제	2-46
올림식 사다리	63, 4-94
완강기	4-102
완강기 벨트	4-103
완강기의 강하속도	4-103
완강기의 구성요소	4-102
완공검사	2-32
완전기체	3-9
완전기체의 엔탈피	3-12
외기취입구	4-114
용기유닛의 설치밸브	4-89
용융점	1-36
용해도	1-17
우수품질인증	21, 28
운동량	3-18
운동량 방정식의 가정	3-18
운송책임자의 감독·지원을 받는 위험물	2-41
워터해머링	4-40
원관의 수력반경	3-30
원시료	1-73
원심 펌프	49, 3-58
원심력과 양력	3-59
원심펌프(소방펌프)의 종류	4-12
원자량	3-43
위어의 종류	46, 3-47
위험물	22, 1-32
위험물 운반용기의 재질	2-44
위험물 운반용기의 주의사항	2-44
위험물 임시저장기간	2-39
위험물안전관리자와 소방안전관리자	18
위험물의 운송기준 미준수자	2-40
위험물제조소의 게시판 설치기준	2-44
위험물제조소의 안전거리	2-43
위험물제조소의 표지 설치기준	2-43
유기물	1-35
유동장	3-15

항목	페이지
유량	43, 3-16
유량 측정	3-32
유량측정방법	4-18
유류화재	3, 1-3
유류탱크에서 발생하는 현상	1-18
유속	54, 3-15
유수검지장치	4-39, 4-51
유수검지장치의 작동시험	4-37
유입 방폭구조	1-53
유입공기	4-113
유체	40, 1-19
유화소화	1-59
유화제	1-19
융해잠열	6
은폐형	4-28
음속	1-7
음향장치	4-83
응집력과 부착력	3-21
의용소방대원	2-3
의용소방대의 설치	2-3
의용소방대의 설치권자	27
2급 소방안전관리대상물	33
2도 화상	1-8
이동 탱크 저장소의 주입설비	2-47
이동식 포소화설비	4-70
이동식 CO_2 설비의 구성	4-77
이동저장탱크	2-43
200만원 이하의 과태료	2-4, 2-22
이산화탄소 소화기	51, 4-4
이상기체 상태방정식	3-42
2약제 습식의 혼합비	1-65
익져스터	4-41
인견	1-12
인공구조물	24
인공소생기	4-104
인명구조기구와 피난기구	37
인명구조기구의 설치장소	2-15
인화점	1-13
1급 소방안전관리대상물	32

1급 소방안전관리자	2-24
일반가연물의 연소생성물	1-25
일반화재	3, 1-3
1BTU	1-13
일산화탄소(CO)	6, 1-16, 1-69
일산화탄소의 증가와 산소의 감소	1-30
일제개방밸브	4-44, 4-55
일제개방밸브의 개방방식	4-45
임계압력	1-69
임계온도	1-12, 1-69
임계점	1-17
임펠러	3-60
입구틀·고정틀의 입구지름	4-100

ㅈ

자동경보 밸브	4-37
자동식 기동장치	4-83
자동식 기동장치의 기동방법	4-83
자동차용 소화기	4-9
자동확산소화기	24-48
자연발화	1-21
자연발화성	2-41
자연발화의 형태	7, 1-21
자위소방대	25
자체소방대	25
자체소방대의 설치제외 대상인 일반 취급소	2-43
작동점검	2-16, 4-5
작열연소	1-11
잔염	4-8
잔염시간	34
잔염시간과 잔진시간	2-13
잔진시간	34
재난·재해	2-3
저비점 물질	1-70
저장물질	1-33
저장용기의 구성 요소	4-75
저장용기의 표시사항	4-84
저장제외 물질	1-33
저항열	1-21

적열	1-67
전기식	4-43
전기용접	4-48
전단응력	19-34, 16-52
전도	3-49
전동기구동형	4-113
전압	3-18, 3-32
전역방출방식	61, 4-71, 4-76
전이길이	3-25
전이길이와 같은 의미	3-25
전자개방 밸브	4-45
전자개방 밸브와 같은 의미	4-45
절대압	41, 3-6
절대온도	1-22, 3-4, 3-23
절하	4-102
점도계	18-36
점성	3-11
점화원이 될 수 없는 것	1-10
접어지는 구조	4-95
접염	1-26
정상류	3-14
정압과정	3-43
정압관·피에조미터	3-31
정압작동장치	4-87
정적과정	3-44
정적과정(엔트로피 변화)	3-44
제1류 위험물	2-44
제1종 분말	4-89
제3류 위험물	4-60, 4-86
제3종 분말	4-89
제4류 위험물	4-59
제4종 분말	1-72
제5류 위험물	1-34, 4-86
제6류 위험물	2-44
제연경계벽	4-112
제연경계의 폭	4-108
제연계획	1-51
제연구역	4-108, 4-110
제연구의 방식	4-108
제연방법	14

제연설비	35, 37, 1-54, 4-107
제연설비의 설치대상	4-110
제연설비의 연기제어	4-107
제조소 등의 변경신고	17
제조소 등의 설치허가	2-39
제조소 등의 승계	2-39
제조소 등의 시설기준	2-39
제조소 등의 용도폐지	2-39
제조소	17
조도(C)	4-18
조례	23
조압수조	3-61
조연성	1-32
조해성	1-32
종합상황실	2-6
종합점검	2-17
종합점검자의 자격	19
주된 소화효과	1-60
주수소화	11
주수소화시 위험한 물질	1-35
주수형태	1-63
주요 구조부	14, 1-43
주유취급소의 게시판	2-45
주유취급소의 고정주유설비와 고정급유설비	2-47
주택	26
준비작동 밸브의 종류	4-43
준비작동식	4-42
중탄산나트륨(탄산수소나트륨)	16
중탄산칼륨(탄산수소칼륨)	16
증기비중과 같은 의미	1-14
증기압	1-14
증발성액체 소화약제	1-70
증발잠열	1-72
증표 제시	2-3
지시압력계	4-88
지정수량	23
지하가	2-23
지하구	64, 4-127
진공계	4-60

질산염류	1-32
질석	4-3
질소	5, 1-10
질소함유 플라스틱 연소시 발생가스	1-18
질식소화	1-58
질식효과	16
질화도	1-11
집합관	4-87

ㅊ

차압	4-110
착공신고	2-32
채수구	4-126
철근콘크리트	1-24
청소구	4-53
청소장치	4-88
체적탄성계수	41, 3-9
체절압력	4-19
체절양정	4-19
체절운전	55, 4-19
체크 밸브	4-47, 4-57
체크밸브와 같은 의미	4-118
초급감리원	2-34
촉매	1-15
최고주위온도	4-30
최대 NPSH	3-54
최대사용자수	4-102
최소 정전기 점화에너지	12
최소발화에너지와 같은 의미	1-38
추력	3-40
축동력	19-8, 18-60
축류식 FAN	3-60
축소, 확대노즐	3-29
축압식 용기의 가스	4-80
출화	1-25
출화실	1-30
충압 펌프와 같은 의미	4-14
충압 펌프의 정격토출압력	4-51
충압펌프	4-16

충전밀도	4-85	판매취급소	2-42
충전비	4-88	패닉상태	1-48
측벽형	4-58	패닉현상	15, 1-52
층류와 난류	3-11	패들형 유수검지기	4-38
		팽창비	4-70

ㅋ

카르노사이클	3-48	펌프	49, 4-12
캔버스	4-114	펌프와 체크밸브의 사이에 연결되는 것	4-10
케이블 덕트	4-60	펌프의 동력	48, 3-56, 4-17
케이블 트레이	58, 4-60	펌프의 비속도값	3-58
클리닝 밸브	4-87	펌프의 연결	3-59, 4-11
		펌프의 흡입측 배관	4-19
		폐쇄형 밸브의 방호구역 면적	4-51

ㅌ

탄산수소나트륨과 같은 의미	1-65	폐쇄형 스프링클러 헤드	4-32
탄화	1-8	폐쇄형 헤드	52, 4-36
탄화심도	1-25	포소화기	1-61
탐지부	4-6	포소화설비	53
터빈 펌프	3-58	포소화설비의 기기장치	4-68
탬퍼 스위치와 같은 의미	4-46	포소화설비의 설치대상	4-72
토너먼트방식	62, 4-44	포소화설비의 특징	4-64
토너먼트방식 적용 설비	62, 4-66	포소화약제	1-64
토사	2-7	포소화전설비	4-65
토제	2-46	포수용액	1-67
토출량	4-10, 4-48	포슈트	4-70
트림잉 셀	4-38	포약제의 pH	1-65
특급감리원	2-34	포워터 스프링클러헤드	59, 4-65
특별피난계단의 구조	1-46	포챔버	4-66
특수 방폭구조	1-53	포헤드	59, 1-65, 4-65
특수가연물	22, 1-36	포혼합장치 설치목적	1-67, 4-67
특수가연물의 저장·취급 기준 위반	31	폭굉	4
특정소방대상물	2-24	폭굉의 연소속도	1-7
특정소방대상물의 소방훈련·교육	2-26	폭발	18-31
특형 방출구	60	폭발한계와 같은 의미	1-5
		폴리트로픽 과정(일)	3-47
		폴리트로픽 변화	3-47

ㅍ

파스칼의 원리	3-20	폴리트로픽 과정(엔트로피 변화)	3-47
파이프속을 흐르는 수압측정	3-32	표면장력	3-21
파이프의 연결부속	4-47	표면하 주입방식	1-67
파포성	1-64	표면화재	4-74, 4-76

표시등	4-21		
표시등의 식별범위	4-21		
표시온도	4-67		
표준대기압	3-5		
풋밸브	4-12		
풍상(風上)	1-5		
퓨즈블링크	4-30		
퓨즈블링크에 가하는 하중	4-30		
퓨즈블링크의 강도	4-36		
프레임	4-55		
프레져 사이드 프로포셔너 방식	1-68, 4-70		
프레져 프로포셔너 방식	1-68, 4-69		
프로판의 액화압력	1-4		
플라이 휠	3-61		
플래시 오버와 같은 의미	10		
플래시오버(Flash Over)	1-28		
플랩댐퍼	20-48		
피난계획	1-46		
피난교	4-97		
피난교의 폭	1-55		
피난구조설비	2-9		
피난기구의 설치완화조건	4-93		
피난기구의 종류	63		
피난동선	14, 1-49		
피난동선의 특성	14, 1-49		
피난사다리	4-93, 4-95		
피난사다리 설치시 검토사항	4-94		
피난사다리의 설치위치	4-94		
피난사다리의 중량	4-96		
피난시설	30		
피난용 트랩	4-97		
피난을 위한 시설물	1-55		
피난층	2-11		
피난한계거리	1-29		
피난행동의 성격	1-48		
피복소화	1-59		
피성년후견인	2-31		
피토관	19-11		

ㅎ

하자보수 보증기간(2년)	2-34
하겐-윌리엄스식의 적용	3-28
하겐-포아젤의 법칙	3-27
한국소방안전원	21
한국소방안전원의 시설기준	2-29
한국소방안전원의 업무	2-4
한국소방안전원의 정관변경	2-4
할로겐화합물 및 불활성기체 소화약제	4-83
할로겐화합물 및 불활성기체 소화약제의 종류	4-82
할로겐화합물 소화약제	4-83
할로겐 원소	1-70
할론설비의 약제량 측정법	61
할론소화설비	4-79
할론소화약제	1-70, 1-71
할론소화작용	1-70
할론 1011 · 104	1-71
Halon 1211	1-71
할론 1301	16, 1-72, 4-81
합성수지의 노화시험	4-9
항공기격납고	31, 4-63
항력	3-29
해정장치	4-115
해제신호	39
행거	57, 4-53
헤드	4-32, 4-59
헤드의 반사판	4-34
헤드의 수평거리	4-119
헤드의 표시온도	4-31
호스결합금구	4-25
호스릴 분사헤드 방사량	4-77
호스릴 소화약제 저장량	4-77
호스릴 포소화설비	4-68
호스릴방식	61, 62
호스의 부착이 제외되는 소화기	4-9
호스의 종류	4-21
호스접결구	4-66, 4-82
호칭지름	4-126
화상	1-8

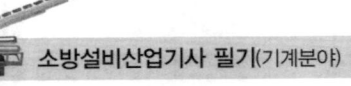

화약류 ·········· 1-21	확산연소 ·········· 1-12
화원(source of fire) ·········· 19-52, 18-6	환기구 ·········· 4-6
화재 ·········· 3, 1-3	환기구와 같은 의미 ·········· 4-59
화재가혹도 ·········· 16-5	환봉과 정6각형 단면봉 ·········· 4-94
화재강도 ·········· 1-47	활성화 에너지 ·········· 1-10
화재예방강화지구 ·········· 17	활차 ·········· 4-95
화재발생요인 ·········· 1-3	황화인 ·········· 1-32
화재부위 온도측정 ·········· 1-56	회피성 ·········· 12
화재의 구분 ·········· 1-4	효율 ·········· 3-56
화재의 종류 ·········· 1-4	훈련신호 ·········· 39
화재하중 ·········· 1-46	휴대용 소화기 ·········· 1-71
화점 ·········· 1-54	흑체(Black Body) ·········· 3-52
화점의 관리 ·········· 1-54	희석 ·········· 1-51
화학소화(억제소화) ·········· 1-58	희석소화 ·········· 1-59
화학포 소화약제의 저장방식 ·········· 1-65	힘 ·········· 3-4

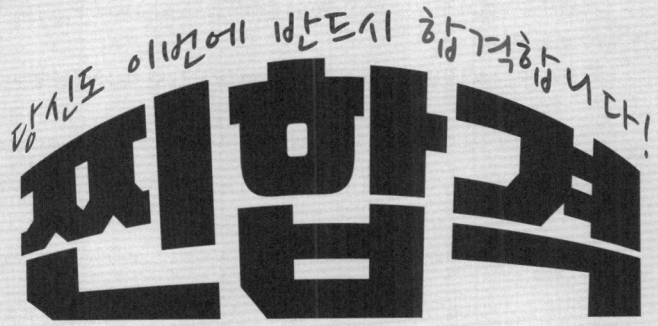

요점노트 ★기계★ 필기
소방설비[산업]기사

소방공학박사
우석대학교 소방방재학과 교수 **공하성** 지음

BM 성안당 깜짝 알림

원퀵으로 기출문제를 보내고 원퀵으로 소방책을 받자!!

2026 소방설비산업기사, 소방설비기사 시험을 보신 후 **기출문제를** 재구성하여 성안당 출판사에 **15문제 이상** 보내주신 분에게 공하성 교수님의 소방시리즈 책 중 한 권을 무료로 보내드립니다.

독자 여러분들이 보내주신 재구성한 기출문제는 보다 더 나은 책을 만드는 데 큰 도움이 됩니다.

✉ 이메일 **coh@cyber.co.kr(최옥현)** | ※메일을 보내실 때 성함, 연락처, 주소를 꼭 기재해 주시기 바랍니다.

- 무료로 제공되는 책은 독자분께서 보내주신 기출문제를 공하성 교수님 검토 후 보내드립니다.
- 책 무료 증정은 조기에 마감될 수 있습니다.

■ 도서 A/S 안내

성안당에서 발행하는 모든 도서는 저자와 출판사, 그리고 독자가 함께 만들어 나갑니다.

좋은 책을 펴내기 위해 많은 노력을 기울이고 있습니다. 혹시라도 내용상의 오류나 오탈자 등이 발견되면 "좋은 책은 나라의 보배"로서 우리 모두가 함께 만들어 간다는 마음으로 연락주시기 바랍니다. 수정 보완하여 더 나은 책이 되도록 최선을 다하겠습니다.

성안당은 늘 독자 여러분들의 소중한 의견을 기다리고 있습니다. 좋은 의견을 보내주시는 분께는 성안당 쇼핑몰의 포인트(3,000포인트)를 적립해 드립니다.

잘못 만들어진 책이나 부록 등이 파손된 경우에는 교환해 드립니다.

저자 문의 : 📢 http://pf.kakao.com/_TZKbxj
　　　　　 Daum cafe.daum.net/firepass
　　　　　 NAVER cafe.naver.com/fireleader

본서 기획자 e-mail : coh@cyber.co.kr(최옥현)
홈페이지 : http://www.cyber.co.kr　전화 : 031) 950-6300

CONTENTS

제 1 편 소방원론
- 제1장 화재론 ·· 2
- 제2장 방화론 ·· 9

제 2 편 소방관계법규

2-1. 소방기본법령 ·· 12
- 제1장 소방기본법 ·· 12
- 제2장 소방기본법 시행령 ·· 15
- 제3장 소방기본법 시행규칙 ·· 16

2-2. 소방시설 설치 및 관리에 관한 법령 ·· 18
- 제1장 소방시설 설치 및 관리에 관한 법률 ··· 18
- 제2장 소방시설 설치 및 관리에 관한 법률 시행령 ·· 21
- 제3장 소방시설 설치 및 관리에 관한 법률 시행규칙 ··································· 30

2-3. 화재의 예방 및 안전관리에 관한 법령 ·· 32
- 제1장 화재의 예방 및 안전관리에 관한 법률 ··· 32
- 제2장 화재의 예방 및 안전관리에 관한 법률 시행령 ··································· 35
- 제3장 화재의 예방 및 안전관리에 관한 법률 시행규칙 ······························· 37

2-4. 소방시설공사업법령 ·· 40
- 제1장 소방시설공사업법 ··· 40
- 제2장 소방시설공사업법 시행령 ·· 42
- 제3장 소방시설공사업법 시행규칙 ·· 43

2-5. 위험물안전관리법령 ·· 45
- 제1장 위험물안전관리법 ··· 45
- 제2장 위험물안전관리법 시행령 ·· 48
- 제3장 위험물안전관리법 시행규칙 ·· 50

CONTENTS

제 3 편   소방유체역학

- 제1장 유체의 일반적 성질 ·· 62
- 제2장 유체의 운동과 법칙 ·· 65
- 제3장 유체의 유동과 계측 ·· 67
- 제4장 유체 정역학 및 열역학 ··· 69
- 제5장 유체의 마찰 및 펌프의 현상 ·· 76

제 4 편   소방기계시설의 구조 및 원리

- 제1장 소화설비 ··· 78
- 제2장 피난구조설비 ··· 89
- 제3장 소화활동설비 및 소화용수설비 ·· 90

요점노트 필기
(기계분야)

요점 노트

- 제 **1** 편 소방원론
- 제 **2** 편 소방관계법규
- 제 **3** 편 소방유체역학
- 제 **4** 편 소방기계시설의 구조 및 원리

제1편 소방원론

제1장 화재론

1. 화재의 정의
자연 또는 인위적인 원인에 의하여 불이 물체를 연소시키고, 인명과 재산의 손해를 주는 현상

2. 화재의 발생현황(발화요인별)
부주의>**전**기적 요인>**기**계적 요인>**화**학적 요인>**교**통사고>방화의심>방화>자연적 요인>**가**스누출

> 기억법 부전기화교가

3. 화재의 종류

등급 구분	A급	B급	C급	D급	K급
화재 종류	일반화재	유류화재	전기화재	금속화재	주방화재
표시색	백색	황색	청색	무색	-

※ 요즘은 표시색의 의무규정은 없음

4. 유류화재

제4류 위험물	종 류
특수 인화물	• 다이에틸에터 · 이황화탄소 · 산화프로필렌 · 아세트알데하이드
제1석유류	• 아세톤 · 휘발유 · 콜로디온
제2석유류	• 등유 · 경유
제3석유류	• 중유 · 크레오소트유
제4석유류	• 기어유 · 실린더유

5. 전기화재의 발생원인
① 단락(합선)에 의한 발화
② 과부하(과전류)에 의한 발화
③ 절연저항 감소(누전)로 인한 발화
④ 전열기기 과열에 의한 발화

⑤ 전기불꽃에 의한 발화
⑥ 용접불꽃에 의한 발화
⑦ 낙뢰에 의한 발화

6. 금속화재를 일으킬 수 있는 위험물

금속화재 위험물	종 류
제1류 위험물	• 무기과산화물
제2류 위험물	• 금속분(알루미늄(Al), 마그네슘(Mg))
제3류 위험물	• 황린(P_4), 칼슘(Ca), 칼륨(K), 나트륨(Na)

7. 공기 중의 폭발한계

가 스	하한계[vol%]	상한계[vol%]
아세틸렌(C_2H_2)	2.5	81
수소(H_2)	4	75
일산화탄소(CO)	12	75
에터($C_2H_5OC_2H_5$)	1.7	48
이황화탄소(CS_2)	1	50
에틸렌(C_2H_4)	2.7	36
암모니아(NH_3)	15	25
메탄(CH_4)	5	15
에탄(C_2H_6)	3	12.4
프로판(C_3H_8)	2.1	9.5
부탄(C_4H_{10})	1.8	8.4
휘발유($C_5H_{12} \sim C_9H_{20}$)	1.2	7.6

8. 폭발한계와 위험성
① 하한계가 낮을수록 위험하다.
② 상한계가 높을수록 위험하다.
③ 연소범위가 넓을수록 위험하다.
④ 연소범위의 하한계는 그 물질의 인화점에 해당된다.
⑤ 연소범위는 주위온도에 관계가 깊다.
⑥ 압력상승시 하한계는 불변, 상한계만 상승한다.

요 점

9. 폭발의 종류

폭발 종류	물 질
분해폭발	과산화물, 아세틸렌, 다이나마이트
분진폭발	밀가루, 담뱃가루, 석탄가루, 먼지, 전분, 금속분
중합폭발	염화비닐, 시안화수소
분해·중합폭발	산화에틸렌
산화폭발	압축가스, 액화가스

기억법 분과아다, 중염시, 분중산, 산압액

10. 분진폭발을 일으키지 않는 물질
① **시**멘트
② **석**회석
③ **탄**산칼슘($CaCO_3$)
④ **생**석회(CaO)=산화칼슘

기억법 분시석탄생

11. 폭굉의 연소속도
1000~3500m/s

12. 폭굉
화염의 전파속도가 음속보다 빠르다.

13. 2도 화상
화상의 부위가 분홍색으로 되고, 분비액이 많이 분비되는 화상의 정도

14. 가연물이 될 수 없는 물질(불연성 물질)

특 징	불연성 물질
주기율표의 0족 원소	헬륨(He), 네온(Ne), 아르곤(Ar), 크립톤(Kr), 크세논(Xe), 라돈(Rn)
산소와 더이상 반응하지 않는 물질	물(H_2O), 이산화탄소(CO_2), 산화알루미늄(Al_2O_3), 오산화인(P_2O_5)
흡열반응 물질	질소(N_2)

기억법 흡질

15. 질소
복사열을 흡수하지 않는다.

16. 점화원이 될 수 없는 것
① 기화열
② 융해열
③ 흡착열

17. 정전기 방지대책
① **접지**를 한다.
② 공기의 상대습도를 **70%** 이상으로 한다.
③ 공기를 **이온화** 한다.
④ **도체물질**을 사용한다.

18. 연소의 형태

연소 형태	종 류
표면연소	**숯**, **코**크스, **목**탄, **금**속분
분해연소	**석**탄, **종**이, **플**라스틱, **목**재, **고**무, **중**유, **아**스팔트
증발연소	**황**, **왁**스, **파**라핀, **나**프탈렌, **가**솔린, **등**유, 경유, **알**코올, **아**세톤
자기연소	**나**이트로글리세린, **나**이트로셀룰로오스(질화면), **TNT**, **나**이트로화합물(피크린산), 질산에스터류(셀룰로이드)
액적연소	**벙**커C유
확산연소	**메**탄(CH_4), **암**모니아(NH_3), **아**세틸렌(C_2H_2), **일**산화탄소(CO), **수**소(H_2)

기억법 표숯코목탄금, 분석종플 목고중아, 확메암아일수

19. 불꽃연소와 작열연소
① 불꽃연소는 작열연소에 비해 대체로 발열량이 크다.
② 작열연소에는 연쇄반응이 동반되지 않는다.
③ 분해연소는 **불꽃연소**의 한 형태이다.
④ 작열연소·불꽃연소는 **완전연소** 또는 **불완전연소**시에 나타난다.

20. 연소와 관계되는 용어

용 어	설 명
발화점	• 가연성 물질에 불꽃을 접하지 아니하였을 때 연소가 가능한 **최저온도**
인화점	• 휘발성 물질에 불꽃을 접하여 연소가 가능한 **최저온도**
연소점	• 어떤 인화성 액체가 공기 중에서 열을 받아 점화원의 존재하에 **지속적인** 연소를 일으킬 수 있는 온도

21. 물질의 발화점

물 질	발화점
황린	30~50℃
황화인 · 이황화탄소	100℃
나이트로셀룰로오스	180℃

22. cal · BTU · chu

단 위	정 의
1cal	• 1g의 물체를 1℃만큼 온도 상승시키는 데 필요한 열량
1BTU	• 1lb의 물체를 1℉만큼 온도 상승시키는 데 필요한 열량
1chu	• 1lb의 물체를 1℃만큼 온도 상승시키는 데 필요한 열량

1BTU = 252cal

23. 물의 잠열

잠열 또는 열량	설 명
80cal/g	융해잠열
539cal/g	기화(증발)잠열
639cal/g	0℃의 물 1g이 100℃의 수증기로 되는 데 필요한 열량
719cal/g	0℃의 얼음 1g이 100℃의 수증기로 되는 데 필요한 열량

24. 증기비중, 증기밀도

$$증기비중 = \frac{분자량}{29}, \quad 증기밀도 = \frac{분자량}{22.4}$$

여기서, 29 : 공기의 평균 분자량[kg/kmol]
 22.4 : 기체 1몰의 부피[L]

25. 증기 - 공기밀도

$$증기 - 공기밀도 = \frac{P_2 \, d}{P_1} + \frac{P_1 - P_2}{P_1}$$

여기서, P_1 : 대기압
 P_2 : 주변온도에서의 증기압
 d : 증기밀도

26. 위험물질의 위험성

비등점(비점)이 낮아질수록 위험하다.

27. 리프트

버너 내압이 높아져서 분출속도가 빨라지는 현상

28. 일산화탄소(CO)

화재시 흡입된 일산화탄소(CO)의 화학적 작용에 의해 헤모글로빈(Hb)이 혈액의 산소운반작용을 저해하여 사람을 질식 · 사망하게 한다.

농 도	영 향
0.2%	1시간 호흡시 생명에 위험을 준다.

29. 이산화탄소(CO_2)

연소가스 중 **가장 많은 양**을 차지한다.

이산화탄소는 온도가 낮을수록, 압력이 높을수록 용해도는 증가한다.

30. 포스겐($COCl_2$)

매우 독성이 강한 가스로서 소화제인 **사염화탄소**(CCl_4)를 화재시에 사용할 때도 발생한다.

31. 황화수소(H_2S)

달걀 썩는 냄새가 나는 특성이 있다.

32. 보일오버(boil over)
① 중질유의 탱크에서 장시간 조용히 연소하다 탱크 내의 잔존기름이 갑자기 분출하는 현상
② 유류탱크에서 탱크 바닥에 물과 기름의 **에멀전**이 섞여 있을 때 이로 인하여 화재가 발생하는 현상
③ 연소유면으로부터 100℃ 이상의 열파가 탱크 저부에 고여 있는 물을 비등하게 하면서 연소유를 탱크 밖으로 비산시키며 연소하는 현상
④ 탱크저부의 물이 급격히 증발하여 탱크 밖으로 화재를 동반하여 방출하는 현상

33. 열전달의 종류
① **전**도
② **대**류
③ **복**사 : 전자파의 형태로 열이 옮겨지며, 가장 크게 작용한다.

> 스테판-볼츠만의 **법칙** : 복사체에서 발산되는 복사열은 복사체의 절대온도의 **4제곱**에 비례한다.

기억법 열전대복

34. 열에너지원의 종류

전기열	화학열
① 유도열 : 도체주위의 자장에 의해 발생	① 연소열 : 물질이 완전히 산화되는 과정에서 발생
② 유전열 : **누설전류**(절연감소)에 의해 발생	② 용해열 : **농황산**
③ 저항열 : 백열전구의 발열	③ 분해열
④ 아크열	④ 생성열
⑤ 정전기열	⑤ 자연발열(자연발화) : 어떤 물질이 외부로부터 열의 공급을 받지 아니하고 온도가 상승하는 현상
⑥ 낙뢰에 의한 열	

35. 자연발화의 형태

자연발화	종류
분해열	셀룰로이드, 나이트로셀룰로오스
산화열	건성유(정어리유, 아마인유, 해바라기유), 석탄, 원면, 고무분말
발효열	퇴비, 먼지, 곡물
흡착열	목탄, 활성탄

기억법 분셀나, 발퇴면곡

36. 자연발화의 방지법
① 습도가 높은 곳을 피할 것(건조하게 유지할 것)
② 저장실의 온도를 낮출 것(주위온도를 낮게 유지)
③ 통풍이 잘 되게 할 것
④ 퇴적 및 수납시 열이 쌓이지 않게 할 것(열의 축적방지)
⑤ 발열반응에 정촉매 작용을 하는 물질을 피할 것

37. 보일-샤를의 법칙
기체가 차지하는 부피는 압력에 반비례하며, 절대온도에 비례한다.

$$\frac{P_1 V_1}{T_1} = \frac{P_2 V_2}{T_2}$$

여기서, P_1, P_2 : 기압[atm]
V_1, V_2 : 부피[m³]
T_1, T_2 : 절대온도[K]

38. 수분함량
목재의 수분함량이 **15%** 이상이면 고온에 장시간 접촉해도 착화하기 어렵다.

39. 목재건축물의 화재진행과정

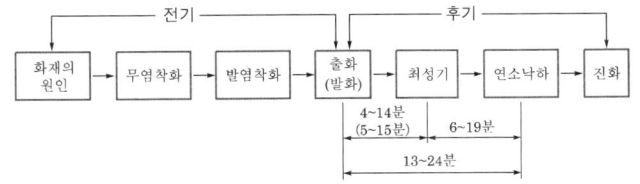

40. 무염착화
가연물이 재로 덮힌 숯불모양으로 불꽃 없이 착화하는 현상

41. 옥외출화
① 창·출입구 등에 발염착화한 때
② 목재사용 가옥에서는 **벽·추녀밑**의 판자나 목재에 **발염착화**한 때

42. 표준온도곡선
(1) 목조건축물과 내화건축물

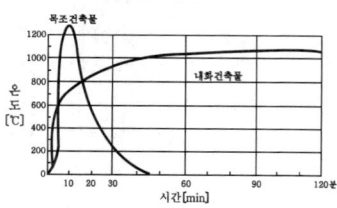

(2) 내화건축물

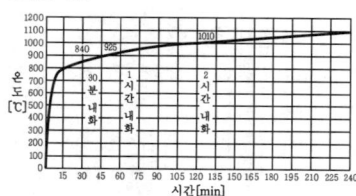

43. 건축물의 화재성상

목재건축물	내화건축물
고온단기형	저온장기형

내화건축물의 화재시 1시간 경과된 후의 화재온도는 약 **950℃**이다.

기억법 목고단

44. 목재건축물의 화재원인
① 접염   ② 비화   ③ 복사열

45. 성장기
공기의 유통구가 생기면 연소속도가 급격히 진행되어 실내가 순간적으로 화염이 가득하게 되는 시기

46. 플래시오버(flash over)
(1) 정의
① 폭발적인 착화현상
② 순발적인 연소확대현상
③ 화재로 인하여 실내의 온도가 급격히 상승하여 화재가 순간적으로 실내 전체에 확산되어 연소되는 현상

(2) 발생시점
성장기~최성기(성장기에서 최성기로 넘어가는 분기점)

47. 플래시오버에 영향을 미치는 것
① 개구율
② 내장재료(내장재료의 제성상, 실내의 내장재료)
③ 화원의 크기
④ 실의 내표면적(실의 넓이·모양)

48. 연기의 이동속도

구 분	이동속도
수평방향	0.5~1m/s
수직방향	2~3m/s
계단실 내의 수직이동속도	3~5m/s

49. 연기의 농도와 가시거리

감광계수 [m⁻¹]	가시거리 [m]	상 황
0.1	20~30	연기감지기가 작동할 때의 농도
0.3	5	건물내부에 익숙한 사람이 피난에 지장을 느낄 정도의 농도
0.5	3	어두운 것을 느낄 정도의 농도
1	1~2	앞이 거의 보이지 않을 정도의 농도
10	0.2~0.5	화재 최성기 때의 농도
30	–	출화실에서 연기가 분출할 때의 농도

50. 연기를 이동시키는 요인
① **연돌**(굴뚝) 효과
② 외부에서의 **풍력**의 영향
③ 온도상승에 의한 증기 **팽창**(온도상승에 따른 기체 팽창)
④ 건물 내에서의 강제적인 공기 이동(공조설비)
⑤ 건물 내외의 **온도차**(기후조건)

⑥ 비중차
⑦ 부력

51. 화재를 발생시키는 열원

물리적인 열원	화학적인 열원
마찰, 충격, 단열, 압축, 전기, 정전기	화합, 분해, 혼합, 부가

52. 위험물의 일반사항

(1) 제1류 위험물

구 분	내 용
성질	강산화성 물질(산화성 고체)
소화방법	물에 의한 냉각소화(단, 무기과산화물은 마른모래 등에 의한 질식소화)

(2) 제2류 위험물

구 분	내 용
성질	환원성 물질(가연성 고체)
소화방법	물에 의한 냉각소화(단, 금속분은 마른모래 등에 의한 질식소화)

(3) 제3류 위험물

구 분	내 용
성질	금수성 물질(자연발화성 물질)
종류	① 황린·칼륨·나트륨·생석회 ② 알킬리튬·알킬알루미늄·알칼리금속류·금속칼슘·탄화칼슘
소화방법	마른모래 등에 의한 질식소화(단, 칼륨·나트륨은 연소확대방지)

(4) 제4류 위험물

구 분	내 용
성질	인화성 물질(인화성 액체)
소화방법	포·분말·CO_2·할론소화약제에 의한 질식소화

(5) 제5류 위험물

구 분	내 용
성질	폭발성 물질(자기반응성 물질)
소화방법	화재 초기에만 대량의 물에 의한 냉각소화(단, 화재가 진행되면 자연진화되도록 기다릴 것)

(6) 제6류 위험물

구 분	내 용
성질	산화성 물질(산화성 액체)
소화방법	마른모래 등에 의한 질식소화(단, 과산화수소는 다량의 물로 희석소화)

53. 물질에 따른 저장장소

물 질	저장장소
황린, 이황화탄소(CS_2)	물속
나이트로셀룰로오스	알코올 속
칼륨(K), 나트륨(Na), 리튬(Li)	석유류(등유) 속
아세틸렌(C_2H_2)	디메틸포름아미드(DMF), 아세톤

> **기억법** 황이물, 나알

54. 주수소화시 위험한 물질

물 질	현 상
무기과산화물	산소 발생
금속분·마그네슘·알루미늄·칼륨·나트륨	수소 발생
가연성 액체의 유류화재	연소면(화재면) 확대

> **기억법** 무산

55. 모(毛)

모는 연소시키기 어렵고, 연소속도가 느리나 면에 비해 소화하기 어렵다.

56. 합성수지의 화재성상

열가소성 수지	열경화성 수지
① PVC수지	① 페놀수지
② 폴리에틸렌수지	② 요소수지
③ 폴리스티렌수지	③ 멜라민수지

> **기억법** 경페요멜

57. 방염성능 측정기준
① **잔**진시간 : **30초** 이내
② 잔염시간 : **20초** 이내
③ 탄화면적 : **50cm²** 이내
④ 탄화길이 : **20cm** 이내
⑤ 불꽃접촉 횟수 : **3회** 이상
⑥ 최대 연기밀도 : **400** 이하

잔진시간 = 잔신시간

기억법 3진(삼진아웃)

58. 가스의 주성분
① 액화석유가스(LPG) : 프로판(C_3H_8)·부탄(C_4H_{10})
② 액화천연가스(LNG) ┐
③ 도시가스 ─────┴─ 메탄(CH_4)

59. 액화석유가스(LPG)의 화재성상
① 무색, 무취하다.
② 독성이 없는 가스이다.
③ 액화하면 물보다 가볍고, 기화하면 **공기보다 무겁다**.
④ 휘발유 등 **유기용매**에 잘 녹는다.
⑤ 천연고무를 잘 녹인다.

60. BTX
① 벤젠
② 톨루엔
③ 키시렌

요점

제2장 방화론

1. 공간적 대응
① **대**항성 : 내화성능·방연성능·초기소화 대응 등의 화재사상의 저항능력
② **회**피성
③ **도**피성

> 기억법 도대회

2. 연소확대방지를 위한 방화계획
① 수평구획(면적단위)
② 수직구획(층단위)
③ 용도구획(용도단위)

3. 내화구조
① 정의 : 수리하여 재사용할 수 있는 구조
② 종류 : 철근콘크리트조, 연와조, 석조

4. 방화구조
① 정의 : 화재시 건축물의 인접부분의로의 연소를 차단할 수 있는 구조
② 구조 : 철망모르타르 바르기, 회반죽 바르기

5. 내화구조의 기준

내화구분	기 준
벽·바닥	철골·철근 콘크리트조로서 두께가 10cm 이상인 것
기둥	철골을 두께 5cm 이상의 콘크리트로 덮은 것
보	두께 5cm 이상의 콘크리트로 덮은 것

6. 방화구조의 기준

구조내용	기 준
철망모르타르 바르기	두께 2cm 이상
• 석고판 위에 시멘트모르타르를 바른 것 • 석고판 위에 회반죽을 바른 것 • 시멘트모르타르 위에 타일을 붙인 것	두께 2.5cm 이상
• 심벽에 흙으로 맞벽치기한 것	그대로 모두 인정됨

7. 방화문의 구분

60분+방화문	60분 방화문	30분 방화문
연기 및 불꽃을 차단할 수 있는 시간이 60분 이상이고, 열을 차단할 수 있는 시간이 30분 이상인 방화문	연기 및 불꽃을 차단할 수 있는 시간이 60분 이상인 방화문	연기 및 불꽃을 차단할 수 있는 시간이 30분 이상 60분 미만인 방화문

방화문 : 화재시 상당한 시간 동안 연소를 차단할 수 있도록 하기 위하여 방화구획선상 또는 방화벽에 개구부 부분에 설치하는 것

8. 방화벽의 구조

구획단지	방화벽의 구조
연면적 1000m² 미만마다 구획	• 내화구조로서 홀로 설 수 있는 구조일 것 • 방화벽의 양쪽 끝과 위쪽 끝을 건축물의 외벽면 및 지붕면으로부터 0.5m 이상 튀어 나오게 할 것 • 방화벽에 설치하는 출입문의 너비 및 높이는 각각 2.5m 이하로 하고 해당 출입문에는 60분+방화문 또는 60분 방화문을 설치할 것

9. 주요구조부
① 내력벽
② 보(작은 보 제외)
③ 지붕틀(차양 제외)
④ 바닥(최하층 바닥 제외)
⑤ 주계단(옥외계단 제외)
⑥ 기둥(사잇기둥 제외)

주요구조부 : 건물의 구조내력상 주요한 부분

10. 연소확대방지를 위한 방화구획
① 층 또는 면적별 구획
② 승강기의 승강로 구획
③ 위험 용도별 구획
④ 방화댐퍼 설치

> 방화구획의 종류 : 층단위, 용도단위, 면적단위

11. 개구부에 설치하는 방화설비
① 60분+ 방화문 또는 60분 방화문
② 드렌처설비

> 드렌처설비 : 건축물의 창, 처마 등 외부화재에 의해 연소·파괴되기 쉬운 부분에 설치하여 외부화재에 대비하기 위한 설비

12. 건축물의 화재하중
(1) 화재하중
① 가연물 등의 연소시 건축물의 붕괴 등을 고려하여 설계하는 하중
② 화재실 또는 화재구획의 단위면적당 가연물의 양
③ 일반건축물에서 가연성의 건축구조재와 가연성 수용물의 양으로서 건물화재시 **발열량** 및 **화재위험성**을 나타내는 용어
④ 건물화재에서 가열온도의 정도를 의미
⑤ 건물의 내화설계시 고려되어야 할 사항

(2) 건축물의 화재하중

건축물의 용도	화재하중 [kg/m²]
호텔	5~15
병원	10~15
사무실	10~20
주택·아파트	30~60
점포(백화점)	100~200
도서관	250
창고	200~1000

13. 피난행동의 성격
① 계단 보행속도
② 군집 보행속도 ┬ 자유보행 : 0.5~2m/s
                └ 군집보행 : 1m/s
③ 군집 유동계수

14. 피난대책의 일반적인 원칙
① 피난경로는 **간단명료**하게 한다.
② 피난구조설비는 **고정식 설비**를 위주로 설치한다.
③ 피난수단은 **원시적 방법**에 의한 것을 원칙으로 한다.
④ **2방향**의 피난통로를 확보한다.
⑤ 피난통로를 **완전불연화** 한다.

15. 제연방식
① 자연제연방식 : **개구부** 이용
② 스모크타워 제연방식 : **루프모니터** 이용
③ 기계제연방식
  ㉠ 제1종 기계제연방식 : **송풍기 + 배연기**
  ㉡ 제2종 기계제연방식 : **송풍기**
  ㉢ 제3종 기계제연방식 : **배연기**

16. 건축물의 제연방법
① 연기의 **희석** : 가장 많이 사용
② 연기의 **배기**
③ 연기의 **차단**

17. 제연구획
① 제연경계의 폭 : 0.6m 이상
② 제연경계의 수직거리 : 2m 이내
③ 예상제연구역~배출구의 수평거리 : 10m 이내

18. 건축물의 안전계획
(1) 피난시설의 안전구획
  ① 1차 안전구획 : **복도**
  ② 2차 안전구획 : **부실(계단전실)**
  ③ 3차 안전구획 : **계단**

> 기억법 복부계

(2) 피난형태

형태	피난방향	상 황
CO형		피난자들의 집중으로 패닉(Panic) 현상이 일어날 수가 있다.
H형		

19. 피뢰설비
① 돌출부(돌침부)
② 피뢰도선(인하도선)
③ 접지전극

20. 방폭구조의 종류

내압(耐壓) 방폭구조	내압(內壓) 방폭구조
폭발성 가스가 용기 내부에서 폭발하였을 때 용기가 그 압력에 견디거나 또는 외부의 폭발성 가스에 인화될 우려가 없도록 한 구조	용기 내부에 질소 등의 보호용 가스를 충전하여 외부에서 폭발성 가스가 침입하지 못하도록 한 구조

21. 화점
화재의 원인이 되는 불이 최초로 존재하고 발생한 곳

22. 본격 소화설비
① 소화용수설비
② 연결송수관설비
③ 연결살수설비
④ 비상용 엘리베이터
⑤ 비상콘센트설비
⑥ 무선통신보조설비

23. 소화형태
(1) 질식소화
  공기 중의 **산소농도**를 **16%**(10~15%) 이하로 희박하게 하여 소화하는 방법

(2) 희석소화
  ① 아세톤에 물을 다량으로 섞는다.
  ② 폭약 등의 폭풍을 이용한다.
  ③ 불연성 기체를 화염 속에 투입하여 산소의 농도를 감소시킨다.

24. 적응 화재

화재의 종류	적응 소화기구
A급	• 물 • 산알칼리
AB급	• 포
BC급	• 이산화탄소 • 할론 • 1, 2, 4종 분말
ABC급	• 3종 분말 • 강화액

25. 주된 소화작용

소화제	주된 소화작용
• 물	• 냉각효과
• 포 • 분말 • 이산화탄소	• 질식효과
• 할론	• 부촉매효과(연쇄반응 억제)

할론 1301 : 소화효과가 가장 좋고 독성이 가장 약하다.

26. 할론소화약제

부촉매효과 크기	전기음성도(친화력) 크기
I > Br > Cl > F	F > Cl > Br > I

27. 분말소화기

종 별	소화약제	약제의 착색
제1종	중탄산나트륨 ($NaHCO_3$)	백색
제2종	중탄산칼륨 ($KHCO_3$)	담자색 (담회색)
제3종	인산암모늄 ($NH_4H_2PO_4$)	담홍색
제4종	중탄산칼륨+요소 ($KHCO_3 + (NH_2)_2CO$)	회(백)색

28. CO_2 소화설비의 적용대상
① 가연성 기체와 액체류를 취급하는 장소
② 발전기, 변압기 등의 전기설비
③ 박물관, 문서고 등 소화약제로 인한 오손이 문제가 되는 대상

지하층 및 무창층에는 CO_2와 할론 1211의 사용을 제한하고 있다.

제 2 편

소방관계법규

2-1 소방기본법령

제1장 소방기본법

1. 소방기본법의 목적(기본법 1조)
① 화재의 예방·경계·진압
② 국민의 생명·신체 및 재산보호
③ 공공의 안녕 및 질서 유지와 복리증진
④ 구조·구급활동

2. 용어의 뜻(기본법 2조 1)
(1) 소방대상물
① 건축물
② 차량
③ 선박(매어둔 것)
④ 선박건조구조물
⑤ 인공구조물
⑥ 물건
⑦ 산림

(2) 관계지역
소방대상물이 있는 **장소** 및 그 **이웃지역**으로서 화재의 예방·경계·진압, 구조·구급 등의 활동에 필요한 지역

(3) 관계인
소유자·관리자·점유자

(4) 소방본부장
시·도에서 화재의 **예방·경계·진압·조사** 및 **구조·구급** 등의 업무를 담당하는 부서의 장

(5) 소방대
① 소방공무원
② 의무소방원
③ 의용소방대원

(6) 소방대장
소방본부장 또는 소방서장 등 화재, 재난·재해, 그 밖의 위급한 상황이 발생한 현장에서 **소방대**를 **지휘**하는 자

3. 소방업무(기본법 3조)
(1) 소방업무
① 수행 : **소방본부장·소방서장**
② 지휘·감독 : 소재지 관할 시·도지사
③ 위 ②에도 불구하고 소방청장은 화재예방 및 대형재난 등 필요한 경우 시·도 소방본부장 및 소방서장을 지휘·감독할 수 있다.
④ 시·도에서 소방업무를 수행하기 위하여 시·도지사 직속으로 소방본부를 둔다.

(2) 소방업무상 소방기관의 필요사항
대통령령

4. 119 종합상황실(기본법 4조)
(1) 설치·운영자
① 소방청장
② 소방본부장
③ 소방서장

(2) 설치·운영에 필요한 사항
행정안전부령

5. 설립과 운영(기본법 5조)

구 분	소방박물관	소방체험관
설립·운영자	소방청장	시·도지사
설립·운영 사항	행정안전부령	시·도의 조례

6. 소방력 및 소방장비(기본법 8·9조)

소방력의 기준	소방장비 등에 대한 국고보조 기준
행정안전부령	대통령령

소방력 : 소방기관이 소방업무를 수행하는 데에 필요한 인력과 장비

7. 소방용수시설(기본법 10조)

구 분	설 명
종류	소화전·급수탑·저수조
기준	행정안전부령
설치·유지·관리	시·도(단, 수도법에 의한 소화전은 일반수도사업자가 관할소방서장과 협의하여 설치)

8. 소방활동(기본법 16조)

① 뜻 : 화재, 재난·재해, 그 밖의 위급한 상황이 발생한 때에는 소방대를 현장에 신속하게 출동시켜 화재진압과 인명구조·구급 등 소방에 필요한 활동을 하는 것
② 권한자 ─ 소방청장
　　　　　 ├ 소방본부장
　　　　　 └ 소방서장

9. 소방교육·훈련(기본법 17조)

① 실시자 ─ 소방청장
　　　　　 ├ 소방본부장
　　　　　 └ 소방서장
② 실시규정 : 행정안전부령

10. 소방신호(기본법 18조)

소방신호의 목적	소방신호의 종류와 방법
• 화재예방 • 소방활동 • 소방훈련	행정안전부령

11. 화재현장에서 관계인의 조치사항(기본법 20조)

관계인의 조치사항	설 명
소화작업	불을 끈다.
연소방지작업	불이 번지지 않도록 조치한다.
인명구조작업	사람을 구출한다.

관계인은 소방대상물에 화재, 재난, 재해, 그 밖의 위급한 상황이 발생한 경우에는 이를 **소방본부**, **소방서** 또는 관계 행정기관에 **지체 없이** 알려야 한다.

12. 소방활동구역의 설정(기본법 23조)

① 설정권자 : **소방대장**
② 설정구역 ─ 화재현장
　　　　　 └ 재난·재해 등의 위급한 상황이 발생한 현장

> **비교**
> 화재예방강화지구의 지정 : **시·도지사**

13. 소방활동의 비용을 지급받을 수 없는 경우
(기본법 24조)

① 소방대상물에 화재, 재난·재해, 그 밖의 위급한 상황이 발생한 경우 그 **관계인**
② 고의 또는 과실로 인하여 **화재** 또는 **구조·구급활동**이 필요한 **상황**을 **발생시킨 자**
③ 화재 또는 구조·구급현장에서 **물건을 가져간 자**

14. 피난명령권자(기본법 26조)

① 소방본부장
② 소방서장
③ 소방대장

15. 의용소방대의 설치(의용소방대법 2~14조)

구 분	설 명
설치권자	시·도지사, 소방서장
설치장소	특별시, 광역시, 특별자치시·도·특별자치도·시·읍·면
의용소방대의 임명	그 지역의 주민 중 희망하는 사람
의용소방대원의 직무	소방업무보조
의용소방대의 경비부담자	시·도지사

16. 한국소방안전원의 업무(기본법 41조)

① 소방기술과 안전관리에 관한 **교육** 및 **조사·연구**
② 소방기술과 안전관리에 관한 각종 **간행물**의 **발간**
③ 화재예방과 안전관리의식의 고취를 위한 **대국민 홍보**

④ 소방업무에 관하여 **행정기관**이 **위탁**하는 **사업**
⑤ 소방안전에 관한 **국제협력**
⑥ 회원에 대한 **기술지원** 등 정관이 정하는 사항

17. 한국소방안전원의 정관(기본법 43조)
정관 변경 : **소방청장**의 **인가**

18. 감독(기본법 48조)
한국소방안전원의 감독권자 : **소방청장**

19. 5년 이하의 징역 또는 5000만원 이하의 벌금(기본법 50조)
① 소방자동차의 출동 방해
② 사람구출 방해
③ 소방용수시설 또는 비상소화장치의 효용 방해

20. 3년 이하의 징역 또는 3000만원 이하의 벌금(기본법 51조)
소방활동에 필요한 소방대상물 및 토지의 강제처분을 방해한 자

21. 100만원 이하의 벌금(기본법 54조)
① 피난명령 위반
② 위험시설 등에 대한 긴급조치 방해
③ 소방활동을 하지 않은 **관계인**
④ 정당한 사유없이 **물**이나 **수도**의 **개폐장치**의 사용 또는 조작을 하지 못하게 하거나 **방해**한 자
⑤ 소방대의 생활안전활동을 방해한 자

22. 500만원 이하의 과태료(기본법 56조)
① 화재 또는 구조·구급이 필요한 상황을 거짓으로 알린 사람
② 정당한 사유없이 화재, 재난·재해, 그 밖의 위급한 상황을 소방본부, 소방서 또는 관계 행정기관에 알리지 아니한 관계인

23. 200만원 이하의 과태료(기본법 56조)
① 한국119청소년단 또는 이와 유사한 명칭을 사용한 자
② 소방활동구역 출입
③ 소방자동차의 출동에 지장을 준 자
④ 한국소방안전원 또는 이와 유사한 명칭을 사용한 자

24. 100만원 이하의 과태료(기본법 56조)
전용구역에 차를 주차하거나 전용구역에의 진입을 가로막는 등의 방해행위를 한 자

25. 소방기본법령상 과태료(기본법 56조)
① 정하는 기준 : **대통령령**
② 부과권자 ─ **시·도지사**
          ├ **소방본부장**
          └ **소방서장**

제2장 소방기본법 시행령

1. 국고보조의 대상 및 기준(기본령 2조)
(1) 국고보조의 대상
　① 소방활동장비와 설비의 구입 및 설치
　　㉠ 소방자동차
　　㉡ 소방헬리콥터·소방정
　　㉢ 소방전용통신설비·전산설비
　　㉣ 방화복
　② 소방관서용 청사
(2) 소방활동장비 및 설비의 종류와 규격
　행정안전부령
(3) 대상사업의 기준보조율
　「보조금관리에 관한 법률 시행령」에 따름

2. 소방활동구역 출입자(기본령 8조)
① 소유자·관리자 또는 점유자
② 전기·가스·수도·통신·교통의 업무에 종사하는 자로서 원활한 **소방활동**을 위하여 필요한 자
③ **의사·간호사**, 그 밖의 구조·구급업무에 종사하는 자
④ **취재인력** 등 보도업무에 종사하는 자
⑤ **수사업무**에 종사하는 자
⑥ **소방대장**이 소방활동을 위하여 **출입**을 **허가**한 **자**

> 소방활동구역 : 화재, 재난·재해, 그 밖의 위급한 상황이 발생한 현장에 정하는 구역

3. 승인(기본령 10조)
한국소방안전원의 **사업계획** 및 **예산**

제3장 소방기본법 시행규칙

1. 재난상황 (기본규칙 3조)
화재, 재난·재해, 그 밖에 구조·구급이 필요한 상황

2. 종합상황실 실장의 보고화재 (기본규칙 3조)
① 사망자 **5명** 이상 화재
② 사상자 **10명** 이상 화재
③ 이재민 **100명** 이상 화재
④ 재산피해액 **50억원** 이상 화재
⑤ 관광호텔, 층수가 11층 이상인 건축물, 지하상가, 시장, 백화점
⑥ 5층 이상 또는 객실 **30실** 이상인 **숙박시설**
⑦ 5층 이상 또는 병상 **30개** 이상인 종합병원·정신병원·한방병원·요양소
⑧ 1000t 이상인 선박(항구에 매어둔 것), 철도차량, 항공기, 발전소 또는 변전소
⑨ 지정수량 **3000배** 이상의 위험물 제조소·저장소·취급소
⑩ 연면적 **15000m²** 이상인 **공장** 또는 **화재예방강화지구**에서 발생한 화재
⑪ **가스** 및 **화약류**의 폭발에 의한 화재
⑫ 관공서·학교·정부미 도정공장·문화재·지하철 또는 지하구의 **화재**
⑬ 다중이용업소의 화재

> **종합상황실** : 화재·재난·재해·구조·구급 등이 필요한 때에 신속한 소방활동을 위한 정보를 수집·분석과 판단·전파, 상황 관리, 현장 지휘 및 조정·통제 등의 업무수행

3. 소방박물관 (기본규칙 4조)

설립·운영	운영위원
소방청장	7인 이내

> **소방박물관** : 소방의 역사와 안전문화를 발전시키고 국민의 안전의식을 높이기 위하여 **소방청장**이 설립, 운영하는 박물관

4. 국고보조산정의 기준가격 (기본규칙 5조)

구 분	기준가격
국내 조달품	• 정부고시 가격
수입물품	• 해외시장의 시가
기타	• 2 이상의 물가조사기관에서 조사한 가격의 평균치

5. 소방용수시설 및 지리조사 (기본규칙 7조)
(1) 조사자
  소방본부장·소방서장
(2) 조사일시
  월 1회 이상
(3) 조사내용
  ① 소방용수시설
  ② 도로의 **폭**·**교통상황**
  ③ 도로주변의 **토지 고저**
  ④ 건축물의 **개황**
(4) 조사결과
  2년간 보관

6. 소방업무의 상호응원협정 (기본규칙 8조)
(1) 다음의 소방활동에 관한 사항
  ① 화재의 경계·진압활동
  ② 구조·구급업무의 지원
  ③ 화재조사활동
(2) 응원출동 대상지역 및 규모
(3) 필요한 경비의 부담에 관한 사항
  ① 출동대원의 수당·식사 및 의복의 수선
  ② 소방장비 및 기구의 정비와 연료의 보급
(4) 응원출동의 요청방법
(5) 응원출동 훈련 및 평가

7. 소방교육훈련 (기본규칙 9조)

실 시	2년마다 1회 이상 실시
기 간	2주 이상
정하는 자	소방청장
종 류	① 화재진압훈련 ② 인명구조훈련 ③ 응급처치훈련 ④ 인명대피훈련 ⑤ 현장지휘훈련

8. 소방신호의 종류(기본규칙 10조)

소방신호	설 명
경계신호	화재예방상 필요하다고 인정되거나 화재위험경보시 발령
발화신호	화재가 발생한 때 발령
해제신호	소화활동이 필요없다고 인정되는 때 발령
훈련신호	훈련상 필요하다고 인정되는 때 발령

9. 소방용수표지(기본규칙 [별표 2])

(1) 지하에 설치하는 소화전·저수조의 소방용수표지
① 맨홀 뚜껑은 지름 **648mm** 이상의 것으로 할 것
② 맨홀 뚜껑에는 "**소화전·주정차금지**" 또는 "**저수조·주정차금지**"의 표시를 할 것
③ 맨홀 뚜껑 부근에는 **노란색 반사도료**로 폭 **15cm**의 선을 그 둘레를 따라 칠할 것

(2) 지상에 설치하는 소화전·저수조 및 급수탑의 소방용수표지

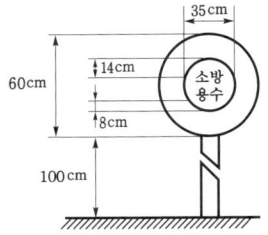

안쪽 문자는 **흰색**, 바깥쪽 문자는 **노란색**으로, 안쪽 바탕은 **붉은색**, 바깥쪽 바탕은 **파란색**으로 하고 **반사재료** 사용

10. 소방용수시설의 설치기준(기본규칙 [별표 3])

거리기준	지 역
100m 이하	• <u>공</u>업지역 • <u>상</u>업지역 • <u>주</u>거지역
140m 이하	• 기타지역

기억법 주상공100

11. 소방용수시설의 저수조의 설치기준(기본규칙 [별표 3])

구 분	기 준
낙차	4.5m 이하
수심	0.5m 이상
투입구의 길이 또는 지름	60cm 이상

① 소방펌프자동차가 **쉽게 접근**할 수 있도록 할 것
② 흡수에 지장이 없도록 **토사** 및 **쓰레기** 등을 제거할 수 있는 설비를 갖출 것
③ 저수조에 물을 공급하는 방법은 **상수도**에 연결하여 **자동**으로 **급수**되는 구조일 것

12. 소방신호표(기본규칙 [별표 4])

종 별 \ 신호방법	타종신호	사이렌신호
경계신호	1타와 연 2타를 반복	5초 간격을 두고 30초씩 3회
발화신호	난타	5초 간격을 두고 5초씩 3회
해제신호	상당한 간격을 두고 1타씩 반복	1분간 1회
훈련신호	연 3타 반복	10초 간격을 두고 1분씩 3회

2-2 소방시설 설치 및 관리에 관한 법령

제1장 소방시설 설치 및 관리에 관한 법률

1. 소방시설 설치 및 관리에 관한 법률(소방시설법 1조)
① 국민의 생명·신체 및 재산보호
② 공공의 안전확보
③ 복리증진

2. 소방시설(소방시설법 2조)
① 소화설비
② 경보설비
③ 피난구조설비
④ 소화용수설비
⑤ 소화활동설비

3. 건축허가 등의 동의(소방시설법 6조)

건축허가 등의 동의권자	건축허가 등의 동의대상물의 범위
소방본부장·소방서장	대통령령

4. 피난·방화시설·방화구획의 금지행위(소방시설법 16조)
① 피난시설·방화구획 및 방화시설을 **폐쇄**하거나 **훼손**하는 등의 행위
② 피난시설·방화구획 및 방화시설의 주위에 물건을 쌓아두거나 **장애물**을 **설치**하는 행위
③ 피난시설·방화구획 및 방화시설의 용도에 장애를 주거나 소방활동에 지장을 주는 행위
④ 피난시설·방화구획 및 방화시설을 **변경**하는 행위

5. 변경강화기준 적용설비(소방시설법 13조, 소방시설법 시행령 13조)
① 소화기구
② 비상경보설비
③ 자동화재탐지설비
④ 자동화재속보설비
⑤ 피난구조설비
⑥ 소방시설(공동구 설치용, 전력 및 통신사업용 지하구)
⑦ **노유자시설, 의료시설**에 설치하여야 하는 소방시설

공동구, 전력 및 통신사업용 지하구	노유자시설 설치대상	의료시설 설치대상
① 소화기 ② 자동소화장치 ③ 자동화재탐지설비 ④ 통합감시시설 ⑤ 유도등 및 연소방지설비	① 간이스프링클러설비 ② 자동화재탐지설비 ③ 단독경보형 감지기	① 스프링클러설비 ② 간이스프링클러설비 ③ 자동화재탐지설비 ④ 자동화재속보설비

6. 대통령령으로 정하는 소방시설의 설치제외 장소(소방시설법 13조)
① 화재위험도가 낮은 특정소방대상물
② 화재안전기준을 적용하기가 어려운 특정소방대상물
③ 화재안전기준을 다르게 적용하여야 하는 **특수용도** 또는 **구조**를 가진 특정소방대상물
④ **자체소방대**가 설치된 특정소방대상물

용어

자체소방대	자위소방대
다량의 위험물을 저장·취급하는 제조소에 설치하는 소방대	빌딩·공장 등에 설치하는 사설소방대

7. 방염(소방시설법 20·21조)

구 분	설 명
방염성능 기준	• 대통령령
방염성능 검사	• 소방청장

방염성능 : 화재의 발생초기단계에서 화재확대의 매개체를 단절시키는 성질

8. 소방시설 등의 자체점검(소방시설법 23조)
소방시설 등의 자체점검결과 보고 : **소방본부장·소방서장**

9. 소방시설관리사(소방시설법 25~28조)
(1) 시험
  소방청장이 실시
(2) 응시자격 등의 사항
  대통령령
(3) 소방시설관리사의 결격사유
  ① 피성년후견인
  ② 금고 이상의 실형을 선고받고 그 집행이 끝나거나(집행이 끝난 것으로 보는 경우 포함) 집행이 면제된 날부터 **2년**이 지나지 아니한 사람
  ③ 금고 이상의 형의 집행유예를 선고받고 그 유예기간 중에 있는 사람
  ④ 자격이 취소된 날부터 **2년**이 지나지 아니한 사람
(4) 자격정지기간
  1년 이내

10. 소방시설관리업(소방시설법 29조)
① 업무 ┬ 소방시설 등의 **점검**
       └ 소방시설 등의 **관리**
② 등록권자 : **시·도지사**
③ 등록기준 : **대통령령**

11. 소방용품(소방시설법 37·38조)
① 형식승인권자 ┐
② 형식승인변경권자 ┴ **소방청장**

12. 형식승인(소방시설법 39조)

③ 형식승인의 방법·절차 : **행정안전부령**
④ 사용·판매금지 소방용품
  ㉠ **형식승인**을 받지 아니한 것
  ㉡ **형상** 등을 임의로 변경한 것
  ㉢ **제품검사**를 받지 아니하거나 합격표시를 하지 아니한 것

제품검사의 중지사항	형식승인 취소사항
① 시험시설이 시설기준에 미달한 경우 ② 제품검사의 기술기준에 미달한 경우	① 부정한 방법으로 형식승인을 받은 경우 ② 부정한 방법으로 제품검사를 받은 경우 ③ 변경승인을 받지 아니하거나 부정한 방법으로 변경승인을 받은 경우

13. 우수품질 제품의 인증(소방시설법 43조)

구 분	인 증
실시자	소방청장
인증에 관한 사항	행정안전부령

14. 청문실시 대상(소방시설법 49조)
① 소방시설**관리사**의 **자격취소** 및 정지
② 소방시설**관리업**의 **등록취소** 및 영업정지
③ **소방용품**의 **형식승인취소** 및 제품검사 중지
④ 소방용품의 제품검사 **전문기관**의 **지정취소**
⑤ 우수품질인증의 취소
⑥ 소방용품의 성능인증 취소

15. 한국소방산업기술원 업무의 위탁(소방시설법 50조)
① 대통령령으로 정하는 **방염성능검사**
② 소방용품의 **형식승인**
③ 소방용품 형식승인의 변경승인
④ 소방용품 형식승인의 취소
⑤ 소방용품의 **성능**인증 및 취소
⑥ 소방용품의 **우수**품질 인증 및 취소
⑦ 소방용품의 성능인증 변경인증

소방관계법규

> [기억법] 기방 우성형

16. 벌칙(소방시설법 56조)

5년 이하의 징역 또는 5천만원 이하의 벌금	7년 이하의 징역 또는 7천만원 이하의 벌금	10년 이하의 징역 또는 1억원 이하의 벌금
소방시설 폐쇄·차단 등의 행위를 한 자	소방시설 폐쇄·차단 등의 행위를 하여 사람을 상해에 이르게 한 자	소방시설 폐쇄·차단 등의 행위를 하여 사람을 사망에 이르게 한 자

17. 3년 이하의 징역 또는 3000만원 이하의 벌금(소방시설법 57조)

① **소방시설관리업** 무등록자
② **형식승인**을 받지 않은 소방용품 제조·수입자
③ **제품검사**를 받지 않은 자
④ 거짓이나 그 밖의 **부정한 방법**으로 제품검사 전문기관의 지정을 받은 자
⑤ 소방용품을 판매·진열하거나 소방시설공사에 사용한 자
⑥ 구매자에게 명령을 받은 사실을 알리지 아니하거나 필요한 조치를 하지 아니한 자

18. 1년 이하의 징역 또는 1000만원 이하의 벌금(소방시설법 58조)

① 소방시설의 **자체점검** 미실시자
② **소방시설관리증** 대여
③ **소방시설관리업**의 등록증 또는 등록수첩 대여
④ 관계인의 정당업무방해 또는 **비밀누설**
⑤ **제품검사** 합격표시 위조
⑥ **성능인증** 합격표시 위조
⑦ **우수품질** 인증표시 위조

19. 300만원 이하의 벌금(소방시설법 59조)

① 방염성능검사 합격표시 위조
② 위탁받은 업무에 종사하거나 종사하였던 사람의 **비밀누설**

20. 300만원 이하의 과태료(소방시설법 61조)

① 소방시설을 화재안전기준에 따라 설치·관리하지 아니한 자
② **피난시설·방화구획** 또는 **방화시설**의 **폐쇄·훼손·변경** 등의 행위를 한 자
③ 임시소방시설을 설치·관리하지 아니한 자
④ 소방시설의 점검결과 미보고
⑤ 관계인의 거짓 자료제출
⑥ 정당한 사유없이 공무원의 출입 또는 검사를 거부·방해 또는 기피한 자
⑦ 방염대상물품을 방염성능기준 이상으로 설치하지 아니한 자

제2장 소방시설 설치 및 관리에 관한 법률 시행령

1. 무창층(소방시설법 시행령 2조)

(1) 무창층의 뜻

지상층 중 기준에 의한 개구부의 면적의 합계가 해당 층의 바닥면적의 $\frac{1}{30}$ 이하가 되는 층

(2) 무창층의 개구부의 기준
① 개구부의 크기가 지름 **50cm** 이상의 원이 통과할 수 있을 것
② 해당 층의 바닥면으로부터 개구부 밑부분까지의 높이가 **1.2m** 이내일 것
③ 개구부는 **도로** 또는 **차량**이 진입할 수 있는 **빈터**를 향할 것
④ 화재시 건축물로부터 **쉽게 피난**할 수 있도록 개구부에 창살, 그 밖의 장애물이 설치되지 않을 것
⑤ 내부 또는 외부에서 **쉽게 부수거나 열** 수 있을 것

2. 피난층(소방시설법 시행령 2조)
곧바로 지상으로 갈 수 있는 출입구가 있는 층

3. 소방용품 제외대상(소방시설법 시행령 6조)
① 주거용 주방자동소화장치용 소화약제
② 가스자동소화장치용 소화약제
③ 분말자동소화장치용 소화약제
④ 고체에어로졸자동소화장치용 소화약제
⑤ 소화약제 외의 것을 이용한 간이소화용구
⑥ 휴대용 비상조명등
⑦ 유도표지
⑧ 벨용 푸시버튼스위치
⑨ 피난밧줄
⑩ 옥내소화전함
⑪ 방수구
⑫ 안전매트
⑬ 방수복

4. 물분무등소화설비(소방시설법 시행령 [별표 1])
① 물분무소화설비
② 미분무소화설비
③ 포소화설비
④ 이산화탄소소화설비
⑤ 할론소화설비
⑥ 할로겐화합물 및 불활성기체 소화설비
⑦ 분말소화설비
⑧ 강화액 소화설비
⑨ 고체 에어로졸 소화설비

5. 건축허가 등의 동의대상물(소방시설법 시행령 7조)
① 연면적 400m²(학교시설 : 100m², 수련시설·노유자시설 : 200m², 정신의료기관·장애인 의료재활시설 : 300m²) 이상
② **6층** 이상인 건축물
③ 차고·주차장으로서 바닥면적 200m² 이상(자동차 20대 이상)
④ 항공기격납고, 관망탑, 항공관제탑, 방송용 송수신탑
⑤ 지하층 또는 무창층의 바닥면적 150m² 이상(공연장은 100m² 이상)
⑥ 위험물저장 및 처리시설
⑦ **결핵환자**나 **한센인**이 24시간 생활하는 **노유자시설**
⑧ 지하구
⑨ 전기저장시설, 풍력발전소
⑩ 공동주택·숙박시설
⑪ 조산원, 산후조리원, 의원(입원실 또는 인공신장실이 있는 것)

⑫ 요양병원(의료재활시설 제외)
⑬ 노인주거복지시설·노인의료복지시설 및 재가노인복지시설·학대피해노인 전용쉼터·아동복지시설, 장애인거주시설
⑭ 정신질환자 관련시설(공동생활가정을 제외한 재활훈련시설과 종합시설 중 24시간 주거를 제공하지 않는 시설 제외)
⑮ 노숙인자활시설, 노숙인재활시설 및 노숙인요양시설
⑯ 공장 또는 창고시설로서 지정수량의 750배 이상의 특수가연물을 저장·취급하는 것
⑰ 가스시설로서 지상에 노출된 탱크의 저장용량의 합계가 100t 이상인 것

6. 인명구조기구(소방시설법 시행령 [별표 1])

종류	정의
방열복	고온의 복사열에 가까이 접근할 수 있는 내열피복으로서 **방열상의·방열하의·방열장갑·방열두건 및 속복형 방열복**으로 분류한다.
방화복	안전모, 보호장갑, 안전화를 포함한다.
공기호흡기	소화활동시에 화재로 인하여 발생하는 각종 유독가스 중에서 일정시간 사용할 수 있도록 제조된 **압축공기식 개인호흡장비**
인공소생기	호흡이 곤란한 상태의 환자에게 인공호흡을 시켜서 환자의 호흡을 돕거나 제어하기 위하여 산소나 공기를 공급하는 **장비**를 말한다.

7. 방염성능기준 이상 적용 특정소방대상물
(소방시설법 시행령 30조)
① 체력단련장, 공연장 및 종교집회장
② 문화 및 집회시설(옥내)
③ 종교시설
④ 운동시설(수영장은 제외)
⑤ 의료시설(종합병원, 정신의료기관)

⑥ 의원, 치과의원, 한의원, 조산원, 산후조리원
⑦ 교육연구시설 중 합숙소
⑧ 노유자시설
⑨ 숙박이 가능한 수련시설
⑩ 숙박시설
⑪ 방송국 및 촬영소
⑫ 다중이용업소(단란주점영업, 유흥주점영업, 노래연습장업의 영업장 등)
⑬ 층수가 11층 이상인 것(아파트는 제외 : 2026. 12. 1. 삭제)

11층 이상 : '고층건축물'에 해당된다.

8. 방염대상물품(소방시설법 시행령 31조)
(1) 제조 또는 가공 공정에서 방염처리를 한 물품
① 창문에 설치하는 **커튼류**(블라인드 포함)
② 카펫
③ **벽지류**(두께 2mm 미만인 **종이벽지 제외**)
④ 전시용 합판·목재 또는 섬유판
⑤ 무대용 합판·목재 또는 섬유판
⑥ 암막·무대막(영화상영관·가상체험 체육시설용의 스크린 포함)
⑦ 섬유류 또는 합성수지류 등을 원료로 하여 제작된 소파·의자(단란주점영업, 유흥주점영업 및 노래연습장업의 영업장에 설치하는 것만 해당)

(2) 건축물 내부의 천장이나 벽에 부착하거나 설치하는 것
① 종이류(두께 2mm 이상), 합성수지류 또는 섬유류를 주원료로 한 물품
② 합판이나 목재
③ 공간을 구획하기 위하여 설치하는 **간이칸막이**
④ **흡음재**(흡음용 커튼 포함) 또는 **방음재**(방음용 커튼 포함)

※ 가구류(옷장, 찬장, 식탁, 식탁용 의자, 사무용 책상, 사무용 의자, 계산대)와 너비 10cm 이하인 반자돌림대, 내부 마감 재료 제외

9. 방염성능 기준(소방시설법 시행령 31조)

구 분	기 준
잔염시간	20초 이내
잔진시간(잔신시간)	30초 이내
탄화길이	20cm 이내
탄화면적	$50cm^2$ 이내
불꽃접촉 횟수	3회 이상
최대 연기밀도	400 이하

용어

잔염시간	잔진시간(잔신시간)
버너의 불꽃을 제거한 때부터 불꽃을 올리며 연소하는 상태가 그칠 때까지의 시간	버너의 불꽃을 제거한 때부터 불꽃을 올리지 않고 연소하는 상태가 그칠 때까지의 시간

기억법 3진(삼진아웃)

10. 소방시설관리사의 응시자격[소방시설법 시행령 27조(구법)-2026.12.31. 개정 예정]

① 2년 이상 ─ 소방설비기사
           └ 소방안전공학(소방방재공학, 안전공학 포함)
② 3년 이상 ─ 소방설비산업기사
           ├ 산업안전기사
           ├ 위험물산업기사
           ├ 위험물기능사
           └ 대학(소방안전관련학과)
③ 5년 이상 - 소방공무원
④ 10년 이상 - 소방실무경력
⑤ 소방기술사·건축기계설비기술사·건축전기설비기술사·공조냉동기계기술사
⑥ 위험물기능장·건축사

11. 소방시설관리사의 시험과목[소방시설법 시행령 29조(구법)-2026.12.31. 개정 예정]

1·2차 시험	과 목
제1차 시험	• 소방안전관리론 및 화재역학 • 소방수리학·약제화학 및 소방전기 • 소방관련법령 • 위험물의 성질·상태 및 시설기준 • 소방시설의 구조원리
제2차 시험	• 소방시설의 점검실무행정 • 소방시설의 설계 및 시공

12. 소방시설관리사의 시험위원(소방시설법 시행령 40조)

① 소방관련분야의 **박사학위**를 가진 사람
② 소방안전관련학과 조교수 이상으로 **2년** 이상 재직한 사람
③ **소방위** 이상의 소방공무원
④ 소방시설관리사
⑤ 소방기술사

13. 소방시설관리사 시험(소방시설법 시행령 42조)

시 행	시험공고
1년마다 1회	시행일 90일 전

14. 한국소방산업기술원 업무의 위탁(소방시설법 시행령 48조)

방염성능검사업무(합판·목재를 설치하는 현장에서 방염처리한 경우의 방염성능검사는 제외)

15. 경보설비(소방시설법 시행령 [별표 1])

① 비상경보설비 ┬ 비상벨설비
              └ 자동식 사이렌설비
② 단독경보형 감지기
③ 비상방송설비
④ 누전경보기
⑤ 자동화재탐지설비 및 시각경보기
⑥ 자동화재속보설비
⑦ 가스누설경보기
⑧ 통합감시시설
⑨ 화재알림설비

경보설비 : 화재발생 사실을 통보하는 기계·기구 또는 설비

16. 피난구조설비(소방시설법 시행령 [별표 1])

① 피난기구
- 피난사다리
- 구조대
- 완강기
- 소방청장이 정하여 고시하는 화재안전기준으로 정하는 것(미끄럼대, 피난교, 공기안전매트, 피난용 트랩, 다수인 피난장비, 승강식 피난기, 간이완강기, 하향식 피난구용 내림식 사다리)

② 인명구조기구
- 방열복
- 방화복(안전모, 보호장갑, 안전화 포함)
- 공기호흡기
- 인공소생기

③ 유도등
- 피난유도선
- 피난구유도등
- 통로유도등
- 객석유도등
- 유도표지

④ 비상조명등 · 휴대용비상조명등

17. 소화활동설비(소방시설법 시행령 [별표 1])

① 연결송수관설비
② 연결살수설비
③ 연소방지설비
④ 무선통신보조설비
⑤ 제연설비
⑥ 비상콘센트설비

> **용어**
> **소화활동설비**
> 화재를 진압하거나 인명구조활동을 위하여 사용하는 설비

18. 근린생활시설(소방시설법 시행령 [별표 2])

면적	적용장소
150m² 미만	• 단란주점
300m² 미만	• 종교시설 • 공연장 • 비디오물 감상실업 • 비디오물 소극장업

기억법 종3(중세시대)

면적	적용장소	
500m² 미만	• 탁구장 • 테니스장 • 체육도장 • 사무소 • 학원 • 당구장	• 서점 • 볼링장 • 금융업소 • 부동산 중개사무소 • 골프연습장
1000m² 미만	• 자동차영업소 • 일용품 • 의약품 판매소	• 슈퍼마켓 • 의료기기 판매소
전부	• 기원 • 이용원 · 미용원 · 목욕장 및 세탁소 • 휴게음식점 · 일반음식점, 제과점 • 독서실 • 안마원(안마시술소 포함) • 조산원(산후조리원 포함) • 의원, 치과의원, 한의원, 침술원, 접골원	

19. 위락시설(소방시설법 시행령 [별표 2])

① 단란주점
② 주점영업
③ 유원시설업의 시설
④ 무도장 · 무도학원
⑤ 카지노 영업소

20. 노유자시설(소방시설법 시행령 [별표 2])

① 아동관련시설
② 노인관련시설
③ 장애인관련시설

21. 의료시설(소방시설법 시행령 [별표 2])

구 분	종 류
병원	• 종합병원 • 병원 • 치과병원 • 한방병원 • 요양병원
격리병원	• 전염병원 • 마약진료소
정신의료기관	–
장애인의료재활시설	–

22. 업무시설(소방시설법 시행령 [별표 2])
① 주민자치센터(동사무소)
② 경찰서
③ 소방서
④ 우체국
⑤ 보건소
⑥ 공공도서관
⑦ 국민건강보험공단
⑧ 금융업소·오피스텔·신문사

23. 관광휴게시설(소방시설법 시행령 [별표 2])
① 야외음악당
② 야외극장
③ 어린이회관
④ 관망탑
⑤ 휴게소
⑥ 공원·유원지

24. 지하구의 규격(소방시설법 시행령 [별표 2])

구 분	규 격
폭	1.8m 이상
높이	2m 이상
길이	50m 이상

복합건축물: 하나의 건축물 안에 둘 이상의 특정소방대상물로서의 용도가 복합되어 있는 것

25. 소화설비의 설치대상(소방시설법 시행령 [별표 4])

종 류	설치대상
•소화기구	① 연면적 33m² 이상 ② 국가유산 ③ 가스시설, 전기저장시설 ④ 터널 ⑤ 지하구
•주거용 주방자동소화장치	① 아파트 등(모든 층) ② 오피스텔(모든 층)

26. 옥내소화전설비의 설치대상(소방시설법 시행령 [별표 4])

설치대상	조 건
① 차고·주차장	•200m² 이상
② 근린생활시설 ③ 업무시설(금융업소·사무소)	•연면적 1500m² 이상
④ 문화 및 집회시설, 운동시설 ⑤ 종교시설	•연면적 3000m² 이상
⑥ 특수가연물 저장·취급	•지정수량 750배 이상
⑦ 터널길이	•1000m 이상

용어

옥외소화전설비의 설치대상(소방시설법 시행령 [별표 4])

설치대상	조 건
① 목조건축물	•국보·보물
② 지상 1·2층	•바닥면적 합계 9000m² 이상
③ 특수가연물 저장·취급	•지정수량 750배 이상

27. 스프링클러설비의 설치대상(소방시설법 시행령 [별표 4])

설치대상	조 건
① 문화 및 집회시설, 운동시설 ② 종교시설	•수용인원-100명 이상 •영화상영관-지하층·무창층 500m²(기타 1000m²) 이상 •무대부 ① 지하층·무창층·4층 이상 300m² 이상 ② 1~3층 500m² 이상
③ 판매시설 ④ 운수시설 ⑤ 물류터미널	•수용인원-500명 이상 •바닥면적 합계 5000m² 이상
⑥ 노유자시설 ⑦ 정신의료기관 ⑧ 수련시설(숙박 가능한 것) ⑨ 종합병원, 병원, 치과병원, 한방병원 및 요양병원(정신병원 제외) ⑩ 숙박시설	•바닥면적 합계 600m² 이상

⑪ 지하층·무창층·4층 이상	• 바닥면적 1000m² 이상
⑫ 창고시설(물류터미널 제외)	• 바닥면적 합계 5000m² 이상 - 전층
⑬ 지하상가	• 연면적 1000m² 이상
⑭ 10m 넘는 랙식 창고	• 연면적 1500m² 이상
⑮ 복합건축물 ⑯ 기숙사	• 연면적 5000m² 이상 - 전층
⑰ 6층 이상	• 전층
⑱ 보일러실·연결통로	• 전부
⑲ 특수가연물 저장·취급	• 지정수량 1000배 이상
⑳ 발전시설 중 전기저장시설	• 전부

28. 물분무등소화설비의 설치대상(소방시설법 시행령 [별표 4])

설치대상	조 건
① 차고·주차장	• 바닥면적 합계 200m² 이상
② 전기실·발전실·변전실 ③ 축전지실·통신기기실·전산실	• 바닥면적 300m² 이상
④ 주차용 건축물	• 연면적 800m² 이상
⑤ 기계식 주차장치	• 20대 이상
⑥ 항공기격납고	• 전부(규모에 관계없이 설치)

29. 비상경보설비의 설치대상(소방시설법 시행령 [별표 4])

설치대상	조 건
① 지하층·무창층	• 바닥면적 150m²(공연장 100m²) 이상
② 전부	• 연면적 400m² 이상
③ 터널 길이	• 길이 500m 이상
④ 옥내작업장	• 50인 이상 작업

30. 비상방송설비의 설치대상(소방시설법 시행령 [별표 4])

① 연면적 3500m² 이상
② 11층 이상(지하층 제외)
③ 지하 3층 이상

중요 소방시설의 적용대상

조 건	특정소방대상물
① 지하가 연면적 1000m² 이상	• 자동화재탐지설비 • 스프링클러설비 • 무선통신보조설비 • 제연설비
② 목조건축물(국보·보물)	• 옥외소화전설비 • 자동화재속보설비

31. 자동화재탐지설비의 설치대상(소방시설법 시행령 [별표 4])

설치대상	조 건
① 정신의료기관·의료재활시설	• 창살설치 : 바닥면적 300m² 미만 • 기타 : 바닥면적 300m² 이상
② 노유자시설	• 연면적 400m² 이상
③ 근린생활시설·위락시설 ④ 의료시설(정신의료기관 또는 요양병원 제외) ⑤ 복합건축물·장례시설	• 연면적 600m² 이상
⑥ 목욕장·문화 및 집회시설, 운동시설 ⑦ 종교시설 ⑧ 방송통신시설·관광휴게시설 ⑨ 업무시설·판매시설 ⑩ 항공기 및 자동차 관련시설·공장·창고시설 ⑪ 지하상가·운수시설·발전시설·위험물 저장 및 처리시설 ⑫ 교정 및 군사시설 중 국방·군사시설	• 연면적 1000m² 이상

⑬ 교육연구시설·동식물관련시설 ⑭ 자원순환관련시설·교정 및 군사시설(국방·군사시설 제외) ⑮ 수련시설(숙박시설이 있는 것 제외) ⑯ 묘지관련시설	• 연면적 2000㎡ 이상
⑰ 터널	• 길이 1000m 이상
⑱ 지하구 ⑲ 노유자생활시설 ⑳ 전통시장 ㉑ 아파트 등 기숙사 ㉒ 숙박시설 ㉓ 6층 이상 건축물 ㉔ 조산원, 산후조리원 ㉕ 요양병원(정신병원과 의료재활시설은 제외)	• 전부
㉖ 특수가연물 저장·취급	• 지정수량 500배 이상
㉗ 수련시설(숙박시설이 있는 것)	• 수용인원 100명 이상
㉘ 발전시설	• 전기저장시설

> **기억법** 근위의복 6, 교동자교수 2

32. 자동화재속보설비의 설치대상(소방시설법 시행령 [별표 4])

설치대상	조 건
① 수련시설(숙박시설이 있는 것) ② 노유자시설 ③ 정신병원 및 의료재활시설	• 바닥면적 500㎡ 이상
④ 목조건축물	• 국보·보물
⑤ 노유자 생활시설	• 전부
⑥ 전통시장	• 전부
⑦ 의원, 치과의원 및 한의원(입원실이 있는 시설) ⑧ 조산원 및 산후조리원 ⑨ 종합병원, 병원, 치과병원, 한방병원 및 요양병원(의료재활시설 제외)	• 전부

33. 피난기구의 설치제외대상(소방시설법 시행령 [별표 4])

① 피난층　　② 지상 1·2층
③ 11층 이상　④ 가스시설
⑤ 지하구　　⑥ 터널

> 피난기구의 설치대상 : 3~10층

34. 인명구조기구의 설치장소(소방시설법 시행령 [별표 4])

① 지하층을 포함한 **7층** 이상의 **관광호텔**[방열복, 방화복(안전모, 보호장갑, 안전화 포함), 인공소생기, 공기호흡기]
② 지하층을 포함한 **5층** 이상의 **병원**[방열복, 방화복(안전모, 보호장갑, 안전화 포함), 공기호흡기]

35. 객석유도등의 설치장소(소방시설법 시행령 [별표 4])

① 유흥주점영업시설(카바레·나이트클럽 등만 해당)
② 문화 및 집회시설(집회장)
③ 운동시설
④ 종교시설

36. 비상조명등의 설치대상물(소방시설법 시행령 [별표 4])

① 5층 이상으로서 연면적 3000㎡ 이상(지하층 포함)
② 지하층·무창층의 바닥면적 450㎡ 이상
③ 터널길이 500m 이상

37. 상수도 소화용수설비의 설치대상(소방시설법 시행령 [별표 4])

① 연면적 5000㎡ 이상(단, 위험물 저장 및 처리시설 중 가스시설, 터널 또는 지하구의 경우 제외)
② 가스시설로서 저장용량 100t 이상
③ 폐기물재활용시설 및 폐기물처분시설

38. 제연설비의 설치대상(소방시설법 시행령 [별표 4])

설치대상	조 건
① 문화 및 집회시설, 운동시설 ② 종교시설	• 바닥면적 200㎡ 이상
③ 기타	• 1000㎡ 이상
④ 영화상영관	• 수용인원 100명 이상
⑤ 터널	• 예상교통량, 경사도 등 터널의 특성을 고려하여 행정안전부령으로 정하는 것
⑥ 전부	• 특별피난계단 • 비상용 승강기의 승강장 • 피난용 승강기의 승강장

39. 연결송수관설비의 설치대상(소방시설법 시행령)
[별표 4])
① **5층** 이상으로서 연면적 6000m² 이상
② **7층** 이상(지하층 포함)
③ **지하 3층** 이상이고 바닥면적 1000m² 이상
④ 터널길이 1000m 이상

40. 연결살수설비의 설치대상(소방시설법 시행령)
[별표 4])

설치대상	조 건
① 지하층	• 바닥면적 합계 150m²(학교 700m²) 이상
② 판매시설 ③ 운수시설 ④ 물류터미널	• 바닥면적 합계 1000m² 이상
⑤ 가스시설	• 30t 이상 탱크시설
⑥ 연결통로	• 전부

41. 무선통신보조설비의 설치대상(소방시설법 시행령)
[별표 4])

설치대상	조 건
① 지하상가	• 연면적 1000m² 이상
② 지하층	• 바닥면적 합계 3000m² 이상
③ 전층	• 지하 3층 이상이고 지하층 바닥면적의 합계 1000m² 이상
④ 터널	• 길이 500m 이상
⑤ 공동구	• 전부
⑥ 30층 이상	• 16층 이상의 전층

42. 소방시설 면제기준(소방시설법 시행령 [별표 5])

면제대상	대체설비
스프링클러설비	• 물분무등소화설비
물분무등소화설비	• 스프링클러설비

간이 스프링클러설비	• 스프링클러설비 • **물분무소화설비** • 미분무소화설비
비상경보설비 또는 단독경보형 감지기	• 자동화재탐지설비
비상경보설비	• 2개 이상 단독경보형 감지기 연동
비상방송설비	• 자동화재탐지설비 • 비상경보설비
연결살수설비	• 스프링클러설비 • 간이 스프링클러설비 • 물분무소화설비 • 미분무소화설비
제연설비	• **공기조화설비**
연소방지설비	• 스프링클러설비 • 물분무소화설비 • 미분무소화설비
연결송수관설비	• 옥내소화전설비 • 스프링클러설비 • 간이 스프링클러설비 • 연결살수설비
자동화재탐지설비	• 자동화재탐지설비의 기능을 가진 스프링클러설비 • 물분무등소화설비
옥내소화전설비	• 옥외소화전설비 • 미분무소화설비(호스릴방식)

43. 수용인원의 산정방법(소방시설법 시행령 [별표 7])

특정소방대상물		산정방법
• 강의실·교무실·상담실·실습실·휴게실		바닥면적 합계 1.9m²
• 숙박시설	침대가 있는 경우	종사자수 + 침대수
	침대가 없는 경우	종사자수 + 바닥면적 합계 3m²
• 기타		바닥면적 합계 3m²
• 강당 • 문화 및 집회시설, 운동시설 • 종교시설		바닥면적 합계 4.6m²

44. 소방시설관리업의 등록기준(소방시설법 시행령
[별표 9])

구 분	기술인력	기술등급	영업범위
전문	• 주된 기술인력: 소방시설관리사 2명 이상 • 보조기술인력: 6명 이상	• 주된 기술인력 – 소방시설관리사 자격을 취득한 후 소방관련 실무경력이 5년 이상인 사람 1명 이상 – 소방시설관리사 자격을 취득한 후 소방관련 실무경력이 3년 이상인 사람 1명 이상 • 보조기술인력 – 고급점검자: 2명 이상 – 중급점검자: 2명 이상 – 초급점검자: 2명 이상	모든 특정소방대상물
일반	• 주된 기술인력: 소방시설관리사 1명 이상 • 보조기술인력: 2명 이상	• 주된 기술인력 소방시설관리사 자격증 취득 후 소방관련 실무경력이 1년 이상인 사람 • 보조기술인력 – 중급점검자: 1명 이상 – 초급점검자: 1명 이상	1급, 2급, 3급 소방안전관리대상물

제3장 소방시설 설치 및 관리에 관한 법률 시행규칙

1. 건축허가 동의시 첨부서류(소방시설법 시행규칙 3조)
① 건축허가신청서 및 건축허가서 사본
② 설계도서 및 소방시설 설치계획표
③ 임시소방시설 설치계획서(설치시기·위치·종류·방법 등 임시소방시설의 설치와 관련한 세부사항 포함)
④ 소방시설설계업 등록증과 소방시설을 설계한 기술인력의 기술자격증 사본
⑤ 건축·대수선·용도변경신고서 사본
⑥ 주단면도 및 입면도
⑦ 소방시설별 층별 평면도
⑧ 방화구획도(창호도 포함)

건축허가 등의 동의권자 : 소방본부장·소방서장

2. 건축허가 등의 동의(소방시설법 시행규칙 3조)

내용		날짜
동의요구 서류 보완		4일 이내
건축허가 등의 취소통보		7일 이내
동의여부 회신	5일 이내	기타
	10일 이내	① 50층 이상(지하층 제외) 또는 지상으로부터 높이 200m 이상인 아파트 ② 30층 이상(지하층 포함) 또는 높이 120m 이상(아파트 제외) ③ 연면적 10만㎡ 이상(아파트 제외)

3. 연소우려가 있는 건축물의 구조(소방시설법 시행규칙 17조)
① 1층 : 타 건축물 외벽으로부터 6m 이하
② 2층 이상 : 타 건축물 외벽으로부터 10m 이하

③ 대지경계선 안에 2 이상의 건축물이 있는 경우
④ 개구부가 다른 건축물을 향하여 설치된 구조

4. 소방시설 등의 자체점검(소방시설법 시행규칙 23조)
작동점검 또는 종합점검 결과 보관 : 2년

5. 소방시설관리사의 행정처분기준(소방시설법 시행규칙 [별표 8])

위반사항	행정처분기준		
	1차	2차	3차
① 미점검	자격 정지 1월	자격 정지 6월	자격 취소
② 거짓점검 ③ 대행인력 배치기준·자격·방법 미준수 ④ 자체점검 업무 불성실	경고 (시정명령)	자격 정지 6월	자격 취소
⑤ 부정한 방법으로 시험 합격 ⑥ 소방시설관리증 대여 ⑦ 관리사 결격사유에 해당한 때 ⑧ 2 이상의 업체에 취업한 때	자격 취소		

6. 소방시설관리업의 행정처분기준(소방시설법 시행규칙 [별표 8])

행정처분	위반사항
1차 등록취소	① 부정한 방법으로 등록한 경우 ② 등록결격사유에 해당한 경우 ③ 등록증 또는 등록수첩 대여

7. 소방시설 등 자체점검의 점검대상, 점검자의 자격, 점검횟수 및 시기 (소방시설법 시행규칙 [별표 3])

점검구분	정 의	점검대상	점검자의 자격(주된 인력)	점검횟수 및 점검시기
작동점검	소방시설 등을 인위적으로 조작하여 정상적으로 작동하는지를 점검하는 것	① 간이스프링클러설비·자동화재탐지설비	• 관계인 • 소방안전관리자로 선임된 소방시설관리사 또는 소방기술사 • 소방시설관리업에 등록된 기술인력 중 소방시설관리사 또는 「소방시설공사업법 시행규칙」에 따른 특급 점검자	• 작동점검은 연 1회 이상 실시하며, 종합점검대상은 종합점검(최초점검 제외)을 받은 달부터 6개월이 되는 달에 실시 • 종합점검대상 외의 특정소방대상물은 사용승인일이 속하는 달의 말일까지 실시
		② ①에 해당하지 아니하는 특정소방대상물	• 소방시설관리업에 등록된 기술인력 중 소방시설관리사 • 소방안전관리자로 선임된 소방시설관리사 또는 소방기술사	
		③ 작동점검 제외대상 • 특정소방대상물 중 소방안전관리자를 선임하지 않는 대상 • 위험물제조소 등 • 특급 소방안전관리대상물		
종합점검	소방시설 등의 작동점검을 포함하여 소방시설 등의 설비별 주요 구성 부품의 구조기준이 화재안전기준과 「건축법」 등 관련 법령에서 정하는 기준에 적합한지 여부를 점검하는 것 (1) 최초점검 : 특정소방대상물의 소방시설이 신설된 경우 건축물을 사용할 수 있게 된 날부터 60일 이내에 점검하는 것 (2) 그 밖의 종합점검 : 최초점검을 제외한 종합점검	④ 소방시설 등이 신설된 경우에 해당하는 특정소방대상물 ⑤ 스프링클러설비가 설치된 특정소방대상물 ⑥ 물분무등소화설비(호스릴 방식의 물분무등소화설비만을 설치한 경우는 제외)가 설치된 연면적 5000m² 이상인 특정소방대상물(위험물제조소 등 제외) ⑦ 다중이용업의 영업장이 설치된 특정소방대상물로서 연면적이 2000m² 이상인 것 ⑧ 제연설비가 설치된 터널 ⑨ 공공기관 중 연면적(터널·지하구의 경우 그 길이와 평균폭을 곱하여 계산된 값)이 1000m² 이상인 것으로서 옥내소화전설비 또는 자동화재탐지설비가 설치된 것(단, 소방대가 근무하는 공공기관 제외) 🔥 중요 **종합점검** ① 공공기관 : 1000m² ② 다중이용업 : 2000m² ③ 물분무등(호스릴 ×) : 5000m²	• 소방시설관리업에 등록된 기술인력 중 **소방시설관리사** • 소방안전관리자로 선임된 소방시설관리사 또는 소방기술사	〈점검횟수〉 ㉠ 연 1회 이상(특급 소방안전관리대상물은 반기에 1회 이상) 실시 ㉡ ㉠에도 불구하고 소방본부장 또는 소방서장은 소방청장이 소방안전관리가 우수하다고 인정한 특정소방대상물에 대해서는 3년의 범위에서 소방청장이 고시하거나 정한 기간 동안 종합점검을 면제할 수 있다(단, 면제기간 중 화재가 발생한 경우는 제외). 〈점검시기〉 ㉠ ④에 해당하는 특정소방대상물은 건축물을 사용할 수 있게 된 날부터 60일 이내 실시 ㉡ ㉠을 제외한 특정소방대상물은 건축물의 사용승인일이 속하는 달에 실시(단, 학교의 경우 해당 건축물의 사용승인일이 1월에서 6월 사이에 있는 경우에는 6월 30일까지 실시할 수 있다) ㉢ 건축물 사용승인일 이후 ⑦에 따라 종합점검대상에 해당하게 된 경우에는 그 다음 해부터 실시 ㉣ 하나의 대지경계선 안에 2개 이상의 자체점검대상 건축물 등이 있는 경우 그 건축물 중 사용승인일이 가장 빠른 연도의 건축물의 사용승인일을 기준으로 점검할 수 있다.

2-3 화재의 예방 및 안전관리에 관한 법령

제1장 화재의 예방 및 안전관리에 관한 법률

1. 화재안전조사(화재예방법 7조)

구 분	설 명
실시자	소방청장·소방본부장·소방서장(소방관서장)
관계인의 승낙이 필요한 곳	주거(주택)

용어
화재안전조사 : 소방대상물, 관계지역 또는 관계인에 대하여 소방시설 등이 소방관계법령에 적합하게 설치·관리되고 있는지, 소방대상물에 화재의 발생 위험이 있는지 등을 확인하기 위하여 실시하는 현장조사·문서열람·보고요구 등을 하는 활동

2. 화재안전조사 결과에 따른 조치명령(화재예방법 14조)

(1) 명령권자
 소방청장·소방본부장·소방서장(소방관서장)

(2) 명령사항
 ① 화재안전조사 조치명령
 ② 개수명령

3. 화재의 예방조치사항(화재예방법 17조)

① 모닥불, 흡연 등 화기의 취급
② 풍등 등 소형열기구 날리기
③ 용접·용단 등 불꽃을 발생시키는 행위
④ 그 밖에 대통령령으로 정하는 화재발생위험이 있는 행위

연소의 우려가 있는 소유자 불명의 물질은 안전한 곳으로 옮겨 소방청장·소방본부장 또는 소방서장(소방관서장)에 의해 보관되어야 한다.

4. 불을 사용하는 설비의 관리사항(화재예방법 17조)

① 정하는 기준 : 대통령령
② 대상 ┬ 보일러
 ├ 난로
 ├ 가스시설
 ├ 건조설비
 └ 전기시설

5. 화재예방강화지구의 지정(화재예방법 18조)

(1) 지정권자 : 시·도지사

(2) 지정지역
 ① 시장지역
 ② 공장·창고 등이 밀집한 지역
 ③ 목조건물이 밀집한 지역
 ④ 노후·불량건축물이 밀집한 지역
 ⑤ 위험물의 저장 및 처리시설이 밀집한 지역
 ⑥ 석유화학제품을 생산하는 공장이 있는 지역
 ⑦ 소방시설·소방용수시설 또는 소방출동로가 없는 지역
 ⑧ 「산업입지 및 개발에 관한 법률」에 따른 산업단지
 ⑨ 「물류시설의 개발 및 운영에 관한 법률」에 따른 물류단지
 ⑩ 소방관서장이 화재예방강화지구로 지정할 필요가 있다고 인정하는 지역

화재예방강화지구 : 화재 발생 우려가 크거나 화재가 발생할 경우 피해가 클 것으로 예상되는 지역에 대하여 화재의 예방 및 안전관리를 강화하기 위해 지정·관리하는 지역

지 정	화재안전조사
시·도지사	소방관서장

6. 화재(화재예방법 17·20조)

① 화재위험경보 발령권자 ┐
② 화재의 예방조치권자 ┴ 소방관서장

7. 특정소방대상물의 소방안전관리(화재예방법 24조)

(1) 소방안전관리업무 대행자

　　소방시설관리업을 등록한 사람(소방시설관리업자)

(2) 소방안전관리자의 선임

　① 선임신고 : **14일** 이내
　② 신고대상 : **소방본부장 · 소방서장**

(3) 관계인 및 소방안전관리자의 업무

소방안전관리대상물 (소방안전관리자)	특정소방대상물 (관계인)
① 피난시설 · 방화구획 및 방화시설의 관리 ② 소방시설, 그 밖의 소방관련시설의 관리 ③ 화기취급의 감독 ④ 소방안전관리에 필요한 업무 ⑤ 소방계획서의 작성 및 시행 (대통령령으로 정하는 사항 포함) ⑥ 자위소방대 및 초기대응체계의 구성 · 운영 · 교육 ⑦ 소방훈련 및 교육 ⑧ 소방안전관리에 관한 업무수행에 관한 기록 · 유지 ⑨ 화재발생시 초기대응	① 피난시설 · 방화구획 및 방화시설의 관리 ② 소방시설, 그 밖의 소방관련시설의 관리 ③ 화기취급의 감독 ④ 소방안전관리에 필요한 업무 ⑤ 화재발생시 초기대응

8. 강습 · 실무교육 대상자(화재예방법 34조)

① 소방안전관리자
② 소방안전관리보조자
③ 소방안전관리업무 대행자
④ 소방안전관리자의 자격인정을 받고자 하는 자로서 **대통령령**으로 정하는 자
⑤ 소방안전관리업무를 대항하는 자를 감독하는 자

9. 관리의 권원이 분리된 특정소방대상물의 소방안전관리(화재예방법 35조)

① 복합건축물(지하층을 제외한 층수가 11층 이상 또는 연면적 30000㎡ 이상)
② 지하가
③ **대통령령**으로 정하는 특정소방대상물

10. 특정소방대상물의 소방훈련(화재예방법 37조)

소방훈련의 종류	소방훈련의 지도 · 감독
① 소화훈련 ② 통보훈련 ③ 피난훈련	소방본부장 · 소방서장

11. 벌칙

(1) 3년 이하의 징역 또는 3000만원 이하의 벌금(화재예방법 50조)

　① **화재안전조사 결과**에 따른 조치명령을 정당한 사유 없이 위반한 자
　② **소방안전관리자 선임명령** 등을 정당한 사유 없이 위반한 자
　③ 화재예방안전진단 결과에 따라 보수 · 보강 등의 조치명령을 정당한 사유 없이 위반한 자
　④ 거짓이나 그 밖의 부정한 방법으로 진단기관으로 지정을 받은 자

(2) 1년 이하의 징역 또는 1000만원 이하의 벌금(화재예방법 50조)

　① **관계인**의 정당한 업무를 방해하거나, 조사업무를 수행하면서 취득한 자료나 알게 된 **비밀**을 다른 사람 또는 기관에게 제공 또는 누설하거나 목적 외의 용도로 사용한 자
　② **소방안전관리자 자격증**을 다른 사람에게 빌려주거나 빌리거나 이를 알선한 자
　③ **진단기관**으로부터 화재예방안전진단을 받지 아니한 자

(3) 300만원 이하의 **벌금**(화재예방법 50조)

　① 화재안전조사를 정당한 사유 없이 거부 · 방해 또는 기피한 자
　② 화재발생 위험이 크거나 소화활동에 지장을 줄 수 있다고 인정되는 행위나 물건에 대한 금지 또는 제한 명령을 정당한 사유 없이 따르지 아니하거나 방해한 자
　③ 소방안전관리자, 총괄소방안전관리자 또는 소방안전관리보조자를 선임하지 아니한 자
　④ 소방시설 · 피난시설 · 방화시설 및 방화구획 등이 법령에 위반된 것을 발견하였음에도 필요한 조치를 할 것을 요구하지 아니한 소방안전관리자

⑤ **소방안전관리자**에게 불이익한 처우를 한 관계인
⑥ 업무를 수행하면서 알게 된 비밀을 이 법에서 정한 목적 외의 용도로 사용하거나 다른 사람 또는 기관에 제공하거나 누설한 자

(4) **300만원 이하의 과태료**(화재예방법 52조)
① 정당한 사유 없이 **화재예방강화지구** 및 이에 준하는 대통령령으로 정하는 장소에서의 금지 명령에 해당하는 행위를 한 자
② 다른 안전관리자가 소방안전관리자를 겸한 자
③ 소방안전관리업무를 하지 아니한 특정소방대상물의 관계인 또는 소방안전관리대상물의 소방안전관리자
④ 소방안전관리업무의 지도·감독을 하지 아니한 자
⑤ 건설현장 소방안전관리대상물의 소방안전관리자의 업무를 하지 아니한 소방안전관리자
⑥ 피난유도 안내정보를 제공하지 아니한 자
⑦ **소방훈련** 및 **교육**을 하지 아니한 자
⑧ 화재예방안전진단 결과를 제출하지 아니한 자

(5) **200만원 이하의 과태료**(화재예방법 52조)
① 불을 사용할 때 지켜야 하는 사항 및 특수가연물의 저장 및 취급 기준을 위반한 자
② 소방설비 등의 설치명령을 정당한 사유 없이 따르지 아니한 자
③ 기간 내에 **선임신고**를 하지 아니하거나 **소방안전관리자**의 **성명** 등을 게시하지 아니한 자
④ 기간 내에 선임신고를 하지 아니한 자
⑤ 기간 내에 소방훈련 및 교육 결과를 제출하지 아니한 자

(6) **100만원 이하의 과태료**(화재예방법 52조)
실무교육을 받지 아니한 **소방안전관리자** 및 **소방안전관리보조자**

요점

제2장 화재의 예방 및 안전관리에 관한 법률 시행령

1. 옮긴 물건 등의 보관기간(화재예방법 시행령 17조)

보관자	보관기간
소방관서장	인터넷 홈페이지에 공고하는 기간의 종료일 다음 날부터 7일

2. 화재예방강화지구 안의 화재안전조사 · 소방 훈련 및 교육(화재예방법 시행령 20조)

구 분	설 명
실시자	소방관서장
횟수	연 1회 이상
훈련 · 교육	10일 전 통보

3. 벽 · 천장 사이의 거리(화재예방법 시행령 [별표 1])

종 류	벽 · 천장 사이의 거리
건조설비	0.5m 이상
보일러	0.6m 이상

4. 특수가연물(화재예방법 시행령 [별표 2])

① 면화류
② 나무껍질 및 대팻밥
③ 넝마 및 종이 부스러기
④ 사류
⑤ 볏짚류
⑥ 가연성 고체류
⑦ 석탄 · 목탄류
⑧ 가연성 액체류
⑨ 목재가공품 및 나무 부스러기
⑩ 고무류 · 플라스틱류

특수가연물 : 화재가 발생하면 그 확대가 빠른 물품

5. 소방안전관리자(화재예방법 시행령 [별표 4])

(1) 특급 소방안전관리대상물의 소방안전관리자 선임조건

자 격	경 력	비 고
• 소방기술사 • 소방시설관리사	경력 필요 없음	특급 소방안전관리자 자격증을 받은 사람
• 1급 소방안전관리자(소방설비기사)	5년	
• 1급 소방안전관리자(소방설비산업기사)	7년	
• 소방공무원	20년	
• 소방청장이 실시하는 특급 소방안전관리대상물의 소방안전관리에 관한 시험에 합격한 사람	경력 필요 없음	

(2) 1급 소방안전관리대상물의 소방안전관리자 선임조건

자 격	경 력	비 고
• 소방설비기사 · 소방설비산업기사	경력 필요 없음	1급 소방안전관리자 자격증을 받은 사람
• 소방공무원	7년	
• 소방청장이 실시하는 1급 소방안전관리대상물의 소방안전관리에 관한 시험에 합격한 사람	경력 필요 없음	
• 특급 소방안전관리대상물의 소방안전관리자 자격이 인정되는 사람		

(3) 2급 소방안전관리대상물의 소방안전관리자 선임조건

자 격	경 력	비 고
• 위험물기능장 · 위험물산업기사 · 위험물기능사	경력 필요 없음	2급 소방안전관리자 자격증을 받은 사람
• 소방공무원	3년	
• 소방청장이 실시하는 2급 소방안전관리대상물의 소방안전관리에 관한 시험에 합격한 사람	경력 필요 없음	
• 「기업활동 규제완화에 관한 특별조치법」에 따라 소방안전관리자로 선임된 사람 (소방안전관리자로 선임된 기간으로 한정)	경력 필요 없음	
• 특급 또는 1급 소방안전관리대상물의 소방안전관리자 자격이 인정되는 사람		

(4) 3급 소방안전관리대상물의 소방안전관리자 선임 조건

자격	경력	비고
• 소방공무원	1년	
• 소방청장이 실시하는 3급 소방안전관리대상물의 소방안전관리에 관한 시험에 합격한 사람	경력 필요 없음	3급 소방안전관리자 자격증을 받은 사람
• 「기업활동 규제완화에 관한 특별조치법」에 따라 소방안전관리자로 선임된 사람(소방안전관리자로 선임된 기간으로 한정)		
• 특급 소방안전관리대상물, 1급 소방안전관리대상물 또는 2급 소방안전관리대상물의 소방안전관리자 자격이 인정되는 사람		

6. 소방안전관리자를 두어야 할 특정소방대상물
(화재예방법 시행령 [별표 4])

소방안전관리대상물	특정소방대상물
특급 소방안전관리대상물 (동·식물원, 철강 등 불연성 물품 저장·취급창고, 지하구, 위험물제조소 등 제외)	• 50층 이상(지하층 제외) 또는 지상 200m 이상 아파트 • 30층 이상(지하층 포함) 또는 지상 120m 이상(아파트 제외) • 연면적 10만㎡ 이상(아파트 제외)
1급 소방안전관리대상물 (동·식물원, 철강 등 불연성 물품 저장·취급창고, 지하구, 위험물제조소 등 제외)	• 30층 이상(지하층 제외) 또는 지상 120m 이상 아파트 • 연면적 15000㎡ 이상인 것(아파트 및 연립주택 제외) • 11층 이상(아파트 제외) • 가연성 가스를 1000t 이상 저장·취급하는 시설
2급 소방안전관리대상물	• 지하구 • 가스제조설비를 갖추고 도시가스사업 허가를 받아야 하는 시설 또는 가연성 가스를 100~1000t 미만 저장·취급하는 시설 • 옥내소화전설비·스프링클러설비 설치대상물 • 물분무등소화설비 설치대상물 (호스릴 물분무등소화설비만을 설치한 경우 제외) • 공동주택(옥내소화전설비 또는 스프링클러설비가 설치된 공동주택 한정) • 목조건축물(국보·보물)
3급 소방안전관리대상물	• 간이스프링클러설비(주택전용 간이스프링클러설비 제외) 설치대상물 • 자동화재탐지설비 설치대상물

7. 소방계획에 포함되어야 할 사항 (화재예방법 시행령 27조)

① 소방안전관리대상물의 위치·구조·연면적·용도·수용인원 등 일반현황
② 소방시설·방화시설, 전기시설·가스시설·위험물시설의 현황
③ 화재예방을 위한 자체점검계획 및 대응대책
④ 소방시설·피난시설·방화시설의 점검·정비계획
⑤ 피난계획
⑥ 방화구획·제연구획·건축물의 내부마감재료 및 방염대상품의 사용, 그 밖의 방화구조 및 설비의 유지·관리계획
⑦ 소방교육 및 훈련에 관한 계획
⑧ 자위소방대 조직과 대원의 임무에 관한 사항
⑨ 화기취급작업에 대한 사전 안전조치 및 감독 등 공사 중 소방안전관리에 관한 사항
⑩ 관리의 권원이 분리된 특정소방대상물의 소방안전관리에 관한 사항
⑪ 소화 및 연소방지에 관한 사항
⑫ 위험물의 저장·취급에 관한 사항
⑬ 소방본부장 또는 소방서장이 요청하는 사항

8. 소방계획의 작성·실시에 관한 지도·감독
(화재예방법 시행령 27조)

소방본부장, 소방서장

9. 관리의 권원이 분리된 특정소방대상물 (화재예방법 35조, 화재예방법 시행령 35조)

① 복합건축물(지하층을 제외한 11층 이상 또는 연면적 30000㎡ 이상인 건축물)
② 지하가
③ 도매시장, 소매시장, 전통시장

10. 한국소방안전원의 권한의 위탁

① 소방안전관리자 또는 소방안전관리보조자 선임신고의 접수
② 소방안전관리자 또는 소방안전관리보조자 해임 사실의 확인
③ 건설현장 소방안전관리자 선임신고의 접수
④ 소방안전관리자 자격시험
⑤ 소방안전관리자 자격증의 발급 및 재발급
⑥ 소방안전관리 등에 관한 종합정보망의 구축·운영
⑦ 강습교육 및 실무교육

제3장 화재의 예방 및 안전관리에 관한 법률 시행규칙

1. 소방안전관리자의 강습(화재예방법 시행규칙 25조)

구 분	설 명
실시자	소방청장(위탁 : 한국소방안전원장)
실시공고	20일 전

2. 소방안전관리자의 실무교육(화재예방법 시행규칙 29조)

구 분	설 명
실시자	소방청장(위탁 : 한국소방안전원장)
실시	2년마다 1회 이상
교육통보	30일 전

3. 특정소방대상물의 소방훈련·교육(화재예방법 시행규칙 36조)

실시횟수	실시결과 기록부 보관
연 1회 이상	2년

소방안전관리자의 재선임 : 30일 이내

4. 소방안전교육(화재예방법 시행규칙 40조)

실시자	교육통보
소방본부장·소방서장	교육일 10일 전까지

5. 소방안전관리업무의 강습교육과목 및 교육시간(화재예방법 시행규칙 [별표 5])

(1) 교육과정별 과목 및 시간

구 분	교육과목	교육시간
특급 소방안전 관리자	• 소방안전관리자 제도 • 화재통계 및 피해분석 • 직업윤리 및 리더십 • 소방관계법령 • 건축·전기·가스 관계법령 및 안전관리 • 위험물안전관리법령 및 안전관리 • 재난관리 일반 및 관련법령 • 초고층재난관리법령 • 소방기초이론 • 연소·방화·방폭공학 • 화재예방 사례 및 홍보 • 고층건축물 소방시설 적용기준 • 소방시설의 종류 및 기준 • 소방시설(소화설비, 경보설비, 피난구조설비, 소화용수설비, 소화활동설비)의 구조·점검·실습·평가 • 공사장 안전관리 계획 및 감독 • 화기취급감독 및 화재위험작업 허가·관리 • 종합방재실 운용 • 피난안전구역 운영 • 고층건축물 화재 등 재난사례 및 대응방법 • 화재원인 조사실무 • 위험성 평가기법 및 성능위주 설계 • 소방계획 수립 이론·실습·평가(피난약자의 피난계획 등 포함) • 자위소방대 및 초기대응체계 구성 등 이론·실습·평가 • 방재계획 수립 이론·실습·평가 • 재난예방 및 피해경감계획 수립 이론·실습·평가 • 자체점검 서식의 작성 실습·평가 • 통합안전점검 실시(가스, 전기, 승강기 등) • 피난시설, 방화구획 및 방화시설 관리 • 구조 및 응급처치 이론·실습·평가 • 소방안전 교육 및 훈련 이론·실습·평가 • 화재시 초기대응 및 피난 실습·평가 • 업무수행기록의 작성·유지 실습·평가 • 화재피해 복구 • 초고층 건축물 안전관리 우수사례 토의 • 소방신기술 동향 • 시청각 교육	160시간
1급 소방안전 관리자	• 소방안전관리자 제도 • 소방관계법령 • 건축관계법령 • 소방학개론 • 화기취급감독 및 화재위험작업 허가·관리 • 공사장 안전관리 계획 및 감독 • 위험물·전기·가스 안전관리 • 종합방재실 운용 • 소방시설의 종류 및 기준	80시간

소방관계법규

구분	교육내용	시간
1급 소방안전 관리자	• 소방시설(소화설비, 경보설비, 피난구조설비, 소화용수설비, 소화활동설비)의 구조·점검·실습·평가 • 소방계획 수립 이론·실습·평가 (피난약자의 피난계획 등 포함) • 자위소방대 및 초기대응체계 구성 등 이론·실습·평가 • 작동점검표 작성 실습·평가 • 피난시설, 방화구획 및 방화시설의 관리 • 구조 및 응급처치 이론·실습·평가 • 소방안전 교육 및 훈련 이론·실습·평가 • 화재시 초기대응 및 피난 실습·평가 • 업무수행기록의 작성·유지 실습·평가 • 형성평가(시험)	80시간
공공기관 소방안전 관리자	• 소방안전관리자 제도 • 직업윤리 및 리더십 • 소방관계법령 • 건축관계법령 • 공공기관 소방안전규정의 이해 • 소방학개론 • 소방시설의 종류 및 기준 • 소방시설(소화설비, 경보설비, 피난구조설비, 소화용수설비, 소화활동설비)의 구조·점검·실습·평가 • 소방안전관리 업무대행 감독 • 공사장 안전관리 계획 및 감독 • 화기취급감독 및 화재위험작업 허가·관리 • 위험물·전기·가스 안전관리 • 소방계획 수립 이론·실습·평가 (피난약자의 피난계획 등 포함) • 자위소방대 및 초기대응체계 구성 등 이론·실습·평가 • 작동점검표 및 외관점검표 작성 실습·평가 • 피난시설, 방화구획 및 방화시설의 관리 • 응급처치 이론·실습·평가 • 소방안전 교육 및 훈련 이론·실습·평가 • 화재시 초기대응 및 피난 실습·평가 • 업무수행기록의 작성·유지 실습·평가 • 공공기관 소방안전관리 우수사례 토의 • 형성평가(수료)	40시간
2급 소방안전 관리자	• 소방안전관리자 제도 • 소방관계법령(건축관계법령 포함) • 소방학개론 • 화기취급감독 및 화재위험작업 허가·관리 • 위험물·전기·가스 안전관리 • 소방시설의 종류 및 기준 • 소방시설(소화설비, 경보설비, 피난구조설비)의 구조·원리·점검·실습·평가 • 소방계획 수립 이론·실습·평가 (피난약자의 피난계획 등 포함) • 자위소방대 및 초기대응체계 구성 등 이론·실습·평가 • 작동점검표 작성 실습·평가 • 피난시설, 방화구획 및 방화시설의 관리 • 응급처치 이론·실습·평가 • 소방안전 교육 및 훈련 이론·실습·평가 • 화재시 초기대응 및 피난 실습·평가 • 업무수행기록의 작성·유지 실습·평가 • 형성평가(시험)	40시간
3급 소방안전 관리자	• 소방관계법령 • 화재일반 • 화기취급감독 및 화재위험작업 허가·관리 • 위험물·전기·가스 안전관리 • 소방시설(소화기, 경보설비, 피난구조설비)의 구조·점검·실습·평가 • 소방계획 수립 이론·실습·평가 (업무수행기록의 작성·유지 실습·평가 및 피난약자의 피난계획 등 포함) • 작동점검표 작성 실습·평가 • 응급처치 이론·실습·평가 • 소방안전 교육 및 훈련 이론·실습·평가 • 화재 시 초기대응 및 피난 실습·평가 • 형성평가(시험)	24시간
업무대행 감독자	• 소방관계법령 • 소방안전관리 업무대행 감독 • 소방시설 유지·관리 • 화기취급감독 및 위험물·전기·가스 안전관리	16시간

요점

구분	내용	시간
업무대행 감독자	• 소방계획 수립 이론·실습·평가 (업무수행기록의 작성·유지 및 피난약자의 피난계획 등 포함) • 자위소방대 구성운영 등 이론·실습·평가 • 응급처치 이론·실습·평가 • 소방안전 교육 및 훈련 이론·실습·평가 • 화재 시 초기대응 및 피난 실습·평가 • 형성평가(수료)	16시간
건설현장 소방안전 관리자	• 소방관계법령 • 건설현장 관련 법령 • 건설현장 화재일반 • 건설현장 위험물·전기·가스 안전관리 • 임시소방시설의 구조·점검·실습·평가 • 화기취급감독 및 화재위험작업 허가·관리 • 건설현장 소방계획 이론·실습·평가 • 초기대응체계 구성·운영 이론·실습·평가 • 건설현장 피난계획 수립 • 건설현장 작업자 교육훈련 이론·실습·평가 • 응급처치 이론·실습·평가 • 형성평가(수료)	24시간

(2) 교육운영방법 등

교육과정별 교육시간 운영 편성기준

구 분	시간 합계	이론 (30%)	실무(70%)	
			일반 (30%)	실습 및 평가 (40%)
특급 소방안전 관리자	160시간	48시간	48시간	64시간
1급 소방안전 관리자	80시간	24시간	24시간	32시간
2급 및 공공기관 소방안전 관리자	40시간	12시간	12시간	16시간
3급 소방안전 관리자	24시간	7시간	7시간	10시간
업무대행 감독자	16시간	5시간	5시간	6시간
건설현장 소방안전 관리자	24시간	7시간	7시간	10시간

2-4 소방시설공사업법령

제1장 소방시설공사업법

1. 소방시설공사업법의 목적 (공사업법 1조)
① 소방시설업의 건전한 발전
② 소방기술의 진흥
③ 공공의 안전확보
④ 국민경제에 이바지

2. 소방시설업의 종류 (공사업법 2조)

소방시설설계업	소방시설공사업	소방공사감리업	방염처리업
소방시설공사에 기본이 되는 공사계획·설계도면·설계설명서·기술계산서 등을 작성하는 영업	설계도서에 따라 소방시설을 신설·증설·개설·이전·정비하는 영업	소방시설공사에 관한 발주자의 권한을 대행하여 소방시설공사가 설계도서와 관계법령에 따라 적법하게 시공되는지를 확인하고, 품질·시공 관리에 대한 기술지도를 하는 영업	방염대상물품에 대하여 방염처리하는 영업

3. 소방기술자 (공사업법 2조 ①항)
① 소방시설관리사
② 소방기술사
③ 소방설비기사
④ 소방설비산업기사
⑤ 위험물기능장
⑥ 위험물산업기사
⑦ 위험물기능사

4. 소방시설업 (공사업법 4조)
① 등록권자 ─┐
② 등록사항변경 ├─ 시·도지사
③ 지위승계 ─┘
④ 등록기준 ┬ 자본금
          └ 기술인력

⑤ 종류 ┬ 소방시설설계업
       ├ 소방시설공사
       ├ 소방공사감리업
       └ 방염처리업

⑥ 업종별 영업범위 : **대통령령**

5. 소방시설업의 등록결격사유 (공사업법 5조)
① 피성년후견인
② 금고 이상의 실형을 선고받고 그 집행이 끝나거나(집행이 끝난 것으로 보는 경우 포함) 면제된 날부터 **2년**이 지나지 아니한 사람
③ 금고 이상의 형의 집행유예를 선고받고 그 유예기간 중에 있는 사람
④ 시설업의 등록이 취소된 날부터 **2년**이 지나지 아니한 자
⑤ 법인의 **대표자**가 위 ①~④에 해당되는 경우
⑥ 법인의 **임원**이 위 ②~④에 해당되는 경우

6. 소방시설업의 등록취소 (공사업법 9조)
① **거짓**, 그 밖의 **부정한 방법**으로 등록을 한 경우
② **등록결격사유**에 해당된 경우
③ 영업정지 기간 중에 설계·시공 또는 감리를 한 경우

7. 착공신고·완공검사 등 (공사업법 13·14·15조)
① 소방시설공사의 착공신고 ─┐
② 소방시설공사의 완공검사 ─┤ 소방본부장·소방서장
③ 하자보수기간 : **3일** 이내

8. 소방공사감리 (공사업법 16·18·20조)
(1) 감리의 종류와 방법
    대통령령
(2) 감리원의 세부적인 배치기준
    행정안전부령

(3) 공사감리결과
　① 서면통지 ─ 관계인
　　　　　　├ 도급인
　　　　　　└ 건축사
　② 결과보고서 제출 : 소방본부장·소방서장

9. 하도급 범위(공사업법 22조)
(1) 도급받은 소방시설공사의 일부를 다른 공사업자에게 하도급할 수 있다.
(2) 하수급인은 제3자에게 다시 하도급 불가
(3) 소방시설공사의 시공을 하도급할 수 있는 경우(공사업령 12조 ①항)
　① 주택건설사업
　② 건설업
　③ 전기공사업
　④ 정보통신공사업

10. 도급계약의 해지(공사업법 23조)
① 소방시설업이 **등록취소**되거나 **영업정지**된 경우
② 소방시설업을 **휴업** 또는 **폐업**한 경우
③ 정당한 사유없이 **30일** 이상 소방시설공사를 계속하지 아니하는 경우
④ **하수급**인의 **변경요구**에 응하지 아니한 경우

11. 소방기술자의 의무(공사업법 27조)
소방기술자는 동시에 2 이상의 업체에 **취업**하여서는 아니 된다.(1개 업체에 취업).

12. 권한의 위탁(공사업법 33조)

업 무	위 탁	권 한
• 실무교육	• 한국소방안전협회 • 실무교육기관	• 소방청장
• 소방기술과 관련된 　자격·학력·경력 　의 인정 • 소방기술자 양성· 　인정 교육훈련업무	• 소방시설업자협회 • 소방기술과 관련된 　법인 또는 단체	• 소방청장
• 시공능력평가	• 소방시설업자협회	• 소방청장 • 시·도지사

13. 3년 이하의 징역 또는 3000만원 이하의 벌금(공사업법 35조)
① 소방시설업 무등록자
② 부정한 청탁을 받고 재물 또는 재산상의 이익을 취득하거나 부정한 청탁을 하면서 재물 또는 재산상의 이익을 제공한 자

14. 1년 이하의 징역 또는 1000만원 이하의 벌금(공사업법 36조)
① 영업정지처분 위반자
② 거짓 감리자
③ 공사감리자 미지정자
④ 소방시설 설계·시공·감리 하도급자
⑤ 소방시설공사 재하도급자
⑥ 소방시설업자가 아닌 자에게 소방시설공사 등을 도급한 관계인
⑦ 공사업법의 명령에 따르지 않은 소방기술자

15. 300만원 이하의 벌금(공사업법 37조)
① 등록증·등록수첩을 빌려준 자
② 다른 자에게 자기의 성명이나 상호를 사용하여 소방시설공사 등을 수급 또는 시공하게 한 자
③ 감리원 미배치자
④ 소방기술인정 자격수첩을 빌려준 자
⑤ 2 이상의 업체에 취업한 자
⑥ 소방시설업자나 관계인 감독시 관계인의 업무를 방해하거나 **비밀누설**

16. 100만원 이하의 벌금(공사업법 38조)
① 거짓 보고 또는 자료 미제출자
② 관계공무원의 출입 또는 검사·조사를 거부·방해 또는 기피한 자

17. 200만원 이하의 과태료(공사업법 40조)
① 관계서류 미보관자
② 소방기술자 미배치자
③ 하도급 미통지자
④ 관계인에게 지위승계·행정처분·휴업·폐업 사실을 거짓으로 알린 자
⑤ 완공검사를 받지 아니한 자
⑥ 방염성능기준 미만으로 방염한 자

제2장 소방시설공사업법 시행령

1. 소방시설공사의 하자보수보증기간 (공사업령 6조)

보증 기간	소방시설
2년	① 유도등·피난기구 ② 비상조명등·비상경보설비·비상방송설비 ③ 무선통신보조설비
3년	① 자동소화장치 ② 옥내·외소화전설비 ③ 스프링클러설비 ④ 물분무등소화설비·소화용수설비 ⑤ 자동화재탐지설비·소화활동설비(무선통신보조설비 제외) ⑥ 화재알림설비

2. 소방공사감리자 지정대상 특정소방대상물의 범위 (공사업령 10조)

① **옥내소화전설비**를 신설·개설 또는 **증설**할 때
② **스프링클러설비 등**(캐비닛형 간이스프링클러설비 제외)을 신설·개설하거나 방호·방수구역을 **증설**할 때
③ **물분무등소화설비**(호스릴방식의 소화설비 제외)를 신설·개설하거나 방호·방수구역을 **증설**할 때
④ **옥외소화전설비**를 신설·개설 또는 **증설**할 때
⑤ **자동화재탐지설비**를 신설·개설할 때
⑥ 화재알림설비를 신설 또는 개설할 때
⑦ 비상방송설비를 신설 또는 개설할 때
⑧ 통합감시시설을 신설 또는 개설할 때
⑨ 소화용수설비를 신설 또는 개설할 때
⑩ 다음의 소화활동설비에 대하여 시공을 할 때
  ㉠ 제연설비를 신설·개설하거나 제연구역을 증설할 때
  ㉡ 연결송수관설비를 신설 또는 개설할 때
  ㉢ 연결살수설비를 신설·개설하거나 송수구역을 증설할 때
  ㉣ 비상콘센트설비를 신설·개설하거나 전용회로를 증설할 때
  ㉤ 무선통신보조설비를 신설 또는 개설할 때
  ㉥ 연소방지설비를 신설·개설하거나 살수구역을 증설할 때

3. 소방시설설계업 (공사업령 [별표 1])

종류	기술인력	영업범위
전문	• 주된 기술인력: 1명 이상 • 보조 기술인력: 1명 이상	• 모든 특정소방대상물
일반	• 주된 기술인력: 1명 이상 • 보조 기술인력: 1명 이상	• 아파트(기계분야 제연설비 제외) • 연면적 30000m² (공장 10000m²) 미만(기계분야 제연설비 제외) • 위험물제조소 등

4. 소방시설공사업 (공사업령 [별표 1])

종류	기술인력	자본금	영업범위
전문	• 주된 기술 인력: 1명 이상 • 보조 기술 인력: 2명 이상	• 법인: 1억원 이상 • 개인: 1억원 이상	• 특정소방대상물
일반	• 주된 기술 인력: 1명 이상 • 보조 기술 인력: 1명 이상	• 법인: 1억원 이상 • 개인: 1억원 이상	• 연면적 10000m² 미만 • 위험물제조소 등

5. 소방공사감리업 (공사업령 [별표 1])

종류	기술인력	영업범위
전문	• 소방기술사 1명 이상 • 특급감리원 1명 이상 • 고급감리원 1명 이상 • 중급감리원 1명 이상 • 초급감리원 1명 이상	• 모든 특정 소방대상물
일반	• 특급감리원 1명 이상 • 고급 또는 중급감리원 1명 이상 • 초급감리원 1명 이상	• 아파트(기계분야 제연설비 제외) • 연면적 30000m² (공장 10000m²) 미만(기계분야 제연설비 제외) • 위험물제조소 등

6. 소방기술자의 배치기준 (공사업령 [별표 2])

자격구분	소방시설공사의 종류
전기분야 소방시설공사	• 자동화재탐지설비·비상경보설비 • 비상방송설비·화재알림설비 • 비상콘센트설비·무선통신보조설비 • 기계분야 소방시설에 부설되는 전기시설 중 비상전원·동력회로·제어회로

제3장 소방시설공사업법 시행규칙

1. 소방시설업 (공사업규칙 2~7조)

내 용		날 짜
• 등록증 재발급	지위승계 · 분실 등	3일 이내
	변경신고 등	5일 이내
• 등록서류보완		10일 이내
• 등록증 발급		15일 이내
• 등록사항 변경신고 • 지위승계 신고시 서류제출		30일 이내

소방시설업 등록신청 자산평가액 · 기업진단보고서 : 신청일 90일 이내에 작성한 것

2. 소방시설공사 (공사업규칙 12조)

내 용	날 짜
• 착공 · 변경 신고처리	2일 이내
• 중요사항 변경시의 신고	30일 이내

3. 소방공사감리자 (공사업규칙 15조)

내 용	날 짜
• 지정 · 변경 신고처리	2일 이내
• 변경서류 제출	30일 이내

4. 소방공사감리원의 세부배치기준 (공사업규칙 16조)

감리대상	책임감리원
일반공사 감리대상	• 주 1회 이상 방문감리 • 담당감리현장 5개 이하로서 연면적 총합계 100000m² 이하

5. 소방공사감리원의 배치 통보 (공사업규칙 17조)

① 통보대상 : **소방본부장 · 소방서장**
② 통보일 : 배치일로부터 **7일** 이내

6. 소방시설공사 시공능력평가의 신청 · 평가
(공사업규칙 22 · 23조)

제출일	내 용
① 매년 2월 15일	• 공사실적 증명서류 • 소방시설업 등록수첩 사본 • 소방기술자 보유현황 • 신인도 평가신고서
② 매년 4월 15일(법인) ③ 매년 6월 10일(개인)	• 법인세법 · 소득세법 신고서 • 재무제표 • 회계서류 • 출자, 예치 · 담보 금액확인서
④ 매년 7월 31일	• 시공능력평가의 공시

비교
실무교육기관

보고일	내 용
매년 1월 말	• 교육실적 보고
다음연도 1월 말	• 실무교육대상자 관리 및 교육실적 보고
매년 11월 30일	• 다음 연도 교육계획 보고

7. 소방기술자의 실무교육 (공사업규칙 26조)

① 실무교육 실시 : **2년**마다 **1회** 이상
② 실무교육 통지 : **10일** 전
③ 실무교육 필요사항 : **소방청장**

8. 소방기술자 실무교육기관 (공사업규칙 31~35조)

내 용	날 짜
• 교육계획의 변경보고 • 지정사항 변경보고	10일 이내
• 휴 · 폐업 신고	14일 전까지
• 신청서류 보완	15일 이내
• 지정서 발급	30일 이내

소방관계법규

9. 소방시설업의 행정처분기준(공사업규칙 [별표 1])

행정처분	위반사항
1차 영업정지 1월	① 화재안전기준 등에 적합하게 설계·시공을 하지 않거나 부적합하게 감리 ② 공사감리자의 인수·인계를 기피·거부·방해 ③ 감리원의 공사현장 미배치 또는 거짓배치 ④ 하수급인에게 대금 미지급
1차 영업정지 6월	① 다른 자에게 자기의 성명이나 상호를 사용하여 소방시설공사 등을 수급 또는 시공하게 하거나 소방시설업의 **등록증** 또는 **등록수첩**을 빌려준 경우 ② 소방시설공사 등에 업무수행 등을 **고의** 또는 **과실**로 위반하여 다른 자에게 **상해**를 입히거나 **재산피해**를 입힌 경우
1차 등록취소	① **부정한 방법**으로 등록한 경우 ② **등록결격사유**에 해당한 경우 ③ **영업정지기간** 중에 설계·시공·감리한 경우

10. 일반공사감리기간(공사업규칙 [별표 3])

소방시설	감리기간
피난기구	• 고정금속구를 설치하는 기간
비상전원이 설치되는 소방시설	• 비상전원의 설치 및 소방시설과의 접속을 하는 기간

11. 시공능력평가의 산정식(공사업규칙 [별표 4])

① **시공능력평가액**＝실적평가액＋자본금평가액＋기술력평가액＋경력평가액± 신인도평가액

② **실적평가액**＝연평균 공사실적액

③ **자본금평가액**＝(실질자본금×실질자본금의 평점＋소방청장이 지정한 금융회사 또는 소방산업공제조합에 출자·예치·담보한 금액)× $\dfrac{70}{100}$

④ **기술력평가액**＝전년도 공사업계의 기술자 1인당 평균생산액×보유기술인력 가중치합계× $\dfrac{30}{100}$ ＋ 전년도 기술개발투자액

⑤ **경력평가액**＝실적평가액×공사업경영기간 평점× $\dfrac{20}{100}$

⑥ **신인도평가액**＝(실적평가액＋자본금평가액＋기술력평가액＋경력평가액)×신인도 반영비율 합계

12. 실무교육기관의 시설·장비(공사업규칙 [별표 6])

실의 종류	바닥면적
• 사무실	$60m^2$ 이상
• 강의실 • 실습실·실험실·제도실	$100m^2$ 이상

요점

2-5 위험물안전관리법령

제1장 위험물안전관리법

1. 용어의 뜻(위험물법 2조)

용어	설명
위험물	인화성 또는 발화성 등의 성질을 가지는 것으로서 **대통령령**으로 정하는 물품
지정수량	위험물의 종류별로 위험성을 고려하여 대통령령으로 정하는 수량으로서 제조소 등의 설치허가 등에 있어서 **최저의 기준**이 되는 **수량**
제조소	위험물을 제조할 목적으로 **지정수량 이상**의 위험물을 취급하기 위하여 허가를 받은 장소
저장소	지정수량 이상의 위험물을 저장하기 위한 대통령령으로 정하는 장소
취급소	지정수량 이상의 위험물을 제조 외의 목적으로 취급하기 위한 대통령령으로 정하는 장소
제조소 등	제조소·저장소·취급소

2. 위험물의 저장·운반·취급에 대한 적용 제외 (위험물법 3조)
① 항공기
② 선박
③ 철도(기차)
④ 궤도

> **비교**
> **소방대상물**(기본법 2조 1호)
> • 건축물
> • 선박(매어둔 것)
> • 인공구조물
> • 산림
> • 차량
> • 선박건조구조물
> • 물건

3. 위험물(위험물법 4·5조)
① 지정수량 미만인 위험물의 저장·취급 : **시·도의 조례**
② 위험물의 임시저장기간 : **90일** 이내

4. 제조소 등의 설치허가(위험물법 6조)
(1) 설치허가자
    시·도지사
(2) 설치허가 제외장소
    ① 주택의 난방시설(공동주택의 중앙난방시설은 제외)을 위한 저장소 또는 취급소
    ② 지정수량 20배 이하의 농예용·축산용·수산용 난방시설 또는 건조시설의 저장소
(3) 제조소 등의 변경신고
    변경하고자 하는 날의 1일 전까지

5. 제조소 등의 시설기준(위험물법 6조)
① 제조소 등의 위치
② 제조소 등의 구조
③ 제조소 등의 설비

6. 탱크안전성능검사(위험물법 8조)

구분	설명
실시자	시·도지사
탱크안전성능검사의 내용	대통령령
탱크안전성능검사의 실시 등에 관한 사항	행정안전부령

7. 완공검사(위험물법 9조)
① 제조소 등 : **시·도지사**
② 소방시설공사 : **소방본부장·소방서장**

8. 제조소 등의 승계 및 용도폐지(위험물법 10·11조)

제조소 등의 승계	제조소 등의 용도 폐지
① 신고처 : 시·도지사	① 신고처 : 시·도지사
② 신고기간 : 30일 이내	② 신고일 : 14일 이내

> **기억법** 3승

9. 제조소 등 설치허가의 취소와 사용정지(위험물법 12조)
① **변경허가**를 받지 아니하고 제조소 등의 위치·구조 또는 설비를 변경한 경우
② **완공검사**를 받지 아니하고 제조소 등을 사용한 경우
③ 안전조치 이행명령을 따르지 아니한 경우
④ 수리·개조 또는 **이전**의 **명령**에 **위반**한 경우
⑤ **위험물안전관리자**를 선임하지 아니한 경우
⑥ 안전관리자의 직무를 대행하는 **대리자**를 지정하지 아니한 경우
⑦ **정기점검**을 하지 아니한 경우
⑧ **정기검사**를 받지 아니한 경우
⑨ 저장·취급기준 준수명령에 위반한 경우

10. 과징금(소방시설법 36조, 공사업법 10조, 위험물법 13조)

3000만원 이하	2억원 이하
• 소방시설관리업 영업정지처분 갈음	• 제조소 사용정지처분 갈음 • 소방시설업(설계업·감리업·공사업·방염업) 영업정지처분 갈음

11. 유지·관리(위험물법 14조)
① 제조소 등의 유지·관리 ┐
② 위험물시설의 유지·관리 ┘ **관계인**

12. 제조소 등의 수리·개조·이전 명령(위험물법 14조 ②항)
① 시·도지사
② 소방본부장
③ 소방서장

13. 위험물안전관리자(위험물법 15조)
(1) 선임신고
① 소방안전관리자 ┐ **14일** 이내에 **소방본부장**
② 위험물안전관리자 ┘ ·**소방서장**에게 **신고**

(2) 제조소 등의 위험물안전관리자의 자격
대통령령

날 짜	내 용
14일 이내	• 위험물안전관리자의 선임신고
30일 이내	• 위험물안전관리자의 재선임 • 위험물안전관리자의 직무대행

14. 탱크시험자(위험물법 16조)
(1) 등록권자
  시·도지사
(2) 변경신고
  30일 이내, 시·도지사
(3) 탱크시험자의 등록취소, 6월 이내의 업무정지
  ① **거짓**, 그 밖의 **부정한 방법**으로 등록을 한 경우
  ② 등록의 **결격사유**에 해당하게 된 경우
  ③ 등록증을 다른 자에게 **빌려준 경우**
  ④ 등록기준에 **미달**하게 된 경우
  ⑤ 탱크안전성능시험 또는 점검을 **거짓**으로 한 경우
(4) 탱크시험자의 등록취소
  ① 거짓, 그 밖의 **부정한 방법**으로 등록한 경우
  ② 등록**결격사유**에 해당한 경우
  ③ 등록증을 다른 자에게 빌려준 경우

15. 예방규정(위험물법 17조)
예방규정의 제출자 : 시·도지사

> **예방규정** : 제조소 등의 화재예방과 화재 등 재해발생시의 비상조치를 위한 규정

16. 위험물운반의 기준(위험물법 20조)
① 용기
② 적재방법
③ 운반방법

17. 제조소 등의 출입·검사(위험물법 22조)
① 검사권자 ┬ 소방청장
          ├ 시·도지사
          ├ 소방본부장
          └ 소방서장
② 주거(주택) : 관계인의 **승낙** 필요

18. 명령권자(위험물법 23·24조)
① 탱크시험자에 대한 명령 ── 시·도지사,
② 무허가장소의 위험물 조치명령 ── 소방본부장, 소방서장

19. 위험물의 안전관리와 관련된 업무를 수행하는 자(위험물법 28조)
① 안전관리자
② 탱크시험자
③ 위험물운송자

20. 징역형(위험물법 33조)

1년 이상 10년 이하의 징역	무기 또는 3년 이상의 징역	무기 또는 5년 이상의 징역
제조소 등 또는 허가를 받지 않고 지정수량 이상의 위험물을 저장 또는 취급하는 장소에서 위험물을 유출·방출 또는 확산시켜 사람의 생명·신체 또는 재산에 대하여 위험을 발생시킨 자	제조소 등 또는 허가를 받지 않고 지정수량 이상의 위험물을 저장 또는 취급하는 장소에서 위험물을 유출·방출 또는 확산시켜 사람을 상해에 이르게 한 사람	제조소 등 또는 허가를 받지 않고 지정수량 이상의 위험물을 저장 또는 취급하는 장소에서 위험물을 유출·방출 또는 확산시켜 사람을 사망에 이르게 한 사람

21. 1년 이하의 징역 또는 1000만원 이하의 벌금(위험물법 35조)
① 제조소 등의 정기점검기록 허위 작성
② **자체소방대**를 두지 않고 제조소 등의 허가를 받은 자
③ **위험물 운반용기**의 검사를 받지 않고 유통시킨 자
④ 제조소 등의 긴급사용정지 위반자

22. 1500만원 이하의 벌금(위험물법 36조)
① 위험물의 **저장·취급**에 관한 중요기준 위반
② 제조소 등의 무단 변경
③ 제조소 등의 **사용정지**명령 위반
④ **안전관리자**를 미선임한 관계인
⑤ 대리자를 미지정한 관계인
⑥ **탱크시험자**의 업무정지명령 위반
⑦ **무허가장소**의 위험물조치명령 위반

23. 1000만원 이하의 벌금(위험물법 37조)
① **위험물 취급**에 관한 안전관리와 감독하지 않은 자
② **위험물 운반**에 관한 중요기준 위반
③ 관계인의 정당업무방해 또는 출입·검사 등의 비밀누설
④ 운송규정을 위반한 위험물운송자

24. 500만원 이하의 과태료(위험물법 39조)
① 위험물의 임시저장 미승인
② 위험물의 운반에 관한 세부기준 위반
③ 제조소 등의 지위승계 거짓신고
④ 예방규정을 준수하지 아니한 자
⑤ **제조소 등**의 **점검결과** 기록보존 아니한 자
⑥ **위험물**의 **운송기준** 미준수자
⑦ 제조소 등의 폐지 허위신고

제2장 위험물안전관리법 시행령

1. 제조소 등의 재발급 완공검사합격확인증 제출
(위험물령 10조)

제출일	제출대상
10일 이내	시·도지사

2. 예방규정을 정하여야 할 제조소 등(위험물령 15조)
① 10배 이상의 제조소·일반취급소
② 100배 이상의 옥외저장소
③ 150배 이상의 옥내저장소
④ 200배 이상의 옥외탱크저장소
⑤ 이송취급소
⑥ 암반탱크저장소

3. 운송책임자의 감독·지원을 받는 위험물 (위험물령 19조)
① 알킬알루미늄
② 알킬리튬
③ 알킬리튬·알킬알루미늄이 함유된 물질

4. 정기검사의 대상인 제조소 등과 한국소방산업기술원에 업무의 위탁 (위험물령 17·22조)

정기검사의 대상인 제조소 등	한국소방산업기술원에 위탁하는 탱크안전성능검사
액체위험물을 저장 또는 취급하는 50만ℓ 이상의 옥외탱크저장소	① 100만ℓ 이상인 액체위험물을 저장하는 탱크 ② 암반탱크 ③ 지하탱크저장소의 액체위험물탱크

5. 위험물 (위험물령 [별표 1])

유별	성질	품명
제1류	산화성 고체	• 아염소산염류 • 염소산염류 • 과염소산염류 • 질산염류 • 무기과산화물
제2류	가연성 고체	• 황화인 • 적린 • 황 • 마그네슘
제3류	자연발화성 물질 및 금수성 물질	• 황린 • 칼륨 • 나트륨
제4류	인화성 액체	• 특수인화물 • 석유류 • 알코올류 • 동식물유류
제5류	자기반응성 물질	• 셀룰로이드 • 유기과산화물 • 나이트로화합물 • 나이트로소화합물 • 아조화합물
제6류	산화성 액체	• 과염소산 • 과산화수소 • 질산

 제4류 위험물 (위험물령 [별표 1])

성질	품명		지정수량	대표물질
인화성 액체	특수인화물		50ℓ	• 다이에틸에터 • 이황화탄소
	제1석유류	비수용성	200ℓ	• 휘발유 • 콜로디온
		수용성	400ℓ	• 아세톤
	알코올류		400ℓ	• 변성알코올
	제2석유류	비수용성	1000ℓ	• 등유 • 경유
		수용성	2000ℓ	• 아세트산
	제3석유류	비수용성	2000ℓ	• 중유 • 크레오소트유
		수용성	4000ℓ	• 글리세린
	제4석유류		6000ℓ	• 기어유 • 실린더유
	동식물유류		10000ℓ	• 아마인유

6. 위험물(위험물령 [별표 1])

종 류	기 준
과산화수소	농도 36wt% 이상
황	순도 60wt% 이상
질산	비중 1.49 이상

판매취급소 : **점포**에서 위험물을 용기에 담아 판매하기 위하여 지정수량의 **40배** 이하의 위험물을 취급하는 장소

7. 위험물탱크 안전성능시험자의 기술능력·시설·장비(위험물령 [별표 7])

기술능력(필수인력)	시 설	장비(필수장비)
• 위험물기능장·산업기사·기능사 1명 이상 • 비파괴검사기술사 1명 이상·초음파비파괴검사·자기비파괴검사·침투비파괴검사별로 기사 또는 산업기사 각 1명 이상	전용 사무실	• 영상초음파시험기 • 방사선투과시험기 및 초음파시험기 } 택 1 • 자기탐상시험기 • 초음파두께측정기

제3장 위험물안전관리법 시행규칙

1. 도로(위험물규칙 2조)
(1) 도로법에 의한 도로
(2) 임항교통시설의 도로
(3) 사도
(4) 일반교통에 이용되는 너비 2m 이상의 도로(자동차의 통행이 가능한 것)

2. 위험물 품명의 지정(위험물규칙 3조)

품 명	지정물질
제1류 위험물	① 과아이오딘산염류 ② 과아이오딘산 ③ 크로뮴, 납 또는 아이오딘의 산화물 ④ 아질산염류 ⑤ 차아염소산염류 ⑥ 염소화아이소사이아누르산 ⑦ 퍼옥소이황산염류 ⑧ 퍼옥소붕산염류
제3류 위험물	① 염소화규소화합물
제5류 위험물	① 금속의 아지화합물 ② 질산구아니딘
제6류 위험물	① 할로젠간화합물

3. 탱크의 내용적(위험물기준 [별표 1])
(1) 타원형 탱크의 내용적
  ① 양쪽이 볼록한 것

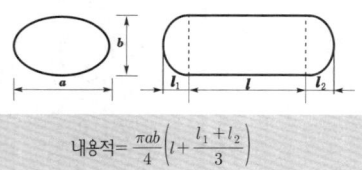

$$내용적 = \frac{\pi ab}{4}\left(l + \frac{l_1 + l_2}{3}\right)$$

  ② 한쪽은 볼록하고 다른 한쪽은 오목한 것

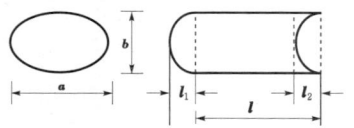

$$내용적 = \frac{\pi ab}{4}\left(l + \frac{l_1 - l_2}{3}\right)$$

(2) 원형 탱크의 내용적
  ① 횡으로 설치한 것

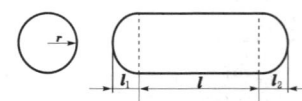

$$내용적 = \pi r^2 \left(l + \frac{l_1 + l_2}{3}\right)$$

  ② 종으로 설치한 것

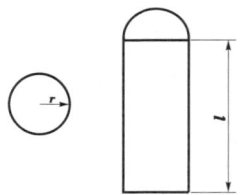

$$내용적 = \pi r^2 l$$

탱크의 용량 = 탱크의 내용적 - 탱크의 공간용적

4. 제조소 등의 변경허가 신청서류(위험물규칙 7조)
(1) 제조소 등의 **완공검사합격확인증**
(2) 제조소 등의 **위치·구조** 및 설비에 관한 **도면**
(3) 소화설비(**소화기구 제외**)를 설치하는 제조소 등의 설계도서
(4) **화재예방**에 관한 조치사항을 기재한 **서류**

5. 제조소 등의 완공검사 신청시기(위험물규칙 20조)
(1) **지하탱크가 있는 제조소**
  해당 지하탱크를 매설하기 전
(2) **이동탱크저장소**
  이동저장탱크를 완공하고 상치장소를 확보한 후

(3) 이송취급소

이송배관공사의 전체 또는 일부를 완료한 후(지하·하천 등에 매설하는 것은 이송배관을 매설하기 전)

제조소 등의 정기점검횟수 : 연 1회 이상

6. 위험물의 운송책임자(위험물규칙 52조)

(1) 기술자격을 취득하고 **1년** 이상 경력이 있는 자
(2) 안전교육을 수료하고 **2년** 이상 경력이 있는 자

7. 특정·준특정 옥외탱크저장소(위험물규칙 65조)

옥외탱크저장소 중 저장 또는 취급하는 액체 위험물의 최대수량이 **50만l** 이상인 것

8. 특정옥외탱크저장소의 구조안전점검기간(위험물규칙 65조)

점검기간	조 건
●11년 이내	최근의 정밀정기검사를 받은 날부터
●12년 이내	완공검사합격확인증을 발급받은 날부터
●13년 이내	최근의 정밀정기검사를 받은 날부터(연장신청을 한 경우)

9. 자체소방대의 설치제외대상인 일반 취급소
(위험물규칙 73조)

(1) **보일러·버너**로 위험물을 소비하는 일반취급소
(2) **이동저장탱크**에 위험물을 주입하는 일반취급소
(3) **용기**에 위험물을 옮겨담는 일반취급소
(4) **유압장치·윤활유순환장치**로 위험물을 취급하는 일반취급소
(5) **광산안전법**의 **적용**을 **받는** 일반취급소

10. 위험물제조소의 안전거리(위험물규칙 [별표 4])

안전거리	대 상
3m 이상	● 7~35kV 이하의 특고압가공전선
5m 이상	● 35kV를 초과하는 특고압가공전선
10m 이상	● 주거용으로 사용되는 것
20m 이상	● 고압가스 제조시설(용기에 충전하는 것 포함) ● 고압가스 사용시설(1일 30m³ 이상 용적 취급) ● 고압가스 저장시설 ● 액화산소 소비시설 ● 액화석유가스 제조·저장시설 ● 도시가스 공급시설
30m 이상	● 학교 ● 병원급 의료기관 ● 공연장 ┐ ● 영화상영관 ┤ 300명 이상 수용시설 ● 아동복지시설 ┐ ● 노인복지시설 ● 장애인복지시설 ● 한부모가족 복지시설 ├ 20명 이상 수용시설 ● 어린이집 ● 성매매 피해자 등을 위한 지원시설 ● 정신건강증진시설 ● 가정폭력피해자 보호시설 ┘
50m 이상	● 지정문화유산 ● 천연기념물 등

11. 위험물제조소의 보유공지(위험물규칙 [별표 4])

취급하는 위험물의 최대수량	공지의 너비
지정수량의 10배 이하	3m 이상
지정수량의 10배 초과	5m 이상

12. 보유공지를 제외할 수 있는 방화상 유효한 격벽의 설치기준(위험물규칙 [별표 4])

(1) 방화벽은 **내화구조**로 할 것(단, 취급하는 위험물이 **제6류 위험물**인 경우에는 **불연재료**로 할 수 있다.)

(2) 방화벽에 설치하는 출입구 및 창 등의 개구부는 가능한 한 **최소**로 하고, 출입구 및 창에는 자동폐쇄식의 60분+방화문 또는 60분 방화문을 설치할 것

(3) 방화벽의 양단 및 상단이 외벽 또는 지붕으로부터 **50cm** 이상 돌출하도록 할 것

13. 위험물제조소의 표지 설치기준(위험물규칙 [별표 4])

(1) 한 변의 길이가 **0.3m** 이상, 다른 한 변의 길이가 **0.6m** 이상인 직사각형일 것

(2) 바탕은 **백색**으로, 문자는 **흑색**일 것

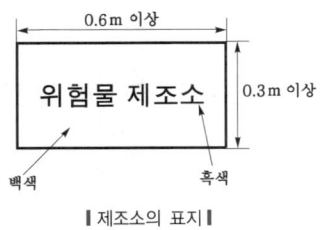

▮제조소의 표지▮

14. 위험물제조소의 게시판 설치기준(위험물규칙 [별표 4])

위험물	주의 사항	비 고
• 제1류 위험물 (알칼리금속의 과산화물) • 제3류 위험물(금수성 물질)	물기엄금	청색 바탕에 백색문자
• 제2류 위험물(인화성 고체 제외)	화기주의	적색 바탕에 백색문자
• 제2류 위험물(인화성 고체) • 제3류 위험물(자연발화성 물질) • 제4류 위험물 • 제5류 위험물	화기엄금	
• 제6류 위험물	별도의 표시를 하지 않는다.	

비교
위험물 운반용기의 주의사항(위험물규칙 [별표 19])

위험물		주의사항
제1류 위험물	알칼리금속의 과산화물	• 화기 · 충격주의 • 물기엄금 • 가연물접촉주의
	기타	• 화기 · 충격주의 • 가연물접촉주의
제2류 위험물	철분 · 금속분 · 마그네슘	• 화기주의 • 물기엄금
	인화성 고체	• 화기엄금
	기타	• 화기주의
제3류 위험물	자연발화성 물질	• 화기엄금 • 공기접촉엄금
	금수성 물질	• 물기엄금
제4류 위험물		• 화기엄금
제5류 위험물		• 화기엄금 • 충격주의
제6류 위험물		• 가연물접촉주의

15. 제조소의 조명설비의 적합기준(위험물규칙 [별표 4])

(1) 가연성 가스 등이 체류할 우려가 있는 장소의 조명등은 **방폭등**으로 할 것

(2) 전선은 **내화 · 내열전선**으로 할 것

(3) 점멸스위치는 **출입구 바깥부분**에 설치할 것(단, 스위치의 스파크로 인한 화재 · 폭발의 우려가 없는 경우는 제외)

16. 위험물제조소의 환기설비 (위험물규칙 [별표 4])

(1) 환기는 **자연배기방식**으로 할 것
(2) 급기구는 바닥면적 **150m²**마다 1개 이상으로 하되, 그 크기는 **800cm²** 이상일 것

바닥면적	급기구의 면적
60m² 미만	150cm² 이상
60~90m² 미만	300cm² 이상
90~120m² 미만	450cm² 이상
120~150m² 미만	600cm² 이상

(3) 급기구는 **낮은 곳**에 설치하고, 가는 눈의 구리망 등으로 **인화방지망**을 설치할 것
(4) 환기구는 지상 **2m** 이상의 높이에 **회전식 고정벤틸레이터** 또는 **루프팬** 방식으로 설치할 것

17. 채광설비·환기설비의 설치제외 (위험물규칙 [별표 4])

채광설비의 설치제외	환기설비의 설치제외
조명설비가 설치되어 유효하게 조도가 확보되는 건축물	배출설비가 설치되어 유효하게 환기가 되는 건축물

위험물제조소의 배출설비의 배출능력은 1시간당 배출장소용적의 **20배** 이상인 것으로 할 것(단, 전역방식의 경우 **18m³/m²** 이상으로 할 수 있다.)

18. 옥외에서 액체위험물을 취급하는 바닥기준
(위험물규칙 [별표 4])

(1) 바닥의 둘레에 높이 **0.15m** 이상의 턱을 설치하는 등 위험물이 외부로 흘러나가지 아니하도록 할 것
(2) 바닥은 **콘크리트** 등 위험물이 스며들지 아니하는 재료로 하고, 턱이 있는 쪽이 낮게 경사지게 할 것

(3) 바닥의 **최저부**에 **집유설비**를 할 것
(4) 위험물(온도 20℃의 물 100g에 용해되는 양이 1g 미만일 것)을 취급하는 설비에 있어서는 해당 위험물이 직접 배수구에 흘러들어가지 아니하도록 집유설비에 **유분리장치**를 설치할 것

19. 안전장치의 설치기준 (위험물규칙 [별표 4])

(1) 자동적으로 압력의 상승을 정지시키는 장치
(2) 감압측에 안전밸브를 부착한 감압밸브
(3) **안전밸브**를 겸하는 경보장치
(4) **파괴판** : 안전밸브의 작동이 곤란한 경우에 사용

20. 위험물제조소 방유제의 용량 (위험물규칙 [별표 4])

1개의 탱크	2개 이상의 탱크
방유제용량= 탱크용량×0.5	방유제용량=최대탱크용량×0.5 +기타 탱크용량의 합×0.1

지정수량의 10배 이상의 위험물을 취급하는 제조소(제6류 위험물을 취급하는 위험물제조소 제외)에는 **피뢰침**을 설치하여야 한다.

21. 아세트알데하이드 등을 취급하는 제조소의 특례 (위험물규칙 [별표 4])

(1) **은·수은·동·마그네슘** 또는 이들을 성분으로 하는 합금으로 만들지 아니할 것
(2) 연소성 혼합기체의 생성에 의한 폭발을 방지하기 위한 **불활성 기체** 또는 **수증기**를 봉입하는 장치를 갖출 것
(3) 탱크에는 **냉각장치** 또는 **보냉장치** 및 연소성 혼합기체의 생성에 의한 폭발을 방지하기 위한 **불활성 기체**를 **봉입**하는 **장치**를 갖출 것

22. 하이드록실아민 등을 취급하는 제조소의 안전거리(위험물규칙 [별표 4])

$$D = 51.1\sqrt[3]{N}$$

여기서, D : 거리[m]
N : 해당 제조소에서 취급하는 하이드록실아민 등의 지정수량의 배수

23. 옥내저장소의 안전거리 적용제외(위험물규칙 [별표 5])

(1) **제4석유류** 또는 **동식물유류** 저장·취급장소(최대수량이 지정수량의 **20배** 미만)
(2) **제6류 위험물** 저장·취급장소
(3) 다음 기준에 적합한 지정수량 **20배**(하나의 저장창고의 바닥면적이 **150m²** 이하인 경우 **50배**) 이하의 장소
　① 저장창고의 **벽·기둥·바닥·보** 및 **지붕**이 **내화구조**일 것
　② 저장창고의 출입구에 수시로 열 수 있는 **자동폐쇄방식**의 60분+방화문 또는 60분 방화문이 설치되어 있을 것
　③ 저장창고에 **창**을 설치하지 아니할 것

24. 옥내저장소의 보유공지(위험물규칙 [별표 5])

위험물의 최대수량	공지너비	
	내화구조	기타구조
지정수량의 5배 이하	-	0.5m 이상
지정수량의 5배 초과 10배 이하	1m 이상	1.5m 이상
지정수량의 10배 초과 20배 이하	2m 이상	3m 이상
지정수량의 20배 초과 50배 이하	3m 이상	5m 이상
지정수량의 50배 초과 200배 이하	5m 이상	10m 이상
지정수량의 200배 초과	10m 이상	15m 이상

보유공지

(1) 옥외저장소의 보유공지(위험물규칙 [별표 11])

위험물의 최대수량	공지의 너비
지정수량의 10배 이하	3m 이상
지정수량의 11~20배 이하	5m 이상
지정수량의 21~50배 이하	9m 이상
지정수량의 51~200배 이하	12m 이상
지정수량의 200배 초과	15m 이상

(2) 옥외탱크저장소의 보유공지(위험물규칙 [별표 6])

위험물의 최대수량	공지의 너비
지정수량의 500배 이하	3m 이상
지정수량의 501~1000배 이하	5m 이상
지정수량의 1001~2000배 이하	9m 이상
지정수량의 2001~3000배 이하	12m 이상
지정수량의 3001~4000배 이하	15m 이상
지정수량의 4000배 초과	당해 탱크의 수평단면의 최대지름(가로형인 경우에는 긴 변)과 높이 중 큰 것과 같은 거리 이상(단, 30m 초과의 경우에는 30m 이상으로 할 수 있고, 15m 미만의 경우에는 15m 이상)

(3) 지정과산화물의 옥내저장소의 보유공지(위험물규칙 [별표 5])

저장 또는 취급하는 위험물의 최대수량	공지의 너비	
	저장창고의 주위에 담 또는 토제를 설치하는 경우	기타의 경우
5배 이하	3.0m 이상	10m 이상
6~10배 이하	5.0m 이상	15m 이상
11~20배 이하	6.5m 이상	20m 이상
21~40배 이하	8.0m 이상	25m 이상
41~60배 이하	10.0m 이상	30m 이상
61~90배 이하	11.5m 이상	35m 이상
91~150배 이하	13.0m 이상	40m 이상
151~300배 이하	15.0m 이상	45m 이상
300배 초과	16.5m 이상	50m 이상

25. 옥내저장소의 저장창고(위험물규칙 [별표 5])

(1) 위험물의 저장을 전용으로 하는 **독립**된 **건축물**로 할 것
(2) 처마높이가 **6m** 미만인 **단층건물**로 하고 그 바닥을 지반면보다 **높게** 할 것
(3) **벽·기둥** 및 바닥은 **내화구조**로 하고, **보와 서까래**는 **불연재료**로 할 것
(4) 지붕을 폭발력이 위로 방출될 정도의 가벼운 **불연재료**로 하고, 천장을 만들지 아니할 것
(5) 출입구에는 60분+ 방화문 또는 60분 방화문, 또는 30분 방화문을 설치하되, 연소의 우려가 있는 외벽에 있는 출입구에는 수시로 열 수 있는 **자동폐쇄식**의 60분+ 방화문 또는 60분 방화문을 설치할 것
(6) 창 또는 출입구에 유리를 이용하는 경우에는 **망입유리**로 할 것

26. 옥내저장소의 바닥 방수구조 적용 위험물(위험물규칙 [별표 5])

유 별	품 명
제1류 위험물	• 알칼리금속의 과산화물
제2류 위험물	• 철분 • 금속분 • 마그네슘
제3류 위험물	• 금수성 물질
제4류 위험물	• 전부

27. 옥내저장소의 하나의 저장창고 바닥면적 $1000m^2$ 이하(위험물규칙 [별표 5])

유 별	품 명
제1류 위험물	• 아염소산염류 • 염소산염류 • 과염소산염류 • 무기과산화물 • 지정수량 50kg인 위험물
제3류 위험물	• 칼륨 • 나트륨 • 알킬알루미늄 • 알킬리튬 • 황린 • 지정수량 10kg 또는 20kg인 위험물
제4류 위험물	• 특수인화물 • 제1석유류 • 알코올류
제5류 위험물	• 유기과산화물 • 지정수량 10kg인 위험물 • 질산에스터류
제6류 위험물	• 전부

28. 지정유기과산화물의 저장창고 두께(위험물규칙 [별표 5])

(1) 외벽
  ① 20cm 이상 : 철근 콘크리트조·철골 철근 콘크리트조
  ② 30cm 이상 : 보강 콘크리트 블록조
(2) 격벽
  ① 30cm 이상 : 철근 콘크리트조·철골 철근 콘크리트조
  ② 40cm 이상 : 보강 콘크리트 블록조

$150m^2$ 이내마다 격벽으로 완전구획하고, 격벽의 양측은 외벽으로부터 1m 이상, 상부는 지붕으로부터 50cm 이상일 것

29. 옥외저장탱크의 외부구조 및 설비(위험물규칙 [별표 6])

(1) 압력탱크
  수압시험(최대 상용압력의 1.5배의 압력으로 10분간 실시)
(2) 압력탱크 외의 탱크
  충수시험

> **비교**
> 지하탱크저장소의 수압시험(위험물규칙 [별표 8])
> (1) 압력탱크 : 최대 상용압력의 **1.5배** 압력 — 10분간
> (2) 압력탱크 외 : **70kPa**의 압력 ——— 실시

30. 옥외저장탱크의 통기장치(위험물규칙 [별표 6])

(1) 밸브 없는 통기관
  ① 지름 : 30mm 이상
  ② 끝부분 : 45° 이상
  ③ 인화방지장치 : 인화점이 38℃ 미만인 위험물만을 저장 또는 취급하는 탱크에 설치하는 통기관에는 화염방지장치를 설치하고, 그 외의 탱크에 설치하는 통기관에는 40메시(mesh) 이상의 구리망 또는 동등 이상의 성능을 가진 인화방지장치를 설치할 것(단, 인화점이 70℃ 이상인 위험물만을 해당 위험물의 인화점 미만의 온도로 저장 또는 취급하는 탱크에 설치하는 통기관은 제외)
(2) 대기밸브부착 통기관
  ① 작동압력 차이 : 5kPa 이하

② 인화방지장치 : 인화점이 38℃ 미만인 위험물만을 저장 또는 취급하는 탱크에 설치하는 통기관에는 화염방지장치를 설치하고, 그 외의 탱크에 설치하는 통기관에는 40메시(mesh) 이상의 구리망 또는 동등 이상의 성능을 가진 인화방지장치를 설치할 것(단, 인화점이 70℃ 이상인 위험물만을 해당 위험물의 인화점 미만의 온도로 저장 또는 취급하는 탱크에 설치하는 통기관은 제외)

참고

밸브 없는 통기관
(1) 간이 탱크저장소(위험물규칙 [별표 9])
  ① 지름 : 25mm 이상
  ② 통기관의 끝부분
    • 각도 : 45° 이상
    • 높이 : 지상 1.5m 이상
  ③ 통기관의 설치 : 옥외
  ④ 인화방지장치 : 가는 눈의 구리망 사용(단, 인화점이 70℃ 이상인 위험물만을 해당 위험물의 인화점 미만의 온도로 저장 또는 취급하는 탱크에 설치하는 통기관은 제외)

(2) 옥내탱크저장소(위험물규칙 [별표 7])
  ① 지름 : 30mm 이상
  ② 통기관의 끝부분 : 45° 이상
  ③ 인화방지장치 : 인화점이 38℃ 미만인 위험물만을 저장 또는 취급하는 탱크에 설치하는 통기관에는 화염방지장치를 설치하고, 그 외의 탱크에 설치하는 통기관에는 40메시(mesh) 이상의 구리망 또는 동등 이상의 성능을 가진 인화방지장치를 설치할 것(단, 인화점이 70℃ 이상인 위험물만을 해당 위험물의 인화점 미만의 온도로 저장 또는 취급하는 탱크에 설치하는 통기관은 제외)
  ④ 통기관은 가스 등이 체류할 우려가 있는 굴곡이 없도록 할 것

31. 옥외탱크저장소의 방유제(위험물규칙 [별표 6])

구 분	설 명
높이	0.5~3m 이하
탱크	10기(모든 탱크 용량이 20만ℓ 이하, 인화점이 70~200℃ 미만은 20기) 이하
면적	80000m² 이하
용량	① 1기 이상 : 탱크용량×110% 이상 ② 2기 이상 : 최대용량×110% 이상

32. 옥외탱크저장소의 방유제와 탱크 측면의 이격거리(위험물규칙 [별표 6])

탱크지름	이격거리
15m 미만	탱크높이의 $\frac{1}{3}$ 이상
15m 이상	탱크높이의 $\frac{1}{2}$ 이상

중요 수치 *아주 중요!*

(1) 0.15m 이상
  레버의 길이(위험물규칙 [별표 10])
(2) 0.2m 이상
  CS₂ 옥외저장소의 두께(위험물규칙 [별표 6])
(3) 0.3m 이상
  지하탱크저장소의 철근 콘크리트조 **뚜껑** 두께(위험물규칙 [별표 8])
(4) 0.5m 이상
  ① 옥내탱크저장소의 탱크 등의 **간격**(위험물규칙 [별표 7])
  ② 지정수량 100배 이하의 지하탱크저장소의 상호 간격(위험물규칙 [별표 8])
(5) 0.6m 이상
  지하탱크저장소의 철근 콘크리트 뚜껑 크기(위험물규칙 [별표 8])
(6) 1m 이내
  이동탱크저장소 측면틀 탱크 상부 **네 모퉁이**에서의 위치(위험물규칙 [별표 10])
(7) 1.5m 이하
  황 옥외저장소의 **경계표시** 높이(위험물규칙 [별표 11])
(8) 2m 이상
  주유취급소의 **담** 또는 **벽**의 높이(위험물규칙 [별표 13])
(9) 4m 이상
  주유취급소의 **고정주유설비**와 **고정급유설비** 사이의 이격거리(위험물규칙 [별표 13])
(10) 5m 이내
  주유취급소의 주유관의 길이(위험물규칙 [별표 13])
(11) 6m 이하
  옥외저장소의 **선반**높이(위험물규칙 [별표 11])
(12) 50m 이내
  이동탱크저장소의 **주입설비**의 길이(위험물규칙 [별표 10])

33. 옥내탱크저장소 단층건물 외의 건축물 설치 위험물 (1층·지하층 설치)(위험물규칙 [별표 7])

유 별	품 명
제2류 위험물	• 황화인 • 적린 • 덩어리상태의 황
제3류 위험물	• 황린
제6류 위험물	• 질산

34. 배관에 제어밸브 설치시 탱크의 윗부분에 설치하지 않아도 되는 경우(위험물규칙 [별표 8])
(1) 제2석유류 : 인화점 40℃ 이상
(2) 제3석유류
(3) 제4석유류
(4) 동식물유류

35. 수치 절대 중요!
(1) 100*l* 이하
　① 셀프용 고정주유설비 **휘발유 주유량**의 상한
　　(위험물규칙 [별표 13])
　② 셀프용 고정주유설비 **급유량**의 상한(위험물규칙 [별표 13])
(2) 400*l* 이상
　이송취급소 **기자재창고 포소화약제** 저장량(위험물규칙 [별표 15])
(3) 600*l* 이하
　① 간이탱크저장소의 탱크용량(위험물규칙 [별표 9])
　② 셀프용 고정주유설비 **경유 주유량**의 상한(위험물규칙 [별표 13])
(4) 1900*l* 미만
　알킬알루미늄 등을 저장·취급하는 이동저장탱크의 용량(위험물규칙 [별표 10])
(5) 2000*l* 미만
　이동저장탱크의 방파판 설치제외(위험물규칙 [별표 10])
(6) 2000*l* 이하
　주유취급소의 폐유탱크용량(위험물규칙 [별표 13])
(7) 4000*l* 이하
　이동저장탱크의 칸막이 설치(위험물규칙 [별표 10])
(8) 40000*l* 이하
　일반취급소의 지하전용탱크의 용량(위험물규칙 [별표 16])
(9) 60000*l* 이하
　고속국도 주유취급소의 특례(위험물규칙 [별표 13])
(10) 50만~100만*l* 미만
　준특정 옥외탱크저장소의 용량(위험물규칙 [별표 6])

(11) 100만*l* 이상
　① **특정옥외탱크저장소**의 용량(위험물규칙 [별표 6])
　② 옥외저장탱크의 **개폐상황 확인장치** 설치(위험물규칙 [별표 6])
(12) 1000만*l* 이상
　옥외저장탱크의 **간막이 둑** 설치용량(위험물규칙 [별표 6])

36. 이동탱크저장소의 두께(위험물규칙 [별표 10])
(1) 방파판 : 1.6mm 이상
(2) 방호틀 : 2.3mm 이상(정상부분은 50mm 이상 높게 할 것)
(3) 탱크 본체 ┐
(4) 주입관의 뚜껑 ├ 3.2mm 이상
(5) 맨홀 ┘

방파판의 면적 : 수직단면적의 50%(원형·타원형은 40%) 이상

37. 이동탱크저장소의 안전장치(위험물규칙 [별표 10])

상용압력	작동압력
20kPa 이하	20~24kPa 이하
20kPa 초과	상용압력의 1.1배 이하

38. 주유취급소의 게시판(위험물규칙 [별표 13])
주유 중 엔진 정지 : **황색**바탕에 **흑색**문자

중요 표시방식

구 분	표시방식
옥외탱크저장소·컨테이너식 이동탱크저장소	백색바탕에 흑색문자
주유취급소	황색바탕에 흑색문자
물기엄금	청색바탕에 백색문자
화기엄금·화기주의	적색바탕에 백색문자

39. 주유취급소의 탱크용량(위험물규칙 [별표 13])

탱크용량	설 명
3기 이하	고정주유설비 또는 고정급유설비에 직접 접속하는 간이탱크
2000*l* 이하	폐유저장을 위한 위험물탱크
10000*l* 이하	보일러 등에 직접 접속하는 전용 탱크
50000*l* 이하	① 고정급유설비에 직접 접속하는 전용탱크 ② 자동차 등에 주유하기 위한 고정주유설비에 직접 접속하는 전용탱크

40. 주유취급소의 고정주유설비·고정급유설비 배출량(위험물규칙 [별표 13])

위험물	배출량
제석유류	50*l*/min 이하
등유	80*l*/min 이하
경유	180*l*/min 이하

41. 주유취급소의 고정주유설비·고정급유설비
(위험물규칙 [별표 13])

주유관의 길이는 5m (현수식은 지면 위 0.5m의 수평면에 수직으로 내려 만나는 점을 중심으로 반경 3m) 이내로 할 것

> 이동탱크저장소의 주유관의 길이 : 50m 이내

42. 주유취급소의 특례기준(위험물규칙 [별표 13])
(1) 항공기
(2) 철도
(3) 고속국도
(4) 선박
(5) 자가용

43. 이송취급소의 설치제외장소(위험물규칙 [별표 15])
(1) 철도 및 도로의 터널 안
(2) 고속국도 및 자동차전용도로의 차도·갓길 및 중앙분리대
(3) 호수·저수지 등으로서 수리의 수원이 되는 곳
(4) 급경사지역으로서 붕괴의 위험이 있는 지역

44. 이송취급소 배관 등의 재료(위험물규칙 [별표 15])

배관 등	재 료
배관	• 고압배관용 탄소강관 • 압력배관용 탄소강관 • 고온배관용 탄소강관 • 배관용 스테인리스강관
관이음쇠	• 배관용 강제 맞대기용접식 관이음쇠 • 철강재 관플랜지 압력단계 • 관플랜지의 치수허용차 • 강제 용접식 관플랜지 • 철강재 관플랜지의 기본치수 • 관플랜지의 개스킷 자리치수
밸브	• 주강 플랜지형 밸브

45. 이송취급소의 지하매설배관의 안전거리
(위험물규칙 [별표 15])

대 상	안전거리
• 건축물	1.5m 이상
• 지하가 • 터널	10m 이상
• 수도시설	300m 이상

46. 이송취급소의 도로 밑 매설배관의 안전거리
(위험물규칙 [별표 15])

대 상	안전거리
• 도로 밑	1m 이상

47. 이송취급소의 철도부지 밑 매설배관의 안전거리(위험물규칙 [별표 15])

대 상	안전거리
• 철도부지의 용지경계	1m 이상
• 철도중심선	4m 이상
• 철도·도로의 경계선 • 주택	25m 이상
• 공공공지 • 도시공원 • 판매·위락·숙박시설(연면적 1000m² 이상) • 기차역·버스터미널(1일 20000명 이상 이용)	45m 이상
• 수도시설	300m 이상

48. 이송취급소의 해저설치배관의 안전거리
(위험물규칙 [별표 15])

대 상	안전거리
• 타 배관	30m 이상

49. 이송취급소의 하천 등 횡단설치배관의 안전거리 (위험물규칙 [별표 15])

대 상	안전거리
• 좁은수로 횡단	1.2m 이상
• 하수도 · 운하 횡단	2.5m 이상
• 하천 횡단	4.0m 이상

50. 이송취급소 배관의 긴급차단밸브 설치기준
(위험물규칙 [별표 15])

대 상	간 격
• 시가지	약 4km
• 산림지역	약 10km

지진감진장치 · 강진계 : 25km 거리마다 설치

51. 이송취급소 펌프 등의 보유공지(위험물규칙 [별표 15])

펌프 등의 최대상용압력	공지의 너비
1MPa 미만	3m 이상
1~3MPa 미만	5m 이상
3MPa 이상	15m 이상

이송취급소의 피그장치 : 너비 3m 이상의 공지 보유

52. 이송취급소 이송기지의 안전조치(위험물규칙 [별표 15])

펌프 등의 최대상용압력	거 리
0.3MPa 미만	5m 이상
0.3~1MPa 미만	9m 이상
1MPa 이상	15m 이상

53. 온도 아주 중요!

(1) 15℃ 이하

압력탱크 외의 아세트알데하이드의 온도(위험물규칙 [별표 18])

(2) 21℃ 미만

① 옥외저장탱크의 **주입구** 게시판 설치(위험물규칙 [별표 6])

② 옥외저장탱크의 **펌프설비** 게시판 설치(위험물규칙 [별표 6])

(3) 30℃ 이하

압력탱크 외의 다이에틸에터 · 산화프로필렌의 온도(위험물규칙 [별표 18])

(4) 38℃ 이상

보일러 등으로 위험물을 소비하는 일반취급소 (위험물규칙 [별표 16])

(5) 40℃ 미만

이동탱크저장소의 **원동기** 정지(위험물규칙 [별표 18])

(6) 40℃ 이하

① 압력탱크의 다이에틸에터 · 아세트알데하이드의 온도(위험물규칙 [별표 18])

② 보냉장치가 없는 다이에틸에터 · 아세트알데하이드의 온도(위험물규칙 [별표 18])

(7) 40℃ 이상

① 지하탱크저장소의 배관 윗부분 설치 제외 (위험물규칙 [별표 8])

② 세정작업의 일반취급소(위험물규칙 [별표 16])

③ 이동저장탱크의 **주입구 주입호스** 결합 제외 (위험물규칙 [별표 18])

(8) 55℃ 이하

옥내저장소의 **용기수납** 저장온도(위험물규칙 [별표 18])

(9) 70℃ 미만

옥내저장소 저장창고의 **배출설비** 구비(위험물규칙 [별표 5])

(10) 70℃ 이상

① 옥내저장탱크의 **외벽 · 기둥 · 바닥**을 불연재료로 할 수 있는 경우(위험물규칙 [별표 7])

② **열처리작업** 등의 일반취급소(위험물규칙 [별표 16])

(11) 100℃ 이상

고인화점 위험물(위험물규칙 [별표 4])

(12) 200℃ 이상

옥외저장탱크의 **방유제** 거리확보 제외(위험물규칙 [별표 6])

54. 소화난이도 등급 Ⅰ에 해당하는 제조소 등(위험물 규칙 [별표 17])

구 분	적용대상
제조소 일반 취급소	연면적 1000m² 이상
	지정수량 100배 이상(고인화점 위험물만을 100℃ 미만의 온도에서 취급하는 것 및 화약류 위험물을 취급하는 것 제외)
	지반면에서 6m 이상의 높이에 위험물 취급 설비가 있는 것(고인화점 위험물만을 100℃ 미만의 온도에서 취급하는 것)
	일반취급소 이외의 건축물에 설치된 것
옥내저장소	지정수량 150배 이상
	연면적 150m²를 초과하는 것(150m² 이내마다 불연재료로 개구부 없이 구획된 것 및 인화성 고체 외의 제2류 위험물 또는 인화점 70℃ 이상의 제4류 위험물만을 저장하는 것은 제외)
	처마높이 6m 이상인 단층건물
	옥내저장소 이외의 건축물에 설치된 것
옥외탱크 저장소	액표면적 40m² 이상
	지반면에서 탱크 옆판의 상단까지 높이가 6m 이상
	지중탱크·해상탱크로서 지정수량 100배 이상
	지정수량 100배 이상(고체위험물 저장)
옥내탱크 저장소	액표면적 40m² 이상
	바닥면에서 탱크 옆판의 상단까지 높이가 6m 이상
	탱크전용실이 단층건물 외의 건축물에 있는 것
옥외 저장소	덩어리상태의 황을 저장하는 것으로서 경계표시 내부의 면적 100m² 이상인 것
	지정수량 100배 이상
암반탱크 저장소	액표면적 40m² 이상
	지정수량 100배 이상(고체위험물 저장)
이송취급소	모든 대상

55. 소화난이도 등급 Ⅱ에 해당하는 제조소 등(위험물 규칙 [별표 17])

구 분	적용대상
제조소 일반취급소	연면적 600m² 이상
	지정수량 10배 이상(고인화점 위험물만을 100℃ 미만의 온도에서 취급하는 것 및 화약류 위험물을 취급하는 것 제외)

옥내저장소	단층건물 이외의 것
	지정수량 10배 이상
	연면적 150m² 초과
옥외저장소	• 덩어리상태의 황을 저장하는 것으로서 경계표시 내부의 면적이 5~100m² 미만 • 인화성고체, 제1석유류, 알코올류는 지정수량 10~100배 미만
	지정수량 100배 이상
주유취급소	옥내주유취급소
판매취급소	제2종 판매취급소

56. 옥내저장소의 위험물 적재높이 기준(위험물규칙 [별표 18])

대 상	높이기준
• 기타	3m
• 제3석유류 • 제4석유류 • 동식물유류	4m
• 기계에 의한 하역구조	6m

옥외저장소에서 위험물을 수납한 용기를 선반에 저장하는 경우에는 6m를 초과하여 저장하지 아니하여야 한다.

57. 위험물을 꺼낼 때 불활성 기체 봉입압력
(위험물규칙 [별표 18])

위험물	봉입압력
• 아세트알데하이드 등	100kPa 이하
• 알킬알루미늄 등	200kPa 이하

58. 운반용기의 수납률(위험물규칙 [별표 19])

위험물	수납률
• 알킬알루미늄 등	90% 이하(50℃에서 5% 이상 공간용적 유지)
• 고체위험물	95% 이하
• 액체위험물	98% 이하(55℃에서 누설되지 않을 것)

59. 위험등급별 위험물(위험물규칙 [별표 19])
(1) 위험등급 Ⅰ의 위험물

위험물	품 명
제1류 위험물	• 아염소산염류 • 염소산염류 • 과염소산염류 • 무기과산화물 • 지정수량 50kg인 위험물
제3류 위험물	• 칼륨 • 나트륨 • 알킬알루미늄 • 알킬리튬 • 황린 • 지정수량 10kg 또는 20kg 위험물
제4류 위험물	• 특수인화물
제5류 위험물	• 지정수량 10kg인 위험물
제6류 위험물	• 전부

(2) 위험등급 Ⅱ의 위험물

위험물	품 명
제1류 위험물	• 브로민산염류 • 질산염류 • 아이오딘산염류 • 지정수량 300kg인 위험물
제2류 위험물	• 황화인 • 적인 • 황 • 지정수량 100kg인 위험물
제3류 위험물	• 알칼리금속(칼륨·나트륨 제외) • 알칼리토금속 • 유기금속화합물(알킬알루미늄·알킬리튬 제외) • 지정수량 50kg인 위험물
제4류 위험물	• 제1석유류 • 알코올류
제5류 위험물	• 위험등급 Ⅰ의 위험물 외

60. 위험물의 혼재기준(위험물규칙 [별표 19])
(1) 제1류 위험물+제6류 위험물
(2) 제2류 위험물+제4류 위험물
(3) 제2류 위험물+제5류 위험물
(4) 제3류 위험물+제4류 위험물
(5) 제4류 위험물+제5류 위험물

제3편 소방유체역학

제1장 유체의 일반적 성질

1. 유체의 종류
① 실제 유체 : 점성이 있으며, **압축성**인 유체
② 이상 유체 : 점성이 없으며, **비압축성**인 유체
③ 압축성 유체 : **기체**와 같이 체적이 변화하는 유체
④ 비압축성 유체 : **액체**와 같이 체적이 변화하지 않는 유체

2. 유체의 차원

차 원	중력단위[차원]	절대단위[차원]
운동량	$N \cdot s[FT]$	$kg \cdot m/s[MLT^{-1}]$
힘	$N[F]$	$kg \cdot m/s^2[MLT^{-2}]$
압력	$N/m^2[FL^{-2}]$	$kg/m \cdot s^2[ML^{-1}T^{-2}]$
밀도	$N \cdot s^2/m^4[FL^{-4}T^2]$	$kg/m^3[ML^{-3}]$
비중량	$N/m^3[FL^{-3}]$	$kg/m^2 \cdot s^2[ML^{-2}T^{-2}]$
비체적	$m^4/N \cdot s^2[F^{-1}L^4T^{-2}]$	$m^3/kg[L^3M^{-1}]$

3. 유체의 단위
① $1N = 10^5 dyne$
② $1N = 1kg \cdot m/s^2$
③ $1dyne = 1g \cdot cm/s^2$
④ $1Joule = 1N \cdot m$
⑤ $1kg_f = 9.8N = 9.8kg \cdot m/s^2$
⑥ $1p = 1g/cm \cdot s = 1dyne \cdot s/cm^2$
⑦ $1cp = 0.01g/cm \cdot s$
⑧ $1stokes = 1cm^2/s$
⑨ $1atm = 760mmHg = 1.0332kg_f/cm^2$
$= 10.332mH_2O(mAq) = 10.332m$
$= 14.7PSI(lb_f/in^2)$
$= 101.325kPa(kN/m^2)$
$= 1013mbar$

4. 켈빈온도
$K = 273 + ℃$

5. 열의 일당량
$4.18kJoule/kcal$

6. 열량

$$Q = mc\Delta T + rm$$

여기서, Q : 열량[kcal]
m : 질량[kg]
c : 비열[kcal/kg · ℃]
ΔT : 온도차[℃]
r : 기화열[kcal/kg]

7. 압력

$$p = \gamma h, \ p = \frac{F}{A}$$

여기서, p : 압력[Pa]
γ : 비중량(물의 비중량 $9800N/m^3$)
h : 높이[m]
F : 힘[N]
A : 단면적[m^2]

8. 물속의 압력

$$P = P_o + \gamma h$$

여기서, P : 물속의 압력[kPa]
P_o : 대기압($101.325kN/m^2$)
γ : 물의 비중량($9.8kN/m^3$)
h : 물의 깊이[m]

9. 절대압
① 절대압 = 대기압 + 게이지압(계기압)
② 절대압 = 대기압 – 진공압

10. 25℃의 물의 점도

$1cp = 0.01 g/cm \cdot s$

11. 동점성계수(동점도)

$$\nu = \frac{\mu}{\rho}$$

여기서, ν : 동점성계수〔cm^2/s〕
　　　　μ : 점성계수〔$g/cm \cdot s$〕
　　　　ρ : 밀도〔g/cm^3〕

12. 비중량

$$\gamma = \rho g$$

여기서, γ : 비중량〔N/m^3〕
　　　　ρ : 밀도〔kg/m^3〕 또는 〔$N \cdot s^2/m^4$〕
　　　　g : 중력가속도(9.8m/s^2)

① 물의 비중량
　　$1g_f/cm^3 = 1000 kg_f/m^3 = 9800 N/m^3$

② 물의 밀도
　　$\rho = 1 g/cm^3 = 1000 kg/m^3$
　　　$= 1000 N \cdot s^2/m^4$
　　　$= 102 kg_f \cdot s^2/m^4$

13. 공기의 기체상수

$R_{air} = 287 J/kg \cdot K$
　　　$= 29.27 kg_f \cdot m/kg \cdot K$
　　　$= 53.3 lb_f \cdot ft/lb \cdot R$

14. 이상기체 상태방정식

$$PV = nRT = \frac{m}{M}RT, \quad \rho = \frac{PM}{RT}$$

여기서, P : 압력〔atm〕
　　　　V : 부피〔m^3〕
　　　　n : 몰수$\left(\frac{m}{M}\right)$
　　　　R : 0.082 atm $\cdot m^3/kmol \cdot K$
　　　　T : 절대온도(273 + ℃)〔K〕
　　　　m : 질량〔kg〕
　　　　M : 분자량〔kg/kmol〕
　　　　ρ : 밀도〔kg/m^3〕

$$PV = mRT, \quad \rho = \frac{P}{RT}$$

여기서, P : 압력〔N/m^2〕
　　　　V : 부피〔m^3〕
　　　　m : 질량〔kg〕
　　　　R : $\frac{8314}{M}$ N $\cdot$ m/kg $\cdot$ K
　　　　T : 절대온도(273 + ℃)〔K〕
　　　　ρ : 밀도〔kg/m^3〕

$$PV = mRT$$

여기서, P : 압력〔Pa〕
　　　　V : 부피〔m^3〕
　　　　m : 질량〔kg〕
　　　　$R(N_2)$: 296 J/kg $\cdot$ K
　　　　T : 절대온도(273 + ℃)〔K〕

15. 체적탄성계수

$$K = -\frac{\Delta P}{\Delta V/V}$$

여기서, K : 체적탄성계수〔kPa〕
　　　　ΔP : 가해진 압력〔kPa〕
　　　　$\Delta V/V$: 체적의 감소율

① 등온압축 : $K = P$
② 단열압축 : $K = kP$

16. 압축률

$$\beta = \frac{1}{K}$$

여기서, β : 압축률
　　　　K : 체적탄성계수

17. 부력과 물체의 무게

(1) 부력

$$F_B = \gamma V$$

여기서, F_B : 부력〔N〕
　　　　γ : 비중량〔N/m^3〕
　　　　V : 물체가 잠긴 체적〔m^3〕

(2) 물체의 무게

$$W = \gamma V$$

여기서, W : 물체의 무게[N]
  γ : 비중량[N/m³]
  V : 물체가 잠긴 체적[m³]

※ 부력의 크기는 물체의 무게와 같지만 방향이 반대이다.

18. 힘

$$F = ma$$

여기서, F : 힘[N]
  m : 질량[kg]
  a : 가속도[m/s²]

$$F = mg = W\frac{g}{g_c}$$

여기서, F : 힘[N]
  m : 질량[kg]
  W : 중량[N]
  g : 중력가속도(9.8m/s²)
  g_c : 중력가속도[m/s²]

$$F = \rho QV$$

여기서, F : 힘[N]
  ρ : 밀도(물의 밀도 1000N·s²/m⁴)
  Q : 유량[m³/s]
  V : 유속[m/s]

19. 전단응력

$$\tau = \mu \frac{du}{dy}$$

여기서, τ : 전단응력[N/m²]
  μ : 점성계수[N·s/m²]
  $\frac{du}{dy}$: 속도구배(속도기울기)$\left[\frac{1}{s}\right]$

※ **전단응력**(shearing stress) : 흐름의 중심에서 0이고 벽면까지 **직선적**으로 **상승**하며, **반지름**에 **비례**하여 변한다.

20. 뉴턴유체

유체유동시 속도구배와 전단응력의 변화가 **원점**을 통하는 **직선적**인 관계를 갖는 유체

21. 열역학의 법칙

(1) 열역학 제0법칙(열평형의 법칙)
  ① 온도가 높은 물체에 낮은 물체를 접촉시키면 온도가 높은 물체에서 낮은 물체로 열이 이동하여 두 물체의 온도는 **평형**을 이루게 된다.
  ② 어떤 두 물체 A와 B가 제3의 물체 C와 각각 열평형상태에 있을 때, 두 물체 A와 B도 서로 열평형상태이다.

(2) 열역학 제1법칙(에너지보존의 법칙)
  기체의 공급에너지는 **내부에너지**와 외부에서 한 일의 합과 같다.

(3) 열역학 제2법칙
  ① 열은 스스로 저온에서 고온으로 절대로 흐르지 않는다.
  ② 자발적인 변화는 비가역적이다.
  ③ 열을 완전히 일로 바꿀 수 있는 **열기관**을 만들 수 없다.

(4) 열역학 제3법칙
  순수한 물질이 1atm하에서 결정상태이면 엔트로피는 0K에서 0이다.

22. 엔트로피(ΔS)

① 가역 단열과정 : $\Delta S = 0$
② 비가역 단열과정 : $\Delta S > 0$

※ 등엔트로피 과정=가역 단열과정

제2장 유체의 운동과 법칙

1. 유선, 유적선, 유맥선
① **유선**(stream line) : 유동장의 한 선상의 모든 점에서 그은 접선이 그 점에서 **속도방향**과 일치되는 선이다.
② **유적선**(path line) : 한 유체입자가 일정한 기간 내에 움직여 간 경로를 말한다.
③ **유맥선**(streak line) : 모든 유체입자의 **순간적인 부피**를 말하며, 연소하는 물질의 체적 등을 말한다.

2. 연속방정식
① 질량불변의 법칙(질량보존의 법칙)
② 질량유량($\overline{m} = AV\rho$)
③ 중량유량($G = AV\gamma$)
④ 유량($Q = AV$)

3. 질량유량(mass flowrate)
$$\overline{m} = AV\rho$$
여기서, $\overline{m}$: 질량유량[kg/s]
　　　　A : 단면적[m²]
　　　　V : 유속[m/s]
　　　　ρ : 밀도[kg/m³]

4. 중량유량(weight flowrate)
$$G = AV\gamma$$
여기서, G : 중량유량[N/s]
　　　　A : 단면적[m²]
　　　　V : 유속[m/s]
　　　　γ : 비중량[N/m³]

5. 유량(flowrate) = 체적유량
$$Q = AV = \frac{\pi D^2}{4} V$$
여기서, Q : 유량[m³/s]
　　　　A : 단면적[m²]
　　　　V : 유속[m/s]
　　　　D : 직경[m]

6. 유체

압축성 유체	비압축성 유체
기체와 같이 체적이 변화하는 유체	액체와 같이 체적이 변하지 않는 유체

7. 비압축성 유체
$$\frac{V_1}{V_2} = \frac{A_2}{A_1} = \left(\frac{D_2}{D_1}\right)^2$$
여기서 V_1, V_2 : 유속[m/s]
　　　　A_1, A_2 : 단면적[m²]
　　　　D_1, D_2 : 직경[m]

8. 오일러의 운동방정식의 가정
① **정상유동**(정상류)일 경우
② 유체의 **마찰이 없을 경우**(점성마찰이 없을 경우)
③ 입자가 **유선**을 따라 **운동**할 경우

9. 운동량 방정식의 가정
① 유동단면에서의 **유속**은 일정하다.
② **정상유동**이다.

10. 운동량 방정식
(1) 운동량 수정계수
$$\beta = \frac{1}{AV^2} \int_A v^2 dA$$

(2) 운동에너지 수정계수
$$\alpha = \frac{1}{AV^3} \int_A v^3 dA$$

11. 베르누이 방정식(Bernoulli's equation)
$$\underbrace{\frac{V^2}{2g}}_{(속도수두)} + \underbrace{\frac{p}{\gamma}}_{(압력수두)} + \underbrace{Z}_{(위치수두)} = 일정$$
여기서, V : 유속[m/s]
　　　　p : 압력[N/m²]
　　　　Z : 높이[m]

g : 중력가속도($9.8m/s^2$)
γ : 비중량[N/m^3]

※ 베르누이 방정식에 의해 2개의 공 사이에 기류를 불어 넣으면(속도가 증가하여) 압력이 감소하므로 2개의 공은 달라붙는다.

12. 토리첼리의 식(Torricelli's theorem)

$$V = \sqrt{2gH}$$

여기서, V : 유속[m/s]
g : 중력가속도($9.8m/s^2$)
H : 높이[m]

13. 줄의 법칙(Joule's law)

이상기체의 내부에너지는 **온도**만의 **함수**이다.

※ 에너지선은 수력구배선보다 속도수두만큼 위에 있다.

14. 파스칼의 원리(principle of Pascal)

$$\frac{F_1}{A_1} = \frac{F_2}{A_2}, \; P_1 = P_2$$

여기서, F_1, F_2 : 가해진 힘[N]
A_1, A_2 : 단면적[m^2]
P_1, P_2 : 압력[N/m^2]

※ **수압기** : 파스칼의 원리를 이용한 대표적 기계

15. 이상기체의 성질

① **보일**의 **법칙** : 온도가 일정할 때 기체의 부피는 절대압력에 반비례한다.

$$P_1 V_1 = P_2 V_2$$

여기서, P_1, P_2 : 기압[atm]
V_1, V_2 : 부피[m^3]

┃보일의 법칙┃

② **샤를**의 **법칙** : 압력이 일정할 때 기체의 부피는 절대온도에 비례한다.

$$\frac{V_1}{T_1} = \frac{V_2}{T_2}$$

여기서, V_1, V_2 : 부피[m^3]
T_1, T_2 : 절대온도[K]

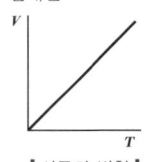
┃샤를의 법칙┃

③ **보일-샤를**의 **법칙** : 기체가 차지하는 부피는 압력에 반비례하며, 절대온도에 비례한다.

$$\frac{P_1 V_1}{T_1} = \frac{P_2 V_2}{T_2}$$

여기서, P_1, P_2 : 기압[atm]
V_1, V_2 : 부피[m^3]
T_1, T_2 : 절대온도[K]

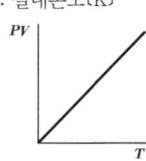
┃보일-샤를의 법칙┃

제3장 유체의 유동과 계측

1. 레이놀즈수

원관유동에서 중요한 무차원수

① 층류 : $Re < 2100$
② 천이영역(임계영역) : $2100 < Re < 4000$
③ 난류 : $Re > 4000$

$$Re = \frac{DV\rho}{\mu} = \frac{DV}{\nu}$$

여기서, Re : 레이놀즈수
D : 내경[m]
V : 유속[m/s]
ρ : 밀도[kg/m³]
μ : 점도[kg/m·s]
ν : 동점성계수$\left(\dfrac{\mu}{\rho}\right)$[m²/s]

2. 임계 레이놀즈수

① **상임계 레이놀즈수** : 층류에서 난류로 변할 때의 레이놀즈수(4000)
② **하임계 레이놀즈수** : 난류에서 층류로 변할 때의 레이놀즈수(2100)

3. 관마찰계수

$$f = \frac{64}{Re}$$

여기서, f : 관마찰계수
Re : 레이놀즈수

① 층류 : **레이놀즈수**에만 관계되는 계수
② 천이영역(임계영역) : **레이놀즈수**와 관의 **상대조도**에 관계되는 계수
③ 난류 : 관의 **상대조도**와 **무관**한 계수

※ 마찰계수(f)는 파이프와 조도와 레이놀즈수와 관계가 있다.

4. 배관의 마찰손실

(1) 주손실
  관로에 의한 마찰손실

(2) 부차적 손실
① 관의 급격한 확대손실
② 관의 급격한 축소손실
③ 관 부속품에 의한 손실

5. 달시-웨버의 식

$$H = \frac{\Delta P}{\gamma} = \frac{flV^2}{2gD}$$

여기서, H : 마찰손실[m]
ΔP : 압력차[N/m²]
γ : 비중량(물의 비중량 9800N/m³)
f : 관마찰계수
l : 길이[m]
V : 유속[m/s]
g : 중력가속도(9.8m/s²)
D : 내경[m]

※ Darcy 방정식 : 곧고 긴 관에서의 손실수두 계산

6. 관의 상당관 길이

$$L_e = \frac{KD}{f}$$

여기서, L_e : 관의 상당관 길이[m]
K : 손실계수
D : 내경[m]
f : 마찰손실계수

7. 하겐-윌리엄스의 식

$$\Delta P_m = 6.053 \times 10^4 \times \frac{Q^{1.85}}{C^{1.85} \times D^{4.87}} \times L$$

여기서, ΔP_m : 압력손실[MPa]
C : 조도
D : 관의 내경[mm]
Q : 관의 유량[l/min]
L : 배관길이[m]

※ 하겐-윌리엄스 식의 적용
 • 유체의 종류 : 물   • 비중량 : 9800N/m³
 • 온도 : 7.2~24℃   • 유속 : 1.5~5.5m/s

8. 항력
유속의 제곱에 비례한다.

9. 수력반경(hydraulic radius)

$$R_h = \frac{A}{l} = \frac{1}{4}(D-d)$$

여기서, R_h : 수력반경[m]
       A : 단면적[m²]
       l : 접수길이[m]
       D : 관의 외경[m]
       d : 관의 내경[m]

※ **수력반경** : 면적을 접수길이(둘레길이)로 나눈 것

10. 상대조도

$$상대조도 = \frac{\varepsilon}{4R_h}$$

여기서, ε : 조도계수
       R_h : 수력반경

11. 무차원의 물리적 의미

명 칭	물리적 의미
레이놀즈(Reynolds)수	관성력/점성력
프루드(Froude)수	관성력/중력
마하(Mach)수	관성력/압축력
웨버(Weber)수	관성력/표면장력
오일러(Euler)수	압축력/관성력

12. 유동하고 있는 유체의 정압측정
① 정압관
② 피에조미터

13. 유속측정(동압측정)
① 시차액주계
② 피토관
③ 피토-정압관
④ 열선속도계

14. 배관 내의 유량측정
① 마노미터 : 직접측정은 불가능
② 오리피스미터
③ 벤츄리미터
④ 로터미터 : 유체의 유량을 직접 볼 수 있다.
⑤ 유동노즐(노즐)

15. 시차액주계

$$p_A + \gamma_1 h_1 - \gamma_2 h_2 - \gamma_3 h_3 = p_B$$

여기서, p_A : 점 A의 압력[kPa]
       p_B : 점 B의 압력[kPa]
       $\gamma_1, \gamma_2, \gamma_3$: 비중량[kN/m³] 또는 [kPa/m]
       h_1, h_2, h_3 : 높이[m]

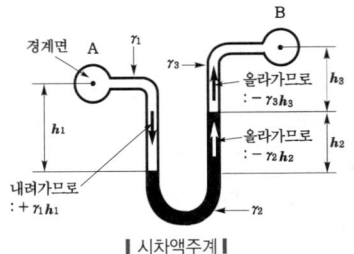
∥ 시차액주계 ∥

※ **시차액주계의 압력계산 방법** : 경계면에서 내려가면 더하고, 올라가면 뺀다.

16. 오리피스(orifice)

$$\Delta p = p_1 - p_2 = R(\gamma_s - \gamma)$$

여기서, Δp : U자관 마노미터의 압력차[Pa]
       p_1 : 입구압력[Pa]
       p_2 : 출구압력[Pa]
       R : 마노미터 읽음[m]
       γ_s : 비중량(수은의 비중량 133280N/m³)
       γ : 비중량(물의 비중량 9800N/m³)

17. V-notch 위어

$H^{\frac{5}{2}}$ 에 비례한다.

제4장 유체 정역학 및 열역학

1. 수평면에 작용하는 힘

$$F = \gamma h A$$

여기서, F : 수평면에 작용하는 힘[N]
γ : 비중량(물의 비중량 9800N/m³)
h : 표면에서 수문 중심까지의 수직거리[m]
A : 수문의 단면적[m²]

2. 경사면에 작용하는 힘

$$F = \gamma y \sin\theta A$$

여기서, F : 경사면에 작용하는 힘(전압력)[N]
γ : 비중량(물의 비중량 9800N/m³)
y : 표면에서 수문 중심까지의 경사거리[m]
θ : 각도
A : 수문의 단면적[m²]

중요 작용점 깊이

명 칭	구형(rectangle)
형태	(그림: 폭 b, 높이 h, I_c, Y_c)
A(면적)	$A = bh$
y_c (중심위치)	$y_c = y$
I_c (관성능률)	$I_c = \dfrac{bh^3}{12}$

$$y_p = y_c + \dfrac{I_c}{A y_c}$$

여기서, y_p : 작용점 깊이(작용위치)[m]
y_c : 중심위치[m]
I_c : 관성능률 $\left(I_c = \dfrac{bh^3}{12}\right)$
A : 단면적[m²] $(A = bh)$

3. 기체상수

$$R = C_P - C_V = \dfrac{\overline{R}}{M}$$

여기서, R : 기체상수[kJ/kg·K]
C_P : 정압비열[kJ/kg·K]
C_V : 정적비열[kJ/kg·K]
$\overline{R}$: 일반기체상수[kJ/kmol·K]
M : 분자량[kg/kmol]

4. 폴리트로픽 변화

$PV^n = $정수$(n=0)$	등압변화(정압변화)
$PV^n = $정수$(n=1)$	등온변화
$PV^n = $정수$(n=K)$	단열변화
$PV^n = $정수$(n=\infty)$	정적변화

여기서, P : 압력[kJ/m³]
V : 체적[m³]
n : 폴리트로픽 지수
K : 비열비

5. 정압비열과 정적비열

정압비열	$C_P = \dfrac{KR}{K-1}$

여기서, C_P : 단위질량당 정압비열[kJ/K]
R : 기체상수[kJ/kg·K]
K : 비열비

정적비열	$C_V = \dfrac{R}{K-1}$

여기서, C_V : 단위질량당 정적비열[kJ/K]
R : 기체상수[kJ/kg·K]
K : 비열비

6. 정압과정

구 분	공 식
① 비체적과 온도	$$\frac{v_2}{v_1} = \frac{T_2}{T_1}$$ 여기서, v_1, v_2 : 변화전후의 비체적[m³/kg] T_1, T_2 : 변화전후의 온도(273+℃)[K]
② 절대일(압축일)	$$_1W_2 = P(V_2 - V_1) = mR(T_2 - T_1)$$ 여기서, $_1W_2$: 절대일[kJ] P : 압력[kJ/m³] V_1, V_2 : 변화전후의 체적[m³] m : 질량[kg] R : 기체상수[kJ/kg·K] T_1, T_2 : 변화전후의 온도(273+℃)[K]
③ 공업일	$$_1W_{t2} = 0$$ 여기서, $_1W_{t2}$: 공업일[kJ]
④ 내부에너지 변화	$$U_2 - U_1 = C_V(T_2 - T_1) = \frac{R}{K-1}(T_2 - T_1) = \frac{P}{K-1}(V_2 - V_1)$$ 여기서, $U_2 - U_1$: 내부에너지 변화[kJ] C_V : 정적비열[kJ/K] T_1, T_2 : 변화전후의 온도(273+℃)[K] R : 기체상수[kJ/kg·K] K : 비열비 P : 압력[kJ/m³] V_1, V_2 : 변화전후의 체적[m³]
⑤ 엔탈피	$$h_2 - h_1 = C_P(T_2 - T_1) = m\frac{KR}{K-1}(T_2 - T_1) = K(U_2 - U_1)$$ 여기서, $h_2 - h_1$: 엔탈피[kJ] C_P : 정압비열[kJ/K] T_1, T_2 : 변화전후의 온도(273+℃)[K] m : 질량[kg] K : 비열비 R : 기체상수[kJ/kg·K] $U_2 - U_1$: 내부에너지 변화[kJ]
⑥ 열량	$$_1q_2 = C_P(T_2 - T_1)$$ 여기서, $_1q_2$: 열량[kJ] C_P : 정압비열[kJ/K] T_1, T_2 : 변화전후의 온도(273+℃)[K]

7. 정적과정

구 분	공 식
① 압력과 온도	$$\frac{P_2}{P_1} = \frac{T_2}{T_1}$$ 여기서, P_1, P_2 : 변화전후의 압력[kJ/m³] T_1, T_2 : 변화전후의 온도(273+℃)[K]
② 절대일(압축일)	$$_1W_2 = 0$$ 여기서, $_1W_2$: 절대일[kJ]
③ 공업일	$$_1W_{t2} = -V(P_2-P_1) = V(P_1-P_2) = mR(T_1-T_2)$$ 여기서, $_1W_{t2}$: 공업일[kJ] V : 체적[m³] P_1, P_2 : 변화전후의 압력[kJ/m³] R : 기체상수[kJ/kg·K] m : 질량[kg] T_1, T_2 : 변화전후의 온도(273+℃)[K]
④ 내부에너지 변화	$$U_2 - U_1 = C_V(T_2-T_1) = \frac{mR}{K-1}(T_2-T_1) = \frac{V}{K-1}(P_2-P_1)$$ 여기서, U_2-U_1 : 내부에너지 변화[kJ] C_V : 정적비열[kJ/K] T_1, T_2 : 변화전후의 온도(273+℃)[K] m : 질량[kg] R : 기체상수[kJ/kg·K] K : 비열비 V : 체적[m³] P_1, P_2 : 변화전후의 압력[kJ/m³]
⑤ 엔탈피	$$h_2 - h_1 = C_p(T_2-T_1) = m\frac{KR}{K-1}(T_2-T_1) = K(U_2-U_1)$$ 여기서, h_2-h_1 : 엔탈피[kJ] C_P : 정압비열[kJ/K] T_1, T_2 : 변화전후의 온도(273+℃)[K] m : 질량[kg] K : 비열비 R : 기체상수[kJ/kg·K] U_2-U_1 : 내부에너지 변화[kJ]
⑥ 열량	$$_1q_2 = U_2 - U_1$$ 여기서, $_1q_2$: 열량[kJ] U_2-U_1 : 내부에너지 변화[kJ]

8. 등온과정

구 분	공 식
① 압력과 비체적	$\dfrac{P_2}{P_1} = \dfrac{v_1}{v_2}$ 여기서, P_1, P_2 : 변화전후의 압력[kJ/m³] v_1, v_2 : 변화전후의 비체적[m³/kg]
② 절대일(압축일)	$_1W_2 = P_1 V_1 \ln \dfrac{V_2}{V_1} = mRT \ln \dfrac{V_2}{V_1} = mRT \ln \dfrac{P_1}{P_2} = P_1 V_1 \ln \dfrac{P_1}{P_2}$ 여기서, $_1W_2$: 절대일[kJ] P_1, P_2 : 변화전후의 압력[kJ/m³] V_1, V_2 : 변화전후의 체적[m³] m : 질량[kg] R : 기체상수[kJ/kg · K] T : 절대온도(273+℃)[K]
③ 공업일	$_1W_{t2} = {_1W_2}$ 여기서, $_1W_{t2}$: 공업일[kJ] $_1W_2$: 절대일[kJ]
④ 내부에너지 변화	$U_2 - U_1 = 0$ 여기서, $U_2 - U_1$: 내부에너지 변화[kJ]
⑤ 엔탈피	$h_2 - h_1 = 0$ 여기서, $h_2 - h_1$: 엔탈피[kJ]
⑥ 열량	$_1q_2 = {_1W_2}$ 여기서, $_1q_2$: 열량[kJ] $_1W_2$: 절대일[kJ]

9. 단열변화

구 분	공 식
① 온도, 비체적과 압력	$\dfrac{T_2}{T_1} = \left(\dfrac{v_1}{v_2}\right)^{K-1} = \left(\dfrac{P_2}{P_1}\right)^{\frac{K-1}{K}}$ $\dfrac{P_2}{P_1} = \left(\dfrac{v_1}{v_2}\right)^{K}$ 여기서, T_1, T_2 : 변화전후의 온도(273+℃)[K] v_1, v_2 : 변화전후의 비체적[m³/kg] P_1, P_2 : 변화전후의 압력[kJ/m³] K : 비열비

요점

② 절대일(압축일)	$$_1W_2 = \frac{1}{K-1}(P_1V_1 - P_2V_2) = \frac{mR}{K-1}(T_1 - T_2) = C_V(T_1 - T_2)$$ 여기서, $_1W_2$: 절대일[kJ] K : 비열비 P_1, P_2 : 변화전후의 압력[kJ/m³] V_1, V_2 : 변화전후의 체적[m³] m : 질량[kg] R : 기체상수[kJ/kg·K] T_1, T_2 : 변화전후의 온도(273+℃)[K] C_V : 정적비열[kJ/K]	
③ 공업일	$$_1W_{t2} = -C_P(T_2 - T_1) = C_P(T_1 - T_2) = m\frac{KR}{K-1}(T_1 - T_2)$$ 여기서, $_1W_{t2}$: 공업일[kJ] C_P : 정압비열[kJ/K] T_1, T_2 : 변화전후의 온도(273+℃)[K] m : 질량[kg] K : 비열비 R : 기체상수[kJ/kg·K]	
④ 내부에너지 변화	$$U_2 - U_1 = C_V(T_2 - T_1) = \frac{mR}{K-1}(T_2 - T_1)$$ 여기서, $U_2 - U_1$: 내부에너지 변화[kJ] C_V : 정적비열[kJ/K] T_1, T_2 : 변화전후의 온도(273+℃)[K] m : 질량[kg] R : 기체상수[kJ/kg·K] K : 비열비	
⑤ 엔탈피	$$h_2 - h_1 = C_P(T_2 - T_1) = m\frac{KR}{K-1}(T_2 - T_1)$$ 여기서, $h_2 - h_1$: 엔탈피[kJ] C_P : 정압비열[kJ/K] T_1, T_2 : 변화전후의 온도(273+℃)[K] m : 질량[kg] K : 비열비 R : 기체상수[kJ/kg·K]	
⑥ 열량	$$_1q_2 = 0$$ 여기서, $_1q_2$: 열량[kJ]	

10. 폴리트로픽 변화

구 분	공 식
① 온도, 비체적과 압력	$$\frac{P_2}{P_1} = \left(\frac{v_1}{v_2}\right)^n$$ $$\frac{T_2}{T_1} = \left(\frac{v_1}{v_2}\right)^{n-1} = \left(\frac{P_2}{P_1}\right)^{\frac{n-1}{n}}$$ 여기서, P_1, P_2 : 변화전후의 압력[kJ/m³] v_1, v_2 : 변화전후의 비체적[m³] T_1, T_2 : 변화전후의 온도(273+℃)[K] n : 폴리트로픽 지수
② 절대일(압축일)	$$_1W_2 = \frac{1}{n-1}(P_1V_1 - P_2V_2) = \frac{mR}{n-1}(T_1 - T_2) = \frac{mRT_1}{n-1}\left(1 - \frac{T_2}{T_1}\right)$$ $$= \frac{mRT_1}{n-1}\left[1 - \left(\frac{P_2}{P_1}\right)^{\frac{n-1}{n}}\right]$$ 여기서, $_1W_2$: 절대일[kJ] n : 폴리트로픽 지수 P_1, P_2 : 변화전후의 압력[kJ/m³] V_1, V_2 : 변화전후의 체적[m³] m : 질량[kg] T_1, T_2 : 변화전후의 온도(273+℃)[K] R : 기체상수[kJ/kg·K]
③ 공업일	$$_1W_{t2} = R(T_1 - T_2)\left(\frac{1}{n-1} + 1\right) = m\frac{nRT_1}{n-1}\left[1 - \left(\frac{P_2}{P_1}\right)^{\frac{n-1}{n}}\right]$$ 여기서, $_1W_{t2}$: 공업일[kJ] R : 기체상수[kJ/kg·K] T_1, T_2 : 변화전후의 온도(273+℃)[K] n : 폴리트로픽 지수 m : 질량[kg] P_1, P_2 : 변화전후의 압력[kJ/m³]
④ 내부에너지 변화	$$U_2 - U_1 = C_V(T_2 - T_1) = \frac{mR}{K-1}(T_2 - T_1)$$ 여기서, $U_2 - U_1$: 내부에너지 변화[kJ] C_V : 정적비열[kJ/K] T_1, T_2 : 변화전후의 온도(273+℃)[K] m : 질량[kg] R : 기체상수[kJ/kg·K] K : 비열비

⑤ 엔탈피	$$h_2 - h_1 = C_P(T_2 - T_1) = m\frac{KR}{K-1}(T_2 - T_1) = K(U_2 - U_1)$$ 여기서, $h_2 - h_1$: 엔탈피[kJ] C_P : 정압비열[kJ/K] $T_1,\ T_2$: 변화전후의 온도(273+℃)[K] K : 비열비 m : 질량[kg] R : 기체상수[kJ/kg·K] $U_2 - U_1$: 내부에너지 변화[kJ]	
⑥ 열량	$$_1q_2 = m\frac{KR}{K-1}(T_2 - T_1) - m\frac{nR}{n-1}(T_2 - T_1)$$ $$= C_V\left(\frac{n-K}{n-1}\right)(T_2 - T_1) = C_n(T_2 - T_1)$$ 여기서, $_1q_2$: 열량[kJ] m : 질량[kg] K : 비열비 R : 기체상수[kJ/kg·K] $T_1,\ T_2$: 변화전후의 온도(273+℃)[K] C_V : 정적비열[kJ/K] n : 폴리트로픽 지수 C_n : 폴리트로픽 비열[kJ/K]	

제5장 유체의 마찰 및 펌프의 현상

1. 펌프의 동력

(1) 전동력

$$P = \frac{0.163QH}{\eta}K$$

여기서, P : 전동력[kW]
  Q : 유량[m³/min]
  H : 전양정[m]
  K : 전달계수
  η : 효율

(2) 축동력

$$P = \frac{0.163QH}{\eta}$$

여기서, P : 축동력[kW]
  Q : 유량[m³/min]
  H : 전양정[m]
  η : 효율

(3) 수동력

$$P = 0.163QH$$

여기서, P : 수동력[kW]
  Q : 유량[m³/min]
  H : 전양정[m]

※ 단위
- 1HP=0.746kW
- 1PS=0.735kW

2. 원심펌프

① **벌류트펌프** : 안내깃이 없고, **저양정**에 적합한 펌프

② **터빈펌프** : 안내깃이 있고, **고양정**에 적합한 펌프

※ 안내깃=안내날개=가이드베인

3. 왕복펌프

토출측의 밸브를 닫은 채 운전해서는 안 된다.
① 다이어프램펌프
② 피스톤펌프
③ 플런저펌프

4. 회전펌프

펌프의 회전수를 일정하게 하였을 때 토출량이 증가함에 따라 양정이 감소하다가 어느 한도 이상에서는 급격히 감소하는 펌프
① **기어펌프**
② **베인펌프** : 회전속도 범위가 넓고, 효율이 가장 높은 펌프

5. 펌프의 연결

직렬연결	병렬연결
① 양수량 : Q ② 양정 : $2H$ (토출압 : $2P$)	① 양수량 : $2Q$ ② 양정 : H (토출압 : P)

6. 송풍기의 종류

① 축류식 FAN : 효율이 가장 높으며, 큰 풍량에 적합하다.
② 다익팬(시로코팬) : 풍압이 낮으나, 비교적 큰 풍량을 얻을 수 있다.

7. 공동현상

소화펌프의 흡입고가 클 때 발생

(1) 공동현상의 발생현상
① 소음과 진동 발생
② 관 부식

③ 임펠러의 손상(수차의 날개 손상)
④ 펌프의 성능저하

(2) 공동현상의 방지대책
① 펌프의 흡입수두를 작게 한다.
② 펌프의 마찰손실을 작게 한다.
③ 펌프의 임펠러속도(회전수)를 작게 한다.
④ 펌프의 설치위치를 수원보다 낮게 한다.
⑤ 양흡입펌프를 사용한다(펌프의 흡입측을 가압한다).
⑥ 관내의 물의 정압을 그 때의 증기압보다 높게 한다.
⑦ 흡입관의 구경을 크게 한다.
⑧ 펌프를 2대 이상 설치한다.

8. 수격작용의 방지대책
① 관로의 **관경**을 크게 한다.
② 관로 내의 유속을 낮게 한다(관로에서 일부 고압수를 방출한다).
③ 조압수조(surge tank)를 설치하여 적정압력을 유지한다.
④ **플라이휠**(fly wheel)을 설치한다.
⑤ 펌프 송출구 가까이에 밸브를 설치한다.
⑥ 펌프 송출구에 **수격**을 **방지**하는 **체크밸브**를 달아 역류를 막는다.
⑦ **에어챔버**(air chamber)를 설치한다.
⑧ 회전체의 **관성 모멘트**를 **크게** 한다.

9. 맥동현상(surging)의 발생조건
① 배관중에 수조가 있을 때
② 배관중에 **기체상태**의 부분이 있을 때
③ 유량조절밸브가 배관중 수조의 **위치 후방**에 있을 때
④ 펌프의 특성곡선이 **산 모양**이고 운전점이 그 **정상부**일 때

10. 펌프의 비교회전도(비속도)

$$N_s = N \frac{\sqrt{Q}}{\left(\dfrac{H}{n}\right)^{\frac{3}{4}}}$$

여기서, N_s : 펌프의 비교회전도(비속도)
  〔m³/min·m/rpm〕
N : 회전수〔rpm〕
Q : 유량〔m³/min〕
H : 양정〔m〕
n : 단수

> **용어**
> 비속도
> 펌프의 성능을 나타내거나 가장 적합한 **회전수**를 결정하는 데 이용되며, **회전자의 형상**을 나타내는 척도가 된다.

제4편 소방기계시설의 구조 및 원리

 소화설비

1. 대형소화기의 소화약제 충전량(소화기 형식 10조)

종 별	충전량
포(포말)	20l 이상
분말	20kg 이상
할로겐화합물	30kg 이상
이산화탄소	50kg 이상
강화액	60l 이상
물	80l 이상

2. 소화기 추가 설치개수(NFTC 101 2.1.1.3)

① 전기설비 $=\dfrac{\text{해당 바닥면적}}{50\text{m}^2}$

② 보일러·음식점·의료시설·업무시설 등
$=\dfrac{\text{해당 바닥면적}}{25\text{m}^2}$

3. 소화기의 사용온도(소화기 형식 36조)

종 류	사용온도
•분말 •강화액	-20~40℃ 이하
•그 밖의 소화기	0~40℃ 이하

※ 강화액 소화약제의 응고점 : -20℃ 이하

4. CO_2 소화기

(1) 저장상태
　고압·액상

(2) 적응대상
　① 가연성 액체류
　② 가연성 고체
　③ 합성수지류

5. 물소화약제의 무상주수

① 질식효과　② 냉각효과
③ 유화효과　④ 희석효과

※ **무상주수** : 안개모양으로 방사하는 것

6. 소화능력시험의 대상(소화기 형식 4·5조 [별표 2·3])

A급	B급
목재	휘발유

※ 소화기를 조작하는 자는 적합한 작업복(**안전모**, **내열성**의 얼굴가리개, 장갑 등)을 착용할 수 있다.

7. 합성수지의 노화시험(소화기 형식 5조)

① 공기가열 노화시험
② 소화약제 노출시험
③ 내후성 시험

8. 자동차용 소화기(소화기 형식 9조)

① 강화액소화기(안개모양으로 방사되는 것)
② 할로겐화합물소화기
③ 이산화탄소소화기
④ 포소화기
⑤ 분말소화기

9. 호스의 부착이 제외되는 소화기(소화기 형식 15조)

① 소화약제의 중량이 4kg 이하인 할로겐화합물소화기
② 소화약제의 중량이 3kg 이하인 이산화탄소소화기
③ 소화약제의 용량이 3l 이하인 액체계 소화기(액체소화기)
④ 소화약제의 중량이 2kg 이하인 분말소화기

10. 여과망 설치 소화기(소화기 형식 17조)

① 물소화기(수동펌프식)　② 산알칼리소화기
③ 강화액소화기　　　　　④ 포소화기

요 점

01. 옥내소화전설비

1. 펌프와 체크밸브 사이에 연결되는 것
① 성능시험배관
② 물올림장치
③ 릴리프밸브배관
④ 압력계

2. 방수량

$$Q = 0.653D^2\sqrt{10P} = 0.6597CD^2\sqrt{10P}$$

여기서, Q : 방수량[l/min]
 D : 구경[mm]
 P : 방수압[MPa]
 C : 유량계수(노즐의 흐름계수)

3. 각 설비의 주요 사항

구 분	드렌처설비	스프링클러설비	소화용수설비	옥내소화전설비	옥외소화전설비	포소화비, 물분무소화설비, 연결송수관설비
방수압	0.1MPa 이상	0.1~1.2MPa 이하	0.15MPa 이상	0.17~0.7MPa 이하	0.25~0.7MPa 이하	0.35MPa 이상
방수량	80l/min 이상	80l/min 이상	800l/min 이상 (가압송수장치 설치)	130l/min 이상 (30층 미만 : 최대 2개 30층 이상 : 최대 5개)	350l/min 이상 (최대 2개)	–
방수구경	–	–	–	40mm	65mm	–
노즐구경	–	–	–	13mm	19mm	–

4. 수원의 저수량

(1) 드렌처설비

$$Q = 1.6N$$

여기서, Q : 수원의 저수량[m^3]
 N : 헤드의 설치개수

(2) 스프링클러설비

① 폐쇄형

㉠ 기타시설(폐쇄형)

$$Q = 1.6N(30층 미만)$$
$$Q = 3.2N(30~49층 이하)$$
$$Q = 4.8N(50층 이상)$$

여기서, Q : 수원의 저수량[m^3]
 N : 폐쇄형 헤드의 기준개수(설치개수가 기준개수보다 적으면 그 설치개수)

㉡ 창고시설(라지드롭형 폐쇄형)

$$Q = 3.2N(일반 창고)$$
$$Q = 9.6N(랙식 창고)$$

여기서, Q : 수원의 저수량[m^3]
 N : 가장 많은 방호구역의 설치개수
 (최대 30개)

> **참고**
>
> 폐쇄형 헤드의 기준개수
>
> | 특정소방대상물 | | 폐쇄형 헤드의 기준개수 |
> |---|---|---|
> | 지하가 · 지하역사 | | 30 |
> | 11층 이상 | | |
> | 10층 이하 | 공장(특수가연물), 창고시설 | |
> | | 판매시설(슈퍼마켓, 백화점 등), 복합건축물 (판매시설이 설치된 것) | |
> | | 근린생활시설, 운수시설 | 20 |
> | | 8m 이상 | |
> | | 8m 미만 | 10 |
> | 공동주택(아파트 등) | | 10(각 동이 주차장으로 연결된 주차장 : 30) |

② 개방형
  ㉠ 30개 이하
  $$Q = 1.6N$$
  여기서, Q : 수원의 저수량 $[m^3]$
  　　　　N : 개방형 헤드의 설치개수
  ㉡ 30개 초과
  $$Q = K\sqrt{10P} \times N$$
  여기서, Q : 헤드의 방수량 $[l/min]$
  　　　　K : 유출계수(15A : 80, 20A : 114)
  　　　　P : 방수압력 $[MPa]$
  　　　　N : 개방형 헤드의 설치개수

(3) 옥내소화전설비
$$Q = 2.6N(1\sim29층\ 이하,\ N : 최대\ 2개)$$
$$Q = 5.2N(30\sim49층\ 이하,\ N : 최대\ 5개)$$
$$Q = 7.8N(50층\ 이상,\ N : 최대\ 5개)$$
여기서, Q : 수원의 저수량 $[m^3]$
　　　　N : 가장 많은 층의 소화전 개수

(4) 옥외소화전설비
$$Q = 7N$$
여기서, Q : 수원의 저수량 $[m^3]$
　　　　N : 옥외소화전 설치개수(**최대 2개**)

5. 가압송수장치(펌프방식)

(1) 스프링클러설비
$$H = h_1 + h_2 + 10$$
여기서, H : 전양정 $[m]$
　　　　h_1 : 배관 및 관부속품의 마찰손실수두 $[m]$
　　　　h_2 : 실양정(흡입양정+토출양정) $[m]$

(2) 물분무소화설비
$$H = h_1 + h_2 + h_3$$
여기서, H : 필요한 낙차 $[m]$
　　　　h_1 : 물분무헤드의 설계압력 환산수두 $[m]$
　　　　h_2 : 배관 및 관부속품의 마찰손실수두 $[m]$
　　　　h_3 : 실양정(흡입양정+토출양정) $[m]$

(3) 옥내소화전설비
$$H = h_1 + h_2 + h_3 + 17$$
여기서, H : 전양정 $[m]$
　　　　h_1 : 소방용 호스의 마찰손실수두 $[m]$
　　　　h_2 : 배관 및 관부속품의 마찰손실수두 $[m]$
　　　　h_3 : 실양정(흡입양정+토출양정) $[m]$

(4) 옥외소화전설비
$$H = h_1 + h_2 + h_3 + 25$$
여기서, H : 전양정 $[m]$
　　　　h_1 : 소방용 호스의 마찰손실수두 $[m]$
　　　　h_2 : 배관 및 관부속품의 마찰손실수두 $[m]$
　　　　h_3 : 실양정(흡입양정+토출양정) $[m]$

(5) 포소화설비
$$H = h_1 + h_2 + h_3 + h_4$$
여기서, H : 펌프의 양정 $[m]$
　　　　h_1 : 방출구의 설계압력 환산수두 또는
　　　　　　　노즐선단의 방사압력 환산수두 $[m]$
　　　　h_2 : 배관의 마찰손실수두 $[m]$
　　　　h_3 : 소방용 호스의 마찰손실수두 $[m]$
　　　　h_4 : 낙차 $[m]$

6. 계기

압력계	진공계·연성계
펌프의 토출측 설치	펌프의 흡입측 설치

7. 100l 이상
① 기동용 수압개폐장치(압력챔버)의 용적
② 물올림수조의 용량

8. 옥내소화전설비의 배관구경(NFPC 102 6조, NFTC 102 2.3)

구 분	가지배관	주배관 중 수직배관
호스릴	25mm 이상	32mm 이상
일반	40mm 이상	50mm 이상
연결송수관 겸용	65mm 이상	100mm 이상

※ **순환배관** : 체절운전시 수온의 상승 방지

9. 물올림장치의 감수원인
① 급수밸브 차단
② 자동급수장치의 고장
③ 물올림장치의 배수밸브의 개방
④ 풋밸브의 고장

10. 헤드 수 및 유수량

(1) 옥내소화전설비

배관구경 〔mm〕	40	50	65	80	100
유수량 〔l/min〕	130	260	390	520	650
옥내소화전 수 〔개〕	1	2	3	4	5

(2) 연결살수설비

배관구경 〔mm〕	32	40	50	65	80
살수헤드 수 〔개〕	1	2	3	4~5	6~10

(3) 스프링클러설비

급수관 구경 〔mm〕	25	32	40	50	65	80	90	100	125	150
폐쇄형 헤드 수 〔개〕	2	3	5	10	30	60	80	100	160	161 이상

11. 펌프의 성능(NFPC 102 5조, NFTC 102 2.2.1.7)
① 체절운전시 정격토출압력의 **140%**를 초과하지 않을 것
② 정격토출량의 **150%**로 운전시 정격토출압력의 **65%** 이상이 되어야 한다.

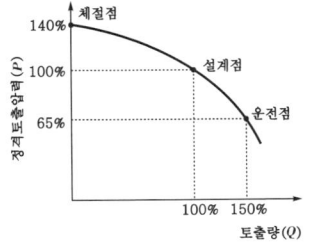

┃펌프의 성능곡선┃

12. 옥내소화전함(NFPC 102 7조, NFTC 102 2.4)
① 현무암 무기질 복합소재 두께 : **1.5mm** 이상
② 합성수지제 두께 : **4mm** 이상
③ 문짝의 면적 : **0.5m²** 이상

13. 옥내소화전설비

(1) 구경
① 급수배관 구경 : **15mm** 이상
② 순환배관 구경 : **20mm** 이상(정격토출량의 2~3% 용량)
③ 물올림관 구경 : **25mm** 이상(높이 **1m** 이상)
④ 오버플로관 구경 : **50mm** 이상

(2) 비상전원
① 설치대상 : 지하층의 바닥면적 합계 **3000m²** 이상, **7층** 이상으로서 연면적 **2000m²** 이상
② 용량 : **20분** 이상(30~49층 이하 : 40분 이상, 50층 이상 : 60분 이상)

(3) 표시등
부착면으로부터 **15°** 이상의 범위 안에서 부착지점으로부터 **10m** 이내의 어느 곳에서도 쉽게 식별할 수 있는 **적색등**으로 할 것

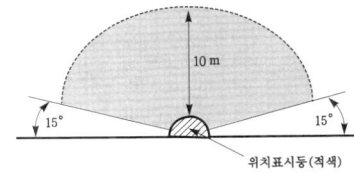

┃표시등의 식별범위┃

02. 옥외소화전설비

1. 옥외소화전함의 설치거리·개수(NFPC 109 7조, NFTC 109 2.4)

(1) 설치거리

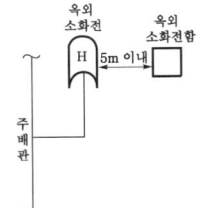

┃옥외소화전~옥외소화전함의 설치거리┃

(2) 설치개수

옥외소화전 개수	옥외소화전함 개수
10개 이하	5m 이내마다 1개 이상
11~30개 이하	11개 이상 소화전함 분산 설치
31개 이상	소화전 3개마다 1개 이상

※ 지하매설 배관 : 소방용 합성수지배관

2. 소방시설 면제기준(소방시설법 시행령 [별표 5])

면제대상	대체설비
스프링클러설비	• 물분무등소화설비
물분무등소화설비	• 스프링클러설비
간이 스프링클러설비	• 스프링클러설비 • 물분무소화설비 • 미분무소화설비
비상경보설비 또는 단독경보형 감지기	• 자동화재탐지설비
비상경보설비	• 2개 이상 단독경보형 감지기 연동
비상방송설비	• 자동화재탐지설비 • 비상경보설비
연결살수설비	• 스프링클러설비 • 간이 스프링클러설비 • 물분무소화설비 • 미분무소화설비
제연설비	• 공기조화설비
연소방지설비	• 스프링클러설비 • 물분무소화설비 • 미분무소화설비
연결송수관설비	• 옥내소화전설비 • 스프링클러설비 • 간이스프링클러설비 • 연결살수설비
자동화재탐지설비	• 자동화재탐지설비의 기능을 가진 스프링클러설비 • 물분무등소화설비
옥내소화전설비	• 옥외소화전설비 • 미분무소화설비(호스릴방식)

03. 스프링클러설비

1. 폐쇄형 스프링클러헤드(NFPC 103 10조, NFTC 103 2.7 / NFPC 608 7조, NFTC 608 2.3.1.4)

설치장소	설치기준
무대부 · 특수가연물(창고 포함)	수평거리 1.7m 이하
기타구조(창고 포함)	수평거리 2.1m 이하
내화구조(창고 포함)	수평거리 2.3m 이하
공동주택(아파트) 세대 내	수평거리 2.6m 이하

2. 스프링클러헤드의 배치기준(NFPC 103 10조, NFTC 103 2.7.6)

설치장소의 최고 주위온도	표시온도
39℃ 미만	79℃ 미만
39~64℃ 미만	79~121℃ 미만
64~106℃ 미만	121~162℃ 미만
106℃ 이상	162℃ 이상

3. 랙식 창고의 헤드 설치높이(NFPC 609 7조, NFTC 609 2.3.1.2)

3m 이하

4. 헤드의 배치형태

(1) 정방형(정사각형)

$$S = 2R\cos 45°, \quad L = S$$

여기서, S : 수평헤드간격
R : 수평거리
L : 배관간격

(2) 장방형(직사각형)

$$S = \sqrt{4R^2 - L^2}, \quad S' = 2R$$

여기서, S : 수평 헤드간격
R : 수평거리
L : 배관간격
S' : 대각선 헤드간격

5. 톱날지붕의 헤드 설치

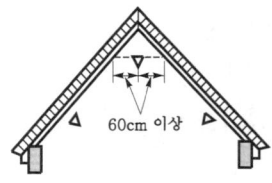

6. 스프링클러헤드 설치장소(NFPC 103 15조, NFTC 103 2.12)

① 보일러실
② 복도
③ 슈퍼마켓

④ 소매시장
⑤ 위험물 취급장소
⑥ 특수가연물 취급장소

7. 리타딩챔버의 역할
① 오작동(오보) 방지
② 안전밸브의 역할
③ 배관 및 압력스위치의 손상보호

8. 압력챔버
(1) 설치목적
　　모터펌프를 가동(기동) 또는 정지시키기 위하여
(2) 이음매
　　① 몸체의 동체 : 1개소 이하
　　② 몸체의 경판 : 이음매 없을 것

9. 스프링클러설비의 비교

방식 구분	습식	건식	준비 작동식	부압식	일제 살수식
1차측	가압수	가압수	가압수	가압수	가압수
2차측	가압수	압축 공기	대기압	부압 (진공)	대기압
밸브 종류	자동경보 밸브 (알람체크 밸브)	건식 밸브	준비작동 밸브	준비작동 밸브	일제개방 밸브 (델류즈 밸브)
헤드 종류	폐쇄형 헤드	폐쇄형 헤드	폐쇄형 헤드	폐쇄형 헤드	개방형 헤드

10. 유수검지장치

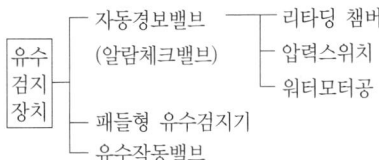

※ 패들형 유수검지장치 : 경보지연장치가 없다.

11. 건식 설비의 가스배출가속장치
① 액셀러레이터
② 익저스터

12. 준비작동밸브의 종류
① 전기식
② 기계식
③ 뉴매틱식(공기관식)

13. 스톱밸브의 종류
① 글러브밸브 : 소화전 개폐에 사용할 수 없다.
② 슬루스밸브
③ 안전밸브

14. 체크밸브의 종류
① 스모렌스키체크밸브
② 웨이퍼체크밸브
③ 스윙체크밸브

15. 신축이음의 종류
① 슬리브형
② 벨로스형
③ 루프형

16. 강관배관의 절단기
① 쇠톱
② 톱반(sawing machine)
③ 파이프커터(pipe cutter)
④ 연삭기
⑤ 가스용접기

17. 강관의 나사내기 공구
① 오스터형 또는 리드형 절삭기
② 파이프바이스
③ 파이프렌치

※ 전기용접 : 관의 두께가 얇은 것은 적합하지 않다.

18. 고가수조에 필요한 설비 (NFPC 103 5조, NFTC 103 2.2.2.2)
① 수위계
② 배수관
③ 급수관
④ 맨홀
⑤ 오버플로우관

19. 압력수조에 필요한 설비
① 수위계
② 배수관
③ 급수관
④ 맨홀
⑤ 급기관
⑥ 압력계
⑦ 안전장치
⑧ 자동식 공기압축기

20. 개방형 설비의 방수구역(NFPC 103 7조, NFTC 103 2.4.1)
① 하나의 방수구역은 **2개층**에 미치지 않아야 한다.
② 방수구역마다 **일제개방밸브**를 설치해야 한다.
③ 하나의 방수구역을 담당하는 헤드의 개수는 **50개** 이하로 해야 한다.(단, 2개 이상의 방수구역으로 나눌 경우에는 **25개 이상**)
④ 표지는 '**일제개방밸브실**'이라고 표시한다.

21. 가지배관을 신축배관으로 하는 경우(NFPC 103 8조, NFTC 103 2.5.9.3)
① 최고 사용압력은 **1.4MPa** 이상이어야 한다.
② 최고 사용압력의 **1.5배** 수압을 5분간 가하는 시험에서 파손·누수되지 않아야 한다.

※ 배관의 크기 결정요소 : 물의 유속

22. 배관의 구경(NFPC 103 8조, NFTC 103 2.5.10.1, 2.5.14)
① 교차배관 : **40mm 이상**
② 수직배수배관 : **50mm 이상**

23. 행가의 설치(NFPC 103 8조, NFTC 103 2.5.13)
① 가지배관 : **3.5m** 이내마다 설치
② 교차배관 ┐
③ 수평주행배관 ┘ **4.5m** 이내마다 설치
④ 헤드와 행가 사이의 간격 : **8cm 이상**

※ 시험배관 : 펌프의 성능시험을 하기 위해 설치

24. 기울기

기울기	설 명
$\frac{1}{100}$ 이상	연결살수설비의 수평주행배관
$\frac{2}{100}$ 이상	물분무소화설비의 배수설비
$\frac{1}{250}$ 이상	습식·부압식설비 외 설비의 가지배관
$\frac{1}{500}$ 이상	습식·부압식설비 외 설비의 수평주행배관

25. 설치높이

0.5~1m 이하	① 연결송수관설비의 송수구·방수구 ② 연결살수설비의 송수구 ③ 소화용수설비의 채수구
0.8~1.5m 이하	① 제어밸브 ② 유수검지장치 ③ 일제개방밸브
1.5m 이하	① 옥내소화전설비의 방수구 ② 호스릴함 ③ 소화기

04. 물분무소화설비

1. 물분무소화설비의 적응제외 위험물
제3류 위험물, 제2류 위험물(금속분)

※ 제3류 위험물, 제2류 위험물(금속분)
- 마그네슘(Mg)
- 알루미늄(Al)
- 아연(Zn)
- 알칼리금속과산화물

2. 물분무소화설비의 수원(NFPC 104 4조, NFTC 104 2.1.1)

특정 소방대상물	토출량	최소 기준	비 고
컨베이어 벨트	10L/min·m²	–	벨트부분의 바닥면적
절연유 봉입변압기	10L/min·m²	–	표면적을 합한 면적(바닥면적 제외)
특수가연물	10L/min·m²	최소 50m²	최대방수구역의 바닥면적 기준
케이블 트레이·덕트	12L/min·m²	–	투영된 바닥면적
차고· 주차장	20L/min·m²	최소 50m²	최대방수구역의 바닥면적 기준
위험물 저장탱크	37L/min·m	–	위험물탱크 둘레길이(원주길이) : 위험물규칙〔별표 6〕Ⅱ

※ 모두 20분간 방수할 수 있는 양 이상으로 하여야 한다.

기억법 컨절특케차
　　　　1　 1 2

3. 물분무소화설비

(1) 배관재료
물분무소화설비의 배관재료(NFPC 104 6조, NFTC 104 2.3)

1.2MPa 미만	1.2MPa 이상
① 배관용 탄소강관 ② 이음매 없는 구리 및 구리합금관(단, 습식 배관에 한함) ③ 배관용 스테인리스강관 또는 일반배관용 스테인리스강관 ④ 덕타일 주철관	① 압력배관용 탄소강관 ② 배관용 아크용접 탄소강강관

(2) 배수설비(NFPC 104 11조, NFTC 104 2.8)
① 10cm 이상의 경계턱으로 배수구 설치(차량이 주차하는 곳)
② 40m 이하마다 기름분리장치 설치
③ 차량이 주차하는 바닥은 $\frac{2}{100}$ 이상의 기울기 유지
④ 배수설비는 가압송수장치의 **최대송수능력**의 수량을 유효하게 배수할 수 있는 크기 및 기울기일 것

4. 설치제외 장소(NFPC 104 15조, NFTC 104 2.12)
① 물과 심하게 반응하는 물질 저장·취급장소
② **고온물질** 저장·취급장소
③ 운전시에 표면의 온도가 260℃ 이상되는 장소

※ 물분무소화설비 : **자동화재감지장치**(감지기)가 있어야 한다.

5. 물분무헤드

(1) 분류
① 충돌형
② 분사형
③ 선회류형
④ 디플렉터형
⑤ 슬리트형

(2) 이격거리

전 압	거 리
66kV 이하	70cm 이상
67~77kV 이하	80cm 이상
78~110kV 이하	110cm 이상
111~154kV 이하	150cm 이상
155~181kV 이하	180cm 이상
182~220kV 이하	210cm 이상
221~275kV 이하	260cm 이상

05. 포소화설비

1. 포소화설비의 특징
① 옥외소화에도 소화효력을 충분히 발휘한다.
② 포화 **내화성**이 커 대규모 화재소화에도 효과가 있다.
③ **재연소**가 예상되는 화재에도 적응성이 있다.
④ 인접되는 방호대상물에 연소방지책으로 적합하다.
⑤ 소화제는 **인체에 무해**하다.

2. 포챔버
지붕식 옥외저장탱크에서 포말(거품)을 방출하는 기구

3. 포소화설비의 적응대상(NFPC 105 4조, NFTC 105 2.1)

특정소방대상물	설비 종류
• 차고·주차장 • 항공기격납고 • 공장·창고(특수가연물 저장·취급)	• 포워터 스프링클러설비 • 포헤드 설비 • 고정포 방출설비 • 압축공기포 소화설비
• 완전개방된 옥상주차장(주된 벽이 없고 기둥뿐이거나 주위가 위해방지용 철주 등으로 둘러싸인 부분) • 지상 1층으로서 지붕이 없는 차고·주차장 • 고가 밑의 주차장(주된 벽이 없고 기둥뿐이거나 주위가 위해방지용 철주 등으로 둘러싸인 부분)	• 호스릴포 소화설비 • 포소화전 설비
• 발전기실 • 엔진펌프실 • 변압기 • 전기케이블실 • 유압설비	• 고정식 압축공기포 소화설비(바닥면적 합계 300m² 미만)

※ 포워터스프링클러와 포헤드

포워터스프링클러헤드	포헤드
포디플렉터가 있다.	포디플렉터가 없다.

4. 개방밸브(NFPC 105 10조, NFTC 105 2.7.1)
① **자동개방밸브**는 화재감지장치의 작동에 따라 자동으로 개방되는 것으로 할 것
② **수동개방밸브**는 화재시 쉽게 접근할 수 있는 곳에 설치할 것

5. 고정포방출구방식
① 고정포방출구

$$Q = A \times Q_1 \times T \times S$$

여기서, Q : 포소화약제의 양〔l〕
A : 탱크의 액표면적〔m^2〕
Q_1 : 단위포 소화수용액의 양〔$l/m^2 \cdot$ 분〕
T : 방출시간〔분〕
S : 포소화약제의 사용농도

② 보조소화전

$$Q = N \times S \times 8000$$

여기서, Q : 포소화약제의 양〔l〕
N : 호스접결구 수(**최대 3개**)
S : 포소화약제의 사용농도

6. 옥내포소화전방식 또는 호스릴방식

$$Q = N \times S \times 6000$$
(바닥면적 200m² 미만은 **75%**)

여기서, Q : 포소화약제의 양〔l〕
N : 호스접결구 수(**최대 5개**)
S : 포소화약제의 사용농도

7. 이동식 포소화설비
① 화재시 연기가 충만하지 않은 곳에 설치
② 호스와 포방출구만 이동하여 소화하는 설비
③ **화학포 차량**

8. 포방출구(위험물기준 133)

탱크의 종류	포방출구
고정지붕구조	• Ⅰ형 방출구 • Ⅱ형 방출구 • Ⅲ형 방출구 • Ⅳ형 방출구
부상덮개부착 고정지붕구조	• Ⅱ형 방출구
부상지붕구조	• 특형 방출구

※ **포슈트** : 수직형이므로 토출구가 많다.

9. 전역방출방식의 고발포용 고정포방출구
① 해당 방호구역의 관포체적 1m³에 대한 1분당 방출량은 특정소방대상물 및 포의 팽창비에 따라 달라진다.
② 포방출구는 바닥면적 500m²마다 1개 이상으로 할 것
③ 포방출구는 방호대상물의 최고 부분보다 **높은 위치**에 설치할 것
④ 개구부에 **자동폐쇄장치**를 설치할 것

06. 이산화탄소소화설비

1. CO_2설비의 특징
① 화재진화 후 깨끗하다.
② **심부화재**에 적합하다.
③ 증거보존이 양호하여 화재원인 조사가 쉽다.
④ 방사시 **소음**이 **크다**.

2. CO_2설비의 가스압력식 기동장치(NFPC 106 6조, NFTC 106 2.3)

구 분	기 준
비활성 기체 충전압력	6MPa 이상(21℃ 기준)
기동용 가스용기의 체적	5l 이상
기동용 가스용기 안전장치의 압력	내압시험압력의 0.8~ 내압시험압력 이하
기동용 가스용기 및 해당 용기에 사용하는 밸브의 견디는 압력	25MPa 이하

3. CO_2설비의 충전비〔l/kg〕

구 분	저장용기
저압식	1.1~1.4 이하
고압식	1.5~1.9 이하

4. CO_2설비의 저장용기 (NFPC 106 4조, NFTC 106 2.1.2)

자동냉동장치	2.1MPa 유지, -18℃ 이하	
압력경보장치	2.3MPa 이상, 1.9MPa 이하	
선택밸브 또는 개폐밸브의 안전장치	배관의 최소사용설계압력과 최대허용 압력 사이의 압력	
저장용기	• 고압식 : 25MPa 이상 • 저압식 : 3.5MPa 이상	
안전밸브	내압시험압력의 0.64~0.8배	
봉 판	내압시험압력의 0.8~내압시험압력	
충전비	고압식	1.5~1.9 이하
	저압식	1.1~1.4 이하

5. 약제량 및 개구부 가산량

(1) CO_2소화설비(심부화재)

방호대상물	약제량	개구부 가산량 (자동폐쇄장치 미설치시)
전기설비(55m³ 이상), 케이블실	1.3kg/m³	10kg/m²
전기설비(55m³ 미만)	1.6kg/m³	
서고, 박물관, 목재가공품 창고, 전자제품창고	2.0kg/m³	10kg/m²
석탄창고, 면화류창고, 고무류, 모피창고, 집진설비	2.7kg/m²	

(2) 할론 1301

방호대상물	약제량	개구부 가산량 (자동폐쇄장치 미설치시)
차고·주차장·전기실·전 산실·통신기기실	0.32~ 0.64kg/m³	2.4kg/m²
고무류·면화류	0.52~ 0.64kg/m³	3.9kg/m²

(3) 분말소화설비(전역방출방식)

종 별	약제량	개구부 가산량 (자동폐쇄장치 미설치시)
제1종	0.6kg/m³	4.5kg/m²
제2·3종	0.36kg/m³	2.7kg/m²
제4종	0.24kg/m³	1.8kg/m²

6. 호스릴방식

(1) CO_2 소화설비

약제 종별	약제 저장량	약제 방사량(20℃)
CO_2	90kg	60kg/min

(2) 할론소화설비

약제 종별	약제량	약제 방사량(20℃)
할론 1301	45kg	35kg/min
할론 1211	50kg	40kg/min
할론 2402	50kg	45kg/min

(3) 분말소화설비

약제 종별	약제 저장량	약제 방사량
제1종 분말	50kg	45kg/min
제2·3종 분말	30kg	27kg/min
제4종 분말	20kg	18kg/min

※ 소화약제 저장용기는 호스릴을 설치하는 장소마다 설치한다.

07. 할론소화설비

1. 할론소화설비

(1) 배관 (NFPC 107 8조, NFTC 107 2.5.1)
① 전용
② 강관(압력배관용 탄소강관)

저압식	고압식
스케줄 40 이상	스케줄 80 이상

③ 동관(이음이 없는 동 및 동합금관)

저압식	고압식
3.75MPa 이상	16.5MPa 이상

④ 배관부속 및 밸브류 : 강관 또는 동관과 동등 이상의 강도 및 내식성 유지

(2) 저장용기 (NFPC 107 4조 / NFTC 107 2.1.2, 2.7.1.3)

구 분		할론 1211	할론 1301
저장압력		1.1MPa 또는 2.5MPa	2.5MPa 또는 4.2MPa
방출압력		0.2MPa	0.9MPa
충전비	가압식	0.7~1.4 이하	0.9~1.6 이하
	축압식		

2. 호스릴방식

수평거리	고압식
15m 이하	분말·포·CO_2 소화설비
20m 이하	할론소화설비
25m 이하	옥내소화전설비

3. 할론 1301(CF_3Br)의 특징
① 여과망을 설치하지 않아도 된다.
② 제3류 위험물에는 사용할 수 없다.

4. 국소방출방식

$$Q = X - Y\left(\frac{a}{A}\right)$$

여기서, Q : 방호공간 $1m^3$에 대한 할론소화약제의 양[kg/m^3]
  a : 방호대상물 주위에 설치된 벽면적 합계 [m^2]
  A : 방호공간의 벽면적 합계[m^2]
  X, Y : 수치

3. 압력조정기

할론소화설비	분말소화설비
2MPa 이하로 압력 감압	2.5MPa 이하로 압력 감압

※ 정압작동장치의 목적 : 약제를 적절히 보내기 위해

4. 용기 유니트의 설치밸브
① 배기밸브
② 안전밸브
③ 세척밸브(클리닝밸브)

5. 분말소화설비의 가압식과 축압식의 설치기준

구 분 사용가스	가압식	축압식
질소(N_2)	40l/kg 이상	10l/kg 이상
이산화탄소(CO_2)	20g/kg+배관청소 필요량 이상	20g/kg+배관청소 필요량 이상

6. 분말소화설비의 방식
① 전역방출방식
② 국소방출방식
③ 호스릴(이동식)방식

08. 분말소화설비

1. 분말소화설비의 배관(NFPC 108 9조, NFTC 108 2.6.1)
① 전용
② 강관 : **아연도금**에 의한 **배관용 탄소강관**
③ 동관 : 고정압력 또는 최고 사용압력의 **1.5배** 이상의 압력에 견딜 것
④ 밸브류 : **개폐위치** 또는 **개폐방향**을 표시한 것
⑤ 배관의 관부속 및 밸브류 : 배관과 동등 이상의 강도 및 내식성이 있는 것
⑥ 주밸브 헤드까지의 배관의 분기 : **토너먼트 방식**
⑦ 저장용기 등 배관의 굴절부까지의 거리 : 배관 내경의 **20배** 이상

2. 저장용기의 내용적

약제 종별	내용적[l/kg]
제1종 분말	0.8
제2·3종 분말	1
제4종 분말	1.25

7. 약제 방사시간

소화설비		전역방출방식		국소방출방식	
		일반 건축물	위험물 제조소	일반 건축물	위험물 제조소
할론소화설비		10초 이내	30초 이내	10초 이내	30초 이내
분말소화설비		30초 이내			
CO_2 소화설비	표면화재	1분 이내	60초 이내	30초 이내	
	심부화재	7분 이내 (단, 설계농도가 2분 이내에 30%에 도달)			

기억법 심7(**심취**하다)

※

표면화재	심부화재
가연성 액체·가연성 가스	종이·목재·석탄·석유류·합성수지류

제2장 피난구조설비

1. 피난기구
① 피난사다리
② 구조대
③ 완강기
④ 소방청장이 정하여 고시하는 화재안전기준으로 정하는 것(미끄럼대, 피난교, 공기안전매트, 피난용 트랩, 다수인 피난장비, 승강식 피난기, 간이완강기, 하향식 피난구용 내림식 사다리)

2. 피난기구의 적응성(NFTC 301 2.1.1)

구 분	층 별	3층
노유자시설		• 피난교 • 미끄럼대 • 구조대 • 다수인 피난장비 • 승강식 피난기

3. 피난기구의 설치 완화조건
① 층별구조에 의한 감소
② 계단수에 의한 감소
③ 건널복도에 의한 감소

4. 피난사다리의 분류

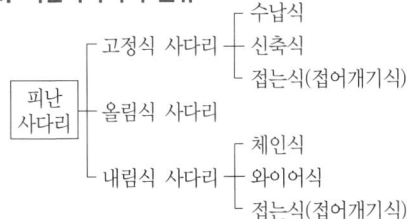

※ 올림식 사다리
 • 사다리 상부지점에 안전장치 설치
 • 사다리 하부지점에 미끄럼방지장치 설치

5. 횡봉과 종봉의 간격

횡 봉	종 봉
25~35cm 이하	30cm 이상

6. 피난사다리의 표시사항
① 종별 및 형식
② 형식승인번호
③ 제조연월 및 제조번호
④ 제조업체명
⑤ 길이
⑥ 자체중량(고정식 및 하향식 피난구용 내림식 사다리 제외)
⑦ 사용안내문(사용방법, 취급상의 주의사항)
⑧ 용도(하향식 피난구용 내림식 사다리에 한하며, "**하향식 피난구용**"으로 표시)
⑨ 품질보증에 관한 사항(보증기간, 보증내용, A/S 방법, 자체검사필증 등)

7. 수직강하식 구조대
본체에 적당한 간격으로 협축부를 마련하여 피난자가 안전하게 활강할 수 있도록 만든 구조

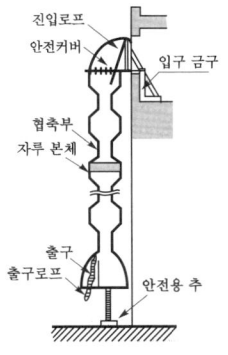

|수직강하식|

※ 사강식 구조대의 길이 : 수직거리의 1.3~1.5배

8. 완강기
① **속도조절기** : 피난자가 **체중**에 의해 강하속도를 조절하는 것
② 로프 ┬ 직경 3mm 이상
       └ 강도시험 : 3900N
③ 벨트 ┬ 너비 : 45mm 이상
       ├ 최소원주길이 : 55~65cm 이하
       ├ 최대원주길이 : 160~180cm 이하
       └ 강도시험 : 6500N
④ 속도조절기의 연결부

※ 완강기에 기름이 묻으면 강하속도가 현저히 빨라지므로 위험하다.

제3장 소화활동설비 및 소화용수설비

1. 스모크타워 제연방식
① **고층빌딩**에 적당하다.
② 제연 샤프트의 **굴뚝효과**를 이용한다.
③ 모든 층의 **일반 거실화재**에 이용할 수 있다.

※ 드래프트 커튼 : 스모크 해치 효과를 높이기 위한 장치

2. 제연구의 방식
① 회전식
② 낙하식
③ 미닫이식

3. 배출량(NFPC 501 6조, NFTC 501 2.3.3)
(1) 통로
예상제연구역이 통로인 경우의 배출량은 **45000m³/h** 이상으로 할 것

(2) 거실

바닥면적	직 경	배출량
400m² 미만	–	5000m²/h 이상
400m² 이상	40m 이내	40000m²/h 이상
	40m 초과	45000m²/h 이상

4. 제연구역의 구획(NFPC 501 4조, NFTC 501 2.1.1)
① 1제연구역의 면적은 **1000m²** 이내로 할 것
② 거실과 통로는 **각각 제연구획**할 것
③ 통로상의 제연구역은 보행중심선의 길이가 **60m**를 초과하지 않을 것
④ 1제연구역은 직경 **60m** 원 내에 들어갈 것
⑤ 1제연구역은 **2개** 이상의 층에 미치지 않을 것

※ 제연구획에서 제연경계의 폭은 0.6m 이상, 수직거리는 2m 이내이어야 한다.

5. 예상제연구역 및 유입구
① 예상제연구역의 각 부분으로부터 하나의 배출구까지의 수평거리는 **10m** 이내로 한다.
② 예상제연구역에 공기가 유입되는 순간의 풍속은 **5m/s** 이하가 되도록 한다.
③ 공기 유입구의 구조는 유입공기를 상향으로 분출하지 않도록 설치하여야 한다(단, 유입구가 바닥에 설치되는 경우에는 상향으로 분출가능하며 이때의 풍속은 1m/s 이하가 되도록 해야 한다).
④ 공기 유입구의 크기는 **35cm² · min/m³** 이상으로 한다.

6. 대규모 화재실의 제연효과
① 거주자의 피난루트 형성
② 화재 진압대원의 진입루트 형성
③ 인접실로의 연기확산지연

7. Duct(덕트) 내의 풍량과 관계되는 요인
① Duct의 내경
② 제연구역과 Duct와의 거리
③ 흡입댐퍼의 개수

8. 풍속
① 배출기의 흡입측 풍속 : **15m/s** 이하
② 배출기 배출측 풍속 ─┐
③ 유입풍도 안의 풍속 ─┴ **20m/s** 이하

※ 연소방지설비 : **지하구**에 설치한다.

01. 연결살수설비

1. 연결살수설비의 주요구성
① 송수구(단구형, 쌍구형)
② 밸브(선택밸브, 자동배수밸브, 체크밸브)
③ 배관
④ 살수헤드(폐쇄형, 개방형)

※ 송수구는 65mm의 **쌍구형**이 원칙이나 조건에 따라 **단구형**도 가능하다.

2. 연결살수설비의 배관 및 부속재료(NFPC 503 5조, NFTC 503 2.2)

(1) 배관 종류
① 배관용 탄소강관
② 압력배관용 탄소강관
③ 소방용 합성수지배관
④ 이음매 없는 구리 및 구리합금관(**습식**에 한함)
⑤ 배관용 스테인리스강관
⑥ 일반용 스테인리스강관
⑦ 덕타일 주철관
⑧ 배관용 아크용접 탄소강강관

(2) 부속 재료
① 나사식 가단주철제 엘보
② 배수트랩

3. 헤드의 수평거리

살수헤드	스프링클러헤드
3.7m 이하	2.3m 이하

※ 연결살수설비에서 하나의 송수구역에 설치하는 개방형 헤드 수는 **10개 이하**로 하여야 한다.

4. 연결살수설비의 설치대상(소방시설법 시행령 [별표 4])

설치대상	조 건
① 지하층	• 바닥면적 합계 150m² (학교 700m²) 이상
② 판매시설·운수시설·물류터미널	• 바닥면적 합계 1000m² 이상
③ 가스시설	• 30t 이상 탱크시설
④ 전부	• 연결통로

02. 연결송수관설비

1. 연결송수관설비의 주요구성

① 가압송수장치   ② 송수구
③ 방수구   ④ 방수기구함
⑤ 배관   ⑥ 전원 및 배선

※ **연결송수관설비** : 시험용 밸브가 필요없다.

2. 연결송수관설비의 부속장치

① 쌍구형 송수구
② 자동배수밸브(오토드립)
③ 체크밸브

3. 설치높이(깊이) 및 방수압

소화용수설비	연결송수관설비
① 가압송수장치의 설치깊이 : 4.5m 이상	① 가압송수장치의 설치높이 : 70m 이상
② 방수압 : 0.15MPa 이상	② 방수압 : 0.35MPa 이상

4. 연결송수관설비의 설치순서(NFPC 502 4조, NFTC 502 2.1.1.8)

습 식	건 식
송수구 → 자동배수 밸브 → 체크밸브	송수구 → 자동배수밸브 → 체크밸브 → 자동배수밸브

5. 연결송수관설비의 방수구(NFPC 502 6조, NFTC 502 2.3)

① **층**마다 설치(아파트인 경우 3층부터 설치)
② **11층** 이상에는 **쌍구형**으로 설치(아파트인 경우 **단구형** 설치 가능)
③ 방수구는 **개폐기능**을 가진 것일 것
④ 방수구는 구경 **65mm**로 한다.
⑤ 방수구는 바닥에서 **0.5~1m** 이하에 설치한다.

※ **방수구의 설치장소** : 비교적 연소의 우려가 적고 접근이 용이한 **계단실**과 같은 곳

6. 연결송수관설비를 습식으로 해야 하는 경우
(NFPC 502 5조, NFTC 502 2.2.1.2)

① 높이 **31m** 이상
② **11층** 이상

7. 접합부위(방수구·송수구 성능인증 4조)

송수구의 접합부위	방수구의 접합부위
암나사	수나사

03. 소화용수설비

1. 소화용수설비의 주요구성
① 가압송수장치
② 소화수조
③ 저수조
④ 상수도 소화용수설비

2. 소화용수설비의 설치기준(NFPC 401 4조·402 4~5조, NFTC 401 2.1.1.3·402 2.1.1, 2.2)
① 소화전은 특정소방대상물의 수평투영면의 각 부분으로부터 **140m** 이하가 되도록 설치할 것
② 소화수조 또는 저수조가 지표면으로부터의 깊이가 **4.5m** 이상인 지하에 있는 경우에는 소요수량을 고려하여 가압송수장치를 설치할 것
③ 소화수조 및 저수조의 채수구 또는 흡수관투입구는 소방차가 **2m** 이내의 지점까지 접근할 수 있는 위치에 설치할 것
④ 소화수조가 **옥상** 또는 옥탑부분에 설치된 경우에는 지상에 설치된 채수구에서의 압력 **0.15MPa** 이상 되도록 할 것

> 기억법 용14옥15

3. 소화수조 또는 저수조의 저수량 산출

구 분	기준면적
지상 1층 및 2층 바닥면적 합계 15000m^2 이상	7500m^2
기타	12500m^2

$$\text{소화용수의 양}[m^3] = \frac{\text{연면적}}{\text{기준면적}}(\text{절상}) \times 20m^3$$

4. 채수구의 수

소화수조 용량	20~40m^2 미만	40~100m^2 미만	100m^2 이상
채수구의 수	1개	2개	3개

VISION 연속 판매1위

교재 및 인강을 통한 합격 수기

"한번에! 빠르게! 합격하기!!"

소방설비산업기사 한번에 합격했습니다!

공하성 교수님의 강의를 추천하시는 분들이 많아 올해 3월에 바로 결제하고 하루에 2시간씩 남는 시간을 투자하여 공부하였습니다. 처음에는 분량이 엄청 많아보였지만 공하성 교수님이 중요한 부분들을 쉽게 외울 수 있는 암기방법들도 알려주시고 요점노트와 초스피드 기억법도 정말 필요한 부분들만 딱딱 집어주셔서 금방 익히게 되었습니다. 문제도 풀어 본 뒤 교수님의 문제풀이 강의를 들으며 문제에 숨겨져 있는 함정들이나 간편하게 풀 수 있는 방법들을 익히게 되었고 강의교재에 나오는 문제들 그대로 실전시험에 나오는 문제들이 많아 아무런 문제없이 술술 풀어나갔습니다. 이해하기 쉽고 재미있는 강의였습니다. 감사합니다.
_ 이○현님의 글

소방설비기사 최종 합격이네요!

비전공이고 해서 실기 때 가닥수 때문에 막막했는데 강의를 듣기 잘한 것 같습니다. 강의를 듣고 가닥수는 완벽하게 이해했거든요.ㅎㅎ 전기분야의 경우 2회차에는 단답 비중이 높아졌긴 했어도 가닥수 배점이 큰 건 사실이니까요. 가닥수 때문에 고민이시라면 공하성 교수님 강의를 수강하시면 도움이 많이 될 것입니다.
_ 진○희님의 글

소방설비기사 합격!

4번씩이나 낙방하여 그만 포기할까 하다가 공하성 교수님 인강과 교재로 공부하면 분명히 합격할 거라고 친구의 추천을 받아 수강하게 되었습니다. 이번 4회 때의 문제를 받고 한참 동안 당황하였습니다. 지금까지의 문제와는 많이 다른 유형으로 출제되어 당황했지만 차근차근 풀이를 하다 보니 몇 문제를 제외하고는 막힘없이 풀었던 것 같습니다. 공하성 교수님의 교재와 강의를 듣지 않았다면 불가능한 일이었겠지요. 시험을 치르고 나올 때 고득점으로 합격하리라 확신하게 되었습니다. 합격자 발표일이 너무 기다려졌는데 합격이라고 쓰여 있어서 정말 희열을 느꼈습니다. 62세의 나이에 결코 쉬운 도전은 아니었으나 합격하고 보니 노력하면 분명히 결실을 보게 된다는 결론이었습니다. 이 모든 결과는 공하성 교수님의 덕분이라고 생각됩니다. 정말 감사합니다. 전기도 기출문제풀이를 공하성 교수님의 강의를 신청하여 공부하고자 합니다. 지금 소방설비기사 기계나 전기를 준비하고 계시는 수험생들은 여기저기 교재와 인강이 많은데 저처럼 헤매지 마시고 처음부터 공하성 교수님의 강의를 선택해서 공부하시면 후회하지 않으실 겁니다. 꼭 추천해드리고 싶습니다. 감사합니다.
_ 채○수님의 글

성안당 e러닝 bm.cyber.co.kr (031-950-6332) | 예스미디어 Yes Media Group www.ymg.kr (010-3182-1190)

> "공하성 교수의 노하우와 함께 소방자격시험 완전정복!"
>
> 24년 연속 판매 1위! 한 번에 합격시켜 주는 명품교재!

성안당 소방시리즈!

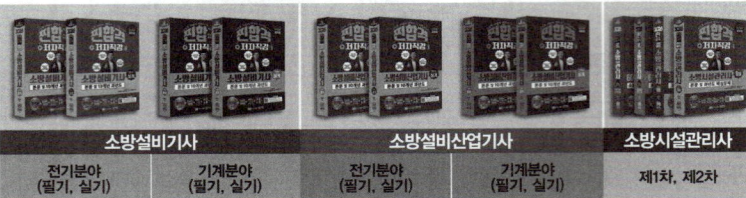

2026 최신개정판
소방설비산업기사 기계❸ 필기

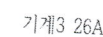
기계3 26A

562

2001.	3. 29.	초 판 1쇄 발행	
2017.	1. 10.	5차 개정증보 17판 1쇄(통산 30쇄) 발행	
2017.	7. 5.	5차 개정증보 17판 2쇄(통산 31쇄) 발행	
2018.	1. 5.	6차 개정증보 18판 1쇄(통산 32쇄) 발행	
2019.	1. 7.	7차 개정증보 19판 1쇄(통산 33쇄) 발행	
2020.	1. 7.	8차 개정증보 20판 1쇄(통산 34쇄) 발행	
2021.	1. 5.	9차 개정증보 21판 1쇄(통산 35쇄) 발행	
2022.	1. 5.	10차 개정증보 22판 1쇄(통산 36쇄) 발행	
2023.	1. 18.	11차 개정증보 23판 1쇄(통산 37쇄) 발행	
2024.	1. 3.	12차 개정증보 24판 1쇄(통산 38쇄) 발행	
2025.	1. 8.	13차 개정증보 25판 1쇄(통산 39쇄) 발행	
2026.	**1. 7.**	**14차 개정증보 26판 1쇄(통산 40쇄) 발행**	

지은이 | 공하성
펴낸이 | 이종춘
펴낸곳 | BM (주)도서출판 성안당

주소 | 04032 서울시 마포구 양화로 127 첨단빌딩 3층(출판기획 R&D 센터)
     | 10881 경기도 파주시 문발로 112 파주 출판 문화도시(제작 및 물류)
전화 | 02) 3142-0036
     | 031) 950-6300
팩스 | 031) 955-0510
등록 | 1973. 2. 1. 제406-2005-000046호
출판사 홈페이지 | www.cyber.co.kr
ISBN | 978-89-315-1413-1 (13530)
정가 | 46,000원(별책부록, 해설가리개 포함)

이 책을 만든 사람들
기획 | 최옥현
진행 | 박경희
교정·교열 | 김혜린, 최주연
전산편집 | 이다은
표지 디자인 | 박현정
홍보 | 김계향, 임진성, 김주승, 최정민, 이해솜
국제부 | 이선민, 조혜란
마케팅 | 구본철, 차정욱, 오영일, 나진호, 강호묵
마케팅 지원 | 장상범
제작 | 김유석

www.cyber.co.kr
성안당 Web 사이트

이 책의 어느 부분도 저작권자나 BM (주)도서출판 성안당 발행인의 승인 문서 없이 일부 또는 전부를 사진 복사나 디스크 복사 및 기타 정보 재생 시스템을 비롯하여 현재 알려지거나 향후 발명될 어떤 전기적, 기계적 또는 다른 수단을 통해 복사하거나 재생하거나 이용할 수 없음.

※ 잘못된 책은 바꾸어 드립니다.

책갈피 겸용 해설가리개

※ 독자의 세심한 부분까지 신경 쓴 책갈피 겸용 해설가리개!
절취선을 따라 오린 후 본 지면으로 해설을 가리고 학습하며 실전 감각을 길러보세요!

※ 눈의 피로를 덜어주는 해설가리개입니다.
한번 사용해보세요.